OOCYTOLOGY

卵子学

[総編集] 森　崇英

[分担編集] 麻生武志　香山浩二
石塚文平　小西郁生
苛原　稔　佐々木裕之
岡村　均　佐藤英明
久保春海　野瀬俊明

[編集幹事] 柴原浩章　角田幸雄
島田昌之

京都大学
学術出版会

序にかえて
性周期と胚発生プログラムの卵子時計論

精子に関する優れた専門書は夙に出版されているが卵子に関する体系的な学術専門書は私の知る限り国内外を通して未刊である．その理由を考えると，卵子に関する生殖科学・発生科学的知見が未だ断片的で体系化されるまでには至っていなかったためであろう．19世紀前半における卵子の発見が約50年後の受精現象の発見に結びつくと，さらに広く生殖現象における卵子の役割に生殖科学の野心的な目が向けられたが，現象論の域を脱出できなかった．本書を企画した意図は，卵子が生殖機能の司令塔的役割を担っていることの生殖科学的・臨床医学知見を総括するだけではなく，生殖科学と生殖医学の架け橋となる専門書としての「卵子学」を編纂することである．

生物学に生命科学の方法論を導入した遺伝子ノックアウト技術の開発とヒトゲノムの全貌解読は，卵子生殖科学にも躍進的進歩をもたらし，卵子を含めた生殖系に発現している遺伝子の機能解析によって，生殖現象における卵子の意義を正確に照らし出すこととなった．得られた結果を端的に要約すると，生殖の周期性機能に対して求心シグナルと遠心シグナルを介して卵子がコントロール・センター役を果たしていることで，霊長類における性周期中枢の卵巣時計論の本態が卵子時計であるとの認識に変わってきたように思える．他方，もう一つ生殖機能である妊孕性機能においても，受精後の胚発生プログラムに対しても卵子の潜在的生命情報が主導的役割を演出しているかに見える．この意味で卵子は胚発生プログラムを進行するコンダクター役を担っている．あえて直言すれば「性周期と胚発生プログラムの卵子時計論」ということになる．

私自身は卵子とお付き合いを初めてすでに半世紀以上が経過した．院生時代の学位研究テーマとして「卵巣の核酸」を与えて頂いた師の西村敏雄先生は，酒席で盛り上がると「女性は宇宙である」とか「子宮は太陽である」などの言葉を吐かれることがしばしばあった．私が抗透明帯自己抗体の研究に没入していた頃，初めて「ヒト卵子」に出会った時の強烈な感慨は今も忘れられない．「卵子」はまさに「輝く太陽」そのものの風格を漂わせていた．西村先生のお言葉をもじって「卵子は太陽である」と言い換えても許される思いである．かくて卵子は生殖機能の司令塔的役割を演じていることが，半世紀の研究生活，臨床実践を通して得た結論である．折しもロバート・エドワーズ博士が，体外受精法の開発に対して2010年のノーベル医学生理学賞を受賞されたことは，見方を変えれば卵子学の基礎研究と臨床研究への最高の評価ともいえよう．

ここで，本書編集の基本方針の概要について紹介させて頂きたい．1）「卵子学」と銘打った本書の取扱範囲を卵子の発生から胚盤胞形成までと設定したこと　2）基礎と臨床との融合を図るため基礎編，臨床編という分け方を避け，卵子の機能単位別に章を設定したこと　3）各章の節とトピックの編成では基礎・臨床の区別を設けず混成とし，同類のテーマについて基礎・臨床の両面からの知見を集約したこと　4）全編を通してXXIII章106節という膨大な項目から構成されているので，基礎と臨床との相互理解を深めるため，各章の分担編集者に総括コメントとしてコンセンサスや問題点を纏めて頂いたこと　5）高いレベルの専門書であるべきことを指向し，分担執筆者には当該分野において定評ある学術業績を挙げた研究者や臨床医をお願いしたこと　6）読者には辞書的にもご利用頂けるよう，執筆者にはその分野では欠かす事の出来ない重要文献を網羅して頂いたこと　7）生殖が新しい生命の発生という点で生殖細胞腫瘍と根源を共有する故に，卵子関連卵巣腫瘍を取り上げたこと　8）生殖医学が新しい人命の誕生を取り扱うユニークな臨床医学であることに鑑み，生殖の生命倫理関連項目も取り上げたこと　9）議論が分かれ必ずしもコンセンサスが得られていない話題性のある項目についてはTopicとして取り上げをこと等である．

約5年前に構想した本書をやっと，しかし自信をもって世に出すことができる運びとなった．XXIII章106節の項目にわたり139名の執筆者のご尽力を得て完成された大書であるので，内容の吟味に予想以上の時間を要したといえば言い訳にすぎない．遅れた分，本書が卵子学に関する現時点での知見を濃密に収載した本格的な専門書としての評価を各方面から頂けることを信じ，誇りとするものである．生殖科学と医学の研究者と臨床医，並びに生殖生物学，発生生物学の基礎研究者，生殖補助医療技術士，そして生殖医学の研究と臨床を志向している若い学徒に幅広く愛読されること，またその上で建設的なご意見も頂けることを心から期待する次第であります．

本書の編集に当たっては，極めてご多忙の中をご執筆頂いた分担執筆者，各章の分担編集者並びに3名の編集幹事の皆様に心からお礼申し上げます．特に幹事の方々の真摯なご貢献に対して深甚の謝意を表します．そして最後になりますが京都大学学術出版会の鈴木哲也専務理事，直接担当者の高垣重和氏の甚大なご尽力とご苦労，ご配慮に対し，厚くお礼申し上げます．

平成23年5月
京都下鴨の自宅にて

総編集者　　森　崇英

用語について

＊「卵子」

哺乳類を含む多くの動物種で，「卵子」は存在しないという考え方がある．それは次のような理由からである．「卵子」とは，雌性の「配偶子」のことであり，「配偶子」とは，生殖に関わる半数体の細胞を指すものである．しかし，ウニなどの一部の動物種を除いて多くは卵母細胞が減数分裂を完遂する前，すなわち第２減数分裂の中期にあるときに受精するため，半数体になる時期がない．第２減数分裂では未だ染色体数は２Ｎである．そして受精後に第２極体を放出して卵母細胞由来の染色体はＮとなるが，その前に侵入した精子の染色体Ｎガ加わっているので，結局２Ｎとなり，一度も半数体のＮになる機会が存在しない．この様に，卵母細胞は受精の前には半数体である「卵子」になることなく，受精後に２Ｎの「胚」となるのである．

しかし実際には，多くの学術書において哺乳類の卵母細胞のことを卵子と記しており，研究者の間でもこれが慣用化されているため，本書では混乱を避けるためにそのまま「卵子」という語句を使用することにした．（青木不学）

＊解説の重複と反復

本書における専門用語については編集段階で可及的統一を図ったが，基本的には分担執筆者の適格な使用を尊重する方針に従ったので，必ずしも統一されていないこともある．分担執筆者が担当された「節」の中に，解説を必要とする用語については，欄外に「脚注」を設けて特定のあるいは限定的意味について解説されている．従ってそれぞれの文脈に沿った意味あるいは表現として使用されているので，同一用語について異なる意味に用いる「重複解説」や，同じ意味に用いる「反復解説」がある．

＊「卵胞」

前卵胞腔卵胞（前腔卵胞と略）の発育段階についての用語は必ずしも統一されていないので，混乱を避けるため本書では曖昧な用語に限って次の規定に従う．１次卵胞は卵母細胞が全周にわたり１層の立方形の顆粒膜細胞で囲まれている卵胞で，一部の顆粒膜細胞が立方形になっている卵胞は原始卵胞から１次卵胞への移行型 transitory follicle と呼ぶ．２次卵胞は２層以上の顆粒膜細胞に囲まれている卵胞で，卵胞腔は未形成，顆粒膜細胞の外側に一部でも内莢膜細胞が分化したものは前卵胞腔卵胞（前腔卵胞）pre-antral follicle と呼ぶこととした．

卵胞腔卵胞（腔卵胞と略すこともある）の発育段階についても紛らわしい．発育と成熟の区別が明確でないが，本書では明確に区別せずに漠然と同義的に用いるか，両者を含めて発達 development と呼ぶこととする．発育 growth と成熟 maturation を区別する場合は，単一の主席卵胞あるいは複数の優性卵胞 dominomt follicles が選択されるまでの過程とし（ヒトの場合），成熟 maturation とは選択された主席卵胞や優性卵胞が排卵刺激によって排卵し得る状態にまで機能と形態の分化を遂げる過程とする．

排卵前卵胞 pre-ovulatory follicle という用語が成熟を完了した卵胞という意味でしばしば成

熟卵胞，胞状卵胞あるいはグラーフ卵胞と同義的に用いられるが，排卵刺激との前後関係が明瞭でないので，本書では排卵刺激をまだ受けていないが，受ければ排卵に至るまで成熟した卵胞を成熟卵胞または排卵前卵胞と呼ぶこととする．そして，排卵刺激を受けて排卵過程に入った卵胞は排卵卵胞 ovulatory/ovulating follicle と呼ぶこととした．

また主席卵胞 the largest follicle と優性卵胞 dominant follicle とは強いて区別していない．両者とも選択可能卵胞（selectable follicles）の中から排卵に向かうよう選択された卵胞（selected follicle）を指す．ヒト自然周期では通常 1 個であるが，調節卵巣刺激を加えた場合には複数個になることが多いので，優性卵胞という用語が用いられることが多い．

なお，胞状卵胞 vesicular follicle という用語は基礎生物学，場合によっては基礎医学や臨床医学でもしばしば用いられる．本書では大きな卵胞腔卵胞またはグラーフ卵胞，成熟卵胞との理解でより広い意味に用いられていることが多いが，筆者によって定義を特定されている場合にはそのまま採用している．（森　崇英）

目次

［総編集］

森　　崇英　　京都大学・名誉教授／NPO 法人生殖再生医学アカデミア・理事長

［分担編集］

麻生　武志　　東京医科歯科大学・名誉教授
石塚　文平　　聖マリアンナ医科大学産婦人科学教室・教授
苛原　　稔　　徳島大学大学院ヘルスバイオサイエンス研究部産科婦人科分野・教授
岡村　　均　　熊本大学・名誉教授
久保　春海　　東邦大学・名誉教授／渋谷橋レディースクリニック・院長
香山　浩二　　兵庫医科大学・名誉教授／聖授会 OCAT 予防医療センター
小西　郁生　　京都大学大学院医学研究科・教授
佐々木裕之　　九州大学生体防御医学研究所・教授
佐藤　英明　　東北大学大学院農学研究科・教授
野瀬　俊明　　慶應義塾大学先導研究センター・教授

［編集幹事］

柴原　浩章　　自治医科大学医学部産科婦人科学講座・教授
島田　昌之　　広島大学大学院生物圏科学研究科・准教授
角田　幸雄　　近畿大学農学部　バイオサイエンス学科・教授

執筆者一覧

青木　不学　　東京大学大学院新領域創成科学研究科・教授
青野　文仁　　先端生殖医学研究所／加藤レディスクリニック
浅岡　美穂　　国立遺伝学研究所個体遺伝研究系・助教
麻生　武志　　東京医科歯科大学・名誉教授
阿部　宏之　　山形大学大学院理工学研究科・教授
荒木　康久　　高度生殖医療技術研究所・所長
有馬　隆博　　東北大学大学院医学系研究科・教授
石谷　昭子　　奈良県立医科大学医学部・准教授
石塚　文平　　聖マリアンナ医科大学産婦人科学教室・教授
石原　　理　　埼玉医科大学産科婦人科学教室・教授
位田　隆一　　京都大学大学院法学研究科・教授
伊藤　昌彦　　浜松医科大学医学部・助教
伊藤　千鶴　　千葉大学大学院医学研究院形態形成学・助教

苛原　稔　　徳島大学大学院ヘルスバイオサイエンス研究部産科婦人科分野・教授
岩田　京子　　ミオ・ファティリティ・クリニック・リプロダクティブセンター
宇賀神智久　　東北大学大学院医学系研究科／気仙沼市立病院
宇津宮隆史　　セント・ルカ産婦人科・院長
遠藤　俊明　　札幌医科大学産科・周産期科／生殖内分泌科・准教授
大塚　文男　　岡山大学病院内分泌センター・センター長／准教授
大月　純子　　永井クリニック・体外受精培養室長
大場　隆　　熊本大学大学院生命科学研究部・准教授
大谷　徹郎　　大谷産婦人科病院・院長
岡　親弘　　東京 HSRT クリニック・院長
岡田　英孝　　関西医科大学産科婦人科学講座・講師
緒方　勤　　浜松医科大学小児科・教授
岡原（成田）純子　　滋賀医科大学動物生命科学研究センター・助教
岡部　勝　　大阪大学微生物研究所内遺伝情報実験センター・教授
岡村　均　　熊本大学・名誉教授
岡村　佳則　　熊本大学大学院生命科学研究部・助教
小倉　淳郎　　理化学研究所バイオリソースセンター・遺伝工学基盤技術室長
尾田　正二　　東京大学新領域創成科学研究科先端生命科学専攻動物生殖システム分野・講師
落合　和徳　　東京慈恵会医科大学産婦人科学教室・教授
香川　則子　　加藤レディスクリニック／先端生殖医学研究所・主任研究員
加藤　修　　加藤レディスクリニック・院長
加藤　茂明　　東京大学分子細胞生物学研究所・教授
河野　康志　　大分大学医学部産科婦人科学教室・講師
河村　和弘　　秋田大学大学院医学系研究科・講師
神崎　秀陽　　関西医科大学産科婦人科学講座・教授
岸本　健雄　　東京工業大学大学院生命理工学研究科・教授
北脇　城　　京都府立医科大学大学院医学研究科・准教授
京野　廣一　　京野アートクリニック・院長
楠　比呂志　　神戸大学大学院農学研究科・准教授
久須美真紀　　国立成育医療研究センター研究所周産期病態研究部
久保　春海　　東邦大学・名誉教授／渋谷橋レディースクリニック・院長
久保田俊郎　　東京医科歯科大学大学院生殖機能協関学・教授
栗本　一基　　京都大学大学院医学研究科・助教
桑山　正成　　リプロサポート・メディカル・リサーチセンター・所長
河野　友宏　　東京農業大学応用生物科学部・教授

香山　浩二	兵庫医科大学・名誉教授／聖授会 OCAT 予防医療センター
小辻　文和	福井大学医学部・教授
小西　郁生	京都大学大学院医学研究科・教授
小林　　悟	自然科学研究機構基礎生物学研究所・教授
小森　慎二	兵庫医科大学産科婦人科学教室・主任教授
斎藤　　豪	札幌医科大学産科婦人科学講座・教授
斎藤　通紀	京都大学大学院医学研究科・教授
佐方　功幸	九州大学理学研究院・教授
佐々木裕之	九州大学生体防御医学研究所・教授
佐渡　　敬	九州大学生体防御医学研究所・准教授
佐藤　晃嗣	筑波大学大学院生命環境科学研究科・講師
佐藤　英明	東北大学大学院農学研究科・教授
澤井　英明	兵庫医科大学産科婦人科学・准教授
山海　　直	医薬基盤研究所霊長類医学研究センター・主任研究員
塩田　浩平	京都大学・副学長
塩田　邦郎	東京大学大学院農学生命科学研究科・教授
設楽　浩志	東京都医学総合研究所・基盤技術研究職員
柴原　浩章	自治医科大学医学部産科婦人科学講座・教授
島田　昌之	広島大学大学院生物圏科学研究科・准教授
清水　　隆	帯広畜産大学畜産衛生学研究部門・准教授
生水真紀夫	千葉大学大学院医学研究院・教授
正田　朋子	山梨大学医学部・講師
神野　正雄	ウィメンズクリニック神野・院長
末岡　　浩	慶應義塾大学医学部産婦人科・准教授
菅沼　信彦	京都大学大学院医学研究科・教授
杉浦　真弓	名古屋市立大学医学部・教授
杉浦　幸二	東京大学大学院農学生命科学研究科・准教授
杉野　法広	山口大学大学院　医学系研究科・教授
高橋　克彦	医療法人ハート広島 HART クリニック・理事長
高見澤　聡	自治医科大学医学部産科婦人科学講座・講師
田口　　修	名古屋市立大学大学院医学研究科・非常勤講師
竹内　　巧	木場公園クリニック・副院長
竹下　直樹	東邦大学医療センター佐倉病院産婦人科・准教授
立花　和則	東京工業大学大学院生命理工学研究科・准教授
田中　　温	セントマザー産婦人科医院・院長

田中　　智　　東京大学大学院農学生命科学研究科・准教授
田中　俊誠　　秋田大学・名誉教授
堤　　　治　　医療法人財団順和会　山王病院・病院長
角田　幸雄　　近畿大学農学部　バイオサイエンス学科・教授
寺田　幸弘　　秋田大学大学院医学系研究科・教授
寺元　章吉　　新橋夢クリニック・院長
年森　清隆　　千葉大学大学院医学研究院・教授
鳥居　隆三　　滋賀医科大学動物生命科学研究センター・教授
永井　　泰　　永井クリニック・院長
中山健太郎　　島根大学医学部・講師
楢原　久司　　大分大学医学部産科婦人科学教室・教授
野崎　正美　　大阪大学微生物病研究所・准教授
野瀬　俊明　　慶應義塾大学先導研究センター・教授
橋本　重厚　　福島県立医科大学腎臓高血圧・糖尿病内分泌代謝学講座・教授
長谷川昭子　　兵庫医科大学産婦人科学教室・講師
秦　健一郎　　国立成育医療研究センター研究所・周産期病態研究部長
林　　純一　　筑波大学大学院生命環境科学研究科・教授
平田　修司　　山梨大学医学部・教授
福田　愛作　　医療法人三慧会 IVF 大阪クリニック・院長
福本　　学　　東北大学加齢医学研究所・教授
藤井　俊策　　下北医療センターむつ総合病院・産科部長
藤原　　浩　　京都大学大学院医学研究科・准教授
藤原　敏博　　医療法人財団順和会山王病院・リプロダクションセンター長
星　　和彦　　山梨大学医学部・教授
星野　由美　　東北大学大学院農学研究科・助教
細井　美彦　　近畿大学生物理工学部・教授
松居　靖久　　東北大学加齢医学研究所・教授
松田　二子　　名古屋大学大学院生命農学研究科・助教
松本　和也　　近畿大学生物理工学部・教授
松本　高広　　徳島大学大学院ヘルスバイオサイエンス研究部・准教授
眞鍋　　昇　　東京大学大学院農学生命科学研究科・教授
万代　昌紀　　京都大学大学院医学研究科・講師
見尾　保幸　　ミオ・ファティリティ・クリニック・リプロダクティブセンター・院長
水沼　英樹　　弘前大学大学院医学研究科・教授
南　直治郎　　京都大学大学院農学研究科・准教授

峯岸　　敬	群馬大学大学院医学系研究科・教授
宮﨑　俊一	東京女子医科大学・学長
向田　哲規	医療法人ハート　広島 HART クリニック・院長
森　　崇英	京都大学・名誉教授／NPO 法人生殖再生医学アカデミア・理事長
森田　　豊	板橋中央総合病院産婦人科・部長
森本　義晴	医療法人三慧会 IVF なんばクリニック・院長
諸橋憲一郎	九州大学医学研究院分子生命科学系部門・教授
八尾　竜馬	扶桑薬品工業株式会社研究開発センター
矢内原　敦	医療法人社団守巧会　矢内原ウィメンズクリニック・院長
柳田　　薫	国際医療福祉大学病院・リプロダクションセンター長
山下　泰尚	県立広島大学生命環境学部・准教授
山田　雅保	京都大学大学院農学研究科・准教授
横尾　正樹	秋田県立大学生物資源科学部・准教授
吉田　　淳	木場公園クリニック・院長
吉田　仁秋	吉田レディースクリニック・院長
米本　昌平	東京大学先端技術研究センター・特任教授
若山　清香	理化学研究所神戸研究所発生・再生科学総合研究センター
若山　照彦	理化学研究所神戸研究所・チームリーダー
渡邉　誠二	弘前大学大学院医学研究科生体構造医科学講座
G. D. Palermo	コーネル大学医学部生殖医療不妊センター

第 I 章

卵子の発生と新生

［編集担当：野瀬俊明］

「卵が先か？ニワトリが先か？」，この堂々巡りの設問は学術的に卵子発生を知る上でも常に研究者を悩ませている．受精卵には，これから始まる個体発生を支える全ての情報とその開始に必要な全ての素材が内包されているが，それらのほとんどは母親体内で合成され，かつ整然と調えられたものであるからだ．卵子形成は，生命の萌芽を形作るという意味では，正に生命現象を凝縮した存在であり，最も魅力的な研究対象であるにも拘らず，その分子・遺伝子レベルの解析は立ち遅れているのが現状であろう．特に，哺乳類では卵形成細胞の数量的制限や不明瞭な成熟段階の構成など分子遺伝学的解析を困難にする要因が立ち塞がってきた．しかし，分子遺伝学的解析技術の革新，体外培養や発生工学技術の発達によって,徐々にではあるが解明への突破口が広がりつつある．

本章では，I-1節で進化の観点から卵子の系統発生や多様性を扱った後，I-2節では，その遺伝学的解析が最も進んでいるショウジョウバエの卵形成メカニズムを紹介する．その後の節では，哺乳類を研究対象とし，先ず，研究進捗の著しいマウス生殖細胞分化運命の決定機構について（I-3節），そして，近年，国際的に熱い注目を浴びている卵子幹細胞様の特性を持つ細胞種の検出と胚性幹細胞からの生殖細胞分化について（I-4節），さらに霊長類の中で新たな実験動物として整備され始めているサルのES細胞について（I-5節）概説する．I-6節では，体細胞核移植クローン技術の現状と応用性を紹介する．このようなES細胞と核移植クローン技術の進展は，近年開発されたiPS細胞技術も含めて，生殖細胞以外の細胞系譜から新たな卵形成を可能にする次世代技術の核心を担うものと期待されている．

［野瀬俊明］

I-1

卵子の系統発生

Key words
有性生殖／卵子の比較形態／卵黄／卵膜／表層顆粒

はじめに

卵子は精子に比べて大型ではあるが，化石としてはわずかに恐竜の化石が知られるのみである．構造は比較的単純であり，運動性もなく，種による相違も目立ったものではない．このような卵子の系統発生を考えるのは容易ではない．しかし，20世紀に入り，哺乳類の体外受精が行われ，卵子が生殖を担う細胞であることが明確に認識され，生殖様式とのつながりで卵子の系統発生を論じることが可能になってきた．また，動物界における多様な種の卵子の記載も進み，比較形態学的な視点からの考察も可能となっている．

1 哺乳類卵子の発見と生殖における卵子の意義の明確化

17世紀前半に顕微鏡が完成，普及し，A. V. Leeuvenhockにより精子が発見されているが，その後，遅れて19世紀初めに哺乳類の卵子が発見された．特にK. E. von Baerは，自身の著書“*De Ovi Mammalium et Hominis Genesi*”(1827)で卵胞内に卵子が存在し，排卵されて卵管を通って子宮に送られることを記載している．これより先にR. de Graafが卵巣の中に卵胞（グラーフ卵胞）を発見しているが，卵子の発見ではなかった．von Baerによる卵子の発見により，その後，各動物種の卵子について形態の記載が進むとともに，20世紀に入り，哺乳類卵子の体外培養も行われるようになった．

1935年，G. Pincus と E. V. Enzmannによって胞状卵胞から分離された卵母細胞が体外で成熟することが報告され，さらにM. C. Chang (1959) やC. R. Austin (1961) が再現性のある卵子の体外受精に成功し，精子と卵子の受精によって次世代の個体が誕生することが明確になった（佐藤，2001）．また，1978年にヒトにおいても体外受精児が誕生し，ヒトを含む動物界の生殖において卵子の持つ役割が疑いのないものとなった．

2 有性生殖の起源

卵子の系統発生を考える場合においても「地球上の生物がどのように誕生し，現在見られる多様な生物がどのように繁栄したか」を考える必要がある．地球は45億年前に，生命誕生の母胎となった海は39億年前に誕生したと考えられるが，38億年前に原始生命が誕生し，その後，原核生物，真核生物の登場につながったと考えられる．先カンブリア時代（5億7000万年以前）の終わりにいくつかの動物門が出現し，カンブリア紀（5億7000万-5億年前）に動物のほとんどの門が出現した(Valentine, Erwin, 1987 ; Campbell, 1979 ; 西駕，2001)．

両生類は3億7000万年前，爬虫類は3億2000万年前，哺乳類は2億2000万年-1億5000万年前に，霊長類は6500万年前に登場したことが化石の研究から明らかにされている．そして6400万年前に恐竜が絶滅し，その後，爬虫類，鳥類，哺乳類が繁栄するようになった．直立類人猿は1500万年-500万年前に登場した．現生する動物のほとんどすべては有性生殖により子孫を残している（表I-1-1）．このようなことから動物の有性生殖の起源は少なくとも先カンブリア時代の終わりにまでさかのぼることができると考えられる．

3 有性生殖の登場と卵子

生殖様式は原核生物が登場した39億-34億年前から分岐・多様化したものと考えられる．最も単純なのは二分裂で，1個の個体が2個の個体に分裂，あるいは分節するものである．分裂あるいは分節した個体は，栄養分を摂取してもとの大きさに戻る．分裂する個体に大小がある場合もあるが，この場合，出芽と分類される．はじめて地球上に登場した生物も二分裂（分節）や出芽によって増殖したと推察される（佐藤，2003）．このような分裂（分節）や出芽によって新しい個体を増やす生殖の仕方を無性生殖と呼ぶが，無性生殖によって増えた子孫は親と同じ遺伝子を持つことになる．しかし，突然変異によって親と異なる個体が誕生する生殖様式でもある．

多細胞生物，特に動物になると，生殖のための特別な細胞，すなわち配偶子が形成される．配偶子の起源は有性生殖の誕生にさかのぼることができる．雌雄同体を経て雌雄異体による有性生殖の方法が登場したか，その逆であるかは不明であるが，卵子を作る性が雌となったと推察される．精子と卵子は，それだけでは一個体になりえない細胞で，両者が合体（受精）することによってはじめて新個体に向けての発生が開始される．しかし，有性生殖にあっても受精を経ることなく卵子単独で発生を進める単為発生が観察されることがある（表I-1-1）．動物界にあってはまれにしか見られない現象とはいえ，無性的な生殖（単為発生）を行う種が多いことに気づく．

4 有性生殖とその意義

有性生殖では無性生殖に比べて生殖のしかたが複雑になる．すなわち有性生殖のためのしくみを発達させなければならない．個体数を増やすという生殖の目的から考えれば有性生殖は無性生殖に比べて不利である．しかし，有性生殖を行う生物が多い．大腸菌のように無性生殖によって増える単細胞生物においても，場合によっては接合によって二つの菌のDNA間で組み換えを行う．生物の進化において有性生殖，特に雌雄異体による有性生殖には意義があると考えられるが，これにはいくつかの仮説がある．

表Ⅰ-1-1．動物の生殖様式（Valentine, Erwin, 1987；西駕，2001より改変）

分類群	代表的な動物	雌雄性	生殖の方法
原生動物	ゾウリムシ	雌雄異体	無性（出芽）・有性
海綿動物	カイメン	雌雄異体と同体	無性（出芽，分節）・有性
腔腸動物	クラゲ，イソギンチャク	雌雄異体と同体	無性（出芽，分節）・有性
扁形動物	プラナリア	雌雄同体	無性（分節）・有性
環形動物	ミミズ	雌雄同体	無性（分節）・有性
軟体動物			
腹足類	カタツムリ	雌雄同体と異体	有性
頭足類	イカ，タコ	雌雄異体	有性
斧足類	二枚貝	雌雄異体（同体）	有性
節足動物			
甲殻類	カニ，エビ	雌雄異体（同体）	有性・『無性（単為生殖）』
昆虫類	チョウ，トンボ	雌雄異体	有性・『無性（単為生殖）』
棘皮動物			
ヒトデ類	ヒトデ	雌雄異体（同体）	有性
ウニ類	ウニ	雌雄異体	有性
原索動物	ホヤ	雌雄同体	有性・『無性（出芽）』
脊椎動物			
魚類	フナ，タイ	雌雄異体（同体）	有性・『無性（単為生殖）』
両生類	カエル	雌雄異体（同体）	有性・『無性（単為生殖）』
爬虫類	ヘビ，ワニ	雌雄異体	有性・『無性（単為生殖）』
鳥類	ニワトリ	雌雄異体	有性
哺乳類	ヒト，家畜	雌雄異体	有性

無性：無性生殖，有性：有性生殖，『』内はまれに見られる現象

(A) 遺伝的多様性の獲得

親の持つ形質は環境に適応しており，同じ環境においてはその環境に最大の適応度を示す個体の無性生殖が優れている．しかし，環境が変化すれば，適応が難しくなり，種が絶滅する危険性もある．これを回避し，生物が生き続けるためには子の遺伝子型に多様性を与え，環境変化に備える必要がある．**減数分裂**を行うことにより，相同染色体の対合がランダムに起こり，さらに染色体の組み換えも起こるので，ほぼ無限の多様性を生み出すことが可能である．地球上は単一な環境ではない．遺伝的多様性を作ることは異なる環境に適合する子孫を積極的に作ることにもなり，子を遠くの異なる環境に分散させるためにも有益である．

(B) 有害遺伝子の除去と配偶子の若返り

遺伝子の組み換えは，蓄積した有害な突然変異を除去し，細胞を若返らせることにつながるという説もある．たとえば，ゾウリムシ（単細胞動物）では，一定の回数，分裂を行うと死滅する．しかし，接合し，小核（ゾウリムシは大核と小核を持ち．小核は生殖核とも呼ばれる）の交換を行うと若返り，分裂を繰り返す．このことは接

減数分裂：染色体数が半減する核分裂を指し，2回連続して起こる有糸分裂から構成されている．雌では卵子形成過程で起こる．体細胞の有糸分裂は，前期・中期・後期・終期の4期に区分されるが，減数分裂においては前期が長い．前期において相同染色体の対合がランダムに起こり，さらに染色体の組換えも起こるのでほぼ無限の多様な遺伝子構成を持つ生殖細胞が誕生する．

合やDNAの部分的交換によってそれまでの老化を帳消しにし，若返ることを意味している．一方，多細胞生物では，減数分裂によってゲノム修飾が変化し，若返った配偶子が誕生する．すなわち，有性生殖には，単細胞生物においては個体の若返り，多細胞生物では配偶子形成による若返りにより，種の老化を防いでいる．

5 卵子の誕生と生殖器官

有性生殖では雌雄がそれぞれ配偶子を生み出し，それらの合体によって次世代を作る．そのため動物の雌雄は独特の生殖器官を持つ．それぞれは配偶子を生み出す卵巣，精巣と呼ばれる性腺を持つ．精巣で作られる精子は卵子と合体するため射精されなければならず，そのため雄は副生殖腺や生殖器道を持つ．また，体内受精を行う哺乳類，鳥類では交尾器を持ち，雌の体内に射精する．雌は，受精卵をどのように育てるかにより，卵生，卵胎生，胎生に分かれるが，ヒトをはじめとする哺乳類における胎生では，母体内で受精と胚発生が行われ，新個体がほぼ完成された個体として分娩される．さらに哺育も行うので，雌は卵管，子宮，膣の生殖器道のみならず，乳腺も発達している．卵子の誕生は，有性生殖を成立させるための生殖器官の誕生にもつながったのである．

6 卵子形成の分子進化

哺乳類では，性染色体には2種類（XおよびY）あり，XXの組み合わせで雌，XYの組み合わせで雄が生まれる．1990年にヒト *SRY*（sex determining region on Y）遺伝子が発見された．さらにほぼ同時にマウス *Sry* 遺伝子が単離され，*Sry* 遺伝子をXXの受精卵に導入すると，精子形成は誘起されないものの精巣は形成されることが確認されている（島田，2003）．一方，メダカにおいて *DMY*（DM domain gene on the Y chromosome）が性決定遺伝子として同定され，精巣分化に決定的な役割を果たしていることが明らかにされている（長濱，2002）．

一方，卵巣分化には，エストロゲン・エストロゲン受容体系，*Dax1* 遺伝子，*Wnt4* 遺伝子が重要である．卵子にはミトコンドリアDNAの母性遺伝を行う分子機構がある．すなわち，精子が卵子に持ち込んだミトコンドリアは排除される．精子由来のミトコンドリアはユビキチンによる修飾を受けている．この修飾が母性遺伝の鍵となるが，有性生殖を行うすべての生物がミトコンドリアDNAの母性遺伝を行うかどうか，系統発生学的視点に立った研究が必要である．

卵子形成の最終段階である卵成熟の分子メカニズムについて，ヒトデ，サケ科魚類，カエル，マウス，ブタなどで解析が進められ，ヒトデではその概要が明らかにされている．その知見によれば**性腺刺激ホルモン**が成熟を誘起するが，卵母細胞に直接作用せずに，卵胞組織に作用して卵成熟誘起因子（MIS, maturation-inducing substance）の生成・分泌を促進する．MISは卵母細胞の表層に作用し，卵成熟促進因子（MPF, maturation-promoting factor）を生成し，卵核胞崩壊を誘起し，**卵成熟**が開始する．MISとしてヒトデでは1-メチルアデニン，サケ科魚類では17，20-ジヒドロキシ-4-プレグネン-3-オン，

性腺刺激ホルモン：性腺，すなわち雌においては卵巣を刺激し，卵巣機能と直接的な関係をもつホルモン．下垂体前葉由来のものとしては卵胞刺激ホルモン（FSH）と黄体形成ホルモン（LH）がある．FSHは雌では顆粒膜細胞の分裂増殖や卵胞液の分泌を刺激することにより，卵胞腔をもった卵胞が多数発育する．LHは成熟卵胞を破裂させて排卵を起こし，黄体細胞を刺激してプロゲステロンの分泌を盛んにする．

カエルではプロゲステロン，マウスではFF-MAS（follicular fluid meiosis-acticvating sterol）が同定されている．MPFはCdc2キナーゼ（触媒サブユニット）とサイクリンB（調節サブユニット）との複合体である．Cdc2/サイクリンBは種を超えて機能する因子であると推察される（岸本，2007）．マウスやブタなどの哺乳類では，卵成熟抑制因子（OMI, oocyte-maturation inhibitor）が同定され，アデノシンやヒポキサンチンが分離されている．アデノシンやヒポキサンチン以外にもペプチド性のOMIの存在が示唆されているが，未だ化学構造の決定には至っていない（佐藤，1999）．一方，OMIに基づく卵成熟誘起について，哺乳類以外でも二枚貝の卵子を用いて研究がなされている．二枚貝の卵成熟は精子によって誘導される．卵表層にOMIが分布し，精子頭部から分泌されるタンパク分解酵素がOMIを分解し，卵成熟が誘導されることが示されている（Sato et al, 1992）が，OMIによる調節が動物界の卵成熟において普遍的であるのかどうかは今後の課題である．

7 卵子の多様性

系統発生は，現存する生物における多様性の記載とその比較から考察される．化石の現存しない卵子にあっては，現生する生物卵子の形態や分子メカニズムの比較が系統発生を考える唯一の方法でもある．卵子の比較形態について舘鄰博士が1990年に出版した『生殖生物学入門』（舘，1990）の中で論じている（わが国で出版された本・論文の中では舘鄰博士による同書の記述が最も詳しいと考えられる．本文中に引用もしたが，敬意を表し，特記しておきたい）．

(A) 卵子の原始形態と栄養卵

コケやシダでは，造卵器の中に始原生殖細胞が観察できる．この始原生殖細胞が卵子に相当すると考えられているが，高等植物では，明らかに卵子を持つ．すなわち，造卵器や始原生殖細胞は退化し，胚嚢内に卵子が観察され，卵子は明瞭な核を持つ．より複雑化した生物の卵子では，大型化するものもあるが，これは卵黄や栄養成分の蓄積に基づく．

正常に孵化することがなく，幼生の飼料となる卵子を持つ動物もあり，このような卵は栄養卵と呼ばれる．軟体動物前鰓類の１種であるアイスランドツムバイでは，１個の卵嚢中に7000個を超える卵子が分布するが，実際に孵化する幼生は１-５個である．また，ムカシエゾボラでは，１個の卵嚢に約5000個の卵子が含まれるが，その中の１-２個が孵化し，残りは孵化した幼生の餌になる（舘，1990）．栄養卵は未受精卵の場合が多いが，発生が遅れた受精卵である場合がある．哺乳類の卵巣でも数百万個の卵母細胞が誕生するが，排卵に至る卵子は0.1%未満である．排卵されず退行する卵母細胞は顆粒膜細胞や遊走性細胞に食される．卵母細胞によって食される「栄養卵」とは考えられないが，「栄養卵」という視点から卵子形成の過程で見られる退行卵母細胞を観察する必要があるようにも思う．

(B) 卵子の大きさ

鳥類と爬虫類の卵は大きい．その中でも数百年前に絶滅したマダガスカル島の鳥ロック

卵成熟：卵子形成の最終フェーズを指し，この過程で卵子は受精・発生能力を獲得する．多くの哺乳類では，排卵前に成熟卵胞内で減数分裂を再開し，卵核胞の崩壊が起こり，第一減数分裂中期・後期・終期を経て第一極体を放出して，第二減数分裂中期へ達して染色体の動きを休止する（第二減数分裂休止）．第二減数分裂は受精ないし単為発生刺激によって再開し，第二極体を放出して，減数分裂を完了する．減数分裂を再開し，第二減数分裂休止にいたる過程で卵子が受精・発生能力を獲得することを卵成熟と呼ぶ．

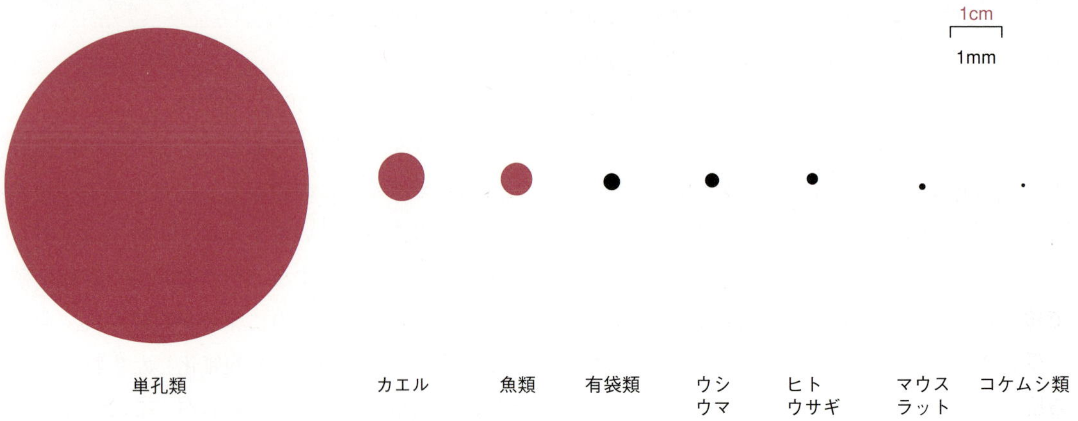

図Ⅰ-1-1．卵子の大きさの比較（Austin, 1995より改変）

Aepyornis は長径33cm，短径23cmという大きな卵を生んだとされている(舘，1990；Austin，1995)．白亜紀の終わりに生息した恐竜の１種 *Hypserosaurus* の卵も，長径約23cm，短径約18cmと大きく（Austin，1995），その化石は一部の自然史博物館に展示されている．一方，動物で最小の卵を生むのはコケムシ類で，*Urnatella gracilis* の卵は直径34μm, *Pecellina cernus* では40-80 μmである(舘，1990)．哺乳類の卵子は70-150μmであるが，家畜卵は比較的大きく，ヒト卵は哺乳類の中では中程度である（図Ⅰ-1-1）．

(C) 卵黄の量による分類

卵子は含まれる卵黄の量によって少黄卵，多黄卵に分類される．腔腸動物，昆虫，ホヤ，海産無脊椎動物，哺乳類，真骨魚類(ニシン，コイ，ウナギ，マダイなど)，板鰓類（サメ，エイなど）および両生類の卵子は少黄卵と呼ばれる．一般に発生のスピードが早く，自ら餌を探索しうる幼生に早く達する種に少黄卵が多い．爬虫類，鳥類，単孔類の卵子は多黄卵と分類され，卵黄はアルブミンの層に囲まれている（舘，1990）．

また，卵黄の分布も種によって異なり，この相違は卵割形式に影響する．卵黄量が多量で，一方に偏在している卵子を端黄卵と呼ぶ．魚類，爬虫類，鳥類などの卵子が端黄卵である．端黄卵では，卵黄が偏在する方の極を植物極，反対側を動物極と呼び，核は動物極に位置する．一方，等黄卵は卵黄が少量で卵内に均等に分布している．ナメクジウオ，棘皮動物，哺乳類の卵は等黄卵である（Zamboni，1972）．

(D) 卵膜

卵子は外側を卵膜によって取り囲まれている．卵膜は非細胞性の構造であり，一次，二次，三次卵膜に分類される．一次卵膜は卵子に由来する．二次卵膜は卵胞細胞に由来する．三次卵膜は，卵管や子宮分泌物に由来し，爬虫類，鳥類，単孔類の卵子のアルブミン層（卵白），卵殻膜，卵殻に相当する（舘，1990)．哺乳類卵子の卵膜は透明で透明帯と呼ばれる．ウサギの透明帯は，その外側をアルブミン層という三次卵膜

表Ⅰ-1-2．精子進入が誘起される卵子のステージ（Austin, 1995より改変）

発育途中の第一次卵母細胞	発育終了した第一次卵母細胞	第一減数分裂中期	第二減数分裂中期	前核期
扁形動物 *Otomesostoma*	軟体動物 *Spisula*	軟体動物 *Dentallium*	頭索類 *Amphioxus*	腔腸動物 *Actinaria*
環形動物 *Dinophilus*	哺乳類 イヌ，キツネ	多くの昆虫類	多くの哺乳類	棘皮動物 *Asterias*

で覆われている．

受精後，胚は自由胚または幼生として卵膜から脱出する．この現象を孵化と呼ぶが，多くの海産無脊椎動物や哺乳類では孵化は発生の初期に誘起し，魚類，爬虫類，鳥類では発生の後期に起こる．

(E) 表層顆粒

多くの動物種においては卵子の細胞膜の表面直下に，一層をなして配列する顆粒が観察される．これを表層顆粒と呼ぶが，表層顆粒の大きさは種によって異なる．海産無脊椎動物（たとえばウニ，ヒトデ，ゴカイなど）では直径0.5μm程度である．円口類や硬骨魚類（メダカ，キンギョ，コイなど）では表層胞とも呼ばれるが，直径10–40μmである．哺乳類では直径0.1–0.5μmである（舘，1990）．爬虫類では表層顆粒を持つものと持たない種があるが，鳥類卵には表層顆粒に相当する構造はない．哺乳類の表層顆粒は受精と発生に重要な役割を果たしているが，系統発生学的視点で表層顆粒の役割を解析することにより新たな事実を発見できるかもしれない．

(F) 受精時の核のステージ

卵子が精子を受け入れる核のステージは種によって異なる（表Ⅰ-1-2）(Austin, 1995)．扁形動物 *Otomesostoma* や環形動物 *Dinophilus* では発育途中の卵母細胞が精子を受け入れる．軟体動物 *Spisula* は発育終了した卵母細胞が精子を受け入れる．イヌやキツネも軟体動物 *Spisula* と同じく発育終了した卵母細胞が精子を受け入れる．軟体動物 *Dentallium* や多くの昆虫類では第一減数分裂中期に精子進入が見られ，腔腸動物 *Actinaria* や棘皮動物 *Asterias* では前核期に精子進入が見られる．頭索類 *Amphioxus* は多くの哺乳類と同じく第二減数分裂中期のステージである．このような精子進入のステージについて現在のところ系統発生的に類型化はできないが，動物の生存にとってなんらかの意味があると想像される．

(G) 精子に対する受容能

種分化が生じる原因の一つに考えられているのが隔離である．隔離には，地理的隔離，生殖隔離などがある．生殖隔離は，集団間で交配が行われなくなったり，子孫ができなくなったりする場合である．生殖隔離の一つの具体例が受精の種特異性である．

放精・放卵による体外受精では，種存立のために，精子と卵子の結合には高い種特異性が必要である．交尾による体内受精は，交尾の種特異性により種の存立が可能であり，精子と卵子

表Ⅰ-1-3．透明帯除去卵子への異種精子の進入（Austin, 1995より改変）

精子	透明帯除去卵子					
	ゴールデンハムスター	チャイニーズハムスター	マウス	ラット	テンジクネズミ	ウサギ
ゴールデンハムスター	＋	－	±	±	＋	－
チャイニーズハムスター		＋				
マウス	＋		＋	＋	＋	＋
ラット	＋		±	＋		＋
テンジクネズミ	＋		－	－	＋	－
ウサギ	＋					＋
イヌ	－					
ブタ，ウシ，ヤギ，ウマ，サル	＋					
ヒト	＋	－	－	－	－	

＋は進入，－は進入せず，±は研究者によって異なる．記号なしは未解明．

の結合特異性がなくともよいと考えられるが，哺乳類卵子の透明帯は精子との結合において高い種特異性を示す．一方，透明帯を除去すると，たとえばゴールデンハムスター卵子ではヒトを含め，多くの種の精子進入を受け入れる（表Ⅰ-1-3）．この結合・融合の系統発生的意味は不明である．

（H）哺乳類卵子の比較形態

哺乳類の卵子の大きさと形態は，単孔類，有袋類，真獣類で異なる．単孔類の卵子は特に異なる（図Ⅰ-1-1）（Austin, 1995）．これは単孔類が有袋類，真獣類より先（1億7500万年前）に爬虫類から分岐したことによると考えられている．単孔類では明らかにユニークな繁殖を行う．たとえば，ハリモグラ *Tachyglossus aculeatus* では，1.7×1.4cm（ウズラの卵大）という大きな卵を育児嚢の中に産む．鳥類の卵のように厚いアルブミンの層に囲まれ，全体は卵殻膜と卵殻に囲まれている．有袋類，真獣類では精子に対して種特異性を示す透明帯を持つ．ヒト卵子は，サル類の卵子とサイズにおいて若干違いはあるが大きな相違はない．

8 動物進化と生殖補助技術

21世紀はヒト，家畜，および一部の野生種に生殖補助技術が導入され，その生物進化に及ぼす影響が議論される世紀になると予想される．すなわち，21世紀はヒトが開発した技術（生殖補助技術）で生物進化をも制御しうる世紀となるだろう．動物進化の観点から生殖補助技術を考察することも必要になっている．

20世紀後半には人工授精，体外受精，顕微授精という生殖補助技術が開発され，応用されてきた．そして21世紀に入り，顕微授精が日常的な不妊治療法となり，多くの不妊クリニックが不妊治療に取り組むようになっている．妊娠可能な精子濃度は，自然妊娠では１mLあたり400万匹以上，人工授精では200万匹以上，体外受精では５万匹以上とされている．しかし顕微授精では１匹でも精子があれば妊娠可能である．さらに，完成した精子でなくとも，形成途中のものでも顕微授精によって妊娠が可能となる．このような不妊治療に対して危惧する意見も出ている．ヒトの集団に不妊に関わる遺伝子が蓄積していくのではないかという危惧である．

精子のみならず，卵子についても，生物進化の視点からの考察が必要である．卵巣で誕生した卵子は，一部が発育・排卵し，大部分は死滅する．しかし，排卵誘起や体外成熟技術の進歩によって，本来であれば排卵に至らない卵子を受精させることもできるようになった．ウシでは体外成熟卵を使って世界では年間30万頭を超える子ウシが誕生しているが，体外成熟卵由来の個体に今のところ劣った形質は見られない．このような事実は，卵形成・排卵は優れた卵子を選抜し，劣った卵子を排除する過程ではないことを示していると考えられる．すなわち，生命を確実に次世代に伝えるため，多数の卵子のどれかが排卵に至ればよいとのフェールセーフシステムが機能していると想像される．しかし，卵形成・排卵においては「優れた卵子が選抜され，劣った卵子が死滅する」という考えを完全に否定することはできない．劣った卵子の数が少ないために，たまたま体外成熟に使われずに済んでいる可能性もあるからだ．もし「優れた卵子が選抜され，劣った卵子が死滅する」考えが正しければ現在の卵子の体外成熟・排卵誘起は，不良遺伝子を集団の中に蓄積させ，ヒトや家畜集団の存立を困難な方向に動かすとも考えられる．

まとめ

地球上の生物は，既知のものだけで約140万種，未知の種を合わせると3000万種とも5000万種ともいわれているが，そのうち毎年４万種が絶滅しているともいわれており，ヒトが認知しないままに地球上から姿を消している生物種が多い．生息域の悪化などにより，野生動物の中に絶滅種，絶滅危惧種，希少種が増えている．このような中で絶滅危惧種や希少種の生殖細胞や体細胞を凍結保存し，将来の復元に備えようとする研究も進んでいる（佐藤，1994）．卵巣組織，未成熟卵，成熟卵の凍結保存の研究も行われ，一部の種では凍結未成熟卵子由来の個体が誕生している（Abe et al, 2005）．生物進化には衰退や絶滅もある．種の衰退や絶滅に備える研究が生まれつつあることは21世紀の特徴である．卵子の系統発生も，このような21世紀の特徴の上に立って論じられる必要があるだろう．

（佐藤英明）

引用文献

Abe Y, Hara K, Matsumoto H, et al (2005) Feasibility of a nylon mesh holder for vitrification of bovine germinal vesicle oocytes in subsequent production of viable blastocysts, *Biol Reprod*, 72 ; 1416-1420.

Austin CR (1995) In : *Evolution of human gametes-oocytes, Gametes-The Oocyte*, Grudzinskas JG, Yovich JL (eds),

pp1-22, Cambridge University Press, UK.
Campbell BG (1979) *Humankind Merging*, 2nd ed, Brown and Company, Boston and Toronto.
岸本健雄（2007）ヒトデ卵の成熟と減数分裂の制御機構：半世紀にわたる研究の展開，シリーズ21世紀の動物科学 6，細胞の生物学，鈴木範男・神谷律編，培風館，東京．
長濱嘉孝（2002）メダカの性決定遺伝子，*J Reprod Dev*, 48 ; V-VII.
西駕秀俊（2001）発生・分化，生物学入門，石川統編，東京化学同人，東京．
佐藤英明（1994）トキ遺伝情報の管理と利用の問題点，希少野生動物の遺伝子の保存と利用に関する研究報告書，石居進編，早稲田大学人間総合研究センター，pp24-36，東京．
佐藤英明（1999）卵子形成，哺乳類の生殖生化学：マウスからヒトまで，中野實・荒木慶彦編，アイピーシー，東京．
佐藤英明，佐々田比呂志（2001）卵子研究法の歴史，生殖工学のための講座・卵子研究法，鈴木秋悦・佐藤英明編，養賢堂，東京．
佐藤英明（2003）高等動物の生殖，動物生殖学，佐藤英明編，朝倉書店，東京．
Sato E, Segal SJS, Koide SS (1992) Oocyte membrance components preventing trypsin-induced germinal vesicle breakdown in the surf clam oocytes, *J Reprod Dev*, 38 ; 309-315.
島田清司（2003）性の決定と分化，動物生殖学，佐藤英明編，朝倉書店，東京．
舘鄰（1990）生殖生物学入門，東京大学出版会，東京．
Valentine JW, Erwin DH (1987) Interpreting great developmental experiments : the fossil record. In : *Development as an Evolutionary Process*, Raff RA, Raff EC (eds), pp71-107, Alan R.Liss Inc, New York,
Zamboni L (1972) *Comparative studies on the ultrastructure of mammlian oocytes*, Biggers JD, Schuetz AW (eds), pp5-45, University Park Press, Baltimore.

I-2

ショウジョウバエの卵子幹細胞

Key words
生殖幹細胞／卵子幹細胞／ニッチ／始原生殖細胞／ショウジョウバエ

はじめに

多細胞生物の体は，さまざまな機能や形態を持つ細胞により構成されている．これらの細胞のほとんどは個体の死とともに失われるが，卵子や精子などの生殖細胞は次世代へと受け継がれ，その個体の持つ遺伝情報を子孫に伝えることができる．したがって，生物にとってより多くの生殖細胞を効率よく作ることは，より多くの子孫を残し種を繁栄させるために非常に有効な手段となる．そのような生物の生殖戦略に一役買っているのが卵子幹細胞である．

卵子幹細胞とは，卵巣中で卵（卵子）へと分化する細胞を生み出す幹細胞であり，精子幹細胞と合わせて生殖幹細胞と呼ばれる．この生殖幹細胞は「**幹細胞**」としての性質と「**生殖細胞系列**」としての性質を合わせ持っている．一般的に，幹細胞は，未分化状態のまま細胞分裂を行い，一方の娘細胞は自分と同じ幹細胞となり（自己複製），もう一方が分化過程に入る．これにより，幹細胞は組織を構築する分化細胞を半永久的に産生し続け，組織の恒常性を維持することができる．同様に，生殖幹細胞も細胞分裂により生殖幹細胞と卵あるいは精子に分化する前駆細胞を生み出す．この生殖幹細胞の「幹細胞」としての性質により，卵巣や精巣は継続的に生殖細胞を産生することが可能となる．また，生殖幹細胞は，生殖細胞に分化する細胞のみを生み出し，個体の体を構成する細胞（体細胞）は形成しない．すなわち，生殖幹細胞は，全能性を持つ初期胚の未分化細胞とは異なり，「生殖細胞系列」としてすでに特殊化された細胞である．本節では，比較的研究が進んでいるショウジョウバエの卵子幹細胞を取り上げ，その形成機構と維持機構を紹介する．

1 ショウジョウバエ成虫卵巣における卵子幹細胞

(A) 卵子幹細胞の同定

生殖幹細胞の存在は，ヒドロ虫類（Littlefield, 1985；Nishimiya-Fujisawa, Sugiyama, 1993）から，線虫（Kimble, Hirsh, 1979），節足動物（Telfer, 1975；Schüpbach et al, 1978；Wieschaus, Szabad, 1979；Lin, Spradling, 1993），魚類（Wourms, 1977），両生類（Nelsen, 1953），は虫類(Nelsen, 1953)，鳥類(Jones, Lin, 1993)，哺乳類（Oakberg, 1956a；1956b）に至るさまざまな動物で報告されている．しかしながら，生殖巣の中で生殖幹細胞を細胞レベルで同定することは非常に難しく，その挙動を観

幹細胞（stem cell）：組織を構築する分化細胞を生み出す元となる細胞．分裂能力を有し，未分化状態が維持されている．幹細胞には，初期胚の細胞に由来し分化多能性（pluripotent）を持つ「胚性幹細胞　embryonic stem cell」（ES 細胞ともいう）と，成体組織に存在し限られた細胞種にのみ分化できる「成体幹細胞　adult stem cell」（組織幹細胞　tissue stem cell とも呼ばれる）があるが，本節では成体幹細胞を幹細胞として取り扱う．幹細胞の細胞分裂により生じた娘細胞の一方は幹細胞となり（自己複製），もう一方が分化過程に入る．

察・解析できる系は，現在のところ，ショウジョウバエ，線虫，マウス等のごく少数の生物に限られる．ショウジョウバエでは古くから卵子幹細胞の存在が示唆されてきた．まず，R. C. King（1970）は，成虫卵巣の構造を詳細に観察し，卵巣先端に位置する分裂活性を示す比較的大きな細胞から卵が生み出されるのではないかと予想した．E. Wieschaus と J. Szabad（1979）は，細胞運命の追跡実験から，自己複製的な分裂を行い，卵を産生し続ける細胞が成虫卵巣中に存在することを証明した．しかし，当時の技術では卵巣内のどの細胞が卵子幹細胞であるかを機能的に証明することができず，細胞レベルでの同定には至らなかった．1993年，H. Lin と A. C. Spradling は，レーザー照射によって細胞を焼き殺す実験により，King が予想した卵巣先端に位置する細胞が卵子幹細胞であることを明らかにする．さらに，彼らはこの細胞に特異的な**スペクトロソーム**（スペクトリンに富む細胞内小器官）を発見する（Lin et al, 1994）．これを機に，ショウジョウバエの卵巣は，卵子幹細胞を細胞レベルで観察・解析できる実験系として注目され，その挙動や維持機構が詳細に調べられてきた．

(B) 卵子幹細胞の細胞学的特徴と挙動

ショウジョウバエの卵巣は腹部の左右に1対存在し，それぞれは16-20本の卵巣小管と呼ばれる構造単位が房のように束ねられた構造をしている（図 I-2-1 (a)）．卵子幹細胞は各卵巣小管の先端部に2-3個ずつ存在する．卵子幹細胞は直径4-6 μm の比較的大きな核を持つ細胞で，前方と後方でそれぞれキャップ細胞とエスコート幹細胞と呼ばれる特殊な体細胞と接しており，キャップ細胞と接する領域には球状のスペクトロソームが局在する．卵子幹細胞は卵巣の前後軸方向に非対称分裂し，その結果生じた前方の娘細胞はキャップ細胞やエスコート幹細胞と接し卵子幹細胞にとどまる．一方，後方の娘細胞（シストブラスト）はこれらの細胞から離れ，新たにエスコート細胞と呼ばれる別の体細胞に包まれて卵への分化過程に入る（図 I-2-1 (b)）．

シストブラストはエスコート細胞に包まれたまま，4回の不完全分裂を行い，互いに細胞質連絡で連結された16細胞シストになる．16細胞シストが完成すると，エスコート細胞はアポトーシスにより死滅し，かわりに濾胞細胞（卵胞細胞）によって包まれる．この構造を卵室と呼ぶ．卵室中で，1個の**シストサイト**が卵母細胞になるように決定され，残りの15個のシストサイトは哺育細胞になる（図 I-2-1 (b)）．その後，卵成熟過程に入って，卵胞細胞を経由して卵黄が，哺育細胞からは mRNA とタンパク質が卵母細胞中に流入する．このようにして，卵母細胞は胚発生に必要な栄養と情報を蓄えた成熟卵となり，輸卵管を通って体外に生み出される（図 I-2-1）．

卵子幹細胞は，以下に示すようにシストブラストとは異なる特徴を示す．(1)シストブラスト

生殖細胞系列（germ line）：多細胞生物を構成する細胞は生殖細胞系列と体細胞系列（somatic line）に大別される．前者は卵や精子などの生殖細胞になる細胞のことを指し，後者は生殖細胞以外の体の組織を構成する細胞を指す．生殖細胞系列は胚発生過程の早い段階で体細胞系列と分かれ，将来生殖細胞になることが決定される．ショウジョウバエなどの動物では受精卵の細胞質の一部（生殖質と呼ばれる）に生殖細胞形成に必要な母性因子が局在しており，この細胞質を取り込んだ細胞のみが生殖細胞系列として決定される（前成的形成様式）．一方，マウスなどの動物では，胚発生過程において周囲の細胞からの誘導シグナルにより後成的に生殖細胞系列が決定される．
シストサイト（cystocyte）：シストブラストは不完全分裂を行い，娘細胞が互いに細胞質連絡でつながった多細胞シストとなる．不完全分裂は4回行われ，順に2細胞シスト，4細胞シスト，8細胞シスト，16細胞シストとなる．これらの細胞シストを構成している個々の細胞をシストサイトと呼ぶ．

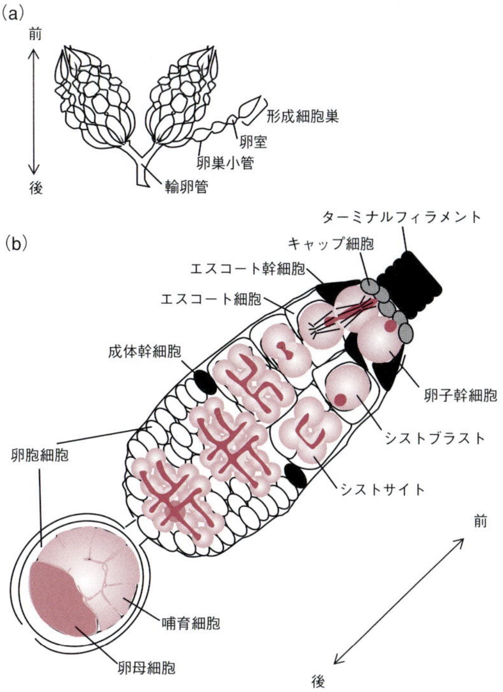

図Ⅰ-2-1．ショウジョウバエ成虫卵巣の構造

(a) 成虫卵巣の構造．(b) 卵巣小管先端部（形成細胞巣）と卵室．生殖系列の細胞は赤系色で，スペクトロソーム／フゾームは赤で示してある．エスコート幹細胞は，卵子幹細胞を維持しながら，幹細胞分裂によりエスコート細胞を生み出す．体性幹細胞（SSCs）は卵胞細胞を生み出す．

や**シストサイト**は細胞質分裂が不完全であるのに対し，卵子幹細胞は完全分裂を行う．この時，スペクトロソームは，卵子幹細胞の分裂により生じる二つの娘細胞に分配される．一方，シストブラストやシストサイトでは，不完全分裂により生じる細胞質連絡中にスペクトロソームに由来する構造が集まり，シストサイト間を貫く枝分かれ構造が形成される．この構造を，球状のスペクトロソームと区別してフゾームと呼ぶ（図Ⅰ-2-1 (b)）．(2)卵子幹細胞内ではスペクトロソームが前端（キャップ細胞との接触面）に，シストブラスト内では後端に局在する．(3)卵子幹細胞は，シストブラストやシストサイトより長い細胞周期を持つ．(4)卵子幹細胞は，細胞分裂によりもとの細胞と同じ容積を持つ二つの娘細胞を作るのに対し，シストブラストやシストサイトの分裂では娘細胞の容積が分裂ごとに小さくなる．(5)卵子幹細胞は半永久的に分裂するのに対し，シストブラストは4回の細胞分裂のみを行う．(6)卵子幹細胞は卵巣小管の前端から移動しないが，シストブラストは卵形成の進行とともに後方に移動する（King, 1970；Lin et al, 1994）．(7)分化（シスト形成）の開始に必要十分な働きを持つ *bag of marbles*（*bam*）遺伝子の発現は，卵子幹細胞では観察されず，シストブラストで開始する（McKearin, Spradling, 1990；McKearin, Ohlstein, 1995）．

(C) 卵子幹細胞の自己複製と分化のバランスを制御する幹細胞ニッチ

卵子幹細胞はどのようにしてその性質を維持しているのだろうか．また，シストブラストはどのようにして幹細胞としての性質を失い分化過程に入るのだろうか．多くの生物の成体組織において，幹細胞の性質や機能は幹細胞自身ではなく，まわりの細胞が作る特別な場によって維持されると考えられてきた．1978年，R. Schofield は，そのような幹細胞の維持に必要な場を「**ニッチ**」と名づけた．そして，ニッチには，その周囲の細胞（ニッチ細胞）が産生する幹細胞維持に必要な液性因子（ニッチシグナル）や細胞接着因子が存在し，幹細胞数を規定するという仮説を提唱した．幹細胞はニッチ内にとどまればそれらの因子の働きにより幹細胞とし

スペクトロソーム（spectrosome）：スペクトリン（spectrin）や膜状構造に富む生殖細胞系列に特異的な細胞内小器官．胚発生期に始原生殖細胞の細胞質中に現れ，16細胞シストまで継続して存在する．始原生殖細胞から生殖幹細胞，シストブラストまでは球状構造をとるが，シスト形成過程に入るとシストサイト間の細胞質連絡を貫く枝状構造に変化し，16細胞シスト形成後は消失する．枝状構造のスペクトロソームは球状のスペクトロソームと区別してフゾーム（fusome）と呼ばれる．

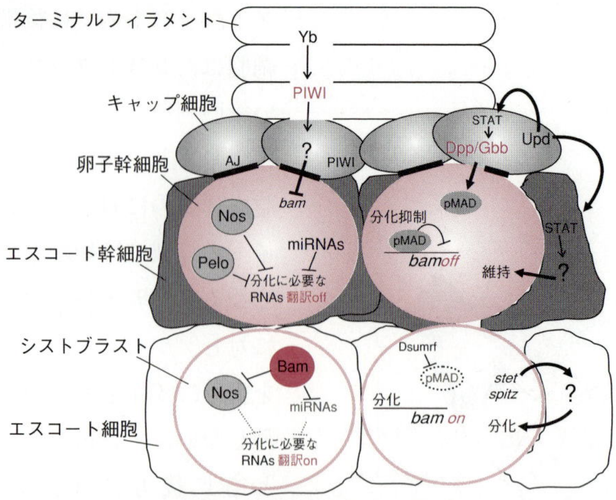

図 I-2-2．卵子幹細胞の維持と分化の制御機構

ニッチシグナルは *bam* 遺伝子の発現を抑制し，卵子幹細胞で Nos/Pum や miRNA 依存的な翻訳抑制機構を活性化する．この翻訳抑制により，卵子幹細胞の分化に必要な因子の産生が抑えられ未分化状態が維持される．一方，シストブラストでは，ニッチシグナル濃度が低く， Dpp シグナル経路も Dsumrf により完全に中断されるため，*bam* が発現する．Bam は，Nos や miRNA 合成系に対して拮抗的または抑制的に働き卵子幹細胞の分化を促す．JAK/STAT シグナル経路（Upd, Stat）は，*dpp* の転写量調節やエスコート幹細胞の維持に必要とされる．シストブラストからエスコート細胞への EGF シグナル（Stet, Spitz）は，シストブラストへフィードバックされ，卵子幹細胞の自己複製を制限してシスト形成を促進する．AJ：接着結合（adherens junction）

て維持されるが，一度ニッチから離れると分化過程に入る．幹細胞が失われてニッチに空きができると，新たに入った細胞が幹細胞として維持される（Schofield, 1978）．

ショウジョウバエの卵巣では，**ターミナルフィラメント**，キャップ細胞，エスコート幹細胞が，卵子幹細胞の維持に必須なニッチシグナルを産生する．ターミナルフィラメントとキャップ細胞は，TGFβ ファミリーに属する Decapentaplegic（Dpp）や Glass-bottom-boat（Gbb）を分泌し，卵子幹細胞の未分化状態の維持と細胞分裂の促進を行う．卵子幹細胞は，これらのシグナルを受け取れなくなると，分裂能が低下したり，シストブラストに分化する（Xie, Spradling, 1998；Song et al, 2004）．また，これらの細胞で発現する Yb と pi-RNA 結合タンパク質 PIWI も Dpp とは異なる細胞間相互作用を介して卵子幹細胞の未分化状態を維持する（King et al, 2001；Szakmary et al, 2005）．また，この作用には Hedgehog（Hh）も補助的に働いている（King et al, 2001）．さらに，エスコート幹細胞も卵子幹細胞の維持に必要な因子を産生すると考えられている（Decotto, Spradling, 2005）（図 I-2-2）．

キャップ細胞は，ニッチ細胞の中で中心的な役割を果たす．卵子幹細胞とキャップ細胞は，細胞接着因子である E-カドヘリンを介して互

ニッチ（niche）：幹細胞を維持するために必要な場（微小環境）．1978年，造血学者の R. Schofiled が，石像等の大切なものを保管する教会等の建物の壁の窪み（ニッチ）にたとえて，命名．Schofiled の提唱したニッチ仮説によれば，ニッチにはまわりの細胞（ニッチ細胞）が産生する幹細胞維持に必要な因子や足場が存在し，幹細胞はニッチ内にあれば幹細胞として維持されるが，ニッチの外に出ると幹細胞の性質を失い分化過程に入る．加齢や損傷により幹細胞が失われてニッチに空きができると，新たに入った細胞が幹細胞として維持される．

いに接着しており，E-カドヘリンが失われると，卵子幹細胞はキャップ細胞から離れて速やかにシストブラストに分化することが明らかにされている (Song et al, 2002)．また，一つの卵子幹細胞が失われ空のニッチが生じた場合，隣接するニッチの卵子幹細胞が本来の前後軸方向とは垂直に分裂し，両方のニッチのキャップ細胞とそれぞれ接着する二つの卵子幹細胞を生み出す．このようにキャップ細胞は幹細胞の補充の場面においても重要な足場となっている (Xie, Spradling, 2000)．

キャップ細胞から分泌されるDppは卵子幹細胞の未分化状態の維持に十分であり，主要なニッチシグナルである．Dppを卵巣全域で強制発現すると，卵子幹細胞由来の二つの娘細胞は共に卵子幹細胞となり，卵巣中は卵子幹細胞様の細胞で満たされた腫瘍様の形態を示す (Xie, Spradling, 1998)．Dppシグナルは，*bam* 遺伝子の発現を直接抑え，未分化状態を維持することが知られている．Dppが卵子幹細胞の細胞膜上のリセプターに結合すると，シグナル伝達因子であるMother of daughterless (Mad) がリン酸化されて細胞質から核内に移行し，*bam* 遺伝子の上流域にあるサイレンサーエレメントに結合して *bam* 遺伝子の発現を抑制する (Chen, McKearin, 2003)．一方，Dppの作用は狭い範囲に限られており，シストブラスト中ではMadがリン酸化されず，*bam* 遺伝子の発現とともに分化が開始する (図I-2-2) (Casanueva, Ferguson, 2004)．

(D) 卵子幹細胞の分裂方向の制御

すでに述べたように，卵子幹細胞は卵巣の前後軸方向に分裂する．卵子幹細胞の分裂方向は，キャップ細胞との接着面に局在するスペクトロソームが紡錘体の一端をつなぎとめることにより安定化されている (Deng, Lin, 1997)．しかしながら，スペクトロソームを欠く *hu li tai shao* (*hts*) 突然変異体では，卵子幹細胞の分裂方向がランダムになるものの，卵子幹細胞の維持とシストブラストの産生は正常である (Deng, Lin, 1997；Lin, Spardling, 1997)．このことから，卵子幹細胞分裂時の紡錘体の配向は卵子幹細胞の非対称分裂には必須ではないと考えられる．しかし，精子幹細胞では，中心体に局在するCentrosominがAPC2を介してニッチとの接着面に局在するE-カドヘリンに結合して紡錘体の一端をつなぎとめており，これらの複合体は精子幹細胞の分裂方向を安定化するだけでなく，非対称分裂をも保証することが明らかになっている (Yamashita et al, 2003)．今後，同様な分子機構が卵子幹細胞中でも働いているかどうかを調べることは，卵子幹細胞の分裂方向と非対称分裂の関係を考える上で興味深い．また，空のニッチに卵子幹細胞が補充される時に，卵子幹細胞がどのようにして空のニッチを認知し，どのような機構で紡錘体の方向を90度回転させるのかという問題も今後明らかにすべき点である．

(E) 卵子幹細胞の維持と分化を制御する機構

現在同定されているニッチシグナル (Dpp, Gbb, Hh) はすべて *bam* の発現抑制を介して卵子幹細胞の維持に関与している (Chen, McKearin, 2003；Szakmary et al, 2005)．*bam* は，細胞自律的に卵子幹細胞の維持に関わる遺伝子に対して

ターミナルフィラメント (terminal filament)：各卵巣小管の最前端にあるフィラメント状の構造で，円盤状の体細胞 (ターミナルフィラメント細胞，terminal filament cell) が層状に積み重なってできている．ニッチ細胞の一つ．

拮抗的もしくは抑制的に働いて，卵子幹細胞の分化を促すことが明らかになってきた（図Ⅰ-2-2）．たとえば，Nanos（Nos）は卵子幹細胞内で高発現し，Pumilio（Pum）と一緒に，シストブラストへの分化に必要な遺伝子発現を翻訳レベルで抑制することにより，未分化状態を維持すると考えられている（Forbes, Lehmann, 1998；Gilboa, Lehmann, 2004；Wang, Lin, 2004）．Bamは，NosあるいはPumの発現には関わらないが，これらタンパク質の機能に対して拮抗的もしくは抑制的に働く（Chen, McKearin, 2005）．また，micro RNA（miRNA）の合成に関わるDicer-1, Argonaute1, Loquaciousも，細胞自律的に卵子幹細胞の未分化状態の維持に関与する．これらタンパク質によって合成されるmiRNAも，シストブラストへの分化に必要な遺伝子発現を翻訳レベルで抑えると考えられている（Jin, Xie, 2007；Park et al, 2007；Yang et al, 2007）．Bamは，このmiRNA合成系に対して抑制的に働くMei-P26の発現をシストブラストやシスト中で上昇させ，分化に必要な遺伝子発現の脱抑制を行う．*bantam*は，卵子幹細胞の未分化状態の維持に働くmiRNAの有力な候補であり（Neumüller et al, 2008），*bantam*依存的あるいはNos/Pum依存的な翻訳抑制のターゲットとなるmRNAの同定が今後の課題である．さらに，Bam非依存的な分化誘導経路を抑制することにより，卵子幹細胞の未分化状態を維持するタンパク質Pelota（Pelo）も発見されており（Xi et al, 2005），卵子幹細胞の維持／分化制御機構への理解が今後さらに深まると考えられる．

(F) シストブラストの分化を支持する場

ニッチから離れたシストブラストは，エスコート細胞が延ばす細胞突起によって包まれ，その中で16細胞シストまで分化する（Schulz et al, 2002；Decotto, Spradling, 2005）．エスコート細胞の細胞突起の伸張は生殖細胞系列からのEGFシグナルにより維持されている．EGFシグナル経路を遮断すると，エスコート細胞がシストブラストを包むことができなくなり，16細胞シストが形成されなくなる（Schulz et al, 2002）．このことから，エスコート細胞はシストブラストを包み込むことにより，シストサイトへの分化を促す場を形成すると考えられる．しかし，エスコート細胞からシストブラストへの分化促進シグナルの実体は未だ明らかになっていない．

16細胞シストが完成すると，それらは卵胞細胞に包まれ卵室を形成する．16個のシストサイトのうち1個のみが卵母細胞となるが，この決定には卵室の後極に位置する卵胞細胞からのシグナルが関与する．また，卵母細胞の成熟や前後／背腹軸の決定には卵胞細胞と卵母細胞間の相互作用が必要である．このように卵胞細胞もまたシスト形成後の生殖細胞系列の分化を支持しているのである．

2 発生過程における卵子幹細胞とニッチの形成機構

卵子幹細胞の維持／分化機構が分子レベルで解明されつつあるのとは対照的に，卵子幹細胞やニッチの形成機構については現在のところほとんど明らかにされていない．

卵子幹細胞を含むすべての生殖細胞系列は，胚発生初期に形成される極細胞（予定**始原生殖細**

始原生殖細胞（primordial germ cell）：卵形成過程や精子形成過程などの配偶子形成過程に入る前段階の未分化な状態の生殖細胞系列の細胞．ただし，ショウジョウバエでは胚生殖巣に入る前と入った後の始原生殖細胞を区別し，前者を予定始原生殖細胞（極細胞），後者を始原生殖細胞と呼ぶ．

胞）に由来する．極細胞は受精卵の後極に局在する生殖質と呼ばれる卵細胞質を取り込むようにして形成され，生殖質中に含まれる母性因子の働きによりその性質や発生運命が決定されることが明らかになっている（Illmensee, Mahowald, 1974；1976；Okada et al, 1974；Illmensee et al, 1976）．たとえば，形成直後の極細胞では，体細胞系列とは異なりRNA ポリメラーゼ II（RNAPII）による転写が抑制されているが（Lamb, Laird, 1976；Zalokar, 1976；Kobayashi et al, 1988；Seydoux, Dunn, 1997；Van Doren et al, 1998），この転写抑制に生殖質中の *polar granule component*（*pgc*）RNAによりコードされるペプチドが関与する（Martinho et al, 2004；Hanyu-Nakamura et al, 2008）．この転写抑制には，極細胞が体細胞に分化するのを抑制する働きがあると考えられている．また，生殖質中のNosタンパク質にも極細胞の体細胞分化を抑制する働きがある（Hayashi et al, 2004）．極細胞では体細胞系列とは異なり細胞分裂も抑制されているが，この細胞分裂の抑制にもNosが関与する（Asaoka-Taguchi et al, 1999；Deshpande et al, 1999）．一方，生殖質中には，生殖細胞系列特異的な遺伝子発現の活性化に関わる転写制御因子をコードするmRNAも含まれており，生殖細胞系列としての性質を決定すると考えられている（Mukai et al, 2007；Yatsu et al, 2008）．このように，極細胞は胚発生過程の早い時期に生殖細胞系列として発生するように運命づけられ，その性質が卵子／精子幹細胞に至るまで維持されるのであろう．

胚の後極に形成された極細胞は，胚発生後期までに腹部に移動し，中胚葉性の体細胞（SGPs, somatic gonadal precursors）とともに胚生殖巣を形成する（生殖巣に取り込まれた極細胞は始原生殖細胞と呼ばれる）（Campos-Ortega, Hartenstein, 1997）．雌個体では，卵巣中の始原生殖細胞は幼虫期に増殖を開始する．幼虫–蛹移行期になると，その中からキャップ細胞に接し，特徴的な非対称分裂を行う卵子幹細胞が出現する（King, 1970；Deng, Lin, 1997；Zhu, Xie, 2003）（図 I-2-3）．では，卵子幹細胞はどのような機構により形成されるのであろうか．

（A）卵子幹細胞の形成機構

卵子幹細胞は，胚の生殖巣（卵巣）に取り込まれた始原生殖細胞の一部から形成されるが（King, 1970；Zhu, Xie, 2003），どのような機構により一部の始原生殖細胞のみが幹細胞として選ばれるのかについては長い間不明であった．M. Asaoka と H. Lin（2004）は，胚発生期に単一の極細胞をEGFP（Enhanced Green Fluorescent Protein）で標識して発生運命を追跡することにより（細胞系譜解析），卵子幹細胞となる始原生殖細胞を特定することに成功した．それによると，卵子幹細胞は胚の卵巣前半部に位置する始原生殖細胞に由来する．一方，胚の卵巣後半部の始原生殖細胞は，卵子幹細胞を経ることなしにシストブラストに直接分化することも明らかとなった（Asaoka, Lin, 2004）．以上の観察は，胚卵巣中の始原生殖細胞はシストブラストに分化できる能力を持ち，前半部に位置する始原生殖細胞が卵子幹細胞として選ばれ連続的な配偶子産生に寄与することを示している．さらに重要なことは，卵子幹細胞に分化する始原生殖細胞の選択が，キャップ細胞等のニッチ細胞が出現する時期よりもずっと早い胚発生期の卵巣形成直後から始

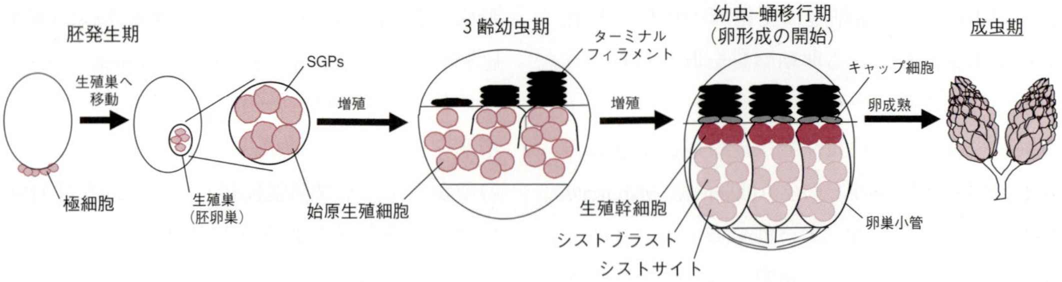

図Ⅰ-2-3．発生過程における卵子幹細胞とニッチ細胞の出現．

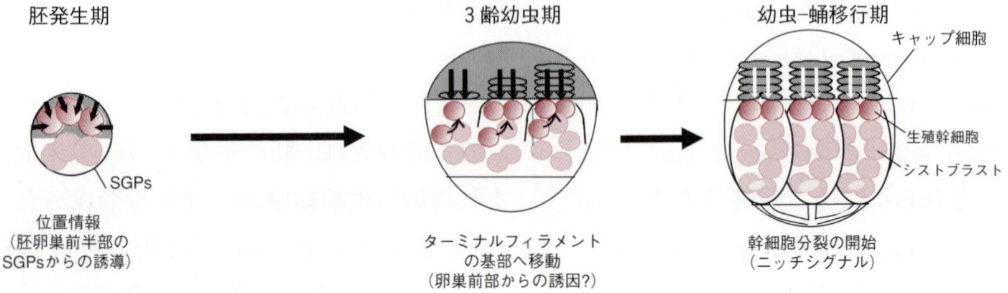

図Ⅰ-2-4．卵子幹細胞への発生運命決定機構のモデル（Asaoka, Lin, 2004）．
胚卵巣前半部のSGPs（グレー）は後半部のSGPsと異なる遺伝子を発現しており，直下の始原生殖細胞（赤）に位置情報を与える．位置情報を受け取った始原生殖細胞（赤）は3齢幼虫期までにターミナルフィラメントの基部に移動し，幼虫–蛹移行期に形成直後のキャップ細胞にアンカーされて卵子幹細胞となり，ニッチシグナルにより維持される．

まっているということである．この期間，卵巣内での始原生殖細胞の移動は制限されておらず (Asaoka, Lin, 2004)，単にキャップ細胞などのニッチ細胞が形成される卵巣前端部に近接する始原生殖細胞が卵子幹細胞として選択されているのではないと解釈できる．おそらく，胚卵巣前半部には，始原生殖細胞を卵子幹細胞に分化させるためのpositional cue (位置情報) が備わっていると考えられる (図Ⅰ-2-4)．

このpositional cueの実体は現在のところ不明である．胚卵巣の前半部と後半部では，始原生殖細胞およびSGPsの形態学的な差異は観察されない．また，胚卵巣中の位置に依存した遺伝子発現の差異も始原生殖細胞については報告されていない．しかし，SGPsに関しては，胚卵巣の前半部と後半部で異なる遺伝子が発現している (Russell et al, 1992；Boyle, DiNardo, 1995；DeFalco et al, 2003；Asaoka, Lin, 2004)．最近，胚卵巣前半部のSGPs特異的に発現する膜タンパク質をコードする遺伝子が卵子幹細胞の形成に必要であることが明らかとなった (M. Asaoka, 未発表)．このことは，胚卵巣前半部に位置するSGPsからのシグナルやSGPsと始原生殖細胞間の相互作用がpositional cueとして働く可能性を示唆している．今後，このような遺伝子の機能を詳細に調べることにより，positional cueの実体や役割が明らかになると期待される．

(B) 始原生殖細胞のシストブラストへの分化抑制

始原生殖細胞はシストブラストに直接分化しうる能力を持っている (Asaoka, Lin, 2004). しかし，幼虫の卵巣中において，始原生殖細胞が早期にシストブラストに分化しないように抑制する機構が備わっている．卵子幹細胞のシストブラストへの分化は，Dpp シグナルや Nos/Pum により抑制されていることは前述したが (Xie, Spradling, 1998 ; Forbes, Lehmann, 1998 ; Wang, Lin, 2004)，同様の機構により始原生殖細胞の分化も抑制されている．これらの分子の機能が失われると，幼虫卵巣の全域でシストブラスト／シストサイトへの分化が観察される (Gilboa, Lehmann, 2004 ; Wang, Lin, 2004)．たとえば，Nos は 1 齢から 3 齢幼虫期の終わりまで継続的にすべての始原生殖細胞で発現しており，この発現が失われると始原生殖細胞はシストブラスト／シストサイトに分化する．これらの細胞は16細胞シストを形成するものの，卵胞細胞に包まれ卵室を形成することなく退化してしまうため，このような卵巣中では卵子幹細胞の形成が異常となる (Wang, Lin, 2004)．すなわち，早期のシストブラストへの分化を抑制し，未分化な始原生殖細胞を確保することが，卵子幹細胞形成の必要条件であると解釈できる．

一方，シストブラストの分裂により生じる 4−8 細胞シストのシストサイトは，卵子幹細胞にまで脱分化する能力を保持していることも明らかとなっている (Kai, Spradling, 2004)．たとえば，2 齢幼虫卵巣中において，Bam を一過的に発現させると 4−8 細胞シストが形成されるが，Bam の発現の減衰とともにシストサイト間の細胞質連絡が分断されて単一の細胞に戻る．この細胞が始原生殖細胞なのか卵子幹細胞なのかは定かではないが，少なくともこれらの細胞の一部は成虫卵巣において卵子幹細胞として正常に機能することが示されている (Kai, Spradling, 2004)．このような脱分化の機構がどのような役割を担っているかは明らかではないが，卵子幹細胞になりうる細胞集団を増やし，卵子幹細胞が失われた時に備えていると考えられる．

(C) ニッチ細胞の形成機構

卵子幹細胞のニッチ細胞は，ターミナルフィラメント，キャップ細胞，エスコート幹細胞で構成される．キャップ細胞は，3 齢幼虫期の卵巣前端にターミナルフィラメントが形成された後，幼虫-蛹移行期にその後端部に出現する (King, 1970 ; Godt, Laski, 1995 ; Zhu, Xie, 2003) (図 I-2-3)．一方，エスコート幹細胞の出現時期は現在のところ不明である．ターミナルフィラメントの形成には転写因子 Bric-à-brac が必要であり (Godt, Laski, 1995)，キャップ細胞の形成には Notch シグナルが必要かつ十分である (Ward et al, 2006 ; Song et al, 2007)．3 齢幼虫後期の卵巣において，Notch 受容体は前・中央部の体細胞で，リガンド Delta は前部の体細胞で発現しており，キャップ細胞は Delta の発現領域の後端付近に形成される．この時期に Notch の機能を失わせるとキャップ細胞の数が減少し，逆に，活性型 Notch を卵巣全域で強制発現するとキャップ細胞数が増加する (Song et al, 2007)．しかしながら，これら 3 種類のニッチ細胞が，胚卵巣中のどの領域に位置する SGPs

に由来するのかは不明であり，細胞系譜解析によりこの点を明らかにする必要がある．

3 他の生殖幹細胞システムとの比較

卵子幹細胞と同様に，ショウジョウバエの精子幹細胞もニッチ細胞と接しており，ニッチ細胞が分泌するニッチシグナルによって分化が抑制されている．ニッチシグナルの作用は1細胞幅の狭い範囲に限られており，自己複製と分化のバランスを維持する精子幹細胞の非対称分裂を支えている(Fuller, Spradling, 2007)．一方，ショウジョウバエとは異なり，線虫では，生殖巣前端に位置するニッチ細胞（distal tip cell）が長い細胞突起を延ばして数細胞幅の広い領域でニッチシグナルを分泌する．その結果，この領域内の生殖細胞系列は生殖幹細胞として等分裂を繰り返し増殖する．これらの生殖幹細胞のうち，ニッチシグナルが及ぶ範囲から後方へと押し出されたものが減数分裂に入り配偶子形成を行う(Kimble, Crittenden, 2007)．このような等分裂により生殖幹細胞を維持する機構はヒドラにおいても示唆されている（Littlefield, 1985 ; Nishimiya-Fujisawa, Sugiyama, 1993)．また，マウスの精巣では，精子幹細胞を含む未分化型精原細胞が局在する周辺にニッチ細胞らしき構造が見当たらない．かわりに，その近傍には血管が存在し，血管の走行パターンを変更しても精子幹細胞はその近傍に集合することが報告されている(Yoshida et al, 2007)．このようなニッチは“血管性ニッチ”と呼ばれ，マウスの造血幹細胞の維持システムにおいて最初に提唱された（Kiel et al, 2005)．ニッチ中のニッチシグナルにより生殖幹細胞が維持されると考えられるが，ニッチの形態は動物種によりさまざまである．精子幹細胞に比べて，卵子幹細胞ニッチの解析は遅れており，ショウジョウバエ以外ではほとんどわかっていない．卵子幹細胞やそのニッチの形成過程についての研究も始まったばかりであり，今後研究が発展することを期待する．

まとめ

卵子幹細胞は多くの生物の卵巣中に存在し，継続的な卵子の産生を可能にしている．卵子幹細胞の細胞分裂により生じた娘細胞のうち，一方は自分と同じ卵子幹細胞となり（自己複製)，もう一方が分化過程に入り卵細胞になる．ショウジョウバエでは，卵子幹細胞の未分化状態は，その周囲の体細胞（ニッチ細胞）が産生する液性因子（Dpp, Gbb, Hedgehog など）や細胞接着因子(E-カドヘリン）により維持されている．これらの液性因子によるシグナル伝達経路は，卵子幹細胞中で分化に必要な遺伝子発現を抑制する．卵子幹細胞はニッチ細胞に対してほぼ垂直に分裂し，一方の娘細胞はニッチ細胞と接したまま卵子幹細胞にとどまるが，もう一方はニッチ細胞から離れることにより液性因子の作用が減少し分化過程に入る．卵子幹細胞は胚の卵巣の前半部にある始原生殖細胞に由来する．これらの始原生殖細胞は，幼虫-蛹移行期に形成されるニッチ細胞と接して生殖幹細胞となる．一方，残りの始原生殖細胞は，卵子幹細胞に分化することなく直接卵細胞への分化過程に入る．このことから，胚卵巣中の始原生殖細胞は卵細胞へ分化する能力を持っているが，前半部に位置する始原生殖細胞では未分化状態が成虫期まで維持され卵子幹細胞として機能するようになると考えられる．

（小林　悟・浅岡美穂）

引用文献

Asaoka M, Lin H (2004) Germline stem cells in the Drosophila ovary descend from pole cells in the anterior region of the embryonic gonad, *Development*, 131 ; 5079-5089.

Asaoka-Taguchi M, Yamada M, Nakamura A, et al (1999) Maternal Pumilio acts together with Nanos in germline development in Drosophila embryos, *Nat Cell Biol*, 1 ; 431-437.

Boyle M, DiNardo S (1995) Specification, migration and assembly of the somatic cells of the Drosophila gonad, Development, 121 ; 1815-1825.

Campos-Ortega JA, Hartenstein V (1997) The embryonic development of *Drosophila melanogaster*, Springer, Berlin.

Casanueva MO, Ferguson EL (2004) Germline stem cell number in the Drosophila ovary is regulated by redundant mechanisms that control Dpp signaling, *Development*, 131 ; 1881-1890.

Chen D, McKearin D (2003) Dpp signaling silences bam transcription directly to establish asymmetric divisions of germline stem cells, *Curr Biol*, 13 ; 1786-1791.

Chen D, McKearin D (2005) Gene circuitry controlling a stem cell niche, *Curr Biol*, 15 ; 179-184.

Decotto E, Spradling AC (2005) The Drosophila ovarian and testis stem cell niches : similar somatic stem cells and signals, *Dev Cell*, 9 ; 501-510.

DeFalco TJ, Verney G, Jenkins AB, et al (2003) Sex-specific apoptosis regulates sexual dimorphism in the Drosophila embryonic gonad, *Dev Cell*, 5 ; 205-216.

Deng W, Lin H (1997) Spectrosomes and fusomes anchor mitotic spindles during asymmetric germ cell divisions and facilitate the formation of a polarized microtubule array for oocyte specification in Drosophila, *Dev Biol*, 189 ; 79-94.

Deshpande G, Calhoun G, Yanowitz JL, et al (1999) Novel functions of nanos in downregulating mitosis and transcription during the development of the Drosophila germline, *Cell*, 99 ; 271-281.

Forbes A, Lehmann R (1998) Nanos and Pumilio have critical roles in the development and function of *Drosophila* germline stem cells, *Development*, 125 ; 679-690.

Fuller MT, Spradling AC (2007) Male and female Drosophila germline stem cells : two versions of immortality, *Science*, 316 ; 402-404.

Godt D, Laski FA (1995). Mechanisms of cell rearrangement and cell recruitment in Drosophila ovary morphogenesis and the requirement of bric a brac, *Development*, 121 ; 173-187.

Gilboa L, Lehmann R (2004) Repression of primordial germ cell differentiation parallels germ line stem cell maintenance, *Curr Biol*, 14 ; 981-986.

Hanyu-Nakamura K, Sonobe-Nojima H, Tanigawa A, et al (2008) Drosophila Pgc protein inhibits P-TEFb recruitment to chromatin in primordial germ cells, *Nature*, 451 ; 730-733.

Hayashi Y, Hayashi M, Kobayashi S (2004) Nanos suppresses somatic cell fate in *Drosophila* germ line, *Proc Natl Acad Sci USA*, 101 ; 10338-10342.

Illmensee K, Mahowald AP (1974) Transplantation of posterior polar plasm in *Drosophila*. Induction of germ cells at the anterior pole of the egg, *Proc Natl Acad Sci USA*, 71 ; 1016-1020.

Illmensee K, Mahowald AP (1976) The autonomous function of germ plasm in a somatic region of the Drosophila egg, *Exp Cell Res*, 97 ; 127-140.

Illmensee K, Mahowald AP, Loomis MR (1976) The ontogeny of germ plasm during oogenesis in Drosophila, *Dev Biol*, 49 ; 40-65.

Jin Z, Xie T (2007) Dcr-1 maintains Drosophila ovarian stem cells, *Curr Biol*, 17 ; 539-544.

Jones RC, Lin M (1993) Spermatogenesis in birds, *Oxf Rev Reprod Biol*, 15 ; 233-264.

Kai T, Spradling A (2004) Differentiating germ cells can revert into functional stem cells in Drosophila melanogaster ovaries, *Nature*, 428 ; 564-569.

Kiel MJ, Yilmaz OH, Iwashita T, et al (2005) SLAM family receptors distinguish hematopoietic stem and progenitor cells and reveal endothelial niches for stem cells, *Cell*, 121 ; 1109-1121.

Kimble J, Hirsh D (1979) The postembryonic cell lineages of the hermaphrodite and male gonads in Caenorhabditis elegans, *Dev Biol*, 70 ; 396-417.

Kimble J, Crittenden SL (2007) Controls of germline stem cells, entry into meiosis, and the sperm/oocyte decision in Caenorhabditis elegans, *Annu Rev Cell Dev Biol*, 23 ; 405-433.

King FJ, Szakmary A, Cox DN, et al (2001) Yb modulates the divisions of both germline and somatic stem cells through piwi- and hh-mediated mechanisms in the Drosophila ovary, *Mol Cell*, 7 ; 497-508.

King RC (1970) Ovarian development in *Drosophila melanogaster*, Academic Press, New York.

Kobayashi, S, Mizuno, H, Okada, M (1988) Accumulation and spatial distribution of poly-A+ RNA in oocytes and early embryos of Drosophila melanogaster, *Develop Growth Differ*, 30 ; 251-260.

Lamb, MM, Laird, CD (1976) Increase in nuclear poly (A)-containing RNA at syncytial blastoderm in *Drosophila melanogaster* embryos, *Dev. Biol*, 52 ; 31-42.

Lin H, Spradling AC (1993) Germline stem cell division and egg chamber development in transplanted *Drosophila* germaria, *Dev Biol*., 159 ; 140-152.

Lin H, Yue L, Spradling AC (1994) The *Drosophila* fusome, a germline-specific organelle, contains membrane skeletal proteins and functions in cyst formation, *Development*, 120 ; 947-956.

Lin H, Spradling AC (1997) A novel group of pumilio mutations affects the asymmetric division of germline stem cells in the *Drosophila* ovary, *Development*, 124 ; 2463-2476.

Littlefield CL (1985) Germ cells in Hydra oligactis males. I. Isolation of a subpopulation of interstitial cells that is developmentally restricted to sperm production, *Dev*

Biol, 112 ; 185-193.
Martinho RG, Kunwar PS, Casanova J, et al (2004) A noncoding RNA is required for the repression of RNApolII-dependent transcription in primordial germ cells, *Curr Biol*, 14 ; 159-165.
McKearin DM, Spradling AC (1990) bag-of-marbles : a Drosophila gene required to initiate both male and female gametogenesis. *Genes Dev*, 4 ; 2242-2251.
McKearin D, Ohlstein B (1995) A role for the *Drosophila* bag-of-marbles protein in the differentiation of cystoblasts from germline stem cells, *Development*, 121 ; 2937-2947.
Mukai M, Hayashi Y, Kitadate Y, et al (2007) MAMO, a maternal BTB / POZ-Zn-finger protein enriched in germline progenitors is required for the production of functional eggs in *Drosophila*, *Mech Dev*, 124 ; 570-583.
Nelsen OE (1953) The Comparative Embryology of the Vertebrates, Blackiston, New York.
Neumüller RA, Betschinger J, Fischer A et al (2008). Mei-P26 regulates microRNAs and cell growth in the *Drosophila* ovarian stem cell lineage. *Nature*, 454 ; 241-245.
Nishimiya-Fujisawa C, Sugiyama T (1993) Genetic analysis of developmental mechanisms in Hydra. XX. Cloning of interstitial stem cells restricted to the sperm differentiation pathway in *Hydra magnipapillata*, *Dev Biol*, 157 ; 1-9.
Okada M, Kleinman IA, Schneiderman HA (1974) Restoration of fertility in sterilized *Drosophila* eggs by transplantation of polar cytoplasm, *Dev Biol*, 37 ; 43-54.
Oakberg EF (1956a) A description of spermatogenesis in the mouse and its use in analysis of the cycle of the seminiferous epithethlium and germ cell renewal, *AM. J. Anat*. 99 ; 391-409.
Oakberg EF (1956b) Duration of spermatogenesis in the mouse and timing of stages of the cycle of the seminiferous epithethlium, *AM. J. Anat*. 99 ; 507-516.
Park JK, Liu X, Strauss TJ, et al (2007) The miRNA pathway intrinsically controls self-renewal of *Drosophila* germline stem cells, *Curr Biol*, 17 ; 533-538.
Russell J, Gennissen A, Nusse R (1992) Isolation and expression of two novel Wnt/wingless gene homologues in *Drosophila*, *Development*, 115 ; 475-485.
Seydoux G, Dunn MA (1997) Transcriptionally repressed germ cells lack a subpopulation of phosphorylated RNA polymerase II in early embryos of Caenorhabditis elegans and *Drosophila* melanogaster, *Development*, 124 ; 2191-2201.
Schofield R (1978) The relationship between the spleen colony-forming cell and the haemopoietic stem cell, *Blood Cells*, 4 ; 7-25.
Schulz C, Wood CG, Jones DL, et al (2002) Signaling from germ cells mediated by the rhomboid homolog stet organizes encapsulation by somatic support cells, *Development*, 129 ; 4523-4534.
Schüpbach T, Wieschaus E, Nöthiger R (1978) A study of the female germ line in mosaics of *Drosophila*, *Wilhelm Roux Arch*, 184 ; 41-56.
Song X, Zhu CH, Doan C, et al (2002) Germline stem cells anchored by adherens junctions in the *Drosophila* ovary niches, *Science*, 296 ; 1855-1857.
Song X, Wong MD, Kawase E, et al (2004) Bmp signals from niche cells directly repress transcription of a differentiation-promoting gene, *bag of marbles*, in germline stem cells in the *Drosophila* ovary, *Development*, 131 ; 1353-1364.
Song X, Call GB, Kirilly D, et al (2007) Notch signaling controls germline stem cell niche formation in the *Drosophila* ovary, *Development*, 134 ; 1071-1080.
Szakmary A, Cox DN, Wang Z, et al (2005) Regulatory relationship among *piwi*, *pumilio*, and *bag-of-marbles* in Drosophila germline stem cell self-renewal and differentiation, *Curr Biol*. 15 ; 171-178.
Telfer WH. (1975) Development and physiology of the oocyte-nurse cell syncytium, *Adv Insect Physiol*, 11 ; 223-319.
Van Doren M, Williamson AL, Lehmann R (1998) Regulation of zygotic gene expression in *Drosophila* primordial germ cells, *Curr Biol*, 8 ; 243-246.
Wang Z, Lin H (2004) Nanos maintains germline stem cell self-renewal by preventing differentiation, *Science*, 303 ; 2016-2019.
Ward EJ, Shcherbata HR, Reynolds SH, et al (2006) Stem cells signal to the niche through the Notch pathway in the *Drosophila* ovary, *Curr Biol*, 16 ; 2352-2358.
Wieschaus E, Szabad J (1979) The development and function of the female germline in *Drosophila melanogaster* : a cell lineage study, *Dev Biol*, 68 ; 29-46.
Wourms JP (1977) Reproduction and development in chondrichthyan fishes, *Am Zool*, 17 ; 349-410.
Xi R, Doan C, Liu D, et al (2005) Pelota controls self-renewal of germline stem cells by repressing a Bam-independent differentiation pathway, *Development*, 132 ; 5365-5374.
Xie T, Spradling AC (1998) decapentaplegic is essential for the maintenance and division of germline stem cells in the Drosophila ovary, *Cell*, 94 ; 251-260.
Xie T, Spradling AC (2000) A niche maintaining germ line stem cells in the *Drosophila* ovary, *Science*, 290 ; 328-330.
Yamashita YM, Jones DL, Fuller MT (2003) Orientation of asymmetric stem cell division by the APC tumor suppressor and centrosome, *Science*, 301 ; 1547-1550.
Yang L, Chen D, Duan R, et al (2007) Argonaute 1 regulates the fate of germline stem cells in *Drosophila*, *Development*, 134 ; 4265-4272.
Yatsu J, Hayashi M, Mukai M, et al (2008) Maternal RNAs encoding transcription factors for germline-specific gene expression in *Drosophila* embryos, *Int J Dev Biol*, 52 ; 913-923.
Yoshida S, Sukeno M, Nabeshima Y (2007) A vasculature-associated niche for undifferentiated spermatogonia in the mouse testis, *Science*, 317 ; 1722-1726.
Zalokar M (1976) Autoradiographic study of protein and RNA formation during early development of *Drosophila* eggs, *Dev Biol*, 49 ; 425-437.
Zhu CH, Xie T (2003) Clonal expansion of ovarian germline stem cells during niche formation in *Drosophila*, *Development*, 130 ; 2579-2588.

I-3

生殖系列の決定機構とその特性

Key words
始原生殖細胞／単一細胞 cDNA 解析／体細胞化抑制／潜在的分化多能性／後成的ゲノム修飾再編成

はじめに

多細胞生物を構成する細胞は体細胞と生殖細胞に大別される．体細胞が個体を形成・維持するため多様に分化し，ゲノム情報を活用して生理機能を果たすのに対し，生殖細胞は個体を形成しうる全分化能を保持したまま，幾世代にもわたりゲノム情報を継承していく．そのため，個体の老化に伴い劣化する体細胞ゲノムとは対照的に，生殖細胞のゲノムは完全な状態で維持され，受精に伴いその潜在能力を開放し個体を再構築する．

生殖細胞は，雄性・雌性生殖細胞の分化，インプリントの消去と再獲得を含む広範なゲノム後成的修飾の再編成，減数分裂による遺伝情報の多様化等の，複雑な機構を経て成熟していく (McLaren, 2003；Saitou, 2008；Sasaki, Matsui, 2008)．本節では，哺乳類の胚発生過程において生殖細胞が体細胞から分離し，その特質の獲得を開始する過程について近年の知見を含めて概説したい．

1 生殖細胞形成の前成機構と後成機構

生殖細胞は，発生初期に精子および卵子の源となる**始原生殖細胞** (PGC, primordial germ cell) が形成され，体細胞から分離される．その形成機構は，前成と後成に大別される (Extavour, Akam, 2003；Seydoux, Braun, 2006)．前成機構では，ミトコンドリアやタンパク質・RNA 複合体から形成される母性決定因子 (生殖質，生殖顆粒，極顆粒) が卵子の一部に局在しており，発生の過程でそれを受け継いだ細胞のみが生殖細胞となる (Eddy, 1975)．前成機構により生殖細胞が形成される生物種には，モデル生物として汎用されるキイロショウジョウバエ *Drosophila melanogaster*，線虫 *Caenorhabditis elegans*，ゼブラフィッシュ *Danio rerio*，アフリカツメガエル *Xenopus laevis* などが含まれる．生殖細胞系列の決定機構の研究は，これらのモデル生物を用いて生殖質の構成因子を決定したり，その形成に必要な遺伝子を同定したりすることにより進められてきた．決定直後の生殖細胞における各生物に共通する特徴として，種によってそのメカニズムは異なるものの，全ゲノムレベルにおいて転写抑制が起きることが明らかにされている (Nakamura, Seydoux, 2008；Strome, Lehmann, 2007)．これは，発生初期にさまざまなシグナルにより個体を形成する体細胞の運命が決定さ

始原生殖細胞 (Primordial germ cell)：生殖細胞 (卵子・精子) の起源となる細胞は，胚発生の比較的初期に生じ，始原生殖細胞 (PGC) と呼ばれる．多くの生物種では PGC は生殖巣以外の場所で形成され，胚発生の進行とともに生殖巣へと移動し，そこで増殖・成熟する．

れていく中で，生殖細胞のみがそれらの影響を排して卵子の持つ未分化性を維持するために必要なのであろうと考えられている．

しかしながら，哺乳類の生殖細胞形成はこの機構によらない．議論は残るものの，哺乳類の受精卵は基本的に無極性であり，卵割期はおろか胚盤胞期後期にすら生殖細胞のみを生ずる細胞は同定されず，電子顕微鏡によっても生殖質に相当する構造は見出されてこなかった（Eddy, 1975；McLaren, 2003）．このように予定生殖細胞領域があらかじめ決定されず，多能性の細胞が細胞外のシグナルに応答して生殖細胞へ分化する様式を生殖細胞の後成機構と呼ぶ．多くの非モデル生物を含む研究の蓄積により，後成機構の方が前成機構よりも進化的に古く，また広汎に見られる生殖細胞の決定機構ではないかと推測されている（Extavour, Akam, 2003）．

このように生殖細胞系列の決定機構が種によって異なる一方で，後の発生過程において働くさまざまな分子が進化的に保存されていることも明らかになりつつあり（後述）（Carmell et al, 2007；Deng, Lin, 2002；Fujiwara et al, 1994；Kuramochi-Miyagawa et al, 2004；Kuramochi-Miyagawa et al, 2008；Soper et al, 2008；Tsuda et al, 2003；Youngren et al, 2005），生殖細胞に共通する本質的な性質の反映かもしれない．

2 哺乳類生殖細胞系列の決定機構

(A) マウスの初期発生

哺乳類の代表的モデル生物であるマウス *Mus musculus* では，生殖細胞系列は体細胞と共通の前駆細胞から，発生初期に細胞外のシグナルにより分化して生じる．その導入としてマウスの初期発生を概説する（図 I-3-1）．

哺乳類の胚発生は，成熟した生殖細胞である卵子と精子の結合により開始し，複雑かつ精巧な調節機構により支配される．前述したように，マウスの受精卵には将来の胚発生を規定するような構造が存在せず，また，さまざまな発生学的実験から，基本的に無極性であると考えられている（Kurotaki et al, 2007；Motosugi et al, 2005）．受精直後のマウス胚の発生能は卵子に蓄積された母性因子による（Burns et al, 2003；Nakamura et al, 2007；Ogushi et al, 2008；Payer et al, 2003；Tong et al, 2000；Wu et al, 2003）．その過程は，精子由来半数体ゲノムの後成的修飾の再構成（Morgan et al, 2005；Reik, 2007）（プロタミンの解離とヒストンの会合，それに伴う能動的なゲノムDNAの脱メチル化），雌性前核と雄性前核の融合による接合子二倍体ゲノムの形成，母性因子の分解，第一卵割，そして接合子由来の遺伝子発現の開始（Hamatani et al, 2004）へとつながる．さらに二度の細胞分裂を経て，8細胞期には外側の細胞が栄養外胚葉へと最初の細胞分化を遂げ，コンパクションを起こして胚の内外が分離される（桑実胚）．発生（受精後）3.5日（embryonic day 3.5：E3.5）には，胚は内腔を生じ，胚盤胞と呼ばれる100個程度の細胞からなる構造を構築する．胎子の全組織は内部細胞塊に由来し（Gardner, Rossant, 1979），また胚性幹細胞（ES細胞，embryonic stem cell）（Evans, Kaufman, 1981；Martin, 1981）も内部細胞塊から樹立される．さらに，内腔に接する内部細胞塊の一部は原始内胚葉へと分化し，胚体にさまざまな形態形成シグナルを送るようになる（Tam, Loebel, 2007）．

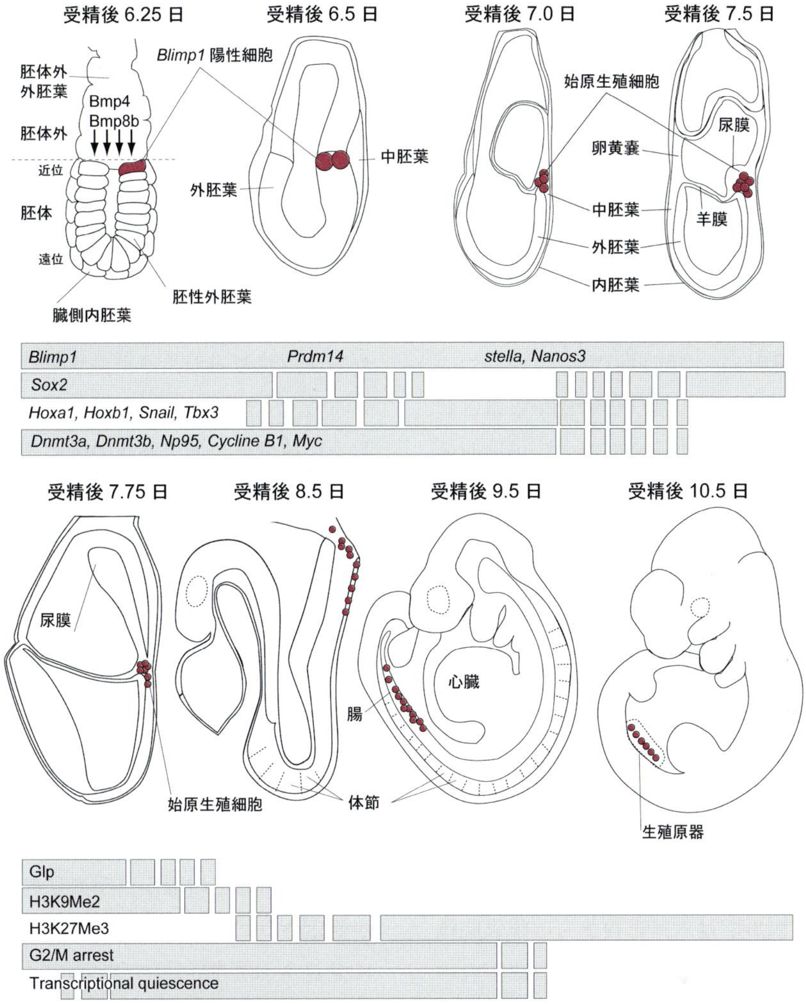

図Ⅰ-3-1．マウス初期発生の模式図

生殖細胞系列を赤色で示した．それぞれの発生段階において生殖細胞系列で獲得される分子的・細胞生物学的特性を，胚の模式図の下に示した．

E5.0ごろから胚盤胞は母体に着床し，栄養外胚葉が子宮内膜と融合して胎盤を形成する．E5.5には，内部細胞塊は一部の細胞のアポトーシスを介して，分化多能性を保持する一層の上皮シートからなる原始外胚葉（胚盤葉上層，エピブラスト）を形成する．栄養外胚葉のうち，内部細胞塊に接していた部分は胚体外外胚葉と呼ばれる上皮組織を形成し，原始外胚葉の最近位部と接する．また，原始内胚葉の一部は臓側内胚葉を形成して原始外胚葉を包み込む（図Ⅰ-3-1）．胚体外外胚葉と臓側内胚葉は原始外胚葉にさまざまなシグナルを送り，胎子の初期の形態形成を誘導する（Beddington, Robertson, 1999；Rossant, Tam, 2004；Tam, Loebel, 2007）．

E6.5ごろから，原始外胚葉は原腸陥入を開始し，上皮間葉転換（EMT, epithelial-mesenchymal transition）を介して中胚葉・内胚葉を形成し三胚葉構造を構築する．最も幼若な生殖細胞であるPGCは，三胚葉のいずれにも属さず，原腸陥入において特定の系譜に最初に分化した細胞として同定される．

(B) 古典的研究

古典的な研究により，マウスのPGCは，アルカリフォスファターゼ（TNAP, tissue non-specific alkaline phosphatase）活性の強い，40個程度の細胞のクラスターとして，E7.5の原条後部，胚体外中胚葉の尿膜基底部において同定されてきた(Ginsburg et al, 1990)． PGCはその後，徐々に数を増やしながら，尿膜基底部のクラスターから解離し，一つひとつ胚体内へと移動を開始し，後腸を形成する内胚葉および腸間膜を経由して，E10.5ごろから，形成されつつある生殖巣に達する．PGCはE12.5ごろまでは，そこで数を増やし続けるが，E13.5ごろから，雄性生殖巣においては増殖を停止し，雌性生殖巣においては減数分裂前期に入り，それぞれの性に固有の分化を遂げ，成体の精巣・卵巣にて精子や卵子へと成熟する（図I-3-1）．E7.5に出現するPGCは，胚のどこに由来し，いつどのようにして生殖細胞として決定され分化するのであろうか．発生学では，細胞の予定運命を決定する手段として細胞に色素を注入し，一定時間後に色素を受け継ぐ細胞がどの組織に寄与しているかを解析して予定運命地図（fate map）を作成する手法が用いられてきた．この手法を，E6.0およびE6.5マウス胚の原始外胚葉に適用すると，PGCの前駆体が，原始外胚葉の最近位部に位置する数層の細胞であることが示された（Lawson, Hage, 1994）．また，これらの細胞の中でPGCのみに寄与する細胞を見出すことができず，PGCとともに，必ず尿膜をはじめとする中胚葉組織の細胞もラベルされた．この実験をもとに，生殖細胞となるべき運命が，E7.0付近に，胚体外中胚葉にて決定されると考えられるようになった．また，すでに原腸陥入の始まったE6.75胚の，本来ならば生殖細胞に分化しない遠位部原始外胚葉の細胞を，他の胚の原始外胚葉近位部に移植すると，移植した細胞からPGCが出現することも示された（Tam, Zhou, 1996）．このことから，原始外胚葉がE6.75ごろまでは多能性を維持しており，生殖細胞系列の運命は近位部原始外胚葉が属する微小環境により決定されることが示唆された．

(C) 生殖細胞系列を決定するシグナル因子

現在までにマウス原始外胚葉からPGCを誘導するために必要なシグナル伝達因子がいくつか同定されている．*Bmp4*はそれらの中で最初に発見された遺伝子であり，E5.5ごろから胚体外外胚葉にて特異的に発現を開始する（Lawson et al, 1999）．*Bmp4*を欠損するとPGCはまったく形成されなくなる(Lawson et al, 1999)．しかしながら，*Bmp4*欠損胚では，PGCと同時に尿膜をはじめとする胚体外中胚葉の形成も起こらなくなることから，*Bmp4*シグナルがPGCを含む胚体外中胚葉系の細胞分化に必要であると考えられた．その後，他のシグナル因子（*Bmp8b, Bmp2*）（Ying et al, 2000；Ying, Zhao, 2001）や，Bmpシグナルに関わる受容体（*Alk2*） (de Sousa Lopes et al, 2004) や細胞内因子 (*Smad 1*, *Smad 4*, *Smad 5*) (Chang, Matzuk, 2001 ; Chu et al, 2004 ; Hayashi et al, 2002 ; Tremblay et al, 2001) がPGCの形成に必要であることが示されたが，同時にこれらの遺伝子の変異体は尿膜の形成異常なども示す．近年，単離培養した原始外胚葉にBmp4 (著者注：立体) を添加することにより，機能的なPGC様細胞が誘導されることが示された．また原始外胚葉がBmp4に反応するためにWnt3 (著者注：立体) が必要であることや，前方臓側内胚葉 (Bmp4に拮抗する) の形成をBmp8b (著者注：立体) が抑制することが示され，PGC誘導シグナルの全容が明らかになりつつある (Ohinata et al., 2009)．

(D) PGCの潜在的分化多能性

生殖細胞は，接合により新たな個体を再構築する発生能 (全能性) を有する．一方で，内部細胞塊細胞や，ES細胞，iPS細胞 (induced pluripotent stem cell) を胚盤胞に注入すると，三胚葉すべてに由来する各細胞種に分化することができる．この能力は分化多能性 (pluripotency) と呼ばれるが，PGCはこうした実験ではどの組織にも貢献することができない．

ところが，胚発生の段階で生殖腺以外に到達したPGCは，三胚葉系の種々の細胞が混在する腫瘍である奇形腫 (teratoma) の原因となり，そこから分化多能性を示す，活発に増殖する胚性がん細胞 (EC細胞，embryonal carcinoma cell) が単離される (Mintz, Illmensee, 1975 ; Stevens, 1973)．また，PGCを特定の増殖因子とともに培養すると“脱分化”し，胚性生殖細胞 (EG細胞，embryonic germ cell) と呼ばれる分化多能性を持つ細胞になる (Matsui et al, 1992)．また，新生子精巣由来の生殖幹細胞 (GS細胞，germline stem cell) (Kanatsu-Shinohara et al, 2003) からもES細胞様の多能性幹細胞が樹立される (Kanatsu-Shinohara et al, 2004)．これらの知見は，生殖細胞系列が，一貫して潜在的に分化多能性を保持し続けていることを示唆している．

(E) 生殖細胞系列の内在性決定因子群

PGCが原始外胚葉より誘導される作用機序を解明するためには，決定直後の生殖細胞系列で機能する内在性因子，またそれらの細胞を特異的にマークする遺伝子の同定が必要であるが，マウスのPGCは胚発生初期に40個程度という少数の細胞として，かつ周囲の体細胞に囲まれた状態で確立されるため，通常の分子生物学的アプローチが困難であった．

胚発生の諸過程や，成体内のさまざまな組織の解析に存在するこの種の問題を解決するために，単一細胞中のcDNAを増幅しさまざまな分子生物学的解析を適用可能にする手法が確立され (Brady et al, 1995 ; Saito et al, 2004)，フェロモン受容体のクローニングなどの重要な発見がなされてきた (Brady et al, 1995 ; Chiang, Melton, 2003 ; Dulac, Axel, 1995 ; Saito et al, 2004 ; Saitou et al, 2002 ; Tietjen et al, 2003)．この手法および，その改良・発展によって，生殖細胞系列の内在性決定因子や，生殖細胞系列決定過程における遺伝子発現動態の詳細な解析が行われた (Kurimoto et al, 2008 ; Ohinata et al, 2005 ; Saitou et al, 2002 ; Yabuta et al, 2006 ; Yamaji, 2008)．

単一細胞cDNA解析：生体は多種多様な細胞が複雑に組み合わさって成立する機能体である．特に胚発生や，神経系，組織幹細胞などでは，しばしば少数の細胞が決定的に重要な役割を果たす．このような系において，各種細胞の遺伝子発現を正確に測定するためには細胞一つひとつの遺伝子発現 (mRNA) を別々に測定する必要がある．単一細胞に含まれるmRNAは非常に微量であるので，現代の分子生物学で用いられるさまざまな技術を応用するためには，mRNAを鋳型にcDNAを合成し，これを増幅しなければならない．近年その増幅の精度が向上し，単一細胞レベルでの定量的なcDNA解析が可能となった．また，高密度オリゴヌクレオチドマイクロアレイへの応用も可能となり，単一細胞マイクロアレイ法による定量的かつゲノムワイドな発現解析がなされるようになった．

(1) *fragilis* (*Mil-1, Ifitm3*), *stella* (*Pgc7, Dppa3*) の同定と Hox 遺伝子群の抑制

単一細胞 cDNA 解析法により，E7.25胚，尿膜基底部の PGC において特異的に高発現する遺伝子のクローニングが行われた (Saitou et al, 2002)．その時点では，PGC 特異的なマーカー遺伝子はまだ同定されておらず，胚体外外胚葉および中胚葉のマーカーとして *Bmp4*，中胚葉のマーカーとして *Hoxb1*，PGC を含む領域のマーカーとして *Tnap* が用いられた．*Bmp4* 陰性 *Tnap* 陽性のライブラリ (胚体外中胚葉細胞群) の中から，*Hoxb1* の発現の有無に基づき PGC と中胚葉細胞を比較し，前者において発現量の高い遺伝子として *fragilis* (*Mil*-1, *Ifitm3*) (Saitou et al, 2002；Tanaka, Matsui, 2002)，*stella* (*Pgc7*, *Dppa3*) (Bortvin et al, 2003；Saitou et al, 2002；Sato et al, 2002) が同定された．*fragilis* は，細胞接着および細胞周期遅延に関わることが示唆されるインターフェロン誘導性二回膜貫通タンパク質ファミリーのメンバーであり，*Bmp4* 依存的な発現を示した．また，*stella* は塩基アミノ酸残基に富んだ，初期胚および生殖細胞系列に特異的な発現を示す遺伝子であった．特に *stella* は，生体内では E7.0ごろより生殖細胞系列特異的な発現を示し，Tnap 活性に代わる初期の PGC の重要なマーカーとなった．重要なことに，この時期周囲の体細胞では例外なく Hox 遺伝子群 (*Hoxb1*, *Hoxa1*) が高い発現を示すのに対し，*stella* を発現する細胞ではそれらがほぼ完全に抑制されていた．しかしながらその一方で，これらの細胞では，他の代表的な中胚葉マーカーである *T* (*Brachyury*) や *Fgf8* が強く発現しており，PGC は中胚葉的性質を有しているとも考えられた．

前後軸方向にそって体細胞のパターン形成を行う Hox 遺伝子群の発現が PGC において特異的に抑制される事実は，生殖細胞が三胚葉のいずれにも属さず，潜在的な全能性を維持し続ける重要な機構の一つであると考えられる．また，ES 細胞の分化多能性維持や iPS 細胞誘導において中心的な役割を果たす *Sox2* (Avilion et al, 2003；Takahashi, Yamanaka, 2006) は，PGC のみに発現が認められ，また *Nanog* 遺伝子 (Chambers et al, 2003；Mitsui et al, 2003) の発現も PGC でのみ維持される (Yabuta et al, 2006)．*stella* の発現が Hox 遺伝子群の抑制と高く相関したことから，*stella* が Hox 遺伝子群の抑制に関わっていることが期待されたが，実際には *stella* 欠損マウスは PGC を正常に形成し，*stella* のこの過程における役割は否定された (Payer et al, 2003)．興味深いことに，後の詳細な解析により，*stella* が受精直後の能動的脱メチル化から雌性前核ゲノムを保護する母性因子であることが示された (Nakamura et al, 2007)．また，*fragilis* はそのファミリー遺伝子 (*Ifitm1*) とともに，PGC の移動に際して機能することが示唆されているが (Tanaka et al, 2005)，*fragilis* 欠損胚およびそのファミリー遺伝子群を欠損した胚は正常な生殖細胞を形成することも示されており (Lange et al, 2008)，さらなる解析が必要であろう．

(2) *Blimp1* の同定と解析

単一細胞 cDNA を用いたスクリーニングにより B-lymphocyte-induced maturation protein 1 (*Blimp1*，または *Prdm1*：PR domain containing1) の PGC 特異的な発現が同定された (Ohinata et al, 2005)．*Blimp1* は，β-インターフェロンの発

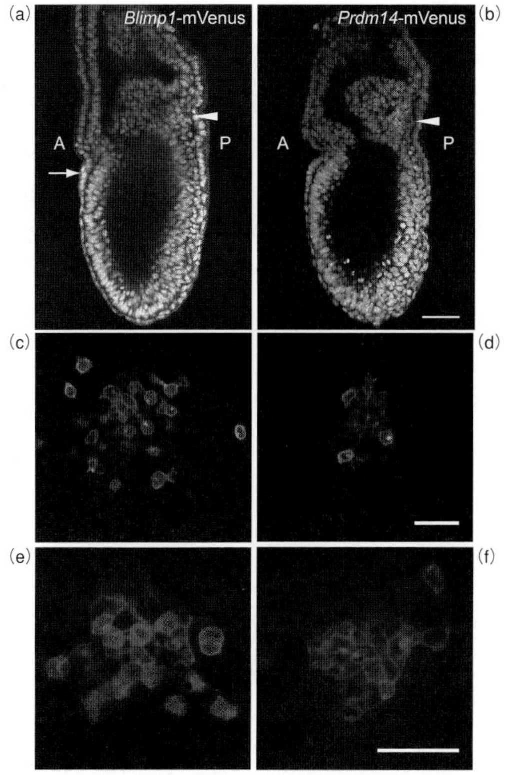

図Ⅰ-3-2．*Blimp1* と *Prdm14* の発現および遺伝子欠損胚における Sox2の発現

(a)(b) *Blimp1*(a) および *Prdm14*(b) のゲノム領域の制御化で，細胞膜にターゲットした Venus タンパク質(mVenus) を発現させるトランスジーンレポーターの，E7.0胚における発現を示した (Ohinata et al, 2008 ; Yamaji, 2008)．mVenus の発現を赤色で示す．矢頭で PGC のクラスターを，矢印で *Blimp1* の臓側内胚葉における発現を示した．*Blimp1* が PGC および臓側内胚葉での発現を示す一方，*Prdm14* は生殖細胞特異的に発現する．A : 前方(anterior)，P : 後方(posterior)．Bar, 50μm.
(c)(d) 野生型 (c) および *Blimp1* 欠損胚 (d) における Sox2の発現．Bar, 50μm.
(e)(f) 野生型 (e) および *Prdm14* 欠損胚 (f) における Sox2の発現．Bar, 40μm. *Blimp1*-mVenus の発現を白色で，Sox2の発現を赤色で示した (c-f)．

現抑制因子 (Keller, Maniatis, 1991)，また成熟B細胞における抗体産生B細胞への最終的な分化に必要かつ十分な遺伝子として同定され(Turner et al, 1994)，ヒストンメチル基転移酵素活性を有する SET ドメイン様の配列 (PR ドメイン) と Kruppel-type zinc-finger ドメインを有する転写抑制因子をコードする (Calame et al, 2003)．Blimp1は DNA 結合タンパク質であり，Groucho や HDAC2を含む転写抑制複合体 (Ren et al, 1999 ; Yu et al, 2000)，転写抑制的なヒストン H3リジン 9 ジメチル化修飾を触媒する酵素 G9a をリクルートする(Gyory et al, 2004)．また，Prmt5と複合体を形成しヒストン H2A/H4アルギニン3をメチル化することも報告されている (Ancelin et al, 2006)．*Blimp1* を欠損したマウス胎子は，E10.5ごろに血管形成異常による全身出血と背側大静脈中の血液貯留を起こし死亡する (Vincent et al, 2005)．*Blimp1* は PGC だけでなく臓側内胚葉や胚性内胚葉にも発現し，後に前肢や心臓などの形態形成や，血球系細胞や表皮系細胞などの多様な細胞種の分化決定に重要な役割を果たす (Horsley et al, 2006 ; Kallies et al, 2006 ; Magnusdottir et al, 2007 ; Martins et al, 2006 ; Robertson et al, 2007)．

In situ ハイブリダイゼーションやトランスジェニックマウスを用いた解析により，*Blimp 1* の発現が *Bmp 4* 依存的であることや，その開始が予想外に早く，原腸陥入の開始直前(E6.25)に原始外胚葉の最も後方かつ最近位部の，わずか数個の細胞にて始まることが示された (Ohinata et al, 2005)．これは *stella* が PGC をマークする時期 (E7.0) よりも明らかに早い．*Blimp1* 陽性細胞は，原腸陥入の進行に伴って数を増しながら，原条後部の胚体外中胚葉にてクラスターを形成する (図Ⅰ-3-2)．*Blimp1* を発現する細胞は，尿膜や卵黄嚢には寄与せず，ほぼす

べてがTnap強陽性，*stella* 陽性のPGCとなった（Ohinata et al, 2005）．

変異体マウスの解析により，*Blimp1*は遺伝子量依存的に生殖細胞の決定に寄与することが明らかになった（Ohinata et al, 2005；Robertson et al, 2007；Vincent et al, 2005）．すなわち，*Blimp1* ヘテロ変異マウスでは正常なPGCの数が減少しており，ホモ変異マウスでは正常なPGCはまったく形成されず，20個程度のTnap陽性細胞のクラスターが形成されるのみで，将来の生殖巣に向けて移動を開始することもなかった．これらの細胞は*stella*をはじめとするPGC関連因子を発現しておらず，またHox遺伝子群の発現も抑制されていなかった．これらの事実から，生殖細胞となる運命が，前述の細胞予定運命決定実験により予想されたよりもはるかに早く，原腸陥入直前に内在性因子*Blimp1*の発現により決定されることが明らかとなった．前述の細胞予定運命決定実験（Lawson et al, 1991）においてラベルされた細胞が*Blimp1*陰性であり，細胞分裂を経て*Blimp1*を発現するようになったと仮定すれば両者の知見は矛盾しない．近年，原始外胚葉の単離培養実験や，光変換蛍光タンパク質を用いた系譜追跡実験により，E5.5-E6.25の間の原始外胚葉が，PGCへと分化する能力をもつことが示された（Ohinata et al., 2009）．この期間がどのように決定されているのか，また数多の*Blimp1*を発現する組織の中でなぜ原始外胚葉のみがPGCとなることができるのかなど，生殖細胞コンピテンスの分子的基盤については今後の研究が必要となる．

(3) 単一細胞cDNA解析法の発展と，PGCにおける発現動態

前述の単一細胞cDNA解析法は，発現量の高い遺伝子のクローニングには非常に有効であったが，定量性や再現性については改善の余地があった．cDNA増幅法の改良によりこれらの点が改善され（Yabuta et al, 2006），高密度オリゴヌクレオチドマイクロアレイを用いた定量的な発現解析に適用できる手法へと発展した（Kurimoto et al, 2006；Kurimoto et al, 2007）．この手法を用いて，*Blimp1*によりマークされる生殖細胞系列（E6.25-E8.25）の遺伝子発現動態解析と，*Blimp1*の欠損によるその破綻過程の解析が行われた（Kurimoto et al, 2008；Yabuta et al, 2006）．

これらの解析により，PGCの形成初期は明らかに中胚葉誘導シグナルの影響下にあって，E6.75ごろまでは周囲の体細胞と同様，Hox遺伝子やT-box遺伝子をはじめとする数多くの中胚葉関連因子の発現が上昇し，同時に多能性の原始外胚葉で発現する多くの遺伝子（*Sox2, Nanog, Zic3*等）が抑制されることが示された．*Blimp1*を発現する生殖細胞系列だけが，その後*Sox2*等の発現を再開し，入れ替わりに中胚葉関連遺伝子の発現を抑制して*stella*陽性のPGCとなる．これらの細胞においても，*T*（*Brachyury*）や*Fgf8*を含む一部の中胚葉関連因子の発現は継続するが，その後減少し，生殖細胞系列と体細胞を分離する発生プログラムは，PGCの分化が確立した後も段階的に進行していると考えられる．

また，原始外胚葉から中胚葉にかけて発現が維持される遺伝子の一部（原始外胚葉-中胚葉関連因子）も，PGCで抑制を受ける．その遺伝子数は前述の中胚葉関連因子よりも多く，生殖細胞

体細胞化抑制：多細胞生物を構成する細胞は大きく体細胞と生殖細胞に二分される．体細胞は個体の死とともにその役割を終えるのに対し，生殖細胞は親から子へと受け継がれ，遺伝情報を伝達していく．このため生殖細胞は三胚葉のいずれにも属さず，独自の分化・成熟を遂げる．しかしながらPGCは，胚発生の進行に伴い，多様な形態形成や分化を促進する環境にさらされることとなる．さまざまな生物種において，そのようなシグナルの影響を排除し生殖細胞としての性質を保持するための分子機構が存在することが知られている．生物種によりその分子的な詳細は異なるものの，生殖細胞の決定的に重要な性質の一つが，「体細胞にはならないこと」であるという点は一致している．

系列における抑制プログラムの主要な部分を占めている（Kurimoto et al, 2008）．これらの遺伝子は後成的ゲノム修飾に関わる因子（*Dnmt3a, Dnmt3b, Np95, Glp*）や，細胞周期S期を促進する因子（*CyclinE1, Cdc25a* 等）や転写因子*Myc*を含んでおり，後述するゲノム後成的修飾の再編成や細胞周期の遅延ともよく一致する．

また，PGCでは，*Snail, Fgfr1*など上皮間葉転換を促進する遺伝子が抑えられ，N-カドヘリンなど間葉系のマーカー遺伝子の発現も抑制されていた．一方E-カドヘリンをはじめとする上皮マーカーの発現は維持されており，決定直後（E7.25-E8.25）のPGCは，典型的な上皮間葉転換（Lee et al, 2006a；Peinado et al, 2007）を経ずに原始外胚葉から分離して胚体外中胚葉中にクラスターを形成し，さらにそこから将来の生殖巣へと移動を開始することが示唆された．またBmpシグナルを伝達する内在性因子の発現調節の変化（*Smad1*，*Smad5*が徐々に抑制され，*Smad3*が発現上昇する）も示された．

このようにマウスのPGCの決定過程では転写は基本的に活発であり，上記のような複合的な発現抑制プログラムが**体細胞化を阻止**していると考えられる．これは，前成機構により形成される生殖細胞が，ゲノムレベルでの転写抑制により体細胞となるべき運命を免れるのと対照的である．

一方，*Blimp1*陽性細胞は，E6.5ごろから，*Prdm14*，*stella, Kit, Nanos3*（後述）をはじめとする多数のPGC特異的遺伝子を順序よく発現し，PGCとして特徴的な遺伝子プロファイルを確立し始める．詳細な解析により，Hox遺伝子群の抑制は，*stella*や*Nanos3*の獲得と並びPGC決定過程の最後に起きる現象であることが明らかになった．

*Blimp1*欠損胚では，前述の中胚葉関連因子と原始外胚葉-中胚葉関連因子の両方がほとんど抑制されなくなった．また，*Blimp1*欠損胚では，*stella*や*Nanos3*，*Sox2*などPGCへの特異性の高い遺伝子の多くが深刻な影響を受ける一方で，PGCで発現上昇する遺伝子全体の約半数が野生型と同様の発現を示す．このことから，*Blimp1*がPGC特異的な遺伝子発現へ深く関与する一方で，*Blimp1*に依存しない生殖細胞決定機構が存在することが示唆される（Kurimoto et al, 2008）．

(4) *Prdm14*の同定と解析

改善された単一細胞cDNA増幅法を用いたスクリーニングにより，*Blimp1*と同様のドメイン構成を持つ遺伝子*Prdm14*の，PGC特異的な発現が同定された（Yabuta et al, 2006）．*Prdm14*は，E6.5ごろより*Blimp1*陽性細胞にて発現を開始し，PGCを特異的にマークする．PGCにおける*Prdm14*の発現は*stella*をはじめPGCで高発現を示す遺伝子の大半より早く開始する（Kurimoto et al, 2008；Yabuta et al, 2006；Yamaji et al, 2008）．また生殖細胞系列における*Prdm14*の発現開始は*Bmp4-Smad*依存的であるが，*Blimp1*には依存しない（Yamaji et al, 2008）．ただし，その維持には*Blimp1*が必要である．*Prdm14*の発現は雌雄ともにE13.5–E14.5ごろまで継続する．*Prdm14*はPGCのみで発現し，卵子や精子を含めて正常な成体組織では発現を示さず，*Blimp1*が多様な細胞・組織で発現・機

潜在的分化多能性：個体を構成するすべての細胞に分化することができる能力（分化多能性）を有するES細胞やiPS細胞は多能性幹細胞と呼ばれ，あらゆる組織や臓器を再生しうる可能性を秘めた細胞として注目されている．ES細胞もiPS細胞も人工的な培養条件下で出現・維持される細胞で，自然界には存在しない．自然界では，卵子と精子の接合体である受精卵のみが，個体のすべてを構成する発生能（全能性）を持つ．卵子や精子の起源であるPGCは，そのままでは全能性も分化多能性も持たないが，特定の条件下で培養すると分化多能性を有するようになる．このためPGCは，生殖細胞として成熟し，卵子・精子の接合によって全能性を獲得するよりも前から，潜在的に全分化能を保持しているものと考えられる．これを生殖細胞の潜在的分化多能性と呼ぶ．

能するのとは対照的である（図Ⅰ-3-2）．

Prdm 14 欠損マウスは見かけ上正常な個体となるが，雌雄ともに生殖細胞を完全に欠いており，*Prdm 14* が生殖細胞形成に必須であることが示された（Yamaji et al, 2008）．*Prdm 14* 欠損マウスにおけるPGCの数は，野生型に比べE7.25ごろから減少し始め，将来の生殖巣への移動を開始する細胞の数はわずかである．やがてE12.5ごろまでには，PGCはほぼ完全に失われる．生殖細胞系列がE7.25ごろまでに胚体外中胚葉にて確立され，その後移動を始めることから，*Prdm 14* の欠損による異常は，主に生殖細胞系列の決定の段階で起きていると考えられる．

前述した生殖細胞系列の決定期を特徴づける多様な現象の代表として，(1)中胚葉化の抑制，(2)**潜在的分化多能性**の再獲得，(3)**後成的ゲノム修飾の再編成**（後述）をあげることができよう．このうち *Prdm 14* は，潜在的分化多能性の再獲得と後成的ゲノム修飾の再編成に必要であるが，中胚葉化の抑制には不要であることが示された（Yamaji et al, 2008）．すなわち，*Prdm 14* を欠損したPGCでは，(1) *Hoxb 1* や *Snail* をはじめとする中胚葉関連因子の発現は正常に抑制されるが，(2) *Sox 2* の発現再上昇はほとんど失われ，またEG細胞は樹立されず，(3)ヒストンH3リジン9ジメチル化の抑制やヒストンH3リジン27トリメチル化の上昇に代表される後成的ゲノム修飾の再編成が正常に起きない．

また *Prdm 14* 欠損胚においても，E7.5ごろまでは *Blimp 1* をはじめとした代表的なPGC特異的遺伝子群が正常に発現しており，*Prdm 14* の欠損によるPGC形成過程の破綻が，これらの遺伝子群の存在下で起きていることが示された（Yamaji et al, 2008）．

Prdm 14 は，E3.5の胚盤胞内部細胞塊で発現を示すが，E5.5の原始外胚葉においてはその発現は完全に失われる．また，ES細胞やEG細胞でも低レベルながら発現を示す（Yamaji et al, 2008）．ヒトの *PRDM 14* 遺伝子はES細胞で発現しており（Assou et al, 2007；Tsuneyoshi et al, 2008），また一部のがん細胞で発現量を上昇させることが示されている（Nishikawa et al, 2007）．これらの知見は，普遍的な細胞の未分化性・分化多能性と，*Prdm 14* の関連を示唆しておりさらなる解析が待たれる．

これらの研究から，生殖細胞系列の決定過程では *Blimp 1*（*Prdm 1*）と *Prdm 14* という二つのPRドメインタンパク質が重要な働きをすることが明らかになった．*Blimp 1* が中胚葉化の抑制を含む，生殖細胞系列の決定過程全体を支配するのに対し，*Prdm 14* は *Blimp 1* 非依存的に開始する生殖細胞形成プログラムの一つで，潜在的分化多能性の再獲得と後成的ゲノム再編成に重要な役割を果たす（図Ⅰ-3-3）．

(F) PGCの維持に関与する内在性因子

PGCの形成後，生殖巣に到達する前の段階で重要な役割を果たす内在性の因子がいくつか同定されており，前成機構による生殖細胞形成との共通性や，分化多能性との関連から興味深い．

(1) *Nanos3*，*Dnd1*

前成機構による生殖細胞と共通してマウスの

後成的ゲノム修飾再編成：ほぼすべての細胞のゲノムは同一の塩基配列を有するにも関わらず，多種多様な細胞が存在し，個体を形成・維持している．これは，DNAやヒストンの化学的修飾等，塩基配列以外にゲノムに後生的に付与された情報が細胞により異なることが一因である．生殖細胞は，老化や死を運命づけられた体細胞とは異なり，新たな個体の構築に備え，常にゲノム全体を新鮮な状態に保つ必要がある．このような機能は受精卵にも存在しており，それゆえに核移植技術により，受精卵に体細胞の核を移植するとその体細胞核由来の個体が新たに形成されるのである．マウスのPGCは，その起源を体細胞と共有しているため，一度体細胞へと向かった後生的情報をすべて消去し，新たに生殖細胞としての性質を付与しなおす必要がある．これを生殖細胞の後成的ゲノム修飾再編成と呼ぶ．

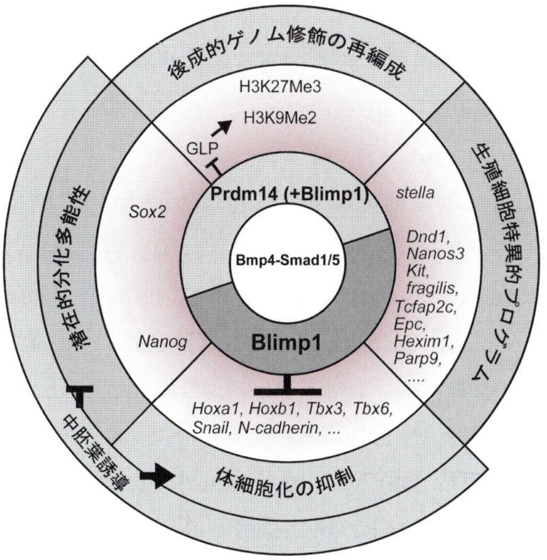

図Ⅰ-3-3．マウス生殖細胞系列決定過程における *Blimp1* および *Prdm14* の役割

Blimp1，*Prdm14* により制御されている生殖細胞の細胞生物学的特徴，またそれぞれを代表する遺伝子等を示した．*Blimp1* は体細胞化の抑制を含む，生殖細胞系列決定過程全般を支配している．一方，*Prdm14* は中胚葉誘導に応じた遺伝子発現の抑制や，多くの PGC 特異的な遺伝子発現には関わらないが，潜在的分化多能性の再獲得や後成的ゲノム修飾の再編成に必要である．

生殖細胞発生に必要であり，この時期に機能する遺伝子として *Nanos 3* と *Dnd 1* があげられる．*Nanos 3* はショウジョウバエの生殖細胞形成に必須の役割を果たす *Nanos* 遺伝子（Wang, Lehmann, 1991）のホモログとしてクローニングされ，E7.25ごろから PGC における発現を示す（Tsuda et al, 2003；Yabuta et al, 2006）．*Nanos 3* 欠損マウスでは，E7.5ごろには PGC が正常に形成されるように見えるが，E8.0ごろからアポトーシスにより減少し，生殖巣に到達するまで生存する PGC はほとんど存在しない．その表現型は *Prdm 14* 欠損マウス（Yamaji et al, 2008）と類似しているように見えるが，*Nanos 3* を欠損した PGC 様細胞でも，正常なヒストン H3 リジン 9 ジメチル化の抑制と，ヒストン H3 リジン27トリメチル化の上昇（後述）が観察され，*Nanos 3* が移動期の PGC におけるゲノム構成的修飾の再編成には寄与しないことが示されている（Seki et al, 2007）．

Dnd 1 は，PGC の減少と129/SV 系統マウスにおける自発性精巣奇形腫を示す *Ter* 変異（Noguchi, Noguchi, 1985；Stevens, 1973；Stevens, 1984）の原因遺伝子として同定され（Youngren et al, 2005），E6.75ごろから PGC での発現を開始する（Kurimoto et al, 2008；Yabuta et al, 2006）．*Ter* マウスでは E8.0後から数を減らし，わずかな PGC のみが生殖巣に到達する（Sakurai et al, 1995）．*Dnd 1* はゼブラフィッシュで PGC の移動に異常をきたす変異遺伝子 *dead end*（Weidinger et al, 2003）のマウスホモログであり，RNA 結合タンパク質をコードしている．Dnd1タンパク質は mRNA に結合して，マイクロ RNA を介した翻訳抑制を阻害する活性を持つことが示されており，ゼブラフィッシュでもマイクロ RNA miR-430による *Nanos 1* と *Tdrd 7* の翻訳抑制を阻害することで，生殖細胞におけるこれらのタンパク質の発現を保つ働きをすることが示唆されている（Kedde et al, 2007）．

(2) *Oct3/4*, *Nanog*, *Hif-2α*

Oct 3/4 は細胞の分化多能性に関わる代表的な遺伝子であり（Nichols et al, 1998；Niwa et al, 2000；Okazawa et al, 1991；Scholer et al, 1990；Scholer et al, 1989；Takahashi, Yamanaka, 2006），受精卵，内部細胞塊，原始外胚葉，生殖細胞系列において発現する（Scholer et al, 1990；Scholer et al, 1989）．*Oct 3/4* の体細胞における発現は E7.75ごろから低下し（Yabuta et al, 2006），やが

てPGCに限局される（Scholer et al, 1990；Scholer et al, 1989）．生殖細胞系列での*Oct3/4*の発現は，雌ではE13.0-E14.0に抑制されたのち出生後に卵子の成熟とともに再開し，雄では精子形成の初期まで保たれる．*Oct3/4*には少なくとも二つのエンハンサーが存在しており，着床前胚および生殖細胞系列における発現と，原始外胚葉における発現とで使い分けられている（Yeom et al, 1996）．*Oct3/4*を欠損した原始外胚葉細胞はPGCに分化することができない（Okamura et al, 2008）．また，PGC特異的に*Oct3/4*を欠損させるとアポトーシスを起こす（Kehler et al, 2004）．これらは，*Oct3/4*が生殖細胞の決定および生存に必須であることを示しており，*Oct3/4*を欠損した内部細胞塊が栄養外胚葉に分化することと対照的である（Nichols et al, 1998）．また，細胞の低酸素状態に応じて発現し，重要な働きをする転写因子*Hif-2α*（Keith, Simon, 2007）を欠損したマウスでは，E8.0にPGCの数が著しく減少する（Covello et al, 2006）．*Hif-2α*のターゲット遺伝子には*Oct3/4*が含まれており，循環系確立以前の低酸素状態で進行する胚発生において，PGCが*Oct3/4*の発現を維持するために*Hif-2α*が必要なのではないかと考えられる．

*Nanog*欠損マウスは着床直後に致死となり（Mitsui et al, 2003），また*Nanog*はES細胞の分化多能性を保つために重要な働きをする（Chambers et al, 2003；Mitsui et al, 2003）．*Nanog*はmRNAレベルでは原始外胚葉でも発現を維持しており，原腸陥入以降は生殖細胞に限局される（Kurimoto et al, 2008；Yabuta et al, 2006；Yamaguchi et al, 2005）．*Nanog*欠損ES細胞を用いたキメラ解析により，*Nanog*がE11.5以降の生殖細胞成熟過程に必要であることが示されている（Chambers et al, 2007）．

(3) Kit, Kitリガンド

古典的な研究により，*W*遺伝子座にコードされる膜貫通型チロシンキナーゼ受容体Kitと（Chabot et al, 1988；Geissler et al, 1988；Majumder et al, 1988；Mintz, Russell, 1957；Nocka et al, 1989；Qiu et al, 1988；Yarden et al, 1987），*Steel*遺伝子座にコードされるKitリガンドStem cell factor（Scf, Kitl）（Anderson et al, 1990；Copeland et al, 1990；Flanagan, Leder, 1990；Huang et al, 1990；Martin et al, 1990；McCoshen, McCallion, 1975；Witte, 1990；Zsebo et al, 1990a；1990b）が生殖細胞の生存・増殖・移動に必要であることが示されている．*Kit*はE7.25よりPGCで発現が上昇し（Kurimoto et al, 2008；Manova, Bachvarova, 1991；Yabuta et al, 2006），*Kit*を欠損するとPGCは一見正常に形成されるが，E8.5以降その数を増やすことができない（Buehr et al, 1993；Mintz, Russell, 1957）．また，Scfが移動中のPGCの*Bax*を介したアポトーシスを抑制することも示されている（De Miguel et al, 2002；Dolci et al, 1991；Matsui et al, 1991；Pesce et al, 1993；Runyan et al, 2006）．

(4) *Tiar*

T cell intracellular antigen-1（*Tia-1*）様遺伝子*Tiar*（*Tial1*）は，移動中のPGCの生存に必要であることが示されている（Beck et al, 1998）．*Tiar*はRNA結合タンパク質をコードしており（Kawakami et al, 1992），細胞ストレス条件下でeIF1, eIF3, 40Sリボソームと複合体を形成し翻訳抑制するとともに，mRNAをストレス顆

粒に隔離する機能を持つと考えられている（Anderson, Kedersha, 2002 ; Mazan-Mamczarz et al, 2006）．

(G) 移動期のPGCにおける後成的ゲノム修飾の再編成

多細胞生物を構成するほぼすべての細胞が同一の遺伝情報を持ちながら，分化して多様な機能・形態を持ち，その性質が細胞分裂を経て継承されるのは，ゲノムへ後成的に付与された情報（epigenetic information，エピジェネティック情報）によっている．その重要な機能として，不要な遺伝子が働き出さないように，細胞の分化状態に応じて不活化しておくことがあげられる．このような情報の分子的実体はクロマチンへの化学修飾であり，DNAのメチル化および，ヒストンN末端修（メチル化，リン酸化，アセチル化等）に大別される（Bernstein et al, 2007）．

生殖細胞は，その成熟過程で正常な次世代個体を再構築するため，E10.5ごろから生殖巣において，ゲノムインプリントの消去とその再構築，不活化したX染色体の再活性化を含むゲノム後成的情報の再編成を行う．この過程については長い研究の歴史があり，その詳細は本書第III章を参照されたい．

ところが，将来の生殖巣へと移動中のPGCにおいて，DNAのメチル化状態と，代表的な転写抑制的ヒストン修飾――ヒストンH3リジン9ジメチル化（H3K9Me2），ヒストンH3リジン27トリメチル化（H3K27Me3）――が劇的に変化することが知られている（Seki et al, 2005 ; Seki et al, 2007）．

DNAのメチル化は，哺乳類ではCpGジヌクレオチド中のシトシン5位メチル化によっており，遺伝子発現調節，ゲノム構造などを通して，胚発生，ゲノムインプリント，X染色体不活化などに関与している（Bird, 2002）．このメチル化は，現在までに知られている限りでは，維持メチル化酵素*Dnmt1*，新規メチル化酵素*Dnmt3a*および*Dnmt3b*により触媒される（Bestor, 1992 ; Okano et al, 1999）．*Dnmt1*は核タンパク質*Np*95により複製フォークにリクルートされる（Sharif et al, 2007）．

E7.25ごろのPGCとして確立した細胞中では，*Dnmt3a*,*Dnmt3b*の発現が低下し，また，*Dnmt1*の発現レベルは変化しないものの*Np95*の発現レベルが抑制される（Kurimoto et al, 2008）．この，既知のすべてのDNAメチル化装置の発現抑制に続き，DNAのメチル化レベルは，将来の生殖巣への移動を開始したPGC中（E8.0ごろ）で急激に低下し，その低メチル化状態は後腸，腸間膜を移動中には維持される（Seki et al, 2005）．E10.5以降，PGCが生殖巣に入るとさらにDNAメチル化レベルは減少する．このことから，PGCの脱メチル化過程は少なくとも2段階存在すると示唆される．

H3K9Me2はヒストンメチル化酵素G9a-Glp複合体により触媒される（Tachibana et al, 2002 ; Tachibana et al, 2005）．形成直後のPGCを抗体染色すると，ユークロマチン領域に，周囲の体細胞と同レベルの点状の染色を示す．形成直後のPGCは周囲の体細胞と同様の染色像を示すが，E7.75ごろからGlpの発現が急激に減少し，ついでH3K9Me2レベルが低下する．さらに，E9.5にはG9aの発現も低下し，H3K9Me2レベルは低いまま保たれる（Seki et al, 2005 ; Seki et al, 2007）．

H3K27Me3はポリコーム抑制複合体2の構成因子Ezh2-Eed-Suz12複合体により触媒される（Cao et al, 2002；Czermin et al, 2002；Kuzmichev et al, 2002；Muller et al, 2002）．H3K27Me3は，X染色体不活化に関する研究（Plath et al, 2003）や，ES細胞における修飾パターンの研究（Bernstein et al, 2006；Boyer et al, 2006；Lee et al, 2006b）から，H3K9Me2よりも可塑的な傾向にある修飾であることが示唆されている．また*Ezh2*がES細胞の樹立に重要な働きをすること，また着床前後の胚発生に必要であることから（Erhardt et al, 2003；O'Carroll et al, 2001），H3K27Me3は分化多能性細胞のゲノム可塑性に重要な役割を果たしているのではないかと考えられる．H3K27Me3は，形成直後のPGCでは，E8.0ごろまでは周囲の体細胞と同様にユークロマチン領域に染色像を示すが，E9.0ごろからそのレベルが急激に上昇し，生殖巣に入ったPGCにおいても，少なくともE12.5までは維持される（Seki et al, 2005）．

以上の知見から，PGCがそのアイデンティティを獲得した後，安定な発現抑制的ゲノム修飾であるH3K9Me2を除去し，それに従いDNAのメチル化が失われ，かわりにより可塑的なH3K27Me2へと変換することが示唆された（図I-3-1）．このような劇的なゲノム修飾の変換は他の細胞系譜では見られず，生殖細胞に特異的な機構であり，潜在的分化多能性の再獲得と関係があるだろうと考えられている．

この全ゲノムレベルでの後成的修飾の大転換は，細胞周期のG2/M移行阻害とRNAポリメラーゼIIによるmRNA転写の抑制を伴う（Seki et al, 2007）．詳細な解析によれば，生殖細胞系列として確立した40個程度のPGCは，少しずつ数を増しながら尿膜基底部のクラスターより解離し，後腸内胚葉へと移動する．後腸へ移動した時点で，100-200個程度になったPGCの過半数はG2期で細胞周期を停止する．そこでH3K9Me2レベルの低下に続いて転写抑制が起き，ついで高H3K27Me3状態となり，その後転写抑制が解除されるという，一連のプロセスが起きることが示唆される．全ゲノムレベルでの転写抑制は，ゲノム後成的修飾の変換途上にある核内で無秩序な転写を防ぐ役割があるのかもしれない．ゲノム後成的修飾の転換を終えたPGCは増殖を再開し，E10.5ごろには1-2万個のPGCが生殖巣へと到達し，後成的情報のさらなる再編成を受ける．

まとめ

これまでの研究の蓄積により，哺乳類における生殖細胞系列の決定機構についての理解が大きく前進した．これは遺伝子欠損マウスの詳細な解析，胎子の中のPGCやその前駆体の動態の緻密な観察，また単一細胞cDNA解析法による定量的・網羅的解析による．

改良された，マイクロアレイに適用可能な単一細胞cDNA増幅法は，生殖細胞系列のみならず，胚発生のあらゆる分野，成体内の各組織，体性幹細胞にも応用可能であり，今後，生体内における遺伝子発現の詳細な解析が可能となるであろう．

これまでの生殖細胞系列決定機構の研究は，主として生体内の細胞を対象としてきたが，特に確立直後のPGCは数が少なく他の多くの細胞中に埋もれているため，生化学的・細胞生物学的解析は困難である．また，ES細胞から生殖細胞を作出する研究がなされてきたが，その効率は決して高くはなく，それらを材料とした解析が現実的なレベルには達していない．体細胞と起源を同じくするPGCの誘導機序を正しく理解し，次世代個体を形成する能力やその潜在的分化多能性を論理的に再構成することは，生殖細胞系列形成機構のさらなる理解に重要であると考えられる．

（栗本一基・斎藤通紀）

引用文献

Ancelin K, Lange UC, Hajkova P, et al (2006) Blimp1 associates with Prmt5 and directs histone arginine methylation in mouse germ cells, *Nat Cell Biol*, 8 ; 623-630.

Anderson DM, Lyman SD, Baird A, et al (1990) Molecular cloning of mast cell growth factor, a hematopoietin that is active in both membrane bound and soluble forms, *Cell*, 63 ; 235-243.

Anderson P, Kedersha N (2002). Stressful initiations, J *Cell Sci* 115 ; 3227-3234.

Assou S, Le Carrour T, Tondeur S, et al (2007) A meta-analysis of human embryonic stem cells transcriptome integrated into a web-based expression atlas, *Stem Cells*, 25 ; 961-973.

Avilion AA, Nicolis SK, Pevny LH, et al (2003) Multipotent cell lineages in early mouse development depend on SOX2 function, *Genes Dev* 17 ; 126-140.

Beck AR, Miller IJ, Anderson P, et al (1998) RNA-binding protein TIAR is essential for primordial germ cell development, *Proc Natl Acad Sci USA*, 95 ; 2331-2336.

Beddington RS, Robertson EJ (1999) Axis development and early asymmetry in mammals, *Cell* 96 ; 195-209.

Bernstein BE, Meissner A, Lander ES (2007) The mammalian epigenome, *Cell*, 128 ; 669-681.

Bernstein BE, Mikkelsen TS, Xie X, et al (2006) A bivalent chromatin structure marks key developmental genes in embryonic stem cells, *Cell*, 125 ; 315-326.

Bestor TH (1992) Activation of mammalian DNA methyltransferase by cleavage of a Zn binding regulatory domain, *Embo J*, 11 ; 2611-2617.

Bird A (2002) DNA methylation patterns and epigenetic memory, *Genes Dev*, 16 ; 6-21.

Bortvin A, Eggan K, Skaletsky H, et al (2003) Incomplete reactivation of Oct4-related genes in mouse embryos cloned from somatic nuclei, *Development*, 130 ; 1673-1680.

Boyer LA, Plath K, Zeitlinger J, et al (2006) Polycomb complexes repress developmental regulators in murine embryonic stem cells, *Nature*, 441 ; 349-353.

Brady G, Billia F, Knox J, et al (1995) Analysis of gene expression in a complex differentiation hierarchy by global amplification of cDNA from single cells, *Curr Biol*, 5 ; 909-922.

Buehr M, McLaren A, Bartley A, et al (1993) Proliferation and migration of primordial germ cells in We/We mouse embryos, *Dev Dyn*, 198 ; 182-189.

Burns KH, Viveiros MM, Ren Y, et al (2003) Roles of NPM2 in chromatin and nucleolar organization in oocytes and embryos, *Science*, 300 ; 633-636.

Calame KL, Lin KI, Tunyaplin C (2003) Regulatory mechanisms that determine the development and function of plasma cells, *Annu Rev Immunol* 21 ; 205-230.

Cao R, Wang L, Wang H, et al (2002) Role of histone H3 lysine 27 methylation in Polycomb-group silencing, *Science*, 298 ; 1039-1043.

Carmell MA, Girard A, van de Kant HJ, et al (2007) MIWI2 is essential for spermatogenesis and repression of transposons in the mouse male germline, *Dev Cell*, 12 ; 503-514.

Chabot B, Stephenson DA, Chapman VM, et al (1988) The proto-oncogene c-kit encoding a transmembrane tyrosine kinase receptor maps to the mouse W locus, *Nature*, 335 ; 88-89.

Chambers I, Colby D, Robertson M, et al (2003) Functional expression cloning of nanog, a pluripotency sustaining factor in embryonic stem cells, *Cell*, 113;643-655.

Chambers I, Silva J, Colby D, et al (2007) Nanog safeguards pluripotency and mediates germline development, *Nature*, 450 ; 1230-1234.

Chang H, and Matzuk MM (2001) Smad5 is required for mouse primordial germ cell development, *Mech Dev*, 104 ; 61-67.

Chiang MK, Melton DA (2003) Single-cell transcript analysis of pancreas development, *Dev Cell*, 4 ; 383-393.

Chu GC, Dunn NR, Anderson DC, et al (2004) Differential requirements for Smad4 in TGFbeta-dependent patterning of the early mouse embryo, *Development*, 131 ; 3501-3512.

Copeland NG, Gilbert DJ, Cho BC, et al (1990) Mast cell growth factor maps near the steel locus on mouse chromosome 10 and is deleted in a number of steel alleles, *Cell* 63 ; 175-183.

Covello KL, Kehler J, Yu H, et al (2006) HIF-2alpha regulates Oct-4 : effects of hypoxia on stem cell function, embryonic development, and tumor growth, *Genes Dev*, 20 ; 557-570.

Czermin B, Melfi R, McCabe D, et al (2002) Drosophila enhancer of Zeste/ESC complexes have a histone H3 methyltransferase activity that marks chromosomal Polycomb sites, *Cell*, 111 ; 185-196.

De Miguel MP, Cheng L, Holland EC, et al (2002) Dissection of the c-Kit signaling pathway in mouse primordial germ cells by retroviral-mediated gene transfer, *Proc Natl Acad Sci USA*, 99 ; 10458-10463.

de Sousa Lopes SM, Roelen BA, Monteiro RM, et al (2004). BMP signaling mediated by ALK2 in the visceral endoderm is necessary for the generation of primordial germ cells in the mouse embryo, *Genes Dev*,

18 ; 1838-1849.
Deng W, Lin H (2002) miwi, a murine homolog of piwi, encodes a cytoplasmic protein essential for spermatogenesis. *Dev Cell*, 2 ; 819-830.
Dolci S, Williams DE, Ernst MK, et al (1991) Requirement for mast cell growth factor for primordial germ cell survival in culture, *Nature*, 352 ; 809-811.
Dulac C, Axel R (1995) A novel family of genes encoding putative pheromone receptors in mammals, *Cell*, 83 ; 195-206.
Eddy EM (1975) Germ plasm and the differentiation of the germ cell line. *Int Rev Cytol*, 43 ; 229-280.
Erhardt S, Su IH, Schneider R, et al (2003) Consequences of the depletion of zygotic and embryonic enhancer of zeste 2 during preimplantation mouse development, *Development*, 130 ; 4235-4248.
Evans MJ, Kaufman MH (1981) Establishment in culture of pluripotential cells from mouse embryos, *Nature*, 292 ; 154-156.
Extavour CG, Akam M (2003) Mechanisms of germ cell specification across the metazoans : epigenesis and preformation, *Development*, 130 ; 5869-5884.
Flanagan JG, Leder P (1990) The kit ligand : a cell surface molecule altered in steel mutant fibroblasts, *Cell*, 63 ; 185-194.
Fujiwara Y, Komiya T, Kawabata H, et al (1994) Isolation of a DEAD-family protein gene that encodes a murine homolog of Drosophila vasa and its specific expression in germ cell lineage, *Proc Natl Acad Sci USA*, 91 ; 12258-12262.
Gardner RL, Rossant J (1979) Investigation of the fate of 4-5 day post-coitum mouse inner cell mass cells by blastocyst injection, *J Embryol Exp Morphol*, 52 ; 141-152.
Geissler EN, Ryan MA, Housman DE (1988) The dominant-white spotting (W) locus of the mouse encodes the c-kit proto-oncogene, *Cell*, 55 ; 185-192.
Ginsburg M, Snow MH, McLaren A (1990) Primordial germ cells in the mouse embryo during gastrulation, *Development*, 110 ; 521-528.
Gyory I, Wu J, Fejer G, et al (2004) PRDI-BF1 recruits the histone H3 methyltransferase G9a in transcriptional silencing, *Nat Immunol*, 5 ; 299-308.
Hamatani T, Carter MG, Sharov AA, et al (2004) Dynamics of global gene expression changes during mouse preimplantation development, *Dev Cell*, 6 ; 117-131.
Hayashi K, Kobayashi T, Umino T, et al (2002) SMAD1 signaling is critical for initial commitment of germ cell lineage from mouse epiblast, *Mech Dev*, 118 ; 99-109.
Horsley V, O'Carroll D, Tooze R, et al (2006) Blimp1 defines a progenitor population that governs cellular input to the sebaceous gland, *Cell*, 126 ; 597-609.
Huang E, Nocka K, Beier DR, et al (1990) The hematopoietic growth factor KL is encoded by the Sl locus and is the ligand of the c-kit receptor, the gene product of the W locus, *Cell*, 63 ; 225-233.
Kallies A, Hawkins ED, Belz GT, et al (2006) Transcriptional repressor Blimp-1 is essential for T cell homeostasis and self-tolerance, *Nat Immunol*, 7 ; 466-474.
Kanatsu-Shinohara M, Inoue K, Lee J, et al (2004) Generation of pluripotent stem cells from neonatal mouse testis, *Cell*, 119 ; 1001-1012.
Kanatsu-Shinohara M, Ogonuki N, Inoue K, et al (2003) Long-term proliferation in culture and germline transmission of mouse male germline stem cells, *Biol Reprod*, 69 ; 612-616.
Kawakami A, Tian Q, Duan X, et al (1992) Identification and functional characterization of a TIA-1-related nucleolysin, *Proc Natl Acad Sci USA* 89 ; 8681-8685.
Kedde M, Strasser MJ, Boldajipour B, et al (2007) RNA-binding protein Dnd1 inhibits microRNA access to target mRNA, *Cell*, 131 ; 1273-1286.
Kehler J, Tolkunova E, Koschorz B, et al (2004) Oct4 is required for primordial germ cell survival., *EMBO Rep*, *5* ; 1078-1083.
Keith B, Simon MC (2007) Hypoxia-inducible factors, stem cells, and cancer, *Cell* 129 ; 465-472.
Keller AD, Maniatis T (1991) Identification and characterization of a novel repressor of beta-interferon gene expression, *Genes Dev*, 5 ; 868-879.
Kuramochi-Miyagawa S, Kimura T, Ijiri TW, et al (2004) Mili, a mammalian member of piwi family gene, is essential for spermatogenesis, *Development*, 131 ; 839-849.
Kuramochi-Miyagawa S, Watanabe T, Gotoh K, et al (2008) DNA methylation of retrotransposon genes is regulated by Piwi family members MILI and MIWI2 in murine fetal testes, *Genes Dev*, 22 ; 908-917.
Kurimoto K, Yabuta Y, Ohinata Y, et al (2006) An improved single-cell cDNA amplification method for efficient high-density oligonucleotide microarray analysis, *Nucleic Acids Res*, 34 ; e42.
Kurimoto K, Yabuta Y, Ohinata Y, et al (2007) Global single-cell cDNA amplification to provide a template for representative high-density oligonucleotide microarray analysis, *Nat Protoc*, 2 ; 739-752.
Kurimoto K, Yabuta Y, Ohinata Y, et al (2008a) Complex genome-wide transcription dynamics orchestrated by Blimp1 for the specification of the germ cell lineage in mice, *Genes Dev*, 22 ; 1617-1635.
Kurimoto K, Yamaji M, Seki Y, et al (2008b) Specification of the germ cell lineage in mice : a process orchestrated by the PR-domain proteins, Blimp1 and Prdm14, *Cell Cycle*, 7 ; 3514-3518.
Kurotaki Y, Hatta K, Nakao K, et al (2007) Blastocyst axis is specified independently of early cell lineage but aligns with the ZP shape, *Science*, 316 ; 719-723.
Kuzmichev A, Nishioka K, Erdjument-Bromage H, et al (2002) Histone methyltransferase activity associated with a human multiprotein complex containing the Enhancer of Zeste protein, *Genes Dev*, 16 ; 2893-2905.
Lange UC, Adams DJ, Lee C, et al (2008) Normal germ line establishment in mice carrying a deletion of the Ifitm/Fragilis gene family cluster, *Mol Cell Biol*, 28 ; 4688-4696.
Lawson KA, Dunn NR, Roelen BA, et al (1999) Bmp4 is required for the generation of primordial germ cells in the mouse embryo, *Genes Dev*, 13 ; 424-436.
Lawson KA, Hage WJ (1994) Clonal analysis of the origin of primordial germ cells in the mouse, *Ciba Found Symp*, 182 ; 68-84.
Lawson KA, Meneses JJ, Pedersen RA (1991) Clonal

analysis of epiblast fate during germ layer formation in the mouse embryo, *Development*, 113 ; 891-911.
Lee JM, Dedhar S, Kalluri R, et al (2006a) The epithelial-mesenchymal transition : new insights in signaling, development, and disease, *J Cell Biol*, 172 ; 973-981.
Lee TI, Jenner RG, Boyer LA, et al (2006b) Control of developmental regulators by Polycomb in human embryonic stem cells, *Cell*, 125 ; 301-313.
Magnusdottir E, Kalachikov S, Mizukoshi K, et al (2007) Epidermal terminal differentiation depends on B lymphocyte-induced maturation protein-1, *Proc Natl Acad Sci USA*, 104 ; 14988-14993.
Majumder S, Brown K, Qiu FH, et al (1988) c-kit protein, a transmembrane kinase : identification in tissues and characterization, *Mol Cell Biol*, 8 ; 4896-4903.
Manova K, Bachvarova RF (1991) Expression of c-kit encoded at the W locus of mice in developing embryonic germ cells and presumptive melanoblasts, *Dev Biol*, 146 ; 312-324.
Martin FH, Suggs SV, Langley KE, et al (1990) Primary structure and functional expression of rat and human stem cell factor DNAs, *Cell*, 63, 203-211.
Martin GR (1981) Isolation of a pluripotent cell line from early mouse embryos cultured in medium conditioned by teratocarcinoma stem cells, *Proc Natl Acad Sci USA*, 78 ; 7634-7638.
Martins GA, Cimmino L, Shapiro-Shelef M, et al (2006) Transcriptional repressor Blimp-1 regulates T cell homeostasis and function, *Nat Immunol*, 7 ; 457-465.
Matsui Y, Toksoz D, Nishikawa S, et al (1991) Effect of Steel factor and leukaemia inhibitory factor on murine primordial germ cells in culture, *Nature*, 353 ; 750-752.
Matsui Y, Zsebo K, Hogan BL (1992) Derivation of pluripotential embryonic stem cells from murine primordial germ cells in culture, *Cell*, 70 ; 841-847.
Mazan-Mamczarz K, Lal A, Martindale JL, et al. (2006) Translational repression by RNA-binding protein TIAR, *Mol Cell Biol*, 26 ; 2716-2727.
McCoshen JA, McCallion DJ (1975) A study of the primordial germ cells during their migratory phase in Steel mutant mice, *Experientia*, 31 ; 589-590.
McLaren A (2003) Primordial germ cells in the mouse, *Dev Biol*, 262 ; 1-15.
Mintz B, Illmensee K (1975) Normal genetically mosaic mice produced from malignant teratocarcinoma cells, *Proc Natl Acad Sci USA*, 72 ; 3585-3589.
Mintz B, Russell ES (1957) Gene-induced embryological modifications of primordial germ cells in the mouse, *J Exp Zool*, 134 ; 207-237.
Mitsui K, Tokuzawa Y, Itoh H, et al (2003) The Homeoprotein Nanog Is Required for Maintenance of Pluripotency in Mouse Epiblast and ES *Cells*, Cell, 113 ; 631-642.
Morgan HD, Santos F, Green K, et al (2005) Epigenetic reprogramming in mammals, *Hum Mol Genet*, 14 Spec No 1 : R47-58.
Motosugi N, Bauer T, Polanski Z, et al (2005) Polarity of the mouse embryo is established at blastocyst and is not prepatterned, *Genes Dev*, 19 ; 1081-1092.
Muller J, Hart CM, Francis NJ, et al (2002) Histone methyltransferase activity of a Drosophila Polycomb group repressor complex, *Cell*, 111 ; 197-208.
Nakamura A, Seydoux G (2008) *Less is more : specification of the germline by transcriptional repression*, Development, *In press*.
Nakamura T, Arai Y, Umehara H, et al (2007) PGC7/Stella protects against DNA demethylation in early embryogenesis, *Nat Cell Biol*, 9 ; 64-71.
Nichols J, Zevnik B, Anastassiadis K, et al (1998) Formation of pluripotent stem cells in the mammalian embryo depends on the POU transcription factor Oct4. *Cell*, 95 ; 379-391.
Nishikawa N, Toyota M, Suzuki H, et al (2007) Gene amplification and overexpression of PRDM 14 in breast cancers, *Cancer Res*, 67 ; 9649-9657.
Niwa H, Miyazaki J, Smith AG (2000) Quantitative expression of Oct-3/4 defines differentiation, dedifferentiation or self-renewal of ES cells, *Nat Genet*, 24 ; 372-376.
Nocka K, Majumder S, Chabot B, et al (1989) Expression of c-kit gene products in known cellular targets of W mutations in normal and W mutant mice--evidence for an impaired c-kit kinase in mutant mice, *Genes Dev*, 3 ; 816-826.
Noguchi T, Noguchi M (1985) A recessive mutation (ter) causing germ cell deficiency and a high incidence of congenital testicular teratomas in 129/Sv-ter mice, *J Natl Cancer Inst*, 75 ; 385-392.
O'Carroll D, Erhardt S, Pagani M, et al (2001) The polycomb-group gene Ezh 2 is required for early mouse development, *Mol Cell Biol*, 21 ; 4330-4336.
Ogushi S, Palmieri C, Fulka H, et al (2008) The maternal nucleolus is essential for early embryonic development in mammals, *Science* 319 ; 613-616.
Ohinata Y, Payer B, O'Carroll D, et al (2005) Blimp1 is a critical determinant of the germ cell lineage in mice, *Nature*, 436 ; 207-213.
Ohinata Y, Sano M, Shigeta M, et al (2008) A comprehensive, non-invasive visualization of primordial germ cell development in mice by the Blimp1-mVenus and stella-ECFP double transgenic reporter, *Reproduction*,136,503-514.
Ohinata Y, Ohta H, Shigeta M, et al (2009) A Signaling Principle for the Specification of the Germ Cell Lineage in Mice, *Cell*, 137 ; 571-584.
Okamura D, Tokitake Y, Niwa H, et al (2008) Requirement of Oct3/4 function for germ cell specification, *Dev Biol*, 317 ; 576-584.
Okano M, Bell DW, Haber DA, et al (1999) DNA methyltransferases Dnmt3a and Dnmt3b are essential for de novo methylation and mammalian development, *Cell*, 99 ; 247-257.
Okazawa H, Okamoto K, Ishino F, et al (1991) The oct3 gene, a gene for an embryonic transcription factor, is controlled by a retinoic acid repressible enhancer, *Embo J*, 10 ; 2997-3005.
Payer B, Saitou M, Barton SC, et al (2003) Stella is a maternal effect gene required for normal early development in mice, *Curr Biol*, 13 ; 2110-2117.
Peinado H, Olmeda D, Cano A (2007) Snail, Zeb and bHLH factors in tumour progression : an alliance against the epithelial phenotype? *Nat Rev Cancer*, 7 ; 415-428.

Pesce M, Farrace MG, Piacentini M, et al (1993) Stem cell factor and leukemia inhibitory factor promote primordial germ cell survival by suppressing programmed cell death (apoptosis), *Development*, 118 ; 1089-1094.
Plath K, Fang J, Mlynarczyk-Evans SK, et al (2003) Role of histone H3 lysine 27 methylation in X inactivation, *Science*, 300 ; 131-135.
Qiu FH, Ray P, Brown K, et al (1988) Primary structure of c-kit : relationship with the CSF-1/PDGF receptor kinase family--oncogenic activation of v-kit involves deletion of extracellular domain and C terminus, *Embo J*, 7 ; 1003-1011.
Reik W (2007) Stability and flexibility of epigenetic gene regulation in mammalian development, *Nature*, 447, 425-432.
Ren B, Chee KJ, Kim TH, et al (1999) PRDI-BF1/Blimp-1 repression is mediated by corepressors of the Groucho family of proteins, *Genes Dev*, 13 ; 125-137.
Robertson EJ, Charatsi I, Joyner CJ, et al (2007) Blimp1 regulates development of the posterior forelimb, caudal pharyngeal arches, heart and sensory vibrissae in mice, *Development*, 134 ; 4335-4345.
Rossant J, Tam PP (2004) Emerging asymmetry and embryonic patterning in early mouse development, *Dev Cell*, 7 ; 155-164.
Runyan C, Schaible K, Molyneaux K, et al (2006) Steel factor controls midline cell death of primordial germ cells and is essential for their normal proliferation and migration, *Development*, 133 ; 4861-4869.
Saito H, Kubota M, Roberts RW, et al (2004) RTP family members induce functional expression of mammalian odorant receptors, *Cell*, 119 ; 679-691.
Saitou M (2009) Specification of the germ lineage in mice, *Frontiers in Bioscience*, 14 ; 1068-1087.
Saitou M, Barton SC, Surani MA (2002) A molecular programme for the specification of germ cell fate in mice, *Nature*, 418 ; 293-300.
Sakurai T, Iguchi T, Moriwaki K, et al (1995) The ter mutation first causes primordial germ cell deficiency in ter/ter mouse embryos at 8 days of gestation, *Develop Growth Differ*, 37 ; 293-302.
Sasaki H, Matsui Y (2008) Epigenetic events in mammalian germ-cell development : reprogramming and beyond, *Nat Rev Genet*, 9 ; 129-140.
Sato M, Kimura T, Kurokawa K, et al (2002) Identification of PGC7, a new gene expressed specifically in preimplantation embryos and germ cells, *Mech Dev* 113 ; 91-94.
Scholer HR, Dressler GR, Balling R, et al (1990) Oct-4 : a germline-specific transcription factor mapping to the mouse t-complex, *Embo J* 9 ; 2185-2195.
Scholer HR, Hatzopoulos AK, Balling R, et al (1989) A family of octamer-specific proteins present during mouse embryogenesis : evidence for germline-specific expression of an Oct factor, *Embo J*, 8 ; 2543-2550.
Seki Y, Hayashi K, Itoh K, et al (2005) Extensive and orderly reprogramming of genome-wide chromatin modifications associated with specification and early development of germ cells in mice, *Dev Biol*, 278 ; 440-458.
Seki Y, Yamaji M, Yabuta Y, et al (2007) Cellular dynamics associated with the genome-wide epigenetic reprogramming in migrating primordial germ cells in mice, *Development*, 134 ; 2627-2638.
Seydoux G, Braun RE (2006) Pathway to totipotency : lessons from germ cells, *Cell* 127 ; 891-904.
Sharif J, Muto M, Takebayashi S, et al (2007) The SRA protein Np95 mediates epigenetic inheritance by recruiting Dnmt1 to methylated DNA, *Nature*, 450 ; 908-912.
Soper SF, van der Heijden GW, Hardiman TC, et al (2008) Mouse maelstrom, a component of nuage, is essential for spermatogenesis and transposon repression in meiosis, *Dev Cell*, 15 ; 285-297.
Stevens LC (1973) A new inbred subline of mice (129-terSv) with a high incidence of spontaneous congenital testicular teratomas, *J Natl Cancer Inst*, 50 ; 235-242.
Stevens LC (1984) Spontaneous and experimentally induced testicular teratomas in mice, *Cell Differ*, 15 ; 69-74.
Strome S, Lehmann R (2007) Germ versus soma decisions : lessons from flies and worms, *Science*, 316 ; 392-393.
Tachibana M, Sugimoto K, Nozaki M, et al (2002) G9a histone methyltransferase plays a dominant role in euchromatic histone H3 lysine 9 methylation and is essential for early embryogenesis, *Genes Dev*, 16 ; 1779-1791.
Tachibana M, Ueda J, Fukuda M, et al (2005) Histone methyltransferases G9a and GLP form heteromeric complexes and are both crucial for methylation of euchromatin at H3-K9, *Genes Dev*, 19 ; 815-826.
Takahashi K, Yamanaka S (2006) Induction of pluripotent stem cells from mouse embryonic and adult fibroblast cultures by defined factors, *Cell*, 126 ; 663-676.
Tam PP, Loebel DA (2007) Gene function in mouse embryogenesis : get set for gastrulation, *Nat Rev Genet*, 8 ; 368-381.
Tam PP, Zhou SX (1996) The allocation of epiblast cells to ectodermal and germ-line lineages is influenced by the position of the cells in the gastrulating mouse embryo, *Dev Biol*, 178 ; 124-132.
Tanaka SS, Matsui Y (2002) Developmentally regulated expression of mil-1 and mil-2, mouse interferon-induced transmembrane protein like genes, during formation and differentiation of primordial germ cells, *Mech Dev*, 119 Suppl 1 ; S261-267.
Tanaka SS, Yamaguchi YL, Tsoi B, et al (2005) IFITM/Mil/fragilis family proteins IFITM1 and IFITM3 play distinct roles in mouse primordial germ cell homing and repulsion, *Dev Cell*, 9 ; 745-756.
Tietjen I, Rihel JM, Cao Y, et al (2003) Single-cell transcriptional analysis of neuronal progenitors, *Neuron*, 38 ; 161-175.
Tong ZB, Gold L, Pfeifer KE, et al (2000) Mater, a maternal effect gene required for early embryonic development in mice, *Nat Genet*, 26 ; 267-268.
Tremblay KD, Dunn NR, Robertson EJ (2001) Mouse embryos lacking Smad1 signals display defects in extra-embryonic tissues and germ cell formation, *Development*, 128 ; 3609-3621.
Tsuda M, Sasaoka Y, Kiso M, et al (2003) Conserved role of nanos proteins in germ cell development, *Science*,

301 ; 1239-1241.
Tsuneyoshi N, Sumi T, Onda H, et al (2008) PRDM14 suppresses expression of differentiation marker genes in human embryonic stem cells, *Biochem Biophys Res Commun*, 367 ; 899-905.
Turner CA Jr, Mack DH, Davis MM (1994) Blimp-1, a novel zinc finger-containing protein that can drive the maturation of B lymphocytes into immunoglobulin-secreting cells, *Cell*, 77 ; 297-306.
Vincent SD, Dunn NR, Sciammas R, et al (2005) The zinc finger transcriptional repressor Blimp1/Prdm1 is dispensable for early axis formation but is required for specification of primordial germ cells in the mouse, *Development*, 132 ; 1315-1325.
Wang C, Lehmann R (1991) Nanos is the localized posterior determinant in Drosophila, *Cell*, 66 ; 637-647.
Weidinger G, Stebler J, Slanchev K, et al (2003) dead end, a novel vertebrate germ plasm component, is required for zebrafish primordial germ cell migration and survival., *Curr Biol*, 13 ; 1429-1434.
Witte ON (1990) Steel locus defines new multipotent growth factor, *Cell*, 63 ; 5-6.
Wu X, Viveiros MM, Eppig JJ, et al (2003) Zygote arrest 1 (Zar1) is a novel maternal-effect gene critical for the oocyte-to-embryo transition, *Nat Genet*, 33 ; 187-191.
Yabuta Y, Kurimoto K, Ohinata Y, et al (2006) Gene expression dynamics during germline specification in mice identified by quantitative single-cell gene expression profiling, *Biol Reprod*, 75 ; 705-716.
Yamaguchi S, Kimura H, Tada M, et al (2005) Nanog expression in mouse germ cell development, *Gene Expr Patterns*, 5 ; 639-646.
Yamaji M, Seki Y, Kurimoto K, et al (2008) Critical function of Prdm14 for the establishment of the germ cell lineage in mice, *Nat Genet*, 40 ; 1016-1022.
Yarden Y, Kuang WJ, Yang-Feng T, et al (1987) Human proto-oncogene c-kit : a new cell surface receptor tyrosine kinase for an unidentified ligand, *Embo J*, 6 ; 3341-3351.
Yeom YI, Fuhrmann G, Ovitt CE, et al (1996) Germline regulatory element of Oct-4 specific for the totipotent cycle of embryonal cells, *Development*, 122 ; 881-894.
Ying Y, Liu XM, Marble A, et al (2000) Requirement of Bmp8b for the generation of primordial germ cells in the mouse, *Mol Endocrinol*, 14 ; 1053-1063.
Ying Y, Zhao GQ (2001) Cooperation of endoderm-derived BMP2 and extraembryonic ectoderm-derived BMP4 in primordial germ cell generation in the mouse, *Dev Biol*, 232 ; 484-492.
Youngren KK, Coveney D, Peng X, et al (2005) The Ter mutation in the dead end gene causes germ cell loss and testicular germ cell tumours, *Nature*, 435 ; 360-364.
Yu J, Angelin-Duclos C, Greenwood J, et al (2000) Transcriptional repression by blimp-1 (PRDI-BF1) involves recruitment of histone deacetylase, *Mol Cell Biol*, 20 ; 2592-2603.
Zsebo KM, Williams DA, Geissler EN, et al (1990a) Stem cell factor is encoded at the Sl locus of the mouse and is the ligand for the c-kit tyrosine kinase receptor, *Cell*, 63 ; 213-224.
Zsebo KM, Wypych J, McNiece IK, et al (1990b) Identification, purification, and biological characterization of hematopoietic stem cell factor from buffalo rat liver--conditioned medium, *Cell*, 63 ; 195-201.

I-4

胚性幹細胞と卵子幹細胞

Key words

卵子幹細胞／ES 細胞／Vasa 遺伝子／iPS 細胞／卵形成

はじめに

哺乳類の配偶子は，すべて胎児期生殖腺の始原生殖細胞がその起源となる．雌の場合，胎生中期に卵巣原基内にある始原生殖細胞は，すべてが減数分裂に移行して増殖性を失う．このため，出生以降は二度と卵原細胞が再生されることはないとするのが定説である．これに対して，近年，卵巣外の細胞から新たな卵原細胞の補給があることを示唆する報告がなされた．本節では，まずこの研究報告が意味するところを検証する．また，類似の観点から，近年注目されている多能性幹細胞から体外培養によって作り出す卵子形成の現状と今後の可能性について概説する．

1 哺乳動物に卵子幹細胞はあるのだろうか

(A) マウスの卵子発生過程

哺乳類の性成熟後に始まる卵子形成のすべては，新生児卵巣に存在する原始卵胞が供給源であり，出生後に新たな卵原細胞を供給する幹細胞システムはないとされている．1951年に発表された S. Zuckerman (1951) の論文以降，半世紀以上にわたってこの定説に反駁する知見はなく，哺乳類卵子形成に幹細胞はないとする考え方はセントラルドグマとして受け入れられてきた．この間，マウスに代表される実験動物を対象とした多くの生殖生物学的解析もまた雌性生殖細胞は胎児期に増殖性を失い減数分裂期に移行することを証明してきた．一般に，マウスの始原生殖細胞 (PGC) が生殖腺原基への移動を完了するのは受精後11.5日目 (E11.5)，その後E12.5まで生殖腺内で PGC は増殖し，E13.5以降は雌雄の性分化に依存して雌雄の PGC は異なる発生経路をたどるとされている．すなわち，雄 PGC の場には周囲の雄化した支持細胞の制御を受けて増殖停止し，E15.5以降の出生期まで精原細胞前駆体のゴノサイト (Gonocyte) の状態にとどまった後，生後第 1 週目に減数分裂へ進行する精原細胞と終生の造精能を担う精子幹細胞に分岐する．一方，雌の場合にはすべての PGC が E13.5以降は減数分裂に移行し，出生前には厚糸 (Pachytene) 期，出生時には複糸 (Diplotene) 期に達した原始卵胞の形態をとる (McLaren, 2003)．マウスの場合，その卵胞数は約8000個/卵巣と算定され，性成熟期までにその約半数が細胞死などで失われるものの，それでも個体の寿命を通した排卵数を賄うには十分

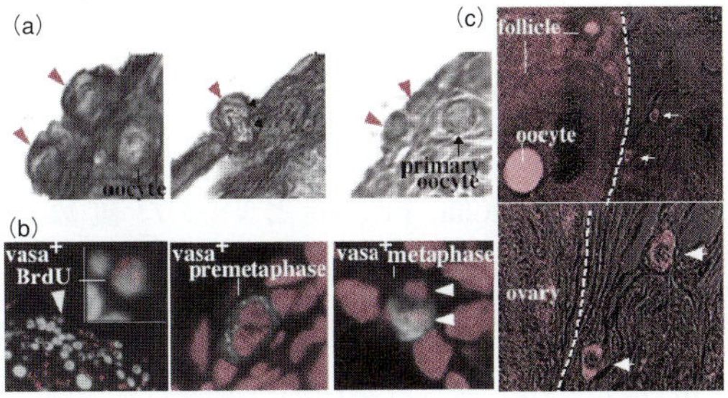

図Ⅰ-4-1．卵巣外に存在するVasa陽性生殖様細胞

(a) 卵巣皮膜に隣接して識別されるVasa陽性細胞（矢印）．(b) Vasa染色陽性（灰色）の一部はBrdU取り込み（赤色）でも陽性を示すほか，細胞分裂のM期像を示す．Johnson et al, 2004より改変．(c) 著者らの検定によってもVasa陽性細胞（赤色）は卵巣組織外に検出される（下図は拡大像）．

のストック量となる．また，まれに胎児生殖腺に移動できなかったPGCが観察されるが，これらは減数分裂に入るか，あるいは入らないまま胎児期内に細胞死することが知られている．したがって，雌の場合には出生時において増殖能を持つ生殖細胞は存在しないし，またその必要もないと考えることができる．これに対して2004年，この定説に疑問を投げかける論文がJ. Tillyらのグループから報告された(Johnson et al, 2004)．さらに，その翌年の続報（Johnson et al, 2005）は生殖腺外に**卵子幹細胞**が存在することを示したため，その研究結果は国際的な論議の的となった．現時点において，彼らの発見した細胞種は卵子幹細胞と認定できるものではないことで決着しているが，彼らの研究結果も一つの事実であることに間違いなく，哺乳類卵子形成解明の新しい展開を生む可能性に期待して，以下にこれまでの経緯を概説する．

(B) 骨髄細胞からの卵子形成を示す実験

Tillyらは生後卵巣内の原始卵胞の経時変化を調べるために，マウスVasa抗体を用いた卵母細胞の識別を行っていた．RNAヘリケース活性を持つVasaタンパク質はほとんどの動物種で生殖細胞系譜の特異形質としてよく知られ，マウスの卵形成ではPGCから未成熟卵までの全過程でその細胞質に局在する（Noce et al, 2001）．この解析において，彼らは卵巣の中だけでなく卵巣被膜に隣接する繊維細胞層にもVasa陽性の細胞が存在することを見出した．このVasa陽性細胞はBrdU取り込み実験によって増殖能を持つ細胞であること，Vasa陽性細胞が卵巣外から中に移行する像が見えること，さらには図Ⅰ-4-1に示すようにGFP標識卵巣と野生型卵巣の交換移植において野生型卵胞の中にGFP陽性卵母細胞が取り込まれる像が見えることなどから，生後の卵巣においても新規の卵形成が起こり，卵巣外Vasa陽性細胞がその幹細胞の役割を担うのではないかと考えた（Johnson et al, 2004）．また，この卵巣外Vasa陽性細胞の存在は，すでに胎児期卵巣の時期から検出されること，およびVasa発現を蛍光タンパクで可視化したマウスにおいてもその存在が確認されるため，抗体の交叉反応による誤認ではないことが著者の研究室においても確認されている（図Ⅰ-4-1）．一方，卵巣周辺部に増殖性の生殖細胞があるとすれば，適切な条件で培養できる可能性が考えられる．ちなみに，精子幹細胞の培養条件を適用した場合には精子幹細胞に酷似した卵巣由来細胞が樹立されたが，それはVasa陰性であり，移植実験によって顆粒膜細胞の幹細胞であったことが報告されている(Honda et al, 2007)．よって，この卵巣外Vasa陽性細胞の培養については今なお今後の課題と

卵子幹細胞：一般に幹細胞の定義は，増殖によって自身と同じものを作り出す自己複製能，および細胞分化によって複数の細胞種を生み出す多分化能を合わせ持つ細胞とされる．卵子幹細胞や精子幹細胞の場合，卵子もしくは精子のみを作る細胞となり，厳密には上記の定義には合わないが，組織の中で機能的分化細胞を恒常的に創出する細胞として広義の幹細胞に分類される．

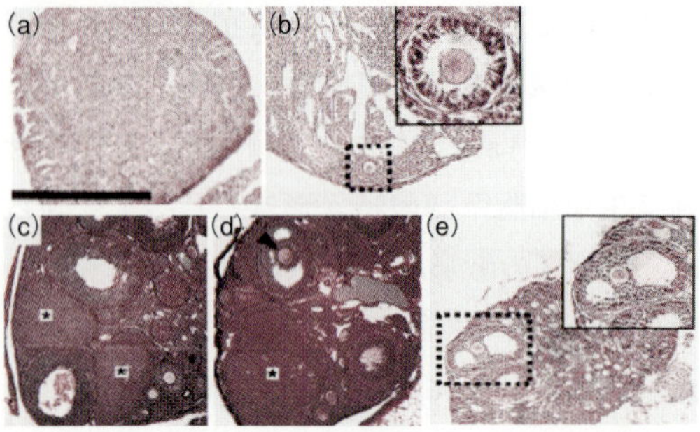

図Ⅰ-4-2．骨髄移植によって再生された卵胞形成（Johnson et al, 2005より改変）

(a) レシピエントとなる*Atm* ホモマウス（生後6週目）の卵巣．(b) 野生マウスの骨髄細胞を移植した11ヶ月後のAtmホモマウス卵巣．(c) 抗癌剤投与によって卵胞が消失したレシピエントマウス卵巣．(d) 骨髄移植後7日目．(e) 骨髄移植後11ヶ月のレシピエントマウス卵巣には卵胞の再形成が観察される．

して残されている．また，Tillyらの論文では生後14-40日の間に1日あたり約89個の原始卵胞が退化消失するというM. J. Faddyら（1987）の観察を引用して，ここから算定される減少数とこの期間に見られる実際の原始卵胞の減少数（294個）には大きな隔たりがあり，その差を説明するには1日あたり77個の卵胞新生が起こる必要があるとしている．しかし，彼らの観察によると卵巣外Vasa陽性細胞は約63個/卵巣という希有な存在であり，しかも性成熟に伴って10分の1程度に減少するため，この細胞種のみで上記の計算に基づく卵胞新生を賄うことはできない．一方で彼らは卵巣内にSSEA1陽性細胞が一定の割合で存在し，その細胞分画はVasa発現を示すものの卵母細胞特異形質の発現は示さないことから，このSSEA1細胞に卵子幹細胞が含まれると推定した．そして，この細胞が卵巣の血管周辺に局在することから，卵巣以外の他の組織から供給される可能性を検討した結果，骨髄および末梢血流中にVasa陽性細胞が存在することを見出した（Johnson et al, 2005）．さらに分画された一部の骨髄細胞にはVasaのほか，Dazl, Stella, Fragilisといった複数のPGC特異形質の発現が検出された．では，この細胞種が卵子幹細胞としての生理的機能を持つのかどうか．彼らは遺伝的に標識したマウスの骨髄細胞をドナーとして，卵形成機能を欠損したレシピエントマウスに静脈注入によって移植した．用いられたレシピエントマウスは2種類，抗癌剤投与処理によって卵胞形成不全を起こした野生型マウスおよび*Atm*（ataxia telangiectasia-mutated）遺伝子変異によって卵形成不全となった*Atm*ホモ変異マウスである．図Ⅰ-4-2に示すようにGFP標識骨髄細胞の移植の場合，移植後28-30時間後には卵巣内に平均13個のGFP細胞が原始卵胞形態をとることが観察され，*Atm*変異マウスを用いた場合にも，骨髄移植によって11ヶ月以上も未成熟卵胞の形成が見られることを示した（Johnson et al, 2005）．しかし，骨髄移植を受けたレシピエントマウスの交配からはドナー骨髄細胞由来の産子は得られていなかった．

当然ながら，この骨髄に卵子幹細胞が存在するという知見に対しては，いくつもの反論があがった．最も代表的なものはK. Egganのグループが示した実験であろう．彼らは上記と同様の組み合わせでドナーとレシピエントマウスの血管を結合して恒常的に血流交換を行った後，排卵誘発で得られた卵子を調べた．しかし，そこにはドナー由来卵子は検出されないことから，Tillyらの実験結果に異議を投げかけた（Eggan et al, 2006）．しかし，このEgganらの実験では卵巣内にドナー細胞由来の卵胞が存在するのかどうかは示されていない．この反証に対して，Tillyらは骨髄ドナー細胞由来の卵胞からは排卵に至る卵成熟が起こらないことを彼ら自身も確認した上で，骨髄細胞移植2ヶ月後の時点でも未成熟卵胞の約1.4%がドナー細胞由来の卵胞で構成されること，また，薬剤投与後に骨髄細胞移植を行った場合は，行わない場合に比べて未成熟卵胞の再構成頻度が約9倍程度高くなることを再確認した（Lee et al, 2007）．したがって，まずは骨髄内Vasa陽性細胞は卵子幹細胞としての機能はないというのが一つの結論である．次に，彼らの観察は*Vasa*遺伝子の異所的発現を過大評価したにすぎないという見方もあるが，Vasa以外の生殖細胞形質も同時に検出されることから，骨髄には少なくとも生殖細胞にきわめて類似した細胞が存在すると考えるのが妥当であろう．また，排卵周期に依存して骨髄内Vasa発現細胞も周期的に増減することも，この細胞種がなんらかの形で生殖機能に関連していることを示唆している．この点において，Tillyらは骨髄移植がレシピエント卵胞の再構成や成熟に対して顕著な促進作用を持つという観察結果から，周期的な卵形成を維持するには一定量の未成熟卵胞のプールサイズが必要であり，骨髄細胞はその恒常性の維持に必要な原始卵胞を供給する機能を持つのではないかと推察している（Tilly, Johnson, 2007）．

(C) 組織幹細胞からの卵子形成

実は，近年このような成体体性幹細胞組織から卵子形成が起こることを報告するのは骨髄だけではなかった．P. W. Dyceら（2006）はブタの胎子皮膚から精製した幹細胞から培養下に卵胞様組織が形成されることを報告しているほか，ラット膵臓の幹細胞株からも同様の卵細胞分化を示す報告がある（Danner et al, 2007）．いずれも成熟卵までの分化ではなく，卵胞様構造の形成と卵母細胞特異的遺伝子の発現を検出したものである．このような体細胞から生殖細胞への転換を示唆するような現象がどのような生理的意義を持つのかはまったく謎であるが，初期の卵子形成に関わる遺伝子カスケードの一部は，その発現が厳密に生殖細胞のみに限定されたものではなく，ある種の幹細胞においてはいくつかの条件が整いさえすればきわめて容易に作動する状態にあるのではないかと考えられる．後述するES細胞からの卵子形成の場合においても，卵細胞特異的とされる指標遺伝子のいくつかは未分化期から発現が検出されることがよく知られており，これらの現象が培養下という特殊な環境による人為的なものにすぎないのか，多能性幹細胞のみに許される遺伝子制御の特性を反映しているものなのか，今後の解明が待たれる重要なポイントの一つとなっている．

2 多能性幹細胞からの卵子形成

胚盤胞の内部細胞塊（ICM）細胞から樹立される胚性幹（ES）細胞は，宿主胚盤胞に移植して形成するキメラ個体において，精子や卵子を含むすべての細胞種に分化することから全能性（pluripotent）を持つ幹細胞と呼ばれる．その多分化能は培養下においても発揮され，適切なフィーダー細胞と液性因子の組み合わせの下で

Vasa 遺伝子：ショウジョウバエの生殖細胞は卵細胞後端に局在する生殖質と呼ばれる特殊な細胞内構造があり，その成分が生殖細胞の決定と形成を支配する．*Vasa* 遺伝子は，その構成因子の一つとして発見されたが，その機能的および構造的特徴は進化的に強く保存され，ほとんどの高等動物に *Vasa* 相同遺伝子が存在することがわかっている．

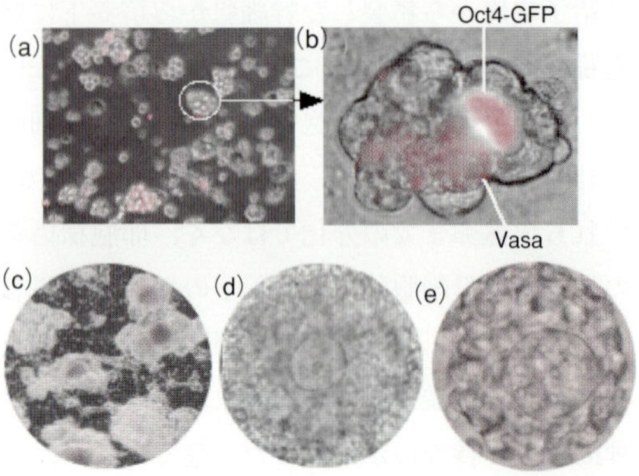

図Ⅰ-4-3．ES細胞からの *in vitro* 卵子形成（Hubner et al, 2003より改変）

（a）ES細胞を分化誘導後12日目にOct4−GFP陽性細胞が小細胞塊として浮遊する．（b）その一部はVasa陽性生殖細胞に分化している．（c）小細胞塊を回収してさらに分化培養を継続すると卵胞様構造が形成される．その一部は原始卵胞（d）や二次卵胞（e）の構造を示す．

多様な細胞種への分化誘導が可能である．マウスES細胞の場合，典型的な分化系として用いられるのが，未分化維持因子であるLIFを除去した培地を用いた浮遊培養の下でES細胞からなる細胞塊を作る胚様体（embryoid body）形成法である．この細胞塊においてES細胞は初期胚と同様の三胚葉分化を果たす．現在，このような *in vitro* 分化系において，自発的な始原生殖細胞の分化が起こるだけでなく，卵子形成や精子形成細胞までの分化も *in vitro* で進行することがわかっている（Toyooka et al, 2003；Hubner et al, 2003；Geijsen, 2004）．ES細胞由来の卵子形成に関して，その成果を最初に報告したのはSchölerらのグループであった（Hubner et al, 2003）．彼らは *Oct4* 遺伝子プロモーター部からエピブラスト発現を担う部位を除去して生殖細胞系譜特異的に改変した *Oct4* プロモーターにGFPを連結したレポーター遺伝子を作製し，このレポーターを組み込んだES細胞を用いて *in vitro* 分化誘導を行った．彼らが用いた分化系はプレート底面にES細胞が固着した平面培養であったが，約2週間後にはOct4-GFP陽性細胞が小さな細胞塊となって浮遊してくることが観察された．そこで，このGFP陽性細胞塊を分離してさらに4週間以上の長期間培養したところ，一部の細胞塊に卵胞様構造が出現した（図Ⅰ-4-3）．この中に卵母細胞が内包されていることは卵子特異形質の発現で検定され，また一部の卵胞内では単為発生が起こったと考えられる胚盤胞様構造が観察されたことによっても支持された．ここで留意すべき点は，第一に彼らが用いたES細胞はXY型，つまり雄の細胞であったことである．雌雄キメラマウスにおいて，XY細胞が卵子形成能を持つことは従来から知られているが，XX/XYキメラ雌マウスの場合にはXX型雌細胞が優位に共存するという要因がある．しかし，ES細胞系の場合，すべての細胞がXY細胞である以上，卵胞形成に関わる周辺支持細胞もまたXY-ES細胞に由来する産物である．胚様体形成を用いた分化の場合には精子形成分化が起こるという報告（Geijsen et al, 2004）との比較からは，生殖細胞を含む細胞塊が小さい場合には雄化シグナル因子の蓄積が乏しいために，性分化のデフォルトである雌化が進行したのではないかという解釈ができる．一般に，性分化はY染色体の有無によって決定され，その最も重要な役割を担う遺伝子が *Sry* であることはいうまでもない．第一義的に *Sry* の作用は性腺支持細胞の雄化，すなわちセルトリ細胞の分化を促し，セルトリ細胞の作用によって隣接するPGCを雄化する．近年の研究によって，この性分化の主たる細胞間シグナル因子はレチノイン酸であることが示されている（Bowles et al, 2006）．レチノイン酸はPGCを減数分裂に導く作用を持つが，雄の場合，セルトリ細胞が作る微細環境内ではレチノイン酸が分解され，減数分裂への進行が阻害される．これによってPGCが減数分裂を行うか，あるいは増殖休止にとどまるかの決定要因となり，雌雄の性差につながるのではないかと考えられている．培養条件下の細胞塊を見た場合，集団の密着性や大きさの差異によって蓄積されるレチノイン酸濃度に差違が生まれ，それによって局所的な雌雄分化の選択が起こる可能性がある．実際に，著者らは胚様体培養の場合にも一つの胚葉体に雌雄両方の生殖細胞分化が起こることを検出している．また最近，胚様体形成培地にレチノイン酸を添加するパターンを変えることによって卵子形成もしくは精子形成を選択的に起こすことが可能であるという報告がなされている（Kerkis et al, 2007）．一方，Y染色体上には精子形成に必須の遺伝子がコードされていることから，XX細胞が精母細胞期を超える精子形成を行うことはない．これに関連して，Okabeらは GFP標識を用いた雌雄キメラマウスの解析によって興味深い現象を報告している（Isotani et al, 2005）．それは雌雄キメラから雄化した個体の精巣において，精細管の中でXX由来の生殖細胞が卵子形成を起こしていることを示すものであった．従来の遺伝学的標識を用いた実験では，精子形成に進めないXX細胞は選択的な細胞死によって精細管から排除されると解釈されていたのに対して，ごく少ない細胞でも検出可能なGFPによる識別によって，生殖腺として共通項を持つ精巣内環境は必ずしも卵子形成にとって阻害的ではないことが明らかにされた．

ES細胞由来卵子形成が抱える大きな課題は，卵胞出現頻度の低さだけでなく，形成された卵胞がその大きさから判定して原始卵胞程度の未成熟卵胞にとどまり，成熟卵胞を示す卵丘細胞の発達が見られないことである．これに関しては，現在もさまざまな改良が試みられている．たとえば，Trounsonらは新生児マウス精巣の分散細胞を長期培養した培地を胚葉体形成時に混合することによって，約8割の胚様体に卵胞を誘導することができるとしている（Lacham-Kaplan et al, 2006）．精巣細胞が作るなんらかの因子が精子形成ではなく，卵子形成を促進するという結果は予想外の展開といえるが，前述した精巣内での卵子分化を考えると必ずしも矛盾した結果とはいえない．特に，新生児精巣は減数分裂前の段階に相当するため，組織として減数分裂誘導因子を産生している可能性が高く，そのような因子が初期の胚様体に卵胞形成を促進したと推定することができる．ただし，この精巣細胞由来培地を用いた場合も卵細胞の直径は30-40μm程度の未成熟段階が限界とされる．マウスの場合，生後の性成熟に伴って卵巣内卵胞が発達し，排卵は約4週目以降であり，卵細胞が径70μm以上の大きさになることが産子形成能の一つの目安となる．培養下に卵成熟を行う試みとしては，J. J. Eppigのグループによる新生児卵巣の器官培養とそれに続く卵胞培養の系がよく知られ，この*in vitro*成熟卵の体外受精から産子を得ることも可能である（Eppig, O'brien, 1996）．したがって，ES細胞由来の未成

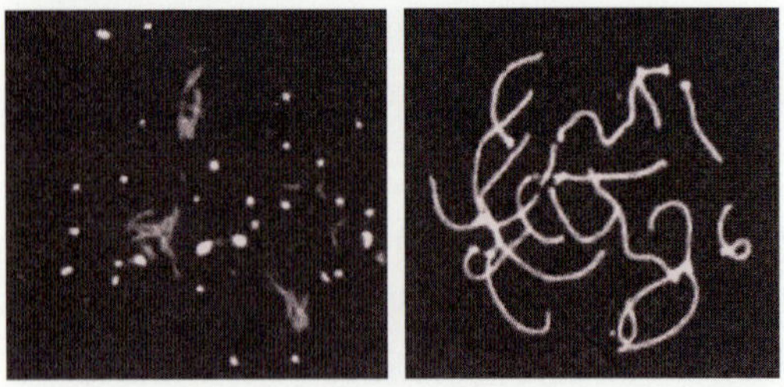

図Ⅰ-4-4．ES細胞由来卵細胞の不完全なシナプトメア構造（Novak et al, 2006より改変）

(a) ES細胞の *in vitro* 分化によって得られた卵細胞染色体のSCP3抗体染色像．(b) 生体卵巣から精製された厚糸期卵母細胞染色体のSCP3抗体染色像，相同染色体が対合したシナプトメア全長が染色される．

熟卵胞を *in vitro* 卵成熟の培養系に移すことは有望な改善策と考えられ，目下いくつかのグループによって検討されている．

さらにもう一つ，ES細胞由来卵子形成が克服しなければならない問題として，染色体レベルの減数分裂の不完全性が指摘されている．減数分裂厚糸期の大きな特徴は，相同染色体の対合が見られることである．その一対となる染色体の接着にはSYCP（synaptonemal complex protein）-1，-2，-3タンパク質のほか，複数種のタンパク複合体が必要とされる（Page, Hawley, 2004；Revenkova et al,2001；Yuan et al, 2000）．Höögらは ES細胞由来の卵母細胞様の細胞について，SYCP抗体染色によって相同染色体対合の状態について詳細な検討を行った（Novak et al, 2006）．その結果，卵巣から調製した卵母細胞ではSYCP3抗体は対合した相同染色体の接合面全長を染色するのに対して，ES細胞由来の卵胞内細胞は染色体の対合が不完全であり，むしろ大半の部位は体細胞分裂の状態にあることを示した（図Ⅰ-4-4）．この差違を反映してES細胞由来卵胞は正常卵胞の場合に比べて，SYCP 1, REC8やSMC1というシナプトメアタンパクの発現がきわめて乏しいことも指摘されている．このような差異はES細胞由来の卵子形成が必ずしも生体内の減数分裂過程を忠実に再現していないことを意味し，今後のさらなる培養系の改良に明確な目標を提示している．

ただし，一般にES細胞を扱う留意点として，同じES細胞株であっても培養条件によってその分化能や全能性が多様に変化することがあげられ，研究室間での実験結果の相違を生む大きな原因となっている．卵子形成の場合も用いるES細胞株によって頻度や達成度が異なること，また培地血清のロット差，フィーダー細胞の質や分化培養条件の微妙な差も差違の要因となるため，報告された成果が必ずしもすべての研究室で再現されないことも少なくない．実のところ，これが当該研究領域の論文成果の真偽を測ることを難しくしている要因ともなっている．

3 *in vitro* 卵子形成の医療への貢献

卵子幹細胞の存在やES細胞からの卵子形成が社会的注目を集める理由は，ヒト医療への適用，特に体外培養下に成熟卵子を作成できる可能性があることにほかならない．前述したように現状の研究成果には未だ多くの課題が残されている．しかし，それでもなお，ほとんどの研究者が，それらの課題が近い将来に克服されるであろうことを予測している（Eppig, Handel, 2008）．また，マウスES細胞に比べるとまだ予備的段階ではあるが，ヒトやサルES細胞からも生殖細胞系譜の *in vitro* 分化が可能であることも報告されている（Clark et al, 2004；Teramura et al, 2007）．このような状況にあって，当初よりES細胞からの卵子形成に期待された最も実効的な使途は，体細胞核移植クローン胚からES細胞を作成するのに必要なレシピエント卵を供給することとされた．ヒト体細胞クローンES細胞は，自分自身のES細胞を作出することを可能にするが，その操作には少なくとも数十個以上の未受精卵が必要とされる（Byrne et al, 2007）．これを臨床応用する上で生体由来から定常的な供給を図るのは医療的・倫理的見地から考えて事実上不可能といえる．これに対してES細胞由来の卵子であれば，そこには数量的限界はなく，品質管理された安定供給が可能である．しかも，核移植操作に先だって卵子（ES細胞）核は除去されることから，仮に遺伝的指標を組み込んだES細胞から作成した場合であっても，また染色体異常を持つ卵子であっても卵細胞質が成熟卵の機能を獲得さえしていれば，レシピエント卵として有効と考えられるからである．

しかし，2007年Yamanakaのグループが開発したヒト**iPS細胞**作成技術（Takahashi et al, 2007）は自己多能性幹細胞を得るためのより簡便な選択肢を提示したことから，核移植クローンES細胞への注目は一挙に醒めた感がある．実際には現状のヒトiPS細胞作成には複数の再プログラム遺伝子の導入操作が不可欠であり，そのために発癌などの後成的リスクが伴うという問題があり，この点において核移植由来ES細胞には胚由来ES細胞と同等の正常性が保証されるという優位性がある．

一方，学術的観点から見た場合，ES細胞あるいはiPS細胞から卵子形成を行う培養系には大きな応用的意義がある．第一に霊長類の卵子形成や受精の研究を行うには排卵数の少なさなど数多くの障害があるのに対して，培養分化系の開発は多彩な分子遺伝学的解析法の適用を可能にするだろう．むろん，分子機序など基本メカニズムの解明にはマウスなどの実験動物で十分ではないかという見方もあるが，霊長類あるいはヒトに特異的な遺伝子制御があることも事実であり，さらに医療応用性の高い基礎研究を行うにはヒト細胞を用いた解析が必要であろう．たとえば，遺伝的要因を持つ不妊病因の解明や染色体異常の機構解明，加齢に伴う卵子形成異常など解析対象となる病態は決して少なくない．特に，患者・症例特異的ES（iPS）細胞を用いることの利点は計り知れない．これによって培養分化系による病因病態の再現が可能になることは，その発症機序の解析ばかりでなく，治療に向けた薬効の検定や創薬開発の研究基盤を提供することになるからである．

まとめ

卵子および精子を体外培養下に作製する研究の達成は，培養下に受精卵を作製することにつながり，究極的にその人工受精卵が正常な発生能を持つことを検証することになる．ここでいう正常発生能とは一世代の個体発生だけでなく，生殖能を含めた次世代個体の正常性も検定対象とされるべきであり，そのためには実験動物による検証が不可欠となる．しかし，研究目的に限定する中でヒトES細胞やヒトiPS細胞由来の配偶子を用いた受精卵を作製し検証することの学術的意義もまた大きい．減数分裂，受精，母性発現から接合子遺伝子発現への転換，

iPS細胞：induced Pluripotent Stemの略，人工多能性細胞と和訳される．山中グループ（京都大学）は，ES細胞を特徴づける遺伝子群のうち，*Klf4*，*Oct4*，*Sox2*，*c-Myc*の4遺伝子をマウス線維芽細胞に導入するだけでES細胞様の多能性細胞を作ることができることを発見した．その後，ヒトの成体皮膚細胞からも作製することに成功し，個人の細胞からその個人自身のES細胞を作る技術として再生医療の中心的役割を担うことが期待されている．

胚盤胞形成そして着床に至る胚発生など，これらの生命現象におけるヒトと他の動物種との相違を知ることは重要である．この点において，これまでヒトでは不可能とされた遺伝子機能やエピジェネティック制御の観点からの究明を可能にする *in vitro* 卵子形成系の利用は，基礎医学的研究に大きな進展を約束する．その進展は発生医学の可能性を拡大し，不妊医療分野だけでなく次世代の医療技術全般の開発基盤となることも十分に期待できる．

（野瀬俊明）

引用文献

Bowles J, Knight D, Smith C, et al (2006) Retinoid signaling determines germ cell fate in mice, *Science*, 312; 596-600.

Byrne JA, Pedersen DA, Clepper LL, et al (2007) Producing primate embryonic stem cells by somatic cell nuclear transfer, *Nature*, 450 ; 497-502.

Clark AT, Bodnar MS, Fox M, et al (2004) Spontaneous differentiation of germ cells from human embryonic stem cells in vitro, *Hum Mol Genet*, 13 ; 721-739.

Danner S, Kajahn J, Geismann C, et al (2007) Derivation of oocyte-like cells derived from a clonal pancreatic stem cell line, *Mol Hum Reprod*, 13 ; 11-20.

Dyce PW, Wen L, Li J (2006) In vitro germline potential of stem cells derived from fetal porcine skin, *Nat Cell Biol*, 8 ; 384-390.

Eggan K, Jurga S, Gosden RG, et al (2006) Ovulated oocytes in adult mice derived from non-circulating germ cells, *Nature*, 441 ; 1109-1114.

Eppig JJ, Handel MA (2008) EDITORIAL Germ cells from stem cells, *Biol Reprod*, 79 ; 172-178.

Eppig JJ, O'brien MJ (1996) Development in vitro of mouse oocytes from primordial follicles, *Biol Reprod* 54, ; 197-207.

Faddy MJ, Telfer E, Gosden RG (1987) The kinetics of pre-antral follicle development in ovaries of CBA/Ca mice during the first 14 weeks of life, *Cell Tissue Kinet*, 20 ; 551-560.

Geijsen N, Horoschak M, Kim K et al (2004) Derivation of embryonic germ cells and male gametes from embryonic stem cells, *Nature*, 8 ; 148-154.

Honda A, Hirose M, Hara K et al (2007) Isolation, characterization, and in vitro and in vivo differentiation of putative thecal stem cells, *Prc Natl Acad Sci USA*, 104 ; 12389-12394.

Hubner K, Fuhmann G, Christenson LK, et al (2003) Derivation of oocytes from mouse embryonic stem cells, *Science*, 300 ; 1251-1256.

Isotani A, Nakanishi T, Kobayashi S, et al (2005) Genomic imprinting of XX spermatogonia and XX oocytes recovered from XX-XY chimeric testes, *Pro Natl Acad Sci USA*, 102 ; 4039-4044.

Johnson J, Bagley J, Skaznik-Wikiel M, et al (2005) Oocyte generation in adult mammalian ovaries by putative germ cells derived from bone arrow and peripheral blood, *Cell*, 122 ; 303-315.

Johnson J, Canning J, Kaneko T, et al (2004) Germline stem cells and follicular renewal in the postnatal mammalian ovary, *Nature*, 428 ; 145-150.

Kerkis A, Fonseca S, Serafim R, et al (2007) In vitro differentiation of male mouse embryonic stem cells into both presumptive sperm cells and oocytes, *Cloning Stem Cells*, 9 ; 535-548.

Lacham-Kaplan O, Chy H, Trounson A (2006) Testicular cell conditioned medium supports differentiation of embryonic stem cells into ovarian structures containing oocytes, *Stem Cells*, 24 ; 266-273.

Lee HJ, Selesniemi K, Niikura Y, et al (2007) Bone marrow transplantation generates immature oocytes and rescues long-term fertility in a preclinical mouse model of chemotherapy-induced premature ovarian failure, *J Clinc Oncol*, 25 ; 3198-3204.

McLaren A (2003) Primordial germ cells in the mouse, *Dev Biol*, 262 : 1-15.

Noce T, Okamoto-Ito S, Tunekawa N, (2001) Vasa homolog genes in mammalian germ cell development, *Cell Struct Funct*, 26 ; 131-136.

Novak I, Lightfoot DA, Wang H, et al (2006) Mouse embryonic stem cells from follicle-like ovarian structures do not progress through meiosis, *Stem Cells*, 24 ; 1931-1936.

Page SL, Hawley RS (2004) The genetics and molecular biology of the synaptonemal complex, *Annu Rev Cell Dev Biol*, 20 ; 525-558.

Revenkova E, Eijpe M, Heyting C, et al (2001) Novel meiosis-specific isoform of mammalian SMC1, *Mol Cell Biol*, 21 ; 6984-6998.

Takahashi K, Tanabe K, Ohnuki M, et al (2007) Induction of pluripotent stem cells from adult human fibroblasts by defined factors, *Cell*, 131 ; 861-872.

Teramura T, takehara T, Kawata N, et al (2007) Primate embryonic stem cells proceed to early gametogenesis in vitro, *Cloning Stem Cells*, 9 ; 144-156.

Tilly J, Johnson J (2007) Recent arguments against germ cell renewal in the adult human ovary, *Cell Cycle*, 6 ; 879-883.

Toyooka Y, Tsunekawa N, Akasu R, et al (2003) Embryonic stem cells can form germ cells in vitro, *Proc Natl Acad Sci USA*, 100 ; 11457-11462.

Yuan L, Liu JG, Zhao J, et al (2000) The murine SCP3 gene is required for synaptnemal complex assembly, chromosome synapsis, and male fertility, *Mol Cell*, 5 ; 73-83.

Zuckerman S (1951) The number of oocytes in the mature ovary, *Rec Prog Horm Res*, 6 ; 63-109.

I–5

サル胚性幹細胞

Key words
キメラ／テラトーマ／単為発生／人工多能性幹細胞／動物実験倫理

はじめに

胚性幹細胞（ES細胞，embryonic stem cell）は1981年にM. J. Evansら（Evans, Kaufman, 1981）とG. Martin（Martin, 1981）により，マウスにおいて世界ではじめて樹立が報告された．このES細胞は，胚盤胞期胚の内部細胞塊にある発生初期のごく限られた間だけ存在する多能性を持つ幹細胞を取り出し，体外で培養し株化したものである．その特徴は，身体を構成するさまざまな細胞に分化しうる能力を持ち，正常な核型を維持したまま無限に未分化な状態で継代・増殖し続ける能力を持つことにある．またES細胞を胚盤胞期胚に注入して**キメラ**個体を作ることができるキメラ形成能と，さらにキメラ個体を交配させることによってES細胞由来の個体を作ることができる，いわゆる生殖系列への寄与能を有しているのが特徴である．その後，ミンク（Sukoyan et al, 1992），ラット（Iannaccone et al, 1994），ブタ（Li et al, 2004），イヌ（Hatoya et al, 2006）等，各種動物で樹立が報告された．Thomson らはアカゲザル（Thomson et al, 1995）とマーモセット（Thomson et al, 1996）でそれぞれ樹立を報告した後，1998年にヒト（Thomson et al, 1998）のES細胞株の樹立に成功し，ヒト再生医療研究のきっかけを作った．このES細胞は身体を構成するさまざまな細胞に分化しうる多分化能を持つことから，必要とするさまざまな機能細胞に分化誘導して移植することにより，失われた機能を回復することが期待される．我々も，わが国でのヒト再生医療研究を推進するために，アカゲザルと同じマカカ属サルのカニクイザルでES細胞樹立を試みた結果，2001年に樹立に成功した（Suemori et al, 2001）．ここでは，カニクイザルES細胞の樹立方法，テーラーメードES細胞の樹立等を概説する．なお本文中，「サル」は，カニクイザルを示す．

1 カニクイザルES細胞の樹立（図I-5-1）

(A) 霊長類の種類

霊長類は，世界に約180–200種の生息が確認されているが，ヒトとの形態的，生理的，代謝機能等の類似性に加え，大きさ，取り扱いやすさ等から，東南アジアを原産地とする真猿類オナガザル科のマカカ属のサル類（アカゲザル，カニクイザル，ニホンザル等）が動物実験用個体として繁殖され，医学・生物学研究に用いられてきた（図I-5-1）．このうちアカゲザルは欧米諸

キメラ（chimera）：2種類以上の細胞集団から発生した個体をいう．ES細胞等幹細胞を初期胚や胚盤胞期胚に注入し，得られた産子における幹細胞の寄与率により幹細胞の多分化能を検証する際に用いられる．真の意味でのES細胞は，キメラ個体の生殖細胞にも寄与し，ES細胞由来の産子を得ること可能である．

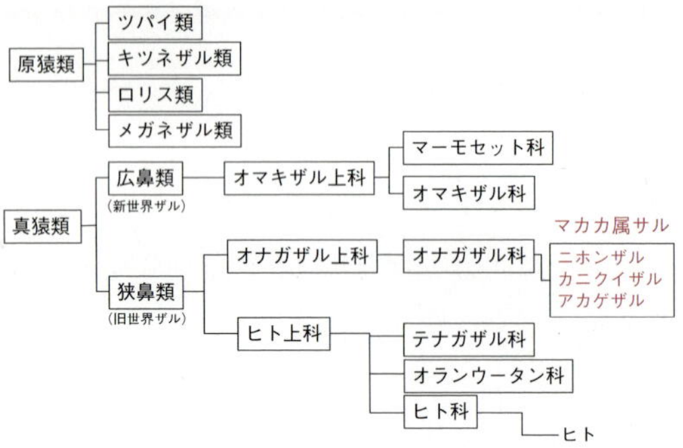

図Ⅰ-5-1．霊長類の分類

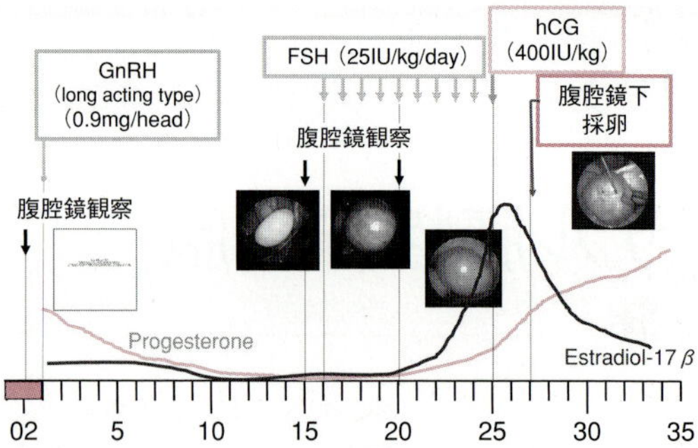

図Ⅰ-5-2．カニクイザル成熟卵子採取スケジュール

国で，カニクイザルはわが国で多く使用されてきた．これらのサル類は，排卵周期はヒトとほぼ同じ28日，月経を認め，胚の子宮への着床時期は約9-11日目にヒトと同じ内部細胞塊側で生じること，胚性遺伝子の発現が6-8細胞期胚で生じること，子宮の形態もヒトと同じ単子宮であり通常1子の出産が見られることなど，生殖生理学的にヒトに近似するところが多い．

(B) 受精卵の作製

(1) 採卵方法

卵巣刺激の方法は，基本的にはヒトとほぼ同じ薬物と方法を用いる．すなわち個体の排卵周期を性腺刺激ホルモン放出ホルモン (GnRH, gonadotropin releasing hormone) 製剤で抑制し，卵胞刺激ホルモン (FSH, follicle stimulating hormone) により卵巣を刺激して卵子を回収する方法で，マウスやウサギなど小型実験動物や家畜の採卵が自然周期で行われているのと大きく異なっている．我々が確立したカニクイザルの卵巣刺激のスケジュール (Torii et al, 2000) を図に示した (図Ⅰ-5-2)．月経開始日ないし翌日にGnRH (リュープリン®) を皮下投与して，約2週間後に腹腔鏡 (外径3 mm) で卵巣を観察し，新たな卵胞の発育がなく休止状態にあることを確認する．その後9日間連続してFSH製剤 (フェルティノーム®，フォリスチム®，パーゴナル®，ゴナピュール®等) を筋肉内投与する．投与5日目に，再度腹腔鏡により卵巣を観察し，卵胞発育を確認する．続いて9日目にヒト絨毛性性腺刺激ホルモン (hCG, human chorionic gonadotropin) 製剤 (プベローゲン®あるいはHCGモチダ®) を投与 (午後5時) する．その後hCG投与40時間目 (午前9時) に，腹腔鏡 (外径10mm) の観察下でシリンジを取りつけたカテラン針 (長さ約50mm，20G) を用い，卵胞から卵胞液とともに卵子を吸引採取する (10%SSS (serum substitute supplement) 添加 α-MEM, Minimum Essential Medium)．回収された卵丘-卵子複合体は実体顕微鏡下で選別し，1-2時間 (0.3%BSA (bovine serum albumin) 添加TALP (modified Tyrode solution with albumin, lactate, pyruvate) で前培養を行う．なお，採卵時には通常ヒトの採卵時に用いられる超音波診断装置はサルではは小型の感度のよいプローブがないため，また採卵時の出血や腹腔内の血液の貯留などを目で確認し，サルへの外科的侵襲をできる限り少なくするために腹腔鏡を用いている．

(2) 採精方法

カニクイザルの精子は，射出精液と精巣上体のいずれかから採取して用いる．我々は，無麻酔下の個体を用いて陰茎電気刺激法を用いている（和，1985）．この方法は，対象個体のトレーニングが必要となるが，通常直流（あるいは交流）の5-20Vの間欠刺激で採取でき，運動性，生存率の高い良好精子が採取できる．このほかに麻酔下で直腸法による採取もできるが凝固しやすく，体外受精や顕微授精には適さない．採取した精液は，凍結保存（Torii et al, 1998）し必要に応じて融解後，以下の顕微授精に用いる．

(3) 顕微授精法（ICSI）

ICSI（intracytoplasmic sperm injection）の方法は，ヒトや他の動物種で行われている方法と基本的に同じである． 前培養後の卵丘-卵子複合体を，ヒアルロニダーゼ処理により卵丘細胞を除去し，第二減数分裂中期（MII）にある卵子をICSIに供する．採取した中の卵核胞期（GV）と第一減数分裂期（MI）卵子は，卵丘細胞や卵管細胞，羊膜細胞等との共培養による体外培養によってMII期卵子を得ることができる（Yamasaki et al, 2008）．精子注入用のガラスピペットは市販されているヒトICSI用のもの（外径7-8 μm，内径5-7 μm）を，卵子保持用のガラスピペットは外径100μm，内径15μmになるよう加工したものを使用する．この時の培養液は0.3%BSA添加TALPを用い，24時間後，20%CS（calf serum）添加CMRL-1066培養液に交換し，その後も引き続き38℃，5%CO_2，5%O_2の条件下で培養する．通常顕微授精から胚盤胞期胚まで約7日間を要する．

(C) ES細胞株の樹立と培養維持

カニクイザルES細胞株の樹立は，他の動物種で用いられている方法とほぼ同様の方法で樹立できる（Martin, 1981；Suemori et al, 2001）．すなわち，透明帯を除去した胚盤胞期胚の内部細胞塊を免疫手術により分離し，マウス胎子線維芽細胞をフィーダー細胞としてその上で培養する方法，あるいは，免疫手術を用いずに27G針で内部細胞塊をある程度切り出しフィーダー細胞上で培養することも可能である．我々は簡便な後者の方法を主に用いている．約1週間培養すると，フィーダー細胞に接着した細胞塊が増殖を始めている．機械的に継代が可能なくらいに細胞が増えてきたら，27G針を使って細胞塊を細切し，新しいフィーダー細胞上に継代する．この操作を繰り返すうちに分化した細胞に混ざって，形態的に幹細胞と認められる細胞のコロニーが出現する．コロニーの数が安定して増殖してきたら，コラゲナーゼ等の酵素を使って継代を行う．培養には，他種の異種タンパク質（FCS, fetal calf serum等）の混入をなくすためKSR（Knockout Serum Replacement）を用いる．ES細胞を維持している間にも，分化した細胞が現れるため定期的に選別を行い，さらに未分化マーカーの発現による確認を行う．なお，カニクイザルES細胞の培養における未分化維持には，LIF（leukemia inhibitory factor）の添加は必要としない．

表Ⅰ-5-1．ES 細胞の比較（ヒトとの類似性）

		サル	→	ヒト	←	マウス
ES 細胞の形態	コロニーの形態	偏平	○	偏平	×	立体的
	核／細胞質比	大	○	大	○	大
ES 細胞の培養	細胞の増殖	単一細胞では不可（コロニーで発育）	○	単一細胞では不可（コロニーで発育）	×	単一細胞で可
	細胞周期	約30時間	○	約30時間	×	約12時間
	分化抑制	LIF の効果無	○	LIF の効果無	×	LIF は必須
ES 細胞の特性	ALP 活性（未分化マーカー）	＋	○	＋	○	＋
	SSEA-1 活性（細胞表面マーカー）	－	○	－	×	＋
	SSEA-4 活性（細胞表面マーカー）	＋	○	＋	×	－
	TRA-60活性（細胞表面マーカー）	＋	○	＋	×	－
	TRA-80活性（細胞表面マーカー）	＋	○	＋	×	－

ALP : Alkaline phosphatase, SSEA : Stage specific embryonic antigen, TRA : Tumore rejection antigen

2 カニクイザル ES 細胞の特徴

ヒトとサル ES 細胞はほとんど同じ特性を持つが，マウス ES 細胞とは大きな違いがいくつかある（表Ⅰ-5-1）．マウス ES 細胞がコンパクトなドーム状の立体的コロニーを形成するのに比べ，サル ES 細胞は，扁平で上皮的な形態をとる傾向がある（図Ⅰ-5-3）．またマウス ES 細胞の細胞周期が12時間前後であるのに対して，サル ES 細胞では細胞周期が30時間前後と長く増殖が遅い．サル ES 細胞は，コロニーを作りながら増殖するが，細胞を単一に分散するとアポトーシスを起こしやすい．しかし，これは ROCK 阻害剤を使用することによって細胞死抑制効果によりある程度予防ができる（Watanabe et al, 2007）．さらに，マウス ES 細胞はマウス胎子線維芽細胞をフィーダーとした時分化が進むのを LIF により安定して未分化な状態を維持できるが，サル ES 細胞は未分化状態維持のための LIF の添加はほとんど効果ない．むしろ，サル ES 細胞は未分化状態を維持する上でマウス胎子線維芽細胞をフィーダーとして使用することが必須である．このほかにサル ES 細胞は，他の ES 細胞と同様に未分化マーカーであるアルカリフォスファターゼ（ALP, alkaline phosphatase）活性を持ち，さらに細胞表面マーカーである SSEA（Stage specific embryonic antigen）-4 を強く発現しているが，マウス ES 細胞で見られる SSEA-1 は観察されない．また，

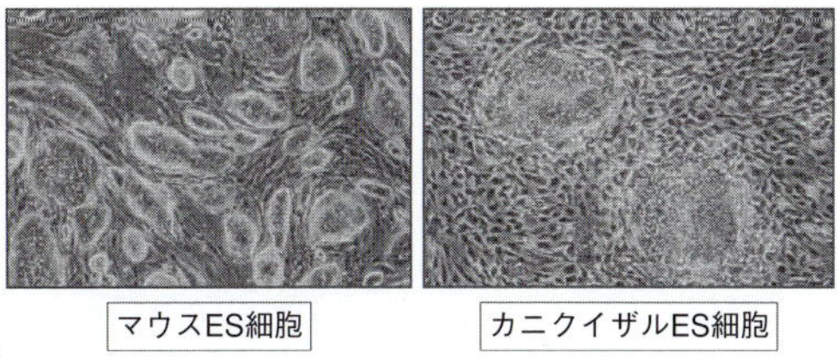

図 I-5-3．ES 細胞（コロニー）の比較

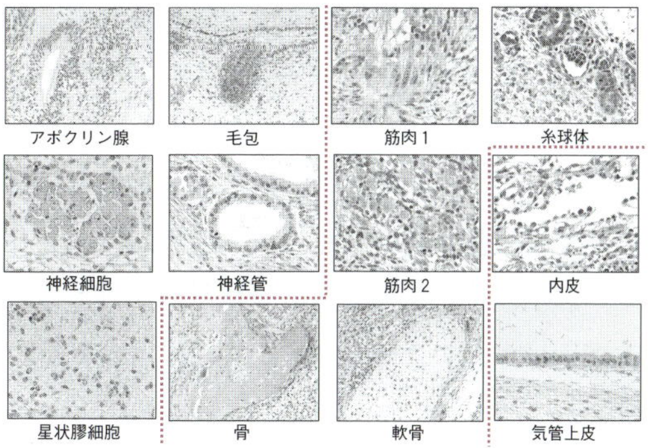

図 I-5-4．サル ES 細胞の分化能（SCID マウスに生じた奇形腫）

TRA（tumor rejection antigen）-60と-81の発現も見られる．

サル ES 細胞はマウス ES 細胞と同じように *in vitro*, *in vivo* で多分化能を示すことが報告されている．カニクイザル ES 細胞を hanging drop 法あるいは suspension culture 法などのフィーダー細胞のない状態で培養することによって，胚様体（embryoid body）が形成され，さらに拍動も確認される．さらには免疫不全マウス（SCID マウス）に移植すると**テラトーマ**（teratoma, 奇形腫）を形成しその中でアポクリン腺，毛包，神経細胞，星状膠細胞をはじめとする神経系の細胞等の外胚葉由来，筋肉，軟骨，骨などの中胚葉由来の細胞が非常に多く見られる．一方，内胚葉由来の細胞はあまり顕著ではないが，気管上皮のような繊毛上皮なども見られる（図 I-5-4）．

3 カニクイザル ES 細胞樹立の意義

サル ES 細胞の樹立は以下のような意義がある．まず，①サル ES 細胞はヒト ES 細胞との類似性が高く，ヒト ES 細胞の分離・培養等の基礎研究に多くの資料を提供できる，②サル ES 細胞を用いることにより，ヒト ES 細胞を研究するための機能細胞への分化・誘導等の現実味のある前臨床的研究を行うことができる，③ヒト ES 細胞の研究が順調に進んでも，あくまでも細胞レベル（*in vitro*）の研究に限定されヒトへの移植や治療実験は当面できないが，サルでは移植等の *in vivo* 実験が可能であり移植細胞の生着，安全性，増殖と機能発現等の確認ができる，等の利点がある．特に，*in vivo* での安全性の確認は再生医療研究を実際の医療に持ち込むためには避けては通れない最も重要な事項であり，サル類での検証は大きな意義がある．

4 再生医学と ES 細胞

生体に備わった再生・治癒能力を最大限に引き出し，積極的に利用し，組織・器官の再生修復をはかり，疾病によって失われた形態的・機能的損傷を代償しようとする再生医学の中で，ES 細胞は細胞移植治療法に大きく貢献することができる．すなわち，ES 細胞を目的とする各種機能細胞に効率よく分化させかつ選別することができれば，ドーパミン産生細胞による

テラトーマ（奇形腫，teratoma）：内胚葉・中胚葉・外胚葉の 3 胚葉由来の胎子性組織と成熟組織が混在する腫瘍をいう．未分化幹細胞を免疫不全マウスの皮下へ移植し，テラトーマを作らせることにより，幹細胞の生体内での多分化能を検証する方法がある．

パーキンソン病，心筋細胞による心筋症や心筋梗塞症，膵β細胞による糖尿病等々，再生医学へのES細胞の利用は大きな広がりを持つ．しかしながら，現在我々も心筋細胞，神経細胞，脂肪細胞，骨芽細胞等への分化誘導研究を行っているが，特定の細胞への分化誘導の効率向上と選別は難しいことに加え，さらにES細胞は *in vivo* 実験を行う中で生じる拒絶反応という大きな障壁に直面している．この拒絶反応を乗り越えるために，体細胞クローン胚からのES細胞樹立が必要になる．一方目的とする機能細胞を移植できるようになれば，次の問題としてその細胞をどのように追跡するか，増殖や移動，癌化等の問題をいかに解決するかは今後の大きな課題である．

5 細胞移植後の細胞追跡法

ES細胞あるいはある程度分化させた機能細胞を細胞移植した後の細胞の移動の有無，未分化細胞によるテラトーマの形成を含む細胞の癌化，死滅などを確認する方法として，ES細胞にGFP（green fluorescent protein）のようなマーカー遺伝子を導入し（Takada et al, 2002），移植された部位にUV光を照射することにより蛍光を確認する方法が考えられる．しかし移植部位が体内であれば腹腔鏡や開腹などによる観察が必要となり，なんらかの外科的侵襲を伴う．これに対して，非侵襲的にその存在を確認できる方法としてMRIによる追跡法がある．たとえば，ES細胞に常磁性体である鉄を導入することによりMRIで移植細胞を確認することができる（Song et al, 2006a；2006b）．

6 拒絶反応のないES細胞株の樹立

ES細胞を用いる再生医療を完成させるための大きな障壁の一つである拒絶反応を克服するには，細胞移植を必要とする患者と同じ遺伝子型を持つテーラーメードのES細胞株の樹立が必要である．一方，テーラーメードとまではいかなくても急性拒絶反応寛容型ともいえるES細胞株が樹立できれば再生医療は大きく飛躍できる．

(A) テーラーメードのES細胞株の樹立

テーラーメードのES細胞株を樹立する方法として，体細胞核移植法がある．この方法は除核した未受精卵の中に体細胞核を注入すると，体細胞核は遺伝子発現がリセットされ受精卵と同じ状態になり，ES細胞株の樹立に必要な胚盤胞期胚まで発生が進み，さらに完全に患者の遺伝子型と一致したES細胞株を作り出すことが可能である．すなわち，患者の体細胞を患者とは別に提供された除核未受精卵子内に注入して体細胞クローン胚を作製し，そこからES細胞株を作ることになる．この方法により，2007年にアカゲザルでJ. A. Byrneら（2007）がES細胞株の樹立を報告した．我々は同様の核移植法によってサルのテーラーメードのES細胞株の樹立を目指す中で，除核の前に核移植を行い，その後卵子の核を除く方法を行った結果，クローン胚の作製効率は7％から25％に大きく向上し，ES様細胞の樹立に至っている（第3回日本生殖再生医学会学術集会にて報告）．

(B) 急性拒絶反応寛容型 ES 細胞株の樹立

(1) ES 細胞バンク

どのようにすれば急性拒絶反応寛容型の ES 細胞株を樹立できるだろうか．まず，拒絶反応を回避するためには HLA-A, HLA-B, HLA-DR の HLA 型を一致させることが必要であるが，このうち 2 遺伝子座が適合すれば拒絶反応が軽減される．そこで，ヒトの受精卵から170個の ES 細胞株を樹立すれば，日本人の約80%は HLA ミスマッチ 1 個以内ですむという報告がされ（Nakajima et al, 2007），ES 細胞のバンクも期待されている．

(2) 単為発生卵

採取された第二減数分裂中期卵子を薬品処理することにより染色体を倍化させた**単為発生卵**を作製し，単為発生由来 ES 細胞株を樹立する方法がある．マウスにおいて，第二極体の放出を阻害して作製した単為発生由来 ES 細胞のうち，MHC（Major Histocompativility Complex：主要組織適合遺伝子複合体）抗原遺伝子座における相同染色体間で組み換えを起こした卵に由来するもの，または第一極体の放出を阻害して作製した単為発生由来 ES 細胞のうち，MHC 遺伝子座における相同染色体間で組み換えを起こさなかった卵に由来するものは，両親由来の MHC 抗原遺伝子座を持つことが示され，由来する卵と同じ MHC 抗原のパターンが維持されている単為発生由来 ES 細胞が作製されている（Kim et al, 2007）．サルでは2002年にカニクイザルで単為発生胚からの ES 細胞株の樹立が報告され（Cibelli et al, 2007），また我々も成功した（第51回日本実験動物学会にて報告）．このマウス単為発生由来 ES 細胞は，テラトーマ形成により三胚葉への分化が確認され，キメラ形成も可能であった．さらに，この単為発生由来 ES 細胞から作製した胚様体の細胞を MHC 抗原タイプが一致するマウスに移植し，テラトーマ形成を確認することによって拒絶反応が起こらないことが確認されている（Kim et al, 2007）．実際，ヒトにおいてもドナーの卵子と MHC が一致する単為発生由来 ES 細胞と，HLA 遺伝子座が相同である単為発生由来 ES 細胞が樹立されている（Revazova et al, 2007）．この単為発生胚は，胚盤胞期胚までは受精卵と同様に発生することが可能であるが，このままでは将来子供になることがないことから，ES 細胞株の樹立に際して「生命の萌芽」を破壊するという問題を回避することができ，倫理的な懸念が軽減されることも考えられる．

(3) 単一割球由来 ES 細胞

最近，生命の萌芽と呼ばれる胚盤胞期胚を破壊せずに ES 細胞を樹立する方法がマウスとヒトで考案された（Chung et al, 2006；Klimanskaya et al, 2006；Wakayama et al, 2007）．すなわち，胚の単一細胞生検の技術を使って初期胚の割球を一部取り出し体外で培養した後，ES 細胞株を樹立するという方法である．マウスでは残りの胚を受胚雌に移植した後産子を得ることにも成功している（Wakayama et al, 2007）．この方法を用いれば，倫理的問題を解決する糸口となるほか，生まれてくる産子は生まれながらにして自分の ES 細胞を持っていることになる．我々もカニクイザルにおいて，多分化能を維持したまま単一の ES 細胞の増殖を促すとされる ACTH（adrenocorticotropic hormone）を添加した培養液（Ogawa et al, 2004）を用いて，ES 細胞株の樹立

単為発生（parthenogenesis）：卵子が自発的あるいは人為的な刺激（活性化）により精子との受精を経ないで発生が進む現象をいう．活性化された卵子は，受精卵と同様に胚盤胞期胚へと発生するが，その後の発生は通常致死である．

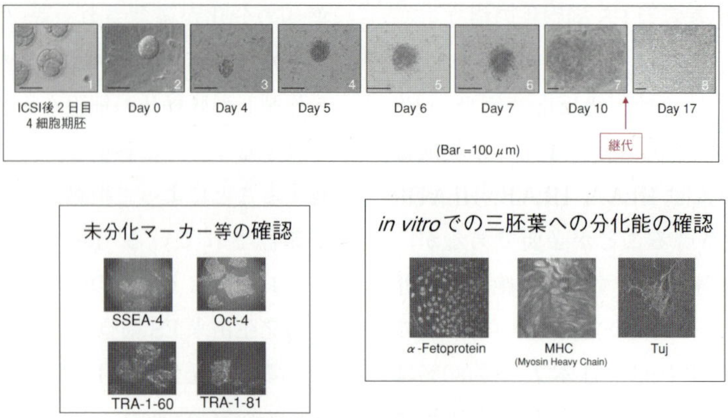

図Ⅰ-5-5．顕微受精分割胚由来 ES 細胞樹立

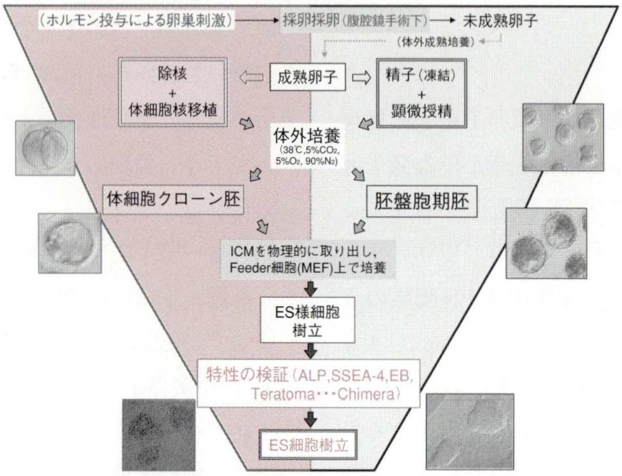

図Ⅰ-5-6．サル ES 細胞の樹立

に成功した(Okahara-Narita et al, 2008)(図Ⅰ-5-5)．樹立されたカニクイザル ES 細胞は，霊長類特異的未分化マーカーの発現も確認され，さらに体外での分化能，体内でのテラトーマ形成能も他の ES 細胞と同様であることがわかった．

まとめ

ヒト ES 細胞を利用した再生医療には大きな期待が寄せられており，1日も早い実用化が切望されている．そのためにも有効性・安全性を適切に評価するシステムの確立が求められる．我々が樹立したカニクイザルの受精卵由来 ES 細胞，単為発生卵由来 ES 細胞，単一割球由来 ES 細胞は長期にわたり安定して継代維持が可能であり，その多分化能もこれまでに報告されているヒト ES 細胞と比較してきわめて近似したものである．これらの知見は，マウス ES 細胞研究による「ヒト再生医療への手ごたえ」のレベルから，さらに大きく進んだ「ヒト再生医

人工多能性幹細胞（iPS 細胞，induced pluripotent stem cell）：2006年に山中伸弥が，世界で初めて分化したマウス体細胞に4つの遺伝子（*c-Myc*，*Klf4*，*Oct4*，*Sox2*）をレトロウイルスベクターで導入することにより，人工的に形態や増殖能が胚性幹細胞（ES 細胞）と類似し，分化多能性を維持したまま長期培養が可能である細胞を作成することに成功した．この iPS 細胞は ES 細胞と同様にさまざまな組織に分化し，SCID マウスに移植すればテラトーマを形成し，マウスではキメラ形成能を持っていることも確認されている．現在では，ウイルスや遺伝子を用いないで同じ機能を持つ細胞の作製ができるとの報告もある．

療への評価システム」として，ヒトにただちにつながる資料を提供できるものと考えられる．

また，近年報告された成体の体細胞へ4ないし3種の遺伝子を組み込むことによって作り出される三胚葉分化能を持つ**人工多能性幹細胞**（iPS細胞, induced pluripotent stem cells）（Takahashi et al, 2006；Takahashi et al, 2007）についても，サルiPS細胞を作製してES細胞と比較し，それぞれの特性を生かして安全性の確認を見極めつつ再生医療の早期実現に貢献することが望まれる．

一方，サル類における**動物実験倫理**を考える時，サル類は形態，生理，知能などヒトへの近似度が高いことから，マウスやラットと異なる生命倫理観が必要であり，本学で実施している筆記試験と実習を含む動物実験認定制度に加え動物実験委員会，動物生命科学研究倫理委員会による厳格な審査等による精査と自主規制を常に行う必要がある．我々は時として「技術があれば何をしてもよい」という勘違いをする．サルES細胞が再生医療研究をはじめとして多くの分野に貢献できることを願いつつも，その研究が人類社会にとって今本当に必要か否か常に問い直す勇気が必要である．

（鳥居隆三・岡原（成田）純子）

引用文献

Byrne JA, Pedersen DA, Clepper LL, et al (2007) Producing primate embryonic stem cells by somatic cell nuclear transfer, *Nature*, 450；497-502.

Chung, Y, Klimanskaya, I. Becker, S. et al (2006) Embryonic and extraembryonic stem cell lines derived from single mouse blastmeres, *Nature*, 439；216-219.

Cibelli JB, Grant KA, Chapman KB, et al (2002) Parthenogenetic stem cells in nonhuman primates, *Science*, 295；819.

Evans M, Kaufman M (1981) Establishment in culture of pluripotential cells from mouse embryos, *Nature*, 292；154-156.

Hatoya S, Torii R, Kondo Y, et al (2006) Isolation and characterization of embryonic stem-like cells from canine blastocysts, *Mol Reprod Dev*, 73 (3)；298-305.

Iannaccone PM, Taborn GU, Garton RL, et al (1994) Pluripotent embryonic stem cells from the rat are capable of producing chimeras, *Dev Biol*, 163；288-292.

Kim K, Lerou P, Yabuuchi A, et al (2007) Histocompatible embryonic stem cells by parthenogenesis, *Science*, 315；482-486.

Klimanskaya, I. Chung, Y. Becker, S. et al (2006) Human embryonic stem cell lines derived from single blastmeres, *Nature*, 444；481-485.

Li M, Li YH, Hou Y, et al (2004) Isolation and culture of pluripotent cells from in vitro produced porcine embryos, *Zygote*, 12；43-8.

Martin G (1981) Isolation of a pluripotent cell line from early mouse embryos cultured in medium conditioned by teratocarcinoma stem cells, *Proc Nat Acad Sci USA*, 78；7634-7638.

Nakajima F, Tokunaga K, Nakatsuji N (2007) Human leukocyte antigen matching estimations in a hypothetical bank of human embryonic stem cell lines in the Japanese population for use in cell transplantation therapy, *Stem Cells*, 25；983-5.

Ogawa K, Matsui H, Ohtsuka S, et al (2004) A novel mechanism for regulating clonal propagation of mouse ES cells, *Genes Cells*, 9；471-477.

Okahara-Narita J, Yamasaki J, Iwatani C, et al (2008) A cynomolgus monkey embryonic stem cell line derived from a single blastomere, *Reproduction, Fertility and Development*, 20；224-225.

Revazova ES, Turovets NA, Kochetkova OD, et al (2007) Patient-specific stem cell lines derived from human parthenogenetic blastocysts, *Cloning Stem Cells*, 9：432-49.

Song Y, Morikawa S, Morita M, et al (2006a) Comparison of MR images and histochemical localization of intra-arterially administered microglia surrounding β-amyloid deposits in the rat brain, *Histology & Pathology*, 21；705-711.

Song Y, Morikawa S, Morita M, et al (2006b) Magnetic resonance imaging using hemagglutinating virus of Japan-envelope vector successfully detects localization of intra-cardially administered microglia in the normal mouse brain, *Neurosci Lett*, 395；42-45.

動物実験倫理（ethics of animal experimentation）：動物実験とは主として自然科学において動物にある種の処置を加えて反応を観察すること（広く生態学や行動学等における人為処置なしで動物を観察することも含む）をいうが，動物実験を行う理由は大きくは科学的理由（処置しやすい，観察しやすい，解析しやすい，できる限り単純な実験系を用いて，正確な実験ができること），経済的理由（安価で，能率的な実験ができること）に加えて，生命の危険や苦痛を伴う人体実験をさせるという人道上の問題を避けるための倫理的理由，の3つがある．これらはあくまでヒトの側に立った理由であり，ヒトにとっては動物実験によって新しい知識や治療法等が得られるが，反面動物にとっては痛み，苦しみ，そして死が伴う．動物実験を行おうとする研究者は，動物はヒトと同じ五感をもった生き物であることを決して忘れることなく，できる限り苦痛の少ない（Refinement），使用数を減らし（Reduction），動物を用いない他の方法を模索する（Replacement）ことを常に念頭に置いた実験計画を立て，さらに得られた成績は必ず社会に公表，還元する責務があり，筆者はこれを動物実験倫理と考えている．

Suemori H, Tada T, Torii R, et al (2001) Establishment of embryonic stem cell lines from cynomolgus monkey blastosysts produced by IVF or ICSI, *Developmental Dynamics*, 222 ; 273-279.

Sukoyan MA, Golubitsa AN, Zhelezova AI, et al (1992) Isolation and cultivation of blastocyst-derived stem cell lines from American mink (*Mustela vison*), *Mol Reprod Develop*, 33 ; 418-431.

Takada T, Suzuki Y, Kondo Y, et al (2002) Monkey embryonic stem cell lines expressing green fluorescent protein, *Cell Transplant*, 11 ; 631-635.

Takahashi K, Tanabe K, Ohnuki M, et al (2007) Induction of pluripotent stem cells from adult human fibroblasts by defined factors, *Cell*, 131 ; 861-872.

Takahashi K, Yamanaka S (2006) Induction of pluripotent stem cells from mouse embryonic and adult fibroblast cultures by defined factors, *Cell*, 126 ; 663-76.

Thomson JA, Itskovits EJ, Sapiro SS, et al (1998) Embryonic stem cell lines derived from human blastocysts, *Science*, 282 ; 1061-1062.

Thomson JA, Kalishman J, Golos TG, et al (1996) Pluripotent cell lines derived from common marmoset (Callithrix Jacchus) Blastocysts, *Biol Reprod*, 55 ; 254-259.

Thomson JA, Kalishman J, Golos TG, et al (1995) Isolation of a primate embryonic stem cell line, *Proc Natl Acad Sci USA*, 92 ; 7844-7848.

Torii R, Hosoi Y, Masuda Y, et al (2000) Birth of Japanese monkey (Macaca fusucata) infant following in vitro fertilization and embryo transfer, *Primates*, 39 ; 399-406.

Torii R, Hosoi Y, Masuda Y, et al (1998) Establishment of routine cryopreservation of spermatozoa in the Japanese monkey (Macaca fuscata), *Jap J Fertil Steril*, 43 ; 125-131.

Wakayama S, Hikichi T. Suetsugu R, et al (2007) Efficient establishment of mouse embryonic stem cell lines from single blastmeres and polar bodies, *Stem Cells*, 25 ; 986-993.

Watanabe K, Ueno M, Kamiya D, et al (2007) A ROCK inhibitor permits survival of dissociated human embryonic stem cells, *Nat Biotechnol*, 25 ; 681-686.

Yamasaki J, Okahara-Narita J, Iwatani C, et al (2008) Effect of epidermal growth factor on in vitro maturation of cynomolgus monkey (Macaca fascicularis) oocytes, *Reproduction Fertility and Development*, 20 ; 208.

和秀雄（1985）サルの精液採取法，リプロダクション実験マニュアル，飯塚理八，入谷明，鈴木秋悦，舘鄰，pp31-35，講談社サイエンティフィック．

I-6

体細胞核移植クローン

Key words

クローン／核移植／初期化／リプログラミング／ntES 細胞

はじめに

1997年2月，哺乳類最初の体細胞**クローン**動物，羊のドリーが発表された (Wilmut et al, 1997)．サイエンスフィクションだった技術が実現した歴史的瞬間である．もし和牛や高泌乳牛などのクローンが簡単に作れるようになったら，従来の畜産業を根本から変えてしまうといわれている．しかしその後多くの研究者が追従したが，その成功率はどの動物種でも，どのような方法でも，多くの場合2–10%程度である．しかも形態や遺伝子解析の結果から，現在までに生まれたクローン動物はすべて異常ではないかと考えられている．今ではクローン動物は生まれないのが本当で，何かアクシデントがあった時にだけ生まれてくるのではないか，とまで言われている．このような未熟な技術をヒトへ応用することは許されないが，クローン胚からES細胞を作れば，免疫拒絶反応がない患者本人のES細胞が作れることから，一部の研究者たちが先を争って取り組み出した．その結果韓国のHwangらはデータを捏造して，ヒトクローンES細胞にはじめて成功したと*Science*誌に発表してしまい，大問題に発展した．現在では体細胞を直接人工多能性幹細胞 (iPS細胞) 化する技術が開発され (Takahashi, Yamanaka, 2006)，ヒトの**核移植**に取り組んでいる研究者はほとんどいないと思われる．

一方，この技術は絶滅危惧種やペットの再生などにも利用されており，韓国の企業はクローン犬の作成で利益を上げ始めている．すでに絶滅したマンモスでも，シベリヤの永久凍土から保存状態のよい組織が発見されれば，ゾウの卵子と子宮を借りることでクローンマンモスとして復活できるかもしれない．このように一昔前までは夢物語だったクローン技術だが，いよいよ身近な存在になり始めている．そこで本節では主にマウスの体細胞クローンを中心に最新の成果と問題点および可能性について紹介する．

1 これまでに作られたクローン動物と細胞の種類

体細胞から子供を作る初の試みは1938年にH. Spemanによってイモリで行われた (Speman, 1938)．しかし当時の技術では実験を完成させることはできず，1952年になってようやく，R. BriggsとT. J. Kingがカエルの胞胚期の細胞核から最初のクローン動物であるオタマジャクシを作ることに成功した (Briggs, King, 1952)．

クローン：もとはギリシア語で植物の小枝の集まりを意味する単語であり，同一の起源を持ち，なおかつ均一な遺伝情報を持つ集団を指す．したがって一卵性の双子はそれぞれがお互いのクローンといえる．

哺乳類における最初の成功例は1983年のJ. McGrathとD. Solterの報告だが，これは１細胞期の受精卵の核を同じ１細胞期の核と置き換えただけである（McGrath, Solter, 1983）．1986年になって，除核した未受精卵へヒツジの４-８細胞期胚の割球の**核を移植**することで最初のクローン羊（受精卵クローンと呼ぶ）が誕生した（Willadsen, 1986）．その後ウシでは胚盤胞の核からクローンを作るのに成功したが（Sims, First, 1994），マウスはウシやヒツジより難しく，1998年になってやっと胚盤胞からの受精卵クローンに成功した（Tsunoda, Kato, 1998）．しかしその前年，1997年には史上はじめての体細胞クローン，羊のドリーが大人の羊の乳腺細胞から作られた（Wilmut et al, 1997）．翌年我々がマウス（Wakayama et al, 1998），近畿大の角田らがウシ（Kato et al, 1998）の体細胞クローンに成功し，2009年現在までにヤギ （Baguisi et al, 1999），ブタ （Onishi et al, 2000；Polejaeva et al, 2000），ガウル（ウシ科の動物）（Lanza et al, 2000b），ムフロン（ヤギ亜科）（Loi et al, 2001），ネコ（Shin et al, 2002），ウサギ（Chesne et al, 2002），ウマ（Galli et al, 2003），ラバ（Woods et al, 2003），ラット（Zhou et al, 2003），ヤマネコ（Gomez et al, 2004），イヌ（Lee et al, 2005），フェレット（Li et al, 2006），オオカミ（Kim et al, 2007），シカ（Berg et al, 2007），バッファロー（Shi et al., 2007），ラクダ（Wani et al., 2009）および2000年に絶滅した山羊科のアイベックスが凍結保存されていた細胞から（Folch et al, 2009）が生まれている．

マウスの場合，使用されるドナー細胞の種類は主に卵丘細胞（Wakayama et al, 1998），尾由来の繊維芽細胞（Ogura et al, 2000b；Wakayama et al, 2000b），セルトリ細胞（Ogura et al, 2000a），胎子繊維芽細胞（Ono et al, 2001；Wakayama, Yanagimachi, 2001b），およびES細胞（Wakayama et al, 1999）だが，これまでにナチュラルキラーT細胞（Inoue et al, 2005），血液の顆粒細胞（Sung et al, 2006），始原生殖細胞（Miki et al, 2005），血液幹細胞（Inoue et al, 2006），間葉系幹細胞（Inoue et al, 2007），表皮幹細胞（Li et al, 2007）および胎子や新生子の神経幹細胞 （Yamazaki et al, 2001）（Inoue et al, 2007；Mizutani et al, 2006）からもクローンが生まれている．またマウスの遺伝背景が重要なこともわかっており，ほとんどの近交系マウスからは未だにクローンが作られていない（Inoue et al, 2003；Wakayama, Yanagimachi, 2001 b）．

2 クローン動物の異常

クローン動物にはオリジナルにはないさまざまな異常が頻発することがわかってきた．核移植を行った直後に見られる異常としては，紡錘体形成不全が上げられる．卵子の除核によってγ-チューブリン（Van Thuan et al, 2006b）や星状体（Miki et al, 2004）まで取り除かれてしまうことが原因らしい．初期胚の段階では，ICMや細胞の多能性に必須の*Oct4*およびその関連遺伝子の発現パターンが異常であることや（Boiani et al, 2002；Bortvin et al, 2003），ドナー細胞の遺伝子発現が胚盤胞になっても観察される場合があること（Gao et al, 2003）が報告されている．一方，将来胎盤になる栄養外胚葉への指定（specification）に関わる*Cdx2*は正常であった（Kishigami et al, 2006a）．核移植後の**リプログラミングエ**

核移植：クローン動物を作るための手段として開発された．卵子内の遺伝情報（通常はＭ期の染色体）を除去し，体細胞の核（通常はG0あるいはG1期）を卵子内に移植する．卵子と体細胞を電気融合させる方法が主流だが，マウスでは体細胞の核を直接卵子内に注入する方法が用いられている．

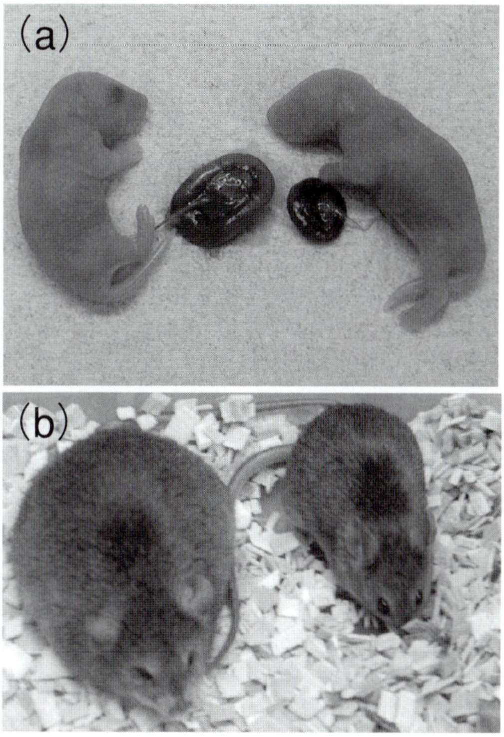

図Ⅰ-6-1．クローンマウスに頻発する奇形

(a) クローンマウス（左）とコントロールマウス（右）．クローンマウスの胎盤は例外なく普通のマウスより2-3倍大きくなる．(b) クローンマウス（左）とコントロールマウス（右）．クローンマウスは肥満になりやすい．

ラーは一様に起こるものではなく，特定の遺伝子に偏って起こるようである（Inoue et al, 2010）．

出産後のクローンマウスで見られる顕著な異常は，胎盤の肥大化（図Ⅰ-6-1 (a)）（Tamashiro et al, 2000；Wakayama, Yanagimachi, 1999），産後呼吸を再開せずに死んでしまうもの（Wakayama, Yanagimachi, 1999），肥満になるもの（図Ⅰ-6-1 (b)）（Tamashiro et al, 2002），短寿命（Ogonuki et al, 2002）オスドナー細胞からのY染色体欠落によるクローンのメス化（Inoue et al., 2009）などである．外見が正常なクローン個体でもX染色体の不活化が偏って生じることや（Senda et al, 2004），各臓器の遺伝子発現に異常が認められることも報告されている．（Kohda et al, 2005）．最近我々は，クローンマウス特有の胎盤異常を引き起こす原因の一つが，核移植時に混入したドナー細胞の細胞質であることを突きとめた（Van Thuan et al, 2006a）．一方クローン動物のテロメアの長さは正常だが（Lanza et al, 2000a；Wakayama et al, 2000a），クローン個体の体細胞から再びクローン個体を作る実験が行われた結果，マウスでは最高で6世代まで（Wakayama et al, 2000a），ウシではわずか2世代目までしか作ることができなかった（Kubota et al, 2004）．しかしその後，マウスでは現時点で14世代まで（未発表），豚では3世代目まで（Kurome et al, 2008）繰り返すことに成功していることから，クローン世代ごとになんらかの初期化異常が積み重なるということはなさそうである．しかもこれらの異常は次世代に伝わらないことから（Tamashiro et al, 2002），クローンの異常は初期化が不完全なために起こったエピジェネティク異常が原因だと考えられている．たとえクローン動物が異常で妊娠中期に死亡したとしても，そこから生殖細胞を取り出し異種移植などの方法で成熟させ精子や卵子を作り出せれば，体外受精により次世代の正常な個体を作り出せる（Ohta, Wakayama, 2005）．つまり現在の不完全なクローン技術でも絶滅危惧種などには応用できると期待される．

3 クローン技術の改善方法

クローン動物の異常が次々と明らかになるの

初期化（リプログラミング）：本節で用いられる場合は，体細胞の遺伝子発現が止まり，代わりに初期胚の遺伝子発現に切り替わること．

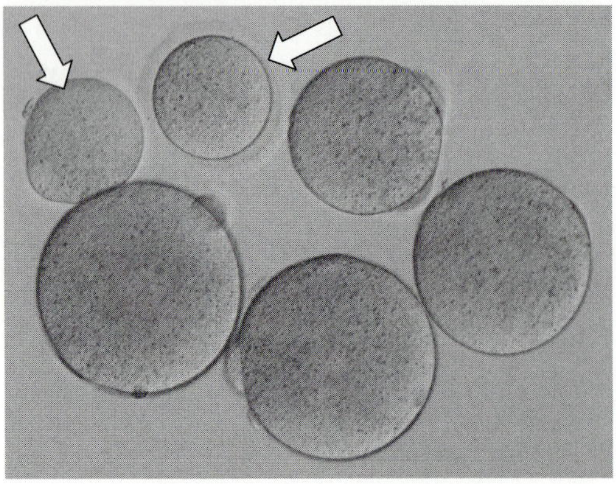

図Ⅰ-6-2．細胞融合で作られた巨大卵子
コントロール（矢印）から最大5個の卵子を融合させた巨大卵子まで．

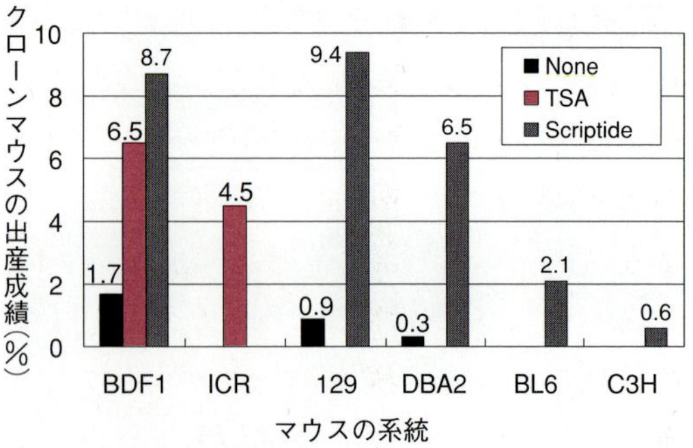

図Ⅰ-6-3．薬品処理によるクローンマウス作出効率の改善
従来の方法では近交系や交雑系のクローンの作出は難しかったが，TSAを加えることでF1のクローンは6%以上に，またICRのクローンも作れるようになった．その後，近交系のクローンもScriptideを加えることによって可能になった．

と対照的に，クローン技術そのものは最初の報告から10年近くたった今も大きな進歩は見られなかった．細胞の種類や細胞周期を変えることで若干の改善は見られたが，これらの成果は初期化されやすい細胞を見つけただけで，初期化の促進には結びついていない．我々は，核移植卵に精子を注入して最も自然な方法で卵子を活性化させ，その後精子由来の核を取り除く方法や（Kishikawa et al, 1999），最初にドナー核を卵子へ移植して卵子の持つ初期化因子をすべてドナー核に作用させた後で卵子の核を除く方法（Wakayama et al, 2003），二つ以上の卵子を融合して，初期化因子を増量させた巨大卵子へ核移植する方法（図Ⅰ-6-2）（Wakayama et al, 2008a）などさまざまな方法を試みたが，成功率改善には成功しなかった．ところが偶然に，1%DMSOがクローンの成績を若干改善できることを発見した（Wakayama, Yanagimachi, 2001a）．ほんのわずかな改善ではあったが，薬品処理によって初期化が促進されうることをはじめて証明した．

その後DMSOにはDNA脱メチル化作用があることがわかり，それが初期化を促進したのではないかと推察されている（Iwatani et al, 2006）．そして2006年，最初のクローンマウスに成功してから9年目にしてはじめて，ヒストン脱アセチル化酵素の阻害剤（HDACi）の1種であるトリコスタチンA（TSA）を培地に加えることによって，クローンマウスの成績を5倍に，**ntES細胞**（後述）の樹立成績を2倍にまで高めることに成功した（図Ⅰ-6-3）（Kishigami et al, 2006b）．この効果はマウスだけでなく他の動物種でも確認されている（Iager et al, 2008；Li et al, 2008；Rybouchkin et al, 2006）．TSAはヒストンのアセチル化レベルを高くし，結果的にDNAの低メチル化を引き起こすことから，クローン胚や円形精子細胞で受精した胚で報告されている異常なDNAのメチル化を抑制し，初期化および正常な遺伝子発現を促進したためだと推察される（Kang et al, 2001；Kishigami et al, 2006c）．TSAによってそれまでクローンを作ることができな

ntES細胞：クローン胚から樹立されたES細胞のこと．nuclear transfer ES 細胞の略．一般的なES細胞は受精卵から作られるが，ntES細胞は体細胞から核移植で作られる．

かったICR系統のマウスからでもクローンが作り出せるようになった（Kishigami et al, 2007）が，近交系のクローンは，TSAと同じ作用だがより毒性の少ないScriptideを用いることでようやく成功した（Van Thuan et al., 2009）しかしHDACiならどれでも効くわけではなく，薬の種類によって初期化能力に違いがあることが確認されている（Ono et al., 2010）．一方，最初にクローン胚からntES細胞（後述）を樹立し，それをドナーにしてもう一度核移植する2段階核移植の方法では，全体の成功率は改善できないが，有限だったドナー細胞が無限に利用可能となり，実験回数にも制限がなくなり，結果として各ドナー個体あたりのクローン作製効率は大きく改善される（Wakayama et al, 2005b）．しかし全体的な成功率は未だ実用的なレベルに達しておらず，さらなる研究が必要であるThuan et al.,（2010）．

4 初期化因子の局在

哺乳類最初のクローンはドリーの論文ということになっているが，実は1981年にマウスを使って哺乳類初のクローンが報告されている（Illmensee, Hoppe, 1981）．しかしこの実験は除核した受精卵をレシピエント卵として使っており，この方法では本人も含め誰も再現できなかったことから捏造だったと考えられている．我々も受精卵をレシピエントにするとクローン胚には致命的な染色体異常が起こってしまうことを報告している（Wakayama et al, 2000b）．ところが最近になって，未受精卵では細胞質にあった初期化因子は，受精卵では前核内に移行するという考えが提唱され，前核の核膜を破り，中のDNAだけを吸い出すという非常に高度なテクニックを駆使した方法や（Greda et al, 2006），2細胞期になる直前の分裂中期で除核する方法で（Egli et al, 2007），受精卵であっても初期化が可能なことが報告された．これでいったん解決したと思われた初期化因子の局在場所だったが，翌年大串らが核内の核小体には生命に必須の因子（発生因子）が存在することを突きとめ，除核してしまうと核移植による初期化の完成度とは関係なく，この因子が欠損しているため発生できなくなることを明らかにした（Ogushi et al, 2008）．次いで我々は，除核卵子の細胞抽出液を体細胞に処理すると初期化が促進されることを明らかにした（Bui et al, 2008）．つまり除核した受精卵からクローンが生まれないのは，細胞質に初期化因子がなくなったためではなく，除核によって核内にあった発生因子が除かれてしまったからだと考えられる．

5 クローン胚由来ES（ntES）細胞

クローン胚盤胞を培養し続けるとES細胞を樹立することが可能である．2001年に我々は核移植由来ES-like細胞がES細胞の定義（多能性を持ち生殖細胞へも分化できること）を完璧に満たしていることをはじめて証明し，それを受精卵由来のES細胞と区別するためにntES細胞と呼ぶことにした（Wakayama et al, 2001）．クローン個体の作出に比べ，ntES細胞はマウスの系統，性別，組織に関係なく10倍以上高率に樹立できる（Wakayama et al, 2005c）．マウスではすでにntES細胞を利用した治療の試みが行われており（Rideout et al, 2002），中でもパーキンソン病マウスの実験では，病気の個体の尻尾からntES細胞を作り，それを神経に分化させ，もとの同じ個体に戻して治療するという，完全な再生医学が可能なことを証明した（Tabar et al, 2008）．

ntES細胞と受精卵由来ES細胞をDNAマイクロアレイやエピジェネティック解析，核移植による物理的ダメージなどについて詳細に比較した結果，両者にはほとんどの点で違いがないことが明らかとなった（Wakayama et al, 2006；Brambrink et al, 2006）．不思議なことにクローン動物で見つかっている異常は，同じ技術で作られているntES細胞には見られない．おそらくクローン胚盤胞のICMの中に存在するわずかな正常細胞からntES細胞が樹立されたのか，あるいは樹立に要する約1ヶ月間に初期化が完成したのだろう．後者については，老齢のクローンマウスは若齢ものよりエピジェネティック異常が少なくなること（Senda et al, 2007）からも説明できる．

6 倫理問題を解決する方法

ntES細胞を樹立するためには新鮮卵子を健康な若い女性から提供してもらわなければならず，また“生命の萌芽”と呼ばれる胚盤胞を壊す必要があるため，それが倫理的に大きな障害となっていた．一方iPS細胞は体細胞を直接多能性幹細胞へ分化させて作るため，倫理問題を完全に回避することができるが，遺伝子改変が必要という問題点が残っている．そこで，核移植における倫理問題を回避する試みが多数行われてきた．卵子の問題については，異種動物の卵子を用いる方法（Dominko et al, 1999）やES細胞から卵子を作り出して利用する方法（Hubner et al, 2003）があり，すでにヒトntES細胞がウサギ卵子を使って樹立できたという報告がある（Chen et al, 2003）．生命の萌芽を壊すということへの対策としては，受精卵の1割球だけを利用する方法がある（Chung et al, 2006；Wakayama et al, 2007a）．受精卵の発育ステージによって樹立成績は異なるが，2細胞期胚から8細胞期胚までのいずれの1割球からでも比較的簡単にES細胞は樹立でき，しかも核移植技術を組み合わせれば，第一および第二極体からも樹立できる（図Ⅰ-6-4）（Wakayama et al, 2007a）．もとの胚は子宮に戻せば産子へ発生できることがわかっており，生命の萌芽を壊すことにはならない．一方致死の胚は生命の萌芽と呼べないことから，致死である単為発生胚からES（pES）細胞を樹立することも提案されているが（Cibelli

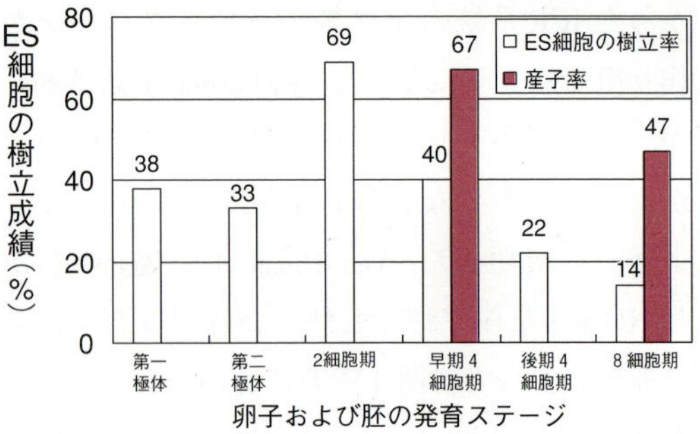

図Ⅰ-6-4．極体および受精卵の一割球からES細胞を樹立

受精卵から一割球をバイオプシーし，それをES細胞樹立培地に入れるだけで比較的高率にES細胞は樹立できる．極体の場合は，除核卵へ移植後再構築卵から樹立した単為発生ES細胞である．

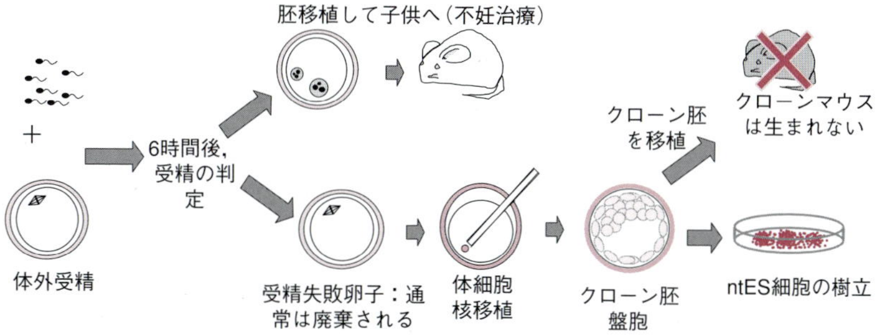

図Ｉ-6-5．受精失敗卵子を用いた核移植方法

臨床では体外受精に失敗した卵子は破棄されていることから，この方法はボランティアからの卵子の提供という倫理問題が回避できることを示している．

et al, 2002)，致死胚由来だけあって作られたpES細胞の分化能は低い(Allen et al, 1994)．我々はこの問題を解決するため，pES細胞をドナーとして核移植し，再びES（nt-pES）細胞を樹立してみた．するとnt-pES細胞の分化能はpES細胞より有意に改善され（Hikichi et al, 2007），本来発現するはずのないオスのインプリント遺伝子がnt-pES細胞では発現するようになり(Hikichi et al, 2008）単為発生による胎子の死亡時期が大きく延長した（Hikichi et al, 2010）．核移植による初期化では胎子側のインプリント遺伝子は変化しないと考えられていたが（Inoue et al, 2002)，単為発生由来胚のようにもともと異常な発現をしている場合，初期化によって正常化されるのかもしれない．

一方我々は卵子提供の問題を解決する新しい方法を考案した．不妊治療の現場では，体外受精の際に受精しなかった卵子（AFF卵子，Aged fertilization-failure oocyte）が，受精の判定が出るころには加齢で卵子の質が低下しており，再度体外受精や顕微授精が試みられる場合もあるが(Tsirigotis et al, 1995；Sjogren et al, 1995)，染色体異常が高頻度で起こること（Wakayama et al, 2004；Wang et al, 2001）から通常は破棄されている．このAFF卵子を用いて核移植を行ったところ，初期発生は非常に悪くクローン個体は得られなかったが，驚いたことにntES細胞の樹立は可能だった（図Ｉ-6-5）．したがってこの方法は，破棄される卵子を利用するため卵子の提供が必要ないこと，産子へは発生しない致死胚のため生命の萌芽を壊すことにはならないことから，二つの倫理問題を同時に解決している(Wakayama et al, 2007b)．

7 クローン技術による生殖の応用

生殖細胞を欠損した個体や高齢のため不妊になった動物から子孫を得る方法としては，このクローン技術がほとんど唯一の方法である．ウシでは21歳（Hill et al, 2000），マウスでは2歳9ヶ月という高齢な個体からのクローンに成功している（Mizutani et al, 2008）．また，ウマとロバの交配で生まれたラバは不妊だが，これもクローン技術によって繁殖が可能になっている(Woods et al, 2003)．我々は偶然見つかった完全不妊の両性具有マウスから，核移植技術を駆使

表Ⅰ-6-1．凍結死体の各臓器から ntES 細胞を樹立

組織名	使用した除核卵子数	核移植に成功した卵子数	活性化で生き残った卵子数	クローン胚盤胞へ発生した数（%）*	ntES 細胞の樹立数（%）**
脳	133	110	109	43（39.4）[a]	11（10.1）[g]
尻尾の血液	447	409	326	58（17.8）[b]	12（3.7）[h]
すい臓	111	90	85	13（15.3）[c]	1（1.2）[i]
腎臓	117	84	76	11（14.5）[c]	3（3.9）
骨髄	116	83	71	9（12.7）[d]	2（2.8）[i]
脾臓	115	85	75	9（12.0）[d]	3（4.0）
胸腺	110	84	77	5（6.5）[e]	1（1.3）[i]
肺	136	83	78	5（6.4）[e]	1（1.3）[h]
心臓	110	89	82	5（6.1）[e]	0[h]
肝臓	111	75	66		0[h]
小腸	100	65	55		0[h]
合計	1606	1257	1100	158	34

*a vs b, c, d, e, f and b, c vs f : $P<0.01$; b vs e and d vs f : $P<0.05$
**g vs i : $P<0.01$; g vs h : $P<0.05$

して子孫の作出を試みた（Wakayama et al, 2005a）．このマウスのクローン個体の作出には失敗したが，尻尾から ntES 細胞の樹立には成功し，キメラマウスを介することでこのミュータントマウス由来の産子を生ませることに成功した（Wakayama et al, 2005a）．

一方，絶滅危惧種を救済するためには，異種の卵子および子宮を利用しなくてはならない．ウシ-ラット間のように種が大きく違っていても初期発生は可能だが（Dominko et al, 1999），出産まで成功したのはウシ-ガウルやイヌ-オオカミなどの亜科間核移植までである（Kim et al, 2007 ; Lanza et al, 2000b ; Loi et al, 2001 ; Folch et al, 2009）．また，マンモスなど絶滅してしまった動物の復活のためには，永久凍土で発見される凍結死体を利用しなければならない．液体窒素など超低温で安定に保存されていた場合，凍結組織の中に生存細胞が見つかる場合があり，2009年には日本の種牛として最も有名だった安福のクローンが死後13年目に復活している．しかし永久凍土のような比較的高温（−20℃程度）では，すべての細胞は凍結障害により破壊され死んでいる．だが凍結乾燥精子（Wakayama, Yanagimachi, 1998）や，15年間冷凍保存されていたマウスの精巣精子（Ogonuki et al, 2006）からでも顕微授精すれば産子が生まれることから，たとえドナー細胞が死んでいても，核にダメージがなければクローンを作れる可能性が残っている．実際にフリーズドライにした体細胞を核移植することで胚盤胞への発生（Loi et al, 2008）や ntES 細胞の樹立（Ono et al, 2008）が確認されている．

そこで我々は，−20℃で最長16年間凍結保存されていたマウスを用いて核移植を行ってみた（Wakayama et al, 2008b）．すると1ヶ月間保存した凍結マウスでも，脳細胞の核を用いればク

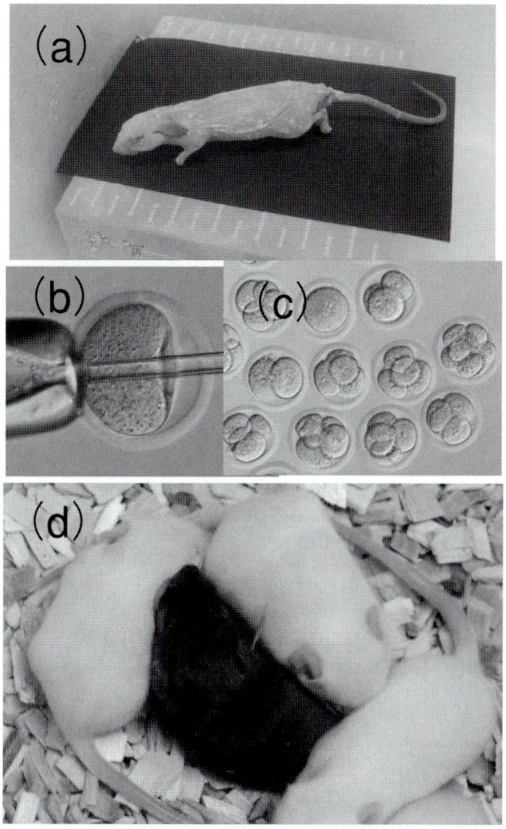

図Ⅰ-6-6．16年間凍結保存されていたマウスのクローン

(a) 16年間 - 20℃で凍結保存されていたマウス．(b) (c) 核移植によって発生したクローン胚．(d) 中央が (a) の体細胞（脳から採取）から生まれたクローンマウス．

ローン産子や ntES 細胞が比較的容易に得られることが明らかとなった（表Ⅰ-6-1）．不思議なことに，大人の生きた脳細胞からは未だにクローン産子の作出には成功していないことから，凍結融解は初期化を促進するのかもしれない．次に16年間 − 20℃で凍結保存されていたマウスの死体を用いたところ，それらのクローン胚から個体を作ることには失敗したが，クローン胚から正常な ntES 細胞を樹立することには成功した．次にこの ntES 細胞をドナー核としてもう一度核移植を行ったところ，健康で繁殖力のあるクローン個体を作ることに成功した（図Ⅰ-6-6）．脳以外に血液などからも ntES 細胞の樹立には成功していることから，永久凍土から見つかる組織の中で比較的まともな部位の血液を使えば，マンモスの復活も夢ではなくなるかもしれない．

まとめ

体細胞クローンは十数年前までは夢物語だった技術だが，現在は当たり前の技術になりつつある．iPS 細胞の成功によってクローン技術は過去の遺物のような見られ方をする場合もあるが，たとえ再生医学に限っても倫理問題が解決できれば安全性などに強みがある．逆にクローン技術によって初期化というメカニズムが解明されれば，それは安全な iPS 細胞の樹立にも貢献するだろう．農業やペット産業に至っては，一般生活への応用まであと一歩というところまで来ている．基礎生物学の分野では早くから新たな解析手段として利用されている．今後解決しなければならない問題は多いが，クローン技術は人類が手に入れた最も価値のある手段の一つなのである．

（若山清香・若山照彦）

引用文献

Allen ND, Barton SC, Hilton K, et al (1994) A functional analysis of imprinting in parthenogenetic embryonic stem cells, *Development*, 120 ; 1473-1482.

Baguisi A, Behboodi E, Melican DT, et al (1999) Production of goats by somatic cell nuclear transfer, *Nature, Biotechnology* 17 ; 456-461.

Berg DK, Li C, Asher G, et al (2007) Red deer cloned from antler stem cells and their differentiated progeny, *Biol Reprod*, 77 ; 384-394.

Boiani M, Eckardt S, Scholer HR, et al (2002) Oct4 distribution and level in mouse clones : consequences for pluripotency, *Genes Dev*, 16 ; 1209-1219.

Bortvin A, Eggan K, Skaletsky H, et al (2003) Incomplete reactivation of Oct4-related genes in mouse embryos cloned from somatic nuclei, *Development*, 130 ; 1673-1680.

Brambrink T, Hochedlinger K, Bell G, et al (2006) ES cells derived from cloned and fertilized blastocysts are transcriptionally and functionally indistinguishable, *Proc Natl Acad Sci* USA, 103 ; 933-938.

Briggs R, King TJ (1952) Transplantation of living nuclei from blastula cells into enucleated frog's eggs, *Proc Natl Acad Sci USA*, 38 ; 455-463.

Bui HT, Wakayama S, Kishigami S, et al (2008) The cytoplasm of mouse germinal vesicle stage oocytes can enhance somatic cell nuclear reprogramming, *Development*, 135 ; 3935-3945.

Chen Y, He ZX, Liu A, et al (2003) Embryonic stem cells generated by nuclear transfer of human somatic nuclei into rabbit oocytes, *Cell Res*, 13 ; 251-263.

Chesne P, Adenot PG, Viglietta C, et al (2002) Cloned rabbits produced by nuclear transfer from adult somatic cells, *Nature Biotechnology*, 20 ; 366-369.

Chung Y, Klimanskaya I, Becker S, et al (2006) Embryonic and extraembryonic stem cell lines derived from single mouse blastomeres, *Nature*, 439 ; 216-219.

Cibelli JB, Grant KA, Chapman KB, et al (2002) Parthenogenetic stem cells in nonhuman primates, *Science*, 295 ; 819.

Dominko T, Mitalipova M, Haley B, et al (1999) Bovine oocyte cytoplasm supports development of embryos produced by nuclear transfer of somatic cell nuclei from various mammalian species, *Biol Reprod*, 60 ; 1496-1502.

Egli D, Rosains J, Birkhoff G, et al (2007) Developmental reprogramming after chromosome transfer into mitotic mouse zygotes, *Nature*, 447 ; 679-685.

Folch J, Cocero MJ, Chesne P, et al (2009) First birth of an animal from an extinct subspecies (Capra pyrenaica pyrenaica) by cloning, *Theriogenology*, 71 ; 1026-1034.

Galli C, Lagutina I, Crotti G, et al (2003) Pregnancy : a cloned horse born to its dam twin, *Nature*, 424 ; 635

Gao S, Chung YG, Williams JW, et al (2003) Somatic cell-like features of cloned mouse embryos prepared with cultured myoblast nuclei, *Biol Reprod*, 69 ; 48-56.

Gomez MC, Pope CE, Giraldo A, et al. (2004) Birth of African Wildcat cloned kittens born from domestic cats, *Cloning Stem Cells*, 6 ; 247-258.

Greda P, Karasiewicz J, Modlinski JA (2006) Mouse zygotes as recipients in embryo cloning, *Reproduction*, 132 ; 741-748.

Hikichi T, Kohda T, Wakayama S, et al (2008) Nuclear transfer alters the DNA methylation status of specific genes in fertilized and parthenogenetically activated mouse embryonic stem cells, *Stem cells* 26 ; 783-788.

Hikichi T, Wakayama S, Mizutani E, et al (2007) Differentiation potential of parthenogenetic embryonic stem cells is improved by nuclear transfer, *Stem cells* 25 ; 46-53

Hikichi T, Ohta H, Wakayama S, et al., (2010) Functional full-term placentas formed from parthenogenetic embryos using serial nuclear transfer. *Development*, 137 : 2841-2847.

Hill JR, Winger QA, Long CR, et al (2000) Development rates of male bovine nuclear transfer embryos derived from adult and fetal cells, *Biol Reprod*, 62 ; 1135-1140.

Hubner K, Fuhrmann G, Christenson LK, et al (2003) Derivation of oocytes from mouse embryonic stem cells, *Science*, 300 ; 1251-1256.

Iager AE, Ragina NP, Ross PJ, et al (2008) Trichostatin A improves histone acetylation in bovine somatic cell nuclear transfer early embryos, *Cloning Stem Cells*, 10 ; 371-379.

Illmensee K, Hoppe PC (1981) Nuclear transplantation in Mus musculus : developmental potential of nuclei from preimplantation embryos, *Cell*, 23 ; 9-18.

Inoue K, Kohda T, Lee J, et al (2002) Faithful expression of imprinted genes in cloned mice, *Science* 295 ; 297.

Inoue K, Noda S, Ogonuki N, et al (2007) Differential developmental ability of embryos cloned from tissue-specific stem cells, *Stem Cells*, 25 ; 1279-1285.

Inoue K, Ogonuki N, Miki H, et al (2006) Inefficient reprogramming of the hematopoietic stem cell genome following nuclear transfer, *J Cell Sci*, 119 ; 1985-1991.

Inoue K, Ogonuki N, Mochida K, et al (2003) Effects of donor cell type and genotype on the efficiency of mouse somatic cell cloning, *Biol Reprod*, 69 ; 1394-1400.

Inoue K, Wakao H, Ogonuki N, et al (2005) Generation of cloned mice by direct nuclear transfer from natural killer T cells, *Curr Biol*, 15 ; 1114-1118.

Inoue K, Kohda T, Sugimoto M, et al., (2010) Impeding Xist expression from the active X chromosome improves mouse somatic cell nuclear transfer. Science, 330 : 496-499.

Iwatani M, Ikegami K, Kremenska Y, et al (2006) Dimethyl sulfoxide has an impact on epigenetic profile in mouse embryoid body, *Stem Cells*, 24 ; 2549-2556.

Kang YK, Koo DB, Park JS, et al (2001) Aberrant methylation of donor genome in cloned bovine embryos, *Nature Genetics*, 28 ; 173-177.

Kato Y, Tani T, Sotomaru Y, et al (1998) Eight calves cloned from somatic cells of a single adult, *Science*, 282 ; 2095-2098.

Kim MK, Jang G, Oh HJ, et al (2007) Endangered wolves cloned from adult somatic cells, *Cloning Stem Cells* 9 ; 130-137.

Kishigami S, Bui HT, Wakayama S, et al (2007) Successful mouse cloning of an outbred strain by trichostatin A treatment after somatic nuclear transfer, *J Reprod Dev*, 53 ; 165-170.

Kishigami S, Hikichi T, Van Thuan N, et al (2006a) Normal specification of the extraembryonic lineage after somatic nuclear transfer, *FEBS Lett*, 580 ; 1801-1806.

Kishigami S, Mizutani E, Ohta H, et al (2006b) Significant improvement of mouse cloning technique by treatment with trichostatin A after somatic nuclear transfer, *Biochem Biophys Res Commun*, 340 ; 183-189.

Kishigami S, Van Thuan N, Hikichi T, et al (2006c) Epigenetic abnormalities of the mouse paternal zygotic genome associated with microinsemination of round

spermatids, *Dev Biol*, 289 ; 195-205.
Kishikawa H, Wakayama T, Yanagimachi R (1999) Comparison of oocyte-activating agents for mouse cloning, *Cloning*, 1 ; 153-159.
Kohda T, Inoue K, Ogonuki N, et al (2005) Variation in gene expression and aberrantly regulated chromosome regions in cloned mice, *Biol Reprod* 73 ; 1302-1311.
Kubota C, Tian XC, Yang X (2004) Serial bull cloning by somatic cell nuclear transfer, *Nat Biotechnol*, 22 ; 693-694.
Kurome M, Hisatomi H, Matsumoto S, et al (2008) Production efficiency and telomere length of the cloned pigs following serial somatic cell nuclear transfer, *The J Reprod Dev*, 54 ; 254-258.
Lanza RP, Cibelli JB, Blackwell C, et al (2000a) Extension of cell life-span and telomere length in animals cloned from senescent somatic cells, *Science*, 288 ; 665-669.
Lanza RP, Cibelli JB, Diaz F, et al (2000b) Cloning of an endangered species (Bos gaurus) using interspecies nuclear transfer, *Cloning* 2 ; 79-90.
Lee BC, Kim MK, Jang G, et al (2005) Dogs cloned from adult somatic cells, *Nature*, 436 ; 641.
Li J, Greco V, Guasch G, et al (2007) Mice cloned from skin cells, *Proc Natl Acad Sci USA*, 104 ; 2738-2743.
Li J, Svarcova O, Villemoes K, et al (2008) High in vitro development after somatic cell nuclear transfer and trichostatin A treatment of reconstructed porcine embryos, *Theriogenology*, 70 ; 800-808.
Li Z, Sun X, Chen J, et al (2006) Cloned ferrets produced by somatic cell nuclear transfer, *Dev Biol*, 293 ; 439-448.
Loi P, Matsukawa K, Ptak G, et al (2008) Freeze-dried somatic cells direct embryonic development after nuclear transfer, *PLoS ONE*, 3 ; e2978.
Loi P, Ptak G, Barboni B, et al (2001) Genetic rescue of an endangered mammal by cross-species nuclear transfer using post-mortem somatic cells, *Nature Biotechnology*, 19 ; 962-964.
McGrath J, Solter D (1983) Nuclear transplantation in the mouse embryo by microsurgery and cell fusion, Science, 220 ; 1300-1302.
Miki H, Inoue K, Kohda T, et al (2005) Birth of mice produced by germ cell nuclear transfer, *Genesis*, 41 ; 81-86.
Miki H, Inoue K, Ogonuki N, et al (2004) Cytoplasmic asters are required for progression past the first cell cycle in cloned mouse embryos, *Biol Reprod*, 71 ; 2022-2028.
Mizutani E, Ohta H, Kishigami S, et al (2006) Developmental ability of cloned embryos from neural stem cells, *Reproduction*, 132 ; 849-857.
Mizutani E, Ono T, Li C, et al (2008) Propagation of senescent mice using nuclear transfer embryonic stem cell lines, *Genesis*, 46 : 478-483.
Ogonuki N, Inoue K, Yamamoto Y, et al (2002) Early death of mice cloned from somatic cells, *Nat Genet* 30 ; 253-254.
Ogonuki N, Mochida K, Miki H, et al (2006) Spermatozoa and spermatids retrieved from frozen reproductive organs or frozen whole bodies of male mice can produce normal offspring, *Proc Natl Acad Sci USA*, 103 ; 13098-13103.
Ogura A, Inoue K, Ogonuki N, et al (2000a) Production of male cloned mice from fresh, cultured, and cryopreserved immature Sertoli cells, *Biol Reprod*, 62 ; 1579-1584.
Ogura A, Inoue K, Takano K, et al (2000b) Birth of mice after nuclear transfer by electrofusion using tail tip cells, *Mol Reprod Dev*, 57 ; 55-59.
Ogushi S, Palmieri C, Fulka H, et al (2008) The maternal nucleolus is essential for early embryonic development in mammals, *Science* 319 ; 613-616.
Ohta H, Wakayama T (2005) Generation of normal progeny by intracytoplasmic sperm injection following grafting of testicular tissue from cloned mice that died postnatally, *Biol Reprod* 73 ; 390-395.
Onishi A, Iwamoto M, Akita T, et al (2000) Pig cloning by microinjection of fetal fibroblast nuclei, *Science* 289 ; 1188-1190.
Ono T, Mizutani E, Li C, et al (2008) Nuclear transfer preserves the nuclear genome of freeze-dried mouse cells, *J Reprod Dev*, 54 ; 486-491.
Ono T, Li C, Mizutani E, et al., (2010) Inhibition of Class IIb Histone Deacetylase Significantly Improves Cloning Efficiency in Mice. *Biol Reprod*, 2010.
Ono Y, Shimozawa N, Ito M, et al (2001) Cloned mice from fetal fibroblast cells arrested at metaphase by a serial nuclear transfer, *Biol Reprod* 64 ; 44-50.
Polejaeva IA, Chen SH, Vaught TD, et al (2000) Cloned pigs produced by nuclear transfer from adult somatic cells, *Nature*, 407 ; 86-90.
Rideout WM, 3rd, Hochedlinger K, Kyba M, et al (2002) Correction of a genetic defect by nuclear transplantation and combined cell and gene therapy, *Cell*, 109 ; 17-27.
Rybouchkin A, Kato Y, Tsunoda Y (2006) Role of histone acetylation in reprogramming of somatic nuclei following nuclear transfer, *Biol Reprod*, 74 ; 1083-1089.
Senda S, Wakayama T, Arai Y, et al (2007) DNA methylation errors in cloned mice disappear with advancement of aging, *Cloning Stem Cells*, 9 ; 293-302.
Senda S, Wakayama T, Yamazaki Y, et al (2004) Skewed X-inactivation in cloned mice, *Biochem Biophys Res Commun*, 321 ; 38-44.
Shi D, Lu F, Wei Y, et al., (2007) Buffalos (Bubalus bubalis) cloned by nuclear transfer of somatic cells. Biol Reprod 2007 ; 77 : 285-291.
Shin T, Kraemer D, Pryor J, et al (2002) A cat cloned by nuclear transplantation, *Nature*, 415 ; 859.
Sims M, First NL (1994) Production of calves by transfer of nuclei from cultured inner cell mass cells, *Proc Natl Acad Sci USA*, 91 ; 6143-6147.
Sjogren A, Lundin K, Hamberger L (1995) Intracytoplasmic sperm injection of 1 day old oocytes after fertilization failure, *Hum Reprod*, 10 ; 974-975.
Speman H (1938) *Embryonic devekopment and induction*, Yal Universtiy Press, New Haven, Connecti.
Sung LY, Gao S, Shen H, et al (2006) Differentiated cells are more efficient than adult stem cells for cloning by somatic cell nuclear transfer, *Nature Genetics*, 38 ; 1323-1328.
Tabar V, Tomishima M, Panagiotakos G, et al (2008) Therapeutic cloning in individual parkinsonian mice,

Nature Medicine, 14 ; 379-381
Takahashi K, Yamanaka S (2006) Induction of pluripotent stem cells from mouse embryonic and adult fibroblast cultures by defined factors, *Cell* 126 ; 663-676.
Tamashiro KL, Wakayama T, Akutsu H, et al (2002) Cloned mice have an obese phenotype not transmitted to their offspring, *Nat Med* 8 ; 262-267.
Tamashiro KL, Wakayama T, Blanchard RJ, et al (2000) Postnatal growth and behavioral development of mice cloned from adult cumulus cells, *Biol Reprod*, 63 ; 328 -334.
Thuan NV, Kishigami S, Wakayama T. (2010) How to improve the success rate of mouse cloning technology. *J Reprod Dev*, 56 : 20-30.
Tsirigotis M, Nicholson N, Taranissi M, et al (1995) Late intracytoplasmic sperm injection in unexpected failed fertilization in vitro : diagnostic or therapeutic?, *Fertil Steril*, 63 ; 816-819.
Tsunoda Y, Kato Y (1998) Not only inner cell mass cell nuclei but also trophectoderm nuclei of mouse blastocysts have a developmental totipotency, *J Reprod Fertil*, 113 ; 181-184.
Van Thuan N, Wakayama S, Kishigami S, et al (2006a) Injection of somatic cell cytoplasm into oocytes before intracytoplasmic sperm injection impairs full-term development and increases placental weight in mice, *Biol Reprod* 74 ; 865-873.
Van Thuan N, Wakayama S, Kishigami S, et al (2006b) Donor centrosome regulation of initial spindle formation in mouse somatic cell nuclear transfer : roles of gamma-tubulin and nuclear mitotic apparatus protein 1, *Biol Reprod*, 74 ; 777-787.
Van Thuan N, Bui HT, Kim JH, et al., (2009) The histone deacetylase inhibitor scriptaid enhances nascent mRNA production and rescues full-term development in cloned inbred mice, *Reproduction*, 138 : 309-317.
Wakayama S, Cibelli JB, Wakayama T (2003) Effect of timing of the removal of oocyte chromosomes before or after injection of somatic nucleus on development of NT embryos, *Cloning Stem Cells*, 5 ; 181-189.
Wakayama S, Hikichi T, Suetsugu R, et al (2007a) Efficient establishment of mouse embryonic stem cell lines from single blastomeres and polar bodies, *Stem Cells*, 25 ; 986-993.
Wakayama S, Jakt ML, Suzuki M, et al (2006) Equivalency of nuclear transfer-derived embryonic stem cells to those derived from fertilized mouse blastocysts, *Stem Cells*, 24 ; 2023-2033.
Wakayama S, Kishigami S, Van Thuan N, et al (2008a) Effect of volume of oocyte cytoplasm on embryo development after parthenogenetic activation, intracytoplasmic sperm injection, or somatic cell nuclear transfer, *Zygote*, 16 ; 211-222.
Wakayama S, Kishigami S, Van Thuan N, et al (2005a) Propagation of an infertile hermaphrodite mouse lacking germ cells by using nuclear transfer and embryonic stem cell technology, *Proc Natl Acad Sci USA*, 102 ; 29-33.
Wakayama S, Mizutani E, Kishigami S, et al (2005b) Mice cloned by nuclear transfer from somatic and ntES cells derived from the same individuals, *The Journal of reproduction and development* 51 ; 765-772.
Wakayama S, Ohta H, Hikichi T, et al (2008b) Production of healthy cloned mice from bodies frozen at -20 degrees C for 16 years, *Proc Natl Acad Sci USA*, 105 ; 17318-17322.
Wakayama S, Ohta H, Kishigami S, et al (2005c) Establishment of male and female nuclear transfer embryonic stem cell lines from different mouse strains and tissues, *Biol Reprod*, 72 ; 932-936.
Wakayama S, Suetsugu R, Thuan NV, et al (2007b) Establishment of mouse embryonic stem cell lines from somatic cell nuclei by nuclear transfer into aged, fertilization-failure mouse oocytes, *Curr Biol*, 17 ; R 120-121.
Wakayama S, Thuan NV, Kishigami S, et al (2004) Production of offspring from one-day-old oocytes stored at room temperature, *J Reprod Dev*, 50 ; 627-637.
Wakayama T, Perry AC, Zuccotti M, et al (1998) Full-term development of mice from enucleated oocytes injected with cumulus cell nuclei, *Nature*, 394 ; 369-374.
Wakayama T, Rodriguez I, Perry AC, et al (1999) Mice cloned from embryonic stem cells, *Proc Natl Acad Sci USA*, 96 ; 14984-14989.
Wakayama T, Shinkai Y, Tamashiro KL, et al (2000a) Cloning of mice to six generations, *Nature*, 407 ; 318-319.
Wakayama T, Tabar V, Rodriguez I, et al (2001) Differentiation of embryonic stem cell lines generated from adult somatic cells by nuclear transfer, *Science*, 292 ; 740-743.
Wakayama T, Tateno H, Mombaerts P, et al (2000b) Nuclear transfer into mouse zygotes, *Nature Genetics*, 24 ; 108-109.
Wakayama T, Yanagimachi R (1998) Development of normal mice from oocytes injected with freeze-dried spermatozoa, *Nature biotechnology* 16 ; 639-641.
Wakayama T, Yanagimachi R (1999) Cloning of male mice from adult tail-tip cells, *Nature genetics* 22 ; 127-128.
Wakayama T, Yanagimachi R (2001a) Effect of cytokinesis inhibitors, DMSO and the timing of oocyte activation on mouse cloning using cumulus cell nuclei, *Reproduction* 122 ; 49-60.
Wakayama T, Yanagimachi R (2001b) Mouse cloning with nucleus donor cells of different age and type, *Mol Reprod* Dev, 58 ; 376-383.
Wang WH, Meng L, Hackett RJ, et al (2001) The spindle observation and its relationship with fertilization after intracytoplasmic sperm injection in living human oocytes, *Fertil Steril*, 75 ; 348-353.
Wani NA, Wernery U, Hassan FA, et al, (2009) Production of the first cloned camel by somatic cell nuclear transfer. *Biol Reprod*, 82 : 373-379.
Willadsen SM (1986) Nuclear transplantation in sheep embryos, *Nature*, 320 ; 63-65.
Wilmut I, Schnieke AE, McWhir J, et al (1997) Viable offspring derived from fetal and adult mammalian cells, *Nature*, 385 ; 810-813.
Woods GL, White KL, Vanderwall DK, et al (2003) A mule cloned from fetal cells by nuclear transfer, *Science* 301 ; 1063.
Yamazaki Y, Makino H, Hamaguchi-Hamada K, et al (2001) Assessment of the developmental totipotency of

neural cells in the cerebral cortex of mouse embryo by nuclear transfer, *Proc Natl Acad Sci USA*, 98 ; 14022-14026.

Zhou Q, Renard JP, Le Friec G, et al (2003) Generation of fertile cloned rats by regulating oocyte activation, *Science*, 302 ; 1179.

第 II 章

生殖腺の分化

［編集担当：佐々木裕之］

有性生殖を行う動物には精子を産出する雄と卵子を産出する雌が存在する．発生する個体がいずれの性に分化するかは，未分化な生殖腺の体細胞で起きる性決定現象によって決まる．本章ではこの性決定機構とその異常症について解説する．

動物は実に多様な繁殖戦略や性決定機構を発達させてきた．たとえば，魚類や爬虫類には社会的地位や温度に依存した環境依存的な性決定を行う種が存在するが，ヒトを含む哺乳類や鳥類はよく分化した性染色体を持ち，遺伝的な性決定を行う．しかし，最近の遺伝子レベルの研究により，遺伝的な性決定機構にさえ柔軟性があり，性染色体上の性決定遺伝子には多様な起源があることがわかってきた．驚くべき生物の適応力と性分化調節機構の進化について述べる（7節）．

次に，ヒトの性分化の基本的な経路について述べ，その異常がどのような表現型をもたらすのか理解する（8節）．最上流の性決定因子の異常，性ホルモンの産生異常，内分泌撹乱物質などが生殖腺や外性器の分化に大きな変化を引き起こす．その多くは生殖細胞の分化異常を伴い，不妊となる．卵子の産生を理解するためには体細胞，特に生殖腺の体細胞の機能を知る必要がある．

［佐々木裕之］

II-7

性分化調節機構の進化

Key words
性淘汰／性決定遺伝子／性染色体

はじめに

有性生殖を行う動物には雄と雌が存在する．この両者の役割は受精可能な生殖細胞，すなわち精子と卵子を分化させ，そして次世代を産出することである．その結果，生物は世代を超えた遺伝情報の受け渡しを通じ，種の存続を可能とした．このような有性生殖の確立は，生物進化の面からも重要であった．生殖細胞はその成熟過程で，ゲノムを体細胞の半分にする分裂，すなわち減数分裂を行う．その際に，相同染色体の間で組み換えを行うことが知られている．父親由来の染色体と母親由来の染色体の間での組み換えは，新たな遺伝子の組み合わせを持つ染色体を形成し，遺伝的多様性の原動力となった．単為生殖では突然変異以外に遺伝的多様性の獲得は不可能であることから，集団内における遺伝的多様性の獲得と維持に関する限り，有性生殖は単為生殖に対し優位であったと説明されてきた．そして，地球上に繁栄する実に多様な生物種を生み出したのは，有性生殖を介した遺伝的多様性の獲得の結果であると理解されているのである．本節では多様性を切り口として，生殖と性を議論する．

1 生殖における多様性

(A) 種の多様性と生殖

種が分化するためには生殖の隔離が必要である．たとえば，ある動物がある地域に生息していたが，その地域に地殻変動が生じ，生息地域を分断するような大きな川ができてしまったとする．その場合，川を隔てて二つの隔離された地域が成立する．そしてその結果，川の向こう側とこちら側の動物の間では生殖を行う機会を失ってしまうことになる．このような理由で生殖が隔離されると，二つの集団は異なる遺伝的変異を蓄積してゆき，最終的には種が分化する．すなわち，両者の間では子孫を残すことが不可能となるのである．もう一つの可能性は，一つの遺伝子の変異が種の隔離を引き起こすというものである．生殖を成立させるためには多数の遺伝子が関与することを考えると，どのようにして，たった一つの遺伝子の変異が生殖の隔離を行うことができるのかという疑問が生じる．もちろん，複数の遺伝子に同時に都合のよい変異が入る可能性は否定できないが，考慮する必要がないくらいに低い確率である．したがって，たった一つの遺伝子がいかにして，という疑問は当然のことであった．ところが，2003年に，その具体的な例が見つかった（Ueshima, Asami, 2003）．カタツムリには貝の巻き方が左右逆になったものが出現しており，この両者は交尾器の方向が逆になっているので，もはや生殖を行うことが不可能になっている．すなわち，この両者の間で生殖の隔離が起きているのである．そして，興味深いことに，すでにこの両者は異なる遺伝的変異を蓄積し始めており，いずれこの両者が異なる種に分化する運命にあることを強く示唆しているのであった．このように，地球上に繁栄する多様な種の確立にあたって，生殖は力強い原動力となってきたのである．

(B) 繁殖戦略の多様性

多様な生物種の確立過程で，生殖の果たした役割は非常に重要であったが，これらは生殖に付随する本質的な特徴，すなわち多面的な多様性と密接に関わると考えられる．その一つが繁殖戦略における多様性だ．種の継続と繁栄には，個体がいかにして多くの子孫を残すかという繁殖戦略こそが重要である．そのために雄同士が個体間で熾烈な競争を繰り広げることがある．たとえば，精子競争はその代表的な例である．雌が複数の雄個体と交尾する動物では，雄の精子は他の雄の精子と競争しなければならない．最も簡単な戦略は精子数を増やすことで，自らの精子が受精に預かる確率を高くすることだが，それ以外にも自分より前に交尾した雄の精子を殺してしまうやり方や，交尾の後に膣の開口部に栓をしてしまうことで，他の雄の交尾を不可能にするやり方など，自然界では実に多様な戦略のもとに精子競争が繰り広げられてきた．いずれにしても，この競争を勝ち抜くために，雄は多様な戦略を駆使してきたのであった．このような競争は種の継続や繁栄を目的としたというより，むしろ自身の子孫をいかに多く残すかという競争であった．そして，その結果として種の継続や繁栄がもたらされたと理解すべきである．このように雄個体間での競争は繁殖戦略の多様性の獲得に寄与したのであった．一方で，雌同士の競争や，雄と雌の間での競争も存在する．実際に，多様な繁殖戦略を獲得し，効率よく子孫を残した個体が個体間競争を勝ち抜いてきたのであった．

(C) 自然淘汰と性淘汰

多様な繁殖戦略を獲得するといっても，それは個体の努力でなしとげられるものではない．遺伝的変異が形質（表現型）の変異を引き出し，さらにその変異が選択され，最終的に集団内に定着することが必要である．変異によってもたらされた表現型が集団内に定着しなければ，いずれは消失してしまう．そのような形質の選択は，C. R. Darwin（1859）が提唱したように，自然淘汰によって行われる．すなわち，生存に有利に働く形質が選択されるという考え方である．そして，自然淘汰による選択では，生存に不利な変異は淘汰されるのが原則である．ところが，どう見ても生存に不利だろうと思われる形質が残ることがある．たとえば，婚姻色や尾長鶏の尾はその典型で，目立つ色は捕食者に見つかりやすいであろうし，長い尾は捕食者から逃げる時には邪魔であると考えられる．ところが，そのような形質が保存されている．これは自然淘汰では説明できない．それでは何がそのような選択をさせているのだろうか．これを説明するのが性淘汰である．たとえば，婚姻色を呈する個体の方が効率よく異性を引き寄せることができたり，長い尾を持つ雄の方が雌に好まれるのであれば，これらの形質は生存に不利であってもある頻度で次世代に受け継がれることになる．逆に，自然界で生き抜くのに有利な形質であっても，配偶相手に対して何の魅力にもならない，むしろ嫌われるようなものであれば，その形質は集団中から消失していくはずである．このように，自然淘汰では説明できない形質の選択が生殖を通じて行われることがあり，性淘汰と呼ばれている．そしてこの性淘汰こそが，繁殖戦略における多様性の確立に重要な役割を果たしてきたと考えられている．

2 性決定の多様性

これまで述べてきた多様性は，種の分化と繁栄に生殖が深く関わることで獲得されたものであった．そして生殖に関わる事例で，もう一つ多様性を示す興味深い事例がある．それが性決定の多様性である．雌雄がその目的を達成するためには，雌雄で異なる生殖腺（精巣と卵巣）を分化させることが不可欠である．すなわち，性を決めなければならない．そして，この性決定に求められる重要な点は，集団中に二つの性の存在（精子を作る個体と卵子を作る個体）が保証されなければならないことである．どちらかの性のみが分化してしまうようなことが起きれば，その種は絶えてしまう．したがって，二つの性の存在が保証されることが必須となる．逆にいえば，それさえ満足できれば性決定の様式はどのようなものでもよいとも考えられ，実際に広く動物界を眺めれば，性決定の様式がいかに多様な分化を遂げたかを知ることができる．

(A) 遺伝子か環境か

哺乳類や鳥類のように性が遺伝子によって決まる動物種は多い．しかしながら，先ほども述べたように，性決定に求められる最低限の条件は雌雄の存在が保証されることなので，それさえ満足できればどのような方法でもかまわないはずである．そして，実際には遺伝子以外の要因が性を決めている生物も多い．有名な例であるが，ある種の魚では成熟した精巣や卵巣が，年齢や社会的地位によって，性転換する（図Ⅱ-7-1）．このような生物を見る限り，性は固定されたものではなく，変わりうるものといえる．また，これも有名な例であるが，ウミガメやワニは卵が置かれた温度によって性を決めている．したがって，これらの生物においても遺伝子が性を決めているわけではない．このように環境（外的）要因によって性が決まる動物以外に，性染色体を持つ動物がおり，これらの動物では遺伝子が性を決めている．つまり，遺伝的性決定を行う動物と，環境依存的性決定を行う動物が存在する．これが，性決定における多様性の一例である．

(B) 性染色体の選択

遺伝子が性を決める動物の場合，雌雄で異なるセットの染色体があり，この染色体を性染色体と呼んでいる．これに対し，その他の染色体は常染色体と呼ばれる．２本の常染色体は同じ

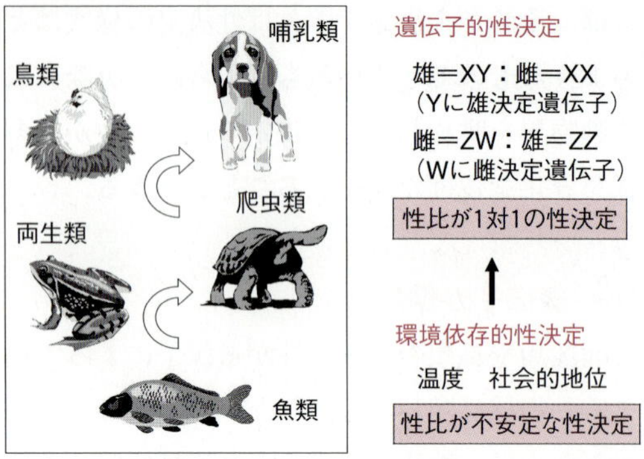

図Ⅱ-7-1．脊椎動物における性決定メカニズムと性決定遺伝子の多様性

魚類から始まる脊椎動物の進化の過程において，多様な性決定の方法が確立された．魚類では，社会的階層（たとえば，群れの中での体の大きさ）よって性を決定する種が存在する．また，爬虫類では孵卵の温度で性が決定される温度依存的性決定を行うものは多い．このような環境依存的性決定に対し，鳥類と哺乳類は恒温動物であり，少なくとも温度依存的性決定は不可能である．これらの動物では，遺伝的性決定が行われる．遺伝的性決定には主に２種類の方法があり，鳥類では雌（卵巣）決定遺伝子による ZW 型の，そして哺乳類では雄（精巣）決定遺伝子による XY 型の性決定を行う．魚類や両生類，爬虫類に遺伝的性決定を行うものもあるが，XY 型と ZW 型が混在する．遺伝的性決定においては，次世代の性比が常に１対１に保たれるのに対し，環境依存的性決定では，性比は安定しない．

セットの遺伝子から構成されているが，性染色体の遺伝子構成は異なっている．哺乳類のようにX染色体とY染色体の大きさが顕著に異なる場合には，そこに存在する遺伝子構成に差があるのは明白であるが，なかには性染色体の大きさがXとYでほとんど変わらない動物種も存在する．しかしながら，そのような場合でも，少なくとも性を決める遺伝子（性決定遺伝子）の有無については差があるのである．

性決定遺伝子については後で述べることにして，ここではまず性染色体の選択について述べたい．性染色体は，もとは常染色体であったといわれている．つまり，すべての染色体は常染色体だったことになる．このうち，ある常染色体が性染色体として選ばれるには，性決定遺伝子を獲得しなければならない．すなわち，性決定遺伝子としての機能を獲得した遺伝子が，偶然に乗った染色体が性染色体となった，あるいはある染色体に乗った遺伝子が性決定遺伝子として選択されることで，その染色体が性染色体になったと考えられている．もしそうであるならば，性染色体の起源は動物種によって異なることになる．そして，実際に異なっていることを示す結果が，染色体マッピングの実験から得られている（Matsubara et al, 2006）．

3 性決定遺伝子の多様性

(A) 性決定遺伝子の必然性

性決定遺伝子が登場する前から雄と雌は，確かに存在したはずである．そして，それらの動物では環境依存的性決定が行われていたと推察される．そのような状況で，性決定能を有する遺伝子が登場したと考えられる．だとすれば，性決定遺伝子が残るためには，それ以前の性決定に比べ，遺伝的性決定が優れていなければならない．遺伝的性決定が優れている点としてあげられるのは，常に雌雄が半分ずつ生まれることを保証するシステムであることといえる．すなわち，環境の変化に左右されることなく，雌雄の存在が保証されるということである．たとえば，温度依存的性決定を行うウミガメは産卵する浜の温度が変化してしまったら，生まれる子の性比が偏ってしまい，いずれ絶滅してしまう．遺伝的性決定を採用することで，そのような危険性にさらされることがなくなったのであった．もう一つの理由は，遺伝的性決定が優れているというよりは，温度による性決定を使うことができなくなったことによる．これまでに遺伝的性決定を採用した代表的な動物である哺乳類と鳥類は恒温動物であり，胚発生が進む温度は親の体温に依存して，一定に保たれる．鳥は卵を温め，哺乳類の胎子は母体の中で育つ．したがって，進化的には鳥類より古い爬虫類が採用した温度依存的性決定は，これらの動物では採用できない．言い換えれば，温度依存的性決定から遺伝的性決定に進化することが，これらの動物の出現には不可欠であったことになる．

(B) 二つの性決定様式

さらに，遺伝的性決定にも二つの方法がある．一つは雄決定遺伝子を使う方法で，もう一つが雌決定遺伝子を使う方法である．前者を採用した動物の性染色体をXとY，後者を採用した動物の性染色体をZとWと呼んでいる．哺乳類はXYの性決定様式をとるが，この場合，異型の性染色体を1本ずつ持つ個体（XY）は雄に，そして同型の性染色体を2本持つ個体（XX）は雌に分化することとなる．そして，性を決める最も重要な遺伝子はY染色体上の雄決定遺伝子とされている．これに対し，鳥類はZWの性決定様式をとる．この場合には，XYの性決定様式とは逆に，異型の性染色体を1本ずつ持つ個体（ZW）は雌に，同型の性染色体を2本持つ個体（ZZ）は雄に分化するのである．そして，W染色体の雌決定遺伝子が性決定において最も重要な遺伝子となる．その他の爬虫類，両生類，魚類にも遺伝的性決定を採用する種が多く見受けられるが，XYとZWの性決定様式が混在する．

本節では主に脊椎動物の性て記載しているが，性染色体による性決定については脊椎動物以外に見られる特殊な例にも言及しておきたい．すでに述べたように，ほとんどの脊椎動物は雄を決めるY染色体か，雌を決めるW染色体によって性を決定している．しかしながら，X染色体だけ，もしくはZ染色体だけで性を決めている生物種も存在する．これらの生物では，Y染色体とW染色体は存在しない．そして，前者では2本の同型の性染色体を持つ個体（XX）は雌に，1本の性染色体を持つ個体（XO）は雄へと分化し，逆に後者では2本の同型の性染色体を持つ個体（ZZ）は雄に，1本の性染色体を持つ個体（ZO）は雌へと分化する．このような性決定様式以外にも，XYの性染色体を持つにも関わらず，Y染色体は性決定に関与せずX染色体と常染色体の比で性を決定している生物種（例えばショウジョウバエ）も存在する．これらの生物は少数の例外と考えられるが，性決定の多様性や進化を考える上で興味深い．そして，実は哺乳類にもXOで性決定を行っている種が存在する．奄美大島と徳之島に生息するトゲネズミはY染色体を失っている．性決定のメカニズムは未だ不明であるが，XO雄とXO雌が成立し，両者の間で次世代を残しているのである（Kuroiwa et al, 2010）．ヒトの場合，XOの核型ではターナー症候群と呼ばれる疾患となり，女性は不妊となる．これに対し，げっ歯類（マウスやラット）ではXOの核型でも雌は妊性を有しているなど，動物種間による違いが存在するので，このような特殊な例はげっ歯類だから成立

表Ⅱ-7-1

遺伝子	DNA 結合ドメイン	遺伝子ファミリー	性染色体	活性	動物種
SRY	HMG	SOX	Y 染色体	精巣決定	哺乳類全般
DMY	DM	DM	Y 染色体	精巣決定	魚類 メダカ属の 2 種
DMW	DM	DM	W 染色体	卵巣決定	両生類 アフリカツメガエル

したのかもしれない．一方，性染色体の進化を対象とする研究者の中には，Y 性染色体は消失する運命にあるとの仮説を唱える研究者がおり，奄美大島と徳之島に生息するトゲネズミはその仮説を支持する動物として興味深い存在である．

(C) 多様な性決定遺伝子

これまでに XY の性決定様式を採用した哺乳類（Sinclair et al, 1990）とメダカ（Matsuda et al, 2002）の雄（精巣）決定遺伝子が，そして ZW の性決定様式を採用したアフリカツメガエル（Yoshimoto et al, 2008）の雌（卵巣）決定遺伝子が同定されている（表Ⅱ-7-1）．哺乳類で同定された性決定遺伝子（精巣決定遺伝子）*SRY* は Y 染色体上に位置し，塩基配列から *SOX* 遺伝子ファミリーに分類される．*SOX* 遺伝子ファミリーは DNA 結合活性を有する HMG box を持ち，転写因子として機能するが，SRY も同様の機能を有すると考えられる．また，メダカの性決定遺伝子 *DMY* も DM ドメインと呼ばれる配列を有する DM 遺伝子ファミリーに分類され，転写因子として機能すると考えられている．この二つの例からわかったことは，*SRY* と *DMY* が異なるタイプの DNA 結合ドメインを持っており，異なる祖先型遺伝子から派生したということであった．この結果は，ある条件を満たした遺伝子であれば，それらは性決定遺伝子になりうることを示唆するものであった．

さらにアフリカツメガエルの性決定遺伝子の同定を通じ，以下の点が明らかになった．アフリカツメガエルは ZW の性決定様式を採用した両生類であり，W 染色体に見出された雌決定遺伝子は *DMW* と命名された．興味深いことに，*DMW* はメダカの *DMY* と同様に，DM ドメインを持つ遺伝子であった．この遺伝子は両生類で見つかったはじめての性決定遺伝子であるとともに，W 染色体の性決定遺伝子，すなわち卵巣決定因子としてはじめて同定されたものであった．つまり，これまでの性決定遺伝子が精巣形成を誘導するのに対し，*DMW* は卵巣形成を誘導するのである．そして，この結果の重要な点は，DM ドメインを持つ因子が雄決定因子と雌決定因子の両方になりうることを示したことであった．

SRY：哺乳類の Y 染色体上に位置する性決定遺伝子．この遺伝子の作用により，性的に未分化な生殖腺原基が精巣へと分化する．この遺伝子は DNA 結合ドメインとして HMG box を有し，*SOX* 遺伝子ファミリーに属する．DNA に結合して，DNA を曲げる活性を持つ．転写活性については長い間不明であったが，最近になって精巣形成に必須の *SOX9* 遺伝子の上流に結合し，転写を活性化することが明らかとなった．

DM ドメイン：ショウジョウバエの性決定に関わる *double sex* 遺伝子と線虫の生殖腺の形成に不可欠な *mab-3* 遺伝子に共通の構造をそれぞれの遺伝子の頭文字をとって DM ドメインと呼んでいる．哺乳類を含む他の動物種にも DM ドメインを持つ遺伝子が同定されている．このうち，メダカの *DMY* とアフリカツメガエルの *DMW* は，それぞれ精巣の決定と卵巣の決定に関与する性決定遺伝子である．

(D) 性決定遺伝子と種分化

このような性決定に関する多様性は，メダカ属における性決定遺伝子や性決定様式にも見ることができる．メダカ属には複数の種が存在するが，*DMY* を性決定遺伝子として使っているのは*Oryzias latipes*と*Oryzias curvinotus*である．ところが，これらの種と同じくXY型の性決定を採用した*Oryzias luzonensis*と*Oryzias mekongensis*には *DMY* が存在しない (Tanaka et al, 2007)．つまり，メダカ属内には複数の雄決定遺伝子が進化したのである．さらに驚くべきことに，同じメダカ属にありながら *Oryzias hubbsi* と *Oryzias dancena* はXYではなく，ZWによる性決定様式を採用している (Takehara et al, 2007)．このメダカ属内における性決定の複雑さをどのように理解すべきなのだろうか．*DMY* 以外の性決定遺伝子の構造は未だ不明であるが，いずれにしろ性決定様式の違いと性決定遺伝子の違いが，メダカ属の種と対応していることは注目すべき点である．そしてこの状況は，性決定遺伝子の出現がメダカ属内において生殖の隔離を誘発し，種が確立したと推測させる．性決定遺伝子の出現が生殖の隔離を通じ，種の確立の原動力となったとすれば大変興味深い事例である．

(E) 生殖腺分化の特徴

性決定遺伝子の多様性を理解するには，生殖腺の性分化プロセスを理解しなければならない．生殖腺形成は将来生殖腺に分化する細胞の集団，すなわち生殖腺原基の形成に始まる．この細胞がどこに由来するのかについては，未だ証明には至っていないが，側板中胚葉の一部に由来すると考えられる．この生殖腺原基は，未分化生殖腺と呼ばれる性的に未分化な状態を保っている．興味深いことは，この未分化生殖腺は，精巣にも卵巣にも分化する潜在的能力を有していることである．そして，この未分化生殖腺の性を決める遺伝子こそが性決定遺伝子なのである．

性決定を経て，性的に未分化な生殖腺原基は精巣または卵巣へと分化するが，この過程はさまざまな遺伝子が関与する遺伝的プログラムによって進行する．一般に，組織形成に必要な遺伝的プログラムは，上位の遺伝子が下位の遺伝子を支配しつつ進行するが，生殖腺の形成にも類似のプログラムが必要である．しかしながら，生殖腺形成の遺伝的プログラムには，他の組織にはない特徴がある．それは，このプログラムを構成する遺伝子の中に雄化のシグナル，もしくは雌化のシグナルとして機能する遺伝子が存在することである．性的に未分化な時期にはバランスを保っていた雌雄のシグナルが，上位から下位へと遺伝子発現が進むにしたがって，徐々にバランスを失っていくことで，精巣または卵巣の形成に至るのである．見方を変えれば，この性分化の過程は，精巣にも卵巣にも分化する能力を有していた未分化生殖腺の性的可塑性が失われていく過程，と理解することも可能である．生殖腺が他の組織と異なるのは，まさにこの点で，性決定にしたがって生殖腺原基が精巣か卵巣の一方を選択するのと同時に，他方へ分化する能力を消失していくのである．他の組織，たとえば肝臓や心臓の原基が発生過程でそのような選択をすることはない．そして，この生殖腺の性分化を支える遺伝的プログラムの，最も上位に位置しているのが性決定遺伝子なのである．

(F) 性決定遺伝子の必要条件

では，性決定遺伝子としての必要条件とはどのようなものであろうか．性決定は未分化生殖腺に起こるイベントであることから，性決定遺伝子は，未分化な時期の生殖腺に発現しなければならない．これまでに同定された性決定遺伝子の発現は，この空間的，そして時間的条件を満足している．そして，性決定遺伝子としての，もう一つの条件は，性染色体上に存在することである．これまでに見つかった *SRY* は SOX ファミリーに，*DMY* と *DMW* は DM ファミリーに属しており，遺伝子重複によって形成されたと考えられている．そして，重複した遺伝子の一つが偶然に挿入され，Y 染色体と W 染色体ができ上がったというのが一般的な考え方である．すなわち，性決定遺伝子が性染色体に挿入されたのではなく，性決定遺伝子が挿入された常染色体が性染色体になったのであった．実際に性決定遺伝子を同定する実験では多数の候補遺伝子から性決定遺伝子を絞り込む作業を行う．そのような実験を行う上で，候補遺伝子が未分化生殖腺に発現するか，そして性染色体に存在するかを判断基準としながら，候補遺伝子の絞り込みを進めるのである．

では，性決定遺伝子の機能上の条件はどのようなものであろうか．性決定遺伝子はすでに述べたように，生殖腺の性を決定するが，具体的には何をやっているのであろうか．実は，性決定遺伝子の機能の詳細は未だ解明されたとはいいがたい．ただ，少なくとも雄化シグナルと雌化シグナルのバランスを壊す働きをしているのは確かである．では，どのような遺伝子がバランスを壊すことができるのか．言い換えれば，どのような遺伝子が性決定遺伝子になりうるのであろうか．この疑問は，さらに多くの動物種における性決定遺伝子の同定を経て，明らかにされていくことと思われる．ただし，これまでに同定された性決定遺伝子から，以下の推論が可能である．*SRY* が属する SOX ファミリーでは *SOX 9* が，そして *DMY* と *DMW* が属する DM ファミリーでは *DMRT 1* が，多くの動物種の未分化生殖腺で発現する．*SOX 9* は XX 個体での強制発現によって，*SRY* と同様に精巣の形成を誘導する活性を持つことから，明らかに雄化シグナルとして働く．また，*DMRT 1* も雄化シグナルとして働く可能性が高い．したがって，*SRY* や *DMY*, *DMW* が *SOX 9* や *DMRT 1* に対して，その活性を強く抑制，もしくは活性化するのであれば，雄化シグナルと雌化シグナルのバランスは壊れてしまうはずである．以上の推測が正しければ，雄化シグナルまたは雌化シグナルとして機能する遺伝子の重複が起こり，もとの遺伝子の機能を抑制または活性化する機能を持つことが性決定遺伝子の成立に重要だったと考えられる．実際に，雄化シグナルや雌化シグナルとして働く遺伝子のノックアウトマウスやトランスジェニックマウスでは，頻繁に性転換が誘導される．この結果は，性決定遺伝子として機能する能力を持つ遺伝子が，他にも存在することを強く示唆すると同時に，このような遺伝子の存在こそが，性決定遺伝子における多様性の基盤を形成しているのではないだろうか．

おわりに

本節では生殖と性に関わる多様性について，マクロな視点からミクロな視点へと，視点を移しながらを議論してきた．生殖はすべての階層において種の多様性と密接に関わっている．個体の性決定の方法も多様である．環境か，遺伝子か．XYか，ZWか．そして，性決定遺伝子も多様なのである．このように性に関わる事象には多様性がつきまとう．そしてこの性に関わる多様性こそが，生殖の隔離を介して，多様な種の確立に至る生物進化の原動力となったのであろう．多様性こそが性の本質を物語っている．

（諸橋憲一郎）

引用文献

Darwin CR (1859) The Origin of Species.

Kuroiwa A, Ishiguchi Y, Yamada F, Shintaro A, Matsuda Y. (2010) The process of a Y-loss event in an XO/XO mammal, the Ryukyu spiny rat. *Chromosoma* 119, 5 19-526.

Matsubara K, Tarul H, Torlba M, et al (2006) Evidence for different origin of sex chromosomes in snakes, birds, and mammals and step-wise differentiation of snake sex chromosomes, *Proc Natl Acad Sci USA*, 103 ; 18190-18195.

Matsuda M, Nagahama Y, Shinomiya A, et al (2002) *DMY* is a Y-specific DM-domain gene required for male development in the medaka fish, *Nature*, 417 ; 559-563.

Sinclair AH, Berta P, Palmer MS, et al (1990) A gene from the human sex-determining region encodes a protein with homology to a conserved DNA-binding motif, *Nature*, 346 ; 240-244.

Takehara Y, Naruse K, Hamaguchi S, et al (2007) Evolution of ZZ/ZW and XX/XY sex-determination system in the closely related medaka species, *Oryzias hubbsi* and *O. dancena, Chromosoma*, 116 ; 463-470.

Tanaka K, Takehar Y, Naruse K, et al (2007) Evidence for different origins of sex chromosomes in closely related *Oryzias* fishes : substitution of the master sex-determining gene, *Getetics*, 177 ; 2075-2081.

Ueshima R, Asami T (2003) Single-gene speciation by left-right reversal, *Nature*, 425 ; 679.

Yoshimoto S, Okada E, Umemoto H, et al (2008) A W-linked DM-domain gene, DM-W, participates in primary ovary development in Xenopus laevis, *Proc Natl Acad Sci USA*, 105 ; 2469-2474.

II-8

性分化疾患

Key words
DSD／SRY／性腺／内性器／外性器

はじめに

性分化は，個人の性的表現型の分化・発達を規定する遺伝的プログラムの時間的，空間的，階層的な支配の下に進行し，これにより，胎児期に性腺形成および性管・外性器分化が終了し，脳の性分化も概ね終了する（図II-8-1）（Achermann, Hughes, 2008）．すなわち，遺伝的性は，受精時の染色体構成により，男性では46,XY，女性では46,XXと決定される．性腺は，男女共通の未分化性腺が形成された後，Y染色体（*SRY*）が存在するときは胎児精巣に，存在しないときは胎児卵巣に分化する．精巣は，ライディッヒ細胞から分泌されるテストステロン（T）による頭側懸垂靭帯の退縮とInsulin-like3による精巣導帯の発達により陰嚢内に下降し，卵巣は，これらのホルモンを欠くため腹腔内に留まる．ミュラー管は，セルトリ細胞から分泌される抗ミュラー管ホルモンが存在するときは退縮し，存在しないときは子宮・卵管・膣上部に分化する．ウォルフ管は，ライディッヒ細胞から分泌されるテストステロン（T）が存在するときは精巣上体・輸精管・精嚢に分化し，存在しないときは退縮する．外性器は，Tから局所の5α還元酵素により変換されたジヒドロテストステロン（DHT）が存在するときは陰茎・陰嚢に分化し，存在しない時，陰核・陰唇となる．脳は，おそらくT/DHTが存在するときは男性型に，存在しないときは女性型に分化する．したがって，この胎児期における性分化の過程は，(1)性腺形成と外性器分化において，発生初期に両性に共通する原基が形成され，その後，遺伝的性に従って異なる性腺や外性器に分化すること，(2)性管形成において，発生初期に両性の器官が形成され，その後，遺伝的性に一致する性管のみが発達すること，(3)生殖細胞という次世代に引き継がれる唯一の細胞が発生すること，により特徴づけられる．さらに，個人の性的表現型は思春期に進行し，二次性徴出現や配偶子形成

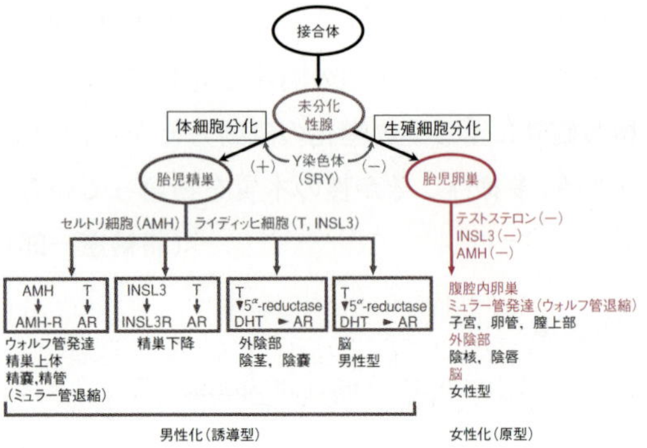

図II-8-1．胎児期正常性分化を示す模式図

が認められるようになる．

性分化疾患は，上記の過程のどこかに異常が存在する時に生じる．本節では，ヒト性分化に関与する遺伝子および遺伝的機序について概説する．さらに，最近の臨床的側面からの進展について言及する．

1 性腺形成障害

(A) 未分化性腺形成過程の障害

未分化性（殖）腺は，未分化体細胞成分（前駆支持細胞，前駆ステロイド産生細胞，結合組織細胞など）と始原生殖細胞からなる．未分化体細胞成分はホルモン産生細胞の分化や性腺の形態保持に必須であり，この成分の形成障害は，完全な場合には性腺無形性を生じ，不完全な場合にはその後の体細胞分化を障害してさまざまな程度の性腺形成障害を招く．この過程が男女共通であることに一致して，性腺無形成はXXとXYの同胞発症が報告されている（Mendonça et al, 1994）．一方，始原生殖細胞成分は配偶子形成能の獲得に必須であり，この成分の欠落は，体細胞成分のみからなる未分化性腺形成を招き，その結果，雄では体細胞成分の分化を経て生殖細胞を欠く胎児精巣が形成され，雌では卵母細胞への分化およびその後の体細胞成分形成が起こらないため完全性腺異形成となる（McCoshen, 1982）．

この過程では，ヒト体細胞成分発生に関与する遺伝子が複数知られている．たとえば，*HOXD* clusterのヘテロの欠失が性腺無形成を含む広汎な発生障害を招くこと（Del Campo et al, 1999），WT-1の半量不全や優性阻害効果（dominant negative effect）がDenys-Drash症候群やFrasier症候群を含むさまざまな程度の性腺形成障害を生じること（Pelletier et al, 1991；Barbaux et al, 1997），*SF-1*のヘテロの異常あるいはホモ異常が副腎と性腺両者の性腺形成障害のみならず副腎のみあるいは性腺のみの形成障害を生じうること（Lin et al, 2007），9p末端に想定される性決定遺伝子のヘテロの欠失が種々の性腺形成障害を招くこと（Muroya et al, 2000）が知られている．なお，WT-1については，エクソン9終末の二つの選択的スプライシング部位（alternative splice donor site）に起因する3個のアミノ酸（lysine-threonine-serine）の付加あるいは喪失を伴う（＋KTSおよび－KTSと呼ばれる）アイソフォーム（isoform）が存在し，－KTS isoformは古典的な転写因子で，＋KTS isoformはRNAプロセッシングに関与するとされている．そして，最近のisoform特異的ノックアウトマウス実験は，－KTS isoformが雌雄両性の未分化性腺形成に必要であり，＋KTS isoformが雄性性分化に選択的に作用することを示している．すなわち，＋KTS isoform特異的ノックアウトマウスは，重度腎障害と精巣形成不全を生じるが，卵巣形成不全を示さない．このマウスの表現型はFrasier症候群のそれに類似し，これに一致して，Frasier症候群患者では，＋KTS isoform産生を障害するイントロン9の変異が証明されている．SF-1については，半量不全あるいは優性阻害効果（dominant negative effect）を招く遺伝子変異が優性効果を有し，残存活性を有する遺伝子変異が劣性効果をきたすことが報告されているが，副腎および性腺障害の多様性の原因は明確ではない．また，DMRT1が9p上の性決定遺伝子の候補とされているが，最近のデータは，これに否定的である（Raymond et al, 1998；1999；Calvari et al, 2000）．なお，マウスにおいてこの過程で作用することが知られている遺伝子の中で，*EMX-2*のヘテロ変異は，裂脳症を生じるものの性腺異常を生じることはなく（Miyamoto et al, 1997；Brunelli et al, 1998），*LXH 1*や*LXH 9*の変異は認められていない（Shawlot, Behringer, 1995；Birk et al, 2000；Ottolenghi et al, 2001）．また，原始生殖細胞形成に関与する遺伝子は，マウスあるいはショウジョウバエでは複数知られているがヒトでは同定されていない．

（B）性特異的分化選択過程の障害

未分化性腺の性特異的分化は，哺乳類では*SRY*の有無に依存する（Sinclair et al, 1990）．*SRY*の有無（すなわち遺伝的性）により決定される細胞はセルトリ細胞のみで，他の細胞分化は，男性ではセルトリ細胞の誘導作用によりもたらされ，女性ではセルトリ細胞不在下のデフォルト経路（default pathway）として生じる（Burgoyne et al, 1988；Albrecht, Eicher, 2001）．この過程の障害は，46，XY性腺異形成を招く．最近，*SRY*が*SF 1*とともに，*SOX 9*の性腺特異的エンハンサーに結合し，転写活性化作用を有することが明らかとなった（Sekido, Lovell-Badge, 2008）．

この過程における*SRY*の決定的な役割は，完全型XY性腺異形成患者において*SRY*遺伝子内変異が多数同定されていることから明瞭である．さらに*SRY*では，遺伝子内変異による完全型XY性腺異形成以外にも下記のことが注目される．第一は，*SRY*（+）XX雄（46,XX精巣性性分化疾患，46,XX testicular DSD；DSD：disorders of sex development）である（図Ⅱ-8-2）（Palmer et al, 1989；Ferguson-Smith et al, 1990）．*SRY*（+）XX雄は，男性減数分裂時の異常Xp；Yp染色体交換時にX染色体に乗り移った*SRY*を含むY成分が数百kb以上のlarge Ypタイプと50kb程度のsmall Ypタイプに分類される．Large Ypタイプは80–90%を占め，X染色体不活性化が*SRY*に波及しないため，不妊ではあるが完全に胎児精巣へと分化した性腺と正常型男性型外性器を生じる（例外は不均衡転座がX染色体短腕中部とY染色体短腕末端で生じた症例で，この場合は

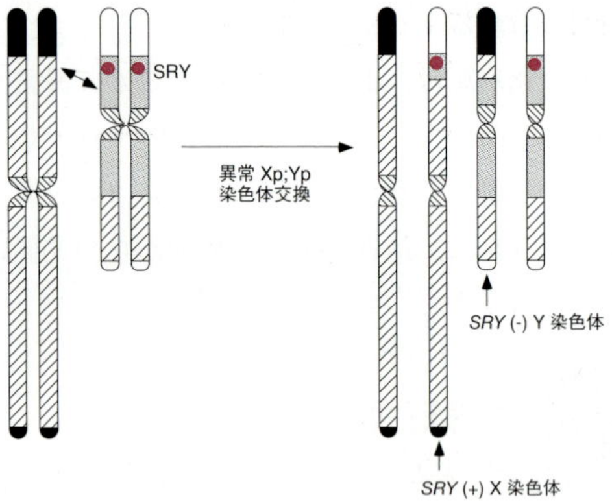

図Ⅱ-8-2．異常Xp；Yp染色体交換による*SRY*（＋）XX雄（46,XX精巣性性分化疾患）と*SRY*（−）XY雌（46,XY完全型性腺異形成）産生を示す模式図

黒塗りの部分はX染色体短腕擬常染色体領域を，白抜きの部分はY染色体短腕擬常染色体領域を，濃い斑点の部分は長腕擬常染色体領域を，薄い斜線の部分はX分化領域を，薄い斑点の部分はY分化領域を，濃い斜線の部分は動原体あるいはYヘテロクロマチン領域を示す．正常では擬常染色体領域で生じる組み換えが，Xp22.3遠位部のX染色体分化領域とYp11のY染色体分化領域に存在する相同領域間で生じることがある．この相同領域間の異常組み換えにより，組み換わらなかったX染色体とY染色体のほかに，*SRY*を含むY分化領域の一部が乗り移ったX染色体，および，*SRY*を含むY分化領域の一部を失ったY染色体（同時にX分化領域の一部を有する）が形成される．*SRY*を含むX染色体はSRY（＋）XX雄（46,XX精巣性性分化疾患）を，また，*SRY*を失ったY染色体はSRY（−）XY雌を招く．

選択的X染色体不活性化のために真性半陰陽となる)．Small Ypタイプは10-20%を占め，X染色体不活性化が*SRY*に波及するため，原則的に真性半陰陽あるいは外性器異常を呈する．第二は，*SRY*(+)XX雄(46,XX精巣性性分化疾患)と鏡像の関係にある*SRY*(-)XY雌(46,XY完全型性腺異形成)である(図Ⅱ-8-2)(Ogata et al, 1993)．これは，*SRY*を含むYpの一部が欠失することに起因し，XY雌(46,XY完全型性腺異形成)のきわめて少数を占めるにすぎない(XY雌の80-90%は*SRY*以外の性腺形成遺伝子変異により，残る10-20%の大多数は*SRY*遺伝子変異により発症する)．ここで，同一発症原因であるにもかかわらず，*SRY*(-)XY雌(46,XY完全型性腺異形成)が*SRY*(+)XX雄(46,XX精巣性性分化疾患)の約100分の1しか存在しないことは，*SRY*(-)XY雌(46,XY完全型性腺異形成)が，ターナー症候群の軟部組織と内蔵奇形の責任遺伝子であるリンパ管形成遺伝子を*SRY*と同時に欠失するため，きわめて流産しやすいことで説明される．第三は，体細胞変異による真性半陰陽である(Braun et al, 1993)．これは，正常の*SRY*を有する精巣成分と変異*SRY*を有する卵巣成分(これはその後の対合不全により異形成成分となる)が混在するためである．第四は，家族性変異である(Vilain et al, 1992)．これは，同一の*SRY*変異が，同一家系内の妊孕性を有する正常男性と46,完全型XY性腺異形成患者に共有される状態である．この*SRY*変異は，きわめて軽微の機能低下を有し，各個体のわずかな遺伝および環境の差異によりall or none conceptとして正常男性か完全型性腺異形成のいずれかを招くと考えられている．

Xp21.3上の*DSS*も，この過程に存在すると考えられる(Ogata et al, 1992)．*DSS*は，X染色体短腕の活性型部分重複を有する遺伝的男性の遺伝子型-表現型解析からX短腕中部に想定された遺伝子で，クラインフェルター患者が胎児精巣を持つことから，通常Xの不活性化を受け，これが2コピーの活性型として存在する時，*SRY*の存在下でXY性腺異形成を生じると考えられる．現在，X連鎖性副腎低形成の責任遺伝子である*DAX 1*が*DSS*である間接的証拠が蓄積されているが(Swain et al, 1998)，直接的証拠は存在しない．また，*DAX 1*が精巣形成に関与することも示唆されている(Meeks et al, 2003)．

(C) 胎児精巣分化過程の障害

胎児精巣は，精子形成能を欠くがホルモン産生能を持つセルトリ細胞やライディッヒ細胞を有し，外性器とウォルフ管の男性化およびミュラー管の退縮を引き起こす．したがって，社会的性(外性器)の見地では，性の決定は，卵巣の有無が性管・外性器の分化に関与しないことから，胎児精巣の有無に集約される．この過程の障害は46，XY性腺異形成を招く．そして，この過程が男性特異的であることに一致して，46，XY性腺異形成の同胞発症は46，XY患者のみに限定される(Simpson et al, 1971)．

この過程に存在する遺伝子には，下記のものが含まれる．第一は*SOX 9*である(Foster et al, 1993)．*SOX 9*のヘテロの変異は，ヒトにおいて浸透率100%でキャンポメリック異形成(campomelic dysplasia)を，浸透率約75%でXY性腺異形成を生じる．その後，*SOX 9*のタンデム重複がXX真性半陰陽の患者において証明された(Huang et al, 1999).さらに,*Sox 9*導入XXマウスが胎子精巣を有することから,*SRY*の性決定機能のほとんどすべては,直接的あるいは間接的に*SOX 9*の機能に集約される可能性がある(Vidal et al, 2001).第二は*DHH*(desert hedgehog)である(Umehara et al, 2000).*DHH*のヘテロの変異は,ヒトにおいて神経障害とXY性腺異形成を生じる.第三は*ARX*である(Kitamura et al, 2002).*ARX*の高度機能喪失変異はX染色体連鎖滑脳症と精巣形成障害を生じ,軽度機能低下変異はウェスト症候群やX連鎖知能障害を招く.さらに,最近,我々は,*MAMLD 1*(CXorf 6)の変異が,胎児精巣の性分化臨界期において一過性にT産生を減弱し,尿道下裂を生じることを見出している(Fukami et al, 2006 ; 2008).なお,マウスにおいてこの過程で作用することが知られている遺伝子として*Fgf 9*(Colvin et al, 2001)や*Fgfr 2*(Bagheri-Fam et al, 2008)等が含まれるが,ヒトにおける変異は知られていない.

(D) 胎児卵巣分化過程の障害

胎児卵巣は,体細胞成分の分化を欠くためホルモン産生能は持たないが,減数分裂進行を反映する卵母細胞(および原始卵胞)を有する性腺である.この卵母細胞は,相同染色体の対合により特徴づけられ,思春期における卵胞発育およびそれに伴う卵巣体細胞分化に必須である.この過程の障害は46,XX性腺異形成を招く.そして,この過程が女性特異的であることに一致して,46,XX性腺異形成の同胞発症は46,XY患者のみに限定される(Simpson et al, 1971).

この過程では,減数分裂開始が必須である.ここでは,X染色体の再活性化や相同染色体の密接な対合が必須で,相同染色体対合不全はターナー症候群の性腺異形成を引き起こす(表Ⅱ-8-1)(Ogata, Matsuo, 1995).ここで重要な点は,性腺機能障害の程度が,X染色体上の遺伝子量とは無関係で,対合不全領域の長さに比例することである.

さらに,体細胞成分で発現する遺伝子も,体細胞と卵母細胞の協調作用を介して卵巣形成に関与する.第一は*RSPO 1*である.*RSPO 1*変異は皮膚病変を伴うXX雄(46,XX精巣性性分化疾患)を生じ(Parma et al, 2006),*Rspo 1*がβカテニンシグナルを経由して減数分裂の開始に関与することから(Chassot et al, 2008),*RSPO 1*変異は卵母細胞性分化を阻害し,その結果,顆粒膜細胞からセルトリ細胞への脱分化およびその結果としての男性ホルモン産生を招くと考えられる(McLaren, 1992).第二は*FOXL 2*である.*FOXL 2*のヘテロの変異は,浸透率100%で眼裂狭小を,また浸透率は不明であるが変異遺伝子の機能低下が強い時に卵巣機能不全を併発する(Crisponi, 2001).第三は*WNT-4*である.*WNT-4*変異患者は,子宮無形成を伴う男性化を生じ(Biason-Lauber et al, 2004),*WNT-4*ノックアウトマウスは,精巣形成はまったく正常であるが,卵巣形成が障害され,卵巣内での異常な男性ホルモン産生,および,卵母細胞の喪失と顆粒膜細胞のセルトリ細胞へと再分化を伴う.そして,*WNT-4*を含む第1染色体短腕の部分重複がXY雌を生じることが報告されており(Elejalde et al, 1984),これは,*WNT-4*過剰が強制的に卵巣への分化を促した結果と推測される.さらに,早発性卵巣機能不全において,*BMP15*(Di Pasquale

表Ⅱ-8-1. Assessment of pairing failure, gene dosage effect, and gonadl dysfunction in sex chromosome aberrations (Ogata, Matsuo, 1995より)

核型	不対合領域の大きさ	遺伝子量*		PA or	SA or	患者数
		Xp上の遺伝子	Xq上の遺伝子	索状性腺	異常月経	
45, X	Whole X	1	1	88%	12%	103
46, X, i (Xq)	~Whole X	1	3	91%	9%	35
46, X, idic (Xq)	~Whole X	3	1 or 3	80%	20%	10
46, X, idic (Xp)	~Whole X	1 or 3	3	73%	27%	11
46, X, del (X) (p22.3)	Distal to (Xp22.3)	(1)or 2	2	0%	0%	15
46X, del (X) (p22.2-21)	Distal to (Xp22.2-21)	1 or 2	2	13%	25%	8
46X, del (X) (p11)	Distal to (Xp11)	1 or(2)	2	50%	45%	40
46X, del (X) (q13-21)	Distal to (Xq13-21)	2	1 or(2)	69%	31%	32
46, X, del (X) (q22-25)	Distal to (Xq22-25)	2	1 or 2	31%	56%	16
46, X, del (X) (q26-28)	Distal to (Xq26-28)	2	(1)or 2	8%	26%	12
46X, del(Xp)(interstitiail)	Variable 変異	1 or 2	2	25%	25%	4
46X, del(Xq)(interstitiail)	Variable	2	1 or 2	0%	63%	8
46X, t (X ; autosome)	Variable	2	2	28%	24%	74
46X, inv (X)	Variable	2	2	5%	20%	20
46, X, Yp-	~Whole (X+Y)	1	1	100%	0%	2
46, XY (SRY mutation)	Whole (X+Y)	1	1	100%	0%	31
47, XXX	Variable	3	3	4%	37%	46

PA : 第一度無月経 (Primary, amenorrhea) ; SA : 第二度無月経 (Secondary amenorrhea)
*卵では2つのX染色体があるため, X染色体上の遺伝子は2コピーが機能している.

et al, 2004), *NOBOX* (Qin et al, 2007), *FMR 1* 遺伝子のトリプレットリピートの前突然変異 (premutation) (Wittenberger MD et al, 2007), FSH (卵胞刺激ホルモン) およびFSH受容体の変異が同定されているほかに, *LHX 8*や*GDF 9*などの候補遺伝子も見出されている (Suzumori et al, 2007).

2 遺伝的男性における男性ホルモン効果障害

精巣形成は正常であるが, 男性ホルモン効果の障害により完全型から不完全型までの幅広い男性化障害が生じる病態で, 従来, 男性仮性半陰陽と呼ばれていた病態である. ある程度のオーバーラップは存在するが, 基本的に性分化臨界期を含む精巣ホルモン効果障害は完全女性型外性器ないしさまざまな程度の外陰部異常を生じ, その後の妊娠後期における精巣ホルモン効果障害はミクロペニスや停留精巣などの軽度男性化障害を招く. その成因は, 精巣ホルモン産生障害と外陰部反応性異常に大別される. なお, ミュラー管遺残症を生じる抗ミュラー管ホルモンおよびその受容体遺伝子異常も, 広義の男性仮性半陰陽に含まれる.

(A) 男性ホルモン産生障害

T（男性ホルモン，テストステロン）産生障害では，多数の遺伝子異常が知られている．代表的なものとして，ライディッヒ細胞低形成を招く hCG/LH 受容体遺伝子異常，ステロイドホルモン基質としてのコレステロール低下を伴う Smith-Lemli-Opitz 症候群の責任遺伝子 *DHCR 7*（sterol delta-7-reductase）変異（Wassif et al, 1998），T 合成酵素障害を生じる *StAR*，*P 450scc*，*3β-HSD*，*P 45017α*（17α-hydroxylase/17, 20 lyase），*17β-HSD* の遺伝子変異が知られている（Achermann, Hughes, 2008）．また，通常，軽度男性化障害を生じるゴナドトロピン分泌障害の原因として，多数の遺伝子が同定されているが本節では省略する．

(B) 外陰部男性ホルモン反応性低下

男性ホルモン効果障害と外陰部原器形成障害に大別される．前者では，T をより強力な作用を有する DHT に変換する5α-reductase 遺伝子と男性ホルモンが結合するアンドロゲン受容体遺伝子の変異が関与する（Achermann, Hughes, 2008）．後者では，手足生殖器症候群（hand-foot-genital syndrome）を生じる *HOXA 13* のヘテロの変異（Mortlock, Innis, 1997）が報告されている．さらに，停留精巣の原因として，*INSL-3* とその受容体 *GREAT* 変異，*HOXA 10* 変異，Y 染色体長腕欠失が見出されていることを付記する．

3 遺伝的女性における男性ホルモン過剰

卵巣形成は正常であるが，男性ホルモン効果の過剰によりさまざまな程度の外陰部男性化を呈する状態で，従来，女性仮性半陰陽と呼ばれていた病態である．妊娠中のホルモン製剤服用による医原性の仮性半陰陽も生じうる．なお，外陰部は正常であるが，ミュラー管発生障害を伴う Rokitansky 症候群も広義の女性仮性半陰陽に含まれ，実験動物においては原因遺伝子が判明しつつあるが，ヒトにおける変異の報告はない．

(A) 副腎由来男性ホルモン過剰

3β-HSD，P450c21（21-hydroxylase），P45011β（11β-hydroxylase）の遺伝子変異が知られている．特に，21-hydroxylase の頻度が高い（Achermann, Hughes, 2008）．

(B) アロマターゼ欠損症

T（テストステロン）をエストラジオール（エストロゲン）に変換する酵素の異常症である（Conte et al, 1994）．このため T の蓄積による男性化徴候とエストラジオールの欠失による成長および骨成熟異常が生じる．また，胎盤由来男性ホルモン過剰のために妊娠中の母体男性化が生じる．

4 男女共通性分化疾患

この病態は二つの疾患で発症する．第一は，3β-HSD 遺伝子異常である．この場合，男児では T 産生障害により，女児では弱男性ホルモンである DHEA 過剰により，男女に共有される外陰部異常症が生じる．第二は，*POR*（P450 oxidoreductase）遺伝子異常である（Fluck et al, 2004）．この疾患では，ミクロゾームに存在す

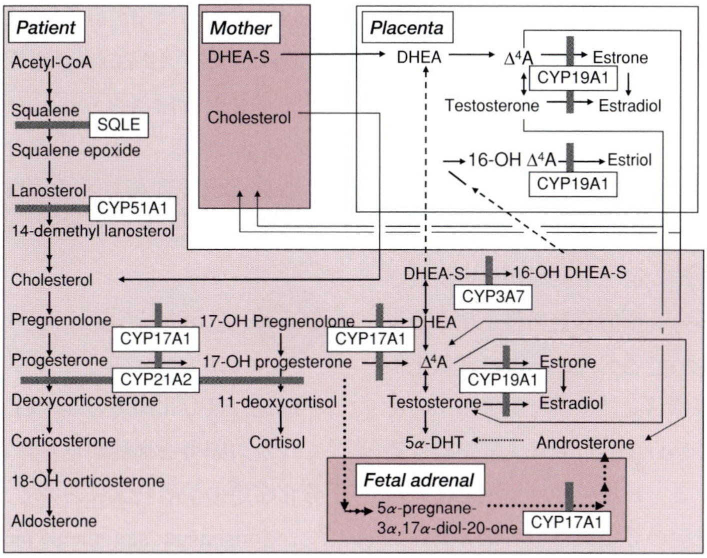

図Ⅱ-8-3．コレステロール産生およびステロイド産生を示す模式図

POR はミクロゾームに局在する SQLE (squalene epoxidase), CYP51A1 (lanosterol 14α-demethylase), CYP17A1 (17α-hydroxylase and 17, 20 lyase), CYP21A2 (21−hydroxylase), CYP19A1 (aromatase) の電子伝達に必須である．胎児期には胎児副腎依存性の backdoor pathway が作動している．

る POR 依存性 SQLE, CYP51A1, CYP17A1, CYP21A2, CYP19A1の機能低下が生じ，Antley-Bixler 症候群様骨症状，副腎ステロイド欠乏，性腺ステロイド欠乏，胎盤由来男性ホルモン過剰が生じると同時に，胎児副腎依存性の **backdoor pathway** と呼ばれる17-OH プロゲステロンから T を介さずに直接 DHT を産生する経路の賦活化が生じる (図Ⅱ-8-3) (Fukami et al, 2005；Homma et al, 2006)．したがって，*POR* 遺伝子異常を有する遺伝的男性における生下時男性性分化疾患は，CYP17A1 (特に17/21 lyase) の活性低下による T 産生障害，backdoor pathway を介して産生される DHT, CYP19A1活性低下による胎盤 T 蓄積の総和により，また，思春期の性発達障害は CYP17A1 (特に17/21 lyase) の活性低下による T 産生障害により説明される．遺伝子的女性における生下時男性化は，CYP19A1活性低下による胎盤 T 蓄積と backdoor pathway を介して産生される DHT により，また，男性化を伴わない思春期発達障害は CYP17A1と CYP19A1活性低下に起因する T およびエストラジオール産生障害により説明される．

Backdoor pathway：胎児期から乳児期早期のダマヤブワラビー (*Macropus eugenii*) や未熟マウス精巣で見出されたもので，17-OH プロゲステロンからテストステロンを経由しないで直接 DHT を産生する経路である．我々は，アンドロステロンが従来の frontdoor pathway と backdoor pathway の共通成分であることから，POR 異常症患者の尿ステロイドプロフィールを解析し，(1)frontdoor pathway における CYP17A1と CYP21A2の活性低下，(2)frontdoor pathway のみから由来する DHEA とアンドロステンジオン代謝産物の低下傾向，(3)乳児期早期のみに認められるアンドロステロンの相対的高値を世界ではじめて見出した．これは，人においても胎児期から乳児期早期において backdoor pathway が作動していることを示唆する．この backdoor pathway は，永久副腎由来の17-OH プロゲステロンが胎児副腎の CYP17A1 (およびその他の酵素) で DHT に変換されると推測される．すなわち，胎児副腎と永久副腎由来の相互作用が重要であり，胎児副腎の消退とともに，backdoor pathway の影響が消失すると考えられる．したがって，この経路は，17-OH プロゲステロンが増加する POR 異常症や21-ヒドロキシラーゼ欠損症のみならず，正常胎児においても生理作用を有すると考えられる．

なお，backdoor pathwayは正常男女の性分化に関連し，CYP21A2欠損症女児における女児の外陰部男性化に関与している．

5 内分泌撹乱化学物質感受性

上記は，主に1個の遺伝子変異が強い浸透率を伴い，質的あるいは量的形質異常を生じる単一遺伝子疾患について述べた．一方，多因子疾患と呼ばれる，疾患感受性多型と環境因子の総和により，量的（まれに質的）形質異常を招く遺伝的機序が存在する．疾患感受性多型とは，それのみでは疾患発症の必要条件でも十分条件でもないが，ある程度の機能変動を伴うために疾患発症を促進するものである．

我々は，近年多くの国で増加している男児外陰部異常症の原因が，大多数の**内分泌撹乱化学物質**が有するエストロゲン様効果に関連し，感受性が高い個体が外陰部異常を発症しやすいという作業仮説のもとで，内分泌撹乱化学物質のエストロゲン様効果を介在するエストロゲン受容体α遺伝子（*ESR 1*）のハプロタイプ解析を行った．その結果，*ESR 1*の3′側に約40kb領域のハプロタイプブロックが存在し，AGATA特定ハプロタイプのホモ接合性が，停留精巣（*P* = 0.0040，オッズ比7.6）および尿道下裂（*P* = 0.000057，オッズ比13.6）の感受性因子となることを示した（図Ⅱ-8-4）（Yoshida et al, 2005；Watanabe et al, 2007）．これは，内分泌撹乱物質に対する個体感受性の存在を示唆するはじめてのデータである．

6 臨床的進展

最近，性分化疾患の臨床的側面において，いくつかの顕著な進展が見られる．これらは，性分化疾患の国際会議においてまとめられたもので，'Consensus statement on management of intersex disorders'として発表され，本邦では，その和訳が「性分化疾患の管理に関する合意見解」として小児科学会雑誌に掲載されている（緒方ら，2008）．その詳細は，紙面の都合により紹介できないが，命名法の改定と統一（DSD，Disorders of Sex Development），集学的医療の重要性（日本における試案），遺伝子診断の可能性，性腺腫瘍のリスク，性同一性障害の頻度，診断フローチャート（図Ⅱ-8-5）など，臨床的にきわめて重要な項目が網羅されている．ぜひ，一読されたい．

内分泌撹乱化学物質：過去数十年間に，日本を含む複数の国々において，停留精巣，尿道下裂，精子形成障害，精巣腫瘍の増加が報告されている．これに基づいて，Skakkebaekらは，停留精巣，尿道下裂，精子形成障害，精巣腫瘍が共通の原因に起因する症候群，すなわち精巣発育不全症候群（testicular dysgenesis syndrome, TDS）の症候の一つである，という仮説を提唱した．これら広範な雄性性機能障害増加を招く環境因子として，内分泌撹乱化学物質の関与が推測される．内分泌撹乱化学物質の作用はエストロゲン様効果，アンドロゲン様効果，抗エストロゲン様効果，抗アンドロゲン様効果など多岐にわたり，ダイオキシン類も毒性作用のみならず，エストロゲン様効果や抗エストロゲン様効果を発揮することが知られている．その中でも，大部分の内分泌撹乱化学物質が有するエストロゲン様作用は，エストロゲン様物質に暴露された実験動物における外陰部異常や精子形成障害およびヒトにおける合成エストロゲン製剤diethylstilbestrol（DES）の胎内暴露により生じた男性性機能障害のデータから，雄性性機能障害における主因と考えられている．

DSD（Disorders of Sex Development）：性分化疾患の分子遺伝学的原因の同定が進歩するとともに，倫理的問題や患者擁護への懸念に対する認識が高まり，命名法の再検討が必要になっている．インターセックス，仮性半陰陽，半陰陽，性転換などの用語は特に論議を呼んでいる．これらの用語は，患者にとっては蔑視的な意味が潜むものと感じられ，専門家や親にとっては紛らわしいものである．DSDは，これらの問題点を整理し，新しく用いられるようになった用語であり，染色体，性腺，または解剖学的性が非定型である先天的状態と定義されたものとして提案されている．

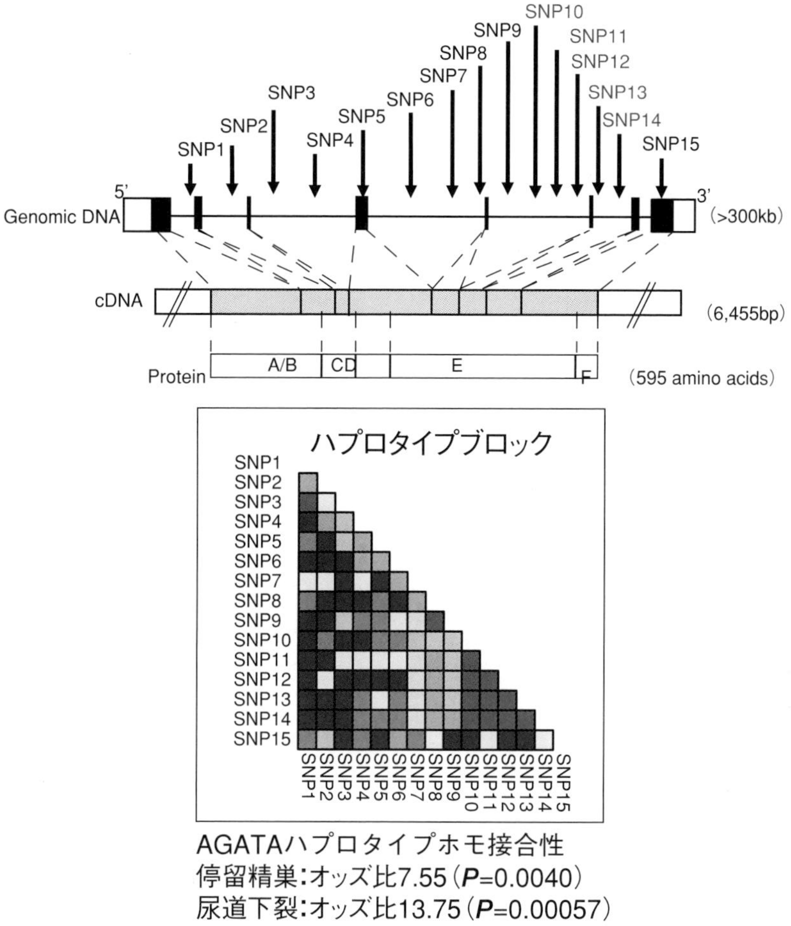

図Ⅱ-8-4．*ESR1*遺伝子の構造とハプロタイプ解析結果

本研究で解析した15個のSNPを示す．*ESR1*遺伝子は全長>300kbで8個のエクソンを有し，黒で示すエクソンは翻訳領域，白で示すエクソンは5´および3´の非翻訳領域である．*ESR1* cDNAは6455bpで，595個のアミノ酸に翻訳され，6個（AからF）のドメインから構成されている．連鎖不平衡領域は，患者と対照共に，SNP10—14を包含する領域で同定された．そして，ブロック内の特定ハプロタイプのホモ接合性は，顕著な停留精巣と尿道下裂発症の感受性を有する．

まとめ

以上，性分化疾患ついて述べた．マウスなどの実験動物では，本節で取り上げた以外にも多数の性分化関連遺伝子が同定されているが，ヒトにおいては少数のみが見出されているにすぎない．今後，性分化疾患の責任遺伝子がさらに同定され，疾患成立機序が明確になると期待される．

（緒方　勤）

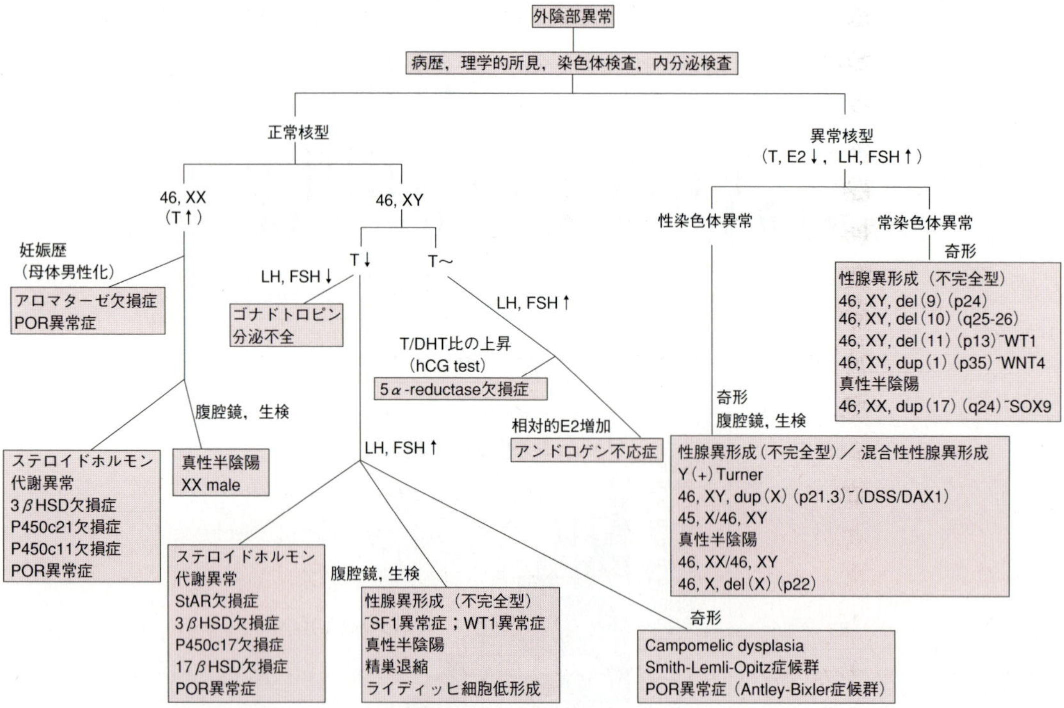

図Ⅱ-8-5．性分化疾患の診断フローチャート

引用文献

Achermann JC, Hughes IA (2008) Disorders of sex development. In : *Williams textbook of endocrinology*, 11th edn, Kronenberg HM, Melmed S, Polonsk KS, Larsen PR (eds), Saunders, Philadelphia, pp783-848.

Albrecht KH, Eicher EM (2001) Evidence that Sry is expressed in pre-Sertoli cells and Sertoli and granulosa cells have a common precursor, *Dev Biol*, 40 ; 92-107, 2001.

Bagheri-Fam S, Sim H, Bernard P, et al (2008) Loss of Fgfr2 leads to partial XY sex reversal, *Dev Biol*, 314 ; 71-83.

Barbaux S, Niaudet P, Gubler MC, et al (1997) Donor splice-site mutations in WT1 are responsible for Frasier syndrome, *Nat Genet*, 17 ; 467-470.

Biason-Lauber A, Konrad D, Navratil F, et al (2004) A WNT4 mutation associated with Müllerian-duct regression and virilization in a 46, XX woman, *N Engl J Med*, 35 ; 792-798.

Birk OS, Casiano DE, Wassif CA, et al (2000) The LIM homeobox gene Lhx9 is essential for mouse gonad formation, *Nature*, 403 ; 909-913.

Braun A, Kammerer S, Cleve H, et al (1993) True hermaphroditism in a 46, XY individual, caused by a postzygotic somatic point mutation in the male gonadal sex-determining locus (SRY) : molecular genetics and histological findings in a sporadic case, *Am J Hum Genet*, 52 ; 578-585.

Brunelli S, Faiella A, Capra V, et al (1996) Germline mutations in the homeobox gene EMX2 in patients with severe schizencephaly, *Nat Genet*, 12 ; 94-96.

Burgoyne PS, Buehr M, Koopman P, et al (1988) Cell-autonomous action of the testis-determining gene : Sertoli cells are exclusively XY in XX-XY chimaeric mouse testes, *Development*, 102 ; 443-450.

Chassot AA, Ranc F, Gregoire EP, et al (2008) Activation of beta-catenin signaling by Rspo1 controls differentiation of the mammalian ovary, *Hum Mol Genet*, 17 ; 1264-1277.

Calvari V, Bertini V, De Grandi A, et al (2000) A new submicroscopic deletion that refines the 9p region for sex reversal, *Genomics*, 65 ; 203-212.

Colvin JS, Green RP, Schmahl J, et al (2001) Male-to-female sex reversal in mice lacking fibroblast growth factor 9, *Cell*, 104 ; 875-889.

Conte FA, Grumbach MM, Ito Y, et al (1994) A syndrome of female pseudohermaphrodism, hypergonadotropic hypogonadism, and multicystic ovaries associated with missense mutations in the gene encoding aromatase (P450arom), *J Clin Endocrinol Metab*, 78 ; 1287-1292.

Crisponi L, Deiana M, Loi A, et al (2001) The putative forkhead transcription factor FOXL2 is mutated in blepharophimosis/ptosis/epicanthus inversus syndrome, *Nat Genet*, 27 ; 159-166.

Del Campo M, Jones MC, Veraksa AN, et al (1999) Monodactylous limbs and abnormal genitalia are associated with hemizygosity for the human 2q31 region that includes the HOXD cluster, *Am J Hum Genet*, 65 ; 104-110.

Di Pasquale E, Beck-Peccoz P, Persani L (2004) Hypergonadotropic ovarian failure associated with an inherited mutation of human bone morphogenetic protein-15 (BMP15) gene, *Am J Hum Genet*, 75 : 106-111.

Elejalde BR, Opitz JM, de Elejalde MM, et al (1984) Tandem dup (1p) within the short arm of chromosome 1 in a child with ambiguous genitalia and multiple congenital anomalies, *Am J Med Genet*, 17 ; 723-730.

Ferguson-Smith MA, Cooke A, Affara NA, et al (1990) Genotype-phenotype correlations in XX males and their bearing on current theories of sex determination, *Hum Genet*, 84 ; 198-202.

Fluck CE, Tajima T, Pandey AV, et al (2004) Mutant P 450 oxidoreductase causes disordered steroidogenesis with and without Antley-Bixler syndrome, *Nat Genet*, 36 ; 228-230.

Foster JW, Dominguez-Steglich MA, Guioli S, et al (1994) Campomelic dysplasia and autosomal sex reversal caused by mutations in an SRY-related gene, *Nature*, 372 ; 525-530.

Fukami M, Horikawa R, Nagai T, et al (2005) Cytochrome P 450 oxidoreductase gene mutations and Antley-Bixler syndrome with abnormal genitalia and/or impaired steroidogenesis : molecular and clinical studies in 10 patients, *J Clin Endocrinol Metab*, 90 ; 414-426.

Fukami M, Wada Y, Miyabayashi K, et al (2006) CXorf6 is a causative gene for hypospadias, *Nat Genet*, 38 ; 1369-1371.

Fukami M, Wada Y, Okada M, et al (2008) Mastermind-like domain-containing 1 (MAMLD1 or CXorf6) transactivates the Hes3 promoter, augments testosterone production, and contains the SF1 target sequence, *J Biol Chem*, 283 ; 5525-5532.

Homma K, Hasegawa T, Nagai T, et al (2006) Urine steroid hormone profile analysis in cytochrome P450 oxidoreductase deficiency : implication for the backdoor pathway to dihydrotestosterone, *J Clin Endocrinol Metab*, 91 ; 2643-2649.

Huang B, Wang S, Ning Y, et al (1999) Autosomal XX sex reversal caused by duplication of SOX9, *Am J Med Genet*, 87 ; 349-353.

Hughes IA, Houk C, Ahmed SF, et al (2006) Consensus statement on management of intersex disorders, *Arch Dis Child*, 91 ; 554-563.

Kitamura K, Yanazawa M, Sugiyama N, et al (2002) Mutation of ARX causes abnormal development of forebrain and testes in mice and X-linked lissencephaly with abnormal genitalia in humans, *Nat Genet*, 32 : 359-369.

Lin L, Philibert P, Ferraz-de-Souza B, et al (2007) Heterozygous missense mutations in steroidogenic factor 1 (SF1/Ad4BP, NR5A1) are associated with 46, XY disorders of sex development with normal adrenal function, *J Clin Endocrinol Metab*, 92 ; 991-999.

McCoshen JA (1982) In vivo sex differentiation of congeneic germinal cell aplastic gonads, *Am J Obstet Gynecol*, 142 ; 83-88.

McLaren A (1992) Development of primordial germ cells in the mouse, *Andrologia*, 24 ; 243-247.

Meeks JJ, Weiss J, Jameson JL (2003) Dax1 is required for testis determination, *Nat Genet*, 34 ; 32-33.

Mendonça BB, Barbosa AS, Arnhold IJ, et al (1994) Gonadal agenesis in XX and XY sisters : evidence for the involvement of an autosomal gene, *Am J Med Genet*, 52 ; 39-43.

Miyamoto N, Yoshida M, Kuratani S, et al (1997) Defects of urogenital development in mice lacking Emx2, *Development*, 124 ; 1653-1664.

Mortlock DP, Innis JW (1997) Mutation of HOXA13 in hand-foot-genital syndrome, *Nat Genet*, 15 ; 179-180.

Muroya K, Okuyama T, Goishi K, et al (2000) Sex-determining gene (s) on distal 9p : clinical and molecular studies in six cases, *J Clin Endocrinol Metab*, 85 ; 3094-3100.

Ogata T, Hawkins JR, Taylor A, et al (1992) Sex reversal in a child with a 46, X, Yp+ karyotype : support for the existence of a gene (s), located in distal Xp, involved in testis formation, *J Med Genet*, 29 ; 226-230.

緒方勤，堀川玲子，長谷川奉延ほか（2008）性分化異常症の管理に関する合意見解，小児科学会雑誌，112；565-578.

Ogata T, Matsuo N (1995) Turner syndrome and female sex chromosome aberrations : deduction of the principal factors involved in the development of clinical features, *Hum Genet*, 95 ; 607-629.

Ogata T, Tyler-Smith C, Purvis-Smith S, et al (1993) Chromosomal localisation of a gene (s) for Turner stigmata on Yp, *J Med Genet*, 30 ; 918-922.

Ottolenghi C, Moreira-Filho C, Mendonça BB, et al (2001) Absence of mutations involving the LIM homeobox domain gene LHX9 in 46, XY gonadal agenesis and dysgenesis, *J Clin Endocrinol Metab*, 86 ; 2465-2469.

Palmer MS, Sinclair AH, Berta P, et al (1989) Genetic evidence that ZFY is not the testis-determining factor, *Nature*, 342 ; 937-939.

Parma P, Radi O, Vidal V, et al (2006) R-spondin1 is essential in sex determination, skin differentiation and malignancy, *Nat Genet*, 38 ; 1304-1309.

Pelletier J, Bruening W, Kashtan CE, et al (1991) Germline mutations in the Wilms' tumor suppressor gene are associated with abnormal urogenital development in Denys-Drash syndrome, *Cell*, 67 ; 437-447.

Qin Y, Choi Y, Zhao H, et al (2007) NOBOX homeobox mutation causes premature ovarian failure, *Am J Hum Genet*, 281 ; 576-581.

Raymond CS, Shamu CE, Shen MM, et al (1988) Evidence for evolutionary conservation of sex-determining genes, *Nature*, 391 ; 691-695.

Raymond CS, Parker ED, Kettlewell JR, et al (1999) A region of human chromosome 9p required for testis development contains two genes related to known sexual regulators, *Hum Mol Genet*, 8 ; 989-996.

Sekido R, Lovell-Badge R. (2008) Sex determination involves synergistic action of SRY and SF1 on a specific Sox9 enhancer, *Nature*, 453 ; 930-934.

Shawlot W, Behringer RR. (1995) Requirement for Lim1 in head-organizer function, *Nature*, 374 ; 425-430.

Simpson JL, Christakos AC, Horwith M, et al (1971) Gonadal dysgenesis in individuals with apparently normal chromosomal complements : tabulation of cases and compilation of genetic data, *Birth Defects Orig Artic Ser*, 7 ; 215-228.
Sinclair, A.H., Berta, P., Palmer, M.S., et al (1990) A gene from the human sex-determining region encodes a protein with homology to a conserved DNA-binding motif, *Nature*, 346 ; 240-244.
Swain A, Narvaez V, Burgoyne P, et al (1998) Dax1 antagonizes Sry action in mammalian sex determination, *Nature*, 391 ; 761-767.
Vidal VP, Chaboissier MC, de Rooij DG, et al (2001) Sox9 induces testis development in XX transgenic mice, *Nat Genet*, 28 ; 216-217.
Vilain E, McElreavey K, Jaubert F, et al (1992) Familial case with sequence variant in the testis-determining region associated with two sex phenotypes, *Am J Hum Genet*, 50 ; 1008-1011.
Umehara F, Tate G, Itoh K, et al (2000) A novel mutation of desert hedgehog in a patient with 46, XY partial gonadal dysgenesis accompanied by minifascicular neuropathy, *Am J Hum Genet*, 67 ; 1302-1305.
Wassif CA, Maslen C, Kachilele-Linjewile S, et al (1998) Mutations in the human sterol delta7-reductase gene at 11q12-13 cause Smith-Lemli-Opitz syndrome, *Am J Hum Genet*, 63 ; 55-62.
Watanabe M, Yoshida R, Ueoka K, et al (2007) Haplotype analysis of the estrogen receptor 1 gene in male genital and reproductive abnormalities, *Hum Reprod*, 22 ; 1279-1284.
Wittenberger MD, Hagerman RJ, Sherman SL, et al (2007) The FMR1 premutation and reproduction, *Fertil Steril*, 87 ; 456-465.
Yoshida R, Fukami M, Sasagawa I, et al (2005) Association of cryptorchidism with a specific haplotype of the estrogen receptor alpha gene : implication for the susceptibility to estrogenic environmental endocrine disruptors, *J Clin Endocrinol Metab*, 90 ; 4716-4721.

第 III 章

卵子発育とエピジェネティクス

［編集担当：佐々木裕之］

エピジェネティクスはクロマチンの様々な修飾による遺伝子発現やゲノム機能の制御をいう．クロマチン修飾は生殖細胞の分化過程でダイナミックに変化し，減数分裂，配偶子形成，受精後の胚発生能等に大きな影響を及ぼす．このようなクロマチンの変化は本来厳密にプログラムされているが，環境によって影響を受けることもある．よって，生殖医療の品質管理の観点から特に重要になるであろう．

本章では，まずエピジェネティクスの分子的な機構について初歩的な点からまとめて概説する（III-9）．次に，卵子の成長期に生じるゲノムインプリンティング現象について，おもにマウスにおける研究結果をもとに論じる（III-10）．この現象の研究は精子由来のゲノムを持たないマウス「かぐや」の誕生につながった．ヒトの卵子・精子・胚のエピジェネティクスについてはまだ不明な点が多いが，不妊や流産の解明に新たな視点を与える可能性が高い（III-11）．また，減数分裂におけるエピジェネティクスの重要性について，マウスをモデルとして得られた最近の知見を紹介する（III-12）．最後に，エピジェネティクスの異常に基づくヒトの症候群についてまとめる（III-13）．エピジェネティクスの研究分野は急速に発展しつつあり，技術革新とも相まって，生殖医療分野でも重要性を増すであろう．

［佐々木裕之］

III-9

エピジェネティクスの分子機構

Key words
クロマチン／ヒストン修飾／DNA メチル化／小分子 RNA

はじめに

エピジェネティクスは始原生殖細胞の形成から卵成熟・受精に至る過程で非常に重要な役割を果たす．エピジェネティクスの定義は「ゲノムDNAの塩基配列の変化を伴わず安定に維持・伝達される遺伝子発現の変化」だが，その分子的な実体はクロマチンの化学修飾と高次構造の変化である．始原生殖細胞におけるエピジェネティクスの変化には生殖巣への移動期に生じる大規模なクロマチン修飾の変化，生殖巣に定着した後のゲノムインプリントの消去，雌の始原生殖細胞におけるX染色体の再活性化などがある（Sasaki, Matsui, 2008）．また，生後の卵成長期（第一減数分裂前期の複糸期）には母性インプリントの確立が起こり，第一減数分裂中期にはゲノム全体に及ぶヒストンの脱アセチル化が生じ，受精後にもDNA脱メチル化をはじめとするクロマチン修飾のリプログラミングが起きる（Sasaki, Matsui, 2008）．これらの変化は生殖細胞の発生・分化，減数分裂，胚発生能などと密接に関係している．卵形成・胚発生で重要なエピジェネティクスの機構についてクロマチン修飾を中心に概説する．

1 エピジェネティクスの概念

エピジェネティクス（epigenetics）という語は発生学のエピジェネシス（epigenesis）（＝後成）から派生した．エピは上，後などの意を表す接頭語で，ジェネシス（創造）にエピがつくと後成の意である．後成は生物個体が毎世代新たに形作られるとする考えで，精子や卵子に成体の原型があるとする前成（preformation）（図Ⅲ-9-1）と対立する説であった．受精卵からさまざまな形態変化を経て器官や個体が作られる発生は明らかに後成であるから，発生学＝後成学（エピジェネシス学＝エピジェネティクス）である．

英国の発生学者 C. H. Waddington はこれに遺伝（genetics）の概念を持ち込んだ．受精卵から始まる発生過程において，細胞は多くの運命決定を経て各細胞系譜へと分化し，さまざまな器官を作り出す．細胞の運命は生体内では非常に安定であり，ふつう分化した細胞が未分化状態へ後戻りしたり分化転換を起こしたりすることはない．つまり後成の要点は細胞分化に関わる遺伝子発現の変化とその後の安定な維持にある．Waddington は「エピジェネティクスとは，

図Ⅲ-9-1．N. Hartsoeker が描いた精子
前成説に基づいて小人が描かれている．(Hartsoeker, 1694)

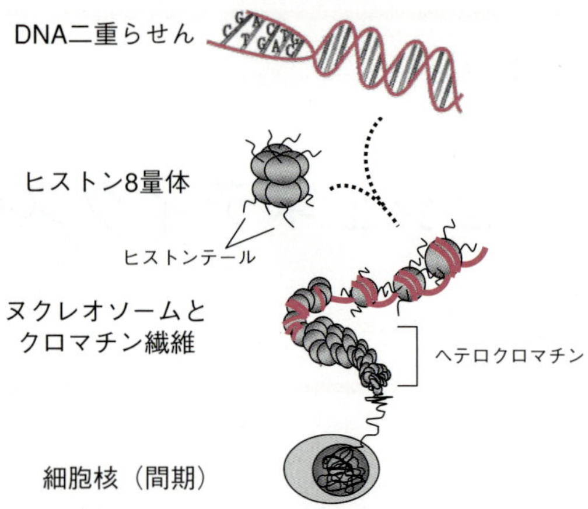

図Ⅲ-9-2．クロマチンの基本構造
ヒストンタンパク質の8量体に約150塩基対のDNAが巻きついたものがクロマチンの基本構造ヌクレオソームである．各ヒストンタンパク質から髭のように伸びているのがN末端テール部分である．このヌクレオソームがつながったクロマチン繊維は，DNAやヒストンの修飾状態に従ってさらに密に折り畳まれる．クロマチンの折り畳み（凝縮）状態は転写活性を調節する．

表現型を生み出す遺伝子と遺伝子産物の因果関係を探究する生物学の一分野である」と述べている (Waddington, 1942)．現在では，エピジェネティクスは「ゲノムの塩基配列の変化を伴わず安定に維持・伝達される遺伝子発現の変化，およびそのしくみを探究する分野」を指す．また，最近では特定の細胞の持つエピジェネティクスの状態をエピゲノム (epigenome) と呼ぶ．

生殖細胞系列は配偶子 (卵子または精子) を形成するよう運命決定されており，多くの細胞系譜を作り出す必要はない．また，いったん減数分裂に入ればDNAとクロマチンの複製は生じないので，エピゲノム状態を複製・伝達する必要もない．よってエピジェネティクスの役割も自ずと体細胞のそれとは異なっており，むしろ生殖細胞分化の秩序正しい進行，発生能のリプログラミング，減数分裂に適したクロマチン構造の形成などが重要な働きと考えられる．しかし，エピジェネティクスの機構自体は体細胞と生殖細胞で大きく変わることはない．以下，エピジェネティクスの分子機構について述べる．

2 クロマチン

エピジェネティクスの分子的な基礎はクロマチン (染色質) である．核内のゲノムDNAはさまざまなタンパク質と会合してクロマチンを形成している．まず，4種類のコアヒストンタンパク質 (H2A, H2B, H3, H4) が各2個ずつ集合して8量体を形成し，これに約150塩基対のDNAが巻きついてクロマチンの最も基本的な構造であるヌクレオソームができる．このヌクレオソームがつながったクロマチン繊維は，DNAやヒストンタンパク質の化学修飾の状態により

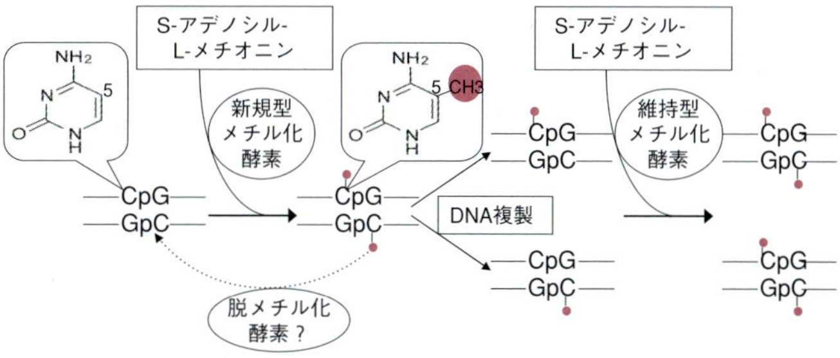

図Ⅲ-9-3．DNA メチル化の生化学

ゲノム DNA 中の CpG 配列では，DNA メチル化酵素の働きにより S-アデノシル-L-メチオニンからシトシン環の 5 位の炭素にメチル基が付加される．DNA メチル化酵素には新規型と維持型があり，前者は非メチル化 DNA に新たな修飾を書き込む酵素であり，後者は DNA 複製後の新生鎖にメチル基を導入する酵素である．維持型メチル化酵素はヘミメチル化部位を好んで認識する．

様々な程度に折り畳まれる（図Ⅲ-9-2）．一般に転写活性が高いゲノム領域は弛緩したクロマチン構造をとり，抑制された領域は密に折り畳まれた構造をとる（ヘテロクロマチンなど）．クロマチンの基本構造としてのヌクレオソームは始原生殖細胞や卵子においても保たれている．一方，精子では大部分のゲノム領域でヒストンがプロタミンに置換されており，卵子とはまったく異なるクロマチンが形成されている．

クロマチン中の DNA やヒストンタンパク質の化学修飾は高次のクロマチン構造や転写活性に影響を与える．したがって，これらの修飾がエピジェネティクスの最も基本的なしくみといってよい．また，そのような修飾に関わる分子として，修飾の書き込み酵素（修飾酵素），読み取りタンパク質（結合タンパク質），消去酵素（脱修飾酵素）の 3 種類がある．これらの点を念頭に置き，以下に各クロマチン修飾の機構と関連する分子について詳述する．

3 DNA メチル化

ゲノム DNA 中のシトシンのメチル化は，哺乳類のみならず多くの生物種で保存された生理的な化学修飾である．これは DNA メチル化酵素（DNMT）の働きで S-アデノシル-L-メチオニンからシトシン環の 5 位の炭素にメチル基が転移する反応である（図Ⅲ-9-3）．哺乳類ではシトシンの次にグアニンが続く CpG 配列でメチル化が見られる．DNA メチル化酵素には新規（*de novo*）型と維持（maintenance）型があり，前者は非メチル化 DNA に新たな修飾を書き込む酵素であり，後者は DNA 複製後にできるヘミメチル化部位を認識してメチル化する酵素である（Goll, Bestor, 2005）．維持メチル化では DNA の半保存的複製と CpG 配列の対称性がエピジェネティクスの維持・伝達に一役買っている（図Ⅲ-9-3）．DNA 複製のない卵子にも大量の維持型 DNMT が存在するが，それらは受精後のインプリントの維持に必要である（Hirasawa et al, 2008）．また，新規型DNMTは卵成長期における母性インプリントの確立に必須である（Kaneda et al, 2004）．

シトシンのメチル化は一般に転写抑制の目印であり，CpG配列を密に持つプロモーター領域がメチル化されるとその遺伝子は発現しない．また，生理的な条件下でヒトやマウスのゲノムの70〜80%のCpGがメチル化を受けているが，その大部分は**レトロトランスポゾン**配列の中にある．DNAメチル化が転写を抑制するには，メチル化DNA結合ドメイン（MBD）を持つ一群のタンパク質によって認識される必要がある（Hendrich, Tweedie, 2003）．MBDタンパク質は転写因子の結合を物理的に阻害するほか，ヒストン脱アセチル化酵素（後述）をリクルートして抑制性のクロマチンを形成する．一方，抑制された遺伝子のプロモーターが必ずメチル化されているわけではないし，活発に転写されている遺伝子でもその内部はメチル化されている．

DNA脱メチル化には，複製の過程で維持メチル化が阻害されて生じる受動的な脱メチル化と，酵素反応によってメチル基を取り除く能動的な脱メチル化が存在する．植物ではメチル化されたシトシンを認識するDNAグリコシラーゼが能動的メチル化機構に関わっており，脊椎動物でも能動的脱メチル化に関わる因子の報告が多々あり，現在詳細な研究が進められている．始原生殖細胞には母性および父性ゲノムインプリントを消去する脱メチル化機構があるが（Hajkova et al, 2008），その機構の詳細は不明である．

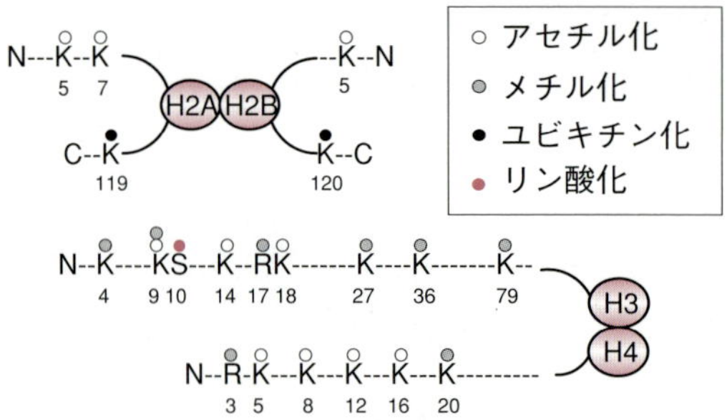

ヒストン修飾	代表的な修飾位置	転写活性
アセチル化	H3K9，H3K14，H3K18，H4K5，H4K8，H4K12，H4K16，H2A5，H2A7，H2BK5	促進
メチル化	H3R17，H4R3	促進
	H3K4，H3K36，H3K79	促進
	H3K9，H3K27	抑制
ユビキチン化	H2BK120	促進
	H2AK119	抑制
リン酸化	H3S10	促進

図Ⅲ-9-4．ヒストンの修飾と遺伝子発現の調節

代表的なヒストンテールの修飾とその転写活性への影響を示す．

4 ヒストン修飾

4種類のコアヒストンは20-30個のアミノ酸で構成されたN末端領域（ヒストンテール）を持つ．立体構造に乏しいヒストンテールはリン酸化，アセチル化，メチル化，ユビキチン化，ADPリボシル化，グリコシル化などさまざまな翻訳後修飾を受ける（図Ⅲ-9-4）．これらのヒストン修飾とその組み合わせは，転写，複製，修復，細胞分裂などのゲノム動態と相関することから，ヒストンコードと呼ばれる（Strahl, Allis,

レトロトランスポゾン：可動遺伝因子の一種で，RNAを中間体として逆転写酵素の働きによりコピーを増やし，転移する．ヒトなどの哺乳類のゲノムDNAの40%はレトロポゾンの配列が占める．

2000)．これらの修飾のうちアセチル化とメチル化は最近特にめざましく研究が進んでおり，エピジェネティクスにおいて重要な役割を演じることがわかってきた．

ヒストンのリジン残基のアセチル化は転写が活発なゲノム領域に見られ，たとえばヘテロクロマチン領域や哺乳類の不活性X染色体はアセチル化を欠く．一般に，リジンがアセチル化されるとヒストンテールの陽性荷電が減少するので，陰性に帯電しているDNAとの相互作用が弱くなり，遺伝子の転写が起きやすい状態になると考えられている．この修飾はヒストンアセチル化酵素（HAT）と脱アセチル化酵素（HDAC）によってそれぞれ書き込みと消去が行われる（Kuo, Allis, 1998）．前者はしばしば転写因子と複合体を形成してコアクチベーターと呼ばれ，後者は転写抑制複合体に含まれコレプレッサーと呼ばれる．

第一減数分裂前期の卵子ではヒストンH3とH4はアセチル化されているが，第一減数分裂中期にはHDACの作用により急速に脱アセチル化される（Kim et al, 2003）．この脱アセチル化は正常な染色体分離に重要らしく，高齢出産児に多いトリソミーなど染色体異数性はこの脱アセチル化の異常による可能性がある（Akiyama et al, 2006）．

ヒストンのメチル化はリジン（K）またはアルギニン（R）残基で見られ，たとえばヒストンH3K4のメチル化は転写の活性化と相関し，ヒストンH3K9やK27のメチル化は転写抑制と相関する（図Ⅲ-9-4）．リジンはメチル基を三つまで受容でき（すなわちモノ，ジ，トリメチル化の3種類がある），アルギニンは二つまで受容できる．ヒストンのリジンのメチル化酵素（HMT）はショウジョウバエで最初に見つかったSETドメインを有するタンパク質で（Cheng et al, 2005），一方，脱メチル化酵素活性はJumonjiファミリータンパク質の多くに分担されている（Takeuchi et al, 2006）．また，それぞれのヒストンメチル化を読み取るタンパク質が知られており，たとえばヒストンH3K9のトリメチル化はヘテロクロマチンタンパク質HP1により認識される．

分化初期の始原生殖細胞ではヒストンH3K9のジメチル化やH3K27のトリメチル化がダイナミックに変化するが（Seki et al, 2006, 2007），これは部分的に多能性細胞と似たエピゲノム状態を作り出すと考えられる．また，Meisetz（別名PRDM9）は生殖細胞に特異的なヒストンH3K4メチル化酵素だが，減数分裂前期の染色体の対合や遺伝的組み換えに必須の働きをする（Hayashi et al, 2005）．

5 小分子RNA

近年，小分子RNAがさまざまな局面で遺伝子発現を制御することがわかってきた．小分子RNAにはmicroRNA（miRNA），small interfering RNA（siRNA），piwi-interacting RNA（piRNA）などがあるが，これらは通常mRNAを分解したり（3種類すべて），翻訳を阻害（miRNA）したりすることにより標的遺伝子の発現を負に制御する．しかし，分裂酵母や植物ではsiRNAがヘテロクロマチン化やDNAメチル化を制御することが知られており，マウスの雄の生殖細胞ではpiRNAがDNAメチル化に関わることが示されている．

最近著者らはマウスの卵子にこれら 3 種類の小分子 RNA がすべて存在することを示した (Watanabe et al, 2008)．興味深いことに哺乳類では piRNA は雌雄の生殖細胞のみに存在し，siRNA は卵子のみに存在する．piRNA や siRNA の多くはレトロトランスポゾン配列に相当することから，その機能は生殖細胞においてレトロトランスポゾンの転移による変異誘発を防ぐことであろうと推定される．卵子の siRNA はレトロトランスポゾンだけでなく遺伝子の発現も制御しているが (Watanabe et al, 2008)，DNA メチル化などのエピジェネティクスに影響を与えるかどうかは今後の課題である．

6 リプログラミング因子

卵子は受精後に精子由来のクロマチンを胚型のクロマチンへと再構築するため，ヌクレオプラスミンや NAP1 といった分子シャペロンを豊富に含むことが知られている．これらの因子が精子由来核の脱凝縮やプロタミンからヒストンへの置換に重要な働きをする．また，体細胞核を未受精卵へ移植してクローン動物を作出する際には，卵子の細胞質に存在するリプログラミング因子（初期化因子とも呼ばれる）が体細胞核へ作用し，全分化能を獲得させると考えられている．その実体は不明だが，エピジェネティックな修飾の変化がリプログラミングに寄与することは疑いがない．実際，核移植した卵子を HDAC 阻害剤で処理するとクローン動物の作出効率が数倍上昇することがわかっている (Kishigami et al, 2006)．

まとめ

以上，卵子の理解にあたって重要なエピジェネティクスの基本的な分子機構について概説した．DNA メチル化，ヒストン修飾，小分子 RNA などが互いにクロストークしながらダイナミックに変化するのが，生殖細胞のエピジェネティクスの特徴である．エピジェネティクスのより全般的な理解のためには和文の拙著または編書をご覧いただきたい (佐々木，2004；2005)． また，生殖細胞系列の世代サイクルを通してのエピジェネティックな変化については Nature Reviews Genetics に詳しく述べた (Sasaki, Matsui, 2008)．参考になれば幸いである．

（佐々木裕之）

引用文献

Akiyama T, Nagata M, Aoki F (2006) Inadequate histone deacetylation during oocyte meiosis causes aneuploidy and embryo death in mice, *Proc Natl Acad Sci USA*, 103 ; 7339-7344.

Cheng X, Collins RE, Zhang X (2005) Structural and sequence motifs of protein (histone) methylation enzymes, *Annu Rev Biophys Biomol Struct*, 34 ; 267-294.

Goll MG, Bestor TH (2005) Eukaryotic cytosine methyltransferases, *Annu Rev Biochem*, 74 ; 481-514.

Hajkova P, Ancelin K, Waldmann T, Lacoste N, Lange UC, Cesari F, Lee C, Almouzni G, Schneider R, Surani MA (2008) Chromatin dynamics during epigenetic reprogramming in the mouse germ line, *Nature*, 452 ; 877-881.

Hartsoeker N (1694) *Essai de Dioptrique*, Paris.

Hayashi K, Yoshida K, Matsui Y (2005) A histone H3 methyltransferase controls epigenetic events required for meiotic prophase, *Nature*, 438 ; 374-378.

Hendrich B, Tweedie S (2003) The methyl-CpG binding domain and the evolving role of DNA methylation in animals, *Trends Genet*, 16 ; 269-277.

Hirasawa R, Chiba H, Kaneda M, et al (2008) Maternal and zygotic Dnmt1 are necessary and sufficient for the maintenance of DNA methylation imprints during preimplantation development, *Genes Dev*, 22 ; 1607-1616.

Kaneda M, Okano M, Hata K, et al (2004) Essential role for de novo DNA methyltransferase Dnmt3a in paternal and maternal imprinting, *Nature*, 429 ; 900-903.

Kim J-M, Liu H, Tazaki M, et al (2003) Changes in histone acetylation during mouse oocyte meiosis, *J Cell Biol*, 162 ; 37-46.

Kishigami S, Mizutani E, Ohta H, et al (2006) Significant improvement of mouse cloning technique by treatment with trichostatin A after somatic nuclear transfer, *Biochem Biophys Res Commun*, 34 ; 183-189.

Kuo M-H, Allis CD (1998) Roles of histone acetylases and deacetylases in gene regulation, *BioEssays*, 20 ; 615-626.

佐々木裕之編 (2004) エピジェネティクス, シュプリンガー・フェアラーク東京, 東京.

佐々木裕之 (2005) エピジェネティクス入門：三毛猫の模様はどう決まるのか, 岩波書店, 東京.

Sasaki H, Matsui Y (2008) Epigenetic events in mammalian germ cell development : reprogramming and beyond, *Nat Rev Genet*, 9 ; 129-140.

Seki Y, Hayashi K, Itoh K, et al (2006) Extensive and orderly reprogramming of genome-wide chromatin modifications associated with specification and early development of germ cell in mice, *Dev Biol*, 278 ; 440-458.

Seki Y, Yamaji M, Yabuta Y, et al (2006) Cellular dynamics associated with the genome-wide epigenetic reprogramming in migrating primordial germ cells in mice, *Development*, 134 ; 2627-2638.

Strahl BD, Allis D (2000) The language of covalent histone modifications, *Nature*, 403 ; 41-45.

Takeuchi T, Watanabe Y, Takano-Shimizu T, et al (2006) Roles of *jumonji* and *jumonji* family genes in chromatin regulation and development, *Dev Dynamics*, 235 ; 2449-2459.

Waddington CH (1942) The epigenotype, *Endeavour*, 1 ; 18-20.

Watanabe T, Totoki Y, Toyoda A, et al (2008) Endogenous siRNAs from naturally formed dsRNAs regulate transcripts in mouse oocytes, *Nature*, 453 ; 539-543.

III-10

卵子発育とゲノムインプリンティング

Key words
ゲノムインプリンティング／DNA メチル化／単為発生／卵子発育

はじめに

脊椎動物では通常，受精を介した有性生殖により種を維持しているが，鳥類を含む多くの種では受精による個体発生のみならず，単為生殖により個体にまで発生できることが知られている (Miyoshi et al, 2006 ; Sarvella, 1973)．一方，哺乳類の単為発生胚は例外なく抑制されており，マウスでは胎齢10日までに，またブタでは胎齢23日までに発生を停止して致死となることが実験発生学的に確かめられている (Kure-bayashi et al, 2000 ; Surani, Barton, 1983)．このことから，哺乳類では子孫に伝達される卵子および精子の遺伝情報 (ゲノム) 間には決定的な機能差が存在することは明らかで，その結果雌雄両配偶子ゲノムの寄与が個体発生に要求されると理解できる (Barton et al, 1984 ; McGrath, Solter, 1984)．哺乳類の卵子・精子ゲノムの機能差を生じさせる分子機構は，後天的な遺伝子修飾による DNA メチル化を基軸とした遺伝子発現調節機構である**ゲノムインプリンティング** (遺伝子刷り込み) に起因することが明らかにされている (Bird, 2001 ; Bird, 2002 ; Nakao, Sasaki, 1996)．したがって，雌雄の生殖細胞形成過程で行われる DNA メチル化インプリントのリプログラミングは，全能性を持った受精卵となるために卵子と精子ゲノムが獲得しなければならない遺伝子発現調節プログラムの過程と理解できる (図Ⅲ-10-1)．このことは，遺伝子欠損動物を用いた研究や核移植を用いた発生工学的な研究から実証されている (Hata et al, 2002 ; Kaneda et al, 2004 ; Kawahara et al, 2007 ; Kono et al, 2004)．しかしながら，哺乳類の生殖細胞系列における DNA メチル化インプリントのリプログラミング機構についての全容が明らかにされたわけではなく，今後の研究の進展に期待するところも大きい．また，最近の幹細胞研究の飛躍的進展を背景として，生殖細胞系列における全能性を調節するリプログラミング機構の解明はさらに重要な位置づけとなってきた．ここでは，雌性生殖細胞である卵子の発育と DNA メチル化インプリンティングの成立過程およびその生物学的意義について解説する．

1 DNA メチル化インプリンティング

哺乳類に特異的な遺伝子発現調節機構であるゲノムインプリンティングとは (Wilkins, 2005)，遺伝子が精子 (父親) に由来するか卵子 (母親)

ゲノムインプリンティング：一般に遺伝子は精子および卵子に由来する染色体の対立遺伝子座から等しく発現している．しかし，一部の遺伝子は精子に由来するか卵子に由来するかによって特異的に片親性発現を示し，インプリント遺伝子と呼ばれ，現在までに80個以上が確認されている．このような雌雄ゲノム間で高次構造および遺伝子発現の差を生じさせる分子制御機構をゲノムインプリンティングという．

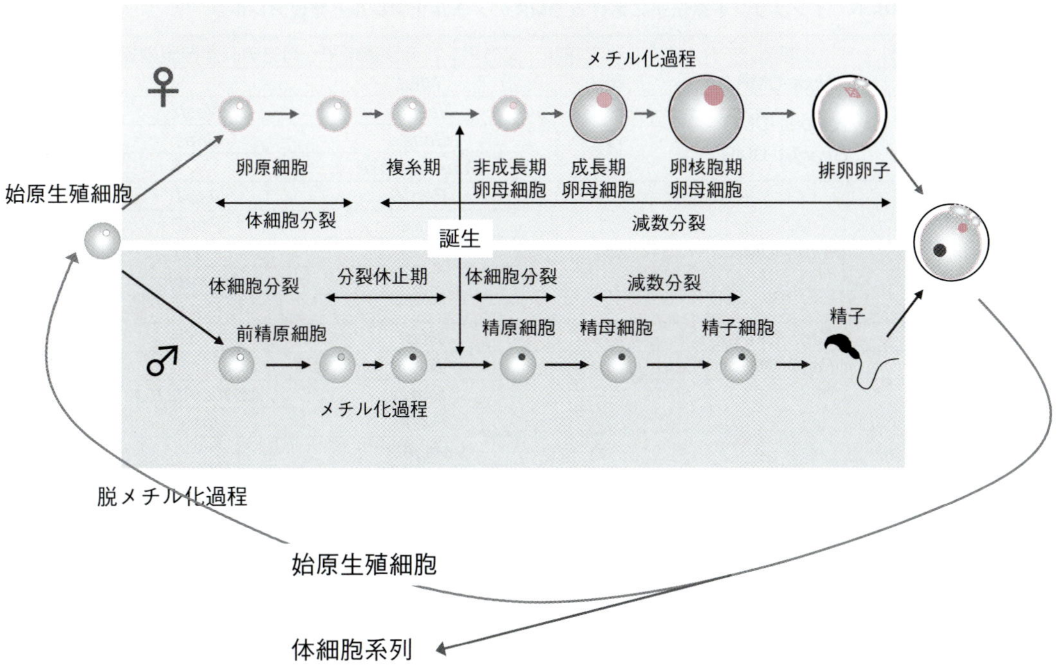

図Ⅲ-10-1．生殖細胞形成とメチル化インプリントのリプログラミング

に由来するかにより，受精後の胚発生過程で父母アレル（対立遺伝子）の遺伝子発現が著しく異なる現象の総称である（III章9節参照）．すなわち精子形成過程あるいは卵子形成過程において，それぞれ独自に付与されるDNAメチル化修飾に基づいて父母アレル間の遺伝子発現が調節される（Ferguson-Smith, Surani, 2001；Reik, 2007；Reik et al, 2001）．その結果，父方（精子ゲノム由来）アレルあるいは母方（卵子ゲノム由来）アレルの一方から発現を示すインプリント遺伝子が存在することとなる．卵子由来ゲノムのみを持つ雌核発生胚・単為発生胚および精子由来ゲノムのみを持つ雄核発生胚が共に妊娠初期で致死となるのは，インプリント遺伝子の発現量に過不足が生じるためと説明することができる（Kono et al, 2004；Obata et al, 1998）．これまでの研究から，ゲノムインプリンティング機構の成立には選択的DNAメチル化機構の介在が明らかにされている（Howell et al, 2001；Nakao, Sasaki, 1996；Okano et al, 1999）．DNAシトシン残基のメチル化は，さまざまな修飾因子と連携して遺伝子発現を負に制御することが知られているが（Bird, 1992），ゲノムインプリンティングにおいても制御機構の中心的役割を果たしている（Barlow, 1993；Jaenisch, Bird, 2003；Li, 2002）．メチル化インプリントは，遺伝子のCpG（シトシンとグアニンの対）が密集して存在する特定の領域で起こり，父母アレル特異的なメチル化状態が存在することが知られており，DMR（differential methylated region）と呼ばれている（Kobayashi et

表Ⅲ-10-1．インプリント遺伝子における DMR のメチル化アレルと発現アレル

染色体	DMR	メチル化アレル	父方アレル発現遺伝子	母方アレル発現遺伝子
2	*Nnat*-DMR	母	*Nnat*	
2	*Nespas*-DMR *Gnas1A*-DMR	母	*Nespas*	*Nesp*
			Gnasxl	*Gnas*
			Gnas exon1A	
6	*Peg10*-DMR	母	*Peg10*	*Asb4*
			Sgce	*Pon2*
				Pon3
				Neurabin
				Calcr
6	*Peg1*-DMR	母	*Peg1*	
7	*Peg3*-DMR	母	*Peg3*	
7	*Snrpn*-DMR	母	*Snrpn*	*Ata10c/Ata10a*
			Pwcr1	*Ube3a*
			Magel2	
			Pec2	
			Pec3	
			Ndn	
			Zfp127/Mkrn3	
			Zfp127as	
			Frat3/Peg12	
			Ipw	
			Ube3aas	
7	*Lit1*-DMR	母	*Lit1*	*Obph1*
				Nap2/Nap1l4
				Tssc3/Ipl
				Slc22a1/Impt1
				Msuit
				P57kip2
				Kvlqt1
				Tssc4
				Tapa1/Cd81
				Mash2/Ascl2
7	*Inpp5f-v2*-DMR	母	*Inpp5f-v2*	
10	*Zac1*-DMR	母	*Zac1*	
11	*Meg1*-DMR	母		*Meg1/Grb10*
11	*U2af1-rs1*-DMR	母	*U2af1-rs1*	
15	*Peg13*-DMR	母	*Peg13*	
17	*Igf2r*-DMR2	母	*Igf2ras/Air*	*Slc22a3*
				Slc22a2
				Igf2r
18	*Impact*-DMR	母	*Impact*	
7	*H19*-DMR	父	*Igf2*	*H19*
9	*Rasgrf1*-DMR	父	*Rasgrf1*	
12	IG-DMR	父	*Dlk1/Pref1*	*Gtl2/Meg3*
			Rtl1/Peg11	*Rtl1as*
			Dio3	*Rian*
				Mirg

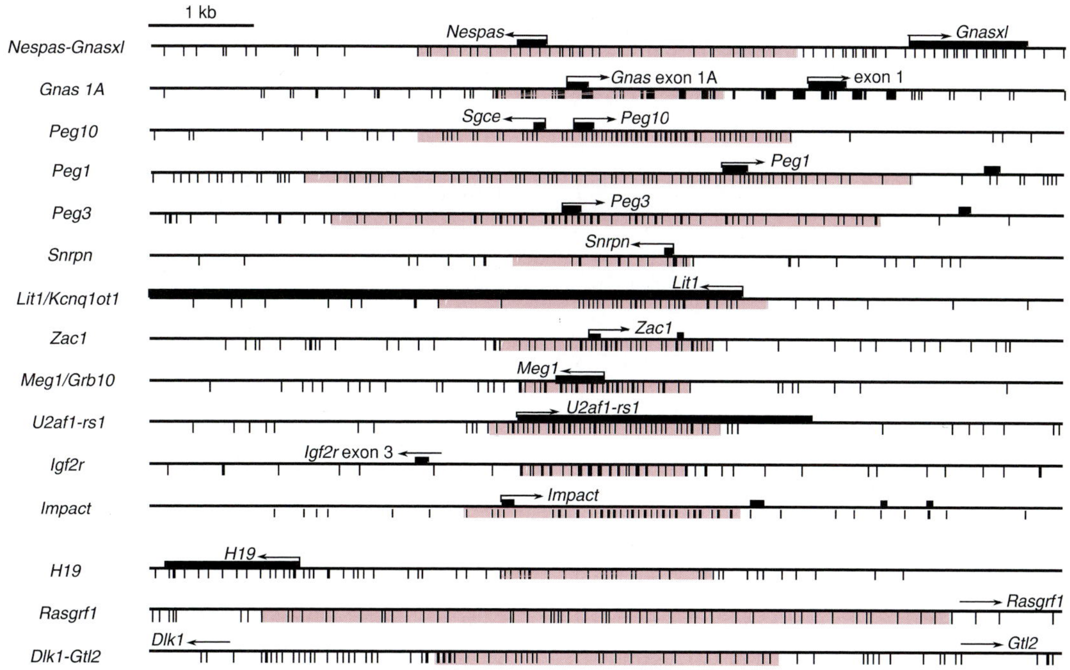

図Ⅲ-10-2．DMRのメチル化インプリント領域（Kobayashi et al, 2006）

al, 2006；Mann et al, 2000；Sasaki et al, 2000）（表Ⅲ-10-1）（図Ⅲ-10-2）．現在までに，マウス（http://www.har.mrc.ac.uk/research/genomic_imprinting/）およびヒト（http://www.geneimprint.com/）で，それぞれ約100のインプリント遺伝子が同定されているが，それらの発現制御にはDMRが決定的な役割を果たしている．実際に，その領域を欠失させると周辺のインプリント遺伝子の発現に異常が生じることが報告されている（Leighton et al, 1995;Lin et al, 2003）．また，一般にDNAのメチル化は遺伝子発現に対して抑制的に働くと理解されるが，逆にメチル化が成立することにより発現が誘導されるインプリント遺伝子の例も多数ある（表Ⅲ-10-1）．

DNAのシトシン残基にメチル基を付加するためには，メチル基転移酵素（メチル化酵素Dnmt, DNA methyltransferase）の働きが不可欠である．現在，哺乳類ではDNA **メチル基転移酵素**として Dnmt1, Dnmt3a および Dnmt3b が知られている．このうち Dnmt1は維持型DNAメチル化酵素で，DNAが複製する際に，鋳型となったDNAのメチル化領域に基づいて新たに合成されたDNAにおける領域にメチル基を付加する活性を持つ（Bestor, 2000;Howell et al, 2001;La Salle et al, 2004）．卵子形成過程では，Dnmt1oが特異的に発現している（Mertineit et al, 1998）．一方 Dnmt3a および Dnmt3b は，新規（*de novo*）メチル化酵素と呼ばれ，メチル化されていない2本鎖DNAの領域にメチル基を導入する活性を持ち合わせている（Okano et al, 1999）．DNA

DNAメチル基転移酵素：真核生物において，-CG-塩基配列のG（guanine）の5'側に接したC（cytosine）ピリミジン環の5'にメチル基を付加する酵素．哺乳類では，DNA複製時に新たに合成されたDNA鎖のCにメチル基を付加する維持型DNAメチル化酵素と，生殖系列で特異的にメチル化されていないDNAの両鎖にメチル基を付加する新規DNAメチル化酵素が知られている．

メチル化がインプリント遺伝子発現制御に必須であることは，生殖系列で特異的に欠損させたコンディショナルノックアウトマウスの実験成果から明らかとなっている．すなわち，Dnmt3aを卵子形成過程で欠損させた場合には，卵子形成過程におけるDNAメチル化インプリントが行われないために，排卵された卵子が受精して発生しても胎生期に必ず致死となることが示された (Kaneda et al, 2004)．また，Dnmt3Lタンパクの卵子形成過程における役割が注目されている．Dnmt3LタンパクはC末端にある触媒領域を欠いており，それ自身は *de novo* メチル化活性を持たない．ところが興味深いことに，Dnmt3Lのホモ型欠損マウス自身は見かけ上正常な表現型個体として成体に発育するが，その雌が生産する卵子では母方特異的なDNAメチル化インプリントを欠如していた．そのため，Dnmt3a欠損の場合同様に，正常雄由来の精子と受精しても胚は致死となった (Bourc'his et al, 2001；Hata et al, 2002)．生殖細胞におけるDNAメチル化リプログラミングの全容の解明が期待される．

2 卵子形成過程におけるDMRメチル化の進行

生殖細胞は，原腸胚期に出現する外胚葉由来のアルカリ性ホスファターゼ陽性細胞である始原生殖細胞 (PGCs, primordial germ cells) から生じる (Nagy et al, 2003)．マウスでは，始原生殖細胞は発生6.25日目に胚盤葉上層の *Blimp 1* と呼ばれる遺伝子を発現する少数の細胞が現れ，これらの細胞が *stella* を発現する始原生殖細胞に分化することが知られている (Ohinata et al, 2005)．始原生殖細胞は発生7.5日ごろから生殖腺へと移動を始め急速に増殖し，移動を完了する発生13日には約2万5000個の始原生殖細胞がそれぞれの生殖隆起に存在する．雌ではその後有糸分裂を停止し，減数分裂を開始して卵母細胞となり，第一減数分裂の細糸期 (leptotene stage)，接合期(zygotene stage)，太糸期(pachytene stage) を経て発生18.5日には卵母細胞が複糸期 (diplotene stage) に到達する．出生後，卵母細胞は長い網状期(dictyate stage)に入り，母性mRNAの転写が開始される．原始卵胞の卵母細胞の直径は約10–15μmであるが，卵胞発育に伴い卵母細胞は徐々に成長し，生後3週ごろには直径約70–75μmに達する卵母細胞が現れる．卵母細胞は，成長の最終段階に到達してはじめて減数分裂を完了する能力を獲得する．成体の卵巣に存在する多数の原始卵胞は，性周期に伴い分泌される性腺刺激ホルモンの刺激を受け，排卵可能なまでに成長して，黄体形成ホルモンの作用により排卵される．ヒトでは妊娠第4週にPGCsは出現し，第8週には約60万に増殖し，さらに第20週ごろには最大の600–700万個にも達する．第8週になると一部の始原生殖細胞は増殖を止め，減数分裂を開始して卵母細胞となる (VIII章参照)．この間に卵胞が形成され，第20週ごろには第一減数分裂前期の複糸期に達した卵母細胞が現れ，第30週ごろになると一次卵胞が形成されるようになる．

生殖細胞形成過程および胚発生過程を通じてDNAのメチル化レベルはダイナミックに変動することが知られている．受精後の胚発生に伴いDNAメチル化レベルは脱メチル化が進行し，胚盤胞に発生するまでに低メチル化状態となる．着床時期になると再びDNAメチル化を受け始めるが，胚体外組織では胚組織に比べDNAメチル化レベルが低く抑えられている（Jaenisch, 1997；Li, 2002；Mann, 2001）．着床後の胎子の体細胞DNAは高メチル化状態にある．ところが分化したPGCsでは急速な脱メチル化を受け妊娠13.5日目以降の卵母細胞および雄PGCsのDNAでは低メチル化状態を示すようになり，両親由来のDNAメチル化情報は消去される．その後，雄では胎齢16日ごろの生殖細胞でDNAメチル化が開始され，精原細胞では高メチル化レベルを示すようになる（Li et al, 2004）．一方雌では，出生後の卵母細胞においてDNAメチル化が始まり，卵母細胞が成長すると高メチル化に転じる（Lucifero et al, 2002）．したがって，生殖系列の分化に伴いPGCsの時期に両親由来のDNAメチル化情報は消去され，その個体の性に依存して卵子形成過程あるいは精子形成過程で，それぞれ独自のDNAメチル化インプリントがリプログラミングされている（図Ⅲ-10-1）．インプリント遺伝子の発現を制御しているDMRのメチル化状況に注目すると，母方アレル発現あるいは父方アレル発現にかかわらず，ほとんどのインプリント遺伝子が卵子形成過程で付与されるDNAメチル化により発現制御を受けている（Hiura et al, 2006；Kobayashi et al, 2006）．これまでにマウスでは，卵子形成過程でメチル化を受ける母性メチル化DMRとして14領域が知られているが（表Ⅲ-10-1），一方精子形成過程で母性メチル化を受けるDMRは，7番染色体の*Igf2-H19* DMR（Tremblay et al, 1995），9番染色体の*Rasgrf1* DMR（Pearsall et al, 1999）および12番染色体のIG-DMR（Takada et al, 2002）の3領域のみである．また，マウスの15ヶ所のインプリント領域におけるDMRの範囲が，CpGサイトのシトシン残基のメチル化の有無を個別に判別するbisulphite-sequencing法を用いて確定されており（Kobayashi et al, 2006）（図Ⅲ-10-2），それによるとDMRの範囲は1.6-6.9kb（平均3.2kb）にわたっているという．

卵子特異的なDNAのメチル化が，卵子成長過程のどの時点で確立するのかを明らかにする試みがマウスにおいて行われている（Hiura et al, 2006）（表Ⅲ-10-2）．10日齢，15日齢，20日齢および成体マウスの卵巣から回収された卵母細胞をサイズごとに分類し，DNAのメチル化状態がbisulphite-sequencing法により解析された．調べられた母性メチル化インプリント領域は，*Igf2r, Zac1*，*Snpn, Peg1/Mest, Meg1/Grab10*，*Lit1*および*Impact*遺伝子のDMRである．それによれば，直径45μm未満の卵母細胞では，いずれのDMRも低メチル化状態（0-18%）であることが判った（表Ⅲ-10-2）．その後，それらのDMRにおけるメチル化は卵母細胞の成長に伴い進行し，卵母細胞の直径が約60μmに達するころ，*Igf2r, Zac1*および*Lit1*遺伝子のDMRにおいては80%以上のCpGサイトがメチル化された．さらに，卵母細胞の直径がおよそ65μmに達するころには，*Snrpn, Peg1/Mest, Meg1/Grb10*および*Impact*遺伝子のDMRにおいてCpGサイトの80%以上がメチル化されていることが明らかとなった．もちろん，フルサイズの卵母細胞では，これらの遺伝子のDMRは高度にメチル化されていることが確かめられている．成体マウスの卵巣内に存在する

表Ⅲ-10-2．卵母細胞の成長とメチル化インプリントの進行

遺伝子	成長ステージ	ドナーマウスの日齢			
		10	15	20	成体(56〜)
Igf2r	PF1	0		1	0
	PF2	26	10	6	14
	SF1	31	51	27	36
	SF2	93	96	87	71
	AF1		100	87	92
	AF2		100	98	
Zac1	PF1	9		1	
	PF2	10	6	5	4
	SF1	44	60	35	26
	SF2	88	87	87	67
	AF1		93	87	96
	AF2		100	93	
Snrpn	PF1	18			11
	PF2	23	2		2
	SF1	41	38		16
	SF2	50	55		32
	AF1		91		76
	AF2		100		
Peg1/Mest	PF2	2	1		
	SF1	3	1		1
	SF2	29	58		20
	AF1		92		40
	AF2		95		86
Meg1/Grb10	PF1		1	4	2
	PF2	7	5	4	8
	SF1	11	4	8	8
	SF2	45	76	74	30
	AF1		95	90	77
	AF2				100
Lit1	PF1	6			
	PF2	32	39		
	SF1	44	26		
	SF2	68	92		
	AF1		100		
Impact	PF1	3			
	PF2	0	1		
	SF1	24	18		
	SF2	61	80		
	AF1		88		
	AF2		88		

表の数字は，解析を行ったCpGサイトに対するメチル化CpGサイトの割合を%で表している．卵母細胞の成長ステージは，卵母細胞の直径により下記のように分類した．PF1 : 40-45μm，PF2 : 45-50μm，SF1 : 50-55μm，SF2 : 55-60μm，AF1 : 60-65μm，AF2 : 65-70μm

原始卵胞に含まれる非成長期の卵母細胞から成熟可能なまでに成長した卵母細胞においても，DMRのメチル化は卵母細胞の成長に依存して進行することが確かめられている（表Ⅲ-10-2）．これらの成果は，卵母細胞の成長過程で付与される母方特異的なDMRメチル化は卵母細胞の成長に依存して確立すること（日齢には非依存），また，DMRのメチル化は卵子形成過程において遺伝子個別にリプログラムされることを示している．卵母細胞における新規メチル基転移酵素の発現についての情報は必ずしも十分とはいえないが，Dnmt3aおよびDnmt3bに対する特異抗体を用いた免疫染色法およびRT-PCR法により，成長期の卵母細胞で発現していることが確認されている（Lees-Murdock et al, 2008；Lucifero et al, 2007）．現在までのところ，Dnmt3Lの成長期の卵母細胞におけるタンパクレベル発現に関する証拠は得られていないが，転写産物が確認されている（Lucifero et al, 2007；Shovlin et al, 2007）．精子形成過程では精原細胞で，Dnmt3aとDnmt3Lが共発現していることが明らかにされている（Sakai et al, 2004）．また最近，結晶解析の研究から，Dnmt3Lのカルボキシ末端領域がDnmt3aの触媒領域と相互に作用してDnmt3aを活性化することが示唆された（Jia et al, 2007）．

また，父母アレル間で非同調的にメチル化が生じることも知られている．生殖細胞の核の中には，もともと父親に由来するアレルと母親に由来するアレルが存在するが，親の代のアレル特異的なDNAメチル化は，胎齢13日の始原生殖細胞ではすでに消去されている．そして雌では，卵子形成過程が始まり卵子特異的なメチル化を獲得していくわけだが，この時，*Snrpn* DMRでは母方アレルが父方アレルよりも先行してメチル化修飾を受ける（Hiura et al, 2006；Lucifero et al, 2004）．逆に父方アレルが優先的にメチル化される現象は，精子形成過程でメチル化される*H19*遺伝子で観察されている（Davis et al, 2000）．つまり，DNAのメチル化修飾が消去された後も，なんらかのクロマチン修飾が維持されている可能性を示唆するもので興味深い．また，母方DMRと父方DMRの配列を比較すると，2塩基配列出現頻度など特徴的差異が認められるというが，父母アレル間で非同調的なメチル化との関連については不明である．ヒストンのメチル化修飾との関連も注目される（Xin et al, 2003）．また，雌胚の胚体外組織では2本のX染色体のうち，父親由来のX染色体が不活性化されていることが知られている（Sado, Ferguson-Smith, 2005）．この現象は，父親由来X染色体が優先的に不活性化されるのでなく，むしろ母親由来のX染色体が不活性化に対し抵抗性を示すためと考えられるが，この抵抗性も卵子の成長過程で獲得されることが示唆されている（Tada et al, 2000）．いずれにしても，卵母細胞成長過程におけるメチル化インプリントのリプログラミングを制御する分子機構は大変興味深い問題だが，その詳細については現在のところ不明な点が多い．

3 生殖細胞系列におけるDMRメチル化と個体発生

生殖細胞系列の発生の進行に伴うメチル化インプリントの獲得状況と個体発生との関係が調べられている．前述したようにDNAメチル化

X染色体不活性化：哺乳類の性染色体型は，雄ではXYで1本のX染色体を持ち，一方雌ではXXで2本のX染色体を持つ．雌のX染色体の1本は，遺伝子が働かなくなるよう不活性化されている．この分子制御機構を「X染色体不活性化」と呼ぶ．したがって，雌雄で機能的なX染色体の数は共に1本で等しい．

のリプログラミングは，PGCsの分化に伴う消去過程と生殖細胞形成過程における成立過程に区別される．消去過程の進行と個体発生の関係についてはクローン技術が利用された．マウスにおいて，胎齢の異なる胎子から採取したPGCsをドナー細胞として除核未受精卵へ移植し，その発生状況とインプリント遺伝子の発現を調べ，ゲノムインプリンティング消去のプロセスと個体発生との関係が検討された．胎齢13.5日の胎子由来PGCsをドナー細胞核としてクローン胚を作出すると，その発生には顕著な発育不全が認められ妊娠9.5日までに停止した（Kato et al, 1999）．しかし，さらに発生段階の早い胎齢11.5日の胎子PGCsをドナー細胞核とすると，クローン胎子の発生が進み，正常に近いと思われる妊娠11.5日齢の胎子にまで発生することが判明した．このことから，メチル化インプリントが消去されたPGCsからはクローン個体が得られないこと，およびPGCsにおけるゲノムインプリンティングの消去は胎齢11.5日ではすでに始まっており，13.5日ではほぼ完全に消去されていることが推察される．また，クローン胎子における遺伝子発現解析の結果，11.5-13.5日齢の間にインプリント遺伝子は片親性発現から両アレル発現へと変化すること（Inoue et al, 2002），および発現調節領域のCpGサイトのメチル化も連動していることが確認されている（Lee et al, 2002）．

一方，卵母細胞成長過程におけるインプリント成立の進行と胚発生の関係については，核移植により成長過程の卵母細胞ゲノムを持った成熟卵子が構築され，単為発生あるいは体外受精により胎子発生およびインプリント遺伝子発現が調べられた（Bao et al, 2002；Bao et al, 2000；Kono et al, 1996；Obata, Kono, 2002）．前述したように新生子の卵母細胞はDNAメチル化インプリンティングを受ける前のナイーブな状態にある．もちろん，第一減数分裂前期で停止しており，成熟能を持たない．しかし，成長した卵母細胞核と置換すると，新生子の卵母細胞の核は成熟して第二減数分裂中期に達する（Kawahara et al, 2008；Kono et al, 1996）．この再構築卵を利用して，卵母細胞のDNAメチル化インプリントの進行と個体発生の関係が推察できる．体外受精による発生能の検討では，新生子ゲノムを持つ卵子では着床前後で致死となることが確かめられた．そこで，卵母細胞は発生支持能をいつ獲得するのかを検証するため，卵母細胞の発育を追って実験が行われた．その結果，生後10日齢および13日齢の卵母細胞ゲノムは胎子の発育を妊娠10日目および13日目までそれぞれ発生を支持したが，共に産子の誕生には至らなかった．生後16日齢の卵母細胞を用いて再構築された卵子を体外受精した場合に，はじめて正常な個体が誕生した．前項で解説したように，卵母細胞成長過程におけるDNAメチル化インプリントは卵母細胞の成長に伴い進行し，およそ卵母細胞の直径が60μm以上に発育すると完了する．したがって，卵母細胞のゲノムの個体発生支持能は，DNAメチル化インプリントと強く関連していることがわかる．さらに，前述の卵子再構築法を応用して，成長期卵母細胞のゲノムと成熟卵子のゲノムを持つ胚（二母性胚）から発生した胎子において，インプリント遺伝子の発現が詳細に解析されている．その結果，卵子の成長に伴い発現抑制を受けるインプリン

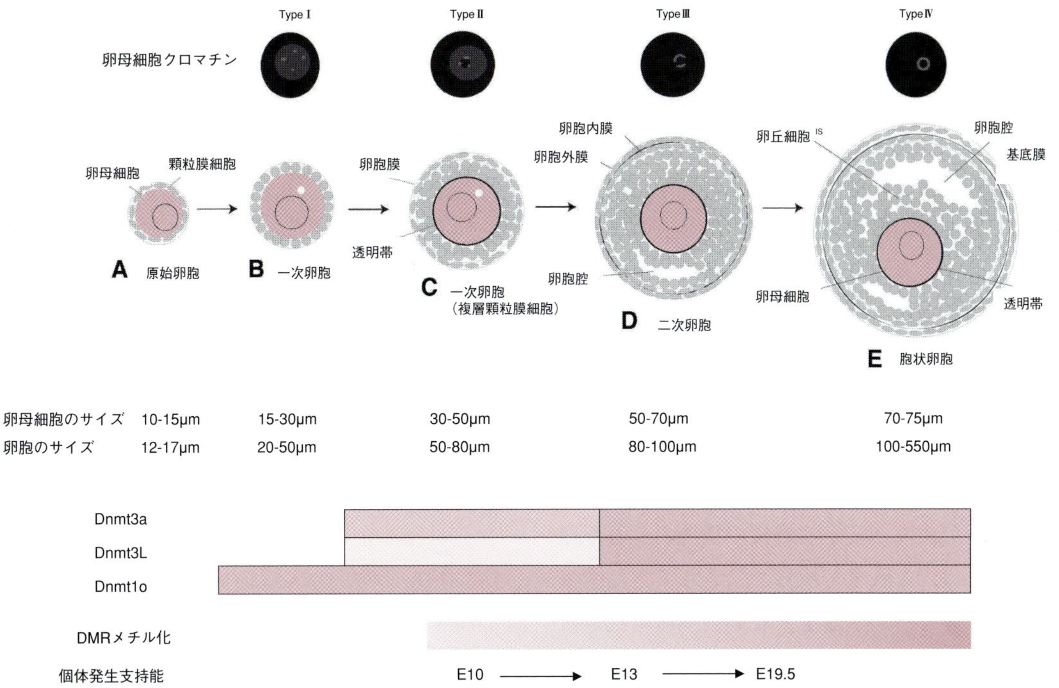

図Ⅲ-10-3．卵母細胞の成長過程におけるメチル化インプリント

クロマチンの変化については Mattoson, Albertini（1990），Dnmt3a, Dnmt3L および Dnmt1o の発現については，Lees-Murdock, Walsh et al,（2008）および Lucifero et al（2007），DMR メチル化については Hiura et al（2006）および Lucifero et al（2004）また発生支持能については Bao et al（2000）をそれぞれ参照してまとめた．

ト遺伝子が増加することが示された（Obata, Kono, 2002）．したがって，メチル化インプリントの進行に連動して，母方アレルにおけるインプリント遺伝子の発現パターンが決定されることが裏づけられた．さらに，前述の卵子再構築法を応用して，新生子卵母細胞ゲノムと排卵された卵母細胞ゲノムを持つ二母性胚が妊娠13.5日まで発生すること（Kono et al, 1996），さらに，7番および12番染色体の父性メチル化インプリント領域の欠損を持つ新生子マウスの卵母細胞を用いて，雄ゲノムを持たない二母性マウスが高率に誕生することが報告された（Kawahara et al, 2007；Kono et al, 2004）．このマウスでは，新生子マウスの非成長期卵母細胞ゲノムに由来するアレルでは，インプリント遺伝子発現が雄（精子由来ゲノム）型に改変されていることも明らかにされた．以上のように卵母細胞形成過程で行われる DNA メチル化インプリントのリプログラミングは，卵子ゲノムからのインプリント遺伝子発現パターンを決定し，個体発生支持能を確固なものにする必須のプロセスであると理解できる（図Ⅲ-10-3）．

まとめ

雌雄生殖細胞系列では，インプリント遺伝子の発現を制御するメチル化インプリント修飾の

エピジェネティクス（epigenetics）：エピジェネティクスとは，後天的なクロマチン修飾により遺伝子発現が制御される機構に関する遺伝学あるいは分子生物学の研究分野．DNA のメチル化，ヒストンのメチル化およびアセチル化など化学的なクロマチン修飾により遺伝子の高次構造や発現が制御される．発生・分化過程に必須であり，再生医療への応用も期待されている．

リプログラムが行われている．このリプログラムの成否は，受精後の胚の発生および誕生後の個体の成長および生理機能に甚大な影響を及ぼす．また，このリプログラミング機構は，細胞の分化能および全能性を支配する分子制御機構として，多くの研究者の関心の的であることに間違いない．さらに，最近の生殖医療の急速な展開や再生移植医療の発展にも重要な位置づけとなろう．しかし，エピジェネティクス修飾は一見安定的な遺伝子発現制御機構に見られるが，実は外的環境の影響を受けて変化しうることを理解しなければならない．エピジェネティクス修飾の成立と安定的維持の機構の全容を理解するには，これまで明らかにされてきた情報では不十分といわざるをえない．生殖細胞系列および胚性幹細胞のきわめて優れた多分化能が明らかにされつつある今日，高度に発達した細胞操作技術が，エピジェネティクス情報に対して与える影響については可能性を含め十分検証する必要があろう．

（河野友宏）

引用文献

Bao S, Kono T et al. (2000) Epigenetic modifications necessary for normal development are established during oocyte growth in mice, *Biol Reprod*, 62 ; 616-621.

Bao S, Obata Y, Kono T et al (2002) Nuclear competence for maturation and pronuclear formation in mouse oocytes, *Hum Reprod*, 17 ; 1311-1316.

Barlow DP (1993) Methylation and imprinting : from host defense to gene regulation? *Science*, 260 ; 309-310.

Barton SC, Surani MA, Norris ML (1984) Role of paternal and maternal genomes in mouse development, *Nature*, 311 ; 374-376.

Bestor TH (2000) The DNA methyltransferases of mammals, *Hum Mol Genet*, 9 ; 2395-2402.

Bird A (1992) The essentials of DNA methylation, *Cell*, 70 ; 5-8.

Bird A (2001) Molecular biology. Methylation talk between histones and DNA, *Science*, 294 ; 2113-2115.

Bird A (2002) DNA methylation patterns and epigenetic memory, *Genes Dev*, 16 ; 6-21.

Bourc'his D, Xu GL, Bestor TH, et al (2001) Dnmt3L and the establishment of maternal genomic imprints, *Science*, 294 ; 2536-2539.

Davis TL, Yang GJ, Bartolomei MS, et al (2000) The H19 methylation imprint is erased and re-established differentially on the parental alleles during male germ cell development, *Hum Mol Genet*, 9 ; 2885-2894.

Ferguson-Smith A, Surani M (2001) Imprinting and the Epigenetic Asymmetry Between Parental Genomes, *Science*, 293 ; 1086-1089.

Hata K, Okano M, Li E, et al (2002) Dnmt3L cooperates with the Dnmt3 family of de novo DNA methyltransferases to establish maternal imprints in mice, *Development*, 129 ; 1983-1993.

Hiura H, Obata Y, Kono T, et al (2006) Oocyte growth-dependent progression of maternal imprinting in mice, *Genes Cells*, 11 ; 353-361.

Howell CY, Bestor TH, Chaillet JR, et al (2001) Genomic imprinting disrupted by a maternal effect mutation in the Dnmt1 gene, *Cell*, 104 ; 829-838.

Inoue K, Kohda T, Ogura A, et al (2002) Faithful expression of imprinted genes in cloned mice, *Science* ; 295, 297.

Jaenisch R (1997) DNA methylation and imprinting : why bother? *Trends Genet*, 13 ; 323-329.

Jaenisch R, Bird A (2003) Epigenetic regulation of gene expression : how the genome integrates intrinsic and environmental signals, *Nat Genet*, 33 ; 245-254.

Jia D, Jurkowska RZ, Cheng X, et al (2007) Structure of Dnmt3a bound to Dnmt3L suggests a model for de novo DNA methylation, *Nature*, 449 ; 248-251.

Kaneda M, Okano M, Sasaki H, et al (2004) Essential role for de novo DNA methyltransferase Dnmt3a in paternal and maternal imprinting, *Nature*, 429 ; 900-903.

Kato Y, Rideout WM, Surani MA, et al (1999) Developmental potential of mouse primordial germ cells, *Development*, 126 ; 1823-1832.

Kawahara M, Obata Y, Kono T, et al (2008) Protocol for the production of viable bi-maternal mouse embryos, *Nature Protocol*, 3 ; 197-209.

Kawahara M, Wu Q, Kono T, et al (2007) High-frequency generation of viable mice from engineered bi-maternal embryos, *Nat Biotechnol*, 25 ; 1045-1050.

Kobayashi H, Suda C, Sasaki H, et al (2006) Bisulfite sequencing and dinucleotide content analysis of 15 imprinted mouse differentially methylated regions (DMRs) : paternally methylated DMRs contain less CpGs than maternally methylated DMRs, *Cytogenet Genome Res*, 113 ; 130-137.

Kono T, Obata Y, Carroll J, et al (1996) Epigenetic modifications during oocyte growth correlates with extended parthenogenetic development in the mouse, *Nature Genet*, 13 ; 91-94.

Kono T, Obata Y, Ogawa H, et al (2004) Birth of parthenogenetic mice that can develop to adulthood, *Nature*, 428 ; 860-864.

Kure-bayashi S, Miyake M, Kato S, et al (2000) Successful implantation of in vitro-matured, electro-activated oocytes in the pig, *Theriogenology*, 53 ; 1105-1119.

La Salle S, Mertineit C, Trasler JM, et al (2004) Windows for sex-specific methylation marked by DNA methyltransferase expression profiles in mouse germ cells, *Dev Biol*, 268 ; 403-415.

Lee J, Inoue K, Ishino F, et al (2002) Erasing genomic imprinting memory in mouse clone embryos produced from day 11.5 primordial germ cells, *Development*, 129 ; 1807-1817.

Lees-Murdock DJ, Lau HT, Walsh CP, et al (2008) DNA methyltransferase loading, but not de novo methylation, is an oocyte-autonomous process stimulated by SCF signalling, *Dev Biol*, 321 ; 238-250.

Leighton PA, Ingram RS, Tilghman SM, et al (1995) Disruption of imprinting caused by deletion of the H19 gene region in mice, *Nature*, 375 ; 34-39.

Li E (2002) Chromatin modification and epigenetic reprogramming in mammalian development. *Nat Rev Genet*, 3 ; 662-673.

Li J, Lees-Murdock D, Walsh C, et al (2004) Timing of establishment of paternal methylation imprints in the mouse, *Genomics*, 84 ; 952-960.

Lin SP, Youngson N, Ferguson-Smith AC, et al (2003) Asymmetric regulation of imprinting on the maternal and paternal chromosomes at the Dlk1-Gtl2 imprinted cluster on mouse chromosome 12, *Nat Genet*, 35 ; 97-102.

Lucifero D, La Salle S, Trasler JM, et al (2007) Coordinate regulation of DNA methyltransferase expression during oogenesis, *BMC Dev Biol*, 7 ; 36.

Lucifero D, Mann M, Trasler J, et al (2004) Gene-specific timing and epigenetic memory in oocyte imprinting, *Hum Mol Genet*, 13 ; 839-849.

Lucifero D, Mertineit C, Trasler JM, et al (2002) Methylation dynamics of imprinted genes in mouse germ cells, *Genomics*, 79 ; 530-538.

Mann JR (2001) Imprinting in the germ line, *Stem Cells*, 19 ; 287-294.

Mann JR, Szabo PE, Singer-Sam J, et al (2000) Methylated DNA sequences in genomic imprinting, *Crit Rev Eukaryot Gene Expr*, 10 ; 241-257.

Mattson BA, Albertini DF (1990) Oogenesis : chromatin and microtubule dynamics during meiotic prophase, *Mol Reprod Dev*, 5 ; 317-327

McGrath J, Solter D (1984) Completion of mouse embryogenesis requires both the maternal and paternal genomes, *Cell*, 37 ; 179-183.

Mertineit C, Yoder J, Bestor T, et al (1998) Sex-specific exons control DNA methyltransferase in mammalian germ cells, *Development*, 125 ; 889-897.

Miyoshi N, Barton SC, Surani MA, et al (2006) The continuing quest to comprehend genomic imprinting, *Cytogenet Genome Res*, 113 ; 6-11.

Nagy A, Gertsenstein M, Behringer RR, et al (2003) *Manipulating the Mouse Embryo*, 3rd ed, Cold Spring Harbor Laboratory Press.

Nakao M, Sasaki H (1996) Genomic imprinting : significance in development and diseases and the molecular mechanisms, *J. Biochem.J Biochem(Tokyo)*, 120 ; 467-473.

Obata Y, Kaneko-Ishino T, Kono T, et al (1998) Disruption of primary imprinting during oocyte growth leads to the modified expression of imprinted genes during embryogenesis, *Development*, 125 ; 1553-1560.

Obata Y, Kono T (2002) Maternal primary imprinting is established at a specific time for each gene throughout oocyte growth, *J Biol Chem*, 277 ; 5285-5289.

Ohinata Y, Payer B, Tarakhovsky A, et al (2005) Blimp1 is a critical determinant of the germ cell lineage in mice, *Nature*, 436 ; 207-213.

Okano M, Bell DW, Li E, et al (1999) DNA methyltransferases Dnmt3a and Dnmt3b are essential for de novo methylation and mammalian development, *Cell*, 99 ; 247-257.

Pearsall RS, Plass C, Held WA, et al (1999) A direct repeat sequence at the Rasgrf1 locus and imprinted expression, *Genomics*, 55 ; 194-201.

Reik W (2007) Stability and flexibility of epigenetic gene regulation in mammalian development, *Nature*, 447 ; 425-432.

Reik W, Dean W, Walter J (2001) Epigenetic reprogramming in mammalian development, *Science*, 293 ; 1089-1093.

Sado T, Ferguson-Smith AC (2005) Imprinted X inactivation and reprogramming in the preimplantation mouse embryo, *Hum Mol Genet*, 14 Spec No 1 ; R59-64.

Sakai Y, Suetake I, Tajima S, et al (2004) Co-expression of de novo DNA methyltransferases Dnmt3a2 and Dnmt3L in gonocytes of mouse embryos, *Gene Expr Patterns*, 5 ; 231-237.

Sarvella P (1973) Adult parthenogenetic chicken, *Nature*, 243 ; 171.

Sasaki H, Ishihara K, Kato R (2000) Mechanisms of Igf2/H19 imprinting : DNA methylation, chromatin and long-distance gene regulation, *J Biochem*, 127 ; 711-715.

Shovlin TC, Bourc'his D, Walsh CP, et al (2007) Sex-specific promoters regulate Dnmt3L expression in mouse germ cells, *Hum Reprod*, 22 ; 457-467.

Surani MAH, Barton SC (1983) Development of gynogenetic eggs in the mouse : Imprications for parthnogenetic embryos, *Science*, 222 ; 1034-1036.

Tada T, Obata Y, Takagi N, et al (2000) Imprint switching for non-random X-chromosome inactivation during mouse oocyte growth, *Development*, 127 ; 3101-3105.

Takada S, Paulsen M, Ferguson-Smith AC, et al (2002) Epigenetic analysis of the Dlk1-Gtl2 imprinted domain on mouse chromosome 12 : implications for imprinting control from comparison with Igf2-H19, *Hum Mol Genet*, 11 ; 77-86.

Tremblay KD, Saam JR, Bartolomei MS, et al (1995) A paternal-specific methylation imprint marks the alleles of the mouse H19 gene, *Nat Genet*, 9 ; 407-413.

Wilkins JF (2005) Genomic imprinting and methylation : epigenetic canalization and conflict, *Trends Genet*, 21 ; 356-365.

Xin Z, Tachibana M, Wagstaff J, et al (2003) Role of histone methyltransferase G9a in CpG methylation of the Prader-Willi syndrome imprinting center, *J Biol Chem*, 278 ; 14996-15000.

III-11

ヒト卵子・精子・胚のエピジェネティクス

Key words
エピジェネティクス／生殖細胞／胚発生／リプログラミング／ART

はじめに

DNAメチル化や**ヒストン**の修飾によるエピジェネティックなゲノム機能制御は，哺乳類の発生と生存に必須の機構である．その代表例としてあげられるゲノムインプリンティングやX染色体の不活性化は，マウスをはじめとするモデル動物やヒト先天性疾患の解析から，特に配偶子形成過程や初期発生に深く関与することが示されている．

ヒト配偶子や初期胚を回収・解析することは，倫理上および医学技術上さまざまな潜在的問題を伴うことから，ヒト生殖細胞やヒト胚のエピジェネティクスに関する十分な知見は得られていない．モデル動物やヒト疾患の情報をもとに，慎重な解釈と対応が必要である．

1 ゲノムインプリンティングの背景

哺乳類の単為発生胚（卵が受精を経ず個体発生した胚）は致死である．発生工学的手法を用いて受精後の前核を移植し，雌核（性）発生胚（母性ゲノムのみの二倍体）や雄核（性）発生胚（父性ゲノムのみの二倍体）を作製すると，いずれも発生異常を伴い致死であった（Barton et al, 1984；McGrath, Solter, 1984）．これらの実験から，哺乳類は，母性および父性ゲノムを両方持たなければ正常な胚発生が進行しないという重要な概念が示された．卵子と精子は，形成過程でそれぞれ異なるDNAメチル化修飾（DNAメチル化インプリント）を受ける．この修飾は受精後も個体の生涯を通じて変化しないため，体細胞の持つ母性ゲノムと父性ゲノムを区別することができる．そしてこれらの異なる修飾を受けた領域では，母性および父性ゲノムいずれかの領域が機能する（遺伝子が片親性発現する）．このような現象をゲノムインプリンティングと呼び，ヒトやマウスには，片親性発現するインプリント遺伝子が，数パーセント存在すると推測されている．

2 生殖細胞のエピジェネティクス

(A) 始原生殖細胞

マウス始原生殖細胞は，6.5日胚ごろに，アルカリホスファターゼなどの特異的遺伝子産物を発現する細胞集団として同定可能になる．その後，後腸間膜を移動して10–11日胚ごろに生殖隆起に達し，生殖巣の分化が進行する．X染

ヒストン（histone）：DNAは，核タンパク質であるヒストンとクロマチンを形成し，核内で緻密な高次構造をとっている．DNAはコアヒストン8量体（H2A，H2B，H3，H4が各2分子）に2回巻きつき，クロマチンの最小構成単位であるヌクレオソームを形成する．そのほかにリンカーヒストンH1が存在し，ヌクレオソームの外側からクロマチンに結合し，複合体を安定化している．ヒストンのN末端側領域は，メチル化・アセチル化・ユビキチン化・リン酸化などの修飾を受け，遺伝子発現を制御する．

色体を2本持つ雌では，始原生殖細胞の移動期にはランダムに一つが不活性化されているが，生殖隆起に入る時期から減数分裂開始前に，X染色体の再活性化が観察される（Monk, McLaren, 1981；Tam et al, 1994）．不活性化されていたX染色体が再活性化される生理的意義は不明であるが，いったん原始外胚葉に分化した細胞が，再び始原生殖細胞として多様な分化能を再獲得するための，いわゆる初期化に必要と推測される．始原生殖細胞は十分量を分離精製することが困難なため，J. Leeら（2002）は始原生殖細胞からクローン胚を作成し，十分量のゲノムDNAを回収してDNAメチル化解析を行った（Lee et al, 2002）．その結果，DNAメチル化インプリントは，マウス11日胚由来の始原生殖細胞で完全に消去（初期化）されていることが示された．

(B) 卵子

親の配偶子から受け継いだDNAメチル化パターンは，前述のように始原生殖細胞でいったん消去された後に，配偶子形成過程で雌雄特異的なDNAメチル化パターン（DNAメチル化インプリント）が確立される．尾畑らは，さまざまな発達段階の卵子核を用いて雌性発生胚を作製し，母型のDNAメチル化インプリントは出生後の卵胞期卵子で確立されることを示した（Obata, Kono, 2002）．また，複数あるインプリント領域は，それぞれ卵子成熟過程の異なる時期にメチル化されることが示された（Lucifero et al, 2004；Hiura et al, 2006）．これらインプリントの確立には，DNAメチル化酵素関連因子遺伝子*Dnmt3L*が必須である．*Dnmt3L*ホモ変異雌の卵子には正常なメチル化パターンが確立されておらず，受精・着床は可能であるが，胎仔は妊娠中期にすべて致死である（Bourc'his et al, 2001；Hata et al, 2002）．Dnmt3Lタンパク質自身は酵素活性を持たないため，DNAメチル化パターン確立には，*de novo*型DNAメチル化酵素遺伝子*Dnmt3a*が直接関与していると考えられる（Kaneda et al, 2004）．Dnmt1oタンパク質は，卵子特異的に発現し，受精後8細胞期にのみ一過性に核に移行し，受精後のDNAメチル化インプリントの維持に関与するという報告がなされたが（Howell et al, 2001），その後複数のグループによる解析では，8細胞期胚の核に移行するDnmt1oの同定に成功しておらず（Hirasawa et al, 2008；Kurihara et al, 2008），Dnmt1o独自の分子機構は不明である．

その他のエピジェネティックな制御因子として，卵子特異的リンカーヒストンがあげられる．アフリカツメガエルの卵母細胞特異的リンカーヒストンB4は，受精後の特異的遺伝子群の発現を制御している（Steinbach et al, 1997）．哺乳類で同定された卵子特異的リンカーヒストンH1ooは，卵核胞（Germinal vesicle）を持つ未熟な卵母細胞から受精後4-8細胞期にかけて存在し，受精後のゲノム機能を制御していることが示唆されている（Tanaka et al, 2001）．

後述するが，エピジェネティクス異常モデルマウスの表現型と，ヒト異常妊娠（流産，子宮内胎児発育遅延，妊娠高血圧症候群）との類似点は多く，大変興味深い．ヒト異常妊娠のエピジェネティクス異常は，詳細が系統的に解析されるに至っておらず，今後の研究の進展が待たれる．

(C) 精子

精子形成過程で，核タンパク質ヒストンはTransition nuclear protein1&2(TP1/2)を経て，より塩基性のアミノ酸から構成される精子特異的核タンパク質プロタミン(Protamine1&2, Prm 1/2)へと置換される．核タンパク質の置換は，凝縮した精子核を形成するのに必須であると考えられている．ヒト不妊症例の精子細胞では，*Prm 1/2* (Steger et al, 2001) および *TP 1* (Steger et al, 1999) の発現減少が報告されている．これらの変異マウスを作製すると，*TP 1/2*のホモ変異雄は妊孕力が低下し (Adham et al, 2001；Yu et al, 2000)，*Prm 1/2*ヘテロ変異生殖細胞由来の精子は妊孕性を失う (haploinsufficiency) (Cho et al, 2001)．

上記の核タンパク質置換や成熟精子形成過程の核の凝集には，ヒストンH2A・H2B・H4のアセチル化 (Hazzouri et al, 2000)，H2Aのユビキチン化 (Roest et al, 1996) 等のエピジェネティックな修飾が必要であると考えられている．実際に，成熟精子形成に異常が認められるヒト不妊症例の精子細胞では，アセチル化ヒストンH4が減少しており (Sonnack et al, 2002)，ヒト男性不妊症の候補遺伝子*CDY*のマウスオーソログCdylタンパク質は，ヒストンアセチル化酵素活性を示す(Lahn et al, 2002)．一方，ヒストンH3K9メチル化酵素である*Suv 39h 1/2*遺伝子のダブルノックアウトマウスは，減数分裂時の染色体構造異常を伴った無精子症を呈し (Peters et al, 2001)，同じくH3K9メチル化酵素の*G 9a*遺伝子ホモ変異は，減数分裂の停止による無精子症を引き起こす (Tachibana et al, 2007)．

DNAメチル化関連遺伝子の*Dnmt3L*や*Dnmt3a*ホモ変異雄も，無精子症を呈する．精細管内にわずかに残った異常生殖細胞には，DNAメチル化インプリントや反復配列のメチル化異常が見出されることから，これらの因子が，精子のエピジェネティックな制御に関与していることがうかがえる (Bourc'his, 2004；Hata et al, 2006；Kato et al, 2007)．また*Dnmt3a*ホモ変異雄とは異なり，DNAメチル化酵素遺伝子*Dnmt3b*ホモ変異マウスは，明らかな精子形成異常を呈さないが，やはり一部のインプリンティング遺伝子領域や反復配列のDNAメチル化異常を伴っている (Kato et al, 2007)．実際にヒト乏精子症患者の精子を解析すると，インプリンティング遺伝子のメチル化異常例が1-3割と，健常群に比べ有意に高頻度で認められた (Marques et al, 2004；Kobayashi et al, 2007)．

DNAメチル化インプリントや反復配列以外にも，ヒト無精子症候補遺伝子*DAZLA* (Chai et al, 1997)，前述の精子特異的核タンパク質*Prm 1/2*，*TP 1*遺伝子 (Choi et al, 1997)，その他さまざまな精巣特異的遺伝子 (*mldhc* (Kroft et al, 2001)，*Pgk-2* (Ariel et al, 1991)，*ALF* (Xie et al, 2002)，*Mage* (De Smet et al, 1996；De Plaen et al, 1997；De Plaen et al, 1999) が，発現と相関してメチル化状態が変動する．さらに最近，piRNAに分類される一群のsmall RNA分子が，ある種のトランスポゾン(transposons)の発現を，DNAメチル化を介して抑制していることが判明した (Aravin et al, 2007；Kuramochi-Miyagawa et al, 2008)．

3 受精後・胚発生過程のエピジェネティクス

(A) 受精後のDNAメチル化変化

DNAメチル化パターンは，受精後ダイナミックな変化を受ける．受精直後，DNAの複製に依存しない能動的な脱メチル化が雄性前核で観察され，その後胚盤胞形成に至るまでの卵割期に，DNA複製に依存する受動的な脱メチル化が，雌雄由来の両ゲノムで起こる．この脱メチル化は，ヒストン修飾やクロマチンの再構成と連動し，初期発生に必要なゲノム機能を担保するための脱分化やリプログラミングといった現象であると予想される．ただし，インプリント遺伝子のメチル化は，発生の全過程および個体の生涯を通じて維持される．

胚盤胞の内部細胞塊のうち将来胚体となるエピブラスト（原始外胚葉）では，*de novo* メチル化酵素Dnmt3aおよびDnmt3bが発現しており，着床前後よりDNAメチル化レベルが上昇する．一方，将来胎盤や栄養膜を形成する胚体外の細胞系列（栄養外胚葉，原始内胚葉）は低いメチル化レベルを維持する．胚体外と胚体の細胞系列は，異なるエピジェネティックな制御が行われていることが示唆される．栄養膜細胞（trophoblast）が融合して形成される合胞体栄養膜細胞（syncytiotrophoblast）は，ヒト絨毛性ゴナドトロピン（hCG）の産生などの重要な機能を担う．合胞体栄養膜細胞では，**レトロウイルス**エンベロープ由来の *syncytin* が特異的に発現しており，*syncytin* が *in vitro* で細胞融合能を保持する（Mi et al, 2000；Frendo et al, 2003）ことから，合胞体栄養膜細胞の形成に作用していると考えられる．ちなみに，通常 *syncytin* のような外来遺伝子を起源とする配列は，エピジェネティックな機構により高度に不活性化されており，現在のところ，*syncytin* は，ヒトで生理的機能が示唆されたはじめてのレトロウイルス由来の配列である．同様の起源を持つ *PEG 10* も，胎盤の発生・分化に重要であることが示されている（Sekita et al, 2008；Kagami et al, 2008）．胎盤は他の臓器と異なり，唯一ゲノム全体の低メチル化状態が維持される組織である．このような特殊なエピジェネティクス環境が，前述のような特殊な配列の胎盤特異的な機能発現に関与しているのであろうか，その詳細の解明が待たれる．

(B) X染色体不活性化

哺乳類の雌は，2本あるX染色体のうち1本を不活性化し，雌雄間で遺伝子量補正を行っている．X染色体不活性化が異常だと，胚は著しい胚体外組織の形成不全を呈し，着床前後の早期に致死となることから，X染色体不活性化が正常な胚発生に必須の機構であることがうかがえる．

マウスの雌胚では，卵割期に父性X染色体の部分的な不活性化が観察される（Huynh, Lee, 2003；Okamoto et al, 2004）．続く胚盤胞期には，栄養外胚葉および原始内胚葉で父性X染色体が選択的に不活性化され，原始外胚葉では部分的に不活性化されていた父性X染色体が再活性化される（Huynh, Lee, 2003）．その後，原始外胚葉由来の胚体細胞系列では，6.5日胚ごろに，2本のうち1本のランダムな不活性化が起こる．生殖細胞系列では，始原生殖細胞においてX染色体の再活性化が起こる．X染色体不活

レトロウイルス（retrovirus）：遺伝情報をRNAで保持し，逆転写によってRNAからDNAを合成するウィルスの総称で，膜タンパク質遺伝子 *env*，内殻タンパク質群遺伝子 *gag*，逆転写酵素遺伝子 *pol* などの配列から構成される．ヒトを含む哺乳類ゲノムには，レトロウイルスを起源とする配列断片が多数取り込まれて存在しているが，そのような配列のほとんどは高度にメチル化され，不活性化されている．

性化の開始には，不活性化されるX染色体から特異的に転写されるnon-coding RNA（タンパク質をコードしないRNA）である*Xist*の発現が必要である．

ヒトにもまったく同様の分子機構が存在しているが，父性X染色体の選択的な不活性化が起こるという明確な証拠はない．絨毛膜絨毛を用いた解析では，妊娠末期に至るまで，X染色体再活性化が起こりうることが示唆されている（Migeon et al, 2005）．

4 発生異常のエピジェネティクス

(A) 胞状奇胎・卵巣奇形腫

父由来のゲノムを二つ持つヒト雄核発生胚は，胎児成分を伴わず，絨毛間質の水腫化・液状化と絨毛細胞の過形成を特徴とする全胞状奇胎となる．マウス雄核発生胚も，胚体外組織の過形成と胚体組織の発育不全という類似の発生異常を呈する．さらに，ゲノムインプリンティングが破綻している*Dnmt3L*ホモ変異マウス由来の異常胚は，胎盤形成の異常を呈する（Arima et al, 2006）．これらの事実は，正常な胎盤の発生に父母由来のゲノム双方が必要であることを意味する．

興味深いことに，未熟ながらも胎盤を形成する有袋類にはゲノムインプリンティング現象が観察されるが（O'Neill et al, 2000；Killian et al, 2000），卵を産む鳥類や卵胎生哺乳類の単孔類（カモノハシなど）にはゲノムインプリンティングが存在しない（Killian et al, 2001；Nolan et al, 2001）．進化過程での胎盤の獲得とインプリンティング現象には，なんらかの関連があることが示唆される．

前述のように，ほとんどの全胞状奇胎は父由来ゲノムを二つ持つ雄核発生胚である．ところが，Bonthronらの報告した非常に稀なヒト反復性胞状奇胎症例は，一見正常な両親由来のゲノムを持つ二倍体であったが，母由来のDNAメチル化インプリントが失われていた（Judson et al, 2002）．このヒト反復胞状奇胎症例では，既知のDNAメチル化関連遺伝子に明らかな変異が見当たらなかったことから（Hayward et al, 2003），未知の制御因子がDNAメチル化インプリントの確立または維持に寄与している可能性を示唆している．

減数分裂が正常に完了せず，母ゲノムを二つ持った異常卵細胞が卵巣内で分化（単為発生）すると，三胚葉由来の胎児成分には分化するが，絨毛成分をまったく含まない卵巣奇形腫を発症する．ヒト卵巣奇形腫の起源は，核型解析から，第一減数分裂以降，第二減数分裂前の未熟な卵細胞であることが当初示唆された（Surti et al, 1990）．その後さらに詳細な解析が行われた結果，卵巣奇形腫の起源は，減数分裂前から第二減数分裂前までの多岐にわたることが推測された．また，インプリンティング遺伝子の修飾状態は，父型と母型のDNAメチル化パターンが混在していた（Miura et al, 1999）．

精巣の良性奇形腫も，卵巣奇形腫と同様に三胚葉由来の胎児成分から構成される．核型解析から，体細胞分裂期の生殖細胞由来であることが示唆され（Hoffner et al, 1994），*H19*遺伝子（父アレルが抑制されるインプリンティング遺伝子）の両アレル発現が観察された（Verkerk et al, 1997）．これらの結果から，精巣奇形腫は，インプリントが消去される時期の始原生殖細胞が起源であると推測される．

精巣奇形腫は，全胞状奇胎と同様に父ゲノムのみを持つ二倍体であるが，両者は組織型がまったく異なる．精巣奇形腫は絨毛成分を含まず（絨毛成分へ分化せず），むしろ母ゲノム二倍体の卵巣奇形腫と類似の分化を示す．おそらく，DNAメチル化パターンをはじめとするエピジェネティックな修飾が初期化されたゲノムを持つため，それが父・母いずれの由来であっても，類似の分化傾向を保有するためと推測される．

(B) 異常妊娠・新生児疾患

前述のBonthronらの報告した非常に稀なヒト反復性胞状奇胎症例は，卵子形成過程で特異的DNAメチル化パターンの確立が行われていないと推測された（Judson et al, 2002）．類似の症状を示すモデルマウスと同様の遺伝子異常は，これらの反復性胞状奇胎患者に見出されていないことから（Hayward et al, 2003），未知の分子機構による卵子のエピジェネティックな制御が行われていると推察される．他の機序で，もしくは孤発性に同様の母性効果変異が起こっても，やはり流産などの異常妊娠を来たすと推測されるが，詳細は不明である．

妊娠高血圧症候群は，胎児・父性因子（胎児および胎児付属物由来の病因）や，母体の遺伝的素因の存在が疑われているが，原因因子や遺伝子の同定には成功していない．

13番染色体トリソミーや雄核発生の異常妊娠である全胞状奇胎は，妊娠高血圧症候群様の症状をしばしば合併し（Graves, 1998を参照），*p57kip2*（母アレルが発現するインプリンティング遺伝子）ヘテロ変異マウスは，妊娠中毒症様の症状を呈する（Kanayama et al, 2002）．このような症例では，配偶子もしくは受精後のエピジェネティックな異常が病態生理の一因となる可能性を想定できるが，ヒト症例での詳細は明らかではない．

新生児一過性糖尿病（TND）やBeckwith-Wiedemann症候群（BWS）の一部には，ゲノムの複数領域で低DNAメチル化状態が観察される（Mackay et al, 2006 ; Rossignol et al, 2006）．これらの症例で見出されるDNAメチル化異常はモザイクを呈することから，患者のDNAメチル化異常は，親の生殖細胞ではなく，受精後の初期胚期に起こったと推測される．

(C) 生殖補助医療

体外受精によって出生した家畜にはしばしば，胎子期からの過成長，呼吸障害，哺乳不足，突然死などが認められ，過大子症候群（Large Offspring Syndrome, LOS）と呼ばれている．これらの異常は，胚盤胞期以前に異常な環境へ暴露されること（体外培養されること）との因果関係が疑われている（総説（Sinclair et al, 2000））．実験的には，自然受精のヒツジ受精卵を取り出して5日間体外培養すると，インプリンティング遺伝子*IGF2R*の発現喪失やメチル化異常が見出されている（Young et al, 2001）．また，ウシ初期胚培養液に血清を通常の2倍（10%）添加すると，LOS発症率が上昇し，肝臓のDNAメチル化が上昇していた（Hiendleder et al, 2006）．マウス初期胚の体外培養実験でも，培地血清の濃度や（Doherty et al, 2000）培地の種類（Khosla et al, 2001）といった培養条件や，胚操作そのもの（Fauque et al, 2007；Rivera et al, 2008）が影響し，インプリンティング遺伝子のDNAメチル化状態が変化するという結果が報告されている．一方，胚操作が明らかなDNAメチル化異常をもたらさなかったという報告も散見されるが（Fulka, Fulka, 2006；Caperton et al, 2007），これらの報告では定性的または非生理的DNA配列のメチル化解析が行われており，慎重な解釈が必要であろう．

ヒト胚の体外培養では，エピゲノム変異（エピジェネティックな変異，たとえばDNAメチル化の消失や過剰なメチル化）は起こらないのであろうか．

卵細胞質内精子注入法（ICSI）で出生した児の長期追跡研究では，同手技は出生児の知能と行動の発達に影響しないと結論づけている（Leunens et al, 2006）．しかし一方で，体外受精（IVF）やICSIを含む生殖補助医療（ART）後の出生児には，一般集団よりも高い頻度でインプリンティングやDNAメチル化異常が見出されるとする報告も散見される（DeBaun et al, 2003；Gicquel et al, 2003；Maher et al, 2003；Cox et al, 2002；Orstavik et al, 2003）（Niemitz, Feinberg, 2004；Allen, Reardon, 2005を参照）．

前述のように，乏精子症患者の精子には，インプリンティング疾患の原因となりうるメチル化異常例が1-3割に認められる（Marques et al, 2004；Kobayashi et al, 2007）．このようなメチル化異常精子を選択的に顕微授精に用いれば，一般集団よりは高率にインプリンティング異常を引き起こす可能性が理論上は予想される．また有馬らは，排卵誘発によって得られた卵子では，DNAメチル化異常が自然排卵と比較して高いと報告した（Sato et al, 2007）．マウスでは，このようなメチル化異常がある胚も，胚盤胞期までの形態や発育には何ら異常を示さない．おそらくヒトでも，胚盤胞期までの形態や発育は一見正常であり，従来の手法ではDNAメチル化異常胚を同定することは困難であると予想される．

中林らは，ヒトの発生異常とエピゲノム異常の因果関係を明らかにするために，DNAメチル化異常スクリーニング系を構築した（中林ら，未発表）．このスクリーニング系は，既知のヒトインプリンティング制御ゲノム領域（候補領域を含む）をすべて網羅しており，かつ定量的なメチル化解析が可能である．このスクリーニング系により，森らがすでに収集していた習慣流産数十症例の絨毛ゲノムDNAを試験的に解析したところ，数症例にDNAメチル化の異常を示唆する解析結果が見出された．これらはすべて独立した症例であるにもかかわらず，一部は類似のDNAメチル化異常パターンを示した．すなわち，これらの流産症例は，なんらかの共通の病因もしくは病態が背景に存在し，その結果類似のDNAメチル化異常パターンを呈することが推測される．今後はさらに解析症例数を増やし，臨床経過との因果関係の詳細を明らかにすることが必要であろう．

現時点では，ヒトの発生に関わるエピジェネティクスの詳細が明らかでなく，生殖補助医療などの医療介入による児へのエピジェネティックな影響の有無を明確に結論づけることは困難である．前述の我々のようなアプローチにより，ヒト発生におけるエピジェネティクス情報の知見が蓄積されれば，将来は配偶子や胚をエピジェネティックな観点から品質評価することも可能となり，より安全確実な生殖補助医療の発展に貢献できるものと期待される．

おわりに

顕微授精や胚盤胞移植は，多胎妊娠の防止，着床率・受精率の向上など生殖補助医療に多大な恩恵をもたらした．今後も卵子・精子を操作する新しい技術が開発されるであろう．DNAメチル化状態などのエピジェネティックな修飾状態は，環境に影響を受ける可能性が指摘されるが，現時点ではこのような観点からの解析例は少なく，明確な結論には至っていない．長期追跡調査も含め，今後さらなる詳細な分子遺伝学的・疫学的な解析が待たれる．

（久須美真紀・有馬隆博・秦健一郎）

引用文献

Adham IM, Nayernia K, Burkhardt-Gottges E, et al (2001) Teratozoospermia in mice lacking the transition protein 2 (Tnp2), *Mol Hum Reprod*, 7 ; 513-520.

Allen C, Reardon W (2005) Assisted reproduction technology and defects of genomic imprinting, Bjog, 112 ; 1589-1594.

Aravin AA, Sachidanandam R, Girard A, et al (2007) Developmentally regulated piRNA clusters implicate MILI in transposon control, *Science*, 316 ; 744-747.

Ariel M, McCarrey J, Cedar H (1991) Methylation patterns of testis-specific genes, *Proc Natl Acad Sci USA*, 88 ; 2317-2321.

Arima T, Hata K, Tanaka S, et al (2006) Loss of the maternal imprint in Dnmt3Lmat-/- mice leads to a differentiation defect in the extraembryonic tissue, *Dev Biol*, 297 ; 361-373.

Barton SC, Surani MA, Norris ML (1984) Role of paternal and maternal genomes in mouse development, *Nature*, 311 ; 374-376.

Bourc'his D, Bestor TH (2004) Meiotic catastrophe and retrotransposon reactivation in male germ cells lacking Dnmt3L, *Nature*, 431 ; 96-99.

Bourc'his D, Xu GL, Lin CS, et al (2001) Dnmt3L and the establishment of maternal genomic imprints, *Science*, 294 ; 2536-2539.

Caperton L, Murphey P, Yamazaki Y, et al (2007) Assisted reproductive technologies do not alter mutation frequency or spectrum, *Proc Natl Acad Sci USA*, 104 ; 5085-5090.

Chai NN, Phillips A, Fernandez A, et al (1997) A putative human male infertility gene DAZLA : genomic structure and methylation status, *Mol Hum Reprod*, 3 ; 705-708.

Cho C, Willis WD, Goodling EH, et al (2001) Haploinsufficiency of protamine-1 or -2 causes infertility in mice, *Nat Genet*, 28 ; 82-86.

Choi YC, Aizawa A, Hecht NB (1997) Genomic analysis of the mouse protamine 1, protamine 2, and transition protein 2 gene cluster reveals hypermethylation in expressing cells, *Mamm Genome*, 8 ; 317-323.

Cox GF, Burger J, Lip V, et al (2002) Intracytoplasmic sperm injection may increase the risk of imprinting defects, *Am J Hum Genet*, 71 ; 162-164.

De Plaen E, De Backer O, Arnaud D, et al (1999) A new family of mouse genes homologous to the human MAGE genes, *Genomics*, 55 ; 176-184.

De Plaen E, Naerhuyzen B, De Smet C, et al (1997) Alternative promoters of gene MAGE4a, *Genomics*, 40 ; 305-313.

De Smet C, De Backer O, Faraoni I, et al (1996) The activation of human gene MAGE-1 in tumor cells is correlated with genome-wide demethylation, *Proc Natl Acad Sci USA*, 93 ; 7149-7153.

DeBaun MR, Niemitz EL, Feinberg AP (2003) Association of in vitro fertilization with Beckwith-Wiedemann syndrome and epigenetic alterations of LIT1 and H19, *Am J Hum Genet*, 72 ; 156-160.

Doherty AS, Mann MR, Tremblay KD, et al (2000) Differential effects of culture on imprinted H19 expression in the preimplantation mouse embryo, *Biol Reprod*, 62 ; 1526-1535.

Fauque P, Jouannet P, Lesaffre C, et al (2007) Assisted Reproductive Technology affects developmental kinetics, H19 Imprinting Control Region methylation and H19 gene expression in individual mouse embryos, *BMC Dev Biol*, 7 ; 116.

Frendo JL, Olivier D, Cheynet V, et al (2003) Direct involvement of HERV-W Env glycoprotein in human trophoblast cell fusion and differentiation, *Mol Cell Biol*, 23 ; 3566-3574.

Fulka H, Fulka J Jr (2006) No differences in the DNA methylation pattern in mouse zygotes produced in vivo, in vitro, or by intracytoplasmic sperm injection, *Fertil Steril*, 86 ; 1534-1536.

Gicquel C, Gaston V, Mandelbaum J, et al (2003) In vitro fertilization may increase the risk of Beckwith-Wiedemann syndrome related to the abnormal imprinting of the KCN1OT gene, *Am J Hum Genet*, 72 ; 1338-1341.

Graves JA (1998) Genomic imprinting, development and disease--is pre-eclampsia caused by a maternally imprinted gene? *Reprod Fertil Dev*, 10 ; 23-29.

Hata K, Kusumi M, Yokomine T, et al (2006) Meiotic and epigenetic aberrations in Dnmt3L-deficient male germ cells, *Mol Reprod Dev*, 73 ; 116-122.

Hata K, Okano M, Lei H, et al (2002) Dnmt3L cooperates with the Dnmt3 family of de novo DNA methyltransferases to establish maternal imprints in mice, *Development*, 129 ; 1983-1993.

Hayward BE, De Vos M, Judson H, et al (2003) Lack of

involvement of known DNA methyltransferases in familial hydatidiform mole implies the involvement of other factors in establishment of imprinting in the human female germline, *BMC Genet*, 4 ; 2.

Hazzouri M, Pivot-Pajot C, Faure AK, et al (2000) Regulated hyperacetylation of core histones during mouse spermatogenesis : involvement of histone deacetylases, *Eur J Cell Biol*, 79 ; 950-960.

Hiendleder S, Wirtz TG, Mund C, et al (2006) Tissue-specific effects of in vitro fertilization procedures on genomic cytosine methylation levels in overgrown and normal sized bovine fetuses, *Biol Reprod*, 75 ; 17-23.

Hirasawa R, Chiba H, Kaneda M, et al (2008) Maternal and zygotic Dnmt1 are necessary and sufficient for the maintenance of DNA methylation imprints during preimplantation development, *Genes Dev*, 22 ; 1607-1616.

Hiura H, Obata Y, Komiyama J, et al (2006) Oocyte growth-dependent progression of maternal imprinting in mice, *Genes Cells*, 11 ; 353-361.

Hoffner L, Deka R, Chakravarti A, et al (1994) Cytogenetics and origins of pediatric germ cell tumors, *Cancer Genet Cytogenet*, 74 ; 54-58.

Howell CY, Bestor TH, Ding F, et al (2001) Genomic imprinting disrupted by a maternal effect mutation in the Dnmtl gene, *Cell*, 104 ; 829-838.

Huynh KD, Lee JT (2003) Inheritance of a pre-inactivated paternal X chromosome in early mouse embryos, *Nature*, 426 ; 857-862.

Judson H, Hayward BE, Sheridan E, et al (2002) A global disorder of imprinting in the human female germ line, *Nature*, 416 ; 539-542.

Kagami M, Sekita Y, Nishimura G, et al (2008) Deletions and epimutations affecting the human 14q32.2 imprinted region in individuals with paternal and maternal upd (14)-like phenotypes, *Nat Genet*, 40 ; 237-242.

Kanayama N, Takahashi K, Matsuura T, et al (2002) Deficiency in p57Kip2 expression induces preeclampsia-like symptoms in mice, *Mol Hum Reprod*, 8 ; 1129-1135.

Kaneda M, Okano M, Hata K, et al (2004) Essential role for de novo DNA methyltransferase Dnmt3a in paternal and maternal imprinting, *Nature*, 429 ; 900-903.

Kato Y, Kaneda M, Hata K, et al (2007) Role of the Dnmt3 family in de novo methylation of imprinted and repetitive sequences during male germ cell development in the mouse, *Hum Mol Genet*, 16 ; 2272-2280.

Khosla S, Dean W, Brown D, et al (2001) Culture of preimplantation mouse embryos affects fetal development and the expression of imprinted genes, *Biol Reprod*, 64 ; 918-926.

Killian JK, Byrd JC, Jirtle JV, et al (2000) M6P/IGF2R imprinting evolution in mammals, *Mol Cell*, 5 ; 707-716.

Killian JK, Nolan CM, Stewart N, et al (2001) Monotreme IGF2 expression and ancestral origin of genomic imprinting, *J Exp Zool*, 291 ; 205-212.

Kobayashi H, Sato A, Otsu E, et al (2007) Aberrant DNA methylation of imprinted loci in sperm from oligospermic patients, *Hum Mol Genet*, 16 ; 2542-2551.

Kroft TL, Jethanandani P, McLean DJ, et al (2001) Methylation of CpG dinucleotides alters binding and silences testis-specific transcription directed by the mouse lactate dehydrogenase C promoter, *Biol Reprod*, 65 ; 1522-1527.

Kuramochi-Miyagawa S, Watanabe T, Gotoh K, et al (2008) DNA methylation of retrotransposon genes is regulated by Piwi family members MILI and MIWI2 in murine fetal testes, *Genes Dev*, 22 ; 908-917.

Kurihara Y, Kawamura Y, Uchijima Y, et al (2008) Maintenance of genomic methylation patterns during preimplantation development requires the somatic form of DNA methyltransferase 1, *Dev Biol*, 313 ; 335-346.

Lahn BT, Tang ZL, Zhou J, et al (2002) Previously uncharacterized histone acetyltransferases implicated in mammalian spermatogenesis, *Proc Natl Acad Sci USA*, 99 ; 8707-8712.

Lee J, Inoue K, Ono R, et al (2002) Erasing genomic imprinting memory in mouse clone embryos produced from day 11.5 primordial germ cells, *Development*, 129 ; 1807-1817.

Leunens L, Celestin-Westreich S, Bonduelle M, et al (2006) Cognitive and motor development of 8-year-old children born after ICSI compared to spontaneously conceived children, *Hum Reprod*, 21 ; 2922-2929.

Lucifero D, Mann MR, Bartolomei MS, et al (2004) Gene-specific timing and epigenetic memory in oocyte imprinting, *Hum Mol Genet*, 13 ; 839-849.

Mackay DJ, Hahnemann JM, Boonen SE, et al (2006) Epimutation of the TNDM locus and the Beckwith-Wiedemann syndrome centromeric locus in individuals with transient neonatal diabetes mellitus, *Hum Genet*, 119 ; 179-184.

Maher ER, Brueton LA, Bowdin SC, et al (2003) Beckwith-Wiedemann syndrome and assisted reproduction technology (ART), *J Med Genet*, 40 ; 62-64.

Marques CJ, Carvalho F, Sousa M, et al (2004) Genomic imprinting in disruptive spermatogenesis, *Lancet*, 363 ; 1700-1702.

McGrath J, Solter D (1984) Completion of mouse embryogenesis requires both the maternal and paternal genomes, *Cell*, 37 ; 179-183.

Mi S, Lee X, Li X, et al (2000) Syncytin is a captive retroviral envelope protein involved in human placental morphogenesis, *Nature*, 403 ; 785-789.

Migeon BR, Axelman J, Jeppesen P (2005) Differential X reactivation in human placental cells : implications for reversal of X inactivation, *Am J Hum Genet*, 77 ; 355-364.

Miura K, Obama M, Yun K, et al (1999) Methylation imprinting of H19 and SNRPN genes in human benign ovarian teratomas, *Am J Hum Genet*, 65 ; 1359-1367.

Monk M, McLaren A (1981) X-chromosome activity in foetal germ cells of the mouse, *J Embryol Exp Morphol*, 63 ; 75-84.

Niemitz EL, Feinberg AP (2004) Epigenetics and assisted reproductive technology : a call for investigation, *Am J Hum Genet*, 74 ; 599-609.

Nolan CM, Killian JK, Petitte JN, et al (2001) Imprint

status of M6P/IGF2R and IGF2 in chickens, *Dev Genes Evol*, 211 ; 179-183.
Obata Y, Kono T (2002) Maternal primary imprinting is established at a specific time for each gene throughout oocyte growth, *J Biol Chem*, 277 ; 5285-5289.
Okamoto I, Otte AP, Allis CD, et al (2004) Epigenetic dynamics of imprinted X inactivation during early mouse development, *Science*, 303 ; 644-649.
O'Neill MJ, Ingram RS, Vrana PB, et al (2000) Allelic expression of IGF2 in marsupials and birds, *Dev Genes Evol*, 210 ; 18-20.
Orstavik KH, Eiklid K, van der Hagen CB, et al (2003) Another case of imprinting defect in a girl with Angelman syndrome who was conceived by intracytoplasmic semen injection, *Am J Hum Genet*, 72 ; 218-219.
Peters AH, O'Carroll D, Scherthan H, et al (2001) Loss of the Suv39h histone methyltransferases impairs mammalian heterochromatin and genome stability, *Cell*, 107 ; 323-337.
Rivera RM, Stein P, Weaver JR, et al (2008) Manipulations of mouse embryos prior to implantation result in aberrant expression of imprinted genes on day 9.5 of development, *Hum Mol Genet*, 17 ; 1-14.
Roest HP, van Klaveren J, de Wit J, et al (1996) Inactivation of the HR6B ubiquitin-conjugating DNA repair enzyme in mice causes male sterility associated with chromatin modification, *Cell*, 86 ; 799-810.
Rossignol S, Steunou V, Chalas C, et al (2006) The epigenetic imprinting defect of patients with Beckwith-Wiedemann syndrome born after assisted reproductive technology is not restricted to the 11p15 region, *J Med Genet*, 43 ; 902-907.
Sato A, Otsu E, Negishi H, et al (2007) Aberrant DNA methylation of imprinted loci in superovulated oocytes, *Hum Reprod*, 22 ; 26-35.
Sekita Y, Wagatsuma H, Nakamura K, et al (2008) Role of retrotransposon-derived imprinted gene, Rtl1, in the feto-maternal interface of mouse placenta, *Nat Genet*, 40 ; 243-248.
Sinclair KD, Young LE, Wilmut I, et al (2000) In-utero overgrowth in ruminants following embryo culture : lessons from mice and a warning to men, *Hum Reprod*, 15 Suppl 5 ; 68-86.
Sonnack V, Failing K, Bergmann M, et al (2002) Expression of hyperacetylated histone H4 during normal and impaired human spermatogenesis, *Andrologia*, 34 ; 384-390.
Steger K, Failing K, Klonisch T, et al (2001) Round spermatids from infertile men exhibit decreased protamine-1 and -2 mRNA, *Hum Reprod*, 16 ; 709-716.
Steger K, Klonisch T, Gavenis K, et al (1999) Round spermatids show normal testis-specific H1t but reduced cAMP-responsive element modulator and transition protein 1 expression in men with round-spermatid maturation arrest, *J Androl*, 20 ; 747-754.
Steinbach OC, Wolffe AP, Rupp RA (1997) Somatic linker histones cause loss of mesodermal competence in Xenopus, *Nature*, 389 ; 395-399.
Surti U, Hoffner L, Chakravarti A, et al (1990) Genetics and biology of human ovarian teratomas. I. Cytogenetic analysis and mechanism of origin, *Am J Hum Genet*, 47 ; 635-643.
Tachibana M, Nozaki M, Takeda N, et al (2007) Functional dynamics of H3K9 methylation during meiotic prophase progression, *EMBO J*, 26 ; 3346-3359.
Tam PP, Zhou SX, Tan SS (1994) X-chromosome activity of the mouse primordial germ cells revealed by the expression of an X-linked lacZ transgene, *Development*, 120 ; 2925-2932.
Tanaka M, Hennebold JD, Macfarlane J, et al (2001) A mammalian oocyte-specific linker histone gene H1oo : homology with the genes for the oocyte-specific cleavage stage histone (cs-H1) of sea urchin and the B4/H1M histone of the frog, *Development*, 128 ; 655-664.
Verkerk AJ, Ariel I, Dekker MC, et al (1997) Unique expression patterns of H19 in human testicular cancers of different etiology, *Oncogene*, 14 ; 95-107.
Xie W, Han S, Khan M, et al (2002) Regulation of ALF gene expression in somatic and male germ line tissues involves partial and site-specific patterns of methylation, *J Biol Chem*, 277 ; 17765-17774.
Young LE, Fernandes K, McEvoy TG, et al (2001) Epigenetic change in IGF2R is associated with fetal overgrowth after sheep embryo culture, *Nat Genet*, 27 ; 153-154.
Yu YE, Zhang Y, Unni E, et al (2000) Abnormal spermatogenesis and reduced fertility in transition nuclear protein 1-deficient mice, *Proc Natl Acad Sci USA*, 97 ; 4683-4688.

III-12

減数分裂とエピジェネティクス

Key words
減数分裂／ヒストンメチル化酵素／DNAメチル化酵素／クロマチン／染色体

はじめに

減数分裂は，生殖細胞が半数体の配偶子を形成し，受精を介して次世代個体を生み出すために経る必須な分化過程であり，また，相同染色体の対合，相同組み換え，半数体染色体の配偶子への分配によりゲノムの多様性を生み出し，生物が種を繁栄させ進化していく上で重要な役割を担っている．不妊になる遺伝子欠損マウスの解析から，減数分裂期で必須な役割を果たすいくつかの遺伝子が同定され，ヒトの不妊症もそういった遺伝子の異常によっているものも含まれると思われる．そういった遺伝子には，相同組み換え自体に直接関わるものが多く含まれるが，特に哺乳類などの高等動物では，減数分裂の開始や，その進行を高次で制御する分子機構については不明な点が多い．しかし最近のDNAやヒストンをメチル化する酵素遺伝子の解析から，それら分子による**エピジェネティクス**が，減数分裂に重要な役割を果たしていることがわかってきた．減数分裂の前期では，まず相同染色体が対合し，続いて相同組み換えが起こる．このような，体細胞分裂では見られない特徴的な染色体の挙動が，DNAやヒストンのメチル化を介して制御されていることが明らかになってきた．この節では，エピジェネティック制御分子による減数分裂の制御に関する最近の知見を概説する．

1 DNAメチル化による減数分裂の制御

DNAメチル化酵素としては，すでにメチル化されているDNAが複製された時に，新しいDNA鎖を鋳型と同様にメチル化する維持メチル化酵素のDnmt1と，メチル化されていないDNAを新たにメチル化する *de novo* メチル化酵素のDnmt3a, Dnmt3bが同定されている．これらの遺伝子を欠損したマウスでは，それぞれ9.5日胚，生後4週齢，14.5-18.5日胚で致死になり，いずれの遺伝子も胚発生や個体の生存に必須であることがわかる (Li et al, 1992；Okano et al, 1999)．さらに，Dnmt3a, Dnmt3bのそれぞれが生殖細胞で特異的にノックアウトされたマウスでは，Dnmt3bの場合は異常が認められないが，Dnmt3aでは卵子形成は起こっているものの，精巣では減数分裂が初期段階で停止し，精子が欠損していた (Kaneda et al, 2004)．

また，Dnmt3aやDmnt3bと構造が似ているがDNAメチル化活性を担う部分を持たない

エピジェネティクス：DNAやヒストンがメチル化，アセチル化，リン酸化などの化学修飾を受けることにより，遺伝子発現等のゲノムの機能が制御されることを指す．

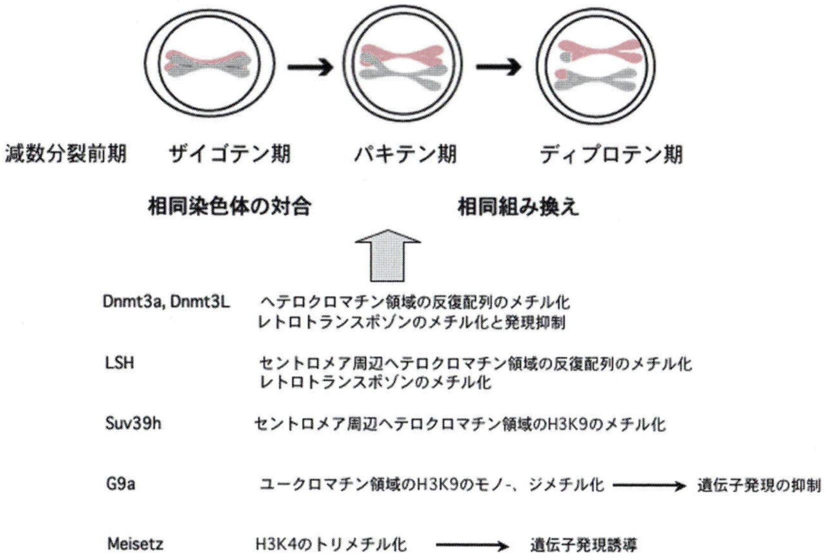

図Ⅲ-12-1．DNA とヒストンのメチル化による減数分裂期の相同染色体の対合および相同組み換えの制御

Dnmt3L は，Dnmt3a と相互作用することが知られており，生体内での DNA のメチル化には両者が協同的に働くことが必要であると思われる（Hata et al, 2002）．さらに Dnmt3L のノックアウトマウスは，先に述べた生殖細胞特異的な Dnmt3a ノックアウトマウスと同様の異常を示し，精巣での減数分裂の異常について詳しく解析されている（Bourc'his, Bestor, 2004；Webster et al, 2005）．正常なマウスでは精原細胞が減数分裂を開始すると，減数分裂前期のパキテン期までに相同染色体の対合と組み換えが起こるが，Dnmt3L ノックアウトマウスの精巣では相同染色体の対合が正常に進まず，減数分裂がザイゴテン期で停止し，やがて生殖細胞は細胞死を起こす（Bourc'his, Bestor, 2004；Webster et al, 2005）．この Dnmt3L ノックアウトマウス精巣では，ゲノムの特定の領域の DNA メチル化状態に異常が起こっている（図Ⅲ-12-1）．たとえば，ゲノム上に散在したヘテロクロマチン領域に存在している反復配列や GC リッチな配列は，Dmnt 3L 欠損マウスの生殖細胞では正常マウスに比べて低メチル化になっており，これらのメチル化が Dnmt3L に依存していることがわかる（Webster et al, 2005）．一方，セントロメアとその周辺領域に集積しているヘテロクロマチン領域に存在する反復配列のメチル化状態は Dnmt 3L 欠損マウスの生殖細胞でも正常で，Dnmt3L は関与してないことが示されている．

このような Dnmt3L に依存した DNA のメチル化は，クロマチン構造の制御を介して減数分裂に必要である可能性が考えられる．たとえば DNA のメチル化はヘテロクロマチン化と深く

クロマチン： クロマチンとは，真核細胞の核内に存在する DNA とタンパク質の複合体のことを指す．DNA はヒストン八量体に1.65回巻きついてヌクレオソーム構造を作る．さらにこのヌクレオソーム繊維が折り畳まれ，クロマチン繊維を形成する．クロマチンはその凝集の度合いにより凝集し遺伝子が不活性化状態にあるヘテロクロマチンと，脱凝集し，遺伝子が活性化状態にあるユークロマチンに分類される．

関わっていることが知られており，Dnmt3Lを介したDNAのメチル化により，ゲノムに散在したヘテロクロマチン領域が適切に維持されることが，相同染色体の対合や相同組み換えに重要である可能性が考えられる（図Ⅲ-12-1）．トウモロコシの減数分裂における染色体の挙動を詳細に観察した研究によれば，レプトテン期にクロマチンが凝集することで染色体がコンパクト化し，こういった変化が，染色体が相同な相手を探すために自由に動き回りやすくすることに寄与するのではないかと考えられている（Dawe et al, 1994）．したがってDnmt3Lによるヘテロクロマチン化が，こういった過程に関わっている可能性が示唆される．実際に精原細胞から減数分裂前期の精母細胞にかけてのヒストン修飾の状態変化はこの可能性を支持している．Dnmt3Lノックアウトマウスの生殖細胞では正常マウスに比べて，ヘテロクロマチン化に関わるヒストンH3K9のジメチル化がより早い分化段階で低下し，一方，ユークロマチン化を引き起こすヒストンH3K9のアセチル化とヒストンH4のアセチル化は，逆により遅い分化段階まで高いレベで保たれ（Webster et al, 2005），Dmnt3Lが相同染色体の対合期にヘテロクロマチンを維持するために必要であるという考えにに対応している．

さらにDnmt3Lが，ゲノム上に散在した反復配列を形成しているLINE-1やIAPといった**レトロトランスポゾン**をメチル化することが，減数分裂の正常な進行に必要である可能性が示されている．こういったレトロトランスポゾンはメチル化されることでその発現が抑えられ，染色体上を移動することが妨げられているが，Dmnt3L欠損マウスの生後間もない時期の精原細胞，精母細胞では，それらのメチル化が正常マウスに比べて低メチル化状態になっており転写が亢進している（Bourc'his, Bestor, 2004）．その結果，*Dnmt3L*欠損マウスの生殖細胞では，レトロトランスポゾンが異常に染色体上を動き回り，減数分裂の進行に必要な遺伝子周辺に挿入され，それらの発現を異常にする可能性が考えられる．あるいは，相同染色体が配列の相同性を手がかりに相手の染色体を探すとすれば，Dnmt3Lの欠損によりレトロトランスポゾンが脱メチル化されユークロマチン化することで，染色体上に散在する同じレトロトランスポゾン同士が誤ったペアリングを引き起こしやすくなってしまう可能性も考えられる（Bourc'his, Bestor, 2004）（図Ⅲ-12-1）．

Dmnt3a, Dnmt3L欠損マウスの減数分裂異常は雄でのみ見られるが，クロマチンリモデリングに関わるLSH欠損マウスの卵母細胞では，DNAの脱メチル化に伴うレトロトランスポゾンの異常な発現や，セントロメア周辺領域の反復配列の脱メチル化が起こり，相同染色体の対合異常により減数分裂が停止し卵子形成が阻害される（De La Fuente et al, 2006）（図Ⅲ-12-1）．このことから，関与する分子に違いはあるが，染色体の特定領域のDNAメチル化は雌雄を問わずに減数分裂前期における染色体の挙動に重要な役割を果たしていることがわかる．

2 ヒストンH3K9のメチル化による減数分裂の制御

減数分裂前期で起こる相同染色体の対合と相同組み換え，さらにその後の第1減数分裂に，

レトロトランスポゾン：トランスポゾンは可動遺伝因子の一種で，多くの真核生物組織のゲノム内に多数存在する．このうちでレトロトランスポゾンは，自分自身をRNAに複写した後，逆転写酵素によってDNAに複写し返されることでゲノム上を移動する．

ヒストンのメチル化によるクロマチン構造の制御が重要である可能性が示されている．セントロメア周辺領域のヘテロクロマチン化に関与するヒストンH3K9のメチル化酵素*Suv39h1*，*Suv39h2*の遺伝子を，それぞれ単独で欠損したマウスは正常だが，両者を欠損したダブルノックアウトマウスでは胎子期から発育が悪く，多くは生まれる前に致死となる．さらに生まれてきた少数のマウスの精巣では，先に述べたDnmt3aやDnmt3L欠損マウスと同様に減数分裂がパキテン期で停止し，精母細胞は細胞死を起こす（Peters et al, 2001）．またこのマウスでは，卵巣でも生殖細胞の異常が起こることが言及されているが，詳しい解析の報告はなされていない．このダブルノックアウトマウスについて，精母細胞の染色体状態を詳しく観察した結果，非相同な染色体の対合や，対合の遅れが起こっていることがわかった．さらに第1減数分裂期には染色体の分離が正確に起こらず，第一減数分裂で生じる第二次精母細胞は本来二倍体であるべきだが，その一部が四倍体になっていた．またこの時，ヒストンH3K9のメチル化状態も異常になっていた．ヒストンH3K9のメチル化は，正常マウスの精原細胞ではセントロメアの周辺領域のヘテロクロマチン部分に限局して見られ，その後，減数分裂前期のパキテン期の初期にかけてヘテロクロマチン領域の外側にまでメチル化が拡大してくのに対し，ダブルノックアウトマウスではこういったメチル化がほとんど起こらない．これらの結果からSuv39hが，セントロメア周辺領域のヒストンH3K9のメチル化を介してヘテロクロマチン構造を制御することにより，染色体が相同な相手を探して対合する過程や，対合した相同染色体の第1減数分裂での正確な分離が進行すると考えられる（Peters et al, 2001）（図Ⅲ-12-1）．

また，ヒストンH3K9のモノおよびジメチル化酵素であるG9a（EHMT2）は，主にユークロマチン領域に局在し，遺伝子のサイレンシングに働いている．*G9a*遺伝子を欠損すると胚発生が胎齢9.5-12.5日ごろに停止し致死となる（Tachibana et al, 2002）．一方，この遺伝子を生殖細胞で特異的に欠損したマウスでは，雌雄両方で減数分裂期の生殖細胞でのヒストンH3K9のモノ，ジメチル化が失われ，やはり相同染色体の対合が正しく起こらず，減数分裂がパキテン期の早い段階で停止する（Tachibana et al, 2007）．さらにこの欠損マウスの生殖細胞ではいくつかの遺伝子の発現上昇が見られることから，*G9a*によるヒストンH3K9のメチル化を介して，そういった遺伝子の発現が抑制されることが，相同染色体の対合に必要であると考えられる（図Ⅲ-12-1）．

3 ヒストンH3K4のメチル化による減数分裂の制御

先に述べた*G9a*は遺伝子の発現抑制を介して減数分裂の制御に関わっていると考えられるのに対して，ヒストンH3K4のトリメチル化酵素の*Meisetz*（*Prdm9*）は，逆に遺伝子を活性化することにより減数分裂前期の進行に必須な役割を果たしていることが明らかになった（Hayashi et al, 2005）．Meisetz遺伝子を欠損したマウスは雌雄共に生殖能力がなく，生殖細胞は減数分裂がパキテン期で停止し，細胞死を起こす．この時，相同染色体の対合が不完全で，また染

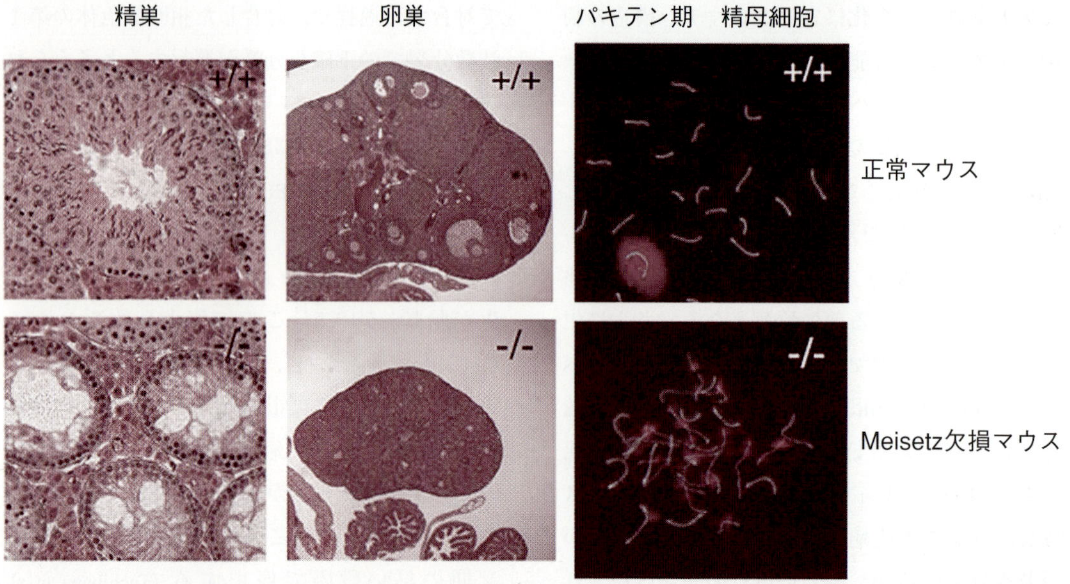

図Ⅲ-12-2．Meisetz 遺伝子欠損マウスに見られる生殖細胞の異常

Meisetz 遺伝子欠損マウスの精巣では，減数分裂が早い段階で停止し，それ以降の分化段階の生殖細胞と精子が見られない（左側の写真）．また卵巣では卵胞が見られない（中央の写真）．一方，減数分裂期の生殖細胞の異常をより詳しく調べると相同染色体の対合と DNA 修復に依存して起こる相同組み換えが正常に起こっていない（右側の写真）．

色体の相同組み換えの時に起こるDNAの２本鎖切断修復も十分に起こっていない（図Ⅲ-12-2）．さらに，Meisetz 欠損マウスの精母細胞では，正常マウスと比べてヒストン H3K4のトリメチル化が低下していた．一方，正常マウスとMeisetz 欠損マウスの精巣での遺伝子発現を比較すると，いくつかの遺伝子の発現が欠損マウスで低下しており，そういった遺伝子の中には，相同組み換えをはじめとして，減数分裂に関わる可能性のある遺伝子が含まれていた．これらの結果から，Meisetz は減数分裂前期の相同染色体の対合と相同組み換えに必要な遺伝子の発現を引き起こす働きがある可能性が考えられた（Hayashi et al, 2005）（図Ⅲ-12-1）．

これまで述べたようにヒストンメチル化酵素が欠損した場合には，雄でのみ異常が見られたDNA メチル化酵素とは異なり，雌雄共に同様な減数分裂前期での異常を示す場合が多く，雌雄を問わず同じ分子によるヒストンメチル化の制御が重要であることがわかる．

4 DNA およびヒストンメチル化のクロストークによる，減数分裂期の染色体構造変化の制御

ここで述べたDNA やヒストンのメチル化酵素は，いずれも減数分裂前期の相同染色体の挙動の制御に深く関わっており，これらの分子のクロストークによる制御が重要である可能性が示唆される．*In vitro* の実験で，ヒストン H3K4のメチル化が Suv39h によるヒストン H3K9の

メチル化を阻害することが報告されている(Nishioka et al, 2002).実際に生殖細胞の中でこれらが相互作用しているかどうかは今のところ不明だが,類似した相同染色体の対合不全がMeisetz欠損マウスとSuv39hダブルノックアウトマウスで見られることから,これらの分子によるヒストンのメチル化が,相互に影響し合っていることが示唆される.したがって,*Meisetz*によるヒストンのメチル化が転写制御だけでなく,染色体構造の制御を介して減数分裂に働いていることも考えられる.

先に述べたようにレプトテン期には染色体がコンパクト化し,さらにその後,ザイゴテン期では染色体の一過的な脱凝集が起こり,このような染色体の構造変化が,相同染色体が相手を見つけて対合する際に重要である可能性が示唆されている(Dawe et al, 1994).こういったダイナミックな染色体構造の変化に,これまでに述べてきたエピジェネティック制御分子によるヒストンやDNAのメチル化のクロストークが関係している可能性が解明されれば,減数分裂の初期過程の制御機構の理解が大きく進むことが期待できる.

まとめ

マウス生殖細胞の減数分裂初期段階においては,DNAやヒストンのメチル化によるエピジェネティックな制御が重要な役割を果たしている.DNAメチル化酵素によるレトロトランスポゾンのメチル化により,その発現と機能が抑制されること,またヒストンメチル化酵素Suv39hおよびG9aによるヒストンH3リジン9のメチル化,さらにMeisetzによるヒストンH3リジン4のメチル化が,減数分裂前期の進行に必須であることが見出されている.そしてこういったエピジェネティック制御の異常が不妊の原因の一つになっていることが予想される.

(松居靖久)

引用文献

Bourc'his D, Bestor TH (2004) Meiotic catastrophe and retrotransposon reactivation in male germ cells lacking Dnmt3L, *Nature*, 431 ; 96-99.

Dawe RK, Sedat JW, Agard DA, et al (1994) Meiotic chromosome pairing in maize is associated with a novel chromatin organization, *Cell*, 76 ; 901-912.

De La Fuente R, Baumann C, Fan T, et al (2006) Lsh is required for meiotic chromosome synapsis and retrotransposon silencing in female germ cells, *Nature Cell Biol*, 8 ; 1448-1454.

Hata K, Okano M, Lei H, et al (2002) Dnmt3L cooperates with the Dnmt3 family of de novo DNA methyltransferases to establish maternal imprints in mice, *Development*, 129 ; 1983-1993.

Hayashi K, Yoshida K, Matsui Y (2005) A histone H3 methyltransferase controls epigenetic events required for meiotic prophase, *Nature*, 438 ; 374-378.

Keneda M, Okano M, Hata K, et al (2004) Essential role for *de novo* DNA methyltransferase Dnmt3a in paternal and maternal imprinting, *Nature*, 429 ; 900-903.

Li E, Bestor TH, Jaenisch R (1992) Targeted mutation of the DNA methyltransferase gene results in embryonic lethality, *Cell*, 69 ; 915-926.

Nishioka K, Chuikov S, Sarma K, et al (2002) Set9, a novel histone H3 methyltransferase that facilitates transcription by precluding histone tail modifications required for heterochromatin formation, *Genes Dev*, 16 ; 479-489.

Okano M, Bell DW, Haber DA, et al (1999) DNA Methyltransferases Dnmt3a and Dnmt3b are essential for de novo methylation and mammalian development, *Cell*, 99 ; 247-257.

Peters HFM, O'Carroll D, Scherthan H, et al (2001) Loss of the Suv39h histone methyltransferases impairs mammalian heterochromatin and genome stability, *Cell*, 107 ; 323-337.

Tachibana M, Sugimoto K, Nozaki M, et al (2002) G9a histone methyltransferase plays a dominant role in euchromatic histone H3 lysine 9 methylation and is essential for early embryogenesis, *Genes & Dev*, 16 ; 1779-1791.

Tachibana M, Nozaki M, Takeda N, et al (2007) Functional dynamics of H3K9 methylation during meiotic prophase progression, *EMBO J*, 26 ; 3346-3359.

Webster KE, O'Bryan MK, Fletcher S, et al (2005) Meiotic and epigenetic defects in Dnmt3L-knockout mouse spermatogenesis, *Proc Natl Acad Sci USA*, 102 ; 4068-4073.

III-13

エピジェネティクス異常症候群

Key words
発生異常／Beckwith-Wiedemann 症候群／Prader-Willi 症候群／Angelman 症候群／生殖補助医療

はじめに

これまでの章で述べられたように，配偶子形成の過程で生殖系列に入った細胞の中で脱メチル化が起こって親由来のゲノムのインプリントが消去され，始原生殖細胞から精子または卵子が形成される過程で新たなインプリンティングが起こる（再メチル化）．精子系列の細胞では胎児期に，卵子系列の細胞では出生前後にこの再メチル化が完了する．このように発生時期特異的に片親由来の遺伝子が不活性化されることから，この機構が個体発生にも重要な役割を果たしていることがうかがえる．実際，ゲノムインプリンティングが胎児期や生後の発育，脳の発達などに関与しており，インプリント遺伝子の発現の異常が発生異常の原因となるというデータが蓄積されてきている．このような疾患は，発症様式がメンデル遺伝様式に従わず，父親または母親のいずれかと関連が強いという特徴がある．一方，近年の研究によって，生殖補助医療（assisted reproductive technology, ART）がゲノムインプリンティングの異常によって起こる疾患，特に先天異常のリスクを高めることが明らかになっている（Amor, Halliday, 2008）．以下，インプリント異常によって起こる主要な疾患について述べ，ARTとの関連についても論じる．

1 Beckwith-Wiedemann 症候群（BWS）

BWS（OMIM130650）は，新生児期の巨軀（過成長），巨舌，臍ヘルニアを3主徴とし，その他に内臓肥大，片側肥大，低血糖などを伴う（図Ⅲ-13-1）．知能は正常である．約1万4000出生に1例の頻度で見られる（Shuman et al, 2010）．なお，患児の約10％にWilms腫瘍が発生する．

BWS患者に見られる父親由来の過剰染色体（11p15.5領域の部分トリソミー）や父親由来片親性ダイソミー（uniparental disomy, UPD），家族例における母系遺伝などから，インプリント異常が疑われていたが，分子遺伝学的解析によって，*LIT 1*（*KCNQ 10T 1*）または*H 19*におけるメチル化の異常が確認された．BWSの原因遺伝子座がある11p15.5には，*IGF 2/H 19*ドメインと*KIP 2/LIT 1*ドメインの二つが隣接して存在する．このうち，*IGF 2*は父性発現，*H 19*は母性発現を示す．IGF2（インシュリン様増殖因子）は身体や組織の増殖を促進し，H19は腫瘍抑制活性を持つ非コードRNA（non-coding RNA）である．*IGF 2*のloss of imprinting（LOI）によって

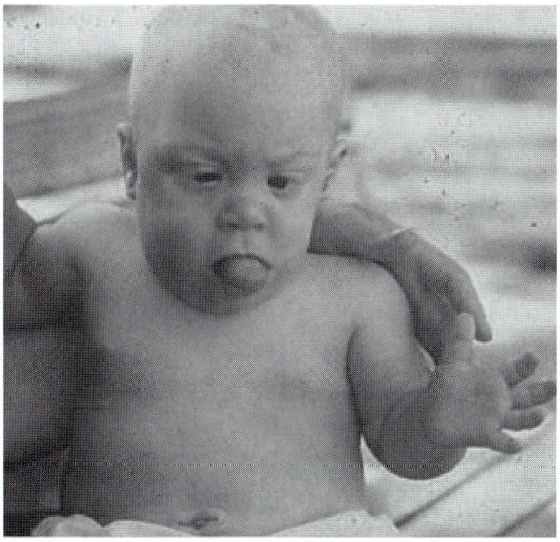

図Ⅲ-13-1．Beckwith-Wiedemann症候群の患者（J. M. Opitz博士原図）

この遺伝子が両アレル発現すると過成長，巨舌，内臓肥大が起こり，*H 19*の高メチル化が起こると発癌リスクが高まると考えられている．一方，*KIP 2/LIT 1*ドメイン内のインプリント遺伝子である*KIP 2*（$p57^{KIP2}$；*CDKN 1 C*）は母性発現，*LIT 1*は父性発現を示す．前者はサイクリン依存性キナーゼ（CDK）インヒビターであり，腫瘍抑制遺伝子の機能を持つことが知られている．*LIT 1*は，卵細胞でメチル化を受け，それが体細胞まで維持される．*LIT 1*の機能はまだ十分明らかではないが，BWS患者の約半数に母性アレル*LIT 1*の低メチル化と，それに伴う*LIT 1*の両アレル発現が認められている．

女児の双胎で1児のみがBWSである例が少なからず報告されている．また逆に，BWS患者においては女児の双胎が一般集団よりも多い（Weksberget al, 2005）．こうした双胎のBWS患児の多くで*LIT 1*のインプリント異常が確認されている．この事実は，インプリント不全が一卵性双胎のリスクを高めるか，あるいは逆に一卵性双胎で当該遺伝子にエピジェネティックな異常が起こりやすいという可能性を示唆しているが，その詳細なメカニズムは不明である．

ARTによって生まれたBWS患児の解析から，ARTがBWS出生のリスクを高めることが報告されている．Hallidayら（2004）は，大規模な患者・対象研究から，ARTがBWS患者発生のリスクを約9倍に高めるとしている．Changら（2005）は，BWS registryのデータを解析し，341例のBWS患者のうち19例（5.6%）がARTによって生まれたことを報告した．ただし，ARTがBWSに関連する遺伝子のうち特定の遺伝子のインプリンティング異常に関連するとの証左は得られていない（Rossignol et al, 2006）．

2 Prader-Willi症候群（PWS）とAngelman症候群（AS）

PWS（OMIM176270）は，新生児期から乳児期にかけての著明な筋緊張低下，皮膚の色素低形成，性器形成不全，幼児期からの過食・肥満，精神遅滞を主徴とする疾患で，1万7500出生に1例の割合で発生する（図Ⅲ-13-2（a））．一方AS（OMIM105830）は，重度精神発達遅滞，難治性てんかん，失調歩行，笑い発作が特徴で，発生頻度は約1万6000出生に1例である（図Ⅲ-13-2（b））．PWSとASは臨床的にはまったく別の疾患であるが，細胞遺伝学的には共に15q11-q13に責任遺伝子座位がある．分子遺伝学的研究によって，PWSは父性アレルのインプリント遺伝子の異常，ASは母性アレルのインプリント遺伝子の異常によって発症することが明らかに

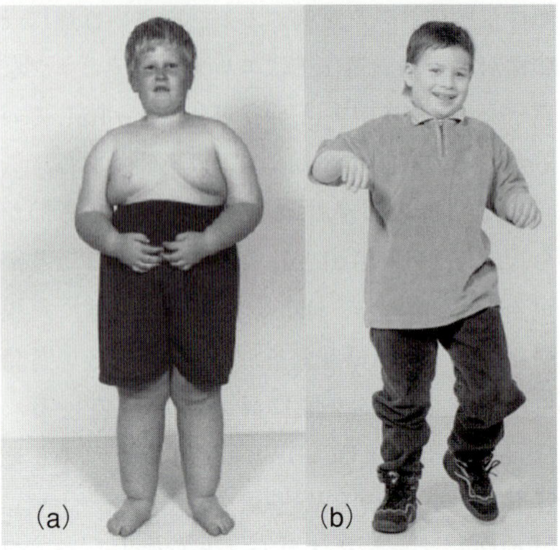

図Ⅲ-13-2．Prader-Willi 症候群（a）と Angelman 症候群（b）の患者（J.M. Opitz 博士原図）

なった．そのメカニズムとしては，(1)15q11-q13領域の欠失：PWS では父性アレルの欠失，AS では母性アレルの欠失，(2)第15染色体の片親性ダイソミー（UPD）：PWS では母性 UPD，AS では父性 UPD，(3)ゲノムインプリンティングの確立や調節の異常，(4)AS 患者における *UBE 3A* 遺伝子の変異，などが明らかにされている．このように，同じ遺伝子のインプリント異常でありながら，その遺伝子が父親由来であるか母親由来であるかによって異なる疾患の原因になるという興味ある例である．

患者の分子遺伝学的解析から，PWS の約70%が15q11.2-15q13領域 4-6 Mb の染色体欠失，25%が15番染色体の母性 UPD によって起こっているとの報告がある（Buiting et al, 2003）．一方，AS については，やはり70%近くが15q11.2-15q13領域の染色体欠失によって起り，7%が15番染色体の父性 UPD，11%が *UBE 3A*（15q 上の AS 責任遺伝子）の異常によって起こっているとされる（Buiting et al, 2003）．

PWS と AS は ART（IVF/ICSI）によって生まれた児により多く発症することが，いくつかの疫学調査によって示唆されており，それらの患者の中に15q11-q13領域のインプリント遺伝子のメチル化異常が確認されている．PWS 患者の4.7%（4/86），5.5%（9/163）が ART によって生まれたとの報告がある（Doornbos et al, 2007；Sutcliffe et al, 2006）．ICSI などの ART によって生まれた AS 患者が報告されているが（Ørstavik et al, 2003；Ludwig et al, 2005），ART による AS 発症のリスクは不明である．

3 Russell-Silver 症候群（RSS）

RSS（OMIM180860）は，約10万出生に1例の頻度で見られる先天性疾患で，子宮内発育不全，低身長，第5指の彎曲（clinodactyly），逆三角形の特異的顔貌を示す（Saal, 2007）．

分子遺伝学的解析から，RSS は第7番または第11番染色体上のインプリント遺伝子の異常によって起こることが明らかになっている．RSS 患者の半数に11p15の父性アレルの低メチル化が認められ，それに伴う母性 UPD が RSS の原因であると考えられている（Gicquel et al, 2005；Netchine et al, 2007）．また，母親由来11p15領域の重複例も報告されている（Fisher et al, 2002；Eggermann et al, 2005；Schornherr et al, 2007）．この領域の遺伝子の父性 UPD は前述の BWS の原因の一つである．一方，RSS 患者の約5%に，7p12.2または7p32.2の母性 UPD が見つかっている（Netchineet al, 2007）．これらの染色体領域にはそれぞれ *GRB 10*，*MEST* を含む遺伝子があるが，RSS の責任遺伝子はまだ同定されていない．

4 過成長

H19，*IGF2*，*IGF2R* などのインプリント遺伝子が異常に発現すると胎児の発育が過度に進むことが知られている．また，巨躯や片側肥大は前述の BWS の主徴の一つでもある．BWS ではない過成長の児 4 例に *IGF2* 遺伝子の LOI が見つかっており，そのうちの 3 例に *H19* のメチル化異常が検出されている (Morison et al, 1996)．

胚培養操作を経て妊娠した家畜などで体重が標準よりも 8-50%大きい産子が高率に出生することが知られており，このような異常は過大子症 (large offspring syndrome, LOS) と総称される．この異常は，胚培養の過程での遺伝子のインプリンティング異常が原因で起こると考えられている．Young ら (2001) は，体外培養したヒツジの胚を胚移植したところ，その25%に LOS を認め，そのような胎子で母親由来の *IGF2R* のメチル化異常を確認した．また，マウス胚の培養で培地に血清を添加すると *H19*，*Igf2*，*Grb* などのメチル化異常が起こることが報告されている (Khosla et al, 2001)．

5 子宮内発育不全（IUGR）

IUGR は妊娠中のさまざまな原因によって起こるが，一部がインプリント遺伝子の発現異常と関連することが報告されている．妊娠末期の IUGR 症例において，父親由来の *PHLDA2*，*MEG3*，*GATM*，母親由来の *MEST/PEG1*，*PLAGL1/ZAC1* などのインプリント遺伝子の発現異常が認められたとの報告がある (McMinn et al, 2006)．また，第 7，第14，第20染色体の母性 UPD, 6 q24の父性 UPD が IUGR と関連するとの報告もある (Cetin et al, 2003)．

6 一過性新生児糖尿病

一過性新生児糖尿病 (OMIM601410) は，新生児期の低成長と低血糖を主徴とする．6 q24には，母性遺伝子がメチル化され父性遺伝子がメチル化されないメチル化可変領域があり，これがインプリント遺伝子である *ZAC*，*HYMA1* を制御している (Gardener et al, 2000；Arima et al, 2001)．患者の40%に父性染色体の重複，40%に 6 番染色体の父性 UPD，20%に 6 q24の母性アレルの低メチル化が認められている (Temple, 2007)．

7 胎盤形成異常

胎盤は，インプリント遺伝子の作用を強く受ける組織の一つであり，胎盤特異的インプリンティングが知られている (Ferguson-Smith et al, 2006)．

母親由来のインプリント遺伝子の多くは胎盤と胎児の発育を抑制し，父親由来のそれらは胎盤と胎児の発育を促進することが知られている (Tycko, Morison, 2002)．胎盤に発現する父親由来遺伝子として *IGF2*，*MEST/PEG1*，*PEG3*，*INS1*，*INS2* などが，母親由来遺伝子として *IGF2R*，*H19*，*CRB10* などが知られている．

クローン動物にしばしば見られる胎盤の形成異常は，これらの遺伝子のインプリンティング異常によって起こると考えられている．

胞状奇胎（hydatidiform mole）は，500-1000妊娠に1例の割合で起こり，栄養膜の過形成（胞状変性）と胚の発育不全を特徴とする胎盤形成の異常である．全胞状奇胎と部分胞状奇胎があり，前者では胎盤の絨毛が胞状化し胎児部分は欠如するが，後者では絨毛の一部が胞状化して胎児部分も認められる．全胞状奇胎のほとんどは父親由来の染色体のみからなる二倍体を呈する（androgenesis）．これは，一般に無核の卵細胞に入った精子が分裂して二倍体となるために起こると考えられるが，2個の精子が卵細胞に入るケースもあると推定されている．一方，部分胞状奇胎の多くは三倍体で，父親由来の染色体が重複している．胞状奇胎でインプリント遺伝子の異常を同定したとの報告もあるが，その種類は一定でなく，本疾患の原因となる遺伝子異常は一様でないと考えられる．

8 インプリント異常と癌

腫瘍関連遺伝子の中にはインプリンティングを受けているものがあり，それらの発現がエピジェネティックに修飾を受けると癌の発生や進展につながることが考えられる．

IGF2は細胞増殖因子であり，抗アポトーシス作用も有する．Wilms 腫瘍例の70%に *IGF 2* の LOI が認められ，BWS では *IGF 2/H 19* ドメインの異常があると腫瘍発生のリスクが高まることが知られている．その他，横紋筋肉腫，肝芽腫などの胎児性腫瘍，大腸癌，乳癌，肝細胞癌，腎細胞癌，卵巣癌などの成人腫瘍でも *IGF* の LOI の例が報告されている．

KIP 2 は，CDK インヒビターであり，腫瘍抑制遺伝子と考えられている．実際，Wilms 腫瘍，胃癌，肝細胞癌，膀胱癌などで *KIP 2* の発現低下が見られたとの報告がある．*KIP 2* は，*KIP 2 /LIT 1* インプリンティングドメイン内に存在し，*DMR-LIT 1* によって発現が抑制されている．*DMR-LIT 1* の脱メチル化などによってインプリンティングが破綻して *KIP 2* の発現が低下することが示唆されているが，関連する癌の発生母体や癌の種類が多様なことから，発癌に関与するエピジェネティックな機構は一様でない可能性が高い．

9 その他の疾患

インプリンティング異常との関連が疑われているその他の疾患として，一部の男性不妊，自閉症，子癇前症などがあるが（Paoloni-Giacobino, 2007），いずれも疫学的なデータが不十分で，分子的な機構も明らかになっていないので，今後の研究がまたれる．

まとめ

DNA 配列の変化を伴わないインプリンティングが妊娠や個体発生の過程に重要な役割を果たしており，その破綻がいくつかの先天異常症候群や癌の原因になっていることが次第に明らかになってきている．ヒトではインプリント遺伝子が200ほどあると推定されているが（Luedfi et al, 2007），その多くの機能はまだ不明である．発生におけるインプリンティングの分子遺伝学的メカニズムの解明はまだ緒についたところであり，インプリンティング異常をもたらすエピジェネティックな因子についても多くはわかっていない．分子遺伝学的研究と動物実験によって，遺伝子発現制御の重要な機構の一つであるインプリンティングの全容が明らかになり，関連する疾患の予防や治療に結びつくことを期待したい．

（塩田浩平）

引用文献

Amor DJ, Halliday J (2008) A review of known imprinting syndromes and their association with assisted reproduction technologies, *Human Reprod*, 23 ; 2826-2834.

Arima T, Drewell RA, Arney KL, et al (2001) A conserved imprinting control region at the HYMAI/ZAC domain is implicated in transient neonatal diabetes mellitus, *Hum Mol Genet*, 10 ; 1475-1483

Buiting K, Groβ S, Lich C, et al (2003) Epimutations in Prader-Willi and Angelman syndromes : a molecular study of 136 patients with an imprinting defect, *Am J Med Genet*, 72 ; 571-577.

Cetin I, Cozzi V, Antonazzo P (2003) Fetal development after assisted reproduction-a review, *Placenta* 24 ; S104-S113.

Chang AS, Moley KH, Wangler M, et al (2005) Association between Beckwith-Wiedemann syndrome and assisted reproductive technology : a case series of 19 patients, *Fertil Steril*, 83 ; 349-354.

Doornbos ME, Maas SM, McDonnell J, et al (2007) Infertility, assisted reproduction technologies and imprinting disturbances : a Dutch study, *Human Reprod*, 22 ; 2476-2480.

Eggermann T, Meyer E, Obermann et al (2005) Is maternal duplication of 11p15 associated with Silver-Russell syndrome? *J Med Genet*, 42 ; e26.

Ferguson-Smith AC, Moore T, Detmar J, et al (2006) Epigenetics and imprinting of the trophoblast-a workshop report, *Placenta Suppl A,* 27 ; S122-S126.

Fisher AM, Thomas NS, Cockwell A, et al (2002) Duplications of chromosome 11p15 of maternal origin result in a phenotype that includes growth retardation, *Hum Genet*, 111 ; 290-296.

Gardner RJ, Mackay DJ, Mungall AJ, et al (2000) An imprinted locus associated with transient neonatal diabetes mellitus, *Hum Mol Genet,* 9 ; 589-596.

Gicquel C, Rossignol S, Cabrol S, et al (2005) Epimutation of the telomeric imprinting center region on chromosome 11p15 in Silver-Russell syndrome, *Nat Genet*, 37 ; 1003-1007.

Halliday J, Oke K, Breheny S, et al (2004) Beckwith-Wiedemann syndrome and IVF : a case-control study, *Am J Hum Genet*, 75 ; 526-528.

Khosla S, Dean W, Reik W, et al (2001) Culture of preimplantation embryos and its long-term effects on gene expression and phenotype, *Hum Reprod Update*, 7 ; 419-427.

Ludwig M, Katalinic A, Gross S, et al (2005) Increased prevalence of imprinting defects in patients with Angelman syndrome born to subfertile couples, *J Med Genet*, 42 ; 289-291.

Luedi PP, Dietrich FS, Weidman JR, et al (2007) Computational and experimental identification of novel human imprinted genes, *Genome Res*, 17 ; 1723-1730.

McMinn J, Wei M, Schupf N, et al (2006) Unbalanced placental expression of imprinted genes in human intrauterine growth restriction, *Placenta*, 27 ; 540-549.

Netchine I, Rossignol S, Dufourg MN, et al (2007) 11p15 imprinting center region 1 loss of methylation is a common and specific cause of typical Russell-Silver syndrome : clinical scoring system and epigenetic-phenotypic correlations, *J Clin Endocrinol Metab*, 92 ; 3148-3154.

Ørstavik KH, Eiklid K, van der Hagen CB, et al (2003) Another case of imprinting defect in a girl with Angelman syndrome who was conceived by intracytoplasmic semen injection, *Am J Hum Genet*, 72 ; 218-219.

Paoloni-Giacobino A (2007) Epigenetics in reproductive medicine, *Pediat Res*, 61 ; 51R-57R.

Rossignol S, Steunou V, Chalas C, et al (2006) The epigenetic imprinting defect of patients with Beckwith-Wiedemann syndrome born after assisted reproductive technology is not restricted to the 11p15 region, *J Med Genet,* 43 ; 902-907.

Saal HM (2007) Russell-Silver syndrome, In : *GeneReviews* (Pagon RA, Bird TD, Dolan CR, Stephens K, eds.), University of Washington, Seattle.

Schornherr N, Meyer E, Roos A, et al (2007) The centromeric 11p15 imprinting centre is also involved in Silver-Russell syndrome, *J Med Genet*, 44 ; 59-63.

Shuman C, Beckwith JB, Smith AC, Weksberg R (2010) Beckwith-Wiedemann syndrome, In : *GeneReviews* (Pagon RA, Bird TD, Dolan CR, Stephens K, eds.), University of Washington, Seattle.

Sutcliffe AG, Peters CJ, Bowdin S, et al (2006) Assisted reproductive therapies and imprinting disorders--a preliminary British survey, *Hum Reprod*, 21 ; 1009-1011.

Temple IK, Shrubb V, Lever M, et al (2007) Isolated imprinting mutation of the DLK1/GTL2 locus associated with a clinical presentation of maternal uniparental disomy of chromosome 14, *J Med Genet*, 44 ; 637-640.

Tycko B, Morison IM (2002) Physiological functions of imprinted genes, *J Cell Physiol*, 192 ; 245-258.

Weksberg R, Shuman C, Smith A (2005) Beckwith-Wiedemann syndrome, *Am J Med Genet C Semin Med Genet*, 137 ; 12-23.

Young LE, Fernandes K, McEvoy TG, et al (2001) Epigenetic change in IGF2R is associated with fetal overgrowth after sheep culture, *Nat Genet*, 27 ; 153-154.

第 IV 章

卵子・胚の細胞遺伝とゲノム情報

［編集担当：野瀬俊明］

雌雄の性差をもたらすXとYの2種類の性染色体は，性決定や配偶子形成に関わる多くの遺伝子をコードする以外に，染色体レベルの挙動においても常染色体とは異なる特徴が見られる．例えば，X染色体を2つ持つ雌（XX）の場合，着床期胚以降の細胞において父親由来もしくは母親由来X染色体のどちらか一方が不活性化され，X染色体由来の遺伝子発現量は雄（XY）の場合と等しくなるように制御される．しかし，雌性始原生殖細胞では再び活性化され，その後の卵形成の進行には2つの活性化X染色体の存在が必要とされる．このX染色体不活性化と再活性化のメカニズムについて，さらにX染色体上にある遺伝子がどのように卵巣機能や卵子形成に関わっているのかについて，近年の分子遺伝学的研究は急速にその情報を増やしている．

本章では，X染色体上の遺伝子について，先ず14節においてX染色体の不活性化／再活性化と卵形成との関連について，それぞれの現状成果を概説する．15節では，X染色体にあるアンドロジェン受容体（AR）遺伝子に注目した詳細な研究成果を紹介し，16節では卵成熟のもう一つの側面である単為発生の抑制機構の解明という新たな観点からのアプローチをし，17節ではX染色体上の遺伝についてまとめる．

このようなX染色体の遺伝子調節や単為発生の抑制は，卵形成過程に特有の長期間に及ぶ減数分裂段階の停止制御と密接に関連している問題であり，その解明は多くの早期卵巣不全の治療技術に寄与するものと期待される．ただし，現状はその解明の途に付いたばかりであり，今後の進展が大いに注目される研究領域の1つとされる．

［野瀬俊明］

IV-14

卵子とX染色体

Key words
X染色体不活性化／インプリント／再活性化／減数分裂／XO

はじめに

哺乳類のX染色体は胚発生過程，および卵形成過程においてその活性をダイナミックに変化させる．本節では，細胞分化とリプログラミングの過程で繰り返されるX染色体の不活性化と再活性化のサイクルについて，いくつかの例をあげて解説するとともに，X染色体が卵形成に及ぼす影響について新旧の報告を交えて述べる．

1 雌の胚におけるX染色体不活性化

哺乳類の雌は2本のX染色体を持つが，その体細胞で実際に機能しているのは1本のX染色体だけで，もう一方のX染色体はほぼ全域にわたってヘテロクロマチン化し遺伝子の転写が抑えられている（Lyon, 1961）．哺乳類の雌に特有なこのX染色体不活性化と呼ばれるエピジェネティックな遺伝子発現制御機構は，雌雄間におけるX染色体連鎖遺伝子量の差を是正するために進化してきたと考えられる．

初期胚におけるX染色体の不活性化は主にマウスを用いて解析されている．図Ⅳ-14-1にマウス胚発生過程におけるX染色体の活性とその変化を示す．X染色体不活性化は4－8細胞期の着床前胚ではじめて起こるが，この時不活性化されるX染色体は父由来のものに限定される（インプリント型X染色体不活性化）（Mak et al, 2004；Okamoto et al, 2004）．さらに発生を進めた胚盤胞期の胚では，胎盤や胚体外膜など胚体外組織系列の起源である栄養外胚葉と原始内胚葉が分化し，これらの組織ではインプリント型の不活性化が維持される（Takagi, Sasaki, 1975）．これに対し，胎子のすべての組織の起源である，この時期まだ未分化な細胞集団として存在する内部細胞塊（ICM, inner cell mass）の細胞では，それまで不活性であった父性X染色体（Xp）がいったん活性を取り戻す（再活性化）（Mak et al, 2004；Okamoto et al, 2004）．しかし，その後この胚体組織系列の細胞が三胚葉性の組織へと分化する時期（嚢胚期）までに，今度はいずれかのX染色体がランダムに不活性化される（ランダム型X染色体不活性化）（Monk, Harper, 1979）．こうして不活性化されたX染色体はその後繰り返される体細胞分裂を通じてきわめて安定に維持されるが，唯一始原生殖細胞（PGC, primordial germ cells）に寄与した細胞群においては再活性化され（Kratzer, Chapman, 1981；Monk, McLaren,

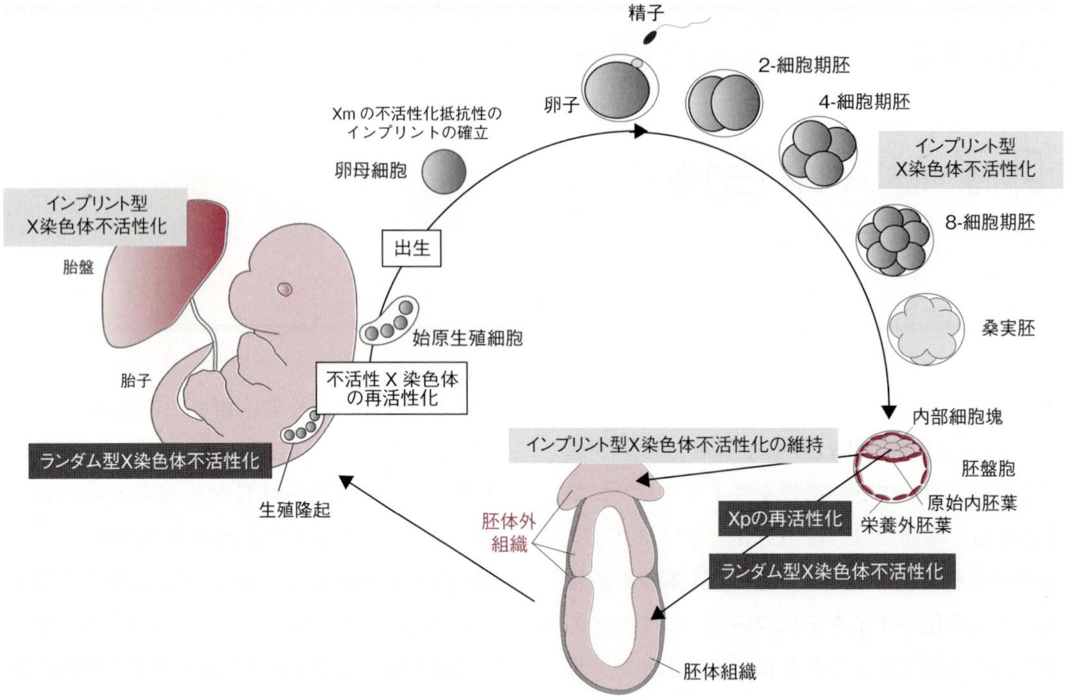

図Ⅳ-14-1．マウスにおけるX染色体の活性変化のサイクル

1981)，成熟した卵子が受精し次世代の胚体組織でランダムに不活性化されるまでX染色体はその活性を維持する．

インプリント型，ランダム型いずれのX染色体不活性化においても中心的な役割を果たすのがX染色体連鎖非コード遺伝子の*Xist*（X-inactive specific transcript）である（Borsani et al, 1991；Brockdorff et al, 1991；Brown et al, 1991）．タンパク質をコードしない約17kbに及ぶこの*Xist* RNAは，不活性化に先立って一方のX染色体からのみ発現され，そのX染色体のほぼ全域にわたって結合することで染色体ワイドのサイレンシングを引き起こす．ジーンターゲティングにより*Xist*の機能を損ねると，この変異アリルを持つX染色体は胚体，胚体外いずれの組織においても決して不活性化されないことが示され，*Xist* RNAがX染色体不活性化に必須であることが明らかにされた（Marahrens et al, 1997；Penny et al, 1996）．しかしながら，*Xist* RNAがX染色体のサイレンシングを引き起こす分子機構の詳細については不明な点が多い．

2 X染色体の母性インプリントとその確立

減数分裂に伴う性染色体の不分離が原因で生じる，X染色体数が異常な胚を用いた解析から，インプリント型X染色体不活性化について重要な知見が得られている．X染色体のモノソミー(XO)はヒトの場合その99%が胎性致死で，出生に至る１%においても低身長や不妊のほか，さまざまな解剖学的異常が認められる(ターナー症候群)．これに対し，XO のマウスはほぼ正常な発生を遂げ，外見上目立った異常もなく子も作ることができる (Burgoyne et al, 1983)．そして，これらのマウスが有する唯一のＸ染色体は母由来の場合 (XmO) もあれば，父由来の場合 (XpO) もある (Hunt, 1991)．XpO 胚がほぼ正常に発生するということは，Xp が胚体外組織において必ずしも不活性化するようプログラムされているわけではないことを示唆する (Tada et al, 1993)．また，詳細は省くがＸ染色体と常染色体の間の相互転座を持つマウスを利用すると，雌の減数分裂時にＸ染色体の不分離が起こる確率が増大し，一定の頻度でＸ染色体を２本持つ卵子ができる．このような卵子が正常な精子と受精すると，Xm を１本余分に持った XmXmXp あるいは XmXmY の胚を生じる．通常，Ｘ染色体を過剰に持つと，それがたとえ雄であってもＸ染色体は１本を残しすべて不活性化されるため，常染色体数が過剰な場合とは異なり，その影響は比較的軽微である．ところが興味深いことに，XmXmXp および XmXmY の胚のＸ染色体不活性化パターンを調べると，胚体組織ではいずれの場合もＸ染色体は１本を残しすべてが由来にかかわらず不活性化されているのに対し，胚体外組織では不活性化されるのは Xp のみで，Xm はいずれの場合も２本とも活性を維持し続けていることがわかった (Goto, Takagi, 1998 ; Tada et al, 1993)．すなわち，Ｘ染色体不活性化がインプリントされた胚体外組織においては，Xm は不活性化することができないと考えられる．母性ゲノムを２セット持つ単為発生胚，あるいは雌性発生胚では２本のＸ染色体が共に卵子に由来するため，胚体外組織でＸ染色体不活性化が正常に起こらず，胚の大半が着床後間もない時期に致死となる (Tada, Takagi, 1992)．この時，何とか一方の Xm を不活性化できた一部の胚は，さらに発生を進める場合もあるが，結局は常染色体連鎖インプリント遺伝子の発現異常により胎生9.5日程度で致死となる (McGrath, Solter, 1984 ; Surani et al, 1984)．こうした遺伝学的解析から，胚体外組織における Xp の選択的な不活性化には，卵形成過程で Xm が不活性化されないようインプリントされることが重要であると考えられるようになった．

雌の生殖細胞系列では，第一減数分裂前期の卵母細胞の卵成長期に常染色体連鎖インプリント遺伝子の母性インプリントが確立することが知られるが (Obata, Kono, 2002)，Xm の不活性化に対する抵抗性はいったいいつ備わるのであろうか．核移植操作により卵成長期後のハプロイドゲノムを２セット持たせた胚 (雌性発生胚) では前述の母性ダイソミーの場合と同様，胚体外組織ではいずれのゲノムに由来するＸ染色体も不活性化されないのに対し，卵成長期前のハプロイドゲノムと卵成長期後のハプロイドゲノムをそれぞれ持たせた胚では，前者に由来するＸ染色体が胚体外組織においても不活性化できることが示されている (Tada et al, 2000)．すなわち，Xm も常染色体インプリント遺伝子同様，卵成長期に不活性化に対する抵抗性を獲得すると考えられる (図Ⅳ-14-1)．Xm の不活性化に対する抵抗性を担うインプリントの分子レベルの解析は進んでいないが，*Xist* 遺伝子座のアンチセンス遺伝子 *Tsix* の関与が考えられる（Lee, 2000；Sado et al, 2001）．

③ 始原生殖細胞におけるX染色体の再活性化

マウスの始原生殖細胞（PGC）は6.25日胚のエピブラストの最も基部に位置する一部のBlimp1陽性の細胞群に由来する（Ohinata et al, 2005）が，これらの細胞においても他のエピブラスト系列の細胞同様，その時までにランダム型X染色体不活性化が起こっていると考えられる．7.5日目になると，尿嚢基部にアルカリ性ホスファターゼ陽性の細胞として認められるようになるPGCは，その後分裂を繰り返しながら卵巣の原器である生殖隆起（genital ridges）を目指して腸間膜にそって移動し，胎生11.5日目ごろまでには移動を完了する．移動期のPGCでは，DNAメチル化やヒストン修飾などエピジェネティックな修飾の大規模なリプログラミングが起こり，クロマチン状態が大きく変化する．また，8日目胚のPGCでは，その前後に比べ一過性にRNAポメラーゼⅡによる転写が極端に低下していることも報告されている（Seki et al, 2007）．興味深いことに，生殖隆起へ定着したPGCでは，それらが減数分裂に入るまでにそれまで不活性であったX染色体が再活性化されることが知られる（Kratzer, Chapman, 1981；Monk, McLaren, 1981）（図Ⅳ-14-1）．この再活性化の生物学的意義についてはよくわかっていないが，減数分裂の正常な進行に重要と推察される．

不活性X染色体の再活性化は，PGCが定着した後の生殖隆起における，X染色体連鎖のアイソザイムの発現パターンから明らかにされている（Kratzer, Chapman, 1981;Monk, McLaren, 1981）．その後，不活性X染色体の再活性化が起こったPGCでは，*Xist* RNAによるX染色体の被覆も認められなくなることが示されているが（de Napoles et al, 2007；Nesterova et al, 2002；Sugimoto, Abe, 2007），これが再活性化の原因なのかは今のところ不明である．さらに最近，移動中および生殖隆起に定着したPGCにおけるX染色体の活性を経時的に調べた詳細な解析から，*Xist* RNAの消失は従来考えられていたより早い段階で起こり始め，8.5日目までには約60%のPGCで，10.5日目になるとほとんどすべてのPCGで *Xist* RNAは認められなくなることがわかった（de Napoles et al, 2007；Sugimoto, Abe, 2007）．一方，実際のX染色体連鎖遺伝子の再活性化についてRT-PCRで調べると，移動期にすでに一部のPGCで再活性化が起こっているものが認められるが，大多数のものでは生殖隆起に定着してから再活性化が起こるようである（Chuva de Sousa Lopes et al, 2008；Sugimoto, Abe, 2007）．こうした詳細な記述をもとに，今後PGCにおけるX染色体再活性化機構の理解がいっそう進むと期待される．

④ 減数分裂期のX染色体の活性

雌の第一減数分裂前期には2本のX染色体は常染色体同様その全域にわたって対合し，キアズマを形成することで組み換えを行う．一方，雄の場合はX染色体とY染色体は唯一相同性を有する擬似常染色体領域（pseudoautosomal region）と呼ばれる一部の領域だけで対合し，大半の領域は対合相手を持たず単独でいる．この時，X 染色体と Y 染色体は性染色質（sex chromatin）あるいは XY 体（XY body）と呼ばれる構造体を形成し不活性化されていることが知られる（MSCI, meiotic sex chromosome inactivation）（Solari, 1974；Turner, 2007）．この XY 体にはガン抑制因子として知られる Brca1 とタンパク質リン酸化酵素である ATR，そして ATR によってリン酸化された H2AX（γH2AX）が局在し（Turner et al, 2004），これらが MSCI の誘導に関わっていると考えられるが，詳しい分子機構はわかっていない．以前は，この時期不活性化された X 染色体は減数分裂の終了とともに活性を回復すると考えられてきたが，半数体となった精細胞（spermatid）においても多くの遺伝子が不活性化されたままであることが最近報告されている（Namekawa et al, 2006；Turner et al, 2006）．また，常染色体の転座や欠失を持つマウスにおける減数分裂の解析から，雌雄ともに対合相手のない常染色体領域には雄の XY 体同様 Brca1，ATR，γH2AX が集積し，不活性化されることが示されている（MSUC, meiotic silencing of unsynapsed chromatin）（Turner et al, 2005）．この MSUC は欠失や転座などにより対合相手を失った染色体あるいは染色体領域を持つ異常な生殖細胞から機能的な配偶子が作られるのを防ぐために，パキテン期（pachytene）に染色体の対合異常を持つ細胞をアポトーシスにより排除するための機構と考えれる．正常な雄の XY 体における MSCI は，性染色体の進化の過程で相同領域の大半を失った X 染色体と Y 染色体を維持するために，生殖細胞に備わった MSUC の機構を取り込んだものと推察される．しかし，MSUC が雌雄を問わず減数分裂過程で異常な細胞の排除に関わると考えられるのに対し，MSCI はなぜ精母細胞の細胞死を引き起こすとなく，その役割を果たすことができるのかは疑問である．

5 XO の雌における卵形成

前にも触れたように，ヒトの場合ターナー症候群の女性は不妊であるが，胎児期，あるいは出生前後の時期の生殖巣には生殖細胞が存在する．しかし，思春期を迎えるころまでにはそれらが死滅し，後には縮退した生殖巣だけが残り不妊となる．これに対し，XO のマウスはほぼ正常に子を生む．ところが，これらの雌についても注意深く調べると，その生殖可能期間は通常の雌に比べ短く，XX の雌が420日程度であるのに対し，XO は280日程度で 1 回の産子数も XX の約半分ほどとされる（Lyon, Hawker, 1973）．XX の雌では，生殖可能期間を終えてもなお卵巣には多数の卵子が残っているのに対し，XO の雌の卵巣では早い段階で卵子が枯渇することから，これが XO の雌が早くにその生殖可能期間を終えてしまう原因と考えられる．また，胎児（子）期の卵母細胞の詳細な解析から，XO のマウスとヒトの違いとして，マウスでは大部分の卵母細胞がパキテン期に至るのに対し，ヒトではほとんどが前レプトテン期（preleptotene）で減数分裂を停止しパキテン期に至るものはほとんどないことが示されている（Speed, 1986）．おそらくこれが，ヒトで出生時から思春期までの間に卵母細胞が失われる主要な原因と考えられる．一方，XO のマウスにはまったく異常がないかというとそうではなく，胎子期から出生時の卵巣をXXとXOで比較すると，前者に比べ後者ではパキテン後期に過度の卵胞閉鎖（atresia）が認められる（Burgoyne, Baker, 1985）．XOのマウスにおける卵母細胞の数がXXの半分程度となるのはこのためと考えられる（Burgoyne, Baker, 1981）．この原因としては，X染色体を1本しか持たないXOの卵母細胞ではX染色体の対合が正常に起こらないことがあげられる．しかしその一方で，XOの卵母細胞からも成熟した卵子が多数作られるのはなぜか．パキテン期まで生き延びたXOの卵母細胞における染色体の対合の様子を調べると，興味深いことに1本しかないX染色体がヘアピン構造，あるいはリング状の構造をとることにより，非相同配列を介して分子内でシナプシスを形成（対合）しているのが観察される（Speed, 1986）．この時，X染色体においてMSUCを示すBrca1，ATR，γH2AXの局在は認められない（Turner et al, 2004）．一方，ヘアピン構造をとらず，シナプシスを形成していないX染色体にはこれら3種類のタンパク質が局在し，MSUCが起きていると思われる．したがって，XOの卵母細胞で成熟した卵子へと発生を進めるものは，1本しかないX染色体が分子内で対合することで，MSUCを回避しアポトーシスを免れると考えられる．

⑥ X染色体のリプログラミング

除核した成熟未受精卵に体細胞核を移植し発生を開始させたいわゆるクローン胚では，ドナー細胞が雌の場合，その体細胞で不活性化していたX染色体が再活性化される（Eggan et al, 2000）．これは，卵子の細胞質に備わったリプログラミング因子によって体細胞核が未分化細胞の核ときわめて近い状態にリプログラムされるためと考えられる．しかし，その後のより詳細な解析から，体細胞由来の不活性X染色体の再活性化は必ずしも完全なものではなく，またすべての割球で起こるわけでもないことが示されている（Bao et al, 2005；Nolen et al, 2005）．クローン胚でも受精により発生を開始した胚同様，発生の進行に伴ってX染色体の不活性化が起こるが，卵割期には一時的に*Xist*が両アリル性の発現を示すなど必ずしも正常にX染色体不活性化の過程が再現されているわけではないと思われる（Bao et al, 2005；Nolen et al, 2005）．とはいえ，妊娠中期までうまく発生を遂げたクローン胚を見ると，胚体組織ではドナー核での活性にかかわらずどちらか一方のX染色体がランダムに不活性化されていることから，体細胞で不活性であったX染色体が首尾よくリプログラムされたといえる．一方，胚体外組織においては，当初の解析ではもっぱら体細胞で不活性であったX染色体が不活性化されると報告されたが（Eggan et al, 2000），その後の解析では，体細胞で不活性であったX染色体が不活性化される傾向が高いものの，必ずしもこれが不活性化するわけではないことも示されている（Nolen et al, 2005）．これらX染色体不活性化の異常も，クローン胚全般に観察されるさまざまな異常同様，卵細胞質における体細胞核のリプログラミングが不完全であることに起因すると思われる．

まとめ

これまで述べてきたように，X染色体は卵細胞の正常発生に大きなインパクトを持つことがわかるが，その分子基盤はほとんどわかっていない．始原生殖細胞におけるX染色体の再活性化は，正常な卵形成に不可欠と推察されるが，この現象が1980年代初頭に見出されて以来30年近く経った現在でもまだ実験的にそれが証明されるには至っていない．また，XOのヒトとマウスで，減数分裂途中で卵母細胞が失われるのはX染色体が対合できないことに起因すると思われるが，その時期は異なることから両者でこれを担う機構が同じかどうかは定かでない．XOのマウス卵母細胞はMSUCによってその一部がパキテン期に失われるが，ヒトの場合これより早い，前レプトテン期にシナプシスの形成異常が招くMSUCが起きているかは疑問である．ヒトではマウスに比べX染色体不活性化が不完全で，約15%もの遺伝子が不活性化を免れているといわれるが，これがヒトとマウスで見られるXOの表現型の差を招いているとの指摘もある．

（佐渡　敬）

引用文献

Bao S, Miyoshi N, Okamoto I, et al (2005) Initiation of epigenetic reprogramming of the X chromosome in somatic nuclei transplanted to a mouse oocyte, *EMBO Rep*, 6 ; 748-754.

Borsani G, Tonlorenzi R, Simmler MC, et al (1991) Characterization of a murine gene expressed from the inactive X chromosome, *Nature*, 351 ; 325-329.

Brockdorff N, Ashworth A, Kay G F, et al (1991) Conservation of position and exclusive expression of mouse Xist from the inactive X chromosome, *Nature*, 351 ; 329-331.

Brown CJ, Ballabio A, Rupert JL, et al (1991) A gene from the region of the human X inactivation centre is expressed exclusively from the inactive X chromosome, *Nature*, 349 ; 38-44.

Burgoyne PS, Baker TG (1981) Oocyte depletion in XO mice and their XX sibs from 12 to 200 days post partum, *J Reprod Fertil*, 61 ; 207-212.

Burgoyne PS, Baker TG (1985) Perinatal oocyte loss in XO mice and its implications for the aetiology of gonadal dysgenesis in XO women, *J Reprod Fertil*, 75 ; 633-645.

Burgoyne PS, Evans EP, Holland K (1983) XO monosomy is associated with reduced birthweight and lowered weight gain in the mouse, *J Reprod Fertil*, 68 ; 381-385.

Chuva de Sousa Lopes SM, Hayashi K, Shovlin TC, et al (2008) X chromosome activity in mouse XX primordial germ cells, *PLoS Genet*, 4 ; e30.

de Napoles M, Nesterova T, Brockdorff N (2007) Early loss of Xist RNA expression and inactive X chromosome associated chromatin modification in developing primordial germ cells, *PLoS ONE*, 2 ; e860.

Eggan K, Akutsu H, Hochedlinger K, et al (2000) X-Chromosome inactivation in cloned mouse embryos, *Science*, 290 ; 1578-1581.

Goto Y, Takagi N (1998) Tetraploid embryos rescue embryonic lethality caused by an additional maternally inherited X chromosome in the mouse, *Development*, 125 ; 3353-3363.

Hunt PA (1991) Survival of XO mouse fetuses : effect of parental origin of the X chromosome or uterine environment? *Development*, 111 ; 1137-1141.

Kratzer PG, Chapman VM (1981) X chromosome reactivation in oocytes of Mus caroli, *Proc Natl Acad Sci USA*, 78 ; 3093-3097.

Lee JT (2000) Disruption of imprinted X inactivation by parent-of-origin effects at Tsix, *Cell,* 103 ; 17-27.

Lyon M (1961) Gene action in the X-chromosome of the mouse (*Mus musculus L*), *Nature,* 190 ; 372-373.

Lyon MF, Hawker SG (1973) Reproductive lifespan in irradiated and unirradiated chromosomally XO mice, *Genet Res*, 21 ; 185-194.

Mak W, Nesterova TB, de Napoles M, et al (2004) Reactivation of the paternal X chromosome in early mouse embryos, *Science*, 303 ; 666-669.

Marahrens Y, Panning B, Dausman J, et al (1997) Xist-deficient mice are defective in dosage compensation but not spermatogenesis, *Genes Dev*, 11 ; 156-166.

McGrath J, Solter D (1984) Inability of mouse blastomere nuclei transferred to enucleated zygotes to support development in vitro, *Science*, 226 ; 1317-1319.

Monk M, Harper MI (1979) Sequential X chromosome inactivation coupled with cellular differentiation in early mouse embryos, *Nature*, 281 ; 311-313.

Monk M, McLaren A (1981) X-chromosome activity in foetal germ cells of the mouse, J Embryol *Exp Morphol*, 63 ; 75-84.

Namekawa SH, Park PJ, Zhang LF, et al (2006) Postmeiotic sex chromatin in the male germline of mice, *Curr Biol*, 16 ; 660-667.

Nesterova TB, Mermoud JE, Hilton K, et al (2002). Xist expression and macroH2A1.2 localisation in mouse primordial and pluripotent embryonic germ cells, *Dif-*

ferentiation, 69 ; 216-225.
Nolen LD, Gao S, Han Z, et al (2005) X chromosome reactivation and regulation in cloned embryos, *Dev Biol*, 279 ; 525-540.
Obata Y, Kono T (2002) Maternal primary imprinting is established at a specific time for each gene throughout oocyte growth, *J Biol Chem*, 277 ; 5285-5289.
Ohinata Y, Payer B, O'Carroll D, et al (2005). Blimp1 is a critical determinant of the germ cell lineage in mice, *Nature*, 436 ; 207-213.
Okamoto I, Otte AP, Allis CD, et al (2004) Epigenetic dynamics of imprinted X inactivation during early mouse development, *Science*, 303 ; 644-649.
Penny GD, Kay GF, Sheardown SA, et al (1996) Requirement for Xist in X chromosome inactivation, *Nature*, 379 ; 131-137.
Sado T, Wang Z, Sasaki H, Li E (2001) Regulation of imprinted X-chromosome inactivation in mice by Tsix, *Development*, 128 ; 1275-1286.
Seki Y, Yamaji M, Yabuta Y, et al (2007) Cellular dynamics associated with the genome-wide epigenetic reprogramming in migrating primordial germ cells in mice, *Development*, 134 ; 2627-2638.
Solari AJ (1974) The behavior of the XY pair in mammals, *Int Rev Cytol*, 38 ; 273-317.
Speed RM (1986) Oocyte development in XO foetuses of man and mouse : the possible role of heterologous X-chromosome pairing in germ cell survival, *Chromosoma*, 94 ; 115-124.
Sugimoto M, Abe K (2007) X chromosome reactivation initiates in nascent primordial germ cells in mice, *PLoS Genet*, 3 ; e116.
Surani MA, Barton SC, Norris ML (1984) Development of reconstituted mouse eggs suggests imprinting of the genome during gametogenesis, *Nature*, 308 ; 548-550.
Tada T, Obata Y, Tada M, et al (2000) Imprint switching for non-random X-chromosome inactivation during mouse oocyte growth, *Development*, 127 ; 3101-3105.
Tada T, Takagi N (1992) Early development and X-chromosome inactivation in mouse parthenogenetic embryos, *Mol Reprod Dev*, 31 ; 20-27.
Tada T, Takagi N, Adler ID (1993) Parental imprinting on the mouse X chromosome : effects on the early development of X0, XXY and XXX embryos, *Genet Res*, 62 ; 139-148.
Takagi N, Sasaki M (1975) Preferential inactivation of the paternally derived X chromosome in the extraembryonic membranes of the mouse, *Nature*, 256 ; 640-642.
Turner JM (2007) Meiotic sex chromosome inactivation, *Development*, 134 ; 1823-1831.
Turner JM, Aprelikova O, Xu X, et al (2004) BRCA1, histone H2AX phosphorylation, and male meiotic sex chromosome inactivation, *Curr Biol*, 14 ; 2135-2142.
Turner JM, Mahadevaiah SK, Ellis PJ, et al (2006) Pachytene asynapsis drives meiotic sex chromosome inactivation and leads to substantial postmeiotic repression in spermatids, *Dev Cell*, 10 ; 521-529.
Turner JM, Mahadevaiah SK, Fernandez-Capetillo O, et al (2005) Silencing of unsynapsed meiotic chromosomes in the mouse, *Nat Genet*, 37 ; 41-47.

IV-15

卵胞形成と核内アンドロゲンレセプター

Key words
アンドロゲン／アンドロゲンレセプター／転写／卵胞／早発閉経

はじめに

アンドロゲン（男性ホルモン）は，雄化ホルモンとして幅広い生理作用を発揮する（Waterman, Keeney, 1992）．アンドロゲンの主たる作用経路は，男性ホルモンレセプター（androgen receptor, AR）を介した特異的標的遺伝子群の正負の発現制御と考えられている（図IV-15-1）．ARは，雄のみならず雌でも，多くの臓器で発現しているが，特に雄性生殖器では高発現が見られる．アンドロゲンはアンドロスタン骨格を有するホルモン類の総称であり，化合物名としてはテストステロン，5α-ジヒドロテストステロン，デヒドロエピアンドロステロン，アンドロステンジオンなどが含まれるが，最も生物活性が高いのが5α-ジヒドロテストステロン（dihydrotestosterone, DHT）である．アンドロゲンの主たる産生器官は精巣，副腎皮質である（Waterman, Keeney, 1992）．テストステロン（testosterone）は弱いARリガンドとして作用するが，活性型女性ホルモン（17β-estradiol）の前駆体でもあるため，テストステロンの血中濃度の極端な変動は女性ホルモン作用と密接に関連している．本節では，ARのホルモン依存的な転写制御の分子機構を紹介するとともに，ARの雌性生殖器における機能

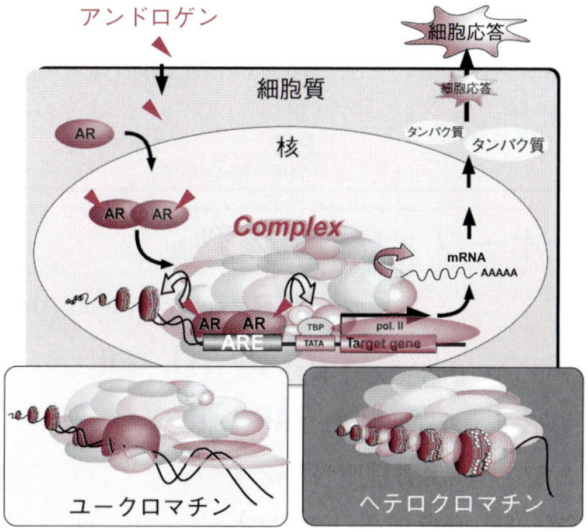

図IV-15-1．核内性ステロイドレセプターによる情報伝達機構

についても述べたい．

1 ARによる転写制御の分子機構

(A) 核内レセプタースーパーファミリー

ARは，核内ステロイドホルモンレセプタースーパーファミリーの一員である（図IV-15-1）．このファミリーは，ARをはじめとして甲状腺ホルモンレセプター（TR），ビタミンDレセプター（VDR），ビタミンAレセプター（RAR），女性ホルモンレセプター（ER）等を含み，現在

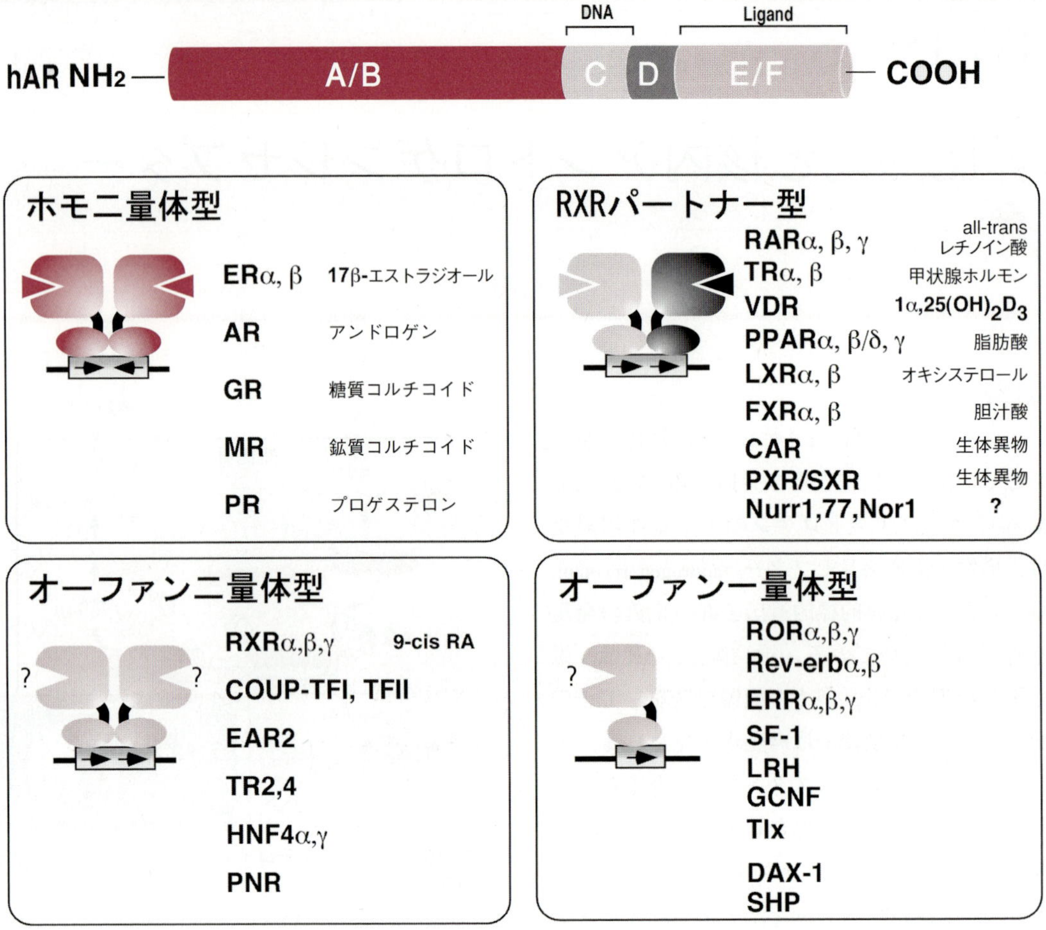

図Ⅳ-15-2．核内レセプタースーパーファミリーの機能領域

核内レセプターは，遺伝子スーパーファミリーを形成しているので，各領域構造に分断される．レセプター分子N末端よりAからFまでの領域構造に分けられる．レセプター種によりDNAに対する結合様式が異なり，ホモあるいはヘテロ二量体や一量体として結合し，標的遺伝子の転写制御を行う．こうして発現制御された遺伝子群の産物（タンパク）が生理作用を発揮する．

まで，ヒトゲノムに48種の遺伝子の存在が確認されている（Mangelsdorf et al, 1995）．核内レセプターリガンドとして作用する低分子量脂溶性生理活性物質の中では，ステロイド・甲状腺ホルモン・ビタミンが，リガンドとしてのレセプター特異性は動物種を超えてきわめて高い．これらレセプターに加え，リガンド未知のオーファンレセプターが数多く存在する．ARタンパクは，そのA/B領域が他の核内レセプターに比べ著しく長く，正常20残基前後のグルタミン（polyQ）リピートが含まれている（Takeyama et al, 2002）．

(B) 核内レセプター構造と機能

核内レセプターは，遺伝子スーパーファミリーを形成しているため，いずれもいくつかの機能領域に分断することができる（図Ⅳ-15-2）．またARをはじめとしたステロイドレセプター群はホモ二量体として，ビタミン・甲状腺ホルモンレセプター群はヘテロ二量体として特異的DNA配列に結合する（図Ⅳ-15-2）．最も高度に保存されている領域が，レセプタータンパク分子中央のC領域であり，特異的DNA 配列認識結合に必須ないずれもC4C4タイプのZnフィンガー構造の二つを有している．リガンド結合領域は，E領域に存在し，疎水性に富む配列に囲まれたリガンド結合ポケットを有する．核内レセプターのリガンド依存的な転写促進領域は，2ヶ所存在する（Lees et al, 1989）．一つは，レセプターC末端E/F領域に存在し，その機能（activation function 2＝AF-2）は完全リガンド結合依存的である．一方N末端A/B領域に存在する転写促進領域（AF-1）は，恒常的な転写促進能を有する．したがってAF-1活性はリガンド未結合のE/F領域によって機能が制御されている．リガンド結合は，AF-2の機能誘導のみならずAF-1機能をも促進する．AF-1，AF-2活性は細胞種によって異なり，また同じ細胞であっても細胞の状態によっても活性が変わることが知られている（Tora et al, 1989）．特にARのA/B領域は長いため，ARを介した組織特異的な転写制御には，A/B領域AF-1が，貢献するものと考えられている．

多くの核内レセプターは，リガンド結合の有無によらず，核内に局在しているものも多い．しかしながら，ARはリガンド未結合状態では細胞質に存在しており，リガンド結合により核内に移行し，以下の項に述べるように転写制御因子として機能する（図Ⅳ-15-1）．

(C) リガンド誘導性転写制御因子としての核内レセプター

リガンド依存性の核内レセプター群はいわゆるクラスII（mRNAをコードする）遺伝子群の発現を制御するエンハンサー・サイレンサー結合性転写制御因子である．しかしながら，その転写調節能にはリガンド結合を必須とする点で他の転写制御因子とは大きく異なる．このリガンド依存的な転写制御では，リガンド依存的に転写共役因子群の解離あるいは，会合が起きる．このようなリガンド依存的な相互作用を介し，転写促進のみならず転写抑制を行うことも知られている．核内レセプター転写共役因子の多くは，単独ではなく，複合体として機能することがわかっている（図Ⅳ-15-1参照）．これら共役因子複合体群の機能は，大きく分類して二つに大別される（Glass, Rosenfeld, 2000；Rosenfeld et al, 2006）．一つが，ATP依存性**染色体構造調節**因子である（Kitagawa et al, 2003；Li et al, 2007）．他の転写制御因子に対しても同様に，ヌクレオソーム環境を整える作用が，考えられている．転写反応にはむしろ間接的に機能すると考えられている．二つ目が，**ヒストン修飾酵素**群である（Jenuwein, Allis, 2001；Martin, Zhang, 2005）．核内レセプターに作用し，転写共役活性化因子（コアクチベーター）複合体と作用することが最初に証明されたものが，CBP/p300やSRC-1/TIF2（p

染色体構造調節：凝縮して密な不活性化型クロマチン構造と，脱凝縮して弛緩した活性型クロマチン構造間の変換反応のこと．転写をはじめ，複製，修復，組み換えなどのDNA代謝が起こる際にはこのような染色体構造調節が必要となる．

ヒストン修飾酵素：ヒストンタンパク質のN末端部分はアセチル化，メチル化，リン酸化，ユビキチン化など，さまざまな化学修飾を受ける．それらの修飾に関わる酵素群をまとめてヒストン修飾酵素と呼ぶ．このような異なるヒストンの化学修飾がクロマチン構造制御や機能に関わるあらゆる反応に寄与することが近年の研究により明らかになっている．

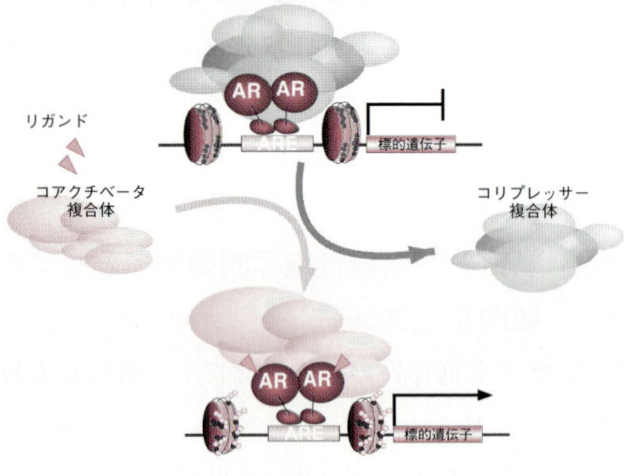

図Ⅳ-15-3．染色体構造変換を伴う転写制御の分子機構（概念図）

性ステロイドホルモン類は，核内レセプターのリガンドとして作用する．ホルモン未結合状態ではコリプレッサー複合体が会合してレセプターの転写促進能を抑制しているが，ホルモンが結合すると，コアクチベータ複合体と会合し転写制御能が活性化される．この遺伝子発現制御には染色体の構造調節やヒストンタンパクの修飾を伴う．

160）ファミリーを含むヒストンアセチル化酵素(HAT, histone acetyl transferase)である．また，その逆の機能を持つヒストン脱アセチル化酵素（HDAC, histone deacety lase）とNCoR, SMRTを含む転写共役抑制化因子（コリプレッサー）複合体が，最初に同定されている．コアクチベーターとコリプレッサーが，リガンド依存的に入れ替わるように相互作用することで，染色体上でのリガンド依存的な転写制御での一連のプロセスに関与すると考えられている（図Ⅳ-15-3）．

これらヒストンアセチル化酵素の機能については古くから調べられてきたが，ヒストンメチル化／脱メチル化酵素群の役割については，必ずしも明らかにされていない．最近包括的な解析により，核内レセプターによるリガンド依存的な転写制御に関与することが示されたが，多数存在するこれらヒストンのメチル化に関与する酵素群の生理的意義は不明である．

しかしながら，他の核内レセプターに比較して，ARの染色体上の転写制御の分子機構は，解析が著しく遅れている．

2 ARの生体内高次機能

(A) ARノックアウトマウスの作成の意義

テストステロンは，同時に活性型女性ホルモンの前駆体でもあるため，男性ホルモンの作用そのものを明確にするためには，AR経由のホルモン作用を検証することが，必須である．しかしながら，*AR* 遺伝子座はX染色体上に位置するために，雄では *AR* 遺伝子を1コピーしか持たない．加えて先天性のAR機能欠損（AISまたはTfm）は，ヒトや齧歯類の雄では，雌型の表現型を示し不妊である（Griffin, 1992；Quigley et al, 1995）ため，生殖能力が期待できるヘテロ接合体は存在しない．そのため，通常のノックアウト法ではARKOマウスの作出は不可能である．

著者らのグループは，この雄の不妊の問題を回避するため，まず *AR* 遺伝子座にloxP siteを導入したfloxed ARマウスを作出した（図Ⅳ-15-4）．潜在的な遺伝子破壊である．*AR* 遺伝子第一エキソン近傍に3ヶ所loxP siteが導入されたflox ARマウスは，雄，雌とも外見上完全に正常で，成長，生殖においても野生型と区別はつかなかった（Kato, 2002）．そこでARヘテロ接合体（$AR^{-/+}$）雌にCreを恒常的に発現する *Cre* トランスジェニックマウスライン（*Cre*Tg＋）を作出した．この *Cre*Tg雌と *floxAR* 雄マウスを掛け合わせると，CMVプロモーターによって発現した *Cre* が，胎子で発現す

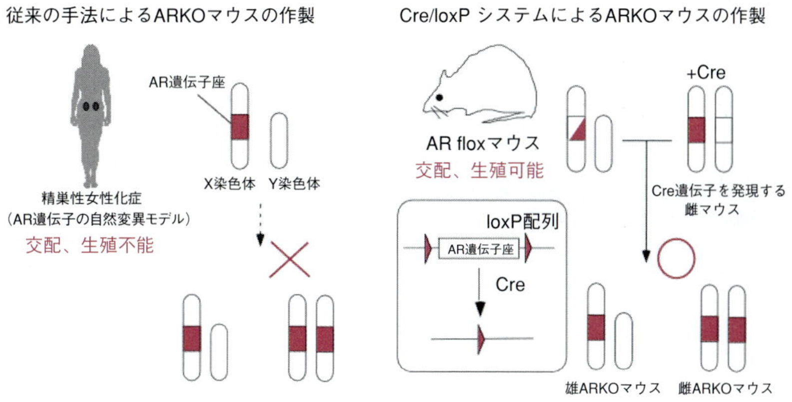

図Ⅳ-15-4．ARノックアウトマウス作出の方法

雄のAR遺伝子欠損は生殖不能であるため，自然交配による従来のノックアウトマウス作製法ではARKOマウス系統樹立は不可能である（左図）．そこでCre/loxPシステムを用い，潜在型ARKOマウス（floxed ARKOマウス）を作出することで雄の不妊を回避する．潜在型ARKOマウスと全身性Creリコンビナーゼ発現マウスを交配することで，次世代以降において雌雄のARKOマウスが得られる．

るため，*AR* 遺伝子が個体形成中に破壊されることになる．こうして，両性のARKOラインを作成した．雌ARKOラインは，外観上まったく正常で，外性生殖器や成長には，まったく変異は認められなかった．

雄ARKOマウス（$AR^{-/Y}$）は正常に発生し生まれるが，外観は完全に雌型であり，典型的Tfm病の症状を示した（Sato et al, 2004）．前立腺，卵巣は存在しないが，膣は盲端であった．精巣は精子形成不全を呈し，極度に萎縮していることからアンドロゲン産生不全が予想された．この雄ARKOの成長は，同腹の野生型雌とまったく同じ成長曲線を示し，同腹の雄野生型より明らかに小さかった．また血中アンドロゲンレベルは，精子形成不全に反映して，明らかに低値であった．一方血中エストロゲン濃度は，野生型雄マウスと差は見られず，また雄ARKOマウスの各臓器での *ER* の発現レベルが正常であった．さらにこの雄ARKOマウスは，エストロゲン-ERシステムは正常ではあるが，アンドロゲン欠乏，AR欠損であるため，リガンド（アンドロゲン）とレセプター（AR）双方が欠損しており，アンドロゲンの生理作用を評価する上で，最も適したモデルであると判断した．

(B) 雄ARKOマウスの変異

アンドロゲンは，雄化ホルモンであるため，ARKO雄マウスでは，さまざまな変異が観察される．雄骨格系は，雌型に比べ，質的にも量的にも上回っている．そこでこの雄ARKOマウスの骨格を解析したところ，顕著な骨量の減少が，6-16週のいずれの時期においても観察された．これらの骨量減少が骨吸収の促進か，骨形成の減少かいずれによるかを明確にする目的で，カルセインラベルによる2重標識法にて骨形成能を測定した．その結果，骨吸収マーカー

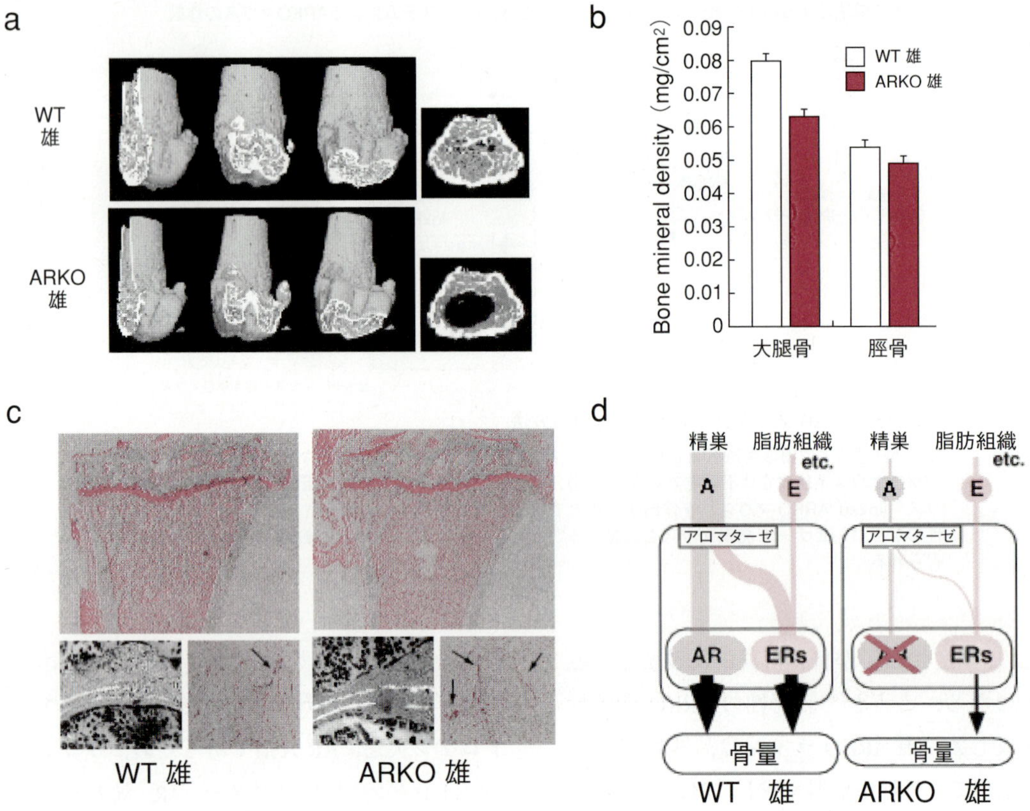

図Ⅳ-15-5．雄 ARKO マウスにおける骨量減少

(a)三次元 CT による骨端および皮質骨．(b)大腿骨と頸骨の骨量．(c)雄 ARKO マウスは高骨代謝回転を示す．Villanueva-Goldner 法による骨形成機能の測定（下図）．(d) 性ホルモンによる骨代謝制御機構（概念図）．

の解析から40–50%の骨吸収の亢進が見られ，実際骨吸収を行う破骨細胞数の増加が観察された．また雄 ARKO マウスでは，15-20%の骨形成の促進が見られたことを考え合わせると，雄 ARKO マウスで観察された骨量減少は，高回転型骨代謝，特にさらなる骨吸収促進によるものと考えられた（Kawano et al, 2003）（図Ⅳ-15-5）．

また ARKO 雄マウスは，生後10週までは同腹雄マウスより小型であるが，それ以降体重は追いつき，さらにそれ以降では体重は逆転する．これは顕著な白色脂肪の蓄積によることを見出したが，血中コレステロール，脂肪酸脂質濃度の上昇は認められなかった（図Ⅳ-15-6）．このことから AR-アンドロゲンシステムは成熟雄脂肪細胞分化の抑制因子である可能性が考えられた．また，雄 ARKO マウスでは，雄型の性行動の消失が観察された（Sato et al, 2003）（図Ⅳ-15-7）．しかしながらこのようなさまざまな変異は，ARKO 雌マウスでは，見出されなかった．

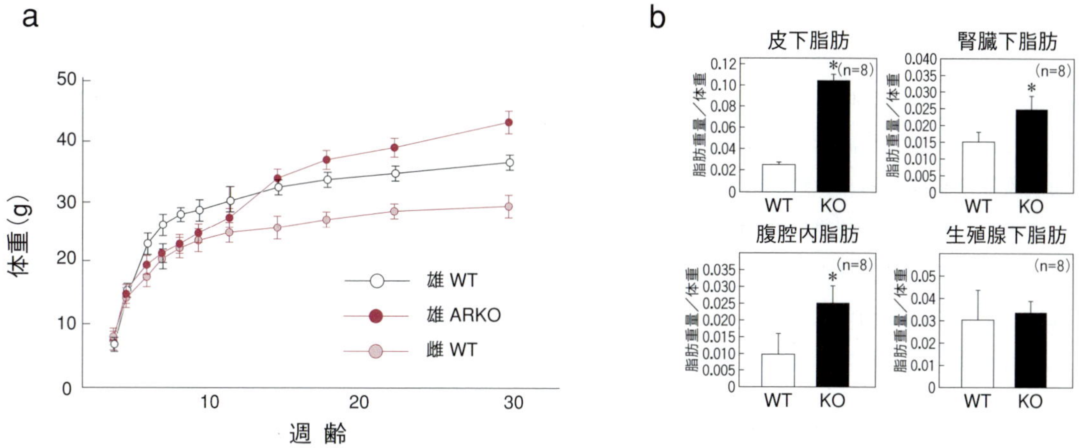

図Ⅳ-15-6．雄 ARKO マウスは肥満を示する

（a）成長曲線，（b）白色脂肪組織重量．

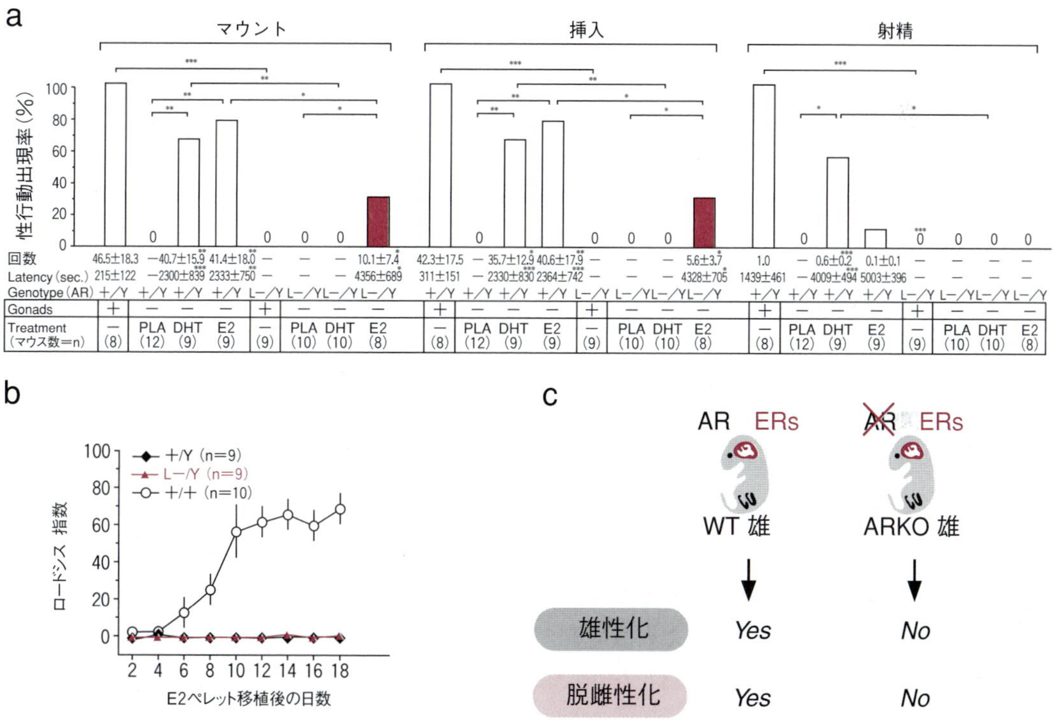

図Ⅳ-15-7．

AR は雄型の性行動に必須である．(a) 雄 ARKO マウスにおける雄型の性行動不全はエストロゲンによって回復する．(b) 雄 ARKO マウスは雄型の性行動（ロドーシス）を示さない．(c) 脳の性分化は AR 機能が必須である．

(C) 雌性生殖におけるARの高次機能——卵胞機能成熟におけるAR機能

最近女性ホルモンは，精子形成をはじめとして，骨代謝や脂質代謝などの雄のさまざまな生命現象にも重要であり，性を超えたステロイドホルモンであるとの認識に変わりつつある．一方，自然界には雌のARホモ接合体は存在しえないことから，雌個体におけるアンドロゲンの生理的重要性に関しては，不明であった．一方，アンドロゲンの大量投与による骨格系の増強作用や，多嚢胞性卵巣症による高アンドロゲン血症が引き起こす症状から，雌性におけるARの生理的機能の重要性は指摘されてきた．先にも述べたように雌ARKOマウスは，雄ARKOマウスのような異常は外観上なんら見出されなかった．

しかしながら，性成熟後の8週齢において産子数が顕著に低下することを見出した．しかしながら，内性生殖器には，外見上なんら変異は見出すことはできなかった．そこでこの産子数低下の要因を探るべく，雌性生殖機能全般にわたって詳細な検討を行った．3週齢の卵巣では一次卵胞，二次卵胞の発達に野生型とARKOマウスで差異は認められないものの，産子数低下が見られる8週齢のARKO卵巣において閉鎖卵胞数の増加が確認された．それ以降，閉鎖卵胞の増加に伴い一次卵胞，二次卵胞，成熟卵胞とすべてのステージの卵胞数が加齢とともに減少し，やがて野生型マウスではまだ妊娠可能である40週齢で不妊に至ることを見出した (Shiina et al, 2006) (図Ⅳ-15-8)．

このようなARKOマウスで見られる卵胞機能異常は早発閉経または早発卵巣不全といったヒトにおける病態との関連が強く示唆される．早発閉経発症の原因は多岐にわたると考えられるが，その主要な病因の一つとして染色体異常や遺伝子変異などの遺伝学的要因があげられる．その中でも，ターナー症候群 (45, X) に見られるX染色体モノソミーやX染色体部分欠損の患者に早発閉経が多く報告されており，X染色体長腕には卵巣機能に不可欠な種々の遺伝子が存在すると考えられる．早発閉経責任領域としてX染色体長腕にPOF1 (Xq26-q27) 領域とPOF2 (Xq13-q21) 領域が知られており，POF1領域の責任遺伝子として*FMR 1*が候補遺伝子としてあがっている (Powell et al, 1994; Therman et al, 1990)．一方，**早発閉経症**における直接の*AR*遺伝子変異は現在までに見出されていないものの，*AR*遺伝子 (Xq11.2-q12) が座位する近傍領域 (Xq11-13) の微小欠損により，早発閉経や無月経症を呈するという報告があることから，早発閉経症におけるX染色体原因遺伝子としてARの寄与が強く推測される (Schlessinger et al, 2002; Simpson, Rajkovic, 1999)．

そこで次に，卵胞でARにより制御される遺伝子発現プロファイリングを行うこととした．近年，卵成熟過程は卵胞において，卵細胞とその支持細胞である顆粒膜細胞が相互に産生する種々の液性因子により巧妙に調節され進行することが明らかになっている (Matzuk et al, 2002)．ARKO卵巣のマイクロアレイ解析を行った結果，卵細胞と顆粒膜細胞の相互作用を仲介するKitリガンド，BMP-15，GDF-9等の成長因子が顕著に低下していることが判明した．これらのプロモーター解析を行った結果，ARはリガンド依存的にKitリガンドの転写活性を促進させ

早発閉経：一般には40歳未満の若年性閉経を指し，高ゴナドトロピン性の無月経で，エストロゲン低値を呈する．日本産科婦人科学会教育・用語委員会では早発閉経を43歳未満での閉経と定義している．早発閉経発症の要因として，染色体異常や遺伝子異常，自己免疫疾患や癌の化学療法などが知られている．

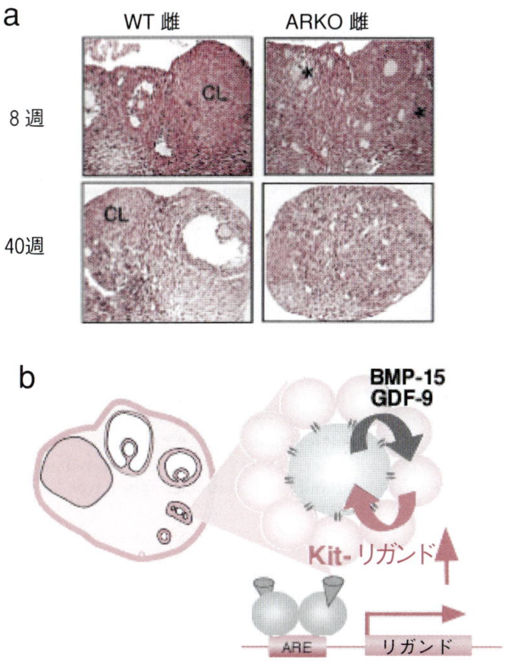

図Ⅳ-16- 8．雌 ARKO マウスにおける早発閉経

(a) 雌 ARKO は性成熟後の 8 週齢で卵胞数の低下と閉鎖卵胞（＊で示した）の増加を示し始め，40週齢では卵胞や黄体（CL）が消失し，不妊を呈する．(b) AR は標的遺伝子である Kit リガンドの転写調節を介し，成長因子（BMP-15，GDF-9）による卵細胞と顆粒膜細胞の相互作用を促すことで卵胞発育を調節する（概念図）．

ることが明らかとなった．Kit リガンドは AR と同様に顆粒膜細胞に局在し，パラクライン作用によって卵細胞の成長を促す．一方で BMP-15，GDF- 9 は共に卵細胞より分泌され，顆粒膜細胞に対して成長作用を示す．したがって，AR を介したアンドロゲン作用は，その直接の標的遺伝子である Kit リガンドの転写を正に調節することにより，種々の成長因子による卵子と顆粒膜細胞の相互作用を促し，卵胞の発育を調節していると考えられる（図Ⅳ-15- 8）．このように，アンドロゲン情報伝達の鍵因子である AR は雄性のみならず，雌性生殖機能を調節するきわめて重要な転写因子であることが証明された（Shiina et al, 2006）．

まとめ

従来の内分泌学的概念では，アンドロゲンは雄化ホルモンとしてのみ認識され，雄性特異的に種々の生理作用を発揮すると考えられてきた．*AR* 遺伝子欠損マウスを用いたアプローチから，雄性においてアンドロゲン／AR は性差形成のみならず，骨代謝や脂質代謝など幅広い生理作用を有することが明確となった．さらに，ARKO の雌マウスが早発閉経様の卵巣機能障害を呈することから，雌性において AR を介したアンドロゲン作用は雌化シグナルとしても作用を発揮することが明らかとなった．つまり，アンドロゲンは性を超えたステロイドホルモンであることが提唱された．

（加藤茂明・松本高広）

引用文献

Glass CK, Rosenfeld MG (2000) The coregulator exchange in transcriptional functions of nuclear receptors, *Genes Dev*, 14 ; 121-141.
Griffin JE (1992) Androgen resistance--the clinical and molecular spectrum, *N Engl J Med*, 326 ; 611-618.
Jenuwein T, Allis CD (2001) Translating the histone code, *Science*, 293 ; 1074-1080.
Kato S (2002) Androgen receptor structure and function from knock-out mouse, *Clin Pediatr Endocrinol*, 11 ; 1-7.
Kawano H, Sato T, Yamada T, et al (2003) Suppressive function of androgen receptor in bone resorption, *Proc Natl Acad Sci USA*, 100 ; 9416-9421.
Kitagawa H, Fujiki R, Yoshimura K, et al (2003) The chromatin-remodeling complex WINAC targets a nuclear receptor to promoters and is impaired in Williams syndrome, *Cell*, 113 ; 905-917.
Lees JA, Fawell SE, Parker MG (1989) Identification of two transactivation domains in the mouse oestrogen receptor, *Nucleic Acids Res*, 17 ; 5477-5488.
Li B, Carey M, Workman JL (2007) The role of chromatin during transcription, *Cell*, 128 ; 707-719.
Mangelsdorf DJ, Thummel C, Beato M, et al (1995) The nuclear receptor superfamily : the second decade, *Cell*,

83 ; 835-839.
Martin C, Zhang Y (2005) The diverse functions of histone lysine methylation, *Nat Rev Mol Cell Biol*, 6 ; 838-849.
Matzuk MM, Burns KH, Viveiros MM, et al (2002) Intercellular communication in the mammalian ovary : oocytes carry the conversation, *Science*, 296 ; 2178-2180.
Powell CM, Taggart RT, Drumheller TC, et al (1994) Molecular and cytogenetic studies of an X ; autosome translocation in a patient with premature ovarian failure and review of the literature, *Am J Med Genet*, 52 ; 19-26.
Quigley CA, De Bellis A, Marschke KB, et al (1995) Androgen receptor defects : historical, clinical, and molecular perspectives, *Endocr Rev*, 16 ; 271-321.
Rosenfeld MG, Lunyak VV, Glass CK (2006) Sensors and signals : a coactivator/corepressor/epigenetic code for integrating signal-dependent programs of transcriptional response, *Genes Dev*, 20 ; 1405-1428.
Sato T, Matsumoto T, Kawano H, et al (2004) Brain masculinization requires androgen receptor function, *Proc Natl Acad Sci USA*, 101 ; 1673-1678.
Sato T, Matsumoto T, Yamada T, et al (2003) Late onset of obesity in male androgen receptor-deficient (AR KO) mice, *Biochem Biophys Res Commun*, 300 ; 167-171.
Schlessinger D, Herrera L, Crisponi L, et al (2002) Genes and translocations involved in POF, *Am J Med Genet*, 111 ; 328-333.
Shiina H, Matsumoto T, Sato T, et al (2006) Premature ovarian failure in androgen receptor-deficient mice, *Proc Natl Acad Sci USA*, 103 ; 224-229.
Simpson JL, Rajkovic A (1999) Ovarian differentiation and gonadal failure, *Am J Med Genet*, 89 ; 186-200.
Takeyama K, Ito S, Yamamoto A, et al (2002) Androgen-dependent neurodegeneration by polyglutamine-expanded human androgen receptor in Drosophila, *Neuron*, 35 ; 855-864.
Therman E, Laxova R, Susman B (1990) The critical region on the human Xq, *Hum Genet*, 85 ; 455-461.
Tora L, White J, Brou C, et al (1989) The human estrogen receptor has two independent nonacidic transcriptional activation functions, *Cell*, 59 ; 477-487.
Waterman MR, Keeney DS (1992) Genes involved in androgen biosynthesis and the male phenotype, *Horm Res*, 38 ; 217-221.

IV-16

卵子の自然単為発生と抑制遺伝子

Key words
減数分裂／テラトーマ／受精／卵巣／卵胞

はじめに

私たちの常識では，個体発生は必ず卵子と精子との受精に始まる．この時，精子の働きとしては，卵子を活性化して，発生を開始させることと，次の世代である胚に雄ゲノムを送り届けることだけで，少なくとも初期発生そのものにはほとんど関与しないと考えられる．初期発生過程で必要とされる材料は，十分に成熟してから排卵される卵子に蓄えられているので，もし精子との受精に代わるなんらかの刺激によって活性化されれば，卵単独でも発生を始めることは可能である．ゆえに，予想外ではあるが，卵子と精子の受精を経ない，いわゆる単為発生は動物界全体を見渡すとごく普通に起きている．一方，哺乳類は何段階もの抑制機構を持ち，単為発生が起こらないようになっている．本節では，マウスを中心としてその抑制メカニズムを概観する．

1 単為発生とその抑制

本来，単為発生（parthenogenesis）とは，「雄からの影響を受けずに行われる生殖」として1849年にR. Owenにより定義された（Owen, 1849）．しかし，その定義には有性生殖生物における受精なしに起こる卵子の発生ばかりでなく，無性生殖生物の分裂や出芽も含まれるので，意味合いがかなり広義であった．そこでその後，多くの研究者が単為発生の再定義を行ったが，1967年にR. A. Beattyによる「雄配偶子からの遺伝的関与なしに，雌配偶子から最終的に成体への発生の有無にかかわらず，胚が作られること」という定義（Beatty, 1967）が私たちを満足させるのではなかろうか．ここで注意すべきは，単為発生には，受精によらない卵子の活性化（activation）と，活性化された卵子の胚発生という二つの独立した現象が含まれることである．実際に，受精をしていないのに卵割を始めるというのは，ほとんどの動物種で見られる．その中の多くの動物種では，活性化された卵子より生じた単為発生胚（parthenote）から個体へと成長するが，一部の動物種では絶対に単為発生個体は生まれない．この節で中心となる哺乳類は後者の代表であり，ごくまれに，卵巣内で成長中の卵子も，排卵した卵子も受精することなしに活性化され，発生を始めることはあるが，その単為発生胚は途中までしか発生せず，自然の状態では決して生まれてくることはない．ただし，この偶発的な卵子の活性化は遺伝的変異によって頻度が上昇すること，さらには特定の遺伝子を操作することにより，単為発生胚の発生が完了し，誕生も可能であることが最近示された(Kono et al, 2004)．これらのことは，哺乳類では，単為発生個体が生まれないように，進化過程で何段階かの抑制機構を獲得したことを示すと考えられる．

単為発生個体が生まれないようにするための抑制機構（図Ⅳ-16-1）の第一は，成熟した卵子の受精によらない活性化を抑制することである．成長中の卵母細胞は，卵核胞（GV, germinal vesicle）を持った状態で減数分裂を停止している．成長が終わると排卵刺激により減数分裂を再開して，成熟が進んだ卵子として第二減数分裂中期（M-Ⅱ, metaphase Ⅱ）で停止し，受精の刺激で減数分裂を完了して発生を開始する．つまり適切な刺激によって減数分裂が再開し，完了してはじめて卵子が活性化されるようにするために，完全に成熟する直前のM-Ⅱで，成熟を止めておく．第二は，単為発生胚の成長を抑制することである．初期発生を進めるための材料は，卵子の中にほとんどそろっているため，どんな刺激であれ，活性化された卵子はある時期までは自分の持つ材料を使って発生は進む．しかも半数体（haploid）であれ，二倍体（diploid）であれ，卵子固有のゲノムセットはそろっているので，引き続き単為発生胚自身の遺伝子発現依存的に発生することも可能となる．そこで，第二の抑制機構としては卵子形成過程で自らのゲノムにインプリントマークをつけ，精子形成過程でついた雄インプリントと相補的になった時にはじめて発生が完了できるという単為発生胚の成長抑制システムを作り上げた．

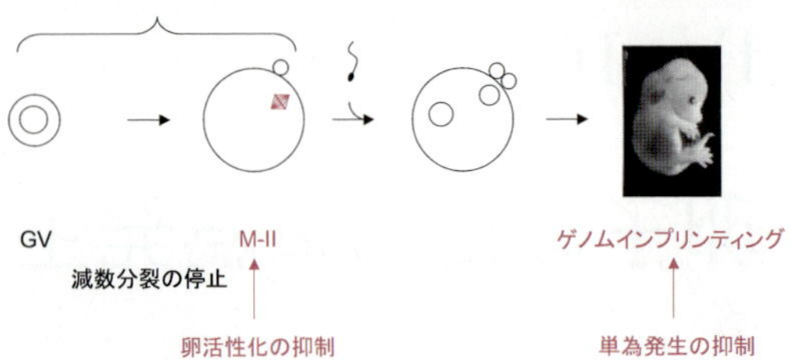

図Ⅳ-16-1．

哺乳類では単為発生個体は生まれないための抑制機構を持つ．卵母細胞はGVステージのまま卵胞内で成長し，そのまま減数分裂を完了すれば受精しなくても細胞分裂が可能だ．そこで，受精してはじめて減数分裂が完了するために，第二減数分裂中期（M-Ⅱ）で停止している．また，受精以外の刺激で活性化され，単為発生を始めてしまった場合は，ゲノムインプリンティングによって発生を抑制する．

2 哺乳類の卵形成と自然単為発生

単為発生は，卵子形成過程で成長し成熟の進んだ卵子が，受精に代わるなんらかの刺激によって発生を開始するものと考えられる．ところが，ごくまれに，卵巣内部で，成熟途中と思われる卵が単為発生を始めることもある．両者には，一見何の関連もないように思える．しかし，卵形成後期に起こる減数分裂という観点で見てみると，単為発生がいかにして起きるかについて理解するためのあるヒントが見えてくる．

卵子は，胎児の始原生殖細胞（PGC, primordial germ cell）に由来する．発生の早い時期の胚体後端部に出現したPGCは将来の卵巣の原基である生殖隆起（genital ridge）に移動し，雌への性分化が始まった後，減数分裂を開始して卵母細胞（oocyte）となる．胎児の成長とともに，卵巣内の卵母細胞は減数分裂を進め，生まれる時には第一減数分裂前期を終えて，卵核胞を持った静止状態にある．これは原始卵母細胞(primordial oocyte)と呼ばれ，未成熟な一層の顆粒膜細胞(granulosa cell)に囲まれた形で，原始卵胞(primordial follicle)を形成する．哺乳類の雌は，生殖幹細胞を持たないため，生涯を通じて作り出す卵子は，この原始卵胞のプールから供給される．性成熟に達すると，原始卵胞プールの一部から排卵刺激を感受可能な胞状卵胞に発達する．この胞状卵胞内には完全に成長した卵母細胞があり，排卵刺激により卵核胞崩壊(GVBD, germinal vesicle break down)で第一減数分裂を再開し，第一極体を放出するとともに，第一減数分裂を完了して，M-Ⅱで再び停止する．これが減数分裂における二度目の停止で，卵管膨大部で精子との受精を待つ．このように卵成熟は減数分裂と強く結びついていて，減数分裂は原始卵胞のGVステージ，そして排卵時のM-Ⅱステージと二回の停止時期を持つ(図Ⅳ-16-1)．

排卵した卵子は，通常M-Ⅱステージで，精子との受精を待つが，受精しないのに，なんらかの刺激で発生を始めるのが単為発生である．哺乳類では，人工的な単為発生の誘導が容易(Marcus, 1990)なことから，自然な状態での単為発生も頻繁に起こることが予想される．実際，ハムスターでは，排卵後24時間以内に約80%は自然に活性化され，第二極体を放出し，そのうちの一部は卵割を始める(Austin, 1956)．それはM-Ⅱステージで停止し続けられる時間が限られているためなのかもしれない．それに加え，マウス，モルモット，フェレットなどでは，昔から受精していない卵子の卵割が起こり，ごくまれに卵巣内でも単為発生胚が見られると報告されている(Chang, 1957 ; Dempsey, 1939 ; Pincus, 1936)．ヒトでも，卵巣の閉鎖卵胞(atretic follicle)内で自然に卵割が起こることが報告されている(Krafka, 1939)．GVを持った状態の原始卵母細胞はFSH(follicle stimulating hormone)刺激による卵胞発達過程で成長するが，この間，減数分裂は停止したままであり，その状態では単為発生は起こらないと思われる．すなわち，なんらかの原因で減数分裂の停止が継続できずに再開してしまうことが卵の活性化のきっかけと考えられる．これらの自然に起こる単為発生のメカニズムを知るには，高頻度で単為発生を起こす変異マウスの解析が強力な手段となる．そのような状況で，1970年代に高頻度で単為発生するマウス系統が発見され，さらに減数分裂の停止に重要と思われる遺伝子のノックアウト・マウスで単為発生が高頻度で観察された，システマティックな研究を行うきっかけが得られた．

3 卵巣性テラトーマ高発系マウスにおける高頻度単為発生

1974年，L. C. StevensとD. S. VarnumはC58とBALBという二つの系統の交配により確立されたLT/Sv系統マウスにおいて，高頻度で卵巣性テラトーマが発症することを見出した(Stevens, Varnum, 1974)．LT/Svの卵巣性テラトーマは，卵巣内の形態的に異常が認められる顆粒膜細胞を持つ卵胞内の，成熟の進んだ卵子の一部が減数分裂を再開することに始まる(Eppig, 1978)．さらにその一部の卵子が自然に活性化され，卵割期(図Ⅳ-16-2(A))，胚盤胞期と発生を続け，周辺の体細胞と擬似的な着床をして，

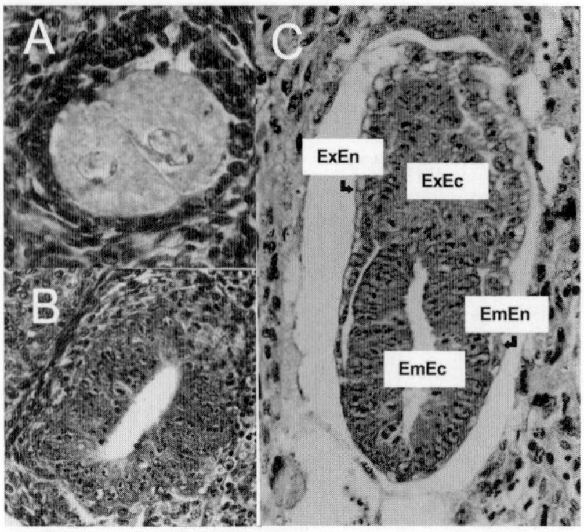

図Ⅳ-16-2．卵巣内単為発生胚

LT/Sv 系統マウス卵巣に見られる2細胞期胚(A)と6日胚に相当する未分化細胞集団(B)．正常6.5日胚(C)の胚体外胚葉(EmEc)と酷似している．ExEc：胚体外外胚葉，ExEn：胚体外内胚葉，EmEn：胚体内胚葉

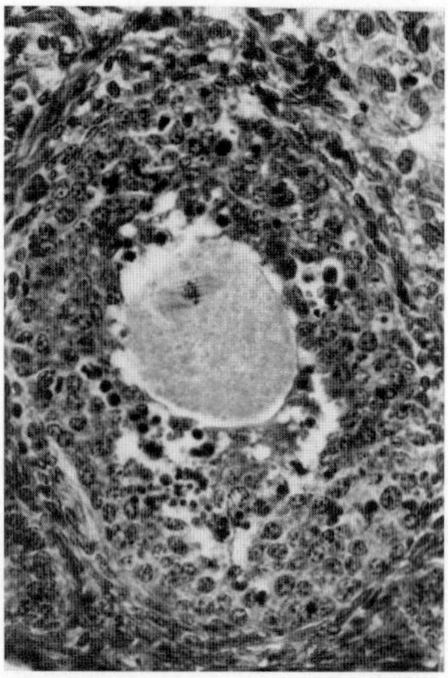

図Ⅳ-16-3．減数分裂を再開した卵子を持つ卵胞

卵巣内で減数分裂を再開した卵母細胞は核凝縮を起こした卵胞内に存在する．成長がある程度進んでGVBDを起こし，第一減数分裂中期に達した卵母細胞．周囲の顆粒膜細胞の多くが核凝縮を起こしている．

正常発生の6-7日胚に相当するまで成長（図Ⅳ-16-2(B)）した後，未分化胚細胞からなる胚体外胚葉（embryonic ectoderm）あるいはエピブラスト（epiblast）に似た細胞集団が分化しつつ秩序が乱れて，三胚葉性の卵巣性テラトーマになる．卵巣性テラトーマの発症率は生後3ヶ月の個体で50%であるが，18日齢以後の雌マウスでは，すべての卵巣内に2細胞期以上に発生した単為発生卵が認められる．このことは，LT/Sv卵巣内の卵子はかなりの頻度で単為発生を始めるが，その後の発生途中で大部分は死滅し，ごくまれにしかテラトーマ形成には至らないことを意味しており，卵の自然活性化と単為発生胚の成長は別の制御下にあることがわかる．

哺乳類の卵母細胞は，卵胞内で成長している間は，GVステージで減数分裂を停止している．それは卵胞の顆粒膜細胞からの刺激による減数分裂再開抑制機構による．成長した卵子は，グラーフ卵胞（graffian follicle，胞状卵胞内）に存在するが，通常はここでLHサージによって抑制がはずれて減数分裂が再開し，排卵される．この時，人為的に卵胞から取り出した卵を培養液に移すと，それが刺激となり抑制が解除され，自発的に減数分裂を再開する．これを自発的卵成熟（spontaneous oocyte maturation）と呼ぶ（Edwards, 1965）．LT/Sv卵巣内の単為発生卵を見ると，それが存在する卵胞の発達が不充分であったり，卵胞を構成する顆粒膜細胞の多くが，核凝縮を起こした閉鎖卵胞であったりする．したがって，これらの卵胞は，卵に対する減数分裂再開抑制活性が低下しており，卵子は卵胞から取り出された時と同様に抑制から解放され，減数分裂が再開（図Ⅳ-16-3）し，そのうちの一部が活性化され，単為発生卵となったと考えられる．

その後，L. C. StevensとD. S. Varnumにより，LT/SvとC57BL/6Jの交配で，雌のほとんどすべてが両側の卵巣にテラトーマを発症するLTXBJマウス系統が確立された．そして(LTXBJ x LT/Sv) F1にできた卵巣生テラトーマの*Gpi-1* (glucose phosphate isomerase 1) 遺伝子のアイソフォーム解析から，テラトーマが第一減数分裂を完了した卵母細胞から生じたことが明らかとなった (Eppig et al, 1977)．また正常では，排卵された卵子は，第一減数分裂を完了し，M-Ⅱで受精を待つが，LT/Svマウスから排卵される卵子の約3分の1は,第一減数分裂を完了せず，第一減数分裂中期 (M-Ⅰ, metaphase Ⅰ) で停止した一次卵母細胞 (primary oocyte) であり，残りがM-Ⅱで停止している二次卵母細胞 (secondary oocyte) である (Kaufman, Howlett, 1986 ; Eppig, Wigglesworth. 1994)．また，それぞれの自然活性化卵子において前核の直径を調べると，通常の受精卵子のそれより3分の1大きく，染色体は二倍体であり，M-Ⅱ卵子由来の単為発生胚の前核は通常のサイズで染色体は半数体であった (図Ⅳ-16-4) (Kaufman, Howlett, 1986)．LT系統特有のM-Ⅰで停止している卵子は，極体を放出しない状態で長くとどまり，遅れて第一減数分裂後期からM-Ⅱに進行するが，その後，卵子が活性化され，間期に入り，前核が形成されると思われる．M-Ⅰ停止はLT/Sv系統の特徴の一つであるばかりでなく，さらにヒトテラトーマについても第一減数分裂完了後の卵子由来で，二倍体であるとの報告がある (Linder, Power, 1970 ; Linder et al, 1975) ので，M-Ⅰ停滞後の自然単為発生は一般的に起こるのかもしれない．

多くの卵子がM-Ⅰで停止し，その後のM-Ⅱへの移行が遅れることが単為発生の引き金となるというのが，LT系統の特徴であるが，それは卵胞内で卵母細胞と直接接する卵丘細胞 (cumulus cell) が重要な役割を果たす．ただし，LT/SvとC57BL/6Jとの組換え系統であるLTXBOマウスと野生型B6SJLF1マウスから，それぞれ卵母細胞と卵巣体細胞を別々に回収し，遺伝的に異なった卵母細胞と卵巣体細胞の組み合わせとなる再構成キメラ卵巣を作り，M-Ⅰ停止と単為発生の頻度を解析した結果，本質的にはM-Ⅰ停止も卵の活性化もLT系統マウス卵に固有の遺伝的形質発現によることが明らかにされている (Eppig et al, 2000)．

4 自然単為発生と減数分裂の異常

M-ⅠからM-Ⅱへの移行が遅れ，減数分裂を停止することなく引き続き間期に移行し，前核を形成して単為発生する場合も，M-Ⅱで停止し続けることができずに間期に移行し，前核を形成して単為発生する場合も (図Ⅳ-16-4)，いずれも結局は減数分裂から逸脱している．要するに卵子の自然活性化は，減数分裂の異常が原因のようである．では減数分裂のこの時期にどのような分子の相互作用が重要な働きをし，どのような分子の異常が単為発生につながるのだろうか．その鍵を握るのはMPFとCSFである (Ⅶ-28参照)．

M期 (卵成熟) 促進因子 (MPF, M-phase (or Maturation) promoting factor) は減数分裂ばかりでなく体細胞分裂の細胞周期にも重要な役割を果

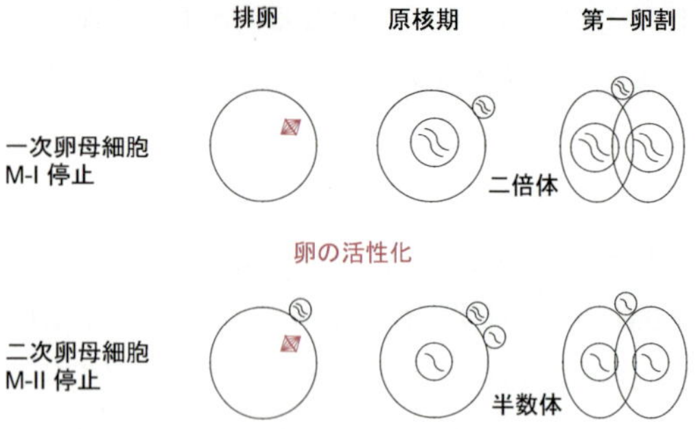

図Ⅳ-16-4．単為発生胚の二つのグループ

M-Ⅰ停止後，活性化された卵は二倍体で，M-Ⅱ停止後，活性化された半数体の卵と比較して原核が大きい．

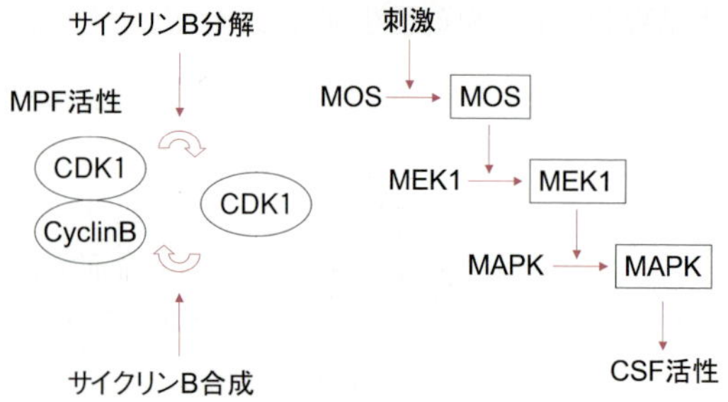

図Ⅳ-16-5．MPF と CSF の活性化

たす（Masui, Markert, 1971）タンパク質キナーゼ複合体で，CDK 1（Cdc 2）キナーゼと調節サブユニットであるサイクリン B（cyclin B）とのヘテロダイマーからなる（図Ⅳ-16-5）（Lohka et al, 1988, Doree, Hunt, 2002）．MPF は細胞分裂に関連するタンパク質をリン酸化し，制御するが，それ自身の活性は，脱リン酸化とサイクリン濃度依存的に調節される（Masui, Markert, 1971）．本稿ではサイクリン濃度について言及する（脱リン酸化等についてはⅦ-28参照）．体細胞分裂においては，サイクリンは細胞周期を通じて合成され，M 期–後期移行（metaphase-anaphase transition）の短い時間に分解される（Evans et al, 1983）．卵母細胞では，減数分裂のタイミングはほとんどサイクリン B 濃度により制御される．卵形成過程で MPF は GVBD の時に活性化され，M-Ⅰ期の終盤に最大となり（Choi et al, 1991 ; Verlhac et al, 1994），その後 M-Ⅰから M-Ⅱへの移行期に一過的に低下する．M-Ⅱに入るとすぐに MPF は再活性化され，高レベルのまま M-Ⅱ停止の間維持される（図Ⅳ-16-6）．未成熟卵母細胞にはわずかな量のサイクリン B しかないが，それでも M-Ⅰへの侵入を誘導するに十分と考えられている（Hampl, Eppig ; 1995, Winston, 1997 ; Hashimoto, Kishimoto, 1988 ; Ledan et al, 2001）．GVBD 後にサイクリン B は高レベルで合成され，ただちに CDK1 キナーゼと会合し，活性型複合体を形成する（図Ⅳ-16-5）．その後，M-Ⅰから第一極体を放出するためには急速なサイクリン B の分解が必要となる．したがって，MPF 活性はサイクリン合成のレベルを決める翻訳依存的機構によって制御される．

第一減数分裂と対照的に，第二減数分裂への侵入は体細胞分裂と似ている．MPF の再活性化とともに速やかに紡錘体が形成されるが，第二減数分裂の染色体は体細胞分裂の染色体と同じで，姉妹染色分体（sister chromatids）からなる．しかし，体細胞分裂と違うのは，卵母細胞では受精まで何時間も高い MPF 活性を保ち，それによって染色体が M 期板（metaphase plate）上で完全に対合したままの状態で維持されることだ．この M-Ⅱ停止を維持するためには CSF（cytostatic factor）が必要である（Masui, Markert 1971）．CSF 活性は MOS-MAPK 経路が中心的

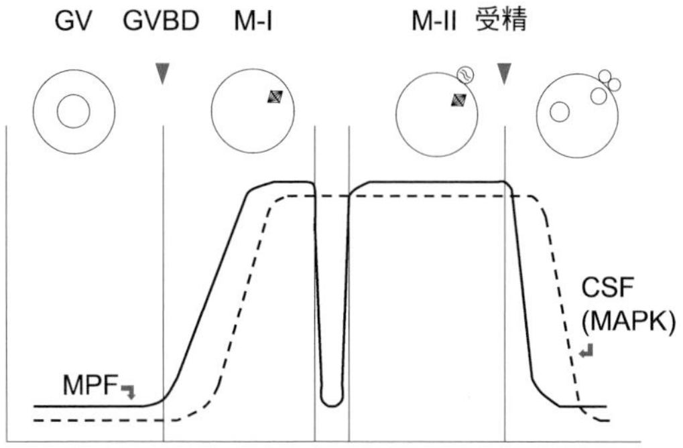

図Ⅳ-16-6．卵成熟過程でのMPFとCSFの活性変動

役割を果たす（Sagata, 1997）．MOSはセリン／スレオニンタンパク質キナーゼでMEK1（MAPKキナーゼ）をリン酸化することによって活性化し，活性化MEK1がMAPK（mitogen activated protein kinase）を活性化する（図Ⅳ-16-5）．活性化されたMAPKによってMPFの活性が安定に保たれ，その結果高レベルMPFによってM-Ⅱ停止が維持されることになる．そして受精の刺激によってCSFが分解されるとともに，MPFのレベルが低下するので，卵母細胞は第二減数分裂を完了できる（図Ⅳ-16-6）．

このようにM-Ⅱ停止に重要なMPF活性を安定化するCSF活性の鍵を握るのがMOS-MAPK経路であり，その中で減数分裂の時だけ引き金として関与するのがMOSである．したがって，MOSになんらかの異常が生じた場合，卵子成熟の異常が起こり，ひいては単為発生につながることが予想される．MOSはその特異的な発現パターンから，卵子形成ばかりでなく精子形成にも関与すると考えられたが，*c-mos*ノックアウト・マウスは，雄の妊孕性には影響しないことから，精子形成には必要ないと結論されている．一方，*c-mos*ノックアウトの雌では，妊孕性の低下が見られ，それに加え，卵巣内卵の減数分裂異常と単為発生が原因となるテラトーマを発症した（Colledge et al, 1994；Hashimoto et al, 1994）．

*In vitro*の解析によれば，*c-mos*ノックアウト卵子は，GVBDから第一極体放出までの変化は正常卵子と差が見られないことから，ここまでの過程では，MOSは必須ではないように思われた．ただし正常卵と比較した時に，減数分裂中の染色体構造がやや緩く，M-Ⅰの微小管構造に異常が見られ，第一極体が明らかに大きいなどの形態的な違いが見られた（Verlhac et al, 1996；Araki et al, 1996）．また正常の卵子は，*in vitro*で自発的卵成熟し，培養を続けることでほとんどがM-Ⅱまで進み停止したが，*c-mos*ノックアウト卵子の約40%はM-Ⅰ以後，すぐに活性化されて第一極体を出し，残りは活性化されることなくM-Ⅱまで進むが，M-Ⅱで停止せず自然に活性化された（Araki et al, 1996）．この時，正常卵子は未成熟な状態でMAPK活性がほとんど見られず，GVBDの時期以後に活性が上昇する（図Ⅳ-16-5）が，*c-mos*ノックアウト卵子では成熟過程でのMAPK活性の上昇は見られない．このことは，MOSを持たない卵子では，MOS-MAPK経路が活性化されていないことを示す．一方，M-ⅠからM-ⅡにかけてのMPF活性の変動は*c-mos*ノックアウト卵子でも正常卵とそれほど変わらないが，ノックアウト卵子ではM-Ⅱ以後速やかに低下する．これらの結果は，M-Ⅱでの停止にはMOS-MAPK経路によるCSF活性化が必要であり，*c-mos*ノックアウトマウス卵子ではM-Ⅱ停止が起こらず卵子の活性化につながることを示す．

しかし，*c-mos* ノックアウト卵子の一部はM-IからM-IIへ移行せずに活性化されるものもあり，減数分裂中の染色体構造や紡錘体に異常が見られたため，これらにはCSF活性としてではないMAPK活性が関係すると考えられる．

体細胞のM期は一過的であり紡錘体の微小管は代謝回転が早いが，減数分裂のM期，特にM-IIの紡錘体はきわめて安定的（de Pennart et al, 1988；Gorbsky et al, 1990）で染色体は完全に対合したまま赤道面に配置され続ける（Brunet et al, 1999）．M-IIでの紡錘体の安定化にはMISS（MAP kinase-interacting and spindle-stabilizing protein）とDOC1Rという二つのMAPKの基質となるタンパク質が関係する（Lefebvre et al, 2002；Terret et al, 2003）．DOC1Rは減数分裂の間に蓄積するが，MISSはM-IIの間だけ存在する．これらのタンパク質はMAPKをはじめとするいくつものキナーゼによってリン酸化されることで紡錘体の維持に重要な役割を果たす．このため，MPFとMAPK経路の間の相互作用によってM期の紡錘体構造が長期に維持できる（図IV-16-7）．すなわち，*c-mos* ノックアウト卵子では，MAPK活性が低いために，紡錘体維持に異常が生じたものと予想される．

正常なM-II停止ばかりでなく，MI-MII移行や紡錘体の維持においてMOSが重要であり，MOSのノックアウトマウスで，単為発生が起こったことから，LT/Svで起こるさまざまな異常にもMOSのなんらかの異常が関与する可能性が考えられる．実際，M-Iで停止したLT/Sv卵ではサイクリンBもMPFも低下していない（Hampl, Eppig, 1995）ことからM-I停止したLT/Sv卵では，高いCSF活性がMPFを安定化し

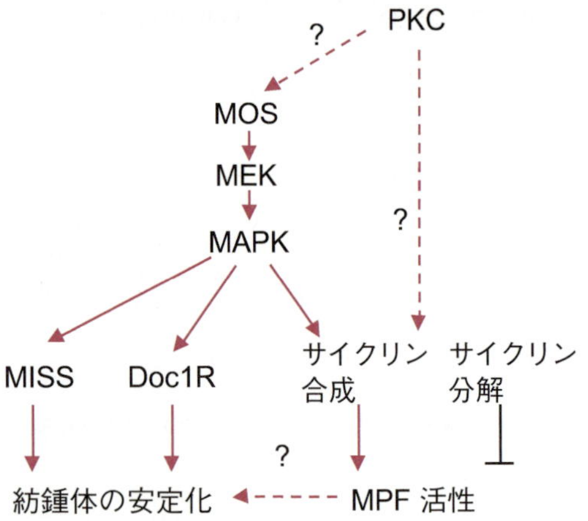

図IV-16-7．卵母細胞におけるM期停止の制御
実線はM-II停止のカスケードを表し，PKCの変調（破線）によりM-Iで停止する．

ていて，M-I停止が起こる可能性を暗示している．しかし，実際には，MOSはM-I停止状態を維持するためには働くが，M-I停止状態の誘導には関与しない（Hirano, Eppig, 1997）．さらにLT/SvのM-I停止というのは，第一減数分裂後期（anaphase I）へ移行しないというよりは，M-Iから第一減数分裂後期への移行の遅延であり，それは直接のCSFの関与によらない（Ciemerych, Kubiak, 1998）．それよりむしろ，LT/Sv卵で見られるM-I停止（実際には第一減数分裂後期への移行の遅延）はPKC（protein kinase C）の制御異常が関係することが示されている（Viveiros et al, 2001）．LTXBOマウス卵巣から取り出した卵母細胞を培養下で自発的卵成熟させた後にPKC活性の阻害剤であるBisindolylmaleimide I（BIM）処理をすると，LTXBO卵子の内在性PKC活性が低下し，それに伴いM-Iから第一減数分裂後期へ，そしてM-IIへと移行する率が高くなる．LTXBO卵子は本来，

高率でM-Ⅰ停止して，間期に入り，前核を形成して活性化され，そして単為発生卵が2細胞期に進むが，BIM処理はいずれも阻害する．逆にPKCのアゴニストであるホルボール-12・ミリステート-13・アセテート（phorbol-12-myristate-13-acetate）（PMA）処理はPKC活性を高め，LTXBO卵子の前核形成率や活性化率を上昇させた．これらの結果は，後期M-ⅠでのPKC活性の一過性の低下がM-Ⅱへの移行に必要であり，LT系統マウスでは，それに異常があることを示している．またMOSを欠いたLTXBO卵は，BIM処理の影響を受けないので，PKCの活性の変化は，MAPKカスケードの上流で働くことが予想される（図Ⅳ-16-7）．

5 LT系統マウスにおける自然単為発生の遺伝的要因

LT/Svおよび，その類縁系統マウスの卵成熟過程での異常には，どのような遺伝的形質が関わっているのだろうか．これまでに述べてきた現象に関係するタンパク質をコードする遺伝子の変異であれば話は簡単であるが，さらに複雑なメカニズムであることが遺伝学的解析から明らかとなっている．

LT/Sv系統は基本的にはC58とBALBとの交配から得られた組換え型の純系である．具体的には1950年にE. D. MacDowellがC58のコロニーに自然に生じた毛色の変異としてB^{lt}の存在を報告し（MacDowell, 1950），このC58-B^{lt}系統とBALBとの兄妹交配を繰り返すことでLT系統が確立された．交配28代目のLTが米国ジャクソン研究所に来たのが1957年で，当初E. S. RussellとS. E. Bernsteinにより維持されていたが，L. C. Stevensが1971年に卵巣性テラトーマを高発するということで75代目からLTを維持，解析し始めたため，これ以後，LT/Svと呼ばれる．この間，C58-B^{lt}とBALBが本来持つアレルの遺伝的組換えによってLT/Svの形質が現れたのか，LT/Sv系統を飼育中に起きた自然突然変異によってテラトーマが高頻度で生じるようになったのかを調べるために，BALB/c x C58/Jを交配した多くの系統（CX8）が確立され，それらのM-Ⅰ停止，卵子の自発的活性化（spontaneous parthenogenic activation），さらにテラトーマ形成頻度が調べられた．その結果，M-Ⅰ停止はC58/JでもBALB/cJでも高頻度で起きるが，卵子の活性化はほとんど起こらず，卵子の活性化はCX8で顕著に高くなる．また，LT/Svは卵巣性テラトーマ発症率が高いが，CX8では卵巣性テラトーマはできないことから，それぞれの現象は複数の遺伝的要因によって独立に制御されていることがわかった（Eppig et al, 1996）．結局，M-Ⅰ停止を引き起こす遺伝的要因は，C58/JもBALB/cJも本来持っており，これらの2系統の交配により起こる遺伝的組換えにより，卵子の活性化率が上昇し，卵巣性テラトーマ形成能は，兄妹交配継続中に得られた別の遺伝的変異に依存すると考えられる．さらにLT/Svを，M-Ⅰ停止能も卵活性化能もほとんど示さないC57BL/6Jと交配することにより得られたLTXBJとLTXBOはどちらもほぼ100%の個体で卵巣性テラトーマを作るので，C57BL/6Jの常染色体上の遺伝子がテラトーマ発症頻度を上昇させる可能性が示されている（Eppig et al, 1996）．また，別の報告では（C57BL/6J x LT/Sv）F2雌のリンケージ解析から，第6染色体上の領域が卵巣性テラトーマ発症と関連することが示され，*Ots 1*（ovarian teratoma susceptibility）と命名された（Lee et al, 1997）．これらはおそらくテラトーマ形成に関連した遺伝子領域と考えられる．さらの *M.m.castaneus* と LT/Svkan との交配を用いたリンケージ解析から LT/Sv の M-Ⅰ停止には第1と第9染色体領域が関連することも示されている（Everett et al, 2004）．いずれの領域にもいくつかの候補遺伝子が存在するが，遺伝子の特定には至っていない．

まとめ

減数分裂は1回の DNA 複製後，2回の細胞分裂によって最終的に半数体の配偶子を作る過程である．雄の場合，生殖幹細胞である未分化精原細胞（spermatogonia）から，一定の速度で精子形成が繰り返されるため，終生精子を作り続けることができる．生殖幹細胞からの分化は，組織幹細胞からの分化と同じで，まず約10回の体細胞分裂によって1,000倍ほどに前駆細胞を増やしてから，精母細胞（spermatocyte）として減数分裂に入る．いったん減数分裂を始めると途中停止することなく減数分裂を完了して，半数体精細胞（spermatid）が精子形態形成を行う．減数分裂の途中で停止するという制御段階がないことと，ほとんど細胞質を持たない精子へと変化することから，雄では単為発生は起こりえないと思われる．精巣にも卵巣と同じくテラトーマは発症するが，そのメカニズムはまったく異なっており，精巣では，胎児期の生殖隆起内の減数分裂以前の生殖細胞の体細胞分裂制御の破綻に起因する．

卵子形成は精子形成とことごとく対照的であり，成熟した卵子には発生に必要な情報も材料もすべて含まれる．したがって，その点から考えると受精などしなくても発生を始めるのはしごく当然のこととも思える．そこで，あくまでも受精によって世代交代するシステムを確立するために，卵成熟過程の最終段階である減数分裂の間に停止の時期が設けられたのではなかろうか．GV ステージの間に卵細胞質に初期発生に必要な材料を蓄え，準備が整ったら速やかに M-Ⅰから M-Ⅱへ移行して，受精を待つ．本来減数分裂も体細胞分裂と共通の機構に強く依存しているので，M-Ⅰ期の停滞は核形成をもたらす．また M-Ⅱのまま受精まで停止しないと，別の刺激で発生を始めてしまう．自然単為発生のこれまでの研究成果をまとめてみると，そのようなことがいえるのではなかろうか．ただし，減数分裂の特に M 期での逸脱が卵活性化の引き金になるのは確かだが，実際の受精に代わる刺激がどのようにして自然に与えられるかについては，不明だ．精子はゲノムの運び屋であるだけでなく，卵子の発生の引き金を引く働きをする．それは精子の持つ PLCZ1（phospholipase C-zeta）によって行われる可能性が強く示唆されている．*PLCZ 1* 遺伝子は精子形成過程と脳でしか発現しないが，強制発現させたトランスジェニックマウスでは，単為発生も起こるし，卵巣性テラトーマも見られる（Yoshida et al, 2007）．このことは，自然に起こる単為発生の時も，受精によって与えられる PLCZ の刺激を代替するような活性が卵内部で生じる可能性がある．その点も含めて，今後さらに自然単為発生抑制機構の詳細を検討していかなくてはいけない．

（野崎正美）

引用文献

Araki K, Naito K, Haraguchi S, et al (1996) Meiotic abnormalities of c-mos knockout mouse oocytes : activation after first meiosis or entrance into third meiotic metaphase, *Biol Reprod* 55 ; 1315-1324.

Austin CR (1956) Activation of eggs by hypothermia in rats and hamsters, *J Exp Biol* 33 ; 338-347.

Beatty R A (1967) Parthenogenesis in vertebrates, In : *Fertilization*, Metz CB, Monroy A (eds), Vol I, pp 413-440, Academic Press, New York and London.

Brunet S, Santa Maria A, et al (1999) Kinetochore fibers are not involved in the formation of the first meiotic spindle in mouse oocytes, but control the exit from the first meiotic metaphase, *J Cell Biol*, 146 ; 1-12.

Chang MC (1957) Natural occurrence and artificial induction of parthenogenetic cleavage of ferret ova, *Anat Rec*, 128 ; 187-200.

Choi T, Aoki F, Mori M, et al (1991) Activation of p 34^{cdc2} protein kinase activity in meiotic and mitotic cell cycles in mouse oocytes and embryos, *Development*, 113 ; 789-795.

Ciemerych MA, Kubiak JZ (1998) Cytostatic activity develops during meiosis I in oocytes of LT/Sv mice, *Dev Biol*, 200 ; 198-211.

Colledge WH, Cartton MBL, Udy GB, et al (1994) Disruption of c-mos causes parthenogenetic development of unfertilized mouse eggs, *Nature*, 370 ; 65-68.

de Pennart H, Houliston E, Maro B (1988) Post-translational modifications of tubulin and the dynamics of microtubules in mouse oocytes and zygotes, *Biol Cell*, 64 ; 375-378.

Dempsey EW (1939) Maturation and cleavage figures in ovarian ova, *Anat Rec*, 75 ; 223-236.

Doree M, Hunt T (2002) From Cdc2 to Cdk1 : when did the cell cycle kinase join its cyclin partner? *J Cell Sci*, 115 ; 2461-2464.

Edwards RG (1965) Maturation in vitro of mouse, sheep, cow, pig, rhesus monkey and human ovarian noocytes, *Nature*, 208 ; 349-351.

Eppig JJ(1978)Granulosa cell deficient follicles : occurrence, structure, and relationship to ovarian teratocarcinogenesis in strain LT/Sv mice, *Differentiation*, 12 ; 111-120.

Eppig JJ, Kozak LP, Eicher EM, et al (1977) Ovarian teratomas in mice are derived from oocytes that have completed the first meiotic division, *Nature*, 269 ; 517-518.

Eppig JJ, Wigglesworth K (1994) Atypical maturation of oocytes of strain I/LnJ mice, *Hum Reprod*, 9 ; 1136-1142.

Eppig JJ, Wigglesworth K, Varnum DS, et al (1996) Genetic regulation of traits essential for spontaneous ovarian teratocarcinogenesis in strain LT/Sv mice : aberrant meiotic cell cycle, oocyte activation, and parthenogenetic development, *Cancer Res*, 56 ; 5047-5054.

Eppig JJ, Wigglesworth K, Hirao Y (2000) Metaphase I arrest and spontaneous parthenogenetic activation of strain LTXBO oocytes : chimeric reaggregated ovaries establish primary lesion in oocytes, *Dev Biol*, 224 ; 60-68.

Evans T, Rosenthal ET, Youngblom J, et al (1983) Cyclin : A protein specified by maternal mRNa in sea urchin eggs that is destroyed at each cleavage division, *Cell*, 33 ; 389-396.

Everett CA, Auchincloss CA, Kaufman MH, et al (2004) Genetic influences on ovulation of primary oocytes in LT/Sv strain mice, *Reproduction*, 128 ; 565-571.

Gorbsky GJ, Simerly C, Schatten G, et al (1990) Microtubules in the metaphase-arrested mouse oocyte turn over rapidly, *Proc Natl Acad Sci USA*, 87 ; 6049-6053.

Kaufman MH, Howlett SK (1986) The ovulation and activation of primary and secondary oocytes in LT/Sv strain mice, *Gamete Res*, 14 ; 255-264.

Kono T, Obata Y, Wu Q, et al (2004) Birth of parthenogenetic mice that can develop to adulthood, *Nature*, 428 ; 860-864.

Krafka J (1939) Parthenogenetic cleavage in the human ovary, *Anat Rec*, 75 ; 19-21.

Hampl A, Eppig JJ (1995) Translational regulation of the gradual increase in histone H1 kinase activity in maturing mouse oocytes, *Mol Reprod Devel*, 40 ; 9-15.

Hashimoto N, Kishimoto T (1988) Regulation of meiotic metaphase by a cytoplasmic maturation-promoting factor during mouse oocyte maturation, *Dev Biol*, 126 ; 242-252.

Hashimoto N, Watanabe N, Furuta Y et a. (1994) Parthenogenetic activation of oocytes in c-mos-deficient mice, *Nature*, 370 ; 68-71.

Hirano Y, Eppig JJ (1997) Analysis of the mechanism(s) of metaphase I arrest in maturing mouse oocytes, *Development*, 121 ; 925-933.

Ledan E, Polanski Z, Terret ME, et al (2001) Meiotic maturation of the mouse oocyte requires an equilibrium between cyclin B synthesis and degradation, *Dev Biol*, 232 ; 400-413.

Lee GH, Bugni JM, Obata M, et al (1997) Genetic dissection of susceptibility to murine ovarian teratomas that originate from parthenogenetic oocytes, *Cancer Res*, 57 ; 590-593.

Lefebvre C, Terret ME, Djiane A, et al (2002) Meiotic spindle stability depends on MAPK-interacting and spindle-stabilizing protein (MISS), a new MAPK substrate, *J Cell Biol*, 157 ; 603-613.

Linder D, Kaiser B, Hecht F (1975) Parthenogenetic origin of benign ovarian teratomas, *New Engl J Med*, 292 ; 63-66.

Linder D, Power J (1970) Further evidence for post-meiotic origin of teratomas in the human female, *Ann Hum Genet*, 34 ; 21-30.

Lohka MJ, Hayes MK, Maller JL (1988) Purification of maturation promoting factor, an intracellular regulator of early mitotic events, *Proc Natl Acad Sci USA* 85 ; 3009-3013.

MacDowell ED (1950) "Light"-A new mouse color, *J Hered*, 41 ; 35-36.

Marcus GJ (1990) Activation of cumulus-free mouse oocytes, *Mol Reprod Dev*, 26 ; 159-162.

Masui Y, Markert CL (1971) Cytoplasmic control of nuclear behavior during meiotic maturation of frog oocytes, *J Exp Zool*, 117 ; 129-146.

Owen R (1849) *On Parthenogenesis, or the Successive Production of Procreating Individuals from a Single Ovum*, John van voorst, London.

Pincus G (1936) The development and atresia of full-grown ova and the problem of ovarian parthenogenesis. In : *The Eggs of Mammals*, Macmillan, New York.

Sagata N (1997) What does Mos do in oocytes and somatic cells? *Bioessays*, 19 ; 13-21.

Stevens LC, Varnum DS (1974) The development of teratomas from parthenogenetically activated ovarian mouse eggs, *Dev Biol*, 37 ; 369-380.

Terret ME, Lefebvre C, Djiane A, et al (2003) DOC1R : a MAP kinase substrate that control microtubule organization of metaphase II mouse oocytes, *Development*, 130 ; 5169-5177.

Verlhac MH, Kubiak JZ, Clarke HJ, et al (1994) Microtubule and chromatin behavior follow MAP kinase activity but not MPF activity during meiosis in mouse oocytes, *Development*, 120 ; 1017-1025.

Verlhac MH, Kubiak JZ, Weber M, et al (1996) Mos is required for MAP kinase activation and is involved in microtubule organiation during meiotic maturation in the mouse, *Development*, 122 ; 815-822.

Viveiros MM, Hirao Y, Eppig JJ (2001) Evidence that protein kinase C (PKC) participates in the meiosis I to meiosis II transition in mouse oocytes, *Dev Biol*, 235 ; 330-342.

Winston NJ (1997) Stability of cyclin B protein during meiotic maturation and the first meiotic cell cycle division in mouse oocyte, *Biol Cell*, 89 ; 211-219.

Yoshida N, Amanai M, Fukui T, et al (2007) Broad, ectopic expression of the sperm protein PLCZ1 induces parthenogenesis and ovarian tumours in mice, *Development*, 134 ; 3941-3952.

IV-17

X 染色体遺伝子

Key words

X 染色体不活化現象／*KAL-1* 遺伝子／アンドロゲンレセプター遺伝子／*POF* 遺伝子

はじめに

ヒトの染色体は46本からなり，22対44本の常染色体と 2 本の性染色体から構成されている．性染色体は，女性では XX，男性では XY の組み合わせとなっている．X 染色体は中型の染色体で，ゲノムの約 5 %を占めている．常染色体と同様に大きさに見合った遺伝子座を持っている．OMIM（Online Mendelian Inheritance in Man）によると X 染色体は全長155Mbp であり，1529の遺伝子が存在している．図Ⅳ-17-1 に X 染色体上にある代表的な疾患原因遺伝子を示した．このように疾患に関連した遺伝子以外にも，機能が不明な遺伝子やタンパクを作らない遺伝子も多数存在する．一方，Y 染色体は全長58Mbp で344遺伝子が存在しているが，ほとんどはタンパク産物を持たない．この中には精巣決定因子の *SRY* 遺伝子や精子形成に関与する AZF 領域が含まれている．このように X 染色体を 1 本しか持たない男性と 2 本持つ女性が共に正常に発生するには，X 染色体に存在する遺伝子産物が両性間で同じになるように調節されなくてはならない．この調整機構が，X 染色体不活性化現象（XCI, X chromosome inactivation）である．このX 染色体の不活性化については一般に X

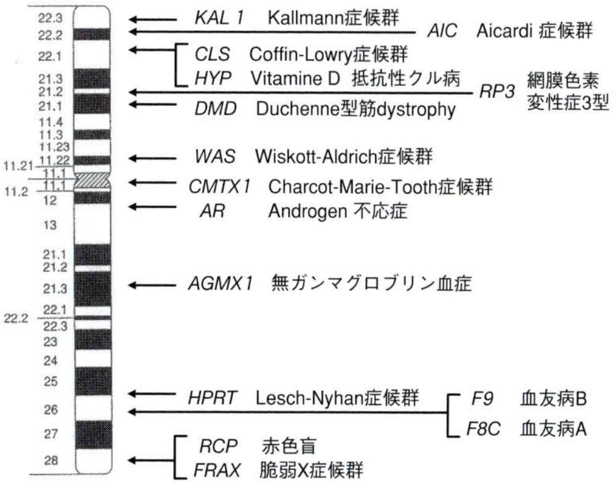

図Ⅳ-17-1．X 染色体上にある主な疾患関連遺伝子

染色体全長にわたるのではなく，一部の区間が不活性化を免れることが明らかとなってきた．このことにより，たとえば，46, XX（正常女性），45, X（Turner 症候群），47, XXX の間に見られる表現型の差や，46, XY と 47, XXY（Klinefelter 症候群）の差についても説明が可能となってくる．図Ⅳ-17-2 には不活性化を免れる主な遺伝子を示した（Disteche, 1995）．この不活性化には，その状態を保つための不活性化センターがあり，この領域より *XIST*（X-inactivation specific transcript）遺伝子が同定されている（Brown et al, 1991）．この遺伝子は，タンパクにはならず，RNA の

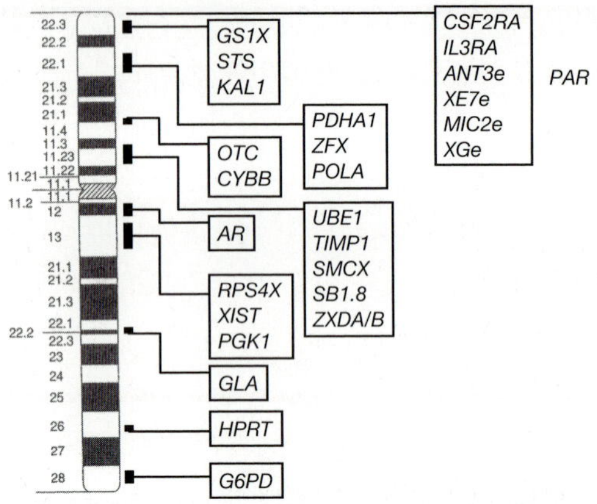

図Ⅳ-17-2．X染色体の不活性化を免れる遺伝子（Disteche，1995より一部改変）

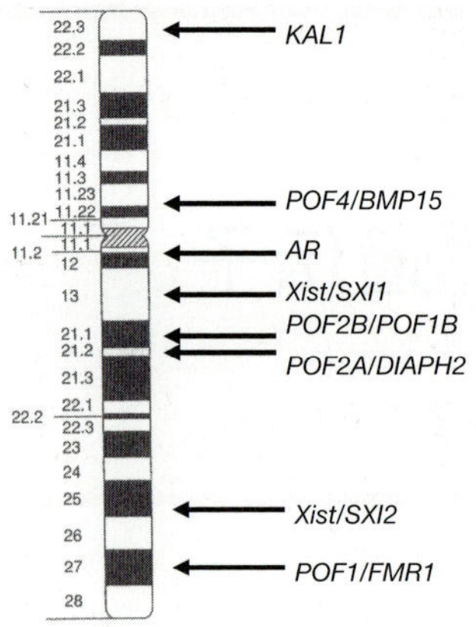

図Ⅳ-17-3．X染色体上にある主な疾患関連遺伝子

状態でXの不活性化に関与することがわかっている．図Ⅳ-17-1で示したようにX染色体に存在する遺伝子が疾患と関連する場合は，その遺伝子形式は伴性劣性となる．女性において異常遺伝子はどちらかのX染色体に存在する．そして，細胞ごとで正常な遺伝子が不活性化されるか，異常遺伝子が不活性化されるかランダムに起こるので，組織や臓器全体で見ると正常人に比べてその正常遺伝子の発現量は50%となる．しかし，それで十分に機能を満たしているので表現型としては正常であり，保因者になると考えられている（Adolph, 1987）．疾患に関連する遺伝子以外の多くの遺伝子の中には，それ自体はタンパクを作らず，他の遺伝子の発現に関与する遺伝子が多く存在する．以下に卵巣の機能と関連のあるいくつかの主な遺伝子（座）の解説を行う（図Ⅳ-17-3）．

1 X染色体上の遺伝子

（A）*KAL-1* 遺伝子（Xp22.31）

Kallmann症候群の原因遺伝子の一つである（Legouis et al, 1991；Franco et al, 1991）．本症候群は中枢性性腺機能低下症と嗅覚異常を中心とする先天性疾患である．*KAL-1* 遺伝子以外には原因遺伝子として *FGFR*（8p11.2），*PROKR*，*PROKR2*（20p13），*Pro2*（3p21.1）が同定されているが，それらの遺伝子の異常で説明されるのは疾患全体の60%程度といわれており，残りの原因はまだ明らかではない．どの遺伝子においても疾患の原因となる異常部位のhot spotはない．*KAL-1* 遺伝子は14個のエクソンからなり，anosmin-1というタンパクをコードしている．このタンパクは95KDであり，胎生期に嗅球，前脳，腎臓などに発現する．N末端側より（whey acidic protein-like four disulfide-core）を含む高システイン領域（cysteine-rich region）があり，続いて四つのフィブロネクチン様Ⅲリピート

(fibronectin Ⅲ repeats) と histidine-rich C-terminal fragement がある．*Anosmin-1* は GnRH 神経細胞の遊走や軸索の伸張に関与し，ヘパリン硫酸グリコサミン (heparin sulfate glycosamine) と結合して FGF signaling を活性化する．症状として，女性では，思春期遅発症，二次性徴の欠如，男性では停留精巣，小陰茎，二次性徴の欠如が見られる．嗅覚障害は，完全脱失から正常まで程度はさまざまである．*KAL-1* 遺伝子の異常では，腎形成異常が見られる (佐藤，緒方，2006)．また，*FGFR 1* の異常と共通に鏡像不随意運動や感音性難聴がある．治療としては，妊娠を希望する場合 HMG-hCG 療法や GnRH 補充療法が，希望しない場合は，女性では Kaufmann 療法，男性ではテストステロン投与がある．

(B) アンドロゲンレセプター遺伝子 (Xq11.2-q12)

アンドロゲンレセプター遺伝子 (*AR* gene, androgen receptor gene) の構造は，8 個のエクソンより構成されている．約2759bp の mRNA (cDNA) に転写され，タンパクに翻訳される．その構造は，他のステロイドレセプターと同じような N 末端ドメイン，DNA 結合ドメイン，ちょうつがい領域 (Hinge region)，リガンド結合ドメインより構成されている．アンドロゲンは，男性への分化，男性機能の保持，造精機能など種々の作用を持つホルモンである．その作用は一般にはアンドロゲンレセプターを介して発揮される．そのため，レセプターの異常が発生するとアンドロゲンの作用は障害を受ける (図Ⅳ-17-4)．その異常はアンドロゲン不応症となり，完全な女性型を示す完全型精巣性女性化症から精子形成障害のみを示す男性不妊症まで表現型はさまざまである (Quigley et al, 1995)．さらにエクソン 1 にある CAG repeat (グルタミンをコード) が延長すると神経筋疾患の Kennedy 病になることも明らかとなっている (La Spade et al, 1991)．また，*AR* のノックアウト・マウスの研究より早発閉経でのアンドロゲンの関与が報告されている．ヒトでも卵子の発育に関与する kit ligand の発現がアンドロゲンにて影響を受けることが報告されている (Shiina et al, 2006)．また，多嚢胞性卵巣症候群でもアンドロゲンが高値を示すことより，卵巣での機能は今後明らかになってくることが期待される．完全型アンドロゲン不応症についての治療としては，まず，30％の精巣に腫瘍が発生する危険性があるので，診断が確定すれば精巣摘出術を行う．外性器は女性型であり，多くの場合は，膣も正常に存在して性交も可能であるので，精巣摘出後はエストロゲン補充療法を行う．また，性分化異常の程度に合わせて形成手術を行い，選択した性に合わせた治療を行う．男性不妊症の症例では，E. L. Yong らはプロビロン (proviron, mesterolone) 25mg を連日投与することによって精子数を増加させる ($2.3\text{–}3.7\times10^6$/ml→28×10^6/ml) ことに成功して妊娠まで至った症例を報告している (Yong et al, 1994)．

(C) *POF* (Xq26-28)

早発卵巣不全は，40歳未満で高ゴナドトロピン性の無月経となる疾患であり，遺伝性，感染，自己免疫疾患などさまざまな原因で発生する．早発卵巣不全の患者や家族性に発生した患者の解析より，遺伝的な原因の因子でも発生することが明らかとなってきた．そのことより X 染

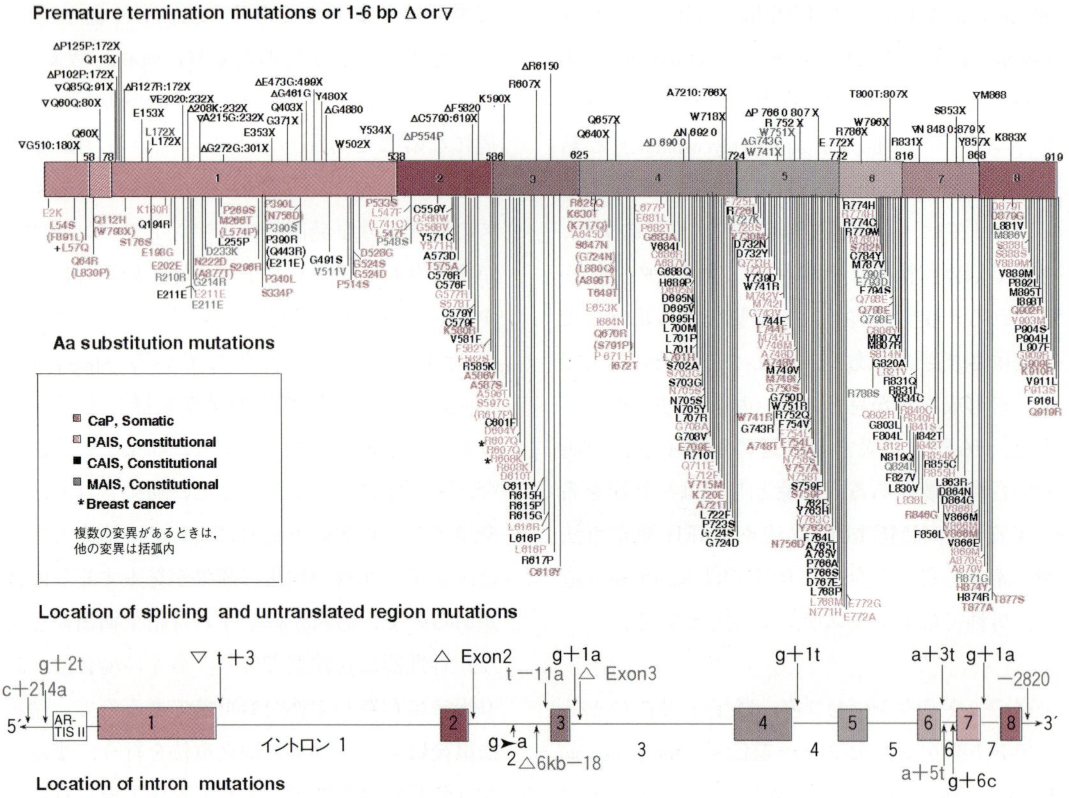

図Ⅳ-17-4．アンドロゲンレセプター遺伝子の変異　30-7-03

（Gottlieb, *The Androgen Receptor Gene Mutations Database World Wide Web Server*）

色体の長腕の特定の領域が卵巣機能と関連することが明らかとなり，さまざまな遺伝子が同定されている．POF（premature ovarian failuire）の原因遺伝子も *POF 1-6* まで同定されているが，X染色体上に同定されているのは，*POF 1*，*2A*，*2B*，*4* 遺伝子である．*POF 3* の *FOXL 2* 遺伝子は 3q23，*POF 5* の *NOBOX* 遺伝子は 7q35 に *POF 6* の *FIGLA* 遺伝子は 2p12 にそれぞれ同定されている．これとは別に早発卵巣不全の患者の中にはターナー症候群のような形態異常を伴う患者も見られる．このことよりも卵巣機能とX染色体の関連が強いことも理解できる．

以下にX染色体上にある *POF* 遺伝子について簡単に説明する．

(1) *POF1* 遺伝子

POF 1 遺伝子は *Fragile X mental retardation*（*FMR 1*）遺伝子（Xq27.3）として同定されている．この遺伝子は脆弱X症候群の原因遺伝子であり，3塩基配列が過剰になって起こる疾患で精神発達遅延などの症状を呈する．早発卵巣不全の患者の中に，この3塩基配列の延長が疾患の原因となるほどではないが，正常より伸展している（premutation）症例が多く認められたことにより明らかとなった（Murray et al, 1999）．

(2) *POF2A* (Xq21.33)

早発卵巣不全の患者の中で，X 染色体の長腕の欠損や 9 番短腕のトリソミー，X と 9 番染色体との不均衡転座の症例の解析で X 染色体長腕にあるこの *DIAPH 2* 遺伝子が同定された (Marozzi et al, 2000)．この遺伝子は *formin* の相同遺伝子 family に属しており，卵巣の正常発育と機能維持に必要であると考えられており，その異常が早発卵巣不全の原因となる．

(3) *POF2B* (*POF1B*) (Xq21.1-q21.2)

この遺伝子は X と 1 番染色体の相互転座の患者で早発卵巣不全が発生したことがきっかけで同定された．機能としてヒトミオシンタンパクの tail portion と相同性が高く，アクチン結合タンパク (actin-binding protein) と考えられる．減数分裂での染色体の pairing に関与していると考えられる．この遺伝子の点突然変異では，細胞分裂が障害されることによる卵巣の発育段階での卵数の大幅な減少が早発卵巣不全の原因と考えられている．

(4) *POF4*

早発卵巣不全の患者の検討で *BMP 15* 遺伝子 (Xp11.2) の異常が同定された．これまでに早発卵巣不全の姉妹例が報告されている (Di Pasquale et al, 2004)．この遺伝子は卵子で特異的に産生され，卵子の発育・成熟に重要な役割を果たしている．そのため，この遺伝子の異常により卵子の発育・成熟に影響が出ることが考えられる．

(D) X 染色体不活性化遺伝子 (*SXI1*) (Xq13.2)

発生初期の段階で X 染色体の一方の遺伝子が不活性化されるが，それに関わる遺伝子であり，この遺伝子自体はタンパクを作らない．この遺伝子は不活性化された X 染色体から転写され，RNA は核内にて不活性化された X 染色体を包み込む．この遺伝子の変異は家族性の不活性化異常を引き起こす (*SXI 1*) (Belmont, 1996)．この場合は父親由来の X 染色体がほとんど不活性化される．またこの遺伝子に関連した *SXI 2* 遺伝子は Xq25-q26 に位置している (Naumova, 1998)．

まとめ

X 染色体には多くの遺伝子が存在し，Y 染色体と擬似常染色体領域 (PAR, pseudoautosomal region) にて対合する．Y 染色体にはあまり遺伝子は存在していない一方で，X 染色体ではその遺伝子の不活性化という機構が働いている．それ以外に X 染色体は卵巣機能と非常に関連があり，今回紹介した遺伝子を含めて卵巣機能の維持に重要な働きを担っている．全塩基配列は決定されたが，まだ卵巣の発生，機能維持，加齢などについては不明なことが多数存在する．今後もこれらに分野が進展し，卵巣の分化，発達，閉経などの機構が明らかになることを期待したい．

(小森慎二)

引用文献

Adolph KW (ed) (1987) Chromosome and chromatin, CRC Press, Florida.

Di Pasquale E, Beck-Peccoz P, Persani L (2004) Hypergonadotropic ovarian failure associated with an inherited mutation of human bone morphogenetic protein-15 (BMP15) gene, *Am J Hum Genet*, 75 ; 106-111.

Disteche CM (1995) Escape from X inactivation in human and mouse, *TIG*, 11 ; 17-22.

Belmont JW (1996) Genetic control of X inactivation and processes leading to X-inactivation skewing, *Am J*

Hum Genet, 58 ; 1101-1108.
Brown CJ, Lafreniere RG, Powers VE, et al (1991) Localization of the X inactivation centre on the human X chromosome in Xq13, *Nature*, 349 ; 82-84.
Franco B, Guioli S, Pragliola A, et al (1991) A gene deleted in Kallmann's syndrome shares homology with neural cell adhesion and axonal path-finding molecules, *Nature*, 353 ; 529-536.
La Spade AR, Wilson EM, Lubahn DB, et al (1991) Androgen receptor gene mutations in X-linked spinal and bulbar muscular atrophy, *Nature*, 352 ; 77-79.
Legouis R, Hardelin JP, Levilliers J, et al (1991) The candidate gene for the X-linked Kallmann syndorome encodes a protein related to adhesion molecule, *Cell*, 67 ; 423-435.
Marozzi A, Manfredini E, Tibiletti MG, et al (2000) Molecular definition of Xq common-deleted region in patients affected by premature ovarian failure, *Hum Genet*, 107 ; 304-311.
Murray A, Webb J, Dennis N, et al (1999) Microdeletions in FMR2 may be a significant cause of premature ovarian failure, *J Med Genet*, 36 ; 767-770.
Naumova AK, Olien L, Bird LM, et al (1998) Genetic mapping of X-linked loci involved in skewing of X chromosome inactivation in the human, *Europ J Hum Genet*, 6 ; 552-562.
Quigley CA, De Bellis A, Marschke KB, et al (1995) Androgen receptor defect : historical, clinical and molecular perspective, *Endocrine Review*, 16 ; 271-321.
佐藤直子，緒方勤（2006）Kallmann 症候群，内分泌症候群（第 2 版），日本臨床，220-224 日本臨床社，大阪．
Shiina H, Matsumoto T, Sato T, et al (2006) Premature ovarian failure in androgen receptor-deficient mice, *Proc Natl Acad Sci USA*, 103(1) ; 224-229.
Yong EL, Ng SC, Roy AC, et al (1994) Pregnancy after hormonal correction of severe spermatogenic defect due to mutation in androgen receptor gene, *Lancet*, 344 ; 826-827.

第 V 章

卵子・胚の免疫

［編集担当：香山浩二］

本章では，生体防御機構としての免疫が，卵胞成熟，排卵，受精，胚の着床と言った生殖現象にいかに関与しているかについて，基礎的，臨床的視点から論じられている．

「免疫反応の性差」では，免疫反応と免疫寛容の成立機序についての解説と共に，生殖ホルモンが関与する性差と免疫反応の関係について，代表的自己免疫疾患であるSLEと関節リウマチを中心に，その病態の発生機序と性差による病態発現の差異が解説されている．「卵子免疫寛容の成立機序」では，新生児期胸腺摘除によって起こる自己免疫性卵巣炎発症マウスを実験モデルとして，臓器特異的自己抗原に対する免疫防御機構（免疫寛容）とその破綻による自己免疫疾患の発症機序に関する研究成果が詳細に記述されている．「抗透明帯抗体」では，実際の不妊診療において難治性不妊症の原因となる抗卵透明帯抗体の検出法と抗体による不妊機序並びにその不妊機序を応用した透明帯抗原を用いた避妊ワクチンの開発についての現状が記述されている．最後に，「ヒト胚におけるHLAクラスIb発現」では，生殖免疫学の謎とされる，セミ同種移植とも考えられる妊娠の成立機序について，胚の着床周辺期での主要組織適合抗原（HLA），特に，非古典的クラスIb抗原（HLA-G,-E,-F）の発現とその免疫防御機構について詳述されている．

読者には，自己抗原に対する免疫寛容の成立機序とその破綻による自己免疫疾患の発症機序の理解と共に，排卵，受精，着床と言った一連の生殖現象に，生殖ホルモンだけでなく免疫学的調節機序が強く関与しており，その破綻が卵巣機能不全，不妊・不育の発症原因となることが理解できる．

［香山浩二］

V-18

免疫反応の性差

Key words
男女差（性差）／性ホルモン／自己免疫疾患／全身性エリテマトーデス／関節リュウマチ

はじめに

生殖現象だけでなく，神経，内分泌，免疫，代謝といったあらゆる生体の生理現象に男女差（性差）が見られる．当然その調節機構が破綻して起こるいろいろな疾患，病態においても性差が見られる．中でも全身性エリテマトーデス（SLE）や関節リュウマチ（RA）といった自己免疫性疾患では顕著な性差が見られ，一般に男性に比べて女性に高頻度に発生する．また，自己免疫疾患の自然発症モデル動物においても疾患の発症頻度，発症時期，症状の進行に明らかな性差が認められる．

性差の生じる原因として遺伝因子，環境因子，内分泌因子など複数の因子の関与が考えられるが，中でも性ホルモンが強く関与していることは間違いない．SLEでは妊娠により症状の悪化が見られ，反対にRAでは妊娠により症状が一時的に寛解する．自己免疫疾患モデル動物においても，雌では卵巣摘除により症状が寛解し，雄では精巣摘除により疾患の活動性が増悪する．

本節でははじめに免疫反応と免疫寛容の概略について述べ，次いで自己免疫疾患を中心に性差と性ホルモンの関係ならびに性ホルモンの免疫反応に及ぼす影響について述べる．

1 免疫反応と免疫寛容

(A) 免疫反応と抗原認識

免疫系は自然免疫系（natural immunity または innate immunity）と獲得免疫系（acquired immunity または adaptive immunity）よりなり，前者は主に貪食細胞，ナチュラルキラー細胞（NK 細胞），補体系で構成され，後者はTリンパ球とBリンパ球からなる（図V-18-1）．

自然免疫は病原体を特異的に認識し，迅速な防御反応を誘導するとともに，リンパ球系を中心とした獲得免疫の活性化にも重要な役割を演じる．自然免疫系では好中球，単球，マクロファージなどの貪食細胞が細胞表面のFcレセプター，補体レセプター，Toll様レセプター（TLR, Toll-like receptor）を介してそれぞれ病原体に結合した抗体，活性化した補体成分，病原体に特徴的な核酸，糖，タンパクなどの構造（PAMP, pathogen-associated molecular pattern）を認識してサイトカイン，ケモカインを産生し生体防御反応を惹起する（Nimmerjahn, Ravetch, 2007；van Lookeren-Compagne et al, 2007；Arancibia et al,

免疫反応

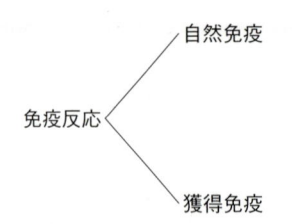

- 自然免疫
  1. 貪食細胞：好中球，単球，マクロファージ
  2. Toll 様レセプターによる病原体認識
  3. NK 細胞：腫瘍細胞，ウイルス感染細胞傷害，抗体依存性細胞傷害
  4. 補体系：補体依存性細胞傷害，貪食促進
- 獲得免疫
  1. T 細胞（TCR : T 細胞レセプター）
     - ・キラー T 細胞（CD8＋）：MHC クラス 1 拘束性
     - ・ヘルパー T 細胞（CD4＋）：MHC クラス 2 拘束性
       - Th1：細胞性免疫誘導
       - Th2：体液性免疫誘導
  2. B 細胞（膜型 IgM : B 細胞抗原レセプター）抗体産生（形質細胞），抗原提示能
  3. 樹状細胞：MHC クラス 2 依存性抗原提示

図V-18-1．免疫反応

2007)．NK細胞はその細胞膜上の活性型または抑制型レセプター（免疫グロブリン型レセプター：KIRs/LIRs (killer cell Ig-like receptors/leukocyte Ig-like receptors), C-type レクチン様レセプター：Ly49, CD94/NKG2）を介してパーホリンやグランザイムを産生し腫瘍細胞やウイルス感染細胞を非特異的に傷害し，またFcγRⅢ（CD16）レセプターを介してIgG抗体結合細胞にも抗体依存性細胞傷害（ADDC, antibody-dependent cell-mediated cytotoxicity）を示す（Di Santo, 2008)．しかし，NK細胞はMHCクラス1（後述）を発現する健常細胞に対してはクラス1に対するレセプターを介して細胞傷害抑制シグナルを出して細胞傷害作用を示さない（Morretta et al, 2005)．補体系は細菌などの異物表面と反応して活性化し，抗原-抗体複合物に結合して貪食細胞の貪食を促し，また抗原が細胞の場合はこれに抗体が結合して補体を活性化して細胞膜に穴をあける膜攻撃結合体（MAC, membrane attack complex : C5bC6 C7C8C9n）を形成して細胞を傷害する（Rus et al, 2005)．

獲得免疫系ではB細胞，T細胞がそれぞれ抗原特異的レセプターである膜型イムノグロブリン（IgM）とT細胞レセプター（TCR : T cell receptor）を発現し，レセプターを介して抗原と特異的に反応し活性化される．両レセプターとも可変領域（V領域, variable region）と不変領域（C領域, constant region）からなり，遺伝子再構成によって多様なV領域（抗原結合部位）を形成する（Wardemann, Nussenzweig, 2007)．各細胞クローン（単一の細胞に由来する細胞集団）は単一のV領域を発現して抗原特異的に反応する．B細胞は膜型IgMを介して直接抗原と反応することができるが，T細胞は直接抗原と反応することはできずTCRとその補助レセプターであるCD4分子またはCD8分子を介して自身の**主要組織適合遺伝子複合体**（MHC, major histocompatibility complex）抗原（MHC抗原）と結合した抗原由来ペプチドとの複合体のみに反応する（これをMHC拘束性と呼ぶ)．MHCはクラス1とクラス2に分かれ，前者はほとんどすべての細胞に発現しウイルス感染細胞や腫瘍細胞などの細胞内抗原ペプチドと結合する．後者は抗原提示細胞（樹状細胞）やB細胞などの比較的限られた

主要組織適合遺伝子複合体（MHC, major histocompatibility complex）：主要組織適合抗原（MHC 抗原）を規定する遺伝子で，ヒトでは HLA（human leukocyte antigen）と呼ばれる．MHC 抗原の機能は，細菌，ウイルスなどの外来抗原由来ペプチドと結合して T 細胞に抗原提示することにより，これを非自己と認識させ T 細胞の活性化を誘導することである．MHC 抗原はクラスⅠ抗原とクラスⅡ抗原に分類される．クラスⅠ抗原は古典的クラスⅠ抗原（HLA-A, -B, -C 抗原）と非古典的クラスⅠ抗原（HLA-E, -F, -G 抗原）に分かれ，クラスⅡ抗原には HLA-DR, -DQ, -DP 抗原がある．古典的クラスⅠ抗原はキラー細胞の誘導に，クラスⅡ抗原はヘルパー T 細胞の誘導に関与している．

- 免疫寛容
  - 中枢性自己免疫寛容
    - 胸腺：T 細胞免疫寛容（クローン除去）
    - 骨髄：B 細胞免疫寛容（クローン除去，アナジー）
  - 末梢性自己免疫寛容
    - 末梢リンパ組織：アポトーシス，アナジー
    - 制御性 T 細胞（CD25＋CD4＋）

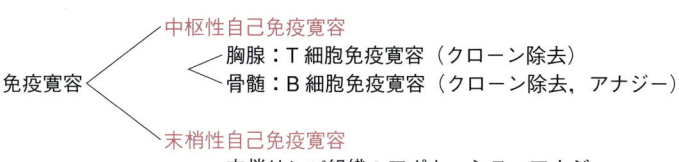

図Ⅴ-18-2．免疫寛容

細胞に発現し，これらの細胞が外来抗原を貪食し分解した抗原ペプチドと結合する．CD8 陽性キラー T 細胞（CD8＋）は MHC クラス 1 ＋抗原ペプチド複合体を認識することにより活性化してウイルス感染細胞や腫瘍細胞を殺し，CD4 陽性ヘルパー T 細胞（CD4＋）は MHC クラス 2 ＋抗原ペプチド複合体を認識することにより活性化し，種々の生理活性物質（サイトカイン，リンホカイン，ケモカイン）を産生して B 細胞やキラー T 細胞を活性化する（Davis, Chien, 2003；Sundberg et al, 2007）．T 細胞は TCR の構造の違いにより αβ 型 T 細胞と γδ 型 T 細胞に分かれ，前者が T 細胞の95%以上を占め MHC 拘束性ヘルパー T 細胞（CD4＋），キラー T 細胞（CD8＋）となり，後者は MHC 非拘束性にキラー T 細胞としての機能を発揮する（Cao, He, 2005）．

CD4 陽性ナイーブ T 細胞（Th0）は抗原やサイトカインの刺激によってヘルパー T 細胞タイプ1（Th1）とヘルパー T 細胞タイプ2（Th2）の二つのサブセットに分化し，Th1 細胞は主に IL-2，IFN-γ，TNF-β を産生して T 細胞，NK 細胞，マクロファージを活性化して細胞性免疫を増強する．これに対して，Th2 細胞は IL-4, IL-5, IL-9, IL-6, IL-10, IL-13 を産生して B 細胞を活性化して体液性免疫に与る（Romagnani, 2000）．

（B）免疫寛容とその破綻

免疫寛容（immune tolerance）とは抗原特異的に免疫応答が失われている状態をいう．免疫系は本来ウイルス，細菌といった外来抗原から生体を守る生体防御システムとして発達したものであるが，外来抗原に対して過剰・異常な反応が起こると**アレルギー**が発症し，自己抗原に対して過剰・異常な反応が起こると自己免疫疾患が発症する．前述のごとく免疫反応は自然免疫系と獲得免疫系に分かれ，自然免疫系は先天的に自己抗原との反応性を欠如している．それに対して獲得免疫系は，元来その多様なレセプターを介して自己・非自己抗原を認識・記憶する能力を有する．T リンパ球と B リンパ球は，それぞれ胸腺と骨髄での発生・分化の過程で，抗原受容体遺伝子の再構成により無作為に作られた抗原受容体を介して最初に自己抗原と出会うことになる．自己抗原に反応した未熟リンパ球はアポトーシスによりクローン除去（負の選択）されるか自己抗原に対して不活性化（anergy，アナジー）されて免疫寛容状態となる（Gallegos, Bevan, 2006；Romagnani, 2006）（図Ⅴ-18-2）．これは

免疫寛容（immune tolerance）：免疫学的寛容とも呼ばれ抗原エピトープ特異的に免疫応答が失われた状態を指す．免疫寛容は T 細胞レベルでも B 細胞レベルでも成立する．T 細胞は胸腺での分化の過程で胸腺上皮細胞や抗原提示細胞上の MHC クラスⅠないしクラスⅡ抗原によって提示される自己抗原ペプチドに反応して寛容状態になる．B 細胞の場合は骨髄内の分化段階で抗原レセプターとしての細胞膜 IgM を発現した段階で，抗原と強く反応したものがアポトーシスを起こして寛容となる．

アレルギー反応（allergic reaction）：アレルギー反応は 4 型に分類され，Ⅰ型は IgE 抗体とマスト細胞の反応で起こる即時型アナフィラキシー反応，Ⅱ型は抗体依存性の細胞傷害，Ⅲ型は免役複合体による組織傷害，Ⅳ型は活性化 T 細胞による遅延型組織傷害である．アレルギー反応の関与する疾患をアレルギー疾患と呼ぶ．

中枢性自己免疫寛容と呼ばれるが，自己抗原に対する免疫寛容は完全ではない．すなわち，自己抗原に強く反応したTリンパ球は胸腺内で95%以上がアポトーシスにより排除されるが，自己抗原とあまり強く反応しなかった細胞はアポトーシスを免れ，抗原ペプチドと自己MHC複合体に反応できる細胞集団として末梢に送り出される．また，Bリンパ球においてもアポトーシスを免れた自己反応性未熟B細胞と自己抗原に反応性のない未熟B細胞が末梢に出てきて膜型IgMとIgDを発現する成熟B細胞となり，抗原と反応して抗体産生細胞（形質細胞）へと分化する．末梢に出てきた自己反応性T細胞，B細胞がある条件下で過剰・異常な抗原刺激を受けると活性化され，自己抗体産生細胞や細胞傷害性T細胞が誘導され，アレルギー機序を介した自己免疫疾患発症の原因となる．末梢性自己反応性T細胞は種々の機序によって自己抗原に対する反応性が抑制されている．この現象は末梢性自己免疫寛容と呼ばれ，Fas-FasLを介した活性化クローンのアポトーシス，抗原刺激を介した抑制シグナルによる不応答性（アナジー），そして制御性T細胞（CD25+，CD4+）から産生されるIL-10やTGF-βを介した免疫抑制（immunosuppression）による機序が考えられている（図V-18-2）．この末梢性自己免疫寛容機序の破綻も自己免疫疾患発症の原因となる（Holm et al, 2004；Romagnani, 2006）．また，抗原提示能を持つ樹状細胞も中枢性・末梢性免疫寛容に関与しており，その機能異常により自己免疫寛容の成立が障害され自己免疫疾患発症の原因となる（Steinman et al, 2003）．

2 自己免疫疾患と性差

表V-18-1に代表的な自己免疫疾患の好発年齢と発生頻度の男女比について示した．いずれの疾患においても生殖年齢にある女性で頻度の高いことがわかる．SLE，RAなどの自己免疫疾患では，一卵性双生児で同じ疾患の発症率が高いこと，HLA疾患感受性遺伝子との相関が見られることなどから遺伝因子の関与が想定されおり，性染色体との関連も指摘されている（Invernizzi, 2007）．環境因子では，男女間でのライフスタイルの違い，職業や嗜好の違いによる抗原物質や環境ホルモン暴露への相違が自己免疫疾患発症の性差となる可能性がある（Peeva et al, 2005）．しかし性差を来す最も大きな原因として性ホルモンの存在を考えなければならない．ほとんどの自己免疫疾患が性周期を有する生殖年齢の女性に好発し，妊娠・出産あるいは閉経によりその症状が寛解したり増悪する現象が見られることよりも明らかである（Zandman-Goddard et al, 2007）．また，一般に女性は男性に比べて血清免疫グロブリン濃度が高く，抗原刺激に対する第一次および第二次免疫応答が強く，臓器移植に対する拒絶反応も強いといわれている．

以下に，体液性免疫が優位な自己免疫疾患であるSLEと細胞性免疫が優位な自己免疫疾患であるRAについてその発症機序と性ホルモンとの関係について述べる．

(A) 全身性エリテマトーデス（SLE）

SLE（systemic lupus erythematosus）は免疫異常

表V-18-1．自己免疫疾患と性差

自己免疫疾患	好発年齢	男女比
全身性自己免疫疾患		
全身性エリテマトーデス	20-40代	1:9-10
関節リウマチ	30-60代	3：7
抗リン脂質抗体症候群	30-50代	2：8
全身性強皮症	30-40代	1：10
多発性筋炎・皮膚筋炎	小児期・成人期	1：2
シェーグレン症候群	40-60代	1：14
臓器特異的自己免疫疾患		
多発性硬化症	20-35代	1：1.3-3.2
重症筋無力症	20-30代	1：2
橋本病	30-50代	1：20
バセドウ病	30-50代	1：4-5
自己免疫性肝炎	50-60代	1：7
自己免疫性溶血性貧血	30-50代	1：2
Ⅰ型糖尿病	小児期	1：1

参照図書

1．宮坂信之監修（2007）わかりやすい免疫疾患，日本医師会雑誌，第134巻特別号(1)；S166-S329.

2．山口優美，山本一彦（2005）性差医学，天野恵子編，pp200-211，真興交易㈱医書出版部，東京.

を基盤とする全身性炎症性・**自己免疫疾患**であるが，その発症原因は未だ不明である．しかしその発症に遺伝学的，免疫学的，環境的因子が深く関与していることは間違いない．発症頻度は10万人あたり8-10人で，男女比は1：9-10と圧倒的に女性に多く，20-40歳代に好発する．皮膚，関節，神経，肝臓，腎臓，心臓，肺臓など全身の臓器が侵され，自己抗体として抗核抗体，抗DNA抗体，抗Sm (smooth muscle) 抗体，LE (lupus erythematosus) 因子が高頻度に出現する．その他，クームス抗体，リウマトイド抗体，抗リン脂質抗体などの自己抗体も認められる（三森，2005）．

性ホルモンとの関係では，妊娠により症状が再燃し，閉経により症状の寛解が見られる．妊娠中は胎児を母体の拒絶反応から守るためTh1細胞を介した細胞性免疫に比べ，Th2細胞を介した体液性免疫が優位な状態にある（Chaouat et al, 2004）．また，高濃度のエストロゲンはTh1機能を抑制しTh2機能を亢進さす作用がある．

自己免疫疾患（autoimmune disease）：自分自身の構成成分である自己抗原に対する免疫応答によって発生する疾患をいう．特定の臓器・組織・細胞に限局した自己抗原に反応して，特定の臓器のみが傷害される場合を臓器特異的自己免疫疾患と呼ぶ．一方，核物質など全身に普遍的に存在する自己抗原に反応して血管炎などの全身性に病変が及ぶものを全身性自己免疫疾患と呼ぶ．前者には，自己免疫性溶血性貧血，血小板減少性紫斑病，橋本甲状腺炎，重症筋無力症，多発性硬化症などが含まれる．後者には，全身性エリテマトーデス，関節リウマチ，多発性動脈炎などがある．

したがって，Th2系を介して症状の増悪が見られるSLEでは妊娠により再燃することが多い．反対にTh1系を介して症状が増悪するRAでは妊娠により症状が寛解し，分娩後再燃することが多い（Robert, Lahita, 1999）．

自己免疫疾患自然発症モデル動物においても明らかな性差が見られる．SLE発症モデルのNZB×NZWF1マウスでは雄に比べて雌で症状が早期に発現し，寿命も短い．卵巣摘除により症状の発現が遅延し，雄では精巣摘除により症状が早期に発現し，寿命が短くなる（Roubinian et al, 1978）．

一般に，高エストロゲン状態でTh2体液性免疫系が優位となり，低エストロゲン状態でTH1細胞性免疫系が優位になる（Lahita, 1999）．エストロゲンと同様にプロラクチン（PRL）もB細胞の分化と成熟を促して自己抗体の産生を亢進させる．抗エストロゲン療法（タモキシヘン，ラロキサン投与）や抗プロラクチン療法（ブロモクリプチン投与）により自己抗体の産生が抑制され，臨床症状の改善することがSLE患者並びにモデル動物で証明されている（Walker, 2001；Sthoeger et al, 2003）．

(B) 関節リウマチ（RA）

RA（rheumatoid arthritis）は関節滑膜を主病変とする炎症性・自己免疫疾患で，発症頻度は1000人あたり5-10人と高く，男女比は3：7とSLEほどではないが女性に多く，30-60歳代に好発する．主症状は朝のこわばりと手足・肘・膝関節の腫脹・疼痛・変形・拘縮で，関節以外にも皮膚，筋肉，神経，骨，眼，心臓，肺臓，腎臓などに病変を見る．検査所見として赤沈亢進，CRP高値，リウマトイド因子・血清グロブリン濃度と血清補体価の上昇を見る．関節滑膜から種々の炎症性サイトカインが産生され，リンパ球浸潤，血管新生，滑膜の肥厚が見られる（宮坂，2005）．

男性RA患者ではテストステロンとDHEA（dehydroepiandrosterone）の濃度が低く，相対的にエストラジオール濃度が高くその濃度と関節の炎症症状がよく相関する（Tengstrand et al, 2003）．男性および女性RA患者において滑膜液中のエストロゲン濃度はアンドロゲン濃度に比べて有意に高い．その原因は，滑膜液中に高濃度に存在するTNFαによって誘導される局所でのアロマターゼ活性亢進による（Cutolo et al, 2006）．分子標的治療薬であるヒト型抗TNFα抗体投与により男性ホルモン対女性ホルモン比の改善が期待される．また，滑膜浸潤リンパ球にはエストロゲンレセプター（ERβ）が発現しており，エストロゲンによる病態の悪化に関係しているものと考えられる．一般に，アンドロゲンは体液性，細胞性両免疫応答に抑制的に働き，エストロゲンは少なくとも体液性免疫応答に促進的に働く．この観点から，低テストステロン値を示す男性RA患者に補助療法としてテストステロン補充療法を行いその有効性が示されている（Cutolo, 2000）．

3 性ホルモンと免疫反応

男性と女性で免疫反応に性差が見られるだけでなく，女性では性周期（卵胞期，黄体期），妊娠，閉経といった性機能の変化により免疫反応に変化が見られる．また反対に免疫反応は，特に自然免疫系を介して，排卵，着床，妊娠維持といった生殖現象に深く関与し，その異常は排卵障害，着床不全，流・早・死産，子癇前症など生殖異常の原因となる．一般に，エストロゲンは免疫促進的に働き，テストステロンとプロゲステロンは免疫抑制的に働く．また，プロラクチン（PRL）は下垂体あるいは局所で産生されてエストロゲンと同様に免疫促進的に働く（Bouman et al, 2005）．

(A) エストロゲン

エストロゲン作用は主にその核内レセプター（ERα，ERβ）を介して発揮されるが，多くの免疫担当細胞（CD4＋T細胞，CD8＋T細胞，B細胞，単球細胞，マクロファージ）で *ERs* が発現している．B細胞系列では分化段階早期の前駆B細胞に両 *ERs* が発現しておりエストロゲンにより自己抗原に対する自己抗原反応性B細胞のアポトーシス（負の選択）が抑制され，自己抗体産生B細胞の比率が増加する．エストロゲンを投与されたマウスB細胞では複数の遺伝子においてその発現が増強するものと減弱するものが観察される．中でも，*Bcl-2*，*CD 22*，*SHP-1* の遺伝子発現が有意に増強し，B細胞の分化過程で自己抗原との反応が抑制されアポトーシスによる負の選択を免れた自己反応性B細胞が増加する（Grimaldi et al, 2005）．

エストロゲンはT細胞レセプター（TCR）を介したヘルパーT細胞（Th1，Th2）からのサイトカイン産生に影響を及ぼし，その作用はエストロゲンの濃度によって異なる．すなわち，妊娠時のような高濃度のエストロゲン存在下ではTh2細胞を介した抗炎症性サイトカイン（IL-4，IL-5，IL-10，TGF-β）産生が優位となり，体液性免疫系が刺激されて自己抗体の産生が亢進する．反対に，生理的濃度のエストロゲン存在下ではTh1細胞を介した炎症性サイトカイン（IL-2，INF-γ，TNFα）が優位となり，細胞性免疫系が刺激されて細胞傷害性T細胞が増加する（Lahita, 1999）．Th1-Th2細胞間では相互抑制現象が見られ，Th1優位の場合はTh2系が抑制され，反対にTh2優位の場合はTh1系が抑制される（Whitacre et al, 1999）．妊娠，SLEではTh2優位となり，RA，多発性硬化症（MS, multiple sclerosis）ではTh1優位となる．この現象は妊娠時にSLEが増悪し，RAやMSで緩解の見られる現象ともよく一致している．

(B) プロゲステロン

プロゲステロンレセプター（PR）はアイソホームとしてPRAとPRBが同定されているが，免疫担当細胞での発現は不明である．プロゲステロンの免疫系に対する影響としてMoriら（1977）によりその免疫抑制作用が最初に報告された．その後，Szekeres-Barthoら（1989）の報告によると妊娠時の活性化リンパ球（γδT細胞）には *PRs* が発現し，プロゲステロン刺激によりPIBF（progesterone-induced blocking factor）を産生する（Szekeres-Bartho et al, 2001）．PIBFはTh2細胞を刺激して妊娠の維持に働き，胎児に対する母体の拒絶反応を抑制して抗流産作用を示す．一般に，プロゲステロンはTh1に対して抑制的に，Th2に対して促進的に働く．プロゲステロンの作用は必ずしもPRsを介したものだけでなく，脂溶性のステロイドホルモンとして細胞膜に作用して膜の流動性に変化を及ぼして二次的に免疫担当細胞の反応性を変化さすことが指摘されている（Lamche et al, 1990）．樹状細胞に対してエストロゲンは機能促進的に働き，プロゲステロンは機能抑制的に働く．これもまた自己免疫疾患の性差の原因となる（Hughes, Clark, 2007）．

(C) テストステロン

テストステロンはTh1，Th2両細胞に対して反応抑制的に働く．これがアンドロゲンレセプター（AR）を介した直接的な作用であるか否かは明らかでないが，T細胞に膜型ARが，B細胞に細胞内ARが存在することが報告されている（Benten et al, 1999；2002）．一般に，血清IgG，IgM濃度は男性に比べて女性で高く，エストロゲン添加により末梢血単核球からのIgG，IgM産生が促進され，テストステロン添加によりそれらの産生が抑制される（Kanda et al, 1996；Kanda, Tamaki, 1999）．

(D) プロラクチン

プロラクチン（PRL, prolactin）は下垂体から分泌される神経・内分泌ペプチドホルモンで，PRLレセプター（PRL-R）を介してその作用を発揮する．PRLは下垂体以外の神経ニューロン，乳腺上皮，前立腺，子宮内膜，免疫系細胞においても産生され，それぞれの組織に発現するPRL-Rを介して細胞の分化・増殖に関わる．免疫系細胞ではT細胞，B細胞，単核球細胞からPRLあるいはサイズの違うアイソホームが産生され，それぞれの細胞に発現するPRL-Rを介して免疫反応に影響を及ぼす．B細胞に対しては，分化の過程で自己反応性B細胞の自己抗原に対する負の選択を抑制して自己寛容の誘導を障害する（Peeva et al, 2003）．PRLはリンパ球に対して成長因子として働き（Buckley, 2000），IL-4，IL-5，IL-6などのサイトカインに対するB細胞の反応性を高め（Richards et al, 1998），また炎症性サイトカインの産生をも高める（Matera, Mori, 2000）．PRL産生自身も種々のサイトカインによって影響を受け，IL-1，IL-2，IL-6はPRL産生を亢進させ，反対にIFN-γはPRL産生を抑制する（Chikanza, 1999）．SLEのような病的状態では患者自身のリンパからPRLが産生され，そのリンパ球産生PRLがリンパ球に働いてIgG，IgM，抗ds-DNA抗体の産生を高めるといったオートクライン的な悪循環が成立し病態が悪化する（Gutierrez et al, 1995）．エストロゲンがリンパ節皮質辺縁部でT細胞非依存性の自己反応性B細胞の生存と活性化を誘導するのに対して，プロラクチンは胚中心を持つ二次リンパ濾胞でT細胞依存性の自己反応性B細胞の生存と活性化を誘導する（Grimaldi, 2006）．

まとめ

免疫反応の性差について女性に好発する自己免疫疾患を中心に性ホルモンの影響について述べた．以上をまとめると，図V-18-3のようにエストロゲンは濃度によってその作用が異なる．高濃度でTh2サイトカインを誘導し，生理的濃度でTh1サイトカインを誘導する．B細胞に対しては自己反応性を高め抗体産生を促進する．プロゲステロンはTh1細胞に抑制的に働き，Th2細胞に対しては促進的に働く．樹状細胞に対してはエストロゲンは活性化を促

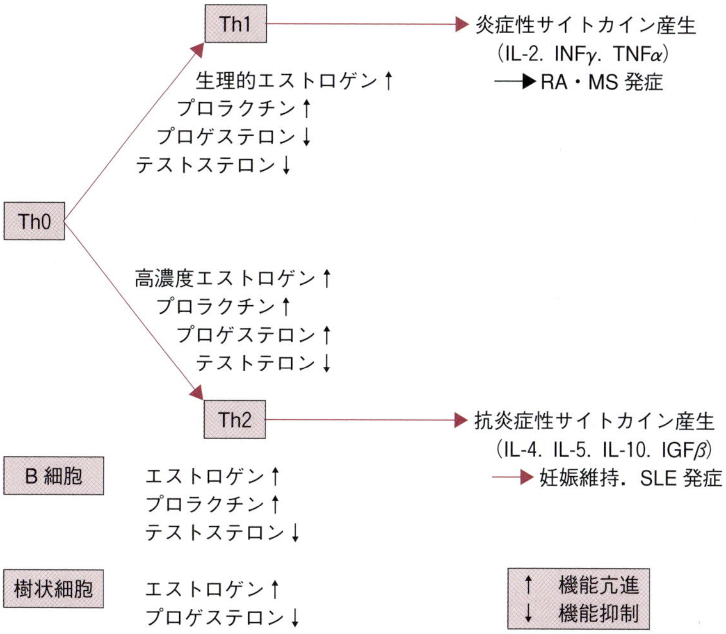

図V-18-3．女性ホルモンと免疫反応

し，プロゲステロンは抑制的に働く．テストステロンはTh1, Th2両者に対して抑制的に働き，一般に男性は女性に比べて感染に対する抵抗性が弱い．プロラクチン濃度は男性に比べて女性で高く，エストロゲンと同様にTh1，Th2に対して免疫促進的に働く．性ホルモン以外に免疫反応の性差に遺伝因子，環境因子が関与していることは間違いないが，各因子が互いにどのように関連し合っているかの詳しいメカニズムについては不明である．

（香山浩二）

引用文献

Arancibia SA, Beltrán CJ, Aguirre IM et al (2007) Toll-like receptors are key participants in innate immune responses, *Biol Res*, 40 ; 97-112.

Benten WP, Lieberherr M, Giese G, et al (1999) Functional testosterone receptors in plasma membranes of T cells, *FASEB J*, 13 ; 123-133.

Benten WP, Stephan C, Wunderlich F (2002) B cells express intracellular but not surface receptors for testosterone and estradiol, *Steroids*, 6 ; 647-654.

Bouman A, Heineman MJ, Faas MM (2005) Sex hormones and the immune response in humans, *Hum Reprod Update*, 11 ; 411-423.

Buckley A (2001) Prolactin, lymphocyte growth and survival factor, *Lupus,* 10 ; 684-690.

Cao W, He W (2005) The recognition pattern of gammadelta T cells, *Front Biosci*, 10 ; 2676-2700.

Chaouat G, Ledee-Bataille N, Dubanchet S, et al (2004) Th1/Th2 paradigm in pregnancy : paradigm lost? Cytokines in pregnancy/ early abortion : reexamining the Th1/Th2 paradigm, *Int Arch Allergy Immunol*, 134 ; 93-119.

Chikanza I (1999) Prolactin and neuroimmunomodulation : in vitro and in vivo observations, *Ann NY Acad Sci*, 876 ; 19-130.

Cutolo M (2000) Sex hormone adjuvant therapy in rheumatoid arthritis, *Pheum Dis Clin North Am*, 26 ; 881-895.

Cutolo M, Sulli A, Capellino S, et al (2006) Anti-TNF and sex hormone, *Ann NY Acad Sci*, 1069 ; 391-400.

Davis MM, Chien, Y-H (2003) T-cell antigen receptors, In : *Fundamental Immunology*, 5th edn, Paul WE et al

(ed), pp227-258, Lippincott Williams & Wilkins, Philadelphia, USA.
Di Santo JP (2008) Natural killer cells : diversity in search of a niche, *Nat Immunol*, 9 ; 473-475.
Gallegos AM, Bevan MJ (2006) Central tolerance : good but inperfect immunol, *Rev*, 209 ; 290-296.
Grimaldi CM (2006) Sex and systemic lupus erythematosus : the role of the sex hormones estrogen and prolactin on the regulation of autoreactive B cells, *Curr Opin Rheumatol*, 18 ; 456-461.
Grimaldi CM, Hill L, Xu X, et al (2005) Hormonal modulation of B cell development and repertoire selection, *Mol Immunol*, 42 ; 811-820.
Gutierrez MA, Molina JF, Jara LJ, et al (1995) Prolactin and systemic lupus erythematosus : prolactin secretion by SLE lymphocytes and proliferative (autocrine) activity, *Lupus*, 4 ; 348-352.
Holm TL, Nielsen J, Claesson MH (2004) CD4+CD25+ regulatory T cells : I. phenotype and physiology, *APMIS*, 112 : 629-641.
Hughes GC, Clark EA (2007) Regulation of dendritic cells by female sex steroids : Relevance to immunity and autoimmunity, *Autoimmunity*, 40 ; 470-481.
Invernizzi P (2007) The X chromosome in female- predominant autoimmune diseases, *Ann NY Acad Sci*, 1110 ; 57-64.
Kanda N, Tamaki K (1999) Estrogen enhances immunoglobulin production by human PBMCs, *J Allergy Clin Immunol*, 103 ; 282-288.
Kanda N, Tsuchiya T, Tamaki K (1996) Testosterone inhibits immunoglobulin production by human peripheral blood mononuclear cells, *Clin Exp Immunol*, 104 ; 410-415.
Lahita RG (1999) The role of sex hormones in systemic lupus erythematosus, *Curr Opin Rheumatol*, 11 ; 352-356.
Lamche HR, Silberstein PT, Knabe AC et al (1990) Steroids decrease granulocyte membrane fluidity, while phorbol ester increases membrane fluidity, studies using electron paramagnetic resonance, *Inflammation*, 14 ; 61-70.
Matera L, Mori M (2000) Cooperation of pituitary hormone prolactin with interleukin-2 and interleukin-12 on production of interferon-gamma by natural killer and T cells, *Ann NY Acad Sci*, 917 ; 505-513.
三森経世 (2005) わかりやすい免疫疾患：全身性エリテマトーデス，日本医師会雑誌，第134巻　特別号(1)；S172-S175.
宮坂信之 (2005) わかりやすい免疫疾患：関節リウマチ，日本医師会雑誌，第134巻　特別号(1)；S166-S177.
Moretta L, Bottino C, Pende D, et al (2005) Human natural killer cells : Molecular mechanisms controlling NK cell activation and tumor cell lysis, *Immunol Lett,* 100 ; 7-13.
Mori T, Kobayashi H, Nishimoto H, et al (1977) Inhibitory effect of progesterone and 20α-hydroxypregn-4-en-3-one on the phytohemagglutinin transformation of human lymphocytes, *Am J Obstet Gynecol*, 127 ; 151-157.
Nimmerjahn F, Ravetch JV (2007) Fc-receptor as regulator of immunity, *Adv immunol*, 96 ; 172-204.
Peeva E, Michael D, Cleary J, et al (2003) Prolactin modulates the naive B cell repertoire, *J Clin Invest*, 111 ; 275-283.
Richards S, Garman RD, Keyes L, et al (1998) Prolactin is an antagonist of TGF-beta activity and promotes proliferation of murine B Cell hybridoma, *Cell Immunol*, 184 ; 85-91.
Robert G, Lahita MD (1999) The role of sex hormones in systemic lupus erythematosus, *Curr Opin Pheumatol*, 11 ; 352-356.
Romagnani S (2000) T-cell subsets (Th1 versus Th2), *Ann Allergy Asthama Immunol*, 85 ; 9-18.
Romagnani S (2006) Immunological tolerance and autoimmunity, *Intern Emerg Med*, 1 ; 187-196.
Roubinian J, Talal N, Greenspan J, et al (1978) Effect of castration and sex hormone treatment on survival, anti-nucleic acid antibodies and glomerulonephritis in NZBXNZW F1 mice, *J Exp Med*, 147 ; 1568-1583.
Rus H, Cudrici C, Niculescu F (2005) The role of the complement in innate immunity, *Immunol Res*, 33 ; 103-112.
Steinman R, Hawiger D, Nassenzweig M (2003) Tolerogenic dendritic cells, *Ann Rev Immunol*, 21 ; 658-711.
Sthoeger ZM, Zinger H, Mozes E (2003) Beneficial effects of the anti-estrogen tamoxifen on systemic lupus erythematosus of (NZBxNZW) F^1 female mice are associated with specific reduction of IgG3 autoantibodies, *Ann Rheum Dis*, 62 ; 341-346.
Sundberg EJ, Deng L, Mariuzza RA (2007) TCR recognition of peptide / MHC class Ⅱ complexes and superantigens, *Semin Immunol*, 19 ; 262-271.
Szekeres-Bartho J, Barakonyi A, Par G, et al (2001) Progesterone as an immunomodulatory molecule, *Int Immuno-pharmacol*, 1 ; 1037-1048.
Szekeres-Bartho J, Reznikoff-Etievant MF, et al (1989) Lymphocytic progesterone receptors in normal and pathological human pregnancy, *J Reprod Immunol*, 16 ; 239-247.
Tengstrand B, Carlstrom K, Fellander-Tsai L, et al (2003) Abnormal levels of serum dehydroepi androsterone, estrone, and estradiol in men with rheumatoid arthritis : high correlation between serum estradiol and current degree of inflammation, *J Rheumatol*, 30 ; 2338-2348.
van Lookeren Campagne M, Wiesmann C, Brown EJ (2007) Macrophage complement receptors and pathogen clearance, *Cell Microbiol*, 9 ; 2095-2102.
Walker SE(2001) Treatment of systemic lupus erythematosis, *Lupus*, 10 ; 762-768.
Wardemann H, Nussenzweig MC (2007) B-cell self-tolerance in humans, *Adv Immunol*, 95 ; 83-110.
Whitacre CC, Reingold SC, O'Looney PA (1999) A Gender Gap in Autoimmunity, *Science*, 283 ; 1277-1278.
Zandman-Goddard G, Peeva E, Shoenfeld Y (2007) Gender and autoimmunity, *Autoimmunity Review*, 6 ; 366-372.

V-19

卵子免疫寛容の成立機序

Key words
胸腺／自己免疫性卵巣炎／*Aire*／制御性T細胞／ヌードマウス

はじめに

免疫系は細菌やウイルスなどの異物を認識して排除するのが本来の役割であるが，自己の構成単位である細胞や組織が産生する抗原に対して過剰に反応し，攻撃を加えてしまうことから自己免疫病が発症する．多くの組織や臓器において局在性の自己免疫病の発症が報告されてきていることから，生体のすべての臓器はそれぞれ組織特有の抗原を発現していると考えてよいであろう．多くの個体は通常自己免疫病になることを免れている．このことは生体は自己免疫病を回避するためのなんらかの優れた機構を備えていることを示唆している．胸腺は免疫系の中枢的な役割を担っている．その第一の機能は未熟なT前駆細胞を分化・成熟させて自己と非自己の免疫的認識を確立することである．その実体として，胸腺における非リンパ球系の細胞である上皮細胞，樹状細胞やマクロファージなどからなる胸腺微小環境と未熟Tリンパ球との相互作用が重要であると考えられる．たとえば，ヌードマウスに異系（Hong et al, 1979）や異種(Taguchi et al, 1986;Nishigaki–Maki et al, 1999)の胸腺を移植しておくと，移植胸腺の中にホスト未熟Tリンパ球が入り込み，微小環境で教育を受け，そのドナーに対して免疫寛容を導くようになる．そして胸腺は胸腺で発現している自己の主要組織適合性複合体（*MHC*, major histocompatibility complex）や *Mls* 抗原（minor lymphocyte stimulating antigen）に対して反応するTリンパ球を消去する場であるとされてきた（Kappler et al, 1987 ; Marrack et al, 1988）．またこれらのTリンパ球の一部は末梢化することができるが，しかしながらこれらのリンパ球は不活化（アネルギー）の状態になるとされてきた(Rammensee et al, 1989 ; Ramsdell et al, 1989）．個々の臓器抗原は胸腺で発現されないと考えられていたので，個々の臓器抗原と反応するTリンパ球はたやすく末梢化してくると思われていた．通常は自己免疫は生じないので，これらの自己反応性Tリンパ球を抑制する機構が存在すると考えられた．その実体は制御性Tリンパ球の存在であった（Taguchi, Nishizuka, 1987）．

国際ヒトゲノム計画の遂行により自己免疫性多腺性内分泌不全症－カンジダ症－外胚葉性ジストロフィー（APECED, autoimmune polyendocrinopathy-candidiasis-ectodermal dystrophy）の原因遺伝子である自己免疫調節遺伝子 *Aire*（autoimmune regulator）が検出された（Nagamine et al, 1997）．

Aire：国際ヒトゲノム計画として21番染色体が解読され，常染色体劣性遺伝の単一遺伝子疾患である自己免疫性多腺性内分泌不全症Ⅰ型（autoimmune polyendocrinopathy-candidiasis-ectodermal dystrophy）の原因遺伝子として自己免疫調節（autoimmune regulator）遺伝子 *Aire* が発見された．Aire タンパク質は Zn フィンガードメインを有し，転写因子として働くと推定されている．*Aire* 遺伝子は主に胸腺髄質の上皮細胞で特異的に発現し，組織特異的遺伝子群を転写させる機構を備え，胸腺内でそれぞれの組織で発現している抗原を発現させている．

表Ⅴ-19-1．新生時期胸腺摘出（C57BL/6 x A/J）F1マウスに発症する自己免疫病

胸腺摘出日	発病臓器（発症頻度%）						
	卵巣	精巣上体	精巣	前立腺	胃	涙腺	唾液腺
出生当日	10	0	0	0	0	5	0
生後３日	75	25	15	70	20	80	5
生後７日	5	0	0	5	0	5	0

５ヶ月齢マウスの検索.

Aire は胸腺髄質の上皮細胞で発現があり，大変驚くべきことにこの遺伝子の働きにより臓器抗原が胸腺で発現されていることが明らかとなり，さらにこの遺伝子のノックアウトマウスでは多臓器に自己免疫病が発症することが証明された（Anderson et al, 2002）.

以下にマウスを用いた自己免疫性卵巣炎の発症モデルを紹介しながら，その発症と卵子免疫寛容の成立機序を示していきたい.

1 新生時期に胸腺摘出マウスに発症する自己免疫病

マウスは免疫能が未熟のまま出生を迎えるが，その機能は生後急速に確立してくる．そのために，マウスは免疫系の成立機序や免疫不全の研究に多くの利点がある．ところで，生後12時間以内にマウスの胸腺を摘出すると，免疫不全のために通常の飼育環境下では長期間生存できない．胸腺摘出の時期を少し遅らせて生後２-４日に行えば，そのマウスは感染症に陥ることもなく，ほぼ正常マウスの寿命を全うしうる．このマウスの肝臓，肺，腎臓等には何らの異常も認めないが，しかしながら卵巣（Taguchi et al, 1980），精巣（Taguchi, Nishizuka, 1981），胃，甲状腺等に臓器局在性の自己免疫病の自然発症を認める（Taguchi et al, 1990）．これらの自己免疫病の発症は胸腺摘出を生後７日以降に行ったのではもはや発症しない（表Ⅴ-19-1）．また，ヌードマウスには同様な病変は発症しないことから，Tリンパ球が関与する病変であり，胸腺摘出には臨界期が存在する.

2 胸腺摘出マウスに発症する卵巣炎

生後３日胸腺摘出（Tx-３）マウスに発症する卵巣炎は多くのマウスの系統で観察することができるが，高発系では90%以上に発症する（Taguchi et al, 1980）．卵巣炎は３週齢末ごろから認められるようになるが，初期像はまず生理的に生じる閉鎖濾（卵）胞（atretic follicle）に単核球やプラズマ細胞の浸潤が見られるようになり，やがて二次濾胞（secondary follicle）を単位とした炎症反応へと進展していく．マウスが発情を始めるとリンパ球浸潤の急増に伴い二次濾胞は激減し，やがて原始濾胞（primary follicle）まで傷害を受け，萎縮した無濾胞の卵巣となる（図Ⅴ-19-1）．ところで膣スメアの所見は卵巣の生理をよく反映している．胸腺摘出マウスの膣スメアを観察すると，まったく発情パターンを示さず連続非発情を示すマウス，数回の発情サ

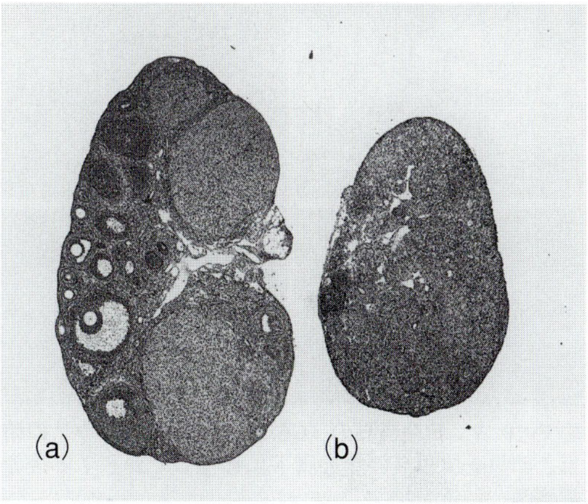

図Ⅴ-19-1．3ヶ月齢の（C57BL/6xA/J）F1マウスの卵巣

(a) 正常マウスの卵巣．(b) 生後3日胸腺摘出マウスの卵巣．すべての卵胞が消失している．

イクルや不規則なサイクルを示した後で非発情スメアとなるマウスがほとんどで，卵巣の組織所見とよく一致している．胸腺摘出マウスに性腺刺激ホルモン（gonadotropin）を注射して卵巣を刺激すると，卵巣炎が急激に進行する．これは卵巣の抗原の増減が性腺刺激ホルモンに依存していることを示している．

卵巣炎発症に伴いマウスの血中には卵細胞質（ooplasm），透明帯（zona pellucida），あるいは黄体（corpus luteum）やステロイド産生細胞と特異的に反応する抗体が検出できる．これらの抗体価は卵巣の炎症の程度に応じて消長が見られる．すなわち，発情が始まり卵巣の炎症が急激に高まったころに最も高い抗体価があり，卵子がすべて消失し萎縮した卵巣となってくると，抗体価も急激に低下してくる．なお，卵巣炎の進行に伴って血中の卵胞刺激ホルモン（FSH）や黄体刺激ホルモン（LTH）の上昇も検出されるようになる．胸腺摘出マウスが高齢となってくると，卵巣腫瘍の発生も見られるようになるが，その原因として持続した高値の性腺刺激ホルモンによる無卵胞卵巣の過剰刺激が考えられる（Michael et al, 1981）．

胸腺摘出マウスに発症する卵巣炎はTリンパ球でもって同系の新生子マウスにトランスファーすることができる（Taguchi, Nishizuka, 1980）．これらの結果から，新生時期に胸腺摘出したマウスに発症する卵巣炎は自己免疫病であると結論づけられる．

3 卵巣と精巣における共通抗原の存在

Tx-3雄マウスには先行する副睾丸炎に続いて精巣炎が発症する．精巣炎は間質へのリンパ球の浸潤，細精管（精細管）（seminiferous tubule）内の精子細胞（spermatid）の減少を特徴とし，激しい場合は精祖細胞（spermatogonium）の消失を認める．睾丸炎を持つマウスの血中には精子の先体（acrosome）やライディヒ細胞と特異的に反応する自己抗体が検出できる．卵巣炎を発症しているマウスの血中には卵細胞質と反応する抗体（AOA, anti-ooplasm-antibody）が検出できるが（図Ⅴ-19-2（a）），この抗体の中には精子の先体や精子細胞とも特異的に反応する抗体が含まれる（図Ⅴ-19-2（b））．一方雄マウスに検出される先体と反応する抗体（AAA, anti-acrosome-antibody）は卵細胞質とは反応しない．雌マウスに検出されるAAAは成熟した精巣や卵巣のホモジェネートで吸収できる．ところが雄マウスに検出できるAAAは成熟した精巣では吸収できるが，未熟精巣や卵巣では吸収されない．

卵巣炎を持つマウスの腎被膜下に新生子の精

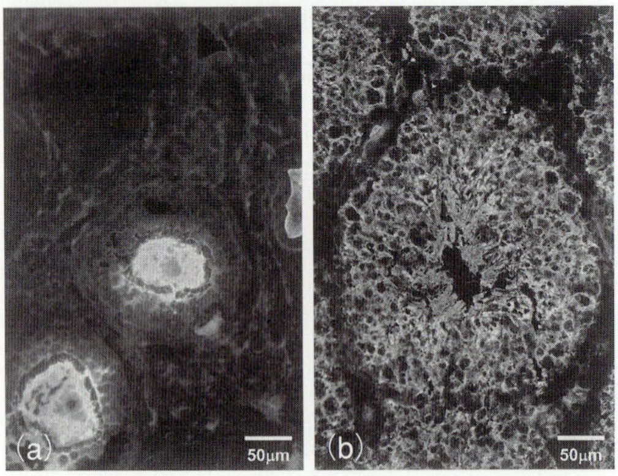

図V-19-2.

(a) 生後3日胸腺摘出 (C57BL/6xA/J) F1 雌マウスの血中に検出された卵細胞質と反応する抗体. (b) この抗体は精巣とも反応する. 精子細胞と反応している.

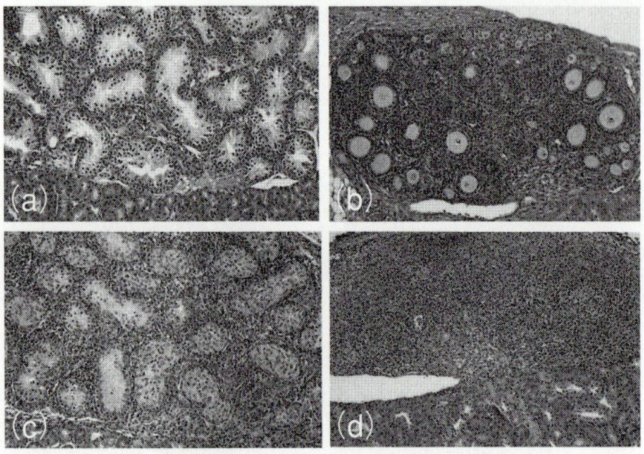

図V-19-3. 出生当日の (C57BL/6xA/J) F1マウスの精巣と卵巣をマウスの腎被膜下に移植してから7日後の組織像

(a) 正常雌マウスに移植した精巣. (b) 卵巣炎を発症しているTx-3雌マウスに移植した精巣. 激しいリンパ球の浸潤があり, 多くの精子細胞は消滅している. (c) 副睾丸炎や睾丸炎を発症していないTx-3雄マウスに移植した卵巣. 多数の濾胞が存在する. (d) 睾丸炎を発症しているTx-3雄マウスに移植した卵巣. 激しいリンパ球の浸潤があり, 濾胞は破壊されている.

巣を移植 (図V-19-3 (b)), あるいは睾丸炎を持つマウスに新生子の卵巣を移植しておく (図V-19-3 (d)) と, 急性のリンパ球反応が生じ, 両性腺共に幼若な生殖細胞の消失が見られる. これらの結果は生殖細胞に対する自己免疫反応は液性の抗体のみでなく, 細胞性の障害も大きく関与していること, さらに雌雄生殖細胞に共通の抗原が存在することがうかがわれる.

4 異種胸腺原基の移植を受けたヌードマウス(TG ヌードマウス)の免疫能

BALB/c ヌードマウスの腎被膜下に胎齢15日のF344ラットの胸腺等の異種の胸腺原基を移植しておくと, 同マウスはホストTリンパ球が司る免疫能を獲得することができる (TG ヌードマウス) (Taguchi et al, 1986 ; Nishigaki-Maki et al, 1999). 移植胸腺は正常な組織構築をとりながら発育し, 加齢とともに萎縮するが, 生涯を通して拒絶されることはない. 移植胸腺を各種抗体を用いて免疫組織化学的に検索すると, 上皮細胞のみがドナー由来であり, Tリンパ球, 樹状細胞, マクロファージ等はホストマウス由来のキメラ構築をとっていた. 胸腺上皮細胞はドナーのクラスIおよびII抗原を正常に発現していた. 移植胸腺の髄質部にはホストマウスのクラスIIを発現するCD11c陽性の樹状細胞の集積が見られた. 移植胸腺や脾臓のTリンパ球を正常マウスのそれらを対照として各種のモノクローナル抗体を用いてFACSで検索したところ, 各種CD抗原やT細胞レセプター (TCR) Vβの発現には差が見られなかった. 末梢においてはTG ヌードマウスのTリンパ球の数は正常マウスに比べて少ない傾向にあったが, TG ヌードマウスに羊の赤血球を注射し, プラーク法にて抗体産生能を検討すると有意な反応が見られた. これらの結果はTG ヌードマウスの移植異種胸腺でも機能的なTリンパ球が産生されていることを示している．

ラットの胸腺原基を移植したTGヌードマウスに種々の動物の皮膚を移植したところ，胸腺ドナーとBALB/cマウスの皮膚は生涯を通して生着し発毛も見られたが，第三者の皮膚は短日で拒絶した．

5 TGヌードマウスに発症する自己免疫病

TGヌードマウスにおいて胸腺の移植を受けてから1ヶ月以上経過すると多発性に臓器局在性の自己免疫病が自然発症してくる．発病する臓器は新生時期胸腺摘出マウスで見られたのとほぼ同じ臓器であるが，臓器炎の発症頻度や臓器傷害の程度はTGヌードマウスの方がかなり激しい傾向にある．卵巣炎はほぼ100%に発症する．新生時期胸腺摘出マウスと同様に，臓器炎の発症に伴いそれぞれの臓器の特定の細胞や分泌物と特異的に反応する自己抗体が検出できる．それぞれの臓器炎はCD4陽性Tリンパ球でもってヌードマウス（Ikeda et al, 1988）やscidマウス（Ohno et al, 1999）にトランスファーすることができる．

6 TGヌードマウスのラット胸腺内への臓器移植

もしTGヌードマウスにおける移植ラット胸腺内で自己の臓器抗原が十分量発現されていたら，対応する臓器抗原反応性のTリンパ球が削除を受け，自己免疫病が発症しないことが予測される．そこでラットの胸腺を移植したTGヌードマウスの胸腺内に，胸腺移植2週後に同系新生子マウスから採取した自己免疫標的臓器である卵巣あるいは甲状腺の移植が試みられた（Taguchi, Takahashi, 1996）．胸腺内に移植した卵巣と甲状腺はリンパ球の浸潤もなく正常に発育した．さらに胸腺内に移植した臓器と同じホストの臓器にも自己免疫病は発症しなかったが，他の臓器における自己免疫病はまったく予防できなかった．移植胸腺に隣接して腎被膜下にこれらの臓器を移植しておいた場合は，ホスト本来の臓器に炎症があれば，移植片にも同様に激しい炎症と臓器破壊が見られた．

この臓器炎の予防の機構として次のようなことが考えられる．胸腺内で十分量の臓器抗原が発現したために，それらの抗原と排他的に反応するTリンパ球はMls抗原などと反応するTリンパ球と同様に胸腺内で削除されたと思われる．Mls抗原反応性のTリンパ球の一部は胸腺から末梢に出現することができることが知られているが，臓器抗原特異的なTリンパ球も同様の運命を辿っている可能性がある．この可能性を検討するために，TGヌードマウスのラット胸腺内に甲状腺を移植したマウスを用いて，甲状腺抗原に対するリンパ球増殖反応と甲状腺抗原による強化免疫を試みた．その結果甲状腺炎を発症しているTGヌードマウスの脾リンパ球は甲状腺抗原の刺激で強い増殖反応を示したが，胸腺内に甲状腺の移植を受けたTGヌードマウスの脾リンパ球は同抗原刺激に対して無反応であった．そこで甲状腺を移植された胸腺を持つTGヌードマウスを甲状腺抗原とCFA（complete Freund's adjuvant）で強化免疫を試みたところ，すべてのマウスで甲状腺炎の発症が認められた．この結果は胸腺内に臓器の移植を受けたTGヌードマウスにおいては，臓器抗原反応性のTリンパ球の一部が末梢に出現し，アネルギー状態になっていることを強く示唆している（Taguchi, Takahashi, 1996）．正常マウスを臓器抗原とアジュバントで強化免疫すると，対応する臓器に自己免疫病が発症することから，正常マウスでも臓器抗原反応性のTリンパ球は末梢化しているものと思われる．

7 臓器の寛容に関与する制御性Tリンパ球

新生時期胸腺摘出マウスに発症する臓器局在性の自己免疫病は，胸腺摘出後に正常同系マウスの末梢のTリンパ球を一定量以上注射しておくと完全に予防することができることから，制御性Tリンパ球の存在が浮かび上がってきた．(Taguchi, Nishizuka, 1981 ; Taguchi et al, 1990)．一連の実験から制御性Tリンパ球は胸腺で産生され，さらに末梢において自己抗原により感作されることにより活性化することが明らかになった（Taguchi, Nishizuka, 1987）．マウスにおいて臓器局在性の自己免疫病が発症する主な臓器は眼，涙腺，唾液腺，甲状腺，胃，副腎，卵巣，精巣，前立腺である．これらの臓器の中で抗原として雌あるいは雄のみに存在するのは前立腺だけである．前述したように卵巣と精巣には共通の抗原があり，それが自己抗原となっている可能性がきわめて高い．前立腺に相当する雌における臓器は膣と子宮であるが，胸腺摘出マウスにおいてはこれらの臓器には自己免疫病は発症しない．また前立腺炎に伴って血中には前立腺上皮や分泌物と特異的に反応する自己抗体が検出されるが，この抗体は膣と子宮にはまったく反応しない．自己免疫病が発症する臓器において前立腺抗原だけが雌雄を通して雄だけに存在する抗原であると考えられる．

生後3日に胸腺摘出（Tx-3）した（C3H/He x 129/J）F1マウスには前立腺炎が約70%に発症する．この前立腺炎発症は胸腺摘出後の幼若な時期に，同系正常マウスの末梢のTリンパ球を一定量以上腹腔内に注射しておくと完全に予防することができ，同マウスの血中には前立腺と反応する抗体も検出されない．重要なことは病変の予防には正常雄のリンパ球（10^6で効果）を用いる方が，正常雌のリンパ球（10^7で効果）を用いるよりも少量で有効ということである．出生当日に去勢しておくと前立腺は未熟なままであり，成熟前立腺抗原の発現はない．このマウスのリンパ球による前立腺炎の予防は雌と同じ効果しかなかった．出生当日に去勢した雄マウスが成獣になってから男性ホルモンのペレットを皮下投与し，2ヶ月経った後のリンパ球は正常雄並みに前立腺炎の予防に有効であったが，同ペレットを同様に雌に投与した後に用いたリンパ球は正常雌のそれと同様の効果しかなかった．正常雌の末梢のリンパ球を多量に投与すると前立腺炎を予防することができた．しかしながら，Tx-3した雌マウスおよび出生当日去勢してTx-3した雄マウスのリンパ球は，多量に投与してもまったく前立腺炎の予防に効果はなかった．この結果は臓器抗原特異的な制御性Tリンパ球は生後3日以降に胸腺から末梢化し，自己抗原に感作されることにより活性化することを示唆している．卵巣炎の予防にも同様の結果が得られている．すなわち，卵巣炎の予防には正常成熟雌の末梢のTリンパ球を一

制御性T細胞（regulatory T cell）：自己の多数の抗原に対してそれぞれ排他的に反応しうるT細胞が胸腺より末梢に出現してきている．これらの細胞が自己免疫状態を引き起こすのを抑制しているのが制御性T細胞である．その表面抗原としてCD4とCD25の発現が知られている．さらに転写因子Foxp3が制御性T細胞の特異的なマーカーとして同定されるとともに，制御性T細胞分化のためのマスター遺伝子となっている．

表V-19-2．抗CD25モノクローナル抗体（PC61）を投与した（C57BL/6 x A/J）F1雌マウスに発症する自己免疫病

マウス	発病臓器（発症頻度%）					
	卵巣	甲状腺	眼	胃	涙腺	唾液腺
無処置	0	0	0	0	0	0
PC61投与	20	0	10	45	50	15
Tx-7	0	0	0	0	5	0
Tx-7＋PC61投与	75	15	10	60	80	35

PC61は生後10日から週2回1mgを無処置マウスと生後7日胸腺摘出（Tx-7）マウスの腹腔内に投与した．マウスは4ヶ月齢で検索．

定量（10^6）注射しておくと有効であるが，出生当日に卵巣摘出したマウスのTリンパ球では多量（10^7）の投与を必要とした．また制御性Tリンパ球はCD4陽性リンパ球群に属していた．

8 制御性Tリンパ球の検索

制御性Tリンパ球は胸腺から末梢に出現し，自己の臓器抗原により感作されることにより活性化し，機能的なリンパ球になることが示唆された．ここで活性化したTリンパ球はinterleukin-2レセプターα（CD25）を発現することが知られている．この事実から生体免疫系からCD25陽性のTリンパ球を削除すると自己免疫状態になるのではと推測された．そこで自己免疫病が発症しない生後7日胸腺摘出マウスや無処置マウスに，幼若期から成獣になるまで抗CD25モノクローナル抗体（PC61）の投与を試みた．正常成獣マウスではCD4陽性CD25陽性のリンパ球はCD4陽性リンパ球の中で5-10%を占めているが，PC61を投与しておくとこの細胞群はほぼ消滅した．PC61投与マウスにおいては予想通り臓器局在性の自己免疫病の多発が観察できた（表V-19-2，Taguchi, Takahashi, 1996）．またTx-3マウスやTGヌードマウスに正常マウス由来のCD4陽性CD25陽性の末梢のTリンパ球を注射しておくと，自己免疫病の発症が予防できた．これらの結果から制御性Tリンパ球はCD4陽性CD25陽性のTリンパ球群に属する．さらに転写因子であるFoxp3が制御性Tリンパ球の特異的なマーカーであるとともに，この細胞群の分化に必要であることが明らかにされた（Fontenot et al, 2003）．

9 TGヌードマウスにおける制御性Tリンパ球の実体

TGヌードマウスには自己免疫病が多発するので，制御性Tリンパ球が欠如している可能性が考えられる．そこで末梢におけるCD4陽性CD25陽性Foxp3陽性の制御性Tリンパ球の存在をFACSで解析した．その結果，TGヌードマウスにおいては対照に用いた正常BALB/cマウスよりもCD4陽性リンパ球中にCD25陽性Foxp3陽性リンパ球の高比率の存在が確認された．TGヌードマウスにおいては制御性Tリンパ球が末梢に多数存在するにもかかわらず

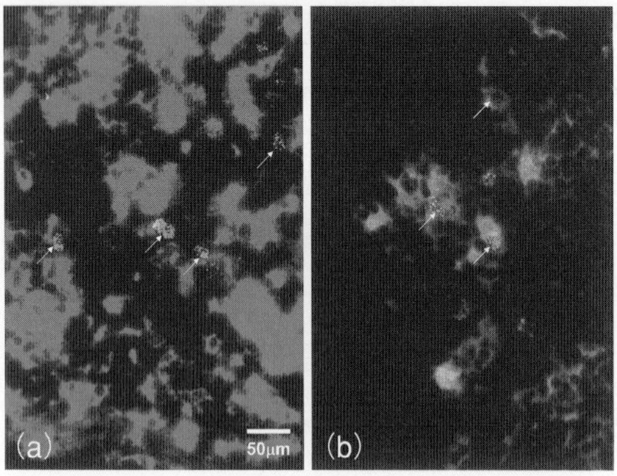

図V-19-4．ラットの胸腺を移植したTGヌードマウスの胸腺髄質におけるAireの発現（矢印のグリーン）

(a) マウス樹状細胞（赤色）の間に*Aire*の発現が見られる．
(b) ラット胸腺上皮細胞（赤色）の核に*Aire*の発現がある．

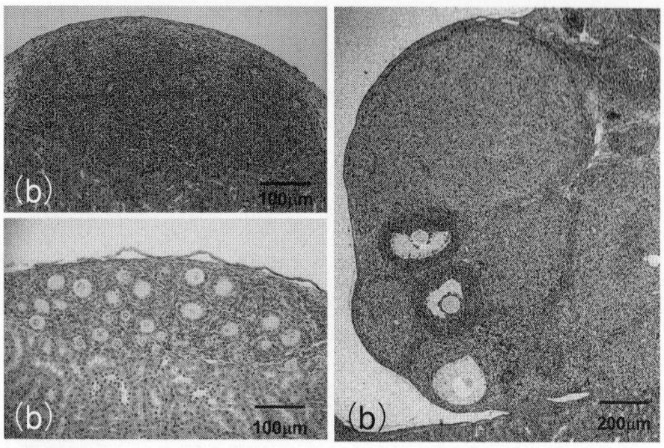

図V-19-5．

TGヌード雌マウスの腎被膜下に新生子マウス卵巣(a)とラット卵巣（b,c）を移植し，7日後（a,b）と3ヶ月後（c）に組織学的に検索した．マウスの卵巣には激しいリンパ球浸潤があり，濾胞はすべて消失している．ラットの卵巣にはまったくリンパ球浸潤はなく，3ヶ月後の卵巣には黄体も存在している．

激しい臓器局在性の自己免疫病が多発する．

胸腺の髄質上皮細胞には欠損すると自己免疫病となる*Aire*遺伝子の発現がある．この遺伝子が胸腺で発現することにより，制御性Tリンパ球が産生されるという報告がなされた (Aschenbrenner et al, 2007)．これは*Aire*遺伝子の働きにより胸腺髄質で臓器抗原の発現があり，この抗原により制御性Tリンパ球が産生されるものと理解できる．そこでTGヌードマウスに移植されたラット胸腺における*Aire*遺伝子の発現を免疫組織化学法で検討した．その結果胸腺髄質内に浸潤してきているマウス由来の樹状細胞にはAireの発現はなかった（図V-19-4A）が，胸腺髄質でラットのクラスIIを発現している上皮細胞の核内でAireの発現が見られた（図V-19-4B）．TGヌードマウスのラット由来の胸腺上皮でAireの発現があることは，胸腺でラットの臓器抗原の発現があり，この発現によりラットの臓器抗原と反応するTリンパ球は削除を受け，さらにラット臓器抗原特異的な制御性Tリンパ球が産生されているものと考えられる．またこの胸腺内でマウスAireの発現がないのでマウスの臓器抗原の発現はなく，そのためにマウスの臓器抗原と反応するTリンパ球はたやすく末梢化することができ，さらにマウス臓器抗原に対する制御性Tリンパ球の産生がされないことから，マウスにとってはきわめて自己免疫病になりやすい免疫系が出来上がるものと考えられる．

マウスとラットの臓器に対する免疫反応を確かめるために，TGヌードマウスの腎被膜下に新生子から採取した卵巣の移植を試み，移植7日後と3ヶ月後に移植した卵巣の状態を組織学的に検討した．その結果移植されたマウスの卵巣（図V-19-5 (a)）は7日後には激しいリンパ球の浸潤があり，濾胞はすべて消失していた．対照的にラットの卵巣（図V-19-5 (b)）にはリンパ球浸潤はなく，移植3ヶ月後には多数の濾胞や黄体が観察された（図V-19-5 (c)）．次にTGヌードマウスにラットの卵巣を移植した後に，

PC61を投与して制御性Tリンパ球の削除を試みた．その結果，ラットの卵巣炎の発症が観察できた．この結果はTGヌードマウスにはラット臓器抗原に対する制御性Tリンパ球と自己抗原反応性のT細胞が末梢に存在しているものと理解できる．

まとめ

免疫系は生体を守るためにあらゆる抗原に対して敵対できる能力を備えている．当然ながら自己の臓器抗原もその対象になっている．生体免疫系は自己免疫反応を回避するための手段を備えている．その最も重要な基盤となるものは胸腺髄質上皮細胞における*Aire*遺伝子の発現である．この遺伝子の働きにより沢山の臓器抗原が胸腺で発現され，それらによりこれらの抗原に対して排他的に働くTリンパ球の多くは削除されていると考えられる．しかしながら一部は末梢に積極的に送り出され，重要な役割を演じているとも考えられる．それは腫瘍等に対して攻撃能があるからである．腫瘍を移植したマウスからCD25を削除すると強い抗腫瘍効果が発揮されることからも理解できる (Onizuka et al, 1999)．一方，胸腺で発現する抗原によりそれらの抗原特異的な制御性Tリンパ球が産生され，末梢化する．末梢化した制御性Tリンパ球は対象となる抗原の感作により活性状態となり，胸腺での削除を免れ末梢化してきている自己抗原反応性T細胞の働きを抑制し，恒常性を保っている．卵子に関与する制御性Tリンパ球の活性化のための抗原としては，未熟卵の排卵 (Peters, 1969) や閉鎖濾胞が重要な役目を負っているのかもしれない．マウスが生まれた時の卵巣には1万個ほどの卵子が存在するが，1ヶ月齢で数千個，3ヶ月齢で約千個と減少していく．この生理的な減少が卵子抗原に対する制御性Tリンパ球の活性化のための抗原刺激として重要と思われる．

（田口　修）

引用文献

Anderson MS, Venanzi ES, Klein L, et al (2002) Projection of an immunological self shadow within the thymus by the aire protein, *Science*, 298 ; 1395-1401.

Aschenbrenner K, D'Cruz LM, Vollmann EH, et al (2007) Selection of Foxp3+ regulatory T cells specific for self antigen expressed and presented by Aire+ medullary thymic epithelial cells, *Nat Immunol,* 8 ; 351-358.

Fontenot JD, Gavin MA, Rudensky AY (2003) Foxp3 programs the development and function of CD4+CD25+ regulatory T cells, *Nat Immunol*, 4 ; 330-336.

Hong R, Schulte-Wissermann H, Jarrett-Toth E, et al (1979) Transplantation of cultured thymic fragments. II. Results in nude mice, *J Exp Med*, 149 ; 398-415.

Ikeda H, Taguchi O, Takahashi T, et al (1988) L3T4 effector cells in multiple organ-localized autoimmune disease in nude mice grafted with embryonic rat thymus, *J Exp Med*, 168 ; 2397-2402.

Kappler JW, Roehm N, Marrack P (1987) T cell tolerance by clonal elimination in the thymus, *Cell*, 49 ; 273-280.

Marrack P, Lo D, Brinster R, et al (1988) The effect of thymus environment on T cell development and tolerance, *Cell*, 53 ; 627-634.

Michael SD, Taguchi O, Nishizuka Y (1981) Changes in hypophyseal hormones associated with accelerated aging and tumorigenesis of the ovaries in neonatally thymectomized mice, *Endocrinology*, 108 ; 2375-2380.

Nagamine K, Peterson P, Scott HS, et al (1997) Positional cloning of the APECED gene, *Nat Genet*, 17 ; 393-398.

Nishigaki-Maki K, Takahashi T, Ohno K, et al (1999) Autoimmune diseases developed in athymic nude mice grafted with embryonic thymus of xenogeneic origin, *Eur J Immunol*, 29 ; 3350-3359.

Ohno K, Takahashi T, Maki K, et al (1999) Successful transfer of localized autoimmunity with positively selected CD4+ cells to scid mice lacking functional B cells, *Autoimmunity*, 29 ; 103-110.

Onizuka S, Tawara I, Shimizu J, et al (1999) Tumor rejection by in vivo administration of anti-CD25 (interleukin-2 receptor alpha) monoclonal antibody, *Cancer Res*, 13 ; 3128-3133.

Peters H (1969) The development of the mouse ovary from birth to maturity, *Acta Endocrinol* (Copenh), 62 ; 98-116.

Rammensee HG, Kroschewski R, Frangoulis B (1989) Clo-

nal anergy induced in mature V beta 6+ T lymphocytes on immunizing Mls-1b mice with Mls-1a expressing cells, *Nature*, 339 ; 541-544.
Ramsdell F, Lantz T, Fowlkes BJ (1989) A nondeletional mechanism of thymic self tolerance, *Science*, 246 ; 1038-1041.
Taguchi O, Nishizuka Y (1980) Autoimmune oophoritis in thymectomized mice : T cell requirement in adoptive cell transfer, *Clin Exp Immunol*, 42 ; 324-331.
Taguchi O, Nishizuka Y (1981) Experimental autoimmune orchitis after neonatal thymectomy in the mouse, *Clin Exp Immunol*, 46 ; 425-434.
Taguchi O, Nishizuka Y (1987) Self tolerance and localized autoimmunity, Mouse models of autoimmune disease that suggest tissue-specific suppressor T cells are involved in self tolerance, *J Exp Med*, 165 ; 146-156.
Taguchi O, Nishizuka Y, Sakakura T, et al (1980) Autoimmune oophoritis in thymectomized mice : detection of circulating antibodies against oocytes, *Clin Exp Immunol*, 40 ; 540-553.
Taguchi O, Takahashi T (1996a) Administration of anti-interleukin-2 receptor alpha antibody in vivo induces localized autoimmune disease, *Eur J Immunol*, 26 ; 1608-1612.
Taguchi O, Takahashi T (1996b) Mouse models of autoimmune disease suggest that self-tolerance is maintained by unresponsive autoreactive T cells, *Immunology*, 89 ; 13-19.
Taguchi O, Takahashi T, Nishizuka Y, (1990) Self-tolerance and localized autoimmunity, *Curr Opin Immunol*, 2 ; 576-581.
Taguchi O, Takahashi T, Seto M, et al (1986) Development of multiple organ-localized autoimmune diseases in nude mice after reconstitution of T cell function by rat fetal thymus graft, *J Exp Med*, 164 ; 60-71.

V-20

抗透明帯抗体

Key words
抗透明帯抗体／卵透明帯／受精／不妊／micro-dot assay／精子-透明帯結合阻害作用／避妊ワクチン

はじめに

日常の不妊症診療やラボラトリーワークにおいて，豊富な経験や知識をもってしても理解が容易でない問題に直面することがある．このような一因として免疫因子の関与する場合があるため，日頃よりその可能性を念頭に置き適切に対処したい．

ところで種の保存という観点からすれば，精子や卵子などの配偶子形成から受精・着床に至る妊娠の成立過程において，これらを排除する免疫現象は通常起こらないはずである．ところが女性においては自己抗原としての卵子，あるいは非自己抗原である精子や受精卵など，生殖に関連するさまざまな抗原から感作を受ける可能性がある．一方，男性では自らの精子が自己抗原として関与し，感作を受けることがある．その結果，抗卵抗体，抗透明帯抗体や抗精子抗体などの産生，あるいは胚や胎児に対する免疫現象により，女性および男性における不妊症，あるいは不育症の一因となる．このうち本節では抗透明帯抗体につき解説する．

1 卵透明帯の構造と機能

(A) 卵透明帯の構造

卵透明帯は卵細胞の周囲を取り囲む細胞外マトリックスの一種であり，卵母細胞自身により合成・分泌される．卵子に対して物理的な保護作用を有しているが，抗体やウイルスなどは通過する．

卵透明帯はZP（=zona pellucida）1，ZP2，ZP3という3種類の糖タンパクから構成されるが，その化学的性状を表V-20-1に示す（Yanagimachi, 1994）．マウスの卵透明帯ではZP1，ZP2，ZP3の分子量は各々185-200kD，120-140kD，83kDである．膜タンパク質としてゴルジ体で合成され，糖鎖が付加された後，細胞膜貫通ドメインを含むC末端側が転換酵素であるfurinにより切断を受け遊離型となり卵子から分泌される（Wassarman, 1988）．

ところで卵透明帯の構成タンパクは，これまで動物種によりさまざまな名称が用いられてきたが，ZPA，ZPB，ZPCの3種類に統一された（Harris et al, 1994）．各々*zpA*，*zpB*，*zpC*遺伝子がさまざまな哺乳動物種でこれらのタンパクを

表Ⅴ-20-1．卵透明帯を構成する糖蛋白質の特徴（マウス）

	透明帯糖蛋白質		
	ZP1	ZP2	ZP3
透明帯中の相対量（％）	～44	～44	～11
糖蛋白質			
分子量	185～200kD	120～140kD	83kD
N結合鎖（数）	＋（?）	＋（6）	＋（3～4）
O結合鎖（数）	＋（?）	＋（?）	＋（?）
シアル酸化	＋	＋	＋
硫酸化	＋	＋	＋
蛋白質成分			
サブユニット数	2	1	1
サブユニット分子量	75kD	77kD	44kD
アミノ酸残基数（切断をうける前）	623	713	424
鎖間S—S	＋	－	－
鎖内S—S	－	＋	＋

コードする．最近新たにヒト卵透明帯で4番目のZPタンパクをコードする *zpB'* 遺伝子が発見された（Lefievre et al, 2004）．

図Ⅴ-20-1に精子の卵透明帯結合様式を示す．primary bindingとは卵子に近づく精子の先体外膜表面上の卵透明帯認識分子であるリガンドと，卵透明帯上の精子レセプターであるZPC（マウスではかつてZP3と呼称）の結合をいう．先体反応を誘起された精子の先体外膜は遊離・脱落し，新たに露出した先体内膜上の分子とZPA（マウスではかつてZP2と呼称）との結合を介して，精子は卵透明帯に侵入するが，これをsecondary bindingと呼ぶ．ZPCとZPAは相互に結合し長い鎖を形成するが，ZPB（マウスではかつてZP1と呼称）はそれらを架橋する役割を果たす（図Ⅴ-20-2）．

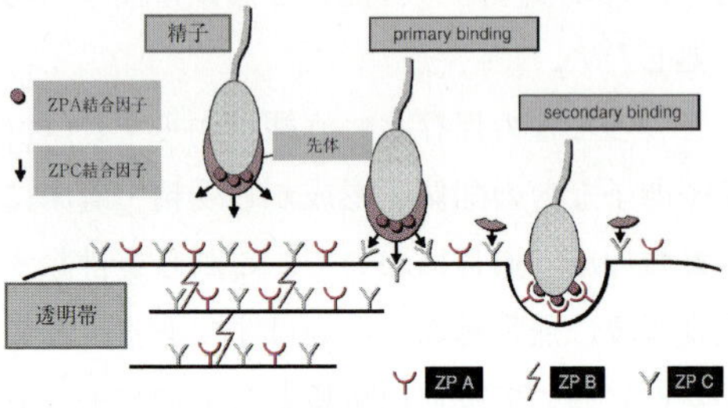

図Ⅴ-20-1．精子の卵透明帯への結合様式

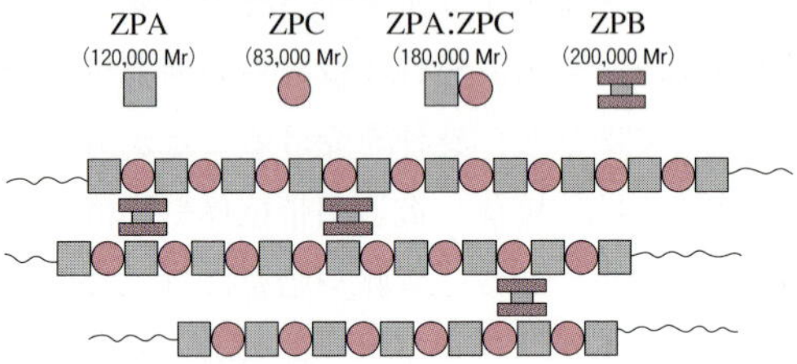

図Ⅴ-20-2．卵透明帯の構造

（B）卵透明帯の機能

受精から着床に至る過程で卵透明帯は重要な役割を担う．卵管膨大部に到達した精子は，卵細胞周囲の卵丘細胞を通過して卵透明帯に接近する．卵透明帯は精子に対する受容体として機

能するが，これは種特異的であり，異種動物間の精子と卵透明帯はウサギを例外として結合できない．

参考までに著者らはウサギ卵透明帯の特性を利用し，ヒト精子受精機能検査法の開発を試みた．その結果，ウサギ卵透明帯へのヒト精子の結合は濃度依存性であったが，ヒト体外受精率との相関性はなく，また抗ヒト精子抗体を用いた受精阻害実験の結果から，両者の結合は非特異的であり，ウサギ卵透明帯はヒト卵透明帯の代用にはできないと結論した（柴原ら，1993）．

ところで精子は精子細胞膜上のリガンドである卵結合タンパク（EBP, egg-binding protein）を介して卵透明帯上の精子受容体に結合する．EBPの候補として種々の酵素，レクチン，その他のタンパクが報告されている（Benoff, 1997）．ただしそれらの遺伝子ノックアウトマウスによる研究結果から，複数の分子が複合してEBPとして機能を発現するようである（Okabe, Cummins, 2007）．

受精能獲得精子が卵透明帯に結合すると，精子の卵透明帯リガンドが活性化され，細胞外カルシウムイオンの流入，ホスホリパーゼ（phospholipase）C（PLC）-イノシトール（inositol）3リン酸（IP_3）系による細胞内Ca^{2+}の動員により精子の細胞内Ca^{2+}が一過性に増加する．さらに細胞外Ca^{2+}を流入する結果，精子の細胞内Ca^{2+}が持続的に増加し，精子は先体反応を起こし卵透明帯を通過する．この際，精子先体内のアクロシン等のセリンプロテアーゼ酵素が卵透明帯を分解するとともに，精子自身の活発な運動性変化（hyperactivation）により，精子は卵細胞膜に到達する（Wassarman et al, 2001）．

2 抗透明帯抗体

卵透明帯は臓器特異抗原としての強い抗原性を有する．たとえばブタ卵透明帯を用い，種々の動物（ウサギ，イヌ，ウマ，サル，ハムスター）に能動免疫を行うと，免疫動物のほとんどが不妊になる．この場合，抗透明帯抗体の産生と同時に，卵巣は形態学的には著明に萎縮し，内分泌学的には性周期の乱れが観察される．組織学的には原始卵胞も含めほとんどの卵胞が消失し，房状の顆粒膜細胞塊を認めるのみとなる（Hasegawa et al, 1992）．

前述のZPAおよびZPCの各糖タンパクに関しても，リコンビナントハムスターZPAあるいはハムスターZPCタンパクのいずれで雌ハムスターを免疫しても，ハムスターは各々のリコンビナントタンパクに対する抗体を産生するとともに，性周期の乱れと卵胞の発育障害を呈する（Koyama et al, 2005）．

ヒトにおいては，血中に抗透明帯抗体を保有する不妊婦人の存在することが報告されてきた（Shivers, Dunbar, 1977）．すなわち図V-20-3に示すように抗透明帯抗体による卵透明帯への精子結合障害（Takamizawa et al, 2007）や，あるいは卵透明帯の変性・硬化によるハッチング（hatching）障害（Tsunoda, Chang, 1978）により，女性を不妊症に導くことが知られる．

(A) 抗透明帯抗体の検出法

(1) ブタ卵透明帯を用いる方法

不妊治療に占める**生殖補助医療**（assisted reproductive technology, ART）の位置づけは年々重要

生殖補助医療（ART）：配偶子（精子，卵子）や受精卵などを体外で取り扱う不妊治療法を指す．狭義には体外受精，顕微授精，凍結胚がその対象であるが，広義には人工授精も含める．わが国では1983年から体外受精が不妊治療に応用され，現在では年間の総治療周期数は10万件を超え，出生児の約55名に1名が狭義のARTにより誕生している．

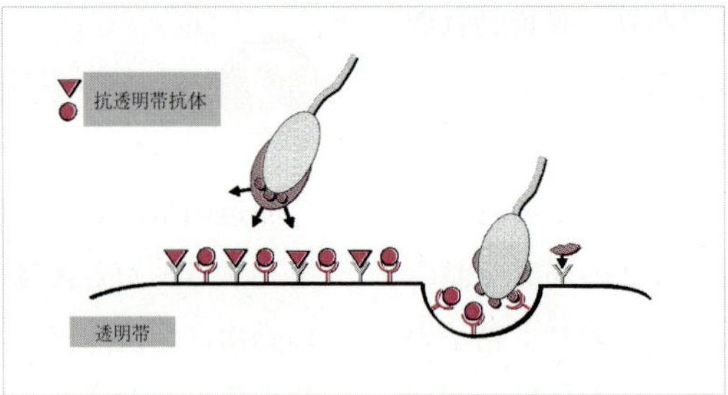

図Ⅴ-20-3．抗透明帯抗体による精子-透明帯結合の阻害作用

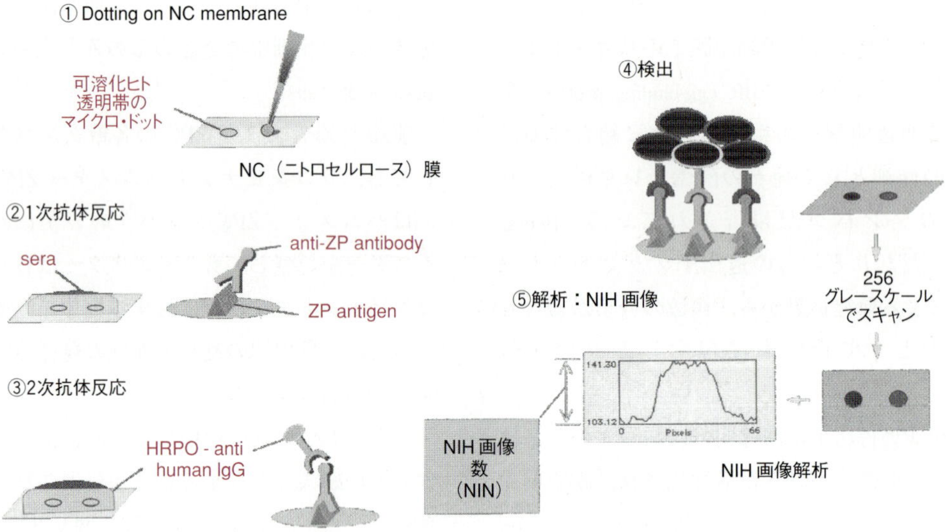

図Ⅴ-20-4．抗透明帯抗体検出法（Micro-dot assay）

性が高まり，このうち受精障害が証明されたカップルに対する卵細胞質内精子注入法（ICSI, intracytoplasmic sperm injection）も一般化している．ところが現在に至るまで，受精障害の一因である抗透明帯抗体の検出法は一般に普及していない．

その理由として，抗透明抗体の検出に必要なヒト卵透明帯の入手がきわめて困難であることが，大きな原因の一つであった．したがってヒト卵透明帯と共通する抗原性を有し，比較的大量に入手可能なブタ卵透明帯を材料とし，蛍光抗体法，血球凝集反応，酵素抗体法，ラジオアイソトープ法を利用する歴史的な方法により，抗透明帯抗体と不妊症の関係に関する研究が進んだ．

このブタ卵透明帯を用いるアッセイにより，

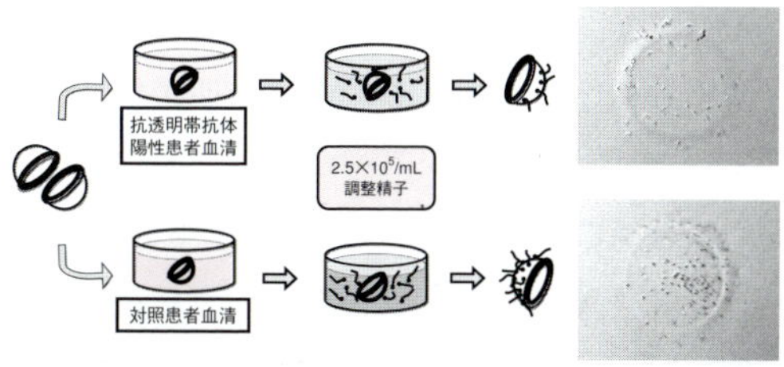

図V-20-5．ヘミゾナアッセイ Hemizona assay（HZA）を用いる精子-透明帯結合阻害作用の判定法

不妊女性22名において抗透明帯抗体の強陽性者が7名（陽性率31.8%），対照では0%であったと報告された（Shivers, Dunbar, 1977）．同様の研究結果はT. Moriら（1978），M. Kamadaら（1984）も報告している．

その一方で，対照女性や健康男性における非特異的反応を指摘する報告（Sacco, Moghissi, 1979；Nayudu et al, 1982；Kurachi et al, 1984；武田，1985）もある．以上よりブタ卵透明帯を材料として不妊症と抗透明帯抗体の関連性に明確な結論を得るためには，アッセイの感度を更に改良する工夫が求められた．

Kamadaら（1992）は可溶化ブタ卵透明帯抗原を感作したウシ赤血球を用いる受身赤血球凝集反応法による検査法を開発した．その結果，不妊症婦人1872名中45名，すなわち2.4%が陽性で，他方対照群592名では3名（0.5%）が陽性で，しかも原因不明不妊症に抗体陽性者が有意に多いという結論を得た．さらに抗透明帯抗体が持続的に陽性であった患者血清は，*in vitro* で精子のヒト透明帯への接着・貫通阻害作用を示し，一定の結論を得た．しかしながらブタ卵透明帯を用いる限り非特異的反応は完全には否定できず，精度と信頼度の限界を解決できるアッセイの開発が待望された．

(2) ヒト卵透明帯を用いる方法

そこで我々は香山・長谷川らとともに，図V-20-4に示すように微量のヒト卵透明帯を用い，特異性の高い抗透明帯抗体検出法であるmicro-dot assayを開発した（Koyama et al, 2005；Takamizawa et al, 2007）．この方法は可溶化したヒト卵透明帯を材料としてニトロセルロース膜上でmicro-dotを作成し，対象となる患者血清を一次抗体として免疫染色により抗透明帯抗体の存在を判定する方法である．検査材料であるヒト卵透明帯は，ARTにおける不受精卵をインフォームドコンセントのもと冷蔵保存し，十分な個数（数百個）を確保できた段階でアッセイする．

早発卵巣不全（POF, premature ovarian failure）患者の血清を用い，ヘミゾナアッセイ（HZA, hemizona assay）（Burkman et al, 1988）により受精阻害作用を示す場合を抗透明帯抗体陽性と判定する方法で，マイクロドットアッセイ（micro-dot assay）のcut-off値を設定した．すなわち図V-20-5に示すHZAを応用した方法により，一対のヘミゾナ（HZ）の一方をPOF患者血清で，他方を対照血清で各々処理し，続いて各HZに調整精子を媒精する．4時間後に強結合した精子数を数え，その百分率であるヘミゾナ指数（hemizona index, HZI）を算出し，低値の場合は抗透明帯抗体による精子-透明帯結合阻害作用ありと判定する．

検討の結果，27名の特発性POF女性のうち7名（26%）を抗透明帯抗体陽性と判定した．なおコントロールとして妊孕性のある女性30名，および健康男性30名においては，抗体陽性

早発卵巣不全（POF）：日本産科婦人科学会の用語解説集（金原出版）によると，「35歳ないし40歳までにすでに高ゴナドトトロピン血症をきたし，無排卵症・続発無月経を呈する症例をいう」と定められている．これに対し，「43歳未満で閉経が起きたもの」を早発閉経（premature menopause）と呼ぶ．すなわち両者は同義語として用いられるが，まったく同意ではない．

者を認めなかった（Takamizawa et al, 2007）．同様の検出法を用いてKoyama et al（2005）も，10名のPOF患者のうち5名（50%）で抗透明帯抗体が陽性であったと報告している．

(B) 抗透明帯抗体と不妊症

前述のように，血中に抗透明帯抗体を保有する不妊婦人が存在し，抗透明帯抗体による不妊症の発症機序として，精子の卵透明帯への結合障害（受精障害），受精卵のハッチング障害，あるいは卵巣機能障害が想定されている．ところが各障害の発生頻度や程度はこれまで明らかでない．

抗透明帯抗体保有不妊女性のIVF-ETによる治療成績に関する報告によると，卵胞液を用いて測定した抗透明帯抗体が陽性の場合はIVFで受精に至らず，抗透明帯抗体が陰性の卵胞から得た卵子の受精率より有意に受精率が低かった（Papale et al, 1994）．すなわち抗透明帯抗体陽性の卵胞から採取した卵子は，すでに抗体に十分暴露されてしまい，受精障害の原因となったことが推定される．したがってこのような症例に対する治療法としては，卵透明帯が関与する受精過程をバイパスするICSIが有効となる可能性がある（Mardesic et al, 2000）．ただし同様の検討により，卵胞液中の抗透明帯抗体の存在と受精率の間に有意な関連性を認めなかったとの報告もあり（Mantzavinos et al, 2003），抗透明帯抗体検出法自身の改良が待望された．

現在我々は前述のmicro-dot assayを用い，抗透明帯抗体による不妊症発症機序の解明を進めている．すなわちICSIの適応となる受精障害や，孵化補助（AH, assisted hatching）適応となるハッチング障害，あるいはlow responder等の不妊機序の一因としての抗透明帯抗体の関与につき検討した．

対象はART症例のうちIVF受精障害25例と，ハッチング障害として反復良好胚移植後不成功27例，low responder 33例．検討の結果，IVF受精障害の24%，反復不成功の37%，low responderの18%に抗透明帯抗体を検出した．抗体陽性例では症例により不妊機序の重複を認め，その多様性が示唆された．

次にIVF受精障害例に施行したICSI，および反復不成功例に次いで施行したAHが各々ART成績を改善したか検討した．抗透明帯抗体陽性IVF受精障害例はICSIにより受精率の改善（35.7%→88.0%）が得られ，反復不成功例ではAHにより症例あたり44%，周期あたり25%に妊娠成立を得た．

以上より受精障害，ハッチング障害，low responder各々の一因として抗透明帯抗体が関与することが判明した．したがってART前のmicro-dot assayによる抗透明帯抗体検査はICSIやAHの適応決定や誘発方法の選択に有用で，一部の症例では早期の妊娠に結びつく可能性があると結論した（高見澤ら，2007）．

3 卵透明帯抗原を用いた免疫学的避妊ワクチンの開発

世界の人口は2008年11月現在67.2億人にのぼり，さらに10年ごとに10億人のペースでの増加が見込まれている（http://en.wikipedia.org/wiki/World_population）．この増加数の95%を開発途上国が占め，食糧問題や環境問題は深刻である．また先進国においても成立した妊娠のおよそ半数は計画外の妊娠であり，人工妊娠中絶は後を絶たない．したがって事情は違えども，開発途上国でも先進国でも，手頃でかつ効果的な避妊法が望まれている．それはさらに安全性・長期的効果・可逆的・頻回にわたらない・個人で使用可能，などの特徴を有することが理想的と考えられている．

上記の特徴を満たす避妊法を開発する目的で，避妊ワクチンは考案された．下記の三つのカテゴリーに分類され，内訳は

(1)配偶子の産生をターゲットにする方法：抗LH-RH/GnRH　ワクチン

(2)配偶子の機能をターゲットにする方法：抗精子および抗透明帯ワクチン

(3)胚の着床後をターゲットにする方法：抗hCG ワクチン

である．

このうち卵透明帯を避妊ワクチンに応用する研究は，歴史的には1970年代にハムスターの卵透明帯が受精を阻害する抗体産生の抗原となることを示した報告に始まる (Oikawa, Yanagimachi, 1975)．やがて卵透明帯抗原の強い免疫原性と高い組織特異性に，避妊ワクチン開発の期待が高まり研究が展開した．

ブタ卵透明帯を用いウサギ，イヌ，ウマ，サル，ハムスターに能動免疫が行われた結果，免疫動物の多くが不妊となったが，同時に卵巣機能障害も指摘された (Skinner et al, 1984 ; Mahi-Brown et al, 1988 ; Sehgal et al, 1989)．卵透明帯を精製あるいはリコンビナントタンパクを用いても，同様の卵巣機能障害が観察された (Sacco et al, 1983 ; Paterson et al, 1992 ; 1998)．したがってヒトの避妊ワクチンに応用できるには至らず，その原因が追究された．

すなわち卵巣機能障害の誘因として細胞性免疫を誘導する細胞障害性T細胞が関与し，このT細胞エピトープを除去し，受精障害に有効なB細胞エピトープだけのペプチドをワクチンとして用いる研究が進んだ．S. E. Millarら (1989) は受精阻害作用を有するモノクローナル抗透明帯抗体が認識するマウスZPCの328-343ペプチドを雌マウスに免疫し，卵巣機能障害を与えることなく長期間の不妊状態を誘導した．またS. H. Rhimら (1992) はマウスZP3 (ZPC) の15ペプチドを用い，マウスに自己免疫性卵巣炎を発症させた．しかもZP3のすべてのペプチドに対して抗体を誘導することもなく，卵透明帯のT細胞エピトープを同定した．これらの研究結果から，細胞障害性T細胞エピトープと，受精障害に関与するB細胞エピトープを分離し，特に後者を利用して安全な避妊ワクチンを開発する方向に研究が進められるに至った．

A. Hasegawaら (1995) は受精阻害モノクローナル抗体 (5H4) が認識するペプチド配列を決定し，このうちB細胞エピトープであるブタZPAの50-67の合成ペプチドをキャリアータンパクに結合してウサギに免疫した．その結果産生したウサギ血清中の抗透明帯抗体はブタとヒトの卵透明帯を認識した．そこで受精阻害作用につき検討したところ，ブタでは受精を阻害したが，ヒトでは阻害しなかった．ところがこのB細胞エピトープのアミノ酸配列のうちアスパラギンをリジンに，すなわちヒト型に代えてウサギに免疫すると，抗血清はヒトの受精系も強く阻害するに至った．以上より目的の動物と同

種のアミノ酸配列を抗原に用いることが，効果的な受精阻害作用を誘導しうることを示した (Hasegawa, Koyama, 1996).

抗透明帯抗体の卵胞発育への影響を検討するため，K. Koyamaら (2005) は前胞状卵胞の *in vitro* 培養システムを確立した．この培養システムにマウスZPA (121-139の19ペプチド) の合成ペプチドにアジュバントとしてジフテリアトキソイドを結合し，ウサギを免疫して得た抗血清を添加した．その結果，抗透明帯抗体は卵子の成長・成熟の阻害による受精障害だけでなく，卵胞発育をも阻害することを報告した．さらに最近，抗ZP2または抗ZP3抗体を添加した結果，卵胞発育と卵丘細胞の膨潤化を抑制し，MII期への卵成熟も障害した．電子顕微鏡による観察により，卵透明帯間の卵丘顆粒膜細胞と卵母細胞を連絡する微絨毛が減少していたことより，抗透明帯抗体による障害機序の一つとしてギャップ結合 (gap junction) の障害が想定された．以上の結果から，B細胞エピトープを用いた避妊ワクチンでも卵巣機能障害の発生は回避できないのではないかと推論している (香山, 2008).

まとめ

抗透明帯抗体検出法の歴史を紹介するとともに，著者らが共同開発したヒト卵透明帯を用いる高感度の抗透明帯抗体検出法につき紹介した．今後は本法を用いて不妊症臨床の場における抗透明帯抗体の役割を明らかにするとともに，検査法の安定した供給が望まれる．

一方，開発途上国を中心とする人口問題解決のため，卵透明帯抗原を用いる安全かつ確実な避妊ワクチンの開発プロジェクトの今後の発展に期待したい．

(柴原浩章・高見澤聡)

引用文献

Benoff S (1997) Carbohydrates and fertilization: an overview, *Mol Hum Reprod,* 3 ; 599-637.

Burkman LJ, Coddington CC, Franken DR, et al (1988) The hemizona assay (HZA) : development of a diagnostic test for the binding of human spermatozoa to the human hemizona pellucid to predict fertilization potential, *Fertil Steril,* 49 ; 688-697.

Harris JD, Hibler DW, Fontenot GK, et al (1994) Cloning and characterization of zona pellucida genes and cDNAs from a variety of mammalian species : the ZPA, ZPB and ZPC gene families, *DNA Seq,* 4 ; 361-393

Hasegawa A, Koyama K, Inoue M, et al (1992) Antifertility effect of active immunization with ZP4 glycoprotein family of porcine zona pellucida in hamsters, *J Reprod Immunol,* 22 ; 197-210.

Hasegawa A, Yamasaki N, Inoue M, et al (1995) Analysis of an epitope sequence recognized by a monoclonal antibody MAb-5H4 against a porcine zona pellucid glycoprotein (pZP4) that blocks fertilization, *J Reprod Fertil,* 105 ; 295-302.

Hasegawa A, Koyama K (1996) Porcine ZP4 (zona pellucida) as a candidate for contraceptive vaccine, *J Mamm Ova Res,* 13 ; 1-7.

http://en.wikipedia.org/wiki/World_population (世界の人口について)

Kamada M, Hasebe H, Irahara M, et al (1984) Detection of anti-zona pellucida activities in human sera by the passive hemagglutination reaction, *Fertil Steril,* 41 ; 901-906.

Kamada M, Daitoh T, Mori K, et al (1992) Etiological implication of autoantibodies to zona pellucida in human female infertility. *Am J Reprod Immunol,* 28 ; 104-109.

香山浩二 (2008) Gamete Immunologyと不妊・避妊，Reprod Immunol Biol, 23 ; S25.

Koyama K, Hasegawa A, Mochida N, et al (2005) Follicular dysfunction induced by autoimmunity to zona pellucid, *Reprod Biol,* 5 ; 269-278.

Kurachi H, Wakimoto H, Sakumoto T, et al (1984) Specific antibodies to porcine zona pellucida detected by quantitative radio immunoassay in both fertile and infertile women, *Fertil Steril,* 41 ; 265-269.

Lefievre L, Conner SJ, Salpekar A, et al (2004) Four zona pellucida glycoproteins are expressed in the human, *Hum Reprod,* 19 ; 1580-1586.

Mahi-Brown CA, Yanagimachi R, Nelson ML, et al (1988) Ovarian histopathology of bitches immunized with porcine zonae pellucid, *Am J Reprod Immunol,* 18 ; 94-103.

Mantzavinos T, Dalamanga N, Hassiakos D, et al (1993) Assessment of autoantibodies to the zona pellucida in

serum and cervical mucus in patients who have fertilization failure during in vitro fertilization, ***Fertil Steril,*** 56 ; 1124-1127.
Mardesic T, Ulcova-Gallova Z, Huttelova R, et al (2000) The influence of different types of antibodies on in vitro fertilization results, ***Am J Reprod Immunol,*** 43 ; 1-5.
Millar SE, Chamow SM, Baur AW, et al (1989) Vaccination with a synthetic zona pellucida peptide produces long-term contraception in female mice, ***Science,*** 246 ; 935-938.
Mori T, Nishimoto T, Kitagawa M, et al (1978) Possible presence of autoantibodies to zona pellucida in infertile women, ***Experientia,*** 34 ; 797-799.
Nayudu PL, Freeman LE, Trounson AO (1982) Zona pellucida antibodies in human sera, ***J Reprod Fert,*** 65 ; 77-84.
Okabe M, Cummins JM (2007) Mechanisms of sperm-egg interactions emerging from gene-manipulated animals, ***Cell Mol Life Sci,*** 64 ; 1945-1958.
Oikawa T, Yanagimachi R (1975) Block of hamster fertilization by anti-ovary antibody, ***J Reprod Fertil,*** 45 ; 487-494.
Papale ML, Grillo A, Leonardi E, et al (1994) Assessment of the relevance of zona pellucida antibodies in follicular fluid of in-vitro fertilization, ***Hum Reprod,*** 9 ; 1827-1831.
Paterson M, Koothan PT, Morris KD, et al (1992) Analysis of the contraceptive potential of antibodies against native and deglycosylated porcine ZP3 in vivo and in vitro, ***Biol Reprod,*** 46 ; 523-534.
Paterson M, Wilson MR, Morris KD, et al (1998) Evaluation of the contraceptive potential of recombinant human ZP3 and human ZP3 peptides in a primate model : their safety and efficacy, ***Am J Reprod Immunol,*** 40 ; 198-209.
Rhim SH, Millar SE, Robey F, et al (1992) Autoimmune disease of the ovary induced by a ZP3 peptide from the mouse zona pellucid, ***J Clin Invest,*** 89 ; 28-35.
Sacco AG, Moghissi KS (1979) Anti-zona pellucida activity in human sera, ***Fertil Steril,*** 31 ; 503-506.
Sacco AG, Subramanian MG, Yurewicz EM, et al (1983) Heteroimmunization of squirrel monkeys (Saimiri sciureus) with a purified porcine zona pellucida antigen (PPZA) : immune response and biologic activity of antiserum, ***Fertil Steril,*** 39 ; 350-358.
Sehgal S, Gupta SK, Bhatnagar P (1989) Long-term effects of immunization with porcine zona pellucida on rabbit ovaries, ***Pathology,*** 21 ; 105-110.
柴原浩章，加藤浩志，繁田実ほか（1993）Hemizona assay（HZA)においてウサギ卵透明帯がヒト卵透明帯の代用となりうるか否かについての検討，日本受着学誌，10；193-196.
Shivers CA, Dunbar BS (1977) Autoantibodies to zona pellucida ; A possible cause for infertility in women. ***Science,*** 197 ; 1082-1084.
Skinner SM, Mills T, Kirchick HJ, et al (1984) Immunization with zona proteins results in abnormal ovarian follicular differentiation and inhibition of gonadotropin induced steroid secretion, ***Endocrinology,*** 115 ; 2418-2432.
Takamizawa S, Shibahara H, Shibayama T, et al (2007) Detection of antizona pellucida antibodies in the sera from premature ovarian failure patients by a highly specific test, ***Fertil Steril,*** 88 ; 925-932.
高見澤聡，柴原浩章，鈴木光明（2007）抗透明帯抗体の検出はART前の必須検査である，第25回日本受精着床学会抄録集，（演題番号189）；229.
武田守弘（1985）ヒト血中抗卵透明帯抗体の検出とその分析に関する研究，日産婦誌，37；935-944.
Tsunoda Y, Chang MC (1978) Effect of antisera against eggs and zonae pellucida on fertilization and development of mouse eggs in vivo and in culture, ***J Reprod Fert,*** 54 ; 233-237.
Wassarman P (1988) Zona pellucida glycoproteins, ***Annu Rev Biochem,*** 57 ; 415-422.
Wassarman P, Jovine L, Litscher ES (2001) A profile of fertilization in mammals, ***Nat Cell Biol*** 3 ; E59-E64.
Yanagimachi R (1994) Mammalian fertilization, In : The physiology of reproduction, 2nd ed, Knobil E, *Neil J* (eds), pp189-317, Raven Press, New York.

V-21

卵胞の炎症性サイトカインとケモカイン

Key words
排卵／卵胞発育／サイトカイン／ケモカイン／炎症

はじめに

卵胞発育の初期段階においては，同種あるいは異種の細胞間で局所調節因子のパラクライン的な作用により卵胞の発育が調節されており，この調節に重要な役割を担うのがサイトカインである．下垂体からのゴナドトロピン分泌は卵胞の発育とエストロゲン産生を促し，局所調節因子である各種の成長因子やサイトカインのさらなる働きにより，卵胞は成熟し排卵に向かって機能分化を遂げるが，そこには白血球の卵胞周囲への遊走など，炎症性変化を引き起こす種々の細胞の存在も必要である．

本節では，排卵における炎症性変化と**サイトカイン**の役割について述べる．

1 排卵期におけるサイトカインの役割

卵胞発育および排卵現象は視床下部・下垂体・卵巣系の周期的調節により制御されている．卵胞は生殖細胞である卵細胞と，それを取り囲む体細胞である顆粒膜細胞・莢膜細胞から構成される．卵胞の発育には種々のホルモン，成長因子やサイトカインが関与することが報告されており，卵胞発育の各段階において発現や作用が異なると考えられている．卵胞発育はゴナドトロピンに依存せずに発育しているように見える時期とゴナドトロピンに依存して発育する時期に分けられる．

哺乳類，特に霊長類の卵胞発育は，卵胞刺激ホルモン（FSH, follicle-stimulating hormone）の依存度により三つの段階に分けることができる．性成熟期女性では，黄体期後期になると次周期に発育する卵胞として，Gougeon の分類（Gougeon, 1996）によるクラス５，すなわち直径約 2 mm に達した胞状卵胞が，一つの卵巣あたり 3-11個認められる．黄体からのエストラジオールおよびプロゲステロン産生が低下し，下垂体へのネガティブフィードバックが解除されて FSH の分泌が亢進してくると，クラス５に達した卵胞群が FSH の刺激を受け，成熟卵胞に向かって発育を開始する．

排卵はゴナドトロピンのサージ（LH サージ）により開始し，成熟した卵子が卵胞内から卵巣表面の外へ出ることで完遂される．Espey は，排卵は炎症に類似した現象であると提唱しており（Espey, 1980），実際，卵巣には炎症性物質と考えられるプロスタグランジン，キニン，ヒスタミンが排卵前の卵胞に存在することが知られ

サイトカイン（cytokine）：細胞から分泌されるタンパク質で，10^{-9}—10^{-12}M 程度の低濃度で生理活性を示し，特定の細胞に情報伝達をするものをいう．特に，免疫現象や炎症反応に関連した作用を持つものが多いが，細胞増殖，分化，細胞死，または創傷治癒などの作用を持つものもある．サイトカインは細胞膜にある特異的受容体に結合し，それぞれに特有の細胞内情報伝達経路を介し標的となる細胞に対して生化学的または形態的な変化をもたらす．

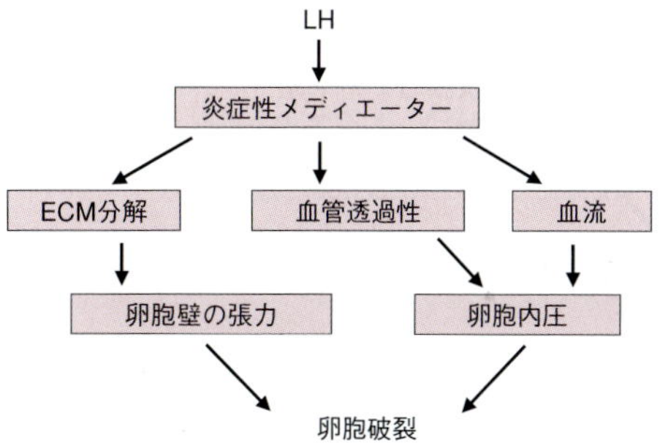

図V-21-1．排卵現象を担う機序（Brannstrom, Enskog, 2002）

ていた．その後，排卵前の卵胞周囲には好中球や単球・マクロファージが遊走してくると報告され（Brannstrom et al, 1994；Best et al, 1996），それに関与すると考えられるサイトカイン，**ケモカイン**などの新しい炎症性メディエーターの存在が卵巣において同定されてきた．

排卵過程に伴う各種メディエーターの変化は炎症反応と類似しており，さらに炎症反応と同様に血管系・血球細胞の果たす役割は大きく，排卵過程において卵胞壁の血管増生とともに卵巣血管は著明に充血し，卵巣・卵胞への血流の増加が認められている．これらの血流の変化は，従来より卵巣機能に深く関与することが指摘されているサイトカインや成長因子の産生細胞としての白血球，血管内皮細胞ならびに卵胞壁を構成するさまざまな細胞の働きに対しても大きく影響している．卵胞壁を構成する内莢膜細胞層では血管網の増大と透過性亢進が起こり，卵胞は急激に増大し，プロスタグランジン・性ステロイド・サイトカインなどの作用によりプラスミノーゲンアクチベーターが活性化されてプラスミンが産生され，プラスミンはさらにプロコラゲナーゼからコラゲナーゼを産生する．タンパク分解酵素の活性化により卵胞壁頂部ではコラーゲンの融解・菲薄化が起こるとともに毛細血管網内では血栓が形成され，卵胞壁基底部では平滑筋が収縮し，内圧を菲薄化した卵胞壁頂部に向けることによって卵胞は破裂し，卵子が放出される（図V-21-1）．

炎症性サイトカインの一つである腫瘍壊死因子（TNF-α, tumor necrosis factor-α）はマクロファージをエンドトキシンで刺激した際に産生される因子と考えられていたが，リンパ球，線維芽細胞，好中球など，さまざまな細胞がTNF-αを産生している．卵巣では，卵胞壁の顆粒膜細胞や黄体にTNF-αの発現が観察される．発育過程の卵胞においては，TNF-αはFSHによるアロマターゼの発現を抑制して卵胞閉鎖を誘導する（Emoto, Baird, 1988；Adashi et al, 1989）．また，一次卵胞の顆粒膜細胞はTNF-αを産生しており，これが莢膜細胞の分化を抑制していると考えられている（Schwall, Erickson, 1981）．一方で，TNF-αは成熟卵胞においてはエストラジオール，プロゲステロンの分泌を亢進させる方向に作用する．

インターロイキン（IL, interleukin）-1はα，βの2種類が知られており，異なる遺伝子にコードされている．IL-1は，炎症における情報伝達物質として知られており，IL-1の受容体は膜貫通型の糖タンパクで，α，βおよびIL-1受容体の拮抗物質（ra, receptor antagonist）のいずれもI型受容体（IL-1RI）に結合して作用する（Dower et al, 1986）．

排卵は炎症と類似した現象であり（Espey, 1980），卵巣ではIL-1は排卵に至るカスケードの中でパラクラインファクターであることが提

ケモカイン（chemokine）：Gタンパク質共役受容体を介して作用発現するタンパク質であり，サイトカインの一群とされる．白血球系細胞の遊走を引き起こし，免疫現象や炎症反応に関与する．アミノ酸配列中のシステイン残基の構造によりCCケモカイン，CXCケモカイン，Cケモカインおよび CX3Cケモカインに分類され，それぞれが特有の白血球系細胞（好中球，リンパ球，マクロファージなど）を遊走させる働きがある．

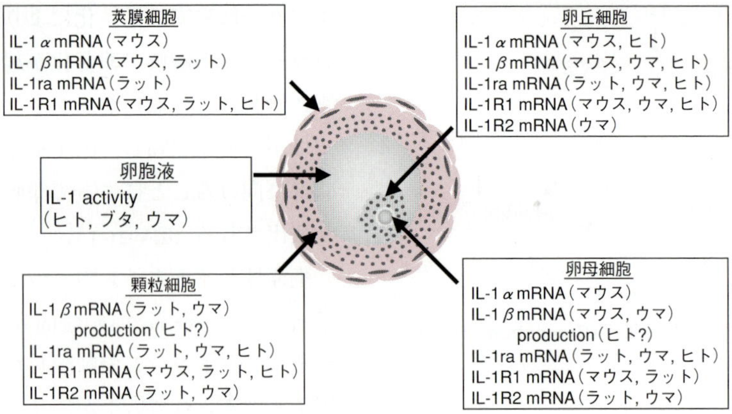

図V-21-2．卵胞におけるIL-1受容体の拮抗物質および受容体の局在（Gerard et al, 2004）

唱されており（Ben-Shlomo, Adashi, 1994），卵胞発育の最終段階から排卵に至る過程においてもIL-1は重要な役割を演じている（Kokia, Adashi, 1993）．IL-1はヒトをはじめとする哺乳類で卵巣に存在することが確認されており（Khan et al, 1988；Barak et al, 1992；Wang, Norman, 1992；Jasper, Norman, 1995；Takakura et al, 1989），体外受精時に得られた卵丘細胞において*IL-1α*，*β* mRNAの発現が確認されている（De Los Santos et al, 1998）．ラット（Hurwitz et al, 1991）やヒト（Hurwitz et al, 1992）の卵巣では，ゴナドトロピンの刺激により，顆粒膜細胞がIL-1βを産生し，プロスタグランジンやヒアルロン酸，コラゲナーゼ，組織プラズミノーゲンアクチベーターを誘導することによって成熟卵胞を排卵へ導くとされている．

さらに，卵胞液中のIL-1と卵子の質についても検討されており（Karagouni et al, 1998；Mendoza et al, 1999），受精卵では*IL-1β* mRNAの発現が認められるため，成熟卵におけるIL-1βの産生が示唆されている（De Los Santos, 1996）．

また，IL-1受容体の拮抗物質（IL-1ra, IL-1 receptor antagonist）も卵巣に存在し，顆粒膜細胞や卵丘細胞に局在している（De Los Santos et al, 1998）．一方，IL-1raは原始卵胞（primordial follicle）では発現が見られない（Wang et al, 1997）（図V-21-2）．IL-1受容体も顆粒膜細胞や莢膜細胞で発現されている（Hurwitz et al, 1992）．これは，排卵前の顆粒膜細胞および莢膜細胞で見られるが，原始卵胞や前胞状卵胞（preantral follicle）では見られない（Wang et al, 1997）ことより，IL-1が卵子の成熟および排卵に重要な働きをしていることが示唆される．

TNF-αやIL-1以外にも卵胞液中にはIL-6, IL-10，IL-11，IL-12，IL-13，IL-15およびIL-18などのサイトカインの存在が報告されている．

IL-6はTリンパ球由来のサイトカインとして発見されB細胞を形質細胞へと分化させる最終段階の促進因子として発見された．卵胞液中には血清中と比較して高濃度のIL-6が存在し（Kawasaki et al, 2003），その産生源は顆粒膜細胞やマクロファージと考えられている．IL-6

LHサージ（LH surge）：エストロゲンのフィードバック作用により下垂体から黄体形成ホルモンが一過性に放出される現象であり，ヒトではLHサージ開始後より約34-38時間後に排卵する．LHサージは排卵直前の成熟卵胞中の卵細胞に作用し，核成熟ならびに細胞成熟を促し，減数分裂を再開させ，卵核胞崩壊，第一極体の放出が起こり，結果として成熟した卵子を成熟卵胞から排出する．

の排卵時における役割として，*IL-6* mRNAが血管内皮細胞に検出されること(Motro et al, 1990)や，IL-6が血管の透過性を高める作用がある(Maruo et al, 1992)ことなどから，IL-6が排卵時の血管透過性の亢進や血管新生に関与している可能性が考えられている．

IL-10は，主にT細胞(Th2細胞)より産生されるサイトカインであり，単球，肥満細胞などからも産生される．生物活性は多岐にわたるが，主に単球系細胞に作用して炎症性サイトカインの産生を始めとする免疫機能を抑制的に制御し，またリンパ球に対しても単球系細胞を介して間接的に抑制作用を示す．卵巣におけるIL-10の役割を検討した報告では，Z. Cerkieneらは，体外受精時に採取した卵胞液中のIL-10を測定しており，対象となった症例の年齢や不妊原因(卵管因子，子宮内膜症，男性因子および機能性不妊)により分類し検討したところ有意差は認めなかった．また，得られた卵子を受精させ3日間培養したところ，卵胞液中のIL-10濃度と分割した胚のグレードに相関は見られなかったとしている(Cerkiene et al, 2008)．したがって，IL-10は妊娠予後を予測する指標とはなりがたいと考えられる．

IL-11は血小板の分化など，造血に関与するサイトカインとして知られている．卵巣におけるIL-11の産生源は顆粒膜細胞と考えられている．体外受精時に採取した卵胞液中のIL-11の測定では，IL-11は閉鎖卵胞において有意に増加していた(Branisteanu et al, 1997)．しかし，卵胞液量，プロゲステロン値，IGF-I，タンパク量，受精率および妊娠結果とは相関しなかった．IL-11の排卵期における役割については不明な部分も多く今後の検討が必要である．

IL-12はB細胞および単球系細胞より産生され，T細胞やナチュラルキラー(NK, natural killer)細胞に対して細胞増殖の促進，細胞障害活性の誘導，インターフェロン(interferon)-γ産生の誘導などの作用を示し，特にNK細胞に対する著明な活性化作用を特徴とするサイトカインである．卵胞液中のIL-12は未熟卵胞よりも成熟卵胞において低値をとる(Coskun et al, 1998)．M. R. Gezvaniらの検討では44例の体外受精を施行した症例のうち採取した卵胞液でIL-12を確認できた症例は11例(25%)であり，それらの症例はまったく妊娠に至らなかったと報告している．IL-12の存在は，妊娠予後の負の予測因子になりうると考えられ，IL-12は卵胞発育へなんらかの影響を与えているだけでなく，卵子の未熟性の指標となる可能性が示唆されている(Gezvani et al, 2000)．

IL-15はT細胞の増殖やNK細胞を活性化する作用を持つ．また，IL-18は炎症性サイトカインであるIL-1ファミリーに属し，インターフェロン-γ産生の誘導やNK細胞を活性化する．Vujisicらによる検討では，体外受精時に採取した卵胞液中にIL-15およびIL-18が確認でき，それらは負の相関を示した．一方，卵子を採取できた卵胞液とできなかった卵胞液においては両者の値は有意差を認めなかった．また，卵胞液中のIL-18濃度と妊娠の有無においては両群間に有意差は見られなかったが，卵胞液中のIL-15濃度と妊娠予後の検討では妊娠例で卵胞液中のIL-15が有意に低値であった(Vujisic et al, 2006)．これらの結果からIL-15は妊娠予後を予測する因子である可能性が示唆されている．

体外受精時に得られた卵胞液中のサイトカイン濃度を解析した結果について述べたが，これらのサイトカインについては卵胞発育や排卵期での生理的な役割については未知の部分が多く，今後のさらなる検討が期待される．

2 排卵における白血球とサイトカイン・ケモカインの役割

これまでの研究から排卵時には卵巣に白血球が遊走してくることが証明されている．卵巣にはマクロファージが存在することが確認されており，マクロファージは卵胞内で起こるさまざまな現象に重要な役割を持ち，卵巣機能の調節因子として細胞増殖，炎症反応およびステロイドホルモンの産生などに関与している．卵胞発育に関しては，マクロファージと原始卵胞との間の相互関係は認められていないため，卵胞の初期発育においてはマクロファージの影響を受けていないと考えられる．しかし，卵胞の発育が進むにつれ莢膜細胞層へのマクロファージの浸潤が見られるようになる (Wu et al, 2004)．

白血球の遊走は排卵前期の血管網を通じて起こり，それには莢膜細胞や顆粒膜細胞に由来する因子の存在も不可欠であり，その結果，白血球の組織内への遊走・浸潤が起こるとされている．この過程は，ケモカインに代表されるような白血球遊走因子によって助長される．白血球は初期には低濃度の白血球遊走因子に遭遇することで遊走されるが，徐々に遊走してきた免疫細胞の影響により高濃度の白血球遊走因子が産生され，最終的にはこれらの白血球が活性化されると考えられている (Brannstrom, Enskog 2002)．白血球の浸潤はセレクチンとの相互作用により引き起こされ，L-セレクチンは恒常的に白血球に発現しているが，E-セレクチンやP-セレクチンはIL-1やTNF-αなどのサイトカインにより活性化された血管内皮細胞に発現している (Brannstrom et al, 1993；Brannstrom et al, 1995)．

排卵現象においても白血球の重要性がいくつかの報告により証明されている．ラットを用いた研究では白血球の注入により排卵率が3倍になったと報告されている (Hellberg et al, 1991)．その後の研究で，排卵時において卵胞周囲に多くの白血球が存在し，間質や卵胞壁に局在することが組織学的に証明されている．また，好中球特異的な中和抗体の投与により排卵は減少し，卵胞周囲の白血球数は減少していた (Brannstrom et al, 1995)．また，マクロファージも排卵に関与するとされ，マクロファージ数が非常に少ないM-CSF欠損マウスでは低い排卵率であることが報告されている (Cohen et al, 1997)．同様に，リポソーム封入ジクロロメチレンマリン酸 (lyposome-encapsulated dichloromethylene diphosphate) の投与により卵巣からマクロファージを除いた実験では，排卵率が40%減少した (Van der Hoek et al, 2000)．一方，閉鎖卵胞ではマクロファージがアポトーシスを起こした細胞を貪食するため顆粒膜細胞層で認められる．

分子生物学的な手法の発達により，1980年代から1990年代にかけて多くのケモカインが精製・クローニングされ，その役割が解明されてきた．ケモカインは構造的にも機能的にも類似した分子であり，特異的な白血球を遊走させる．それらは長さにして70から79個のアミノ酸から成り，システインの配列により四つに分類され

表Ⅴ-21-1．ヒト組織における CXC ケモカインの局在 (Garcia-Velasco, Arici, 1999)

CXC ケモカイン	主要標的細胞
ELR motif	
IL-8	好中球, T リンパ球, 好塩基球, 内皮細胞?
GRO α	好中球, メラノーマ細胞, 内皮細胞?
GRO β	好中球, 内皮細胞?
GRO γ	好中球, 内皮細胞?
ENA-78	好中球
GCP-2	好中球
CTAP-Ⅲ	繊維等細胞
β-Thromboglobulin	繊維等細胞
NAP-2	好中球, 好塩基球,
Non-ELR motif	
Platelet factor 4	繊維等細胞,
IP-10	Activated T リンパ球, 内皮細胞?, NK 細胞?
MIG	Activated T リンパ球, T リンパ球, B リンパ球,
SDF-1α	?
SDF-1β	?

表Ⅴ-21-2．ヒト組織における CC ケモカインの局在 (Garcia-Velasco, Arici, 1999)

CC ケモカイン	主要標的細胞
MCP-1	単球, 記憶 T リンパ球, 好塩基球, NK 細胞
MCP-2	単球, memory and negative T リンパ球, エオシン好性白血球, 好塩基球, NK 細胞
MCP-3	単球, 記憶 T リンパ球, エオシン好性白血球, 好塩基球, NK 細胞, 樹状細胞
MCP-4	単球, 記憶 T リンパ球, エオシン好性白血球
MIP-1α	単球, 記憶 T リンパ球, エオシン好性白血球, 好塩基球, NK 細胞, 樹状細胞
MIP-1β	単球, 記憶 T リンパ球, NK 細胞, 樹状細胞
RANTES	単球, 記憶 T リンパ球, エオシン好性白血球, 好塩基球, NK 細胞, 樹状細胞
エオタキシン	エオシン好性白血球
I309	単球
HCC-1	単球
TARC	T リンパ球
MIP-3α	単球, 樹状細胞
MIP-3β	?

(CC, CXC, C, CXC3), それぞれ遊走させる血球が異なる (Miller, Krangel 1992 ; Baggiolini et al, 1994 ; Luster 1998 ; Garcıa-Velasco, Arici, 1999).

CXC ケモカインサブファミリーはインターロイキン (IL, interleukin)-8や増殖調節ガン遺伝子 (growth-regulated oncogenes) (GROα, GROβ, GROγ) などがあり主に好中球を遊走させる (Miller, Krangel 1992 ; Baggiolini et al, 1994 ; Taub, Oppenheim, 1994). 一方, CC ケモカインサブファミリーには, macrophage inflammatory protein (MIP)-1α, β, monocyte chemoattractant protein (MCP)-1, regulated upon activation, normal T-cell expressed and secreted (RANTES), エオタキシン (eotaxin), Ⅰ-309および HC14などが

あり，主に単球・リンパ球を遊走させる（Baggiolini et al, 1994；Oppenheim et al, 1991）（表Ⅴ-21-1，Ⅴ-21-2）．

CXCケモカインであるIL-8は多くの細胞で産生されるが，主に単球やマクロファージで産生が認められる（Zeilhofer, Schorr, 2000）．IL-8は排卵においても重要な役割を担っているとされ，卵胞液中で認められ，血液中より高濃度であることが確認されている（Runesson et al, 1996）．また，卵胞液中のIL-8は卵胞期よりも排卵期の方が約5から10倍，高濃度であるとされている．体外受精時に得られた卵胞での検討では，卵胞液中のIL-8濃度はhCG投与後に16倍増加する（Arici et al, 1996）．排卵前期に卵巣より分離・培養された莢膜細胞と顆粒膜細胞から，IL-8の産生が確認されており，それはIL-1，TNF-αや血小板活性化因子（PAF, platelet-activating factor）により産生が増加する（Zeineh et al, 2003；Kawano et al, 2007）．

ウサギを用いた実験でも，hCG投与後4時間で卵巣中のIL-8が最高濃度に達し，遅くとも2時間後から好中球が卵胞周囲へと浸潤していた．また，hCG投与前にIL-8に対する抗体を投与することで排卵率が有意に減少した（Ujioka et al, 1998）．以上のことより，IL-8産生は卵胞への好中球の遊走を促進し，排卵のメディエーターを分泌すると推察される．GROαもCXCケモカインに属し，好中球を遊走させる因子であり，IL-8の10倍の活性を持ち好中球を遊走させる（Oral et al, 1997）．体外受精時に採取された卵胞液において，GROαは高濃度を示した．また，分離・培養された顆粒膜細胞を用いた検討では，IL-1（Karstrom-Encrantz et al, 1998）やTNF-α（Zeineh et al, 2003），血小板活性化因子（Kawano et al, 2007）により産生が増加すると報告されている．

一方，CCケモカインは主に単球を遊走させ，排卵に関係しているケモカインとしてMCP-1があげられる．MCP-1は血管内皮細胞や線維芽細胞などから産生される．MCP-1は排卵前の卵胞に存在し，後期卵胞発育や排卵に関係している（Araki et al, 1996）．MCP-1は血清と比較して高い濃度で卵胞液中に存在しており，また顆粒膜細胞を用いた検討ではLHやIL-1，TNF-αなどのサイトカインにより産生が増加し，これらの物質により調節を受けることも示されている（Arici et al, 1996；Kawano et al, 2001；Kawano et al, 2004a）．

他に卵胞液中に存在が報告されているCCケモカインとしてはMIP-3αがある．MIP-3αもCCケモカインに属し，主に樹状細胞（dendritic cell），リンパ球にMIP-3α特異的な受容体が確認されている（Baba et al, 1997；Liao et al, 1997）．MIP-3αは肝，肺，小腸，虫垂，胸腺などに発現している．卵巣においてはMCP-1と同様に血清と比較して高い濃度で卵胞液中に存在しており，培養顆粒膜細胞を用いた検討から，他のケモカインと同様またIL-1，TNF-αにより調節を受ける（Kawano et al, 2004b）．卵巣におけるこれらのケモカインの産生は，卵胞が発育し，IL-1などのサイトカインによる産生調節を受け，結果として卵胞周囲に白血球を集結させることが示唆される．また，これらの白血球から出されるメディエーターが，最終的な段階で卵胞を成熟させ排卵に導くことにつながると考えられる（図Ⅴ-21-3）．

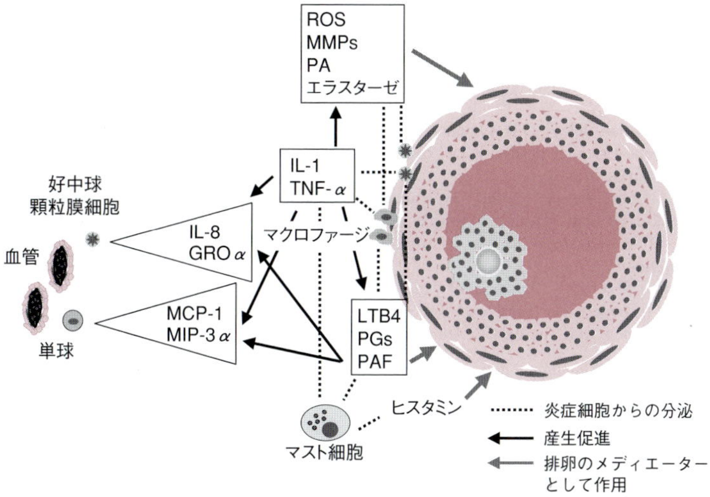

図V-21-3．排卵時の白血球の役割（Brannstrom, Enskog, 2002より改変）

まとめ

卵胞発育から排卵にかけての卵胞周囲への白血球の浸潤による炎症性反応とサイトカイン・ケモカインの役割について概説した．今後，卵胞発育や排卵の機序が詳細に解明されることにより，低反応卵巣などの排卵障害の治療に臨床応用されることが期待されるが，まだまだ未解明な部分も多い．今後，さらなる研究成果が必要とされる領域である．

（河野康志）

引用文献

Adashi EY, Resnick CE, Croft CS, et al (1989) Tumor necrosis factor α inhibits gonadtropin hormonal action in nontransformed ovarian granulosa cells. A modulatory noncytotoxic property, *J Biol Chem*, 264 ; 11591-11597.

Araki M, Fukumatsu Y, Katabuchi H, et al (1996) Follicular development and ovulation in macrophage colony-stimulating factor deficient mice homozygous for the osteopetrosis (op) mutation, *Biol Reprod*, 45 ; 478-484.

Arici A, Oral E, Bukulmez O, et al (1996) Interleukin-8 expression and modulation in human preovulatory follicles and ovarian cells, *Endocrinology*, 137 ; 3762-3769.

Arici A, Oral E, Bukulmez O, et al (1997) Monocyte chemotactic protein-1 expression in human preovulatory follicles and ovarian cells, *J Reprod Immunol*, 32 ; 201-219.

Baba M, Imai T, Nishimura M, et al (1997) Identification of CCR 6, the specific receptor for a novel lymphocyte-directed CC chemokine LARC, *J Biol Chem*, 272 ; 14893-14898.

Baggiolini M, Dewald B, Moser B (1994) Interleukin-8 and related chemotactic cytokines-CXC and CC chemokines, *Adv Immunol*, 55 ; 97-179.

Barak V, Yanai P, Treves AJ, et al (1992) Interleukin-1 : local production and modulation of human granulosa luteal cells steroidogenesis, *Fertil Steril*, 58 ; 719-725.

Ben-Shlomo I, Adashi EY (1994) Interleukin-1 as a amediator of the ovulatory sequence : evidence for a meaningful role of cytokines in ovarian physiology, *Current Science*, 1 ; 187-192.

Best CL, Pudney J, Welch WR, et al (1996) Localization and characterization of white blood cell populations within the human ovary throughout the menstrual cycle and menopause, *Hum Reprod*, 11 ; 790-797.

Branisteanu I, Pijnenborg R, Spiessens C, et al (1997) Detection of immunoreactive interleukin-11 in human follicular fluid : correlations with ovarian steroid, insulin-like growth factor I levels, and follicular maturity, *Fertil Steril*, 67 ; 1054-1058.

Brannstrom M, Bonello N, Wang LJ, et al (1995) Effects of tumour necrosis factor alpha (TNF alpha) on ovulation in the rat ovary, *Reprod Fertil Dev*, 7 ; 67-73.

Brannstrom M, Bonello N, Norman RJ et al (1995) Reduction of ovulation rate in the rat by administration of a neutrophil-depleting monoclonal antibody, *J Reprod Immunol*, 29 ; 265-270.

Brannstrom M, Enskog A (2002) Leukocyte networks and

ovulation, *J Reprod Immunol*, 57 ; 47-60
Brannstrom M, Pascoe V, Norman RJ, et al (1994) Localization of leukocyte subsets in the follicle wall and in corpus luteum throughout the human menstrual cycle, *Fertil Steril*, 161 ; 488-495.
Brannstrom M, Wang L, Norman RJ (1993) Ovulatory effect of interleukin-1 beta on the perfused rat ovary, *Endocrinology*, 132 ; 399-404.
Cerkiene Z, Eidukaite A, Usoniene A (2008) Follicular fluid levels of interleukin-10 and interferon-gamma do not predict outcome of assisted reproductive technologies, *Am J Reprod Immunol*, 59 ; 118-126.
Cohen PE, Zhu L, Pollard JW (1997) Absence of colony stimulating factor-1 in osteopetrotic (csfm op/csfm op) mice disrupts estrous cycles and ovulation, *Biol Reprod*, 56 ; 110-118.
Coskun S, Uzumcu M, Jaroudi K, et al (1998) Presence of leukemia inhibitory factor and interlekin-12 in human follicular fluid during follicular growth, *Am J Reprod Immunol*, 40 ; 13-18.
De Los Santos MJ, Mercader A, Frances A, et al (1996) Role of endometrial factors in regulating secretion of components of the immunoreactive human embryonic interleukin-1 system during embryonic development, *Biol Reprod*, 54 ; 563-574.
De Los Santos MJ, Anderson DJ, Racowsky C, et al (1998) Expression of interleukin-1 system genes in human gametes, *Biol Reprod*, 59 ; 1419-1424.
Dower SK, Kronheim SR, Hopp TP et al (1986) The cell surface receptors for interleukin-1 α and interleukin-1 β are identical, *Nature*, 324 ; 266-268.
Emoto N, Baird A (1988) The effect of tumor necrosis factor/cathectin on follicle-stimulating hormone-induced aromatase activity in cultured rat granulosa cells, *Biochem Biophys Res Commun*, 153 ; 792-798.
Espey LL (1980) Ovulation as an inflammatory reaction - a hypothesis, *Biol Reprod*, 22 ; 73-106.
Garcıa-Velasco JA, Arici A (1999) Chemokines and human reproduction, *Fertil Steril*, 71 ; 983-993.
Gerard N, Cailland M, Martoriati A et al (2004) The interlenkin-l system and female reproduc tion, J Endocrinol 180 ; 203-212.
Gezvani MR, Bates M, Vince G, et al (2000) Follicular fluid concentrations of interleukin-12 and interleukin-8 in IVF cycles, *Fertil Steril*, 74 ; 953-958.
Gougeon A (1996) Regulation of ovarian follicular development in primates ; facts and hypothesis, *Endocr Rev*, 17 ; 121-155.
Hellberg P, Thomsen P, Janson PO, et al (1991) Leukocyte supplementation increases the luteinizing hormone-induced ovulation rate in the in vitro perfused rat ovary, *Biol Reprod*, 44 ; 791-797.
Hurwitz A, Ricciarelli E, Botero L, et al (1991) Endocrine- and autocrine-mediated regulation of rat ovarian (theca-interstitial) interleukin-1β gene expression ; gonadotropin-dependent preovulatory acquisition, *Endocrinology*, 129 ; 3427-3429.
Hurwitz A, Loukides J, Ricciarelli E, et al (1992) Human intraovarian interleukin-1 (IL-1) system ; highly compartmentalized and hormonaly dependent regulation of the genes encoding IL-1, its receptor, and its receptor antagonist, *J Clin Invest*, 89 ; 1746-1754.
Jasper M, Norman RJ (1995) Immunoactive interleukin-1 β and tumour necrosis factor α in thecal, stromal and granulosa cell cultures from normal and polycystic ovaries, *Hum Reprod* 10 ; 1352-1354.
Khan SA, Schmidt K, Hallin P, et al (1988) Human testis cytosol and ovarian follicular fluid contain high amounts of interleukin-1 like factor(s), *Mol Cell Endocrinol*, 58 ; 221-230.
Karagouni EE, Chryssikopoulos A, Mantzavinos T, et al (1998) Interleukin-1 β and Interleukin-1 α may affect the implantation rate of patients undergoing in vitro fertilization. embryo transfer, *Fertil Steril*, 70 ; 553-559.
Karstrom-Encrantz L, Runesson E, Bostrom EK, et al (1998) Selective presence of the chemokine growth-regulated oncogeneα (GROα) in the human follicle and secretion from cultured granulosa-lutein cells at ovulation, *Mol Hum Reprod*, 11 ; 1077-1083.
Kawano Y, Kawasaki F, Nakamura S, et al (2001) The production and clinical evaluation of macrophage colony-stimulating factor and macrophage chemoattractant protein-1 in human follicular, *Am J Reprod Immunol*, 45 ; 1-5.
Kawano Y, Fukuda J, Itoh H, et al (2004a) The effect of inflammatory cytokines on secretion of macrophage colony-stimulating factor and monocyte chemoattractant protein-1 in human granulosa cells, *Am J Reprod Immunol*, 52 ; 124-128.
Kawano Y, Fukuda J, Nasu K, et al (2004b) Production of macrophage inflammatory protein-3α in human follicular fluid and cultured granulosa cells, *Fertil Steril*, 82 (Suppl 3) ; 1206 -1211.
Kawano Y, Furukawa Y, Fukuda J, et al (2007) The Effects of platelet-activating factor on the secretion of interleukin-8 and growth-regulated oncogeneα in human immortalized granulosa cell line (GC1a), *Am J Reprod Immunol*, 58 ; 434-439.
Kawasaki F, Kawano Y, Hasan ZK, et al (2003) The clinical role of interleukin-6 and interleukin-6 soluble receptor in human follicular fluids, *Clin Exp Med*, 3 ; 27-31.
Kokia E, Adashi EY (1993) Potentialrole of cytokines in ovarian physiology. In : The Ovary pp383-394, Raven Press Ltd, New York.
Liao F, Alderson R, Su J, et al (1997) STRL22 is a receptor for the CC chemokine MIP-3α, *Biochem Biophys Res Commun*, 236 ; 212-217.
Luster AD (1998) Chemokines-chemotactic cytokines that mediate inflammation, *N Engl J Med*, 338 ; 436-445.
Maruo N, Morita, Shirao M, et al (1992) IL-6 increases endothelial permeability in vitro, *Endocrinology*, 131 ; 710-714.
Mendoza C, Cremades N, Ruiz-Requena E, et al (1999) Relationship between fertilization results after intracytoplasmic sperm injection, and intrafollicular steroids, pituitary hormone and cytokine concentrations, *Hum Reprod*, 14 ; 628-635.
Miller MD, Krangel MS (1992) Biology and biochemistry of the chemokines : a family of chemotactic and inflammatory cytokines, *Crit Rev Immunol*, 12 ; 17-46.
Motro B, Itin A, Sachs L, et al (1990) Pattern of interleukin-6 gene expression in vivo suggests a role

for this cytokine in agiogenesis, *Proc Natl Acad Sci USA*, 87 ; 3092-3096.

Oppenheim JJ, Zachariae CO, Mukaida N, et al (1991) Properties of the novel proinflammatory supergene 'intercrine' cytokine family, *Annu Rev Immunol*, 9 ; 617-648.

Oral E, Seli E, Bahtiyar MO, et al (1997) Growth-regulated α expression in human preovulatory follicles and ovarian cells, *Am J Reprod Immunol*, 37 ; 19-25.

Runesson E, Bostrom EK, Janson PO, et al (1996) The human preovulatory follicle is a source of the chemotactic cytokine interleukin-8, *Mol Hum Reprod*, 2 ; 245-250.

Schwall R, Erickson GF (1981) Function and morphological changes in rat theca interna cells during atresia, In : *Dynamics of Ovarian Function*, pp29-34, Raven Press Ltd, New York.

Takakura K, Taii S, Fukuoka M, et al (1989) Interleukin-2 receptor/p55 (Tac)-inducing activity in porcine follicular fluids, *Endocrinology*, 125 ; 618-623.

Taub DD, Oppenheim JJ (1994) Chemokines, inflammation and the immune system, *Ther Immunol*, 1 ; 229-246.

Ujioka T, Matsukawa A, Tanaka N, et al (1998) Interleukin-8 as an essential factor in the human chorionic gonadotropin-induced rabbit ovulatory process : interleukin-8 induces neutrophil accumulation and activation in ovulation, *Biol Reprod*, 58 ; 526-530.

Van der Hoek KH, Maddocks S, Woodhouse CM, et al (2000) Intrabursal injection of clodronate liposomes causes macrophage depletion and inhibits ovulation in the mouse ovary, *Biol Reprod*, 62 ; 1059-1066.

Vujisic S, Lepeji SZ, Emedi I, et al (2006) Ovarian follicular concentration of IL-12, IL-15, IL-18 and p40 subunit of IL-12 and IL-23, *Hum Reprod*, 21 ; 2650-2655.

Wang LJ, Norman RJ (1992) Concentrations of immunoreactive interleukin-1 and interleukin-2 in human preovulatory follicular fluid, *Hum Reprod*, 7 ; 147-150.

Wang LJ, Brannstrom M, Cui KH, et al (1997) Localization of mRNA for interleukin-1 receptor and interleukin-1 receptor antagonist in the rat ovary, *J Endocrinol*, 152 ; 11-17.

Wu R, Van der Hoek KH, Ryan1 NK, et al (2004) Macrophage contributions to ovarian function, *Hum Reprod Update*, 10 ; 119-133.

Zeilhofer HU, Schorr W (2000) Role of interleukin-8 in neutrophil signaling, *Curr Opin Hematol*, 7 ; 178-182.

Zeineh K, Kawano Y, Fukuda J, et al (2003) Possible modulators of IL-8 and GROα production by granulosa cells, *Am J Reprod Immunol*, 50 ; 98-103.

V-22

ヒト胚におけるHLAクラスⅠb発現

Key words
可溶性HLA-G（soluble HLA-G）／非古典的HLAクラス1（nonclassical HLA class 1）／体外受精卵（in vitro fertilized egg）／卵胞液（follicular fluid）／胎盤栄養膜細胞（placental trophoblast）

はじめに

妊娠において，子宮に着床した胚は遺伝子の半分が父親由来で，母体にとっては一種の同種移植片である．臓器移植においては，HLA（Human Leukocyte Antigen）型の異なる移植片に対しては厳しい拒絶反応が引き起こされる．妊娠においてはHLAの適合性が考慮されているわけではないにもかかわらず，母体は妊娠期間中，胚（胎児）を拒絶せず生着させている．この母児の接点における免疫機構の疑問は1950年代から問われ続け，未だに完全には解明されていない．これまで，この免疫機構を解明する一つの鍵として母児の接点である胎盤栄養膜細胞（トロホブラスト）上のHLAについて多くの研究がなされてきて，トロホブラスト上には多型性に富んだ古典的HLAクラスⅠ（クラスⅠa）もクラスⅡも発現していないが，非古典的HLAクラスⅠ（クラスⅠb）のみが発現していることが明らかにされてきた．したがってトロホブラスト上でのHLAの発現に関する報告は多いが，一方，卵子，胚についての報告は，その試料入手の難しさのため，きわめて少ない．クラスⅠbのうちHLA-Gはトロホブラストにのみ発現していることが報告されて以来，その発現と機能について集中的に研究され，特に近年，体外受精卵が可溶性HLA-Gを分泌し，それが胚の着床率に相関するという報告が相次いだ．しかし，現時点においては，HLA-Gの胚での発現の有無については，その検出方法の感度，精度が十分ではないことから，賛否両論がある．ましてや他のクラスⅠb（HLA-E, -F）の胚における発現についてはほとんど報告がない．しかしトロホブラストの細胞表面上にはHLA-E, -F, -GすべてのクラスⅠb分子が発現していることは確認されている．したがって，本節においてはこれまでに明らかにされてきた，トロホブラスト上におけるHLAクラスⅠbの発現と機能について，および着床前胚および卵胞におけるHLA-G発現の有無に関する討論について解説する．

1 HLAクラスⅠbとは

HLA遺伝子は，ヒトMHC（Major Histocompatibility Complex）と呼ばれ，第6染色体短腕上に存在し，これらはクラスⅠとクラスⅡ（*HLA-DR*,

-DQ, *-DP*）に分類される．クラスⅠはさらに*HLA-A*，*-B*，*-C* の古典的クラスⅠ（クラスⅠa）と*HLA-E*，*-F*，*-G* の非古典的クラスⅠ（クラスⅠb）に分類される．クラスⅠa遺伝子は非常に多型に富み，多くの（すべてではないが）体細胞の細胞表面に発現しており，機能としては，内因性抗原をT細胞に提示し，一連の免疫反応を開始させる機能，およびNK細胞の抑制性レセプターに結合し，細胞傷害活性を抑制する機能が知られている．

一方，クラスⅠb遺伝子の*HLA-E*，*-F*，*-G*（Geraghty et al, 1987；Koller et al, 1998；Geraghty et al, 1990）は1987-1990年にD. E. Geraghtyらにより発見されたもので，これらは多型性が著しく乏しいことと発現部位が局在していることが特徴である．しかしその構造はクラスⅠaとまったく同じで，細胞膜外のα1，α2，α3の三つのドメイン，膜貫通領域および細胞質領域よりなる．そしてα3ドメインにおいてβ2ミクログロブリンと非共有結合により結合し，立体構造を保っている．全体として，クラスⅠaとⅠbの相同性は，クラスⅠaの*-A*，*-B*，*-C* 間における相同性と大きくは変わらない．ただ多型性が非常に乏しいことのみが異なっている．*HLA-E*，*-F*，*-G* のいずれも抗体により識別される多型はなく，1アミノ酸が変化した多型が数種報告されているのみである（塩基のみの変化はさらに数種報告されている）（Pyo et al, 2006）．

HLA-Gのアミノ酸レベルの多型については，110番のアミノ酸がロイシン（*HLA-G*01:01*）からイソロイシン（*HLA-G*01:04*）に変異したアリルが人種により約20-50%存在しているのみ（Arnaiz-Villena et al, 1997；Ishitani et al, 1999）で，他は非常に頻度の低い多型が見られる程度である．ただ，アフリカ系の人種に最も多い，コドン130の1塩基（C）が欠損し，以降のコドンのフレームシフト（frame shift）によりα2ドメインの中ごろからタンパクが合成されないナルアリル（null allele，無効対立遺伝子，不活性型対立遺伝子）が0-8%の頻度で存在している（Suárez et al, 1997）．このナルアリルのホモの報告もある（Ober et al, 1998）が，日本人にはこのナルアリルは全く報告されていない（Kano et al, 2007, Ishitani et al, 1999）．

HLA-E については，107番目のアミノ酸がアルギニン（*HLA-E*01:01*）あるいはグリシン（*HLA-E*01:03*）である2種類のアリルがほとんどすべての人種においてほぼ同率存在するのみである（Arnaiz-Villena et al, 1997；Geraghty et al, 1992；Grimsley et al, 2002）．

HLA-F については，これまで，4種類の多型が報告されている（Pyo et al, 2006）．

このようにクラスⅠb遺伝子が非常に乏しい多型性を保ってきたということは，進化の過程でそれら遺伝子の機能上，多型性の発生が不利に作用したものと考えられ，高い多型性を保っているクラスⅠa遺伝子とは異なった，なんらかの重要な機能を示唆するものであろう．

2 クラス1b遺伝子の発現と機能

(A) *HLA-G*

Geraghtyらにより発見された当初はその機能はまったく不明であったが，1990年，既知のHLAはクラスⅠもクラスⅡも発現していない胎盤トロホブラスト上に未知のHLA分子が発現しており，それが*HLA-G*であることが二次元電気泳動法等により明らかにされて以来（Ellis et al, 1990；Kovats et al, 1990），この遺伝子は生殖免疫に重要な機能を持つものではないかとして，脚光を浴びることとなった．その後，モノクロナル抗体の作製（Ishitani, Geraghty, 1992；Lee et al, 1995；Loke et al, 1997）により，*HLA-G*遺伝子の発現部位が母体と胎児のまさしく接点である胎盤トロホブラストに限局されていることが明らかになり（Hirano et al, 1994），この多型性の乏しい*HLA-G*こそが，母体の免疫学的拒絶から，半移植片としての胎児を保護しているのではないかと推測され，産婦人科あるいは移植免疫領域において多数の研究がなされてきた．

胎盤においては，*HLA-G*は母体組織に侵入しつつある絨毛外栄養膜細胞（extravillous cytotrophoblast）には膜結合性HLA-G抗原が非常に強く発現されており，絨毛の最外部にある合胞体栄養膜細胞（syncytiotrophoblast）およびその内側に存在する絨毛栄養膜細胞（villous cytotrophoblast）には可溶性抗原が発現されている（Ishitani et al, 2003）．この局在性はいずれの妊娠ステージにおいても同様の傾向を示したが，初期において最も強く発現していた（Shobu et al, 2006）．

(1) NK傷害活性の抑制

*HLA-G*の機能としては，このように，母体の免疫細胞と接するすべてのトロホブラスト上に多型性の乏しい*HLA-G*が発現し，それらの細胞から“非自己”と認識されにくいこととともに，*HLA-G*は*LILRB1*，*LILRB2*（*ILT2*，*ILT4*）レセプターを介してNK細胞の傷害活性を抑制する（Colonna et al, 1998；Shiroishi et al, 2003）ことから，母体NK細胞等の攻撃からトロホブラストを保護していると考えられている．

(2) 選択的スプライシング

さらに*HLA-G*は，他のHLA分子には見られない特異的なスプライシングによりいくつかの分子を産生することが明らかにされた．選択的スプライシング（Alternative Splicing）により，G1，G2，G3の3種の膜結合性アイソフォーム（isoform）とG1，G2の可溶性アイソフォームのmRNAが産生される（Ishitani, Geraghty, 1992；Fujii et al, 1994）．これらアイソフォームは，全ドメインを持つG1，α2を欠くG2，α2α3を欠くG3である．これらのアイソフォームはすべて，RNase Protection法により胎盤組織内に有意の量が存在することが明らかにされている．その後さらに数種のアイソフォームが報告された（Paul et al, 2000）が，それらが機能を持っているかについては，それを否定する報告もあり（Ulbrecht et al, 2004）不明である．

著者はこれらアイソフォームの重要性は膜結合性および可溶性G1，G2にあるのではないかと考えている．すなわち，G1はクラスⅠ抗原としての機能を果たし，G2はそのドメイン構造の類似から2分子でホモ二量体（homodimer）を形成してクラスⅡ分子と類似した構造をとることにより，クラスⅡの役割を果たしている可能性があると推測している（図Ⅴ-22-1）．実際，HLA-G分子がホモ二量体の形でも細胞表面に発現していることが報告されている（Kuroki, Maenaka, 2007）．このように特異な手段を用いてでも可溶性抗原を含む多種の分子を産生していることはHLA-G抗原の重要な機能を示唆している．

選択的スプライシング（Alternative splicing）：mRNA前駆体からイントロンが除去されてエクソンが再結合されることをスプライシングと呼ぶが，ある一つのmRNA前駆体からいくつか異なった組み合わせのエクソンを持つmRNAが作られることがある．このようなmRNAを生み出す機構を選択的スプライシングと呼ぶ．一つの遺伝子から活性の異なる複数種のアイソフォーム（isoform）と呼ばれるタンパク質が，発生や分化の諸段階や組織特異性などに応じて作られる機構である．

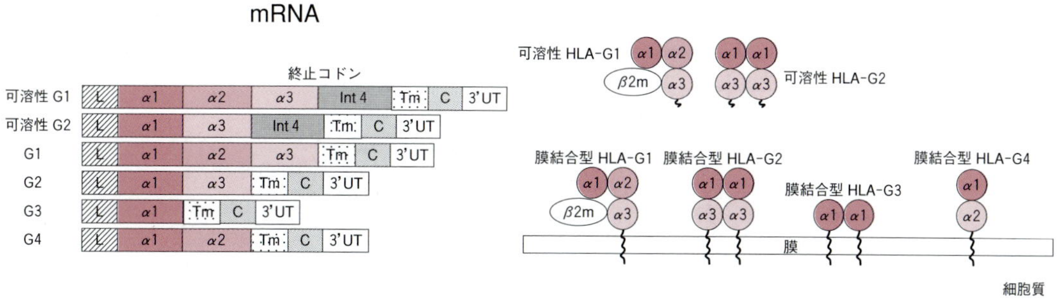

図V-22-1．HLA-G 遺伝子の選択的スプライシングにより産生されるアイソフォーム―mRNA と推定されるタンパク質の模式図―

(B) *HLA-E*

1998年，この遺伝子の特異的な発現様式 (Lee et al, 1998 ; Braud et al, 1998) が明らかにされ，さらにモノクロナル抗体によりトロホブラスト上にはHLA-Eも発現していること (Lee et al, 1998 ; Ishitani et al, 2003) が明らかにされて以後，この遺伝子の機能に多くの研究者が惹きつけられた．

(1) 特異な発現機構

HLA-Eはクラス I a と同様に幅広い組織に発現しており，しかもクラス I a とは異なって胎盤トロホブラストにも発現している (Ishitani et al, 2003)．これはHLA-Eの非常に特異な発現様式からきている．すなわち，HLA-Eは他のHLAとは異なって，細胞内タンパク由来のペプチドを結合できず，他のクラス I 分子の**シグナル・ペプチド**のみをHLA-Eのペプチド溝に結合することができ，そこではじめて細胞表面に安定して発現される．したがって，クラス I 分子をまったく発現していない細胞はHLA-Eも発現できないのである．しかもそのペプチドは由来するHLA型によりHLA-Eへの結合力が大きく異なる．特にHLA-G由来のペプチドは他と比べて著しく強く結合できる (Lee et al, 1998)．このようなHLA-Eの結合ペプチドに対する強い選択性は結晶解析により得られたHLA-Eタンパク分子のペプチド結合溝の構造 (O'Callaghan et al, 1998) からきていると報告されている．

(2) NK 傷害活性抑制，サイトカイン分泌促進

HLA-Eの主たる役割はCD94/NKG2 NKレセプターと結合してNK活性を抑制あるいは活性化すること (Lee et al, 1998 ; Braud et al, 1998) にある．CD94/NKG2レセプターは非常に幅広い種類のNK細胞が持っていることが知られているが，これが，人体中ほとんどの組織に発現しているHLA-Eのレセプターとして結合するということは理にかなうものと考えられる．ちなみに，胎盤脱落膜中のNK細胞の多くもこのレセプターを持っている．

HLA-Eには他に類を見ない秀でた機能がある．それは，HLA-Eの作用が結合するペプチドの種類により異なることである (Llano et al, 1998)．HLA-Eはクラス I a のシグナル・ペプチド由来のペプチドを結合している場合 (HLA-E/

シグナル・ペプチド (Signal peptide) またはシグナル配列 (Signal sequence)：分泌タンパクは一般にシグナル配列と呼ばれる成熟体には存在しない，15-30アミノ酸の配列をN末端に持った前駆体として合成される．シグナル配列は普通分泌タンパクが小胞体等の膜を透過する際にシグナルペプチダーゼにより切断される．

HLA クラス 1 分子はN末端に25前後のアミノ酸よりなるシグナル配列があり，次にα1，α2，α3ドメイン，膜貫通領域，細胞質領域と続いている．これらはまず，それぞれがリボソームで作られ，小胞体の中で会合し，これにペプチドに分解され小胞体に輸送された細胞内タンパク質 (内因性抗原) を結合して，安定化したHLA分子は小胞体からゴルジ装置を経由して細胞膜上に発現される．この過程でシグナルペプチドは切り離される．

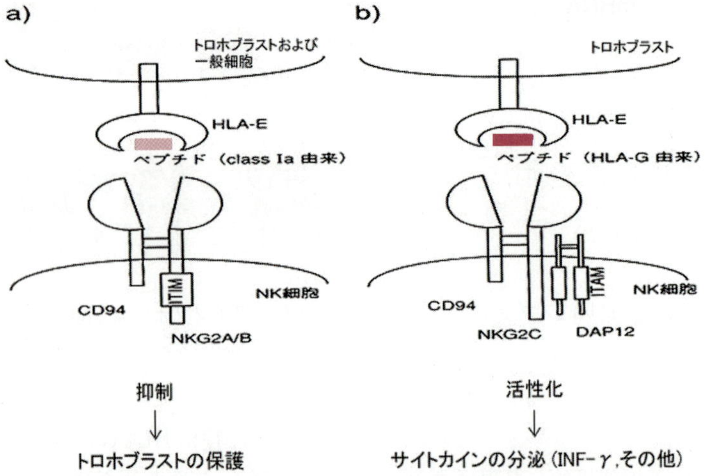

図V-22-2．結合ペプチドによって異なるHLA-Eの機能―HLA-E分子とNK細胞との反応模式図―

Ia-pep）はCD94/NKG2Aと結合してNK活性を抑制するが，HLA-G由来のペプチドを結合している場合（HLA-E/G-pep）は，同じCD94/NKG2グループの活性化レセプターであるCD94/NKG2Cとより強く結合しNK細胞を活性化させるのである．胎盤トロホブラストにおいては主に発現している*HLA*は*HLA-G*であることから，そこに発現している*HLA-E*が結合しているペプチドは主に*HLA-G*由来のものであるはずである．したがって，トロホブラストにおいては*HLA-E*は母体NK細胞を活性化する役割を担っていることになる．しかし，NKを活性化するといっても母体脱落膜中のNK細胞はほとんどがCD56^{bright} NKであって，これらは活性化されても細胞傷害性は弱く，主としてサイトカイン分泌を促進する特性がある．さらに，HLA-E/G-pepは抑制性のNKG2Aとも結合しうることと，トロホブラスト上には弱く*HLA-C*も発現しているという報告もあり，結果として，*HLA-E*はNK細胞の傷害性は抑制しつつ，妊娠維持に必須なサイトカイン分泌を強く促進するという重要な役割を果たしていると考えられる（図V-22-2）．

(C) HLA-F

HLA-Fについては近年，ようやく3グループによってモノクロナル抗体が作製された（Wainwright et al, 2000；Lepin et al, 2000；Ishitani et al, 2003）．我々の抗体を用いて*HLA-F*の発現について調べたところ，調べた正常細胞のすべてにおいて，細胞質内には*HLA-F*タンパクを発現しているものもあるが，細胞表面には発現していなかった（Ishitani et al, 2003）．一方Geraghtyらは，正常リンパ球は発現しないが，それらにEBウイルスを感染させた細胞は*HLA-F*を発現することを報告した（Lee, Geraghty, 2003）．また我々は正常胎盤トロホブラストが妊娠中期から後期にかけて強く細胞表面にHLA-Fを発

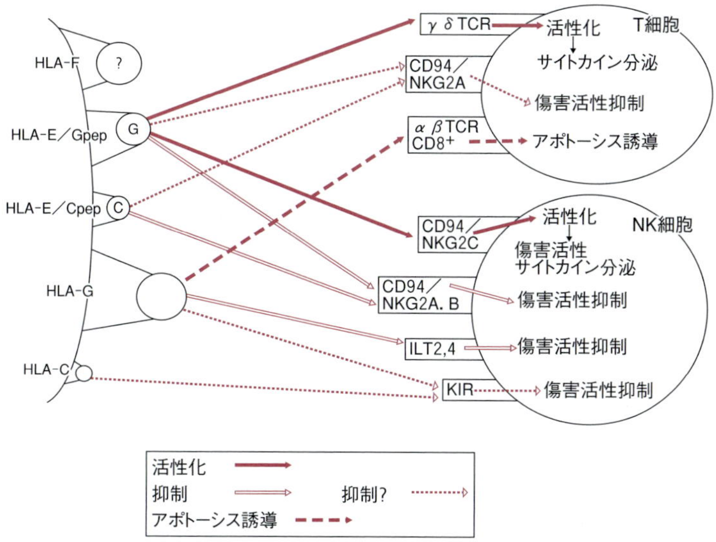

図Ⅴ-22- 3．胎盤トロホブラスト上に発言する HLA 分子とそれらの機能

現することを見出した．抗 HLA-G と抗 HLA-F 抗体を用いた二重免疫染色法およびフローサイトメトリーにより確かに細胞膜上に発現していることを明らかにした．この発現は妊娠初期にはトロホブラスト細胞表面上には見られず，中期から後期にかけて強く膜上に出ていた (Ishitani et al, 2003 ; Shobu et al, 2006)．HLA-F タンパクの機能については HLA-F の四量体を用いて，これが ILT2 と ILT4 NK レセプターと結合しうるということが報告された (Lepin et al, 2000) が，それで NK 活性が抑制されるという証明はなく，機能についての報告はまだない．しかし，多型の乏しさ，そして正常細胞での発現が母体内に侵入しているトロホブラストのみにおいて細胞表面に発現していること等から，HLA-F にもなんらかの妊娠免疫上重要な機能を持っているものと推測される．

(D) HLA-E，-F，-G 分子の胎盤における相互作用

HLA クラスⅠa やクラスⅡが発現していない (HLA-C が弱く発現しているという報告がある) 胎盤トロホブラスト上には，HLA-E，-F，-G が共に発現していることが明かにされてきた．HLA-F については今後の研究を待たざるをえないが，HLA-G と HLA-E は密接な相互作用を行っているようである．一つの NK 細胞上に同時に発現する ILT2 と CD94/NKG2A レセプターはそれぞれ HLA-G と HLA-E を認識することは確かめられている (Navarro et al, 1999)．HLA-E は，HLA-G 由来ペプチドを結合した場合のみは NK 細胞を抑制よりは活性化する方に強く作用する．胎盤においては存在する HLA 分子は主として HLA-G であるため，HLA-E は主として HLA-G 由来ペプチドを結合し，NK 細胞を活性化させる方向に働き，同じ NK 細胞を HLA-G は ILT2 等のレセプターを介して傷害抑制に働く．すな

わち，HLA-E と-G は共に NK 細胞に働きかけ，一方は傷害性を抑制し，他方は活性化することにより各種のサイトカインを分泌させるという，妊娠維持に向けて複雑な働きをしていると考えられる（図V-22-3）．我々は，妊娠維持においては HLA-E が最も重要な役割を果たしているのではないかと考えている．それを証明するように，HLA-G の null 遺伝子 *HLA-fG *0105 N* 遺伝子をホモで持っている成人女性で，無事子供を出産した例が報告された（Ober et al, 1998；Castro et al 2000）．その理由として，このナルアレルは正常の G1 タンパクは作れないがシグナル・ペプチドは持っており，これを結合した HLA-E/G-pep は産生されることにより NK 細胞の制御がなされていると考えられている（Sala et al, 2004）．しかし，現時点においては，未だ HLA-E，F，G の機能については多くの点で討論中である（総説：Ishitani et al, 2006；石谷，下嶋，2004）．

3 胚における HLA-G の発現の有無に関して

近年，体外受精の件数が急激に増加してはいるが，その妊娠成功率は20-30%とあまり高いものではない．そして妊娠率をより上げるために，一度に複数個の受精卵を子宮に戻し妊娠率を上げようとすると，これは多胎妊娠を引き起こす可能性がある．したがって，もっとも妊娠の確率の高い受精卵を選択することが強く望まれており，その「良好胚」のマーカーは何かが探し求められてきた．このような中で，HLA-G にその期待が向けられた．胚の着床の機構が十分には解明されていないが，HLA-G 分子は着床において，母体免疫細胞からの傷害活性を抑制することにより，それに関わっているのではないかと考えられたのである．

(A)「良好胚」は可溶性 HLA-G を分泌するか

2002年，B. Fuzzi らが体外受精卵の 2-3 日目培養液中に可溶性 HLA-G（sHLA-G）タンパクが存在していること，および sHLA-G を分泌しない卵は体内に戻しても着床しないということを報告した（Fuzzi et al, 2002）．もしこれが真実であれば非常に重要な発見であり，多くの研究者の注目をあびた．実際この報告の後，似通った報告が多く出された（Noci et al, 2005；Criscuoli et al, 2005；Yie et al, 2005；Sher et al, 2005）．しかし，Fuzzi らの報告を含めて，これら報告のいずれにおいても，測定法の詳細な記述がなく，その精度を検討するデータが示されていなかった．いずれの場合も抗 HLA-G 抗体と抗 HLA クラス 1 抗体あるいは抗 β2-microglobulin 抗体を用いた**サンドイッチ** ELISA 法により測定しているのであるが，sHLA-G 測定のための検量線がまったく示されておらず，得られた sHLA-G 濃度と着床率との相関についてのみ示されており，そのデータの信頼性についての検討ができないものであった．また，報告ごとにその sHLA-G 濃度が大きく異なっていた．

これまでの HLA-G 発現に関する常識から考えると，4-8 細胞期の，トロホブラストに分化する栄養外胚葉（trophectoderm）すら存在していない時期の胚が sHLA-G タンパクを分泌するものであろうか．しかもわずか 1-2 個の初期胚の分泌したものを ELISA により培養液中から検出されうるのであろうか．多くの疑問が

サンドイッチ ELISA（Sandwich ELISA）：酵素免疫測定法の一変法で，固相（ポリスチレンプレート等の底面）に抗体（一次抗体）を吸着させ，そこに測定すべき抗原を反応させる．その上に，ある種の酵素で標識した二次抗体を加えることにより抗原を 2 種の抗体で挟み込む．これに基質を加えて，酵素反応を行わせ，反応生成物の呈色の強さにより抗原の量を定量する方法．

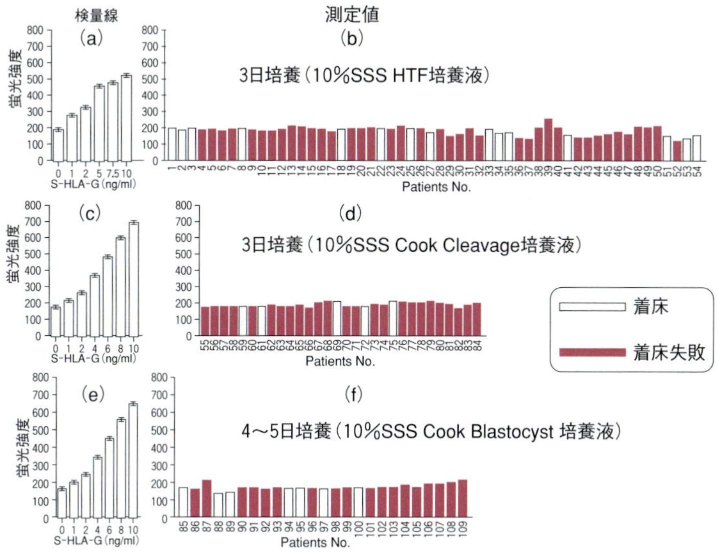

図Ⅴ-22- 4．受精卵培養上清中の可溶性 HLA-G 蛋白の測定結果（Sageshima et al, 2007）

(a)(c)(e)：それぞれ（b），(d)，(f）に示す培養液に精製 sHLA-G タンパクを溶解して求めた検量線．(b)(d)(f)：各培養液での培養上清の測定結果．縦軸は蛍光強度，横軸は試料番号を示す．白棒は着床に成功した受精卵培養上清，黒棒は着床に失敗した卵の試料．

あった．そこで我々は，これらの報告を再検討するため，数ヶ所の IVF 施設の協力を得て体外受精卵培養上清を収集し，sHLA-G 測定を行った（Sageshima et al, 2007）．

(B) 体外受精卵培養上清中の sHLA-G 再検結果

まず，IVF（in vitro fertilization）あるいは ICSI（intracytoplasmic sperm injection）による受精卵の培養上清109試料（2-3 日培養：84，4-6 日培養：25）について，多くの報告と同様にサンドイッチ ELISA により sHLA-G の測定を行った．その結果は図Ⅴ-22- 4 に示すように，sHLA-G は検出されなかった．いずれの培養上清も検量線のバックグラウンドの値とほぼ変わらず，着床の有無による sHLA-G 濃度の差は認められなかった．しかもこれら胚の着床率は，2-3 日胚で23%，4-6 日胚で31%であって，Fuzzi らの報告にある sHLA-G を分泌している良好胚の着床率24%と遜色ない率であった．我々はその後も試料数を増加させて測定したが，まったく同じ結果であった．

(C) sHLA-G 測定法の比較

では，どうしてこのような違いが生じるのであろうか．我々の測定法の感度が低いのかという疑問が起こる．そこで我々の方法と Fuzzi らの方法とを比較してみた．いずれも MEMG/9（抗 HLA-G 抗体）と w6/32（抗クラス 1 抗体）を用いたサンドイッチ ELISA であるが，Fuzzi らの報告には検量線は示されていないので，彼らの

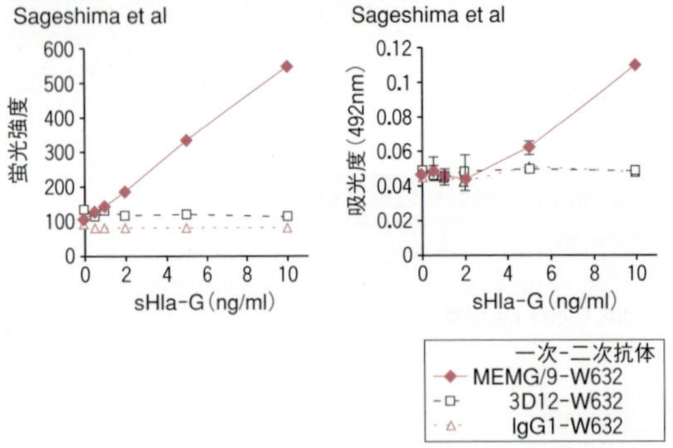

図V-22-5．sHLA-Gの測定法（ELISA）の感度の比較

—我々の方法（Sageshima et al, 2007）とFuzziらの方法（Fuzzi et al, 2002）—Fuzziらの方法による検量線は彼らの論文には示されていないので，その報告に従って，我々が作成した検量線を示す．一次抗体としてMEMG/9を，二次抗体としてW6/GIを用いた．

方法に従い我々が作成し，我々の方法による検量線と比較した（図V-22-5）．結果は明らかに我々の方法がバックグランドも低く，感度も高いものであった．我々の方法では0.5ng/mlから直線的に増加し，少なくとも1ng/ml以上は正確に定量できたが，Fuzziらの方法では少なくとも2ng/mlまではバックグランドと同じであった．また0-10ng/mlの間の感度についても，我々の方法では蛍光強度が5倍に増加しているが，Fuzziらの方は吸光度がわずか2倍になっているのみで，我々の方が感度の高いものであった．したがって，1.4ng/mlを測定しえたという彼らの報告には疑問が残る．

（D）その他の報告について

その後に出されたsHLA-Gの分泌を肯定する論文もほぼ同じ方法によっており，その検量線もFuzziらと同様に示されていない．2006年にN.DesaiらはsHLA-Gを分泌している（3-10ng/ml）胚は妊娠率64%，着床率38%であるが，分泌していない胚は妊娠率36%，着床率19%であったと報告した（Desai et al, 2006）．この場合も検量線は示されていないが，彼らは市販のキット（EXBIO Czech Republic）を用いて測定しており，このキットに添付されている検量線によれば20IU/ml（約10ng/mlと記載）前後までは感度が低く，3-10ng/mlの濃度の精度が不明である．このキットを用いた同様の報告が多く出された一方，このキットではまったく測定できないという研究者も多かった．しかしこのキットに限らず，ネガティブデータを論文にすることは非常に難しいため，これまで報告された論文の多くはポジティブデータであった．また，最近V. RebmannらはELISAより感度の高い方法としてルミネックス（Luminex）による方法を報告し，検量線（図V-22-6）を示した．そして，培養液中HLA-G濃度（平均0.62，0.32，0.08 ng/ml）で胚のランク分けをし，HLA-G陽性と妊娠率が相関すると報告した（Rebmann et al, 2007）．しかしこの場合も同様に，検量線は2.5ng/ml以上についてしか作成されていないのに0.08-0.62ng/mlを正しく定量できるので

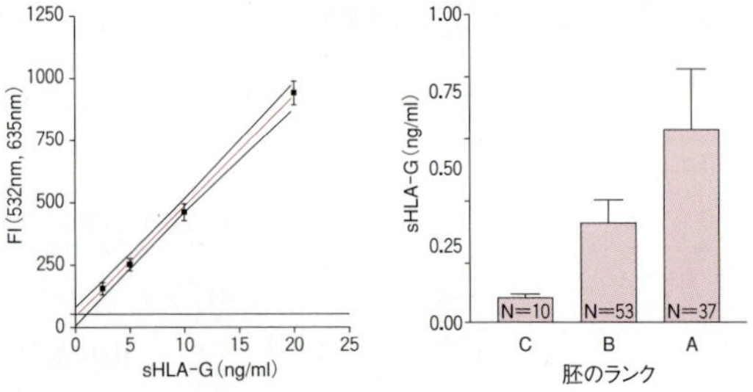

図V-22-6．ルミネックス法による可溶性HLA-G検量線と測定結果（Rebman et al, 2007）

左図の検量線からは，右図のA，B，Cにランク分けされた胚のSHLA-G濃度（0.1-0.7ng/ml）を正しく定量しうるだろうか．

あろうか．この報告によってもHLA-Gが分泌されたという証明としては問題が残る．

そこで我々はあえて，胚はsHLA-Gを（ELISAの検出感度以上は）分泌してはいないという報告を行った（Sageshima et al, 2007）．我々と同様にsHLA-Gの分泌を否定する論文はM. J. Van Lieropらによっても報告されており（Van Lierop et al, 2002），彼らは詳細に測定法を検討し，検量線を示していた．また，2008年6月にOxfordで開かれたワークショップ（EMBIC workshop on sHLA-G and Implantation）においても，我々以外にH.JuchがsHLA-Gの分泌を否定する報告をした．彼はsHLA-Gの高感度の測定方法を報告しており，彼もまた初期胚のsHLA-Gの分泌を否定した（Juch et al, 2005）．

一方，Q. Yaoらは，各時期の胚のmRNAをRT-PCRで調べ，同時に胚自体がHLA-Gタンパクを発現しているかどうかを免疫染色で調べている(Yao et al, 2005)．結果，膜結合性のHLA-G mRNAは8細胞期から胚盤胞にかけて発現し始めるが，可溶性のsHLA-G mRNAはほとんど発現せず，桑実胚期から胚盤胞期のごく一部の胚にのみ発現していた．ところがmRNAの結果と矛盾して，胚の免疫染色においては2細胞期からすでにHLAGタンパクが染色されていた．彼ら自身もmRNAがないのにタンパクが発現しているという矛盾は認めている．さらに，この胚盤胞期の胚の透明帯と栄養外胚葉を除去し，内（部）細胞塊（inner cell mass）を染色するとまったく染色されなかった．もし，この結果を栄養外胚葉がHLA-Gを発現していたためであるとするならば，桑実胚までの胚はどうして染色されるのであろうか．彼らは未受精卵がHLA-Gタンパクを持っていたのではないかと推測しているが，それに関する資料はない．おそらく，HLA-G抗体が卵子最外側にある透明帯，その他と非特異的反応をしたものと考えられる．RT-PCRや免疫染色は陰性対照や非特異的反応のブロックが非常に難しいが，胚のように試料入手の困難なものについては検討が難しい．とにかく，この報告でも明確な結論は得られていない（総説：Ishitani et al, 2008）．

最後に，これまでのHLA-Gが分泌されているという報告に対して再考を促す，ヒト胚の全タンパク含量という異なった観点からの論文を紹介したい．Y. Menezoらは着床前ヒト胚の全タンパク含量は45-50ngと推定し，これまでの報告では1個の胚が3-80ng/日のHLA-Gタンパクを分泌していることになり，HLA-Gが全タンパク含量の10-100%を占めることとなると算定した（Menezo et al, 2006）．このことから，これまでのHLA-G分泌のデータに疑義を表している．またH. N. Sallamらは着床前胚が分泌できる全タンパク量は約150pg/日であると報告しており（Sallam et al, 2006），このことからも，現在の測定方法でsHLA-Gが検出限界以上に分泌されているかどうかについては現時点においては明らかでない．

（E）卵胞液中の可溶性HLA-G

これまで卵胞液中の可溶性HLA-Gについての報告も散見され（Shaikly et al, 2008），すべてがsHLA-Gの存在を報告していた．しかし，Van Lielopらは卵胞液にsHLA-Gは検出されないと報告している．そこで我々も卵胞液中のsHLA-Gの測定を行ったところ，卵胞液175検体中36

検体がELISAにおいて陽性を示した．そこでこの陽性結果が真実sHLA-Gを検出していることかどうかを確認するために，500ng/ml以上を示した11検体についてウエスタンブロッティング（western blotting）を行い，抗HLA-G抗体との反応を調べた．ところが，11検体すべてにsHLA-Gは検出されなかった．一方，これら検体について可溶性のクラスⅠa（HLA-A, -B, -C）をELISAにより測定したところ，卵胞液175検体すべてにクラスⅠa抗原が平均400ng/ml以上検出され，これはウエスタンブロッティングにおいても確認された（未発表）．すなわち，卵胞液中にELISAにより検出されたsHLA-Gは，卵胞液中に存在するクラスⅠa抗原，その他の物質により擬陽性が引き起こされたのではないかと考えられる．このことは，胚の培養液中sHLA-Gの測定においても同様の擬陽性反応が起こっている可能性が考えられる．正しくsHLA-Gを検出するためには，いかなる陰性対照を用いるかが重要な鍵となるのであろう．

まとめ

胚はHLA-Gを分泌しているという報告は多く出されてきたが，我々は，少なくとも栄養外胚葉が発生していない時点でsHLAGが産生されているとは考えがたく，それ以降の胚についても，ただ1個の胚の培養液中には，現時点での測定法で検出されるほどのHLA-Gは分泌していないのではないかと考えている．卵胞液については，血漿に近いほどのタンパク量があり，ここからわずかなsHLA-Gを検出するのはかなり困難であろう．いずれの場合も，今後の測定法の改良が待たれる．

（石谷昭子）

引用文献

Arnaiz-Villena A, Chandanayingyong D, Chiewsilp P (1997) Non classical HLA class I antigens, In : *Genetic Diversity of HLA*, Charron D et al, pp151-159, Functional and Medical implications, EDK.

Braud VM, Allan DS, Wilson D, et al (1998) TAP- and tapasin-dependent HLA-E surface expression correlates with the binding of an MHC class I leader peptide, *Curr Biol*, 8 ; 1-10.

Castro MJ, Morales P, Rojo-Amigo R, et al (2000) Homozygous HLA-G*0105N healthy individuals indicate that membrane-anchored HLA-G1 molecule is not necessary for survival, *Tissue Antigen*, 56(3) ; 232-239.

Colonna M, Samaridis J, Cella M, et al (1998) Human Myelomonocytic Cells Express an Inhibitory Receptor for Classical and Nonclassical MHC Class I Molecules, *J Immunol*, 160(7) ; 3096-3100.

Criscuoli L, Rizzo R, Fuzzi B, et al (2005) Lack of Histocompatibility Leukocyte Antigen-G expression in early embryos is not related to germinal defects or impairment of interleukin-10 production by embryos, *Gynecol Endocrinol*, 20(5) ; 264-269.

Desai N, Filipovits J, Goldfarb J (2006) Secretion of soluble HLA-G by day 3 human embryos associated with higher pregnancy and implantation rates : assay of culture media using a new ELISA kit, *Reprod Biomed Online*, 13 ; 272-277.

Ellis S, Palmer MS, McMichael AJ (1990) Human trophoblast and the choriocarcinoma cell line BeWo express a truncated HLA Class I molecule, *J Immunol*, 144 ; 731-735.

Fujii T, Ishitani A, Geraghty DE (1994) A soluble form of the HLA-G antigen is encoded by a messenger ribonucleic acid containing intron 4, *J Immunol*, 153 (12) ; 5516-5524.

Fuzzi B, Rizzo R, Criscuoli L, et al (2002) HLA-G expression in early embryos is a fundamental prerequisite for the obtainment of pregnancy, *J Immunol*, 32 (2) ; 311-315.

Geraghty DE, Koller BH, Orr HT (1987) A human major histocompatibility complex class I gene that encodes a protein with a shortened cytoplasmic segment, *Proc Natl Acad Sci USA*, 84 ; 9145-9149.

Geraghty DE, Wei X, Orr H, et al (1990) Human leukocyte antigen F (HLA-F). An expressed HLA gene composed of a class I coding sequence linked to a novel transcribed repetitive element, *J Exp Med*, 171 ; 1-18.

Geraghty DE, Stockschleader M, Ishitani A, et al (1992) Polymorphism at the HLA-E locus predates most HLA-A and -B polymorphism, *Human Immunol*, 33 ; 174-184.

Grimsley E, Geraghty DE, Ishitani A, et al (2002) Definitive high resolution typing of HLA-E allelic polymorphisms : Identifying potential errors in existing allele data, *Tissue Antigen*, 60(3) ; 206-212.

Hirano Y, Ishitani A, Geraghty DE (1994) The expression

of HLA-G antigen in different human tissues and placentas at different stages of pregnancy, *J Nara Med*, 45 ; 616-625.
Ishitani A, Geraghty DE (1992) Alternative splicing of HLA-G transcripts yields proteins with primary structures resembling both class I and class II antigens, *Proc Natl Acad Sci USA*, 89 ; 3947-3951.
Ishitani A, Kishida M, Sageshima N, et al (1999) Reexamination of HLA-G polymorphism in African Americans, *Immunogenetics*, 49 ; 808-811.
Ishitani A, Sageshima N, Geraghty D, et al (2003) Protein Expression and Peptide Binding Suggest Unique and Interacting Functional Roles for HLA-E, F, and G in Maternal-Placental Immune Recognition, *J Immunol*, 171 ; 1376-1384.
Ishitani A, Sageshima N, Hatake K (2006) The involvement of HLA-E and -F in pregnancy, *J Reprod Immunol*, 69 ; 101-113.
Ishitani A, Sageshima N, Nakanishi M, et al (2008) Can soluble HLA-G protein be a marker for the selection of IVF embryos?, *J Mamm Ova Res*, 25 ; 17-25.
石谷昭子，下嶋典子 (2004) Nonclassical class I 分子，HLA-E, -F, -G, 今日の移植，17 ; 351-360.
Juch H, Blaschitz A, Daxbock C, et al (2005) A novel sandwich ELISA for α1 domain based detection of soluble HLA-G heavy chains, *J Immunol methods*, 307 ; 96-106.
Kano T, Mori T, Furudono M, et al (2007) Human leukocyte antigen may predict outcome of primary recurrent spontaneous abortion treated with paternal lymphocyte alloimmunization therapy, *Am J Reprod Immunol*, 58 ; 383-387.
Koller B, Geraghty D, Shimizu Y, DeMars R, Orr H (1988) HLA-E, A novel HLA class I gene expressed in resting T lymphocytes, *J Immunol*, 141 ; 897-904.
Kovats S, Main E, Librach C, et al (1990) A class I antigen, HLA-G, expressed in human trophoblasts, *Science*, 248 ; 220-223.
Kurepa Z, Forman J (1997) Peptide binding to the class Ib molecule, Qa-1b, *J Immunol*, 158 ; 3244-3251.
Kuroki K, Maenaka K (2007) Immune modulation of HLA-G dimer in maternal-fetal interface, *Eur J Immunol*, 37 ; 1924-1937.
Lee N, Malacko AR, Ishitani A, et al (1995) The membrane-bound and soluble forms of HLA-G bind identical sets of endogenous peptides but differ with respect to TAP association, *Immunity*, 3 ; 591-600.
Lee N, Goodlett DR, Ishitani A, et al (1998) HLA-E surface expression depends on binding of TAP-dependent peptides derived from certain HLA class I signal sequences, *J Immunol*, 160 ; 4951-4960.
Lee N, Ishitani A, Geraghty DE, et al (1998) HLA-E is a major ligand for the natural killer inhibitory receptor CD94/NKG2A, *Proc Natl Acad Sci USA*, 95 ; 5199-5204.
Lee N, Geraghty DE (2003) HLA-F surface expression on B cell and monocyte cell lines is partially independent from tapasin and completely independent from TAP, *J Immunol*, 171 ; 5264-5271.
Lepin EJ, Bastin JM, Allan DS, et al (2000) Functional characterization of HLA-F and binding of HLA-F tetramers to ILT2 and ILT4 receptors, *Eur J Immunol*, 30 ; 3552-3561.
Llano M, Geraghty DE, Lopez-Botet M, et al (1998) HLA-E-bound peptides influence recognition by inhibitory and triggering CD94/NKG2 receptors : preferential response to an HLA-G-derived nonamer, *Eur J Immunol*, 28 ; 2854-2863.
Loke YW, King A, Burrows T, et al (1997) Evaluation of trophoblast HLA-G antigen with a specific monoclonal antibody, *Tissue Antigen*, 50 ; 135-146.
Maejima M, Fujii T, Kozuma S, et al (1997) Presence of HLA-G-expressing cells modulates the ability of peripheral blood mononuclear cells to release cytokines, *Am J Reprod Immunol*, 38 ; 79-82.
Menezo Y, Elder K, Viville S (2006) Soluble HLA-G release by the human embryo : an interesting artefact?, *Reprod Biomed Online*, 13 ; 763-764.
Mizuno S, Emi N, Kasai M, et al (2000) Aberrant expression of HLA-G antigen in interferon gamma-stimulated acute myelogenous leukaemia, *Br J Haematol*, 111 ; 280-282.
Navarro F, Llano M, Bellon T, et al (1999) The ILT2 (LIR1) and CD94/NKG2A NK cell receptors respectively recognize HLA-G1 and HLA-E molecules co-expressed on target cells, *Eur J Immunol*, 29 ; 277-283.
Noci I, Fuzzi B, Rizzo R, et al (2005) Embryonic soluble HLA-G as a marker of developmental potential in embryos, *Hum Reprod*, 20 ; 138-146.
Ober C, Aldrich C, Rosinsky B, et al (1998) HLA-G1 protein expression is not essential for fetal survival, *Placenta*, 19 ; 127-132.
O'Callaghan CA, Tormo J, Willcox BE, et al (1998) Structural Features Impose Tight Peptide Binding Specificity in the Nonclassical MHC Molecule HLA-E, *Mol Cell*, 1 ; 531-541.
Paul P, Cabestre FA, Ibrahim EC, et al (2000) Identification of HLA-G7 as a new splice variant of the HLA-G mRNA and expression of soluble HLA-G5, -G6, and -G7 transcripts in human transfected cells, *Human Immunol*, 61 ; 1138-1149.
Pyo CW, Ishitani A, Geraghty DE, et al (2006) HLA-E, HLA-F, and HLA-G polymorphism : genomic sequence defines haplotype structure and variation spanning the nonclassical class I genes, *Immunogenetics*, 58 ; 241-251.
Rebmann V, Switala M, Eue I, et al (2007) Rapid evaluation of soluble HLA-G levels in supernatants of in vitro fertilized embryos, *Human Immunol*, 68 ; 251-258.
Sageshima N, Shobu T, Ishitani A, et al (2007) Soluble HLA-G is absent from human embryo cultures : a reassessment of sHLA-G detection methods, *J Reprod Immunol*, 75 ; 11-22.
Sala FG, Del Moral PM, Pizzato N, et al (2004) The HLA-G*0105N null allele induces cell surface expression of HLA-E molecule and promotes CD94/NKG2 A-mediated recognition in JAR choriocarcinoma cell line, *Immunogenetics*, 56 ; 617-624.
Sallam HN, El-Kassar Y, Abdella Rahman H, et al (2006) Glucose consumption and total protein production by preimplantation embryos in pregnant and non-pregnant women : possible methods for embryo selec-

tion in ICSI, *Fertility and Sterility*, 86(3)Suppl 1 ; S 114. Abstract O-268.
Shaikly VR, Morrison IEG, Taranissi M, et al (2008) Analysis of HLA-G in Maternal Plasma, Follicular Fluid, and Preimplantation Embryos Reveal an Asymmetric Pattern of Expression, *J Immunol*, 180 ; 4330-4337.
Sher G, Keskintepe L, Fisch JD, et al (2005) Soluble human leukocyte antigen G expression in phase I culture media at 46 hours after fertilization predicts pregnancy and implantation from day 3 embryo transfer, *Fertil Steril*, 83 ; 1410-1413.
Shiroishi M, Tsumoto K, Amano K, et al (2003) Human inhibitory receptors Ig-like transcript 2 (ILT2) and ILT4 compete with CD8 for MHC class I binding and bind preferentially to HLA-G, *Proc Natl Acad Sci USA*, 100 ; 8856-8861.
Shobu T, Sageshima N, Ishitani A, et al (2006) The surface expression of HLA-F on decidual trophoblasts increases from mid to term gestation, *J Reprod Immunol*, 72 ; 18-32.
Suárez MB, Morales P, Castro MJ, et al (1997) A new HLA-G allele (HLA-G*0105N) and its distribution in the Spanish population, *Immunogenetics*, 45 ; 464-465.
Ulbrecht M, Modrow S, Srivastava R, et al (1998) Interaction of HLA-E with Peptides and the Peptide Transporter In Vitro : Implications for its Function in Antigen Presentation, *J Immunol*, 160 ; 4375-4385.
Ulbrecht M, Maier A, Hofmeister V, et al (2004) Truncated HLA-G isoforms are retained in the endoplasmic reticulum and insufficiently provide HLA-E ligands, *Human Immunol*, 65 ; 200-208.
Van Lierop MJ, Wijnands F, Loke YW, et al (2002) Detection of HLA-G by a specific sandwich ELISA using monoclonal antibodies G233 and 56B, *Mol Hum Reprod*, 8 ; 776-784.
Wainwright SD, Biro PA, Holmes CH (2000) HLA-F is a predominantly empty, intracellular, TAP-associated MHC class Ib protein with a restricted expression pattern, *J Immunol*, 164 ; 319-328.
Yamashita M, Fujii T, Watanabe Y, et al (1996) HLA-G gene polymorphism in a Japanese population, *Immunogenetics*, 44 ; 186-191.
Yang Y, Chu W, Geraghty DE,et al (1996) Expression of HLA-G in human mononuclear phagocytes and selective induction by IFN-gamma, *J Immunol*, 156 ; 4224-4231.
Yao YQ, Barlow DH, Sargent IL (2005) Differential expression of alternatively spliced transcripts of HLA-G in human preimplantation embryos and inner cell masses, *J Immunol*, 175 ; 8379-8385.
Yie SM, Balakier H, Motamedi G, et al (2005) Secretion of human leukocyte antigen-G by human embryos is associated with a higher in vitro fertilization pregnancy rate, *Fertil Steril*, 83 ; 30-36.

第 VI 章

卵子の内分泌

［編集担当：森　崇英］

卵胞腔形成以前の卵胞発育機序については長年のミステリーであった．ヒトや実験動物のゲノム解明と遺伝子ノックアウト技術の開発により，前（卵胞）腔卵胞の発育実態は主に二つの局面から解明された．一つは，顆粒膜細胞や卵丘細胞に発現して卵子求心性に働く神経栄養因子などであり，もうひとつは，卵子自身に発現し遠心性に働くTGFβスーパー・ファミリーに属する成長因子群である．

本章の23節では，2種の神経栄養因子，(BDNF, GDNF)をDNAマイクロアレイ法を用いて網羅的に45,000以上の遺伝子の中から排卵処置に反応する2個の遺伝子に着目，同定している．機能解析を行った処，BDNFは一次から二次卵胞への発育促進，卵子の核と細胞質共に成熟させる．一方，GDNFは原始卵胞から一次卵胞への発育と核成熟の促進効果を示したものの細胞質成熟に対しては効果を認めていない．卵胞発育のごく初期は抑制因子によって強く拘束されているので，得られた知見は，未完成に終始しているヒト体外成熟技術の開発に，間違いなく価値ある情報といえる．

TGFβスーパー・ファミリーに共通のアミノ酸配列から縮重プライマーを設計，これを手掛かりとして遺伝子クローニングをするという独特の方法で，1993年，卵母細胞特異的に発現するGDF9が発見された．まさに遺伝情報の手品師である．24節での解説によると，GDF9の発現部位には哺乳類でも種差があり，霊長類では卵母細胞に厳密に特異的でなく顆粒膜細胞にも弱い発現を認めるらしい．最も早い出現時期でも種差があり，ヒト，マウスでは一次卵胞から，ウシ，ヒツジでは原始卵胞からという．卵胞の初期動員 initial recruitmentは卵胞発育の活性化を意味するので，恐らく最も厳しい律速段階であろう．神経栄養因子との比較も今後に残された課題である．

もう一つの遠心性シグナルはBMP15である．もともと異所性の骨形成物質として発見され1988年に4種のBMPがクローニングされたが，1999年Shimasakiらによって生殖機能との深い関連が指摘され，さらにBMPシステムとしての系統的な機能が解き明かされた．中でも卵子に発現するBMP15は卵子遠心シグナルとして，顆粒膜，莢膜細胞の増殖と機能分化だけでなく，ゴナドトロピンの向卵巣作用に対しても深遠な影響を齎している実態が25節に詳述されている．難解ではあるが生殖現象や生殖内分泌の本質の理解に迫る知見といえよう．

最後にトピックとして排卵における役割が取り上げられている．GDF9は一次卵胞以上の全ての卵胞卵に発現し相応の役割を果たしている．排卵における役割は看過され勝ちだがこれが排卵数の種差を規定する重要な要因であることを数々の実験事実で検証している．

［森　崇英］

VI-23

神経栄養因子

Key words
BDNF／GDNF／卵胞発育／卵成熟／DNA マイクロアレイ

はじめに

近年，さまざまな生物のゲノム解読が完了した．その結果，ヒトの遺伝子の数は，ハエや線虫などに比較して，想像よりも少ない数であった．このことは，一つの遺伝子が複数の機能を持つ可能性を示唆している．そのメカニズムは多様であるが，一つの形態として，ある組織／細胞で見出された，リガンド－受容体－シグナル伝達の系が他の組織／細胞にも存在し，同様のあるいは異なった生理作用を持つことが知られている．

中枢神経系において同定された生理活性物質の中には，生殖腺を含む末梢組織でも産生され，局所において重要な機能を持つ物質がある．ここでは，最近明らかにされてきた二つの中枢神経関連物質である，brain derived neurotrophic factor（BDNF），glial cell line-derived neurotrophic factor（GDNF）について，卵胞発育および卵成熟への作用を中心に解説する．

1 BDNF

脊椎動物の神経系において，多くの神経の発育，生存には，標的細胞との相互作用が必要である．その相互作用には標的細胞から分泌される特異的タンパクが重要と考えられており，当初は nerve growth factor（NGF）のみが知られていた．NGF 以外の神経発育に必要な標的細胞由来のタンパクの存在が予測されていたが，発現量の少なさから，他の因子の発見は困難であった．その中，1989年に NGF と類似の構造を持つ BDNF がブタの脳より単離された（Leibrock et al, 1989）．

BDNF は神経栄養因子（neurotrophic factor）ファミリーの一員であり，チロシンキナーゼB受容体（TrkB, tyrosine kinase B receptor）と強く結合し受容体を活性化させるポリペプチド成長因子である（Barbacid, 1994）．神経栄養因子ファミリーには BDNF のほかに，NGF, neurotrophin-4/5（NT-4/5），neurotrophin-3（NT-3）があり，それぞれ独自のチロシンキナーゼ受容体と結合する．リガンド－受容体の組み合わせとしては，NGF-TrkA，NT-4/5-TrkB，NT-3-TrkC である（Barbacid, 1994）．また，BDNF は汎神経栄養因子低親和性共受容体 p75（p75 NTR, pan-neurotrophin low-affinity co-receptor p75）とも結合し，TrkB と協調してシグナルを伝えることが知られている（Barbacid, 1994）．

BDNFはその名の示す通り，中枢神経系に広く発現しており，神経の生存や分化に深く関わっている（Jones et al, 1994）．その詳細については多くの総説が出されており，そちらを参照されたい（Lewin, Barde, 1996）．BDNFは中枢神経への作用以外に，末梢組織でも産生され，局所で働くことが示されている（Jones et al, 1994）．近年，BDNFは生殖領域においても重要な働きを持つことが明らかになってきた．特に，初期卵胞発育および卵成熟の調節作用が注目されている．さらに，受精後の着床前期の胚発育にも深く関与しており，こちらはXVII章75節で述べる．本節では，BDNFによる初期卵胞発育の調節と卵成熟の誘導について概説する．

(A) BDNFによる初期卵胞発育の調節

(1) マウス初期卵胞におけるBDNF，NT-4/5，TrkBの発現

マウス卵巣においては，TrkBの二つのリガンドであるBDNFとNT-4/5は原始卵胞の卵細胞に弱く発現している．しかし，卵胞が一次卵胞，二次卵胞（顆粒膜細胞2層以上の前卵胞腔卵胞）と発育するにつれ，BDNFとNT-4/5の発現は，卵子から体細胞である顆粒膜細胞へとスイッチしていく．一方，TrkBの発現に関しては，完全長のTrkBは卵子，顆粒膜細胞ともに発現しているが，その発現は弱い（Paredes et al, 2004）．TrkBには遺伝子の選択的スプライシングによりチロシンキナーゼドメインを欠き，独自の短い細胞内ドメインを持つ二つのアイソフォーム（T1，T2）がある（Middlemas et al, 1991）．このうち，T1は主たるアイソフォームで多くの組織で発現している（Shelton et al, 1995）．このT1アイソフォームは卵子に選択的に発現しており，原始卵胞の卵子では発現は弱いが，卵胞が一次卵胞以上の段階に発育すると卵細胞に強く発現してくるようになる（Paredes et al, 2004）（図VI-23-1）．以上から，マウス初期卵胞にはBDNF，NT-4/5-TrkBシグナリングシステムが存在することが考えられる．卵子におけるTrkBはアイソフォームT1の方が発現量が多く，こちらが機能的受容体として働いているように考えられるが，この発現様式はすべて免疫染色のみによって検証されたものであり，今後の研究が俟たれる．

(2) TrkBノックアウトマウスにおける卵胞発育

完全長TrkBを欠損するものの，他の二つのアイソフォームのうち一つが発現しているノックアウトマウスは出生時に死亡するため，卵巣における機能の詳細な検討はなされていない（Klein et al, 1993）．すべてのTrkBアイソフォームを欠損するノックアウトマウスは出生後も生存する．生後7日目のマウス卵巣では，*trkB*$^{+/-}$マウスの卵巣は*trkB*$^{+/+}$マウスと差が認められないが，*trkB*$^{-/-}$マウスの卵巣の二次卵胞（顆粒膜細胞2層のもの）数が著しく減少し，一次卵胞数は*trkB*$^{+/+}$マウスと同程度となる．また，リガンドのBDNFとNT-4/5のそれぞれのノックアウトマウスでは，このような卵巣の変化は認められないが，BDNFとNT-4/5の双方のノックアウトマウスでは，*trkB*$^{-/-}$マウスと同じ表現型を示す（Paredes et al, 2004）．したがって，BDNF（NT-4/5）-TrkBシグナリングは，マウスの一次卵胞から二次卵胞への発育に重要な働きを持つ（図VI-23-1）．この*trkB*$^{-/-}$マウスでは，初期卵胞発育に重要と考えられているgrowth

遺伝子の選択的スプライシング（gene alternative splicing）：真核生物のDNAから転写されたmRNA前駆体が，成熟したmRNAになる課程で，mRNA前駆体に存在するイントロン部分を取り除き，エクソンを互いに連結させる必要がある．この課程をスプライシングという．いくつかのエクソンからなる遺伝子においては，スプライシングの位置や選択するエクソンの個数を適宜選ぶことにより，一部構造の異なる多様なmRNAを生合成できる．これを選択的スプライシングという．

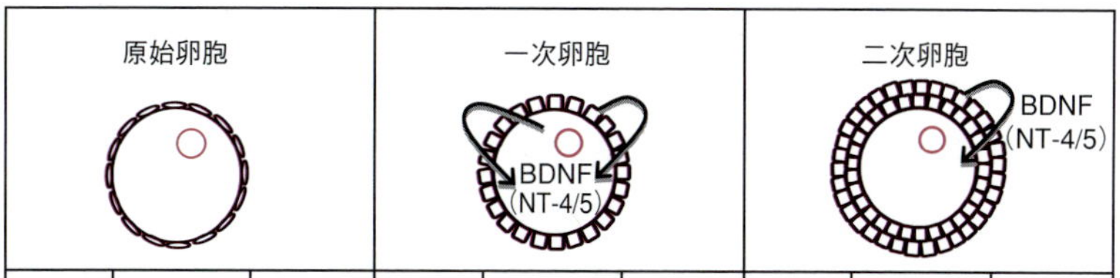

	BDNF (NT-4/5)	Full-length TrkB	Truncated TrkB	BDNF (NT-4/5)	Full-length TrkB	Truncated TrkB	BDNF (NT-4/5)	Full-length TrkB	Truncated TrkB
卵子	+	±	±	+	±	++	±	±	++
顆粒膜細胞	−	±	−	+	±	−	++	±	−

図Ⅵ-23-1．マウス初期発育卵胞における BDNF，NT-4/5，TrkB 受容体の局在と卵胞発育作用

TrkB 受容体の二つのリガンドである BDNF と NT-4/5 は同様の発現パターンを示す．BDNF および NT-4/5 は一次卵胞以上の初期発育を促進する．Full-length TrkB：完全長 TrkB，Truncated TrkB：可変スプライシングによりチロシンキナーゼドメインを欠き，独自の短い細胞内ドメインを持つ T1 アイソフォーム

differentiation factor-9 (GDF9)，bone morphogenetic protein receptor II (BMPRII) や (kit ligand, KL)/c-kit 系（VIII 章を参照）の卵巣における発現は変化しないが，FSH 受容体の発現量が低下し，顆粒膜細胞の増殖が抑制される (Paredes et al, 2004)．

(3) ヒト初期卵胞における BDNF, NT-4/5, TrkB の発現

ヒトでは胎児および思春期，成人の卵巣を用いて BDNF，NT-4/5，TrkB の発現の検討が行われている (Harel et al, 2006)．この報告では，完全長 TrkB と他のアイソフォームを区別できていないが，BDNF，NT-4/5，TrkB のすべてが卵子および顆粒膜細胞で発現しており，卵胞の発育ステージによる差は認められなかったとしている．これが種差に起因するものか，手法の問題か，今後の検証が必要であるが，少なくともヒト卵胞にも BDNF，NT-4/5-TrkB シグナリングシステムが存在すると考えられる．ヒト初期卵胞における BDNF，NT-4/5-TrkB シグナリングの機能に関する研究は当教室で進行中であり，ヒト初期卵胞発育を調節する新たな因子を同定できるかもしれない．

(B) BDNF による卵成熟の誘導

BDNF の卵成熟への作用については，マウス (Kawamura et al, 2005)，ウシ (Martins da Silva et al, 2005)，ブタ (Lee et al, 2007) などの種々の動物で報告されている．ヒトにおいても BDNF の卵成熟促進作用の可能性が示唆されており (Seifer et al, 2006; Seifer et al, 2002a)，新たな卵成熟誘導因子として注目されている．他の卵成熟を調節する局所因子に関しては，VIII 章を参照されたい．

(1) BDNF のマウス卵成熟誘導

ヒトを含め哺乳類の卵成熟はLHサージにより誘導される．LH受容体は卵巣体細胞の莢膜細胞，顆粒膜細胞に局在しており，卵子には発現していない．したがって，LHサージに呼応して莢膜細胞，顆粒膜細胞より産生されるパラクライン因子が，その受容体を発現している卵子または卵-卵丘細胞複合体に作用し卵成熟を誘導すると考えられる．この卵巣の体細胞より産生される卵成熟パラクライン因子を網羅的に同定するためには，DNAマイクロアレイが有用である．我々は，マウスにゴナドトロピンを投与し，経時的に卵巣を回収してRNAを抽出し，DNAマイクロアレイを行った．4万5000以上の遺伝子の中からLHサージ後にマウス卵巣で発現が上昇するリガンド-受容体を第一候補とした．それらの候補の卵巣内局在を検討し，受容体が卵子あるいは卵丘細胞に存在し，卵巣体細胞でリガンドが産生されるものを最終候補因子とした．最終候補因子の中には，LH/hCG刺激で発現が増加し，卵子の核成熟（VII章 26卵子の核成熟機構を参照）を誘導することがすでに報告されているEGF-like growth factors（Park et al, 2004）も含まれていたが，新規因子としてBDNFと以下に述べるGDNFを同定した（Kawamura et al, 2005；2008）．

マウス卵巣ではBDNFはhCG投与後に発現が増加し，タンパクレベルではhCG後7時間でピークとなり，その後減少する．一方，TrkBの発現はゴナドトロピンで変化なく，TrkBのもう一つのリガンドであるNT-4/5も発現量は増加しない（図VI-23-2）．BDNFは排卵前卵胞の顆粒膜細胞，卵丘細胞に強く発現しており，卵細胞には発現を認めない．完全長TrkBは卵細胞のみに発現しており，p75 NTRは卵子，顆粒膜細胞，卵丘細胞のすべてに発現を認める（Kawamura et al, 2008）．したがって，LHサージにより産生が急増したBDNFはその受容体TrkB/p75 NTRを発現している卵細胞に作用し，卵成熟に関与すると考えられる．

卵子は卵成熟により，第一減数分裂前期後半の複糸期に静止していた状態から減数分裂を再開し，第二減数分裂中期に達する．BDNFは核成熟のうち，卵核胞崩壊（GVBD, germinal vesicle breakdown）には影響を与えず，第一極体の放出を促進し第一減数分裂を完了させる（Kawamura et al, 2005；Seifer et al, 2002a）．その作用は，BDNFと結合するTrkB細胞外ドメインタンパクやTrk受容体抑制剤のK252aでブロックされることから特異的な作用と考えられる（Kawamura et al, 2005）（図VI-23-3）．また，NT-4/5も *in vitro* ではマウス卵子の第一極体の放出を促進する（Seifer et al, 2002b）．さらに，BDNFは卵子の細胞質成熟（VII章2節を参照）を誘導する．BDNFは細胞質成熟を示すパラメーターである卵子内のグルタチオン濃度を増加させ，卵子の受精率，受精後の胚盤胞への到達率，胚盤胞の細胞数を増加させる（Kawamura et al, 2005）（図VI-23-3）．

(2) BDNF のウシ，ブタ卵成熟誘導

ウシはマウスと異なり，BDNFは第一極体の放出を促進しないが，マウス同様に細胞質成熟を促進すると報告されている（Martins da Silva et al, 2005）．ただしこの論文では，第一極体の放出の検討の際に適切な陽性コントロールを置いておらず，実験系に問題があるのかもしれな

パラクライン因子（paracrine factor）：ある細胞が自ら産生した因子が，その細胞自身に作用するものをオートクライン因子といい，血液やリンパの循環系を介さずに他の細胞に作用するものをパラクライン因子という．
DNAマイクロアレイ（DNA microarray）：遺伝子チップを用いて，ある細胞，組織などに発現している遺伝子を網羅的に検索できる方法．用途に合わせて遺伝子チップを選択することで，二つ以上のサンプル間の遺伝子発現の差を比較できる．

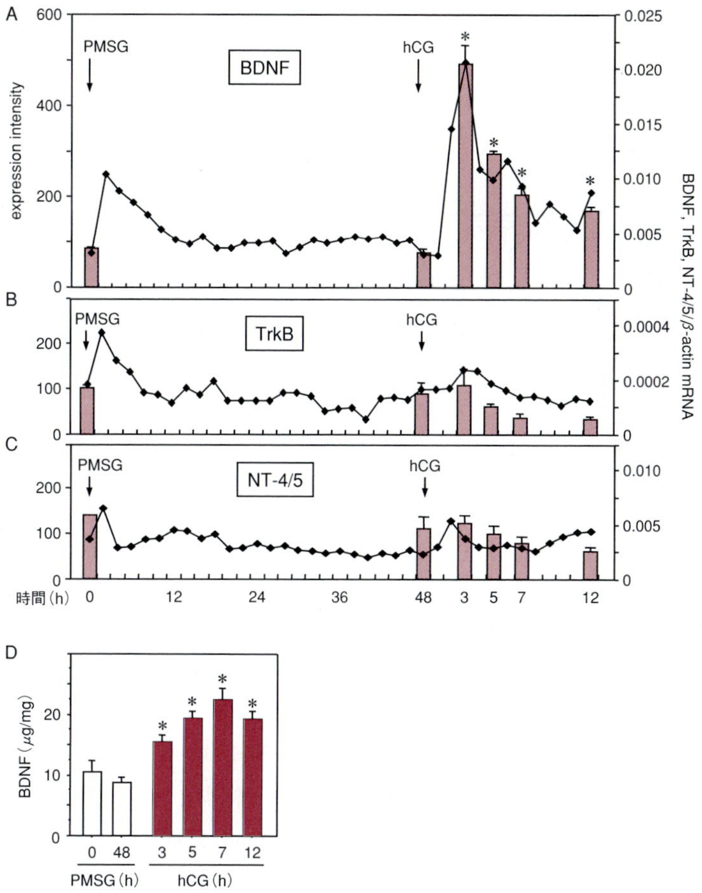

図Ⅵ-23-2．マウス卵巣におけるBDNF，NT-4/5，TrkB発現量のゴナドトロピン調節

(A-C)マウス卵巣におけるゴナドトロピンによる*BDNF*(A)，*TrkB*(B)，*NT-4/5*(C) mRNAの発現調節．折れ線グラフ：DNA microarray data，棒グラフ：定量的real-time RT-PCR data．*β-actin* mRNA量により補正．(D)マウス卵巣におけるゴナドトロピンによるBDNFタンパクの発現調節．卵巣内BDNF量（μg/mg ovarian wet weight）はELISAにて測定．(mean±SEM)*，$P<0.05$ vs. 0 h of PMSG treatment,PMSG：pregnant mare serum gonadotropin（Kawamura et al，2005より一部改変）

い．卵胞でのBDNF-TrkBの局在もマウスとは異なるが（図Ⅵ-23-4），TrkBのタンパクレベルでの発現の検討がなされていない点と，卵巣におけるBDNFの免疫染色の結果の解釈に疑問がある点から，今後の研究が俟たれる．

ブタではマウスとほぼ同様のBDNFによる卵成熟誘導効果が報告されている（Lee et al, 2007）．すなわち，BDNFは核成熟作用として第一極体の放出を促進し，細胞質成熟作用として卵子内グルタチオン濃度を増加させる．

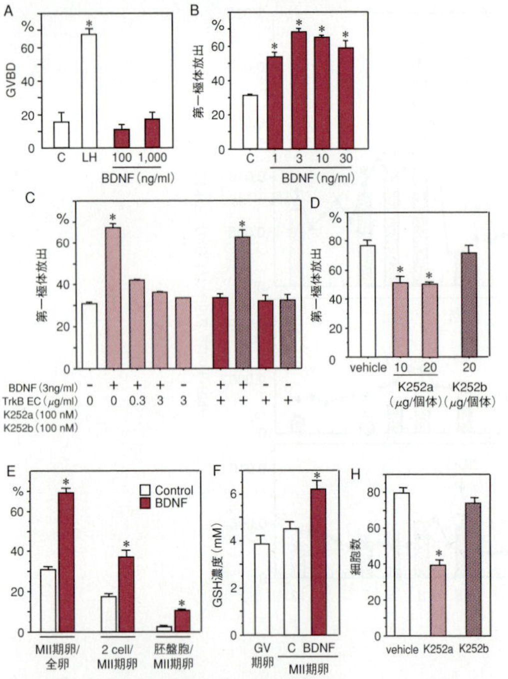

図Ⅵ-23-3．BDNF の卵成熟作用

(A) BDNF の卵核胞崩壊 (GVBD) 促進作用の欠如．排卵前卵胞を培養液のみ (control, C)，LH (5μg/ml)，BDNF で 6 時間培養後，卵の GVBD を判定した．(B) *in vitro* における BDNF の第一極体放出への作用．排卵前卵胞より採取した卵-卵丘細胞複合体を培養液のみ (control, C)，BDNF で20時間培養後，卵子の第一極体の放出を判定した．(C) BDNF の第一極体放出促進作用の特異性．卵-卵丘細胞複合体を BDNF の存在，非存在下で TrkB 細胞外ドメインタンパク (TrkB EC)，Trk 受容体抑制剤 (K252a)，細胞膜非透過型 K252a (K 252b) と培養した．(D) *in vivo* における Trk 受容体抑制剤の第一極体放出への作用．PMSG を投与したマウスに hCG のみ (vehicle)，hCG＋K252a，hCG＋K252b を腹腔内投与し，12時間後に排卵された卵子の第一極体の放出を判定した．(E) BDNF の細胞質成熟への作用．排卵前卵胞より採取した卵-卵丘細胞複合体を培養液のみ (control)，BDNF (3ng/ml) で16時間培養後，卵子の第一極体の放出を判定した．MII 期卵のみを受精させ，5 日間培養し，2 細胞期胚および胚盤胞期への到達率を評価した．(F) BDNF の卵内 glutathione (GSH) 濃度への影響．卵-卵丘細胞複合体を培養液のみ (control, C)，BDNF で16時間培養後，MII 期卵内 GSH 濃度を測定した．(D) *in vivo* における Trk 受容体抑制剤の胚盤胞細胞数への影響．PMSG 処理を行ったマウスに hCG (vehicle)，hCG＋K252a，hCG＋K252b (10μg，hCG 投与後 0，4，8 h に注射) を投与し，交配させた．受精卵を卵管より採取し，5 日間培養後に胚盤胞の細胞数を測定した．(mean±SEM)*，*P*＜0.05 vs. control or vehicle 群 (Kawamura et al, 2005 より一部改変)

	BDNF	Full-length TrkB	Truncated TrkB	p75NTR	
卵子	−	＋	NA	＋	マウス
卵丘細胞	＋	−	NA	＋	
顆粒膜細胞	＋	−	NA	＋	
卵子	＋?	−	−	＋?	ウシ
卵丘細胞	＋	＋	＋	＋	
顆粒膜細胞	＋	NA	NA	＋	
卵子	＋?	−	＋?	＋	ブタ
卵丘細胞	＋	＋	＋	＋	
顆粒膜細胞	＋	＋	＋	＋	
卵子	NA	＋	NA	NA	ヒト
卵丘細胞	＋	＋	NA	NA	
顆粒膜細胞	＋	＋	NA	NA	

表Ⅵ-23-4．排卵前卵胞における BDNF，TrkB の発現の動物間による違い

NA : not available; ＋? : mRNA とタンパクレベルの発現が一致しない．

BDNF は細胞質成熟を誘導するが，その効果は EGF の存在により，それぞれ単独の効果に比較してさらに増強される．したがって，細胞質成熟においては，BDNF は EGF (Conti et al, 2006) と協調して働く可能性がある．マウスと異なる点は，卵胞での BDNF-TrkB の局在である (図Ⅵ-23-4)．しかし，免疫染色での検討が明確ではなく，さらなる検討が必要と思われる．

(3) BDNF のヒト卵成熟誘導

ヒトでは，BDNF の卵成熟への作用に関する直接的な検討はまだされていない．図Ⅵ-23-4 に示すように，TrkB は卵細胞に発現しており，顆粒膜細胞，卵丘細胞でリガンドである BDNF, NT-4/5 が発現している (Seifer et al, 2006)．また，LH/hCG により卵丘細胞からの BDNF 産生が増加すること (Feng et al, 2003)，IVF の際に得られた卵胞液中に BDNF が検出されること (平均濃度 645.2±23.6pg/ml) (Seifer et al, 2002a) などが報告されている．ヒト月経周期における，末梢血中BDNF濃度の変動について測定された報告によると，卵胞期では月経8日目から増加し始め，LHサージのころにピークとなり減少する．黄体期では再度発現が増加し，月経24日目でピークに達し，月経開始とともに急激に減少するという2峰性のカーブを描いて消長している（Begliuomini et al, 2007）．この結果とBDNFによる卵成熟あるいは黄体機能調節を関連づけるエビデンスはまだない．BDNFのヒト卵成熟への作用については，現在我々を含めて複数の研究室で検討が行われており，近い将来明らかになるであろう．

2 GDNF

パーキンソン病には，中脳ドーパミンニューロンの進行性の変性が認められる．したがって，中脳ドーパミンニューロン由来の神経栄養因子の同定は，パーキンソン病の病態解明や治療法開発に貢献する可能性があり，研究が進められていた．1993年に，グリア細胞の性質を持つ細胞株からドーパミンニューロンの生存と分化を促進する作用を持つ因子として，GDNFが同定された（Lin et al, 1993）．

GDNFは神経栄養因子の一つであり，neurturinやarteminとGDNFファミリーを形成する．GDNFはリガンド特異的結合サブユニットのGDNF family receptor-alpha1（,GFRA1）と共通シグナル伝達サブユニットret proto-oncogene（Ret）からなる受容体複合体を介してシグナルを伝える（Saarma, Sariola, 1999）．

GDNFはいくつかの種類の神経の生存，発育，分化に関与する神経栄養因子として同定されたが（Airaksinen, Saarma, 2002；Lin et al, 1993），卵巣および精巣を含む末梢組織でも発現しており（Trupp et al, 1995），局所での作用が明らかにされつつある．精巣では，GDNFは精原幹細胞（spermatogonial stem cell）の自己複製と分化に重要な役割を果たすことが明らかになっている（Brinster, 2007；Meng et al, 2000）．卵巣での働きについては，最近ほぼ同時期に三つの論文がはじめて発表された（Dole et al, 2008；Kawamura et al, 2008；Linher et al, 2007）．これらの報告は，GDNFが初期卵胞発育，卵成熟に重要な働きを持つことを示したものである．また，BDNFと同様にGDNFは，受精後の着床前期胚の発育にも深く関与しており（Kawamura et al, 2008），こちらはXVI章2節を参照されたい．ここでは，GDNFによる初期卵胞発育の調節と卵成熟の誘導の作用に限定して解説する．

(A) GDNFによるげっ歯類初期卵胞発育の調節

ラット初期卵胞においては，GDNFは原始卵胞の卵細胞に発現しており，その発現は二次卵胞（顆粒膜細胞2層以上の前卵胞腔卵胞）に至るまで認められる．一方，顆粒膜細胞でのGDNFの発現は，原始卵胞では認められず，二次卵胞以降に認められる．GFRA1の発現パターンはGDNFと同様であり，卵子では原始卵胞から二次卵胞に至るまで発現しており，顆粒膜細胞では原始卵胞では発現しておらず，二次卵胞以降に発現してくる（Dole et al, 2008）．以上から，ラット初期卵胞ではGDNF-GFRA1シグナリングシステムが存在することが考えられる．ただし，これらの卵巣におけるGDNF，GFRA1の

EGF（epidermal growth factor）：卵成熟を誘導する因子として古くから知られている．EGF受容体を介して卵成熟を誘導するが，EGF自体の発現はLHサージにより卵巣で増加するというエビデンスはなかった．最近，LHサージにより卵巣で発現が増加し，EGF受容体を介して卵成熟を誘導する物質として，EGF-like growth factors（amphiregulin, epiregulin, beta-cellulin）が報告された．

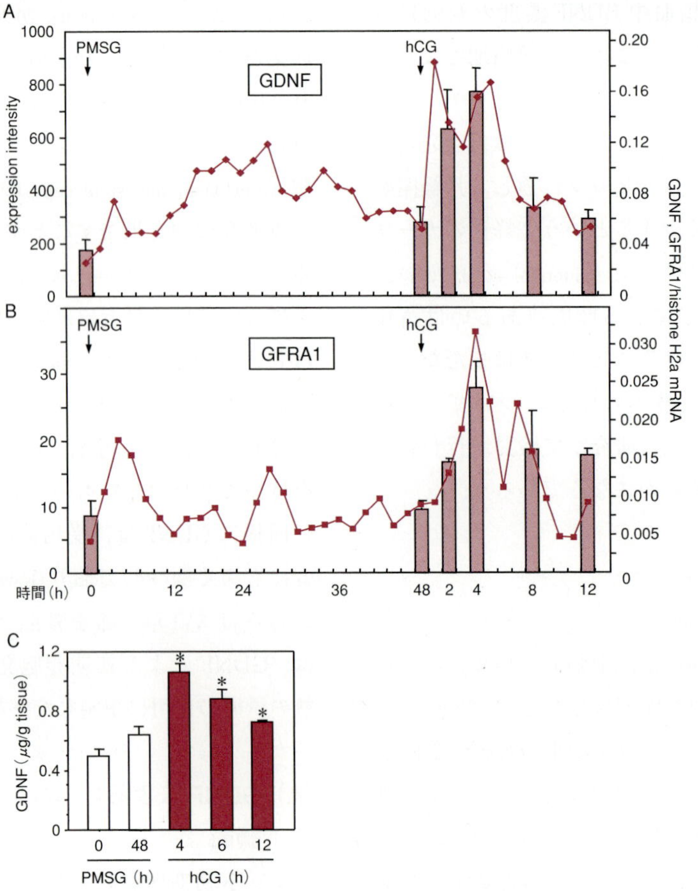

図Ⅵ-23-5．GDNF，GFRA1 のゴナドトロピンによる発現量変化

（A, B）マウス卵巣におけるゴナドトロピンによる *GDNF*（A），*GFRA1*（B）mRNA の発現調節．折れ線グラフ：DNA microarray data，棒グラフ：定量的 real-time RT-PCR data．*histone H2a* mRNA 量により補正．（C）マウス卵巣におけるゴナドトロピンによる GDNF タンパクの発現調節．卵巣内 GDNF 量（μg/mg ovarian wet weight）は ELISA にて測定．（mean±SEM）*，$P<0.05$ vs. 0 h of PMSG treatment（Kawamura et al, 2008より一部改変）

発現の検討は免疫染色のみであり，一部不明瞭な点もあることから今後の研究が俟たれる．

GDNF，GFRA1，Ret のノックアウトマウスは，それぞれ同様の表現型を示すが，出生後 1 日目に死亡するため，卵巣における機能の詳細な検討はなされていない（Enomoto et al, 1998；Moore et al, 1996；Pichel et al, 1996；Schuchardt et al, 1994）．生後 4 日目の原始卵胞を多く含むラット卵巣に *in vitro* で GDNF を添加し組織培養を行うと，GDNF は原始卵胞数を減少させ，一次卵胞以降の発育ステージの卵胞数を増加させる．この際，卵巣全体での卵胞数は変化させず，卵胞の生存因子としては機能していないようである（Dole et al, 2008）．したがって，GDNF

は原始卵胞において卵細胞より産生され，GFRA1を発現している卵細胞自身に作用し，ラットの原始卵胞から一次卵胞への発育に重要な働きを持つ．なお，GDNFは前述の，初期卵胞発育に重要と考えられているkit ligand（KL）の卵巣における発現を変化させず，KLとは独立して働くと考えられる（Dole et al, 2008）．

ヒト初期卵胞におけるGDNF-GFRA1シグナリングの機能的な研究も当教室で進行中であり，BDNFに加えてヒト初期卵胞発育を調節する新たな因子としてGDNFが加わるかもしれない．

（B）GDNFによる卵成熟の誘導

我々は，先に紹介したDNAマイクロアレイのシステムを用いて，新規卵成熟因子としてGDNFを同定した（Kawamura et al, 2008）．マウス卵巣ではGdnf，*Gfra 1* mRNAは共にhCG投与後に発現が増加し，GDNFタンパクはhCG後4時間でピークとなり，その後漸減する（図Ⅵ-23-5）．GDNFは排卵前卵胞の顆粒膜細胞，卵丘細胞に強く発現しており，莢膜細胞にも一部発現を認めるが，卵子には発現していない．GFRA1およびRetは卵子，顆粒膜細胞，卵丘細胞に発現しており，hCG刺激により卵子以外の顆粒膜細胞，卵丘細胞で発現が著しく増加する（Kawamura et al, 2008）．したがって，LHサージにより産生が急増したGDNFはその受容体GFRA1-Retを発現している卵子に作用し，卵成熟に関与すると考えられる．

GDNFはBDNFと同様に核成熟のうち，GVBDには影響を与えず，第一極体の放出を促進する．その作用は，BDNFの中和抗体でブロックされることから特異的な作用と考えられる．GDNFは卵丘細胞を除去した卵子においても第一極体の放出を促進することから，卵子に発現している受容体を介して核成熟を誘導する．GDNFとBDNFを同時に作用させても，それぞれ個別に作用させた時と第一極体の放出率は大きく変化せず，第一極体の放出促進においては互いに相補的に働くようである（Kawamura et al, 2008）（図Ⅵ-23-6）．顆粒膜細胞，卵丘細胞におけるGFRA1-Retの役割に関しては，現在のところ明らかにされてない．GDNFにより卵成熟を促進したマウス卵子は，その後の体外受精・胚培養において，受精能，胚発育，胚盤胞の細胞数などの指標により評価される細胞質成熟を促進せず，BDNFと異なった卵成熟促進作用を示す（Kawamura et al, 2008）．しかし，ブタ卵子を用いた研究では，FSH，LH，EGFおよびブタ卵胞液を含む培養液を使用すると，GDNFは細胞質成熟を促進するとの報告もあり（Linher et al, 2007），なんらかの因子の存在下ではその因子と協調して細胞質成熟に働くのかもしれない．

まとめ

（1） BDNFは初期卵胞発育のうち，一次卵胞から二次卵胞への発育を促進する（図Ⅵ-23-7，Ⅵ-23-8）．

（2） BDNFは卵成熟のうち，核成熟（第一極体放出）と細胞質成熟を共に促進する（図Ⅵ-23-7，Ⅵ-23-8）．

（3） GDNFは初期卵胞発育のうち，原始卵胞から一次卵胞への発育を促進する（図Ⅵ-23-7，Ⅵ-23-8）．

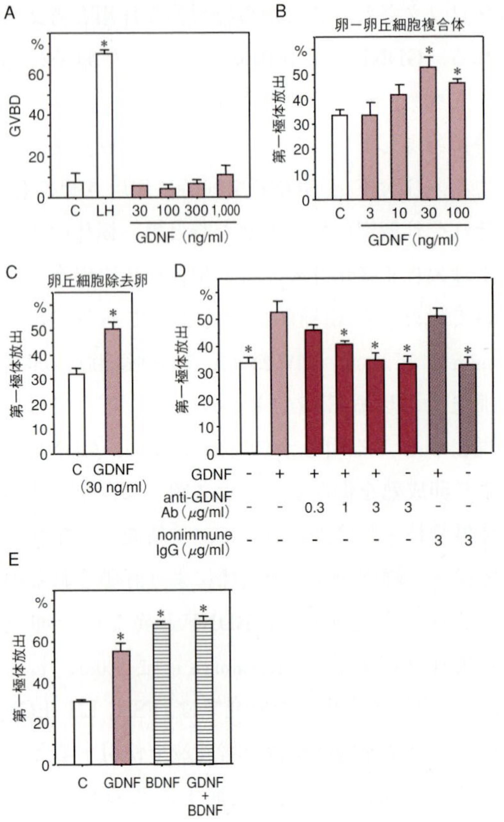

図Ⅵ-23-6．GDNFの卵成熟作用

（A）GDNFのGVBD促進作用の欠如．排卵前卵胞を培養液のみ（control, C），LH（5μg/ml），GDNFで6時間培養後，卵のGVBDを判定した．（B, C）GDNFの第一極体放出への作用．排卵前卵胞より採取した卵-卵丘細胞複合体（B），卵丘細胞除去卵（C）を培養液のみ（control, C），GDNFで20時間培養後に卵子の第一極体の放出を判定した．（D）GDNFの第一極体放出促進作用の特異性．卵-卵丘細胞複合体をGDNFの存在，非存在下でGDNF中和抗体と培養した．（E）第一極体放出におけるGDNFとBDNFの作用．卵-卵丘細胞複合体をGDNFの存在，非存在下でBDNFと培養した．（mean±SEM）*，$P<0.05$ vs. control or vehicle群．（Kawamura et al, 2008より一部改変）

(4) GDNFは卵成熟のうち，核成熟（第一極体放出）を促進するが，細胞質成熟への直接作用はない（図Ⅵ-23-7，Ⅵ-23-8）．

(5) 今後，BDNFやGDNFのような細胞間コミュニケーションネットワークが解明されることで，未熟卵子の体外成熟の至適な培養環境の構築，体外成熟-体外受精胚移植（Ⅹ章参照）の成績向上など，不妊治療に新たな局面がもたらされると期待される．

（河村和弘・田中俊誠）

引用文献

Airaksinen MS, Saarma M (2002) The GDNF family : signalling, biological functions and therapeutic value, *Nat Rev Neurosci*, 3 ; 383-394.

Barbacid M (1994) The Trk family of neurotrophin receptors, *J Neurobiol*, 25 ; 1386-1403.

Begliuomini S, Casarosa E, Pluchino N, et al (2007) Influence of endogenous and exogenous sex hormones on plasma brain-derived neurotrophic factor, *Hum Reprod*, 22 ; 995-1002.

Brinster RL (2007) Male germline stem cells : from mice to men, *Science*, 316 ; 404-405.

Conti M, Hsieh M, Park JY, et al (2006) Role of the epidermal growth factor network in ovarian follicles, *Mol Endocrinol*, 20 ; 715-723.

Dole G, Nilsson EE, Skinner MK (2008) Glial-derived neurotrophic factor promotes ovarian primordial follicle development and cell-cell interactions during folliculogenesis, *Reproduction*, 135 ; 671-682.

Enomoto H, Araki T, Jackman A, et al (1998) GFR alpha1-deficient mice have deficits in the enteric nervous system and kidneys, *Neuron*, 21 ; 317-324.

Feng B, Chen S, Shelden RM, Seifer DB (2003) Effect of gonadotropins on brain-derived neurotrophic factor secretion by human follicular cumulus cells, *Fertil Steril*, 80 ; 658-659.

Harel S, Jin S, Fisch B, et al (2006) Tyrosine kinase B receptor and its activated neurotrophins in ovaries from human fetuses and adults, *Mol Hum Reprod*, 12 ; 357-365.

Jones KR, Farinas I, Backus C, et al (1994) Targeted disruption of the BDNF gene perturbs brain and sensory neuron development but not motor neuron development, *Cell*, 76 ; 989-999.

Kawamura K, Kawamura N, Mulders SM, et al (2005) Ovarian brain-derived neurotrophic factor (BDNF) promotes the development of oocytes into preimplantation embryos, *Proc Natl Acad Sci USA* 102, 9206-9211.

Kawamura K, Ye Y, Kawamura N, et al (2008) Completion of Meiosis I of preovulatory oocytes and facilitation of preimplantation embryo development by glial cell line-derived neurotrophic factor, *Dev Biol*, 315 ; 189-202.

Klein R, Smeyne RJ, Wurst W, et al (1993) Targeted disruption of the trkB neurotrophin receptor gene results in nervous system lesions and neonatal death, *Cell*, 75 ; 113-122.

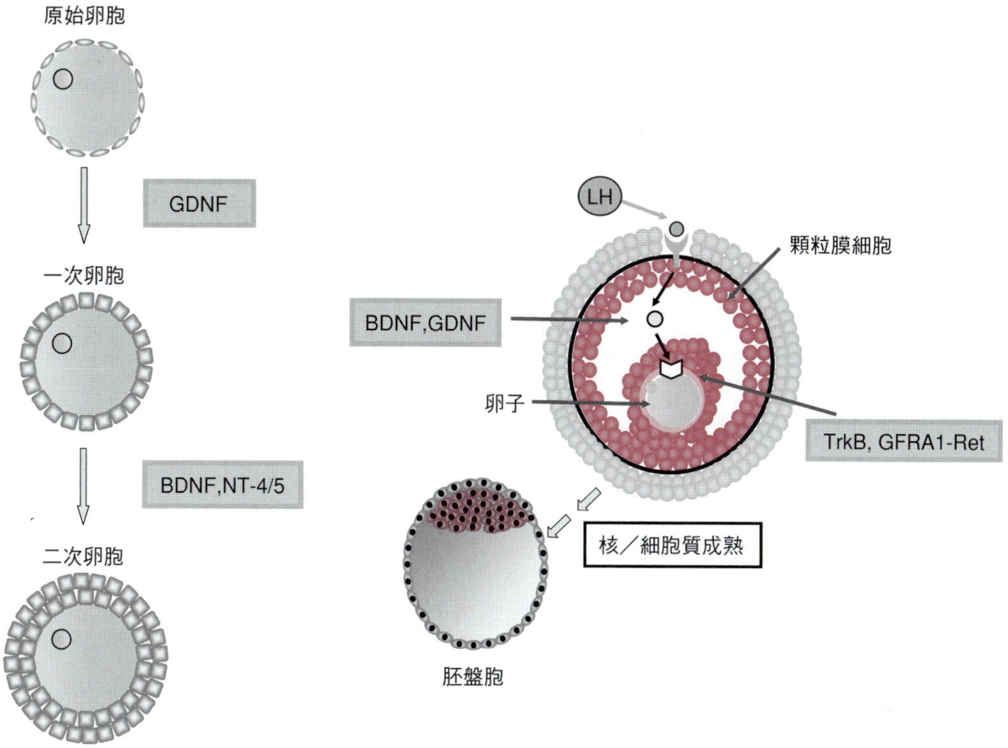

図Ⅵ-23-7．BDNF，GDNF の向卵子作用

	BDNF	GDNF
受容体	TrkB/p75NTR	GFRA1/Ret
初期卵胞発育の促進作用	一次卵胞→二次卵胞	原始卵胞→一次卵胞
卵成熟への作用	核成熟（第一極体放出）（＋）	核成熟（第一極体放出）（＋）
	細胞質成熟（＋）	細胞質成熟（－）

図Ⅵ-23-8．マウス卵胞発育および卵成熟に対するBDNF と GDNF の作用比較

Lee E, Jeong YI, Park SM, et al (2007) Beneficial effects of brain-derived neurotropic factor on in vitro maturation of porcine oocytes, *Reproduction*, 134 ; 405-414.

Leibrock J, Lottspeich F, Hohn A, et al (1989) Molecular cloning and expression of brain-derived neurotrophic factor, *Nature*, 341 ; 149-152.

Lewin GR, Barde YA (1996) Physiology of the neurotrophins, *Annu Rev Neurosci*, 19 ; 289-317.

Lin LF, Doherty DH, Lile JD, et al (1993) GDNF : a glial cell line-derived neurotrophic factor for midbrain dopaminergic neurons, *Science*, 260 ; 1130-1132.

Linher K, Wu D, Li J (2007) Glial cell line-derived neurotrophic factor : an intraovarian factor that enhances oocyte developmental competence in vitro, *Endocrinology*, 148 ; 4292-4301.

Martins da Silva SJ, Gardner JO, Taylor JE, et al (2005) Brain-derived neurotrophic factor promotes bovine oocyte cytoplasmic competence for embryo development, *Reproduction*, 129 ; 423-434.

Meng X, Lindahl M, Hyvonen ME, et al (2000) Regulation of cell fate decision of undifferentiated spermatogonia by GDNF, *Science*, 287 ; 1489-1493.

Middlemas DS, Lindberg RA, Hunter T (1991) TrkB, a neural receptor protein-tyrosine kinase : evidence for a full-length and two truncated receptors, *Mol Cell Biol*, 11 ; 143-153.

Moore MW, Klein RD, Farinas I, et al (1996) Renal and neuronal abnormalities in mice lacking GDNF, *Nature*, 382 ; 76-79.

Paredes A, Romero C, Dissen GA, et al (2004) TrkB receptors are required for follicular growth and oocyte

survival in the mammalian ovary, *Dev Biol*, 267 ; 430-449.
Park JY, Su YQ, Ariga M, et al (2004) EGF-like growth factors as mediators of LH action in the ovulatory follicle, *Science*, 303 ; 682-684.
Pichel JG, Shen L, Sheng HZ, et al (1996) Defects in enteric innervation and kidney development in mice lacking GDNF, *Nature*, 382 ; 73-76.
Saarma M, Sariola H (1999) Other neurotrophic factors : glial cell line-derived neurotrophic factor (GDNF) , *Microsc Res Tech*, 45 ; 292-302.
Schuchardt A, D'Agati V, Larsson-Blomberg L, et al (1994) Defects in the kidney and enteric nervous system of mice lacking the tyrosine kinase receptor Ret, *Nature*, 367 ; 380-383.
Seifer DB, Feng B, Shelden RM (2006) Immunocytochemical evidence for the presence and location of the neurotrophin-Trk receptor family in adult human preovulatory ovarian follicles, *Am J Obstet Gynecol*, 194 ; 1129-1136.
Seifer DB, Feng B, Shelden RM, et al (2002a) Brain-derived neurotrophic factor : a novel human ovarian follicular protein, *J Clin Endocrinol Metab*, 87 ; 655-659.
Seifer DB, Feng B, Shelden RM, et al (2002b) Neurotrophin-4/5 and neurotrophin-3 are present within the human ovarian follicle but appear to have different paracrine/autocrine functions, *J Clin Endocrinol Metab*, 87 ; 4569-4571.
Shelton DL, Sutherland J, Gripp J, et al (1995) Human trks : molecular cloning, tissue distribution, and expression of extracellular domain immunoadhesins, *J Neurosci*, 15 ; 477-491.
Trupp M, Ryden M, Jornvall H, et al (1995) Peripheral expression and biological activities of GDNF, a new neurotrophic factor for avian and mammalian peripheral neurons, *J Cell Biol*, 130 ; 137-148.

VI-24

卵子由来 growth differentiation factor 9 (GDF9)

Key words
TGBβスーパーファミリー／GDF9／SMAD／顆粒膜細胞

はじめに

哺乳類の卵巣卵胞の発育過程において，卵母細胞と，卵胞を形成する体細胞，とりわけ卵母細胞の近傍に存在している顆粒膜細胞は，密接に助け合いながら発達する．これは卵-顆粒膜細胞間の双方向コミュニケーションと呼ばれ，卵胞が正常に発育して，機能的な卵子を産生するために不可欠な機構であり，その解明は，近年の繁殖生物学における重要な研究課題の一つである．最近の研究によって，卵母細胞は，この双方向コミュニケーションにおける主導権を握り，卵胞発育に中心的な役割を果たすことが明らかとなってきた (Eppig, 2001 ; Matzuk et al, 2002 ; Sugiura, Eppig, 2005)．

卵-顆粒膜細胞間の双方向コミュニケーションでは，多くのトランスフォーミング増殖因子β (TGF-β,transforming growth factor β) スーパーファミリーに属するタンパク質が関与している．中でもGDF9は，卵母細胞で高い発現を示し，その遺伝子欠損マウスの雌が卵胞発達の異常により不妊となることなどから，主に卵母細胞から顆粒膜細胞に働きかけるコミュニケーションの最も重要な因子の一つであると考えられている．本節では，哺乳類の特に排卵期に至る前の卵胞発育過程におけるGDF9の働きについて，主に遺伝子欠損マウスでの研究を中心に概説する．

1 GDF9のクローニング

TGF-βスーパーファミリーに属するタンパク質は，生体内で広く発現し，細胞の増殖・分化，組織発達，胚発生などにおいて広く重要な役割を果たしている．A. C. McPherronとS. J. Leeは，多くのTGF-βスーパーファミリータンパク質に共通するアミノ酸配列を基にして縮重プライマーを設計し，ポリメラーゼ連鎖反応法を用いて，新たなTGF-βスーパーファミリーメンバーとしてマウス*Gdf 9*をクローニングした (McPherron, Lee, 1993)．現在までに，*GDF9*はマウスに加えヒトを含む多くの哺乳類 (McGrath et al, 1995 ; Bodensteiner et al, 1999 ; Hayashi et al, 1999 ; Jaatinen et al, 1999 ; Sendai et al, 2001 ; Shimizu et al, 2004)，鳥類 (Johnson et al, 2005)，そして魚類 (Liu, Ge, 2007 ; Halm et al, 2008) においてもクローニングされている．

一般にTGF-βスーパーファミリーに属するタンパク質は，C末端側に共通して七つのシス

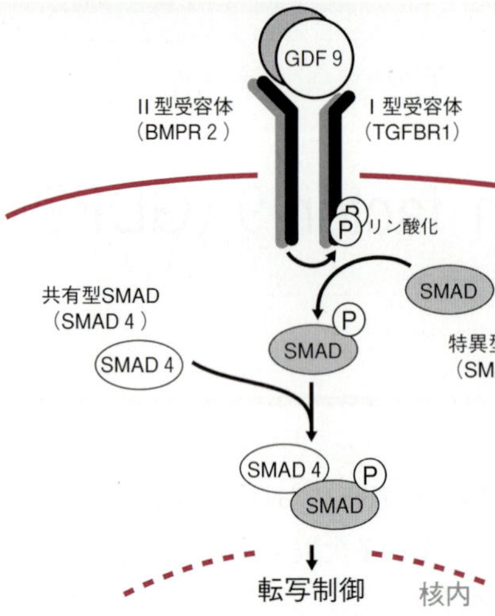

図VI-24-1．GDF9 のシグナル伝達

テイン残基が保存されており，これらのシステイン残基によるジスルフィド結合によって，生体内でホモ，またはヘテロ二量体を形成して機能する（Schlunegger, Grutter, 1992；Griffith et al, 1996；Vitt et al, 2001）．実際，これらのシステイン残基に変異を導入した場合，分泌量，活性，受容体への結合能などが低下することが報告されている（Brunner et al, 1992；Mason, 1994）．また，ヘテロ二量体はホモ二量体よりも高い活性を示す場合もある（Aono et al, 1995；Israel et al, 1996；Kusumoto et al, 1997；Suzuki et al, 1997）．ところが，GDF9 はこれらのシステイン残基の一つを欠いており，ジスルフィド結合による二量体を形成することができない（McPherron, Lee, 1993）．生体外での実験では，GDF9 がジスルフィド結合によらないホモ二量体，または他のTGF-β スーパーファミリータンパク質とのヘテロ二量体を形成しうることが報告されているが（Liao et al, 2003；Edwards et al, 2008），実際に生体内では単量体として存在するのか，もしくはなんらかの二量体を形成して機能しているのかに関しては不明な点が多い．

2 GDF9 のシグナル伝達

一般に，TGF-β スーパーファミリーに属するタンパク質のシグナル伝達は，2 種類のセリン／スレオニンキナーゼ型受容体，I 型およびII 型受容体が必要であり，細胞内シグナル伝達は SMAD と呼ばれるタンパク質を介して行われる（Massague, 1998）．SMAD は特異型（SMAD1, 2, 3, 5, 8），共有型（SMAD4），および抑制型（SMAD 6, 7）の 3 種類に分類される．リガンドの結合後，これら 2 種類の受容体はヘテロ 4 量体を形成し，II 型受容体が I 型受容体をリン酸化して活性化する．活性化した I 型受容体は特異型 SMAD をリン酸化し，リン酸化された特異型 SMAD は，共有型 SMAD と結合して細胞質から核内へ移行し，転写活性因子として作用する（図VI-24-1）．

U. A. Vitt らは，さまざまな II 型受容体の細胞外ドメインと免疫グロブリン Fc フラグメントのキメラタンパク質を構築し，顆粒膜細胞の増殖などを指標として，GDF9 の働きに対する阻害効果を比較する実験を行った（Vitt et al, 2002）．その中で BMPR2（bone morphogenic protein receptor, type II）の細胞外ドメインを持つキメラタンパク質が，他の II 型受容体とのキメラタンパク質と比べて，最も効果的に阻害すること，また，同タンパク質が GDF9 と直接結合することを報告した（Vitt et al, 2002）．また，S. Mazerbourg らは，ルシフェラーゼレポーター遺伝子アッセイ法により，組換えGDF9タンパク質が，TGFBR1（transforming growth factor beta receptor I, activin receptor-like kinase, ALK5としても知られる）を含むI型受容体によって介されるシグナル伝達経路を活性化すること，さらに，GDF9応答性のない細胞株にTGFBR1を過剰発現させたところ，その細胞株がGDF9応答性を獲得したことなどを報告した（Mazerbourg et al, 2004；Mazerbourg, Hsueh, 2006）．さらに，組換えタンパク質を用いた研究において，GDF9が細胞内でSMAD2およびSMAD3のリン酸化を誘導することが報告されている（Kaivo-Oja et al, 2003；Roh et al, 2003；Mazerbourg et al, 2004）．これらのことから，現在，GDF9のシグナル伝達は，I型およびII型受容体として，それぞれTGFBR1およびBMPR2が働き，細胞内シグナル伝達はSMAD2およびSMAD3によって介されているものと考えられている（図VI-24-1）．しかし，その他のI型およびII型受容体が，GDF9ホモ二量体や，他のTGF-βスーパーファミリータンパク質とのヘテロ二量体のシグナル伝達に関与している可能性も否定できない．その場合，他の特異型SMADが関与していることも考えられる．

3 卵巣でのGDF9の発現

当初，*Gdf9* mRNAは，McPherronらの研究によって卵巣特異的に発現しているとされていた（McPherron, Lee, 1993）．しかし現在では，卵巣だけではなく，げっ歯類では精巣と視床下部において，またヒトでは精巣で高い発現を示し，下垂体および子宮などでも低いレベルながら発現していることが報告されている（Fitzpatrick et al, 1998）．しかし，これらの卵巣以外でのGDF9の役割については不明である．

卵胞の発育は，原始卵胞が形成されることから始まる（図VI-24-2）．原始卵胞は，第一減数分裂前期で停止している卵母細胞を1層の扁平で鱗状の顆粒膜細胞が取り囲む構造を有する．原始卵胞が一次卵胞へと発育すると，顆粒膜細胞は立方状の形態へと変化する．さらに，顆粒膜細胞が増殖し，2層以上となると二次卵胞と呼ばれるようになる．二次卵胞がさらに発育すると，顆粒膜細胞の間に卵胞腔と呼ばれる液体で満たされた空洞が形成され，三次卵胞または胞状卵胞と呼ばれるようになる．そして，胞状卵胞がさらに発育し，適切な時期に黄体形成ホルモン(LH)の刺激があると排卵が誘起される．

GDF9の卵巣内における発現は，マウス，ヒツジなどの多くの哺乳類において卵母細胞特異的であることが報告されている（McGrath et al, 1995；Fitzpatrick et al, 1998；Laitinen et al, 1998；Bodensteiner et al, 1999；Jaatinen et al, 1999；Eckery et al, 2002；Juengel et al, 2002；Wang, Roy, 2004）．一方，ヒトを含む霊長類では，卵母細胞のみならず周囲の顆粒膜細胞でも発現が検出されている（Sidis et al, 1998；Duffy, 2003）．ブタやヤギにおいても，卵母細胞よりは低いものの，顆粒膜細胞での発現が報告されている（Prochazka et al, 2004；Silva et al, 2005）．これらのことから，卵胞内におけるGDF9は，動物種によっては顆粒膜細胞にも微量に発現していると考えられるが，主たるGDF9の供給源は概して卵母細胞といえる．

各卵胞発育段階におけるGDF9の発現にも，

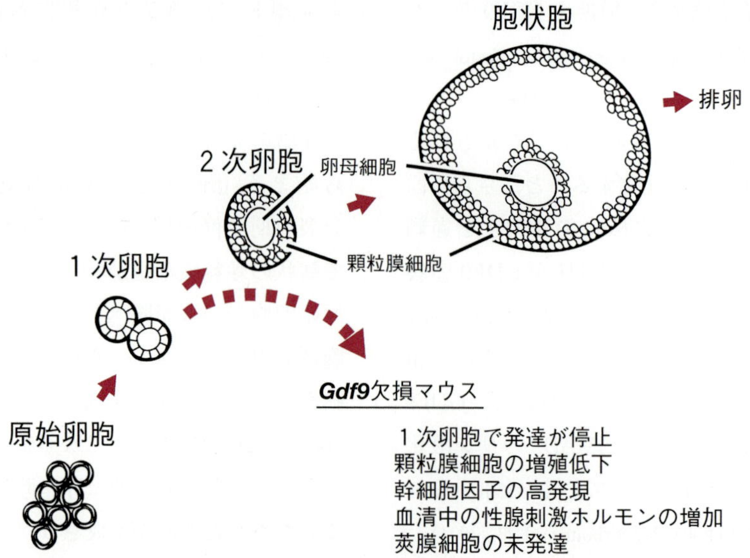

図Ⅵ-24- 2．正常な卵胞発達過程と *Gdf9* 欠損マウスでの卵胞発達異常

動物種によって違いが報告されている．マウス (McGrath et al, 1995 ; Laitinen et al, 1998 ; Elvin et al, 1999a)，ラット (Jaatinen et al, 1999)，およびヒト (Aaltonen et al, 1999) では，原始卵胞内の卵母細胞で GDF9 の発現は検出されないが，一次卵胞以上のすべての発育段階の卵胞内の卵母細胞でその転写物またはタンパク質が検出されている．一方，ヒツジやウシなどでは，原始卵胞内の卵母細胞ですでに GDF9 の発現が見られる (Bodensteiner et al, 1999 ; Eckery et al, 2002 ; Wang, Roy, 2004 ; Silva et al, 2005)．特に，ヒツジでは，胎子の卵巣内の卵胞を形成する以前の卵母細胞で，すでに GDF9 の発現が報告されている (Bodensteiner et al, 2000 ; Mandon-Pepin et al, 2003 ; Juengel et al, 2004a)．

したがって，動物種によって発現開始時期に若干の相違が報告されているものの，これまで調べられたすべての動物種において，卵胞発育の初期段階から排卵に至るまでの卵母細胞において GDF9 の発現が報告されている．さらに，GDF9 のシグナル伝達に必要と考えられている受容体 (BMPRII および TGFBR1)，特異型 SMAD (SMAD2 および 3)，共有型 SMAD (SMAD4) は，卵胞発達の初期段階から発達した胞状卵胞までの卵母細胞と，顆粒膜細胞を含む体細胞で発現しており，GDF9 が各卵胞発育段階を通して重要な役割を果たすことが示唆される (Shimasaki et al, 2004 ; Juengel, McNatty, 2005)．特に，卵母細胞において，これら GDF9 のシグナル伝達に必要なタンパク質の発現が見られる点は興味深いが，現在までに GDF9 が卵母細胞において発現している受容体に直接作用することを示した報告はない．

4 卵胞発育過程での GDF9 の働き

GDF9 の生体内での働きに関しては，マウスやヒツジでの遺伝子変異動物を用いた研究に加えて，生体外での組換えタンパク質を用いた研究など，多くの知見が得られている．しかし，一方で，研究対象の細胞の動物種，種類や発達段階，また，組換えタンパク質の動物種や，そのタンパク質修飾などによって，GDF9 の機能は多くの異なる報告がされており，GDF9 が生体内でどのような働きをしているのかに関しての統一見解は得られていない（Juengel, McNatty, 2005；Pangas, Matzuk, 2005）．*Gdf 9* 欠損マウスでは，初期卵胞発育過程，顆粒膜細胞の増殖，幹細胞因子（SCF, stem cell factor；*Kitl*, Kit ligand）の発現などに異常が見られる（図Ⅵ-24-2）．また，GDF9 が TGF-β スーパーファミリータンパク質の一つである BMP15（bone morphogenetic protein 15）と相乗的に働くことが，両遺伝子を欠損したマウスの解析から報告されている．ヒトにおいても，*GDF9* の変異が妊孕性に影響することが示唆されている．以下では，*Gdf9* 欠損マウスでの知見を中心にして，現在 GDF9 の生体内での役割として考えられている上記の事柄に関して，生体外での組換えタンパク質を用いた研究を踏まえて考察する．

(A) 初期卵胞発育過程での GDF9 の必要性

J. Dong らは，*Gdf9* の第二エクソンを欠損した *Gdf9* ホモ欠損マウスでは，雄の妊孕性は正常なのに対して，雌は不妊であることを報告した（Dong et al, 1996）．この *Gdf9* ホモ欠損マウスの卵巣は，野生型マウスと比較して小さく，原始および一次卵胞は見られるもののそれ以上に発育した卵胞は見られない．ヒツジでの *GDF 9* の変異においても，ホモ接合体が不妊となるものが報告されており（Hanrahan et al, 2004），ヒツジを GDF9 特異的なペプチドで長期間免疫し，内在性 GDF9 の働きを阻害した研究においても，*Gdf9* ホモ欠損マウスと同様の結果が得られている（Juengel et al, 2002）．また，組換え GDF9 タンパク質をラット腹腔内に投与した研究や，ブタ卵巣に直接 *GDF9* 遺伝子を注入した研究では，GDF9 が原始および一次卵胞から初期腔卵胞への発育を促進することが報告されている（Vitt et al, 2000b；Shimizu et al, 2004；Shimizu, 2006）．これらのことから，GDF9 は，マウス，ラットおよびヒツジにおいては，原始卵胞の形成に必須ではないが，二次卵胞への発達には必須であると考えられる．

生体外における組換え GDF9 タンパク質を用いた研究や，RNA 干渉法（RNAi）などを用いて GDF9 の発現を阻害した研究においても，ヒトを含む多くの種で GDF9 が初期卵胞発育を促進する役割を担っていることが示されている（Hayashi et al, 1999；Hreinsson et al, 2002；Nilsson, Skinner, 2002；Wang, Roy, 2004；Orisaka et al, 2006；Wang, Roy, 2006）．ハムスターの卵巣を器官培養した研究では，組換え GDF9 タンパク質が原始および一次卵胞の発育を促進すること（Wang, Roy, 2004），また，内在性 GDF9 を RNA 干渉法を用いて阻害すると，原始卵胞の形成が阻害されることが報告されており（Wang, Roy, 2006），この種においては，GDF9 が原始卵胞の形成に必須であることが示唆される．一方，ラッ

RNA 干渉法：二本鎖 RNA によって，相同な塩基配列を持つ mRNA が分解される，生体内での現象を利用して，人為的に二本鎖 RNA を細胞内に導入して，目的遺伝子の機能を阻害する実験方法．

ト卵巣を組換えGDF9とともに培養した研究では，GDF9は原始卵胞の形成には影響しないが，一次卵胞への発達を促進することが報告されている (Nilsson, Skinner, 2002)．このような，動物種での初期卵胞発達に対するGDF9の必要性の相違は，おそらく卵胞発育のどの時期にGDF9およびその受容体の発現が開始するかによるものと考えられる．ラットやマウスでは，GDF9の発現は原始卵胞内の卵母細胞では検出されず，一次卵胞へ発育してはじめて検出されるようになるが (McGrath et al, 1995 ; Laitinen et al, 1998 ; Elvin et al, 1999a ; Jaatinen et al, 1999)，ハムスターでは，原始卵胞内の卵母細胞ですでにGDF9の発現が報告されている (Wang, Roy, 2004)．

これらのことから，動物種によって時期は異なるものの，GDF9の発現は卵胞発育の初期段階で必須であると考えられる．

(B) 顆粒膜細胞の増殖

Gdf9 ホモ欠損マウスの卵巣では，野生型のものと比べて，増殖細胞の標識である増殖細胞核抗原 (PCNA, proliferating cell nuclear antigen) 陽性の顆粒膜細胞が顕著に少ないことが報告されており (Elvin et al, 1999b)，*Gdf9* ホモ欠損マウスでの卵胞発育の停止の原因の一つとして顆粒膜細胞の増殖が低下していることが考えられる．マウス卵母細胞が，顆粒膜細胞の増殖を促進する因子を分泌していることは古くから知られており (Vanderhyden et al, 1992)，*Gdf9* ホモ欠損マウスでの顆粒膜細胞の増殖の低下は，GDF9が卵母細胞が分泌する増殖因子の一つである可能性を示唆している．

しかし，*Gdf9* ホモ欠損マウス卵巣では，顆粒膜細胞の増殖に阻害的に働くと考えられているインヒビンのαサブユニット (*Inha*) の発現が上昇しており (Elvin et al, 1999b)，*Gdf9* ホモ欠損マウスでの顆粒膜細胞の増殖低下は，増殖因子としてのGDF9が失われたためではなく，インヒビンが過剰に生産されたためである可能性も考えられる．実際，*Gdf9* および *Inha* 両遺伝子を欠損したマウスでは，卵胞発育は一次卵胞で停止せずにさらに進行して，多層の顆粒膜細胞を持つ二次卵胞まで発育することが報告されている (Wu et al, 2004)．

一方，生体外での組換えGDF9タンパク質を用いた研究においては，GDF9がラットやマウスなどの顆粒膜細胞の増殖を促進できることが報告されている (Vitt et al, 2000a ; McNatty et al, 2005b ; McNatty et al, 2005a ; Gilchrist et al, 2006)．さらにマウスにおいて，卵母細胞の培養上清による顆粒膜細胞の増殖促進を，GDF9の受容体の一つであると考えられているBMPR2の細胞外ドメインの組換えタンパク質によって阻害できることが報告されている (Gilchrist et al, 2006)．これらのことから，GDF9は卵母細胞が分泌する顆粒膜細胞の増殖因子の一つであることは確からしいが，一方で，組換えGDF9タンパク質が顆粒膜細胞の増殖を促進しない例も報告されている (Nilsson, Skinner, 2002 ; Yamamoto et al, 2002 ; McNatty et al, 2005b ; McNatty et al, 2005a)．また，卵母細胞による顆粒膜細胞の増殖促進はGDF9の中和抗体を用いても半分程度までにしか阻害できないことも知られており (Gilchrist et al, 2004)，ほかにも顆粒膜細胞の増殖に重要な役割を果たす卵母細胞由来因子の存在が示唆されている．

(C) 幹細胞因子（SCF, stem cell factor ; *Kitl*, Kit ligand）の抑制

Gdf9 ホモ欠損マウスでは，卵胞の発育は一次卵胞期で停止してしまうが，その中の卵母細胞は成長を続けて，最終的にはヘテロ欠損マウスの卵母細胞より大きくなるまで成長する（Carabatsos et al, 1998）．これは，*Gdf9* ホモ欠損マウスの卵巣では，卵の成長に重要な役割を果たす *Kitl* の発現が上昇しているためと考えられている（Elvin et al, 1999b）．興味深いことに，6 週齢の *Gdf9* ホモ欠損マウスから採取した卵母細胞は，生体外において，ヘテロ欠損マウスの卵母細胞と同様の割合で卵成熟を完了できることが報告されている（Carabatsos et al, 1998）．生体外においても，マウス卵母細胞および組換え GDF9 タンパク質が顆粒膜細胞での *Kitl* の発現を抑制することが報告されている（Joyce et al, 1999 ; Joyce et al, 2000）．したがって，GDF9 は，顆粒膜細胞における KITL の発現を制御することによって，卵母細胞自身の成長をも間接的に制御していると考えられる．

(D) BMP15との相乗的な作用

卵母細胞が分泌する TGF-β スーパーファミリータンパク質には，GDF9 のほかにも，骨形成タンパク質の一つである BMP15が知られている（Dube et al, 1998）．C. Yan らは，雌の *Bmp 15* ホモ欠損マウスでは，野生型マウスと比較して妊孕性が若干低下するものの，卵巣発育に顕著な異常は認められないこと，ところが，*Bmp 15* ホモ欠損 *Gdf9* ヘテロ欠損（$Bmp\,15^{-/-}Gdf9^{+/-}$）マウス（以下，二重欠損マウス）では，*Bmp 15* ホモ欠損マウスや *Gdf9* ヘテロ欠損マウスと比べて重度な異常が見られることを報告した（Yan et al, 2001）．さらに，Y. Q. Su らは，この二重欠損マウスでは顆粒膜細胞の分化が正常に起きておらず，卵母細胞の減数分裂や受精後の胚発生能に異常が見られることを報告している（Su et al, 2004）．また，ヒツジにおいても *BMP 15* または *GDF9* 遺伝子のどちらか一方にヘテロ変異のある場合，野生型と比較して排卵数が増加するが，*BMP15* と *GDF9* の両方にヘテロの変異を持つ個体では，さらに排卵数が増加することが報告されている（Hanrahan et al, 2004）．これらのことから，GDF9 と BMP15は卵胞発育において相乗的に働いていると考えられている．

上記のように，*Gdf9* ホモ欠損マウス卵巣では，卵胞発育が一次卵胞で停止してしまう．このことが，GDF9 の二次卵胞期以降での働きを研究する上での障害となっていた．上記の二重欠損マウスは，二次卵胞以降での GDF9 の働きを知る上での有用なモデルであると考えられる．そこで我々は，野生型，*Bmp 15* ホモ欠損，そして二重欠損マウスの卵丘細胞（顆粒膜細胞のうち，特に卵母細胞の近傍に存在しているもの）での包括的な遺伝子発現をマイクロアレイ法を用いて解析し，二重欠損マウス卵丘細胞では，野生型や *Bmp 15* ホモ欠損マウスと比較して，代謝経路に関係する多くの遺伝子の発現が低下していることを報告した（Su et al, 2008）．これは，GDF9 が生体内で BMP15と相乗的に働くことによって，顆粒膜細胞での各種代謝活性の制御に関与している可能性を示唆している．二重欠

損マウス卵丘細胞で，最も異常が見られる代謝経路は，第一に解糖経路，第二にステロール生産経路であったが（Su et al, 2008），筆者らは，マウス卵母細胞が顆粒膜細胞での解糖活性およびコレステロール産生を制御できること，さらに，二重欠損マウスの卵母細胞は野生型のそれと比較して，生体外で顆粒膜細胞でのこれらの代謝経路を活性化する能力が低いことを報告している（Sugiura et al, 2005；Su et al, 2008）．顆粒膜細胞の解糖活性は，卵母細胞によって分泌されている線維芽細胞増殖因子 FGF8（fibroblast growth factor 8）と BMP15が協調的に働くことによって制御されていることが報告されているが（Sugiura et al, 2007），二重欠損マウス卵丘細胞でのマイクロアレイの報告を踏まえると，BMP15と FGF8，そして GDF9 が相乗的に働いて顆粒膜細胞での解糖を制御している可能性が高い．

（E）ヒトにおける GDF9 の働き

ヒトにおいても，*GDF9* 遺伝子の変異が，早発卵巣機能不全（premature ovarian failure）や多囊胞卵巣症候群（polycystic ovary syndrome）に関与している可能性が示唆されている（Teixeira Filho et al, 2002；Dixit et al, 2005；Dragovic et al, 2005；Laissue et al, 2006；Kovanci et al, 2007；Zhao et al, 2007）．また，興味深いことに，ヒツジにおいて，*GDF9* 遺伝子にヘテロ変異を持つ場合や，GDF9 特異的なペプチドで短期間免疫し内在性 GDF9 の働きを阻害した場合では，排卵される卵子の数が上昇することが知られているが（Hanrahan et al, 2004；Juengel et al, 2004b），ヒトにおいても，双子を持つ親に *GDF9* のある種の変異が有意に多いことが示唆されている（Montgomery et al, 2004；Palmer et al, 2006）．

5 今後の展望

卵母細胞と顆粒膜細胞間の双方向コミュニケーションが卵胞発育に重要な役割を果たすことは先に述べた．J. J. Eppig らは，新生子マウスの未発達な卵巣の体細胞と，より発達した卵巣より採取した卵母細胞を再集合させた，体細胞と卵母細胞の発達段階の異なるミスマッチ卵胞を作成して，卵胞発育への影響を報告している（Eppig et al, 2002）．このミスマッチ卵胞では，通常の約半分の時間で未発達の体細胞が発達して胞状卵胞を形成した．これは，ミスマッチ卵胞の発育段階が，体細胞ではなく卵母細胞の発育段階に影響を受けたこと，すなわち，卵母細胞が周囲の体細胞の発育に影響を及ぼして，卵胞全体の発育を制御できることを示している．

現段階では，卵母細胞がどのように卵胞発育を制御しているのかに関して不明な点が多いが，我々は，卵母細胞が顆粒膜細胞での各種代謝活性を制御することによって，顆粒膜細胞の増殖・分化，そして卵胞の発育をも制御しているという可能性を考えている（Sugiura, Eppig, 2005；Su et al, 2009）．卵胞発育に卵母細胞由来の増殖因子である BMP15, FGF8, そして, GDF 9 が相乗的に重要な役割を果たしていることは疑いようがなく，今後の研究の一層の進展が期待される．

まとめ

(1) GDF9はトランスフォーミング増殖因子βスーパーファミリーに属し，卵巣においては，卵胞発育の初期段階から排卵に至るまでの卵母細胞において発現している．

(2) GDF9のシグナル伝達は，I型およびII型受容体として，それぞれTGFBR1およびBMPR2が働き，細胞内シグナル伝達はSMAD2およびSMAD3によって介される．

(3) *Gdf9*欠損マウスでは，初期卵胞発育過程，顆粒膜細胞の増殖，および幹細胞因子の発現などに異常が見られる．

（杉浦幸二）

引用文献

Aaltonen J, Laitinen MP, Vuojolainen K, et al (1999) Human growth differentiation factor 9 (GDF-9) and its novel homolog GDF-9B are expressed in oocytes during early folliculogenesis, *JClin Endocrinol Metab*, 84 ; 2744-2750.

Aono A, Hazama M, Notoya K, et al (1995) Potent ectopic bone-inducing activity of bone morphogenetic protein-4/7 heterodimer, *BiochemBiophys Res Commun*, 210 ; 670-677.

Bodensteiner KJ, Clay CM, Moeller CL, et al (1999) Molecular cloning of the ovine Growth/Differentiation factor-9 gene and expression of growth/differentiation factor-9 in ovine and bovine ovaries, *Biol Reprod*, 60 ; 381-386.

Bodensteiner KJ, McNatty KP, Clay CM, et al (2000) Expression of growth and differentiation factor-9 in the ovaries of fetal sheep homozygous or heterozygous for the inverdale prolificacy gene (FecX(I)), *Biol Reprod*, 62 ; 1479-1485.

Brunner AM, Lioubin MN, Marquardt H, et al (1992) Site-directed mutagenesis of glycosylation sites in the transforming growth factor-beta 1 (TGF beta 1) and TGF beta 2 (414) precursors and of cysteine residues within mature TGF beta 1 : effects on secretion and bioactivity, *Mol Endocrinol*, 6 ; 1691-1700.

Carabatsos MJ, Elvin J, Matzuk MM, et al (1998) Characterization of oocyte and follicle development in growth differentiation factor-9-deficient mice, *Dev Biol*, 204 ; 373-384.

Dixit H, Rao LK, Padmalatha V, et al (2005) Mutational screening of the coding region of growth differentiation factor 9 gene in Indian women with ovarian failure, *Menopause*, 12 ; 749-754.

Dong J, Albertini DF, Nishimori K, et al (1996) Growth differentiation factor-9 is required during early ovarian folliculogenesis, *Nature*, 383 ; 531-535.

Dragovic RA, Ritter LJ, Schulz SJ, et al (2005) Role of oocyte-secreted growth differentiation factor 9 in the regulation of mouse cumulus expansion, *Endocrinology*, 146 ; 2798-2806.

Dube JL, Wang P, Elvin J, et al (1998) The bone morphogenetic protein 15 gene is X-linked and expressed in oocytes, *Mol Endocrinol*, 12 ; 1809-1817.

Duffy DM (2003) Growth differentiation factor-9 is expressed by the primate follicle throughout the periovulatory interval, *Biol Reprod*, 69 ; 725-732.

Eckery DC, Whale LJ, Lawrence SB, et al (2002) Expression of mRNA encoding growth differentiation factor 9 and bone morphogenetic protein 15 during follicular formation and growth in a marsupial, the brushtail possum (Trichosurus vulpecula), *Mol Cell Endocrinol*, 192 ; 115-126.

Edwards SJ, Reader KL, Lun S, et al (2008) The cooperative effect of growth and differentiation factor-9 and bone morphogenetic protein (BMP) -15 on granulosa cell function is modulated primarily through BMP receptor II, *Endocrinology*, 149 ; 1026-1030.

Elvin JA, Clark AT, Wang P, et al (1999a) Paracrine actions of growth differentiation factor-9 in the mammalian ovary, *Mol Endocrinol*, 13 ; 1035-1048.

Elvin JA, Yan C, Wang P, et al (1999b) Molecular characterization of the follicle defects in the growth differentiation factor 9-deficient ovary, *Mol Endocrinol*, 13 ; 1018-1034.

Eppig JJ (2001) Oocyte control of ovarian follicular development and function in mammals, *Reproduction*, 122 ; 829-838.

Eppig JJ, Wigglesworth K, Pendola FL (2002) The mammalian oocyte orchestrates the rate of ovarian follicular development, *Proc Natl Acad Sci USA*, 99 ; 2890-2894.

Fitzpatrick SL, Sindoni DM, Shughrue PJ, et al (1998) Expression of growth differentiation factor-9 messenger ribonucleic acid in ovarian and nonovarian rodent and human tissues, *Endocrinology*, 139 ; 2571-2578.

Gilchrist RB, Ritter LJ, Cranfield M, et al (2004) Immunoneutralization of growth differentiation factor 9 reveals it partially accounts for mouse oocyte mitogenic activity, *Biol Reprod*, 71 ; 732-739.

Gilchrist RB, Ritter LJ, Myllymaa S, et al (2006) Molecular basis of oocyte-paracrine signalling that promotes granulosa cell proliferation, *J Cell Sci*, 119 ; 3811-3821.

Griffith DL, Keck PC, Sampath TK, et al (1996) Three-dimensional structure of recombinant human osteogenic protein 1 : structural paradigm for the transforming growth factor beta superfamily, *Proc Natl Acad Sci USA*, 93 ; 878-883.

Halm S, Ibanez AJ, Tyler CR, et al (2008) Molecular characterisation of growth differentiation factor 9 (gdf 9) and bone morphogenetic protein 15 (bmp15) and their patterns of gene expression during the ovarian reproductive cycle in the European sea bass, *Mol Cell*

Endocrinol, 291 ; 95-103.
Hanrahan JP, Gregan SM, Mulsant P, et al (2004) Mutations in the genes for oocyte-derived growth factors GDF9 and BMP15 are associated with both increased ovulation rate and sterility in Cambridge and Belclare sheep (Ovis aries), *Biol Reprod*, 70 ; 900-909.
Hayashi M, McGee EA, Min G, et al (1999) Recombinant growth differentiation factor-9 (GDF-9) enhances growth and differentiation of cultured early ovarian follicles, *Endocrinology*, 140 ; 1236-1244.
Hreinsson JG, Scott JE, Rasmussen C, et al (2002) Growth differentiation factor-9 promotes the growth, development, and survival of human ovarian follicles in organ culture, *J Clin Endocrinol Metab*, 87 ; 316-321.
Israel DI, Nove J, Kerns KM, et al (1996) Heterodimeric bone morphogenetic proteins show enhanced activity in vitro and in vivo, *Growth Factors*, 13 ; 291-300.
Jaatinen R, Laitinen MP, Vuojolainen K, et al (1999) Localization of growth differentiation factor-9 (GDF-9) mRNA and protein in rat ovaries and cDNA cloning of rat GDF-9 and its novel homolog GDF-9B, *Mol Cell Endocrinol*, 156 ; 189-193.
Johnson PA, Dickens MJ, Kent TR, et al (2005) Expression and function of growth differentiation factor-9 in an oviparous species, Gallus domesticus, *Biol Reprod*, 72 ; 1095-1100.
Joyce IM, Clark AT, Pendola FL, et al (2000) Comparison of recombinant growth differentiation factor-9 and oocyte regulation of KIT ligand messenger ribonucleic acid expression in mouse ovarian follicles, *Biol Reprod*, 63 ; 1669-1675.
Joyce IM, Pendola FL, Wigglesworth K, et al (1999) Oocyte regulation of kit ligand expression in mouse ovarian follicles, *Dev Biol*, 214 ; 342-353.
Juengel JL, Bodensteiner KJ, Heath DA, et al (2004a) Physiology of GDF9 and BMP15 signalling molecules, *Anim Reprod Sci*, 82-83 ; 447-460.
Juengel JL, Hudson NL, Heath DA, et al (2002) Growth differentiation factor 9 and bone morphogenetic protein 15 are essential for ovarian follicular development in sheep, *Biol Reprod*, 67 ; 1777-1789.
Juengel JL, Hudson NL, Whiting L, et al (2004b) Effects of immunization against bone morphogenetic protein 15 and growth differentiation factor 9 on ovulation rate, fertilization, and pregnancy in ewes, *Biol Reprod*, 70 ; 557-561.
Juengel JL, McNatty KP (2005) The role of proteins of the transforming growth factor-beta superfamily in the intraovarian regulation of follicular development, *Hum Reprod Update*, 11 ; 143-160.
Kaivo-Oja N, Bondestam J, Kamarainen M, et al (2003) Growth differentiation factor-9 induces Smad2 activation and inhibin B production in cultured human granulosa-luteal cells, *J Clin Endocrinol Metab*, 88 ; 755-762.
Kovanci E, Rohozinski J, Simpson JL, et al (2007) Growth differentiating factor-9 mutations may be associated with premature ovarian failure, *Fertil Steril*, 87 ; 143-146.
Kusumoto K, Bessho K, Fujimura K, et al (1997) Comparison of ectopic osteoinduction in vivo by recombinant human BMP-2 and recombinant Xenopus BMP-4/7 heterodimer, *Biochem Biophys Res Commun*, 239 ; 575-579.
Laissue P, Christin-Maitre S, et al (2006) Mutations and sequence variants in GDF9 and BMP15 in patients with premature ovarian failure, *Eur J Endocrinol*, 154 ; 739-744.
Laitinen M, Vuojolainen K, Jaatinen R, et al (1998) A novel growth differentiation factor-9 (GDF-9) related factor is co-expressed with GDF-9 in mouse oocytes during folliculogenesis, *Mech Dev*, 78 ; 135-140.
Liao WX, Moore RK, Otsuka F, et al (2003) Effect of intracellular interactions on the processing and secretion of bone morphogenetic protein-15 (BMP-15) and growth and differentiation factor-9. Implication of the aberrant ovarian phenotype of BMP-15 mutant sheep, *J Biol Chem*, 278 ; 3713-3719.
Liu L, Ge W (2007) Growth differentiation factor 9 and its spatiotemporal expression and regulation in the zebrafish ovary, *Biol Reprod*, 76 ; 294-302.
Mandon-Pepin B, Oustry-Vaiman A, Vigier B, et al (2003) Expression profiles and chromosomal localization of genes controlling meiosis and follicular development in the sheep ovary, *Biol Reprod*, 68 ; 985-995.
Mason AJ (1994) Functional analysis of the cysteine residues of activin A, *Mol Endocrinol*, 8 ; 325-332.
Massague J (1998) TGF-beta signal transduction, *Annu Rev Biochem*, 67 ; 753-791.
Matzuk MM, Burns KH, Viveiros MM, et al (2002) Intercellular communication in the mammalian ovary : oocytes carry the conversation, *Science*, 296 ; 2178-2180.
Mazerbourg S, Hsueh AJ (2006) Genomic analyses facilitate identification of receptors and signalling pathways for growth differentiation factor 9 and related orphan bone morphogenetic protein/growth differentiation factor ligands, *Hum Reprod Update*, 12 ; 373-383.
Mazerbourg S, Klein C, Roh J, et al (2004) Growth differentiation factor-9 signaling is mediated by the type I receptor, activin receptor-like kinase 5, *Mol Endocrinol*, 18 ; 653-665.
McGrath SA, Esquela AF, Lee SJ (1995) Oocyte-specific expression of growth/differentiation factor-9, *Mol Endocrinol*, 9 ; 131-136.
McNatty KP, Juengel JL, Reader KL, et al (2005a) Bone morphogenetic protein 15 and growth differentiation factor 9 co-operate to regulate granulosa cell function, *Reproduction*, 129 ; 473-480.
McNatty KP, Juengel JL, Reader KL, et al (2005b) Bone morphogenetic protein 15 and growth differentiation factor 9 co-operate to regulate granulosa cell function in ruminants, *Reproduction*, 129 ; 481-487.
McPherron AC, Lee SJ (1993) GDF-3 and GDF-9 : two new members of the transforming growth factor-beta superfamily containing a novel pattern of cysteines, *J Biol Chem*, 268 ; 3444-3449.
Montgomery GW, Zhao ZZ, Marsh AJ, et al (2004) A deletion mutation in GDF9 in sisters with spontaneous DZ twins, *Twin Res*, 7 ; 548-555.
Nilsson EE, Skinner MK (2002) Growth and differentiation factor-9 stimulates progression of early primary but not primordial rat ovarian follicle development,

Biol Reprod, 67 ; 1018-1024.
Orisaka M, Orisaka S, Jiang JY, et al (2006) Growth differentiation factor 9 is antiapoptotic during follicular development from preantral to early antral stage, *Mol Endocrinol*, 20 ; 2456-2468.
Palmer JS, Zhao ZZ, Hoekstra C, et al (2006) Novel variants in growth differentiation factor 9 in mothers of dizygotic twins, *J Clin Endocrinol Metab*, 91 ; 4713-4716.
Pangas SA, Matzuk MM (2005) The art and artifact of GDF9 activity : cumulus expansion and the cumulus expansion-enabling factor, *Biol Reprod*, 73 ; 582-585.
Prochazka R, Nemcova L, Nagyova E, et al (2004) Expression of growth differentiation factor 9 messenger RNA in porcine growing and preovulatory ovarian follicles, *Biol Reprod*, 71 ; 1290-1295.
Roh JS, Bondestam J, Mazerbourg S, et al (2003) Growth differentiation factor-9 stimulates inhibin production and activates Smad2 in cultured rat granulosa cells, *Endocrinology*, 144 ; 172-178.
Schlunegger MP, Grutter MG (1992) An unusual feature revealed by the crystal structure at 2.2 A resolution of human transforming growth factor-beta 2, *Nature*, 358 ; 430-434.
Sendai Y, Itoh T, Yamashita S, et al (2001) Molecular cloning of a cDNA encoding a bovine growth differentiation factor-9 (GDF-9) and expression of GDF-9 in bovine ovarian oocytes and in vitro-produced embryos, *Cloning*, 3 ; 3-10.
Shimasaki S, Moore RK, Otsuka F, et al (2004) The bone morphogenetic protein system in mammalian reproduction, *Endocr Rev*, 25 ; 72-101.
Shimizu T (2006) Promotion of ovarian follicular development by injecting vascular endothelial growth factor (VEGF) and growth differentiation factor 9 (GDF-9) genes, *J Reprod Dev*, 52 ; 23-32.
Shimizu T, Miyahayashi Y, Yokoo M, et al (2004) Molecular cloning of porcine growth differentiation factor 9 (GDF-9) cDNA and its role in early folliculogenesis : direct ovarian injection of GDF-9 gene fragments promotes early folliculogenesis, *Reproduction*, 128 ; 537-543.
Sidis Y, Fujiwara T, Leykin L, et al (1998) Characterization of inhibin/activin subunit, activin receptor, and follistatin messenger ribonucleic acid in human and mouse oocytes : evidence for activin's paracrine signaling from granulosa cells to oocytes, *Biol Reprod*, 59 ; 807-812.
Silva JR, van den Hurk R, van Tol HT, et al (2005) Expression of growth differentiation factor 9 (GDF9) , bone morphogenetic protein 15 (BMP15) , and BMP receptors in the ovaries of goats, *Mol Reprod Dev*, 70 ; 11-19.
Su YQ, Sugiura K, Eppig JJ (2009) Mouse oocyte control of granulosa cell development and function : paracrine regulation of cumulus cell metabolism, *Semin Reprod Med*, 27 ; 32-42.
Su YQ, Sugiura K, Wigglesworth K, et al (2008) Oocyte regulation of metabolic cooperativity between mouse cumulus cells and oocytes : BMP15 and GDF9 control cholesterol biosynthesis in cumulus cells, *Development*, 135 ; 111-121.
Su YQ, Wu X, O'Brien MJ, et al (2004) Synergistic roles of BMP15 and GDF9 in the development and function of the oocyte-cumulus cell complex in mice : genetic evidence for an oocyte-granulosa cell regulatory loop, *Dev Biol*, 276 ; 64-73.
Sugiura K, Eppig JJ (2005) Society for Reproductive Biology Founders' Lecture 2005. Control of metabolic cooperativity between oocytes and their companion granulosa cells by mouse oocytes, *Reprod Fertil Dev*, 17 ; 667-674.
Sugiura K, Pendola FL, Eppig JJ (2005) Oocyte control of metabolic cooperativity between oocytes and companion granulosa cells : energy metabolism, *Dev Biol*, 279 ; 20-30.
Sugiura K, Su YQ, Diaz FJ, et al (2007) Oocyte-derived BMP15 and FGFs cooperate to promote glycolysis in cumulus cells, *Development*, 134 ; 2593-2603.
Suzuki A, Kaneko E, Maeda J, et al (1997) Mesoderm induction by BMP-4 and -7 heterodimers, *Biochem Biophys Res Commun*, 232 ; 153-156.
Teixeira Filho FL, Baracat EC, Lee TH, et al (2002) Aberrant expression of growth differentiation factor-9 in oocytes of women with polycystic ovary syndrome, *J Clin Endocrinol Metab*, 87 ; 1337-1344.
Vanderhyden BC, Telfer EE, Eppig JJ (1992) Mouse oocytes promote proliferation of granulosa cells from preantral and antral follicles in vitro, *Biol Reprod*, 46 ; 1196-1204.
Vitt UA, Hayashi M, Klein C, et al (2000a) Growth differentiation factor-9 stimulates proliferation but suppresses the follicle-stimulating hormone-induced differentiation of cultured granulosa cells from small antral and preovulatory rat follicles, *Biol Reprod*, 62 ; 370-377.
Vitt UA, Hsu SY, Hsueh AJ (2001) Evolution and classification of cystine knot-containing hormones and related extracellular signaling molecules, *Mol Endocrinol*, 15 ; 681-694.
Vitt UA, Mazerbourg S, Klein C, et al (2002) Bone morphogenetic protein receptor type II is a receptor for growth differentiation factor-9, *Biol Reprod*, 67 ; 473-480.
Vitt UA, McGee EA, Hayashi M, et al (2000b) In vivo treatment with GDF-9 stimulates primordial and primary follicle progression and theca cell marker CYP17 in ovaries of immature rats, *Endocrinology*, 141 ; 3814-3820.
Wang C, Roy SK (2006) Expression of growth differentiation factor 9 in the oocytes is essential for the development of primordial follicles in the hamster ovary, *Endocrinology*, 147 ; 1725-1734.
Wang J, Roy SK (2004) Growth differentiation factor-9 and stem cell factor promote primordial follicle formation in the hamster : modulation by follicle-stimulating hormone, *Biol Reprod*, 70 ; 577-585.
Wu X, Chen L, Brown CA, et al (2004) Interrelationship of growth differentiation factor 9 and inhibin in early folliculogenesis and ovarian tumorigenesis in mice, *Mol Endocrinol*, 18 ; 1509-1519.
Yamamoto N, Christenson LK, McAllister JM, et al (2002) Growth differentiation factor-9 inhibits 3'5'-adenosine monophosphate-stimulated steroidogenesis in

human granulosa and theca cells, *J Clin Endocrinol Metab*, 87 ; 2849-2856.
Yan C, Wang P, DeMayo J, et al (2001) Synergistic roles of bone morphogenetic protein 15 and growth differentiation factor 9 in ovarian function, *Mol Endocrinol*, 15 ; 854-866.
Zhao H, Qin Y, Kovanci E, et al (2007) Analyses of GDF9 mutation in 100 Chinese women with premature ovarian failure, *Fertil Steril*, 88 ; 1474-1476.

TOPIC ❶

排卵における GDF-9の役割

Key words　GDF-9／卵胞発育／遺伝子ベクター／卵子

哺乳類の卵巣において，卵子の成長および発育は原始卵胞の形成時から顆粒層（膜）細胞の成長および成熟と密接に関係している（Eppig, 2001；Matzuk et al, 2002；Hayashi et al, 1999）．言い換えれば，卵子の成長や成熟は卵胞の発育と同調していることになる．卵胞は，二次卵胞まで発育すると顆粒層細胞層の外側に莢膜細胞層が分化し，卵胞としての基本構造ができ，ステロイド産生を行う基盤ができあがる（Tajima et al, 2007）．卵子，顆粒層細胞および莢膜細胞の相互作用により，卵胞は排卵卵胞まで成長する．卵胞が排卵卵胞まで発育・成長する過程では，顆粒層細胞は卵胞内で二つの細胞に分化する．一つは，卵胞の壁側に存在する（壁）顆粒層細胞（mural granulosa cell）であり，もう一つは，卵子と密接な分子のやりとりをし，その周囲に位置する卵丘細胞（cumulus cell）である．この卵胞発育過程において，卵子由来因子である *Gdf9* の mRNA 発現や GDF-9 タンパク質発現は，ラット(Hayashi et al, 1999；Jaatinen et al, 1999)，マウス(McGranth et al, 1995；Dong et al, 1996）およびヒト（Aaltonen et al, 1999）の一次卵胞の卵子に認められる．一方，ヒツジやウシなどでは原始卵胞の卵子でその発現が認められる（Bodensteiner et al, 1999）．このようにGDF-9は，卵胞発育の初期から積極的に顆粒層細胞や卵丘細胞の機能に関与すると考えられている．

卵胞発育に及ぼすGDF-9の関与については，前述した動物種で明らかにされてきた．しかし，ブタ卵巣内卵胞発育に及ぼすGDF-9の影響については，まったく研究されていなかった．我々の研究室では，生後5日齢，16日齢，28日齢および39日齢の幼若雌ブタの卵巣を摘出し，卵巣内の発育卵胞の分布状態と *GDF-9* の mRNA 発現解析を調べた（Shimizu et al, 2004 a）．この時には，ブタ *GDF9* の遺伝子配列が同定されていなかったため，ウシとヒツジの遺伝子配列をもとに保存性の高い領域を用いてプライマーを設計し遺伝子発現を解析した．その結果，一次卵胞が多く出現し始める生後16日齢の卵巣で *GDF9* の発現が，他の日齢と比べて有意に増加することが示された．このことは，他の動物種と同様，ブタにおいても初期の卵胞発育に関与する可能性のあることを示唆している．これらの現象をさらに確認するために，ブタ卵巣に *GDF9* 遺伝子を投与し，卵胞発育が促進するのか否かについて検討することにした．しかしながら，当時はブタ GDF-9遺伝子配列が同定さていなかったため，我々の研究室でブタ *GDF9* 遺伝子の同定を行うこととした．同定したブタの *GDF9* 遺伝子は，ヒト，ヒツジおよびウシの *GDF9* と80％以上の相同性を有していた．また，アミノ酸レベルにおいても高い相同性があった．ブタの *GDF9* 遺伝子の配列が同定できたので，*GDF9* 遺伝子を組み込んだベクターを作製し，ブタ卵巣へ直接投与することにより卵胞発育に及ぼすGDF-9の影響を調べた．*GDF9*遺伝子ベクターを投与した卵巣では，投与していない卵巣（対照区）に比べて，一次卵胞（卵胞腔形成していない卵胞），二次卵胞および三次卵胞（卵胞腔形成した卵胞）の卵胞数が有意に増加した（Shimizu et al, 2004 b）．この結果は，GDF-9タンパクを未成熟ラットに投与した研究結果（Vitt et al, 2000）と同じであった．興味深いことに，未成熟ラットへのGDF-9タンパク質投与では，原始卵胞数を増加させたのに対し，我々の実験で用いたブタ卵巣への*GDF9*遺伝子直接投与では，原始卵胞の数は減少した．卵胞の発育は，順次原始卵胞から始まっていることを考えると，原始卵胞数が減少した要因は一次卵胞以降の卵胞で発育が刺激されたため，原始卵胞の集団から一次卵胞の集団へと卵胞が急激に供給されたためだと考えられる．すなわち，ブタ初期卵胞発育において，GDF-9は一次卵胞以降の卵胞発育促進に関与する可能性のあることがわかった．

作製した*GDF9*遺伝子ベクターを用いて，今度はブタよりもさらに小さい卵巣を持つ未成熟ラットの初期卵胞発育に及ぼす影響について調べた(Shimizu et al, 2008)．ブタやラットは，多胎動物であるので*GDF9*遺伝子ベクターをラット卵巣に投与した場合，ブタと同様の結果になるだろうと予測を立てていた．しかし，結果は予想に反するものであった．*GDF9*遺伝子ベクターを投与したのは，生後14日齢，16日齢および18日齢の未成熟ラットである．これらの未成熟ラットの卵巣にマイクロシリンジを用いて*GDF9*遺伝子ベクターを直接投与し，生後21日齢に卵巣を摘出し組織学的観察を行うことによって卵胞発育の状態を調べた．生後14日齢および16日齢の未成熟ラット卵巣において，GDF-9は卵胞の大きさが171-350μmという初期胞状卵胞の卵胞数を有意に増加させた．また，生後14日齢の卵巣においては，GDF-9は50–120 μmの大きさの卵胞（卵胞腔非形成）の数を有意に増加させた．しかしながら，生後18日齢の卵巣においては，生後14日齢および生後16日齢で見られたようなGDF-9の投与効果は認められなかった．総卵胞数は，GDF-9の効果を反映して生後14日齢および16日齢で対照区に比べ有意に増加したが，生後18日齢ではその増加は認められなかった．これらの結果から，発達中の卵巣においてGDF-9は卵胞発育の促進を刺激するが，卵胞レベルに焦点を当てると初期胞状卵胞の発育を促進することが明らかとなり，ブタで観察されたような一次卵胞には影響しないことがわかった．したがって，ラット卵巣においては卵胞腔形成をしていない前胞状卵胞が卵胞腔形成を有する初期胞状卵胞へと発育する過程にGDF-9が関与しているかもしれないことを示唆している．特に，この胞状卵胞へと発育する過程では，卵胞は閉鎖・退行することが多い．つまり，顆粒層細胞のアポトーシスが誘導されやすいと考えられるため，GDF-9は顆粒層細胞のアポトーシスを抑制することによって卵胞を生存へと導き，これが卵胞数の増加につながっている可能性が考えられる．

我々は，*Gdf9*遺伝子ベクターを作製するよりも以前に血管形成の促進に強く関与する血管内皮増殖因子（VEGF）遺伝子を組み込んだベクターを作製し，卵巣への影響を解析していた(Shimizu et al, 2003)．*Vegf*遺伝子ベクターを卵巣へ直接あるいは間接的に投与した場合，卵胞発育が促進し，排卵数が増加することはすでにわかっていた．この*Vegf*遺伝子ベクターと*Gdf9*遺伝子ベクターを投与時間および投与部位を変えダブルで遺伝子ベクターを投与したら，卵胞発育がかなり促進され，排卵数が劇的に増えるのではないかという仮説を立て実験を行ってみた．遺伝子ベクター無投与（生後21日齢，対照区），*Vegf* 遺伝子ベクター単独投与（生後21日齢）した未成熟ラット，*Gdf9* 遺伝子（生後14日齢投与）および *Vegf* 遺伝子（生後21日齢）の複合投与を行った未成熟ラットに過排卵処理を施し，平均排卵数を見てみたところ，対照区では58個，*Vegf* 遺伝子ベクター単独投与では100個，複合投与では110個であった（Shimizu et al, 2008）．*Vegf* 遺伝子ベクター単独投与と複合投与では，排卵数に有意な差は見られなかったものの，その数は確実に増加していた．また，このような遺伝子ベクターを投与して排卵した卵子は，正常に受精および胚発生を行うのかという疑問が残る．そこで，遺伝子ベクターの投与によって排卵した卵子の発生能について調べた．その結果，遺伝子ベクター投与由来卵子は，受精し，２細胞期から胚盤胞期まで発生を進行したことから，受精能およびその後の発生能にはまったく問題のないことがわかった（Shimizu et al, 2008）．

雌個体は卵巣に膨大な数の卵子を多く保有しているが，卵胞発育の過程ではその大多数が死滅する．排卵誘発法や卵子の体外成熟および体外受精技術では，卵子の死滅を予防することができず，またきわめて少数の受精可能卵子しか作出することができない．したがって，優良個体の作出や絶滅危惧種の保護などをはかるためにも，本研究結果は卵巣内にある多くの卵子の有効利用および受精可能な多くの卵子の作出などに寄与できると考えている．

（清水隆・佐藤英明）

引用文献

Aaltonen J, Laitinen MP, Vuojolainen K, et al (1999) Human growth differentiation factor-9 (GDF-9) and its novel homolog GDF-9B are expressed in oocytes during early folliculogenesis, *J Clin Endocrinol Metab*, 84 ; 2744-2750.

Bodensteiner KJ, Clay CM, Moeller CL, et al (1999) Molecular cloning of the ovine growth/differentiation factor-9 gene and expression of growth/differentiation factor-9 in ovine and bovine ovaries, *Biol Reprod*, 60 ; 381-386.

Dong J, Albertini DF, Nishimori K, et al (1996) Growth differentiation factor-9 is required during early ovarian folliculogenesis, *Nature*, 383 ; 531-535.

Eppig JJ (2001) Oocyte control of ovarian follicular development and function in mammals, *Reproduction*, 122, 829-838.

Hayashi M, McGee EA, Min G, et al (1999) Recombinant growth differentiation factor-9 (GDF-9) enhances growth and differentiation of cultured early ovarian follicles, *Endocrinology*, 140 ; 1236-1244.

Jaatinen R, Laitinen MP, Vuojolainen K, et al (1999) Localization of growth differentiation factor-9 (GDF-9) mRNA and protein in rat ovaries and cDNA cloning of rat GDF-9 and its novel homolog GDF-9B, *Mol Cell Endocrinol*, 156 ; 189-193.

Matzuk MM, Burns KH, Viveiros MM, et al (2002) Intercellular communication in the mammalian ovary : oocytes carry the conversation, *Science*, 296 ; 2178-2180.

McGrath SA, Esquela AF, Lee SJ (1995) Oocyte-specific expression of growth/differentiation factor-9, *Mol Endocrinol*, 9 ; 131-136.

Shimizu T, Iijima K, Ogawa Y, et al (2008) Gene injection of vascular endothelial growth factor (VEGF) and growth differentiation factor-9 (GDF-9) stimulate ovarian follicular development in immature female rats, *Fertil Steril*, 89 ; 1563-1570.

Shimizu T, Jiang JY, Iijima K, et al (2003) Induction of follicular development by direct single injection of vascular endothelial growth factor gene fragments into the ovary of miniature gilts, *Biol. Reprod*, 39 ; 1388-1393

Shimizu T, Yokoo M, Miyake Y, et al (2004a) Differential expression of bone morphogenetic protein 4-6 (BMP-4, -5, and -6) and growth differentiation factor-9 (GDF-9) during ovarian development in neonatal pigs, *Domest Anim Endocrinol*, 27 ; 397-405.

Shimizu T, Miyahayashi Y, Yokoo M, et al (2004b) Molecular cloning of porcine growth differentiation factor 9 (GDF-9) cDNA and its role in early folliculogenesis : direct ovarian injection of

GDF-9 gene fragments promotes early folliculogenesis, *Reproduction*, 128 ; 537-543.
Tajima K, Orisaka M, Mori T, et al (2007) Ovarian theca cells in follicular function, *Reprod Biomed Online* 15 ; 591-609.
Vitt UA, McGee EA, Hayashi M, et al (2000) In vivo treatment with GDF-9 stimulates primordial and primary follicle progression and theca cell marker CYP17 in ovaries of immature rats, *Endocrinology*, 141 ; 3814-3820.

VI-25

卵子由来 bone morphogenetic protein-15（BMP-15）

Key words
骨形成タンパク（BMP）／卵胞刺激ホルモン（FSH）／transforming growth factor-β（TGF-β）／オートクリン／パラクリン／卵胞成長

はじめに

下垂体前葉から分泌される性腺刺激ホルモン（gonadotropins）を中心とする元来の生殖内分泌系と協調的に，卵巣で産生される局所因子が卵胞の発育および成熟を調節・制御していることが明らかとなり，卵巣における生殖内分泌の動態はいっそう複雑なものであることがわかってきた．卵巣において長年研究されてきたインヒビン（inhibin）・アクチビン（activin）に加えて，同じTGFβスーパーファミリーメンバーに属する骨形成タンパク（BMP, bone morphogenetic protein）の卵巣での発現と生殖内分泌作用が1999年S. Shimasakiらによってはじめて報告された（Shimasaki et al, 1999）．卵胞発育において，顆粒膜細胞の増殖と分化は最も重要な現象である．顆粒膜細胞の分化には，卵胞刺激ホルモン（FSH, follicle-stimulating hormone）応答性の獲得が重要であり，分化に伴いFSH反応性に黄体化（黄体形成）ホルモン（LH, luteinizing hormone）受容体が発現し，卵胞ステロイド合成に寄与する転写因子・酵素の発現を介してエストロゲン・プロゲステロンの産生（steroidogenesis）が誘導される．このようなゴナドトロピン作用を修飾する卵巣局所での成長因子（growth factor）として，BMPに着目した研究が進められてきた（Shimasaki et al, 2004）．卵胞の成長過程において，BMP分子は卵母細胞・顆粒膜細胞・莢膜細胞から分泌され，細胞特異的に分布するBMP受容体シグナルを介して細胞間での情報伝達を行い，卵胞細胞の増殖と分化を調節する．特に卵母細胞特異的に発現を認めるBMP-15分子の生殖内分泌における重要性は，2000年に報告された生殖形質異常を持つヒツジにおける*Bmp 15*遺伝子異常の発見，そして2004年に報告されたヒト卵巣機能障害における*Bmp 15*遺伝子変異の存在によって注目を集めることとなった．本節では，BMP-15の生殖内分泌作用について，他のBMP分子と比較して概説する．

1 BMPシステムの概要

BMPは，TGF-β・インヒビン・アクチビン・Vg1・ミューラー管抑制物質（MIS/AMH）などを含むTGF-βスーパーファミリーに属し，初期胚の器官形成や中胚葉誘導に重要な役割を果たす．BMPは本来，骨組織に存在する異所性骨化を促す物質として1965年にM. R. Uristらにより発見され（Urist, 1965），その後1988年にJ. M. WozneyらによりBMP-1, -2, -3, -4のcDNAがクローニングされ，その物質の本体が明らかになった（Wozney et al, 1988）．このうちBMP-1は，後にプロコラーゲンCタンパク分解酵素と判明して区別された．次いでBMP-5，-6，-7が同定されたのち，1998年には異なる二つの研究室から，growth differentiation factor（GDF）-9と高い相同性を持ち卵巣特異的に発現するBMP分子，BMP-15/GDF-9Bがクローニングされた（Dube et al, 1998；Laitinen et al, 1998）．BMP-15はX染色体上にコードされ，GDF-9同様に卵母細胞特異的に発現していることから，その卵胞機能への役割が注目された．

BMPは，TGF-βと同様に2種類のセリン・スレオニンキナーゼ型受容体（I型とII型）に結合し，Smadタンパクをリン酸化して核内にシグナルを伝達する（図VI-25-1）．BMPのI型受容体としてBMPRIA（ALK-3），BMPRIB（ALK-6），ActRI（ALK-2）の3種，II型受容体としてBMPRII, ActRII, ActRIIBの3種が知られているが，BMPの結合特異性と親和性はI型とII型の受容体の組み合わせにより決定される．TGF-βやアクチビンの場合は，まずリガンドと直接結合できるII型受容体に結合し，ついでリガンドとII型受容体複合体にI型受容体（ALK-4, -5, -7）がリクルートされ，活性化されたI型受容体がSmad 2/3をリン酸化する．BMPの場合は，II型あるいはI型受容体単独とも結合できるが，両受容体の存在下でより高親和性となる．BMPリガンドとI型・II型受容体の3者複合体が形成され，II型受容体のキナーゼ活性によりI型受容体がリン酸化される．このI型受容体のGSドメインのリン酸化によって，BMP特異的なSmad1/5/8のリン酸化が生じ，Smad4と結合して核内へ移行し応答遺伝子の発現を誘導する（図VI-25-1）．また細胞外では，神経組織誘導作用から発見された分子ノギン（noggin），コーディン（chordin）やDanファミリー，またアクチビンのアンタゴニストとして発見されたフォリスタチン（follistatin）などの結合タンパクがBMP機能を調節している．

15種以上からなるBMPは，TGF-βスーパーファミリーの中で最も大きいサブグループであり，種々の細胞・組織において多機能を有する細胞増殖因子である．TGF-βスーパーファミリーメンバーのリガンドの特徴は七つのシステイン残基がその成熟型タンパクに保存されていることであり，システインノット（cystein knot）と呼ばれるユニークな配列によって立体構造が保たれている．このうちC末端から4番目のシステインはS-S分子間橋によるダイマー（dimer）形成に使われる．一方，アクチビンやTGF-β分子は，さらに二つのシステイン残基を持つことによってBMP分子と区別される．マウス・ラット・ヒトともに相同性の高いBMP-15とGDF-9は，共通して七つのうち六つのシス

トランスフォーミング成長因子（Transforming growth factor-β, TGFβ）：TGF-βは，細胞増殖・分化を制御する成長因子（growth factor）であり，分子構造の特徴から哺乳類においては約40種類が知られ，TGF-βスーパーファミリーを構成している．TGF-βスーパーファミリーは，三つのサブファミリーに分類され，TGF-βファミリー，アクチビンファミリーおよびBMP（bone morphogenetic protein）ファミリーと呼ばれる．TGF-βは，癌細胞での研究により細胞増殖抑制作用を発揮すること，また免疫系では免疫グロブリンのクラススイッチや血管形成，さらに細胞外基質の産生に関与することが知られている．またアクチビンは，下垂体からの卵胞刺激ホルモン（FSH）分泌促進機能を指標に精製された分子であるが，性腺の発達・胚分化など生殖内分泌系に必須の因子でもある．アクチビンは性腺以外にも血球・神経分化あるいは肝臓・腎臓の線維化に関与する．そしてBMPは，本文中にもあるようにTGF-βスーパーファミリーで最も大きなサブファミリーを構成し，骨・軟骨の形成を促すサイトカインとして発見された．その後，BMPは初期の中胚葉発生・神経発生に必須であること，また内分泌調節作用を発揮することが明らかとなってきた．

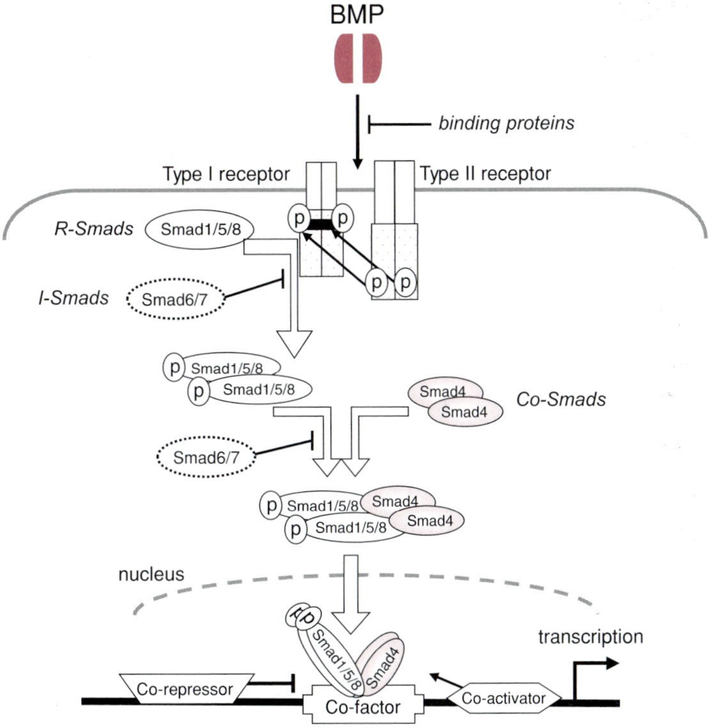

図Ⅵ-25-1．BMPのシグナル伝達機構

BMPはI型とII型のセリン・スレオニンキナーゼ型のレセプターに結合し，Smadタンパクを活性化して細胞内にシグナルを伝達する．BMPとI型・II型受容体との3者複合体の形成が引き金となり，II型レセプター活性によってI型レセプターがリン酸化され，BMPレセプター特異的なSmad（R-Smad）であるSmad1/5/8のリン酸化が生じる．これは細胞内でTGF-βスーパーファミリーに共通のSmad（Co-Smad）であるSmad4と結合して核内へ移行し，DNAに結合して応答遺伝子の発現を誘導する．このBMPシグナル伝達は抑制性Smad（I-Smad）であるSmad6/7によって細胞内で制御される．これに加えて細胞外では，BMP結合タンパク（binding protein）によってBMPの作用が調節されている．

テインしか持たず，S-S分子間橋の形成に必要な4番目のシステインが欠損している特徴を持つことから当初よりヘテロダイマーの形成が予測されていた．*in vitro*発現系での検討の結果，BMP-15とGDF-9分子は各ホモダイマーを形成するとともにBMP-15/GDF-9ヘテロダイマーも形成することが示された（Liao et al, 2003）．しかしこのヘテロダイマーの機能的役割は未だ明らかではない．

2 卵胞におけるBMPシステム

BMPリガンドの卵巣での発現には種差が見られるが，現在までにBMP-2, -3, -3b, -4, -6, -7, -15とGDF-9の発現が明らかとなっている（Erickson, Shimasaki, 2003）．分布のパターンはリガンド間で異なっており，BMP-2は顆粒膜細胞に，BMP-3b, -4, -7は莢膜細胞・間質細胞に，

BMP-6，-15，GDF-9は卵母細胞に特徴的に発現している（図Ⅵ-25-2）．BMP-15の発現パターンはより卵母細胞に特異的であり，マウス・ラット・ヒトにおいて卵母細胞にのみ強く発現している（Dube et al, 1998；Jaatinen et al, 1999；Aaltonen et al, 1999）（図Ⅵ-25-3）．マウスの検討では，卵母細胞の *Bmp 15* mRNAは一次卵胞から出現し，その発現は卵胞発育に伴い増強する（Dube et al, 1998）．ラットでの検討では，*Bmp 15* の mRNAとともにタンパクも同時に発現しており，一次卵胞から排卵前の成熟卵胞まで発現が維持されていることも明らかとなった（Otsuka et al, 2000）．BMP-15分子と同様に，GDF-9の卵巣における発現パターンも卵母細胞特異的で（Elvin et al, 1999），この特徴はヒト・ラット・マウス・ヒツジ・ウシの卵巣でも確認されている．しかしその発現時期には若干の種差が見ら

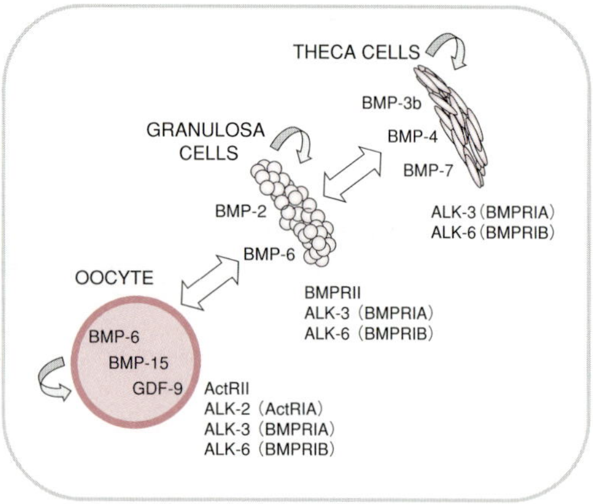

図Ⅵ-25-2．卵巣におけるBMPシステム

卵胞を構成する卵母細胞（oocyte）・顆粒膜細胞（granulosa cell）・莢膜細胞（theca cell）にはBMPリガンドとBMPのI型・II型受容体およびその結合タンパクが存在し，オートクリン／パラクリン機序により卵胞発育を調節している．卵胞BMP分子として，卵母細胞にBMP-6，-15，GDF-9，顆粒膜細胞にBMP-2，-6とフォリスタチン，莢膜細胞にはBMP-3b，-4，-7が同定されている．

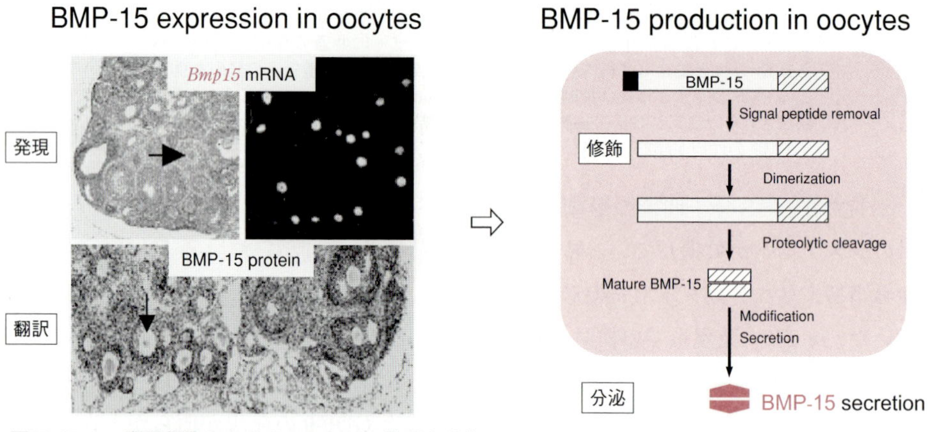

図Ⅵ-25-3．卵母細胞におけるBMP-15の発現と分泌

卵巣組織における検討から，*Bmp15* mRNA（in situ hybridization法）・BMP-15タンパク（immnohistochemistry法）は卵母細胞特異的に発現しており，一次卵胞から排卵前の成熟卵胞まで発現が維持されている（→：ラット卵母細胞を示す．卵母細胞からBMP-15が分泌されるステップとして，プレプロタンパクからシグナルペプチドが除かれ，プロタンパクのダイマー形成ののち成熟タンパクBMP-15が切断され分泌される．

れており，マウス・ラット・ヒトでは，GDF-9のmRNA・タンパクともに原始卵胞以降の卵胞成熟全過程を通じて卵母細胞に発現しているが，ヒツジ・ウシでは原始卵胞の段階から *Gdf 9* がmRNAレベルで検出されている（Bodensteiner et al, 1999）．GDF-9とBMP-15の卵母細胞での発現パターンと時期は近似しているが，ヒトの卵巣で比較した場合GDF-9の方がわずかに早い時期より発現し始める（Aaltonen et al, 1999）．活性型BMP分子の分泌には翻訳後のタンパク切断（processing）の過程が重要であり，BMP-15の場合にもプレプロタンパクの翻訳後にシグナルペプチドが除かれる．そしてプロタンパクのダイマー形成に続いて成熟型タンパク（mature protein）であるBMP-15ダイマーが切断された後，修飾を受けて分泌される（図Ⅵ-25-3）．

BMP受容体としては，BMPのⅠ型受容体（ALK-2, -3, -6）とⅡ型受容体（BMPRII, ActRII）の発現が卵巣において証明されている（Shimasaki et al, 1999；Shimasaki et al, 2004；Erickson, Shimasaki, 2003；Drummond et al, 2002）（図Ⅵ-25-2）．ラット卵巣ではⅠ型受容体のうちALK-3が卵母細胞と顆粒膜細胞に分布し，特に卵母細胞に強く発現する．ALK-6も卵母細胞とともに一次卵胞以降の顆粒膜細胞に分布を認める．Ⅱ型受容体のうち，BMPRIIの発現パターンはほとんど顆粒膜細胞に限局しており二次卵胞の最初の段階から強く発現するが，ActRIIは卵母細胞を主体に発現が認められる（Drummond et al, 2002）．ヒツジの卵巣でもALK-3，-6，BMPRIIを含むBMP受容体が一次卵胞から成熟卵胞に至るまでの顆粒膜細胞に発現しており，一部は卵母細胞・莢膜細胞および黄体にも認められる（Souza et al, 2002）．これらの卵巣に存在するBMPリガンドとレセプターが，オートクリン／パラクリン機序によって卵胞を構成する細胞間でのコミュニケーション・ネットワークを形成している（図Ⅵ-25-2）．

3 BMP-15の生殖内分泌作用

（A）卵巣顆粒膜細胞に対する作用

卵母細胞に発現する新しいBMP分子，BMP-15については1998年のクローニング以来，卵巣を含む生殖系に対する作用はまったく不明であった．リコンビナントヒトBMP-15タンパクを精製してラット顆粒膜細胞の初代培養系を用いた解析の結果，BMP-15はFSH非依存的に顆粒膜細胞の細胞増殖を刺激すること（Otsuka et al, 2000），またFSHによる顆粒膜細胞でのプロゲステロン産生を抑制する（luteinizing inhibitor）がエストロゲンには影響しないこと（Otsuka et al, 2000），FSHによって誘導される顆粒膜細胞でのステロイド合成酵素系（StAR, P450scc, 3βHSD），LH受容体，インヒビン・アクチビンサブユニット（α, βA, βB）の発現も抑制すること（Otsuka et al, 2001）が明らかになった（図Ⅵ-25-4）．さらにこのBMP-15の作用機序として，顆粒膜細胞におけるFSH受容体の発現抑制が上流にあることが示された（図Ⅵ-25-4）．BMP-15はFSHによる顆粒膜細胞でのエストロゲン産生には影響しないが，これは *in vitro* 培養系でのエストロゲン基質androstenedioneの作用によると考えられ，androstenedione非存在下では，FSH刺激によるP450aromおよびエストロゲン産生は他の因子同様にBMP-15により抑制される．

BMP-15の顆粒膜細胞における細胞増殖刺激因子（mitogen）としての作用には，卵母細胞と顆粒膜細胞間の細胞間シグナル交信が重要である（Otsuka, Shimasaki, 2002）（図Ⅵ-25-5）．幹細胞因子（Kit ligand, KL）は初期卵胞の卵母細胞発育に必須の因子であるが，BMP-15はこの顆粒膜細胞のKL発現を増強する一方でKLは卵母細胞由来のBMP-15の発現を抑制する．さらにKLの受容体である卵母細胞側のc-kitシグナルを中和抗体により阻害すると，BMP-15による顆粒膜細胞の増殖が抑制される．このようにBMP-15とKL/c-kit間には負のフィードバック・ループが形成されており，この卵・顆粒膜細胞間のコミュニケーションによって顆粒膜細胞の増殖刺激が調節されていることが示唆された（図Ⅵ-25-5）．

BMP-15は，顆粒膜細胞のBMPRIB（ALK-6）とBMPRII受容体に結合し，受容体SmadであるSmad1/5/8のリン酸化シグナルを惹起してその作用を発揮する（Moore et al, 2003）．またBMP-15による顆粒膜細胞の増殖作用は，MAPキナーゼ（ERK1/ERK2）の活性化を阻害することで抑制されることから，Smadに加えてERK経路の関与も示唆される（図Ⅵ-25-4）．このERKシグナル活性化の抑制は，BMP-15によるFSH作用の抑制には影響しないことから，顆粒膜細胞におけるステロイド生合成と細胞増殖に対し

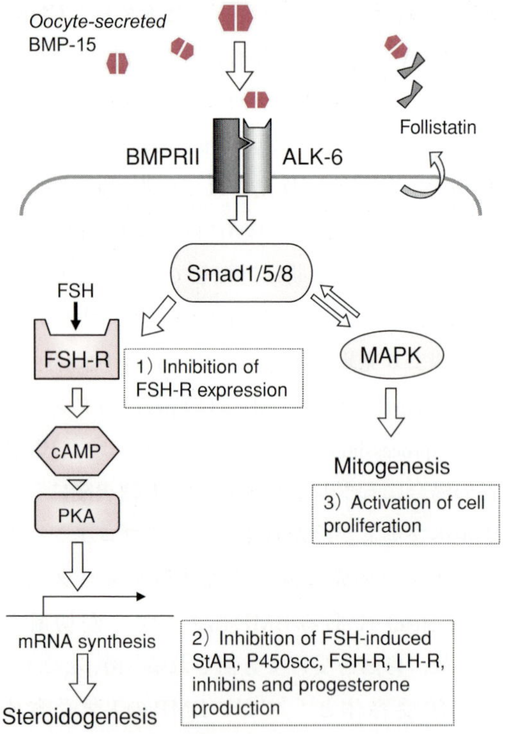

図Ⅵ-25-4．顆粒膜細胞に対するBMP-15の作用

BMP-15は顆粒膜細胞においてBMPRIB（ALK-6）とBMPRIIに結合し，Smad1/5/8のリン酸化を介してステロイド生合成と細胞分裂の調節作用を発揮する．また細胞外では顆粒膜細胞により産生される結合タンパクフォリスタチンによってBMP-15作用は制御される．BMP-15は顆粒膜細胞において，FSH受容体（FSH-R）の発現を抑制することにより，FSHによるプロゲステロン産生の抑制をはじめFSHの作用を広く抑制する．またBMP－15はFSH非依存的に顆粒膜細胞の増殖を促すが，この作用にはMAPキナーゼ（MAPK）シグナルの活性化も寄与している．

Mitogen-activated protein kinase（MAPK）：MAPKは，広く真核生物に保存されたセリン／スレオニンキナーゼであり，活性化に伴って核内へと移行し，細胞外のシグナルを核内へと伝える．哺乳類では，古典的MAPKとも呼ばれるERK1/ERK2サブファミリー，ストレス活性化キナーゼ（SAPK, stress-activated protein kinase）とも呼ばれるJNK1・JNK2・JNK3サブファミリーならびにp38α・p38β・p38γ・p38δサブファミリー，C末端側に転写活性化領域を合わせ持つ構造を有する大分子量のERK5サブファミリー（BMK, Big MAPK）の四つのMAPKサブファミリーが知られている．MAPKは，キナーゼサブドメインVIIとVIII間のPループ領域のスレオニン残基・チロシン残基がリン酸化されることで活性化される．MAPK活性化ループのリン酸化を担うのは，セリン／スレオニン／チロシンキナーゼに属するMAPKKであり，ERK1/2の活性化にはMEK1・MEK2が，JNKサブファミリーにはMKK4・MKK7，p38サブファミリーにはMKK3・MKK6，ERK5サブファミリーの活性化にはMEK5が関与している．さらにMAPKKの活性化にはMAPKKKと呼ばれるセリン／スレオニンキナーゼが関与し，MAPKKK→MAPKK→MAPKからなる連続したリン酸化反応はMAPKカスケードと呼ばれる．古典的MAPKカスケードの持続的な活性化は細胞の癌化に寄与するが，最近の研究では内分泌領域においても，MAPKの多彩な機能と活性化制御機構，また他のシグナルとの多様なクロストークについて新たな知見が集積しつつある．

図Ⅵ-25-5．卵胞BMPシステムによる顆粒膜細胞の増殖メカニズム

BMPによる顆粒膜細胞のmitogen作用は，卵胞を構成する細胞間連携により発揮される．卵母細胞由来のBMP-15は，顆粒膜細胞のBMP受容体（ALK-6/BMPRII）を介して直接的に増殖を刺激するほか，kit ligand（KL）の発現を増強して卵母細胞のc-kitシグナルを介して間接的にも増殖に寄与する．KLは，c-kitシグナルを介した負のフィードバック作用によって卵母細胞BMP-15の発現を抑制する．一方，莢膜細胞由来のBMP-7は卵母細胞（ALK-2，-6/ActRII）と顆粒膜細胞（ALK-6/BMPRII）の受容体を介して顆粒膜細胞増殖に寄与する．卵母細胞から顆粒膜細胞への作用には未だ不明（図中？）であるが，卵・顆粒膜細胞間のコミュニケーションによって顆粒膜細胞の増殖は調節されている．

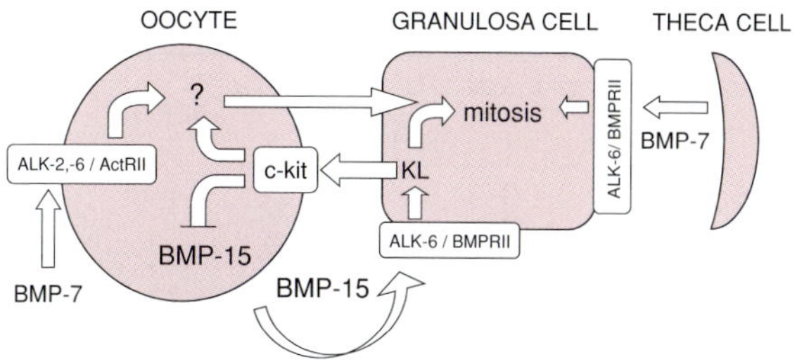

てBMP-15が異なるシグナル伝達系を作動すると考えられる．一方でBMP-15の作用は，細胞外結合タンパクによっても間接的に制御される．顆粒膜細胞で産生されるフォリスタチンはアクチビンに強く結合して作用を中和する結合タンパクであるが，BMPリガンドについてもBMP-2，-4，-7などに対する活性阻害作用が示されている．以前に示されたS. Xiaoらの顆粒膜細胞を用いた検討においても，FSH刺激下に生じるプロゲステロン上昇がフォリスタチンの存在下ではむしろ増強する点は，フォリスタチンがプロゲステロン上昇を促すアクチビンの抑制だけでなく，その他のプロゲステロン抑制因子も中和しうる可能性を示唆する（Xiao et al, 1990）．事実BMP-15もフォリスタチンと比較的高い親和性で結合し，BMP-15の細胞増殖活性やステロイド合成調節能が中和されることが明らかとなった（Otsuka et al, 2001）．

(B) 下垂体ゴナドトロープにおける作用

さらに，BMP-15は卵巣のみならず下垂体においても機能している．下垂体前葉ゴナドトロープLβT2細胞およびラット下垂体初代培養細胞を用いたバイオアッセイでは，BMP-15がFSHβの転写を活性化してFSH分泌を促す作用を持つことが示された（Otsuka, Shimasaki, 2002）．この作用はFSHに特異的であり，LHβ・ゴナドトロピン放出ホルモン（GnRH, gonadotropin-releasing hormone）受容体の転写およびLH産生には影響しない．このように，BMP-15は卵巣レベルでのFSH受容体の発現抑制に加えて，下垂体前葉レベルではFSH分泌自体を亢進することにより下垂体・卵巣系の調節に与っている．

(C) 他のBMP分子との比較

GDF-9は，BMP-15と最も高い相同性を持ち，卵巣での卵母細胞特異的な分布様式もBMP-15と近似しているが，その卵胞における生理活性はBMP-15と明らかに異なる（表Ⅵ-25-1）．GDF-9は顆粒膜細胞の細胞増殖を促進し，FSHによる性ステロイドホルモン合成やLH受容体発現を抑制する点（Vitt et al, 2000）はBMP-15の生理活性と類似している．しかし，GDF-9がFSH

表VI-25-1．BMP 分子の顆粒膜細胞に対する作用の比較

	エストラジオールレベル		プロゲステロンレベル		有糸分裂
	FSH −	＋	FSH −	＋	
BMP-2	⇨	⇧	⇨	⇩	⇨
BMP-4	⇨	⇧	⇨	⇩	⇨
BMP-6	⇨	⇨	⇨	⇩	⇨
BMP-7	⇨	⇧	⇨	⇩	⇧
BMP-15	⇨	⇨	⇨	⇩	⇧
GDF-9	⇧	⇩	⇨／⇧	⇩	⇧

顆粒膜細胞の増殖と分化は，卵胞の成長過程において最も大きな変化の一つである．BMP 作用の *in vitro* での検討では，哺乳類卵巣から分離した顆粒膜細胞の初代培養系が一般的に用いられる．顆粒膜細胞の増殖指標としては DNA 合成能・細胞数の変化が検討され，細胞分化の指標としては FSH 依存性・非依存性の卵巣ステロイドホルモン合成能（steroidogenesis）の変化が評価される．表には，これまでに知られた哺乳類（ラット・マウス・ヒツジ）での卵巣顆粒膜細胞における主な BMP の作用を示す．

非依存的にプロスタグランジン E2/EP2 受容体系を介してマウス顆粒膜細胞のプロゲステロン分泌を刺激すること（Elvin et al, 2000），ラット顆粒膜細胞でのインヒビン合成を促進すること（Hayashi et al, 1999），マウス顆粒膜細胞での KL 発現を抑制すること（Joyce et al, 2000）などの点で BMP-15とは異なる生理活性を有する．GDF-9 の顆粒膜細胞における受容体として ALK-5/BMPRII が，そのシグナルとして Smad 2/3 が報告されているが(Mazerbourg et al, 2004)，BMP リガンドにより通常活性化される Smad1/5/8 経路と異なる点は興味深い．また，BMP-15による顆粒膜細胞の増殖促進作用は GDF-9 の共存により強く増強され，この協調作用は BMPRII 結合を阻害することで特異的に抑制されることから，BMP-15/GDF-9 共通の鍵となる受容体は BMPRII といえる(Edwards et al, 2008)．

BMP-15・GDF-9 以外に卵母細胞から分泌される BMP-6 は，FSH によるプロゲステロン産生を抑制するがエストラジオール産生には影響しないという BMP-15と同様なステロイド合成調節作用を発揮する（Otsuka et al, 2001）．莢膜細胞から分泌される BMP-4，-7(Lee et al, 2001)，顆粒膜細胞から分泌される BMP-2 の生理活性を考慮しても（Inagaki et al, 2009），この FSH によるプロゲステロン産生の抑制は卵胞 BMP の機能として共通しており，BMP が黄体化抑制因子（luteinizing inhibitor）としての役割を担っていることが示唆される（表VI-25-1）．BMP-6 は，プロゲステロンおよびその合成酵素以外に，インヒビン・アクチビン，LH 受容体などの種々の FSH 依存性因子の発現についても抑制的に作用する．アデニル酸シクラーゼ（AC, adenylate cyclase）を直接活性化するフォルスコリン (forskolin) によって誘導された因子も BMP-6 による抑制を受けるが，cAMP 誘導体によって FSH シグナルのより下流にある PKA を直接刺激した場合には BMP-6 が作用しないことから，顆粒膜細胞での BMP-6 作用点は AC 活性化から cAMP 産生の段階であることが示唆された (Otsuka et al, 2001)．BMP-6 は，BMP-15や莢膜細胞由来の BMP-7（Lee et al, 2001）とは異なって，顆粒膜細胞の増殖には影響しない．BMP-15は，顆粒膜細胞のステロイド生合成において BMP-6 同様の役割を持つにもかかわらずその作用点が違うこと，また BMP-15は FSH 非依存性に細胞増殖を促進する作用を持つことで BMP-6 とは異なっている．これらの BMP 分子による FSH 受容体シグナルへの調節機序に加えて，FSH による BMP シグナルの増幅作用（Miyoshi et al, 2006 ; Miyoshi et al, 2007）も顆粒膜細胞において認められ，BMP と FSH 間には密接な相互作用があるといえる．また，ヒト BMP-15の成熟タンパクの 6 番目のセリン残基にはリン酸化が認められることも興味深い（Saito et al, 2008）．このリン酸化は BMP-15や GDF-9 の生理活性に必須であり，脱リン酸化処理した BMP-15および GDF-9 は生理活性が消失しているだけでなく，他の BMP 生理活性にも拮抗する（McMahon et al, 2008）．BMP 成熟タンパクのリン酸化は，他の TGF-β スーパーファミリーメンバーには認められない特異的な修飾であり，卵母細胞での BMP の翻訳後修飾のメカニズム解明は今後の課題といえる．

4 BMP-15遺伝子異常の意義

自然発症的に不妊となるヒツジの Inverdale 種と Hanna 種が存在するが，それぞれの原因遺伝子 *FecX*^{I} と *FecX*^{H} は X 染色体にリンクしており，ホモ体では不妊をヘテロ体では多胎・多産という特徴的な生殖表現型を呈する．この遺伝子の本体が *Bmp 15* であるという発見は，生殖内分泌における BMP-15研究のブレイクスルーとなった（Galloway et al, 2000）．この Inverdale 種では成熟活性型 BMP-15の31番目のアミノ酸がバリンからアスパラギン酸（V31D）に変異しており，Hanna 種では成熟活性型 BMP-15の23番目のアミノ酸が停止コドンへと変異している．いずれの変異も BMP-15活性を損なう決定的な変異と考えられる．Inverdale 種や Hanna 種のホモ体では，活性型 BMP-15が完全欠損となるために KL/c-kit ループの活性化が中断され顆粒膜細胞の増殖が停止する．その結果として，卵胞成長が早期より抑制された索状卵巣（streak ovary）を呈する不妊となる（Shimasaki et al, 2003）．一方ヘテロ体の卵巣には特徴的にエストロゲン産生能を有する小型卵胞が多く存在し，その顆粒膜細胞での LH 反応性が亢進していること，形成された黄体も小型であることなどから，卵胞発育の未成熟排卵（precocious ovulation）が生じていると考えられる．おそらく，ヘテロ体では BMP-15活性の低下によって顆粒膜細胞の FSH 受容体の抑制が不完全となり，発育早期の卵胞から主席卵胞への選別（selection）や卵胞成熟（maturation）の過程を十分経ずに排卵が生じ，多産という表現型を引き起こすものと理解できる．

また *in vitro* のタンパク発現系による検討では，Inverdale 変異を持つ BMP-15 と正常な GDF-9 を共発現させた場合には GDF-9 成熟タンパクの正常なプロセッシングまでも障害されることから（Liao et al, 2003），Inverdale ホモ変異ヒツジの不妊の成因として，BMP-15のみならず活性型 GDF-9 の分泌低下も寄与している．その他の *Bmp 15* 遺伝子変異 *FecX*^{B} を保因する Belclare 種・Cambridge 種のヒツジの生殖形質も Inverdale 種・Hanna 種と同様であるが，この場合にも BMP-15成熟タンパクのアミノ酸置換（S99I）の存在により BMP-15と GDF-9 両方の成熟タンパクの分泌が抑制されている（Liao et al, 2004）．さらに McNatty らのグループは，正常なヒツジに対して，ハプテンを用いた能動免疫や中和抗体による受動免疫を用いた方法で内因性の BMP-15・GDF-9 機能を抑制しても多数排卵や不妊といった Inverdale 種・

Hanna種などの生殖内分泌異常を惹起しうることを示し（Juengel et al, 2002 ; 2004），少数排卵動物であるヒツジでのBMP-15/GDF-9分子の重要性を確認した．

5 ヒトにおけるBMP-15遺伝子変異

さてヒトにおいては，15症例の本邦premature ovarian failure（POF）の検討ではBMP-15の変異を検出しえなかったと報告されたが（Takebayashi et al, 2000），2004年に高ゴナドトロピン性卵巣不全のイタリア人姉妹例において*Bmp 15*遺伝子のヘテロ変異の存在がはじめて報告された（Di Pasquale et al, 2004）．この変異では，BMP-15プロタンパク部位のアミノ酸置換（Y235C）が生じるためにBMP-15成熟タンパクのプロセッシングによる分泌過程が障害され，正常なBMP-15による顆粒膜細胞の増殖作用に干渉する．さらにPOF症例での検索により，R68W・A180T・L148Pなどの新たなプロタンパク部位に位置するBMP-15変異も発見されたことから，ヒトPOFに関わる病因としてBMP-15分子異常による機序が示唆された（Di Pasquale et al, 2006 ; Laissue et al, 2006 ; Dixit et al, 2006 ; Moron et al, 2007）．プロタンパク部位はBMP-15成熟タンパクのプロセッシング過程に重要な役割を果たすことから（Hashimoto et al, 2005），BMP-15プロタンパク変異が成熟タンパクの分泌不全をきたしている可能性がある．これらのヒトでの発見は，ヒトの原発性卵巣機能低下やゴナドトロピン分泌異常の原因にBMP-15の生理活性の低下が関与する可能性を示唆する重要なものである．一方で，*Bmp 15*遺伝子異常によるPOFへの関与について，人種差による発見頻度の違いや遺伝子多型（polymorphism）も存在することから（Chand et al, 2006 ; Zhang et al, 2007 ; Ledig et al, 2008），*Bmp 15*遺伝子の変異あるいは多型性とPOFとの関与については，さらなる臨床データの集積と慎重な判断が必要であろう．

ヒツジやヒトなど少数排卵動物におけるBMP-15の決定的な生殖形質への影響は，多数排卵動物であるマウスでのBMP-15の意義と明らかに異なっている．GDF-9欠損の雌マウスはまったくの不妊となり一次卵胞の段階で卵胞発育が停止してしまうというMatzukらの報告は，GDF-9が卵胞発育の促進因子であることを強く示唆した（Dong et al, 1996）．ところが同じグループにより作られたBMP-15のノックアウトマウスについては，ヘテロ欠損雌マウスの生殖形質は正常，ホモ欠損の雌マウスでは出産率がやや低いものの不妊とはならないという大きな生殖形質の違いがあることが判明した（Yan et al, 2001）．この*Bmp 15*遺伝子の全成熟タンパクとプロタンパクの一部をコードするexon2を欠失させたマウスでは，ホモ変異でも軽度の妊孕性低下（subfertile）にとどまりヘテロ変異ではまったく異常を認めない．特にこの妊孕性低下は，卵胞発育の段階の障害によるものではなく，排卵障害と受精後の胎子発育の障害によることが判明した．では，このヒツジとマウスにおけるBMP-15変異による生殖形質の違いはどうして生じるのであろうか．

BMPリガンドの特徴から見るとBMP-2，-4，GDF-9などの成熟タンパクのアミノ酸配列は種を超え保存されているが，BMP-15の場合にはマウスとヒトの成熟タンパクにおける配列の相同性は70%程度と低い（Dube et al, 1998）．したがってBMP-15活性には種特異性があることも予測される．*in vitro* のタンパク発現系による実験では，ヒトBMP-15は翻訳後プロセッシングを経て正常に成熟タンパクが分泌されるが，マウスBMP-15の場合，プロタンパクから正常にプロセッシングを受けず成熟BMP-15タンパクが検出されない．つまりマウス卵母細胞では成熟BMP-15タンパクは分泌されていない可能性がある（Hashimoto et al, 2005）．*in vivo* のさらなる検討では，マウス卵母細胞には成熟BMP-15タンパクがほとんど検出されないこと，排卵直前になってはじめて成熟BMP-15タンパクが卵母細胞に出現することが明らかとなった（Yoshino et al, 2006）．したがって，BMP-15欠損マウスでの妊孕性の低下（卵胞発育段階は正常に近く，排卵時にのみ異常を呈する）は，排卵期に成熟BMP-15タンパクの分泌が欠如するためと考えられる．さらにヒトBMP-15のプロタンパク配列を用いて卵母細胞特異的にBMP-15を過剰発現したマウスの検討では，BMP-15の過剰発現により顆粒膜細胞の増殖亢進とFSH受容体発現の減弱が生じて卵胞発育は促進されることが示された（McMahon et al, 2008）．この現象は，BMP-15の *in vitro* での作用（顆粒膜細胞増殖作用とFSH受容体発現の抑制）に合致するものであるが，同時にBMP-15過剰発現の状態では加齢による卵胞閉鎖（acyclicity）も正常マウスに比して早期化していた．これらの結果を踏まえると，マウスにおいて排卵直前までBMP-15成熟タンパクの分泌を認めないことは，発育卵胞プールの減少を避けるために早期の未成熟な卵胞発育を制限したい多数排卵動物にとって，必要な自己調節とも解釈できる．BMP-15はヒツジ・ヒトなどの少数排卵動物では早期の段階から卵胞発育に必須の分子であるのに対して，マウス・ラットなどの多排卵動物では排卵時期において機能する分子であると解釈できる．BMP-15は少数排卵動物と多数排卵動物との排卵数の違い（ovulation quota）を調節する，つまり生殖形質発現の種差を決定する因子ともいえよう（Otsuka et al, 2011）．

まとめ

(1) BMP-15は卵母細胞から分泌され，顆粒膜細胞におけるFSH受容体発現の抑制により，プロゲステロン産生を抑制するとともに，KL/c-kitの活性化を介して顆粒膜細胞の増殖に寄与する．また下垂体前葉のゴナドトロープにも作用し，FSH分泌を刺激する．BMP-15はBMPRIB（ALK-6）/BMPRII受容体に結合し，Smad1/5/8シグナルを介して作用を発揮するが，細胞外ではフォリスタチンによる負の制御を受ける．

(2) BMP-15は，特にヒト・ヒツジなどの少数排卵動物において，排卵数の決定因子や卵胞発育の促進因子としての重要な役割を担っている．そのため，BMP-15成熟型タンパクの変異や分泌低下によって，これらの哺乳類での生殖形質に異常をきたす結果となる．

(3) BMP-15変異を含むBMPシステムの異常が，ヒトの生殖生理や不妊病態にどのように関わるかを明らかにし，病態診断のための検査やその治療への臨床応用が今後期待される．

（大塚文男）

引用文献

Aaltonen J, Laitinen MP, Vuojolainen K, et al (1999) Human growth differentiation factor 9 (GDF-9) and its novel homolog GDF-9B are expressed in oocytes during early folliculogenesis, *J Clin Endocrinol Metab*, 84 ; 2744-2750.

Bodensteiner KJ, Clay CM, Moeller CL, et al (1999) Molecular cloning of the ovine Growth/Differentiation factor-9 gene and expression of growth/differentiation factor-9 in ovine and bovine ovaries, *Biol Reprod*, 60 ; 381-386.

Chand AL, Ponnampalam AP, Harris SE, et al (2006) Mutational analysis of BMP15 and GDF9 as candidate genes for premature ovarian failure, *Fertil Steril*, 86 ; 1009-1012.

Di Pasquale E, Beck-Peccoz P, Persani L (2004) Hypergonadotropic ovarian failure associated with an inherited mutation of human bone morphogenetic protein-15 (BMP15) gene, *Am J Hum Genet*, 75 ; 106-111.

Di Pasquale E, Rossetti R, Marozzi A, et al (2006) Identification of new variants of human BMP15 gene in a large cohort of women with premature ovarian failure, *J Clin Endocrinol Metab*, 91 ; 1976-1979.

Dixit H, Rao LK, Padmalatha VV, et al (2006) Missense mutations in the BMP15 gene are associated with ovarian failure, *Hum Genet*, 119 ; 408-415.

Dong J, Albertini DF, Nishimori K, et al (1996) Growth differentiation factor-9 is required during early ovarian folliculogenesis, *Nature*, 383 ; 531-535.

Drummond AE, Le MT, Ethier JF, et al (2002) Expression and localization of activin receptors, Smads, and beta glycan to the postnatal rat ovary, *Endocrinology*, 143 ; 1423-1433.

Dube JL, Wang P, Elvin J, et al (1998) The bone morphogenetic protein 15 gene is X-linked and expressed in oocytes, *Mol Endocrinol*, 12 ; 1809-1817.

Edwards SJ, Reader KL, Lun S, et al (2008) The cooperative effect of growth and differentiation factor-9 and bone morphogenetic protein (BMP) -15 on granulosa cell function is modulated primarily through BMP receptor II, *Endocrinology*, 149 ; 1026-1030.

Elvin JA, Clark AT, Wang P, et al (1999) Paracrine actions of growth differentiation factor-9 in the mammalian ovary, *Mol Endocrinol*, 13 ; 1035-1048.

Elvin JA, Yan C, Matzuk MM (2000) Growth differentiation factor-9 stimulates progesterone synthesis in granulosa cells via a prostaglandin E2/EP2 receptor pathway, *Proc Natl Acad Sci USA*, 97 ; 10288-10293.

Erickson GF, Shimasaki S (2003) The spatiotemporal expression pattern of the bone morphogenetic protein family in rat ovary cell types during the estrous cycle, *Reprod Biol Endocrinol*, 1 ; 9.

Galloway SM, McNatty KP, Cambridge LM, et al (2000) Mutations in an oocyte-derived growth factor gene (BMP15) cause increased ovulation rate and infertility in a dosage-sensitive manner, *Nat Genet*, 25 ; 279-283.

Hashimoto O, Moore RK, Shimasaki S (2005) Posttranslational processing of mouse and human BMP-15 : potential implication in the determination of ovulation quota, *Proc Natl Acad Sci USA*, 102 ; 5426-5431.

Hayashi M, McGee EA, Min G, et al (1999) Recombinant growth differentiation factor-9 (GDF-9) enhances growth and differentiation of cultured early ovarian follicles, *Endocrinology*, 140 ; 1236-1244.

Inagaki K, Otsuka F, Miyoshi T, et al (2009) p38-mitogen-activated protein kinase stimulated steroidogenesis in granulosa cell-oocyte co-cultures : role of bone morphogenetic protein (BMP) -2 and -4, *Endocrinology*, 150 ; 1921-1930.

Jaatinen R, Laitinen MP, Vuojolainen K, et al (1999) Localization of growth differentiation factor-9 (GDF-9) mRNA and protein in rat ovaries and cDNA cloning of rat GDF-9 and its novel homolog GDF-9B, *Mol Cell Endocrinol*, 156 ; 189-193.

Joyce IM, Clark AT, Pendola FL, et al (2000) Comparison of recombinant growth differentiation factor-9 and oocyte regulation of KIT ligand messenger ribonucleic acid expression in mouse ovarian follicles, *Biol Reprod*, 63 ; 1669-1675.

Juengel JL, Hudson NL, Heath DA, et al (2002) Growth differentiation factor 9 and bone morphogenetic protein 15 are essential for ovarian follicular development in sheep, *Biol Reprod*, 67 ; 1777-1789.

Juengel JL, Hudson NL, Whiting L, et al (2004) Effects of immunization against bone morphogenetic protein 15 and growth differentiation factor 9 on ovulation rate, fertilization, and pregnancy in ewes, *Biol Reprod*, 70 ; 557-561.

Laissue P, Christin-Maitre S, Touraine P, et al (2006) Mutations and sequence variants in GDF9 and BMP 15 in patients with premature ovarian failure, *Eur J Endocrinol*, 154 ; 739-744.

Laitinen M, Vuojolainen K, Jaatinen R, et al (1998) A novel growth differentiation factor-9 (GDF-9) related factor is co-expressed with GDF-9 in mouse oocytes during folliculogenesis, *Mech Dev*, 78 ; 135-140.

Ledig S, Ropke A, Haeusler G, et al (2008) BMP15 mutations in XX gonadal dysgenesis and premature ovarian failure, *Am J Obstet Gynecol*, 198 ; 84 e81-85.

Lee W, Otsuka F, Moore RK, et al (2001) The effect of bone morphogenetic protein-7 on folliculogenesis and ovulation in the rat, *Biol Reprod*, 65 ; 994-999.

Liao WX, Moore RK, Otsuka F, et al (2003) Effect of intracellular interactions on the processing and secretion of bone morphogenetic protein-15 (BMP-15) and growth and differentiation factor-9, Implication of the aberrant ovarian phenotype of BMP-15 mutant sheep, *J Biol Chem*, 278 ; 3713-3719.

Liao WX, Moore RK, Shimasaki S (2004) Functional and molecular characterization of naturally occurring mutations in the oocyte-secreted factors bone morphogenetic protein-15 and growth and differentiation factor-9, *J Biol Chem*, 279 ; 17391-17396.

Mazerbourg S, Klein C, Roh J, et al (2004) Growth differentiation factor-9 signaling is mediated by the type I receptor, activin receptor-like kinase 5, *Mol Endocrinol*, 18 ; 653-665.

McMahon HE, Hashimoto O, Mellon PL, et al (2008) Oocyte-specific overexpression of mouse bone morphogenetic protein-15 leads to accelerated folliculogenesis and an early onset of acyclicity in transgenic mice, *Endocrinology*, 149 ; 2807-2815.

McMahon HE, Sharma S, Shimasaki S (2008) Phospho-

rylation of bone morphogenetic protein-15 and growth and differentiation factor-9 plays a critical role in determining agonistic or antagonistic functions, *Endocrinology*, 149 ; 812-817.
Miyoshi T, Otsuka F, Inagaki K, et al (2007) Differential regulation of steroidogenesis by bone morphogenetic proteins in granulosa cells : involvement of extracellularly regulated kinase signaling and oocyte actions in follicle-stimulating hormone-induced estrogen production, *Endocrinology*, 148 ; 337-345.
Miyoshi T, Otsuka F, Suzuki J, et al (2006) Mutual regulation of follicle-stimulating hormone signaling and bone morphogenetic protein system in human granulosa cells, *Biol Reprod*, 74 ; 1073-1082.
Moore RK, Otsuka F, Shimasaki S (2003) Molecular basis of bone morphogenetic protein-15 signaling in granulosa cells, *J Biol Chem*, 278 ; 304-310.
Moron FJ, Mendoza N, Quereda F, et al (2007) Pyrosequencing technology for automated detection of the BMP15 A180T variant in Spanish postmenopausal women, *Clin Chem*, 53 ; 1162-1164.
Otsuka F, Moore RK, Iemura S-I, et al (2001) Follistatin inhibits the function of the oocyte-derived factor BMP-15, *Biochem Biophys Res Commun*, 289 ; 961-966.
Otsuka F, Moore RK, Shimasaki S (2001) Biological function and cellular mechanism of bone morphogenetic protein-6 in the ovary, *J Biol Chem*, 276 ; 32889-32895.
Otsuka F, Shimasaki S (2002) A negative feedback system between oocyte bone morphogenetic protein 15 and granulosa cell kit ligand : its role in regulating granulosa cell mitosis, *Proc Natl Acad Sci USA*, 99 ; 8060-8065.
Otsuka F, Shimasaki S (2002) A novel function of bone morphogenetic protein-15 in the pituitary : selective synthesis and secretion of FSH by gonadotropes, *Endocrinology*, 143 ; 4938-4941.
Otsuka F, Yamamoto S, Erickson GF, et al (2001) Bone morphogenetic protein-15 inhibits follicle-stimulating hormone (FSH) action by suppressing FSH receptor expression, *J Biol Chem*, 276 ; 11387-11392.
Otsuka F, Yao Z, Lee TH, et al (2000) Bone morphogenetic protein-15 : Identification of target cells and biological functions, *J Biol Chem*, 275 ; 39523-39528.
Otsuka F, Mctavish KJ, Shimasaki S (2011) Integral role of GDF-9 and BMP-15 in ovarian fuuction, Mol Reprod Dev, 78 ; 9-21.
Saito S, Yano K, Sharma S, et al (2008) Characterization of the post-translational modification of recombinant human BMP-15 mature protein, *Protein Sci*, 17 ; 362-370.
Shimasaki S, Moore RK, Erickson GF, et al (2003) The role of bone morphogenetic proteins in ovarian function, *Reproduction Suppl*, 61 ; 323-337.
Shimasaki S, Moore RK, Otsuka F, et al (2004) The bone morphogenetic protein system in mammalian reproduction, *Endocr Rev*, 25 ; 72-101.
Shimasaki S, Zachow RJ, Li D, et al (1999) A functional bone morphogenetic protein system in the ovary, *Proc Natl Acad Sci USA*, 96 ; 7282-7287.
Souza CJ, Campbell BK, McNeilly AS, et al (2002) Effect of bone morphogenetic protein 2 (BMP2) on oestradiol and inhibin A production by sheep granulosa cells, and localization of BMP receptors in the ovary by immunohistochemistry, *Reproduction*, 123 ; 363-369.
Takebayashi K, Takakura K, Wang H, et al (2000) Mutation analysis of the growth differentiation factor-9 and -9B genes in patients with premature ovarian failure and polycystic ovary syndrome, *Fertil Steril*, 74 ; 976-979.
Urist MR (1965) Bone : formation by autoinduction, *Science*, 150 ; 893-899.
Vitt UA, Hayashi M, Klein C, et al (2000) Growth differentiation factor-9 stimulates proliferation but suppresses the follicle-stimulating hormone-induced differentiation of cultured granulosa cells from small antral and preovulatory rat follicles, *Biol Reprod*, 62 ; 370-377.
Wozney JM, Rosen V, Celeste AJ, et al (1988) Novel regulators of bone formation : Molecular clones and activities, *Science*, 242 ; 1528-1534.
Xiao S, Findlay JK, Robertson DM (1990) The effect of bovine activin and follicle-stimulating hormone (FSH) suppressing protein/follistatin on FSH-induced differentiation of rat granulosa cells in vitro, *Mol Cell Endocrinol*, 69 ; 1-8.
Yan C, Wang P, DeMayo J, et al (2001) Synergistic roles of bone morphogenetic protein 15 and growth differentiation factor 9 in ovarian function, *Mol Endocrinol*, 15 ; 854-866.
Yoshino O, McMahon HE, Sharma S, et al (2006) A unique preovulatory expression pattern plays a key role in the physiological functions of BMP-15 in the mouse, *Proc Natl Acad Sci USA*, 103 ; 10678-10683.
Zhang P, Shi YH, Wang LC, et al (2007) Sequence variants in exons of the BMP-15 gene in Chinese patients with premature ovarian failure, *Acta Obstet Gynecol Scand*, 86 ; 585-589.

第 VII 章

卵子成熟

［編集担当：石塚文平］

生殖医学，医療の基本は卵子研究であろう．本章ではその卵子の神秘に満ちた成熟過程についての最新知見をエキスパートに詳述していただいた．卵子核成熟機構は将来の臨床的発展にきわめて重要な成熟卵胞の獲得に向けた卵胞の選択に関わっている．その基本となるのは減数分裂であり，染色体の動態に関する知識はARTの技術に必須である．減数分裂の理解にはそれに関する分子機構に関する知識の蓄積が重要であり，VII-28，29では主にMPF/CSF/Mos-MAPK, CSF経路について詳述していただいた．核分裂の成熟に伴って細胞質にも様々な変化が起こるが，細胞質の変化は核分裂の進行とは独立した現象であり，ミトコンドリアにおけるエネルギー産生やCa^2の貯蔵や放出を行う小胞体の時間的空間的な局在についてVII-30．31で述べていただく．

本章は基礎医学と臨床を結ぶという意味で典型的な展開を見せる重要な章である．

［石塚文平］

VII-26

卵子核成熟機構

Key words
LH サージ／減数紡錘体／細胞骨格系／MPF／MTOC

はじめに

なぜ成熟卵子，すなわち受精可能な卵子が細胞周期の観点からみるときわめて不安定な分裂期で停止しているのかはきわめて興味深い．卵子活性化後に展開されるダイナミックな現象が速やかに進行するためには，その受け皿である卵子の核が分裂期のままで停止しているということは，きわめて合理的なこととも捉えられる．さらには，哺乳類の成熟卵子の減数紡錘体は本節に述べるごとく，細胞表層に位置し，動的にはあたかもワンアクションで2回目の分裂，すなわち第二極体の放出が可能になるように繋留されている．すなわち，成熟卵子はこれからの発生に向けてきわめて合理的なスタートラインにたどりついた状態にあるということができ，生命が存続していくための自然の奥深い英知の結晶であるといえる．我々は生殖補助医療を行う場合，常に「成熟卵子は不安定な分裂期で停止した状態にある」ことを念頭に置いて当たる必要がある．受精においては精子が侵入した直後は分裂期核（卵子）と間期核（精子）が同一の細胞内に存在していることになる．前核形成の段階で各々の核のサイクルが整合し雌雄ゲノムの融合が成立する．顕微授精（ICSI）などの配偶子操作は生命の発生以来培われてきたこの整合性にまで人為的な手を介入させる技術であることは，不妊治療にあたるすべてが銘記しておく事項である（Terada et al, 2000a）．

1 卵子核成熟とは

卵子成熟とは卵子形成の最終段階であり，受精すなわち卵子細胞質内の雌雄ゲノムの融合が可能な‘成熟卵子’が形成される過程である．ヒトを含めた哺乳類の卵母細胞の核は第一減数分裂前期（網状期）で停止した状態である．減数分裂を休止する前後から卵母細胞は急速にその体積を増加させ，排卵の時期の卵子の大きさに至る．この時期の卵母細胞は卵核胞と呼ばれる大きな円形の核をもち，卵胞細胞に取り囲まれ，卵子のそれ以降の形成は卵胞内で進行する．卵母細胞周囲には透明帯が形成され，顆粒膜細胞の外側は基底膜を介して卵胞膜に包まれている．この段階での卵母細胞の大きさは種によって異なり，げっ歯類で60-80μm，ウシなどの家畜では120-140μm，ヒトでは120-130μm である．各性周期に一定数の卵胞が選択され発育する現象（卵胞の選択，セレクション）の機序は未だ不明な点が多い．しかし，いかに治療周期で確実に良好な卵子を採取するか，という生殖補助技術をさらに向上させるには，セレクションの機序を明らかにすることはきわめて重要である．卵胞は局所因子，あるいは性腺刺激ホルモンを中心とした刺激により著しく発育する．すなわち，前（卵胞）腔卵胞，胞状卵胞，主席卵胞と発育の経過に従い，卵母細胞は第一分裂前期で停止していた減数分裂を再開し，成熟卵子の核相である第二分裂中期で再び停止するまでの過程，すなわち卵核成熟を惹起する能力を持つようになる．哺乳類では，顆粒膜細胞より分泌されるエストロゲンが一定のレベルに達すると，脳下垂体からの黄体形成ホルモン（LH）の一過性の大量分泌が起こる（LHサージ）．不妊臨床でヒト自然排卵周期を観察していると，まさしく‘果実が熟して落ちる’ようにLHサージが誘起され排卵に至る．「卵巣，下垂体のフィードバック機構は成熟した良好な卵子を排卵するためのきわめて合理的なシステムである」ことは不妊症治療の日常で常に念頭に置いておくべき事柄である．卵子成熟過程には基本的には核成熟に同調した細胞質の成熟過程も存在することが明らかになっており，本節の次項に詳しく述べられている（Eppig, 1996）．

2 卵子核成熟で観察される動き

卵母細胞の成熟は第一減数分裂前期から第二分裂中期までの過程であり，成熟の最終段階である．減数分裂の視点から見た卵成熟の過程は①卵核胞の崩壊，②染色体凝集と第一減数紡錘体の形成，③第一極体の放出，④DNA倍化を伴わない間期，⑤染色体凝集と第二減数紡錘体の形成，⑥第二減数分裂中期での（受精開始までの）停止，となる．排卵前卵胞（成熟卵胞）内の発育した卵母細胞は脳下垂体からのLHサージにより，減数分裂を再開する．すなわち，核小体の消失，染色体の凝縮そして核膜の消失が起こる．この現象を卵核胞崩壊（GVBD, germinal vesicle breakdown）という．

卵核胞の位置や卵子細胞質との容積比は動物種により異なり，マウス卵の卵核胞は細胞の中心に位置している．マウス卵成熟の過程をタイムラプスビデオで観察すると，GVBD後に細胞中心に大きな第一減数分裂期の紡錘体が形成される．卵子中央の紡錘体はきわめて早い速度（15分から30分）で卵子表層に移動し（cortical migration），速やかに第一極体を放出する．極体放出後，第二減数分裂期の紡錘体が形成される．この段階で，紡錘体はその長軸（極と極を結ぶ軸）が近接する卵子細胞膜の接線と直交するような位置にある．その後，第二減数分裂期の紡錘体は90度回転し，長軸が細胞膜接線と平衡になるような位置で固定される（Alexandre, Mulnard, 1998）．この回転はマウスに特徴的な動きであり，ヒトをはじめとした霊長類，家畜，ハムスターなどのマウス以外のげっ歯類では観察されない．マウス成熟卵子を走査型電子顕微鏡で観察すると，減数紡錘体周囲の卵子表面（全体の約30%）は微絨毛が存在せず平滑である．またこの部分の細胞膜には微小繊維が強く集積している（Longo, 1989；Longo, Chen, 1984）．これらのマウス卵子に特徴的にみられる強い極性は卵子成熟最終段階での，減数分裂期の紡錘体の回転による可能性が考えられる．これらの動きの過程で，表層顆粒をはじめとした細胞内小器官も成熟卵に備わった位置にソートされる．

ヒトを含めた霊長類あるいは家畜の卵子成熟の動態は，前述のマウスに比較すると穏やかである．この主因としては，マウスと比較して細胞質に対する第一減数分裂期の紡錘体の大きさが小さいこと，卵核胞がすでに細胞表層に存在しており，第一減数分裂期の紡錘体の移動がないこと，などがあげられる．これらの成熟卵子の第二減数分裂期の紡錘体は長軸を細胞質の接線と直交するような位置で卵表層に繋留されている（Simerly et al, 1995）．紡錘体周辺の細胞膜にマウスで見られるような微小繊維（アクチン）の集積は認められない．しかし，ミオシンは局在していることが報告されている（Hewitson et al, 1999）．

ICSI（顕微授精，Intra Cytoplasmic Sperm Injection）が不妊症治療に導入されてからはや15年以上が経過している（Palermo et al, 1992）．その間，本法はきわめて急速に世界中に普及し，15年前には想像できなかったほどの数の症例に施行されている．その技術に関しても，ただ確実に精子を卵子内に注入するだけの時代は過ぎ，現在はいかにICSIに適した配偶子を所得，選択するかが臨床上の課題となっている．精子の選択に関してはIntracytoplasmic morphologicaly selected sperm injection（IMSI）と呼ばれる高倍率で精子形態を観察し選択した上でICSIを施行するシステムの導入が進んでいる（Antinori et al, 2008）．卵子は精子に比してART（生殖補助医療）施行時に得られる数はきわめて少なく，かつ培養環境の変化にきわめて鋭敏であるためその評価に侵襲的な検査は不能であり，得られた配偶子をただ使用せざるをえなかった．最近，ポロスコープを備えたICSIシステムが市販されるようになり，短時間で非侵襲的に卵子の減数紡錘体の有無を評価できるようになった（Hyun et al, 2007）．ICSI時にそれぞれの卵子の紡錘体の有無および位置をチェックすることにより，精子を最適な時期と位置に注入できる可能性が考えられる．この時に，ヒト卵子成熟における第一極体放出から第二減数分裂期の紡錘体形成までの正確な経過が把握されていることが望ましい．M. Montagらはポロスコープにタイムラプスビデオを装着して，ヒト卵子成熟における紡錘体の形成を観察した．ヒト卵子が第一極体を放出してから第二減数紡錘体が形成（観察）されるまでには1時間程度が必要である．この事実は，第一極体を放出している卵子がすべてすでに第二分裂中期に入っているのではなく，極体放出から成熟卵子になるためには一定の時間が必要であることを示す（Montag et al, 2006；Otsuki, Nagai, 2007）．さらに，非卵巣刺激周期のヒト未熟卵子体外培養系での観察によると，卵巣刺激周期に比して極体放出後減数分裂期の紡錘体が出現する時期は早いことが報告されている（Hyun et al, 2007）．

哺乳類の排卵前卵胞内の未成熟卵子を卵胞外に摘出し体外培養系に供すると，少なくとも核相はあたかも自動的に成熟卵子のフェーズである第二減数分裂中期まで至る．これらのメカニズムは後述するが，体外成熟培養系に細胞骨格阻害剤を添加することにより，細胞骨格と核の挙動に関していくつかの興味深い知見が得られる．マウス未成熟卵子（GV期卵子）を微小繊維の阻害剤（脱重合剤）であるサイトカラシンやジャスプラキノライドを添加した培地で成熟培養を誘導すると，GV期卵子は第一減数分裂中期で卵子成熟を停止する（Schatten et al, 1986；Terada et al, 2000b）．この卵子は細胞中央に巨大な第一減数分裂の紡錘体を持ち，紡錘体の細胞表層への移動が阻害されている．すなわち，細胞の運動，変形を司る微小繊維の挙動が阻害されたことで，卵子成熟が停止したことが理解される．また，培地に微小管の脱重合剤であるコルセミドを添加してマウス未成熟卵子を成熟培養すると，分裂装置の制御を失った染色体は細胞内の諸所に散見されるようになる．興味深いことに，細胞質内に分散した染色体は時間経過とともに卵細胞の表層処々に移動していく．この段階の卵子には，細胞表層に存在する染色体に近接した部位の細胞膜に微小繊維の集積が観察される（Schatten et al, 1989）．すなわち，成熟卵子には先に後述するような紡錘体を細胞表層に繋留しておくシステムがあるとともに，染色体自体も細胞の表層に移動するようなメカニズムが存在することが考えられる．また，阻害剤添加実験により，染色体の挙動に合わせて，細胞骨格系が形成されたり，消去されたりするシステムが存在することが理解される．

3 卵子の減数分裂期の紡錘体の性質

ICSI周辺の光学機器の進歩や前述のポロスコープの臨床導入により，ヒト卵子の（第二）減数分裂期の紡錘体がARTの場で認識されるようになってきた．そこで，現在までの細胞生物学的な検討に基づく，臨床に役に立つ可能性がある減数紡錘体の性質について簡単に記す．

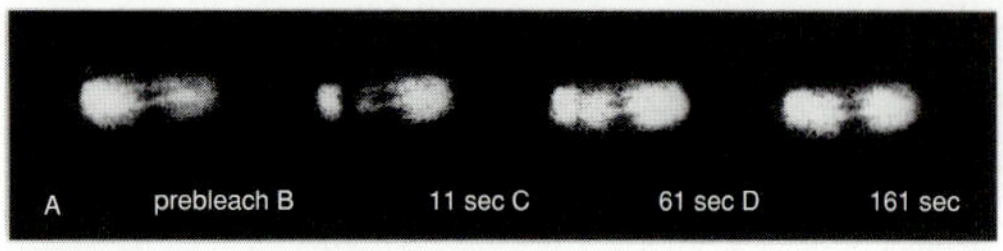

図Ⅶ-26-1．マウス減数紡錘体を構成するチューブリンのターンオーバー

(A)マウス成熟卵子に蛍光標識したチューブリンを顕微注入すると蛍光励起下に速やかに第二減数紡錘体が描出される．(B)紡錘体の一部にレーザーを当てるとその部分の蛍光が退縮する．(C)約1分で退縮した部分の蛍光強度は50%程度回復する．(D) 3分以内に退縮した部分の蛍光はリカバーする．すなわち，蛍光退縮した部分のチューブリンはすべて入れ替わったことが理解される．(Gorbsky et al, 1990)．

紡錘体の主たる構造である微小管はチューブリンが重合することにより構成される．チューブリンの重合，脱重合にはきわめて多数の機能的タンパクが機能し，その細胞骨格構造としてのダイナミズムを発現している．マウス成熟卵内に蛍光標識したチューブリンを顕微注入すると，減数分裂期の紡錘体が描出される．紡錘体を構成するチューブリンの動態をfluorescent recovery after photo bleaching（FRAP）で測定したところ，チューブリンは77秒を半減期として激しく入れ替わっていることが明らかになった（Gorbsky et al, 1990）（図Ⅶ-26-1）．すなわち，一見静止しているような減数分裂期の紡錘体であるが，その構造の基本を構成する微小管はきわめて激しく動いているのである．

成熟卵子の減数分裂期の紡錘体は卵子表層に能動的に繋留されていることが報告されている．ポロスコープによる細胞観察の世界的な先駆者である米国海洋生物研究所の井上と東京工業大の浜口らは，海洋性ワーム卵子の分裂期の紡錘体をポロスコープ観察下にガラスニードルで操作したビデオを発表している（Lutz et al, 1988）．ワーム卵子分裂期の紡錘体はガラスニー

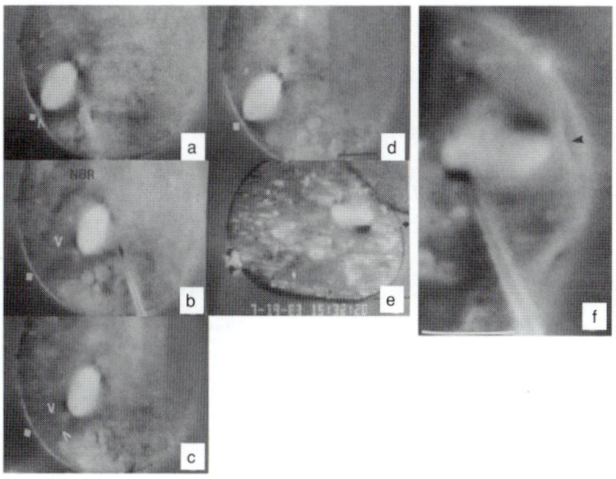

図Ⅶ-26- 2．ツバサゴカイの卵子減数紡錘体の生体観察下の操作

(a)減数紡錘体をポロスコープで生体観察しながら卵子内にガラスニードルを挿入し移動を試みる．(b)紡錘体は細胞内で移動可能である．(c)細胞膜側の紡錘体極から細胞膜に向けて放射状の微小管形成が認められる．(d)約2分後には移動前の細胞表層に紡錘体は戻る．(e)移動距離が大きくなると移動前の位置には戻れない．(f)紡錘体を移動時に表層の細胞膜は一時的に陥没する．これらの現象により，卵子には減数紡錘体を細胞表層のしかるべき位置に繫留する仕組があることが理解される．(Lutz et al, 1988)

ドルで卵子内を移動させることが可能であり，移動させた紡錘体は速かに元に存在した細胞質表層に戻る．この現象は成熟卵子の分裂期の紡錘体を繫留しておくシステムが卵子細胞質内に存在することを示し興味深い（図Ⅶ-26- 2）．

チューブリンの重合，脱重合，すなわち微小管の形成には（種によりその至適温度は異なるが）温度が大きく影響する．M. T. Zenzes らはヒト成熟卵子を急速に0度の環境におき，第二分裂期の紡錘体の形態を経時的に観察した（図Ⅶ-26- 3）．冷却2分目には紡錘体は縮小をはじめ，形態が変化する．紡錘体の極性が消失するにつれて染色体の配列がばらばらになり，10分後には微小管が細胞内に認められなくなる（Zenzes et al, 2001）．

以上をまとめると，動的，しなやか，さらに

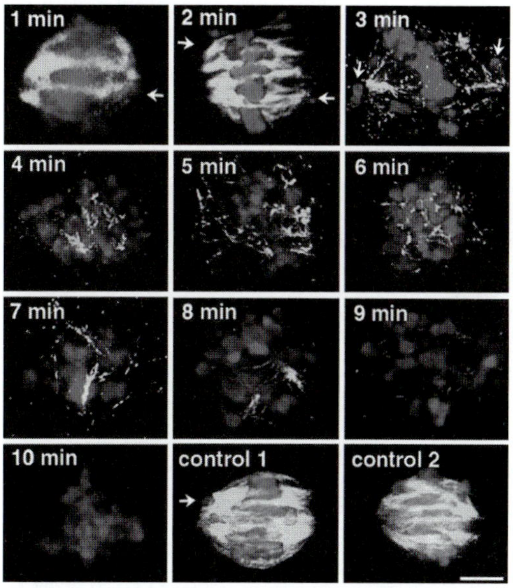

図Ⅶ-26- 3．ヒト成熟卵子減数紡錘体の温度低下による形態変化

ヒト成熟卵子を0℃の環境に置いた後，微小管とDNAを蛍光染色した．3分後には減数紡錘体を構成する微小管チューブリンはほとんど脱重合し，染色体の配列も消失している．10分後には紡錘体の構造は認められない．(Zenzes et al, 2001)

温度変化に敏感な構造が分裂期の紡錘体である．ヒト卵子を扱うときにも上記のような分裂期の紡錘体の性質を念頭に置き，よりよい状況で操作を加えることが望ましいであろう．

4 卵子核成熟停止維持機構とその破綻による再開

LHサージという中枢からのきわめてダイナミックな指令が標的である卵子の減数分裂再開をきたす経路に関しては不明な点が多い．現在二つの連関する切り口よりその解析が進められている．一つは，GV期で卵子減数分裂を停止させておく機構の破綻，代表的な現象としては卵子内cAMPレベルの低下である．もう一つ

はそれに引き続き減数分裂を進行させる因子の挙動解析，代表的な現象としては卵成熟促進因子（MPF, maturation-promoting factor）の合成とその活性化である．

哺乳類卵子ではLHサージ前はcAMPに代表される成熟抑制因子が卵丘細胞からギャップジャンクションを介して卵子内部に移行し，成熟の開始を抑制している（Epigg et al, 1985）．LHサージにより卵丘細胞が膨化することにより卵子，卵丘細胞間のギャップジャンクションが急速に消失し，卵丘細胞よりのcAMP維持機構が破綻し卵子内のcAMPが下降して減数分裂再開の一因となることが報告されている（Lasen et al, 1986；Thomas et al, 2004）．cAMPの誘導体dbcAMPをマウス未成熟卵子の体外培養系に添加するとGVBDが抑制されることは広く知られている．卵胞液にはヒポキサンチンなどのアデノシン誘導体が存在し，それらはcAMP分解酵素活性を抑制することが知られている．cAMP分解酵素を抑制する3-isobutyl-1-methylxantine（IBMX）やヒポキサンチンなどは未成熟卵子の体外培養系でその核成熟を停止する機能を発現する（Dekel, Kraicer, 1978）．すなわち，LHによってアデノシン誘導体などの卵成熟抑制因子（OMI, oocyte maturation inhibitor）が失活し減数分裂再開が誘起されると考えられている．しかし，GVBD後も細胞同士の連関は存在することが報告されている（Eppig, 1982；Motilik et al, 1986）．さらに，吉村らはcAMPレベルが上昇することが，下降することよりもむしろ減数分裂再開をきたすことを報告している（Yoshimura et al, 1992）．すなわち，GV停止のためには，ある程度のcAMPレベルが必要であり，ホルモン刺激によるその急激な変化が（上昇でも下降でも）GVBDを誘起すると考えられている（Dekel et al, 1988）．

卵子内のcAMPレベルは，cAMP依存プロテインキナーゼ（cAMP dependent protein kinase, PKA）により制御されている．PKAの2種のアイソザイムは相反する作用を持つ．すなわち，卵子内のtype 1 PKAは減数分裂停止に機能し，type 2 PKAは卵丘細胞の膨化と減数分裂の再開を促進する（Downs, Hunzicker-Dunn, 1995；Downs et al, 2002）．さらに，後述するごとく，PKAはCdc25の不活性化の主要な調節系である．Cyclic nucleotide phosphodiesterases（PDEs）はPKA活性の調節に重要な酵素であり，そのノックアウトマウスの卵子は減数分裂の再開（GVBD）が認められない（Masciarelli et al, 2004）．さらに，卵子自体がcAMPを産生することが近年明らかになってきている．すなわち，卵子細胞膜上にはGタンパク受容体（GPR3）が存在し，その活性がadenyl cyclaseを刺激し細胞質内のcAMPレベルを維持している（Mehlmann et al, 2004；Horner et al, 2003）．

5 リン酸化，脱リン酸化によるMPFの機能調節

GVBDをきたしたカエル卵子の細胞質を卵核胞期の卵子に注入すると，GVBDが誘起されることから，MPFの存在が想定され，発見された（Masui, Clarke, 1979）．その後の検討でMPFは減数分裂の再開のみではなく一般の体細胞分裂時にもあまねく間期より分裂期への導入を司ることが明らかになり，M期促進因子（同じくMPF, M-phase promoting factor）と呼ばれ

るようになった．すなわち，現在の分子細胞生物学の中核である細胞周期の研究の端緒は，卵子成熟の研究よりその扉が開かれたといっても過言ではない．MPF は真核生物においてほぼ共通の構造を持つが（Yamashita et al, 2000），その活性化の機序は生物種により異なる（Kishimoto, 1999 ; Schmitt, Nebreda, 2002 ; Ye et al, 2003）．

卵子成熟のメカニズムで最も特徴的なのは，MPF の活性化により始まるシグナルネットワークの形成とそのシステムのフィードバック機構である．このシステムに関する研究は分子細胞生物学の長足の進歩に伴い，日夜新しい知見が報告されており，本書でも他章で紹介されている．

6 卵子核成熟における核の凝縮，脱凝縮

クロマチンの凝縮とは，長鎖 DNA が 4 種のヒストンタンパク（H2A, H2B, H3, H4）それぞれ 2 分子ずつの八量体に巻きついた状態である．この構造をヌクレオソームと呼び，さらにその構造を調節する H1 ヒストンなどのリンカーヒストンも同定され機能解析が進んでいる．卵子特異的リンカーヒストン H1oo は，2001年に田中らによって同定され，マウスでは 1 細胞期までの核に局在する（Tanaka et al, 2001）．卵子特異的なリンカーヒストンの機能は不明であるが，核のリプログラミングとの関連が注目されている（Tanaka et al, 2002）．ブタ卵子減数分裂における核凝縮でヒストン H3 の Ser10と SER 28のリン酸化が関与していることが報告されている（Bui et al, 2004）．このようなヒストン構成タンパクのリン酸化は，ヒストンと DNA の結合性を減弱させ，コンデシンのような凝縮因子が DNA に到達しやすくしていると考えられている（Hirano, 2000）．コンデシンは五つのサブユニットからなるタンパク複合体であり，動物細胞ではコンデシンⅠとコンデシンⅡの 2 種が同定されている．コンデシンは核凝縮とともに，M 期後期の姉妹染色分体の解離にも機能していることが報告されている（Hirano, 2005）．

ポロ様キナーゼとともに M 期キナーゼとしてその機能解析が進みつつあるのが，オーロラキナーゼである．哺乳類では 3 種類のオーロラキナーゼが発見されている．オーロラ C に関しては中心体に存在するがその機能は解明されていない（Nigg E, 2001）．オーロラ A は中心体および紡錘体の極に存在し，双極紡錘体の安定した構造の維持に関与しているようである（Cameria, Earnshow, 2003）．オーロラ B は細胞分裂時には染色体および後期の中間体（midzone）に局在する．オーロラ B はその局在より，姉妹染色分体の構造や分配の制御を担っている可能性が報告されている．さらに，オーロラ B と前出の染色体凝集因子との機能連関も示唆されている．すなわち，オーロラ B 機能を化学的にあるいは RNA 干渉で抑制すると，染色体凝集に異常がみられ，それらの染色体には凝集因子の接着が観察されないことやキネトコアの構造に異常があることが報告されている（Giet, Glover, 2001 ; Gaeda, Ruderman, 2005 ; Ono et al, 2004）．

7 減数分裂期の紡錘体形成

体細胞分裂の紡錘体と減数分裂期の紡錘体の

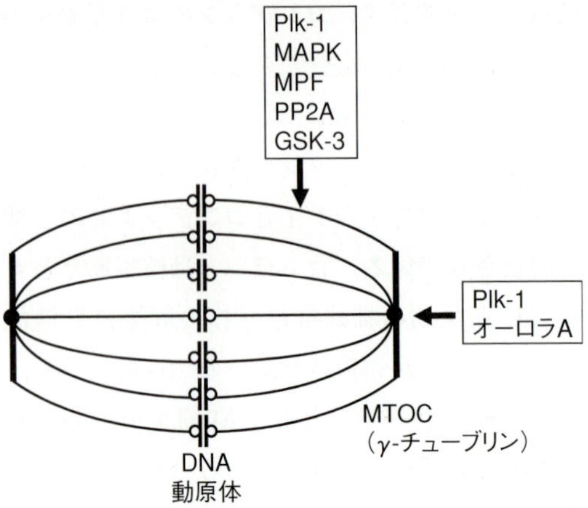

図Ⅶ-26-4．減数紡錘体の構造とその制御に関する諸因子

紡錘体の両極には微小管形成中心（MTOC, Microtubule Oraganizing Center）が存在する．MTOC は微小管形成に関する種々の機能的タンパクが存在し，代表的なものとして γ-tublin がある．動原体は紡錘体微小管と染色体の接点に存在する．減数紡錘体形成の調節系に機能していることが考えられる因子を示す．PP2A：Protein Phosphatase-2A（Lu et al, 2002），GSK-3：Gycogen Syntetase Kinase-3（Wang et al, 2003）

果たす役割の大きな相違点として，後者は極体放出という不均等な細胞質分裂を伴うことがあげられる．すなわち，少なくとも哺乳類卵子成熟においては，減数分裂期の紡錘体はしかるべき位置（細胞中心ではなく，細胞表層）に存在することが正常な極体放出に必要であると考えられる．減数紡錘体が形成されるまでの動きは哺乳類間でも異なる．マウス卵成熟では細胞の中心に第一減数分裂期の紡錘体が形成され，表層への移行と呼ばれる紡錘体の移動の後，第一極体が放出される．ヒト卵子成熟過程の少なくとも現在までの知見では，第一減数分裂期の紡錘体の表層への移行はなく，卵核胞がふらふらと細胞表層に移動して，第一極体を放出するようである．ヒト第一減数分裂期の紡錘体から第二減数分裂期の紡錘体間の，核と分裂装置の挙動の経時的な把握は ICSI の適切な施行のタイミングを考慮する上できわめて重要であり，今後の知見の蓄積が必要である．

図Ⅶ-26-4に哺乳類の減数分裂期における紡錘体の構造とその機能に関与する可能性のある因子を提示する．減数分裂期の紡錘体の両極には微小管形成中心（Microtubule organizing center, MTOC）が存在する（Schatten, 1994）．MTOC を形成する主たる微小管形成に関するタンパクとしては，γ-tubulin, pericentrine などがあげられる（Combelles, Albertini, 2001）．MTOC はそれを構成するタンパクのリン酸化によってその機能を発現すると考えられ（Centonze, Borisy, 1990），マウス卵子成熟過程でもそのリン酸化状況が変化していくことが観察されている（Messinger, Albertini, 1991；Wickramasinghe, Albertini, 1992）．また，キネトコアは紡錘体微小管と染色体の接点として，その機能は染色体の正常な分離に重要である．キネトコアは50以上のタンパクより構成されるきわめて複雑な構造であり，その機能は多くのタンパクリン酸化，脱リン酸化酵素により制御されている（Hauf, Watanabe, 2004）．

まとめ

多くの生物で成熟卵子の核相は，通常の細胞周期ではきわめて短時間で終了する分裂期（M期）で停止し，きわめて特徴的な様相を示す．LH サージなどにより停止していた減数分裂の再開の機序としては，停止させておく機構の破綻（卵子内 cAMP レベルの低下）とそれに続く進行させる因子の稼動（MPF の合成とその活性化）がある．未成熟卵子が減数分裂期の紡錘体を形成し成熟卵子に至るまでには，ダイナミックな細胞骨格の形成と崩壊が展開されている．ヒトをはじめとした成熟卵子の減数分裂期の紡錘体はきわめてしなやかな構造をしており細胞表層に繋留され，さらに温度変化に敏感である．ICSIなどの生殖補助技術を行う際は，常に卵子の減数分裂期の紡錘体の存在と性質を念頭に置くことが重要である．

（寺田幸弘）

引用文献

Alexandre H, Mulnard J (1998) Time-lapse cinematography study of the germinal vesicle behaviour in mouse primary oocytes treated with activators of protein kinases A and C, *Gamete Res*, 21 ; 359-365.

Antinori M, Licata E, Dani G, et al (2008) Intracytoplasmic morphologically selected sperm injection : a prospective randomized trial, *Reprod Biomed Online*, 16 ; 835-841.

Bui HT, Yamaoka E, Miyano T (2004) Involvement of histone H3 (Ser10) phosphorylation in chromosome condensation without Cdc 2 kinase and mitogen-activated protein kinase activation in pig oocytes, *Biol Reprod*, 70 ; 1843-1851.

Camena M, Earnshaw WC (2003) The cellular geography of aurora kinases, *Nat Rev Mol Cell Biol*, 4 ; 842-854.

Centonze VE, Borisy GG (1990) Nucleation of microtubules from mitotic centrosomes is modulated by a phosphorylated epitope, *J Cell Sci*, 95 ; 405-411.

Combelles C, Albertini D (2001) Microtubule patterning during meiotic maturation in mouse oocytes is determined by cell cycle-specific sorting and redistribution of gamma-tubulin, *Dev Biol*, 239 ; 281-294.

Dekel N, Kraicer PF (1978) Induction in vitro of mucification of rat cumulus oophorus by gonadotrophins and adenosine 3', 5'-monophosphate, *Endocrinology*, 102 ; 1797-1802.

Dekel N, Galiani D, Sherizly I (1988) Dissociation between the inhibitory and the stimulatory action of cAMP on maturation of rat oocytes, *Mol Cell Endocrinol*, 56 ; 115-121.

Downs SM, Hunzicker-Dunn M (1995) Differential regulation of oocyte maturation and cumulus expansion in the mouse oocyte-cumulus cell complex by site-selective analogs of cyclic adenosine monophosphate, *Dev Biol*, 172 ; 72-85.

Downs SM, Hudson ER, Hardie DG (2002) A potential role for AMP-activated protein kinase in meiotic induction in mouse oocytes, *Dev Biol*, 245 ; 200-212.

Eppig JJ (1982) The relationship between cumulus cell-oocyte coupling, oocyte meiotic maturation, and cumulus expansion, *Dev Biol*, 89 ; 268-272.

Eppig JJ, Ward-Bailey PF, Coleman DL (1985) Hypoxanthine and adenosine in murine ovarian follicular fluid : concentrations and activity in maintaining oocyte meiotic arrest, *Biol Reprod*, 33 ; 1041-1049.

Eppig JJ (1996) Coordination of nuclear and cytoplasmic oocyte maturation in eutherian mammals, *Reprod Fertil Dev*, 8 ; 485-489.

Gaeda BB, Ruderman JV (2005) Aurora kinase inhibitor ZM447439 blocks chromosome-induced spindle assembly, the completion of chromosome condensation, and the establishment of the spindle integrity checkpoint in Xenopus egg extracts, *Mol Biol Cell*, 16 ; 1305-1318.

Giet R, Glover DM (2001) Drosophila aurora B kinase is required for histone H3 phosphorylation and condensin recruitment during chromosome condensation and to organize the central spindle during cytokinesis, *J Cell Biol*, 152 ; 669-682.

Gorbsky GJ, Simerly C, Schatten G, et al (1990) Microtubules in the metaphase-arrested mouse oocyte turn over rapidly, *Proc Natl Acad Sci USA*, 87 ; 6049-6053.

Hauf S, Watanabe Y (2004) Kinetochore orientation in mitosis and meiosis, *Cell*, 199 ; 317-327.

Hewitson L, Dominko T, Takahashi D, et al (1999) Unique checkpoints during the first cell cycle of fertilization after intracytoplasmic sperm injection in rhesus monkeys, *Nat Med*, 5 ; 431-433.

Hirano T (2000) Chromosome cohesion, condensation, and separation, *Annu Rev Biochem*, 69 ; 115-144.

Hirano T (2005) Condensins : organizing and segregating the genome, *Curr Biol*, 15 ; R265-275.

Horner K, Livera G, Hinckley M, et al (2003) Rodent oocytes express an active adenylyl cyclase required for meiotic arrest, *Dev Biol*, 258 ; 385-396.

Hyun CS, Cha JH, Son WY, et al (2007) Optimal ICSI timing after the first polar body extrusion in in vitro matured human oocytes, *Hum Reprod*, 22 ; 1991-1995.

Kishimoto T (1999) Activation of MPF at meiosis reinitiation in starfish oocytes, *Dev Biol*, 214 ; 1-8.

Lasen WJ, Wert SE, Brunner GD (1986) A dramatic loss of cumulus cell gap junctions is correlated with germinal vesicle breakdown in rat oocytes, *Dev Biol*, 113 ; 517-521.

Longo FJ, Chen DY (1984) Development of surface polarity in mouse eggs, *Scan Electron Microsc*, 2 ; 703-716.

Longo FJ (1989) Egg cortical Architecture. In : *The Cell Biology of Fertilization*, Schatten H, Schatten G (eds), pp105-138, Academic Press, San Diego.

Lu Q, Dunn RL, Angeles R, et al. (2002) Regulation of spindle formation by active mitogen-activated protein kinase and protein phosphatase 2A during mouse oocyte meiosis, *Biol Reprod*, 66 ; 29-37.

Lutz DA, Hamaguchi Y, Inoue S (1988) Micromanipulation studies of the asymmetric positioning of the maturation spindle in Chaetopterus sp. oocytes : I Anchorage of the spindle to the cortex and migration of a displaced spindle, *Cell Motil Cytoskeleton*, 11 ; 83-96.

Masciarelli S, Horner K, Liu C, et al (2004) Cyclic nucleotide phosphodiesterase 3A-deficient mice as a model of female infertility, *J Clin Invest*, 114 ; 196-205.

Masui Y and Clarke HJ (1979) Oocyte maturation, *International Review of Cytology*, 86 ; 185-282.
Mehlmann LM, Saeki Y, Tanaka S, et al (2004) The Gs-linked receptor GPR3 maintains meiotic arrest in mammalian oocytes, *Science*, 306 ; 1947-1950.
Messinger SM, Albertini DF (1991) Centrosome and microtubule dynamics during meiotic progression in the mouse oocyte, *J Cell Sci*, 100 ; 289-298.
Montag M, Schimming T, van der Ven H (2006) Spindle imaging in human oocytes : the impact of the meiotic cell cycle, *Reprod Biomed Online*, 12 ; 442-446.
Motilik J, Fulka J, Flechon JE (1986) Changes in intercellular coupling between pig oocytes and cumulus cells during maturation in vivo and in vitro, *J Reprod Fertil*, 76 ; 31-37.
Nigg E (2001) Mitotic kinases as regulators of cell division and its checkpoints, *Nat Rev Mol Cell Biol*, 2 ; 21-32.
Ono T, Fang Y, Spector DL, et al (2004) Spatial and temporal regulation of Condensins I and II in mitotic chromosome assembly in human cells, *Mol Biol Cell*, 15 ; 3296-3308.
Otsuki J, Nagai Y (2007) A phase of chromosome aggregation during meiosis in human oocytes, *Reprod Biomed Online*, 15 ; 191-197.
Palermo G, Joris H, Devroey P, et al (1992) Pregnancies after intracytoplasmic injection of single spermatozoon into an oocyte, *Lancet*, 340 ; 17-18.
Schatten G, Schatten H, Spector I, et al C (1986) Latrunculin inhibits the microfilament-mediated processes during fertilization, cleavage and early development in sea urchins and mice, *Exp Cell Res*, 166 ; 191-208.
Schatten G (1994) The centrosome and its mode of inheritance : the reduction of the centrosome during gametogenesis and its restoration during fertilization, *Dev Biol*, 165 ; 299-335.
Schatten H, Simerly C, Maul G, et al (1989) Microtubule assembly is required for the formation of the pronuclei, nuclear lamin acquisition, and DNA synthesis during mouse, but not sea urchin, fertilization, *Gamete Res*, 23 ; 309-322.
Schmitt A, Nebreda AR (2002) Signaling pathways in oocyte meiotic maturation, *J Cell Sci*, 115 ; 2457-2459.
Simerly C, Wu GJ, Zoran S, et al (1995) The paternal inheritance of the centrosome, the cell's microtubule-organizing center, in humans, and the implications for infertility, *Nat Med*, 1 ; 47-52.
Tanaka M, Hennebold JD, Macfarlane J, et al (2001) A mammalian oocyte-specific linker histone gene H1oo : homology with the genes for the oocyte-specific cleavage stage histone (cs-H1) of sea urchin and the B4/H1M histone of the frog, *Development*, 128 ; 655-664.
Tanaka M, Teranishi T, Miyakoshi K, et al (2002) Oocyte-specific linker histone in mammalian speices, *J Mama Ova Res*, 19 ; 61-65.
Terada Y, Luetjens CM, Sutovsky P, et al (2000a) Atypical decondensation of the sperm nucleus, delayed replication of the male genome, and sex chromosome positioning following intracytoplasmic human sperm injection (ICSI) into golden hamster eggs : does ICSI itself introduce chromosomal anomalies?, *Fertil Steril*, 74 ; 454-460.
Terada Y, Simerly C, Schatten G (2000b) Microfilament stabilization by jasplakinolide arrests oocyte maturation, cortical granule exocytosis, sperm incorporation cone resorption, and cell-cycle progression, but not DNA replication, during fertilization in mice, *Mol Reprod Dev*, 56 ; 89-98.
Thomas RE, Armstrong DT, Gilchrist RB (2004) Bovine cumulus cell-oocyte gap junctional communication during in vitro maturation in response to manipulation of cell-specific cyclic adenosine 3', 5'-monophosophate levels, *Biol Reprod*, 70 ; 548-556.
Wang X, Liu XT, Dunn R, et al. (2003) Glycogen synthase kinase-3 regulates mouse oocyte homologue segregation, *Mol Reprod Dev*, 64 ; 96-105.
Wickramasinghe D, Albertini D (1992) Centrosome phosphorylation and the developmental expression of meiotic competence in mouse oocytes, *Dev Biol*, 152 ; 62-74.
Yamashita M, Mita K, Yoshida N, et al (2000) Molecular mechanisms of the initiation of oocyte maturation : general and species-specific aspects, *Prog Cell Cycle Res*, 4 ; 115-129.
Ye J, Flint AP, Luck MR, et al (2003) Independent activation of MAP kinase and MPF during the initiation of meiotic maturation in pig oocytes, *Reproduction*, 125 ; 645-656.
Yoshimura Y, Nakamura Y, Ando M, et al (1992) Stimulatory role of cyclic adenosine monophosphate as a mediator of meiotic resumption in rabbit oocytes, *Endocrinology*, 131 ; 351-356.
Zenzes MT, Bielecki R, Casper RF, et al (2001) Effects of chilling to 0 degrees C on the morphology of meiotic spindles in human metaphase II oocytes, *Fertil Steril*, 75 ; 769-777.

VII-27

ヒト卵胞卵子の核相変化と染色体動態変化

Key words
ヒト卵子減数分裂／核相変化／染色体凝集期間（gere-phase）／タイムラプス連続観察／顕微授精（ICSI）

はじめに

ヒト卵子(胚)では他の動物の卵子(胚)と比べて高率に染色体異常が起こっていることが報告されている(Kuliev et al, 2005；Ravel et al, 2007)．異数体の形成が加齢とともに上昇することから，卵巣内において長期間第一減数分裂途中で停止していることが減数分裂異常の理由と考えられているが(Hassold, Hunt, 2001)，その原因とメカニズムには未だ不明な点が多い．よって，ヒト卵子における染色体分離および卵細胞分裂のメカニズムを知ることは不妊治療法の発展に不可欠である．本項では染色体分離異常が最も起こりやすい減数分裂時の核相変化と染色体動態変化を紹介し，ヒトとマウス卵子間の相違点から考察した，ヒト卵子の顕微授精におけるタイミングの適正化について述べる．

1 ヒト卵子減数分裂時の核相変化

減数分裂は生殖細胞が最後に行う2回の細胞分裂であり，ヒトでは出生前に減数分裂の第一分裂が始まる．第一分裂は前期のこの時点で卵細胞質の蓄積が完了する卵核胞期まで減数分裂停止(meiotic arrest)といわれる長い分裂休止期に入る．その後，通常は性成熟して卵母細胞がホルモンによる排卵の刺激を受けることにより減数分裂が再開する．(卵子の核成熟機構については他節において詳しく述べられているので参照されたい)．第一減数分裂前の卵子の核相は2対の相同染色体からなる二倍体2n(4c)であり，第一分裂により著しく非対称な細胞分裂が起こり，それぞれの核相は1対の相同染色体からなる一倍体n(2c)となる．第一減数分裂完了後の卵子はさらに第二減数分裂の中期まで進んだところで一時停止し，受精を待つ．排卵された卵子のほとんどは受精の準備の整った第二減数分裂中期に到達しており，受精により第二減数分裂が再開する．これにより二次卵母細胞が再び非対称に分割され，1対の相同染色体n(2c)が分離し，1本の染色分体からなる一倍体n(c)の卵子と一倍体n(c)の第二極体となり，第二減数分裂を完了する．このように，減数分裂にて核相を半減することは，一倍体n(c)の精子との受精後に二倍体2n(2c)胚となるために必須のステップである(図VII-27-1)．

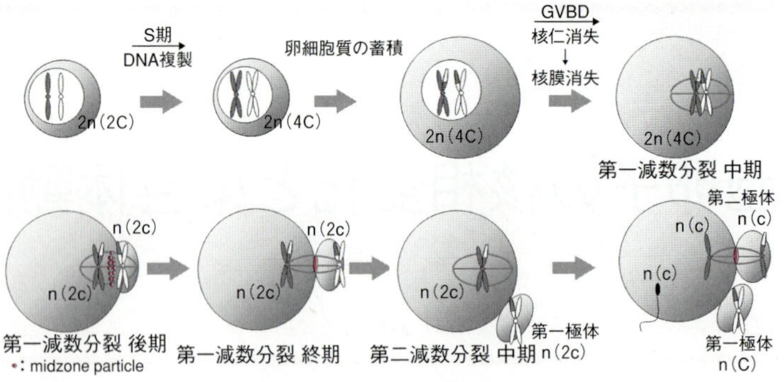

図Ⅶ-27-1．ヒト，マウス卵第一減数分裂再開後の核相変化

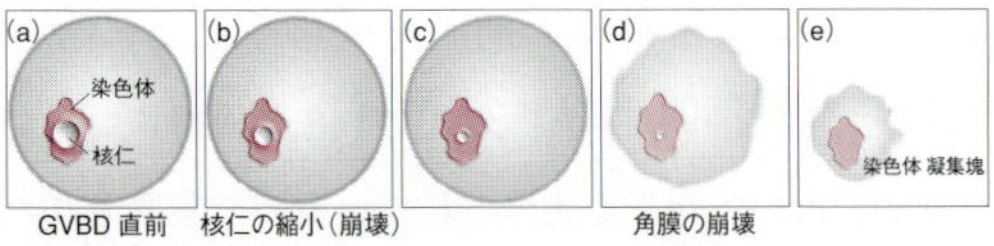

図Ⅶ-27-2．ヒト卵 GVBD との染色体動態変化

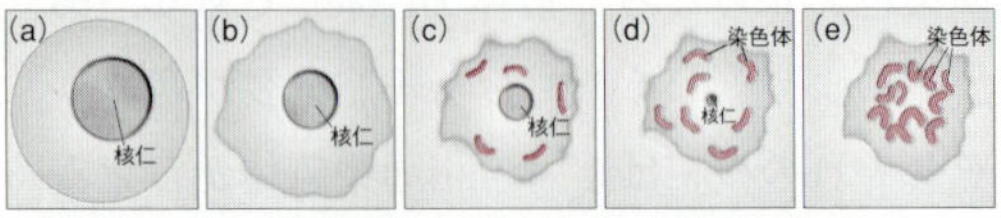

図Ⅶ-27-3．マウス卵 GVBD との染色体動態変化

② ヒト卵子第一減数分裂再開後の染色体動態変化

ヒト GV 卵では，ホルモンの刺激を受け，卵核崩壊（GVBD, germinal vesicle break down）が開始する前に染色体が核仁周囲に集積する（図Ⅶ-3-2 (a)）．GVBD は GV が卵表層近辺に移動した後，まず核仁（核小体）消失から始まる（図Ⅶ-27-2 (a)-(c)）．核仁消失後の染色体は一つの凝集塊となり，引き続いて核膜崩壊が起こり（図Ⅶ-27-2 (d)），GVBD 完了後の染色体は数時間もの間，凝集した状態（図Ⅶ-27-2 (e)）（gere-phase，染色体凝集期間）（Otsuki et al, 2007）を保ち，この凝集塊となった染色体は，やがて拡散して第一減数分裂中期の紡錘体赤道面に整列する．興味深いことに，ブタ卵子の第一減数分裂再開後の染色体動態変化はヒト卵子のそれと類似している（Bui et al, 2004）．

③ マウス卵子第一減数分裂再開後の染色体動態変化

一方，マウス卵子では GV の核仁と核膜はほぼ同時に崩壊し（図Ⅶ-27-3 (b)），脱凝縮して核膜周辺に偏在していた染色体が凝縮して現れる．ヒト GV 卵で見られたような GVBD 後の染色体凝集は起こらず（図Ⅶ-27-3 (e)），その後徐々に紡錘体が卵中央部にて形成され，染色体は紡錘体赤道面に整列する．

④ ヒト卵子第一減数分裂中期-第二減数分裂中期の染色体動態変化

ヒト卵子 GVBD 後に見られる gere-phase（染色体凝集期間）は第一極体放出後にも存在する（図Ⅶ-27-4）（Otsuki et al, 2007）．ヒト卵子 GVBD 後の紡錘体は卵表層付近にて表層に対して垂直に形成され（metaphase I），その状態をしばらくの間維持している．紡錘体が形成されてから数時

gere：ラテン語で‘集合する’を意味する．

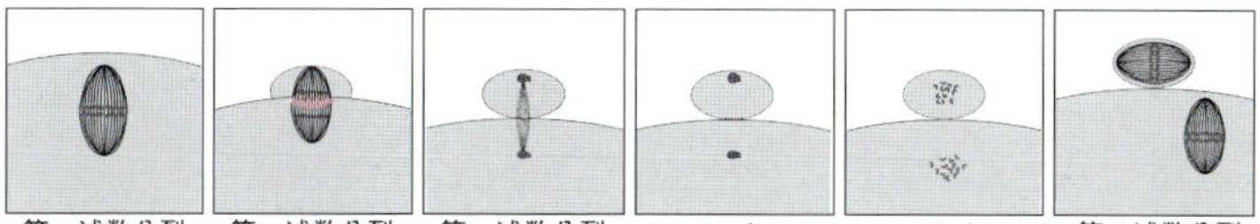

図Ⅶ-27-4．ヒト卵子第一減数分裂中期-第二減数分裂中期の染色体・紡錘体動態変化

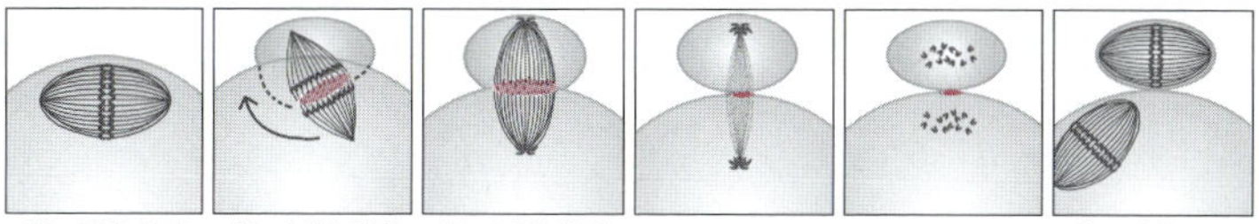

図Ⅶ-27-5．マウス卵子第一減数分裂中期-第二減数分裂中期の染色体・紡錘体動態変化

間後，相同染色体の分離が開始し（anaphase I），著しく非対称な細胞分裂が起こる．第一分裂終期（telophase I）には細胞の分裂が終了し，大きい方は二次卵母細胞となり，表層側の分離した染色体は極体として放出される．この極体中の細胞質はほんのわずかであるため，極体はやがて退化してしまうが，人工的にマウス卵子を均等に分割させた場合は，退化せずに発生が進むことがわかっている（Otsuki et al, 2007）．極体放出完了後，染色体はしばらくの間凝集した状態を維持する．我々の観察では，この凝集期間は数十分から4時間にも及ぶ場合があり，卵子の状態や培養条件によって変化する可能性がある．この染色体凝集期間（gere-phase）を経て染色体は分散し，それと同時に紡錘体が徐々に形成され（pro metaphase II），染色体は紡錘体の赤道面に再配置される（metaphase II）．

5 マウス卵子第一減数分裂中期から第二減数分裂中期までの核相変化と動態変化

マウス卵子の核相はヒト卵子と同様に変化するが，染色体動態変化はGVBD後と同様にヒト卵子との相違点が存在する．マウス卵子第一減数分裂中期の紡錘体はヒト卵子とは異なり，表層に対して平行な状態で維持される（図Ⅶ-27-5 (a)）．染色体の分離が起こる第一減数分裂後期になると紡錘体全体が回転し始め（図Ⅶ-27-5 (b)），紡錘体中央赤道面にドット様断片（midzone-particles）が現れる．分裂溝は，このmidzone-particlesに向かってが形成され，細胞分裂はmidzone-particlesの位置にて完了する．また，マウス卵子においても第一減数分裂終期（telophase I）から第二減数分裂中期（metaphase II）まで20-60分程度の移行期間（pro-metaphase II）が存在するが，極体放出完了後の染色体凝集は見られない．

表Ⅶ-27-1．偏光顕微鏡による紡錘体の有無と位置確認の有益性

	紡錘体が見えない場合	
	受精率	
Wang et al（2001）	↓	胚盤胞率↓
Moon et al（2003）	有意差なし	良好胚率↓
Rienzi et al（2003）	↓	紡錘体の位置と胚質に有意差なし
Choen et al（2004）	↓	Day3の分割形態に有意差なし
Konc et al（2004）	↓	妊娠率↓
Rama Raju et al（2007）	↓	胚盤胞率↓

マウス卵子においては，極体放出直前の紡錘体が存在する位置の卵表層にアクチンキャップと呼ばれるアクチンリッチな部分が存在する(Sun, Schatten, 2006)ほか，紡錘体のローテーションにアクチンが関わっている（Zhu et al, 2003）ことがわかっている．一方，ヒト卵子の紡錘体は，卵表層に対して垂直に形成されるため，紡錘体のローテーションはヒト卵子では見られない現象である．

6 ヒト，マウス卵子第一，第二減数分裂後期から終期の midzone particles

マウス卵子，ヒト卵子のどちらの極体放出過程においても，細胞分裂面と midzone particles の位置が徐々に一致し，midzone particles の位置において，細胞分裂（極体放出）が完了する（Otsuki et al, 2009）．また，後期から終期にかけての midzone particles の縮小は，particles 間の間隔が狭まることにより起こっている．また，この particles と (polo-like kinase1, PLK1) 抗体局在部位は一致しており，midzone particles の配置は，紡錘体中央部の一平面上に位置する(Otsuki et al, 2009)．Plk1 は染色体分離と細胞分裂を司る重要なキナーゼであることが知られており(Glover et al, 1998;Mayor et al, 1999;Nigg, 1998)，マウス卵子において plk1 抗体を卵細胞質内に注入した場合，染色体不分離や極体放出不全を起こすことが報告されている(Wianny et al, 1998; Tong et al, 2002)．ヒト卵子減数分裂時および胚発育段階で高頻度に起こる染色体分離異常の解明に向け，さらなる研究が望まれる．

7 ヒト ICSI におけるタイミングの適正化

紡錘体は複屈折を有することから偏光顕微鏡を用いて紡錘体の有無や位置を確認することが可能であり，実際に偏光顕微鏡を用いて紡錘体を観察した上で顕微授精を行った成績が7年前から報告されている．表Ⅶ-27-1に示したようにW. H. Wang ら（2001）と Y. Choen ら（2004）は，偏光顕微鏡にて紡錘体が見えない場合の受精率が有意に低いことを報告している一方，J. H. Moon ら（2003）は有意差がないと報告している．さらに，Wang ら(2001)と Moon ら(2003)は紡錘体が見られない場合にはDay3での胚のグレードが有意に低いと報告しているのに対し，Choen（2004）らは胚のグレードには有意

な差は見られないと報告している．しかしながら，Montag ら（2006）により，ヒト卵子第一極体放出後におよそ40-60分間，偏光顕微鏡にて紡錘体が観察されない期間があることが報告された．彼らは，この紡錘体が観察されない期間は，受精に不適切な期間であり，低受精率の原因になっているのではないかと推測している．また，我々が行ったタイムラプス観察により，この紡錘体の複屈折が観察されない期間は染色体が凝集している期間（gere-phase）であることが判明した．したがって，第一極体放出直後のgere-phase に ICSI を行った場合，染色体が凝集した状態で卵子は活性化されてしまうことになる．この場合，不受精や染色体分離異常の原因になることが推測されるため，gere-phase に ICSI を行った場合の受精能，その後の発生能，胚発生時の異常の有無を検討する必要がある．

現時点では，多くの ART ラボにおいて‘第一極体放出確認＝MII 期と見なし ICSI が行われているのが現状であるが，第一極体放出確認のみでは，第一減数分裂後期（anaphase I），第一減数分裂終期（telophase I）はもちろん，gere-phase である場合を含むため，ICSI を行うタイミングの指標として不十分であることが判明した（図Ⅶ-27-4）．M 期紡錘体形成の有無の確認，および第一減数分裂後期（anaphase I）から一減数分裂終期(telophase I)の紡錘体の確認は，偏光顕微鏡を用いて行うことが可能であるが，偏光顕微鏡観察では，紡錘体が観察されない原因が gere-phase なのか，卵細胞質の aging によって紡錘体（微小管）が変形（崩壊／脱重合）した為なのか，もしくは紡錘体形成不全であるのかを知ることはできない．しかし，gere-phase は，微分干渉顕微鏡下で極体直下を注意深く観察することで確認することが可能であり，数時間の追加培養を行うことによって MII へと導くことができる．よって ICSI を行う際，MII 期紡錘体が確認されなかった場合は微分干渉顕微鏡下にて第一極体直下の染色体凝集塊の有無を確認し，gere-phase であった場合には，MII の紡錘体が形成されるまで数時間の追加培養後に MII の紡錘体形成を確認した上で ICSI を行うことが重要となる．

したがって，ICSI の至適タイミングは，MII 期紡錘体形成から卵子の aging が問題となる前までの数時間以内であり，hCG 投与から MII 期紡錘体形成までの時間には個人差，卵巣刺激方法による差，および個々の卵子の状態による差があることも考慮し対応することが望まれる．

8 採卵時 MI 期卵子に行う rescue IVM-ICSI のタイミング

gere-phase の確認は，レスキュー ICSI を行う際には特に留意したい点である（Otsuki et al, 2006）．たとえば朝の採卵時に MI であった卵子のほとんどは夕方から夜半に極体を放出するため，業務時間内に極体が放出されず翌日に 1 day old ICSI を行った場合，ほとんどが極体放出後10時間以上経過し，卵子のエイジング（aging）（Yanagida et al, 1998）による不受精や胚発育不全が問題となってくる．Vanhoutte ら（2005）の報告によると，卵巣刺激周期の採卵時に MI 期であった卵子の 9 割以上が 7 時間以内に MII 期になることが確認されており，翌日の ICSI では，ほとんどの卵子が受精の至適タイミングから逸脱してしまうことになる．

さらに，第一極体放出が見られない卵子の中にはMI期ではなく，極体放出に失敗したMII期卵子が含まれることにも注意する必要がある．実際，我々が行ったタイムラプス観察においても，染色体分離後の極体放出に失敗した場合，再び染色体が紡錘体中央に再配列し，MI期とMII期の区別が困難になることがわかった（大月ら, 2008）．また，MI期卵子を48時間培養しても極体放出が起こらず，ICSIを行っても受精しなかった卵子を電顕で調べたところ，紡錘体に微小管が存在せず，染色体が散乱していたという報告がある（Windt, 2001）．よって，このような長時間培養では，微小管の変性／脱重合やそれに伴う染色体の散乱（disalignment）が起こることが推測される．

一方，MI期卵子のレスキューIVM-ICSIによる妊娠例も報告されている．Shuら（2007）は，採卵後すぐに卵丘細胞を除去して卵子を裸化して4–6時間培養後にICSIを行った場合，裸化後にMII期であった卵子と，MI期からMII期になった卵子の受精率，分割率に有意差はないことを報告した．しかし，妊娠率，着床率がそれぞれ7.7%，4%と低く，妊娠した2症例はどちらも流産となっている．また，我々はMII期卵子が得られなかった周期において，極体放出を3時間ごとに観察し，至適タイミングを考慮したICSIを行うことによって生児を得ることに成功した（Otsuki et al, 2006）．このように，rescue IVM-ICSIを行う際には，タイムリーなチェックとMII期紡錘体形成の確認が重要となってくる（Otsuki et al, 2006）．

9 IVM-ICSIのタイミング

卵巣刺激周期において，Balakierら（2004）は良好な受精率を得るためには，極体放出後3時間以上の培養が必要であると述べている．これに対し非卵巣刺激周期IVMの場合，極体放出後1時間以内のすべての卵子はtelophase Iであり，さらに1時間後にはすべてがMII期になること，極体放出後1時間以内卵子のICSI受精率が有意に低いことが報告された（Hyun et al, 2007）．ただし，彼らは30分ごとの観察を行っているため，gere-phaseは見られていない．また，前述のように卵巣刺激周期においては極体放出からMII期紡錘体形成まで約2–2.5時間要することをMontag（2006）らは偏光顕微鏡を用いたタイムラプス観察により示しており，非卵巣刺激周期における極体放出後の紡錘体形成までの時間は，卵巣刺激周期のそれよりも短い可能性がある．

まとめ

哺乳類の減数分裂は生物種によって異なり，主にヒトの代替えとして実験材料に用いられているマウス卵子においてもヒト卵子減数分裂時の核相変化とはさまざまな違いが認められる．その中でもgere-phaseの発見は，ヒト卵子減数分裂時に高率に起こる染色体分離異常の発生機序と関連する可能性が考えられ，今後もさらなる研究が望まれる．また，gere-phaseを考慮したICSIタイミングの適正化により，より高率な受精・妊娠率および染色体異常率の低下が得られることを期待すると同時に，ヒト卵子減数分裂時に gere-phase が存在する意義に注目したい．

（大月純子・永井　泰）

引用文献

Balakier H, Sojecki A, Motamedi G, et al (2004) Time-dependent capability of human oocytes for activation and pronuclear formation during metaphase II arrest, *Hum Reprod*, 2004, 19 ; 982-987.

Braga DP, Figueira Rde C, Rodrigues D, et al (2008) Prognostic value of meiotic spindle imaging on fertilization rate and embryo development in in vitro-matured human oocytes, *Fertil Steril*, 90 ; 429-433.

Bui HT, Yamaoka E, Miyano T (2004) Involvement of histone H3 (Ser10) phosphorylation in chromosome condensation without Cdc2 kinase and mitogen-activated protein kinase activation in pig oocytes, *Biol Reprod*, 70 ; 1843-1851.

Cohen Y, Malcov M, Schwartz T, et al (2004) Spindle imaging : a new marker for optimal timing of ICSI?, *Hum Reprod*, 19 ; 649-654.

Glover DM, Hagan IM, Tavares AA (1998) Polo-like kinases : a team that plays throughout mitosis, *Genes Dev*, 12 ; 3777-3787. Review.

Hassold T, Hunt P (2001) To err (meiotically) is human : the genesis of human aneuploidy, *Nat Rev Genet*, 2 ; 280-291.

Hyun CS, Cha JH, Son WY, et al (2007) Optimal ICSI timing after the first polar body extrusion in in vitro matured human oocytes, *Hum Reprod*, 22 ; 1991-1995.

Konc J, Kanyó K, Cseh S (2004) Visualization and examination of the meiotic spindele in human oocytes with polscope, J Assist Reprod Genet, 21 ; 349-353.

Kuliev A, Cieslak J, Verlinsky Y (2005) Frequency and distribution of chromosome abnormalities in human oocytes, *Cytogenet Genome Res*, 111 ; 193-198.

Moon JH, Hyun CS, Lee SW, et al (2003) Visualization of the metaphase II meiotic spindle in living human oocytes using the Polscope enables the prediction of embryonic developmental competence after ICSI, *Hum Reprod*, 18 ; 817-820.

Montag M, Schimming T, van der Ven H (2006) Spindle imaging in human oocytes : the impact of the meiotic cell cycle, *Reprod Biomed Online*, 12 ; 442-446.

Mayor T, Meraldi P, Stierhof YD, et al (1999) Protein kinases in control of the centrosome cycle, *FEBS Lett*, 452 ; 92-95. Review.

Nigg EA (1998) Polo-like kinases : positive regulators of cell division from start to finish, *Curr Opin Cell Biol*, 10 ; 776-783. Review.

Otsuki J, Momma Y, Takahashi K, et al (2006) Timed IVM followed by ICSI in a patient with immature ovarian oocytes, *Reprod Biomed Online*, 13 ; 101-103.

Otsuki J, Nagai Y (2007) A phase of chromosome aggregation during meiosis in human oocytes, *Reprod Biomed Online*, 15 ; 191-197.

Otsuki J, Nagai Y, Chiba K (2007) Completion of polar body extrusion in mouse and human oocytes : role of the Flemming body, midbody particles and their association with actin, *Hum Reprod*, 22 supplement 1 abstract book p.21.

大月純子，永井泰（2008）一絨毛膜性双胎におけるキメラ／モザイク発生のメカニズム，生殖医学会抄録集，p159.

Otsuki J, Nagai Y, Chiba K (2009) Association of spindle midzone particles with polo-like kinase 1 during meiosis in mouse and human oocytes, *Reprod Biomed Online*, 18 ; 522-528.

Pahlavan G, Polanski Z, Kalab P, et al (2000) Characterization of polo-like kinase 1 during meiotic maturation of the mouse oocyte, *Dev Biol*, 220 ; 392-400.

Rama Raju GA, Prakash GJ, Krishna KM, et al (2007) Meiotic spindle and zona pellucida characteristics as predictors of embryonic development : a preliminary study using PolScope imaging, Reprod Biomed Online, 14 ; 166-174.

Ravel C, Letur H, Le Lannou D, et al (2007) High incidence of chromosomal abnormalities in oocyte donors, *Fertil Steril*, 87 ; 439-441.

Rienzi L, Ubaldi F, Maetinez F, et al (2003) Relationship between meiotic spindle lacation with regard to the polar body position and oocyte developmental potentioal after ICSI, Hum Reprod, 18 ; 1289-1293.

Shu Y, Gebhardt J, Watt J, et al (2007) Fertilization, embryo development, and clinical outcome of immature oocytes from stimulated intracytoplasmic sperm injection cycles, *Fertil Steril*, 87 ; 1022-1027.

Sun QY, Schatten H (2006) Regulation of dynamic events by microfilaments during oocyte maturation and fertilization, *Reproduction*, 131 ; 193-205. Review.

Tong C, Fan HY, Lian L, et al (2002) Polo-like kinase-1 is a pivotal regulator of microtubule assembly during mouse oocyte meiotic maturation, fertilization, and early embryonic mitosis, *Biol Reprod*, 67 ; 546-554.

Vanhoutte L, De Sutter P, Van der Elst J, et al (2005) Clinical benefit of metaphase I oocytes, *Reprod Biol Endocrinol*, 15 ; 3 : 71.

De Vos A, Van de Velde H, Joris H, et al (1999) In-vitro matured metaphase-I oocytes have a lower fertilization rate but similar embryo quality as mature metaphase-II oocytes after intracytoplasmic sperm injection, *Hum Reprod*, 14 ; 1859-1863.

Wang WH, Meng L, Hackett RJ, et al (2001) Developmental ability of human oocytes with or without birefringent spindles imaged by Polscope before insemination, *Hum Reprod*, 16 ; 1464-1468.

Wianny F, Tavares A, Evans MJ, et al (1998) Mouse polo-like kinase 1 associates with the acentriolar spindle poles, meiotic chromosomes and spindle midzone during oocyte maturation, *Chromosoma*, 107 ; 430-439.

Windt ML, Coetzee K, Kruger TF, et al (2001) Ultrastructural evaluation of recurrent and in-vitro maturation resistant metaphase I arrested oocytes, *Hum Reprod*, 16 ; 2394-2398.

Yanagida K, Yazawa H, Katayose H, et al (1998) Influence of oocyte preincubation time on fertilization after intracytoplasmic sperm injection, *Hum Reprod*, 13 ; 2223-2226.

Zhu ZY, Chen DY, Li JS, et al (2003) Rotation of meiotic spindle is controlled by microfilaments in mouse oocytes, *Biol Reprod*, 68 ; 943-946.

VII-28

卵子減数分裂の分子機構

Key words
細胞周期／染色体分配／減数分裂停止／MPF／CSF／Mos-MAPK 経路

はじめに

一般に，卵子の成熟期（卵成熟）は減数分裂の成熟期に対応する．本節では，脊椎動物（特にアフリカツメガエルとマウス）の系を中心に，卵子減数分裂の分子機構について特に細胞周期制御の観点から概説する．

1 卵子減数分裂の特性

ここではまず，卵子減数分裂の特性を，細胞周期と染色体分配の局面から体細胞分裂のそれらと比較して述べる．

(A) 細胞周期

細胞の複製・増殖において，DNA の複製から分配までの1サイクルを細胞周期と呼ぶ．一般に，体細胞の細胞周期（約20時間）は G1（間隙1），S（DNA 合成期），G2（間隙2），M（分裂期）の四つの時期からなり，G1 期（6–12時間）が最も長く，M 期（05–1 時間）が最も短い（図Ⅶ-28-1）．M 期は **Cdc2 キナーゼ**とサイクリン B の複合体である M 期促進因子（MPF, M phase-promoting factor）によって誘起され，触媒サブユニットの Cdc2 自身は **Cdc25 ホスファターゼ**によって正に，**Wee1/Myt1 キナーゼ**によって負に制御される．また，M 期の終わりにサイクリン B の分解で Cdc2 の不活性化が起こる．

卵子減数分裂においては，卵母細胞は S 期（特に減数分裂前 S 期と呼ばれる）の後に減数第一分裂前期（Pro-I）でいったん停止し，この間に大きく成長する．その後，ホルモン等の刺激により減数分裂が再開始（卵成熟が開始）し，二つの連続した M 期（減数第一分裂 MI と減数第二分裂 MII）を経て減数分裂を終了する（図Ⅶ-28-1）．MI と MII は体細胞分裂の M 期と同様に MPF によって誘起される．しかし，体細胞分裂の間期（G1＋S＋G2）とは異なり，卵子減数分裂の MI と MII の間（中間期と呼ばれる）はきわめて短く，MPF 活性も完全にはなくならない．これにより，卵は MI 後に核膜形成や DNA 複製なしに早急に MII に移行できる．また，多くの動物で，成熟卵は特定の時期で再び停止し，この間に受精される（図Ⅶ-28-2参照）．このように，卵子減数分裂の細胞周期は体細胞分裂のそれと比べ特殊な制御を受ける．また，特定の時期で停止する点などで精子の減数分裂とも異なっている（佐方，1996）．

Cdc2 キナーゼ：サイクリン B との結合で活性化されるタンパク質リン酸化酵素で CDK1 ともいう．
Cdc25 ホスファターゼ：Cdc2 のトレロニン14／チロシン15の脱リン酸化酵素で Cdc2 の活性化因子．
Wee1/Myt1 キナーゼ：Cdc2 のトレオニン14／チロシン15のリン酸化酵素で Cdc2 の不活性化因子．

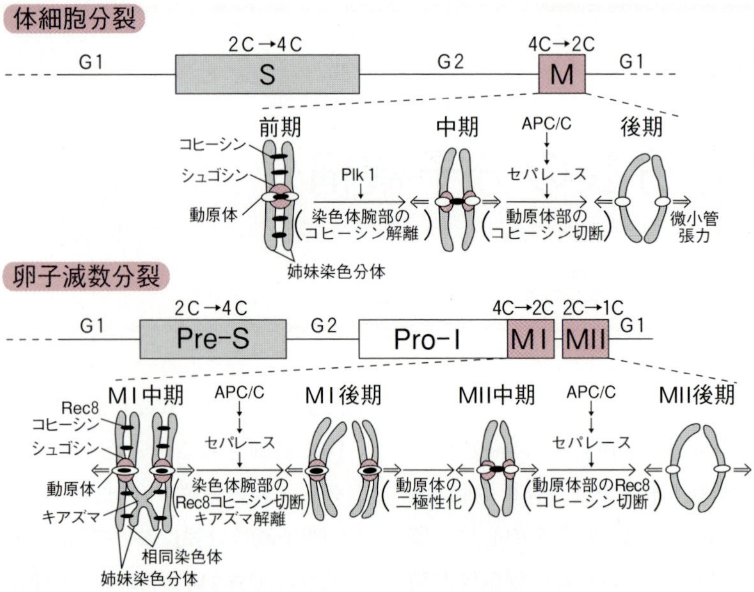

図Ⅶ-28-1．卵子減数分裂における細胞周期と染色体分配の特性

卵子減数分裂における細胞周期と染色体分配を体細胞分裂のそれらと比較した．卵子減数分裂では普遍的に減数第一分裂前期（Pro-I）での停止が起こる．体細胞分裂の分裂中期では姉妹染色分体の動原体に二極からの微小管張力が働き，シュゴシンの局在変化とともにセパレースによる動原体部コヒーシンの切断が起こる．卵子減数分裂では，MII の中期にはじめて動原体が二極性化し，Rec8 コヒーシンの切断が起こる．他は本文参照．C，半数体 DNA 量；pre-S，減数分裂前 S 期

(B) 染色体分配

体細胞分裂においては，複製された姉妹染色分体はすぐに**コヒーシン**と呼ばれるタンパク質（複合体）によって接着される．そして，分裂前期に染色体腕部のコヒーシンは **Plk1（キナーゼ）**によってリン酸化され，解離する．しかし，動原体部のコヒーシンはシュゴシンと呼ばれるタンパク質によって保護されており，分裂中期／後期転移期にはじめて‘切断’され，姉妹染色分体の分離が起こる（図Ⅶ-28-1）．実際には，この時期にシュゴシンの局在変化とともにユビキチンリガーゼの一種である分裂後期促進複合体（APC/C, anaphase-promoting complex/cyclosome）の活性化が起こり，まずサイクリン B とセキュリンと呼ばれるタンパク質が分解される．そして，サイクリン B の分解により MPF が不活性化される一方，セキュリンの分解によってコヒーシンの切断酵素であるセパレースが活性化され，（動原体部の）コヒーシンの切断，引いては染色分体の分離が起こる（図Ⅶ-28-1）．

体細胞分裂に対して，卵子減数分裂の MI では，他の減数分裂と同様にまず相同染色体の分離が起こる．すなわち，Pro-I 停止した卵母細胞ではすでに姉妹染色分体は複製されているが，MI ではこれらの分離は起こらず，対合した相同染色体同士のみの分離が起こる．減数分

コヒーシン：環状構造を持つタンパク質複合体で，その形状により姉妹染色分体同士を束ねている．
Plk1（キナーゼ）：Polo 様キナーゼの一種で，分裂期のさまざまな段階で機能する．
APC/C：巨大なタンパク質複合体で，分裂期の終りにさまざまなタンパク質をユビキチン化しプロテアソームでの分解に向ける酵素．

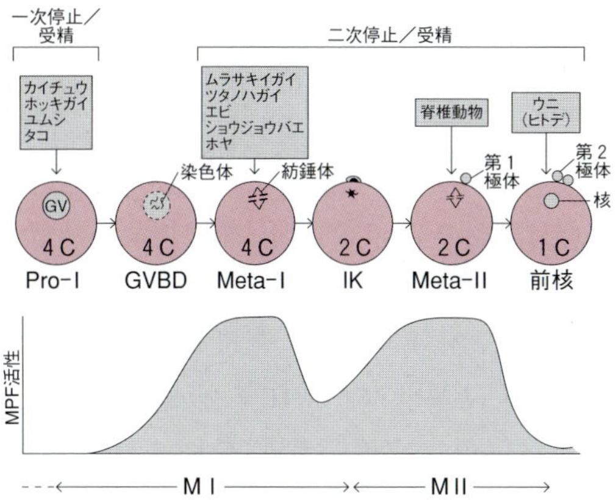

図Ⅶ-28-2．さまざまな動物の卵成熟と減数分裂停止

一次停止で受精の起こる動物卵と二次停止で受精の起こる動物卵を示す．すべての動物卵は一次停止を起こす．ヒトデ卵は生体内では Meta-I で二次停止を起こす．他は本文参照．GV, germinal vesicle（卵核胞）；GVBD, germinal vesicle breakdown（卵核胞崩壊）；IK, interkinesis（中間期）

裂では姉妹染色分体は減数分裂特異的な Rec8 コヒーシンによって接着されており，相同染色体同士はキアズマによって連結されている．MI では，（単極性である）染色分体動原体部の Rec8 コヒーシンはシュゴシンによって保護されており，染色分体腕部のみの Rec8 コヒーシンがセパレースで切断される．これにより，染色分体の接着が維持されたままキアズマが解離し，相同染色体が分離する（図Ⅶ-28-1）．そして，MII で，（動原体の二極性化による）シュゴシンの局在変化とセパレースによる動原体部の Rec8 コヒーシンの再切断が起こり，はじめて姉妹染色分体が分離する．このように，シュゴシンは卵子減数分裂の染色体分配でも重要な役割を果たしている（丹野，渡辺，2009）．

2 卵成熟と減数分裂停止

(A) 一次停止（Pro-I 停止）

卵母細胞の Pro-I 停止は多細胞動物に普遍的な現象である．この停止は一次停止とも呼ばれ，この間に（一次）卵母細胞は大きく成長する．一般に，Pro-I 停止の解除で卵成熟が開始するが，その引き金は動物種によって異なっている（図Ⅶ-28-2）．すなわち，ホッキガイなどでは精子（受精）そのものが Pro-I 停止を解除し，ヒトデでは 1-メチルアデニン，アフリカツメガエル（以下ツメガエル）では**プロゲステロン**が解除ホルモン（卵成熟誘起ホルモン）として働く．しかし，精子にしろ，ホルモンにしろ，これらの引き金はすべて卵細胞膜（受容体）上で作用する．そして，さまざまな細胞内シグナル伝達を介して，結局は MPF の生成や活性化を促し，卵成熟を開始させる．現在 Cdc2 キナーゼ／サイクリン B 複合体として知られる MPF は，もともとカエルの卵成熟（M 期）を誘起する細胞質因子として見出されたものである*1（Masui, Markert, 1971）．MPF は，さまざまな基質をリン酸化することで，染色体凝縮や紡錘体形成などの諸 M 期現象を引き起こす．

(B) 二次停止

Pro-I 停止がホルモンによって解除される場合には，卵子はある段階で再び停止し，この間に受精される．この二次停止の時期は動物によって異なり，たとえば，多くの昆虫や軟体動物では減数第一分裂中期（Meta-I），ツメガエルを含むほとんどすべての脊椎動物では減数第二

プロゲステロン：黄体ホルモンともよばれるステロイドホルモンで，通常は標的細胞内で遺伝子発現などを誘導するが，卵母細胞では細胞膜上でのみ機能する．
＊1：このため，MPF は元来は卵成熟促進因子（MPF, maturation-promoting factor）とよばれた．

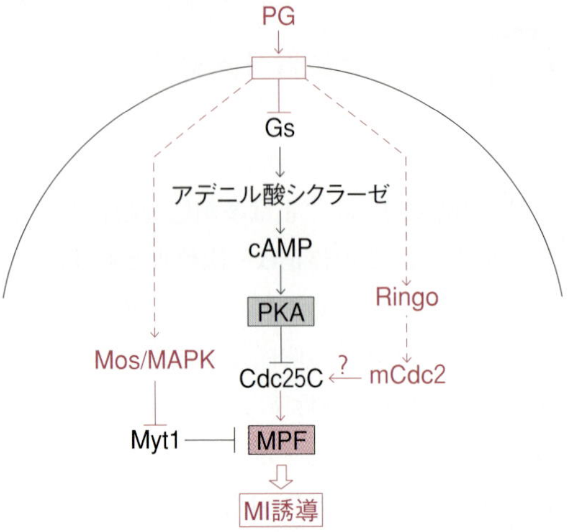

図Ⅶ-28-3．ツメガエル卵のPro-I停止とその解除の機構
黒字／黒線はPro-I停止の経路，赤字／赤線はその解除の経路を示す．詳細は本文参照．PG，プロゲステロン；mCdc2，単量体Cdc2

分裂中期（Meta-II），ウニなどの棘皮動物では減数分裂終了時（前核段階）で起こる（図Ⅶ-28-2）．二次停止の時期が動物卵で異なる理由として，その卵子の受精環境への耐性（外的要因）や単為発生能の獲得時期（内的要因）との関係が示唆されている（Masui, 1985；Sagata, 1996）．いずれにしても，これらの卵子は二次停止の段階ではじめて受精可能な状態になる（すなわち，成熟する）．

二次停止の起こる機構としては，古くからさまざまな説が提唱されている．これらの中，唯一実験的根拠を持つものとして，カエル卵でMeta-II停止を引き起こす因子（CSF）がある（Masui, Markert, 1971）．後述するように，この因子にはMos/MAPKキナーゼ経路が関与しているが，この経路は無脊椎動物卵の二次停止にも関わっている．

3 Pro-I停止とその解除の機構

（A）Pro-I停止の機構

卵母細胞のPro-I停止期は細胞周期でいえばG2後期に相当する．一般に，この停止は卵内の高濃度cAMPによって維持されており，この状態ではMPFは不活性型（pre-MPF）になっている（このため卵はG2後期で停止している）．pre-MPFでは，Cdc2は単量体として存在するか，または（サイクリンBと複合体を作ってはいるが）抑制的リン酸化を受けて，不活性化されている．前者は多くの魚類や両生類卵で見られ，後者はヒトデ，ツメガエル，マウス卵などで見られる（Yamashita, 1998；Kishimoto, 2003）．ヒトデやツメガエルでは，Cdc2の（トレオニン14／チロシン15での）抑制的リン酸化はMyt1キナーゼによってなされている（Okumura et al, 2002；Nakajo et al, 2000）．そして，ツメガエルでは，Myt1と拮抗するCdc25Cホスファターゼが主にPKA（cAMP依存性プロテインキナーゼ）によってリン酸化・不活性化され，Myt1によるCdc2の抑制的リン酸化が維持されている（Duckworth et al, 2002）（図Ⅶ-28-3）．一方マウスでは，PKAが他のタイプのCdc25（Cdc25B）を不活性化すると同時に，これに拮抗する母性型Wee1キナーゼ（Wee1B）を活性化している（Han et al, 2005；Pirino et al, 2009）．さらに，マウス卵母細胞では，新合成されたサイクリンB1が常に一定の割合でAPC/C依存的に分解されており，これもPro-I停止に寄与している（Reis et al, 2006）．このように，卵母細胞のPro-I停止は，サイクリンBの欠除やCdc2の抑制的リン酸化によって維持されている．

(B) Pro-I 停止の解除機構

ツメガエルやマウスの卵成熟の開始（Pro-I 停止の解除）では，まず促進性 G タンパク質（Gs）の不活性化によりアデニル酸シクラーゼ活性が低下し，cAMP 濃度が減少する．そして，その結果 PKA の活性が低下し，Pro-1 停止が解除されると考えられている（Gallo et al, 1995; Mehlmann et al, 2002）．実際には，PKA の活性低下により，ツメガエル卵では Cdc25C 活性の抑制が，マウス卵では Cdc25B 活性の抑制（および Wee1B 活性の維持）が解かれ，MPF（Cdc2）の活性化（すなわち Pro-I 停止の解除）が起こると考えられる（図Ⅶ-28-3）．ツメガエルではさらに，Mos/MAPK 経路による Myt1 の不活性化＊2，新合成 Ringo タンパク質による単量体 Cdc2 の直接的な活性化も MPF の活性化に関わっている（Palmer et al, 1998; Ferby et al, 1999）（図Ⅶ-28-3）．一方ヒトデでは，PKA の関与は不明であり，抑制性 G タンパク質(Gi)の下流で Akt/PKB キナーゼが Myt1 を不活性化することが示されている（Okumura et al, 2002）．また，多くの魚類では，サイクリン B の新合成が MPF 生成の主な原因になっている（Yamashita, 1998）．このように，Pro-I 停止の解除機構は，その停止機構（前項）に呼応して動物種によって有意に異なっている．しかし，いずれの場合でも，結局は Cdc2 が活性化され，Pro-I 停止が解除される点では同じである．また，多くの場合，複数の経路が Cdc2 の活性化のために働く点でも共通している．

4 MI/MII 転移の機構

(A) MPF 活性

MI/MII 転移期（中間期）はきわめて短く，この時期には核膜は形成されず，染色体も凝縮したままである（図Ⅶ-28-2）．ツメガエル卵では，この時期に複製因子の一つ Cdc6 の合成が開始され DNA 複製能を獲得するが，DNA の複製自身は起こらない（これにより，‘減数’分裂が保証される）(Furuno et al, 1994; Lemaitre et al, 2002)．MI/MII 転移期に DNA 複製が起こらず，染色体も凝縮したままなのは，この時期（中間期）には APC/C 依存的なサイクリン B の分解が完全ではなく，MPF（Cdc2）活性が中程度に存在するからである（Furuno et al, 1994; Iwabuchi et al, 2002）（図Ⅶ-28-4）．すなわち，中程度の MPF 活性によって，MI 後に通常の（S 期を含む）分裂間期が出現するのが抑圧されているからである．そして，この時期にサイクリン B の合成も急速に開始するため，すぐに MII に移行できる．（体細胞周期ではサイクリン B は分裂中期/後期転移に完全に分解され，分裂間期には MPF 活性はほとんどない）．分裂酵母では，MI/MII 転移期に核膜は存在するが，MPF 活性はやはり中程度に存在する．したがって，中程度の MPF 活性による MI/MII 転移の制御は減数分裂に一般的と考えられ，この時期に特異的な相同染色体の分離にも関係している可能性がある．

(B) MI/MII 転移の分子機構

上記の通り，MI/MII 転移ではサイクリン B の部分的分解による中程度の MPF 活性が重要

＊2：実際には，Mos/MAPK 経路の下流キナーゼ p90rsk が Myt1 をリン酸化し，不活性化させる．

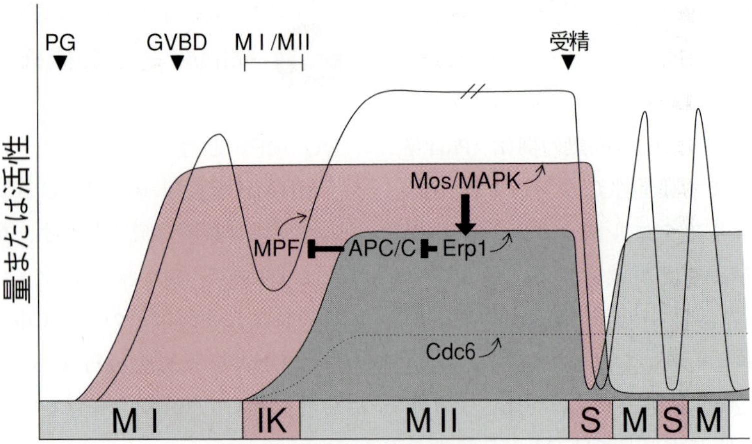

図Ⅶ-28-4．ツメガエル卵における MI/MII 転移の制御

DNA 複製因子（Cdc6）と Erp1 は MI/MII 転移期に合成開始する．この時期に，Mos/MAPK 経路は Erp1（APC/C 阻害因子）を介してサイクリン B の分解を部分的に阻害し，中程度の MPF 活性にする．MII では同様に Mos/MAPK 経路が Erp1 に働きかけ，新合成サイクリン B の安定化，引いては Meta-II 停止を引き起こす．図の MPF 活性のパターンは基本的にはサイクリン B の発現パターンに一致する．図では，受精後の Mos/MAPK 経路，Erp1 などの発現パターンも示している．

である．ツメガエルの系で，この過程では Mos（キナーゼ）が必須であることが知られている*3（図Ⅶ-28-4）．すなわち，Mos は卵成熟特異的に発現されるが（Sagata et al, 1988），MI 期にその合成や機能を阻害すると MI 直後に MPF 活性が大幅に低下し，卵子は MII に移行することなく DNA 複製（単為発生的付活化）を起こす（Furuno et al, 1994；Dupré et al, 2002）．マウスやヒトデ卵でも同様なことが知られており（Hashimoto et al, 1994；Tachibana et al, 2000），Mos の MI/MII 転移（あるいは MII の創出）への必要性は動物卵に一般的と考えられる．周知の通り，Mos の下流にはいわゆる MAPK 経路が存在する（Sagata, 1997）．この経路は二次停止にも関わっており，現在では，卵子減数分裂を特徴づける経路と見なされている（後述）．

ツメガエル卵では，MI/MII 転移におけるサイクリン B の部分的分解は Mos/MAPK 経路による APC/C 活性の部分的阻害によるとされる（Gross et al, 2000）．しかし，このためには，Mos/MAPK 経路以外にも未同定のなんらかの新合成タンパク質が必要である（Furuno et al, 1994）．このことに関し，最近，**Erp1**（別称 Emi 2）と呼ばれるタンパク質が MI/MII 転移時のサイクリン B の部分的分解に直接関与することが示された．すなわち，Erp1 が MI/MII 転移に合成開始し，この間に APC/C 活性を部分的に阻害することが示された（Liu et al, 2006；Ohe et al, 2007）（図Ⅶ-28-4）．Erp1 は，もともと APC/C の阻害因子 Emi1 の類似タンパク質として単離され，Mos/MAPK 経路とは独立に未受精卵の二次停止を誘起するとされた因子である（Schmidt et al, 2005）．しかし，後述するように，Erp1 の活性が Mos/MAPK 経路に依存し，

＊3：Mos の遺伝子 c-*mos* は元来原癌遺伝子として単離されていたが，その生理機能は長い間不明であった．
Erp1：Erp1 はその C 末端で APC/C に結合し，他の領域（ZBR）の作用で APC/C の活性を抑える．

Erp1自身がMos/MAPK経路の基質であることが判明した．このことより，Mos/MAPK経路が新合成Erp1を介してMI/MII転移（中程度のMPF活性）に関与することが明らかになった（図Ⅶ-28-4）．マウス卵でもErp1はMI/MII転移に必須であるが，Mos/MAPK経路との関係は不明である（Madgwick et a1, 2006）．また，ツメガエル卵では，Erp1以外にXkid（キネシンの一種）の新合成もMI/MII転移に必要であるが，このタンパク質とMos/MAPK/Erp1経路との関係はわかっていない（Perez et al, 2002）．

無脊椎動物卵で直接的にMI/MII転移に関わっている因子は不明である．しかし，分裂酵母のMI/MII転移にもAPC/C阻害因子の一種（Mes1）が関わっている（Izawa et al, 2005）．したがって，無脊椎動物卵でも，（おそらくMos/MAPKの下流で）なんらかのAPC/C阻害因子が機能していると考えられる．

5 二次停止とその解除の機構

(A) 二次停止の機構

脊椎動物卵では受精のための二次停止はMIIの中期（Meta-II）で起こる．Meta-II停止では，サイクリンBの安定化（APC/C活性の阻害）によりMPF活性が高く維持されている（図Ⅶ-28-4）．カエルの成熟卵（未受精卵）でMeta-II停止を引き起こす細胞質因子（活性）として細胞分裂抑制因子（CSF, cytostatic factor）が知られている[*4]（Masui, Markert, 1971）．CSFは，未受精卵においてMPF活性を安定化・維持させることでMeta-II停止を引き起こすとされた（Newport, Kirschner, 1984）．しかし，CSFの分子的実体は長い間不明で，ツメガエル卵ではじめて原癌遺伝子産物Mosとの密接な関係が示された．すなわち，Mosの発現パターンや活性がCSFのそれらと酷似することが示された（Sagata et al, 1989）．その後，Mosの下流にMAPK経路が存在し，その最下流キナーゼp90rskもCSF活性を持つことが示された（Haccard et al, 1993；Bhatt, Ferrell, 1999）．CSFとMosの密接な関係はマウス卵でも示され（Colledge et al, 1994；Hashimoto et al, 1994），脊椎動物に一般的と考えられている（Sagata, 1996）．

一方最近，APC/C阻害因子であるErp1（前述）もツメガエル卵でCSFとして機能することが示された（Schmidt et a1, 2005）．ただし，この報告では，Erp1はMos/MAPK経路とは独立にCSFとして働くとされた．しかし，まもなく，Erp1がMAPKの下流キナーゼp90rskの直接的な基質であることが判明した．すなわち，p90rskがErp1のセリン335やトレオニン336残基をリン酸化し，その安定性や活性を高めることが示された（Inoue et al, 2007；Nishiyama et al, 2007）．こうして現在では，CSFはMos→MEK→MAPK→p90rsk→Erp1という経路でMeta-II停止（MPF／サイクリンBの安定化）を誘起すると考えられている（図Ⅶ-28-5）．（ただし，受精以降の活性消失などCSFの基本的特性は主にMosに由来する）．マウス卵でもErp1はCSFとして機能するが（Shoji et a1, 2006），Mos/MAPK経路との関係は不明である（Dumont et al, 2005）．また，ツメガエル卵では紡錘体チェックポイントタンパク質（後述）もCSF活性に寄与するとされるが（Tunquist, Maller, 2003），これはマウス卵では否定的である（Tsurumi et al, 2004）．

＊4：CSF活性は（注入されたとき）2細胞期胚の分裂を分裂中期で止める活性として測定される．

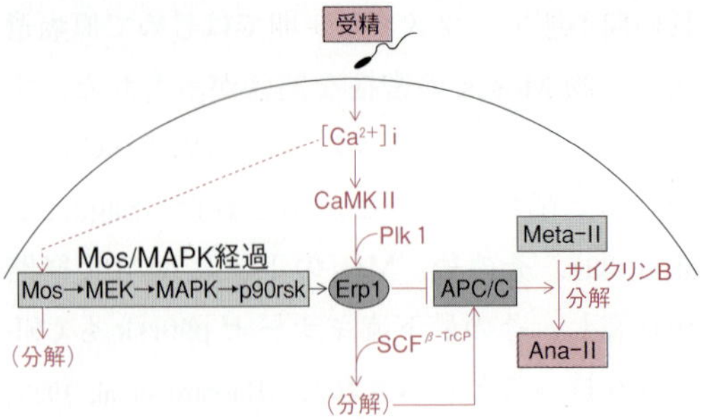

図Ⅶ-28-5．ツメガエル卵のMeta-II停止とその解除の機構

黒字／黒線はMeta-II停止の経路，赤字／赤線はその解除の経路を示す．詳細は本文参照．

無脊椎動物卵のMeta-IやG1での二次停止でも，Mos/MAPK経路が重要な働きをすることが示されている（Tachibana et al, 2000；Amiel et al, 2009）．これらの場合のMos/MAPK経路の標的は不明であるが，この経路が動物卵の二次停止に普遍的に関わっていることは進化的な観点からも大変興味深い．

（B）二次停止の解除機構

一般に，二次停止の解除は，受精による卵内遊離カルシウムイオン濃度 $[Ca^{2+}]i$ の一過性の上昇（カルシウムトランジェント；Ca^{2+}スパイク）による．ツメガエル卵では，$[Ca^{2+}]i$ の上昇によりサイクリンBの分解（APC/Cの活性化）が起こり，Cdc2活性の低下に伴い，Meta-II停止が解除される（図Ⅶ-28-5）（同時に，Rec8コヒーシンの切断により姉妹染色分体の分離が起こる）．CSFとして機能するMosが受精により分解されることから（図Ⅶ-28-4），当初，この分解がMeta-II停止解除の原因と考えられた．しかし，Mosの分解がサイクリンBの分解後に起こることが判明し，受精におけるカルシウムシグナルの実際の標的が問題となった[*5]（Watanabe et al, 1991）．そしてまもなく，カルシウムで活性化される**カルモジュリン依存性プロテインキナーゼII**（CaMKII）が受精におけるMeta-II停止の解除に必要十分であることが示された（Lorca et al, 1993）．しかし，CaMKIIとサイクリンBの分解（APC/Cの活性化）との間は長年ブラックボックスのままであった．

その後，前述のErp1が受精時にPlk1キナーゼ依存的に分解されること，およびこの分解がMeta-II停止からの解除に必須であることが示された（Schmidt et al, 2005）．さらに重要なことに，このPlk1依存的なErp1の分解にCaMKIIが関わっていることが判明した．すなわち，CaMKIIがErp1の特定の部位をリン酸化し，この部位に結合したPlk1がErp1の他の部位（分解モチーフ）をさらにリン酸化し，結果として，Erp1の $SCF^{β\text{-}TrCP}$ **ユビキチンリガーゼ**依存的な分解を引き起こすことが示された（Rauh et al, 2005；Hansen et al, 2006）．このErp1（APC/C阻害因子）の分解は，Mos/MAPK経路による安定化にもかかわらず起こり，APC/C活性化の直接的原因となる．こうしてツメガエル卵におけるMeta-II停止からの解除の分子経路が明らかになった（図Ⅶ-28-5）．マウス卵でも同様な経路でMeta-II停止が解除されることが示唆されている（Shoji et al, 2006；Madgwick et al, 2006）．しかし，無脊椎動物卵での二次停止の解除機構は未だほとんど不明である．

ツメガエル卵ではErp1は受精によって分解されるが，その後再び合成される（図Ⅶ-28-4）．しかし，この時期には，Mosの分解によりMos/MAPK経路はもはや存在しない．このため，

＊5：Mosは受精による分解後に再合成されず，その分解は体細胞周期への移行のためとされる．
カルモジュリン依存性プロテインキナーゼII：数種のアイソフォームが存在し，特徴的なオリゴマー構造を形成する酵素で，受精時には一過的に活性化する．
$SCF^{β\text{-}TrCP}$ ユビキチンリガーゼ：数種のサブユニットからなり，標的タンパク質の特定のリン酸化モチーフ（分解モチーフ）に結合し，ユビキチン化する酵素．

Erp1 は強い活性を持てず，受精卵は正常に分裂できる．

6 不等分裂と染色体異数性

ここでは最後に，卵子減数分裂における不等分裂（非対称分裂）と染色体分配の異常について簡単に述べる．

(A) 不等分裂

一般に，細胞極性は aPKC/PAR キナーゼ複合体[*6]によって制御されており，これによりアクチン細胞骨格や微小管ネットワークの構築に非対称が生じる．そして，紡錘体の位置や方向に関与する三量体 G タンパク質（Gα）などにも局在化が起こり，結果として非対称分裂が起こる．

極体を生じる卵子減数分裂の不等分裂（非対称分裂）には卵表層直下での紡錘体形成が必須である．ツメガエル卵では，この過程に微小管結合性のミオシン（Myo10）が関与している（Weber et al, 2004）．また，ツメガエルとマウスの両方で，Cdc42，Ran，Rac などの低分子量 G タンパク質が卵表層の極性や紡錘体の配置に関わっている（Cowan, 2007）（図Ⅶ-28-6）．さらに最近，マウス卵では，卵表層への染色体の移動が（ミオシンやチューブリンではなく）アクチンフィラメントによって駆動されることが示された（Li et al, 2008）．このように，卵子の不等分裂の機構解析は近年急速に進みつつある．

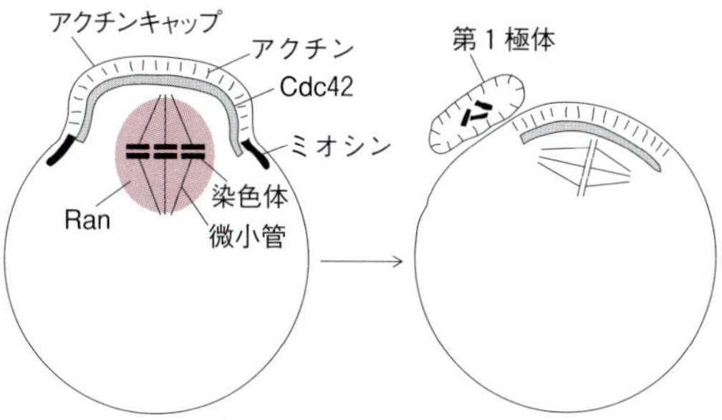

図Ⅶ-28-6．マウス卵子減数分裂における不等分裂の制御
卵表層の極性はアクチン，ミオシンおよび Cdc42 に富むアクチンキャップの形成によって確立される．Ran はアクチンキャップの形成に必須であり，Cdc42 は紡錘体の位置などを調節する．文献（Cowan, 2007）の原図を改変．

(B) 染色体異数性（aneuploidy）

通常の体細胞分裂の M 期では，染色体が M 期中期板に整列するまでは姉妹染色分体の分離を阻止する機構―紡錘体形成チェックポイント（SAC, spindle assembly checkpoint）―が存在する．SAC では，Mad2 や Bub1 などのタンパク質が APC/C 活性を抑え，これにより，セキュリンの分解，引いてはコヒーシンの切断，染色体の分離が阻害される．

個体における染色体の異数性（aneuploidy）は，ほとんどの場合，卵子減数分裂の MI 期における相同染色体分配の失敗によるとされる．この異数性は，ヒトでは全妊娠の10%に達し，ダウン症候群（トリソミー21）などの病因になる（Hassold, Hunt, 2001）．おもしろいことに，マウス卵では，前記の Mad2 や Bub1 の発現阻害は MI 期を加速させ，異数性を誘起する（Homer et al, 2004；McGinness et al, 2009）．したがって，哺乳類卵の MI 期では SAC が普通に機能しており，その異常は異数性の原因の一つになると考えられる．卵子減数分裂の不等分裂とともに異数性の研究も日進月歩であり，その分子レベルでの機構解明も近いと思われる．

＊6：aPKC は非典型的（atypical）PKC で，通常の PKC と異なりその活性化に Ca^{2+} などを必要としない．
トリソミー21：第21染色体が 3 本になった三染色体性（トリソミー）の異常で，母親の年齢と共に頻度が上昇する．

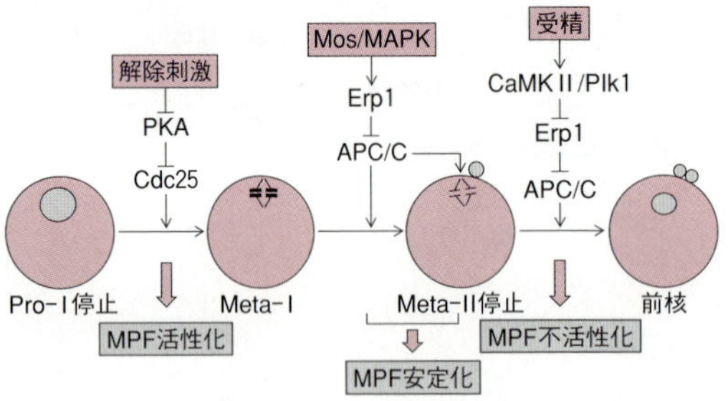

図Ⅶ-28-7．脊椎動物の卵子減数分裂の細胞周期制御

脊椎動物の卵子減数分裂（卵成熟）の各過程における主要なMPF制御経路をまとめた．マウス卵ではMos/MAPK経路によるErp1の制御は確定的ではない．

まとめ

本節では，脊椎動物を中心に，卵子減数分裂の分子機構について特に細胞周期制御の観点から簡潔に述べた（図Ⅶ-28-7）．卵子減数分裂は，発生母体としての卵子の生成のために特殊な制御を受ける．Mos/MAPK経路はこの過程で重要な役割を果たす．今後，卵子減数分裂の制御機構がさらに詳細に解析され，その成立や発生異常の機構解明が一段と進むと考えられる．

（佐方功幸）

引用文献

Amiel A, Leclère L, Robert L, et al (2009) Conserved functions for Mos in eumetazoan oocyte maturation revealed by studies in a cnidarian, *Curr Biol*, 19 ; 305-311.

Bhatt RR, Ferrell JE Jr (1999) The protein kinase p90rsk as an essential mediator of cytostatic factor activity, *Science*, 286 ; 1362-1365.

Colledge WH, Carlton MB, Udy GB, et al (1994) Disruption of *c-mos* causes parthenogenetic development of unfertilized mouse eggs, *Nature*, 370 ; 65-68.

Cowan C (2007) Ran and Rac in mouse eggs : cortical polarity and spindle positioning, *Dev Biol*, 12 ; 174-176.

Duckworth BC, Weaver JS, Ruderman JV (2002) G2 arrest in *Xenopus* oocytes depends on phoshorylation of Cdc25 by protein kinase A, *Proc Natl Acad Sci USA*, 99 ; 16794-16799.

Dumont J, Umbhauer M, Rassinier P, et al (2005) p90rsk is not involved in cytostatic factor arrest in mouse oocytes, *J Cell Biol*, 169 ; 227-231.

Dupré A, Jessus C, Ozon R, et al (2002) Mos is not required for the initiation of meiotic maturation in *Xenopus* oocytes, *The EMBO J*, 21 ; 4026-4036.

Ferby I, Blazquez M, Palmer A, et al (1999) A novel $p34^{cdc2}$-binding and activating protein that is necessary and sufficient to trigger G2/M progression in *Xenopus* oocytes, *Genes Dev*, 13 ; 2177-2189.

Furuno N, Nishizawa M, Okazaki K, et al (1994) Suppression of DNA replication via Mos function during meiotic divisions in *Xenopus* oocytes, *The EMBO J*, 13 ; 2399-2410.

Gallo CJ, Hand AR, Jones TLZ, et al (1995) Stimulation of *Xenopus* oocyte maturation by inhibition of the G-protein αs subunit, a component of the plasma membrane and yolk platelet membranes, *J Cell Biol*, 130 ; 275-284.

Gross SD, Schwab MS, Taieb FE, et al (2000) The critical role of the MAP kinase pathway in meiosis II in *Xenopus* oocytes is mediated by p90rsk, *Curr Biol*, 10 ; 430-438.

Haccard O, Sarcevic B, Lewellyn A, et al (1993) Induction of metaphase arrest in cleaving *Xenopus* embryos by MAP kinase, *Science*, 262 ; 1262-1265.

Han SJ, Chen R, Paronetto MP, et al (2005) Wee1B is an oocyte-specific kinase involved in the control of meiotic arrest in the mouse, *Curr Biol*, 15 ; 1670-1676.

Hansen DV, Tung JJ, Jackson PK (2006) CaMKII and polo-like kinase 1 sequentially phoshorylate the cytostatic factor Emi2/XErp1 to trigger its destruction and meiotic exit, *Proc Natl Acad Sci USA*, 103 ; 608-613.

Hashimoto N, Watanabe N, Furuta Y, et al (1994) Parthenogenetic activation of oocytes in *c-mos*-deficient mice, *Nature*, 370 ; 68-71.

Hassold T, Hunt P (2001) To err (meiotically) is human : the genesis of human aneuploidy, *Nat Rev Genet*, 2 ; 280-291.

Homer HA, McDougall A, Levasseur M, et al (2005) Mad2 prevents aneuploidy and premature proteolysis of cyclin B and securin during meiosis II in mouse oocytes, *Genes Dev*, 19 ; 202-207.

Inoue D, Ohe M, Kanemori Y, et al (2007) A direct link of the Mos-MAPK pathway to Erp1/Emi2 in meiotic arrest of *Xenopus laevis* eggs, *Nature*, 446 ; 1100-1104.

Iwabuchi M, Ohsumi K, Yamamoto TM, et al (2000) Residual Cdc2 activity remaining at meiosis I exit is essential for meiotic M-M transition in *Xenopus* oocyte extracts, *The EMBO J*, 19 ; 4513-4523.

Izawa D, Goto M, Yamashita A, et al (2005) Fission yeast Mes1p ensures the onset of meiosis II by blocking degradation of cyclin Cdc13p, *Nature*, 434 ; 529-533.

Kishimoto T (2003) Cell-cycle control during meiotic maturation, *Curr Opin Cell Biol*, 15 ; 654-663.

Lemaitre J-M, Bocquet S, Mechali M (2002) Competence to replicate in the unfertilized egg is conferred by Cdc6 during meiotic maturation, *Nature*, 419 ; 718-722.

Li H, Guo F, Rubinstein B, et al (2008) Actin-driven

chromosomal motility leads to symmetry breaking in mammalian meiotic oocytes, *Nat Cell Biol*, 10 ; 1301-1308.

Liu J, Grimison B, Lewellyn AL, et al (2006) The anaphase-promoting complex/cyclosome inhibitor Emi2 is essential for meiotic but not mitotic cell cycles, *J Biol Chem*, 281 ; 34736-34741.

Lorca T, Cruzalegui FH, Fesquet D, et al (1993) Calmodulin-dependent protein kinase II mediates inactivation of MPF and CSF upon fertilization of *Xenopus* eggs, *Nature*, 366 ; 270-273.

Madgwick S, Hansen DV, Levasseur M, et al (2006) Mouse Emi2 is required to enter meiosis II by reestablishing cyclin B1 during interkinesis, *J Cell Biol*, 174 ; 791-801.

Masui Y (1985) Meiotic arrest in animal oocytes, In : *Biology of Fertilization*, Metz CB, Monroy A (eds), Vol 1, pp189-219, Academic Press, New York.

Masui Y, Markert CL (1971) Cytoplasmic control of nuclear behavior during meiotic maturation of frog oocytes, *J Exp Zool*, 177 ; 129-145.

McGuinness BE, Anger M, Kouznetsova A, et al (2009) Regulation of APC/C activity in oocytes by a Bub1-dependent spindle assembly checkpoint, *Curr Biol*, 19 ; 369-380.

Nakajo N, Yoshitome S, Iwashita J, et al (2000) Absence of Wee1 ensures the meiotic cell cycle in *Xenopus* oocytes, *Genes Dev*, 14 ; 328-338.

Mehlmann LM, Jones TLZ, Jaffe LA (2002) Meiotic arrest in the mouse follicle maintained by a Gs protein in the oocyte, *Science*, 297 ; 1343-1345.

Newport JW, Kirschner MW (1984) Regulation of the cell cycle during early *Xenopus* development, *Cell*, 37 ; 731-742.

Nishiyama T, Ohsumi K, Kishimoto T (2007) Phosphorylation of Erp1 by p90rsk is required for cytostatic factor arrest in *Xenopus laevis* eggs, *Nature*, 446 ; 1096-1099.

Ohe M, Inoue D, Kanemori Y, et al (2007) Erp1/Emi2 is essential for the meiosis I to meiosis II transition in *Xenopus* oocytes, *Dev Biol*, 303 ; 157-164.

Okumura E, Fukuhara T, Yoshida H, et al (2002) Akt inhibits Myt1 in the signalling pathway that leads to meiotic G_2/M-phase transition, *Nat Cell Biol*, 4 ; 111-116.

Palmer A, Gavin AC, Nebreda AR (1998) A link between MAP kinase and $p34^{cdc2}$/cyclin B during oocyte maturation : $p90^{rsk}$ phosphorylates and inactivates the p34 cdc2 inhibitory kinase Myt1, *The EMBO J*, 17 ; 5037-5047.

Perez LH, Antonio C, Flament S, et al (2002) Xkid chromokinesin is required for the meiosis I to meiosis II transition in *Xenopus laevis* oocytes, *Nat Cell Biol*, 4 ; 737-742.

Pirino G, Wescott MP, Donovan PJ (2009) Protein kinase A regulates resumption of meiosis by phosphorylation of Cdc25B in mammalian oocytes, *Cell Cycle*, 8 ; 665-670.

Rauh NR, Schmidt A, Bormann J, et al (2005) Calcium triggers exit from meiosis II by targeting the APC/C inhibitor XErp1 for degradation, *Nature*, 437 ; 1048-1052.

Reis A, Chang HY, Levasseur M, et al (2006) APC^{cdh1} activity in mouse oocytes prevents entry into the first meiotic division, *Nat Cell Biol*, 8 ; 539-540.

佐方功幸（1996）減数分裂，生殖細胞―形態から分子へ―，（岡田益吉・長濱嘉孝編著），共立出版，東京，pp187-201.

Sagata N (1996) Meiotic metaphase arrest in animal oocytes : its mechanisms and biological significance, *Trends Cell Biol*, 6 ; 22-28.

Sagata N (1997) What does Mos do in oocytes and somatic cells?, *BioEssays*, 19 ; 13-21.

Sagata N, Oskarsson M, Copeland T, et al (1988) Function of c-*mos* proto-oncogene product in meiotic maturation of *Xenopus* oocytes, *Nature*, 335 ; 519-525.

Sagata N, Watanabe N, Vande Woude GF, et al (1989) The c-*mos* proto-oncogene product is a cytostatic factor responsible for meiotic arrest in vertebrate eggs, *Nature*, 342 ; 512-518.

Schmidt A, Duncan PI, Rauh NR, et al (2005) *Xenopus* polo-like kinase Plx1 regulates XErp1, a novel inhibitor of APC/C activity, *Genes Dev*, 19 ; 502-513.

Shoji S, Yoshida N, Amanai M, et al (2006) Mammalian Emi2 mediates cytostatic arrest and transduces the signal for meiotic exit via Cdc20, *The EMBO J*, 25 ; 834-845.

Tachibana K, Tanaka D, Isobe T, et al (2000) c-Mos forces the mitotic cell cycle to undergo meiosis II to produce haploid gametes, *Proc Natl Acad Sci USA*, 97 ; 14301-14306.

Tsurumi C, Hoffmann S, Geley S, et al (2004) The spindle assembly checkpoint is not essential for CSF arrest of mouse oocytes, *J Cell Biol*, 167 ; 1037-1050.

Tunquist BJ, Maller JL (2003) Under arrest : cytostatic factor (CSF)-mediated metaphase arrest in vertebrate eggs, *Genes Dev*, 17 ; 683-710.

丹野悠司，渡辺嘉典（2009）姉妹染色分体のセントロメアにおける接着保護機構，染色体サイクル，「蛋白質・核酸・酵素」増刊，Vol 54 ; 436-440.

Watanabe N, Hunt T, Ikawa Y, et al (1991) Independent inactivation of MPF and cytostatic factor (Mos) upon fertilization of *Xenopus* eggs, *Nature*, 352 ; 247-248.

Weber KL, Sokac AM, Berg JS, et al (2004) A microtubule-binding myosin required for nuclear anchoring and spindle assembly, *Nature*, 431 ; 325-329.

Yamashita M (1998) Molecular mechanisms of meiotic maturation and arrest in fish and amphibian oocytes, *Semin Cell Dev Biol*, 9 ; 569-579.

VII-29

c-Mosによる卵子染色体半数化と単為発生の抑制

Key words
Mos／MAP キナーゼ／CSF／減数分裂／受精／単為発生

はじめに

卵子が受精せずに発生を始める「単為発生」という現象は，19世紀にはすでに観察されており，当時から卵子の発生を開始させるために必ずしも精子は必要でないことが知られていた．この現象は卵子（未受精卵）がなんらかの機構で発生の開始を阻害されていることを示している．この発生を抑制する因子を明らかにすることが長い間，発生学の重要な課題であった（Lillie, 1911）．

1971年の増井禎夫による両生類の未受精卵の細胞質中にある細胞分裂を停止させる因子（CSF, Cytostatic factor，細胞分裂抑制因子）の発見が，この問題に対する信頼できるはじめての解答であった（Masui, Markert, 1971）．以来，1989年に佐方功幸らがCSFの主要な構成要素は*c-mos*遺伝子産物であることを発見して（Sagata et al, 1989），その分子的解析の端緒を開いた．その後，Mosは無脊椎動物でも存在していることが明らかにされ（Tachibana et al, 2000），CSFとして広範な動物種で機能していることが明らかになりつつある[*1]．最近，脊椎動物でMosがCSFとして機能する分子機構のほぼ全容が解明された．ここでは，その分子機構について解説する．次にMosの機能を種々の動物で比較することにより，CSFとして以外にもMosが卵母細胞の減数分裂で重要な機能を担っていることを述べたい．

1 受精を待つ卵母細胞の細胞周期停止

多くの動物では，繁殖期に雌の卵巣の中で十分に成長した卵母細胞は減数第一分裂前期（Pro-I，ディプロテン）で減数分裂を停止している（一次停止）．このPro-I停止した卵母細胞が排卵され，受精によりこの停止が解除される動物もいる．しかし，他の多くの動物では，未成熟卵は卵成熟を誘起するホルモンや排卵（放卵）の刺激により減数分裂を再開してから受精可能になる．多くの動物ではPro-I停止を解除されて減数分裂を再開した後に，再度，減数分裂を停止して受精を待つ（二次停止）（図VII-29-1）．この二

CSF：CSF（cytostatic factor）は細胞分裂抑制因子と訳されるが，多くの場合，サイトスタティックファクターあるいはCSFと呼ばれる．動物の未受精卵の細胞周期を停止させる因子である．CSFは1971年に増井禎夫らによって，ヒョウガエル卵の細胞質中に存在する未受精卵を減数第二分裂中期で停止させる物質としてはじめてその存在が明らかにされた．CSFは発見の経緯から，脊椎動物の未受精卵を減数第二分裂中期で停止させる物質として理解されているが，無脊椎動物の未受精卵が，受精前に減数第一分裂中期や減数分裂完了後のG1期で細胞周期を停止する場合にもCSFは機能している．（Mosの項も参照）

＊1：一般に，CSFは脊椎動物の未受精卵の細胞周期をMeta-IIに停止させる因子として理解されている．しかし，細胞周期が停止する時期は異なるが，未受精卵の細胞周期の停止はほとんどすべての動物で起こる現象である．しかも，後で述べるように，この停止には共通の分子的背景がある．そこで，本節では脊椎動物に限らず，動物の未受精卵の細胞周期停止を支配する因子をCSFと呼ぶことにする．

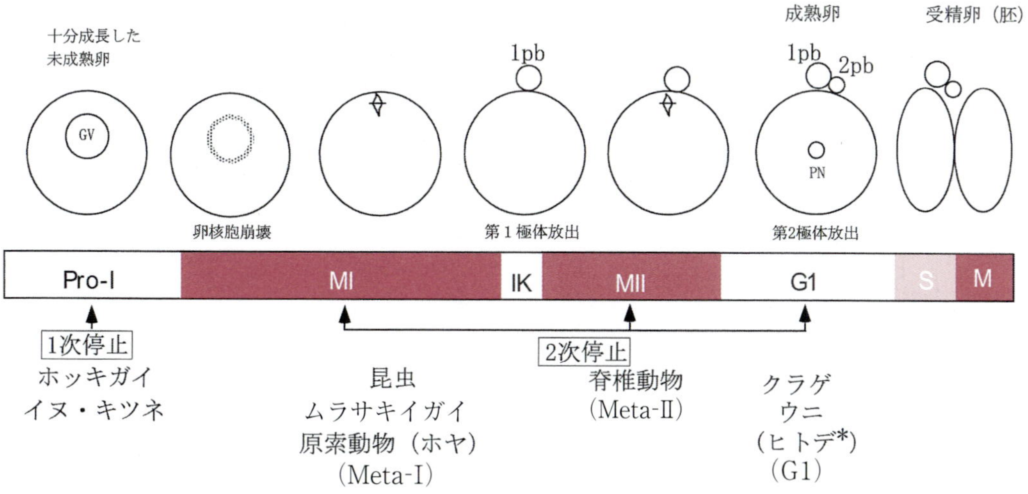

図Ⅶ-29-１．動物の卵成熟過程と未受精卵が精子貫入まで細胞周期を停止する段階

多くの動物では繁殖期の雌の卵巣の中には十分に成長した卵母細胞がある．この卵母細胞は卵核胞（GV, germinal vesicle）と呼ばれる巨大な核を持ち，減数第一分裂の前期（Pro-I）で停止している．ホッキガイやイヌやキツネなどの動物ではこの時期に受精するが，他の多くの動物ではこの時期の卵母細胞は受精できないことから未成熟卵と呼ばれる．未成熟卵は排卵の刺激や卵成熟誘起ホルモンの刺激などにより，減数分裂を再開し，減数第一分裂により第一極体（1pb），第二分裂により第二極体（2pb）を放出して，半数の染色体を持つ雌性前核（PN, female pronucleus）を形成して減数分裂を完了する．昆虫やホヤなどの動物では減数第一分裂中期（Meta-I）で，脊椎動物では減数第二分裂中期（Meta-II）で停止して受精（精子の貫入）を待つ．また，クラゲやウニでは減数分裂の完了したG1期で停止して受精を待つ．Pro-Iでの停止を一次停止，その後のMeta-I，Meta-II，G1での停止を二次停止という．（＊）ヒトデの卵母細胞は自然にはMeta-Iで放卵され，この時期に受精するが，受精しない場合には減数分裂を完了した後のG1期で細胞周期を停止する．このG1で受精した場合にも正常に発生することができる．

度目の減数分裂停止の起こる段階は動物種により異なる（詳細は図Ⅶ-29-２参照）．Pro-Iでの減数分裂の停止とその解除の分子機構は卵成熟の開始という観点から多くの動物で研究されている．二次停止での減数分裂の停止は，未受精卵はどのようにして発生開始を抑制されているか，そして受精によってその抑制はどのようにして解除されて発生が開始するかという観点から研究されており，単為発生を抑制する因子の究明はその中心的課題である．その因子の発見の経緯を次に述べる．

2 CSFの発見

増井は，ヒョウガエルの成熟した未受精卵（減数第二分裂中期［Meta-II］に停止している）の細胞質をPro-Iに停止している卵母細胞に移植すると，被移植卵はPro-I停止を解除され減数分裂を再開始することを見出した．彼はこの因子を卵成熟促進因子（MPF, maturation-promoting factor）と名づけた（図Ⅶ-29-３(a)）．このMPFは卵母細胞にだけ細胞分裂を促進するのか，それとも体細胞の細胞分裂も含め一般的に細胞分裂を促進するのかどうかを調べようとした．そのために，

Mos：Mos（*c-mos*）は，モロニーマウス肉腫ウイルスから単離されたウイルス性がん遺伝子*v-mos*に対応する細胞内の遺伝子（原がん遺伝子）として発見された．Mosはセリン／スレオニンキナーゼをコードしており，MAPキナーゼの活性化因子であるMEK（MAPKK, MAP kinase kinase）をリン酸化して活性化することを通して，MAPキナーゼを活性化する．Mosは脊椎動物のCSFの主要な構成要素として未受精卵を減数第二分裂中期で停止させる作用を持つ．最近，広範な無脊椎動物でもMosがCSFの機能に必要とされていることが明らかとなっている．

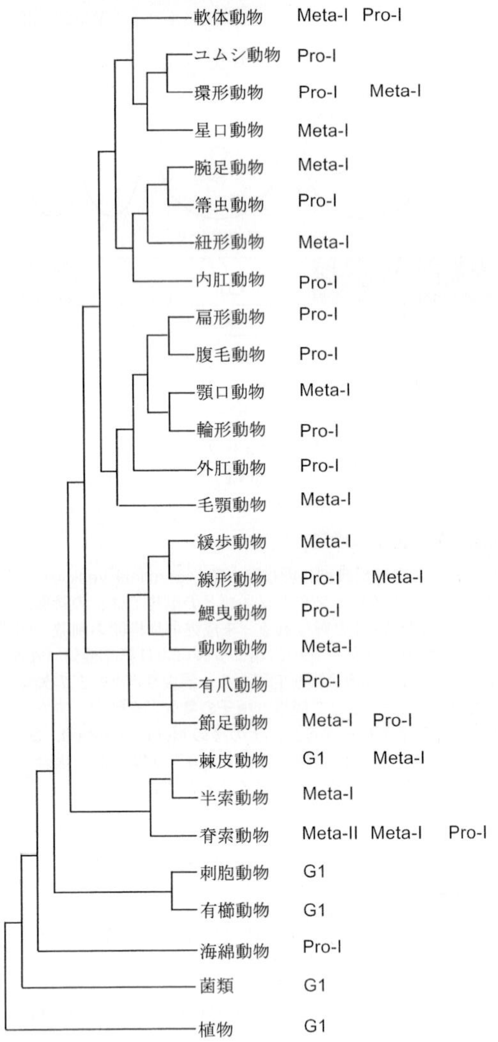

図Ⅶ-29-2．動物の分類と未受精卵が減数分裂を停止する段階

それぞれの動物門に属する動物の卵母細胞が受精する（精子が貫入する）時の細胞周期が停止している減数分裂の段階，Pro-I，Meta-I，Meta-II，G1を示した．複数の時期が併記されている場合には（たとえば，軟体動物Meta-I Pro-I），同じ動物門でも停止の段階が異なる動物種が報告されているということで，左の方が，報告数が多い（軟体動物の場合はMeta-Iで停止する動物種の報告が多い）ことを示す．Pro-I停止は多くの場合，ディプロテンであるが，線虫ではディアキネシスである．多くの動物では受精可能な未受精卵が減数分裂を停止して，精子が貫入する段階を示したが，多毛類（環形動物）のツバサゴカイの卵母細胞は，放卵される時にPro-I停止から解除されて，減数分裂を停止せずに受精（精子が貫入）する．放卵されても受精しない場合にはツバサゴカイはMeta-Iで減数分裂を停止する．このような場合には停止の時期をMeta-Iとした．いろいろな動物の未受精卵が減数分裂を停止する段階のデータは，Y. Masui（1985），K. G. AdiyodiとR. G. Adiyodi（1983），団ら（1988），T. Goto（1999），T. Nishiyamaら（2010）から引用した．動物の分類はほぼC. W. Dunnら（2008）に従っている．

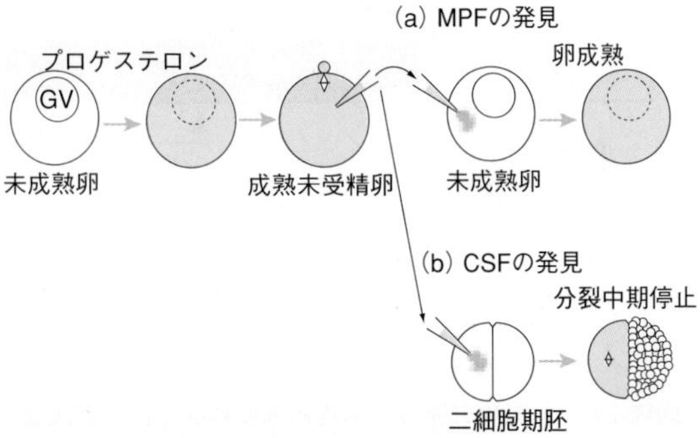

図Ⅶ-29-3．CSFの発見

(a)ヒョウガエルの未成熟卵（Pro-Iに停止した卵母細胞）にプロゲステロンを投与すると，卵成熟が誘起されて，卵母細胞は受精可能な成熟卵となりMeta-IIに停止する．この未受精卵の細胞質をPro-Iに停止した未成熟卵に移植すると，プロゲステロンを投与した時と同様に卵成熟が誘起されることから，Meta-IIに停止した未受精卵の細胞質中には卵成熟を引き起こす因子（MPF, maturation-promoting factor）が含まれていることがわかった．(b)この同じ細胞質を2細胞期の胚の片側の割球に移植すると，移植された割球は分裂中期で細胞周期を停止した．この実験からMeta-IIに停止した未受精卵の細胞質中には2細胞期の胚の細胞周期を停止させる因子（CSF, Cytostatic factor）も含まれていることがわかった．

未受精卵の細胞質を，卵割中の2細胞期の胚の片側の割球に移植してみた．その結果，意外なことに移植された方の割球の細胞分裂は，分裂を促進されるのではなく，逆に細胞分裂を停止してしまった（図Ⅶ-29-3 (b)）．彼は，この実験結果を「未受精卵の細胞質の中には，MPFとともに，細胞分裂を抑制する因子が存在している」と解釈した．そして，この因子こそ，長らく誰も明らかにしえなかった，単為発生を抑制する因子であると考え，細胞分裂抑制因子（CSF,

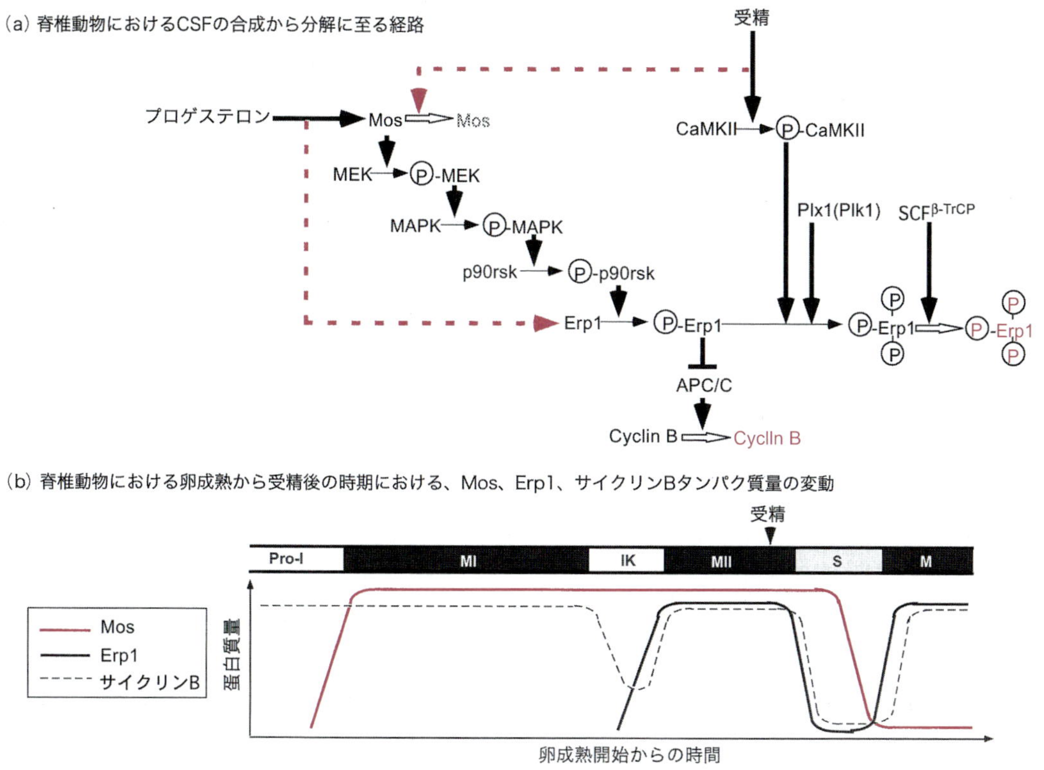

図Ⅶ-29-4．アフリカツメガエルの卵成熟から受精後におけるCSF制御の分子機構とMos，Erp1，サイクリンBタンパク質の動態

(a)はCSFの主要な構成分子であるMosとErp1のタンパク質が合成されてから，CSFとしての活性を発現し，分解されるまでの経路を模式的に示したものである．(➡)は促進を，(→)はリン酸化を，(⇨)は分解を，(⋯>)は未解明であることを表す．MosはMEK（MAPK/ERK kinase）をリン酸化し，MEKはMAPK（mitogen-activated protein kinase）をリン酸化し，MAPKはRsk（p90 ribosomal S6 kinase）をリン酸化して活性化するというように，キナーゼの連続したカスケードを構成している．RskはErp1をリン酸化して活性化・安定化する．活性化されたErp1はAPC/Cを阻害しサイクリンBの分解を抑制して，未受精卵をMeta-IIに停止させる．受精後，この停止が解除される際に，カルシウムのシグナルを受けてErp1が分解される（詳細は本文参照）．(b)は卵成熟過程におけるMos，Erp1，サイクリンBのタンパク質量の変動を示したものである．Mosのタンパク質は，Pro-IとMeta-Iの間の卵核胞が崩壊する前に翻訳が始まっている．一方，Erp1のタンパク質が翻訳開始されるのはそれより遅れて減数第一分裂終了直前からである．この両者がそろって，さらにサイクリンBの蓄積が起こると分裂期（Meta-II）に入る．この段階でCSFによる停止が確立する．この停止の維持にもMosとErp1の両者が必要である．この停止した未受精卵が受精すると，Erp1の分解が起こり，CSFの停止が解除される．その後で，次の細胞周期（受精後の第一卵割）が始まる前にMosが分解して，Erp1は再蓄積してもCSFは活性化しないようになる．

Cytostatic factor）と命名した[*2]．このようにしてCSFは発見され，その物質的理解は佐方らが原がん遺伝子産物のMosにCSF活性があることを明らかにしたことにより新たな局面を迎えた．

3 アフリカツメガエルでCSFが機能する分子機構

佐方らはアフリカツメガエルを用いたMosの遺伝子発現とタンパク質レベルの詳細な解析

＊2：CSFの物質的理解のために，その候補となる物質がただ単に細胞毒性などにより細胞周期進行を阻害するのか，生理的に単為発生抑制因子として機能するのかを区別する必要があった．そこで，増井は，CSFは「(1)卵成熟過程で出現する．(2)受精による卵の賦活で消失する．(3)受精を摸倣する刺激（卵の賦活）で消失する．(4)受精後の胚に注射すると未受精卵と同様の時期に細胞周期の停止を誘起し，この停止は可逆的である」という基準を満たすものであると提案した．増井以前にも単為発生抑制因子としていろいろな物質が提案されていたが，この基準を満たすものはなかったのである（Masui, 2000）．

から，Mosは卵母細胞のきわめて限られた時期に存在して機能していることを明らかにした．さらに，彼らは，増井のCSFのアッセイ（図Ⅶ-29-3（b））と同様に，MosのmRNAを2細胞期の胚の片側の割球に注射すると，その割球の細胞周期が分裂期で停止することを示した．この実験より，MosにはCSF活性があることが明らかとなった（Sagata et al, 1988；1989）．

次の問題は，Mosはどのような分子機構で未受精卵の細胞周期を停止させているのかであった．Mosはセリン／スレオニンキナーゼであり，図VII-29-4に示したキナーゼの連続したカスケードを構成している．この下流のRskがCSFとしての活性を担っている（Haccard et al, 1993；Nebreda, Hunt, 1993；Gross et al, 1999；Bhatt et al, 1999，図Ⅶ-29-4(a)）．しかし，Rskがどのようにして細胞周期の停止を引き起こすかは不明であった．さらに，MosがCSFとして機能することにおける，もう一つの重大な問題があった．それは受精後にMosが消失するタイミングである．受精後にMosが消失するのは細胞周期停止が解除されてからである（図Ⅶ-29-4（b）参照）．この事実は，Mosが存在しているにもかかわらずMeta-II停止が解除されるということを示しており，MosはCSFの活性に必要ではあるが十分ではないことが明らかであった（Watanabe et al, 1991）．このことはMos以外にもCSFの活性に必要な分子が存在することを示唆していた．この分子の探索は難航し，いろいろな分子がその候補として提案されても広く受け入れられるには至らなかった．2005年のRauhらによるErp1の発見が一挙にこの停滞を解消することになった（Rauh et al, 2005）．

Erp1の発見以前にCSFの候補であるとされていたのも，主にBub1やEmi1などのAPC/C（anaphase-promoting complex/cyclosome；ユビキチン依存性のタンパク質分解に関わるユビキチン連結酵素［E3］）を阻害する因子であった．それは，細胞を分裂中期に停止させるためには，姉妹染色体分離を抑制するセキュリンとサイクリンBの分解を阻害しなくてはならないが，これらの分子の分解に必須なのがAPC/Cであるからである．Erp1は酵母のtwo-hybrid法でPlk1と相互作用するタンパク質として同定された（Schmidt et al, 2005）．Erp1は，他のCSFの候補と同じようにAPC/Cの活性を阻害することのほかに，卵成熟中（減数第一分裂中期以降）に発現し，受精や**賦活**の刺激で消失することや，Meta-IIに停止している未受精卵の抽出物から免疫除去すると細胞周期の停止が解除されるなどの特徴を示した．これらのことから，Erp1はCSFとして機能する分子の有力な候補として注目されるようになった．Erp1がCSFとして機能するのであれば，CSFの活性に必要なMos-RskカスケードとErp1がどのように結びつくのかということが次の重要な問題であった．この問題を同時期に独立に解決したのが，佐方らと大隅らであった．

彼らは，Mosの下流でRskがErp1をリン酸化することを発見した（Inoue et al, 2007；Nishiyama et al, 2007，図Ⅶ-29-4）．このリン酸化されたErp1は活性化してAPC/Cを阻害し，サイクリンBとセキュリンの分解を抑制する．この抑制により未受精卵はMeta-IIに停止する．この発見により，アフリカツメガエル卵で未受精卵のMeta-IIでの停止が確立される分子機構

賦活：付活あるいは活性化ともいう．発生学では，「活性化」といえば卵子の賦活を指す．動物の未受精卵は一般に受精などの刺激により，細胞表層の変化，細胞内のタンパク質合成の増加，細胞周期停止の解除などの劇的な変化を起こし，発生を開始する．このような卵子が発生を開始する際に起こす著しい変化を賦活という．多くの場合，賦活を引き起こす刺激は受精であるが，ハチなどの（生理的）単為発生に見られるように，産卵の刺激が賦活を引き起こす場合もある．また，多くの生物で，カルシウムイオノフォアや電気刺激などの人工的な刺激が賦活を起こすことが知られている．

が明らかとなった．この停止の維持にもMosとErp1の両者が必要である．

この停止した未受精卵が受精すると，細胞内のカルシウムイオン濃度が上昇し，CaMKII(Calcium calmodulin-dependent kinase II)が活性化する．CaMKIIはErp1をリン酸化し，このリン酸化を認識してPlk1がErp1の別の部位をリン酸化する．この部位のリン酸化はAPC/Cとは別のE3である$SCF^{\beta\text{-}TrCP}$よって認識され，Erp1をユビキチン-プロテアソーム系での分解に導く(Rauh et al, 2005；Liu,Maller, 2005)．Erp1が分解されると，APC/Cが活性化し，サイクリンBやセキュリンのユビキチン化とタンパク質分解が起こり，染色体は分離し分裂期の停止から解放される．その後で，次の細胞周期（受精後の第一卵割）が始まる前にMosは分解してCSFの消失が完了する．

Mosの分解はCSFによる停止の解除には必要ない．しかし，受精後のカルシウムの上昇は一過的であるので，細胞周期が開始してからカルシウムの濃度が下がりCaMKIIが不活性化すると，Erp1は受精後に一度消失するもののすぐに再蓄積する(Inoue et al, 2007；Nishiyama et al, 2007，図Ⅶ-29-4 (b))．もし，この時点でMosの活性があれば，細胞周期は再度分裂期に停止することになる．事実，増井の実験(図Ⅶ-29-3 (b))のように2細胞期の胚の割球に未受精卵の細胞質を移植した場合や，Mosを注入した場合には細胞周期の停止が起こる．受精後にMosもErp1も速やかに消失して，再合成されなければ，このようなことはないのだが，カエルでは受精後しばらくはMosの活性が必要だとする報告もある(Murakami et al, 2000)．Mosの分解にもユビキチン-プロテアソーム系が関与すると報告されている(Nishizawa et al, 1993；Castro et al, 2001)．しかし，ユビキチン化に関わる酵素等は未だ明らかとされていない．MosからErp1までの経路の解明で，アフリカツメガエルのCSFについてはその確立，維持，解除の分子機構のすべてが明らかになったといってもよいが，唯一，Mosのタンパク質消失（タンパク質分解とおそらくは翻訳停止による）の分子機構だけが残された重要な問題である．

4 哺乳類のCSF

哺乳類は雌雄のゲノムがそろわなければ正常に発生しない．これは雌雄のゲノムに異なるエピジェネティックな情報が書き込まれていることによる(Ⅲ章11節参照)．しかし，それは哺乳類の卵子が単為発生と無縁であることを意味しない．橋本やW. H. ColledgeらによるMosのノックアウトマウスの解析により，Mosを欠損したマウスの卵母細胞は高頻度で単為発生を開始し，奇形種を生じると報告されている(Hashimoto et al, 1994；Colledge et al, 1994)．この事実はマウスにおいてもMosがCSFとして機能していることを示している．

マウスにおけるCSFの作用の分子機構は，カエルの場合と基本的に同じで，Mos-MAPKがCSFの情報伝達系であり，Erp1（マウスではEmi 2と呼ばれることが多い）が実行因子である(Shoji et al, 2006)．異なる点はErp1の制御である．カエルではMAPKの下流でRskがErp1を制御しているが，Rsk1-3のトリプルノックアウトマウスの解析により，マウスでは，Rsk

はCSFの機能に関与しないと報告されている (Dumont et al, 2005)．ところが，マウスでも明らかにCSFの上流のMos-MAPKと下流のErp1は機能していることから，MAPKにより活性化され，Erp1をリン酸化し活性化するキナーゼがこの間を媒介すると予測される．したがって，Rsk1-3以外に，この役割を担うキナーゼが存在するものと考えられる．その他のカエルと異なる点は，マウスではMeta-IIからの解除 (サイクリンBの分解) に紡錘体が必要であるが (Kubiak et al, 1993)，カエルでは必要ではない (Clute, Masui, 1995) ことがあげられる．

5 無脊椎動物のCSF

未受精卵が受精前に減数分裂を停止し，この停止が受精により解除されるという現象は，有性生殖を行う動物に共通の現象である．しかし，図VII-29-1に示したように，未受精卵が細胞周期を停止する減数分裂の段階は動物種により異なる．約40あるとされる動物門のうち，その未受精卵の細胞周期停止の時期がわかっているものを図VII-29-2に示した (Masui, 1985；Sagata, 1996；Nishiyama et al, 2010)．未受精卵がMeta-IIで停止するのは脊索動物門の一部 (ほとんどの脊椎動物とナメクジウオ) のみである．すなわち，一つの動物門にも満たないのである．最も多くの動物門で未受精卵の細胞周期停止が見られる時期はMeta-Iである．動物門の半分以上でMeta-I停止が見られる．節足動物と軟体動物の種類数が多いことから，動物の種類数でいえば圧倒的にMeta-I停止の種が多い．次に多いのはPro-I停止である．Pro-I停止は系統とはあまり関係なく，いろいろな動物門に現れる．脊椎動物においてもイヌとキツネはこの時期に停止して受精を待つ．軟体動物や，環形動物，節足動物，棘皮動物でもMeta-Iで停止する種とPro-Iの種がある．刺胞動物や有櫛動物などの進化的に古い系統の動物門では減数分裂完了後のG1期に停止して受精する生物もいる．後口動物の中では，棘皮動物だけがG1期で停止する．Meta-IやG1で受精を待つ無脊椎動物においては，未受精卵の細胞周期停止がどのような機構でもたらされているのか．またそれはどのように進化してきたのか．以下にこれらの問題について考えたい．

6 カエルとヒトデのCSFの比較

脊椎動物以外で未受精卵の細胞周期停止の機構が最も解析されているのは棘皮動物のイトマキヒトデ (*Asterina pectinifera*) においてである (Kishimoto, 2003)．イトマキヒトデの成熟した未受精卵は減数分裂を完了したG1期に細胞周期を停止する．このヒトデの未受精卵のG1期での停止のためにも，脊椎動物と同じMosが機能していることが判明している (Tachibana et al, 2000)．ヒトデにおいてもMosのタンパク質は卵成熟開始後に合成され始め，受精後に消失するという挙動をとることはカエルの場合と基本的には同様である (図VII-29-5)．合成されたMosはMEK，MAPK，Rskを介してヒトデの未受精卵の細胞周期停止 (G1期) を引き起こし，未受精卵の細胞周期を受精までの間停止させる点についても同様である (Mori et al, 2006；Hara et al, 2009)．このようにCSFとしては両者

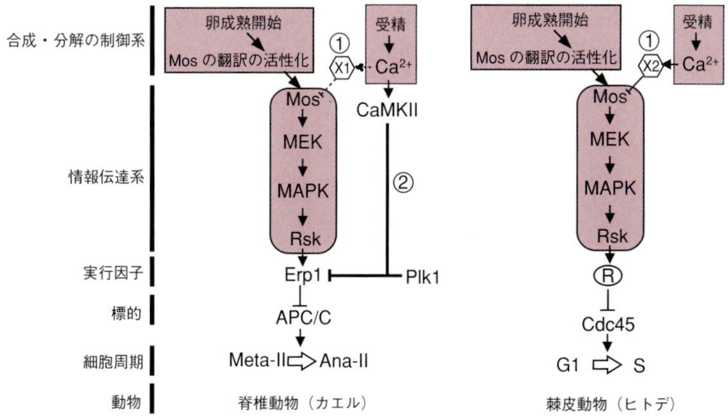

図VII-29-5．アフリカツメガエルとイトマキヒトデの CSF の比較

CSF の上流の制御系として，一つは CSF の活性化に働く卵成熟開始の刺激から Mos の翻訳開始までのシグナル伝達とタンパク質合成系があり，もう一つは CSF の不活性化の際に働く受精からのカルシウムを介したシグナル伝達から Mos（カエルでは Erp1 も）のタンパク質分解に至る系がある．カエルでは CSF の実行因子である Erp1 の標的は APC/C であり，Erp1 が APC/C によるサイクリン B とセキュリンの分解を阻害しているうちは，未受精卵の細胞周期は Meta-II に停止する．ヒトデでは実行因子 R（未知）の役割は（直接か間接かは不明であるが）Cdc45のクロマチンへの導入を阻害することであり，その標的は Cdc45を制御するタンパク質であると予測される．両者において受精後の Mos のタンパク質が消失することは共通して起こる現象であり，脊椎動物では図の①と②の CSF 解除の経路があり，受精後即座に②で CSF が不活性化され，その後で①で Mos が分解する．棘皮動物では①だけなのか他にもあるのかは不明である．カルシウムのシグナルを Mos の分解に伝える経路（X1 と X2）はカエルでもヒトデでも不明である．

の間で共通の情報伝達システムを用いている．しかし，この同じ情報がカエルでは Meta-II 停止，ヒトデでは G1 停止をもたらす．したがって，この情報は当然両者で異なる細胞周期の制御機構に連結されていると予測される．このことは，カエルとヒトデでは CSF としての実行因子は異なることを示す．ヒトデにおける G1 停止の経路については，後で述べることにして，CSF の比較を続ける．

受精後の CSF の消失については，カエルでもヒトデでも受精後に Mos は消失するし，それは受精後の細胞質でのカルシウムイオン濃度の増加の後に起こっている点では似ている．しかし，重要な相違点は，脊椎動物では受精後の CSF による細胞周期停止からの解除はカルシウムに依存して MAPK（Rsk）の活性が高いままで起こるが，ヒトデにおいては受精後カルシウムが上昇しても，MAPK が活性化しているうちは G1 期の停止が解除されない点である（Tachibana et al, 1997；2000；Mori et al, 2006）．言い換えると，脊椎動物では MAPK のシグナルに対してカルシウムのシグナルがドミナントであるが，ヒトデでは MAPK の方がドミナントである（図VII-29-5 参照）．ヒトデと同じく未受精卵が G1 期に停止する刺胞動物のクラゲにおいてもやはり MAPK が不活性化しないうちは細胞周期停止が解除されず（Kondo et al, 2006），ヒトデと同様の細胞周期停止機構が存在している可能性がある．これはRskの標的が脊椎動物とヒトデやクラゲでは異なることによると考えらえる．

受精の刺激からMosが分解*3するまでの時間差は注目すべきである．この時間差はカエルで1時間，マウスの場合には6-8時間もある．これに対し，棘皮動物や刺胞動物では受精後すぐに（15分以内）MAPKは不活性化する．この時間差の違いは，図Ⅶ-29-5の①の経路は脊椎動物とこれらの動物では異なることを示すものかもしれない．この受精のシグナルからMosの分解までの遅延に関して，ヒトデではおもしろい現象がある．ヒトデは他の生物と異なり，Meta-Iから減数分裂完了後のG1期までのどの時期で受精しても正常に発生することが可能である．そこで，受精のタイミングを変えて，Mosの分解のタイミングを調べた（Tachibana et al, 1997；2000）．減数分裂完了後に受精した場合には，Mosは即座に分解される．ところが，減数分裂中に受精した場合には減数分裂が終わるまでMosは分解されず，減数分裂が終わると速やかに分解される．これらのことを考え合わせると，受精はMosの分解の命令を出すが，この命令はただちに分解を引き起こすのではなく，命令は卵に記憶され，「分解の時期」が来ると執行されるようなしくみになっているようである．何がこの「分解の時期」を決めているのかは興味深い問題である．

7 G1停止

体細胞では，G1期に主要な細胞周期のチェックポイントがある．ここでは細胞の大きさや増殖因子の有無などにより，細胞が増殖に向かうかどうかを判断する．この段階での細胞周期停止の分子機構はよく研究されており，ガン抑制遺伝子であるp53やRb（レチノブラストーマの原因遺伝子）がDNA複製に必要とされる遺伝子の転写を抑制し，さらに，DNA複製に必要なCdk活性を抑制するタンパク質である$p21^{Cip1}$などの転写を促進して，DNA複製を抑制している（Sherr, 2004）．

ヒトデの未受精卵のG1期停止は体細胞分裂のG1チェックポイントと異なり，受精後にDNA複製を開始する際に新たな転写や翻訳は不要である（Tachibana et al, 1997）．体細胞分裂ではRskはDNA複製を阻害することはないから，脊椎動物のCSFにおけるErp1のように，この時期に特異的なRskのシグナルをDNA複製の抑制に結びつける分子が存在している可能性がある（図Ⅶ-29-5のR）．G1期に停止しているヒトデの未受精卵の核では，DNA複製ライセンス因子（Mcm2-7タンパク質複合体）がクロマチンに結合している．しかし，このMcm2-7複合体を活性化してDNAを巻き戻す（DNAヘリカーゼ）活性に必要であるCdc45（Labib, Gambus, 2007）がクロマチンに導入されていない状態にある（Tachibana et al, 2010）．したがって，RskはCdc45の導入に関わるタンパク質を標的にしていると想定される．

ヒトデやクラゲの未受精卵のG1期停止と酵母の接合におけるG1期停止は，どちらも有性生殖においてゲノムが融合する前の配偶子の細胞周期停止という意味では，生物学的に同様な現象である．そして，酵母の接合前のG1停止にも，情報伝達系としてMAPKカスケードが

＊3：Mosのタンパク質が受精後に分解するかどうかはアフリカツメガエルとイトマキヒトデ以外の動物では詳細に調べられていない．これらの動物の卵母細胞ではMAPK活性がMosのタンパク質量にきわめてよく対応していることから，他の多くの動物においてもMAPKの活性をもとにMosのタンパク質の存在（量）を推定している．したがって，マウスなどでは厳密にはMosのタンパク質の動態を記載している報告はない．

機能している．このMAPKのターゲットは，接合の時だけに発現するFar1タンパク質である．Far1はMAPKによりリン酸化されると活性化し，DNA複製開始に必要なCdkを阻害している (Elion, 2000)．酵母の配偶子とヒトデやクラゲなどの卵母細胞が進化の過程で独立に「偶然」MAPKを介してG1停止するようになったのか，それともこれらのG1停止は進化的に共通の起源を持つのか興味深いところである．

8 Meta-I停止

Meta-IIとMeta-Iの停止は両方とも同じ分裂中期での停止であるから，これらの停止に同じ分子機構が関わっている可能性がある．しかし，Meta-I停止する多くの無脊椎動物では，ゲノムプロジェクトの完了しているホヤやショウジョウバエでも，Erp1のオーソログは発見されておらず，この時期の停止に関わる実行因子は不明のままである．ショウジョウバエ (双翅目) においてはMosの欠損突然変異体においてもMeta-I停止は正常に起こり，雌の個体は不妊にはならない (Ivanovska et al, 2004)．このことはショウジョウバエではMos以外のMeta-I停止の分子機構があることを示す．一方で，同じ昆虫でも膜翅目のカブラハバチはMosの下流のMAPKに依存した減数分裂の停止が見られる (Yamamoto et al, 2008)．このことから全部の昆虫がMos-MAPKを含むCSFのシステムを失っているわけではなさそうである．おもしろいことにショウジョウバエでもMAPKの活性は未受精卵では高く，受精後に不活性化する (Ivanovska et al, 2004)．これらのことからショウジョウバエとカブラハバチの分岐する以前の祖先の昆虫ではMeta-I停止にMAPKが機能していたが，これらの分岐後にショウジョウバエではMAPKと独立のMeta-I停止の機構が発達し，MAPKは機能を失ったと想像される．ところが，生理的機能を失った後もショウジョウバエの卵母細胞でMAPKは祖先種と同様の挙動をしている．そうだとすれば，このMAPKの挙動は (実質的な役割を持たない) 痕跡的なものかもしれない．

9 CSFによる未受精卵の細胞周期停止制御の進化

もう一つショウジョウバエで明らかとなっている卵母細胞の細胞周期停止のおもしろい現象がある．ショウジョウバエの卵母細胞は未受精のまま排卵されると，Meta-I停止を解除されて減数分裂を完了する．しかし，その後，単為発生は起こらず，成熟した卵はG1期で細胞周期を停止する (Page, Orr-Weaver, 1997)．これらのことはショウジョウバエの卵母細胞はMeta-I停止とG1停止の両方のしくみを持っていることを示している．そして，それぞれの細胞周期の停止は，排卵と受精が刺激となり，解除されることを示している．このように卵母細胞が複数の細胞周期停止機構を持つことはショウジョウバエに限ったことではない．イトマキヒトデにおいても，卵母細胞が卵巣内ではMeta-Iで停止することが千葉らによって報告されており (Harada et al, 2003)，ヒトデも複数の停止のしくみを持っている．さらに，山本により，北米のヒトデ (*Pisaster ochraceus*) では，排卵された卵母細胞が (受精の有無にかかわらず) Meta-Iに一時的に停止するMeta-I pauseという現象があると報告されている（Yamamoto, 1997）．これらのことは，ヒトデ（あるいはその祖先）においてもMeta-I停止の機構が存在したことを示唆する．事実，山下によりクモヒトデ（クモヒトデはヒトデと同じ棘皮動物であるが，いわゆるヒトデではなく別の綱に属する）はMeta-Iで停止して受精すると報告されている（Yamashita, 1988）．

これらのことを合わせると，図Ⅶ-29-2にあるように，後口動物（棘皮動物，半索動物と脊索動物）はすべてMeta-I停止の動物を含み，脊索動物でも進化的に古い原索動物はMeta-Iであることから，棘皮動物の祖先はMeta-I停止で受精していたと予測される．この祖先は減数分裂完了後のG1期に停止する機構も備えていた．この祖先から，ウニ，ヒトデ，クモヒトデなどの棘皮動物が分岐した．クモヒトデはこの祖先から受け継いだMeta-I停止が受精で解除される系を残している．ヒトデではMeta-I停止は残っているが，受精により解除されるという制御はなくなっている．ウニではMeta-Iでの停止はなくなり，G1停止のみが残った．というように変わっていった可能性がある．

ショウジョウバエとイトマキヒトデでは，卵母細胞が卵巣の中で卵成熟を開始した後で，排卵されなければMeta-Iに停止し，排卵されても未受精であれば減数分裂を完了したG1期に停止する．脊椎動物のイヌやキツネにおいても，通常は排卵されてすぐのPro-Iで受精するが，排卵されても受精しなければMeta-IIで細胞周期を停止する（Mahi, Yanagimachi, 1976）．多毛類でもこれと同様に，通常，卵母細胞は排卵されてすぐのPro-Iで受精するが，受精しないとMeta-Iで細胞周期を停止する（Masui, 1985）．これらのことは，多くの動物の卵母細胞には単為発生の抑制のための機構が複数存在することを示唆している．抑制の機構が何重に存在していても，それらが排卵と受精の刺激ですべて解除される限りは発生開始に障害はないはずである．多くの動物では，卵母細胞が複数の停止機構を持っているせいで，どれか一つの停止機構を失っても，他の停止機構が機能していれば，単為発生を抑制できるという状況にあると考えられる．この状況が，進化の過程で卵母細胞に受精前の細胞周期の停止段階を高頻度で変更させる前提条件になっているのではないだろうか．しかし，前提ができているからといって，それが停止の機構を変更する理由にはならない．どこかに変更（進化）を促す原因が存在するものと思われる．

10 減数第一分裂から減数第二分裂への移行におけるMosの機能

Mosはその下流のMAPKを通してCSFとして機能する．MAPKは進化の過程で非常によく保存された分子で，その活性測定法も確立されていることから，多くの無脊椎動物でも卵成熟過程でのMAPKの挙動が調べられている．いろいろな動物の卵成熟におけるMAPKの活性変動を比較したのが図Ⅶ-29-6である．注目すべきはPro-I停止した段階で受精するホッキガイやユムシの場合（Shibuya et al, 1992；Gould, Stephano, 1999）である．これらの動物では，MAPKは受精後に活性化する．この活性化のタイミングからMAPKは未受精卵の細胞周期の停止に関与していないことは明らかである．

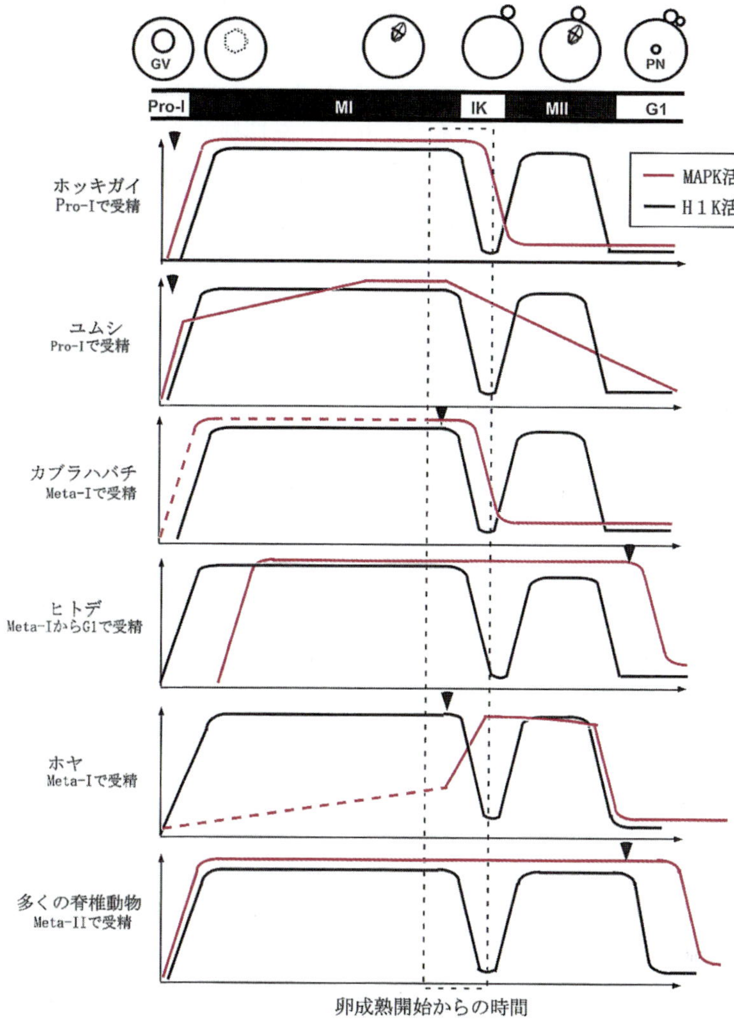

図Ⅶ-29- 6．いろいろな動物の卵成熟における MAPK 活性の変動の比較

ホッキガイ（*Spisula solidissima*；Shibuya et al, 1992），ユムシ（*Urechis caupo*；Gould, Stephano, 1999），カブラハバチ（*Athalia rosae*；Yamamoto et al, 2008），イトマキヒトデ（*Asterina pectinifera*；Tachibana et al, 1997），ホヤ（*Ascidiella aspersa*；McDogull, Levasseur, 1998；*Phallusia nigra*；Sensui, unpublished），（▼）は受精のタイミングを示す．グラフの赤線は MAPK 活性，黒線はヒストン H1 キナーゼ活性（活性の高いときは分裂期であることを表す指標となる）である．赤の点線の部分は MAPK の活性が測定されていないところで，予想した活性を示している．黒の点線で囲まれたところはほとんどの動物で MAPK の活性が高い時期で，減数第一分裂の中期から減数分裂間期までの時期に当たる．

したがって，MAPKはCSFとしては機能していない．では，MAPKは何のために活性化しているのだろうか．

ホヤでは，MAPKはMeta-Iで停止している未受精卵で一定（ピーク時の約30%）の活性がある．未受精卵のMAPKの活性を阻害すると，Meta-Iの停止を維持できない（泉水，未発表）ので，MAPKはMeta-Iの停止に関わっている．しかし，この場合にも，Pro-I停止の動物と同様に，受精後に，すなわち，CSFの役目を終えた後に，MAPKの活性は上昇する．この活性化したMAPKは何をしているのだろうか．図Ⅶ-29-6を見ると，どの動物にも共通して減数第一分裂中期から第二分裂への移行のところまでMAPK活性が高いことがわかる（図Ⅶ-29-6点線で囲まれた部分）．このことはMos（MAPK）が未受精卵の細胞周期の停止に関与するかどうかにかかわらず，卵母細胞の減数分裂の間にCSFとしてではなく，他のなんらかの機能を果たしていることを示唆する．次にそのMosのCSF以外の機能ついて述べる．

11 減数分裂から体細胞分裂への細胞周期制御の転換

減数分裂が体細胞分裂と異なる点は，1回のDNA複製の後で染色体の分離を2回続けることである．そのためには減数分裂の間の間期にDNA複製を抑制する必要がある．この抑制はヒトデでは二つの方法で行われており，二つともMosに依存している（Tachibana et al, 2000；Mori et al, 2006）．第一は，DNA複製を直接阻害しているのではなく，減数第一分裂の後で，DNA複製を開始しないうちに次の分裂期を開始させるという方法である．ツメガエルではこの方法のみでDNA複製をスキップしている（Iwabuchi et al, 2000）．この時に，MosはCdc2（Cdk1）を抑制的リン酸化して不活性化するMyt1やWee1を妨げることで，素早い分裂期の開始に貢献している．もう一つのDNA複製の抑制は減数分裂を完了した未受精卵のG1期停止と同じ機構によると考えられる（図Ⅶ-29-5参照）．ヒトデやカエル以外の動物では減数分裂間期の間のDNA複製の抑制がどのようなしくみによっているのか不明であるが，ショウジョウバエやマウスではMosの欠損した卵母細胞も減数分裂間期にはDNA複製しないので，これらの生物ではMosに依存しないDNA複製を抑制する機構が備わっていると予測される．

12 卵母細胞の極体放出

卵母細胞の減数分裂は，染色体分離に注目すれば，精子形成や単細胞生物の減数分裂と同じであるが,細胞質分裂に関しては非常に異なる．卵母細胞は減数第一分裂も第二分裂も極端な不等分裂により，卵子になる細胞と極体と呼ばれるきわめて小さい細胞に分かれる．Mosのノックアウトマウスでは，卵母細胞の減数分裂において，極体の大型化や著しい場合には受精後の卵割と同様の均等な分裂を行うものも観察される（Hirao, Eppig, 1997）．ユムシにおいても，Mosの下流でMAPKを活性化するMEKの阻害剤により極体が大型化することが報告されている（Gould, Stephano, 1999）．イトマキヒトデでMosをノックダウンした場合には減数第一分裂，す

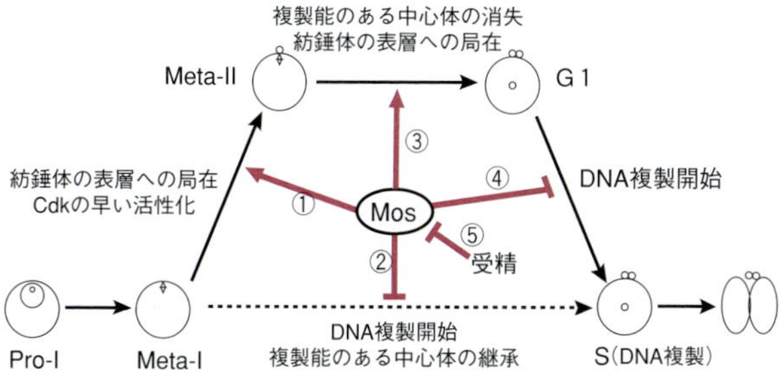

図Ⅶ-29-7．卵母細胞の減数分裂における Mos の役割

イトマキヒトデの減数第一分裂前期(Pro-I) で停止した卵母細胞は卵成熟誘起ホルモンの刺激で，この停止から解除されると Mos のタンパク質の合成を開始する．この Mos は紡錘体を細胞表層に局在させ(①)，第一極体を放出させる役割を持つ．そして，第一分裂から第二分裂の間の間期（減数分裂間期）には Cdk1 の抑制的リン酸化を行う酵素である Myt1 を阻害し，減数第二分裂中期に素早く Cdk1 を活性化できるようにする（①）．さらに，ヒトデではこの間期の間に Mos が DNA 複製を阻害している（②）．減数第二分裂の時も紡錘体の細胞表層への局在に働き（③），減数分裂を完了すると DNA 複製を阻害して G 1 期の停止を保つ（④）．受精の刺激により Mos が分解し（⑤），DNA 複製を行い，発生を開始する．正常な場合，卵母細胞は Meta-I の後で，（→）の経路を経て，減数分裂を行うが，Mos の機能が損なわれると，（…>）の方に進み，減数分裂を行わず，単為発生を開始する．この時，複製能のある中心体は継承され，単為発生胚は細胞増殖を繰り返すことができるようになる．

なわち第一極体の放出の際に紡錘体は正常にできるものの，細胞質分裂が完了せず，極体を放出できずに紡錘体が卵の中央部に移動するということが観察される．減数第二分裂に当たる時期では紡錘体は受精後の第一卵割と同様に卵の中央に位置する (Tachibana et al, 2000)．このあと，Mos をノックダウンされた胚は減数分裂をキャンセルし体細胞分裂（単為発生による卵割）を開始し，遊泳する幼生にまで発生する．これらの結果から Mos は単に未受精卵の細胞周期を停止させるのみでなく，卵母細胞の減数分裂を正常に進行させる役割を持っていると考えられる．

細胞分裂の位置を決定するのは紡錘体の位置である．卵母細胞に極体を放出させる，すなわち極端な不等分裂を起こさせるためには，紡錘体が細胞の中央ではなく，細胞膜の直下に局在する必要がある．この卵母細胞の紡錘体の局在には Rac や Cdc42 などのスモール G タンパク質と，Formin2，アクチン細胞骨格系が必要である (Brunet, Maro, 2005) から，これらの分子と Mos が関わるものと予測される．ここまでに述べた Mos の欠損により起こる細胞周期停止の解除や紡錘体を卵の中心へ戻すことだけでは，幼生まで単為発生を継続させることは不可能である．それは，多くの動物の卵母細胞は減数分裂完了した時点で複製可能な中心体を持っていないからである．次に，この点について述べる．

13 複製能を持つ中心体の消失

イトマキヒトデのMeta-Iにある未受精卵をカルシウムイオノフォアで賦活すると，減数分裂の進行は受精卵と変わらず，二つの極体を放出して，単為発生的に卵のDNA複製が開始する．その後，分裂期が来て核膜は崩壊する．ところが，正常な受精卵と異なり，賦活された未受精卵は卵割（細胞質分裂）には至らない（Washitani-Nemoto et al, 1994）．これは減数分裂の間に複製可能な中心体が消失するので，細胞質分裂に必要な紡錘体を形成することができないためである．減数分裂の間に卵母細胞から放出される極体に渡される中心体は複製能を保持していることが知られており，卵母細胞に残る中心体のみが複製能を失うのである（Shirato et al, 2006）．したがって，精子が持ち込む中心体が受精後の発生に関わることになる．このことは単為発生の開始を抑制することにはならない．しかし，卵母細胞から単為発生を継続させる能力を消失させることにはなる．Mosを欠損した卵母細胞が減数分裂をキャンセルして，単為発生を続けることが可能なのは，複製能を持つ中心体を失わないからであると予測される．逆にいえば，Mosが存在すると複製能を持つ中心体が失われるのである．ここにもMosの重要な機能が存在する．

図Ⅶ-29-7はイトマキヒトデにおけるMosの機能をまとめたものである．MosのCSFとしての機能（未受精卵の細胞周期を停止させること）は生物学的には多くの動物で共通であるが，その機能を果たすための分子的な機構は異なる（図Ⅶ-29-5参照）．一方，MosのCSFとして以外の機能（卵母細胞に正常な減数分裂をもたらす機能）はより多くの動物に共通の機能である．MosのCSFとしての機能は未受精卵がPro-I停止で受精する動物にはないものであるが，減数分裂の進行に関する機能はどの時期に停止する動物にもあるからである．

Mosの機能をきわめて単純化して表現すると，Mosは卵母細胞に減数分裂を強いて，単為発生を妨げ，卵子が受精なしには発生できないようにしているといえる．すなわち，Mosは卵母細胞（雌）でしか発現しない遺伝子であるが，そのMosが有性生殖を可能にしている．あるいは，雄に存在意義を与えているといっても過言ではない．この雄の存在の根幹に関わるMosの機能の分子的なメカニズムは未だ十分明らかにされておらず，今後の研究の発展が期待されるところである．

まとめ

CSFの生物学的な役割は，未受精卵の単為発生の抑制であり，これはどの動物にも共通なものである．この役割を果たすために，CSFはMos-MAPKという多くの動物に共通の情報伝達系を使い，これもまた共通のカルシウムのシグナルとリンクしながら，わざわざ動物種により異なる非常に多様な細胞周期制御を行っているようである．なぜこのようなことになっているのだろうか．多くの動物でのCSFの研究は，C. R. Darwinにとってのガラパゴスにあたる「進化の実験室」と呼ぶのがふさわしいフィールドなのかもしれない．

（立花和則・岸本建雄）

引用文献

Adiyodi KG, Adiyodi RG (eds) (1983) *Reproductive biology of invertebrates, vol I Oogenesis, Oviposition, and Oosorption*, Wiley, Chichester.
Bhatt RR, Ferrell JE Jr (1999) The protein kinase p90 rsk as an essential mediator of cytostatic factor activity, *Science*, 286 ; 1362-1365.
Brunet S, Maro B (2005) Cytoskeleton and cell cycle control during meiotic maturation of the mouse oocyte : integrating time and space. *Reproduction*. 130 ; 801-811.
Castro A, Peter M, Magnaghi-Jaulin L, et al (2001) Cyclin B/cdc2 induces c-Mos stability by direct phosphorylation in Xenopus oocytes, *Mol Biol Cell*, 12 ; 2660-2671.
Clute P, Masui Y (1995) Regulation of the appearance of division asynchrony and microtubule-dependent chromosome cycles in Xenopus laevis embryos, *Dev Biol*, 171 ; 273-285.
Colledge WH, Carlton MB, Udy GB, et al (1994) Disruption of c-mos causes parthenogenetic development of unfertilized mouse eggs, *Nature*, 370 ; 65-68.
団勝磨，安藤裕，関口晃一，渡辺浩編（1988）無脊椎動物の発生，培風館，東京.
Dumont J, Umbhauer M, Rassinier P, et al (2005) p90 Rsk is not involved in cytostatic factor arrest in mouse oocytes, *J Cell Biol*, 169 ; 227-231.
Dunn CW, Hejnol A, Matus DQ, et al (2008) Broad phylogenomic sampling improves resolution of the animal tree of life, *Nature*, 452 ; 745-749.
Elion EA (2000) Pheromone response, mating and cell biology, *Curr Opin Microbiol*, 3 ; 573-581.
Goto, T (1999) Fertilization Process in the Arrow Worm Spadella cephaloptera (Chaetognatha), *Zool Sci*, 16 ; 109-114.
Gould MC, Stephano JL (1999) MAP kinase, meiosis, and sperm centrosome suppression in Urechis caupo, *Dev Biol*, 216 ; 348-358.
Gross SD, Schwab MS, Lewellyn AL, et al (1999) Induction of metaphase arrest in cleaving Xenopus embryos by the protein kinase p90Rsk, *Science*, 286 ; 1365-1367.
Haccard O, Sarcevic B, Lewellyn A, et al (1993) Induction of metaphase arrest in cleaving Xenopus embryos by MAP kinase, *Science*, 262 ; 1262-1265.
Hara M, Mori M, Wada T, et al (2009) Start of the embryonic cell cycle is dually locked in unfertilized starfish eggs, *Development*, 136 ; 1687-1696.
Harada K, Oita E, Chiba K (2003) Metaphase I arrest of starfish oocytes induced via the MAP kinase pathway is released by an increase of intracellular pH, *Development*, 130 ; 4581-4586.
Hashimoto N, Watanabe N, Furuta Y, et al (1994) Par thenogenetic activation of oocytes in c-mos-deficientmice, *Nature*, 370 ; 68-71.
Hirao Y, Eppig JJ (1997) Parthenogenetic development of Mos-deficient mouse oocytes, *Mol Reprod Dev*, 48 ; 391-396.
Inoue D, Ohe M, Kanemori Y, et al (2007) A direct link of the Mos-MAPK pathway to Erp1/Emi2 in meiotic arrest of Xenopus laevis eggs, *Nature*, 446 ; 1100-1104.
Iwabuchi M, Ohsumi K, Yamamoto TM, et al (2000) Residual Cdc2 activity remaining at meiosis I exit is essential for meiotic M-M transition in Xenopus oocyte extracts, *EMBO J*, 19 ; 4513-4523.
Keady BT, Kuo P, Martínez SE, et al (2007) MAPK interacts with XGef and is required for CPEB activation during meiosis in Xenopus oocytes, *J Cell Sci*, 15 ; 1093-1103.
Kishimoto T (2003) Cell-cycle control during meiotic maturation, *Curr Opin Cell Biol*, 15 ; 654-663.
Kondo E, Tachibana K, Deguchi R (2006) Intracellular Ca2+ increase induces post-fertilization events via MAP kinase dephosphorylation in eggs of the hydrozoan jellyfish *Cladonema pacificum*, *Dev Biol*, 276 ; 228-241.
Kubiak JZ, Weber M, de Pennart H, et al (1993) The metaphase I arrest in mouse oocytes is controlled through microtubule-dependent destruction of cyclin B in the presence of CSF, *EMBO J*, 12 ; 3773-3738.
Labib K, Gambus A (2007) A key role for the GINS complex at DNA replication forks, *Trends Cell Biol*, 17 ; 271-278.
Lillie FR (1911) Studies of fertilization in Nereis. I. The cortical changes in the egg : II Partial fertilization, *J Morphol*, 22 ; 361-393.
Liu J, Maller JL (2005) Calcium elevation at fertilization coordinates phosphorylation of XErp1/Emi2 by Plx1 and CaMK II to release metaphase arrest by cytostatic factor, *Curr Biol*, 15 ; 1458-1468.
Mahi CA, Yanagimachi R (1976) Maturation and sperm penetration of canine ovarian oocytes in vitro, *J Exp Zool*, 196 ; 189-196.
Masui Y (1985) Meiotic arrest in animal oocytes, In : Metz CB, Monroy A (eds), *Biology of Fertilization*, Vol I, Academic Press, Orlando, pp189-219.
Masui Y (2000) The elusive cytostatic factor in the animal egg, *Nat Rev Mol Cell Biol*, 1 ; 228-232.
Masui Y, Markert CL (1971) Cytoplasmic control of nuclear behavior during meiotic maturation of frog oocytes, *J Exp Zool*, 177 ; 129-146.
McDougall A, Levasseur M (1998) Sperm-triggered calcium oscillations during meiosis in ascidian oocytes first pause, restart, then stop : correlations with cell cycle kinase activity, *Development*, 125 ; 4451-4459.
Mendez R, Richter JD (2001) Translational control by CPEB : a means to the end, *Nat Rev Mol Cell Biol*, 2 ; 521-529.
Mori M, Hara M, Tachibana K, et al (2006) p90Rsk is required for G1 phase arrest in unfertilized starfish eggs, *Development*, 133 ; 1823-1830.
Murakami MS, Vande Woude GF (1998) Analysis of the early embryonic cell cycles of Xenopus ; regulation of cell cycle length by Xe-wee1 and Mos, *Development*, 125 ; 237-248.
Nebreda AR, Hunt T (1993) The c-mos proto-oncogene protein kinase turns on and maintains the activity of MAP kinase, but not MPF, in cell-free extracts of Xenopus oocytes and eggs, *EMBO J*, 12 ; 1979-1986.
Nishiyama T, Ohsumi K, Kishimoto T (2007) Phosphorylation of Erp1 by p90rsk is required for cytostatic factor arrest in Xenopus laevis eggs, *Nature*, 446 ;

1096-1099.
Nishiyama T, Tachibana K, Kishimoto T (2010) Cytostatic arrest : Post-ovulation arrest until fertilization in metazoan oocytes, In : Verlhac MH, Villeneuve A (eds), *Oogenesis : The Universal Process,* Wiley-Blackwell, UK, pp357-384.
Nishizawa M, Furuno N, Okazaki K, et al (1993) Degradation of Mos by the N-terminal proline (Pro2)-dependent ubiquitin pathway on fertilization of Xenopus eggs : possible significance of natural selection for Pro2 in Mos, *EMBO J*, 12 ; 4021-4027.
Page AW, Orr-Weaver TL (1997) Stopping and starting the meiotic cell cycle, *Curr Opin Genet Dev*, 7 ; 23-31.
Paulovich AG, Toczyski DP, Hartwell LH (1997) When checkpoints fail, *Cell*, 88 ; 315-321.
Rauh NR, Schmidt A, Bormann J, et al (2005) Calcium triggers exit from meiosis II by targeting the APC/C inhibitor XErp1 for degradation, *Nature*, 437 ; 1048-1052.
Sagata N (1996) Meiotic metaphase arrest in animal oocytes : its mechanisms and biological significance, *Trends Cell Biol*, 6 ; 22-28.
Sagata N, Oskarsson M, Copeland T, et al (1988) Function of c-mos proto-oncogene product in meiotic maturation in Xenopus oocytes, *Nature*, 335 ; 519-525.
Sagata N, Watanabe N, Vande Woude GF, et al (1989) The c-mos proto-oncogene product is a cytostatic factor responsible for meiotic arrest in vertebrate eggs, *Nature*, 342 ; 512-518.
Schmidt A, Duncan PI, Rauh NR, et al (2005) Xenopus polo-like kinase Plx1 regulates XErp1, a novel inhibitor of APC/C activity, *Genes Dev*, 19 ; 502-513.
Sherr CJ (2004) Principles of tumor suppression, *Cell*, 116 ; 235-246.
Shibuya EK, Boulton TG, Cobb MH, et al (1992) Activation of p42 MAP kinase and the release of oocytes from cell cycle arrest, *EMBO J*, 11 ; 3963-3975.
Shirato Y, Tamura M, Yoneda M, et al (2006) Centrosome destined to decay in starfish oocytes, *Development*, 133 ; 343-350.
Shoji S, Yoshida N, Amanai M, et al (2006) Mammalian Emi2 mediates cytostatic arrest and transduces the signal for meiotic exit via Cdc20, *EMBO J,* 25 ; 834-845.
Tachibana K, Machida T, Nomura Y, et al (1997) MAP kinase links the fertilization signal transduction pathway to the G1/S-phase transition in starfish eggs, *EMBO J*, 16 ; 4333-4339.
Tachibana K, Mori M, Matsuhira T, et al (2010) Initiation of DNA replication after fertilization is regulated by p90Rsk at pre-RC/pre-IC transition in starfish eggs, *Proc Natl Acad Sci USA*, 107 ; 5006-5011.
Tachibana K, Tanaka D, Isobe T, et al (2000) c-Mos forces the mitotic cell cycle to undergo meiosis II to produce haploid gametes, *Proc Natl Acad Sci USA*, 97 ; 14301-14306.
Washitani-Nemoto S, Saitoh C, Nemoto S (1994) Artificial parthenogenesis in starfish eggs : behavior of nuclei and chromosomes resulting in tetraploidy of parthenogenotes produced by the suppression of polar body extrusion, *Dev Biol* 163 ; 293-301.
Watanabe N, Hunt T, Ikawa Y, et al (1991) Independent inactivation of MPF and cytostatic factor (Mos) upon fertilization of Xenopus eggs, *Nature*, 352 ; 247-248.
Yamamoto DS, Tachibana K, Sumitani M, et al (2008) Involvement of Mos-MEK-MAPK pathway in cytostatic factor (CSF) arrest in eggs of the parthenogenetic insect, Athalia rosae, *Mech Dev*, 125 ; 996-1008.
Yamamoto K (1997) A metaphase pause : hormone-induced maturation progresses through a long pause at the first meiotic metaphase in oocytes of the starfish, Pisaster ochraceus, *Dev Growth Differ*, 39 ; 763-72.
Yamashita M (1988) Involvement of cAMP in initiating maturation of the brittle-star Amphipholis kochii oocytes : induction of oocyte maturation by inhibitors of cyclic nucleotide phosphodiesterase and activators of adenylate cyclase, *Dev Biol*, 125 ; 109-114.

VII-30

卵母細胞の細胞質成熟

Key words
細胞質成熟／活性化ミトコンドリア／小胞体／細胞質成熟促進因子／卵丘細胞と卵母細胞間の相互作用

はじめに

一次卵母細胞は，第一減数分裂（減数分裂第一分裂）前期の複糸期で核分裂を停止した状態で発育期に入り，動物種によって異なるが，たとえば，マウスの卵母細胞では直径が15μmから70μm以上にまで発育する．十分に発育した卵母細胞は，下垂体から一過性に大量に分泌される黄体形成ホルモン（LH, luteinizing hormone）によって，それまで停止していた核分裂を再開するようになる．第一分裂完了後，卵母細胞は二次卵母細胞となり，第二分裂中期（MII期）に核分裂を進行させ，そこで再び停止する．その後，受精によって核分裂は再開し第二分裂を完了する．このように，十分に発育した卵母細胞がMII期まで進行し受精可能な状態になる過程が卵母細胞成熟（卵成熟）である．卵成熟は，卵形成過程の最終段階であり，ほとんどの哺乳類では，卵巣の卵胞内で起こる．その過程には(1)第一分裂前期の卵核胞（GV, germinal vesicle）と呼ばれる非常に大きな核が，核分裂の再開とともに消失する現象（卵核胞崩壊（GVBD, germinal vesicle breakdown）と称される），(2)第一極体の放出による第一分裂の完了，そして(3)MII期染色体の卵母細胞表層での形成などが含まれる．卵成熟には，このような核分裂の進行（核成熟）に伴って，細胞質にもさまざまな変化が起こり，それは卵母細胞が受精や受精後の発生の能力を獲得するのに非常に重要な役割を果たしている．このような核分裂に伴って起こる細胞質の変化は，細胞質成熟と呼ばれる．細胞質成熟は核成熟と同調して起こるが，第一分裂中期（MI期）で核成熟の進行を停止させた卵母細胞においても細胞質成熟は進行し，受精およびその後の胚発生を誘起できることが実験的に示されている（Eppig et al, 1994）．つまり，細胞質成熟は核分裂の進行とは独立した現象である．

ここでは，細胞質成熟の構造的特徴であるエネルギー生産器官であるミトコンドリアやCa^{2+}の貯蔵や放出を行う小胞体の卵細胞質内での時間的空間的な局在変化について，そして細胞質成熟を調節する卵胞刺激ホルモン（FSH, follicle stimulating hormone），卵胞液成分そして卵母細胞とその周囲を取り巻く卵丘細胞との相互作用について述べる．

1 ミトコンドリアおよび小胞体の局在変化と細胞質成熟

卵母細胞の成熟期間に細胞質内小器官の局在

変化が観察されており，特に，エネルギー生産器官であるミトコンドリアとCa^{2+}の貯蔵と放出を行い，Ca^{2+}オシレーションを発生する小胞体の分布の再構築が，卵母細胞の受精およびその後の胚発生能の獲得に重要な役割を果たしている（Brevini et al, 2007；Ajduk et al, 2008）．

(A) ミトコンドリアの局在変化

卵成熟過程におけるミトコンドリア分布の変化が，活性化ミトコンドリアを特異的に標識する蛍光物質（Mito Tracker）と共焦点レーザー顕微鏡を用いて観察されている（Brevini et al, 2005, 2007）．第一分裂前期で停止しているGV期の未成熟卵母細胞では，活性化ミトコンドリアは卵母細胞の表層周囲に局在しており，その後，MI期からMII期へと成熟過程が進行するにつれてそれは表層から内部に向かって移送され，十分な細胞質成熟を伴ったMII期卵母細胞では細胞質全体に拡散するようになる．このような分布変化には，微小管ネットワークが関わっている（Brevini et al, 2007）．

活性化ミトコンドリアの局在変化と細胞質成熟が密接に関係していることが次の実験からも示される．体外成熟培養において，卵胞液がブタ卵母細胞の細胞質成熟を促進することから，卵胞液の添加あるいは無添加培地によって，十分な細胞質成熟を起こした卵母細胞とそうでないものを調整することができる．それぞれの条件でMII期に到達した卵母細胞における活性化ミトコンドリアの分布を検討すると，予想されるように十分な細胞質成熟を起こした卵母細胞では，活性化ミトコンドリアがその表層から内部に移行し，細胞質全体に拡散する割合が高く，一方，細胞質成熟が不十分な卵母細胞では，活性化ミトコンドリアが表層に凝集したままの状態にある割合が高いことが示された（Brevini et al, 2005）．同様のことがウシ卵母細胞においても確認されている（Stojkovic et al, 2001）．

卵母細胞内のATP含量は，未成熟卵母細胞に比べて成熟過程が進行するにつれて増加するが，受精後の胚発生能力の高い成熟卵母細胞と低いものにおけるATP含量を比較すると，ATP含量が多い卵母細胞ほど胚発生能力が高いとは必ずしもいえない（Brevini et al, 2007）．したがって，細胞質成熟には，活性化ミトコンドリアの卵母細胞表層から内部への移行による細胞質全体への拡散が重要であり，おそらく高エネルギーを必要とする卵母細胞の細胞質局所への活性化ミトコンドリアの移動が細胞質成熟に必要とされるのであろう．

(B) Ca^{2+}オシレーションの発生と小胞体の局在変化

受精時に精子から卵母細胞内に持ち込まれる卵活性化因子（ホスホリパーゼCゼータ，PLCζ）によって，ホスファチジルイノシトール4,5-二リン酸は分解され1,4,5-イノシトール三リン酸（IP3）とジアシルグリセロールになる．IP3は小胞体膜に局在するIP3レセプター（IP3R-1）を介して小胞体ルーメンから細胞質へのCa^{2+}放出を誘導し，遊離Ca^{2+}濃度の顕著な上昇と下降を繰り返すCa^{2+}オシレーションを引き起こす．Ca^{2+}オシレーションは，受精による卵母細胞の活性化に必須であり，それは，卵母細胞でのMII期からの減数分裂の再開と完了，**表層顆粒反応**の誘起による多精子進入拒否機構の

表層顆粒反応（cortical granule reaction）：精子が卵母細胞の透明帯を通過し，卵細胞内へ進入する過程で，卵細胞が受ける刺激によって，卵細胞膜直下の表層顆粒が囲卵腔に向かって開裂し，その内容物が開口分泌によって囲卵腔に放出される．これを表層顆粒反応と呼ぶ．この内容物中に含まれている複数の酵素の働きで透明帯あるいは卵細胞膜の物理的および化学的な性質が変化することによって，余分な精子の卵細胞内への進入が阻止される．このような2個以上の精子が卵細胞内に進入するのを阻止する機構を多精子進入拒否機構と呼ぶ．

確立，そして胚ゲノムの活性化に必要とされる母方 RNA のリクルートといった諸現象の引き金となっている（Ajduk et al, 2008）．また，もしも，Ca^{2+}オシレーションの繰り返し回数が少なかったりすると，受精卵の胚盤胞期へ発生する割合が低下したり，着床後の胚の発育異常が起こることが知られている（Ozil et al, 2006）．

Ca^{2+}オシレーションを発生する卵母細胞の能力は，成熟期間中に発達し，その発達には減数分裂の進行よりもむしろ，小胞体の IP3 レセプター数とその感受性の増加，小胞体に貯蔵されている Ca^{2+}濃度の増加，そして小胞体の局在変化といった細胞質の再構築を必要とする（Ajduk et al, 2008）．

小胞体の構造と分布を dicarbocyanine dyes（DiI）による染色と共焦点レーザー顕微鏡を用いることによって容易に可視化することができる．その方法を用いて，成熟過程における卵母細胞内の小胞体を観察すると，図Ⅶ-30-1 に示すように，GV 期では，小胞体は微細な点状ネットワークとして細胞質内部（マウス卵母細胞）に，あるいは表層域（ハムスター卵母細胞）に局在するが，減数分裂が再開され，GVBD を起こすと，それは卵母細胞の中心に位置する減数分裂装置のまわりを囲むようにリング状に蓄積するようになる．そして，リング状に蓄積する小胞体は紡錘体とともに卵母細胞の表層へと移行し，小胞体リングは消失する．その後，MI 期から MII 期への移行時には，直径が 1－2 μm の微細な小胞体のクラスターを卵母細胞表層に形成するようになる．GVBD 期に形成される小胞体リングは，微小管を介して形成されるが，卵母細胞表層での小胞体クラスター形成にはアクチンが関わっていることから，小胞体の局在変化は細胞骨格形成の変化によって制御されている（Ajduk et al, 2008；FitzHarris et al, 2007；Shiraishi et al, 1995）．

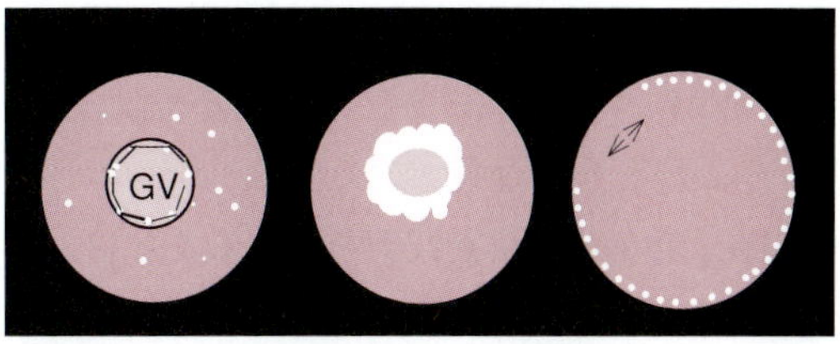

図Ⅶ-30-1．マウス卵母細胞の成熟過程における小胞体の局在変化

小胞体の構造と分布を DiI 蛍光試薬による染色と共焦点レーザー顕微鏡によって観察した結果を模式図として示す．卵母細胞内の白色部分が DiI 染色陽性部位である．GVBD 期では，小胞体は分裂装置周囲にリング状に蓄積するようになる．そして MI 期から MII 期にかけて，小胞体は表層に移動し，微細な小胞体のクラスターを形成する．

MII 期卵母細胞の表層に局在する小胞体クラスターは，MI 期で核成熟が停止した卵母細胞（MII 期に類似した Ca^{2+}シグナル応答を示す）においても形成される（FitzHarris et al, 2007）ことからも，小胞体分布の再構築は，細胞質成熟の構造的特徴と捉えることができる．

2 細胞質成熟促進因子

卵母細胞はその周囲の卵丘細胞との複合体（COC, cumulus-oocyte complex）として卵胞液中に存在し，そして，その核成熟および細胞質成熟は性腺刺激ホルモン，卵胞液さらには卵丘細胞との相互作用によって調節されている．

(A) 体外成熟培養（*in vitro* maturation, IVM）における細胞質成熟不全とFSHによるその改善

現在，体外成熟培養技術を用いることによって，胞状卵胞から採取したCOCを胚盤胞期へ発生させることが可能となっており，さらに，そのようにして得られた胚盤胞は，受胚雌へ移植すると，正常な産子へと発育できる．しかし，動物種によって異なるが，体外成熟培養では，卵母細胞をMII期まで高率に成熟させることはできても，体外受精後の胚発生，特に胚盤胞期へ発生する割合，さらには，胚移植が可能と判断される胚質の良好な胚盤胞が作出される割合は，生体内で成熟した卵母細胞に比べて著しく低い．すなわち，現在の体外成熟培養技術では，たとえ核成熟がうまく進行しても細胞質成熟が十分に誘起されないことが重大な問題となっている（Gilchrist, Thompson, 2007）．

体外成熟培養では，さまざまな大きさの卵胞から採取したCOCを用いるため，その中には未発育卵母細胞も含まれてしまう．そして，胚発生に必要なRNAやタンパク質を十分に蓄えていないそのような未発育卵母細胞も自発的に成熟を開始することから，細胞質成熟がうまく起こらない卵母細胞の割合が高くなると考えられている．したがって，体外成熟卵母細胞の発生能の低下を改善するためには，自発的な成熟開始を阻止して，未発育卵母細胞を発育させた後に成熟を開始させる方法が必要となる．卵胞内では，卵母細胞内のcAMP濃度を高く維持することによって，減数分裂開始を阻止している．体外に取り出したCOCの卵母細胞内のcAMP濃度を高く維持するためには，ホスホジエステラーゼ（Phospodiesterase, PDE）阻害剤であるヒポキサンチンやcAMP類似物質であるdibutyryl cAMPといったcAMP濃度を上昇させる薬剤でCOCを処理する方法がマウスやヒトで確立されている．また，このようにして体外でGV期に停止させたCOCをFSHで処理すると，減数分裂停止を解除でき，減数分裂再開を誘導することができる（Gilchrist, Thompson, 2007）．

FSHは，さらに体外成熟培養において，卵母細胞の周囲を取り巻いている卵丘細胞層の膨化（膨潤）の促進，そして体外受精率の向上や受精後の胚盤胞期への発生を促進する効果，つまり細胞質成熟促進効果を発揮する（Eppig et al, 2000；Ali, Sirard, 2005）．FSHの細胞質成熟促進機構は，ほとんど明らかにされていないが，FSHは，卵丘細胞でのcAMP合成を促進し，そこから卵母細胞へcAMPを供給することによって細胞質成熟を促進していると考えられている（Ali, Sirard, 2005）．卵母細胞内のcAMPは，前述したように卵母細胞の減数分裂再開を阻止する効果がある一方で，FSHによる減数分裂再開や細胞質成熟促進を媒介することから，一見矛盾する効果を卵母細胞内で発揮しているように思われる．cAMPが卵母細胞内でこのような相反する現象をどのようにして調節しているのかは明らかにされていない．最近，cAMP類似物質あるいは卵母細胞と卵丘細胞のそれぞれに特異的に発現する3型ホスホジエステラーゼ（PDE3）と4型ホスホジエステラーゼ（PDE4）のいずれかに対する阻害剤とともにFSHを添加した培地でCOCを体外成熟培養すると，受精後の胚発生が促進されることが，マウス以外

cAMP（cyclic adenosine monophosphate）：細胞内二次情報伝達物質の一つ．リボースの3'，5'とリン酸が環状になっている分子（分子量329.21）で，細胞膜に存在するアデニル酸シクラーゼによってATPから合成され，また，細胞内にあるホスホジエステラーゼによって5'-AMPに分解される．

にもウシやブタで報告されている（Gilchrist, Thompson, 2007）．このような細胞質成熟促進効果は，FSH や PDE 阻害剤のような cAMP 産生促進剤による COC の減数分裂開始のタイミングの遅延とともに，減数分裂開始までの間で起こる COC の卵母細胞と卵丘細胞間のギャップ結合の切断のタイミングも遅延されることによって発揮されると考えられている．つまり，卵母細胞と卵丘細胞間のギャップ結合を介した細胞間コミュニケーションの期間が延長されることによって，細胞質成熟に必要な cAMP のような低分子物質の卵丘細胞から卵母細胞への供給がより長期間行われるようになり，卵母細胞の受精およびその後の発生能力が改善されると推察されている（Gilchrist, Thompson, 2007）．

（B）卵胞液成分と細胞質成熟

卵胞液は主に，卵胞内の顆粒層細胞や卵丘細胞からの分泌物と血液からの浸出液からなり，多くの成長因子やステロイドホルモンを含んでいる．卵母細胞は，**成熟卵胞**内で成熟過程を経ることから，そのような大型卵胞から採取した卵胞液に卵成熟を促進する活性が存在することが期待される．たとえば，ウシ卵母細胞の体外成熟培養において，卵胞液の効果は，由来する卵胞のサイズによって異なり，直径が 8mm 以上の大型卵胞から採取した卵胞液を 5 %の濃度で成熟培地に添加すると，卵母細胞の成熟および受精後の胚盤胞期への発生が促進されるが，直径 2-6mm の小型の卵胞から採取した卵胞液には，そのような活性は認められず，むしろ抑制活性が存在するようである（Ali et al, 2004）．同様の効果が，ブタ卵胞液においても確認されている．大型の排卵前卵胞から採取したブタ卵胞液を10%の濃度で添加した培地でブタ COC の体外成熟培養を行うと，細胞質成熟の評価パラメーターとなる卵丘細胞の膨化と MII 期卵母細胞内の還元型グルタチオン濃度の上昇，そして，受精後の胚発生の促進が観察され，さらに，体外受精において，単精子進入率が上昇した（Bijttebier et al, 2008）．

卵胞液の効果を最大限に引き出して体外成熟培養で利用するためには，卵胞液中に存在する細胞質成熟促進因子を明らかにする必要がある．これまでの研究から，卵胞液には，減数分裂活性化ステロール（FF-MAS, Marín Bivens et al, 2004），ミッドカイン（MK, Ikeda et al, 2000, 2005）そしてレプチン（Craig et al, 2004；Boelhauve et al, 2005）などの細胞質成熟促進活性を示す物質が含まれていることが報告されている．以下にミッドカイン（MK, midkine）とレプチン（leptin）の効果について述べる．

（1） MK

MK は，レチノイン酸による胚性癌腫細胞の分化過程で一過性に発現が誘導される遺伝子産物として発見された塩基性のアミノ酸とシステインに富む分子量13kDa のヘパリン結合性成長因子である．それは，成熟卵胞内の顆粒層細胞で発現しており，その発現は性腺刺激ホルモンによって調節される（Minegishi et al, 1996）．したがって，MK は卵母細胞の成熟になんらかの生理作用を発揮していると推察されることから，卵母細胞成熟に及ぼす MK の効果が，ウシ卵母細胞の体外成熟培養系を用いて検討された（Ikeda et al, 2000, 2005）．

成熟培養期間中，COC を MK（200ng/ml）で

成熟卵胞（mature follicle）：卵胞は卵巣の皮質に存在し，卵母細胞，卵胞上皮細胞（顆粒層細胞）そして卵胞膜などから構成される．卵胞の発達につれて増殖した顆粒層細胞群（卵母細胞周囲に存在する）の中に間隙が形成され，卵胞腔となり，その中に卵胞液が蓄積される．卵胞腔が形成された卵胞を三次卵胞あるいは胞状卵胞と呼ぶ．特にその中でも，排卵前の非常に大きくなった卵胞を成熟卵胞あるいはグラーフ卵胞（Graafian follicle）と呼ぶ．

処理すると，卵母細胞の体外受精後の胚盤胞期への発生がMK無添加対照区に比べて著しく促進されることから，MKは卵母細胞の細胞質成熟促進活性を有することがわかった．しかし，成熟培養期間中，卵母細胞は多層からなる卵丘細胞に囲まれていることから，MKは卵母細胞に直接作用しているのか，あるいは卵丘細胞に作用し，そこから卵母細胞に間接的に働きかけているのか，あるいは両者の経路を介して作用しているのかは不明である．そこで，MKの作用経路を明らかにするために，卵丘細胞を剥離した卵母細胞（裸化卵）に及ぼすMKの効果が検討された．その結果，MKは裸化卵には直接影響しないが，分離した卵丘細胞塊とともに培養した裸化卵に対してはその細胞質成熟を促進した．この結果から，MKは卵丘細胞に作用し，そこから分泌される液性因子によって細胞質成熟が促進されることが示唆された．さらに，分離卵丘細胞をMK添加あるいは無添加培地で培養し，それぞれの培養上清（CM, conditioned medium）を添加した培地で裸化卵の成熟培養を行うと，MK添加培地で調製したCMに裸化卵の細胞質成熟促進活性が検出された．この結果からもMK処理卵丘細胞から細胞質成熟を促進する液性因子が分泌されていることがわかる．また，体外成熟培養期間にCOCの卵丘細胞群の外層に位置する細胞が**アポトーシス**変性を起こす（卵丘細胞層の内部，つまり，卵母細胞に近い層のほとんどの細胞はアポトーシス変性を起こさない）が，そのアポトーシス変性をMKは抑制することから，それは卵丘細胞の生存性を高めることによって卵母細胞を取り巻く卵丘細胞群全体としての機能，特に細胞質成熟促進効果を維持あるいは亢進しているのかもしれない（Ikeda et al, 2006）．

(2) レプチン

レプチンは，肥満遺伝子産物で分子量が16 kDaのペプチドホルモンである．レプチンおよびそのレセプターが卵母細胞および卵丘細胞で発現（Craig et al, 2004）していることから，レプチンが卵母細胞の成熟の調節に関与している可能性が示唆される．そこで，ウシおよびブタCOCの体外成熟培養システムを用いてレプチンの効果が検討された（Craig et al, 2004；Boelhauve et al, 2005）．その結果，成熟培地に生理的濃度（10ng/ml）のレプチンを添加すると，卵母細胞の受精後の卵割期および胚盤胞期への胚発生が促進され，さらにウシCOCでは，卵丘細胞のアポトーシスが抑制されることが明らかとなった（Boelhauve et al, 2005）．裸化卵に対してレプチンはその細胞質成熟にはまったく影響を及ぼさないことから，レプチンの細胞質成熟促進活性は，卵丘細胞を介した間接的作用によって発揮されると考えられる．

(C) 卵丘細胞と卵母細胞間のパラクリンシグナルを介した相互作用による細胞質成熟の促進

卵母細胞とその周囲を取り巻いている卵丘細胞との間のパラクリンシグナルを介した相互作用が細胞質成熟に重要な役割を果たしている．卵丘細胞によって合成分泌され，卵母細胞に作用して細胞質成熟を促進する因子として，前述のレプチンのほかに最近，脳由来栄養因子（BDNF, brain-derived neurotrophic factor, Kawamura et al, 2005）とグリア細胞由来栄養因子（GDNF,

アポトーシス（apoptosis）：細胞死の様式は，ネクローシスとアポトーシスに大別される．アポトーシスは，細胞自身の，あるいは外界からの多数の刺激に応答して起こる生理的な細胞死の過程で，発生プログラムの一部にもなっている．ネクローシスとは異なり，アポトーシスでは細胞の破壊を伴わず細胞膜が保たれたまま細胞の収縮や核の凝縮が起こることが特徴である．細胞は膜で包まれたアポトーシス小体へと解体され，この小体はマクロファージなどに貪食される．アポトーシスはあたかも発生過程の中で出番が仕組まれているように観察されるものであることから，プログラム細胞死の別名で呼ばれることもある．

glial cell line-derived neurotrophic factor,Linher et al, 2007）が報告されている．一方，卵母細胞自身が分泌し，卵丘細胞機能に影響を及ぼすことによって，細胞質成熟を促進する液性因子の存在が明らかとなっている．裸化卵と COC を共培養すると，裸化卵からの分泌因子（OSFs, oocyte secreted factors）の影響を受けることによって，COC 中の卵母細胞の胚盤胞期への発生率とその胚移植による産子への発育率が，OSFs の影響を受けていない卵母細胞に比べて有意に高くなることがウシおよびマウスで報告されている（Gilchrist, Thompson, 2007 ; Gilchrist et al, 2008）．さらに，このような効果を発揮する OSFs 中の成長因子として，TGF-β スーパーファミリーに属する GDF9（growth-differentiation factor 9）と BMP 15（bone morphogenetic protein 15）が明らかにされており，これらの成長因子は，OSFs と同程度に，卵丘細胞の機能やアポトーシス抑制による生存性を向上させる効果を発揮し，さらに，卵母細胞の受精後の発生を促進する（Gilchrist, Thompson, 2007 ; Gilchrist et al, 2008）．今後，OSFs による細胞質成熟促進機構を解明するために，GDF9 や BMP15を含む OSFs に応答した卵丘細胞から卵母細胞へフィードバックされ，その細胞質成熟を促進する因子が明らかにされることが望まれる．

まとめ

卵母細胞の核と細胞質で起こるそれぞれの現象が調和しながら成熟は進行していく．しかし，MI 期で人為的に停止させた卵母細胞においても，細胞質の成熟現象は進行することから，核と細胞質の成熟は，それぞれ独立した現象でも

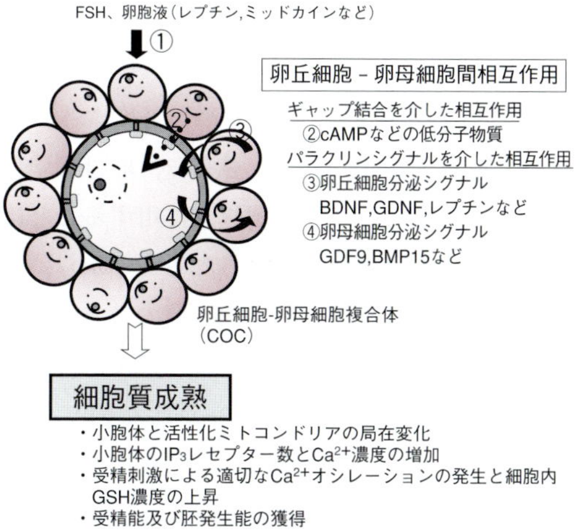

図Ⅶ-30- 2．卵母細胞の細胞質成熟の調節

FSH，卵胞液，そして卵丘細胞と卵母細胞間のギャップ結合およびパラクリンシグナルを介したコミュニケーションによって卵母細胞の細胞質成熟が調節される．

ある．卵母細胞は成熟過程の間に，受精能および受精後の発生能を獲得する．体外成熟培養において，正常な核成熟過程を経て MII 期に到達しても，受精能あるいは受精後の胚発生能が著しく低い卵母細胞が観察されることから，その獲得には細胞質成熟が重要な役割を担っていると考えられている．

卵母細胞の成熟過程において，細胞質での活性化ミトコンドリアと小胞体の局在の変化が起こり，このような変化によって，細胞質局所へエネルギーが分配され，そして，適切な Ca^{2+} オシレーションが発生するようになる．Ca^{2+} オシレーションは正常な受精と発生に必要であることから，活性化ミトコンドリアと小胞体の分布の再構築は細胞質成熟の構造的特徴として捉えられる（図Ⅶ-30- 2）．

FSH や卵胞液成分が卵母細胞周囲を取り巻いている卵丘細胞に作用し，そこからギャップ

ギャップ結合（gap junction）：細胞間結合装置の一つ．相対した細胞膜にある特殊化した膜構造であり，コネクソンと呼ばれる膜チャンネルのクラスターからなる．相互の細胞膜間には 2–4nm の間隙があることからギャップ結合と呼ばれる．この結合によって，一方の細胞から他方の細胞へ直接イオンや小分子（1000Da 以下）の流通を可能にする．

結合を介してcAMPが卵母細胞に供給されることによって，そして，分泌因子（パラクリンシグナル）が卵母細胞に作用することによって，細胞質成熟は調節される．さらに，卵母細胞自身からの分泌因子が卵丘細胞に作用することによっても細胞質成熟が調節されることから，その調節には卵丘細胞と卵母細胞間の二方向の相互作用が重要な働きをしていることが理解できる（図Ⅶ-30-2）．しかし，そのような相互作用に関与する因子が最近明らかにされてきているが，それぞれ個々の因子がどのように作用し，また，相互にどのような関連性を持って細胞質成熟を調節しているのかはほとんどわかっていない．

体外受精および胚移植による動物の効率的生産やヒトの不妊治療において，最近，卵母細胞を有効に利用することが考えられている．その方法を確立するためには，卵母細胞から産子への発生能力の高い胚を高効率的に作出する体外成熟および体外受精後の胚の体外培養法を開発することが必要となる．今後，卵母細胞の細胞質成熟調節機構を分子レベルで解明する研究は，このような開発に大いに貢献すると思われる．

（山田雅保）

引用文献

Ajduk A, Małagocki A, Maleszewski M (2008) Cytoplasmic maturation of mammalian oocytes : development of a mechanism responsible for sperm-induced Ca^{2+}oscillations, *Reprod Biol*, 8 ; 3-22, Review.

Ali A, Coenen K, Bousquet D, et al (2004) Origin of bovine follicular fluid and its effect during in vitro maturation on the developmental competence of bovine oocytes, *Theriogenology*, 62 ; 1596-1606.

Ali A, Sirard MA (2005) Protein kinases influence bovine oocyte competence during short-term treatment with recombinant human follicle stimulating hormone, *Reproduction*, 130 ; 303-310.

Bijttebier J, Van Soom A, Meyer E, et al (2008) Preovulatory follicular fluid during in vitro maturation decreases polyspermic fertilization of cumulus-intact porcine oocytes : In vitro maturation of porcine oocytes, *Theriogenology*, 70 ; 715-724.

Boelhauve M, Sinowatz F, Wolf E, et al (2005) Maturation of bovine oocytes in the presence of leptin improves development and reduces apoptosis of in vitro-produced blastocysts, *Biol Reprod*, 73 ; 737-744.

Brevini TA, Vassena R, Francisci C, et al (2005) Role of adenosine triphosphate, active mitochondria, and microtubules in the acquisition of developmental competence of parthenogenetically activated pig oocytes, *Biol Reprod*, 72 ; 1218-1223.

Brevini TA, Cillo F, Antonini S, et al (2007) Cytoplasmic remodelling and the acquisition of developmental competence in pig oocytes, *Anim Reprod Sci*, 98 ; 23-38, Review.

Craig J, Zhu H, Dyce PW, et al (2004) Leptin enhances oocyte nuclear and cytoplasmic maturation via the mitogen-activated protein kinase pathway, *Endocrinology*, 145 ; 5355-5363.

Eppig JJ, Schultz RM, O'Brien M, et al (1994) Relationship between the developmental programs controlling nuclear and cytoplasmic maturation of mouse oocytes, *Dev Biol*, 164 ; 1-9.

Eppig JJ, Hosoe M, O'Brien MJ, et al (2000) Conditions that affect acquisition of developmental competence by mouse oocytes in vitro : FSH, insulin, glucose and ascorbic acid, *Mol Cell Endocrinol*, 163 ; 109-116, Review.

FitzHarris G, Marangos P, Carroll J (2007) Changes in endoplasmic reticulum structure during mouse oocyte maturation are controlled by the cytoskeleton and cytoplasmic dynein, *Dev Biol*, 305 ; 133-144.

Gilchrist RB, Thompson JG (2007) Oocyte maturation : emerging concepts and technologies to improve developmental potential in vitro, *Theriogenology*, 67 ; 6-15, Review.

Gilchrist RB, Lane M, Thompson JG (2008) Oocyte-secreted factors : regulators of cumulus cell function and oocyte quality, *Hum Reprod Update*, 4 ; 159-177, Review.

Ikeda S, Ichihara-Tanaka K, Azuma T, et al (2000) Effects of midkine during in vitro maturation of bovine oocytes on subsequent developmental competence, *Biol Reprod*, 63 ; 1067-1074.

Ikeda S, Kitagawa M, Imai H, et al (2005) The roles of vitamin A for cytoplasmic maturation of bovine oocytes, *J Reprod Dev*, 51 ; 23-35, Review.

Ikeda S, Saeki K, Imai H, et al (2006) Abilities of cumulus and granulosa cells to enhance the developmental competence of bovine oocytes during in vitro maturation period are promoted by midkine ; a possible implication of its apoptosis suppressing effects, *Reproduction*, 132 ; 549-557.

Kawamura K, Kawamura N, Mulders SM, et al (2005) Ovarian brain-derived neurotrophic factor (BDNF) promotes the development of oocytes into preimplantation embryos, *Proc Natl Acad Sci USA*, 102 ; 9206-

9211.
Linher K, Wu D, Li J (2007) Glial cell line-derived neurotrophic factor : an intraovarian factor that enhances oocyte developmental competence in vitro, *Endocrinology*, 148 ; 4292-4301.
Marín Bivens CL, Grøndahl C, Murray A, et al (2004) Meiosis-activating sterol promotes the metaphase I to metaphase II transition and preimplantation developmental competence of mouse oocytes maturing in vitro, *Biol Reprod*, 70 ; 1458-1464.
Minegishi T, Karino S, Tano M, et al (1996) Regulation of midkine messenger ribonucleic acid levels in cultured rat granulosa cells, *Biochem Biophys Res Commun*, 229 ; 799-805.
Ozil JP, Banrezes B, Tóth S, et al (2006) Ca^{2+} oscillatory pattern in fertilized mouse eggs affects gene expression and development to term, *Dev Biol*, 300 ; 534-544.
Shiraishi K, Okada A, Shirakawa H, et al (1995) Developmental changes in the distribution of the endoplasmic reticulum and inositol 1,4,5-trisphosphate receptors and the spatial pattern of Ca^{2+} release during maturation of hamster oocytes, *Dev Biol*, 170 ; 594-606.
Stojkovic M, Machado SA, Stojkovic P, et al (2001) Mitochondrial distribution and adenosine triphosphate content of bovine oocytes before and after in vitro maturation : correlation with morphological criteria and developmental capacity after in vitro fertilization and culture, *Biol Reprod*, 64 ; 904-909.

VII-31

卵子ミトコンドリア DNA

Key words
ミトコンドリア／ミトコンドリア DNA／遺伝様式／ミトコンドリア病／受精卵遺伝子治療

はじめに

ミトコンドリアは，生命活動に必要なエネルギーである ATP を産生する細胞小器官である．我々の体内には核ゲノムのほかに，ミトコンドリア独自のゲノム，ミトコンドリアゲノム (mtDNA) が存在している．mtDNA も核 DNA と同様に遺伝情報の担い手であるが，mtDNA は母性遺伝や急調分離など独自の遺伝的特徴を持ち，卵子を含む雌性生殖系列細胞がこれらの遺伝様式を規定している．こうした遺伝様式は mtDNA 変異によるミトコンドリア病の発症メカニズムとも深い関わりがあり，疾患克服のためには受精卵核移植による治療法が示されている（図Ⅶ-31-1）．

1 ミトコンドリアの形態

一般にミトコンドリアの構造はマトリクス・内膜・膜間腔・外膜より構成されており，クリステ構造を有している．ミトコンドリアの形態は球形の印象が深いが，その語源 (mito (糸) chondrion (粒子)) が示すように，著しく形態を変化させる細胞小器官であり，組織・細胞種によってもその形態が大きく異なる．実際に生きた培養細胞を光学顕微鏡レベルで経時的に観察すると，直径 0.2–0.5μm 程度のミトコンドリアが細胞内で輸送され (Hirokawa, 1998)，融合と分裂を繰り返す様子が観察され (Ishihara et al, 2003)，こうしたミトコンドリアの挙動がミトコンドリア間での物質交換 (Ono et al, 2001 ; Sato et al, 2004) を可能とし，生体機能を維持するのに重要な役割を果たしていると考えられている

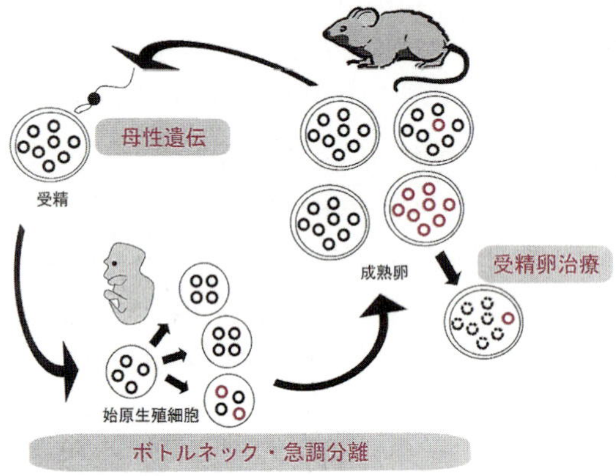

図Ⅶ-31-1．雌性生殖系列におけるミトコンドリア DNA の遺伝的特徴

黒太線・黒塗り・黒破線の円は野生型，赤線の円は変異型の mtDNA 分子種を示す．哺乳類の mtDNA は，母性遺伝，急調分離の遺伝的特徴によって，同質性が維持されると考えられている．また変異が病的であった場合の治療法として，受精卵治療の有用性がマウス実験より示されている．

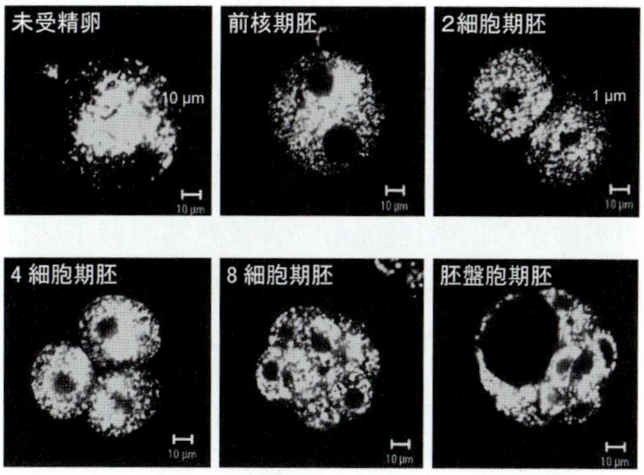

図Ⅶ-31-2．卵子・初期胚ミトコンドリアの蛍光像
未受精卵から胚盤胞期胚までのミトコンドリアを EGFP により標識した蛍光像.

(Nakada et al, 2001 ; Chen et al, 2007 ; Detmer, Chan, 2007).

卵子のミトコンドリアは培養細胞でよく観察される線状ミトコンドリアとは異なり，粒子状のミトコンドリアがいくつか集合している様子が観察される（図Ⅶ-31-2）．細胞質におけるミトコンドリア分布形態は，電子顕微鏡（Sathananthan, Trounson, 2000）や，ミトコンドリアを特異的に標識する色素（ローダミン123）（Tokura et al, 1993）または蛍光タンパク（EGFP, enhanced green fluorescent protein）（Nagai et al, 2004）を用いて，卵子形成過程および初期発生過程で詳細に調べられている．蛍光顕微鏡下において，ほとんどのマウス卵核胞期卵子では，ミトコンドリアは細胞質中で均一な分布を示すが，卵核胞の崩壊から第一減数分裂中期にかけて核周辺部に集まる様子が観察されている．第一極体が放出される時には再び均一な分布を示すようになり，第二減数分裂中期まで同様の分布形態が維持されることが示されている．しかし共焦点レーザー顕微鏡による観察では，核周辺部へのミトコンドリアの局在の例も指摘されている（Nagai et al, 2004）．受精後は，ミトコンドリアの小さな集合体が形成されつつ雌雄前核の周辺部に集まる．2細胞期の初期では，ミトコンドリアの小さな集合体が細胞質に分布する様子が観察されるが，中期には再び細胞質中で均一な分布形態を示し，後期では前核期のような核周辺部にミトコンドリアが局在する様子が観察されている．4細胞期から胚盤胞期までの観察では，ミトコンドリアが核周辺部へ局在する様子が報告されている（Tokura et al, 1993）．

電子顕微鏡によるミトコンドリアの微細構造の解析から，未受精卵から初期胚盤胞期胚におけるミトコンドリアは通常観察されるような明瞭で発達したクリステ構造がほとんど見られない．ヒトにおいて，卵原（祖）細胞では管状クリステ構造を有する粒子状または伸長したミトコンドリアが，原始卵胞内の卵子では不規則な形状のクリステを持った球形のミトコンドリアが観察されている．成熟卵子・2細胞期胚ではミトコンドリア内周辺部に存在するまたは横断するクリステ構造が見られるが，桑実胚・初期胚盤胞期胚ではミトコンドリア内を横断するようなクリステ構造はほとんど観察されていない．しかし，拡張胚盤胞期胚では，比較的伸長したミトコンドリアと発達したクリステ構造が観察されるようになり，代謝活性上昇との関連が指摘されている（Sathananthan, Trounson, 2000）．

2 卵子・初期胚の mtDNA の特徴

哺乳類 mtDNA は，ヒトでは約16.5kbp（Anderson et al, 1981），マウスでは16.3kbp（Bibb et al,

1981)の環状二本鎖DNAで，2種類のrRNA，22種類のtRNA，13種類の構造タンパクがコードされている．電子伝達系を構成する複合体IからIVおよびATP合成酸素は，そのサブユニットのうち13種類の構造タンパクがmtDNAにコードされている．その内訳は複合体Iのサブユニットが七つ（ND1, ND2, ND3, ND4L, ND4, ND5, ND6），複合体IIIで一つ(cyt b)，複合体IVで三つ（COI, COII, COIII），ATP合成酸素で二つ（ATPase8, ATPase6）である．したがって，複合体IIのサブユニットはmtDNAにコードされていない．mtDNAはミトコンドリア内で複数タンパクと結合し，核様体（ヌクレオイド）構造を形成し，マトリクスに存在している．一つのミトコンドリア核様体には，おおよそ2－8分子のmtDNAが存在しており（Legros et al, 2004），TFAM（mitochondrial transcription factor A）やPOLG（polymerase gamma）等のタンパクが結合し，ミトコンドリア内でmtDNAの安定性・複製・転写などの機能を維持している（Kang, Hamasaki, 2005；Bogenhagen et al, 2008）．体細胞では細胞あたり900–6000コピーのmtDNAが存在していることが報告されている（Bogenhagen, Clayton, 1974；Shmookler Reis, Goldstein；1983，Takamatsu et al, 2002）．

一方，哺乳類の成熟卵のmtDNA数は10^5コピー程度である．報告によってばらつきはあるが，具体的に，ヒトで1.93－7.95×10^5（Steuerwald et al, 2000；Reynier et al, 2001；Barritt et al, 2002），マウスで1.19－5×10^5（Piko, Taylor, 1987；Shitara et al, 2000；Steuerwald et al, 2000；Thundathil et al 2005；Cao et al, 2007），ラットで1.476×10^5（Kameyama et al, 2007），ウシで2.6－3.73×10^5（Michaels et al, 1982；May-Panloup et al, 2005），である．ヒトではこの卵子内のmtDNAコピー数の低下が卵子成熟・受精障害と関連する可能性が指摘されている（Reynier et al, 2001）．マウスの実験から，直径20μmの非成熟期の卵子には5.16×10^3コピーのmtDNAが存在し，成熟する過程でその数は増え（直径40μm時で5.83×10^4コピー，直径60μm時で8.72×10^4コピー），最終的に成熟卵子では約100倍までに増幅されることが示されている．また受精後のmtDNA数については，前核期卵で1.74×10^5コピー，2細胞期胚で7.13×10^4コピー，4細胞期胚で4.79×10^4コピー，8細胞期胚で2.11×10^4コピーと割球の倍加につれ，コピー数の平均値としてはほぼ2分の1ずつ減少し，胚盤胞期胚の内部細胞塊でのコピー数は4.83×10^3コピーと体細胞とほぼ同様のレベルになることが示されている（Cao et al, 2007）．すなわち受精後のマウス初期発生の過程では，一つの胚あたりのmtDNAのコピー数は変動しない（Piko, Taylor, 1987；McConnell, Petrie, 2004；Thundathil et al, 2005；Cao et al, 2007）．ラットでもほぼ同様であることが示されている（Kameyama et al, 2007）が，ブタ（Spikings et al, 2007）やウシ（May-Panloup et al, 2005）の場合には4細胞期から桑実胚期の間はコピー数が減少し，胚盤胞期から増加することが示されている．

mtDNAの複製・転写に関する遺伝的因子の発現について，マウスでは8細胞期あるいは桑実胚期以降から*Tfam*，*Tfb1m*，*Polg-A*，*RNase MRP*などの発現量が増加し，またmtDNAにコードされているいくつかの遺伝子の転写産物量も増加することが報告されている（Thundathil et al, 2005)．ウシでも桑実胚期以降に *Tfam* の mRNA 量が増加し，mtDNA にコードされている *COI* の mRNA 量が増加することが示されている（May-Panloup et al, 2005）．当初，初期発生過程で mtDNA は複製しないと考えられてきたが，現在ではマウス前核期から 2 細胞期のうちのごく短い間に mtDNA の複製されていることが報告されている．POLG の阻害剤である 3'-azido-3'-deoxythymidine（AZT）の存在下では，mtDNA コピー数が減少することが報告されており，mtDNA 代謝回転のための機構が存在することが示されている（McConnell, Petrie, 2004）．

3 母性遺伝

哺乳類 mtDNA 遺伝様式の特徴の一つに母性遺伝様式がある．母性遺伝を含め片親遺伝は，真正粘菌（Moriyama, Kawano, 2003）やイガイ（Skibinski et al, 1994；Zouros et al, 1994），メダカ（Nishimura et al, 2006），マウス（Kaneda et al, 1995；Shitara et al, 1998）など多くの生物種で維持されている遺伝様式である．ヒトでは父親から伝達する特殊な例が報告されている（Schwartz, Vissing, 2002）が，その後の報告では子孫の組織において父親由来 mtDNA が検出されてはいない（Schwartz, Vissing, 2004）．

哺乳類において，当初母性遺伝は卵子由来 mtDNA コピー数が精子と比較すると圧倒的に多い（卵子：精子＝10^3-10^4：1）ために，精子由来 mtDNA が卵由来 mtDNA に‘希釈’され，見かけ上の母性遺伝様式であると考えられてきた．しかし，精子由来ミトコンドリアが初期発生の過程で消失し，mtDNA の遺伝様式が完全に母性遺伝であることが示されている．マウスでは受精時に卵細胞質内に侵入した精子由来ミトコンドリアが 2 細胞期までに消失する様子が観察されており（Kaneda et al., 1995；Shitara et al, 2001），PCR 法によって精子由来 mtDNA を検出する実験からも実際に精子 mtDNA が前核期後期までに消失することが示されている（Kaneda et al., 1995）．種間交雑では，雑種第一代で子孫へ伝達することもある（Gyllensten et al, 1991）が，2 世代以降の交雑では父親由来 mtDNA が検出されないことから，同種異種のどちらにおいても mtDNA は完全に母性遺伝様式である（Kaneda et al, 1995, Shitara et al, 1998）．精子と同様に，精母細胞（Cummins et al, 1999）・円形精細胞（Shitara et al, 2000）由来ミトコンドリアをマイクロインジェクション法で導入しても雄性生殖細胞由来 mtDNA は子孫でほとんど検出されないことが示されている．この初期胚における排除機構について，多胞体による分解（Hiraoka, Hirao, 1988）やユビキチン―プロテアソーム分解系が精子由来ミトコンドリアの選択的排除に関与することが報告されている．抗ユビキチン（Ub）抗体により，ウシの雄性生殖細胞のミトコンドリアが染色され（Sutovsky et al, 2000），特にミトコンドリア内膜の構成成分であるプロヒビチンがポリ Ub 化されていることが示されている（Thompson et al, 2003）．一方，メダカにおいて，受精後およそ 1 時間後に精子ミトコンドリア中のミトコンドリア核様体が消失し，mtDNA が分解される様子が示されている（Nishimura et al, 2006）．

4 急調分離とボトルネック効果

前述のように，mtDNAは細胞内に複数のコピー数として存在し，またmtDNAは核ゲノムのおよそ10倍も高い変異率を有する（Brown et al, 1979）．それにもかかわらず個体におけるmtDNA分子種は**ホモプラズミー**の状態であり，**ヘテロプラズミー**状態であることはまれであるとされる（Lightowlers et al, 1997）．mtDNA同質性が成立する要因として，母性遺伝のほかに急調分離（rapid segregation）の遺伝現象が知られている．急調分離とは，mtDNA存在様式がヘテロプラズミーの状態からホモプラズミーの状態へ速やかに移行する遺伝現象のことである．ウシにおいては，制限酵素断片型の異なる２種類のmtDNA分子種が，３世代目の子孫ではどちらか１種類のタイプを持つ個体が出現する遺伝現象が報告されている（Ashley et al, 1989）．またマウス（Meirelles, Smith, 1997）や，mtDNA上に生じた変異が原因となるヒトミトコンドリア疾患（Larsson et al, 1992）においても同様の遺伝現象が観察されている．これらの解析の結果から，mtDNAが分離する時の単位（segregation unit）は，ウシで20–100（Ashley et al, 1989），マウスで~200，ヒトで24–316と見積もられている（Jenuth et al, 1996）．

この急調分離のメカニズムとして，ミトコンドリアボトルネック（絞り込み）効果が提唱されており，特に雌性生殖細胞系列のいずれかの時期に細胞あたりのmtDNA数が極端に減少することが考えられてきた（Chinnery et al, 2000）．電子顕微鏡による観察結果から，ヒトでは初期の始原生殖細胞ではミトコンドリア数が10個程度で，他の時期と比較すると最小であることが報告されている（Jansen, de Boer, 1998）．またマウスにおいては，卵原細胞の時期から第１減数分裂前期において，細胞あたりのミトコンドリア数が14-30程度となることが知られており（Nogawa et al, 1988），マウスヘテロプラズミー系統を用いた実験からこの時期にmtDNA分離現象があることが示されている（Jenuth et al, 1996）．しかしながら，実際にマウスmtDNA数を測定した結果では，初期胚・始原生殖細胞・卵母細胞の時期を通してmtDNAのコピー数は最低でも体細胞と同等の約1000コピー以上で，始原生殖細胞におけるミトコンドリア数も約100個程度である（Cao et al, 2007）ことが示されている．これに対し，初期の始原生殖細胞(7.5 dpc）の時期に200コピー程度にまで減少し，コ

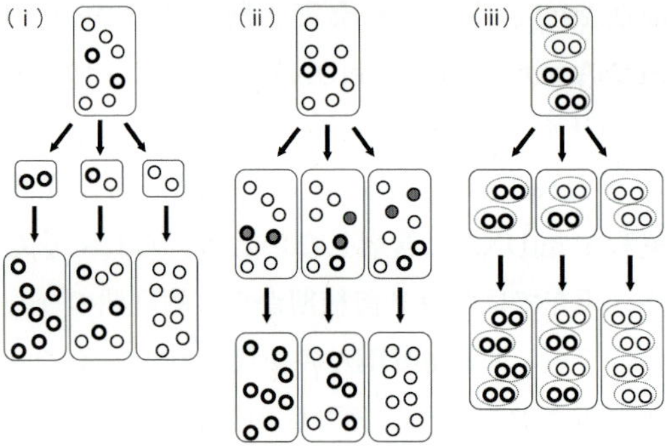

図Ⅶ-31-３．ミトコンドリアボトルネック効果のモデル
mtDNA急調分離を説明するボトルネック仮説．太線と細線の円は異なるmtDNA分子種を示す．（i）細胞あたりのmtDNA数が減少するモデル．（ii）選択的複製のモデル．灰色で塗りつぶされたmtDNAは選択的に複製される分子であることを示す．灰色で塗りつぶされたmtDNAが選択的に複製された結果，細胞分裂の前後でそれぞれのmtDNA分子種の存在比率が異なる．（iii）核様体形成モデル．mtDNA分子が核様体のサブグループを形成し，グループごとに娘細胞へ伝達される結果，急調分離が起こる．

ミトコンドリアDNAの同質性（ホモプラズミー）と異質性（ヘテロプラズミー）：哺乳類の一つの細胞には約1000コピーのmtDNA分子が複数存在している．このすべてのmtDNA分子がまったく同じ塩基配列を持っている分子種から構成されている状態を，mtDNAの同質性（ホモプラズミー）状態と呼んでいる．一方，突然変異などが原因となり塩基配列の異なる２種類以上の分子種から構成されている状態を異質性（ヘテロプラズミー）状態と呼んでいる（図Ⅶ-31-５）．

ピー数の減少によるボトルネック効果モデルが再度提唱された (Cree et al, 2008)．しかしながら，最近になって卵胞形成期にコピー数が低下せずに mtDNA 急調分離が起こることが観察されており，コピー数の減少を伴わないボトルネック効果の存在が実験的に示されている (Wai et al, 2008)．コピー数の減少を伴わないボトルネック効果のモデルとしては，細胞中のごく限られた mtDNA の集団が特異的に複製するモデルと，核様体などの小グループ形成によるモデルが提唱されている (Cao et al, 2007) (図Ⅶ-31-3)．特に前者のモデルについては，前核置換による実験から核周辺部における mtDNA が複製されやすいことが示されており (Meirelles, Smith, 1998)，このモデルを支持する報告の一つとなっている．また，mtDNA 上に変異を伴った病的変異型 mtDNA が体内に存在する場合には，出産を経るごとに病的変異型 mtDNA の割合が減少する (Sato et al, 2007 ; Fan et al, 2008) ことが報告されており，前述のモデル以外のメカニズムによって mtDNA 分離が行われている可能性もある．

5 ミトコンドリア異常・疾患に対する受精卵遺伝子治療

ミトコンドリアは活性酸素種 (ROS) の発生源の一つであり，その生成部位は主に複合体 I と III の 2 ヶ所が知られており，ROS によってタンパク質，脂質，核酸などが酸化され生体機能に異常をきたすとされている (Balaban et al, 2005 ; Baughman, Mootha, 2006)．mtDNA 上に生じた変異によってミトコンドリア機能異常が引き起こされ，筋力低下，知能低下，低身長，高乳酸血症，難聴などの重篤な症状を示すことが知られている．これらの疾患は，総称してミトコンドリア疾患と呼ばれ，症状や変異の位置・種類によってさらに細かく分類されている (Wallace, 1999 ; Zeviani, Di Donato, 2004)．これらの疾患は基本的に母性遺伝であるが，母性遺伝しない欠失変異型の例などもある (DiMauro, Schon, 2003)．現在のところ，ミトコンドリア病の治療法として，電子伝達機能を回復させるための呼吸鎖酵素の基質やビタミン類の投与が行われている (DiMauro, Mancuso, 2007) が，直接の原因である病的変異型 mtDNA を除去しているわけではなく，根治治療には至っていない．哺乳類 mtDNA を直接操作する技術は未だ確立していないが，遺伝子治療法の可能性の一つとして，ミトコンドリア局在化シグナルと制限酵素の融合遺伝子を発現させることにより，生体内に存在する 2 種類の mtDNA のうち片方のみを切断できることが，マウスヘテロプラズミー系統を用いた実験により示されている (Bayona-Bafaluy et al, 2005)．この手法は，病的変異 mtDNA 上に特異的な制限酵素認識配列が存在する場合に適すると思われる．

有効な治療法の一つとして，受精卵遺伝子治療がマウスを用いた実験から示されている (Sato et al, 2005)．この実験では，世界で最初にミトコンドリア病モデルマウスとして開発されたミトマウス (mito-mice) (Inoue et al, 2000) が用いられている．ミトマウスは，全長16.3kbp の mtDNA のうち，4.7kbp を欠失した病原性欠失突然変異型 mtDNA (ΔmtDNA) を持ったミトコンドリア病モデルマウスであり，この欠失領域には六つの tRNA と七つの構造遺伝子が含まれている．このミトマウスの体内には野生型 mtDNA と ΔmtDNA がヘテロプラズミーの状態で存在しており，ΔmtDNA の存在比が増加し，その割合がおよそ80%を越えると，ミトコンドリア呼吸活性の低下・低体重・心伝導障害・血中乳酸値上昇・腎機能障害などの症状が観察される．ミトコンドリア間で物質交換が行われるため，病態の発症には閾値効果が存在し，およそ ΔmtDNA の割合が80%閾値を越えない限り発症しない（Nakada et al, 2001）．

mtDNA は母性遺伝するため，保因者の母親から生まれる子供にも病的変異型 mtDNA は伝達しうる．さらに，ΔmtDNA の場合には野生型 mtDNA よりも長さが短い（ミトマウスの ΔmtDNA は野生型 mtDNA の約３分の２の長さ）ために優位に複製され，その結果として時間経過とともに ΔmtDNA の割合が増加すると考えられている．初期胚において病的変異型 mtDNA の割合を測定することは，ミトコンドリア病の発症リスクを検定するのに有効な手段と考えられる．初期胚におけるヘテロプラズミーの割合を推測するために，極体や割球を用いた診断方法の有用性がマウスを用いた実験により報告されている（Dean et al, 2003）．ミトマウスでは極体を用いた検定の結果，受精卵の段階でおよそ５%以上であると，将来ミトコンドリア病を発症することが示されている．したがって，５%以上の ΔmtDNA を持つ卵子に対して，ΔmtDNA の割合を減らすことができれば，ミトコンドリア病の発症を抑えることが可能である．

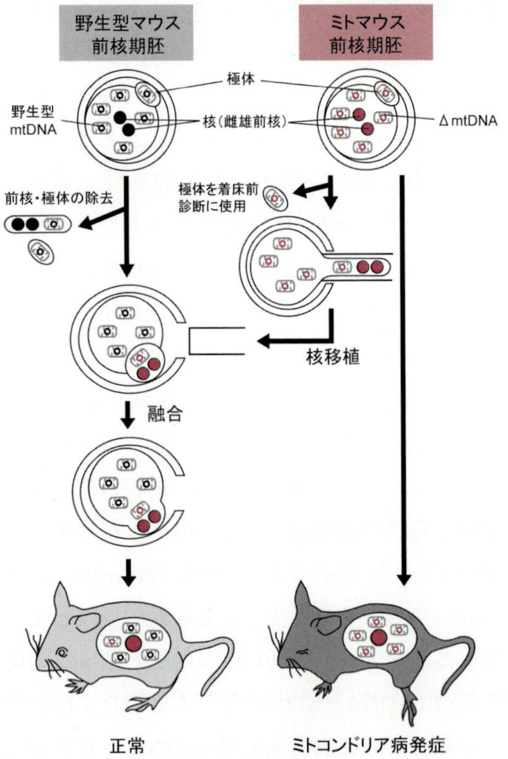

図Ⅶ-31-4．マウスにおける受精卵治療

ミトマウス受精卵の極体における ΔmtDNA の割合を測定し，将来ミトコンドリア病を発症する受精卵を推定し，核移植を実施する．ミトマウスの核体（karyoplast）を除核処置した野生型マウス卵に電気融合法を用いて導入する．この時，ミトマウスの核体に存在する ΔmtDNA（赤色円）も同時に持ち込まれるが，そのコピー数は非常に少ない．したがって，大量の野生型 mtDNA（黒色円）存在下では ΔmtDNA 割合は限りなく低くなり，マウス個体におけるミトコンドリア病の発症を抑制することが可能である．

受精卵において ΔmtDNA の割合を減らす方法としては，野生型 mtDNA を持つミトコンドリア分画を細胞質へ移植する方法（Pinkert et al, 1997；Irwin et al, 1999）もあるが，この方法ではおよそ全体の 1-10%しか導入できず，有効性が期待できない．一方，除核した野生型マウス卵にミトマウスの前核を移植した場合には，持ち込まれる ΔmtDNA 量もごくわずかであり，病態発症を抑えることが可能になることが予測される．実際に，核移植で導入された外来性

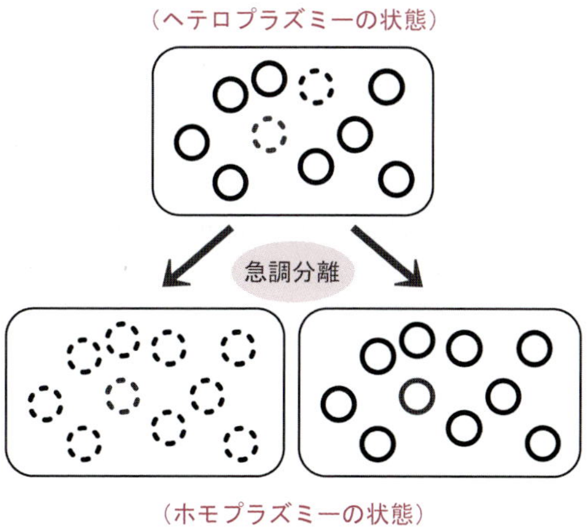

図Ⅶ-31-5．mtDNAの同質性，異質性および急調分離モデル

黒太線・黒破線の円は異なるmtDNA分子種を示す．

mtDNA量は約6％であり，前核期胚の段階でΔmtDNAの割合を平均35％から2％にまで減少させることが可能となることが示されている（図Ⅶ-31-4）．またその結果，ミトマウスで観察された症状が抑制されており，寿命についても野生型マウスと変わらないことも示されている．

しかしこうした受精卵遺伝子治療をヒトへ応用するには，いくつかの問題点を慎重に考慮しなければならない．ヒトはマウスよりも長い妊娠期間・寿命を持つ．そのため欠失変異型mtDNAの場合には，ヒトの体内で蓄積が進み，将来ミトコンドリア病を発症してしまう可能性がある．おそらくは，優位に複製されない点突然変異（ただし変異によっては優位に複製される例もある（Yoneda et al, 1992）の場合には，こうした核移植による遺伝子治療が有効と考えられる．他の問題としては，ΔmtDNAのほかに2種類の野生型mtDNAが存在することで，こうしたヘテロプラズミーの状態が人為的に作出されてしまうことがあげられる．現在のところ，ヘテロプラズミーのヒト培養細胞（Ono et al, 2001）またはマウス個体（Battersby, Shoubridge, 2001）を用いた実験からは，呼吸機能欠損は観察されていない．また，ヘテロプラズミーの状態のマウス個体において，mtDNA間の組み換えにより新たな病原性が生じることはないことが示されている（Sato et al, 2005）．しかしヘテロプラズミーの影響に対しては，点突然変異型mtDNAを保持したモデルマウス（Kasahara et al, 2006；Fan et al, 2008）と合わせて，さらなる知見の蓄積が必要と思われる．倫理的・社会的問題と同時に慎重な検討が望まれる．

まとめ

卵子のmtDNAは，体細胞と比較すると約100倍も多いコピー数として存在する．mtDNAに特徴的な遺伝様式である母性遺伝や急調分離は，卵子を含めた雌性生殖系列細胞の時期に規定されるため，この発生段階におけるmtDNAの動態はmtDNA遺伝にとって特に重要な時期である．またmtDNA上に病的突然変異が生じた場合，⑴母性遺伝や急調分離の遺伝様式に従って子孫へと伝達されるために，⑵さらに病態発症にはミトコンドリア病に特徴的な閾値効果が存在するために，核DNAの遺伝子疾患とは異なる発症機序を有している．そのためミトコンドリア疾患に対する治療法には，mtDNAの遺伝的特徴に即した戦略が必要であり，現在までに有効な治療法として核移植による受精卵遺伝子治療がマウス実験により示されている．しかしながら，ヒトとマウスの種差が与える影響など未解決の問題も多く，mtDNA の基本的な生物学的特徴の解明と，さらに有効な治療戦略の確立が期待される．

（林　純一・設楽浩志・佐藤晃嗣）

引用文献

Anderson S, Bankier AT, Barrell BG, et al (1981) Sequence and organization of the human mitochondrial genome, *Nature*, 290 ; 457-465.

Ashley MV, Laipis PJ, Hauswirth WW (1989) Rapid segregation of heteroplasmic bovine mitochondria, *Nucleic Acids Res*, 17 ; 7325-7331.

Balaban RS, Nemoto S, Finkel T (2005) Mitochondria, oxidants, and aging, *Cell*, 120 ; 483-95

Barritt JA, Kokot M, Cohen J, et al (2002) Quantification of human ooplasmic mitochondria, *Reprod Biomed Online*, 4 ; 243-247.

Battersby BJ, Shoubridge EA (2001) Selection of a mtDNA sequence variant in hepatocytes of heteroplasmic mice is not due to differences in respiratory chain function or efficiency of replication, *Hum Mol Genet*, 10 ; 2469-2479.

Baughman JM, Mootha VK (2006) Buffering mitochondrial DNA variation, *Nat Genet*, 38 ; 1232-1233.

Bayona-Bafaluy MP, Blits B, Battersby BJ, et al (2005) Rapid directional shift of mitochondrial DNA heteroplasmy in animal tissues by a mitochondrially targeted restriction endonuclease, *Proc Natl Acad Sci USA*, 102 ; 14392-14397.

Bibb MJ, Van Etten RA, Wright CT, et al (1981) Sequence and gene organization of mouse mitochondrial DNA, *Cell*, 26 ; 167-180.

Bogenhagen D, Clayton DA (1974) The number of mitochondrial deoxyribonucleic acid genomes in mouse L and human HeLa cells. Quantitative isolation of mitochondrial deoxyribonucleic acid, *J Biol Chem*, 249 ; 7991-7995.

Bogenhagen DF, Rousseau D, Burke S (2008) The layered structure of human mitochondrial DNA nucleoids, *J Biol Chem*, 283 ; 3665-3675.

Brown WM, George M, Jr., Wilson AC (1979) Rapid evolution of animal mitochondrial DNA, *Proc Natl Acad Sci USA*, 76 ; 1967-1971.

Cao L, Shitara H, Horii T, et al (2007) The mitochondrial bottleneck occurs without reduction of mtDNA content in female mouse germ cells, *Nat Genet*, 39 ; 386-390.

Chen H, McCaffery JM, Chan DC (2007) Mitochondrial fusion protects against neurodegeneration in the cerebellum, *Cell*, 130 ; 548-562.

Chinnery PF, Thorburn DR, Samuels DC, et al (2000) The inheritance of mitochondrial DNA heteroplasmy : random drift, selection or both? *Trends Genet*, 16 ; 500-505.

Cree LM, Samuels DC, de Sousa Lopes SC, et al (2008) A reduction of mitochondrial DNA molecules during embryogenesis explains the rapid segregation of genotypes, *Nat Genet*, 40 ; 249-254.

Cummins JM, Kishikawa H, Mehmet D, et al (1999) Fate of genetically marked mitochondrial DNA from spermatocytes microinjected into mouse zygotes, *Zygote*, 7 ; 151-156.

Dean NL, Battersby BJ, Ao A, et al (2003) Prospect of preimplantation genetic diagnosis for heritable mitochondrial DNA diseases, *Mol Hum Reprod*, 9 ; 631-638.

Detmer SA, Chan DC (2007) Functions and dysfunctions of mitochondrial dynamics, *Nat Rev Mol Cell Biol*, 8 ; 870-879.

DiMauro S, Schon EA (2003) Mitochondrial respiratory-chain diseases, *N Engl J Med*, 348 ; 2656-2668.

DiMauro S, Mancuso M (2007) Mitochondrial diseases : therapeutic approaches, *Biosci Rep*, 27 ; 125-137.

Fan W, Waymire KG, Narula N, et al (2008) A mouse model of mitochondrial disease reveals germline selection against severe mtDNA mutations, *Science*, 319 ; 958-962.

Gyllensten U, Wharton D, Josefsson A, et al (1991) Paternal inheritance of mitochondrial DNA in mice, *Nature*, 352 ; 255-257.

Hiraoka J, Hirao Y (1988) Fate of sperm tail components after incorporation into the hamster egg, *Gamete Res*, 19 ; 369-380.

Hirokawa N (1998) Kinesin and dynein superfamily proteins and the mechanism of organelle transport, *Science*, 279 ; 519-526.

Inoue K, Nakada K, Ogura A, et al (2000) Generation of mice with mitochondrial dysfunction by introducing mouse mtDNA carrying a deletion into zygotes, *Nat Genet*, 26 ; 176-181.

Irwin MH, Johnson LW, Pinkert CA (1999) Isolation and microinjection of somatic cell-derived mitochondria and germline heteroplasmy in transmitochondrial mice, *Transgenic Res*, 8 ; 119 123.

Ishihara N, Jofuku A, Eura Y, et al (2003) Regulation of mitochondrial morphology by membrane potential, and DRP1-dependent division and FZO1-dependent fusion reaction in mammalian cells, *Biochem Biophys Res Commun*, 301 ; 891-898.

Jansen RP, de Boer K (1998) The bottleneck : mitochondrial imperatives in oogenesis and ovarian follicular fate, *Mol Cell Endocrinol*, 145 ; 81-88.

Jenuth JP, Peterson AC, Fu K, et al (1996) Random genetic drift in the female germline explains the rapid segregation of mammalian mitochondrial DNA, *Nat Genet*, 14 ; 146-151.

Kameyama Y, Filion F, Yoo JG, et al (2007) Characterization of mitochondrial replication and transcription control during rat early development in vivo and in vitro, *Reproduction*, 133 ; 423-432.

Kaneda H, Hayashi J, Takahama S, et al (1995) Elimination of paternal mitochondrial DNA in intraspecific crosses during early mouse embryogenesis, *Proc Natl Acad Sci USA*, 92 ; 4542-4546.

Kang D, Hamasaki N (2005) Mitochondrial transcription factor A in the maintenance of mitochondrial DNA : overview of its multiple roles, *Ann NY Acad Sci*, 1042 ; 101-108.

Kasahara A, Ishikawa K, Yamaoka M, et al (2006) Generation of trans-mitochondrial mice carrying homoplasmic mtDNAs with a missense mutation in a structural gene using ES cells, *Hum Mol Genet*, 15 ; 871-881.

Larsson NG, Tulinius MH, Holme E, et al (1992) Segregation and manifestations of the mtDNA tRNA (Lys) A--&gt ; G (8344) mutation of myoclonus epilepsy and ragged-red fibers (MERRF) syndrome, *Am J Hum Genet*, 51 ; 1201-1212.

Legros F, Malka F, Frachon P, et al (2004) Organization and dynamics of human mitochondrial DNA, *J Cell Sci*, 117 ; 2653-2662.

Lightowlers RN, Chinnery PF, Turnbull DM, et al (1997) Mammalian mitochondrial genetics : heredity, heteroplasmy and disease, *Trends Genet*, 13 ; 450-455.

May-Panloup P, Vignon X, Chretien MF, et al (2005) Increase of mitochondrial DNA content and transcripts in early bovine embryogenesis associated with upregulation of mtTFA and NRF1 transcription factors, *Reprod Biol Endocrinol*, 3 ; 65.

McConnell JM, Petrie L (2004) Mitochondrial DNA turnover occurs during preimplantation development and can be modulated by environmental factors, *Reprod Biomed Online*, 9 ; 418-424.

Meirelles FV, Smith LC (1997) Mitochondrial genotype segregation in a mouse heteroplasmic lineage produced by embryonic karyoplast transplantation, *Genetics*, 145 ; 445-451.

Meirelles FV, Smith LC (1998) Mitochondrial genotype segregation during preimplantation development in mouse heteroplasmic embryos, *Genetics*, 148 ; 877-883.

Michaels GS, Hauswirth WW, Laipis PJ (1982) Mitochondrial DNA copy number in bovine oocytes and somatic cells, *Dev Biol*, 94 ; 246-251.

Moriyama Y, Kawano S (2003) Rapid, selective digestion of mitochondrial DNA in accordance with the matA hierarchy of multiallelic mating types in the mitochondrial inheritance of Physarum polycephalum, *Genetics*, 164 ; 963-975.

Nagai S, Mabuchi T, Hirata S, et al (2004) Oocyte mitochondria : strategies to improve embryogenesis, *Hum Cell*, 17 ; 195-201.

Nakada K, Inoue K, Ono T, et al (2001) Inter-mitochondrial complementation : Mitochondria-specific system preventing mice from expression of disease phenotypes by mutant mtDNA, *Nat Med*, 7 ; 934-940.

Nishimura Y, Yoshinari T, Naruse K, et al (2006) Active digestion of sperm mitochondrial DNA in single living sperm revealed by optical tweezers, *Proc Natl Acad Sci USA*, 103 ; 1382-1387.

Nogawa T, Sung WK, Jagiello GM, et al (1988) A quantitative analysis of mitochondria during fetal mouse oogenesis, *J Morphol*, 195 ; 225-234.

Ono T, Isobe K, Nakada K, et al (2001) Human cells are protected from mitochondrial dysfunction by complementation of DNA products in fused mitochondria, *Nat Genet*, 28 ; 272-275.

Piko L, Taylor KD (1987) Amounts of mitochondrial DNA and abundance of some mitochondrial gene transcripts in early mouse embryos, *Dev Biol*, 123 ; 364-374.

Pinkert CA, Irwin MH, Johnson LW, et al (1997) Mitochondria transfer into mouse ova by microinjection, *Transgenic Res*, 6 ; 379-383.

Reynier P, May-Panloup P, Chretien MF, et al (2001) Mitochondrial DNA content affects the fertilizability of human oocytes, *Mol Hum Reprod*, 7 ; 425-459.

Sathananthan AH, Trounson AO (2000) Mitochondrial morphology during preimplantational human embryogenesis, *Hum Reprod*, 15 Suppl 2 ; 148-159.

Sato A, Nakada K, Shitara H, et al (2004) In vivo interaction between mitochondria carrying mtDNAs from different mouse species, *Genetics*, 167 ; 1855-1861.

Sato A, Kono T, Nakada K, et al (2005a) Gene therapy for progeny of mito-mice carrying pathogenic mtDNA by nuclear transplantation, *Proc Natl Acad Sci USA*, 102 ; 16765-16770.

Sato A, Nakada K, Akimoto M, et al (2005b) Rare creation of recombinant mtDNA haplotypes in mammalian tissues, *Proc Natl Acad Sci USA*, 102 ; 6057-6062.

Sato A, Nakada K, Shitara H, et al (2007) Deletion-mutant mtDNA increases in somatic tissues but decreases in female germ cells with age, *Genetics*, 177 ; 2031-2037.

Schwartz M, Vissing J (2002) Paternal inheritance of mitochondrial DNA, *N Engl J Med*, 347 ; 576-580.

Schwartz M, Vissing J (2004) No evidence for paternal inheritance of mtDNA in patients with sporadic mtDNA mutations, *J Neurol Sci*, 218 ; 99-101.

Shitara H, Hayashi JI, Takahama S, et al (1998) Maternal inheritance of mouse mtDNA in interspecific hybrids : segregation of the leaked paternal mtDNA followed by the prevention of subsequent paternal leakage, *Genetics*, 148 ; 851-857.

Shitara H, Kaneda H, Sato A, et al (2000) Selective and continuous elimination of mitochondria microinjected into mouse eggs from spermatids, but not from liver cells, occurs throughout embryogenesis, *Genetics*, 156 ; 1277-1284.

Shitara H, Kaneda H, Sato A, et al (2001) Non-invasive visualization of sperm mitochondria behavior in transgenic mice with introduced green fluorescent protein (GFP) , *FEBS Lett*, 500 ; 7-11.

Shmookler Reis RJ, Goldstein S (1983) Mitochondrial DNA in mortal and immortal human cells. Genome number, integrity, and methylation, *J Biol Chem*, 258 ; 9078-9085.

Skibinski DO, Gallagher C, Beynon CM (1994) Mitochondrial DNA inheritance, *Nature*, 368 ; 817-818.

Spikings EC, Alderson J, John JC (2007) Regulated mitochondrial DNA replication during oocyte maturation is essential for successful porcine embryonic development, *Biol Reprod*, 76 ; 327-335.

Steuerwald N, Barritt JA, Adler R, et al (2000) Quantification of mtDNA in single oocytes, polar bodies and subcellular components by real-time rapid cycle fluorescence monitored PCR, *Zygote*, 8 ; 209-215.

Sutovsky P, Moreno RD, Ramalho-Santos J, et al (2000) Ubiquitinated sperm mitochondria, selective proteolysis, and the regulation of mitochondrial inheritance in mammalian embryos, *Biol Reprod*, 63 ; 582-590.

Takamatsu C, Umeda S, Ohsato T, et al (2002) Regula-

tion of mitochondrial D-loops by transcription factor A and single-stranded DNA-binding protein, *EMBO Rep*, 3 ; 451-456.
Thompson WE, Ramalho-Santos J, Sutovsky P (2003) Ubiquitination of prohibitin in mammalian sperm mitochondria : possible roles in the regulation of mitochondrial inheritance and sperm quality control, *Biol Reprod*, 69 ; 254-260.
Thundathil J, Filion F, Smith LC (2005) Molecular control of mitochondrial function in preimplantation mouse embryos, *Mol Reprod Dev*, 71 ; 405-413.
Tokura T, Noda Y, Goto Y, et al (1993) Sequential observation of mitochondrial distribution in mouse oocytes and embryos, *J Assist Reprod Genet*, 10 ; 417-426.
Wai T, Teoli D, Shoubridge EA (2008) The mitochondrial DNA genetic bottleneck results from replication of a subpopulation of genomes, *Nat Genet*, 40 ; 1484-1488.
Wallace DC (1999) Mitochondrial diseases in man and mouse, *Science*, 283 ; 1482-1488.
Yoneda M, Chomyn A, Martinuzzi A, et al (1992) Marked replicative advantage of human mtDNA carrying a point mutation that causes the MELAS encephalomyopathy, *Proc Natl Acad Sci USA*, 89 ; 11164-11168.
Zeviani M, Di Donato S (2004) Mitochondrial disorders, *Brain*, 127 ; 2153-2172.
Zouros E, Ball AO, Saavedra C, et al (1994) Mitochondrial DNA inheritance, *Nature*, 368 ; 818.

VII-32

内分泌攪乱物質と卵子

Key words
環境ホルモン／ダイオキシン／ビスフェノールA／低用量作用／次世代影響

はじめに

20世紀の科学文明は人類に繁栄をもたらすと同時に，地球環境の汚染という大きな問題を生じた．その中で内分泌攪乱物質（環境ホルモン）が「動物の生体内に取り込まれた場合に，本来，その生体内で営まれる正常なホモン作用に影響を与える外因性の物質」と定義され，「奪われし未来」（Corborn et al, 1996）で野生動物の生殖異変を引き起こしているとされた．

これらの環境ホルモンは毒性作用とは別に低用量における働き（low dose effect）を有するとされ，特に生殖機能への影響が注目され始めている（Tsutsumi, 2004）．生殖医療に携わるものにも目の離せない問題となっている．ここでは主な環境ホルモンとその働きについて概説し，ヒト卵子を含めた生殖器官への汚染や卵子成熟などの生殖機能への影響について述べる．

1 主な環境ホルモン

主な環境ホルモンを表VII-32-1にまとめた．ダイオキシン類はポリ塩化ジベンゾ-p-ダイオキシンとポリ塩化ジベンゾフランの総称で，化学物質の合成過程でも生じるが主にはゴミ燃焼過程で生成される．ダイオキシン法（1999）により耐容1日摂取量が4pg/kg重量/日とされた．DDTやポリ塩化ビフェニール等の有機塩素類の特徴は残留性と蓄積性にあり，使用中止になって数十年たった今なお人体からも検出される．ジエチルスチルベストロール（DES）は合成エストロゲン剤で流産予防薬として使用されたが，女児に膣癌を発生させ，次世代影響がヒトに起こりうる事例となった．最近の検討では，孫の代における異常の出現すなわち配偶子を通じた世代を超えた影響の可能性も指摘され注目されている（Palmer et al, 2005）．ビスフェノールA，ノニルフェノール，フタル酸は我々の身のまわりの日常生活に欠くことができない化学物質で，年間数十万トンのレベルで生産，消費されているため，従来の毒性という面のみならず，環境ホルモンとしての性質から安全性の確認が必要であろう．

2 環境ホルモンの作用機構

PCB，DDT，ビスフェノールA等環境ホルモンの多くがエストロゲンレセプター（ER）に結合し，エストロゲン作用ないし，抗エストロ

表Ⅶ-32-1．代表的な環境ホルモン

物質名	説明
ダイオキシン類	主として廃棄物の燃焼過程で非意図的に生成される．耐容摂取量が 4pg/kg/day と設定されている．ダイオキシン類に特異的な Ah レセプターをもつ．
DDT*	農業用有機塩素系殺虫剤で大量に使用されたが，1981年生産中止となった．現在でも人体等から検出される．雄ワニ（フロリダ）のメス化の原因とされる．
ポリ塩化ビフェニール*（PCB）	電気製品，熱媒体として広く用いられたが，1972年生産中止となった．五大湖の魚の汚染が問題になった．現在でも環境中や動物から検出される．
ビスフェノール A*	ポリカーボネイト樹脂・エポキシ樹脂等の原料，酸化防止剤として使われる．年間数十万トンが消費され，環境中にナノモルレベル検出される．
ノニルフェノール*	石油製品の酸化防止剤および腐食防止剤として使用される．ラップフィルムにも使用されている．乳癌細胞の増殖刺激物質として検出された．
ジエチルスチルベストロール*（DES）	合成エストロゲン剤で流産予防薬として使用された．1970年代に女児に膣癌を発生させることが明らかになった．いわゆる次世代影響のヒトにおける例とされる．
フタル酸エステル*	塩化ビニル樹脂（塩ビ）を中心としたプラスチックの可塑剤として広く使用される．塩ビ手袋の食品の直接接触はフタル酸付着が問題となり，使用法が制限された．
スズ	船底や漁網の汚染防除剤1990年外航船を除き禁止された．イボニシの生殖異常（インポセックス）の原因と考えられている．

*エストロゲンレセプターに作用する．

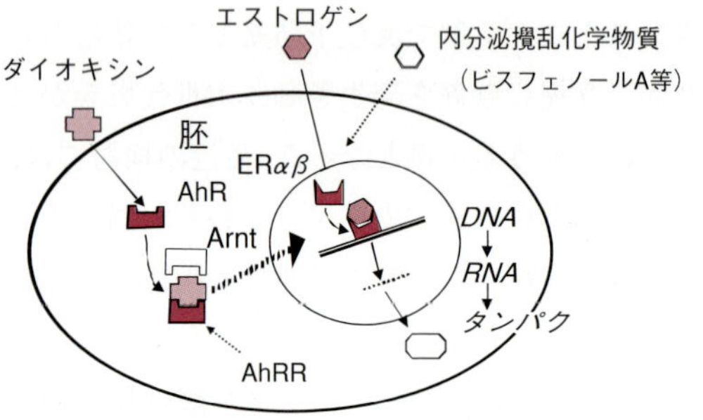

図Ⅶ-32-1．環境ホルモンの作用メカニズム

ビスフェノール A を初めとする環境ホルモンの多くはエストロゲンレセプター）（ERα, β）に結合する．一方，ダイオキシンは細胞内のダイオキシンレセプター（AhR）と結合して複合体を形成し，更に Arnt（Ah receptor nuclear translocator）と結合して核内に入り，遺伝子上流に存在する XRE（xenobiotic responsive element）に結合して転写を促進する．ERα, β, AhR ともに初期胚にも発現することが確認されている．

ゲン作用を有することが知られている（図Ⅶ-32-1）．DES を除けば結合力はエストロゲンそのものより弱いが，環境中にはビスフェノール A などはナノモルレベルで存在しており微量で無視できるとはいいきれない．また環境ホルモンの多くは ERα, β どちらにも結合することが示されているが，比較的よく研究されているビスフェノール A の作用は分子レベルでは ERα, β で異なることも報告されている．

ダイオキシンは細胞内の aryl hydrocarbon receptor（AHR またはダイオキシンレセプターとも呼ばれる）と結合して複合体を形成し，核内に入る（図Ⅶ-32-1）．核内では Ah receptor nuclear translocator（Arnt）と結合してヘテロダイマーを形成し，応答遺伝子上流に存在する XRE（xenobiotic responsive element）に結合して転写を促進する．他の環境ホルモンの多くが，エストロゲンレセプターと結合することに比べてダイオキシンは特別な存在であるということができる．

AhR の内在性の基質は特定されておらずオーファンレセプターの一つといわれていた

が，最近松田らによりAhRの生理的なリガンドと考えられるインディルビンが特定され話題を呼んでいる．ダイオキシンは現象としては転写因子として働き，チトクローム P450遺伝子の誘導等を行う．またERとAhRの関連が明らかになり（Ohtake et al, 2003)，ダイオキシンによるエストロゲン作用の修飾はERを介するものと考えられるようになった．

3 環境ホルモンの生殖器官への汚染

環境ホルモンのヒトへの汚染は生殖器官にも及ぶことが推察される．卵巣・卵子，精巣・精子への汚染の有無あるいは程度を知る必要がある．Jarrellらはカナダの三つの都市で得られた体外受精時の卵胞液中ポリ塩化ビフェニール（PCB）等の濃度を測定し，受精率や妊娠予後との関連を検討した（Jarrellet al, 1993)．PCBは電気製品，熱媒体として用いられたが，現在生産中止となっているが，未だに環境中から検出されている環境ホルモンの一つである．血液中と同様に卵胞液中にもPCBは検出されたが，そのレベルは低くその濃度と受精率との相関を認めなかった．また地域による汚染レベルの差は確認されたが体外受精の成績には影響を認めなかった．この成績からは環境ホルモンは卵胞液をも汚染するが，現状では卵子のクオリティー等に影響を与えるには至っていないと考えられる．

我々はヒト卵胞液中のダイオキシン汚染の有無を体外受精患者のインフォームドコンセントのもとに試みた（Tsutsumi et al, 1998)．ガスクロマトグラフィーマススペクトロメトリー（GC/MS）法により，polychlorinated dibenzodioxin（PCDD）および polychlorinated dibenzofuran（PCDF）がすべての検体から検出され，卵胞液中に約1pg/ml（0.01pg TEQ/ml）存在することが明らかになった．血中濃度よりは低いが生殖器官への汚染，言い換えれば，卵子自身が汚染の対象となっていることが示された．卵子－卵丘細胞コンプレックスにおいて，CYP1A1が発現し（Pocar et al, 2004)，AhR活性と卵胞液汚染の関連も検討されている（Nestleret al, 2007)．

ビスフェノールA（BPA）はポリカーボネイト樹脂・エポキシ樹脂等の原料として現在も広く用いられている．カップラーメンの容器，缶コーヒーや哺乳ビンなどから相当量が溶出する．BPA濃度の測定については，河川水等の環境試料ではGC/MS法による測定が行われその検出頻度が高いことが明らかになった．生体試料による検討はなされていなかったが，最近ELISA法による比較的容易な測定法が開発された．これらは試料にアセトニトリルを加え除タンパクし，固相抽出後に濃縮，抗BPAモノクローナル抗体固相化イムノプレートを用いた競合ELISA法である．体外受精の卵胞液中のBPA濃度を測定すると，BPAはすべての検体から検出され，2.01±0.33（1.60-2.50）ng/ml存在した（Ikezuki et al, 2002)．血液中にも同程度のBPAが検出されたが，卵胞液中と血中濃度の間には明らかな相関は認められなかった（図Ⅶ-32-2）．また卵胞液中BPA濃度IVFのパラメーター間にも相関は認められなかった．

ヒト卵胞液中にPCB，ダイオキシンやBPAが検出されることは，環境ホルモンの汚染が生殖器官に及ぶことを示す．現在の汚染レベルが

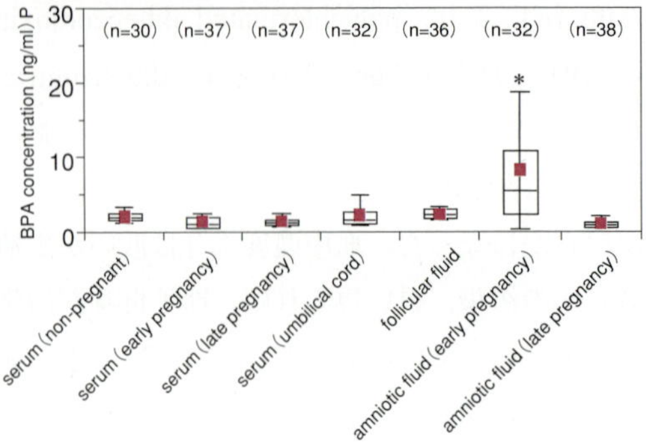

図Ⅶ-32-2．ビスフェノールAのヒトへの汚染

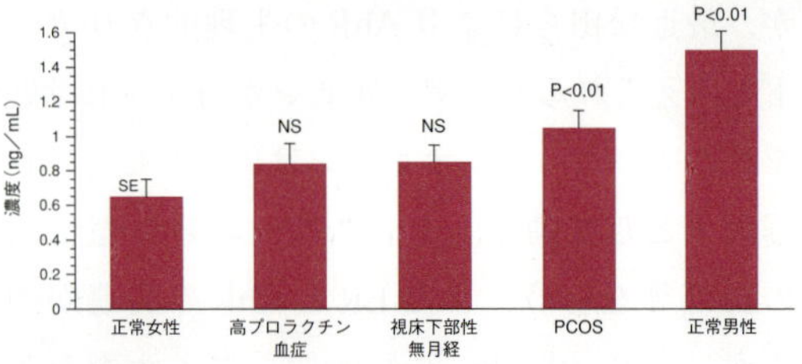

図Ⅶ-32-3．

正常対照女性に比べてPCOS女性ではビスフェノールA濃度は有意に高く，さらに男性ではより高値である．

不妊症や具体的なヒトの疾患と結びつく可能性は未知である．一定の限界を超えればなんらかの作用を持つことは想定される．したがって早急にリスクの評価を行う必要がある．その手段として動物実験が行われている．動物に各種環境ホルモンを投与して致死量，発癌性，催奇形性，生殖毒性等が調べられている．培養液に添加して細胞機能への影響を見る実験もある．しかし生殖補助医療（ART）に関連する実験系は比較的少ないのが現状であった．

我々は卵胞液中のビスフェノールAの卵巣機能に与える影響を検討するモデルとしてマウス卵胞より採取した顆粒膜細胞を培養しビスフェノールAの添加実験を行った．ビスフェノールAは，100pMの低濃度で顆粒膜細胞の増殖を抑制し，TUNEL法による解析では顆粒膜細胞にアポトーシスが起こることが明らかになった．さらにG2期からM期への抑制，*Bax*や*Bcl 2*のタンパクおよびmRNAレベルの変化も観察された．したがってビスフェノールAは環境レベルの濃度あるいは卵胞液に存在する濃度で卵胞顆粒膜細胞にアポトーシスを惹起し卵巣機能に影響を与えうることが示された（Xu et al, 2002）．最近ビスフェノールAはマウス卵子発育への影響が検討され（Susiarjo et al, 2008），減数分裂を停止させ成熟を抑制するが（Lenie et al, 2008），染色体異常は誘起しないことが報告された（Eichenlaub-Ritter et al, 2008）．

また，ビスフェノールAの汚染には性差や内分泌疾患による汚染量に差異があることも明らかになった（Takeuchi et al, 2002）．すなわちボランティアの健常男性，健常女性，高プロラクチン血症，視床下部性無月経および多嚢胞性卵巣（PCOS）患者の血清中濃度の比較では，女性に比べて男性の方が有意に（$P<0.01$）高値であった（図Ⅶ-32-3）．正常女性群に比較し高プロラクチン血症群と視床下部性無月経群では有意な差は認められなかったが，PCOS群では有意に高値であった．これより，ヒト血中ビスフェノールA濃度には性差が存在し，男性の方が女性よりも高値である．また疾患別の卵胞液中ビスフェノールAの測定はなされていないが，今後卵子の成熟度との関連を含めて検討する意義はあると思う．

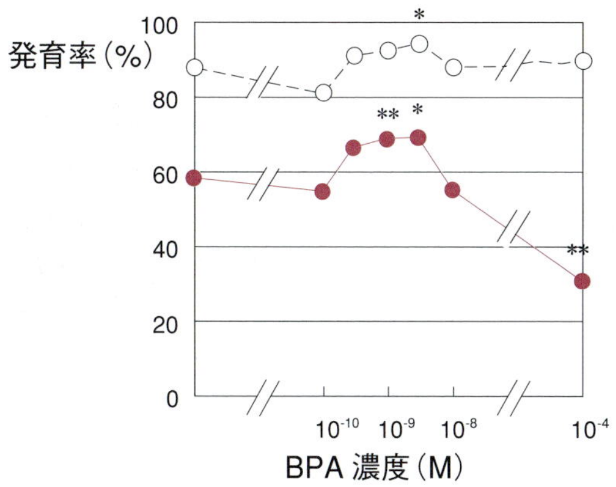

図Ⅶ-32-4．ビスフェノールAの初期胚発育への影響

ビスフェノールA（BPA）を2細胞期胚培養系に添加して24時間後の8細胞期胚の割合（○）および 胚盤胞（●）の割合を見た．*と**はそれぞれ対照と比較して $p<0.05$，$p<0.01$．

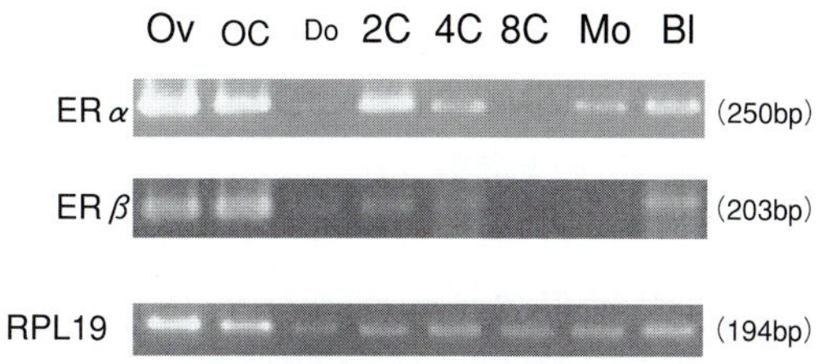

図Ⅶ-32-5．マウス初期胚におけるエストロゲン受容体ERα ERβの発現

ERα（*Esr1*）mRNAは卵巣（Ov），卵ー卵丘コンプレックス（OC），卵丘除去卵（Do），2細胞期胚（2C，4細胞期胚（4C）に検出されるが，8細胞期（8C）には認められない．その後桑実胚（Mo）および胚盤胞（Bl）においては発現する．ERβ（*Esr2*）も桑実胚を除いて同様の発現様式を示す（Hiroi, 1999a）．

4 環境ホルモンと初期胚発育

我々はARTの一環として受精卵（着床前初期胚）の培養を行う．これは*in vitro*であるが，胚移植により*in vivo*に戻る．着床前初期胚の体外培養は*in vitro*で*in vivo*を再現するという意味もある．また胚発育は一般的に外因性物質の影響を受けやすく，培養系への物質添加によりその物質が胚発育へ与える作用も検討される．そこで我々は環境ホルモンの影響を胚発育を指標として評価法を提唱している（Tsutsumi, 2005）．

ダイオキシンの影響を見ると1-5pM添加した時，2細胞期の8細胞期への発育率は有意に抑制された（Tsutsumiet al, 1998）．この作用は10-100pMでは検出されなかった．これよりダイオキシンは低濃度では胚発育に抑制的に作用することが示された．ところが2細胞期胚から胚盤胞期への発育率では1-5pMで観察された抑制効果は認められない．そこで，8細胞期胚の胚盤胞への発育率を見ると胚盤胞形成に促進的に作用した．したがって胚発育時期および特定の濃度域で作用することが示唆された．

ビスフェノールAの添加では，広い濃度範囲（fMレベルから100μM）にわたり2細胞期から8細胞期への胚発育率は大きな影響を受けなかった（図Ⅶ-32-4，○）（Takai et al, 2001）．ところが2細胞期胚から胚盤胞期への発育率では1-3nMでは促進効果が観察され（図Ⅶ-32-4，●），逆に100μMでは有意に低下した．用量反応性を検討してみると100μMの高濃度における抑制作用と1-3nMの低濃度域における促進作用に分けて考えることができる．高濃度における作用は従来の毒性量による用量反応性のある部分と考えることができる．これに対して，1-3nMの低濃度域については毒性量と異なり，用量反応性を認めず作用も毒性と逆反応であると判断できる．しかもこの濃度は，環境中に存在し，ヒトの血液や卵胞液で検出される濃度と大きな差異はない．これはビスフェノールAの低用量作用（low dose effect）作用が初期胚モデルで観察されたものと考察される．

5 胚作用のメカニズム

環境ホルモンの初期胚への作用メカニズムとしてはレセプターを介するものが考えられる．実際AHRは初期胚に発現しており（Peters et al, 1995），ERも初期胚にも検出されている（Hiroi et al, 1999a）．ビスフェノールAの場合ERα，ERβのいずれにも結合し作用することが知られる．マウス初期胚にはすでに報告したERα（ESR1），ERβ（ESR2）がともに発現している（図Ⅶ-32-5）．発現量は2細胞期以降減少し，ERαは8細胞期以降，ERβは桑実胚以降に再び発現し胚盤胞で増加する．これはERα，ERβともに2細胞期以前は母性のメッセージにより，発育に伴いいったん消失し，後に自己のゲノムの発現として認められ，ERα，ERβでは時期的に差異があると判断される（Hiroi et al, 1999a）．

興味深いことに，ビスフェノールAとエストロゲンのレセプターレベルの拮抗剤であるタモキシフェンの同時添加は，2細胞期から8細胞期への胚発育にはなんら影響を与えないが，胚盤胞発育率への1-3nMの促進効果および100μMの抑制効果は，ともにエストロゲンのレセプターレベルの拮抗剤であるタモキシフェンの同時添加でそれぞれの効果がキャンセルされた．

これらの成績からビスフェノールAの作用は初期胚に発現するERα，ERβを介するものと推測される（図Ⅶ-32-1）．BPAのERα，ERβの作用特異性については，HeLa細胞にそれぞれを発現させる検討も行ったが，エストロゲンの非存在下では，ERα，ERβともにエストロゲン作用を示し，ERαについてはエストラジオール存在下では，抗エストロゲン作用を示されている．この抗エストロゲン作用はERβでは検出されず，エストロゲン作用にサブタイプ特異性があることが示唆される（Hiroi et al, 1999b）．

6 環境ホルモンの次世代影響

ダイオキシンを初めとした環境ホルモンのほとんどは胎盤通過性を有する．したがって流早産・死産や催奇形性が問題になる．実際，ダイオキシン投与実験から致死量よりはるかに低い量で生殖異常は惹起される．マウスではLD50値が100ないし200μg/kgとされるが，妊娠マウスへの500ng/kg/dayまたは3μg/kg/day（妊娠6-15日投与）でそれぞれ胎子に水腎症や口蓋裂が生じる．

母体投与されたダイオキシンの影響は出生後の性機能にも現れる．雌性機能への影響としては，Heimlerら（1998）の報告がある．彼らはダイオキシン1μg/kgを妊娠15日のラットに投与し，雌子ラットにおける発育卵胞数およびアポトーシスの変化を観察した．その結果未熟，成熟のいずれの卵胞数においても減少が認められた．またGrayら（1997）はさらに少量のダイオキシンで雌子ラットの腟開口の遅延や卵巣機能の低下を報告している．母獣投与によるこれらの成体投与実験による成績は，成体の生命を脅かすよりはるかに低いレベルのダイオキシンが，次世代の特に生殖機能への悪影響が存在することを示す．

我々は着床前にビスフェノールAに被爆した胚を仮親の子宮に移植し着床率，出生率さらに出生後の発育等を検索した．その結果，ビスフェノールAに被爆した胚の着床率や出生率には差異を見出すことはできなかった．ところが，生後3週の体重には統計的に有意な増加が見られた (Takai et al, 2001)．vomSaalらは微量のビスフェノールAを妊娠マウスに投与し，出生後の発育や性成熟を観察し，出生時の体重はBPA投与により変化しないが，生後3週における体重はBPA投与群で有意に増加することおよび雌における性成熟の促進効果を報告した (Howdeshell et al, 1999)．表Ⅶ-32-2の成績はvomSaalらの妊娠マウス投与実験と同様な結果であるが，彼らの成績は妊娠中期以降である点で，我々の着床前と異なる．いずれの時期の被爆でも出生後すなわち後世代影響が同様な表現型として出現することが興味深い．

これら実験成績と近年ヒトに見られる初経年齢の低下等の種々の生殖機能の変化との関連は不明であるが，卵子の成熟機構を含めた卵子学においても一つの作業仮説として環境ホルモンの関与も念頭において研究を進めるべきであると考える．

まとめ

環境ホルモンという人間が作り出した物質の作用を明らかにすることは，卵子の成熟を含めた生殖機能やその異常のメカニズム解明に結びつく可能性もあるので，前向きな研究を提唱したい．

（堤　治）

引用文献

Corborn T, Dumanoski D, Myers JP (1996) *Our stolen future*, Penguin Book USA Inc, New York.

Eichenlaub-Ritter U, Vogt E, Cukurcam S, et al (2008) Exposure of mouse oocytes to bisphenol A causes meiotic arrest but not aneuploidy, *Mutat Res*, 651 (1-2) ; 82-92.

Gray LE, Ostby JS, Kelce WR (1997) A dose-response analysis of the reproductive effects of a single gestational dose of 2,3,7,8-tetrachlorodibenzo-p-dioxin in male Long Evans Hooded rat offspring, *ToxicolAppl Pharmacol*, 146 ; 11-20.

Heimler I, Trewin A L, Chaffin CL, et al (1998) Modulation of ovarian follicle maturation and effects on apoptotic cell death in Holtzman rats exposed to 2, 3, 7, 8-tetrachlorodibenzo-p-dioxin (TCDD) in utero and lactationally, *Reprod Toxicol*, 12 ; 69-73.

Hiroi H, Momoeda M, Tsutsumi O, at al (1999a) Stage-specific expression of estrogen receptor subtypes and estrogen responsive finger protein in preimplantation mouse embryos, *Endocrine J*, 46 ; 153-158.

Hiroi H, Tsutsumi O, Momoeda M, et al (1999b) Differential interactions of bisphenol A and 17β-estradiol with estrogen receptor a (ERα) and ERβ, *Endocrine J*, 46 ; 773-778.

Howdeshell, KL, Hotchkiss, AK, Thayer, KA, et al (1999) Exposure to bisphenol A advances puberty, *Nature*, 401 ; 763-764.

Ikezuki Y, Tsutsumi O, et al (2002) Determination of bisphenol A concentrations in human biological fluids reveals significant early prenatal exposure, *Hum Reprod*, 17 ; 2839-2841.

Jarrell JF, Labelle R, et al (1993) Contamination of human ovarian follicular fluid and serum by chlorinated organic compounds in three Canadian cities, *Can Med Assoc J*, 148 ; 1321-1327.

Lenie S, Cortvrindt R, Eichenlaub-Ritter U, Smitz J (2008) Continuous exposure to bisphenol A during in vitro follicular development inducesmeiotic abnormalities, *Mutat Res*, 651 ; 71-81.

Nestler D, Risch M, Fischer B, Pocar P (2007) Regulation of aryl hydrocarbon receptor activity in porcine cumulus-oocyte complexes in physiological and toxicological conditions : the role of follicular fluid, *Reproduction*, 133 (5) ; 887-897.

Ohtake F, Takeyama K, et al (2003) Modulation of oestrogen receptor signalling by association with the activated dioxin receptor, *Nature*, 423 ; 545-550.

Palmer JR, WiseLA,RobboySJ, et al (2005) Hypospadias in sons of women exposed to diethylstilbestrol in utero, *Epidemiologu*, 16 ; 583-586.

Peters JM, Wiley LM (1995) Evidence that murinepreimplantation embryos express aryl hydrocarbon receptor, *Toxicol, Appl Phamacol*, 134 ; 214-221.

Pocar P, Augustin R, Fischer B (2004) Constitutive expression of CYP1A1 in bovine cumulus oocyte-complexes in vitro : mechanisms and biological implications, *Endocrinology*, 145 (4) ; 1594-1601.

SusiarjoM, Hunt P (2008) Bisphenol A exposure disrupts egg development in the mouse, *Fertil Steril*, 89 (2 Suppl).

Takai Y, Tsutsumi O, et al (2001) Preimplantation exposure to bisphenol A advances postnatal development, *Reprod Toxicol*, 15 ; 71-74.

Takeuchi T, Tsutsumi O (2002) Serum bishpenol A concentrations showed gender differences, possibly linked to androgen levels, *Biochem Biophys Res Commun*, 291 ; 76-78.

Tsutsumi O, Uechi H, et al (1998) Presence of dioxins in human follicular fluid : their possible stage-specific action on the development of preimplantation mouse embryos, *BiochemBiophys Res Commun*, 250 ; 498-501.

Tsutsumi O. (2005) Assessment of human contamination of estrogenic endocrine-disrupting chemicals and their risk for human reproduction, *J Steroid Biochem Mol Biol*, 93 ; 325-330.

Xu J, Osuga Y, Tsutsumi O, et al (2002) Bisphenol A induces apoptosisi and G2-to-M arrest of ovarian granulosa cells, *Biochem Biophys Res Commun*, 292 ; 456-462.

第VIII章

卵胞発育と卵胞成熟

［編集担当：佐藤英明］

動物界には一生に１回しか生殖活動を行わないものから，哺乳類のように性周期をもち，繰り返して子孫をつくるものまであるが，卵子の造り方にも生殖活動の特徴が反映している．哺乳類では，卵巣で生み出された数10万個の卵母細胞を繰り返して発現する性周期に分配して発育を開始させ，卵子特有の構造へと分化させるとともに，少数の卵母細胞を選抜して排卵させる．また排卵に至らなかった大多数を死滅へと導く．このように哺乳類の卵形成は少数のものを選抜する過程であり，卵母細胞にとっては選抜されて生き延びるかどうかたえず岐路にたって進行する過程である．また卵母細胞は卵巣の中にあって独立して存在するものではない．卵母細胞は卵胞の中で周囲に卵丘細胞や顆粒膜細胞を配置し，結合装置によって結ばれ，一つの複合体として機能している．また基底膜をはさんで莢膜細胞とも接している．さらに，このような卵胞構造は，発育，成熟，排卵に伴って変化する．一方，脳下垂体から分泌されるFSHへの反応性によって卵胞はFSH非依存的フェーズとFSH依存的フェーズにも分類される．卵子・卵胞の発育・成熟・排卵の制御系にはFSHを含め卵胞内外の調節因子が複雑にからみあっており，単純な現象ではない．「複雑系の生物学」のモデルとも考えられるが，卵胞の発育，成熟のプロファイルとその調節系を理解することは卵子形成や卵巣の本質を理解することにつながるものでもあるのみならず，新しい調節因子・カスケードを発見しうる領域とも考えられる．

一方，最近は遺伝子ノックアウトマウスの情報が蓄積し，いわゆる「遺伝子からの発想」による知識が蓄積されている．従来の卵巣生理学の上に構築された知識と遺伝子ノックアウトマウスで得られた知識の間にギャップも生じており，知識の整合性にやや欠ける点もあるが，このギャップを埋める努力が次世代の卵子学構築に役立つと考えている．また，新しい知識を生み出すカギになるとも考えられる．　［佐藤英明］

VIII-33

卵胞発育・成熟と莢膜細胞

Key words
卵胞発育／卵胞成熟／莢膜細胞／アンドロゲン／細胞間相互作用

はじめに

卵胞はすでに原始卵胞の段階から成育を始めるが，卵胞周囲に莢膜細胞が現れた時点で，それまでとはまったく異なる機構での成長（卵胞発育）に切り替わる．さらには，主席卵胞に選択された段階で，この機構に顕著な変化が生じ，卵胞は成熟過程へと進む．

卵胞の発育・成熟機構と関連し，人々の関心を集めてきたのは，顆粒膜細胞の果たす役割である．その理由は，卵に近接する細胞であること，*in vitro* に単離しやすいこと，エストロゲンの産生源であることと考えられる．一方，莢膜細胞の存在意義に人々の関心が寄せられることはまれであった．しかしがなら，近年になり，卵胞を構成する3種の細胞間に互いの機能を調節するコミュニケーションが存在し，卵胞発育・成熟に深く関わることが明らかになったこと（Tajima et al, 2007），特に，アンドロゲン受容体を消去すると卵胞発育が見られないこと（Quigley et al, 1995；Shinna et al, 2006），すなわち，アンドロゲンが卵胞発育の鍵となるホルモンであることが明らかになったことで（Hild-Petito et al, 1991；Weil et al, 1999），この細胞への人々の関心が急速に高まりつつある．

卵胞発育の本体は，顆粒膜細胞と莢膜細胞の増殖であり，この生命現象を担う主役はゴナドトロピンとTwo-Cell Two Gonadotropin システムの成立である．近年の研究は，莢膜細胞の出現，またここで産生されるアンドロゲンこそが，卵胞のゴナドトロピン依存性，Two-Cell Two Gonadotropin システムの構築，卵胞発育から成熟へのシフトをもたらす鍵となるホルモンであることを示す（Tajima et al, 2007）．本節では，卵胞発育・成熟機構において莢膜細胞が果たす役割について，今日の知見を概説する．

1 莢膜細胞層の出現と卵胞発育の開始

ヒトでは，二次卵胞の顆粒膜細胞が3-6層（卵胞径103-163um）に至った時点で，莢膜細胞層が形成される．これに先立ち，卵胞周囲に1-2本の細血管が現れ，ついには顆粒膜細胞層の外側を取り巻く細血管ネットワークを形成する（Hirshfield, 1991）．やがて基底膜周囲をパラレルに走行する間質細胞は2層に分かれ，上皮様の形態を呈しステロイドを産生する内莢膜細胞層と，線維芽細胞様の外莢膜細胞層とに分かれる（Erickson et al, 1985；Gougeon, 2004）．これ以降，

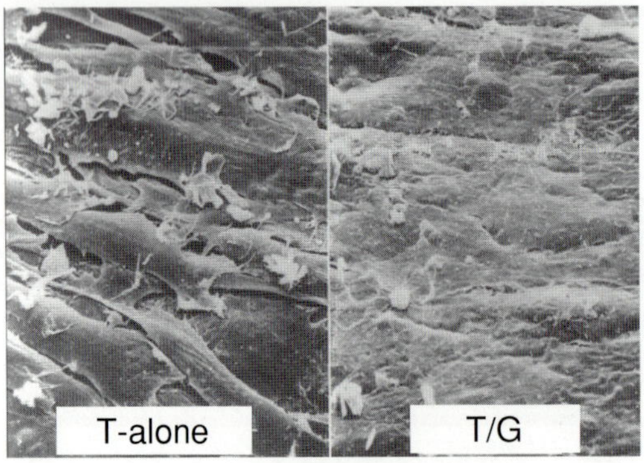

図Ⅷ-33-1．莢膜細胞の形態に及ぼす顆粒膜細胞の影響

T-alone：単独に培養された莢膜細胞
T/G：顆粒膜細胞とともに培養された莢膜細胞
卵胞から単離されコラーゲン膜上で培養されると，莢膜細胞は線維芽細胞様となり，アンドロゲン産生が著しく減弱する（T-alone）．一方，コラーゲン膜の反対側に顆粒膜細胞が培養されると，莢膜細胞は上皮様の形態とアンドロゲン産生能を維持する（T/G）．

顆粒膜細胞層内に卵胞腔が形成されるまでを‘前胞状卵胞’と称する．

原始卵胞から二次卵胞までの成長は，いわゆる卵子発生（卵子形成）Oogenesisの結果と推測される．原始−二次卵胞のほとんどは死滅するが，前胞状卵胞の顆粒膜細胞は，莢膜細胞のサポートを受けアポトーシスから守られる．また，莢膜細胞にLH受容体が発現することで，卵胞はゴナドトロピン依存性を獲得し，二次卵胞までとはまったく異なる機構で成育を続ける．このことから，‘莢膜細胞出現’をもって狭義の「卵胞発育の始まり」と見なす．

2 莢膜細胞の由来と出現機構・卵胞のゴナドトロピン依存性獲得機構

莢膜細胞は卵巣間質由来と推測されてきたが（Dennis, Chabord, 2002），髄質，皮質のいずれを起原とするのかを知る手立てはなかった．現在，莢膜細胞出現をもたらす機構として，以下の報告が存在する．

(A) 顆粒膜細胞による間質細胞から莢膜細胞への分化誘導

著者らは，ウシ顆粒膜細胞と莢膜細胞の相互作用を観察する中で，「内莢膜細胞は顆粒膜細胞と共培養されると上皮様の形態とアンドロゲン産生能を維持するが，顆粒膜細胞の影響がなくなると線維芽細胞様となり，アンドロゲン産生が著しく減弱する」ことを確認した（Kotsuji et al, 1990）（図Ⅷ-33-1）．この現象は，「莢膜細胞は間質細胞であり，顆粒膜細胞が，間質から莢膜への分化を促す，また，顆粒膜細胞の影響の消失により間質に帰る」という，この細胞のたどる運命を示唆する．そこで，この仮説を検証する目的で，ウシ卵巣の皮質もしくは髄質から間質細胞を単離し，顆粒膜細胞と共培養した時の，形態と機能の変化を観察し，次の結果を得た．(1)皮質由来の間質細胞は，顆粒膜細胞とともに培養されると，細胞内の脂肪滴やミトコンドリアが著明に増加しステロイド産生細胞の特徴を備える．さらには，(2)LH受容体発現が誘導され，生理的濃度のLHに容量依存性に反応し，アンドロゲンを産生するようになる．しかしながら，(3)このような，顆粒膜細胞により誘導される形態・機能変化は，髄質由来の間質細胞には観察されない（Orisaka et al, 2006b）（図Ⅷ-33-2）．

以上の観察結果から，次のことが結論される．(1)莢膜細胞は卵巣皮質由来であり，顆粒膜細胞の可溶因子が莢膜細胞への分化を誘導する．ま

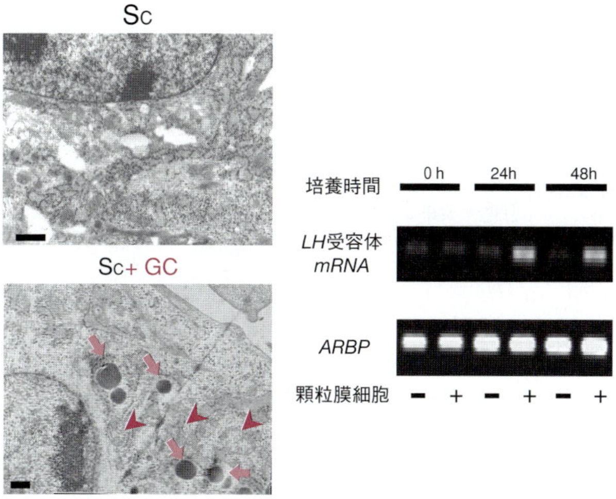

図Ⅷ-33- 2．顆粒膜細胞の影響による間質細胞の形態変化と LH 受容体発現

Sc：皮質由来の間質細胞，Sc+GC：顆粒膜細胞とともに培養された皮質細胞．皮質由来の間質細胞は，顆粒膜細胞とともに培養されると，細胞内の脂肪滴（矢印）やミトコンドリア（矢頭）が著明に増加する．また，LH 受容体発現が誘導され，生理的濃度の LH に容量依存性に反応し，アンドロゲンを産生するようになる．

た，顆粒膜細胞からの刺激がなくなると間質細胞に戻る．(2)この現象は，‘卵胞がゴナドトロピン依存性を獲得するメカニズム’の一つである．

(B) 顆粒膜細胞が間質から莢膜細胞への分化をもたらす分子機構

顆粒膜細胞が間質から莢膜細胞への分化をもたらす分子機構は明らかでない．莢膜細胞の働きは，卵胞内に存在する多くの成長因子による調節を受けることが報告される．主なものを図Ⅷ-33- 3 に示す．

これらの物質の組み合わせが，間質から莢膜細胞への機能分化を誘導する可能性は否定できない．特に注目されるのは，Kit/Kit Ligand(KL) システムである（Parrot, Skinner, 1998）．顆粒膜細胞には KL が存在し，顆粒膜細胞周囲に現れた直後の莢膜細胞には，すでに KL の受容体である c-Kit が発現している．また，莢膜細胞で作られる KGF（Keratinocyte Growth Factor）は，顆粒膜細胞での KL 産生を促す．このシステムは原始卵胞の卵子とこれを囲む上皮様細胞（primordial germ cell）の生存を保護する因子としても知られる（Horie et al, 1991;Driancourt et al, 2000）．

(C) 卵因子による莢膜細胞誘導の可能性

(1) 卵一顆粒膜細胞一間質細胞間の相互作用の可能性

卵胞周囲に莢膜細胞が出現するのは，卵子を囲む上皮様細胞が‘顆粒膜細胞の形態’を確保し，3－6の層構造を形成した段階である．また，前述した，著者らの共培養実験に用いられ

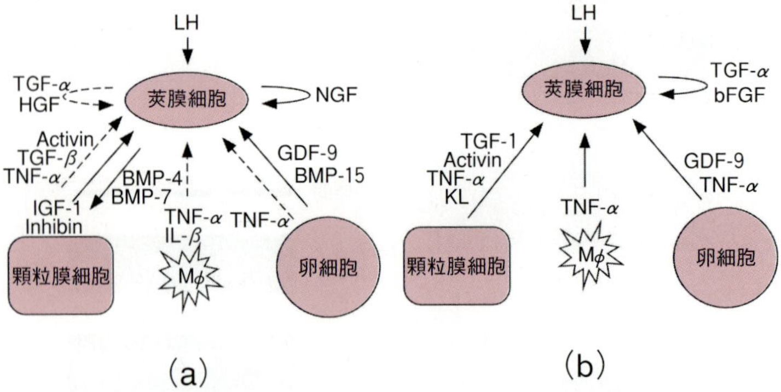

図Ⅷ-33-3．卵一顆粒膜細胞一莢膜細胞間の相互作用の分子機構

(a) 莢膜細胞の機能分化を調節する卵巣内因子，(b) 莢膜細胞の増殖を調節する卵巣内因子，実線矢印：機能や増殖を亢進させる，点線矢印：機能や増殖を抑制する

た顆粒膜細胞は，‘胞状卵胞’から採取されたものである．したがって，原始卵胞周囲の上皮様細胞が‘莢膜細胞誘導能’を有するとは思えない．まったくの推測ではあるが，著者は，卵子に存在する可溶因子が，顆粒膜細胞に‘間質から莢膜細胞への分化誘導能’を発現させる可能性を考える．

(2) 卵因子が直接に間質から莢膜細胞への分化を促す可能性

卵子の可溶因子が直接に間質細胞に直接に働き，莢膜細胞に分化させる可能性も報告される（図Ⅷ-33-3参照）．

(1) GDF-9：GDF (Growth Differentiation Factor)-9の遺伝子変異マウスでは，莢膜細胞層が欠落することから，この物質が莢膜細胞の発現に関わる可能性がある (Elvin et al, 1999)．しかしながら，間質細胞にGDF-9の受容体の存在が証明されておらず，さらなる検討を要する．

(2) BMPシステム：卵子と莢膜細胞の間には，BMP (Bone morphogenetic protein) システムが存在し，互いの機能を調節する．すなわち，卵子にはBMP-6とBMP-15が発現し，これらの受容体であるALK (activin receptor-like kinase)-3とALK-6が莢膜細胞に発現する．逆に，莢膜細胞にはBMP-3b，-4，-7が発現し，卵子にはこれらの受容体であるActRII，ALK-2，-3，-6が発現する (Otuska, Shimasaki, 2002；Shimasaki et al, 2004)．卵子に発現するBMPが，間質から莢膜細胞への分化をもたらす可能性は否定できない．

ラット卵子では，原始卵胞の段階でGDF-9が，一次卵胞の段階でBMP-15が発現する (Galloway et al, 2000)．また，ヒトでは一次卵胞の段階でGDF-9が，二次卵胞でBMP-15が発現する (Teixeira Filho et al, 2002)．2種類の成長因子が時間差をもって卵に発現することにどのような生物学的な意義があるのか興味深い．

(3) 血液内因子による間質細胞への直接作用の可能性

卵胞周囲の血管が新生されると，さまざまな血液内因子の卵胞周囲の間質への到達が可能となる．そのような血液因子が莢膜細胞への分化を誘導する可能性もある．二次卵胞から前胞状卵胞への移行は，月経周期のうち黄体期初期に最も顕著となる．この機構として，排卵前のLHサージによって主席卵胞の顆粒膜細胞で産生が亢進するbFGF，TGF-α，IGF-1が，同じ卵巣内の二次卵胞周囲の間質細胞に働く可能性がある（McNatty et al, 1979a；Koos, 1993）．

3 莢膜細胞のたどる運命

莢膜細胞の運命は，卵胞のたどる運命，すなわち，(1)閉鎖，(2)選択－排卵－黄体化，(3)選択－非排卵により，異なる．

(A) 閉鎖卵胞の莢膜細胞

著者らの *in vitro* 実験では，顆粒膜細胞との共培養により，莢膜細胞のアンドロゲン産生能と増殖能，さらには上皮様の形態が維持される．しかし顆粒膜細胞が存在しないと，莢膜細胞のアンドロゲン産生能と増殖能は急激に失われ，線維芽細胞様の形態へと変化する（Kotsuji et al, 1990）．また，生体でも，卵胞が閉鎖に陥ると，莢膜細胞はアンドロゲン産生能を失い線維芽細胞様となることが報告される（Hsueh et al, 1994）．これらの事実は，(1)莢膜細胞が機能と形態を維持するために，顆粒膜細胞からの可溶因子が必要不可欠であり，(2)顆粒膜細胞のサポートを失う，たとえばアポトーシスに陥ると，莢膜細胞は間質細胞へ帰ることを示す．

(B) 排卵卵胞の莢膜細胞

排卵後には，莢膜細胞は黄体細胞となり，主たるステロイド産生はアンドロゲンからプロゲステロンにシフトする．さらにはアポトーシスも見られるようになり，黄体の退縮とともに死滅する（Mooor et al, 1975；Mori et al, 1978）．

(C) 非排卵卵胞の莢膜細胞

選択されたものの排卵に至らない卵胞では，LHサージ後も，卵が生存する限り莢膜細胞は生き続けアンドロゲン産生能を失わない．

選択された後に，排卵に至る卵胞と排卵に至らない卵胞とで，莢膜細胞のたどる運命が異なる機構は興味深い．LHサージにより卵に卵核胞消失が生じた場合には，莢膜細胞はアポトーシスに向かい，卵核胞消失が生じない限り生き続けるのではなかろうか．

4 卵胞発育（前胞状期ー胞状期の成育）における莢膜細胞の役割

げっ歯類では，顆粒膜細胞のFSH受容体が欠損すると，前胞状期から胞状期への発育は停止する（Dierich et al, 1998）．また，アロマターゼを欠失する女性の卵巣では胞状卵胞を認めない．この事実は，卵胞発育調節の主役がFSHであることを示唆する（Vegetti, Alagna, 2006）．また，FSHにより産生が亢進するエストロゲンが顆粒膜・莢膜両細胞の増殖を促すことが‘卵胞発育’の本体とも報告される（Ito et al, 1993）．すなわち，顆粒膜細胞におけるFSH受容体とアロマターゼの発現，さらにはエストロゲンの前駆物質であるアンドロゲンの産生が，卵胞発育の‘鍵’と考えられるが，このような生命現象の発現に，莢膜細胞さらには莢膜細胞と顆粒膜細胞の相互作用が関わる．

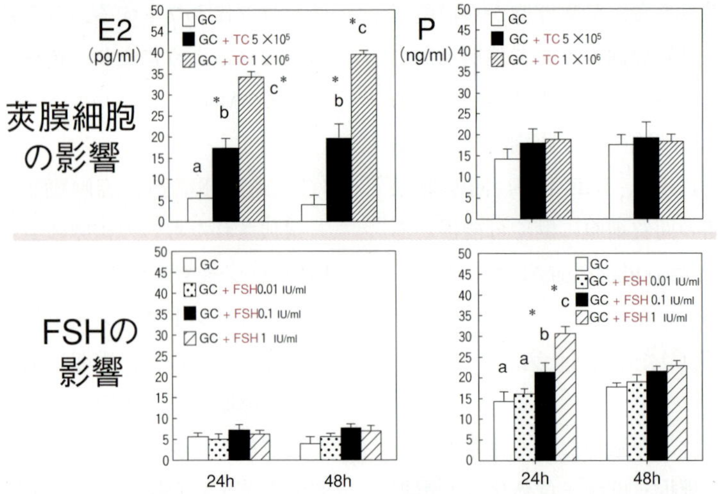

図Ⅷ-33-4．顆粒膜細胞のエストロゲン・プロゲステロン産生に及ぼす莢膜細胞とFSHの影響

莢膜細胞は細胞数依存的にエストロゲン産生を亢進させるが，プロゲステロン産生には影響しない．FSHは培養顆粒膜細胞のエストロゲン産生には影響を及ぼさず，プロゲステロン産生を促進する．E2：エストラジオール，P：プロゲステロン，GC：顆粒膜細胞，TC：莢膜細胞

(A) 莢膜細胞によるTwo-cell two gonadotropinシステム構築

卵胞発育にはエストロゲン産生のための，Two-cell two gonadotropinシステムの構築が必要不可欠である．

(1) アンドロゲンによるFSH受容体発現誘導

莢膜細胞で産生されるアンドロゲンは，顆粒膜細胞に働き，FSH受容体発現を促す (Weil et al, 1999)．このメカニズムの一つとして，アンドロゲンが顆粒膜細胞でのIGF-1産生を促し，IGF-1がFSH受容体の発現を誘導する可能性が報告される (Zhou et al, 1997)．

(2) エストロゲンの前駆物質としてのアンドロゲンの役割

莢膜細胞で産生されるアンドロゲンは顆粒膜細胞に移行し，FSHにより発現するアロマターゼによりエストロゲンに転換される．

(3) 莢膜細胞はFSHのプロゲステロン産生作用を抑制しアロマターゼ発現作用を促進する

in vitro に取り出した顆粒膜細胞をFSHで刺激すると，エストロゲンではなくプロゲステロン産生が促される (MacNatty et al, 1979b；Orisaka et al, 2006b)．ところが，生体にFSHを投与すると，プロゲステロンではなくエストロゲン産生が促される．すなわち，生体には，FSHのプロゲステロン産生作用を抑制し，アロマターゼ発現作用を促進する機構が存在するが，莢膜細胞はこの役割を担うと考えられる．

著者らの，顆粒膜・莢膜細胞の共培養実験では，莢膜細胞は細胞数依存的にE2産生を亢進させるが，プロゲステロン産生には影響しない．この時，顆粒膜細胞内でのアロマターゼ発現は亢進するが，プロゲステロン産生酵素群の発現は影響を受けない (Orisaka et al, 2006a) (図Ⅷ-33-

4）．

莢膜細胞のどのような因子がその役割を果たすのかは大変興味深いが，莢膜細胞に存在するBMPがその一つとして注目される．莢膜細胞にはBMP-4，-7が発現し，これらの受容体が顆粒膜細胞に発現する（BMPシステム）．このシステムが作動すると，FSHのアロマターゼ発現作用が促進され，プロゲステロン産生作用は逆に抑制を受けることが報告される（Shimazaki et al, 2004）（図Ⅷ-33-3参照）．

(B) 莢膜細胞は顆粒膜細胞をアポトーシスから守り卵胞発育を促す

(1) アンドロゲンによる顆粒膜・莢膜細胞の増殖亢進

前胞状期から胞状期への発育，特にその初期にはエストロゲンに比べアンドロゲンがはるかに重要な役割を果たす．たとえば，アンドロゲンを投与されたサルの卵巣では，顆粒膜，莢膜細胞共に増殖が亢進し，小さな胞状卵胞の数が増える（Vendola et al, 1998；1999）．また，顆粒膜細胞におけるアンドロゲン受容体の発現強度は，顆粒膜細胞の増殖と正に，またアポトーシスと負に相関することも，この事実を支持する（Weil et al, 1999）．

(2) 顆粒膜細胞をアポトーシスから守る

主席卵胞に選択される以前の顆粒膜細胞の自然史はアポトーシスであり，特別な刺激を受けた場合に増殖を維持する．発育卵胞の莢膜細胞には，顆粒膜細胞をアポトーシスから守る作用がある．*in vitro* で顆粒膜細胞を培養すると，時間の経過とともにアポトーシスが進むが，莢膜細胞とともに培養されると，この変化が完全

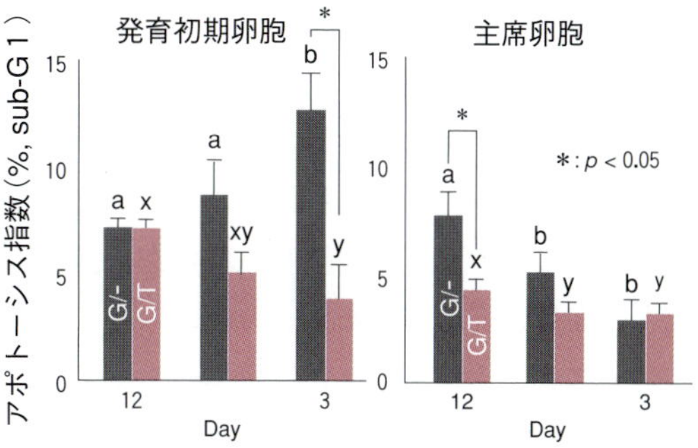

図Ⅷ-33-5．顆粒膜細胞のアポトーシスに及ぼす莢膜細胞の影響：発育卵胞と主席卵胞での相違

発育卵胞の顆粒膜細胞では，単独に培養されると，時間の経過とともにアポトーシスが進行するが，莢膜細胞が存在するとアポトーシスは抑制される．一方，主席卵胞の顆粒膜細胞は，単独に培養されてもアポトーシスの進行を認めず，莢膜細胞の影響も明瞭でない．G／－：単独に培養された顆粒膜細胞，G/T：莢膜細胞と共培養された顆粒膜細胞

に抑制される．この時，顆粒膜細胞内のアポトーシス関連タンパクの発現を調べると，アポトーシスに抑制的に働くBcl-2の発現が，莢膜細胞の存在により亢進する（Tajima et al, 2002）（図Ⅷ-33-5）．この現象をもたらす莢膜細胞因子としても，前述のBMPシステムが注目される（Lee et al, 2001）．

(C) 莢膜細胞におけるアンドロゲン産生機構

LHが莢膜細胞の受容体と接合することによりcAMP/PKAシグナル伝達経路が作動し（Magoffin, 1989），P450scc（Cyp11A），StAR（steroidogenic acute regulatory）タンパク，3-βHSD（3β-hydroxysteroid dehydrogenase），P450c17（CYP17）といったアンドロゲン産生酵素の発現が亢進する（Magoffin 2004）．また，これとは別に，LH刺激によりERK（extracellular single-regulated kinase）が活性化され，その結果P450 c17発現が亢進

する経路も存在する（Tajima et al, 2005）.

(D) 卵巣内成長因子の役割

前述の機構以外に，卵胞に存在するさまざまな因子が，顆粒膜・莢膜細胞の増殖を調節することが報告される（図Ⅷ-33-3 参照）.

莢膜細胞の増殖を促す顆粒膜細胞由来の物質として，EGF（Erickson, Case 1983），IGF-1（Duleba et al, 1998），アクチビン（Duleba et al, 2001），KL（Parrott, Skinner, 1997），TNF（Tumor necrosis factor）-α（Spaczynski et al, 1999）が報告されている．莢膜細胞自身に存在しオートクラインに同細胞の増殖を促す物質として，TGF（Transforming Growth Factor）α（Skinner, Coffey, 1988），bFGF，HGF（Hepatocyte Growth Factor）（Parrott, Skinner, 1998）が報告される．また，著者らは，卵子由来の GDF-9 が莢膜細胞の増殖を促すことを *in vitro* 卵胞培養実験で確認している（Orisaka et al, 2009）.

5 卵胞成熟機構における莢膜細胞の役割

主席卵胞の成熟速度を決定する最も大きな要因は，顆粒膜細胞でのエストロゲン産生量である．また，卵胞期後期に血液中で急増するエストロゲンは，卵胞破裂のための下垂体前葉からの LH サージを誘導する．エストロゲン産生亢進のために，主席卵胞ではステロイド産生機構に以下のような変化が生ずる.

(A) アンドロゲンとエストロゲンの働き

(1) 莢膜細胞でのアンドロゲン産生亢進

卵胞の成熟過程では，エストロゲンの前駆体であるアンドロゲンの産生が著しく亢進する．このメカニズムとして注目されるのは，この時期の顆粒膜細胞におけるインヒビン産生の亢進である．インヒビンは莢膜細胞に働き，LH によるアンドロゲン産生を促進させる.

(2) アンドロゲンによる FSH のアロマターゼ発現作用亢進

アンドロゲンは，エストロゲンの原料となるにとどまらず，顆粒膜細胞のアンドロゲン受容体に結合し，FSH のアロマターゼ発現作用を促進させる（Hillier, De Zwart, 1981）．この結果，エストロゲン産生はさらに亢進することになる.

(3) エストロゲンによる顆粒膜細胞での LH 受容体発現

卵胞成熟や LH サージを誘導するためのエストロゲン産生には，顆粒膜細胞が FSH に反応するだけでは足りない．そこでエストロゲンは，顆粒膜細胞に LH 受容体発現を促す（Segaloff et al, 1990）．この結果，FSH と LH の両者による効率的なエストロゲン産生が可能となる.

(B) 卵巣内の諸因子によるパラクリン・オートクリン調節

卵胞成熟期に観察されるステロイド産生機構の著しい変化に，卵胞で産生されるステロイド以外の諸物質が役割を担う可能性も報告される．莢膜細胞でのアンドロゲン産生に関わる因子のうち，‘卵胞成熟’との関連で興味ある二つの物質の働きを紹介する.

(1) IGF-1による顆粒膜細胞でのLH受容体発現誘導

顆粒膜細胞で産生されるIGF-1は，卵胞発育過程では顆粒膜細胞のFSH受容体発現に関わるが(Zhou et al, 1997)，卵胞成熟に際しては，顆粒膜細胞にLH受容体の発現を促す(Hirakawa et al, 1999).

(2) アクチビンとインヒビンによる莢膜細胞でのアンドロゲン産生調節：卵胞発育・成熟に伴う変化

顆粒膜細胞で産生されるアクチビンは，莢膜細胞に働きアンドロゲン産生を抑制する(Hillier et al, 1991a)．一方，インヒビンは，逆にLH刺激によるアンドロゲン産生を亢進させる(Hillier et al, 1991b)．このようなアクチビンとインヒビンの相反するアンドロゲン産生調節と，卵胞の成長過程における両者の分泌パターンの相違が，卵胞の‘発育’から‘成熟’への切り替えに寄与すると推測される.

すなわち，アクチビンは，アンドロゲン産生を抑制し顆粒膜細胞のFSH受容体発現を促進することで(Ethier, Findlay, 2001)，多くの胞状卵胞の中からFSHに最も敏感な卵胞(主席卵胞)を選ぶ機構に寄与する．そして，主席卵胞として選択された後には，顆粒膜細胞ではインヒビン産生が亢進する．その結果，莢膜細胞はでのアンドロゲン産生が進み，顆粒膜細胞のエストロゲン産生が亢進し，卵胞の成熟が進む.

(C) 莢膜細胞による保護からの顆粒膜細胞の自立

前述のように，発育初期の胞状卵胞から取り出された顆粒膜細胞は，莢膜細胞の支えを失うと，アポトーシスに陥りエストロゲン産生を維持できない．ところが，主席に選択された卵胞の顆粒膜細胞は，*in vitro*に取り出され単独に培養されても簡単にはアポトーシスに陥らず，豊富なアロマターゼ発現も維持できる(図Ⅷ-33-5)．すなわち，いったん，主席卵胞に選択されると，顆粒膜細胞自身にアポトーシスから身を守り，エストロゲン産生を維持できる機構が備わると推測される(Tajima et al, 2002).

(D) 莢膜細胞におけるLHの二つの働き

LHは莢膜細胞において，二つの働きをする．一つはアンドロゲン産生作用であり，もう一つは，莢膜細胞の黄体化作用である.

莢膜細胞が少量(血中基礎レベル)のLHで持続的に刺激されると，‘数時間後’に，細胞内にアンドロゲン産生酵素が発現する．一方，大量のLH刺激は，‘数日後’に，莢膜細胞と顆粒膜細胞を黄体化させ，これらの細胞にプロゲステロン受容体発現を誘導する(Iwai et al, 1991)．ちなみにヒトでは，成熟を終えた卵胞がLHサージ刺激を受けると，37.5時間後に破裂し(Edwards, Steptoe, 1975)，顆粒膜細胞・莢膜細胞は共に黄体化し，さらにはアポトーシスも始まる．一方，成熟過程が十分に進んでいない卵胞が大量のLH刺激を受けると，破裂することなく黄体化し(premature luteinization)プロゲステロン産生が亢進する.

まとめ

従来，卵胞発育・成熟に関わる最も重要な事象は顆粒膜細胞がFSH反応性を獲得すること，その結果としてのエストロゲン産生と考えられ，多くの知見が集積されてきた．これらは臨床の現場での排卵誘発法の開発につながった．しかしながら，ゴナドトロピン投与法のさまざまな工夫にもかかわらず，早発閉経やゴナドトロピン不応といった問題は，なお解決に至らない．また，正常と思える卵胞から得た正常形態の卵子であっても，受精後の発育能に欠ける場合がある．

本節で紹介した知見は，莢膜細胞の出現，アンドロゲン産生能とLH反応性の獲得が，卵胞発育の引き金であること，また，その後の莢膜・顆粒膜・卵子の相互作用機構の確立が，複雑精緻な卵胞発育・成熟をもたらすこと，その結果，卵子に受精能と発育能が備わることを強く示唆する．莢膜細胞出現，アンドロゲン産生能とLH反応性獲得の分子機構の解明は，今日の生殖医療に残されたさまざまな問題解決の糸口となることが期待される．

（小辻文和）

引用文献

Dennis JE, Charbord P (2002) Origin and differentiation of human and murine stroma, *Stem Cells*, 20 ; 205-214.

Dierich A, Sairam MR, Monaco L, et al (1998) Impairing follicle-stimulating hormone (FSH) signaling in vivo : targeted disruption of the FSH receptor leads to aberrant gametogenesis and hormonal imbalance, *Proc Natl Acad Sci USA*, 95 ; 13612-13617.

Driancourt MA, Reynaud K, Cortvrindt R, et al (2000) Roles of KIT and KIT LIGAND in ovarian function, *Rev Reprod*, 5 ; 143-152.

Duleba AJ, Pehlivan T, Carbone R, et al (2001) Activin stimulates proliferation of rat ovarian thecal-interstitial cells, *Biol Reprod*, 65 ; 704-709.

Duleba AJ, Spaczynski RZ, Olive DL (1998) Insulin and insulin-like growth factor I stimulate the proliferation of human ovarian theca-interstitial cells, *Fertil Steril*, 69 ; 335-340.

Edwards RG, Steptoe PC (1975) Induction of follicular growth, ovulation and luteinization in the human ovary, *J Reprod Fertil Suppl*, 121-163.

Elvin JA, Yan C, Wang P, et al (1999) Molecular characterization of the follicle defects in the growth differentiation factor 9-deficient ovary, *Mol Endocrinol*, 13 ; 1018-1034.

Erickson GF, Case E (1983) Epidermal growth factor antagonizes ovarian theca-interstitial cytodifferentiation, *Mol Cell Endocrinol*, 31 ; 71-76.

Erickson GF, Magoffin DA, Dyer CA, et al (1985) The ovarian androgen producing cells : a review of structure/function relationships, *Endocr Rev*, 6 ; 371-399.

Ethier JF, Findlay JK (2001) Roles of activin and its signal transduction mechanisms in reproductive tissues, *Reproduction*, 121 ; 667-675.

Galloway SM, McNatty KP, Cambridge LM, et al (2000) Mutations in an oocyte-derived growth factor gene (BMP15) cause increased ovulation rate and infertility in a dosage-sensitive manner, *Nat Genet*, 25 ; 279-283.

Gougeon A (2004) Dynamics of human follicular growth : morphologic, dynamic, and functional aspects, In : *The Ovary* 2nd edn, Adashi EY, Leung PCK (eds), pp 25-43, Elsevier Academic Press, San Diego.

Hild-Petito S, West NB, Brenner RM, et al (1991) Localization of androgen receptor in the follicle and corpus luteum of the primate ovary during the menstrual cycle, *Biol Reprod*, 44 ; 561-568.

Hillier SG, De Zwart FA (1981) Evidence that granulosa cell aromatase induction / activation by follicle-stimulating hormone is an androgen receptor-regulated process in-vitro, *Endocrinology*, 109 ; 1303-1305.

Hillier SG, Yong EL, Illingworth PJ, et al (1991a) Effect of recombinant activin on androgen synthesis in cultured human thecal cells, *J Clin Endocrinol Metab*, 72 ; 1206-1211.

Hillier SG, Yong EL, Illingworth PJ, et al (1991b) Effect of recombinant inhibin on androgen synthesis in cultured human thecal cells, *Mol Cell Endocrinol*, 75 ; R1-6.

Hirakawa T, Minegishi T, Abe K, et al (1999) A role of insulin-like growth factor I in luteinizing hormone receptor expression in granulose cells, *Endocrinology*, 140 ; 4965-4971.

Hirshfield AN (1991) Development of follicles in the mammalian ovary, *Int Rev Cytol*, 124 ; 43-101.

Horie K, Takakura K, Taii S, et al (1991) The expression of c-kit protein during oogenesis and early embryonic development, *Biol Reprod*, 45 ; 547-552.

Hsueh AJ, Billig H, Tsafriri A (1994) Ovarian follicle atresia : a hormonally controlled apoptotic process, *Endocr Rev*, 15 ; 707-724.

Ito Y, Fisher CR, Conte FA, et al (1993) Molecular basis of aromatase deficiency in an adult female with sexual infantilism and polycystic ovaries, *Proc Natl Acad Sci USA*, 90 ; 11673-11677.

Iwai M, Yasuda K, Fukuoka M, et al (1991) Luteinizing hormone induces progesterone receptor gene expression in cultured porcine granulosa cells, *Endocrinology*, 129 ; 1621-1627.

Koos RD (1993) Ovarian angiogenesis, *The Ovary* 1st edn, Adashi EY, Leung PCK (eds), pp433-453, Elsevier Academic Press, San Diego.

Kotsuji F, Kamitani N, Goto K, et al (1990) Bovine theca and granulose cell interactions modulate their growth, morphology, and function, *Biol Reprod*, 43 ;

726-732.
Lee WS, Otsuka F, Moore RK, et al (2001) Effect of bone morphogenetic protein-7 on folliculogenesis and ovulation in the rat, *Biol Reprod*, 65 ; 994-999.
Magoffin DA (1989) Evidence that luteinizing hormone-stimulated differentiation of purified ovarian thecal-interstitial cells is mediated by both type I and type II adenosine 3,5-monophosphate-dependent protein kinases, *Endocrinology*, 125 ; 1464-1473.
Magoffin DA (2004) The role of the ovary in the genesis of hyperandrogenism, In : *The Ovary*, 2nd edn, Adashi EY, Leung PCK (eds), pp513-522, Elsevier Academic Press, San Diego.
McNatty KP, Makris A, Reinhold VN, et al (1979a) Metabokism of androstenedione by human ovarian tissues in vitro with particular reference to reductase and aromatase activity, *Steroids*, 34 ; 429-443.
McNatty KP, Makris A, DeGrazia C, et al (1979b) The production of progesterone, androgens, and estrogens by granulose cells, thecal tissue, and stromal tissue from human ovaries in vitro, *J Clin Endocrinol Metab*, 49 ; 687-699.
Moor RM, Hay MF, Seamark RF (1975) The sheep ovary : regulation of steroidogenic, haemodynamic and structural changes in the largest follicle and adjacent tissue before ovulation, *J Reprod Fertil*, 45 ; 595-604.
Mori T, Fujita Y, Suzuki A, et al (1978) Functional and structural relationships in steroidogenesis in vitro by human ovarian follicles during maturation and ovulation, *J Clin Endocrinolo Metab*, 47 ; 955-966.
Orisaka M, Mizutani T, Tajima K, et al (2006a) Effects of ovarian theca cells on granulose cell differentiation during gonadotropin-independent follicular growth in cattle, *Mol Reprod Dev*, 73 ; 737-744.
Orisaka M, Tajima K, Mizutani T, et al (2006b) Granulosa cells promote differentiation of cortical stromal cells into theca cells in the bovine ovary, *Biol Reprod*, 75 ; 734-740.
Orisaka M, Jian JY, Orisaka S, et al. (2009) Growth differentiation factor 9 promotes rat preantrne follicle growth by up-regulating follicular androgen biosynthesis. Endocrinology, 150 ; 2740
Otsuka F, Shimasaki S (2002) A negative feedback system between oocyte bone morphogenetic protein 15 and granulose cell kit ligand : its role in regulating granulose cell mitosis, *Proc Natl Acad Sci USA*, 99 ; 8060-8065.
Parrott JA, Skinner MK (1997) Direct actions of kit-ligand on theca cell growth and differentiation during follicle development, *Endocrinology*, 138 ; 3819-3827.
Parrott JA, Skinner MK (1998) Thecal cell-granulosa cell interactions involve a positive feedback loop among keratinocyte growth factor, hepatocyte growth factor, and Kit ligand during ovarian follicular development, *Endocrinology*, 139 : 2240-2245.
Quigley CA, De Bellis A, Marschke KB, et al (1995) Androgen receptor defects : historical, clinical, and molecular perspectives, *Endocr Rev*, 16 ; 271-321
Segaloff DL, Wang HY, Richards JS (1990) Hormonal regulation of luteinizing hormone/chorionic gonadotropin receptor mRNA in rat ovarian cells during follicular development and luteinization, *Mol Endocrinol*, 4 ; 1856-1865.
Shiina H, Matsumoto T, Sato T, et al (2006) Premature ovarian failure in androgen receptor-deficient mice, *Proc Natl Acad Sci USA*, 103 ; 224-229.
Shimasaki S, Moore RK, Otsuka F, et al (2004) The bone morphogenetic protein system in mammalian reproduction, *Endocr Rev*, 25 ; 72-101.
Skinner MK, Coffey RJ Jr (1988) Regulation of ovarian cell growth through the local production of transforming growth factor-alpha by theca cells, *Endocrinology*, 123 ; 2632-2638.
Spaczynski RZ, Arici A, Duleba AJ (1999) Tumor necrosis factor-alpha stimulates proliferation of rat ovarian theca-interstitial cells, *Biol Reprod*, 61 ; 993-998.
Tajima K, Orisaka M, Hosokawa K, et al (2002). Effects of ovarian theca cells on apoptosis and proliferation of granulose cells : changes during bovine follicular maturation, *Biol Reprod*, 66 ; 1635-1639.
Tajima K, Yoshii K, Fukuda S, et al (2005) Luteinizing hormone-induced extracellular-signal regulated kinase activation differently modulates progesterone and androstenedione production in bovine theca cells, *Endocrinology*, 146 ; 2903-2910.
Tajima K, Orisaka M, Mori T, Kotsuji F (2007) Ovarian theca cells in follicular function, *RBO Online*, 15 ; 591-609.
Teixeira Filho FL, Baracat EC, Lee TH, et al (2002) Aberrant expression of growth differentiation factor-9 in oocytes of women with polycystic ovary syndrome, *J Clin Endocrinol Metab*, 87 ; 1337-1344.
Vegetti W, Alagna F (2006) FSH and folliculogenesis : from physiology to ovarian stimulation, *RBM Online*, 12 ; 684-694.
Vendola KA, Zhou J, Adesanya OO, et al (1998) Androgens stimulate early stages of follicular growth in the primate ovary, *J Clin Invest*, 101 ; 2622-2629.
Vendola K, Zhou J, Wang J, et al (1999) Androgens promote oocyte insulin-like growth factor I expression and initiation of follicle development in the primate ovary, *Biol Reprod*, 61 ; 353-357.
Weil S, Vendola K, Zhou J, et al (1999) Androgen and follicle-stimulating hormone interactions in primate ovarian follicle development, *J Clin Endocrinol Metab*, 84 ; 2951-2956.
Zhou J, Kumar TR, Matzuk MM, et al (1997) Insulin-like growth factor I regulates gonadotropin responsiveness in the murine ovary, *Mol Endocrinol*, 11 ; 1924-1933.

VIII-34
卵胞発育・成熟と顆粒膜細胞

Key words
卵胞発育／顆粒膜細胞／ゴナドトロピン／LH レセプター／FSH レセプター

はじめに

視床下部－下垂体－性腺の制御において，下垂体より分泌されるゴナドトロピンは，卵巣の顆粒膜細胞と莢膜細胞に存在する FSH，LH に特有なレセプターに結合して，ステロイド産生を調節し，結果として卵巣より分泌されるステロイドホルモンとインヒビンが中枢にフィードバックしてゴナドトロピン分泌に影響を与えるサーキットを形成している．一方，卵胞発育の初期段階では，卵子と顆粒膜細胞・莢膜細胞の相互作用が重要であり，ゴナドトロピン非依存性に発育することが明らかになってきている．本節では，ゴナドトロピン非依存性発育のことについて触れ，後にゴナドトロピン依存性発育について，卵胞発育・成熟と顆粒膜細胞について，ゴナドトロピンの作用とともに言及する．

1 ゴナドトロピン非依存性発育

(A) 原始卵胞

哺乳類では，胎子（児）期に減数分裂を開始した卵子は，第一分裂の前期で休止し，1層の扁平な体細胞に囲まれ，その周囲を基底膜に覆われる原始卵胞となる．それ以後，立方化した顆粒膜細胞に取り巻かれてこの細胞が増殖し，一次卵胞，二次卵胞と変化して，preantral（前胞状），antral（胞状）卵胞と成熟していく（図VIII-34-1）．

マウスでは，卵細胞特異的転写制御因子として FIGα（factor in the germline α，卵子特異的転写因子）が報告されており（Soyal et al, 2000），これは，受精時に機能する ZP タンパクをコードする遺伝子の helix-loop-helix 転写因子である．ノックアウト雌の卵巣では，卵子を取り巻く細胞が出現せず，7日目には卵子が消失してしまう．このことより，卵子とそれを取り巻く細胞との相互作用が原始卵胞形成に必要であり，これを制御する因子が卵から合成，分泌されていることが理解できる．

さらに，卵特異的に分泌される物質として，最近 *Nobox* というホメオボックス遺伝子が報告されている（Rajkovic et al, 2004）．この遺伝子を欠損したマウスでは，6週の雌で卵を認められない．経過を観察すると，生後すぐには卵巣は正常に発生しているが，生後7日ですでに卵巣の発育段階初期の卵胞が消失し，生後2週間の観察で原始卵胞以降の発育が障害されていることが判明した．これらの実験結果より，胎生

原始卵胞：第一減数分裂の前期で休止した卵を1層の扁平な体細胞が囲み，その周囲は基底膜で覆われている．

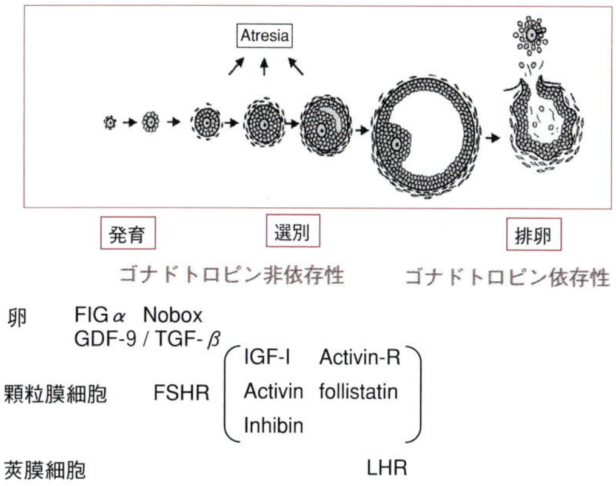

図Ⅷ-34-1．排卵の過程

卵胞発育におけるゴナドトロピンの作用を考えると，ゴナドトロピンやそのレセプターのKOマウスからも，一定の段階の卵胞までは，独自に成熟し，その後の成熟にFSHさらにLHの作用が必要であることが判明している．

期の卵子からその後の卵胞の発育段階でも卵子に存在が確認されるNoboxは，同様に卵子から分泌される，GDF-9，BMP-15を含む多くの物質の発現経路より早期に重要な働きをすると考えられる．

(B) 一次卵胞

卵母細胞では，チロシンキナーゼ受容体であるc-Kitが発現していて，そのリガンド (Kit Ligandi KL) が顆粒膜細胞に発現されている．c-Kitの抗体が卵子の成長を阻止するという報告やリガンド (KL) の添加が生後直後の卵巣より取り出した卵子の成熟を促すことができるとする報告などより，原始卵胞から一次卵胞への発育については，顆粒膜細胞からのKLの分泌と卵子に存在するKLレセプター (c-Kit) 刺激が卵子の成熟に作用するという結果が示されている (Klinger, De Felici, 2002；Packer et al, 1994)．KLは卵胞期初期に顆粒膜細胞より発現しており，KL作用は卵子の成熟に重要である一方，*BMP-15* mRNAの減少を促す．BMP-15は，顆粒膜細胞からのKLの分泌を増強するので，自身の分泌に関しては，ネガティブフィードバックコントロールをしていることになる．また，BMP-15は顆粒膜細胞のFSHレセプター (FSH受容体，FSH-R) の発現を抑制することから，BMP-15はFSH-Rの発現時期をコントロールすることにより，卵胞発育のFSHに対する反応性を制御している (Otsuka et al, 2001)．後でも触れるように，卵巣内の卵胞は下垂体からの周期的なゴナドトロピンに曝されるようになっても，大部分の卵胞の顆粒膜細胞は，FSHに対して不応であり，適切な時期になるまで，FSHに対する反応性を温存している状況にあり，このような制御にBMP-15のような卵子からの因子が重要な働きをしていると思われる．

一次卵胞以降の卵子より分泌されるGDF-9は卵胞発育の初期に重要な作用を持つことも示されている．GDF-9ノックアウトマウスでは，1層の顆粒膜細胞に囲まれた一次卵胞で，発育停止となり，顆粒膜細胞の増殖の異常が見られると報告さている (Dong et al, 1996)．

2 ゴナドトロピン依存性発育

(A) 前卵胞腔卵胞期以降

卵と間質由来の細胞 (顆粒膜細胞) は，相互に影響を与えながら卵胞発育に関与している．この相互作用は，外部からの影響 (ゴナドトロピン) とも関連している．卵胞の発育においては，卵巣に存在する全部の卵子がいっせいに開始するのではなく，基本的には選択されるまで待機した状態である．このことからも発育を抑制するメカニズムが基本的に常時作用し，なんらかのきっかけで発育が開始すると考えられる．また，数十個の卵胞が同時に発育を開始しても，そのうちから一つの卵胞だけが発育成熟し続けることが可能であり，この選択のメカニズムは十分に解明されていない．

ゴナドトロピン非依存性の段階においては，そこに存在するのは卵子と周囲の卵巣内間質細胞であり，当然，初期段階では，卵子から分泌される物質が間質に働きかけ，重要な役割を持つと考えられる．一方，思春期を過ぎると卵巣では下垂体より分泌されるゴナドトロピンのコントロール下に毎周期一つの成熟卵胞より排卵が起こる．この時期は，生体内では，ゴナドトロピンの存在下に局所での調節が加わるので，局所因子だけのコントロールは存在せず，常にゴナドトロピンの作用を念頭に置く必要がある．卵胞発育には，顆粒膜細胞の増殖，分化，卵子の成熟と多くの要素を解析する必要があるが，顆粒膜細胞の分化に関しては，この細胞がFSH-R，LHレセプター（LH受容体，LH-R）発現を示すようになる時期を指標にして，多くの実験結果が報告されている．

インヒビン，アクチビン，フォリスタチンは，いずれもFSH分泌調節因子として1980年代に同定されたタンパク性の成長因子である．インヒビンとアクチビンはその構造的特徴からTGF-βスーパーファミリーに分類される．インヒビンおよびアクチビン共に卵巣での主な産生部位は顆粒膜細胞で，産生された後卵胞液中に放出され，これらの濃度は血中よりかなり高いことが示されている．我々の研究ではアクチビンは未熟な卵胞の顆粒膜細胞におけるFSH-Rの誘導をする．これは，ゴナドトロピン非依存的時期の卵胞から依存性に移行することを意味するため，卵胞成熟期における重要な変化を制御していると考えられる．FSH-R誘導に関しても，FSHとアクチビンは協同的に作用し，FSHに対する感受性を上昇させる効果も存在する（Kishi et al, 1998；Minegishi et al, 1999；Nakamura et al, 1995）．

一方，このFSH-RにFSHが作用すると，アクチビンの産生は低下して，共通のβ鎖を持つインヒビンの産生が上昇する．インヒビンは，下垂体からのFSH合成・分泌を抑制するため，卵巣局所でのFSH濃度の低下がもたらされる．アクチビンがFSH-Rを増加させることは，FSH作用を強めることになるが，その結果FSH濃度の低下をもたらすことになり，FSHに対する卵胞間の競合が盛んになることが予想される．さらに同じ局所では，FSHもアクチビンも協同的にフォリスタチン産生を促進するので，アクチビンの局所作用はFSHの作用により急激に抑制されることになる．FSH-Rの発現が開始されるころの顆粒膜細胞を持つ卵胞の発育は，FSHに対して依存する状態であるが，アクチビンによってFSHに対する感受性の上昇した卵胞がFSH作用を受け始めるとFSHの濃度は低下し，これ以外の卵胞においては，十分なFSH-R発現が見られないため，アポトーシスに陥ることが理解できる．選択される卵胞では，局所でのアクチビン濃度が重要な意味を持ちFSH作用の強弱を卵胞の差別化に利用していると理解でき，このメカニズムは単一排卵

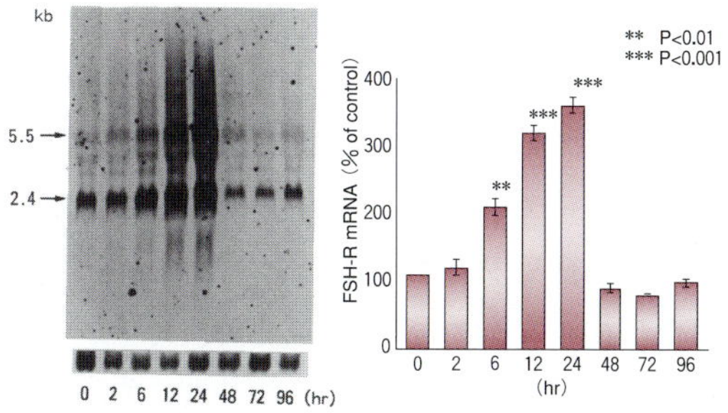

図Ⅷ-34-2．アクチビンのFSH-R mRNAに及ぼす影響

顆粒膜細胞培養においては，アクチビン単独添加でFSH-R mRNAの上昇がみられる．同様にFSH-Rタンパクレベルでの上昇も確認されている．

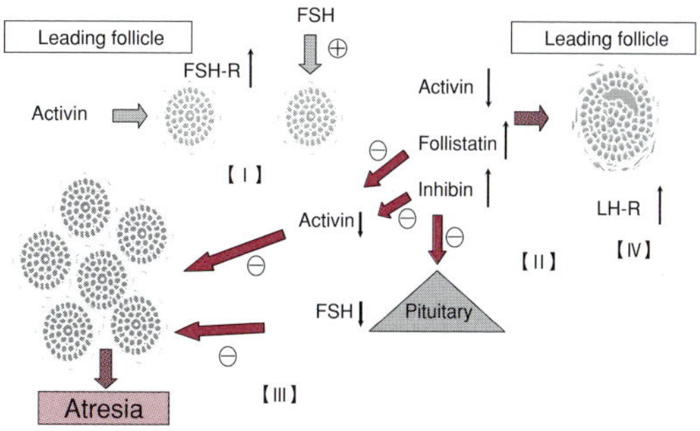

図Ⅷ-34-3．卵胞の選択

(a)アクチビン作用によるFSH-Rの発現上昇とFSHの作用，(b) FSH作用によるフォリスタチン上昇，アクチビン減少，インヒビン上昇，(c) インヒビンによるFSHの低下，結果として主席卵胞（leading follicle）以下の閉鎖，(d) leading follicleのLH-Rの発現

にとって重要なものと考えられる（図Ⅷ-34-2）．

フォリスタチンのノックアウト（knockout）マウスは致死的であるが，Cre-Loxを使用した系で作製されたフォリスタチンノックアウトマウスの卵巣では，早期に卵胞が枯渇していくことがわかった．この系の大切な点は，ヒトにおける当初排卵があり，その後排卵が障害される病態の早発閉経のモデルとなることである．この病態は，現在の知識では説明が非常に困難であるが，このモデルから推測されることは，アクチビンは自己の作用を抑制するフォリスタチンが存在しないと卵胞数の早期の枯渇が起こることが示され，このように局所の成長因子を抑制するメカニズムが卵胞発育の機序に関して重要な働きをすると考えられる（図Ⅷ-34-3）(Jorgez et al, 2004)．

不活性型FSH-R異常の報告の最初の例は，フィンランドの6家系において*Ala 189 Val*の変異が見つかった．このホモ接合体では，女性は臨床的には卵巣形成不全（Ovarian Dysgenesis）と同様FSH，LHが高値で二次性徴が見られない．原発無月経，不妊を呈するが，ターナー(Turner)症候群などの卵巣の形成不全と異なり，卵巣内に前胞状（preantral）までの卵胞発育が認められる．遺伝子解析の結果，すべての患者は，FSH-Rの細胞外リガンド結合ドメインにおいて，コドン189がアラニンからバリンを置換する変異をホモ接合に有していた．このアラニンを含む5個のアミノ酸は，ヒトのFSH，TSH，LH-Rおよびサル，羊，ネズミのFSH-Rの各遺伝子に保存されており，糖鎖形成において重要な役割を果たすと推測される．発現実験では，この変異体において，FSHに対する結合能の低下，および，FSH刺激に対するcAMP性能の欠如が示された（Rannikko et al, 2002)．

男性では，体型も普通であり，テストステロンは正常で，正常かやや上昇するLHと少し上昇したFSH，精巣の容量はやや減少から著しい減少まで，精子の数はやや減少から著しい減少までであるが，無精子症は報告されていない．結局FSHは精巣の容量に影響を与え，精子の質と数に影響を与えるが，アンドロゲン産生能および妊孕性が保たれている．

FSHβ（*Fsfb*）鎖とFSH-R（*Fshr*）遺伝子のノックアウトでは雄は正常な性腺機能を示すが，雌は二次卵胞からの成熟に異常が起こり，不妊を呈する（Abel et al, 2003）．逆にいうと，FSHが存在しなくてもpreantralまで卵胞が発育することを示し，FSHが欠除していても，初期卵胞発育が起こり，卵子と支持細胞間の相互作用が重要であり，特に卵胞発育の初期には卵子より分泌される因子が重要な役割を持つことを再確認する結果である．FSH，FSH-Rノックアウトマウスは，不妊で子宮発育不全preantralでの卵胞発育障害を示す点でも，FSH-R異常患者のモデルと考えられる．LH-R機能の欠除した女性では排卵，黄体化が障害され，これらもLHまたはLH-Rの欠損マウスがこれらの疾患のよいモデルとなることが示された．

ゴナドトロピンの顆粒膜細胞に対する作用を詳細に検討するためと，ゴナドトロピンによって誘導される未知のタンパクを発見するために，サブトラクション法を用いて，FSH作用のメカニズムを解明する目的で，FSHによって特異的に誘導される遺伝子が検討された．元来，FSH，LHの作用はtwo cell theoryと呼ばれる莢膜細胞と顆粒膜細胞の相互作用でエストロゲン（E_2）を合成すると理解されている．この実験では，ステロイド合成に必要な酵素以外にもコレステロールの移動に必要なタンパク群の合成が誘導された．新たに同定されたタンパクはコレステロールを細胞内に取り込むことから，ミトコンドリアでの移動を含めて，ステロイド合成酵素に基質材料を提供することで合目的に作用していると考えられた．さらに驚いたことに，ゴナドトロピンの作用は，リガンドがプロゲステロン（P）レセプターやエストロゲン－レセプターとの結合の際に必要とされるコファクター（P120）の合成も誘導することがわかり，FSHはPとE_2の作用を強力に誘導する．すなわち，ステロイドの合成経路，ステロイドの作用点での感受性の増加を短時間に作動させることでFSH作用を非常に有効にするステロイド合成機能を制御していることが理解された（Aoki et al, 1997；Mizutani et al, 1997）．

同様の実験において，StAR（steroidogenic acute regulatory protein）（コレステロールをミトコンドリアの外膜より内膜に輸送するのに必要な酵素）の発現を観察し，*Star* mRNAはPMSG投与後の幼若雌ラットの莢膜細胞に局在していることが*in situ* hybridizationで示されている．コレステロールからのステロイド合成に関与した遺伝子群が，PMSG刺激でラット卵巣に3時間という非常に早期に誘導発現されており，卵胞発育開始に関与している可能性がもたれた．さらに，PMSGに含まれるFSHとLH成分のうち，PMSG投与の効果がFSHではなくhCGで代用されたことと，*Star* mRNAが莢膜細胞に局在することと合わせて，ステロイド産生の初期に必要とされる酵素がLHの制御を受けていることを示すものである（Mizutani et al, 1997）．この事実はまた，two cell theoryを支持するものとなる．つまり，ステロイド合成の初期に莢膜細胞でLHの刺激の一つとしてコレステロールからアンドロゲン合成が高まり，これが顆粒膜細胞に移送され，FSHの刺激のもとに芳香化を受けてエストロゲンの合成が高まるというものである．さらにエストロゲンはFSHと協同

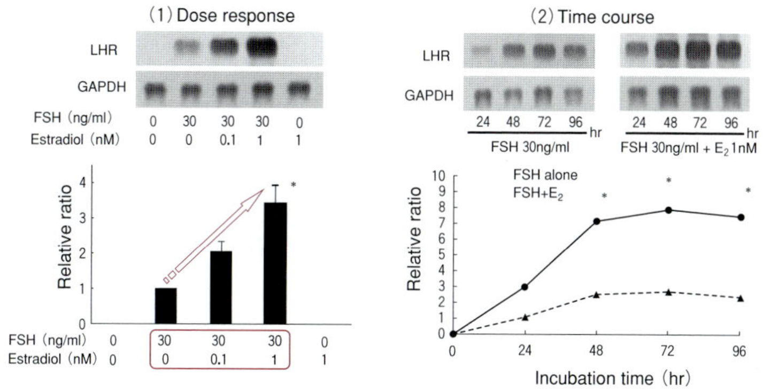

図Ⅷ-34-4．Estradiol による LH-R（*Lhcgr*）mRNA 発現の変化

(1)　E_2の容量依存的に LH-R mRNA の上昇が見られた．
(2)　FSH 単独と比較して，FSH と E_2共存下で LH-R の上昇が観察された．

的に働いて，FSH 受容体，LH/hCG 受容体を強力に誘導するので，FSH，LH の作用がさらに効率よく伝達されることになる．

一方，意外な事実として，ステロイド合成に必要とされる基質の供給に関しては，ゴナドトロピンの作用によって，コレステロールを外部より取り込んだり，細胞内の移動に必要なタンパク群が誘導されるため，ゴナドトロピンのステロイド合成に対する作用メカニズムが明らかとなり，特に卵胞発育の初期から LH による莢膜細胞に対する働きかけが重要であることが明らかとなった．しかし，後述するように，顆粒膜細胞のコレステロールの源は辺縁にある細胞と卵胞の中心部にあるものでは異なることも推測され，顆粒膜細胞のコレステロール合成機能に関する多様性の検討も必要と考える．

3　エストロゲンの LHR 発現に関する作用

エストロゲンのレセプターである ERα と ERβ の発現に対するデータは，卵胞の顆粒膜細胞には ERβ が主に発現し，黄体には ERα が10倍ほど多く発現していることが報告されている．E_2の顆粒膜細胞に対する影響を見る目的で DES 前処置したラット卵巣を用いた培養系を用いた実験について解説する．この細胞培養系では，培地（medium）中に E_2の基質となるアンドロステロンを添加すると FSH により E_2産生は上昇するが，基質となるステロイドなしでは E_2上昇は見られない．この条件下で外よりの E_2添加により用量依存性に LH-R（*Lhcgr*）mRNA が増強し，添加後数日後が最大となる（図Ⅷ-34-4）．

このシステムでは，E_2単独での FSH-R に対する転写活性の増強を確認することはできなかった．一方，代謝に関しては，LH-R mRNA の半減期の実験で，エストロゲン存在下では mRNA の代謝が遅れることが示されたので，エストロゲンが LH-R mRNA の代謝を遅らせることで増加させるメカニズムが明らかとなった．

以前より，LH-R mRNA の変化は，LH の作用によって著しく減少する，いわゆる mRNA

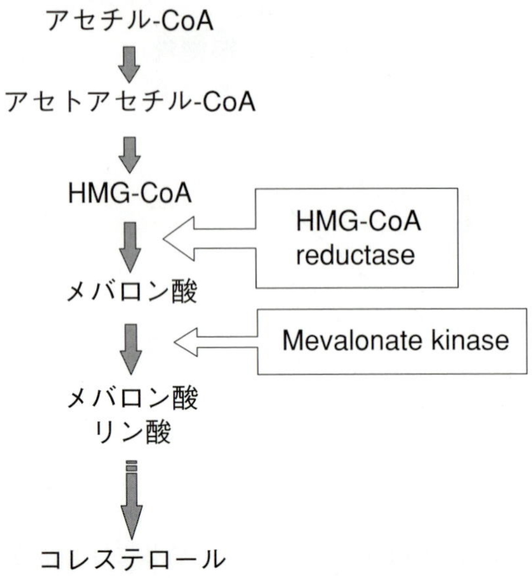

図Ⅷ-34-5．コレステロール合成系とメバロン酸キナーゼ（Mevalonate kinase, Mvk）

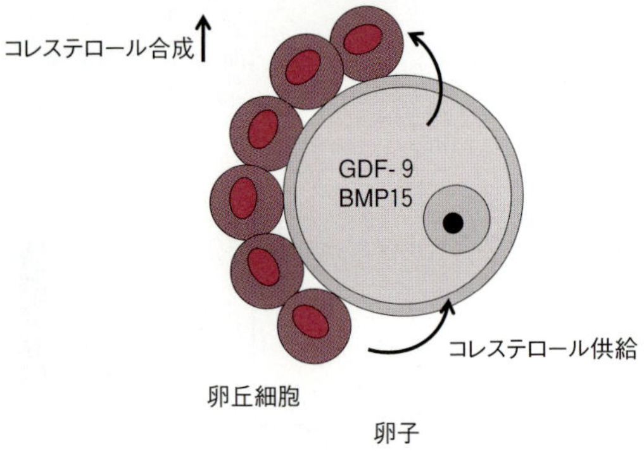

図Ⅷ-34-6．卵のコレステロール起源

卵子は，GDF-9 と BMP-15を分泌し近接する顆粒膜細胞（cumulus cell）のコレステロール合成に必要とされる酵素群を誘導し，顆粒膜細胞からコレステロール供給を受けている．

レベルでの脱感作（down regulation）機構の存在も知られていた．その際に変化するタンパクを単離できれば，*LH-R* mRNA との関係が判明するため，アメリカのグループはこの時期の卵巣よりタンパクを抽出して，*LH-R* mRNA に結合するタンパクを分離し同定した．同定されたタンパクは，メラボネートキナーゼ（MvK）というコレステロール合成に関わる酵素であった（Nair et al, 2008；Wang et al, 2007）．図Ⅷ-34-5 に示すように，MvK は Acetyl-Co-A からコレステロール合成系のうちで作用する．そこで我々は，MvK とエストロゲンの関わりを *LH-R* mRNA に対する作用を通して検討した．その結果，エストロゲン添加は MvK の減少を引き起こし，同時に *LH-R* mRNA の増加が観察された．この結果をさらに確認するために，MvKcDNA をクローニングして発現ベクターを用いて顆粒膜細胞に発現させると *LH-R* mRNA の減少が観察された．これらの結果は，MvK が *LH-R* mRNA に結合して代謝を促進するとする報告と一致するものであり，エストロゲンが MvK の発現調節をすることで *LH-R* mRNA の代謝に作用することが明らかとなった（Ikeda et al, 2008）．

MVK が顆粒膜細胞 LH-R の発現に E_2 の作用下に重要な働きをすることが理解できたが，コレステロール合成が顆粒膜細胞において活発に行われているというデータは少なく，前述したごとく，コレステロールでは，外部から取り込み，細胞内移動に適した環境がゴナドトロピンによって整っていることを示した．血管系に近接する細胞においては，血中のコレステロールが材料として供給されるが，LH レセプターが発現してくるような発育した卵胞の中心部ではコレステロールの合成が細胞維持のために必要とされ，合成系の酵素群が産生され，この一環として MvK のタンパクの存在も予測されるものである．

さらに，卵子と卵丘細胞の相互作用の検討から卵子の受精後の胚形成に卵子に存在するコレステロールが必要である．このコレステロールは卵子で合成されるのではなく，顆粒膜細胞で合成されこれが卵子に供給される経路があることが示された（Su et al, 2008）（図Ⅷ-34-6）．つまり，顆粒膜細胞である卵丘細胞は，卵からのシグナルによりコレステロール合成が誘導され，これが卵子に供給されるということである．このことは，卵丘細胞でのMvKが上昇し，LH-Rの発現を抑制することが考えられるが，実際に，卵丘細胞のLH-R発現が抑制されている．卵丘細胞の制御に関しては他項を参照していただきたいが，ゴナドトロピンレセプター発現とコレステロール代謝が関連することを理解した上で，検討を行うことにより興味深い知見が得られると考えられる．

まとめ

下垂体より分泌されるゴナドトロピンは卵巣におけるエストロゲン産生を制御する．この産生されたエストロゲンは，中枢にフィードバックして，GnRHの分泌を制御することでゴナドトロピンの分泌を正負両方にコントロールしている．一方，卵巣局所では，エストロゲンは，ゴナドトロピン受容体の増減に強く影響を与えることで，ゴナドトロピンに対する卵胞の感受性をコントロールしている．エストロゲンとゴナドトロピンの制御の関係は，その相互作用のメカニズムが大切であり，さらに時間的流れの中で理解をすると，卵胞の成熟のために，巧妙に進行していることが理解される．今後，卵胞成熟と関連して卵子自体の成熟のメカニズムが解き明かされることが期待される．

（峯岸　敬）

引用文献

Abel MH, Huhtaniemi I, Pakarinen P, et al (2003) Age-related uterine and ovarian hypertrophy in FSH receptor knockout and FSHbeta subunit knockout mice, *Reproduction*, 125 ; 165-173.

Aoki H, Okada T, Mizutani T, et al (1997) Identification of two closely related genes, inducible and noninducible carbonyl reductases in the rat ovary, *Biochem Biophys Res Commun*, 230 ; 518-523.

Dong J, Albertini DF, Nishimori K, et al (1996) Growth differentiation factor-9 is required during early ovarian folliculogenesis, *Nature*, 383 ; 531-535.

Ikeda S, Nakamura K, Kogure K, et al (2008) Effect of estrogen on the expression of luteinizing hormone-human chorionic gonadotropin receptor messenger ribonucleic acid in cultured rat granulosa cells, *Endocrinology*, 149 ; 1524-1533.

Jorgez CJ, Klysik M, Jamin SP, et al (2004) Granulosa cell-specific inactivation of follistatin causes female fertility defects, *Mol Endocrinol*, 18 ; 953-967.

Kishi H, Minegishi T, Tano M, et al (1998) The effect of activin and FSH on the differentiation of rat granulosa cells, *FEBS Lett*, 422 ; 274-278.

Klinger FG, De Felici M (2002) In vitro development of growing oocytes from fetal mouse oocytes : stage-specific regulation by stem cell factor and granulosa cells, *Dev Biol*, 244 ; 85-95.

Minegishi T, Kishi H, Tano M, et al (1999) Control of FSH receptor mRNA expression in rat granulosa cells by 3',5'-cyclic adenosine monophosphate, activin, and follistatin, *Mol Cell Endocrinol*, 149 ; 71-77.

Mizutani T, Sonoda Y, Minegishi T, et al (1997) Cloning, characterization, and cellular distribution of rat scavenger receptor class B type I (SRBI) in the ovary, *Biochem Biophys Res Commun*, 234 ; 499-505.

Mizutani T, Sonoda Y, Minegishi T, et al (1997) Molecular cloning, characterization and cellular distribution of rat steroidogenic acute regulatory protein (StAR) in the ovary, *Life Sci*, 61 ; 1497-1506.

Nair AK, Young MA, Menon KM (2008) Regulation of luteinizing hormone receptor mRNA expression by mevalonate kinase--role of the catalytic center in mRNA recognition, *FEBS J*, 275 ; 3397-3407.

Nakamura M, Nakamura K, Igarashi S, et al (1995) Interaction between activin A and cAMP in the induction of FSH receptor in cultured rat granulosa cells, *J Endocrinol*, 147 ; 103-110.

Otsuka F, Yamamoto S, Erickson GF, et al (2001) Bone morphogenetic protein-15 inhibits follicle-stimulating hormone (FSH) action by suppressing FSH receptor expression, *J Biol Chem*, 276 ; 11387-11392.

Packer AI, Hsu YC, Besmer P, et al (1994) The ligand of the c-kit receptor promotes oocyte growth, *Dev Biol*, 161 ; 194-205.

Rajkovic A, Pangas SA, Ballow D, et al (2004) NOBOX

deficiency disrupts early folliculogenesis and oocyte-specific gene expression, *Science*, 305 ; 1157-1159.
Rannikko A, Pakarinen P, Manna PR, et al (2002) Functional characterization of the human FSH receptor with an inactivating, Ala189Val mutation, *Mol Hum Reprod*, 8 ; 311-317.
Soyal SM, Amleh A, Dean J (2000) FIGalpha, a germ cell -specific transcription factor required for ovarian follicle formation, *Development*, 127 ; 4645-4654.
Su YQ, Sugiura K, Wigglesworth K, et al (2008) Oocyte regulation of metabolic cooperativity between mouse cumulus cells and oocytes : BMP-15 and GDF9 control cholesterol biosynthesis in cumulus cells, *Development*, 135 ; 111-121.
Wang L, Nair AK, Menon KM (2007) Ribonucleic acid binding protein-mediated regulation of luteinizing hormone receptor expression in granulosa cells : relationship to sterol metabolism, *Mol Endocrinol*, 21 ; 2233-2241.

VIII-35

卵・卵丘細胞複合体

Key words
ヒアルロン酸／EGF like factor／Toll like receptor／卵子減数分裂／受精

はじめに

排卵刺激後，卵子は減数分裂を再開し，受精可能な第二減数分裂中期に進行し，卵管へと排卵される．この時，ヒアルロン酸を合成・分泌し，細胞間に蓄積させ膨化した卵丘細胞層も卵子とともに卵管へと排出される．この卵丘細胞の機能は，不明な点が多かったが，最近のマイクロアレイ解析の結果から，卵子の減数分裂の制御のみでなく，受精にも重要な役割を果たしていることが明らかとなってきた．本節では，排卵期における卵丘細胞の機能的変化が起こるしくみと，その生理的役割について紹介する．

1 卵丘細胞の起源

卵胞刺激ホルモン（FSH）の作用により卵胞腔が形成される過程で，顆粒膜細胞が卵胞膜を裏打ちする細胞層（顆粒膜細胞）と卵子を覆う細胞層へと分化し，その後者が卵丘細胞である．最近，卵胞内膜を構成する莢膜細胞の幹細胞が単離された（Honda et al, 2007）が，顆粒膜細胞の幹細胞に関してはその報告はない．しかし，胚性幹細胞（ES 細胞）や胎児の皮膚由来幹細胞から卵子を再生（新生）することに成功した研究報告において，その再生（新生）された卵子の周囲には卵丘細胞様の細胞層が付着していることから，卵丘細胞の成立に卵子が関与していることが推察される（Hübner et al, 2003；Dyce et al, 2006）．

卵子が分泌する GDF9 や BMP15は，卵丘細胞に作用し，Smad2/3 および Smad1/5/8 系が活性化し， Smad4 との複合体を形成する結果，標的遺伝子の発現を上昇させる（Chang et al, 2002；Shimasaki et al, 2004）．この *Smad 4* 遺伝子欠損マウスでは，卵丘細胞が認められない．さらに，卵胞から回収した卵丘細胞卵子複合体から卵丘細胞を除去し，その裸化卵子を顆粒膜細胞と共培養すると，顆粒膜細胞は卵子に付着し，卵丘細胞卵子複合体が再形成される（Diaz et al, 2007）．これらのことから，卵子分泌因子が卵丘細胞の誕生および機能に重要な役割を果たしていると考えられる．

2 卵胞発育過程における卵丘細胞の機能

(A) 卵丘細胞の増殖

小さな胞状卵胞から FSH 依存的に卵胞が発育する過程において，卵丘細胞の増殖活性も高まる（Hernandez-Gonzalez et al, 2006）．卵子に付着する卵丘細胞の層数により卵丘細胞卵子複合体を区分すると，その卵子の発生能は層数と正の比例関係にある（Hashimoto et al, 1998）こと，顆粒膜細胞では発現しない因子を特異的に合成・分泌する機能を有すること，排卵期の顆粒膜細胞から分泌される因子の受容体が卵子ではなく卵丘細胞に発現することから，十分な数の卵丘細胞が卵子に付着することが卵子成熟に必要であると推察される（Hernandez-Gonzalez et al, 2006）．この卵丘細胞の増殖メカニズムは，Cyclin D2（*Ccnd2*）遺伝子欠損マウスでは不十分なこと（Sicinski et al, 1996），FSH＋エストロゲン添加によりBrdU取り込み量が増加すること（Robker, Richards, 1998）から，顆粒膜細胞の増殖と同様にFSH，エストロゲンによるCyclin D2発現に依存すると考えられる．

(B) 卵丘細胞と卵子の代謝活性

排卵前卵胞へと卵胞が発育する過程で卵丘細胞の糖代謝活性の上昇も認められる．卵胞発育過程の卵丘細胞で発現する遺伝子のマイクロアレイ解析により，解糖に関わる酵素をコードする遺伝子のほぼすべての発現が有意に上昇していることが明らかとなっている（Sugiura et al, 2005；Hernandez-Gonzalez et al, 2006）．未成熟な卵子自身は解糖系を有していないため，卵子はグルコースを栄養源として利用できず，卵丘細胞から送られる代謝産物にエネルギー生産を依存している（Downs, Mastropolo, 1994）．つまり，卵胞発育，成熟期における卵子の成長は，卵丘細胞における代謝機能の向上に依存していると考えられる．この卵子への代謝物の輸送は，卵丘細胞卵子間のギャップジャンクション（ギャップ結合）を介して行われ（図Ⅷ-35-1），このギャップジャンクションの機能が欠損したマウスでは，卵子の発達に異常が生じ，不妊となる（Simon et al, 1997）．また，このギャップジャンクションを介して，栄養源のみでなく，卵子の減数分裂を第一減数分裂前期で停止させるcAMP（サイクリックAMP）も卵子へと供給されている（図Ⅷ-35-1，Shimada, Terada, 2002）．このことは，卵胞発育過程においては，卵子の減数分裂再開を停止させ，その間に卵丘細胞から卵子へと栄養源やその他の卵子成熟（減数分裂再開と受精後の発生能を向上させること）を促進する因子が供給される結果，卵子に排卵刺激に対する準備を促していると示唆される．この卵丘細胞による補助の一つに卵子のグルタチオン合成・蓄積がある．卵子内のグルタチオン蓄積量が十分であることは，受精後の雄性前核形成率や胚発生能を高めるために必須であり，これはグルタチオンの抗酸化作用によるものと考えられている（Sawai et al, 1997）．

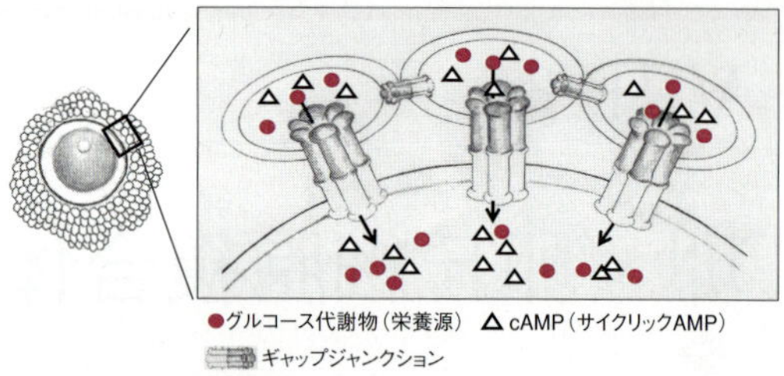

図Ⅷ-35-1．卵丘細胞卵子複合体における卵子卵丘細胞間および卵丘細胞間ギャップジャンクション

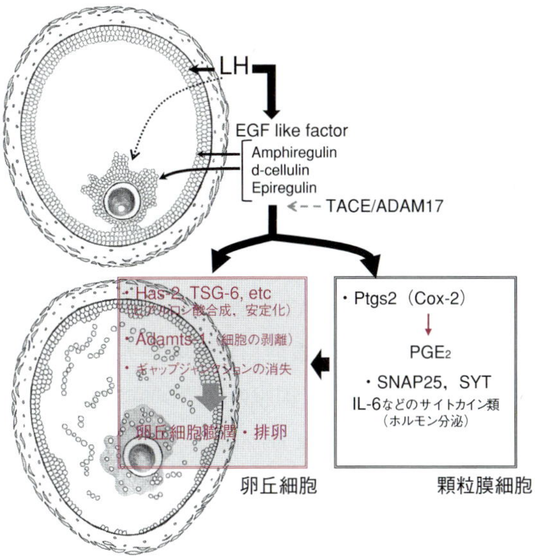

図Ⅷ-35-２．排卵過程における顆粒膜細胞由来分泌因子と卵丘細胞の機能的変化

3 排卵過程における卵丘細胞の機能的変化

(A) 卵丘細胞の膨潤誘起

排卵刺激（LH サージ）により卵子は減数分裂を再開し，受精可能な第二減数分裂中期に進行する．この第二減数分裂中期に進行した卵子は，膨化した卵丘細胞層（ヒアルロン酸を主成分とする細胞外マトリクスが卵丘細胞間に蓄積した形態で**卵丘細胞の膨潤**と呼ばれる）とともに卵管へと排卵され，受精するが，その過程においても卵丘細胞は重要な役割を担っている(Richards et al, 2008)．

排卵刺激ホルモン（LH）に対する受容体は，卵子にはまったく存在しない．マウスやウシの卵丘細胞においては，ほとんどない，あるいはその発現量が著しく低いが，ラット，ブタ，ヒトでは十分量発現しているなど，その卵丘細胞における発現パターンは動物種により大きく異なる．マウスやウシの LH 受容体（LHR, *Lhegr*）は，主に顆粒膜細胞に発現し，LH サージによりさまざまな因子が分泌され，それらが卵丘細胞を刺激する結果，卵子は減数分裂を再開し，排卵されることが明らかとなってきた（図Ⅷ-35-2，Shimada et al, 2006a ; b）．

COX-2 はアラキドン酸からプロスタグランジン E2（PGE2）を合成する酵素で，LH サージにより顆粒膜細胞で発現が上昇する(Sirois, Richards, 1992)．この PGE2 が作用する受容体（EP2）は，卵子には存在せず，卵丘細胞に発現しているが，EP2 欠損マウスや COX-2 欠損マウスでは，卵丘細胞の膨潤のみでなく，卵子の減数分裂進行も抑制される（Kennedy et al, 1999 ; Lim et al, 1997）．すなわち，卵胞成熟期に EP2 は卵丘細胞に十分に発現しており，これが活性化されることによりヒアルロン酸合成酵素やヒアルロン酸結合タンパク質の発現が誘導され，卵丘細胞の膨潤が生じる（Ochsner et al, 2003）．また，卵丘細胞の PGE2-EP2 系は，卵子内の AKT/PKB 活性を上昇させ，減数分裂再開を誘導することも知られている（Takahashi et al, 2006）．

(B) EGF like factor の役割

EGF like factor である Amphiregulin，Epiregulin および β-Cellulin もまた LH サージにより顆粒膜細胞で発現する因子であり，その受容体である EGF（EGFR）受容体は卵子にはなく，卵丘細胞に発現している(Park et al, 2004)．EGF like factor は，排卵直前卵胞の体外培養系において，LH と同様にその単独の添加により卵子減数分裂再開が誘起されること，EGF 受容体

卵丘細胞の膨潤：ヒアルロン酸合成酵素には，HAS1，HAS2，HAS3 があるが，卵丘細胞では長鎖ヒアルロン酸を合成する HAS2 が発現する．合成されたヒアルロン酸は，ヒアルロン酸結合タンパク質である inter-α-trypsin inhibitor（IaI）と結合する．この IaI は，血清成分であり，血清無添加培地で培養した卵丘細胞卵子複合体では，十分な膨潤が認められない原因となっている．IaI とヒアルロン酸の複合体は TSG6 と結合し，さらに PTX3 と結合する．このような複合体を形成することにより分子量100万を超えるヒアルロン酸が卵丘細胞間に安定的に蓄積される．

の変異マウスは，排卵不全，卵丘細胞の膨潤不全，卵子の減数分裂再開不全を呈することから，LH サージの作用を卵丘細胞に伝達する最も重要な因子であると考えられている（Hsieh et al, 2007）．また，卵丘細胞における EGF 受容体の発現は卵胞成熟期に増大し，排卵期に発現，分泌される **EGF like factor** により活性化した受容体は，Ras タンパク質を介して ERK1/2 を活性化する．それにより COX-2 をコードする *Ptgs 2* の遺伝子発現が上昇する結果，卵丘細胞の膨潤が誘起される（Fan et al, 2008）．

(C) サイトカイン類の分泌とその役割

サイトカイン類もまた排卵過程で顆粒膜細胞が分泌し，それらの受容体が卵丘細胞に発現している（Shimada et al, 2007）．機能が未知なものが多いが，最近 IL-6 の重要性が明らかとなってきた．IL-6 などのサイトカイン類は，細胞膜貫通部位を持たないため，**エキソサイトーシス**により分泌される．これは，合成された IL-6 が分泌顆粒内に蓄えられ，この分泌顆粒が Ca^{2+} 依存的に細胞膜と結合し，開裂することにより誘起されるメカニズムである．顆粒膜細胞内の分泌顆粒には，Ca^{2+} センサータンパク質である Synaptotagmin（Syt）が存在し，細胞膜に局在する SNAP25 と結合すること，*Snap25* siRNA によるノックダウンは顆粒膜細胞のサイトカイン分泌を抑制することから，排卵過程の顆粒膜細胞によるサイトカイン類の分泌は，Ca^{2+} 依存的なエキソサイトーシス機構に依存していることがわかる（Shimada et al, 2007）．分泌された IL-6 は，卵丘細胞に発現する IL-6 受容体に結合する．IL-6 受容体は二量体であり，IL6 receptor と GP130 からなり，卵丘細胞では卵胞成熟期に発現が上昇する．活性化した受容体では JAK が活性化し，その結果，転写因子である STAT 類がリン酸化され，核内移行する．卵丘細胞における STAT の標的遺伝子は不明な点が多いが，IL-6 の添加によりヒアルロン酸合成が促進され，卵丘細胞の膨潤が起こることが知られている（Liu et al, 2008）．

(D) 卵丘細胞における LH 受容体の発現の種差とその機能

ラットやブタにおいては，卵胞成熟期に卵丘細胞にも LH 受容体（LHR, *Lhcgr*）が発現することから，卵丘細胞は LH サージの刺激を直接感受することができる（Shimada et al, 2003）．ブタの卵丘細胞において，同一遺伝子からスプライシングの違いにより少なくとも 4 種類の *Lhcgr* mRNA が発現するが，完全長型の *Lhcgr* mRNA が機能的な LH 受容体をコードしている（Kawashima et al, 2008）．体外培養系において，直径 3 - 5 mm 程度の胞状卵胞から回収した卵丘細胞卵子複合体は LH に対する感受性を有さないが，それを FSH 添加培地で培養することにより *Lhcgr* mRNA が発現し，機能的な LH 受容体を有する卵丘細胞へと変化させることができる（Shimada et al, 2003）．ラットにおいても eCG 投与48時間後の十分成熟した胞状卵胞（排

EGF like factor：EGF 受容体 family（ErbB family）の高い親和性を有する EGF domain を持つ成長因子群であり，膜内在性前駆体として合成される．これまで，11種類が報告されており，そのうち排卵期の顆粒膜細胞では，amphiregulin, β-cellulin, epiregulin の発現が上昇する．これらは，ADAM17や ADAM10などのプロテアーゼにより細胞外部位の EGF domain が切り出され，標的細胞の ErbB1（EGF 受容体）に作用する．

エキソサイトーシス：Ca^{2+} 依存的な制御系エキソサイトーシスと Ca^{2+} 非依存的な構造性エキソサイトーシスに分類される．前者は，分泌顆粒に存在する synaptotagmin（Syt）family が Ca^{2+} 依存的に細胞膜に局在する SNAP25と結合することにより，分泌顆粒が開裂することにより生じる．後者は，Ca^{2+} 結合部位を有さない Syt3 や Syt7 と SANP 23を介する開裂様式である．排卵期には，SNAP25と Syt1 の発現が有意に上昇し，Ca^{2+} 依存的な制御系エキソサイトーシス機構が活性化する．

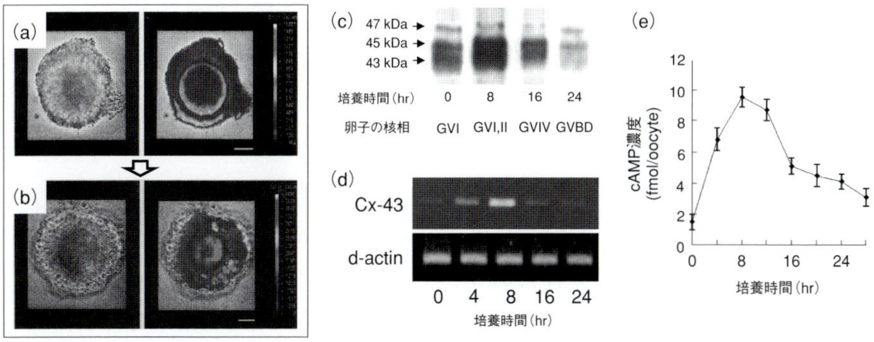

図Ⅷ-35-3．ブタ卵丘細胞卵子複合体におけるギャップ結合の閉鎖と卵子減数分裂再開，

（a,b）卵胞から回収した直後（a）あるいはFSH添加培地で16時間培養後（b）のブタ卵子にルシファーイエローを注入し卵丘細胞への移行の検出した蛍光像
（c）卵丘細胞のCX-43のwestern blotting解析と卵子の減数分裂再開
（d）卵丘細胞に発現する*Cx-43* mRNAのRT-PCR解析
（e）ブタ卵子内のcAMP量の変化

卵直前卵胞）から回収した卵丘細胞には機能的なLH受容体が発現すること，LHのみの添加により卵丘細胞の膨潤が生じることが知られている（Bukovsky et al, 1993）．ヒトにおいても，卵丘細胞卵子複合体をFSHのみ添加した培地あるいはFSHにLHを添加した培地で培養した時，卵丘細胞によるプロゲステロン生産量に有意な差があることから，機能的なLH受容体が発現していると推察される（Sato et al, 2007）．したがって，ラット，ブタ，ヒトにおいては，LHの刺激により卵丘細胞が膨潤を誘導されるが，EGF受容体やPGE2受容体，サイトカイン類の受容体も他の動物種と同様に発現し，顆粒膜細胞からの分泌因子とLHが協調して作用している（Kawashima et al, 2008）．

4 卵丘細胞の卵子減数分裂再開制御機構

（A）卵丘細胞・卵子間のギャップジャンクション

前述のように，卵丘細胞間および卵丘細胞卵子間は，ギャップジャンクションにより物質輸送がなされている（図Ⅷ-35-1）．ギャップジャンクションは，コネキシン（Cx,connexin）の六量体で形成され，卵丘細胞間はCx-43が（Shimada et al, 2001），卵丘細胞卵子間はCx-37が主な構成因子である（Simon et al, 1997）．図Ⅷ-35-3（a）は，卵子にルシファーイエローを注入し，移行した蛍光色素を観察した結果であるが，培養前のブタ卵丘細胞卵子複合体では外層の卵丘細胞にまで完全に移行するが，培養16時間後では外層でシグナルが認められない（Isobe et al, 1998）．つまり，外層の卵丘細胞間ギャップジャンクションが，卵子の減数分裂再開直前に閉鎖する．この外層におけるギャップジャンクションの閉鎖は，図Ⅷ-35-3（b）のウエスタンブロッティングおよび図Ⅷ-35-3（c）のRT-PCRの結果から，Cx-43の分解と，*Cx-43*（*Gjp1*）mRNAの転写抑制によるものであることがわかる．さらに，Cx-43の分解および転写抑制により，卵子内に移行するcAMP量が低下する（図Ⅷ-35-3(d)）．また，卵丘細胞を除去し，卵丘細胞から卵子への物質輸送を人為的に破壊すると卵子の減数分裂再開が促進されることから，卵丘細胞が卵子の減数分裂再開を抑制し，その解除（ギャップジャンクションの閉鎖）が減数分裂再開誘起シグナルとなっていると考えられる．

一方，マウスやラットにおいては，卵子のアデニールサイクラーゼ活性依存的なcAMP生産が減数分裂再開を抑制していることが報告されている（Hinckley et al, 2005）．しかし，排卵刺激期によりただちにすべてのギャップジャンクションが閉鎖すること（Granot, Dekel, 1994），卵胞発育・成熟期における卵丘細胞の代謝活性の上昇が卵子の減数分裂再開を抑制することから（Downs, Mastropolo, 1994），卵丘細胞からの抑制シグナルの解除も卵子の減数分裂再開に必要と推察される．

(B) 卵丘細胞が分泌する卵子減数分裂再開誘起因子

排卵期に卵丘細胞が卵子の減数分裂再開促進因子を合成，分泌するという報告もある（Byskov et al, 1995）．マウス卵丘細胞卵子複合体を24時間培養したコンディション培地には，卵子の減数分裂再開を促進する因子が含まれているが，70℃の加熱処理ではこの作用は失活しない．このことから，卵子減数分裂再開促進因子はステロイドであると考えられ，その候補としてcholesterol生合成経路の中間体であり，cytochrome P450 enzymeである14α-demethylase（CYP51）のジメチル化作用によりlanosterolから合成されるFF-MASが見つけられた（Byskov et al, 1995）．実際にFF-MASの添加はマウスの裸化卵子の減数分裂再開を濃度依存的に促進するが，卵丘細胞の付着した卵子においては，FF-MASのみの刺激では卵子の減数分裂再開が誘起されないこと，卵子の受容体が不明であることから，FF-MASの生理的な役割については，さらなる検証が必要である．

5 卵丘細胞と受精との関係

(A) 卵丘細胞の膨潤と受精

排卵後の卵丘細胞卵子複合体は膨潤状態を維持しているが，卵丘細胞卵子間のギャップジャンクションは消失しているため，その直接的関係は認められない．さらに体外受精において，卵丘細胞を除去した裸化卵子においても精子の進入が認められることから，受精過程において卵丘細胞の存在は，必要充分条件ではないと考えられてきた．しかしながら，卵丘細胞の膨潤が特異的に抑制されるTSG-6，Pentraxin-3，およびinter-α-trypsin inhibitorの遺伝子欠損マウスは，排卵数の低下と受精障害を引き起こすことから，卵丘細胞の膨潤は排卵のみならず受精においても重要な機能を有していると考えられる（Fülöp et al, 2003；Salustri et al, 2004；Zhuo et al, 2001）．

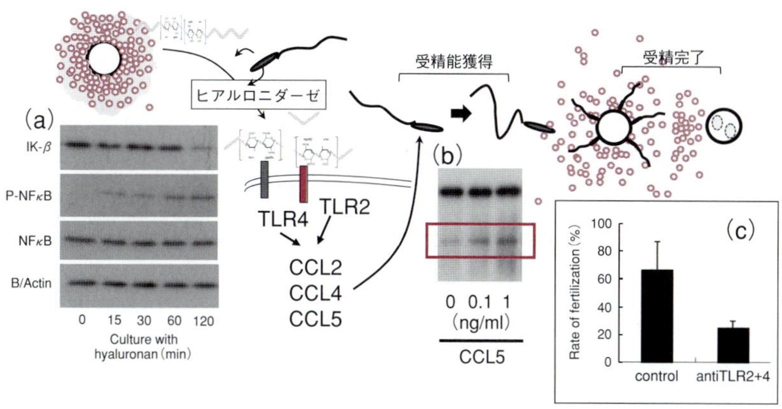

図Ⅷ-35-4．マウス卵子の体外受精時に生産される短鎖ヒアルロン酸の役割

(a) 短鎖ヒアルロン酸が卵丘細胞に発現するTLRを介して細胞内のシグナル伝達系を活性化する．
(b) 分泌されたケモカインが精子に作用し，受精能獲得の指標となる精子タンパク質のチロシン残基のリン酸化を促進する．
(c) 体外受精系へのTLR2とTLR4に対する中和抗体の添加が，受精率を減少させる．

(B) 卵丘細胞のTLR系による受精制御機構

排卵後の卵管内における卵丘細胞のマイクロアレイ解析のデーターベースから，免疫機能を司る細胞に発現する遺伝子が多数認められる (Hernandez-Gonzalez et al, 2006；Shimada et al, 2006 b)．特に，初期免疫に関わる，細菌などの異物を認識するToll like receptor (TLR)，TLR type 4 (TLR4) と結合するCD14やC1q，下流シグナル伝達因子であるMYD88，IRF-3が発現していることから，卵丘細胞が初期免疫機能を有していると推察される (Shimada et al, 2006b)．最近，初期免疫機能は，体内に侵入した異物に対して作用するのみでなく，組織が損傷し自己が変成したことに対しても機能することがわかってきた．すなわち，組織の損傷時には，細胞外マトリクスが断片化するが，この断片化したヒアルロン酸をマクロファージのTLR2やTLR4が認識し，サイトカインやケモカイン類を分泌する (Jiang et al, 2005)．図Ⅷ-35-4が示すように，受精過程において卵丘細胞間に蓄積したヒアルロン酸が分解されるが，この分解により生じるヒアルロン酸断片の分子量は10kDa程度であり，卵丘細胞のTLR2とTLR4がこの断片化したヒアルロン酸を認識することが明らかとなった．その結果，IKβの分解とNFkB,p38MAP kinaseおよびERK1/2のリン酸化が誘起され，CCL2やCCL4，CCL5などのケモカイン類が発現，分泌される．さらに，これらケモカイン類の受容体は精子に発現し，卵丘細胞が分泌したケモカイン類により精子の運動性が向上し，運動性の高まった精子が卵子の透明帯に結合し，先体反応を起こし，精子は卵子細胞膜に到達することが示された (Shimada et al, 2008)．体内の受精におけるTLR系の役割は不明であるが，ヒトの体外受精過程においてもケモカイン類の分泌が認められること，分泌量と受精率に相関が認められることから，卵丘細胞のTLR系がさまざまな動物種において受精を調節していることが推察される（Shimada et al, 2008）．

まとめ

卵丘細胞は，卵子に付着し，ギャップジャンクションを介して卵子の機能をコントロールしている．さらに，顆粒膜細胞や内莢膜細胞とは異なり，黄体化することなく，卵子とともに卵管へと排卵される．しかし，顆粒膜細胞や内莢膜細胞に比較して，卵丘細胞の細胞数が少ないこと，遺伝子導入が困難であることなどから，これまで十分な研究がなされてこなかった．本節で紹介した最近のマイクロアレイ解析や遺伝子欠損マウスを用いた研究により，排卵過程の卵子の機能を制御することが明らかとされつつある．特に，顆粒膜細胞や内莢膜細胞からの指令を卵子に伝達する媒体となることや，反対に卵子が分泌する因子によりその特異性を発揮するなど，その機能が周辺の環境により複雑に支配されているなど興味深い点が多い．卵丘細胞の機能を詳細に解析することは，体内における卵子成熟機構の解明のみならず，未成熟卵子の体外成熟培養技術の改良にも大きく貢献すると考えられる．

（島田昌之・宇津宮隆史・森　崇英）

引用文献

Bukovský A, Chen TT, Wimalasena J, et al (1993) Cellular localization of luteinizing hormone receptor immunoreactivity in the ovaries of immature, gonadotropin-primed and normal cycling rats, *Biol Reprod*, 48 ; 1367-1382.

Byskov AG, Andersen CY, Nordholm L, et al (1995) Chemical structure of sterols that activate oocyte meiosis, *Nature*, 374 ; 559-562.

Chang H, Brown CW, Matzuk MM (2002) Genetic analysis of the mammalian transforming growth factor-beta superfamily, *Endocr Rev*, 23 ; 787-823.

Diaz FJ, Wigglesworth K, Eppig JJ (2007) Oocytes are required for the preantral granulosa cell to cumulus cell transition in mice, *Dev Biol*, 305 ; 300-311.

Downs SM, Mastropolo AM (1994) The participation of energy substrates in the control of meiotic maturation in murine oocytes, *Dev Biol*, 162 ; 154-168.

Dyce PW, Wen L, Li J (2006) In vitro germline potential of stem cells derived from fetal porcine skin, *Nat Cell Biol*, 8 ; 384-390.

Fan HY, Shimada M, Liu Z, et al (2008) Selective expression of KrasG12D in granulosa cells of the mouse ovary causes defects in follicle development and ovulation, *Development*, 135 ; 2127-2137.

Fülöp C, Szántó S, Mukhopadhyay D, et al (2003) Impaired cumulus mucification and female sterility in tumor necrosis factor-induced protein-6 deficient mice, *Development*, 130 ; 2253-2261.

Granot I, Dekel N (1994) Phosphorylation and expression of connexin-43 ovarian gap junction protein are regulated by luteinizing hormone, *J Biol Chem*, 269 ; 30502-30509.

Hashimoto S, Saeki K, Nagao Y, et al (1998) Effects of cumulus cell density during in vitro maturation of the developmental competence of bovine oocytes, *Theriogenology*, 49 ; 1451-1463.

Hernandez-Gonzalez I, Gonzalez-Robayna I, Shimada M, et al (2006) Gene expression profiles of cumulus cell oocyte complexes during ovulation reveal that cumulus cells exhibit a diverse array of neuronal and immune-like functional activities : Are these cells multipotential? *Mol Endocrinol*, 20 ; 1300-1321.

Hinckley M, Vaccari S, Horner K, et al (2005) The G-protein-coupled receptors GPR3 and GPR12 are involved in cAMP signaling and maintenance of meiotic arrest in rodent oocytes, *Dev Biol*, 287 ; 249-261.

Honda A, Hirose M, Hara K, et al (2007) Isolation, characterization, and in vitro and in vivo differentiation of putative thecal stem cells, *Proc Natl Acad Sci USA*, 104 ; 12389-12394.

Hsieh M, Lee D, Panigone S, et al (2007) Luteinizing hormone-dependent activation of the epidermal growth factor network is essential for ovulation, *Mol Cell Biol*, 27 ; 1914-1924.

Hübner K, Fuhrmann G, Christenson LK, et al (2003) Derivation of oocytes from mouse embryonic stem cells, *Science*, 300 ; 1251-1256.

Isobe N, Maeda T, Terada T (1998) Involvement of meiotic resumption in the disruption of gap junctions between cumulus cells attached to pig oocytes, *J Reprod Fertil*, 113 ; 167-172.

Jiang D, Liang J, Fan J, et al (2005) Regulation of lung injury and repair by Toll-like receptors and hyaluronan, *Nat Med*, 11 ; 1173-1179.

Kawashima I, Okazaki T, Noma N, et al (2008) Sequential exposure of porcine cumulus cells to FSH and/or LH is critical for appropriate expression of steroido-

genic and ovulation-related genes that impact oocyte maturation in vivo and in vitro, *Reproduction*, 136 ; 9-21.
Kennedy CR, Zhang Y, Brandon S, et al (1999) Salt-sensitive hypertension and reduced fertility in mice lacking the prostaglandin EP2 receptor, *Nat Med*, 5 ; 217-220.
Lim H, Paria BC, Das SK, et al (1997) Multiple female reproductive failures in cyclooxygenase 2-deficient mice, *Cell*, 91 ; 197-208.
Liu Z, Shimada M, Richards JS (2008) The involvement of the Toll-like receptor family in ovulation, *J Assist Reprod Genet*, 25 ; 223-228.
Ochsner SA, Russell DL, Day AJ, et al (2003) Decreased expression of tumor necrosis factor-alpha-stimulated gene 6 in cumulus cells of the cyclooxygenase-2 and EP2 null mice, *Endocrinology*, 144 ; 1008-1019.
Park JY, Su YQ, Ariga M, et al (2004) EGF-like growth factors as mediators of LH action in the ovulatory follicle, *Science*, 303 ; 682-684.
Richards JS, Liu Z, Shimada M (2008) Immune-like mechanisms in ovulation, *Trends Endocrinol Metab*, 19 ; 191-196.
Robker RL, Richards JS (1998) Hormone-induced proliferation and differentiation of granulosa cells : a coordinated balance of the cell cycle regulators cyclin D2 and p27Kip1, *Mol Endocrinol*, 12 ; 924-940.
Salustri A, Garlanda C, Hirsch E, et al (2004) PTX3 plays a key role in the organization of the cumulus oophorus extracellular matrix and in in vivo fertilization, *Development*, 131 ; 1577-1586.
Sato C, Shimada M, Mori T, et al (2007) Assessment of human oocyte quality by cumulus cell morphology and circulating hormone profile, *Reprod BioMed Online*, 14 ; 49-56.
Sawai K, Funahashi H, Niwa K (1997) Stage-specific requirement of cysteine during in vitro maturation of porcine oocytes for glutathione synthesis associated with male pronuclear formation, *Biol Reprod*, 57 ; 1-6.
Shimada M, Maeda T, Terada T (2001) Dynamic changes of connexin-43, gap junctional protein, in outer layers of cumulus cells are regulated by PKC and PI 3-kinase during meiotic resumption in porcine oocytes, *Biol Reprod*, 64 ; 1255-1263.
Shimada M, Terada T (2002) Roles of cAMP in regulation of both MAP kinase and p34(cdc2) kinase activity during meiotic progression, especially beyond the MI stage, *Mol Reprod Dev*, 62 ; 124-131.
Shimada M, Nishibori M, Isobe N, et al (2003) LH receptor formation in cumulus cells surrounding porcine oocytes, and its role during meiotic maturation of porcine oocytes, *Biol Reprod*, 69 ; 1142-1149.
Shimada M, Nishibori M, Yamashita Y, et al (2004) Down-regulated expression of a disintegrin and metalloproteinase with thrombospondin-like repeats-1 by progesterone receptor antagonist is associated with impaired expansion of porcine cumulus-oocyte complexes, *Endocrinology*, 145 ; 4603-4614.
Shimada M, Hernandez-Gonzalez I, Gonzalez-Robayna I, et al (2006a) Paracrine and autocrine regulation of EGF-like factors in cumulus oocyte complexes (COCs) and granulosa cells : key roles for prostanglandin synthase 2 (Ptgs2) and progesterone receptor (Pgr), *Mol Endocrinol*, 20 ; 1352-1365.
Shimada M, Hernandez-Gonzalez I, Gonzalez-Robayna I, et al (2006b) Induced expression of pattern recognition receptors (PRRs) in cumulus oocyte complexes (COCs) : Novel evidence for immune-like functions during ovulation, *Mol Endocrinol*, 20 ; 3228-3239.
Shimada M, Yanai Y, Okazaki T, et al (2007) Synaptosomal-associated protein 25 gene expression is hormonally regulated during ovulation and is involved in cytokine/chemokine exocytosis from granulosa cells, *Mol Endocrinol*, 21 ; 2487-2502.
Shimada M, Yanai Y, Okazaki T, et al (2008) Hyaluronan fragments generated by sperm-secreted hyaluronidase stimulate cytokine/chemokine production via the TLR 2 and TLR4 pathway in cumulus cells of ovulated COCs, which may enhance fertilization, *Development*, 135 ; 2001-2011.
Shimasaki S, Moore RK, Otsuka F, et al (2004) The bone morphogenetic protein system in mammalian reproduction, *Endocr Rev*, 25 ; 72-101.
Sicinski P, Donaher JL, Geng Y, et al (1996) Cyclin D2 is an FSH-responsive gene involved in gonadal cell proliferation and oncogenesis, *Nature*, 384 ; 470-474.
Simon AM, Goodenough DA, Li E, et al (1997) Female infertility in mice lacking connexin 37, *Nature*, 385 ; 525-529.
Sirois J, Richards JS (1992) Purification and characterization of a novel, distinct isoform of prostaglandin endoperoxide synthase induced by human chorionic gonadotropin in granulosa cells of rat preovulatory follicles, *J Biol Chem*, 267 ; 6382-6388.
Sugiura K, Pendola FL, Eppig JJ (2005) Oocyte control of metabolic cooperativity between oocytes and companion granulosa cells : energy metabolism, *Dev Biol*, 279 ; 20-30.
Takahashi T, Morrow JD, Wang H, et al (2006) Cyclooxygenase-2-derived prostaglandin E(2)directs oocyte maturation by differentially influencing multiple signaling pathways, *J Biol Chem*, 281 ; 37117-37129.
Yamashita Y, Shimada M, Okazaki T, et al (2003) Production of progesterone from de novo-synthesized cholesterol in cumulus cells and its physiological role during meiotic resumption of porcine oocytes, *Biol Reprod*, 68 ; 1193-1198.
Zhuo, L, Yoneda, M, Zhao, M, et al (2001) Defect in SHAP-hyaluronan complex causes severe female infertility. A study by inactivation of the bikunin gene in mice, *J Biol Chem*, 276 ; 7693-7696.

VIII-36

卵胞発育と成熟の局所調節因子

Key words
IGF／インスリン／アクチビン／インヒビン／フォリスタチン／VEGF／アンジオポエチン／GnRH

はじめに

卵巣における卵胞発育や成熟は，視床下部-下垂体系からの内分泌的な調節と，卵巣内で局所的に機能する因子の調節を受けている．主要な調節因子はゴナドトロピンやステロイドホルモンであるが，卵胞の発育段階によっては必ずしもこれらの因子に依存しないことも知られている．卵胞発育を特徴づける顆粒層細胞の増殖・分化調節機構や卵胞の選抜機構については未だ不明な部分も多いが，近年，ゴナドトロピンやステロイドホルモンによる中枢的な役割に加えて，インスリン，インスリン様成長因子(IGF, insulin-like growth factor)，トランスフォーミング増殖因子－β (TGFβ, transforming growth factor-beta)ファミリー，血管内皮成長因子(VEGF, vascular endothelial growth factor)，骨形成タンパク質 (BMPs, bone morphogenetic proteins)，増殖分化因子 (GDF, growth differentiation factor)，ゴナドトロピン放出ホルモン (GnRH, gonadotropin-releasing hormone)など，多くの局所調節因子(群)の関与が報告されている．これらの因子は，ゴナドトロピンやステロイドホルモンの作用と相補的に機能することで，卵胞発育・成熟を調節していることが明らかになってきている．つまり，正常な卵胞発育・成熟は，「ゴナドトロピン」，「ステロイドホルモン」，「局所調節因子(群)」，これら三者による協調的作用によって支えられているといえる (図Ⅷ-36-1)．ゴナドトロピンやステロイドホルモンによる調節機構については他稿に譲り，本節では局所調節因子の中から(1)IGF・インシュリン，(2)アクチビン・インヒビン・フォリスタチン，(3)血管新生因子，(4)GnRH，をピックアップし，それらの卵胞発育・成熟過程における局所的作用について概説する．

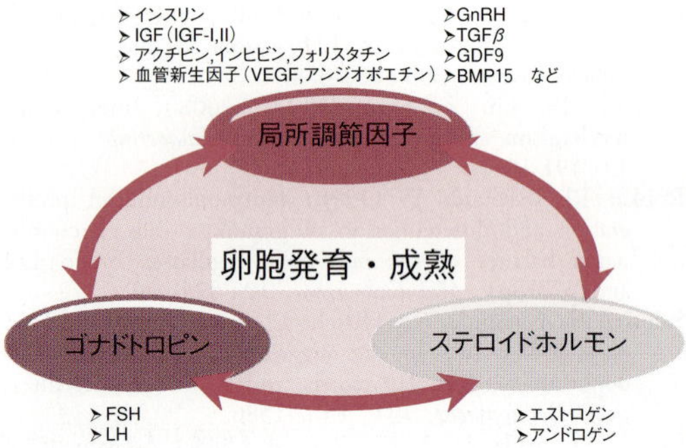

図Ⅷ-36-1．
正常な卵胞発育・成熟は「ゴナドトロピン・ステロイドホルモン・局所調節因子（群）」これら三者の協調作用によって支えられている．

1 局所調節因子の分子構造と作用機序

(A) IGF，インスリン

細胞増殖を促す成長因子は，今日までさまざまな因子が発見，研究されているが，その中でもIGFおよびインスリンは，古くから発見されているペプチドホルモンで，代表的な成長因子である．IGFにはIGF-IとIGF-IIの2種類が存在しており，それぞれ分子量は約7.7kDa，約7.5kDaのポリペプチドである．いずれも主として肝臓で産生されるが，卵巣を含む多くの組織でもそれらの産生が確認されている．インスリンは，2本のアミノ酸鎖がジスルフィド結合した分子量約5.8kDaのポリペプチドである．膵島のB細胞内で産生され，血中に分泌される．

IGFはインスリン様の作用のほかにも，細胞増殖，細胞分化促進，機能調節などの作用を有する．また，インスリンは血糖低下作用をはじめ，卵巣を含むさまざまな組織で100以上の遺伝子を調節するといわれており，その作用は幅広い．IGF-I，IGF-IIおよびインスリンには，それぞれに特異的なレセプターが存在している．IGFとインスリンは構造が類似しているため，それぞれ親和性は異なるものの，インスリンはIGF-Iレセプターとも結合し，IGF-IおよびIGF-IIはインスリンレセプターとIGFレセプターのいずれにも結合することができる．また，IGF-IおよびIGF-IIは，血中や組織中ではIGF結合タンパク質（IGFBP, IGF binding protein）と結合して存在している．現在，IGFBP-1-IGFBP-6が発見されており，単なるIGFキャリアーとしてだけではなく，IGFの作用を修飾する役割を果たしていると考えられている．このようなレセプター結合の柔軟性やIGFBPの修飾によって，IGFおよびインスリンの生理作用は複雑かつ多様なものとなっている．

(B) アクチビン，インヒビン，フォリスタチン

アクチビン，インヒビンは，下垂体からのFSH分泌を調整する生理活性物質である．インヒビンはFSH分泌促進因子として卵胞液から単離・精製され，一方，アクチビンはインヒビンの精製過程でFSH分泌促進因子として同定された．アクチビンとインヒビンは，いずれもTGF-βスーパーファミリーに属する増殖因子に分類されており，共に二つのサブユニットが一つのジスルフィド結合により架橋された二量体の糖タンパク質である．アクチビンはβサブユニット（βAもしくはβB）からなるホモダイマーで，アクチビンA（βAβA），アクチビンB（βBβB），アクチビンAB（βAβB）の三つのアイソフォームが存在する．一方，インヒビンはαサブユニットとβサブユニットからなるヘテロダイマーで，インヒビンA（αβA）とインヒビンB（αβB）の二つのアイソフォームが存在する．また，フォリスタチンもインヒビンの精製過程でFSH分泌促進因子として発見された．フォリスタチンは一本鎖の糖タンパク質であり，スプライシングと糖鎖の付加によって分子サイズの異なる複数のアイソフォームが存在する．

アクチビンは広範囲の組織に発現しており，臓器ごとに異なった作用を示すことが知られて

いる．アクチビンのレセプターにはI型，II型およびIII型の3種類が確認されており，そのシグナル伝達にはI型レセプターおよびII型レセプター両者の存在が必要である（Attisano et al, 1993）．FSH分泌促進因子であるフォリスタチンはアクチビン結合タンパク質であり，アクチビンのβサブユニットと不可逆的に結合する．フォリスタチンが結合したアクチビンはII型レセプターへ結合することができなくなるため，フォリスタチンはアクチビンの作用を中和する作用を有している（Ueno et al, 1987）．フォリスタチンの発現はアクチビンの発現分布パターンと非常に似ていることからフォリスタチンは生体内でアクチビンのさまざまな作用を調節していると考えられている．また，フォリスタチンのアイソフォームのうち血中を循環しているアイソフォームは血中のアクチビンと結合しその作用を中和していることから，アクチビンの**エンドクリン**作用は存在せず，主として**オートクライン**もしくは**パラクライン**作用で機能すると考えられている．インヒビンは卵巣内の顆粒層細胞に発現が見られ，主として下垂体−卵巣間のエンドクライン因子として下垂体からのFSH分泌を抑制する作用を有している．一方で，レセプターであるβグリカンに結合すると，その複合体がアクチビンII型レセプターと結合して，局所的にアクチビンの作用を抑制する機能を有していることも明らかになっている（Lewis et al, 2000）．

（C）血管新生因子

血管発生の過程は大きく二つの形に分けられる．胚形成期において未熟な血管叢が新規に形成される「脈管形成（vasculogenesis）」と，既存の血管から新しい血管が発芽し形成する「血管新生（angiogenesis）」である．正常な血管発生は，脈管形成／血管新生の促進と抑制のバランスによって制御されている．特に，血管新生因子（VEGF，アンジオポエチン）やそのレセプターが血管新生において中心的役割を果たすことが示されている．

VEGFは分子量45kDaの糖タンパク質で，ヒトでは五つのアイソフォーム（$VEGF_{121}$，$VEGF_{145}$，$VEGF_{165}$，$VEGF_{189}$および$VEGF_{206}$）が報告されている．VEGFは内皮細胞の細胞分裂の促進や微少血管の血管透過性の亢進といった作用を有し，主に脈管形成や血管新生の初期に機能する．VEGFには2種類のチロシンキナーゼ型レセプター（Flt-1およびFlk-1）が存在しており，それぞれは異なるシグナル伝達によって内皮細胞の機能や構造に変化を与える．血管新生はFlk-1の活性が刺激となって開始され，Flt-1の活性化によって管腔形成や血管壁の会合が促されると考えられている（Shibuya, 1995）．

VEGFは他の血管新生因子であるアンジオポエチン（Ang-1およびAng-2）と協調して機能する（Hanahan, 1997）．VEGFが血管形成の初期に機能するのに対し，アンギオポエチンは形成された血管の安定化もしくは脆弱化に機能する．Ang-1，Ang-2は共に内細胞特異的なチロシンキナーゼ型レセプターであるTie-2に結合するが，その作用機序は両者で異なる．血管新生にはTie-2のリン酸化が必要であるが，Ang-1がTie-2のリン酸化を誘導する一方で，Ang-2はTie-2のリン酸化を誘導しない．したがって，Ang-2はAng-1のアンタゴニストとして機能

エンドクライン／パラクライン／オートクライン（endcrine／paracrine／autocrine）：内分泌で分泌された物質の作用様式のこと．エンドクラインとは，分泌された物質が体液によって分泌細胞から離れた器官に運ばれ，そこで作用する様式．パラクラインとは，分泌された物質が分泌細胞の近隣の細胞に作用する様式．オートクラインとは，分泌された物質が分泌細胞自身に作用する様式．

すると考えられている．通常，Ang-1の働きによってペリサイト（周皮細胞）が新生血管を取り囲み，成熟した血管が形成されているが，Ang-2が優勢となることで，ペリサイトが血管から離脱した不安定な状態となり，血管新生が開始する．その後，再度，Ang-1が優勢となることで血管は再び成熟した血管構造を保持するようになる．つまり，Ang-1とAng-2は，その量的バランスによって血管新生に機能している（Stratmann et al, 1998）．

（D）GnRH

視床下部で産生されるGnRHは，エンドクライン作用で下垂体からのゴナドトロピン分泌を促す作用を有しており，哺乳類の生殖内分泌においてきわめて重要な役割を果たすことが知られている．GnRHはGnRH-IとGnRH-IIの2種類が発見されている．三つのアミノ酸残基が異なるが，いずれも10個のアミノ酸から構成されるデカペプチドである．GnRH-IとGnRH-IIのそれぞれに特異的なレセプターが発見されており，これらは異なったシグナル伝達によって作用することが示唆されている．いずれのGnRHも，魚類から霊長類まで広く保存されていることから，生物学的に重要な役割を果たしていることがわかるが，GnRH-IIの生理的作用については未だ不明な点が多い．

一般的に知られるGnRHの作用としては，その名が示すように下垂体からのゴナドトロピン放出を刺激することである．つまり，視床下部の神経分泌細胞で産生されたGnRHは下垂体門脈へパルス状に分泌され，下垂体前葉に存在するレセプターに結合することによって，下垂体からのゴナドトロピンの生合成および放出を刺激する．高濃度のエストロジェンは，GnRHパルスの頻度を増加させる作用があり，卵胞期後期にはGnRHパルスの頻度が次第に増加することでLHサージを引き起こし，排卵を誘発することが知られている．ところが，近年，このようなゴナドトロピン放出刺激という中心的な役割に加えて，下垂体以外の組織におけるGnRHあるいはGnRHレセプターの発現が胎盤，卵巣，乳腺，子宮などで報告され，その生理的意義についても関心が集まっている．

2 卵胞発育・成熟における局所調節因子の作用

（A）IGF，インスリン

IGFは血中ホルモンとして内分泌的に機能するが，局所産生物質としてパラクライン，オートクライン的にも機能する．IGF-Iは顆粒層細胞や莢膜細胞で産生されるが，ラットやブタでは顆粒層細胞が主であるのに対し，ヒトでは莢膜細胞が主と，動物種によって特異性が見られるようである（Hernandez et al, 1992）．卵胞発育過程において，IGF-Iは顆粒層細胞の細胞増殖を促す（Bley et al, 1992）だけではなく，FSHに対する感受性を高めることで莢膜細胞でのアンドロゲン合成を促進させ（Talavera, Menon, 1991；Zhou et al, 1997），さらには顆粒層細胞でのエストロゲン産生を促進するなど，顆粒層細胞の機能分化にも作用することが明らかになっている（Bergh et al, 1993）．閉鎖卵胞では発現しない（Oliver et al, 1989）．IGF-Iレセプターは発育卵胞，閉鎖卵胞の顆粒層細胞，卵子，莢膜細胞，黄体と卵巣内に広く発現しており，顆粒層細胞における発現は，卵胞発育とともに増加し，卵胞閉鎖に伴い減少する（Samoto et al, 1993b）．一方，IGF-II も IGF-I と同様に，顆粒層細胞の細胞増殖と分化を促進する作用を有しており，胞状卵胞の顆粒層細胞で高い発現を示す（el-Roeiy et al, 1993）．IGF-II レセプターも顆粒層細胞や莢膜細胞で発現が見られ，IGF-II の作用は IGF-I レセプターと TGF-II レセプターの両方を介していると考えられている．また，IGF の作用は，前述のように IGFBP と結合することで修飾されるが，顆粒層細胞では IGFBP-4 および-5 の発現が確認されている（Nakatani et al, 1991）．それらの発現は FSH に対して抑制的であり，FSH 濃度の低い閉鎖卵胞で発現が高いことから，IGFBP は IGF と複合体を形成することで，IGF による顆粒層細胞の増殖や分化作用を抑制していると考えられる．これらのことから，卵胞発育・成熟過程において IGF は促進的に，IGFBP は抑制的に機能していると考えられる．また，インスリンも FSH 存在下で LH レセプター発現を増強し，そのレセプターは顆粒層細胞や莢膜細胞に確認されていることから，インスリンも顆粒層細胞の増殖，分化を促進し，卵胞発育に促進的に機能することが明らかにされている（Maruo et al, 1988）．一方で，インスリンレセプターは，閉鎖卵胞の莢膜細胞やその周囲間質にもその発現増加が見られることから（Samoto et al, 1993a），インスリンは卵胞発育・成熟のみならず，閉鎖後の周囲間質の修復にも機能していることが示唆される．

以上のように，IGF やインスリンは顆粒層細胞の増殖や分化，さらには卵胞閉鎖など，卵胞発育・成熟過程においても，幅広い作用を有していることが示唆される．このような多面的な作用は，レセプターに対する柔軟な結合性や IGFBP の機能修飾によるものと考えられるが，その作用機序に関しては不明な点が残されている．今後，卵胞発育段階におけるこれらの複雑な作用機序を解明し，卵巣機能における IGF-I，IGF-II およびインスリン，それぞれの作用特性がさらに解明されることが期待される．

(B) アクチビン，インヒビン，フォリスタチン

これらの因子は，下垂体においては FSH 分泌，卵巣においては卵胞発育を調節していることが報告されている．卵巣においてアクチビンは二次卵胞以降の卵胞発育に促進的に作用する（Dierich et al, 1998）．卵胞の発育に FSH の作用は必要不可欠であるが，卵胞内の顆粒層細胞で産生されたアクチビンは顆粒層細胞に FSH レセプターの発現を促進させるとともに，FSH による LH レセプターの発現を誘導する．卵胞発育に伴うアクチビン，インヒビン，フォリスタチンの発現を調べてみると，β サブユニットの発現は，卵胞発育の初期に高く，卵胞が発育するにつれて低下する．一方，α サブユニット，フォリスタチンは，これとは逆に，卵胞発育とともに発現が高まる（Roberts et al, 1993；Yamoto et al, 1992）．つまり，卵胞発育過程の前胞状卵胞から胞状卵胞初期では，アクチビンが強く発現して顆粒層細胞に FSH レセプターを発現させ，卵胞発育を促進させている．一方で，卵胞の FSH 依存性が低下するとアクチビンの必要性が低下するため，フォリスタチンやインヒビ

ンが合成・分泌されることでアクチビンの作用が中和され，その結果，卵巣内で**主席卵胞**以外の卵胞は発育が抑制され，卵胞閉鎖に至ることとなる（Knight, Glister, 2001）．

卵巣局所におけるアクチビン，インヒビンおよびフォリスタチンは，卵胞発育，さらには主席卵胞の選抜に重要な役割を果たしていることが示唆される．しかしながら，一般的に，卵巣局所におけるアクチビンやインヒビンの研究の多くは，各サブユニットの遺伝子やタンパク質の発現解析を手がかりとして行われているため，シグナル伝達など未解明な部分が多い．今後は，卵巣におけるアクチビンやインヒビンの作用メカニズムや重要性を明らかにしていくことで，卵胞発育・成熟の機構解明につながることが期待される．

（C）血管新生因子

哺乳類の卵巣においても，血管新生は卵胞発育・成熟の過程で重要な役割を果たしている．形態的に観察すると卵胞発育と血管新生には強い相関がみられる（Jiang et al, 2002；Miyamoto et al, 1996）．原始卵胞や一次卵胞では血管供給は観察されないが，二次卵胞になると1－2本の動脈による卵胞周囲への血管供給を認めるようになる．その後，前胞状卵胞に達した時点で基底膜周囲の血管網が完成する．卵胞周囲に豊富な血管網を持つようになった卵胞のうち，血管透過性が亢進したものはさらに大きく発育し，排卵へと向かう．このように，卵胞は血管との接触，卵胞周囲の血管網の発達，血管の透過性の亢進という過程を経て排卵へと向かう．一方，選抜されなかった卵胞の周囲では，発育卵胞に見られるような血管網の発達は認められない．

近年，血管新生因子（VEGF，アンジオポエチン）やそのレセプターが，卵巣内の血管新生において中心的役割を果たすことが示されている．卵胞周囲の血管網は，血管新生因子の産生部位である顆粒層細胞と血管内皮細胞が存在する莢膜細胞との相互作用によって形成される．卵胞発育・成熟過程における血管新生因子およびそのレセプターの発現を調べてみると，VEGFやそのレセプターであるFlt-1およびFlk-1は卵胞発育に伴って発現が増加する（Shimizu et al, 2002；Shweiki et al, 1992）．一方，アンジオポエチンにおいては，小卵胞ではAng-1優勢であるのに対し，主席卵胞ではAng-2優勢となっている（Shimizu et al, 2003a）．つまり，卵胞発育の進んでいる卵胞ほど，卵胞周囲の血管でペリサイトの離脱が起こり，血管新生を積極的に誘導していることが示唆される．

本節では血管新生因子の中でもVEGFおよびアンジオポエチンに焦点を絞り紹介したが，ほかにTGFαやbFGFといった因子も卵胞発育・成熟過程において機能していることが報告されている（Shimizu et al, 2002；Yamamoto et al, 1997）．また，血管新生因子は，黄体化にも積極的に関わっていることが報告されており（Ferrara et al, 1998），血管新生は卵巣機能においてきわめて重要な役割を担っていることが示唆される．卵胞周囲の血管新生は，発育段階によって作用機序の異なる複数の促進因子や抑制因子が，それぞれ単一ではなく協同的に作用していると考えられる．これらの複雑な作用機序を明らかにすることは，卵胞閉鎖や主席卵胞の選抜機構の解明につながるものと期待される．

主席卵胞（dominant follicle）：卵巣内に存在している卵胞のうち，実際に排卵に向けて大きく成熟していく卵胞のこと．

(D) GnRH

近年，GnRHは下垂体以外の組織にも作用することが報告されている．卵巣組織においてもGnRHやGnRHレセプターが確認され，卵巣機能における局所的な作用についても注目されている．卵巣で発現するGnRHやGnRHレセプターは，遺伝子レベルの解析において，下垂体で発現しているものと同一であることが明らかにされている (Kang et al, 2000a ; Ohno et al, 1993)．前胞状卵胞においてGnRHはFSHレセプターおよびLHレセプターの発現を抑制し，FSH作用に拮抗する (Adashi et al, 1991)．さらに，細胞増殖においても抑制的に働くことや顆粒層細胞のアポトーシスを誘導することが示されていることから，GnRHは卵胞閉鎖に促進的に関与していると考えられる (Imai et al, 1998 ; Kang et al, 2001a)．一方，卵胞成熟過程では，LHによるアンドロゲン合成やFSH誘導性のアロマターゼ活性によるエストロゲン合成が盛んになるが，低濃度のGnRHはこれらを促進的に，高濃度では抑制的に働くことが報告されている (Kang et al, 2000b ; Maeda et al, 1996)．しかしながら，ステロイドホルモン合成に対するGnRH作用については，それ以外にもさまざまな報告がなされていることから，議論の余地がありそうである．卵胞発育過程では，GnRHがオートクライン／パラクライン的に，GnRH自身およびそのレセプターの発現を調節することも報告されているが，低濃度では促進的に，高濃度では抑制的にと，その効果は濃度によって異なる (Kang et al, 2001b)．また，興味深いことに，ゴナドトロピンやエストロゲンはGnRH-I発現には抑制的に，GnRH-II発現には促進的にと，それぞれのGnRHで異なる調節を受けていることが報告されている (Chen et al, 1999 ; Kang et al, 2001b)．卵巣機能における複雑なGnRH作用は，性格の異なる二つのGnRHが巧妙に関与している可能性が考えられる．

以上のように，GnRHは卵胞発育・成熟過程において抑制的に機能することが示唆されるが，卵巣組織におけるGnRHの発現レベルは下垂体における発現レベルと比較するときわめて小さく，現時点は，卵胞発育・成熟過程におけるGnRHの作用については不明な点が多い．しかしながら，これまでに明らかになっているGnRHおよびそのレセプター発現分布やその作用を見る限り，卵胞発育・成熟過程において局所的に機能しているのは間違いないと思われる．また，黄体にもGnRHやそのレセプターが発現していることから (Bramley et al, 1987)，GnRHは卵胞発育のみならず，黄体機能における役割にも関わっている可能性が高い．前述のように，GnRHにはGnRH-IおよびGnRH-IIの2種類が存在しており，それぞれで異なる役割を担っていると推察される．今後，GnRH-IおよびGnRH-II，さらにはそれらのレセプターの生理学的機能が解明されることで，卵巣機能におけるGnRHの局所作用についてより詳細に解明されることが期待される．

まとめ

近年の細胞生物学，分子生物学の発展により，卵胞発育・成熟過程における局所調節因子の関与が明らかになってきた．卵巣機能においては，あくまでもゴナドトロピンやステロイドホルモンがその中心的役割を担っていることには間違いないが，本節で紹介したように局所調節因子は，それらの作用を補完するという重要な機能を有していると考えられる．卵巣内の卵胞は生殖細胞である卵子と，それを取り囲む顆粒層細胞や莢膜細胞から構成される特異な構造を示していることから，「卵子－顆粒層細胞－莢膜細胞」間の相互作用や，局所調節因子間の相互作用による機能調節も考えられる．しかしながら，これまでの機能解析研究の多くが，卵胞構造を破壊した細胞培養系による研究成果であり，*in vivo* 環境を反映しているとは言い難い．卵胞発育・成熟過程における局所調節因子の作用機序の解明には，このような点を考慮した研究も必要であると考えられる．最近，トランスジェニックやノックアウト動物を用いた卵胞発育の研究（Matzuk, 2000；Matzuk et al, 1992），さらには遺伝子導入による局所調節因子の機能解析（Shimizu, 2006；Shimizu et al, 2003b）も進められている．今後，このような新しい研究により，局所調節因子の興味深い機能や各因子間の相互作用が発見されることで，未だ不明な点が多い卵巣機能における卵胞発育・閉鎖機構や主席卵胞選抜機構が明らかにされることを期待する．

なお，本節で紹介した因子以外にも，TGFβスーパーファミリーであるGDF9（Dong et al, 1996）やBMP15（Aaltonen et al, 1999；Otsuka, Shimasaki, 2002），インターロイキン1などのサイトカイン系（Levitas et al, 2000；Simon et al, 1994）も卵胞の発育や成熟に重要な役割を果たしていることが報告されている．それらの詳細については本書の他節を参照していただきたい．

（横尾正樹・佐藤英明）

引用文献

Aaltonen J, Laitinen MP, Vuojolainen K, et al(1999)Human growth differentiation factor 9 (GDF-9) and its novel homolog GDF-9B are expressed in oocytes during early folliculogenesis, *J Clin Endocrinol Metab*, 84 ; 2744-2750.

Adashi EY, Resnick CE, Vera A, et al (1991) In vivo regulation of granulosa cell type I insulin-like growth factor receptors : evidence for an inhibitory role for the putative endogenous ligand (s) of the ovarian gonadotropin-releasing hormone receptor, *Endocrinology*, 128 ; 3130-3137.

Attisano L, Carcamo J, Ventura F, et al (1993) Identification of human activin and TGF beta type I receptors that form heteromeric kinase complexes with type II receptors, *Cell*, 75 ; 671-680.

Bergh C, Carlsson B, Olsson JH, et al (1993) Regulation of androgen production in cultured human thecal cells by insulin-like growth factor I and insulin, *Fertil Steril*, 59 ; 323-331.

Bley MA, Simon JC, Estevez AG, et al (1992) Effect of follicle-stimulating hormone on insulin-like growth factor-I-stimulated rat granulosa cell deoxyribonucleic acid synthesis, *Endocrinology*, 131 ; 1223-1229.

Bramley TA, Stirling D, Swanston IA, et al (1987) Specific binding sites for gonadotrophin-releasing hormone, LH/chorionic gonadotrophin, low-density lipoprotein, prolactin and FSH in homogenates of human corpus luteum, II : Concentrations throughout the luteal phase of the menstrual cycle and early pregnancy, *J Endocrinol*, 113 ; 317-327.

Chen ZG, Yu KL, Zheng HM, et al (1999) Estrogen receptor-mediated repression of gonadotropin-releasing hormone (gnRH) promoter activity in transfected CHO-K1 cells, *Mol Cell Endocrinol*, 158 ; 131-142.

Dierich A, Sairam MR, Monaco L, et al (1998) Impairing follicle-stimulating hormone (FSH) signaling in vivo : targeted disruption of the FSH receptor leads to aberrant gametogenesis and hormonal imbalance, *Proc Natl Acad Sci USA*, 95 ; 13612-13617.

Dong J, Albertini DF, Nishimori K, et al (1996) Growth differentiation factor-9 is required during early ovarian folliculogenesis, *Nature*, 383 ; 531-535.

el-Roeiy A, Chen X, Roberts VJ, et al (1993) Expression of insulin-like growth factor-I (IGF-I) and IGF-II and the IGF-I, IGF-II, and insulin receptor genes and localization of the gene products in the human ovary, *J Clin Endocrinol Metab*, 77 ; 1411-1418.

Ferrara N, Chen H, Davis-Smyth T, et al (1998) Vascular endothelial growth factor is essential for corpus luteum angiogenesis, *Nat Med*, 4 ; 336-340.

Hanahan D (1997) Signaling vascular morphogenesis and maintenance, *Science*, 277 ; 48-50.

Hernandez ER, Hurwitz A, Vera A, et al (1992) Expression of the genes encoding the insulin-like growth factors and their receptors in the human ovary, *J Clin Endocrinol Metab*, 74 ; 419-425.

Imai A, Takagi A, Horibe S, et al (1998) Evidence for tight coupling of gonadotropin-releasing hormone receptor to stimulated Fas ligand expression in reproductive tract tumors : possible mechanism for hormo-

nal control of apoptotic cell death, *J Clin Endocrinol Metab*, 83 ; 427-431.
Jiang JY, Macchiarelli G, Miyabayashi K, et al (2002) Follicular microvasculature in the porcine ovary, Cell Tissue Res, 310 ; 93-101.
Kang SK, Choi KC, Cheng KW, et al (2000a) Role of gonadotropin-releasing hormone as an autocrine growth factor in human ovarian surface epithelium, *Endocrinology*, 141 ; 72-80.
Kang SK, Choi KC, Tai CJ, et al (2001a) Estradiol regulates gonadotropin-releasing hormone (GnRH) and its receptor gene expression and antagonizes the growth inhibitory effects of GnRH in human ovarian surface epithelial and ovarian cancer cells, *Endocrinology*, 142 ; 580-588.
Kang SK, Tai CJ, Cheng KW, et al (2000b) Gonadotropin-releasing hormone activates mitogen-activated protein kinase in human ovarian and placental cells, *Mol Cell Endocrinol*, 170 ; 143-151.
Kang SK, Tai CJ, Nathwani PS, et al (2001b) Differential regulation of two forms of gonadotropin-releasing hormone messenger ribonucleic acid in human granulosa-luteal cells, *Endocrinology*, 142 ; 182-192.
Knight PG, Glister C (2001) Potential local regulatory functions of inhibins, activins and follistatin in the ovary, *Reproduction*, 121 ; 503-512.
Levitas E, Chamoun D, Udoff LC, et al (2000) Periovulatory and interleukin-1 beta-dependent up-regulation of intraovarian vascular endothelial growth factor (VEGF) in the rat : potential role for VEGF in the promotion of periovulatory angiogenesis and vascular permeability, *J Soc Gynecol Investig*, 7 ; 51-60.
Lewis KA, Gray PC, Blount AL, et al (2000) Betaglycan binds inhibin and can mediate functional antagonism of activin signalling, *Nature*, 404 ; 411-414.
Maeda K, Kitawaki J, Yokota K, et al (1996) Effects of gonadotropin-releasing hormone and its analogue (buserelin) on aromatase in cultured human granulosa cells, *Nippon Sanka Fujinka Gakkai Zasshi*, 48 ; 89-95.
Maruo T, Hayashi M, Matsuo H, et al (1988) Comparison of the facilitative roles of insulin and insulin-like growth factor I in the functional differentiation of granulosa cells : in vitro studies with the porcine model, *Acta Endocrinol* (Copenh), 117 ; 230-240.
Matzuk MM (2000) Revelations of ovarian follicle biology from gene knockout mice, *Mol Cell Endocrinol*, 163 ; 61-66.
Matzuk MM, Finegold MJ, Su JG, et al (1992) Alpha-inhibin is a tumour-suppressor gene with gonadal specificity in mice, *Nature*, 360 ; 313-319.
Miyamoto Y, Nakayama T, Haraguchi S, et al (1996) Morphological evaluation of microvascular networks and angiogenic factors in the selective growth of oocytes and follicles in the ovaries of mouse fetuses and newborns, *Dev Growth Differ*, 38 ; 291-298.
Nakatani A, Shimasaki S, Erickson GF, et al (1991) Tissue-specific expression of four insulin-like growth factor-binding proteins (1, 2, 3, and 4) in the rat ovary, *Endocrinology*, 129 ; 1521-1529.
Ohno T, Imai A, Furui T, et al (1993) Presence of gonadotropin-releasing hormone and its messenger ribonucleic acid in human ovarian epithelial carcinoma, *Am J Obstet Gynecol*, 169 ; 605-610.
Oliver JE, Aitman TJ, Powell JF, et al (1989) Insulin-like growth factor I gene expression in the rat ovary is confined to the granulosa cells of developing follicles, *Endocrinology*, 124 ; 2671-2679.
Otsuka F, Shimasaki S (2002) A negative feedback system between oocyte bone morphogenetic protein 15 and granulosa cell kit ligand : its role in regulating granulosa cell mitosis, *Proc Natl Acad Sci USA*, 99 ; 8060-8065.
Roberts VJ, Barth S, el-Roeiy A, et al (1993) Expression of inhibin/activin subunits and follistatin messenger ribonucleic acids and proteins in ovarian follicles and the corpus luteum during the human menstrual cycle, *J Clin Endocrinol Metab*, 77 ; 1402-1410.
Samoto T, Maruo T, Ladines-Llave CA, et al (1993a) Insulin receptor expression in follicular and stromal compartments of the human ovary over the course of follicular growth, regression and atresia, *Endocr J*, 40 ; 715-726.
Samoto T, Maruo T, Matsuo H, et al (1993b) Altered expression of insulin and insulin-like growth factor-I receptors in follicular and stromal compartments of polycystic ovaries, *Endocr J*, 40 ; 413-424.
Shibuya M (1995) Role of VEGF-flt receptor system in normal and tumor angiogenesis, *Adv Cancer Res*, 67 ; 281-316.
Shimizu T (2006) Promotion of ovarian follicular development by injecting vascular endothelial growth factor (VEGF) and growth differentiation factor 9 (GDF-9) genes, *J Reprod Dev*, 52 ; 23-32.
Shimizu T, Iijima K, Sasada H, et al (2003a) Messenger ribonucleic acid expressions of hepatocyte growth factor, angiopoietins and their receptors during follicular development in gilts, *J Reprod Dev*, 49 ; 203-211.
Shimizu T, Jiang JY, Iijima K, et al (2003b) Induction of follicular development by direct single injection of vascular endothelial growth factor gene fragments into the ovary of miniature gilts, *Biol Reprod*, 69 ; 1388-1393.
Shimizu T, Jiang J Y, Sasada H, et al (2002) Changes of messenger RNA expression of angiogenic factors and related receptors during follicular development in gilts, *Biol Reprod*, 67 ; 1846-1852.
Shweiki D, Itin A, Soffer D, et al (1992) Vascular endothelial growth factor induced by hypoxia may mediate hypoxia-initiated angiogenesis, *Nature*, 359 ; 843-845.
Simon C, Frances A, Piquette G, et al (1994) Immunohistochemical localization of the interleukin-1 system in the mouse ovary during follicular growth, ovulation, and luteinization, *Biol Reprod*, 50 ; 449-457.
Stratmann A, Risau W, Plate KH (1998) Cell type-specific expression of angiopoietin-1 and angiopoietin-2 suggests a role in glioblastoma angiogenesis, *Am J Pathol*, 153 ; 1459-1466.
Talavera F, Menon KM (1991) Studies on rat luteal cell response to insulin-like growth factor I (IGF-I) : identification of a specific cell membrane receptor for IGF-I in the luteinized rat ovary, *Endocrinology*, 129 ; 1340-1346.
Ueno N, Ling N, Ying SY, et al (1987) Isolation and partial characterization of follistatin : a single-chain

Mr 35,000 monomeric protein that inhibits the release of follicle-stimulating hormone, *Proc Natl Acad Sci USA*, 84 ; 8282-8286.
Yamamoto S, Konishi I, Nanbu K, et al (1997) Immunohistochemical localization of basic fibroblast growth factor (bFGF) during folliculogenesis in the human ovary, *Gynecol Endocrinol*, 11 ; 223-230.
Yamoto M, Minami S, Nakano R, et al (1992) Immunohistochemical localization of inhibin/activin subunits in human ovarian follicles during the menstrual cycle, *J Clin Endocrinol Metab*, 74 ; 989-993.
Zhou J, Kumar TR, Matzuk MM, et al (1997) Insulin-like growth factor I regulates gonadotropin responsiveness in the murine ovary, *Mol Endocrinol*, 11 ; 1924-1933.

第 IX 章

卵胞閉鎖

［編集担当：森　崇英］

卵胞閉鎖とは「排卵以外の過程で卵子が失われること」とIngram(1959)によってやや概念的に定義されたが，60余年を経た今日では実態や生理的意義あるいは分子機構が格段に明らかになってきた．そもそも卵子の前駆体である夥しい数の卵母細胞は，卵子幹細胞である卵原細胞が胎生期に旺盛な増殖によって造成されたものであるが，出生後には卵子新生は起こらないだけでなく，99.9%は消滅する運命にあり，0.1%だけが排卵に至る．これが自然の掟であり，生後も造成され続ける精子とは根本的に異なる．従って卵胞閉鎖とは病的現象でなくプログラムされた生理現象で，ここにも隠された厳しい自然の摂理が覗える．

卵胞閉鎖と裏腹の現象に卵胞発育がある．卵胞閉鎖は何れの発育段階においても起こり得るので，むしろ閉鎖が基調にあって，発育は変動するホルモン環境に適合する卵胞（コホート）が選択される結果与えられる特権といえる．

卵胞閉鎖の調節機構は一様でなく，卵胞形成，発育と成熟，それぞれの段階に応じてメカニズムを異にしている．そこで37節では，卵胞未構築期，前（卵胞）腔卵胞期，（卵胞）腔卵胞期，排卵期に区分して閉鎖機構を解説頂いた．そこでは自然免疫系で重要な役割を果たすTLRも抗アポトーシス効果発現に一役買っていることが紹介されている．38節では胎生期における卵子アポトーシスについての最近の知見が盛り込まれているが，特にLIF，レチノイン酸，糖脂質であるスフィンゴミエリン分解産物のセラミドの意義にも触れられている．39節では卵子アポトーシスの抑制機序を卵子因子と顆粒膜細胞因子に区分けした上で，各因子について各論的に解説頂いているが，その際むしろ卵子がアポトーシスを免れるメカニズムに力点を置いた解説となっている．そして40節では，顆粒膜細胞のアポトーシスに永年取り組んで来た著者の実績を踏まえ，細胞死発見の歴史や意義の解説に始まり，厳密な手法で細胞死に至るカスケードの解説を頂いている．そして顆粒膜細胞における細胞死リガンドと受容体，細胞内アポトーシス・シグナル伝達系の詳論は難解ながらも読者にとって整然と理解できるよう解説されている．

卵胞閉鎖の原発部位が顆粒膜細胞か卵子自身かについてはまだ決着は付いていない．しかし，閉鎖は発育・成熟と裏腹の関係にあるだけに，その機構の解明は健常で良質の卵子の排出や採卵など，生殖医学や畜産学にとって重要な課題である．今後の発展を期待したい．

［森　崇英］

IX-37

卵胞閉鎖の調節機序

Key words
アポトーシス／卵胞選択／c-Kit／FSH／自然免疫

はじめに

胎児期に形成された始原生殖細胞は，アメーバ運動により生殖隆起へ移動する．雌個体では，卵原細胞へと分化し，活発に分裂を繰り返し，ヒトにおいては約700万個にまで増加する（図IX-37-1，Baker, 1972）．しかし，雌個体が生涯を通して排卵する卵子数はごく一部であり，ヒトにおいては500個程度にすぎない．つまり，99.9%の卵子がいずれかの段階において減失していることとなる．この排卵以外の仕組みで卵巣から卵子が消失する現象を卵胞閉鎖と定義されている（Ingram, 1959）．

卵胞内においては，卵子と卵胞を形成する顆粒膜細胞や卵丘細胞はギャップジャンクションを介した直接的な物質交換，あるいは分泌因子を介したパラクライン的作用によりお互いを制御している（Buccione et al, 1990）．したがって，どちらかが機能低下すると一方の機能も失われ，卵胞が閉鎖する．この原発部位の違いにより，卵胞閉鎖は卵子原性と顆粒膜細胞原性とに分類され，さらにその発生時期の違いにより，未構築な卵胞期，前卵胞腔卵胞期（前腔卵胞），卵胞腔卵胞期（腔卵胞）に区分することができる．本節では，各卵胞ステージにおける卵胞閉鎖について，その原発部位の違いに着目して解説する．

1 胎児期の未構築な卵胞における卵胞閉鎖機構

ヒトの胎児期の卵巣には，700万個以上の卵子が存在する（Baker, 1972）．この胎児期卵巣の卵子は明瞭な卵胞を構成しておらず，卵子同士が直接的に結合した像も認められる（Forabosco et al, 1991）．この未構築な（unassembled）卵胞から1層の扁平な顆粒膜細胞に卵子が覆われている原始卵胞への移行は，出生直前の胎児期にすでに開始するが，この移行期に卵子数が約200万個へと激減する．未構築卵胞および原始卵胞の卵子においては，Fasの発現が非常に高値であることから，卵子原性による卵胞閉鎖と推察され，この閉鎖がステロイドホルモン量の変化に起因することが明らかとなってきた．

妊娠期の母胎は，胎盤から多量のプロゲステロンとエストロゲンが合成分泌されていることから，胎児においてもこれらステロイドホルモンが多量に存在している．しかし，出生することにより母胎からのステロイドホルモンの移行がなくなるため，急激に新生児の血中ステロイ

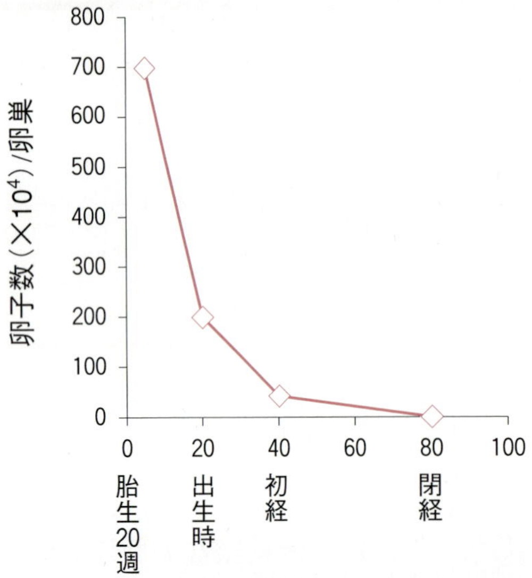

図Ⅸ-37-1．ヒト卵胞閉鎖の実体
（Baker, 1972より改変）

ドホルモン濃度は低下する．この低下が，卵子のアポトーシスを誘導し，卵胞数の低下を引き起こすことが，マウスおよびラットにおいて示された．齧歯類では，未構築卵胞から原始卵胞への移行が完全に同調しており，出生後ただちに開始され，生後3日目には完了する．そこでKezeleとSkinner（2003）は，ラット新生児から回収した卵巣をエストロゲンあるいはプロゲステロン添加培地で培養することにより，ステロイドホルモンと原始卵胞への移行との関係について検討を行った．その結果，原始卵胞への移行がステロイドホルモン添加により抑制され，未構築な卵胞数の増加が認められた．さらに，ステロイドホルモン添加により卵子総数が増加すること，これは卵子のアポトーシスがプロゲステロン添加により有意に抑制されるためであることが明らかとなった．さらに，この時期の卵巣にはプロゲステロン受容体やエストロゲン受容体が発現していること，プロゲステロン受容体拮抗剤であるRU486やエストロゲン受容体拮抗剤 IC182．780が，プロゲステロンやエストロゲンによる未構築な卵胞数の増加を抑制したことから，ステロイドホルモンは受容体に特異的に作用し，卵子のアポトーシスを抑制していると考えられた．マウスの新生子においても，個体へのステロイドホルモン投与が卵子のアポトーシスを抑制し，未構築卵胞の総数を増加させるが，このマウスにおいて発達した一次卵胞や二次卵胞には卵子が複数個存在していた（Jefferson et al, 2006；Chen et al, 2007）．これらから，未構築な卵胞から原始卵胞へと移行する時に，卵子のアポトーシスによる死滅と扁平な顆粒膜細胞の増殖の調和が，卵胞の正常な形成である「卵胞あたりの卵子数は1である」ことにおいて重要な役割を担っていることが示された（図Ⅸ-37-2）．

マウスにおける研究では，内分泌攪乱物質の投与により，卵胞に2個以上の卵子が存在する卵胞の出現割合の有意な増加が報告され，この増加はエストロゲン受容体（ER）β遺伝子欠損マウスでは認められないことから，内分泌攪乱物質による妊孕性低下原因の一つであると考えられる（Chen et al, 2007）．

2 前卵胞腔卵胞の卵胞閉鎖機構

（A）c-Kitによる生存維持機構

原始卵胞以降の卵胞発育段階では，卵子は顆粒膜細胞あるいは卵丘細胞で覆われている（Matzuk et al, 2002）．両者は，卵子分泌因子と

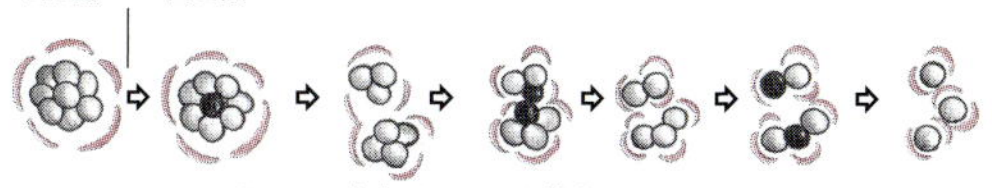

図Ⅸ-37-2．マウスにおける未構築な卵胞から一次卵胞への移行に伴う卵子のアポトーシス

●は，アポトーシスを起こした卵子（Jefferson et al, 2006より改変）

顆粒膜細胞分泌因子のパラクライン作用により制御される相互依存的関係にある．特に，FSH受容体（FSHR）が形成される以前の前卵胞腔卵胞においてその影響が顕著であり，卵子が分泌するGDF9やBMP15などのTGFβファミリーの成長因子，顆粒膜細胞が発現するKit ligand（KL）などの重要性が明らかとなってきた（Matzuk et al, 2002；Chang et al, 2002）．

KLに対する受容体であるc-Kitは，卵巣においては卵子特異的に発現し，原始卵胞ですでにその発現が認められる（Manova et al, 1990）．c-Kit遺伝子変異マウスは雄，雌共に不妊を呈し，雌では卵子数の減少，原始卵胞から一次卵胞への移行の抑制が観察される（Nocka et al, 1990）．しかし，c-Kit変異マウスをFas遺伝子欠損マウスと交配して誕生する雌個体においては，卵胞の発達が生じ，排卵卵子が得られる（Sakata et al, 2003）．すなわち，c-KitはFasL-Fasによるアポトーシス抑制により卵子の生存を担保し，一次卵胞以降への発達を促すと考えられる．

c-KitのligandであるKLは，原始卵胞以降の顆粒膜細胞で発現しており（Manova et al, 1993），細胞膜結合型で高い生理活性を有するKL-2とプロテアーゼによる切断部位を有する分泌型のKL-1に分類される（Flanagan et al, 1991；Huang et al, 1992）．RNA protection assayにより，それぞれのKLの発現を解析したManovaら（1993）は，顆粒膜細胞では両者がほぼ同水準で発現していることを示した．しかし，卵子とKLを発現しない繊維芽細胞，KL-1あるいはKL-2を発現する細胞を共培養すると，KL-2発現細胞との共培養により卵子の生存性が向上することから，細胞膜結合型のKL-2が卵胞の正常性に重要な役割を果たしていることがわかる（Thomas et al, 2008）．

（B）BMP15によるc-Kitの発現制御機構

BMP15やGDF9に関しては，他稿に詳細な説明がされているため，その概要のみを紹介する．卵子が分泌するBMP-15はKLの発現を上昇させ（Otsuka, Shimasaki, 2002），GDF9はその発現を抑制する（Yan et al, 2001）関係にあることが知られている．また，KLは卵子のBMP-15の発現を抑制させる関係にあり，卵子と顆粒膜細胞間ではKLが過剰に発現することを抑制する仕組みとなっている（Otsuka, Shimasaki, 2002）．前述のようにKL-c-Kitは卵子の生存および卵胞の正常性に必須であるが，過剰なKLによる刺激は卵子を過大に成長させ，異常卵胞を出現させる結果となる（Elvin et al, 2000）．また，ラットの一次卵胞をGDF9添加培地で培養した時，顆粒膜細胞のPI 3-kinase-AKT/PKB系が高い活性を示し，アポトーシス抑制と細胞増殖を促進させることから，GDF9が顆粒膜細胞の生存にも重要な役割を果たしていることがわかる（Orisaka et al, 2006）．

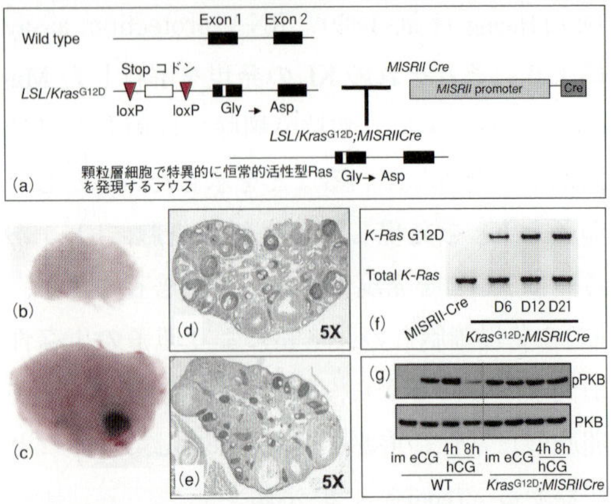

図IX-37- 3．顆粒膜細胞特異的に Ras が恒常的活性化状態にある *Kras* ^{G12D} ; *MISRIICre* マウス

(a) loxP 配列で Stop コドンを挟むことにより，Cre が発現する組織特異的に Ras の GTPase 活性が欠失した恒常的活性型 Kras を発現させるマウスの作出法
(b,c) wild type (b) と恒常的に Ras が活性化したマウス (c) の卵巣
(d,e) wild type (b) と恒常的に Ras が活性化したマウス (c) 卵巣におけるアポトーシス陽性細胞の検出
(f) 恒常的活性型 k-Ras 発現の変化
(g) 恒常的活性型 k-Ras が発現する卵巣における PKB のリン酸化

(C) 顆粒膜細胞の生存を担保する PI 3-kinase 系

顆粒膜細胞において PI 3-kinase-PKB 系は Ras を介して活性化される (Wayne et al, 2007)．図IX-37- 3 は，顆粒膜細胞特異的に Ras が恒常的活性化状態にある *LSL-Kras*^{G12D}, *Amhr2-Cre* マウスの解析結果である (Fan et al, 2008)．Ras は GTP の結合により活性化し，自身が持つ GTPase 活性により不活性化するが，*LSL-Kras*^{G12D} マウスでは GTPase 活性が不活化された変異 Ras の上流に loxP 配列に挟まれたストップコドンを挿入した遺伝子を Ras 遺伝子にノックインしている．*Amhr2* は anti-Mullerian hormone receptor type 2 をコードする遺伝子で，原始卵胞の顆粒膜細胞に発現することから，*Amhr2-Cre* マウスでは loxP 配列を認識し切断する *Cre* が顆粒膜細胞特異的に発現する．これらの遺伝子改変マウスを交配することにより誕生する *LSL-Kras*^{G12D}, *Amhr2-Cre* マウスは，顆粒膜細胞においてのみ Ras が恒常的に活性化した状態となる (図IX-37- 3)．性成熟期における卵巣重量を野生型マウスと比較した時，変異マウスの卵巣重量が増大している (図IX-37- 3 (a) (b))．卵巣切片を作製し TUNEL 法により，アポトーシス細胞の出現割合を比較した結果，野生型マウスでは一次卵胞や二次卵胞に陽性細胞が検出され，これらの卵胞が閉鎖しているのがわかるが，変異マウスでは TUNEL 陽性細胞はほとんど認められず，すべての卵胞が生存していた (図IX-37- 3 (c) (d))．さらに，ウエスタンブロッティング解析の結果，変異マウスにおいて PKB が恒常的にリン酸化状態にあることからも確認された (図IX-37- 3 (f))．卵子が分泌する GDF9が顆粒膜細胞に作用し，顆粒膜細胞内で Ras を介した PI 3-kinase-PKB 系によりアポトーシスが抑制され，卵胞の正常性が維持されているものと考えられた．

3 発育期腔卵胞の卵胞閉鎖機構

(A) FSH レベルの低下と卵胞閉鎖

脳下垂体から分泌される FSH 依存的な卵腔腔卵胞期以降の卵胞ステージにおいては，顆粒膜細胞の FSH-FSH 受容体系が卵胞の生存を制御している (Kumar et al, 1997 ; Burns et al, 2001)．ヒトにおいて，月経周期ごとに10以上の胞状卵胞が FSH 依存的に発育を開始するが，排卵に

LSL-Kras^{G12D}，*Amhr2-Cre* マウス：K-Ras の12番目のアミノ酸を置換することにより，Ras の活性を低下させる GTPase 活性を失活させた *Kras* の上流に loxP 配列に囲まれたストップコドンを入れ，通常はこの変異遺伝子が発現しないようにしている．loxP 配列は，Cre により特異的に切断されるため，*Amhr2* 遺伝子のプロモーターに *Cre* をつないだ遺伝子を持つマウスにおいては，*Amhr2* が発現する組織（顆粒膜細胞）において，ストップコドンが切り出され，変異 *Ras* が発現する．

至る卵胞は通常一つであり，それ以外は卵胞閉鎖を起こす (Ingram, 1959).

ヒト月経周期中のFSH濃度は排卵に向かうにつれて減少する (Ying, 1988 ; Perheentupa et al, 2000). 一方，FSH製剤の投与は排卵直前卵胞まで発達する卵胞数を増加させる(Daya, 2004). FSHは，FSH受容体に作用するとcAMP合成を促進し，cAMPがRasを介してPI 3-kinase-PKB系を活性化することにより顆粒膜細胞のアポトーシスが抑制される (Gonzalez-Robayna et al, 2000 ; Cunningham et al, 2003). したがって，この卵胞発達に伴うFSH濃度の低下が，次席以下の卵胞閉鎖をもたらし，主席卵胞の選択を誘起していると考えられる. このFSH濃度の低下は，FSHにより顆粒膜細胞が生産・分泌するエストロゲンとインヒビンによるFSH生産抑制という負のフィードバック機構に起因していることも示されている (Leung, Armstrong, 1980).

(B) FSH受容体の発現量と卵胞閉鎖

FSHβサブユニット欠損マウスにおいては卵胞発育が不全になり，不妊を呈するが，FSH受容体の発現は高水準となっている (Kumar et al, 1997). つまり，FSHに刺激された細胞ではFSH受容体発現量の低下が引き起こされているため，FSH濃度の低下がただちに顆粒膜細胞におけるFSH受容体の機能を低下させていることにはならない. それは，FSH濃度が低い時にはFSH受容体が高発現となるため，その脆弱な刺激でも感受可能であり，顆粒膜細胞は生存しうると考えられるからである.しかし，FSH受容体は卵子が分泌するBMP15により負に制御されているため (Otsuka et al, 2001)，FSHが低濃度であってもBMP15の分泌量が高い卵胞においてFSH受容体発現が低下し，顆粒膜細胞のアポトーシスによる卵胞閉鎖が誘起される. FSH製剤の投与下では，BMP15によりFSH受容体発現量が低下している顆粒膜細胞においても，FSHシグナルが伝達されているものと考えられる. BMP15に関しては，他節に詳細な紹介があるため，参照いただきたい.

また，卵胞液中のアンドロゲンがFSH受容体の発現量を維持しているという報告もある (Luo, Wiltbank, 2006). アンドロゲンは内莢膜細胞でLHの刺激により合成・分泌されること，ヒトの月経周期においては，FSH低下に伴いLHの増加が認められることから，卵胞選択時においてLHにより増加したアンドロゲンが顆粒膜細胞に作用しFSH受容体を発現させ，それにより卵胞閉鎖を回避している可能性がある (Tajima et al, 2007). 選択される優性卵胞の数は，種固有に決められていることから，その選択機構の解明の学術的価値は高いこと，卵胞の選択を回避することはヒトの高度生殖補助医療や卵子の生殖工学的利用にとって重要な成熟卵子を多数得るために重要であることから，その研究の進展が望まれる.

(C) 閉鎖過程にある胞状卵胞内の卵子

発育期の卵胞腔卵胞における卵胞閉鎖は，顆粒膜細胞原発性であり，閉鎖卵胞においても卵子は生存している. ブタ卵巣の閉鎖過程にある卵胞から回収した卵子は退行しておらず，驚くべきことに20%程度の卵子は第二減数分裂中期にまで減数分裂が進行している (磯部ら，未発表

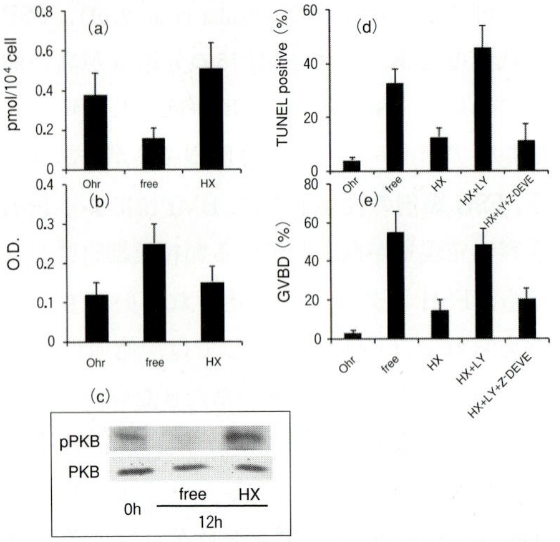

図Ⅸ-37-4．ブタ卵丘細胞卵子複合体において卵丘細胞のアポトーシスが卵子の自発的減数分裂再開を誘起する

（a）卵丘細胞における cAMP 量
（b）卵丘細胞における Caspase 3 活性
（c）卵丘細胞の PKB のリン酸化
（d）卵丘細胞のアポトーシスに及ぼす PI 3-kinase の役割
（e）卵丘細胞のアポトーシスと卵子の自発的減数分裂再開との関係

データ）．さらに，ブタ卵丘細胞卵子複合体の体外培養系を用いた研究により，卵胞閉鎖期において卵子が減数分裂を再開するしくみがわかってきた（Shimada et al, 2003）．図Ⅸ-37-4はその結果であるが，ブタ卵丘細胞卵子複合体をヒポキサンチン添加培地で培養すると，卵丘細胞内の cAMP 量が維持され（図Ⅸ-37-4（a）），Caspase 3 活性も培養開始前と同様の低い値を示す（図Ⅸ-37-4（b））．この時，卵丘細胞の PI-3 kinase-PKB 系は活性状態を維持し（図Ⅸ-37-4（c）），アポトーシスも抑制され（図Ⅸ-37-4（d）），卵子は，第一減数分裂前期の卵核胞期（GV 期）で減数分裂が停止した状態にある（図Ⅸ-37-4（e））．一方，ヒポキサンチン無添加培地で培養した時，cAMP 量の低下（図Ⅸ-37-4（a））により PI 3-kinase-PKB 系は不活性状態にあり（図Ⅸ-37-4（c）），Caspase 3 活性が上昇することによりアポトーシスが誘導される（図Ⅸ-37-4（b）（d））．この卵丘細胞がアポトーシス状態にある複合体の卵子では，自発的な減数分裂再開（卵核胞崩壊，GVBD）を生じている（図Ⅸ-37-4（e））．さらに，ヒポキサンチン添加培地においても PI 3-kinase 抑制剤（LY294002, LY）の添加により自発的な GVBD が誘起される．しかし，LY にさらに Caspase 3 抑制剤（Z-DEVE）を添加した時，卵子は GV 期を維持している（図Ⅸ-37-4（e））．つまり，発育途上の腔卵胞における卵胞閉鎖は，顆粒膜細胞のアポトーシスから開始されるため卵子は生存しているが，この卵子は自発的に減数分裂を再開している．自発的に減数分裂を再開した卵子の体外受精後の発生能は低いことから，卵子の体外成熟培養を行う際には，卵子を回収する卵胞の正常性を考慮し，卵丘細胞が均一に卵子に付着した卵丘細胞卵子複合体を選別する必要性がある．

4 卵胞嚢腫と卵胞閉鎖

（A）胞状卵胞における低 LH 感受性

低濃度 FSH の刺激を感受し，顆粒膜細胞の増殖により卵胞が発育する優性卵胞において，LH 受容体（LHR）が顆粒膜細胞に高水準で発現し，排卵準備が完了する（Richards, 1994）．動物種により排卵準備の完了に要する期間に差はあるが，この十分発育した卵胞に LH が作用すると，顆粒膜細胞は黄体化し，卵子は減数分裂を再開して第二減数分裂中期に到達し，排卵され

ヒポキサンチン：ヒポキサンチンは，ブタ卵胞液から卵子の自発的な減数分裂再開を抑制する因子として，同定された．作用は，卵子の cAMP 分解酵素である phosphodiesterase 活性を抑制し，その結果，卵子内の cAMP 濃度が維持されることにより卵子は GV 期（第一減数分裂前期）で停止する．

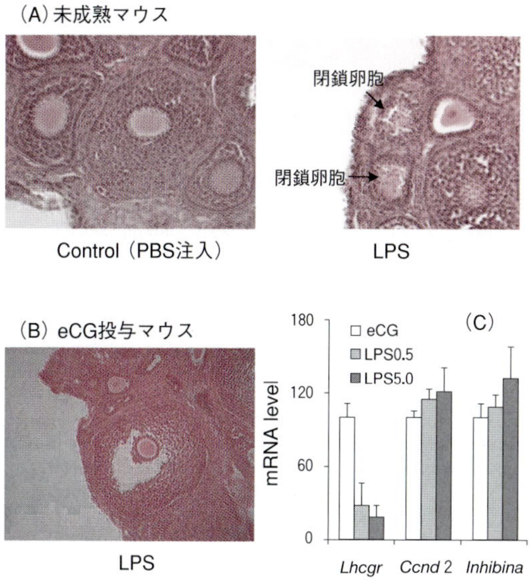

図Ⅸ-37-5．マウスへのLPS投与が卵胞発育および成熟へ及ぼす影響

(A) 3週齢雌マウスにLPSを注入した48時間後の卵巣
(B) 3週齢雌マウスにeCGとLPSを同時投与した時の卵巣
(C) 3週齢雌マウスにeCGとLPSを同時投与した時の顆粒膜細胞の遺伝子発現

る (Tsafriri, 1995)．この優性卵胞の顆粒膜細胞においてLHへの感受性が不十分な時，排卵不全の卵胞嚢腫となる (Arnhold et al, 1997)．卵胞嚢腫の原因は多岐にわたるが，hCG投与により排卵に至らない症例においては，LH受容体形成不全が一要因と考えられる．卵胞嚢腫においては，巨大化した卵胞が滞留し，発情周期が停止した状態となるが，これは優性卵胞の閉鎖が起こりにくいことに起因している．それは．優性卵胞は，低濃度のFSH条件下において選択されているため，低FSH条件においても顆粒膜細胞でアポトーシスは生じず，卵胞は閉鎖しないためである．

(B) 自然免疫系による卵胞調節機構

この発育期の卵胞と成熟期の卵胞における顆粒膜細胞の抗アポトーシス能の違いに関する知見から，卵胞の新しい機能が明らかとなった．顆粒膜細胞には，細菌感染などの異物を認識するToll like receptor TLRが発現している (Shimada et al, 2006；2008)．グラム陰性菌のLPSを認識するTLR4も発現していることから，マウス顆粒膜細胞の体外培養系にLPSを添加し，その影響を検討した (Shimada et al, 2006)．その結果，eCG投与48時間後の雌マウスから回収した顆粒膜細胞では，LPS刺激により顆粒膜細胞は，NFκ-Bのリン酸化によるIL6やTNFαの発現分泌が生じたが，顆粒膜細胞のアポトーシスは認められなかった．しかし，eCGを投与しない未成熟雌マウスから回収した顆粒膜細胞では，これらサイトカイン類の分泌によるアポトーシスが誘導された．hCG投与16時間後の卵巣から回収した黄体化顆粒膜細胞においても，LPS刺激によるサイトカイン分泌に伴うアポトーシスが検出された．これら *in vitro* 培養による結果から，LPSに対する顆粒膜細胞の応答の違いが明らかとなった．さらに，LPSを未成熟雌マウスに投与した時，二次卵胞の閉鎖像が認められたが，eCG投与時にLPSを同時投与したマウスにおいては，形態的には正常に卵胞発育が認められた (図Ⅸ-37-5)．しかし，この同時投与48時間後にhCGを投与して排卵を促した場合，排卵卵子数はLPS同時投与区において有意に減少した．eCG＋LPS投与48時間後に卵巣から顆粒膜細胞を回収し，IL6，Cyclin D2 (Ccnd2)，LH受容体，インヒビン－αの発現を解析した結果，IL 6の遺伝子発現が30倍以

優性卵胞：卵胞発達期には，排卵に向かう卵胞が選択され，それ以外の卵胞は閉鎖するが，この排卵に向かう卵胞が優性卵胞 (dominant follicle) である．優性卵胞では，排卵準備が完了しており，顆粒膜細胞ではLH受容体が高発現状態にある．また，卵胞液中には多量のエストロゲンが蓄積し，これがLH受容体形成や顆粒膜細胞，卵丘細胞の生存を担保していると考えられている．

上に増加していたことから，投与したLPSが顆粒膜細胞を十分に刺激していることが確認されたが，Cyclin D2やインヒビン−αの発現に影響はなかった（図IX-37-5）．一方，LH受容体発現は有意に抑制されていたことから（図IX-37-5），顆粒膜細胞で発現するTLR4は細菌感染を感知するとその卵胞のLH受容体形成を低下させ，感染した卵子を含む細胞が排卵されるのを抑制する機構を有していると推察された．

まとめ

卵巣内において，卵子数は卵胞の閉鎖により調節されている．未構築卵胞から前腔卵胞期においては，Fas ligand-Fasによる卵子のアポトーシスが生じ，その結果卵子分泌因子の低下による顆粒膜細胞のアポトーシスが起こり，卵胞は閉鎖する．FSH依存的な卵胞発育期においては，FSHに対する感受性の違いにより顆粒膜細胞のアポトーシスが起こり，卵胞は閉鎖する．この感受性の違いが，卵胞の選択を導き，高感受性の卵胞がFSH低濃度条件下においても生存し，優性卵胞となる．優性卵胞は，卵胞の閉鎖が起こりにくいが，内分泌環境や細菌感染などの環境変化により，LH受容体形成などの排卵準備が不全となり，卵巣嚢腫が発生すると考えられる．

（島田昌之・森　崇英）

引用文献

Arnhold IJ, Latronico AC, Batista MC, et al (1997) Ovarian resistance to luteinizing hormone : a novel cause of amenorrhea and infertility, *Fertil Steril*, 67 ; 394-397.

Baker TG (1972) Gametogenesis, *Acta Endocrinol* Suppl 166 ; 18-41.

Buccione R, Schroeder AC, Eppig JJ (1990) Interactions between somatic cells and germ cells throughout mammalian oogenesis, *Biol Reprod*, 43 ; 543-547.

Burns KH, Yan C, Kumar TR, et al (2001) Analysis of ovarian gene expression in follicle-stimulating hormone beta knockout mice, *Endocrinology*, 142 ; 2742-2751.

Chang H, Brown CW, Matzuk MM (2002) Genetic analysis of the mammalian transforming growth factor-beta superfamily, *Endocr Rev*, 23 ; 787-823.

Chen Y, Jefferson WN, Newbold RR, et al (2007) Estradiol, progesterone, and genistein inhibit oocyte nest breakdown and primordial follicle assembly in the neonatal mouse ovary in vitro and in vivo, *Endocrinology*, 148 ; 3580-3590.

Cunningham MA, Zhu Q, Unterman TG, et al (2003) Follicle-stimulating hormone promotes nuclear exclusion of the forkhead transcription factor FoxO1a via phosphatidylinositol 3-kinase in porcine granulosa cells, *Endocrinology*, 144 ; 5585-5594.

Daya S (2004) Follicle-stimulating hormone in clinical practice : an update, *Treat Endocrinol*, 3 ; 161-171.

Elvin JA, Yan C, Matzuk MM (2000) Oocyte-expressed TGF-beta superfamily members in female fertility, *Mol Cell Endocrinol*, 159 ; 1-5.

Fan HY, Shimada M, Liu Z, et al (2008) Selective expression of KrasG12D in granulosa cells of the mouse ovary causes defects in follicle development and ovulation, *Development*, 135 ; 2127-2137.

Flanagan JG, Chan DC, Leder P (1991) Transmembrane form of the kit ligand growth factor is determined by alternative splicing and is missing in the Sld mutant, *Cell* 64 ; 1025-1035.

Forabosco A, Sforza C, De Pol A, et al (1991) Morphometric study of the human neonatal ovary, *Anat Rec* 231 ; 201-208.

Gonzalez-Robayna IJ, Falender AE, Ochsner S, et al (2000) Follicle-Stimulating hormone (FSH) stimulates phosphorylation and activation of protein kinase B (PKB / Akt) and serum and glucocorticoid-lnduced kinase (Sgk) : evidence for A kinase-independent signaling by FSH in granulosa cells, *Mol Endocrinol*, 14 ; 1283-1300.

Huang EJ, Nocka KH, Buck J, Besmer P (1992) Differential expression and processing of two cell associated forms of the kit-ligand : KL-1 and KL-2, *Mol Biol Cell*, 3 ; 349-362.

Ingram DL (1959) The effect of gonadotrophins and oestrogen on ovarian atresia in the immature rat, *J Endocrinol*, 19 ; 117-122.

Jefferson W, Newbold R, Padilla-Banks E, et al (2006) Neonatal genistein treatment alters ovarian differentiation in the mouse : inhibition of oocyte nest breakdown and increased oocyte survival, *Biol Reprod*, 74 ; 161-168.

Kezele P, Skinner MK (2003) Regulation of ovarian primordial follicle assembly and development by estrogen and progesterone : endocrine model of follicle assembly, *Endocrinology*, 144 ; 3329-3337.

Kumar TR, Wang Y, Lu N, et al (1997) Follicle stimulating hormone is required for ovarian follicle maturation but not male fertility, *Nat Genet*, 15 ; 201-214.

Leung PC, Armstrong DT (1980) Interactions of steroids and gonadotropins in the control of steroidogenesis in

the ovarian follicle, *Annu Rev Physiol*, 42 ; 71-82.
Luo W, Wiltbank MC (2006) Distinct regulation by steroids of messenger RNAs for FSHR and CYP19A1 in bovine granulosa cells, *Biol Reprod*, 75 ; 217-225.
Manova K, Huang EJ, Angeles M, et al (1993) The expression pattern of the c-kit ligand in gonads of mice supports a role for the c-kit receptor in oocyte growth and in proliferation of spermatogonia, *Dev Biol*, 157 ; 85-99.
Manova K, Nocka K, Besmer P, et al (1990) Gonadal expression of c-kit encoded at the W locus of the mouse, *Development*, 110 ; 1057-1069.
Matzuk MM, Burns KH, Viveiros MM, et al (2002) Intercellular communication in the mammalian ovary : oocytes carry the conversation, *Science*, 296 ; 2178-2180.
Nocka K, Tan JC, Chiu E, et al (1990) Molecular bases of dominant negative and loss of function mutations at the murine c-kit/white spotting locus : W37, Wv, W41 and W, *EMBO J*, 9 ; 1805-1813.
Orisaka M, Orisaka S, Jiang JY, et al (2006) Growth differentiation factor 9 is antiapoptotic during follicular development from preantral to early antral stage, *Mol Endocrinol*, 20 ; 2456-2468.
Otsuka F, Shimasaki S (2002) A negative feedback system between oocyte bone morphogenetic protein 15 and granulosa cell kit ligand : its role in regulating granulosa cell mitosis, *Proc Natl Acad Sci USA*, 99 ; 8060-8065.
Otsuka F, Yamamoto S, Erickson GF, et al (2001) Bone morphogenetic protein-15 inhibits follicle-stimulating hormone (FSH) action by suppressing FSH receptor expression, *J Biol Chem*, 276 ; 11387-11392.
Perheentupa A, Critchley HO, Illingworth PJ, et al (2000) Enhanced sensitivity to steroid-negative feedback during breast-feeding : low-dose estradiol (transdermal estradiol supplementation) suppresses gonadotropins and ovarian activity assessed by inhibin B, *J Clin Endocrinol Metab*, 85 ; 4280-4286.
Richards JS (1994) Hormonal control of gene expression in the ovary, *Endocr Rev*, 15 ; 725-751.
Sakata S, Sakamaki K, Watanabe K, et al (2003) Involvement of death receptor Fas in germ cell degeneration in gonads of Kit-deficient Wv/Wv mutant mice, *Cell Death Differ*, 10 ; 676-686.
Shimada M, Hernandez-Gonzalez I, Gonzalez-Robanya I, et al (2006) Induced expression of pattern recognition receptors in cumulus oocyte complexes : novel evidence for innate immune-like functions during ovulation, *Mol Endocrinol*, 20 ; 3228-3239.
Shimada M, Ito J, Yamashita Y, et al (2003) Phosphatidylinositol 3-kinase in cumulus cells is responsible for both suppression of spontaneous maturation and induction of gonadotropin-stimulated maturation of porcine oocytes, *J Endocrinol*, 179 ; 25-34.
Shimada M, Yanai Y, Okazaki T, et al. (2008) Hyaluronan fragments generated by sperm-secreted hyaluronidase stimulate cytokine/chemokine production via the TLR2 and TLR4 pathway in cumulus cells of ovulated COCs, which may enhance fertilization, *Development*, 135 ; 2001-2011.
Tajima K, Orisaka M, Mori T, et al (2007) Ovarian theca cells in follicular function, *Reprod Biomed Online*, 15 ; 591-609.
Thomas FH, Ismail RS, Jiang JY, et al (2008) Kit ligand 2 promotes murine oocyte growth in vitro, *Biol Reprod*, 78 ; 167-175.
Tsafriri A (1995) Ovulation as a tissue remodelling process. Proteolysis and cumulus expansion, *Adv Exp Med Biol*, 377 ; 121-140.
Wayne CM, Fan HY, Cheng X, et al (2007) Follicle-stimulating hormone induces multiple signaling cascades : evidence that activation of Rous sarcoma oncogene, RAS, and the epidermal growth factor receptor are critical for granulosa cell differentiation, *Mol Endocrinol*, 21 ; 1940-1957.
Yan C, Wang P, DeMayo J, et al (2001) Synergistic roles of bone morphogenetic protein 15 and growth differentiation factor 9 in ovarian function, *Mol Endocrinol*, 15 ; 854-866.
Ying SY (1988) Inhibins, activins, and follistatins : gonadal proteins modulating the secretion of follicle-stimulating hormone, *Endocr Rev*, 9 ; 267-293.

IX-38

卵子アポトーシスの分子機構と内分泌調節

Key words
卵巣由来グリコサミノグリカン／FIGα／Kit リガンド／TGF-β ベータスーパーファミリー／Fas-Fas リガンド

はじめに

動物界には一生に１回しか生殖活動を行わないものから，哺乳類のように性周期を持ち，繰り返して子孫を作る機会を持つものまであるが，生殖細胞の作り方にも生殖活動の特徴が反映している．哺乳類では，卵巣で生み出された数10万個の卵母細胞を繰り返して発来する性周期に分配して発育を開始させ，卵子特有の構造へと分化させる．発育を開始した卵母細胞の中から，少数を選抜して排卵させる一方で，排卵に至らなかった大多数を死滅へ導く．卵母細胞においては生きて排卵に至るよりも死滅するのが普通の現象なのである．

1 細胞死の分類

細胞の死は，死の原因や死へ至る過程の形態に基づき非生理的死と生理的死に分類される．非生理的死とは傷害性のある因子（毒素，虚血など）により否応なくもたらされる死であり，‘accidental death’（事故死）とも呼ばれるべきものである．生理的死とは死滅への過程で遺伝子の中の死滅へと誘導する情報が呼び出され，細胞体を消滅させるタンパク質が発現してくる死で，‘natural death’（自然死）とも ‘programmed cell death’（プログラム細胞死）とも呼ばれる．形態学的には非生理的死を ‘necrosis’（壊死），生理的死を ‘apoptosis’（アポトーシス，細胞自滅）と分類している．非生理的死である壊死では細胞体積の増大，細胞膜の破裂，細胞内容物の漏出が認められる．一方，アポトーシスでは，細胞の縮小，クロマチン凝縮，核濃縮，細胞表面の微絨毛の消失，細胞の断片化などが認められ，アポトーシスに至る過程では微小器官を含む ‘apoptotic body’（アポトーシス小体）が観察される（佐藤，1994）．卵子の死滅の要因は多岐にわたるが，卵巣で生み出された卵母細胞の大部分はアポトーシスによって死に至る．

2 卵子死滅のプロファイル

(A) 卵巣内での死滅

生殖巣原基（生殖隆起）に達した始原生殖細胞は卵巣原基の中で卵原細胞となり分裂を繰り返して増加する（増殖期）．次に，分裂を停止して核と細胞質が増大する成長期に入るが，これを第一次卵母細胞という．第一次卵母細胞は，出生前後に第一回の減数分裂に入るものの分裂前期で停止したまま性成熟期に至る．ヒトでは，700-1300個の始原生殖細胞が生殖隆起に到達するが，その後，卵原細胞に分化すると急激に数を増し，妊娠5ヶ月の胎児には約700万個の卵原細胞が認められるようになる．このような卵原細胞の50-70%のものが死滅し，残ったものが卵母細胞に分化する．死の過程で核や染色体は凝集像を示す．また細胞質に空胞が形成される．

さらに，卵母細胞の死は卵子形成の過程，すなわち減数分裂の過程でも誘起されるが，**厚糸期**や**複糸期**で多くのものが死滅する．発育を終えつつある卵母細胞では細胞死に先立って擬似的な減数分裂再開始が観察される．このような擬似的な分裂像は多くの場合，その後，染色体凝縮や細胞の断片化をもたらす（佐藤, 2004）．ヒトでは，卵子形成の過程は約30-40年にわたって継続する．すなわち，最後まで残った卵母細胞は40-50年の生存期間を持つことになるが，卵母細胞へ分化した直後に死滅するものも多いので卵母細胞の生存期間の変異はきわめて大きい．

卵母細胞は卵胞構造の中に存在し，卵胞をなす一部の細胞とは結合装置を作って接しているので卵母細胞の死と卵胞の閉鎖とは密接に関係している．卵母細胞を顆粒膜細胞や結合組織性の莢膜細胞が取り囲んだ構造が卵胞であるが，卵母細胞の死と並行して卵胞細胞のアポトーシスによる死が観察される．卵子のアポトーシスの直接的な引き金については，今日でも議論がなされているところであるが，原始卵胞では，卵胞細胞と同時に卵母細胞の死が観察されるのに対し，発育が進んだ卵胞においては，顆粒膜細胞の死滅により卵子のアポトーシスが誘起される（Tingen et al, 2009, Perez et al, 1999）．

ヒトやウシでの観察によると，排卵に向かって多くの小さな卵胞が漸次発育するが，発育過程で10数個の卵胞に絞られ（いわゆる selectable follicle），生き残った卵胞が急速に発育する．その後，ただ一つの卵胞が非常な勢いで増大する．このような過程でただ一つの卵胞のみが成熟を完了し（いわゆる dominant follicle），次位以下にあるすべての卵胞は発育を停止し，閉鎖という過程によって死に至る．このような過程で大多数の卵母細胞は死滅し，実際に排卵されるものは一生を通しても400-500個である．

(B) 排卵された卵母細胞の死滅

排卵されて卵管に移った卵母細胞は受精しなければ死滅する．マウスでは排卵後約12時間までは受精能を保持する．さらに時間が経過すると卵母細胞は一時的に「活性化」（単為発生）の形態を示し，その後，死滅する．染色体は離散し，周囲に膜が形成される．膜は再構成され，前核に似た休止核ができる．続いて細胞は核濃縮を起こしたりして不均等に分割する．大きな割球は核を持つが，小さな割球は核物質を持たない．その後，ライソゾーム様の顆粒がいくつか集まり，集合体を作る．さらに自食性の液胞も観察されるようになり，自己融解が始まる．

3 卵子の死滅に影響する因子

培養卵母細胞に見られる異常分割は周辺の細

厚糸期：パキテン期とも呼ばれる．第一減数分裂前期において，ザイゴテン期に続く時期．二価染色体の二組の姉妹染色分体が対合し，シナプトネマ構造を形成している．また，交差が起こっている場所が組み換え小節として観察される．

複糸期：ディプロテン期とも呼ばれる．第一減数分裂前期において，パキテン期に続く時期．密着した2本の相同染色体の分離が始まる．

胞（卵丘細胞）と形態的連絡を失った卵母細胞において早期に，かつ高率に観察される．減数分裂再開始を意味する卵核胞崩壊や極体の形成は周囲の細胞の有無には影響されないが，培養後の異常分割の誘起率は卵丘細胞に囲まれていない卵母細胞において高い．このような現象はさまざまな考えを可能とするが，その一つの可能性として生き延びた卵母細胞の周辺の細胞が卵母細胞の生存に対して促進的に作用していると考えることもできる．著者らは，この可能性を確かめるために，生き延びた卵母細胞を含む卵胞内容物から，卵母細胞の異常分割を抑制しその生存を延長させる物質の分離を試みた．種々の分画の影響を調べていく過程でグリコサミノグリカンに期待した活性を見つけることができた（Sato et al, 1987；佐藤，1994）．すなわち，卵巣より分離したグリコサミノグリカン（卵巣由来グリコサミノグリカン）を培養液に添加してマウスの卵母細胞を培養したところ，卵巣由来グリコサミノグリカンは極体の形成には影響しないが，異常分割の誘起を濃度依存的に抑制した．Dowex 1-x2カラムを用いて卵巣由来グリコサミノグリカンの分離を進めたところ，0.5M NaCl溶液で溶出する分画に強い活性を認め，その後，精製を進めたが，活性因子はヒアルロン酸様のものであることが明らかになった（佐藤，1994）．

4 卵子のアポトーシス抑制活性を持つ生理活性物質

卵子内で発現する生理活性物質の発現量とそのパターンは卵子形成・退行過程で変化する．ここでは，原始卵胞から発育卵胞と前卵胞腔卵胞から成熟卵胞における卵子に分けて，生存促進，アポトーシス抑制に関わる生理活性物質について述べる．

（A）原始卵胞から前卵胞腔卵胞内で作用する生理活性物質

遺伝子ノックアウトマウスの解析から，FSH受容体（FSHR）をノックアウトしても卵胞は前卵胞腔卵胞まで発育し，卵母細胞も死滅せず発育する（Kumar et al, 1997）．すなわち，FSHが欠如していても初期の卵子形成は誘導され，FSH以外の卵胞内因子が卵母細胞の生存促進に重要な役割を持っていることがわかる．原始卵胞形成に関与する卵母細胞内の因子としてFIGα（factor in the germline α）が同定されている．FIGαは卵子から分泌されるhelix-loop-helix転写因子で，卵表層タンパク質をコードする遺伝子の発現調節に関与しているが，これが欠如すると原始卵胞が構成されず，卵母細胞の生存も阻害される．また，一次卵胞以上の発育段階にある顆粒層細胞では，Kitリガンド（KL, stem cell factor）が発現するが，KLは卵子形成（マウスでは直径25μmまでの形成）に不可欠である．さらに初期の卵胞をKL添加培養液で培養すると透明帯構成に関わるZP2とZP3 mRNAの発現が高まる（Lees-Murdock et al, 2008）．KLの発現は卵母細胞内のbone morphogenetic protein（BMP）-15によって調節されており，KLの受容体である卵母細胞内のc-Kitシグナルを阻害すると，BMP-15による顆粒層細胞の増殖が抑制される．このように初期の卵子形成と生存は，BMP-15とKL/c-Kitのフィードバック機構により制御されている（Otsuka, Shimasaki, 2002）．また，*growth and differentiation factor-9*（*GDF 9*）遺伝子をノックアウトしたマウスでは，顆粒層細胞が1層の状態で卵胞発育は停止し卵母細胞は死滅する．さらに，KLとインヒビン−αの発現を高める．このことから，初期卵胞発育や卵子の生存にGDF-9の働きが必須であると考えられている（Elvin et al, 1999）．

（B）前卵胞腔卵胞から成熟卵胞で作用する生理活性物質

卵子の形成および成熟は卵胞の発育とともに起こる．卵胞はFSHやLHの刺激を受けて発育するが，このホルモンレベルの低下は，卵胞閉鎖と卵子の死滅をもたらす．FHSやLHの濃度を制御する成長因子（インヒビン，アクチビン，フォリスタチン）は卵子の生存・発育に必須である（Knight, Glister, 2001）．

アクチビン，インヒビン，フォリスタチンは，いずれもFSH分泌調節因子として1980年代に同定された．アクチビンは，インヒビンのβサブユニットの二量体で，アクチビンβA（アクチビンA），アクチビンβB（アクチビンB）の2種類に分けられる．一次卵胞から胞状卵胞の顆粒層細胞に多く存在し，下垂体前葉ではFSHの分泌を誘導し卵子の生存を促進させる．アクチビン受容体は，卵子のほか莢膜細胞と顆粒膜細胞にも発現することが明らかとなっている（Drummond et al, 2002）．*In vitro*の実験系では，ラット（Sadatsuki et al, 1993），サル（Alak et al, 1996）およびヒト（Alak et al, 1998）で卵子の生存を促進させることが報告されている．アクチビンの作用は受容体レベルでインヒビンと拮抗するため，インヒビンにより抑制される（Knight, Glister, 2001）．

インヒビンは糖タンパクホルモンで，βA（インヒビンA）とβB（インヒビンB）の2種類に分けられている．顆粒膜細胞ではインヒビンAが発現し，FSHが過剰になると産生され，下垂体レベルでFSHの分泌を抑制し，排卵数を調節する．一方，フォリスタチンは，卵胞液中にある単鎖のポリペプチドでFSHの分泌を抑制する．アクチビン結合タンパク質であり，アクチビン1分子に対し2分子のフォリスタチンが結合する．アクチビンはFSH受容体の誘導や分泌を抑制する．つまり，アクチビンがFSH受容体の誘導に必要で，フォリスタチンはこれを抑制する．また，FSHとアクチビンは共にフォリスタチンの合成を促進する．その結果，アクチビンがFSH受容体の誘導を行うが，それと同時にアクチビンの作用は，FSHとフォリスタチンにより抑制される．このフィードバックメカニズムはFSHの分泌を制御し，排卵前卵子の生存と死滅を制御する（Abe et al, 2004）．

また，FSHの発現を制御するTGF-βスーパーファミリーの卵子の生存・発育に果たす役割も大きい．莢膜細胞に発現するBMPは，共通して顆粒膜細胞におけるFSH依存性プロゲステロン（P4）産生を抑制するが，エストラジオール（E2）産生に対する作用はリガンドによって異なる．BMPはリガンド間で異なる分布を呈し，BMP-2，-6は顆粒膜細胞に，MBP-4，-7は莢膜・間質細胞に，BMP-6，-15，GDF-9は卵子に発現する．一方，BMP受容体では，BMPのI型受容体（ALK-2，-3，-6）とII型受容体

(BMPRⅡ, ActRⅡ) の発現が卵胞で確認されている (Erickson, Shimasaki, 2003). ラットの卵巣ではI型受容体のうち, ALK-3が卵子と顆粒膜細胞で発現し, 特に卵子で強く発現する. II型受容体では, BMPRIIが顆粒膜細胞を主体に発現し, ActRIIは卵子を主体に発現する (Drummond et al, 2002). ラットの胞状卵胞由来の顆粒膜細胞と卵子の共培養の実験から, BMP-6とBMP-7は黄体形成抑制の作用を示し, FSHによるP4産生を抑制することが明らかとなっている (Otsuka, Shimasaki, 2002). 一方, BMP-6とBMP-7のE2合成に対する作用は異なる. すなわち, BMP-6はFSHによるE2産生には影響しないが, BMP-7はFSHによるE2産生を増加し, この作用は卵子存在下でさらに促進される. また, BMP-7は, 顆粒層細胞のFSH受容体を介してcAMP-Protein kinase A (PKA) あるいはMAPKの一つであるERK1／ERK2経路を制御してE2とP4を産生する (大塚, 2007). この顆粒層細胞のBMP作用は, 卵子の存在によりさらに効率よく発揮される. つまり, BMP-7はFSHによるE2合成を促進するが, これは卵子の存在によりさらに増強し, このメカニズムにより卵子の生存と発育を促している. また, FSHによる顆粒層細胞でのERKのリン酸化も卵子の存在下でより強力なものとなる. *In vitro*では, FSH依存的なE2合成においてBMP-15やBMP-6は影響を与えず(Otsuka et al, 2001a; Otsuka et al, 2001b), GDF-9は抑制的に作用することから (Vitt et al, 2000), これらの直接的な寄与は少ないと考えられている. しかし, 卵丘細胞や顆粒膜細胞で発現するGDF-9は, MAPKの活性化を促す作用を持つことから (Su et al, 2003), FSHによるMAPKの活性化にGDF-9が関与し, 卵子の生存と成熟に機能している可能性がある.

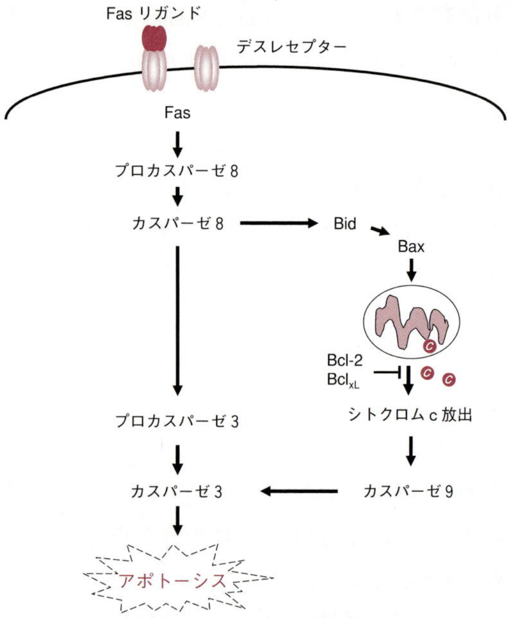

図Ⅸ-38-1. 卵子アポトーシスの分子メカニズム

アポトーシスの誘導メカニズムは2種類ある. 一つは, Fasによりカスパーゼ8が活性化され, 直接カスパーゼ3を活性化してアポトーシスを誘導する経路である. 他の一つは, カスパーゼ8の活性化後, アポトーシスアゴニストであるBidやBaxを活性化させ, ミトコンドリアを介して誘導する経路である. BidやBaxはミトコンドリア外膜の細孔を開口させ, シトクロムcの漏出を促す. 細胞質中に出たシトクロムcは, カスパーゼ9とカスパーゼ3を活性化してアポトーシスを誘導する.

5 卵子のアポトーシス誘導の分子メカニズム

卵子のアポトーシスを誘導する因子としてFas-Fasリガンド (FasL) (Mori et al, 1994) や TGFβ$_1$, TGFβ$_2$ (Morita et al, 1999) が知られている. TGFβは, 卵子形成過程のみでアポトーシスに関与する. Fasリガンドは卵子のFasに結合することによってカスパーゼ8の活性化をもたらし，最終的にカスパーゼ（caspase）3を活性化することによってアポトーシスを誘導する（Reynaud, Driancourt, 2000）．卵子のアポトーシスを誘起する経路として2種類が知られている．一つは，活性化カスパーゼ8がアポトーシスを誘導するカスパーゼ3を活性化させる経路である．他の一つは，活性化カスパーゼ8がミトコンドリアに影響するbcl-2ファミリーのBidを分解し，シトクロムcを介してカスパーゼ3を活性化する経路である（図IX-38-1）．アポトーシスが起こる最終ステージは，カスパーゼ3の活性化であり（Tilly et al, 2001），このカスパーゼ3の活性化が核内のDNase Iの活性とpoly（ADP-ribose）polymerase（PARP）の断片化，さらに細胞骨格タンパク質（Lamin B）の分解をもたらす．

6 透明帯と卵母細胞のアポトーシス

Fas-FasLシステムが卵母細胞のアポトーシス誘導に関与している（Mori et al, 1997）．すなわち，Fasは卵母細胞と顆粒膜細胞，FasLは顆粒膜細胞にそれぞれ発現している．FasLを強制発現させた顆粒膜細胞と透明帯を除去した卵母細胞を共培養すると卵母細胞はアポトーシスを誘導する．しかし，透明帯に囲まれた卵母細胞はアポトーシスを誘導しない．透明帯は，顆粒膜細胞のアポトーシス誘導シグナルから卵母細胞を保護する役割を持つとも考えられる．卵母細胞の退行に先立って透明帯の変性が観察されている．卵母細胞のアポトーシス誘導はFas-FasLシステムの発現のみならず，透明帯によっても調節されていると推察される（Dietl, 1989）．

まとめ

- 哺乳類の卵巣で生み出された卵母細胞の大多数は排卵されることなくアポトーシスにより死滅する．
- 卵子のアポトーシスによる死滅は，卵子形成過程から排卵に至る全てのステージで観察される．発育を終えた卵母細胞の死滅は，染色体の凝縮や細胞の断片化を伴う．
- 卵母細胞の死滅は卵胞の閉鎖と密接に関係しており，発育が進んだ卵胞では多くの場合，顆粒膜細胞の死滅により卵子のアポトーシスが誘起される．
- 卵子の生存促進・アポトーシス抑制に関わる生理活性物質は，卵胞の発育に伴って変化する．すなわち原始卵胞から前卵胞腔卵胞では，FIGα，Kitリガンドおよび GDF-9が，成熟卵胞では，FSH，LH，およびこれらの発現量を制御する成長因子（インヒビン，アクチビン，フォリスタチン）が重要な役割を果たしている．
- 卵子のアポトーシスを誘導する分子メカニズムとしては，Fas-Fasリガンドや TGFβが知られている．

（星野由美・佐藤英明）

引用文献

Abe Y, Minegishi T, Leung PC (2004) Activin receptor signaling, *Growth Factors*, 22(2); 105-110.

Alak BM, Smith GD, Woodruff TK, et al (1996) Enhancement of primate oocyte maturation and fertilization in vitro by inhibin A and activin A, *Fertil Steril*, 66(4); 646-653.

Alak BM, Coskun S, Friedman CI, et al (1998) Activin A stimulates meiotic maturation of human oocytes and modulates granulosa cell steroidogenesis in vitro, *Fertil Steril*, 70(6) ; 1126-1130.

Cheng HL, Marcinkiewicz JL, Sancho-Tello M, et al (1993) Tumor necrosis factor α gene expression in mouse oocytes and follicular cells, *Biol Reprod*, 48 ; 707-714.

Dietl J (1989) Ultrastructural aspects of the developing mammalian zona pellucida, In : *The MammalianEgg Coat*, Dietl J (ed), pp49-60, Berling, Springer, Verlag, Heidelberg.

Driancourt MA, Reynaud K, Cortvrindt R, et al (2000) Roles of KIT and KIT LIGAND in ovarian function, *Rev Reprod*, 5(3) ; 143-152.

Drummond AE, Le MT, Ethier JF, et al (2002) Expression and localization of activin receptors, Smads, and beta glycan to the postnatal rat ovary, *Endocrinology*, 143(4) ; 1423-1433.

Elvin JA, Yan C, Wang P, et al (1999) Molecular characterization of the follicle defects in the growth differentiation factor 9-deficient ovary, *Mol Endocrinol*, 13 (6) ; 1018-1034.

Erickson GF, Shimasaki S (2003) The spatiotemporal expression pattern of the bone morphogenetic protein family in rat ovary cell types during the estrous cycle, *Reprod Biol Endocrinol*, 1 ; 9.

Guo MW, Mori E, Xu JP, et al (1994) Identification of Fas antigen associated with apoptotic cell death in murine ovary, *Biochem Biophys Res Commun*, 203 (3) ; 1438-1446.

Knight PG, Glister C (2001) Potential local regulatory functions of inhibins, activins and follistatin in the ovary, *Reproduction*, 121 (4) ; 503-512.

Knight PG, Glister C (2006) F-beta superfamily members and ovarian follicle development, *Reproduction*, 132 (2) ; 191-206.

Kumar TR, Wang Y, Lu N, et al (1997) Follicle stimulating hormone is required for ovarian follicle maturation but not male fertility, *Nat Genet*, 15(2) ; 201-204.

Lees-Murdock DJ, Lau HT, Castrillon DH, et al (2008) DNA methyltransferase loading, but not de novo methylation, is an oocyte-autonomous process stimulated by SCF signaling, *Dev Bio*l, 321(1) ; 238-250.

Manova K, Huang EJ, Angeles M, et al (1993) The expression pattern of the c-kit ligand in gonads of mice supports a role for the c-kit receptor in oocyte growth and in proliferation of spermatogonia, *Dev Biol*, 157 ; 85-99.

Mori T, Xu JP, Mori E, et al (1997) Expression of Fas-Fas ligand system associated with atresia through apoptosis in murine ovary, *Horm Res*, 48 (suppl 3) ; 11-19.

Morita Y, Manganaro TF, Tao XJ, et al (1999) Requirement for phosphatidylinositol-3'-kinase in cytokine-mediated germ cell survival during fetal oogenesis in the mouse. *Endocrinology*, 140 (2) ; 941-949.

McNatty KP, Heath DA, Lundy T, et al (1999) Control of early ovarian follicular development, *J Reprod Fertil Suppl*, 54 ; 3-16.

大塚文男（2007）oocyteとBone Morphogenetic Proteinによる卵胞顆粒膜細胞でのステロイド産生調節メカニズム，日本生殖内分泌学会誌，12 ; 16-19.

Otsuka F, Moore RK, Shimasaki S (2001a) Biological function and cellular mechanism of bone morphogenetic protein-6 in the ovary, *J Biol Chem*, 31, 276 (35) ; 32889-32895.

Otsuka F, Shimasaki S (2002) A negative feedback system between oocyte bone morphogenetic protein 15 and granulosa cell kit ligand : its role in regulating granulosa cell mitosis, *Proc Natl Acad Sci USA*, 99 (12) ; 8060-8065.

Otsuka F, Yamamoto S, Erickson GF, et al (2001b) Bone morphogenetic protein-15 inhibits follicle-stimulating hormone (FSH) action by suppressing FSH receptor expression, *J Biol Chem*, 6, 276 (14) ; 11387-11392.

Perez GI, Tao XJ, Tilly JL. (1999) Fragmentation and death (a.k.a. apoptosis) of ovulated oocytes, *Mol Hum Reprod*, 5 : 414-420.

Reynaud K, Driancourt MA (2000) Oocyte attrition, *Mol Cell Endocrinol*, 163 (1-2) ; 101-108.

Sadatsuki M, Tsutsumi O, Yamada R, et al (1993) Local regulatory effects of activin A and follistatin on meiotic maturation of rat oocytes, *Biochem Biophys Res Commun*, 196 (1) ; 388-395.

佐藤英明（1994a）生殖細胞の死と救助技術－研究の到達点と種存立における意味，生物科学，46 ; 129-136.

佐藤英明（1994b）卵子の形成と死滅，蛋白質核酸酵素，39 ; 60-65.

佐藤英明（2004）卵細胞の誕生と死滅，応用動物科学／バイオサイエンス６，哺乳類の卵細胞，朝倉書店，東京.

Sato E, Ishibashi T, Koide SS (1987) Prevention of spontaneous degeneration of mouse oocytes in culture by ovarian glycosaminoglycans, *Biol Reprod*, 37 ; 371-376.

Su YQ, Denegre JM, Wigglesworth K, et al (2003) Oocyte-dependent activation of mitogen-activated protein kinase (ERK1/2) in cumulus cells is required for the maturation of the mouse oocyte-cumulus cell complex, *Dev Biol*, 263 (1) ; 126-138.

Tilly JL (2001) Commuting the death sentence : how oocytes strive to survive, *Nat Rev Mol Cell Biol*, 2 (11) ; 838-848.

Tingen CM, Bristol-Gould SK, Kiesewetter SE, et al (2009) Prepubertal primordial follicle loss in mice is not due to classical apoptotic pathways, *Biol Reprod*, 81 (1) ; 16-25.

Vitt UA, Hayashi M, Klein C, et al (2000) Growth differentiation factor-9 stimulates proliferation but suppresses the follicle-stimulating hormone-induced differentiation of cultured granulosa cells from small antral and preovulatory rat follicles, *Biol Reprod*, 62(2) ; 370-377.

IX-39

ヒト胎生期の卵子アポトーシス

Key words
アポトーシス／卵胞閉鎖／胎児期／始原生殖細胞

はじめに

性成熟期以降の卵巣における卵胞閉鎖が，アポトーシスによってコントロールされていることはあまりにも有名な事象である．本節では，胎子期の卵巣における卵細胞の形成と退行，アポトーシス制御のメカニズムを中心に，生後の事象も含めて，概説を試みたい．

1 胎生期における卵形成

卵巣中の卵胞は，その99%が性成熟期に卵胞閉鎖に陥り，生殖細胞である卵子のほとんどが死滅されるとされており，その現象がアポトーシスによるものであることは，従来の形態的な検討に加え，細胞死の分子細胞生物学的機構の解明とともに明らかにされてきた（Morita, Tilly, 1999）．

ヒトおよびげっ歯類等に見られる生殖細胞のアポトーシスは，性成熟期のみならず胎児期よりすでに始まっていると報告され(Baker, 1963)，そのメカニズムの解明が待たれてきた．近年，トランスジェニックマウスなどの遺伝子工学的手法や胎子卵巣器官培養法などの応用により，胎子期における卵子数調節機序の詳細な解明が可能になりつつある．

始原生殖細胞（PGC, primordial germ cell）は，胚発生の初期過程において卵黄嚢基部の外胚葉系細胞より生殖系列細胞として最初の分化を遂げる．ヒト胎子では，胎齢 3 週に出現した PGC が胎齢 1 ヶ月で間葉系体細胞からなる生殖隆起に移動して未分化性腺（indifferent gonad）を形成する．胎生期の性分化が明瞭となる 6（雄）から 8（雌）週以前の性腺は，雄，雌両方に分化する潜在能力を持った両型（sexually dimorphic gonad）である．その後，精巣の分化は Sry が決定因子として知られているが，卵巣への分化は，ミューラー管抑制因子（muellerian inhibiting substance，抗ミューラー管ホルモン，AMH）の欠如だけでなく，Wnt-4 などの積極性関与もあると考えられるようになった．性腺が卵巣に分化すると PGC は卵原細胞，さらに卵母細胞へと分化し，この段階で胎生中期まで活発に増殖する．そして，胎齢20週で卵巣の生殖細胞数は約700万まで増加するが，妊娠中期から後期の胎児卵巣では，アポトーシスにより生殖細胞の細胞死を生じ，妊娠末期には約200万の卵母細胞が残存する（Morita, Tilly, 1999；Baker, 1963）にとどまる（図IX-39-1）．このように胎生期に卵の

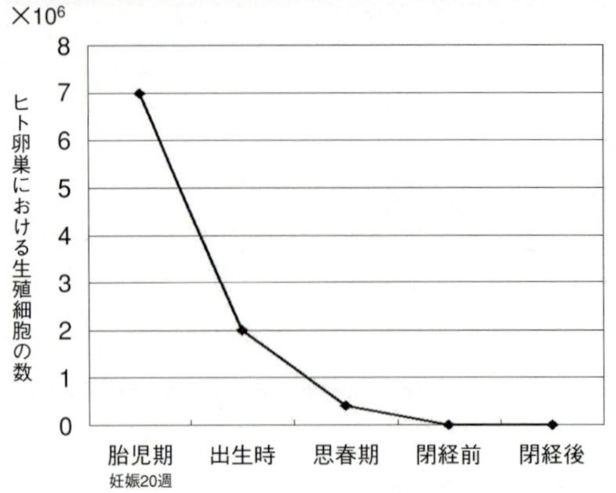

図IX-39-1．ヒト卵巣における生殖細胞の数の推移（Baker, 1963より）

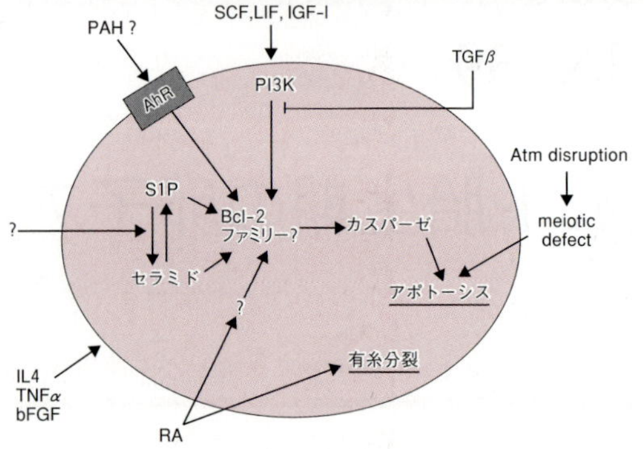

図IX-39-2．胎生期における卵形成の分子機構
種々の因子が複雑なネットワークを形成しながら協同的に作用し，異なる情報伝達系が同時にあるいは選択的に活性化されることでホメオスタシスを保っている．

約3分の2が失われるという驚くべき事象のメカニズムの解明が待たれていた（Morita, Tilly, 1999）．また，この現象の生物学的意義は未だに不明な点が多いが，最も高等な生物であるヒトの人口制御機構と関連があると考えざるをえない（図IX-39-2）．

2 胎児期卵母細胞アポトーシスの分子機構

(A) SCF，LIF

胎児期卵巣において卵子が生き残るには，体細胞由来の成長因子である幹細胞因子（SCF, stem cell factor, 注；他節では kit ligand, KL と表記されている）が必要で，SCF のレベルが不十分だと卵は消滅するといわれていた（Pesce et al, 1993）．SCF 遺伝子欠損マウスでの性腺無形成と不妊が報告され，また，SCF レセプターである c-Kit の遺伝子発現のないマウスでも同様の表現系が認められている．始原生殖細胞の初代単層培養系に SCF や LIF（leukemia inhibitory factor）を添加すると，アポトーシスが有意に抑制される（Matsui et al, 1991）．また，胎児卵巣内での細胞間の構築がより保たれた状態での胎児卵巣器官培養法では，SCF，LIF は単独よりも両者が共存すると，より大きな相乗効果が認められている．これらの分子によるアポトーシス抑制作用は，PI3 kinase（PI3K）の阻害剤である wortmannin または LY294002の添加で部分的に拮抗されるので，PI3K が胎生期における SCF や LIF の卵母細胞アポトーシス抑制作用に対する重要な情報伝達系の一つであることが明らかになってきた．PI3K は各種成長因子が関わるアポトーシス制御機構において重要な細胞内情報伝達を担うとされており，SCF が関わる他の体細胞アポトーシスの制御においても大きな役割を演じている（Morita et al, 1999）．

(B) レチノイン酸

レチノイン酸（RA）はビタミン A の誘導体であり，種々の組織で細胞増殖と分化，またアポトーシスの制御因子としても知られているが，細胞によってその作用は異なる（Tabin, 1991）．

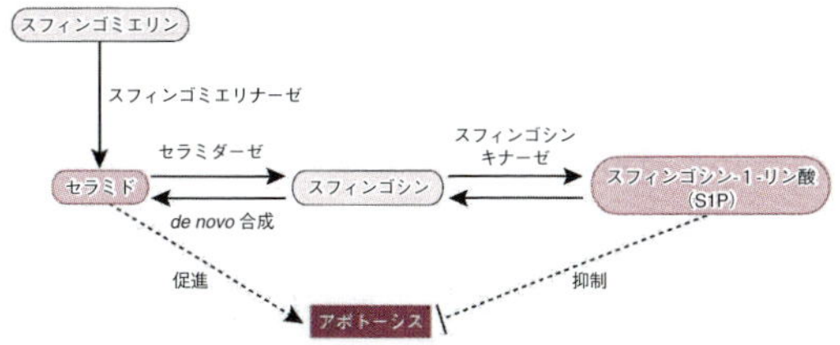

図Ⅸ-39-3．胎生期における卵細胞の形成，退行とスフィンゴミエリン

セラミドとS1Pとのバランスが，卵細胞の生死を決定する一因となる．

レチノイン酸は生殖機能の発現要因であるとされている．たとえばビタミンA欠乏の雄ラットでは生殖細胞の変性が，また妊娠雌ラットでは胎子死亡を起こすことなどが知られている．近年，このレチノイン酸がマウス胎子期の始原生殖細胞の分裂を促進させるだけでなく，生殖細胞のアポトーシスを抑制することが報告された（Morita, Tilly, 1999）．前者のPGC分裂増殖作用は転写阻害剤（α-amanitin）もしくはタンパク合成阻害剤（cycloheximide）で阻害されるのに対し，後者のアポトーシス抑制作用については，これらの阻害剤やPI3Kの阻害剤の添加によって影響を受けないので，別の情報伝達系の存在が示唆された．以上のことから，レチノイン酸も胎児期の卵細胞の増殖および細胞死を調節し，出生時卵巣の卵子数を規定する重要な因子の一つであると考えられる（Morita, Tilly, 1999）．

(C) スフィンゴミエリン

糖脂質であるスフィンゴミエリンはスフィンゴミエリナーゼという酵素により分解されてセラミドが生成されるが，このセラミド（極長鎖脂肪酸誘導体）は種々の細胞で細胞増殖抑制効果があるほか，外部刺激によりアポトーシスを誘導する作用があることが報告され，現在では，アポトーシスに関わっている重要なセカンドメッセンジャーとして注目されるに至っている（図Ⅸ-39-3）（Spiegel et al, 1998）．

最近，酸性スフィンゴミエリナーゼの遺伝子を破壊したマウスの生後4日齢の卵巣は，野生型に比べ，有意に多くの原始卵胞を含んでいることが報告された（Morita et al, 2000）．この遺伝子欠損マウスは，ヒトにおける神経変性疾患であるNiemann-Pick病のモデルとして知られており，近年，アポトーシスにおけるセラミドの役割を解析するモデルとしても着目されつつある．この遺伝子欠損マウスの詳細な検討により，本マウスで見られる出生時卵胞数の増加は，胎子期における卵形成の過程で，卵母細胞のアポトーシスが抑制されたためであることが明らかにされた（Morita et al, 2000）．

(D) Bcl-2ファミリー

細胞死を制御するさまざまな因子のうち，Bcl-2（B-cell lymphoma/leukemia-2 protein）ファミリーはアポトーシスの抑制に関わる最も重要な調節因子と考えられている．Bcl-2ファミリータンパクを過剰発現させた種々の細胞は，アポトーシス誘導刺激に対して耐性を示すというさまざまな報告からも（Hockenbery et al, 1990），広範囲の組織，細胞で，Bcl-2ファミリーの抗アポトーシス機能の重要性が明らかになりつつある．

胎児卵巣とBcl-2ファミリーに関する報告も，近年散見されつつある（Pesce et al, 1997；Watanabe et al, 1997；Ratts et al, 1995）摘出直後の胎子卵巣にはBcl-2の発現は認められないが，胎子卵巣からの始原生殖細胞を *in vitro* で培養すると，SCF の添加の有無にかかわらず Bcl-2 の発現が見られるようになるといった報告（Pesce et al, 1997）や，胎齢11.5日からの始原生殖細胞に Bcl-XL をトランスフェクションし発現させると *in vitro* での死滅が抑制されるなどの報告（Watanabe et al, 1997）である．また，Bcl-2 タンパクを発現しないトランスジェニックマウスでは，出生時および生後の卵巣での原始卵胞の数が激減していると報じられているが（Ratts et al, 1995），Bcl-2 ファミリーの胎児卵巣のアポトーシスにおける直接作用や詳細な意義については今後の検討に着目したい（Morita, Tilly, 1999）．

(E) カスパーゼ

システインプロテアーゼファミリーに属するカスパーゼは，種々の組織においてアポトーシスの最終実行過程に直接関与する分子として着目されている（Fraser, Evan, 1996）．カスパーゼ（caspase）にはさまざまな種類があり，刺激や細胞によって時に異なるカスケードを形成して細胞死の実行をもたらしているとされている．

カスパーゼ 2 の遺伝子欠損マウスにおいては，卵巣における卵子のアポトーシスの進行は抑制されており，出生時卵巣の生殖細胞は有意に多く観察されると報告された（Bergeron et al, 1998）．また，胎子卵巣器官培養法による報告では，胎齢13.5日から摘出した胎子卵巣を 3 日間培養すると，ほとんどの生殖細胞は死滅するが，カスパーゼを抑制する作用のある zVAD や zDEVD を添加して培養すると，*in vitro* でのアポトーシスは有意に抑制される．

また，カスパーゼの中には，pro-interleukin-1β などサイトカイン生成に関わっているカスパーゼもあることが知られている．たとえばカスパーゼ11の遺伝子欠損マウスの出生時卵巣では，カスパーゼ 2 の遺伝子欠損マウスとは逆に，野生型の出生時卵巣の約 4 割の生殖細胞しか観察されず，これは，カスパーゼ11を欠損することによりサイトカインの一つである interleukin-1 が生成されないことによるものと考えられ，interleukin が胎子期卵巣のアポトーシスに抑制的に働くことを示唆する所見である．実際に，IL-1α，β のダブル遺伝子欠損マウスにおいては，出生時卵巣の生殖細胞の有意な低下を認めており，カスパーゼ11の遺伝子欠損マウスから得られる所見と合致する結果であることは興味深い（Morita, Tilly, 1999）．

(F) PAH

Dimethylbenz (a) anthracene や Benzo (a) pyrene などに代表される PAH（polycyclic aromatic hydrocarbons 多環芳香族炭化水素）は，石炭石油の燃焼時に発生したり，またタバコの中に含まれる有害物質として知られている．PAH を妊娠マウスに投与すると胎子卵巣の卵子が破壊されるという報告も散見され（Machenzie, Angevine, 1981），また，その破壊の際の形態学的変化は，正常の過程で生じる胎子卵巣のアポトーシスと類似していることが知られている（Mattison, 1980）．現時点で，PAH などの環境汚染物質（環境ホルモン）がヒトを含む種々の生物にどの程度有害であるか不明な点も多いが，少なくとも胎子卵巣のアポトーシスを促進する可能性があることは事実であろう．

また，ヒトにおいて，妊娠中に喫煙をする妊婦から出生した女児の妊孕性が低下しているという報告（Weinberg et al, 1989）や，喫煙をする女性の閉経年齢が喫煙をしない女性に比べて有意に低いなどの興味深い調査報告（Mattison et al, 1989）がある．ヒトにおけるこれらの疫学調査結果は（Weinberg et al, 1989；Mattison et al, 1989），タバコに含まれる化学物質が胎児卵巣に対して有害であり，また生後の卵巣においても卵子の消滅を促進することを示唆するものであり，前述の動物実験の結果とも符合するものと考えられる．

PAHは，AhR（aryl hydrocarbon receptor）に結合し，その作用を発現すると考えられており，最近，AhRがマウス卵巣内の卵子および顆粒膜細胞に多量に発現していることが報告された（Robles et al, 2000）．この事実は，前述のようにAhRの活性が卵の破壊を生じるという所見や，PAH投与による *in vivo* での卵子の破壊がAhRのアンタゴニストである α-naphthoflavone で拮抗されるという報告（Mattison, Thorgeirsson, 1979）と矛盾しないと考えられる．

さらに，近年，AhRの遺伝子欠損マウスの卵巣を用いた検討で，なんらリガンドを暴露させない状態において，遺伝子欠損マウスの出生時卵巣は，野生型よりも有意に多い数の卵胞を有していることが示された（Robles et al, 2000）．この現象は胎子の卵巣におけるアポトーシスが *AhR* 遺伝子欠損マウスでは抑制されているためであると示唆される．この結果の背景にあるAhRの内因性あるいは外因性リガンドの実体については目下不明であるが，少なくとも，AhRを介するシグナル伝達系も出生時の卵子の数を規定する一つの要因であると考えられる（Robles et al, 2000）．

（G）Atm

ヒトにおいて，進行性小脳性失調を主症状とし，眼球運動異常のほかに，眼球結膜，皮膚の血管拡張，上気道感染などを繰り返す毛細血管拡張性失調症（ataxia telangiectasia）という疾患の存在が知られている．常染色体劣性遺伝で，しばしば身体知能の発育不全を呈し，また生殖腺機能不全などの症状を伴う．本疾患は，ある遺伝子の突然変異によって生じることがわかり，その責任遺伝子は *Atm*（ataxia telangiectasia-mutated gene）と名づけられた．マウスにおいて，この *Atm* 遺伝子を欠損させると，ヒトにおける疾患と同様の症状を示し，線維芽細胞，胸腺細胞のアポトーシスを生じやすいことが報告されている（Barlow et al, 1996）．マウスモデルでは，雄，雌共に完全に不妊であることも明らかにされている．この *Atm* 遺伝子欠損マウスの出生時卵巣では，卵胞や卵が完全に消滅していることが報告され（Barlow et al, 1996），その病態は胎子期の卵巣に起きる卵母細胞の成熟分裂の異常に起因するアポトーシスが本態であることが証明された（Morita et al, 2001）．

（H）その他

その他，胎児期における卵子数調節機構に関与していると考えられ，近年報告された因子としては（図IX-39-2），bFGF（basic fibroblast growth factor），TNFα（tumor necrosis factor-α），IGF-I（insulin-like growth factor-I）などがあり，これらはいずれも始原生殖細胞の *in vitro* 培養で，卵形成過程においてアポトーシスを抑制し細胞増殖を促進するように働くと考えられている（Morita, Tilly, 1999）.

3 生後における卵形成の分子機序

正常婦人の初経から閉経までの期間において，約450個の選択された卵胞のみが発育，成熟，排卵という経過をたどり，残りの大多数の卵胞は閉鎖に陥り，閉経期の卵巣には一つの卵胞も卵細胞も存在していない（図IX-39-1）．特に主卵胞が選択される過程においては，次席以下の卵胞が閉鎖消滅していくことにより，健康な卵細胞を含む卵胞のみが排卵できるようになる．この卵胞，卵子の選択機構には，下垂体性ゴナドトロピン（FSH, LH）の内分泌作用および卵巣からのエストロゲンのパラクライン作用などが重要な役割を演じていることは間違いない（Tajima et al, 2007 ; Mori et al, 2008）．その他，非ステロイド性局所因子（成長因子など）や胎児期の卵形成の分子機構の際に役割を演じていたアポトーシス調節因子も大いに関連しているものと考えられている（Morita, Tilly, 1999）.

まとめ

(1)卵形成の分子機構，特に，アポトーシスが演ずる役割につき胎児期の卵形成を中心に概説を試みた．

(2)卵形成の分子機構は，さまざまな因子が複雑なネットワークを形成しながら協同的に作用し，異なる情報伝達系が同時にあるいは選択的に活性化されることでホメオスタシスを保っている考えられる（図IX-39-2）.

(3)このような研究の積み重ねが，ヒトにおける早発閉経や卵巣機能不全の病因，病態の解明や治療予防法の確立などへと導くことができる可能性があり，動物実験を中心とした今後のさらなる研究の進展に期待したい．

（森田　豊）

引用文献

Baker TG (1963) A quantitative and cytological study of germ cells in human ovaries, *Proc R Soc Lond B*, 158 ; 417-433.

Barlow C, Hirotsune S, Paylor R, et al (1996) ATM-deficient mice : A paradigm of ataxia telangiectasia, *Cell*, 86 ; 159-171.

Bergeron L, Perez GI, Macdonald G, et al (1998) Defects in regulation of apoptosis in caspase-2-deficient mice, *Genes Dev*, 12 ; 1304-1314.

Fraser A, Evan G (1996) A license to kill, *Cell*, 85 ; 781-784.

Hockenbery D, Nunez G, Milliman C, et al (1990) Bcl-2 is an inner mitochondrial membrane protein that blocks programmed cell death, *Nature*, 348 ; 334-336.

Machenzie KM, Angevine DM (1981) Infertility in mice exposed in utero to benzo(a)pyrene, *Biol Reprod*, 24 ; 183-191.

Matsui Y, Toksoz D, Nishikawa S, et al (1991) Effect of Steel factor and leukemia inhibitory factor on murine primordial germ cells in culture, *Nature*, 353 ; 750-752.

Mattison DR (1980) Morphology of oocyte and follicle destruction by polycyclic aromatic hydrocarbons in mice, *Toxicol Appl Pharmacol*, 53 ; 249-259.

Mattison DR, Plowchalk DR, Meadows MJ, et al (1989) The effect of smoking on oogenesis, fertilization and implantation, *Sem Reprod Health*, 7 ; 291-304.

Mattison DR, Thorgeirsson SS (1979) Ovarian arylhydrocarbon hydroxylase activity and primordial oocyte toxicity of polycyclic aromatic hydrocarbons in mice, *Cancer Res*, 39 ; 3471-3475.

Mori T, Nonoguchi K, Watanabe H, et al (2008) Morphogenesis of polycystic ovary as assessed by pituitary-ovarian androgenic function, *Reprod Biomed Online*, 17 ; (in press).

Morita Y, Manganaro TM, Tao X-J, et al (1999) Requirement for phosphatidylinositol-3'-kinase in cytokine-mediated germ cell survival during fetal oogenesis in the mouse, *Endocrinology*, 140 ; 941-949.

Morita Y, Maravei DV, Bergeron L, et al (2001) Caspase-2-deficiency prevents programmed germ cell death resulting from cytokine insufficiency but not meiotic defects caused by loss of ataxia telangiectasia-mutated (Atm) gene function, *Cell Death and Differentiation*, 8 ; 614-620.

Morita Y, Perez GI, Paris F, et al (2000) Oocyte apoptosis is suppressed by disruption of the acid sphingomyelinase gene or by sphingosine-1-phosphate therapy, *Nat Med*, 6 ; 1109-1114.
Morita Y, Tilly JL (1999) Oocyte apoptosis : like sand through an hourglass, *Dev Biol*, 213 ; 1-17.
Morita Y, Tilly JL (1999) Segregation of retinoic acid effects on fetal ovarian germ cell mitosis versus apoptosis by requirement for new macromolecular synthesis, *Endocrinology*, 140 ; 2696-2703.
Pesce M, Farrace MG, Amendola A, et al (1997) Stem cell factor regulation of apoptosis in mouse primordial germ cells, In : *Cell Death in Reproductive Physiology*, Tilly JL, Strauss JF, Tenniswood M (eds), Springer-Verlag, New York, pp19-31.
Pesce M, Farrace MG, Dolci S, et al (1993) Stem cell factor and leukemia inhibitory factor promote primordial germ cell survival by suppressing programmed cell death (apoptosis), *Development*, 118 ; 1089-1094.
Ratts VS, Flaws JA, Kolf R, et al (1995) Ablation of bcl-2 gene expression decreases the number of oocytes and primordial follicles established in the post-natal female mouse gonad, *Endocrinology*, 136 ; 3665-3668.
Robles R, Morita Y, Mann KK, et al (2000) The arylhydrocarbon receptor, a basic helix-loop-helix transcription factor of the PAS gene family, is required for normal ovarian germ cell dynamics in the mouse, *Endocrinology*, 141 ; 450-453.
Spiegel S, Cuvillier O, Edsall LC, et al (1998) Sphingosine-1-phosphate in cell growth and cell death, *Ann NY Acad Sci*, 845 ; 11-18.
Tabin CJ (1991) Retinoids, homeoboxes, and growth factors : toward molecular models for limb development, *Cell*, 66 ; 199-217.
Tajima K, Orisaka M, Mori T, et al (2007) Ovarian theca cells in follicular function, *Reprod Biomed Online*, 15 ; 591-609.
Watanabe M, Shirayoshi Y, Koshimizu U, et al (1997) Gene transfection of mouse primordial germ cells in vitro and analysis of their survival and growth control, *Exp Cell Res*, 230 ; 76-83.
Weinberg CR, Wilcox AJ, Baird DD (1989) Reduced fecundity in women with prenatal exposure to cigarette smoking, *Am J Epidemiol*, 129 ; 1072-1078.

IX-40

顆粒膜（層）細胞アポトーシスの分子機構

Key words
卵胞閉鎖／顆粒膜（層）細胞／アポトーシス／細胞死リガンド・受容体／アポトーシス阻害因子

はじめに

哺乳類の卵母細胞は卵胞上皮細胞（顆粒膜（層）細胞）に包まれた卵胞の中で発育・成熟するが，この過程で選抜が行われ，99.9%以上が選択的に死滅する．その制御機構の全容は未だ解明されていないが，顆粒膜細胞での**アポトーシス**誘起が引き金であり，これの制御に細胞死リガンド・受容体系が支配的に関わっていることがわかってきている．顆粒膜細胞は，細胞死リガンド・受容体を介したアポトーシスシグナルが一度ミトコンドリアを介して伝達するII型アポトーシス細胞であるが，この顆粒膜細胞には卵胞発育の比較的早い時期から細胞死リガンドであるTNF（tumor necrosis factor）super familyのFasL（fas ligand），TNFα，TRAIL（TNF relating apoptosis inducing ligand）などとそれらの受容体であるTNFR（(TNF receptor）super familyのFas, TNFR2, DR4など）が発現しており，細胞死誘起の準備が整っている．しかし細胞分裂を繰り返して増殖している顆粒膜細胞内にはアポトーシスシグナル伝達系の上流で阻害するcFLIP（cellular FLICE-like inhibitory protein）や下流で阻害するXIAP（X-linked inhibitor of apoptosis protein）が発現して，アポトーシスが誘起されないようにしていることがわかってきている．

1 卵胞の選抜における顆粒膜細胞アポトーシスの役割

サケ属（*Oncorhynchus*）のように性成熟に達した後，始原生殖細胞が体細胞分裂で増殖し，一生に一度だけ卵巣内のすべての卵祖細胞が同時期に減数分裂を開始して発育・成熟した後放卵する動物とは異なり，哺乳類では，胎子期に卵巣内であらかじめ始原生殖細胞が体細胞分裂で増殖をすませた後，減数分裂を開始して第一減数分裂前期複糸期（ディプロテン期, diplotene stage）で分裂が停止して休眠している状態で出産する．この卵母細胞の休眠は性成熟に達して排卵されるまで継続する．成熟した雌の卵巣には20-100万個もの多数の卵母細胞が顆粒膜細胞に包まれた原始卵胞の状態で休眠している．性成熟後，性周期ごとに卵巣内では一定数の卵胞が発育を開始する．この卵胞内では顆粒膜細胞が卵母細胞を保育し，卵母細胞は発育・成熟して排卵に至る（Miyano, Manabe, 2007）．この卵胞発育の過程で99.9%以上が選択的に閉鎖（atresia）し，ごくわずかのみが排卵に至る（Hsueh et al, 1994；Tilly, 1996）．この**卵胞**・卵母細胞の

アポトーシス：アポトーシスは，細胞壊死（ネクローシス）と対照的な細胞死の様式として形態学的に定義された概念である．アポトーシスに陥った細胞では核が濃縮し断片化するとともに収縮し，速やかに食細胞により処理される．この断片化した核は細胞膜に包まれており，アポトーシス小体を形成する．この過程は一連の遺伝子により制御され，エネルギーを消費し能動的に遂行される点でネクローシスと異なる．また原則的に炎症を惹起しないという点でもネクローシスと異なり，生体内のホメオスタシスを維持する重要なメカニズムである．

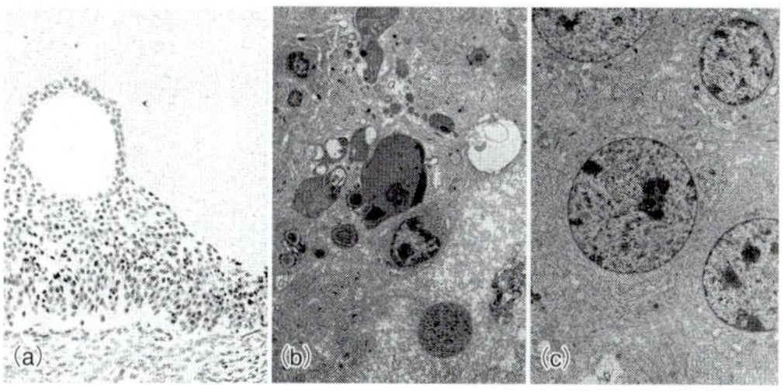

図Ⅸ-40-1．

(a) ブタ閉鎖初期卵胞組織切片にTUNEL染色を施してアポトーシス細胞を検出した（TUNEL陽性のアポトーシス細胞は核が黒く染色されている）(x200)．ブタではアポトーシスは卵胞内腔側の顆粒膜細胞から始まった．(b) アポトーシス細胞を透過型電子顕微鏡を用いて観察すると核の断片化，核濃縮などのアポトーシスに典型的な形態変化が認められたが，(c) 同一卵胞内の卵丘細胞の形態は正常であった（x 6,000）．(Sugimoto et al, 1998)

選択的死滅を制御している分子機構の全容は未だに解明されていない（Hirshfield, 1991；Kaipia, Hsueh, 1997；Hengartner, 2000）．卵胞閉鎖の極初期に観察されるのが顆粒膜細胞のアポトーシスであり，この現象が卵胞閉鎖の制御に支配的に関わっていると考えられている（Manabe et al, 2003）（図Ⅸ-40-1）．閉鎖初期にはアポトーシスが誘導された顆粒膜細胞の細胞膜表面の糖鎖構造が変化して隣接する顆粒膜細胞にファゴサイトーシスで速やかに食べ込まれて処理される（Kimura et al, 1999）．閉鎖後期には卵胞基底膜が崩壊して内卵胞膜細胞層に豊富に分布する毛細血管からマクロファージが滲出してきて死細胞を処理し，卵胞は消滅する．

2 顆粒膜細胞におけるアポトーシスの誘導

(A) アポトーシスとは

ドイツの解剖学者Flemming（1885）がウサギの排卵間近の大きな三次卵胞（排卵前卵胞，グラーフ卵胞）の閉鎖過程を顕微鏡下で詳細に観察し，閉鎖の早い時期から特徴的な核濃縮（彼はchromatolysisと名づけた）が顆粒膜細胞に生じることを見出した．しかしこの形態変化がどのような生理的意味を持つのかはその後約100年間も不明であった．1972年エジンバラ大学の病理学者Kerrら（1972）が細胞死の過程を電子顕微鏡下で詳細に観察し，chromatolysisがアポトーシス（apoptosis）に特徴的な核の形態変化であることを示した．彼らは細胞の死滅には少なくとも2種類あると結論づけた．一つは従来から壊死（necrosis）と呼ばれてきた古典的な細胞死である．これはさまざまな事故死的要因によって細胞内のホメオスタシスを保つことができなくなった細胞が死滅する遺伝子に制御され

卵胞：卵胞は，卵母細胞とそれを取り囲む卵胞上皮細胞（顆粒膜細胞）および間質からなっている．胎児期に，卵祖細胞と単層の卵胞上皮細胞からなる一次卵胞が形成されるが，初期の単層の扁平な卵胞上皮細胞に包まれた状態の小さな一次卵胞は原始卵胞と呼ばれることが多い．一次卵胞は胎生期後期，種によっては出生後までの間新生を続ける．胎生後期になると卵祖細胞が有糸分裂を停止して減数分裂第一分裂を開始し，一次卵母細胞となる．この減数分裂は，通常の細胞周期のG_2期に相当する減数分裂前期で停止し，そのまま長い休止期に入る．性成熟後，性周期ごとに一定数の一次卵胞が発育を開始する．卵胞上皮細胞は増殖して立方形の重層上皮となり，顆粒膜細胞と呼ばれるようになる．このような重層化した顆粒膜細胞に包まれた卵胞を二次卵胞と呼ぶ．二次卵胞内の卵母細胞は一次卵母細胞であるが，卵胞上皮細胞から栄養を受けて卵黄を蓄積し，大きく成長する．二次卵胞の顆粒膜細胞層の最外側にはよく発達した基底板が形成されて外界から隔離される．発育に伴って卵母細胞と顆粒膜細胞の間には卵母細胞が合成分泌するゼリー状のムコ多糖類からなる透明帯が形成される．二次卵胞期から三次卵胞期にかけて形成された透明帯が完成すると卵母細胞の体積の増加は止まる．併行して卵胞周囲の結合組織性間細胞層も発達し，外側の線維性結合組織の豊富な外卵胞膜および内側の血管が豊富で大きな腺細胞成分が多数散在している内卵胞膜が形成される．外卵胞膜では膠原線維が多量に走る中に扁平な線維芽細胞が重なっており，平滑筋細胞も散見される．内卵胞膜の形態は種や卵胞発育ステージで大きく異なるが，細胞質中に脂肪顆粒が豊富な多角形をした内分泌系細胞と細い三日月状の線維芽細胞が豊富である点が特徴的である．卵母細胞の体積増加が止まった後も顆粒膜細胞は分裂増殖を続けて卵胞腔が形成される．このように卵胞腔が形成された卵胞を三次卵胞と呼ぶ．卵胞腔が形成された大きな卵胞であるので，三次卵胞を胞状卵胞とも呼び，特に排卵前の非常に大きな卵胞をグラーフ卵胞や成熟卵胞とも呼ぶことが多い．

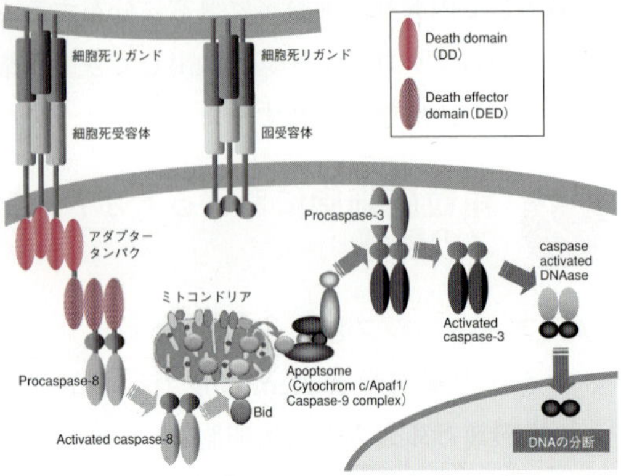

図Ⅸ-40-2．顆粒膜細胞におけるアポトーシスシグナル伝達経路

ていない受動的な細胞死である．多くの場合壊死においてはミトコンドリア機能が停止してエネルギー供給が止まるために細胞は浸透圧を維持できなくなって風船がふくらみすぎて爆発するように膨潤して破裂する．これによって細胞は細かな細胞屑となり周辺に拡散する．この細胞屑が走化因子として働き，好中球などの炎症性細胞を壊死部に集蔟させて激しい炎症が引き起こされる．このような壊死とは形態学的特徴が異なる第二の細胞死を彼らはapoptosisと名づけた．これはホメロスのイーリアス第146節「季節の訪れとともに木の葉が舞い散るように人もまた去っていく」から引用したギリシア語のapo（off）とptosis（falling）を合成したものである．アポトーシスは遺伝子に制御された生理的かつ能動的な細胞死で生命体を生き長らえさせるために一部の細胞が死滅する．顆粒膜細胞における細胞死は典型的なアポトーシスである．

（B）細胞死リガンドと受容体

このような生理的かつ能動的な細胞死であるアポトーシスが細胞に誘導される分子機構には不明な点が多い．死のシグナルを伝える細胞が死滅すべき細胞を的確に選択してそれを死滅させなくてはならない．これにはシグナルを伝える細胞の表面に発現している細胞死リガンドと死滅する細胞の表面に発現している細胞死受容体が支配的に働いていることがわかってきている（図Ⅸ-40-2）．この細胞死リガンド・受容体系のうちで最初に発見されたのがTNFα（これが発見された当時はアポトーシスという概念はKerrらによってすでに提唱されていたが，広く受け入れられていなかったためにnecrosis誘導因子と命名された．Apoptosis誘導因子と命名されるべきであった）とその受容体TNFRである（Nagata, 1997；Ashkenazi, Dixit, 1998）．これまでに少なくとも26種のリガンド（Ⅱ型膜結合タンパク）と18種の受容体（Ⅰ型膜結合タンパク）の存在が報告されており，分子構造が各々TNFαとTNFRに類似しているので各々TNFスーパーファミリーおよびTNFRスーパーファミリーと呼ばれている．これらTNFスーパーファミリーおよびTNFRスーパーファミリーに属するリガンドと受容体は分子内に細胞膜貫通ドメインを持つ膜結合型タンパクで，細胞膜上で同じ分子同士が会合して三量体になった時にのみ生理的機能（アポトーシスシグナルの受け渡し）を発揮する．すなわち普段は個々の分子は細胞膜上にランダムに分散しているが，細胞が刺激を受けると会合して三量体となり，アポトーシスシグナルを受け渡しできるようになると考えられているが，どのようなメカニズムで三量体化されるのか不明である．

細胞死リガンド・受容体系では原則としてはリガンドがある特定の受容体と結合して細胞内にアポトーシスシグナルを伝える．しかしながら研究の進展に伴って多くの例外的現象が見出されてきた．たとえば，TNFαにはアポトーシスを誘導するI型受容体（TNFR1）とはまったく逆に細胞分裂を誘起するII型受容体（TNFR2）が存在することがわかった．卵胞の顆粒膜細胞や黄体の黄体細胞ではTNFR2がドミナントに発現していて，これらの細胞の増殖を調節していると考えられる（Nakayama et al, 2003；Cheng et al, 2008）．さらに複雑なことに，通常はTNFαがTNFR1を介してアポトーシスを誘導するが，TNFR1を介しているにもかかわらず細胞分裂を誘起する場合があることがわかってきた（Ashkenazi, Dixit, 1998）．このことは受容体を介して細胞内にシグナルが伝達されるプロセスのどこかにシグナルを振り分ける機構が存在することを示すものであるが，その分子制御機構はよくわかっていない．さらに可溶化受容体（soluble TNFR）が存在することもわかってきている（Aderka et al, 1998）．また細胞膜と結合しているリガンドを切断して可溶化する酵素（TNFα converting enzyme：TACE）が見出された．この酵素は細胞外に分泌されて，細胞外でTNFαの細胞膜近位部を切断する（Amour et al, 1998）．このような酵素の生理的意義については議論がまとまっていない．卵巣においてもこれらの例外的因子がどのような生理的役割を果たしているのか未解明である．

TNFαとその受容体系以外にも多様な受容体が存在することがわかってきている．たとえば顆粒膜細胞と黄体細胞におけるアポトーシスの制御に支配的な役割を果たしている細胞死リガンドであるFasL（Fas ligand；Apo2 ligandとも呼ばれる）は，その特異的受容体（Fas；Apo-1，CD95，TNFR6とも呼ばれる）と結合して後述のような分子機構を介してアポトーシスを誘導する（Sakamaki et al, 1997）．ところがFas分子の細胞内ドメイン部分が欠損しているために細胞内へアポトーシスシグナルを伝達することができず，結果としてアポトーシスを阻害する役割を果たす**囮受容体**3（decoy receptor 3：DcR3）が存在することがわかってきた．顆粒膜細胞が増殖し続けて成長している健常な卵胞では顆粒膜細胞にはDcR3が発現しており，DcR3がFasLと結合することでアポトーシスの誘導が阻止されていると考えられる（Sugimoto et al, 2010）．さらに細胞膜貫通ドメインが欠損しているため，転写・翻訳後に細胞膜と結合することなく細胞外に分泌され，これが細胞膜に結合しているFasLと結合してFasL・Fasの結合を妨害し，その結果アポトーシスが阻害される可溶性受容体（soluble Fas：FasB）が存在することもわかってきている．プロゲステロンを合成・分泌している機能黄体でもFasBが分泌されており，これがアポトーシスの誘導を阻止していると考えられる（Komatsu et al, 2003）．

このように細胞死リガンド・受容体系は，単純にリガンドと受容体のみで構成されてアポトーシスを誘導しているのではなく，アポトーシス誘導の阻害や細胞増殖の精緻な制御にも関わっていることがわかってきた．これまでの研究から，顆粒膜細胞と黄体細胞においては，少なくともTNFα・TNFR系，FasLとその受容体系（FasL・Fas系）およびTRAIL（Apo2 ligand

囮受容体（decoy receptor）：細胞死受容体の細胞内ドメイン部分が欠損しているためにリガンドとは結合できるが，アポトーシスシグナルを細胞内へ伝達することができない受容体のこと．囮受容体には膜貫通領域を持っていて細胞膜に結合しているものと，この領域が欠損していて可溶性で細胞外に分泌されるものがある．一般にリガンドとの親和性が真の受容体より高く，リガンドと競合的に結合してアポトーシスシグナル伝達を阻害する．

とも呼ばれる）とその受容体系（TRAIL・TRAILR系）が発現していることがわかってきている（Matsuda et al, 2006；Manabe et al, 2008）．これらのうちTNFα・TNFR系は前述のように主に細胞増殖の調節を司っていると考えられる．FasL・Fas系とTRAIL・TRAILR系とはアポトーシス誘導に関わっているが，どちらがドミナントに働いているのか不明である．前述のようにFasL・Fas系の場合にはDcR3やFasBが発現していることも確認されており，これらも加わった精緻な制御システムが構築されている．これらの細胞死リガンド・受容体系は二次卵胞以降のステージの卵胞の顆粒膜細胞に発現している．顆粒膜細胞はいつでもアポトーシスが誘導されて死滅する準備が整っている状態にもかかわらず死滅することなく増殖している．顆粒膜細胞におけるリガンド・受容体系が介在するアポトーシス誘導は，主に下述の細胞内で受容体を介したアポトーシスシグナルを阻害している因子によって調節されていると考えられる．

(C) 細胞内アポトーシスシグナル伝達系

細胞死リガンド・受容体系を介したアポトーシスシグナルの細胞内伝達系にはシグナルが一度ミトコンドリアを介さない系（I型アポトーシス，mitochondrion independent apoptosis）とミトコンドリアを介す系（II型アポトーシス，mitochondrion dependent apoptosis）とがある（Scaffidi et al, 1998）．顆粒膜細胞はII型アポトーシス細胞である（Matsui et al, 2003）．

II型アポトーシス細胞ではどのようにしてアポトーシスシグナルが伝達されるのか最も詳しく研究されているFasL・Fas系を例にあげて以下に述べる（Wallach et al, 1999）（図IX-40-2）．

(1)はじめにリガンドと受容体が各々三量体化し，リガンドが受容体に結合する．

(2)受容体は，細胞外にリガンドと結合するドメイン，これに細胞膜貫通ドメインが続き，細胞内に細胞死ドメイン（death domain, DD）を持っている．DDはアポトーシスシグナル伝達には必須で，前述のようにこれが欠損した囮受容体ではアポトーシスシグナルが細胞内に伝達されない．

(3)リガンドと結合して活性化した受容体のDDは，アダプタータンパクと結合する．アダプタータンパク分子にもDDが含まれており，両者のDD同士がホモダイマーを形成して結合し，複合体（death-inducing signaling complex：DISCと呼ばれる）を形成する．このDISCの形成には受容体とアダプタータンパク以外のタンパクも関与しており，これらはcytotoxicity dependent APO-1 associated protein（CAP）と呼ばれる．これまでにprocaspase-8（caspase-8の前駆体でFLICEあるいは $MACH_{\alpha1}$ とも呼ばれる）を含む少なくとも4種のCAPが同定されている．

(4)アダプタータンパクは分子中にDDのほかにDED（death effector domain）も含んでいる．アダプタータンパクと結合するprocaspase-8も分子内にDEDを含み，両者のDED同士がホモダイマーを形成して結合する．

(5)この時2分子のprocaspase-8がDISC上で結合して二量体が形成され，procaspase-8分子の一部が切断されて活性化caspase-8となる．Caspase-8はカスパーゼの一つである．カスパーゼは細胞質に局在するICE

アダプタータンパク（adaptor protein）：細胞死受容体が受け取ったアポトーシスシグナルを下流のイニシエーターカスパーゼに仲介する役割を果たす一群のタンパクのことで，FADD（Fas-associated death domain protein；MORT 1とも呼ばれる）やTRADD（TNF receptor 1-associated death domain protein）などが知られている．なおFasL・Fas系の場合は主にFADDがシグナル伝達に介在している．

(interleukin-1β converting enzyme) ファミリーに属する基質特異性の高いタンパク分解酵素である．ICE は線虫 (*Caenorhabditis elegans*) のプログラム細胞死に必須の因子 CED-3 (cell death abnormality-3) として発見された．これと類似した酵素が哺乳類でも発見され，これまでに少なくとも14種類が同定されている (Riedl, Shi, 2004)．アポトーシスが実行される時，複数のカスパーゼが連携して働いてシグナルを伝えるのだが，その様が上流から下流に連続した小滝が並ぶ水路の様に似ているので，カスパーゼカスケードと呼ばれる．カスパーゼカスケードの上流に位置してアポトーシスシグナルの発生に関与するのがイニシエーターカスパーゼ (initiator caspase；代表的なものとして caspase-2，-8，-9，-10などがある) であり，下流に位置してアポトーシスの実行に関与するのがエフェクターカスパーゼ (effector caspase；代表的なものとして caspase-3，-6，-7 などがある) である．顆粒膜細胞では caspase-8 が最上流のイニシエーターカスパーゼである．活性化 caspase-8 の下流には 2 種類のシグナル伝達経路あると考えられている．I 型アポトーシス細胞では caspase-8 が直接エフェクターカスパーゼの前駆体を切断して活性化し，このことを介して染色体の断片化などの特徴的現象が引き起こされる．しかし II 型アポトーシス細胞である顆粒膜細胞では複雑な経路を経てシグナルが伝わって，最期に染色体の断片化などが引き起こされる．

(6) 顆粒膜細胞では，活性化 caspase-8 が Bcl-2 ファミリーに属する Bid を切断する．
(7) 切断された Bid はミトコンドリア外膜の透過性を亢進させる．その結果ミトコンドリアからは cytochrom C (他に AIF, Smac/DIBLO などが放出されるとの知見もある) が放出される．
(8) 放出された cytochrom C と Apaf1 (apoptotic protease activating factor 1) が結合し，これと procaspase-9 とが結合して apoptosome と呼ばれる複合体を形成する．ここで procaspase-9 が活性化される．
(9) 活性化 caspase-9 は下流の procaspase-3 の一部を切断して活性化する．
(10) 活性化 caspase-3 は CAD (caspase activated deoxyribonuclease) の一部を切断して活性化する．
(11) 活性化 CAD は細胞質から核内に移行し，エンドヌクレアーゼとして働いて染色体 DNA のヌクレオソームとヌクレオソームをつなぐリンカー部分を切断する．こうして，染色体 DNA をヌクレオソーム単位で断片化し，アポトーシスが実行される．

(D) アポトーシスシグナル阻害因子

前述のように，顆粒膜細胞では細胞死リガンド・受容体系を介してアポトーシスが誘導されるのだが，二次卵胞以後リガンドと受容体がと

カスパーゼ (caspase)： 細胞内アポトーシスシグナル伝達経路を構成する一群の活性部位にシステイン残基を持つタンパク質分解酵素群のことで，分子量は約30から60KDa 程度であり，基質となるタンパクのアスパラギン酸残基の後ろを開裂する．Caspase という名は cysteine-aspartic-acid-protease を略したものである．カスパーゼは順番に下流の他のカスパーゼを開裂して活性化するというカスケード (連鎖的増幅反応) の形で機能する．哺乳動物ではカスパーゼ-1 から-14までの14種類が同定されており，カスパーゼファミリーと総称される．アポトーシスの誘導の比較的初期に関わるイニシエーターカスパーゼ (カスパーゼ-8，-9 等) と，アポトーシスの実行そのものに関わるエフェクターカスパーゼ (カスパーゼ-3，-7 等) に大別される．

Bcl-2 ファミリー (Bcl-2 family)： 1985年に癌遺伝子の一つとして *Bcl-2* が発見され，その後アミノ酸配列が類似した一群のタンパクが発見され，Bcl-2 ファミリーと呼ばれることとなった．多くはミトコンドリアの膜の透過性を調節している．Bcl2 はアポトーシスを抑制するが，Bax や Bid は逆に促進する．たとえば Bid が活性化するとミトコンドリア外膜の透過性が亢進して intermembrane space に存在するタンパク (シトクロム c, Smac/DIABLO, HrtA2/Omi 等) が細胞質に漏出してきて下流のカスパーゼ系を活性化させてアポトーシスを実行する．

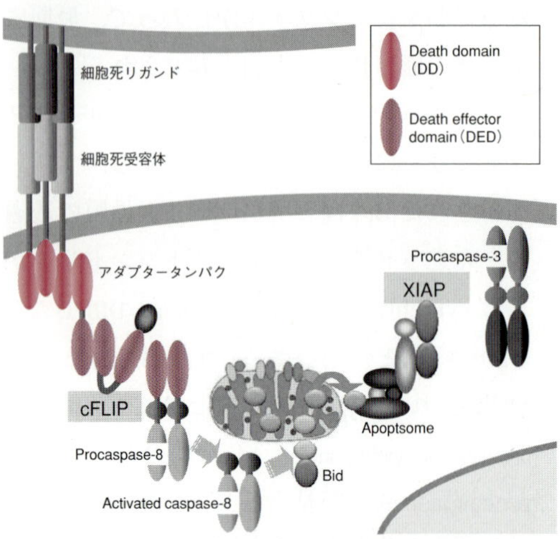

図Ⅸ-40-3．cFLIP と XIAP による細胞内アポトーシスシグナル伝達の阻害

もに発現しており，いつでも死滅できる状態が整っている．アポトーシスの調節にはアポトーシス阻害因子が支配的に関わっていると考えられる．現在までに顆粒膜細胞には少なくとも細胞内アポトーシスシグナル伝達系の上流を阻害する cFLIP（CASH, Casper, CLARP, FLAME, I-FLICE, MRIT, usurpin とも呼ばれる）（Goto et al, 2004）および下流を阻害する XIAP（MIHA, ILA とも呼ばれる）（Cheng et al, 2008）が発現していることが確認されている．

(1)cFLIP（cellular FLICE-like inhibitory protein）：スプライシングバリアントが二つある．一つは分子内にタンデムに二つの DED を持つ分子量の小さな cFLIPs（cFLIP short form）で，この構造は viral FLIP と類似している．もう一つは二つの DED に続いてカスパーゼ様のドメイン（偽酵素ドメイン）を持つ分子量の大きな cFLIPl（cFLIP long form）である．細胞死リガンドと結合した受容体にアダプタータンパクが結合する．このアダプタータンパク分子中には DED があり，procaspase-8 分子中の DED とホモダイマーを形成して結合する．ところが cFLIP が存在すると，cFLIP 分子中の DED はアダプタータンパクあるいは procaspase-8 分子中の DED とホモダイマーを形成して結合する．このことでアダプタータンパクと procaspase-8 の結合が阻害される（図Ⅸ-40-3）．cFLIPl は主にアダプタータンパクと，cFLIPs は procaspase-8 と結合すると考えられている．顆粒膜細胞が増殖して発育し続けている健常卵胞では，顆粒膜細胞が主に cFLIPl を産生し続けており，逆に閉鎖過程にある卵胞の顆粒膜細胞では停止している（Matsuda et al, 2005）．この cFLIPl の産生は TNFα，interleukin-6 などのサイトカインが調節していることがわかってきているが未だ全体像は明らかになっていない（Maeda et al, 2007）．

(2)XIAP（X-linked inhibitor of apoptosis protein）：XIAP はイニシエーターカスパーゼである caspase-9 およびエフェクターカスパーゼである caspase-3 と結合して，これらのタンパク分解酵素活性を阻害することでアポトーシスシグナル伝達を阻止する．cFLIP と同様に健常卵胞の顆粒膜細胞で XIAP が産生され，逆に閉鎖卵胞の顆粒膜細胞では停止しているが（Cheng et al, 2008），これの産生の調節機構はわかっていない．

まとめ

(1)哺乳類の卵母細胞は，胎児期に始原生殖細胞が体細胞分裂（有糸分裂）で増殖した後，減

cFLIP（cellular FLICE-like inhibitory protein）：アポトーシスはいくつかの因子によって負の制御を受けている．通常ウイルスに感染した細胞はアポトーシスをおこして死滅することでウイルスの増殖と感染を食いとめるが，細胞にアポトーシスを阻害するタンパクを産生させて生き延びるウイルスがいることがわかり（Thome et al, 1997），このウイルスが産生するタンパクが vFLIP（viral FLICE-like inhibitory protein）と名づけられた．その後このタンパクは本来宿主細胞が持っていたもので，ウイルスがそれの遺伝子を取り込んだことがわかってきて，細胞が持つものが（ellular FLIP（cFLIP））と名づけられた．

数分裂を開始して第一減数分裂前期（複糸期）で分裂が停止して休眠している状態にある．

(2)性成熟後，性周期ごとに卵巣内では一定数の卵胞が発育を開始し，この過程で99.9%以上が選択的に閉鎖する．

(3)顆粒膜細胞におけるアポトーシスが卵胞閉鎖の制御に支配的に関わっている．

(4)顆粒膜細胞におけるアポトーシスは細胞死リガンド・受容体系によって調節されている．

(5)顆粒膜細胞は，アポトーシスシグナルが一度ミトコンドリアを介して伝達するII型アポトーシス細胞である．

(6)顆粒膜細胞におけるアポトーシスシグナル伝達は阻害因子(囮受容体, cellular FLICE-like inhibitory protein, x-linked inhibitor of apoptosis protein 等）によって調節されている．

（眞鍋　昇・松田二子）

引用文献

Aderka D, Sorkine P, Abu-Abid S, et al (1998) Shedding kinetics of soluble tumor necrosis factor (TNF) receptors after systemic TNF leaking during isolated limb perfusion. Relevance to the pathophysiology of septic shock, *J Clin Invest*, 101 ; 650-659.

Amour A, Slocombe PM, Webster A, et al (1998) TNF-α converting enzyme (TACE) is inhibited by TIMP-3, *FEBS Lett*, 435 ; 39-44.

Ashkenazi A, Dixit VM (1998) Death receptors: signaling and modulation, *Science*, 281 ; 1305-1308.

Cheng Y, Maeda A, Goto Y, et al (2007) Molecular cloning of porcine (*Sus scrofa*) tumor necrosis factor receptor 2, *J Reprod Dev*, 53 ; 1291-1297.

Cheng Y, Maeda A, Goto Y, et al (2008) Changes in expression and localization of X-linked inhibitor of apoptosis protein (XIAP) in follicular granulosa cells during atresia in porcine ovaries, *J Reprod Dev*, 54 ; 454-459.

Crook NE, Clem RJ, Miller LK (1993) An apoptosis inhibiting baculovirus gene with a zinc finger-like motif, *J Virol*, 67 ; 2168-2174.

Duckett CS, Nava VE, Gedrich RW, et al (1996) A conserved family of cellular genes related to the baculovirus *IAP* gene and encoding apoptosis inhibitors, *EMBO J*, 15 ; 2685-2694.

Flemming W (1885) Über die Bildung von Richtungsfiguren in Saeugerthiereiern beim Untergang Graaf'sscher Follikel, *Archiv Anat Physio Anat Abteilung*, 221-244.

Goto Y, Matsuda F, Matsui T, et al (2004) The porcine (*Sus scrofa*) cellular Flice-like inhibitory protein (cFLIP) : molecular cloning and comparison with the human and murine cFLIP, *J Reprod Dev*, 50 ; 549-555.

Hengartner MO (2000) The biochemistry of apoptosis, *Nature*, 407 ; 770-776.

Hirshfield AN (1991) Development of follicles in mammalian ovary, *Int Rev Cytol*, 124 ; 43-101.

Hsueh AJ, Billig H, Tsafriri A (1994) Ovarian follicle atresia: a hormonally controlled apoptotic process, *Endocr Rev*, 15 ; 707-724.

Inoue N, Manabe N, Matsui T, et al (2003) Roles of tumor necrosis factor-related apoptosis-inducing ligand (TRAIL) signaling pathway in granulosa cell apoptosis during atresia in pig ovaries, *J Reprod Dev*, 49 ; 313-321.

Kaipia A, Hsueh AJ (1997) Regulation of ovarian follicle atresia, *Ann Rev Physiol*, 59 ; 349-363.

Kerr JF, Wyllie AH, Currie AR (1972) Apoptosis: a basic biological phenomenon with wide-ranging implications in tissue kinetics, *Br J Cancer*, 26 ; 239-257.

Kimura Y, Manabe N, Nishihara S, et al (1999) Up-regulation of the α2,6-sialyltransferase messenger ribonucleic acid increases glycoconjugates containing α2,6-linked sialic acid residues in granulosa cells during follicular atresia of porcine ovaries, *Biol Reprod*, 60 ; 1475-1482.

Komatsu K, Manabe N, Kiso M, et al (2003) Soluble Fas (FasB) regulates luteal cell apoptosis during luteolysis in murine ovaries, *Mol Reprod Dev* 65 ; 345-352.

Maeda A, Matsuda F, Cheng Y, et al (2007) The role of interleukin-6 in the regulation of granulosa cell apoptosis during follicular atresia in pig ovaries, *J Reprod Dev*, 53 ; 727-736.

Manabe N, Inoue N, Miyano T, et al (2003) Ovarian follicle selection in mammalian ovaries: Regulatory mechanisms of granulosa cell apoptosis during follicular atresia, In : *The Ovary, 2nd edition*, Leung PK, Adashi E (eds), pp369-385, Academic Press, New York.

Manabe N, Matsuda F, Goto Y, et al (2008) Role of cell death ligand and receptor system on regulation of follicular atresia in pig ovaries, *Reprod Domest Anim*, 43 ; 268-272.

Matsuda F, Goto Y, Inoue N, et al (2005) Changes in expression of anti-apoptotic protein, cFLIP, in granulosa cell during follicular atresia in porcine ovaries, *Mol Reprod Dev*, 72 ; 145-151.

Matsuda F, Inoue N, Goto Y, et al (2006) The regulation of ovarian granulosa cell death by pro- and anti-apoptotic molecules, *J Reprod Dev*, 52 ; 695-705.

Matsui T, Manabe N, Goto Y, et al (2003) Changes in the expression and activity of caspase-9 and Apaf1 in granulosa cells during follicular atresia in pig ovaries, *Reproduction*, 126 ; 113-120.

Miyano T, Manabe N (2007) Oocyte growth and acquisition of meiotic competence, In : *Gamete biology : Emerging frontiers on fertility and contraceptive development*, Gupta SK, Koyama K, Murray JF (eds), Nottingham University Press, Nottingham.

XIAP (X-linked inhibitor of apoptosis protein)：アポトーシスの負の制御を担当するIAP (inhibitor of apoptosis protein) ファミリーの一つである．XIAPもcFLIPと同様に最初にウイルスが産生するウイルス感染細胞アポトーシス阻害因子の一つとして発見された (Crook et al, 1993)．XIAPはzinc finger-like motifを持つタンパクである．これも本来宿主細胞が発現しているものをウイルスが取り込んだことがわかり，XIAPと名づけられた (Duckett et al, 1996)．XIAPはカスパーゼー3等のエフェクターカスパーゼの活性化を抑制することによりアポトーシスシグナル伝達経路を阻害する．

Nagata S (1997) Apoptosis by death factor, *Cell*, 88 ; 355-365.

Nakayama M, Manabe N, Inoue N, et al (2003) Changes in the expression of tumor necrosis factor (TNF)α, TNFα receptor (TNFR) 2 and TNFR-associated factor 2 in granulosa cells during atresia in pig ovaries, *Biol Reprod*, 68 ; 530-535.

Riedl SJ, Shi Y (2004) Molecular mechanisms of caspase regulation during apoptosis, *Nature Rev Mol Cell Biol*, 5 ; 897-907.

Sakahira H, Enari M, Nagata S (1998) Cleavage of CAD inhibitor in CAD activation and DNA degradation during apoptosis, *Nature*, 391 ; 96-99.

Sakamaki K, Yoshida H, Nishimura Y, et al (1997) Involvement of Fas antigen in ovarian follicular atresia and leuteolysis, *Mol Reprod Dev*, 47 ; 11-18.

Scaffidi C, Fulda S, Srinivasan A, et al (1998) Two CD 95 (APO-1/Fas) signaling pathways, *EMBO J*, 17 ; 1675-1687.

Sugimoto M, Manabe N, Kimura Y, et al (1998) Ultrastructural changes in granulosa cells in porcine antral follicles undergoing atresia indicate apoptotic cell death, *J Reprod Dev*, 44 ; 7-14.

Sugimoto M, Kagawa N, Morita M, et al (2010) Changes in the expression of decoy receptor 3 (DcR3) in granulosa cells during atresia in porcine ovaries, *J Repvod Dev*, 56 ; 467-474.

Thome M, Schneider P, Hofmann K, et al (1997) Viral FLICE-inhibitory proteins (FLIPs) prevent apoptosis induced by death receptors, *Nature*, 386 ; 517-521.

Tilly JL (1996) Apoptosis and ovarian function, *Rev Reprod*, 1 ; 162-172.

Wallach D, Varfolomeev EE, Malinin NL, et al (1999) Tumor necrosis factor receptor and Fas signaling mechanisms, *Annu Rev Immunol*, 17 ; 331-367.

第 X 章

体外発育（IVG）と体外成熟（IVM）

［編集担当：香山浩二］

今日，生殖補助医療は不妊症治療として定着したが，卵胞発育が困難な難治性不妊症に対する治療法は充分ではない．また，治療成績の向上のためには，個々の症例にきめ細かく対応することが重要である．IVG・IVMはそれに対応する新しい生殖補助医療として，注目され一部で実施されている．IVGは，卵母細胞を，顆粒膜細胞や莢膜細胞と協調させて発育させる培養法であり，一方，IVMは，発育した卵母細胞を成熟誘導する培養法である．IVGは卵胞のサイズにより，また，IVMは第2減数分裂中期への到達を指標に評価されるが，形態だけではその質まで見極めることは困難である．卵胞発育と卵子の成熟は，様々なホルモン，成長因子の絶妙なバランスのもとに達成されるが，これを培養において再現することは可能であろうか．

本章は，IVG・IVMに関する理論と技術開発について，最先端で実践している方々に執筆して頂いた．まず41節では，基礎実験としてマウスを用いたIVG・IVMの現状と，初期発育卵胞の培養系での発育誘導について述べている．また，長期的視点からこれをヒトに応用する方法にも言及している．42節は，卵胞および卵母細胞の発育と成熟に関与するホルモン及び種々の成長因子について豊富な論文を引用しながら解説している．また，これを背景にヒトIVMの実際について著者らの経験を述べている．トピック2では，ヒト未熟卵母細胞の培養における成熟過程を電子顕微鏡により観察した，貴重なデータが紹介されている．43節では，わが国において最初にIVMにより生児を得た実績および豊富な経験から，最先端のIVM技術が紹介されている．44節では，培養において最も基本となる培養液の理論と実際が，多数の論文の引用により論述されている．採取される卵母細胞のそれぞれの発育ステージに適した培養液が開発されることを期待したい．

［香山浩二］

X-41

卵子体外発育と体外成熟

Key words
卵巣組織凍結保存／卵胞発育培養／妊孕能温存／早期卵巣不全／卵母細胞ー顆粒膜細胞複合体

はじめに

生殖補助医療の進歩により，かつては治療が困難であった不妊症の多くに，有効な治療法を提供できるようになった．しかし，一方でさらに治療が困難な難治性不妊症に対する対応策が求められている．たとえば，早期卵巣不全や，強力ながん治療の副作用として発症する卵巣機能不全は，現時点では生殖補助医療によっても治療は困難である．このような卵子の発育障害が原因となって発症する不妊症に対し，予防的に病状が進行する前，あるいはがん治療前に卵巣組織を凍結して保存する自己**卵巣バンク**が研究されている (Newton, 1998;Oktay, Sonmezer, 2004)．凍結保存した卵巣を融解後使用する際，自然発症の早期卵巣不全では，未発育卵胞を体外で発育・成熟させることが必要である．また，がん回復患者の場合も，卵巣組織の再移植に加え，がん細胞の再導入を避けるため，初期発育卵胞を培養により発育誘導することが，選択肢の一つとなる．さらに，自己卵巣バンクは，女性のライフスタイルの多様化から，リプロダクティブライフを人生の後半に位置づけるといったことにも応用できるかもしれない．しかし現実には，初期発育卵胞を培養系で発育させる研究は未だ十分ではない．ここではマウスの実験を中心に初期発育卵胞から成熟卵子を得るための培養の開発の現状と，生殖補助医療への応用の可能性を解説する．

1 マウスの卵胞発育

哺乳類の卵巣には，休止期の原始卵胞から胞状卵胞，排卵直前のグラーフ卵胞 (排卵前卵胞) に至るさまざまな発育段階の卵胞が存在する．概略を図 X-41-1 に示した．原始卵胞は，形態的に扁平な上皮で囲まれた卵母細胞からなり，マウスでは直径約30μm 以下である．これが発育を開始すると，まず上皮細胞が立方状すなわち顆粒膜細胞となり，卵母細胞と顆粒膜細胞間のマトリックスである**透明帯**が形成される．このような 1 層の顆粒膜細胞からなる卵胞は一次卵胞と呼ばれる．次に顆粒膜細胞の増殖により 2-8 層程度の顆粒膜細胞層を有する，連続的な発育段階の二次卵胞に発育する．初期二次卵胞は性腺刺激ホルモン (ゴナドトロピン) の影響なしに発育するが，中期以降の卵胞発育には性腺刺激ホルモンの刺激が必要である．この時期になると莢膜細胞や基底膜の構造が著明にな

卵巣バンク：近年若年がん患者の緩解率は著しく向上したが，治療の結果，卵巣不全を起こすことが多い．卵巣バンクとは，がん快復後も妊孕能を維持するために，がん治療前に予防的に患者本人の卵巣組織を凍結保存することをいう．海外では患者自身のもとの位置に卵巣を移植し，妊娠・出産に成功した例が数例報告されている．その技術は，まだ完成されていないが，凍結による組織の損傷を抑えるため，耐凍剤や凍結方法の検討が行われている．この技術は妊娠・出産の高齢化に対する妊孕能温存や，進行性の早期卵巣不全における妊孕能温存にも応用できるかもしれない．いずれにしても社会的・倫理的問題への取り組みが必要である．

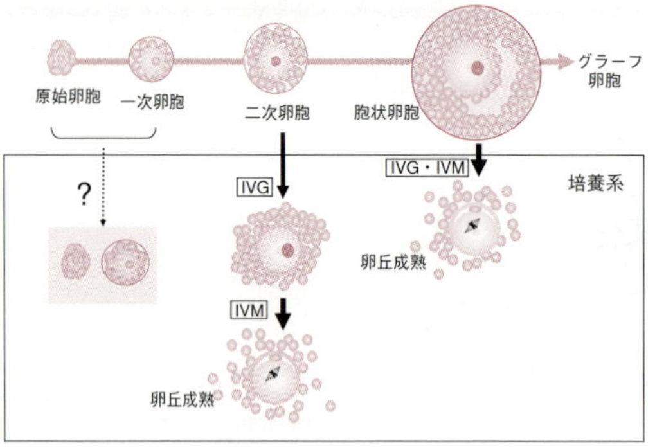

図X-41-1．卵胞培養の概略

る．顆粒膜細胞層が7-8層に達すると，卵胞内に卵胞液が貯留し，卵胞腔が形成され胞状卵胞となる．卵胞腔が形成される以前の卵胞を前胞状卵胞，腔形成の見られる卵胞を胞状卵胞という．胞状卵胞はさらに発育してグラーフ卵胞（排卵前卵胞）となり，排卵に至る．

未成熟卵母細胞を培養系で成熟誘導する場合，グラーフ卵胞に達した卵胞の卵母細胞は，自発的に受精可能な第二減数分裂中期に移行するので，発育培養（IVG, *in vitro* growth）は特に必要ないと考えられる．また胞状卵胞の卵母細胞成熟（卵成熟）は，短期間のIVGを経て，EGF（epidermal growth factor），FSH（follicle stimulating hormone）等を添加した培養液で16-24時間成熟培養（IVM, *in vitro* maturation）することにより達成される（図X-41-1）．一方，卵胞腔形成以前の前胞状期卵胞から成熟卵子を得るには，IVMに先立って卵胞の発育段階に応じて，比較的長期のIVGが必要である．前胞状期卵胞には，さまざまな発育段階の二次卵胞が存在するので，それぞれに応じて発育に必要な因子は異なり，したがって最適培養条件は異なると考えられる．また，原始卵胞や一次卵胞を器官培養（organ culture，後述）なしに培養系で発育させる方法は，現在確立していない．

表X-41-1．マウス未発育卵胞が成熟卵胞に至る培養日数

発育ステージ		直径	日数
初期胞状卵胞		約180μm	4
前胞状卵胞	後期	約150μm	6
	中期	100–140μm	12
	初期	70–100μm	18
原始卵胞		約30μm	22

1 マウス前胞状期卵胞の発育培養法

完全に成熟した受精可能なマウス卵子の直径は約80μmであるが，前胞状卵胞でも卵母細胞直径が約60μm以上であれば，マウス個体の日齢に関係なく培養により高率に成熟誘導できる．またその際，IVGに必要な日数は卵母細胞直径によって決まることが報告されている（Hirao, Miyano, 2008）．しかし実際の発育培養においては，培養前に卵胞中に含まれる卵母細胞の直径を正確に測定することは困難で，卵胞の直径から培養期間を推定できることが必要である．卵胞の直径とIVGに必要な日数の関係に関するこれまでの報告を表X-41-1にまとめた．卵胞径が約180μmの初期胞状卵胞の卵母細胞は4日間のIVGの後，IVMにより受精可能な卵子に誘導できる（Johnson et al, 1995）．また，前胞状期卵胞においては，後期–前胞状期卵胞（卵胞径150μm）および中期–前胞状期卵胞（卵胞径100–140μm）で6日および12日のIVG日数を要する（Nayudu, Osborn, 1992；Cortvrindt et al, 1996）．

透明帯：卵巣内の発育卵母細胞，排卵卵子，着床前初期胚の周囲に存在する細胞外マトリックスで，硫酸化糖タンパクからなる特徴的な生体成分である．雌性生殖細胞および着床前初期胚を保護する機能を持つ．一方，受精に際しては，精子先体反応の誘起，多精子受精の阻止などの役割を担う．哺乳類では3–4種の糖タンパクからなり，他の体細胞組織には存在しない特異な抗原性を持つため，受精を阻害する避妊ワクチンに応用する研究が行われている．また一方，特異な抗原性を有する透明帯は，自己抗体を誘導し，免疫性不妊症を発症する場合があると報告されている．

表X-41-2．前胞状期卵胞培養法の比較

	卵母細胞一顆粒膜細胞複合体（OGC）培養（Eppig et al）	Intact follicle 培養（Cortvrindt et al）
単離方法	酵素（collagenase）	機械的単離
構成細胞	卵母細胞＋顆粒膜細胞	卵母細胞＋顆粒膜細胞＋基底膜＋莢膜細胞
培養容器	コラーゲンコート膜	培養ディッシュ
培養液	α-MEM[a]＋ITS[b]	α-MEM＋FCS[c]
成熟誘導	EGF＋FSH	EGF＋FSH＋hCG[d]
培養期間	（11日齢マウス）12日	（14日齢マウス）12日

a : Minimum Essential Medium
b : Insulin, Transferrin, Selenium
c : Fetal Calf Serum
d : human Chorionic Gonadotropin

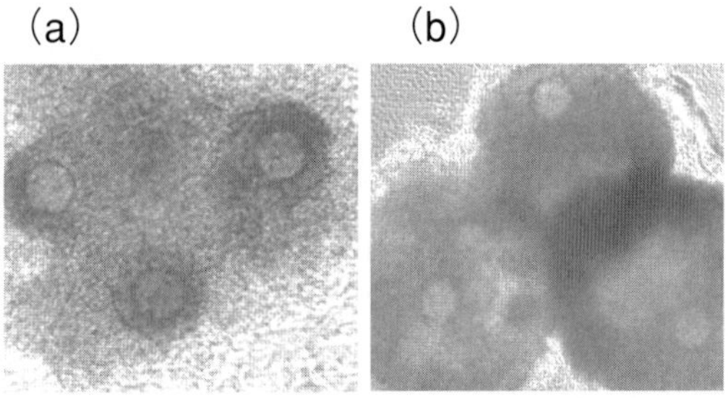

図X-41-2．前胞状期卵胞の異なる培養方法による発育形態

前胞状期卵胞のOGC培養（a）では，卵母細胞周囲に顆粒膜細胞の増殖が見られるが卵胞様の形態はない．一方，intact follicle培養（b）では，卵母細胞を囲む顆粒膜細胞層の周囲に細胞の希薄な卵胞腔様の構造と，さらに外側に壁顆粒層様の構造が観察される．

直径が100μm未満の発育卵胞の培養法については，確立された培養法はないが，我々が最近行っている2ステップ培養法では，直径70-100 μmの卵胞でIVGに少なくとも18日は必要である．さらに直径約30μm以下の原始卵胞では，8日間の卵巣器官培養（organ culture）を含め22日間の発育培養期間が必要である（Eppig, O'Brien, 1996）．

産子が得られる，マウス胞状卵胞の培養法として，2種の方法が用いられている．一つは，Eppigら（Eppig, Schroeder, 1989）により開発された，前胞状卵胞を酵素処理により卵母細胞-顆粒膜細胞複合体（OGC, oocyte-granulosa cell complex）として単離するものであり，もう一方は，Cortvrindtら（Cortvrindt et al, 1996）により報告された，機械的処理により卵胞をintact follicleとして単離する方法である（表X-41-2）．いずれの方法でもほぼ同様の成績で産子が得られている．大きな違いは培養中の発育形態で，intact follicleには基底膜や莢膜細胞層が含まれているので卵胞様の構造が形成される（図X-41-2）．

マウスが生殖可能となる日齢はおよそ45日齢であるが，幼若期（0日齢から16日齢のころ）に，出生後の発育日数に応じて多数の卵胞が同調して発育する．これを応用することにより，日齢によって発育段階の均一な卵胞を採取すること

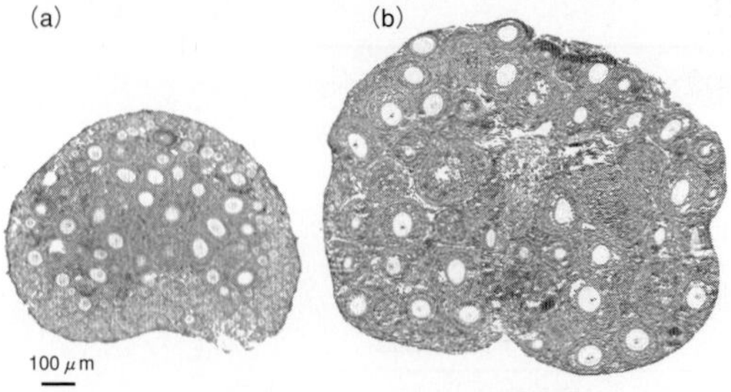

図X-41-3．日齢によるマウス卵巣組織の比較

7日齢マウス卵巣（a）では，多数の原始卵胞が観察され，発育開始卵胞は中心部に位置している．卵母細胞は比較的大きいものも存在するが，顆粒膜細胞層はせいぜい2－3層で，卵胞径は100μm以下である．この時期の卵胞を培養により発育・成熟させるには2ステップ培養が必要である．一方，16日齢マウス卵巣（b）では原始卵胞は減少し，多くの発育卵胞が観察される．卵母細胞の直径は60μmに達し，一部にごく初期の胞状卵胞も存在する．この時期の前胞状期卵胞は，培養により高率に成熟卵胞に誘導できる．

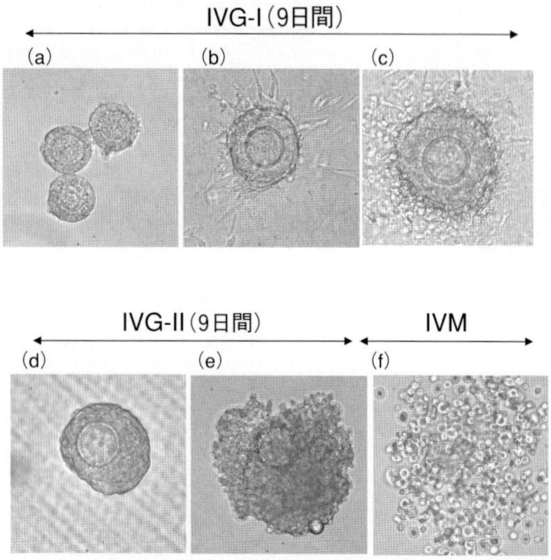

図X-41-4．2ステップ培養による未発育卵胞の成熟卵子への誘導

直径100μm未満の初期−前胞状期卵胞をintact follicleとして生後7日齢のマウスより採取し（a），コラーゲンゲル培養（IVG-I）を行った．培養5日には卵胞莢膜細胞がゲルに接着し伸展し，卵胞径が増加した（b）．培養9日にはさらに卵胞の発育が進行した（c）．この時点でゲルから卵母細胞−顆粒膜細胞複合体（OGC）を回収して（d），コラーゲンコート膜培養（IVG-II）に移すと，OGCの顆粒膜細胞層はさらに増殖した．培養18日にコラーゲン膜から回収（e）してIVMを行うと，顆粒膜細胞層は拡散し成熟卵丘を形成した（f）．

が可能である．生後0日齢マウスの卵巣は，卵母細胞が1層の扁平な上皮で取り囲まれた原始卵胞のみからなり，1日齢マウスの卵巣は，一部が1層の立方上皮（顆粒膜細胞）で取り囲まれた一次卵胞に発育する．日齢の経過に従って卵胞は発育するが，12日齢までは胞状卵胞は観察されない．また，21日齢では卵胞腔が発達した後期胞状卵胞が認められるようになり，性腺刺激ホルモンの注射で受精可能な卵子の排卵を誘導することができる．このマウスの卵胞発育系は，ヒトなど大型動物の一周期分の卵胞発育実験モデルとして研究に用いられている．

図X-41-3に，発育培養に関する研究報告がほとんどない7日齢卵巣と，安定して卵胞の発育培養が可能な16日齢卵巣の組織を示した．7日齢の卵巣組織は全体的に小さく，周辺に多数の原始卵胞が存在する．発育を開始した卵胞でも，顆粒膜細胞層は1層または2－3層で，卵胞径は100μm以下である．これに対し16日齢マウス卵巣では間質部分が増大し，発育卵胞においては顆粒膜細胞層5－6層，直径100−140μmのものが多数観察される．16日齢マウスでは凍結融解した卵巣から産子が獲得できることも報告されている（Hasegawa et al, 2006）．すなわち卵胞の発育培養の成否は，卵母細胞の直径のみならず顆粒膜細胞層の厚みも関与すると考えられる．

2－3層の顆粒膜細胞層を有する直径100μm未満の初期卵胞を7日齢マウスより単離し，培養により発育・成熟させる方法として，2ステップ培養法が有効である．本法は卵胞をコラーゲンゲルに包埋して発育培養（IVG-I）した後，コラーゲンコート膜で培養（IVG-II）する方法である．単離した直径70-100μmの卵胞をIVG-Iで培養すると時間の経過に伴い，顆粒膜細胞層の増加と卵胞径の増加が観察される（図X-41-4（a）（b）（c））．これらの卵胞はIVG-I条件の培養を継続すると変性するが，培養9日目にIVG-IIに切り替えると，発育がさらに進行する（図X-41-4（d）（e））．基本培養液はピルビン酸とITS（insulin transferrin selenium）を含むα-MEMであるが，IVG-IにはFCS（Fetal calf serum）とFSHが，またIVG-IIにはBSA（bovine serum albumin）とエストロゲンが添加されている．IVG-IとIVG-IIの2段階培養の後，発育したOGCを成熟培養（IVM）すると顆粒膜細胞が膨潤し，成熟卵丘が形成される（図X-41-4（f））．卵母細胞は第二減数分裂中期に移行し，受精および胚発育が可能である．この実験結果は，ヒト卵胞の有効利用に際し重要な示唆を含んでいる．すなわちヒト卵巣からさまざまな発育段階の卵胞が採取された場合，初期-前胞状期卵胞はまずコラーゲンゲルで培養（IVG-I）し，ある程度の発育段階に達した後にコラーゲンコート膜培養（IVG-II）に適用すること，また中期以降の前胞状期卵胞はただちにコラーゲンコート膜に適用することなど，採取された卵胞を大きさにより分類してそれぞれの発育段階に適した培養条件を用いることが，発育成績の向上につながると考えられる．

3 マウス以外の大型動物のIVG

家畜において成熟個体の初期胞状卵胞からOGCを単離し，IVG，IVMを経て産子を生産したことが報告されているのは，現在ウシ（Yamamoto et al, 1999）だけである．この実験では351個のOGCから，14日間の培養により135個の成熟OGCが得られている．受精後胚盤胞に達したのは6個で，そのうち1個が産子誕生に至った．前胞状期卵胞のIVGではブタ，ウシ，ヒツジの前胞状期卵胞の培養系での発育が，卵胞腔の形成，顆粒膜細胞の増殖，卵子径の増加，卵母細胞の第二減数分裂期への移行を指標に報告されているが，発育率は非常に低い（Hirao et al, 1994；Gutierrez et al, 2000；Cecconi et al, 1999）．原始卵胞に関しては，成熟個体の原始卵胞が発育を開始すること自体が疑問視されていたが，最近ウシ卵巣組織のSCID（重症複合免疫不全）マウスへの移植実験で，成熟個体の原始卵胞が胞状卵胞へ発育可能であることが証明された（Miyano, 2005）．

4 生殖補助医療へのIVGの応用と問題点

ヒト未発育卵胞の発育培養に関しては，1993年に前胞状期卵胞をITSとFSHを含む培養液で120時間培養したことが報告されている（Roy et al, 1993）．当初，卵胞の採取法として機械的単離と酵素処理が検討され，機械的単離の方が培養成績が良いことが示された（Abir et al, 1997；Wight et al, 1999）．しかし，機械的処理によって回収される卵胞数は酵素処理に比べ非常に少ない．しかも無刺激の成人卵巣では，中期以降に発育した前胞状期卵胞が採取されることはまれで，前胞状期卵胞といってもほとんどは発育段階の非常に早い一次卵胞または休止状態の原始卵胞である．

当然のことながら大型で間質組織の多いヒト卵巣では，マウスのような organ culture は不可能である．そこでスライスまたは小片として組織培養することにより発育を誘導することが検討された(Hovatta et al, 1999;Louhio et al, 2000)．これまでのところ，はじめから卵胞を単離するより組織小片として培養した方が卵胞の発育がよいことや，卵胞の発育には FSH や EGF などのホルモンや成長因子が促進的に作用することが報告されている．これらの結果はマウスと一致するようであるが，組織学的研究からは，無秩序な細胞増殖や変性が多く存在し，正常な前胞状期卵胞の存在はまれであり，培養条件は不十分といわざるをえない．これを改善するため IGF-1，c-AMP，8-br-c-GMP，GDF-9 などの添加が試みられている(Louhio et al, 2000；Zhang et al, 2004；Scott et al, 2004；Hreinsson et al, 2002)．

効果的な IVG・IVM のためには卵巣内に最も豊富に含まれる休止状態の原始卵胞の発育誘導が必要である．原始卵胞が正常な発育過程にリクルートされるメカニズムの解明は，生物学的にも興味深く，多くの研究者により精力的に研究が進められた．遺伝子改変動物を用いた研究などから，細胞外リガンドとして作用する分子，また，転写因子やホメオボックスなど上流に位置する分子の重要性が指摘されている(Knight, Glester, 2006；Choi, Rajkovic, 2006)．しかし培養系に応用するには至っていない．

マウスでは原始卵胞が成熟卵胞に到達する日数は22日であるが，ヒト卵巣では発育を開始した原始卵胞が成熟卵胞に発育するために150日以上かかるとされる．発育段階の早い一次卵胞や原始卵胞を利用するためには，このような長期の培養に耐える培養環境を整えることも検討しなければならない．

さらに，一次卵胞や初期二次卵胞の培養で問題となるのは，培養条件下では顆粒膜細胞が卵母細胞に接着せず，拡散して増殖することである．これを解決するため，培養基材として孔径の大きな膜の使用，生体組織の三次元構造を維持する目的で開発された**アルギン酸ゲル**，**コラーゲンゲル**やマトリゲルの応用なども検討されている(West et al, 2007；Gomes et al, 1999；Scott et al, 2004)．最近 Woodruff と Shea らのグループにより，アルギン酸ゲル培養で2層の顆粒膜細胞卵胞が高率に発育・成熟することが報告され，また用いるゲルの濃度により卵胞腔の形成率やステロイドホルモン合成およびホルモンレセプターの発現に差が生じることが示された(Xu et al, 2006)．化学的に組成の明確なゲルの使用は，実験誤差を抑えることができるのみならず，製品として品質管理の点でもメリットがある．また，ゲル濃度により卵胞発育を制御で

アルギン酸ゲル：褐藻類の産生する糖の一種，α-L-guluronic acid と β-D-mannuronic acid の重合体で，カルシウムの存在下で重合してゲル状となる．カルシウムキレート剤の添加により簡単に溶解するので，再生医療における基材として研究されてきた．もともと動物細胞にはない天然素材なので，卵胞培養において添加した可溶性のホルモンや成長因子の効果を正確に評価できる利点がある．またコラーゲンなどのタンパクからなる動物性マトリックスより，品質管理や濃度の調節が比較的容易で卵胞の発育培養への応用が期待されている．

コラーゲンゲル：ヒトでは40種類以上のタイプが存在するが，最も豊富に存在するのは Type Ⅰである．Type Ⅰコラーゲンはグリシン，ハイドロキシリジン，ハイドロキシプロリンの3種のアミノ酸からなるタンパクで，3本の鎖が螺旋状に絡み合って，コラーゲン繊維を形成する．これがさらに重合して組織間にマトリックスを形成する．通常培養に用いられるコラーゲンは，この Type Ⅰで，中性 pH，37℃の条件ではゲル（固相）化している．酸性側 pH または低温ではゾル（液相）状態で存在する．コラーゲンは単に組織を物理的に支えさまざまな因子を保持するだけでなく，細胞に積極的に外部シグナルを伝達する役割も担うことが最近明らかになっている．

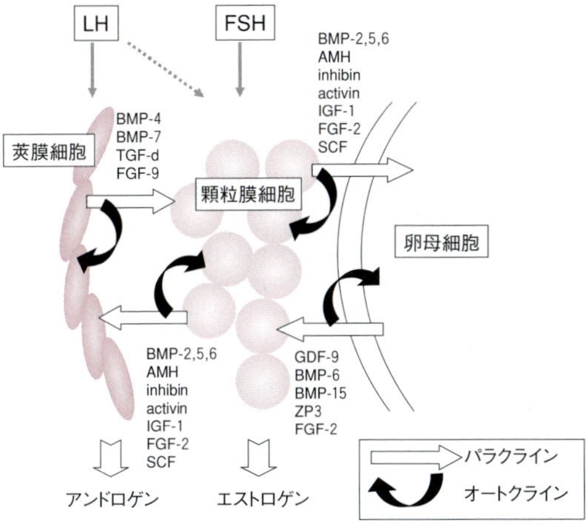

図X-41-5．卵胞発育においてパラクライン，オートクラインに作用する細胞外リガンド

卵胞発育は，ホルモン，成長因子，種々のパラクライン因子，オートクライン因子，およびそれらのレセプターが協調して達成される．

きれば，卵胞の発育段階に応じて至適培養条件を設定できる可能性がある．

まとめ

卵胞発育は，ホルモン，成長因子，種々のパラクライン因子，オートクライン因子，およびそれらのレセプターが協調して達成される (Demeestere et al, 2005)．概略を図X-41-5に示した．培養においてもこれらのシステムが調和して機能することが必要である．その鍵となる因子として，ITS, FSH, エストロゲン, EGFなどの有効性が明らかにされ，実際にIVGに用いられている．しかし現時点ではまだ不十分といわざるをえない．網羅的な遺伝子解析から培養に必要な因子を同定することが重要である．一方，卵巣内ではアポトーシスにより多くの卵胞が死滅しているので，アポトーシスシグナルの制御も考慮すべきかもしれない．さらに，エピジェネティックスの視点からは，卵母細胞の発育初期はゲノムインプリレティングが進行する時期である．産子の先天異常にかかわるゲノムインプリンティングが，培養によって正常に進行しているかを実験的に確認することが要求される．卵胞の発育培養を生殖補助医療へ応用するには，以上のような総合的な研究が必要であると考えられる．

（長谷川昭子・香山浩二）

引用文献

Abir R, Franks S, Mobberley MA, et al (1997) Mechanical isolation and in vitro growth of preantral and small antral human follicles, *Fertil Steril*, 68 ; 682-688.

Cecconi S, Barboni B, Coccia M, et al (1999) In vitro development of sheep preantral follicles, *Biol Reprod*, 60 ; 594-601.

Choi Y, Rajkovic A. (2006) Genetics of early mammalian folliculogenesis, *Cell Mol Life Sci*, 63 ; 579-590.

Cortvrindt R, Smitz J, Van Steirteghem AC (1996) In-vitro maturation, fertilization and embryo development of immature oocytes from early preantral follicles from prepuberal mice in a simplified culture system, *Hum Reprod*, 11 ; 2656-2666.

Demeestere I, Centner J, Gervy C, et al (2005) Impact of various endocrine and paracrine factors on in vitro culture of preantral follicles in rodents, *Reproduction*, 130 ; 147-156.

Eppig JJ, O'Brien MJ (1996) Development in vitro of mouse oocytes from primordial follicles, *Biol Reprod*, 54 ; 197-207.

Eppig JJ, Schroeder AC (1989) Capacity of mouse oocytes from preantral follicles to undergo embryogenesis and development to live young after growth, maturation, and fertilization in vitro, *Biol Reprod*, 4 ; 268-276.

Gomes JE, Correia SC, Gouveia-Oliveira A, et al (1999) Three-dimensional environments preserve extracellular matrix compartments of ovarian follicles and increase FSH-dependent growth, *Mol Reprod Dev*, 54 ; 163-172.

Gutierrez CG, Ralph JH, Telfer EE, et al (2000) Growth and antrum formation of bovine preantral follicles in long-term culture in vitro, *Biol Reprod*, 62 ; 1322-1328.

Hasegawa A, Mochida N, Ogasawara T, et al (2006) Pup birth from mouse oocytes in preantral follicles derived from vitrified and warmed ovaries followed by in vitro growth, in vitro maturation, and in vitro fertilization, *Fertil Steril*, 86 ; 1182-1192.

Hirao Y, Miyano T (2008) In vitro growth of mouse oocyte : oocyte size at the beginning of culture influences the appropriate length of culture period, *J Mamm*

Ova Res, 25 ; 56-62.
Hirao Y, Nagai T, Kubo M, et al (1994) In vitro growth and maturation of pig oocytes, *J Reprod Fertil*, 100 ; 333-339.
Hovatta O, Wright C, Krausz T, et al (1999) Human primordial, primary and secondary ovarian follicles in long-term culture : effect of partial isolation, *Hum Reprod*, 14 ; 2519-2524.
Hreinsson JG, Scott JE, Rasmussen C, et al (2002) Growth differentiation factor-9 promotes the growth, development, and survival of human ovarian follicles in organ culture, *J Clin Endocrinol Metab*, 87 ; 316-321.
Johnson LD, Albertini DF, McGinnis LK, et al. (1995) Chromatin organization, meiotic status and meiotic competence acquisition in mouse oocytes from cultured ovarian follicles, *J Reprod Fertil*, 104 ; 277-284.
Knight PG, Glister C, (2006) TGF-beta superfamily members and ovarian follicle development, *Reproduction*, 132 ; 177-178.
Louhio H, Hovatta O, Sjöberg J et al (2000) The effects of insulin, and insulin-like growth factors I and II on human ovarian follicles in long-term culture, *Mol Hum Reprod*, 6 ; 694-698.
Miyano T (2005) In vitro growth of mammalian, *J Reprod Dev*, 5 ; 169-176.
Nayudu PL, Osborn SM (1992) Factors influencing the rate of preantral and antral growth of mouse ovarian follicles in vitro, *J Reprod Fertil*, 95 ; 349-362.
Newton H (1998) The cryopreservation of ovarian tissue as a strategy for preserving the fertility of cancer patients, *Hum Reprod Update*, 3 ; 237-234.
Oktay K, Sonmezer M (2004) Ovarian tissue banking for cancer patients : fertility preservation, not just ovarian cryopreservation, *Hum Reprod*, 19 ; 477-480.
Roy SK, Treacy BJ (1993) Isolation and long-term culture of human preantral follicles, *Fertil Steril*, 59 ; 783-790.
Scott JE, Carlsson IB, Bavister BD et al (2004) Human ovarian tissue cultures : extracellular matrix composition, coating density and tissue dimensions, *Reprod Biomed Online*, 9 ; 287-293.
Scott JE, Zhang P, Hovatta O (2004) Benefits of 8-bromo-guanosine 3',5'-cyclic monophosphate (8-br-cGMP) in human ovarian cortical tissue culture, *Reprod Biomed Online*, 8 ; 319-324.
West ER, Shea LD, Woodruff TK. (2007) Engineering the follicle microenvironment, *Semin Reprod Med*, 25 ; 287-299.
Wright CS, Hovatta O, Margara R, et al (1999) Effects of follicle-stimulating hormone and serum substitution on the in-vitro growth of human ovarian follicles, *Hum Reprod*, 14 ; 1555-1562.
Xu M, West E, Shea LD et al (2006) Identification of a stage-specific permissive in vitro culture environment for follicle growth and oocyte development, *Biol Reprod*, 75 ; 916-923.
Yamamoto K, Otoi T, Koyama N et al (1999) Development to live young from bovine small oocytes after growth, maturation and fertilization in vitro, *Theriogenology*, 52 ; 81-89.
Zhang P, Louhio H, Tuuri T et al (2004) In vitro effect of cyclic adenosine 3', 5'-monophosphate (cAMP) on early human ovarian follicles, *J Assist Reprod Genet*, 21 ; 301-306.

X-42

ヒト体外成熟の実施理論

Key words
体外成熟／IVM／*in vitro* maturation／体内成熟

はじめに

哺乳類卵子の体外成熟（IVM, *in vitro* maturation）は1930年代に先駆的研究が行われていたものの，卵胞内にその存在が想定されていた成熟抑制因子からの解放の結果による自発的核成熟であって，必ずしも発生能力を伴った成熟ではなかった．1960年代にEdwardsを中心とするケンブリッジ学派によって再開されたヒトIVM研究は，臨床応用に目標を絞ったもので，体外受精卵子の発生支持能も含めて克明に観察している（Edwards et al, 1965；Edwards, 1965；Edwards et al, 1969）．そして非刺激周期に採取した卵の体外受精によって世界初の体外受精児の誕生に成功した（Steptoe, Edwards, 1978）．しかしその成功率があまりにも低いので，卵巣刺激を必要とすることが明らかになり，各種の調節卵巣刺激法が開発・登場した．その結果治療費の上昇や重篤な副作用であるOHSS卵巣過剰刺激症候群（OHSS）の発症，多胎など経費と安全の問題がIVFの医療現場に影を落とす事態も惹起された．

これに対する反省として再度IVMが見直されることとなった．きっかけとなったのは韓国のChaらが卵子提供プログラムにIVMを応用した成功例を報告したことである（Cha et al, 1991）．続いて多嚢胞卵巣症候群（PCOS）にも応用されるや（Trounson et al, 1994），自然周期や最少刺激周期との連結応用によって一気に広がりつつある．そしてIVFの中に占めるIVMの割合は大きくなりつつあるが，その理論はまだ成熟しているとはいえない．

1 原理ー利点と限界

未成熟卵子の体外成熟法の原理は核成熟だけでなく細胞質成熟を体外培養系で行なうことであり，両者をLH刺激投与によって体内で行なうIVMとの本質的な相違がここにある．卵巣刺激のため患者への長期間のホルモン投与が不要であること，それに伴い卵巣過剰刺激症候群（OHSS）のリスクが回避されること，FSHやLHへの感受性が低い卵巣低反応症候群においても成熟卵子が得られることなどかなりの利点があるとされる．他方，本来のIVMが体外で成熟させることを原理としているので当然その方法論に内在する限界も指摘されよう．つまり核成熟（第二減数分裂中期への進行）は誘導できても，卵細胞質成熟（体外受精後の発生能）が*in vivo*と

表X-42-1．卵胞と卵子の発育／成熟の対応関係

卵胞と卵子	卵胞発育段階				
卵胞発育／成熟	前腔卵胞	初期腔卵胞	後期腔卵胞	排卵前卵胞	排卵卵胞
卵子発育／成熟	発育中	後期発育・成熟能未獲得	発育完了・成熟能獲得中	発育完了・成熟能獲得	成熟分裂開始
自発的卵核胞崩壊	不能	可能	可能	可能	可能
MII	不能	不能	可能	可能	MI/MII
胚発生	不能	不能	限定的	可能	可能

同程度に誘導できるかがポイントになる．IVMにおける卵子細胞質成熟に関する知見はまだ乏しく，*in vivo* での成熟に匹敵する培養条件についての明確な解決策は現在提示されていない．

そこでIVMの具体的方法論を策定するには，その原理に立ち帰って考えるのが最短の道である．発生支持能を十分備えた成熟卵子を得るため，原理上の課題として，臨床的には採卵の至適タイミングの決定とラボ研究的には体外成熟の至適培養条件の設定といえる．

2 臨床上の課題

(A) IVM周期における採卵タイミングの合理的決定をどうするか

(1) 主卵胞選択後のエストラジオール（E2）値

ヒトIVMの臨床においては，発生支持能を持った成熟卵子が得られる採卵のタイミングをいかにして決めるかが臨床の課題である．卵巣予備能や年齢などで決まる卵巣刺激プロトコルにおける反応性の個人差などから一様には決めがたい．卵巣刺激法の如何を問わず留意すべきは，卵子成熟と卵胞成熟との間にはギャップがあるということを基本的に認識していなければならない（表X-42-1）．ここでいう卵子成熟とは核成熟能だけでなく受精能と受精後の胚発生支持能を含めた潜在能力を指している．後期卵胞から卵子は核成熟能を獲得し始めるが，受精や発生支持能がどの発育成熟段階の卵胞中卵子によって獲得されるのかの判定は困難である．少なくとも排卵前卵胞では獲得されているはずであるが，その段階まで卵巣刺激を続けることはIVFとなんら変わらない．

採卵のタイミングを決める基準として主席卵胞選択の前か後かのいずれにするのか．理論的には後とする考えが妥当である．というのは選択可能卵胞コホートの径は2-6 mmであり，後期腔卵胞で主席（優性）卵胞（dominant follicle）（通常径約10mm）選択後の卵胞であれば発生支持能を潜在的に持った卵子を得ることができるからである．主卵胞選択前であると多くの健常な腔卵胞からIVMに用いる卵丘細胞卵子複合体（COC, cumulus-oocyte complex）を回収することができるが，このような卵胞では卵胞液中のエストラジオール（E2）濃度は低くFSHとLHレセプターの発現も不十分であると推察される．そ

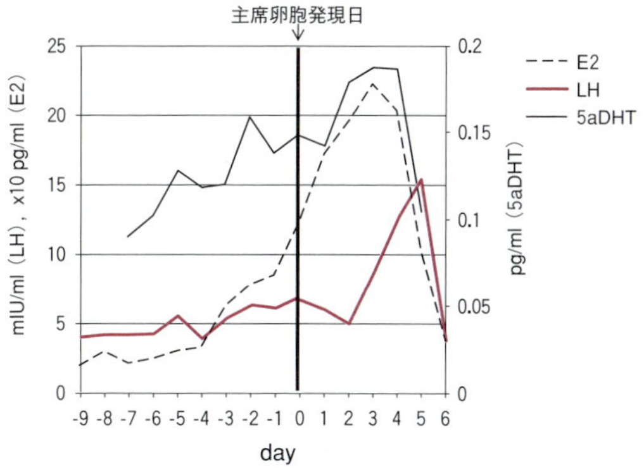

図X-42-1．自然周期あるいはクロミフェン周期における血中ホルモン濃度変化

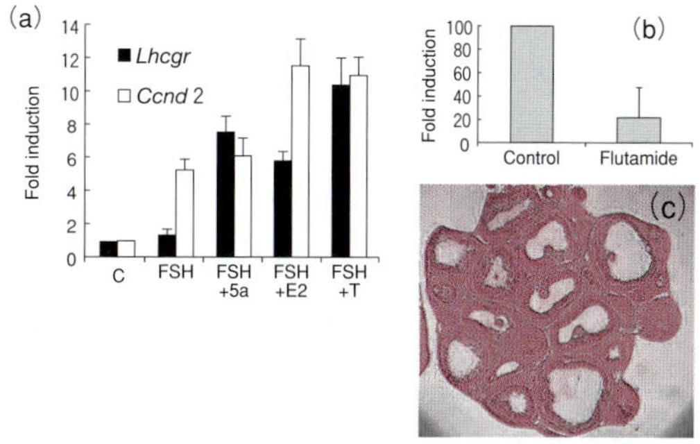

図X-42-2．ラット卵胞発育，成熟期における顆粒層細胞の増殖と機能的変化に及ぼすステロイドホルモンの役割

（a）未成熟ラット卵巣から顆粒層細胞を回収し，FSH あるいは FSH に 5 αDHT, estradiol17β，あるいは testosterone を添加した培地で24時間培養した時の *Lhcgr* と *Ccnd2* mRNA 発現を real time PCR により検出．
（b）23日齢雌ラットに eCG と AR 拮抗剤である flutamide を同時投与48時間後に顆粒層細胞を回収し，real time PCR により *Lhcgr* 発現を解析．
（c）eCG と flutamide の同時投与48時間後における卵胞発達

こで我々は主席卵胞選択後排卵前卵胞までの段階にある卵胞内卵子は成熟能，受精能や発生支持能を獲得しつつあるとの考えで，この時期の卵胞に照準を合わせて至適採卵タイミングを検討中である．ただしこの時期の卵胞卵子でも閉鎖卵胞中卵子の発生能獲得は次第に低下するものと考えられる．現段階では卵子成熟の直接の的確な生化学的指標はないので血液中 E2 値に頼らざるをえない．加えて超音波上の指標として，諸家の報告を基に成熟卵胞の最低卵胞径を 12–18mm と設定する．この二つの指標から成熟卵胞 1 個あたりの E2 値が250–300pg/ml を超えると卵胞成熟は達成されたと判断する．自然周期やクロミフェン周期では，主席卵胞選択後 3 - 4 日目 E2 値が250pg/ml を超え，その後内因性の LH サージにより 4 - 5 日目に排卵刺激が生じる（図X-42-1）．この臨界値は卵巣刺激法の種類によって若干のズレがあることも念頭に置いておかなければならないが，自然周期においては主席卵胞選択後 2 - 3 日後が採卵時期として適当なのかもしれない．なお，この時期に急上昇するエストロゲンは成熟分裂を抑止して卵子細胞質成熟を高める働きがあると想定される（Mori et al, 1983）．

(2) 主席卵胞選択後の 5 αdihydrotestosterone（5 αDHT）値

おもしろい指標として，5αDHT 濃度が主卵胞選択後内因性の LH サージが生じる 4 - 5 日目に至るまで上昇する傾向が見られた（図X-42-1）．5αDHT はアロマターゼの基質になりえないこと，テストステロンから転換した 5 αDHT がアンドロゲン受容体（AR）のリガンドであることから，steroid 5α reductase の発現は，アンドロゲン-AR 系を増強する．我々は，5 αDHT が卵胞成熟過程で上昇する生理的役割を追求する目的で，ラット顆粒膜細胞の初代培養系とラットへの拮抗剤投与実験を行った（図X-42-2）．その結果，初代培養系においては，FSH 添加により顆粒膜細胞の増殖を促す Cyclin D2

(*Ccnd 2*) 発現が上昇するが，LH 受容体 (*Lhcgr*) の発現にはテストステロンの添加が必要であることを見出した．FSH＋テストステロンによるアロマターゼ発現は，ER 拮抗剤と AR 拮抗剤により抑制され，LH 受容体発現は AR 拮抗剤により抑制される．アロマターゼによる修飾を受けない 5 αDHT を添加しても Cyclin D2およびLH 受容体発現は上昇する．ラットへの AR 拮抗剤 (Flutamide) 投与は，eCG (equine chorionic gonadotropin) による卵胞発育に影響を及ぼさないが，hCG 投与により排卵される卵子数が有意に低下する．さらに，eCG 投与48時間後の顆粒膜細胞におけるアロマターゼと LH 受容体発現は有意に低下することが示された．これらの結果から，卵胞成熟には5αDHT-AR 系とエストロゲン-ER 系の両者が必要であることが明らかとなった．

ラットにおけるこの基礎研究結果を基に，ヒトの自然周期における血中ホルモン濃度変化を読み込むと，E2濃度だけでなく5αDHT 濃度も指標とする必要性を示唆している．

(B) 非刺激周期

通常の調節卵巣刺激 (COS, controlled ovarian stimulation) 周期では約15%の卵子が MI にとどまっているので，IVF の支援補助として実施されるいわゆる救助体外成熟 rescue-IVM として妊娠成功例の報告がある (Veeck et al, 1983)．そこで非刺激周期に救助 IVM を適用する試みがなされたが，PCOS を除いてはその後よい成績は得られなかったので，なんらかのプライミングを併用する方向に転換した．PCOS に対する非刺激周期 (Trounson et al, 1994) でも採卵の時期が成否の決定因子となる (Trounson et al, 2001)．主卵胞選択後で直径10mm 以上，内膜厚 5 mm 以上を採卵のタイミングとすることにより，得られた卵子の IVM で18-24%の妊娠率が得られたという (Mikkelsen et al, 2001)．

(C) FSH プライミング

FSH プライミングの有効性については賛否両論がある．低用量の FSH は無効であるが，150 IU/日 3 日間の採卵前投与により29%の妊娠率と21.6%の着床率を得たとする前方視的臨床試験成績が報告されている (Mikkelsen, Lindenberg, 2001)．FSH プライミングの効果を高めるには投与終了後採卵まで 2 日間の猶予期間 withholding interval を置くことが得策との提案もある (Mikkelsen et al, 2003)．主席卵胞選択までの卵胞発育は FSH／アンドロゲン系に依存するので (森, 2009)，アンドロゲン単独あるいはアンドロゲン＋FSH の併用プライミングという新手も考えられる．ちなみに予備的ではあるが，アンドロゲン単独プライミングが有効である可能性を示唆する結果を我々の共同研究で得ている．

なお，FSH＋hCG のプライミングは少なくとも PCOS に対する IVM では有効ではないが，非 PCOS に対する有効性の確認はされていない (Lin et al, 2003)．

(D) hCG プライミング

1999年 Chian らは25人の PCOS 患者に採卵36時間前に10,000IU の hCG を投与し，40%という高い妊娠率を得た (Chian et al, 1999)．しかも成熟に要する時間も大幅に短縮されるとい

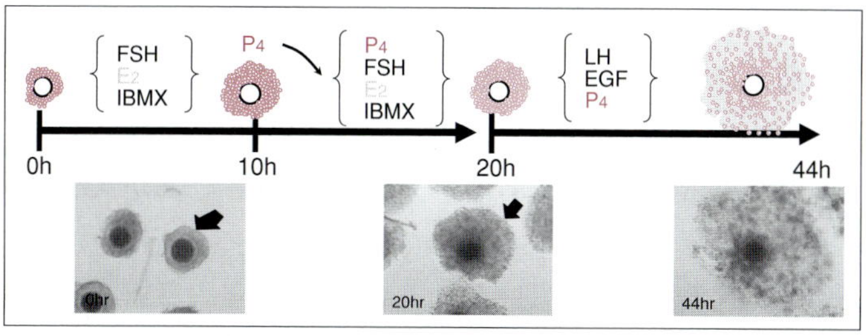

図X-42-3．ブタ発情周期中における卵胞内のホルモン環境変化を模倣した卵丘細胞卵子の新規三段階培養法

う．PCOSに対するこの効果は前方視的ランダム臨床研究により確認され（Chian et al, 2000），hCGプライミングの高い有効性がARTにおけるIVMの地位を確固たるものにした感がある．反面，IVFとの明確な線引きが曖昧となり本来のIVMの利点が後退してrescue-IVMとの区別がなくなったことも否めない．IVMの独自性を確保するためには採卵のタイミングを的確に見出す理論と実効を検証し直す必要があるのではなかろうか．

(E) 適応

卵巣予備能によって3群に大別される．予備能が正常範囲の月経周期女性には自然周期や最少刺激周期にIVMを適用できるが，本格的な体外培養法がない現在，結局rescue-IVMになってしまう．予備能が亢進したPCOSがそもそも本法の適応として注目されたし現在でも変わらない．OHSSの発症の可能性は避けられないものの，IVFほど高くはないはずであるし，全胚凍結という代替手段もある．問題は予備能が低下した高齢不妊や原発性卵巣機能不全であるが，適応でないばかりか効果は現在までのところまず期待できない．

3 体外成熟の至適培養条件

(A) 至適培養条件設定の基本

体外成熟の至適培養条件の設定はIVFラボの研究課題である．ヒトのみでなく大型家畜においても体外成熟培養により成熟させた卵子の受精後の発生能は低いのが現状である．その原因として，(1)直径1cm以上に発達するヒトや大型家畜の卵胞は器官培養が困難なため，卵丘細胞卵子複合体（COC, cumulus-oocyte complex）を回収して培養する．したがって，体外培養系では，莢膜や顆粒膜細胞の分泌因子が枯渇している，(2)用いる卵子は，卵胞発育・成熟が誘導される以前の小規模あるいは発育途上の卵胞腔卵胞から回収しているため，卵子自身や卵丘細胞の準備が完了していない，ことが考えられる．

卵胞成熟期には，卵胞内の内分泌環境の変化やそれに伴う卵丘細胞の機能的変化が生じることから，これらを体外で誘導する必要がある．図X-42-3は，体内環境を模倣したブタ卵丘細胞卵子複合体の培養法を示したものである（Kawashima et al, 2008）．

(1)直径3-5mmの卵胞から回収したブタCOC

を低用量のFSHとエストロゲンを添加した培地で培養すると，卵丘細胞の細胞数が増加する．

(2)さらにプロゲステロンを添加することによりLH受容体やEGF受容体が発現している「成熟した卵丘細胞」へと変化する．

(3)この前培養を行ったCOCをLH添加培地で培養することにより，卵丘細胞の遺伝子発現は上昇し，著しく膨潤したCOCへと変化する．

(4)この卵子を体外受精することにより，胚盤胞期胚への発達率が改善される．

卵丘細胞は低用量のFSH刺激により解糖系などの代謝活性の上昇のみでなく，LH受容体を発現するなどの卵子成熟の指令を受け，それに応答する準備をしている．したがって，それらを刺激することにより卵子の成熟を促進させることができる．さらに，前培養したCOCをLHのみでなくEGFを添加した培地で培養することにより，発生能はさらに向上する．これは，顆粒膜細胞が存在しない体外培養系においては，枯渇する顆粒膜細胞由来分泌因子の添加が必要であることを示している．さらに，卵丘細胞自身が卵子の減数分裂再開・進行過程にさまざまな因子を培地中に分泌することから，培地中に加えるCOCの個数も重要となる(Yamashita et al, 2003)．ブタCOCの培地中に加える個数を増加させると，その個数依存的に卵子の減数分裂再開が早期に誘起される．これは，正の相関関係が，卵子の減数分裂再開の速度と卵丘細胞が分泌するプロゲステロン量の間に成立することを示している(Yamashita et al, 2003)．また，少量のCOCの培養時には，培地中へのプロゲステロンの添加により成熟分裂停止が解除されることは幼若ラット排卵誘発にモデルを用いた実験で抗プロゲステロン抗四清による成熟分裂促進効果が実証されている(Mori et al, 1983)ので，培地中のCOCの個数，培地に添加する因子の添加量が卵子の成熟能に大きく影響すると考えられる．実際，ヒトCOCをその形態(付着する卵丘細胞数)により分類した時，その付着する細胞数依存的に分泌されるプロゲステロン量が増加する．低いカテゴリーに属するCOCの培養時においてはプロゲステロンの添加が卵子の成熟を促進させるが，高いカテゴリーのそれには負に作用する(Sato et al, 2008)．すなわち，プロゲステロン濃度には至適範囲があり，それ以下でもそれ以上でも卵子の成熟能は低下すること考えられる(図X-42-1)．

(B) 至適培養条件設定の実際

実際に培養を行う時，由来する卵胞の成熟程度に応じた卵丘細胞の状況が，培養法の選択に重要な要因となる．すなわち，卵胞発育過程においてFSH受容体発現量やEGF受容体の発現量が変化しているため，すでに発育・成熟進行中の卵胞から採卵した時には，エストロゲン添加による前培養は必要がない．さらには，排卵直前卵胞であれば，EGFやLH添加のみで卵子は成熟を開始すると考えられる．一方，初期腔卵胞由来のCOCであれば，前述のように卵丘細胞を増殖させ，機能的変化を誘導する前培養が必要となる．このように，FSH＋エストロゲンの前培養，FSHのみの前培養，LH+EGF＋プロゲステロンの成熟培養のどこからスタートさせるのかを採卵COCの形態と機能の条件に適合させることが，体外成熟させた卵子の成熟能を向上させるために必要であろう．

まとめ

ヒトIVMの成績は施設間の格差が目立ち，多くはrescue-IVMとして実施されているにすぎない．これはIVMについての理論が未完成であるためである．IVMが将来IVFに置き換わるためには卵子の成熟度を指標にした採卵のタイミングと培養法の確立が決め手となる．今後臨床と基礎研究の両面でIVMの利点を生かした方法の発展を期待したい．

（吉田仁秋・島田昌之・森　崇英）

引用文献

Cha KY, Koo JJ, Ko JJ, et al. (1991) Pregnancy after in vitro fertilization of human follicular oocytes collected from non-stimulated cycles, their culture in vitro and their transfer in a donor oocyte program, *Fertil Steril*, 55 ; 109-113.

Chian RC, Gulekli B, Buckett WM, et al (1999) Priming with human chorionic gonadotropin before retrieval of immature oocytes in women with infertility due to the polycystic ovary syndrome, *N Eng J Med*, 341 ; 1624-1626.

Chian RC, Buckett WM,Tulandi T et al (2000) Prospective randomized study of human chorionic gonadotrophin priming before immature oocyte retrieval from unstimulated women with polycystic ovarian syndrome, *Hum Reprod*, 15 ; 165-170.

Edwards RG (1965) Maturation in vitro of mouse, sheep, cow, pig, rhesus monkey and human ovarian oocytes, *Nature*, 208 ; 349-351.

Edwards RG (1965) Maturation in vitro of human ovarian oocytes, Lancet, 286 ; 926-929.

Edwards RG, Bavister BD, Steptoe PC (1969) Early stages of fertilization in vitro of human oocytes, Nature, 221 ; 632-635.

Kawashima I, Okazaki T, Noma N, et al (2008) Sequential exposure of porcine cumulus cells to FSH and/or LH is critical for appropriate expression of steroidogenic and ovulation-related genes that impact oocyte maturation in vivo and in vitro, *Reproduction*, 136 ; 9-21.

Lin YH, Hwang JL, Huang LW, et al (2003) Combination of FSH priming and hCG priming for in-vitro maturation of human oocytes, *Hum Reprod*, 18 ; 1632-1636.

Mori T, Suzuki A, Fujita Y, et al (1983) Meiosis-facilitating effects in vivo of antiserum to oestrone on follicular oocytes in immature rats treated with gonadotropins, *Biol Reprod*, 20 ; 681-688.

Mori T, Nishimoto N, Kohda H et al (1983) Meiosis-inhibihng effects in vivo of antisarum to progostorone of foliculm ova in immature rats treated with gonadotropins. Endocrinologia Japonica 30 : 593-599.

Mikkelsen AL, Lindenberg S (2001) Influence of the dominant follicle on in vitro maturation of human oocytes, *Reprod BioMed Online*, 3 ; 199-204.

Mikkelsen AL, Lindenberg S (2001) Benefit of FSH priming of women with PCOS to the in vitro maturation procedure and outcome, An randomized prospective study, *Reproduction*, 122 ; 587-592.

Mikkelsen AL, HΦst E, Blaabjerg J, et al (2003) Time interval between FSH priming and aspiration of immature oocytes for in-vitro maturation : a prospective randomized study, *Reproductive BioMedivine Online*, 16 ; 416-420.

森崇英（2009）卵胞発育におけるアンドロゲンの意義──FSH/アンドロゲン主軸論 *HORMONE FRONTIER IN GYNECOLOGY*，16 : 164-174.

Sato C, Shimada M, Mori T, et al (2007) Assessment of human oocyte quality by cumulus cell morphology and circulating hormone profile, *Reprod BioMed Online*, 14 ; 49-56.

Steptoe PC, Edwards RG (1978) Successful birth after IVF, *Lancet*, 312 ; 366.

Tajima K, Orisaka M, Mori T et al (2007) Ovarian theca cells in follicular function, *Reprod BioMed Online*, 15 ; 591-609.

Trounson A, Anderiesz C, Jenes G (2001) Maturation of human oocytes in vitro and their developmental competence, *Reproduction*, 121 ; 51-75.

Trounson A, Wood C, Kausche A (1994) In vitro maturation and fertilization and developmental competence of oocytes recovered from untreated polycystic ovarian patients, *Fertil Steril*, 62 ; 353-362.

Veeck LL, Wertham JW, Witmeyer J, et al (1983) Maturation and fertilization of morphologically immature human oocytes in a program of invitro fertilization, *Fertil Steril*, 39 ; 594-602.

Yamashita Y, Shimada M, Okazaki T, et al (2003) Production of progesterone from de novo-synthesized cholesterol in cumulus cells and its physiological role during meiotic resumption of porcine oocytes, *Biol Reprod*, 68 ; 1193-1198.

TOPIC 2

ヒト体外成熟卵の超微形態

Key words　GDF-9／卵胞発育／GVBD／卵子

はじめに

1981年にChaらがはじめて未熟卵子の体外培養卵子を不妊治療に応用（IVM, *in vitro* maturation）して以来，この治療法は主に多囊胞性卵巣症候群の患者に応用されてきた．この技術の開発当初は，妊娠率の低さもあって，その実施施設は少数にとどまっていたが，最近の培養液，培養技術の改良そして採卵法などの進歩によって今では世界中で実施されている．この方法において，特に問題になるのは良好卵子の獲得と成熟率の向上である．後者のためには，卵子成熟過程をより詳しく理解することが必要である．卵子の超微形態的研究は，従来より試みられてきたが，その試料は体外受精プログラムで得られた未熟卵子であった．本節では，これまでに明らかにになっている卵子の超微形態について，特にIVMプログラムで得られた未熟卵子の知見をまじえて述べてみたい．

1　卵子成熟（卵成熟）

卵子成熟過程を詳らかにすることは，IVMの臨床成績を向上するために不可欠である．卵子成熟には大きく分けて，顆粒細胞，透明帯，核そして細胞質の成熟がある．顆粒膜細胞は卵胞刺激ホルモンの影響によって卵子成熟を促進する大きな役割を担っている．顆粒膜細胞の成熟の程度が卵子の成熟を大きく左右することは想像にかたくない．そして，実際，顆粒膜細胞からの分泌物がkit ligandとその受容体であるc-Kitを通して卵子成熟を制御していることは知られている．FSHはKit ligandの産生を促進するが，その作用は卵胞発育に必須ではなく，むしろ正常な発育を担保しているといわれている．さらに，卵子から分泌されるGDF-9（Growth Differentiation Facter 9）が顆粒膜細胞や莢膜細胞の分化を促進していて，卵子成熟は顆粒膜細胞と卵子細胞の**パラクライン分泌**相互作用によって行われているのである．そして，この相互の情報の授受は，ギャップ結合（gap junction）を通して行われており，その様子は透過電顕でも観察されている．

核の成熟は卵核胞の崩壊や第一極体の放出などによって光学顕微鏡でもたやすく観察される．卵子は，出生前後に網状期において分裂を停止し，核は卵核胞を形成するが，排卵直前に至ってLH刺激により卵核胞崩壊（GVBD, germinal vesicle breakdown）を起こして第一減数分裂の過程を終了し，第二減数分裂中期に達する．卵核胞の崩壊に関わるメカニズムはよく知られている．しかしながら，卵子成熟には核成熟にも増して，細胞質成熟が必須である．細胞質の成熟の実態は，これまでに明らかにされたことがなかった．そこで，超微形態的手法を導入することによって，これらの一部が解明され，これらの知見は今後の卵子成熟研究に寄与するものであると考えられる．

パラクライン分泌（paracrine secretion）：細胞の分泌様式の一種．内分泌で分泌された物質が近接した細胞に作用すること．ほかにエンドクライン分泌（endocrine secretion）やオートクライン分泌（autocrine secretion）がある．前者は，分泌物が分泌細胞から離れた細胞に運ばれ作用することで，後者は分泌物質が分泌細胞自身に作用することである．

2　透過電子顕微鏡資料の作成方法

卵子研究において，透過電顕でよい像を得るためには，十分な固定が必須である．まず，十分に卵子を洗浄し卵子に付着する細胞片など異物を除去する．固定液としては普通グルタルアルデヒドとパラホルムアルデヒドの混合固定を行う．固定する試料の大きさによってそれぞれの濃度を調整する．固定の温度は4℃で，固定時間も調整が必要である．当院では当初混合固定を行っていたがより鮮明な像を得るために，1％グルタルアルデヒドで固定時間をovernightとしている．

次に，卵子の後固定を1％オスミウムにて行う．固定時間は通常2時間．その後PBSで卵子をよく洗う．後固定は，室温より4℃の方がよい．

脱水作業はエタノールを30％から徐々に濃度を濃くして行う．当院では，最初の4段階（80％）までは，エタノールの蒸発を防ぐため4℃で行い，それ以降は室温で行っている．

包埋はエポン混合で行う．

最後に，ミクロトームで薄切して，3％酢酸ウラニールで10分，Reynold lead citrateで10分間染色して**電子顕微鏡**観察に供する．

3　卵子の細胞内小器官（図1）

(A) 小胞体

小胞体とは細胞質内に存在し，限界膜に包まれた管状，網状の器官で限界膜の細胞質側にリボゾームを随伴するものを粗面小胞体，しないものを滑面小胞体と呼ぶ．小胞体は卵子の中には数多く存在するが，そのほとんどが滑面小胞体で粗面小胞体は少ない．滑面小胞体の機能としては，ステロイドホルモンの合成，グリコーゲンや脂肪の代謝以外に細胞の形態保持の役割などもある．滑面小胞体は卵子の成熟にそって形状や数を変化させていく．

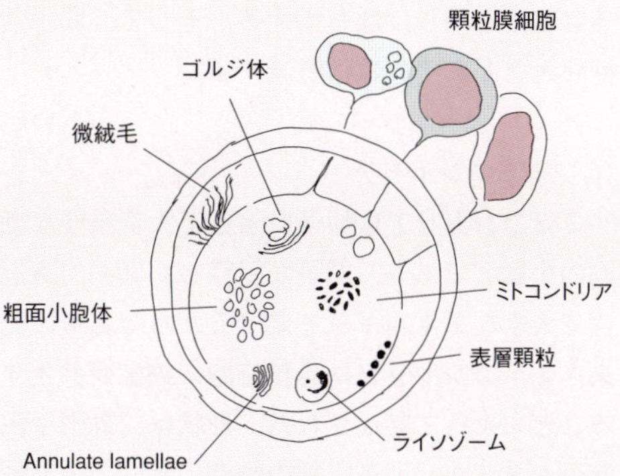

図1．卵子及び顆粒膜細胞に現れる様々な超微形態
この図は，GV期からMⅡ期までに現れる顆粒膜細胞と卵細胞のあらゆる細胞内小器官を同時に示したものである．

(B) 表層顆粒と微絨毛

卵子の表層は明瞭な細胞質膜によって覆われている．そして，表層にはさまざまな種類の微絨毛が囲卵腔に突出している．微絨毛はGV (germinal vesicle) 期では背丈も低く数もまばらであるが，徐々に成長しMII (metaphase II) 期に至って延長し複雑な形態を示す．さらに，活性化後の卵子でそれは最高になる．この所見から，囲卵腔内へ分泌されたなんらかの物質の吸収など多くの機能の存在が想像される．また，表層顆粒は，囲卵腔内へ分泌されることにより多精子受精をブロックする機能を有することはよく知られている（表層粒反応，cortical reaction）．表層顆粒は卵子の成熟過程で徐々に成長するが，GV期卵子では細胞質の至るところに散在する．MI (metaphase I) 期になって，徐々に卵子細胞質膜直下に移動し，MII期に至

電子顕微鏡：一般に生物の観察に用いられる光学顕微鏡は観察物に可視光線を当てて像を作成するが，電子顕微鏡では対象物に電子を当てて像を作る．電子線の波長は可視光線の波長より短いので，光学顕微鏡では観察できない細胞内小器官など微細な構造を観察できる．電子顕微鏡には，透過型（TEM, transmission electron microscope）と走査型（SEM, scanning electron microscope）がある．透過型は主に細胞の内部構造を観察するのに適しており，走査型は表面構造を三次元的に表現する．

ると濃度も増し，数も増える．そして，卵子活性化とともにその数は激減する．

(C) ミトコンドリア

ミトコンドリアは卵子にとって大変重要な細胞内小器官である．卵子が受精し，卵割する過程で大きなエネルギーを要するからである．元来，ミトコンドリアは真核細胞に細菌が共生することによって完成された．形状は，球形や円筒形があるが，卵子成熟の時期によってその形状は変化する．ミトコンドリアの膜は二重構造になっていて，内膜と外膜がある．内膜が外来性の細菌から由来していると考えられている．ミトコンドリアは微小管によって連結されているといわれ，相互のミトコンドリアが機能的に連携を取り合っている可能性がある．内腔へはクリステと呼ばれる突起物がせり出しており，その内部にマトリックスと呼ばれる部分がある．マトリックスには，ミトコンドリアDNAが含まれていて環状構造をなし，核のDNAとはまったく別のものである．内膜にはエネルギー通貨とも呼ばれるATPを産生する酵素群が並んでいて，それを支える酵素伝達系も存在する．この部分の機能が，昨今話題になっている卵子のエイジングに関連し大いに興味のあるところである．

(D) ゴルジ装置

ゴルジ装置はゴルジ体，ゴルジ複合体とも呼ばれる，扁平な袋状の膜構造が幾重にも重なった構造物である．ゴルジ装置は小胞体や細胞質膜とつながっていて，機能的連携を持っている．ゴルジ装置の機能は小胞体により生産されたタンパク質を処理して細胞質のいろいろなところに移送し分配することである．ゴルジ装置は成熟卵子にはあまり見られないといわれている．Sathananthanら（1985）はゴルジ装置が表層顆粒の合成に関与していて，GV期卵子と発育途上卵子の双方のステージで機能しているのではないかと指摘している．また，その根拠として成熟した表層顆粒がゴルジ装置の膜付近に位置し，これらがゴルジ由来であることをうかがわせる．

(E) その他の細胞質内構造物

卵子の細胞質には成熟過程においてさまざまな構造物が出現する．Annulate lamellaeはその一つで，複合膜構造と小孔を有しする環状の層板である．核膜と類似の構造をしていて，核内にも存在することがあるがその機能は未だ知られていない．

細胞質内には，卵子成熟の過程でさまざな形のライソゾームが出現する．ライソゾームは水解小体とも呼ばれ，細胞の老廃物処理器官である．加水分解酵素を有し，老廃物を加水分解する．分解物を含まない一次ライソゾーム（primary lysosome）と含む二次ライソゾーム（secondary lysosome）がある．卵子成熟過程では，GV期卵子にはまれで，MI卵子以降のステージでは両者が頻繁に観察される．

(F) 顆粒膜細胞

顆粒膜細胞の成熟過程は光学顕微鏡レベルでも観察されるが，微細構造を見るとよりその成熟の様子は明らかになる．GV期の卵丘細胞は核が濃染され，核の占める領域が大きく細胞内小器官が乏しいが，MI期以降になると細胞質内にミトコンドリア，滑面小胞体など細胞内小器官が豊富に見られるようになり，時に大きな脂肪滴が含まれる．MI期になると顆粒膜細胞から伸びた突起が透明帯を貫通して細胞質膜へ達する像が頻回に観察されるようになる．この時期が，顆粒膜細胞と卵細胞の相互の情報伝達が最も盛んなことがわかる．

4　体外成熟卵子の超微形態

IVM プログラムにおいて体外成熟する卵子の超微形態を示す．

(1)　培養前（図２）

培養前の GV 期卵子である．この時期の顆粒膜細胞は核の細胞質に対する比率が大きく，核は濃染される．卵子細胞質表層には未熟な微絨毛が散在し，表層顆粒はまだ見られない．細胞質内にはミトコンドリアが散見され所々に不整形の滑面小胞体が観察される．

(2)　培養後６時間（図３）

６時間培養すると卵核胞崩壊を終了する卵子が出現する．それ以外にはこの時期の卵子の超微形態は培養前の状態と差はなく，依然未熟な微絨毛と細胞質を示している．

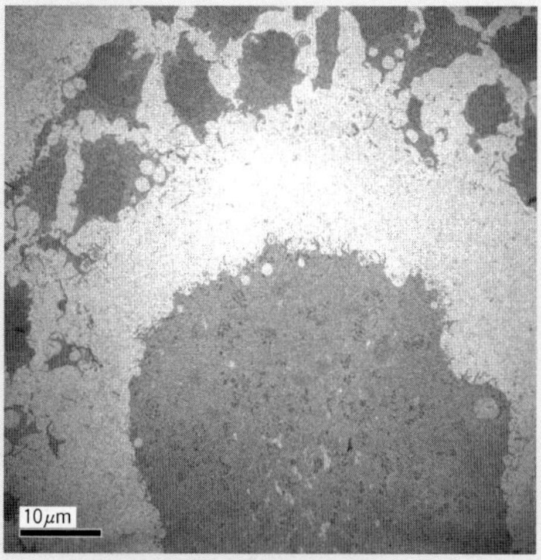

図２．培養前の卵子と顆粒膜細胞

培養前の GV 期卵子では，細胞質表面には未熟な微絨毛が見られ，顆粒膜細胞においても核がその大半を占めている．

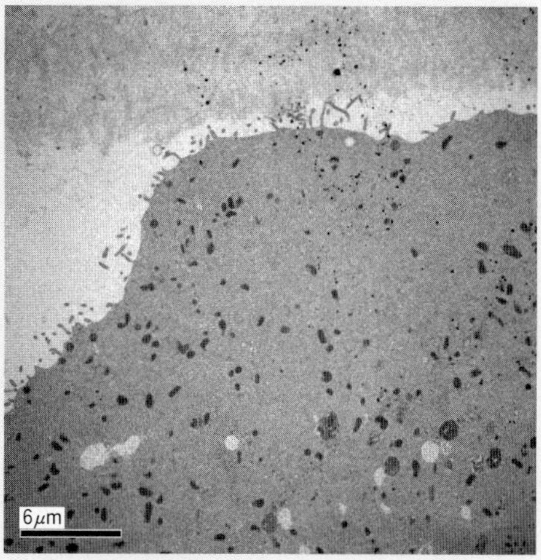

図３．培養６時間後

この時期には，卵核胞崩壊を示す細胞が出現するが，細胞質内および細胞表面の構造は GV 期と変化は乏しい．

(3)　培養後12時間

培養後12時間では，約60％が M1卵子となる（Combelles et al, 2002）．ミトコンドリアが集合して存在する像が見られる．そして，粗面小胞体もその数を増し，かつ大きなものが見られるようになる（図４）．また，卵丘細胞と核との突起による連結が透明帯を通して行われる像が頻繁に出現する（図５）．顆粒膜細胞も核が大部分を占めるものもあるが，細胞質内に脂肪滴を含む複雑なものも見られる（図６）．

(4)　培養後24時間

培養後24時間を経ると約66％が MII 卵子となる．この時期になると，ミトコンドリアが急増し，細胞質中央に密集するようになる（図７）．表層顆粒は，より濃染し細胞質膜直下に並ぶ．さらに，微絨毛は長くなって複雑な形態を呈する（図８）．このように，分泌系が盛んに機能

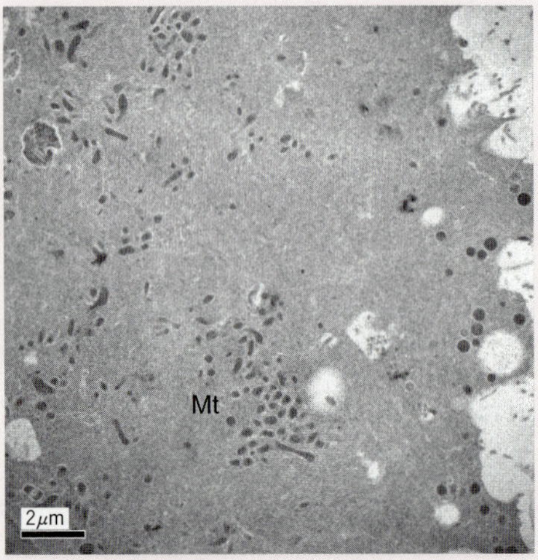

図 4．培養後12時間

ミトコンドリアの数も増し，集合像が見えるようになる（Mt）．

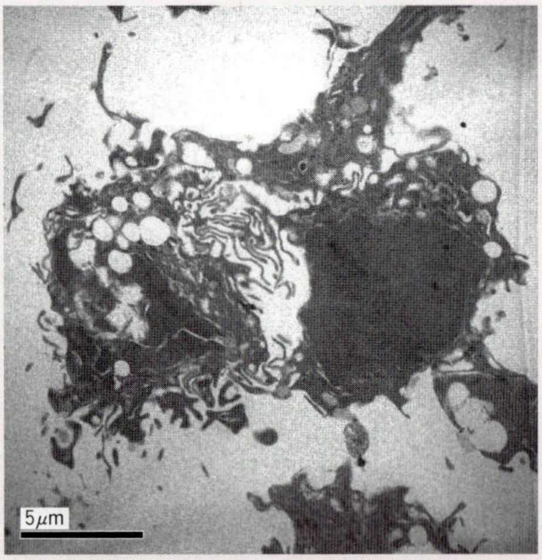

図 6．培養後12時間

顆粒膜細胞は内部に脂肪滴を含む複雑な形態を呈するものと従来の核が大部分を占めるものが混在する．

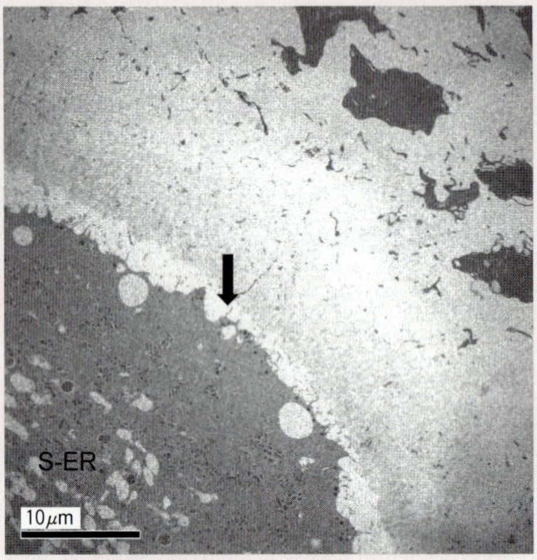

図 5．培養後12時間

培養後12時間を過ぎると，顆粒膜細胞と卵細胞が突起でつながり（矢印），卵細胞の滑面小胞体（S-ER）が数を増し活発化する．

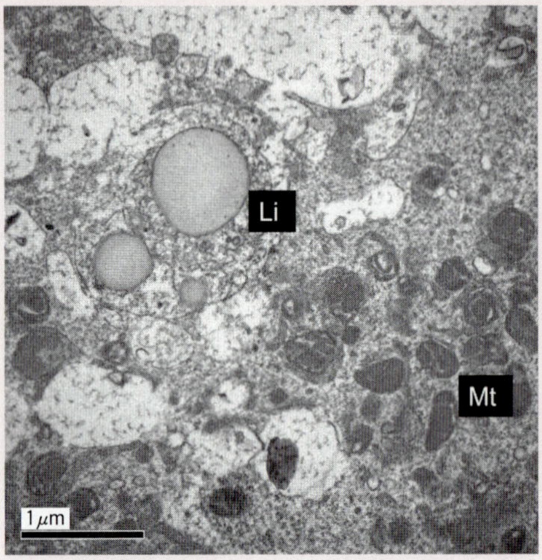

図 7．培養後24時間

24時間培養すると，ミトコンドリアが急増し（Mt）脂肪滴（Li）やライソゾームが見られるようになる．

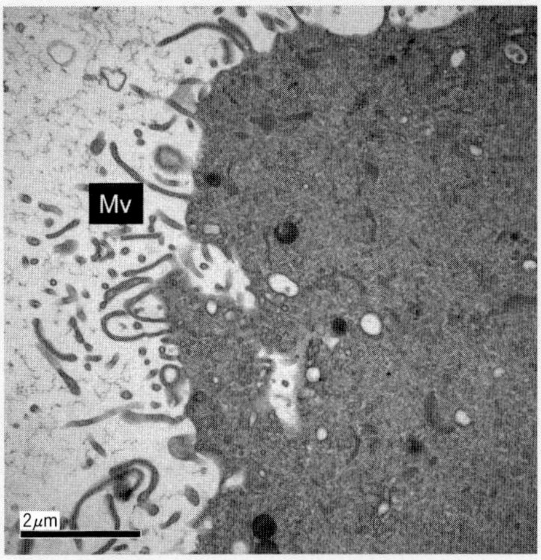

図 8．培養後24時間

微絨毛が発達し囲卵腔内へ突出する（Mv）．

する一方，老廃物処理のためのライソゾームも多く見られるようになる．

まとめ

IVMがルーチンの技術として広く使用されるようになると，特に多嚢胞性卵巣症候群の患者が卵巣過剰刺激症候群におびえることなくスムーズに治療を受けることができ，これは大きな福音である．IVM臨床成績の改善のためには，卵子成熟機構の解明は必須である．そこで，卵子成熟過程を超微形態学的に観察することはその一助になる．今後，今回判明した形態変化からメカニズムを推定し機能的手法でさらにその研究を進めることで，より効率の良い成熟卵子獲得方法の改善が進むと思われる．

（森本義晴・福田愛作）

引用文献

Cha KY, Chian RC (1998) Maturation in vivo of immature human oocytes for clinical use, *Hum Reprod*, 4 ; 103-120.

Combelles CMH, Cekleniak NA, Racowsky C, et al (2002) Assesment of nuclear and cytoplasmic maturation in in-vitro matured human oocytes, *Hum Reprod*, 17 ; 1006-1016.

Gosden RG, Bownes M (1995) Molecular and sellular aspects of oocyte development, In : *Gametes-The Oocyte*, Grudzinskas JG, Yovich JL, pp 23-53, Cambridge University Press, Cambridge UK.

Sathananthan AH, Ng SC, Chia CM, et al(1985)The origin and distribution of cortical granules in human oocytes with reference to Golgi, nucleolar, and microfilament activity, *Ann NY Acad Sci*, 442, 251-264.

Shafie ME, Sousa M, Windt ML, et al (2000) *An atlas of the ultrastructure of human oocytes*, Parthenon Publishing Group ltd, Carnforth Lancs, UK.

Trounson A, Gosden RG (2003) *Biology and Pathology of the Oocyte*, Cambridge University Press, Cambridge UK.

X-43

ヒト体外成熟の臨床成績

Key words
IVM／PCO／未熟卵／体外成熟／凍結胚移植

はじめに

現代の不妊治療はSteptoeとEdwardsによる体外受精胚移植法（IVF-ET, *in vitro* fertilization and embryo transfer）の成功により生殖補助医療（ART, assisted reproductive technology）の扉が開かれ，卵細胞質内精子注入法（ICSI, intracytoplasmic sperm injection）がARTの普及を急速に拡大させた．これと相まって卵巣刺激法においてもGnRH agonistやantagonistの開発が複数の成熟卵の確実な回収を可能としARTの主流は卵巣刺激による多数の成熟卵子を用いる方法となった．その一方で卵巣過剰刺激症候群（OHSS, ovarian hyperstimulation syndrome）はGnRH antagonistの使用や受精卵の全凍結によりある程度のリスクが軽減されたとはいえ，ART専門医にとって依然として最も懸念される副作用の一つである．

多嚢胞性卵巣症候群（PCOS, polycystic ovary syndrome）は性成熟女性の約5％という比較的高い頻度に見られる排卵障害を主とする疾患である．その40-80％に妊孕性に問題があるといわれ，不妊治療の現場では古くから遭遇される疾患であり，PCOSに対する一般不妊治療で懸念される副作用は高次多胎とOHSSである．近年経腟超音波の普及に伴い正常周期婦人でも20-30％に多嚢胞性卵巣（PCO）を認めることが明らかとなっている．すなわちARTの適応患者においてもPCOSやPCOの患者が相当数含まれることとなり，卵巣刺激にあたってOHSSの危険を伴うことは避けられない．

未熟卵体外成熟－体外受精－胚移植法（IVM-IVF, in vitro matulation, in vitro fertilization and embryo-transfer）は，無刺激もしくは少量FSH/HMGを投与し卵巣の小卵胞より未成熟卵を採取し，体外成熟後に顕微授精を行い，得られた受精卵を子宮内に移植する方法である．IVM-IVFの臨床応用は1991年に未熟卵由来胚がドナー胚として用いられ妊娠出産に成功したのに始まり（Cha et al, 1991），1994年にPCOS患者に不妊治療の一環としてはじめて用いられた（Trounson et al, 1994）．その最大の利点は，ゴナドトロピンを用いた卵巣刺激をほとんどもしくはまったく必要としない点にある．そのためOHSS発生の危険性がないばかりではなく，注

PCOS：多嚢胞性卵巣症候群を表しているが，超音波検査上多くの卵胞が観察され典型的な症候を認めない場合に多嚢胞性卵巣（PCO）と呼ばれることもある．PCOSは無月経や稀発月経，肥満，多毛などを主訴とする内分泌異常を呈する疾患群であり不妊症の原因ともなる．排卵誘発剤により卵巣過剰刺激のリスクが高く一般治療では多胎のリスクが高くなる．
未熟卵：通常体外受精では第二減数分裂中期（M II）以前の卵子の総称として使われるが，未熟卵体外受精では卵核胞期（GV）卵を表す．体外培養にてM IIまで成熟させてから授精操作を行う必要がある．
体外成熟：未成熟卵子を特殊培養液中で成熟卵に発育させる技術．体外成熟では体内成熟に比べ，核の成熟は起こるが細胞質の成熟が不完全もしくは核の成熟と同期していないと考えられている．

表X-43-1．IVM-IVF と通常 IVF-ET の採卵で得られる未熟卵の相違点

	IVM-IVF	刺激 IVF-ET
卵胞の背景	HCG 投与36時間後 無刺激または軽度刺激 直径10mm 前後	HCG 投与36時間後 FSH/HMG 刺激卵巣 直径18mm 以上
卵の状態	GV 卵	GV 卵または M Ⅰ卵
体外成熟後の 染色体異常率	体内成熟卵と同等 刺激 IVF 未熟卵由来に比べ低い	体内成熟卵に比べ高い IVM-IVF 未熟卵由来に比べ高い
妊娠可能性	通常成熟卵と同等？	通常成熟卵に比べ非常に低い

射に伴う肉体的，精神的苦痛さらには時間的制約，経済的負担軽減につながる．また，未だ明らかとはなっていないゴナドトロピン投与による長期的影響に関する懸念もない（Whittemore, 1994）．このような利点を勘案すれば，IVM-IVF は，個々の症例に適した刺激を選択するという近年のテーラーメイド ART の方向性と一致するものである．IVM-IVF による妊娠率は IVF-ET に比べ低いといわれてきたが，世界的に見てもその妊娠率は徐々に上昇してきており，PCOS に対しては ART の選択肢の一つとしての地位を確立しつつある（Mikkelsen, Lindenberg, 2001；Child et al, 2001；Cha et al, 2005；Solderstrom-Anttila et al, 2005）．すでに PCOS 症例ばかりでなく正常月経周期婦人や体外受精反復不成功例に対しても応用され成果をあげている（Barnes et al, 1995；Mikkelsen, 1999）．我々は本邦初の成功以来（福田ら，2001；福田・森本，2001）方法に改善を重ね，現在では IVF に匹敵する妊娠率を達成し，PCOS および PCO 症例に対して IVM-IVF を ART の第一選択としている．IVM-IVF の概略を図X-43-1に示した．本節では PCOS（PCO 症例を含む）に対する当院での IVM-IVF の方法と臨床成績を提示する．

1 IVM-IVF における未熟卵と通常 IVF での未熟卵

ART での ICSI 症例では採卵された卵子を成熟卵と未熟卵の二つに分類する．成熟卵は ICSI の対象となる．この場合成熟卵とは第二減数分裂中期（M Ⅱ）に達した卵子を表し，それ以前の状態，すなわち卵核胞（GV）から第一減数分裂中期（M Ⅰ）までの卵子が未熟卵と呼ばれる．IVF-ET で得られる未熟卵は本来成熟卵であるべき時期に未熟であった卵であり，なんらかの異常の存在する可能性が高い．このような未熟卵では妊娠成立の可能性がきわめて低い．またこのような未熟卵から得られた成熟卵の高い染色体異常率も報告されている（Nugeira et al, 2000）．これに対して IVM-IVF で採取された未熟卵は最初から GV 卵を目指して採られたものである．この両者の違いを認識することは IVM-IVF の安全性を論じる上で非常に重要である．この両者の相違点を表X-43-1に示した．

表X-43-2．当院で使用しているIVM-IVFにおける各ステップでの培養液とその構成要素

採卵針洗浄液	ヘパリン20単位/ml 添加 HTF 培養液
体外成熟用培養液	IVM system（MediCult）
添加タンパク	10%SSS
受精卵培養液	10%SSS 添加 HTF 培養液

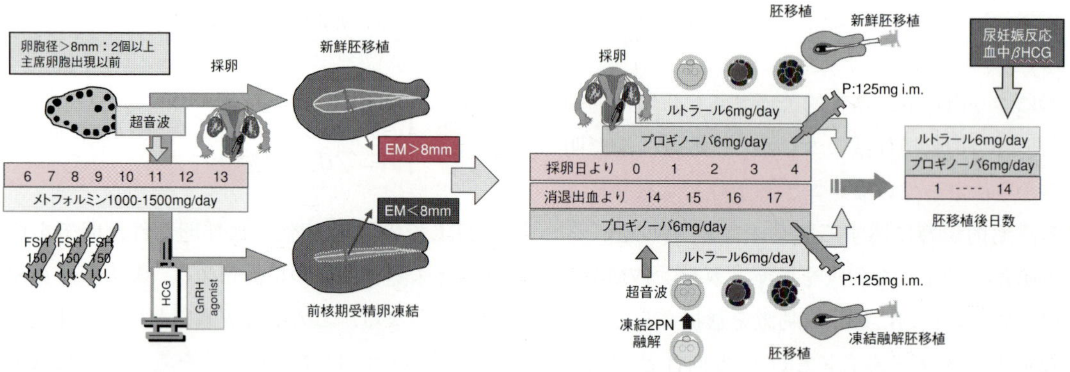

図X-43-1．

採卵前投薬，採卵決定時の子宮内膜の厚さによる新鮮／凍結胚移植への振り分け，それぞれの胚移植時および胚移植後の投薬をラボワークを含め一覧表に示した．

2 当院におけるIVM-IVF実施方法

(A) 採卵前投薬およびゴナドトロピン投与

血中インスリン濃度やHOMA-R指数にかかわらずPCOS患者全例にインスリン抵抗性改善薬メトフォルミン1日1500mgを投与している．副作用（下痢，胃部不快感など）の強い場合には1000mg–750mgに減量し可能な限りメトフォルミン投与後にIVM-IVFを実施する．また採卵周期には卵胞径が8 mm前後となるようDay 7以降にFSHを少量投与し，採卵36時間前にHCG10000単位またはGnRH agonist（スプレキュア）600μgを投与する（Chian et al, 1999；Gulekli et al, 2004）．FSH投与についてはDay 3からの投与では多核胚の増加をきたすとの報告があるため，我々はDay 7から開始している（Vlaisavljevic et al, 2006）．

(B) 至適採卵時期

卵胞径約8 mmの小卵胞が2個以上確認でき主席卵胞（卵胞径14mm以上）出現前を採卵の条件としている．月経周期7日目より卵胞のモニターを開始し卵胞径の大きさに応じてFSHを投与する．十分採卵可能なサイズの卵胞があればFSH投与を行わない．採卵決定時の子宮内膜が8 mm以上か未満かにより新鮮胚移植または凍結周期への振り分けを行う（図X-43-1）．

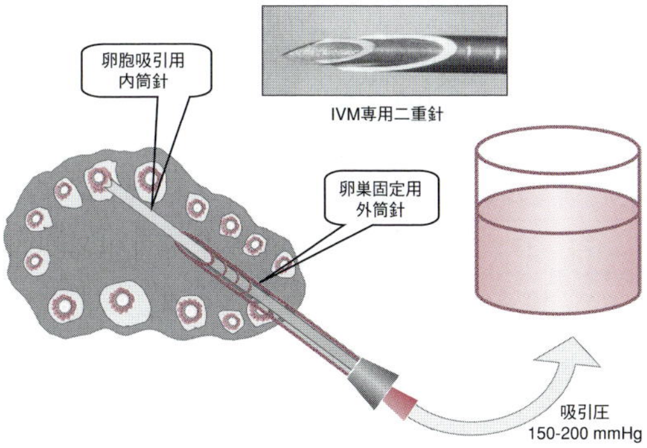

図X-43-2.
IVM臨床で最も重要な採卵方法を示している．専用二重針を用いて外筒針で卵巣を把持し内筒針で小卵胞を吸引する．

(C) IVM-IVFの経時的スケジュール

標準的な新鮮周期と凍結周期のIVM-IVFプロトコールにおける臨床的操作，ラボワーク，投薬を一覧表に示した（図X-43-1）．採卵36時間前にHCG10000単位またはGnRH agonist（スプレキュア）600μgを投与する（Chian et al, 1999）．HCG量を増量しても効果に差は認められない（Gulekli et al, 2004）．採卵日より経口卵胞ホルモン，翌日より経口黄体ホルモンを投与し胚移植に向け子宮内膜を調整する．すべての投薬を図中に示した．妊娠成立後はホルモン状態に応じて投薬量を調節している．採卵決定日に子宮内膜が8 mmに達していない場合には受精卵を前核期の状態でいったん凍結し，次周期にホルモン補充下に凍結融解胚移植を行う（図X-43-1）．

(D) 培養液の組成

IVM-IVFにおける各ステップでの培養液の組成は表X-43-2に示した．

(E) 採卵方法

(1) 麻酔

採卵は経腟超音波ガイド下に通常IVFと同様の静脈麻酔を用いて実施する．ソセゴン＋セルシンのNLA変法にケタミンを組み合わせている．ただし，採卵には通常IVFよりやや長い時間を要することを念頭に麻酔を行う必要がある．

(2) 採卵針

採卵針には17ゲージ外筒針と19ゲージ内筒針を組み合わせた2重針（北里サプライ社製またはCook社製）を用いる．外筒針の先端にヤスリ目を入れ卵巣の把持を可能としている（図X-43-2）．この二重針を用いることで採卵個数0を回避できる．

(3) 卵胞吸引法

外筒針を卵巣実質内に約1 cm挿入する．この外筒針を卵巣把持用として用い，この中に19ゲージの内筒吸引針を挿入し，内筒針を用いて小卵胞を穿刺吸引する（図X-43-2）．吸引圧は150-200mmHgと通常IVFと同様に設定し吸引ポンプ（Rocket社製）を用いる．卵胞1－2個吸引ごとに吸引針の洗浄をヘパリン添加培養液で行い，針の詰まりを予防する．

(F) 検卵作業

卵胞液はヘパリン添加培養液とよく混和し，凝固しないよう注意しながら採取卵胞液と培養液の混合したものを70μmメッシュに通す．メッシュに残った組織を裏から洗い流し，その培養液を検鏡すれば短時間に卵子を見つけることが可能である．

表X-43-3.

2006年1月から2007年12月までの新鮮胚移植，凍結融解胚移植ならびに全体のIVM-IVFの臨床成績を一覧表で示した（IVF大阪クリニックならびになんばクリニック合計）.

2006年1月～2007年12月	新鮮周期	凍結周期	Total
採卵周期数	98	33	131
採卵数／周期	9.2	10.2	9.5
成熟卵数／周期	5.3	6.2	5.5
体外成熟率	56.8%	60.7%	57.9%
受精率	78.8%	79.9%	79.1%
胚移植周期数	66	25	91
胚移植率	67.3%	75.8%	69.5%
妊娠数	28	13	41
妊娠率（移植あたり）	42.4%	52.0%	45.1%

(G) 培養および顕微授精

採取された卵子は顆粒膜細胞をつけたまま成熟培養液中で培養する．26時間培養後に卵丘細胞を除去し卵の成熟度をチェックする．これ以上の培養時間の延長は成績の向上に結びつかない（Smith et al, 2000）．この時点で第一極体の認められた成熟卵に顕微授精を行う．ICSI翌日に前核の認められた受精卵は通常体外受精と同様の培養液中で胚移植まで培養する．凍結周期では2PNで凍結する．胚移植前にレーザによる孵化補助術（AHA, assisted hatching）を行う（図X-43-1）.

(H) 子宮内膜準備

IVM-IVFでは卵胞期早期に採卵するため子宮内膜の厚さが不十分であるため採卵日より卵胞ホルモン剤の投与を必要とする．卵胞ホルモン貼りつけ薬では皮膚反応の問題（かぶれ，発疹など）や日常生活動作（入浴など）による脱落などで十分な効果が得られないことがあるため，採卵後の投薬は経口剤（プロギノーバ）を用いている（図X-43-1）.

(I) 胚移植法ならびに移植後の管理

胚移植は膀胱充満の上，経腹超音波モニター下に行う．胚移植後の黄体管理はホルモン補充周期凍結融解胚移植の場合と同様に，経口卵胞ホルモン剤と経口黄体ホルモン剤を妊娠判定までの14日間投与する（図X-43-1）.

(J) 治療成績

2006年1月から2007年12月まで2年間の臨床成績を示した（表X-43-3）．最新の妊娠率では通常IVFに匹敵する成績を残している．もちろん通常IVFとは対象患者群の違いや実施周期数に大きな差があるため，まだIVM-IVFの成績がIVFのレベルに達したとはいえない．しかしメトフォルミン投与による卵胞内環境の改善，少量FSH投与によって起こる可能性のある顆粒膜細胞質の熟化やHCGやGnRH agonistによるLHサージに対する反応性の上昇，新培養液の効果，さらには採卵日設定の適格化の試みなどさまざまの小さな因子の改善の集積が妊娠率の上昇をきたしていると考えている．

まとめ

IVM–IVFはIVFより16年遅れて臨床応用が開始された比較的新しい技術である．未熟卵の体外成熟に関しては卵細胞質の成熟と核の成熟の不一致が一番の問題点であると考えられ，さまざまなIVM培養液が試みられた．しかし，培養液の変更で急激な成熟率の上昇や妊娠率の改善は得られなかった．著者らの施設においても体外成熟卵の微細構造の検討，培養環境と臨床環境改善などの試行錯誤の結果徐々に妊娠率は上昇している．成熟率や良好胚獲得に関して培養液自体はそれほど大きな要因ではなく，いかなる時期にどのような準備を行い採卵を実施するかが重要なポイントであると私は考えている．IVM-IVFにおける胚盤胞移植妊娠（Son et al, 2007）や複数の児をIVM-IVFで得た（Al-Sunaidi et al, 2007）との報告もある．IVM-IVFには未解決の部分もあるが，PCOS患者に対してはOHSSの回避を筆頭としてさまざまな利点がある．また刺激周期で良好卵が得られない症例にも有効である．このような点を考えれば，将来的にはIVM–IVFがARTの主流となる時代が来るかもしれない（Piquette, 2006）．

（福田愛作・森本義晴）

引用文献

Al-Sunaidi M et al (2007) Repeated pregnancies and live births after in vitro maturation treatment, *Fertil Steril*, 87；1212, e9-12.

Barnes FL, Crombie A, Gardner DK, et al (1995) Blastocyst development and birth after in vitro maturation of human primary oocytes, intracytoplasmic sperm injection and assisted hatching, *Hum Reprod*, 10；3243-3247.

Cha et al (2005) Obstetric outcome of patients with polycystic ovary syndrome treated by in vitro maturation and in vitro fertilization-embryo transfer, Fertil Steril 83, 1461-1465.

Cha KY, Koo JJ, Ko JK, et al (1991) Pregnancy after in vitro fertilization of human oocytes collected from nonstimulated cycles, their culture in vitro and their transfer in a donor oocyte program, *Fertil Steril*, 55；109-113.

Chian RC, Buckett WM, Too LL, et al (1999) Pregnancies resulting from in vitro matured oocytes retrieved from patients with polycystic ovary syndrome after priming with human chorionic gonadotropin, *Fertil Steril*, 72；639-642.

Child TJ, Abdul-Jalil AK, Gulekli B, et al (2001) In vitro maturation of oocytes from unstimulated normal ovaries, polycystic ovaries, and women with polycystic ovary syndrome, *Fertil Steril*, 76；936-942.

福田愛作ほか（2001）非刺激周期婦人よりの未成熟卵体外受精の試み，日本受精着床学会誌，18；1-4.

福田愛作，森本義晴（2001）未熟卵体外成熟顕微授精胚の凍結融解胚移植による妊娠，産科と婦人科，12；1871-1876.

Gulekli B, Buckett WM, Chian RC, et al (2004) Randomized, controlled trial of priming with 10,000 IU versus 20,000 IU of human chorionic gonadotropin in women with polycystic ovary syndrome who are undergoing in vitro maturation, *Fertil Steril*, 82；1458-1459.

Mikkelsen AL, Lindenberg S (2001) Benefit of FSH priming of women with PCOS to the vitro maturation procedure and outcome：a rondamized prospective study, *Reproduction*, 122；587-592.

Mikkelsen AL, Smith SD, Lindenberg S (1999) In-vitro maturation of human oocytes from regularly menstruating women may be successful without follicle stimulating hormone priming, *Hum Reprod*, 14；1847-1851.

Nugeira D, Staessen C, Van de Velde H, et al (2000) Nuclear status and cytogenetics of embryos derived from in vitro matured oocytes, *Fertil Steril*, 74；295-298.

Piquette G (2006) The in vitro maturation (IVM) of human oocytes for in vitro fertilization (IVF)：is it time yet to switch to IVM-IVF? *Fertil Steril*, 85；833-835.

Smith SD, Mikkelsen AL, Lindenberg S (2000) Development of human oocytes in vitro for 28 or 36 hours, *Fertil Steril*, 73；541-544.

Solderstrom-Anttila et al (2005) Favourable pregnancy results with insemination of in vitro matured oocytes from unstimulated patients, *Human Reprod*, 20, 1534-1540.

Son WY, Lee SY, Yoon SH, et al (2007) Pregnancies and deliveries after transfer of human blastocyst derived from in vitro matured oocytes in in vitro maturation cycles, *Fertil Steril* 87 ; 1491-1493.

Trounson A, Wood C, Kausche A (1994) In vitro maturation and the fertilization and developmental competence of oocytes recovered from unstimulated polycystic patients, *Fertil Steril*, 62 ; 353-362.

Vlaisavljevic V, Cizek-SaikoM, KovacV (2006) Multnucleation and cleavage of embryos derived from in vitro-matured oocytes, *Fertil Steril*, 86 ; 487-489.

Whittemore AS (1994) The risk of ovarian cancer after treatment for infertility, *N Engl J Med*, 331 ; 805-806.

X-44

ヒト卵子体外成熟の培養理論と実際

Key words
ヒト卵子／体外成熟／培養液／培養液添加剤／培養条件

はじめに

現在の生殖補助医療は，IVF-ET（*in vitro* fertilization-embryo transfer，体外受精－胚移植）と呼ばれる一連の技術より成り立っている．この方法は一般的に，複数の卵子を体内で成熟させるために調節卵巣刺激（COH, control ovarian hyperstimulation）が必要であり，患者に対する肉体的・経済的な負担が大きい．一方，原始卵胞や前卵胞腔卵胞を培養するIVG（*in vitro* growth，体外発育）技術や，卵胞腔卵胞から採取した未成熟卵子を培養するIVM（*in vitro* maturation，体外成熟）技術を用いると，最小限の卵巣刺激もしくは卵巣刺激無しでの採卵が可能であり，患者の負担を軽減できる．IVGは，１回の卵巣生検により多くの卵胞を採取できるメリットがあるが，長期にわたり劇的に変化する卵胞形成過程を *in vitro* で再現するのは困難であり，未だにヒトでの成功には至っていない．一方，IVMに用いる卵子は，その成育過程の90%以上を卵巣内で過ごしており，比較的単純な方法で培養可能なため，1991年にChaらが産児獲得に成功している（Cha et al, 1991）．その後IVMは，多数の施設で臨床応用され良好成果が得られているが，未だ完成された技術とはいえないのが現状である．

最近の研究によるとIVMを行う際は，正常な成熟能，あるいは発育能獲得のために，減数分裂を制御し，成熟に有効に働くさまざまな因子を培養液に添加する必要があることが明らかになっている．また，卵子は環境変化に対して感受性が高く，わずかな変化が大きなストレスとなりうるため，培養液組成や，培養条件はできる限り生理的条件に近づけ，大きな変動を避けることが肝要である．

本節では，IVMの種類とIVMに用いる培養液について解説した後，培養液に加えられる添加剤に関する最近の知見を紹介する．また，IVMに適した培養条件について論じる．

1 IVMの種類

調節卵巣刺激後に回収した卵子は，すべてがMII期（Metaphase II stage，第二減数分裂中期）に達しているわけではなく，そのうちの一部はGV期（Germinal vesicle stage，卵核胞期）の状態にある．このGV期の卵子をIVFに用いるためには，*in vitro* で成熟培養する必要がある．これをレスキューIVMと呼ぶ（図X-44-1）．レス

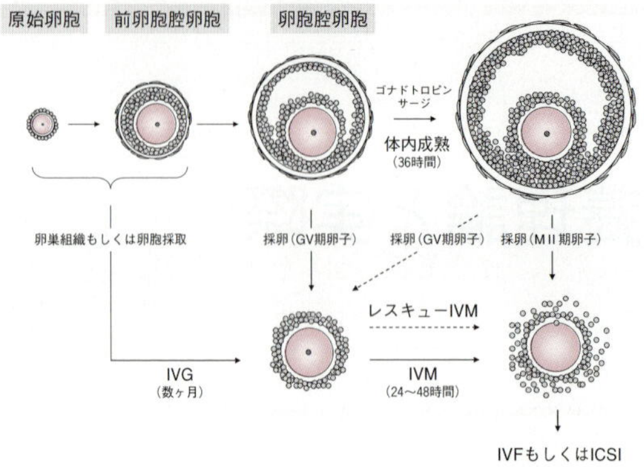

図Ⅹ-44-1．IVG，IVM，レスキューIVMの概念図

キューを行う未成熟卵子は，成熟度判定のために周囲の卵丘細胞を除去され，卵丘細胞なしで培養されることが多い．しかし，卵丘細胞は正常な発育能を有したクォリティーの高い成熟卵子獲得のために必要であり，除去することは好ましくない．卵丘細胞を除去した卵子（裸化卵子）の成熟率，受精率，胚発育率は，卵丘細胞に囲まれた卵子と比較して低いことが知られている．また，レスキューIVMに用いる未成熟卵子は，超生理的濃度の外因性ゴナドトロピンにさらされているのにもかかわらず，*in vivo*での成熟に失敗しているため，もともと成熟および発生能力の低い卵子であると考えられる．そのため，レスキューIVMで作出された成熟卵子の受精能は限られており，正常な胚の分割は傷害されている．この事実は，レスキューIVMで得られた胚には，高頻度で染色体の異数性が観察されることからも明らかである（Emery et al, 2005）．

現在のIVM技術は，レスキューIVMとは一線を画するものであり，未刺激もしくは必要最小限の卵巣刺激により計画的にCOC（cumulus cells・oocyte complex，卵・卵丘細胞複合体）を採取し，適切な培養液中で卵丘細胞を除去せずに培養するものである．

2 IVMに用いる培養液

IVMに用いる培養液のほとんどが，TCM199やMEM, Ham's F10などの**複合組成培養液**である（表Ⅹ-44-1）．その中でヒトCOCのIVMには，TCM199が広く使用されている．これらの培養液は体細胞樹立株の長期栄養要求性に合わせてデザインされたものであり，ヒトCOCの要求性に合わせて最適化されたものではない．これは現在のIVM技術の改善すべき点であり，体内成熟卵子と比較してクォリティーが劣る原因の一つといえる．胚培養用に開発された**単純組成培養液**であるHTFもIVMに使用できるが，TCM199と比較して成熟率や受精率などが劣る（Medeiros et al, 2009）．

一方，胚培養液は過去数十年間にわたり改良されてきた．それは主に生殖器道内の電解質，エネルギー基質の組成を模倣し，さらに成長過程の胚の代謝能を反映したものであった（ヒツジ卵管液組成を基にしたSOF，ヒト卵管液を基にしたHTF，ヒト卵管液，子宮液を基にしたG1/G2，ヒト卵胞液を基にしたHFF（Ohashi et al, 2000），マウス卵管液を基にしたMTFなどがあげられる）．

複合組成培養液（complex medium）：単純組成培養液にアミノ酸，ビタミン，核酸前駆体，微量金属，脂肪酸などさまざまな成分を添加した培養液．体細胞樹立株の培養用に開発されたものであるが，生殖補助医療領域においては未成熟卵子の成熟培養液として用いられている．以前は，胚培養液としても利用されていたが，複合組成培養液に含まれているいくつかの成分が胚に悪影響を及ぼすことが明らかとなり，次第に用いられなくなった．

単純組成培養液（simple medium）：イオン組成，浸透圧，pHを生理的条件に調整した無機塩類溶液に，生命活動に必要なグルコースなどのエネルギー源を添加した，単純な組成の培養液．アミノ酸やビタミンなどの重要な因子を欠いているため，一般的な体細胞樹立株の培養には不向きであるが，1985年にQuinnらが胚培養液として有効であることを報告して以来，生殖補助医療領域で盛んに用いられるようになった．しかしその後の検討で，単純組成培養液は胚培養液として不十分であることが明らかとなり，現在では，単純組成培養液にアミノ酸等を添加したものが胚培養に用いられている．

表X-44-1. IVMに用いられる培養液およびヒト卵胞液の組成

成分（mM）		TCM199[a]	MEM[b]	Ham's F-10[c]	HTF[d]	P1[e]	ヒト卵胞液（推定値）
糖	グルコース	5.55	5.55	6.11	2.78	0.00	3.26 - 4.25[f]
有機酸	乳酸	—	—	—	21.40	21.40	2.41 - 6.27[f]
	ピルビン酸	—	—	1.00	0.33	0.33	0.26 - 0.45
	酢酸	0.61	—	—	—	—	ND
電解質	ナトリウム	144.17	143.56	144.07	148.33	148.33	124.00 - 143.00[g]
	カリウム	5.37	5.37	4.43	5.06	4.69	4.18 - 4.40
	マグネシウム	0.81	0.81	0.62	0.20	0.20	0.47 - 0.62
	カルシウム	1.80	1.80	0.30	2.04	2.04	1.07 - 1.15
	塩素	125.33	125.33	131.05	110.37	110.37	109.00 - 128.00
	リン	1.01	1.01	1.69	0.37	0.00	1.08
アミノ酸	アラニン	0.281	—	0.100	—	—	0.299 - 0.351[h]
	アスパラギン	—	—	0.100	—	—	0.037 - 0.065
	アスパラギン酸	0.225	—	0.100	—	—	0.006 - 0.008
	グルタミン酸	0.510	—	0.100	—	—	0.075 - 0.093
	グリシン	0.666	—	0.100	—	—	0.154 - 0.256
	プロリン	0.347	—	0.100	—	—	0.101 - 0.182
	セリン	0.238	—	0.100	—	—	0.074 - 0.128
	システイン	0.001	—	0.200	—	—	0.024
	アルギニン	0.332	0.600	1.000	—	—	0.053 - 0.080
	シスチン	0.083	0.100	—	—	—	0.000 - 0.021
	グルタミン	0.684	2.000	1.000	—	—	0.179 - 0.441
	ヒスチジン	0.105	0.200	0.110	—	—	0.068 - 0.078
	イソロイシン	0.305	0.400	0.020	—	—	0.031 - 0.036
	ロイシン	0.457	0.400	0.100	—	—	0.055 - 0.084
	リジン	0.383	0.400	0.160	—	—	0.129 - 0.169
	メチオニン	0.101	0.100	0.030	—	—	0.014 - 0.028
	フェニルアラニン	0.151	0.200	0.030	—	—	0.041 - 0.049
	スレオニン	0.252	0.400	0.030	—	—	0.124 - 0.166
	トリプトファン	0.049	0.050	0.003	—	—	0.032 - 0.033
	チロシン	0.226	0.200	0.010	—	—	0.035 - 0.044
	バリン	0.213	0.400	0.030	—	—	0.117 - 0.145
	タウリン	—	—	—	—	—	0.025 - 0.031
	ホスフォセリン	—	—	—	—	—	0.006
	ヒドロキシプロリン	0.076	—	—	—	—	0.019
	シトルリン	—	—	—	—	—	0.024
	オルニチン	—	—	—	—	—	0.033 - 0.039
ペプチド	グルタチオン	○	—	—	—	—	i
ビタミン	水溶性ビタミン	○	○	○	—	—	j
	脂溶性ビタミン	○	—	—	—	—	k
微量金属	鉄イオンなど	○	—	○	—	—	l
核酸前駆体	核酸塩基	○	—	—	—	—	
	ヌクレオシド	—	—	○	—	—	m
	ヌクレオチド	○	—	—	—	—	
	リボース	○	—	—	—	—	
脂質	コレステロール	○	—	—	—	—	n
ビタミン様物質	リポ酸	—	—	○	—	—	ND
界面活性剤	ポリソルベート80	○	—	—	—	—	—

—：不含，ND：データなし

a：TCM199＝Tissue culture medium 199（Morgan *et al*, 1950），b：MEM＝Minimum essential medium（Eagle, 1959），c：Ham's F-10（Ham, 1963），d：HTF＝Human tubal fluid（Quinn *et al*, 1985），e：P1（Carrillo *et al*, 1998），f：糖，有機酸（Menezo *et al*, 1982；Leese and Lenton, 1990；Gull *et al*, 1999），g：電解質（Shalgi *et al*, 1972；Chong *et al*, 1977；Azem *et al*, 2004），h：アミノ酸（Menezo *et al*, 1982；Nakazawa *et al*, 1997；Jόzwik *et al*, 2006），i：グルタチオン（Ebisch *et al*, 2006），j：水溶性ビタミン（Luck *et al*, 1995；Chiu *et al*, 2002；Boxmeer *et al*, 2008），k：脂溶性ビタミン（Potashnik *et al*, 1992；Schweigert *et al*, 2003），l：微量金属（Reubinoff *et al*, 1996），m：核酸前駆体（Lavy *et al*, 1990），n：脂質（Browne *et al*, 2008）

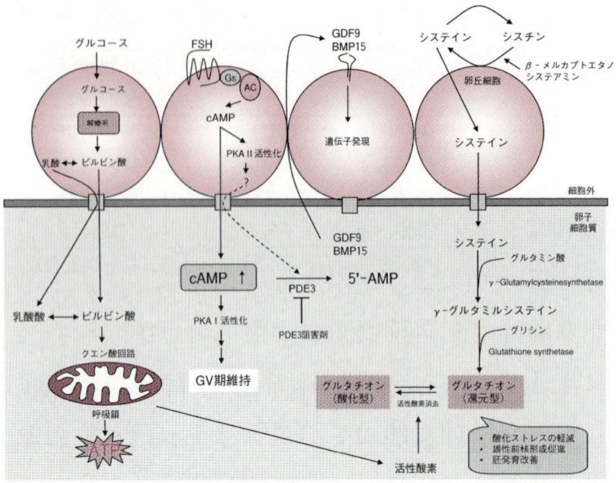

図X-44-2．卵丘細胞と卵子との相互作用に関する想定模式図

COCにとって生理的な体液は卵胞液であり，IVM用の培養液も卵胞液組成を模倣することでその成績が向上する可能性がある（ヒト卵胞液組成（推定値），表X-44-1）．Iwataらはウシ卵胞液に含まれているマグネシウムイオン濃度を模倣することで，**核成熟**が促進し，その後の胚盤胞発育率も上昇することを見出している（Iwata et al, 2004）．また，Ohashiらは電解質やグルコース，ピルビン酸，乳酸，アミノ酸濃度をヒト卵胞液近似濃度に設定すると，マウス未成熟卵子の成熟率や胚盤胞到達率が上昇することを示している（Ohashi et al, 2000）．さらに，*in vivo*では卵胞径の増加に伴いグルコース濃度は低下，乳酸濃度は増加するなど，COCを取り巻く環境は絶えず変化していることから，IVMの際もいくつかのポイントに分けて培養液組成を変更することが有効だと考えられる．しかし現在のところ，ヒト卵胞液組成を模倣したヒトCOCのための成熟培養液は，十分に確立されていない．

裸化卵子のIVMを行う際は，上記とは異なったアプローチが必要となる．COCの代謝能と裸化卵子の代謝能はまったく異なるため，COCのための培養液は，裸化卵子にとって好ましくない場合がある．実際，裸化卵子の培養には，TCM199よりもグルコースフリーの単純組成培養液であるP1培養液の方が適しているとの報告がある（Cekleniak et al, 2001）．そのため，裸化卵子の成熟培養には，卵子の生理機能に合わせた培養液が必要だといえる．

3 添加剤

(A) ゴナドトロピン

*In vivo*においてゴナドトロピンは，卵子の発育や成熟，顆粒膜細胞の分化，卵丘細胞の膨化，卵胞壁の破裂などに関与しており，卵胞制御を司る必須因子である．また*in vitro*においてもゴナドトロピンはさまざまな効果を発揮するため，培養液には多くの場合，FSH（follicle stimulating hormone，卵胞刺激ホルモン），LH（luteinizing hormone，黄体形成ホルモン），hCG（human chorionic gonadotropin，ヒト絨毛性ゴナドトロピン）が単独，もしくは組み合わせて添加される．

成熟培養液へのFSHの添加は，COCにおけるcAMP（cyclic adenosine monophosphate，環状アデノシン1リン酸）の一過的な上昇を誘導し，減数分裂再開を遅延させる（図X-44-2）．これは細胞質成熟のための時間的余裕を与え，その後の発育能を上昇させるためだといわれている．また，FSHは核成熟を促進し，胚盤胞形成率を上昇させるなど，卵子の成熟に有効に働く．さらにFSHは，卵丘細胞からのヒアルロン酸分泌を刺激し，卵丘細胞の膨化を促したり，卵

核成熟（nuclear maturation）：GV期（germinal vesicle stage，卵核胞期）に静止している未成熟卵子が減数分裂を再開し，MⅡ期（metaphase Ⅱ stage，第二減数分裂中期）に到達する過程を指す．GVBD（germinal vesicle breakdown，卵核胞崩壊），染色体凝縮，紡錘体形成，第一極体放出などの形態的変化を伴うため，容易に観察が可能である．

丘細胞の増殖やステロイド産生を促進する．

培養液へのLHやhCGの添加の必要性については議論が分かれている．成熟培養液に添加したLHやhCGは，タンパク合成や遺伝子発現を促進し，卵子の代謝や栄養環境を改善する．また，卵子の核成熟や**細胞質成熟**を促進する．それゆえ，ヒトや哺乳類の成熟培養液には，LHやhCGが添加されている場合が多い．しかし，最近の報告では，ヒトCOCの成熟培養液へのhCGの添加は，効果がないことが示されている（Ge et al, 2008）．この結果は，いくつかの動物卵子を用いた実験結果と一致していることより，今後検討される問題であろう．

近年，FSHやLHの組み合わせ，添加するタイミング，添加期間の検討が進んでいる．ヒトやブタ卵子のIVMの際，COCのLHレセプターをFSHで誘導後，LHを添加する，段階的な培養法が試みられており，胚盤胞形成率が向上するなど良好な成績を収めている（Anderiesz et al, 2000；Kawashima et al, 2008）．また，FSHの処理時間に関する検討では，ウシCOCをIVM開始から2時間，6時間，24時間FSH処理した場合，6時間処理群で有意に胚盤胞形成率が上昇することが明らかにされている（Ali, Sirard, 2005）．さらに，FSHとLHの組み合わせに関する検討では，FSHとLHの濃度比が1：10の場合，FSH単独もしくはゴナドトロピン非添加の場合と比較して，有意に胚盤胞への発育率が高いという報告がある（Anderiesz et al, 2000）．一方，FSHとLHの濃度比は重要ではないとの報告もあり（Choi et al, 2001），FSHやLHの組み合わせや濃度などに関しては，今後さらなる検討が必要だといえる．

(B) タンパク源，高分子化合物

通常，成熟培養液には，患者血清や卵胞液が添加されている．血清や卵胞液は，タンパク源となるほか，栄養素や成長因子，抗酸化物質，ビタミン，ホルモン，脂質などの供給源となり卵子の成熟に有効に働くと考えられている．また，血清は，透明帯硬化の予防や卵丘細胞の機能発現に必要とされている．

ヒトのIVMにおいて，培養液に卵胞液を50%添加した場合，ウシ胎児血清（FBS, fetal bovine serum）を20%添加した場合と比較して成熟率や受精率が向上する（Cha et al, 1991）．しかし動物を用いた検討によると，卵胞液の性能は，その添加濃度や採取した卵胞のサイズによって異なることが示されており（Ito et al, 2008），単純に卵胞液と血清の性能に優劣をつけることはできない．一般的には，患者血清と卵胞液の性能は同等だといわれている．Zhangらは，IVMのタンパク源として，卵胞液よりもヒト臍帯血の方が有効だと報告しているが（Zhang et al, 2007），その本質は明らかではない．

前述したように血清や卵胞液は卵子の成熟に有効である反面，ロット間差があり，組成の不明確さが臨床成績を左右する原因となっている．それゆえ，無血清培養法の検討が進められている．無血清化には，血清や卵胞液の代用品として，高純度のアルブミンやポリビニルアルコール（PVA, polyvinyl alcohol），ポリビニルピロリドン（PVP, polyvinylpyrrolidone）などが用いられる．また，COCの保護や成熟促進のために，抗酸化物質や成長因子等を添加する必要がある．血清をアルブミンに置換するだけでは不十分であり，臨床成績が大幅に低下することがわ

細胞質成熟（cytoplasmic maturation）：未成熟卵子の核成熟に伴い，受精ならびに発生能が細胞質に備わる過程を指す．表層顆粒の変化，レセプターの感受性変化，細胞質へのグルタチオンの蓄積などの現象を伴う場合があるが，その成熟度を明確に示す指標はなく，容易に観察することはできないのが現状である．

かっている（Mikkelsen et al, 2001）．

血清中に含まれる inter-α-trypsin inhibitor が卵丘細胞間へのヒアルロン酸の蓄積（卵丘膨化）に必須なため，卵丘細胞の脱落が生じ易くなり，その結果，卵子表面が培地にさらされることとなる．すなわち，受精率や胚盤胞の透明帯脱出率減少の原因となる透明帯硬化を誘発されている．したがって透明帯硬化の防止に有効な成分を培養液に添加するなどの工夫が必要となる（VandeVoort et al, 2007）．

(C) ピルビン酸

ほとんどの哺乳類卵子は，ピルビン酸を主なエネルギー源とするが，卵丘細胞のグルコース代謝により生成するピルビン酸や乳酸が卵子に供給されるため（図X-44-2），培養液へのピルビン酸添加は必須ではない．実際，IVM に用いられている培養液にはピルビン酸が含まれていないものもある（表X-44-1）．さらに，成熟培養液へのピルビン酸添加は，自発的な卵子成熟を誘起し，FSH によるグルコース代謝で生じる卵成熟のような細胞質成熟を併っていないことが報告されている（Zheng et al, 2001）．

一方，未成熟の裸化卵子は，グルコースの取り込みや解糖系の活性，グルコース酸化レベルが極端に低いため，培養するにはピルビン酸添加が必要となる．

(D) グルタチオン

活性酸素種（ROS, reactive oxygen species）を介した細胞成分の酸化的修飾は，細胞機能を大きく傷害する過程の一つである．活性酸素種は，ミトコンドリアの機能不全を誘導し，DNA（deoxyribonucleic acid, デオキシリボ核酸），RNA（ribonucleic acid, リボ核酸），タンパク質に傷害を与える．体外培養時の酸化ストレスから卵子や胚を保護するには，さまざまな抗酸化物質を培養液に加える必要がある（他項を参照）．

グルタチオンは，ほとんどの細胞の細胞膜を通過できないので，細胞内で *de novo* 合成される必要がある．グルタチオンの合成は，大部分が培養液中のシステイン利用能に依存しているが，システインは非常に不安定なアミノ酸で容易に酸化されシスチンになる．シスチンは，卵丘細胞でシステインに還元されてグルタチオン合成に利用されるが，十分量供給されているとは限らない．ブタ卵子を用いた検討によると，体外成熟卵子の細胞内グルタチオン濃度は，体内成熟卵子と比較して著しく低いことが報告されている（Yoshida et al, 1993）．そのため，成熟培養液には，低分子のチオール含有物質であるシステアミンや β-メルカプトエタノールを添加する場合がある．これらの物質はシスチンをシステインに還元することで卵子内のグルタチオンレベルを上昇させ（Ali et al, 2003），活性酸素濃度を低下させる（de Matos et al, 2002）（図X-44-2）．

(E) 減数分裂阻害剤

In vivo において卵子の減数分裂は，卵子内の高濃度の cAMP によって排卵前まで抑制されている（Mehlmann, 2005）（図X-44-2）．その間，卵子は受精やそれ以降の発育のための準備を整える（細胞質成熟）．ゴナドトロピンサージにより減数分裂を再開した卵子は，第一極体を放出後，MII 期に到達する（核成熟）．一方 *in vitro*

では，卵胞からCOCを吸引することで，周囲の体細胞や卵胞液とのコミュニケーションが分断され，減数分裂抑制環境を維持できなくなる．その結果，卵子内のcAMP濃度が低下し，減数分裂が自発的に再開すると考えられている．減数分裂を再開した卵子は，転写が停止し，ギャップ結合が消失するため，その後の発育に必要な因子や機構の獲得が不完全なままである．このことが，体外成熟卵子と体内成熟卵子のクォリティーに大きな違いを生んでいる（Gilchrist, Thompson, 2007）．そこで，培養液に減数分裂阻害剤を添加することで，未成熟な段階での減数分裂を抑制し，その間細胞質成熟を促す試みがなされている．

これらの試みの大部分は，成熟期間中の卵細胞内cAMP濃度を維持または増加させ，減数分裂を抑制することにある．cAMP濃度は培養液へのcAMPアナログやプリン，アデニル酸シクラーゼ（AC, adenylate cyclase）の添加や，ホスホジエステラーゼ（PDE：phosphodiesterase）阻害剤の添加によって操作できる．培養液にこれらのcAMP調整剤を添加すると，ヒトGV期卵子の減数分裂再開が抑制される．cAMP調整剤の添加は，その後の発育能を上昇させるか，悪影響を及ぼさないことが報告されている（Gilchrist, Thompson, 2007）．

現在，減数分裂阻害剤は研究目的でのみヒトに用いられているが，検討が進み安全性などが確保されれば，臨床成績向上に有効な添加剤となりうると思われる．

4 培養条件

(A) 酸素濃度

In vivo では，卵胞に侵入する酸素の多くは外側の顆粒膜細胞で消費されるため，ヒト卵胞液の酸素分圧は血液と比較して低く，卵子は比較的低酸素環境下にあると考えられる．しかし，未成熟卵子の減数分裂再開は，酸素依存的なプロセス，すなわち酸化的リン酸化に依存しており，酸素を完全に除外するとGV期での卵子発育停止率が高くなるため（Zeilmaker, Verhamme, 1974），酸素濃度が低すぎるのは好ましくない．一方，過剰量の酸素は，細胞内の活性酸素を増加させるため，培養時の酸素濃度はCOCや卵子の要求性に合わせて適切に設定することが望ましい．

IVMに裸化卵子を用いた場合，高濃度の酸素による有害性が観察されており，核成熟には5％酸素濃度が至適である（Gwatkin, Haidri, 1974）．これは，胚を用いた実験結果と一致しており，卵丘細胞に保護されていない卵子にとって高濃度の酸素は好ましくないと考えられる．一方，COCに対する酸素濃度の実験結果は相反している．5％酸素濃度で成熟培養したほうが，20％酸素濃度よりも有効との報告がある一方で（Preis et al, 2007），20％酸素濃度が有効との報告もある（Park et al, 2005）．COCは単一の細胞ではなく性状が異なった細胞の集合体であるため，その大きさや成熟度により酸素要求性が異なるのかもしれない．

(B) pH

ヒトGV期卵子は，細胞外のpH変化に対して，細胞内のpHを一定に維持する機構を欠いているため (Dale et al, 1998)，培養液のpH変動はできる限り避けなければならない．細胞内のpH変化による細胞への影響は胚でよく調べられており，細胞内pH変化は，胚の細胞骨格の異常や，ミトコンドリア分布異常をもたらし，胚発育を大幅に抑制する．さらに代謝能も変化させる．マウス未成熟卵子を用いた検討でも，培養液のpHによって未成熟卵子の代謝や減数分裂再開の時期が変化することが示されている (Downs, Mastropolo, 1997)．

(C) 温度

ヒトを含むほとんどの哺乳類において，卵子減数分裂時の紡錘体は温度変化に敏感である．偏光顕微鏡 (Polscope : polarized light microscope) を用いた検討によると，ヒト卵子を37℃以上 (Sun et al, 2004)，37℃未満 (Wang et al, 2001) に一定期間さらすと，紡錘体が変形し消失する．その後，37℃に戻しても，多くの卵子は完全に紡錘体を再構成することができない (Sun et al, 2004 ; Wang et al, 2001)．減数分裂時の紡錘体は，減数分裂中の染色体の分離，配列，受精のために重要な役割を担っており，ヒト卵子の体外操作中の温度変化は，受精不全あるいは異常な受精を誘発し，その後の胚発育にも影響を及ぼす．それゆえ，ヒト卵子を扱う際は，温度を一定に維持することが重要である．

(D) 培養期間

ヒト未成熟卵子のIVMにおける特徴の一つは，成熟時間のばらつきが大きいことである．これは，異なった大きさの卵胞から採卵するためだと考えられている．卵巣未刺激周期の患者から回収した未成熟卵子では，IVM20時間後から第一極体放出が観察され始めるが，77.5%の卵子が第一極体を放出するには42-45時間を要する (Cha, Chian, 1998)．培養期間を延長することでさらに多くの成熟卵子を得ることができるという報告もあり，ヒト未成熟卵子のIVMでは，成熟培養を48-56時間行ってから受精させることがある．しかしこの場合，早期に成熟した卵子は，20時間以上MII期のまま体外環境にさらされることになる．Goudらは，成熟後のICSIのタイミングが重要であり，成熟後6時間経ってからICSIを行うと，成熟後すぐにICSIを行った卵子と比較して，正常な受精が傷害されるとともに，胚分割率が低下することを報告している (Goud et al, 1999)．これは，培養期間中の卵子の加齢によるものだと考えられる．また，培養開始から48時間以上培養して得られたMII期卵子のクォリティーは低いため (Son et al, 2005)，長期間成熟培養を行う必要性は乏しい．一方，第一極体放出直後は核成熟が完了しておらず，TI期 (Telophase I stage，第一減数分裂終期) にあるため，極体放出直後にICSIを行うと受精率が極端に低下する (Hyun et al, 2007)．同様に，ヒトのMII期卵子は核成熟を完了してから徐々に活性化し，正常な発育能を獲得するため，成熟完了から受精までに一定期間培養することが望ましいとの報告がある (Balakier et al, 2004)．それゆえ，IVMの培養期間は，極体放出後，核成熟が完全に完了してから，卵子の加齢が進むまでの間に設定すべきである．現在では24-48時間成熟培養を行う場合が多いが，未成熟卵子の成熟完了までの時間は調節卵巣刺激の有無やゴナドトロピンプライミングの有無によっても変化するため (Cha, Chian, 1998 ; Chian et al, 2000)，各施設のIVMプロトコールに合わせた培養期間の設定が必要である．

近年のイメージング技術の発達により，無侵襲かつリアルタイムで紡錘体の観察が可能になった．TI期からMII期への移行を確認しながら培養期間を設定すれば，未成熟な状態での受精を避けることができ，成績向上につながる可能性がある (Otsuki, Nagai, 2007)．

まとめ

近年，プライミング法や採卵法等の改良により，ヒトIVMの臨床成績は格段に向上した．特に日本人研究者のたゆまぬ努力により，本邦では通常のIVFと遜色ない成績が得られるようになっており，ヒトIVMの臨床成績に関する報告は急増している．しかし，ヒトCOCに適した培養液組成や添加剤の濃度，培養条件など，IVMの根幹となる部分に関する報告は少なく，まだまだ改善の余地が残されている．たとえば，現在ヒトCOCのIVMは，減数分裂の再開から完了まで同一の培養液組成で行われることがほとんどである．しかし *in vivo* では，COCの代謝能やレセプターの発現量などは成熟とともに変化し，それに合わせるように周辺環境も絶えず変化している．そのため，*in vitro* でもいくつかのポイントに分けて培養液組成を変更することが有効だと考えられる．特に，ゴナドトロピン，ステロイドホルモン，成長因子，グルコースやピルビン酸，乳酸は，培養成績に大きな影響を及ぼす因子であり，添加時期や濃度，組み合わせ等の最適化が望まれる．また，培養成績の向上には，培養液組成や添加剤の最適化のみでは不十分であり，酸素濃度や培養液のpH，温度，培養期間などの培養条件を整えることが必須である．IVMは，患者の肉体的，経済的な負担を軽減できる優れた方法であることから，今後のさらなる発展が期待される．

(荒木康久・八尾竜馬)

引用文献

Ali AA, Bilodeau JF, Sirard MA (2003)Antioxidant requirements for bovine oocytes varies during in vitro maturation, fertilization and development, *Theriogenology*, 59 : 939-949.

Ali A, Sirard MA (2005) Protein kinases influence bovine oocyte competence during short-term treatment with recombinant human follicle stimulating hormone, *Reproduction*, 130 : 303-310.

Anderiesz C, Ferraretti A, Magli C, et al (2000) Effect of recombinant human gonadotrophins on human, bovine and murine oocyte meiosis, fertilization and embryonic development in vitro, *Hum Reprod*, 15 : 1140-1148.

Azem F, Hanannel A, Wolf Y, et al (2004) Divalent cation levels in serum and preovulatory follicular fluid of women undergoing in vitro fertilization embryo transfer, *Gynecol Obstet Invest*, 57 : 86-89.

Balakier H, Sojecki A, Motamedi G, et al (2004) Time-dependent capability of human oocytes for activation and pronuclear formation during metaphase II arrest, *Hum Reprod*, 19 : 982-987.

Bilodeau-Goeseels S (2006) Effects of culture media and energy sources on the inhibition of nuclear maturation in bovine oocytes, *Theriogenology*, 66 : 297-306.

Boxmeer JC, Brouns RM, Lindemans J, et al (2008) Preconception folic acid treatment affects the microenvironment of the maturing oocyte in humans, *Fertil Steril*, 89 : 1766-1770.

Browne RW, Shelly WB, Bloom MS, et al (2008) Distributions of high-density lipoprotein particle components in human follicular fluid and sera and their associations with embryo morphology parameters during IVF, *Hum Reprod*, 23(8) : 1884-1894.

Carrillo AJ, Lane B, Pridman DD, et al (1998) Improved clinical outcomes for in vitro fertilization with delay of embryo transfer from 48 to 72 hours after oocyte retrieval : use of glucose- and phosphate-free media, *Fertil Steril*, 69 : 329-334.

Cekleniak NA, Combelles CM, Ganz DA, et al (2001) A novel system for in vitro maturation of human oocytes, *Fertil Steril*, 75 : 1185-1193.
Cha KY, Chian RC (1998) Maturation in vitro of immature human oocytes for clinical use, *Hum Reprod Update*, 4 : 103-120.
Cha KY, Koo JJ, Ko JJ, et al (1991) Pregnancy after in vitro fertilization of human follicular oocytes collected from nonstimulated cycles, their culture in vitro and their transfer in a donor oocyte program, *Fertil Steril*, 55 : 109-113.
Chian RC, Buckett WM, Tulandi T, et al (2000) Prospective randomized study of human chorionic gonadotrophin priming before immature oocyte retrieval from unstimulated women with polycystic ovarian syndrome, *Hum Reprod*, 15 : 165-170.
Chiu TT, Rogers MS, Law EL, et al (2002) Follicular fluid and serum concentrations of myo-inositol in patients undergoing IVF : relationship with oocyte quality, *Hum Reprod*, 17 : 1591-1596.
Choi YH, Carnevale EM, Seidel GE Jr, et al. (2001) Effects of gonadotropins on bovine oocytes matured in TCM-199, *Theriogenology*, 56 : 661-670.
Chong AP, Taymor ML, Lechene CP (1977) Electron probe microanalysis of the chemical elemental content of human follicular fluid, *Am J Obstet Gynecol*, 128 : 209-211.
Dale B, Menezo Y, Cohen J, et al (1998) Intracellular pH regulation in the human oocyte, *Hum Reprod*, 13 : 964-970.
de Matos DG, Herrera C, Cortvrindt R, et al (2002) Cysteamine supplementation during in vitro maturation and embryo culture : a useful tool for increasing the efficiency of bovine in vitro embryo production, *Mol Reprod Dev*, 62 : 203-209.
Downs SM, Hudson ED (2000) Energy substrates and the completion of spontaneous meiotic maturation, *Zygote*, 8 : 339-351.
Downs SM, Mastropolo AM (1997) Culture conditions affect meiotic regulation in cumulus cell-enclosed mouse oocytes, *Mol Reprod Dev*, 46 : 551-566.
Eagle H (1959) Amino acid metabolism in mammalian cell cultures, *Science*, 130 : 432-437.
Ebisch IM, Peters WH, Thomas CM, et al (2006) Homocysteine, glutathione and related thiols affect fertility parameters in the (sub) fertile couple, *Hum Reprod*, 21 : 1725-1733.
Emery BR, Wilcox AL, Aoki VW, et al (2005) In vitro oocyte maturation and subsequent delayed fertilization is associated with increased embryo aneuploidy, *Fertil Steril*, 84 : 1027-1029.
Ge HS, Huang XF, Zhang W, et al (2008) Exposure to human chorionic gonadotropin during in vitro maturation does not improve the maturation rate and developmental potential of immature oocytes from patients with polycystic ovary syndrome, *Fertil Steril*, 89 : 98-103.
Gilchrist RB, Lane M, Thompson JG (2008) Oocyte-secreted factors : regulators of cumulus cell function and oocyte quality, *Hum Reprod Update*, 14 : 159-177.
Gilchrist RB, Thompson JG (2007) Oocyte maturation : emerging concepts and technologies to improve developmental potential in vitro, *Theriogenology*, 67 : 6-15.
Gómez E, Tarín JJ, Pellicer A (1993) Oocyte maturation in humans : the role of gonadotropins and growth factors, *Fertil Steril*, 60 : 40-46.
Goud P, Goud A, Van Oostveldt P, et al (1999) Fertilization abnormalities and pronucleus size asynchrony after intracytoplasmic sperm injection are related to oocyte postmaturity, *Fertil Steril*, 72 : 245-252.
Goud PT, Goud AP, Qian C, et al (1998) In-vitro maturation of human germinal vesicle stage oocytes : role of cumulus cells and epidermal growth factor in the culture medium, *Hum Reprod*, 13 : 1638-1644.
Gull I, Geva E, Lerner-Geva L, et al (1999) Anaerobic glycolysis. The metabolism of the preovulatory human oocyte, *Eur J Obstet Gynecol Reprod Biol*, 85 : 225-228.
Gwatkin RB, Haidri AA (1974) Oxygen requirements for the maturation of hamster oocytes, *J Reprod Fertil*, 37 : 127-129.
Ham RG (1963) An improved nutrient solution for diploid Chinese hamster and human cell lines, *Exp Cell Res*, 2 : 515-526.
Hyun CS, Cha JH, Son WY, et al (2007) Optimal ICSI timing after the first polar body extrusion in in vitro matured human oocytes, *Hum Reprod*, 22 : 1991-1995.
Ito M, Iwata H, Kitagawa M, et al (2008) Effect of follicular fluid collected from various diameter follicles on the progression of nuclear maturation and developmental competence of pig oocytes, *Anim Reprod Sci*, 106 : 421-430.
Iwata H, Hashimoto S, Ohota M et al, (2004) Effects of follicle size and electrolytes and glucose in maturation medium on nuclear maturation and developmental competence of bovine oocytes, *Reproduction*, 127 : 159-164.
Józwik M, Józwik M, Teng C, et al (2006) Amino acid, ammonia and urea concentrations in human preovulatory ovarian follicular fluid, *Hum Reprod*, 21 : 2776-2782.
Kawashima I, Okazaki T, Noma N, et al (2008) Sequential exposure of porcine cumulus cells to FSH and/or LH is critical for appropriate expression of steroidogenic and ovulation-related genes that impact oocyte maturation in vivo and in vitro, *Reproduction*, 136 : 9-21.
Lavy G, Behrman HR, Polan ML (1990) Purine levels and metabolism in human follicular fluid, *Hum Reprod*, 5 : 529-532.
Leese HJ, Lenton EA (1990) Glucose and lactate in human follicular fluid : concentrations and interrelationships, *Hum Reprod*, 5 : 915-919.
Luck MR, Jeyaseelan I, Scholes RA (1995) Ascorbic acid and fertility, *Biol Reprod*, 52(2) : 262-266.
Medeiros de Araujo CH, Nogueira D, Picinato Medeiros de Araujo MC, et al (2009) Supplemented tissue culture medium 199 is a better medium for in vitro maturation of oocytes from women with polycystic ovary syndrome women than human tubal fluid, *Fertil Steril*, 91 : 509-513.
Mehlmann LM (2005) Stops and starts in mammalian oocytes : recent advances in understanding the regulation

of meiotic arrest and oocyte maturation, *Reproduction*, 130 : 791-799.

Menezo Y, Testart J, Thebault A, et al (1982) The preovulatory follicular fluid in the human : influence of hormonal pretreatment (clomiphene-hCG) on some biochemical and biophysical variables, *Int J Fertil*, 27 : 47-51.

Mikkelsen AL, Høst E, Blaabjerg J, et al (2001) Maternal serum supplementation in culture medium benefits maturation of immature human oocytes, *Reprod Biomed Online*, 3 : 112-116.

Morgan JF, Morton HJ, Parker RC (1950) Nutrition of animal cells in tissue culture : initial studies on a synthetic medium, *Proc Soc Exp Biol Med*, 73 : 1-8.

Nakazawa T, Ohashi K, Yamada M et al. (1997) Effect of different concentrations of amino acids in human serum and follicular fluid on the development of one-cell mouse embryos in vitro, *J Reprod Fertil*, 111 : 327-332.

Ohashi K, Nakazawa T, Kawamoto A (2000) Mouse oocyte maturation and blastocyst culture in vitro in medium adjusted to human follicular fluid composition, *J Mamm Ova Res*, 17 : 42-50.

Otsuki J and Nagai Y (2007) A phase of chromosome aggregation during meiosis in human oocytes, *Reprod Biomed Online*, 15 : 191-197.

Park JI, Hong JY, Yong HY, et al (2005) High oxygen tension during in vitro oocyte maturation improves in vitro development of porcine oocytes after fertilization, *Anim Reprod Sci*, 87 : 133-141.

Potashnik G, Lunenfeld E, Levitas E, et al (1992) The relationship between endogenous oestradiol and vitamin D3 metabolites in serum and follicular fluid during ovarian stimulation for in-vitro fertilization and embryo transfer, *Hum Reprod*, 7 : 1357-1360.

Preis KA, Seidel GE Jr, Gardner DK (2007) Reduced oxygen concentration improves the developmental competence of mouse oocytes following in vitro maturation, *Mol Reprod Dev*, 74 : 893-903.

Quinn P, Kerin JF, Warnes GM (1985) Improved pregnancy rate in human in vitro fertilization with the use of a medium based on the composition of human tubal fluid, *Fertil Steril*, 44 : 493-498.

Reubinoff BE, Har-El R, Kitrossky N, et al (1996) Increased levels of redox-active iron in follicular fluid : a possible cause of free radical-mediated infertility in beta-thalassemia major, *Am J Obstet Gynecol*, 174 : 914-918.

Rose-Hellekant TA, Libersky-Williamson EA, Bavister BD (1998) Energy substrates and amino acids provided during in vitro maturation of bovine oocytes alter acquisition of developmental competence, *Zygote*, 6 : 285-294.

Schweigert FJ, Steinhagen B, Raila J, et al (2003) Concentrations of carotenoids, retinol and alpha-tocopherol in plasma and follicular fluid of women undergoing IVF, *Hum Reprod*, 18 : 1259-1264.

Shalgi R, Kraicer PF, Soferman N (1972) Gases and electrolytes of human follicular fluid, *J Reprod Fertil*, 28 : 335-340.

Shu-Chi M, Jiann-Loung H, Yu-Hung L, et al (2006) Growth and development of children conceived by invitro maturation of human oocytes, *Early Hum Dev*, 82 : 677-682.

Son WY, Lee SY, Lim JH (2005) Fertilization, cleavage and blastocyst development according to the maturation timing of oocytes in in vitro maturation cycles, *Hum Reprod*, 20 : 3204-3207.

Sun XF, Wang WH, Keefe DL (2004) Overheating is detrimental to meiotic spindles within in vitro matured human oocytes, *Zygote*, 12(1) : 65-70.

VandeVoort CA, Hung PH, Schramm RD (2007) Prevention of zona hardening in non-human primate oocytes cultured in protein-free medium, *J Med Primatol*, 36 : 10-16.

Wang WH, Meng L, Hackett RJ, et al (2001) Limited recovery of meiotic spindles in living human oocytes after cooling-rewarming observed using polarized light microscopy, *Hum Reprod*, 16 : 2374-2378.

Yoshida M, Ishigaki K, Nagai T, et al. (1993) Glutathione concentration during maturation and after fertilization in pig oocytes : relevance to the ability of oocytes to form male pronucleus, *Biol Reprod*, 49 : 89-94.

Zeilmaker GH, Verhamme CM (1974) Observations on rat oocyte maturation in vitro : morphology and energy requirements, *Biol Reprod*, 11 : 145-152.

Zhang ZG, Zhao JH, Wei ZL, et al (2007) Human umbilical cord blood serum in culture medium on oocyte maturation In vitro, *Arch Androl*, 53 : 303-307.

Zheng P, Bavister BD, Ji W (2001) Energy substrate requirement for in vitro maturation of oocytes from unstimulated adult rhesus monkeys, *Mol Reprod Dev*, 58 : 348-355.

第 XI 章

排卵

［編集担当：岡村　均］

体細胞に囲まれて，長いものでは数十年の間大切に守り育てられた卵子が，はじめて体細胞との連結を解かれて受精の場へ移動を開始する現象が排卵である．

ヒトという種では，他の大型哺乳類と同様に単胎妊娠が最も望ましい繁殖戦略であり，そのために単一排卵という機序が用意されている．卵胞期初期に準備された複数個の胞状卵胞から単一卵胞が選択される機序は，主としてFSHそしてインヒビンの分泌調節によって説明されてきたが，近年明らかになりつつあるIGF, IGFBP系を中心とした卵巣局所のparacrine因子も充分考慮されるべきものであろう．

1970年代から精力的に排卵現象についての生理学的な研究が進められ，排卵は炎症類似の現象であるとの仮説が着実に証明されてきた．2000年代に入ると分子生物学的レベルでこの仮説の更なる検証が進められている状態である．さらに，これらの新しい手法を駆使した研究から，卵子自らが卵胞発育・排卵機構をコントロールして自身を卵胞から脱出させるのではないかという卵子の能動性についての概念が出来つつあるように思える．同じく炎症類似の現象である分娩の開始が胎児由来CRHの影響下にあることを考えると，このアナロジーはますます興味深いものとなる．このような基礎知識に基づいて種々の排卵誘発のためのアジュバント療法が考案されているが，臨床効果がメタアナリシスレベルで充分に検証されているものは少なく，今後の更なる検討が必要である．

アロマターゼ阻害剤はエストロゲン受容体をブロックしないのでクロミフェンのような排卵率と妊娠率の乖離が生じにくいことが期待されている．いまのところヒト胚に対する催奇形性は否定的だが，安全性に未知の部分が多いとの理由からその使用が推奨されてはいないのが現状である．アロマターゼ欠損症の病態に関する理解はアロマターゼ阻害剤を排卵誘発に用いる上で有益な情報を提供するであろう．

［岡村　均］

XI-45

単一排卵機序

Key words
卵胞選択／FSH／インヒビン／IGF／IGFBP

はじめに

ヒトの卵子数は，胎齢20週で約700万個の極大に達した後，減少に向かい，出生時には約100万，月経を開始するころには約30万個に減少している．女性が生涯に経験する排卵は約400回であり，一つの卵子が排卵に至る間に約1,000個の卵子が卵胞とともに閉鎖していく計算になる．本節では卵胞閉鎖の最終段階ともいえる単一卵胞が選択される過程について解説する．それに先立つ卵胞閉鎖の機序についてはⅨ-37をご覧頂きたい．

1 FSH サージに依存する卵胞発育の開始

霊長類では，黄体期後期の段階で次周期に排卵する卵胞の候補となる卵胞群が準備される (Peters et al, 1978)．これはGougeonの分類におけるクラス5，すなわち直径2mmから5mmの卵胞であり，性成熟期婦人の黄体期後期には，1卵巣あたり3から11個のクラス5の卵胞が認められる (Patch et al, 1990)．IVF-ETの際にhMGを用いて刺激を行うと単一卵胞発育の軛が外れて複数の卵胞が排卵予定卵胞として発育するが，その数は，卵胞期初期にクラス5に達していた卵胞の数に概ね等しく (Testart et al, 1989)，クラス4以下の胞状卵胞が新たに卵胞発育に参加してくることはない．

排卵後の黄体から分泌されるエストロゲンによって下垂体の卵胞刺激ホルモン (FSH, follicle stimuratuing hormone) 分泌は抑制されている．妊娠が成立せずに黄体の退縮が始まるとともに血中のエストロゲン濃度が下降し始めると，下垂体へのネガティブフィードバックが弱まって下垂体からのFSH産生が増加し，消退出血 (月経) が生じる時にはFSH放出はある程度上昇している．卵胞がクラス5の段階を越えて発育するためにはエストラジオール (E2) の血中濃度が低下することが重要で，月経中もエストロゲンの徐放剤を用いている女性ではFSHの上昇が遷延することが報告されている (Buffet et al, 1998)．FSHの値がある一定の閾値を超えると顆粒膜細胞の増殖が刺激され，クラス5の段階で待機していた卵胞が発育を開始するようになる．

この卵胞期初期のFSHサージの存在は1970年にRossによってはじめて報告された (Ross et al, 1970) が，FSHの増加量はわずか30–50%であったため，当初は有意な上昇とは信じられなかった．その後後述するBrownが，FSHの血中濃度がわずか10-30%増加するだけでヒトの卵胞発育が刺激されることを確認し，閾値説を提唱するに至った．

2 FSHウィンドウ説

卵胞期にただ一つの卵胞が選択される機序として，Brownは1978年にFSHの閾値（threshold）という概念を提唱した（Brown, 1978）．その後，閾値説はFSHゲート説（Baird, 1987）あるいはFSHウィンドウ説（Fauser, Heusden, 1997）に発展し，現在に至っている．

この考え方は，卵胞発育の最終段階を開始させるためには血中のFSH濃度がある一定の閾値を越える必要があり，卵胞期初期に上昇したFSHが，この閾値を超えている間のみ卵胞発育が刺激されるとしたものである．FSHウィンドウ説は，より多くの卵胞が発育するためにはFSHの血中濃度（の最大値）を上昇させるよりも，FSHが，ある血中濃度を超えている期間を長く維持させる方が，より多くの卵子を排卵へ向かわせることができる（Schipper et al, 1998）ことを示しており，この説の正しさは，我々が日常の診療で行っているゴナドトロピンによる排卵刺激法が証明している．一方，卵胞発育開始への黄体化（黄体形成）ホルモン（LH, luteinizing hormone）の関与は動物種によって異なる．ウシでは卵胞選択の32-24時間前に血中LH濃度の上昇が始まり，約48時間持続する．FSHと同様，このLHの上昇も排卵時のLHサージに比べればわずかな上昇である．これに対してヒトでは卵胞選択と関連するようなLHの一過性上昇は観察されていない．

3 単一卵胞選択に関わる因子

単一卵胞排卵が基本となる哺乳類には，ヒトのほかにサル，ウシ，ウマが知られている．単一卵胞選択機序の研究は前述した実験動物を用いて進められてきたが，経腟超音波断層法の開発により，ヒトにおいても卵胞発育の経時的変化が容易に観察できるようになった．多くの動物種において，一側の卵巣を切除しても，さらに残存する卵巣を部分切除しても排卵数は一定であり，排卵数を規定する全身的な調節機序が想定されてきた．

(A) 内分泌因子

卵胞期初期に上昇したFSHが抑制されることにより，FSHに依存した卵胞の発育に抑制がかかり卵胞数が選択される．FSH分泌を抑制し単一排卵を制御している内分泌因子は主席卵胞（dominant follicle）から分泌されるエストラジオール（E2, estradiol）と**インヒビン**である．発育過程にある卵胞から産生されたE2とインヒビンは内分泌的に下垂体に作用してFSHの分泌を抑制するため，FSHの‘窓’が閉じるが，この時までに，少量のFSHでも発育できるだけの十分なFSH受容体（FSHR）と，FSHの作用を増幅するE2を産生する能力を獲得した卵胞だけが選択されて主席卵胞へと成長し，それ以外の卵胞は閉鎖への道をたどる．

インヒビン（inhibin）：性腺から間脳・下垂体へのフィードバックは，性腺由来のステロイドホルモンによって行われていると考えられていたが，1932年，McCullaghは，ウシ精巣抽出物の水溶性分画に，下垂体機能を抑制する非ステロイド性の物質が存在することを示した．この物質インヒビン（inhibin）が精製されるには，それから約半世紀の技術の発展を待たねばならなかった（Miyamoto et al, 1985；Robertson et al, 1985）．インヒビンの精製を行う過程で，卵胞液中には，インヒビンとは逆に，FSHの産生を促進する物質も含まれていることが判明し，アクチビン（activin）と命名された（Ling et al, 1986）．さらに翌年には，FSH分泌抑制物質であるフォリスタチンが卵胞液中より発見され（Ueno et al, 1987），ステロイドホルモン産生系の緻密な調節機構が明らかになった．

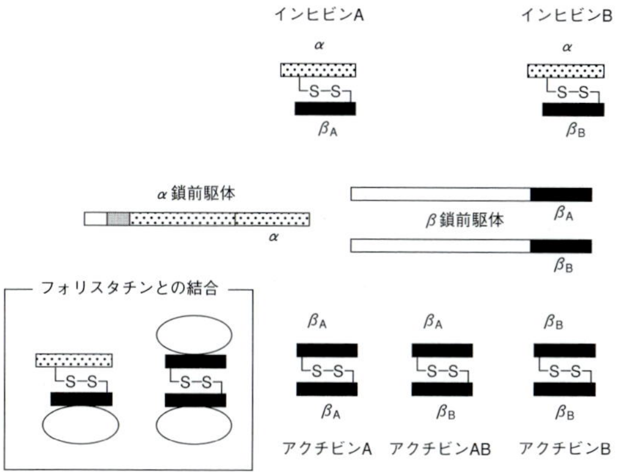

図XI-45-1．インヒビンとアクチビンの構造

(1) エストロゲン

ヒトでは，主席卵胞の直径が9 mmを超えて超音波断層法で確認できるようになったころに血中E2値の上昇が始まる．主席卵胞が産生するE2は下垂体のFSH分泌を抑制し，これよりも遅れた発育段階にある卵胞の発育は停止し閉鎖へと向かう．ヒトで卵胞期に血中E2を上昇させるとFSHの血中濃度が有意に低下する (Tsai, Yen, 1971) こと，またアカゲザルに抗エストロゲン抗体を投与すると血中FSH値が上昇し多排卵が惹起される (Zeleznik et al, 1987) ことが示されている．閉鎖へ向かう卵胞であっても卵子自体の質には問題がなく，FSHを補充して卵胞発育が再開すれば，主席卵胞になる運命にあった卵胞の卵子と同様の受精能を獲得することは，我々が臨床で経験している通りである．

(2) インヒビン

インヒビンは，二つの異なったサブユニットα，βよりなるヘテロ二量体の糖タンパクでTGFβスーパーファミリーに属する．インヒビンのβ鎖にはβA鎖とβB鎖があり，α-βA，α-βB鎖で構成される2種類のインヒビン（インヒビンA，インヒビンB）が存在する（図XI-45-1）．ヒトのα，βA，βBサブユニットの遺伝子は，それぞれ染色体の2q33，7p15，2centの3ヶ所に別々に存在し，いずれも二つのエクソンより構成されている．ブタ卵胞液から得られるインヒビンAとインヒビンBの生物学的活性は同等であるが，ヒトのインヒビンAとBの血中濃度は，月経周期に伴って異なったパターンを呈しており (Groome et al, 1996)，この二者は異なった生理学的意義を持っていると考えられる．

インヒビンは卵巣の顆粒膜細胞や黄体から分泌され，E2とともに中枢に作用してゴナドトロピンを抑制する．インヒビンに対する抗血清をウシに投与すると血中FSH値が上昇し排卵数が増加することが知られており，多排卵動物であるブタでも同様の結果が得られる (Ginther, 2000)．インヒビンとE2が下垂体からのFSH分泌を抑制する役割がある程度分担されていることがわかっており，ウマでは，FSHが下降を始める最初の2日間はインヒビンに依存したFSH分泌抑制であるという (Ginther et al, 2001)．

(3) FSH/FSH受容体

ヒトFSH受容体は，678個のアミノ酸より構成される分子量75.5kDaの糖タンパクで，遺伝子は2番染色体（2p21）に10個のエクソンとしてコードされている．FSH受容体はFSHの作用を受けてcAMPKA（Aキナーゼ）を活性化し，顆粒膜細胞の増殖，およびE2の産生を促進する．FSH受容体は卵巣顆粒膜細胞に発現しているが，卵胞発育の初期から発現しているわけではない．原始卵胞から，顆粒膜細胞が約3層に発育するまでは，FSH受容体は顆粒膜細胞に発現しておらず，顆粒膜細胞はFSH非依存性に増殖する．

1995年にフィンランドでFSH受容体の異常による早発卵巣不全の症例が報告された（Aittomäki et al, 1995）．この異常は常染色体劣性の遺伝様式をとり，内分泌学的には高ゴナドトロピン・低エストロゲン性の原発無月経であった．本症の患者ではFSH受容体遺伝子のexon7に変異（C566T）が起きた結果，ホモ接合体ではFSH受容体が不活化されて卵巣機能不全をきたす（Tapanainen et al, 1998）．この報告を受けて，各国で早発閉経患者におけるFSH受容体の遺伝子配列が調べられた結果，フィンランド型以外の突然変異がいくつか発見され，FSH受容体には機能喪失変異（inactive mutation）ばかりでなく機能獲得変異（active mutation）やさまざまな一塩基多型（SNPs, single nucleotide polymorphism）があることがわかってきた．

FSH受容体の作用を高める遺伝子変異があれば多胎妊娠が生じやすいことは容易に想像できる．2組のDD双胎を出産し，また双胎出産の家族歴があった26歳の女性にFSH受容体の変異が見られたことが報告された（Al-Hendy et al, 2000）が，その後，これはコーカサス人種にはありふれた変異であり，*in vitro*の検討でFSH受容体の活性に影響しない変異であることが示された．また家族性にOHSS（卵巣過剰刺激症候群）が見られた家系におけるFSH受容体遺伝子のT499I変異が報告されたが，これは変異FSH受容体へのLH/CG結合能が高まった結果OHSSが生じやすくなったものであった．多排卵に関連するFSH受容体遺伝子のSNPsを見つける試みは今のところ成功していない（Montgomery et al, 2001）．

(B) 局所作用因子

卵胞発育は，FSHによる刺激とともに，卵子とその周囲環境との局所的相互作用による調節を受けている．GDF-9，骨形成因子（BMP, bone morphogenetic protein）など，TGFβスーパーファミリーに属する一連の因子が卵子あるいは初期の莢膜細胞から分泌されて，顆粒膜細胞の増殖・分化を調節している．これに加えて，顆粒膜細胞や卵胞のマクロファージなどから産生される因子が卵胞局所で協調的に作用している．

分子生物学の進歩とともにヒトにおける卵巣局所因子の異常症も少しずつ明らかになってきている（Di Pasquale et al, 2004）．このような卵巣局所因子はcyclicなFSH作用が影響しない時期の初期卵胞発育に重要な役割を果たしているばかりでなく，卵胞選択機構にも重要な役割を果たしていることが明らかになってきた．Fortuneは，卵胞発育を制御する局所因子の役割として，(1)それぞれの原始卵胞が一次卵胞への発育を開始するシグナル，(2)卵子と卵子周囲環境，特に顆粒膜細胞とのクロストーク，そして(3)卵胞選択の三つをあげている（Fortune et al, 2004）．

単一卵胞選択は，前述したE2とインヒビンという内分泌因子の作用として説明されてきたが，最も速く成長する卵胞が他の卵胞の発育を抑制する局所因子を放出すれば，より効果的に単一卵胞発育を達成することができる．単一卵胞発育を制御する局所因子としてインスリン様成長因子系が注目されている（Giudice et al,

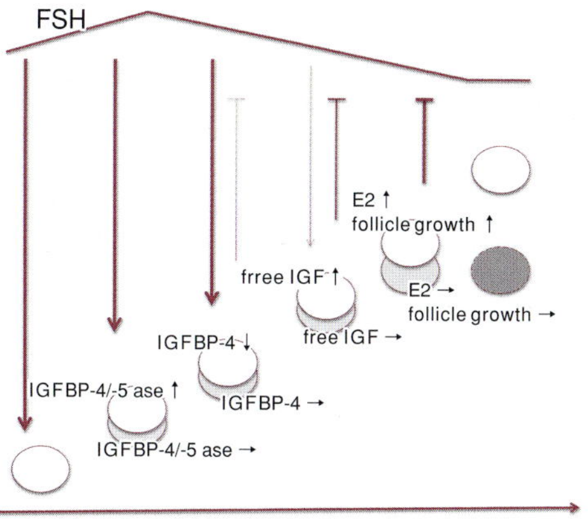

図XI-45-2．単一卵胞排卵動物における局所因子と卵胞選択機序

1992）．

・インスリン様成長因子（IGFs）

卵巣は，子宮や肝臓に次いで**インスリン様成長因子**（IGFs, insulin-like growth factors）を強く発現している臓器である．*IGF-I* 欠損マウスでは，卵巣の低形成が見られ，卵胞の発育は胞状卵胞の段階にとどまる（Baker et al, 1996）．IGF は FSH の作用を増強することにより顆粒膜細胞の増殖およびエストロゲン産生を刺激する（Olsson et al, 1990 ; Di Blasio et al, 1998）．この作用は卵巣顆粒膜および莢膜細胞が産生する IGF 結合タンパク（IGFBPs, IGF-binding proteins）によって阻害され（Armstrong, 1998），さらに IGFBP 分解酵素（IGFBP ase）が IGFBPs を分解することによって IGFBPs の阻害効果が減弱する．顆粒膜細胞に LH 受容体が発現すると，IGF-I は LH の刺激による莢膜細胞のアンドロゲン産生を刺激する（Bergh et al, 1993）．

主席卵胞の卵胞液にはそれ以外の卵胞に比べて高濃度の E2が存在するのが特徴だが，ウマでは卵胞液中の総 IGF 量に差はないとされる（Stewart et al, 1996）．一方 IGFBPs の中でも比較的分子量の小さな IGFBP-2，-4，-5 は主席卵胞にほとんど存在しないのに対し，その周囲の卵胞には高い濃度で認められ（Poretsky et al, 1999），卵胞液中の E2値と負の相関を示す．この傾向は互いの卵胞径にほとんど差のない卵胞期初期の段階ですでに現れている（Rivera, Fortune, 2001）．

低分子 IGFBP の中でも IGFBP-2 の量はタンパク合成過程が規定している（Armstrong, 1998）のに対し，IGFBP-4 は分解過程によって調節されている（Spicer, 2004）．ヒトを含む多くの大型哺乳類の卵胞液中に IGFBP-4 分解酵素活性が認められており，特にヒト IGFBP-4 ase はそれまで妊娠関連血漿タンパク質（PAPP-A, pregnancy associated plasma protein-A）として知られていたタンパク（Lin et al, 1974）と同一であった（Conover et al, 1999）．IGFBP-4 ase / PAPP-A の発現は FSH によって刺激されるが，主席卵胞に発育する運命にある卵胞では卵胞期初期の段階で IGFBP-4 ase の活性が有意に高まっている（Rivera, Fortune, 2001）．さらに主席卵胞の卵胞液中には IGFBP-5 ase 活性も見つかっており，IGFBP-4 ase と類似した作用を及ぼすことが示唆されている（Rivera, Fortune, 2001）．

つまり，卵胞期初期の FSH サージはクラス 5 卵胞群の中のある特定の卵胞に強く作用して IGFBP-4（/-5）ase の発現を惹起し，これが卵胞液中の IGFBP-4 濃度を低下させて遊離型

インスリン様成長因子（IGFs, insulin-like growth factors）：IGFs は，インスリンに類似した生物活性を発揮する成長因子である．IGF は単鎖のポリペプチドで，IGF-I と IGF-II の 2 種類が知られている．ヒト IGF-I は12q22-24.1，IGF-II は11p15.5にコードされている．IGF-I，IGF-II それぞれに選択的な受容体が知られており，IGF-I 受容体（type 1）がインスリン受容体と類似した構造を持ち，インスリンと結合することができるのに対して IGF-II 受容体（type 2）は単鎖の糖タンパクで細胞内に G タンパク質結合部位を持ち，インスリンとは結合しない．さらに IGF 系は 6 種類の IGF 結合タンパク（IGFBPs, IGF-binding proteins）と IGFBP 分解酵素（IGFBPase）によって調節を受けている．

IGFの濃度を維持し，FSHの作用を増強させる．FSHの刺激によって産生されたE2が内分泌因子として視床下部・下垂体に作用し，FSHの分泌を抑制するのは前述した通りで，この段階でFSHが低下してもなお発育を続けることのできる卵胞が主席卵胞への道をたどることになる（図XI-45-2）．

まとめ

単一卵胞選択は，主としてE2とインヒビンによるFSHウィンドウの調節によってなされているが，その影響下にある卵胞における局所的なクロストークも関係している．FSH刺激によって同時に発育を始めた卵胞間の競争に勝利した卵胞が主席卵胞へと発育するように思われていたが，実はFSHのサージが起きた時点で卵胞内のIGF系に差は生じており，FSHの刺激を受けて同様の発育を示す卵胞群の間ですでに運命は決まっていることになる．IGFs以外にも未知の局所因子が作用していることが示されており（DiZerega et al, 1981），特に卵胞期初期の段階でFSHによる卵胞内のIGFBP-4 ase発現を制御している因子については今後の研究の課題であろう．

単一卵胞選択に敗れた卵胞も，十分なFSHさえ供給されれば発育を続け妊孕性に遜色のない卵子を排卵することができる．過排卵刺激にGnRHアナログを用いると卵胞内のIGF系の環境が変化するが，卵子の妊孕性には影響しないことが示されている（Choi et al, 2006）．ヒトにおいては，単一卵胞選択機構は卵子の選択までは行わないようである．

（大場　隆・岡村　均）

引用文献

Aittomäki K, Lucena JL, Pakarinen P, et al (1995) Mutation in the follicle-stimulating hormone receptor gene causes hereditary hypergonadotropic ovarian failure, *Cell*, 82 ; 959-968.

Al-Hendy A, Moshynska O, Saxena A, et al (2000) Association between mutations of the follicle-stimulating-hormone receptor and repeated twinning, *Lancet*, 356 ; 914.

Armstrong DG, Baxter G, Gutierrez CG, et al (1998) Insulin-like growth factor binding protein-2 and -4 messenger ribonucleic acid expression in bovine ovarian follicles : effect of gonadotropins and developmental status, *Endocrinology,* 139 ; 2146-2154.

Baird DT (1987) A model for follicular selection and ovulation : lessons from super ovulation, *J Steroid Biochem*, 27 ; 15-23.

Baker J, Hardy MP, Zhou J, et al (1996) Effects of an Igfl null mutation on mouse reproduction, *Mol Endocrinol*, 10 ; 903-918.

Bergh C, Carlsson B, Olsson JH, et al (1993) Regulation of androgen production in cultured human thecal cells by insulin-like growth factor 1 and insulin, *Fertil Steril*, 59 ; 323-331.

Brown JB (1978) Pituitary control of ovarian function : concepts derived from gonadotropin therapy, *Aust N Z J Obstet Gynaecol*, 18 ; 47-54.

Buffet NC, Djakoure C, Maitre SC, et al (1998) Regulation of human menstrual cycle, *Frontiers Neuroendocrinol*, 19 ; 151-186.

Choi YS, Ku SY, Jee BC, et al (2006) Comparison of follicular fluid IGF-I, IGF-II, IGFBP-3, IGFBP-4 and PAPP-A concentrations and their ratios between GnRH agonist and GnRH antagonist protocols for controlled ovarian stimulation in IVF-embryo transfer patients, *Hum Reprod*, 21 ; 2015-2021.

Conover AC, Oxvig C, Overgaard MT, et al (1999) Evidence that the insulin-like growth factor binding protein-4 protease in human ovarian follicular fluid is pregnancy associated plasma protein-A, *J Clin Endocrinol Metab*, 84 ; 4742-4745.

Di Blasio AM, Vigano P, Ferrari A (1994) Insulin-like growth factor II stimulates human granulosa-luteal cell proliferation *in vitro, Fertil Steril*, 61 ; 483-487.

Di Pasquale E, Beck-Peccoz P, Persani L (2004) Hypergonadotropic ovarian failure associated with an inherited mutation of human bone morphogenetic protein-15 (BMP15) gene, *Am J Hum Genet*, 75 ; 106-111.

DiZerega GS, Turner CK, Stouffer RL, et al (1981) Suppression of follicle-stimulating hormone-dependent folliculogenesis during the primate ovarian cycle, *J Clin Endocrinol Metab*, 52 ; 451-456.

Fauser BCJM, Heusden AMV (1997) Manipulation of human ovarian function : physiological concepts and clinical concequences, *Endocr Rev*, 18 ; 71-106.

Fortune JE, Rivera GM, Yang MY (2004) Follicular development : the role of the follicular microenvironment in selection of the dominant follicle, *Anim Reprod Sci*, 82-83 ; 109-126.

Ginther OJ (2000) Selection of the dominant follicle in cattle and horses, *Anim Reprod Sci*, 60-61 ; 61-79.

Ginther OJ, Beg MA, Bergfelt DR, et al (2001) Follicle Selection in Monovular Species, *Biol Reprod*, 65 ; 638-647.

Giudice LC (1992) Insulin-like growth factors and ovarian follicular development, *Endocr Rev*, 13 ; 641-669.

Groome NP, Illingworth PJ, O'Brien M, et al (1996) Measurement of dimeric inhibin B throughout the human menstrual cycle, J Clin Endocrinol Metab, 81 ; 1401-1405.

Lin TM, Galbert SP, Kiefer D, et al (1974) Characterization of four human pregnancy associated plasma proteins, *Am J Obstet Gynecol*, 118 ; 223-236.

Ling N, Ying SY, Ueno N, et al (1986) Pituitary FSH is released by a heterodimer of the beta-subunits from the two forms of inhibin, *Nature*, 321 ; 779-782.

Miyamoto K, Hasegawa Y, Fukuda M, et al (1985) Isolation of porcine follicular fluid inhibin of 32K daltons, *Biochem Biophys Res Commun*, 129 ; 396-403.

Montgomery GW, Duffy DL, Hall J, et al (2001) Mutations in the follicle-stimulating hormone receptor and familial dizygotic twinning, *Lancet*, 357 ; 773-774.

Olsson JH, Carlsson B, Hillensjö T (1990) Effect of insulin-like growth factor I on deoxyribonucleic acid synthesis in cultured human granulosa cells, *Fertil Steril*, 154 ; 1052-1057.

Pache TD, Wladimiroff JW, de Jong FH, et al. (1990) Growth patterns of non dominant ovarian follicles during the normal menstrual cycle, *Fertil Steril*, 54 ; 638-642.

Peters H, Byskov AG, Grinsted J (1978) Follicular growth in fetal and prepubertal ovaries of humans and other primates. *Clin Endocrinol Metab*, 7 ; 469-485.

Poretsky L, Cataldo NA, Rosenwaks Z, et al (1999) The insulin-related ovarian regulatory system in health and disease, *Endocr Rev*, 20 ; 535-582.

Rivera GM, Fortune JE (2001) Development of codominant follicles in cattle is associated with a follicle-stimulating hormone-dependent insulin-like growth factor binding protein-4 protease, *Biol Reprod*, 65 ; 112-118.

Robertson DM, Foulds LM, Leversha L, et al (1985) Isolation of inhibin from bovine follicular fluid, *Biochem Biophys Res Commun*, 126 ; 220-226.

Ross GT, Cargille CM, Lipsett MB, et al (1970) Pituitary and gonadal hormones in women during spontaneous and induced ovulatory cycles, *Recent Prog Horm Res*, 26 ; 1-62.

Schipper I, Hop WC, Fauser BC (1998) The follicle-stimulating hormone (FSH) threshold/window concept examined by different interventions with exogenous FSH during the follicular phase of the normal menstrual cycle : duration, rather than magnitude, of FSH increase affects follicle development, *J Clin Endocrinol Metab*, 83 ; 1292-1298.

Spicer LJ (2004) Proteolytic degradation of insulin-like growth factor binding proteins by ovarian follicles : a control mechanism for selection of dominant follicles, *Biol Reprod*, 70 ; 1223-1230.

Stewart RE, Spicer LJ, Hamilton TD, et al (1996) Levels of insulin-like growth factor (IGF) binding proteins, luteinizing hormone and IGF-I receptors, and steroids in dominant follicles during the first follicular wave in cattle exhibiting regular estrous cycles, *Endocrinology*, 137 ; 2842-2850.

Tapanainen J, Vaskivuo T, Aittomäki K, et al (1998) Inactivating FSH receptor mutations and gonadal dysfunction, *Mol Cell Endocrinol*, 145 ; 129-135.

Testart J, Belaisch-Allart J, Forman R, et al (1989) Influence of different stimulation treatments on oocyte characteristics and *in-vitro* fertilizing ability, *Hum Reprod*, 4 ; 192-197.

Tsai CC, Yen SS (1971) The effect of ethinyl estradiol administration during early follicular phase of the cycle on the gonadotropin levels and ovarian function, *J Clin Endocrinol Metab*, 33 ; 917-923.

Ueno N, Ling N, Ying SY et al (1987) Isolation and partial characterization of follistatin : a single-chain Mr 35,000 monomeric protein that inhibits the release of follicle-stimulating hormone, *Proc Natl Acad Sci USA*, 84 : 8282-8286.

Zeleznik AJ, Hutchinson JS, Schuler HM. (1987) Passive immunization with anti- oestradiol antibodies during the luteal phase of the menstrual cycle potentiates the perimenstrual rise in serum gonadotrophin concentrations and stimulates follicular growth in the cynomolgus monkey, *J Reprod Fertil*, 80 ; 403-410.

XI-46

卵胞破裂機序

Key words
炎症／卵丘細胞・卵子複合体／プロゲステロン／LH サージ

はじめに

排卵は，顆粒膜細胞・莢膜細胞などの卵胞構成細胞の形態学的成熟に伴う生化学的変化，卵子の減数分裂の再開と進行，卵丘細胞・卵子複合体（COC, Cumulus Oocyte Complex）の遊離，卵胞壁頂部結合組織の融解・菲薄化に伴う卵胞の破裂，成熟卵の放出，黄体化に至る一連の現象である．

排卵現象とは炎症類似の現象である，とする仮説（Espey, 1980 ; 1994）が提唱されて以来，この仮説は生化学的，形態学的に立証されてきた．排卵は，卵胞が十分に成熟した段階で起こる下垂体からのLH大量放出（LH サージ）が引き金となり，顆粒膜細胞・莢膜細胞，卵丘細胞そして卵子のそれぞれで，お互いに非常に緻密な信号のクロストークを経て排卵に至ると考えられる．本節では，まず排卵現象における生化学的形態学的調節機構（田中ら, 1998）について概説し，次に最近明らかになってきた分子生物学的知見について述べる．

1 形態学的知見

LH サージを契機として卵胞壁を構成する内莢膜細胞層では血管網の増大とその透過性亢進が起こり，卵胞は急激に増大する．同時に，プロスタグランジン（PG），プロゲステロン，サイトカインなどの作用により，コラゲナーゼが産生され卵胞壁頂部ではコラーゲンの融解・菲薄化が起こるとともに血栓が形成される．一方，卵巣の平滑筋は卵胞壁，特にその基底部に多く存在し，卵胞が成熟するにつれて発達してくる．自律神経線維は成熟卵胞の平滑筋細胞の深部にまで到達しており，α 受容体は平滑筋の収縮に，$\beta 2$受容体は弛緩に関与している．ウサギ卵巣灌流系にノルアドレナリン，PGF2α，ヒスタミンを投与すると卵胞壁基底部では平滑筋が収縮し，内圧を菲薄化した卵胞壁頂部に向けることによって卵胞は破裂し，COC が放出される．

2 生化学的知見

炎症とは，発赤，腫脹，発熱，疼痛の 4 徴からなると定義され（Rubor et tumor cum calore et dolor.-Cornelius Celsus），排卵の過程でみられる血管拡張，充血，滲出，浮腫，コラーゲン分解，細胞増殖，組織再構築はすべて炎症類似の反応である．1980年代から1990年代にかけて，炎症関連物質であるブラディキニン，ヒスタミン，血小板活性化因子(PAF, platelet activating factor)，PG，リポキシゲナーゼ，サイトカイン等の解析により，研究が進められた．以下に個々の因子について概説する．

(A) プロスタグランジン

PGは，アラキドン酸から作られる生理活性物質であり，血管透過性亢進作用，プラスミノーゲンアクチベーター，コラゲナーゼ，カリクレインの活性化作用を有し，卵胞破裂過程において中心的な役割を演じていると考えられている．PGの合成経路は，アラキドン酸からシクロオキシゲナーゼによりプロスタグランジン環状ペルオキシドが産生され，PGE2，PGF2α，トロンボキサン（TX）A2，プロスタサイクリン（PGI2）が合成される系と，アラキドン酸からリポキシゲナーゼによりヒドロペルオキシ酸を経て，ヒドロキシ酸，ロイコトリエンが合成される系の大きく二つに分かれる．

ウサギ卵巣灌流系ではゴナドトロピン投与後4時間よりPGE2，PGF2αの産生が増加し，PGE2は12時間まで直線的に増加するがPGF2αは排卵直前の8時間前後でピークとなる．この実験系で卵巣より分泌される主なPGは，PGI2の代謝産物である6-keto-PGF1αであり，PGI2をこの系の卵巣に投与すると排卵が誘起され，また毛細血管の拡張み，血管透過性亢進など卵胞血管構築の変化が見られることから，PGI2は卵巣での血流変化に大きく関与していると考えられる．

リポキシゲナーゼ系代謝産物の排卵への関与も報告されている．リポキシゲナーゼ阻害剤であるNDGA(nordihydroguaiatretic acid)，esculetin，カフェイン酸（caffeicacid）などを投与することで，動物では排卵を抑制することが可能である．また，リポキシゲナーゼ系プロスタグランジンであるロイコトリエンB4は，排卵期に卵胞内濃度が増加する．ロイコトリエンB4や15－ヒドロキシ酸には強い白血球遊走能および血管透過性亢進作用があり，一種の炎症反応であるといわれる排卵に関与している可能性が高い．

(B) プロゲステロン

プロゲステロンは，LHサージの後に黄体化顆粒膜細胞でコレステロールを基質とし産生されるステロイドホルモンである．ラット卵巣灌流系では，エストラジオール（E2）とテストステロンがhCG投与後2時間にピークを迎え，その後は減少するのに対して，プロゲステロンはhCG投与の2時間後より上昇を開始して8時間でピークを迎え，12時間後には減少傾向を示す．ラットにプロゲステロン合成のkey enzymeである3 beta-hydroxysteroid dehydrogenaseの阻害剤であるepostaneを投与すると，排卵は抑制される．また，抗プロゲステロン血清によっても排卵抑制が起こるが，これらはプロゲステロン投与にて回復する．さらにプロゲステロン受容体拮抗物質であるRU486を過排卵処理した未熟ラットに投与すると，プロゲステロン濃度には変化を起こさずにコラーゲン分解酵素活性および排卵が有意に抑制された．

(C) 卵巣内線溶系

排卵の最終段階である卵胞壁頂部組織の離開とそれに引き続いて起こるCOCの排出機構に

ついては，プラスミノーゲンアクチベーターをはじめとする卵巣内線溶系やコラーゲン分解酵素，いわゆる排卵酵素の活性化を介して，卵胞壁結合組織の融解が起こり，排卵に至ると考えられている．

卵巣内にはプラスミノーゲンやプラスミノーゲンアクチベーターが存在し，過排卵ラットでは排卵期に一致した血中プラスミノーゲンアクチベーター活性の上昇がみられることから，排卵の過程において卵胞壁中のプラスミノーゲンアクチベーター産生は高まっていると考えられる．ウサギ卵巣灌流系にゴナドトロピンを投与すると成熟卵胞内のプラスミン活性は二峰性の変動を示す．

(D) コラゲナーゼ

ゴナドトロピン刺激により卵巣内で増加したプラスミンはさらにコラゲナーゼの活性化を促進し，卵胞壁のコラーゲンすなわち結合組織を分解する．過排卵刺激ラットにおいてRU486投与によりコラゲナーゼ活性の上昇が抑制され，プロゲステロンの併用投与によりこれが回復することから，コラゲナーゼ活性の調節にはプロゲステロンが重要な役割を果たしていると考えられる．コラゲナーゼの局在に関しては，免疫組織化学的にウサギ卵胞でproMMP（pro matrix metalloproteinases）-1の発現の経時的変化をみた報告がある．

(E) キニン，カリクレイン

血漿キニンは急性炎症，ショック，アナフィラキシーの際に増加する生理活性物質であり，コラゲナーゼやプラスミノーゲンアクチベーターなどとともに結合組織のタンパク質分解酵素として，他方ではその向血管作用を介して排卵機構に関与していると考えられている．局所の血管拡張・血管透過性亢進や，ホスホリパーゼA2の活性化とプロスタグランジン合成に関与しているカリクレインは，eCG前処置した未熟ラットにhCGを投与すると急増して12時間後にピークに達し，この増加は24時間まで維持される．このカリクレイン活性の上昇は，インドメタシンを前投与すると有意に抑制されることより，プロスタグランジンに依存していると考えられる．

(F) サイトカイン

排卵に関わるサイトカインには，ラット卵巣の灌流系において排卵刺激に反応してインターロイキン（IL, interleukin）-1β，IL-6，顆粒球単球コロニー刺激因子（GM-CSF），腫瘍壊死因子（TNF, tumor necrosis factor）-αなどが分泌されることから，卵胞に存在するマクロファージをはじめとした免疫担当細胞の排卵への関与が示唆された．

ヒト排卵前成熟卵胞液中には大量のIL-1βの存在が認められており，ラット卵巣灌流系においてゴナドトロピンによる排卵誘発に際してIL-1βを同時に投与するとプロゲステロンとPGF2αの産生が亢進し，排卵自体も促進されることから，排卵過程に密接な関わりがあると推測される．IL-1βはPG産生亢進，血管透過性亢進，コラゲナーゼ活性化作用を有し，炎症反応の媒体としての生理作用を有していることから，これらの作用を介して排卵過程を調節していると考えられる．TNF-αもヒト成熟卵胞液中に含まれることから，排卵との関係が推測される．好中球の化学遊走因子として知られるIL-8は，ウサギ排卵モデルでhCG投与後に増加し，4時間目にピークに達する．ラット排卵*in vivo*モデルにおいて，マクロファージコロニー刺激因子（M-CSF, macrophage colony-stimulating factor）を投与すると用量依存的に排卵数が増加し，抗M-CSF抗体投与で排卵が抑制される．また正常なM-CSF発現を欠き，臓器中のマクロファージ数が減少している大理石病マウスでは，排卵率の低下がみられ，M-CSF投与により排卵率の回復がみられる．ヒトの体外受精においても，正ゴナドトロピン性のpoor responderの中で血中M-CSFが低値の症例では，M-CSF投与により採卵数の増加がみられる（Takasaki et al, 2008）．

(G) プロラクチン

高プロラクチン血症では，プロラクチンが視床下部や下垂体に作用してゴナドトロピン産生・分泌を抑制することが知られているが，プロラクチンとその受容体は顆粒膜細胞や卵子に存在し，排卵や卵子成熟への作用があると考えられている．神野らはhMGによる排卵誘発の補助療法として，ブロモクリプチンリバウンド療法を考案した（Jinno et al, 1997）．体外受精の卵胞刺激に際して，ブロモクリプチン中止後のリバウンド現象によってhMG投与中のプロラクチンレベルが軽度上昇することを期待するものである．

(H) 成長ホルモン（GH），インスリン様増殖因子－1（IGF-1）

GH分泌不全患者では思春期発育が遅延し，GH投与によりこれが改善することや，無排卵患者ではGH分泌が低下していることから，GHの卵巣機能への関与が示唆される．IGF-IはGHの作用を媒介する増殖因子であり，ウサギ卵巣灌流系の実験からはIGF-I投与により卵巣内アンジオテンシンII産生を介してPG産生と排卵に促進的に働くと考えられている．

(I) 活性酸素

活性酸素は酸素を利用する生物にとって避けられない毒性物質であり，その消去機構としてSOD（superoxide dismutase）をはじめとする抗酸化酵素が広く体内に分布している．ウサギ卵巣灌流系においてSODを投与すると，ゴナドトロピン投与により惹起される血管透過性亢進の抑制により排卵が抑制されることや，活性酸素がPG生合成系で発生するのみならず，それ自体がホスホリパーゼA2の活性化を介してアラキドン酸の遊離を促進することから，卵胞破裂に関係していると考えられている．

3 分子生物学的知見

これまでの生化学的検討で確立された実験系を用いて，排卵過程の卵巣における遺伝子発現の解析が行われるようになった．用いられた手法の主なものにラットを用いたDifferential display法や，マウスを用いたMicroarray法がある．これらの手法により得られた遺伝子群について，遺伝子欠損マウスの解析をも加えることにより，個々の遺伝子の役割が明らかになりつつある（Russell, Robker, 2007）．これらの遺伝子を，卵胞を構成する組織別に解説する．

(A) 顆粒膜細胞・莢膜細胞において発現する遺伝子群

生化学的解析で明らかとなったように，一連の排卵現象は炎症反応に類似しており，LHの作用により，プロスタグランジン，ヒスタミン，ロイコトリエンが産生され，これが内莢膜細胞層における血管網の増大と透過性亢進を促し，卵胞径は急速に増大する（Espey, 1980）．

遺伝子発現でも同様である．すなわちLHが顆粒膜細胞に存在するLH受容体に結合することにより，アデニールシクラーゼ(adenyl cyclase)を活性化しcAMPの増加とともに*PKA*が活性化される．*PKA*の下流では，CREB(cAMP regulatory element-binding protein)やSp1/3（stimulatory proteins 1/3）がリン酸化され，Sp1/3がプロゲステロン受容体(PR)のプロモーター領域のGC boxに結合することで転写因子であるPRの発現が誘導される．PRとともにRIP140（receptor interacting protein 140），EGR-1（Early Growth Response Protein-1），C/EBPbeta（CCAAT/enhancer-binding protein beta）といった他の転写調節因子が遺伝子発現に関与する．

これらの転写因子については遺伝子欠損マウスモデルが作成され，排卵への寄与について検討がなされている．*PR*欠損マウスでは，排卵は認められず，子宮の過形成と炎症が観察された（Lydon et al, 1995）．正常の卵胞発育と黄体形成がみられるものの，排卵は完全に抑制される（Lydon et al, 1996；Robker et al, 2000）．RIP140は排卵直前の卵胞の顆粒膜細胞に発現しており，LHサージとともに発現が低下する（White et al, 2000）．*RIP 140*欠損マウスでは，正常な卵胞発育と黄体化はみられるものの，排卵に必要な顆粒膜細胞と卵丘細胞における遺伝子発現が誘導されないために排卵が完全にブロックされる（Tullet et al, 2005；White et al, 2000）．EGR-1は，炎症反応や血管透過性亢進，凝固といった組織障害に関連する遺伝子発現の鍵となるzink-finger転写因子であり，IL-1βやTNFαといったproinflammatory cytokinesの産生に関与する（Espey et al, 2000a；Yan et al, 2000）．*EGR-1*欠損マウスでは，下垂体における*LHβ*の遺伝子発現が阻害されるためにLHの分泌がみられず不妊となる（Lee et al, 1996；Topilko et al, 1998）．C/EBPβ欠損マウスでは黄体形成が完全に欠如しており，過排卵刺激によってもわずかな数の排卵しか認められず，卵子が卵胞内にとどまる（Sterneck et al, 1997）．また*C/EBPβ*が*StAR*（steroidogenic acute regulatory protein）遺伝子発現を調節していることからも（Christenson et al, 1999），ステロイドホルモン産生の場である黄体が形成されないことが説明される．

このほか顆粒膜細胞に発現する遺伝子には，前述の転写因子や転写調節因子に加え，シクロオキシゲナーゼ（COX, cyclooxygenase）-2，EGF superfamilyに属するEGF様リガンド（EGF like ligand）であるEpiregulin, Amphiregulin, Betacellulin，またプロスタグランジン(PG，主にPGE2）等がある．

一方*PR*欠損マウスの解析から，PRの発現に依存して排卵に必要な遺伝子が*ADAMTS-1*（A Disintegrin and Metalloproteinase with Thrombospondin motifs-1）と *cathepsin-L* であることが示された（Robker et al, 2000）．Cathepsin-L は Type-I, IV コラーゲン，フィブロネクチン，ラミニンを分解する．

COX-2 はアラキドン酸からのプロスタグランジン合成に必須の酵素であるが，*COX-2* 欠損マウスでは，排卵が認められず（Morham et al, 1995），このマウスに PGE2と IL-1β を投与することで排卵が回復することが示された（Davis et al, 1999）．EGF 様リガンドである Epiregulin, Amphiregulin, Betacellulin は，LH サージの後きわめて早期に顆粒膜細胞で発現産生され，卵丘細胞の受容体を介して COC 膨潤化に働く（Park et al, 2004）．これらそれぞれの欠損マウスは不妊でないことから，機能の重複があると考えられている（Luetteke et al, 1999, Lee et al, 2004）．PGE2の受容体の一つである *EP2* の欠損マウスは妊娠し，子マウスを分娩するもののその大きさは小さく，排卵数の低下と受精率の低下がみられた（Hizaki et al, 1999）．

排卵に関与する MMP（matrix metalloproteinases）には，MMP-2（Rusell et al, 1995 ; Curry et al, 2001），MMP-9（Hagglund et al, 1999 ; Robker et al, 2000），ADAMTS-1（Espey et al, 2000b），MMP-1（Stouffer, Duffy, 2003）が報告されているが，互いに機能の重複があると考えられ，単独の *MMP* 欠損マウスで排卵が阻害されるという報告はない．

以上のことより，LH サージに伴って起こる一連の遺伝子発現のカスケードはいずれも排卵にとって重要であるが，中でも PR はその中心的な役割を演じていると考えられる．

(B) 卵丘細胞において発現する遺伝子群

LH サージが顆粒膜細胞の LH 受容体と結合することにより，発現・産生される IL-1 や EGF 様リガンドが卵丘細胞に伝達されると，それぞれ IL-1 受容体（IL-1R）や EGF 受容体（EGFR）を介した信号伝達が行われる（Park et al, 2004）．それらにより発現が認められる遺伝子群に，HAS-2，TNFIP-6（TSG-6），PTX-3（Pentraxin-3），ADAMTS-1，Versican があげられる．これらはいずれも COC を構成するヒアルロン酸（HA）の骨格となる因子である．

HAS-2 は HA の合成を行う酵素であり，COC の膨潤化に必須である．

COX-2 はプロスタグランジン産生を制御する酵素であり，顆粒膜細胞と COC 双方で発現が認められるが，COC における発現がより強く，長期に及んでいる（Elvin et al, 1999 ; Joyce et al, 2001 ; Segi et al, 2003）．*COX-2* 欠損マウスや PGE2受容体 EP2の欠損マウスでは，COC の膨潤化が見られず排卵が障害されている（Davis et al, 1999 ; Hizaki et al, 1999）．

TSG-6 欠損マウスでは，HA は卵丘細胞で産生されるものの，架橋されないことから構造が不安定であり，結果 COC の膨潤化が見られなくなる（Fulop et al, 2003）．また血中より供給される IαI（Inter-alpha-trypsin inhibitor）の欠如でも同様のことが観察される．

PTX-3 欠損マウスでは，COC の膨潤化はみられるものの，卵丘細胞の配置が均一ではなく，排卵は認められるが COC の分解が早いため受精が阻害される（Varani et al, 2002 ; Salustri et al, 2004）．

細胞外マトリックスプロテアーゼである

ADAMTS-1の欠損マウスは，排卵数が正常の約3分の1に減少し，排卵されない卵子の成熟はみられるものの，卵胞内にとどまっていた（Shindo et al, 2000 ; Mittaz et al, 2004）．ADAMTSファミリーの中では，ADAMTS-4がLHサージにより顆粒膜細胞や卵丘細胞に発現される．また，ADAMTS-5も発育卵胞の顆粒膜細胞に発現が認められる（Richards et al, 2005）．ところが，ADAMTS-4やADAMTS-5の欠損マウスでは，排卵の抑制が見られないことから（Stanton et al, 2005），ADAMTS-1が他のADAMTSでは代替がきかない，排卵にとって重要なプロテアーゼであると考えられている．

近年卵成熟を促進するパラクライン因子が卵胞内の体細胞から産生されることが報告された．LHサージに伴って莢膜細胞で産生されるリラキシンファミリーのインスリン様因子－3（Insl-3）の受容体であるLGR-8（Leucine-rich repeat-containing G protein-coupled receptor 8）が卵子に発現している．このLGR-8は，inhibitory G proteinを活性化することでcAMPの産生を阻害し，減数分裂の再開の引き金となる卵丘細胞から卵子へのcAMP流入を減少させ，卵成熟を促進させる（Kawamura et al, 2004）．また，BDNF（brain-derived neurotropic factor）はhCG刺激により顆粒膜細胞や卵丘細胞に発現し，その受容体であるTrkBは卵子にのみ発現が見られる．マウスでリコンビナントBDNFを投与すると，*in vitro*で胚盤胞への到達率が上昇する（Kawamura et al, 2005）．

さらに，卵子由来の因子が排卵を制御しているという考え方から，Richardsらは卵子に最も近い存在でパラクラインでの信号伝達を行っている卵丘細胞に着目し，COCにおける遺伝子発現についてマイクロアレイ法を用いて検討した（Hernandez-Gonzalez et al, 2006 ; Shimada et al, 2006）．その中にはToll様受容体（TLR, Toll-like receptor）の発現が認められ，排卵への自然免疫の関与も示唆される．さらにShimadaらは，卵丘細胞において発現されるTLR2とTLR4が，精子の分泌するヒアルロニダーゼにより分解されたCOCのヒアルロン酸の断片を認識し，COCがサイトカインやケモカインを産生して精子のケモカイン受容体に結合することで精子のキャパシテーションや受精に関与することを報告した（Shimada et al, 2008）．さらにヒト体外受精時の培養上精中のケモカインであるCCL4濃度と受精率に正の相関があることも示した．

(C) 卵子に発現する遺伝子群

以前より卵子は卵胞を構成する体細胞にコントロールされているという考え方が支配的であったが，ウサギの卵胞からCOCを除去すると顆粒膜細胞の黄体化が起こるという実験（el-Fouly et al, 1970）を嚆矢として，卵子がCOCの膨潤化を惹起させる因子の分泌に関与していることが示され，卵子自身が卵胞発育や排卵をコントロールしているという説が提唱されてきた（Gilchrist et al, 2008）．1990年には，その卵子由来の因子が存在することが同時に報告された（Buccione et al, 1990 ; Salustri et al, 1990a ; 1990b ; Vanderhyden et al, 1990）．さらに1996年にGDF（growth differentiation factor）-9（Dong et al, 1996），2000年にBMP（bone morphogenetic protein）-15（Galloway et al, 2000）が報告されると，それらの卵胞発育や排卵における機能解析が進められた．これらはいずれもTGF (Transforming growth factor) -betaのスーパーファミリーに属しており，*GDF-9*欠損マウスでは，卵胞発育が初期の段階で停止することが知られていたが，GDF-9の抗体を用いた実験でCOCの膨潤化にも関与することが明らかにされた (Dragovic et al, 2005 ; 2007)．一方，BMP-15欠損マウスでは卵胞発育に異常はみられないものの，排卵過程の障害が認められる (Yan et al, 2001)．Yoshinoらは，マウス卵子では排卵直前にBMP-15の発現が上昇すること，BMP-15がCOCの膨潤化を誘導すること，そしてBMP-15抗体で膨潤化が抑制されることを報告した (Yoshino et al, 2006)．またSuらは卵丘細胞におけるEGFRの発現にGDF-9とBMP-15が必須であることを示した (Su et al, 2010)．このように，卵子由来の遺伝子が排卵現象に関与していることが次第に明らかにされてきている．

以上より，次のように結論づけることが可能かもしれない．すなわち卵子自らが卵胞発育のみならず，排卵に必須のCOCの膨潤化をもコントロールし，自身を卵胞から脱出させ，受精の場となる卵管へと送り出していると考えられる．

(岡村　均・大場　隆・岡村佳則)

引用文献

Buccione R, Vanderhyden BC, Caron PJ, et al (1990) FSH-induced expansion of the mouse cumulus oophorus in vitro is dependent upon a specific factor(s) secreted by the oocyte, *Dev Biol*, 138 ; 16-25.

Christenson LK, Johnson PF, McAllister JM, et al (1999) CCAAT/Enhancer-binding proteins regulate expression of the human steroidogenic acute regulatory protein (StAR) gene, *J Biol Chem*, 274 ; 26591-26598.

Curry TE Jr, Song L, Wheeler SE (2001) Cellular localization of gelatinases and tissue inhibitors of metalloproteinases during follicular growth, ovulation, and early luteal formation in the rat, *Biol Reprod*, 65 ; 855-865.

Davis BJ, Lennard DE, Lee CA, et al (1999) Anovulation in cyclooxygenase-2-deficient mice is restored by prostagladin E2 and interleukin-beta, *Endocrinology*, 140 ; 2685-2695.

Dong J, Albertini DF, Nishimori K, et al (1996) Growth differentiation factor-9 is required during early ovarian folliculogenesis, *Nature*, 383 ; 531-535.

Dragovic RA, Ritter LJ, Schulz SJ, et al (2005) Role of oocyte-secreted growth differentiation factor 9 in the regulation of mouse cumulus expansion, *Endocrinology*, 146 ; 2798-2806.

Dragovic RA, Ritter LJ, Schulz SJ, et al (2007) Oocyte-secreted factor activation of SMAD 2/3 signaling enables initiation of mouse cumulus cell expansion, *Biol Reprod*, 76 ; 848-857.

el-Fouly MA, Cook B, Nekola M, et al (1970) Role of the ovum in follicular luteinization, *Endocrinology*, 87 ; 286-293.

Elvin JA, Clark AT, Wang P, et al (1999) Paracrine actions of growth differentiation factor-9 in the mammalian ovary, *Mol Endocrinol*, 13 ; 1035-1048.

Espey LL (1980) Ovulation as an inflammatory reaction : a hypothesis, *Biol Reprod*, 22 ; 73-106.

Espey LL (1994) Current status of hypothesis that mammalian ovulation is comparable to an inflammatory reaction, *Biol Reprod*, 50 ; 233-238.

Espey LL, Ujioka T, Russell D, et al (2000a) Induction of early growth response protein-1 gene expression in the rat ovary in response to an ovulatory dose of human chorionic gonadotropin, *Endocrinology*, 141 ; 2385-2391.

Espey LL, Yoshioka S, Russell DL, et al (2000b) Ovarian expression of a disintegrin and metalloproteinase with thrombospondin motifs during ovulation in the gonadotropin-primed immature rat, *Biol Reprod*, 62 ; 1090-1095.

Fulop C, Szanto S, Mukhopadhyay D, et al (2003) Impaired cumulus mucification and female sterility in tumor necrosis factor-induced protein-6 deficient mice, *Development*, 130 ; 2253-2261.

Galloway SM, McNatty KP, Cambridge LM, et al (2000) Mutations in an oocyte-derived growth factor gene (BMP-15) cause increased ovulation rate and infertility in a dosage-sensitive manner, *Nat Genet*, 25 ; 279-283.

Gilchrist RB, Lane M, Thompson JG (2008) Oocyte-secreted factors : regulators of cumulus cell function and oocyte quality, *Hum Reprod Update*, 14 ; 159-177.

Hagglund AC, Ny A, Leonardsson G, et al (1999) Regulation and localization of matrix metalloproteinases and tissue inhibitors of metalloproteinases in the mouse ovary during gonadotropin-induced ovulation, *Endocrinology*, 140 ; 4351-4358.

Hernandez-Gonzalez I, Gonzalez-Robayna I, Shimada M, et al (2006) Gene expression profiles of cumulus cell oocyte complexes during ovulation reveal cumulus cells express neuronal and immune-related genes : does this expand their role in the ovulation process? *Mol Endocrinol*, 20 ; 1300-1321.

Hizaki H, Segi E, Sugimoto Y, et al (1999) Abortive expansion of the cumulus and impaired fertility in mice

lacking the prostaglandin E receptor subtype EP(2), *Proc Natl Acad Sci USA*, 96 ; 10501-10506.
Jinno M, Katsumata Y, Hoshiai T, et al (1997) A therapeutic role of prolactin supplementation in ovarian stimulation for *in vitro* fertilization : the bromocriptine -rebound method, *J Clin Endocrinol Metab*, 82 ; 3603-3611.
Joyce IM, Pendola FL, O'Brien M, et al (2001) Regulation of prostaglandin-endoperoxide synthase 2 messenger ribonucleic acid expression in mouse granulosa cells during ovulation, *Endocrinology*, 142 ; 3187-3197.
Kawamura K, Kumagai J, Sudo S, et al (2004) Paracrine regulation of mammalian oocyte maturation and male germ cell survival, *Proc Natl Acad Sci USA*, 101 ; 7323-7328.
Kawamura K, Kawamura N, Mulders SM, et al (2005) Ovarian brain-derived neurotrophic factor (BDNF) promotes the development of oocytes into preimplantation embryos, *Proc Natl Acad Sci USA*, 102 ; 9206-9211.
Lee D, Pearsall RS, Das S, et al (2004) Epiregulin is not essential for development of intestinal tumors but is required for protection from intestinal damage, *Mol Cell Biol*, 24 ; 8907-8916.
Lee SL, Sadovsky Y, Swirnoff AH, et al (1996) Luteinizing hormone deficiency and female infertility in mice lacking the transcription factor NGFI-A (Egr-1), *Science*, 273 ; 1219-1221.
Luetteke N, Qiu T, Fenton SE, et al (1999) Targeted inactivation of the EGF and amphiregulin genes reveals distinct roles for EGF receptor ligands in mouse mammary gland development, *Development*, 126 ; 2739 -2750.
Lydon JP, DeMayo FJ, Funk CR, et al (1995) Mice lacking progesterone receptor exhibit pleiotropic reproductive abnormalities, *Genes Dev*, 9 ; 2266-2278.
Lydon JP, DeMayo FJ, Conneely OM, et al (1996) Reproductive phenotypes of the progesterone receptor null mutant mouse, *J Steroid Biochem Mol Biol*, 56 ; 67-77.
Mittaz L, Russell DL, Wilson T, et al (2004) Adamts-1 is essential for the development and function of the urogenital system, *Biol Reprod*, 70 ; 1096-1105.
Morham SG, Langenbach R, Loftin CD, et al (1995) Prostaglandin synthase 2 gene disruption causes severe renal pathology in the mouse, *Cell*, 83 ; 473-482.
Park JY, Su YQ, Ariga M, et al (2004) EGF-like growth factors as mediators of LH action in the ovulatory follicle, *Science*, 303 ; 682-684.
Richards JS, Hernandez-Gonzalez I, Gonzalez-Robayna I, et al (2005) Regulated expression of ADAMTS family members in follicles and cumulus oocyte complexes : evidence for specific and redundant patterns during ovulation, *Biol Reprod*, 72 ; 1241-1255.
Robker RL, Russell DL, Espey LL, et al (2000) Progesterone-regulated genes in the ovulation process : ADAMTS-1 and cathepsin L proteases, *Proc Natl Acad Sci USA*, 97 ; 4689-4694.
Rusell DL, Salamonsen LA, Findlay JK (1995) Immunization against the N-terminal peptide of the inhibin alpha 43- subunit (alpha N) disrupts tissue remodeling and the increase in the matrix metalloproteinase-2 during ovulation, *Endocrinology*, 136 ; 3657-3664.
Russell DL, Robker RL (2007) Molecular mechanisms of ovulation : co-ordination through the cumulus complex, *Hum Reprod Update*, 13 ; 289-312.
Salustri A, Ulisse S, Yanagishita M, et al (1990a) Hyaluronic acid synthesis by mural granulose cells and cumulus cells in vitro is selectively stimulated by a factor produced by oocytes and by transforming growth factor-beta, *J Biol Chem*, 265 ; 19517-19523.
Salustri A, Yanagishita M, Hascall VC (1990b) Mouse oocytes regulate hyaluronic acid synthesis and mucification by FSH-stimulated cumulus cells, *Dev Biol*, 138 ; 26-32.
Salustri A, Garlanda C, Hirsch E, et al (2004) PTX3 plays a key role in the organization of the cumulus oophorus extracellular matrix and in in vivo fertilization, *Deveopment*, 131 ; 1577-1586.
Segi E, Haraguchi K, Sugimoto Y, et al (2003) Expression of messenger RNA for prostaglandin E receptor subtype EP4/EP2 and cyclooxygenase isozymes in mouse periovulatory follicles and oviducts during superovulation, *Biol Reprod*, 68 ; 804-811.
Shimada M, Hernandez-Gonzalez I, Gonzalez-Robanya I, et al (2006) Induced expression of pattern recognition receptors in cumulus oocyte complexes : novel evidence for innate immune-like functions during ovulation, *Mol Endocrinol*, 20 ; 3228-3239.
Shimada M, Yanai Y, Okazaki T, et al (2008) Hyaluronan fragments generated by sperm-secreted hyaluronidase stimulate cytokine/chemokine production via the TLR 2 and TLR4 pathway in cumulus cells of ovulated COCs, which may enhance fertilization, *Development*, 135 ; 2001-2011.
Shindo T, Kurihara H, Kuno K, et al (2000) ADAMTS-1 : a metalloproteinase-disintegrin essential for normal growth, fertility, and organ morphology and function, *J Clin Invest*, 105 ; 1345-1352.
Stanton H, Rogerson FM, East CJ, et al (2005) ADAMTS5 is the major aggrecanase in mouse cartilage*in vivo* and *in vitro, Nature*, 434 ; 648-652.
Sterneck E, Tessarollo L, Johnson PF (1997) An essential role for C/ERPbeta in female reproduction, *Genes Dev*, 11 ; 2153-2162.
Stouffer RL, Duffy DL (2003) Luteinizing hormone acts directly at granulose cells to stimulate periovulatory processes : modulation of luteinizing hormone effects by prostaglandins, *Endocrine*, 22 ; 249-256.
Su YQ, Sugiura K, Li Q et al. (2010) Mouse oocytes enable LH-induced maturation of the cumulus-oocyte complex via promoting EGF receptor-dependent signaling, *Mol Endocrinol*, 24 ; 1230-1239.
田中信幸，岡村均，久慈直昭ほか（1998） 排卵機構，新女性医学大系12，pp263-282，中山書店，東京．
Takasaki A, Ohba T, Okamura Y, et al (2008) Clinical use of colony-stimulating factor-1 in ovulation induction for poor responders, *Fertil Steril*, 90 ; 2287-2290.
Topilko P, Schneider-Maunoury S, Levi G, et al (1998) Multiple pituitary and ovarian defects in Krox-24 (NGFI-A, Egr-1)-targeted mice, *Mol Endocrinol*, 12 ; 107-122.
Tullet JM, Pocock V, Steel JH, et al (2005) Multiple signaling defects in the absence of RIP140 impair both cumulus expansion and follicle rupture, *Endocrinology*, 146 ; 4127-4137.

Varani S, Elvin JA, Yan C, et al (2002) Knockout of pentraxin 3, a downstream target of growth differentiation factor-9, causes female subfertility, *Mol Endocrinol*, 16 ; 1154-1167.
Vanderhyden BC, CaronPJ, Buccione R, et al (1990) Developmental pattern of the secretion of cumulus expansion-enabling factor by mouse oocytes and the role of oocytes in promoting granulosa cell differentiation, *Dev Biol*, 140 ; 307-317.
White R, Leonardsson G, Rosewell I, et al (2000) The nuclear receptor co-repressor Nrip1 (RIP140) is essential for female fertility, *Nat Med*, 6 ; 1368-1374.
Yan C, Wang P, DeMayo J et al. (2001) Synergistic roles of bone morphogenetic protein 15 and growth differentiation factor 9 in ovulation function, *Mol Endocrinol*, 15 ; 854-866.
Yan SF, Fujita T, Lu J, et al (2000) Egr-1, a master switch coordinating upregulation of divergent gene families underlying ischemic stress, *Nat Med*, 6 ; 1355-1361.
Yoshino O, McMahon HE, Sharma S et al. (2006) A unique preovulatory expression pattern plays a key role in the physiological functions of BMP-15 in the mouse, *Proc Natl Acad Sci USA*, 103 ; 10678-10683.

XI-47

卵胞発育と排卵の補助療法

Key words
卵胞発育／poor responder／排卵／LUF

はじめに

卵胞刺激ホルモン（FSH, follicle stimulating hormone）／ヒト下垂体性性腺刺激ホルモン（hMG, human menopausal gonadotropin）を用いた卵巣刺激（排卵誘発）法でも成熟卵胞が得られない症例，いわゆるゴナドトロピン不応症（poor responder）について，卵巣を構成する細胞間の局所的な相互作用に注目した補助療法が考案されてきた（表XI-47-1）．本節では，これまでに試みられてきたいわゆるアジュバント療法の中から代表的なものについて解説する．本節に示した補助療法は，信頼するに足る理論的根拠に立脚して試みられているが，いずれも小規模の調査にとどまっておりEBM（evidence-based medicine）レベルでの検証は今後の課題である（Bromer et al, 2008；Shanbhag et al, 2008）．また紹介した薬剤はヒトに対する安全性が確認されているものの，ヒト胚に対する安全性が保証されているとは限らないことに留意されたい．GnRHアゴニスト，アンタゴニストについてはそれぞれXII-52，53に譲る．

1 卵胞発育の補助療法

(A) GH

成長ホルモン（GH, growth hormone）は，卵巣におけるIGF-Iの産生を刺激する（Hughes et al, 1992；Poretsky et al, 1999）ことによって顆粒膜・莢膜細胞に対するゴナドトロピンの作用を増強するとされる．またpoor responderの中には，GHの基礎値は正常であってもGRF負荷試験にて低反応を呈するものが多くみられる（高崎ら, 1993）．20年ほど前からゴナドトロピン製剤にGHを併用する卵巣刺激療法が試みられてきた（Homburg et al, 1988）．GHの投与方法は12IUから24IU/日の隔日皮下注とするものが多い．

GHの有効性についてはnormal responder, poor responderのいずれに対しても否定的な見解が多かった（Younis et al, 2002, Hughes et al, 1994）が，近年の報告はpoor responderにおける生児獲得率に有意な改善を示したとするものが多い（Kyrou D et al, 2009）．いっぽうゴナドトロピンの用量を減らす効果はないようである．2003年のコクランレビューは，poor re-

ゴナドトロピン不応症（poor responder）：不妊症の女性に対してFSHやhMGを用いた排卵刺激を行っても十分な卵胞の発育が見られない場合を，ゴナドトロピン不応症あるいはpoor（low）responderと称する．内外共にpoor responderについての一定の基準はないが，FSH/hMGを投与しても3個以上の卵胞発育が見られない，FSH/hMGを投与しても血中E_2の極大値が300pg/ml未満である，といった基準が提唱されている．poor responderは多因子性の病態である．臨床上の異常所見は卵胞の発育が見られないことに限られていることが多く，妊孕性の障害を除けば日常生活に支障はないが，卵胞発育障害に伴う低エストロゲン状態が長期にわたって持続する場合は，骨塩量の低下や性器の萎縮が生じる恐れがある．

表XI-47-1．ゴナドトロピン不応症に対して試みられている卵巣刺激の補助療法

成長ホルモン	
ブロモクリプチン*	Jinno et al, 1997
甲状腺ホルモン	
CSF-1	
グルココルチコイド	
DHEA*	Casson et al, 2000；Barad, Gleicher, 2006；Barad et al, 2007
メトフォルミン	
低用量アスピリン*	Rubinstein et al, 1999；Stern et al, 2003；Lok et al, 2004
アルギニン*	Battaglia et al, 2002
アロマターゼ阻害剤	

＊：紙幅の都合で本節では割愛し，代表的な参考文献のみ示した．

表XI-47-2．poor responder に対する GH 併用療法，CSF-1 併用療法の適応決定

	血中 CSF-1 正常	血中 CSF-1 低値*1
GH 分泌正常	併用療法の適応なし	CSF-1 併用療法
GH 分泌不全*2	GH 併用療法	GH＋CSF-1 併用療法

＊1：卵胞期初期の血中 CSF－1 が650U/ml 未満の場合を CSF-1 低値とする．
＊2：GRF（住友）100μg を静注後30分，60分，90分，120分に血中 GH を測定し，GH の極大値が15ng/ml 未満の場合を GH 分泌不全とする．

sponder に限って GH 併用療法の有効性を示唆している（Harper et al, 2003）．さらに2010年版では poor responder の IVF-ET プロトコールにおいて生児獲得数の改善効果があったとしているが，GH が奏効するサブグループをみつけるには至っていない（Duffy JM et al, 2010）．

hMG に対して良好な反応を示す患者に GH を併用しても hMG の投与量を少なくすることはできず, GRF 負荷試験にて低反応を示す poor responder にのみ GH の効果が期待できる（Blumenfeld et al, 1994）．このことは，正常の卵胞発育過程においては GH/IGF 系は最大限に刺激されており，GH 分泌障害のために poor responder となった症例についてのみ GH の効果が期待できることを示唆している．高崎は GRF 試験を行って GH 併用の適応を判定している（高崎ら1993，表XI-47-2）．GH のほか，GRF（GH-releasing factor）や GH 分泌を刺激するピリドスチグミンが有効との報告もあるが追試の報告は乏しい．

(B) 甲状腺ホルモン

甲状腺機能低下症は高 PRL 血症を介して卵胞発育障害の原因となるほか，潜在的な甲状腺機能低下症についても卵胞発育障害との関連が指摘されている（Bohnet et al, 1981）．Gerhard

らは不妊女性を対象にTRH負荷試験を行い，43％に潜在的な甲状腺機能低下症があり，その程度と卵胞期のE 2値，さらにその後の不妊治療における妊娠率が逆相関していることを報告した（Gerhard et al, 1991）．またRaberらは283例の不妊女性中に認められた**潜在的甲状腺機能低下症**95例に対して甲状腺ホルモンの補充を行ったところ，5年間の観察期間中に各群の31％，46％に妊娠が成立し，対照群に比べて有意に高い割合であった（Raber et al, 2003）と報告した．

米国では，生殖可能年代の女性100人に1人が潜在的な甲状腺機能低下症であるとされる（Brent, 1999）．ヨード欠乏が主な原因の一つである米国とは異なり，本邦における潜在的甲状腺機能低下症と卵胞発育との関連については独自の検討が必要である．しかしヨード欠乏の有無にかかわらず妊娠中の甲状腺機能低下が児の神経学的発達と関連している（Abalovich et al, 2007）ことを考慮すると，不妊治療の段階で甲状腺機能の評価を行っておく意義はあるだろう．なお本法は，甲状腺の基礎疾患がないことを抗甲状腺抗体の測定および超音波断層法にて確認した上で，甲状腺疾患についての専門的な知識を有する内科医の協力の下に行うべきである．妊娠前から周産期にかけての甲状腺機能異常への対応については米国内分泌学会のガイドライン（Abalovich et al, 2007）を参照されたい．

（C）CSF-1

ヒト卵胞に存在するマクロファージの数は卵胞発育に伴って変化し，莢膜細胞層に存在するマクロファージの数は排卵直前に極大に達する（Katabuchi et al, 1996）．卵巣顆粒膜細胞は，マクロファージの分化増殖を刺激するマクロファージコロニー刺激因子（M-CSF, macrophage-colony stimulating factor / CSF-1, colony-stimulating factor-1）を分泌している．CSF-1の刺激を受けた卵胞内のマクロファージはTNFαをはじめとする複数の成長因子・サイトカインを分泌し，顆粒膜細胞の増殖を促す（Fukumatsu et al, 1992）．CSF-1を欠損する大理石病マウス（osteopetrotic mouse, *op/op* mouse）は，卵巣を含め臓器内のマクロファージがきわめて少ないことを特徴とするが，顆粒膜細胞の増殖能が低下し，排卵率も低い．このマウスにCSF-1を補充すると卵巣中のマクロファージが増加するとともに，顆粒膜細胞の増殖能や排卵率の改善が見られる（Araki et al, 1996）．さらにヒト卵胞液中のCSF-1濃度は血中濃度の約3倍に達するが，ゴナドトロピン不応症症例では卵胞液中のCSF-1濃度が有意に低いことがわかっている（Nishimura et al, 1998）．

このような検討を踏まえて，我々はpoor responderに対してCSF-1の併用療法を試みている．30例のpoor responderを対象としたIVF周期において，GnRHaのlong protocolを行い，Cd 3よりFSH/hMGの連日投与を開始するとともに，CSF-1（ミリモスチム）800万IUを隔日で4回点滴静注することにより，より少ないゴナドトロピン投与量で採卵数および妊娠率の有意な上昇を認めた（Takasaki et al, 2008）．CSF-1併用療法では採卵数の割に高い妊娠率が得られる傾向がみられ，CSF-1によって卵子の質が改善されるのではないかと推測している．

CSF-1もまたGHと同様に十分な内因性分

潜在的甲状腺機能低下症（latent（subclinical）hypothyroidism）：fT 4，fT 3は正常範囲にあってTSHのみが高値を示す状態．健康女性集団の2.7-11.6％に見られるとされ，高齢になるほど頻度が高くなる．長期的には3割から5割の症例が甲状腺機能低下症に移行する．この病態を治療の対象とすべきか内科的には意見が分かれるところであるが，TSHが10μIU/ml以上の症例，および妊娠女性に対して甲状腺ホルモンの補充を行うことにはコンセンサスが得られている．

泌がある症例では効果が期待できない．ゴナドトロピン不応症症例についてGHやCSF-1の併用を考慮する場合は，GRF試験と，血中CSF-1測定を行い，それぞれに対する反応性を検討した上で治療法を選択することを推奨する（表XI-47-2）．

(D) グルココルチコイド

合成コルチコイドには，卵胞発育や卵成熟を直接促進する効果や血中GH/IGF-Iの増加（Miell et al, 1993）を介して間接的に卵胞発育を刺激する効果，さらには副腎性アンドロゲンの抑制（Daly et al, 1984）が期待される．合成コルチコイド併用療法は高アンドロゲン血症を伴う多嚢胞性卵巣症候群（PCOS, polycystic ovary syndrome）に対して有効な治療法であるが，高アンドロゲン血症を伴わないPCOS（Parsanezhad et al, 2002），さらにはPCOS症例に限らないクロミフェン刺激に併用しても有効であるという．Keayらは，normal responder 290例に対するIVF-ETプログラムにおいて，採卵前日までの1mg/日のデキサメサゾン投与を併用した無作為二重盲検試験を行い，妊娠率には有意差がなかったものの，採卵キャンセル例が有意に少なかったと報告している（Keay et al, 2001）．一方でpoor responder（Bider et al, 1997）やデヒドロエピアンドロステロンサルフェート（DHEA-S, dehydroepiandrosterone-sulfate）が上昇している患者（Rein et al, 1996）に対する0.5mg/日のデキサメサゾン併用療法は否定的な結果に終わっている．

(E) メトフォルミン

ビグアナイド系インスリン感受性改善剤であるメトフォルミンの作用は多彩で，インスリン抵抗性の改善効果に加え莢膜細胞におけるアンドロゲン産生抑制作用が報告されており（DeFronzo, Goodman, 1995），特にPCOSに対して効果が期待されている（Nestler et al, 2002）．詳細はXX-22に譲る．

(F) アロマターゼ阻害剤

アロマターゼ（aromatase）は，アンドロゲンを芳香化し，エストロゲンに転換するチトクロームP450酵素である．選択的アロマターゼ阻害剤であるレトロゾールは，卵子や子宮内膜などのエストロゲン受容体に競合阻害をもたらすことなく中枢に対してネガティブフィードバックをかける効果が期待でき，またクロミフェンより半減期が短い（30-60時間 vs 5-7日）ため，器官形成期まで残留しないという利点がある．

Mitwallyらは，poor responderに対してレトロゾール2.5mgをpure FSHに併用してCd 3からCd 7まで連日投与した（Mitwally, Casper, 2002）．レトロゾールは，FSHの所要量をFSH単独投与群の39%に抑えることができ，成熟卵胞の数も増加した．またレトロゾールはクロミフェンを併用した場合に比べ，より高い妊娠率をもたらした（Mitwally, Casper, 2003）．またpoor responderを対象としたFSH/hMGとの併用療法で，併用群では卵胞液中のアンドロゲン濃度が有意に上昇し，より少量のゴナドトロピンで採卵率および着床率が改善したとの報告がある（Garcia-Velasco et al, 2005）．卵子に対する安全性を含めて，その試用には倫理的考察が必要であろう．2005年のASRM annual meetingでレトロゾールと心奇形の関連について問題提起がなされた（Biljan et al, 2005）が，一方Tulandiは911名の新生児を対象とした調査で，レトロゾール刺激群ではクロミフェン刺激群より新生児の先天性心疾患がむしろ少ないことを報告している（Tulandi et al, 2006）．ASRMのDeCherneyはBiljanの調査は投与群と対照群の患者背景に無視できない相違があることを指摘し，レトロゾールの応用に期待を寄せている（Tulandi, DeCherney, 2007）．本邦においては今のところレトロゾールに排卵誘発に対する保険適応はなく，今後も卵に対する安全性を含めた追試が必要であろうが，クロミフェンにかわる薬剤として臨床応用が期待される．

2 排卵の補助療法

卵胞発育と同様に，排卵現象にも卵巣局所での成長因子やサイトカインのネットワークが働いている（Okamura et al, 1980）．**黄体化未破裂卵胞症候群**（LUF, Luteinized unruptured follicle syndrome）は，卵胞成熟が進行するが排卵は起こらず，黄体化と黄体ホルモン産生が認められる現象で，不妊の原因の一つと考えられている．LUFには卵胞の破裂が起きない状態と，卵胞が破裂しても排卵されない状態の二つがあると考えられ，超音波断層法によって容易に診断できるのは前者である．LHやFSHの分泌異常，高PRL状態などがLUFの誘因として報告されている．

LUFの予防あるいは治療にはゴナドトロピンを用いた調節卵巣刺激法（COH）が有用とされるが，COH周期であっても約20%がLUFとなり，排卵群とLUF群との間に内分泌学的な相違は見られない（Coetsier, Dhont, 1996）という．すべての発育卵胞が排卵に適した卵胞内環境に至らなかった状態がLUFであると考えれば，LUFもまた，これまで論じてきたような卵胞発育障害の延長線上にあり，単一の疾患ではなく複数の原因によって起こりうる病態で，LHサージによって惹起される排卵へのカスケード（の一部）が阻害されることによって起こるのであろう．

IVF-ETが普及した現在，LUFの改善は不妊治療の鍵ではないが，LUFはCOH周期において日常的に遭遇する現象であり，その病態を理解することが卵胞発育異常の理解にもつながるであろう．この項ではLUFに関連した二つの因子を取り上げた．

(A) プロスタグランジン（PGs）

ヒトにおけるLUFの原因として確実視されているのはPGs合成の異常である．PGsはシクロオキシゲナーゼ（COX）によりアラキドン酸から合成される．これまでに知られている2種類のCOXのうち，COX-1は多くの臓器に普遍的に存在するのに対し，COX-2は炎症反応に際して一過性に発現する．

排卵は炎症に類似した過程であり，COXの作用を阻害する非ステロイド系消炎鎮痛剤（NSAIDs）によって阻害される（Tanaka et al, 1992）が，この過程はCOX-2によって制御されてい

黄体化未破裂卵胞症候群（LUF, luteinized unruptured follicle syndrome）：卵胞成熟が進行するが排卵は起こらず，黄体化と黄体ホルモン産生が認められる現象で，不妊症の原因の一つと考えられている．LUFには，卵胞の破裂が起きない状態と，卵胞が破裂しても排卵されない状態の二つがあると考えられるが，超音波断層法によって容易に診断できるのは前者である．LUFは子宮内膜症と関連していることが示されているほか，心理的なストレスなどがLUFの発症因子とされてきた．内分泌学的にはLHやFSHの分泌異常，高プロラクチン状態などが誘因として報告されている．LUFの予防あるいは治療には，hMG/rFSH, hCG/LHを用いたCOHが有用であるとされるが，COH周期であってもLUFを完全に回避することはできない．

る（Duffy, Stouffer, 2001）．COX-2欠損マウスではLUFのような排卵の障害がみられ，PGE_2を補充することにより排卵が回復する（Davis et al, 1999）．またCOX-2選択的阻害剤にはヒトの排卵を抑制する作用がある（Pail et al, 2001）．

COX-2選択的阻害剤は月経前緊張症（PMS, premenstrual syndrome）への有用性が認められており（Ismail, O'Brien, 2001），黄体期中期より投与される可能性がある．ヒト胚に対する安全性も確立しているとはいえず，不妊治療中のCOX-2阻害剤の投与は慎重に行うべきであろう．

（B）G-CSF

牧野田らは血中G-CSF濃度および卵胞壁中のG-CSF mRNAの発現が卵胞期後期に有意に高まることに着目し，LUFに対する有用性を検討している（Makinoda et al, 2008）．クロミフェン-hCGで刺激を行った前周期にLUFを呈した16症例に対し，hCG投与の24-48時間前にレノグラスチム100μgの投与を行ったところ，排卵率が有意に改善した（88.9% vs 53.5%, $p<0.01$）という．

まとめ

卵子提供に対する社会的な合意がなされていない本邦において，poor responderは依然として難治性の病態である．分子生物学の進歩によって，卵巣局所で卵胞発育を制御している因子が次第に明らかになってきており，アジュバント療法への応用が期待される．また将来においては，卵巣のtissue banking，そして*in vitro*でのfollicle cultureが妊孕性回復への道を開くかもしれない．

（大場　隆・岡村佳則・岡村　均）

引用文献

Abalovich M, Amino N, Barbour LA, et al (2007)Management of thyroid dysfunction during pregnancy and postpartum : an Endocrine Society Clinical Practice Guideline, *J Clin Endocrinol Metab*, 92 ; S1-47.

Araki M, Fukumatsu Y, Katabuchi H, et al (1996) Follicular development and ovulation in macrophage colony-stimulating factor-deficient mice homozygous for the osteopetrosis (op) mutation, *Biol Reprod*, 54 : 478-484.

Barad D, Gleicher N (2006) Effect of dehydroepiandrosterone on oocyte and embryo yields, embryo grade and cell number in IVF, *Hum Reprod*, 21 ; 2845-2849.

Barad D, Brill H, Gleicher N (2007) Update on the use of dehydroepiandrosterone supplementation among women with diminished ovarian function, *J Assist Reprod Genet*, 24 ; 629-634.

Battaglia C, Regnani G, Marsella T, et al (2002) Adjuvant L-arginine treatment in controlled ovarian hyperstimulation ; a double-blind, randomized study. *Hum Reprod*, 17 ; 659-665.

Bider D, Blankstein J, Levron J, et al (1997) Gonadotropins and glucocorticoid therapy for "low responders"--a controlled study, *J Assist Reprod Genet*, 14 ; 328-331.

Biljan MH, Hemmings R, Brassard N (2005) The outcome of 150 babies following the treatment with letrozole and gonadotropins, *Fertil Steril*, 84 ; s95.

Bohnet H, Fiedler K, Leidenberger FA (1981) Subclinical hypothyroidism and infertility, *Lancet*, 2 ; 1278.

Brent GA (1999) Maternal hypothyroidism : recognition and management, *Thyroid*, 9 ; 661-665.

Bromer JG, Cetinkaya MB, Arici A (2008) Pretreatments before the induction of ovulation in assisted reproduction technologies : evidence-based medicine in 2007, *Ann N Y Acad Sci*, 1127 ; 31-40.

Blumenfeld Z, Dirnfeld M, Gonen Y, et al (1994) Growth hormone co-treatment for ovulation induction may enhance conception in the co-treatment and succeeding cycles, in clonidine negative but not clonidine positive patients, *Hum Reprod*, 9 ; 209-213.

Casson PR, Lindsay MS, Pisarska MD, et al (2000) Dehydroepiandrosterone supplementation augments ovarian stimulation in poor responders : a case series, *Hum Reprod*, 15 ; 2129-2132.

Coetsier T, Dhont M (1996) Complete and partial luteinized unruptured follicle syndrome after ovarian stimulation with clomiphene citrate/human menopausal gonadotrophin/human chorionic gonadotrophin, *Hum Reprod*, 11 ; 583-587.

Daly DC , Walters CA , Soto-Albors CE, et al (1984) A randomized study of dexamethasone in ovulation induction with clomiphene citrate *Fertil Steril*, 41 ; 844-848.

Davis BJ, Lennard DE, Lee CA, et al (1999) Anovulation in cyclooxygenase-2-deficient mice is restored by prostaglandin E2 and interleukin-1beta, *Endocrinology*,

140 ; 2685-2695.
DeFronzo RA, Goodman AM (1995) Efficacy of metformin in patients with non-insulin-dependent diabetes mellitus, The Multicenter Metformin Study Group, *N Engl J Med*, 333 ; 541-549.
Duffy DM, Stouffer RL (2001) The ovulatory gonadotrophin surge stimulates cyclooxygenase expression and prostaglandin production by the monkey follicle, *Mol Hum Reprod*, 7 ; 731-739.
Fukumatsu Y, Katabuchi H, Naito M, et al (1992) Effect of macrophages on proliferation of granulosa cells in the ovary in rats, *J Reprod Fertil*, 96 ; 241-249.
Garcia-Velasco JA, Moreno L, Pacheco A, et al. (2005) The aromatase inhibitor letrozole increases the concentration of intraovarian androgens and improves in vitro fertilization outcome in low responder patients : a pilot study, *Fertil Steril*, 84 ; 82-87.
Gerhard I, Becker T, Eggert-Kruse W, et al (1991) Thyroid and ovarian function in infertile women, *Hum Reprod*, 6 ; 338-345.
Harper K, Proctor M, Hughes E (2003) Growth hormone for in vitro fertilization, *Cochrane Database Syst Rev*, 3 ; CD000099.
Homburg R, Eshel A, Abdalla HI, et al (1988) Growth hormone facilitates ovulation induction by gonadotrophins, *Clin Endocrinol*, 29 ; 113-117.
Hughes SM, Huang ZH, Matson PL, et al (1992) Clinical and endocrinological changes in women following ovulation induction using buserelin acetate / human menopausal gonadotrophin augmented with biosynthetic human growth hormone, *Hum Reprod*, 7 ; 770-775.
Hughes SM, Huang ZH, Morris ID, et al (1994) A double-blind cross-over controlled study to evaluate the effect of human biosynthetic growth hormone on ovarian stimulation in previous poor responders to in-vitro fertilization, *Hum Reprod*, 1 ; 13-18.
Ismail KMK, O'Brien S (2001) Premenstrual syndrome, *Curr Obstet Gynaecol*, 11 ; 251- 255.
Jinno M, Katsumata Y, Hoshiai T, et al (1997) A therapeutic role of prolactin supplementation in ovarian stimulation for in vitro fertilization ; the bromocriptine -rebound method, *J Clin Endocrinol Metab*, 82 ; 3603-3611.
Katabuchi H, Fukumatsu Y, Araki M, et al (1996) Role of macrophages in ovarian follicular development, *Hormone Res*, 46 ; S45-51.
Keay SD, Lenton EA, Cooke ID, et al (2001) Low-dose dexamethasone augments the ovarian response to exogenous gonadotrophins leading to a reduction in cycle cancellation rate in a standard IVF programme, *Hum Reprod*, 16 ; 1861-1865.
Kyrou D, Kolibianakis EM, Venetis CA. (2009) How to improve the probability of pregnancy in poor responders undergoing in vitro fertilization : a systematic review and meta-analysis. Fertil Steril 91 : 749-766
Lok IH, Yip SK, Cheung LP, et al (2004) Adjuvant low-dose aspirin therapy in poor responders undergoing in vitro fertilization : a prospective, randomized, double-blind, placebo-controlled trial, *Fertil Steril*, 81 ; 556-561.
Makinoda S, Hirosaki N, Waseda T, et al (2008) Granulocyte colony-stimulating factor (G-CSF) in the mechanism of human ovulation and its clinical usefulness, *Curr Med Chem*, 15 ; 604-613.
Miell JP, Taylor AM, Jones J, et al (1993) The effects of dexamethasone treatment on immunoreactive and bioactive insulin-like growth factors (IGFs) and IGF-binding proteins in normal male volunteers, *J Endocrinol*, 136 ; 525-533.
Mitwally MF, Casper RF (2002) Aromatase inhibition improves ovarian response to follicle-stimulating hormone in poor responders, *Fertil Steril*, 77 ; 776-780.
Mitwally MF, Casper RF (2003) Aromatase inhibition reduces gonadotrophin dose required for controlled ovarian stimulation in women with unexplained infertility, *Hum Reprod*, 18 ; 1588-1597.
Nestler JE, Stovall D, Akhter N, et al (2002) Strategies for the use of insulin-sensitizing drugs to treat infertility in women with polycystic ovary syndrome, *Fertil Steril*, 77 ; 209-215.
Nishimura K, Tanaka N, Kawano T, et al (1998) Changes in macrophage colony-stimulating factor concentration in serum and follicular fluid in in-vitro fertilization and embryo transfer cycles, *Fertil Steril*, 69 ; 53-57.
Okamura H, Takenaka A, Yajima Y, et al (1980) Ovulatory changes in the wall at the apex of the human Graafian follicle, *J Reprod Fert*, 58 ; 153-155.
Pall M, Friden BE, Brannström M (2001) Induction of delayed follicular rupture in the human by the selective COX-2 inhibitor rofecoxib : a randomized double-blind study, *Hum Reprod*, 16 ; 1323-1328.
Parsanezhad ME, Alborzi S, Motazedian S, et al (2002) Use of dexamethasone and clomiphene citrate in the treatment of clomiphene citrate-resistant patients with polycystic ovary syndrome and normal dehydroepiandrosterone sulfate levels : a prospective, double-blind, placebo-controlled trial, *Fertil Steril*, 78 ; 1001-1004.
Päkkilä M, Räsänen J, Heinonen S, et al (2005) Low-dose aspirin does not improve ovarian responsiveness or pregnancy rate in IVF and ICSI patients : a randomized, placebo-controlled double-blind study, *Hum Reprod*, 20 ; 2211-2214.
Poretsky L, Cataldo NA, Rosenwaks Z, et al (1999) The insulin-related ovarian regulatory system in health and disease, *Endocr Rev*, 20 ; 535-582.
Raber W, Nowotny P, Vytiska-Binstorfer E, et al (2003) Thyroxine treatment modified in infertile women according to thyroxine-releasing hormone testing : 5 year follow-up of 283 women referred after exclusion of absolute causes of infertility, *Hum Reprod*, 18 ; 707-714.
Rein MS, Jackson KV, Sable DB, et al (1996) Dexamethasone during ovulation induction for in-vitro fertilization : a pilot study, *Hum Reprod*, 11 ; 253-255.
Rubinstein M, Marazzi A, Polak de Fried E (1999) Low-dose aspirin treatment improves ovarian responsiveness, uterine and ovarian blood flow velocity, implantation, and pregnancy rates in patients undergoing in vitro fertilization : a prospective, randomized, double-blind placebo-controlled assay, *Fertil Steril*, 71 ; 825-829.
Shanbhag S, Aucott L, Bhattacharya S, et al (2008) Interventions for 'poor responders' to controlled ovarian

hyperstimulation (COH) in in-vitro fertilisation (IVF), *Cochrane Database of Syst Rev*, Issue 3.
Sher G, Feinman M, Zouves C, et al (1994) High fecundity rates following in-vitro fertilization and embryo transfer in antiphospholipid antibody seropositive women treated with heparin and aspirin, *Hum Reprod*, 9 ; 2278-2283.
Stern C, Chamley L, Norris H, et al (2003) A randomized, double-blind, placebo-controlled trial of heparin and aspirin for women with in vitro fertilization implantation failure and antiphospholipid or antinuclear antibodies, *Fertil Steril*, 80 ; 376-383.
高崎彰久，蔵本武志，平塚圭佑ら（1993）Gonadotropinに対する卵巣の反応性における成長ホルモンの関与，日不妊会誌，38 ; 71-76.
高崎彰久（2003）ARTの卵巣poor responder，日不妊会誌，47 ; 123.
Takasaki A, Ohba T, Okamura Y, et al (2008) Clinical Use of CSF-1 in Ovulation Induction for Poor Responders, *Fertil Steril*, 90 : 2287-2290.
Tanaka N, Espey LL, Stacy S, et al (1992) Epostane and indomethacin actions on ovarian kallikrein and plasminogen activator activities during ovulation in the gonadotropin-primed immature rat, *Biol Reprod*, 46 ; 665-670.
Tulandi T, Martin J, Al-Fadhli R, et al (2006) Congenital malformations among 911 newborns conceived after infertility treatment with letrozole or clomiphene citrate, *Fertil Steril*, 85 ; 1761-1765.
Tulandi T, DeCherney AH (2007) Limiting access to letrozole–is it justified? *Fertil Steril*, 88 ; 779-780.
Yanagi K, Makinoda S, Fujii R, et al (2002) Cyclic changes of granulocyte colony- stimulating factor (G-CSF) mRNA in the human follicle during the normal menstrual cycle and immunolocalization of G-CSF protein, *Hum Reprod*,17 ; 3046-3052.
Younis JS, Simon A, Koren R, et al (1992) The effect of growth hormone supplementation on in vitro fertilization outcome : a prospective randomized placebo-controlled double-blind study, *Fertil Steril*, 58 ; 575-580.

XI-48

アロマターゼ欠損症

Key words
アロマターゼ／遺伝子変異／胎盤／エストロゲン／卵胞発育

はじめに

アロマターゼ欠損症は，われわれにより1991年に報告されたまれな遺伝性疾患である（Shozu et al, 1991；Harada et al, 1992a；1992b）．患児を妊娠している母親が，妊娠中にエストロゲン欠乏とアンドロゲン過剰という特異な病態を示す．患児が女児の場合は女性仮性半陰陽を示す．

アロマターゼ欠損の女性は，無排卵症で二次性徴を欠く．ところが，活性欠損の程度の軽い症例では，乳腺の軽度の発育など二次性徴が部分的に認められることが最近になって明らかとなった．

アロマターゼ欠損症の表現型解析は，エストロゲンとその代謝酵素であるアロマターゼの生理的役割を明らかにすることに大きく貢献してきた．エストロゲンは性ホルモンに分類されるが，エネルギー代謝と骨代謝に果たすエストロゲンの役割は，想定外に大きなものであった．

本節では，新たに発見された部分的活性欠損を含め，アロマターゼ欠損症の臨床像について述べる．症例の解析から明らかにされたエストロゲンとアロマターゼの生理的役割について，卵胞発育・排卵における役割を含めて詳述する．

1 アロマターゼとその遺伝子

アロマターゼは，アンドロゲンのA環を芳香化してエストロゲンに転換する酵素である（図XI-48-1）．ミクロソーム膜に局在している．ステロイドの芳香化反応を触媒できる酵素はアロマターゼにほぼ限られており，その活性欠損はエストロゲンの欠乏を招く．酵素活性にはNADPHから電子をアロマターゼに伝達するNADPHチトクロームP450酸化還元酵素の共役が必要である．したがって，NADPHチトクロームP450酸化還元酵素の欠損症においても，アロマターゼ活性が低下する（Shackleton et al, 2004）．

アロマターゼは，15番染色体（15q.21.2）に存在する*CYP 19*遺伝子によりコードされている．10個のエクソンから構成され，タンパクはエクソン2以下にコードされている．エクソン1は少なくとも9種類あり，それぞれのエクソン1の上流には固有のプロモーター領域が存在している．どのエクソン1とその上流のプロモーターから転写が開始された場合でも共通のエクソン2にスプライシングされるため，成熟

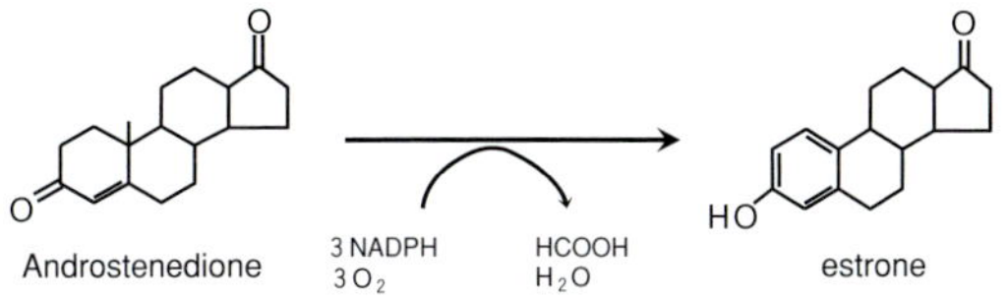

図XI-48-1．アロマターゼによるエストロゲン合成

したmRNA上にはエクソン2からエクソン10に相当する同一の塩基配列が存在する．したがって，いずれのエクソン1およびその上流のプロモーターから転写が開始された場合でも，合成されるタンパクのアミノ酸配列はすべて同じである．

卵巣・胎盤・脳・脂肪など各臓器・細胞ごとに，それぞれ特定のエクソン1と対応するプロモーターから転写が開始される．各プロモーターの塩基配列が異なるため，アロマターゼ転写誘導制御因子もプロモーターごとに異なる．この結果，単一遺伝子にコードされた単一のタンパク質でありながら，臓器・細胞特異的な発現調節因子による転写制御が可能となっている．

2 アロマターゼ欠損症の遺伝子異常

これまでに，17家系20症例がアロマターゼ欠損症として報告されている．男女はほぼ同数である．

いずれもタンパクコード領域の遺伝子変異によるもので，これまでのところ遺伝子発現調節領域の変異例は報告されていない．両親は15番染色体上のアリルの一方にアロマターゼ変異を持つヘテロ接合体で，患者は両親の変異対立遺伝子（アリル）を受け継いで発症する．したがって，遺伝形式は常染色体劣性である．両親の変異アリルが同型のヘテロ接合体で発症する場合が多いが，両親の変異アリルが異なる型で発症する複合ヘテロ接合体の例も6家系報告されている．

遺伝子変異型としては，塩基置換・塩基欠失・塩基挿入がある．1塩基置換では，アミノ酸置換が生じたアリルが8種類（Ito et al, 1993；Carani et al, 1997；Ludwig, 1998；Morishima et al, 1995；Maffei et al, 2007；Lin et al, 2007），ストップコドンが生じたアリルが1種類（Portrat-Doyen, 1996），スプライシングコードに異常が生じたアリルが4種類報告されている．

スプライシングコードの異常には，スプライシングドナー部位の変異によりイントロン由来のアミノ酸挿入が生じたもの（Harada et al, 1992 a），イントロン由来のストップコドンが生じたもの（Mullis et al, 1997；Belgorosky et al, 2003；Maffei et al, 2004），さらにスプライシングアクセプター部位の変異によってエクソンスキップが生じたもの（Herrmann et al, 2002）が含まれている．エクソン5の最終塩基に生じた塩基置換のアリル（IVS5, G→A, -1）については，当初スプライシングドナー部位が機能しなくなったために下流のイントロン5配列が転写されてストップコドンが生じるものと推定されていたが，最近になってエクソンスキップによりエクソン5を欠くアロマターゼが合成されることが原因と推定する報告がなされた（Pepe et al, 2007）．

塩基欠失によって生じた異常としては，一塩基欠失からフレームシフトをきたし新たにストップコドンが生じたものが3種類（Mullis et al, 1997；Belgorosky et al, 2003；Deladoey et al, 1999），エクソン4の23塩基欠失から同様の機

表Ⅺ-48-1．アロマターゼ欠損症の症状・所見

	胎児期－新生児	幼児	思春期以降
エストロゲン欠乏	母体尿中エストロゲン低値 血中エストロゲン低値 LH/FSH 高値	 （多嚢胞性卵巣腫大） LH/FSH 高値 骨年齢遅延，骨量減少	二次性徴欠如（原発性無月経，乳腺と子宮発育不全） 多嚢胞性の卵巣腫大 LH/FSH 高値 恥毛・腋毛の発育 身長発育の加速欠如 高身長（骨端閉鎖不全） 骨粗鬆症 脂質代謝異常 インスリン抵抗性 脂肪肝（男性のみ？） 内反膝（男性のみ？）
アンドロゲン過剰	女性仮性半陰陽 妊娠母体の男性化		男性化（アクネ，多毛，陰核肥大）

序でストップコドンを生じたものが1種類報告されている (Lanfranco et al, 2008)．さらに，エクソン5とその前後のイントロン4・5を含む広い領域 (1601塩基対) が欠失するアリルも見出されている (Lin et al, 2007)．

塩基挿入としては，エクソン9に生じた1症例のみが報告されている (Mittre Herve et al, 2004)．1塩基挿入によりフレームシフトからストップコドンが生じている．

男性のアロマターゼ遺伝子変異は，エクソン5と9にほぼ限られている．エクソン5は活性部位，エクソン9は基質結合部位のアミノ酸をコードしていることから，アロマターゼ活性に致命的な欠陥を生じる変異のみが発見されている可能性がある．女性の変異もエクソン5と9に集中しているが，その周囲 (エクソン3と6) にも認められる．このことは，女性では若干活性低下の少ない症例でも発見されていることを示唆しているのかもしれない．女性では，女性仮性半陰陽が手がかりとなり発見されやすいのに対し，男性では手がかりとなる表現型があまり認識されてこなかったためと推定される．

3 アロマターゼ欠損症の臨床像

アロマターゼ欠損症の臨床症状は，エストロゲン欠乏と前駆体であるアンドロゲンの蓄積に基づく症状とによって生じる (図Ⅺ-48-1)．症状は，生理的にエストロゲン産生が亢進する胎児期と思春期以降において顕性化する．

胎児期には，アンドロゲン過剰により女性仮性半陰陽が生じるが，下垂体－性腺軸が相対的に不活性となる幼児期には臨床症状は目立たなくなる．思春期に，性腺が活性化されると低エストロゲンと高アンドロゲンによる症状が再び顕性化する．したがって，出生時と思春期とに診断される可能性が高い．女性患者は，女性仮性半陰陽と妊娠中の母体の男性化が手がかりとなって出生時に発見され，男性患者は，思春期以降に高身長と骨粗鬆症・内反膝などを手がか

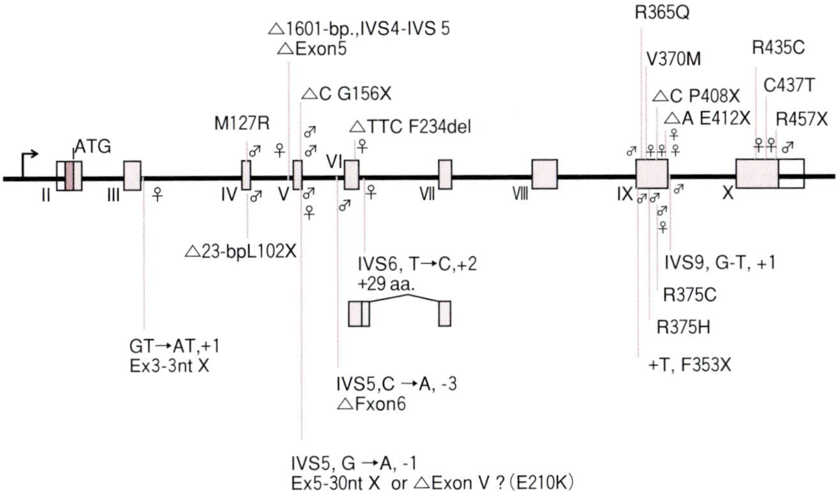

図XI-48-2．*CYP19A1*の遺伝子変異

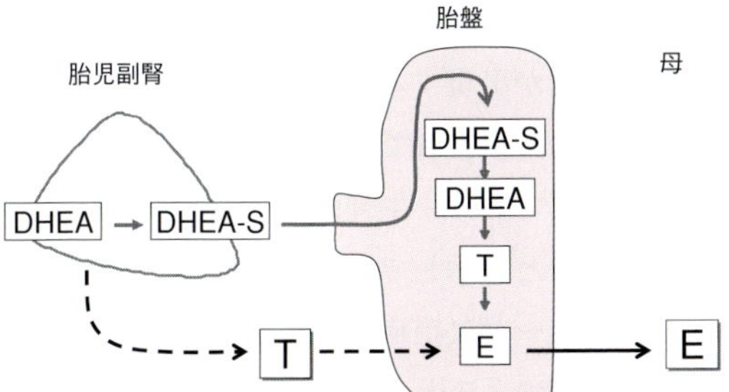

図XI-48-3．胎児胎盤系によるエストロゲン産生系路

肝臓での16α一水酸化などを省いて記述している．
点線は，副腎性器症候群でのアンドロゲン産生と代謝を示す．

りに発見される可能性が高い．

(A) 出生時

アンドロゲン過剰により，女児は女性仮性半陰陽となる．陰唇が完全に癒合して陰茎下裂に類似し，外性器からは男女の判別が困難な症例も多い．実際，男性として養育された症例も報告されている（Lin et al, 2007）．患児を妊娠している母体にもアンドロゲン過剰による男性化症状（声の低音化，色素沈着，顔貌の変化，アクネ，陰核肥大，陰毛の男性化，肝機能障害）が出現し，妊娠後期にかけて増悪するのが特徴である．

妊娠中には，胎児副腎で大量に産生されるデヒドロエピアンドロステロンサルフェート（dehydroepiandrosterone-sulphate, DHEA-S）が胎児肝臓で16位の水酸化を受けた後に，胎盤に達してサルファターゼ（sulphatase），3β水酸化ステロイド脱水素酵素（3β-hdyroxysteroid dehydrogenase），17β水酸化ステロイド脱水素酵素（17β-hydroxysteroid dehydrogenase type 1）の作用により活性型アンドロゲン（アンドロステンジオンとテストステロン，およびその16位水酸化体）へと代謝される．これらの活性型アンドロゲンは，胎盤に豊富に発現するアロマターゼにより，速やかにエストロゲン（エストロン，エストラジオール，エストリオール）へと転換された後，母体血中を経て母体尿中に排泄される（図XI-48-3）．アロマターゼ欠損症では，胎盤内で活性型アンドロゲンがエストロゲンに転換されずに蓄積し，胎児および母体血中に移行して男性化をもたらす．このアンドロゲン過剰は，外性器分化の臨界期（10-14週ごろ）あるいはそれ以前より生じていると考えられる．胎児副腎でのDHEA-S産生量は妊娠後半期まで漸増するため，母体の男性化は妊娠後半期に進行性に増悪する．分娩後に，母体の男性化症状は改善するが，色素沈着や陰核肥大などは容易に消失しない．

女性仮性半陰陽の原因としては，先天性副腎過形成が最も有名である．先天性副腎過形成では，児に男性化（女性仮性半陰陽）が見られるが，妊娠中の母体に男性化が生じない点で，アロマターゼ欠損症と異なる．先天性副腎過形成は，コルチゾール合成に関与する酵素の活性欠損によって生じるもので，代謝されずに蓄積したコルチゾール前駆体の一部がアンドロゲンに転換されて児の男性化が生じる（図XI-48-3）．このアンドロゲンは，母体に移行する際に胎盤のアロマターゼによりエストロゲンに転換されるので母体には男性化が生じない．これに対し，アロマターゼ欠損症では，胎盤でアンドロゲンをエストロゲンに転換できないため，母体にも男性化が出現する．最近，NADPHチトクロームP450酸化還元酵素欠損症でも胎児の男性化と妊娠中の母体の男性化が認められることが明らかにされた．NADPHチトクロームP450酸化還元酵素の欠損はアロマターゼ活性の低下を招くことから，胎盤のアロマターゼが母児の男性化に重要であるとの考えが支持された（Krone et al, 2007）．

妊娠母体に男性化を認めなかったとするアロマターゼ欠損症例も1例報告されている．この症例は，変異アリルの複合ヘテロ接合体症例で，アロマターゼ活性は低いながらもわずかに残存（正常胎盤の1.1%）していた．2007年以前の報告では，妊娠母体に男性化が出現したアロマターゼ欠損症例はすべて残存活性が1%以下であったことから，1%の残存活性があれば胎児の男性化を防ぐことはできないものの母体の男性化は防げると考えられていた．

(B) 乳児期—幼児期

正常者では，乳児期のゴナドトロピン値は低く卵巣は活性化されていない．この時期には，エストロゲンの合成分泌はなく，エストロゲンには生理的な役割がないと考えられていた．ところが，アロマターゼ欠損症患者の詳細な観察から，乳児期においてすでにエストロゲン欠乏による変化が出現することが明らかになった．この発見は，正常者でも乳児期にエストロゲンが合成されており，生理的に重要な役割を果たしていることを示している．

アロマターゼ欠損症女児の成長を7歳まで観察した報告によると，身長発育には異常を認めなかったものの，2歳時にすでに骨年齢の遅延がみられ，7歳時にかけて徐々に遅延が明瞭となった（Belgorosky et al, 2003）．乳児期から幼児期早期にかけて，通常の方法では血中にエストロゲンは検出されない．しかし，骨年齢の遅延は，乳児期にすでにエストロゲンが骨に生理的作用をおよぼしていることを示唆する．先に述べたように幼児期にはゴナドトロピンは低値で，卵巣は活性化されておらず，卵巣からのエストロゲン分泌はほとんどない．したがって，骨に作用しているエストロゲンは卵巣以外の臓器に発現するアロマターゼにより合成されたものであり，そのアロマターゼはゴナドトロピン

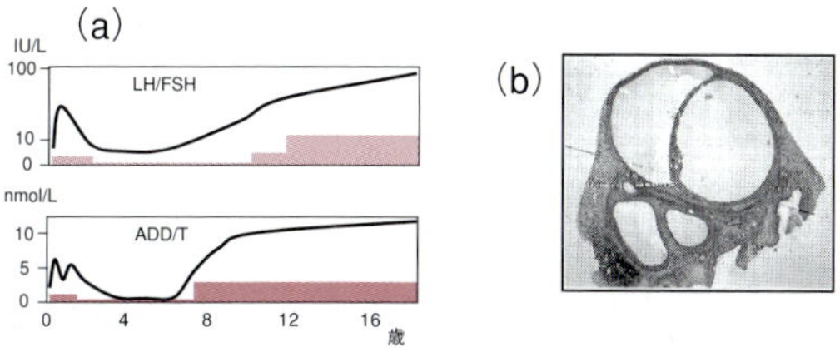

図Ⅺ-48-4．血中ゴナドトロピンの推移と卵巣所見

(a) Belgorosky, 2004をはじめとする諸家の報告に基づいて作成した概念図．灰色の範囲は正常値を示す．
(b) 2歳の患者の卵巣所見（Mullis et al, 1997）

非依存性に転写・発現が誘導されるプロモーターを持っていると推定される．実際，骨芽細胞にはゴナドトロピン非依存性のプロモーターである脂肪型プロモーターによりアロマターゼが発現している（Shozu et al, 2001）．したがって，骨に作用するエストロゲンは骨で産生されていものと推定される．アロマターゼ欠損症では，骨細胞と含めすべての細胞でエストロゲンが欠損して症状が出現する．

アロマターゼ欠損症児の血中LH，FSH値は出生直後から高く，乳児期に一旦低下するものの正常者より高い値を維持する（Belgorosky et al, 2003）．このことは，エストロゲンが幼児期においてもゴナドトロピン抑制に作用しており，アロマターゼ欠損症患者ではこの抑制がかからないためと理解される．アロマターゼ欠損症の患者にLHRHを投与するとLHとFSH値はさらに高値となり，逆に少量のエストロゲンを投与するとLHとFSHは抑制される（Conte et al, 1994）．したがって，生理的にはエストロゲンによってゴナドトロピンが抑制されているものと思われ，このエストロゲンは脳内など局所で合成されたものと考えられる．

卵巣を超音波で観察した報告によると，アロマターゼ欠損症の女児では6ヶ月以降卵巣は腫大し多数の嚢胞が観察された（Mullis et al, 1997）（図Ⅺ-48-4）．この卵胞は，三次卵胞で卵丘形成が認められている．40μg/dayのエストラジオール投与でゴナドトロピンは低下し卵巣は縮小するが，投与中止により再度卵巣が腫大する．これらの観察から，エストロゲン欠乏によるFSHの亢進が，アロマターゼ欠損症患者の卵胞発育を促しているものと考えられる．LH高値は莢膜細胞のアンドロゲン合成を促進し，このアンドロゲンがFSH受容体の誘導や卵胞のリクルートに関与している可能性がある．

(C) 思春期以降

思春期以降には，視床下部・下垂体・性腺系が活性化する．アロマターゼ欠損症患者でも視床下部・下垂体・性腺系が活性化するが，エストロゲンへの転換が進まず，アンドロゲンが過剰に蓄積して男性化などの症状が顕性化する．子宮や乳腺などへの作用が欠如するだけでなく，長期的なエストロゲン欠乏はさまざまな代謝性障害をもたらす．

思春期以降のアロマターゼ欠損症の表現型は，主に男性患者の観察から明らかにされた．女性患者では，二次性徴の欠如し診断のつかないままエストロゲン補充療法が開始されていることが多く，表現型が明らかになりにくい．脂質代謝異常の程度には，男性患者と女性患者とで性差があるように思われるが，女性患者の表現型が確実でないため結論は出ていない．一方，男性患者の表現型には，エストロゲン欠乏に加え高度のアンドロゲン過剰による修飾が加わっている可能性がある．

(1) 二次性徴の欠如

思春期以降ゴナドトロピンは高値をとり，卵巣は多嚢胞性に腫大するが排卵は起こらない．組織学的には，一次卵胞から三次卵胞（胞状細胞）までの各発育段階の発育卵胞と閉鎖卵胞の増加が認められる（Mullis et al, 1997；Conte et al, 1994）．卵巣皮質のコラーゲン繊維が増加し間質に繊維化をみる（Conte et al, 1994）．乳腺の発育，身長発育の急伸は欠如し，原発性無月経を示す．

高アンドロゲン血症が進行し，陰核が肥大しアクネが出現する．陰毛や恥毛の発育は過剰気味となる．

男性では，造精機能と性欲の若干の低下が報告されているが，妊孕性は保たれている．男女とも，性指向（sexual orientation）は正常と報告されているが，男児として養育されていた46，XXの患者で，内性器切除後男性としての性指向に問題を生じなかったとの報告もあり興味深い（Lin et al, 2007）．

(2) 骨代謝障害

アロマターゼ過剰症男性では，思春期までの身長に異常は見られないが，通常骨端が閉鎖する18歳を過ぎても骨端の閉鎖が起こらず，身長の伸びが続いて高身長（2 m 以上）となる．一方，骨量は少なく，高度の骨粗鬆症となる．血清の骨形成マーカーと骨吸収マーカーは共に高値を示し，骨形成と骨吸収がともに亢進する高代謝回転型の骨粗鬆症を示す．女性も未治療の場合には，類宦官体型で高身長となると考えられる．

(3) エネルギー代謝障害

未治療の男性患者には，いわゆるメタボリック症候群に似たエネルギー代謝異常が認められる．脂質代謝異常（総コレステロール・LDL コレステロール・トリグリセリド上昇，HDL コレステロール低下），糖代謝異常（血糖上昇，インスリン高値）があり，内臓脂肪の増加，脂肪肝，動脈硬化（頸動脈のプラーク）などが認められる．これらの症状は，エストロゲン剤の服用により軽快する．

内反膝はエストロゲン作用の欠損に特徴的と考えられ，成人で発見される男性患者にはすべて認められている．

女性に，男性で見られたような脂質代謝異常・インスリン抵抗性などがみられるかどうかよくわかっていない．

4 部分的活性欠損

アロマターゼ遺伝子変異の解析から，活性低下の軽い症例が見過ごされているのではないかと推定されていた．実際に，2007年になって，部分的活性欠損と思われる症例が報告された（Lin et al, 2007）．妊娠中に声の低音化が見られた母親から出生した女性仮性半陰陽（Prader 4期）の女性が，13.5歳の時に陰核肥大を主訴に受診した．乳腺は Tanner 2 度，陰毛は Tanner 3 度に発達し，子宮長は6.3cm であった．血中エストラジオールは29 pg/ml と低値ではあるが検出可能で，ゴナドトロピン（FSH：20.8 IU/L, LH：60.1 IU/L）とアンドロゲン値（アンドロステンジオン：470 ng/ml, テストステロン：220 ng/ml）は高値であった．骨年齢は2.5歳の遅延があった（骨量の評価は行われていない）．14.8歳時までに，乳腺の発達は進まず，顔面の多毛が増悪したため，エチニールエストラジオールと酢酸シプロテロンの投与が開始されている．

この症例では，思春期にエストラジオールが低値ではあるが十分検出感度を超えて検出されていることと，その結果自発的な二次性徴（乳腺発育・子宮発育）が一部認められている点で，これまでに報告されてきたアロマターゼ欠損症（古典的アロマターゼ欠損症）と異なる．この症例は，アロマターゼ遺伝子がR435Cのホモ接合体であった．アロマターゼ活性が1.5%残存していたために，表現型がそれまでの完全欠損型（古典的欠損症）と異なったものと理解される．

R435Cは，1993年に報告された複合ヘテロ接合体（R435C/C437Y）症例にも認められた変異アリルである．C437Yは残存活性が0%，R435Cは残存活性が1.1%の変異であった．この複合ヘテロ個体は，妊娠中の母体に男性化徴候を認めなかった点を除いて完全に古典的アロマターゼ欠損症に一致する表現型を示していた．残存活性の値から推定するとR435C/C437Yのアロマターゼ活性はR435Cホモ接合体より低いと考えられる．したがって，R435C/C437Yが古典的アロマターゼ欠損症の表現型に近い表現型を示し，R435Cホモが部分的欠損症の表現型を示したことは理解できる．妊娠母体の男性化については，R435Cホモで軽微な症状が認められたのに対し，R435C/C437Yでは記載がなかったと報告されていて，必ずしも活性低下の程度とは一致しない．R435Cホモでの母体に認められた男性化が比較的軽微であったことを考慮すると，1%程度の活性があれば男性化が軽減され，症例によっては認識できない程度のこともあると理解するのが妥当であろう．

Linらは，部分活性欠損症と思われるF234delのホモ個体の一家系2症例（女性）も報告しているが，卵巣切除後の症例と乳児症例とであり内分泌学的な情報が十分ではない．しかし，女性仮性半陰陽と妊娠母体の男性化症状（軽度）および思春期における乳腺の発育などは部分的欠損例の症例と共通している．

2003年に古典的アロマターゼ欠損症の典型例として報告された女性患者が，その後思春期に血中にエストロゲンが検出され，自発的な乳腺発育が認められたことが報告されている（Pepe et al, 2007）．この症例では，大部分にエクソンスキップ（スプライシング異常）が生じているものの，一部に正常型のスプライシング産物（ただし，アミノ置換により活性型のミスセンス変異を持つ）ができるために活性がわずかに残存していると考えられた．

このような活性の部分欠損例では，思春期以降卵巣が活性化されるとエストロゲンが血中に検出されるようになり，乳腺はある程度自発的に発育する．女性仮性半陰陽や骨年齢の遅延，無排卵などその他の所見は，アロマターゼ欠損症として矛盾しない．

5 アロマターゼ欠損症の診断

古典的アロマターゼ欠損症では，血中エストロゲンは検出されず，二次性徴は完全に欠如する．したがって，女性仮性半陰陽と二次性徴の欠如をみた場合に，エストロゲン値を測定することで，アロマターゼ欠損症の診断は容易と考えられてきた．妊娠中に母体に男性化徴候があれば，副腎性器症候群を示す酵素欠損症はほぼ否定できるので，さらに疑いが強くなる．

アロマターゼ活性が残存する部分欠損症例では血中にエストロゲンが検出され，乳腺や子宮も発育する．エストロゲン欠乏はやや軽くても，男性ホルモン過剰症状は強く出現するという病態が存在する．このような部分的欠損症の特殊な病態を理解しておく必要がある．

このような部分的な活性欠損例も含め，女性仮性半陰陽と妊娠中の母体の男性化が診断の手がかりとなる．女性仮性半陰陽は，女性患者すべてに認められている．妊娠中の母体の男性化も，記載のある報告例では1症例を除きすべての症例に認められる．女性仮性半陰陽と妊娠中の母体の男性化が認められた場合に，母体卵巣や副腎のアンドロゲン分泌性腫瘍や機能性病変（hyperreactio ovarii など），外来性アンドロゲン投与が否定できれば，出生時からアロマターゼ欠損症を疑うことができる．

卵巣の多嚢胞性の腫大も乳児期以降ほとんどの症例で認められている所見である．しかし，思春期以降でも腫大が軽微であった症例も報告されている（Lin et al, 2007）．

最終的には，遺伝子検査により診断を確定する．

まとめ

アロマターゼ欠損症の表現型は，エストロゲンの生理的な役割についてさまざまな示唆を与えた．卵胞はエストロゲンがほとんどない状態でも，三次卵胞にまで発育するが，排卵には至らず多嚢胞性に腫大する．アンドロゲンの卵胞リクルート亢進作用と，ゴナドトロピンの持続的卵胞発育刺激が卵巣腫大に関与していると推定される．少量のエストロゲン補充により，ゴナドトロピンとアンドロゲンは低下して，卵巣の腫大も消失する．

活性欠損が部分的である症例では，診断に注意が必要である．血中にエストロゲンが検出された場合でも，原発性無月経・不十分な二次性徴・高度の骨粗鬆症・卵巣腫大・ゴナドトロピン高値などのエストロゲン活性欠如を疑う所見を認めた時には，アロマターゼ欠損症も念頭に置く．女性仮性半陰陽・妊娠母体の男性化症状の病歴があればさらに疑いが強くなる．

これまできわめてまれと考えられていたアロマターゼ欠損症であるが，軽症例が予想外に高い頻度で存在している可能性が出てきた．今後これらの症例を見出し，PCOS との異同についての検索が進むことが期待される．

（生水真紀夫）

引用文献

Belgorosky A, Pepe C, Marino R, et al (2003) Hypothalamic-pituitary-ovarian axis during infancy, early and late prepuberty in an aromatase-deficient girl who is a compound heterocygote for two new point mutations of the CYP19 gene, *J Clin Endocrinol Metab,* 88 ; 5127-5131.

Carani C, Qin K, Simoni M, et al (1997) Effect of testosterone and estradiol in a man with aromatase deficiency, *N Engl J Med,* 337 ; 91-95.

Conte FA, Grumbach MM, Ito Y, et al (1994) A syndrome of female pseudohermaphrodism, hypergonadotropic hypogonadism, and multicystic ovaries associated with missense mutations in the gene encoding aromatase (P450arom), *J Clin Endocrinol Metab,* 78 ; 1287-1292.

Deladoey J, Fluck C, Bex M, et al (1999) Aromatase deficiency caused by a novel P450arom gene mutation : impact of absent estrogen production on serum gonadotropin concentration in a boy, *J Clin Endocrinol Metab,* 84 ; 4050-4054.

Harada N, Ogawa H, Shozu M, et al (1992a) Genetic studies to characterize the origin of the mutation in placental aromatase deficiency, *Am J Hum Genet,* 51 ; 666-672.

Harada N, Ogawa H, Shozu M, et al (1992b) Biochemical and molecular genetic analyses on placental aromatase (P-450AROM) deficiency, *J Biol Chem,* 5,

267 ; 4781-4785.
Herrmann BL, Saller B, Janssen OE, et al (2002) Impact of estrogen replacement therapy in a male with congenital aromatase deficiency caused by a novel mutation in the CYP19 gene, *J Clin Endocrinol Metab,* 87 ; 5476-5484.
Ito Y, Fisher CR, Conte FA, et al (1993) Molecular basis of aromatase deficiency in an adult female with sexual infantilism and polycystic ovaries, *Proc Natl Acad Sci USA,* 90 ; 11673-11677.
Krone N, Dhir V, Ivison HE, et al (2007) Congenital adrenal hyperplasia and P450 oxidoreductase deficiency, *Clin Endocrinol,* (Oxf) 66 ; 162-172.
Lanfranco F, Zirilli L, Baldi M, et al (2008) A novel mutation in the human aromatase gene : insights on the relationship among serum estradiol, longitudinal growth and bone mineral density in an adult man under estrogen replacement treatment. *Bone,* 43 ; 628-635.
Lin L, Ercan O, Raza J, et al (2007) Variable phenotypes associated with aromatase (CYP19) insufficiency in humans, *J Clin Endocrinol Metab,* 92 ; 982-990.
Ludwig KS (1998) The Mayer-Rokitansky-Kuster syndrome, An analysis of its morphology and embryology, Part II : Embryology, *Arch Gynecol Obstet*, 262 ; 27-42.
Maffei L, Murata Y, Rochira V, et al (2004) Dysmetabolic syndrome in a man with a novel mutation of the aromatase gene : effects of testosterone, alendronate, and estradiol treatment, *J Clin Endocrinol Metab,* 89 ; 61-70.
Maffei L, Rochira V, Zirilli L, et al (2007) A novel compound heterozygous mutation of the aromatase gene in an adult man : reinforced evidence on the relationship between congenital oestrogen deficiency, adiposity and the metabolic syndrome, *Clin Endocrinol* (Oxf), 67 ; 218-224.
Mittre Herve MH, Kottler ML, et al (2004) Human gene mutations, Gene symbol : CYP19. Disease : Aromatase deficiency, *Hum Genet,* 114 ; 224.
Morishima A, Grumbach MM, Simpson ER, et al (1995) Aromatase deficiency in male and female siblings caused by a novel mutation and the physiological role of estrogens, *J Clin Endocrinol Metab*, 80 ; 3689-3698.
Mullis PE, Yoshimura N, Kuhlmann B, et al (1997) Aromatase deficiency in a female who is compound heterozygote for two new point mutations in the P 450arom gene : impact of estrogens on hypergonadotropic hypogonadism, multicystic ovaries, and bone densitometry in childhood, *J Clin Endocrinol Metab,* 82 ; 1739-1745.
Pepe CM, Saraco NI, Baquedano MS, et al (2007) The cytochrome P450 aromatase lacking exon 5 is associated with a phenotype of nonclassic aromatase deficiency and is also present in normal human steroidogenic tissues, *Clin Endocrinol* (Oxf), 67 ; 698-705.
Portrat-Doyen, (1996) Female pseudohermaphroditism (FPH) resulting from aromatase (P450arom) deficiency associated with a novel mutation (R457) in the CYP 19 gene, *Horm Res*, 46 (suppl) ; 14.
Shackleton C, Marcos J, Arlt W, et al (2004) Prenatal diagnosis of P450 oxidoreductase deficiency (ORD) : a disorder causing low pregnancy estriol, maternal and fetal virilization, and the Antley-Bixler syndrome phenotype, *Am J Med Genet A,* 129 ; 105-112.
Shozu M, Akasofu K, Harada T, Kubota Y (1991) A new cause of female pseudohermaphroditism : placental aromatase deficiency, *J Clin Endocrinol Metab,* 72 ; 560-566.
Shozu M, Sumitani H, Murakami K et al (2001) Regulation of aromatase activity in bone-derived cells : possible role of mitogten-activated protein kinase, *J Steroid Biochem Mol Biol*, 79 ; 61-65.

XI-49

アロマターゼ阻害剤による排卵誘発

Key words
アロマターゼ阻害剤／過排卵刺激／多嚢胞性卵巣症候群／胚の凍結保存／排卵誘発

はじめに

クエン酸クロミフェン（clomiphene citrate：CC）は，簡便な内服の排卵誘発剤として40年以上もの間，第一選択として使われてきた．排卵誘発率は60-90％と高いが，子宮内膜の菲薄化や頸管粘液の減少などの好ましくない抗エストロゲン作用のために，妊娠率は10-40％と十分ではない．多胎率も10-20％と高い．

ゴナドトロピンは，CC よりも排卵誘発および妊娠に対して有効であるが，注射剤であり高額であることと，卵巣過剰刺激症候群（ovarian hyperstimulation syndrome；OHSS）や多胎のリスクが高い．

アロマターゼ阻害剤（aromatase inhibitor；AI）は，エストロゲン生合成酵素であるアロマターゼの反応を阻害して生成物であるエストロゲン産生を抑制する物質である．近年，AI を排卵誘発に応用する試みがなされている．そこでその作用機序，臨床成績，今後の問題点などについて考察する．

1 AI の分類と開発の歴史

AI の開発および臨床応用はもっぱらエストロゲン依存性腫瘍である乳癌の治療が対象である（表XI-49-1，図XI-49-1）．最初の薬剤はアミノグルテチミド（aminoglutethimide）であったが，アロマターゼに対する選択性が低く，他のステロイド代謝酵素も阻害するために，コルチコステロイドの補充が必要であった．

1980年代より新たな阻害剤の開発が活発化した．第二世代として登場したのが，ステロイド性のフォルメスタン（formestane）と非ステロイド性のファドロゾール（fadrozole）である．一般にステロイド性と非ステロイド性阻害剤とはアロマターゼの阻害様式が若干異なる．非ステロイド性阻害剤は，アロマターゼの基質であるアンドロゲンを競合的に阻害する．一方，ステロイド性阻害剤は阻害剤そのものがアロマターゼによって酵素反応を受け，その代謝物が酵素の活性中心に非可逆的に結合して酵素を失活化させる．このことから自殺基質阻害剤とも呼ばれている．このように理論的にはステロイド性の方が有利ではあるが，フォルメスタンの場合は筋肉内注射剤であり，注射部位における副作用が認められた．またファドゾールは本邦ではじめて閉経後乳癌に対して保険適応となったが，その阻害効果は不十分であった．

アロマターゼ：エストロゲン生合成酵素．アンドロゲンであるアンドロステンジオンとテストステロンを基質として，それぞれエストロンとエストラジオール（E_2）に転換する．アロマターゼはチトクロム P-450の一種であり，15 q21.2に局在する *CYP19* 遺伝子の産物である．2009年，ついに結晶化され構造が解明された．女性においては主として卵巣の顆粒膜細胞に局在し，性腺外にも脳，乳腺，脂肪，筋肉，皮膚などに局在する．

表XI-49-1．アロマターゼ阻害剤とその特徴

世　代	一般名（商品名®）	分類	阻害様式	IC_{50}（nM）
第 1 世代	Aminoglutethimide	Nonsteroidal	Competitive	300–8000
第 2 世代	Formestane	Steroidal	Irreversible	45
	Fadrozole	Nonsteroidal	Competitive	0.37–5
第 3 世代	Exemestane（アロマシン®）	Steroidal	Irreversible	5
	Anastrozole（アリミデックス®）	Nonsteroidal	Competitive	14
	Letrozole（フェマーラ®）	Nonsteroidal	Competitive	0.39–11.5

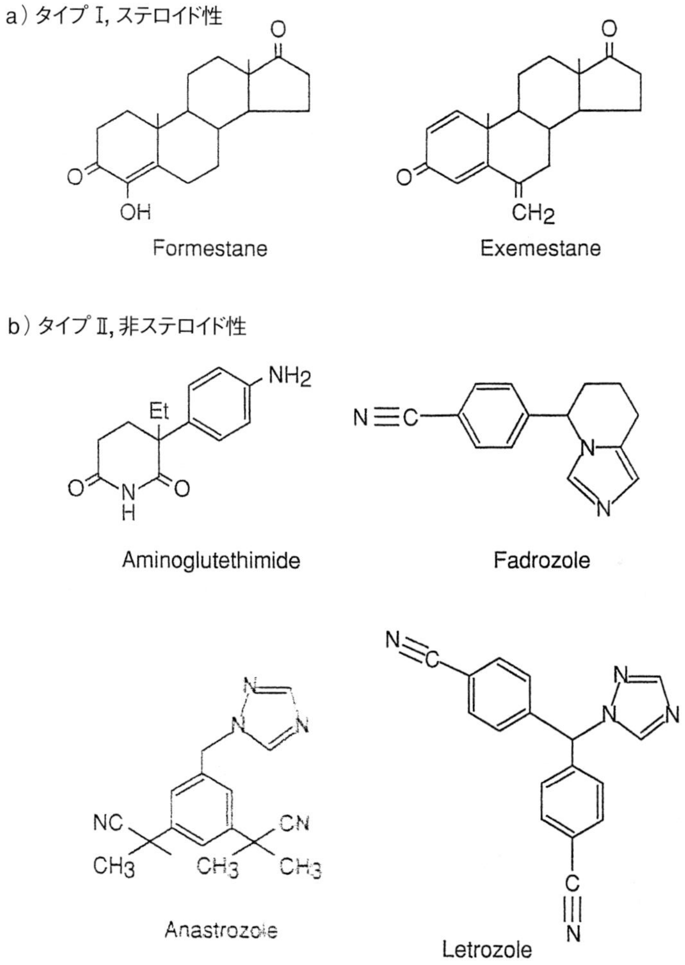

図XI-49-1．AIの分類

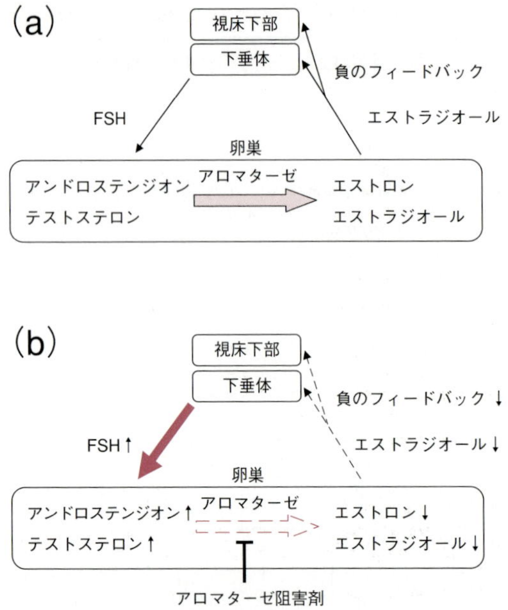

図XI-49-2．AIの排卵誘発機序

(a) 卵胞期において，アロマターゼによって産生されるエストラジオール(E_2)は，下垂体のFSH分泌に対して負のフィードバックを発揮する．(b) AIによってE_2産生が低下することにより，下垂体に対する負のフィードバックが解除され，FSH分泌が亢進する．卵巣に蓄積したアンドロゲンは卵巣のFSHに対する感受性を高める．

現在では第三世代として開発されたステロイド性のエキセメスタン (exemestane) と非ステロイド性のアナストロゾール(Ana, anastrozole)，レトロゾール (Let, letrozole) とが臨床使用されている．これらはアロマターゼの阻害効果，選択性ともに高い薬剤である．閉経後乳癌に対して，従来エストロゲン・レセプター(estrogen receptor：ER) 拮抗剤であるタモキシフェン (tamoxifen：Tam) が用いられてきたが，今や第三世代のAIは第一選択薬の座を得つつある．副作用は，消化器症状，倦怠感，ホットフラッシュ，頭痛など軽微なものである．

2 AIの排卵誘発機序

AIによる排卵誘発機序には，中枢性の作用と末梢性の作用の二つの機序が提唱されている (Casper, Mitwally, 2006) (図XI-49-2)．

(A) 中枢性作用

卵胞期において，血中エストロゲンは視床下部−下垂体系に対して負のフィードバック (negative feedback) を発揮し，下垂体の卵胞刺激ホルモン (follicle stimulating hormone：FSH) 分泌を抑制している．AIは全身のアロマターゼに作用してエストロゲン産生を阻害し，その血中濃度を低下させる．その結果，負のフィードバックが解除されFSH分泌が亢進し，卵胞の発育が促進される．また，エストロゲンの低下によって下垂体のアクチビン分泌を増加させ，これが直接下垂体ゴナドトローフに作用してFSH産生を増加させる．

非ステロイド性AIの血中半減期は約45時間で， CCの5日−3週間と比較してかなり短い．またAIは，CCと異なりERを枯渇させないため，投与中止後に負のフィードバックが速やかに回復する．すなわち，投与中止後主席卵胞が成熟しエストロゲンが上昇すると，負のフィードバックによりFSHが抑制されて小卵胞の閉鎖が起こる．これらのことにより単一の成熟卵胞の排卵がもたらされる．

(B) 末梢性作用

AIの投与によって，アロマターゼの基質であるアンドロゲンが卵巣に蓄積する．テストス

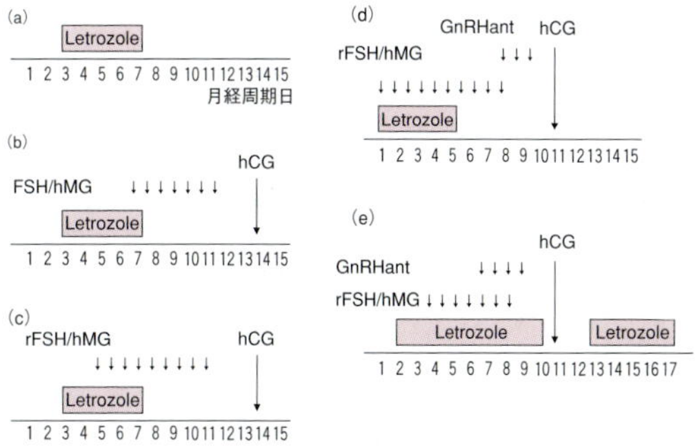

図Ⅺ-49-3．AIによる排卵誘発の処方例

(a) AI単独の最も一般的な処方．CCに代えて多くがDay 3から5日間投与される（Mitwally, Casper, 2001）．(b) AI＋FSHでは，通常Day 7からFSHを開始する順次投与法（Mitwally, Casper, 2002）と，(c) Day 5から投与開始する重複投与法（Healey et al, 2003）がある．(d) 体外受精に対する過排卵刺激では，FSH投与開始と同時にAIを5日間投与する（Garcia-Velasco et al, 2005）．(e) 乳癌や子宮内膜癌の化学療法前の胚の凍結保存を目的とした過排卵刺激法（Azim et al, 2007）．

テロンは卵胞のFSHレセプターの発現を刺激し，卵胞のFSHに対する感受性を高める．さらに，アンドロゲンは卵のインスリン様成長因子I（insulin-like growth factor-I：IGF-I）発現を刺激し，FSHと協調して卵胞の発育を促進する．

もう一つは，AIの投与によって全身のエストロゲンが低下すると，子宮内膜のERを上方制御（up-regulate）して，エストロゲンに対する感受性が高まる．AIの投与中止後のエストロゲン再上昇とともに子宮内膜の増殖が促進される．この点がCCと比較して内膜厚が薄くならない機序と考えられる．

(C) 多嚢胞性卵巣症候群におけるAIの効果

多嚢胞性卵巣症候群（polycystic ovary syndrome：PCOS）では，元来多くの小卵胞内の顆粒膜細胞のアロマターゼ発現が低下しており，卵巣内のアンドロゲン蓄積が亢進している．また，アンドロゲンの増加は，FSHレセプター発現を増加させ，FSHに対する感受性が高まっている．このため，外因性ゴナドトロピン投与によりOHSSをきたしやすい．

アンドロゲンの増加は脳のアロマターゼによるエストロゲン転換を亢進し，恒常的に負のフィードバックによって下垂体のFSH分泌を抑制している．AI投与により全身のエストロゲン転換が低下すると，PCOSにおいても負のフィードバックが解除され，FSH分泌が亢進する．しかし，PCOS患者ではインヒビン濃度が上昇しており，FSH分泌を抑制している．これはAI投与によっても改善されないので，十分なFSH上昇はきたさない．また，AIはERを減少させないため，卵胞発育に伴うエストロゲンとインヒビンの上昇による適切な負のフィードバックが機能する．このためOHSS発生のリスクが軽減されると考えられている．

3 AIによる排卵誘発の実際

卵胞期初期にCCに代わってAIを投与する試みが最初である．その後FSHとの併用，さらに体外受精－胚移植（*in vitro* fertilization-embryo transfer：IVF-ET）に対する過排卵刺激などの応用がなされてきた（図Ⅺ-49-3）．CCやFSHとの不妊治療成績を比較した研究が数多く報告されている（表Ⅺ-49-2）．

(A) 単独投与

MitwallyとCasper（2001）は，AIによる排卵誘発を最初に報告した．CCに十分に反応しないPCOS 12例にLetを投与した（図Ⅺ-49-3

表XI-49-2．アロマターゼ阻害剤による不妊治療著者

著者	発表年	診断	治療	排卵率(%)	内膜厚(mm)	妊娠率(%)
単独						
Mitwally, Casper	2001	CC 抵抗性 PCOS	Let 2.5mg×5日	75	8.1＊	25
			CC 50/100mg×5日	44	6.2	—
Bayar et al	2006	PCOS	Let 2.5mg×5日	65.7	8	9.1
			CC 100mg×5日	74.7	8	7.4
Atay et al	2006	PCOS	Let 2.5mg×5日	82.4＊	8.4＊	21.6＊
			CC 100mg×5日	63.6	5.2	9.1
Al-Fadhli et al	2006	機能性不妊，IUI	Let 2.5mg×5日	—	7.5	5.9
			Let 5mg×5日	—	7.8	26.3＊
Al-Fozan et al	2004	機能性不妊，IUI	Let 7.5mg×5日	—	7.1	11.5
			CC 100mg×5日	—	8.2	8.9
Al-Omari et al	2004	CC 抵抗性 PCOS	Let 2.5mg×5日	84.4	8.1	18.8
			Ana 1mg×5日	60	6.5	9.7
Badawy et al	2008	CC 抵抗性 PCOS	Let 2.5mg×5日	62.0	9.1	12.2
			Ana 1mg×5日	63.4	10.2	10.2
Mitwally, Casper	2005	機能性不妊，IUI	Let 20mg×1日	—	8.5	15
			Let 2.5mg×5日	—	8.8	18
			Let 20mg×1日＋rFSH	—	8.4	20
			Let 2.5mg×5日＋rFSH	—	9.2	16.7
Badawy et al	2009	CC 抵抗性 PCOS	Let 5mg×5日	—	10.4	12.4
			Let 2.5mg×10日	—	11.2	17.4＊
Sohrabvand, et al	2006	PCOS	メトフォルミン＋Let 2.5mg×5日	90.6	8.2＊	34.5
			メトフォルミン＋CC 100mg×5日	80.6	5.5	16.7
Sh Tehrani Najad et al	2008	機能性不妊，IUI	Let 5mg×5日	—	9.7＊	32.8＊
			CC 100mg×5日＋hMG	—	7.8	14.3
Gregoriou et al	2008	CC 抵抗性機能性不妊	Let 5mg×5日	—	7.1	8.9
			rFSH 単独	—	8.6＊	14＊
Ganesh et al	2009	CC 抵抗性 PCOS	Let 5mg×5日	79.30＊	—	23.39＊
			CC 100mg×5日＋rFSH	56.95	—	14.35
			rFSH 単独	89.89	—	17.92
FSH との併用						
Mitwally, Casper	2002	FSH 低反応の機能性不妊，IUI	Let 2.5mg×5日＋FSH	—	8.8	21
			FSH 単独	—	8.9	0
Mitwally, Casper	2003	機能性不妊，IUI	Let 2.5mg×5日＋FSH	—	9.1	19.1＊
			CC 100mg×5日＋FSH	—	8	10.5
			FSH 単独	—	10	18.7＊
Healey et al	2003	機能性不妊，IUI	Let 5mg×5日＋hMG	—	8.5	21.6
			hMG 単独	—	9.4＊	20.9
Mitwally, Casper	2004	PCOS	Let 2.5mg×5日＋FSH	—	9.4	26.5
			FSH 単独	—	9.1	18.5
		排卵性不妊	Let 2.5mg×5日＋FSH	—	9.3	11
			FSH 単独	—	9.6	11
Barroso et al	2006	機能性不妊，IUI	Let 2.5mg×5日＋rFSH	—	9.5＊	23.8
			CC 100mg×5日＋rFSH	—	7.3	20
Sipe et al	2006	無排卵，PCOS	Ana 1mg×5日＋FSH	80	9.4	12
		機能性不妊	CC 100mg×5日＋FSH	88	8.5	20
Bedaiwy et al	2007	COS＋IUI	Let 2.5mg×5日＋rFSH	—	8.5	17.9
			rFSH 単独	—	9.0	16.9
Badawy et al	2010	機能性不妊	Let 5mg×5日＋FSH	—	4.1	15.3
			CC 100mg×5日＋FSH	—	2.6	16.8
IVF						
Goswani et al	2004	Gn 低反応，IVF 不成功	Let 2.5mg×5日＋rFSH	—	8.5	23
			GnRHago＋rFSH (long protocol)	—	7.4	24
Gorcia-Velasco et al	2005	Poor responder	Let 2.5mg×5日＋rFSH/hMG＋GnRHant	—	9.6	22.4
			rFSH/hMG＋GnRHant	—	9.8	15.2
Schoolcraft et al	2008	Poor responder	Let 2.5mg×5日＋rFSH/hMG	—	—	37
			微少用量 GnRHago＋rFSH/hMG	—	—	52＊
Lossl et al	2008	IVF/ICSI	GnRHant＋Ana 1mg×3日＋hCG＋rFSH＋GnRHant	—	—	30
			rFSH＋GnRHant		—	36

IUI：人工授精，COS：過排卵刺激

Let：レトロゾール，Ana：アナストロゾール，CC：クエン酸クロミフェン，rFSH：リコンビナント FSH,GnRHago : GnRH アゴニスト，GnRHant : GnRH アンタゴニスト　　＊：有意差あり

(a)). うち9例が排卵し，3例が妊娠した．内膜厚はCCが6.2mmであったのに対して，8.1mmと薄くなっていなかった．

CC抵抗性PCOSでの応用が多く行われており，4編の報告(Atay et al, 2006; Bayer et al, 2006; Sohrabvand et al, 2006; Sipe et al, 2006)の集計では，AIはCCと比較して，患者あたりの妊娠のオッズ比は2.0 (95%信頼区間1.1–4.6, $P=0.011$) と勝っている (Polyzos et al, 2008)．その他のほとんどの報告でも，Letは排卵率，内膜厚，妊娠率において有意差はないにしてもCCより勝っている．

Letの用量の比較では，2.5mg/日と5mg/日をいずれも5日間投与したところ，5mg/日群の方が卵胞数と妊娠率が有意に高かった (Al-Fadhli et al, 2006)．一方，2.5mg/日の10日間投与は，5mg/日の5日間投与よりも妊娠率が高かった (Badawy et al, 2009)．

(B) FSHとの併用

MitwallyとCasper (2003) は，機能性不妊または軽症の男性不妊症例での前方視的試験において，Let2.5mg/日をDay 3-7に投与しDay 7から連日FSHを投与する処方 (図XI-49-3 (b))，CC+FSH，およびFSH単独の3群を比較した．FSHの総投与量はLetまたはCC併用群でFSH単独群に比べて有意に少なかった．18mm以上の卵胞数は3群間で差がなかったが，CC+FSH群 (10.5%) の妊娠率は，Let+FSH群 (19.1%)，FSH単独群 (18.7%) に比べて有意に低かった．Let併用群によりhCG投与時のエストラジオール (estradiol: E_2) 値が有意に低下していた．

Mitwallyら (2005) は，2年間のコホート研究により，CC, FSH, Let, CC+FSH, Let+FSH，そして自然妊娠の妊娠結果を比較した．流産率と外妊率はいずれも同等であったが，多胎率はLet群 (4.3%) がCC群 (22%) より有意に少なかった．

このように，Let+FSHはいわゆるpoor responderに対してFSHの感受性を高める効果があり，FSHの投与量を減少させることから医療費の節約にもなる．

(C) IVFに対する過排卵刺激

Goswaniら (2004) は，ゴナドトロピン低反応38例を無作為に2群に分けてIVFを行った．13例はLet2.5mg/日をDay 3–7およびリコンビナントFSH (rFSH) 75IUをDay 3–8に投与した．残りの25例はゴナドトロピン放出ホルモン (gonadotropin-releasing hormone: GnRH) アゴニスト (GnRHago) のlong protocolのもとにFSHで刺激した．Let群はGnRHago群に比して，総FSH量が有意に少なかった．卵胞期後期のE_2値はGnRHago群の方が高かったが，妊娠率を含め，その他のすべての項目で両群間に有意差はなかった．また，Garcia-Velascoら (2005) は，Let2.5mg/日5日間投与にrFSH+hMG刺激とGnRHアンタゴニスト (GnRHant) を組み合わせた刺激法 (図XI-49-3 (d)) を用い，Letを用いなかった群よりも卵胞中のアンドロゲン濃度が高まり，臨床成績の改善を示した．いずれもpoor responder症例に対するIVFにLetが有効であることを示している．

一方，Schoolcraftら (2008) は，消退出血後に微少用量GnRHago投与開始し，rFSH+hMG

で刺激するshort protocol（ML群）と，Letに rFSH＋hMG刺激とGnRHantを組み合わせた刺激法（AL群）とを比較した．E_2ピーク値はAL群で低値であったが，その他の項目には有意差がなかった．しかし，進行妊娠率はML群52%，AL群37%と有意にML群が勝っていた．

いずれにしても，AIの併用によりピークE_2値が低下することから，OHSSのリスクが軽減されると考えられる．AIのIVFに対する効果にはさらなる検討が必要である．

(D) 悪性腫瘍患者に対する過排卵刺激

乳癌などの悪性腫瘍においては，化学療法の前に採卵して凍結保存を行うことがある．この際，過排卵刺激によるエストロゲン上昇をできるだけ抑えることによって，これに伴う腫瘍の進展をできるだけ抑制したい．前述のようにAIを併用した過排卵刺激によりE_2値を低く維持しながらIVFを行うことの効果が検証されてきた．

Oktayら（2005）は，前方視的研究により，乳癌女性29例に対して化学療法前に採卵を行って，胚を凍結保存した．過排卵刺激は，Tam60 mg/日単独，Tam＋rFSH，Let 5 mg/日＋rFSHの3群で行った．Tam＋rFSH群はLet＋rFSH群より成熟卵胞数および胚の数が有意に多く，ピークE_2値は有意に低かった．しかし，約2年間の癌再発率は両群間で差がなかった．

同様に，Let 5 mg/日＋rFSH/hMG＋GnRHant刺激による採卵群と採卵を行わなかった対照群との比較では，採卵群の再発のハザード比は0.56（95%CI 0.17-1.9）と有意ではないがむしろ少なかった（Azim et al, 2008）（図XI-49-3 (e)）．しかし，LetをAnaと換えた群との比較では，臨床成績には変化はなかったが，Ana群の方がピークE_2値が有意に高かった（Azim et al, 2007）．

AzimとOktay（2007）は，4例の若年子宮内膜癌に対しても同様の過排卵刺激を行って胚を凍結保存している．

4 AIの催奇形性

AIは，CCと同様に卵胞期にのみ投与され，しかも血中半減期はCCよりはるかに短いので，理論的には胚への暴露はほとんどないといえる．ところが，Letにより不妊治療をした女性から出生した150名の新生児と対照群との比較から，Let群には心臓と骨の形成異常が多かったとする学会抄録が発表された（Biljan et al, 2005）．この結果は対照の設定方法や少数例での検討であることから認められていないが，これを受けて2005年にノバルティス社は閉経前の女性，特に不妊女性への排卵誘発は禁忌であるとする声明を出した（Fontana, Leclerc, 2005）．

そこで，Tulandiら（2006）は，LetまたはCCを服用後に妊娠，出生した911例の新生児を比較した．全体の奇形または染色体異常は，Let群2.4%（14/514例），CC群4.8%（19/397例），大奇形がそれぞれ1.2%（6例），3.0%（12例）であり，両群に有意差はなく，むしろLet群の方が奇形率が少なかった．彼らは，不妊症そのものが先天異常のリスク因子であり，Letによる排卵誘発が催奇形性とはいえないとした．同様の成績が別の検討からも報告されている（Forman et al, 2007）．

一方，Tiboniら（2008）は，妊娠ラットに人体への投与濃度と同等のLetを含む水を与えたところ，47.2%に及ぶ用量依存性の流産率の上昇と，32.2–42.2%に軽症の脊椎奇形などが認められた．この成績は胚への毒性の可能性を示しており，妊娠中の誤用に対して警鐘を鳴らすものである．

まとめ

(1)AIは簡便な内服剤であり，CCと同等もしくはこれを上回る排卵誘発効果と妊娠率を発揮する．

(2)CCと同等もしくは低い流産率と多胎率をもたらし，OHSSのリスクを下げる．

(3)通常の処方では催奇形性はないが，妊娠中の誤用がないよう十分注意して処方する必要がある．

(4)さらなる症例数の積み重ねにより，より適切な使用法が提示され，近い日に保険適応が得られることが期待される．

（北脇　城）

引用文献

Al-Fadhli R, Sylvestre C, Buckett W, et al (2006) A randomized trial of superovulation with two different doses of letrozole, *Fertil Steril*, 85 ; 161-164.

Al-Fozan H, Al-Khadouri M, Tan SL, et al (2004) A randomized trial of letrozole versus clomiphene citrate in women undergoing superovulation, *Fertil Steril*, 82 ; 1561-1563.

Al-Omari WR, Sulman WR, Al-Hadithi N (2004) Comparison of two aromatase inhibitors in women with clomiphene-resistant polycystic ovary syndrome, *Int J Gynaecol Obstet*, 85 ; 289-291.

Atay V, Cam C, Muhcu M, et al (2006) Comparison of letrozole and clomiphene citrate in women with polycystic ovaries undergoing ovarian stimulation, *J Int Med Res*, 34 ; 73-76.

Azim AA, Costantini-Ferrando M, Lostritto K, et al (2007) Relative potencies of anastrozole and letrozole to suppress estradiol in breast cancer patients undergoing ovarian stimulation before in vitro fertilization, *J Clin Endocrinol Metab*, 92 ; 2197-2200.

Azim A, Oktay K (2007) Letrozole for ovulation induction and fertility preservation by embryo cryopreservation in young women with endometrial carcinoma, *Fertil Steril*, 88 ; 657-664.

Azim AA, Costantini-Ferrando M, Oktay K (2008) Safety of fertility preservation by ovarian stimulation with letrozole and gonadotropins in patients with breast cancer : a prospective controlled study, *J Clin Oncol*, 26 ; 2630-2635.

Badawy A, Mosbah A, Shady M (2008) Anastrozole or letrozole for ovulation induction in clomiphene-resistant women with polycystic ovarian syndrome : a prospective randomized trial, *Fertil Steril*, 89 ; 1209-1212.

Badawy A, Mosbah A, Tharwat A, et al (2009) Extended letrozole therapy for ovulation induction in clomiphene-resistant women with polycystic ovary syndrome : a novel protocol. *Fertil Steril*, 92 ; 236-239.

Badawy A, Elnashar A, Totongy M (2010) Clomiphene citrate or aromatase inhibitors combined with gonadotropins for superovulation in women undergoing intrauterine insemination : a prospective randomised trial. *J Obstet Gynaecol*, 30 ; 617-621.

Bedaiwy MA, Mousa NA, Esfandiari N, et al (2007) Follicular phase dynamics with combined aromatase inhibitor and follicle stimulating hormone treatment, *J Clin Endocrinol Metab*, 92 ; 825-833.

Barroso G, Menocal G, Felix H, et al (2006) Comparison of the efficacy of the aromatase inhibitor letrozole and clomiphene citrate as adjuvants to recombinant follicle-stimulating hormone in controlled ovarian hyperstimulation : a prospective, randomized, blinded clinical trial, *Fertil Steril*, 86 ; 1428-1431.

Bayar U, Basaran M, Kiran S, et al (2006) Use of an aromatase inhibitor in patients with polycystic ovary syndrome : a prospective randomized trial, *Fertil Steril*, 86 ; 1447-1451.

Biljan M, Tan SL, Tulandi T (2002) Prospective randomized trial comparing the effects of 2.5 and 5.0 mg of letrozole (LE) on follicular development, endometrial thickness and pregnancy rate in patients undergoing super-ovulation, *Fertil Steril*, 78 ; S55. (abstract)

Casper RF, Mitwally MF (2006) Review : aromatase inhibitors for ovulation induction, *J Clin Endocrinol Metab*, 91 ; 760-771.

Fontana PG, Leclerc JM (2005) Contraindication of Femara® (letrozole) in premenopausal women, http : // www.ca.novartis.com/downloads/en/letters/femara_hcp_e_17_11_05.pdf

Forman R, Gill S, Moretti M, et al (2007) Fetal safety of letrozole and clomiphene citrate for ovulation induction, *J Obstet Gynaecol Can*, 29 ; 668-671.

Ganesh A, Goswami SK, Chattopadhyay R, et al (2009) Comparison of letrozole with continuous gonadotropins and clomiphene-gonadotropin combination for ovulation induction in 1387 PCOS women after clomiphene citratefailure : a randomized prospective clinical trial. *J Assist Reprod Genet*, 26 ; 19-24.

Garcia-Velasco JA, Moreno L, Pacheco A, et al (2005) The aromatase inhibitor letrozole increases the concentration of intraovarian androgens and improves in vitro fertilization outcome in low responder patients : a pilot study, *Fertil Steril*, 84 ; 82-87.

Goswami SK, Das T, Chattopadhyay R, et al (2004) A randomized single-blind controlled trial of letrozole as a low-cost IVF protocol in women with poor ovarian response : a preliminary report, *Hum Reprod*, 19 ; 2031-2035.

Gregoriou O, Vlahos NF, Konidaris S, et al (2008) Randomized controlled trial comparing superovulation with letrozole versus recombinant follicle-stimulating hormone combined with intrauterine insemination for couples with unexplained infertility who had failed clomiphene citrate stimulation and intrauterine insemination. *Fertil Steril*, 90 ; 678-683.

Healey S, Tan SL, Tulandi T, et al (2003) Effects of letrozole on superovulation with gonadotropins in women undergoing intrauterine insemination, *Fertil Steril*, 80 ; 1325-1329.

Holzer H, Casper R, Tulandi T (2006) A new era in ovulation induction, *Fertil Steril*, 85 ; 277-284.

Lossl K, Andersen CY, Loft A, et al (2008) Short-term androgen priming by use of aromatase inhibitor and hCG before controlled ovarian stimulation for IVF. A randomized controlled trial, *Hum Reprod*, 23 ; 1820-1829.

Mitwally MF, Casper RF (2001) Use of an aromatase inhibitor for induction of ovulation in patients with an inadequate response to clomiphene citrate, *Fertil Steril*, 75 ; 305-309.

Mitwally M, Casper R (2002) Aromatase inhibition improves ovarian response to follicle-stimulating hormone in poor responders, *Fertil Steril*, 77 ; 776-780.

Mitwally MF, Casper RF (2003) Aromatase inhibition reduces gonadotrophin dose required for controlled ovarian stimulation in women with unexplained infertility, *Hum Reprod*, 18 ; 1588-1597.

Mitwally M, Casper R (2004) Aromatase inhibition reduces the dose of gonadotropin required for controlled ovarian hyperstimulation, *J Soc Gynecol Investig*, 11 ; 406-415.

Mitwally MF, Casper RF (2005) Single-dose administration of an aromatase inhibitor for ovarian stimulation, *Fertil Steril*, 83 ; 229-231.

Mitwally MF, Biljan MM, Casper RF (2005) Pregnancy outcome after the use of an aromatase inhibitor for ovarian stimulation, *Am J Obstet Gynecol*, 192 ; 381-386.

Oktay K, Buyuk E, Libertella N, et al (2005) Fertility preservation in breast cancer patients : a prospective controlled comparison of ovarian stimulation with tamoxifen and letrozole for embryo cryopreservation, *J Clin Oncol*, 23 ; 4347-4353.

Polyzos NP, Tsappi M, Mauri D, et al (2008) Aromatase inhibitors for infertility in polycystic ovary syndrome, The beginning or the end of a new era? *Fertil Steril*, 89 ; 278-280.

Schoolcraft WB, Surrey ES, Minjarez DA, et al (2008) Management of poor responders : can outcomes be improved with a novel gonadotropin-releasing hormone antagonist/letrozole protocol? *Fertil Steril*, 89 ; 151-156.

Sh Tehrani Nejad E, Abediasl Z, Rashidi BH, et al (2008) Comparison of the efficacy of the aromatase inhibitor letrozole and clomiphen citrate gonadotropins in controlled ovarian hyperstimulation : a prospective, simply randomized, clinical trial. *J Assist Reprod Genet*, 25 ; 187-190.

Sipe CS, Davis WA, Maifeld M, et al (2006) A prospective randomized trial comparing anastrozole and clomiphene citrate in an ovulation induction protocol using gonadotropins, *Fertil Steril*, 86 ; 1676-1681.

Sohrabvand F, Ansari Sh, Bagheri M (2006) Efficacy of combined metformin-letrozole in comparison with metformin-clomiphene citrate in clomiphene-resistant infertile women with polycystic ovarian disease, *Hum Reprod*, 21 ; 1432-1435.

Tiboni GM, Marotta F, Rossi C, et al (2008) Effects of the aromatase inhibitor letrozole on in utero development in rats, *Hum Reprod*, 23 ; 1719-1723.

Tulandi T, Martin J, Al-Fadhli R, et al (2006) Congenital malformations among 911 newborns conceived after infertility treatment with letrozole or clomiphene citrate, *Fertil Steril*, 85 ; 1761-1765.

第 XII 章

排卵刺激法

［編集担当：久保春海］

近年，ARTの手法にも多くの改良，開発が進められ，調節卵巣刺激法にもさまざまな方法が試みられるようになっている．とくに，最近では不妊患者に対するQuality of care（QOC）に重点を置く配慮から，出来るだけ患者や家族に対して，肉体的，精神的な痛みや副作用の少ない，また社会的，経済的負担の少ない手段が講じられるようになってきている．このために卵巣の正常反応性（normal responder）を有する患者には，調節卵巣刺激に際して，従来の最大限の卵胞発育を目的とした刺激法（maximal stimulation）から中等度刺激法（moderate stimulation），さらに最小刺激法 （minimal stimulation）へと変化してきている．このような刺激法の変遷によって，最適な卵胞数のみ同調発育させて，OHSSや多胎妊娠などの副作用やリスクを可及的に軽減させて，最大の利点を得られるようなminimal stimulationへと刺激法の改良が行われ，患者に好まれるART（friendly ART）として，さらに開発が進められている．この結果，従来，卵巣刺激法といえば調節卵巣過剰刺激法（controlled ovarian hyperstimulation；COH）と呼ばれてmaximal stimulationが主流であったが，昨今はこの観点より，単に調節卵巣刺激法（controlled ovarian stimulation ；COS）と呼ばれる方が一般的になってきている．COSの効果を最終的に判断するには，妊娠率や生児獲得率であろうが，これには多くの過程を経るため，純粋なCOSの効果とは必ずしも言えない部分が含まれる．したがって，採卵時に，個々の卵子の非侵襲的なクオリテイを評価する手段が考えられている．マイクロアレイ法を用いた卵子を取り巻く顆粒膜細胞の遺伝子解析法などもそのひとつとして今後発展する手段であろう．

［久保春海］

XII-50

マイルドな卵巣刺激法

Key words
卵巣予備能の予知／ART／卵巣刺激法／マイルド法／GnRHアンタゴニスト

はじめに

1978年に英国のSteptoeとEdwardsら（1978）が体外受精・胚移植（IVF-ET, *in vitro* fertilization-embryo transfer）に世界ではじめて成功した．わが国では1983年にこのIVF-ETが不妊症治療の現場に導入された．ただし当時は経膣超音波診断装置がまだ存在せず，卵胞発育のモニタリングには経腹超音波を用い，全身麻酔による腹腔鏡下に採卵術を実施した．

内分泌学的にも採卵時期の決定が煩雑であった．すなわち原則的に自然周期で卵胞発育を期待しての採卵であったことから，尿中LH（luteinizing hormone）を頻回に測定する必要性があった．したがって内因性LHサージの出現時間によっては夜間や早朝に麻酔科医の応援のもと，腹腔鏡下採卵術の実施は決してまれではなく，IVF-ETは大変大がかりな不妊治療という位置づけにあった．この点において，LHサージの出現をコントロールする目的にかなう薬剤の開発が待望された．

やがてさまざまな技術や知識の進化がIVF-ETを広く普及させることに貢献し，生殖補助医療（ART, assisted reproductive technology）と呼ぶ新たな不妊治療領域を確立した．すなわち経膣超音波診断装置の開発により，局所麻酔または静脈麻酔による経膣超音波下採卵術が定着し，採卵の簡易化に成功した（Cohen et al, 1986）．前述のような内因性LHサージの出現をコントロール可能とするGnRH（gonadotropin-releasing hormon）アゴニスト製剤が臨床現場で使用され始め（Wildt et al, 1986），GnRHアゴニストを併用するGn（gonadotropin）療法により卵胞発育後の採卵キャンセルが理論的にはない，換言すれば計画的で効率よいIVF-ETをクライアントに提供することが可能になった．また卵細胞質内精子注入法（ICSI, intracytoplasmic sperm injection）（Palermo et al, 1992）による顕微授精法や，配偶子・胚の凍結保存法（Trounson, Mohr, 1983）もそれぞれ進歩した．新たにラボワークを担当する生殖補助医療胚培養士，不妊専門看護師，あるいは生殖心理カウンセラーや遺伝カウンセラーなどの専門職がARTの現場に加わり，合理的なART診療システムが構築されるに至った．

これらの中でも生殖内分泌学の着実な進歩がART成績の向上に与えた影響は特筆すべきである．そこで本節ではARTに用いられる卵巣刺激法の変遷を振り返るとともに，最近注目さ

表XII-50-1．ARTにおける卵巣刺激法の変遷

（年）	卵巣刺激法の変遷
1978	自然周期での採卵が始まる（Steptoe, Edwards, 1978）
1981	CC あるいは HMG による卵巣刺激周期での採卵（Hoult et al, 1981）
1988	GnRH アゴニスト併用法の応用開始（long 法・short 法）（Wildt et al, 1986；Frydman et al, 1988）
1992	リコンビナント FSH 製剤の導入（Donderwinkel et al, 1992）
1994	GnRH アンタゴニスト併用法の応用開始（Diedrich et al, 1994）
1999	リコンビナント LH 製剤の導入（Lami et al, 1999）
1999	Mild（minimal）ovarian stimulation が提唱される（Fauser et al, 1999）

れるマイルドな卵巣刺激法（mild ovarian stimulation protocol, 以下「マイルド法」と呼ぶ）の現状を述べる．

1 ARTにおける卵巣刺激法の変遷

ARTにより効率的に妊娠を成功させるためには，卵巣刺激・採卵・採精・媒精・受精・胚発生・胚移植・黄体期管理・着床という一連の過程を，各々最適な条件で施行する必要性がある．

このうち採卵効率を向上するため，排卵誘発剤を用いて複数の卵胞発育を促す卵巣刺激を行い，タイミングよく経腟採卵することで至適数の範囲内でより多くの卵子を回収する方法が考案されて以来，妊娠率は徐々に向上した．すなわちARTの臨床応用当初は，表XII-50-1に示すように原則として自然周期で採卵が行われたが，やがて1981年にはクエン酸クロミフェンやGnなど一般不妊治療で用いる排卵誘発法をARTに応用し（Hoult et al, 1981），一定の採卵数の確保に努め妊娠率の向上を目指した．さらにその後，1988年には採卵キャンセルを避けることを可能にしたGnRHアゴニストとGnの併用法に移行し，ARTにおける標準的な卵巣刺激法としての地位を確立した．これには調節性に優れるロング法（long GnRH agonist protocol），あるいは卵巣予備能が低下する女性に対するショート法（short GnRH agonist protocol）がある（Frydman et al, 1988）．1994年に入りGnRHアンタゴニストとGnの併用療法（アンタゴニスト法）も導入され（Diedrich et al, 1994），わが国においても最近普及してきている（柴原ら，2007）．

一方Gn製剤については遺伝子組み換え製剤の開発が進み，1992年にリコンビナントFSH製剤（Donderwinkel et al, 1992）が，また1999年にはリコンビナントLH製剤（Lami et al, 1999）が使用開始となった．後者はわが国ではまだ認可前であるが，リコンビナントhCG製剤と並び，将来的に臨床導入が期待されている．このように内分泌学的知見の進歩に基づく恩恵を受け，ARTの合理化と効率化が進んだ．

ところでGn製剤のIVF-ETへの導入以来の懸案である副作用として，一部の反応性の良好な女性において卵巣過剰刺激症候群（OHSS, ovarian hyperstimulation syndrome）が発症しうる．その発症頻度は約2％程度であるが，このうち血栓症の発症も含め生命への危険性にも関る重

表XII-50-2．ARTの卵巣刺激におけるGnRHアゴニスト併用法とGnRHアンタゴニスト併用法の比較

	GnRHアゴニスト	GnRHアンタゴニスト
Gn分泌抑制効果の特徴	一過性のflare up	速効性（数時間以内）
下垂体機能回復までの時間	長い	短い
LHサージ	抑制	抑制
hMG投与日数	長い	短い
hMG投与量	多い	少ない
採取卵子数	多い	少ない
黄体補充	必要	必要
卵巣刺激費用	高い	安い
生産率	ほぼ同等	
OHSS発症率	高い	低い

篤な事態に陥ることがあり（Mozes et al, 1965；Cluroe, Synek, 1995；Semba et al, 2000；Fineschi et al, 2006），死亡率は45,000-500,000人に1人と試算されている（Papanikolaou et al, 2005）．

さらには最近のART成績の向上に伴い，日本生殖医学会（2007年）（日本生殖医学会）あるいは日本産科婦人科学会（2008年）（吉村，2008）では，増加する多胎妊娠発生予防の観点から単一胚移植（SET, single embryo transfer）を奨励する状況にある．したがって少数卵子の回収でも安定した受精・胚発生が期待でき，しかも妊娠成立の可能性が高いと予想する症例においては，より軽度な卵巣刺激による採卵が妥当との考え方が成り立つ．これらの背景からマイルド法が登場することになった．

2 ARTにおける卵巣刺激法の現状

ART成績をより向上させるため，正常な自然排卵周期を有する女性に対しても，複数の卵胞発育を目指す卵巣刺激法が現在の主流である．この目的のためには，GnRHアナログ剤を用いて内因性LHサージの発現をコントロールすることが有用である．これにはGnRHアゴニスト併用Gn投与法，およびGnRHアンタゴニスト併用Gn投与法があり，両者の特徴を比較して表XII-50-2に示す．GnRHアナログ製剤を使用する目的である内因性LHサージの抑制作用は，両者間に本質的な差はない．しかしながらGnRHアンタゴニスト周期ではGn使用開始当初からGnRHアンタゴニストを投与するまでの間の内因性Gnの効果が期待できることから，Gn投与量および日数が少なくすむ（Al-Inany et al, 2006）．そのため採取卵子数は少なく，OHSS発症抑制効果に通じるものと推定できる．

3 マイルド法による治療成績

ARTに際して従来から行われる一般的な卵巣刺激プロトコールは，表XII-50-3のコンベンショナル法として示すように複雑，連日の注射と厳密な卵胞発育のモニタリングを要する，費用が高い，などの特徴を有する．また前述のよ

表XII-50-3．コンベンショナル法とマイルド法による卵巣刺激法の比較

卵巣刺激法	コンベンショナル法*	マイルド法
プロトコール	複雑	簡単
刺激日数	長い	短い
医療費	高価	安価
腹部不快感	多い	少ない
OHSS	一定の発症率，時に重症化	少ない
ステロイド分泌過剰の影響		
子宮内膜の胚受容能	潜在的に負の影響	より生理的
黄体機能	潜在的に負の影響	より生理的
卵子および胚の質	潜在的に負の影響	より生理的
特記すべき利点	対周期妊娠率が高率 凍結胚で次回の妊娠	経済的・肉体的負担が妥当で，より安全に妊娠が可能

*：一般的なGnRH analog製剤を用いる卵巣刺激法（ロング法・ショート法・アンタゴニスト法など）

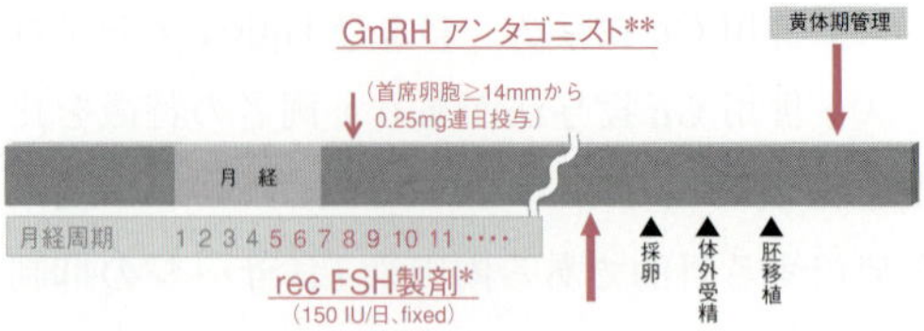

図XII-50-1．マイルド法の投与プロトコール

＊：Puregon or Gonal-F
＊＊；Ganirelix or Cetrorelix
（Verberg et al, 2009をもとに作成）

うに一定のOHSSの発症リスクがあり，まれに生命に関わりかねない重症例にも遭遇する．ほかにも精神的なストレス，治療からの脱落率が高い，あるいは腹部不快感などが指摘されている．さらには長期的な健康への影響（卵巣癌の発生）や，ART妊娠症例における低出生体重や先天異常など，さらなるデータ集積を要する話題も存在する．そこで1996年にEdwardsら（Edwards et al, 1996）は，より安全性を重視し，患者に対して優しい（friendly）卵巣刺激プロトコールの開発の必要性を唱えた．

このマイルド法の特徴としては，コンベンショナル法による前述の副作用の発生を最小に留めるための卵巣刺激法として開発されたことから，採取卵子数の減少は自明である．この点において，これまでのコンベンショナル法による卵巣刺激法を用いたにもかかわらず発育卵胞数や採卵数の低下が卵巣予備能（ovarian reserve）不良を反映，すなわちpoor responderを意味することと区別しての理解を要する．またこのようなpoor responderでは一般に成功率も低いことが知られるが，マイルド法による軽卵巣刺激周期においてはコンベンショナル法によるpoor responderの採卵数と同程度に卵子を回収できた場合，その妊娠率は比較的良好であることが示されている．

すなわちVerbergら（2009）によるメタアナリシスによると，3編のRCT（Hohmann et al, 2003；Heijnen et al, 2007；Baart et al, 2007）からGnRHアンタゴニストを併用するプロトコール

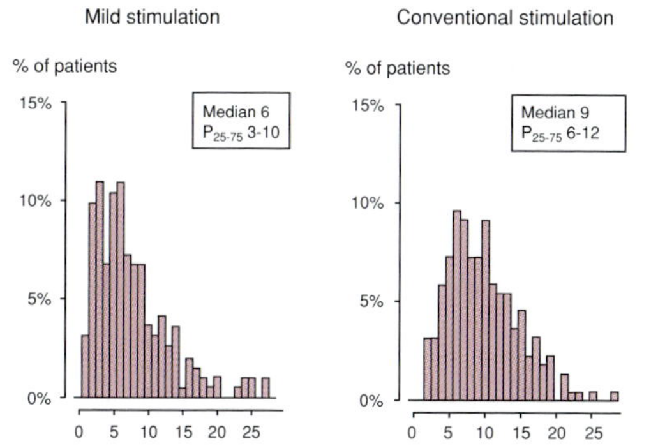

図Ⅻ-50-2．マイルド法(左)とコンベンショナル法(右)による採卵数の比較

(Verberg et al, 2009)

表Ⅻ-50-4．マイルド法へのエントリー基準

・共通点	
月経周期：整	
年齢：38歳以下	
BMI：下限18-20　上限28-29	
・非共通点	
IVF 既往回数：0-2回	
SET：1報告のみ	
・コントロール群：	ロング法で GnRH アゴニストを2週間投与後に，recFSH 150IU or 225IU を fixed dose で．

(Verberg et al, 2009をもとに作成)

(図Ⅻ-50-1) によるマイルド法の有用性を検討している．マイルド法へのエントリー基準の概要を表Ⅻ-50-4に示す．卵胞期の中期から FSH で卵巣刺激を行うマイルド法と，従来法であるロング法による卵巣刺激法との間に，IVF 成績に差がないかを検討した結果，592の IVF 初回採卵周期において，図Ⅻ-50-2に示すように採卵数はマイルド法で中央値6個，ロング法で中央値9個と有意差を認めた ($P<0.001$)．一方何個の採卵数で至適着床率を得ることが可能かに関しては，図Ⅻ-50-3に示すようにマイルド法

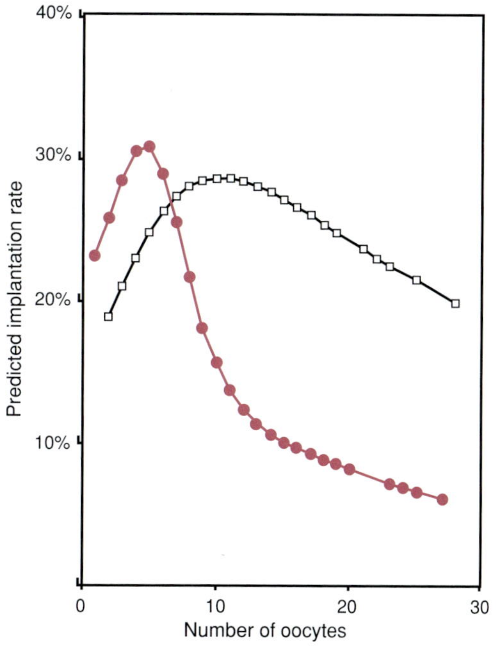

図Ⅻ-50-3．マイルド法(●)とコンベンショナル法(□)による ET 当たりの着床率の比較

(Verberg et al, 2009)

では採卵数5個で31%，ロング法では採卵数10個で29%の着床率であることが判明した ($P=0.045$)．

以上の結果から，卵巣刺激法の種類により至適採卵数はさまざまであり，マイルド法においては，ロング法では poor responder と判断される程度の採卵数であっても，十分な着床率が獲得できると結論している．したがって「採卵数が少ない」という事実は，IVF の卵巣刺激プロトコールとしてマイルド法は受け入れることができないとする理由とはならない，と著者らは述べている．

一方 Fauser ら (1999) は，従来法による卵巣刺激法による IVF と比べ，マイルド法を用い

表XII-50-5．卵巣予備能の予知法

1．生化学的マーカー
　FSH 基礎値
　E_2基礎値
　インヒビン B
　Anti-Mullerian hormone（AMH）
2．画像診断
　卵巣容積
　胞状卵胞数（AFC, antral follicle count）
　子宮動脈血流動態
3．負荷試験
　Clomiphene citrate challenge test（CCCT）
　Inhibin and E_2 response to FSH（EFFORT）
　Inhibin and E_2 response to GnRH agonist（GAST）

るIVFによる累積妊娠率に明らかな差はなく，マイルド法の利点として医療費の節約，患者への肉体的負担の低下を強調している．以上に示したマイルド法の特徴をコンベンショナル法と対比して表XII-50-3にまとめた．

したがって採取卵子数の少ないマイルド法による卵巣刺激周期で，臨床的妊娠を得る機会が高いという点については，少ない卵子数とはいえ，概してそれらの卵子は一様に良好卵子であることを示唆しているのかもしれない．この理由としては，マイルド法ではいくつかの良好卵子を自然選択してしまうことを妨害することで良好な結果を得ることが可能となるのか，あるいは発育卵胞が卵巣刺激法に潜在する負の効果にさらされる機会がより少なくなるのか，のいずれかの可能性がある．

4 マイルド法の適応とovarian reserve

マイルド法の適応としては，ovarian reserve 卵巣予備能の良好な不妊女性という点で異論はない．したがって診療の現場においては，このovarian reserveの正確な把握が求められる．ovarian reserveは女性のエイジングとともに明らかに低下する．ただしわが国の女性の閉経年齢の分布が45-56歳とされるように，個人差の存在する可能性は否定できない．

そこで個々のクライアントにおけるovarian reserveの一般的な予知法として，表XII-50-5に示す生化学的診断，画像診断，および負荷試験に分類したESHREによるワークショップ報告（ESHRE Capri Workshop Group, 2005）がある．若年者ではovarian reserveの低下を予知するために有用とされるが，逆に高年齢者に対しては，むしろ年齢に比してまだovarian reserveが残っているかの参考として利用することができる．生化学的マーカーとしては，day 2 -day 3における血中FSHの上昇（12-15mIU/ml以上），同時期の血中E_2値の上昇（30-75pg/ml以上），あるいはインヒビンB値の低下（45pg/ml未満）等をovarian reserve低下の予知法として利用できる．また血中AMH（anti-Mullerian hormone）

濃度の減少が，卵巣のエイジングに関係する新たなマーカーとして注目されている．すなわちAMHは胞状卵胞数，年齢と相関し，FSH値ともわずかに相関する．その血中濃度の低下は，他の予知マーカーの変化より早期に起こる．超音波断層法による診断として，卵巣容積の減少，胞状卵胞数の減少，卵巣間質の血流低下がovarian reserveの低下を予知する指標として用いられる．内分泌学的な負荷試験も何種類か知られているが，頻用されるものはない．

これらの方法を用いてART導入前のovarian reserveをより確実に把握し，マイルド法による卵巣刺激でも一定の採卵数が期待できる不妊女性を選択することで，これらのクライアントに強いる負担や副作用を軽減できる有用な治療戦略になると考えている．

まとめ

生殖医療の最前線における排卵誘発法，および卵巣刺激法につき紹介した．Gn療法に併用するGnRHアナログ製剤については，アゴニスト製剤（ロング法，ショート法）とアンタゴニスト製剤（連日法，単回法）をいかに使い分けるかが，今後EBMに基づき議論されていくであろう．

またovarian reserveの確実な把握を行い，マイルド法にSETを組み合わせることにより，クライアントによりfriendlyなARTを提供できる時代は近いものと考える．

（柴原浩章）

引用文献

Al-Inany HG, et al (2006) Gonadotrophin-releasing hormone antagonists for assisted conception, *Cochrane Database Syst Rev*, Jul 19 ; 3 : CD001750, Review.

Baart EB, Martini E, Eijkemans MJ, et al (2007) Milder ovarian stimulation for in-vitro fertilization reduces aneuploidy in the human preimplantation embryo : a randomized controlled trial, *Hum Reprod*, 22 ; 980-988.

Cluroe AD, Synek BJ (1995) A fatal cae of ovarian hyperstimulation syndrome with cerebral infarction, *Pathology*, 27 ; 344-346.

Cohen J, Debache C, Pez JP, et al (1986) Transvaginal sonographically controlled ovarian puncture for oocyte retrieval for in vitro fertilization, *J In Vitro Fert Embryo Transf*, 3 ; 309-313.

Diedrich K, Diedrich C, Santos E, et al (1994) Suppression of the endogenous luteinizing hormone surge by the gonadotrophin-releasing hormone antagonist Cetrorelix during ovarian stimulation, *Hum Reprod*, 9 ; 788-791.

Donderwinkel PF, Schoot DC, Coelingh Bennink HJ, et al (1992) Pregnancy after induction of ovulation with recombinant human FSH in polycystic ovary syndrome, *Lancet*, 340 (8825) ; 983.

Edwards RG, Lobo R, Bouchard P (1996) Time to revolutionize ovarian stimulation, *Hum Reprod*, 11 ; 917-919.

ESHRE Capri Workshop Group (2005) Fertility and ageing, *Hum Reprod Update*, 11 ; 261-276.

Fauser BC, Devroey P, Yen SS, et al (1999) Minimal ovarian stimulation for IVF : appraisal of potential benefits and drawbacks, *Hum Reprod*, 14 ; 2681-2686.

Fineschi V, Neri M, Di Donato S, et al (2006) An immunohistochemical study in a fatality due to ovarian hyperstimulation syndrome, *Int J Legal Med*, 120 ; 293-299.

Frydman R, Parneix I, Belaisch-Allart J, et al (1988) LHRH agonists in IVF : different methods of utilization and comparison with previous ovulation stimulation treatments, *Hum Reprod*, 3 ; 559-561.

Heijnen EM, Eijkemans FJ, De Klerk C, et al (2007) A mild treatment strategy for in-vitro fertilization : a randomized non-inferiority trial, *Lancet*, 369 ; 743-749.

Hohmann FP, Macklon NS, Fauser BC (2003) A randomized comparison of two ovarian stimulation protocols with gonadotropin-releasing hormone (GnRH) antagonist cotreatment for in vitro fertilization commencing recombinant follicle-stimulating hormone on cycle day 2 or 5 with the standard ling GnRH agonist protocol, *J Clin Endocrinol Metab*, 88 ; 166-173.

Hoult IJ, Crespigny LC, O'Herlihy C, et al (1981) Ultrasound control of clomiphene/human chorionic gonadotropin stimulated cycles for oocyte recovery and in vitro fertilization, *Fertil Steril*, 36 ; 316-319.

Lami T, Obruca A, Fischi F, et al (1999) Recombinant luteinizing hormone in ovarian hyperstimulation after stimulation failure in normogonadotropic women, *Gynecol Endocrinol*, 13 ; 98-103.

Mozes M, Bogokowski H, Antebi E, et al (1965) Thromboembolic phenomena after ovarian stimulation with human gonadotrophins, *Lancet*, 2 ; 1213-1215.

日本生殖医学会，ホームページ，http : //www.jsrm.or.jp/

Palermo G, Joris H, Devroey P, et al (1992) Pregnancies

after intracytoplasmic injection of single spermatozoon into an oocyte, *Lancet*, 340 (8810) ; 17-18.
Papanikolaou EG, Tournaye H, Verpoest W, et al (2005) Early and late ovarian hyperstimulation syndrome : early pregnancy outcome and profile, *Hum Reprod*, 20 ; 636-641.
Semba S, Moriya T, Youssef EM, et al (2000) An autopsy case of ovarian hyperstimulation syndrome with massive pulmonary oedema and pleural effusion, *Pathol Int*, 50 ; 549-552.
柴原浩章ほか（2007）GnRH アンタゴニスト，ホルモンと臨床，55 ; 707-717.
Steptoe PC, Edwards RG (1978) Birth after the reimplantation of a human embryo, *Lancet*, 2 (8085) ; 366.
Trounson A, Mohr L (1983) Human pregnancy following cryopreservation, thawing and transfer of an eight-cell embryo, *Nature*, 305 (5936) ; 707-709.
Verberg MFG, Eijkemans MJC, Macklon NS, et al (2009) The clinical significance of the retrieval of a low number of oocytes following mild ovarian stimulation for IVF : a meta-analysis, *Hum Reprod Update*, 15 ; 5-12.
Wildt L, Diedrich K, van der Ven H, et al (1986) Ovarian hyperstimulation for in-vitro fertilization controlled by GnRH agonist administered in combination with human menopausal gonadotrophins, *Hum Reprod*, 1 ; 15-19.
吉村泰典（2008）生殖補助医療における多胎妊娠防止に関する見解.日産婦誌，60 ; 1159.

TOPIC 3

自然周期とクロミフェン周期の活用

Key words　自然周期／クロミフェン周期／経口ピル／ゴナドトロピン補充／GnRH アゴニスト／GnRH アンタゴニスト

1　自然周期

(A) 自然周期の卵胞期における下垂体卵巣系の相互調節

(1) 自然周期採卵の適応

自然周期採卵の適応は限られているが経費は最小限に抑えられるのが何よりの利点である．WHO グループ II の無排卵症で，月経周期が整調であることが要約である．多嚢胞性卵胞症候群（PCOS）でもクロミフェン抵抗性があれば除外対象となる．

(2) 自然周期における主席卵胞の選択と成熟

自然周期を利用した体外受精の成功にはまず適正な採卵タイミングを見極めなければならないが，採卵タイミングの正確な予測が立ちにくい．予定採卵ができないためのキャンセル率の増加と，例え採卵に漕ぎつけたとしても得られた卵子の低い成熟度などは，患者と診療スタッフ両者への心身の負荷と診療経費の負担として重く圧しかかってくる．そこで正常の月経周期におけるホルモン変動を念頭に置いておく必要がある（図1）(Tajima et al, 2007)．周期3-5日に測定する卵巣予備能には個人差があるので，卵巣の反応を超音波とエストラジオール値（E2）でモニターして予備能を予測する．

主席卵胞の選択はおよそ卵胞期中期で FSH の下降カーブと LH の上昇カーブが交差する日と考えられる．この FSH レベルは基本的には

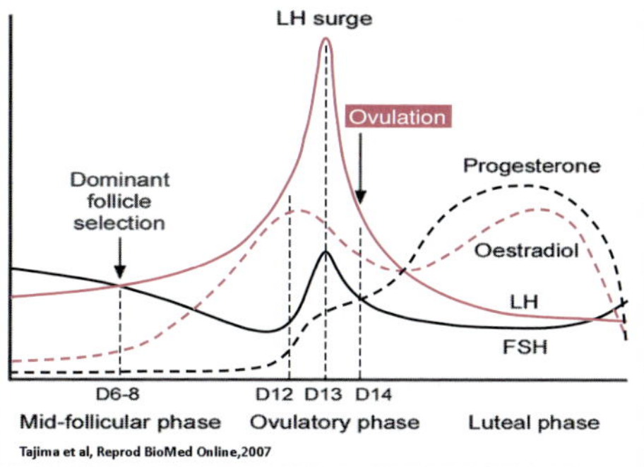

図1．自然周期における主席卵胞の選択
(Tajima et al, 2007)

周期間 FSH 上昇（intercycle rise of FSH）の継続で，その作用により選択可能卵胞（selectable follicles）の発育がスタートする．この卵胞コホート（発育をスタートした卵胞群）から主席卵胞が選択されるには，漸増する E2 とインヒビン B の共同した FSH 抑制作用が必要である（図2）．インヒビン B は卵胞期の選択可能卵胞の発育とともにその産生が増大するにつれて，下垂体 FSH に対する選択的抑制作用も強くなる．卵胞期中期ごろにエストロゲンとインヒビン B の共同作用により主席卵胞が選択されると FSH は次第に低下するが，主席卵胞は顆粒膜細胞に発現した LH レセプターを介した LH の作用により成熟を続け E2 産生は急峻に上昇する．一方，次席以下の卵胞は閉鎖に向

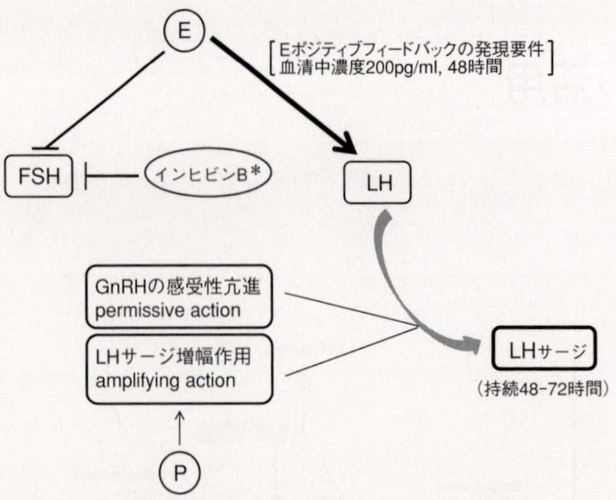

図2. ヒト自然周期の卵胞期における下垂体卵巣系の相互調節

＊：インヒビンBは卵胞期の選択可能卵胞の発育とともに産生が増大するにつれて下垂体FSH抑制作用も強くなる．卵胞期中期頃にエストロゲンとインヒビンBの共同作用により主席卵胞が選択されるとFSHは次第に低下するが，主席卵胞はLH作用により成熟を続ける．一方，次席以下の卵胞は閉鎖に向かう．

かう．

(B) 自然周期における採卵タイミングの調整

選択された主席卵胞の成熟が順調に進行すればE2によるLHサージが発動されてタイムリーな排卵刺激となるが（図2），予想通りには行かないことも多いので工夫が必要となる．

この問題点の解決のために当施設では，LHサージ開始時にGnRHアンタゴニスト（セトロタイド）の単回投与によって，卵胞の大きさやE2値から判断して卵胞成熟が不十分な時期の早発LHサージを一時的に遅らせることを試みている．しかし，LH値が10mIU/mlを超えるとGnRHアンタゴニスト250μgではサージの進行を止められない例が出現し，15mIU/ml前後から抑止できない例が過半を占めるようになる．これは一部（10%）のGnRH受容体に結合するだけで作用を発揮するとされる内因性のGnRHに対して，すべてのGnRH受容体を占拠しなければ十分に効果を発揮しないとされるGnRHアンタゴニストの競合的阻害作用の限界を示唆する現象（Rabe et al, 2000；Puente, Katt, 1986）であり，GnRHアンタゴニストにかわる手法が必要である．GnRHアゴニストは6位およびC末端のアミノ基置換によりGnRHに比べてゴナドトロピン放出作用は亢進しているという事実が判明している（Coy et al, 1976；Fujino et al, 1973）．

そこで250μg以上のGnRHアゴニストを投与することにより卵子のMIIステージへの成熟を誘導することは可能であると考えられる．実際当施設での経験では，GnRHアゴニストの鼻腔噴霧32時間後，すなわち2日後午前中に予定した採卵で得られた卵子のMII率は82%という高率であった．このようにGnRHアゴニストによる排卵刺激法は成熟卵子獲得法につながることがわかった．

早発LHサージは周期が整順でもFSH基礎値が高めあるいは高齢女性に起こりやすいので，GnRHアンタゴシストとアゴニストを活用することにより採卵の至摘タイミングを調整する．

2　クロミフェン周期

(A) クロミフェンの薬理作用

エストロゲンは視床下部一下垂体系に対しFSHには負の，LHには正のフィードバック作用を持つことはよく知られた事実である（図2）．抗エストロゲン剤であるクロミフェンは，エストロゲンレセプター（ER）に競合結合することによって視床下部一下垂体系に対するEのフィードバック作用を解除する結果，FSH

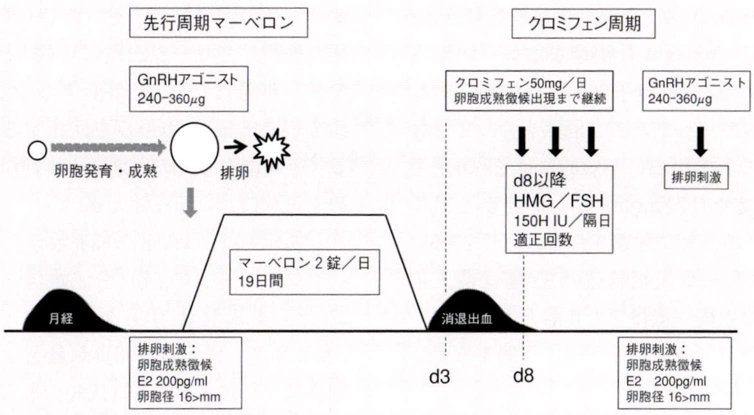

図3．クロミフェン周期

分泌を促進させLHサージを抑制するという薬理作用を発揮する．正常周期女性でも長期服用すると排卵時期の遅延がしばしば経験されるので，E2のポジティブフィードバックをも解除すると報告されている（Messinis, Templeton, 1988）．このことはGnRHアゴニスト類似のLHサージ誘発効果とGnRHアンタゴニスト類似のLHサージ抑制効果との両者が期待できることを意味する．過去このようなクロミフェンの作用特性に言及した報告はほとんどない．クロミフェンの二つの立体異性体のうち半減期の短い方のみがERへの競合阻害作用を有し，ポジティブフィードバックを解消する作用があると仮定すれば，内服継続中はLHサージが抑制されることの説明がつく（Teramoto, 2007）．実際，立体異性体であるenclomipheneの半減期はきわめて短く（Mikkelson, 1988），内服終了数日で抗エストロゲン作用は消失すると考えられている．このようにクロミフェンは唯一E2のネガティブフィードバックとポジティブフィードバックを同時に解除することが可能と考えられる薬剤であり，後者の作用をARTの領域で活用することが本項で述べるクロミフェン周期活用の要点である．

(B) クロミフェン周期のホルモン動態

FSH値は月経開始当初7.5-9.0mIU/mlであるがE2値の上昇に伴い減少し，E2値が150pg/mlを超えるころに6.0mIU/mlを下回るようになり，LHサージ直前では4.5mIU/ml近くになる．この経過から主席卵胞の選択はFSH値が6.0mIU/ml前後に至った時点で完了し，以後主席卵胞のみが成熟に向かい次席以下の卵胞は閉鎖の道をたどる．自然周期におけるゴナドトロピン（Gn）の推移からは，卵胞期中期においてFSHの下降カーブとLHの上昇カーブが交差する日に主席卵胞が選択されるので（Tajima et al, 2007 ; Mori et al, 2009），クロミフェン周期の変動は自然周期のそれとはかなり異なっている．おそらくはゴナドトロピン投与を間歇的に挿入したためであろう．

主席卵胞選択後の過程で大部分のE2は主席またはそれに準ずる次席卵胞から分泌され，それが急峻なカーブを描いて上昇するとLHサージが誘起される．エストロゲンの推移を見ると，刺激周期の7-9日目には明遼な上昇が観察される．高値のE2は視床下部・下垂体系に対してポジティブフィードバック回路を介して作動すると考えられている．一般的にはE2値が主席卵胞1個あたり200pg/ml以上に至ると過半数の例でLHの上昇が観察される(寺元, 2006)．しかし，LHサージ開始時点のE2値は個人差が大きく，また同一個体でも年齢とともに高くなる傾向にあり，その時を正確に予測するのは難しい．

(C) クロミフェン周期を基本とした改良

(1) GnRHアゴニストとGnRHアンタゴニストの活用

クロミフェン周期のプロトコルを図3に則ってその要点を以下に述べる．

周期3日目（d3）より1日量50mgで服用を開始し，超音波像とE2値でモニターしながら，卵胞成熟徴候を認める（前日）まで継続投与するのを原則とする．

クロミフェン投与開始時期は，黄体・卵胞移行期に相当するFSHウインドの中で，FSHが最高値に達するd3前後に原則として投与を開始すると内因性FSH (inter-cycle rise of FSH) を有効に活用できる（Miro, Aspinall, 2005）．また前述のごとくenclomipheneの半減期は12時間以内ときわめて短く，このクロミフェン異性体にポジティブフィードバックの解除作用を期待するには通常のd9での投与終了では早すぎることになる．したがって早発LHサージ出現の抑制を目的とする本法の原理に則って，クロミフェンの投与期間をd9まで（d5からd9までの5日間）との制限を設けず，GnRHアゴニストを用いた排卵誘起直前まで継続投与する．この間クロミフェンのLHサージ抑制作用を逸脱してサージ出現の兆候（LH基礎値の2倍）が現れたら，GnRHアンタゴニストを投与して早発LHサージを阻止することを試みる．不可能ならその周期での排卵誘発はあきらめマーベロンに切り替える．

(2) 純化FSH／HMGの補充投与

クロミフェンのFSH分泌維持作用は，クロミフェン単独よりも外因性にFSHまたはHMG製剤を併用して卵巣刺激をすると，発育卵胞数が増加することは周知の事実である．これは外因性FSHの補充がより多くの首席卵胞ならびにそれに相当する卵胞の出現に寄与することを意味し，ある時期以降の純化FSH製剤（フォリスチムなど）またはHMG製剤の投与は獲得卵子数を増加させることになる．その際投与すべきFSH量は，自然周期でのFSHの最高値が7.5-9.0mIU/mlであることを考えれば，血中FSH値をこのレベルに保つのに必要な量を投与すればよいことになる．

そこで2007年5月より2008年5月までに当施設で実施したクロミフェン周期において，採取卵子数が4個未満と4個以上に区分した場合，治療周期の進行に伴うFSH値の推移を調査してみた．採取卵子数が多くても有意にFSH値が高いということはなく，d8から純化FSH150単位を隔日補充することによりFSH値を7.5-9.0mIU/mlに維持することが可能であることがわかった．HMG（Humegon150, Humegon75）の補充投与により，採卵数はクロミフェン単独に比べて明らかに増加した．

(3) GnRHアゴニストによる成熟誘起

GnRHアゴニストの初期作動flare-upによるLHサージ誘発効果は，生理的LHサージによる卵子の成熟誘起と同等以上の効果があり，

hCGに比較すれば半減期的にも自然のLHサージに近いと考えてよい．この薬理作用上の特性はhCGによる卵子成熟誘起の場合とは異なり，長期間の血管透過性亢進に伴う卵巣過剰刺激症候群の併発・重症化は免れるか，または軽減すると考えられる．また自宅投与が可能で夜間通院の負担がない点は患者にとっての利便性向上に寄与する．このような利点を考えると下垂体機能が温存されている症例に適用するクロミフェン周期では，hCG投与よりもGnRHアゴニストの初期作動を利用する方が有利といえる．

(4) 経口ピル（OC, oral contraceptives）周期による前処置

クロミフェンの効果を引き出す工夫として卵胞・黄体移行期のFSHウインドの期間に上昇するFSHを抑え，この時期に出そろう選択可能卵胞の発育段階を均一化することである．月経開始の数日前にはすでに次周期に発育をスタートする卵胞が出そろっており，これらが選択可能卵胞である（McNatty et al, 1983）．そのためエストロゲンとプロゲステロンの合剤投与による性ステロイドによる調整周期をクロミフェン周期に先行させせることである．

これまではクロミフェン周期治療に先行して２回継続OC周期を試みていたが，その後の検討を重ねた結果単回OC周期の先行だけで同等の成績を得るに至ったので現在は自然周期でのGnRHアゴニスト排卵をまず試み，続いてマーベロン２錠／日×19日（通常より７日間多い）のプロトコルに絞っている（図３）．

(D) クロミフェン周期の治療成績

2008年９月から2009年４月の期間に当施設において実施したクロミフェン周期で採卵した763周期（平均年齢：37.3±3.8）の胚盤胞発育率は66％（504周期）であり，全胚凍結保存後に翌周期以降の自然排卵周期またはホルモン補充周期において１胚融解移植を実施した．2009年７月末時点での成績は，当施設における治療開始周期に対する継続妊娠率は33％と満足すべき値であった．

（寺元章吉・加藤　修・森　崇英）

引用文献

Coy DH, Vilchez-Martines, Coy EJ, et al (1976) Analogs of luteinizing hormone releasing hormone (LHRH) with increased biological activity produced by D-amino acid substitutions in position six, *J Med Chem*, 19 ; 423-425.

Fujino M, Shinagawa S, Yamazaki I, et al (1973) (DesGlyNH$_2^{10}$, Pro-ethylamide^9) LHRH. A highly potent analog of luteinizing hormone releasing hormone, *Arch Biochem Biophys*, 154 ; 488-489.

McNatty KP, Hillier SG, Van Den Boogaard AMJ, et al (1983) Follicular development during the luteal phase of the human menstrual cycle, *J Clin Endocrinol Metab*, 56 ; 1022-1031.

Messinis IE, Templeton A et al (1988) Blockage of the positive feedback effect of oestradiol during prolonged administration of clomiphene citrate to normal women, *Clinical Endocrinology*, 29 ; 509-516.

Mikkelson TJ, Kroboth PD, Cameron WJ, et al (1986) Single-dose pharmacokinetics of clomiphene citrate in normal volunteers, *Fertility and Sterility*, 46 ; 392-396,.

Miro F, Aspinall LJ (2005) The onset of the initial rise in follicle-stimulating hormone during the human menstrual cyscle, *Hum Reprod*, 20 ; 96-100.

Mori T, Nonoguchi K, Watanabe H, et al (2009) Morphogenesis of polycystic ovaries as assessed by pituitary-ovarian androgenic function, *Reprod BioMed Online*, 18 ; 635-643.

Puente M, Katt KJ (1986) Inhibition of pituitary-gonadal function in male rats by a potent GnRH antagonist, *J Steroid Biochem*, 25 ; 917-925.

Rabe T, Diedrich K, Strowitzki T (2000) Gonadotropin-Releasing Hormone : Agonist and Antagonist, *Manual on Assisted Reproduction 2nd updated Edition, Springer*, 133-164.

Tajima K, Orisaka M, Mori T, et al (2007) Ovarian theca cells in follicular function, *Reorod BioMed Online*, 15 ; 591-609.

寺元章吉（2006）クロミフェンを用いた排卵誘発の実際,産婦人科の実際，55；901-911.

Teramoto S et al (2007) Minimal ovarian stimulation with clomiphenecitrate : a large-scale retrospective study, *Reprod BioMed Online*, 15；134-148.

XII-51

調節卵巣刺激における同調性卵胞発育

Key words
調節卵巣刺激／同調性卵胞発育／卵胞コホート

はじめに

体外受精を行うにあたっては，良好な卵子を得ることが必要条件となる．良好卵とは，正常な受精能および受精後の胚発生能を有し，さらには着床に結びつく能力を持っているものにほかならない．理論的には，正常排卵周期を有する女性であれば卵胞の自然発育をモニタリングしていき，適正なタイミングで採卵を行えば，卵子の獲得に関しては事足りることになる．しかし，この方法では最終的に胚移植を行うに値する良好胚を得られる確率が低くなる．たとえば，1個の成熟卵胞に対して採卵を試みて卵子を得られる確率が80%，その卵子が受精する確率を80%，さらに受精卵が採卵3日目に良好分割期胚となる確率を50%と設定すると，総合すると1個の成熟卵胞から良好分割期胚を得る率は30%強ということになる．また，これが形態良好な胚盤胞に至る率はさらにこの半分となる．採卵手技が患者に与えるストレスを考慮すると，これは十分な数字とはいえない．そこで行われるのが，排卵誘発剤を用いて複数個の卵胞発育を起こす卵巣刺激である．この場合ただ単に複数個の卵胞発育を誘起するだけでは不十分であり，それらが同調して発育することが，当初の目的である良好胚を複数個得るためには必須となる．体外受精における卵巣刺激を特に「調節卵巣刺激法，controlled ovarian stimulation；COS」と称するが，十分に「調節」的であるためには，発育する卵胞の多くが同期していることと，十分に成熟したと考えられる段階まで早発LHサージや黄体化をきたすことなくもっていくこととが必要であることはいうまでもない．本節では，COSにおいて複数の卵胞をいかに同調性を保ちつつ発育させるかという点に主眼を置いて概説する．

1 単一卵胞発育のメカニズムについて

(A) 卵胞発育の概要

ヒトやサルでは，自然周期における卵胞発育は通常単一であり，したがって単胎妊娠を原則としている．同じ哺乳類でも，齧歯類では多発排卵を基調としているのとは対照的である．どのようなメカニズムで単一卵胞発育が起こっているのかを理解しておくことは，COSを行っていく上でも有用である．

卵巣において卵子は卵胞というユニットを形成している．初期段階の卵胞は原始卵胞と呼ばれ，サイズも小さく1層の扁平な顆粒膜前駆細胞に囲まれている．これが次の段階へ進むと，サイズが大きくなり1層の立方状の顆粒膜細胞に取り囲まれる一次卵胞となる．さらにステージが進行すると，2層以上の顆粒膜細胞に取り囲まれる二次卵胞に至る．この原始卵胞⇒一次卵胞⇒二次卵胞という変化を司る因子は完全に明らかにされているわけではないが，現在知られているかまたは想定されるメカニズムとしては，以下のようになる．原始卵胞においては，顆粒膜前駆細胞から分泌される kit ligand と卵子から分泌される bFGF（basic fibroblast growth factor）とが原始卵胞から一次卵胞への移行に促進的に働く．またこれらは，同時に卵巣間質細胞から莢膜細胞を誘導する役目も担う．一方で，発育段階にある卵胞の顆粒膜細胞から分泌される抗ミューラー管ホルモン（AMH, anti-Müllerian hormone）は原始卵胞に作用して，一次卵胞への移行を抑制する働きを持つと考えられる．一次卵胞では，卵子より分泌される TGF-β スーパーファミリーの一員である GDF9 あるいは BMP15が，顆粒膜細胞におけるインヒビン／アクチビン β サブユニットの産生を促し，結果としてアクチビン B の産生量が増し，これが顆粒膜細胞の増殖ならびに FSH 受容体の誘導に関わっていることが報告されている（McNatty et al, 2005, Knight et al, 2006）．こうして二次卵胞に達すると，それ以降に至る発育は性腺刺激ホルモンの一つである FSH（follicle-stimulating hormone）依存性となり，卵胞には卵胞腔が形成されて胞状卵胞（antral follicle）となり，さらに卵胞腔が増大して成熟卵胞に達して排卵を迎える．図XII-51-1 に示すように，原始卵胞から発育を開始して成熟卵胞に至るまでは数ヶ月を要する（Gougeon, 1996）．

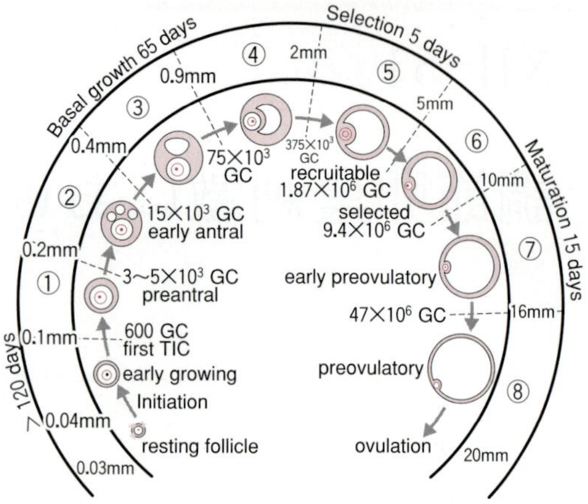

図XII-51-1．ヒト卵胞の発育と分類（Gougeon, 1996）

(B) 単一卵胞発育における FSH の関与（図XII-51-2）

単一排卵動物においても月経開始時には 2-5 mm の小さな胞状卵胞が卵巣に複数個見られることが知られており，これらが FSH に反応して発育していくが，この過程を卵胞のリクルート（follicle recruitment）と呼ぶ．この過程で重要な役割を果たすのが，前周期の黄体期後期から見られる FSH 基礎値のごくわずかな増加である．これは，黄体退縮に伴いそこから分泌されるエストラジオールならびにインヒビンが低下し，結果として中枢へのネガティブフィードバックが十分に働かなくなることに起因すると考えられる．これら小胞状卵胞の一群コホートはすべてが成熟卵胞にたどりつくわけではなく，途中で大部分が脱落していき，最終的に1個の卵胞が首席卵胞として選択される．この過程では，黄体期後期の FSH 上昇とはまったく

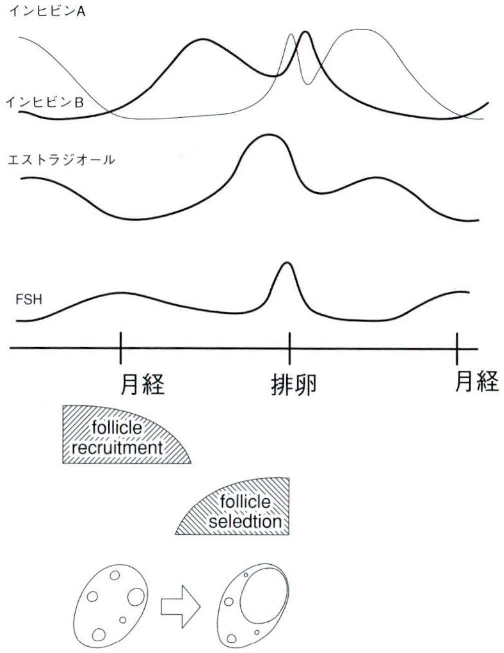

図XII-51-2．月経周期における各種ホルモン量の変化と卵巣形態

逆の現象が起こる．すなわち，発育卵胞から分泌されるエストラジオールおよびインヒビンの増加に伴い，中枢レベルでネガティブフィードバックが起こり，FSH分泌が抑制される．より詳細に見てみると，まずコホート卵胞から分泌されるインヒビンBが最初のFSH低下の引き金を引き，次いで首席卵胞の選択が起こり，さらにこれから加速的に分泌されるエストラジオールならびにインヒビンAの作用によりFSHの抑制が維持される（Schneyer et al, 2000；Zeleznik 2001；Lavan, Fauser, 2004）．

ここで一つの疑問が生じる．通常FSHが低下すると卵胞は閉鎖卵胞へと退行するが，首席卵胞の選択にあたり，なぜFSHの低下にもかかわらず卵胞発育が維持されるのかということである．その答は首席卵胞におけるFSH感受性の増加にある．ここでもTGF-βスーパーファミリーに属するいくつかの局所因子の関与が示唆されている．卵胞発育に伴い顆粒膜細胞ではインヒビン／アクチビンβサブユニット（特にβA）とインヒビンαサブユニットの産生が増加する．これにより最終的にはインヒビン優位な環境となるが，その前にアクチビン優位な環境をとることが提唱されている（Schneyer et al, 2000）．アクチビンは顆粒膜細胞でのFSH受容体を増加させることによりFSHに対する感受性を高める．さらに顆粒膜細胞由来のBMP-6と莢膜細胞由来のBMP-7は共に顆粒膜細胞におけるFSH受容体の増加を促進することが知られている（Shi et al, 2009a；2009b）．また，FSH依存性からLH依存性への転換が起こることにより首席卵胞の発育が維持されるとの報告もある（Ginther et al, 2001；Zeleznik, 2001）．その他にも，IGF-1がFSHにより誘導される顆粒膜細胞の分化を増強するとする報告（Hirakawa et al, 1999）や，血管構築および透過性に変化が見られるとする報告もある（Mihm, Evans, 2008）．以上のようにさまざまな因子が相互に作用し合って，FSHが低下した環境下でも首席卵胞が発育を継続することが可能となると考えられる．

2 同調性卵胞発育を誘起するためのストラテジー

以上のような単一卵胞発育が基調となる状況下で，いかに効率よく複数の卵胞を同調性をもって発育させるかが課題となる．まず，自然排卵周期における単一卵胞の選別の中核が，卵胞期中期以降のFSHの低下にあることを考えると，FSHを増加させることが有効であるこ

表XII-51-1．同調性卵胞発育のストラテジー

目的	対応	方法
卵胞発育開始時点における胞状卵胞サイズの均一化	黄体期後半から卵胞期初期にかけてみられる FSH 上昇の抑制	先行月経周期の黄体中期よりエストロゲンあるいは OC を投与する
卵巣刺激過程における複数個の卵胞の同調的発育促進	卵胞期初期における卵胞数の増加	卵巣刺激開始時における高用量の外因性 FSH 投与
	卵胞期中期以降にみられる FSH 低下に伴う首席卵胞選択の抑制	生理的 FSH 低下を補完するレベルの外因性 FSH の持続的投与

とは容易に想像がつく．このためには内因性FSH 分泌の増加あるいは外因性の FSH 投与を行う必要がある．この場合にただ漠然と FSH 増加をはかるのではなく，少しでも効率のよい方法を追求したいところである．一方，卵胞発育が開始する時点で存在する卵胞コホートが，卵巣刺激を行った際の発育卵胞プールを規定するが，このスタート時点での環境を整備することもよりよい同調性をはかる上で重要であると考えられる．以下，これらの点について述べる（表XII-51-1）．

(A) スタートラインにおける胞状卵胞サイズの均一化

すでに述べたように，前周期の黄体期後期において，黄体退縮に伴うエストラジオールおよびインヒビンの低下に従って中枢へのネガティブフィードバックが軽減することに起因してFSH の軽度上昇が認められる．これが卵胞のリクルートへつながるが，実際に月経開始直後に超音波断層法で卵巣を観察すると，同じ小胞状卵胞といっても大きさにばらつきが見られる．この状態で卵巣刺激を行っても，卵胞発育の同調性が保たれず満足のいく結果が得られないことが多い．そこで，人為的にこの時期の FSH 増加を抑制することによりスタート時点でのコホートをそろえることが可能であれば，卵巣刺激時の卵胞サイズの同調性は維持できるのではないかと考えられる．

こうした観点から，先行月経周期の20日目から卵巣刺激実施周期の月経２日目まで４mg のエストラジオール17β を服用させて，その後 GnRH アンタゴニスト法で COS を行った際の発育卵胞数等を比較した検討がなされている．その結果，COS 途中の月経８日目における卵胞サイズの平均値ならびにばらつきの度合いは共にエストラジオール17β 投与群の方が小さく，逆に COS 終了時における径16mm 以上の卵胞数・成熟卵胞数・初期胚数のいずれもエストラジオール17β 投与群が非投与群に対して上回る結果となった（Fanchin et al, 2003；2005）．すなわち同調的卵胞発育をなしとげることができた．同様に，先行月経周期25日目に GnRH アンタゴニスト３mg の単回投与を行って月経開始２日目に胞状卵胞の観察を行った検討においても，アンタゴニスト投与群において卵胞平均径およびサイズのばらつきのいずれも低値を示した（Fanchin et al, 2005）．これらの報告から見ると，前周期の黄体期後期における FSH の人為的抑制は，それに引き続く COS の卵胞発

育の同調性に寄与すると考えられる．

同様の発想で，COSを行う前周期にピル(OC)を服用させてCOS開始時点でのコホートをそろえることも行われる．本法を行う際，中用量ピルを長めに使用すると中枢の抑制が強すぎて，COSを行っても発育卵胞数が少なくなってしまうことがあるので注意を要する．

(B) 卵巣刺激におけるFSH投与方法の検討

「単一卵胞発育のメカニズムについて」の項で詳述した通り，卵胞は発育に伴い顆粒膜細胞に存在するFSHレセプター数が増加してFSHに対する感受性が増す．同時に顆粒膜細胞から産生・分泌されるエストラジオールおよびインヒビンの中枢へのネガティブフィードバック作用により，脳下垂体から分泌される内因性FSHが低下する．結果として，FSH感受性の高まった首席卵胞のみが発育を継続し，それ以外の卵胞は閉鎖に陥る．これを打開するためには，卵胞期中期からのFSH低下を防いでやればよいことになる．この目的でFSHを投与して血中FSH濃度を支えるのであるが，この様式について興味深い知見がある．

卵胞期初期においてFSH 375IUを単回投与して，一時的かつ十分な血中FSHの増加を起こした場合，その後数日間のコホートの数を増加させる作用を有するが，それ以降の10mmを超える卵胞の発育には影響を与えなかった．これに対して，卵胞期中–後期にFSHを1回75IUを5日間に分けて投与した場合，総投与量は単回投与法と同じであるが，FSH値はわずかに増加するにとどまるにもかかわらず，生理的FSH減少を補完し結果として複数個の成熟卵胞発育を誘導することが可能となった (Schipper et al, 1998)．通常COSを行う場合には，比較的高用量のFSHを投与することが多いと考えられるが，これはFSH量に閾値が存在し，これを超えることが多発卵胞発育にとって必須であるとする考え方に基づいている (threshold theory)．それに対して，ここで示した事例は，FSHの絶対量よりも投与する時期の方がより重要であり，至適投与時期が存在する可能性を示したものである (window theory)．Window theoryを採るとしても，どの時期が至適であって，またその前後にどのようなパターン・用量でFSHを投与すればよいのかについては明確であるとは言いがたいが，少なくともただやみくもに高用量のFSHを投与することだけが効率を高めるわけではないということを示しており，示唆に富む知見であるといえよう．特に必要以上に高用量のFSHを投与すれば，個々の卵胞ごとに異なるFSHに対する感受性の差が増幅されてしまい，結果として同調性が崩れる一因となる可能性が危惧される．

3 個々のCOSプロトコールごとに見る同調性卵胞発育

FSHを投与するCOSのプロトコールにはGnRHアゴニストを用いる方法とGnRHアンタゴニストを用いる方法とがあり，前者にはロング法とショート法とがある．これらのGnRHアナログ製剤を用いる方法に共通の目的は，複数の卵胞発育に伴う早期LHサージあるいは早発排卵を抑制することにある．GnRHアゴニスト／ロング法においては，先行周期の黄体期中期より薬剤の使用を開始し，治療周期の月経開始時点では概ね中枢抑制が完成している．したがって早発LHサージ・排卵に伴うキャンセル率は三つの中で一番低いが，内因性FSHをはじめから抑制した状態で卵巣刺激が開始されるため，FSHに対する卵巣の反応性が不良な症例には不向きとされる．一方，GnRHアゴニスト／ショート法では，薬剤使用開始直後に起こるフレアアップを利用してコホートのリクルートをはかることを目指しているが，逆に中枢抑制が十分でないために早発LHサージ・排卵が起こってしまう可能性は一番高い．GnRHアンタゴニスト法では，卵胞発育がある程度進行するまでは内因性FSHは保たれており，しかも薬剤の中枢抑制作用は即効性があるために，前二者と比較して調節性には優れており反応不良症例に対しても適応となりうる．ただし，治療キャンセル率に関しては両者の中間あたりに位置する．

これらの各方法における卵胞発育の同調性に注目してみると，個体差は見られるもののショート法では同調性に欠けるきらいがある．ロング法とGnRHアンタゴニスト法とでは，ほぼ同等であるような印象を受ける．一つ興味深いこととして，ロング法ではGnRHアンタゴニスト法と比較して卵巣過剰刺激症候群(OHSS)の発症リスクが高まる点があげられる．この説明として，前者においては発育卵胞のみならず径15mm以下の中小の卵胞が混在する割合が高く，その存在がOHSSの発症リスクを高めるとされる．すなわち同調性の不完全さがその一因であるというのである．プロトコールだけを見ると，先行周期から中枢抑制を行っているロング法の方が卵胞サイズの同調を行いやすいのではないかと考えられるが，実際はそうではないようである．おそらくは中枢抑制が完成する前のフレアアップの影響が，その後のFSH抑制によるコホートの同調性を凌駕しているのではないかと考えられる．この考え方が正しいならば，自然排卵周期ではなく，ピル周期にロング法を併用した場合には状況の改善が見込まれる．

まとめ

これまで調節卵巣刺激法における同調性卵胞発育についてみてきたが，現時点で絶対的な確立した方法は存在しないといえる．そのような中でも，ヒト卵巣における単一卵胞発育のメカニズムを十分に解明し，これに立脚した形で卵巣刺激を行っていけば，高い同調性を確保できるものと考えられる．また現時点では解明されていない課題があることも事実である．すなわち，本節で述べてきた卵胞発育の同調性とはあくまで大きさの観点からのことであるが，卵子の機能的・質的な面での同調性をどのようになしとげるかということである．そもそもより根源的な命題として，自然発育卵胞由来の卵子とCOS卵胞由来の卵子との間で質的差異はあるのかということがあげられるが，前者の方が絶対的に優れているという根拠はない．ただし，COSにおいては複数個の卵胞が発育するが，これら由来の卵子の質がそろっているわけではなく，絶対数が多いために，確率的に複数個の良好卵子が得られるにすぎない．このように，もとの卵子の質的差異が存在するところに加えて，卵巣刺激による二次的な影響を加味しなければならないが，事前に得られる情報が乏しいため，卵子の質までが同調しているか否かを，前方視的に知りうる術はない．あくまで事後的に結果論として判明するのみである．この卵子の質の同調性という点が現時点での課題として残されるが，卵子および卵胞発育のより詳細なメカニズムの解明が進むことにより，この点に関しても答が得られることが期待される．

（藤原敏博）

引用文献

Baerwald AR, Walker RA, Pierson RA (2009) Growth rates of ovarian follicles during natural menstrual cycles, oral contraception cycles, and ovarian stimulation cycles, *Fertil Steril*, 91 ; 440-449.

Fanchin R, Salomon L, Castelo-Branco A, et al (2003) Luteal estradiol pre-treatment coordinates follicular growth during controlled ovarian hyperstimulation with GnRH antagonist, *Hum Reprod*, 18 ; 2698-2703.

Fanchin R, Schonauer LM, Cunha-Filho JS, et al (2005) Coordination of antral follicle growth : Basis for innovative concepts of controlled ovarian hyperstimulation, *Seminars in Reproductive Medicine*, 23 ; 354-362.

Ginther OJ, Beg MA, Bergfelt DR, et al (2001) Follicular selection in monovular species, *Biol Reprod*, 65 ; 638-647.

Glister C, Tannetta DS, Groom NP, et al (2001) Interaction between follicle-stimulating hormone and and growth factors in modulating secretion of steroids and inhibin-related peptides by nonluteinized bovine granulose cells, *Biol Reprod*, 65 ; 1020-1028.

Gougeon A (1996) Regulation of ovarian folliclar development in primates : facts and hypothesis, *Endocr Rev*, 17 ; 121-155.

Hirakawa T, Minegishi T, Abe K, et al (1999) A role of insulin-like growth factor I in luteinizing hormone receptor expression in granulose cells, *Endocrinology*, 140 ; 4965-4971.

Knight PG, Glister C (2006) Focus on TGF-b signaling : TGF-b superfamily members and ovarian follicle development, *Reproduction*, 132 ; 191-206.

Lavan JSE, Fauser BCJM (2004) Inhibins and adult ovarian function, *Mol Cell Endocrinol*, 225 ; 37-44.

Mihm M, Evans ACO (2008) Mechanism for dominant follicle selection in monovulatory species : A comparison of morphological, endocrine and intraovarian events in cows, mares and women, *Reprod Domest Anim*, 43 (suppl 2) ; 48-56.

McNatty KP, Juengel J, Reader KL, et al (2005) Bone morphogenetic protein 15 and growth differentiation factor 9 co-operate to regulate granulose ccell function, *Reproduction*, 129 : 473-480

Schipper I, Hop WC, Fauser BCJM (1998) The follicle-stimulating hormone (FSH) threshold/window concept examined by different interventions with exogenous FSH during the follicular phase of the normal menstrual cycle : duration, rather than magnitude, of FSH increase affects follicle development, *J Clin Endocrinol Metab*, 83 ; 1292-1298.

Schneyer AL, Fujiwara T, Fox J, et al (2000) Dynamic changes in the intrafollicular inhibin/activin/follistatin axis during human follicular development : relationship to circulating hormone concentrations, *J Clin Endocrinol Metab*, 85 ; 3319-3330.

Shi J, Yoshino O, Osuga Y, et al (2009a) Bone morphogenetic protein-6 stimulates geneexpression of follicle-stimulating hormone receptor, inhibin / activin βsubunits, and anti-Mullerian hormone in human granulosa cells, *Fertil Steril* 92 ; 1794-1798.

Shi J, Yoshino O, Osuga Y, et al (2009b) Bone morphogenetic protein 7 (BMP-7) increases the expression of follicle-stimulating hormone (FSH) receptor in human granulosa cells, *Fertil Steril*, on line.

van Santbrink EJP, Hop WC, Dessel HJHM, et al (1995) Decremental follicle stimulating hormone and dominant follicle development during the normal menstrual cycle, *Fertil Steril*, 64 ; 37-43.

Zeleznik AJ (2001) Follicle selection in primates : 'many are called but few are chosen', *Biol Reprod*, 65 ; 655-659.

TOPIC ❹

調節卵巣刺激における同調発育の実際

Key words　ART／調節卵巣刺激／卵胞同調発育／性ステロイドのフィードバック／インヒビン／GnRH アナログ

1　下垂体卵巣系の相互調節

調節卵巣刺激における卵胞の同調発育を実現するためには，治療前周期の黄体期からの前処置が必要である．その準備をいかに整えるかの具体策は黄体期の下垂体卵巣系のホルモン動態を把握しておくことが前提となる．

(A) 卵巣のフィードバック機構の概要

卵巣は正と負のフィードバック作用を介してゴナドトロピン（Gn）分泌を調節しているが，作用実体は性ステロイドと非ステロイド系の生理活性タンパクいわゆる成長因子である．思春期前には負のフィードバック機構だけが働いているが，閉経期以降は正負両方のフィードバック機構が次第に消退し，最終的には負のフィードバック作用のみとなる．

性成熟期においては両方のフィードバック機構が巧妙に働いて卵巣周期が円滑に回転しているが，調節卵巣刺激（COS, controlled ovarian stimulation）周期では性ステロイドと排卵誘発剤を組み合わせて卵胞の同調発育をはかることを目標とする．

(B) エストロゲンのフィードバック作用

(1) FSH と LH に対する分別抑制作用

エストロゲンとプロゲステロンの Gn 抑制作用は FSH と LH に対して必ずしも同等とは考えられていなかった．エストロゲン分泌がほとんどない閉経後女性に性ステロイドを投与した場合の Gn の動きを調べた研究から，エストロゲン＋プロゲステロンを投与すると LH は閉経前値まで容易に低下するが，FSH は前値レベルまでは低下しないので，FSH の抑制には非ステロイド性の物質が関与していると考えられている（Dafopoulos et al, 2004）．したがって少なくともエストロゲンに関しては，FSH と LH に対する抑制作用は同等ではないと考えられている．

(2) 黄体期におけるエストロゲンの Gn 抑制作用

黄体期中期に卵巣剔出した患者では24時間以内にエストロゲンとプロゲステロンは急落するが，性ステロイドの負のフィードバックに呼応した FSH と LH の上昇には時間がかかる．卵巣剔出後エストロゲンを補充すると FSH，LH の上昇を3日程度遅らすことができるが，さらにプロゲステロンを補充すると FSH と LH の上昇を防止できるという（Muttukrishna et al, 2002；Messinis et al, 2002）．しかしプロゲステロン単独でのフィードバック作用は明らかではない．

(C) 黄体・卵胞移行期（luteal-follicular transition）—FSH ウインド

規則的な月経周期においては月経発来の4日

前からFSHのなだらかな第一のピークが始まり（Miro, Aspinall, 2005），これを周期間FSH上昇（intercycle rise of FSH）と呼んでいる．この上昇は月経発来後次第に下降し主席卵胞が選択される卵胞期中期ごろまで続くので，FSHウインドとも別称されている．このFSHウインドの生理的意味は当該周期でいっせいに発育をスタートする選択可能卵胞（selectable follicle）の発育刺激であろう（Gougeon, 1996）．COSで卵巣予備能を調べる際，超音波上検出される腔卵胞（胞状卵胞）が選択可能卵胞に相する．卵胞発育開始とともに主席卵胞の選択に向ってエストロゲンが上昇してくるので，これが周期間FSHを下降させるひとつの要因となっている．通常数個抽出されるがこれらの卵胞の発育段階は均一ではないのでCOSではこれを均一化する準備処置が必要となる．なお，LHサージと軌を一にして起こる中間期FSH上昇（midcycle rise of FSH）は次周期への選択可能卵胞群の抽出という役割を担っている可能性は指摘されよう．

(D) プロゲステロンのフィードバック作用

(1) 作用様式の特徴

Gn分泌に対するプロゲステロンの作用様式の特徴として，GnRHのパルス頻度を低下させかつ振幅を増大させることである（Soules et al, 1984）．GnRHパルスのこのような変化はおそらくFSH/LHの分泌相対比を決める重要な因子となっていると考えられる．黄体期後期におけるプロゲステロンの低下はGn分泌をFSH優位の方向にシフトさせる（Hall et al, 1992）．このことがFSHウインドの期間にLH分泌が抑制されている理由と考えられる．

(2) 卵胞期におけるプロゲステロンのGn抑制作用

卵胞期でも低濃度のプロゲステロンは流れており，これを抗プロゲステロン剤であるmifepristoneで中和してやるとLH基礎値の有意の上昇を認めること，PCOS患者にプロゲステロンを投与するとLHが低下することなどから考えると，低レベルのプロゲステロンにはLH抑制作用がある可能性がうかがえる．卵胞期におけるプロゲステロンの産生源は副腎由来説もあるが，卵巣剔出後のプロゲステロン低下現象からやはり卵巣由来と考えるのが妥当であろう．IVF周期においてFSHで卵巣刺激をした場合，エストロゲンは急峻に上昇して非生理的な高さの濃度に達するとLH基礎値は低下する．この現象はエストロゲンの抑制作用の結果と解釈できるので，卵胞期においてエストロゲンもプロゲステロンもLH分泌抑制作用があると考えられる．

(3) LHサージ停止作用

かつて著者が院生時代にGn投与下におけるヒト卵巣の組織化学的研究をしていたころ，手術予定の黄体期婦人の術前にhCG300IUを投与し，剔出卵巣を調べたことがある．驚いたことに黄体細胞の著名な変性破壊像が認められた（森，1969）．このような破壊作用は排卵卵胞の莢膜細胞でのみ認められ，以来hCGには基礎値レベルでの性ステロイド生合成能とサージレベルでの形態変化誘導作用の二重作用があると考えてきた（Shoham et al, 1995；Tajima et al, 2007；Mori et al, 2009）．

女性のLHサージはおよそ48−72時間持続すると報告されている（Liu et al, 1983）が，下垂体リザーブが消費されつくすと自然に下降するのか，それとも積極的に下降する仕組みが働いているのか定かではなかった．婦人を対象とした実験的試みでも高エストロゲン状態を持続してもLHの下降が起こること（Messinis et al, 1990），排卵後プロゲステロンを投与するとLH値が低下するという報告（Mais et al, 1986）から，排卵後上昇するプロゲステロンがLHサージに終止符を打つ重要な鍵となっているようである．さもなくばサージレベルのLHによって，ステロイド産生細胞に対する破壊作用が持続すると卵巣の構造的崩壊をきたしかねない．

（E）インヒビン

(1) 非ステロイド系抑制因子

腔卵胞の顆粒膜細胞からFSH刺激の下に産生されるインヒビンはα，βサブユニットの結合したダイマーであるが，βサブユニットにβAとβBとがありインヒビンAはα・βA，インヒビンBはα・βBのダイマー構成となっている．A，BともFSHに対する非ステロイド系抑制作用のあるTGF-βスーパーファミリーの成長因子であるが，卵胞期には主としてインヒビンB，黄体期には主としてインヒビンAが下垂体卵巣間の相互調節の前景に登場する．非ステロイド系局所因子でもGn抑制作用を持つのはIGFではなくインヒビンが主である．

(2) インヒビンB（図1）

卵胞期に発現するインヒビンBの本質的な役割は主席卵胞の選択にある．選択可能卵胞の発育に伴って産生が次第に増大するエストロゲンによってFSH抑制作用も顕著になってくるが，一方的に抑制がかかるとすべて閉鎖に陥る．そこで主卵胞から産生されるインヒビンBがFSH分泌抑制のシグナルとして働くと同時に，FSHレセプターを卵子由来のBMP-15が発現抑制する（Otsuka et al, 2001）という二重の仕掛けで主席卵胞のみを残して次席以下の卵胞を閉鎖に追い込む．したがってインヒビンBはFSHウインドを閉鎖するという重要な役割を担っている．なお図1でLHサージに1日遅れて出現するインヒビンBのピークは，破裂した卵胞液由来のもので *de novo* に合成されたものではないが，次周期に抽出される卵胞コホートの数を制限する意味を持っているかもしれない．

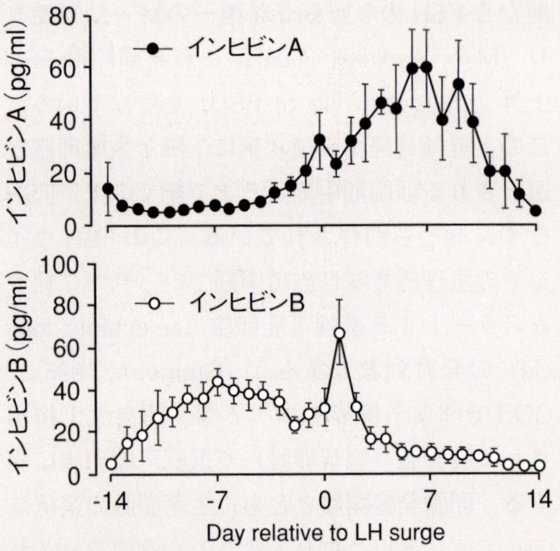

図1．Inhibin concentrations in the human menstrual cycle

（Groome, 1996を改変）

(3) インヒビンA（図1）

黄体期に卵胞剔出すると12時間以内にインヒビンAは有意に下降し，その後FSHは徐々に上昇するのでエストロゲンやプロゲステロンとは別にインヒビンAとFSHとの間に負の相関関係があることについては記述した（Muttukrishna et al, 2002）．黄体期のインヒビンAの生理的意義は未確定であるが，FSHを抑制することにより発育段階の低い卵胞の無駄使いを抑え込む役割を果たしている可能性はある．Gn

表１．調節卵巣刺激における前処置の効果比較

前処置の方法	発育卵胞数	妊娠率			流産率		
		40歳未満（n＝83）	40歳以上（n＝38）	計（n＝121）	40歳未満（n＝36）	40歳以上（n＝６）	計（n＝44）
前処置なし	13.0*	45.8%	15.8%	36.4%	15.8%	33.3%	18.2%
カウフマン	8.5*	61.9%	30.0%	51.6%	7.7%	33.3%	12.5%
マーベロン21	8.2**	61.1%	0%	47.8%	9.1%	—	9.1%
カウフマン＋GnRHロング法	8.9	—	—	57.1%	—	—	25.0%
マーベロン＋GnRHロング法	9.7	—	—	71.4%	—	—	20.0%
黄体期エストロゲン	12.8*	—	—	50.0%	—	—	25.0%

＊：年齢区分，卵巣刺激法別区分せず前処置なしを全体として総括的に評価　＊＊：$P<0.05$

に対する抑制作用の発現に性ステロイドとインヒビンＡがどのように機能分担しているかは卵胞期におけるほど詳らかでない．

2　調節卵胞刺激における同調発育誘導の原理と実際

(A) 性ステロイドによる卵胞発育段階の同調化

当該COS周期において黄体・卵胞移行期または月経周辺期（peri-menstrual period）に勢ぞろいする選択可能卵胞のコホートを可及的均一化しておくことを原理とする．

黄体周辺期における卵胞径は最大４mmを越えることはない（McNatty et al, 1983）といわれるが，これら選択可能卵胞コホートの間にも微妙な発育段階のズレがあり，卵胞の発育が進むにつれて格差が大きくなる．そこで卵胞間格差を最小限に留めるためCOS前周期にエストロゲン＋プロゲステロン合剤によって前周期の黄体期FSHとLHレベルを可及的低値に安定化しておく．同時にCOS周期はじめに卵巣予備能を検定し，卵胞径の格差があまり大きい場合や10mm以上の発育卵胞を認めた場合には,GnRHアナログにより黄体化する可能性がある．したがって，エストロゲン＋プロゲステロン合剤をもう１周期投与して次周期での採卵を目指す．

(B) GnRHアナログによる卵胞発育段階の同調化

GnRHアナログにはアゴニストとアンタゴニストとがあり，両者とも下垂体の脱感作によりGnの放出を完全に抑制できるので，卵胞の発育と成熟はもっぱら外因性に投与したGnによってコントロールできる．アゴニストにはGnの初期上昇（flare-up）という現象が先行するので，これを卵胞発育の内因性刺激に用いるショート法（short program）と，投与開始時期をFSHウインドより早めて周期間FSH上昇（intercycle rise of FSH）を完全抑制することにより，COS周期初期の卵胞コホートのより完全な均一化を目指すロング法（long protocol）とに分けられる．GnRHアゴニスト法での留意点として

(1)ロング・プロトコルで基礎嚢胞形成（baseline cyst formation）（φ10mm 以上）を認める時は成績の劣化につながるので（Keltz et al, 1995）キャンセルする．

(2)PCOS では周期間 FSH 上昇が有意に低いので，性ステロイドと GnRH アゴニストによる２重の抑制をかけた上で，FSH ウインドに合わせて外因性に FSH 製剤を投与して発育の均一化をはかることも考慮しておく．

(3)COC 周期では生理的濃度をはるかに越えるエストロゲン値となるが，同時にインヒビンB 値も過度に亢進する（Tsonis et al, 1988）．この時エストロゲンの異常な上昇にもかかわらず LH サージは抑制されるのはおそらく卵巣由来の GnSAF（gonadotropin surge attenuating factor）によると考えられる．過度の E 値亢進のために起こる早発 LH サージに対しては GnRH アンタゴニストを用いて抑制する．

（C）成績

成績は表１に示した通りである．この表で前処置なしとは年齢区分，卵巣刺激法別区分などせず全体として一括してある．カウフマンやマーベロン前処置を行うと，発育卵胞数は有意に減少したにもかかわらず40歳未満，40歳以上共に妊娠率は有意に増加した．また流産率は40歳未満の年齢層に対しては明らかに減少傾向を示したが有意差は認められなかった．

これらの効果は刺激前周期にエストロゲン＋プロゲステロン（ピルなど）投与によって黄体・卵胞期移行期における選択可能卵胞の発育均一化をはかり，腔卵胞数は有意に減少しても良質の卵子を得ることができた結果，妊娠率の向上と流産率の低下につながったと考えられる．

まとめ

単一排卵を基本とするヒト卵巣に対して，多数の良質卵を得るための調節卵巣刺激法は本来困難な課題ではある．下垂体卵巣系の相互調節機序が次第に明らかとなり，優れた Gn 製剤や性ステロイド製剤の開発・登場により次第に可能となりつつある．単一胚盤胞移植への指向が決定的となる一方で，妊孕性温存のため良質の卵子を保存する医療目的も新たに展開してきた．卵胞の同調発育刺激法はこれらの要請にこたえ現実的な方法であるので今後とも効率化の努力は求められよう．

（田中　温・森　崇英）

引用文献

Dafopoulos K, Kotsovassilis CG, Milingos S, et al (2004) Changes in primary sensitivity to GnRH in estrogen-treated post-menopausal women : evidence that gonadotropin surge attenuating factor plays an physiological role, *Hum Reprod*, 19 ; 1985-1992.

Groome NP, Illingworth PJ, O'Brien M, Pai R, Rodger FE, Mather JP, McNeilly AS. Measurement of dimeric inhibin B throughout the human menstrual cycle. *J Clim Endocrinol Metab*. 1996 Apr ; 81(4) : 1401-5

Gougeon A (1996) Regulation of ovarian follicle development in primates ; Facts and hypothesis, *Endocr Rev*, 17 ; 121-155.

Hall JE, Schoeneld DA, Martin KA, et al (1992) Hypothalamic gonadotropin-releasing hormone secretion and follicle-stimulating hormone dynamics during the luteal-follicular transition, *J Clin Endocrinol Metab*, 74 ; 600-607.

Keltz MD, Jenes EE, Duleba AJ, et al (1995) Baseline cyst formation after luteal phase gonadotropin-releasing hormone agonist stimulation is linked to poor in vitro fertilization outcome, *Fertil Steril*, 64 ; 568-572.

Liu JH, Yen SCC (1983) Induction of midcycle gonadotropin surge by ovarian steroids in women : a critical evaluation, *J Clin Endocrinol Metab*, 52 ; 156-158.

Mais V, Kazer RR, Cetel NS, et al (1986) The dependency of folliculogenesis and corpus luteum

function on pulsatile gonadotropin-releasing hormone antagonist as a probe, *J Clin Endocrinol Metab*, 62 ; 1250-1255.
McNatty KP, Hillier SG, Van Den Boogaard AMJ, et al (1983) Follicular development during the luteal phase of the human menstrual cycle, *J Clin Endocrinol Metab*, 56 ; 1022-1031.
McNatty KP, Hillier SG, van der Boogaard AMJ, et al (1983) Follicular development during the luteal phase of the human menstrual cycle, *J Clin Endocrinol Metab*, 56 ; 1022-1031.
Messinis IE, Milingos S, Alexandris E, et al (2002) Evidence of differential control of FSH and LH response to GnRH by ovarian steroids in the luteal phase of the cycle, *Hum Reprod*, 17 ; 299-303.
Messinis IE, Templeton A (1988) Blockade of the positive feedback effect of oestradiol during prolongned administration of clomiphene citrate to normal women, *Clin Endocrinol* (Oxf), 29 ; 509-516.
Messinis IE, Templeton AA (1990) Effects of supraphysiological concentrations of progesterone on the characteristics of the oestradiol-induced gonadotrophin surge in women, *J Reprod Fertil*, 88 ; 513-519.
Miro F, Aspinall LT (2005) The onset of the initial rise in follicle stimulating hormone during the human menstrual cycle, *Hum Reprod*, 20 ; 96-100.
森崇英（1969）ゴナドトロピン投与下における正常成熟婦人卵巣の組織学的組織化学的研究，日産婦誌，21 ; 357-363.
Mori T, Nonoguchi K, Watanabe H, et al (2009) Morphogenesis of polycystic ovaries as assessed by pituitary-ovarian androgenic function, *Reprod BioMed Online*, 18 ; 635-643.
Muttukrishna S, Sharma S, Barlow DII, et al (2002) Serum inhibins, oestradiol, progesterone and FSH in surgical menopause : a demonstration of ovarian pituitary feedback loop in women, *Hum Reprod*, 17 ; 2535-2539.
Otsuka F, Yamamoto S, Erickson GF, et al (2001) Bone morphogenetic protein-15 inhibits follicle stimulating hormone (FSH) action by suppressing FSH receptor expression, *J Biol Chem*, 276 ; 11387-11392.
Shoham Z, Schacter M, Loumaye E, et al (1995) The luteinizing hormone surge -the final stage in ovulation induction : modern aspects of ovarian triggering, *Fertil Steril*, 64 ; 237-251.
Soules MR, Steiner RA, Clifton DK, et al (1984) Progesterone modulation of pulsatile luteinizing hormone secretion in normal women, *J Clin Endocrinol Metab*, 58 ; 378-383.
Tajima K, Orisaka M, Mori T, et al (2007) Ovarian theca cells in follicular function, *Reprod BioMed Online*, 15 ; 591-609.
Tsonis CG, Messinis IE, Templeton AA, et al (1988) Gonadotropic stimulation of inhibin secretion by the human ovary during the follicular and early luteal phase of the cycle, *J Clin Endocrinol Metab*, 66 ; 915-921.

XII-52

GnRH アゴニストを用いた卵巣刺激の実際

Key words
卵巣刺激法／GnRH／GnRH アゴニスト／GnRH アンタゴニスト

はじめに

生殖補助医療（ART, assisted reproductive technology）の成績に影響を及ぼす大きな六つの柱には，ART 実施前の検査，卵巣の予備能力を評価した適切な卵巣刺激，採卵，ラボワーク，胚の選別と胚移植，黄体補充がある．その中で卵巣の予備能力を評価した適切な卵巣刺激は，非常に重要な部分を占める．1978年に Steptoe と Edwards らが世界ではじめて体外受精に成功して30年が経過したが，その当時とは採卵法も卵巣刺激法も大きく変わった．当初，体外受精は自然周期で行われていたが，次第にクロミフェンあるいはゴナドトロピン製剤を用いた卵巣刺激法が行われるようになった．しかし，これらの方法では LH サージを抑制することができないため，採卵前に排卵が起こったり，早期に黄体化が起きたりすることがあった．これらの問題に対して，Porter ら（1984）は GnRH アゴニストを用いて内因性 LH を抑制すれば，良好胚を獲得でき，GnRH アゴニストと排卵誘発剤を使用して卵巣刺激を行うと採卵のキャンセル率が低下し，採卵日の調節が可能となり，妊娠率は格段に上昇したと報告した．近年まで GnRH アゴニストと hMG による卵巣刺激は卵巣刺激法のゴールデンスタンダードであった．しかし，GnRH アンタゴニストが発売になり，現在では GnRH アゴニスト法，GnRH アンタゴニスト法，低卵巣刺激法，自然周期法と使い分けることが可能となった．ART 1 周期目から良好な妊娠率を獲得するために，卵巣の予備能力を考慮してどの卵巣刺激法を選択するかは重要である．GnRH アゴニストは，即時にゴナドトロピン分泌を抑制できる GnRH アンタゴニストと違い，一過的に FSH と LH が多く分泌される flare up 現象がある．車にたとえると GnRH アンタゴニストを用いた卵巣刺激法はマニュアル車的であるのに対して，GnRH アゴニストを用いたロング法はオートマチック車である．しかし，GnRH アゴニストを使用した卵巣刺激法も気をつけなければいけない点が数多くある．

GnRH，GnRH アゴニスト，GnRH アンタゴニストの構造と薬理作用について述べた後，GnRH アゴニストを使用した具体的な卵巣刺激法について述べる．

表XII-52-1．GnRH アゴニスト製剤

	1	2	3	4	5	6	7	8	9	10
GnRH	pGlu	His	Trp	Ser	Tyr	Gly	Leu	Arg	Pro	$GlyNH_2$
Leuprolide	pGlu	His	Trp	Ser	Tyr	DLeu	Leu	Arg	ProNHEt	
Buserelin	pGlu	His	Trp	Ser	Tyr	DSer (tBu)	Leu	Arg	ProNHEt	
Nafarelin	pGlu	His	Trp	Ser	Tyr	D2Nal	Leu	Arg	Pro	$GlyNH_2$
Goserelin	pGlu	His	Trp	Ser	Tyr	DSer (tBu)	Leu	Arg	Pro	AzGly

1 GnRH, GnRH アゴニスト, GnRH アンタゴニストの構造と薬理作用

1971年に Schally らにより GnRH の構造が決定された (Schally et al, 1971)．GnRH は表XII-52-1に示すように10個のアミノ酸からなるデカペプチドである．ヒトの GnRH はヒツジやブタなどの哺乳類の GnRH と同一のアミノ酸配列を持つが，魚類やニワトリの GnRH とはアミノ酸配列が異なる．GnRH の1位，2位，3位のアミノ酸はゴナドトロピン放出作用に関連し，6位と10位のアミノ酸は GnRH 受容体への結合に関連している (Sandow et al, 1979)．GnRH は分解酵素により速やかに分解されるため，作用時間は短い (Koch et al, 1974)．特に5位，6位と9位，10位のアミノ酸残基間で GnRH は分解を受けやすい．

GnRH の生物学的作用を増強することを目的とした GnRH アゴニストは，分解酵素による分解を受けにくく，GnRH より GnRH 受容体に対する結合親和性が強い構造を持つように開発された．GnRH アゴニストの構造を表XII-52-1に示した．GnRH アゴニストは GnRH の6位のグリシン (Gly) を D 体のアミノ酸に置換することによって分解酵素による分解に抵抗を示すようになっている (Coy et al, 1976)．また，C 端のグリシンアミド ($GlyNH_2$) をエチルアミド (NHEt, N-ethylamide) に変換することにより GnRH 受容体への結合親和性が増加している (Fujino et al, 1973)．これらのアミノ酸の置換によって，GnRH のゴナドトロピン放出作用は数十倍‐数百倍となった．多くの GnRH アゴニストが開発されてきており，日本でも1988年に臨床使用が可能となった．

一方，GnRH アンタゴニストは，GnRH アゴニストに見られる投与初期の一過性のゴナドトロピン分泌 (flare up 現象) がなく，強力にしかも迅速にゴナドトロピン分泌と性ステロイドホルモンの産生を抑制する．下垂体の細胞は，GnRH 受容体の約10％が刺激されるとゴナドトロピンを分泌するので，GnRH アンタゴニストが視床下部から律動的に分泌されてくる内因性の GnRH に対抗するためには，GnRH 受容体との高い結合能と作用の持続性が不可欠である．そのため，ゴナドトロピン放出に関連している1位，2位，3位のアミノ酸を置換してゴナドトロピン放出作用をなくし，受容体との結

合能を高めるためにGnRHアゴニストと同じように6と10位のアミノ酸をD体に置換してGnRH受容体への結合性を増加させて分解酵素に対する抵抗性を高めている．初期のGnRHアンタゴニストは強力なヒスタミン遊離作用を引き起こし浮腫やアナフィラキシー反応を起こしたため臨床応用が遅れていたが，現在は副作用の少ない第三世代が開発されIVFプログラムにおける卵巣刺激法に使用されている．

2 GnRHアゴニストを使用した卵巣刺激法

GnRHアゴニストを使った卵巣刺激法には，ロング法（GnRHアゴニストを前周期の黄体期中期から使いながらFSH/hMGを使用する方法），ウルトラロング法（ロング法よりも注射の開始時期を非常に遅らせてFSH/hMGを使用する方法），ショート法（GnRHアゴニストを月経1-3日目から使いながらFSH/hMGを使用する方法），低容量（20%希釈）ショート法（20%にうすめたGnRHアゴニストを使用してショート法を行う方法），ウルトラショート法（月経1日目から3日目までGnRHアゴニストを使用し，FSH/hMG投与開始とともにGnRHアゴニストを中止する）がある．

現在日本で使用可能なGnRHアゴニストには，buserelin，nafarelin（鼻腔内投与）とleuprorelin，goserelin，徐放性buserelin（皮下投与）がある．スプレキュア（Buserelin）は1日3回，8時間ごとに，各鼻腔内に1噴霧（300μg）ずつ投与する．ナサニール（Nafarelin）は1日2回，12時間ごとにどちらか一方の鼻腔に1噴霧（200μg）ずつ投与する．また，リュープリン（leuprorelin）は月に1回使用する．

(A) GnRHアゴニストを用いた卵巣刺激法

(1) ロング法

ロング法ではGnRHアゴニストの脱感作作用により下垂体が抑制されるため，卵胞発育は外因性のゴナドトロピンのみでコントロールされる．GnRHアゴニストを卵巣刺激前周期の高温期中期より開始．月経開始後，血中エストラジオールが低値になったことを確認して排卵誘発剤（FSH/hMG）を始める．超音波検査とホルモン検査で卵胞発育をチェックして，18mm以上の卵胞が2個以上できた時点でGnRHアゴニストと排卵誘発剤を中止する．hCGを投与し，約34-35時間後に採卵を行う．この方法では，多数の卵胞を閉鎖させることなく発育させることが可能でかつLHサージを予防し，採卵のキャンセル率が低下する．また排卵誘発剤の量の調節が比較的自由なため計画的採卵に有利である．マイナス面としては排卵誘発剤の投与量が多くなることと卵巣の予備能力が低下している症例では，下垂体の抑制がかかりすぎると採卵数が少なくなるなどがある．

ロング法には，前周期の黄体期中期からGnRHアゴニストを使用する方法以外に前周期の卵胞期前期からGnRHアゴニストを使用する方法がある．UrbancsekとWitthaus（1996）は，GnRHアゴニストを前周期卵胞期初期から開始した場合と，黄体期中期から開始した場合で比較したところ，臨床妊娠率は，卵胞期初期よりGnRHアゴニストを開始した場合には15.7%，黄体期中期よりGnRHアゴニストを開始した場合には27.0%で，黄体期中期よりGnRHアゴニストを開始した群で有意に妊娠率が高かったと報告している．

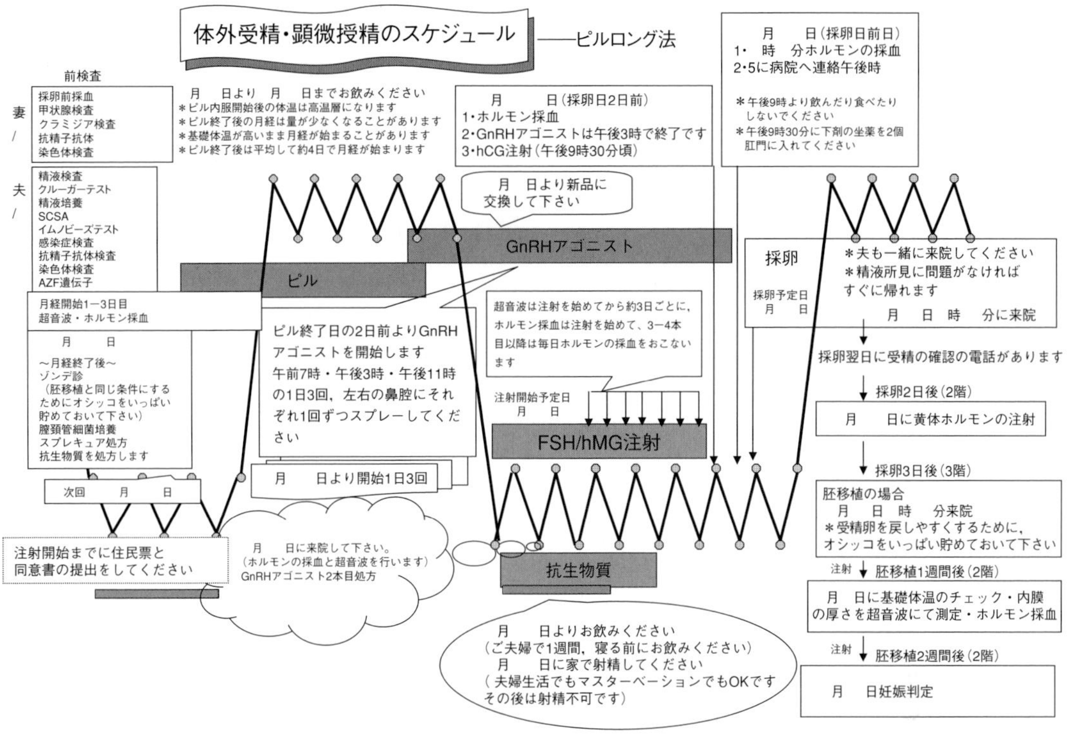

図Ⅻ-52-1．体外受精・顕微授精のスケジュール——ピルロング法

次に，黄体期中期からGnRHアゴニストを使用すると卵巣嚢腫ができることがある．この卵巣嚢腫のことを，機能性卵巣嚢腫と呼ぶ．機能性卵巣嚢腫は，GnRHアゴニスト開始時初期のフレアアップ現象（一時的にFSHとLHのレベルが増加すること）によって形成される．機能性卵巣嚢腫があると，卵巣刺激を行った場合，卵巣の反応性が悪くなり，採卵のキャンセル率が多くなり，採卵数が少なくなる．Keltzら(1995)は，臨床妊娠率は，機能性卵巣嚢腫の大きさが10mm未満で36.7%，10mmから14mmで18.8%，15mmから19mmで11.1%，20mm以上で5.9%で，機能性卵巣嚢腫が大きくなるにつれて，臨床妊娠率は低下すると報告している．では，どのようにすれば機能性卵巣嚢腫の形成を予防できるであろうか．それにはピルの使用が有効である．ピルはそれのみで下垂体の抑制をかけることができる．Biljanら(1998)機能性卵巣嚢腫の形成率は，ピルを使用した場合には0%であったが，使用しなかった場合には52.9%であったと報告している．

ピル使用の利点としては，

(1)前胞状卵胞の大きさのばらつきが少なくなる．
(2)機能性卵巣嚢腫の形成率が低くなる．
(3)妊娠している時にGnRHアゴニストを使う可能性がなくなる．
(4)GnRHアゴニストで起こる頭痛などの副作用

を予防することができる．

(5)スケジュールがコントロールしやすい．

などがある．ショート法でもピルは有効であるが，慎重に使用期間を選ぶ必要がある．

次に実際に我々が実施しているロング法（図XII-52-1）を紹介する．

まず，ART実施前の検査を行った後，月経1-3日目に経膣超音波検査で子宮内膜の厚さ，前胞状卵胞数を測定，卵巣囊腫の有無や大きさについて検査する．また，血中のFSH，LH，E_2，PRL値を測定する．月経3日目からピルを14-28日間使用（前胞状卵胞数によってピルの使用期間を選択）する．ピルを使用する目的は，実際に卵巣刺激を行う周期の卵巣刺激前の前胞状卵胞の大きさに差が少なくなるという利点があるためである．しかし，ピルは下垂体に抑制をかけるため，使用期間はそれぞれの症例の卵巣の予備能力に合わせて選択をしなければならない．月経が終了したら，尿をためた状態で胚移植時に使用するカテーテルを用いて子宮腔長，挿入時の方向を測定しておく．また，測定時に子宮頸部にポリープがある時は切除しておく．また膣と子宮頸管の細菌培養を実施する．子宮頸部に細菌感染がある症例では慢性の子宮内膜炎を起こしているケースが多いため，細菌培養の陽性例には治療を実施する．カテーテルの挿入が困難な症例には，卵巣刺激前に子宮鏡を行う．子宮頸管が狭窄しているケースでは，卵巣刺激前に静脈麻酔下に子宮頸管の拡張を行う．胚移植直前の頸管拡張は，胚移植は容易になるものの子宮内膜が損傷されるために妊娠率が非常に低くなるため無効とされているので，子宮頸管拡張は卵巣刺激前に行わなければならない．ピル終了2日前からスプレキュアを開始する．卵巣刺激はピル終了後8日目から行う．卵巣刺激開始直前に経膣超音波検査で子宮内膜の厚さ，前胞状卵胞数を測定し，かつ卵巣囊腫の有無についても再検索する．また，血中のFSH，LH，E_2，P値を測定する．卵巣刺激直前のLH値で，卵巣刺激に用いる排卵誘発剤の注射の種類を決める．LHが1.5mIU/ml以上の場合はフォリスチムまたはゴナールF，LHが1.5mIU/ml未満の場合にはフォリスチムまたはゴナールFとHMGテイゾーを使用する．卵巣過剰刺激症候群の発生を減らすために，前胞状卵胞数によって排卵誘発剤の量を変える．また，過去の卵巣刺激時の排卵誘発剤に対する卵巣の反応も考慮して排卵誘発剤の量は決定する．卵巣刺激4日目より経膣超音波検査と血中のLH，E_2，Pを測定する．卵巣刺激開始後4日目または5日目より，フォリスチムまたはゴナールF単独で卵巣刺激を行ったものはフォリスチムまたはゴナールFとHMGテイゾーに変更する．18mm以上の卵胞が2個になったら，hCGに切り替える．hCG投与日の排卵誘発剤の注射は，卵胞の発育が十分の時は前日の半量，卵胞の発育が不十分の時は前日と同量使用する．卵巣過剰刺激症候群の可能性がある時はhCG投与日の排卵誘発剤の注射は行わない．スプレキュアはhCG投与日の午後3時まで使用する．卵巣刺激中にLHやPの上昇があった時，E_2の著明な低下があった時，hCG投与翌日のPの上昇がない時，卵巣の反応が非常に悪い時はその周期を原則としてキャンセルしている．

(2) ウルトラロング法

誘発開始前にロング法よりも長くGnRHア

ゴニストの投与を行った後，卵巣刺激を開始する．ロング法と同じ利点を有し，なおかつ長期間GnRHアゴニストを使用するため卵巣機能が保たれている（月経1-3日目の前胞状卵胞数が減少していない）子宮内膜症，子宮腺筋症の症例には着床環境を整え妊娠に有利に働くと考えられている．また，排卵誘発剤の開始時期が自由であるため，採卵日の固定が可能である．欠点として，排卵誘発剤およびGnRHアゴニストの投与量が多くなることがある．スプレキュア（Buserelin）やナサニール（Nafarelin）を1ヶ月程度使用してから卵巣刺激を開始する方法もあるが長期間を毎日鼻にスプレーを使用しなければならないため，リュープリン（leuprorelin）1.88 mgを1ヶ月おきに2回使用した後，卵巣刺激を行うと毎日鼻にスプレーをしなくてよい患者の負担は軽減する．

(3) ショート法

ショート法は月経開始後3日以内にGnRHアゴニストとFSH/hMG投与を開始する方法で，初期のフレアアップによる内因性ゴナドトロピンの上昇を利用し，かつその後に起こる脱感作でLHサージを抑制することができる．初期にFSHが増加するので，排卵誘発剤の量を減らすことができる．しかし，初期にはLHも上昇するため，前周期の黄体が再び賦活化されプロゲステロン分泌が再開すると，月経の長期化や子宮内膜の形成不全を招くおそれがある．また，発育初期段階の卵胞が高いレベルのLHを浴びるため閉鎖に陥りやすいとの報告もある．フレアアップが利用できるため，多量のFSH/hMG刺激を必要とする卵巣機能が少し低下している症例が適応となる．ショート法ではhCGに切り替える時期が非常に重要である．ショート法では，2個の卵胞が17mmになるとhCGを注射しなければならない．つまり，ロング法よりも少し早い時期に，hCGを投与する必要がある．Clarkら（1991）は，hCGの投与が24時間遅れると卵が過熟になって，臨床妊娠率が低下すると報告している．

(4) 低用量ショート法

卵巣の機能が低下している症例にGnRHアゴニストを使用すると，卵巣の反応性をより悪くする可能性がある．そこで，通常のショート法に用いるGnRHアゴニストよりも非常に少ない量で排卵誘発剤との併用を行う方法がある．その方法のことを低容量ショート法と呼ぶ．Feldbergら（1994）は，通常よりも少ない量のGnRHアゴニストを使用すると，採卵のキャンセル率が低くなり，採卵数が多くなり，受精率も高かったと報告している．

(5) ウルトラショート法

月経1日目からGnRHアゴニストを開始，月経3日目よりFSH/hMG投与を始めて，FSH/hMG投与開始とともにGnRHアゴニストを中止する．GnRHアゴニストのフレアアップ現象のみを利用するため，卵巣の機能が低下している症例に有用とされているが，下垂体のdown regulationが起きないため，LHサージを防止できないという欠点がある．

(6) ロング法とショート法の比較

ロング法とショート法の比較のRCTのmeta analysisによると，卵巣刺激周期あたりの採卵数と妊娠率はロング法の方が有意に高く，採卵のキャンセル率はショート法で有意に高かった（Daya, 2000）．一方，ロング法で分娩に至らなかった卵巣の機能が低下している症例に対しショート法を選択した症例では採卵数と妊娠率は有意に上昇した (Tidemark et al, 1996). しかし, 卵巣の機能が低下している症例を多く含む40歳以上の高齢不妊症患者を対象としたRCTではロング法がショート法よりも有意に高い妊娠率を示した (Sbracia et al, 2005) とする報告もある. ショート法ではロング法と比較するとhCG投与日の血中LH値と採卵時の卵胞液中アンドロステンジオン濃度が有意に高く, これらによって卵子の質が低下, 妊娠率が下がると考えられている (Bo-Abbas et al, 2001).

まとめ

ARTを実施する前に卵巣の予備能力を十分に評価して, 症例ごとに卵巣刺激法を選択することは, ARTの成績向上の点で非常に重要である. 採卵時に使用する卵巣刺激法には, GnRHアゴニスト法, GnRHアンタゴニスト法, 低卵巣刺激法, 自然周期法がある. また, GnRHアゴニストを使った卵巣刺激法には, ロング法, ウルトラロング法, ショート法, 低容量ショート法, ウルトラショート法がある. 卵巣の予備能力が良好な場合にはロング法が世界中で最も多く行われているが, 卵巣の声 (卵胞の大きさ, ホルモン値) に耳を傾けながら卵巣刺激を実施する必要がある.

(吉田　淳)

引用文献

Biljan MM, Mahutte NG, Dean N, et al (1998) Effects of pretreatment with an oral contraceptive on the time required to achieve pituitary suppression with gonadotropin-releasing hormone analogues and on subsequent implantation and pregnancy rates, *Fertil Steril*, 70 ; 1063-1069.

Bo-Abbas YY, Martin KA, Liberman RF, et al (2001) Serum and follicular fluid hormone levels during in vitro fertilization after short- or long-course treatment with a gonadotropin-releasing hormone agonist, *Fertil Steril*, 75(4) ; 649-699.

Clark L, Stanger J, Brinsmead M (1991) Prolonged follicle stimulation decreases pregnancy rates after in vitro fertilization, *Fertil Steril*, 55 ; 1192-1194.

Coy DH et al (1976) Analogs of luteinizing hormone releasing hormone (LHRH) with increased biological activity produced by D-amino acid substitutions in position six, *J Med Chem*, 19 ; 423-425.

Daya, S, (2000) Gonadotropin releasing hormone agonist protocols for pituitary desensitization in in vitro fertilization and gamete intrafallopian transfer cycles, *Cochrane Database Sits Rev*, CD001299(2) .

Feldberg D, Dicker D, Farhi J, et al (1994) Minidose gonadotropin-releasing hormone agonist is the treatment of choice in poor responders with high follicle-stimulating hormone levels, *Fertil Steril*, 62 ; 343-346.

Fujino M, et al (1973) [DesGlyNH210, Pro-ethylamide9] LHRH. A highly potent analog of luteinizing hormone releasing hormone, *Arch Biochem Biophys*, 154 ; 488-489.

Keltz MD, Polcz T, Jones EE, et al (1995) Baseline cyst formation after luteal phase gonadotropin-releasing hormone agonist administration is linked to poor in vitro fertilization outcome, *Fertil Steril*, 64 ; 568-572.

Koch Y et al (1974) Enzymatic degradation of luteinizing hormone-releasing hormone (LH-RH) by hypothalamic tissue, *Biochem Biophys Res Commun*, 61 ; 95-103.

Porter RN, Smith W, Craft IL, et al (1984) Induction of ovulation for in-vitro fertilization using buserelin and gonadotropins, *Lancet*, 8414 ; 1284-1285.

Sandow J et al (1979) Studies with fragments of highly active analogue of luteinizing hormone releasing hormone, *J Endocrinol*, 8 ; 175-182.

Sbracia M, Farina A, Povering R, et al (2005) Short versus long gonadotropin-releasing hormone analogue suppression protocols for superovulation in patients > or = 40 years old undergoing intracytoplasmic sperm injection, *Fertile Sterile*, 84(3) ; 644-648.

Schally AV et al (1971) Hypothalamic FSH and LH-releasing hormone ; Structure, physiology and clinical studies, *Fertil Steril*, 22 ; 703-721.

Tidemark M, Tidemark R, Kodama H, et al (1996) Short protocol of gonadotropin releasing hormone agonist administration gave better results in long protocol poor-responders in IVF-ET, *J Obstet Gynecol Res*, 22 (1) ; 73-77.

Urbancsek J, Witthaus E (1996) Midluteal buserelin is superior to early follicular phase buserelin in combined gonadotoropin-releasing hormone analog and gonadotropin stimulation in in vitro fertilization, *Fertil Steril*, 65 ; 966-971.

XII-53

GnRH アンタゴニストを用いた調節卵巣刺激法

Key words
調節卵巣刺激法／卵巣過剰刺激症候群／受容体抑制／最終成熟誘起因子／GnRHa 長期投与法

はじめに

1978年に内因性GnRHのアナログとしてGnRHアゴニスト(GnRHa)の反復投与により，初期には燃え上がり現象が起こるが，その後GnRHa受容体数の減少により下垂体機能が抑制され，卵巣ステロイドが基礎値レベルに低下することが明らかにされた(Labrie et al, 1979)．このメカニズムに基づいてGnRH aを用いた調節卵巣刺激法(COS, controlled ovarian stimulation)が開始され，我々も日本ではじめてGnRHa/hMGによるCOSを報告(臼井，1989)して以来，わが国におけるCOSには主としてGnRHa/rec FSH長期投与法が用いられている．このCOSが一般的に汎用される理由として多くの利点があげられるが，キャンセル率の低下，内因性LHサージと早期黄体化現象の抑制，適切な卵胞数発育と採卵のタイミングがとりやすいなどがあげられる．通常は半減期の短いGnRHa(Sprecure，塩野義製薬)などの連日点鼻(900μg)かLeuprine(武田薬品工業)0.5mg皮下注が前周期の21-23日目から用いられているが，近年，半減期の長いGnRHaデポ剤(武田薬品)なども皮下注投与(1.88mg)によって，患者夫婦の利便性のために妊娠率を低下させることなく用いられている．しかし，GnRHaは長期の下垂体抑制によるゴナドトロピン投与量の増加や卵巣過剰刺激症候群(OHSS)のリスクなどが報告されている(Wildt et al, 1986)．このような欠点を補う目的でGnRHアンタゴニスト(GnRH ant)が最近COSのために用いられるようになった．

GnRH antは内因性GnRHと競合的に受容体に作用するため，投与後すぐに受容体低下が起こり，ART周期において短期間で簡便なCOSを行うことが可能である．しかし，十分に安全で薬理学的に安定した特性を有するGnRH antを製品化し，臨床応用するのには約30年間が費

GnRH アゴニスト（GnRHa）：GnRH アゴニストとは，体外受精（IVF）の際に，採卵のために卵の成長をコントロールする調節卵巣刺激法に用いるGnRH類似物質である．商品名はスプレキュア，ナサニールなどがある．GnRHアゴニストは視床下部に働きかけることで，GnRH（ゴナドトロピン放出ホルモン）の分泌を抑えて，早発黄体化現象や排卵を抑える効果がある．一般的な調節卵巣刺激法にはロング法とショート法があるが，両者の違いはGnRHアゴニストの投与期間の違いによる．ロング法では前周期の黄体期半ばから，ショート法では月経が開始されてからGnRHアゴニストを使用する．またGnRHアゴニストを最終成熟因子として使うことで，排卵を促す効果がある．これはGnRHアゴニストの「フレアーアップ」（燃え上がり現象）というLHとFSHの急激な上昇を利用したもので，HCG注射の代用として使用されることがある．

LH サージ：LHサージとは，排卵直前に黄体形成ホルモン（LH）が一過性に大量に分泌されることである．多少個人差があるがLHサージがあってから24-36時間後に排卵が起こる．卵胞が成熟過程に達すると，顆粒膜細胞からエストロゲンを分泌するようになる．そして，成熟直前に多量に分泌されたエストロゲンによって，脳下垂体がポジティブ・フィードバックにより刺激されてLHの放出を促す．LHサージの「サージ」とは大きな波のことで，この現象によって排卵が引き起こされる．なお，LHサージが起こるのは卵胞の大きさが20mm前後となってからである．LHサージを判断する方法として排卵検査薬がある．

やされた．第一世代のGnRH antは2位のhis基と3位のtrp基を置換したものであったが，活性が低く臨床応用されなかった．第二世代では，6位にD−アミノ酸を取り込ませることで活性値は上昇した．しかし，この製剤は臨床応用されると，ヒスタミン遊離によるアナフィラキシー反応がしばしば起きることが明らかになった．現在では第三，第四世代のGnRH antが開発され，以前のようなヒスタミン作用が減少し，少量投与で優秀な臨床成績が得られるようになってきた．2001年に第三世代のGnRH antはCOSの目的に使用されることが認可されている．また多囊胞性卵巣症候群（PCOS）のように**卵巣過剰刺激症候群**（OHSS）のリスクが考えられる場合，COSの段階でキャンセル周期となる場合が多い．しかし，GnRH ant周期において卵子の最終成熟過程における誘起因子のために従来hCGが用いられているが，この代替としてGnRHaを投与することが治療効果と安全性，OHSSの予防法として有効であろう．マウス初期胚におけるGnRHとGnRH受容体のmRNAおよびタンパクの発現が証明されて，GnRH antの胚に対する直接作用が懸念されている．ある研究では，マウス胚をGnRHaまたはGnRH antとともに培養した結果，GnRHaは用量依存的に胚発生を促進したが，GnRH antでは発生が抑制された（Raga et al, 1999）．さらに，GnRH mRNAとGnRHタンパクが黄体期のヒト卵管で産生されていることも報告されている．しかし，GnRH antを用いたCOSによる生殖補助医療（ART）により誕生した227人の子供の追跡調査では，GnRHaの長期投与法を用いた対照群と比較して有意な差は認められていない．これらのことからヒトの受精，着床，および初期胚に対するGnRH antの直接作用に関するさらなる臨床研究により，適切なデータに基づいた納得のいく結論が出されることが期待されている．

1 投与量と投与期間

現在市販されているGnRH antとしてはCetrorelix（Serono USA），Ganirest（Ganirelix, MSD）などがある．これらのGnRH antによって早期黄体化を予防する場合，投与開始日は治療周期のどの時期でも可能であるが，効果と安全性を考慮した場合，最少使用量を決定することが重要である．このためCOS周期におけるGnRH antの単回投与と複数回投与法が検討されている．単回投与ではGnRH antデポ剤3mgをFSH刺激開始後D8かD9の卵胞期後期に投与した結果，80%の周期でLHサージを抑制することができた．複数回投与では，0.25mgのGnRH antをゴナドトロピン刺激周期のD6より連日投与した．少なくとも5日間連日投与することで，卵胞期初期における早期LHサージを抑制することが可能であった．

これらの結果，COSのためのGnRH ant投与量としては0.25mgの連日皮下注が最も安全で効果的であると報告されている（Albano et al, 1997）．COSにおけるLHサージの臨界点である卵胞期6日目ごろに3-5回0.25mg投与するだけで早発LHサージが抑制されることはGnRHaに比較して大きな利点である．しかし，個体差（身長／体重差）や人種差を考慮すれば，投与期間や投与量を固定するよりも，GnRH ant

卵巣過剰刺激症候群（OHSS）：女性の卵巣は親指大ほど（3-4cm）の臓器であるが，卵巣が排卵誘発剤などによって過剰に刺激されることによって，卵巣が腫大し，卵巣血管から漏出した血清成分によって腹水や，時に胸水などの貯留が起こる．このため血液濃縮や血栓症などの重篤な状態に至ることをOHSSと呼ぶ．排卵障害を伴う不妊治療において卵胞を育てることが第一目的となるが，その副作用としてOHSSが起こることがある．経口薬のクロミフェンでOHSSが起こることはまれであるが，ゴナドトロピン（hMG-hCG）療法を行う時には注意が必要になる．OHSSの症状は，腹部膨満，腹痛および腰痛，急激な体重増加，吐き気，尿量減少（乏尿）などがあげられる．

の薬理学的な面からフレキシブルなCOSレジメを選択した方が患者にとって，より利便性と有効性が改善されると考えられる．GnRH antの大量投与研究において，着床率の低下からGnRH antのヒト胚に対する直接作用の可能性が報告されている．しかし，これらの周期においても凍結－解凍胚ではこのような影響は認められなかった．また，GnRH ant法とGnRHaの長期投与法によって得られた凍結－解凍前核期胚の移植による妊娠率の後方視的比較研究では，着床率，妊娠率および流産率には有意差を認めていない．

2 GnRH antの有用性

前方視的多施設臨床試験において，GnRHa/rec FSH長期投与周期とGnRH antを早発LHサージ抑制に応用した場合，GnRH antの方がFSH使用期間を1-2日間短縮した．しかし，卵胞数はhCG注日において，GnRHa長期投与法と比較してやや少なく，したがって採卵数も少なかった．しかし，成熟卵数，受精率，良好胚数に関しては有意差を認めなかった．無作為比較試験のメタアナリシスにおいて，GnRH antを用いた場合，妊娠率が5％低下することが示された．この結果は従来のGnRH antを用いたレジメの不備によるものではないかと推測されている．すなわち，良好胚数に差はなかったが，GnRHa長期投与法周期では採卵数が多く，その結果胚の選択性が良好であった可能性がある．また，GnRH antでは刺激周期のD6に投与日が固定されており，柔軟な対応ではなかったため反応性の違いによって，患者の中にはGnRH antの投与開始が早すぎたと思われ，ひいては採卵数，成熟卵数の減少につながったとも考えられる．そこでGnRH antを固定日（D6）投与した群と，少なくとも1個の卵胞の最大卵胞径が14mmに達した時に柔軟にGnRH antを投与開始した群とを比較した場合，GnRH antの投与量が柔軟対応群で減少した以外，ARTの成績に関しては有意差を認めなかった．卵胞期後期にGnRH antを開始することは，初期の内因性FSHの上昇を利用してCOSを行うことができる利点があり，それから卵胞期中期，後期に外因性ゴナドトロピンを補充することで複数卵胞の発育を促進することが可能である．また，GnRH antを用いることでFSH投与量を増量したり，LH補充を行う必要性はないように思われる．現在，GnRHaとrec FSHを併用したlongプロトコールがCOSとして汎用されているが，これによる低反応群の発生がしばしば指摘されている．これらの症例に対して次周期以降の第二選択としてGnRH antがしばしば用いられている．H. C. Van OsらはGnRHaとrecFSHを併用した長期プロトコールを用いて妊娠が成立しなかった症例を低反応群と正常反応群の2群に分けてrec FSH/GnRH antを用いたCOSによる体外受精を試みた．D3より連日rec FSH注（150-400IU／日）後，GnRH antは主席卵胞径が14-15mmに達した時，GnRH ant（0.25mg／日）をhCG注まで連日皮下注した．この結果，前回低反応群では，今回25周期中1周期に妊娠が成立したが，最終的に流産に終わった．これに対して前回正常反応群で妊娠成立しなかった群では，今回52周期中23周期に臨床的妊娠が成立し，19周期が出産に至った．

これらの結果から，第二選択として rec FSH/GnRH ant を用いる COS を実施して効果的な症例は，前回 rec FSH/GnRHa による COS で正常反応群であった場合であり，低反応群の症例には，第二選択手段として GnRH ant を併用しても有効性が認められないとしている．

3 GnRH ant 周期における成熟誘起因子

GnRH ant による COS では従来の hCG にかわって最終成熟誘起因子として GnRHa を投与することができる．そこで GnRH ant による COS 周期で最終成熟誘起因子に GnRHa を用いた場合と hCG を用いた場合のホルモン動態と成績を E. Ossina らは多施設試験により比較検討している．多施設（6ヶ所）で実施された無作為比較試験（RCT）は101周期の IVF/ICSI 周期で検討された．COS はリコンビナント FSH（rec FSH：Puregon）（Organon co）150-225IU／日を連日投与し，7日目より GnRH ant（Orgalutran）0.25mg を3日間投与した．18mm 以上の卵胞が2個以上認められた場合，無作為に 10,000IU の hCG 筋注あるいは0.1mg GnRHa（Triptorelin）を皮下注した．採卵（OPU）は最終成熟誘起因子投与の36時間後に経膣的に超音波下に行われた．この結果，採卵日における E_2 と P_4 値は両群間において有意差は認められなかったが，胚移植日における E_2 と P_4 値は hCG 群において GnRHa 群と比較して有意に高かった（4352±123 vs 2177±654pg/ml および219±56 vs 59.7±25pg/ml；$p<0.05$）．しかし採卵率，受精率，分割率，などの成績には両群間に差は認められなかった．臨床的妊娠率も両群間に有意差は認められない（40.5±9.5% vs 35.6±8.2%）．また着床率も両群間で差はなかった（15.4±3.3% vs 15.6±3.3%）．OHSS の発生率は hCG 群に中等度 OHSS が1例認められた．これらの結果，GnRH ant による COS の卵子最終成熟誘起因子として，0.1mg Triptoreline の1回皮下注は hCG 10,000IU 筋注と比較して同等の効果があり，また，OHSS の発生率を低下させる可能性があると考えられている．

4 GnRH ant と多剤併用

GnRH ant を用いた COS 周期において，他薬剤を前処置ないし併用することで recFSH の投与量や期間を短縮することは患者の利便性や医療対効果を考える上で有用である．また，インスリン抵抗性の PCO に対して，あらかじめインスリン感作薬を投与しておくことで，効果的に COS を行うことが可能である．したがって，適切な症例を選択して経口避妊薬（OC）やクロミフェン，メトフォルミン，アロマターゼ・インヒビターなどを adjuvant として GnRH ant /COS 周期に投与することで患者やクリニックにとってさらに有効性と利便性が増すことになると思われる．

(A) アロマターゼ・インヒビター

アロマターゼ・インヒビターは主として更年期以後の乳癌患者の治療法として，過去20年間以上臨床応用されてきている（Forrest, 2003）．最近は第三世代のインヒビター（letrozole など）が開発され，経口投与で半減期が約45時間と速やかに排泄され，しかも活性値が高く他のステロイド産生酵素に影響を与えない優れた特性を有している．これらの第三世代インヒビターがCOSの併用法やOIに用いられている．この作用メカニズムはCCのようにエストロゲン拮抗作用による間脳－下垂体系へのフィードバック機構によるよりも，むしろアンドロゲン，テストステロン系のE_3＆E_2への転換を抑制して，エストロゲン値を下げることでフィードバック機構によりGn産生を高めている．臨床的にはCCに無反応な患者に対して，性周期D 3-D 7に1日投与量2.5mgで排卵効果が得られている(Mitwally, Casper, 2001)．またCOSにおいて，外因性に投与されるGn量をアロマターゼ・インヒビターによって減少させる目的で用いられている(Mitwally, Casper, 2004)．Letrozoleを D 3からD 7まで投与してからrec FSH注を開始することでrec FSHの使用量が減少したことが報告されている．

(B) インスリン感作薬（メトフォルミン）

PCOにおける卵巣機能不全の病態生理としてインスリン抵抗性が主役を演じていると考えられている．この理論に基づいてPCO患者のOIやCOSに対してメトフォルミン（metformin）などのインスリン感作薬が併用されている．メトフォルミンは経口投与によってインスリン非依存性糖尿病（NIDDM）患者の血糖値を低下させる薬剤であり，長期投与によっても安全性が担保されている．また，糖尿病妊婦がこの薬剤を服用しても先天性奇形の増加は報告されていないし，体外実験でも催奇形性は認められていない(Piacquadio et al, 1991)．メトフォルミンの副作用は服用後10-25%に認められる吐き気，下痢とそれに伴う体重減少などである．このような場合には初期投与量を少なくして，漸増投与法にするか，他の薬剤に切り替える必要がある．また，肝機能障害か腎機能障害が合併している場合にはメトフォルミン投与を控えるようにすべきである．メトフォルミンをPCO患者のCOSの前投薬として応用した場合，成熟卵子獲得率，受精率，臨床的妊娠率が有意に増加したとする報告がある(Stadtmauer et al, 2001)．また，肥満を合併したPCO患者にのみ有効であったとする報告もある．一方，最近の無作為二重盲検試験によると，PCO患者に16週間以上メトフォルミンを投与しても，rec FSH刺激期間，採卵数，受精率，良好胚率，妊娠率には有意差が認められなかった(Kjotrod, von DV Carlsen, 2004)．したがって，PCO症例に対してrec FSHとメトフォルミン併用法を行う場合，症例ごとに適応を検討するべきであろう．

(C) その他の薬剤併用法

(1) clomiphene/Tamoxifen

最近CC（clomiphene）を単独でCOSに用いるか，あるいはhMG/GnRHantと併用する最小刺激プロトコールが臨床応用されるようになった．妊娠率ではCC単独の自然周期IVFよりもhMG/GnRHant併用プロトコールの方が高率であった．また，CC/rec FSH/GnRH ant併用法の無作為比較試験が行われ良好な臨床成績が報告されている．CCと同様に非ステロイド性選択的エストロゲン受容体修飾物質（SERM）であるタモキシフェン（tamoxifen）は開発当初乳癌治療薬として用いられていた．しかし，その特性からタモキシフェンは同時にOI

にも用いられている，CC と異なる点としてタモキシフェンは異性体を有しており，頸管粘液産生や子宮内膜に対して抗エストロゲン作用が弱いことが認められている．近年，タモキシフェンを乳癌治療後の女性に対する ART の COS の併用法として，高エストロゲン状態から保護するための選択肢として推奨されている (Oktay et al, 2005)．

(2) 経口避妊薬（OC）

COS 周期以前に OC を投与して二次卵胞のリクルートメント状況を操作する方法が報告されている．しかし，投与期間に関しては定説がなく，OC 長期投与では卵巣機能が過度に抑制され，rec FSH の投与期間が延長し，キャンセル率が増加するとしているが (Mashiach et al, 1988)，別の報告では長期投与でもそのような過度な抑制は認められていない (Gonen et al, 1990)．また OC を用いることで卵胞成熟期間をコントロールして，採卵日を都合のよい日に選択することができる．しかし，早期黄体化を予防するための目的では OC よりも GnRHa の方が優れていることが報告されている．OC 投与が有効であると考えられる症例に，PCO 患者のように外因性 Gn 製剤の投与によって過剰反応が心配される場合がある．COS によって何度も過剰反応を起こす患者には OC を前処置することもよい選択肢である．PCO の患者で GnRHa による受容体抑制がなかなかかからない場合には，OC と GnRHa を併用した受容体抑制プロトコールが推奨されている．

(3) 成長ホルモン

マウスの実験データにおいて，成長ホルモン (GH) は Gn 刺激に対する卵巣感受性を亢進させることにより，ステロイド産生と卵胞成熟が促進されることが報告された．この実験結果に基づいて GH を COS の併用法に用いることが提唱された．低ゴナドトロピン血症患者に対して GH と Gn を併用することで排卵に至るまでの Gn 使用量を有意に減少させることができた．また，最近のメタアナリシスでは GH 併用法によって妊娠率が有意に上昇したと報告されている (Harper et al, 2003)．しかし，COS に関する GH 併用の有効性に対する，大規模な多施設 RCT は未だ行われていない．

まとめ

現在用いられている COS は，20世紀における卵巣生理学の発展や Gn の開発，単離，精製の歴史の上に成り立っている．その中でも COS のプロトコールと成績に関する臨床研究のほとんどは過去25年の間に確立され，現在でもその多くは一般に応用されている．しかし最近は ART も多胎妊娠や OHSS などの副作用を防止し，しかも効果的で経済的な手段が期待されるようになった．このため，従来の Gn を大量に用いた多卵胞発育と多胚移植 (MET) から，自然周期あるいは最小刺激法による単一胚移植 (SET) に重点が置かれるようになってきた．この目的のために純度と活性値の高い rec FSH を可及的少量用い，賦活剤として他薬剤を併用する方法が取り入れられるようになってきた．わが国でも2007年度にフォリスチム・ペンおよびフォリスチム・カートリッジの製造販売が承認され，ART における COS のための自己注射が可能になった．不妊カップルにとって優しい ART とは，優れた妊娠率と生児獲得率はむろんであるが，それ以外にも有効性，安全性，利便性に優れ，カップルにとって心理的ストレスの少ない手段でなければならない．このためにGnRH antを併用したrec FSHによる自己注射法は重要な選択肢の一つであろう．また，GnRH antを併用したレジメは費用対効果率が高く，COSの代替手段として従来の標準的なGnRHa併用による長期投与法に取って代わる，患者にとって優しい調節卵巣刺激法となる可能性が十分にある．

（久保春海）

引用文献

Albano C, Smitz J, Camus M, et al (1997) Comparison of different doses of gonadotropin-releasing hormone antagonist Cetrorelix during controlled ovarian hyperstimulation, *Fertil Steril*, 67 ; 917-922.

Forrest AR (2003) Aromatase inhibitors in breast cancer, *N Engl J Med* 349 ; 1090.

Gonen Y, Jacobson W, Casper RF (1990) Gonadotropin suppression with oral contraceptives before in vitro fertilization, *Fertil Steril*, 53 ; 282-287.

Harper AG, Proctor K, Hughes E (2003) Growth hormone for in vitro fertilization, *Cochrane Database Syst Rev*, CD 000099.

Kjotrod SB, von DV Carlsen SM (2004) Metformin treatment before IVF/ICSI in women with polycystic ovary syndrome ; a prospective, randomized, double blind study, *Hum Reprod*, 19 ; 1315-1322.

Labrie F, Auclair C, Cusan L, et al (1979) Inhibitory effects of treatments with LHRH or its agonists on ovarian receptor levels and function, *Adv Exp Med Biol*, 112 ; 687-693.

Mashiach S, Dor J, Goldenberg M, et al (1988) Protocols for induction of ovulation . The concept of programmed cycles, *Ann N Y Acad Sci*, 541 ; 37-45.

Mitwally MF, Casper RF (2004) Aromatase inhibition reduces the dose of gonadotropin required for controlled ovarian hyperstimulation, *J Soc Gynecol Investig*, 11 ; 406-415.

Mitwally MF, Casper RF (2001) Use of an aromatase inhibitor for induction of ovulation in patients with an inadequate response to clomiphene citrate, *Fertil Steril*, 75 ; 305-309.

Oktay K, Buyuk E, Libertella N (2005) Fertility preservation in breast cancer patients : IVF and cryopreservation after ovarian stimulation with tamoxifen, *Human Reprod*, 18 ; 90-95.

Piacquadio K, Hollingsworth DR, Murphy H (1991) Effects of in-utero exposure to oral hypoglycaemic drugs, *Lancet*, 338 ; 866-869.

Raga F, Casan EM, Kruessel J, et al (1999) The role of gonadotropin-releasing hormone in murine preimplantation embryonic development, *Endocrinology*, 140 ; 3705-3712.

Stadtmauer LA, Toma SK, Riehl RM, et al (2001) Metformin treatment of patients with polycystic ovary syndrome undergoing in vitro fertilization improves outcomes and is associated with modulation of the insulin-like growth factors, *Fertil Steril*, 75 ; 505-509.

臼井彰（1989）体外受精－胚移植／配偶子卵管内移植プログラムにおけるGnRH agonist，pure FSH併用法を用いた卵胞刺激法について，日産婦会誌，41 ; 1431-1438.

Wildt L, Diedrich K, van dV Al Hasani S, et al (1986) Ovarian hyperstimulation for in-vitro fertilization controlled by GnRH agonist administered in combination with human menopausal gonadotrophins, *Human Reprod*, 1 ; 15-19.

XII-54

GnRH アナログ開発の歴史と将来展望

Key words
GnRH アゴニスト／GnRH アンタゴニスト／GnRH レセプター

はじめに

ゴナドトロピン分泌調節の要であるGnRHの構造決定は，ただちに，より効果の高いGnRHアナログの開発に結びついた．臨床応用において先行した各種GnRHアゴニストに続き，GnRHアンタゴニストも投入され，これらGnRHアナログは排卵誘発・卵巣刺激に不可欠な薬剤として，その地位をすでに確立した．また，GnRHレセプターの構造解明に伴い，今後，より小分子で特異性の高いGnRHアナログ開発ができれば，コンプライアンスの高い経口剤が可能となることも考えられる．

1 GnRH の発見

ゴナドトロピン（Gn）の分泌調節において，中枢神経系の関与することがはじめて示されたのは，1936年のことである．Marshall と Verney（1936）は，ウサギ頭部に電流を通す実験を行い，この刺激により排卵を誘発し偽妊娠状態を人為的に作成できることを発見した（Besser, Mortimer, 1974）．その後，視床下部下垂体門脈系を切断したモデル動物を用い，クラシカルかつエレガントな実験系を用いた一連の研究（Harris, 1950）は，視床下部に由来するなんらかの液性因子が，下垂体のGn分泌を直接コントロールしていることを明らかにした．すなわち，視床下部にはLH-RH（luteinizing hormone-releasing hormone）およびFSH-RH（follicle-stimulating hormone-releasing hormone），今日でいうところのGnRHの存在することが，誰の目にも明確となったのである（McCann, 1962）．

しかし，Guillemin らのグループなどとの壮絶な競争（Wade, 1981）の後，GnRHが最終的に同定されるのは，Schally らのグループによる1971年の報告（Schally et al, 1971）まで待つこととなる．構造決定されたGnRHは，10個のアミノ酸からなるペプチド（図XII-54-1）で，合成された単一ペプチドが，下垂体からのFSHおよびLHという2種類のGn分泌を，同様に用量依存的に促進する作用を持つことが確認された．つまり，下垂体においてGn分泌促進作用を有する視床下部由来のホルモンは，このGnRHのみであることが判明した．GnRHを構造決定した業績によりSchally らは1977年にノーベル賞を受賞することになるが，同時に，以後今日に至るGnRHアナログなどの開発に結びつく，第一歩を踏み出したといえる．

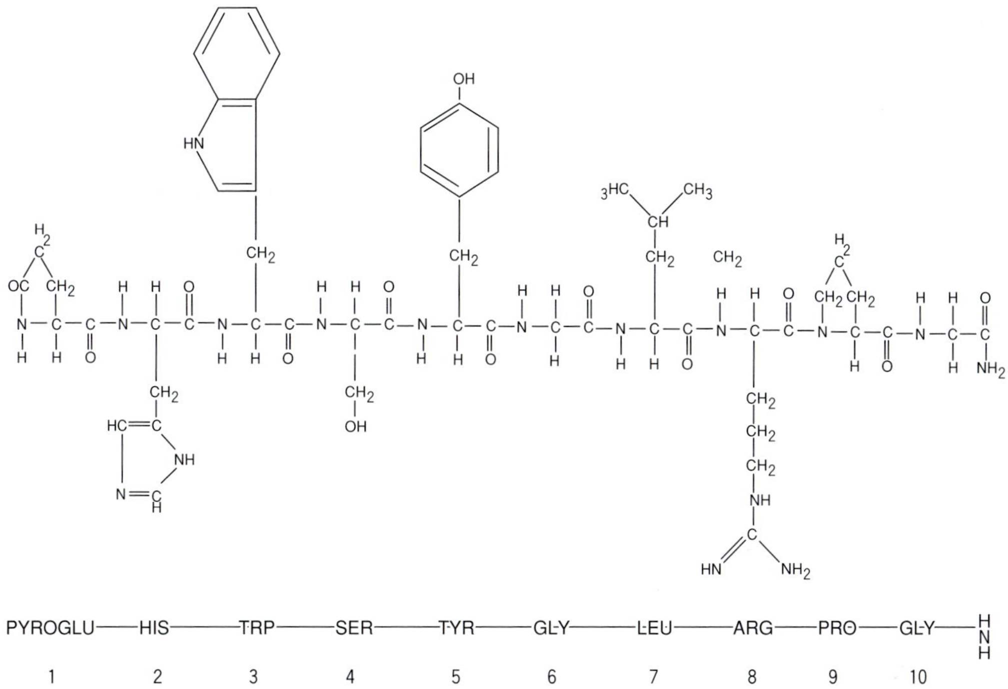

図XII-54-1．GnRHの構造

2 GnRHによる排卵誘発

GnRHそのものを，排卵誘発のための薬剤として不妊治療へ応用することは，比較的早くから試みられてきた(Schally et al, 1972)．このトライアルの当初の全般的結論としては，症例によってはGnRHの投与により排卵誘発の可能な場合もあるが，その排卵率と妊娠率は，Gn療法と比較して明らかに低いということに尽きる．すでに内因性Gnによりある程度の卵胞発育を認め，クロミフェン反応性を保持しているPCOS (polycystic ovary syndrome, 多嚢胞性卵巣症候群)（当時のStein-Leventhal症候群）や無排卵性周期などに対するGnRH投与は，その中では比較的有効性が高いと報告された(Zarate et al, 1974)．またGnRHの投与量としては，8時間ごとに500μg投与が必要で，この場合，無月経女性についても有効な場合のあることが明らかとなった(Nillius et al, 1975)．

このように，大量のGnRHを頻繁に投与する必要があることから，GnRH療法が排卵誘発などの不妊症治療の臨床上，必ずしも最適ではないことは，当初から認識されていた．その主な理由は，GnRHの血中半減期がわずか2-4分ときわめて短く，きわめて不安定な物質であるということによる．しかし当時，Gn製剤は比較的高価で入手困難であったため，合成可能なGnRHが，排卵誘発のための入手しやすいツールとして期待されたのであった(Besser et al, 1974)．なお，Lunenfeldらが，更年期女性の尿から抽出したGn製剤であるhMG（human Menopausal Gonadotrophin，ヒト閉経期ゴナドトロピン）を，はじめて排卵誘発に用いたのは1960年のことである（Lunenfeld et al, 1960）が，実際に広くGn製剤の臨床応用が可能となったのは，1970年代以後のことである．

このこともあり，Besserは，1974年の時点ですでにLH/FSH-RHのアナログ，すなわちより強力で半減期の長い優れたGnRH誘導体が開発されれば，低Gn性の男性不妊症と，おそらく女性不妊症治療に期待できることは疑いないと記載している（Besser, 1974）．ところが実際には，その後，更年期女性尿由来のGn製剤の製品開発と原料尿回収システム整備による大量のGn製剤供給体制の整備が急速に進んだため，視床下部性無月経・無排卵の治療は，内因性Gnを介さず外因性Gnを用いる方法，すなわちhMGやFSH製剤の投与が主流となり，現在に至ることとなった．

ところで，GnRHそのものをパルス状に投与する排卵誘発法は，Leyendeckerらにより1980年に報告され（Leyendecker, 1980），現在もポンプを用いたパルス状投与法により，視床下部性無月経・無排卵症例に対して用いられることがある．この方法は，hMG-hCG療法などGnそのものを投与する方法と比較すると，ポンプを用いるという不便さはあるが，視床下部性無月経症例の多くにおいて単一卵胞発育を期待することが可能で，卵巣過剰刺激症候群（OHSS）と多胎妊娠を回避するためにGn療法よりも有効であることがわかっている．排卵障害に対するGnRHパルス療法の基本的な投与方法には，これまで大きな変化はなく，現在でも60-90分周期でGnRH10-20μgを皮下投与するのが標準的方法である．また，本法による排卵・妊娠成績を決定する最大要因は，症例の慎重な選択であり，特発性視床下部性性腺機能低下症（Kallman症候群を含む）や，卵巣に卵胞の観察が可能になった回復途上にある体重減少性無月経症例に対する治療の場合に，最も成績がよいとされる（Homburg et al, 1989）．

3 GnRHアナログの開発

GnRHの血中半減期が短い理由は，図XII-54-1に示すその構造上，6番目と10番目の部位が，酵素的にきわめて分解されやすいことによる．したがって，GnRHの半減期を長くするためには，この構造を化学的に修飾することが重要となる．特に6番目のGlyを置換することでその構造は安定化する．また，GnRHレセプターへの結合部位である両末端のレセプター親和性を強化することも，その作用を増強するために有効で，特にC末端の置換により強いアゴニスト作用が得られる．

Schallyのグループでは，1971年にGnRHを同定したことを報告してから，さらに精力的にGnRHの各種アナログの開発を進めた．1978年の総説（Coy, Schally, 1978）の記載によれば，彼らはすでにこの執筆時点で，700種類近くのアナログを合成して検討を加え，その中にGn分泌促進作用のあるアナログ（アゴニスト）を多数得たが，一方，臨床応用可能な抑制作用のあるアナログ（アンタゴニスト）は得られていないとしている．

表Ⅻ-54-1．日本で用いられているGnRHアゴニスト

	1	2	3	4	5	6	7	8	9	10
CnRH	PGlu	His	Trp	Ser	Tyr	Gly	Leu	Arg	Pro	$GlyHN_2$
leuprolide	PGlu	His	Trp	Ser	Tyr	DLeu	Leu	Arg	ProNHEt	
buserelin	PGlu	His	Trp	Ser	Tyr	DSer (tBu)	Leu	Arg	ProNHEt	
nafarelin	PGlu	His	Trp	Ser	Tyr	D2Nal	Leu	Arg	Pro	$GlyHN_2$
goserelin	PGlu	His	Trp	Ser	Tyr	DSer (tBu)	Leu	Arg	Pro	AzGly

ところが，1980年ごろになると，GnRHアナログの臨床応用可能性として，排卵誘発などのGn分泌促進作用を用いた応用ではなく，避妊や子宮内膜症，思春期早発症，性ステロイドホルモン依存性腫瘍の治療など，むしろGnの分泌抑制を介して性腺機能を抑制するためにGnRHアナログを応用することへの期待が大きくなった．なぜなら，初期の検討において，GnRHアゴニストを投与しても，そのGn分泌刺激作用は長続きせず，継続的投与により，やがて失われることが明らかとなったからである（Schally et al, 1980）．

1982年には，GnRHアゴニストの一つ，HOE 766（のちのBuserelin）により内因性Gnを抑制した不妊女性に，Gnを投与して排卵誘発する試みがなされ（Fleming et al, 1982），1983年にはGnRHアンタゴニストである［AC-delta 2-Pro1, p-F-D-Phe 2, D-Trp3, 6］GnRH（4F-Antag）を閉経後女性に大量に投与することによってGnの抑制作用が得られることが報告された（Cetel et al, 1983）．つまり，GnRHアナログ製剤を過剰量用いることにより，薬剤による下垂体摘除（medical hypophysectomy）を，また下垂体の分泌する内因性Gnを抑制することを可能にする可能性が明らかとなったといえる．

そして1980年代には，開発の進んでいた一連のGnRHアゴニスト製剤が次々と市場に投入され，GnRHの臨床応用はきわめて急速に進んだ．

4 GnRHアゴニスト

GnRHの作用をさまざまに強化した一連の物質がGnRHアゴニストである．現在臨床応用されている製剤の一覧を表Ⅻ-54-1に示す．これらの薬剤の構造に注目すると，一貫して6番目と9番目あるいは10番目のアミノ酸に手が加えられていることがわかる．前述した酵素的に分解されやすい部位を，他のアミノ酸で置換しているのである．特に新たに挿入した人工的アミノ酸であるDLeuやDSerは，自然界に存在しないD型アミノ酸であるため，これらによる改変で酵素的により分解されがたい物質となる．また，C末端のGlyNH2を置換することにより，GnRHレセプターへの親和性を増強することが可能となる．

各種GnRHアゴニストは，構造的には大別して2種類に分類できる．すなわち，一つは表Ⅻ-54-1のnafarelinやgoserelinのように6番目のアミノ酸を置換した以外，GnRHにきわめて酷似した物質のグループである．また，第二のグループはleuprolideやbuserelinのように

6番目のアミノ酸を置換した以外に，9番にethylamideをつけたノナペプチド構造（アミノ酸9個からなるペプチド）をとるものである．

GnRHアゴニストは，いずれも基本的にはGnRHの作用をより強化している．すなわち少量でパルス状に投与すれば，GnRH同様に下垂体からのGn分泌を促進する．したがって，たとえばbuserelinを用いて，当初さまざまな投与量とスケジュールにより内因性Gn分泌を刺激し，排卵誘発に用いる可能性が探られた(Sandow, 1983)．しかし，個体差が大きいため，実際には満足できる再現性ある結果は得られず，不十分なGn分泌のために，もし，より大量を繰り返し投与すれば，次第にGn分泌は抑制されることとなる．

したがって，GnRHアゴニストの実際の主たる使用法としては，その過剰量を繰り返し投与することにより，Gn分泌細胞の脱感作とGnRHレセプターのダウンレギュレーションを起こし，細胞内シグナル伝達を抑制することで，最終的に下垂体からのGn分泌を抑制することを目的とする用途に落ち着いた．もちろん，少量のGnRHアゴニストを用いることで，フレアアップ作用を用いて卵胞発育を補助的に促す治療，十分に卵胞が成熟した段階でGnRHアゴニストを投与して内因性LHサージを誘導する手段とするなどの用法は，その後も今日まで，例外的に行われている．しかし，現在，卵巣刺激・排卵誘発を必要とする場面では，むしろGnRHアゴニストはLHサージを抑制するための薬剤として，Gn製剤と併用される場合がほとんどといってよい．

1984年に，buserelinを用いたダウンレギュレーション周期における妊娠がはじめて報告された(Porter et al, 1984)．さらにWildtらは，IVF（*in vitro* fertilization，体外受精）のための卵巣刺激の際に，予期せぬLHサージの出現を防止するためにGnRHアゴニストが有効であることを1986年に報告した(Wildt et al, 1986)．それ以来，ART（assisted reproductive technology，生殖補助医療）においては，LHサージの出現を上手にコントロールすることが，採卵率や妊娠率などの臨床成績を向上するために，最も重要な技術の一つであると認識されてきた．なぜなら，卵巣刺激周期を用いるARTでは，20%近くの周期で内因性LHサージが出現してしまうからである（Edwards et al, 1996）．その結果，GnRHアゴニストは，ARTの臨床において卵巣刺激に併用する，欠くことのできないツールとして定着したのである．

その後，卵巣刺激周期におけるGnRHアゴニストの併用方法については，さまざまな試みが行われてきた．特に黄体中期からGnRHアゴニストを用いるロングプロトコールと月経開始時点から用いるショートプロトコールについては，長期間，その臨床成績に及ぼす影響や，その優劣についての臨床研究やメタアナリシスが行われてきた．その結果，例外的な状況はもちろんあるものの，一般的な治療成績については，黄体中期からGnRHアゴニストの使用を開始するロングプロトコールが最善であるという結論にとりあえず落ち着いた（Daya, 2000）．

最近になって，後述するようにGnRHアンタゴニストが，ARTのための卵巣刺激周期で広く併用されるようになった．その結果，内因性LHサージを誘起するため，すなわち卵胞成熟・排卵のトリガーとしてGnRHアゴニストを使用する可能性が，再び改めて注目されるようになった (Griesinger et al, 2006)．なぜなら，LHサージの代替としてhCGを用いる方法よりも，OHSSなど回避したい有害事象の発現する可能性が小さいからである．さらに，黄体期における黄体補充の手段としてGnRHを用いる可能性も指摘されている (Hubayter, Muasher, 2008)．

5 GnRHアンタゴニスト

GnRHアゴニストは，前述したように，投与初期にGn分泌の増加（フレアアップ）を引き起こしたあと，大量に繰り返し投与することにより，Gn分泌を抑制する．しかし，そのためには通常，数週間という比較的長期間の投与を必要とする．したがって，もしGn分泌抑制が本来の目的である場合には，GnRHアゴニストよりも，むしろアンタゴニストを用いるのが望ましいことはいうまでもない．しかし，初期に開発された第一世代に含まれる一連のGnRHアンタゴニスト（表XII-54-2）には，強い全身的ヒスタミン遊離作用という共通の副作用が伴っていたため，実際の臨床応用は困難であった (Karten, Rivier, 1986)．これらアンタゴニストの構造は，GnRHアゴニストと同様に，半減期を長くするため6番目のアミノ酸を置換したほかに，GnRHレセプター結合にクリティカルな2番目を含む1～3番目を置換することで，以後のシグナル伝達を完全に阻止する共通の特性を有していた．

第二世代以降に含まれるGnRHアンタゴニストの構造は，これらに加えてC末端を置換し，また8番目さらに5番目のアミノ酸を置換したデカペプチドとなっている（表XII-54-2）．これらの改良により，第一世代で問題となったヒスタミン遊離作用は著しく軽減され，以後の臨床応用への道が再び開かれたのである．

これら新世代GnRHアンタゴニストのうち，最も開発が先行し，早く上市された薬剤がcetrorelixである (Reissmann et al, 2000)．この薬剤は1990年に合成され，子宮筋腫や前立腺肥大，前立腺癌などの治療もその対象として治験が行われたが，まずARTのための卵巣刺激に併用することを適応として，ヨーロッパで発売された．次いで2番目のアンタゴニストとして，ganirelixがまず米国で臨床応用可能となった．

GnRHアンタゴニストはいずれも，投与直後からフレアアップをまったく伴わずに，GnRHと拮抗してGn分泌を抑制し，その程度は，基本的に投与量に依存する．ARTのための卵巣刺激に併用する方法は，現在のところ卵胞期中期から0.25mgをhCG投与まで連日投与する方法が主流であるが，その開始時期が本当に最適であるかどうかは不明である．また，卵胞期中期に3mgを単回投与する方法もcetrorelixでは可能である．しかし，いずれの薬剤も使用経験がまだ短く，卵巣刺激に併用する最善の方法が決定するまでにはまだ時間を要するものと考えられる．思い出せば，GnRHアゴニストを併用する卵巣刺激周期において，ロングプロトコールの優位性が決着するまでには，約15年を要したのである．

表XII-54-2．GnRH アンタゴニストの一覧

	1	2	3	4	5	6	7	8	9	10	名称
CnRH	pGlu	His	Trp	Ser	Tyr	Gly	Leu	Arg	Pro	GlyHN$_2$	
第１世代	NAcΔ^3Pro	D4FPhe	DTrp	Ser	Tyr	DTrp	Leu	Arg	Pro	GlyHN$_2$	4 F-Ant
	NAcD2Nal	D4FPhe	DTrp	Ser	Tyr	DArg	Leu	Arg	Pro	GlyHN$_2$	Nal-Arg
	NAcD2Nal	D4ClPhe	DTrp	Ser	Tyr	DhArg (Et$_2$)	Leu	Arg	Pro	DAla	detirelix
	NAcD4ClPhe	NAcD4ClPhe	DTrp	Ser	Tyr	DArg	Leu	Arg	Pro	DAla	ORG30276
第２世代	NAcD2Nal	D4ClPhe	D3Pal	Ser	Arg	DGlu (AA)	Leu	Arg	Pro	DAla	Nal-Glu
第３世代	NAcD2Nal	D4ClPhe	D3Pal	Ser	Lys (Nic)	DLys (Nic)	Leu	Lys (Isp)	Pro	DAla	antide
	NAcD4ClPhe	NAcD4ClPhe	DBal	Ser	Tyr	DLys	Leu	Arg	Pro	DAla	ORG30850
	NAcD2Nal	D4ClPhe	D3Pal	Ser	Tyr	DhArg (Et$_2$)	Leu	hArg (Et$_2$)	Pro	DAla	ganirelix
	NAcD2Nal	D4ClPhe	D3Pal	Ser	Tyr	DCit	Leu	Arg	Pro	DAla	cetrorelix
	NAcD2Nal	D4ClPhe	D3Pal	Ser	Aph (atz)	DAph (atz)	Leu	Lys (Isp)	Pro	DAla	azaline B
	NAcD2Nal	D4ClPhe	D3Pal	Ser	Tyr	DhCit	Leu	Lys (Isp)	Pro	DAla	antarelix
	NAcD2Nal	D4ClPhe	DTrp	Ser	Tyr	Dser (Rha)	Leu	Arg	Pro	AzGlyNH$_2$	ramorelix
第４世代	NAcD2Nal	D4ClPhe	D3Pal	Ser	NMeTyr	DLys (Nic)	Leu	Lys (Isp)	Pro	DAla	A-75998

6 経口 GnRH アナログの開発

GnRH はデカペプチドという比較的単純な構造のペプチドホルモンであったため，一部のアミノ酸を置換することにより，さまざまな GnRH アナログを合成することが容易であった．また，先んじて GnRH 研究が進展した結果，GnRH の作用や効果を検証するためのアッセイ系が豊富にそろっていた．さらに，GnRH の生理作用に GnRH アナログを用いて介入することが，性腺機能の調節に直接関与することにつながり，配偶子形成と性ステロイドホルモン産生の人為的な調節を可能にするのであるから，さまざまな臨床応用の可能性が目前に見えていた．

これら好条件のそろったことが，各種 GnRH アナログの開発とその成功に結びついたことはいうまでもない．また，各種 GnRH アゴニストの開発と臨床応用の商業的成功が，構造上のより複雑な改変を必要とするものの，より直接的な臨床効果を期待できる各種アンタゴニストをさらに開発する強い動機となったと考えられる．

GnRH アナログの将来を考慮する時，不妊治療などにとどまらないこの薬剤の広い応用（表XII-54-3）を考慮すると，次は，経口 GnRH アンタゴニストの開発が最大の目標となる（Nekola

表XII-54-3．GnRH アナログの臨床応用

Gn 分泌刺激作用		
	不妊治療	卵胞発育刺激
		LH サージ誘起
		卵巣性ステロイドホルモン産生
Gn 分泌抑制作用		
	不妊治療	卵巣刺激時の LH サージ抑制
	避妊	排卵抑制
		精子形成抑制
	性ホルモン依存性疾患治療	前立腺癌
		前立腺肥大
		乳癌
		子宮筋腫
		子宮内膜症
		月経前症候群（PMS）
		多嚢胞性卵巣症候群（PCOS）
		多毛
		早発思春期

et al, 1982）．経口剤とすることで，使用上のコンプライアンスが上昇することはもちろんだが，より安価な製剤を生み出し，さらにフレキシブルな投与スケジュールなど，多彩な応用が可能となるであろう．しかし，Schally らは，GnRH を構成するデカペプチドの一部を取り出しても，GnRH 作用はまったく得られないことを早い時期に明らかにし，GnRH アナログの薬剤としては経口剤が最も実際的だが，実現は困難であると述べた（Schally, Coy, 1977）．

ところが，GnRH レセプターのクローニングが成功したことにより（Tsutsumi et al, 1992），レセプターの構造が明らかになっただけでなく，GnRH レセプターを発現した細胞株を用いることで，さまざまな物質の GnRH レセプターに対する作用を，*in vitro* で検討することが容易になった．すなわちペプチド構造にこだわらず，分子構造的に GnRH レセプターのリガンドとなりうる物質をスクリーニングすることが可能となったのである（Sealfon et al, 1997）．

実際のところ，現在，開発途上にある各種の経口 GnRH アナログは，いずれもペプチド構造を有さない，小分子の物質である．経口投与可能な GnRH アンタゴニスト作用を持つ物質として，最初に報告されたのは，抗真菌薬の ketoconazol である（De et al, 1989）が，その他にこれまでに，indole 系，quinolone 系，furan 系，uracil 系，benzimidazole 系，thienopyridine 系など，きわめて多彩な構造の物質が，GnRH アンタゴニスト作用を有すると報告されている（Pelletier et al, 2008）．すなわち，重要なのは，その分子の三次元構造であり，その作用も必ずしもレセプターに結合して現れるのではなく，本来の GnRH の結合を修飾することにより効果を示す可能性が考えられた（Millar et al, 2000）．また，経口 GnRH アンタゴニストの一

つTAK-13（sufugolix）では，分子量667．7にすぎないこの物質が，特異的にヒトGnRHレセプターにきわめて強く結合することが示され，そのメカニズムとしてヒトGnRHレセプターの構造変化によりこの物質がトラップされることが提唱された．同時に小分子GnRHアンタゴニストの効果が，レセプター親和性の点で，強い種特異性を示すことを説明できるとも報告されている（Kohout et al, 2007）．

今述べたsufugolix以外にも，degarelix（FE-200486），elagolix（NBI-56418），NBI-42902，CMPD-1などの経口GnRHアンタゴニストが，現在，臨床開発されており，今後の臨床応用が期待される．

まとめ

排卵誘発・卵巣刺激などの日常臨床において不可欠な薬剤の一つとなったGnRHアナログは，今後さらに，その使用法が改良されるだけでなく，さらに洗練された新薬が開発される可能性も想定される．

（石原　理）

引用文献

Besser GM, Mortimer CH (1974) Hypothalamic regulatory hormones : a review, *J Clin Pathol*, 27 ; 173-184.

Besser GM (1974) Hypothalamus as an endocrine organ-II, *Br Med J*, 3 ; 613-615.

Cetel NS, Rivier J, Vale W, et al (1983) The dynamics of gonadotropin inhibition in women induced by an antagonistic analog of gonadotropin-releasing hormone, *J Clin Endocrinol Metab*, 57 ; 62-65.

Coy DH, Schally AV (1978) Gonadotrophin releasing hormone analogues, *Ann Clin Res*, 10 ; 139-144.

Daya S (2000) Gonadotropin releasing hormone agonist protocols for pituitary desensitization in in vitro fertilization and gamete intrafallopian transfer cycles, *Cochrane Database Syst Rev*, CD001299.

De B, Plattner JJ, Bush EN, et al (1989) LH-RH antagonists : design and synthesis of a novel series of peptidomimetics, *J Med Chem*, 32 ; 2036-2038.

Edwards RG, Lobo R, Bouchard P (1996) Time to revolutionize ovarian stimulation, *Hum Reprod*, 11 ; 917-919.

Fleming R, Adam AH, Barlow DH, et al (1982) A new systemic treatment for infertile women with abnormal hormone profiles, *Br J Obstet Gynaecol*, 89 ; 80-83.

Griesinger G, Diedrich K, Devroey P, et al (2006) GnRH agonist for triggering final oocyte maturation in the GnRH antagonist ovarian hyperstimulation protocol : a systemic review and meta-analysis, *Hum Reprod Update*, 12 ; 159-168.

Harris GW (1950) Oestrus rhythm, pseudopregnancy, and the pituitary stalk in the rat, *J Physiol* (Lond) , 111 ; 347-360.

Homburg R, Eshel A, Armar NA, et al (1989) One hundred pregnancies after treatment with pulsatile luteinising hormone releasing hormone to induce ovulation, *Br Med J*, 298 ; 809-812.

Hubayter ZR, Muasher SJ (2008) Luteal supplementation in in vitro fertilization : more questions than answers, *Fertil Steril*, 89 ; 749-758.

Karten MJ, Rivier JE (1986) Gonadotropin-releasing hormone analogue design.Structure-function studies toward the development of agonists and antagonists ; Rationale and Perspective, *Endocr Rev*, 7 ; 44-46.

Kohout TA, Xie Q, Reijmers S, et al (2007) Trapping of a nonpeptide ligand by the extracellular domains of the gonadotropin-releasing hormone receptor results in insurmountable antagonism, *Mol Pharmacol*, 72 ; 238-247.

Leyendecker G, Wildt L, Hansmann M (1980) Pregnancies following chronic intermittent (pulsatile) administration of GnRH by means of a portable pump (“Zyklomat”) -a new approach to the treatment of infertility in hypothalamic amenorrhoea, *J Clin Endocrinol Metab*, 51 ; 1214-1216.

Lunenfeld B, Menzi A, Volet B (1960) Clinical effects of human postmenopausal gonadotrophins, *Acta Endocrinol* (Kbh) , 51 (suppl) ; 587.

Marshall FHA, Verney EG (1936) The occurrence of ovulation and pseudopregnancy in the rabbit as a result of central nervous stimulation, *J Physiol* (Lond) , 86 ; 327-336.

McCann SM (1962) A hypothalamic luteinizing hormone-releasing factor, *Amer J Physiol*, 202 ; 395-400.

Millar RP, Zhu Y-F, Chen C, et al (2000) Progress towards the development of non-peptide orally-active gonadotropin-releasing hormone (GnRH) agonists : therapeutic implications, *Br Med Bull*, 56 ; 761-772.

Nekola MB, Horvath A, Ge LH, et al (1982) Suppression of ovulation in the rat by an orally active antagonist of luteinizing hormone-releasing hormone, *Science*, 218 ; 160-162.

Nillius SJ, Fries H, Wide L (1975) Successful induction of follicular maturation and ovulation by prolonged treatment with LH-releasing hormone in women with anorexia nervosa, *Am J Obstet Gynecol*, 122 ; 921-928.

Pelletier JC, Chengalvala M, Cottom J, et al (2008) 2-Phenyl-4-piperazinylbenzimidazoles : Orally active inhibitors of the gonadotropin releasing hormone (GnRH) receptor, *Bioorg Med Chem*, 16 ; 6617-6640.

Porter RN, Smith W, Craft IL, et al (1984) Induction of ovulation for in-vitro fertilisation using buserelin and gonadotropins, *Lancet*, 2, 1284-1285.
Reissmann T, Schally AV, Bouchard P, et al (2000) The LHRH antagonist Cetrorelix : a review, *Hum Reprod Update*, 6 ; 322-331.
Sandow J (1983) Clinical applications of LHRH and its analogues, *Clin Endocrinol*, 18 ; 571-592.
Schally AV, Arimura A, Kastin AJ, et al (1971) Gonadotropin-releasing hormone : one polypeptide regulates secretion of luteinizing and follicle-stimulating hormones, *Science*, 173 ; 1036-1038.
Schally AV, Kastin AJ, Arimura A (1972) The hypothalamus and reproduction, *Am J Obstet Gynecol*, 65 ; 857-862.
Schally AV, Coy DH (1977) Stimulatory and inhibitory analogs of luteinizing hormone releasing hormone (LHRH), *Adv Exp Med Biol*, 87 ; 99-121.
Schally AV, Coy DH, Arimura A (1980) LH-RH agonists and antagonists, *Int J Gynaecol Obstet*, 18 ; 318-324.
Sealfon SC, Weinstein H, Millar RP (1997) Molecular mechanisms of ligand interaction with the gonadotropin-releasing hormone receptor, *Endocr Rev*, 18 ; 180-205.
Tsutsumi M, Zhou W, Millar RP, et al (1992) Cloning and functional expression of a mouse gonadotropin-releasing hormone receptor, *Mol Endocrinol*, 6 ; 1163-1169.
Wade N (1981) *The Nobel duel*, Anchor Press, New York.
Wildt L, Diedrich K, van der Ven H, et al (1986) Ovarian hyperstimulation for in-vitro fertilization controlled by GnRH agonist administered in combination with human menopausal gonadotrophins, *Hum Reprod*, 1 ; 15-19.
Zarate A, Canales ES, Soria A, et al (1974) Further observations on the therapy of aovulatory infertility with synthetic luteinizing hormone-releasing hormone, *Fertil Steril*, 25 ; 3-10.

TOPIC 5

卵巣刺激に関わる卵子の成熟評価法

Key words　卵成熟／顆粒膜細胞／マイクロアレイ／プロゲステロンレセプター

非侵襲的な卵子のクオリティーを評価する方法があったらどんなによいだろうと，きっと臨床を行っている上で誰もが考えることだろう．先人たちも卵を取り巻く環境からさまざまな知見を出しているが，そのどれもが全体の一部を捉えているにすぎない．

細胞における遺伝子発現を見るにはさまざまな方法が開発され，臨床への応用が考えられている．少量のサンプルから多くの情報を引き出すという点ではマイクロアレイは優れている手技である．細胞内で起こっている現象は多岐にわたっており，今まで一つひとつの因子を追いかけて検索する方法には限界があった．細胞中の情報源，DNA から組織間に発現している遺伝子の差を比較することにより，2 群間の相違を検索することができる．

遺伝子の機能解析とは，その遺伝子がどういった生命現象に関わっているかを明らかにすることであり，そのためには，遺伝子がどういったタンパク質をコードし，そのタンパク質が，どういった場所（組織・器官等）でどういった時期に発現しているかを明らかにすることが重要である．遺伝子の発現を調べる方法としては，転写レベルでの発現を調べることが一般的である．マイクロアレイ（microarray）法はナイロンメンブレン等の支持体に遺伝子クローンを固定し，^{33}P 等で放射線標識した mRNA（逆転写で cDNA）をハイブリダイズさせ，オートラジオグラフィーで遺伝子発現量を調べる方法である．最近では放射性元素のかわりに発光色素を用いたものも考案され，感受性が低いとの指摘があるものの安全面からも多く用いられている．遺伝子チップ（gene chip）とはスポッター等を用いてガラス板に上に DNA を固定するのではなく，フォトリソグラフ法により，ガラス板上で25mer 程度のオリゴ DNA を合成する方法である．一つの遺伝子あたり，塩基配列データから16-20ヶ所の25mer を設定し，25mer 完全一致と13塩基目を意図的に違えた 1 塩基ミスマッチ（one-base mismatch）のオリゴマー（oligomer）セットを組にして，プローブとする．アレイは公表されているデータベースのデータから一度設計すれば，DNA クローンの維持やスポッターなしで， chip は使うことができる．また，プローブ DNA の長さが一定であり，配列が既知なため，ハイブリダイゼーションの強さに影響を与える GC 含量も一定にすることができるので，発現量の定量的解析には理想的なアレイと考えられている．欠点としては，データベース情報からプローブを作製しているため，興味深いクローンについて解析しようと思った時に，改めてクローンを単離する必要があることである（Rice Microarray Opening Site より http : //cdna01．dna.affrc.go.jp/RMOS/main.html）．

近年このマイクロアレイを用い，妊娠胚と非妊娠胚における黄体化顆粒膜細胞の遺伝子の発現を比較した研究成果が発表されている．

Hamelらは33,000のヒト遺伝子を検索するアレイの結果で，1694個のEST遺伝子の発現と115個の既知遺伝子の発現に差を認めた．さらにそのうち五つの遺伝子においてはreal-time PCRの手法にて発現比の差を検討している．五つの遺伝子はそれぞれ*HSD3b1*，Ferredoxin 1，Serine（or cysteine）ptoteinase inhibitor clade E member 2，*CYP19a1*，*CDC42*であった（Hamel et al, 2008）．このうち*HSD3b1*とFerredoxin 1はプロゲステロンの合成に関与しており，さらに*CYP19a1*はアロマターゼをコードしており，エストラジオールの合成に深く関連している．

分割した胚と，分割しなかった胚との黄体化顆粒膜細胞の遺伝子発現を比較した結果では，54,675個のヒト遺伝子を検索するアレイにおいて611個の遺伝子に発現の違いを認めた．それらは細胞周期，アポトーシスや血管新生に関わるもの，成長因子，ケモカイン，サイトカインのシグナル伝達に関連する因子であった（van Montfoort et al, 2008）．

同様に受精をしたか，受精をしなかったかの2群に分け，それぞれの卵丘細胞を用いたアレイの結果では，45,000の遺伝子中160個の遺伝子に相違を認めた．そのうちで彼らは，*PTX3*に着目し，その発現の高いものは良好な結果であったことを報告している（Zhang et al, 2005）．

最近，我々は内膜症の存在する側から採卵した卵胞の顆粒膜細胞（卵丘細胞）と，内膜症の存在しない側の顆粒膜細胞（卵丘細胞）を体外受精時に採取し，それぞれの細胞からRNAを抽出，マイクロアレイ解析を行った．その結果，41,000の遺伝子のうち1,608個の遺伝子に有意な変動が認められた．おもしろいことに，この遺伝子群の中には前記した*CYP19a1*や*HSD17b1*などが内膜症側の顆粒膜細胞で高発現し，*PTX3*が低発現していることがわかった（Yanaihara，未発表）．生物学的な意義はまだ不明だが，内膜症ではパラクライン的に自己増殖を促進する方向に向かせている可能性が示唆された．

このように極少量のサンプルから多くの情報を引き出すツールとしてマイクロアレイは臨床応用への可能性を秘めた検査方法と考えられる．このような変動遺伝子を判断する時に問題になるのは，その結果が原因によるものなのか，結果的によりもたらされたものなのかという判断である．

これらマイクロアレイを用いた方法はRNAレベルでの検討であり，タンパク発現を検索しているわけではない．最近ではタンパクを一度に検索するアレイも考案されており臨床への応用が期待されている．マイクロアレイはまだまだ臨床への応用には時間がかかるが，卵子自体を検査できないのであれば，まわりからの情報で良好卵を選別する方法の一つとして有用な方法となりうる可能性を持っている．しかしながら，良好な受精卵となると精子因子の関わりを無視することはできず，この方法での受精卵の識別は残念ながら困難である．

我々は体外受精時に得られるヒト黄体化顆粒膜細胞を用い，より簡便な非侵襲的な卵子のクオリティー評価を試みた．すなわち，ヒト黄体化顆粒膜細胞に発現する遺伝子の中で，PR（プロゲステロン受容体，progesterone receptor）の発現に着目し，PRと卵子のクオリティーとの関連について研究を行った．顆粒膜細胞のPRの局在については免疫組織化学的染色を行い，PR-A，PR-B双方の局在を確認した．また，

PR m-RNA の発現はリアルタイム（real-time）PCR を用いて，受精率，分割率，卵胞液内プロゲステロン濃度，および卵のクオリティーとの比較検討を行った．*PR* m-RNA の発現と受精率，分割率，卵胞液内プロゲステロン濃度の間に相関は認められなかったが，*PR* m-RNA の発現の低い群で良排卵時に顆粒膜細胞で好胚が得られた．このことから，採卵時に顆粒膜細胞で十分に PR が分解されていることが卵子の成熟には必要である可能性が示唆された（Hasegawa et al, 2005）．また，追加実験にてギャップ結合（gap-junction）の構成成分である connexin43の m-RNA の発現を検討したところ，やはり良好胚の群では connexin43の発現が低いことがわかった（Hasegawa et al, 2007）．ブタ卵において卵丘細胞におけるプロゲステロン-PR 系が connexin43の発現抑制により，ギャップ結合を閉鎖し，卵の減数分裂を促進すると報告されている（Shimada and Terada, 2002）．ヒトにおいてもプロゲステロンが十分作用し，結果的に顆粒膜細胞内の PR の reduction が起き，connexin43の合成が遮断された卵子がより成熟したものとなることが推測された．

どの程度顆粒膜細胞からの情報が卵子の成熟度に関連するかは定かではないが，現状では個々の因子と卵の成熟の関連性が示されているにすぎず，それぞれの因子同士の横の関連性を結びつける研究が必要である．まだまだこれらの基礎的な研究から臨床へのフィードバックは難しいことが予想されるが，卵子とヒト顆粒膜細胞による *in vitro* での共同培養や卵培養液組成の改善により体外での卵子の培養が試みられている．顆粒膜細胞においてはその機能を保持した株化細胞の確立が期待される．臨床的な観点からいえば，卵子自身の質を変えることはできないにしろ，もしも卵巣機能不全による卵子の成熟不全があるのであれば，卵巣外での培養すなわち体外培養を積極的に行うことが解決策となる．種生存の原理に従った生殖現象において，加齢に伴う変化に逆行することはさまざまな倫理観や宗教観にそぐうものではないかもしれない．しかしながら，生殖年齢であっても子孫繁栄に貢献できないでいると考える一部の患者にとって今後の研究は大きな恩恵を与えるものと考える．

（矢内原敦）

引用文献

Hamel M, Dufort I, Robert C, et al (2008) Identification of differentially expressed markers in human follicular cells associated with competent oocytes, *Hum Reprod*, 23 ; 1118–1127.

Hasegawa J, Yanaihara A, Iwasaki S, et al (2005) Reduction of progesterone receptor expression in human cumulus cells at the time of oocyte collection during IVF is associated with good embryo quality, *Hum Reprod*, 20 ; 2194–2200.

Hasegawa J, Yanaihara A, Iwasaki S, et al (2007) Reduction of connexin 43 in human cumulus cells yields good embryo competence during ICSI, *J Assist Reprod Genet*, 24 ; 463–466.

Shimada and Terada (2002) FSH and LH induce progesterone production and progesterone receptor synthesis in cumulus cells : a requirement for meiotic resumption in porcine oocyte, *Mol Hum Reprod* 8 ; 612-618.

van Montfoort AP, Geraedts JP, Dumoulin JC, et al (2008) Differential gene expression in cumulus cells as a prognostic indicator of embryo viability : a microarray analysis, *Mol Hum Reprod*, 14 ; 157–168.

Zhang X, Jafari N, Barnes RB, Confino E, et al (2005) Studies of gene expression in human cumulus cells indicate pentraxin 3 as a possible marker for oocyte quality, *Fertil Steril*, 83 Suppl 1 ; 1169–1179.

第 XIII 章

卵巣不応・低反応症候群

［編集担当：石塚文平］

我が国の晩婚化や出産年齢の高齢化の波は抑えることはできず，生殖医療においては加齢による不妊，すなわち卵巣予備能の低下と戦わなければならない時代となった．XIII 章-55に述べられているように，ヒトにおいては，胎生期に体細胞分裂により約700万個まで増殖した卵細胞はその後第一減数分裂に入り，原始卵胞を形成する．出生時には第一減数分裂前期の休止期にある原始卵胞は約100万個で，思春期に30万個ほどにまで減少する．その後，毎周期 selection を受けた最大1000個の卵胞が二次卵胞となり毎周期 1 個の排卵する卵胞以外は閉鎖し消滅する．そのため，卵胞数は年齢とともに減少し，37–38歳頃 2 万5000以下になると加速期を迎え，それ以降10数年で1000個以下となり閉経を迎える．女性の妊孕性はそれとともに低下し，20歳台前半をピークとして低下を続ける．この卵巣予備能低下に対し，今日の不妊診療は GH や DHEA 等のホルモン製剤をはじめ，いくつかのサプリメント類とあわせて GnRH の併用による排卵誘発等を試みている．さらに，極端な卵巣機能不全である早発卵巣不全については XIII-56で述べている．早発卵巣不全の発症機序を明らかにすることは卵巣加齢の機序を明らかにする上でも重要である．XIII-58では卵子加齢の機序についての知見をまとめていただいた．特に染色体異常の発生機序，ミトコンドリアの加齢について詳述していただいている．卵巣機能不全の程度の評価は臨床状重要な問題であるが，*in vivo* における評価はまだ難しい状況であるが，XIII-56ならびに57で触れていただいている．また，*in vitro* おける卵や胚の質的評価は動物実験や ART による経験により，既に比較的確立した方法であり，胚の質と超微細形態の観察，胚呼吸能解析の最先端知見に関して XIII-59で述べていただいた．

［石塚文平］

XIII-55

卵巣予備能――不妊予防の観点より

Key words
生殖年齢後期（LRA）／卵巣予備能（OR）／加齢低反応（APR）／抗ミュラー管ホルモン（AMH）

はじめに

近年わが国では，結婚，出産年齢の高齢化に伴い，加齢による社会性不妊症が問題となってきている．このため不妊治療は社会的にも注目されているが，この中心的な役割を果たしているのが体外受精（IVF）や顕微授精（ISCI）などの生殖補助技術（ART）である．その進歩により多くの不妊女性に児を授けることに成功しているのは事実である．しかし近年，晩婚化の影響で30代後半から生殖活動を開始し，改めて不妊状態を意識して，不妊治療を開始する女性も多い．生殖年齢後期の女性に対する不妊治療は，ART を行っても未だに十分な成績は得られていない．これらの女性に対する治療成績が不良な要因として，加齢に伴う卵巣予備能（OR）の低下により調節卵巣刺激（COS）への反応が悪く，採卵率，受精率，胚移植率が低いことがあげられる．このような aged poor responder（加齢低反応）症例への対策にはさまざまな方法が考案されているが，現在までのところ確実なものはなく試行錯誤しているのが現状である（辰巳，2006）．

1 加齢と卵巣予備能（OR）

女性の生殖可能年齢は更年期から閉経期に至るまでの通常15歳から45歳の約30年間と考えられている．しかし，生物学的な概念から見れば，ヒトも加齢とともに生殖機能が衰えていくことは明らかであり，妊孕性が低下するのは加齢に基づく生理的変化である．女性の妊孕能は20歳代前半がピークであり，20代後半から徐々に生殖能力は衰え始め，30歳代後半で急速に低下するということをほとんどの女性は認知していない．生涯不妊率では，20歳代までは10%以下の不妊率であるが，30歳前半で15%，30歳代後半で30%に妊孕力に問題が起きてくるし，40歳以降では64%が自然妊娠の望みがなくなるとされている（図XIII-55-1）．これは ART で妊娠を望む不妊女性においても同様であり，臨床成績を左右する最も重要な因子が年齢であることは疑う余地がない．胎児期に始原生殖細胞（PGC）は体細胞分裂によって増加し，胎生20週ごろには片側卵巣に約700万個の原始卵胞が存在し，この中に存在する卵祖細胞（oogonia）は胎生 8 週ごろより減数分裂を起こすようになる．出生時

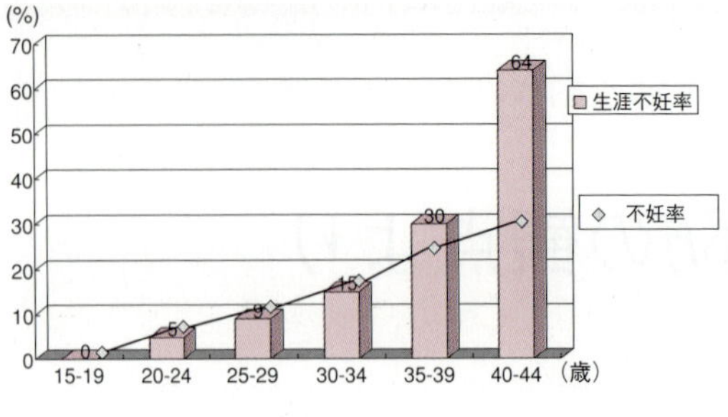

図XIII-55-1．加齢による不妊率
(Menken et al, 1986)

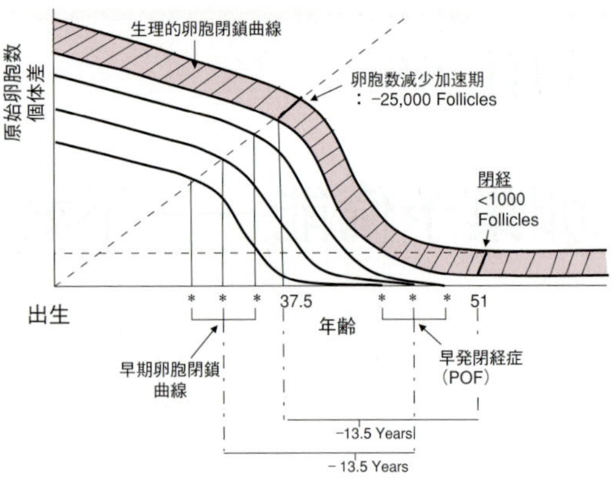

図XIII-55-2．加齢にともなう卵胞数の変化
(Faddy et al, 1992；Gleicher, 2005より改変)

には第一減数分裂前期の休止期にある約100万個の卵子を持って生まれてくるが，徐々に閉鎖卵胞となり思春期には30万個ほどになる．それ以降も女性の生涯の間に卵子は決して新生されることはないと考えられている．このため卵子数は加齢とともに徐々に減少するが，この減少率は２相性パターンを示し，37–38歳ごろ卵母細胞が２万5000以下になると加速期を迎え，急激な低下傾向を示すようになる（図XIII-55-2）．これ以降の十数年で卵子は1000以下となり平均50–51歳で閉経期を迎える．また加齢卵子は数の減少とともに質が低下して染色体異常（異数体）の頻度が増加し，流産率や染色体異常児の出産率が上昇する．生殖年齢の加齢速度は個人差があり，個々の女性の妊孕能力を正確に判定する基準は未だない．しかし，月経周期３日目におけるFSH，E2，インヒビンB基礎値および抗ミュラー管ホルモン（AMH）などを測定することにより卵巣予備能検査（ORT）が可能であり，加齢不妊婦人に対する不妊治療の予後も推定することができる．しかし，加齢に伴ってどのようなメカニズムが働いてORが低下するのかは未だ不明である．加齢によるORの低下に基づく社会性不妊は近代社会における男女共同参画時代の副産物であるともいえ，リプロダクティブヘルス・ライツとワークライフ・バランスに関する思考改革を，若い男女に提唱することが重要である．

2 卵巣予備能検査（ORT）

ORの加齢に基づく低下速度は生殖時計に個人差があり，肉体年齢と卵巣年齢は必ずしも一致しない．過去20年間にORTが数多く開発され，妊娠予測や卵巣刺激後の卵巣低反応，過剰反応などの予測が試みられてきたが，現時点で，個々の女性のORを的確に判定する，より侵襲性が低く信頼性の高いORTは未だない．しかし，年齢，臨床所見，基礎体温（BBT），FSH，E_2，インヒビンB基礎値およびAMHなどの測定，clomidやFSH負荷試験，超音波診断により胞状卵胞数，卵巣容積，卵巣血流を計測することでORを推測することや，加齢不妊婦人に

表XIII-55-1．卵巣予備能検査

1．年令
2．臨床所見
3．内分泌学的検査
 bFSH, bE_2, b.ratioFSH/LH, b Inhibin-B
4．負荷試験
 Clomiphene citrate challenge test
 GnRHa/FSH stimulation test
5．超音波計測
 OV, AFC, OBF
6．卵巣生検

対する不妊治療の予後も推定することがある程度可能である（表XIII-55-1）．

(A) 抗ミュラー管ホルモン AMH

原始卵胞は思春期に達してFSHの律動的分泌とともに活性化し，発育卵胞→前胞状卵胞→胞状卵胞→成熟卵胞と成熟し，約190日かかって排卵を迎える．卵胞が活性化し始めるとAMHも分泌するといわれており，下垂体から分泌されるFSHによって排卵可能な成熟卵胞（グラーフ卵胞）へと成熟していく．したがって，AMHの分泌量は卵巣機能が低下すると減少する．AMHは，月経周期の影響を受けにくいため，FSHや他のホルモンの検査よりも卵巣機能の評価に有用と考えられる．また，AMHは原始卵胞より活性化した発育卵胞，前胞状卵胞から分泌されるので，その測定値と発育卵胞の数は相関している．成人女性の血清AMH値は年齢の上昇とともに低下し，AMHの主たる産生源である前胞状卵胞の消失を反映している．また，AMH値が低濃度の場合，ARTにおける採卵数・受精卵数が有意に低下することで，妊娠率も低下することから，AMHの測定は加齢による不妊女性のORを知るよい指標になると考えられている（van Rooij et al, 2002；Fanchin et al, 2003）．

(B) FSH基礎値（basal FSH）

FSHは間脳－下垂体系のフィードバック機構により調節されており，成熟した卵胞から分泌される卵胞ホルモンによって分泌を抑制され，周期的な変化を示す．このフィードバック機構の乱れは月経中のホルモン値を抑制し，卵巣の機能が悪くなるとbasal FSHは上昇していく．また，加齢による卵胞期初期のbasal FSH値の上昇は，卵胞の質的・量的な加齢を加速する可能性があるとされている．しかし，加齢によるbasal FSH値の上昇の際には，卵胞数の減少に伴ってインヒビンBおよびE_2値も低下するので，加齢に伴う卵胞の質的・量的低下を直接的に証明するものではない．動物実験により，高basal FSHレベルの持続状態では，正常な受精が可能な卵子数が減少していることが認められている（Tatone et al, 2008）．これらのことから月経周期D3のbasal FSHを測定することで20mIU/ml以上であればORが低下していると推測でき，10mIU/ml以下であればORは正常であると判定するが，血清FSHの日内変動や個人差も多くbasal FSHのみでORを判定することは困難である．

(C) インヒビンB

basal FSHを制御する卵巣因子としてはインヒビンAとインヒビンBがある．加齢によるbasal FSHの上昇は胞状卵胞から分泌されるインヒビンBの分泌量の低下に基づくものと考えられている．インヒビンAは，主として排卵直前の大型卵胞や黄体から大量に分泌されるので，ORに対する関与は少ないとされている．これらのインヒビンの血中分泌パターンは，FSHと比較するとFSHの高い時には，インヒビンが低く，逆にFSHの低い時にはインヒビンが高い負の相関関係が存在する．また，これらのことから卵巣に発育する卵胞数に相当する量のインヒビンが血中に放出されるものと考えられる．すなわち，卵胞はその発育の過程でインヒビンを分泌することにより，卵胞数を脳下垂体にフィードバックして伝達していることになる．加齢によって原始卵胞数が減少するとインヒビンBの主な産生源である2－5mmの胞状卵胞プールの減少をもたらす．そして，インヒビンBは加齢に先行して減少し始めるが，一定の閾値以下に低下すると，basal FSHの上昇をもたらし多くの卵胞の閉鎖を促すようになる．これがさらに胞状卵胞プールを減少させ，卵胞数の減少を加速させると考えられる（小池，2000）．近年の研究ではD3におけるインヒビン基礎値が45pg/ml以下になるとCOSに対する反応が悪く，妊娠率が下がると報告されている（Seifer et al, 1997）．

（D）エストラジオール（basal E_2）基礎値

インヒビンと同様に卵胞顆粒膜細胞から分泌されるE_2も，卵胞の発育に伴って分泌が増加するが，その分泌パターンはインヒビンとは異なっている．血中インヒビン濃度は卵胞発育の初期から上昇するのに対して，血中E_2濃度は，卵胞期後期に急激な上昇を示す．したがって，発育を開始した卵胞は受精可能な状態にまで成熟したという情報を，E_2を情報担体として視床下部－下垂体系に伝達し，LHRHの大量放出を誘起することにより，下垂体からLHサージを誘起して成熟卵胞を排卵させる．これらのことからFSHとの関連において卵胞期初期においてbasal E_2値が100pg/ml以上の上昇が認められれば，ORの低下が示唆される（田谷，2003）．38-42歳の高齢女性でも月経周期D3におけるbE_2値が80pg/ml以下で，basal FSHが低値であればORは正常であり，ARTの治療効果が期待できるとされている（Buyalos et al, 1997）．

（E）胞状卵胞数計測（AFC）

G. J. Schefferらは正常月経周期と妊孕性を有する女性の卵胞期初期（D1－D3）に両側卵巣中の卵胞径が2−10mmの胞状卵胞（AF）の数を経膣超音波診断により計測した．対象を年齢別に3群に分類し検討したところ，25−34歳では15（3−30），35−40歳では9（1−25），41−46歳では4（1−17）であり，各年齢群間に強い負の相関が認められた（Scheffer et al, 2003）．この結果，小型AF数が3個以下ならばOR低下が考えられ，ARTにおける予後も不良と判断する．

（F）卵巣容積（OV）

成熟卵巣形態は，ほぼ卵円形であり，長径3－5cm，短径1.5－3cm，幅0.6−1.5cm，重量は5-8gである．

ケンタッキー大学の卵巣癌スクリーニングプログラムにおける58,673例の超音波検査による正常卵巣のOV測定によると，30歳以下ではOVは6.6±0.19ml，30−39歳では6.1±0.06，40

−49歳では4.8±0.03, 50−59歳では2.6±0.01, 60−69歳では2.1±0.01であった．成熟女性の平均OVは4.9 mlであり，更年期以降では2.2 mlである．したがってOVが3 ml以下の場合，COSに対する反応が悪く，IVFのキャンセル率が高くなる．血清FSH濃度の上昇以前に，加齢とともにOVは減少する．超音波診断にてOVを計測することは，ORの指標となり臨床的に簡便で医療経済的にも優れている．

(G) 卵巣血流量測定（OBF）

多囊胞卵巣症候群の排卵群と無排卵群における卵巣間質のOBFをカラードップラー法で計測した場合，OVには差がないが排卵群の方がOBFが良好であり，内分泌環境，インスリン抵抗性と相関性が認められている．したがって，OBFを測定することがORの判定に有用であるとされる（Engmann et al, 1999）．

(H) クロミフェン負荷試験（CCCT）

月経周期D 3における血清bFSH，bE_2値を測定して，CC 100mgをD 5から5日間投与する．その後，月経周期D10における血清FSH，E_2値を測定して両者の値を比較する．D 3，D10におけるFSH値が10mIU/ml以上であり，D 3，D10におけるFSH値が12mIU/ml以上の場合，卵胞成熟が不十分でありORの低下と判定する．

(I) GnRHアゴニスト／FSH負荷試験

D 2／D 3にGnRHアゴニストあるいはFSH 300IUを皮下注し，FSH投与前と投与2時間後に血清E_2，インヒビンBを測定し，その値を比較することで，ダイナミックなORとCOSに対する直接的な反応性を予測することが可能である．

表XIII-55-2．OR低下への対処

1．Anti-aging drugs（DHEA，L-カルニチン）
2．卵子，卵巣組織セルフバンキング
3．卵子若返り法（細胞質移植，核移植）
4．ドナー卵子，卵子シェアリング
5．生殖再生工学に基づく，生殖細胞の再生（iPS，ES，GS）
6．卵子幹細胞の存在？

(J) 卵巣生検（OB）

加齢に伴うOR低下の主因は新生不能な原始卵胞プールの残存数であり，間接的な内分泌環境や超音波診断では計り知れないものがある．すべての卵胞は卵巣白膜より2 mm以内の皮質に存在するので，卵巣皮質をOBすることで皮質の単位容積あたりの卵胞数（濃度）を数値化して規定することができる．V. S. VitalらはPOF，無排卵周期症とOR低下の症例52例および対照群16例の健常者に腹腔鏡下にOBを行い，臨床所見と原始卵胞数との間に強い正の相関を認めている（Vital et al, 2000）．

3 OR低下に対する対処

加齢に伴うORの低下に対する対処法としては，現在DHEAやカルニチンなどの抗加齢薬剤投与による方法が期待されているが，その他にも卵子のセルフバンキング，若返り法などさまざまな手段が臨床研究されている（表XIII-55-2）．本節では誌面の都合上，ART反復不成功における加齢女性に対するDHEAの効果についての我々の研究結果を紹介する．

ARTにおけるDHEAの効果

DHEA（dehydroepiandrosterone）はテストステロン（T）やE_2の前駆物質として重要なだけでなく，多くの生理作用を有することが明らかにされている．また，このDHEAを不妊治療に応用し，その有効性を示唆する報告も散見される．不妊治療におけるDHEAの有効性に関しては，今までいくつか報告されている．P. R. Cassonらは，poor responderに対してDHEA 80mg/dayを2ヶ月間投与後，AIH周期において卵巣刺激を行ったところ，DHEA投与前と比べて成熟卵胞数が平均1.0個から2.2個へ増加したと報告している（Casson et al, 2000）．また，ORの低下している42歳女性がDHEA 75mg/dayを服用したところ，DHEAの服用期間が長くなるのに伴い，採卵数と獲得胚数は増加したとD. H. Baradらは報告している（Barad et al, 2005）．DHEA-Sについては，poor responderに点滴静注したところ，卵巣の反応性が改善し，卵胞数の増加と質の向上が認められ，妊娠成立した症例もあったと報告されている（大塩，2006）．

DHEAは免疫賦活作用，抗糖尿病作用，抗骨粗鬆症作用，抗動脈硬化作用，抗肥満作用，中枢神経作用など，多くの生理作用を有することが知られている．また，DHEAの分泌は思春期に増加し加齢とともに減少することから，抗加齢を目的として服用されている．DHEAのpoor responderにおける具体的な作用機序は明確になっていないが，卵巣局所調節因子として卵胞発育に重要な役割を果たしているIGF-1を増加させることや，変換されたTやE_2が卵胞発育に好影響を及ぼすことが想定されている．最近では卵巣刺激における血中Tの重要性を示唆する報告も出てきている．J. Balaschらはpoor responderに対してTを経皮投与した結果，発育卵胞数が5倍に増加したとしており（Balasch et al, 2006），J. L. Frattarelliらはday 3における血中T値は採卵数，成熟卵胞数，胚数と正の相関を示し，hMG（FSH）投与量とは負の相関をすることを報告している（Frattarelli et al, 2006）．前述のようにDHEAはさまざまな作用を有し，さらにTやE_2にも変換されるので，これらの相乗的効果がORに対して好影響を及ぼして卵巣の反応性を高め，卵子の質を向上させたと思われる．したがって，DHEAはOR低下した高齢不妊群のART反復不成功例の臨床成績を向上させる可能性が示唆された．

まとめ

生殖年齢後期（LRA）に於いては，ARTを以ってしても挙児を得ることは困難である．このため，20歳代後半よりORに基づいたライフスタイルチョイスに関する意識と自己管理が重要である．

（久保春海）

引用文献

Balasch J Fábregues F, Pehcirrubia J, et al (2006) Pretreatment with transdermal testosterone may improve ovarian response to gonadotrophins in poor-responder IVF patients with normal basal concentrations of FSH, *Hum Reprod*, 21 ; 1884-1893.

Barad DH, Gleicher N (2005) Increased oocyte production after treatment with dehydroepiandrosterone, *Fertil*

Steril, 84(3) ; 756.e1-3.
Buyalos RP, Daneshmand S, Brzechffa PR (1997) Basal oestradiol and follicle-stimulating hormone predict fecundity in women of advanced reproductive age undergoing ovulation induction therapy, *Fertil Steril*, 68 ; 272-277.
Casson PR, Lindsay, HS, Pisarska MD, et al (2000) Dehydroepiandrosterone supplementation augments ovarian stimulation in poor responders : a case series, *Hum Reprod*, 15 ; 2129-2132.
Engmann L, Sladkevicius P, Argwal R (1999) Value of ovarian stromal blood flow velocity measurement after pituitary suppression in the prediction of ovarian responsiveness and outcome of in vitro fertilization treatment, *Fertil Steril*, 71 ; 22-29.
Faddy MJ, Gosden RG, Gougecn A, et al (1992) Accelerated disappearance of ovarian follicles in mid-life : implications for forecasting menopause, *Hum Reprod*, 7 : 1342-1346
Fanchin R, Schonäuer LM, Righini C, et al (2003) Serum anti-Müllerian hormone is more strongly related to ovarian follicular status than serum inhibin B, estradiol, FSH and LH on day 3, *Hum Reprod*, 18 ; 323-327.
Frattarelli JL, Gerber MD (2006) Basal and cycle androgen levels correlate with in vitro fertilization stimulation parameters but do not predict pregnancy outcome, *Fertil Steril*, 86 ; 51-57.
Gleicher N (2005) Ovarian ageing : Is there a norm? Contemporary OB/GYN : 65-75
小池浩司（2000）高齢不妊婦人の問題点「卵巣機能不全」，日産婦誌，52 ; N-278-281.
Menken J, Trussell J, Larsen U (1986) : Age and infertility, *Science*, 233 ; 1389-1394.
水沼英樹（2006）生殖・内分泌委員会報告,平成16年度生殖医学登録報告（第16報），日産婦会誌，58 ; 1013-1037.
大塩達弥（2006）FSH高値であり,排卵誘発に抵抗性である高年齢婦人に対するDHEA-S併用療法の有用性の検討,産婦人科治療，93 ; 339-342.
van Rooij IA, Broekmans FJ, te Veld ER, et al (2002) Serum anti-Müllerian hormone levels : a novel measure of ovarian reserve, *Hum Reprod*, 17 ; 3065-3071.
Scheffer GJ, Brockmans FJM, Looman CWN, et al (2003) The number of antral follicles in normal women with proven fertility is the best reflectionof reproductive age, *Hum Reprod*, 18 ; 700-706.
Seifer DB, Lambert-Masserlian G, Hogan JW (1997) Day 3 serum inhibin-B is predictive assisted reproductive technologies outcome, *Fertil Steril*, 67 ; 110-114.
Tatone C, Amicarelli F, Caebone MC, et al (2008) Cellular and molecular aspects of ovarian follicle ageing, *Hum Reprod Update*, 14(2) ; 131-142.
辰巳賢一（2006）Poor responderの排卵誘発，日産婦会誌，58 ; N-423-426.
田谷一善（2003）インヒビンとエストラジオールによる視床下部・下垂体・卵巣軸の調節機構，日本生殖内分泌学会誌，8 ; 11-17.
Vital VS, Tellez S, Alvaarado (2000) Clinical histologic correlation in reproductive pathology, *Obstet Gynecol*, 95 : S83.

XIII-56

早発卵巣不全

Key words
続発性無月経／FMR1／BMP15／エストロゲン補充／染色体異常

はじめに

早発閉経（premature menopause）は40歳未満の閉経と定義される．ただし早発閉経の診断後に，卵胞の存在や排卵を認める症例が存在することから，早発卵巣不全（premature ovanian failure:POF）の方をよく用いる．POFは大きく自然発生POFと抗癌化学療法や放射線療法，卵巣手術に起因する医原性POFの２群に分類されるが，本節では自然発生POFの疫学，病因，治療に関しての最近の知見を我々のデータをまじえて総説的に述べる．

日本人女性の閉経は45–56歳で中央値は50.5歳である多くのPOF症例は無月経と不妊を訴えて婦人科を訪れる．POF症例の抱える問題は妊孕性の低下または消失とエストロゲン欠乏に伴う健康上の諸問題であり，有意な死亡率の上昇が認められるという報告もある（Snowdon et al, 1989）．POF症例は生殖機能を失ったという喪失感も強く，心理－社会的な問題を抱えた患者集団である（Taylor, 2001）．POFにおける無月経は一般に続発性であるが，発症年齢は10代から40歳近くまで幅広く，原発性無月経を呈するものも含まれる．

1 頻度

POFは一般人口の１%が罹患し（Coulam et al, 1986），原発性無月経の10–28%，続発性無月経の4-18%はPOFであるといわれる（Anasti, 1998）．POFは進行性の病態であると考えられるが（図XIII-56-1）IOF（incipient ovarian failure）という概念（Cameron et al, 1987）は，正常の月経周期を持ちながら不妊で軽度の血中FSH値上昇を認める症例を指す．IOFの正確な発症頻度に関する報告はないが，こうした症例の存在を考慮すると，不妊，月経不順を訴える症例中にPOFおよびその予備群はさらに高率に存在すると考えられる．

2 病因

自然発症POFの病因として現在まであげられている要因は医原性のものを除けば，染色体異常，遺伝子異常，自己免疫，栄養素の代謝異常，感染がある．しかし，我々の症例の分析でも多くの症例は特定の原因が証明できない特発性（idiopathic POF）である（図XIII-56-1）．現在，

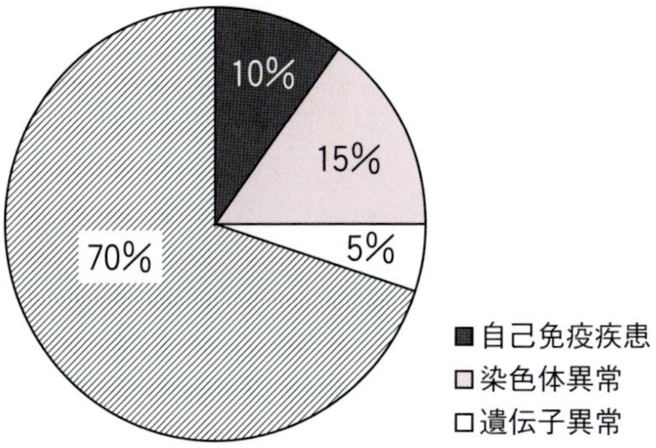

図XIII-56-1．POFの原因別

特発性とされている症例の多くに遺伝子異常が関与していると考えられており，現在まで多くのPOF関連遺伝子が報告されているが，未だ大部分の症例では遺伝子異常は見出されていない．

(A) 染色体異常

我々の111例の症例の分析では17例（15%）に染色体異常が認められた（表XIII-56-1）．発症年齢はX染色体の対合異常（paring failure）の程度と大略相関していた．染色体異常症例でも無月経発症年齢は必ずしも極端に若年ではなく，最終自然月経年齢は14歳から39歳までに分布していた．X染色体の末端欠失では卵巣機能は欠失の程度とほぼ一致し，欠失の程度が大きい症例では原発性無月経の率が高く，短い症例では続発性無月経が多い傾向がある（Simpson, 1975）．POFではX染色体と常染色体の転座（translocation）が多く認められる（Therman et al, 1990）．translocationの切断点（breakpoint）がXq13とXq26間にある場合に卵巣機能に対する影響は最も大きく，この領域は卵巣機能に関するクリティカルな領域（critical region）とされていた（Therman et al, 1990）．この領域のうちPOF発症が最も多い2ヶ所，Xq26-qterとXq13.3-Xq21.1はそれぞれPOF1（Tharapel et al, 1993），POF2（Powell et al, 1994）と呼ぶことが提唱されている．これらの領域それぞれにPOFと関連する単一の遺伝子が存在するのか，複数の遺伝子が存在するのかは未だ不明である．

POF症例ではさまざまな程度のX染色体異常が報告されている．そのうち最も極端なものはX monosomyであり，ターナー症候群は原発性無月経，短躯，翼状頚，楯状胸などの特有の身体的特徴を示す．X染色体は女性においては1対の対立遺伝子（allele）のうち片方が不活化されているが，いくつかの遺伝子においては不活化されず，それらの遺伝子発現にはディプロイド遺伝子が必要であると考えられる．これらの遺伝子が正常な卵胞数の維持，すなわち卵巣機能の維持に必要であると思われる．ターナー症候群の身体的特徴の多くはX染色体の短腕との関与が指摘されており（Ogata, Matsuo, 1995），さらにXp11.2-p22.1にY染色体上にも相同の部分がある領域があり，この領域の遺伝子はY染色体上におけると同様に不活化を免れることが知られている（Rappald, 1993）．

X染色体の異常がPOFを引き起こす原因としては，前述の2説すなわち，(1)X染色体のpairing failureによる減数分裂の障害，(2)X染色体上の遺伝子機能欠失のいずれか，または両因子の関与が考えられる．

Xトリソミーは900分の1の確率で発生するといわれるが，一般的に生殖機能は正常に保たれるといわれていた．しかし，Xトリソミー

表XII-56-1．染色体異常を伴うPOF症例

No.	閉経年齢	核型	ターナー徴候	卵胞発育	排卵
1	14	45, X[5]/46, XX[95]	−	−	−
2	15	46, XX, t(X;8)(q22;q22)	+	−	−
3	17	46, X,i(Xq)	+	−	−
4	18	45, X/46, X,psu dic(X) rea(X ; X)(q22;p11)	+	−	−
5	18	*1	−	−	−
6	20	*2	−	−	−
7	20	47, XXX	−	−	−
8	20	45, X[3]/46, XX[97]	−	−	−
9	23	*3	−	−	−
10	25	47, XXX/46, XX	−	+	−
11	25	47, XXX	−	−	−
12	26	46, X,del(X)(q21)	−	+	+
13	27	45, X[34]/46, X,add(X)(q22)[16]	−	−	−
14	28	45, XX,der(14;21)(q10;q10)	−	−	−
15	28	47, XXX/46, XX	−	+	+
16	29	46, X,t(X;20)(q22;p11.2)	−	+	−
17	30	45, X[3]/47, XXX[3]/46, XX[94]	−	−	−
18	30	46, XX,r(18)[23]/46, XX[27]	−	−	−
19	30	46, X,del(X)(q26)[46]/45, X[3]/47, XXX[1]	−	−	−
20	30	45, X/47, XXX	−	+	+
21	30	45, X[2]/46, XX[198]	+	+	+
22	32	46, XX,t(7;14)(q36;q14)	−	+	−
23	32	46, XX/45, X/47, XXX	+	−	−
24	33	46, X,del(X)(q22, 3)	−	+	+
25	33	46, X,del(X)(q24)	+	−	−
26	33	45, X[4]/46, XX[45]/48, XXXX[1]	−	+	−
27	33	45, X[5]/46, XX[92]/47, XXX[3]	−	+	−
28	35	45, X[2]/47, XXX[2], 46XX[96]	−	−	−
29	37	45, X[4]/46, XX[96]	−	−	−
	26.6±6.3				

*1：45, X/46, X,psu dic(X)rea(X ; X)(q22;p11)
*2：47, XXX/47, XX,＋mar1/47, XX,del(1)(q21), ＋mar2/46, X,del(X)(p11.2)/46, XX,t(l;10)(q23〜25;p11.2-13)/46, XX,t(7;14)(q36;11.2)/45, XX, -20/46XX
*3：46, XX,t(3;5;15;12)(3pter→3q21::5q15→5q22::12q13→12qter;5pter→5q15::3q21→3qter;15pter→15q13::5q22→5qter;12pter→12q13::5q15or5q22::15q13→15qter)

のPOF症例が1959年，P. Jacobsら(1959)の報告をはじめとして数例なされている(Holland, 2001)．我々は20歳と25歳で閉経した47, XXXおよび25歳と28歳で閉経した47, XXX/46, XXの症例を経験している．

(B) POF関連遺伝子

正常核型POFがしばしば家族性に発生する

ことより遺伝子異常の関与が推定されてきた．POF症例の検討とトランスジェニック動物モデルを用いた実験により，POF関連遺伝子の検討が行われており，多くの候補遺伝子が報告されている．候補遺伝子のうちで最も検討が進んでいるのは*FMR 1*遺伝子である．

(1) X染色体上遺伝子

⑴*FMR 1*

*FMR 1*遺伝子はXq27.3に存在し，第一エクソンの非翻訳領域にはCGGリピートが存在する．この部分のリピート数は正常では40–60以下とされるが，これが200以上に延長すると，タンパクに翻訳されない．この状態では，男性の100%，女性のほぼ50%に高度の精神発達遅延にいくつかの身体的特徴を伴う脆弱《ぜいじゃく》X症候群を発生する．CGGのリピート数60–200の場合をpremutaionと呼ぶ．premutation症例はfragile X症候群とは異なる二つの障害を発現することが知られている．一つはPOFであり(Cronister et al, 1991)，もう一つがX linked劣性遺伝のパターンを示すfragile X tremor/ataxia症候群(FXTAS)と呼ばれる成人発症型の運動神経異常である．FMR1は核内で発現するRNA binding proteinである．卵細胞でFMR1が発現することが知られている．1999年のD. J. Allingham-Hawkinsら(1999)の調査によれば，premutationキャリアの16%でPOFが発症したのに対しfull mutationでは1例も見られなかった．また，家族性POFの13%，散発性のPOFの3%にFMR1 pemutaionが認められる．premutationのCGGリピート数とPOF発症率には特異な相関があり，リピート数80-100程度で最も発症率が高く，リピート数がさらに多くなると逆に発症率は正常に近づいていく(Wittentberger et al, 2006)．我々の統計では，POFの1.7%(3/172)にFMR1 premutationが認められる．アジア人では，POFにおけるFMR1 premutationの頻度は低いようである．しかし，家族性POF症例においてはFMR1 premutaionの有無を検査し，premutationのある症例では遺伝カウンセリングを行うことを考慮すべき時期に来ていると思われる．

⑵*FMR 2*（*FRAXE*）

1992年，G. R. SutherlandとE. Baker(1992)はFragile X syndromeと同様の染色体所見を示し，FMR-1の異常を示さない症例で*FMR 1*の約150–600kb末端の1Xq28にもう一つの危弱部位*FMR 2*または*FRAXE*発見した．この部位の微小欠失(microdeletion)がPOFの病因と関連していると考えられる．*FMR 2* microdeletionを持つ症例の1.5%にPOFが発症するが，POF症例中この変異を持つ症例の頻度は約0.04%と報告されている(Murray et al, 1999)．

⑶*BMP 15*

BMP(bone morphogenetic protein)は，growth factor-βsuperfamilyに属するタンパクでパラクライン的に働く．BMP15は卵細胞特異的に初期発育卵胞の段階で発現し，顆粒膜細胞の増殖を促進する．

*BMP 15*はXp11.2に位置し，おそらく両側のX染色体で発現して遺伝子量効果(gene dosage effect)を示すと考えられる．このX染色体上の位置はかつてJ. L. Dubeら(1998)がXp POF critical領域と呼んだ座である．

E. Di Pasqualeら(2004)は*BMP 15*遺伝子の片方にA→Gの点突然変異(one point mutation)

がある原発性無月経の姉妹を報告した．父親はヘミ接合（hemizygous）な変異を有することが明らかにされ，この症例の遺伝形式が正常表現型の父型に起因するヘテロ接合（heterozygous）な女性に発症したものである．

(2) 常染色体上遺伝子

(1)*FSHreceptor*

FSH レセプター遺伝子は2p21–p16にあり，その遺伝子変異がフィンランドの 6 家系に見出されている．第 7 エクソンの566位に遺伝子変異が認められ，189番目の残基が alanin から valine に置き換わっており，卵巣機能不全と関連すると考えられている．FSHreceptor の FSH への結合能力（binding capacity）と cAMP 産生が大きく減少することが知られている（Aittomaki et al, 1995）．フィンランド以外では POF にこの遺伝子変異が認められていない（Layman et al, 1998）．

(2)*LH β*

高橋ら（Takahashi et al, 1999）は1999年，POF 症例では LHβ サブユニット遺伝子の変異が対照に比べ多く認められると報告した（18.4対 8.5%）．

我々も *LH β* の Trp^{8}→ARG（TGG→CGG），Ile^{15}→Thr（ATC→ACC）の 2 ケ所の点突然変異を伴う POF 症例を報告している．この症例では GnRH アゴニスト投与直後に自然排卵が認められた（石塚ほか, 1992）．すなわち，この遺伝子変異は POF の原因となる可能性が強いが，排卵を促す生物学的活性はあると考えられる．

(3)*GALT*

GALT 遺伝子はガラクトース血症の原因遺伝子であり，常染色体劣性遺伝をするまれな疾患である．*GALT* 遺伝子は9q13にあり，ガラクトース血症の患者のうち60-70%が POF を合併すると報告されている（Waggoner et al, 1990；Laml et al, 2002）．ガラクトースまたはその代謝産物が胎児期より卵巣機能を障害すると考えられている．

(4)*AIRE*

AIRE（autoimmune regulatory gene）は21q22.3 に位置し，副腎，副甲状腺機能不全や皮膚カンジダ症などを合併する．これらを APECED（autoimmune polyendocrine-candidiasis-ectodermal dystrophy）と呼ぶが，J. Perheentupa（1996）らによると APECED 症例の60%が POF を発症するという．

その他，POF と関連があると考えられている常染色体遺伝子には *FOXL 2*，*FSH β*，*LH receptor*，*Eukaryotic initiation factor 2 B*，*FSHPRH 1*（FSH primary response homologue 1），*XIST*（X inactivation transcript），*WT 1*（Wilms tumor 1 gene），*Ataxia trangectasia* などがある．

(C) 自己免疫

POF が臨床的な自己免疫疾患と合併することはかつてより知られていた．Conway ら（1996）は POF 症例の約30%では自己免疫の関与が推定されると述べている．POF と他の自己免疫疾患が合併することはよく知られている．我々の111例の正常核型症例の分析でも，約50%の症例にはなんらかの自己抗体が認められ，自己抗体を持つ症例の21%には臨床的自己免疫疾患が合併していた．合併する自己免疫疾患としては甲状腺疾患が最も多いこともよく知られている．

多臓器が罹患する自己免疫性内分泌疾患群で

POFを合併するものはAPS(autoimmune polyglandular syndrome)と呼ばれ，いくつかのタイプに分類される．おおよそ2-10%のPOF症例では副腎機能低下を伴う(Bakalov et al, 2002)が，副腎機能低下は必ずしも臨床的レベルに達しておらず，抗副腎抗体の存在またはACTHの上昇があっても血中コルチゾール値は正常であることも多い．

卵巣組織所見では，卵胞周囲へのリンパ球，組織球の侵入が認められる．自己免疫が合併していない症例では組織学的卵巣炎の所見は3%以下しか認められないという(Hoek et al, 1997)．

Belvisiら(1993)の報告では45例のPOF症例の40%になんらかの臓器特異的自己抗体が認められ，そのうち最も多いのはやはり抗甲状腺抗体であるという．我々の検討では，POF症例には抗核抗体が高率に認められた(Ishizuka et al, 1997)．

卵巣に対する抗体を確認できれば，POFの病因として自己免疫が関与していることを直説証明することになる．これまで抗卵巣抗体の存在に関してはいくつかの報告があるが(Coulam et al, 1983 ; Luborsky et al, 1990 ; Fenichel et al, 1997)，方法論的な問題が解決せず，検出率も一定せず，それらの特異性や病原性に関しては解明されていない．卵巣機能に関するエピトープとしては，ステロイド産生細胞，3β hydroxysteroid dehydrogenase(3β-HSD)，FSH，LHレセプター，透明帯などがあることが知られている．

3 治療

POFに対する治療には二つの目的がある．一つはエストロゲン補充であり，もう一方が不妊治療である．

(A) ホルモン補充療法(HRT)

多くのPOF症例は血管運動神経失調症状や性交痛，憂鬱などのいわゆる更年期症状を訴える．また，エストロゲン欠乏に基づく骨粗鬆症などの罹患率も高いため，50歳まではHRTを行うことが常識的に必要であり，50歳時点でその後継続するか否かを決定する．エストロゲン製剤はさまざまな製品が開発されているので，患者個人の好みと血中エストラジオール値が目安となる．若いPOF症例におけるHRTの副作用(乳癌，冠疾患)に関してはデータがなく，閉経後女性におけるデータをそのまま適応しうるのか否かについて，判断する十分なデータはない．今後，POFにおいて若年より施行するHRTに関するデータの蓄積が必要である．

(B) 不妊治療

POF症例の診断成立以後の妊娠率は5-10%といわれるが，主に予測不可能な単発性のもので，計画的な排卵誘発，IVF-ETによる妊娠の報告はない．エストロゲン補充はLH，FSH分泌を抑制することにより顆粒膜細胞のゴナドトロピンへの感受性を増すとも考えられている(Check et al, 1898)．

Bucklerら(1993)は，経口避妊薬単独投与にはPOF症例の卵胞発育への効果はなかったという．排卵誘発の成功例としてこれまで報告されているのは，クロミフェン (Nakai et al, 1984)，hMG (Check et al, 1991)，または両者の併用 (Davis, Ravnikar, 1988) によるもので，症例報告にとどまる．我々は46, X, del(X) (q22) の一例にGnRHアゴニスト，性ステロイド周期性投与下にhMGを行って排卵誘発に成功している (Ishizuka, 1997)．

自己免疫性内分泌疾患ではその病状の変動に伴い卵巣機能が一時的に回復することがある (Rabinowe et al, 1986)．N. Finerら (1985) は 自己免疫性Addison病，甲状腺機能低下症を伴うPOF症例において，副腎皮質，甲状腺機能の回復に伴い妊娠成立した症例を報告している．

また，自己免疫性POFにコルチコステロイドを投与し，一部に性周期の再来と妊娠成立を見たとの報告もある (Cowchock et al, 1988 ; Corenblum et al, 1993)．

将来的にはPOF発症の予測がつけば，現在卵巣，卵細胞，受精卵の凍結保存の技術が向上している現在，将来の妊娠に向けて保存することができ，若い女性の癌に対する抗癌化学療法や，放射線療法前に行うことが考慮されている方法と基本的に同様である．

こうした意味で，今後遺伝子診断も含め，POFの予測法としてどのような方法が最も経済的・合理的であるかを考える必要が生じている．

（石塚文平）

引用文献

Aittomaki K, Lucena JL, Pakarinen P, et al (1995) Mutation in the follicle-stimulating hormone receptor gene causes hereditary hypergonadotropic ovarian failure, *Cell*, 82 ; 959-968.

Allingham-Hawkins DJ, Babul-Hirji R, Chitayat D, et al (1999) Fragile X permutation is a significant risk factor for premature ovarian failure : the International Collaborative POF in Fragile X study-preliminary data, *Am J Med Genet*, 83 ; 322-325.

Anasti JN (1998) Premature ovarian failure : an update, *Fertil Steril*, 70 ; 1-15.

Bakalov VK, Vanderhoof VH, Bondy CA, et al (2002) Adrenal antibodies detect asymptomatic auto-immune adrenal insufficiency in young women with spontaneous premature ovarian failure, *Hum Reprod*, 17 ; 2096-2100.

Belvisi L, Bombelli F, Sironi L, et al (1993) Organ-specific autoimmunity in patients with premature ovarian failure, *J Endocrinol Invest*, 16 ; 889-892.

Buckler HM, Healy DL, Burger HG (1993) Does gonadotropin suppression result in follicular development in premature ovarian failure? *Gynecol Endocrinol*, 7 ; 123-128.

Cameron IT, O'Shea FC, Rolland JM, et al (1988) Occult ovarian failure : a syndrome of infertility, regular menses, and elevated follicle-stimulating hormone concentrations, *J Clin Endocrinol Metab*, 67 ; 1190-1194.

Check JH, Chase JS, Spence M (1989) Pregnancy in premature ovarian failure after therapy with oral contraceptives despite resistance to previous human menopausal gonadotropin therapy, *Am J Obstet Gynecol*, 160 ; 114-115.

Check JH, Nowroozi K, Nazari A (1991) Viable pregnancy in a woman with premature ovarian failure treated with gonadotropin suppression and human menopausal gonadotropin stimulation, A case report, *J Reprod Med*, 36 ; 195-197.

Conway GS, Kaltsas G, Patel A, et al (1996) Characterization of idiopathic premature ovarian failure, *Fertil Steril*, 65 ; 337-341.

Corenblum B, Rowe T, Taylor PJ (1993) High-dose, short-term glucocorticoids for the treatment of infertility resulting from premature ovarian failure, *Fertil Steril*, 59, 988-991.

Coulam CB, Stringfellow S, Hoefnagel D (1983) Evidence for a genetic factor in the etiology of premature ovarian failure, *Fertil Steril*, 40 ; 693-695.

Coulam CB, Adamson SC, Annegers JF (1986) Incidence of premature ovarian failure. *Obstet Gynecol*, 67 ; 604-6.

Cowchock FS, McCabe JL, Montgomery BB (1988) Pregnancy after corticosteroid administration in premature ovarian failure (polyglandular endocrinopathy syndrome), *Am J Obstet Gynecol*, 158 ; 118-119.

Cronister A, Schreiner R, Wittenberger M, et al (1991) Heterozygous fragile X female : historical, physical, cognitive, and cytogenetic features, *Am J Med Genet*, 38 ; 269-274.

Davis OK, Ravnikar VA (1988) Ovulationin duction with clomiphene citrate in a woman with premature ovarian failure, A case report, *J Reprod Med*, 33 ; 559-562.

Di Pasquale E, Beck-Peccoz P, Persani L (2004) Hypergonadotropic ovarian failure associated with an inherited

mutation of human bone morphogenetic protein-15 (BMP15) gene, *Am J Hum Genet*, 75 ; 106-111.
Dube JL, Wang P, Elvin J, et al (1998) The bone morphogenetic protein 15 gene is X-linked and expressed in oocytes, *Mol Endocrinol* 12, 1809-1817.
Fenichel P, Sosset C, Barbarino-Monnier P, et al (1997) Prevalence, specificity and significance of ovarian antibodies during spontaneous premature ovarian failure, *Hum Reprod*, 12 ; 2623-2628.
Finer N, Fogelman I, Bottazzo G (1985) Pregnancy in a woman with premature ovarian failure, *Postgrad Med J*, 61 ; 1079-1080.
Hoek A, Schoemaker J, Drexhage HA (1997) Premature ovarian failure and ovarian autoimmunity, *Endocr Rev*, 18 ; 107-134.
Holland CM (2001) 47,XXX in an adolescent with premature ovarian failure and autoimmune disease, *J Pediatr Adolesc Gynecol*, 14 ; 77-80.
Ishizuka B, Kudo Y, Amemiya A, et al (1997) Ovulation induction in a woman with premature ovarian failure resulting from a partial deletion of the X chromosome long arm, 46,X,del (X) (q22), *Fertil Steril*, 68 ; 931-934.
石塚文平，渡辺研一，栗林靖ほか（1992）Buserelin投与後に自然排卵した早発閉経の１例．*日本産科婦人科学会雑誌*，44 ; 113-116.
Jacobs P, Baikie AG, Brown WM, et al (1959) Evidence for the existence of the human super female, *Lancet*, 274 ; 423-425.
Laml T, Preyer O, Umek W, et al (2002) Genetic disorders in premature ovarian failure, *Hum Reprod Update*, 8 ; 483-491.
Layman LC, Made S, Cohen DP, et al (1998) The Finnish follicle-stimulating hormone receptor gene mutation is rare in North American women with 46,XX ovarian failure, *Fertil Steril*, 69 ; 300-302.
Luborsky JL, Visintin I, Boyers S, et al. (1990) Ovarian antibodies detected by immobilized antigen immunoassay in patients with premature ovarian failure, *J Clin Endocrinol Metab*, 70 ; 69-75.
Murray A, Webb J, Dennis N, et al (1999) Microdeletions in FMR2 may be a significant cause of premature ovarian failure, *J Med Genet*, 36 ; 767-770.
Nakai M, Tatsumi H, Arai M (1984) Case report. Successive pregnancies in a patient with premature ovarian failure, *Eur J Obstet Gynecol Reprod Biol*, 18 ; 217-224.
Ogata T, Matsuo N (1995) Turner syndrome and female sex chromosome aberrations : deduction of the principal factors involved in the development of clinical features, *Hum Genet*, 95 ; 607-629.
Perheentupa J (1996) Autoimmune polyendocrinopathy-candidiasis-ectodermal dystrophy (APECED), *Horm Metab Res*, 28 ; 353-356.
Powell CM, Taggart RT, Drumheller TC, et al (1994) Molecular and cytogenetic studies of an X ; auto-some translocation in a patient with premature ovarian failure and review of the literature, *Am J Med Genet*, 52 ; 19-26.
Rabinowe SL, Berger MJ, Welch WR, et al (1986) Lymphocyte dysfunction in autoimmune oophoritis, Resumption of menses with corticosteroids, *Am J Med*, 81 ; 347-350.
Rappald GA (1993) The pseudoautosomal regions of the human sex chromo-somes, *Hum Genet*, 92 ; 315-324.
Simpson JL (1975) Gonadal dysgenesis and abnormalities of the human sex chromosomes : current status of phenotypic-karyotypic correlations, *Birth Defects Orig Artic Ser*, 11 ; 23-59.
Snowdon DA, Kane RL, Beeson WL, et al (1989) Isearly natural meno-pause a biologic marker of health and aging? *Am J Public Health*, 79 ; 709-714.
Sutherland GR, Baker E (1992) Characterisation of a new rare fragile site easily confused with the fragile X, *Hum Mol Genet*, 1 ; 111-113.
Takahashi K, Ozaki T, Okada M, et al (1999) Increased prevalence of luteinizing hormone beta-subunit variant in patients with premature ovarian failure, *Fertil Steril*, 71 ; 96-101.
Taylor AE (2001) Systemic adversities of ovarian failure, *J Soc Gynecol Investig*, 8 ; S7-S9.
Tharapel AT, Anderson KP, Simpson JL, et al (1993) Deletion (X) (q26.1!q28) in a pro-band and her mother : molecular characterization and phenotypic-karyotypic deductions, *Am J Hum Genet*, 52 ; 463-471.
Therman E, Laxova R, Susman B (1990) The critical regionon the human Xq, *Hum Genet*, 85 ; 455-461.
Waggoner DD, Buist NR, Donnell GN (1990) Long-term prognosis in galactosaemia : results of a survey of 350 cases, *J Inherit Metab Dis*, 13 ; 802-818.
Wittenberger MD, Hagerman RJ, Sherman SL, et al (2006) The FMR1 premutation and reproduction, *Fertil Steril*, 87 ; 456-465.

XIII-57

卵巣低反応対策

Key words

卵巣低反応／卵巣予備能／早発卵巣不全／排卵誘発／aging

はじめに

近年，女性の結婚・出産年齢が高齢化傾向にあり，不妊との関連が少子化という観点からも問題となっている．女性の妊孕性は，30歳より低下し，37歳以降で低下傾向がさらに強くなり，約44歳以降では統計的にほぼ消失する（Menken et al, 1986）．この妊孕性の低下は，主として，卵巣・卵子の aging によるもので，卵巣での原始卵胞数の減少，卵子の質の低下と関連がある（Speroff, 1994）．

一方，これらの生理的な，いわば年齢に相応した卵胞数の減少に対し，年齢が若いにもかかわらず排卵誘発に抵抗することも多く，これらの症例には，いわば年齢不相応の原始卵胞の減少が生じるなど，早発卵巣不全（POF, premature ovarian failure）や早発閉経（premature menopause）と近い病態が含まれることが考えられる（XIII-56参照）．

いずれの場合にも，排卵誘発に対する卵巣の低反応が生殖補助医療をきわめて困難にしている．低反応症例（ゴナドトロピン不応症）（poor responder）とは，一般に，調節卵巣刺激に対して十分な卵胞発育の認められない症例をいう．多くの場合，排卵誘発しても 2-4 個以下しか発育卵胞が認められず，しかも卵子の質も低下していると考えられるため，妊娠率がきわめて低い（Surrey, Schoolcraft, 2000；Tarlatzis et al, 2003；Surrey, 2007）．

1 Poor responder の診断と予知

Poor responder の明確な定義はないが，前述のように，排卵誘発を行っても 2－4 個以下の発育卵胞しか認められない症例（まったく反応しない症例も含む）をいう．その他，表XIII-57-1 に示すように，卵胞期初期で血清 FSH（12–15mIU/ml 以上），エストラジオール（E_2）値の最高値（300–500pg/ml 以下），総ゴナドトロピン投与量や投与日数など，諸家によりさまざまな診断基準が提案されている（Surrey, Schoolcraft, 2000；Tarlatzis et al, 2003）．これらの診断基準は，種々のプロトコールからなる多数の報告から最大公約数的に導き出されたものであるため，診断基準の閾値には明確なコンセンサスはない．逆に，このことは低反応への対応の複雑さや困難さを示しているといえる．

低反応対策の困難さが認識されてくると，poor responder になる危険度を予知し，これ

表XIII-57-1．Poor responder の診断基準（諸家による）

成熟卵胞数（個）	＜2－4
卵胞期初期血中 FSH 値（mIU/mL）	12-15＜
最大血中 E_2 値（pg/mL）	＜300-500
年齢（歳）	40＜
平均ゴナドトロピン投与量（IU/日）	300＜
総ゴナドトロピン投与量（アンプル）	25-45＜
成熟卵採卵数（個）	＜3－5

表XIII-57-2．Poor responder に対する排卵誘発

1．FSH 製剤の増量
2．rFSH
3．黄体期後期 FSH 投与開始
4．GnRH アゴニストの long protocol（通常量）
5．GnRH アゴニストの long protocol（減量）
6．GnRH アゴニスト‘stop’法
7．GnRH アゴニストの short protocol（通常量）
8．少量の GnRH アゴニストによる‘flare’法
9．GnRH アンタゴニスト
10．自然周期や ICSI
11．補助療法
　(1) GH または GH-RH
　(2) DHEA
　(3) L-Arginine
　(4) 低用量ピルやカウフマン療法

を予防することが重要になる．しかし，多くの poor responder の卵巣予備能はある程度低下してはじめて気づかれることが多い．卵巣予備能の低下を早めに察知するには，上記の診断基準を含め，卵子の数と質や排卵誘発への反応性と関連する鋭敏な指標を見出し，それらの変化を早期に捉えることが必要となる．卵巣予備能の評価の指標としては，月経周期2日目または3日目の胞状卵胞数，卵胞期初期の血中 FSH 基礎値，クロミフェン負荷試験，卵巣容積，インヒビン B，抗ミュラー管ホルモン（AMH, anti-müllerian hormone）などがあげられる（XIII-55参照）．中でも，最近，AMH の感度や精度がよいとの報告が注目される（Fiçicioglu et al, 2006）．

2 poor responder の病因

poor responder の病因ついて一定の見解はないが，年齢，抗癌剤投与や放射線療法後，骨盤内手術，骨盤内感染，喫煙，自己免疫疾患，遺伝的な要因などが考えられる．骨盤内手術のうち，子宮内膜症性嚢胞などの卵巣腫瘍核出術の際に卵子が失われ，卵巣予備能の低下に結びつく可能性が考えられ，手術手技やインフォームド・コンセントに注意を要する．また，poor responder の病因については，生殖年齢における高齢によるもの，高齢でないにもかかわらず病因が明らかでないものがあげられる．後者の場合，前述のように POF や早発閉経の病因と共通のものが多く含まれると考えられる．

病因に関わるメカニズムとしては，顆粒膜細胞の FSH 受容体の減少，FSH 受容体結合後の細胞内情報伝達機構の異常，ゴナドトロピンを行きわたらせる血管網の構築不良，可溶性血管内皮増殖因子受容体（sVEGFR）の増加，顆粒膜細胞に対する自己抗体，ゴナドトロピンサージ

阻止因子（GnSAF）活性の減少などが報告されている（Loutradis et al, 2007）．

3 Poor responderに対する排卵誘発

従来よりpoor responderに対して，FSH製剤の投与量を増量する方法が行われているが，単に増量しても量および期間のめどが立たず，臨床上効果が見られない症例が多いため，それらの症例に対する排卵誘発法としてさまざまな方法が試みられてきた（Surrey, Schoolcraft, 2000；Tarlatzis et al, 2003；Mahutte, Arici, 2007；Surrey, 2007）．以下にそれらの方法を示した（表XIII-57-2）．

(A) FSH製剤の増量

FSH製剤を増量する試みは古くから行われてきた．過去の症例と比較した前方視的な検討では，FSH製剤の300IU／日固定用量群に比べ，450IU／日からステップダウンした群では，妊娠率とキャンセル率に有意な改善が見られたとしている（Hofmann et al, 1989）．しかし，別の前方視的無作為試験の同様の検討では有意な改善に結びつかなかった（Van Hooff et al, 1993）．この理由として，卵胞のコホートは前周期の黄体期後期から今周期初期には決まっており，FSHを増量した時期にはすでに卵胞のリクルートは終わっているためであるとしている．後方視的検討も含めると，FSH製剤の増量のみの効果やFSH高用量からのステップダウンの効果は限定的であると考えられる．

(B) リコンビナントFSH（rFSH）製剤

rFSHは，尿から精製したFSHに比べてpoor responderにもよい結果をもたらしたとされている（Raga et al, 1999；De Placido et al, 2000）．

Ragaら（1999）は，poor responderの症例数としては少ない（各群 $n=15$）が前方視的無作為試験において，rFSH投与群は，尿由来精製FSH投与群に比べて，採卵率，妊娠率，キャンセル率に有意な改善が認められたとしている．また，De Placidoら（2000）は，過去の症例をもとに前方視的検討を行い，rFSH投与群は，尿由来精製FSH投与群に比べて，採卵率，妊娠率に有意な改善が認められたとしている．

(C) 黄体期後期FSH投与開始

この方法は，卵胞発育のコホートが前周期の黄体期後期のFSHの上昇によって決められるという仮説に基づき，poor responderにおいて前周期の黄体期後期からFSH製剤を投与する方法である．Short protocolのGnRHアゴニストによるflare-upを両群で併用した上で，前周期の25日目からrFSH（150IU/日）投与した群（$n=25$）と通常通り周期3日目から投与した群（$n=25$）とを前方視無作為的に比較した結果，採卵数，妊娠率，キャンセル率に逆に悪化傾向が認められ，総FSH投与量や投与期間も対照群に比べて増加傾向が認められた（Rombauts, et al, 1998）．

しかし，最近，Kucukら（2007）は，poor responder において，上記の仮説に基づく前方視的無作為試験で比較的肯定的な結果を報告した．検討群（$n=21$）には前周期の21日目からrFSH（150IU/日）およびGnRHアゴニスト（triptorelin 0.1mg/日）を開始し，月経周期2日目からrFSH（450IU/日）に増量する一方，triptorelin

は0.05mg/日に減量した．対照群（$n=21$）には月経周期2日目からrFSH（450IU/日）とともにshort protocolでGnRHアゴニストを開始した．検討群では対照群に比べて有意に採卵率，胚移植率が高く，妊娠率は有意ではなかったものの高い傾向が認められた．

黄体期後期のFSH投与開始法は，前周期の21日目から開始すると良好な結果が期待できることが示されたが，この研究では両群間でrFSHやGnRHアゴニストの投与法が異なり，これらが治療成績に与えた影響は否定できない．したがって，この方法の有効性を明らかにするためには，FSH投与開始時期以外の条件を同じくした前方視的無作為試験が必要であると思われる．

(D) GnRHアゴニストのlong protocol（通常量）

一般に，GnRHアゴニストを用いた排卵誘発には，GnRHアゴニストをlong protocolで用いる方法とshort protocolで用いる方法とがある．Long protocolで用いる方法は，排卵誘発の前周期の黄体中期からGnRHアゴニスト（buserelin）を1日3回連日経鼻投与（900μg／日）し，月経開始3－5日目からFSH製剤（300単位を中心に適宜増減）を連日筋注投与する．主席卵胞が18mmに達した時，buserelinおよびFSH製剤の投与を中止し，hCG 5,000–10,000単位を筋注，その34時間後に採卵または性交を行う．この方法の主な利点は，早期LHサージ（premature LH surge）ひいては早期黄体化（premature luteinization）を防ぐことにあると考えられ，cochrane databaseにおけるメタ解析では，発育卵胞数などの多さからshort protocolよりも優れているとされる（Daya, 2000）．

しかし，poor responderにおいては，上記のnormal responderで得られたほどの有効性は認められていない（Surrey, Schoolcraft, 2000；Surrey, 2007）．Normal responderにおける報告ではFSHの総投与量が有意に多く，これが良好な成績こ寄与していたと考えられるが，poor responderではもともと卵巣予備能が少なくなっているため，FSH増量の効果がそれほど現れなかったことが考えられる．

(E) GnRHアゴニストのlong protocol（減量）

D. Feldbergら（1994）は後方視的検討で，黄体期中期からtriptorelin 0.1mg/日を投与し，月経開始3日目からleuprolideを半量の0.05mg/日に減量した群（$n=36$）は，通常のlong protocol（triptorelin 3.75mgを1回投与）群（$n=29$）に比較して，採卵率，妊娠率，キャンセル率が有意に改善したと報告している．また，Olivennesら（1996）は，過去の症例を対照群（GnRHアゴニストのlong protocol；triptorelin 3.75mgを前周期の月経開始4日目に投与）とした前方視的検討において，検討群（前周期の黄体期中期からleuprolide 0.5mg/日を投与し，月経開始3日目からleuprolideを半量の0.25mg/日に減量）は，対照群に比較してFSH製剤の総投与量，刺激期間，採卵数や胚移植数，キャンセル率のすべてにおいて有意に勝り，対照群で認められなかった妊娠も16.3%に認められたことを報告している．

(F) GnRH アゴニスト'stop'法

この方法は，黄体期中期から通常の long protocol と同様に GnRH アゴニストは開始されるが，下垂体が十分抑制された段階（多くは FSH 製剤が開始されるころ）で GnRH アゴニストを'stop'する方法である．

poor responder に対し二つの前方視的無作為試験が行われている．Dimfeld ら（1999）は，通常の long protocol と比較して，FSH 製剤の投与量も含めてすべての指標に有意な差が認められなかったとした．また，Garcia-Velasco ら（2000）は，同様の検討で，FSH の投与量および採卵数に有意な改善が見られたものの，妊娠率を含めて他の指標には有効性は認められなかったことを報告している．

(G) GnRH アゴニストの short protocol（通常量）

GnRH アゴニストを short protocol で用いる方法は，月経開始 2 日目または 3 日目から buserelin または leuprolide を投与する点で long protocol と異なり，GnRH アゴニストの flare up 効果による内因性の FSH 動員により排卵刺激作用の増強を期待する方法である．Normal responder を中心とした検討では，FSH 製剤の総投与量は long protocol に比較して有意に減少したが，妊娠率などの臨床上の有効性は long protocol に比較して同等か低いとする報告が多い（Daya, 2000）．この理由として，flare up により LH も上昇するためプロゲステロンやアンドロゲンが上昇し，卵胞発育の阻害や卵子の変性を招くことが指摘されている（Surrey, Schoolcraft, 2000）．

一方，poor responder に対しては，通常の short protocol を用いた初期の検討では有効であるとの報告が散見されたが，追試的検討で否定的な報告が多くなされた（Surrey, Schoolcraft, 2000）．Poor responder においても normal responder と同様に LH の早期上昇，プロゲステロンやアンドロゲンの上昇，閉鎖卵胞の増加が認められ，これらのために否定的な結果となったことが示唆されている（San Roman et al, 1992）．

(H) 少量のGnRHアゴニストによる'flare'法

通常の short protocol では良好な結果が得られなかったことから，少量の GnRH アゴニストを使用する方法や使用期間を短縮する方法が検討された（Surrey, 2007）．これらは，通常の short protocol における flare up の利点は活かしながら，上記の LH の早期上昇，プロゲステロンやアンドロゲンの上昇，閉鎖卵胞の増加など通常の short protocol の弊害を防ぐことを目指したものと捉えられる．

Scott と Navot（1994）は，GnRH アゴニストの long protocol を用いたが妊娠しなかった poor responder の症例を対照群とした前方視的検討（$n=34$）において，月経開始 3 日目から 20μg の leuprolide を 1 日 2 回投与し，月経周期 5 日目から450IU/日の FSH を開始した．その結果，対照群に比較して有意な採卵数の増加を認め，11.8%の妊娠が得られた．また，この方法において LH の早期上昇は認められなかった．

同様に，Surrey ら（1998）は，GnRH アゴニストの long protocol で妊娠しなかった poor

responderを対照群とした前方視的検討（$n=34$）において，月経開始3日目から40μgのleuprolideを1日2回投与し，月経周期5日目から300−450IU/日のFSHを開始した．その結果，対照群に比較して有意な最高E_2濃度の上昇，採卵数の増加，キャンセル率の減少を認め，39歳以下の群では33.3%，40歳以上の群では18.2%の妊娠が得られた．

(I) GnRHアンタゴニスト

FSH-GnRHアンタゴニスト法は，月経周期3日目からFSH製剤を投与し，最大卵胞径が14mmを越えた日からGnRHアンタゴニストを投与し排卵を抑制する方法である．Normal responderにおいては，GnRHアンタゴニストを用いた場合，GnRHアゴニストの通常のlong protocolに比べて妊娠率で劣る傾向が多く報告されている（Mahutte, Arici, 2007）．さらに，cochrane databaseにおけるメタ解析において，GnRHアンタゴニストはGnRHアゴニストに比較して有意な妊娠率低下のリスクが指摘されている（odds比：0.79；CI：0.63−0.99）（Al-Inany, Aboulghar, 2002）．

poor responderにおけるGnRHアンタゴニストの有効性を検討した前方視的無作為試験は比較的多く報告されている(Mahutte et al, 2007)．GnRHアゴニストのlong protocolと比較した二つの検討のうち一つでは，GnRHアンタゴニストを使用した群（月経周期の6日目から0.25mg/日のcetrorelixを投与）の方がFSH製剤の期間と使用量が少なかったが，妊娠率を含めた他の指標ではすべて有意な差は認められなかった(Cheung et al, 2005)．別の検討では，GnRHアンタゴニストを上記と同様に使用した群は，GnRHアゴニストのlong protocolを用いた群に比較して，FSH製剤の使用期間と使用量，採卵数，キャンセル率が有意に改善され，また，妊娠率も高い傾向が認められた（Marci et al, 2005）．

また，GnRHアンタゴニスト投与群と少量のGnRHアゴニストによる‘flare’法とを比較した前方視的無作為試験は三つあり，そのうち一つの検討においては，最高E_2濃度および採卵数には有意な改善が認められたものの妊娠率などの他の指標には有意差が認められなかった（Akman et al, 2001）．その後の同様の検討においては，すべての指標において2群間で有意差は認められなかった（Schmidt et al, 2005）．また，最近の検討では，GnRHアンタゴニスト投与群（主席卵胞が径14mmに達してから0.25mg/日のcetrorelixを投与）は，少量のGnRHアゴニストによる“flare”法を用いた群（月経開始2日目からleuprolide　50μgを1日2回投与）を比較して，hCG投与日の血中E_2濃度が有意に低値であったほか，有意差は認められなかったものの妊娠率（9.5% vs. 14.2%）などの指標において逆に悪化傾向が認められた（Kahraman et al, 2009）．

これらの結果からは，GnRHアンタゴニストの使用は，GnRHアゴニストの通常のlong protocolよりは有効である可能性は否定できないが，少量のGnRHアゴニストによる‘flare’法に比べるとメリットは少ないことが考えられる．

(J) 自然周期またはICSIの寄与度

卵巣予備能がさらに低下してくると，POF

症例に見られるように，上記で示した方法のいずれにも反応しにくい状態が生じる．このような場合，自然周期のIVFが選択枝となる．これまでの報告を考慮すると，その有効性を判断するだけの情報に乏しいといわざるをえない．症例の選択にもよるが，ほとんどの報告は非常に低い生児獲得率（2－9％）を報告している（Tarlatzis et al, 2003）．

ICSIを行うと，得られた少ない卵子を確実に受精させるのに役立つことが考えられ，いくつかの検討でICSIの有効性が示唆されたが，前方視的無作為試験による検討ではIVFとの有意差は認められなかった（Moreno et al, 1998）．

4 排卵誘発の補助療法

(A) GHまたはGH-RH

これまで，上記の排卵誘発への補助療法として種々の薬剤を組み合わせた治療の提案がなされている（Tarlatzis et al, 2003）．このうち，成長ホルモン（GH, growth hormone）や成長ホルモン放出ホルモン（GH-RH, GH-releasing hormone）を用いる排卵誘発が有効であったとする報告がある一方，無作為の大規模な前方視的な検討では有意差を見出せなかったとする報告（Howles et al, 1999）をはじめ，大部分の前方視的検討ではほとんどの指標において有意差が認められず，その有用性に関しては否定的である．

(B) DHEA

poor responderに対してDHEA（dehydoroepiandrosterone）を投与して有効であったとする報告がある（Barad, Gleicher, 2006）．排卵誘発の方法としては，少量のGnRHアゴニストによる'flare'を用い（月経開始2日目からleuprolide 50µgを1日2回投与），5日目から450IU/日のrFSHと150IU/日のHMGで刺激する．この方法で妊娠が成立しなかった症例（n＝25）に対して，次のIVF-ETのクールが終了するまでの約16週間，DHEA 25mgを1日3回服用し続ける．この結果，DHEA投与群では，有意に採卵数および胚移植数が増加し，胚の質が改善し，キャンセル率が低下した．現在進行中とのことで妊娠率は示されていないが，少数例でacne，体脂，リビドーの増加を訴えたものの，全症例で服用が継続されたという（Barad, Gleicher, 2006）．

(C) L-Arginine

L-Arginineは，これまでの実験的なデータから，NOを介して血管拡張作用があり，卵胞の成熟と選択などに関わり，ラットのモデルからもその潜在的な効果が期待されていた．Battaglia ら（1999）は，L-Arginineの効果を見るために前方視的無作為試験を行い，良好な結果を報告している．彼らは，GnRHアゴニストの'flare'法（月経周期1日目からtriptorelin 0.1mg/日を開始し，3日目からFSH製剤を450IU/日3日間，その後は症例に合わせたFSH投与量）をベースにして，L-Arginine（月経周期1日目からhCG投与前まで16g/日）を加えた群（n＝17）と加えなかった群（n＝17）に分けたところ，L-Arginine投与群は，有意に成熟卵胞数，採卵数，胚移植数が増加し，キャンセル率が減少した．また，L-Arginine投与群では，血清および卵胞液中のIGF-1濃度が有意に増加し，子宮および卵胞周囲血管抵抗の改善が認められた．L-Arginine非投与群では妊娠が認められなかった（0％）のに対し，L-Arginine投与群では3例（17.6％）に妊娠が成立した（Battaglia et al, 1999）．

（D）低用量ピルやカウフマン療法

POFおよびその状態に近い症例では，自然には月経が生じなくなっており，血中のホルモン動態としては高ゴナドトロピン・低エストロゲンを呈している．このような場合は，妊娠は非常に困難であるが，妊娠例ではカウフマン療法が関与している場合が多い（XIII-56参照）．このため，中でも重症なpoor responderに対しては，カウフマン療法や低用量ピルをIVFやICSIの周期の前に行うことも一法であると考えられる．実際，これまで前方視的無作為試験において，低用量ピルの投与を治療周期の前の周期に行うと良好な結果が得られている（Gonen et al, 1990；Biljan et al, 1998）．

まとめ

poor responderへの排卵誘発法を中心とした対策についての現状をまとめた．これまで述べたように，低反応対策には明らかに優れた方法はないが，十分検証されれば，今後期待できる方法もいくつかある．これらの方法が新たな大規模な前方視的無作為試験によって確認または修正され，個々の患者の状態に合ったさらによい方法が生まれることを期待したい．

晩婚化が進み，卵巣の予備能が低下すると，多くの症例で妊娠が困難になるため，今後，その予防や早期発見・予知がますます重要になる．また，これらの患者においては，高齢になるほど妊娠が困難であるばかりでなく，高い流産率や奇形率や多くの妊娠合併症を伴っており，排卵誘発にあたってはこれらの危険を十分説明した上で施行する必要がある．

（楢原久司）

引用文献

Al-Inany H, Aboulghar M (2002) GnRH antagonist in assisted reproduction : a Cochrane review, *Hum Reprod*, 17 ; 874-875.

Akman MA, Erden HF, Tosun SB, et al (2001) Comparison of agonistic flare-up-protocol and antagonistic multiple dose protocol in ovarian stimulation of poor responders : results of a prospective randomized trial, *Hum Reprod*, 16 ; 868-870.

Barad D, Gleicher N (2006) Effect of dehydroepiandrosterone on oocyte and embryo yields, embryo grade and cell number in IVF, *Hum Reprod*, 21 ; 2845-2849.

Battaglia C, salvatori M, Maxia N, et al (1999) Adjuvant L-arginine treatment for in-vitro fertiliyation in poor responder patients, *Hum Reprod*, 14 ; 1690-1697.

Biljan M, Mahutte N, Dean N, et al (1998) Effects of pretreatment with an oral contraceptive on the time required to achieve pituitary suppression with gonadotropin-releasing hormone analogues and on subsequent pregnancy rates, *Fertil Steril*, 70 ; 1063-1069.

Cheung LP, Lam PM, Lok IH, et al (2005) GnRH antagonist versus long GnRH agonist protocol in poor responders undergoing IVF : a randomized controlled trial, *Hum Reprod*, 20 ; 616-621.

Daya S (2000) Gonadotropin-releasing hormone agonist protocols for pituitary desensitization in in-vitro fertilization and gamete intrafallopian transfer cycles, *Cochrane Database Syst Rev*, 1 CD001299.

Dirnfeld M, Fruchter O, Yshai D, et al (1999) Cessation of gonadotropin-releasing hormone analogue (GnRHa) upon down-regulation versus conventional long GnRH-a protocol in poor responders undergoing in vitro fertilization, *Fertil Steril*, 72 ; 406-411.

Feldberg D, Farhi J, Ashkenazi J, et al (1994) Minidose gonadotropin releasing hormone agonist is the treatment of choice in poor responders with high FSH levels, *Fertil Steril*, 62 ; 343-346.

Fiçicioglu C, Kutlu T, Baglam E, et al (2006) Early follicular antimüllerian hormone as an indicator of ovarian reserve, *Fertil Steril*, 85 ; 592-596.

Garcia-Velasco JA, Isaza V, Requena A, et al (2000) High doses of gonadotrophins combined with stop versus non-stop protocol of GnRH analogue administration in low responder IVF patients : a prospective, randomized, controlled trial, *Hum Reprod*, 15 ; 2292-2296.

Gonen Y, Jacobsen W, Casper R (1990) Gonadotropin suppression with oral contraceptives before in vitro fertilization, *Fertil Steril*, 53 ; 282-287.

Hofmann GE, Toner JP, Muasher SJ, et al (1989) High-dose follicle-stimulating hormone (FSH) ovarian stimulation in low-responder patients for in vitro fertiliza-

tion, *J In Vitro Fert Embryo Transf*, 6 ; 285-289.
Howles CM, Loumaye E, Germond M, et al (1999) Does growth hormone releasing factor assist follicular development in poor responder patients undergoing ovarian stimulation for IVF? *Hum Reprod*, 14 ; 1939-1943.
Kahraman K, Berker B, Atabekoglu CS, et al (2009) Microdose gonadotropin-releasing hormone agonist flare-up protocol versus multiple dose gonadotropin-releasing hormone antagonist protocol in poor responders undergoing intracytoplasmic sperm injection-embryo transfer cycle, *Fertil Steril*, 91 ; 2437-2444.
Kucut T, Kozinoglu H, Kaba A (2008) Growth hormon co-treatment withiu a GnRH agonist long protocol in patients with poor ovarian response : a prospective randmiyed, clinical trial, *J Assist Reprod Genet*, 25 ; 123-127.
Loutradis D, Drakakis P, Vomvolaki E, et al (2007) Different ovarian stimulation protocols for women with diminished ovarian reserve, *J Assist Reprod Genet*, 24 ; 597-611.
Mahutte NG, Arici A (2007) Role of gonadotropin-releasing hormone antagonists in poor responders, *Fertil Steril*, 87 ; 241-249.
Marci R, Caserta D, Dolo V, et al (2005) GnRH antagonist in IVF poor-responder : results of arondomized trial, *Reprod Biomed Online*, 11 ; 189-193.
Menken J, Trussell J, Larsen U (1986) Age and infertility, *Science*, 233 ; 1389-1394.
Moreno C, Ruiz A, Simon C, et al (1998) ICSI as a routine indication in low responder patients, *Hum Reprod*, 13 ; 2126-2129.
Olivennes F Righini C, Fanchin R, et al (1996) A protocol using a low dose of gonadotrophin-releasing hormone agonist might be the best protocol for patients with high FSH concentrations on day-3, *Hum Reprod*, 11 ; 1169-1172.
De Placido G, Alviggi C, Mollo A, et al (2000) Recombinant follicle stimulating hormone is effective in poor responders to highly purified follicle stimulating hormon, *Hum Reprod*, 15 ; 17-20.
Raga F, Bonilla-Musoles F, Casan EM, et al (1999) Recombinant follicle stimulating hormone stimulation in poor responders with normal basal concentrations of tollicle stimulating hormon and oestradiol : improved reproductive out come, *Hum Reprod*, 14 ; 1431-1434.
Rombauts L, Suikkari A, MacLachlan V, et al (1998) Recruitment of follicles by recombinant human follicle-stimulating hormone commencing in the luteal phase of the ovarian cycle, *Fertil Steril*, 69 ; 665-669.
San Roman G, Surrey E, Judd H, et al (1992) A prospective randomized comparison of luteal phase versus concurrent follicular phase initiation of gonadotropin-releasing hormone agonist for in vitro fertilization, *Fertil Steril*, 58 ; 744-749.
Schmidt DW, Bremner T, Orris JJ, et al (2005) A randomiged prospective study of microdose leuprolide versus ganirelix in invitro fertilizatimcycles for poor responders, *Fertil steril* 83 ; 1568-1571.
Scott R, Navot D (1994) Enhancement of ovarian responsiveness with microdoses of gonadotropin-releasing hormone agonists during ovulation induction for in vitro fertilization, *Fertil Steril*, 61 ; 880-885.
Speroff L (1994) The effect of aging on fertility, *Curr Opin Obstet Gynecol*, 6 ; 115-20.
Surrey ES, Bower JA, Hill DM, et al (1998) Clinical and endocrine effects of a microdose GnRH agonist are regimen administered to poor responders who are undergoing in vitro fertilization, *Fertil Steril*, 69 ; 419-424.
Surrey ES, Schoolcraft WB (2000) Evaluating strategies for improving ovarian response of the poor responder undergoing assisted reproductive techniques, *Fertil Steril*, 73 ; 667-676.
Surrey ES (2007) Management of the poor responder : the role of GnRH agonists and antagonists, *J Assist Reprod Genet*, 24 ; 613-619.
Tarlatzis BC, Zepiridis L, Grimbizis G, et al (2003) Clinical management of low ovarian response to stimulation for IVF : a systematic review, *Hum Reprod Update*, 9 ; 61-76.
Van Hooff MH, Alberda AT, Huisman GJ, et al (1993) Doubling the human menopausal gonadotropin dose in the course of an in-vitro fertilization treatment cycle in low responders : a randomized study, *Hum Reprod*, 8 ; 369-373.

XIII-58

卵子加齢の機序とその対策

Key words
染色体異常／ミトコンドリア／酸化的ストレス／カルシウムオシレーション／生殖幹細胞

はじめに

加齢はすべての細胞に必発し，卵細胞においても例外ではない．ヒトの平均寿命は20世紀に入り飛躍的に延長し，特に日本人女性のそれは80歳を超え，世界一の長寿国となっている．しかし，女性の閉経年齢は約50歳で変化はしていない．すなわち，卵子の寿命はヒトの寿命よりはるかに短く，加齢とともにその妊孕性は低下していく (Keefe, 1997)．

卵子の加齢とは排卵前の卵子の加齢 (母体の加齢) と排卵後の卵子の加齢に分類される．いずれの加齢も，妊孕性の低下，染色体異常の増加，そして初期流産の増加を引き起こすことが報告されている．しかし，卵子の加齢変化に関連する分子生物学的機序あるいは体細胞の加齢との相違点には未だ不明な点が多い．

卵子の成熟や初期の胚発生においては，細胞質が重要な役割を担っているという事実が，種々の動物実験により証明されている．卵細胞質因子としては，ミトコンドリアをはじめとする細胞内小器官，mRNA，紡錘体を形成する微小管といった細胞骨格系や細胞周期調節因子などが認識されており，特に，ミトコンドリアとmRNAが，加齢によると考えられる変化が顕著に見られる因子として重要と考えられている．

本節では排卵前の加齢 (母体加齢) および，排卵後の加齢の機序に関して概説する．特に，卵の加齢により最も問題となる染色体異常の出現の機序，および細胞質因子として特に重要であるミトコンドリアの加齢の機序を中心に論じる．

1 生殖年齢における生物学的加齢変化

生殖年齢における加齢変化は，卵巣皮質に存在する卵胞を含む卵子の質の低下によって引き起こされると考えられる (te Velde, Pearson, 2002)．胎生4ヶ月には，胎児卵巣内に約600–700万個の卵子が含まれているとされ，平坦な顆粒膜細胞層に囲まれて原始卵胞を形成する．これら原始卵胞は出生時にはアポトーシスの作用によって100–200万個に減少し (Markström et al, 2002)，さらに月経が発来する思春期のころには30–40万個に数を減らしている．

卵胞には，種々の卵巣内調節因子や内分泌因子 (成長因子，サイトカイン，性ステロイド) がそれぞれの発育段階で作用し，休止期から成長期へ

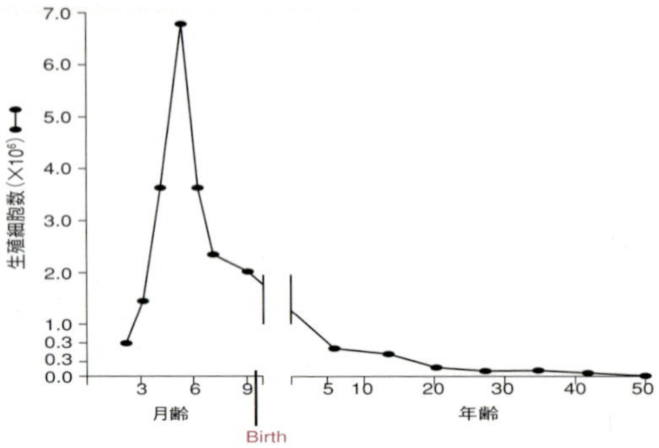

図XIII-58-1．女性の生涯における卵巣内の原始卵胞数

と移行する．各々の発育段階で，卵胞は細胞増殖から成長，分化，そしてアポトーシスに至り，最終的にはごく少数の成熟卵子のみが排卵に至る．この結果，生殖年齢に達した後はおよそ1ヶ月に約1000個の割合で原始卵胞は減少し，卵巣内の予備卵胞は加齢とともに数を減らし，特に37歳以降ではその速度が加速するとされている．そして，閉経を迎えるころには残存する卵胞は1000個以下となってしまうとされる (Faddy, Gosden, 1996)．すなわち，卵子の絶対数は出生時にすでに決まっており，出生以後は卵巣の卵子保有数は減少の一途をたどるのみである．(図XIII-58-1) この卵胞の消滅にはアポトーシスが関与している．Bax（アポトーシスを誘導する分子）をノックアウトしたマウスでは，野生型のマウスよりも高齢になっても卵胞の存在率が高いと報告されている (Perez et al, 1999)．

卵母細胞は胎生期に第一減数分裂の前期に至り，月経が発来する思春期まで停止している．思春期以降，周期的に卵胞発育が開始され，選択された主席卵胞のみがLHサージによって排卵に至る．この過程で第二減数分裂中期まで分裂が進むが，加齢に伴い，卵子は排卵されるまでに長い間卵巣内の環境に暴露されていることになる．この長期間の第一減数分裂の前期での停止状態において，卵子の質の低下を招く種々の要因が存在することが明らかになってきている．それらが卵子の質の低下を招き，結果として以後の発生に影響を及ぼすことになる．卵子の質の低下は，主に減数分裂における染色体不分離の増加の結果であり，初期胚の異数体の増加を引き起こす．卵子における異数体，トリソミー，モノソミー出現のメカニズムとしては，nondisjunctionとpredivisionの二つが報告されている (Delhanty, 2005)．

2 染色体異常の発生機序

ヒト卵子における染色体の異数体出現は，トリソミー胚，着床障害，流産，遺伝病などの主な原因となり，全妊娠の少なくとも15-20%に染色体異常を認めると報告されている (Jacobs, 1992)．加えて，高齢妊婦に染色体異常による流産および染色体異常児の発生率が高いことはよく知られている．34歳以下の妊婦での自然流産率は10.5%であったのに対し，35歳から39歳では15.5%，40歳以上では24.1%であったとする報告がある (Stevenson, Warnock, 1959)．また，自然流産例の約50%には染色体異常を認める．その内訳として，倍数体および，異数体（常染色体トリソミーおよび性染色体異常）がその大部分を占めている．核型異常の中で最も多いトリソミーでは，母体年齢が有意に高く，これらの大多数は母側の染色体不分離に由来することが示唆されている．

配偶子の第一減数分裂において，異数性の染

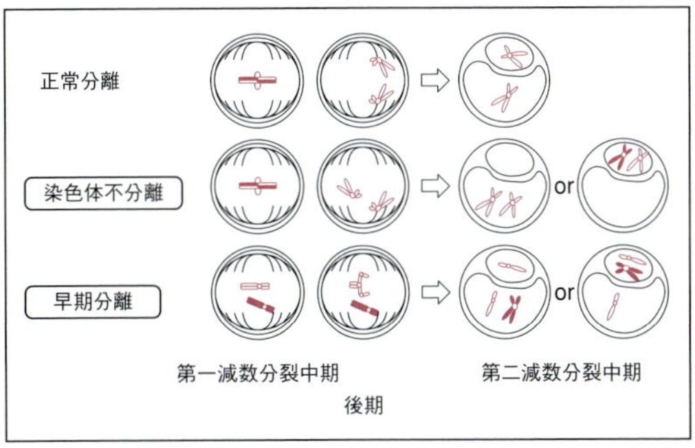

図XIII-58-2．第一減数分裂における異数性染色体異常の発症機序

色体異常が発生する機序を模式的に示す（図XIII-58-2）．染色体異常には数的異常と構造異常があるが，卵子染色体異常の特徴は，異数性異常が約半数を占めることである．異数性異常の生じるメカニズムは，第一減数分裂時に二分染色体が第一極体と二次卵母細胞とに均等に分離しないことによるもの（染色体不分離，nondisjunction）と，第一減数分裂中期まで対合している2本の二分染色体が早期に分離する（早期分離，predivision）ことにより，その後の分離異常を生じるものがある．

nondisjunctionにより異常が生じる機序としては，第一減数分裂中期に対合した2本の相同染色体が分離せず，共に細胞質内にとどまる結果，染色体が過剰になる，あるいは2本とも第一極体に移動する結果，染色体が欠如することがあげられる．この原因としては染色体分離に重要な役目を果たす紡錘糸になんらかの異常が起こるためと考えられている．predivisionにより生じる異常には一分染色体の異常と，染色体数の異常は認めないが，二分染色体がすでに2本の一分染色体に分離している異常がある．また，分裂後期の染色体の移動遅延により，卵細胞中に染色体が取り残されることにより異数性異常が生じる場合がある（Sugawara, Mikamo, 1980）．

加齢と染色体異常の出現，特に異数体増加との関連には，前述のように疫学的検討から明らかにされている．さらに近年，IVF-ETやICSIが不妊治療として広く実施されるようになり，それに伴って余剰卵が得られるようになり，これを用いたヒト未受精卵の染色体解析が行われるようになった．Plachotらは316個の未受精卵の染色体解析を行い，35歳以上での異常率は38%，35歳未満では29%で，両群間に有意差を認めたとしている（Plachot et al, 1988）．Macasらも同様に，35歳以上（34.8%）は，35歳未満（18.4%）に比べて異常率が高かったと報告している（Macas et al, 1990）．Munnéらは，383個の未受精卵およびその極体の，18番，21番，13番，X染色体の数をFISH法にて検討した．40歳以上の卵子におけるそれらの染色体のnondisjunctionによる異常率は，25歳から34歳の群に比べて高まるが，predivisionによる異常率と母体年齢とは関係なかったとしている（Munné et al, 1995）．Daileyも同様にIVFで未受精であった383個の卵子に対して検討を行った．nondisjunctionの頻度は34歳以下で1.5%，35歳から39歳で7.4%，そして40代では24.2%と明らかに加齢に伴う増加が認められた．一方でpredivisionの頻度は年齢と無関係にほぼ一定であった．このことから，predivisionは卵子の*in vitro*での培養が長期になること，つまり排卵後の卵子の加齢で生じる可能性を提示している（Dailey et al, 1996）．Pellestorらは，1397人の未受精卵を検討し，母体加齢が高くなるにつれて異数性

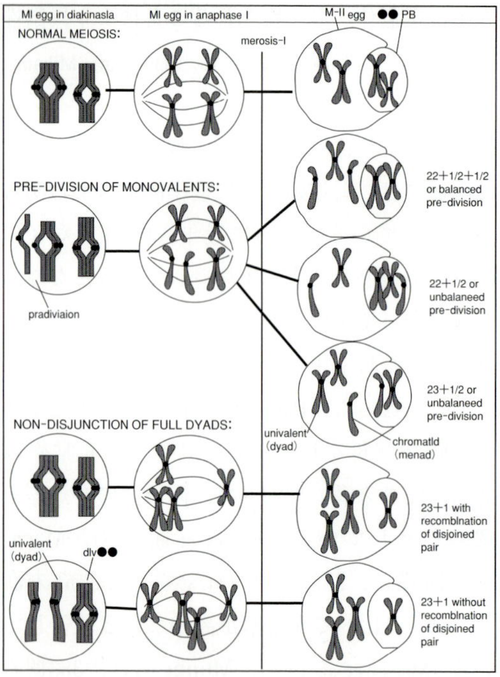

（Dailey et al, 1996より改変）

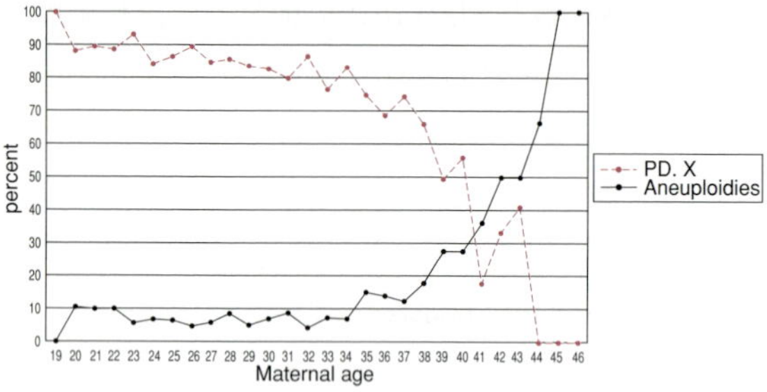

図XIII-58-3．女性年齢と卵子の異数性異常
（Pellestor et al, 2003より改変）

異常が明らかに増えると報告している（図XIII-58-3）（Pellstor et al, 2003）．

細胞が周期的に分裂・増殖を繰り返す過程で，その細胞が正しく細胞周期を進行させているかどうかを監視する細胞周期チェックポイントが存在し，異常がある場合には細胞周期を停止させる制御機構が働いている．*BRCA-1*（乳癌および卵巣癌の発癌に関与している癌抑制遺伝子）は細胞周期のチェックポイントにおいて染色体分離が正しく行われることに必要とされており，*BRCA-1*が欠損もしくは変異した細胞では染色体分離に異常を生じるとされる（Wang at al, 2004）．近年，加齢マウスから得られた卵子はBRCA-1発現が低下しており，卵成熟過程において異数紡錘体が出現し染色体の不整列を生じるとの報告がある．BRCA-1は紡錘体の形成に深く関わっており，発現低下によって紡錘体形成不全を引き起こす．このことから加齢に伴うBRCA-1の発現低下は，卵における異数体出現の増加に関連があると結論づけている（Pan et al, 2008）．

3 ミトコンドリアの加齢と異数性

ミトコンドリアは卵子形成過程において増殖している．筋組織や脳と同様に，休止期にある卵子のミトコンドリアDNA（mtDNA）に加齢による欠損や変異の蓄積が生じていると考えられてきた．このようなDNAは機能的に不活性となり，ATP依存性のエネルギー供給を脆弱にし，間接的に染色体分離機構に悪影響を及ぼしている可能性がある（Schon et al, 2000）．すなわち，ミトコンドリア活性の低下は，胚発育の能力，紡錘体の形成や機能発現に影響を及ぼすと考えられている（Van Blerkom et al, 1995）．

しかしこの仮説とは対照的に，Barrittらはヒト卵子もしくは胚におけるmtDNA再配列において加齢に関連した有意な差を認めなかったと報告している（Barritt et al, 1999）．また，

mtDNAの含有量は同一症例から得られた個々の卵子においてさえもかなりばらつきがある (Reynier et al, 2001). さらに，ヒト卵において，卵子の成熟開始から受精までの間のミトコンドリア活性を定量的に分析したところ，第二減数分裂中期のミトコンドリア活性は加齢変化とは相関しなかった (Winding et al, 2001). Müller-Höckerらの検討によると，ヒト卵子のミトコンドリアの細胞質単位体積あたりの数や，細胞質総体積に対する容積は加齢により増加している．ミトコンドリア遺伝子解析では頻度の高い遺伝子異常と認識されている点突然変異や欠失が発症している率は年齢と関連が認められなかった (Müller-Höcker et al, 1996). 以上から，加齢によるミトコンドリアの機能低下は，遺伝子異常などミトコンドリア自体に由来するものではなく，外的な要因，特に酸化的ストレスによる障害が大きいと考えられる．

4 活性酸素によるミトコンドリアへのダメージの蓄積

加齢のメカニズムの解析は，主として細胞内の代謝において生じるダメージの蓄積という概念に対して焦点が当てられてきた (Yin et al, 2005). 加齢を導く生物学的な反応として最も認識されているのが酸化的ストレスによって生じる種々の分子生物学的変化である (Harman, 1956 ; Sohal, 2002). 代謝は生存をするためのエネルギーを生み出す化学反応であるが，その副産物として細胞障害性のある活性酸素 (ROS, reactive oxygen species) が生成することは拭えない．ROSの主な発生源はミトコンドリアである．代謝産物のピルビン酸を用いた実験では，ピルビン酸がミトコンドリア由来のROS発生を促進し，このROS量の増加が，細胞やDNAに障害を与えるとされている (Nemoto et al, 2000). 過剰のROSの生成に対しては，スーパーオキシドジスムターゼ (SOD, superoxide dismutase) といったラジカル消去系酵素が働き，生体の恒常性が保たれているが，加齢によってこの抗酸化作用機構は低下することが知られている．活性酸素の産生と抗酸化作用機構のバランスが崩れた時，ミトコンドリア内に広範囲での酸化的ストレス障害を生じることで，チトクロームCやアポトーシス誘導因子の放出が誘導され，細胞をアポトーシスに導いていると考えられている (Orrenius et al, 2007).

以上は*in vivo*，すなわち排卵前のミトコンドリア加齢のメカニズムであるが，*in vitro*，すなわち排卵後の加齢変化に関しても諸解析が報告されている．マウス卵子では，排卵後の培養時間とともにATP産生が徐々に低下することが示されている (Chi et al, 1988). ヒト卵子においても発育能力と卵子内のATP濃度の間には密接な関連があるとされており (van Blerkom et al, 1995)，長期培養下ではミトコンドリア膜電位の低下が認められる (Winlding et al, 2001). これはミトコンドリア基質の膨化によるものと考えられている．体細胞においてはミトコンドリアの膨化は，外側のミトコンドリア膜を破壊し，チトクロームCやその他のアポトーシス関連物質の放出を助長する (Wang, 2001). これらのミトコンドリアの機能不全は，*in vivo*での変化と同様，活性酸素の蓄積にも関係している．マウスの実験系で異なる濃度の過酸化水素に卵子を暴露すると，チトクローム

Cの放出を誘導し，ミトコンドリア膜電位を低下させるとされている (Liu et al, 2000).

このようなミトコンドリアの機能低下に対しては，ミトコンドリア機能を補助する目的でミトコンドリア移植が提案されている．マウスでの実験で，体細胞から抽出したミトコンドリアを卵子に注入することで，排卵後の卵子のフラグメンテーションを抑制するとの報告がある (Perez et al, 2000)．また，ヒトにおいては卵細胞質移植法が考案された．これは，ドナーの卵細胞質の一部をICSIによる授精時に精子とともに注入することにより，ミトコンドリアを含む細胞質因子を補充，その後の胚発生能を改善させるというものである．この手法は臨床応用され，すでに児の出生が報告されているが (Cohen et al, 1997)，ミトコンドリアは母性遺伝であり，卵細胞質移植法によって誕生した出生児にはレシピエント卵子のmtDNAのみならず，ドナー卵子由来のmtDNAの混在が認められた (これをミトコンドリアDNAヘテロプラスミーと呼ぶ) (Barritt et al, 2001)．このドナーからのミトコンドリアの混入が，レシピエントの将来になんらかの影響を与えるかどうかは結論が出ておらず，臨床応用は現時点で行われていない．

5 細胞老化に関するテロメアと卵子加齢との関連

細胞の老化に関して，テロメアの存在は重要な位置を占めている．染色体末端にあるテロメアは，特徴的な繰り返し配列 (TTAGGG) を持つDNAとさまざまなタンパク質からなる構造である．真核生物の染色体は線状であるため末端が存在し，この部位はDNA分解酵素や不適切なDNA修復から保護される必要がある．テロメアはその特異な構造により，染色体の安定性を保つ働きをする．ほとんどの細胞では，各細胞分裂に伴い，テロメアの短縮が起こる．

テロメアを欠いた染色体は不安定になり，細胞分裂の停止やアポトーシスを誘導する (Blasco et al, 1999 ; Blackburn, 2005)．テロメアの伸長はテロメラーゼと呼ばれる酵素によって行われており，ヒトの体細胞では発現していないか，弱い活性しか持たない．そのため，ヒトの体細胞を取り出して培養すると，細胞分裂のたびにテロメアが短くなる．テロメアが短くなると，細胞は増殖を止めた細胞老化と呼ばれる状態になる (ヒトの体細胞では約50回程度の細胞分裂が限界とされている)．細胞老化は細胞分裂を止めることで，テロメア欠失による染色体の不安定化を阻止し，発癌などから細胞を守る働きがあると考えられている．また老化した動物やクローン羊ドリーではテロメアが短かったことが報告されており (Shiels et al, 1999)，テロメア短縮による細胞の老化が，個体の老化の原因となることが示唆されているが，個体老化とテロメア短縮による細胞老化との関連性は現段階では未解明の点が多い．

テロメアが短縮すると細胞分裂は停止してしまうが，幹細胞，癌細胞ではこのテロメラーゼが強く発現しており，テロメアを修復することで複製機構を維持している (Blasco et al, 1999)．一方でテロメラーゼ活性は体細胞と同様，卵細胞に関して活性が低いことが報告されている (Wright et al, 1996)．また，テロメアは酸化的ストレスに感受性が高く，酸化を防御するタンパクを欠いているため，加齢によって容易に短縮してしまうとされている（Keefe et al, 2007）．すなわち，卵子は，テロメラーゼによるテロメア短縮の修復を受けることはできず，また，酸化的ストレスへの暴露の影響により，テロメアの短縮が導かれることとなる．テロメアは，減数分裂において染色体交叉の形成，紡錘体構成，細胞分裂および細胞死に重要な役割を果たしているとされており（Scherthan et al, 1996；Scherthan, 2006），加齢によって機能低下をもたらし，減数分裂の異常を生じると考えられている．

6 排卵後の加齢の影響

受精不成立の加齢卵子は高率にフラグメンテーション形成が認められる．また，遅延受精胚にも，高い割合でフラグメンテーション形成やアポトーシスが認められ，生産率が低下する（Tarin et al, 1999）．受精時に精子から放出された卵活性化物質により卵細胞質内の小胞体からカルシウムが律動的に放出され，カルシウムオシレーションと呼ばれている．このカルシウムオシレーションパターンを分析することにより，排卵後の加齢と胚発育能との関連が検討されてきた．長時間培養した後に受精に供したマウス卵子では，排卵直後に受精させた卵子に比較し，オシレーションの振幅は小さくなり，かつ周波数は増加することが示された（Igarashi et al, 1997）．この現象は卵細胞内の小胞体膜カルシウムポンプ機能低下，小胞体カルシウムストアの減少，イノシトール三リン酸誘導性カルシウム放出の低下などの変化に起因することが明らかになっている．また，老齢マウスにおいて排卵後卵子をすぐに受精させても，同じく排卵後にすぐに受精させた若齢マウスの卵子と比較すると同様にオシレーションの振幅は小さくなり，かつ周波数は増加することが示された（Takahashi et al, 2000）．受精後のカルシウムの変動は卵子の活性化，表層顆粒の放出，細胞周期の促進，前核形成，第二極体の放出，その後の胚発育に必須な要因と考えられており，加齢による卵子の機能低下の一因として，カルシウムオシレーションパターンの変化があげられる．これらの機序として，加齢卵では受精後のカルシウムシグナルが，フラグメンテーション形成やカスパーゼ（主に細胞にアポトーシスを引き起こさせる一群のシステインプロテアーゼの総称）の活性を誘導し，アポトーシスの促進を促す（Gordo et al, 2000）．加えて，ヒト卵子では，カスパーゼ活性はフラグメンテーションや形態不良を起こしている胚にのみ特定されている（Martinez et al, 2002）．加齢によるカルシウム放出パターンの変化に関する分子生物学的な裏づけは，まだ明らかになっていないが，加齢卵ではBcl-2（ミトコンドリアの膜上に存在し，アポトーシスを抑制する分子）の発現低下に伴い，ATP 産生の低下が生じており，カルシウムポンプ機能の低下に関連があると考えられている（Gordo et al, 2002）．

受精に関連したカルシウムオシレーションは，加齢卵において種々の細胞間反応を誘導してアポトーシスを導く．その機序として，カルシウムオシレーションの開始は，加齢卵において小胞体からのカルシウムの枯渇を導く．小胞体でのカルシウム濃度の低下は，体細胞においては，細胞死のトリガーとなっており（Jiang et al, 1994；Bian et al, 1997），タンパク質合成を抑制し（Soboloff, Berger, 2002），胚発育に大きな障

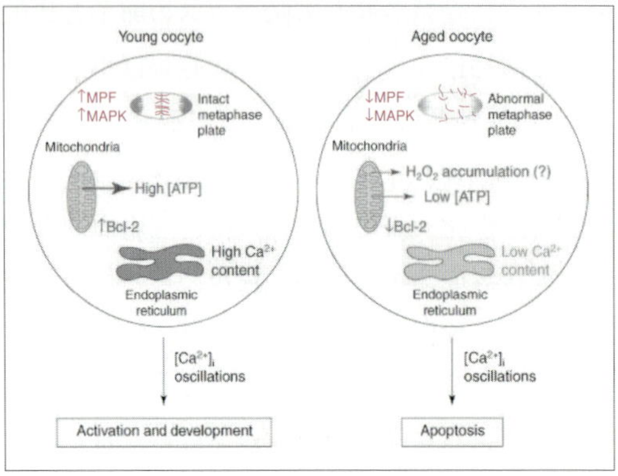

図XIII-58-4．排卵後の加齢におけるメカニズム

害をもたらす．また，IP3レセプターを介したカルシウム放出とミトコンドリアの機能との間には，密接な関係があると考えられている(Csordás et al, 1999；Szalai et al, 1999)．ミトコンドリアは細胞内でカルシウム貯蔵庫として働き，マウス卵およびヒト卵を含む種々の細胞でのオシレーション発現に関係している(Liu et al, 2001)．理想的な条件下ではIP3レセプターを介したカルシウムの上昇は，ミトコンドリア機能とATP産生を促進する．しかし，アポトーシスが誘導された状態では，そのカルシウム伝達はチトクロームCを放出し，ミトコンドリアの膜電位を低下させ，カスパーゼを活性化させる(Szalai et al, 1999)．Fissoreらは，排卵後の加齢卵において，ATP産生とBcl-2発現が低下，ならびに過酸化水素の上昇は，アポトーシス刺激として働き，これらの条件下でのカルシウムオシレーションは細胞死のトリガーとなるとのモデルを提唱している(Fissore et al, 2002)(図XIII-58-4)．

カルシウムオシレーションは，哺乳類の卵子において細胞周期の進行を促進している．加齢卵における細胞周期の進行は，リン酸化によって制御されているアポトーシスタンパクの活性化によってフラグメンテーション形成および細胞死を促進する．たとえば，Bcl-2ファミリーの一つであるアポトーシス促進分子のBadは，主にリン酸化によって制御されており，小胞体への移動は脱リン酸化の状態でのみ起きる．カルシウム依存性のホスファターゼであるカルシニューリンはBadを脱リン酸化し(Wang et al, 1999)，このBadはBcl-2ファミリーを不活性化して細胞死を促進させる(Zha et al, 1996)．それゆえ，加齢卵ではBadの活性が高まることで抗アポトーシスタンパクの発現が低下，フラグメンテーションおよび細胞死が誘導されるとされている．

7 卵子加齢の対策

生殖補助医療における成功の鍵はいかにして染色体異常のない良好胚を得られるかにかかっている．女性の加齢とともに胚の染色体異常率が高くなることから，いかにしてその異常率を低下させるかが課題である．胚の染色体異常の有無を診断する着床前染色体スクリーニングは，安全に行うことができるようになれば，治療の一つの選択枝になりうる可能性を秘める．しかし，その適応は安易に広げるべきではない．加齢卵では染色体不分離による異数体出現が高率に出現し，その出現は主に第一減数分裂時に生じることから，第一減数分裂前の未熟卵の段階で，高齢婦人のGV (germinal vesicle) を，除核した若年婦人の細胞質に移植し，再構築させるという，いわゆる「卵子若返り法」として提案されているが，臨床応用までには，まだ時間がかかると思われる．一方で卵子細胞質の加齢に対する対策としての細胞質移植に関しては，成熟分裂が終了したMII期に注入を行うことから，前述の理由で異数体出現に関しては効果がないと考えられ，またドナーからの細胞質内ミトコンドリア移植による人工的ミトコンドリアヘテロプラスミーの問題があり，現時点で安全性の面で問題があると思われる．

アンチエイジングの観点から，デヒドロエピアンドロステロン（DHEA, dehydroepiandrosterone）が注目されている．DHEAを内服することでpoor responderでの採卵数，および良好胚の獲得率が有意に増加したとの報告がされており（Barad, Gleocher, 2006），卵巣予備能の低下した高齢女性に対する有効性が示唆されている．具体的な作用機序は明確になっていないが，卵巣局所調節因子として卵胞発育に重要な役割を果たしているIGF1を増加させることや（Casson et al, 1998），アンドロゲンのアポトーシス抑制作用などが考えられている（Billig et al, 1993；Kaipia, Hsueh, 1997）．

近年，マウスを用いた研究で，出生後の卵巣において増殖し，卵細胞への分化能を持つ生殖幹細胞が存在する可能性が示された（Johnson et al, 2004）．卵巣における生殖細胞の増殖と分化はすでに出生前に完了し，生後に生殖細胞が補充されることはないことが今までの定説であった．卵子生殖幹細胞が存在するならば，その細胞を用い卵子を作成することよる，卵子の加齢に対する新たな治療法の開発につながることが期待できる．今後，技術的，倫理的な面で，種々の議論が必要であろうが，さらなる研究成果が待たれる．

まとめ

卵子の加齢の機序については，未だ不明な点が多々あり，今後十分な基礎科学研究を積み重ね，新たな知見を集積していくことは，今後の生殖医療の発展のために非常に重要であると考える．

一方で，女性の加齢に伴う卵子の加齢対策は，現時点ではかなり困難である．また，加齢女性に関しては，高血圧や糖尿病をはじめとする生活習慣病の基礎疾患を伴うことがあり，周産期予後が不良になる場合も多い．このような背景から，どこまで生殖医学が介入すべきかについては，社会的，倫理的に，非常に難しい一面を持つ．妊孕性に関する知識を広く啓蒙していくことも，我々生殖医療に携わる者の責務であろう．

（宇賀神智久・寺田幸弘）

引用文献

Baker TG (1963) A qunfafve and cytological study of germ cells in human ovaries, *Proc R Soc Lond B Biol Sci*, 158：417-433

Barad D, Gleicher N (2006) Effect of dehydroepiandrosterone on oocyte and embryo yields, embryo grade and cell number in IVF, *Hum Reprod*, 21；2845-2849.

Barritt JA, Brenner CA, Cohen J, et al (1999) Mitochondrial DNA rearrangements in human oocytes and embryos, *Mol Hum Reprod*, 5；927-933.

Barritt JA, Brenner CA, Malter HE, et al (2001) Mitochondria in human offspring derived from ooplasmic transplantation, *Hum Reprod*, 16；513-516.

Bian X, Hughes FM, Jr Huang Y, et al (1997) Roles of cytoplasmic $Ca2^+$ and intracellular $Ca2^+$ stores in induction and suppression of apoptosis in S49 cells, *Am J Physiol*, 272；C1241-C1249.

Billig H, Furuta I, Hsueh AJ (1993) Estrogens inhibit and androgens enhance ovarian granulosa cell apoptosis, *Endocrinology*, 133；2204-2212.

Blackburn EH (2005) Telomerase and cancer：Kirk, A Landon-AACR prize for basic cancer research lecture, *Mol Cancer Res*, 3；477-482.

Blasco MA, Gasser SM, Lingner J (1999) Telomeres and

telomerase, *Genes Dev*, 13 ; 2353-2359.

Casson PR, Santoro N, Elkind-Hirsch K, et al (1998) Postmenopausal dehydroepiandrosterone administration increases free insulin-like growth factor-I and decreases high-density lipoprotein : a six-month trial, *Fertil Steril*, 70 ; 107-110.

Chi MM, Manchester JK, Yang VC, et al (1988) Contrast in the levels of metabolic enzymes in human and mouse ova, *Biol Reprod*, 39 ; 295-307.

Cohen J, Scott R, Schimmel T, et al (1997) Birth of infant after transfer of anucleate donor oocyte cytoplasm into recipient eggs, *Lancet*, 350 ; 186-187.

Csordás G, Thomas AP, Hajnóczky G (1999) Quasi-synaptic calcium signal transmission between endoplasmic reticulum and mitochondria, *EMBO*, 18 ; 96-108.

Dailey T, Dale B, Cohen J, et al (1996) Association between nondisjunction and maternal age in meiosis-II human oocytes, *Am J Hum Genet*, 59 ; 176-184.

Delhanty JD (2005) Mechanisms of aneuploidy induction in human oogenesis and early embryogenesis, *Cytogenet Genome Res*, 111 ; 237-244.

Faddy MJ, Gosden RG (1996) A model conforming the decline in follicle numbers to the age of menopause in women, *Hum Reprod*, 11 ; 1484-1486.

Fissore RA, Kurokawa M, Knott J, et al (2002) Mechanisms underlying oocyte activation and postovulatory ageing, *Reproduction*, 124 ; 745-754.

Gordo AC, Wu H, He CL, et al (2000) Injection of sperm cytosolic factor into mouse metaphase II oocytes induces different developmental fates according to the frequency of [$Ca2^{+}$]i oscillations and oocyte age, *Biol Reprod*, 62 ; 1370-1379.

Gordo AC, Kurokawa M, Wu H, et al (2002) Modifications of the Ca2+ release mechanisms of mouse eggs by fertilization and by the sperm factor, *Mol Hum Reprod*, 8 ; 619-629.

Harman D (1956) Aging : a theory based on free radical and radiation chemistry, *J Gerontol*, 11 ; 298-300.

Igarashi H, Takahashi E, Hiroi M, et al (1997) Aging-related changes in calcium oscillations in fertilized mouse oocytes, *Mol Reprod Dev*, 48 ; 383-390.

Jacobs PA (1992) The chromosome complement of human gametes, *Oxf Rev Reprod Biol*, 14 ; 47-72.

Jiang S, Chow SC, Nicotera P, et al (1994) Intracellular $Ca2^{+}$ signals activate apoptosis in thymocytes : studies using the Ca2+-ATPase inhibitor thapsigargin, *Exp Cell Res*, 212 ; 84-92.

Johnson J, Canning J, Kaneko T, et al (2004) Germline stem cells and follicular renewal in the postnatal mammalian ovary, *Nature*, 428 ; 145-150.

Kaipia A, Hsueh AJ (1997) Regulation of ovarian follicle atresia, *Annu Rev Physiol*, 59 ; 349-363.

Keefe DL (1997) Aging and infertility in women, *Med Health R I*, 80 ; 403-405.

Keefe DL, Liu L, Marquard K (2007) Telomeres and aging-related meiotic dysfunction in women, *Cell Mol Life Sci*, 64 ; 139-143.

Liu L, Trimarchi JR, Keefe DL (2000) Involvement of mitochondria in oxidative stress-induced cell death in mouse zygotes, *Biol Reprod*, 62 ; 1745-1753.

Liu L, Hammar K, Smith PJS, et al (2001) Mitochondrial modulation of calcium signaling at the initiation of development, *Cell Calcium*, 30 ; 423-433.

Macas E, Floersheim Y, Hotz E, et al (1990) Abnormal chromosomal arrangements in human oocytes, *Hum Reprod*, 5 ; 703-707.

Markström E, Svensson ECh, Shao R, et al (2002) Survival factors regulating ovarian apoptosis - dependence on follicle differentiation, *Reproduction*, 123 ; 23-30.

Martinez F, Rienzi L, Iacobelli M, et al (2002) Caspase activity in preimplantation human embryos is not associated with apoptosis, *Hum Reprod*, 17 ; 1584-1590.

Müller-Höcker J, Schäfer S, Weis S, et al (1996) Morphological-cytochemical and molecular genetic analyses of mitochondria in isolated human oocytes in the reproductive age, *Mol Hum Reprod*, 2 ; 951-958.

Munné S, Dailey T, Sultan KM, et al (1995) The use of first polar bodies for preimplantation diagnosis of aneuploidy, *Hum Reprod*, 10 ; 1014-1020.

Nemoto S, Takeda K, Yu ZX, et al (2000) Role for mitochondrial oxidants as regulators of cellular metabolism, *Mol Cell Biol*, 20 ; 7311-7318.

Orrenius S, Gogvadze V, Zhivotovsky B (2007) Mitochondrial oxidative stress : implications for cell death, *Annu Rev Pharmacol Toxicol*, 47 ; 143-183.

Pan H, Ma P, Zhu W, et al (2008) Age-associated increase in aneuploidy and changes in gene expression in mouse eggs, *Dev Biol*, 316 ; 397-407.

Pellestor F, Andréo B, Arnal F, et al (2003) Maternal aging and chromosomal abnormalities : new data drawn from in vitro unfertilized human oocytes, *Hum Genet*, 112 ; 195-203.

Perez GI, Robles R, Knudson CM, et al (1999) Prolongation of ovarian lifespan into advanced chronological age by Bax-deficiency, *Nat Genet*, 21 ; 200-203.

Perez GI, Trobovich AM, Gosden RG, et al (2000) Mitochondria and the death of oocytes, *Nature*, 403 ; 500-501.

Plachot M, Veiga A, Montagut J, et al (1988) Are clinical and biological IVF parameters correlated with chromosomal disorders in early life : a multicentric study, *Hum Reprod*, 3 ; 627-635.

Reynier P, May-Panloup P, Chrétien MF, et al (2001) Mitochondrial DNA content affects the fertilizability of human oocytes, *Mol Hum Reprod*, 7 ; 425-429.

Scherthan H, Weich S, Schwegler H, et al (1996) Centromere and telomere movements during early meiotic prophase of mouse and man are associated with the onset of chromosome pairing, *J Cell Biol*, 134 ; 1109-1125.

Scherthan H (2006) Factors directing telomere dynamics in synaptic meiosis, *Biochem Soc Trans*, 34 ; 550-553.

Schon EA, Kim SH, Ferreira JC, et al (2000) Chromosomal non-disjunction in human oocytes : is there a mitochondrial connection? *Hum Reprod*, 15 ; 160-172.

Shiels PG, Kind AJ, Campbell KH, et al (1999) Analysis of telomere length in Dolly, a sheep derived by nuclear transfer, *Cloning*, 1 ; 119-125.

Soboloff J and Berger SA (2002) Sustained ER $Ca2^{+}$ depletion suppresses protein synthesis and induces activation-enhanced cell death in mast cells, *J Biol Chem*, 277 ; 13812-13820.

Sohal RS (2002) Role of oxidative stress and protein oxidation in the aging process, *Free Radic Biol Med*, 33 ;

37-44.
Stevenson AC, Warnock HA (1959) Observations on the results of pregnancies in women resident in Belfast. I. Data relating to all pregnancies ending in 1957, *Ann Hum Genet*, 23 ; 382-394.
Sugawara S, Mikamo K (1980) An experimental approach to the analysis of mechanisms of meiotic nondisjunction and anaphase lagging in primary oocytes, *Cytogenet Cell Genet*, 28 ; 251-264.
Szalai G, Krishnamurthy R, Hajnóczky G (1999) Apoptosis driven by IP3-linked mitochondrial calcium signals, *EMBO J*, 18 ; 6349-6361.
Takahashi T, Saito H, Hiroi M, et al (2000) Effects of aging on inositol 1,4,5-triphosphate-induced Ca2+ release in unfertilized mouse oocytes, *Mol Reprod Dev*, 55 ; 299-306.
Tarin JJ, Albalá-Pérez S, Aguilar A, et al (1999) Long-term effects of postovulatory aging of mouse oocytes on offspring : a two-generational study, *Biol Reprod*, 61 ; 1347-1355.
te Velde ER, Pearson PL (2002) The variability of female reproductive ageing, *Hum Reprod Update*, 8 ; 141-154.
Van Blerkom J, Davis PW, Lee J (1995) ATP content of human oocytes and the developmental potential and outcome after in-vitro fertilization and embryo transfer, *Hum Reprod*, 10 ; 415-424.
Wang H-G, Pathan N, Ethel IM, et al (1999) $Ca2^{+}$-induced apoptosis through calcineurin dephosphorylation of Bad, *Science*, 284 ; 339-343.
Wang RH, Yu H, Deng CX (2004) A requirement for breast-cancer-associated gene 1 (BRCA1) in the spindle checkpoint, *Proc Natl Acad Sci USA*, 101 ; 17108-17113.
Wang X (2001) The expanding role of the mitochondria in apoptosis, *Genes Dev*, 15 ; 2922-2933.
Wilding M, Dale B, Marino M, et al (2001) Mitochondrial aggregation patterns and activity in human oocytes and preimplantation embryos, *Hum Reprod*, 16 ; 909-917.
Wright WE, Piatyszek MA, Rainey WE, et al (1996) Telomerase activity in human germline and embryonic tissues and cells, *Dev Genet*, 18 ; 173-179.
Yin D, Chen K (2005) The essential mechanisms of aging : Irreparable damage accumulation of biochemical side-reactions, *Exp Gerontol*, 40 ; 455-465.
Zha J, Harada H, Yang E, et al (1996) Serine phosphorylation of death agonist BAD in response to survival factor results in binding to 14-3-3 not BCL-X (L), *Cell*, 87 ; 619-628.

XIII-59

卵・胚のクオリティー評価

Key words
体外受精／胚移植／細胞呼吸／ミトコンドリア／電気化学計測

はじめに

体外受精・胚移植（IVF-ET, in vitro fertilization-embryo transfer）は，家畜繁殖領域においては受精卵移植による優良牛生産システムの基盤技術であり，生殖補助医療（ART, assisted reproductive technology）では最も有効な不妊治療法の一つになっている．一般に，IVF-ETにおいては，卵巣から多数の卵子を採取した後，媒精し，得られた複数の胚の中から移植する胚を選択する．IVF-ETでは移植に供する胚の質（クオリティー）を判定し良好胚を選択することは，着床率および妊娠率の向上だけでなく，治療の成功が最も期待できる胚を一つだけ選択し移植することが可能となり，不妊治療において大きな問題となっている多胎妊娠を防ぐことにも役立つ．このように，精度の高い卵子・胚のクオリティー評価法の確立は，胚移植技術の進歩や不妊治療の成功率向上にきわめて重要である．本節では，これまでに開発されている胚および卵子のクオリティー評価法を解説するとともに，最新の計測技術を応用した新しい胚・卵子クオリティー評価と応用を紹介する．

1 形態観察による胚のクオリティー評価

一般に，胚のクオリティーは実体顕微鏡または倒立顕微鏡を用いた形態観察により，割球の数や形態的特徴を基準に評価されている（Lindner, Wright, 1983；Shea, 1981；Wright, 1981）．たとえば，ウシの桑実胚は割球が集まった細胞塊（embryo mass）の形態（コンパクッションの程度）やフラグメンテーションなどを基準に四つのカテゴリーに分類される（図XIII-59-1）．胚盤胞は，胞胚腔の状態や胚の拡張度，内部細胞塊（ICM, inner cell mass）や栄養膜（trophoblast）の状態を基準に3段階のクオリティーに分類される．さらに，胚の色調，細胞の数と密度，細胞の輪郭や色調など多くの評価基準が加わることもある．

ヒト胚では，割球や胚の形態的特徴を基準とする評価法が最も普及している．ヒトの正常受精卵では，媒精16-18時間後に雄性前核および雌性前核の二つの前核（2PN），そして各前核中に核小体（NPB, nucleolar precursor bodies）が確認できる．前核の大きさ・接合の有無，核小体の数・大きさ・配列，さらに，細胞質の観察をもとに前核期胚のスコアリングを行う（Scott

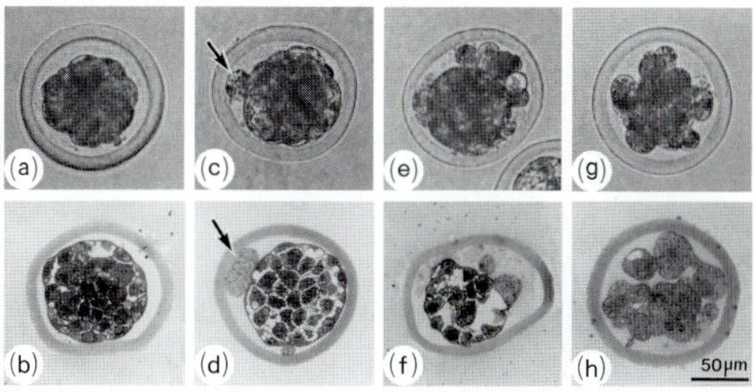

図XIII-59-1．ウシ桑実胚の形態的クオリティー評価（(a)(c)(e)(g)：ノマルスキー微分干渉顕微鏡観察，(b)(d)(f)(h)：Semi-thin 切片（1μm，トルイジンブルー染色）像）

細胞塊の形態とブラグメントの数を基準にそれぞれAランク（(a)(b)：Excellent），Bランク（(c)(d)：Good），Cランク（(e)(f)：Fair），Dランク（(g)(h)：Poor）の四つのクオリティーに分類される．(Abe et al, 2002a より一部改変)

et al, 2000)．雄性および雌性前核が接し，核小体が両前核の接合部に整列しており，不均質な細胞質と明瞭な halo を有する前核期胚を良好胚とする．この方法により，前核期に移植胚の選別を行った結果，移植あたりの妊娠率が向上したと報告されている．また，より詳細に核小体の数・大きさ・極性により前核期胚を分類する方法もある (Tesarik, Greco, 1999)．

初期分割期胚については，割球の形態とフラグメンテーションの割合を指標として評価する Veeck の分類 (Veeck, 1991) が最も一般的である．この評価法では，割球の形態が均等でフラグメンテーションが認められない胚をグレード1と表記し，最も形態良好であると評価している．割球が不均等になりフラグメンテーションの出現が顕著になるに従いグレードの数値が上がり（グレード2-グレード5）形態不良と判定される．

胚盤胞の評価は，D. K. Gardner らの方法 (Gardner, Scoolcraft, 1999) が最も普及している．胞胚腔の広がりと孵化（ハッチング）の程度によって1-6の6段階に分類し，さらに内部細胞塊 (ICM, inner cell mass) と栄養外胚葉 (TE, trophectoderm) の細胞数により，それぞれ A，B，C の3段階に評価している．Gardner らは，3AA (full blastocyst，密で細胞数が多い ICM，多くの細胞が密に存在する TE) 以上の評価を得た胚盤胞を1個移植した場合の妊娠率は60%以上であると報告している．

割球数や胚の形態的特徴を基準とする評価法は簡単・迅速で無侵襲的な方法であることから，現在，最も普及している胚のクオリティー評価法である．しかし一方で，評価の基準となる形態的特徴が定量性に欠けるため，判定結果が観察者の主観に左右され，評価の精度に影響が出る可能性がある．たとえば，ウシにおいて質的に良好とされるグレードA (Excellent) とB (Good) に分類された桑実胚は移植後の受胎率が40%と高いが，形態不良とされるグレードC (Fair) とD (Poor) の胚でも受胎率が20%前後であることから (Lindner, Wright, 1983)，クオリティー評価の精度に課題が残されている．

2 胚のクオリティーと超微細形態

正常に受精した胚では，発生の進行に伴いダイナミックな微細形態変化が起こる．ウシでは，胚のクオリティーに関連するいくつかの微細形態変化が報告されており，電子顕微鏡を用いた超微細形態観察は胚のクオリティーを検証する有効な手段となっている (Albihn et al, 1990；Abe et al, 1999a；1999b；Aguilar et al, 2002)．光学顕微

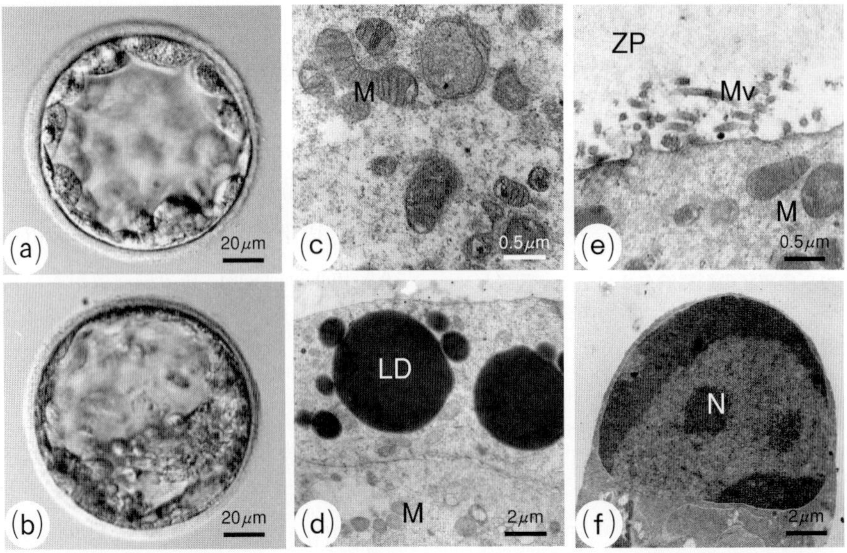

図XIII-59-2．ヒト体外受精胚の光学顕微鏡像（(a)(d)：ノマルスキー微分干渉顕微鏡観察）および電子顕微鏡像（(b)(c)(e)(f)）

Gardner 分類法によるクオリティー良好胚（(a)-(c)）と不良胚（(d)-(f)）．(c)(d)：クオリティー良好胚では発達した微絨毛（Mv）とミトコンドリア（M）が観察される．ZP：透明帯．(e)(f)：クオリティー不良胚では高電子密度で大型の脂肪滴（LD）と凝縮した核（N）が特徴のアポトーシス像が認められる．

鏡観察により形態的に良好と判定されたウシ胚では，桑実胚および胚盤胞のステージにおいてギャップ結合やデスモゾーム（desmosome）などの細胞接着装置がよく発達しているが，形態不良胚ではデスモゾームは未発達（pre-desmosome）である（Albihn et al, 1990）．細胞接着装置は割球間のコミュニケーションや胚の形態維持に関与しており，これが未発達であると耐凍能にも影響すると考えられている（Mohr, Trounson, 1981）．また，質的に良好な胚盤胞では栄養膜細胞の表面から数多くの微絨毛が伸びているが，不良胚では微絨毛は未発達であることから，胚のクオリティーによって外界からの物質吸収能にも違いがあると考えられる．核小体の微細形態にも違いが認められている．核小体は，核内にあってリボゾーム RNA（rRNA）転写を行っており，その転写活性は核小体の微細形態によって把握できる（Kopecny et al, 1989；Kopecny, Niemann, 1993）．正常に発生したウシ胚では，桑実胚期において最も rRNA 転写活性の高いステージ 4 の核小体が観察されるが，不良胚では rRNA 転写活性の低いステージ 3 の核小体が多く観察されている（Abe et al, 2002a）．これは，クオリティー不良胚では rRNA の発現活性が低いことを示している．また，クオリティー良好胚では桑実胚期から胚盤胞期にかけてミトコンドリアが顕著に発達するが，クオリティー不良胚ではほとんどのミトコンドリアは未成熟であり，過剰な脂肪滴の蓄積も観察される．このような脂肪滴蓄積は胚の耐凍能に大きく影響

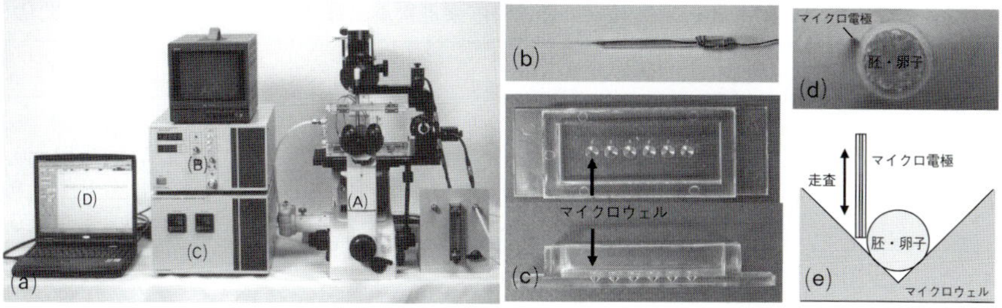

図XIII-59-3.

(a) 走査型電気化学顕微鏡を改良した「受精卵呼吸測定装置」. A：倒立型顕微鏡，B：ポテンショスタット，C：コントローラー，D：ノートパソコン（呼吸能解析ソフトを内蔵）. (b) 呼吸測定用マイクロ電極：ディスク型白金マイクロ電極で，先端部が直径 2 〜 4 μm にエッチング加工された白金電極がガラスキャピラリーに熱封止されている. (c) 多検体測定プレート：プレート底面には円錐形のマイクロウェルが 6 穴施されている. (d) マイクロウェル底部に静置したウシ胚. (e) マイクロ電極は胚近傍を鉛直方向に走査することで，胚の酸素消費量を測定する.

し，胚のクオリティー低下の一因となっている (Nagashima et al, 1994 ; Abe et al, 2002b).

最近，ヒト胚のクオリティーと超微細形態との興味深い関係が明らかになっている. Gardner らの方法で 3 BB 以上を良好胚，それ以下を不良胚に分類しそれぞれの微細構造を観察した結果，クオリティー良好胚ではミトコンドリアや微絨毛は正常に発達しているが，クオリティー不良胚ではミトコンドリアの多くは未発達であり，細胞内には多くの脂肪滴やアポトーシス像が観察される (図XIII-59-2). これらの知見から，ミトコンドリアはヒト胚のクオリティーに大きく影響していると考えられる.

3 呼吸能解析による胚のクオリティー評価

これまでに述べた形態的クオリティー評価法は，評価の基準となる形態的特徴が定量性に欠けるため，評価の精度に影響が出る可能性がある. そこでより客観的・定量的な指標を基準にクオリティーを評価する方法が試みられている. たとえば，胚によるグルコース，ピルビン酸，アミノ酸等の栄養素の消費に着目し，胚の代謝活性を定量化する方法がある (Overstrom, 1996 ; Rieger et al, 1992 ; Rieger, 1992 ; Rieger, Loskutoff, 1994 ; Gopichandran, 1994). また，細胞の呼吸（酸素消費）を指標に胚のクオリティーを評価する方法も行われている (Thompson et al, 1996 ; 2000 ; Trimarchi et al, 2000). ミトコンドリアは酸化的リン酸化反応（呼吸）により細胞活動に必要なエネルギー (ATP) を産生し，卵子や胚の代謝活動にも深く関与していることから，ミトコンドリア呼吸は卵子・胚のクオリティー評価の有効な指標になると考えられている.

ミトコンドリアの呼吸機能に異常が生じると代謝異常や種々の疾患の原因となることから，これまでにいくつかの細胞呼吸計測技術が開発されてきた. 代表的なものとして，蛍光発色法 (Nilsson et al, 1982 ; Magnusson et al, 1986 ; Houghton et al, 2000) や酸素センサー (Land et al, 1999 ;

表XIII-59-1．マウス，ウシおよびヒト胚の発生過程における酸素消費量（呼吸量：F×10^{14}/mol s^{-1}）変化

胚発生ステージ	ウシ[1]	マウス[2]	ヒト[3]
2－8細胞	0.45±0.02[a]	0.34±0.03[a]	0.51±0.05[a]
桑実胚	1.03±0.05[b]	0.58±0.03[b]	0.61±0.11[ab]
初期胚盤胞	1.11±0.07[b]	0.71±0.01[bc]	0.72±0.06[b]
胚盤胞	1.86±0.07[c]	0.75±0.09[c]	1.00±0.19[c]

各動物種において，異符号間で有意差あり（$P<0.05$）．
[1]ウシ胚：体外受精後，無血清培地 IVD101（機能性ペプチド研究所）を用いて培養した胚．
[2]マウス胚：過排卵処理し雄マウスと交尾させた後，卵管または子宮から回収した胚．
[3]ヒト胚：体外受精後，3日までは Sydney IVF Cleavage Medium（Cook 社），それ以降 Sydney IVF Blastocyst medium（Cook 社）で培養した胚．

Smith et al, 1999；Lopes et al, 2005）を用いた細胞呼吸測定法が考案されている．しかし，その多くは測定感度や侵襲性などの面で課題があり，胚のクオリティー評価において実用化されていない．初期胚や卵子ではミトコンドリアは十分に機能していないため，その呼吸活性は非常に低いと考えられる．また，移植に供する胚や卵子のクオリティー評価において実用化するためには非侵襲計測であることが絶対条件である．したがって，非侵襲・超高感度・迅速計測という条件をクリアした技術でなければ，今後開発が望まれている精度の高い卵子・胚クオリティー評価法として実用化することは難しい．

これらの条件を満たす計測技術として，高感度・非侵襲的に細胞の酸素消費量（呼吸）を測定できる電気化学計測技術が注目されている．電気化学計測法はプローブ電極による酸化還元反応を利用し，局所領域における生物反応を電気化学的に高精度で検出する技術であり，細胞活動のような複雑な生命現象を解明する有効な手段となる（Bard et al, 1989）．たとえば，酸素の還元電位を検出するマイクロ電極をプローブとする走査型電気化学顕微鏡（SECM, scanning electrochemical microscopy）は，細胞や胚の酸素消費量を無侵襲的に測定することができる（Shiku et al, 2001）．これまでに，SECM をベースとする「受精卵呼吸測定装置」が開発されている（Abe et al, 2004；Aoyagi et al, 2006）．この測定システムは，倒立型顕微鏡，マイクロ電極の電位を一定に保持するポテンショスタット，マイクロ電極の移動を制御するコントローラー，呼吸解析ソフトを内蔵したノート型コンピューターにより構成されている（図XIII-59-3（a））．受精卵の呼吸測定には，白金電極をガラスキャピラリーの先端部に熱封止したディスク型マイクロ電極（図XIII-59-3（b））を使用する．胚または卵子を測定液で満たしたマイクロウェルの底部中心に静置した後（図XIII-59-3（c），（d）），コンピューター制御によりマイクロ電極を透明帯近傍の鉛直方向に走査し，胚の酸素消費量を算出する（図XIII-59-3（e））．この測定システムは，マイクロ電極の感度向上，非侵襲で迅速な計測を可能とする呼吸測定液と多検体測定プレートなど，呼吸測定に関連する要素技術がシステム化されている．

これまでに「受精卵呼吸測定装置」を用いて，

表XIII-59-2．ウシ胚の呼吸量と妊娠率の関係（Moriyasu et al, 2007）

移植時の発生ステージ	酸素消費量（$F\times10^{14}$/mol s^{-1}）	受胎胚数/移植胚数（妊娠率%）
胚盤胞	$F\geq1.0$	21/36（58.3）
	$F<1.0$	0/ 6 （0）
初期胚盤胞	$F\geq0.8$	16/25（64.0）
	$F<0.8$	0/ 6 （0）
桑実胚	$F\geq0.5$	17/28（60.7）
	$F<0.5$	1/12 （8.3）

ウシ，ブタ，マウス，ヒトの単一胚の呼吸量が測定されている（Abe, 2007）．ウシ胚では受精直後から8細胞期までの発生初期では呼吸量は低いが，桑実胚から胚盤胞にかけて顕著に増加する．同様に，マウスとヒトにおいても発生の進行に伴う呼吸量の増加が確認されている（表XIII-59-1）．呼吸測定の有効性を検証するためにミトコンドリアの微細形態変化を調べた結果，ミトコンドリアの発達と呼吸量増加の時期が一致することが明らかになっている．このように「受精卵呼吸測定装置」は，超高感度・非侵襲的にミトコンドリア呼吸活性を解析できる画期的システムとなっている．

呼吸能を指標とする胚クオリティー評価法を確立するための研究を進める中で，胚の呼吸能とクオリティーに関して興味深い知見が得られている．ウシでは高い呼吸活性を有する桑実胚は，呼吸測定後に追加培養を行うと高い確率でクオリティー良好な胚盤胞へと発生する（Abe et al, 2004）．また，凍結時に呼吸活性の高い胚盤胞は，融解した後の生存率が良好であるという結果が得られている（Shiku et al, 2005）．さらに，呼吸測定後の胚を借腹牛に移植し胚の呼吸活性と受胎率の関係を調べた結果，移植前の呼吸量が基準値以上（胚盤胞で1.0×10^{14}／mol・sec^{-1}，初期胚盤胞で0.8×10^{14}／mol・sec^{-1}，桑実胚で0.5×10^{14}／mol・sec^{-1}）の胚を移植した場合，60%前後の高い確率で妊娠する（表XIII-59-2）．一方，基準値以下の呼吸量の胚はほとんど受胎しないことから，呼吸活性を指標に妊娠が期待できるクオリティー良好胚を効率的に選別することが可能になっている（Abe et al, 2006a）．現在，呼吸測定の非侵襲性・安全性を検証するために，呼吸測定した胚の移植によって誕生した個体の正常性を解析している．これまでに，通常の胚移植産子と比べて奇形発生率や染色体異常の増加は確認されていない．「受精卵呼吸測定装置」による呼吸測定法は，胚に対して無侵襲・安全な計測方法であり，クオリティー良好胚の効率的選別に有効であると考えている．

4 卵子の呼吸能とクオリティー

卵子は単一の細胞であるため，胚のように割球数や形態を基準にクオリティーを評価することは困難である．このため，卵細胞質の形態（透明度や顆粒の分布状態など）や卵丘細胞の付着状態を基準にクオリティーが評価されてきた（De Loos et al, 1991；Wurth, Kruip, 1992；Aktas et al, 1995；Boni et al, 2002）．一般に，卵丘細胞が密にほぼ均一に付着している卵子は，卵成熟率が高くクオリティー良好胚へと発生する傾向が高い (Blandin, Sirard, 1995；Hazeleger et al, 1995)．卵子と卵丘細胞の相互作用は，卵子自体のクオリティーに重要な影響を及ぼしており，これには減数分裂抑制作用を示すcAMP (cyclic AMP，環状AMP) が関与していると考えられている (Boni et al, 2002)．採卵時に回収された顆粒膜細胞のアポトーシス小体の出現率が低い卵胞から得られた卵子ほどクオリティーが良好であるという報告もある (Nakahara et al, 1999)．また，アクチンなどの細胞骨格タンパク質の分布様式や卵細胞膜のカルシウム電位活性が卵子や胚のクオリティーに影響していると報告されている (Wang et al, 1999；Boni et al, 2002)．

最近，「受精卵呼吸測定装置」を用いて卵子成熟過程における卵子および卵丘細胞の呼吸量変化が解析されている (Abe et al, 2006b)．ウシでは成熟した卵子は未成熟卵子と比べて呼吸量とATP含量が増加し，それに伴いミトコンドリアの顕著な細胞内での移動が起こる．一方，卵丘細胞は卵丘細胞層の膨化に伴い呼吸量が激減する．これらの変化は，卵子の成熟度や成熟培養に用いる培養液の組成 (血清の有無など) によって影響を受ける (Abe et al, 2006c)．ブタにおいては，成熟卵子では呼吸活性とATP含量が高いレベルで維持されるが，極体の放出が確認されない非成熟卵子では顕著な呼吸量の低下が認められる (Yokoo et al, 2008)．このように，卵子の成熟と呼吸能が密接に関係していることから，「受精卵呼吸測定装置」を用いた呼吸能解析は卵子のクオリティー評価の有効な手段になると考えられる．

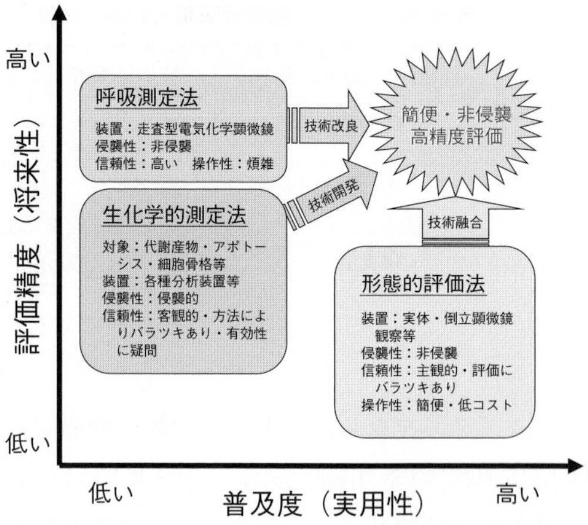

図XIII-59-4．卵子・胚クオリティー評価の現状と将来像を示した模式図

それぞれの評価法の長所を融合した新しいクオリティー評価法の開発が望まれる．

これまでに述べた評価法以外に，細胞内のミトコンドリア分布や微小管配列，ATP産生量を指標とする卵子評価法が報告されている (Van Blerkom et al, 2000)．また，ユニークな研究として透明帯弾性率を指標に卵子のクオリティーを評価する方法がある (Murayama et al, 2004)．これは，触覚技術 (Murayama, Omata, 2004) を応用した超高感度マイクロタクタイルセンサー (MTS, micro tactile sensor) を用いて，透明帯の局所的硬さを評価することによって卵子や胚のクオリティーを評価するという試みである．これまでに，マウスやヒトの卵子および胚の透明帯の硬度を測定した結果，卵子や胚の発生ステージによって透明帯の硬度が変化すること，透明帯の硬度変化が胚のクオリティーとある程度相関することが示唆されている．

まとめ

本節では，形態観察による胚および卵子のクオリティー評価法と，細胞の呼吸活性を指標とする新しい評価法を中心に解説した．家畜繁殖領域で開発された技術は，不妊治療などARTに応用されるケースが多いことから，本節で紹介した「受精卵呼吸測定装置」はヒトへの応用が十分期待できる．今後，ARTにおいては不妊治療技術の高度化や高齢不妊患者の増加に伴い，移植の対象となる胚もより厳密に評価する必要がある．このため，これまでに開発されているいくつかのクオリティー評価法のメリットを有機的に融合した新しい評価システムの開発が必要になってくる（図XIII-59-4）．たとえば，呼吸測定による卵子・胚クオリティー評価は，形態的評価法との併用が可能であり，これによってより厳密に胚や卵子のクオリティーを評価できると考えている．今後の詳細な研究により細胞呼吸計測法および測定装置の安全性と有用性が確認され，卵子や胚の新しいクオリティー評価システムとして家畜繁殖現場や不妊治療領域において実用化されることを期待している．

（阿部宏之）

引用文献

Abe H, Yamashita S, Itoh T, et al (1999a) Ultrastructure of bovine embryos developed from in vitro-matured and -fertilized oocytes : Comparative morphological evaluation of embryos cultured either in serum-free or in serum-supplemented medium, *Mol Reprod Dev*, 53 ; 325-335.

Abe H, Otoi T, Tachikawa S, et al (1999b) Fine structure of bovine morulae and blastocysts in vivo and in vitro, *Anat Embryol*, 199 ; 519-527.

Abe H, Matsuzaki S, Hoshi H (2002a) Ultrastructural differences in bovine morulae classified as high and low qualities by morphological evaluation, *Theriogenology*, 57 ; 1273-1283.

Abe H, Yamashita S, Satoh T, et al (2002b) Accumulation of cytoplasmic lipid droplets in bovine embryos and cryotolerance of embryos developed in different culture systems using serum-free or serum-containing media, *Mol Reprod Dev*, 61 ; 57-66.

Abe H, Shiku H, Aoyagi S, et al (2004) In vitro culture and evaluation of embryos for production of high quality bovine embryos, *J Mamm Ova Res*, 21 ; 22-30.

Abe H, Shiku H, Yokoo M, et al (2006a) Evaluating the quality of individual embryos with a non-invasive and highly sensitive measurement of oxygen consumption by scanning electrochemical microscopy, *J Reprod Dev*, 52 (suppl) ; S55-S64.

Abe H, Saito T, Shiku H, et al (2006b) Analysis of respiratory activity of single bovine oocytes by scanning electrochemical microscopy, *Proceedings of the 4th International Forum on Post-genome Technologies*, pp 19-22.

Abe H, Shiku H, Aoyagi S, et al (2006c) Oxygen consumption of bovine cumulus cells and oocytes cultured in different culture systems for oocyte maturation, *Reprod Fertil Dev*, 18 ; 267.

Abe H (2007) A non-invasive and sensitive method for measuring cellular respiration with a scanning electrochemical microscopy to evaluate embryo quality, *J Mamm Ova Res*, 24 ; 70-78.

Aguilar MM, Galina CS, Merchant H, et al (2002) Comparison of stereoscopy, light microscopy and ultrastructural methods for evaluation of bovine embryos, *Reprod Domest Anim*, 37 ; 341-346.

Aktas H, Wheeler MB, First NL, et al (1995) Maintenance of meiotic arrest by increasing camp may have physiological relevance in bovine oocytes, *J Reprod Fertil*, 105 ; 237-245.

Albihn A, Rodriduez-Martinez H, Gustafsson H (1990) Morphology of day 7 bovine demi-embryo during in vitro reorganization, *Acta Anat*, 138 ; 42-49.

Aoyagi S, Utsumi Y, Matsudaira M, et al (2006) Quality evaluation of in vitro-produced bovine embryos by respiration measurement and development of semi-automatic instrument, *Bunseki Kagaku*, 55 ; 847-854.

Bard AJ, Fan FRF, Kwak J, et al (1989) Scanning electrochemical microscopy - Introduction and principles, *Anal Chem*, 61 ; 132-138.

Blandin P, Sirard MA (1995) Oocyte and follicular morphology as determining characteristics for developmental competence in bovine oocytes, *Mol Reprod Dev*, 39 ; 54-62.

Boni R, Cuomo A, Tosti E (2002) Developmental potential in bovine oocytes is related to cumulus-oocyte complex grade, calcium current activity, and calcium stores, *Biol Reprod*, 66 ; 836-842.

De Loos F, Kastrop P, van Maurik P, et al (1991) Heterogeous cell contacts and metabolic coupling in bovine cumulus-oocyte complexes, *Mol Reprod Dev*, 28 ; 255-259.

Gardner DK, Scoolcraft WB (1999) In vitro culture of human blastocyct, In : *Towards reproductive certainty : infertiliy and genetics beyond, In vitro culture of human*

blastocysts, Jansen R, Mortimer D (eds), pp378-389, Carnforth, Parthenon Press.
Gopichandran N, Leese HJ (2003) Metabolic characterization of the bovine blastocyst, inner cell mass, trophectoderm and blastocoel fluid, *Reproduction*, 126 ; 299-308.
Hazeleger NL, Hill DJ, Stubbings RB, et al (1995) Relationship of morphology and follicular fluid environment of bovine oocytes to their developmental potential in vitro, *Theriogenology*, 43 ; 509-522.
Houghton FD, Thompson JG, Kennedy CJ, et al (1996) Oxygen consumption and energy metabolism of the early mouse embryo, *Mol Reprod Dev*, 44 ; 476-485.
Kopecny V, Flechon JE, Camous S, et al (1989) Nucleologenesis and the onset of transcription in the eight-cell bovine embryo : Fine-structural autoradiographic study, *Mol Reprod Dev*, 1 ; 79-90.
Kopecny V, Niemann H (1993) Formation of nuclear microarchitecture in the preimplantation bovine embryo at the onset of transcription : Implications for biotechnology, *Theriogenology*, 39 ; 109-119.
Land SC, Porterfield DM, Sanger RH, et al (1999) The self-referencing oxygen-selective microelectrode : detection of transmembrane oxygen flux from single cells, *J Exp Biol*, 202 ; 211-218.
Lindner GM, Wright RW Jr (1983) Bovine embryo morphology and evaluation, *Theriogenology*, 20 ; 407-416.
Lopes AS, Larsen LH, Ramsing N, et al (2005) Respiration rates of individual bovine in vitro-produced embryos measured with a novel, non-invasive and highly sensitive microsensor system, *Reproduction*, 130 ; 669-679.
Magnusson C, Hillensjo T, Hamberger L, et al (1986) Oxygen consumption by human oocytes and blastocysts grown in vitro, *Hum Reprod*, 1 ; 183-184.
Mohr LR, Trounson AO (1981) : Structural changes associated with freezing of bovine embryos, *Biol Reprod*, 25 ; 1009-1025.
Moriyasu S, Hirayama H, Sawai K, et al (2007) Relationship between the respiratory activity and the pregnancy rate of bisected bovine, *Reprod Fertil Dev*, 19 ; 219
Murayama Y, Omata S (2004) Fabrication of micro tactile sensor for the measurement of micro-scale local elasticity, *Sens Actuat A* 109 : 202-207.
Murayama Y, Constantinou CE, Omata S (2004) Micromechanical sensing platform for the characterization of the elastic of the ovum via uniaxial measurement, *J Biomechanics*, 37 ; 67-72.
Nagashima H, Kasiwazaki N, Ashman RJ, et al (1994) Removal of cytoplasmic lipid enhances the tolerance of porcine embryos to chilling, *Biol Reprod*, 51 ; 618-622.
Nakahara K, Saito H, Saito T, et al (1999) The incidence of apoptotic bodies in membrane granulose can predict prognosis of ova from patients participating in vitro fertilization programs, *Fertil Steril*, 68 ; 312-317.
Nilsson B, Magnusson C, Widehn S, et al (1982) Correlation between blastocyst oxygen consumption and trophoblast cytochrome oxidase reaction at initiation of implantation of delayed mouse blastocysts, *J Embryol Exp Morphol*, 71 ; 75-82.
Overstrom EW (1996) In vitro assessment of embryo viability, *Theriogenology*, 45 : 3-16.
Rieger D (1992) Relationship between energy metabolism and development of early mammalian embryos, *Theriogenology*, 37 ; 75-93.
Rieger D, Loskutoff NM, Betteridge KJ (1992) Developmentally related changes in the uptake and metabolism of glucose, glutamine and piruvate by cattle embryos produced in vitro, *Reprod Fertil Dev*, 4 ; 547-557.
Rieger D, Loskutoff NM (1994) Changes in the metabolism of glucose, puruvate, glutamine and glycine and glycine during maturation of cattle oocyte in vitro, *J Reprod Fertil*, 100 ; 257-262.
Scott L, Alvero R, Leondires M, et al (2000) The morphology of human pronuclear embryos is positively related blastocyst development and implantation, *Hum Reprod*, 15 ; 2394-2403.
Shea BF (1981) Evaluating the bovine embryo, *Theriogenology*, 15 ; 13-42.
Shiku H, Shiraishi T, Ohya H, et al (2001) Oxygen consumption of single bovine embryos probed with scanning electrochemical microscopy, *Anal Chem*, 73 ; 3751-3758.
Shiku H, Torisawa Y, Takagi A, et al (2005) Metabolic and enzymatic activities of individual cells, spheroids and embryos as a function of the sample size, *Sens Actuat B*, 108 ; 597-602.
Smith PJS, Hammar K, Porterfield DM, et al (1999) Self-referencing, non-invasive, ion selective electrode for single cell detection of trans-plasma membrane calcium flux, *Microsc Rec Tech*, 46 ; 398-417.
Tesarik J, Greco E (1999) The probability of abnormal preimplantation development can be predicted by a single static observation on pronuclear stage morphology, *Hum Reprod*, 14 ; 1318-1323.
Thompson JG, Partridge RJ, Houghton FD, et al (1996) Oxygen up take and carbohydrate metabolism by in vitro derived bovine embryos, *J Reprod Fertil*, 106 ; 299-306.
Thompson JG, McNaughton C, Gasparrini B, et al (2000) Effect of inhibitors and uncuplers of oxidative phosphorylationduring compaction and blastulation of bovine embryos cultured in vitro, *J Reprod Fertil*, 118 ; 47-55.
Trimarchi JR, Liu L, Porterfield DM, et al (2000) Oxidative phosphorylation-dependent and -independent oxygen consumption by individual preimplantation mouse embryos, *Biol Reprod*, 62 ; 1866-1874.
Van Blerkom J, Davis P, Alexander S (2000) Differential mitochondrial distribution in human pronuclear embryos leads to dis proportionate inheritance between blastomeres ; relationship to microtubular organization, ATP content and competence, *Hum Reprod*, 15 ; 2621-2633.
Veeck LL (1991) *Atlas of the human oocyte and early conceptus*, vol 2. Williams & Wilkins Co, Baltimore.
Wang WH, Abeydeera LR, Han YM, et al (1999) Morphologic evaluation and actin filament distribution in porcine embryos produced in vitro and in vivo, *Biol Reprod* 60 ; 1020-1028.
Wright JM (1981) Nonsurgical embryo transfer in cattle :

embryo-recipient interactions, *Theriogenology*, 15 ; 43-56.
Wurth YA, Kruip ThAM (1992) Bovine embryo production in vitro after selection of the follicles and oocytes, *Proceedings of the 12th International Congress of Animal Reproduction (ICAR)*, 1 ; 387-389.
Yokoo M, Ito-Sasaki T, Shiku H, et al (2008) Multiple analysis of respiratory activity in the identical oocytes by applying scanning electrochemical microscopy, *Trans of MRS-J*, 33 ; 763-766.

TOPIC 6

ヒト卵子のクオリティー評価（臨床編）

Key words　IVM 卵子／卵子・胚の品質／酸素呼吸量／マイクロ電極／SECM

種々の動物の卵子，胚のクオリティーはその後の胚発生に強く影響し，より精度の高い非侵襲的な評価法が必要とされる．卵子や胚の形態学的評価はその後の妊娠率がある程度予測可能となり，IVF ラボでは頻用されている．しかしこれら形態学的な観察のみでは観察者の主観的評価と熟練を要し，客観的な卵子，胚の評価と胚への影響の少ないより精度の高い評価法が必要となる．その精度を高めるため，非侵襲的な卵子や胚評価のためさまざまなアプローチがなされてきた（Boiso, 2002；Overstorm, 1992）．ミトコンドリアは呼吸により細胞活動に必要な ATP を産生する重要な細胞小器官であり，酸素消費と密接な関係があることを阿部らは報告している（Abe et al, 2005；Abe, 2007）．その報告によるとさまざまな動物種の胚の研究においてミトコンドリアが正常に発達している胚は高い品質の良好胚であるとしている．これらの観点から卵子や胚の品質管理として，走査型電気化学顕微鏡（SECM, scanning electrochemical microscopy）が開発され，呼吸測定装置は安全で，簡便かつ精度の高い客観的評価可能な装置である．

今回我々はヒト未成熟卵の呼吸量測定をこの SECM を用いて施行し，ヒト未受精卵や卵子一卵丘細胞複合体 COC（cumulus ooccyte complex）の呼吸量を測定し，その電顕的な超微形態を観察し，胚評価法として有用か検討した．さらその後発生した胚の呼吸量について研究してきたのでその概要を報告する．

卵子卵丘細胞複合体（COC）および未成熟卵子の呼吸量

今回我々は IVM-IVF にて採取された COC および未成熟卵子を形態学的に分類すると，グレード 1 は 4 層以上に重なる卵丘細胞と均等円形卵子，グレード 2 は 3 層に重なり合う卵子全体を覆う卵丘細胞，グレード 3 は卵丘細胞に覆われる領域が半分以下，グレード 4 は完全裸化卵子（卵丘細胞なし），グレード 5 は卵子が小さいもしくは変形したものとした．これらの形態学的分類によるヒト卵子の成熟率はグレード 1 で70.0%，グレード 2 で63.3%，グレード 3 で 20.0%，グレード 4 で33.3%グレード 5 で 0 %とグレードの下降に伴って成熟率も減少した．

阿部らの開発した SECM を用いて，呼吸量測定を行った結果，IVM26時間培養前後のヒト COC 全体の呼吸量は平均値は培養前で4.17±1.18F×10^{14}/mol S^{-1}，培養後には4.88±1.04F×10^{14}/mol S^{-1}と呼吸量は有意差を認めなったが培養後に上昇傾向を示した．これらの結果はウシやブタ等の他の動物種の結果と同様であった（Abe, 2007）．IVM 培養前のグレード分類による酸素呼吸量の比較では，培養前後共にグレードの下降とともにその酸素呼吸量は減弱した．図 1 はヒト卵子の呼吸量を示す．GV 期の平均値は0.49F×10^{14}/mol S^{-1}GV 期もしくは MI 期で 0.47F×10^{14}/mol S^{-1}，MII 期　で0.41F×10^{14}/mol

SECM（scanning electrochemical microscopy）：マイクロ電極によって溶液中の還元電位を検出し，球形浸透理論により容存酸素を測定し，卵子や胚の酸素呼吸量を測定することが可能な装置．非侵襲的で卵子や胚を迅速に評価判定することができる．

IVM-IVF（*in vitro* maturation & *in vitro* fertilization）：主に多嚢胞性卵巣（PCOS）などの患者に卵巣過剰刺激症候群（OHSS）を回避するために使用され，HMG 注射をほとんど使用せず，未熟卵を採取し体外で成熟させ受精卵を ICSI で作成し，胚移植させる比較的新しい ART の方法である．最近世界的にも定期的に国際学会が開催され世界的にも注目されている．

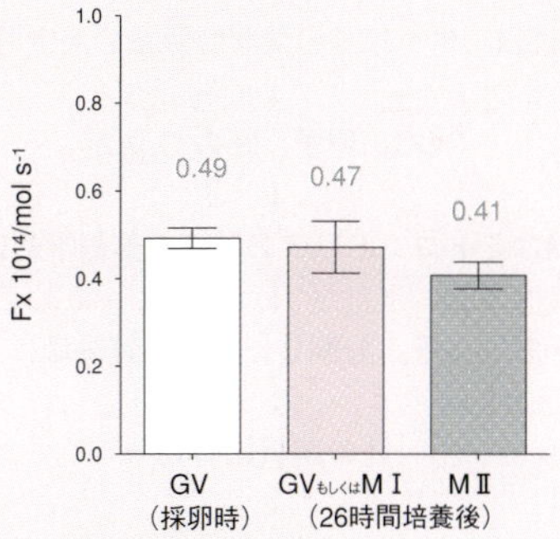

図１．ヒト卵子の呼吸量
Mean±SEM

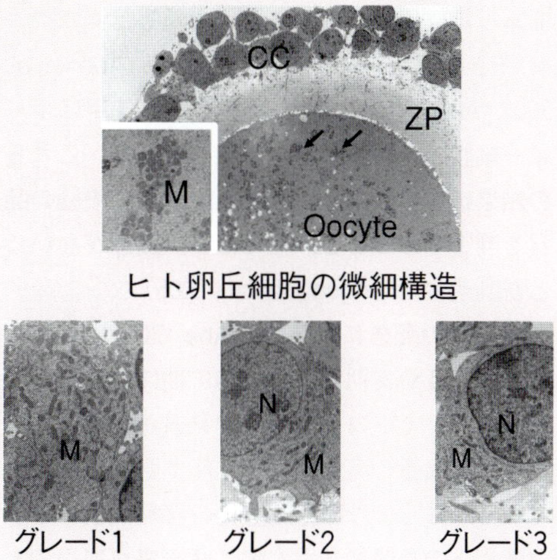

図２．ヒト卵子ー卵丘細胞複合体（COC）の微細構造

S^{-1}となり統計学的に有意差を認めなかった．その後のIVFにより発生した分割卵の酸素呼吸量は個体差による異なるが，平均0.40–0.50 F×10^{14}/mol S^{-1}とCOHの受精卵と同様の結果を得た．さら酸素呼吸量の多いCOCとその卵子の酸素呼吸量とは必ずしも一致しなかった．

透過型電子顕微鏡（TEM）を用いたヒトCOCおよび未成熟卵子の電子顕微鏡像

ヒト未成熟卵を採取し，胚の発生と呼吸量測定において形態学的分類別に卵丘細胞，未成熟卵子の微細構造を透過型電子顕微鏡（TEM）を用いて観察評価した．図２上段はグレード１のヒト卵子ー卵丘細胞複合体の微細構造を示し，外側は卵丘細胞（CC），ZPは透明帯，内側（Oocyte）は卵細胞質で卵細胞質内に矢印で示したようにミトコンドリアが観察される．数も豊富で円形の丸いミトコンドリアの拡大像が左側である．卵細胞質と透明帯との間に両者のコミュニケーションをとっているギャップ結合も認められる．図２下段はグレード別のヒト卵丘細胞の微細構造で，グレード１はミトコンドリアの発達が著明で数も豊富でcristae形成も一部散見される．グレード２，３になるに従ってミトコンドリアの数も減少し，疎になり，ミトコンドリアの形状も縮小傾向を示した．この研究により卵丘細胞の豊富な卵子ほどミトコンドリアの発達が顕著であり，かつ酸素呼吸量もグレードのよいものほど高くなり，細胞内のミトコンドリア量と酸素呼吸量が正の相関を示すことが判明した．

近年胚の新しい評価法として培養24時間後の前核の核小体の配列により胚盤胞への発生率と着床率の改善例がJ. Tesarikらにより報告されたが（Tesalik et al, 2000;Ebner et al, 2002），最近の見尾らのtime-lapse cinematographyを用いた報告では，核小体の配列も個々の分割卵でさまざまに移動し，動態的観察では核小体の配列はある一時点での評価の一部にすぎないことが判明した（Mio, 2006）．すなわち核小体は発育の過程で配列をドラマチックに変えている．

そこで阿部は，単一胚の測定可能なシステムである電気化学顕微鏡を用いた呼吸量測定により卵子および胚の評価を試みた（Abe et al, 2005 ; Abe, 2007）．このシステムの使用により単一細胞の呼吸量測定が可能になった．これらの結果により酸素呼吸量の測定は個々の胚の品質を判定できること，胚の性とは関連がないことが判明した（Agung et al, 2005）．

阿部らの報告によると（Abe, 2007）多くの動物胚では桑実期から胚盤胞に期にかけて呼吸量の増加とミトコンドリアの発達が一致して起こり，呼吸量の高い胚は発生能や耐凍能が良好である．さらに呼吸量測定後の移植実験では基準値以上の呼吸量を示す胚は妊娠率が高いことが判明した．よって呼吸量測定は胚の品質評価に有効である．ヒト胚では同じ veeck 分類のグレードでも呼吸量が個々の胚の品質により異なるが，胚分割には最適な酸素呼吸量を必要とし，一般に桑実胚期や胚盤胞期にその呼吸量は上昇した．また凍結融解胚の我々の最近の知見では呼吸量の上昇している群では融解後の胚盤胞到達率が有意に上昇し，呼吸量の高い胚は耐凍能の高いことがヒト胚でも確かめられた．

さらに SECM 装置を用いて単一動物卵子の呼吸量を測定する検討を加えると，卵子成熟過程における呼吸代謝能を詳細に検討することが可能となった．成熟前後において卵子および卵丘細胞の呼吸能，卵子における ATP 含量およびミトコンドリアの分布様式が顕著に変化し，この呼吸活性は培養条件（培地の種類）によって影響を受けると阿部らは報告した．さらに卵丘細胞の付着状態によって卵子の呼吸能が異なり，高い呼吸活性を有する COC は卵子成熟培養後の成熟率が高い事が判明した．ヒト卵子の呼吸量も同様に卵丘細胞の付着 3 層以上のグレード 1，2 では有意に高く，その後の成熟率

SECM：単一細胞の酸素呼吸量の測定可能

↓

COC，卵子，胚の O_2 測定

↓

SECM はミトコンドリアの状態と形態学的に相関

↓

卵子成熟過程，分割した胚の品質評価に有効

↓

胚の選択に有効

↓

妊娠率向上に結びつく

にも反映され，受精率や胚発生率に影響を与えうることが判明した．これらの研究により，SECM はヒト卵子の品質評価にも有効であることが示唆された．

ART における SECM の将来

2008年より日本産科婦人科学会や日本生殖医学会では多胎防止のため，ART では移植胚を35歳以下では原則 1 個としている．これにより，最良好胚の品質評価がより厳密に求められている．すなわち ART では最良の質の胚の選択が必要となり，SECM はこの最良好胚選択の一助となると考えられる．

（吉田仁秋）

引用文献

Abe H, Shiku H, Aoyagi S, et al (2005) Respiration activity of bovine embryos cultured in serum-free and serum-containg media, *Reprod Fertil Develop*, 17 ; 205.

Abe H (2007) A non-invasive and sensitive method for measuring cellular respiration with a scanning electrochemical microscopy to evaluate embryo quality, *J Mamm Ova Res*, 24 ; 70-78.

Agung B, Otoi T, Abe H, Hoshi H, Murakami M, Karja NWK, Wongsrikeano P, Watari H, Suzuki T (2005) Relationship between oxygen consump-

tion of bovine in vitro fertilized embryos, *Reprod Dorn Anim*, 40 ; 51-56.
Boiso I, Veiga A, Edwards RG (2002) Fundamentals of human embryonic for growth in vitro and the selection of high-quality emryos for transfer, *Reprod Biomed Online*, 5 ; 328-350.
Donnay I, Leese HJ, (1999) Embryo metabolismduring the expansion of the bovine blastocyst, *Mol Reprod Dev*, 53 ; 171-178.
Ebner T, Moser M, Sommergruber M, et al (2002) First polar body morphology and blastocyst formation rate in ICSI patients, *Hum Reprod*, 9 ; 2415-2418.
Mio Y (2006) Morphlogical analysis of human embryonic development using time lapse cinematography, *J Mamm Ova Res*, 23 ; 27-35.
Overstorm EW, Duby RT, Dobrinsy J, et al (1992) Viability and oxidative metabolism of the bovine blastocyst, *Theriogenology*, 37 ; 269.
Tesalik J, Junca AM, Hazout A, et al (2000) Embryos with high implantation potential after intracytoplasmic sperm injection can be recognized by a simple, non-invasive examination of pronuclear morphology, *Hum Reprod*, 6 ; 1396-1399.
Utsunomiya T, Goto K, Nasu M, Kumasako Y, Araki Y, Yokoo M, Ssaki T, Abe H (2008) Evaluating the quality of human embryos with a Measurement of oxygen consumption by scanning electrochemical microscopy, *J Mamm Ova Res*, 25 ; 2-7.

TOPIC 7

ヒト胚のクオリティー評価

Key words 胚のクオリティー／呼吸量／良好胚選択／ミトコンドリア／異分野融合

はじめに

1978年に世界ではじめて体外受精・胚移植(IVF-ET)が成功して30年を越えたが，その間，胚のクオリティー評価は顕微鏡下に観察し，グレード分類する方法によってなされてきた．最良好胚の選択は妊娠率を高めるだけでなく，流産率の減少，および単一胚移植を行うことによる多胎妊娠の防止にも有用といえる．しかし，この方法では，観察者間の差が出ることがあり，客観性に乏しいという問題点があった．客観性のある基準として，良好胚（正常発達胚）はミトコンドリアにおけるATP生産が活発であることから，胚の呼吸量（酸素消費量）が，胚のクオリティーの指標となると考えられ，電気化学的計測技術を基盤とする走査型電気化学顕微鏡（SECM, scanning electrochemical microscopy）により，単一胚の呼吸量測定が，非侵襲的に可能となった（阿部ら，2007）．SCEMを用いることで，生殖補助医療（ART）において，ヒト胚のクオリティー評価が可能になると期待されたことから，まず基礎的な検討を行い，十分臨床応用に耐えうる方法を確立するに至った．本節では，本院の臨床的応用に向けて行った基礎研究と臨床成績について紹介する．

1　SECMの安全性について

臨床応用するにあたり，その測定手法の胚に及ぼす影響の安全性を確認した．まず，院内の倫理委員会で審査し，その後，日本産科婦人科学会倫理委員会に申請し，認可を受けて安全性の確認を行った．その結果，SECMを用いて呼吸量を測定した胚179個と，コントロール胚272個の胚盤胞期への発生率は差がなかったことから，本法の安全性は確認された．

2　胚の形態グレードと胚の呼吸量

次に，分割期胚の形態的グレードと胚呼吸量の比較検討を行った．その結果，胚の形態的グレードと呼吸量は一致しない例が多く見られた．つまり，形態的に同じグレードを示す胚でも，その呼吸量は異なっていた．また，ウシ胚の呼吸量（Abe et al, 2004）とは異なり，ヒト胚では4細胞期胚から10細胞期胚にかけて，呼吸量はほぼ同じ値を示し，分割期からすでに高い呼吸量を示すことがはじめて明らかとなった．この結果は，ヒト胚における生物種固有の現象であるのか，あるいは，現在一般的に用いられている胚の培養液が最適でないため，異常を示しているのかは現時点では判断できない．しかし，胚盤胞期胚移植が高い妊娠率をもたらすと期待されたが，症例数を重ねていくにつれ，randomized studyでも評価が分かれているのも事実である．これらを合わせて考えると，ヒト胚の呼吸量測定結果は，胚盤胞期胚への発生培養の問題点を指摘しているのかもしれない．

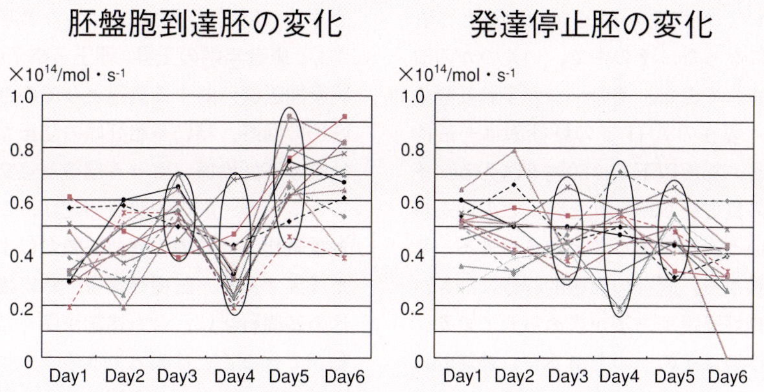

図1．毎日測定による呼吸量の経時変化

3　分割期胚呼吸量と胚盤胞形成

胚呼吸量測定により，その受精卵が胚盤胞期へ到達するか否かを予見できるか明らかとするため，分割期胚から胚盤胞期胚まで測定を行った．その結果，受精後3日目（D-3）に呼吸量が高い胚は胞胚腔形成が早く，その呼吸量は一定の範囲内で収まる．しかし，それ以下または高い呼吸量の胚は胚盤胞形成率が低い傾向を示した．このことから，胚盤胞期まで成長できる良好な胚はD-3の時点である一定の呼吸量を示し，D-3で予測が可能であることが明らかとなった．

4　前核期胚から胚盤胞期胚までの連続胚呼吸量測定

廃棄希望の凍結前核期胚を融解し，胚盤胞期胚までの発達過程を連続して呼吸量を測定した（図1）．その結果，分割期胚は一定の呼吸量を示したが，D-3で発育良好胚ではやや呼吸量が高く，不良胚ではばらつきが大きいが，やや低い傾向を示した．compactionが生じるD-4胚において，著明な違いが見られた．すなわち，

形態評価が全く同じ良好胚75周期

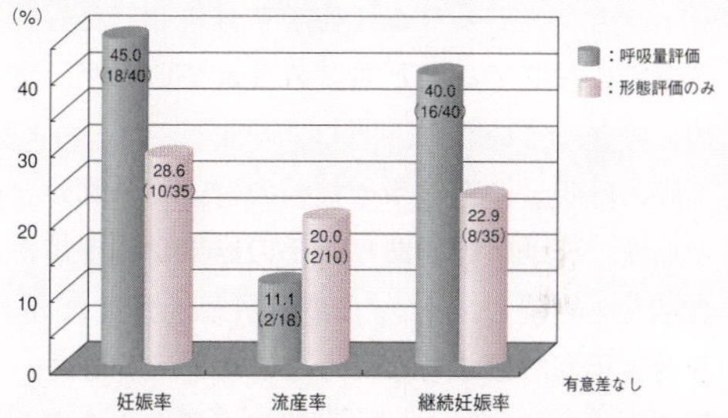

図2．選択的単一胚移植（eSET）の妊娠率

発育良好胚はD-4で一定の呼吸量の低下が見られたのに対し，発育不良胚はこの呼吸量の下降が見られず，同程度の呼吸量を示し，発育が停止した．それに対し，発育良好胚はD-5から再び呼吸量が増加し，胞胚腔を形成した．このように発育良好胚は呼吸量に変化が見られ，不良胚は増減がなかったことから，D-3，D-4で呼吸量を測定することによってその後の発育を予測できると思われた．

5　臨床的有用性の検討，特に選択的単一胚移植について

30年以上前に成功を収めたIVF-ETは，その後，数々の改良を重ね，その結果，現在では不

妊治療においてARTも一般的な治療法とされてくるようになった．その中で，いくつかの改良点も指摘されてきた．その一つが多胎妊娠の防止である．現在のARTでの妊娠率は一般的に30%を越え，35歳以下では50%を越える．その中で複数の良好胚が得られた時，どの胚を移植するかという選択に迷うことが多々ある．このような背景から，既存の形態的評価に加え，それ以外の良好胚選別方法が求められてきた．胚盤胞期胚移植はその一つであるが，最終的に形態的評価に基づくため，それも客観的な指標とはいえない．最近では培養後の培養液（コンディションメディウム）組成を分析し，良好胚の選別に役立てることも試みられているが，実用には至っていない．

胚の呼吸量測定はやや技術の習得に時間がかかるが，非侵襲性であり，その結果は測定値が数字として現れ，かつ，形態的評価を加えれば，なお有用な評価法となりうることを確認した．図2は，我々が実施した，形態的評価のみを行って選別した場合と，形態的評価に加え，呼吸量測定も行って選別した場合の75周期における妊娠率の結果である．形態的評価に加え，呼吸量を測定した場合，妊娠率は28.6%から45.0%に上昇し，流産率は20.0%から11.1%に下降し，その結果，継続妊娠率は22.9%から40.0%に上昇した．このように良好胚の選択には複数の方法で評価を行うことの有用性が確認された．

まとめ

ARTが不妊治療に臨床応用され，多くの工夫が世界中で試みられ，当初の妊娠率は1ケタ台であったものが，最近では30-40%を示すようになった．これは正常女性の1回の排卵における妊娠率が18-35%であることを考えると，もうこれ以上は望めないような数字である．しかし，患者年齢の上昇，卵子・精子の質の低下，周産期医療に対する責務としてのハイ・リスク妊娠の回避，特に多胎妊娠の防止など，近年の社会の不妊治療に寄せる期待と注文は多くなってきている．胚の呼吸量測定は，この生殖医療と電気化学的技術の異分野融合によって生まれた成果である．医療従事者，特に臨床医は，現代の基礎科学に，今も造詣が深く自由に研究活動ができることはまれであろう．生殖医療を発展させていくには，今回のような電気化学や，あるいは生物学，発生学，分子生物学，遺伝子を中心としたゲノム，およびエピゲノム学領域など，多くの周辺科学を取り入れていく必要があると考える．これらの領域との共同研究・開発が，今後の生殖医療の進展に大きく寄与するであろうことは論を待たないと思う．これからは視点をそれら関連領域の分野にも向け，積極的に他分野の専門知識を取り入れていかねばならない時期が来ていると思う．

（宇津宮隆史）

引用文献

Alberts B, Johnson A, Lewis J, et al (2004) エネルギー変換－ミトコンドリアと葉緑体，細胞の分子生物学第4版，中村桂子，松原謙一，pp767-781，ニュートンプレス，東京．

阿部宏之，横尾正樹，熊迫陽子ほか（2007）電気化学的イメージング法を応用した単一ヒト胚の呼吸能解析，産婦人科の実際，56, 12 ; 2053-2057.

Abe H, Shiku H, Aoyagi S, et al (2004) In vitro culture and evaluation of embryos for production of high quality bovine embryos, *J Mamm Ova Res*, 21 ; 22-30.

阿部宏之（2006）電気化学的イメージング技術を応用した胚のクオリティー評価，産婦人科の実際，55, 2 ; 207-216.

Shiku T, Shiraishi T, Ohya H, et al (2001) Oxygen consumption of single bovine embryos probed by scanning electrochemical microscopy, *Anal Chem*,

73 ; 3751-3758.
那須恵，熊迫陽子，後藤香里ほか（2008）電気化学的呼吸計測によるヒト胚のクオリティー評価，産婦人科の実際，57，2 ; 289-294.

Utsunomiya T, Goto K, Nasu M, et al (2008) Evaluating the quality of human embryos with a measurement of oxygen consumption by scanning electrochemical microscopy, *J Mamm Ova Res*, 25 ; 2-7.

第 XIV 章

卵巣機能の加齢

［編集担当：麻生武志］

ヒトの生涯は，成長に要する期間，生殖が可能な期間，生殖が不可能になった後に死に至るまでの期間に分けられる．生殖が可能になる思春期から性成熟期にかけて雌では排卵が始まり，生殖が完全に不可能となる閉経時には卵巣機能の全てが停止することになり，この間の卵巣機能には特異的な加齢現象がみられる．動物にとって生殖可能な期間は，本来は個体群が再生産を維持するための最低でも2－3回の出産が可能な年数に当たる．霊長類における生殖に関わる各相の長さを比較したデータを見ると，雌の生殖可能な期間（生殖年齢）は，妊娠期間の長短に相関している．この寿命，生殖年齢，妊娠期間の三者が相関するとの原則に従えば，ヒトでは妊娠期間40週に対しで生殖年齢40歳となる．しかし人類では，近代以降の生活環境の改善と医療衛生面での進歩による事故的な死の減少と疾患の予防・治療が可能となった結果，寿命の大幅な延長がもたらされた．一方この間の閉経年齢には殆ど変化は無く，生殖年齢は上記の環境の変化によって影響を受けないことが明らかであり，性腺の老化は性成熟と同様に，その種固有の生殖戦略を規定する根源的な要因であり，環境などの影響などで変化しないようは遺伝的な仕組みが出来上がっているとの考えが提示されている（高橋，2000）．

本章では先ず，生殖が可能になる性成熟期の幕開けの時期に当たる思春期における卵巣機能の開始に関連する機構を述べ，次いで生殖が完全に不可能となる過程である更年期・閉経期のおける卵巣機能が終焉を迎えるプロセスを概説し，これらの時期に生じる可能性のある主な症状・障害・疾患の病因・病態と，それらに対するケアと治療について解説する．

高橋迪雄（2000）生殖系の老化と寿命．*Hormone Frontier in Gynecology*，7：365-370

［麻生武志］

XIV-60

卵巣機能の開始──思春期

Key words
思春期／思春期発来機序／初経／第二次性徴／原発性無月経

はじめに

思春期とは，身体的に未熟な小児期から性的に成熟された成熟期への移行期間であり，性機能の発現開始すなわち第二次性徴出現に始まり，**初経**を経て第二次性徴が完成し月経周期が確立するまでの期間をいう（産婦人科用語集・用語解説集，2008）．女子の順調な思春期の発現には，視床下部－下垂体－卵巣系の内分泌器官の機能的成熟の進行が必須であり，したがって**思春期発来**の機序を考える上では，思春期前後のこの系での内分泌調節機序（久保田，麻生，1996）を理解することが重要となる．

1 思春期の発来と初経

第二次性徴は 9 −10歳から乳房の発育が開始し，次いで恥毛が発生し身長が急増する．初経の50％は骨年齢13.5歳から14.5歳の間に起こり，15歳を過ぎるとほぼ全例に初経を見る．エストロゲンは子宮と乳腺の発育を刺激し脂肪沈着を調節し，初経後 1 − 3 年たって16-17歳でエストロゲンの作用により，骨端線が閉鎖し成長が停止して思春期を終える．初経年齢は年々少しずつ早くなっており，初経の早発化の原因は，身体の発育促進ときわめてよく平行している

思春期：身体的に未熟な小児期から性的に成熟された成熟期への移行期間をいう．この時期は身長の著しい増加があるが，最も特徴的な変化は性徴の変化で，性機能の発現開始，すなわち乳房発育ならびに陰毛発生などの第二次性徴出現に始まり，初経を経て第二次性徴の完成と月経周期がほぼ順調になるまでの期間をいう．その期間はわが国の現状では 8 − 9 歳ごろから17−18歳ごろまでになる．（日本産科婦人科学会，2008）

思春期発来：性腺刺激ホルモン分泌増加に伴い，性腺から性ステロイドホルモンが分泌され，性器の発達，二次性徴の発現，身体発育の急激な発達が見られ，この間に初経が発来する．視床下部からの性腺刺激ホルモン放出ホルモン（GnRH）のパルス状分泌が開始され，さらに少量の性ステロイドホルモンによる負のフィードバックが解除されることで，下垂体前葉からの性腺刺激ホルモン分泌が増加する．また，性腺の性腺刺激ホルモン感受性が増大する．これらの結果，女児では，卵巣顆粒膜細胞によりエストロゲンが，男児では，精巣のライディッヒ細胞によりアンドロゲンが産生される．GnRH パルス状分泌は，前思春期から夜間に散発的に認められるが，次第に規則的で大きなピークを持つ分泌となる．性中枢にある性ステロイド感受装置の感受性変化がこれら思春期発来の直接的メカニズムと考えられている．（医学大辞典，医学書院）

初経：はじめて月経が発来することを初経という．この時期には卵巣・子宮など生殖器の発育ならびに機能はまだ完成しておらず，成熟期に見られるような排卵性月経はほとんど見られない．初経年齢は人種・社会環境・生活習慣・栄養状態によりかなり異なるが，近年世界的に若年化の傾向にあり，わが国では平均12歳である．（日本産科婦人科学会，2008）

第二次性徴：性染色体に由来する内・外生殖器の男女差を第一次性徴という．これに対して思春期になり性ホルモンの作用の差によって生じる性器以外の男女それぞれの特徴を第二次性徴という．女子では乳房の発育，逆三角形の陰毛発生，皮下脂肪沈着などがあり，男性では声がわり，喉頭隆起，ひげの発生，臍を頂点とした陰毛発生，胸毛，筋肉の発達などである．第二次性徴の発達は，女性では 8 − 9 歳に始まり，17−18歳ごろに完成する．女性ではエストロゲンが，男性ではテストステロンが主に関与している．（日本産科婦人科学会，2008）

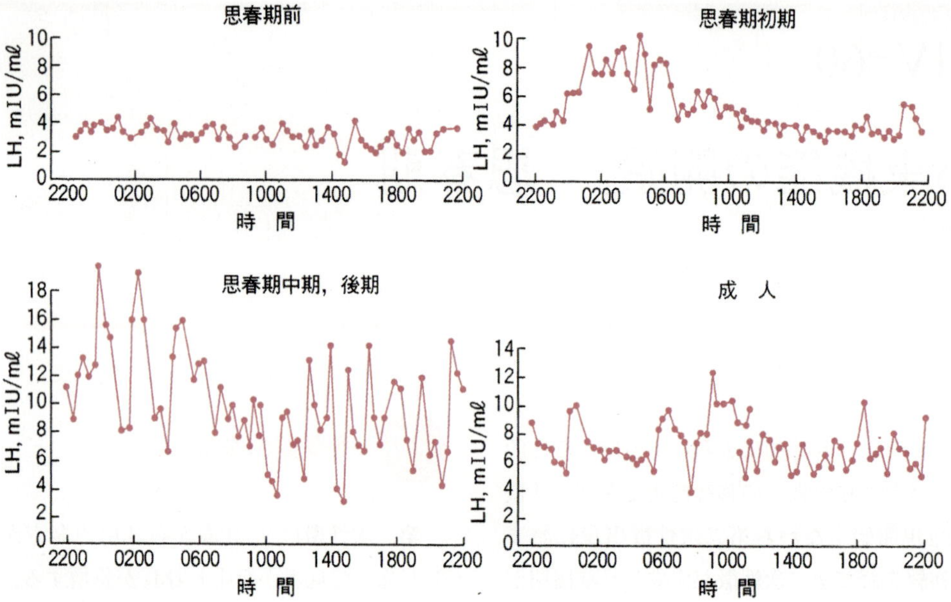

図XIV-60-1．性成熟期における LH の律動的分泌の変化（Weitsman et al, 1975より改変）

（日野林，1994）．初経はほとんど無排卵性を示すが，年齢とともに異常月経周期は減少する．

2 思春期の発来機序

思春期の発来機序を知るためには，思春期に至るまでの視床下部－下垂体－性腺系の中枢性機構の役割と，この系での各ホルモンの血中動態を理解することが大切である．これらの性中枢機構の成熟と性ステロイド感受装置の感受性変化が，これら思春期発来に大きく影響すると考えられている（石原，2003）．

(A) 神経内分泌機構

思春期には生殖機能の成熟に伴い，視床下部－下垂体－性腺系の賦活化が起こる．

(1) 胎生期から乳児期

胎生期から出生にかけて，胎盤からの性ステロイドホルモンによるネガティブフィードバックから開放され，新生児の血中ゴナドトロピン（Gn）分泌は増加する．これにより一過性に血中エストロゲンの上昇および卵胞の形成・閉鎖化を認める．やがて幼小児時になると，性腺機能抑制機構は視床下部の性ステロイドに対する感受性が亢進しており，Gn 分泌に対するネガティブフィードバック機構が強力に作用し，性腺刺激ホルモン放出ホルモン（GnRH, gonadotropin releasing hormone）の分泌が抑制される．この時期には　視床下部のパルス・ジェナレイターに対する中枢性抑制も作動するようになる．同時に，性ステロイドに依存しない中枢抑制機構の存在も考えられており（Conte et al, 1975），視床下部の GnRH の産生・放出機構が，自動的に抑制（中枢性抑制機構）を受けている．したがって下垂体Gn分泌細胞からのGnの分泌が少なく，律動性分泌パターンも抑制されている．そのため性腺刺激効果も少なく，性ステロイド分泌も低い（Grumbach, Kaplan, 1990）．

(2) 思春期前期

思春期前期（8–9歳）になると，性ステロイドによるネガティブフィードバック機構に対する感受性が低下するとともに，pulse generatorに対する中枢性抑制機構が解除されるようになる．したがって最初は夜間のGnRH律動分泌の頻度・振幅が亢進し，夜間睡眠時のGn分泌亢進，律動性分泌を見るようになり，血中Gn濃度は明らかな増加を示す（図XIV-60-1）（Weitsman et al, 1975）．これには視床下部のGnRHニューロンの増殖と発達や，下垂体におけるGnRH受容体の増加も関与している（浜谷ら，2009）．また，性ステロイドに依存しない中枢抑制機構の解除も重要な要素となる．このような機序によるGn分泌亢進に伴って性腺も刺激され性ステロイド分泌が上昇し始め，GnRHのpriming効果も加わって，下垂体の反応性もいっそう亢進してくる（吉村ら，1994）．

(3) 思春期中・後期

思春期中・後期になるとネガティブフィードバックの感受性がさらに低下し，中枢性抑制機構が完全に解除される．思春期前期から夜間散発的に認められたGnRH律動分泌は，次第に規則的で大きなピークを持ち昼夜の別なく見られるようになり，成人と同様のパターンを示す（Weitsman et al, 1975）（図XIV-60-1）．思春期前期に分泌される黄体化（形成）ホルモン（LH, luteinizing hormone）の生物活性は免疫活性に比し低く，

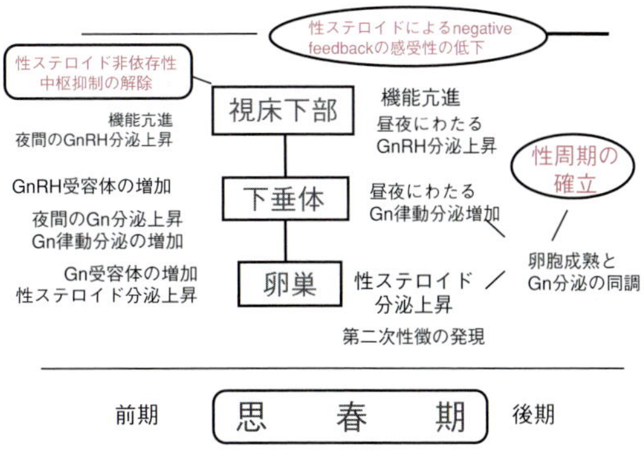

図XIV-60-2．思春期発来機序とホルモンバランス

思春期の進行とともに生物活性の高いLHが分泌され，これが卵巣の性ステロイド分泌を促進するという報告も見られる（Reiter et al, 1982）（Beitins, Padmanabhan et al, 1991）．また性腺のGn感受性も増大し，このGn分泌の増加に伴い，性ステロイドの分泌はさらに増加する．このような機序により卵巣での卵胞発育が認められるようになり，卵巣からのエストロゲン分泌が亢進し，第二次性徴の発現や初経の発来を見る．しかし初経が見られても，大部分は無排卵周期である．

(4) 正常月経周期の確立

正常月経周期の確立には，エストロゲンによる視床下部－下垂体のポジティブフィードバック機構の確立が必要である．思春期後期には，卵胞の成熟とともに増加したエストロゲンによりポジティブフィードバック機構が成熟し，それに同調してLHサージが発現するようになる（図XIV-60-1）．このような機序により，卵胞発育，成熟，排卵，黄体化，退縮という一連の正常月経周期が確立される（吉村ら，1994）．

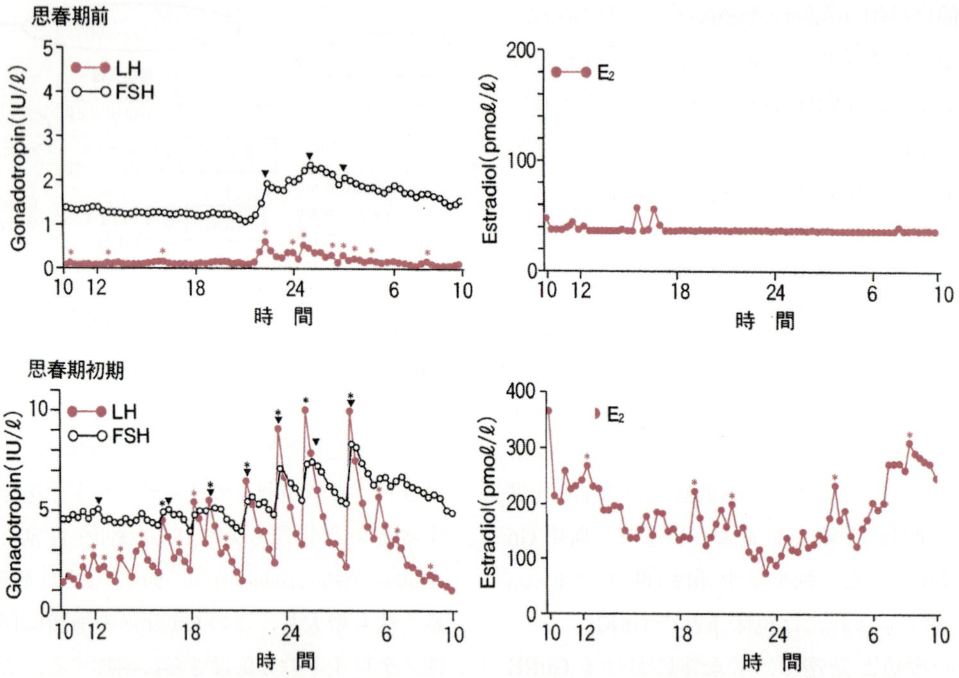

図XIV-60-3．思春期前および思春期初期の女子における血中 Gn と E2 値の変動（Goji, 1993より改変）

(B) 思春期発来過程での血中ホルモン動態

(1) 思春期前後の GnRH 分泌の変化

視床下部の GnRH 分泌は思春期発来に向けて増量する．思春期における Gn の分泌増加と分泌パターンの変化は，GnRH 分泌の変化によってもたらされる．思春期前の小児では GnRH に対する LH の反応性は著しく低反応であり，その後のステージが進むにつれ，その反応は成人に至るまで上昇する (Grumbach, Kaplan, 1990)．思春期前の GnRH の分泌は少ないので下垂体より分泌される Gn のプールは少なく，GnRH 投与による反応性は低いが，思春期が進むにつれ GnRH 分泌は増加し下垂体における Gn 量の増加が見られ，GnRH に対する反応性の亢進が見られるようになる (図XIV-60-2) (久保田，麻生，1996)．つまり，最初に GnRH 分泌律動の頻度，振幅の増大があり，これが下垂体からの Gn の律動的分泌を増し，最終的に性腺が刺激されてホルモン分泌を促進すると考えられる (吉村ら，1994)．

(2) 思春期発来時の Gn 分泌リズム

Gn の基礎分泌には律動性リズムと日内変動リズムがあり，思春期前後で明らかになってくる．思春期前の小児においても LH の律動性分泌が認められるが，思春期においてそのパルスの回数およびその振幅が増大する．Boyar R. M.ら (1974) は，思春期初期に夜間睡眠時の LH の律動性分泌が著明になることを報告している．睡眠中の LH の律動性分泌はノンレム睡眠の時に始まり，レム睡眠の間かあるいはその前後に終了する．このような睡眠に伴うLHの分泌増加は思春期前の小児にも認められるが，その頻度は低くその振幅も小さい．思春期後期になると，夜間のみならず昼間の律動性分泌も明らかになり，睡眠時と覚醒時のLHの分泌に差が認められなくなる（図XIV-60-2）．視床下部のpulse generatorも初期には主に夜間睡眠時に活動を亢進し，その結果としてLHの律動性分泌も主として夜間に生じるが，思春期後期になると日内変動も少なくなり，やがて成人と同様に昼夜の別なく律動性分泌が見られてくるようになる（図XIV-60-2）．卵胞刺激ホルモン（FSH, follicle stimulating hormone）に関してもLHほど明らかではないが，同様な日内変動が認められる．

思春期の睡眠時のGnの上昇をもたらす因子は現在のところ不明であるが，ターナー（Turner）症候群のような性腺形成不全症でも認められることから（Boyar et al, 1973），性腺ホルモンに無関係にあらかじめ中枢にプログラムされた現象であろうと推論されている．また，睡眠時のLH分泌の亢進は，GnRHに対するLHの反応性とよく相関することより，視床下部のGnRH pulse generatorの亢進によりもたらされるものと考えられている．

思春期発来時のGn分泌促進は，GnRHの影響，下垂体細胞の成熟あるいは性腺から分泌された性ステロイドの作用による下垂体Gn分泌細胞の反応性亢進などが関与していると考えられている．また，前述したごとく思春期前期に分泌されるLHの生物活性は低く，思春期中期・後期に生物活性の高いLHが分泌される（吉村ら，1994）．これが性腺の活動を促進するものと推定されるが，このようにLHの分子構造が変化する理由は明らかではない．

(3) 思春期前後の血中エストロゲン動態

血中エストラジオール（E_2）は女子では骨年齢10歳前後より上昇し，性差が明らかになってくる（Goji, 1993）．この時期にはGnの産生・分泌が増加し，E_2分泌も亢進する．この結果，E_2分泌に伴う乳房・腟・子宮の発達や女性特有の皮下脂肪の分布などが見られるようになり，10歳前後で乳房の発育，11歳前後で陰毛の発生が始まる．思春期初期では，血中E_2値はGnと同様の日内変動が見られるようになる（図XIV-60-3）（Goji, 1993）．初経が近づくと血中のGnの分泌がさらに増加し，血清E_2値も周期的な変化を示すようになり，平均12.5歳で月経が発来する．血中E_2値の上昇はLHおよびFSH値の上昇との間にそれぞれ5.7–9.3時間，4.3時間の時間差が存在し，Gnと異なり昼間に認められる．

(4) 思春期前後の血中アンドロゲンの動態

血中テストステロン（T）は男女共に骨年齢9歳前後より増加し始め，男性ではさらにLHの上昇とともに12–13歳より急激な増加を示し性差も明らかとなる（Grumbach, 1975）．思春期の性成熟の徴候と血中T値とはよく相関し，女性でも血中T値はLHの上昇と密接な関連を有しており，LH刺激により卵巣から分泌されると考えられる．思春期の睡眠時のLH上昇に伴い血清T値の上昇を認め，思春期男子では夜間のT値は昼間の2–3倍を示す（吉村ら，1994）．

血中アンドロゲンは小児期より思春期の女子では，デキサメサゾンによりその分泌は抑制され，ACTH投与によりその分泌が増加すること，また思春期前では性差が認められないことから，副腎由来と考えられている．このような副腎性アンドロゲンの増加は，Gn や卵巣性ホルモンより 2 年前後早く起こるとされており，思春期発来機序への関与が示唆されている（Sklar et al, 1980）．特に思春期女子における副腎性アンドロゲンの意義については，骨，身体発育，恥毛，腋毛の発達に重要な役割を果たしていると考えられる．また，先天性副腎過形成に認められるように，副腎性アンドロゲンの過剰分泌が中枢性性早熟症をきたすことから，副腎性アンドロゲンが下垂体－性腺系の賦活化になんらかの影響を及ぼしていると推測されている（吉村ら，1994）．

(5) 思春期前後の他のホルモン動態

プロラクチン（PRL）は，思春期には特に女子において血中濃度が上昇する．この上昇は年齢が進むにつれ高くなり，初経を経てさらに上昇することより，PRL と思春期発来の機序が示唆されるが，PRL の上昇は思春期発来に伴うエストロゲン増加による二次的現象であると考えられている．

血中 IGF-I（insulin-like growth factor-I）も思春期になると成人レベルより高値を示し，男子における T 値や女子における E_2 値と良好な相関を示す．この IGF-I の上昇には GH の分泌亢進が関与している（吉村ら，1994）．

(C) 思春期発来に関与する緒因子

(1) ネガティブフィードバック機構

胎生期から乳児期にかけて下垂体からの Gn 分泌は比較的亢進しているが，その後は思春期まで抑制した状態にある．小児期の Gn 分泌機構抑制機構は，視床下部の性ステロイドに対する感受性が亢進しており，わずかなエストロゲンによりネガティブフィードバックが作用する状態にある（Grumbach, Kaplan, 1990）．ところが思春期の発来とともに視床下部のネガティブフィードバックの set point レベルが上昇し，このフィードバックによる抑制がかかりにくくなって GnRH が放出され，それにつれて Gn の分泌が上昇してくる（Grumbach et al, 1974）．このことは，小児では成人に比しより少量のエストロゲンで Gn 分泌が抑制でき，次第に年月を経るにつれ抑制に要するエストロゲン量が増加してくることからも支持される．思春期発現期の Gn 分泌亢進や律動的変化は，ネガティブフィードバック機構の変化によるものと考えられている．

(2) ポジティブフィードバック機構

女子における下垂体－卵巣系の cyclic な変化は思春期の間に徐々に確立されるが，排卵をもたらす月経中期の LH サージは卵胞期後期の E_2 レベルの増加と密接に関係しており，思春期発来にはポジティブフィードバック機構の成熟が必要である．思春期前期では，視床下部－下垂体系に LH サージ発現機構が完成していないか，卵巣からのエストロゲンの分泌が不十分なため，十分な LH 発現機構の準備状態は作られていない．思春期中・後期になると，卵胞成熟に伴い上昇したエストロゲンが下垂体の感受性を高めると同時に視床下部からの GnRH 放出を促し，LH サージを起こす．雌ラットにおいては生後 3 週ごろにポジティブフィードバック機構の発現が見られるのに一致して，視床下部におけるエストロゲン受容体が質的・量的に変化することが知られており（吉村ら，1994），この受容体の成熟がポジティブフィードバック機構の発現に関与していることが示唆されている．

(3) 性ステロイド非依存性中枢抑制機構

小児期から思春期前までは下垂体からのGn分泌は抑制されているが，性腺形成不全症を伴う児にも小児期にGn分泌抑制期が存在することから，性ステロイドに依存しない中枢抑制機構の存在が考えられている．Conte F. A. ら（1975）は，1歳から3歳まではFSHやLHもある程度高いが，4歳以降10歳までは低値に抑えられており，またそれを過ぎると高値になるというGnの二相性の変動を報告している．これらの結果は，性腺からの性ステロイドホルモンの分泌がなくても視床下部－下垂体系が自動的にその働きを抑制していることを示唆しており，ネガティブフィードバックが作用していると同時に，ステロイド非依存性に視床下部のGnRHの産生・放出機構が，自動的に抑制（中枢抑制機構）を受けているためと考えられる．視床下部病変による思春期早発症は，このような抑制機構の障害によって生じるものと考えられている．

(4) SHBGの役割

性ステロイドは血中でSHBG（sex hormone-binding globulin）やアルブミンと結合している．SHBGと結合したステロイドは生物学的な活性はないことより，性ステロイドとしての生物活性を発揮するのは遊離型であると考えられている．SHBGは思春期で減少し性ステロイドの生理作用が増幅されることより，思春期発来機序を考える上でSHBGが重要な役割を果たしている可能性が示唆されている（Maruyama et al, 1987）．

3 思春期の発来機序の異常

(A) 早発思春期症

早発思春期とは8歳未満の第二次性徴発現や10歳未満の初経発現を総称していう．視床下部－下垂体系が早期から活動を開始してGn分泌を亢進し，その結果卵巣が刺激されて性ホルモンの分泌亢進が起こるのを真性早発思春期症という．一方，Gnの分泌なしに末梢器官が独自に早期から性ホルモンを過剰に分泌することによって生じるのは，仮性早発思春期症と分類する（川越，1994）．

思春期においてはまず夜間睡眠時にGnのパルス状分泌が盛んになり，やがて思春期が進行すると覚醒時のGn分泌も亢進し，卵巣からのエストロゲン分泌が活発になる（Weitsman et al, 1975）．真性早発思春期症では，このような内分泌的変化が年齢的に早期に発生した状態にあり，原因不明の特発性（ないしは体質性）がこの疾患の60–80%を占める．きわめて低年齢から発症し，多くの場合第二次性徴もバランスよく発達し（Rosenthal, 1975），思春期前のGn分泌のパルス頻度・振幅などは思春期－成熟期様のパターンを示す．また，脳腫瘍や炎症などの器質的脳病変によって発症する早発思春期症も約10%見られる．

仮性早発思春期症は，卵巣あるいは副腎の腫瘍，過形成などにより性ホルモンが思春期前から過剰に分泌された際に発症する．卵巣性では，各種のホルモン産生卵巣腫瘍により，副腎性では先天性副腎皮質ステロイド合成酵素欠損症や副腎皮質腫瘍の際に発症する．

(B) 遅発初経および原発性無月経

初経が16歳から18歳の間に見られるものを遅発月経，18歳になっても見られない器質的疾患を有する場合を原発性無月経と呼ぶ．遅発月経のほとんどは器質的疾患がなく，性腺系の機能的な発育が遅いためと考えられる．原発性無月経は，卵巣形成不全，子宮・膣の形成不全，視床下部－下垂体の器質的疾患や重症な機能的異常などが含まれるため，15歳までに初経が見られなければ，器質的疾患を診断・鑑別して対応する必要がある（久保田，麻生，1996）．

まとめ

幼小児期には，中枢のエストロゲンに対する感受性が高く，ネガティブフィードバック機構が強力に作動して血中Gnは抑制され，卵巣からのステロイド分泌は低い．しかし，思春期になると中枢性抑制機構は解除され，GnRH，Gnからの律動性分泌が亢進するに伴い，卵巣からの性ステロイドの分泌が増加し，第二次性徴の発現や初経の発来を惹起する．やがてポジティブフィードバック機構が完成することにより，正常月経周期が確立する．性中枢にある性ステロイド感受装置の感受性の変化が，これら思春期発来の直接的メカニズムと考えられている．

（久保田俊郎）

引用文献

Beitins IZ, Padmanabhan V (1991) Bioactive of gonadotropins, *Endocrinol Metab Clin North Am*, 20 ; 85-120.

Boyar RM, Finkelstein JW, Roffwarg H, et al (1973) Twenty-four hour patterns of luteinizing hormone and follicle stimulating hormone secretory pattern in gonadal dysgenesis, *J Clin Endocrinol Metab*, 37 ; 521-525.

Boyar RM, Rosenfeld RS, Kapen S, et al (1974) Simultaneous augmented secretion of luteinizing hormone and testosterone during sleep, *J Clin Invest*, 54 ; 609-618.

Conte FA, Grumbach MM, Kaplan SL (1975) A diphasic pattern of gonadotropin secretion in patients with the syndrome of gonadal dysgenesis, *J Clin Endocrinol Metab*, 40 ; 670-675.

Goji K (1993) Twenty-four-hour concentration profiles of gonadotropin and estradiol (E2) in prepubertal and early pubertal girls ; The diurnal rise of E2 is opposite the nocturnal rise of gonadotropin, *J Clin Endocrinol Metab*, 77 ; 1629-1635.

Grumbach MM (1975) Onset of puberty, In : *Puberty, biology and social components*, Berenberg SR (ed), pp1-21, Kluwer Academic Publishers, Leiden.

Grumbach MM, Kaplan SL (1990) The neuroendocrinology of human puberty : An ontogenetic perspective. In : *Control of the onset of puberty*, Grumbach MM, Sizonenko PC, Aubert ML (eds), pp1-68, Williams & Wilkins, Baltimore.

Grumbach MM, Roth JC, Kaplan SL, et al (1974) Hypothalamic-pituitary regulation of puberty in man : Evidence and concepts derived from clinical research, In : *Control of the onset of puberty*, Grumbach MM, Grave GD, Mayer FE (eds), pp115-166, John Wiley & Sons, New York.

浜谷敏生，山田満稔，吉村泰典（2009）性周期発現と排卵の機序，よくわかる病態生理12　婦人科疾患，久保田俊郎編，日本医事新報社，東京．

日野林俊彦（1994）初経年齢──第８回全国初潮調査より，*Hormone frontier in gynecology*, 1 ; 121-125.

石原理（2003）思春期発来，医学大辞典，伊藤正男，井村裕夫，高久史麿編，pp1032-1033，医学書院，東京．

川越慎之助（1994）早発思春期，*Hormone frontier in gynecology*, 1 ; 139-144.

久保田俊郎，麻生武志（1996）女性思春期のホルモンバランス，日本産科婦人科学会雑誌，48 ; N3-N6.

Maruyama Y, Aoki N, Suzuki Y, et al (1987) SHBG, testosterone, estradiol and DHA in prepuberty and puberty, *Acta Endocrinol*, 114 ; 60-67.

日本産科婦人科学会編（2008）産婦人科用語集・用語解説集，p198，金原出版，東京．

Reiter EO, Beitins IZ, Ostrea T, et al (1982) Bioassayable luteinizing hormone during childhood and adolescence and in patients with delayed pubertal development, *J Clin Endometrial Metab*, 54 ; 155-161.

Rosenthal IM (1975) True and pseudoprecocious puberty, In : *Gynecologic Endocrinology* 2nd ed, Gold JJ (ed), pp 478-490, Harper & Low, New York.

Sklar CA, Kaplan SL, Grumbach MM (1980) Evidence for dissociation between adrenarche and gonarche : Studies in patients with idiopathic precocious puberty, gonadal dysgenesis, isolated gonodotropin deficiency, and constitutionally delayed puberty, *J Clin Endocrinol Metab*, 51 ; 548-556.

Weitsman ED, Boyer RM, Kapran S, et al (1975) The relationship of sleep and sleep stages to neuroendocrine secretion and biological rhythms in man, *Rec Prog Horm Res*, 31 ; 399-441.

吉村泰典，吉永明里，永井晶子ほか（1994）思春期の発来機序，*Hormone frontier in gynecology*, 1 ; 111-120.

XIV-61

卵巣機能の終焉——更年期・閉経期

Key words
卵巣の加齢／更年期／閉経／更年期症状・障害／ホルモン補充療法

はじめに

卵子の数は性腺形成時に規定されてり，その後の発育・発達・成長・成熟・老化と進行する加齢の過程において消失の一途をたどる．この過程において卵巣は，生殖に直結する排卵・妊娠に，また同時に各種ホルモンを産生して精神・身体機能の調節に中心的な役割を担う．卵巣の加齢がどの様な機序で進行し，それに関与する因子は何か，その結果どの様な変化がもたらされるかを明らかにすることは，卵巣機能が終焉を迎える更年期・閉経の生理と病理を理解するために重要である．

1 加齢に伴う視床下部・下垂体・卵巣系機能の変化

(A) 卵母細胞と原始卵胞の胎生期からの加齢変動

加齢に伴う女性の生殖機能の変化と直接関連するのは卵巣の加齢である．卵巣の組織成分は大別すると卵胞と間質とで構成されているが，この中で卵母細胞の最大数は胎児期に獲得され，ヒトでは700万にも達し，出生時には200万，性成熟期には40万にまで減少する．このように加齢に伴う卵胞数の減少は単純に直線的な下降パターンを辿るのではなく，38歳頃までは緩徐に減少するが，その後の閉経までの減少は急激であり，閉経後の数年で完全に消失することが示されている (Burger, 1996)．この報告に加えて45–55歳の健康女性から摘出された卵巣中の卵胞数を算出した報告が見られる (Richardson et al, 1987)．この研究では対象とした女性は過多月経や子宮筋腫があり子宮全摘出術と両側卵巣摘除術を受けており，それまでの12か月の間の月経周期によって３群に分け，原始卵胞数の減少の実態を調べた貴重なデータが収録されている．第１群は規則的周期群６例（3－6週間の規則的な周期)，第２群は閉経周辺期７例（3週間以内または6週間以上の周期が，最短1年間持続)，そして第３群は閉経後群４例（1年以上の無月経）と区分した．各摘出卵巣を用い10μm厚連続切片（850－3000切片／卵巣）を作成し，全卵胞数を［1切片の卵胞数］×［総切片数］／［観察切片数］として算出した．その結果原始卵胞数の減少と年齢との間に関は $\log y = 11.69 - 0.21x$ (y：卵胞数，x：年齢，$p = 0.056$) の相関が認められた．一方月経周期の状態との間には，さらに高い相関が認められ ($p < 0.001$)，規則的な周期を示す群と閉経周辺期群の卵胞数には約10倍の

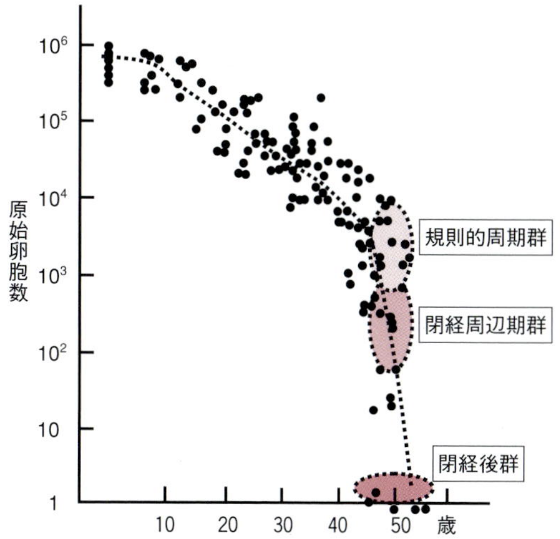

図XIV-61-1．加齢に伴う原始卵胞数の変化

Burger (1996), Richardson, Senikas, Nelson (1987) より改変

差があり，閉経後群では全く卵胞は認められなかった．これまでの報告を含め，原始卵胞数の加齢による変化をまとめると図XIV-61-1のようになる．

胎生期から閉経にいたる間の卵胞数の減少がどの様な機序でコントロールされているかについては未だ明らかではない．女性の生殖可能期間の各排卵性月経周期には，一定数の卵胞がリクルートされて発育を開始し，選別された数個が成熟過程へと進み，さらに通常は1個の主席卵胞のみが排卵に至り，残りの大多数の卵胞は閉鎖への道をたどる（図XIV-61-2）．概算すると女性の生涯を通じての月経周期は高々500回に過ぎず，全てが排卵周期ではないとすると，排卵の度に失われる卵細胞の減少が積み重なって閉経に至るのではなく，未だ完全には解明されていない閉鎖プログラム（閉鎖とは：排卵以外の過程によって卵胞が失われる現象）に従って卵細胞の減少が進行していると考えられる．卵胞の減少・消滅の機序の1つがアポトーシスであることは，関連因子であるBaxをノックアウトしたマウスで野生型より高齢になっても卵胞の残存率が高いことからも明らかである（Perez, Robles, et al 1999）．また卵は，胎生期に第1減数分裂の前期で停止し，思春期になって性中枢が成熟して卵胞が刺激され，これに反応して発育・成熟を開始し，トリガーであるLHのサージを受けて減数分裂再開が起こった後に第二減数分裂中期metaphase Ⅱに到達して再び停止したまま排卵され，卵管内で受精される機会を待つ．従って性成熟期の後半まで卵巣内に長期滞在していた卵は加齢の影響を受けことになる．卵胞数の減少は閉経の約10年前から著しく加速するが，げっ歯類では下垂体摘除が卵胞数の減少を遅らせることが証明されており（Jones et al, 1961），その背景にこの間の血中FSHの選択的な上昇がより多くの原始卵胞を発育過程へと誘導することが卵胞数の減少を加速する可能性があり，神経内分泌学的な因子の閉経前における卵巣の加齢での役割を考慮する必要があると考えられている．

(B) 更年期・閉経期における視床下部・下垂体・卵巣系機能

卵巣機能の調節は視床下部・下垂体・卵巣で形成される機能系のもとで行なわれており，本機能系を形成する各臓器での加齢に伴う変化は，相互に関連しあって特徴的なダイナミックで多彩な変化を内分泌環境に引き起こす．

(1) 視床下部機能の加齢変化

下垂体からのLH，FSH分泌を調整する視床

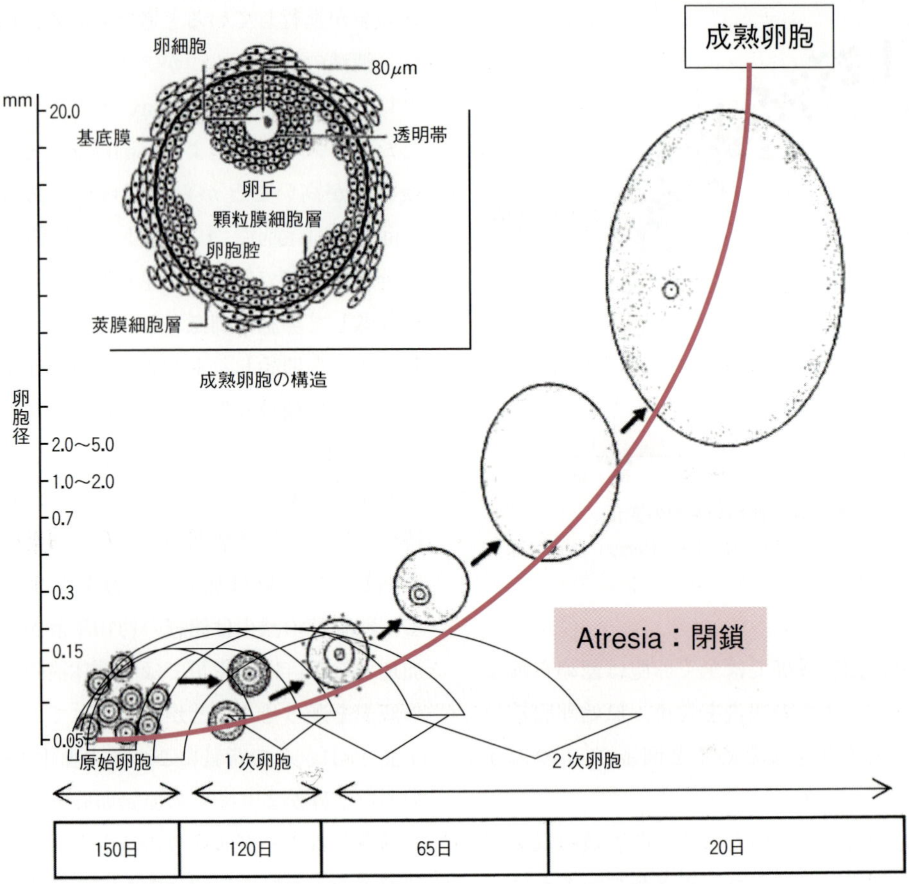

図XIV-61-2．排卵周期における卵胞成熟・排卵までのプロセスと成熟卵胞の構造

下部正中基底部に存在するゴナドトロピン放出ホルモン（GnRH, gonadotropin releasing hormone）ニューロンの活動が，更年期にどの様に変化するかをラットにおいて分析した結果が報告されている．加齢に伴いラットでは卵巣機能低下に先立ち，視床下部のGnRHパルス分泌調節装置（pulse generator）やこれを調節する神経内分泌活動に変化があることが示され，また，加齢により惹起される視床下部内のシグナル伝達機構の不調和が，更年期到来に先立つ急激な卵胞消費の引き金であり，卵胞数の減少が視床下部の機能変化を促進する可能性がある．すなわちラットでは，視床下部の加齢が，更年期の到来とともに始まる一連の視床下部−下垂体−卵巣系機能の変化に対する引き金である可能性を示唆するものである（Wise et al, 1997）．しかし，卵巣機能の調節機序には種差を認めることから，げっ歯類で観察される視床下部変化がそのままヒトに当てはまるか否かについては明らかではない．

一方，視床下部のGnRH mRNA発現を閉経前後で比較した分子生物学的実験では，閉経後の視床下部tachykininニューロンの肥大およびSubstance PとNeuokinin Bの遺伝子発現が亢進しており，肥大したtachykininニューロンでのE受容体のmRNAとタンパク質がともに増加していることが認められている．ヒト視床下部の漏斗部（弓状核）に存在するtachykininニューロンは，Substance Pとneruokinin Bの産生を介してGnRHニューロンの活動を調節すると考えられており，閉経後の中枢局所ではこのニューロンの活動が亢進していることが示唆された（Rance et al, 1996）．

また，GnRHパルス分泌パターンを半減期の短いゴナドトロピンのfree α-subunitを指標として解析した成績では，高齢女性では若年女性に比べfree α-subunitの平均血中レベル，パルス頻度とパルスの振幅が著明に低下している（Hall, Lavoie et al, 2009）．これらの結果は，閉経後には視床下部のGnRHニューロンの活動が低下しており，加齢とともに血中ゴナドトロピン濃度が低下する現象と関連するが，前述の中枢局所の変化とは一致しない．

以上の更年期女性の視床下部活動についての研究は，既に閉経に至った状態での変化に関するもので，実験条件により異なっており，最終結論には達していない．さらに閉経に至る過程に生じている変化に関しての検討が待たれている．

(2) 下垂体・卵巣機能の加齢変化

下垂体のFSHとLHの産生は，加齢に伴い残存卵胞数が減少した卵巣のエストロゲン（E）産生低下の結果，ネティブフィードバック機構により亢進する．これを反映して血中FSH濃度の上昇はいまだ月経周期が規則的である40歳前後から始まり，閉経に向けて顕著となり，閉経後2－3年にはピークとなり，性成熟期女性の卵胞期レベルの8－10倍に達する．その後は漸減して閉経後30年でピーク時の1／3となる．

また血中LH濃度の上昇はFSH濃度の上昇に約5年遅れて始まり，徐々に上昇して閉経直後には性成熟期女性の卵胞期レベルの3－5倍になり，約10年間持続した後に漸減し，閉経20年後にはピーク時の約半分の値となる．

卵巣体積の縮小は40歳頃から始まり，閉経2－3年後には加速する．主に卵胞数の減少による変化であるが，閉経後には間質も線維化が進み全体的に縮小する．

加齢による卵巣機能の変化を解析する指標として，従来のFSH，LH，E，プロゲステロン(P)に加えて，卵巣由来のペプタイドであるインヒビン，特にインヒビンBの意義が認められている（Burger et al, 2008）．インヒビンBはEと共に胞状卵胞の顆粒膜細胞から産生され，視床下部・下垂体・卵巣系において，性腺刺激ホルモンの分泌を調節し，その低下はFSHの産生分泌を促す．加齢に伴い卵胞数が減少し，顆粒膜細胞の数と機能が低下すると，この両者のレベルも低下し，FSHの上昇を促すが，インヒビンB減少の影響がEの低下の影響より早期に現れる．閉経後には卵巣でのステロイドホルモン産生能は低下するが，先ず起こるインヒビンB減少の結果生じるFSHの上昇は，残存する卵胞でのE産生を一時的に不規則に増加させることになる．これは排卵性周期から無排卵性周期への移行期（更年期）に発症する無排卵による一過性高E状態に関連する．子宮内膜がこれに反応して増殖し一種の破綻出血を来たして不正性器出血（機能性出血）が発症することがある．臨床的には子宮内膜の悪性変化（子宮内膜増殖症，子宮内膜癌）との鑑別が重要となる．

また，抗ミューラー管ホルモン（Anti-müllerian hormone, AMH / Müllerian-Inhibiting Substance）はセルトリー細胞で産生され，男性胎児のミューラー管退縮に関連する因子であるが，それ以降の生理的役割については不明であった．体外受精胚移植療法が開発され，卵胞成熟過程が詳細に分析されるようになった結果，AMHは成熟過程にある卵胞の顆粒膜細胞で産生されるが，その産生は性腺刺激ホルモンには影響されず，従って月経周期中には変動しない．卵巣の加齢による卵子とそれを囲む顆粒膜細胞数の減少に伴って減少することが明らかになった（Berin et al, 2008）（図XIV-61-3）．これらの知見は，AMHが卵巣加齢の指標となる可能性を示唆しており，その測定値によって閉経への移行の時期を予測する試みも行われている．その一例として，50例の閉経前女性から年6回採血し保存していた卵胞期の検体のAMHを測定し，AMHの変化と閉経に至る過程の記録と照合した結果，AMHレベルが測定感度以下になった時期が，最終月経の5年前であった確率は$p<0.0001$と極めて高いものであった（Sowers et al, 2008）．閉経までの加齢過程にある各段階の女性の卵巣に，どれだけの卵子が残存しているかを意味する卵巣予備能（ovarian reserve）という概念が提唱されており，上記の因子を総合的に分析・解析することにより卵巣の加齢を臨床的に考える上でも重要な情報が得られる可能性がある．

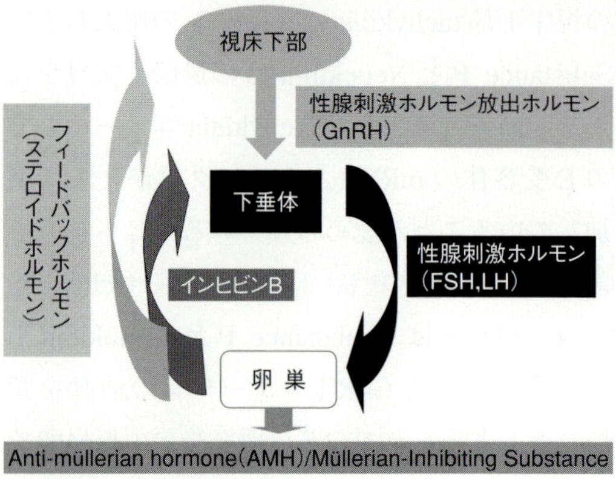

図XIV-61-3．女性視床下部・下垂体・卵巣系の調節機構

(3) 閉経後のステロイドホルモン産生

排卵後の黄体で産生されるPは，排卵が不規則になり，排卵があっても黄体機能不全となる頻度の高い更年期には，性成熟期におけるようなパターンでは分泌されない．閉経後には卵巣での産生はなく，副腎皮質からの少量のPが血中に検出される．

性成熟期の卵巣では，Eへの生合成過程においてアンドロゲン（A, androgen）が産生され，その主な産生部位は莢膜細胞と間質である．閉経後は間質のみでテストステロン（T, testosterone）が少量産生されるが，性成熟期に主体であったアンドロステンジオン（ASD, androstenedione）の産生は消失する．一方閉経後には，卵巣以外の組織，主に皮下脂肪が相対的に主なEの産生源となる．皮下脂肪組織に存在するアロマターゼ（aromatase）が副腎由来のA（主としてDHEA-S, dehydroepiandrosterone-sulfate）をエストロン（E 1, estrone）に転換する．

(4) 閉経前後の視床下部・下垂体・卵巣系機能の経時的変化

以上の閉経へ向けての加齢過程における視床

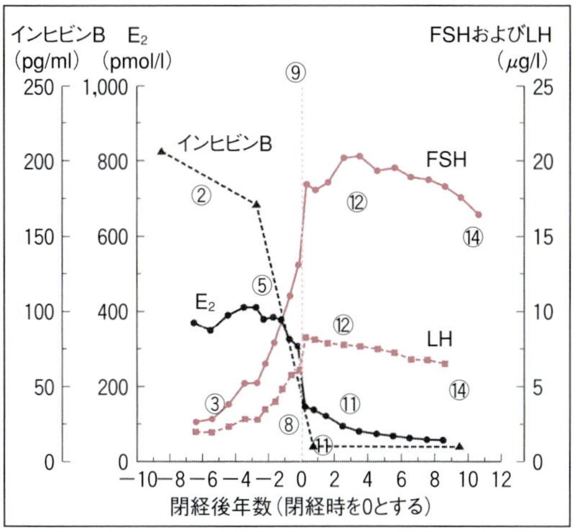

図XIV-61-4．閉経前後の下垂体・卵巣系の変化（文献8より改変）

図中の②—⑭は，本文中の各番号を示す

下部・下垂体・卵巣系機能全体の変化を時系列順にまとめると以下の如くとなる（細川ら，2001）（図XIV-61-4）．

①残存卵胞数の減少（40歳代）
②卵巣でのインヒビンB産生が低下
③下垂体からのFSH分泌亢進
④発育過程へリクルートされる卵胞数が一時的に増加
⑤E産生の一時的な増加
⑥残存卵胞消費の加速
⑦下垂体の性ステロイドホルモンに対する感受性閾値の上昇
⑧LH分泌の亢進
⑨閉経
⑩卵胞の消滅
⑪E・インヒビン産生の急激な低下
⑫FSH・LH分泌増加の亢進
⑬視床下部GnRHニューロン活動の低下
⑭FSH・LH分泌能の低下

② 卵巣の加齢に伴い発症する症状と障害

約半数の女性は50歳前後に閉経を迎え，この前後の5年間，計10年間の更年期には，加齢による卵巣の排卵機能とホルモン産生能の低下が原因となって，視床下部・下垂体・卵巣・子宮内膜系が大きく変動する．その結果，それまで規則的にあった月経周期が不規則になり，E産生低下による子宮内膜の萎縮が生じ，約1年間無月経が持続した段階で閉経と診断される．以上の経過中には全身機能の加齢変化も進行して多彩な症状・障害が発症する．以下に卵巣の加齢，主にEの減少が病因として深く関連している障害・疾患の治療について概説する．

(A) 更年期症状

のぼせ，ほてり，発汗，動悸，手足の冷え，などの血管運動神経系の機能障害による症状を中心とする更年期症状は，更年期の比較的初期から発現し，月経周期に変調が見られる頃に一致することが多く，閉経後2−3年を経ると自然に軽快することも多い．最も特徴的な症状はのぼせ，ほてり，（ホット・フラッシュ，hot flashes）であり，頭，顔，上半身が急に熱くなるエピソードに先だって不安感，頭重感，耳鳴りを自覚することが多く，またエピソードが始まると数秒後に脈拍数の亢進，皮膚血流の増加，発汗を来たし，その後に冷感が見られ，そして深部体温が低下する．ほてり・熱感として自覚する程度は実際の皮膚温の上昇度を上回ることから，体温調節機構において，体温設定点の下方移行などの関与が示唆されている．このようなエピソードは，長い場合には30分前後持続し，多い場合には1日に10数回突発的に起こる．著しい発汗，動悸，顔面紅潮や睡眠障害のために日常生活に支障を来す場合があり，治療が必要となる．

血管運動神経系の機能障害による症状発症のメカニズムについては，未だ不明な点が残されているが，更年期に始まる卵巣機能が低下によってもたらされる視床下部・下垂体・卵巣系のバランスの乱れに伴う自律神経失調が密接に関連していることは明らかである．E，性腺刺激ホルモン，性腺刺激ホルモン放出ホルモンを中心とする内分泌系において，閉経前後のE低下が性腺刺激ホルモン放出ホルモンと性腺刺激ホルモンの産生分泌の亢進を引き起こした状態がホット・フラッシュ発現につながることを示す多くの報告が見られる．これらの他にも多くの物質とホット・フラッシュ発現との関連が分析されており，それらの血中濃度のホット・フラッシュに同調した変化が観察されている．しかし，これらのホルモン環境や物質の変化でホット・フラッシュの発現を全ての説明できないことも事実である．例えば閉経期で血中性腺刺激ホルモンの脈波様の著明な上昇があっても

ホット・フラッシュを自覚しない場合があり，またE依存性疾患の治療目的で性腺刺激ホルモン分泌を抑制し，低ゴナドトロピン・低E状態を持続させた状態にはホット・フラッシュが見られることなどがあげられる（麻生，1999，2003）．

更年期症状の程度，種類，発症時期と期間には著明な個人差があり，また人種差があるのも特徴である．更年期女性の50–80%は何らかの症状を自覚し，約65%が1年以上，約20%では5年以上持続する．一般に欧米女性ではアジア女性に比して高率に発症し，その程度も強い．本邦女性で日常生活に何らかの支障を来す程度にまで症状が強くなるのは20–30%とされている（Aso, 2003）．

(B) 骨量減少と骨粗鬆症

女性の生涯を通じての骨量の変化を見ると，卵巣機能の成熟に伴い20歳代の中頃までは増加し骨量の蓄積が見られるが，30歳の中頃まで緩徐な増加が維持された後は減少の一途を辿ることになる．そして閉経を契機に骨代謝は骨吸収が形成を上回るために骨量減少が進行し，閉経後6–10年の間に最大骨量の約20%に当る減少がみられる．以上の骨量変化における女性のパターンは男性とは異なり（図XIV-61-5），女性の骨代謝において卵巣機能，特にEの変動が密接に関与していることが注目される．

骨代謝に関する基礎・臨床研究から骨芽細胞と破骨細胞の機能的バランスに対するEの作用としては，培養骨芽細胞の核内にE受容体が存在し（Eriksen et al, 1988），これを介して骨芽細胞中の骨基質や成長因子のmRNA合成が促進されるなどの実験成績（Komm et al, 1988）によって，その局所作用が示された．またサイトカインの骨代謝への関与も近年注目されており，インターロイキン（IL）の中でIL–1，IL–6は低E状態で活性を増し，これらが造血幹細胞から破骨細胞への分化を促進する．また同時に骨形成をも亢進させることから，閉経前後に見られる高代謝回転型の骨代謝が引き起こされる．この変化はEの補充によって正常化する

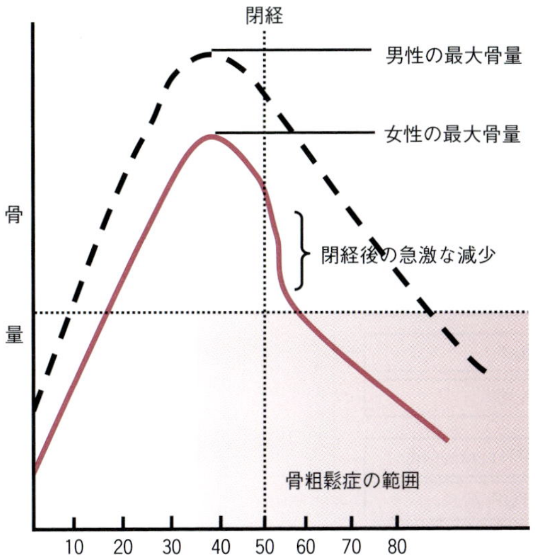

図XIV-61-5．男性・女性の生涯を通じての最大骨量と骨量の変化

ことも報告されており，Eの低下によって惹起されるIL変化の骨代謝への関与は明らかである（Jilka et al, 1992）．

一方，骨形成の基材となるカルシウムの吸収機構へのEの役割も重要である．Eの減少は腎におけるビタミンD代謝に関連する酵素の活性を低下させ，活性型ビタミンD_3の減少をもたらして腸管におけるCaの吸収が障害され低Ca血症となる．これを感知して副甲状腺からの骨吸収を強力に促す副甲状腺ホルモン（PTH, parathyroid hormone）の分泌が促され，骨吸収が亢進することとなる．また，骨吸収を抑制するカルシトニンの産生もEが減少すると低下する．以上の様に，Eの低下は直接または間接的に骨代謝に大きな影響を及ぼすことが明らかにされてきた（図XIV-61-6）．

(C) 脂質異常症と心・血管疾患

わが国の死亡原因として，近年心疾患が大きな部分をしめるようになったとの指摘がなされている．これには多くの要因が関与しているが，生活習慣病と言われるように，食習慣の変化もその一つとしてクローズアップされている．そして更年期・閉経期における低E状態によって引き起こされる身体機能の変化の中でも注目すべきは脂質代謝であり，閉経以降に増加する女性の循環器疾患との密接な関連が示唆されている（Matthews et al, 1989）．中高年女性では40歳代の後半から血清総コレステロール値が上昇し始め，またLDLコレステロールの上昇も特徴的な変化である．そして，これらの脂質代謝での変化，さらにこれに密接に関連する動脈硬化症の血管壁の変化にも更年期からのEの低下が関わっていることは明らかである．

脂質代謝においてEはHDLの構成成分であるアポリポ蛋白A-1産生の促進や肝トリグリセリド・リパーゼ（HTGL, hepatic triglyceride lipase）活性を抑制することでHDL 2の増加およびLDLの低下を促し，LDL受容体数の増加に伴うコレステロール取り込みの促進，肝内コレステロール増加に伴う負のフィードバックによるコレステロール新生の抑制などを介して総コレステロールの低下作用と脂質代謝改善作用を発揮する．閉経後に持続する低E環境ではこれらの機序が障害され，虚血性心疾患が発症しやすい状態が誘発される（図XIV-61-7）（Castelli et al, 1986；Fukami et al, 1995）．一方動脈硬化病巣では，LDLの酸化，血小板や単球の血管内皮細胞への接着，マクロファージ化した単球の酸化LDLの貪食，内膜平滑筋細胞の遊走・増殖

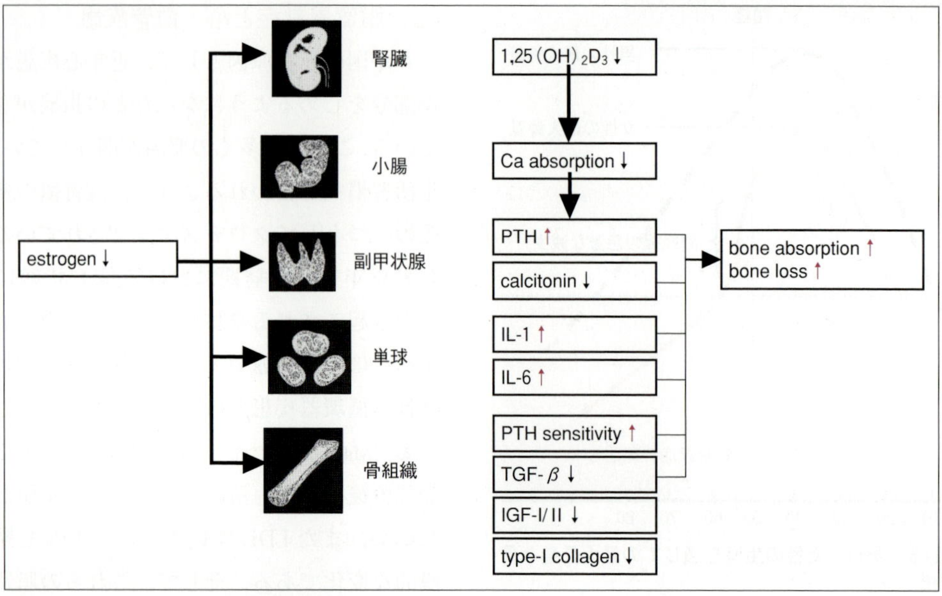

図XIV-61-6．E低下に伴う骨量減少のメカニズム

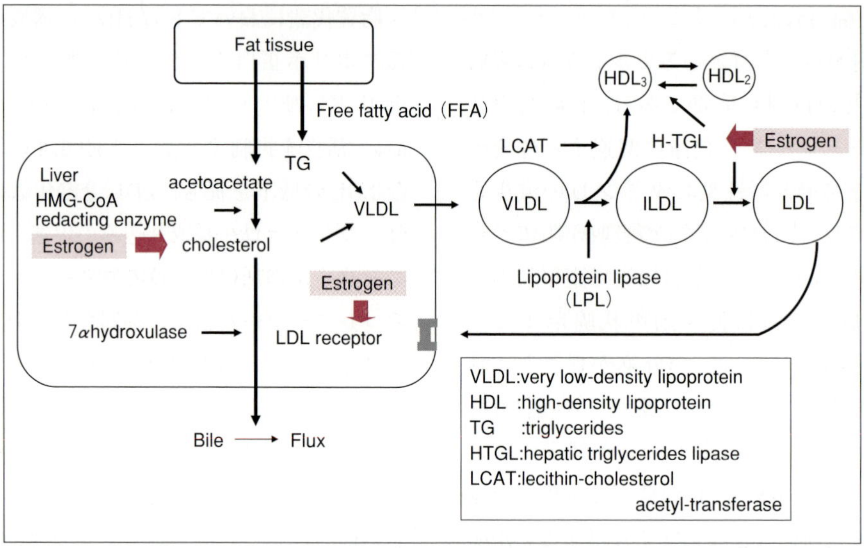

図XIV-61-7．脂質代謝に対するエストロゲン（Estrogen）の作用

などが発生する．動脈硬化の発症・進展・防御過程において重要な役割を演じている血管内皮由来弛緩因子（EDRF, endotherial refractory factor）一酸化窒素（NO, nitric oxide）によってもたらされるアセチルコリン誘発内皮依存性弛緩反応は低E状態では消失し，これに内皮細胞膜に分布するムスカリン様アセチルコリン受容体（muscarinic acetylcholine receptor）レベルの変化が関与する可能性が示唆されており，閉経後のEの低下が局所におけるEDRF/NO放出能の低下をもたらし，動脈硬化を発現させる一因となることが示された．血管の内皮細胞の内因性（NOS, nitric oxide sfnthase）阻害物質濃度と動脈硬化の程度，および血管壁のエンドセリン（endothelin）-1とは相関しており，NOS阻害物質による内皮細胞NO産生低下が血管壁内endothelin-1濃度を上昇させ，あるいは直接に動脈硬化を促進する知見も得られており，レセプターやそれ以降の伝達系の異常が関与する可能性もあると考えられる．また，霊長類の動脈内皮・平滑筋にE受容体の存在が確認され，血管機能に対するEの直接作用が示されてきた．ヒトの冠動脈壁と平滑筋，内皮細胞にもE受容体遺伝子が発現しており，その発現低下と動脈硬化が関連しており，閉経後で粥状硬化を認める冠動脈において，認めない動脈に比してE受容体遺伝子へのE受容体抗体の結合が低下しているとの報告が見られる（Karas et al, 1994；Venkov et al, 1996；Obayashi et al, 2001）．以上のように，Eは単に生殖機能に直結する作用のみならず，心・血管系機能に対しても重要な役割を有しており，閉経後のEの低下は高齢女性の循環器疾患のリスクを高める要因であるとは明らかである．

3 ホルモン補充療法（HRT, hormone replacement therapy）

HRTは更年期の症状・障害の病態に最も密接に関連するEの欠乏に対しE製剤で補う薬物療法で，更年期における卵巣機能の低下から消失に至る過程や，性成熟期に両側卵巣摘除を受けた後に起こる視床下部・下垂体の変調を調整し，主に血管運動神経系，精神神経系の症状や泌尿性器の萎縮に伴う障害の改善が得られる．また，Eが骨代謝に密接に関連し，更年期以降に骨量低下・骨粗鬆症のリスクが上昇するので,これらの障害・疾患の予防と治療に対し,適応と禁忌を検討して用いられる．

HRTが臨床に導入されてからの約40年間に多くの観察研究（observational studies）が行なわれ，当初の適応であったホット・フラッシュと泌尿性器症状に加え，HRTの対象となる障害・疾患，特に米国での死亡原因として最も頻度の高い循環器疾患の予防・治療におけるHRTの有用性ついて検討されてきた（麻生, 2002）．その1つであるNurses' Health Study（Grodstein et al, 1997）では，HRTを行っている女性の冠動脈疾患の相対危険度は0.47であり，この低下におけるHRTの寄与は9％であると算定された（Hu et al, 2000）．またHRTで用いられるEの心血管系ならびに脂質代謝や骨代謝に対する作用に関する基礎研究で集積された知見の多くは，これらの機能に対するベネフィットを示唆するものであったこともあった．

一方，HRTの安全性について，特に長期の

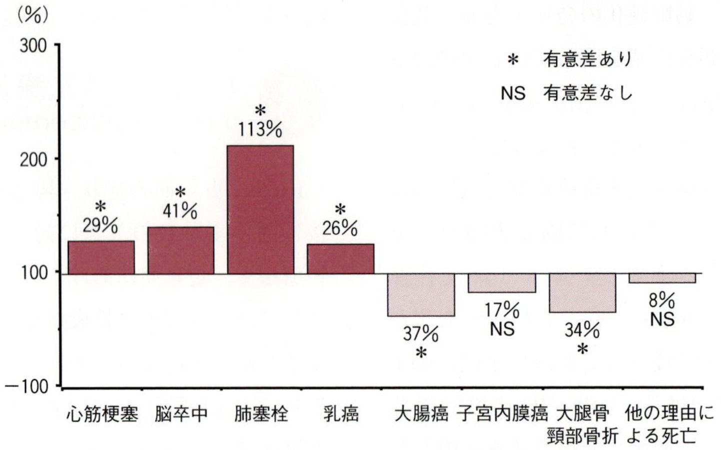

図XIV-61-8．Women's Health Initiative（WHI）の結果ハザード比

Writing Group for the Women's Health Initiative Investigators（2002）

HRTと乳がんとの関連については，これをありとする報告と，なしとする報告があり，信頼性の高い調査に基づいた回答が強く求められてきた．以上の状況にあった米国において，閉経後の女性における疾患の発症予防対策を総合的に評価することを目的とした大規模前向き臨床試験：Women's Health Initiative（WHI）がNational Institutes of Health（NIH）によって1991年から15年の計画で開始された（National Institutes of Health, 1993）．この試験は閉経後の米国女性における疾患の発症と予防対策を総合的に評価する大規模前向き臨床試験で，HRT，食生活，補助食品（カルシウム・ビタミンD），喫煙・運動などの生活習慣が，心血管疾患，がん，骨粗鬆症の発症におよぼす影響を長期間にわたり追跡調査するものである．そして平均試験期間5.2年の時点で安全性に関する諮問委員会のHRT群では対照群に比して骨折と結腸・直腸がんのリスクは有意に減少するものの，浸潤乳がんは予め設定したリスクの範囲を逸脱しているとの判定に従い，ホルモン・プログラムの内でE＋プロゲスチン配合剤を用いる試験が中断され（Writing Group for the Women's Health Initiative Investigators, 2002）た．さらにE単独療法の試験が平均試験期間6.8年の時点で心疾患には影響は見られないが，脳卒中のリスクが上昇するとの判定が下され，早期に終了することとなった（The Women's Health Initiative Steering Committee, 2004）（図XIV-61-8）．これらの結果が広く報道された結果，世界的にHRTに対する考え方が大きく変化することとなった．

本試験は米国の健康な女性を対象としたHRTの閉経後疾患の予防・治療効果を総合的に評価することが目的であり，一人一人の女性のリスクとベネフィットを評価するものではなく，無作為に選ばれた8,000人以上の試験対象女性の一部でも，本試験を継続することによる不利益を受けないことを重視するとの観点から中止に踏み切ったのは妥当な判断であると言える．以上の結果を受け，様々な見解が発表され，新たなHRTに関するガイドラインが提案されている（日本産科婦人科学会・日本更年期医学会，2009；International Menopause Society Writing Group, 2011）．これらの見解を通して共通して言えることは，一人ひとりの状態に則してHRTのベネッフィトとリスクを検討し，適応と禁忌を明確にすると同時に，使用する薬剤・治療方式・治療期間などを個別化した治療を行うことである．

4 更年期・閉経期のヘルスケア

本節での解説内容を更年期・閉経期のヘルスケアとして纏めておく．平均寿命の延長と少子高齢化が進行しつつある今日，社会活動への参加を要請される一方，高齢社会における歪みを直接受けざるを得ない立場にある女性へのストレスは増大している．特に中高年女性では，加齢に伴う身体機能の予備能低下に加えて，閉経前後のEの急激な低下が加わり，身体機能と精神・心理的な状態とが互いに密接に影響し合って症状，障害が複雑となり，治療に対する反応が一様でないという特徴が見られる．これらの点に十分留意し，表面に現れた症状や変化のみにとらわれず，全身的，全人的な対応が必要となっている．また更年期の健康状態はそれまでの時期の影響を多くの面で受けており，かつその後の老年期へのスムースな移行を左右する要因を多く含んでいる．従って加齢に伴う障害・疾患などを防止しするための健康管理を人生の早期から始めることが必要とある．そしてジェンダー特異性の視点を持って，単一の臓器・器官のみならず全身機能の系統的な評価に基づいて治療法を選択し，従来の専門性を基盤とした診療体制の枠を越え，患者を中心としたヘルスケア・システムの確立が望まれる．

まとめ

生理的に50歳前後におとずれる閉経までの加齢のプロセスには，視床下部・下垂体・卵巣系機能のダイナミックな変化がみられる．卵の枯渇によってもたらされる月経周期の停止と生殖機能の消失に至るまでには，性中枢と卵巣との間のフィードバック機構に関連する因子とともに，これとは関係なく作用する因子が関与して，加齢の各段階の卵巣に残存している卵子のプール，いわゆる“ovarian reserve”を規定している．閉経周辺期に生じるEの急激な減少は多彩な症状と障害を引き起こし，さらに回復が困難な疾患の発症につながることもある．これらの病態を理解し，適応と禁忌を見極めて行うホルモン補充療法の意義は大きい．

（麻生武志）

引用文献

麻生武志（1999）更年期障害：新老年学1030-1035頁，折茂肇編集，東京大学出版会，東京

Aso T（2001）East is east and west is west : Different perceptions of estrogen replacement. *Gynecological Endocrinology*, 15（Supplement）: 49-55

麻生武志（2002）HRTと循環器疾患に関する大規模模試験：臨床婦人科産科56；52-55

麻生武志（2003）更年期からの女性の健康—老化の性差：ジェンダー医学：高齢化＝女性化時代にむけて．芦田みどり編，金芳堂，京都，41-50頁

Berin I, Teixeira J（2008）Editorial : Utility of serum antimullerian hormone/Mullerian-Inhibiting Substance for predicting ovarian reserve in older women. *Menopause*, 15 : 824-825

Burger HG（1996）The endocrinology of the menopause. *Maturitas*, 23 : 129-136

Burger HG, Hale GE et al（2008）Cyclic hormone changes during perimenopause : the key role of ovarian func-

tion. *Menopause*, 15 : 603-612
Castelli EP (1986) Incidence of coronary heart disease and lipoprotein cholesterol levels. *JAMA*, 256 : 2835-2855
Eriksen EF, et al (1988) Evidence of estrogen receptors in normal human osteoblast-like cells : Science 41 : 84-86
Fukami K, Koike K, Hirata K, et al (1995) Perimenopausal changes in serum lipids and lipoproteins ; A 7-years longitudinal study. *Maturitas*, 22 ; 193-197
Grodstein F, Stampfer MJ, Colditz GA, et al (1997) Postmenopausal hormone therapy and mortality : N Engl J Med 336 ; 1769-1775
Hall JE, Lavoie et al (2009) Decrease in gonadotropin-releasing hormone (GnRH) pulse frequency with aging in postmenopausal women : J Clin Endocrinol Metab 85 ; 1974-1800
細川久美子，折坂誠，他（2001）更年期・老年期女性の身体機能の特性とその障害：新女性医学体系・更年期・老年期医学，内分泌・代謝系—視床下部・下垂体・卵巣系，中山書店　152-164頁
Hu FB, Stampfer M, Manson JE et al (2000) Trends in the incidence of coronary heart disease and changes in diet and lifestyle in women. *N Engl J Med*, 343 ; 530-37,
Jilka RL, et al (1992) Increased osteoclast development after estrogen loss : mediation by interleukin-6. *Science*, 257 : 88-91
Jones EC, Krohn PL (1961) The effect of hypophysectomy on age changes in the ovaries of mice. *J Endoclinol*, 21 : 497
Karas RH, Patterson BL, Mendelsohn ME (1994) Human vascular smooth muscle cells contain functional estrogen receptor. *Circulation*, 89 : 1943-1950
Komm BS, et al (1988) Estrogen binding, receptor mRNA, and biologic response in osteoblast-like osteosarcoma cells. *Science*, 241 : 81-84
Matthews KA, Meilahan E, Kuller LH et al (1989) : Menopause and risk factors for coronary heart disease. *N Engl J Med*, 321 : 641-646
National Institutes of Health (1993) Largest US clinical trial ever gets under way. *JAMA*, 270 : 1521
日本産科婦人科学会・日本更年期医学会（2009）ホルモン補充療法ガイドライン2009年度版 財団法人日本産科婦人科学会事務局 東京
Obayashi S, Beppu M, Aso T, et al (2001) 17 β estradiol increases nitric oxide and prostaglandin I_2 production by cultured human uterine arteries only in histologically normal specimens. *J Cardiovascular Pharmacology*, 38 : 240-249
Perez GI, Robles R (1999) Prolongation of ovarian lifespan into advanced chronological age by Bax-deficiency. *Nat Genet*, 21 : 200-203
Rance NE, Uswandi SV (1996) Gonadotropin-releasing hormone gene expression is increased in the medial basal hypothalamus of postmenopausal women. *J Clin Endocrinol Metab*, 81 : 3540-3546
Richardson SJ, Senikas VYTA, Nelson JF (1987) Follicular depletion during the menopausal transition : Evidence for accelerated loss and ultimate exhaustion. *J Clin Endocrinol Metab*, 65 : 1231-1237
Sowers M, McConnell D et al (2008) Anti-mullerian hormone and inhibin B in the definition of ovarian aging and the menopause transition. *J Clin Endocrinol Metab*, 93 : 3478-83
Sturdee DW Pines A International Menopause Society Writing Group (2011) Update IMS recommendations on postmenopausal hormone therapy and preventive strategies for midlife health. *Climacteric*, 14 : 302-320
高橋迪雄（2000）生殖系の老化と寿命. *Hormone Frontier in Gynecology*, 7 : 365-370
The Women's Health Initiative Steering Committee (2004) Effects of conjugated equine estrogen in postmenopausal women with hysterectomy. *JAMA*, 291 : 1701-1712
Venkov CD, Rankin AB, Vaughan DE (1996) Identification of authentic estrogen receptor in cultured endothelial cells : A potential mechanism for steroid hormone regulation of endothelial function. *Circulation*, 94 : 727-733
Wise PM, Kashon ML, et al (1997) Aging of the female reproductive system : A window into brain aging. *Recent Prog Horm Res*, 52 : 279-305
Writing Group for the Women's Health Initiative Investigators (2002) Risks and benefits of estrogen plus progestin in healthy postmenopausal women : Principal results from the Women's Health Initiative randomized controlled trial. *JAMA*, 288 : 321-332

第XV章

月経周期の調節

［編集担当：岡村　均］

哺乳類の主要なグループである有胎盤類は，自らの体内で児を成熟させる繁殖戦略を採用した．児のライフラインである胎盤が形成されるまでの間，胚を維持するために必要なプロゲステロンを分泌する臓器として有胎盤類が進化させた内分泌器官が黄体である．黄体は胎盤が発育するまで維持されなければならないが，いっぽう黄体の存在は次の排卵の妨げとなるため，妊娠が成立しないとなれば速やかにその機能を喪失することが求められる．そのとき黄体は「妊娠していない」というシグナルを受けるのではない．「妊娠している」というシグナルをある一定期間に受け取らないと，何らかの不可逆的なスイッチが入り，黄体は退縮に向かうのである．ここに黄体調節機構の興味深い点があるといえよう．

黄体は一時的な内分泌器官であり，時間軸における高い自律性をもつ臓器である．黄体機能の自律的な調節は内分泌系のみでは説明できない点が多く，黄体における局所的な調節機構を理解する必要があるのだが，比較的新しく進化してきた臓器である黄体の調節機構には大きな種差があり，動物実験による外挿には限界があった．本章では，すこしずつ明らかになりつつあるヒトの黄体機能を軸として月経周期の調節について解説した．

まず黄体が退縮し月経が発来するまでの間に子宮内膜に生じる局所的な変化を詳述した．63節以降は，黄体が形成され退行する過程，黄体が内分泌系，免疫系に作用して妊娠成立を可能にするメカニズム，そして黄体機能の調節に関わる局所因子について解説したのち，最後の66節で月経周期の内分泌的調節と局所調節機構について黄体機能を軸にまとめた．本章によって，ヒトの月経周期調節における黄体の役割をさまざまな断面から把握して頂けることと思う．

［岡村　均］

XV-62

月経発来機序

Key words
月経／子宮内膜／性ステロイドホルモン／局所因子／アポトーシス

はじめに

日本産科婦人科学会用語委員会で，「月経とは，約1か月の間隔で自発的に起こり，限られた日数で自然にとまる子宮内膜からの周期的出血」と定義されている（日本産科婦人科学会，2008）．月経発来に関する子宮内膜局所の詳細なメカニズムについては，未だ十分に解明されているとはいえない．しかし最近の研究成果より，性ステロイドホルモンの消退により制御されている生理活性物質（タンパク質分解酵素，プロスタグランジン，サイトカイン，ケモカインなど）が，子宮内膜局所因子として密接に月経発来に関与することが明らかとなってきている．本節では，子宮内膜における月経発来機序を，組織学的および細胞分子学的変化の両面から概説する．

1 月経周期の調節機序

正常月経周期では，視床下部－下垂体－卵巣系が相互に調節されている．卵巣性ステロイドホルモンの分泌は卵巣内での卵胞発育，排卵，黄体形成という一連の現象に基づいている（岡田，神崎，2001）．黄体の存続期間は平均14日間であり，妊娠が成立しなかった場合に，黄体は徐々に退縮する．黄体の退縮に伴いエストロゲンとプロゲステロンは低下し，月経が開始する．LHは黄体期に徐々に減少していくが，FSHは黄体期末期には再び上昇を始めて，次回の排卵に向けての卵胞の発育が開始する．性器出血開始日が月経周期の1日目であり，月経28日目から次周期の3-5日目までが月経期および剥脱期である．

月経は卵巣から分泌される性ステロイドホルモンの変動により子宮内膜が増殖・分化し周期的に剥脱を起こすことによる（岡田，神崎，2001）．月経周期における内分泌動態や子宮内膜組織の経時的変化を図XV-62-1に示す．

2 子宮内膜の組織学的変化

子宮内膜は内腔面を上皮腺細胞で覆われ，開口部でつながる多数の腺腔と，それを取り巻く動静脈毛細血管が間質細胞で支持される構築である（図XV-62-2）．卵巣で産生されるエストロゲンの増加により，子宮内膜機能層（緻密層と海綿層）の子宮内膜腺上皮は急速に増殖し，細胞分裂，タンパク合成の亢進により増殖期（卵胞期）内膜が形成される．上皮細胞，腺細胞共

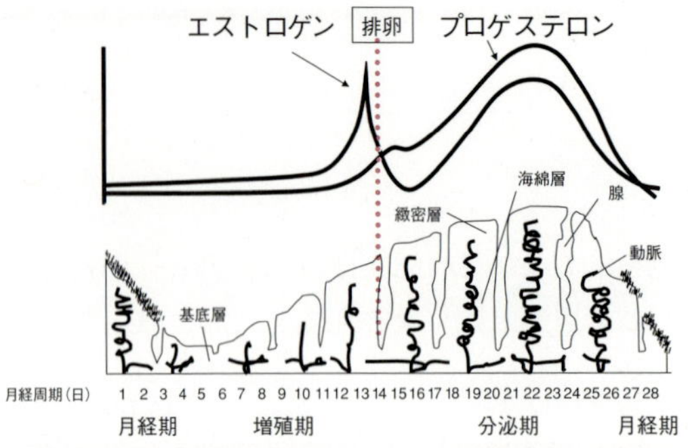

図XV-62-1．月経周期における内分泌動態と子宮内膜組織の経時的変化

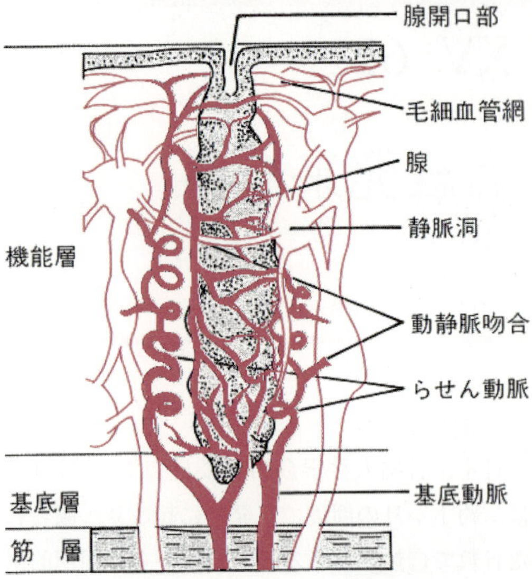

図XV-62-2．子宮内膜の血管および組織構造（百枝ら，1998）

に円柱状となり，腺管は螺旋状形態を示すようになる．排卵後黄体から産生されるプロゲステロンの作用により，腺腔の拡大や腺分泌の増加，間質の浮腫などを認める分泌期（黄体期）内膜が形成される（図XV-62-1）．

血管系においては，子宮動脈は子宮筋層で弓状動脈を形成し，弓状動脈はさらに子宮内膜に向け放射状動脈を分岐する．放射状動脈は，基底動脈としてほぼ直線的に内腔に向かい，基底層とその近傍を栄養している．その後，機能層に分布する螺旋動脈となり，毛細血管網を構成して静脈洞に流入する（図XV-62-2）（百枝，武谷，1998）．基底動脈は月経周期ではほとんど変化を受けないが，螺旋動脈は内膜の増殖に伴って屈曲度を増している．螺旋動脈は終末部に動静脈吻合を有しており，月経直前までは動静脈吻合は閉鎖している．

月経発来機序に関してはいくつかの説が提唱されている（Rogers et al, 2003；Hickey et al, 2003）．

１番目としては，排卵後に妊娠が成立しない場合，エストロゲンやプロゲステロンが消退することにより子宮内で動静脈吻合部の血管壁が弛緩し，その結果，静脈に血液が多量に流入してうっ血が起こり，静脈洞は破綻し出血をきたすというものである．

２番目には，ステロイドホルモンの消退により内膜機能層の微小血管系の変化（うっ血，拡張，収縮）が起こり，子宮内膜が虚血となり，その結果，子宮内膜表層の血流が減少して，子宮内膜基底層を残して表層（機能層）が壊死・剥離して，月経が発来するという説である．

組織学的に見ると，子宮内膜局所に小出血部を生じて，次第に内膜組織内に血液が広く浸透していき，組織は徐々に壊死に陥る．その後，機能層の表層が脱落を開始して出血が起こる．腺細胞には核崩壊や核融解が出現し，最後は内膜機能層全体が壊死に陥り，基底層を残して脱落し，血液とともに子宮外に排出される．

この過程には，細胞の壊死（ネクローシス）以外にアポトーシスも深く関与するという第３の

表XV-62-1．月経周期別の子宮内膜における免疫細胞の動態

月経周期	増殖期	分泌期	月経
マクロファージ	＋	＋＋	＋＋＋
好酸球	−	−	＋＋
好中球	−	−	＋＋＋
マスト細胞	＋＋	＋＋	＋＋
Ｔリンパ球	＋	＋	＋
Ｂリンパ球	−/＋	−/＋	−/＋
子宮ＮＫ細胞	−	＋/＋＋	＋＋＋

−０，＋１−２，＋＋３−５，＋＋＋６−15％（内膜細胞に対して）

説も提唱されており，後述するように，月経発来と内膜細胞のアポトーシスの関連についての知見も多い．

月経期の子宮内膜組織は，タンパク質分解酵素の作用により自家融解し，子宮収縮に伴い月経として排出されると考えられている．内膜からの出血は，機能層の完全な脱落と螺旋動脈の閉鎖により次第に止血する．機能層が剥離した後に，ただちに基底層に残存した腺，間質，血管細胞が増殖を開始して，きわめて短時間に内膜が再生されて，基底層の表面は新生上皮で覆われる．内膜上皮の再生とともに，月経は完全に終了する．

このような月経時に見られる子宮内膜の組織学的な変化に際しては，組織の崩壊と，白血球やサイトカイン・ケモカインなどの免疫系の変化など複雑な相互関係が見られる．

3 月経の細胞分子学的変化

(A) 炎症性変化と免疫細胞

月経時に見られる子宮内膜の崩壊・脱落とその修復過程は，炎症反応と類似している（King et al, 2003；Brenner et al, 2002）．一般に，炎症反応とは非自己である物質に暴露された時に起こる最初の生体防御のメカニズムである．炎症に見られる特徴は，ヒト子宮内膜の月経期にも，同様に見られる．すなわち月経期には，プロスタグランジン（PG）やサイトカイン・ケモカインなどの生理活性物質が子宮内膜局所で産生され，さらに白血球などの免疫細胞が流入して，子宮内膜は浮腫状になる．

子宮の豊富な血管系を通じて各種分子や免疫細胞が子宮内膜に運ばれ，子宮内膜は卵巣という内分泌臓器の機能発現のための標的臓器となっている．前述したように，月経の発来機序についてはなお十分解明されているとはいえないが，子宮内膜の免疫担当細胞の作用も月経発来に深く関わると推定されている．月経直前-月経期には子宮内膜の白血球は著増し，内膜細胞の約40％に達する．月経期の子宮内膜間質に，マクロファージ，好酸球，好中球，マスト細胞の流入など炎症時に見られる変化が観察される（表XV-62-1）（Salamonsen et al, 2002）．このような免疫細胞の変化は月経発来に対応するものと考えられている．

子宮内膜に分布する白血球自体にはプロゲステロンレセプターの発現はないことから，プロゲステロンは子宮内膜細胞への作用を介して，間接的に白血球の機能を制御していると思われる．子宮内膜への白血球の浸潤や活性化を調節する因子として，ケモカインが注目されている．ケモカインは，70-90アミノ酸から構成される比較的小さなポリペプチドで，現在までに50種類以上報告されている．ケモカインは，CC,

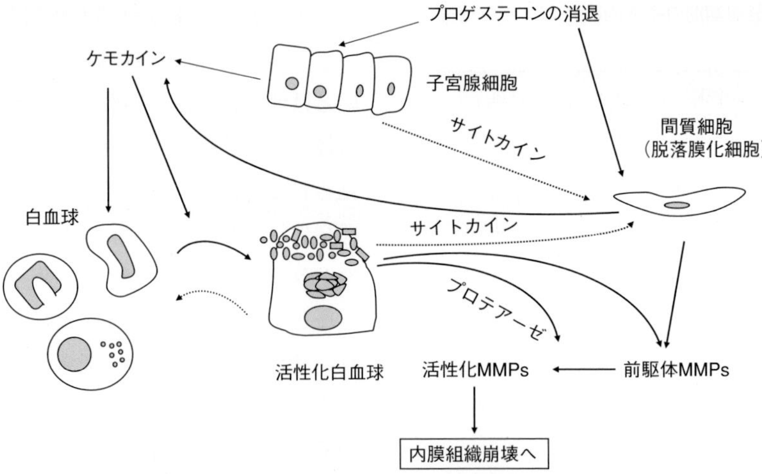

図XV-62-3．子宮内膜における分子細胞レベルでの月経発来機序

表XV-62-2．月経期子宮内膜における白血球のプロテアーゼ

白血球	プロテアーゼ
マクロファージ	MMP-9，MT1-MMP
	メタロエラスターゼ
	プラスミノーゲン　アクチベーター
好酸球	MMP-1，MMP-9
	β グルクロニダーゼ
	アリル　サルファターゼ
好中球	エラスターゼ
	MMP-8，MMP-9，MT1-MMP
	ヘパラナーゼ
	カテプシン G
マスト細胞	トリプターゼ
	キマーゼ
	キモトリプシン
	プラスミノーゲン　アクチベーター
T リンパ球	MMP-2，MMP-9
子宮 NK 細胞	MT1-MMP

MMP : matrix metalloproteinase，NK : natural killer

CXC，C，CX_3C の四つのグループに細分化されている（Yoshie et al, 2001；Jones et al, 2004）．それぞれが特異的な受容体を介して，種々の白血球サブタイプに対して選択的に作用している．またケモカインは，白血球の遊走，活性化作用に加えて，血管新生，造血，抗腫瘍作用，動脈硬化などにも重要な役割を果たしていることも知られている．

子宮内膜での白血球は，自身が持つコラゲナーゼやエラスターゼなどの多彩なタンパク質分解酵素により組織内へ浸潤し，組織骨格を破壊する．月経期で子宮内膜での作用が推定される白血球プロテアーゼの一覧を表XV-62-2に示す．プロゲステロンの消退により，腺細胞や間質細胞からはサイトカインやケモカインなどが分泌される．これらの因子により活性化した白血球や間質細胞からは，マトリックスメタロプロテアーゼ（MMP, matrix metalloproteinases）が誘導されて内膜組織の剥脱を起こして，さらに二次的に血管にも作用して，間質浮腫や血管透過性を亢進させているという説が提唱されている（図XV-62-3）（Salamonsen, 2003）．

(B) 子宮内膜局所因子

(1) マトリックスメタロプロテアーゼ (MMP)

マトリックス分解酵素による細胞外マトリックスの分解により，内膜組織の支持基盤の崩壊が起こる．血管の強度は低下して脆弱化することで，子宮内膜組織の崩壊が進み，月経が発来すると考えられている．これらの子宮内膜組織のタンパク質分解には，MMP が重要な役割を担っている (Salamonsen, 2003；Brun et al, 2009)．MMP の基質は，コラーゲン，フィブロネクチン，ラミニン，プロテオグリカンなど，基底膜や間質に存在する細胞外マトリックスであり，基質特異性については重複するものも多い．MMP は活性中心に Zn^{2+} を有し，カルシウムをその構造安定化に必要としている．分泌型 MMP は不活性なプロペプチドとして分泌され，酵素として機能するためには，その前駆体が切断されて活性化されることが必要である．子宮内膜では，月経時に MMP-1，2，3，7，9，10，11，14，15の発現が認められている (Salamonsen, 2003)．

MMP は，共通の組織メタロプロテアーゼインヒビター (TIMP, tissue inhibitor of metalloprotease) により特異的に阻害される．過剰量の TIMP が組織に存在することにより，活性化された MMP の働きは時間的，空間的に制限されており，TIMP は MMP と 1：1 の複合体を形成してその活性を抑制する (Brun et al, 2009)．

プロゲステロン存在下では，子宮内膜間質細胞の MMP が抑制され，さらにそのインヒビターの TIMP の発現が増加して，MMP の機能を抑制している (Henriet et al, 2002)．しかし，月経に向けてプロゲステロンが消退するとその

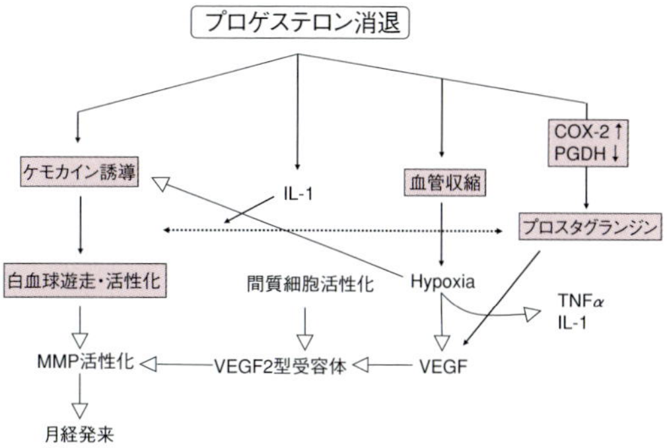

図XV-62-4．プロゲステロン消退後の月経発来への経路

抑制は解除され，MMP 活性が亢進してくる．子宮内膜局所では，このような TIMP 発現の制御によって，MMP の機能が調節されている．

(2) プロスタグランジン (PG)

PG の前駆体はリン脂質であり，各種の刺激によって生理活性のある形に変換されて作用し，比較的速やかに局所で代謝されて不活性化される．したがって血流にのって標的臓器に達して働くホルモンとは異なり，オートクラインあるいはパラクラインに作用する．リン脂質から生理活性脂質が作られる最初のステップは，膜のリン脂質に分解酵素 (ホスホリパーゼ) が作用することである．そしてアラキドン酸から PG 類が産生される過程では，シクロオキシゲナーゼ (COX) が律速酵素として働いている．PG は，種々の刺激によって速やかに産生され，主として分泌過程で調節されるペプチドホルモンと異なり，その産生過程が作用の調節過程ともなっている．COX には，COX-1と COX-2の2種があり，COX-1は構成型酵素としてほとんどすべての組織に存在し，各組織の恒常的な機能発現に関与している．一方，COX-2は通常は組織内に発現しておらず，種々のサイトカイン

などの刺激によって，必要に応じて発現する誘導型酵素である．

月経の1-6日前で，PGは子宮内膜組織中で高濃度となっており，その作用が血管攣縮を誘導する（Jabbour et al, 2006）．この血管攣縮により螺旋動脈の血流がうっ帯して，子宮内膜への血流は減少する．子宮内膜の低酸素状態により組織の変性が起こると，子宮内膜上皮細胞のライソゾームからタンパク質分解酵素が漏出してさらに細胞融解が進行し，内膜組織の自己融解が進行して月経（機能層内膜の剥脱）が起こると考えられている．

PGの合成に関しては，プロゲステロンの消退により，多種の炎症性因子が分泌されて，その結果COX-2が誘導されPG合成を促進させている（図XV-62-4）（ESHRE Capri Workshop Group et al, 2007）．誘導された PGE_2 や $PGF_{2\alpha}$ は，ケモカインと協調して免疫系細胞の子宮内膜への移入を相乗的に促進している（Jabbour et al, 2006）．

また，プロゲステロンの消退は，PGを非活性化の代謝物に変換する酵素である15-hydroxyprostaglandin dehydrogenase（PGDH）の発現を抑制し，PGE_2 と $PGF_{2\alpha}$ の増加をもたらしている（Greenland et al, 2000）．

(3) 増殖因子・サイトカイン・ケモカイン

性ステロイドホルモンにより調節される各種因子（増殖因子・サイトカイン・ケモカインなど）が，パラクラインやオートクライン作用によって子宮内膜局所機能制御因子として機能し，重要な役割を果たしているという知見が集積されつつある（岡田，神崎，2001；King et al, 2003；Brenner et al, 2002）．

プロゲステロンは，白血球の走化性を促進する役割を担っているα-ケモカインであるCXCL8（インターロイキン-8，IL-8）やβ-ケモカインであるCCL-2（MCP-1, monocyte chemotactic peptide-1）産生を抑制している（Jabbour et al, 2006）．月経期にプロゲステロンが減少することによりこれらのケモカイン産生が亢進して，白血球浸潤を促進すると考えられる（図XV-62-6）．さらにサイトカイン（IL-1, IL-6, IL-15, TNF-α）やケモカイン（CXCL1, CXCL2, CXCL5, CXCL6, CXCL10）なども子宮内膜局所において免疫細胞の浸潤，走化，活性化に関与しているといわれている（Nasu, 2001；Okada, 2000）．これらの因子により，分泌期後期に子宮内膜間質に浸潤し，活性化された白血球と子宮内膜細胞は，オートクラインあるいはパラクライン様式によって各種の増殖因子やサイトカインを分泌して，その協調作用により子宮内膜で月経発来機序を制御しているものと考えられる．

血管内皮増殖因子（VEGF, vascular endothelial growth factor）は，内皮細胞を特異的に増殖させる因子である．VEGFの重要な生物学的活性は，血管内皮細胞の増殖促進活性つまり血管新生活性，および血管透過性亢進活性である．また，内皮細胞の遊走，プラスミノーゲンアクチベーターなどのタンパク分解酵素やその阻害タンパク質の発現も引き起こす（Ferrara, 2004）．

VEGFは，低酸素状況（hypoxia）で子宮内膜間質細胞から誘導され（Popovici et al, 1999），またプロゲステロンの消退は，子宮内膜間質でのVEGF2型受容体の発現を増加させると報告されている．月経期には，VEGF，VEGF2型受容体，MMPなどが子宮内膜で同時に発現していることから，VEGFとMMPとの連携が月経発来機序に重要な役割を果たしていることが示唆されている（図XV-62-6）（ESHRE Capri Workshop Group et al, 2007；Chennazhi et al, 2009）.

月経開始の4-24時間前には螺旋動脈の強い収縮（攣縮）が始まり，これには血管収縮作用を持つ生理活性物質が関与している．エンドセリン-1（ET-1）は強力な血管収縮作用を有する因子である．培養内膜間質細胞で，プロゲステロンによりET-1の発現は抑制されるが，プロゲステロンの減少によりET-1の発現は促進される（Kubota, 2007）．ET-1は，その前駆体遺伝子が月経直前の分泌期後期に急上昇していることから，ET-1も螺旋動脈の攣縮をもたらし内膜組織の虚血・剥脱，すなわち月経を引き起こす因子の一つであると推測されている．

(C) アポトーシス

アポトーシスとは，細胞自死プログラム，つまり遺伝子によりコントロールされる細胞死である．アポトーシスが関与する生命現象として胎生期の発生分化，器官形成がよく知られているが，その他免疫系組織をはじめ，あらゆる組織や器官においても，アポトーシスによって各機能系の恒常性が維持されている．

アポトーシスは，細胞の核クロマチンの濃縮などを特徴とした形態学的変化の観察に基づいて提起された概念であり，ネクローシスとは厳密に区別されている．ネクローシスは，形態学的に細胞が膨化して，細胞質の変化が先行して細胞融解を起こす．それに対してアポトーシスは細胞質より先に核で変化が起こり，細胞の縮小，クロマチンの凝縮，核の断片化，微絨毛の消失による細胞表面の平滑化などが見られ，細胞はやがてアポトーシス小体となってマクロファージによって貪食，除去されていく．アポトーシスにより有害な細胞，無用の細胞は生体から速やかに取り除かれ，生体の恒常性を維持している．

子宮内膜が月経周期によりダイナミックに変化している過程には細胞の増殖と退縮とが繰り返されており，アポトーシスもこれに密接に関わっていることが想定される．ラットにおいては，発情期のエストロゲン，プロゲスチンの消退に伴って起こる子宮内膜上皮細胞の退行がアポトーシスによることが知られている（岡田，神崎，2001）．ヒトにおいても，形態的に正常月経周期を有する女性において月経前期あるいは月経期に子宮上皮腺細胞内にアポトーシス小体が出現すると報告されている．また分子生物学的手法により，ヒト子宮内膜において分泌期後期の機能層内膜ではアポトーシスに特徴的なDNAの断片化が認められるが，月経期でも剥脱しない基底層内膜にはこのような所見はない（Kokawa et al, 1996）.

遺伝子レベルでの検討では，アポトーシス抑制機能を持つbcl-2の発現は子宮内膜において増殖期に強く，分泌期後半から月経期に減弱，消失している．baxはbcl-2とヘテロダイマーを形成して，アポトーシス抑制活性を低下させてアポトーシスを誘導している．baxの発現は増殖期では減弱しているが，分泌期機能層で強く認められており，月経に向けてbcl-2の機能を抑制している．このように，bcl-2やbaxが子宮内膜のアポトーシスを調節する機構が示唆されており（Otsuki, 2004；Sivridis et al, 2004），月経がネクローシスによる組織剥脱による現象だけで説明できないことがわかってきた．すなわち，性ステロイドホルモンは子宮内膜細胞のアポトーシスの抑制にも関与しており，月経はその抑制の解除から誘発されている可能性も考えられる．

まとめ

月経は，プロゲステロンの消退により各種の局所機能制御因子を介して誘導される現象であり，PG，サイトカイン，ケモカインなどの免疫調節物質の関与も明らかとなってきた．月経発来機序についての分子・遺伝子レベルでの研究は，妊孕現象における子宮内膜機能の理解を深化させるとともに，過多月経や不正出血などの病態への治療にも，新たな展望を開くものと期待される．

（岡田英孝・神崎秀陽）

引用文献

Brenner RM, Nayak NR, Slayden OD, et al (2002) Premenstrual and menstrual changes in the macaque and human endometrium : relevance to endometriosis, *Ann NY Acad Sci*, 955 ; 60-74.

Brun JL, GalantC, Delvaux D, et al (2009) Menstrual activity of matrix metalloproteinases is decreased in endometrium regenerating after thermal ablation, *Hum Reprod*, 24 ; 333-340.

Chennazhi KP et al (2009) Regulation of angiogenesis in the primate endometrium : vascular endothelial growth factor, *Semin Reprod Med*, 7 ; 80-89.

ESHRE Capri Workshop Group et al (2007) Endometrial bleeding, *Hum Reprod Update*, 13 ; 421-431.

Ferrara N (2004) Vascular endothelial growth factor : basic science and clinical progress, *Endocr Rev*, 25 ; 581-611.

Greenland KJ, Jantke I, Jenatschkes, et al (2000) The human NAD+-dependent 15-hydroxyprostaglandin dehydrogenase gene promoter is controlled by Ets and activating protein-1 transcription factors and progesterone, *Endocrinology*, 141 ; 581-597.

Henriet P, Cornet PB, Lemoine P, et al (2002) Circulating ovarian steroids and endometrial matrix metalloproteinases (MMPs), *Ann NY Acad Sci*, 955 ; 119-138.

Hickey M, Fraser I (2003) Human uterine vascular structures in normal and diseased states *Microsc Res Tech*, 60 ; 377-389.

Jabbour HN, Kelly RW, Fraser HM, et al (2006) Endocrine regulation of menstruation, *Endocr Rev*, 27 ; 17-46.

Jones RL, Hannan NJ, Kaitu'u TJ, et al (2004) Identification of chemokines important for leukocyte recruitment to the human endometrium at the times of embryo implantation and menstruation, *J Clin Endocrinol Metab*, 89 ; 6155-6167.

King AE, Critchley HO, Kelly RW (2003) Innate immune defences in the human endometrium, *Reprod Biol Endocrinol*, 1 ; 116.

Kokawa K, Shikone T, Nakano R (1996) Apoptosis in the human uterine endometrium during the menstrual cycle, *J Clin Endocrinol Metab*, 81 ; 4144-4147.

Kubota T (2007) Role of vasoactive substances on endometrial and ovarian function, *Reprod Med Biol*, 6 ; 157-164.

百枝幹雄，武谷雄二（1998）子宮内膜　C剥脱機構，新女性医学体系，12 ; 365-374.

Nasu K (2001) Expression of epithelial neutrophil-activating peptide 78 in cultured human endometrial stromal cells, *Mol Hum Reprod*, 7 ; 453-458.

日本産科婦人科学会編（2008）産科婦人科用語集・用語解説集，改訂第2版，金原出版，東京.

Okada H, Nakajima T, Sanezumi M et al (2000) Progesterone enhances interleukin-15 production in human endometrial stromal cells in vitro, *J Clin Endocrinol Metab*, 85 ; 4765-4770.

岡田英孝，神崎秀陽（2001）性器の発生・形態・機能，新女性医学体系，1 ; 122-139.

岡田英孝，神崎秀陽（2001）子宮内膜機能の局所調節，妊娠の生物学，141-149.

Otsuki Y (2004) Tissue specificity of apoptotic signal transduction, *Med Electron Microsc*, 37 ; 163-169.

Popovici RM, Irwin JC, Glaccia AJ, et al (1999) Hypoxia and cAMP stimulate vascular endothelial growth factor (VEGF) in human endometrial stromal cells : potential relevance to menstruation and endometrial regeneration, *J Clin Endocrinol Metab*, 84 ; 2245-2248.

Rogers PA, Abberton KM (2003) Endometrial arteriogenesis : vascular smooth muscle cell proliferation and differentiation during the menstrual cycle and changes associated with endometrial bleeding disorders, *Microsc Res Tech*, 60 ; 412-419.

Salamonsen LA, Zhang J, Brasted M (2002) Leukocyte networks and human endometrial remodeling, *J Reprod Immunol*, 57 ; 95-108.

Salamonsen LA (2003) Tissue injury and repair in the female human reproductive tract, *Reproduction*, 125 ; 301-311.

Sivridis E, Giotromanolaki A (2004) New insights into the normal menstrual cycle-regulatory molecules, *Histol Histopathol*, 19 ; 511-516.

Yoshie O, Imai J, Nomiyama H (2001) Chemokines in immunity, *Adv Immunol*, 78 ; 57-110.

XV-63

黄体の形成と退行

Key words
血管新生／アポトーシス／プロゲステロン／コレステロール

はじめに

黄体は数ある内分泌器官の中でも，その寿命が短いことが特徴である．排卵後の卵胞から形成され，妊娠の成立に不可欠であるものの，妊娠が成立しなければ月経黄体として約2週間で退行する．一方妊娠が成立した場合には妊娠黄体として，胎盤でのプロゲステロン産生が確立される妊娠第7–10週までエストラジオールとプロゲステロンを産生し続ける．プロゲステロンは，哺乳類の妊娠の成立維持に必須であり，その主な作用は卵管と子宮の平滑筋の自律的収縮活動を抑制することである．この作用のために受精卵の着床が起こり，胎児胎盤系が子宮内に確立する．

哺乳類の性周期は，排卵と黄体形成の有無により，大きく三つに分類できる．すなわち，霊長類や多くの家畜にみられるように排卵後に必ず黄体が形成される完全性周期動物，げっ歯類のように排卵後に黄体が形成されない不完全性周期動物，そしてウサギやネコに代表される交尾がないと排卵自体が起こらない交尾排卵動物である．黄体の形成と退行は種差が大きく，各種実験結果にも差がみられることから，ここでは主に霊長類における知見を述べることとする．

1 黄体形成

黄体は排卵後の卵胞の顆粒膜細胞と莢膜細胞をもとに形成される．ウサギの卵胞から卵子・卵丘細胞を除去すると顆粒膜細胞の黄体化が見られるという報告（El-Fouly et al, 1970）以来，卵子が黄体化抑制因子を産生し，ギャップ結合（gap junction）を介して顆粒膜細胞に作用しており，LHサージを契機に顆粒膜細胞のgap junctionが減少し，黄体化抑制因子が作用しなくなることで黄体化が開始すると考えられてきた（Gilchrist et al, 2004）．形態学的には，顆粒膜細胞では細胞間の結合が疎になるとともに卵胞全体が浮腫状となり，内莢膜層への血管外の血液の浸潤が見られるようになる．同時に多くの血管新生因子が発現し，血管新生がみられる．黄体におけるステロイド産生細胞は大細胞と小細胞の2種類が存在する．これらは形態学的に区別されるのみならず，大細胞は顆粒膜細胞から分化し，小細胞は内莢膜細胞から分化する（Sanders, Stouffer, 1997）．基礎的なプロゲステロンの産生は，大細胞が小細胞よりも多いが，hCG投与により小細胞でのプロゲステロン産生が増加する．これは，小細胞に存在するLHレセプターを介する作用と考えられる（Retamales et al, 1994）．霊長類の黄体は家畜やげっ歯類と異なり，エストロゲンを産生する．大細胞がエストロゲン，小細胞がアンドロゲンを産生すると考えられることから（Ohara et al, 1987；Sanders et al, 1996），黄体でのエストロゲン産生にもtwo cell, two gonadotropin theoryの考え方が適用できると推察される（Devoto et al, 2002）．また，着床に至適な子宮内環境の整備にはプロゲステロン／エストラジオール比がある一定範囲内にあるべきという考え方もある（Tajima et al, 1987）．

LHサージ後に，卵胞あるいは黄体細胞ではLHが細胞膜上のLH/CG受容体と結合することにより，アデニル酸シクラーゼが活性化され，cAMPを介してミトコンドリアではコレステロール側鎖切断酵素（P450scc,cholesterol side-chain cleavage cytochrome P450）が，滑面小胞体（sER, Smooth surfaced endoplasmic reticulum）では3β-HSD（3β-hydroxysteroid-dehydrogenase）の合成促進が誘導される（大場ら，2001）．さらに，黄体の機能は，子宮における着床あるいは妊娠の維持に不可欠なプロゲステロンを産生することにあり，大量のプロゲステロン合成の基質となるコレステロールの供給と産生されたプロゲステロンの全身への輸送のためにも，血管網の構築が不可欠である．

2 プロゲステロン産生と黄体形成への自助作用

黄体がプロゲステロン合成能を持つためにはプロゲステロンの基質であるコレステロールの供給とその合成酵素の発現が必要である．プロゲステロン合成の第一段階となる酵素はP450 sccであり，この酵素反応がステロイドホルモン産生の律速段階であると考えられていたが，真の律速段階はステロイドホルモンの基質となるコレステロールをミトコンドリアに供給する過程であることが明らかとなった（Jefcoate et al, 1987）．

LHあるいはhCGの刺激によってリン酸化されたStAR（steroidogenic acute regulatory protein）がコレステロールをミトコンドリア内膜に輸送する．次いでミトコンドリア内膜に存在するP450sccにより，プレグネノロンが産生されると，プレグネノロンはミトコンドリア外に運ばれてsERに存在する3β-HSDの作用でプロゲステロンに変換される．このように初期黄体で産生されるプロゲステロン自体がさらなる黄体形成に必須であること，すなわちプロゲステロンのオートクライン現象は黄体がプロゲステロン受容体を持つこと（Park, Mayo, 1991；Iwai et al, 1991），抗プロゲステロン作用（プロゲステロン受容体拮抗剤）を持つRU486で黄体形成が抑制されること（Tanaka et al, 1993）などからも明らかである．

3 血管新生

血管新生は，プロゲステロン合成の基質となるコレステロールの供給とともに，産生されたプロゲステロンを全身の循環系へ送り出すために重要である（Reynolds et al, 2000）．現在までに関与が明らかになっている血管新生を促進する因子について以下に述べる．

(A) VEGF

血管内皮増殖因子（VEGF, vascular endothelial growth factor）は微小血管の血管内皮細胞に作用して増殖と移動に関与することで血管透過性を亢進させる．VEGFはアミノ酸残基の大きさで5種類に分類され，この中で165アミノ酸残基のサブタイプが最も多く存在する（Stacker, Achen, 1999）．Yanらはヒト黄体化顆粒膜細胞でVEGFのmRNAの発現を明らかにした（Yan et al, 1993）．

(B) EG-VEGF

EG-VEGF（endocrine gland vascular endothelial growth factor）は卵巣，精巣，副腎や胎盤で発見された（LeCouter et al, 2001）．EG-VEGFはヒト黄体顆粒膜細胞で産生され，黄体期中期から後期にかけての合成が最も高くなる（Fraser et al, 2005）ことから，プロゲステロンの輸送と妊娠初期のhCGへの反応のために，構築された血管網の血管透過性を維持していることが推測される（LeCouter et al, 2001）．

(C) Angiogenin

Angiogeninは大腸癌の培養細胞上清から単離された14.1kDの単鎖ポリペプチドであり（Fett et al, 1985），各種悪性疾患での血管新生への関与が考えられている．ウシ卵巣の初期黄体でのmRNAの発現（Lee et al, 1999）や，ヒト卵胞液と黄体化顆粒膜細胞でのタンパク発現が報告され（Koga et al, 2000），ヒト卵巣局所での血管新生因子の一つと考えられている．

(D) Angiopoietin

Ang（Angiopoietin）は，VEGFとともに血管形成，安定，退行に関与しているといわれ（Suri et al, 1996；Thurston et al, 2000），ヒト黄体ではAng-1が黄体期初期から中期にかけて発現が増加し，後期にかけては低下する（Sugino et al, 2005）．一方妊娠初期にはAng-1の発現がAng-2と比較して高く持続し，妊娠黄体の維持に関与していると考えられる（Sugino et al, 2005）．

(E) Platelet derived angiogenic factors

Furukawaらは，ヒト黄体細胞における血小板の分布と，血小板によるヒト培養顆粒膜細胞のプロゲステロン産生能の変化から，ヒト黄体の血管新生に血小板が関与しているとする説を提唱している（Furukawa et al, 2007）．

4 黄体の退行

黄体は，排卵後の顆粒膜・莢膜細胞から形成され，妊娠が成立しなければ退行を起こす．古くは，「排卵ノ時期ハ，予定月経前第十二日乃至，第十六日ノ五日間ナリ．」，すなわち，ヒト黄体の寿命は約14日間で一定であるとした荻野学説以来その退行機構をめぐって種々の内分泌学的検討が行われてきた．

視床下部ホルモンは脈動性（パルス状）に分泌され，それに伴い下垂体性ゴナドトロピンも脈動性に分泌される．特にLHパルスは卵胞期初期から黄体期にかけて90分間隔で分泌されるが，黄体期後半以降に頻度が少なくなる一方でアンプリチュードは増加しており，LHパルスに一致したプロゲステロンの分泌パルスが観察される．このことが黄体退行に重要な役割を演じていると考えられる（Crowley et al, 1985）．

ヒツジやウシでは，子宮内膜由来のPGF2αが黄体の退行に関与しているが，現在までのところ，ヒトでは明らかな報告はない．

一方で，Kerrらによってアポトーシスの概念が提唱されて以来（Kerr et al, 1972），黄体退行のメカニズムとしてアポトーシスについての研究が進められるようになった（Sugino, Okuda, 2007）．黄体期中期では黄体にDNAラダーの形成とアポトーシス細胞が認められるが，妊娠黄体では認められない（Shikone et al, 1996；Sugino et al, 2000）．また黄体期後期にかけてアポトーシス細胞が増加する（Gaytan et al, 1998；Vaskivuo et al, 2002）．

Fas Fas-ligandについては，退行黄体でFasの発現が増強していることが免疫染色で示された（Kondo et al, 1996）．Bcl-2ファミリーでは，黄体期中期にBcl-2の発現が高くBaxは低いが，退行黄体ではBcl-2が低下してBaxの発現が高くなる（Sugino et al, 2000）．退行に向けて黄体ではBcl-2陽性細胞は減少するが，Bax陽性細胞の増加は見られないとする報告（Vaskivuo et al, 2002）と，*Bcl-2*や*Bax*のmRNAの発現は変化がないとする報告とがあり（Rodger et al, 1995；1998），一定の見解は得られていない．

マクロファージから産生されるサイトカインでは，腫瘍壊死因子（TNF, Tumor necrosis factor）-αの関与が指摘されている．退行黄体ではマクロファージの数そのものが増加していること（Suzuki et al, 1998），免疫組織化学でヒトの退行黄体でTNF-α陽性の細胞が増加していること（Vaskivuo et al, 2002），ブタの黄体ではマクロファージがTNF-αの主な産生細胞であること（Zhao et al, 1998），*in vitro*ではTNF-αにより黄体細胞がアポトーシスを起こすこと（Matsubara et al, 2000）が示された．

Fas Fas-ligandやBcl-2，Baxの信号伝達の下流に位置するのがCaspaseである．Caspase-3とCaspase-8については，黄体期中期の後半の黄体でその酵素活性が高いことが示された（Peluffo et al, 2005）．また培養ヒト黄体化顆粒膜細胞において，protein kinase Cの阻害剤であるスタウロスポリンでアポトーシスを誘導すると，caspase-9とcaspase-3の活性が増加する（Khan et al, 2000）．これらのことから，黄体退行時のアポトーシスにcaspase familyが関与していることが推察される（Sugino, Okuda, 2007）．

一方黄体細胞のアポトーシスを抑制する因子として，ヒト絨毛性ゴナドトロピン（hCG, human chorionic gonadotropin）があげられる．アデノシン三リン酸により，*in vitro*でヒト顆粒膜細胞のアポトーシスが誘導されるが（Lee et al, 1996；Park et al, 2003），hCGはこのアポトーシスを抑制する（Park et al, 2003）．hCGは，Fas系の抑制だけでなく，Bcl-2/BAX系の抑制にも関与する（Matsubara et al, 2000）．さらに，caspaseに直接作用することでアポトーシスを抑制することが知られているsurvivinの発現はhCGにより増加する（Kumazawa et al, 2005）．これらのことは，hCGの作用の結果黄体が退行を免れて妊娠黄体へ移行することを示している．

まとめ

黄体の形成と退行の過程では，LHサージを契機に卵子が卵胞から排卵することで黄体形成が始まり，次いで排卵された卵子が首尾よく受精し着床することで胚となり，この胚（となったかつての卵子）から黄体の退行を阻止し妊娠黄体として自身の発育をサポートするためのhCGを産生する．すなわち黄体の形成と退行とは，卵子あるいは胚自身がその受精・着床・胚発育をコントロールする過程で見られる体細胞の変化のことであるといえるかもしれない．

（岡村佳則・大場　隆・岡村　均）

引用文献

Crowley WF Jr, Filicori M, Spratt DI, et al (1985) The physiology of gonadotropin releasing hormone (GnRH) secretion in men and women, *Recent Prog Horm Res*, 41 ; 473-531.

Devoto L, Kohen P, Vega M, et al (2002) Control of human luteal steroidogenesis, *Mol Cell Endocrinol*, 186 ; 137-141.

El-Fouly MA, Cook B, Nekola M, et al (1970) Role of the ovum in follicular luteinization, *Endocrinology*, 87 ; 286-293.

Fett JW, Strydom DJ, Lobb RR, et al (1985) Isolation and characterization of angiogenin, an angiogenic protein from human carcinoma cells, *Biochemistry*, 24 ; 5480-5486.

Fraser HM, Bell J, Wilson H, et al (2005) Localization and quantification of cyclic changes in the expression of endocrine gland vascular endothelial growth factor in the human corpus luteum, *J Clin Endocrinol Metab*, 90 ; 427-434.

Furukawa K, Fujiwara H, Sato Y, et al (2007) Platelets are novel regulators of neovascularization and luteinization during human corpus luteum formation, *Endocrinology*, 148 ; 3056-3064.

Gaytan F, Morales C, Garcia-Pardo L, et al (1998) Macrophages, cell proliferation, and cell death in the human menstrual corpus luteum, *Biol Reprod*, 59 ; 417-425.

Gilchrist RB, Ritter LJ, Armstrong DT (2004) Oocyte-somatic cell interactions during follicle development in mammals, *Anim Reprod Sci*, 82-83 ; 431-446.

Iwai T, Fujii S, Nanbu Y, et al (1991) Effect of human chorionic gonadotropin on the expression of progesterone receptors and estrogen receptors in rabbit ovarian granulosa cells and the uterus, *Endocrinology*, 129 ; 1840-1848.

Jefcoate CR, DiBartolomeis MJ, Williams CA, et al (1987) ACTH regulation of cholesterol movement in isolated adrenal cells, *J Steroid Biochem*, 27 ; 721-729.

Khan SM, Dauffenbach LM, Yeh J (2000) Mitochondria and caspases in induced apoptosis in human luteinized granulosa cells, *Biochem Biophys Res Commun*, 269 ; 542-545.

Kerr JF, Wyllie AH, Currie AR (1972) Apoptosis : a basic biological phenomenon with wide-ranging implications in tissue kinetics, *Br J Cancer*, 26 ; 239-257.

Koga K, Osuga Y, Tsutsumi O, et al (2000) Evidence for the presence of angiogenin in human follicular fluid and the up-regulation of its production by human chorionic gonadotropin and hypoxia, *J Clin Endocrinol Metab*, 85 ; 3352-3355.

Kondo H, Maruo T, Peng X, et al (1996) Immunological evidence for the expression of the Fas antigen in the infant and adult human ovary during follicular regression and atresia, *J Clin Endocrinol Metab*, 81 ; 2702-2710.

Kumazawa Y, Kawamura K, Sato T, et al (2005) HCG up-regulates survivin mRNA in human granulosa cells, *Mol Hum Reprod*, 11 ; 161-166.

LeCouter J, Kowalski J, Foster J, et al (2001) Identification of an angiogenic mitogen selective for endocrine gland endothelium, *Nature*, 412 ; 877-884.

Lee HS, Lee IS, Kang TC, et al (1999) Angiogenin is involved in morphological changes and angiogenesis in the ovary, *Biochem Biophys Res Commun*, 257 ; 182-186.

Lee PS, Squires PE, Buchan AM, et al (1996) P2-purinoreceptor evoked changes in intracellular calcium oscillations in single isolated human granulosa-lutein cells, *Endocrinology*, 137 ; 3756-3761.

Matsubara H, Ikuta K, Ozaki Y, et al (2000) Gonadotropins and cytokines affect luteal function through control of apoptosis in human luteinized granulosa cells, *J Clin Endocrinol Metab*, 85 ; 1620-1626.

Ohara A, Mori T, Taii S, et al (1987) Functional differentiation in steroidogenesis of two types of luteal cells isolated from mature human corpora lutea of menstrual cycle, *J Clin Endocrinol Metab*, 65 ; 1192-1200.

大場隆，片渕秀隆，岡村均（2001）性ステロイドの産生とその調節，新女性医学大系１，pp325-354，中山書店，東京．

Park DW, Cho T, Kim MR, et al (2003) ATP-induced apoptosis of human granulosa luteal cells cultured *in vitro*, *Fertil Steril*, 80 ; 993-1002.

Park OK, Mayo KE (1991) Transient expression of progesterone receptor messenger RNA in ovarian granulosa cells after the preovulatory luteinizing hormone surge, *Mol Endocrinol*, 5 ; 967-978.

Peluffo MC, Young KA, Stouffer RL (2005) Dynamic expression of caspase-2, -3, -8, and -9 proteins and enzyme activity, but not messenger ribonucleic acid, in the monkey corpus luteum during the menstrual cycle, *J Clin Endocrinol Metab*, 90 ; 2327-2335.

Retamales I, Carrasco I, Troncoso JL, et al (1994) Morpho-functional study of human luteal cell subpopulations, *Hum Reprod*, 9 ; 591-596.

Reynolds LP, Grazul-Bilska AT, Redmer DA (2000) Angiogenesis in the corpus luteum, *Endocrine*, 12 ; 1-9.

Rodger FE, Fraser HM, Duncan WC, et al (1995) Immunolocalization of bcl-2 in the human corpus luteum, *Hum Reprod*, 10 ; 1566-1570.

Rodger FE, Fraser HM, Krajewski S, et al (1998) Production of the proto-oncogene BAX does not vary with

changing in luteal function in women, *Mol Hum Reprod*, 4 ; 27-32.
Sanders SL, Stouffer RL (1997) Localization of steroidogenic enzymes in macaque luteal tissue during the menstrual cycle and simulated early pregnancy : immunohistochemical evidence supporting the two-cell model for estrogen production in the primate corpus luteum, *Biol Reprod*, 56 ; 1077-1087.
Sanders SL, Stouffer RL, Brannian JD (1996) Androgen production by monkey luteal cell subpopulations at different stages of the menstrual cycle, *J Clin Endocrinol Metab*, 81 ; 591-596.
Shikone T, Yamoto M, Kokawa K, et al (1996) Apoptosis of human corpora lutea during cyclic luteal regression and early pregnancy, *J Clin Endocrinol Metab*, 81 ; 2376-2380.
Stacker SA, Achen MG (1999) The vascular endothelial growth factor family : Signalling for vascular development, *Growth Factors*, 17 ; 1-11.
Sugino N, Suzuki T, Kashida S, et al (2000) Expression of bcl-2 and bax in the human corpus luteum during the menstrual cycle and in early pregnancy : regulation by human chorionic gonadotropin, *J Clin Endocrinol Metab*, 85 ; 4379-4386.
Sugino N, Suzuki T, Sakata A, et al (2005) Angiogenesis in the human corpus luteum : changes in expression of angiopoietins in the corpus luteum throughout the menstrual cycle and in early pregnancy, *J Clin Endocrinol Metab*, 90 ; 6141-6148.
Sugino N, Okuda K (2007) Species-related differences in the mechanism of apoptosis during structural luteolysis, *J Reprod Dev*, 53 ; 977-986.
Suri C, Jones PF, Patan S, et al (1996) Requisite role of angiopoietin-1, a ligand for the TIE2 receptor, during embryonic angiogenesis, *Cell*, 87 ; 1171-1180.
Suzuki T, Sasano H, Takaya R, et al (1998) Leukocytes in normal-cycling human ovaries : immunohistochemical distribution and characterization, *Hum Reprod*, 13 ; 2186-2191.
Tajima C, Okamura H, Iwamasa J, et al (1987) Midluteal progesterone/estradiol ratio as an indicator of pregnancy potential in women, *Infertility*, 10 ; 195-203.
Tanaka N, Iwamasa J, Matsuura K, et al (1993) Effects of progesterone and anti-progesterone RU486 on ovarian 3 beta-hydroxysteroid dehydrogenase activity during ovulation in the gonadotropin-primed immature rat, *J Reprod Fertil*, 97 ; 167-172.
Thurston G, Rudge JS, Ioffe E, et al (2000) Angiopoietin-1 protects the adult vasculature against plasma leakage, *Nat Med*, 6 ; 460-463.
Vaskivuo TE, Ottander U, Oduwole O, et al (2002) Role of apoptosis, apoptosis-related factors and 17 β-hydroxysteroid dehydrogenases in human corpus luteum regression, *Mol Cell Endocrinol*, 194 ; 191-200.
Yan Z, Weich HA, Bernart W, et al (1993) Vascular endothelial growth factor (VEGF) messenger ribonucleic acid (mRNA) expression in luteinized human granulosa cells in vitro, *J Clin Endocrinol Metab*, 77 ; 1723-1725.
Zhao Y, Burbach JA, Roby KF, et al (1998) Macrophages are the major source of tumor necrosis factor α in the porcine corpus luteum, *Biol Reprod*, 59 ; 1385-1391.

XV-64

黄体期の胚受容能

Key words
月経黄体／胚着床／着床ウインド／胚受容能

はじめに

生殖機能は周期性機能（cyclic function）と妊孕性機能（conceptive function）に分けられるが，生殖様式の進化の中で，黄体は妊孕能を担保する手段として真胎生の哺乳類が獲得した構造である．卵胎生（ovoviviparity）動物では母胎内で胚発育が行われるが栄養源は卵子に蓄積された肝由来のヴィテロゲニン（卵黄）に依存している．これに対し真胎生（viviparity）動物では，栄養補給と老廃物排泄のため専用の胎盤を形成する．しかし着床までの胚発育は卵子に蓄積された卵黄物質に依存するとしても，着床以後胎盤形成までの期間は脱落膜が直接母体栄養を供給する機能を果たす．胚受容能とは真胎生動物で子宮内膜が妊卵の着床を受け容れる準備態勢の整った期間である．

1 月経黄体の生殖生物学的特性

(A) 妊孕機能（conceptive function）

妊孕機能の担保は脱落膜誘導の主役であるプロゲステロンの産生であり，これが黄体の基本的な役割である．プロゲステロンの主要産生源は月経黄体から妊娠黄体へ，さらに胎盤へと引き継がれる．黄体がプロゲステロン産生を担当する期間は真獣類でも一定でない．妊娠の全期間黄体の存在が不可欠な齧歯類と，妊娠初期に限定されプロゲステロンの主要産生源が胎盤に移行（luteo-placental shift）する家畜や霊長類など種差が大きい．すべての脊椎動物で排卵後黄体が形成されるが，その機能はプロゲステロン分泌能から見る限り哺乳類において明確な意義を持つと理解されている（川島，1997）．

(B) 黄体機能の悉無律（all or nothing law）

「排卵は次の予定月経の開始日から逆算して16日から12日の間に起こる」という荻野学説の卓見が意味することは，排卵の推定期間もさることながら，黄体機能の発現が悉無律に従うということである．つまり排卵が起こるか否か，起これば完全な機能を持った黄体が形成される．月経周期の長短は卵胞期の長短によって決まりヒト黄体期はほぼ14日と一定している．自然排卵動物のうち，齧歯類では不完全黄体周期，霊長類はもちろんブタやヒツジでは完全黄体周期を持つ．

完全黄体周期動物のヒトでも不完全な黄体機能は思春期や更年期など，生理的に排卵周期と無排卵周期の移行期に認められる．また病的には排卵周期であってもいわゆる黄体機能不全として不妊の原因となりうる．

(C) 黄体の自律性 (autonomy of corpus luteum)

黄体の寿命は形成・成熟および退行の3期に分けられ，これらは概念的にNiswender以来黄体刺激因子 (luteotropin) と融解因子 (luteolysin) によって調節されていると考えられてきた．近年その分子基盤や機構も次第に判明しつつあるが，全貌解明には至っていない．

排卵が契機となって一気に黄体形成が進行するが，排卵さえ起これぱその後の黄体運命の決定因子は胚の存在である．しかし胚の存在がなくとも，黄体からの指令が胚の受け入れ準備を整えておくことは単発 (寡少) 排卵動物では妊孕能を担保するためには必要で，さもなければ貴重な妊娠成立の機を逸することになる．このため黄体が形成されるとその機能が自律的に発揮されるよう性ステロイド (特にプロゲステロン) が下垂体ホルモン分泌を逆調節している様子が伺える．

2 月経黄体による胚受容能制御

(A) 黄体の性ステロイド産生に関する2型黄体細胞ー2種ゴナドトロピン説 (two luteal cells-two gonadotropin theory for luteal steroid synthesis)

黄体の使命は端的には大量のプロゲステロン産生である．黄体細胞は由来別にGLC (qranulosa lutein cell) とTLC (theca lutein cell) に区別されているが，これとは別に20μmを境に大黄体細胞と小黄体細胞と区別して呼ばれる場合もある．ここではGLCとTLCという呼称を用いる．

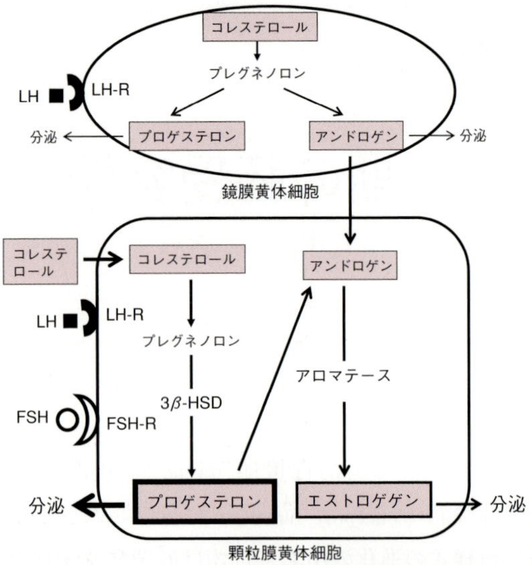

図XV-64-1．ヒト2型黄体細胞―2種ゴナドトロピン説 (Two luteal cell types- two gonadotropin theory)

ヒト黄体のステロイド生合成に関する2型細胞説は卵胞のそれとは若干異なる．卵胞ではエストロゲン／アンドロゲン産生が主体であるのに対し黄体ではプロゲステロンである．産生主体は顆粒膜黄体細胞であるりFSH-RだけでなくLH-Rも発現しているので，その作用下に大量のプロゲステロンが造られる．そのため基質コレステロールの取り込みを積極的に行うようコレステロール・レセプターが発現し，有効利用のためΔ4経路だけでなくΔ5経路も活性化されている．3β-HSD：(hydroxysteroid dehydrogenase) (Mori et al, 1992)

成熟黄体を構成する2型の黄体細胞は，基礎値レベルのLHの作用下にプロゲステロンとエストロゲンを生成するが，単位細胞数あたりで見るとGLCがTLCの約2倍の能力を持っているものの，アンドロゲン産生能は逆に約半分に低下する (Ohara et al, 1987)．hCGによる*in vitro*刺激を加えるとTLCのプロゲステロンとアンドロゲン生成能は高まるが，GLCは無反応

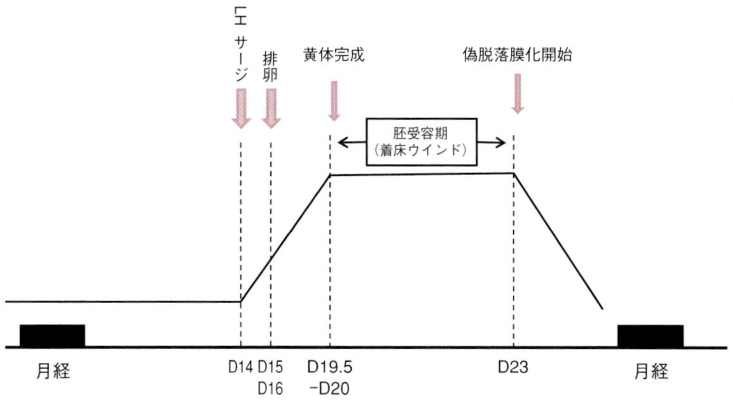

図XV-64-2．黄体期の胚受容期（着床ウインド）

である．両型細胞ともアンドロゲンを基質として加えるとエストロゲン産生が亢進するが，FSH添加に反応するのはGLCのみである．さらに黄体各期に純化FSHの *in vivo* 投与効果を24時間まで追跡したところ，形成期と成熟期においてのみ血中プロゲステロン，エストロゲン共に有意の増加反応が確かめられた（Ohara et al, 1989）．黄体の2型細胞分画の性ステロイド産生能を比較検討した成績に基づき，ヒト黄体においては，卵胞における2型細胞・2種ゴナドトロピン説に修飾を加え，2型のヒト黄体細胞間にもプロゲステロン産生に比重が移ったtwo luteal cells-two gonadotropin theoryともいうべき法則が成立していることが判明した（Mori et al, 1992）（図XV-64-1）．

（B）妊孕機能の発現準備

（1）着床ウインド（IW, implantation window）

真胎生動物は限られた少数の排卵卵子を最大限有効に活用して妊娠に結びつけなければならない．霊長類は原則として単発排卵動物であるから有効に妊娠成立に結びつけるためには，受精卵が胚発生を遂げながら卵管を下降し，子宮内で着床可能な胚盤胞に発育した時期には着床しうる環境を整えておく必要がある．しかし受精が成立せずまたは成立しても着床前発生段階で死滅した場合には子宮内膜への胚からの受け入れ準備指令は解除される．このような目的論的解釈をすれば，黄体とは本来胚の存在とは無関係に子宮内膜に対して胚の受け入れ準備態勢を命令する一過性の，しかし特殊な使命を帯びた内分泌器官である．子宮内膜上皮が胚着床を受け入れる時期は決まっており，時期を失すると胚は着床しないことを見出したPsycoyosはこの特定時期を「着床ウインド（implantation window）」という概念で説明した（Psychoyos, 1994）．

（2）IWの開口

実際に着床が起こるためには黄体による準備

に加えて胚シグナルによる内膜へのプライミングが必要であるが，ここでは黄体自身が制御している内膜の胚受容能（embryo receptivity）のタイミング，すなわちIWが何時開くかについての筆者の考えを述べるにとどめる．

ヒト月経黄体の形態と性ステロイド生合成機能を経時的に追跡した筆者らの検討成績によると（Fujita et al, 1981），ホルモン生成のプロファイルと黄体日付診（Corner Jr, 1956）と対比した結果，黄体完成には排卵後4日間，約96時間，LHサージから数えると5.5–6.0日を要する．ウサギは交尾排卵動物であるがhCG注射でも排卵誘発は可能で，注射後黄体完成までに96時間を要する（Suzuki et al, 1977）．IWの開く時期をタイミング的に成熟黄体に特有の性ステロイド生合成パターンである大量のプロゲステロンと少量のエストロゲン産生型に移行する時期とすると，まさに黄体完成の時期と一致する．すなわちLHサージを0日とすると黄体形成は5.5–6.0日ごろに完成する勘定になる．標準周期に換算すると周期19.5日，遅くとも20日目には窓は開くと考えてよい（図XV-64-2）．

(3) IWの閉鎖

IWの閉鎖は，胚に対して内膜が不応となり着床不能となるタイミングである．胚が着床すると通常内膜間質の脱落膜化（decidualization）が着床部位を中心にその周辺に向かって急速に広がる．脱落膜化も明瞭な形質変換つまり分化であって胚の内膜への接触を機に誘発される．胚が存在しない場合には偽脱落膜化（pseudo-decidualization）と呼ばれる脱落膜様変化に似た形態変化をきたし，がやがてアポトーシス機序で自滅する．前脱落膜化（pre-decidualization）という表現も見られるものの（Hass et al, 2006），これが着床の成立に不可欠の変化であるとの記載は疑わしい．

偽脱落膜変化が起こるのは標準周期の23日目ごろであるから（Noyes et al, 1950）タイミング的にはIWが閉じる時期と一致する．したがって偽脱落膜変化の起こる時期がIWの閉鎖時期と著者は考えているし，実際IVFで胚移植時期をずらした検討でも内膜不応期は23日ごろとされている（図XV-64-2）．

(C) 黄体期における下垂体卵巣系

(1) エストロゲンとプロゲステロンによるフィードバック

黄体の一次的な意義であるプロゲステロン産生機能完遂のための仕組は，卵胞期と比べて単純そうに見えるが見かけよりも複雑で好妙である．エストロゲンがフィードバックの主役であるとしても黄体期に並行して流れるプロゲステロンの存在を無視するわけにはいかない．黄体期ではGnRHのパルス頻度が低下するかわりに振幅は増大するが，この分泌パターンの変化には黄体期の血液中に高濃度に存在するプロゲステロンの役割が大きく，エストロゲンとプロゲステロンがβ-endorphinを介した両ステロイドの共同作用であるらしい．黄体期中期に卵巣摘出した患者では24時間以内にエストロゲン，プロゲステロン共に急落するが，性ステロイドの負のフィードバックに呼応したFSHとLHの上昇には時間がかかる．卵巣摘出後エストロゲンを補充するとFSH，LHの上昇を3日程度遅らすことができるが，さらにプロゲステロンを加えると，FSHとLHの上昇を防止できるという（Messinis et al, 2002）．しかしプロゲステロン単独でのフィードバック効果は定かではない．

(2) インヒビンA

黄体期に卵巣摘出すると12時間以内にインヒビンAは有意に下降し，その後FSHは徐々に上昇するので，エストロゲンとプロゲステロンとは別にインヒビンAとFSHとの間に負の相関関係があることがわかっている（Muttukrishna et al, 2002）．卵胞期のインヒビンBが主席卵胞の選択に必要であるのに対し，黄体期のインヒビンAはFSHを抑制することにより，発育段階の低い卵胞の無駄使いを押え込む役割を果たしている可能性がある．このようにFSHに対する抑制作用は性ステロイドとインヒビンAとインヒビンBの振り分け作用によって，下垂体に対する巧妙な調節系が機能しているかに見える．

(3) 黄体・卵胞移行期（luteo-folicular transition）-FSHウインド

規則的な月経周期では月経発来の4日前からFSHの第一のピークである周期間FSH上昇（intercycle FSH rise）が認められる（Miro, Aspinall, 2005）．このピークは卵胞期中期に向かって上昇するエストロゲンとインヒビンBの抑制作用を受けて下降するので「FSHの窓」と呼ばれている．主席卵胞が選択された後エストロゲンは上昇し続けるがインヒビンBは下降する（TOPIC④図1参照）．したがってインヒビンAがFSHウインドの開窓をインヒビンBが閉鎖をコントロールしているといえる．FSHウインドの意義はおそらくはその周期に排卵に至る主卵胞が選択される選択可能卵胞群（selectable follicle）への発育刺激であろう（森，2009）．LHサージと軌を一にして起こる中間期FSH上昇（mid-cycle FSH rise）は選択可能卵胞群の抽出という意味を持っているといえる．

(4) LHサージの終止

かつて著者が院生時代にゴナドトロピン投与下におけるヒト卵巣の組織学的組織化学的変化を研究していたころ，黄体期婦人に術前にhCG 3000IUを投与した後，手術時摘出した卵巣の標本を調べたことがある．驚いたことに黄体細胞の著明な変性破壊像が認められた（Mori et al. 1992）．このような破壊作用は排卵卵胞の莢膜細胞でも認めることができ，以来hCGには基礎値レベルでの性ステロイド生合成能とサージレベルでの形態変化誘導作用の二重作用があると考えてきた（Shoham et al, 1995；Tajima et al, 2007）．女性のLHサージはおよそ48–72時間継続すると報告されている（Liu, Yen, 1983）が，下垂体リザーブが消費されてしまうと自然に下降するのか，それとも積極的に下降する仕組が働いているのか定かではなかった．婦人を対象とした実験的試みでも高エストロゲン状態を持続してもLHの下降が起こること（Messinis, Templeton, 1990），排卵後プロゲステロンを投与するとLH値が低下するという報告（Mais, 1986）から，排卵後上昇するプロゲステロンがLHサージに終止符を打つ重要な鍵となっているようである．

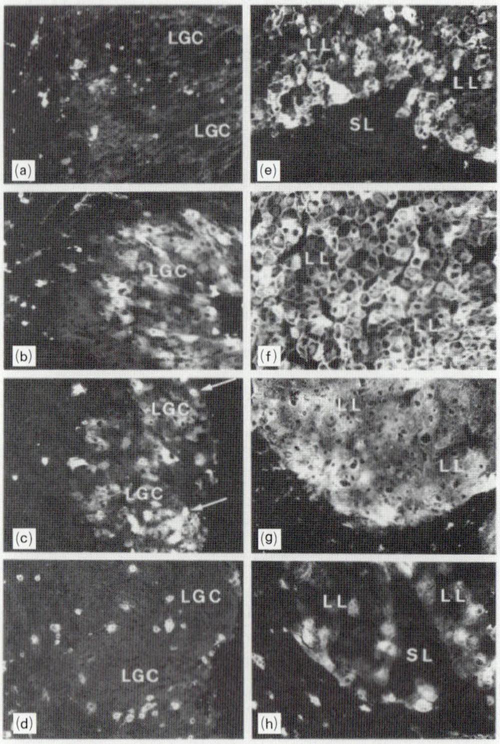

図XV-64-3．ヒト月経黄体におけるHLA-DRとCD45の発現

(a) 形成期黄体（日付診 Day 2）HLA-DR抗原は黄体化しつつある顆粒膜細胞（LGC）には発現は認められないが，侵入中の白血球には発現，(b) 形成期黄体（日付診 Day 2）HLA-DR抗原は黄体化しつつある顆粒膜細胞（LGC）の一部に発現開始，(c) 形成期黄体（日付診 Day 4）HLA-DR抗原は黄体化しつつある顆粒膜細胞（LGC）の一部と侵入中の白血球に強く発現（矢印），(d) 形成期黄体（日付診 Day 4）浸入中の白血球にCD45の明瞭な発現，(e) 形成期黄体（日付診 Day 5）顆粒膜黄体細胞（LL）にHLA-DR抗原が細胞表面に発現　莢膜黄体細胞（SL）には発現なし，(f) 成熟期黄体（日付診 Day 6）顆粒膜黄体細胞（LL）にHLA-DR抗原が濃密に発現，(g) 成熟期黄体（日付診 Day 7）顆粒膜黄体細胞（LL）にHLA-DR抗原が濃密に発現，(h) 成熟期黄体（日付診 Day 7）顆粒膜黄体細胞（LL）にHLA-DR抗原が種々の程度に発現（Fujiwara et al, 1993）

3 月経黄体機能の免疫調節

(A) 黄体細胞の分化抗原

(1) Aminopeptidase-N（CD13）

TLCとGLCの黄体化を分化と考えるなら，もとの細胞にはない新しい形質の獲得を伴うことになる．これらの卵胞細胞が黄体細胞に変身することによって新しく獲得されるいくつかの抗原ないし細胞マーカーが判明している．

AP-NはペプチドからN末端のアミノ酸を切り離す作用のある膜結合性の酵素である．卵胞の莢膜細胞に発現し，莢膜黄体細胞になっても発現し続けるが，顆粒膜黄体細胞には発現しないので莢膜系細胞に特異的なマーカーといえる（Fujiwara et al, 1992a）．

(2) DDP-IV（Dipeptidyl peptidase-IV）

DDP-IVは，細胞膜に結合したポリペプチドの膜外ドメインのN末端から，数個のジペプチドを離断する酵素である．ヒトGLC，TLCに発現している（Fujiwara et al, 1992b）ので黄体細胞の分化抗原と見なすことができる．興味あることに，体外受精時に得られた黄体化しつつあるヒト顆粒膜細胞にhCGを添加してもDDPIV発現細胞の比率は不変であるが，TNFαやIL-1を添加すると有意に増加するだけでなく，活性も増強する（Fujiwara et al, 1994）．つまり黄体化することによりサイトカインの標的細胞に変身したことを意味している．

(3) LFA（luekocyte functional antigen）-3（LFA-3, CD58）

LFA-3は，Tリンパ球の特異的な表面抗原であるCD2と結合する分子である．ヒト黄体で

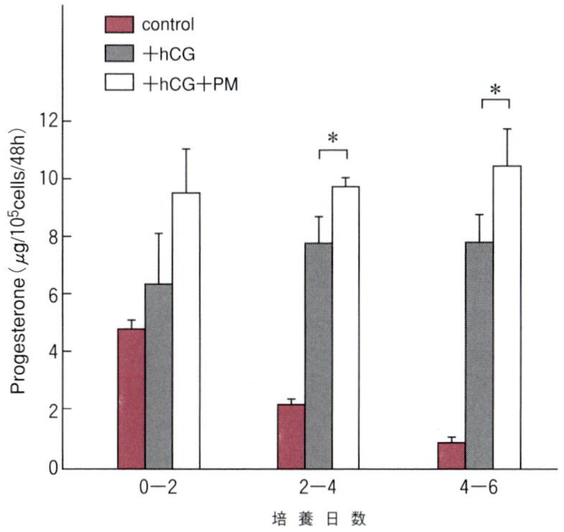

図XV-64-4．ヒト顆粒膜黄体細胞のプロゲステロン産生に対するhCGと末梢血単核球の相乗促進効果

hCG刺激処理した顆粒膜黄体細胞と10^6個の自己末梢単核球を混合培養　培養期間が2日以上経過するとhCG単独処理よりも単核球との混合培養の方が優位に多量のプロゲステロンを産生した（$p<0.05$）.（Emi et al, 1991）.

の発現を追跡すると，GLCで恒常的に見られるが特に黄体中期に強い（Hattori et al, 1995）．ヒトIVFで採取時に得られた黄体化過程にあるGCでのLFA-3発現は，TNFα, IL-1によって強く亢進されるがhCG添加は影響を与えない．GLCとTリンパ球との間の直接作用を思わせる所見である．

(4) HLA-DR抗原

HLAクラスI抗原は通常の体細胞に発現しているが，クラスII抗原はマクロファージ，樹状細胞，Bリンパ球などの抗原提示細胞に発現している．ヘルパーT（Th）細胞がペプチド抗原を認識する場合には，T細胞受容体機能がHLAクラスIIの拘束を受ける．GLCにはクラスII抗原のうちDRのみが発現しDPとDQは発現していない(Fujiwara et al, 1993)(図XV-64-3)．発現の強さは排卵後の黄体形成期に急上昇するが，成熟期にはむしろ低下し，末期に再上昇する．意味づけの詳細は不明であるが，ヒトGLCが局所的に免疫提示細胞としての性格を形成期に獲得しつつある可能性がある．

(B) ヒト黄体機能への免疫の関与

月経黄体における免疫現象については別の総説に詳しくまとめているので，参照願いたい（Mori, 1990；Mori et al, 1992；Mori et al, 1996）．

(1) 液性免疫／サイトカイン

ヒト黄体細胞のプロゲステロン産生能は自己あるいは同種リンパ球を培養液に加えると有意に上昇することを見出した（Emi et al, 1991）．この効果はリンパ球の由来が自己であっても同種であっても同程度である．この培養系におけるhCGの添加効果は50mIU/mlで最大に達しそれ以上濃度を高めてもプロゲステロン産生効果は不変であるが，リンパ球添加は相加的に作用する（図XV-64-4）．実効物質の正体は分子量3万以上の液性因子であるが，IFNγ, IL-1, IL-2, TGFβではないという以上のことは不明である．本来顆粒膜細胞には免疫細胞としての性格が備わっていることを想定させる事実はあったが，黄体化することによりその性格がより表面化したといえる．

(2) 細胞性免疫

喰作用を持ったマクロファージ（Mϕ）や単核球が黄体や卵胞内にも存在することは以前から知られていたが，マウス黄体内に存在する単球を黄体細胞培養系に加えるとプロゲステロン産生を高めるという報告（Kirsch et al, 1981）以来，マクロファージは単なるスカベンジャーで

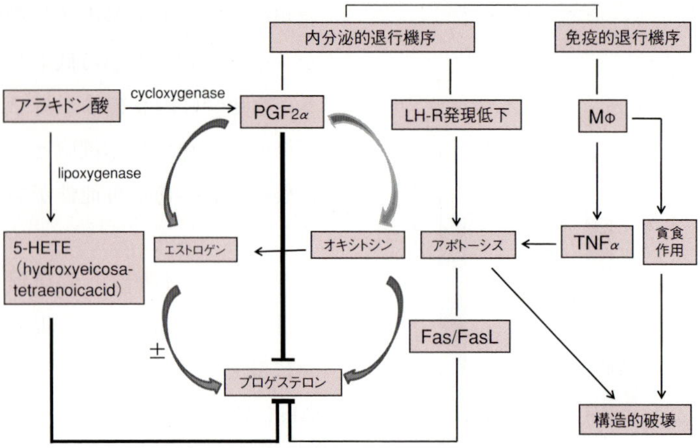

図XV-64-5．ヒト黄体退行の調節機序

はなく黄体細胞の機能を支える役割もあるらしいことがわかってきた．この液性因子は luteotropic cybernin と呼ばれたが，今日でいういずれのサイトカインであるかは同定されていない．その後液性因子ではなくて作用実体が末梢血リンパ球であることが突きとめられた (Matsuyama et al, 1987)．

マクロファージ以外の免疫細胞が黄体機能を亢進させる実験的証拠はある．直接的にはラット脾細胞を静脈投与することによりプロゲステロン産生能が亢進する (Saito et al, 1988)．このような脾細胞効果が着床に影響するか否かを検討したところ，偽妊娠マウス脾細胞では着床率は上昇するものの有意ではなく (Takabatake et al, 1997a)，妊娠マウス脾細胞によってはじめて有意に高い着床率が得られた (Takabatake et al, 1997b)．脾細胞の内膜に対する直接効果か黄体を介する間接効果かは別として，効果発現には胚シグナルが決定的に重要であることを示している．

黄体機能に免疫細胞が関与しているか否かについての結論は明確でない．GC が本来持っている免疫細胞的性格が黄体細胞へと分化するにつれ明瞭になることは前述したが，HLA-DR 抗原や LFA-3発現は抗原提示能の獲得や本来作用系列の異なる細胞間の相互干渉という点で重要な意味を持っている．HLA-DR はクラス II 抗原であるので，おそらくは CD4+T に黄体抗原の提示を行うと考えられる．

(3) 黄体退行における免疫系の役割

構造的黄体退行過程でマクロファージがその喰食作用により重要な役割を演じることは周知であるが，機能的黄体退行に対してもサイトカインを放出してプロゲステロン産生を低下せしめる．中でも重要なのは TNFα である．TNFα は *in vitro* では血管内皮に対しても細胞毒性的に働くので黄体細胞と血管系の両者が退行誘導の標的となっているようである．黄体退行でも Fas/FasL 系は重要な役割を果たしている．Fas 抗原 (CD95, Apo-1) はプログラム細胞死受容体の一種で腫瘍壊死因子受容体 (TNFR) に類似の構造を持っており，Fas 抗原刺激を受けると細胞死に至る．既述の通り，ヒト黄体でもFas/FasL系を介した黄体細胞の細胞死が報告されている（Fujiwara, 2009 ; Matsubara et al, 2000）．黄体退行には構造，機能の両面において内分泌／免疫の両系が関与した複雑なメカニズムが働いているようで，現在の知見と筆者の考えもまじえてまとめて図示した（図XV-64-5）．

まとめ

黄体は胎内発生様式をとる哺乳類にとって生殖戦略上不可欠のものではあるが，妊娠の維持が黄体に依存する期間は動物種によって大幅に異なる．単一排卵動物である霊長類では胚のロスを防ぐため，受精の成立に対し万全の受け入れ態勢を整えておかなければならない．その役目を果たすのが黄体で，その機能調節系としてホルモンに加えて免疫の導入へと，巧妙な複雑系調節への転換を果たしつつあることがわかる．月経黄体は内分泌調節から免疫調節への橋渡しをすることによって，安全弁としての役割を担っているかに見える．

（森　崇英）

引用文献

Corner Jr GW (1956) The histological dating of the human corpus luteum of menstruation, *Am J Anat*, 98 ; 377-392.

Emi N, Kanzaki H, Yoshida M, et al (1991) Lymphocytes stimulates progesterone production by cultured human granulosa cells, *Am J Obstet Gynecol*, 165 ; 1469-1474.

Fujita Y, Mori T, Suzuki A, et al (1981) Functional and structural relationships in steroidogenesis in vitro by human corpora lutea during development and regression, *J Clin Endcrinol Metab*, 53 ; 744-751.

Fujiwara H, Maeda M, Imai K, et al (1992a) Differential expressions of aminopeptidase-N on human granulosa cells and theca cells, *J Clin Endocrinol Metab*, 74 ; 91-95.

Fujiwara H, Maeda M, Imai K, et al (1992b) Human luteal cells express dipeptidyl peptidase IV on the cell surface, *J Clin Endocrinol Metab*, 75 ; 1352-1357.

Fujiwara H, Fukuoka M, Yasuda K, et al (1994) Cytokines stimulate dipeptidyl peptidase-IV expression on human luteinizing granulose cells, *J Clin Endocrinol Metab*, 79 ; 1007-1011.

Fujiwara H, Maeda M, Imai K, et al (1993) Human leukocyte antigen (HLA) -DR is a differentiation antigen for human granulose cells, Biol Reprod, 49 ; 705-715.

Fujiwara H (2009) Do circulating blood cells contribute to maternal tissue remodeling and embryo-maternal cross talk around the implantation period? *Mol Hum Reprod*, 15 ; 335-343.

Hattori N, Ueda M, Fujiwara H, et al (1995) Human luteal cells express leukocyte functional antigen (LFA) -3, *J Clin Endocrinol Metab*, 80 ; 78-84.

Hass AP, Nayak NR, Giudice LC (2006) Oviduct and Endometrium : Cyclic changes in the primate oviduct and endometrium, In : Knobil and Neil's Physiology of Reproduction 3rd edition, Neill JD (ed), Elsevier, pp337-381.

川島誠一郎（1997）黄体の比較生物学－動物における黄体の機能およびその調節系，HORMONE FRONTIER IN GYNECOLOGY, 4 ; 11-19.

Kirsch TM, Friedman AC, Vogel RL et al (1981) Macrophages in corpora lutea of mice : Characterization and effects on steroid secretion, *Biol Reprod*, 25 ; 624-638.

Liu JH, Yen SCC (1983) Induction of midcycle gonadotropin surge by ovarian steroids in women : a critical evaluation, *J Clin Endocrinol Metab*, 52 ; 156-158.

Matsubara H, Ikuta K, Ozaki Y, et al (2000) Gonadotropin and cytokines affect luteal function through control of apoptosis in human luteinized granulosa cells, *J Clin Endocrinol Metab*, 85 ; 1620-1626.

Matsuyama S, Ohta M, Takahashi M (1987) The critical period in which splenectomy causes functional disorder of the ovary in adult rats, *Endocrinol Jap*, 34 ; 849-855.

Mais V, Kazer RR, Cetel NS, et al (1986) The dependency of folliculogenesis and corpus luteum function on pulsatile gonadotropin-releasing hormone antagonist as a probe, *J Clin Endocrinol Metab*, 62 ; 1250-1255.

Messinis IE, Milinges S, Alexandris E, et al (2002) Evidence of differential control of FSH and LH response to GnRH by ovarian steroids in the luteal phase of the cycle, *Hum Reprod*, 17 ; 299-303.

Messinis IE, Templeton AA (1990) Effects of qupraphyaiological concentlations of progesterone on the characteristics of the oestradiol-induced gonadotrophin surge in women, *J Reprod Fortil* 88 ; 513-519

Miro F, Aspinall LT (2005) The onset of the initial rise in follicle stimulating hormone during the human menstrual cycle, *Hum Reprod*, 20 ; 96-100.

Mori T (1990) Immuno-endocrinology of cyclic ovarian function, *Am J Reprod Immunol*, 23 ; 80-84.

森崇英（2009）卵胞発育におけるアンドロゲンの意義－FSH/アンドロゲン主軸論，HORMONE FRONTIER IN GYNECOLOGY, 16 ; 164-174.

Mori T, Takakura K, Yasuda K, et al (1992) Differential function of luteal cell types in human and porcine luteogenesis. In Local regulation of ovarian function, Sjöberg N-O, Hamburger L, Janson PO, Owman Ch,

Coelingh Bennink HJT (eds), Parthenon Publishing, Carnforth, pp277-286.
Mori T, Takakura K, Fujiwara H et al. (1996) Immunology of ouvian. function. In Reproductive Immunology (eds) RA Bronson, NJ Alexander. D Anderson, DW Branch, WH Kutteh, Blackwell suonce Inc. Cambridge, Mass USA 1996, 240-274.
Muttukrishna S, Sharma S, Barlow DII, et al (2002) Serum inhibins, oestradiol, progesterone and FSH in surgical menopause : a demonstration of ovarian pituitary feedback loop in women, *Hum Reprod*, 17 ; 2535 -2539.
Noyes N, Hertig AT, Rock J (1950) Dating the endometrial biopsy, Fertil Steril, 1 ; 3-25.
Ohara A, Mori T, Taii S, et al (1987) Functional differentiation in steroidogenesis of two types of luteal cells isolated from mature human corpora lutea of menstrual cycle, *J Clin Endocrinol Metab*, 65 ; 1192-1200.
Ohara A, Taii S, Mori T (1989) Stimulatory effects of purified human follicle-stimulating hormone on estradiol production in the human luteal phase, *J Clin Endocrinol Metab*, 68 ; 359-363.
Psychoyos A (1994) The implantation window : basic and clinical aspects. In : "Perspectives on Assisted Reproduction", Mori T, Aono T, Tominaga T, Hiroi M (eds), Frontiers in Endocrinology Volume 4, Ares Serono Symposia Volume 4, pp57-63.
Shoham Z, Schacter M, Loumaye E, et al (1995) The luteinizing hormone surge -the final stage in ovulation induction : modern aspects of ovarian triggering, *Fertil Steril*, 64 ; 237-251.
Suzuki A, Mori T, Nishimura T (1977) Formation of steroid hormones in vitro by developing corpora lutea of the rabbit, *J Endocrinol*, 75 ; 355-361.
Saito S, Matsuyama S, Shiota K, et al (1988) Involvement of splenocytes in the control of corpus luteum function in the rat, *Endocrinol Jap*, 35 ; 891-898.
Tajima K, Orisaka M, Mori T, et al (2007) Ouanan heca cells in folliculan funition. Repeod Biomed Online 15 : 591-609.
Takabatake K, Fujiwara H, Goto Y, et al (1997a) Intravenous administration of splenocytes in early pregnancy changes implantation window in mice, *Hum Reprod*, 12 ; 583-585.
Takabatake K, Fujiwara H, Goto Y, et al (1997b) Splenocytes in pregnancy promote embryo implantation by regulating endometrial differentiation in mice, *Hum Reprod*, 12 ; 2102-2107.

XV-65

黄体機能の血管・代謝調節

Key words
黄体／活性酸素／プロゲステロン／血管新生／血流

はじめに

黄体から分泌されるプロゲステロンは妊娠の成立・維持には不可欠である．したがって，妊娠が成立した時は，黄体機能が速やかに延長され，プロゲステロン分泌が維持されることが必要となる．しかし，排卵しても妊娠が成立しない時は，プロゲステロンがいたずらに分泌され続けると次の排卵が起こらないので，速やかにプロゲステロン分泌がなくなることが必要となる．このように，黄体は相反する現象を状況に応じて速やかに遂行しており，繁殖を目的とした巧みな生殖戦略がうかがえる．

妊娠が成立しなかった時に，周期的に排卵を起こさせる機構は，種を維持していくために哺乳類が長い進化の過程で獲得した生殖戦略の一つである．ヒトを含む多くの哺乳類において，次の排卵周期を迎える原点は黄体退縮にある．黄体退縮は，プロゲステロン分泌のみが低下する機能的黄体退縮（functional luteolysis）と，それに引き続く黄体組織の形態的な消失が起こる構造的黄体退縮（structural luteolysis）という二つの連続した過程からなる．ヒトでは妊娠が成立しなければ，黄体機能は約 2 週間という短期間（functional lifespan という）で終わる．この機能的黄体退縮によって速やかにプロゲステロン分泌が低下し，次の性周期の卵胞発育が得られるのである．黄体が形成されてから白体となり卵巣から消失するまでに約 6 週間から 8 週間かかるので，構造的黄体退縮は約 4 週から 6 週かかることになり，主にアポトーシスという細胞死によってゆっくりと起こる（Sugino, Okuda, 2007）．

一方，ヒトの妊娠成立に伴う黄体機能の延長には，まず functional lifespan が延長される必要がある．これは絨毛からの HCG（ヒト絨毛性ゴナドトロピン，human chorionic gonadotropin）分泌による．ただし，血中 HCG 濃度が指数関数的に増加することが重要であり，これにより functional lifespan が延長されることが実験的に証明されている（Zeleznik, 1998）．このことを考えれば，ヒトの黄体退縮のトリガーは，絨毛からの適切な HCG 分泌の欠如として捉えることができるかもしれない．

このようにヒト黄体は，HCG によるレスキューの有無により，機能的黄体退縮へ向かうか，妊娠黄体へ向かうか決定されるわけであるが，どのような変化が起こるのであろうか．黄体機能調節として，下垂体の黄体化ホルモン

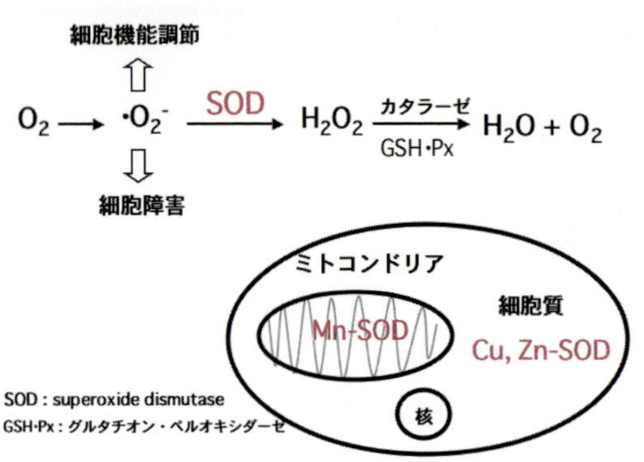

図XV-65-1．活性酸素の代謝経路と SOD の細胞内局在

(LH, Luteinizing hormone) や絨毛からの HCG といったゴナドトロピンや他臓器からの生理活性物質による内分泌的 (endocrine) 調節だけでなく，黄体の局所因子によるオートクライン (autocrine)，パラクライン (paracrine) 作用で働く調節も重要である．また，これら黄体内局所で引き起こされる多くの調節機構は内分泌的調節と密接に関係する．そこで本節では，妊娠に伴い寿命や機能が延長された黄体ではどのような変化が起こるのか，逆に退縮に向かう黄体ではどのような変化が起こるのかを知ることで，黄体機能調節を考えてみたい．特に，活性酸素とその消去酵素，血管系・血流による黄体機能調節に焦点を当てる．

1 黄体機能の調節における活性酸素とその消去系の役割

活性酸素は，酸素から発生するフリーラジカルで細胞膜傷害や DNA 傷害など有害な作用が知られている．しかし，最近では，この活性酸素が生理活性物質として細胞の機能調節に働くことが報告されている．一方，この活性酸素を特異的に消去する酵素として SOD (superoxide dismutase) がある．SOD は，活性酸素を過酸化水素に代謝し，さらに過酸化水素はカタラーゼやグルタチオン・ペルオキシダーゼによって水と酸素に無毒化される (図XV-65-1)．SOD は防御的に働く最初のステップであるほか，活性酸素量を調節することによって細胞機能調節にも関与するといえる．この SOD には細胞内局在から，細胞質に存在する Cu, Zn-SOD (銅・亜鉛 SOD) とミトコンドリアの Mn-SOD (マンガン SOD) がある (図XV-65-1)．両者とも活性酸素を消去する点では共通しているが，それぞれの特異的な役割がある．

(A) 黄体退縮における活性酸素と SOD の役割

黄体退縮には，機能的黄体退縮と構造的黄体退縮があることはすでに述べた．ヒトでは，機能的黄体退縮は，黄体期中期から月経発来までの約 1 週間という非常に短期間で起こる．この機能的黄体退縮機構に関与する重要な因子として活性酸素がある．

(1) 機能的黄体退縮における活性酸素と SOD の変化

ヒト黄体内の SOD 発現および活性酸素量の月経周期に伴う変化を調べてみると，黄体期後期には，細胞質の Cu, Zn-SOD の発現が低下し，活性酸素の指標となる過酸化脂質の増加が見られる (Sugino et al, 2000a)．ラットでも，妊娠ラット，偽妊娠ラットにおいて黄体期間を通して詳細に黄体内の SOD と過酸化脂質の変化を見ると，両モデル共に機能的黄体退縮の期間である黄体期後期に血中プロゲステロン値の低下とと

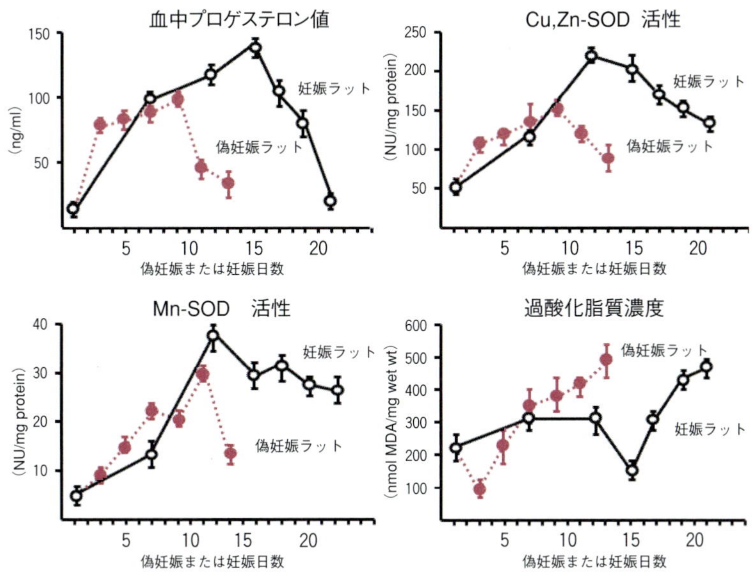

図XV-65-2．妊娠ラット，偽妊娠ラットにおける血中プロゲステロン値，黄体内SOD活性と過酸化脂質濃度の変化

もに，細胞質のCu, Zn-SODの活性が低下し，過酸化脂質の増加が見られる（図XV-65-2）(Sugino et al, 1993a ; Shimamura et al, 1995 ; Sugino, 2005 ; 2006)．さらに，プロスタグランジンF2α (PGF 2α) 投与によって誘導された機能的黄体退縮の黄体でも活性酸素が増加する (Sawada, Carlson, 1994 ; Shimamura et al, 1995)．すなわち，機能的黄体退縮期には，黄体内のCu, Zn-SOD発現の低下と活性酸素の増加に一致して血中プロゲステロン値が低下する．

(2) 黄体のプロゲステロン分泌に及ぼす活性酸素の影響

活性酸素を代表とする活性酸素種が黄体機能を抑制することは，1980年後半から1990年代前半の間に，米国のH. R. Behrmanのグループ，カナダのM. SawadaとJ. C. Carlsonのグループ，そして我々の研究グループを中心に多くの報告によって証明されている．たとえば，黄体細胞培養で過酸化水素などを添加し酸化ストレスを与えるとプロゲステロン分泌が抑制される (Behrman, Aten, 1991 ; Kodaman et al, 1994)．Cu, Zn-SODのアンチセンスオリゴヌクレオチド添加によりCu, Zn-SODの発現を低下させると，活性酸素が増加しプロゲステロン分泌が抑制される (Sugino et al, 1999)．また，培養黄体細胞において，実験的に膜脂質の過酸化を誘導するとプロゲステロン分泌は抑制される (Sugino et al, 1993a)．いずれの実験においても生細胞数には変化がなかったことから，活性酸素は細胞死を引き起こさずプロゲステロン分泌機能を抑制することが明らかとなっている．

活性酸素は，プロゲステロン合成に至るステロイド代謝の中で，ミトコンドリア内へのコレステロールの取り込みを阻害することが主な作用機序と考えられているほか (Behrman, Aten, 1991 ; Kodaman et al, 1994), cytochrome P450 side-chain cleavage (チトクローム P450側鎖切断酵素, P450scc) や3β-hydroxysteroid dehydrogenase (3βヒドロキシステロイド脱水素酵素, 3β-HSD) という酵素を阻害することも報告されている (Endo et al, 1993 ; Carlson et al, 1995).

(3) 活性酸素増加のメカニズム

黄体における活性酸素の増加が, 機能的黄体退縮の一因と考えられるが, 黄体内の活性酸素増加には, 次に述べるようなメカニズムが関与している.

⑴細胞質内の Cu, Zn-SOD 発現の低下

ヒトおよびラットにおいて, 黄体期の後期には細胞質内の Cu, Zn-SOD 発現が低下する. ヒトの黄体内 Cu, Zn-SOD 発現は LH, HCG によって増加するし (Sugino et al, 2000a), ラットでは, 黄体刺激物質であるプロラクチンや胎盤ホルモンによって増加することから (Sugino et al, 1998a), 退縮期における Cu, Zn-SOD 発現の低下は, 黄体刺激ホルモンのレベルやその作用の低下によることが一因であると考えられる (Kato et al, 1997).

⑵マクロファージ

マクロファージは活性化すると活性酸素を大量に放出する. 黄体期の後期になると, 黄体内には活性酸素を産生している活性化マクロファージが増加してくるので, この活性酸素が黄体細胞のプロゲステロン分泌に影響することが考えられる (Sugino et al, 1996). 実際に, 好中球から産生された活性酸素が黄体細胞内へ入り, プロゲステロン産生を抑制することが両者の細胞の共培養実験で示されている (Pepperell et al, 1992). 興味深いことに, マクロファージの活性酸素産生能は, プロゲステロンにより抑制される (Sugino et al, 1996). したがって黄体期後期や退縮期には, 血中のプロゲステロンレベルが低下するにつれてマクロファージが活性化され, 活性酸素の放出がさらに促進されるという循環となる.

⑶PGF2α

PGF2αは黄体期後期から退縮期に向けて黄体内で増加し, さらに黄体のプロゲステロン分泌を抑制することから, 代表的な黄体退縮因子として知られている (Stocco et al, 2007). PGF2αをラットに投与すると, 黄体内の活性酸素の増加とともに血中プロゲステロン濃度が低下する (Sawada, Carlson, 1994 ; Shimamura et al, 1995). また, 黄体細胞培養において, PGF2αによるプロゲステロン分泌抑制作用が SOD を細胞質内に導入すると阻止されることから, 活性酸素を介した機序が存在することがわかっている (Sawada, Carlson, 1996). なお, *in vivo* での PGF2α投与による活性酸素の産生源は黄体細胞自身のほかに, 黄体内のマクロファージも産生源であると考えられている.

近年, 活性酸素が細胞障害性に作用するのではなく, 生理活性物質として働き, 細胞の機能調節をしているという研究成果が種々の細胞で見出されている. たとえば, 細胞質内の活性酸素が転写因子である NF-κB の活性化を介し, cyclooxygenase-2 (COX-2) の発現を促進し, PGF2α産生を増加させるという細胞内情報伝達経路が知られている. したがって, 黄体において細胞質内の Cu, Zn-SOD が低下し, 増加した活性酸素が PGF2α産生を増加させ, これがさら

に活性酸素産生を増加させるサイクルを形成し機能的黄体退縮の促進に寄与している可能性が考えられる（Taniguchi et al. 2010）．

(4)卵巣血流

卵巣血流の変化は密接に黄体機能と関連している．黄体の血流調節に関しては後述するが，黄体期後期には，黄体血流の低下が起こるため，この変化が活性酸素を介して黄体機能に影響している可能性がある．血流の低下により，虚血－再還流障害のメカニズムによって活性酸素が産生され，組織障害が引き起こされることがいろいろな臓器で知られている．このメカニズムを簡単に説明する．虚血や血流低下により血管内皮細胞でヒポキサンチンとキサンチンオキシダーゼが増加し，その状態に血液からの酸素が供給されると活性酸素が発生する．さらにこの活性酸素により血小板活性化因子，補体などの白血球遊走因子が活性化され，マクロファージなどの白血球が血管内皮を通って浸潤してくる．この白血球から多量の活性酸素が産生され組織傷害を引き起こすというものである．実際にラットを用い，卵巣血流の遮断とその後の血流再開（虚血－再還流）を起こすと，黄体ではSOD活性の低下と増加した活性酸素により，プロゲステロン分泌が抑制される（Sugino et al, 1993b）．したがって，黄体期後期に起こる黄体血流の低下も活性酸素を介した機能的黄体退縮の促進因子になると考えられる．

(B) 妊娠に伴う黄体機能延長とSODの役割

受精卵が子宮内膜に着床した後，妊娠が成立，継続するためには，黄体の寿命が延長し，黄体機能すなわちプロゲステロン分泌が持続する必要がある．黄体の寿命の調節に関しては，十分に解明されたとはいいがたいが，ヒト黄体では，妊娠が成立せずにHCGが出現しないと，機能的黄体退縮に引き続いて構造的黄体退縮が起こり，主にアポトーシスという細胞死により黄体細胞は消失していく（Sugino, Okuda, 2007）．このアポトーシスには，アポトーシス抑制因子であるBcl-2の低下とアポトーシス誘導因子であるBaxの増加が関与している．妊娠に伴う寿命の延長には，HCGの出現により，Bcl-2の増加とBaxの低下が誘導され，アポトーシスが抑制されることが関与している（Sugino et al, 2000b）．

さて，妊娠に伴い黄体細胞は機能的にはどのように変化するのか．妊娠黄体では，非妊娠黄体に比べ細胞質のCu, Zn-SODは非常に高い値を示すし，過酸化脂質濃度は低値を示す（Sugino et al, 2000a ; Sugino, 2005 ; 2006）．これは，胎盤由来の黄体刺激物質によるもので，ヒトではHCGがCu, Zn-SODの発現を増加させるし（Sugino et al, 2000a），ラットではrat placental lactogenという胎盤ホルモンがCu, Zn-SODの発現を増加させる（Sugino et al, 1998a ; Takiguchi et al, 2000）．図XV-65-2に示すように，偽妊娠ラットと妊娠ラットを比べると，妊娠に伴う胎盤由来の黄体刺激物質が出現してくる妊娠12日目からCu, Zn-SODの増加および過酸化脂質の低下と黄体機能の延長が起こっているのがよくわかる．前述したように，アンチセンスオリゴヌクレオチド添加によりCu, Zn-SODの活性が50%程度抑制されただけでも，活性酸素が増加しプロゲステロン分泌が抑制されるため，Cu, Zn-SODの維持はプロゲステロン分泌にとって重要である（Sugino et al, 1999）．妊娠成立時のヒト黄体ではHCGが指数関数的に増加することによりプロゲステロン産生がフル回転で行われている状態にある（Zeleznik, 1998）．したがって，妊娠に伴うCu, Zn-SODの増加は，コレステロール代謝の亢進により発生してくる活性酸素を消去し，黄体機能を維持するためには重要な現象である（Carlson et al, 1995）．

(C) 黄体におけるMn-SODの役割

黄体のプロゲステロン分泌には，細胞質のCu, Zn-SODが重要な役割を果たしているが，それではミトコンドリアのMn-SODはどのような役割があるのだろうか．ヒト月経周期に伴う黄体内のMn-SODの活性の変化を見ると，Cu, Zn-SODとは異なり，黄体期中期の黄体に比べ黄体期後期や退縮期早期の黄体で高い活性を示す（Sugino et al, 2000a）．また，ラットにおいても同様に，機能的退縮期に入っても比較的高い活性を維持する（図XV-65-2）．この時期の黄体では，マクロファージが多く出現し，サイトカイン・リッチな環境となっている（Brannstrom et al, 1994 ; Sugino et al, 1996 ; Suzuki et al, 1998）．サイトカインは，ミトコンドリアにおいて大量の活性酸素を発生させて細胞死を引き起こすことが知られている（Petroff et al, 2001；Sugino et al, 2002）．しかし，サイトカインに対し抵抗性を示す細胞では，サイトカイン刺激を受けるとMn-SODを増加させミトコンドリアにおける活性酸素による傷害を防ぐ機構を持っている（Wong et al, 1989 ; Sugino et al, 2002）．実際，黄体細胞培養において，サイトカイン刺激を与えるとMn-SODが著明に増加する（Sugino et al, 1998b）．したがって，黄体期後期や退縮期早期の黄体で，Mn-SOD発現が高く維持されている役割は，ミトコンドリアを保護し細胞の生命を維持するためと考えられる（Li et al, 1995）．サイトカイン・リッチな環境で細胞死に陥らずに，まず黄体のプロゲステロン分泌を低下させるという機能的黄体退縮を積極的に進めるという役割を果たさなければならない黄体細胞にとっては合目的な現象であろう．

活性酸素は，細胞機能障害を引き起こすほか，生理活性物質として細胞機能を調節することもできるのであるが，どの程度の量で，また細胞内のどの場所で発生するなら毒性を示すのかという問題については，今後さらなる検討が必要なところであろう．少なくとも，サイトカインなどの刺激によってミトコンドリアで発生する活性酸素は大量であり細胞死を引き起こす．この意味でMn-SODは防御的な働きが主な役割である．一方，細胞質で発生する活性酸素は，生理的な範囲内のCu, Zn-SODの変化により発生してくるような，おそらく大量でない活性酸素であるため，細胞を死に至らしめず，細胞の機能を調節するように働くものと考えられる．

2 黄体機能の調節における血管系の役割

黄体は，成熟した卵胞が排卵した後に形成される器官であるが，形態学的にも機能的にも卵胞とは大きく異なる実質組織となる．黄体は，妊娠の成立・維持には不可欠の内分泌器官であり，活発なプロゲステロン合成のため，基質であるコレステロールや黄体刺激物質を黄体細胞に供給する必要があるし，また合成されたプロゲステロンを血中に運搬する必要があるため，黄体には高度に発達した血管網の構築が必要となる．一方，黄体は妊娠が成立しなければ短期間でその寿命は終わり，そして構造的黄体退縮の過程を経て卵巣から消失するが，この時には血管網の退行が伴う．黄体の形成と退縮は，言い換えれば生体内で見られる生理的な臓器再生と臓器退行として捉えることができる．この意味でも黄体の血管構築過程を解析することは興味深い．

成体における血管新生は，既存の血管の血管内皮細胞から新たに血管ができる血管新生（angiogenesis）が主に考えられている．黄体形成においても，卵胞の内莢膜細胞層の血管内皮細胞が，LHサージ後に，基底膜の融解に伴って，無血管領域である顆粒膜細胞層へ侵入・増殖し，活発な血管新生が起こっている．さらに，正常な血管網の構築には，血管新生に加えて血管の質的な変化，すなわち血管の成熟や安定化が必要となる．特に，黄体では，基質であるコレステロールの供給と合成されたプロゲステロンの血中への運搬の必要性があるので，黄体内の血管は，癌組織に見られるような漏出性の高い脆弱な血管ではなく，安定した血管いわば機能的血管である必要がある．本節では，黄体における血管網の構築とその制御機構および黄体血流と黄体機能との関係について述べる．

(A) 血管新生のメカニズム

血管新生は，血管内皮細胞の増殖に関わるVascular Endothelial Growth Factor（VEGF）と血管安定性に関与するAngiopoietinとの共同

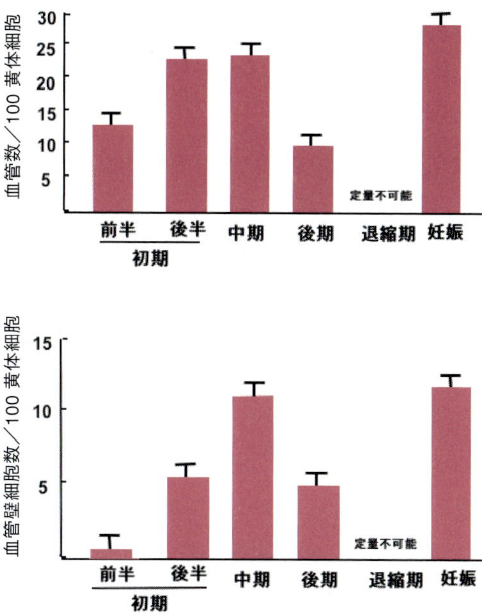

図XV-65-3．黄体における血管の変化

作用によって調節されている（Hanahan, 1997; Yancopoulos et al, 2000）．血管の安定化は，Angiopoietin-1（Ang-1）がtyrosine kinase型の受容体であるTie-2に結合することにより，血管内皮細胞と血管支持細胞（壁細胞）との接着や血管内皮細胞同士の接着を増強することによる（Thurston et al, 2000）．一方，Ang-1の拮抗物質としてAng-2が存在し，これはTie-2に結合するがtyrosine kinaseのリン酸化を起こさないため，シグナルが伝達されず，結果としてAng-1の作用に拮抗する（Maisonpierre et al, 1997）．すなわち，血管の安定化にはAng-1がAng-2に比べ優位になり，脱安定化にはAng-2が優位になる必要がある．血管新生には，Ang-2優位による血管支持細胞の脱安定化の状況のもとにVEGFによる血管内皮細胞の増殖が必要とされ

ている．また，血管の退縮には，Ang-2優位による血管支持細胞の脱安定化の状況のもとVEGF作用の欠如による血管内皮細胞の細胞死が関与する．

(B) ヒト黄体における血管の変化

(1) 血管数の変化

ヒト黄体における血管数の月経周期に伴う変化を図XV-65-3に示す．血管数は，黄体期の初期の前半から初期の後半にかけて増加し，初期の後半ではすでに中期の黄体と同程度となる．すなわち，黄体の血管新生は，初期に活発に起こり中期までに完成するのである（Sugino et al, 2005）．そして，黄体期後期から退縮期では，中期に比し著明に減少する．すなわち，退縮に向かうと黄体内の血管は消失していく（Sugino et al, 2005）．血管内皮細胞の消失や基底膜からの剥離が構造的黄体退縮に起こることはよく知られている（Modlich et al, 1996;Goede et al, 1998）．これら月経周期を通しての変化は諸家の間で概ね意見が一致している．

一方，妊娠黄体では，黄体内の血管数は中期の黄体と比べ有意に増加する．妊娠黄体で血管内皮細胞が増殖するかどうかは報告により異なり議論があるところである．H. M. Frazerらのグループと我々は，妊娠黄体で血管新生が再度起こるとしている立場であるが（Wulff et al, 2001a；Sugino et al, 2005），P. J. IllingworthらやR. L. Stoufferらの研究グループは反対の意見である（Christenson, Stouffer, 1996；Rodger et al, 1997）．我々の検討で，Ki-67（細胞増殖マーカー）とCD34（血管内皮マーカー）の抗体を用いた二重免疫組織染色を行い，増殖している血管内皮細胞を同定すると，中期の黄体ではほとんど見られないが，妊娠黄体では中期の黄体と比べ明らかに増加していた（Sugino et al, 2008）．すなわち，妊娠が成立した黄体でも，血管新生が再開され血管数が増加するのである．おそらく，意見の違いは血管数の定量化の方法の違いによるものと考えている．Frazerらのグループと我々は，単位面積で血管数を定量化する場合には，黄体細胞の大きさが時期による異なることを考慮して定量化している．

(2) 血管支持細胞（壁細胞）数の変化

正常な血管網の構築には，血管新生のほかに血管の質的な変化，すなわち血管の成熟や安定性も重要である．血管の成熟・安定性は，血管内皮細胞とそのまわりを覆う壁細胞や平滑筋細胞との相互作用による．壁細胞数の月経周期に伴う変化は（図XV-65-3），黄体期の初期の前半から後半，そして中期にかけて漸増するが，後期になると減少する（Sugino et al, 2005）．黄体における壁細胞の変化を見た報告は少ないが，概ね意見は一致している（Goede et al, 1998；Wulff et al, 2001a）．妊娠黄体では，中期と同程度の数である．すなわち，血管安定性は初期から中期にかけて増加し，中期に最も高くなる．妊娠が成立せず退縮に向かえば，血管は脆弱となるが，妊娠が成立すれば安定性が維持されることが予想される．実際に，血管内皮細胞をCD34，壁細胞をα-SMA（α-smooth muscle actin）の抗体を用いた二重免疫組織染色を行い，血管内皮細胞の周囲を壁細胞が囲んでいる安定化した血管を同定してみると，このような血管は中期と妊娠黄体に見られ，初期の黄体には見られない（Sugino et al, 2008）．

表XV-65-1．ヒト黄体におけるVEGFとAngiopoietinsの発現

	初期	中期	後期から退縮期	妊娠
VEGF発現	＋	＋	−	＋＋
Ang-1＞Ang-2		○		○
Ang-1＜Ang-2	○		○	

−：発現無しまたは非常に弱い発現　＋：中等度の発現　＋＋：強度の発現
Ang-1＞Ang-2：Ang-1優位　Ang-1＜Ang-2：Ang-2優位

(C) 黄体における血管新生の調節因子

前述したように，血管新生は，主にVEGFとAngiopoietinsの共同作用によって調整されているため，黄体におけるVEGFとAngiopoietinsの発現とその調節を述べる．

(1) VEGF

黄体ではVEGFが黄体細胞に発現し血管新生に中心的な役割を果たしている (Sugino et al, 2008)．VEGFにはスプライシングの違いから異なったアミノ酸配列の変異体が存在する．ヒト黄体には，121個のアミノ酸と165個のアミノ酸の2種類のVEGFが発現している (Sugino et al, 2000c)．まず，黄体内VEGF発現の月経周期に伴う変化を，免疫組織化学染色，Western blotによるタンパク発現，RT-PCRによるmRNA発現の結果を総合して判断すると (表XV-65-1)，黄体期初期から後期までは一定した発現を示すが，退縮期の黄体では有意に発現が低下する (Sugino et al, 2000c; Endo et al, 2001)．黄体期初期の間に血管新生が活発に起こることは前述したが，サルにおいて黄体期初期にGnRHアンタゴニストによりLHを抑制するとVEGFの発現と血管内皮細胞の増殖が著明に抑制されることが証明されている (Dickson, Frazer, 2000)．また，妊娠黄体では，中期の黄体のVEGF発現より有意に高い発現を示す．黄体期中期の黄体をHCGで培養すると，HCGは有意にVEGF発現を増加させることから，妊娠黄体で見られる高いVEGF発現はHCGによる影響と考えられる (Sugino et al, 2000c)．また，VEGFのレセプターには，fms-like tyrosine kinase (flt-1, VEGFR-1) とkinase insert domain-containing region (KDR, VEGFR-2) があるが，両者とも黄体の血管内皮細胞に発現しており，退縮期の黄体では発現が低下している (Sugino et al, 2000c; 2001; Endo et al, 2001)．

(2) Angiopietins

Angiopietinsによる血管の安定化・脱安定化という作用には，Ang-1とAng-2の相対的な発現が重要とされている．免疫組織化学染色とRT-PCRによるmRNA発現の結果を総合して判断すると (Sugino et al, 2005; 2008)，表XV-65-1に示すように，黄体期の中期と妊娠黄体では，Ang-1がAng-2に比べ優位であり血管の安定化に働いている．一方，黄体期の初期，後期，退縮期ではAng-2がAng-1に比べ優位であり，血管は未熟であるか，脆弱化していると考えられる．なお，Angiopoietinsの受容体であるTie-2は月経周期を通して大きな変化はない (Sugino et al, 2005)．黄体におけるAngiopoietinsやTie-2の発

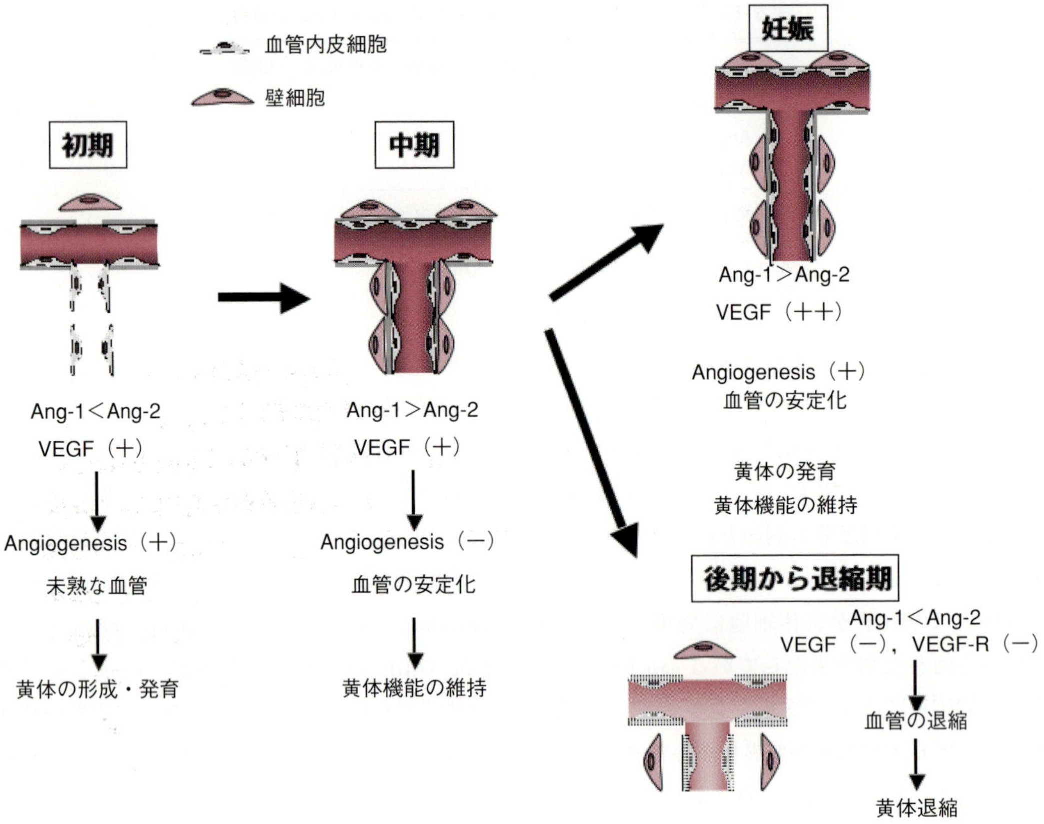

図XV-65-4．ヒト黄体における血管網の構築

現に関しての報告は未だ少なく，調節機構も含めて，今後さらなる検討が必要な分野である．

(3)　その他

その他の多くの因子が黄体の血管新生に関与することが報告されている．Basic fibroblast growth factor（b-FGF）は卵巣で最初に同定された血管新生因子である．黄体にも発現しているが性周期に伴う変化はない．また，中和抗体を培養血管内皮細胞に添加すると増殖抑制が82%も認められるが，*in vivo* で投与すると25%程度しか抑制されない．したがってb-FGFは黄体で起こっている生理的な血管新生には大きく関与していない可能性が指摘されている（Sugino et al, 2008）．

Endocrine gland VEGF（EG-VEGF）は卵巣や他のステロイドホルモン分泌腺に発現する血管新生因子で，黄体にも発現し血管透過性の亢進に関与する可能性が報告されている（Frazer et al, 2005a）．また，最近，血小板や血小板由来増殖因子が黄体化に伴う血管内皮細胞の浸潤や血管新生に関与するとの興味深い報告もある（Furukawa et al, 2007）．

(D) ヒト黄体における血管網の構築機構

図XV-65-4に，月経周期と妊娠に伴う黄体における血管網の構築過程をまとめる (Sugino et al, 2008)．黄体期の初期には，Ang-2が優位な環境となっておりVEGFの作用で血管新生が急激に起きているが，壁細胞が少なくおそらく血管は未熟と考えられる．そして，初期の間に血管新生が完成した後，中期には，壁細胞が増加し，Ang-1が優位となり，主に血管の成熟・安定化が起こり，血管新生は起こらない．妊娠が成立せず，退縮に向かう黄体では，Ang-2が優位な環境となりVEGF発現とVEGF受容体の発現が低下し，壁細胞も減少するため，血管は脆弱となる．さらには血管内皮細胞がアポトーシスにより消失していき，やがて血管もなくなっていく．一方，妊娠黄体では，Ang-1が優位となっているが，中期黄体に比しHCGの影響でVEGF発現が著明に増加するため，再度血管新生が起こるものと考えている．そして，壁細胞は増加しないが，Ang-1の作用により血管の安定化も同時に維持されていると考えられる．

(E) 血管新生と血管安定性

ところで，「血管新生のメカニズム」のところで説明したように，一般的には，血管新生には，Ang-2優位による壁細胞の脱安定化とともにVEGFによる血管内皮細胞の増殖が必要であるとされているので，妊娠黄体で見られた，Ang-1優位な環境で血管新生と血管安定化が同時に起こっているという現象は，矛盾する結果に思える．そこで我々はラットを用い，血管新生と血管安定性との関係について検討した．ラットも妊娠による黄体の発育に伴って血管新生が起こる．特に，妊娠中期 (12日目から15日目) には，血管内皮細胞の増殖が著明で血管数も増加することから，血管新生が活発に行われている (Tamura, Greenwald, 1987)．この時期は，黄体機能維持機構が下垂体のプロラクチンから胎盤由来の黄体刺激物質に切り替わった時期であり，胎盤からのテストステロンが黄体内で変化して生成されるエストロゲンが黄体細胞のVEGF産生を増加させ血管新生を亢進させている (Kashida et al, 2001)．一方，この時期は，同じくエストロゲンによりAng-1の発現が増加し，相対的にAng-1優位の環境となっている．したがって，VEGFとAng-1の両者の発現が高い環境で血管新生が亢進している状況が現実に存在することがわかった．それでは，この時期の血管安定性がどうなっているかは興味深い．我々は，エバンスブルー色素を用い，実際に黄体の血管の漏出性を定量化することによって血管の安定性を評価した (Matsuoka-Sakata et al, 2006)．血管の漏出性は初期 (妊娠3日目) から中期 (妊娠12–15日目) に向かい低下し，後期には再度増加する．すなわち，黄体の血管は，初期には脆弱であるが，中期に向かい安定化し，そして後期には脱安定化することがわかった．したがって，妊娠中期の黄体では，高いVEGF発現による血管新生の亢進とともに，高いAng-1発現による血管安定化の両者が同時に起こっていることが実際に明らかとなったのである．すなわち，妊娠黄体では黄体機能維持のため，安定した血管による発達した血管網が構築されていることが示されたわけである．実際，Ang-1やTie2のノックアウトマウスでは，成熟した

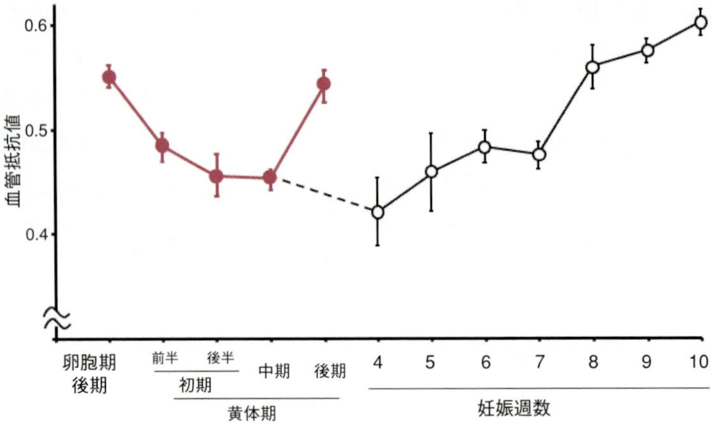

図XV-65-5．黄体の血管抵抗値の月経周期と妊娠における変化

血管内皮細胞は認められるものの，血管壁細胞の接着が抑制されており，大小血管の区別がなく，一様に拡張した血管が認められている（Sato et al, 1995）．Ang-1の過剰発現トランスジェニックマウスでは，より多くの大きな分枝に富んだ血管新生が見られる（Suri et al, 1998；Thurston et al, 1999）．したがって，枝分かれしていくような生理的な安定化を伴った血管新生には，Ang-1による壁細胞の作用が不可欠と考えられるようになっている．

(F) 血管新生と黄体機能

黄体の血管網の構築とその制御機構を述べてきたが，このような血管新生が黄体の形成や発育には不可欠であり，血管新生が黄体機能と密接に関係することはいうまでもない．血管新生と黄体機能との直接的な関連性については，動物実験の結果から解説する．1998年にN. Ferraraらは，ラットに可溶性のVEGF受容体を投与してVEGFの作用をブロックしたところ，黄体の形成が著明に抑制されたことを示し，黄体の形成にはVEGFによる血管新生が不可欠であることをはじめて報告した（Ferrara et al, 1998）．我々の妊娠ラットを用いた研究では，前述したように妊娠中期の黄体では血管新生が亢進しているが，この時期に抗VEGF抗体を投与してVEGFの作用をブロックすると，血管数の減少とともに，黄体の発育が阻害され，血中のプロゲステロン濃度が低下する（Kashida et al, 2001）．すなわち，血管新生が黄体の発育だけでなく，黄体機能にも重要であることを明らかにした．FraserのグループやStoufferの研究グループは，サルを用いた研究成果を報告している．VEGFの作用をブロックするため，VEGFに対する中和抗体や可溶性VEGF受容体を排卵日から黄体期初期まで投与すると，黄体の血管新生は阻害され黄体機能は低下する（Frazer et al, 2000；Wulff et al, 2001b；Hazzard et al, 2002）．さらに，興味深い所見は，血管新生が完了した黄体期中期に可溶性VEGF受容体を投与してVEGFの作用をブロックすると，血中プロゲステロン濃度が低下したことである

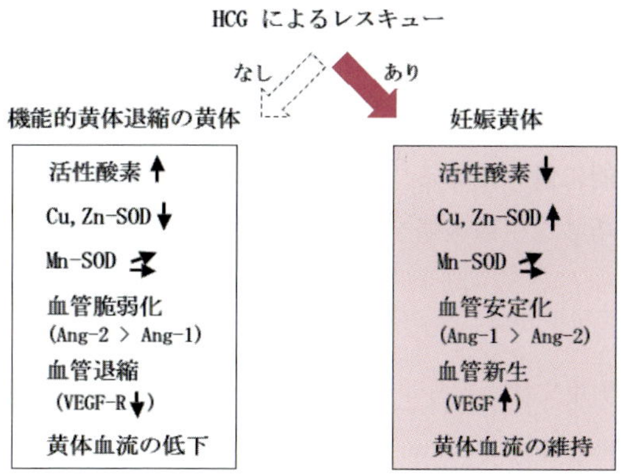

図XV-65-6．黄体機能調節―代謝・血管系による調節―

(Frazer et al, 2005b)．この現象は，VEGFの血管透過性*作用が抑制され，その結果LHやコレステロールなどの物質の黄体細胞への供給が阻害され，黄体機能が抑制されたものと推論されている．言い換えれば，VEGFの血管透過性作用がプロゲステロン産生に重要であると考えられている．最近，Fraserらは，このVEGF作用のブロックによるプロゲステロン分泌の抑制は，血管内皮細胞のアポトーシスによるものであると報告している (Frazer et al, 2007)．

(G) 黄体血流と黄体機能

前述したように，黄体形成や黄体のプロゲステロン分泌には血管新生と血管成熟が重要である．黄体における発達した血管網の構築は，黄体への血液供給に不可欠であり，プロゲステロンの基質であるコレステロールや黄体刺激物質の供給のためだけでなく，合成されたプロゲステロンを循環血液に送ることにおいても重要である．実際，成熟黄体への血液供給は卵巣血液量のほとんどを占めるという報告もある．そこで，黄体血流と黄体機能との関係について述べる．

(1) 黄体血流の変化

黄体血流は，経膣超音波カラーパルスドップラを用いて，黄体の血管抵抗を測定することにより評価した (Tamura et al, 2008)．正常月経周期を有する黄体機能が正常の症例について見ると，黄体の血管抵抗は黄体期初期の前半から後半にかけて低下し，黄体期中期は初期後半と同じレベルであるが，後期には上昇する (図XV-65-5)．妊娠黄体では，妊娠7週まで黄体期中期の低いレベルが維持されている．すなわち，黄体血流は黄体期初期の前半から後半にかけて増加し，黄体期中期は初期後半と同じレベルを維持し，後期には血流が減少する．また，妊娠黄体では中期の血流レベルが妊娠7週まで維持されていることが予想される．この血流の変化は，前述した血管系の変化と非常によく一致していることがわかる．さらに，黄体の血管抵抗と血中プロゲステロン値の間には有意の負の相関が見られることから，黄体機能と黄体血流は密接な関係にある (Tamura et al, 2008)．諸家の報告においても，黄体機能と経膣超音波カラーパルスドップラを用いた黄体血流との関連については，概ね意見が一致するところである．

(2) 黄体機能不全と黄体血流

黄体期中期の血中プロゲステロン値が10ng/ml未満を呈する黄体機能不全の症例では正常症例に比べ有意に黄体内血管抵抗値が高い (Tamura et al, 2008)．すなわち，黄体機能不全の病態として黄体の血流低下が考えられる．それでは，黄体血流を増加させれば黄体機能は改善するかということになる．そこで，血流改善作用

＊：血管漏出性 (vascular leakage) という言葉は血管の脆弱性を意味し，血管透過性 (vascular permeability) は血管の機能を意味するものであり，両者の言葉がしばしば混同して使用されているので注意したい．

があるビタミンE（600mg/day）や一酸化窒素誘導剤であるL-アルギニン（6g/day）を排卵後より投与したところ，それぞれ，黄体血流は83%，100%の改善率を，血中プロゲステロン値も67%，71%の改善率（10ng/ml以上）を認めた．なお，治療介入せず，自然に経過を見た黄体機能不全症例では，9%で黄体血流が改善し，血中プロゲステロン値は18%が改善したのみであった．すなわち，黄体血流の低下が黄体機能不全の原因になっているということが明らかとなった（Takasaki et al, 2009）．したがって，黄体血流が黄体機能の調節に重要な役割を果たしていることが証明されたわけである．

まとめ

本節では，妊娠に伴い寿命や機能が延長された黄体ではどのような変化が起こるのか，逆に妊娠が成立せず退縮に向かう黄体ではどのような変化が起こるのかを，活性酸素とその消去酵素，血管系・血流という局所の変化に焦点を当てることで，黄体機能調節を考えてみた（図XV-65-6）．妊娠が成立しない時は，黄体内で活性酸素の増加が誘導され，黄体細胞のプロゲステロン分泌の抑制とともに，血管退縮と血流の減少が起こり黄体退縮を促進させる機構が働く．一方，妊娠が成立すれば，絨毛からのHCGの出現により，黄体のCu,Zn-SODの増加などにより活性酸素の増加が防がれるとともに，血管新生と血管安定性により血流が維持され，黄体機能が継続されることになる．

いったん妊娠が成立した時は，妊娠を維持するために，黄体の寿命や機能を速やかに延長する．逆に，妊娠が成立しなければ，早く黄体の機能を終わらせ，次の周期の卵胞発育を誘導する．このような巧妙な現象に，活性酸素とその消去酵素，血管系・血流という局所因子が効率的に働いている．言い換えれば子孫繁栄を狙う巧妙な生殖戦略を垣間見ることができた．

（杉野法広）

引用文献

Behrman HR, Aten RF (1991) Evidence that hydrogen peroxide blocks hormone-sensitive cholesterol transport into mitochondria of rat luteal cells, *Endocrinology*, 128 ; 2958-2966.

Brannstrom M, Giesecke L, Moore IC, et al (1994) Leukocyte subpopulations in the rat corpus luteum during pregnancy and pseudopregnancy, *Biol Reprod*, 50 ; 1161-1167.

Carlson JC, Sawada M, Boone DL, et al (1995) Stimulation of progesterone secretion in dispersed cells of rat corpora lutea by antioxidants, *Steroids*, 60 ; 272-276.

Christenson LK, Stouffer RL (1996) Proliferation of microvascular endothelial cells in the primate corpus luteum during the menstrual cycle and simulated early pregnancy, *Endocrinology*, 137 ; 367-374.

Dickson SE, Fraser HM (2000) Inhibition of early luteal angiogenesis by gonadotropin-releasing hormone antagonist treatment in the primate, *J Clin Endocrinol Metab*, 85 ; 2339-2344.

Endo T, Aten RF, Leykin L, et al (1993) Hydrogen peroxide evokes antisteroidogenic and antigonadotropic actions in human granulose luteal cells, *J Clin Endocrinol Metab*, 76 ; 337-342.

Endo T, Kitajima Y, Nishikawa A, et al (2001) Cyclic changes in expression of mRNA of vascular endothelial growth factor, its receptors Flt-1 and KDR/Flk-1, and Ets-1 in human corpora lutea, *Fertil Steril* 76 ; 762-768.

Ferrara N, Chen H, Davis-Smyth T, et al (1998) Vascular endothelial growth factor is essential for corpus luteum angiogenesis, *Nat Med* 4 ; 336-340.

Fraser HM, Dickson SE, Lunn SF, et al (2000) Suppression of luteal angiogenesis in the primate after neutralization of vascular endothelial growth factor, *Endocrinology*, 141 ; 995-1000.

Fraser HM, Bell J, Wilson H, et al (2005a) Localization and quantification of cyclic changes in the expression of endocrine gland vascular endothelial growth factor in the human corpus luteum, *J Clin Endocrinol Metab*, 90 ; 427-434.

Fraser HM, Wilson H, Morris KD, et al (2005b) Vascular endothelial growth factor trap suppresses ovarian function at all stages of the luteal phase in the macaque, *J Clin Endocrinol Metab*, 90 ; 5811-5818.

Fraser HM, Wilson H, Wulff C, et al (2007) Administration of vascular endothelial growth factor trap during the ‘post-angiogenic’ period of the luteal phase

causes rapid functional luteolysois and selective endothelial cell death in the marmoset, *Reproduction*, 132 ; 589-600.
Furukawa K, Fujiwara H, Sato Y, et al (2007) Platelets are novel regulastors of neovascularization and luteinization during human corpus luteum formation, *Endocrinology*, 148 ; 3056-3064.
Hanahan D (1997) Signaling vascular morphogenesis and maintenance, *Science*, 277 ; 48-50.
Hazzard TM, Xu F, Stouffer RL (2002) Injection of soluble vascular endothelial growth factor receptor 1 into the preovulatory follicle disrupts ovulation and subsequent luteal function in rhesus monkey, *Biol Reprod*, 67 ; 1305-1312.
Goede V, Schmidt T, Kimmina S et al (1998) Analysis of blood vessel maturation processes during cyclic ovarian angiogenesis, *Lab Invest*, 78 ; 1385-1394.
Kashida S, Sugino N, Takiguchi S, et al (2001) Regulation and role of vascular endothelial growth factor in the corpus luteum during mid-pregnancy in rats, *Biol Reprod*, 64 ; 317-323.
Kato H, Sugino N, Takiguchi S, et al (1997) Roles of reactive oxygen species in the regulation of luteal function, *Rev Reprod*, 2 ; 81-83.
Kodaman PH, Aten RF, Behrman HR (1994) Lipid hydroperoxides evoke antigonadotropic and antisteroidogenic activity in rat luteal cells, *Endocrinology*, 135 ; 2723-2730.
Li Y, Huang TT, Carlson EJ, et al (1995) Dilatated cardiomyopathy and neonatal lethality in mutant mice lacking manganese superoxide dismutase, *Nat Genet*, 11 ; 376-381.
Matsuoka-Sakata A, Tamura H, Asada H, et al (2006) Changes in vascular leakage and expression of angiopoietins in the corpus luteum during pregnancy in rats, *Reproduction*, 131 ; 351-360.
Maisonpierre PC, Suri C, Jones PC, et al (1997) Angiopoietin-2, a natural antagonist for Tie2 that disrupts in vivo angiogenesis, *Science*, 277 ; 55-60.
Modlich U, Kaup FJ, Augustin HG (1996) Cyclic angiogenesis and blood vessel regression in the ovary : blood vessel regression during luteolysis involves endothelial cell detachment and vessel occlusion, *Lab Invest*, 74 ; 771-780.
Pepperell J, Wolcott K, Behrman HR (1992) Effects of neutrophils in rat luteal cells, *Endocrinology*, 130 ; 1001-1008.
Petroff MG, Petroff BK, Pate JL (2001) Mechanisms of cytokine-induced death of cultured bovine luteal cells, *Reproduction*, 121 ; 753-760.
Rodger FE, Young FM, Fraser HM, et al (1997) Endothelial cell proliferation follows the mid-cycle luteinizing hormone surge, but not human chorionic gonadotropin rescue, in the human corpus luteum, *Hum Reprod*, 12 ; 1723-1729.
Sato TN, Tozawa Y, Deutsch U, et al (1995) Distinct roles of the receptor tyrosine kinases Tie-1 and Tie-2 in blood vessel formation, *Nature*, 376 ; 70-74.
Sawada M, Carlson JC (1994) Studies on the mechanism controlling generation of superoxide radical in luteinized rat ovaries during regression, *Endocrinology*, 135 ; 1645-1650.
Sawada M, Carlson JC (1996) Intracellular regulation of progesterone secretion by the superoxide radical in the rat corpus luteum, *Endocrinology*, 137 ; 1580-1584.
Shimamura K, Sugino N, Yoshida Y, et al (1995) Changes in lipid peroxide and antioxidant enzyme activities in corpora lutea during pseudopregnancy in rats, *J Reprod Fertil*, 105 ; 253-257.
Stocco C, Telleria C, Gibori G (2007) The molecular control of corpus luteum formation, function, and regression, *Endocr Rev*, 28 ; 117-149.
Sugino N (2005) Reactive oxygen species in ovarian physiology, *Reprod Med Biol*, 4 ; 31-44.
Sugino N (2006) Roles of reactive oxygen species in the corpus luteum, *Anim Sci J*, 77 ; 556-565.
Sugino N, Karube-Harada A, Sakata A, et al (2002) Nuclear factor-κB is required for tumor necrosis factor-alpha induced manganese superoxide dismutase expression in human endometrial stromal cells, *J Clin Endocrinol Metab*, 87 ; 3845-3850.
Sugino N, Kashida S, Takiguchi S, et al (2000c) Expression of vascular endothelial growth factor and its receptors in the human corpus luteum during the menstrual cycle and in early pregnancy, *J Clin Endocrinol Metab*, 85 ; 3919-3924.
Sugino N, Kashida S, Takiguchi S, et al (2001) Expression of vascular endothelial growth factor receptors in the rat corpus luteum : regulation by oestradiol during mid-pregnancy, *Reproduction*, 122 ; 875-881.
Sugino N, Matsuoka A, Tamiguchi K, et al (2008) Angiogenesis in the human corpus luteum, *Reprod Med Biol*, 7 ; 91-103.
Sugino N, Nakamura Y, Takeda O, et al (1993a) Changes in activities of superoxide dismutase and lipid peroxide in corpus luteum during pregnancy in rats, *J Reprod Fertil*, 97 ; 347-351.
Sugino N, Nakamura Y, Okuno N, et al (1993b) Effects of ovarian ischemia-reperfusion on luteal function in pregnant rats, *Biol Reprod*, 49 ; 354-358.
Sugino N, Okuda K (2007) Species-related differences in the mechanism of apoptosis during structural luteolysis, *J Reprod Dev*, 53 ; 977-986.
Sugino N, Shimamura K, Tamura H, et al (1996) Progesterone inhibits superoxide radical production by mononuclear phagocytes in pseudopregnant rats, *Endocrinology*, 137 ; 749-754.
Sugino N, Takamori-Hirosawa M, Zhong L, et al (1998a) Hormonal regulation of copper-zinc superoxide dismutase and manganese superoxide dismutase mRNA in the rat corpus luteum : induction by prolactin and placental lactogens, *Biol Reprod*, 59 ; 599-605.
Sugino N, Takiguchi S, Kashida S, et al (1999) Suppression of intracellular superoxide dismutase activity by antisense oligonucleotides causes inhibition of progesterone production by rat luteal cells, *Biol Reprod*, 61 ; 1133-1138.
Sugino N, Telleria CM, Gibori G (1998b) Differential regulation of copper-zinc superoxide dismnutase and manganese superoxide dismutase in the rat corpus luteum : Induction of manganese superoxide dismutase mRNA by inflammatory cytokines, *Biol Reprod*, 59 ; 208-215.
Sugino N, Takiguchi S, Kashida S, et al (2000a) Superox-

ide dismutase expression in the human corpus luteum during the menstrual cycle and in early pregnancy, *Mol Hum Reprod*, 6 ; 19-25.
Sugino N, Suzuki T, Kashida S, et al (2000b) Expression of bcl-2 and bax in the human corpus luteum during the menstrual cycle and in early pregnancy : regulation by human chorionic gonadotropin, *J Clin Endocrinol Metab*, 85 ; 4379-4386.
Sugino N, Suzuki T, Sakata A, et al (2005) Angiogenesis in the human corpus luteum : Changes in expression of angiopoietins in the corpus luteum throughout the menstrual cycle and in early pregnancy, *J Clin Endocrinol Metab*, 90 ; 6141-6148.
Suri C, McClain J, Thurston G, et al (1998) Increased vascularization in mice overexpressing angiopoietin-1, *Science*, 282 ; 468-471.
Suzuki T, Sasano H, Takaya R, et al (1998) Leukocytes in normal-cycling human ovaries : immunohistochemical distribution and characterization, *Hum Reprod*, 13 ; 2186-2191.
Takasaki A, Tamura H, Taniguchi K, et al (2009) Luteal blood flow and luteal function, *J Ovarian Res*, 2 ; 1 (doi : 10.1186/1757-2215-2-1).
Takiguchi S, Sugino N, Kashida S, et al (2000) Rescue of the corpus luteum and an increase in luteal superoxide dismutase expression induced by plcental luteotropins in the rat : action of testosterone without conversion to estrogen, *Biol Reprod*, 62 ; 398-403.
Tamura H, Greenwald GS (1987) Angiogenesis and its hormonal control in the corpus luteum of the pregnant rat, *Biol Reprod*, 36 ; 1149-1154.
Tamura H, Takasaki A, Taniguchi K, et al (2008) Changes in blood flow impedance of the human corpus luteum throughout the luteal phase and during early pregnancy, *Fertil Steril*, 90 ; 2334-2339.
Taniguchi K, Matsuoko A, Kizuka F, et al (2010) Prostaglandin $F_2\alpha$ ($PGF_2\alpha$) stimulate's PTGS2 expression and $PGF_2\alpha$ synyhesis through NFKB activation ria reactive oxigen species in the corpus luteum of pseudopregnant rats, Reproduction, 140 ; 885-892.
Thurston G, Suri C, Smith K, et al (1999) Leakage-resistant blood vessels in mice transgenically overexpressing angiopoietin-1, *Science*, 286 ; 2511-2514.
Thurston G, Rudge JS, Ioffe E et al (2000) Angiopoietin-1 protects the adult vasculature against plasma leakage. *Nat Med* 6 ; 460-463.
Wong GHW, Elwell JH, Oberley LW, et al (1989) Manganous superoxide dismutaase is essential for cellular resistance to cytotoxicity of tumor necrosis factor, *Cell*, 58 ; 923-931.
Wulff C, Dickson SE, Duncan WC, et al (2001a) Angiogenesis in the human corpus luteum : simulated early pregnancy by HCG treatment is associated with both angiogenesis and vessel stabilization, *Hum Reprod*, 16 ; 2515-2524.
Wulff C, Wilson H, Rudge JS, et al (2001b) Luteal angiogenesis : prevention and intervention by treatment with vascular endothelial growth factor trap A40, *J Clin Endocrinol Metab*, 86 ; 3377-3386.
Yancopoulos GD, Davis S, Gale NW, et al (2000) Vascular-specific growth factors and blood vessel formation, *Nature*, 407 ; 242-248.
Zeleznik AJ (1998) In vivo responses of the primate corpus luteum to luteinizing hormone and chorionic gonadotropin, *Proc Natl Acad Sci USA*, 95 ; 11002-11007.

XV-66

黄体機能の内分泌・免疫調節

Key words
黄体形成／サイトカイン／妊娠黄体／胚着床／免疫細胞

はじめに

哺乳類は新しい生命体を再生する戦略として子宮内膜への胚の着床およびそれに続く胎児（胎子）の子宮内発育を選択したが，その際に子宮内での発育を維持させる作用を有する液性因子として黄体ホルモン（プロゲステロン）を利用することとなった．このため哺乳類は新たにプロゲステロンを産生する内分泌器官として黄体を作り出した．黄体は排卵後の卵胞から新たに形成され，妊娠が成立しないと機能を消失する．胎生期から形成される通常の内分泌器官と異なり，黄体は性成熟期に性周期や妊娠期間に合わせて短期間の間に組織形成され，役割を終えると速やかに退縮するユニークな内分泌器官である．黄体が常に存在する内分泌器官でなく，受精から着床に及ぶ胚の正常な発生過程に合わせて形成され，かつ胚からのシグナルのみに反応して機能することが，種の保存の法則に照らし合わせた場合にきわめて合理的な機構であったと推測される．このように黄体形成や退縮および妊娠黄体への移行は哺乳類の生殖活動にとって必須の現象である．

排卵から黄体形成の過程で，卵胞を構成していた顆粒膜細胞は大黄体細胞へ，内莢膜細胞は小黄体細胞へとそれぞれ分化して，黄体組織を構成する．黄体細胞の分化や成熟は，主として下垂体から分泌されるゴナドトロピンであるLH（luteinizing hormone）とFSH（follicle stimulating hormone）および妊娠成立時には胎児組織から分泌されるHCG（human chorionic gonadotropin）によって調節されると考えられている．これらのホルモンに加えて，局所調節因子として近年黄体局所に存在する免疫細胞およびそれらの産生する液性因子であるサイトカインが黄体の分化を制御する上で重要な役割を果たしている可能性が注目されてきた（Mori, 1990）．さらに黄体形成において重要な要素となる血管新生にもサイトカインが関与している報告もなされつつある．

FSHやLHホルモンが調整する卵胞発育過程とそれに伴う卵子の成熟や次世代の生命誕生の瞬間である受精は魚類から哺乳類まで共通に存在する現象であるが，黄体の形成と子宮内膜への胚の着床は原則として哺乳類のみに観察され，生物の進化過程における歴史の短さからその機能調節機構は各種属間によって著しく異なっている．排卵後に起こる約2週間の黄体機能維持機構は家畜動物以降の大型動物に見られる現象で齧歯類には存在しない．さらに黄体機能の消退に伴う月経現象は主として霊長類に観察される現象であるなど，黄体機能を含んだ胚着床の誘導・維持機構は種によって著しく異なっていることがよく知られており，ヒトの黄体形成機構の詳細も未だ不明のままである．そこで本節ではヒトの黄体機能を中心にその機能や分化に対する制御機序について内分泌系機構のみならず，免疫系機構の関わりに焦点を当てて現在明らかになりつつある知見も加えて概説する．

1 内分泌系による月経周期の制御

ヒト月経周期は視床下部－下垂体－卵巣－子宮系と呼ばれる内分泌系を中心とした液性因子によって調節されている．視床下部の神経細胞から Gn-RH (gonadotropin-releasing hormone) が律動的に分泌され，下垂体門脈をへて下垂体に達すると，その刺激で下垂体細胞から FSH と LH が同様に律動的に分泌されて卵巣内の卵胞発育を促進する．主席卵胞が一つ選ばれて成熟するとエストロゲンの分泌が亢進し，その産生がピークに達すると視床下部の神経細胞の活動が促進され，下垂体から大量の LH の律動的な分泌（LH サージ）が誘発される．この LH サージの作用により卵胞壁の融解と卵の卵巣外への放出（排卵），卵の減数分裂の再開，さらに顆粒膜細胞の黄体化が開始される．

排卵後の卵胞から形成された黄体が分泌する大量のプロゲステロンの作用で子宮内膜は分泌期へと分化して胚の着床に備え，妊娠が成立しなかった場合は黄体退縮をきたして 2 週間で速やかにプロゲステロン分泌機能を失う．そのホルモン減少に伴って子宮内膜の機能層は剥奪しいわゆる月経が発来する．この間の黄体のプロゲステロン分泌機能は視床下部から分泌される LH の制御を受けていると考えられている．黄体期における LH 分泌は卵胞期と同じく性ステロイドホルモンのフィードバック (feedback) を受けている．GnRH とそれに連動する LH の分泌は基礎値のみならず律動的に分泌されているが，プロゲステロンがその LH のパルス状分泌に作用すると考えられている．黄体期では LH 分泌のパルス間隔は排卵直後から長くなり，黄体中期から後期にかけては 4－8 時間に延長さ

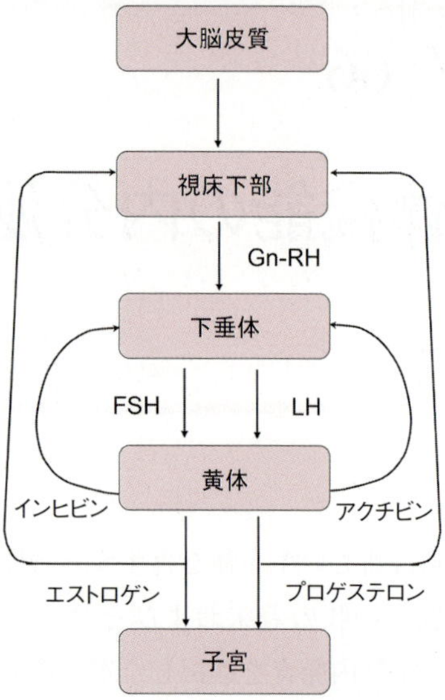

図XV-66-1．黄体における two cell-two gonadotropin theory

大黄体細胞および小黄体細胞は LDL 受容体からコレステロールの供給を受けステロイド合成を行い，LH の作用でそれぞれプロゲステロンおよびアンドロゲンを産生する．さらに大黄体細胞には FSH 受容体とアロマターゼが発現しており，小黄体細胞で産生されたアンドロゲンを大黄体細胞は FSH の作用のもとにエストロゲンに変換する．

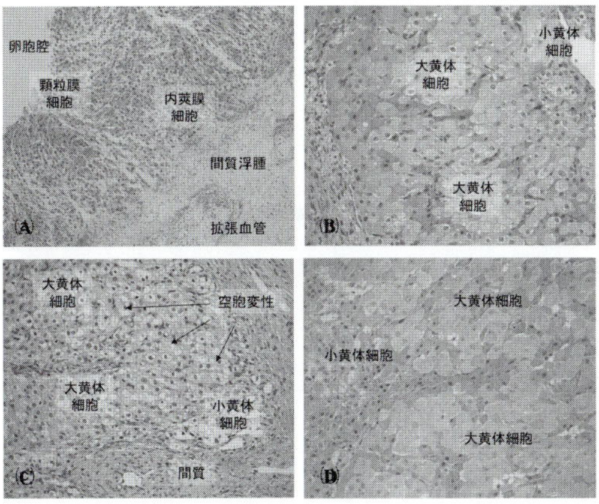

図XV-66-2．ヒト黄体の形態的変化

(a) 排卵直後のヒト卵胞．顆粒膜細胞と内莢膜細胞間の基底膜が崩壊しており，血管の拡張と強い浮腫を間質に認める．(b) ヒト成熟黄体．新生血管網が構築されており顆粒膜細胞から大黄体細胞へ内莢膜細胞から小黄体細胞への分化が完成している．(c) ヒト退縮黄体．ステロイド産生能を消失している黄体細胞内に著明な空胞変性が観察される．(d) ヒト妊娠黄体．ステロイド産生能は亢進しており，大黄体細胞および小黄体細胞は共に月経周期黄体に比べてさらに肥大している．

れる．また黄体から産生されるインヒビンによってFSHの分泌が抑制制御されている（図XV-66-1）．黄体退縮に伴いこれらの抑制が解除されるが，これにより月経開始とともにFSHとLHの分泌が回復して次周期の卵胞発育が再開されるとされている．

2 内分泌系による月経黄体の機能調節機構

前項で述べたようにLHサージによって排卵に加えて卵子の減数分裂の再開が誘導されるが，その一方で顆粒膜細胞は黄体化を開始する．排卵前の段階で顆粒膜細胞はFSH受容体に加えLH受容体やLDL受容体およびステロイドホルモン産生酵素を発現している．LDLは卵胞の基底膜をほとんど通過しないため卵胞の発育段階ではヒト顆粒膜細胞は直接LDLを取り込んでステロイドホルモンを産生することはできず，内莢膜細胞が産生して基底膜を通過してきたアンドロゲンをエストロゲンに変換するのみである．しかしながらLHサージの結果，基底膜が崩壊して血管透過性の亢進とともに顆粒膜細胞はLDLを取り込むことができるようになり（図XV-66-2），LHの作用のもと顆粒膜細胞はコレステロールからプロゲステロンを産生しつつ大黄体細胞への分化を進める．ヒト黄体では排卵後約96時間かけて顆粒膜細胞が大黄体細胞に，内莢膜細胞が小黄体細胞に分化する．大黄体細胞はその黄体化の過程で，ステロイドホルモンの合成に必要な細胞内小器官，特に滑面小胞体が増加し細胞質が大きくなり，細胞は類円形に肥大化する（図XV-66-2）．

ヒト顆粒膜細胞の黄体化は内因性に分泌されるLHおよび不妊症の治療で外因性に投与されるHCGのLH/HCG受容体を介した作用によって維持・促進されることが広く知られているが，先に述べたように黄体細胞の機能調節機構は種による差が大きく，たとえばマウスなどのげっ歯類では黄体機能の維持にはプロラクチンが主役となっている．ヒト黄体化顆粒膜細胞はプロゲステロン産生においてコレステロールを血中のLDLから補給する際に，LHはそのLDL受容体発現を増加させコレステロールの取り込みを促進する．プロゲステロン産生の鍵となる酵素としてはP450scc（cholesterol side-chain cleavage cytochrome P450），3β-HSD（3β-hydroxysteroid dehydrogenase/Δ4，Δ5-isomerase）があげられ，LH刺激によりこれらの酵素発現が増強されて顆粒膜黄体細胞は取り込んだコレス

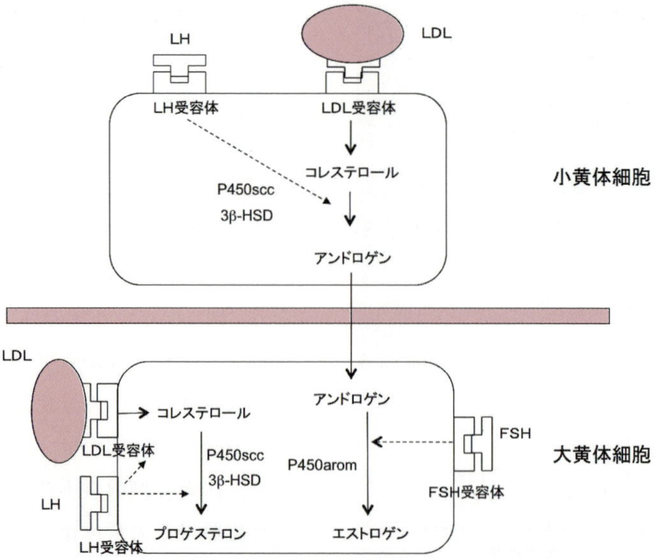

図XV-66-3．視床下部–下垂体–黄体のフィードバック機構

排卵後の卵胞から形成された黄体からプロゲステロンが分泌され，その作用で子宮内膜は分泌期へと分化して胚の着床に備える．一方でプロゲステロンは視床下部に作用してGn-RH分泌を抑制し，同じく黄体から産生されるインヒビンとともに下垂体からのFSHとLHの分泌を制御して黄体機能を調節する．

テロールからのプロゲステロン合成を促進する．しかしながら小黄体細胞と異なり大黄体細胞には17α-hydroxysteroid dehydrogenaseが存在しないため，プロゲステロンからアンドロゲンへの変換できない．一方で，19位のCH_3を離脱させC-19のアンドロステン（androstene）核からC-18のエストラン（estrane）核へ変化，すなわちステロイド核の芳香化を触媒するアロマターゼ（aromatase, P450arom）酵素は顆粒膜細胞由来の大黄体細胞に限局して存在しており，小黄体細胞には認められない（Sasano et al, 1989）．卵胞からの性ステロイドホルモン産生についでは顆粒膜細胞にはFSH受容体とaromatase酵素が発現し，LHの作用により内莢膜細胞で産生されたアンドロゲンが基底膜を通過して顆粒膜細胞に至り，FSHの作用のもとにエストロゲンに変換される2型細胞2種ゴナドトロピン説（two cell-two gonadotropin theory）が一般的に受け入れられている．黄体期におけるエストロゲンも子宮内膜の分化・機能調節には重要な働きをしていることが提唱されていることより，黄体におけるエストロゲン産生機構も問題となるが，これらのステロイド産生酵素の発現パターンからは小黄体細胞でアンドロゲンが産生され，それが大黄体細胞でエストロゲンへ変換されていると推察される．ヒト黄体についての*in vitro*および*in vivo*での検討によると，小黄体細胞にてLHの刺激下にアンドロゲン産生が誘導され，大黄体細胞にてはFSHの作用でエストロゲンへの変換が増強することが示され

た (Ohara et al, 1987 ; 1989). 以上より黄体期のエストロゲン産生に関しては，卵胞における two cell-two gonadotropin theory に類似した機構のもとに主として大黄体細胞で行われていると推察される (図XV-66-3).

胚の着床が起こらなかった場合にはヒト黄体は急速に退縮し，排卵後約14日間で内分泌器官としての機能を終える (図XV-66-2). このように妊娠に至らなかった場合の黄体退縮は次の周期に速やかに移行するためにも不可欠な事象である．先に述べたように黄体期におけるLHのパルス分泌の間隔は排卵直後から長くなり，黄体中期から後期にかけては4－8時間に延長される．このLHパルスの変化が黄体退縮機構と関連あると推察されているが，その機構の詳細は不明なままである．ヒツジやウシでは子宮内膜で産生されるプロスタグランジン (prostaglandin) F2α が黄体の退縮に重要な役割を演じていることが知られているが，ヒトでは証明されていない．現在，黄体組織への血流制御や免疫系による黄体細胞の障害，さらにはアポトーシスなどが黄体退縮の誘導機構として提言されている．黄体の機能的な低下，すなわちプロゲステロンの産生低下は約14日間で完遂するが，その後変性した黄体細胞や血管組織はさらに器質的な変性過程を経て結合組織のみからなる白体へと移行する．

3 免疫系による月経黄体の機能調節機構

ヒト卵胞の排卵過程において顆粒膜細胞層と周辺の莢膜細胞層および間質組織とを隔てていた基底膜は完全に破壊され，血管内皮細胞が卵胞中心の卵胞腔の方向へ侵入して黄体の形成が進行する．これらの黄体形成は1日単位で組織像が変化する組織の再構築 (tissue remodeling) 現象であるが，その過程はプログラムにそって制御されており，生理学的観点からも血管新生を伴う tissue remodeling のモデルとして注目されている．この黄体形成期には，種々の免疫細胞が黄体化しつつある顆粒膜細胞の周辺に侵入してくる．同時に血管内皮細胞も顆粒膜細胞に侵入し始め，成熟した大黄体細胞間に新生血管のネットワークを形成し，排卵後5－6日後には広範囲にわたる血管網の構築が完成する．黄体細胞組織内における免疫細胞の分布については汎白血球マーカーであるCD45に対するモノクローナル抗体などを用いた免疫組織染色に基づいた多くの報告がある．黄体組織内の大半はマクロファージ，T細胞，好中球であり，黄体退縮期に増加している白血球は主にマクロファージとされている．またラットやヒツジでは好酸球が黄体の分化に重要な働きを持つと考えられているが，ヒト黄体ではその存在は明らかでない．血管網が完成される前には黄体化しつつある顆粒膜細胞の周辺には赤血球を含めた血液が存在しているが，それらは凝固することなく還流し，顆粒膜細胞で産生されたプロゲステロンを全身の循環系に供給している．これらの過程における黄体内の循環動態がどのような機序で制御されているのかは未だ定かではない．

この新しい内分泌器官の再構築において顆粒膜細胞自らも細胞外基質を合成し地盤を固めている．黄体形成において細胞外マトリックスと黄体化顆粒膜細胞の相互作用は重要な過程と考えられており，これまでヒト黄体化顆粒膜細胞に各種のインテグリン（integrin）が発現し，黄体形成期に産生された細胞外マトリックスとの相互作用で黄体化速度をLH/HCG作用と協調して制御している可能性が報告されてきた（Fujiwara et al, 1997；Honda et al, 1997；Yamada et al, 1999）．最近これを支持する報告としてヒト黄体化顆粒膜細胞に発現するintegrinα5β1およびαvβ3とフィブロネクチン（fibronectin）の相互作用にVEGFが関与し，顆粒膜細胞の黄体化や細胞死の抑制に働いているという知見が示された（Rolaki et al, 2007）．

上記のように黄体には種々の免疫系細胞が存在するが，近年ではこれらの免疫系細胞あるいはその分泌するサイトカインが，黄体形成期の黄体機能およびその分化を制御している可能性が示唆されている．たとえばマウスにおいて黄体から分離されたマクロファージが，黄体細胞培養系においてプロゲステロン産生を増強することが報告されており（Kirsh et al, 1981），ラットでは正常な黄体形成に脾臓由来のマクロファージが深く関与していると報告されている（Saito et al, 1988）．またヒトにおいても，体外受精患者の卵胞液から分離された黄体化過程にある顆粒膜細胞を患者末梢血から得られたリンパ球と共培養すると，プロゲステロン産生が増加すること（Emi et al, 1991），さらに，IL（interleukin）-1α, TNF（tumor necrosis factor）αは黄体化過程にある顆粒膜細胞におけるプロゲステロン産生に作用することが明らかとなった（Fukuoka et al, 1992；Wang et al, 1992；Yan et al, 1993）．一方でIFN（interferon）については動物により作用が異なるようである．ヒツジ，ウシではIFNαは類似の構造を有するIFNτが絨毛より分泌され，子宮内膜でのprostaglandinの産生を抑制し，prostaglandinの黄体退縮作用を抑制することが明らかにされているが（Roberts, 1991），ヒトではIFNτに相当する物質は報告されておらず，またIFNαにもこの作用はなく，むしろIFNγがヒト黄体細胞のプロゲステロン産生を抑制することが示されている（Fukuoka et al, 1992；Wang et al, 1992）．

黄体形成期の黄体細胞には，ステロイドホルモン産生関連分子のみならず，さまざまな機能分子が細胞表面に発現してくることが明らかとなっている．これらの分子の発現を分化のパラメーターとして黄体細胞の分化制御機構を検討した結果，黄体細胞の分化はLHをはじめとするゴナドトロピンに加えて，サイトカインも重要な役割を演じていることが示された．たとえば顆粒膜細胞の黄体化に伴い発現が増強する分子としてDPP-IV（dipeptidyl peptidase-IV）（CD26）（Fujiwara et al, 1992）が明らかとなったが，DPP-IVの発現は，黄体形成期に増強してのち退縮期には減弱し，妊娠初期には増強するなど分化段階に特異的なパターンをとる．DPP-IVは細胞膜に結合したペプチダーゼであり，N末端から2番目にプロリンを有するペプチドを黄体局所で分解し濃度を調節しているものと推察されるが，培養細胞での検討でその発現はHCGではなく，IL-1αおよびTNFαによって亢進されることが示された（Fujiwara et al, 1994）．DPPIVの基質としてRANTES，SDF-1やMIPなどのいわゆるケモカイン（chemokine）が報告されており（Oravecza et al, 1997），黄体においてDPPIVとサイトカインおよびケモカインが黄体細胞と免疫細胞との相互作用に関して重要な役割を演じている可能性がうかがえる．

同様に顆粒膜細胞の黄体化に伴い発現が増強する分子としてLFA (leukocyte functional antigen) -3 (CD58) が観察された (Hattori et al, 1995)．LFA-3は，T細胞のCD2抗原と結合し情報伝達に関与する機能分子であり，その発現は黄体形成期に増強して黄体中期黄体に最も強く，末期黄体や妊娠初期黄体においても継続している．ヒト黄体化顆粒膜培養細胞での検討でDPP-IVと同様にLFA-3の発現がTNFαにより増強され，黄体形成期の顆粒膜細胞の分化がゴナドトロピンのみならずサイトカインにても制御されている可能性が確認された．

一方で黄体内の免疫系細胞は黄体退縮の際に変性組織の処理に主に働くであろうと推測されてきた．黄体退縮に関与していると考えられているサイトカインとしては，TNFα, IFNγ, IL-2があげられる．中でもその意義が最も明確にされているのはTNFαであり，ヒト，ウシ，ラットの黄体にTNFαが発現していることが示されており，ウシでは黄体の細胞の培養系においてTNFαがプロゲステロン産生を抑制し，代表的な黄体退縮物質であるPGF2αの産生を高めることが示されている (Fairchild, Pate, 1992)．ヒツジでは退縮黄体からTNFαの生理的活性が検出されており，ブタではTNFαが黄体退縮を引き起こすことが示されている．またIFNγもウシ培養黄体細胞のプロゲステロン産生を抑制し，TNFαとの同時添加で黄体細胞数が減少すること，マウスにおいても，TNFαとIFNγが培養黄体細胞のアポトーシスを誘導することが報告されている (Jo et al, 1995)．さらにFas-Fas ligand機構を通してCD3陽性の免疫細胞が黄体細胞のアポトーシスを制御している可能性が示されている (Kuranaga et al, 1999；2000)．

4 黄体の血管新生に対する内分泌および免疫系による調節機構

現在のところ黄体形成に特徴的な血管の新生はVEGF (vascular endothelial growth factor) やFGF (fibroblast growth factor) などの液性因子が重要とされてきた．これまでLH/HCGの作用によって黄体化顆粒膜細胞からのVEGF産生が亢進すること，さらにこのVEGFの産生過剰が卵巣過剰刺激症候群の発症機構に深く関与している可能性が報告されているが，近年VEGFの産生制御と血管新生に関連する因子として，排卵に伴う黄体局所での低酸素環境の存在がクローズアップされている．そのような流れの中で低酸素環境がVEGF-AとHIF-1α (hypoxia inducible factor-1α) の発現を増強し，HCGによるそれらの発現誘導作用は低酸素環境によって高められることが報告され (van den Driesche et al, 2008)，低酸素環境，HIF-1α, VEGFおよびHCGが黄体形成期における血管新生に相互関連しながら関与している概念が示されつつある．

一方で他の重要な血管新生の誘導因子としてIL-8等のケモカインがあげられる．ヒト卵胞内にLPA (lysophosphatidic acid) が存在することがすでに報告されているが，黄体化顆粒膜細胞の培養系でLPAによってIL-6およびIL-8産生が増強されることが報告された (Chen et al, 2008)．これまでどのような機序で血管新生が黄体の内腔に向かって誘導されるのは不明であったが，血小板が形成されつつある黄体組織に沈着し，活性化してケモカインを含む内容物を放出し，血管内皮の遊走を内腔方向へ誘導している可能性が示された (Furukawa et al, 2007)．黄体形成期の組織構築に免疫細胞のみならず同じく血液中を循環する血小板が関与するという新しい概念を提示しており，血液学的にも興味深い知見である．

5 妊娠黄体への移行

胚が子宮内膜に着床すると胚由来の絨毛組織からHCGホルモンが分泌され，これが血流を介して卵巣に運ばれLH/HCG受容体を通して黄体を刺激し，プロゲステロン分泌が持続される．産生されたプロゲステロンは子宮内膜に作用して胚の着床維持に働き，この過程で月経周期黄体はさらに肥大して妊娠黄体へと移行する (図XV-66-2)．このように妊娠黄体の維持は哺乳類にとって胚着床の維持に不可欠な現象であるが，その維持機構は種によって大きく異なっている．たとえばHCGなどの絨毛性ゴナドトロピンの存在が確かめられているのは霊長類と一部のウマだけで，ウシ，ブタ，ヒツジや齧歯類などには確認されていない．ヒトの場合，妊娠黄体のプロゲステロン分泌能は少なくとも妊娠7～9週までは継続されるが，それ以降は主な産生源は黄体から胎盤の絨毛へと移行する (luteal-placental shift)．

妊娠黄体へのLH/HCG受容体の発現の有無はHCGの黄体組織への結合定量法 (binding assay) により古くから調べられたが，その多くは月経黄体に比べ著しく低い結合能を示す結果

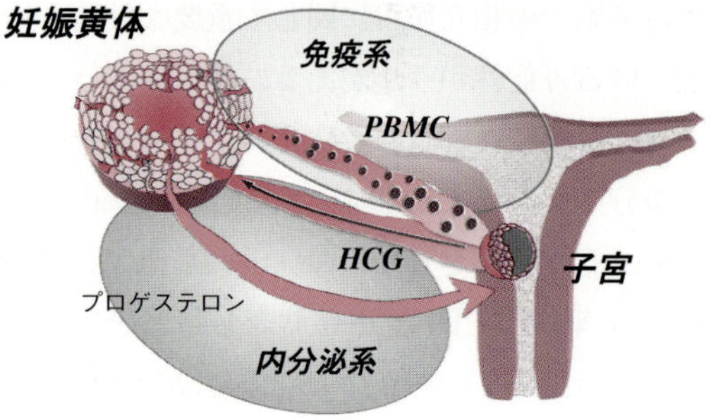

図XV-66-4．内分泌系と免疫系による妊娠黄体の制御機構

妊娠成立の情報を黄体に伝達する機序として，胚から分泌されるHCGによる内分泌系を介した機構のみならず，免疫系も妊娠成立を感知してPBMCの機能を変化させ，血流を介してPBMCが妊娠黄体へ作用する機序が提言された．

となった (Rao et al, 1977；Rajaniemi et al, 1981)．後に妊娠黄体組織へのLH/HCG受容体のmRNA発現が確認されたが，その発現強度は黄体期中期の月経黄体に比べると高くなかった (Nishimori et al, 1995)．また免疫組織学的にも胚着床時に血中HCG値が上昇する前後には黄体はすでに退行変化を開始しており，LH/HCG受容体の発現も急速に消失してくる (Takao et al, 1997)．さらに月経周期の女性に外因性にHCGを投与しても妊娠黄体とは異なりプロゲステロン分泌が2週間以上は維持されないことや (Quagliarello et al, 1980)，通常であれば月経黄体がすでに退行している時期になって血中HCGが上昇してくる遅延着床例でも妊娠黄体は機能することが報告されている (Grinsted, Avery, 1996)．また子宮外妊娠では，血中のHCG値に対応するプロゲステロン値が正常妊娠に比べ低値を示すこと (Norman et al, 1988)，妊娠黄体の維持には血中HCG値がLH/HCG受容体が反応できる濃度より1万倍高い濃度まで上昇

することが必要とされていること，さらに稽留流産ではHCG値が上昇しないまま妊娠黄体が維持されることなど妊娠黄体の分化・機能維持にHCG以外の因子が働いていることを示唆する現象が報告されているが，これまでHCG以外の液性因子の存在は同定されなかった(Kratzer, Taylor, 1990)．

このような背景のもとで妊娠黄体の分化調節に関与する分子を検索したところ，Tリンパ球との接着を媒介する分子が月経黄体の形成期から中期黄体さらに妊娠黄体の黄体細胞表面に存在していることが明らかとなり(Fujiwara et al, 1993 ; Hattori et al, 1995 ; Vigano et al, 1997)，免疫細胞が黄体退縮に限らずむしろ妊娠黄体への移行や機能維持に関わっている可能性が提言された．黄体細胞の培養系に妊娠または非妊娠女性から得た末梢血単核球(PBMC, peripheral mononuclear cells)を作用させると，妊娠女性由来PBMCにより黄体細胞のプロゲステロンの産生が増強すること，その効果は妊娠黄体で著明であることが示された(Hashii et al, 1998)．また妊娠女性由来PBMCは黄体細胞との共培養時にTh-2系サイトカインであるIL-4およびIL-10が亢進することが観察され，これらのサイトカインはHCGに匹敵するプロゲステロン産生の促進作用を示した．以上の結果からPBMCが妊娠に伴い黄体からのプロゲステロン産生を亢進するよう機能変化していることが示され，内分泌系のみならず免疫系も血流を介して黄体へ作用している可能性が示された(図XV-66-4)．この概念では液性因子のみならず細胞成分も妊娠成立の情報を卵巣へ伝達する作用があると発想を転換しており，これまで母体血中にHCG以外の液性因子が同定されなかった理由も説明可能となる．その後の検討で胚着床にもこの機構が促進的に働いていることが示されてきた(Fujiwara, 2006)．新しい免疫系の機構として今後も解析を進めていく必要がある．

まとめ

哺乳類の新しい世代の生命体を再生するために胚の子宮内膜への着床を選択したが，そのために黄体という新しい内分泌器官を形成するようになった．黄体は胚着床の成立情報に伴い妊娠黄体へと移行するが，その機能や分化の制御機構にはまだ不明な点が多く，これらの解明には内分泌学と免疫学の両面からの解析が必要と考えられる．今後も新しい観点から得られた知見がさらに不妊症の病態の理解や治療法の開発に寄与することを期待したい．

（藤原　浩）

引用文献

Chen SU, Chou CH, Lee H, et al (2008) Lysophosphatidic acid up-regulates expression of interleukin-8 and -6 in granulosa-lutein cells through its receptors and nuclear factor-κB dependent pathways : implications for angiogenesis of corpus luteum and ovarian hyperstimulation syndrome, *J Clin Endocrinol Metab*, 93 ; 935-943.

Emi N, Kanzaki H, Yoshida M, et al (1991) Lymphocytes stimulate progesterone production by cultured human granulosa luteal cells, *Am J Obstet Gynecol*, 165 ; 1469-1474.

Fairchild BD, Pate JL (1992) Tumor necrosis factorα alters bovine luteal cell synthetic capacity and viability, *Endocrinology*, 130 : 854-860.

Fukuoka M, Yasuda K, Emi N, et al (1992) Cytokine modulation of progesterone and estradiol secretion in cultures of luteinized human granulosa cells, *J Clin Endocrinol Metab*, 75 ; 254-258.

Fujiwara H, Ueda M, Imai K, et al (1993) Human leukocyte antigen-DR is a differentiation antigen for human granulosa cells, *Biol Reprod*, 49 ; 705-715.

Fujiwara H, Maeda M, Imai K, et al (1992) Human luteal cells express dipeptidyl peptidase IV on the cell surface, *J Clin Endocrinol Metab*, 75 ; 1352-1357.

Fujiwara H, Fukuoka M, Yasuda K, et al (1994) Cytokines stimulate dipeptidyl peptidase-IV expression on human luteinizing granulosa cells, *J Clin Endocrinol Metab*, 79 ; 1007-1011.

Fujiwara H, Honda T, Uea M, et al (1997) Laminin suppresses progesterone production by human luteinizing granulosa cells via interaction with integrin $\alpha 6\beta 1$, *J Clin Endocrinol Metab*, 82 ; 2122-2128.

Fujiwara H (2006) Hypothesis : Immune cells contribute to systemic cross-talk between the embryo and mother during early pregnancy in cooperation with the endocrine system, *Reprod Med Biol*, 5 ; 19-29.

Furukawa K, Fujiwara H, Sato Y, et al (2007) Platelets are novel regulators of neovascularization and luteinization during human corpus luteum formation, *Endocrinology*, 148 ; 3056-3064.

Grinsted J, Avery B (1996) A sporadic case of delayed implantation after in-vitro fertilization in the human? *Hum Reprod*, 11 ; 651-654.

Hashii K, Fujiwara H, Yoshioka S, et al (1998) Peripheral blood mononuclear cells stimulate progesterone production by luteal cells derived from pregnant and non-pregnant women : possible involvement of interleukin-4 and 10 in corpus luteum function and differentiation, *Hum Reprod*, 13 ; 2738-2744.

Hattori N, Ueda M, Fujiwara H, et al (1995) Human luteal cells express leukocyte functional antigen (LFA)-3, *J Clin Endocrinol Metab*, 80 ; 78-84.

Honda T, Fujiwara H, Yamada S, et al (1997) Integrin α 5 is expressed on human luteinizing granulosa cells during corpus luteum formation, and its expression is enhanced by human chorionic gonadotrophin in vitro, *Mol Hum Reprod*, 3 ; 979-984.

Jo T, Tomiyama T, Ohashi K, et al (1995) Apoptosis of cultured mouse luteal cells induced by tumor necrosis factor-α and interferon-γ, *Anat Rec*, 241 ; 70-76.

Kratzer PG, Taylor RN (1990) Corpus luteum function in early pregnancies is primarily determined by the rate of change of human chorionic gonadotropin levels, *Am J Obstet Gynecol*, 163 ; 1497-1502.

Kirsh TM, Friedman AC, Vogel RL, et al (1981) Macrophages in corpora lutea in mice : characterization and effects on steroid production, *Biol Reprod*, 25 : 629-638.

Kuranaga E, Kanuka H, Bannai M, et al (1999) Fas/Fas ligand system in prolactin-induced apoptosis in rat corpus luteum : possible role of luteal immune cells, *Biochem Biophys Res Commun*, 260 ; 167-73.

Kuranaga E, Kanuka H, Furuhata Y, et al (2000) Requirement of the Fas ligand-expressing luteal immune cells for regression of corpus luteum, *FEBS Lett*, 472 ; 137-142.

Mori T (1990) Immuno-endocrinology of cyclic ovarian function. *Am J Reprod Immunol*, 23 ; 80-89.

Nishimori K, Dunkel L, Hsueh AJ, et al (1995) Expression of luteinizing hormone and chorionic gonadotropin receptor messenger ribonucleic acid in human corpora lutea during menstrual cycle and pregnancy, *J Clin Endocrinol Metab*, 80 ; 1444-1448.

Norman RJ, Buck RH, Kemp MA, et al (1988) Impaired corpus luteum function in ectopic pregnancy cannot be explained by altered human chorionic gonadotropin, *J Clin Endocrinol Metab*, 66 ; 1166-1170.

Ohara A, Mori T, Taii S, et al (1987) Functional differentiation in steroidogenesis of two types of luteal cells isolated from mature human corpora lutea of menstrual cycle, *J Clin Endocrinol Metab* 65 ; 1192-1200.

Ohara A, Taii S, Mori T (1989) Stimulatory effects of purified human follicle-stimulating hormone on estradiol production in the human luteal phase, *J Clin Endocrinol Metab*, 68 ; 359-363.

Oravecz T, Pall M, Roderiquez G, et al (1997) Regulation of the receptor specificity and function of the chemokine RANTES (regulated on activation, normal T cell expressed and secreted) by dipeptidyl peptidase IV (CD26) -mediated cleavage, *J Exp Med*, 186 ; 1865-1872.

Quagliarello J, Goldsmith L, Steinetz B, et al (1980) Induction of relaxin secretion in nonpregnant women by human chorionic gonadotropin, *J Clin Endocrinol Metab*, 51 ; 74-77.

Rajaniemi HJ, Rönnberg L, Kauppila A, et al (1981) Luteinizing hormone receptors in human ovarian follicles and corpora lutea during menstrual cycle and pregnancy, *J Clin Endocrinol Metab*, 52 ; 307-313.

Rao CV, Griffin LP, Carman FRJr (1977) Gonadotropin receptors in human corpora lutea of the menstrual cycle and pregnancy, *Am J Obstet Gynecol*, 128 ; 146-153.

Roberts RM (1991) A role of interferons in early pregnancy. *Bio Essay*, 13 ; 121-126.

Rolaki A, Coukos G, Loutradis D, et al (2007) Luteogenic hormones act through a vascular endothelial growth factor-dependent mechanism to up-regulate $3\alpha 5\beta 1$ and $\alpha v\beta 3$ integrins, promoting the migration and survival of human luteinized granulosa cells, *Am J Pathol*, 170 ; 1561-1572.

Saito S, Matsuyama S, Shiota K, et al (1988) Involvement of splenocytes in the control of corpus luteum function in the rat, *Endocrinol Japon*, 35 ; 891-898.

Sasano H, Okamoto M, Mason JI, et al (1989) Immunolocalization of aromatase, 17 α-hydroxylase and side-chain-cleavage cytochromes P-450 in the human ovary, *J Reprod Fertil*, 85 ; 163-169.

Takao Y, Honda T, Ueda M, et al (1997) Immunohistochemical localization of the LH/HCG receptor in human ovary : HCG enhances cell surface expression of LH/HCG receptor on luteinizing granulosa cells in vitro, *Mol Hum Reprod*, 3 ; 569-78.

van den Driesche S, Myers M, Gay E, et al (2008) HCG up-regulates hypoxia inducible factor-1 alpha in luteinised granulosa cells : implications for the hormonal regulation of vascular endothelial growth factor A in the human corpus luteum, *Mol Hum Reprod*, 14 ; 455-464.

Vigano P, Gaffuri B, Ragni G, et al (1997) Intercellular adhesion molecule-1 is expressed on human granulosa cells and mediates their binding to lymphoid cells, *J Clin Endocrinol Metab*, 82 ; 101-105.

Wang HZ, Sheng WX, Lu SH, et al (1992) Inhibitory efect of interferon and tumor necrosis factor on human luteal function in vitro, *Fertil Steril*, 58 ; 941-945.

Yamada S, Fujiwara H, Honda T, et al (1999) Human

granulosa cells express integrin $\alpha 2$ and collagen type IV : possible involvement of collagen type IV in granulosa cell luteinization, *Mol Hum Reprod*, 5 ; 607-617.

Yan Z, Hutchinson S, Hunter V, et al (1993) Tumor necrosis factor-α alters steroidogenesis and stimulates proliferation of human ovarian granulosal cells in vitro, *Fertil Steril*, 59 : 332-338.

第 XVI 章

卵子の受精能

［編集担当：佐藤英明］

卵子は受精するためにつくられる．排卵された成熟卵子は透明帯や卵丘細胞層に囲まれているが，精子進入を受けるまで第 2 減数分裂中期で停止している．この停止状態の維持には，姉妹染色分体の分離を抑制し，細胞周期を M 期に維持することが必要である．卵子の近傍に到達した精子は卵子を取り巻くヒアルロン酸基質中を通過し，透明帯と結合する．哺乳類では異種動物との交尾は起きないので透明帯の種特異性の意味は低いが，精子と透明帯の結合には種特異性があり，異種精子は透明帯に結合しない．しかし透明帯除去卵子では受精の種特異性は失われ，異種精子の卵子内への進入を許す．透明帯の種特異性は厳密なものではなく，近縁種の精子の結合・通過を許す場合もある．透明帯を通過した精子は卵子の細胞膜と融合し卵細胞質内に取り込まれる．精子と卵子細胞膜との結合には種特異性は低く，卵子内に進入しうる異種精子もある．特に透明帯を除去したハムスター卵子は異種精子を受け入れやすく，精子の受精能判定に用いられ，ハムスターテストと呼ばれる．精子進入は卵子の表層反応と減数分裂再開を誘起する．成熟卵子には酵素を含む表層顆粒が細胞膜直下に分布し，表層反応により表層顆粒は囲卵腔に開口分泌される．放出された酵素は透明帯の糖タンパク質から一部の糖鎖を除去し，またタンパク質変性を引き起こす．その結果，精子の透明帯への結合と通過は阻害される．卵細胞膜も変化し，精子が融合できないようになる．これらの変化はそれぞれ透明帯反応，卵黄遮断と呼ばれ，多精子受精を防ぐ役割をもつ．精子進入は細胞内 Ca^{2+} 濃度を上昇させるが，Ca^{2+} 濃度の上昇は卵子の第 2 減数分裂中期停止を解除する．この現象は卵子の活性化と呼ばれる．活性化によって染色体は分離し第 2 減数分裂後期へと移行し，第 2 極体を放出する．さらに染色体脱凝縮，雌雄前核形成・合体へと進む．一方，卵子や精子の受精能に障害があると受精は成立しないが，受精を体外で成立させる体外受精が実験動物，家畜，ヒトで進展し，体外受精による受精卵の作製が進んでいる．また，精子 1 匹を卵子内に顕微注入し，受精を成立させる顕微授精も進み，ヒトでは不妊治療の一つの手段となっている．

［佐藤英明］

XVI-67

受精の分子機構

Key words
Izumo CD 9／Adam（ファーティリン，シリテスチン）／透明帯（ZP）／受精能獲得（キャパシテーション）／先体反応（アクロソームリアクション）／カルメジン／アクロシン／ヒアルロニダーゼ（PH20）／卵丘細胞

はじめに

我々の体は約60兆個もの細胞からできているといわれるが，受精は雌性生殖道内において，ただ一つずつの卵子と精子により繰り広げられる神秘的な現象である．なぜ一つの卵子を受精させるために何億もの精子が放出される必要があるのかなど，受精に関して解き明かされていない謎は多岐にわたっている．先人はさまざまな苦労を重ねながら，たった一つの卵子と一つの精子の間に起こる変化をどのように解析すればいいのかについてデータを積み重ねてきたが，生化学的な分析には一定量の細胞が必要であることが避けられない弱点として含まれていた．近年，特定の遺伝子を導入したトランスジェニックマウスや，特定の遺伝子を破壊して欠失させたノックアウトマウスといった，遺伝子操作動物を応用した研究手法が取り入れられるようになり，受精を分子生物学的に解析することが可能になってきた．本項では，遺伝子操作動物を用いた研究を主に取り上げ，現在までに解明された受精の分子機構を概観する．

1 雌性生殖路と精子の相互作用

(A) 受精が起こる場所

ヒトの自然な排卵の様子を内視鏡で撮影した画像によると，排卵は「explosive（爆発的）」に起こるのではなく，卵胞から緩やかに放出される様子が見られる（Lousse, Donnez, 2008）．卵巣から排出された卵子は卵管内に移動するが，この様子はハムスターを使って見事な映像に収められている（Talbot et al, 1999）．この映像では，卵丘細胞（cumulus cells）に包まれた卵子が卵管采から卵管内に，あたかもなにかの流れにのって「吸引」されて入っていくように見えるが，実際には，卵丘細胞が卵管采に存在する繊毛と次々と接着，離脱を繰り返しながら，卵子を一定方向に運ぶようである（図XVI-67-1）．

卵子は卵管采から運び込まれた後に卵管の膨大部に移動し，ここで精子と出会い受精が起こる．卵子がどのようなしくみで膨大部にとどまるのかについての報告はないが，とどまっている間の卵子は卵丘細胞に包まれており，受精を

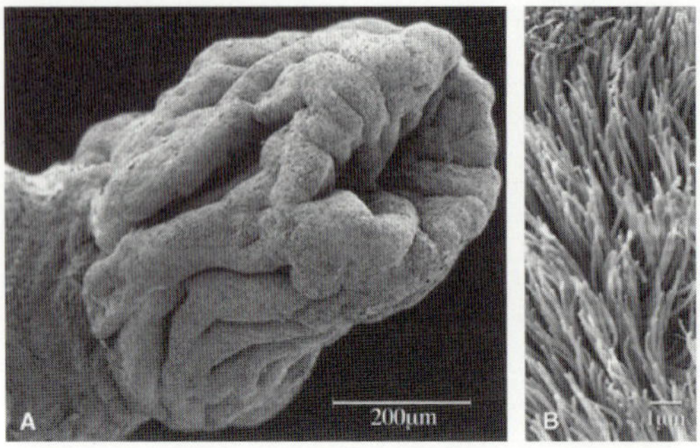

図XVI-67-1．卵管采の様子とその表面にある繊毛（Talbot et al, 1999）

終えると卵丘細胞から離脱する．透明帯（zona pellucida）がむき出しとなった受精卵は，卵割を繰り返しながら，再び卵管内を下降して子宮内へ移り，そこで着床する．ノックアウトマウスを用いた解析により，*LIF* 遺伝子を欠損させると着床が阻害されることが知られて久しい（Stewart et al, 1992）が，胚と子宮壁との相互作用機構についてはまだまだ解明が必要である．

(B) 卵管内の精子

卵子が排卵後に子宮に向かって卵管を下るのに対し，精子は子宮を経て卵管に移行する必要がある．精子が有する高い運動性がこれを可能にしていると考えられるが，それに加えて，精子が卵子にたどりつきやすくするための目印があるのかもしれない．ホヤの卵子では精子を誘因するためにステロイド性の走化性因子が放出されていることが明らかにされており（Yoshida et al, 2003），哺乳類の精子にも走化性があることを示唆する報告が出されている．ヒト（Spehr et al, 2003）やマウス（Fukuda et al, 2004）の精子は進むべき方向を匂いや温度差（Bahat et al, 2003）で決めているとの報告もあるが，雌性生殖道あるいは卵子そのものに由来する走化性因子は同定されていない．

雌性生殖道内は精子にとって，試験管の中のように自由に動き回れる空間ではなく，むしろ入り組んだ迷路のようになっている．マウスでは子宮と卵管の接合部（uterotubal junction：UTJ）が大きな障壁になっており，運動性があるだけでは精子が卵管の中に移行せず（Hagaman et al, 1998；Ikawa et al, 2001；Nishimura et al, 2004），精子と雌性生殖道との相互認識が正しく行われてはじめて，卵管内へ精子が移行するのではないかと考えられている（Nakanishi et al, 2004）．卵管には，排卵された卵子が待つ膨大部と，そこよりも子宮側の狭部と呼ばれる部分があるが，卵管内に入った精子は狭部に多く存在する襞の中に頭を埋めるようにとどまっており，これらの一部が排卵後に狭部を離れて膨大部の卵子に近づき，受精が成立する（Suarez, Pacey, 2006）．この時，受精卵のまわりに余分な精子はほとんど認められないのに対し，体外受精の際には数万の精子を必要とすることから，卵管内の精子は格段に効率的な受精能力を有することが窺い知れる．

(C) 受精能獲得（capacitation）

受精能力の差が生じる理由をつきとめることは容易ではない．精巣内で毎日大量に産生される精子は，精巣上体に移動して代謝活性などを抑えた不活性な状態で蓄えられる．このため，哺乳類の精子は射出された時点では受精能がなく，雌性生殖道内において一定の時間が経過する間に生理的な機能変化を遂げてはじめて受精可能となる．これは，受精能獲得（capacitation）

受精能獲得（capacitation）：哺乳類の精子は継続的に産生されて精巣上体尾部に代謝活性の低い状態で蓄えられる．射精された直後の精子は受精能力を持っておらず，雌性生殖道内でなんらかの生理的な変化を起こして受精能を獲得する必要がある．この変化は受精能獲得現象（capacitation）と呼ばれている．

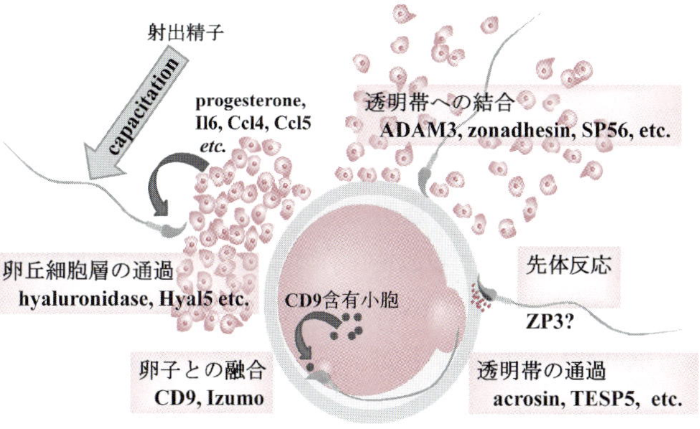

図XVI-67-2．受精に関わる因子群

と呼ばれている現象で，膜表面からのコレステロールやその他の物質の放出，それに伴う呼吸・解糖能の上昇，運動性の亢進（hyper activation）など，さまざまな変化が精子に起こることが知られている（Yanagimachi, 1994）．しかしながら，精子に起こる変化がどのように連関しながらcapacitationを誘導するのかについて，系統立った解明はなされていない．

capacitationの研究が難しい一因として，精子が必ずしも均一な集団ではないことがあげられる．射出される多数の精子の中で受精に関わるものはきわめて限られた数であり，大半はただ存在しているだけのようにも見える．多くの精子がそれぞれかなり異なった生理的状態をとっているにも関わらず，精子を生化学的な手法で分析する時はそれらを一つの集団として扱わざるをえない．しかし，本当に調べなければならない対象は，多数の精子の中から選ばれた，卵子と融合する運命にある一匹にすぎない．これが，精子を生化学的に研究する際に直面する大きな問題点である．

(D) 卵丘細胞と透明帯

卵巣から放出される成熟卵を包む卵丘細胞の層は，精子が卵子に近づくための物理的な障壁となるはずである．しかし，体外受精では卵丘細胞に包まれた卵子の方が受精しやすく，精子と卵丘細胞との相互作用，あるいは，卵丘細胞から放出される因子などが精子の機能に影響を与えている可能性がある．最近では，卵丘細胞には自然免疫に重要なToll Like Receptor：TLRが発現しており，精子のヒアルロニダーゼによって分解されたヒアルロン酸がTLRにより認識されて卵丘細胞からIL6，CCL4，CCL5などのケモカインが放出され，それらが精子のタンパク質のリン酸化に働く（Shimada et al, 2008）ことや，卵丘細胞からプロゲステロンが分泌されて精子のプロゲステロンレセプターに結合し，後述する先体反応を誘発する（Oren-Benaroya et al, 2008）ことなどが報告されている（図XVI-67-2）．

卵丘細胞の内側には，卵子から分泌される糖タンパク質で構成される透明帯と呼ばれる層がある．透明帯は卵子に対して物理的な保護作用を有すると考えられるが，抗体などは通過できる網目状の構造をとっている．マウスの透明帯はZP1-3の三つの成分からできている比較的単純な構造であり，ZP2とZP3が交互に連結して長い鎖を形成し，その鎖をZP1が架橋して透明帯が形成される．精子が透明帯に結合すると先体反応（後述）を起こすといわれているが（Wassarman, 2005），透明帯を取り除いた卵子でも問題なく精子との融合が起こることから，透明帯からの特別な活性化が受精に必須なわけではない．さらに最近，精子が透明帯の穴をすり抜ける際の刺激で先体反応が起こるという説も報告されている（Baibakov et al, 2007）．また，受精が起こると卵子の表面にある表層顆粒から酵素群が放出されることが知られており，それがおそらくZP2を変化させて透明帯の性質が変わり（透明帯反応：zona reaction），それ以上の精子が侵入できなくなるような働きも知られている（Rankin et al, 2003）．ヒトやラットの透明帯には，量的には少ないもののZP4の存在も報告されており（Koyama et al, 1991），その生理的意義については今後の解明が待たれる．

(E) 先体反応（acrosome reaction）

精子の頭部先端にはライソゾーム系の酵素が詰まっている先体（acrosome）と呼ばれる袋状の組織があり，先体を形成している先体外膜とその外側にある細胞膜が融合して，先体反応（acrosome reaction）と呼ばれる大規模なエキソサイトーシスを起こす（Yanagimachi, 1994）．この反応により先体に含まれるヒアルロニダーゼやアクロシンなどの酵素群が放出され，精子がヒアルロン酸で結びつけられた卵丘細胞の層を通過したり，糖タンパク質でできた透明帯に穴をあけたりするというのが定説であった．しかし後述するノックアウトマウスなどを用いた解析により，それほど単純な構図ではないことが明らかになりつつある．

モルモットなど特別に大きな先体を持つ種をのぞいて，ヒトやマウスの精子などでは先体反応が起きているかどうかを光学顕微鏡で判別することは難しい．そこで，先体部分に緑色蛍光タンパク質（GFP）を持つように遺伝子を改変したトランスジェニックマウスが作製され，精子の先体の様子を生きたままで観察することが可能になった（Nakanishi et al, 1999）．先体反応が起こると，GFPは3秒以内に培養液中に拡散してしまうことが確認されたが，同じ先体内に存在する物質でも時間がたたないと拡散しないものもある．このことから，先体反応は単純なall or noneの状態ではなく，遷移型の反応であり，そのような精子が卵子との相互作用に関わっているのではないかという説が提唱された（Kim, Gerton, 2003）．

いかなる精子も先体反応を起こさなければ卵子と融合できない．先体反応により先体部分の細胞膜が消失するため，それまで先体部分に覆われていた先体内膜が新たに精子の細胞膜として露出する．この部分に融合に必要な因子が存在していると考えるのが自然であるが，卵子との融合は先体反応により新たに露出した部分で起こるのではなく，最初から露出している先体

先体反応（acrosome reaction）：精子の頭部先端部分にはさまざまな酵素類を含んだゴルジ由来の先体と呼ばれる小胞構造がある．精子は受精能を獲得すると先体部分の細胞膜とその内側にある先体外膜との間で融合を起こし先体内構成物が精子の外に放出される．先体反応のあと先体部分の最外層はもともと先体内膜と呼ばれていた部分でおきかえられる．先体反応しない限り精子は卵子と融合できない．

ノックアウトマウス：特定の遺伝子を欠損させたマウス．通常は，相同組み換えを起こしやすい胚性幹（ES）細胞で，標的遺伝子を薬剤耐性遺伝子等で置換させた後，マウスの胚に加えることでES細胞が胚の一部と認識され，体の一部がES細胞からできたキメラマウスが作製できる．このキメラマウスからES細胞由来の精子に由来する子孫が取れれば特定の遺伝子を欠損させたノックアウトマウスを作製することができる．

赤道部（equatorial segment）から始まることが知られている．ただし，電子顕微鏡や抗体反応などを利用した観察により，先体反応に伴って赤道部の膜の様子も大きく変化することが報告されており（Yanagimachi, 1994；岡部, 2006），さらに詳細な解析が望まれる．

2 受精機構の分子生物学的解析

（A）受精の分子機構に関する概念の変遷

精子先体内に存在するセリンプロテアーゼであるアクロシン（acrosin）は，精子が透明帯を通過するために必要な酵素であると考えられてきたが，アクロシンノックアウトマウスを解析した結果，精子はアクロシンを持たなくても透明帯を通過できることが明らかとなった（Adham et al, 1997；Baba et al, 1994）．

一方，モルモット精子に存在するPH-20と名づけられた抗原を抗体でブロックすると，精子は透明帯に結合できなくなることが知られており，PH-20が透明帯結合因子ではないかと考えられていた（Primakoff et al, 1988）．後に，PH-20はヒアルロニダーゼであることが明らかとなり（Gmachl, Kreil, 1993），さらに，サルではPH-20が精子の透明帯通過に重要な役割を担っていることも報告された（Yudin et al, 1999）．そこで，PH-20のノックアウトマウスが作製されたが，このマウスは不妊にならなかった（Baba et al, 2002）．

精子と卵子の相互認識機構を担う物質については他にも多くの報告がある．たとえば，精子の持つガラクトシルトランスフェラーゼが，酵素としてではなく接着因子として卵子の透明帯や細胞膜への接着を司っているという説が唱えられていた．しかしながら，ガラクトシルトランスフェラーゼ（β1, 4-galactosyltransferase）のノックアウトは不妊には結びつかなかった（Asano et al, 1997；Lu, Shur, 1997）．さらに，精子の膜上に存在するSED1というタンパク質も透明帯との結合に働くと報告されていたが（Ensslin, Shur, 2003），SED1欠損マウスもまた不妊にはならなかった（Shur et al, 2006）．

なぜことごとく定説が覆されるのか．これまでに報告されている因子群が受精に重要であると考えられた根拠は，これらの因子に対する抗体やリガンド，あるいは酵素活性阻害剤などの添加が受精阻害を引き起こしたという事実に基づいている．重要と考えられていたにも関わらず，その遺伝子を欠損させてもマウスが不妊にならなかった理由としては，これらの因子が必須ではなかったという解釈以外に通常は機能しないはずの因子がノックアウトした因子の役割を補ったため，とも考えられる．それを裏づけるように，マウス精子にはアクロシン以外にも，精巣特異的なセリンプロテアーゼであるTESP 1-5が存在することがわかってきた（Honda et al, 2002）．また，ヒアルロニダーゼに関しても，精子にはPH-20以外にHYAL5が存在することがわかった（Kim et al, 2005）．さまざまな因子群を二重あるいは多重に存在させることにより堅固な受精系ができあがっているとすれば，受精の分子機構の解析にノックアウトマウスの手法は適していないことになる．しかしながら，単一の遺伝子をノックアウトしただけで不妊になる例も多く知られており，受精過程に他の因子では作用を代償できないような必須の因子が存在することは明らかである．これら因子の相互作用を解析することにより，受精の分子機構が次第に明らかになっていくものと思われる．

(B) 透明帯結合の分子機構

単一遺伝子のノックアウトにより受精機構に影響が出て不妊となることがわかった最初の例として，カルメジン（*calmegin*）遺伝子があげられる．カルメジンを欠損した雄のマウスは，正常な運動性を有する精子を正常量産生するものの不妊となり（Ikawa et al, 1997），その原因は，精子が透明帯に対する結合能を失うためであることが明らかとなった．カルメジンは，全身性に発現する分子シャペロンであるカルネキシンとよく似た構造を持つ精巣特異的シャペロンである．存在部位は粗面小胞体（ER）の膜上に限定されるが，成熟精子ではERが消失するためカルメジンも同時に消失する．すなわちカルメジンは，精子上で直接的に透明帯結合に関わる因子にはなりえず，精子が受精能力を失う理由は，カルメジンにより折りたたみを受ける透明帯結合タンパク質の機能が損なわれたためと考えられる．

ファーティリン（fertilin）は受精に関わる因子として報告されたが，分子生物学的な解析が進むにつれてその評価が変化した．ファーティリンはもともと，受精阻害活性を持つ抗体と反応する，PH-30と名づけられた精子上の抗原として見出された．この抗原タンパク質の遺伝子がクローニングされ，ウイルスが融合に使用する疎水性の高いペプチド部分に似た配列やインテグリン結合配列が見つかったことから，融合に関わるタンパク質ファーティリンと命名された（Blobel et al, 1992）．ファーティリンはADAM（a disintegrin and metalloprotease）ファミリータンパク質であるADAM1とADAM2のヘテロダイマーであることが知られていたが，後に，*Adam 1*遺伝子には*Adam 1a*と*Adam 1b*の二つが存在することが判明した（Nishimura et al, 2002）．ADAM1aはADAM2とヘテロダイマーを形成して精巣型ファーティリンとなり，ADAM1bはADAM2とヘテロダイマーを形成して精子型ファーティリンとなる（Kim et al, 2003）．*Adam 2*遺伝子を欠損させると，精巣型，精子型のいずれのファーティリンも消失して雄マウスは不妊となる．しかしながら，不妊の原因は予期されたような精子と卵子の融合不全ではなく，精子が透明帯に結合できなくなるためであることが明らかになった（Cho et al, 1998）．一方で，ファーティリンのもう一つのサブユニットである*Adam 1b*をノックアウトすることで精子型ファーティリンを除去しても不妊にならないのに対し（Kim et al, 2006），*Adam 1a*をノックアウトして精巣型ファーティリンを欠損させると，精子型ファーティリンが存在するにも関わらず雄は不妊になった（Nishimura et al, 2004）．これらの結果から，もともと精子上に見つかった精子型ファーティリンではなく，精巣にのみ認められる精巣型ファーティリンが，精子の受精能を形成するために必須であることが示された．また，ADAMファミリータンパク質の一つである*Adam 3*をノックアウトした場合にも同様に精子が透明帯に結合できなくなり，雄は不妊になることが知られていた（Nishimura et al, 2001；Shamsadin et al, 1999）が，*Adam 1a*をノックアウトしたマウスの精子を調べたところ，精

図XVI-67-3．透明帯との結合に関与する遺伝子群とそれらの関係

カルメジンのシャペロン作用により形成されるファーティリンは精巣型のみが必須で，その働きはADAM3を精子の膜上に分布させることにある．tACEは精子膜上のADAM3の局在に関与し，いずれの因子も最終的にADAM3に関連してくる．

巣内で産生されたADAM3が精子から消失していることが判明した（Nishimura et al, 2004）．さらに，ADAMファミリーには直接影響を及ぼさないと思われていた精巣型のアンギオテンシン変換酵素（tACE）をノックアウトしたマウス（Hagaman et al, 1998）でも，精子膜上におけるADAM3の存在様式が変化することが報告された（Yamaguchi et al, 2006）．現時点では，精巣特異的な分子シャペロンであるカルメジンのノックアウトマウスが*Adam 1 a*，*Adam 2*，*Adam 3*，*ACE*などの遺伝子欠損マウスと同じ表現型を示す理由は，カルメジンがADAM1aとADAM2のヘテロダイマー形成に必要であるため，カルメジンが消失するとファーティリンのヘテロダイマーが形成されなくなり，最終的に精子上のADAM3に異常が出るためであろうと推察されている(Ikawa et al, 2001)(Yamaguchi et al, 2006)．

これまでのノックアウトマウスの解析結果を総合すると，ADAM3が精子における透明帯結合に関与している有力な因子ということになる．しかしながら，ヒトではADAM3と相同性を持つ遺伝子として*CYRN 1*と*CYRN 2*が見つかっているが，*CYRN 1*を欠損しても不妊にならないヒトが多数存在することや，*CYRN 2*はタンパク質をコードしていない偽遺伝子(pseudo gene)と思われる（Grzmil et al, 2001）ことを考慮すると，ADAM3が最終的な透明帯結合因子であるとする説はマウス特有のものであることになる．さらに別の可能性として，*Adam 1 b*をノックアウトした時にADAM3が精子から消失した（Nishimura et al, 2004）ように，*Adam 2*や*Adam 3*を欠損させることで，これらに加えて真の透明帯結合因子が精子から消失した可能性も考えられる．事実，最近になって，*Adam 3*を欠損させるとADAM4とADAM6も精子から消失することが報告された（Han et al, 2009）．

ADAM3以外の透明帯結合因子の候補としては，SP56（Bookbinder et al, 1995）やzonadhesin（Hardy, Garbers, 1995）をはじめとして多くの因子が報告されているが，それらが必須であるか否かは，ノックアウトマウス作製の結果を待たねばならない．

(C) 透明帯の分子生物学

透明帯は，主にZP1，ZP2，ZP3の3種類の糖タンパク質が1：4：4のモル比で組み合わされて構成されている(Green, 1997)．ZP1は，ノックアウトしても透明帯が形成されることから受精に必須ではないことがわかっている．また，ZP1やZP2の可溶化物では精子と透明帯の結合は阻害されず，ZP3の可溶化物のみが阻害活性を示すことから，ZP3が精子との結合に関与する因子であると報告されている (Bleil, Wassarman, 1980). さらに，ZP3をプロナーゼで分解しても活性が残るため，相互認識に関与する本体はタンパク質ではなく糖鎖であろうと推論されていた. これを裏づけるように，ZP3のノックアウトマウスにヒトのZP3をトランスジーンとして発現させ，キメラ透明帯を有する卵子を作製して精子を添加すると，ZP3がヒト型に置き換わっているにも関わらず，ヒト精子は結合せずにマウスの精子のみが結合し，受精した (Rankin et al, 2003).

透明帯と精子との結合に関してはさまざまな生化学的な実験がなされ，透明帯にOリンクしているN-アセチルグルコサミンを精子のGalTaseが認識していることや，Lewis X糖鎖に含まれているフコースも大切であるなど，糖鎖の機能が重要視されていた (Johnston et al, 1998). しかしながら，*GalTase*をノックアウトしても受精に影響が出ないことを二つのグループが相次いで発表し (Asano et al, 1997 ; Lu, Shur, 1997)，フコースについてはフコース転移酵素を持たないマウスが作製されたが，これも正常に受精することが報告された (Domino et al, 2001). さらに，*mannoside acetylglucosaminyltransferase* (*Mgat 1*) を卵子特異的にノックアウトすると，透明帯が薄くなるものの卵子は正常に受精し，着床することが判明した (Shi et al, 2004). 総合すると，N-グリカンのガラクトースやフコース，N-アセチルグルコサミンなどの糖鎖は受精に必須ではないという結論に落ち着いたが，O-グリカンについては決着がついていなかった. O-グリカンにはコア1から4までの4種類が存在するが，コア2を作るのに必要な *N-acetylglucosaminyltransferase L* (*C 2 GnT-L*) ノックアウトマウスは正常に受精することが報告され (Ellies et al, 1998)，コア3とコア4型のものはZP1やZP3の上には見つかっていない. したがって，O-グリカンが必要であるとすると，コア1グリカンにのみ可能性が残されていた.

コア1グリカンを作るもとになるGalNacTaseは遺伝子が複数存在するためにノックアウトの対象にはできず，その次の段階に働く *core 1 1, 3 -galactosyltransferase 1* (*T-syn*) がノックアウトされたが，コア1グリカンを欠損した透明帯を持つ卵子も受精能を示した (Williams et al, 2007). *T-syn*をノックアウトした際に別の酵素がO-グリカンの働きを相補したのでないことは，さまざまなレクチンが透明帯にまったく結合しなくなることで証明されている. さらに，N-グリカンがO-グリカンの機能を相補したわけではないことは，N-グリカンが合成できなくなる*Mgat 1*とのダブルノックアウトマウスの卵子でも受精することで証明されている.

これらのノックアウトマウスを利用した実験結果を総合すると，ZP3と精子との結合に糖鎖が関与するという説はほぼ崩壊した感があり，精子はZP3の糖鎖部分ではなくペプチド部分を認識しているのかもしれない. しかしそれでは，マウスZP3をヒト型に置き換えた時にマウスの精子のみがキメラ透明帯に結合，通過する事実を説明することはできず，新たな仮説が必要とされている.

(D) 卵管内への精子の移行

*in vivo*の解析から，カルメジン，*ADAM 1 a*，

Adam 2, *ACE* などのノックアウトマウスの精子はすべて，透明帯に結合できないという性質以外に卵管内に入れないという表現型も共有していることが明らかになってきた (Cho et al, 1998 ; Hagaman et al, 1998 ; Ikawa et al, 2001 ; Nishimura et al, 2004)．卵管内に侵入できないということは透明帯への結合能力以前の問題で，これらのマウスが不妊である一番の原因は，精子が透明帯に結合できないことではなく子宮から卵管内へ入れないことであるといえる．透明帯と精子との相互認識はZP3が担っているという報告も多いが，子宮卵管接合部 (UTJ) にZP3は存在しないはずなので，この二つの現象がなぜ常に平行しているのか，そして，なぜこれほど多くの遺伝子欠損の表現型が同じになるのかは謎である．前項に述べたように，ZP3の糖鎖部分とペプチド部分のいずれもが透明帯への結合に関与するという説は，実験的に否定されている．精子と透明帯との結合ならびに卵管内への精子の移行という異なった二つの過程に共通する，ZP3を介さない新しい細胞間相互認識機構の存在が考えられるとともに，精子の卵管内への移行が受精の重要なステップを形成していることが示唆される．

(E) 融合に関わる卵子側の因子

先述のように，融合に関与すると考えられていた精子型ファーティリンが，ノックアウトマウスを用いた解析により受精に必須の因子ではない (Kim et al, 2006) ことが示され，融合因子に関する研究が頓挫したかに見えたが，*CD 9* ノックアウトマウスの出現により，はじめて融合に必須の因子が明らかとなった (Miyado et al, 2000)．体外受精を行うと，CD9を持たない卵子は精子と融合できず，透明帯を通過した精子がそのまま囲卵腔 (perivitelline space) 内に蓄積される．これは，正常な卵子は最初にやってきた精子と融合すると，多精子受精を防ぐために透明帯反応 (zona reaction) (Barros, Yanagimachi, 1971) を起こしてそれ以上の精子の侵入を阻止するのに対し，CD9欠損卵子はどの精子とも融合できないので，新たな精子を受け入れ続けるためであろう．CD9は，四つの膜貫通領域を持つタンパク質でテトラスパニンと呼ばれるファミリーに属し，細胞外マトリックスからの情報伝達に関与する細胞接着分子インテグリンなどと，細胞膜上において複合体を形成することが知られていた．卵子上ではインテグリン α6 と β1 がペアを作って存在しており，インテグリンの合成ペプチドで融合阻害が起こる (Chen et al, 1999) ことからインテグリンが精子との融合

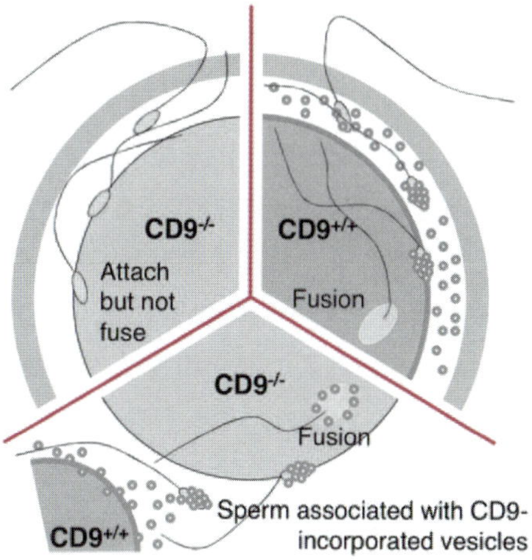

図XVI-67-4．CD9を含む小胞の卵子からの放出(Miyado et al, 2008)

野生型卵子からの小胞が精子に結合すると，精子はCD9を持たない卵子とも融合できるようになる．

に必要であると考えられたが，インテグリンα6やβ1をノックアウトしても正常に受精する（Miller et al, 2000）ことから，融合にインテグリンは必須でないことが明らかとなった．

しかし最近になって，融合能のないCD9欠損卵子を野生型卵子と共存させると，野生型卵子由来のCD9を含む小胞の働きにより精子と融合できるようになることが報告された（図XVI-67-4）（Miyado et al, 2008）．この小胞による融合が生理的なメカニズムであるのか，特殊な条件において認められる現象なのかについては，今後さらなる検討が必要である．

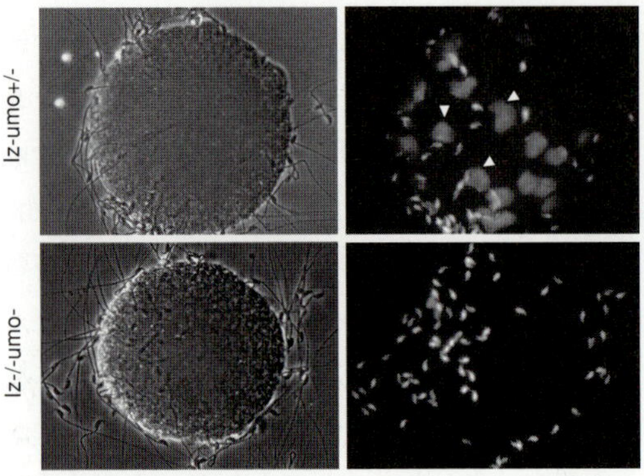

図XVI-67-5．IZUMOは種を超えて働く融合因子である（Inoue et al, 2005）．
ハムスターの卵子はさまざまな種の精子と融合することができるが，マウス精子からIZUMOを欠損させると融合が起こらなくなる．図中の矢頭は融合して膨潤した精子の核を示す．

(F) 融合に関わる精子側の因子

精子は先体反応を起こさなければと卵子と融合できないことから，融合因子は先体反応後の精子にのみ存在すると予想される．そこで，先体反応後の精子を抗原として，精子と卵子の融合阻害活性を有するモノクローナル抗体が作製された（Okabe et al, 1987）．この抗体が認識する抗原は，精子にのみ存在し，イムノグロブリンドメインを一つだけ持つ分子量56kDaのイムノグロブリンスーパーファミリータンパク質で，IZUMOと命名された．*Izumo*遺伝子をノックアウトすると，雄は一見正常な精子を作るものの不妊であった．IZUMOを持たない精子を使って体外受精をすると，多数の精子が透明帯を通過するが，卵子と融合している精子はまったく認められなかった．卵細胞質内精子注入法（ICSI）により融合のステップをバイパスして受精を行わせると正常な産子が得られ，*Izumo*ノックアウト精子の欠陥は融合のステップに限局されていることが示された（Inoue et al, 2005）．

透明帯を取り除いたハムスターの卵子はさまざまな種の精子と融合する能力を持つことが知られているが，IZUMOを欠損したマウス精子はハムスター卵子と融合できなくなる．このことから，IZUMOが関与する融合のメカニズムは種の壁をこえる普遍的なものであると考えられる（図XVI-67-5）．ヒト精子にもIZUMOは存在するが，マウスと同様に新鮮な精子の表面には現れておらず，先体反応後にはじめて精子の表面に露出する．ヒトIZUMOに対する抗体はヒト精子とハムスター卵子の融合を阻害することから，ヒトでもIZUMOは受精に関与しているのではないかと推察されている．

(G) ノックアウトマウスの解析

受精の分子機構の解明には遺伝子操作動物を使用することが非常に有効であり，この手法により古くからの仮説が否定され，新たな図式が提唱されるようになってきた．しかしながら，ノックアウトマウスの表現型が必ずしも欠損させた遺伝子そのものに由来していない場合があることを，二つの点から十分に認識しておく必要がある．

一つ目は，同じ遺伝子をノックアウトしたにも関わらず異なる表現型が見られる例である．*MRF 4* 遺伝子は三つの研究室で独立にノックアウトされ，それぞれ i）胎生致死，ii）一部死亡，iii）影響なし，と異なる結果になった．その原因は，ノックアウトベクターのわずかなデザインの違いにより近傍に存在した遺伝子座制御領域（locus control region）に影響を与えたため，*MRF 4* 遺伝子の隣に存在する *Myf 5* 遺伝子の発現も抑制されたためであることが判明した（Olson et al, 1996）．また，プリオン遺伝子も複数の研究室で別々にノックアウトされ，i）影響なし（Bueler et al, 1992）と ii）神経症状あり（Sakaguchi et al, 1996）の 2 通りの結果が報告されたが，神経症状が出たほうでは，ノックアウトベクターの配列が原因でプリオン遺伝子のエキソンから隣の遺伝子のエキソンにジャンプが起こり，人工的な複合タンパク質が産生されたためであることが明らかになった（Flechsig et al, 2003）．このように，ノックアウトマウスの表現型とその原因遺伝子を結びつける際には注意が必要である．少なくとも表現型が認められた時は，その遺伝子を発現するトランスジェニックマウスを作製し，ノックアウトマウスと交配して得られる産子で表現型が消失することを確認するのが望ましい．*Izumo* ノックアウトマウスの場合は，精巣特異的なカルメジンプロモーターの制御下に *Izumo* 遺伝子を発現するトランスジェニックマウスとの交配により融合能が回復することが確かめられている．

二つ目の注意点は，*Adam 2* ノックアウトの場合に見られたような例である．前述のように，精子型ファーティリンが受精に必須であることを示唆するさまざまな報告の最終的な証明として，ファーティリンの構成因子である *Adam 2* のノックアウトマウスが作製され，不妊となることが確認された（Cho et al, 1998）．しかし後に，これは精巣型ファーティリンも同時に欠損したことに起因しており，*Adam 1b* のノックアウトにより精子型ファーティリンのみを欠損させた場合には不妊の表現型は見られなかった（Kim et al, 2006）．このことから，一つの遺伝子を欠損させたからといって一つの因子だけが消失するのではなく，関連因子も同時に消失することがあることに注意しながら表現型を解析する必要があることがわかる．

まとめ

受精の分子機構の解明は現在黎明期にあり，さまざまな因子に関する報告が蓄積されつつある．しかしながら，それぞれがどのように結びついて受精のためのネットワークを作っているのかという全体像の構築は，今後に残された重要な課題である．一方，別の章で述べられるように現在では，細胞学的には死亡している精子や減数分裂を起こす前の精母細胞を用いた受精なども可能になっている．すなわち，受精能獲得，先体反応，透明帯への結合や通過，卵子との融合など，あらゆるステップを飛ばして卵子内に精子を直接注入しても「受精」は起こる．受精の分子機構が不明なまま超自然的な受精が可能になっており，臨床の分野にも応用されているのが現状である．「受精」という概念が大きく変化する中，受精の分子機構の詳細が解き明かされることにより，安全な避妊や不妊の治療法が開発されることが期待される．

（岡部　勝）

引用文献

Adham IM, Nayernia K, Engel W (1997) Spermatozoa lacking acrosin protein show delayed fertilization, *Mol Reprod Dev,* 46 ; 370-376.

Asano M, Furukawa K, Kido M, et al (1997) Growth retardation and early death of beta-1,4-galactosyltransferase knockout mice with augmented proliferation and abnormal differentiation of epithelial cells, *Embo J*, 16 ; 1850-1857.

Baba D, Kashiwabara S, Honda A, et al. (2002) Mouse sperm lacking cell surface hyaluronidase PH-20 can pass through the layer of cumulus cells and fertilize the egg, *J Biol Chem*, 277 ; 30310-30314.

Baba T, Azuma S, Kashiwabara S, et al (1994) Sperm from mice carrying a targeted mutation of the acrosin gene can penetrate the oocyte zona pellucida and effect fertilization, *J Biol Chem*, 269 ; 31854-31849.

Bahat A, Tur-Kaspa I, Gakamsky A, et al (2003) Thermotaxis of mammalian sperm cells : a potential navigation mechanism in the female genital tract, *Nat Med*, 9 ; 149-150.

Baibakov B, Gauthier L, Talbot P, et al (2007) Sperm binding to the zona pellucida is not sufficient to induce acrosome exocytosis, *Development*, 134 ; 933-943.

Barros C, and Yanagimachi, R. (1971) Induction of zona reaction in golden hamster eggs by cortical granule material, *Nature*, 233 ; 268-269.

Bleil JD, and Wassarman PM. (1980). Mammalian sperm-egg interaction : identification of a glycoprotein in mouse egg zonae pellucidae possessing receptor activity for sperm. *Cell* 20, 873-882.

Blobel C, Wolfsberg T, Turck C, et al (1992). A potential fusion peptide and an integrin ligand domain in a protein active in sperm-egg fusion. *Nature* 356, 248 -252.

Bookbinder LH, Cheng A, Bleil JD. (1995). Tissue- and species-specific expression of sp56, a mouse sperm fertilization protein, *Science*, 269, 86-89.

Bueler H, Fischer M, Lang Y, et al (1992). Normal development and behaviour of mice lacking the neuronal cell-surface PrP protein, *Nature*, 356 ; 577-582.

Chen MS, Tung KS, Coonrod SA, et al (1999). Role of the integrin-associated protein CD9 in binding between sperm ADAM 2 and the egg integrin alpha6 beta1 : implications for murine fertilization, *Proc Natl Acad Sci USA*, 96 ; 11830-11835.

Cho C, Bunch DO, Faure JE, et al (1998). Fertilization defects in sperm from mice lacking fertilin beta, *Science*, 281 ; 1857-1859.

Domino SE, Zhang L, Gillespie (2001). Deficiency of reproductive tract alpha (1,2) fucosylated glycans and normal fertility in mice with targeted deletions of the FUT1 or FUT2 alpha (1,2) fucosyltransferase locus, *Mol Cell Biol*, 21 ; 8336-8345.

Ellies LG, Tsuboi S, Petryniak B, et al (1998). Core 2 oligosaccharide biosynthesis distinguishes between selectin ligands essential for leukocyte homing and inflammation, *Immunity*, 9 ; 881-890.

Ensslin MA, Shur BD. (2003). Identification of mouse sperm SED1, a bimotif EGF repeat and discoidin-domain protein involved in sperm-egg binding, *Cell*, 114 ; 405-417.

Flechsig E, Hegyi I, Leimeroth R, et al (2003). Expression of truncated PrP targeted to Purkinje cells of PrP knockout mice causes Purkinje cell death and ataxia, *Embo J*, 22 ; 3095-3101.

Fukuda N, Yomogida K, Okabe M, et al (2004). Functional characterization of a mouse testicular olfactory receptor and its role in chemosensing and in regulation of sperm motility, *J Cell Sci*, 117 ; 5835-5845.

Gmachl M, Kreil G. (1993). Bee venom hyaluronidase is homologous to a membrane protein of mammalian sperm, *Proc Natl Acad Sci USA*, 90 ; 3569-3573.

Green DP. (1997). Three-dimensional structure of the zona pellucida, *Rev Reprod*, 2 ; 147-156.

Grzmil P, Kim Y, Shamsadin R, et al (2001). Human cyritestin genes (CYRN1 and CYRN2) are non-functional, *Biochem J*, 357 ; 551-556.

Hagaman JR, Moyer JS, Bachman ES, (1998). Angiotensin-converting enzyme and male fertility, *Proc Natl Acad Sci USA*, 95 ; 2552-2557.

Han C, Choi E, Park I, et al (2009). Comprehensive Analysis of Reproductive ADAMs : Relationship of ADAM4 and ADAM6 with an ADAM Complex Required for Fertilization in Mice, *Biol Reprod*, 80 ; 1001-1008.

Hardy DM, Garbers DL. (1995). A sperm membrane protein that binds in a species-specific manner to the egg extracellular matrix is homologous to von Willebrand factor, *J Biol Chem*, 270 ; 26025-26028.

Honda A, Yamagata K, Sugiura S, et al (2002). A mouse serine protease TESP5 is selectively included into lipid rafts of sperm membrane presumably as a glycosylphosphatidylinositol-anchored protein, *J Biol Chem*, 277 ; 16976-16984.

Ikawa M, Nakanishi T, Yamada S, et al (2001). Calmegin is required for fertilin alpha/beta heterodimerization and sperm fertility, *Dev Biol*, 240 ; 254-261.

Ikawa M, Wada I, Kominami K, et al (1997). The putative chaperone calmegin is required for sperm fertility, *Nature*, 387 ; 607-611.

Inoue N, Ikawa M, Isotani A, et al (2005). The immunoglobulin superfamily protein Izumo is required for sperm to fuse with eggs, *Nature*, 434 ; 234-238.

Johnston DS, Wright WW, Shaper JH, et al (1998). Murine sperm-zona binding, a fucosyl residue is required for a high affinity sperm-binding ligand. A second site on sperm binds a nonfucosylated, beta-galactosyl-capped oligosaccharide, *J Biol Chem*, 273 ; 1888-1895.

Kim E, Baba D, Kimura M, et al (2005). Identification of a hyaluronidase, Hyal5, involved in penetration of

mouse sperm through cumulus mass, *Proc Natl Acad Sci USA*, 102 ; 18028-18033.
Kim E, Nishimura H, Baba T. (2003). Differential localization of ADAM1a and ADAM1b in the endoplasmic reticulum of testicular germ cells and on the surface of epididymal sperm, *Biochem Biophys Res Commun*, 304 ; 313-319.
Kim E, Yamashita M, Nakanishi T, et al (2006). Mouse sperm lacking ADAM1b/ADAM2 fertilin can fuse with the egg plasma membrane and effect fertilization, *J Biol Chem*, 281 ; 5634-5639.
Kim KS, Gerton GL. (2003). Differential release of soluble and matrix components : evidence for intermediate states of secretion during spontaneous acrosomal exocytosis in mouse sperm, *Dev Biol*, 264 ; 141-152.
Koyama K, Hasegawa A, Inoue M, et al (1991). Blocking of human sperm-zona interaction by monoclonal antibodies to a glycoprotein family (ZP4) of porcine zona pellucida, *Biol Reprod*, 45 ; 727-735.
Lousse JC, Donnez J. (2008). Laparoscopic observation of spontaneous human ovulation, *Fertil Steril*, 90 ; 833-834.
Lu Q, Shur BD. (1997). Sperm from beta 1,4-galactosyltransferase-null mice are refractory to ZP3-induced acrosome reactions and penetrate the zona pellucida poorly, *Development*, 124 ; 4121-4131.
Miller BJ, Georges-Labouesse E, Primakoff P, et al (2000). Normal fertilization occurs with eggs lacking the integrin alpha6beta1 and is CD9-dependent, *J Cell Biol*, 149 ; 1289-1296.
Miyado K, Yamada G, Yamada S, et al (2000). Requirement of CD9 on the egg plasma membrane for fertilization, *Science*, 287 ; 321-324.
Miyado K, Yoshida K, Yamagata K, et al (2008). The fusing ability of sperm is bestowed by CD9-containing vesicles released from eggs in mice, *Proc Natl Acad Sci USA*, 105 ; 12921-12926.
Nakanishi T, Ikawa M, Yamada S, et al (1999). Real-time observation of acrosomal dispersal from mouse sperm using GFP as a marker protein, *FEBS Lett*, 449 ; 277-283.
Nakanishi T, Isotani A, Yamaguchi R, et al (2004). Selective passage through the uterotubal junction of sperm from a mixed population produced by chimeras of calmegin-knockout and wild-type male mice, *Biol Reprod*, 71 ; 959-965.
Nishimura H, Cho C, Branciforte DR, et al (2001). Analysis of loss of adhesive function in sperm lacking cyritestin or fertilin beta, *Dev Biol*, 233 ; 204-213.
Nishimura H, Kim E, Fujimori T, et al (2002). The ADAM1a and ADAM1b genes, instead of the ADAM 1 (fertilin alpha) gene, are localized on mouse chromosome 5, *Gene*, 291 ; 67-76.
Nishimura H, Kim E, Nakanishi T, et al (2004). Possible function of the ADAM1a/ADAM2 Fertilin complex in the appearance of ADAM3 on the sperm surface, *J Biol Chem*, 279 ; 34957-34962.
Okabe M, Adachi T, Takada K, et al (1987). Capacitation-related changes in antigen distribution on mouse sperm heads and its relation to fertilization rate in vitro, *J Reprod Immunol*, 11 ; 91-100.
Olson EN, Arnold HH, Rigby PW, et al (1996). Know your neighbors : three phenotypes in null mutants of the myogenic bHLH gene MRF4, *Cell*, 85 ; 1-4.
Oren-Benaroya R, Orvieto R, Gakamsky et al (2008). The sperm chemoattractant secreted from human cumulus cells is progesterone, *Hum Reprod*, 23 ; 2339-2345.
Primakoff P, Lathrop W, Woolman L, Cowan A, and Myles D. (1988). Fully effective contraception in male and female guinea pigs immunized with the sperm protein PH-20. *Nature* 335, 543-546.
Rankin TL, Coleman JS, Epifano O, et al (2003). Fertility and taxon-specific sperm binding persist after replacement of mouse sperm receptors with human homologs, *Dev Cell*, 5 ; 33-43.
Sakaguchi S, Katamine S, Nishida N, et al (1996). Loss of cerebellar Purkinje cells in aged mice homozygous for a disrupted PrP gene, *Nature*, 380 ; 528-531.
Shamsadin R, Adham IM, Nayernia K, et al (1999). Male mice deficient for germ-cell cyritestin are infertile, *Biol Reprod*, 61 ; 1445-1451.
Shi S, Williams SA, Seppo A, et al (2004). Inactivation of the Mgat1 gene in oocytes impairs oogenesis, but embryos lacking complex and hybrid N-glycans develop and implant, *Mol Cell Biol*, 24 ; 9920-9929.
Shimada M, Yanai Y, Okazaki T, et al (2008). Hyaluronan fragments generated by sperm-secreted hyaluronidase stimulate cytokine/chemokine production via the TLR2 and TLR4 pathway in cumulus cells of ovulated COCs, which may enhance fertilization, *Development*, 135 ; 2001-2011.
Shur BD, Rodeheffer C, Ensslin MA, et al (2006). Identification of novel gamete receptors that mediate sperm adhesion to the egg coat, *Mol Cell Endocrinol*, 250 ; 137-148.
Spehr M, Gisselmann G, Poplawski A, et al (2003). Identification of a testicular odorant receptor mediating human sperm chemotaxis, *Science*, 299 ; 2054-2058.
Stewart CL, Kaspar P, Brunet LJ, et al (1992). Blastocyst implantation depends on maternal expression of leukaemia inhibitory factor, *Nature*, 359 ; 76-79.
Suarez SS, Pacey AA. (2006). Sperm transport in the female reproductive tract, *Hum Reprod* Update, 12 ; 23-37.
Talbot P, Geiske C, Knoll M. (1999). Oocyte pickup by the mammalian oviduct, *Mol Biol Cell*, 10 ; 5-8.
Wassarman PM. (2005). Contribution of mouse egg zona pellucida glycoproteins to gamete recognition during fertilization, *J Cell Physiol*, 204 ; 388-391.
Williams SA, Xia L, Cummings RD, et al (2007). Fertilization in mouse does not require terminal galactose or N-acetylglucosamine on the zona pellucida glycans, *J Cell Sci*, 120 ; 1341-1349.
Yamaguchi R, Yamagata K, Ikawa et al (2006). Aberrant distribution of ADAM 3 in sperm from both angiotensin-converting enzyme (Ace)- and calmegin (Clgn) -deficient mice, *Biol Reprod*, 75 ; 760-766.
Yanagimachi R. (1994). Mammalian fertilization. In : *The Physiology of Reproduction*, E. Knobil, and JD. Neill, eds. (New York, Raven Press, Ltd.), pp. 189-317.
Yoshida M, Ishikawa M, Izumi H, et al (2003). Store-operated calcium channel regulates the chemotactic behavior of ascidian sperm, *Proc Natl Acad Sci USA*, 100 ; 149-154.

Yudin AI, Vandevoort CA, Li MW, et al JW. (1999). PH -20 but not acrosin is involved in sperm penetration of the macaque zona pellucida, *Mol Reprod Dev*, 53 ; 350-362.
岡部 勝. (2006). 精子の成熟と受精能獲得（東京，東京大学出版会).

XVI-68

受精前後の遺伝子発現プログラム

Key words
卵／初期胚／受精／遺伝子発現／再プログラム化

はじめに——受精前後の遺伝子発現の概要について

受精前後の遺伝子発現に関して特徴的な点は，長期間ゲノム全体にわたって転写が停止することである．すなわち，卵成長期の終わりごろから受精後しばらくまでの間，転写がまったくないか，あるいはあっても検出できないくらいの低いレベルでしか起こらない時期が存在する．この期間は3日間以上にも及び，このように長期間遺伝子の発現がない状態でいることは，動物のあらゆる細胞でその生涯を通じてほかには見られない特徴である．このことについて詳しく説明すると以下のようになる（図XVI-68-1）．

まず，出生直後における雌動物の卵巣内にある卵子は第一減数分裂の前期で減数分裂を停止しているが，一定の周期でそれらの卵子の一部が成長し体積が増していく．この時期を成長期と呼ぶが，この時ゲノムの転写は活発に行われている．しかし，成長が進むにつれて転写活性が下がり，完全に成長して成長卵となった時には転写はほとんど見られなくなる（Worrad et al, 1994）．そして，それまで減数分裂の進行を止めていた卵子は下垂体からのホルモン刺激によ

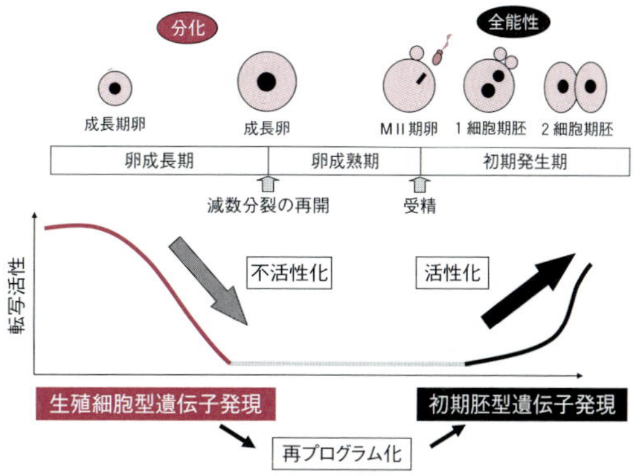

図XVI-68-1．受精前後の遺伝子発現の概略図

成長中の卵子（成長期卵）は活発な遺伝子発現をしているが，成長が進むにつれて転写活性が下がり，完全に成長して成長卵となった時には転写はほとんど見られなくなる．その後，減数分裂を再開し，第二減数分裂中期（MII期）に達したところで受精する．受精後もしばらくは遺伝子発現を停止した状態にあり，動物種によって異なるさまざまな時期に胚由来のはじめての遺伝子発現が起こる．胚の遺伝子発現が開始した後は，遺伝子発現のプログラムに従って発生が進行し，細胞が分化していく．ところで，成長中の卵子は減数分裂特異的な遺伝子発現パターンを示す分化した細胞であるが，いったん，遺伝子発現を停止して，受精後に1細胞期胚となった時には全能性のある細胞となり，新しい遺伝子発現プログラムをスタートさせる．したがって，成長期卵が遺伝子発現を停止して受精後に遺伝子発現が開始するまでの間に，遺伝子発現の再プログラム化が起こっているものと考えられる．

り減数分裂を再開し卵巣より排卵され，第二減数分裂中期（MII期）に達する．この期間は卵成熟期と呼ばれるが，この時も転写は起こらず，受精して減数分裂を完遂して1細胞期胚となった後もしばらくは遺伝子発現を停止したままである．受精後，胚由来のはじめての遺伝子発現が起こる時期は，動物種によって異なっているが，それが最も早いマウスで1細胞期の中－後期である(Matsumoto et al, 1994；Aoki et al, 1997)．

このように，一般に転写が起こらない分裂期（M期）だけでなく，分裂間期も含めて長期間にわたって転写が停止することの生理学的意義は現在のところ明らかにされていない．しかし，受精前の卵子は卵特異的な遺伝子を数多く発現する分化した細胞であるのに対し，受精後の胚はどのような細胞にも分化できる，いわゆる全能性のある細胞となる．実際に，成長中の卵子と受精後の胚では遺伝子の発現パターンは大きく異なっており（Kageyama et al, 2007），受精前後に遺伝子発現の**再プログラム化**が起こっていると考えられている[1]．したがって，転写が停止することが，この再プログラム化を調節する機構になんらかの関わりを持っていると考えられる．

以下の項では，この転写停止期間の前後における遺伝子発現とその調節機構について，すなわち卵成長中の遺伝子発現とその不活性化の調節機構，そして受精後の遺伝子発現とその活性化機構について述べる．

1 卵成長期における遺伝子発現

卵成長期には，細胞の生存に必須なタンパク質をコードする遺伝子，いわゆるハウスキーピング遺伝子のほかに，卵特異的な遺伝子を数多く発現している．たとえば，透明帯を構成するタンパク質であるZP1，ZP2，ZP3などをコードする遺伝子（*Zp1*，*Zp2*，*Zp3*）や，減数分裂の調節に関与する*c-Mos*，そして卵胞の発達に関わっている*Gdf9*などさまざまなものがある．これらの遺伝子の発現は転写レベルだけでなく，翻訳および分解のレベルでも卵特異的な機構で調節されている．

卵特異的遺伝子の転写レベルでの発現調節は，*Zp3*，*Gdf9*などを用いて調べられている．これらの遺伝子の制御領域には，E-boxと呼ばれるモチーフがあり，そこに転写因子FIG1aが結合することで転写が促進される（Yan et al,

再プログラム化：受精前の卵子は，減数分裂特異的遺伝子を発現する分化した細胞であるが，受精後の胚はどのような細胞へも分化しうる，いわゆる全能性のある状態であり，受精前の卵子とは異なったパターンで遺伝子を発現している．したがって，受精の前後で遺伝子発現パターンが変化しており，このような変化を遺伝子発現の再プログラム化と呼ぶ（図XVI-68-1参照）．

ところで，一般に体細胞で外部環境の変化などにより遺伝子発現パターンが変化することがあるが，このような変化は再プログラム化とは呼ばない．受精前後での変化をこのように呼ぶのは次のような理由からである．受精直後の胚では転写が行われていないが，受精後のある一定の時期に胚由来のはじめての転写が起こる．その後，発生の進行に伴い，遺伝子の発現パターンはさまざまに変化していく．そしてこのような遺伝子発現パターンの変化はある決まったプログラムに従って進行していくと考えられており，このプログラムの特徴として考えられることは，決してもとに戻らない不可逆的に進行するものであるということである．すなわち，このプログラムに従って発生が進行し細胞がさまざまに分化していくが，ここでプログラムが逆行することがあっては，細胞の脱分化が起こり正常な発生が進行しないと考えられるからである．このように遺伝子発現のプログラムに従って発生が進行していく中で，一部の細胞が次世代への生殖細胞へと分化する．雌の動物では，それが卵母細胞となり減数分裂の再開を経て受精を行い全能性のある受精卵となる．この時，それまで進行してきた遺伝子発現のプログラムがまた新たに一から始まることになり，もとに戻らないはずのプログラムが例外的に刷新される．このような変化を再プログラム化と呼ぶのである．

また，iPS細胞の作成時，すなわち体細胞が多能性を持つiPS細胞に変わる際の遺伝子発現の変化も，分化した体細胞の遺伝子発現プログラムが多能性のある遺伝子発現状態へ変わることから，再プログラム化と呼ばれる．

2006). また，卵特異的に発現するホメオボックス遺伝子であるNoboxや Lhx8が*Gdf 9*の転写調節に関与しているという報告もある(Rajkovic et al, 2004 ; Choi et al, 2008). さらに，Noboxは，これをノックアウトしたマウスの卵では数多くの卵特異的遺伝子の発現抑制が見られたことから，卵特異的遺伝子群の発現調節に重要な役割を果たしていると考えられる(Choi et al, 2007).

翻訳レベルでの調節としては，mRNAの3'非翻訳領域を介した機構が知られている．*c-Mos* mRNAの3'非翻訳領域にはAとUのみが連なるCPE(Cytoplasmic Polyadenylation Element)が存在し，そこに結合するタンパク質(CPEB, CPE binding protein)の作用で翻訳の調節がなされる(Mendez, Richter, 2001). このような配列は，*c-Mos*以外にも他のいくつかの遺伝子にも含まれており，これらのmRNAは，卵成長期にはポリA鎖が短くほとんど翻訳されないが，卵成熟が開始するとポリA鎖が伸張し翻訳活性が上がる．このような翻訳調節機構を用いることにより，転写が停止した後も時期特異的に特定のタンパク質の発現量を調節することが可能となっている．

また，20塩基程度の小さなRNAによる発現調節も行われている．成長中の卵には，偽遺伝子やレトロトランスポゾン由来のsiRNAが多量に発現しており，これが相同な配列を持つmRNAの分解を引き起こすことで一部のmRNAの発現レベルを調節していることが明らかとなっている(Tam et al, 2008 ; Watanabe et al, 2008).

2 卵成長期における転写不活性化

卵成長期の終わりごろから転写活性が下がり始め，十分に成長した卵子(成長卵)では転写がほとんど見られなくなる．この転写不活性化を調節する機構についてはこれまでに十分に明らかにされていない．

しかし，卵成長過程における核内のクロマチン形態と転写活性には明瞭な相関が見られる．すなわち，一般には分裂間期の細胞のクロマチンは，ヘテロクロマチンなどの一部の領域を除いてほぼ一様に核内に分布している．第一減数分裂前期で細胞周期を停止している成長期卵においてもクロマチンは核内にほぼ一様に分布しており，この時，転写は活発に行われている．ところが，成長期の終わりごろになると，クロマチンは凝集し，核小体の周囲を含む核内の一部に偏在するようになり，転写がほとんど見られなくなる．このようなタイプのクロマチン形態は，マウス卵ではSN(surrounded-nucleolus)型と呼ばれている．したがって十分に成長した卵子は，たとえばマウスでは直径80μm，ヒトでは115μm前後の大きさであるが，その多くがSN型のクロマチン形態を呈しており，転写活性がほとんどない状態にある．しかし，この十分に成長した卵子の中にも一部，成長中の卵子と同様にクロマチンが核内に一様に分布しているものがある．このようなタイプのクロマチン形態はSN型に対してNSN(non-surrounded-nucleolus)型と呼ばれている．そして，NSN型を呈する成長卵では，活発に転写が行われている．このように，核内のクロマチン形態と転写

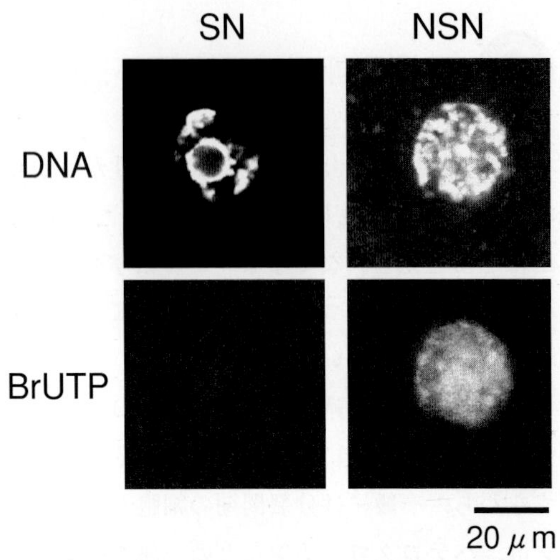

図XVI-68-2．成長卵のクロマチン形態と転写活性

上段と下段は同一のマウス卵を用いた2重染色像．上段：4,6-diamidino-2-phenylindoleによるDNA染色像．SN（surrounded-nucleolus）型（左図）とNSN（non-surrounded-nucleolus）型（右図）のクロマチン形態を示す．下段：in vitro run-on assayによる転写活性の検出．BrUTPをRNA合成の基質とし，取り込まれたBrUを免疫染色法で検出した．

活性には明瞭な相関が認められ，クロマチン形態の変化が転写の不活性化に関わっているものと考えられる（Bouniol-Baly et al, 1999）（図XVI-68-2）．しかし，この形態そのものが必ずしも直接的に転写活性を抑制しているものではないことが，ヌクレオプラスミン（nucleoplasmin）2のノックアウトマウスにより明らかになっている．すなわち，このマウスから得られた成長卵はSN型のクロマチン形態を呈さないが，転写活性が見られなかった（Burns et al, 2003）．したがって，クロマチン形態の変化を引き起こす機構と転写不活性化の機構にはなんらかのつながりはあるが，それらは同一のものではないと考えられる．ところで，NSN型の卵子は十分に成長しているのにもかかわらず，その後の減数分裂を完遂できないものが多く，たとえ減数分裂を完遂しても，受精後にすぐに発生を停止してしまう．したがって，卵成長期における転写停止は，減数分裂能および発生能の獲得に関わっている可能性がある．

また，卵成長過程における転写の不活性化はゲノム全体に起こっていることから，遺伝子発現の調節を担うエピジェネティックな変化がゲノム全体に起こり，それが不活性化に関わっていることが想定される．そこで，さまざまなヒストン修飾が調べられたが，そのすべてが卵成長の終わりごろにゲノム全体で増加していた．また，SN型とNSN型で比較すると，すべての修飾がSN型で高かった（Kageyama et al, 2007）．調べられたヒストン修飾の中には，ヒストンH3およびH4のアセチル化など遺伝子発現の活性化に関わるものもあり，これらが増加しているのにもかかわらず，転写活性が低下しているということは，ヒストン修飾の変化では転写不活性化の機構を説明できないことになる．

一方，基礎転写因子であるSP1およびTBPは，卵子の成長中に核内における濃度が減少していくことが報告されている（Worrad et al, 1994）．また，転写を触媒するリン酸化型のRNA polymerase IIはNSN型の卵子には検出されるが，SN型の卵子では検出されない（Miyara et al, 2003）．これらの因子の成長卵における消失は転写の不活性化となんらかの関連があるものと考えられるが，それが不活性化の直接の原因となっているかどうかは不明である．また，この消失がどのような機構によって調節されているかについてもまったく明らかになっていない．

表XVI-68-1．受精後における胚性遺伝子の発現時期

	ヒト	マウス	ウサギ	ブタ	ウシ
転写開始（minor ZGA）	1	1	2	4	1
タンパク質合成パターンの顕著な変化（major ZGA）	4－8	2	8	4	8

表中の数字は，胚の発生時期を示す．

ところで，卵成長期の終期から受精後の遺伝子発現開始までの長期にわたる転写停止期間に卵子の生命活動を維持するためには，mRNAを安定化する特別な機構が必要と考えられる．なぜなら，一般に哺乳類の細胞でのmRNAの半減期は数時間であるが，この速度でmRNAが分解すれば，数日間の転写停止期間中に大部分のmRNAが分解されてしまい新しいタンパク質の合成が不可能となる．一方，タンパク質の半減期はさまざまであるが，短いものでは数十分のものもあり，新規の合成がない状態では，数日のうちに枯渇してしまうタンパク質も存在し，細胞の生命活動が維持できなくなる．実際には，成長期の卵ではmRNAは非常に安定であり，これはMSY2と呼ばれるタンパク質がmRNAに結合することによるものと考えられている（Yu et al, 2004；Medvedev et al, 2008）．そして，このように卵成長中に安定化されているmRNAは卵成熟の開始後に分解され始めるが，受精後の胚発生期においてもその初期にはかなりの量が胚細胞質内に残されている．このような卵由来のmRNAは母性mRNAと呼ばれ，初期発生の調節に重要な役割を果たしている．

3 受精後の遺伝子発現

受精後の胚由来の遺伝子発現はZGA（zygotic gene activation），あるいはEGA（embryonic gene activation）と呼ばれている．さらに，発現開始直後は転写レベルが低いことから，minor ZGAと呼ばれることがある．この時期の胚の中には，胚のゲノムから転写されたmRNAよりも，受精前の卵子に由来する母性mRNAの量が圧倒的に多く，そこから翻訳されたタンパク質によって発生が調節されている．実際に，この時期の転写をRNA polymerease IIの阻害剤であるα-amanitinで阻害しても，発生はしばらく進行する．しかし，胚性の遺伝子発現が始まってしばらく経過すると転写レベルが上昇し，胚のゲノムから転写されたmRNAの量が増加する．一方，母性mRNAは分解が進むことから，新規に合成されるタンパク質は，胚ゲノム由来のmRNAから翻訳されたものがその多くを占めるようになり，それまでとタンパク質合成パターンが大きく変化することになる．このような時期の遺伝子発現を，転写開始直後のminor ZGAに対して，major ZGAと呼ぶ（Schultz, 1993）．また，この時期以降は胚性遺伝子の発現をα-amanitinで阻害すると発生が停止する

ようになることから，この時期に，発生の調節を支配するものが母性mRNAから胚ゲノム由来のmRNAに移っていると考えることができる．

このようなZGAが起こる時期は動物種により異なる．表XVI-68-1にさまざまな動物の胚でminor ZGAおよびmajor ZGAが起こる時期を示した．minor ZGA，すなわち胚性遺伝子の発現開始の時期は，ヒト，マウス，ウシでは1細胞期，ウサギは2細胞期，ブタでは4細胞期である．ただし，ウサギやブタでも今後さらに早い時期での発現開始が確認される可能性もある．実際に，たとえばマウスでは1990年台のはじめごろまでは遺伝子発現の開始は2細胞期であると考えられていた．しかしその後，PCRやBrUTPを用いる感度の高い新しい手法を用いることにより，1細胞期での転写が確認された．ヒトやウシにおいても同様に当初は4－8細胞期と考えられていたものが，その後1細胞期であることが明らかにされている．一方，major ZGAが起こる時期は動物種間で大きく異なっている．マウスでは2細胞期であるのに対して，豚では4細胞期，ヒトでは4－8細胞期，そしてウサギやウシでは8細胞期である．

ZGAにおける遺伝子発現様式についてはマウスで多くの研究がなされてきている．まず，1細胞期に起こるminor ZGAについては，二つの**前核**，すなわち雌性および雄性前核で開始時期はほとんど同じであるが，転写活性は大きく異なり，雄性前核の方が雌性前核より高い．転写が最も早く検出される時期はS期の中ごろであり，その後G2期の終わりまで転写活性は次第に上昇していく（Aoki et al, 1997）．この時，どのような遺伝子が発現するのかについてはほとんどわかっておらず，唯一，レトロトランスポゾンである*Muerv*の発現が明らかとなっているのみである（Kigami et al, 2003）．その後，2細胞に分裂した直後にそれまでになかった新しいタンパク質の合成が見られるようになる．これは，SDSポリアクリルミド電気泳動で分子量70K付近に数本のバンドとして検出されるもので，胚をα-amanitinで処理することにより消失することから，ZGA由来であると考えられ，TRC（transcription-requiring complex）と呼ばれている（Conover et al, 1991）．また，体細胞などでは熱ショックに誘導されて発現する*Hsp70.1*が，この時期，熱ショックの刺激なしに発現する（Christians et al, 1995）．2細胞期の後期には，これらの発現は見られなくなるが，かわって多数の新しいタンパク質の合成が見られるようになり，それまでのタンパク質合成パターンから大きく変化する（Flach et al, 1982）．これらの合成もα-amanitinで阻害されることからZGA由来であると考えられ，マウスでは，2細胞期の後期にmajor ZGAが起こるとされている．実際に，マイクロアレイによる網羅的な遺伝子発現解析の結果により，未受精卵と比較して2細胞後期の遺伝子発現パターンは著しく異なっていることが明らかとなっている（Hamatani et al, 2004）．

4 受精後の遺伝子発現調節機構

胚性遺伝子の発現開始を調節する機構は哺乳類では十分に明らかにされていない．しかし，アフリカツメガエルでは，受精前に蓄えられた

前核（pronucleus）：受精後の1細胞期胚では，精子由来の父方ゲノムと，卵子由来の母方ゲノムが混ざり合うことなくそれぞれ独立して核を形成する．このような1細胞期特有の核を前核と呼び，特に父方ゲノムを持つものを雄性前核（male pronucleus），母方ゲノムを持つものを雌性前核（female pronucleus）と呼ぶ．

ヒストンのDNA複製による消費が発現開始の引き金となっているという仮説が提唱されている(Newport, Kirschner, 1982；Prioleau et al, 1994)．一般に，DNAとヒストンによって構成されるクロマチン構造は，転写因子がDNAに結合するのに障害となり，遺伝子発現には抑制的に働くと考えられており，実際に転写が活発な領域では，ヒストンが抜け落ちていることが知られている(Lee et al, 2004；Petesch, Lis, 2008)．ところで，アフリカツメガエルの未受精卵には，多量のヒストンが蓄えられており，それは15,000-20,000個の核の中にあるDNAがクロマチンを構成するのに十分な量である．しかし，受精後に分裂を繰り返しDNAを複製するごとにこのヒストンは消費され，12回の複製の後についに枯渇する．その時，ヒストンと結合していないDNAの領域が現れ，そこに転写因子が結合するようになり，それが発現開始の引き金になるというのである．ところが，マウスではこの仮説で提唱されているような機構は働いていないと考えられている．なぜなら，DNA複製を阻害しても遺伝子発現は開始すること，単為発生によってDNA量を半減させてもやはり1細胞期での発現開始が見られることなどが示されているからである(Aoki et al, 1997)．したがって，アフリカツメガエルとは異なった機構で発現開始が調節されていることになるが，その機構については明らかとなっていない．しかし，1細胞期胚においてシクロヘキシミドでタンパク質合成を阻害すると転写が起こらなくなることから(Wang, Latham, 1997；Aoki et al, 2003)，受精後に新たに合成されるタンパク質が，遺伝子発現開始の引き金となっている可能性がある．また，基礎転写因子であるTBPとSP1の核内濃度が，発現開始時期である1細胞中期から後期にかけて上昇することが報告されており，これが発現開始に関与していることが示唆されている(Worrad et al, 1994)．さらに，RNAiあるいは特異抗体を胚に顕微注入することにより，その対象となるタンパク質の発現を減少，あるいは機能を低下させることにより，1細胞期胚の遺伝子発現が減少する因子がいくつか報告されている(Beaujean et al, 2000；Hara et al, 2005)．しかし，それらがどのような機構で発現開始に関与しているのかは十分に明らかにされていない．

また，マウス胚においては，2細胞後期に起こるmajor ZGAの調節機構についても数多くの研究がなされている．2細胞期での遺伝子発現調節に関して示唆されている重要なことの一つは，遺伝子発現に抑制的に働くクロマチン構造がこの時期に完成するということである．すなわち，1細胞期および2細胞期の初期では，未だクロマチン構造が完成されたものではなく，体細胞で見られるような遺伝子発現に抑制的に働く機能を十分に持たない．しかし，2細胞後期になると，抑制的クロマチン構造が完成し特定の遺伝子を選択的に発現する機能が強化されるというものである(DePamphilis, 1993)．実際に2細胞期のクロマチン構造にこのような変化が起こっているかどうかはまだ完全に証明されていないが，これを支持する数多くの実験結果がある．まず，レポーター遺伝子を用いた実験で，1細胞期には遺伝子の発現にエンハンサーを必要としないが，2細胞後期になるとそれが必要となることが示された(Wiekowski et al, 1991；Majumder et al, 1993)．また，ヒストン脱アセチル化酵素を阻害してヒストンのアセチル化を上昇させることでクロマチン構造を緩める作用を持つ Br を胚に作用させると，エンハンサーなしでも 2 細胞後期でレポーター遺伝子が発現するようになった (Majumder et al, 2003)．これらの結果は，2 細胞期ではクロマチン構造がプロモーター領域への転写因子の結合を阻害する働きをし，それを解除するためにエンハンサーが必要となったことを示唆している．また，このような 1 細胞期から 2 細胞後期までに起こる変化は 2 細胞期の DNA 複製を阻害することで見られなくなることから，抑制的クロマチン構造の完成には DNA 複製が関与しているものと考えられる (Wiekowski et al, 1991)．また，*Hsp 70.1* は 2 細胞後期で遺伝子発現が抑制されるが，DNA 複製を阻害することでこの抑制が起こらなくなる (Christians et al, 1995)．さらに *Eif-1a* の mRNA 量は 2 細胞中期で増加し，4 細胞期には減少するが，これは 2 細胞後期で *Eif-1a* の転写が抑制され，それが 4 細胞期で mRNA 量の減少として検出されるものと考えられる．この時，2 細胞期での DNA 複製を阻害するか，あるいはヒストンアセチル化レベルを上昇させると 4 細胞期での mRNA 量の減少が見られなくなる (Davis et al, 1996)．これらの結果は，いずれも 2 細胞期中に DNA 合成依存的に抑制的クロマチン構造が形成されるという仮説を支持するものである．

まとめ

受精前後における遺伝子発現の変化とその調節機構に関するこれまでの主な知見を紹介した．ただし，これらはすべて，受精前は卵成長中の遺伝子発現について，そして受精後は胚の発生過程におけるものについてのそれぞれ独立した研究成果によるものであり，冒頭で述べた受精前後における遺伝子発現再プログラム化の調節機構を明らかにするものとはなっていない．今後はこのような視点からの研究も大きく期待される．

(青木不学)

引用文献

Aoki F, Hara KT, Schultz RM (2003) Acquisition of transcriptional competence in the 1-cell mouse embryo : requirement for recruitment of maternal mRNAs, *Mol Reprod Dev*, 64 ; 270-274.

Aoki F, Worrad DM, Schultz RM (1997) Regulation of transcriptional activity during the first and second cell cycles in the preimplantation mouse embryo, *Dev Biol*, 181 ; 296-307.

Beaujean N, Bouniol-Baly C, Monod C, et al (2000) Induction of early transcription in one-cell mouse embryos by microinjection of the nonhistone chromosomal protein HMG-I, *Dev Biol*, 221 ; 337-354.

Bouniol-Baly C, Hamraoui L, Guibert J, et al (1999) Differential transcriptional activity associated with chromatin configuration in fully grown mouse germinal vesicle oocytes, *Biol Reprod*, 60 ; 580-587.

Burns KH, Viveiros MM, Ren Y, et al (2003) Roles of NPM2 in chromatin and nucleolar organization in oocytes and embryos, *Science*, 300 ; 633-636.

Choi Y, Ballow DJ, Xin Y, et al (2008) Lim homeobox gene, lhx8, is essential for mouse oocyte differentiation and survival, *Biol Reprod*, 79 ; 442-449.

Choi Y, Qin Y, Berger MF, et al (2007) Microarray analyses of newborn mouse ovaries lacking Nobox, *Biol Reprod*, 77 ; 312-319.

Christians E, Campion E, Thompson EM, et al (1995) Expression of the HSP 70.1 gene, a landmark of early zygotic activity in the mouse embryo, is restricted to the first burst of transcription, *Development*, 121 ; 113-122.

Conover JC, Temeles GL, Zimmermann JW, et al (1991) Stage-specific expression of a family of proteins that are major products of zygotic gene activation in the mouse embryo, *Dev Biol*, 144 ; 392-404.

Davis W, De Sousa PA, Schultz RM (1996) Transient expression of translation initiation factor eIF-4C during the 2-cell stage of the preimplantation mouse embryo : identification by mRNA differential display and the role of DNA replication in zygotic gene activation, *Dev Biol*, 174 ; 190-201.

DePamphilis ML (1993) Origins of DNA replication in metazoan chromosomes, *J Biol Chem*, 268 ; 1-4.

Flach G, Johnson MH, Braude PR, et al (1982) The

transition from maternal to embryonic control in the 2-cell mouse embryo, *EMBO J*, 1 ; 681-686.
Hamatani T, Carter MG, Sharov AA, et al (2004) Dynamics of global gene expression changes during mouse preimplantation development, *Dev Cell*, 6 ; 117-131.
Hara KT, Oda S, Naito K, et al (2005) Cyclin A2-CDK2 regulates embryonic gene activation in 1-cell mouse embryos, *Dev Biol*, 286 ; 102-113.
Kageyama S, Gunji W, Nakasato M, et al (2007) Analysis of transcription factor expression during oogenesis and preimplantation development in mice, *Zygote*, 15 ; 117-128.
Kageyama S, Liu H, Kaneko N, et al (2007) Alterations in epigenetic modifications during oocyte growth in mice, *Reproduction*, 133 ; 85-94.
Kigami D, Minami N, Takayama H, et al (2003) MuERV-L is one of the earliest transcribed genes in mouse one-cell embryos, *Biol Reprod*, 68 ; 651-654.
Lee CK, Shibata Y, Rao B, et al (2004) Evidence for nucleosome depletion at active regulatory regions genome-wide, *Nat Genet*, 36 ; 900-905.
Majumder S, Miranda M, DePamphilis ML (1993) Analysis of gene expression in mouse preimplantation embryos demonstrates that the primary role of enhancers is to relieve repression of promoters, *EMBO J*, 12 ; 1131-1140.
Matsumoto K, Anzai M, Nakagata N, et al (1994) Onset of paternal gene activation in early mouse embryos fertilized with transgenic mouse sperm, *Mol Reprod Dev*, 39 ; 136-140.
Medvedev S, Yang J, Hecht NB, et al (2008) CDC2A (CDK1) -mediated phosphorylation of MSY2 triggers maternal mRNA degradation during mouse oocyte maturation, *Dev Biol*, 321 ; 205-215.
Mendez R, Richter JD (2001) Translational control by CPEB : a means to the end, *Nat Rev Mol Cell Biol*, 2 ; 521-529.
Miyara F, Migne C, Dumont-Hassan M, et al (2003) Chromatin configuration and transcriptional control in human and mouse oocytes, *Mol Reprod Dev*, 64 ; 458-470.
Newport J, Kirschner M (1982) A major developmental transition in early Xenopus embryos : II. Control of the onset of transcription, *Cell*, 30 ; 687-696.
Petesch SJ, Lis JT (2008) Rapid, transcription-independent loss of nucleosomes over a large chromatin domain at Hsp70 loci, *Cell*, 134 ; 74-84.
Prioleau MN, Huet J, Sentenac A, et al (1994) Competition between chromatin and transcription complex assembly regulates gene expression during early development, *Cell*, 77 ; 439-449.
Rajkovic A, Pangas SA, Ballow D, et al (2004) NOBOX deficiency disrupts early folliculogenesis and oocyte-specific gene expression, *Science*, 305 ; 1157-1159.
Schultz RM (1993) Regulation of zygotic gene activation in the mouse, *Bioessays*, 15 ; 531-538.
Tam OH, Aravin AA, Stein P, et al (2008) Pseudogene-derived small interfering RNAs regulate gene expression in mouse oocytes, *Nature*, 453 ; 534-538.
Wang Q, Latham KE (1997) Requirement for protein synthesis during embryonic genome activation in mice, *Mol Reprod Dev*, 47 ; 265-270.
Watanabe T, Totoki Y, Toyoda A, et al (2008) Endogenous siRNAs from naturally formed dsRNAs regulate transcripts in mouse oocytes, *Nature*, 453 ; 539-543.
Wiekowski M, Miranda M, DePamphilis ML (1991) Regulation of gene expression in preimplantation mouse embryos : effects of the zygotic clock and the first mitosis on promoter and enhancer activities, *Dev Biol*, 147 ; 403-414.
Worrad DM, Ram PT, Schultz RM (1994) Regulation of gene expression in the mouse oocyte and early preimplantation embryo : developmental changes in Sp1 and TATA box-binding protein, TBP, *Development*, 120 ; 2347-2357.
Yan C, Elvin JA, Lin YN, et al (2006) Regulation of growth differentiation factor 9 expression in oocytes in vivo : a key role of the E-box, *Biol Reprod*, 74 ; 999-1006.
Yu J, Deng M, Medvedev S, et al (2004) Transgenic RNAi-mediated reduction of MSY2 in mouse oocytes results in reduced fertility, *Dev Biol*, 268 ; 195-206.

XVI-69

卵活性化機構

Key words
卵活性化因子／減数分裂／PLC／Ca^{2+}oscillation

はじめに

第一減数分裂前期で停止していた一次卵母細胞は，排卵を惹起するLHサージによって第一減数分裂を再開し，二次卵母細胞となる．その後，ただちに第二減数分裂を開始し，第二減数分裂中期に至って細胞周期が再び停止する．この第二減数分裂中期の二次卵母細胞は通常卵子と呼ばれ，この状態で排卵され，受精を待機する（図XVI-69-1）(Jones, 2008)．その後，卵子は受精による刺激によって，第二減数分裂を再開し完了する．この受精による第二減数分裂の再開を「卵の活性化」と呼ぶ．

本節では，卵の活性化について，卵子における活性化機構，ならびに，精子に存在する卵子を活性化する因子，の2点について概説する．

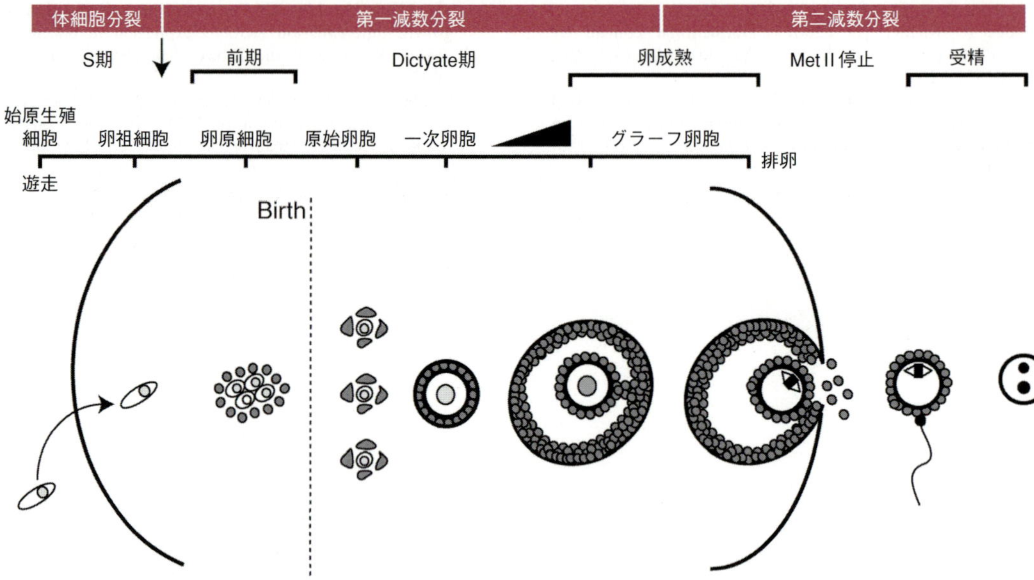

図XVI-69-1．哺乳動物の卵子の形成
(Jones, 2008)

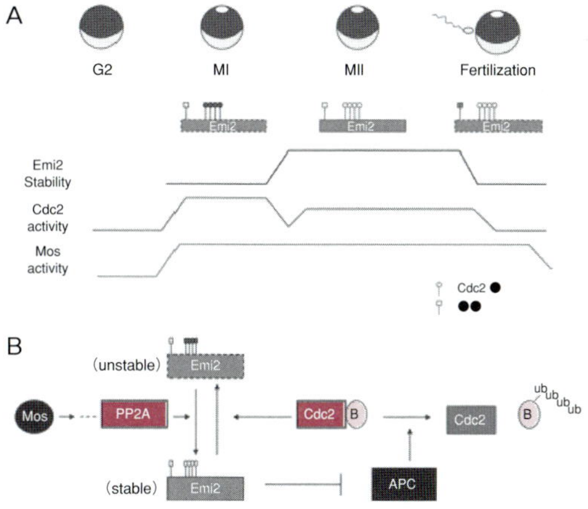

図XVI-69-2．卵子減数分裂再開，進行時における Emi2 の活性変化．（Tang et al, 2008）

1 卵子における活性化機構

(A) 卵子の細胞周期の調節

卵子の細胞周期の調節には，体細胞と同様に，MPF (M-phase/Maturation promoting factor) が 関与している．胎児期に卵巣内の卵原細胞は減数分裂を開始して一次卵母細胞に分化を開始し，出生時には第一減数分裂前期のディプロテン期で細胞周期が停止した状態となる．一次卵母細胞内における MPF 活性が低いために，この時点で細胞周期が停止する．

MPF の本体は Cdc2 (CDK1) /Cyclin B1 複合体であり，複数のキナーゼやホスファターゼが Cdc2 のリン酸化を修飾することによって，活性化が調節される．また，E3 ubiquitin ligase 活性を有する APC/C (anaphase promoting factor/cyclosome) は，Cyclin B1 を ubiquitin 化して分解し MPF を不活性化する．さらに，CSF (cytostatc factor) は，MOS-MAPK 経路で，APC/C 活性の抑制因子である Emi2 を安定化することにより，結果的に MPF の活性を維持に作用する（図XVI-69-2）(Tang et al, 2008)．

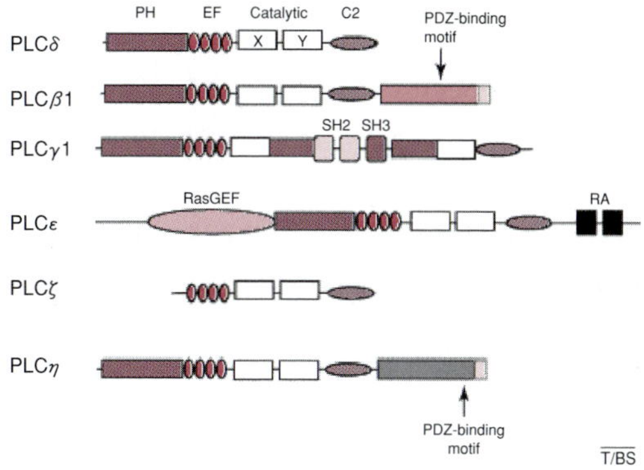

図XVI-69-3．PLC サブタイプの構造（Cockcroft, 2006）

一次卵母細胞内の MPF は，排卵刺激である LH サージに反応して活性化され，その結果，細胞周期の停止が解除される．第一減数分裂を再開した一次卵母細胞は，二次卵母細胞となり，ただちに第二減数分裂を開始する．この過程で，卵母細胞内の MPF 活性は第一減数分裂完了時に一時的に低下するが，第二減数分裂を開始後に再び活性化する．その後，主に CSF ならびに Cdc2 が Emi2 を安定化することにより MPF 活性が維持されるが，その状態では M 期から脱出できないため二次卵母細胞は，第二減数分裂中期で再び細胞周期が停止して受精を待機する (Shoji et al, 2006)．

(B) 受精による第二減数分裂の再開

二次卵母細胞が受精すると，精子から後述の卵活性化因子 (SOAF, sperm-borne activating factor) が卵細胞質内にもたらされる．SOAF は卵細胞質内のカルシウムストアに作用して，Ca^{2+} oscillation と呼ばれる律動的な細胞内カルシウムイオン濃度の上昇を惹起する (Miyazaki, Ito, 2006 ; Swann, Yu, 2008). 増加した Ca^{2+} は calmodulin と結合して, カルシウム依存性のキナーゼである CaMK II (calmodulin-dependent protein kinase II) を活性化する. その結果, Emi2 の活性が抑制され APC/C が活性化し, Cyclin B1 が分解されて MPF 活性は完全に消失し, 第二減数分裂が再開する.

2 精子由来の卵活性化因子

(A) PLC zeta (PLCζ)

精子に存在する SOAF の本態についての研究が進められ, 現在では, 精子の Phospholipase C zeta (PLCζ) がその最有力候補と考えられている (Saunders et al, 2006). 以下, PLCζ についての最近の知見を概説する.

(B) PLC family

PLC はイノシトールリン脂質代謝系でセカンドメッセンジャーの産生を司る酵素である. すなわち, PIP2 (phosphatidylinositol 4, 5-diphosphate, PI (4, 5) P_2) を分解し, セカンドメッセンジャーである IP_3 (inositol 1, 4, 5-triphosphate, Ins (2, 4, 5) P3) と DAG (diacyl grycerol) を産生する. これまでに PLC には PLCζ 以外に, 五つのファミリー, PLC beta (β1-4), PLC gamma (γ1, 2), PLC delta (δ1, 3, 4), PLC epsilon (ε, 1 種類のみ), PLC eta (η1, 2) が同定されている (図XVI-69-3) (Cockcroft, 2006). これらの PLC ファミリーには, PH (Pleckstrin homology) ドメイン, X-Y catalytic ドメイン, EF ハンドドメインならびに C2 ドメインの機能ドメインがあり, PH ドメインが 細胞膜やオルガネラ膜の PIP_2 に結合し, それを X-Y catalytic ドメインにおいて分解して IP_3 と DAG を産生する. また, EF ハンドドメインは Ca^{2+} イオンと結合する.

(C) ヒト PLCζ の遺伝子構造

ヒト PLCζ 遺伝子は, 第12番染色体の短腕上の約55kb の領域に存在し, 15の exon にコードされている. このうち, 第 1 exon は非翻訳 exon であり, 第 1 exon に翻訳開始コドンが, 第15 exon に終止コドンがある. この遺伝子から転写される *PLCζ* mRNA は約2.2kb であり, cDNA 解析の結果, 1824bp の読み枠に608アミノ酸がコードされており, 翻訳される PLCζ の分子サイズは約70kDa である. なお, 読み枠を構成する exon のうち, exon 3 から 5 に EF ハンドドメインが, exon 6 から11に X-Y catalytic ドメインが, exon 13から15に C2 ドメインが, それぞれコードされている. なお, PLCζ 以外の PLC family が共通して持つ PH ドメインは PLCζ には存在しない. このために PLCζ の分子サイズは PLC ファミリーの中で最も小さい (図XVI-69-3).

(D) ヒト *PLCζ* mRNA の splicing varinant

ヒト *PLCζ* 遺伝子からは, exon 2 から 5 の間の可変スプライシング (alternative splicing) が生じ, wild type mRNA に加えて 2 種類の splicing varinant が転写される. このうち, *del. 2'-3-4 PLCζ* mRNA variant は, exon 2 の途中から exon 5 に splicing したものであり, exon 2 の5' 側の一部と, exon 3 ならびに exon 4 を欠失する. 一方, *ins. 3/4 PLCζ* mRNA

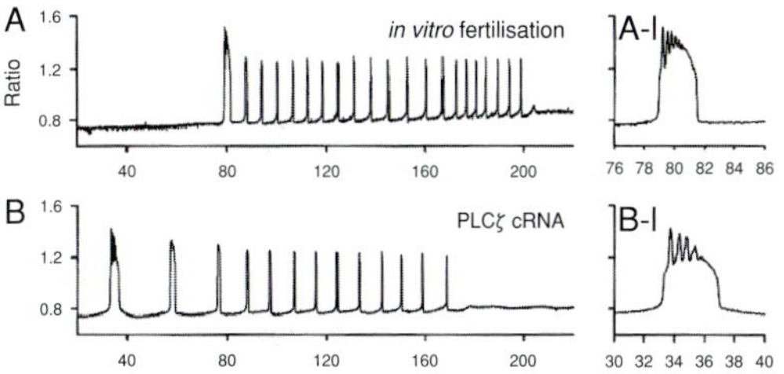

図XVI-69-4．受精後ならびにPLCζによる Ca^{2+}oscillatoin
(Saunders et al, 2002)

variantは，alternative スプライシング(splicing)によってexon 3とexon 4の間に終止コドンが挿入されたものである．前者の*del. 2'-3-4 PLCζ* mRNA variantは，exon 5に存在するATGを，また，後者の*ins. 3/4 PLCζ* mRNA variantは，exon 5に存在するATGを，それぞれ翻訳開始コドンとしているものと考えられる．このため，*del. 2'-3-4 PLCζ* mRNA variantがコードする del. 2'-3-4 PLCζ variantタンパクは，wild typeに対してEFハンドドメインのすべてを欠失したものであり，また，*ins. 3/4 PLCζ* mRNA variantがコードするins. 3/4 PLCζ variantタンパクは，EFハンドドメインの一部を欠失したものとなる．

(E) PLCζの各ドメインの機能

前述のように，PLCζは，他のPLCファミリーと同様に，EFハンドドメイン，X-Y catalyticドメインならびにC2ドメインを持つが，PHドメインを欠く．これまでの研究により，各ドメインの機能が明らかにされてきた．まず，活性中心であるX-Y catalyticドメインは，他のPLCファミリーと同様に，PIP_2を分解してIP_3とDAGを生合成する機能を有する．また，EF

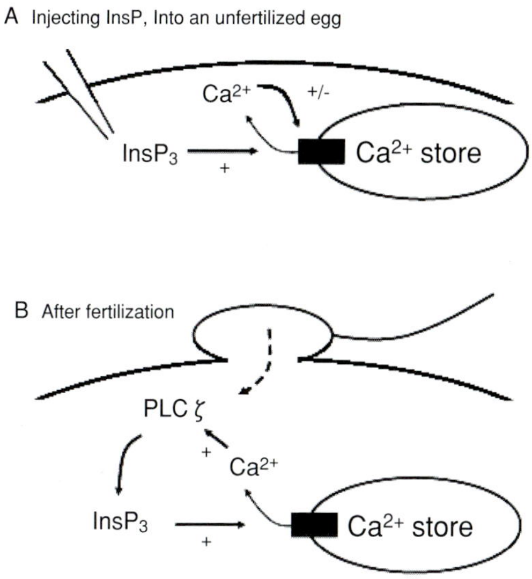

図XVI-69-5．卵細胞内Ca^{2+}ストアからのCa^{2+}イオンの放出
(Swann, Yu, 2008)

ハンドドメインとC2ドメインは，分子の一次構造上はN－末端側とC－末端側に分かれて位置するが，立体構造上は近接し，X-Y catalyticドメインとともにcatalytic coreと呼ばれる構造を形成する．EF handsドメインはCa^{2+}イオンと結合するが，この結合によりPLCζの酵素活性が誘導される．PLCζは他のPLCファミリーに比してCa^{2+}イオンへの結合能が高く，最も構造が類似したPLCδ1に比して100倍感受性が高い．この結果，PLCζの酵素活性は，未受精卵の細胞質内のCa^{2+}イオン濃度である約100nMで70%程度の酵素活性が誘導され，さらに，Ca^{2+} oscillation時のピークの濃度である1μMで100%の活性が誘導される．C2ドメインはPI(3)PやPI(5)Pなどのphosphatidylinositol monophosphateと結合し，PLCζの酵素のPIP₂分解活性を負に調節しているものと

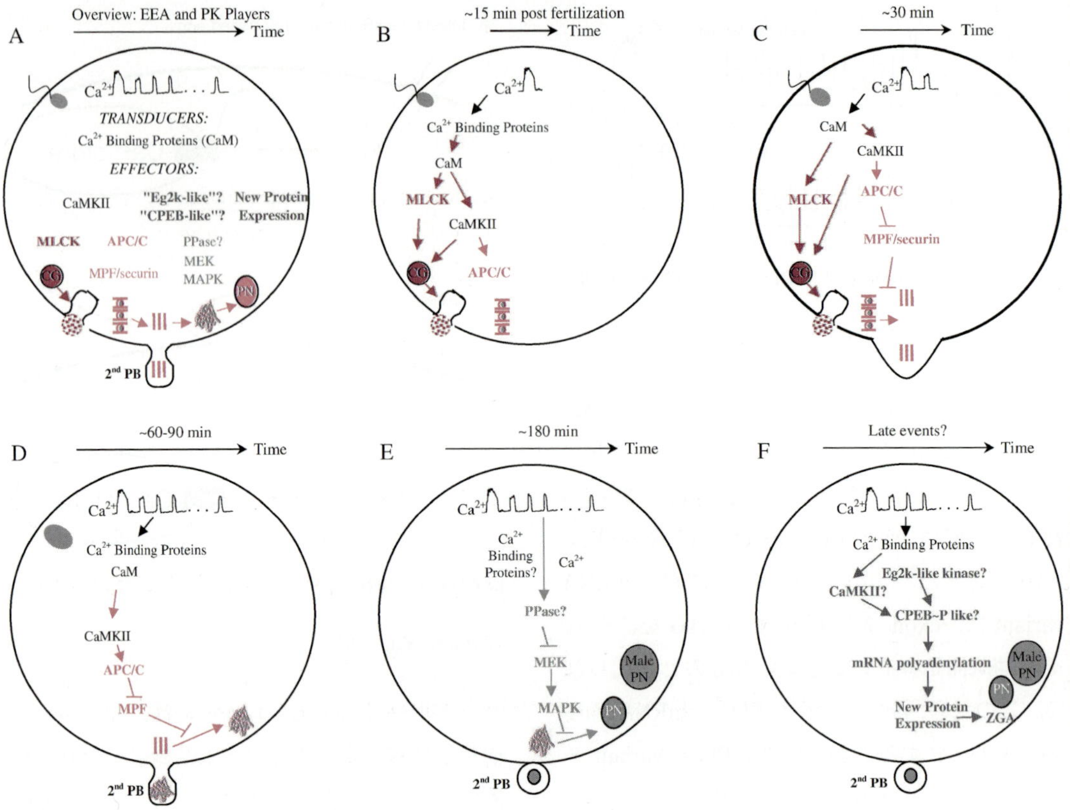

図XVI-69-6．Ca^{2+}イオンによる卵子の活性化
哺乳動物の卵子におけるCa^{2+}イオン oscillation 中の経時的シグナル伝達経路を示す．
APC/C-cyclosome, CaM-calmodulin, CaMKII-Ca^{2+}/CaM-dependent protein kinane II, CG-coritical granule, Emi2-early mitotic inhibitor 2, MAPK-MAP kinase, MEK-MEPK kinase, MLCK-myosin light chain kinase, MPF-maturation or M-phase promoting factor, PB-polar body, PN-pronucleus, PPase-protein phosphatase
（Ducibella, Fissore, 2008）

考えられている（Yoda et al, 2004；Larman et al, 2004；Nomikos et al, 2005；Kouchi et al, 2005；Kuroda et al, 2006；Yoon, Fissore, 2007；Nomikos et al, 2007）．

なお，PLCζにはPH domainがないため，PLCζが細胞膜やオルガネラ膜とどのように相互作用するのかは未解明であったが，最近の研究で，PLCζのX-Y catalyticドメインのXとYのリンカー部分に他のPLCファミリーにはない塩基性アミノ酸残基のクラスターが存在し，この部分が細胞膜と相互作用すると同時に，X-Y catalyticドメイン近傍のPIP2濃度を局所的に高めていること，また，このクラスターは核移行シグナルとしても機能し，PLCζの核移行にも関与することが明らかにされている（Yoda et al, 2004；Larman et al, 2004；Nomikos et al, 2005；Kouchi et al, 2005；Kuroda et al, 2006；Yoon, Fissore, 2007；Nomikos et al, 2007）．

(F) 精子における PLCζ の局在

ヒト精子では，PLCζ は赤道面に局在していることが明らかにされている．受精後，約 1 時間以内にこの PLCζ が卵細胞質内に移行して，Ca^{2+} oscillation を惹起するものと考えられている．なお，ICSI (intracytoplasmic sperm injection) によっても卵の活性化が惹起できなかった男性不妊症例の精子では，PLCζ の発現が減弱もしくは消失していることが報告されている (Sook-Young Yoon et al, 2008)．

(G) PLCζ による Ca^{2+} oscillation の惹起

精子に存在する PLCζ が受精後に卵子細胞質内に移行すると，卵子の細胞膜またはオルガネラ膜の PIP2 に作用して，IP3 と DAG が生成する．この IP3 が，卵細胞質内の小胞体に存在する IP3 受容体/Ca^{2+}チャンネルに結合する結果，小胞体に貯蔵されていた Ca^{2+}イオンが卵細胞質内に遊離し，細胞内の Ca^{2+}イオン濃度が増加する．その後，細胞内の Ca^{2+}イオン濃度は Ca^{2+} oscillation と呼ばれる増加と減少の律動的な変化を生じる (Saunders et al, 2006 ; Kouchi et al, 2004) (図XVI-69-4)．この Ca^{2+} oscillation の惹起には，IP3 受容体の Ca^{2+}イオン感受性と PLCζ の Ca^{2+}イオン感受性が関与しているものと考えられている．すなわち，IP3 受容体/Ca^{2+}チャンネルは Ca^{2+}イオン濃度依存性に IP3 の結合により Ca^{2+}チャンネルを開く．Ca^{2+}イオン濃度が受精前の卵細胞質内の概ね100nM 程度である時には Ca^{2+}チャンネルを開くが，Ca^{2+}イオン濃度が上昇すると負のフィードバック (negative feedback) がかかり Ca^{2+}チャンネルが閉じる．この現象は，未受精卵に IP_3 をマイクロインジェクションした際に認められる．一方，受精後には，PLCζ の酵素活性が Ca^{2+}イオン濃度依存性に増強し，Ca^{2+}イオン濃度が IP3 産生にポジティブフィードバックする．これらの結果，小胞体から Ca^{2+}-induced Ca^{2+} release (CICR) と呼ばれる Ca^{2+}の放出が生じるとともに，律動的な Ca^{2+}イオン濃度の変化が生じる (図XVI-69-5)．

(H) PLCζ の核移行と Ca^{2+} oscillation の終止

蛍光色素を接続した PLCζ をコードする cRNA を用いた研究により，PLCζ は卵子の活性化後に形成される前核に移行することが明らかにされた．前述した X-Y catalytic ドメインのリンカー部分に存在する塩基性残基のクラスターが核移行シグナルとして機能するとともに各ドメインの立体構造が関与して，この前核への移行が生ずる．受精卵や人為的に活性化した卵子の Ca^{2+} oscillation は前核の形成とともに終止するが，この PLCζ の核移行がその終止と関連しているものと考えられる．なお，受精卵において第一卵割の直前の前核の核膜消失 (PNBD, pronuclei envelop breakdown) から第一卵割までの間に再び Ca^{2+} oscillation が観察されるが，これは前核内に存在していた PLCζ が細胞質内に移行するためと考えられる．

(I) Ca^{2+} oscillation による卵子の活性化

前述のように，受精卵の細胞質の Ca^{2+}イオンが calmodulin に結合すると，CaMKII (Ca^{2+}/Calmodulin-dependent protein kinase II) が活性化して，CSF の役割を担っている Emi2 の活性を抑

制する．その結果，APC/C が活性化し MPF が完全に分解されて細胞周期が M 期から脱出し，減数分裂を完了する．このためには，一定の回数のならびに波高の Ca^{2+} oscillation が必要であり，それが不足している場合には MPF が再度活性化し細胞周期が停止する（Rogers et al, 2006 ; Markoulaki et al, 2003 ; Ozil et al, 2006 ; Madwick et al, 2006 ; Knott et al, 2006）．なお，卵子の活性化の際には，細胞周期の再開と並行して，表層顆粒の分泌，第二極体の放出，前核の形成ならびに第一卵割の開始が生じるが，これらの現象も Ca^{2+} oscillation によって惹起されるものと考えられている（Ducibella, Fissore, 2008）（図 XVI-69-6）．

すなわち，表層顆粒の分泌は，受精後に卵細胞質の細胞膜近傍にある表層顆粒の内容物が外分泌され，それが透明帯に作用してそれを硬化し，多精子受精の防止に作用しているものと考えられている．calmodulin によって活性化された CaMKII ならびに MLCL（myosin light chain kinase）が表層顆粒に作用して外分泌を引き起こすものと考えられる．

また，Ca^{2+} oscillation によって活性化された APC/C は，separin/securin 複合体の securin を分解し，その結果遊離した separin が姉妹染色体間を結合している cohesin を分解し，染色体の分離を引き起こす．さらに，Ca^{2+} oscillation は MEK/MAPK 経路を介して，前核の形成を惹起する．

以上のような Ca^{2+} oscillation の下流の諸現象によって，受精卵は減数分裂を完了し，第一卵割に至る．

まとめ

これまでの諸研究によって，PLCζ は SOAF（精子由来の卵活性化因子）の最有力候補であり，少なくとも SOAF の一つであることはほぼ確実のようである．しかしながら，SOAF は 1 種類であるのか，また，SOAF を介さない卵子の活性化機構は存在しないのか，Ca^{2+} oscillation が諸現象を惹起する詳細な機構，これらの機構の種間の差異，等については今後の研究の展開が待たれる．

（平田修司・正田朋子・星　和彦）

引用文献

Cockcroft S (2006) The latest phospholipase C, PLCeta, is implicated in neuronal function, *Trends Biochem Sci*, 31 ; 4-7.

Ducibella T, Fissore R (2008) The roles of Ca^{2+}, downstream protein kinases, and oscillatory signaling in regulating fertilization and the activation of development, *Dev Biol*, 315 ; 257-279.

Jones KT (2008) Meiosis in oocytes : predisposition to aneuploidy and its increased incidence with age, *Hum Reprod Update*, 14 ; 143-158.

Knott JG, Gardner AJ, Madgwick S, et al (2006) Calmodulin-dependent protein kinase II triggers mouse egg activation and embryo development in the absence of Ca^{2+} oscillations, *Dev Biol*, 296 ; 388-395.

Kouchi Z, Fukami K, Shikano T, et al (2004) Recombinant phospholipase Czeta has high Ca^{2+} sensitivity and induces Ca^{2+} oscillations in mouse eggs, *J Biol Chem*, 279 ; 10408-10412.

Kouchi Z, Shikano T, Nakamura Y, et al (2005) The role of EF-hand domains and C2 domain in regulation of enzymatic activity of phospholipase *Czeta, J Biol Chem*, 280 ; 21015-21021.

Kuroda K, Ito M, Shikano T, et al (2006) The role of X /Y linker region and N-terminal EF-hand domain in nuclear translocation and Ca^{2+} oscillation-inducing activities of phospholipase Czeta, a mammalian egg-activating factor, *J Biol Chem*, 281 ; 27794-27805.

Larman MG, Saunders CM, Carroll J, et al (2004) Cell cycle-dependent Ca^{2+} oscillations in mouse embryos are regulated by nuclear targeting of PLCzeta, *J Cell Sci*, 11 ; 2513-2521.

Madwick S, Hansen DV, Levasseur M, et al (2006) Mouse Emi2 is required to enter meiosis II by reestablishing cyclin B1 during interkinesis, *J Cell Biol*, 174 ; 791-801.

MarkoulakiS, Matson S, Abbott AL, et al (2003) Oscillatory CaMKII activity in mouse egg activation, *Dev Biol*, 258 ; 464-474.
Miyazaki S, Ito M (2006) Calcium signals for egg activation in mammals, *J Pharmacol Sci*, 100 ; 545-552.
Nomikos M, Blayney LM, Larman MG, et al (2005) Role of phospholipase C-zeta domains in Ca^{2+}-dependent phosphatidylinositol 4,5-bisphosphate hydrolysis and cytoplasmic Ca^{2+} oscillations, *J Biol Chem*, 280 ; 31011-31018.
Nomikos M, Mulgrew-Nesbitt A, Pallavi P, et al (2007) Binding of phosphoinositide-specific phospholipase C-zeta (PLC-zeta) to phospholipid membranes : potential role of an unstructured cluster of basic residues, *J Biol Chem*, 282 ; 16644-16653.
Ozil JP, Banrezes B, Toth S, et al (2006) Ca^{2+} oscillatory pattern in fertilized mouse eggs affects gene expression and development to term, *Dev Biol*, 300 ; 534-544.
Rogers NT, Halet G, Piao Y, et al (2006) The absence of a Ca^{2+} signal during mouse egg activation can affect parthenogenetic preimplantation development, gene expression patterns, and blastocyst quality, *Reproduction*, 132 ; 45-57.
Saunders CM, Larman MG, Parrington J, et al (2006) PLC zeta : a sperm-specific trigger of Ca^{2+} oscillations in eggs and embryo,
Cockcroft S (2002) The latest phospholipase C, PLCeta, is implicated in neuronal function, *Trends Biochem Sci*, 31 ; 4-7. *Development*, 129 ; 3533-3544.
Shoji S, Yoshida N, Amanai M, et al (2006) Mammalian Emi2 mediates cytostatic arrest and transduces the signal for meiotic exit via Cdc20, *EMBO J*, 25 ; 834-845.
Sook-Young Yoon S-K, Jellerette T, Salicioni AM, et al (2008) Human sperm devoid of PLC, zeta 1 fail to induce Ca^{2+} release and are unable to initiate the first step of embryo development, *J Clin Invest*, 118 ; 3671-3681.
Swann K, Yu Y (2008) The dynamics of calcium oscillations that activate mammalian eggs, *Int J Dev Biol*, 52 ; 585-594.
Tang W, Wu JQ, Guo Y, et al (2008) dc2 and Mos regulate Emi2 stability to promote the meiosis I-meiosis II transition, *Mol Biol Cell*, 19 ; 3536-3543.
Yoda A, Oda S, Shikano T et al (2004) Ca^{2+} oscillation-inducing phospholipase C zeta expressed in mouse eggs is accumulated to the pronucleus during egg activation, *Dev Biol*, 268 ; 245-257.
Yoon S-K, Fissore RA (2007) Release of phospholipase C ζ and$[Ca^{2+}]i$ oscillation-inducing activity during mammalian fertilization, *Reproduction*, 134 ; 695-704.

XVI-70

精子由来卵活性化因子

Key words

卵活性化／細胞内 Ca^{2+} 濃度上昇／Ca^{2+} オシレーション／卵活性化因子／精子ファクター／ホスフォリパーゼ C ゼータ

はじめに

受精の初期過程は精子と卵子の細胞融合であり，配偶子の接近，接着，結合，細胞膜同士の融合，細胞質の交流，精子核（および細胞質）の卵内移行という経過をとる．これが狭義の受精である．未受精卵は種特異的に減数分裂のあるステージに停止しており，受精初期過程で停止状態から解除され，減数分裂を再開する．これを卵活性化（egg activation）という．活性化により減数分裂を終了した後，雌雄前核が形成される．卵子中央に移動した雌雄前核の核膜が崩壊し，雌雄のゲノムが合一すること（syngamy）によって広義の受精が完遂する．本節では精子による卵活性化機構を対象とし，哺乳類において有力な精子由来の卵活性化因子（EASF, egg-activating sperm factor）について解説する．哺乳類と対比しつつ他の動物種についても簡単に触れることにする．

1 受精卵における Ca^{2+} 波と Ca^{2+} オシレーション

受精において動物種に普遍的に，精子の卵細胞膜への結合直後に卵子細胞内カルシウムイオン濃度（$[Ca^{2+}]_i$）の一過的の著明な上昇が起こる（Stricker, 1999；Miyazaki, 2006；宮崎，尾田，2006）．貝類やゴカイ類などの前口動物卵での $[Ca^{2+}]_i$ 上昇は，細胞膜の Ca^{2+} チャンネルを介して卵細胞外から細胞質への Ca^{2+} の流入による．ウニ，ホヤ，カエル，哺乳類などの後口動物卵では，細胞内の Ca^{2+} 貯蔵小器官である小胞体から，小胞体膜に存在するイノシトール三リン酸（IP_3, inositol1, 4, 5-trisphosphate）レセプター/Ca^{2+} チャンネル（IP_3R）を介して（一部はリアノジンレセプター/Ca^{2+} チャンネルを介して），細胞質への Ca^{2+} の遊離による（図XVI-70-1）（Miyazaki et al, 1993）．$[Ca^{2+}]_i$ は精子結合部位から始まり，卵全域に伝播する（図XVI-70-2（a））．これを Ca^{2+} 波という．Ca^{2+} 波は，IP_3R が Ca^{2+} 自身によって活性化されてより大きな Ca^{2+} 遊離を起こすというポジティブフィードバック特性による．すなわち，局所的な Ca^{2+} 遊離による $[Ca^{2+}]_i$ 上昇が近隣の IP_3R で Ca^{2+} 遊離を誘発し，この過程が繰り返されて細胞質内を伝播する．マウス卵子では，精子結合直後の Ca^{2+} 波を伴う $[Ca^{2+}]_i$ 上昇は数分間持続したのち静止レベルに戻る．その後持続 1－2 分の $[Ca^{2+}]_i$ 上昇（'Ca^{2+} スパイ

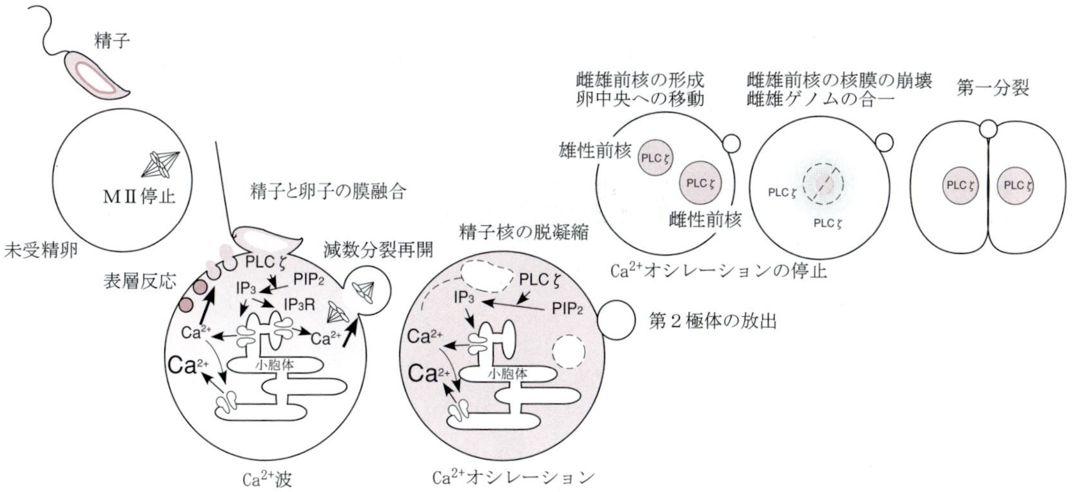

図XVI-70-1.

第二減数分裂中期（MII）に停止している未受精卵に精子が融合すると，精子頭部からPLCζが卵細胞質へ拡散し，IP_3を産生してIP_3Rを介する小胞体からのCa^{2+}遊離を誘起する．Ca^{2+}遊離はポジティブフィードバック特性により卵全域へと伝播し（Ca^{2+}波），表層反応を誘起するとともに減数分裂を再開させる．その後，第二極体が放出され，精子核は卵細胞質内にて脱凝縮を起こす．一過的なCa^{2+}遊離は10-20分の間隔で繰り返される（Ca^{2+}オシレーション）．受精後数時間で雌雄前核が形成されるとPLCζは前核に局在し，時を同じくしてCa^{2+}オシレーションが停止する．雌雄前核の核膜が崩壊するとPLCζは核外に遊離される．雌雄ゲノムが合一するとすぐに第一分裂が起こり，PLCζは再び核内に局在するものと考えられる．

ク’と呼ぶ）が10–20分の間隔で反復して起こる（図XVI-70-3（a））（Jones et al, 1995；Deguchi et al, 2000）．この‘Ca^{2+}オシレーション’は前核形成時期まで数時間持続する．どのCa^{2+}スパイクもCa^{2+}波を伴うが，波の開始点は初回は精子結合部位，2回目以降は他の表層部位で，次第に植物半球から発するようになる（Deguchi et al, 2000）．MiyazakiとIgusa（1981）がハムスター卵で発見したCa^{2+}オシレーションは哺乳類に共通して見られる．非分解性のIP_3アナログをマウス未受精卵に注入すると長時間持続するCa^{2+}オシレーションを起こすので，受精時にIP_3が定常的に増加し，反復してCa^{2+}遊離を誘発すると考えられる．

2　Ca^{2+}による卵活性化

精子なしで未受精卵に人為的に$[Ca^{2+}]_i$を上昇させても卵活性化が起こるので，受精時の$[Ca^{2+}]_i$上昇は卵活性化の誘因である．受精直後の$[Ca^{2+}]_i$上昇は，即時的には表層顆粒の開口分泌を誘発し，透明帯での多精拒否を誘導する（Yanagimachi, 1994）（図XVI-70-1）．脊椎動物の成熟未受精卵は第二減数分裂の中期（MII）に停止しており，受精時の$[Ca^{2+}]_i$上昇が引き金になって減数分裂の再開（MII解除）が起こる．マウス卵子では各Ca^{2+}スパイクでCaMKII活性が反復上昇する（Markoulaki et al, 2004）．CaMKIIはアフリカツメガエル（Aizawa et al, 1996），ホヤ（Kawahara, Yokosawa, 1994）では26Sプロテ

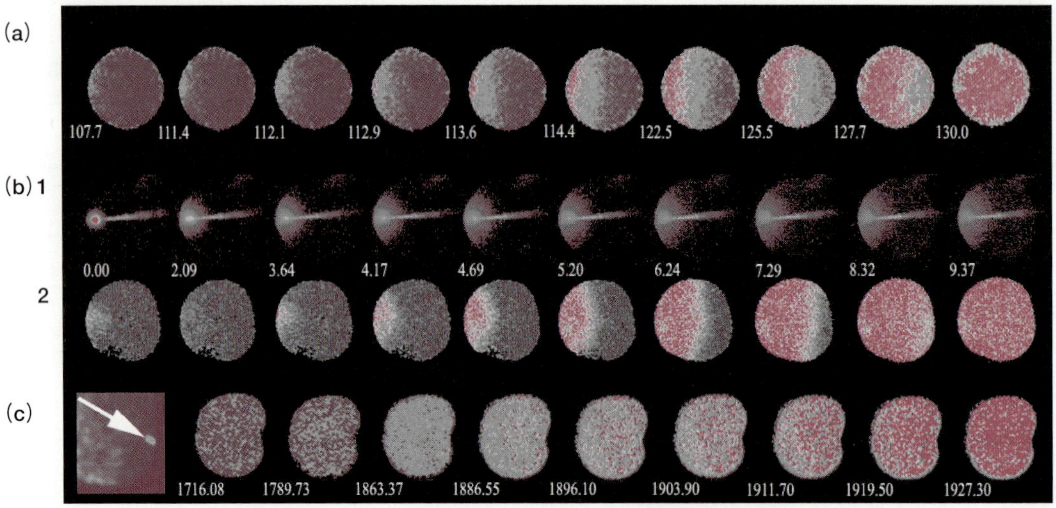

図XVI-70-2．IVF（a），精子抽出物注入（b），ICSI（c）によりマウス卵に誘起される最初のCa^{2+}波

予め卵に注入したCa^{2+}結合性蛍光色素の蛍光変化を擬似カラーで表示．各画像の数字は記録開始からの時間（秒）．（a）Ca^{2+}波は精子融合部位から発生．（b）蛍光標識したハムスター精子抽出物注入後の拡散（1：上段）と，2－3秒後に誘発されたCa^{2+}波（2：下段）．（c）左は注入した精子の頭部を示す．最初の［Ca^{2+}］$_i$上昇は卵全体で起こる．ここには示さないが2回目以降はCa^{2+}波となる．（b）と（c）は共焦点顕微鏡像．（（a）はDeguchi et al, 2000,（b）はOda et al, 1999,（c）はSato et al, 1999より改変）．

アソームを活性化し，マウスではE3ユビキチンリガーゼ（APC/C, anaphase promoting complex or cyclosome）を活性化してユビキチン／プロテアソームが活性化される．これによりCyclin B1が分解されてMPFが失活し，MII解除が起こると理解されている（Hyslop et al, 2004）．

3 精子由来卵活性化因子

精子がいかにして卵を活性化するかという重要な問いは，精子がいかに［Ca^{2+}］$_i$を上昇させるかという問いと同値である．ホルモン等に対する体細胞の信号伝達と相同に，卵子の細胞膜に精子を特異的に結合する‘精子レセプター’が存在し，経膜的情報伝達を経て，IP_3Rを介する小胞体からのCa^{2+}遊離に至るとする考えがある（精子レセプター説）．IP_3産生酵素であるホスフォリパーゼC（PLC）のうちPLCγがリン酸化によって，もしくはPLCβがGタンパク質によって活性化される信号伝達機構が卵子に存在し（Jaffe et al, 2001），卵子に結合する精子タンパク質として，ウニではbindin（Foltz et al, 1993），哺乳類ではfertilin（Myles et al, 1994）などがあるが，卵子表面に精子レセプターの存在は未だ確認されていない．

1990年Swannはハムスター精子の抽出物を未受精卵に微量注入すると受精時と類似のCa^{2+}波（図XVI-70-2（b））とCa^{2+}オシレーション（図XVI-70-3（c））が起こることを示し，COIF（Ca^{2+} oscillation-inducing factor）が精子に含まれること

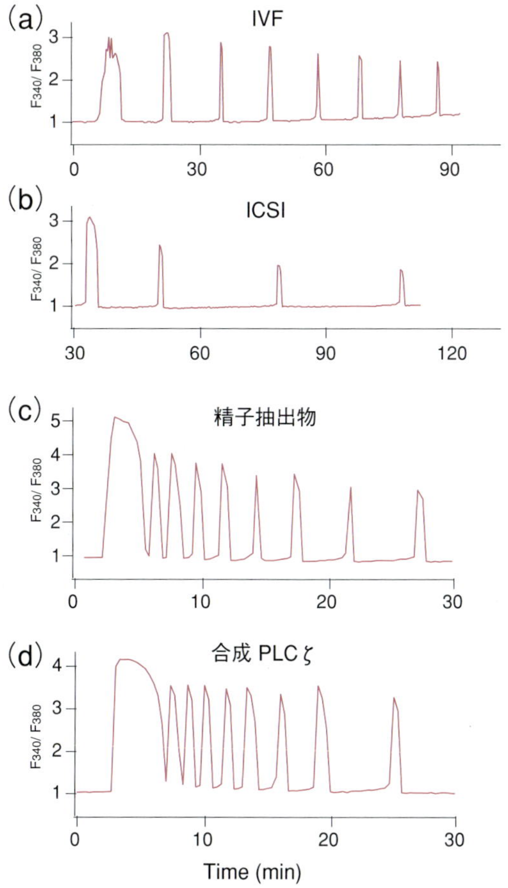

図XVI-70-3．IVF（a），ICSI（b），精子抽出物注入（c）あるいは合成PLCζ注入（d）により誘発されるCa^{2+}オシレーション

縦軸はCa^{2+}濃度の相対値．（a）精子結合直後のCa^{2+}スパイクは数分間持続したのち静止レベルに戻る．その後1-2分のCa^{2+}スパイクが10-20分の間隔で反復して起こる．（b）受精時と類似したCa^{2+}オシレーションはICSIによって誘発することができる．（c）合成PLCζ注入ではハムスター精子抽出物注入時（d）と類似した高頻度スパイクが誘発される．（（a）はShikano, Miyazaki，未発表データ，（b）はSato et al, 1999,（c）はOda et al, 1999,（d）はKouchi et al, 2004より改変）

を強く示唆した（精子ファクター説）．現在不妊治療としてよく用いられている卵細胞質内精子注入法（ICSI, intra-cytoplasmic sperm injection）でもCa^{2+}オシレーションが起こる（Tesarik et al, 1994）（図XVI-70-3（b））．注入された精子1個に含まれるCOIFが卵細胞質に漏出し，長時間のCa^{2+}オシレーション誘起に十分であることを示す．なおマウス卵子でのICSIの場合，最初の$[Ca^{2+}]_i$上昇は精子注入後20-30分後に起こり，ほぼ卵子全体で同時の上昇する（図XVI-70-2（c））．2回目以降のCa^{2+}スパイクはCa^{2+}波を呈する（Sato et al, 1999）．Ca^{2+}スパイクの間隔は受精時より長い（図XVI-70-3（b））．

マウス受精時には，精子－卵子が融合して細胞質の連絡が起きてから1－3分後にCa^{2+}オシレーションが起こり始める（Lawrence et al, 1997）．また，表面分子CD9欠損マウスの卵子は精子と結合はできても膜融合ができない．CD9欠損により融合できない卵子は媒精によってCa^{2+}オシレーションは誘発されない（Kaji et al, 2000）．これらの所見から，精子－卵子融合時に精子細胞質からCOIFが卵細胞質に移行し，Ca^{2+}オシレーションを誘起すると考えられる（図XVI-70-1）．COIFはすなわち精子由来の卵活性化因子（EASF）であるということになる．

4 ホスフォリパーゼCゼータ（PLCζ）

精子や精巣からのEASFの単離・精製が世界中で10年近く行われ，さまざまな候補があがったが，成功には至らなかった（宮崎，尾田，2006参照）．2002年Saundersらはマウス精巣のcDNAライブラリーより精巣特異的な新規PLCイソ

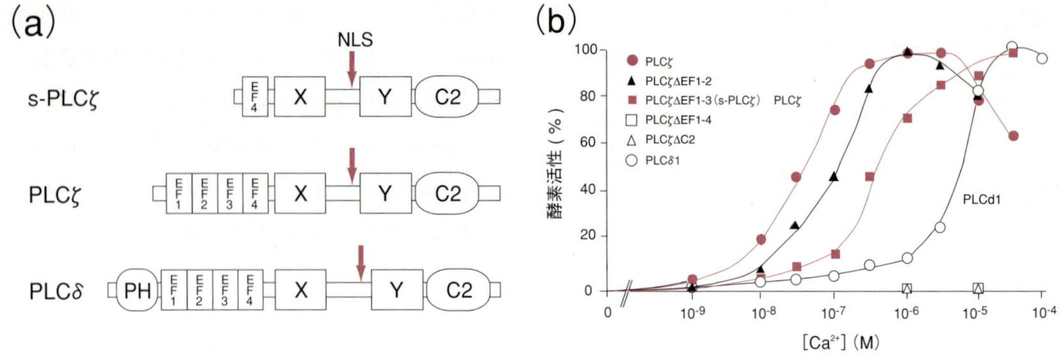

図XVI-70-4．ホスフォリパーゼCの構造とCa^{2+}感受性

(a) s-PLCζ, PLCζおよびPLCδのドメイン構造．EF；EFハンドドメイン，X；Xドメイン，Y；Yドメイン，C2；C2ドメイン，PH；プレクストリン相同ドメイン，NLS；核移行シグナル．(b) カルシウム濃度と合成PLCζあるいはPLCδ1の *in vitro* でのPIP_2加水分解活性との関係．PLCζの変異体の活性も示している（PLCζΔEF1-2：EFハンドドメイン1と2を除去した変異体．同様にΔは欠損を表す）．(Kouchi et al, 2004；2005より改変)

フォームPLCζを発見した．PLCζは74kDaのタンパク質で，N端側から4個のCa^{2+}結合ドメインであるEFハンドドメイン，IP_3の基質となるホスファチジルイノシトール二リン酸(PIP_2)を分解する触媒ドメインXとY，リン脂質に親和性のあるC2ドメインからなる（図XVI-70-4 (a)）．PLCδと類似しているがPIP_2に結合するPHドメインを有さず，PLCイソフォームの中では最も短い．Saundersら(2002)は，PLCζのcRNAのマウス卵注入で受精時類似のCa^{2+}オシレーションが誘起されること，必要なPLCζ発現量は精子1個に含まれる推定量（20–50×10^{-15}g）に近いこと，精子抽出物を予め抗PLCζ抗体で吸着処理するとCOIF活性が失われることを示した．その後PLCζの特性が詳細に解析され，哺乳類のEASFの有力候補と認められた．PLCζが受精時に機能しているかについては，トランスジェニックRNAi法によるPLCζノックダウンにより，受精時Ca^{2+}オシレーションの抑制と不完全な卵活性化が報告されている（Knott et al, 2005）．また最新の報告では，Ca^{2+}オシレーション誘発能が欠損もしくは著しく低下した卵活性化障害の患者精子ではPLCζが発現しておらず点変異が存在することが示されている（Yoon et al, 2008：Heytens etal, 2009）．

Yodaら(2004)はPLCζと蛍光タンパク質‘Venus’を連結したタンパク質をコードするRNA（図XVI-70-5 (a)）をマウス未受精卵に注入し，蛍光を指標にPLCζの発現量とCOIF活性の関連を解析した．PLCζ-Venusの発現はRNA注入後40分で確認され（図XVI-70-5 (b)），受精時に類似するCa^{2+}オシレーションが誘起される（図XVI-70-5 (c)）．やはり精子に存在する3個のEFハンドを欠くshort PLCζ (s-PLCζ)（図XVI-70-4 (a)）は，完全長PLCζの約100分の1のCOIF活性しか有さない（Yoda et al, 2004）．Ca^{2+}結合部位であるEFハンドが活性に重要である．

バキュロウイルス／Sf9細胞系で合成したPLCζの注入で，精子抽出物注入時（図XVI-70-3

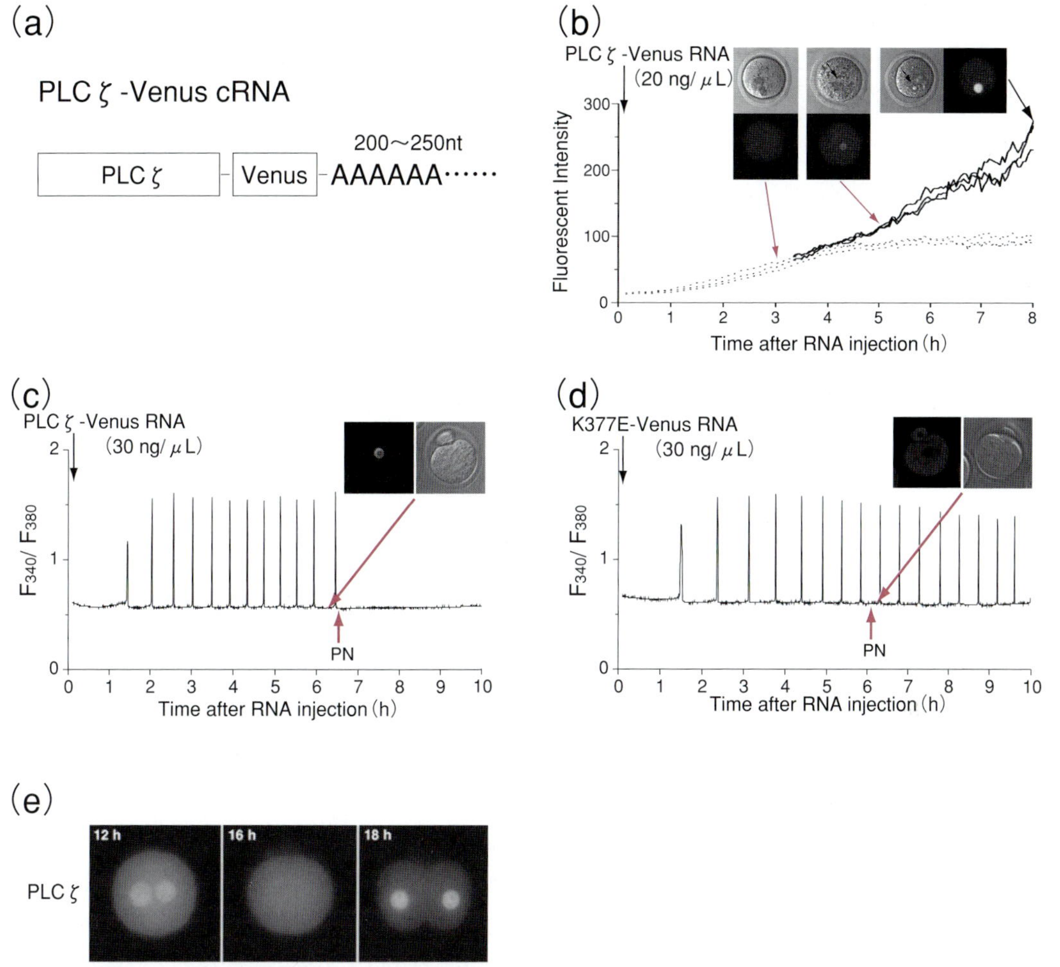

図XVI-70-5．PLCζ の前核への移行と Ca^{2+} オシレーションの停止

(a) poly (A) tail を付加した PLCζ-Venus cRNA．(b) RNA 注入によって PLCζ-Venus をマウス未受精卵に発現させると，卵細胞質において蛍光は強度を増し 3-4 時間で一定値に達する．一方，PLCζ は形成された前核に移行し蓄積する．(c) PLCζ により誘発された Ca^{2+} オシレーションは前核形成時に停止し，同一卵において PLCζ の前核への蓄積が認められる．図中 PN は（雌性）前核が確認された時点を示す（(d) も同様）．(d) 核移行シグナルの部位に点変異を与えた PLCζ（K377E）の RNA を注入した卵では，PLCζ は核移行能が欠損し，Ca^{2+} オシレーションは前核形成後も長時間持続する．(e) 1 細胞間期（受精 6 時間後）に注入した PLCζ は核膜の崩壊とともに細胞質に拡散するが，2 細胞期では再び核に蓄積する．
((b) Ito et al, 2008b，(c) (d) Ito, Miyazaki，未発表データ，(e) Sone et al, 2005より改変)

(b)）に類似した高頻度の Ca^{2+} スパイクが起こる（図XVI-70-3 (d)）(Kouchi et al, 2004)．最小有効 PLCζ 量は約300×10^{-15}g/egg で，精子 1 個の推定 PLCζ 含有量の数倍の範囲内である．なお PLCδ1（図XVI-70-4 (a)）の COIF 活性は PLCζ の約20分の 1 である．未受精卵内に強制発現あるいは注入された PLCζ は持続的に IP_3 を産生することが予想される．実際に微小ながら細胞内

IP_3濃度の上昇が受精時およびPLCζのRNA注入時のCa^{2+}スパイクに対応して検出されている（Shirakawa et al, 2006）.

これまでにマウス，ラット，ハムスター，ヒト，サル，ブタ，ウシ，ウマ，ニワトリ，メダカ，フグ，トラザメのPLCζがクローニングされており（Saunders et al, 2002；Yoneda et al, 2006；Ross et al, 2008；Cox et al, 2002；Ito et al, 2008a；Coward et al, 2005；Young et al, 2009；Redon et al, 2010；Coward et al, 2011；Bedford-Guaus et al, 2011），すべて精巣特異的に発現している．マウス卵子への注入でCa^{2+}オシレーション誘発の最小RNA濃度（閾値）は，ヒト（0.005ng/μl）≪マウス（0.1ng/μl）＜メダカ（0.5ng/μl）＜サル（2ng/μl）＜ラット（10ng/μl）＜ニワトリ（20ng/μl）である（Ito et al, 2008a）．特にヒトのPLCζのCOIF活性は非常に高いことが注目される．動物種によりX，Yドメインはよく保存されているが，EFハンドとC2ドメインは大きく異なり，COIF活性の違いはこれらに起因すると推測される．

5 PLCζ活性の制御機構

一般にPLCの酵素活性はCa^{2+}濃度に依存する．Kouchiらによると，合成PLCζが*in vitro*でPIP_2を分解する酵素活性を測定した場合，50%最大活性を示すCa^{2+}濃度（EC_{50}）は，PLCδ1の5.7μMに対してPLCζは52nMで約100分の1である（図XVI-70-4（b））．Nomikosら（2005）による報告ではPLCδ1は6μM（Hill係数＝1.5），PLCζは82nM（Hill係数＝4.3）である．マウス卵子の静止時$[Ca^{2+}]_i$は約100nM，$[Ca^{2+}]_i$上昇時のピークは1μM以内であるが，PLCζは$[Ca^{2+}]$が100nMで最大活性の70%の活性を示し，1μMCa^{2+}でほぼ最大活性を示す（図XVI-70-4（b））（Kouchi et al, 2004）．ブタ精子抽出物も，100nMCa^{2+}ですでに最大活性の1/3のPLC活性を示し，$[Ca^{2+}]$増加に伴って大きく上昇する（Rice et al, 2000）．他方，PLCδは100nMCa^{2+}で最大活性の5%以下である．また，PLCζのEFハンド1－2の欠失では顕著なCa^{2+}感受性の低下を引き起こさないが（EC_{50}＝93nM），EF3まで欠失すると（s-PLCζ）ではEC_{50}は373nMとなる（図XVI-70-4（b））（Kouchi et al, 2005）．したがって，EF3がPLCζの高いCa^{2+}感受性に寄与していると考えられる．EFハンド1－4の欠失やC2ドメインが欠失すると酵素活性は完全に消失する（図XVI-70-4（b））．このようにPLCζが高いCa^{2+}感受性を持つことは，精子に含まれるPLCζが受精時に卵細胞質に送り込まれた際に，そのまま活性状態として機能しうることを意味する．すなわち，先行する$[Ca^{2+}]_i$上昇なしにIP_3を産生しCa^{2+}遊離を誘起できる点で，EASFの必要条件を備えているといえる．なお精子ではPLCζの酵素活性はなんらかの機構で抑制されているのかもしれない．

6 精子におけるPLCζの発現と局在

哺乳類精子抽出物の卵活性化能はハムスター，マウス，ブタ，ウサギ，サル，ヒトの精子で認められている（Ogonuki et al, 2001）．ヒト，ウマの円形精子細胞はCOIF活性をすでに有しているが（Sousa et al, 1996：Bedford-Guaus et al, 2011），マウスでは有しておらず（Sato et al, 1998），伸長精子細胞になってはじめて活性が認められる (Yazawa et al, 2001). サル *Macaca fascicularis* では一次精母細胞期の初期に EASF が発現する (Ogonuki et al, 2001). PLCζ mRNA の発現は, マウスでは円形精子細胞が出現する出生後21日目に検出される (Yoneda et al, 2006). ブタでもほぼ同時期に *PLCζ* mRNA の発現が開始し, COIF 活性の有無と一致する (Yoneda et al, 2006). 精巣以外には, 脳に *PLCζ* mRNA の発現が見られる (Yoshida et al, 2007). またフグでは, PLCζ は精巣にはなく脳と卵巣に発現しているが, COIF 活性を有していない (Coward et al, 2011).

PLCζ はマウス精子頭部の核周辺部マトリックスに局在しているとの報告があるが (Fujimoto et al, 2004), 最近の報告ではマウスでは先体後域に, ウシ・ヒトでは赤道領域に局在する (Yoon, Fissore, 2007 ; Grasa et al, 2008). 一方, ウマでは頭部と鞭毛に局在しており, 先体反応後は鞭毛のみに局在する. この鞭毛には COIF 活性がある (Bedford-Guaus et al, 2011) PLCζ の局在は精子の受精能獲得 (capacitation) および先体反応の際にダイナミックに変動すると考えられており, PLCζ が卵活性化因子として以外に精子機能発現に寄与している可能性もある.

7 PLCζ の前核移行と Ca^{2+} オシレーションの停止

受精時の Ca^{2+} オシレーションは前核形成時に停止する (Jones et al, 1995;Deguchi et al, 2000). マウスの雌性・雄性前核を受精卵から摘出して未受精卵に移植すると Ca^{2+} オシレーションが誘起され (Kono et al, 1995), 卵子を活性化する (Ogonuki et al, 2001). 蛍光タンパク質連結 PLCζ の RNA (図XVI-70-5 (a)) を未受精卵に注入し発現した PLCζ は, 卵子が活性化した後に形成される前核に移行蓄積することから (図XVI-70-5 (b)) (Yoda et al, 2004 ; Larman et al, 2004), PLCζ の卵細胞質からの消失が Ca^{2+} オシレーションの停止に機能していると考えられた. その根拠は, Ca^{2+} オシレーション停止と PLCζ の前核移行のタイミングが一致すること (図XVI-70-5 (c)), レクチン (WGA) を用いて前核形成を阻害した場合 (Marangos et al, 2003) や核移行能欠損 PLCζ を強制発現した場合に (Larman et al, 2004 ; Kuroda et al, 2006 ; Ito et al, 2008b), Ca^{2+} オシレーションが10時間以上も持続することである (図XVI-70-5 (d)). PLCζ には X と Y ドメインをつなぐ領域に核移行シグナルがあり, EF ハンドドメインと C2 ドメインも核移行能に必須である (Kuroda et al, 2006).

雌雄前核が消失して分裂期に入ると, 前核に蓄積した PLCζ は細胞質に拡散し, 2細胞期に進んで核膜が形成されると再び核に移行蓄積する (Sone et al, 2005 ; Larman et al, 2004) (図XVI-70-5 (e)). この時 Ca^{2+} オシレーションの再開, 再停止が起こる (Kono et al, 1996). 細胞質－核間シャトルは胚盤胞期まで観察され (Sone et al, 2005), 細胞周期依存性の Ca^{2+} 増加反応制御モデルが提唱されている (図XVI-70-1). しかしラット受精卵では前核形成時に Ca^{2+} オシレーションは停止するものの, ラット PLCζ はラット卵子で核移行能を有さない (Ito et al, 2008a). ウシ PLCζ もまた同様の報告がある (Cooney et al, 2010). 上記モデルの結論は今後の研究を必要とする. ほかに, 受精後の IP_3R の減少 (Jellerette et al, 2000 ; Malcuit et al, 2005)，IP_3R の脱リン酸化による IP_3 感受性の低下（Lee et al, 2006)，表層の小胞体クラスターの減少（FitzHarris et al, 2003）なども Ca^{2+} オシレーションの停止に関与している可能性がある．

8 PLCζ による卵活性化と胚発生

マウス，ヒト，ブタ，ウシ卵子では同種の PLCζ cRNA を卵子内注入することで胚盤胞期胚までの単為発生が確認されている（Saunders et al, 2002 ; Rogers et al, 2004 ; Yoneda et al, 2006 ; Ross et al, 2008)．正常な胚発生と PLCζ 量には密接な関連がある．Cox ら（2002）はさまざまな濃度のヒト PLCζ cRNA をマウス卵に注入し，受精時に近い Ca^{2+} スパイク頻度を起こす 0.2-2 ng/μL の注入で 3-4 割程度が胚盤胞期胚まで発生することを示した．ルシフェラーゼ連結ヒト PLCζ を用いた詳細な実験では，一定の発現量（0.12-2.7cps）でのみで効率よく胚盤胞期胚まで発生した（Yu et al, 2008)．またウシ卵ではマウス PLCζ は250-1,000ng/μL，ウシ PLCζ は50-100ng/μL が最も発生効率がよい（Ross et al, 2008)．

正常胚を得る卵活性化法として PLCζ は非常に有用である．高電圧パルスによる反復 Ca^{2+} スパイクにより発生した胚盤胞期胚では，少ない Ca^{2+} スパイク数で活性化した場合には主に RNA プロセシングや転写関連遺伝子を含む約20%の遺伝子発現に，過剰な Ca^{2+} スパイク数の場合には主に代謝関連遺伝子を含む約 3 %の遺伝子発現に影響する（Ozil et al, 2006)．このことは，受精時と類似した適切な頻度の Ca^{2+} スパイクが胚発生に重要であることを示している．また PLCζ による卵子活性化はイオノマイシン／ジメチルアミノプリンやイオノマイシン／シクロヘキサミドによる卵活性化と比べ 8 細胞期における異数体の出現頻度が低い（Ross et al, 2008)．したがって適当な Ca^{2+} オシレーションパターンを誘導できる PLCζ 法は高い発生率，正常な遺伝子発現，染色体異常防止の点で生理的に用いることができる．生体では 1 個の精子内には厳密に管理された適量の PLCζ が含有されており，胚発生を微妙に調節していることを示している．

9 哺乳類以外の精子ファクター

哺乳類以外の動物種の受精卵の Ca^{2+} 増加反応は，第一減数分裂中期（MI）からスタートする脊索動物（尾索類）のホヤ，環形動物のゴカイ類のツバサゴカイ，軟体動物の二枚貝の一部，紐形動物のヒモムシなどでは Ca^{2+} オシレーションを示す（Stricker et al, 1999 ; 宮崎，尾田，2006)．一方，その他のステージからスタートする両生類のカエル，硬骨魚類のメダカ，棘皮動物のウニ，ユムシ類のユムシ等では 1 回のみの一過性の $[Ca^{2+}]_i$ 上昇を示す．精子抽出物の卵子内注入が受精時に類似した Ca^{2+} 増加反応を誘発するのは，哺乳類のほかはイモリ，ホヤ，ウニ，ヒモムシである．

両生類のイモリでは，精子ファクターはクエン酸合成酵素であると報告されている（Harada et al, 2007)．ミトコンドリアのエネルギー代謝を介して $[Ca^{2+}]_i$ 上昇へとつながるのかもしれない．同じ両生類でもアフリカツメガエルでは

精子抽出物注入で $[Ca^{2+}]_i$ 上昇を起こさず，精子ファクターではなく精子レセプターを介した機構を示唆する所見が得られている (Iwao et al, 2000)．精子レセプターの候補として脂質ラフト上に局在する1回膜貫通型タンパク質 Uroplakin III (UPIII) が報告されている (Sakakibara et al, 2005 ; Mahbub Hasan et al, 2005)．

無脊椎動物と脊椎動物の間に位置する原索動物 (現在は脊椎動物とともに脊索動物として分類される) のホヤでは，精子抽出物注入で受精時と酷似した Ca^{2+} オシレーションを誘発できるが，精子ファクターは未だ同定されていない (Kyozuka et al, 1998 ; Runft, Jaffe, 2000)．ウニでは精子レセプターの存在が報告されているが (Foltz, Shilling, 1993)，受精時に機能する受容体タンパク質の実体は不明である．動物種によっては精子レセプターと精子ファクターの双方の機構が稼動している可能性もありうる．ヒモムシにおいても，精子抽出物注入で $[Ca^{2+}]_i$ 上昇が誘発されるが (Stricker et al, 1999)，精子ファクターの分子的実体はまったく不明である．

10 現状オーバービュー

精子ファクター説の根拠として，論理的には精子1個分の抽出物で受精時に相当する Ca^{2+} 増加反応を誘発できなければならない．また受精時および精子抽出物注入時の Ca^{2+} 増加反応が同一の物質で阻害されることを示す必要がある．これらの点で現在精子ファクター説が有力なのは哺乳類とホヤである．今後さらに検索を進める必要がある．

関与する卵細胞内信号分子に関しては，現在 PLC-IP_3 系が主軸になっている．哺乳類では PLCζ 自身が精子ファクターとして精子から卵内に送り込まれることが強く示唆されている．他方，ウニ・ヒトデ (Runft et al, 2004)・ホヤ (Runft, Jaffe, 2000)・アフリカツメガエル (Sato et al, 2000) では，卵細胞質において Src 型チロシンキナーゼ (PTK) -PLCγ が受精時に作動することが確認されている．すると問題は何が Src PTK を活性化するかということになる．ホヤでは精子ファクター説が有力であるとすると，精子ファクターは Src PTK を活性化する物質あるいは Src PTK そのものということになる．今後その同定が待たれる．

Src PTK が細胞膜レセプターによって活性化される系は体細胞には一般的に存在する．したがって精子レセプターは考えやすい．しかしウニ・ヒトデ・アフリカツメガエルで精子-卵接着に関わる卵表面分子が経膜的信号伝達を行っているという知見はこれまでにない．

受精の本質的な重要問題である精子による卵活性化機構の解明は，まだまだ今後の研究にかかっている．少なくとも哺乳類においては精子由来の卵活性化因子が稼働しており，PLCζ がその有力候補である所まで来ている．この分野の研究は，動物種の中でも哺乳類が最も進んでいるといえる．臨床医学的には，PLCζ の変異と病態が研究対象になるであろう．また臨床医学や畜産テクノロジーにおいて，PLCζ の大量合成や卵活性化への応用も期待される．

まとめ

(1) 哺乳類卵子は受精初期過程で第二減数分裂中期 (MII) 停止から解除され，分裂を再開する（卵活性化）．数時間以上して雌雄前核が形成され，雌雄ゲノムの合一に至る．

(2) 動物種に普遍的に，精子－卵子結合直後に卵子の［Ca^{2+}］$_i$の著明な上昇が起こり，卵活性化の引き金になる．哺乳類受精卵ではIP_3Rを介して小胞体からのCa^{2+}遊離が反復して起こる．たとえばマウス卵子では持続1－2分の［Ca^{2+}］$_i$上昇（Ca^{2+}スパイク）が10-20分間隔で数時間起こる（Ca^{2+}オシレーション）．

(3) 各Ca^{2+}スパイクはCaMKIIを活性化し，最終的にサイクリンの分解によるMPFの不活性化が卵子のMII解除を誘導する．

(4) 哺乳類精子細胞質には卵子内注入によりCa^{2+}オシレーションを誘起する精子ファクター（COIF）が存在し，受精時には精子から卵子に移行する．すなわちCOIFは卵活性化精子因子（EASF）であるといえる．

(5) IP_3合成酵素PLCの新規イソフォームPLCζがEASFの有力候補である．PLCζをコードするRNAの卵内注入で発現したPLCζは，精子1個中の推定含有量に近い微量でCa^{2+}オシレーションを誘起する．

(6) 発現したPLCζは形成された前核に移行し始め，Ca^{2+}オシレーションは停止する．PLCζの細胞質／核往復移行がCa^{2+}オシレーションのon/offに関与していると想定されている．

(7) PLCζの分子構造とCa^{2+}オシレーション誘起能・核移行能との関連が詳細に解析されている．

(8) 適量の卵内発現PLCζ，適回数のCa^{2+}スパイクが効率よく胚盤胞期胚への発生をもたらす．

(9) 精子由来の卵活性化因子の研究は動物種の中でも哺乳類が最も進んでいる．

（宮﨑俊一・伊藤昌彦・尾田正二）

引用文献

Aizawa H, Kawahara H, Tanaka K, et al (1996) Activation of the proteasome during Xenopus egg activation implies a link between proteasome activation and intracellular calcium release, *Biochem Biophys Res Commun*, 218 ; 224-228.

Bedford-Guaus SJ, McPartlin LA, Xie J, et al (2011) Molecular Cloning and Characterization of Phospholipase C Zeta in Equine Sperm and Testis Reveals Species-Specific Differences in Expression of Catalytically Active Protein, *Biol Reprod*, DOI : 10.1095 / biolreprod.110.089466, in press

Coward K, Ponting CP, Chang HY, et al (2005) Phospholipase Cζ, the trigger of egg activation in mammals, is present in a non-mammalian species, *Reproduction*, 130 ; 157-163.

Cooney MA, Malcuit C, Cheon B, et al (2010) Species-specific differences in the activity and nuclear localization of murine and bovine phospholipase C zeta 1, *Biol Reprod*, 83 ; 92-101.

Coward K, Ponting CP, Zhang N, et al (2011) Identification and functional analysis of an ovarian form of the egg activation factor phospholipase C zeta (PLCζ) in pufferfish, *Mol Reprod Dev*, 78 ; 48-56.

Cox LJ, Larman MG, Saunders CM, et al (2002) Sperm phospholipase Cζ from humans and cynomolgus monkeys triggers Ca^{2+} oscillations, activation and development of mouse oocytes, *Reproduction*, 124 ; 611-623.

Deguchi R, Shirakawa H, Oda S, et al. (2000) Spatiotemporal analysis of Ca^{2+} waves in relation to the sperm entry site and animal-vegetal axis during Ca^{2+} oscillations in fertilized mouse eggs, *Dev Biol*, 218 ; 299-313.

FitzHarris G, Marangos P, Carroll J (2003) Cell cycle-dependent regulation of structure of endoplasmic reticulum and inositol 1,4,5-trisphosphate-induced Ca^{2+} release in mouse oocytes and embryos, *Mol Biol Cell*, 14 ; 288-301.

Foltz KR, Partin JS, Lennarz WJ (1993) Sea urchin egg receptor for sperm : sequence similarity of binding domain and hsp70, *Science*, 259 ; 1421-1425.

Foltz KR, Shilling FM (1993) Receptor-mediated signal transduction and egg activation, *Zygote*, 1 ; 276-279.

Fujimoto S, Yoshida N, Fukui T, et al (2004) Mammalian phospholipase Cζ induces oocyte activation from the sperm perinuclear matrix, *Dev Biol*, 274 ; 370-383.

Grasa P, Coward K, Young C, et al (2008) The pattern of localization of the putative oocyte activation factor, phospholipase C ζ, in uncapacitated, capacitated, and ionophore-treated human spermatozoa, *Hum Reprod*, in press.

Harada Y, Matsumoto T, Hirahara S, et al (2007) Characterization of a sperm factor for egg activation at fertilization of the newt Cynops pyrrhogaster, *Dev Biol*, 306 ; 797-808.

Heytens E, Parrington J, Coward K, et al (2009) Reduced amounts and abnormal forms of phospholipase C zeta (PLCζ) in spermatozoa from infertile men, *Hum Reprod*, 24 ; 2417-2428.

Hyslop L A, Nixon V L, Levasseur M, et al (2004) Ca^{2+}-promoted cyclin B1 degradation in mouse oocytes requires the establishment of a metaphase arrest, *Dev Biol*, 269 ; 206-219.

Ito M, Shikano T, Oda S, et al (2008a) Difference in Ca^{2+} oscillation-inducing activity and nuclear translocation ability of PLCZ1, an egg-activating sperm factor candidate, between mouse, rat, human, and medaka fish, *Biol Reprod*, 78 ; 1081-1090.

Ito M, Shikano T, Kuroda K, et al (2008b) Relationship between nuclear sequestration of PLCζ and termination of PLCζ-induced Ca^{2+} oscillations in mouse eggs, *Cell Calcium*, 44 ; 400-410.

Iwao Y (2000) Mechanisms of egg activation and polyspermy block in amphibians and comparative aspects with fertilization in other vertebrates, *Zool Sci*, 17 ; 699-709.

Jaffe LA, Giusti AF, Carroll DJ, et al (2001) Ca^{2+} signalling during fertilization of echinoderm eggs, *Semin Cell Dev Biol*, 12 ; 45-51.

Jellerette T, He CL, Wu H, et al (2000) Down-regulation of the inositol 1,4,5-trisphosphate receptor in mouse eggs following fertilization or parthenogenetic activation, *Dev Biol*, 223 ; 238-250.

Jones KT, Carroll J, Merriman JA, et al (1995) Repetitive sperm-induced Ca^{2+} transients in mouse oocytes are cell cycle dependent, *Development*, 121 ; 3259-3266.

Kaji K, Oda S, Shikano T, et al (2000) The gamete fusion process is defective in eggs of Cd 9-deficient mice, *Nat Genet*, 24 ; 279-282.

Kawahara H, Yokosawa H (1994) Intracellular calcium mobilization regulates the activity of 26 S proteasome during the metaphase-anaphase transition in the ascidian meiotic cell cycle, *Dev Biol*, 166 ; 623-633.

Knott JG, Kurokawa M, Fissore RA, et al (2005) Transgenic RNA interference reveals role for mouse sperm phospholipase Cζ in triggering Ca^{2+} oscillations during fertilization, *Biol Reprod*, 72 ; 992-996.

Kono T, Carroll J, Swann K, et al (1995) Nuclei from fertilized mouse embryos have calcium-releasing activity, *Development*, 121 ; 1123-1128.

Kono T, Jones KT, Bos-Mikich A, et al (1996) A cell cycle-associated change in Ca^{2+} releasing activity leads to the generation of Ca^{2+} transients in mouse embryos during the first mitotic division, *J Cell Biol*, 132 ; 915-923.

Kouchi Z, Fukami K, Shikano T, et al (2004) Recombinant phospholipase Cζ has high Ca^{2+} sensitivity and induces Ca^{2+} oscillations in mouse eggs, *J Biol Chem*, 279 ; 10408-10412.

Kouchi Z, Shikano T, Nakamura Y, et al (2005) The Role of EF-hand domains and C2 domain in regulation of enzymatic activity of phospholipase Cζ, *J Biol Chem*, 280 ; 21015-21021.

Kuroda K, Ito M, Shikano T, et al (2006) The role of X/Y linker region and N-terminal EF-hand domain in nuclear translocation and Ca^{2+} oscillation-inducing activities of phospholipase Cζ, a mammalian egg-activating factor, *J Biol Chem*, 281 ; 27794-27805.

Kyozuka K, Deguchi R, Mohri T, et al (1998) Injection of sperm extract mimics spatiotemporal dynamics of Ca^{2+} responses and progression of meiosis at fertilization of ascidian oocytes, *Development*, 125 ; 4099-4105.

Larman MG, Saunders CM, Carroll J, et al (2004) Cell cycle-dependent Ca^{2+} oscillations in mouse embryos are regulated by nuclear targeting of PLCζ, *J Cell Sci*, 117 ; 2513-2521.

Lawrence Y, Whitaker M, Swann K (1997) Sperm-egg fusion is the prelude to the initial Ca^{2+} increase at fertilization in the mouse, *Development*, 124 ; 233-241.

Lee B, Vermassen E, Yoon SY, et al (2006) Phosphorylation of IP_3R1 and the regulation of$[Ca^{2+}]_i$ responses at fertilization : a role for the MAP kinase pathway, *Development*, 133 ; 4355-4365.

Mahbub Hasan AK, Sato K, Sakakibara K, et al (2005) Uroplakin III, a novel Src substrate in Xenopus egg rafts, is a target for sperm protease essential for fertilization, *Dev Biol*, 286 ; 483-492.

Malcuit C, Knott JG, He C, et al (2005) Fertilization and inositol 1,4,5-trisphosphate (IP_3) -induced calcium release in type-1 inositol 1,4,5-trisphosphate receptor down-regulated bovine eggs, *Biol Reprod*, 73 ; 2-13.

Marangos P, FitzHarris G, Carroll J (2003) Ca^{2+} oscillations at fertilization in mammals are regulated by the formation of pronuclei, *Development*, 130 ; 1461-1472.

Markoulaki S, Matson S, Ducibella T (2004) Fertilization stimulates long-lasting oscillations of CaMKII activity in mouse eggs, *Dev Biol*, 272 ; 15-25.

Miyazaki S (2006) Thirty years of calcium signals at fertilization, *Semin Cell Dev Biol*, 17 ; 233-243.

Miyazaki S, Igusa Y (1981) Fertilization potential in golden hamster eggs consists of recurring hyperpolarizations, *Nature*, 290 ; 702-704.

Miyazaki S, Shirakawa H, Nakada K, et al (1993) Essential role of the inositol 1,4,5-trisphosphate receptor/ Ca^{2+} release channel in Ca^{2+} waves and Ca^{2+} oscillations at fertilization of mammalian eggs, *Dev Biol*, 158 ; 62-78.

宮崎俊一，尾田正二（2006）精子による卵活性化機構，新編　精子学，森沢正昭，星和彦，岡部勝編，東京大学出版会，東京.

Myles DG, Kimmel LH, Blobel CP, et al (1994) Identification of a binding site in the disintegrin domain of fertilin required for sperm-egg fusion, *Proc Natl Acad Sci USA*, 91 ; 4195-4198.

Nakanishi T, Ishibashi N, Kubota H, et al (2008) Birth of normal offspring from mouse eggs activated by a phospholipase C ζ protein lacking three EF-hand domains, *J Reprod Dev*, 54 ; 244-249.

Nomikos M, Blayney LM, Larman MG, et al (2005) Role of phospholipase C-ζ domains in Ca^{2+}-dependent phosphatidylinositol 4,5-bisphosphate hydrolysis and cytoplasmic Ca^{2+} oscillations, *J Biol Chem*, 280 ; 31011-31018.

Oda S, Deguchi R, Mohri T, et al (1999) Spatiotemporal dynamics of the $[Ca^{2+}]i$ rise induced by microinjection of sperm extract into mouse eggs : preferential in-

duction of a Ca^{2+} wave from the cortex mediated by the inositol 1,4,5-trisphosphate receptor, *Dev Biol*, 209 ; 172-185.
Ogonuki N, Sankai T, Yagami K, et al (2001) Activity of a sperm-borne oocyte-activating factor in spermatozoa and spermatogenic cells from cynomolgus monkeys and its localization after oocyte activation, *Biol Reprod*, 65 ; 351-357.
Ozil JP, Banrezes B, Toth S, et al (2006) Ca^{2+} oscillatory pattern in fertilized mouse eggs affects gene expression and development to term, *Dev Biol*, 300 ; 534-544.
Redon E, BosseboeufA, Rocancourt C, et al (2010) Stage-specific gene expression during spermatogenesis in the dogfish (*Scyliorhinus canicula*), Reproduction, 140 ; 57-71.
Rice A, Parrington J, Jones KT, et al (2000) Mammalian sperm contain a Ca^{2+}-sensitive phospholipase C activity that can generate $InsP_3$ from PIP_2 associated with intracellular organelles, *Dev Biol*, 228 ; 125-135.
Rogers NT, Hobson E, Pickering S, et al (2004) Phospholipase Cζ causes Ca^{2+} oscillations and parthenogenetic activation of human oocytes, *Reproduction*, 128 ; 697-702.
Ross PJ, Beyhan Z, Iager AE, et al (2008) Parthenogenetic activation of bovine oocytes using bovine and murine phospholipase C ζ, *BMC Dev Biol*, 8 ; 16.
Runft LL, Carroll DJ, Gillett J, et al (2004) Identification of a starfish egg PLC-gamma that regulates Ca^{2+} release at fertilization, *Dev Biol*, 269 ; 220-236.
Runft LL, Jaffe LA (2000) Sperm extract injection into ascidian eggs signals Ca^{2+} release by the same pathway as fertilization, *Development*, 127 ; 3227-3236.
Runft LL, Jaffe LA, Mehlmann LM (2002) Egg activation at fertilization : where it all begins, *Dev Biol*, 245 ; 237-254.
Sakakibara K, Sato K, Yoshino K, et al (2005) Molecular identification and characterization of Xenopus egg uroplakin III, an egg raft-associated transmembrane protein that is tyrosine-phosphorylated upon fertilization, *J Biol Chem*, 280 ; 15029-15037.
Sato K, Tokmakov AA, Iwasaki T, et al (2000) Tyrosine kinase-dependent activation of phospholipase Cγ is required for calcium transient in Xenopus egg fertilization, *Dev Biol*, 224 ; 453-469.
Sato MS, Yoshitomo M, Mohri T, et al (1999) Spatiotemporal analysis of $[Ca^{2+}]_i$ rises in mouse eggs after intracytoplasmic sperm injection (ICSI), *Cell Calcium*, 26 ; 49-58.
Sato Y, Miyazaki S, Shikano T, et al (1998) Adenophostin, a potent agonist of the inositol 1,4,5-trisphosphate receptor, is useful for fertilization of mouse oocytes injected with round spermatids leading to normal offspring, *Biol Reprod*, 58 ; 867-873.
Saunders CM, Larman MG, Parrington J, et al (2002) PLC ζ : a sperm-specific trigger of Ca^{2+} oscillations in eggs and embryo development, *Development*, 129 ; 3533-3544.
Shirakawa H, Ito M, Sato M, et al (2006) Measurement of intracellular IP_3 during Ca^{2+} oscillations in mouse eggs with GFP-based FRET probe, *Biochem Biophys Res Commun*, 345 ; 781-788.
Sone Y, Ito M, Shirakawa H, et al (2005) Nuclear translocation of phospholipase C-ζ, an egg-activating factor, during early embryonic development, *Biochem Biophys Res Commun*, 330 ; 690-694.
Sousa M, Mendoza C, Barros A, et al (1996) Calcium responses of human oocytes after intracytoplasmic injection of leukocytes, spermatocytes and round spermatids, *Mol Hum Reprod*, 2 ; 853-857.
Stricker SA (1999) Comparative biology of calcium signaling during fertilization and egg activation in animals, *Dev Biol*, 211 ; 157-176.
Swann K (1990) A cytosolic sperm factor stimulates repetitive calcium increases and mimics fertilization in hamster eggs, *Development*, 110 ; 1295-1302.
Tesarik J, Sousa M, Testart J (1994) Human oocyte activation after intracytoplasmic sperm injection, *Hum Reprod*, 9 ; 511-518.
Yanagimachi R (1994) Mammalian fertilization, In : *Physiology of Reproduction*, Knobl E and Neill J (eds), Raven Press, New York.
Yazawa H, Yanagida K, Sato A (2001) Oocyte activation and Ca^{2+} oscillation-inducing abilities of mouse round/elongated spermatids and the developmental capacities of embryos from spermatid injection, *Hum Reprod*, 16 ; 1221-1228.
Yoda A, Oda S, Shikano T, et al (2004) Ca^{2+} oscillation-inducing phospholipase C ζ expressed in mouse eggs is accumulated to the pronucleus during egg activation, *Dev Biol*, 268 ; 245-257.
Yoneda A, Kashima M, Yoshida S, et al (2006) Molecular cloning, testicular postnatal expression, and oocyte-activating potential of porcine phospholipase Cζ, *Reproduction*, 132 ; 393-401.
Yoon SY, Fissore RA (2007) Release of phospholipase C ζ and$[Ca^{2+}]_i$ oscillation-inducing activity during mammalian fertilization, *Reproduction*, 134 ; 695-704.
Yoon SY, Jellerette T, Salicioni AM, et al (2008) Human sperm devoid of PLC, zeta 1 fail to induce Ca^{2+} release and are unable to initiate the first step of embryo development, *J Clin Invest*, 118 ; 3671-3681.
Yoshida N, Amanai M, Fukui T et al (2007) Broad, ectopic expression of the sperm protein PLCZ1 induces parthenogenesis and ovarian tumours in mice, *Development*, 134 ; 3941-3952.
Young C, Grasa P, Coward K, et al (2009) Phospholipase C zeta undergoes dynamic changes in its pattern of localization in sperm during capacitation and the acrosome reaction, *Fertil Steril*, 91 ; 2230-2242.
Yu Y, Saunders CM, Lai FA, et al (2008) Preimplantation development of mouse oocytes activated by different levels of human phospholipase C ζ, *Hum Reprod*, 23 ; 365-373.

XVI-71

顕微授精と体外受精の比較論

Key words
精子／精子細胞／精母細胞／エピジェネティクス

はじめに

あらゆる哺乳類動物の受精現象は体内で進行する．このため受精現象の詳細が明らかになり始めたのは，1960年代に体外受精（IVF）技術の基本が確立してからである．それから後は分子生物学的な解析技術の発達もあり，哺乳類の受精現象に関する情報は著しい勢いで蓄積した．その潮流の中で，受精現象をさらに人為的にコントロールするためにあみだされた技術が顕微授精である．よって顕微授精技術を用いる主な目的は体外受精と同様であり，「受精現象の解明」および「産子の作出」に大きく分けられる．しかしながらこれらの二つの技術は適用が大きく異なり，顕微授精により明らかになる受精現象もあるし，顕微授精によりはじめて生まれる産子の作出もある．雄性生殖細胞の側面から見た顕微授精の解説はすでに出版されているので（小倉ら，2006），本節では可能な限り卵子の視点からの顕微授精の特性についてまとめた．

1 顕微授精の分類

顕微授精は文字通り顕微鏡下で操作をしながら授精を行う技術である．精子あるいは卵子は，その発達度により細胞生物学的特性および配偶子としての能力が異なってくるため，その多様性に応じてさまざまな顕微操作技術が開発されてきた（図XVI-71-1）．最も体外受精に近いのが，PZD（partial zona dissection）やSUZI（subzonal insemination）など，精子の透明帯通過の補助法である．この場合，精子には受精能獲得（capacitation），先体反応（acrosome reaction），そして卵子との細胞膜融合（sperm-egg fusion）の各能力が必要である．たとえば，凍結融解後のマウス精子，特にC57BL/6系統の凍結融解精子は運動性が低いため，PZDが推奨されている（Kawase et al, 2002）．一方，精子を直接卵子へ導入する卵細胞質内精子注入法（ICSI, intracytoplasmic sperm injection）は，精子に上記の能力が備わっている必要はないため，精子側に卵子活性化能，そして卵子側に前核形成能があれば受精現象は完了する．現在では多くの場合，「狭義の顕微授精＝ICSI」として認識されている（図XVI-71-1）．また現在では未成熟精子（精細胞，spermatogenic cell）を用いた顕微授精も実施されている．これは特にマウスなどの実験動物で開発・改良されてきた技術であり，精子細胞，二次精母細胞，

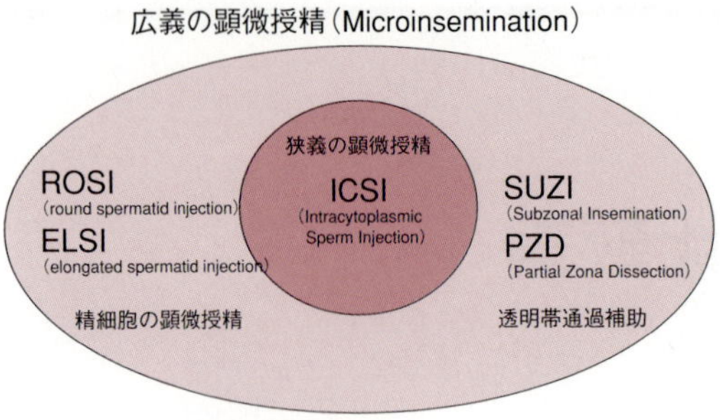

図XVI-71-1．顕微授精の分類

一般的に狭義の顕微授精はICSI（精子を用いた顕微授精）である．しかしながら顕微操作により授精するという広義の顕微授精には，精子の透明帯通過補助技術（SUZIおよびPZD）や精細胞を用いた顕微授精（ROSIおよびELSI）が含まれる．この広義の顕微授精に相当する英単語はmicroinseminationとなるが，あまり一般的には用いられていない．

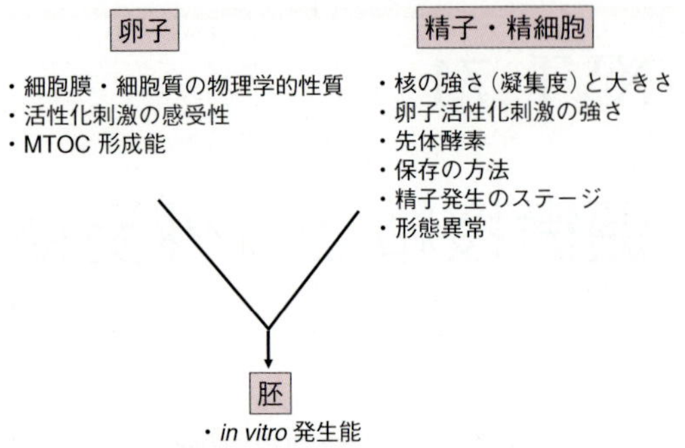

図XVI-71-2．顕微授精の結果を左右する要因

卵子，精子・精細胞，そして胚のさまざまな性質が顕微授精の結果に影響を与える．これらに種間差が存在するため，顕微授精技術の開発はそれぞれの動物種の生殖生物学の知識が必要である．

そして一次精母細胞を用いて産子が得られている（総説：Ogura et al, 2001；Ogura et al, 2002）．

2 各種哺乳類の顕微授精

哺乳類の卵子，精子そして受精卵は，それぞれの種に固有の生物学的および物理学的性質がある．このため，顕微授精技術および得られた受精卵の培養および移植技術も，各動物種に応じて開発をする必要がある．これらの関係を図XVI-71-2にまとめた．これはそのまま，顕微授精技術発達の歴史を映し出している．たとえば，ゴールデンハムスターは，卵子が注入刺激に対して抵抗性があることから，初期の顕微授精の実験に盛んに用いられ，精子核の生化学的性状と受精能（卵子活性化および前核形成）との関連などについて詳細な研究が進められた（総説：Yanagimachi et al, 2005）．しかしながら，受精卵（胚）が非常に強力な体外発生停止（*in vitro* developmental block）をしてしまうため（Bavister, Arlotto, 1990）顕微授精由来の産子を得ることはきわめて難しかった．これは，ハムスターが1960年代に体外での受精が成功したにもかかわらず，体外受精由来の産子を得るのに約30年かかったことからも明らかである（Barnet, Bavister, 1992）．一方，胚が体外発生停止をしにくい動物であるウサギ，ウシやヒトでは，顕微授精由来産子が早く得られている（Hosoi et al, 1988；Goto et al, 1990；Palermo et al, 1992）．最近では，顕微授精とその周辺技術の進展，特にピエゾマイクロマニピュレーターの応用により，ほとんどの主な動物種で顕微授精由来産子が得られるようになった．論文未発表（学会で発表など）を含めて，これらを表XVI-71-1にまとめた．これまでに14種類の動物で顕微授精由来の産子が生まれている．

マウスも系統を選べば胚は体外で発生停止しにくく，また過排卵誘起や胚移植も容易である．このため，1970年代以降の初期胚の発生学の研究に最も頻繁に使われてきた．しかし他の実験動物や家畜に比べて顕微授精が確立したのは遅く，1995年のことである（Kimura, Yanagimachi,

表XVI-71-1．各動物種における顕微授精の成果

種	射出精子	精巣上体精子	精巣内精子	伸長精子細胞	円形精子細胞	（備考）
マウス		産子	産子	産子	産子	フリーズドライ精子，凍結死体回収精子，一次精母細胞でも産子．
ラット		産子		産子	産子	フリーズドライ精子でも産子．
ハムスター		産子	前核期		産子	哺乳類で最初の顕微授精実験（1976年）．胚の体外培養が困難．
スナネズミ		前核期				IVF 困難．
マストミス		2細胞期		産子	胚盤胞	IVF 困難．
モルモット		4細胞期				
ウサギ	産子	産子		産子	産子	哺乳類で最初の顕微授精由来産子（1988年）．フリーズドライ精子でも産子．
ウシ	産子				胚盤胞	哺乳類で最初の凍結融解精子由来産子（1990年）．
ウマ	産子					
ヤギ	産子					
ヒツジ	産子					
ブタ	産子			前核期	胚盤胞	トランスジェニックブタ作出．
イヌ	前核期胚					体外受精および体細胞クローン由来産子は生まれている．顕微授精の実験は非常に少ない．
ネコ		産子				
アカゲザル	産子		産子	産子		円形精子細胞を用いた顕微授精は困難．
カニクイザル	産子				胎子	円形精子細胞由来胎仔は流産．
ニホンザル	胚盤胞					ES 細胞作出用．
チンパンジー	胚盤胞					
ミドリザル	胚盤胞					ES 細胞作出用．
ヒト	産児	産児	産児	産児	産児	体外発生精子でも産子．

1995a)（表XVI-71-1）．これは，マウス卵子の細胞膜に穴が開くと，瞬く間に死んでしまうということが原因であった．これは卵子細胞膜の修復能力あるいは細胞質の性質に問題があると思われるが，著者の知る限り，細胞膜や細胞質の性質を変化させる試薬を与えても，マウスの顕微授精は容易にならない．トランスジェニックマウス作出のためのDNA前核注入はそれほど困難ではないが，これは開ける穴が小さいことと受精卵になると膜の性質が変わることによる．現在，再現性の高いマウスの顕微授精には，**ピエゾマイクロマニピュレーター**という特殊な装置を用いて，卵子細胞膜をできるだけ卵子の奥深くで，修復の容易な穴を開ける必要がある．この技術の習得には数ヶ月を要するが，一度習熟すれば体外受精に匹敵する効率で受精卵と産子を得ることができる．フリーズドライ精子（Wakayama, Yanagimachi, 1998），未成熟精子（精細胞）（Kimura, Yanagimachi, 1995b），不妊マウス精子の利用（Ogura et al, 1996；Tanemura et al, 1997）や顕微授精によるトランスジェニックマウス作出（Perry et al, 1999）もこの技術があって，はじめて実現可能になった．現在この技術は実験動物や家畜，特に卵子が注入刺激に弱い齧歯類の顕微授精には不可欠なものとなっている（ラット：Hirabayashi et al, 2002a, b，ゴールデンハムスター：Yamauchi et al, 2002；Haigo et al, 2004，マストミス：Ogonuki et al, 2003a）．

ピエゾマイクロマニピュレーター（Piezo micromanipulator）：ピエゾ素子（圧電素子）による瞬間的な圧力を利用できる顕微操作システム．通常はインジェクターユニットに設置することにより，インジェクションピペットの先端に強力な圧力を瞬間的にかけることができる．この原理により卵子の透明帯や細胞膜に最小限のダメージで穴を空けられる．卵子細胞膜が注入に弱いマウスの顕微授精には必須の機器となっている．

3 精細胞(未成熟精子)を用いた顕微授精

表XVI-71-1にも示したように，顕微授精に用いられているのは成熟精子だけではない．いわゆる精細胞（spermatogenic cell）からも産子が得られている．父方の染色体は，受精卵においては半数体である必要があるので，未成熟の精細胞を用いた場合も最終的に父方は半数体の染色体を構築する必要がある．減数分裂直後の円形精子細胞は，精子と同様，すでに半数体になっているので，卵子の染色体と同期化させることで正常な二倍体胚が構築できる（Ogura et al, 1994）．一次および二次精母細胞は，それぞれ減数分裂前および減数分裂途上のため，卵子内で減数分裂を完了させる必要がある．これには卵子の第一あるいは第二減数分裂の機構を利用する（Kimura, Yanagimachi, 1995c；Ogura et al, 1998；Kimura et al, 1998）．

未成熟雄性配偶子である精細胞を顕微授精に用いる場合，核のプロタミン－ヒストン置換すなわち脱凝縮（decondensation）の必要性や，卵子活性化能や微小管形成中心（MTOC, microtubule-organizing center）形成能など，多くの点で成熟精子を用いた顕微授精と異なってくる．また技術的にも，物理的に弱い核を注入することや細胞の同定に経験を有するなど，数多くの要因が結果を左右する．卵子活性化能の詳細については，本章の前項および前々項を参考にされたい．

卵子活性化能をほぼ完全に欠いている円形精子細胞（マウス，ラットなど）を顕微授精に用いる場合，卵子の人為的活性化のタイミングが重要である．MII卵子には，導入された核を凝縮させるに十分な量のMPF（metaphase-promoting factor）が含まれているが，卵子活性化後は徐々にその染色体凝縮能を消失していく．ヒストンをDNA結合タンパク質として持つ円形精子細胞は急速にMPFにより染色体濃縮を起こすので，卵子活性化前後のどの時期に精細胞核が取り込まれるかで，その動態が異なってくる（Kimura, Yanagimachi 1995b）．精子による受精と同様，円形精子細胞核もtelophase IIで卵子と同期化させる（注入する）のが理想であると思われるが，S. Kishigamiら（2004）は，注入直後に活性化というスケジュールでも効率よく胚発生と産子の獲得ができることを報告している．一方，あえてMII期卵子中で**早期染色体凝集**（PCC, premature chromosome condensation）を起こさせ，極体放出を抑えて卵子活性化をした後に二つの雌性前核の片方を除去することで正常二倍体胚を構築することも可能である（Ogura et al, 1999）．

MTOCは，受精後の体細胞分裂に関与する．一般に動物ではウニやカエルから哺乳類までこの精子由来の中心子が，受精卵のMTOCとして機能する．しかしマウス，ラット，ハムスターなどでは卵子由来の星状体（aster）がMTOCとして機能することが知られている（Navara et al, 1995）．よってこれらの動物の卵子のMTOC形成能は強力であり，たとえば核移植においても，除核卵子の星状体が導入された体細胞核の凝縮染色体（prematurely condensed chromosome）を短時間のうちに取り囲み，紡錘糸様の構造を形成する（Miki et al, 2004）．ネズミ類以外の動物でも，少なくともウシとブタでは頭部のみの注入

早期染色体凝集（premature chromosome condensation）：通常の細胞周期は，G1期–S期–G2期–M期からなり，M期において染色体の凝集が起こる．しかし試薬処理や細胞融合あるいは突然変異によりG1，S，G2期の染色体も強制的に凝集させることができることが知られており，これを早期染色体凝集と呼ぶ．通常の顕微授精および核移植クローン実験では第二減数分裂のM期（MII期）に停止している成熟卵子を用いるので，卵子が活性化しなければ，導入した精細胞や体細胞は早期染色体凝集を起こすことになる．

でも産子が得られていること (Hamano et al, 1999；Nakai et al, 2003)，そして単為発生卵子や核移植胚が着床後まで発生することから，卵子自身がMTOCを形成する能力を潜在的に有していると考えられる．精細胞は，その発生過程で徐々にMTOC形成能を獲得していくことが知られているので，精細胞を用いた顕微授精は，この精細胞側および卵子側のMTOC形成能の微妙なバランスの上に成立すると考えられる．実際に，ウサギをモデルとした研究では，円形精子細胞からはMTOCは形成されず (Tachibana et al, 2009)，これらに由来した胚の染色体異数性の確率がきわめて高いことが明らかにされた (Ogonuki et al, 2005)．このため，ウサギの円形精子細胞由来産子は非常に生まれにくいと考えられていたが (伸張精子細胞からは生まれている)，最近になって卵子活性化方法の改善によりはじめて生まれた (Hirabayashi et al, 2009)．卵子活性化を良好に制御することにより，MTOCの形成が促進されるのかもしれない．カニクイザルでも円形精子細胞で妊娠が報告されているが，妊娠中期に流産をしている (Ogonuki et al, 2003b)．ブタでは注入された円形精子細胞の近傍にMTOC様の構造が形成されるものの，ICSIのMTOCのようには広がらず，かわりに卵細胞質から微小管ネットワークが生じることが観察されている (Lee et al, 1998)．この動態は，中心子を欠く頭部のみのICSIにおける微小管の動態と類似している (Kim et al, 1998)．

一次精母細胞を用いても産子が生まれている (Ogura et al, 1998；Kimura et al, 1998)．一次精母細胞は第一減数分裂前期 (prophase) の精細胞である．第一減数分裂前期は，その相同染色体の対合の状態により，細糸期，接合期，厚糸期，複糸期に大きく分類される．顕微授精により一次精母細胞の染色体は強制的に第一減数分裂 (相同染色体の分離) させられるので，染色体はその準備を完了していなければならない．Cobbら (1999) は，ocadaic acidを用いて強制的に染色体凝集を起こさせることで後期の厚糸期と複糸期染色体のみが第一減数分裂に移行できることを示しており，顕微授精にもこれらの一次精母細胞を用いる必要がある．一次精母細胞の細胞周期はG2に当たるので，卵子は，同じG2期 (germinal vesicle, GV卵子) か，M期 (MIまたはMII) を用いることで同期化が可能である．それぞれの方法のMII期において染色体を観察したところ，GV卵子およびMII卵子を用いた場合，高率に染色体異常が生じており，その多くは，第一減数分裂では本来保たれるはずの娘染色体 (sister chromatid) の分離であった (Ogura et al, 1998)．卵子成熟の培養液を適正化し，操作を簡略化 (MIIでの細胞質置換の省略) しても同様の娘染色分体の早期分離が生じていた (Miki et al, 2006)．我々はMI卵子を用いた場合に産子を得ているが，Kimuraら (1998) は，MII卵子を用いる方法でも子が得られることを明らかにしている．以上の結果は，未成熟卵子および成熟卵子どちらも雄性生殖細胞の染色体の減数分裂を完了されられることを示している．

半数体染色体形成能力だけが精細胞＝配偶子の条件ではない．二倍体胚が正常産子へ発生するためのもう一つ重要な条件が，ゲノム刷り込み (genomic imprinting) である (Ⅲ章参考)．このゲノム刷り込みは配偶子発生過程に行われ，雄では始原生殖細胞から精原細胞に至る間に終了するといわれている．よって，一次および二次精母細胞ではすでにゲノム刷り込みは完了しており，これにより正常産子が得られていると考えられる．しかし未成熟卵子を用いる場合は，卵子内にゲノム刷り込みを制御する因子（主にDNAメチル化酵素）が残っていて，これが精細胞のゲノム刷り込みを変化させる可能性もある．

4 顕微授精のエピジェネティクス

多くの動物種で顕微授精により正常産子が生まれている．しかしそれはあくまで表現型上のことであり，顕微授精によるエピジェネティクスへの影響についてはようやく少しずつ情報が蓄積されてきたところである．厳密にいえば，あらゆる生殖補助技術はエピジェネティクスレベルでの変化を伴うと予想され，究極の生殖補助技術ともいえる顕微授精にも特有のエピジェネティクス変化が伴うはずである．しかしながらエピジェネティクスの変化は，「異常」の指標としてだけではなく，補償機構が働いていることの証明にもなりうる．よって実用上の評価基準はあくまで表現型となるが，研究対象としてはエピジェネティクスの変化も広範に採用し，詳細な情報の蓄積が望まれる．近年，DNAメチル化，ヒストン修飾（アセチル化，メチル化など），遺伝子発現のための解析技術が飛躍的に進歩し，それに伴って非常に微小な材料からも微細な変化を捉えることが可能になっている．

たとえば，マウスを用いて円形精子細胞由来の受精卵および胚のエピジェネティクスが解析されている．円形精子細胞に由来する雄性前核の脱メチル化は，途中で停止して急激に再メチル化をすることが報告されている（Kishigami et al, 2006）．また，着床前胚の遺伝子発現解析では，*Oct4*，*mERV-L*，*eIF-1A* などの発現量は正常であったが，retrovirus-like mobile element intracisternal A particle（*IAP*）の発現が2細胞期から胚盤胞期まで有意に上昇していることが明らかになっている（Hayashi et al, 2003）．一方では，刷り込み遺伝子の片親性発現は正常に保たれていることが報告されている（Shamanski et al, 1999）．また，円形精子細胞には半数体特異的mRNAが含まれているので，卵子への注入後のその動態も調べられている．円形精子細胞由来の多くの遺伝子（protamine遺伝子など）のmRNAは受精後速やかに消失するが，一部のmRNA（*Ube1Y* など）は2細胞期まで残存することが報告されている（Ziyyat, Lefevre, 2001）．

成熟精子（凍結融解精子）を用いたマウスICSIにおいても，上記 *IAP*，*Hprt* そして刷り込み遺伝子 *Cd81* と *H19* の発現上昇，そして刷り込み遺伝子 *Slc38a4* の低下が観察されている．しかし刷り込み遺伝子の変化は体内受精 - 体外培養胚でも生じていたことから，ICSI特異的な変化は *IAP* と *Hprt* の発現上昇であると結論された（Fernandez-Gonzalez et al, 2008）．最近，受精後の細胞内カルシウムオシレーション（前項および前々項）の頻度の多少が，胚盤胞までの発生率には影響をしないものの，産子率に影響を与えることが明らかにされた（Ozil et al, 2006）．そして胚盤胞においてすでに網羅的遺伝子発現パターンが大きく変動していることがわかっている．特にカルシウムオシレーションが少ない場合は，RNA代謝とポリメラーゼII

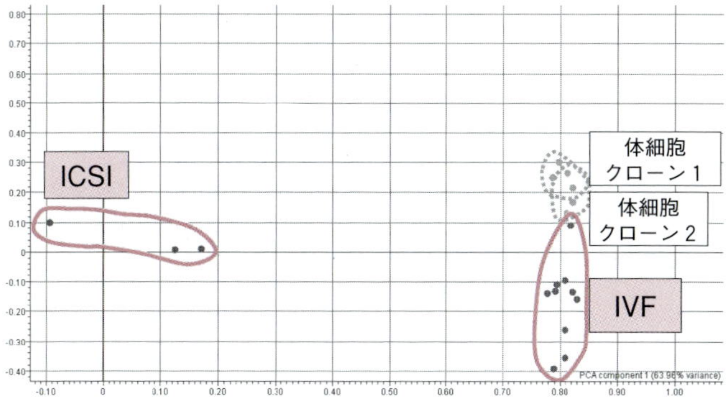

図XVI-71-3．体外受精，顕微授精，そして体細胞クローン由来の胚盤胞におけるマイクロアレイによる遺伝子発現の網羅的解析（主成分分析）
体外受精と顕微授精の遺伝子発現パターンは明瞭に分かれることがわかる（井上ら，未発表）．

転写関連の遺伝子の影響が大きいことが示されている．著者らも網羅的遺伝子発現の解析により，体外受精群と顕微授精群の胚盤胞における遺伝子発現パターンに大きな相違が生じていることを見つけている（図XVI-71-3）．以上のように，エピジェネティクス解析技術の進歩により微小な変化が捉えられるようになるとともに，胚のエピジェネティクスへの顕微授精の影響が確実に見られるようになった．それだけに対照群の設定はますます重要になり，顕微授精の影響を科学的に示すことが必要である．

エピジェネティクスの変動が実際に表現型に影響するかどうかの解析も慎重に進める必要がある．エピジェネティクスの変動そのものが，補償的に表現型への影響を減らす方向に働いている可能性もあるためである．実験動物においては，表現型変化の解析として出生前の胚盤胞あるいは産子までの発生率，そして出生後の体重変化，妊性（fertility）そして行動解析が実施されている．たとえば，円形精子細胞による顕微授精の影響を検討するためにマウスで5世代実験を続け，各世代の成長率，妊性，行動を解析した結果，顕微授精の影響は現れないと結論されている（Tamashiro et al, 1999）．一方，上記Fernandez-Gonzalezら（2008）は，凍結融解精子を用いたICSI影響が特に雌産子の表現型に顕著に現れることを報告している．顕微授精由来の雌は体重の増加，組織学的病変（腫瘍など），早期死亡，そして行動の異常という表現型が見つかっている．雌における体重の増加は，aguoti色の系統マウス（B6C3F1など）の体細胞クローンでも報告されており（Tamashiro et al, 2002），同様の機序が働いているのかもしれない．

5 顕微授精の応用

哺乳類最初の顕微授精実験から約30年，そして最初の産子報告から約20年が経過し，顕微授精技術は生殖補助技術としてだけではなく，基礎生物学研究の有用な技術としてきわめて多様な利用をされてきた．特にマウスは顕微授精の効率も安定しており，近交系や遺伝子操作動物

表XVI-71-2．顕微授精の応用例

目的	対象
継代，遺伝子保存	遺伝子改変による不妊，高齢，凍結不動精子，フリーズドライ精子，死体からの回収精子，重度疾患による全身状態悪化など
遺伝子機能の解析	受精関連遺伝子および配偶子形成遺伝子のノックアウトマウス
遺伝子治療	ウイルスベクターによる Sl/Sld マウスの遺伝子治療
精原細胞・生殖幹（GS）細胞移植	精原幹細胞の解析，遺伝子改変マウス作出など
精細管組織・細胞移植	異種ホストを用いた精子発生実験
雑種作出	野生由来マウスとの F1 作出など
トランスジェニック動物作出	DNA 同時導入によるトランスジェニック動物作出（マウス，ブタ）
ゲノム刷込み解析	一次精母細胞を用いた顕微授精胎子における刷込み遺伝子発現の解析
スピードコンジェニックの加速	新生子マウス由来の円形精子細胞による戻し交配
卵子活性化因子の解析	精子由来卵子活性化因子の局在解析（マウス，カニクイザル）
精子分化実験	ES 細胞や初期生殖細胞から分化させた配偶子を用いた受精実験
雄性核胚の作出	除核卵子への 2 個の半数体雄性ゲノムの導入

が使用可能であることから顕微授精の応用の幅がとても広い（Ogonuki : et al, 2009 ; Ogonuki et al, 2010）．その例を表XVI-71-2にまとめた．その多くは雄性生殖細胞を研究対象としたものであるので，その詳細はここでは省略する．参考文献を参照していただき（Ogura et al, 2005 ; 小倉ら, 2006），顕微授精技術がいかに現在の生物学，特に生殖生物学や幹細胞生物学に貢献しているか理解していただければ幸いである．

まとめ

体外授精技術の発展型としての顕微授精技術は，この20年間，受精現象のダイナミクスやそれに関わる因子の解明に大きく貢献するとともに，ヒトや動物の生殖補助技術にも広く利用されてきた．配偶子を用いる顕微操作技術の進歩とともに，成熟精子のみならず，未成熟精子である精母細胞や精子細胞を用いた受精卵や産子の作出も可能になり，その応用範囲はますます拡大している．さらに近年は，さまざまな多能性幹細胞や生殖幹細胞が樹立され，体外における生殖細胞や配偶子の発生研究が大きな発展を遂げていることにより，当然その終着として産子を作出するための顕微授精技術の必要性も高まっている．一方ではこのように顕微授精技術が高度に発達し，また応用も広がったことで，そのエピジェネティクスへの影響が懸念されている．このように長い年月を通し，主役あるいは脇役として研究や臨床を支えてきた顕微授精であるが，今後もいっそうの技術の発展と検証が必要とされる．

（小倉淳郎）

引用文献

Barnett DK, Bavister BD (1992) Hypotaurine requirement for in vitro development of golden hamster one-cell embryos into morulae and blastocysts, and production of term offspring from in vitro-fertilized ova, *Biol Reprod*, 47 ; 297-304.

Bavister BD, Arlotto T (1990) Influence of single amino acids on the development of hamster one-cell embryos in vitro, *Mol Reprod Dev*, 25 ; 45-51.

Cobb J, Cargile B, Handel MA (1999) Acquisition of competence to condense metaphase I chromosomes during spermatogenesis, *Dev Biol*, 205 ; 49-64.

Fernandez-Gonzalez R, Moreira PN et al. (2008) Long-term effects of mouse intracytoplasmic sperm injection with DNA-fragmented sperm on health and behavior of adult offspring, *Biol Reprod*, 78 ; 761-772.

Goto K, Kinoshita A, Takuma Y, et al (1990) Fertilisation of bovine oocytes by the injection of immobilized, killed spermatozoa, *Vet Rec*, 127 ; 517-520.

Haigo K, Yamauchi Y, Yazama F, et al (2004) Full-term development of hamster embryos produced by injection of round spermatids into oocytes, *Biol Reprod*, 71 ; 194-198.

Hamano K, Li X, Qian X, et al (1999) Gender preselection in cattle with intracytoplasmically injected, flow cytometrically sorted sperm heads, *Biol Reprod*, 60 ; 1194-1197.

Hayashi S, Yang J, Christenson L, et al (2003) Mouse preimplantation embryos developed from oocytes injected with round spermatids or spermatozoa have similar but distinct patterns of early messenger RNA expression, *Biol Reprod*, 69 ; 1170-1176.

Hirabayashi M, Kato M, Aoto T, et al (2002a) Offspring derived from intracytoplasmic injection of transgenic rat sperm, *Transgenic Res*, 11 ; 221-228.

Hirabayashi M, Kato M, Aoto T, et al (2002b) Rescue of infertile transgenic rat lines by intracytoplasmic injection of cryopreserved round spermatids, *Mol Reprod Dev*, 62 ; 295-299.

Hirabayashi M, Kato M, Kitada K, et al (2009) Activation regimens for full-term development of rabbit oocytes injected with round spermatids, *Mol Reprod Dev*, 76 ; 573-579..

Hosoi Y, Miyake M, Utsumi K, et al (1988) Development of rabbit oocytes after microinjection of spermatozoa, *Proc 11th International Congress on Animal Reproduction*, 3 ; abs.331.

Kawase Y, Iwata T, Ueda O, et al (2002) Effect of partial incision of the zona pellucida by piezo-micromanipulator for in vitro fertilization using frozen-thawed mouse spermatozoa on the developmental rate of embryos transferred at the 2-cell stage, *Biol Reprod* 66 ; 381-385.

Kim N-H, Lee JW, Jun SH, et al (1998) Fertilization of porcine oocytes following intracytoplasmic spermatozoon or isolated sperm head injection, *Mol Reprod Dev*, 51 ; 436-444.

Kimura Y, Yanagimachi R (1995a) Intracytoplasmic sperm injection in the mouse, *Biol Reprod*, 52 ; 709-720.

Kimura Y, Yanagimachi R (1995b) Mouse oocytes injected with testicular spermatozoa or round spermatids can develop into normal offspring, *Development*, 121 ; 2397-2405.

Kimura Y, Yanagimachi R (1995c) Development of normal mice from oocytes injected with secondary spermatocyte nuclei, *Biol Reprod*, 53 ; 855-862.

Kimura Y, Tateno H, Handel MA, et al (1998) Factors affecting meiotic and developmental competence of primary spermatocyte nuclei injected into mouse oocytes, *Biol Reprod*, 59 ; 871-877.

Kishigami S, Wakayama S, Thuan NV, et al (2004) Similar time restriction for intracytoplasmic sperm injection and round spermatid injection into activated oocytes for efficient offspring production, *Biol Reprod*, 70 ; 1863-1869.

Kishigami S, Van Thuan N, Hikichi T, et al (2006) Epigenetic abnormalities of the mouse paternal zygotic genome associated with microinsemination of round spermatids, *Dev Biol*, 289 ; 195-205.

Lee JW Kim NH, Lee HT, et al. (1998) Microtubule and chromatin organization during the first cell-cycle following intracytoplasmic injection of round spermatid into porcine oocytes, Mol Reprod Dev, 50 ; 221-228

Miki H, Inoue K, Ogonuki N, et al (2004) Cytoplasmic asters are required for progression past the first cell cycle in cloned mouse embryos, *Biol Reprod*, 71 ; 2022-2028.

Miki H, Ogonuki N, Inoue K, et al (2006) Improvement of cumulus-free oocyte maturation in vitro and its application to microinsemination with primary spermatocytes in mice, *J Reprod Dev*, 52 ; 239-248.

Nakai M, Kashiwazaki N, Takizawa A, et al (2003) Viable piglets generated from porcine oocytes matured in vitro and fertilized by intracytoplasmic sperm head injection, *Biol Reprod*, 68 ; 1003-1008.

Navara CS, Wu G-J, Simerly C, et al (1995) Mammalian model systems for exploring cytoskeletal dynamics during fertilization, *Curr Top Dev Biol*, 31 ; 321-342.

Ogonuki N, Mochida K, Inoue K, et al (2003a) Fertilization of oocytes and birth of normal pups following intracytoplasmic injection with spermatids in mastomys (Praomys coucha), *Biol Reprod*, 68 ; 1821-1827.

Ogonuki N, Tsuchiya H, Hirose Y, et al (2003b) Pregnancy by the tubal transfer of embryos developed after injection of round spermatids into oocyte cytoplasm of the cynomolgus monkey (Macaca fascicularis), *Hum Reprod*, 18 ; 1273-1280.

Ogonuki N, Inoue K, Miki H, et al (2005) Differential development of rabbit embryos following microinsemination with sperm and spermatids, *Mol Reprod Dev*, 72 ; 411-417.

Ogonuki N, Inoue K,Hirose M, et al （2009） A high-speed congenic strategy using first-wave male germ cells PLoS ONE, 4 ; e4943

Ogonuki N, Moril M, Shinmen A, et al（2010） The effect on intracytoplasmic sperm injection outcome of genotype, male germ cell stage and freeze-thawing in mice. PLoS ONE, 5 ; ell062.

小倉淳郎，越後貫成美，井上貴美子（2006）哺乳類の顕微授精，新編精子学，森沢正昭，星和彦，岡部勝編，pp333-347，東京大学出版会，東京．

Ogura A, Matsuda J, Yanagimachi R (1994) Birth of normal young following fertilization of mouse oocytes with round spermatids by electrofusion, *Proc Natl Acad Sci USA*, 91 ; 7460-7462.

Ogura A, Yamamoto Y, Suzuki O, et al (1996) In vitro fertilization and microinsemination with round spermatids for propagation of nephrotic genes in mice, *Theriogenology*, 45 ; 1141-1149.

Ogura A, Suzuki O, Tanemura K, et al (1998) Development of normal mice from metaphase I oocytes fertilized with primary spermatocytes, *Proc Natl Acad Sci USA*, 95 ; 5611-5615.

Ogura A, Inoue K, Matsuda J (1999) Spermatid nuclei can support full term development after premature

chromosome condensation within mature oocytes, *Hum Reprod*, 14 ; 1294-1298.
Ogura A, Ogonuki N, Takano K, et al (2001) Microinsemination, nuclear transfer, and cytoplasmic transfer : the application of new reproductive engineering techniques to mouse genetics, *Mamm Genome*, 12 ; 803-812.
Ogura A, Ogonuki N, Inoue K (2002) Microinsemination and nuclear transfer with male germ cells, In : *Principles of Cloning*, Cibelli JB, Lanza R, Campbell K, West MD (eds), pp175-186, Academic Press, San Diego.
Ogura A, Ogonuki N, Miki H, et al (2005) Microinsemination and nuclear transfer using male germ cells, *Int Rev Cytol*, 246 ; 189-229.
Ozil JP, Banrezes B, Toth S, et al (2006) Ca^{2+} oscillatory pattern in fertilized mouse eggs affects gene expression and development to term, *Dev Biol*, 300 ; 534-544.
Palermo G, Joris H, Debroey P, et al (1992) Pregnancies after intracytoplasmic injection of single spermatozoon into an oocyte, *Lancet*, 340 ; 17-18.
Perry ACF, Wakayama T, Kishikawa H, et al (1999) Mammalian transgenesis by intracytoplasmic sperm injection, *Science*, 284 ; 1180-1183.
Shamanski FL, Kimura Y, Lavoir M-C, et al (1999) Status of genomic imprinting in mouse spermatids, *Hum Reprod*, 14 ; 1050-1056.
Tachibana M, Terada Y, Ogonuki N, et al (2009) Functional assessment of centrosomes of spermatozoa and spermatids microinjected into rabbit oosytes, *Mol Reprod Dev*, 76 ; 270-277.
Tamashiro KLK, Wakayama T, Akutsu H, et al (2002) Cloned mice have an obese phenotype not transmitted to their offspring, *Nat Med*, 8 ; 262-267.
Tamashiro KLK, Kimura Y, Blanchard RJ, et al (1999) Bypassing spermiogenesis for several generations does not have detrimental consequences on the fertility and neurobehavior of offspring : A study using the mouse, *J Assist Reprod Genet*, 16 ; 315-324.
Tanemura K, Wakayama T, Kuramoto K, et al (1997) Birth of normal young by microinsemination with frozen-thawed round spermatids collected from aged azoospermic mice, *Lab Anim Sci*, 47 ; 203-204.
Wakayama T, Yanagimachi R (1998) Development of normal mice from oocytes injected with freeze-dried spermatozoa, *Nat Biotechno*l, 16 ; 639-641.
Yamauchi Y, Yanagimachi R, Horiuchi T (2002) Full term development of golden hamster oocytes following intracytoplasmic sperm head injection, *Biol Reprod*, 67 ; 534-539.
Yanagimachi R (2005) Intracytoplasmic injection of spermatozoa and spermatogenic cells : its biology and applications in humans and animals, *Reprod Biomed Online*, 10 ; 247-288.
Ziyyat A, Lefevre A (2001) Differential gene expression in pre-implantation embryos from mouse oocytes injected with round spermatids or spermatozoa, *Hum Reprod*, 16 ; 1449-1456.

XVI-72

ヒト卵顕微授精の課題と対策

Key words
卵細胞質内精子注入法／不動化処理／精子因子／rescue ICSI／卵活性化

はじめに

顕微授精には透明帯開孔法（partial zona dissection；Gordon et al, 1988），囲卵腔内精子注入法（subzonal inseminution；Ng et al, 1988），卵細胞質内精子注入法（ICSI, intracytoplasmic sperm injection）（Palermo et al, 1992）などがあるが，安定した高受精率が期待できるICSIが実施されており，他法はほとんど実施されていない．したがって，ここではICSIについて述べる．ヒト生殖補助医療（ART, assisted reproductive technology）（IVF（*in vitro* fertilization・embryo transfer，体外受精・胚移植）およびICSI）の実施状況において，ICSIはIVFと同レベルか，むしろ多く実施されているのが現状である．もはや，ICSIは特別な不妊治療のツールではなくなっている．IVFもそうであるが，とりわけICSIにおいてはヒトは哺乳類の中では難易度が低いために，臨床での採用，実施が先行してしまった．そのためか，生殖生物学の観点からICSIの実施過程を検証すると，明らかになっていないことが多いのに驚く．ここでは，ICSIのプロセスをたどりながら，現状と課題，そしてその対策について述べる（図XVI-72-1）．

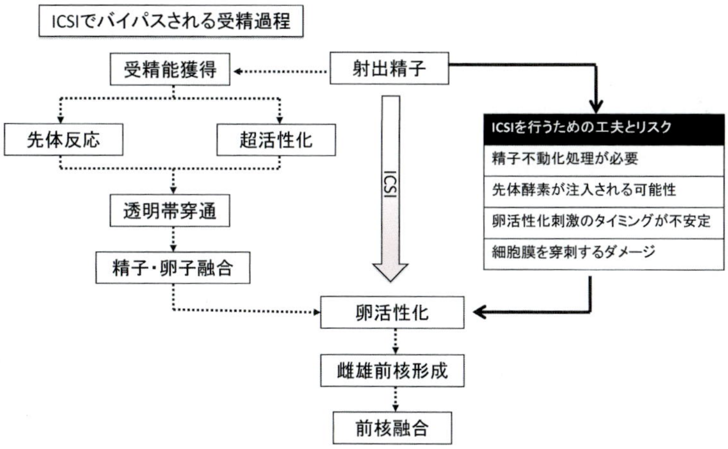

図XVI-72-1．ICSIによる受精での工夫点とリスク

1 卵子の前培養

現在のARTの卵子採取は卵胞成熟兆候を確認した後，hCG投与によって計画される．通常はhCG投与後35-36時間で採卵される．long protocolでは採取卵子の85%が成熟卵子（meta phase II）で，クロミフェンで卵巣刺激を行った場合では80%が成熟卵子となる．LHサージ後，*in vivo* で排卵される時までに卵子は核と細胞質の成熟がはかられる．よって，採卵によって採取された卵子は媒精する前に，前培養を行って卵子を成熟させる必要があると考えられた．IVFが導入された初期の研究であるが，採卵後，卵子に5-6.5時間の前培養を行った場合にIVFの受精率が最高と報告された（Trounson et al, 1982）．同様に5-5.5時間の前培養時に受精率が89%と最高であるとの報告もある（Veeck et al, 1983）．これらの報告以後，採卵後5-6時間の前培養を置くことがIVFとICSIのプロトコールに採用されている．

採卵時に採取されたMI卵子は4.5時間でその46%がMII卵子となるので，数時間の前培養はMII卵子の獲得には有利であるが（Strassburger et al, 2004），排卵後の卵子は老化（ageing）に傾くので，実施すべき適切な前培養時間の再検証（評価）は重要事項の一つである．現在までに報告されている卵子前培養時間とICSIの成績との関連性は以下のようである．L. Rienziらは3時間未満から12時間までのICSIでの前培養時間について検討し，受精率と良好胚獲得率が3時間未満群で低下し，他の群では有意差がないことを示した（Rienzi et al, 1998）．K. YanagidaらはICSIで良好胚の割合は9-11時間の前培養区で有意に低下していたが，1-11時間の間では前培養時間と生存率，受精率，分割率，妊娠率に差がないことを示した（Yanagida et al, 1998）．また，J. Y. Hoらも6-9時間程度の培養は卵子のqualityを維持でき，その間の前培養時間では成績に影響しないことを報告した．また，2.5時間以上の前培養はMII卵獲得に有利であることも報告した（Ho et al, 2003）．

前培養時間を別の観点から捉えると，IVFを行って受精障害と判断される場合のrescue ICSIを行う時間に関連づけて考えることができる．IVF後の受精障害に対するrescue ICSIは，古くは1 day old ICSIと表現されていたようにIVFの受精判定を行う培養1日目に受精していない卵子にICSIを実施して，より多くの受精卵を獲得する方法である（Nazy et al, 1993）．IVFでの受精障害への対応策として多くの施設で採用されたが，その妊娠率はいずれも低く（5%以下），多くの臨床医が臨床上の有益性はないと評価した．低妊娠率の大きな原因の一つは卵子の老化である．卵子内の代謝系はもとより遺伝的資質への傷害（染色体の断片化）も推察される（Train, 1996）．その他に，哺乳類の卵子のageingの本態として異常が報告されているものには，紡錘体の形態異常，第二極体の放出障害，多精子受精，卵細胞質の断片化，単為発生，表層粒の自然放出，透明帯の硬化，lysosomesの増加，microvilliの短縮，細胞膜近傍のactin filamentの消失等がある．

実際に，卵子の染色体分析の結果では染色体の異数性（aneuploidy）が79.7%の高頻度で出現率する（Emery et al, 2005）．臨床成績については，実際，古典的なrescue ICSIは媒精から20–24時間後に実施されており，卵子の培養時間が短縮されればされるほどよい妊娠率が報告されている．16–18時間でのrescue ICSIは18.8%の妊娠率となり（Feng et al, 2004），6時間では12–20.2%の着床率が報告されている（Chen, Kattera, 2003）．Rescue ICSIではより早い時期での受精判定・予測が重要となる．

2 卵子の成熟性とICSI

経腟超音波検査ガイド下に採取された卵子を採卵の2時間後に観察すると6%が変性卵子，MI卵子が8.7%，GV卵子が5.5%である（Strassburger et al, 2004）．MI卵子をさらに4.5時間培養すると46%がMII卵子となる．このような培養によって得られた成熟卵子（MII卵子）が臨床（ICSI）に供されることがあるが，その場合のICSIの結果は不良である（De Vos et al, 1999；Shu et al, 2007）．たとえば受精率は有意に低下（52.7% vs 70.8%）し，妊娠率は6.7%（対移植）と報告されている（De Vos et al, 1999）．その原因としては，成熟しなかった卵子側の問題点，*in vitro* ageingの影響などによる卵子の個体発生能の低下が推測される．

2001年には物質の複屈折を利用して，細胞を観察する偏光顕微鏡（polscope）が開発され，ヒト卵子の紡錘体を観察した報告がなされた（Wang et al, 2001a）．その観察によれば，ICSI時に紡錘体が観察されない卵子にICSIを行った場合では，受精率および胚発生が低下することが指摘されている（Wang et al, 2001b；Moon et al, 2003；Cooke et al, 2003）．meta phase Iからmeta phase IIへの過程をtime-lapse videoで観察すると，約40–60分間紡錘体が消失する時期があり，紡錘体が観察されない卵子の低胚発生率の原因は，ICSIの時期が関与している可能性が示唆されていた（Montag et al, 2006）．第一極体が存在している状態を細胞分裂周期から捉えると，anaphase I，telophase I，metaphse IIのいずれかの状態である．telophaseからmetaphaseに移行する間に紡錘体が消失して染色体が凝集する．この状態は1–4時関持続される（gere phase；Otsuki, Nagai, 2007）．このgere phaseにICSIを行うと受精障害，受精異常が起こることが推測されるが，J. Otsukiらの実際の観察では受精異常が認められていない．採取されたMI卵子の体外培養時の観察によれば，第一極体を放出した1時間以内にICSIを行うと受精率がきわめて低値となり，1時間以上経過後にICSIを行うと80%以上の受精率になるので（Hyun et al, 2007），実際の臨床では，採取卵子の裸化後1時間以後にICSIを行うプロトコールにしておくと，第一極体放出直後の受精率が低い時期のICSIを避けることができよう．

3 卵胞の成熟性とICSI

採卵時の卵胞サイズと受精，胚発生，着床成績については関連性が認められる．IVFにおいては卵胞径が16mm以上のものから採取された卵子と，それ未満の卵子とを比較すると，受精率は大きいサイズの卵胞に由来する卵子の方が有意に高値で，分割率については差がない．妊娠率は小さい卵胞由来の卵子では有意に低値である．ICSIでは，受精率，胚分割率，妊娠率において有意差がなく同等である（Bergh et al, 1998）．このことは小さい卵胞に由来する卵子が持つ未熟性は，ICSIによって克服できることを意味する．

卵細胞質内の光顕下での形態的異常としてhomogeneous granularity, central granularity, vacuole, SER（smooth endoplasmic reticulum）の集塊，refractile bodyなどが報告されている．IVFではhomogeneous granularityを持つ卵子では妊娠例が得られているが，他の異常では成績が不良である．そのような卵子にICSIを実施すると，通常の受精率が得られる．しかし，妊娠率はきわめて低いとの報告がある（Serhal et al, 1997）．一方では，それらの異常の有無はICSIの受精率や妊娠率に影響しない（Balaban et al, 1998）との報告もある．

4 精子不動化処理

生理的な受精の開始点はsperm-egg fusionである．ICSIでは精子が顕微注入された時となるが，正確には精子が注入されて，精子－卵子相互作用が開始された時である．健常な精子をそのまま顕微注入すると，精子は卵細胞内で運動し続け，2時間もの間運動性を保持している精子を認めることもある．その場合，精子－卵子相互作用は起きていない．精子が卵細胞内で精子－卵子相互作用が開始されるためには，精子側は精子細胞膜が破綻していること，卵子側ではMII卵子となっていることが必要である．そのため，ICSIでは精子細胞膜を破綻させてからICSIを行わねばならない．その精子の処理が精子不動化であり，ICSIの成否を握る重要な因子である．また受精時の卵子活性化機序については，sperm-egg fusionに始まる受容体を介する刺激伝達系を利用できないので，精子に存在する卵子活性化因子によるものと理解される．現在もっとも有力な卵子活性化因子は精子のPLCζである．また，ICSIの非生理的な部分として，精子先体が卵子内に持ち込まれることがある．先体に含まれるタンパク分解酵素が卵子に及ぼす影響が懸念される．

ICSI後，精子–卵子相互作用を速やかに誘導するためには，顕微注入の前に精子細胞膜を破綻させる必要がある．ICSIが最初に成功したウシでは，精子浮遊液の凍結融解を2－3回繰り返していわゆる不動化処理を行っていた（Goto et al, 1990）．この場合，DNA断片化が懸念されるが，約20回以上凍結融解を繰り返した場合にDNA断片化が顕著になる（Ohsako et al, 1997）．ヒトでは，ICSIが発表された当時は不動化処理の重要性が述べられていなかったが，その後，2－3年でICSIの受精成立に不動化処理が重要なことが報告され注目された．

精子不動化は精子細胞膜を破綻させてからICSIを行い，卵子内で速やかな受精の進行をはかるのに重要である．細胞膜の破綻は修復できない程度の大きなものである必要がある．精子頭部の細胞膜の破綻が重要であるので，頭部に近い尾部に損傷を与えて不動化するのがよい．具体的な方法は注入用ニードルで尾部をしごく方法が一般的である．ほかにピエゾマニピュレータを用いる場合はピエゾパルスを尾部に加える．また，レーザーを精子尾部に照射して不動化を行う方法もある（Montag et al, 2000）．

精子不動化処理（精子細胞膜傷害）の程度は精

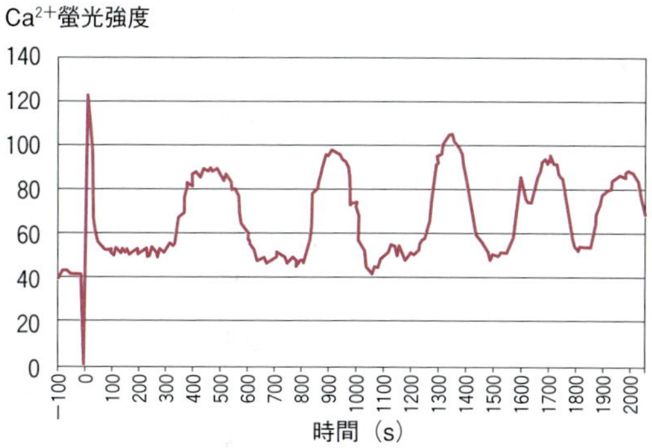

図XVI-72-2．ICSI時のカルシウムオシレーション

縦軸はカルシウムイオンの蛍光強度を表す．時間0でICSIを行った．この卵子ではICSIの約5分後からカルシウムオシレーションが発現した．ICSIでは精子が卵子内に入っても数分間以上のタイムラグの後にオシレーションが開始する．（Yanagida et al, 2001）

子－卵子相互作用の開始時間に影響する．小さなダメージであれば，精子頭部の細胞膜が破綻するまでに時間を要する．大きなダメージであれば短時間で精子－卵子相互作用が開始される．この相互作用の開始を受精時のカルシウムオシレーションの発現時間として捉えると，強い不動化処理であるピエゾマイクロマニピュレーターを用いた不動化精子をICSIした場合，カルシウムオシレーションの発現はICSIから10.5±5.0分である（Yanagida et al, 2001）．通常ICSIでの尾部をしごく不動化処理では17.2±4.0分となる（図XVI-72-2）．不動化処理が弱いと60分以上となることもある．不動化処理が弱いほどICSIの受精率が低下する（Yanagida et al, 2001）．

精子不動化処理の時に精子尾部が取れる場合がある．ハムスターの初期発生を観察した研究では，尾部のコンポーネントを初期卵割の間追跡できた．このことから，精子尾部が受精・胚発生過程に役割を持っているとは結論できないが，その働きは不明である．臨床では，精子頭部だけをICSIして妊娠・出産に成功しているが（Emery et al, 2004），現時点では，可能な限り精子全体をICSIすることが好ましいと考えられる．

5 卵子に持ち込まれる非通常物質

ICSIはまた，通常の受精では卵子内に入らない物質を持ち込む．先体酵素，精子不動化処理に使用されるpolyvinylpyrrolidone（PVP, MW 360000）などである．通常の受精では先体反応により先体酵素が放出された後に卵子内に入るが，ICSIでは先体が卵子内に持ち込まれる．先体酵素にはヒアルロニダーゼ，アクロシン，カルパイン，ホスホリパーゼA，β-グルクロニダーゼなどの酵素が含まれ，卵子に障害を与えることが当初より危惧されており，実際にハムスターでは先体がついている精子をICSIすると3時間以内にすべての卵子が変性する（Yamauchi et al, 2002）．この先体酵素によるICSIでの卵子障害を半定量的に評価した研究によると，マウス卵子に精子を注入する実験で先体がついているヒト精子をマウス卵子にICSIする場合，同時に3個の精子をICSIしても，卵子生存率，胚発生率に影響が認められないが，4個以上の精子をICSIすると，卵子変性率，胚発生率共に上昇する（Morozumi et al, 2005）．ヒト精子に不動化処理を行った場合，ある程度時間が経過すれば細胞膜の崩壊に伴い，先体酵素が拡散すると思われる．このことについて，精子不動化処理を行い直ちに固定を行い，透過電顕にてヒト精子を観察すると，すべての精子で先体マトリックスの膨化，内部の空胞化，崩壊などの所見を認めた．17%の精子で完全に先体が除去されていた (Takeuchi et al, 2004)．この報告によれば，通常のICSIではある程度の先体内容が卵子内に持ち込まれることになる．ヒト精子の先体はハムスターと比較して小さく，卵子は十分大きいので，注入された先体酵素の影響が出にくい状況にあると考えられる．しかし，卵子がなんらかの理由 (老化など) で質が低下している場合には，微量の先体酵素の影響を受ける可能性も否定できないと考えられる．理論的には先体酵素を除去した精子を準備できればよいが，除去にかかる時間が長いと精子DNAの退行性変化と精子の卵活性化物質の失活が起こるので，適切な先体酵素の除去法を検討する必要がある．動物実験では1%Triton X-100とlysolecithinが検討されており，精子DNAへの影響がない方法が確立されれば，ICSIの成績が向上する可能性がある．

PVPは5－8%溶液が用いられ，注入用ピペット管壁をコーティングすることで異物付着の防止や，その粘性を利用して運動精子の運動性減弱効果およびピペットへの吸引のしやすさなどの効用から比較的広く用いられている．もちろん，PVPを使用しなくともICSIを実施できる．この影響としては精子とともに注入されたPVPが精子核膨化を遅延させるという報告 (Dozortsev et al, 1995)，また胎児の染色体異常と関連するという報告があるが (Feichtinger, Obruca, 1995)，コンセンサスが得られていない．また，PVPを使用しないで実施したICSIの成績はPVPを用いたICSIより優れているとの報告がないので (Hlinka et al, 1995；Tsai et al, 2000)，PVPの使用は否定されないというのが現状である．古くはPVPは代用血漿製剤として人体に静脈内投与をされていたことがある．また，現在でも種々の化粧品，錠剤のコーティングなどに用いられており，生体への安全性については一定のレベルの理解が得られているところである．しかし，細胞レベルでの安全性については十分に検討されていないので，必要最小限の使用を心がける必要がある．

6 マイクロピペットによる穿刺

注入用ピペットを穿刺しても卵子が変性しないのは，破綻した細胞膜が修復されるからである．哺乳類の卵細胞膜の修復機構については十分研究されていないが，M. Terasakiらの研究によれば，卵細胞質内に存在する脂質二重層からなる小胞 (vesicle) が，細胞内外のカルシウムイオンの濃度勾配により瞬時に穿刺によって開孔した細胞膜部位の外側に移動して配列する．その後に配列して隣接する小胞同士が癒合 (vesicle-vesicle fusion) して，開孔部位を修復して閉鎖すると考えられている (Terasaki et al, 1997)．この修復能を越えた細胞膜損傷があると，卵子が変性することになる．また，培養液のカルシウムイオンの濃度が低いと，修復能が低下し卵子が変性しやすい．

ヒトの第二減数分裂中期卵の細胞膜は伸展性に富むが，細胞膜の伸展性は同一症例であっても個々の卵子で異なることがある．ピエゾICSIで用いられる注入用ピペットの先端は平坦であるので，ピペットを刺入することで細胞膜の伸

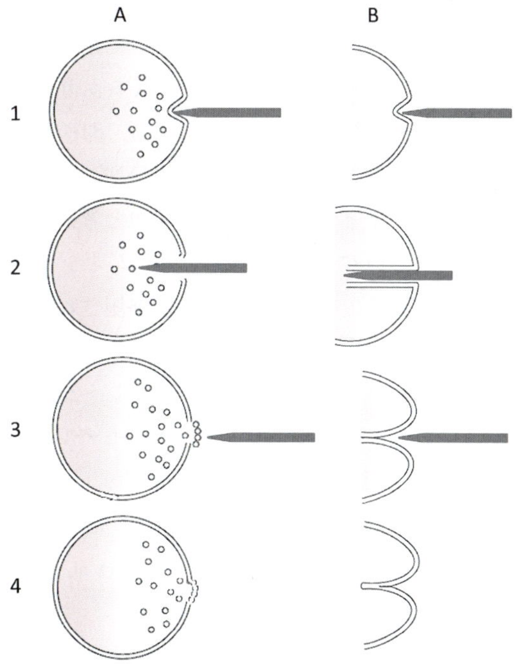

図XVI-72-3．ICSI 後の卵細胞膜の修復

(A) マイクロピペットを卵子に刺入した時に，卵細胞膜が伸展されずにすぐに破れる様式（(A)-1，2）．(A)-3 開いた小孔の外側に卵細胞内に存在する vesicle　が配列し，やがて互いに癒合して細胞膜が修復される．孔が大きいと細胞死となる．(B) マイクロピペットを刺入してもすぐに細胞膜が切れず，伸展してから穿破される様式（(B)-1，2）．ピペットを抜去すると同時に相対する細胞膜が密着するので，孔は直ちに塞がれる（(B)-3）．その後に，細胞膜が癒合し修復される（(B)-4）．

展性を評価することができる．伸展性がない場合にはピペットを押し込んでいくとすぐに細胞膜が破れてしまう．伸展性があるとなかなか貫通できず，細胞膜が引き込まれていく．その後に細胞膜を貫通して精子を注入し，ピペットを抜去すると，引き伸ばされた細胞膜同士が互いに接着するので，ニードルを抜去すると同時に細胞膜がシールされる（図XVI-72-3）．注入用ピペットを穿刺すると同時に細胞外カルシウムが

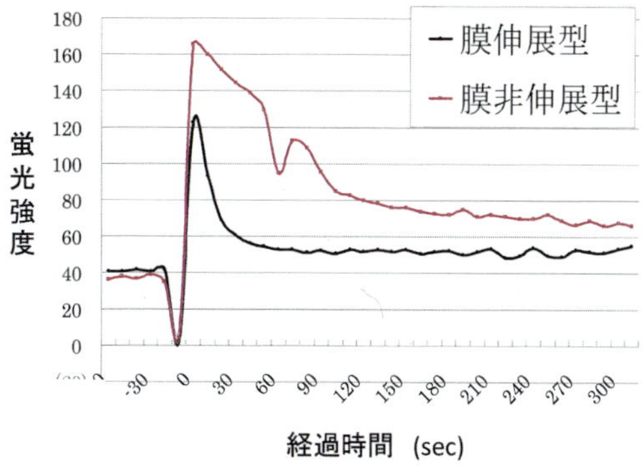

図XVI-72-4．ICSI による細胞膜穿刺時のカルシウムイオン濃度の変動

注入用マイクロピペットの穿刺に伴って，細胞外カルシウムイオンが卵子内に流入するので，一過性にカルシウムイオン濃度の上昇が認められる．このカルシウムイオン濃度の一過性上昇で穿刺様式の違いを捉えると，膜伸展型の穿刺ではカルシウムイオンの流入が少なく，カルシウムイオンの上昇が短時間となり，膜の密着と修復が短時間で行われていることがわかる．（柳田ら，2004）

卵内に流入する．このカルシウムイオン濃度の変動を測定すると，細胞膜が十分に伸ばされて ICSI された場合ではカルシウムイオンの流入が少なく短時間で膜の修復がなされていることがわかる（図XVI-72-4）（柳田，2004）．

細胞膜の修復に関しては細胞膜の伸展性があるほど，ICSI 卵子の生存性が高まると考えられる．採取された MII 卵子の 8 %が細胞膜の伸展性がなく，ピペット刺入と同時に膜が破れる．そのような卵子ではその53%が変性する．生存し受精した卵子の胚発生は良好である（Yanagida et al, 2001）．細胞膜の伸展性は細胞膜の流動性と関連すると思われる．

7 精子核の脱凝縮

成熟精子の核タンパクはプロタミン（protamine）でジスルフィド基（SS 結合）を多く含む．

SS結合が少なければ脱凝縮を起しやすい．精巣精子の核タンパクはprotamineであるがSS結合がより少ない．精子細胞の核タンパクはhistone（histoneからprotamineへの移行過程）でさらにSS結合は少なくなる．ハムスターの精巣精子はICSIの15分後から脱凝縮が観察され，精巣上体精子では30分後から観察される．ヒトでのICSI直後の卵子の固定染色による観察報告はないが，ICSIの30分後には光顕下で脱凝縮が開始している．精子のSS結合が異常に多いと脱凝縮の異常を起こすことが推測される．精子は機能的成熟過程で，前立腺分泌液に含まれる亜鉛イオンが過剰なSS結合が産生されるのを防いでいると考えられており（Kvist, 1980），このメカニズムが破綻すると精子核の脱凝縮過程の異常を起こすことが示唆される．このような異常は，卵活性化過程との時間的ズレを生じ，受精の異常，ひいては胚発生の異常に関連する可能性がある．

8 卵活性化

不動化精子が顕微注入され，精子細胞膜の崩壊がある程度になると，精子卵子相互作用が開始される．精子側では核の脱凝縮が開始され，卵子側では卵活性化に関する刺激伝達系が始動する．ICSIの場合では，卵活性化の刺激は精子が持っている卵活性化因子（PLCζと考えられている：他項参照，ここではsperm factorと呼ぶ）の作用により開始されるので，sperm factorの正常性と卵子側の刺激伝達系の正常性が保たれていることが重要である．精子・卵子相互作用の結果，カルシウムオシレーションが起こる．その発現には精子不動化処理が密接に関連していることはすでに述べた．精子の中にはsperm factorの活性が低下しているケースもあり，その場合には受精障害を呈する（後述）．卵活性化にはカルシウムオシレーションの最初の数個のカルシウムイオン一過性上昇が必要と考えられている．それに引き続くカルシウムオシレーションは胚発生に関与することが推測されている．卵活性化は単発のカルシウムイオン一過性上昇で誘起される．カルシウムオシレーションがない場合の影響として，マウスのモデルではICM細胞数減少（Bos-Mikich et al, 1997），前核形成障害（Lawrence et al, 1998），初期発生停止（Gordo et al, 2002），胎子発育障害（Ozil et al, 2001）などが報告されている．

9 受精・胚発生

ICSI 1日後の非受精卵子をクロマチン染色にて調査すると，卵活性化が生じていない卵子の中で，精子頭部が脱凝縮していたものとPCC（premature chromatin condensation）を呈したものは，精子が適切に不動化されて卵子内に注入されているにもかかわらず卵活性化が起きていない．ICSI後卵活性化が起きなかった卵子に対するそれらの卵子の割合は63.2%であった（図XVI-72-5）（柳田ら，1997）．つまり，それらの卵子ではsperm factorの機能障害や卵子側の問題が推定される．さらに，非受精卵子（1 day old）に妊孕性のあるボランティア精子でICSIを行うと，69%に卵活性化を認めた（Yanagida et al, 2008）．つまり，ICSI後の非受精卵子の43.6%は精子側の障害で卵活性が起きていないと推測

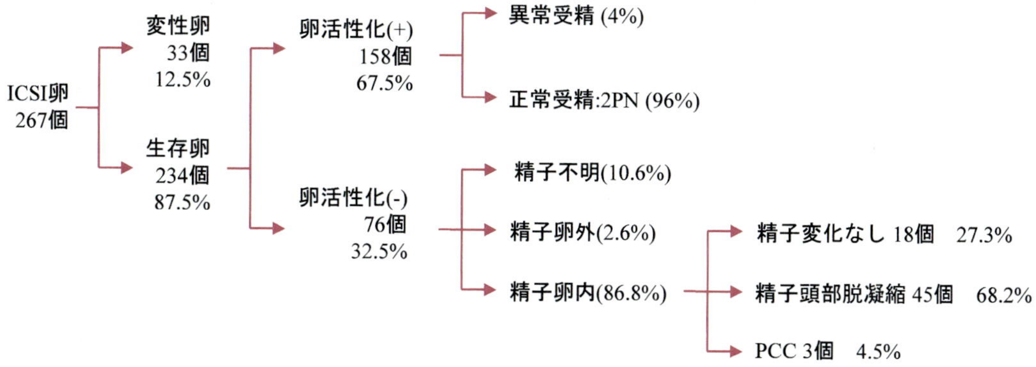

図XVI-72-5．ICSIでの非受精卵のクロマチン染色による分析

ICSIの受精判定時（ICSI20時間後）にクロマチン染色を行って観察した結果．卵活性化を起こさなかった卵子中，精子頭部の脱凝縮およびPCCを認めた卵子は，少なくとも卵活性化障害が起きたと考えられる．（柳田ら，1997）

できる．他の原因は，卵子側，精子が適切に注入されていないなどである．

完全受精障害の発生率は全治療周期の0.7%と報告されている．ICSIを行った卵子数にも関連があり，少ないほど発現率が高く，1個では27%であり，5個以上では1−4%となる（図XVI-72-6）（Yanagida, 2004）．また，その後の治療周期において受精障害が繰り返される可能性が16%ある．臨床上の問題点は受精障害が発生した時の対処であるが，現在コンセンサスが得られている方法がない．臨床研究として，sperm factorが障害されている場合（成熟精子の受精障害例，精子細胞などの未熟な雄性生殖細胞を用いた顕微授精の場合，Round head spermの症例の場合など），ICSIに卵活性化処理を併用する方法が試みられている．

ICSIに併用された卵活性化処理はCa ionophore処理（A23187, ionomycine）（Hoshi et al, 1995），電気パルス（electrostimulation）（Yanagida et al, 1999），ストロンチウム処理（Yanagida et al, 2006），puromycine処理（Murase et al, 2004）で，それ

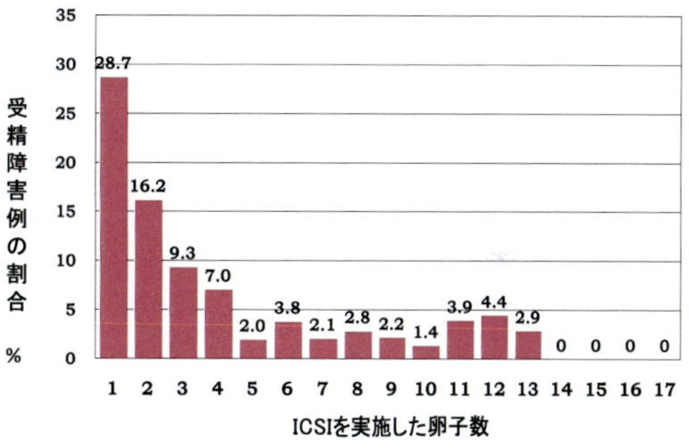

図XVI-72-6．ICSI実施卵子数ごとの受精障害発生頻度（柳田，高田，2007）

ぞれ妊娠・分娩例が報告されている．

ヒト卵子での研究はK. HoshiらがA23187をICSIと併用することで，受精率を向上させ，妊娠・分娩例を得たことを報告したことが最初である（Hoshi et al, 1995）．電気刺激法の併用により受精障害例で1999年に妊娠・分娩例が，ストロンチウム処理では低受精率症例に対して用いて妊娠・分娩例が2006年に報告された．いずれの方法においても，卵活性化処理はICSIの30分後に加えられている．現時点で出生児の異常は報告されていないが，遺伝的安全性が確立

されていない方法である．

卵活性化処理をrescue ICSIのように，ICSIを行い数時間後に受精を判定し，非受精卵に卵活性化処理を行って受精を補助する対処（rescue oocyle activation）もある（Yanagida et al, 2008）．この場合は，ICSI後からの時間経過に伴う卵子の老化はもちろん，卵活性化が起きていない卵子に注入されている精子頭部の変化，特にPCCが起きているかに注意しなければならない．*in vitro* ageingが進むと卵子の個体発生能は損なわれる．現時点ではIVF媒精6時間後のrescue ICSIの結果を考えると，6時間程度まではageingの影響が認められていない．また，精子頭部がPCCを起こすと，DNAが損傷されるために個体発生能が損なわれる．マウスの研究ではICSIの4時間後ではPCCとなった影響が認められ，個体発生能が低下するという報告がある（Suganuma, 2004）．

マウスモデルでは，ICSIによって得られた胚盤胞のICMの細胞数はIVFのものより少ない（自験）．ヒトでもICSIによって得られた胚の胚盤胞獲得率はIVFと比較すると低値である（Van Landuyt et al, 2005）．このことからICSI胚は質が低下するとはいえないが，今後検討しなければならない点である．実際の妊娠率も有意の差を認めないが，ICSIでは低い傾向があるのは事実である．

まとめ

(1) ICSIにより多くの健常な子供たちが誕生しており，ICSIは不妊治療の重要なツールとなっている．

(2) ICSIのプロセスには未解明なところが多く，研究による解明が遅れている．

(3) ICSIを受ける夫婦が持つ遺伝子異常や染色体異常を子孫に伝える可能性がある．

(4) 体外操作やICSIという侵襲的手法に関連するエピジェネティクスの異常が発現する可能性がある．

(5) 以上のことから，ICSIは必要な場合に適応とすることが大切である．

（柳田　薫）

引用文献

Balaban B, Urman B, Sertac A, et al (1998) Oocyte morphology does not affect fertilization rate, embryo quality and implantation rate after intracytoplasmic sperm injection, *Hum Reprod*, 13 ; 3431-3433.

Bergh C, Broden H, Lundin K, et al (1998) Comparison of fertilization, cleavage and pregnancy rates of oocytes from large and small follicles, *Hum Reprod*, 13 ; 1912-1915.

Bos-Mikich A, Whittingham DG, Jones KT (1997) Meiotic and mitotic Ca^{2+} oscillations affect cell composition in resulting blastocysts, *Dev Biol*, 182 ; 172-179.

Chen C, Kattera S (2003) Rescue ICSI of oocytes that failed to extrude the second polar body 6 h post-insemination in conventional IVF, *Hum Reprod*, 18 ; 2118-2121.

Cooke S, Tyler JP, Driscoll GL (2003) Meiotic spindle location and identification and its effect on embryonic cleavage plane and early development, *Hum Reprod*, 18 ; 2397-2405.

Cox GF, Bürger J, Lip V, et al (2002) Intracytoplasmic sperm injection may increase the risk of imprinting defects, *Am J Hum Genet*, 71 ; 162-164.

De Vos A, Van de Velde H, Joris H, et al (1999) In-vitro matured metaphase-I oocytes have a lower fertilization rate but similar embryo quality as mature metaphase-II oocytes after intracytoplasmic sperm injection, *Hum Reprod*, 14 ; 1859-1863.

Dozortsev D, Rybouchkin A, De Sutter P, et al (1995) Sperm plasma membrane damage prior to intracytoplasmic sperm injection : a necessary condition for sperm nucleus decondensation, *Hum Reprod*, 10 ; 2960-2964.

Emery BR, Thorp C, Malo JW, et al (2004) Pregnancy from intracytoplasmic sperm injection of a sperm head and detached tail, *Fertil Steril*, 81 ; 686-688.

Emery BR, Wilcox AL, Aoki VW, et al (2005) In vitro oocyte maturation and subsequent delayed fertilization is associated with increased embryo aneuploidy, *Fertil Steril*, 84 ; 1027-1029.

Feichtinger W, Obruca A (1995) Brunner M : Sex chromosomal abnormalities and intracytoplasmic sperm injec-

tion, *Lancet*, 346 ; 1566.
Feng T, Qian Y, Liu J, et al (2004) The applied value of rescue intracytoplasmic sperm injection after complete fertilization failure during in vitro fertilization cycles, *Zhonghua Nan Ke Xue*, 10 ; 175-177.
Gordo AC, Rodrigues P, Kurokawa M, et al (2002) Intracellular calcium oscillations signal apoptosis rather than activation in in vitro aged mouse eggs, *Biol Reprod*, 66 ; 1828-1837.
Gordon JW, Grunfeld L, Garrisi GJ, et al (1988) Fertilization of human oocytes by sperm from infertile males after zona pellucida drilling, *Fertil Steril*, 50 ; 68-73.
Goto K, Kinoshita A, Takuma Y, et al (1990) Fertilisation of bovine oocytes by the injection of immobilised, killed spermatozoa, *Vet Rec*, 24 ; 517-520.
Montag M, Schimming T, van der Ven H (2006) Spindle imaging in human oocytes : the impact of the meiotic cell cycle, *Reprod Biomed Online*, 12 ; 442-446.
Hlinka D, Herman M, Veselá J, et al (1998) A modified method of intracytoplasmic sperm injection without the use of polyvinylpyrrolidone, *Hum Reprod*, 13 ; 1922-1927.
Ho JY, Chen MJ, Yi YC, et al (2003) The effect of preincubation period of oocytes on nuclear maturity, fertilization rate, embryo quality, and pregnancy outcome in IVF and ICSI, *J Assist Reprod Genet*, 20 ; 358-364.
Hoshi K, Yanagida K, Yazawa H, et al (1995) Intracytoplasmic sperm injection using immobilized or motile human spermatozoon, *Fertil Steril*, 63 ; 1241-1245.
Hyun CS, Cha JH, Son WY, et al (2007) Optimal ICSI timing after the first polar body extrusion in in vitro matured human oocytes, *Hum Reprod*, 22 ; 1991-1995.
Kvist U (1980) Rapid post-ejaculatory inhibitory effect of seminal plasma on sperm nuclear chromatin decondensation ability in man, *Acta Physiol Scand*, 109 ; 69-72.
Van Landuyt L, De Vos A, Joris H, et al (2005) Blastocyst formation in in vitro fertilization versus intracytoplasmic sperm injection cycles : influence of the fertilization procedure, *Fertil Steril*, 83 ; 1397-1403.
Lawrence Y, Ozil J, Swann K (1998) The effects of a Ca^{2+} chelator and heavy-metal-ion chelators upon Ca^{2+} oscillations and activation at fertilization in mouse eggs suggest a role for repetitive Ca^{2+} increases, *Biochemical Journal*, 335 ; 335-342.
Montag M, Rink K, Delacrétaz G, et al (2000) Laser-induced immobilization and plasma membrane permeabilization in human spermatozoa, *Hum Reprod*, 15 ; 846-852.
Moon JH, Hyun CS, Lee SW, et al (2003) Visualization of the metaphase II meiotic spindle in living human oocytes using the Polscope enables the prediction of embryonic developmental competence after ICSI, *Hum Reprod*, 18 ; 817-820.
Morozumi K, Yanagimachi R : Incorporation of the acrosome into the oocyte during intracytoplasmic sperm injection could be potentially hazardous to embryo development. *Proc Natl Acad Sci USA,* 102 ; 14209-14214, 2005.
Murase Y, Araki Y, Mizuno S, et al (2004) Pregnancy following chemical activation of oocytes in a couple with repeated failure of fertilization using ICSI : case report, *Hum Reprod*, 19 ; 1604-1607.
Nagy ZP, Joris H, Liu J, et al (1993) Intracytoplasmic single sperm injection of 1-day-old unfertilized human oocytes, *Hum Reprod*, 8 ; 2180-2184.
Ng SC, Bongso A, Ratnam SS, et al (1988) Pregnancy after transfer of sperm under zona, *Lancet*, 2 ; 790.
Ohsako S, Nagano R, Sugimoto Y, et al (1997) Comparison of the nuclear DNA stability against freezing-thawing and high temperature treatments between spermatozoa and somatic cells, *Vet Med Sci*, 59 ; 1085-1088.
Ørstavik KH, Eiklid K, van der Hagen CB, et al (2003) Another case of imprinting defect in a girl with Angelman syndrome who was conceived by intracytoplasmic semen injection, *Am J Hum Genet*, 72 ; 218-219.
Otsuki J, Nagai Y (2007) A phase of chromosome aggregation during meiosis in human oocytes, *Reprod Biomed Online*, 15 ; 191-197.
Ozil JP, Huneau D (2001) Activation of rabbit oocytes : the impact of the Ca^{2+} signal regime on development, *Development*, 128 ; 917-928.
Palermo G, Joris H, Devroey P, et al (1992) Pregnancies after intracytoplasmic injection of single spermatozoon into an oocyte, *Lancet*, 340 ; 17-18.
Rienzi L, Ubaldi F, Anniballo R, et al (1998) Preincubation of human oocytes may improve fertilization and embryo quality after intracytoplasmic sperm injection, *Hum Reprod*, 13 ; 1014-1019.
Serhal PF, Ranieri DM, Kinis A, et al (1997) Oocyte morphology predicts outcome of intracytoplasmic sperm injection, *Hum Reprod*, 12 ; 1267-1270.
Shu Y, Gebhardt J, Watt J, et al (2007) Fertilization, embryo development, and clinical outcome of immature oocytes from stimulated intracytoplasmic sperm injection cycles, *Fertil Steril*, 87 ; 1022-1027.
Strassburger D, Friedler S, Raziel A, et al (2004) The outcome of ICSI of immature MⅠ oocytes and rescued in vitro matured MⅡ oocytes, *Hum Reprod*, 19 ; 1587-1590.
菅原亮太，片寄治男，小宮ひろみ，ほか卵活性化因子障害精子モデルを用いた，卵細胞質内精子注入法に併用した人為的卵活性化法の影響に関する検討．第24回日本アンドロロジー学会抄録集，2005．
Takeuchi T, Colombero LT, Neri QV, et al (2004) Does ICSI require acrosomal disruption? An ultrastructural study, *Hum Reprod*, 19 ; 114-117.
Terasaki M, Miyake K, McNeil PL (1997) Large plasma membrane disruptions are rapidly resealed by Ca^{2+}-dependent vesicle-vesicle fusion events, *J Cell Biol*, 6 (139) ; 63-74.
Tsai MY, Huang FJ, Kung FT, et al (2000) Influence of polyvinylpyrrolidone on the outcome of intracytoplasmic sperm injection, *J Reprod Med*, 45 ; 115-120.
Tarín JJ (1996) Potential effects of age-associated oxidative stress on mammalian oocytes/embryos, *Mol Hum Reprod*, 2 ; 717-724.
Trounson AO, Mohr LR, Wood C, et al (1982) Effect of delayed insemination on in-vitro fertilization, culture and transfer of human embryos, *J Reprod Fert*, 64 ; 285-294.
Veeck LL, Wortham JW Jr, Witmyer J, et al (1983)

Maturation and fertilization of morphologically immature human oocytes in a program of in vitro fertilization, *Fertil Steril*, 39 ; 594-602.

Wang WH, Meng L, Hackett RJ, et al (2001a) The spindle observation and its relationship with fertilization after intracytoplasmic sperm injection in living human oocytes, *Fertil Steril*, 75 ; 348-353.

Wang WH, Meng L, Hackett RJ, et al (2001b) Developmental ability of human oocytes with or without birefringent spindles imaged by Polscope before insemination, *Hum Reprod*, 16 ; 1464-1468.

柳田薫，片寄治男，矢澤浩之ほか（1997）ICSI と卵の活性化，産婦人科の世界，49 ; 361-368.

Yanagida K, Yazawa H, Katayose H, et al (1998) Influence of oocyte preincubation time on fertilization after intracytoplasmic sperm injection, *Hum Reprod*, 13 ; 2223-2226.

Yanagida K, Katayose H, Yazawa H, et al (1999) Successful fertilization and pregnancy following ICSI and electrical oocyte activation, *Hum Reprod*, 14 ; 1307-1311.

Yanagida K, Katayose H, Hirata S, et al (2001a) Influence of sperm immobilization on onset of Ca^{2+} oscillations after ICSI, *Hum Reprod*, 16 ; 148-152. Erratum in : *Hum Reprod*, 16 ; 1540.

Yanagida K, Katayose H, Suzuki K, et al (2001b) Flexibility of Oolemma is an Important Factor for Oocyte Survival after ICSI, *J Mamm Ova Res*, 18 ; 93-98.

Yamauchi Y, Yanagimachi R, Horiuchi T (2002) Full-term development of golden hamster oocytes following intracytoplasmic sperm head injection, *Biol Reprod*, 67 ; 534-539.

Yanagida K (2004) Complete fertilization failure in ICSI, *Hum Cell*, 17 ; 187-193.

柳田薫，佐藤章（2004）ICSI のコツ，*J Mamm Ova Res*, 21 ; 61-64.

柳田薫，高田智美（2007）顕微授精での受精障害，医学の歩み，223 ; 85-89.

Yanagida K, Morozumi K, Katayose H, et al (2006) Successful pregnancy after ICSI with strontium oocyte activation in low rates of fertilization, *Reprod Biomed Online*, 13 ; 801-806.

Yanagida K, Fujikura Y, Katayose H (2008) The present status of artificial oocyte activation in assisted reproductive technology, *Reprod Med Biol*, 7 ; 133-142.

XVI-73

受精障害の検出

Key words
受精障害／ART／IVF／ICSI／精子検査法

はじめに

配偶子は，生殖腺を離れてから受精するまで，構成分子に連続的な生化学的変化を起こす．それに伴って生理学的変化が起こり，構造的／形態的変化が起こる．これらの変化は時期特異的である（Toshimori, 2009）．

受精過程は，狭義には精子と卵子の相互作用から核融合まで，広義には精子が女性生殖器管（生殖道）内に入ってから核融合までの過程と定義できる．受精障害はこのどの過程でも起こる．

受精障害は，IVF（*in vitro* fertilization）と ICSI（intracytoplsmic sperm injection），すなわち生殖補助医療 ART（assissted reproductive technology）を行った際に顕在化する．本節では，著者らが経験した動物実験における受精障害例を含めて，IVF や ICSI における受精障害の検出法を述べる．

1 受精障害の原因とその検出

受精障害の原因は，配偶子自身に由来する場合と配偶子を取り巻く環境に由来する場合に分けられる．前者の場合，配偶子の数や質も問題となる．後者は，広義の受精の場合に相当し，雌性生殖器管内の環境が問題となる．

受精障害の原因を精子から見れば，数（精子形成），質（精子細胞質成分の機能），女性生殖管内の状況（特に頚管粘液の粘性と抗精子抗体の有無），卵丘細胞を取り巻く基質や卵管液の性質（**受精能獲得**（キャパシテーション）との関係），透明帯との相互作用（特に先体反応との関係），卵子との膜融合，卵活性化が問題となる．卵子から見れば，数（卵子形成および卵巣予備能），質（核と卵細胞質の機能），透明帯の性質（機能），精子との膜融合，卵自身の活性化（減数分裂を再開し分化する能力），細胞分裂（減数分裂），核融合に至る過程が問題となる（図XVI-73-1）．

卵の検査は，採卵の際の患者の負担を考えると困難であるため，まず精子の検査を詳細に行ってから適切な治療法を選択することが必要である．治療を行う前の精液検査では，以下のことを考慮して精子を選別する必要がある．

(A) 精子の異常と受精障害

(1) 精子の数・運動・形態（頭部や鞭毛の形成）

これらの要素は精巣機能や精路系の状態を反映し，典型例では，前者は非閉塞性無精子症，後者は閉塞性無精子症となる．

受精能獲得（キャパシテーション）：精子は精巣上体管内で保存されている時は，運動性が抑制されている．精巣上体管（尾部）から採取されたすぐの精子や精液から取り出された精子もすぐには活発に運動することができない．しかし，そのような精子を，Ca や P などの電解質やアルブミンなどを含む適切な培地中で一定期間培養すると，明瞭な形態的変化を示さないが，運動性が活発になる．このような現象をキャパシテーションと呼ぶ．キャパシテーションを継続するとさらに強い運動性を示すようになる．このことをハイパーアクチベーションという．

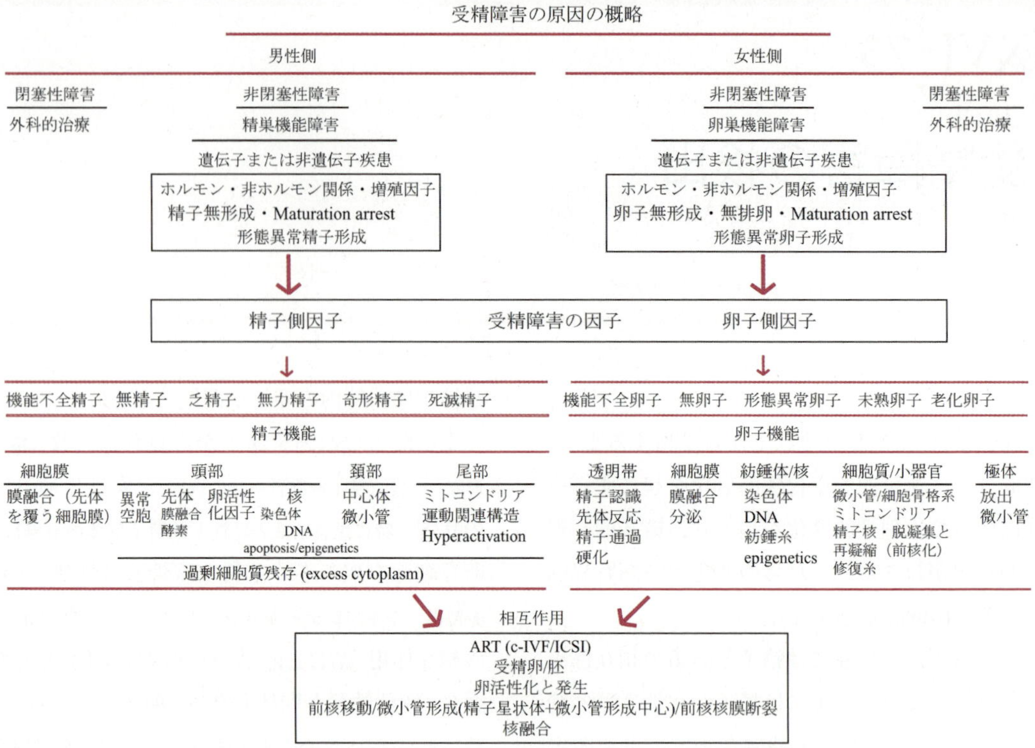

図XVI-73-1．受精障害の原因の概略を示す．

(2) 閉塞性性無精子症

精路系の異常は，精巣上体管や精管の無形成・形成不全あるいは二次的閉塞を含み，外科的治療の対象となる．精索静脈瘤，精巣上体炎，癌，喫煙等はDNAに影響を与える可能性がある．

(3) 非閉塞性無精子症

始原生殖細胞あるいは精子幹細胞が存在しない場合は，完全な無精子症となる．精子形成が精祖細胞や精母細胞の段階で停止すれば，**成熟停止**（maturation arrest）である．幹細胞がなければ，挙児を得ることは不可能である．しかし，射出精子検査で真の意味での無精子症を確定することは難しいため，臨床的には無精子症と分類された場合でも精巣生検が行われる．

精子形成関連ホルモン（FSH, LH, prolactin, androgen）が低下すれば，精子形成が低下する．受容体に問題がなければ，ホルモン治療が有効である．精原細胞の異常に対する治療は困難である（動物実験的には精原細胞移植が可能である）．セルトリ細胞由来の増殖因子あるいはその受容体が発現しなければ，精子形成は進行せず，成熟停止を起こす．この関連の遺伝子は多い．

(4) 乏精子症

精子形成が精子細胞初期で停止すると乏精子症となるが，一部の精子は完成する場合がある．この場合，形態的には奇形精子症や機能的には無力精子症を伴うことが多い．多くの場合，原

成熟停止（maturation arrest）：精子形成が不完全なために，精細胞の分化過程のどこかで進行が停止している状態を成熟停止という．通常，病理組織学的検査に基づいて診断される．成熟停止は，精母細胞の段階で停止する場合は初期成熟停止，精子細胞段階で停止する場合は後期成熟停止と分けられる．初期成熟停止が起こると，精細管内には精細胞が存在しなくなるため，セルトリ細胞だけが存在する状態となり，セルトリ（SCO,sertoli cell only syndrome）と呼ばれる．

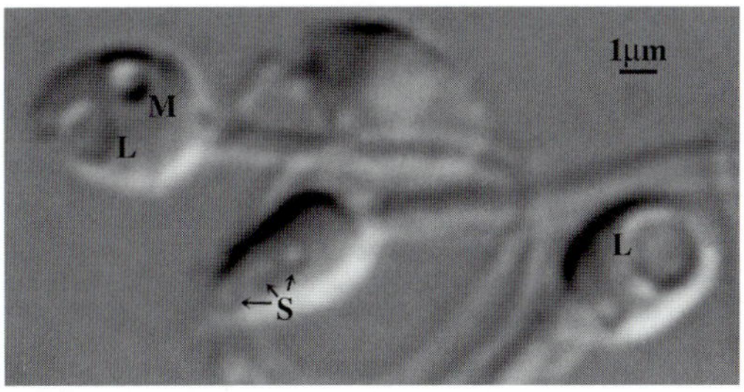

図XVI-73-2.

ヒト精子の頭部空胞の微分干渉像．表面から大・中・小（L・M・S）のさまざまの大きさの空胞が見える．直接倍率100レンズ x2（中間倍率）で撮影後，コンピューター上（Photoshop）で拡大した．

因は遺伝子異常である．精子細胞関連遺伝子の異常が大多数であるが，セルトリ細胞関連遺伝子の異常の場合もある（Nakamura et al, 2004）．

(5) 無力精子症と奇形精子症

運動性のない精子（無力精子症）は，ICSI の適応となる．死精子と診断された場合（死滅精子症），単に動かない精子がすべて死細胞であるとは限らないが，ART 治療には使用することは難しい．

(6) 精子微小構造の形成不全

乏精子症や無力精子症のみならず数や運動能が正常範囲の精子の場合でも，頭部や鞭毛に形態異常のある精子が存在する．形態異常精子が多数となれば，IVF においても受精障害を起こす．巨大頭部を持つ精子は未熟である場合が多い．染色体異常が多いことも推測される．先体機能不全であれば，ICSI の適応となる．過剰な細胞質小滴やミトコンドリア配列異常を持つ精子は，鞭毛やその他の形成異常を伴っている可能性が高い．典型的には**不動線毛症候群**（**カルタゲナー症候群**）に見られる運動関連構造（ミトコンドリアや軸糸微小管等）の形成不全や機能不全の精子は，ICSI へ適応できるが，Y 染色体

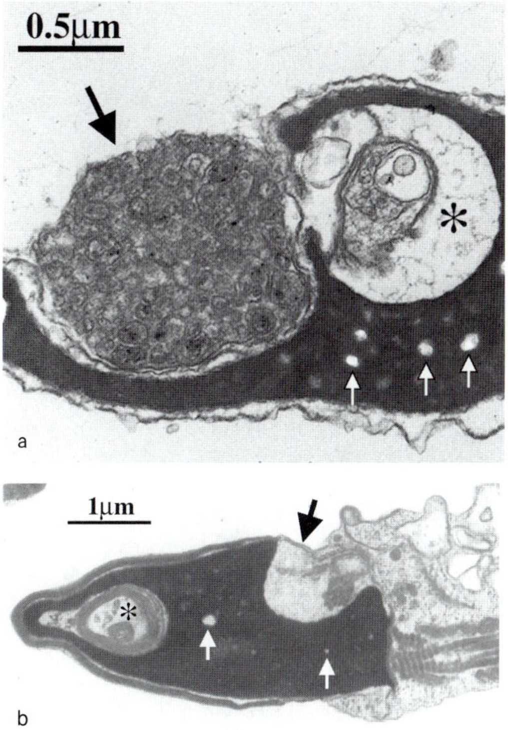

図XVI-73-3.

ヒト精子頭部の核内空胞を示す透過電顕像．(a)(b)：陥入タイプ（黒矢印），封入タイプ（*）および生理的空胞（核液胞）（白矢印）を示す．(b)：Dr Holstein より許可を得て転　載（Original photograph in the Illustrated Pathology of Human Spermatogenesis. Grosse, 1988）．説明は本文参照．

遺伝子カウンセリングが必要な場合もある．

(7) 異常な頭部空胞：DNA fragmentation とエピジェネティクスとの関係

頭部には異常な陥凹，空胞そして余剰細胞質が出現する場合がある（図XVI-73-2，図XVI-73-3，図XVI-73-4）（年森，伊藤，2008）．そのため，ART 治療法として高解像顕微鏡を用いて形態のよい精子を選択しようとする試みがなされている（Bartoov et al, 2002；2003；Berkovitz et al, 2006）．頭部空胞は，電子顕微鏡（電顕）的には少なくとも4タイプに分類することができる；(1)陥凹タイ

不動線毛（線毛不動）症候群（原発性線毛機能不全症候群，カルタゲナー症候群）：全身の線毛の機能不全が原因で起こる病態．カルタゲナー症候群はその一部で，副鼻腔炎と気管支拡張症と内臓逆位の三徴を伴う．線毛の運動機能不全のため，男性では精子の鞭毛運動障害をきたして不妊となる．
エピジェネティクス：エピジェネティクスとは，遺伝子の塩基配列の変化によらない，遺伝子の発現を活性化または不活性化する後生的修飾のメカニズムを指す．エピジェネティックな遺伝子発現制御は DNA メチル化，ヒストン化学修飾およびクロマチンリモデリングにより構成される．

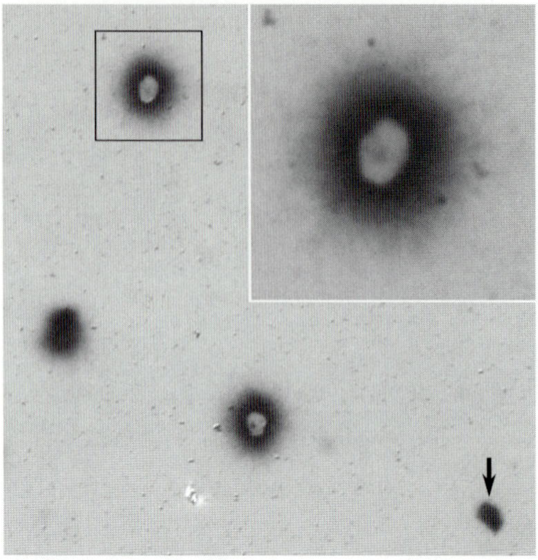

図XVI-73-4.
Sperm chromatin Disper sion test.（SCD テスト）像．写真右下の精子（矢印）は DNA 断裂がある．DNA 断裂のない核は大きなハロー（halo）を示す（挿入図は黒枠部分の拡大像）．

プ，(2)陥入タイプ，(3)封入タイプ，そして(4)生理的空胞（核液胞）タイプ．

陥凹タイプは細胞質のへこみである．陥入タイプは，細胞膜や核膜が細胞質成分を伴って核内に陥入する（図XVI-73-3 (a)，(b) 黒矢印）．封入タイプは，陥入した成分が核内に独立して存在する（図XVI-73-3 (a)，(b) ＊）．このタイプは光顕レベルでは判別できない可能性がある．生理的空胞（核液胞）タイプは，(1)-(3)に分類されない小空胞様構造が核内に多数存在する（図XVI-73-3 (a)，(b) 白矢印）．この場合も光顕レベルでは観察できない．実際には，これらの構造物が混在する（図XVI-73-3）．

これらの中で問題とならないタイプは，生理的空胞（核液胞）のみであろう．大多数の小空胞は，おそらく，精子形成過程における核凝縮に伴って頻繁に起こる．すなわち，生理的な範囲の空胞（核液胞）であろう．陥凹タイプは，単なるへこみであれば問題ないが，光顕では陥入タイプと区別できない．(2)と(3)は形態的には異常空胞である．真に病理学的に異常な空胞といえるものは，精子機能に影響を及ぼす場合や DNA 損傷のように核への障害を伴っていることが証明された場合であるが，このことを証明することは難しい．

このような頭部に存在する空胞は，電顕あるいは光顕レベルの観察から，これまで頭部空胞 (head vacuole)，核内空胞 (nuclear vacuole) あるいはクレーター状欠損 (crater defect) とさまざまに記載されている．共焦点走査型顕微鏡ではある程度区別可能であるが，内容物の判別はできない．通常の明視野観察法あるいは微分干渉法 (DIC) でも，内部の分析はできない．光顕による観察法の限界である．通常の走査型電顕でも細胞質内部は観察できない．したがって，本節では，光顕観察した時に，頭部に空胞状構造として認識できる状態を総称として，頭部空胞 (head vacuole) と呼ぶ．

頭部空胞の数や大きさ（サイズ），DNA 障害（断片化）あるいはエピジェネティクスと受精能や胚発生能との関係は，今後解析されるべき重要な課題である．

アポトーシスとの関連も問題となるかもしれない．アポトーシスを不完全に起こした精子が残存すれば，正常精子と形態的に区別することはできない．

(8) 高分解能顕微鏡法による精子形態異常の観察法と新しい基準の必要性

(a) 高分解能顕微鏡法

精子形態の詳細を対物レンズ x40で観察する

ことは可能ではあるが，かなりの困難を伴う．臨床的に精子形態的異常を容易に判定するためには，オイルを要しない×60のような高分解能レンズを使用することが実用的であろう．

Diff Quick法，Giemsa法，Toluidine blue法やWright法などの明視野染色法あるいはDAPIやHoechst等の蛍光法による核染色は，頭部空胞を判定する助けになる．しかし，DNAの質を判定することは困難であるため，DNA断片化やエピジェネティクスの検索法が必要となる．

(b) DNA断片化の検出法

DNA断片化の主な検出法は，TUNEL法，Comet assay，SCSA (sperm chromatin structure assay) あるいはSCDt (Sperm Chromatin Dispersion test) である．TUNEL法とComet assayは個々の精子核の断片化も検出できる最も確実な方法である．しかし，手技は必ずしも容易ではなく，大量のサンプルの検出には不向きともいえる．AO (acridine orange) 法は，核タンパク質プロタミン2の-SHからS-Sへの変換状況を検出する方法である．この変換状況は直接的にはDNA断片化と関係しないが相関する可能性もある．蛍光法の場合，一定した結果を得るためには，フローサイトメトリー (flow cytometry) が必要となる．SCSAは，AC法をベースにした検出法であり，DNA断片化と相関することが報告されている (Chohan et al, 2006)．SCDtは直接的にDNA断片化を検出するため，TUNELと相関が高い．また，大量処理や永久標本の作成もできる．著者らはこの解析法に改良を加えて検出を試みている (図XVI-73-4)．DIC法を用いた高解像形態評価法とSCDtのようなDNA断片化検出法を組み合わせて解析すれば，より有効な解析ができると期待される．

(c) DNAメチレーション (エピジェネティクス) の判定法

DNAメチル化により，配偶子の特定の遺伝子発現は抑制され，タンパク質発現がコントロールされる．DNAメチル化の検出は，バイサルファイト (bisulfite) 置換法，シークエンシングPCRあるいはMuldi TofMassなどで行われる．成熟精子におけるメチル化と受精との関係については，今後さらにデータの蓄積が必要である．

(9) 精子形成過程における遺伝子異常

精子形成過程では，遺伝子異常によりさまざまの精子形成異常 (無精子症，乏精子症，奇形精子症，奇形無力精子症あるいはcryptozoospermia) が起こる．遺伝子異常の場合，該当する遺伝子が精子を介して次世代に継承されるかどうかが問題となる．問題にならない場合には，biopsyにより採取した精子を用いたICSIが行われる．実際，臨床的に無精子症と診断されても，精巣精子や後期精子細胞が存在することがあるため，TESE-ICSI (testicular sperm extraction-ICSI) やMD-TESE-ICSI (microdisection-TESE-ICSI) が奏功し，挙児が得られる場合もある．奇形精子や無力精子を含む乏精子症は，ICSIへの適応となる．この場合，正常形態に近い精子を選択するしかないが，機能的にも正常であるとは限らないため，前述したDNA断片化の検出やDNAメチル化 (エピジェネティクス) の予備検査も必要となる．精子形態や精子形成の障害と遺伝子異常の関係については，総説 (Escalier, 1999；Toshimori et al, 2004；Toshimori, 2009) を参照して

cryptozoospermia：臨床的には，精液中に精子が存在しない状態は無精子症 (azoospermia)，精子が少ない状態は乏精子症 (oligozoospermia) と診断される．精液中に精子が少ないが，遠心処理すれば精子が見出せるようになる状態はcryptozoospermiaと診断される．cryptozoospermiaの適当な日本語訳はないが，乏精子症の範疇の「(遠心処理で発見されるような) 極度な乏精子症」である．

いただきたい．

(B) 卵子ー精子相互作用および卵子／胚の異常と受精障害

(1) 卵子の数・形態

卵子数は，胎児期に最大約700万個程度になった後，次第に減少する．安全な生殖年齢限界35歳ごろの原始卵胞数は，約20万個以下になる（卵巣予備能）．臨床的には，卵巣機能低下（卵胞発育低下）の場合，ホルモンによる排卵誘導が行われる．そのため，自然に発育した主席卵胞が排卵されるのとは異なり，得られた多数の卵子には成熟度の違いがある．

自然に排卵された卵子（MII 期）の染色体（DNA）は細胞質に露出している．核（ゲノム）の防御は弱いといえる．排卵後の卵子の寿命は短い（約1日）．卵子の状態は女性の年齢（エイジング）によっても異なるため，排卵された卵子は卵巣予備能や卵子形成能を反映していることになる．IVM（*in vitro* maturation）では，培養液や培養条件の違いが，卵子 DNA に影響する．

通常使用されるホフマン・レリーフコントラスト法や DIC 法では，紡錘体の状況（位置や形状の異常）を捉えることは困難であるが，位相差顕微鏡法ではある程度可能である．さらに詳細な卵子の質の判定には，細胞表面マーカー，細胞骨格系（微小管やアクチン），ミトコンドリアなど機能分子に対する特異抗体を用いた免疫染色法が必要となる．将来，卵内の細胞骨格系の動きを容易に判定することが可能になれば，受精障害の検出や治療法も進展するであろう．

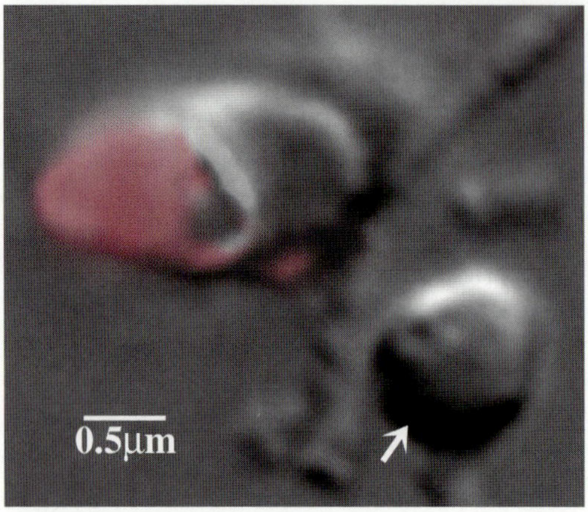

図XVI-73-5．
間接蛍光抗体像．抗 Equatorin/MN9抗体により先体部（赤）を標識し，抗 MN13抗体で先体後部（緑）を標識した．白矢印の精子は先体（MN9/Equatorin）と先体後部（MN13）を欠いている（二色刷のため，緑は不明瞭）．

(2) 透明帯認識から卵子膜融合までの過程の受精障害

精子側からこの過程の障害を見れば，精子頭部の膜分子や先体内分子の機能不全を意味する．精子表面分子は膜融合に至るまで連続的に変化するため，時期特異的なマーカーを用いた解析が有効である．**先体反応**や卵細胞膜融合に関わる種々の抗体，たとえば MN7（Tanii et al, 1994）や Equatorin/MN9（Manandhar, Toshimori, 2001）を用いて，著者らは機能分子の配備状況を検索している（図XVI-73-5）．MN7や Equatorin/MN9を持たない精子は c-IVF には不適であり，ICSI が推奨される．

卵子側からこの過程の障害を見れば，透明帯機能そして卵細胞膜機能（分泌を含む）の異常を意味する．事実，マウス卵は表層粒だけでなく，CD9も分泌して精子と結合する（Miyado et al, 2008）．ヒトにおける CD9の役割や応用はまだ

先体反応： 精子頭部に起こる形態変化を伴う現象であり，キャパシテーションの延長上にある．常に，精子が透明帯に進入する前に起こる．形態的には精子細胞膜と先体膜のうちの外先体膜が融合してできる膜複合体（ハイブリッド膜）ができる．先体反応に伴い、先体内の酵素や基質分子が外部に漏れ出す結果，精子自身や透明帯を含む周囲物質の変化が二次的に起こる可能性があることが指摘されている．

不明である．まだ未知の物質も数多く存在するであろう．

(3) 卵活性化から MII 分裂完了までの受精障害

精子側からこの過程の障害を見れば，精子由来の卵活性化因子，核の脱凝集から再凝縮（雄性前核化誘導），頸部中心体すなわち**精子星状体**の形成の不全を意味する．卵子側から見れば，精子の脱凝集から再凝縮との同調，微小管形成，減数分裂の進行不全を意味する．

(a) 卵活性化因子

卵活性化因子やその関連因子（SOAF-1，2）は，PLCζ と tr-kit や MN13などがある．PLCζ は分子レベルで解析されており，PLCζ 遺伝子変異マウスを用いた卵活性化の様子も可視化されている（Yoda et al, 2004）．PLCζ 遺伝子ノックアウトによる証明はなされていないが，活性化関連抗体を用いた受精卵／初期胚内での挙動のデータは，蓄積されている．

精子頭部物質 MN13は，核周囲物質（perinuclear theca）の一つである先体後部鞘（postacrosomal sheath）に存在し，卵活性化に伴い変化する．抗 MN13抗体で卵活性化能を中和して ICSI すると，卵子が活性しない（Manandhar, Toshimori, 2003）．卵子を活性化できない円形頭部精子では，先体後部鞘や核周囲物質が形成されていない（図XVI-73-5，Ito C et al, 2009, 2010）．

(b) 精子核の脱凝集と受精丘（fertilization cone）

精子核は膜融合後すぐに脱凝集する．精子核プロタミンは体細胞型ヒストンに変化する．卵細胞質内の還元作用物質（グルタチオン等）の機能が抑制されれば，精子核は脱凝集できないことになる．膨化した精子頭部を含む部分は，卵周囲腔に向けて膨出する（受精丘（fertilization cone））．精子核の脱凝集から再凝縮の過程が卵細胞周期と同調しない場合，精子クロマチンは雄性前核に移行せずに早期に凝縮する（早期凝縮（premature chormatin condensation））．

(c) 精子星状体（sperm aster）の形成障害

ヒト受精卵での微小管は，卵形質に持ち込まれた精子中心体を起源として形成される．したがって，精子中心体機能分子（ガンマチュブリンやセントリン等の微小管形成関連分子）に異常があれば，精子星状体は形成されない．その結果，雌雄前核が接近できず，胚は2細胞期にも達しない．

(4) MII 完了以後の過程の受精障害

(a) 卵子／胚の機能障害

酸化ストレスやエイジングにより，卵子ミトコンドリアの機能が低下すれば，結果的に微小管形成能も低下する．卵子内での微小管形成障害は，紡錘糸構造，微小管配列そして第二減数分裂時の染色体の整列に異常を起こし，胚発生や妊娠率を低下させる．細胞周期関連分子（MPF や cyclin 等）が機能抑制されれば，核融合できない．

(b) 前核の移動と核融合の障害

雌雄前核が卵細胞質のほぼ中央部に移動すると，雌雄前核の核膜は崩壊し，染色体が露出する．その後に核融合が起こる（年森，2005）．真の受精の成立である．これらも前核の移動障害や細胞周期関連分子の異常があると核融合に至らない．

(c) 第二極体の放出障害

第二極体が囲卵腔へ放出されるためには，微小管やアクチンが必要である．第二極体が放出されなければ，卵子核は2nのままであり，胚

精子星状体：ヒト精子中心体は，受精の際に卵子内に取り込まれると微小管形成中心（MTOC,microtubule organizing center）として働き，放射状の精子星状体（sperm aster）を形成する．もし精子星状体が形成されなければ，受精卵は初期発生段階で発生が停止する．

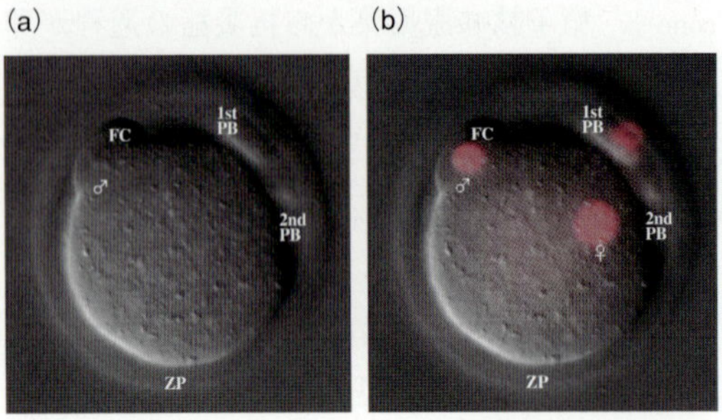

図XVI-73-6.

タイムラプス動画観察中に得られた受精丘（FC,fertilization cone）と雌前核を示す像．(a) DIC 像．(b) DIC 像に Heoechst（蛍光）による核染色を加えた合成像．雌前核（♀）の存在は，DIC 像単独よりも明瞭となる．1st PB：一次極体．2nd PB：二次極体．♂：精子核膨化．ZP：透明帯．

発生はやがて停止する．極体放出の過程は明視野法で判定できる．

(d) 精子核 DNA 損傷

精子は DNA 修復酵素を持たないだけでなく，タンパク質合成のための小器官を持たないため，損傷した DNA を修復できない．受精前に損傷した DNA が，受精卵や初期胚において修復されなければ，胚発生やその後の着床さらに胎児にも影響が出る可能性がある．

(e) エピジェネティクスの障害

配偶子 DNA のメチル化異常は，発生障害に関与する．現段階では，卵子／胚におけるエピジェネティクス障害が起こす生殖細胞の変化を形態的に捉えることはできない．受精卵／胚の DNA 断片化や DNA メチル化の異常をどのように臨床に生かすことができるかが今後の課題であろう．

(f) タイムラプス動画法による良質胚の選別

タイムラプス動画法（time-lapse cinematography）を用いると，配偶子相互作用から胚発生に至る過程を継続的に観察できる（Mio, Maeda, 2008）．その胚の発育状態を分析して，良好胚を選別することは可能であろう．今後さらに，実験動物で得られる DIC 像や蛍光イメージによる解析を加えると，より正確な状況を理解できる（図XVI-73-6）．

2 ICSI における受精障害

(1) 自然な受精過程で起こる修飾変化が ICSI では起きないため，注入された精子細胞膜，先体そして鞭毛成分の不活性化過程で，卵子は過剰なストレスを受ける．結果的に，胚発生進行に影響が出る（Moroizumi et al, 2006）．
(2) ICSI に限ったことではないが，DNA 障害のある精子は卵形質内で修復されがたい可能性がある．結果的に，発生障害や着床障害が高くなる可能性も否定できない．長期的に見れば，胎児への障害すなわち次世代への影響も否定できない．
(3) エピジェネティクス障害のある生殖細胞を選別できないため，結果的に胚発生異常の解析が必要である．
(4) 精子進入から核融合までに起こる障害は，IVF の場合と同じである．

まとめ

現在，受精障害の治療として split ICSI や rescue ICSI（1 day old ICSI）が行われているが，その根本的な解決法が求められる．

(1) ART のためには，精子各部の形態と機能を反映するような高解像システムの光学顕微鏡法（蛍光抗体法を含む）が有用である．
(2) ICSI のためには，特に精子頭頚部機能検査が必要である．

(3) 電子顕微鏡による評価法は，異常形態精子に対しては確定診断となる．

(4) 生殖細胞の細胞質小器官（特に中心体機能）に対する機能評価が必要である．特異マーカーを用いた蛍光法も有用である．

(5) 精子核の質の評価が必要である．SCDt法は比較的臨床応用しやすい．フローサイトメトリーを用いたSCStも有用であるが，機器は高価である．

(6) 従来のWHOに基づく精液検査に加えて，精子の質を総合的に反映する新たな判定基準が必要である．

(7) 配偶子相互作用から受精卵／胚発生過程での受精障害の検出には，タイムラプス法による評価が有効である．今後，特異的分子の蛍光標識による観察やその評価法の確立が望まれる．

(8) 着床前診断は技術的には可能であるため，派生する問題や倫理的問題が解決すれば，その効果は大きい．

(9) ART実施前に精子機能（可能になれば卵子機能も）や核（DNA）の質的判定を行い，その結果をIVFやICSIに応用すれば，受精障害を克服する道が開けるであろう．

（年森清隆・伊藤千鶴）

引用文献

Bartoov B, Berkovitz A, Eltes F, et al (2002) Real-time fine morphology of motile human sperm cells is associated with IVF-ICSI outcome, *J Androl*, 23 ; 1-8.

Bartoov B, Berkovitz A, Eltes F, et al (2003) Pregnancy rates are higher with intracytoplasmic morphologically selected sperm injection than with conventional intracytoplasmic injection, *Fertil Steril*, 80 ; 1413-1419.

Berkovitz A, Eltes F, Lederman H, et al (2006) How to improve IVF-ICSI outcome by sperm selection, *Reprod Biomed Online*, 12 ; 634-638.

Chohan KR, Griffin JT, Lafromboise M, et al (2006) Comparison of chromatin assays for DNA fragmentation evaluation in human sperm, *J Androl*, 27 ; 53-59.

Escalier D (1999) What are the germ cell phenotypes from infertile men telling us about spermatogenesis? *Histol Histopathol*, 14 ; 959-971.

Ito C, Akutsu H, Yao R, (2009) Oocyte activation ability correlates with head flatness and presence of perinuclear theca substance in human and mouse spem, *Hum Reprod,* 24 ; 2588-2595.

Ito C, Yamatoya K, Yoshida K, (2010) Appearance of an oocyte activation-related substance during spermatogenesis in mice and humans, *Hum Reprod,* 25 : 2734-2744.

Manandhar G, Toshimori K (2001) Exposure of sperm head equatorin after acrosome reaction and its fate after fertilization in mice, *Biol Reprod*, 65 ; 1425-1436.

Manandhar G, Toshimori K (2003) Fate of post-acrosomal perinuclear theca recognized by monoclonal antibody MN13, after sperm head microinjection and its role in oocyte activation in mice, *Biol Reprod*, 655 ; 655-663.

Mio Y, Maeda K (2008) Time-lapse cinematography of dynamic changes occurring during in vitro development of human embryos, *Am J Obstet Gynecol*, 199 ; 660. el-5.

Miyado K, Yoshida K, Yamagata K, et al (2008) The fusing ability of sperm is bestowed by CD9-containing vesicles released from eggs in mice, *Proc Natl Acad Sci USA*, 105 ; 12921-12926.

Morozumi K, Shikano T, Miyazaki S, et al (2006) Simultaneous removal of sperm plasma membrane and acrosome before intracytoplasmic sperm injection improves oocyte activation/embryonic development, *Proc Natl Acad Sci USA*, 103 ; 17661-17666.

Nakamura T, Yao R, Ogawa T, et al (2004) Oligo-astheno-teratozoospermia in mice lacking Cnot7, a regulator of retinoid X receptor beta, *Nat Genet*, 36 ; 528-533.

Tanii I, Araki S, Toshimori K (1994) Intra-acrosomal organization of a 90-kilodalton antigen during spermiogenesis in the rat, *Cell Tissue Res*, 277 ; 61-67.

年森清隆（2005）生命の誕生に向けて――生殖補助医療（ART）胚培養の理論と実際　第5章　受精の形態学，pp113-127，日本哺乳動物卵子学会編，近代出版，東京．

Toshimori K (2009) Dynamics of the mammalian sperm head : modifications and maturation events from spermatogenesis to egg activation. *Advances in Anatomy, Embryology and Cell Biology*, Vol 204, pp 1-85, Springer-Verlag.

Toshimori K, Ito C, Maekawa M, et al (2004) Impairment of spermatogenesis leading to infertility. *Anat Sci Int*, 79 ; 101-111.

年森清隆，伊藤千鶴（2008）ヒト精子の超微形態と妊孕性，特集号　強拡大による形態良好精子の選別――精子形態と妊孕性，*J Mamm Ova Res*,25 ; 232-239.

Yoda A, Oda S, Shikano T, et al. (2004) Ca^{2+} oscillation-inducing phospholipase C zeta expressed in mouse eggs is accumulated to the pronucleus during egg activation, *Dev Biol*, 268 ; 245-257.

第 XVII 章

胚発生プログラム

［編集担当：佐藤英明］

雌雄の前核内でDNA複製が終了し合体すると，染色体凝縮が開始し，核膜が消失して第1分裂へと移行する．そして細胞分裂に伴って割球は数を増す．初期の割球はすべて等価で細胞分化はみられない．発生が進むと割球は互いに密着して胚全体が一つの塊になる．この現象をコンパクションと呼ぶが，この状態になった胚は桑実胚と呼ばれる．各割球の上端部に接着帯が形成されコンパクションが誘起されるが，さらに接着帯のより上端部に密着結合が形成される．密着帯形成後の細胞分裂により生じた娘細胞に接着帯が含まれる場合には細胞の極性が維持されるが，胚内部の細胞では極性を維持できなくなる．細胞膜の極性を維持した細胞では胚内部に面する細胞膜にNa^+／K^+ポンプが局在するようになる．そのためNa^+が胚内部に蓄積するので，浸透圧により胚内部に水分が流入するようになる．胚外部の極性を維持した1層の細胞は栄養外胚葉と呼ばれ，密着結合により水分の漏出を防ぐため，胚内部に液体が貯留し腔ができる．栄養外胚葉は将来胎子側胎盤を形成する．内部の細胞はギャップ結合をつくり，塊となって1カ所に偏在し，内部細胞塊をつくるが，これは将来胎子へと発生する．この時期の胚を胚盤胞と呼ぶが，胚盤胞の腔は時間とともに大きくなり，透明帯を押し広げ囲卵腔が見えなくなる．この時期の胚を拡張胚盤胞と呼ぶが，さらに拡張すると透明帯に亀裂が生じ，胚は透明帯から脱出する．これを孵化，孵化した胚盤胞を孵化胚盤胞と呼ぶ．排卵卵子は細胞質内に母性因子（mRNAやタンパク質）を蓄えており，mRNAは翻訳されない安定な状態で蓄積され，必要に応じて翻訳される．発生に伴い母性因子は徐々に減少し，胚自身のゲノムからの転写が徐々に増加する．母性因子依存性の発生から胚自身のゲノム依存性への切り替わり時期をもって胚ゲノム活性化と呼ぶ．初期胚では細胞周期の時間が短いこと，分裂後の細胞成長がないことが特徴であるが，これはG1期がなく，M期終了後速やかにG1期／S期移行を起こすることが原因である．技術の発達により受精・初期発生について連続して映像に収められ解析が行われている．

［佐藤英明］

XVII-74

胚発生プログラムの遺伝的制御

Key words
全能性／遺伝子発現／トランスクリプトーム／プロテオーム／システム生物学

はじめに

生殖細胞に高度に分化した精子と卵子が受精した受精卵は，自律的な個体形成能（全能性，totipotency）を獲得する．受精によりゲノムが再編されるこの過程では，生殖細胞の持つ発生プログラムを消去する脱プログラム化（deprogramming）と初期胚として発生プログラムを新規に獲得する再プログラム化（reprogramming）が同時に起きていると考えられる．この受精卵で形成される胚発生プログラムとは，どのようなものであろうか．その解明のヒントは，受精後に起きる母性型から胚性型に移行する過程（maternal to zygotic transition, oocyte to zygote transition）に存在する．この時期には，(1)母性転写産物や母性タンパク質が分解すること，(2)大規模な混在化した発現でなく特定の方向性を持つ遺伝子群が発現する胚性遺伝子の活性化（ZGA, zygotic gene activation）が起きること，(3)ハウスキーピング遺伝子など細胞の恒常性維持機能と関連する母性遺伝子の転写産物やタンパク質が，胚性遺伝子の活性化に伴って生成されたそれらと置換されること，(4)卵母細胞では発現していない胚性特異的な遺伝子群が発現すること，が示されている．これら四つの事象が統合的・協調的に起こることで，受精卵は全能性を獲得し，生物種ごとに決まった細胞周期非依存性の時間軸で分裂する着床前初期胚の発生が保証されるものと考えられている（Schultz, 2002；Potireddy et al, 2006；Schier 2007；Sitzel, Seydoux, 2007；Mtango et al, 2008）.

歴史上，初期胚発生を制御する分子機構の解明を目的とした胚発生プログラムの分子実体に迫る研究は，マウス発生遺伝学を起源としている（Maguson et al, 1981；Johson, 1981；Nagy et al, 2003）．その後，分子遺伝学や分子生物学の急速な発展と，生殖工学と発生工学技術の開発に伴い，1990年以降に初期胚の発生制御に関与する遺伝子群の探索が加速化した．さらに，2000年代に入りゲノムプロジェクト完了がヒトやマウスなどの生物種で次々と報告されると，古典的な「one gene one effect」解析からオーム解析へと展開した．これは，ゲノム（genome），エピゲノム（epigenome），トランスクリプトーム（transcriptome），そしてプロテオーム（proteome）などから得られた大量の生命情報と表現型の統合から新しい発見を導き，それに基づいて新しい作業仮説を組み立てる研究手法（発見の科学，Discovery Science）への展開を意味している．現

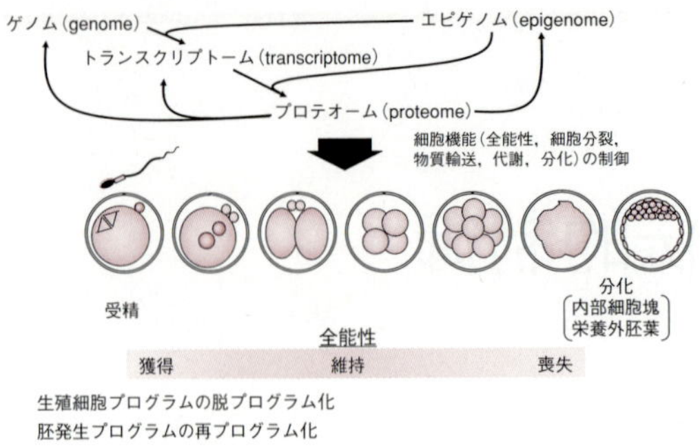

図XVII-74-1．初期胚の発生プログラムの遺伝的制御

在，この研究アプローチによって初期胚の発生制御機構の研究にもたらされる知見は飛躍的に伸びており，今後新しい発見に基づく胚発生プログラムの分子機構の解明が期待される（図XVII-74-1）．

本節では，胚発生の遺伝的制御機構の解明に向けた研究の流れについて，まず突然変異マウスを用いた個体解析から紹介し，次に第一および第二世代にわたるトランスクリプトーム解析，そして第一および第二世代のプロテオーム解析の各項目に分けて研究の現状を概説しながら，最新の知見を解説する．

遺伝的制御機構の解明に向けた研究の流れ

1 突然変異マウス

突然変異や遺伝的多型などに基づくマウス表現型から哺乳類初期胚の発生と分化を制御する遺伝子を同定する試みの代表的な研究は，劣性胚発生致死変異を持つマウスtハプロタイプと初期胚の発生速度が異なるマウス主要組織適合性ハプロタイプに関する研究である．マウスtハプロタイプは，第17番染色体上の約3分の1（約40Mb）を占め，四つの逆位が存在するt複合体領域に変異形質を持つマウスであるが，ホモ接合体（t/t）になると特定の胚発生段階で致死になることが明らかになっている（森田，1992）．初期発生過程では，t^{12}/t^{12}胚は桑実期（約30細胞）で停止し胚盤胞が形成されず（Smith 1956），t^{w32}/t^{w32}の8細胞期胚は正常なコンパクションが起きないこと（Granholm, Johnson, 1978）が報告された．しかしながら，その後の研究からは，t^{12}およびt^{w32}ハプロタイプのホモ接合胚の初期胚発生停止に関する遺伝子の同定には至っていない（Chao et al, 2005；Wallace, Erhart, 2008）．一方，マウスMHCハプロタイプに依存した表現型として，受精卵の第一分裂時期の早い（fast）系統と遅い（delay）系統の存在が発見され，その第一分裂速度を制御する遺伝的因子が*Ped*（preimplantation embryo development）遺伝子と名づけられた（Verbanac, Warner, 1982；Goldbard, Warner, 1982；Waner, Brenner, 2001）．*Ped*遺伝子の分子実体は，タンデムに並んだ四つの類似した遺伝子*Q6/Q7/Q8/Q9*がコードする非古典的MHCクラスIbのQa-2タンパク質であり，その遺伝子のコピー数もマウスの遺伝的背景によって0–85コピーあることも明らかになっている（Bryne et al, 2007）．初期胚では*Q7/Q9*の二つの遺伝子だけが発現し，特に*Q9*遺伝子の転写の有無が初期胚の発生速度を大きく調節していることが示されている（Xu et al, 1994；McElhinny et al, 1998）．Qa-2タンパク質が初期胚の発生速度の調節に関与する詳細なメカニズムはまだ不明であるものの，最近*Q9*遺伝子の3’非翻訳領域（UTR, untranslational region）から発現するmiRNAs（microRNAs）の一つである*miR-125a*が*Ped*遺伝子の発生速度の調節機構に関与している可能性も示されている（Byrne, Waner, 2008）．このように，表現型の現象と遺伝学的な知識を関連づけた研究も進められたが，初期発生に関する知見が限られているために，その展開は限定されている．

2 第一世代のトランスクリプトーム解析

このような研究の閉塞感を打ち破ったのがトランスクリプトーム解析である．トランスクリプトーム解析とは，細胞内で発現する遺伝子転写産物（mRNA）のすべてを網羅的に把握することと定義されている．初期胚で発現する遺伝子に関する研究において，当初は2種類以上の初期胚や，または初期胚を薬剤処理した区と未処理の区などにおいて差次的発現をする遺伝子を同定する方法，具体的には，cDNAライブラリー・サブトラクション（cDNA library subtraction），ディファレンシャル・ディスプレイ（DD, Differential Display），そしてRT-PCRサブトラクション（RT-PCR subtraction）などの方法が使われていた．

初期胚の遺伝的制御機構の解明を目的とした第一世代のトランスクリプトーム解析では，まずcDNAライブラリー・サブトラクションが行われた．Rothsteinらは，未受精卵・2細胞期・8細胞期・胚盤胞の大規模cDNAライブラリーを使った実験において，コピー数の少ない14個の新規cDNAを単離し，そのうち四つの遺伝子はZGA時期に特異的な発現パターンを示すことを認めた．しかし，それらの塩基配列を決定したところ，翻訳領域の情報がない短い配列であったため，遺伝子の同定までには至らなかった（Rothstein et al, 1992；Rothstein et al, 1993）．なお，これらの配列情報は，その後ESTs（Expressed Sequence Tags）として後述するin silicoトランスクリプトーム解析やデジタル・ディファレンシャル・ディスプレイ（Digital DD）解析に利用される貴重な遺伝子発現情報となっている（Evsikov et al, 2004）．

一方，RNAが微量でcDNAライブラリーの作成が難しい実験材料やcDNAライブラリー・サブトラクションが不可能な三つ以上の実験区を対象に発現量の異なる遺伝子を同定するために開発された手法がDDである（Liang, Pardee, 1992;Welsh et al, 1992）．Schultzらのグループは，この手法を用いた実験を，マウス初期胚（2細胞期胚：50個，8細胞期胚：25個，胚盤胞胚：10個）で行った．その結果，初期胚の発生過程における母性mRNAの存在，初期および後期ZGAの転写産物の存在，そして8細胞期および胚盤胞期の活発な遺伝子発現について明らかにした（Zimmermann, Schultz, 1994）．さらに，同グループは，2細胞期に一時的に発現が上昇する遺伝子として，翻訳開始因子の一つである*eLF-4C*を同定し，この遺伝子を2細胞期に起きるZGAの分子マーカーとなることを示した（Davis et al, 1996）．しかし，現在ではマウスゲノムデータベースの充実により，その遺伝子は*eIF-1A*の偽遺伝子（pseudogene）であることがわかっている．

次いで，高い再現性を有する蛍光標識したプライマーを使って，放射性同位元素を用いない蛍光DDが開発された（Ito et al, 1994）．著者らは，この方法を用いてマウス1細胞期後期で起きるminorなZGAで発現する遺伝子の同定を行った（松本ら，2001）．その結果，母性mRNAは1細胞期後期ですでに分解が開始していること，同時にminorなZGAも起きていることを示すとともに，初期胚で発現する*gse*（gonad-specific expression gene）遺伝子（Zhan et al, 2002；Mizuno et al, 2006）や*zag1*（zygotic activating gene 1）遺伝子（Matsuoka et al, 2008）などを新規に同定した．Minamiらのグループは，同じく蛍光DDによって，卵母細胞特異的発現遺伝子*oogenesin(oog1)*を同定し，この遺伝子はZGA時期に核に局在することやRalGDS（RAL guanine nucleotide dissociation stimulator）タンパク質と相互作用することを明らかにしている（Minami et al, 2001；Minami et al, 2003；Tsukamoto et al, 2006）．

さらに，DDの技術的問題を克服した改良DD（Hwang et al, 2003）を利用した研究で，Cuiらはマウス4細胞期胚と胚盤胞を比較した結果，発現に差がある遺伝子74個を同定した（Cui et al, 2005），その内訳は，9個がribosomal proteinで12個は未知，53個は既知であり，既知の14個は*MT-1*，*Ckb*，*Psap*，*Glut3*，*Gm2a*，*Ndufa 7*，*Calpactin*，*Lamc1*，*Dppa1*，*Cn2*，*Apoa1bp*，*Ass1*，*Sparc*，*Gsta4*で，その差次的発現もRT-PCRにより検証されている．一方，このような着床前初期胚の発生過程で特定な発現プロファイルを示す遺伝子群の同定ではなく，オーム解析的なコンセプトからDDを利用した研究も報告されている．Maらは，DDでZGA時期における遺伝子発現パターン変化の全体像を捉えた結果，ZGA時期には遺伝子発現の抑制機構と活性化機構が統合され，初期胚発生プログラムが構築されること，そしてその統合の分子機構としてエピジェネティック修飾が深く関与していることを明らかにしている（Ma et al, 2001）．

ZengとSchultzは，卵母細胞でのみ発現している母性遺伝子と初期胚でのみ発現している胚性遺伝子を同定することを目的に，卵母細胞と8細胞期胚を供試材料としてcRNA増幅を行い，cDNAプールを作成してサブトラクションを行った（PCR-select cDNA subtraction）．サブトラクション後，cDNAをTAクローニングしてライブラリーを構築し，ディファレンシャル・スクリーニング（SSH, suppression subtractive hybridization）を行った結果，卵母細胞に特異的遺伝子として，*Zp1*，*Zp2*，*GDF-9*，*H1oo*，*Bmp15*，*Map3k6*などを含む50個の遺伝子を同定し，一方8細胞期特異的に発現する遺伝子として，*Kim-1*と*Zmpste24*などを含む42個の遺伝子を同定した．また，一部の遺伝子に関しては，細胞特異的発現をRT-PCRで検証している（Zheng, Schultz, 2003）．しかし，これまでに同定されたいくつかの遺伝子を除き，各々の遺伝子が卵母細胞や初期胚で果たす生理学的機能は未だ明らかになっておらず，特異的発現をする遺伝子群の機能とそのネットワーク解析から，システムとして卵母細胞や初期胚の特徴を捉える解析にも限度があった．

3 第二世代のトランスクリプトーム解析

第一世代のトランスクリプトーム解析は遺伝子発現の全体像の把握には至らず，最終的に一つひとつの遺伝子の機能を調べる「one gene one effect」解析が行われていた．そのため，初期胚の発生過程で発現する大量の遺伝子群のmRNAをDNAマイクロアレイによって網羅的に解析して，包括的に遺伝子発現状況を把握し遺伝子間の相互作用や未知遺伝子の機能を探る第二世代のトランスクリプトーム解析へと研究手法は次第に移行していった．現在，この手法により初期胚の発生プログラムの遺伝的制御機構に関する多くの新しい知見が蓄積し，その理解が深まっている（Rodriguez-Zas et al, 2006）．

第二世代のトランスクリプトーム解析は，技術面から二つに大別される．一つ目の解析は，卵母細胞や初期胚などの細胞を供試してcDNAライブラリーを構築しこのライブラリーからESTsを集めて，各ライブラリーにおける遺伝子の出現頻度から遺伝子発現レベル情報を獲得するものである．Koらは，マウス未受精卵，1，2，4，8細胞期，16細胞期（桑実期），そして胚盤胞期の各発生段階でcDNAライブラリーを作成し，各区3,000個以上の3'末端EST解析を行い，最終的に9718個の遺伝子を同定した（Ko et al, 2000）．さらに，同じグループは，初期胚に加えてES細胞，EG細胞などを加えた計21種類の細胞のcDNAライブラリーを作成して，30万の5'末端および3'末端ESTを獲得し，977個の新規遺伝子を同定した．同時に，ESTの出現頻度に基づく各細胞に特異的に発現をする遺伝子群の同定や88個の遺伝子を用いた主成分分析により，全能性から多能性，さらに終末分化への連続的移行の全体像を捉えることが可能であることを示した．さらに，彼らは，幹細胞治療（再生医療）の重要なゴールとして，これらの知見を基盤にして，分化した線維芽細胞に遺伝子を導入することによりES細胞など多能性細胞へ変換させる可能性を示唆している（Sharov et al, 2003）．

二つ目の第二世代のトランスクリプトーム解析は，初期胚を含むcDNAライブラリーから獲得されたESTデータベースを基に作成したcDNAアレイを用いた遺伝子発現プロファイル解析である．2004年，未受精卵と受精後の着床前初期胚（1細胞期胚－胚盤胞）を対象としたDNAアレイを用いたトランスクリプトーム解析の報告が三つの独立したグループにより連続して発表された（Hamatani et al, 2004；Wang et al, 2004；Zeng et al, 2004）．DNAアレイのプラットホームや供試した卵母細胞や初期胚のステージに違いがあるものの，いずれの報告からもmRNAレベルから眺めた初期胚発生の全体像に関して貴重な知見がもたらされている（Hamatani et al, 2008）．まず，Hamataniらは，約22万個の遺伝子を対象としたDNAアレイデータを対比較，主成分分析，および階層クラスタリングしたところ，遺伝子発現の観点から着床前初期胚は三つのフェーズ（I：未受精卵・受精卵，II：2細胞期・4細胞期，III：8細胞期・桑実胚・胚盤胞のフェーズ）に分類され，各フェーズ間の移行はそれぞれZGAとMGA（mid-preimplantation gene activation）と呼ぶ遺伝子発現の劇的な変化に起因していることを明らかにした（Hamatani et al, 2004）．さらに，k-mean法による非階層クラスタリングを行い，初期胚の発生過程における各遺伝子の発現パターンによりグループ分けしたのち，GO（Gene Ontology）（Ashburner et al, 2000）を用いた生物学的機能のアノテーション（注釈づけ）をした．その結果，胚性ゲノムが活性化する時期には2－4細胞期の細胞分裂や核酸合成など基本的な細胞機能に関係する特定の機能を持った遺伝子群が発現していること，受精後の発生過程（2-8細胞期）でその遺伝子群の発現量が低下するパターンは卵母細胞に蓄積されていた卵形成・卵成熟・初期の胚発生（具体的には，サーカディアンリズム（概日リズム），細胞周期M期，DNA複製，ゴルジ体と細胞内タンパク質輸送，細胞接着，そして細胞情報伝達系のカテゴリーに分類）に関与する母性転写産物（maternal mRNA）の分解を反映していること，MGAに伴い遺伝子発現が上昇するパターンは母性mRNAの分解とZGA後の胚性mRNAの発現上昇が複合化した現象を反映していること，を示した．特に，MGAで発現する遺伝子群には，コンパクション（compaction），胞胚腔の形成，内部細胞塊と栄養外胚葉への分化，そして糖代謝（解糖・糖新生）に関与する遺伝子が多数含まれていることも明らかにしている．次に，Wangらは，Hamataniらのグループより多い12の発生段階（GV期の卵母細胞から拡張胚盤胞）でDNAアレイデータを獲得し，トランスクリプトーム解析を行った（Wang et al, 2004）．その結果，階層クラスタリングから，フェーズI（GV期の卵母細胞から後期2細胞期胚）とフェーズII（4細胞期胚から拡張胚盤胞）の二つに分類され，それぞれ卵母細胞–胚移行期（oocyte-to-embryo）と細胞分化期（cellular differentiation）とした．また，*Oct4*遺伝子の下流遺伝子群は初期胚を通して発現しているグループ（例，*Tera, HMG2*）とICM形成時に発現上昇が見られるグループ（*Sox2, Opn, Utf1, Upp*）があることや，初期胚における細胞運命や軸形成などが起こる前には細胞間シグナル経路（*Wnt, Notch, BMP*）の活性が高まる可能性を示唆した．しかし，彼らはRT-PCRなどでいずれの遺伝子発現も確認していないため，その可能性は評価されていない．一方，初期胚のDNAアレイデータをRT-PCRではじめて検証したのは，Zengらのグループである（Zeng et al, 2004）．彼らは，卵母細胞と1細胞期，2細胞期，8細胞期胚および胚盤胞の五つの実験区で得られたDNAアレイ解析のデータを階層クラスタリングしたところ，三つのグループ（I：卵母細胞と1細胞期胚，II：2細胞期胚，III：8細胞期胚と胚盤胞）に分けられたことから，HamataniらとWangらの両グループと同じく，ZGA時期とコンパクション・胞胚腔形成・内部細胞塊と栄養外胚葉への分化に向けた時期で初期胚における遺伝子発現が劇的に変化することを認めた．また，彼らは卵母細胞ではDNA修復機構に関与する遺伝子群（*Rad51, Xrcc5*など）の発現が初期胚と比較して著しく高いことから，卵母細胞が生後長期に第一減数分裂前期で停止している現象との強い関連性を示唆している．さらに，これまで機能的に多様な種類の遺伝子群がいっせいに発現すると考えられていたZGA時期（Ma et al, 2001）には，転写制御（*Gabpa, Dr1, Idb4*など）とRNAプロセッシング（*ASF, Rbmx, Nssr*など），タンパク質代謝（リン酸化修飾など）など特定の機能に関連する遺伝子群が選択的に発現していることをはじめて明らかにしている．

ZGAの現象に焦点を絞ったDNAアレイ解析を行ったZengらは，1-2細胞期に発現するα-アマニチン感受性の遺伝子群を同定し，アノテーション解析からZGAで発現する遺伝子ネットワークを検討した (Zeng, Schultz, 2005). その中で，彼らは，BrUTPの取り込み実験から活発な転写活性が認められている1細胞後期 (Aoki et al, 1997) に，新規に発現する遺伝子がDNAアレイ解析では同定されないことを明らかにした．当時その理由は不明であったが，現在，1細胞期で発現するRNAはDNAアレイでは技術的に認識できないポリA鎖が短いmRNAやポリA鎖を持たないsmall nuclear RNA，small nucleolar RNA，そしてヒストン転写産物である可能性が示唆されている (Zurita et al, 2008). また，2細胞期胚にその発現が上昇する遺伝子群は，Zengらの既報と同様に (Zeng et al, 2004)，遺伝子発現，RNA転写後修飾 (プロセッシング，スプライシング，ポリアデニル化など)，タンパク質合成，そして細胞周期関連の遺伝子であり，特定の機能を有する遺伝子群であることを明らかにした．これらの結果より，2細胞期の初期には広範囲のクロマチンリモデリングが生じて遺伝子発現ウィンドウが開かれるが，すぐにクロマチン構造変換を伴う転写抑制機構が構築され規律ある胚性遺伝子の発現が起きることが示唆されている．同時に，発現する転写制御やRNAプロセッシングに関与する遺伝子群が正のフィードバック作用を果たした結果，より正確な胚性遺伝子の発現が保証されると考察している．さらに，彼らは発現している遺伝子群の相互作用情報に基づくパスウェイ・ネットワーク解析から，ZGA時期における胚性遺伝子の発現と転写抑制状態の維持の分子機構では，*Myc*と*Hdac1*が各々の中核となっていることをも示唆している．

近年，in silicoトランスクリプトーム解析によって，初期胚で特異的に発現する遺伝子転写物の全体像を対象とする研究も報告されている．この解析方法では，まず公共データベース上の初期胚を対象とするdbESTsの網羅的な実験データをもとに，アライメントより高速アセンブルを行って発現する遺伝子をリスト化し，次に体細胞などの遺伝子発現プロファイルとのDDDを行って精査することで，初期胚の各発生段階で特異的に発現する候補遺伝子群を同定する．そして，最後にそのアノテーションによって遺伝子間の相互作用を推定するものである．この手法が取り入られることにより，特異的発現をする遺伝子群の機能，それらの相互作用，そして細胞内分子ネットワークの解明に基づき，システムとして卵母細胞や初期胚の特徴を捉えるシステム生物学の概念がはじめて導入された．Eviskovらは，NCBIデータベース・dbESTライブラリー上のthe Knowles Solter mouse 2-cell libray (Rothstein et al, 1992 ; Rothstein et al, 1993) のESTs情報を利用して2細胞期胚のin silicoトランスクリプトーム解析を行った (Evsikov et al, 2004). 彼らは，精錬されたアノテーションとともに一部の遺伝子の発現についてはRT-PCR解析や免疫細胞化学的解析で検証することで，2細胞期では翻訳制御，タンパク質分解機構，細胞周期制御，転写制御とクロマチンリモデリング，核–細胞質輸送に関連する遺伝子群が活発に機能していることを明らかにしている．また，同じグループは，高い転写活性を持つ成長GV期卵母細胞 (FGO, full grown oocytes) のcDNAライブラリーを作成しそのESTsデータに基づいたトランスクリプトーム解析を行った (Evsikov et al, 2006). その結果，GV期卵母細胞では，卵母細胞–顆粒膜細胞の細胞間クロストーク，Gタンパク質結合レセプター情報伝達経路，アミノ酸輸送，母性転写産物の安定と翻訳機構，そして脂肪酸代謝に関連する遺伝子群が機能していることが示めされた．一方で，卵母細胞内の転写産物には，アンチセンスRNAやプロセッシング前のmRNA前駆体などタンパク質をコードしないRNAが多数含まれていたことから，卵母細胞ではmRNAの品質管理機構が機能していない可能性も示唆されている．これら二つの報告から，生殖細胞に究極に分化した卵母細胞と全能性を持つ2細胞期胚で発現する遺伝子の全体像は明らかに異なり，それぞれの細胞の特徴を示す遺伝子群が発現していることが認められた．一方，卵母細胞と2細胞期胚の双方で，反復配列の転写産物が多く，特に逆転写活性のあるレトロトランスポゾンが高発現していることも明らかにされた．これらのことから，生物学的意義は未だ不明であるが，母性型から胚性型に移行する時期には，ゲノム塩基配列の再プログラム化をもたらす「ゲノムの可塑性（genome plasticity）」が起きており，レトロトランスポゾンの転写制御にDNAメチル化を含めたエピジェネティック機構が関与しているとの新しい考え方が提唱されている（Evsikov et al, 2004；Peaston et al, 2004；Evsikov et al, 2006；Peaston et al, 2007）．

既報のトランスクリプトーム解析データを統合したin silicoトランスクリプトーム解析が，Magerらにより報告されている（Mager et al, 2006）．彼らは，2004年に報告された三つの独立したマウス初期胚におけるトランスクリプトーム解析データベース（Hamatani et 2004, Wang et al, 2004, Zheng et al, 2004）を使ったデータマイニングより，2細胞期から8細胞期，そして胚盤胞に常に存在しない母性効果遺伝子の候補遺伝子として51個をリストアップした．各遺伝子についてRT-PCR解析による検証を行ったところ，72%，37個の遺伝子がマイクロアレイ解析で示された発現パターンと一致して，母性効果遺伝子の候補として同定した．そのうち，ノックアウトマウスの表現型から母性効果遺伝子と考えられている遺伝子が6個（16%：*Gja4, Kit, Plg, Mos, Cyp19a1, Zp1*）と，ノックアウトマウスが胎生致死となるため母性効果遺伝子として直接評価されていない遺伝子が7個（19%：*Fbxw7, Casp8, Fgf8, Gcm2, Nrp1, Ptger4, Cbfa2t1h*）含まれていた．さらにアノテーションにより機能分類した結果，転写因子・DNA結合能を有する遺伝子群，カルシウム・他の金属イオンの恒常性やそれに対する結合能に関する遺伝子群，そしてMAPK経路に関する遺伝子群（*Fgf8, Casp8, Mos*）が認められた．一方，すべてのデータベース上で母性効果遺伝子として共通する遺伝子は7個しかなく，データベース間の相関は低いことが明らかになったが，少くとも二つのアレイデータベースの結果が同じであった場合にはマイクロアレイ解析で示された発現パターンはRT-PCR解析でも確認されることも示めされた．

なお，このようなDNAアレイ解析結果に見られる幅のある再現性には，供試する試料やアレイプラットホーム（GeneChips, spotted cDNA arrays, long oligonucleotide arraysなど）よりむしろ，RNA標識やハイブリダイゼーションなどの技術的差異が大きな影響を及ぼしていることが確

認されている (Irizarry et al, 2005 ; Bammler et al, 2005).

4 第一世代のプロテオーム解析

細胞内で発現する遺伝子転写産物のすべてを網羅的に把握するトランスクリプトーム解析に対して，細胞で発現しているタンパク質すべての動態を系統的・網羅的に解析する方法がプロテオーム解析である．歴史的には，現在のプロテオーム解析の概念が確立されておらず分子生物学的解析も遅れていた1970年代から1990年前半までにも，トランスクリプトーム解析に先んじて，タンパク質発現パターンから母性から胚性に移行する時期の遺伝子発現を探る研究が行われていた．この研究の基本的な実験手法は，[^{35}S] メチオニンを添加した培養液で胚を培養させて，新規に合成された [^{35}S] メチオニン標識タンパク質を抽出後に一次あるいは二次元電気泳動をして，そのバンドあるいはスポットの有無を検討するものである (Epstein, Smith, 1974 ; Cullen et al, 1980 ; Flach et al, 1982 ; Howlett, Bolton, 1985)．特に，Latham らのグループは，1 細胞期から 2 細胞前期にタンパク質発現の大きな変動が認められるが，2 細胞後期から 4 細胞期にはその変動は少ないことを示して，母性から胚性へ移行時期にはタンパク質レベルでも広範囲な再プログラム現象が起きることを明らかにした(Latham et al, 1991)．さらに，同じグループは，タンパク質の発現プロファイルとその定量的なデータ，さらにタンパク質修飾の情報は，初期胚発生の遺伝的制御機構の解明に役立つと予測した (Latham et al, 1992)．しかしながら，当時は電気泳動で分離したタンパク質を同定することは不可能であったため，その後研究手法は，前述のトランスクリプトーム解析に移っていった．一方，この時期の一連の研究で，胚性遺伝子が活性化する 2 細胞期に特異的に発現する分子量68-70kDa の三つのタンパク質の複合体として TRC (transcription requiring complex) が発見された (Conover et al, 1991)．現在，これらタンパク質の遺伝子は未だ同定されていないものの，貴重な「胚性遺伝子の活性化のタンパク質マーカー」として研究に利用されている (Qiu et al, 2003 ; Zheng et al, 2004).

5 第二世代のプロテオーム解析

ゲノムデータベースの充実や高性能の質量分析装置の開発に伴って，現在の第二世代のプロテオーム解析が確立された．この解析は，細胞内のタンパク質の全体像を写真に収めるものとして，細胞のスナップショットにたとえられている．これにより，[^{35}S] メチオニン標識された新規合成タンパク質だけを対象とする第一世代のプロテオーム解析では難しかったタンパク質の分解やタンパク質修飾の変化などを追跡する実験が可能となった (Greene et al, 2002)．卵母細胞や初期胚の遺伝的制御機構の解明においてプロテオーム解析を必要とする項目は，以下にあげることができる (Calvert et al, 2003 ; Katz-Jaffe et al, 2005 ; Vitale et al, 2007)．まず，(1)卵母細胞は転写不活性であり，受精や受精直後の胚発生に必要なタンパク質や mRNA は細胞質に貯蔵されている．特に，成熟した MII 期の卵母細胞に存在するタンパク質群の多くは未だ同定されていない．このようなタンパク質を同定し，その分子的機能を明らかにすれば，受精や初期胚発生の遺伝的制御に関する多くの知見が獲得される．次に，(2)卵母細胞や初期胚の発生段階特異的なmRNA存在は，必ずしもタンパク質の実質的発現を保証するものではない．特に，卵母細胞に多量に存在するmRNAの翻訳制御は，ポリA鎖のアデニレーションとデアデニレーションに密接に関わっている．さらに，(3)成熟過程で卵母細胞に蓄積されたタンパク質には，翻訳後修飾によってその活性化・不活性化が制御されるタンパク質が存在する．これまで，卵母細胞（Ellederova et al, 2004；Vitale et al, 2007.）や卵母細胞—卵丘細胞複合体（Meng et al, 2007）において，タンパク質の発現プロファイルが報告されているものの，受精から初期胚発生過程における網羅的・系統的プロテオーム解析は未だ報告されていない．そこで，我々は，マウス着床前初期胚の分化全能性の獲得およびその維持機構の基礎的理解を目的に，二次元電気泳動と質量分析を組み合わせた系統的・経時的なプロテオーム解析を行った（野老，松本ら，投稿準備中）．その結果，卵母細胞（MII）で蓄積されている母性タンパク質は少なくとも受精後6時間には急激に分解・修飾されることと，さらに2細胞期から4細胞期への移行時期と桑実期から胚盤胞期への移行時期において大規模なタンパク質の変化（翻訳，分解あるいは修飾）が起きることをはじめて見出した．それぞれの移行時期は，I：受精によって生殖細胞プログラムが消失されて全能性が獲得される時期，II：胚性遺伝子の活性化後の時期，III：最初の運命決定時期である胚盤胞期（生殖系列細胞の内部細胞塊と体細胞系列細胞の栄養外胚葉細胞への分化）で全能性が失われる時期と一致している．これらのことから，DNAアレイを用いたトランスクリプトーム解析では得られなかった初期胚の発生プログラムの遺伝的制御に関する情報が，プロテオーム解析より獲得されることが明らかになった．現在，我々は各移行時期に変動するタンパク質およびその修飾の変化を調べることによって，初期胚発生の制御機構に関与するタンパク質分子ネットワークの基盤的知見の獲得を進めている．

まとめ

オーム解析の進展から，初期胚発生の分子制御機構に対する知見が蓄積され，新しい理解が深まりつつある．今後，トランスクリプトミクスやプロテオミクス技術の開発に加えて，オーム解析結果から生命現象を包括的に解明していく研究が進展するにつれて，システム生物学を分子発生学へ導入することがはかられていくものと思われる．そして，その過程で，全能性を有する唯一の細胞である初期胚の発生の遺伝的制御プログラムを俯瞰し，その分子機構が解明されることを期待している．

（松本和也・細井美彦）

引用文献

Aoki F, Worrad DM, Schultz RM (1997) Regulation of transcriptional activity during the first and second cell cycles in the preimplantation mouse embryo, *Dev Biol*, 181；296-307.

Ashburner M, Ball CA, Blake JA, et al (2000) Gene ontology：Tool for the unification of biology. The Gene Ontology Consortium, *Nat Genet*, 25；25-29.

Bammler T, Beyer RP, Bhattacharya S, et al；Members of the Toxicogenomics Research Consortium (2005) Standardizing global gene expression analysis between laboratories and across platforms, *Nat Methods*, 2 ; 351 -356.

Bryne MJ, Jones GS, Warner CM (2007) Preimplantation embryo development (*Ped*) gene copy number varies from 0 to 85 in a population of wild mice identified as Mus musculus domesticus, *Mamm Genome*, 18 ; 767-778.

Byrne MJ, Waner CM (2008) MicroRNA expression in preimplantation mouse embryos from *Ped* gene positive compared to *Ped* gene native mice, *J Assit Reprod Genet*, 25 ; 205-214.

Calvert ME, Digilio LC, Herr JC, et al (2003) Oolemmal proteomics-identification of highly abundant heat shock proteins and molecular chaperones in the mature mouse egg and their localization on the plasma membrane, *Reprod Biol Endocrinol*, 1 ; 27.

Chao HH, Mentzer SE, Schimenti JC, et al (2005) Overlapping deletions define novel embryonic lethal loci in the mouse t complex, *Genesis*, 35 ; 133-142.

Conover JC, Temeles GL, Zimmermann JW, et al (1991) Stage-specific expression of a family of proteins that are major products of zygotic gene activation in the mouse embryo, *Dev Biol*, 144 ; 392-404.

Cui X-S, Shin M-R, Lee K-A, et al (2005) Identification of differentially expressed genes in murine embryos at the blastocysts stage using annealing control primer systems, *Mol Reprod Dev*, 70 ; 278-287.

Cullen BR, Emigholz K, Monahan JJ (1980) Protein patterns of early mouse embryos during development, *Differentiation*, 17 ; 151-160.

Davis W Jr, De Sousa PA, Schultz RM (1996) Transient expression of translation initiation factor eIF-4C during the 2-cell stage of the preimplantation mouse embryo : Identification by mRNA differential display and the role of DNA replication in zygotic gene activation, *Dev Biol*, 181 ; 296-307.

Ellederova Z, Halada P, Man P, et al (2004) Protein patterns of pig oocytes during in vitro maturation, *Biol Reprod*, 71 ; 1279-1289.

Epstein CJ, Smith SA (1974) Electrophoretic analysis of proteins synthesized by preimplantation mouse embryos, *Dev Biol*, 40 ; 233-244.

Evsikov AV, de Vries WN, Peaston AE, et al (2004) System biology of the 2-cell mouse embryo, *Cytogenet Genome Res*, 105 ; 240-250.

Evsikov AV, Graber JH, Brockman JM, et al (2006) Cracking the egg : Molecular dynamics and evolutionary aspects of the transition from the fully grown oocyte to embryo, *Genes Dev*, 20 ; 2713-2272.

Flach G, Johnson MH, Braude PR, et al (1982) The transition from maternal to embryonic control in the 2-cell mouse embryo, *EMBO J*, 1 ; 681-686.

Greene NDE, Leung KY, Wait R, et al (2002) Differential protein expression at the stage of neural tube closure in the mouse embryo, *J Biol Chem*, 277 ; 41645-41651.

Goldbard SB, Warner CM (1982) Genes affect the timing of early mouse embryo development, *Biol Reprod*, 27 ; 419-424.

Granholm NH, Johnson PM (1978) Identification of eight -cell t^{w32} homozygous lethal mutants by aberrant compaction, *J Exp Zool*, 203 ; 81-88.

Hamatani T, Carter MG, Sharov AA, et al (2004) Dynamics of global gene expression changes during mouse preimplantation development, *Dev Cell*, 6 ; 117 -131.

Hamatani T, Yamada M, Akutsu H, et al (2008) What can we learn from gene expression profiling of mouse oocytes?, *Reproduction*, 135 ; 581-592.

Howlett SK, Bolton VN (1985) Sequence and regulation of morphological and molecular events during the first cell cycle of mouse embryogenesis, *J Embyol exp Morph*, 87 ; 175-206.

Hwang IT, Kim YJ, Kim SH, et al (2003) Annealing control primer system for improving specificity of PCR amplification, *BioTechniques*, 35 ; 1180-1184.

Ito T, Kito K, Adati N et al (1994) Fluorescent differential display : Arbitrarily primed RT-PCR fingerprinting on an automated DNA sequencer, *FEBS Lett*, 351 ; 231-236.

Irizarry RA, Warren D, Spencer F, et al (2005) Multiple-laboratory comparison of microarray platforms, *Nat Methods*, 2 ; 345-350.

Johson MH (1981) The molecular and cellular basis of preimplantation mouse development, *Biol Rev*, 56 ; 463-498.

Katz-Jaffe MG, Linck DW, Schoolcraft WB, et al (2005) A proteomic analysis of mammalian preimplantation embryonic development, *Reproduction*, 130 ; 899-905.

Ko MSH, Kitchen JR, Wang X, et al (2000) Large-scale cDNA analysis reveals phased gene expression patterns during preimplantation mouse development, *Development*, 127 ; 1737-1749.

Latham KE, Garrels JI, Chang C, et al (1991) Analysis of embryonic mouse development : Construction of a high-resolution, two-dimensional gel protein database, *Development*, 112 ; 921-932.

Latham KE, Garrels JI, Chang C, et al (1992) Analysis of embryonic mouse development : Construction of a high-resolution, two-dimensional gel protein database, *Appl Theor Electrophor*, 2 ; 163-170.

Liang P, Pardee AB (1992) Differential display of eukaryotic messenger RNA by means of the polymerase chain reaction, *Science*, 257 ; 967-971.

Ma J, Svoboda P, Schultz RM, et al (2001) Regulation of zygotic gene activation in the preimplantation mouse embryo : Global activation and repression of gene expression, *Biol Rprod*, 64 ; 1713-1721.

Mager J, Schultz RM, Brunk BP, et al (2006) Identification of candidate maternal-effect genes through comparison of multiple microarray data sets, *Mamm Genome*, 17 ; 941-949.

Maguson T, Epstein C (1981) Genetic control of very early mammalian development, *Biol Rev*, 56 ; 369-408.

松本和也，中上佳世子，大竹聰，田中久善，橋本弓佳，山田昇平，佐伯和弘，細井美彦，入谷明（2001）マウス未受精卵及び１細胞期で発現する遺伝子群の同定：胚性遺伝子の活性化に伴う遺伝子発現の挙動，日本受精着床学会雑誌，18 ; 5-7.

Matsuoka T, Sato M, Tokoro M, et al (2008) Identification of ZAG1, a novel protein expressed in mouse preimplantation, and its putative roles in zygotic genome activation, *J Reprod Dev*, 54 ; 192-197.

McElhinny AS, Kadow N, Warner CM (1998) The ex-

pression pattern of the Qa-2 antigen in mouse preimplantation embryos and its correlation with the Ped gene phenotype, *Mol Hum Repro*, 4 ; 966-971.
Meng Y, Liu XH, Ma X, et al (2007) The protein profile of mouse mature cumulus-oocyte complex, *Biochim Biophys Acta*, 1774 ; 1477-1490.
Minami N, Sasaki K, Aizawa A, et al (2001), Analysis of gene expression in mouse 2-cell embryos using fluorescein differential display : Comparison of culture environments, *Biol Reprod*, 64 ; 30-35.
Minami N, Aizawa A, Ihara R, et al (2003) Oogenesin is a novel mouse protein expressed in oocytes and early cleavage-stage embryos, *Biol Reprod*, 69 ; 1736-1742.
Mizuno S, Sono Y, Matsuoka T, et al (2006) Expression and subcellular localization of GSE protein in germ cells and preimplantation embryos, *J Reprod Dev*, 52 ; 429-438.
森田隆 (1992) マウスtハプロタイプの系統進化,生物物理, 32 ; 30-35.
Mtango NR, Potireddy S, Latham KE (2008) Oocyte quality and maternal control of development, *Int Rev Cell Mol Biol*, 268 ; 223-290.
Nagy A, Gertsenstein M, Vintersten K (eds) (2003) *Manipulating the Mouse Embryo : A Laboratory Manual* 3rd ed, CSHL Press, New York.
Peaston AE, Evsikov AV, Graber JH, et al (2004) Retrotransposons regulate host genes in mouse oocytes and preimplantation embryos, *Dev Cell*, 7 ; 597-606.
Peaston AE, Knowles BB, Hutchison KW (2007) Genome plasticity in the mouse oocyte and early embryo, *Biochem Soc Trans*, 35 ; 618-622.
Potireddy S, Vassena R, Patel BG, et al (2006) Analysis of polysomal mRNA populations of mouse oocytes and zygotes : Dynamic changes in maternal mRNA utilization and function, *Dev Biol*, 298 ; 155-166.
Qiu JJ, Zhang WW, Wu ZL, et al (2003) Delay of ZGA initiation occurred 2-cell blocked mouse embryos, *Cell Res*, 13 ; 179-185.
Rodriguez-Zas SL, Schellander K, Lewin HA (2008) Biological interpretations of transcriptomics profiles in mammalian oocytes and embryos, *Reproduction*, 135 ; 129-139.
Rothstein JL, Johnson D, DeLoia JA, et al (1992) Gene expression during preimplantation mouse development, *Genes Dev*, 2 ; 1190-1201.
Rothstein JL, Johnson D, Jessee J, et al (1993) Construction of primary and subtracted cDNA libraries from early embryos, *Methods Enzymol*, 225 ; 587-610.
Schier AF (2007) The maternal-zygotic transition : Death and Birth of RNAs, *Science*, 316 ; 406-407.
Schultz RM (2002) The molecular foundations of the maternal to zygotic transition in the preimplantation embryo, *Hum Reprod Update*, 8 ; 323-331.
Sharov AA, Piao Y, Matoba R, et al (2003) Transcriptome analysis of mouse stem cells and early embryos, *PLoS Biol*, 1 ; 410-419.
Sitzel ML, Seydoux G (2007) Regulation of the oocyte-to-zygote transition, *Science*, 316 ; 407-408.
Smith LJ (1956) A morphological and histochemical investigaqtion of a preimplantation lethal (t^{12}) in the house mouse, *J Exp Zool*, 132 ; 51-83.
Sudheer S, Adjaye J (2007) Functional genomics of human pre-implantation development, *Brief Funct Genomic Proteomic*, 6 ; 120-132.
Tsukamoto S, Ihara R, Aizawa A, et al (2006) Oog1, an oocyte-specific protein, interacts with Ras and Ras-signaling proteins during early embryogenesis, *Biochem Biophys Res Commun*, 343 ; 1105-1112.
Verbanac KM, Warner CM (1982) Role of the major histocompatibility complex in the timing of early mammalian development, In : *Cellular and molecular aspects of implantation*, Glasser SR, Bullocl DW (eds), pp467-470, Plenum Press, New York.
Viré E, Brenner C, Deplus R, et al (2006) The Polycomb group protein EZH2 directly controls DNA methylation, *Nature* 439 ; 871-874.
Vitale AM, Calvert ME, Mallavarapu M, et al (2007) Proteomics profiling of murine oocyte maturation, *Mol Reprod Dev*, 74 ; 608-616.
Wallace LT, Erhart MA (2008) Recombination within mouse *t* haplotypes has replaced significant segments of t-specific DNA, *Mamm Genome*, 19 ; 263-271.
Waner CM, Brenner CA (2001) Genetics regulation of preimplantation embryo survival, *Curr Top Dev Biol*, 52 ; 151-192.
Wang QT, Piotrowska K, Ciemerych MA, et al (2004) A genome-wide study of gene activity reveals developement signalling pathways in the preimplantation mouse embryo, *Dev Cell*, 6 ; 133-144.
Welsh J, Chada K, Dalal SS, et al (1992) Arbitrarily primed PCR fingerprinting of RNA, *Nucleic Acids Res*, 20 ; 4965-4970.
Xu Y, Jin P, Mellor AL, et al (1994) Identification of the Ped gene at the molecular level : The Q9 MHC class 1 transgene converts the Ped slow to the Ped fast phenotype, *Biol Reprod*, 51 ; 695-699.
Zeng F, Schultz RM (2003) Gene expression in mouse oocytes and preimplantation embryos : Use of suppression substractive hybridization to identify oocyte- and embryo-specific genes, *Biol Reprod*, 68 ; 31-39.
Zeng F, Baldwin DA, Schultz RM (2004) Transcript profiling during preimplantaion mouse development, *Dev Biol*, 272 ; 483-496.
Zeng F, Schultz RM (2005) RNA transcripts profiling during zygotic gene activation in the preimplantation mouse embryo, *Dev Biol*, 283 ; 40-57.
Zhan M, Matsumoto K, Yamamoto Y, et al (2002) Molecular cloning and characterization of a novel gene specifically expressed in gonad, *J Mamm Ova Res*, 19 ; 89-95.
Zimmermann WJ, Schultz RM (1994), Analysis of gene expression in the preimplantation mouse embryos : Use of mRNA differential display, *Proc Natl Acad Sci*, 91 ; 5456-5460.
Zurita M, Reynaud E, Aguilar-Fuentes J (2008) From the beginning : The basal transcription machinery and onset of transcription in the early animal embryo, *Cell Mol Life Sci*, 65 ; 212-227.

TOPIC 8

卵母細胞に特異的に発現するOog1について

Key words　母性効果遺伝子／胚性ゲノムの活性化／シグナル伝達／siRNA／卵形成

卵子形成期に卵母細胞内には多くの転写産物が蓄積されるが，これらの中で，卵子形成期ではなく受精後の胚発生期に機能する遺伝子がいくつか報告されている．これらの遺伝子は母性効果遺伝子と呼ばれ，ノックアウト（KO）マウスを用いた解析によって，受精後の発生過程で機能していることが明らかになっている（Minami, Tsukamoto, 2006；Zheng, Dean, 2007）．母性効果遺伝子のうちいくつかは胚性ゲノム活性化後の胚の転写に関与していることが示唆されており（Bultman et al, 2006；Burns et al, 2003；Tong et al, 2000；Wu et al, 2003），この時期の転写が重要な意味を持っていることがわかる．受精前の精子やMII期卵母細胞では遺伝子の転写は完全に抑制されており，受精によってそれぞれの前核が形成されてはじめて転写が可能になる．受精後はじめて起こる転写のことを胚性ゲノムの活性化と呼んでいるが，マウスにおいては1細胞期の後期から2細胞にかけてこの活性化が起こり，その後の発生を維持するためには必要不可欠である．この活性化が起こるまでは卵母細胞に蓄えられたRNAやタンパク質によって発生は制御されており，卵子形成期に転写・翻訳される母性効果遺伝子などの母性因子が受精後の胚発生に必須であることがわかる（Minami et al, 2007；Schultz, 2002）．

我々は胚性ゲノムの活性化に関わる遺伝子を検索する過程で，卵母細胞に特異的に発現する遺伝子 *Oog1* を発見した（Minami et al, 2001）．*Oog1* はマウス卵母細胞に特異的に発現する遺伝子であり，そのmRNAは15.5日齢の胎児卵巣内卵母細胞から発現が始まり，受精後の2細胞期後期まで転写産物は存在する．卵巣切片を用いたin situ hybridizationの結果から，*Oog1* mRNAはすべての発育ステージの卵胞内卵母細胞に特異的に発現することが明らかになった．また，タンパク質の発現もmRNAと同様に，すべての発育ステージの卵胞内卵母細胞に特異的に発現し，受精後は4細胞期まで存在することが示された．また，受精卵の免疫染色の結果，非常に興味深いことに *Oog1* タンパク質が1細胞期後期から2細胞期前期にかけて核に局在することが明らかになった（Minami et al, 2003）．この時期はマウス胚においては胚性ゲノムの活性化が起こる時期でもあり，*Oog1* がゲノムの活性化になんらかの機能を持っている可能性も考えられる．*Oog1* タンパク質はロイシンジッパー構造とロイシンリッチ領域を有しているため，他のタンパク質との相互作用やそれらの相互作用を介したDNAとの結合も考えられるので，遺伝子の発現制御になんらかの機能を持っている可能性は否定できない．一般に遺伝子の機能を解析する場合，KOマウスを作製してその表現形を調べることで，その遺伝子の機能をある程度予測できる．*Oog1* はマウス12番染色体上の遺伝子（reference sequence：NM_178657.4）としてNCBI（national center for biotechnology information）に登録されている．しかしながら，*Oog1*遺伝子とその前後を含む長い領域と非常に相同性の高い領域が4番染色体と12番染色体に複数箇所存在するため，KOマウスの作製は不可能であると考えられる．そこで我々は近年開発された2本鎖RNAを発現するトランスジェニックマウス（TGマウス）（Stein et al, 2003）を作製して，*Oog1*の機能解析を試みた．細胞内で発現した2本鎖RNAはRNaseⅢファミリーに属するDicerと呼ばれる酵素によって21塩基の2本鎖RNAに切断される．切断されたRNAはsiRNA（small interfering RNA）として働き，RNA一ヌクレアーゼ複合体であるRISC（RNA induced silencing complex）の形成を誘導し，そのRNAに相補的な配列を持つmRNAを選択的に分解する（Hammond et al, 2000）．この原理を利用してTGマウスの卵母細胞に*Oog1*の二本鎖RNAを発現させて，*Oog1*に相補的なsiRNAを作り出し*Oog1*を抑制することができれば，その機能を予測することができる．卵母細胞特異的発現を示すZP3プロモーターの制御下で*Oog1*の二本鎖RNAを発現するように設計したトランスジェニックベクターを作製し，数系統のTGマウスの作製に成功した．それぞれの系統の雌マウスから卵母細胞を回収し，*Oog1* mRNAの量をリアルタイムPCRによって測定した結果，*Oog1* mRNAがほぼ100%分解された系統が得られた．しかしながら，この系統から得られた受精卵は正常に発生し，産子も正常に得られた．そこで，卵母細胞におけるタンパク質をウエスタンブロットによって調べたところ，この系統の卵母細胞ではタンパク質はほとんど減少していなかった．この理由については不明であるが，哺乳類細胞においてsiRNAを利用してmRNAを抑制しても，タンパク質レベルでは抑制が見られないことはめずらしくないともいわれており（私信），微量に残った*Oog1* mRNAがタンパク質合成に関わったのかもしれない．

TGマウスを用いた*Oog1*の機能解析は成功しなかったが，Oog1が胚性ゲノムの活性化時期に受精卵の核に移行することは興味深い事実である．さらにOog1のタンパク構造から他のタンパク質との相互作用が強く示唆されているため，酵母two-hybrid法を用いてOog1と相互作用するタンパク質の検索を行った．この実験の結果Oog1と相互作用すると思われるタンパク質がいくつか同定され，その中でRalGDS（ral guanine nucleotide dissociation stimulator）について検討を行った．RalGDSの抗体を用いて卵巣切片や卵母細胞・受精卵の免疫染色を行った結果，RalGDSはOog1とまったく同様の局在パターンを示した．RalGDSはMAPキナーゼやPI3キナーゼと並んで，Rasからのシグナルを核に伝える役割を持つRas effectorと呼ばれるタンパク質である．このタンパク質はRasからのシグナルを下流のRalに伝えることが知られているため，Oog1がRasまたはRalと相互作用するかどうかについて，GST-pull down assay法を用いて調べた．その結果Oog1はRalとは相互作用せずに，活性化型のRas（GTP結合型Ras）と相互作用することがわかった．このことは細胞外からの刺激によって活性化されたRasのシグナルをOog1が下流に伝えている可能性を強く示唆している（Tsukamoto et al, 2006）．

*Oog1*は卵母細胞特異的な遺伝子であるが，これまでにもいくつか卵母細胞特異的な母性効果遺伝子が報告されている（Burns et al, 2003；

Payer et al, 2003 ; Tong et al, 2000 ; Wu et al, 2003）．これらの遺伝子は卵母細胞以外では発現していないことから，受精後の初期の発生に特異的な現象に関与していることが推察できる．中でも，Mater（Tong et al, 2000）はOog1同様ロイシンジッパー構造を持っており，三次元構造も非常に似通っていることから（Minami, Tsukamoto, 2006），この二つの遺伝子にはなんらかの共通項があるかもしれない．

マウスの生殖細胞は胎齢７日に出現する始原生殖細胞を起源とし，始原生殖細胞が生殖隆起へ移動して増殖した後，２度の減数分裂を経て卵子や精子が作られる．胎齢13.5日までの雌生殖巣内では始原生殖細胞に由来する卵原細胞が有糸分裂を繰り返し，その数を増やし続ける（Monk, McLaren, 1981）．しかし，胎齢13.5日になると生殖巣内の卵原細胞は有糸分裂を止め，減数分裂を開始し卵母細胞となる．すべての卵原細胞が同調して減数分裂を開始するわけではないが，胎齢の15.5日までにはほとんどの卵原細胞が減数分裂を開始する．その後卵母細胞は胎齢17.5日あたりから第一減数分裂前期の複糸期に達し，そこで減数分裂を停止する．この停止は個体が性成熟に達し，卵子を排卵できるようになるまで続く．ちょうどこの減数分裂の開始から停止までの間に *Oog1* の発現が始まることから，*Oog1* がこの減数分裂の開始や停止の時期にもなんらかの機能を持っているのではないかと考えたくなる．*Oog1* の機能を解析するにはやはり，*Oog1* の mRNA だけではなくタンパク質も抑制できるような TG マウスを作製するしか今のところ方法がないので，プロモーターや２本鎖 RNA の長さ等をさらに検討し，なんとか *Oog1* の機能の解析を行いたいと考えている．

（南直治郎）

引用文献

Bultman SJ, Gebuhr TC, Pan H, et al (2006) Maternal BRG1 regulates zygotic genome activation in the mouse, *Genes Dev*, 20 ; 1744-1754.

Burns KH, Viveiros MM, Ren Y, et al (2003) Roles of NPM2 in chromatin and nucleolar organization in oocytes and embryos, *Science*, 300 ; 633-636.

Hammond SM, Bernstein E, Beach D, et al (2000) An RNA-directed nuclease mediates post-transcriptional gene silencing in Drosophila cells, *Nature*, 404 ; 293-296.

Minami N, Aizawa A, Ihara R, et al (2003) Oogenesin is a novel mouse protein expressed in oocytes and early cleavage-stage embryos, *Biol Reprod*, 69 ; 1736-1742.

Minami N, Sasaki K, Aizawa A, et al (2001) Analysis of gene expression in mouse 2-cell embryos using fluorescein differential display : comparison of culture environments, *Biol Reprod*, 64 ; 30-35.

Minami N, Suzuki T, Tsukamoto S (2007) Zygotic gene activation and maternal factors in mammals, *J Reprod Dev*, 53 ; 707-715.

Minami N, Tsukamoto S (2006) Role of oocyte-specific genes in the development of mammalian embryos, *Reprod Med Biol*, 5 ; 175-782.

Monk M, McLaren A (1981) X-chromosome activity in foetal germ cells of the mouse, *J Embryol Exp Morphol*, 63 ; 75-84.

Payer B, Saitou M, Barton SC, et al (2003) Stella is a maternal effect gene required for normal early development in mice, *Curr Biol*, 13 ; 2110-2117.

Schultz RM (2002) The molecular foundations of the maternal to zygotic transition in the preimplantation embryo, *Hum Reprod Update*, 8 ; 323-331.

Stein P, Svoboda P, Schultz RM (2003) Transgenic RNAi in mouse oocytes : a simple and fast approach to study gene function, *Dev Biol*, 256 ; 187-193.

Tong ZB, Gold L, Pfeifer KE, et al (2000) Mater, a maternal effect gene required for early embryonic development in mice, *Nat Genet*, 26 ; 267-268.

Tsukamoto S, Ihara R, Aizawa A, et al (2006) Oog1, an oocyte-specific protein, interacts with Ras and Ras-signaling proteins during early embryogenesis, *Biochem Biophys Res Commun*, 343 ; 1105-1112.

Wu X, Viveiros MM, Eppig JJ, et al (2003) Zygote arrest 1 (Zar1) is a novel maternal-effect gene critical for the oocyte-to-embryo transition, *Nat Genet*, 33 ; 187-191.

Zheng P, Dean J (2007) Oocyte-specific genes affect folliculogenesis, fertilization, and early development, *Semin Reprod Med*, 25 ; 243-251.

XVII-75

胚発育における傍分泌・自分泌調節

Key words
着床前期胚／パラクライン因子／オートクライン因子／胚栄養リガンド／胚発育

はじめに

哺乳類の卵子は卵巣から排卵後，卵管采によりピックアップされ，卵管内に入る．そこで精子と受精後，卵割を続けながら子宮へ向けて移動し，子宮内腔に到達する．胚はさらに発育を続け， 胚を包む透明帯から脱出し(ハッチング)，子宮内膜に着床する最終段階に至る．この間の胚は着床前期胚と呼ばれ，生殖工学，生殖補助医療の発展により，体外培養が可能となってきた．しかし，体内で発育した着床前期胚と比べ，さまざまな問題点が指摘されている．その一因として，母体生殖管から産生される胚発育を調節する因子が，体外培養環境では欠如することが考えられている．ここでは，着床前期胚発育を調節する因子についてのこれまでの報告を，パラクライン因子・オートクライン因子の観点から総覧し解説する．

1 着床前期胚発育

着床前期胚の発育は受精した卵子の卵割に始まり，**コンパクション**，桑実胚の形成，胞胚腔の形成と進み胚盤胞へと至る．この間に着床前期胚は卵管を下降し，マウスでは妊娠4日目までに後期桑実胚／初期胚盤胞となり子宮内に至る．この過程はヒトでもほぼ同様である．第一卵割は卵巣での卵子発育の間に卵子内に蓄積された母体由来mRNAによってコントロールされている．胚由来のゲノムの翻訳（ZGA, zygotic genome activation）はマウスでは2細胞期後期から，ヒトでは4－8細胞期に始まり，母体由来mRNAは次第に分解されていく．近年，DNAマイクロアレイを用いた着床前期胚の網羅的遺伝子発現の研究から，マウスでは8細胞期にもZGAがあることが示されている（Hamatani et al, 2004）（図XVII-75-1）．胚盤胞は分化した2種類の細胞系譜：栄養(膜)外胚葉層(TE, trophectoderm)，内（部）細胞塊（ICM, inner cell mass）からなり，それぞれ胎盤，胎児および胚外組織の一部に発育する．

2 胚栄養リガンド（embryotrophic ligands）

哺乳類の正常体細胞の細胞分裂，生存には，外因性の栄養リガンド（external trophic ligands）が必須である．受容体を介したこれらのシグナルの欠乏した状態では，細胞周期は静止したままとなる．また，外因性の栄養リガンドによる

コンパクション（compaction）：卵割の過程で割球が平らになり，お互いに接着面を増して，割球同士の境界が不明瞭になる．光学顕微鏡レベルでは割球同士が癒合したように見える．電子顕微鏡を用いると，割球間に密着結合やギャップ結合が形成され，密着結合により表層の割球同士が強く結合して隔壁を作り，胚の外側と内側を隔てるようになる．

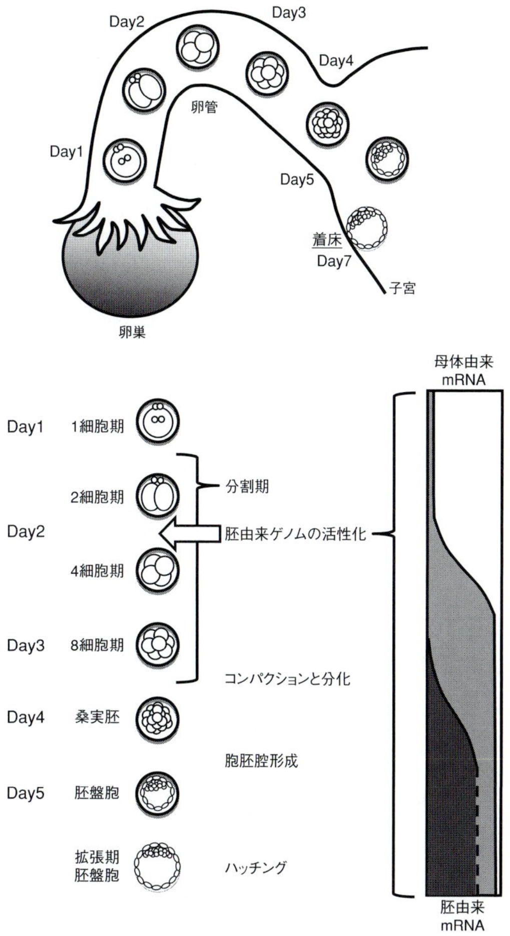

図XVII-75-1．着床前期胚発育

上段：*in vivo* における着床前期胚の発育，下段：着床前期胚の発育中の主な細胞学的，分子生物学的変化

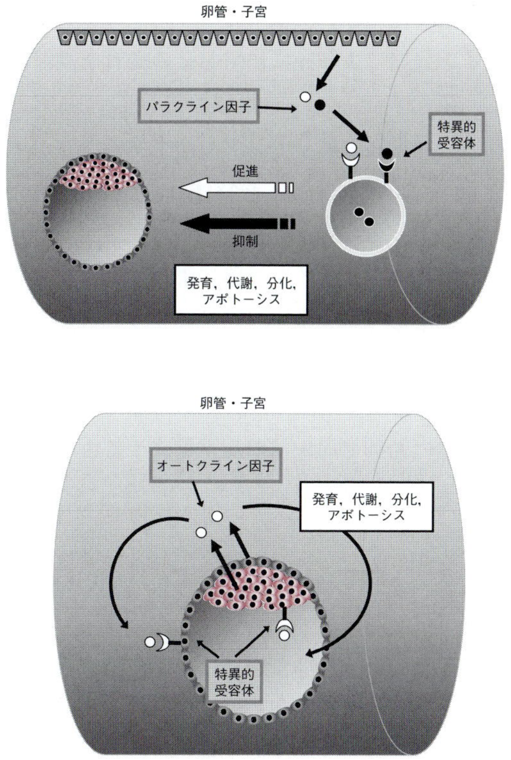

図XVII-75-2．パラクライン／オートクライン因子による胚発育調節

生存シグナルの欠如は，細胞にアポトーシスを惹起し，細胞死に至らしめる．

着床前期胚の体外培養は古くから行われており，外因性の栄養リガンドを欠き，平衡塩類と糖からなる単純な培養液中で，マウス 2 細胞期胚は胚盤胞まで発育する（Whitten, 1957）．1958 年に McLaren と Biggers は，上記の体外培養で得られた胚盤胞を偽妊娠マウスに移植することで産子を得たとはじめて報告した（McLaren, Biggers, 1958）．これら結果から，着床前期胚は体細胞と異なり，その発育（卵割），生存には，外因性の栄養リガンドは必須ではないことが考えられる．しかしその後の研究により，数多くの外因性の栄養リガンドに対する受容体が着床前期胚で発現していることが見出され，外因性の栄養リガンドを胚培養液に加えることで，胚の発育／生存を促進することが示されてきた（Adamson, 1993；Hardy, Spanos, 2002；Kane et al, 1997；Kaye, Harvey, 1995；O'Neill, 2008）．これらの胚栄養リガンドの産生源は，生殖管すなわち卵管および子宮と考えられ，生体内では卵管および子宮で産生された胚栄養リガンドは，パラクライン経路により胚に作用しその発育を調節する（図XVII-75-2）．さらに複雑なことに，着床前期胚自身も胚栄養リガンドを産生することが示されており（Adamson, 1993；Hardy, Spanos, 2002；Kane et al, 1997；Kaye, Harvey, 1995；O'Neill, 2008），これはオートクライン経路により胚に作用することになる（図XVII-75-2）．胚栄養リガンドのオートクライン作用は，外因性の胚栄養リガンドの作用すなわちパラクライン効果がなくても，体外培養において着床前期胚が発育することを説明できるかもしれない．

3 胚発育調節のパラクライン因子

卵子は受精後，卵割を続けながら子宮内膜に着床するまでの間，卵管および子宮より産生されるパラクライン因子の作用を受ける．卵管・子宮由来因子には，前述の胚栄養リガンドのほかに，胚発育を抑制する働きを持つパラクライン因子も知られている．ここでは，これまで報告されてきた代表的なパラクライン因子について紹介する．他のパラクライン因子については，以下のレビューを参照されたい（Adamson, 1993；Hardy, Spanos, 2002；Kane et al, 1997；Kaye, Harvey, 1995；O'Neill, 2008）．

(A) EGF (epidermal growth factor) families

EGFファミリーにはEGF自身と，TGFα（transforming growth factor-alpha）が含まれる．これらのリガンドは，EGF受容体を活性化し細胞内にシグナルを伝える．EGF受容体は多くの細胞／組織に発現しており，細胞増殖に関与している．マウスの子宮にはEGF（Huet-Hudson et al, 1990），TGFα（Paria et al, 1994；Tamada et al, 1991）の発現が認められ，卵管にはTGFαが発現している（Dalton et al, 1994）．ヒトでもEGFが子宮で（Haining et al, 1991；Imai et al, 1995），TGFαが卵管および子宮で産生されている（el-Danasouri et al, 1993；Horowitz et al, 1993；Imai et al, 1995；Smotrich et al, 1996）．一方，EGF受容体は着床前期胚に発現しており，マウスでは前核期より認められ，4細胞期から発現が増加し胚盤胞まで持続する（Wiley et al, 1992）．ヒトでは，前核期より認められ胚盤胞まで発現している（Chia et al, 1995；Smotrich et al, 1996）．

これまでEGFは *in vitro* においてマウス着床前期胚における(1)EGF受容体を介したタンパク合成の促進（Wood, Kaye, 1989），(2)2細胞期胚の胚盤胞への発育促進と胚盤胞の細胞数増加（Paria, Dey, 1990），(3)胞胚腔の形成の促進（Brice et al, 1993；Dardik, Schultz, 1991），(4)胚盤胞のアポトーシス発生抑制（Kurzawa et al, 2002），といった作用を持つことが示されている．また，TGFαはマウス着床前期胚の発育促進作用に加えて，胚盤胞の細胞数増加，アポトーシス発生の抑制作用を示す（Brison, Schultz, 1997；Kawamura et al, 2005b）．このTGFαによるアポトーシス抑制作用は，EGF受容体の活性化の後，PI3K（phosphatidylinositol 3-kinase）経路により抗アポトーシス因子であるsurvivinの発現を増加させることにより惹起される（Kawamura et al, 2005b；Kawamura et al, 2003b）．EGF受容体の活性化は，着床前期胚への作用のほかに卵成熟にも深く関与しており，EGFファミリーは生殖

Survivin：BIRC5（Baculoviral IAP repeat-containing 5）とも呼ばれ，IAPファミリーに属するアポトーシス抑制因子である．カスパーゼを阻害することでアポトーシスを抑制する．ノックアウトマウスや着床前期胚の遺伝子発現抑制の結果から，着床前期胚の発育に必至なアポトーシス抑制因子であることが明らかにされた．

に重要な成長因子であると考えられる．

（B）IGF（insulin and Insulin-like growth factors）

インスリン，IGF-I, IGF-II は，異なった親和性で 3 種類の受容体，インスリン受容体，IGF-I 受容体，IGF-II 受容体と結合し細胞内にシグナルを伝える．これら受容体は多くの細胞／組織に発現しており，細胞増殖やアポトーシスに関与している．マウスおよびヒトの卵管および子宮には IGF-I が発現しており（Lighten et al, 1997 ; Lighten et al, 1998），マウス着床前期胚にはインスリン受容体，IGF-I 受容体が 8 細胞期以降に，IGF-II 受容体はすべての発育段階の胚に発現が認められる（Harvey, Kaye, 1991 ; Rappolee et al, 1992）．ヒト着床前期胚では，インスリン受容体，IGF-I 受容体，IGF-II 受容体の発現が前核期より認められる（Lighten et al, 1997 ; Lighten et al, 1998）．

これらのリガンドは *in vitro* においてマウス着床前期胚における以下の作用を持つことが示されている．(1)タンパク合成の促進（インスリン，IGF-II）（Harvey, Kaye, 1988 ; Rappolee et al, 1992），(2)初期胚の胚盤胞への発育促進と胚盤胞の細胞数増加（インスリン，IGF-I, IGF-II）（Harvey, Kaye, 1990 ; Harvey, Kaye, 1992a ; Harvey, Kaye, 1992b ; Rappolee et al, 1992），(3)胚盤胞のアポトーシス発生抑制（IGF-I, IGF-II）（Byrne et al, 2002 ; Fabian et al, 2004 ; Kurzawa et al, 2002 ; Lin et al, 2003）．胚盤胞におけるインスリン，IGF-I, IGF-II の細胞数増加作用は，ICM に優位であることが特徴的である（Harvey, Kaye, 1990 ; Harvey, Kaye, 1992a ; Harvey, Kaye, 1992b）．IGF-I の着床前期胚への作用は，ヒト胚でも検討されている．マウスと同様に IGF-I はヒト胚の発育促進（Lighten et al, 1998 ; Spanos et al, 2000），ICM 優位の胚盤胞細胞数増加（Lighten et al, 1998），胚盤胞のアポトーシス抑制（Spanos et al, 2000），といった働きを示す．以上のように，これらのリガンドは着床前期胚発育に重要であるが，近年 IGF-II，IGF-II 受容体と着床前期胚のゲノムインプリンティングとの関連も注目されている．詳細は他節（III-10）を参照されたい．

（C）Neurotrophic factors

BDNF（Brain derived neurotrophic factor）と GDNF（Glial cell line-derived neurotrophic factor）は，神経栄養因子（neurotrophic factor）ファミリーの一員である．BDNF はチロシンキナーゼ B 受容体（TrkB, tyrosine kinase B receptor）を活性化する．また，GDNF はリガンド特異的結合サブユニットの GFRA 1（GDNF family receptor-alpha1）と共通シグナル伝達サブユニット Ret（ret proto-oncogene）からなる受容体複合体を介してシグナルを伝える（VI-23参照）．マウスにおいて，TrkB は卵子およびすべての発育段階の着床前期胚に発現している．その発現量は胚盤胞期以降に増加する．また，胚盤胞では ICM には発現しておらず，TE に発現を認める（Kawamura et al, 2007a）．GFRA1-Ret もマウス着床前期胚に発現しており，その発現量は 2 細胞期でやや多く，その後減少し ZGA の後増加して胚盤胞期に最大となる．TrkB と同様に，胚盤胞における GFRA1-Ret は TE に限局している（Kawamura et al, 2008）．BDNF は卵管腺上皮および子宮内膜腺上皮で産生され，胚が管腔内に存在する時期に産生量が増大する（Kawamura et al, 2007a）．GDNFも同様に卵管腺上皮および子宮内膜腺上皮で産生されるが，卵管では胚が管腔内に存在する時期に産生量の増加を認めるが，子宮ではそのような変化は認められない（Kawamura et al, 2008）．

BDNFとGDNFは共にTrkB，GFRA1-Retを介して*in vitro*でマウス着床前期胚の発育を促進する．また，胚盤胞においては，TE優位に細胞数を増加させ，アポトーシスの発生を抑制する（Kawamura et al, 2007a；Kawamura et al, 2008）．TrkBのシグナルはPI3KとMAPK経路を介してシグナルを伝えることが知られているが，胚ではPI3K経路を介して生物学的作用を示す（Kawamura et al, 2007a）．さらに，TrK受容体の抑制剤を用いると，*in vivo*でマウス着床前期胚の発育が抑制され，胚盤胞の細胞数減少とアポトーシス発生の増加が認められる（Kawamura et al, 2008）．したがって，BDNFとGDNFは神経栄養因子として中枢神経への作用以外に，胚発育を調節する作用を持つことが明らかになってきた．BDNFとGDNFは他に，初期卵胞発育および卵成熟にも関与しており（VI-23参照），生殖において重要な役割を果たす物質であると考えられる．

（D）Leptin，Ghrelin

レプチンは脂肪組織から産生され，レプチン受容体を活性化し，個体のエネルギー代謝を調節する．グレリンは胃のneuroendocrine X/A-like細胞より分泌され，グレリン受容体（GHSR, growth hormone secretagogues-receptor）に結合し，食欲の亢進やエネルギー代謝に関与する．マウスの着床前期胚には，4－8細胞期を除くすべての発育段階の胚にレプチン受容体が発現している（Kawamura et al, 2002）．ヒトではすべての発育段階の着床前期胚にレプチン受容体が発現している（Cervero et al, 2004）．グレリン受容体はマウス桑実胚以降に発現が認められる（Kawamura et al, 2003a）．マウスの卵管および子宮にはレプチンの発現が認められ（Kawamura et al, 2002），グレリンは子宮に発現している（Kawamura et al, 2003a）．また，レプチンおよびグレリンは子宮内腔液中に分泌されている（Kawamura et al, 2003a；Kawamura et al, 2002）．子宮内腔液中のレプチン濃度は胚が存在する時期の妊娠初期マウスで高値を示す（Kawamura et al, 2002）．グレリンは飢餓状態の動物で産生が亢進して血中濃度が増加するが，子宮内腔液中の濃度も増加する（Kawamura et al, 2003a）．レプチンとグレリンはヒトの子宮内膜でも発現している（Gonzalez et al, 2000；Tawadros et al, 2007）．

レプチンは*in vitro*においてマウス着床前期胚の発育を促進し，胚盤胞のTEとICMの双方の細胞数を増加させる（Herrid et al, 2006；Kawamura et al, 2002）．レプチンによる着床前期胚の発育促進作用はブタでも確認されたが（Craig et al, 2005），マウスで発育促進作用はないか（Swain et al, 2004），逆に発育抑制作用を示す（Fedorcsak, Storeng, 2003），といった報告もある．高濃度のレプチンは逆に胚発育を抑制する（Herrid et al, 2006）ことから，培養条件や添加するレプチンの純度や生物学的活性により，結果に差が生じたことが考えられる．グレリンはレプチンとは逆にGHSRを介してマウス着床前期胚の発育を抑制し，胚盤胞のTEとICM

の双方の細胞数を減少させる (Kawamura et al, 2003a). このように, レプチンおよびグレリンは, 個体のエネルギー代謝のみならず, 生殖にも重要な働きをしている.

(E) TNFα (Tumor necrosis factor-alpha)

TNFαは炎症性サイトカインの一つで, TNFRSF1A (TNF receptor superfamily, member 1a) および TNFRSF 1 B (TNF receptor superfamily, member 1b) と結合し生物学的作用を示す. TNFRSF1Aは**デスドメイン**を含んでおり, 多くの細胞においてカスパーゼのカスケードを活性化してアポトーシスを誘導する. TNFRSF1Bはデスドメインを欠き, TNFRSF1Aとは逆に細胞生存シグナルを伝える. マウス着床前期胚にはTNFRSF1Aが発現しているが, TNFRSF1 Bはほとんど発現していない (Kawamura et al, 2007b ; Pampfer et al, 1994). TNFRSF1Aの発現量は2細胞期より増加し, 胚盤胞期に最大となる (Kawamura et al, 2007b). 胚盤胞においては, TNFRSF1AはTEとICMの双方に発現している (Pampfer et al, 1994). ヒト着床前期胚にもTNFRSF1Aは発現しており, 6細胞期から胚盤胞まで認められる (Sharkey et al, 1995). TNFαの子宮での産生はマウス, ラット, ヒト等で報告されており (Kane et al, 1997 ; Kawamura et al, 2007b ; Pampfer, 2001), 糖尿病ラットやストレスで流産を誘発したマウスで発現が増加する, との報告がある (Arck et al, 1995 ; Pampfer, 2001).

TNFαは *in vitro* でマウス着床前期胚の発育を抑制し, アポトーシスを誘導する (Kawamura et al, 2007b). 胚盤胞においては, 細胞数を減少させアポトーシス増加させる (Kawamura et al, 2007b). さらに, TNFα処理したマウス胚盤胞を偽妊娠マウスに移植すると, 高率に胎子の発育阻害が認められる (Wuu et al, 1999). これらの作用の多くは, TNFαを投与した妊娠マウスにおいて *in vivo* でも観察される (Kawamura et al, 2007b). TNFαによるマウス胚盤胞のアポトーシスは前述のTGFαによってPI3K経路を介して抑制される (Kawamura et al, 2007b). したがって, 体内では着床前期胚の発育を抑制するTNFαとそれに拮抗するTGFαによって, 胚の発育が調節されているのであろう. なんらかの病的状態下で, 子宮でのTNFα産生が増大すると, TNFαの作用が優位となり, 着床前期胚の発育抑制, アポトーシス誘導が起こると考えられる.

4 胚発育調節のオートクライン因子

1990年にB. C. ParIaとS. K. Deyは, 着床前期胚を個別に体外培養した場合と, 複数個集めて培養した場合では, 後者の方に胚発育が促進されることを観察し (Paria, Dey, 1990), 胚自身より産生されるオートクライン因子の存在を示唆した. 複数培養による胚発育促進効果は, 胚の代謝活動により培養液の局所的な組成変化が起こり, 胚の発育に好ましい状況を作り出している, との見解もあったが, それをサポートする明らかな事実は見出されていない. その後, 分子生物学的手法を用いて胚自身が産生するオートクライン因子が同定されてきた. 興味深いことに, 胚発育を調節するパラクライン因子がオートクライン因子としても作用していることが明らかになってきた. ここでは, これまで

デスドメイン (death domain): 細胞外シグナルによりアポトーシスを誘導する受容体に存在する機能性領域を有した細胞内ドメイン. TNF受容体によるアポトーシス誘導のシグナルは, TNFαの刺激により, デスドメインであるTRADD (TNFR-I-associated death receptor domain) が結合することで始まる.

報告されてきた代表的なオートクライン因子について紹介する．他のオートクライン因子については，以下のレビューを参照されたい（Adamson, 1993 ; Hardy, Spanos, 2002 ; Kane et al, 1997 ; Kaye, Harvey, 1995 ; O'Neill, 2008）．

（A） EGF families

EGF ファミリーのうち，EGF と TGFα は着床前期胚にも発現している．マウス胚は EGF を発現していないが，TGFα はすべての発育段階の胚に認められる（Kane et al, 1997 ; Rappolee et al, 1988）．ヒト胚の場合は EGF と TGFα のどちらも発現している（Chia et al, 1995 ; Hemmings et al, 1992 ; Smotrich et al, 1996）．

マウス胚盤胞では，TGFα は ICM と内細胞塊に接する TE（polar TE）で産生され，EGF 受容体も ICM と TE に局在している（Chia et al, 1995 ; Dardik et al, 1992）．これらのことから，TGFα はオートクライン経路を介して胚に作用すると考えられる．実際，TGFα のノックアウトマウスでは，$TGF\alpha^{-/-}$ 胚の発育は野生型と差を認めないが，胚盤胞でのアポトーシス発生が増加する（Brison, Schultz, 1998）．したがって，TGFα はオートクライン因子としても着床前期胚に作用し，特に胚の生存に深く関与している．

（B） Insulin and IGF

マウスおよびヒト着床前期胚では，インスリン，IGF-I, IGF-II の中で，IGF-II のみが発現している（Lighten et al, 1997 ; Rappolee et al, 1992）．IGF-II は父性インプリンティング遺伝子であり，単為発生させた胚では発現しない（Rappolee et al, 1992）．*in vitro* でマウス着床前期胚の IGF-II 発現を抑制すると，胚発育が抑制され，胚盤胞の細胞数が減少する（Rappolee et al, 1992）．この効果は培養液中に IGF-II を添加することで打ち消されることから（Rappolee et al, 1992），IGF-II はパラクライン作用に加えて，オートクライン因子としても着床前期胚に作用し，胚の発育を促進する．

（C） PAF（Platelet activating factor）

PAF はリン脂質の一つであり，マウス（O'Neill, 1985;Roudebush et al, 2002），ヒト（Collier et al, 1988）を含む多くの動物の着床前期胚より分泌されることが知られている（O'Neill, 2008）．マウス着床前期胚は PAF 受容体を発現しており，その発現量は 2 細胞期で高く，発育が進むにつれ減少し，胚盤胞期になると再度増加する．PAF の着床前期胚での発現は，2 細胞期では低いが桑実胚以降に増加する（Roudebush et al, 2002）．

これまで PAF は *in vitro* においてマウス着床前期胚における⑴胚のブドウ糖および乳酸代謝の促進（Ryan et al, 1990），⑵ 2－4 細胞期胚の胚盤胞への発育促進と胚盤胞の細胞数増加（Roudebush et al, 1996 ; Stoddart et al, 1996），⑶胞胚腔の形成の促進（Stoddart et al, 1996），⑷胚のアポトーシス発生抑制（O'Neill, 1998），といった作用を持つことが示されている．また，培養液中にアルブミンが存在すると，アルブミンは胚が分泌した PAF のキャリアータンパクとして機能し，PAF の胚に発現している受容体への輸送が促進される（O'Neill, 2008）．このように，PAF は古くから知られている代表的な胚発育を調節するオートクライン因子の一つである．

(D) GnRH-I (Gonadotropin-releasing hormone I)

GnRH-I は視床下部で産生され，下垂体前葉の GnRH-I 受容体に結合し，ゴナドトロピンの産生と分泌を促す．GnRH-I 受容体は胎盤，卵巣顆粒膜細胞，などの末梢組織にも発現しており，局所での作用を持つ．マウスおよびヒト着床前期胚は GnRH-I 受容体と GnRH-I の双方を発現していることから (Casan et al, 1999 ; Kawamura et al, 2005a ; Raga et al, 1999)，GnRH-I の胚発育へのオートクライン作用が示唆される．マウス着床前期胚での GnRH-I 受容体の発現はすべての発育段階の胚に認められ，特に胚盤胞期で発現が著明となる．一方，胚の GnRH-I レベルは 2 細胞期で比較的高く，その後漸減し ZGA 後に発現が増加し，胚盤胞期に発現が最大となる．マウス胚盤胞では，GnRH-I 受容体と GnRH-I は共に TE と ICM の両方に発現している (Kawamura et al, 2005a).

マウス着床前期胚に GnRH アンタゴニストを作用させると胚発育が抑制され，その効果は GnRH アゴニストによって回復する (Kawamura et al, 2005a ; Raga et al, 1999)．また，GnRH アンタゴニストはマウス胚盤胞のミトコンドリア活性を低下させ，ミトコンドリアからのチトクローム C の放出を促しアポトーシスを誘導する．この作用には**アポトーシス内因経路**の**カスパーゼ**が関与している．GnRH アンタゴニストはさらに胚盤胞の EGF および IGF-II の発現を低下させる (Kawamura et al, 2005a)．以上から明らかなように，胚由来の GnRH-I はオートクライン経路を介して胚自身に作用し，胚発育を調節している．なお，GnRH-I はマウスおよびヒト子宮内膜でも産生されており (Casan et al, 1998 ; Ikeda et al, 1997 ; Kawamura et al, 2005a ; Raga et al, 1998)，GnRH-I アナログはマウス着床前期胚の発育を促進することから (Kawamura et al, 2005a ; Raga et al, 1999)，GnRH-I はパラクライン因子としても働くと考えられる．

5 外因性の胚栄養リガンドの重要性

本項では，着床前期胚の発育を調節するパラクライン／オートクライン因子について概説してきた．着床前期胚発育における外因性の胚栄養リガンドの重要性については，議論が分かれている．着床前期胚は塩類および糖からなる単純な培養液中で発育できることから，外因性の胚栄養リガンドの必要性が疑われるかもしれない．しかしこれらの結果は，外因性の胚栄養リガンドの重要性を否定するものではない．たとえば，PAF 受容体欠損マウスの着床前期胚は PAF のオートクライン作用が働かないため，野生型マウスの胚に比べ *in vitro* での発育が劣る．しかし，PAF 受容体欠損マウス胚を野生型マウスに移植すると，胚発育が改善する (Lu et al, 2004)．このことは，卵管・子宮より分泌される外因性の胚栄養リガンドの胚発育への作用を示唆する．また，ヒトでも体外受精－胚移植の反復不成功例に対して，卵管内接合子移植 (ZIFT, zygote intrafallopian transfer) が有効であることも，外因性の胚栄養リガンドの重要性を示

アポトーシスの内因経路 (intrinsic pathway of apoptosis)：アポトーシスのシグナル経路は大別して内因経路と外因経路に分かれる．内因経路は，細胞増殖因子の除去やストレスなどにより，ミトコンドリアの膜電位の低下が起こり，カスパーゼの活性化が起こる．外因経路は，TNFRSF1A などのデスドメインを有する受容体からのシグナルによりカスパーゼの活性化が起こる．細胞によっては外因経路のアポトーシスシグナルは Bid と呼ばれるタンパクにより内因経路に伝えられ，アポトーシスシグナルが増幅される．

カスパーゼ (caspase)：アポトーシス誘導において働くタンパク分解酵素の総称．アポトーシスシグナルが細胞内に伝わり，システインプロテアーゼであるカスパーゼ群のカスケード的な活性化が起こり，最後はエンドヌクレアーゼの活性化により核 DNA が切断され，核および細胞が断片化することによりアポトーシスに至る．

唆する．したがって，体内では，オートクライン因子とパラクライン因子が互いにオーバーラップして着床前期胚に作用し発育を調節すると考えられる．実際，ヒト着床前期胚と子宮内膜細胞の共培養で，胚の産生するIGF-IおよびIGF-IIの増加を認める（Liu et al, 1999）．

近年，マウス着床前期胚の体外培養における培養液の組成が，胚移植によって出生したマウスの行動パターンに影響を及ぼすこと（Ecker et al, 2004）や，ヒト体外受精－胚移植において**インプリンティング遺伝子の異常**（Cox et al, 2002；DeBaun et al, 2003；Maher et al, 2003）や網膜芽細胞腫の増加（Moll et al, 2003）が報告されている．また，家畜ではIGF-II受容体のゲノムインプリンティングの変化により，胚のIGF-II遺伝子の発現が減少することで過大子症（large offspring syndrome）と呼ばれる異常子が生まれることが知られている（Young et al, 2001；Young et al, 1998）．これらの異常は，胚の体外培養環境が遺伝子発現やゲノムインプリンティングを変化させることにより生じていると考えられる．今後は着床前期胚発育におけるパラクライン／オートクライン因子の重要性について，胚発育のみならず，児（子）の予後を含め長期的に検討していく必要があるであろう．

まとめ

(1) 哺乳類の正常体細胞の細胞分裂，生存に必須な外因性の栄養リガンドに対する受容体が，着床前期胚でも発現している．
(2) 着床前期胚の栄養リガンドは母体生殖管（卵管・子宮）で産生され，パラクライン因子として胚に作用する．
(3) 着床前期胚自身も栄養リガンドを産生しており，オートクライン因子として胚に作用する．
(4) 着床前期胚の発育は，種々のパラクライン・オートクライン因子により調節される．
(5) 着床前期胚の体外培養下におけるパラクライン因子の欠乏が，胚および移植後の出生児（子）にどのような影響を与えるかについて，出生後の長期予後を含め詳細な検討が必要である．

（河村和弘・田中俊誠）

引用文献

Adamson ED (1993)Activities of growth factors in preimplantation embryos, *J Cell Biochem*, 53；280-287.
Arck PC, Merali FS, Manuel J, et al (1995) Stress-triggered abortion：inhibition of protective suppression and promotion of tumor necrosis factor-alpha (TNF-alpha) release as a mechanism triggering resorptions in mice, *Am J Reprod Immunol*, 33；74-80.
Brice EC, Wu JX, Muraro R, et al (1993) Modulation of mouse preimplantation development by epidermal growth factor receptor antibodies, antisense RNA, and deoxyoligonucleotides, *Dev Genet*, 14；174-184.
Brison DR, Schultz RM (1997) Apoptosis during mouse blastocyst formation：evidence for a role for survival factors including transforming growth factor alpha, *Biol Reprod*, 56；1088-1096.
Brison DR, Schultz RM (1998) Increased incidence of apoptosis in transforming growth factor alpha-deficient mouse blastocysts, *Biol Reprod*, 59；136-144.
Byrne AT, Southgate J, Brison DR, et al (2002) Effects of insulin-like growth factors I and II on tumour-necrosis-factor-alpha-induced apoptosis in early murine embryos, *Reprod Fertil Dev*, 14；79-83.
Casan EM, Raga F, Kruessel JS, et al (1998) Immunoreactive gonadotropin-releasing hormone expression in cycling human endometrium of fertile patients, *Fertil Steril*, 70；102-106.
Casan EM, Raga F, Polan ML (1999) GnRH mRNA and protein expression in human preimplantation embryos, *Mol Hum Reprod*, 5；234-239.
Cervero A, Horcajadas JA, MartIn J, et al (2004) The leptin system during human endometrial receptivity and preimplantation development, *J Clin Endocrinol Metab*, 89；2442-2451.
Chia CM, Winston RM, Handyside AH (1995) EGF, TGF-alpha and EGFR expression in human preimplantation embryos, *Development*, 121；299-307.
Cholewa JA, Whitten WK (1970) Development of two-cell

インプリンティング遺伝子の異常（abnormality in imprinting gene expression）：生殖補助医療（ART, assisted reproductive technology）により，Angelman syndromeやBeckwith-Widemann syndromeといった疾患の頻度が増加している．これは，ARTによりこれらの疾患の責任遺伝子であるインプリンティング遺伝子の発現コントロールに重要な働きをするDNA調節領域のメチレーションが失われ，インプリンティングが喪失することで発症する．
large offspring syndrome：核移植胚，体外受精胚から生まれるウシやマウスの産子は個体が巨大化することが多く，large offspring syndromeと呼ばれる．胎盤組織や肺，心臓，肝臓などの組織の異常を伴うことが多い．

mouse embryos in the absence of a fixed-nitrogen source, *J Reprod Fertil*, 22 ; 553-555.
Collier M, O'Neill C, Ammit AJ, et al (1988) Biochemical and pharmacological characterization of human embryo-derived platelet activating factor, *Hum Reprod*, 3 ; 993-998.
Cox GF, Burger J, Lip V, et al (2002) Intracytoplasmic sperm injection may increase the risk of imprinting defects, *Am J Hum Genet*, 71 ; 162-164.
Craig JA, Zhu H, Dyce PW, et al (2005) Leptin enhances porcine preimplantation embryo development in vitro, *Mol Cell Endocrinol*, 229 ; 141-147.
Dalton T, Kover K, Dey SK, et al (1994) Analysis of the expression of growth factor, interleukin-1, and lactoferrin genes and the distribution of inflammatory leukocytes in the preimplantation mouse oviduct, *Biol Reprod*, 51 ; 597-606.
Dardik A, Schultz RM (1991) Blastocoel expansion in the preimplantation mouse embryo : stimulatory effect of TGF-alpha and EGF, *Development*, 113 ; 919-930.
Dardik A, Smith RM, Schultz RM (1992) Colocalization of transforming growth factor-alpha and a functional epidermal growth factor receptor (EGFR) to the inner cell mass and preferential localization of the EGFR on the basolateral surface of the trophectoderm in the mouse blastocyst, *Dev Biol*, 154 ; 396-409.
DeBaun MR, Niemitz EL, Feinberg AP (2003) Association of in vitro fertilization with Beckwith-Wiedemann syndrome and epigenetic alterations of LIT1 and H19, *Am J Hum Genet*, 72 ; 156-160.
Ecker DJ, Stein P, Xu Z, et al (2004) Long-term effects of culture of preimplantation mouse embryos on behavior, *Proc Natl Acad Sci USA*, 101 ; 1595-1600.
el-Danasouri I, Frances A, Westphal LM (1993) Immunocytochemical localization of transforming growth factor -alpha and epidermal growth factor receptor in human fallopian tubes and cumulus cells, *Am J Reprod Immunol*, 30 ; 82-87.
Fabian D, Il'kova G, Rehak P, et al (2004) Inhibitory effect of IGF-I on induced apoptosis in mouse preimplantation embryos cultured in vitro, *Theriogenology*, 61 ; 745-755.
Fedorcsak P, Storeng R (2003) Effects of leptin and leukemia inhibitory factor on preimplantation development and STAT3 signaling of mouse embryos in vitro, *Biol Reprod*, 69 ; 1531-1538.
Gonzalez RR, Caballero-Campo P, Jasper M, et al (2000) Leptin and leptin receptor are expressed in the human endometrium and endometrial leptin secretion is regulated by the human blastocyst, *J Clin Endocrinol Metab*, 85 ; 4883-4888.
Haining RE, Cameron IT, van Papendorp C, et al (1991) Epidermal growth factor in human endometrium : proliferative effects in culture and immunocytochemical localization in normal and endometriotic tissues, *Hum Reprod*, 6 ; 1200-1205.
Hamatani T, Carter MG, Sharov AA, et al (2004) Dynamics of global gene expression changes during mouse preimplantation development, *Dev Cell*, 6 ; 117 -131.
Hardy K, Spanos S (2002) Growth factor expression and function in the human and mouse preimplantation embryo, *J Endocrinol*, 172 ; 221-236.
Harvey MB, Kaye PL (1988) Insulin stimulates protein synthesis in compacted mouse embryos, *Endocrinology*, 122 ; 1182-1184.
Harvey MB, Kaye PL (1990) Insulin increases the cell number of the inner cell mass and stimulates morphological development of mouse blastocysts in vitro, *Development*, 110 ; 963-967.
Harvey MB, Kaye PL (1991) IGF-2 receptors are first expressed at the 2-cell stage of mouse development, *Development*, 111 ; 1057-1060.
Harvey MB, Kaye PL (1992a) IGF-2 stimulates growth and metabolism of early mouse embryos, *Mech Dev*, 38 ; 169-173.
Harvey MB, Kaye PL (1992b) Insulin-like growth factor-1 stimulates growth of mouse preimplantation embryos in vitro, *Mol Reprod Dev*, 31 ; 195-199.
Hemmings R, Langlais J, Falcone T, et al (1992) Human embryos produce transforming growth factors alpha activity and insulin-like growth factors II, *Fertil Steril*, 58 ; 101-104.
Herrid M, Nguyen VL, Hinch G, et al (2006) Leptin has concentration and stage-dependent effects on embryonic development in vitro, *Reproduction*, 132 ; 247-256.
Horowitz GM, Scott RT, Jr., Drews MR, et al (1993) Immunohistochemical localization of transforming growth factor-alpha in human endometrium, decidua, and trophoblast, *J Clin Endocrinol Metab*, 76 ; 786-792.
Huet-Hudson YM, Chakraborty C, De SK, et al (1990) Estrogen regulates the synthesis of epidermal growth factor in mouse uterine epithelial cells, *Mol Endocrinol*, 4 ; 510-523.
Ikeda M, Taga M, Kurogi K, et al (1997) Gene expression of gonadotropin-releasing hormone, but not its receptor, in human endometrium and decidua, *Mol Cell Endocrinol*, 135 ; 165-168.
Imai T, Kurachi H, Adachi K, et al (1995) Changes in epidermal growth factor receptor and the levels of its ligands during menstrual cycle in human endometrium, *Biol Reprod*, 52 ; 928-938.
Kane MT, Morgan PM, Coonan C (1997) Peptide growth factors and preimplantation development, *Hum Reprod Update*, 3 ; 137-157.
Kawamura K, Fukuda J, Kumagai J, et al (2005a) Gonadotropin-releasing hormone I analog acts as an antiapoptotic factor in mouse blastocysts, *Endocrinology*, 146 ; 4105-4116.
Kawamura K, Fukuda J, Shimizu Y, et al (2005b) Survivin contributes to the anti-apoptotic activities of transforming growth factor alpha in mouse blastocysts through phosphatidylinositol 3'-kinase pathway, *Biol Reprod*, 73 ; 1094-1101.
Kawamura K, Kawamura N, Fukuda J, et al (2007a) Regulation of preimplantation embryo development by brain-derived neurotrophic factor, *Dev Biol*, 311 ; 147-158.
Kawamura K, Kawamura N, Kumagai J, et al (2007b) Tumor necrosis factor regulation of apoptosis in mouse preimplantation embryos and its antagonism by transforming growth factor alpha/phosphatidylionsitol 3

-kinase signaling system, *Biol Reprod*, 76 ; 611-618.
Kawamura K, Sato N, Fukuda J, et al (2003a) Ghrelin inhibits the development of mouse preimplantation embryos in vitro, *Endocrinology*, 144 ; 2623-2633.
Kawamura K, Sato N, Fukuda J, et al (2003b) Survivin acts as an antiapoptotic factor during the development of mouse preimplantation embryos, *Dev Biol*, 256 ; 331-341.
Kawamura K, Sato N, Fukuda J, et al (2002) Leptin promotes the development of mouse preimplantation embryos in vitro, *Endocrinology*, 143 ; 1922-1931.
Kawamura K, Ye Y, Kawamura N, et al (2008) Completion of Meiosis I of preovulatory oocytes and facilitation of preimplantation embryo development by glial cell line-derived neurotrophic factor, *Dev Biol*, 315 ; 189-202.
Kaye PL, Harvey MB (1995) The role of growth factors in preimplantation development, *Prog Growth Factor Res*, 6 ; 1-24.
Kurzawa R, Glabowski W, Baczkowski T, et al (2002) Evaluation of mouse preimplantation embryos exposed to oxidative stress cultured with insulin-like growth factor I and II, epidermal growth factor, insulin, transferrin and selenium, *Reprod Biol*, 2 ; 143-162.
Lighten AD, Hardy K, Winston RM, et al (1997) Expression of mRNA for the insulin-like growth factors and their receptors in human preimplantation embryos, *Mol Reprod Dev*, 47 ; 134-139.
Lighten AD, Moore GE, Winston RM, et al (1998) Routine addition of human insulin-like growth factor-I ligand could benefit clinical in-vitro fertilization culture, *Hum Reprod*, 13 ; 3144-3150.
Lin TC, Yen JM, Gong KB, et al (2003) IGF-1/IGFBP-1 increases blastocyst formation and total blastocyst cell number in mouse embryo culture and facilitates the establishment of a stem-cell line, *BMC Cell Biol*, 4 ; 14.
Liu HC, He ZY, Mele CA, et al (1999) Human endometrial stromal cells improve embryo quality by enhancing the expression of insulin-like growth factors and their receptors in cocultured human preimplantation embryos, *Fertil Steril*, 71 ; 361-367.
Lu DP, Chandrakanthan V, Cahana A, et al (2004) Trophic signals acting via phosphatidylinositol-3 kinase are required for normal pre-implantation mouse embryo development, *J Cell Sci*, 117 ; 1567-1576.
Maher ER, Brueton LA, Bowdin SC, et al (2003) Beckwith-Wiedemann syndrome and assisted reproduction technology (ART), *J Med Genet*, 40 ; 62-64.
Moll AC, Imhof SM, Cruysberg JR, et al (2003) Incidence of retinoblastoma in children born after in-vitro fertilisation, *Lancet*, 361 ; 309-310.
O'Neill C (1985) Partial characterization of the embryo-derived platelet-activating factor in mice, *J Reprod Fertil*, 75 ; 375-380.
O'Neill C (1998) Autocrine mediators are required to act on the embryo by the 2-cell stage to promote normal development and survival of mouse preimplantation embryos in vitro, *Biol Reprod*, 58 ; 1303-1309.
O'Neill C (2008) The potential roles for embryotrophic ligands in preimplantation embryo development, *Hum Reprod Update*, 14 ; 275-288.
Pampfer S (2001) Dysregulation of the cytokine network in the uterus of the diabetic rat, *Am J Reprod Immunol*, 45 ; 375-381.
Pampfer S, Wuu YD, Vanderheyden I, et al (1994) Expression of tumor necrosis factor-alpha (TNF alpha) receptors and selective effect of TNF alpha on the inner cell mass in mouse blastocysts, *Endocrinology*, 134 ; 206-212.
Paria BC, Das SK, Huet-Hudson YM, et al (1994) Distribution of transforming growth factor alpha precursors in the mouse uterus during the periimplantation period and after steroid hormone treatments, *Biol Reprod*, 50 ; 481-491.
Paria BC, Dey SK (1990) Preimplantation embryo development in vitro : cooperative interactions among embryos and role of growth factors, *Proc Natl Acad Sci USA*, 87 ; 4756-4760.
Raga F, Casan EM, Kruessel J, et al (1999) The role of gonadotropin-releasing hormone in murine preimplantation embryonic development, *Endocrinology*, 140 ; 3705-3712.
Raga F, Casan EM, Kruessel JS, et al (1998) Quantitative gonadotropin-releasing hormone gene expression and immunohistochemical localization in human endometrium throughout the menstrual cycle, *Biol Reprod*, 59 ; 661-669.
Rappolee DA, Brenner CA, Schultz R, et al (1988) Developmental expression of PDGF, TGF-alpha, and TGF-beta genes in preimplantation mouse embryos, *Science*, 241 ; 1823-1825.
Rappolee DA, Sturm KS, Behrendtsen O, et al (1992) Insulin-like growth factor II acts through an endogenous growth pathway regulated by imprinting in early mouse embryos, *Genes Dev*, 6 ; 939-952.
Roudebush WE, Duralia DR, Butler WJ (1996) Effect of platelet-activating factor (PAF) on preimplantation mouse B6D2F1/J embryo formation, *Am J Reprod Immunol*, 35 ; 272-276.
Roudebush WE, Purnell ET, Stoddart NR, et al (2002) Embryonic platelet-activating factor : temporal expression of the ligand and receptor, *J Assist Reprod Genet*, 19 ; 72-78.
Ryan JP, O'Neill C, Wales RG (1990) Oxidative metabolism of energy substrates by preimplantation mouse embryos in the presence of platelet-activating factor, *J Reprod Fertil*, 89 ; 301-307.
Sharkey AM, Dellow K, Blayney M, et al (1995) Stage-specific expression of cytokine and receptor messenger ribonucleic acids in human preimplantation embryos, *Biol Reprod*, 53 ; 974-981.
Smotrich DB, Stillman RJ, Widra EA, et al (1996) Immunocytochemical localization of growth factors and their receptors in human pre-embryos and Fallopian tubes, *Hum Reprod*, 11 ; 184-190.
Spanos S, Becker DL, Winston RM, et al (2000) Anti-apoptotic action of insulin-like growth factor-I during human preimplantation embryo development, *Biol Reprod*, 63 ; 1413-1420.
Stoddart NR, Wild AE, Fleming TP (1996) Stimulation of development in vitro by platelet-activating factor receptor ligands released by mouse preimplantation embryos, *J Reprod Fertil*, 108 ; 47-53.

Swain JE, Dunn RL, McConnell D, et al (2004) Direct effects of leptin on mouse reproductive function : regulation of follicular, oocyte, and embryo development, *Biol Reprod*, 71 ; 1446-1452.

Tamada H, Das SK, Andrews GK, et al (1991) Cell-type-specific expression of transforming growth factor-alpha in the mouse uterus during the peri-implantation period, *Biol Reprod*, 45 ; 365-372.

Tawadros N, Salamonsen LA, Dimitriadis E, et al (2007) Facilitation of decidualization by locally produced ghrelin in the human endometrium, *Mol Hum Reprod*, 13 ; 483-489.

Whitten WK (1957) Culture of tubal ova, *Nature*, 179 ; 1081-1082.

Wiley LM, Wu JX, Harari I, et al (1992) Epidermal growth factor receptor mRNA and protein increase after the four-cell preimplantation stage in murine development, *Dev Biol*, 149 ; 247-260.

Wood SA, Kaye PL (1989) Effects of epidermal growth factor on preimplantation mouse embryos, *J Reprod Fertil*, 85 ; 575-582.

Wuu YD, Pampfer S, Becquet P, et al (1999) Tumor necrosis factor alpha decreases the viability of mouse blastocysts in vitro and in vivo, *Biol Reprod*, 60 ; 479-483.

Young LE, Fernandes K, McEvoy TG, et al (2001) Epigenetic change in IGF2R is associated with fetal overgrowth after sheep embryo culture, *Nat Genet*, 27 ; 153-154.

Young LE, Sinclair KD, Wilmut I (1998) Large offspring syndrome in cattle and sheep, *Rev Reprod*, 3 ; 155-163.

XVII-76

卵子と初期胚の代謝機構

Key words
解糖系／ミトコンドリア／ATP 生産／グルタチオン／コレステロール合成

はじめに

哺乳類の卵子は解糖系の活性が低く，グルコースからATPを作る能力が乏しい．この解糖系は受精後，初期胚発生過程に獲得するが，それまでは卵子に付着し，**ギャップジャンクション**（ギャップ結合）を介して物質交換が可能な**卵丘細胞**に依存している．したがって，卵子成熟時における代謝機構は卵丘細胞を含めた卵丘細胞卵子複合体として考える必要がある．卵丘細胞は，解糖系によりピルビン酸を，ペントースリン酸回路によりNADPHを，それぞれ卵子に供給し，卵子はATP生産とグルタチオンの蓄積が可能となる．受精後においては，卵子自身が多量のATP合成とそれに伴う活性酸素による酸化ストレスをNADPHを生産することにより防御している．本節では，生化学的な視点のみでなく，分子生物学的な知見を含めて，卵子成熟および初期胚発達期における卵丘細胞，卵子，初期胚の代謝機構を紹介する．

1 卵子成熟期におけるATP生産

(A) 卵子のTCAサイクル

卵子の第二減数分裂中期への進行時において，卵子内のミトコンドリアにおける酸化的リン酸化反応が活性化する（Brinster, 1971；Eppig, 1976）．この反応を抑制するとATP生産が減少し，その結果第二減数分裂中期にまで進行する卵子の割合が有意に低下することから（Zeilmaker, Verhamme, 1974），ミトコンドリアにおけるATP生産機能は卵子の成熟に重要な役割を果たしていると考えられる．このミトコンドリアにおける酸化的リン酸化反応は，TCAサイクルにより産生されたNADHがCoQ（Coenzyme Q）を還元することにより開始され，電子伝達系により大量のATPが生産されるしくみである（Scholes, Hinkle, 1984）．Johsonら（2007）は，ピルベートデヒドロゲナーゼ（pyruvate dehydorogenase）をコードする*Pdha1*遺伝子を卵子特異的に欠損させたマウスを作成し，ピルビン酸からアセチルCoAへの変換抑制によるTCAサイクルの機能低下が卵子成熟に及ぼす影響を検討

ギャップジャンクション（ギャップ結合）：分子量1万以下の物質を通すことができる細胞間の物質輸送を担う結合様式．コネキシン（Cx,Connexin）分子6個で一つのコネクソン構造を形成し，コネクソン同士が結合することで細胞間の物質輸送が可能となる．卵丘細胞間ではCx43がメインであり，そのリン酸化により物質輸送が制御され，卵子・卵丘細胞間ではCx37が重要な役割を果たしている．
卵丘細胞：卵子を取り囲む細胞．卵胞を構成する顆粒層（膜）細胞から分化したものであるが，LH受容体の発現が低値，あるいはほとんど認められないこと，排卵刺激後，黄体化せず卵子とともに排卵されるなど，特異的な機能を有する．詳細は，Ⅷ-35参照．

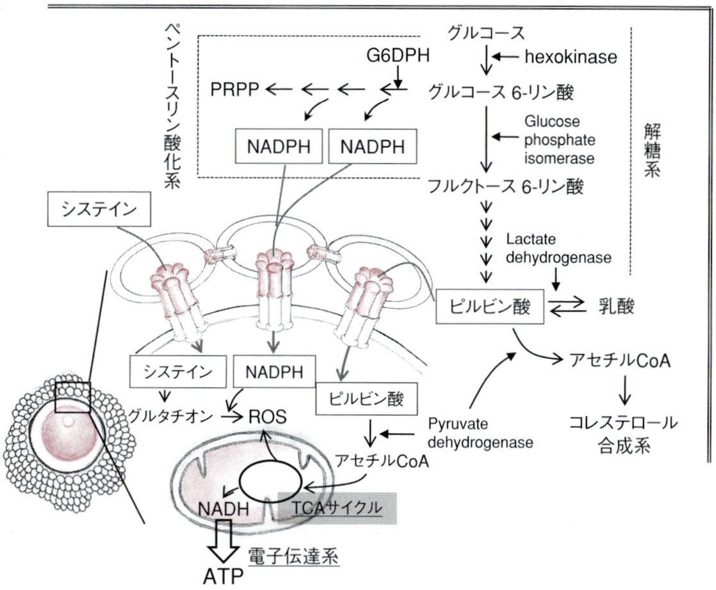

図XVII-76-1．卵子成熟過程におけるグルコース代謝機構

した．その結果，減数分裂再開は認められたが，紡錘糸形成が認められない異常な第一減数分裂中期および第二減数分裂中期の卵子が高頻度で観察された．さらに，卵子内のミトコンドリア数と成熟卵子の受精後の胚発生能との間には正の相関が認められることから (Shourbagy et al, 2006)，卵子のミトコンドリアにおけるTCAサイクル，電子伝達系の高い活性が卵子の成熟に重要な役割を果たしていることがわかる．

(B) 卵子のATP生産は卵丘細胞に依存する

この卵子ミトコンドリアにおけるATP生産は，卵丘細胞からの代謝物の供給により支配されている (図XVII-76-1)．マウスの卵丘細胞卵子複合体を体外成熟培養した時，グルコース添加により卵子内のATP生産は増加し，減数分裂も正常に進行する (Biggers et al, 1967 ; Downs, 1995)．しかし，卵丘細胞を除去した裸化卵子の培養では，グルコース添加のみではATP生産は不十分であり，減数分裂再開も誘起されない (Biggers et al, 1967)．この裸化卵子における減数分裂再開は，ピルビン酸や必須アミノ酸の添加により誘起されることから (Fagbohun, Downs, 1992 ; Downs, Mastropolo, 1994)，卵子にはグルコースからピルビン酸へと変換させる解糖系が機能していないこととなる．一方，卵丘細胞では解糖系に関わる酵素をコードする遺伝子発現が卵胞発育・成熟期に上昇している (Sugiura et al, 2005 ; 2007)．解糖系に必須な酵素であるグルコース　ホスフェート　イソメラーゼ (glucose phosphate isomerase) 欠損マウスは胎生致死であるが，その初期胚割球から作成したキメラマウスでは，欠損した卵子も形成される (West et al, 1990 ; Kelly, West, 2002a)．この卵子を

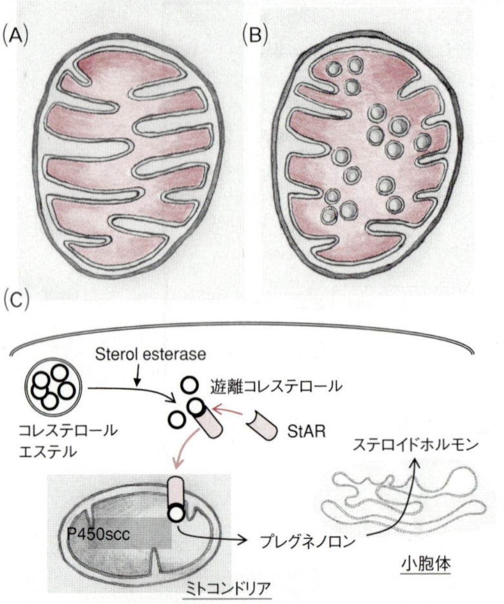

図XVII-76-2．ステロイドホルモン産生細胞におけるミトコンドリアの形態的特徴とその機能

(A) ステロイドホルモン産生を行っていない静止期のミトコンドリア．他組織と同様の櫛状の構造をしたクリステ（ミトコンドリア内膜の構造）が観察される
(B) ステロイドホルモン産生期のミトコンドリア．クリステが小胞様に構造変化している
(C) ステロイドホルモン合成機構，ミトコンドリアではコレステロールの側鎖が切断される

含む卵胞では，野生型由来細胞が解糖系によりピルビン酸を合成し，細胞間の物質輸送を司るギャップジャンクションを介して欠損卵子に供給していると考えられる (Kelly , West, 2002b)．

2 卵丘細胞における代謝機構

(A) 卵丘細胞のミトコンドリア

卵丘細胞において解糖により生成されたピルビン酸は，ミトコンドリアにおけるATP生産にはほとんど利用されないため (Downs, Utecht, 1999)，グルコース1分子から2分子のATPのみが合成されることとなる．すなわち，卵丘細胞において効率的なATP生産機構であるTCAサイクルを介した電子伝達機構は機能していない．その理由は，卵丘細胞にもミトコンドリアは存在するが，卵丘細胞のミトコンドリアはステロイドホルモン合成に機能を特化しているためと考えられる (図XVII-76-2)．ステロイドホルモンはコレステロールから合成されるが，第一段階としてコレステロールは輸送タンパク質であるStARにより細胞質からミトコンドリアに輸送される (Stocco, 2001)．第二段階では，ミトコンドリア内膜に存在するP450sccによりコレステロールの側鎖が切断されプレグネノロンへと変換される (Mitani, 1979)．このプレグネノロンは細胞質中へ移動し，小胞体表面でプロゲステロンやエストロゲンなどへと変換される (図XVII-76-2 (c))．このコレステロールをプレグネノロンへと変換するステロイド産生細胞のミトコンドリアにおいては，他組織のものと異なる特異的構造を有している (Nussdorfer, 1986)．ステロイド産生を行っていない静止期のミトコンドリアでは，他組織と同様の櫛状の構造をしたクリステ (ミトコンドリア内膜の構造) が観察されるが (図XVII-76-2 (a))，ステロイドホルモン産生期ではクリステが小胞様に構造を変化させる (図XVII-76-2 (b))．この変化は，クリステの表面積を増加させコレステロールからプレグネノロンへの変換を促進させるためである．

(B) 卵丘細胞におけるペントースリン酸化回路

卵子成熟過程において，卵丘細胞はグルコースを嫌気的に分解するだけでなくペントースリ

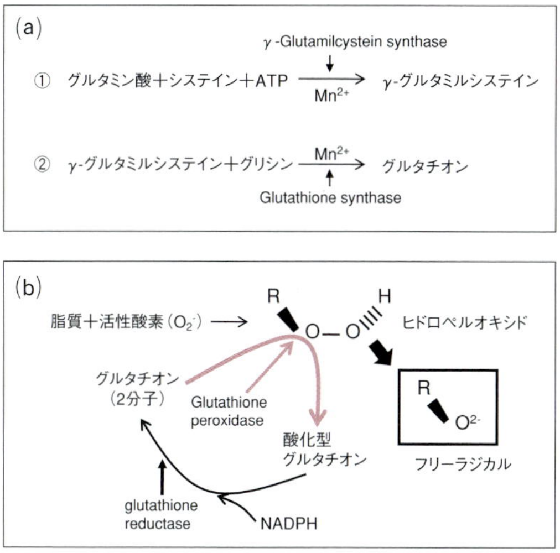

図XVII-76-3．グルタチオン合成機構（a）とグルタチオンによる酸化ストレス低減機能（b）

（a）グルタチオンは，システインとグルタミン酸，グリシンが二段階に反応して合成される．
（b）活性酸素は脂質をリン酸化し，酸素結合が脆弱なヒドロペルオキシドを形成する．酸素結合の切断によりフリーラジカルが産生される．グルタチオンはヒドロペルオキシドと反応し，酸化型グルタチオンへと変化することにより細胞内の酸化ストレスを低減させる

ン酸代謝も行っている（図XVII-76-1）．グルコース代謝に占めるペントースリン酸代謝の割合は1−2％程度にすぎないが，ペントースリン酸代謝で生産されるNADPHが卵子へと輸送され，卵子成熟に重要な役割を果たしている（Downs, Utecht, 1999；Sutton et al, 2003）．

グルコースはヘキリキナーゼ（hexokinase）によりグルコース六リン酸へと変換され，嫌気的分解（解糖系）ではグルコース　ホスフェートイソメラーゼ（glucose phosphate isomerase）によりフルクトース六リン酸へと分解されるが，ペントースリン酸代謝ではG6PDH（glucose 6-phosphate dehydrogenase）による修飾を受ける（Canal et al, 1964）．1分子のグルコース六リン酸から5'-ホスホ-α-D-リボシル二リン酸（PRPP）が形成される過程で，2分子の$NADP^+$がNADPHへと還元される．Downsら（1998）は，マウス卵丘細胞卵子複合体をFSH添加培地で培養した時，PRPP合成量の増加が認められたこと，ペントースリン酸代謝を抑制するDHEAの添加により卵子の減数分裂再開が抑制されることを示した．しかし，PRPPの添加は裸化卵子の減数分裂再開に有意な影響を及ぼさないことから，卵丘細胞からギャップジャンクションを介して輸送されるNADPHが卵子の減数分裂進行に必須であると考えられる（Sutton et al, 2003）．卵子に移行したNADPHは，酸化されたグルタチオンを還元型グルタチオンに変換するために必須な因子である（図XVII-76-3（b））．

（C）卵子のグルタチオンによる還元作用

前項のように卵子成熟期には，卵子内ミトコンドリアにおけるTCAサイクルの活性化，それに伴う電子伝達系の活性化が生じている（図XVII-76-1）．TCAサイクルでは還元因子であるNADHが作られているが，これらは電子伝達系において用いられるため，生じた活性酸素（reactive oxygen species）を還元するしくみが，以下の理由から必要となる．それは，活性酸素は生体内で有毒なヒドロペルオキシドを産生させ，このペルオキシドの酸素間の短結合が非常に壊れやすいためフリーラジカルを作り，酸化ストレス障害を生じさせるためである（図XVII-76-3（b））．グルタチオンは，ヒドロペルオキシドをグルタチオンペルオキシダーゼの作用により酸化型グルタチオンに変換することによりフリーラジカルが生じるのを抑制する（Cheson et

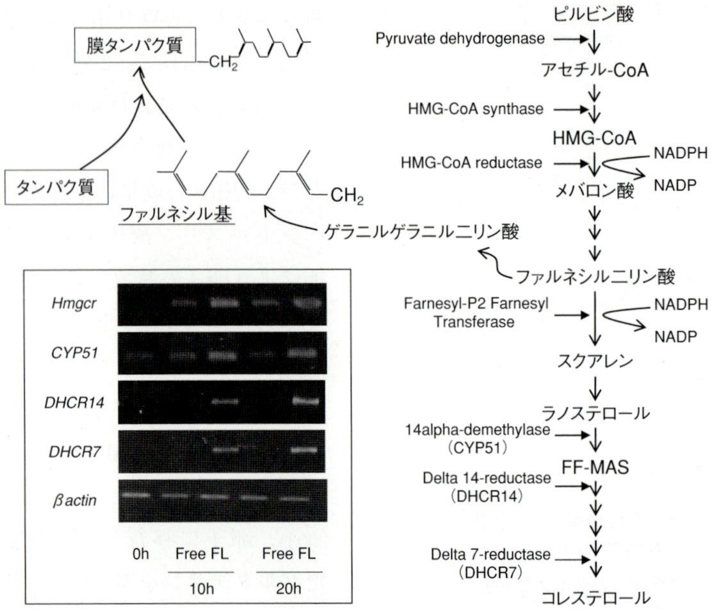

図XVII-76-4．コレステロール合成機構とファルネシル化反応

ブタ卵丘細胞卵子複合体を FSH+LH（FL）添加培地で培養すると，コレステロール合成に関わる遺伝子発現が上昇する．

al, 1977)．このグルタチオンは，グルタミン酸とシステインから合成されたγ-グルタミルシステインがグリシンと反応することにより生成され，酸化型グルタチオンはNADPHとグルタチオン還元酵素（glutathione reductase）の作用によりグルタチオンへと変換される（図XVII-76-3 (a)(b)）．ウシ卵丘細胞卵子複合体において，システイン添加により卵子内グルタチオン濃度は上昇するが，裸化卵子ではその上昇がわずかである（de Matos et al, 1997）．つまり，システインは卵子に直接取り込まれるか，あるいは卵丘細胞を介して輸送され，卵子内で前述の反応系によりグルタチオンに変換されると考えられる（図XVII-76-1）．

3 卵子成熟期における新規コレステロール合成

(A) 卵丘細胞におけるコレステロール合成機構

卵子成熟期には，卵丘細胞においてグルコースが解糖系によりピルビン酸へと変化し，あるいはペントースリン酸化系によりNADPHが合成される．これらは卵子にギャップジャンクションを解して輸送され利用されるが，卵丘細胞内においてもこれら代謝物は生理的な機能を有している（図XVII-76-1）．

卵丘細胞にも卵子と同様にピルベートデヒドロゲナーゼ(pyruvate dehydrogenase)は発現しており，アセチルCoAが合成される（Hernandez-

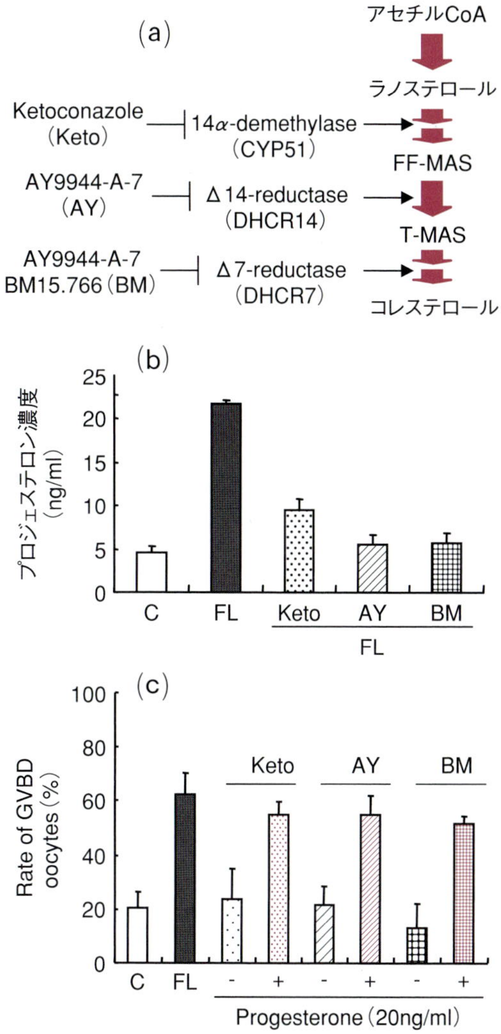

図XVII-76-5．卵丘細胞におけるコレステロール合成機構の生理的役割

(a) コレステロール合成機構と特異的抑制剤
(b) ブタ卵丘細胞卵子複合体をFL (FSH+LH) にコレステロール合成抑制剤を添加した時のプロゲステロン合成量
(c) ブタ卵丘細胞卵子複合体をFL (FSH+LH) にコレステロール合成抑制剤を添加した時の減数分裂再開 (GVBD) に及ぼす影響

Gonzalez et al, 2006; Johnson et al, 2007)．しかし，ATP生産を解糖系に依存する卵丘細胞ではアセチルCoAはTCAサイクルではなく，コレステロール合成系へと利用される (Yamashita et al, 2005; Su et al, 2008)．図XVII-76-4はコレステロール合成系の概要を示したもので，アセチルCoAはアセトアセチルCoAへと変換され，さらに3-ヒドロキシ-3-メチルグルタリルCoA (HMG-CoA) が形成される．HMG-CoAからコレステロール合成系の律速酵素であるHMGCR (HMG-CoA reductase) とNADPHの作用によりメバロン酸が生成され，数段階のステップを経てファルネシル二リン酸が作られる．ファルネシル二リン酸は，NADPHを補因子とした反応によりスクアレンへと変換され，ラノステロールなどを介してコレステロールへと変化する．このように，グルコースから解糖系により変換されたピルビン酸から，ペントースリン酸化系によるNADPHを補因子としてコレステロールが生産される．コレステロールは後述するようにステロイドホルモン合成に用いられる．また，中間体であるファルネシル二リン酸は，膜タンパク質のファルネシル化に用いられ，ファルネシル化されるタンパク質にはRasなどが知られている (Maltese, 1990; Der, Cox, 1991)．タンパク質がファルネシル基により修飾されることは，親水性のタンパク質が疎水性の細胞膜に結合するために必須であり (Zhang, Casey, 1996)，ファルネシル化の抑制はRasなどの細胞膜結合タンパク質の細胞膜への結合を脆弱化させ，細胞内のシグナル伝達経路の機能を低下させる (Sharma, Goalstone, 2005)．Rasは，卵子成熟期の卵丘細胞においてcAMPのシグナルをEGF受容体に伝達し，ERK1／2やPI3-kinaseの活性化を誘起させること，この変異マウスでは排卵不全を呈することからファルネシル化の重要性

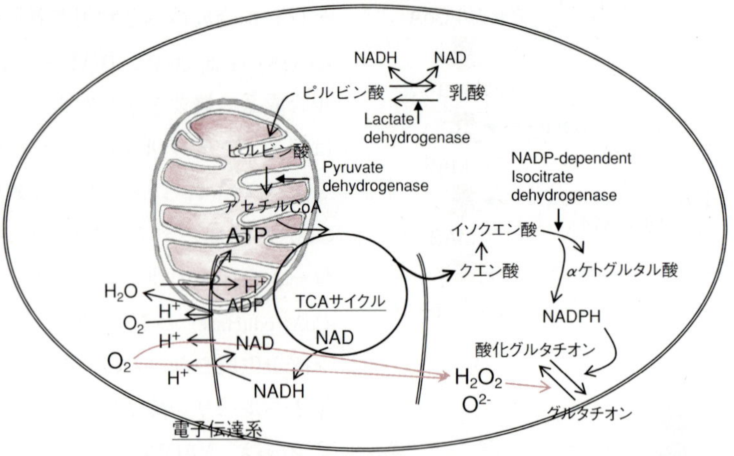

図XVII-76-6．排卵卵子，受精卵，着床前初期胚における代謝機構

が示唆される(Wayne et al, 2007 ; Fan et al, 2008)．

(B) 卵子成熟期のプロゲステロン合成

生産されたコレステロールは，卵丘細胞におけるプロゲステロン合成に用いられる(Shimada, Terada, 2002 ; Yamashita et al, 2003)．図XVII-76-4は，ブタ卵丘細胞卵子複合体におけるコレステロール合成に関与する酵素をコードする遺伝子発現を検出した結果である．ブタ卵丘細胞において，FSHとLH依存的にいずれの遺伝子発現も有意に上昇することがわかる(Yama-shita et al, 2005)．さらに，マウスの排卵過程におけるマイクロアレイ解析においても，コレステロール合成に関わる遺伝子発現が卵丘細胞で排卵期に上昇することが報告されている(Hernandez-Gonzalez et al, 2006)．これらの発現酵素の役割を追求する目的で，14α demethylase抑制剤(keto)，Δ14-reductase抑制剤(AY)，あるいはΔ7-reductas抑制剤(BM)を用いた実験を行った(図XVII-76-5)(Yamashita et al, 2005)．その結果，ブタ卵丘細胞卵子複合体のプロジェステロン合成量の有意な低下と卵子減数分裂再開の遅延が認められた．これらの抑制は培地中へのプロゲステロン添加により解除されることから，新規に合成されたコレステロールはプロゲステロンへと変換され，卵丘細胞をオートクライン的に刺激することが卵子の成熟に必要であることが明らかとなった．

4 着床前初期胚における代謝機構

(A) 受精卵におけるミトコンドリア機能

卵子は卵丘細胞とともに排卵されるが，すでに卵丘細胞卵子間のギャップジャンクションは消失しており，卵丘細胞からグルコース代謝物を受け取ることはできない(Larsen et al, 1987)．しかし，グルコースを取り込み解糖する機能は十分でなく，排卵卵子が生産するATPの1割未満であることから(Sturmey, Leese, 2003)，乳酸やピルビン酸に依存してATP生産を行っていると考えられる(図XVII-76-6)．

排卵卵子をピルビン酸のみ添加した培地で培養した時NADHが産生されるが，これはラクテートデヒドロゲナーゼ阻害剤により完全に抑制されることから，ピルビン酸は乳酸に変化していることがわかる（Dumollard et al, 2007）．乳酸の添加は，ラクテートデヒドロゲナーゼの反応を反転させ，乳酸からピルビン酸が生産され，このピルビン酸はTCAサイクルから電子伝達系へと利用される（Cetica et al, 1999）．この排卵卵子のミトコンドリアにおけるTCAサイクルは，受精時に生じるカルシウムオシレーションにより活性化される（Dumollard et al, 2004）．これは，細胞質内におけるCa^{2+}の振幅によりミトコンドリア内にCa^{2+}流入する結果，TCAサイクルに関わる酵素の活性が上昇するためであると考えられている．

(B) 初期胚における抗酸化作用

古くから初期胚培養系へのピルビン酸添加の重要性が知られていることからも，受精卵におけるATP生産量の増加がその後の初期胚分裂による胚盤胞期胚への発達に重要な役割を果たしていることがわかる（Biggers et al, 1967）．しかし，ミトコンドリアにおけるATP生産量の増加は活性酸素の増加を意味し，それによる酸化ストレスは初期胚発達を停止させ，割球のアポトーシスによるフラグメンテーションを誘起させる（Johson, Nasr-Esfahani, 1994;Yang et al, 1998; Liu et al, 2000）．卵子成熟過程においては，卵丘細胞がペントースリン酸系によりNADPHを産生し，それがギャップジャンクションを介して卵子内へ移行することによりグルタチオンによるフリーラジカルの除去が行われていたが（図XVII-76-1，図XVII-76-3），排卵期以降の卵子においては，フリーラジカルの除去を卵丘細胞非依存的なしくみで，以下のように行われていることがわかってきた．

受精後にTCAサイクルとともにペントースリン酸化系も活性化されることが報告されているが（Urner, Sakkas, 1999），ペントースリン酸化に重要な役割を果たしているG6PDH活性値と胚盤胞期胚への発達率は負の相関関係にある（Shourbagy et al, 2006；Torner et al, 2008）．G6PDHはBEB（Brilliant cresyl blue）を還元作用により無色へと変化させることから，排卵卵子をBEB染色し，その陽性あるいは陰性により卵子を分類し，その後の発生能を比較した場合，BEB陽性卵（G6DPH低活性）が高い発生能を有する（Torner et al, 2008）．BEB陽性卵は，ミトコンドリア数が陰性卵に比較して有意に多いことから，ペントースリン酸化系以外のNADPH合成機構が必要であると考えられる（Shourbagy et al, 2006）．R. Dumollardら（2007）は，卵子内のNADPHとNADHの自家蛍光を測定し，その変化をreal timeで検出した結果，ペントースリン酸化系の抑制剤はNADPHとNADH量に影響を及ぼさないことをまず示した．さらに，NADHはピルビン酸からアセチルCoAを介したTCAサイクルで産生され，電子伝達系ですべて利用されていること，TCAサイクルからクエン酸が細胞質内に排出され，それがイソクエン酸に変化すること，イソクエン酸からαケトグルタル酸への変化の過程においてNADPHが産生されることを明らかとした．すなわち，着床前の初期胚発生に必須であると考えられるNADPHは，ピルビン酸からTCAサイクルを介して変換されるクエン酸がイソクエン酸へと変化し，それがαケトグルタル酸へと変換される時に細胞質内で産生されることがはじめて明らかとなった．ミトコンドリアは，自身が産生する活性酸素によるフリーラジカルの酸化ストレスを低減させるため，クエン酸を細胞質内に排出し，NADPH を介したグルタチオン系を活性化していることとなる（図XVII-76-6）．実際に，高濃度のピルビン酸添加培地でマウス胚を培養した時，胚盤胞期胚への発達率は有意に低下するが，これは**抗酸化剤**の添加により回復される．乳酸添加培地にラクトースデヒドロゲナーゼ抑制剤の添加は，ピルビン酸の供給を完全に停止させ，その結果胚盤胞期胚への発達も阻害される．さらに，イソクエン酸からαケトグルタル酸への変換を抑制すると，NADPH 産生と発生率の有意な低下が認められることから，ピルビン酸からの ATP 生産と細胞質における NADPH 産生の両者が着床前初期胚の発達に重要な役割を果たしていることが示された．

(C) 着床前初期胚のグルコース代謝

Gott ら（1990）は，ヒト体外受精卵の発生培養において，桑実胚期以前まではピルビン酸の利用性が高いこと，胚盤胞期胚ではグルコースの利用性が急激に高まることを報告した．マウス胚においても，解糖系の第一段階であるグルコースをグルコース六リン酸に変換する hexisose 活性が，未受精卵から 8 細胞期胚までは低値を示すが，胚盤胞期胚においてその活性が有意に高まる（Ayabe et al, 1994）．これらの報告は，着床前初期胚の代謝機構は，割球の凝集（コンパクション）が生じる桑実胚以降に大きく変化し，胚自身がグルコースを取り込み，それを利用可能となる（解糖系が活性化する）ことを示している．

桑実胚以降のグルコースの取り込み量の増加は，これと同調して生じる GLUT（glucose transporter）遺伝子発現に起因することが，マウス（Hogan et al, 1991；Pantaleon et al, 2001），ヒト（Dan-Goor et al, 1997），ウシ（Augustin et al, 2001）において明らかとなっている．この胚性遺伝子発現により形成される GLUT は，GLUT1，GLUT2，GLUT3，GLUT4，GLUT5，GLUT8，GLUT9，GLUT12である（Hogan et al, 1991；Aghayan et al, 1992；Dan-Goor et al, 1997；Pantaleon et al, 2001；Augustin et al, 2001；Carayannopoulos et al, 2004；Zhou et al, 2004）．ブタ初期胚の体外培養系において，受精卵の培養系へのグルコース添加の有無はその卵割に影響を及ぼさないが，培養 3 日目以降においてはグルコース添加が胚盤胞期胚への発達に必要である（Kikuchi et al, 2002；Shimada et al, 2003）．同様にマウスやヒトにおいても，シークエンシャルメディウム（初期は低グルコース，後期は高グルコース条件）を用いた培養系により高い割合で移植後の発生能の高い胚盤胞期胚を得ることができる．また，GLUT1 をコードする遺伝子がホモで欠損した胚では（ヘテロマウス×ヘテロマウス），きわめて初期段階で胚発生がストップすることが報告されている（Heilig et al, 2003）．これらのことから，桑実胚期以降におけるグルコースの取り込み，その異化は胚の発生能に重要な役割を果たしていることがわかる．

抗酸化剤（還元剤）：β メルカプトエタノールや DTT などの還元剤の添加は，細胞内および細胞外のフリーラジカルを還元し，細胞内の酸化ストレスを低減させると報告されている．また，本文中にも記載しているが，システイン添加によるグルタチオン合成の促進は，卵子，受精卵の還元能力を高めることができる．この還元作用には，酸化ストレスの低減のみでなく，雄性前核形成時の制止核の S-S 結合の乖離にも必要と考えられている．

まとめ

卵子成熟期における卵丘細胞および卵子の代謝機構は，以下のようにまとめられる．

卵胞発育，成熟期では，卵丘細胞における解糖系に関わる酵素の遺伝子発現が上昇し，グルコースは，ピルビン酸へと嫌気的に分解される．一部はペントースリン酸化系によりNADPH産生に利用される．ピルビン酸，NADPH，および卵丘細胞が取り込んだシステインがギャップジャンクションを介して卵子へと輸送され，卵子内においてピルビン酸はアセチルCoAへと変換され，ミトコンドリアにおいてTCAサイクルを介した電子伝達系によりATP生産に利用される．卵子内においてNADPHは，グルタチオンによる細胞質内のフリーラジカルの除去に利用される．卵丘細胞においてピルビン酸およびNADPHはコレステロール合成に利用され，新規に合成されたコレステロールは特異的構造をした卵丘細胞のミトコンドリアにおいてプレグネノロンに変換され，プロゲステロンが合成される．

一方，受精後においては，卵丘細胞からの供給はなくなり，グルコースを代謝しATPを生産するが，これには受精時のCa^{2+}オシレーションが重要な役割を果たしている．

（島田昌之・山下泰尚）

引用文献

Aghayan M, Rao LV, Smith RM, et al (1992) Developmental expression and cellular localization of glucose transporter molecules during mouse preimplantation development, *Development*, 115 ; 305-312.

Augustin R, Pocar P, Navarrete-Santos A, et al (2001) Glucose transporter expression is developmentally regulated in in vitro derived bovine preimplantation embryos, *Mol Reprod Dev*, 60 ; 370-376.

Ayabe T, Tsutsumi O, Taketani Y (1994) Hexokinase activity in mouse embryos developed in vivo and in vitro, *Hum Reprod*, 9 ; 347-351.

Biggers JD, Whittingham DG, Donahue RP (1967) The pattern of energy metabolism in the mouse oocyte and zygote, *Proc Natl Acad Sci USA*, 58 ; 560-567.

Brinster RL (1971) Oxidation of pyruvate and glucose by oocytes of the mouse and rhesus monkey, *J Reprod Fertil*, 24 ; 187-191.

Canal N, Frattola L, Poloni AE (1964) Studies on the pentose phosphate pathway in denervated skeletal muscle, *Med Exp Int J Exp Med*, 10 ; 79-84.

Carayannopoulos MO, Schlein A, Wyman A, et al (2004) GLUT9 is differentially expressed and targeted in the preimplantation embryo, *Endocrinology*, 145 ; 1435-1443.

Cetica PD, Pintos LN, Dalvit GC, et al (1999) Effect of lactate dehydrogenase activity and isoenzyme localization in bovine oocytes and utilization of oxidative substrates on in vitro maturation, *Theriogenology*, 51 ; 541-550.

Cheson BD, Curnette JT, Babior BM (1977) The oxidative killing mechanisms of the neutrophil, *Prog Clin Immunol*, 3 ; 1-65.

Dan-Goor M, Sasson S, Davarashvili A, et al (1997) Expression of glucose transporter and glucose uptake in human oocytes and preimplantation embryos, *Hum Reprod*, 12 ; 2508-2510.

de Matos DG, Furnus CC, Moses DF (1997) Glutathione synthesis during in vitro maturation of bovine oocytes : role of cumulus cells, *Biol Reprod*, 57 ; 1420-1425.

Der CJ, Cox AD (1991) Isoprenoid modification and plasma membrane association : critical factors for ras oncogenicity, *Cancer Cells*, 3 ; 331-340.

Downs SM, Mastropolo AM (1994) The participation of energy substrates in the control of meiotic maturation in murine oocytes, *Dev Biol*, 162 ; 154-168.

Downs SM (1995) The influence of glucose, cumulus cells, and metabolic coupling on ATP levels and meiotic control in the isolated mouse oocyte, *Dev Biol*, 167 ; 502-512.

Downs SM, Humpherson PG, Leese HJ (1998) Meiotic induction in cumulus cell-enclosed mouse oocytes : involvement of the pentose phosphate pathway, *Biol Reprod*, 58 ; 1084-1094.

Downs SM, Utecht AM (1999) Metabolism of radiolabeled glucose by mouse oocytes and oocyte-cumulus cell complexes, *Biol Reprod*, 60 ; 1446-1452.

Dumollard R, Marangos P, Fitzharris G, et al (2004) Sperm-triggered [Ca2+] oscillations and Ca2+ homeostasis in the mouse egg have an absolute requirement for mitochondrial ATP production, *Development*, 131 ; 3057-3067.

Dumollard R, Ward Z, Carroll J, et al (2007) Regulation of redox metabolism in the mouse oocyte and embryo, *Development*, 134 ; 455-465.

Eppig JJ (1976) Analysis of mouse oogenesis in vitro, Oocyte isolation and the utilization of exogenous energy sources by growing oocytes, *J Exp Zool*, 198 ; 375-

382.
Fagbohun CF, Downs SM (1992) Requirement for glucose in ligand-stimulated meiotic maturation of cumulus cell-enclosed mouse oocytes, *J Reprod Fertil*, 96 ; 681-697.
Fan HY, Shimada M, Liu Z, et al (2008) Selective expression of KrasG12D in granulosa cells of the mouse ovary causes defects in follicle development and ovulation, *Development*, 135 ; 2127-2137.
Gott AL, Hardy K, Winston RM, et al (1990) Non-invasive measurement of pyruvate and glucose uptake and lactate production by single human preimplantation embryos, *Hum Reprod*, 5 ; 104-108.
Heilig CW, Saunders T, Brosius FC 3rd, et al (2003) Glucose transporter-1-deficient mice exhibit impaired development and deformities that are similar to diabetic embryopathy, *Proc Natl Acad Sci USA*, 100 ; 15613-15618.
Hernandez-Gonzalez I, Gonzalez-Robayna I, Shimada M, et al (2006) Gene expression profiles of cumulus cell oocyte complexes during ovulation reveal that cumulus cells exhibit a diverse array of neuronal and immune-like functional activities : Are these cells multipotential? *Mol Endocrinol*, 20 ; 1300-1321.
Hogan A, Heyner S, Charron MJ, et al (1991) Glucose transporter gene expression in early mouse embryos, *Development*, 113 ; 363-372.
Johnson MH, Nasr-Esfahani MH (1994) Radical solutions and cultural problems : could free oxygen radicals be responsible for the impaired development of preimplantation mammalian embryos in vitro? *Bioessays*, 16 ; 31-38.
Johnson MT, Freeman EA, Gardner DK, et al (2007) Oxidative metabolism of pyruvate is required for meiotic maturation of murine oocytes in vivo, *Biol Reprod*, 77 ; 2-8.
Kelly A, West JD (2002a) Developmental potential and survival of glycolysis-deficient cells in fetal mouse chimeras, *Genesis*, 33 ; 29-39.
Kelly A, West JD (2002b) Survival and normal function of glycolysis-deficient mouse oocytes, *Reproduction*, 124 ; 469-473.
Kikuchi K, Onishi A, Kashiwazaki N, et al (2002) Successful piglet production after transfer of blastocysts produced by a modified in vitro system, *Biol Reprod*, 66 ; 1033-1041.
Larsen WJ, Wert SE, Brunner GD (1987) Differential modulation of rat follicle cell gap junction populations at ovulation, *Dev Biol*, 122 ; 61-71.
Liu L, Trimarchi JR, Keefe DL (2000) Involvement of mitochondria in oxidative stress-induced cell death in mouse zygotes, *Biol Reprod*, 62 ; 1745-1753.
Maltese WA (1990) Posttranslational modification of proteins by isoprenoids in mammalian cells, *FASEB J*, 4 ; 3319-3328.
Mitani F (1979) Cytochrome P450 in adrenocortical mitochondria, *Mol Cell Biochem*, 24 ; 21-43.
Nussdorfer GG (1986) Cytophysiology of the Adrenal Cortex, *International Review of Cytology*, 98, p74, Academic Press, New York.
Pantaleon M, Ryan JP, Gil M, et al (2001) An unusual subcellular localization of GLUT1 and link with metabolism in oocytes and preimplantation mouse embryos, *Biol Reprod*, 64 ; 1247-1254.
Scholes TA, Hinkle PC (1984) Energetics of ATP-driven reverse electron transfer from cytochrome c to fumarate and from succinate to NAD in submitochondrial particles, *Biochemistry*, 23 ; 3341-3345.
Sharma G, Goalstone ML (2005) Dominant negative FTase (DNFTalpha) inhibits ERK5, MEF2C and CREB activation in adipogenesis, *Mol Cell Endocrinol*, 245 ; 93-104.
Shimada M, Terada T (2002) FSH and LH induce progesterone production and progesterone receptor synthesis in cumulus cells : a requirement for meiotic resumption in porcine oocytes, *Mol Hum Reprod*, 8 ; 612-618.
Shimada M, Nishibori M, Isobe N, et al (2003) Luteinizing hormone receptor formation in cumulus cells surrounding porcine oocytes and its role during meiotic maturation of porcine oocytes, *Biol Reprod*, 68 ; 1142-1149.
Shourbagy SH, Spikings EC, Freitas M, et al (2006) Mitochondria directly influence fertilisation outcome in the pig, *Reproduction*, 131 ; 233-245.
Stocco DM (2001) StAR protein and the regulation of steroid hormone biosynthesis, *Annu Rev Physiol*, 63 ; 193-213.
Sturmey RG, Leese HJ (2003) Energy metabolism in pig oocytes and early embryos, *Reproduction*, 126 ; 197-204.
Su YQ, Sugiura K, Wigglesworth K, et al (2008) Oocyte regulation of metabolic cooperativity between mouse cumulus cells and oocytes : BMP15 and GDF9 control cholesterol biosynthesis in cumulus cells, *Development*, 135 ; 111-121.
Sugiura K, Pendola FL, Eppig JJ (2005) Oocyte control of metabolic cooperativity between oocytes and companion granulosa cells : energy metabolism, *Dev Biol*, 279 ; 20-30.
Sugiura K, Su YQ, Diaz FJ, et al (2007) Oocyte-derived BMP15 and FGFs cooperate to promote glycolysis in cumulus cells, *Development*, 134 ; 2593-2603.
Sutton ML, Gilchrist RB, Thompson JG (2003) Effects of in-vivo and in-vitro environments on the metabolism of the cumulus-oocyte complex and its influence on oocyte developmental capacity, *Hum Reprod Update*, 9 ; 35-48.
Torner H, Ghanem N, Ambros C, et al (2008) Molecular and subcellular characterisation of oocytes screened for their developmental competence based on glucose-6-phosphate dehydrogenase activity, *Reproduction*, 135 ; 197-212.
Urner F, Sakkas D (1999) Characterization of glycolysis and pentose phosphate pathway activity during sperm entry into the mouse oocyte, *Biol Reprod*, 60 ; 973-978.
Wayne CM, Fan HY, Cheng X, et al (2007) Follicle-stimulating hormone induces multiple signaling cascades : evidence that activation of Rous sarcoma oncogene, RAS, and the epidermal growth factor receptor are critical for granulosa cell differentiation, *Mol Endocrinol*, 21 ; 1940-1957.
West JD, Flockhart JH, Peters J, et al (1990) Death of

mouse embryos that lack a functional gene for glucose phosphate isomerase, *Genet Res*, 56 ; 223-236.
Yamashita Y, Nishibori M, Terada T, et al (2005) Gonadotropin-induced delta 14-reductase and delta 7-reductase gene expression in cumulus cells during meiotic resumption of porcine oocytes, *Endocrinology*, 146 ; 186-194.
Yamashita Y, Shimada M, Okazaki T, et al (2003) Production of progesterone from de novo-synthesized cholesterol in cumulus cells and its physiological role during meiotic resumption of porcine oocytes, *Biol Reprod*, 68 ; 1193-1198.
Yang HW, Hwang KJ, Kwon HC, et al (1998) Detection of reactive oxygen species (ROS) and apoptosis in human fragmented embryos, *Hum Reprod*, 13 ; 998-1002.
Zeilmaker GH, Verhamme CM (1974) Observations on rat oocyte maturation in vitro : morphology and energy requirements, *Biol Reprod*, 11 ; 145-152
Zhang FL, Casey PJ (1996) Protein prenylation : molecular mechanisms and functional consequences, *Annu Rev Biochem*, 65 ; 241-269.
Zhou Y, Kaye PL, Pantaleon M (2004) Identification of the facilitative glucose transporter 12 gene Glut12 in mouse preimplantation embryos, *Gene Expr Patterns*, 4 ; 621-631.

XVII-77

栄養外胚葉と栄養膜幹細胞

Key words
胚盤胞／内部細胞塊／栄養外胚葉／胚性幹（ES）細胞／栄養膜幹（TS）細胞

はじめに

哺乳類の胚発生では，胚盤胞の形成に伴い，内部細胞塊（ICM, inner cell mass）とそれを取り囲む栄養外胚葉（TE, trophectoderm）との，分化運命の互いに異なる2種類の細胞集団が出現する．胚盤胞の子宮壁への着床後，ICMから胎仔の体を構成する三胚葉すべての細胞が作り出される一方，TEから派生する栄養膜細胞（trophoblast）が胎盤を構築し，胎仔の子宮内における生存と発育を保証する．TEの分化から胎盤の形成に至る過程の制御機構の解析は，胚操作や遺伝子破壊技術の確立，および，ICMとTEそれぞれの性質を維持した幹細胞株が樹立されたことなどから，主にマウスを材料として行われてきた．

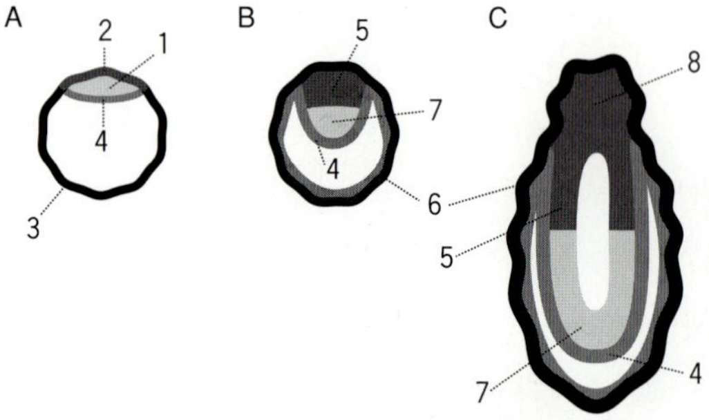

図XVII-77-1．着床前後のマウス胚発生模式図

(a) 着床直前の受精後約4.5日胚盤胞．(b) 着床後，受精後約5.5日胚．(c)受精後約6.5日胚．1：内部細胞塊（ICM），2：極栄養外胚葉（pTE），3：壁栄養外胚葉（mTE），4：原始内胚葉，5：胚体外外胚葉（ExE），6：栄養膜巨細胞（TGC），7：エピブラスト（EPI），8：外胎盤錘（EPC）．

1 TEの分化

(A) ICMとTE

TEとICMの細胞を形態的に明らかに区別できるようになるのは，1層の上皮様細胞がTEとして胚の外壁を形成する，受精後約3.5日の胚盤胞期のころである．この時期，胎仔のすべての体細胞と生殖細胞の起源であるICMは，未分化のままTEによって囲まれた胞胚腔の内側に付着する形で存在する（図XVII-77-1）．ICMから原始内胚葉（primitive endoderm）が分化してくるまでは，胚盤胞を構成する細胞成分はTEとICMの二者のみである．また，胞胚腔の形成以前にTEに分化する割球を形態学的に同定することは困難である．

8細胞期に起こる**コンパクション**から32細胞期に至る二度の卵割の過程で，主に胚の外側に位置した割球がTEへ，内部に取り込まれた割球がICMへと分布する（Tarkowski, Wroblewska,

コンパクション：哺乳類胚では，8細胞期に割球間の接着が強まり，互いの密着の度合いが増すことで割球間の境界が不明瞭な細胞の集団，すなわち桑実胚が形成される．コンパクションにはカルシウム依存性の細胞間接着分子であるE-カドヘリンが必要であり，カルシウムを含まない培養液やE-カドヘリン中和抗体によりコンパクションは阻害される．コンパクション後，割球が横方向に分裂すると胚表面（外側）の娘細胞が二つ生じるが，縦方向に分裂すると，外側（外部環境にさらされる）と内側（まわりをすべて細胞によって取り囲まれる）の，異なる環境に置かれる娘細胞が生じることになる．

1967；Fleming, 1987）．コンパクションに伴い割球に生じたapical/basolateral極性がICM/TE分化の鍵となっている可能性が示唆されているが（Johnson, McConnell, 2004；Plusa et al, 2005），細胞極性がどのようにして細胞運命の決定に関わっているのか，あるいは，それぞれの割球がどのようにしてその位置を認識し分化の方向が決められているのか，その分子機構の全貌は未だ解明されていない（Yamanaka et al, 2006）．

胚盤胞の形成後でも，ICMの少なくとも一部の細胞がTEに分化する能力を維持していることが，多くの実験で示されている．たとえば，3.5日胚（初期胚盤胞）のICMを単離して培養すると，新たに胞胚腔が形成され胚盤胞様構造をとるようになる（Louvet-Vallée et al, 2001）．この時，単離されたICMの外側に位置する細胞では，Ezrinタンパク質の頂端（apical）面への局在で示される細胞極性が速やかに形成され，また，TEのapical面に見られるような微絨毛の新たな形成も観察される．さらに，初期胚盤胞から単離されたICM（それぞれ12-13個の細胞からなる）を4個集合させて作り出した細胞集団が胚盤胞様構造体を形成し，偽妊娠マウス子宮に着床して少なくとも見かけ上は正常な5.5日胚まで発生したことが報告されている（Rossant, Lis, 1979）．これらの結果は，いったんICMに分化した細胞が，新たな環境下で「外側」に位置したことを認識し，正常な機能を有するTEに再分化したことを示している．一方，16細胞期胚の外側に位置し，将来TEに分化する予定の割球もまた，キメラ胚の中でICM細胞系譜の組織に分布しうることから（Rossant, Vijh, 1980），少なくとも16細胞期胚までは細胞の発生運命は可塑的であることがわかる．

(B) ICM/TE発生のマスター因子

ICMおよびTEそれぞれの正常な発生に重要な転写因子の存在が知られている．POUドメインを持つ転写因子であるOct4（Pou5f1）は，受精卵から桑実胚期にかけてすべての割球に存在し，胚盤胞形成後，その発現は徐々にICMに限局する（Palmieri et al, 1994）．Oct4欠損胚は胚盤胞まで発生しICM様細胞塊がTE内部に形成されるものの，その細胞塊ではTEマーカータンパク質の異所的な発現が認められ，着床後まもなく胚発生が停止する．Oct4欠損胚盤胞を培養皿に接着させて培養すると，栄養膜巨細胞（TGC, trophoblast giant cell）のみが分化し，野生型胚に見られるようなICM由来の細胞塊が形成されない（Nichols et al, 1998）．

一方，TEではcaudal型ホメオドメインを持つCdx2が特異的に発現している（Beck et al, 1995）．Cdx2は8細胞期胚のコンパクション前後に発現が始まり，桑実胚期（32細胞）まではすべての割球で発現が認められる．ただし，8細胞期から32細胞期にかけて，外側の割球でその発現はより上昇し，胚盤胞形成後ICMでの発現は消失する（Ralston, Rossant, 2008）．Cdx2欠損胚では，TE分化の目安となる胞胚腔の形成は始まるが，胞胚腔は維持されずに崩壊し，成熟した胚盤胞が形成されない（Strumpf et al, 2005）．また，胞胚腔形成時でもOct4の異所的な発現が認められ着床も起こらないことから，正常な機能を有するTEは分化していないことがわかる．

以上のことと，後述するマウス胚性幹細胞（ES

細胞，embryonic stem cell）を用いた研究で得られた知見から，Oct4とCdx2が，それぞれICMとTE発生のマスター因子であるとされている．しかし意外なことに，Cdx2欠損胚の割球を2細胞期に分離し，野生型胚の割球と合わせたキメラ胚を作製すると，Cdx2欠損細胞もICMとTEのどちらにも偏りなく分布する（Ralston, Rossant, 2008）．Oct4欠損胚を用いた同様の実験はなされていないが，Cdx2欠損細胞ではOct4が異所的に発現していることを考えると，Oct4およびCdx2の発現の有無が細胞の位置（外側/内側，あるいは，TE/ICM）を制御するのではなく，細胞の置かれた位置（あるいは細胞の極性）によってこれらの転写因子の発現が制御されていることが示唆される．

2細胞期から胚盤胞期胚まで，すべての割球で発現が認められる転写因子であるTead4を欠損する胚では，Cdx2の発現がほとんどなく，胞胚腔もほとんど形成されない（Yagi et al, 2007；Nishioka et al, 2008）．Tead4は，Cdx2を含むTE発生に必要な遺伝子を制御する，より上位の制御因子である可能性がある．

(C) 極栄養外胚葉（pTE, polar trophectoderm）と壁栄養外胚葉（mTE, mural trophectoderm）

マウス胚盤胞のTEは，さらに，性質の異なる二つの領域に分けられる．一つはICMと接している極栄養外胚葉（pTE, polar trophectoderm）であり，それ以外の部分が壁栄養外胚葉（mTE, mural trophectoderm）と呼ばれる（図XVII-77-1）．pTEは高い分裂活性を示し，胚盤胞の成長（拡張）に伴うTEの細胞数の増加は，主にpTEにおける細胞分裂による（Copp, 1978；Gardner, 1996）．pTEの細胞は着床後も増殖能を維持し，胚体外外胚葉（ExE, extraembryonic ectoderm），外胎盤錘（EPC, ectoplacental cone）などの組織の形成を経て，胎盤を構成するすべての栄養膜細胞を派生する（図XVII-77-1）（田中・塩田, 2001；Cross, 2005）．すなわちpTEは，栄養膜細胞の幹細胞集団であるといえる．一方mTEの細胞は，胚盤胞形成後徐々に細胞分裂を停止し，TGCへと分化する．TGCとは，核分裂や細胞分裂を行わないままゲノムDNAの複製を繰り返す結果，高度に多倍体化する細胞である．

TEに見られるこのような性質の差は，ICMとの相互作用によって生じることが古くから示されてきた．受精後3.5日胚盤胞を，マニピュレータを用いてpTE側（ICMを含む）とmTE側（ICMを含まない）とに切り離すと，それぞれが物理的な損傷から回復して胚盤胞様小胞を形成する．これらは偽妊娠マウス子宮に着床しどちらも脱落膜の形成を誘起するが，mTE側の小胞からExEやEPCが作られることはなく，TGCのみが分化する．ところが，mTE側小胞に他の胚盤胞から単離したICMを挿入して胚盤胞を再構築すると，着床はもちろんのこと胎盤形成と胎仔の発育が進行し，一部は出産にまで至る．この時，胎盤を構成する栄養膜細胞は挿入されたICM上に残存していたかもしれないpTE細胞に由来したのではなく，mTE側小胞の細胞に由来することが，**グルコースリン酸イソメラーゼ**のタイピングにより示されている（Gardner, Johnson, 1972；Gardner et al, 1973）．これらの結果は，ICMに隣接しているpTEの細胞が，ICMに由来するなんらかの刺激により

グルコースリン酸イソメラーゼ（glucose phosphate isomerase）：グルコースをフルクトースに変換する酵素．マウスには電荷の異なる三つのバリアント（Gpi1^{a}，Gpi1^{b}，Gpi1^{c}）が存在し，マウスの系統はそれぞれ固有のバリアントを有する．それらは電気泳動で比較的容易に区別することが可能であるため，異なるバリアントを持つ系統間の胚や割球を用いて作製されたキメラ個体における組織のキメラ度を表す指標として用いられた．

TGCへの分化が抑制されつつ増殖して胎盤を形成する栄養膜細胞を派生すること，および，少なくとも受精後3.5日のmTE細胞の運命決定は可塑的で，ICMからの刺激で増殖能と分化能を有するpTE細胞になりうること，を示している．後述のように，ICMに由来する刺激の本体の，少なくとも一つはFgf4であることがわかっている．

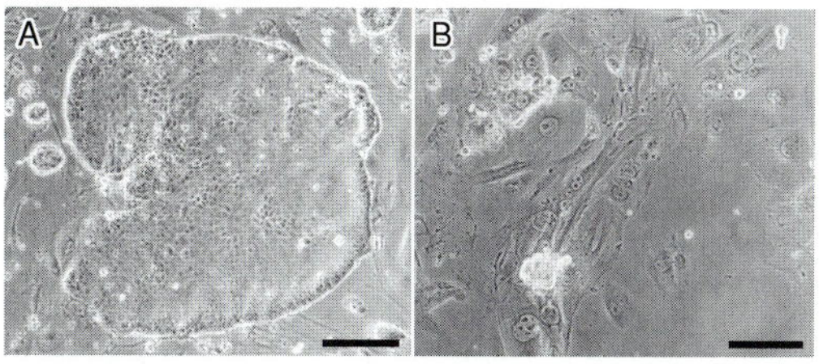

図XVII-77-2．マウスTS細胞

(a) 未分化TS細胞コロニー．(b) 分化誘導後4日目のTS細胞．スケールバーは200 μmを示す．

2 マウス栄養膜幹細胞（TS細胞，trophoblast stem cell）

(A) TS細胞の樹立

マウス妊娠6.5日胚のExEを取り出して培養すると，EPC特異的遺伝子の発現上昇に続いてTGC特異的遺伝子の発現も上昇し，結果的にほぼすべての細胞がTGCへと分化する（Carney et al, 1993）．このことから，ExEにもpTE細胞と同様に各種栄養膜細胞に分化する能力を持つ細胞が存在すること，および，その分化を抑える因子が胚内に存在することが示唆されていた．すなわち，着床後の胚においても，ICMから派生する組織である胚盤葉上層（EPI, epiblast）に由来するなんらかの因子により，近接するExEの細胞でも栄養膜幹細胞としてのポテンシャルが維持されているものと考えられていた．

胚盤胞および着床後の胚における発現様式（Niswander, Martin, 1992；Ciruna, Rosssant, 1999；Haffner-Krausz et al, 1999）と，欠損胚の発生が着床直後に止まること（Feldman et al, 1995；Arman et al, 1998）から，Fgf4とFgfr2がそれぞれICM/EPI由来因子とpTE/ExE側の受容体であることが予測された．実際，受精後3.5日胚盤胞，および，6.5日胚のExEから，Fgf4に依存して増殖する栄養膜幹細胞（TS細胞，trophoblast stem cell）株が樹立され，その予測の妥当性が強く支持された（Tanaka et al, 1998）．また，より発生の進んだ胚のExE，あるいは，ExEに由来する組織である絨毛膜（chorion）からもTS細胞が樹立され，これらの組織にもまた，TS細胞として培養可能な未分化細胞が残存していることが示されている（Uy et al, 2002）．さらには，受精後2.5日の桑実胚／初期胚盤胞（Yagi et al, 2007），および，8細胞期胚の割球（Chung et al, 2006）からもTS細胞が樹立されているが，これらは，*in vitro*でpTE細胞様に分化したものが，TS細胞樹立に適した培養条件下で選択的に殖えた結果かもしれない．

TS細胞の樹立・維持には，Fgf4のほかに，マウス胎仔由来線維芽細胞（MEF, mouse embryonic fibroblast cell）をフィーダーとして用いることも必要である．MEFの培養上清（MEF-CM）をMEFそのもののかわりとして用いることも可能であるので，MEFが分泌するなんらかの可溶性因子がTS細胞の維持に作用することがわかる．Fgf4とMEFの存在下で，TS細胞は，小型の上皮様細胞からなる単層のコロニーを形成する（図XVII-77-2）．Fgf4，あるいは，MEFを除くと，増殖の停止と形態の大きな変化に伴い，各種分化栄養膜細胞特異的なマーカー遺伝子の発現が上昇する．また，TS細胞を胚盤胞に注入してキメラ胚を作ると，TS細胞に由来する細胞が胎盤に分布する一方，胚体への寄与は観察されない（Tanaka et al, 1998）．

（B）FGFシグナル

Fgfの結合による受容体チロシンキナーゼの活性化は，Frs2/Grb2/Sos複合体を介して，Ras-Raf-Mek-Erk経路を順次活性化する．活性化されたErkはさらにEtsファミリー転写因子など，標的となるタンパク質の活性を調節する（Sharrocks, 2001；Tsang, Dawid, 2004）．初期胚で発現する，FGFシグナル伝達経路のコンポーネント，Frs2α，Grb2，Erk2，Ets2，Erf，それぞれの欠損胚でExEの形成や絨毛膜(chorion)の分化に異常が見られ，また一部ではTS細胞が樹立できないことも示されるなど，栄養膜幹細胞の維持と分化制御へのこのシグナル伝達経路の重要性が示されている（Gotoh et al, 2005；Cheng et al, 1998；Saba-El-Leil et al, 2003；Georgiades, Rossant, 2006；Wen et al, 2007；Papadaki et al, 2007；Rielland et al, 2008）．また，Frs2/Shp2-SFK-Ras-Erk経路による，アポトーシス誘導タンパク質Bimの分解促進がTS細胞の維持に重要であることが，Shp2欠損胚を用いて明らかにされている（Yang et al, 2006）．さらに，Etsファミリー転写因子の一つであり，PI3-kinase/Akt経路によって活性が制御されているElf5（Metzger et al, 2007）もまた，ExEの形成に重要である（Donnison et al, 2005）．

Ets2が，前述したTE発生に重要な転写因子であるCdx2の発現を促進することが示されている（Wen et al, 2007）．しかし，胚盤胞期にEts2の発現は検出されず（Georgiades, Rossant, 2006），また，Ets2欠損胚の異常はCdx2欠損胚よりも遅れて着床後に現れる．これらのことから，Ets2は着床前の胚におけるCdx2発現には関与せず，着床後pTEからExEが形成される際のCdx2の発現維持に必要であると考えられる．

（C）TGFβシグナル

TS細胞の樹立・維持には，Fgf4に加え，MEFに由来する因子も必要である．TGFβもしくはActivin AがこのMEF由来因子を代替できることが見出され（Erlebacher et al, 2004），TS細胞の維持にはTGFβシグナルの活性化も必要であることがわかった．しかし，それらの発現パターンから，TGFβ/Activin Aが実際に生体内で作用している因子であるとは考えにくい．TGFβスーパーファミリーのNodalはEPIで発現しているが，Nodalを欠損する胚ではTGCの過形成やExEの形成不全，および，ExEマーカー遺伝子発現の著しい低下が見られる（Ma et al, 2001；Brennan et al, 2001）．EPIで発現・分泌されるNodal前駆体は，ExEで発現・分泌されるプロテアーゼ（FurinおよびPACE4）による切断を受けて活性型Nodalに変換されるが，FurinおよびPACE4の両方を欠損する胚でも，Nodal欠損胚と同様のExEの異常が認められた（Guzman-Ayala et al, 2004）．これらのことから，Nodalが生体内で栄養膜幹細胞の維持に作用しているもう一つの因子であると考えられている．

③ マウスES細胞の栄養膜細胞への分化

マウスES細胞は，分化抑制因子非存在下で分化を誘導した場合や，キメラ胚を作製した場合でも，栄養膜細胞にはほとんど分化しない（Beddington, Robertson, 1989）．ところが，ES細胞でOct4の発現を抑制すると，*Cdx2*を含むTEマーカー遺伝子の発現が誘導され，栄養膜細胞が分化することがわかった（Niwa et al, 2000；Velkey, O'Shea, 2003；Hay et al, 2004；Ivanova et al, 2006）．この時，TS細胞の維持に適した条件で培養を続けると，ES細胞からTS細胞を樹立することもできる（Niwa et al, 2000）．また，Oct4以外にも，ES細胞の多能性維持に重要な転写因子であるNanog，および，Sox2それぞれの発現阻害によっても，栄養膜細胞の分化が誘導される（Hay et al, 2004；Masui et al, 2007）．すなわちこれらの転写因子のセットが，Cdx2などのTE発生関連遺伝子の発現を抑制することで，TE細胞系譜への分化を抑制していることが示唆される．

マウスES細胞では，Cdx2を強制発現することでも栄養膜細胞への分化が誘導され，TS細胞を樹立することができる（Niwa et al, 2005；Tolkunova et al, 2006）．すなわちCdx2は，TE細胞系譜へとES細胞の分化運命を決定する能力を持つ．Cdx2強制発現により内在性Oct4の発現は抑制されるが，外来性のOct4を恒常的に発現させても栄養膜細胞への分化は阻害されない．これは，Cdx2タンパク質がOct4タンパク質と複合体を形成し，Oct4の機能を阻害するためであることが示されている．このように，Cdx2はOct4の発現抑制／機能阻害を介して間接的にTE発生を制御していることが考えられる．

Oct4発現抑制による栄養膜細胞分化にCdx2は必要ではないことが，Cdx2欠損ES細胞を用いて明らかにされた（Niwa et al, 2005）．この結果や，Cdx2欠損胚でも初期のTE分化（胞胚腔の形成）が見られることは，積極的にTE細胞系譜への分化を誘導する，Cdx2以外の因子の存在を予測させる．実際，Cdx2と同様の発現パターンを示す転写因子Eomesを強制発現することでも，Cdx2に依存することなく栄養膜細胞への分化を誘導することができた（Niwa et al, 2005）．EomesはOct4の機能を抑制しないので，Oct4抑制を介する経路とは異なる機構でTE分化を誘導しているようである．ただし，Eomes欠損胚でも胚盤胞は形成され，着床も起こる（Russ et al, 2000）．Cdx2とEomesを同時に欠損する胚ではTE分化が起こるのか，その答えはまだ得られていない．

マウスES細胞ではまた，活性型Rasの強制発現（Lu et al, 2008），Wnt3aの培養液への添加（He et al, 2008），および，Collagen Ⅳ上での培養（Schenke-Layland et al, 2007）がCdx2の発現を誘導し，TS細胞の樹立を可能にすることが明らかとなっている．これらの現象が，胚盤胞形成時のICM/TE分化の機構をどの程度反映しているものなのかについては，不明である．

④ ヒトおよび他種の動物のTS様細胞株

ヒトES細胞は通常栄養膜細胞に分化し，その分化はBMP4によって促進される（Thomson

表XVII-77-1．各種動物胚に由来する栄養膜細胞株

動物種	ライン名	由来	培養条件	マーカー発現	分化能？	文献
マウス	$TS_{3.5}$ $TS_{6.5}$	胚盤胞	フィーダー（MEF）または MEF-CM FGF4 添加	各種栄養膜幹細胞マーカー（Cdx2, Eomes, Errb）を発現	FGF4 あるいは MEF 除去で分化誘導． キメラ胚で胎盤に分布．	Tanaka et al（1998）
ラット	H1-3 H2-19	胚盤胞	フィーダー（ラット胎仔由来繊維芽細胞，REF）または REF-CM FGF4 添加	同上	FGF4 あるいは REF 除去で分化誘導． In vitro で巨核化． キメラ能は未解析．	Asanoma et al（2011）
ヒト	CTBS1 CTBS2	ES 細胞	フィーダーなし MEF-CM FGF4 添加	絨毛性ゴナドトロピン（CG），胎盤性ラクトジェン（PL），HLA-G，CDX2，CD9，サイトケラチン7（CK7）陽性	一部は多核細胞（合胞体）を形成．長期の培養（1週間以上）で大部分が血管内皮様細胞（HLA-G, PECAM-1二重陽性）に分化．	Harun et al（2006）
アカゲザル	119.2	体外受精 体外培養 胚盤胞	コラーゲンコートディッシュ フィーダーなし サイトカイン／成長因子無添加	CK7, CG陽性, OCT4 を弱く発現，CDX2 発現検出されず	通常培養下で約12%の細胞が浸潤能を示す．長期の培養（6日間以上），または，17β-エストラジオール添加により多核化細胞が出現．	Vandevoort et al（2007）
ヤギ	HTS-1	胎盤組織	コラーゲンコートディッシュ フィーダーなし EGF 添加	PL，インターフェロンτ（IFNτ）陽性	主にコロニー辺縁部に二核化細胞が出現．	Miyazaki et al（2002）
ミンク	記載なし	胚盤胞	フィーダー（MEF） FGF4 添加	FGFR2 を発現	記載なし	Desmarais et al（2004）
ブタ	TE1	胚盤胞	ゼラチンコートディッシュ フィーダー（STO 細胞） サイトカイン／成長因子無添加	ブタ栄養膜細胞特異抗原（SN1/38）陽性	記載なし	Fléchon et al（1995）
ウシ	CT-1	胚盤胞	フィーダー（STO 細胞） サイトカイン／成長因子無添加	IFNτ 陽性	記載なし	Talbot et al（2000）
ウシ	BT-1	体外受精 体外培養 胚盤胞	コラーゲンコートディッシュ フィーダーなし サイトカイン／成長因子無添加 ウシ子宮内膜間質細胞培養上清を使用	PL, IFNτ 陽性	通常培養下で一部が二核化細胞に分化（これらのみが胎盤性ラクトジェン陽性）．	Shimada et al（2001）

et al, 1998；Xu et al, 2002；Chen et al, 2008)．さらに，マウス同様，*Oct4* 遺伝子のノックダウンが栄養膜細胞分化を誘導する (Hay et al, 2004；Matin et al, 2004)．しかしいずれの条件下でも，そこからの TS 細胞樹立には至っていない．また，ヒト胚盤胞からの TS 細胞樹立の報告もない．

近年，R. Harun らが，ヒト ES 細胞から作製した，ヒト絨毛性ゴナドトロピン産生能の高い胚葉体を選択し，その胚葉体を分離した細胞をマウス TS 細胞の培養条件（FGF4 と MEF-CM 添加）下で維持することで，栄養膜細胞の性質を有する細胞株を樹立した（Harun et al, 2006）．この細胞はある程度の分化能を有するが（表XVII-77-1），その増殖と分化能の維持に対するFGF4の作用は不明であり，また，分化を制御する機構の解明もなされていない．

ヒト，マウス以外の動物種でもTS細胞の樹立が試みられている．これまでに得られている栄養膜細胞株を表XVII-77-1にまとめた．いずれの場合でも，その分化制御機構に関する情報は限られ，今後の解析が待たれる．

まとめ

マウスTS細胞の樹立を機に，TEおよび栄養膜細胞分化の制御機構に関する我々の理解は，飛躍的に深まった．大量に調製することができる培養細胞を用いることで，これまで初期胚では行うことが困難であった解析も可能になったのである．たとえば，ES細胞とTS細胞のゲノム全体のDNAメチル化状態を比較することで，それぞれに特異的なゲノムDNAメチル化プロフィールが形成されていることや，*Oct4*，*Nanog*といったES細胞特異的遺伝子がDNAメチル化を含むエピジェネティック機構によりTS細胞で抑制されていることなどが明らかにされている（Shiota et al, 2002；Hattori et al, 2004；Hattori et al, 2007）．また，これまでDNAメチル化の役割に重きが置かれていなかった栄養膜細胞系譜でも，細胞分化に伴う遺伝子発現変化の制御にDNAメチル化が重要であることもTS細胞を用いることで示されている（Tomikawa et al, 2006）．これら培養細胞を用いて得られたエピジェネティック制御機構に関する知見をもとにした，ICM/TE分化・発生に果たすエピジェネティック制御機構の役割の解明が，今後の課題の一つである．

（田中　智・塩田邦郎）

引用文献

Arman E, Haffner-Krausz R, Chen Y, et al (1998) Targeted disruption of fibroblast growth factor (FGF) receptor 2 suggests a role for FGF signaling in pregastrulation mammalian development, *Proc Natl Acad Sci USA*, 95 ; 5082-5087.

Asanoma K, Rumi MA, Kent LN, et al (2011) FGF4-dependent stem cells derived from rat blastocysts differentiate along the trophoblast lineage, *Dev Biol*, 351 ; 110-119.

Beck F, Erler T, Russell A, et al (1995) Expression of Cdx-2 in the mouse embryo and placenta : Possible role in patterning of the extra-embryonic membranes, *Dev Dyn*, 204 ; 219-227.

Beddington RS, Robertson EJ (1989) An assessment of the developmental potential of embryonic stem cells in the midgestation mouse embryo, *Development*, 105 ; 733-737.

Brennan J, Lu CC, Norris DP, et al (2001) Nodal signalling in the epiblast patterns the early mouse embryo, *Nature*, 411 ; 965-969.

Carney EW, Prideaux V, Lye SJ, et al (1993) Progressive expression of trophoblast-specific genes during formation of mouse trophoblast giant cells in vitro, *Mol Reprod Dev*, 34 ; 357-368.

Chen G, Ye Z, Yu X, et al (2008) Trophoblast differentiation defect in human embryonic stem cells lacking PIG-A and PGI-anchored cell-surface proteins, *Cell Stem Cell*, 2 ; 345-355.

Cheng AM, Saxton TM, Sakai R, et al (1998) Mammalian Grb2 regulates multiple steps in embryonic development and malignant transformation, *Cell*, 95 ; 793-803.

Chung Y, Klimanskaya I, Becker S, et al (2006) Embryonic and extraembryonic stem cell lines derived from single mouse blastomeres, *Nature*, 439 ; 216-219.

Ciruna BG, Rossant J (1999) Expression of the T-box gene Eomesodermin during early mouse development, *Mech Dev*, 81 ; 199-203.

Copp AJ (1978) Interaction between inner cell mass and trophectoderm of the mouse blastocyst. I. A study of cellular proliferation, *J Embryol Exp Morphol*, 48 ; 109-125.

Cross JC (2005) How to make a placenta : Mechanisms of trophoblast cell differentiation in mice--a review, *Placenta*, 26 (Suppl A) ; S3-9.

Desmarais JA, Bordignon V, Lopes FL, et al (2004) The escape of the mink embryo from obligate diapause, *Biol Reprod*, 70 ; 662-670.

Donnison M, Beaton A, Davey HW, et al (2005) Loss of the extraembryonic ectoderm in Elf5 mutants leads to defects in embryonic patterning, *Development*, 132 ; 2299-2308.

Erlebacher A, Price KA, Glimcher LH (2004) Maintenance of mouse trophoblast stem cell proliferation by TGF-beta/activin, *Dev Biol*, 275 ; 158-169.
Feldman B, Poueymirou W, Papaioannou VE, et al (1995) Requirement of FGF-4 for postimplantation mouse development, *Science*, 267 ; 246-249.
Fléchon JE, Laurie S, Notarianni E (1995) Isolation and characterization of a feeder-dependent, porcine trophectoderm cell line obtained from a 9-day blastocyst, *Placenta*, 16 ; 643-658.
Fleming TP (1987) A quantitative analysis of cell allocation to trophectoderm and inner cell mass in the mouse blastocyst, *Dev Biol*, 119 ; 520-531.
Gardner RL (1996) Clonal analysis of growth of the polar trophectoderm in the mouse, *Hum Reprod*, 11 ; 1979-1984.
Gardner RL, Johnson MH (1972) An investigation of inner cell mass and trophoblast tissues following their isolation from the mouse blastocyst, *J Embryol Exp Morphol*, 28 ; 279-312.
Gardner RL, Papaioannou VE, Barton SC (1973) Origin of the ectoplacental cone and secondary giant cells in mouse blastocysts reconstituted from isolated trophoblast and inner cell mass, *J Embryol Exp Morphol*, 30 ; 561-572.
Georgiades P, Rossant J (2006) Ets2 is necessary in trophoblast for normal embryonic anteroposterior axis development, *Development*, 133 ; 1059-1068.
Gotoh N, Manova K, Tanaka S, et al (2005) The docking protein FRS2alpha is an essential component of multiple fibroblast growth factor responses during early mouse development, *Mol Cell Biol*, 25 ; 4105-4116.
Guzman-Ayala M, Ben-Haim N, Beck S, et al (2004) Nodal protein processing and fibroblast growth factor 4 synergize to maintain a trophoblast stem cell microenvironment, *Proc Natl Acad Sci USA*, 101 ; 15656-15660.
Haffner-Krausz R, Gorivodsky M, Chen Y, et al (1999) Expression of Fgfr2 in the early mouse embryo indicates its involvement in preimplantation development, *Mech Dev*, 85 ; 167-172.
Harun R, Ruban L, Matin M, et al (2006) Cytotrophoblast stem cell lines derived from human embryonic stem cells and their capacity to mimic invasive implantation events, *Hum Reprod*, 21 ; 1349-1358.
Hattori N, Imao Y, Nishino K, et al (2007) Epigenetic regulation of Nanog gene in embryonic stem and trophoblast stem cells, *Genes Cells*, 12 ; 387-396.
Hattori N, Nishino K, Ko YG, et al (2004) Epigenetic control of mouse Oct-4 gene expression in embryonic stem cells and trophoblast stem cells, *J Biol Chem*, 279 ; 17063-17069.
Hay DC, Sutherland L, Clark J, et al (2004) Oct-4 knockdown induces similar patterns of endoderm and trophoblast differentiation markers in human and mouse embryonic stem cells, *Stem Cells*, 22 ; 225-235.
He S, Pant D, Schiffmacher A, et al (2008) Lymphoid enhancer factor 1-mediated Wnt signaling promotes the initiation of trophoblast lineage differentiation in mouse embryonic stem cells, *Stem Cells*, 26 ; 842-849.
Ivanova N, Dobrin R, Lu R, et al (2006) Dissecting self-renewal in stem cells with RNA interference, *Nature*, 442 ; 533-538.
Johnson MH, McConnell JM (2004) Lineage allocation and cell polarity during mouse embryogenesis, *Semin Cell Dev Biol*, 15 ; 583-597.
Louvet-Vallee S, Dard N, Santa-Maria A, et al (2001) A major posttranslational modification of ezrin takes place during epithelial differentiation in the early mouse embryo, *Dev Biol*, 231 ; 190-200.
Lu CW, Yabuuchi A, Chen L, et al (2008) Ras-MAPK signaling promotes trophectoderm formation from embryonic stem cells and mouse embryos, *Nat Genet*, 40 ; 921-926.
Ma GT, Soloveva V, Tzeng SJ, et al (2001) Nodal regulates trophoblast differentiation and placental development, *Dev Biol*, 236 ; 124-135.
Masui S, Nakatake Y, Toyooka Y, et al (2007) Pluripotency governed by Sox2 via regulation of Oct3/4 expression in mouse embryonic stem cells, *Nat Cell Biol*, 9 ; 625-635.
Matin MM, Walsh JR, Gokhale PJ, et al (2004) Specific knockdown of Oct4 and beta2-microglobulin expression by RNA interference in human embryonic stem cells and embryonic carcinoma cells, *Stem Cells*, 22 ; 659-668.
Metzger DE, Xu Y, Shannon JM (2007) Elf5 is an epithelium-specific, fibroblast growth factor-sensitive transcription factor in the embryonic lung, *Dev Dyn*, 236 ; 1175-1192.
Miyazaki H, Imai M, Hirayama T, et al (2002) Establishment of feeder-independent cloned caprine trophoblast cell line which expresses placental lactogen and interferon tau, *Placenta*, 23 ; 613-630.
Nichols J, Zevnik B, Anastassiadis K, et al (1998) Formation of pluripotent stem cells in the mammalian embryo depends on the POU transcription factor Oct4, *Cell*, 95 ; 379-391.
Nishioka N, Yamamoto S, Kiyonari H, et al (2008) Tead 4 is required for specification of trophectoderm in pre-implantation mouse embryos, *Mech Dev*, 125 ; 270-283.
Niswander L, Martin GR (1992) Fgf-4 expression during gastrulation, myogenesis, limb and tooth development in the mouse, *Development*, 114 ; 755-768.
Niwa H, Miyazaki J, Smith AG (2000) Quantitative expression of Oct-3/4 defines differentiation, dedifferentiation or self-renewal of ES cells, *Nat Genet*, 24 ; 372-376.
Niwa H, Toyooka Y, Shimosato D, et al (2005) Interaction between Oct3/4 and Cdx2 determines trophectoderm differentiation, *Cell*, 123 ; 917-929.
Palmieri SL, Peter W, Hess H, et al (1994) Oct-4 transcription factor is differentially expressed in the mouse embryo during establishment of the first two extraembryonic cell lineages involved in implantation, *Dev Biol*, 166 ; 259-267.
Papadaki C, Alexiou M, Cecena G, et al (2007) Transcriptional repressor Erf determines extraembryonic ectoderm differentiation, *Mol Cell Biol*, 27 ; 5201-5213.
Plusa B, Frankenberg S, Chalmers A, et al (2005) Down-regulation of Par3 and aPKC function directs cells towards the ICM in the preimplantation mouse embryo, *J Cell Sci*, 118 ; 505-515.

Ralston A, Rossant J (2008) Cdx2 acts downstream of cell polarization to cell-autonomously promote trophectoderm fate in the early mouse embryo, *Dev Biol*, 313 ; 614-629.
Rielland M, Hue I, Renard JP, et al (2008) Trophoblast stem cell derivation, cross-species comparison and use of nuclear transfer : New tools to study trophoblast growth and differentiation, *Dev Biol*, 322 ; 1-10.
Rossant J, Lis WT (1979) Potential of isolated mouse inner cell masses to form trophectoderm derivatives in vivo, *Dev Biol*, 70 ; 255-261.
Rossant J, Vijh KM (1980) Ability of outside cells from preimplantation mouse embryos to form inner cell mass derivatives, *Dev Biol*, 76 ; 475-482.
Russ AP, Wattler S, Colledge WH, et al (2000) Eomesodermin is required for mouse trophoblast development and mesoderm formation, *Nature*, 404 ; 95-99.
Saba-El-Leil MK, Vella FD, Vernay B, et al (2003) An essential function of the mitogen-activated protein kinase Erk 2 in mouse trophoblast development, *EMBO Rep*, 4 ; 964-968.
Schenke-Layland K, Angelis E, Rhodes KE, et al (2007) Collagen IV induces trophoectoderm differentiation of mouse embryonic stem cells, *Stem Cells*, 25 ; 1529-1538.
Sharrocks AD (2001) The ETS-domain transcription factor family, *Nat Rev Mol Cell Biol*, 2 ; 827-837.
Shimada A, Nakano H, Takahashi T, et al (2001) Isolation and characterization of a bovine blastocyst-derived trophoblastic cell line, BT-1 : Development of a culture system in the absence of feeder cell, *Placenta*, 22 ; 652-662.
Shiota K, Kogo Y, Ohgane J, et al (2002) Epigenetic marks by DNA methylation specific to stem, germ and somatic cells in mice, *Genes Cells*, 7 ; 961-969.
Strumpf D, Mao CA, Yamanaka Y, et al (2005) Cdx2 is required for correct cell fate specification and differentiation of trophectoderm in the mouse blastocyst, *Development*, 132 ; 2093-2102.
Talbot NC, Caperna TJ, Edwards JL, et al (2000) Bovine blastocyst-derived trophectoderm and endoderm cell cultures : Interferon tau and transferrin expression as respective in vitro markers, *Biol Reprod*, 62 ; 235-247.
Tanaka S, Kunath T, Hadjantonakis AK, et al (1998) Promotion of trophoblast stem cell proliferation by Fgf4, *Science*, 282 ; 2072-2075.
田中智，塩田邦郎（2001）栄養膜細胞の分化と制御，妊娠の生物学，塩田邦郎／松林秀彦編，永井書店，大阪．
Tarkowski AK, Wroblewska J (1967) Development of blastomeres of mouse eggs isolated at the 4- and 8-cell stage, *J Embryol Exp Morphol*, 18 ; 155-180.
Thomson JA, Itskovitz-Eldor J, Shapiro SS, et al (1998) Embryonic stem cell lines derived from human blastocysts, *Science*, 282 ; 1145-1147.
Tolkunova E, Cavaleri F, Eckardt S, et al (2006) The caudal-related protein Cdx2 promotes trophoblast differentiation of mouse embryonic stem cells, *Stem Cells*, 24 ; 139-144.
Tomikawa J, Fukatsu K, Tanaka S, et al (2006) DNA methylation-dependent epigenetic regulation of dimethylarginine dimethylaminohydrolase 2 gene in trophoblast cell lineage, *J Biol Chem*, 281 ; 12163-12169.
Tsang M, Dawid IB (2004) Promotion and attenuation of FGF signaling through the Ras-MAPK pathway, *Sci STKE*, 2004 ; pe17.
Uy GD, Downs KM, Gardner RL (2002) Inhibition of trophoblast stem cell potential in chorionic ectoderm coincides with occlusion of the ectoplacental cavity in the mouse, *Development*, 129 ; 3913-3924.
Vandevoort CA, Thirkill TL, Douglas GC (2007) Blastocyst-derived trophoblast stem cells from the rhesus monkey, *Stem Cells Dev*, 16 ; 779-788.
Velkey JM, O'Shea KS (2003) Oct4 RNA interference induces trophectoderm differentiation in mouse embryonic stem cells, *Genesis*, 37 ; 18-24.
Wen F, Tynan JA, Cecena G, et al (2007) Ets2 is required for trophoblast stem cell self-renewal, *Dev Biol*, 312 ; 284-299.
Xu RH, Chen X, Li DS, et al (2002) BMP4 initiates human embryonic stem cell differentiation to trophoblast, *Nat Biotechnol*, 20 ; 1261-1264.
Yagi R, Kohn MJ, Karavanova I, et al (2007) Transcription factor TEAD4 specifies the trophectoderm lineage at the beginning of mammalian development, *Development*, 134 ; 3827-3836.
Yamanaka Y, Ralston A, Stephenson RO, et al (2006) Cell and molecular regulation of the mouse blastocyst, *Dev Dyn*, 235 ; 2301-2314.
Yang W, Klaman LD, Chen B, et al (2006) An Shp2/SFK/Ras/Erk signaling pathway controls trophoblast stem cell survival, *Dev Cell*, 10 ; 317-327.

XVII-78

受精と初期発生の映像解析

Key words
初期胚発生過程／細胞小器官動態／卵割様式／fragmentation／胚盤胞発生過程

はじめに

生殖補助医療技術（ART, assisted reproductive technology）では，配偶子および初期胚の体外培養が必須であり，その過程の必然として，ヒトの初期胚発生過程の形態観察が可能となった．実際の胚発育における形態学的評価は，初期胚発生の神秘を解明する多大な一助となったのみならず，臨床現場における種々の体外培養環境の改善を通した治療成績向上にも大きく寄与してきた（Nagy et al, 1994；Tesarik et al, 1999；Scott et al, 2003）．しかし，通常の形態学的変化の観察では，胚に対するストレス軽減のため頻回の形態学的観察は不可能であり，その点から，非連続的静止画像からの情報に依らざるをえない．したがって，その解析および評価には自ずと限界が存在した．そこで，D. Payneらは，配偶子および初期胚発生のより詳細な検討のために，倒立顕微鏡ステージ上で卵子を培養し，その状況を連続撮影し記録するシステムを立ち上げ，ICSI施行後の卵子を連続観察（17-20時間）し，詳細な検討を行った（Payne et al, 1997）．しかし，その報告では観察期間が短く，前核形成までの期間に限られていた．その後，著者らは，Payneらの検討を踏まえ新たな試みとして，倒立顕微鏡ステージ上に，培養環境がきわめて安定しヒト配偶子および初期胚を連続的かつ非侵襲的に長期間観察撮影できる体外培養装置（TLC, time-lapse cinematography）を独自に構築し，ヒト初期胚発生過程の動的解析を行ってきた（Adachi et al, 2005；Mio, 2006）．

本節では，著者らがこれまでに得たTLC解析結果のうち，ヒト受精，胚発生に関する貴重な映像や新たに確認できた興味ある現象について解説する．

1 TLC（time-lapse cinematography）

ヒト配偶子および初期胚を連続的かつ非侵襲的に長期間連続観察撮影するために，著者らが構築した体外培養撮影装置の概要を説明する．

純アクリル製専用大型チャンバーで覆った倒立顕微鏡（IX-71, Olympus）ステージ上に初期胚培養のため独自に開発した専用小型チャンバーを装着した（図XVII-78-1）．シリコンコーティングした専用ガラスディッシュ（30mmφ）に初期胚を培養するマイクロドロップメディウム（3μl, Sydney IVF Fertilization Medium, COOK, Australia）を作製し，ミネラルオイル（2ml, SAGE, USA）

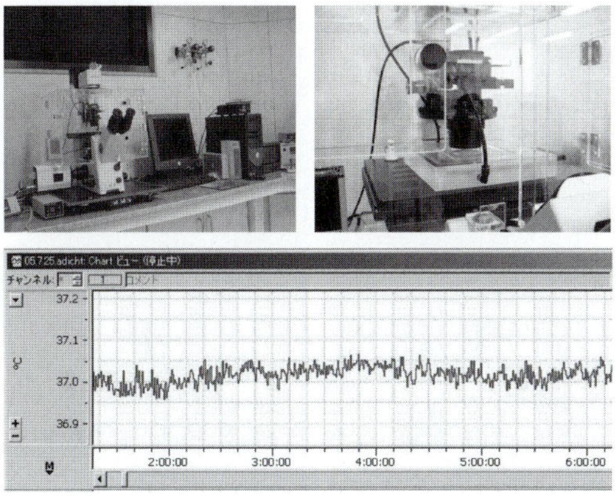

図XVII-78-1．Time-lapse cinematography

で被覆した．そのガラスディッシュを小型チャンバー内の倒立顕微鏡ステージ上に静置した．ディッシュを静置する小型チャンバー内の空間周辺を水槽で囲い超純水で充填した．条件設定用のマイクロドロップメディウム内温度は，専用大型チャンバー内に設置した加温機と倒立顕微鏡ステージ上のヒートプレートの設定温度の微調整により至適温度（37.0±0.5℃）となるよう調節した．メディウム内温度の経時的測定にはBAT-12（PHYSITEMP, USA）の微少温度センサー（200μmφ）を用いた．

一方，CO_2ガスおよびairは滅菌フィルター（0.24μm, Millipore Co., Japan）を介して小型チャンバーの水槽内に注入し，加温加湿後小型チャンバー内部のガラスディッシュを静置した空間に流入させた．メディウム内温度の設定と同様に，条件設定用のメディウム内が至適pH濃度（7.37±0.02）に維持できるように，CO_2ガス流量をレギュレータ（流量調節器）で微調整した．メディウム内pH測定には血液ガス分析装置（CIBA CORNING）を用いた．以上の条件設定を反復して，初期胚培養用マイクロドロップメディウム内が常に至適培養環境（温度:37.0±0.5℃, PH:7.37±0.02）となることを確認した．また，初期胚観察中は室内の照明を最小限にし，倒立顕微鏡全体を遮蔽した．

前述の至適培養条件下に顕微鏡ステージ上で初期胚の培養を継続し，顕微鏡に接続したCCDカメラにより定間隔で反復撮影（露光時間:1/20秒，撮影間隔:2-10分，撮影枚数:2,000-6,000）し，専用ソフト（MetaMorph ; Universal Imaging Co., USA）を用いて再生解析した．治療用卵子の観察では，一定期間観察した後の形態良好胚は凍結保存し，その後の治療に供した．これまでの検討にて，TLC後の胚の形態は，通常の体外培養後と変わりなく，また，2－4細胞期胚の融解胚移植後の妊娠率もTLC実施の有無と関連性がないことを確認しており，2007年までで4名の健児が出生している．一方，凍結保存中で今後の治療予定がなく，本研究に同意された研究目的胚は，日本生殖医療標準化機構（JISART）倫理委員会の承認を得て，その目的に応じた撮影条件を設定して一定期間観察した．

2 cIVF（conventional IVF）の受精過程

(A) 初期胚発生過程の連続観察

採卵後の卵子は，卵子1個あたり50,000個の運動精子を媒精した後，約1時間で緩やかに卵丘細胞を機械的に除去し，マイクロドロップメディウム内に移した．卵子透明帯をマイクロマニュピレータで回転させながら注意深く観察し，透明帯に最も深く進入した精子に焦点を当て，観察を開始した．

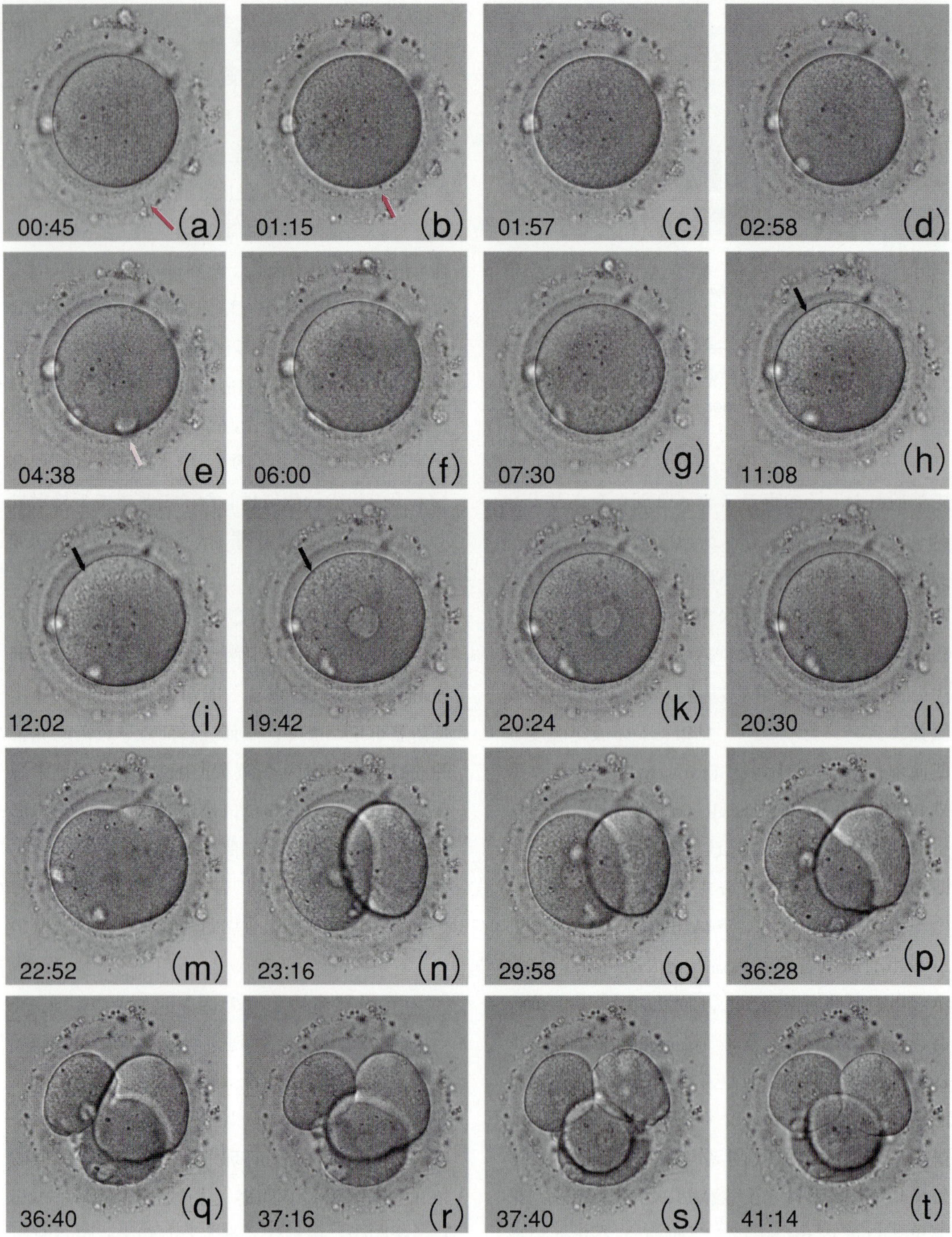

＊時間は媒精からの経過時間

図XVII-78-2．Time-lapse cinematography による連続画像

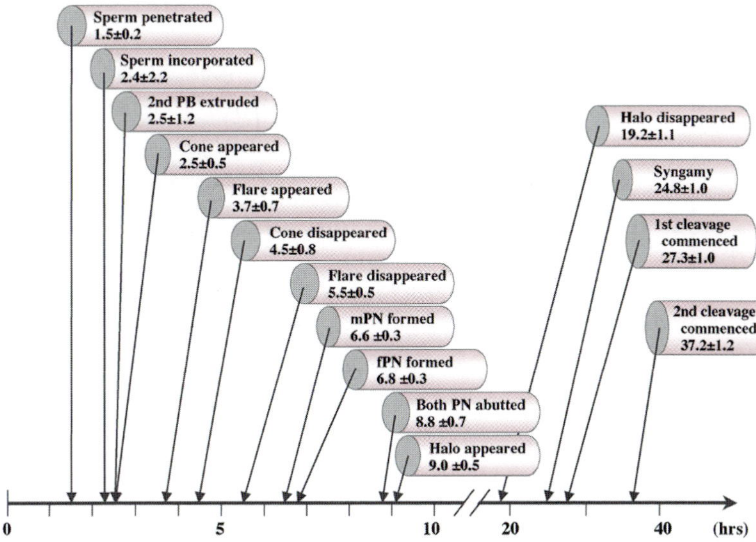

図XVII-78-3．cIVF での初期胚発生過程の時間経過

TLC により得られた cIVF での初期胚発生過程の連続画像を示す（図XVII-78-2）．卵子下方に見られる精子が透明帯を貫通し，直ちに卵細胞表面に接着した（図XVII-78-2（a）（b）矢印）．やがて，精子頭部は消失し（図XVII-78-2（c）），第一極体付近に第二極体の放出が見られた（図XVII-78-2（d））．その直後，この卵子においては精子進入部位（SEP, sperm entry point）に一過性卵細胞質隆起（FC, fertilization cone）現象が確認された（図XVII-78-2（e）矢印）．その後，FC 消失後 SEP より細胞内顆粒状物質の拡散（Flare, cytoplasmic flare）が放射状に現れ（図XVII-78-2（f）），雄性前核（mPN, male pronucleus）および雌性前核（fPN, female pronuclues）が相前後して形成され，やがて接合した（図XVII-78-2（g））．両前核が拡大明瞭化しながら卵細胞中央へ移動するとともに，卵細胞辺縁部より細胞内小器官が前核周辺へと移動を開始し，卵細胞辺縁透明領域（Halo, cytoplasmic halo）が出現した（図XVII-78-2（h）-（j）矢印）．この間，両前核内には核小体前駆体（NPB, nucleolar precursor body）が認められ，活発に前核内を動き回る様子が観察された．Halo は前核とほぼ同時に消失し（図XVII-78-2（k）（l）），まもなく第一卵割が開始した（図XVII-78-2（m）（n））．第一卵割後，細胞質内には核が形成され（図XVII-78-2（o）），割球は小刻みな ruffling 現象を呈しながら，核消失直後に第二卵割が開始した（図XVII-78-2（p））．この際，割球の分割は同期性を持たず，両割球は時間差を持って分割した（図XVII-78-2（q）-（s））．卵割後，それぞれの割球内に再び核が形成された（図XVII-78-2（t））．

3 初期胚発生の時間経過

cIVF における媒精から初期胚発生までの時間経過を示す（図XVII-78-3）．媒精から平均1.5時

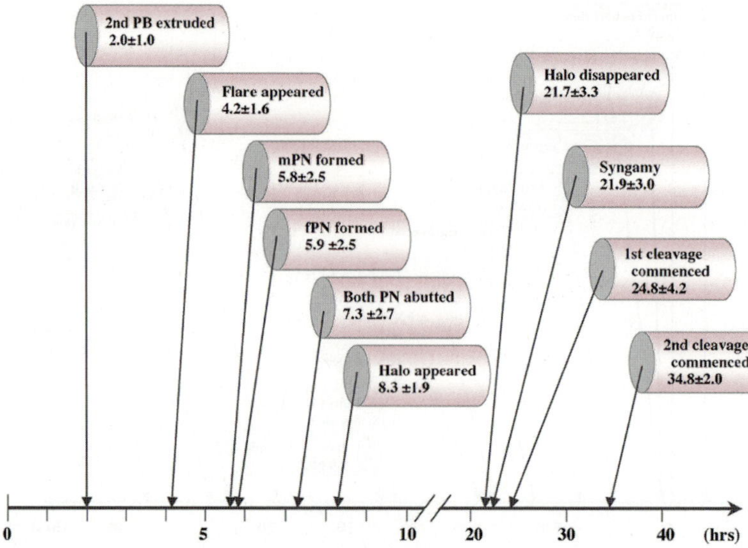

図XVII-78-4．ICSI での初期胚発生過程の時間経過

間で精子は透明帯を貫通し，2.5時間で第二極体が放出され，6.6時間で mPN，やや遅れて6.8時間で fPN がそれぞれ形成された．24.8時間で両前核は消失し，27.3時間で第一卵割，37.2時間で第二卵割が起こった（Mio, 2006）．

また，いくつかの卵子では精子の透明帯貫通の様子が観察でき，受精現象の時間経過を確認することができた．精子の透明帯貫通の様子が観察できた卵子では，そのほとんどの精子は透明帯貫通後直ちに卵細胞表面に接着したが，ある精子は，透明帯貫通後囲卵腔内を約 3 分間移動した後卵細胞表面に接着していた．いずれにおいても，精子が卵細胞表面に接着してから精子頭部が消失するまでに約40分間を要した．

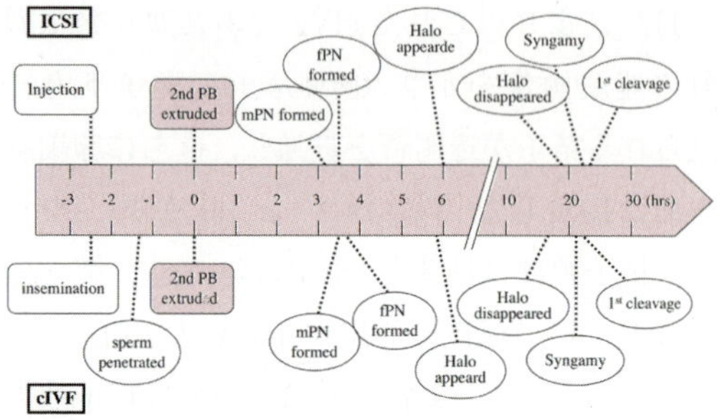

図XVII-78-5．初期胚発生過程の比較

4 ICSI の受精過程

(A) 初期胚発生過程の連続観察結果

ICSI 施行直後から卵細胞質内では粒々としたエリアが円を描くように動いており（cytoplasmic wave），精子頭部はこの時期に消失した．次いで，第一極体近傍に第二極体が放出された．その後，精子注入部位を起点とした Flare が認

められ，卵細胞内に放射状に拡散した．

その後，Flare 起点部位に mPN が形成され，ほぼ同時もしくは直後に，第二極体近傍の卵細胞質に fPN が形成された．fPN は速やかに mPN 方向へ移動し，両前核は接合した．

その後の卵細胞内の現象は cIVF 卵子と基本的には同様であり，両前核は徐々に拡大明瞭化し，卵細胞質中央に移動した．また，NPB/Halo の挙動に関しては，cIVF 卵子と同様であり，第一卵割，第二卵割の様式も cIVF 卵子と差を認めなかった（Adachi et al, 2005；Mio, 2006）．

(B) 初期胚発生の時間経過

ICSI における ICSI 施行直後から初期胚発生までの時間経過を示す（図XVII-78-4）．ICSI 後平均2.0時間で第二極体が放出され，5.8時間で雄性前核，やや遅れて5.9時間で雌性前核がそれぞれ形成された．その後，両前核は7.3時間で接合し，21.9時間で同期的に消失した．その後，24.8時間で第一卵割，34.8時間で第二卵割が起こった（Mio, 2006）．

5 cIVF と ICSI

cIVF および ICSI 卵子における，媒精方法の違いによる胚発生速度の違いを検討した．精子侵入による卵活性化が受精現象の起点と考え，その特徴的現象である第二極体放出を基点として，ICSI 後卵子と cIVF 卵子の初期胚発生過程を比較した（図XVII-78-5）．ICSI 後卵子と cIVF 卵子における第二極体放出後に認められる初期胚発生過程の形態学的変化や時間経過に差は見られず，媒精方法の違いによる卵活性化以降の胚発生には差は認められなかった．しかし，卵細胞質内への精子注入／侵入時期から第二極体放出までの所要時間は，cIVF 卵子で約1時間短縮しており，ICSI における非生理的媒精方法の影響が精子注入から第二極体放出までの所要時間の延長につながると考えられた．

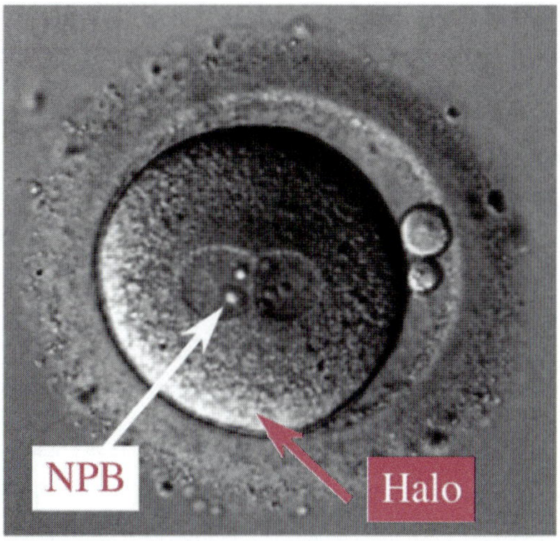

図XVII-78-6．前核内核小体前駆体（NPB）と卵細胞質辺縁透明領域（Halo）

6 細胞内小器官の動態

(A) 卵細胞質一過性隆起（FC, fertilization cone）（図XVII-78-2（e））

我々のこれまでの TLC 解析から，ヒト卵子において SEP に FC が出現することをはじめて確認し，その動態を捉えた．従来，ウニやヒトデなどの棘皮動物においては，SEP に FC が出現することは知られており，その生理学的意義や動態について検討されてきた（Kyozuka, Osanai, 1988；Tilney, Jaffe, 1980；Sun, Schatten, 2006）．すなわち，棘皮動物の卵子表面はゼリー層で覆われており，この層に精子が侵入すると先体反応が起こり，精子頭部のアクチンが伸長して先体突起が形成され，この突起が卵細胞膜に融合すると，卵細胞膜表面にFCが形成され，そのFCを中心に受精膜が生じるとされており，このFCと受精膜が多精子受精の防御に関与すると報告されている．さらに，マウスやラットなどの齧歯類においても，SEPにFCが出現することが電子顕微鏡的解析を含めて確認され，報告されている（Yamasaki, Hirao, 1999；Shalgi et al, 1978）．また，マウスでの検討から，FCは精子クロマチンの脱凝縮開始前から出現し，脱凝縮後には消失すると報告されている（Davies, Gardner, 2002；Maro et al, 1984；Piotrowska, Zernicka-Goetz, 2001）．しかし，ヒトにおけるFCの生理的意義は判明しておらず，今後，さらなる検討が必要であると考えられる．

（B）Flare（cytoplasmic flare）

Payneらはヒト初期胚発生過程の連続観察により，ICSI後卵細胞中央から放射状に広がるガラス様の細胞質の動きをFlareと形容した（Payne et al, 1997）．この現象は，cIVF卵子におけるTLC観察でも明瞭に確認でき，FC消失直後にSEPより放射状に細胞内顆粒状物質が拡散する様子として認められた．我々は，このFlareは精子中心体からの微小管の伸長に付随した細胞小器官の移動ではないかと考えている．精子侵入後に精子核の脱凝縮が開始すると，精子中心体からの微小管重合によってsperm asterが形成され，前核が移動し接合すると報告されているが（Van et al, 1995），Flare動態はsperm asterのそれとよく一致した．すなわち，これまでの著者らの解析から，Flare出現とともに相前後して雌雄前核が形成され，雌性前核が雄性前核方向へ速やかに移動した．Flare現象の認められた卵子では，媒精方法の違いによらず，そのすべてで前核の移動が確認できた．逆に，Flare現象の認められなかったICSI卵子では前核形成は認められなかった．したがって，Flare現象はsperm aster動態を視覚的に表していると推測される．

（C）核小体前駆体（NPB, nucleolar precursor body）（図XVII-78-6）

近年，前核期におけるNPBの出現様式とその後の胚のクオリティとの関連性についての報告が散見され（Scott, 2003；Tesarik, Greco, 1999），臨床の場においてもその評価法がしばしば用いられている．NPBの生物学的意義については未だ不明な点が多いが，真核生物において，核小体には細胞周期を調整するタンパクが存在するとの報告がある．したがって，その前駆体であるNPBも核や細胞質分裂に関与していると考えられ，胚のクオリティ評価の指標とする論拠とされてきた．従来の報告では，雌雄前核におけるNPB数や極性の一致はその後の良好な胚発生と関連があり，NPBの不均衡は核や細胞質分裂の異常に関係するとされてきた（Scott, 2003；Scott et al, 2007）．しかし，我々のNPB動態解析結果からは，NPBは出現期間を通して前核内を激しく移動し，出没を繰り返しており，二次元画像での正確な評価は困難を極めた．また，条件設定を厳しくし，NPB動態が明瞭に観察可能であった胚に限定した解析において，NPBの出現様式と胚のクオリティの間に一定

表XVII-78-1．Veeck 分類

Grade 1	卵割球の形態が均等であり，fragmentation を認めない胚
Grade 2	卵割球の形態は均等であるが，わずかに fragmentation を認める胚
Grade 3	卵割球の形態が不均等な胚
Grade 4	卵割球の形態は均等または不均等であり，かなりの fragmantation を認める胚
Grade 5	卵割球をほとんど認めず fragmantation が著しい胚

の傾向は見られなかったことから（Adachi et al, 2005；Mio, 2006；Payne et al, 1997），非連続的静止画像における NPB 出現様式を指標にした胚の質的評価はきわめて困難であるといわざるをえない．

（D）卵細胞質辺縁透明領域（Halo, cytoplasmic halo）（図XVII-78-6）

TLC 解析から，雌雄前核接合に伴って，卵細胞質内の顆粒状物質が速やかに前核周囲に移動し，卵細胞質辺縁は小顆粒状物質の著明に減少した透明感あふれる細胞質（Halo）に変化した．その後，雌雄前核が増大し，卵細胞質中央へ移動するに伴い Halo も増大した．Halo は前核期を通して出現し，雌雄両前核の消失（symgamy）に伴って消失した．その後，第一卵割が開始し，割球内の核出現とともに細胞質辺縁に再び透明領域が形成された．Halo は微小管にそってミトコンドリアやその他の細胞小器官の前核周囲への移動を示す形態学的変化と考えられてきた（Edner et al, 2003）．ヒト初期胚におけるミトコンドリアは，雌雄前核接合から前核融合にかけて前核周囲に集合し，融合後は細胞質全体へ散在する．そして，第一卵割の間ミトコンドリアは娘細胞の先端に多く存在し，細胞骨格が完成すると，すべての割球で核周囲にミトコンドリアが集合すると報告されている（Van Blerkom et al, 2000）．このことは，TLC で捉えた Halo 動態と一致し，Halo 動態はミトコンドリア動態を反映していると考えられる．

ミトコンドリアはすべての真核生物の主要なエネルギー源となる酸化的リン酸化を司る細胞小器官である（Bartmann et al, 2004）．ミトコンドリアは ATP 産生の場として重要であるが，それと同時に胚発生においても重要な役割を果たしているとされ，ヒト胚におけるミトコンドリアの再分配の生理学的役割は明らかではないが，核周囲へのミトコンドリアの集合は Ca イオンの動員や ATP 遊離による（Van Blerkom et al, 2000；Sousa et al, 1997；Diaz et al, 1999）細胞周期調節のためと考えられている（Edner et al, 2003；Van Blerkom et al, 2002；Bavister, Squirrell, 2000）．現段階では，TLC に供した胚のうち Halo の認められない胚が少数であるため，Halo の有無と胚のクオリティとの明らかな関連は未だ不明であるが，Halo が出現しない卵子では，ミトコンドリア分布が不均一となり，ATP が欠乏することにより胚の **fragmentation** を引き起こすことが報告されており（Scott, 2003），Halo の出現は，その後の胚発生になんらかの影響を与えるのではないかと考えられる．

Fragmentation：ヒト初期胚発生過程において，正常な卵割からは逸脱しており，不整形で核を有さず，細胞質が不均等に小さく断片化すること．

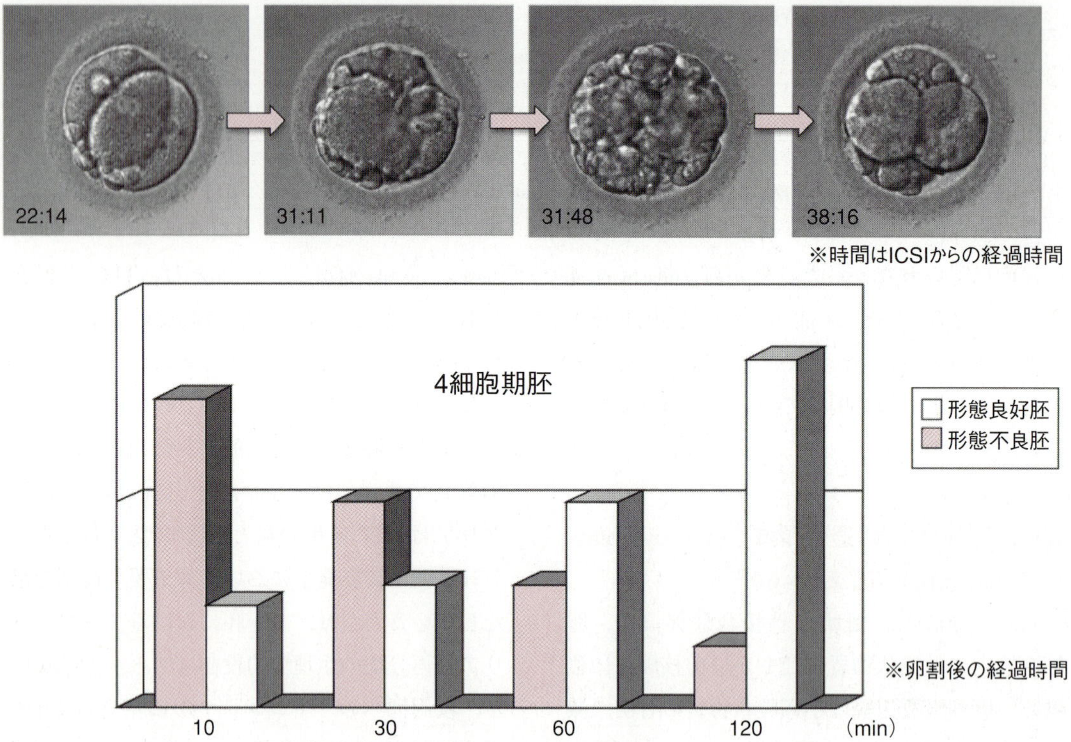

図XVII-78-7．Fragment 発生過程と卵割後の胚のクオリティの経時的変化

7 卵割様式と fragmentation

(A) 卵割様式

ART において，胚のクオリティ評価法としては形態学的指標が最も広く用いられており，初期胚では Veeck 分類が広く用いられている（表XVII-78-1）．

従来の評価では，均等な割球の大きさを有し，fragment が少ない胚（Grade1，2）が形態良好で，発生能力が高いと考えられてきた（Veeck, 1999；Alikani et al, 1999）．したがって，割球が不均等であれば，形態不良（Grade3）と評価される．

しかし，TLC 解析から，第二卵割以降は卵割に必ずしも同期性はなく，2 細胞期胚は 3 細胞期を経て 4 細胞期胚に発育することが明らかとなった（図XVII-78-2（o）-（t））．加えて，3 細胞期から 4 細胞期までに要する時間は，最大約 2 時間であり，割球が不均等な 3 細胞期胚が必ずしも胚のクオリティ低下と評価できないことが明らかとなった．しかし，実際には，第一卵割で一気に 3 個の割球へと分割する異常卵割の胚や，第二卵割途中で発育停止する胚も存在するため，偶数性を持たない胚の評価には十分な注意を要し，その鑑別のために少なくとも 2 時間程度の追加観察は十分意義があると考えられ

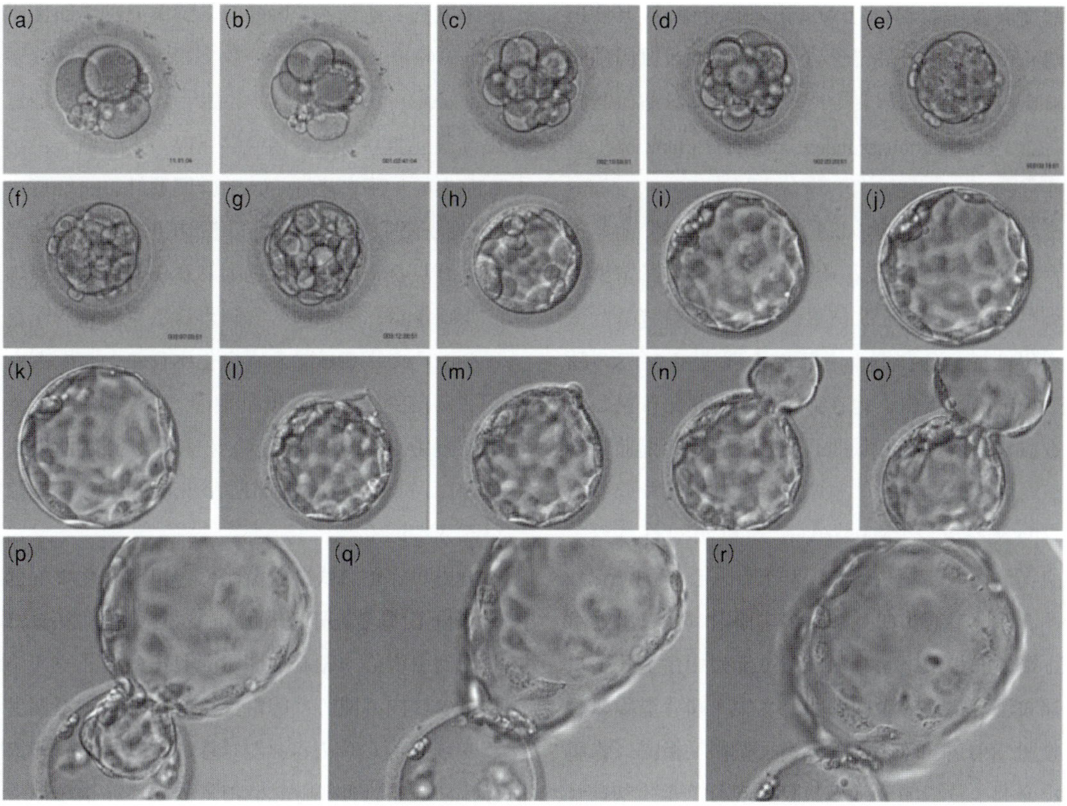

図XVII-78-8．4細胞からhatchまでの連続画像

る．

(B) Fragment 発生機序

ヒト胚の形態評価の上で最も重要視される所見は，fragmentの有無である．胚のfragmentは細胞のアポトーシスと関連があり，fragmentの割合が高い胚の妊娠率，着床率は明らかに低下すると報告されている (Alikani et al, 1999)．我々のTLC解析により，fragmentは卵割時に卵割溝より生じていることがはじめて明らかとなったが，それと同時にfragmentは胚発生過程において量的変化を呈することもはじめて示された (図XVII-78-7)．第二卵割時に激しいfragmentationが認められた胚も，時間経過とともに徐々にfragmentは細胞内に吸収され，卵割完了までに明らかに胚の形態が改善されていく様子が確認された (図XVII-78-7)．そこで，著者らは，卵割後の胚のクオリティの経時的変化を解析した．卵割時に形態不良と判断した胚を30分ごとに2時間観察すると，時間経過とともにfragmentが減少し，形態良好胚へと移行するものが多く見られた．通常，胚の観察を行う上では，胚のクオリティを損なわないようにするため観察時間や回数を制限している場合が多いが，前述のようにfragmentは再吸収される可能性があることに留意し，必要があれば追加観察を行うことは重要であると考えられる．

8 胚盤胞への発生過程

凍結保存中で今後の治療予定がなく，TLC解析に用いることに同意が得られた研究目的胚を用いて，分割期から胚盤胞期までのTLC観察を行った（図XVII-78-8）．4細胞期から8細胞期，そして16細胞期へと分割していく過程（図XVII-78-8（a)-(d)）で，割球間の接着が強まり，**コンパクション**（compaction）現象が観察され，桑実胚となった（図XVII-78-8（e)）．その後，胞胚腔が形成され（図XVII-78-8（f)-(g)），胚盤胞期へと発生した（図XVII-78-8（h)）．そして，胞胚腔の拡張と虚脱（collapse）を反復し，拡張期胚盤胞に至った（図XVII-78-8（i)-(k)）．最終的に，胞胚腔の大きな虚脱とともに透明帯が破裂し（図XVII-78-8（l)（m)），破裂孔よりhatch（孵化）した（図XVII-78-8（n)-(r)）．

まとめ

本節では，TLCにより得られた，ヒト卵子の受精から胚発生に関する興味ある知見について解説してきた．

まず，胚発生過程において，卵細胞質内の細胞小器官は経時的にさまざまな動態を呈しながら，厳密にプログラムされたtime courseに従い発生を進行していること，そして，媒精方法の違いは胚発生速度に影響せず，胚発生速度と胚クオリティには一定の傾向はないことを明らかにした．また，TLCにより，ヒト卵子においてcIVFとICSIでの受精の瞬間をはじめて撮影することに成功し，これまでヒトでは確認されていなかった新たな現象（FC, Flare）を確認した．

さらに，胚クオリティとの関連性について，NPBおよびHaloの動的解析を行ったが，いずれも明らかな関連性は認められなかった．特にNPBの出現様式は一定ではなく，出現期間を通し，その様式は絶えず変化することが明らかとなり，断片的な静止画像からNPBの出現様式を評価し，胚クオリティの指標として用いることはきわめて困難であるといわざるをえない．

また，卵割様式の検討から，第二卵割以降は卵割に必ずしも同期性はなく，2細胞期胚は3細胞期を経て4細胞期胚に発育することが明らかとなり，割球の均等性のみでは胚の形態評価はできないと考えられた．その上，さまざまな卵割様式を行う胚が確認できたため，少なくとも2時間程度の追加観察は十分意義があると考えられた．さらに，胚の形態評価の上で最重要視されているfragmentの解析より，fragmentは卵割時に卵割溝より生じることがはじめて明らかとなった．それと同時にfragmentは胚発生過程において量的変化を呈することもはじめて示された．すなわち，胚の形態は培養期間中に刻々と変化しており，静止画像で観察した時点で形態不良胚であっても，時間を経て再度観察すると形態良好胚に変化している可能性がありうる．これらのことを考慮すると，必要に応じて追加観察を行うことは胚選択を行う上で重要であると考えられた．

最後に，ヒト胚における体外培養環境下での

コンパクション（compaction）：胚発生過程において8細胞期以降に達した時に認められる現象で，割球同士の接着が強固になり，1個1個の割球の境目が区別できず，緊密化した状態のこと．また，その状態の胚を桑実胚と呼ぶ．

胚盤胞発生過程のTLC解析により，胞胚腔の拡張と虚脱を反復し，拡張胚盤胞に至り，最終的に大きな虚脱とともに透明帯が破裂し，胚が透明帯から脱出（hatch）する様子がはじめて示された．

これまでヒト胚における初期胚から**hatching**までの発生過程は完全なブラックボックスであったが，今後，TLC解析により，生命誕生の神秘が明らかにされていくことが期待され，きわめて興味深い．

（岩田京子・見尾保幸）

引用文献

Adachi Y, Ueno Y, Mio Y, et al (2005) Analysis of physiological process in early stage of human embryos after ICSI using time-lapse cinematography, *J Mamm Ova Res*, 22 ; 64-70.

Alikani M, Cohen J, Scott RT, et al (1999) Human embryo fragmentation in vitro and its implications for pregnancy and implantation, *Fertil Steril*, 71 ; 833-846.

Bartmann AK, Romao GS, Ferriani RA, et al (2004) Why do oldrer women have poor implantation rates? A possible role of the mitochondria, *J Assist Reprod Genet*, 21 ; 79-83.

Bavister BD, Squirrell JM (2000) Mitochondrial distribution and function in oocytes and early embryos, *Hum Reprod*, 15 Suppl 2 ; 189-198.

Davies TJ, Gardner RL (2002) The plane of first cleavage is not related to the distribution of sperm components in the mouse, *Hum Reprod*, 17 ; 2368-2379.

Diaz G, Setzu MD, Gremo F, et al (1999) Subcellular heterogeneity of mitochondrial membrane potential : relationship with organelle distribution and intercellular contacts in normal, hypoxic and apoptotic cells, *J Cell Sci*, 112 ; 1077-1084.

Edner T, Moser M, Tews G, et al (2003) Presence, but not type or degree of extension, of a cytoplasmic halo has a significant influence on preimplantation development and implantation behaviour, *Hum Reprod*, 18 ; 2406-2412.

Kyozuka K, Osanai K (1988) Fertilization cone formation in starfish oocytes : the role of the egg cortex actin microfilaments in sperm incorporation, *Gamete Res*, 20 ; 275-285.

Maro B, Johnson MH, Flach G, et al (1984) Changes in actin distribution fertilization of the mouse egg, *J Embryol Exp Morphol*, 81 ; 211-237.

Mio Y (2006) Morphological Analysis of human embryonic development using time-lapse cinematography, *J Mamm Ova Res*, 23 ; 27-35.

Nagy ZP, Liu J, Van Steirteghem A, et al (1994) Time-course of oocyte activation, pronucleus formation and cleavage in human oocytes fertilized by intracytoplasmic sperm injection, *Hum Reprod*, 9 ; 1743-1748.

Payne D, Flaherty SP, Matthews CD, et al (1997) Preliminary observations on polar body extrusio and pronuclear formation in human oocytes using time-lapse video cinematography, *Hum Reprod*, 12 ; 532-541.

Piotrowska K, Zernicka-Goetz M (2001) Role for sperm in spatial patterning of the early mouse embryo, *Nature*, 409 ; 517-521

Scott L (2003) Pronuclear scoring as a predictor of embryo development, *Reprod Biomed Online*, 6 ; 201-214.

Scott L, Finn A, Hill J, et al (2007) Morphologic parameters of early cleavage-stage embryos that correlate with fetal development and delivery : prospective and applied data for increased pregnancy rates, *Hum Reprod*, 22 ; 230-240.

Shalgi R, Philips DM, Kraicer PF (1978) Obervation on the incprporation cone in the rat, *Gamete Res*, 1 ; 27-37.

Sousa M, Barros A, Tesarik J, et al (1997) Developmental changes in calcium content of ultrastructually distinct subcellular compartments of preimplantation human embryos, *Mol Hum Reprod*, 3 ; 83-90.

Sun QY, Schatten H (2006) Regulation of dynamic events by microfilaments during oocyte maturation and fertilization, *Reproduction*, 131 ; 193-205.

Tesarik J, Greco E (1999) The probability of abnormal preimplantation development can be predicted bya single static observation on pronuclear stage morphology, *Hum Reprod*, 14 ; 1318-1323.

Tilney LG, Jaffe LA (1980) Actin, microvili, and the fertilization cone of sea urchin eggs, *J Cell Biol*, 87 ; 771-782.

Van Blerkom J, Davis P, Sinclair J, et al (1995) Nuclear and cytoplasmic dynamics of sperm penetration,pronuclear formation and microtubule organization during fertilization and early preimplantation development in the human, *Human Reproduction Update*, 1 ; 429-461.

Van Blerkom J, Davis P, Alexander S (2000) Differential mitochondrial distribution in human pronuclear embryos leads to disproportionate inheritance between blastmeres : relationship to microtublar organization, ATP content and competence, *Hum Reprod*, 15 ; 2621-2633.

Van Blerkom J, Davis P, Alexander S, et al (2002) Domains of high-polarized and low-polarized mitochondria may occur in mouse and human oocytes and early embryos, *Hum Reprod*, 17 ; 393-406.

Veeck L (1999) *Atlas of human gametes and conceptuses*, Parthenon Publishing Group, New York.

Yamasaki H, Hirao Y (1999) Appearance of the Incorporation Cone and Extrusion of the Second Polar Body in Hamster, *J Mamm Ova Res*, 16 ; 43-49.

hatching（孵化）：受精から５日目以降に到達する胚盤胞期において，栄養膜（栄養外胚葉）細胞の増殖と胞胚腔の拡張により，胚盤胞が透明帯から脱出すること．

第 XVIII 章

卵子の胚発生支持能

［編集担当：久保春海］

女性の生殖可能年齢は通常10代後半から45歳くらいまでの約30年間と考えられている．しかし，生物学的に加齢とともに生殖能力が衰えていくことは明らかであり，妊娠の確率が低下するのは加齢に基づく生理的変化である．この生理的変化は20代後半から30代前半頃から始まるということをほとんどの女性は認知していない．女性は片側卵巣に約100万個の卵母細胞を持って生まれてくるが，その大多数は閉鎖卵胞となり思春期には20-30万個ほどになる．それ以降も女性の生涯の間に卵子は決して新生されることはない．このため卵子数は加齢とともに着実に減少する．また加齢卵子は紡錘体や細胞内小器官の変性に伴い，受精の際に染色体不分離による異数体の頻度が増加し，その結果，流産率や染色体異常児の頻度が上昇する．流産率の増加は，妊娠が成立しても挙児が得られないという，不妊症よりも悲惨な不育症という結果になる．Menkenらによれば，20歳代までは10%以下の不妊率であるが，30歳前半で15%，30歳代後半で，約22%に妊孕能力に問題が起きてくるし，40歳以降では約29%が自然妊娠の望みが無くなるとされている．生殖年齢の加齢速度は個人差があり，個々の女性の妊孕能力を正確に判定する基準はまだ無い．しかし性周期3日目におけるFSH，LH，E_2基礎値および抗ミュラー管ホルモン（AMH）を測定することにより卵巣予備能測定が可能であり，加齢不妊婦人に対する不妊治療の予後もある程度推定することが可能になってきている．このような加齢による卵巣予備能の低下はReproductive Biological Clock（生殖生体時計）に基づくものであり，生殖工学によるこの時計のリセットが研究段階にある．卵子核移植，細胞質移植による卵子若返り法やiPS細胞による生殖細胞の再生などが近未来に臨床応用されることが期待されているが，倫理的な問題も解決されなければならない．加齢による社会性不妊は近代社会における男女共同参画時代の副産物でありリプロダクテイブヘルス・ライツに基づくワークライフ・バランスに関する社会的思考改革をすることが重要である．

［久保春海］

XVIII-79

ヒト成熟卵子核置換法

Key words
核置換／ミトコンドリア DNA／老化卵子／ヘテロプラスミー

はじめに

体外受精における反復失敗の主な原因は，核の異常よりも卵細胞質の機能欠損および異常と考えられる (Alikani et al, 1995 ; Cohen et al, 1997 ; Xia, 1997)．低品質の卵子の細胞質の機能が核の置換によって改善されるのであれば，この核置換は，**老化卵子**の根治的治療となる可能性がある．また，同法は現時点では，根本的な治療法がないといわれているある種のミトコンドリア病の救済法となる可能性がある．低品質の卵子の治療法として卵細胞質注入 (cohen, 1997)，および卵核胞 (GV) 期置換が報告された (Zhang et al, 1999 ; Liu et al, 2000 ; Liu et al, 2001 ; Liu et al, 2003 ; Takeuchi et al, 2001)．しかしながら，Cohenらの細胞質注入法は果たして質の低い卵子の質向上に直接的につながったかどうかという科学的な証明が不十分である．Zhang らの GV 置換は，たとえ GV 期で置換してもこの再構築卵子を体外でさらに第一減数分裂中期 (M-II 期) までに培養しなければならず，実際には GV 置換後の胚発生は非常に低いという問題点が残った．もし M-II 期で核置換が可能となれば，以上の問題点は解決されるであろう．現在まで，ほとんど報告例のない M-II 期卵子における核置換についてその有効性，安全性などについて述べる．

1 レシピエントおよびドナー卵子

レシピエント卵子は ICSI 症例で採取された，廃棄予定の未成熟卵子 (GV 期および M-I 期の卵子) を患者の同意の下に体外培養し，第一極体を放出した M-II 期卵子を老化卵子のモデルとして使用した．ドナー卵子は，体外受精，ICSI 目的で採卵し，20個以上の数多くの卵子が採取された患者の中で本実験の主旨に同意された方より提供していただいた排卵 M-II 期卵子を使用した．本研究は当院倫理委員会および日本産婦人科学会倫理委員会に承認されている．

2 M-II 期染色体の同定と置換

新鮮排卵 M-II 期卵子および体外培養 M-II 期卵子はまず80IU/ml のヒアルロニダーゼの入った HTF (human tubal fluid) 培養液の中で，卵丘細胞を除去する．裸化となった卵子をノマルスキー微分干渉装置を装着した倒立顕微鏡 (Nikon TE300) 下で観察する．ドナーおよびレシピエ

老化卵子：ヒト卵子は思春期以降，卵巣内で成熟過程を終了し，排卵を待つ．40歳で排卵した卵子と20歳で排卵した卵子は同一であるが，20年の加齢により卵子の生物学的活性は老化し，受精後の胚発生能は低下する．

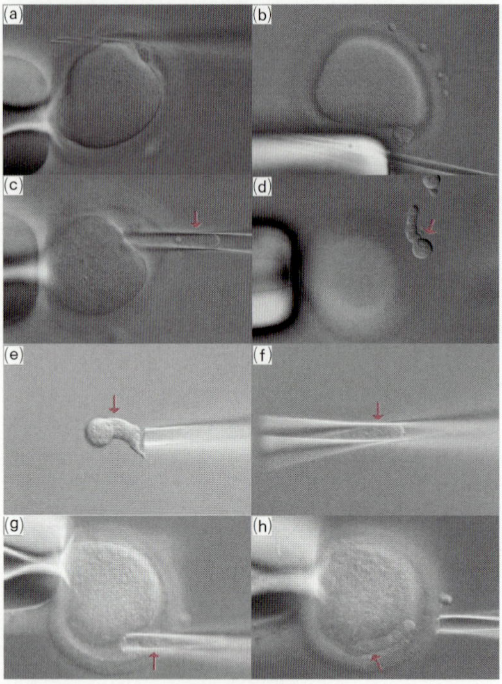

図XVIII-79-1．M-II 期染色体の置換

ントのM-II期の染色体は，円形状の透明な部分の中に一列に並んだ塊として確認することができる（図XVIII-79-1）．この染色体が1-2時の間の位置となるように把持し，卵子を固定する．染色体直上の透明帯を細いガラスピペットで串刺しにし，アシステッドハッチングの要領で透明帯を開口する（図XVIII-79-1 a, b）．次に，この透明帯を切開したドナーおよびレシピエント卵子を5 μg/mlのサイトカラシンBを含んだ培養液の中に入れて15分間放置する．その後，透明帯の開口部が3時方向となるように卵子を固定し，まずレシピエント卵子のカリオプラストを除去し（同図c～e），培養液の中に吹き出し静置しておく．次にドナー卵子のカリオプラストを除去する（同図f）．この際，ドナー卵子の第一極体も除去しておく．除核したドナー卵子の囲卵腔の中に先に除去し浮遊させておいたレシピエント卵子のカリオプラストを移植する（同図c, d）．移植後，細胞質内のサイトカラシンBの影響を消失させるためHTFの培養液内で30-60分間培養する．

3 電気融合

レシピエントのカリオプラストとドナー卵子は電気融合する．電気融合装置はLF201（ネッパージン株式会社製）を使用する．ドナー卵子はチョップスティック型の電極（ECF-100, 東京理化機器株式会社）で軽く押しつけるように挟み，カリオプラストがプラス電極と平行になるように固定し，12V/sec交流，続いて23V/45μsec直流を印加する．電気融合液はカルシウムを含んでいないZimmerman液（Zimmermann et al, 1984）を用いた．印加時，卵細胞質の膨隆を確認後，静かに電極を外じ，HTFの培養液の中で60分間培養を行う．カリオプラストの融合を確認後，ICSIを施行した．融合していない場合には印加は3回まで追加する．3回で融合しない場合には中止とする．

4 顕微受精（ICSI）後の胚発生

電気融合後の再構築卵子に対してHTF内で1時間培養後ICSIを行う．その後，Quinn's Advantage Cleavage MediumおよびBlastocyst Medium（Cat. 1029, *in-vitro* Fertilization, Inc. CT USA）の中で培養し，その後の胚発生を観察する．コントロールとして体外培養後，第一極体

表XVIII-79-1．核置換卵子のICSI後の胚発生率の比較

	受精率（%）	分割率（%）	胚盤胞発生率（%）
新鮮排卵卵子	76.0（19/25）	64.0（16/25）	28.0 a（7/25）
体外成熟卵子	59.0（58/98）	48.0（47/98）	3.4 a（3/98）

a-a : $p<0.01$

を放出したM-II期卵子（レシピエント卵子）にICSIを行い，同様に胚盤胞への発生率を観察した．核置換後の胚の染色体は漸進固定空気乾燥法（Mikamo, Kamiguchi, 1983a）に従い染色体分析を行う．M-II期卵子の染色体の確認率は新鮮排卵卵子では，92.3%（36/39），体外培養卵子では95.0%（38/40）であった．M-II期の染色体が第一極体の直下に認められた割合は，新鮮排卵卵子では88.9%（32/36），体外培養卵子では，71.1%（27/38）であった．体外培養卵子は新鮮排卵卵子に比べ，M-II期染色体の位置が第一極体よりもかなり離れて認められる傾向が強かった．染色体が認められなかった卵子ではほとんどの染色体が粒状に散在していた．M-II期卵子のカリオプラストの除去の成功率はドナー卵子では91.7%（33/36），レシピエント卵子では81.6%（31/38）でレシピエント卵子の方がやや低くなる傾向を認めた．カリオプラスト除去の失敗の大半は吸引する際に細胞膜が破れるためと考えられる．レシピエント卵子由来の31個のカリオプラストはすべて除核ドナー卵子の囲卵腔内に移植することができ，そのうちの80.6%（31/25）は電気融合が可能となった．この電気融合における卵子の活性化率は5%（1/20）であった．ICSI後の受精率，分割率，胚盤胞の発生率は，核置換卵子においては76.0%（19/25），64.0%（16/25），28.0%（7/25）であり，コントロール群ではそれぞれ59.0%（58/98），26.1%（25/98），3.4%（3/98）であった（表XVIII-79-1）．5個の再構築卵子の8細胞期胚における割球の染色体はすべてが22セットの常染色体と性染色体XYまたはXXを持つディプロイドであった．

5 考察

GV期における核置換は第一減数分裂の際に生じるといわれている不分離などの染色体異常を防止するためには最も理想的な方法である（Zhang et al, 1999 ; Liu et al, 2000 ; Takeuchi et al, 2001）．しかしながら，GV期置換後の胚の成熟は不十分であり胚盤胞への発生率は非常に低いという現状がある．未成熟卵子を体外培養する期間が長くなるに従い，染色体異常の率の上昇は一般的に認められており，たとえ正常なドナー卵子のGV期と置換しえたとしても体外培養後のM-II期卵子が正常に胚盤胞に発育するとは限らない（Nogueira et al, 2000）．コントロールとして，顕微授精を行ったレシピエント卵子の胚盤胞への発生率は3%以下であった点より

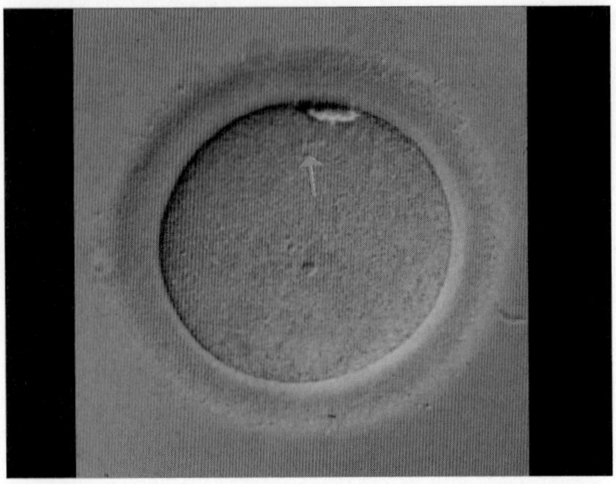

図XVIII-79-2．一列に並んだMII染色体，周囲の抜けてみえる部分は紡錘体

その事実は明らかである．しかし，M-II期卵子のおける核置換の有用性については賛否両論がある．効果なしとする根拠は，加齢によりキアズマ（対合した相同染色体の交叉）が減少し，動原体が消失し，不分離が増加する現象は，核内の問題であり，アポトーシスを含め，核内DNAが関与した遺伝子の発現の変化で卵細胞質の胚発生能力が低下するのであれば，たとえ良好な細胞質と置換しえたとしても，胚発生能の向上は困難であろうと推測する点にある．一方，有効であるとする根拠は，遺伝子の機能発現には転写因子が必要であり，良好な卵細胞質内には正常な転写因子やDNA修復酵素（トポイソメラーゼ）が豊富に存在し，低下した遺伝子の機能発現やキアズマの減少を修復する可能性があるとする点にある．さらにM-II期における核置換が有用と考えられる報告としては，(1)マウスではM-II期卵子における核置換後の胚発生率は，GV期より明らかに高い（Liu et al, 2003），(2)GV期卵子を用いた場合には，第一極体放出後，M-II期卵子と核置換する必要がある（Zhang et al, 1999），(3)ヒト正常M-II期卵子の細胞質注入は，発生能の低下した卵子の機能を正常に戻す（Cohen et al, 1997），(4)ハムスターでは第一減数分裂，または第二減数分裂における染色体異常の発生率に優位差はない（Mikamo, Kamiguchi, 1983b），(5)体外受精後の染色体異常の大部分はモザイクである（Munne et al, 2002），(6)18トリソミーは，第二減数分裂で生じる（Fisher et al, 1995）などがあげられる．

ヒトM-II期卵子を用いた核置換に関する報告が認められない最大の理由は，M-II期における染色体が未染色では可視化できず，核置換が困難であったためと推測される．染色体を分配する細胞内器官である紡錘体を染色体のかわりに観察する方法としてPOLスコープ（Oldenbourg, 1995）がある．しかし，同光学系を用いた紡錘体の確認率は約80%で，また実際のカリオプラストの除去や囲卵腔内への移植などの細かい操作にはやや不便であり，ノマルスキー微分干渉装置を用いた倒立顕微鏡下の観察でM-II期卵子の染色体の同定が必須となった．

M-II期染色体を見つけるコツは，卵子を詳しく観察し，染色体の本体が見極められるように目を慣らすことである．まったく見えない染色体をヘキストで染め，その後，フィルターを変え未染色および染色後の染色体の位置を確認し，徐々に目を慣らす必要がある．サイトカラシンBの中に卵子を浸漬すると細胞質がしわしわとなり，染色体がさらに見えにくくなるため，サイトカラシンBに漬ける前に卵子の位置を確認し，その直上の透明帯に切開しておき，透明帯の切開部分よりたどっていけば染色体の位置は見つけやすくなる（図XVIII-79-2）．顕微鏡の解像度が上昇すれば，M-II期卵子の染色体の同定はさらに短時間で可能となるであろう．光学機器の開発が期待される．

現時点における電気融合率は80%とかなり満足できる値ではあるが，その後の胚盤胞への発生率は3割に至らず，電気融合の条件を改善する必要がある．ヒト卵子はマウス卵子に比べ，卵子活性化率は低く（Abramczuk, Lopata, 1990；Winston et al, 1991），電気融合における卵子活性化率は5％と低率ではあったが，できるならばこのような電気融合やサイトカラシンB内への浸漬などの操作をせずに，核置換ができればさらにその後の再構築卵子の胚発生率が高くなるであろう．現在，サイトカラシンBを用いずにカリオプラストを作成する方法，またはサイトカラシンBにて作成したカリオプラストを電気融合せずに直接，除核ドナー卵子内にPiezzoのマニピュレーターを使って注入し，細胞膜を破り染色体のみを入れるという方法も検討されている．

再構築卵子の胚盤胞への発生率はコントロールの卵子よりも明らかに高く，染色体もすべて正常であった結果より，M-II期核置換は安全でかつ有効であることが確認でき，老化卵子やミトコンドリア病の救済法として将来的に有望であると期待できる．しかしながら，この核置換には，**ミトコンドリアDNA**（MT DNA）のヘテロプラスミーが発生する．核置換の際のレシピエント卵子のカリオプラストにはミトコンドリアが含まれており，このレシピエントのMT DNAとドナーの多量のMT DNAとが混在することとなる．このミトコンドリア**ヘテロプラスミー**が将来，遺伝学的なリスクを発生しないかと危惧される．しかしながら，マウスでは核置換後新生仔に異常が多くなるという報告はなく，さらにMT DNAの変異を持つ核を正常な卵子に核置換しても異常が発生しなかった点（Sato et al, 2005），ヒト核置換後のレシピエント卵子由来のMT DNAの混在の量はドナー卵子由来のMT DNAの量に比べ，絶対的に少量である点などより，遺伝学的なリスクはほとんどないと予測される．MT DNAは核のDNAに比べ，変異の発生率が高く，また，その変異の修正する機能が劣るために同一個体でもMT DNAの多型が多く認められ，ほとんどのヒトがヘテロプラスミーであるといえる．この事実からも圧倒的に少量のミトコンドリアDNAが混入する正常MT DNA間のヘテロプラスミーのリスクは非常に低いということがいえるのではないであろうか．さらに，安全性を追求するのであればすべてのドナーのMT DNAを前もってシークエンし，変異のないことを確認しておくか，または同じタイプのMT DNAを持つ卵子をドナーに選別するようにすれば，遺伝学的リスクはないと考えられる．

まとめ

核置換の手技にはGV期置換，M-II期置換のほかに前核期置換がある．雌雄両前核を確認できる前核期のステージで置換する方法である．この方法の利点は前核がはっきりと可視できるために，置換の成否が確認できる点である．すでに，Zhangはこの方法を用いて2003年に妊娠例を報告している（流産となった）．また英国のNewcastle大学では，この方法を用いてミトコンドリア病の治療を目的とした臨床実験がすで

ミトコンドリアDNA：DNAは核DNA（98%）とミトコンドリアDNA（2％）の2種類がある．ミトコンドリアDNAはすべて母系遺伝となる．ミトコンドリアDNAの大半は，核DNAの支配を受けるが，変異率が高く，ミトコンドリア病の原因となる．
ヘテロプラスミー（ミトコンドリアDNA）：非提供者卵子の核の周囲にある少量のミトコンドリアDNAと提供卵子の細胞質内ミトコンドリアDNAが混在する状態．
変異のない正常同志の場合には，遺伝上リスクはないと考えられる．

に容認されている．しかし，この方法には前核が大きく，核置換の成功率が低いということ，さらに雌性，雄性前核の周囲の細胞質内には多くの細かいネットワークが存在し，細胞分裂時の細胞内骨格を破損する危険性が高いなどの欠点がある．以上の点より，核置換の手技の中ではM-II期置換が最も有用ではないかと考えられるが，さらなる安全性と再現性の上昇を目指した研究が必要である．

（田中　温・渡邉誠二・楠比呂志）

引用文献

Abramczuk JW, Lopata A (1990) Resistance of human follicular oocytes to parthenogenetic activation : DNA distribution and content in oocytes maintained in vitro, *Hum Reprod*, 5 ; 578-581.

Alikani M, Palermo H, Adler A, et al (1995) Intracytoplasmic sperm injection in dysmorphic human oocytes, *Zygote*, 3 ; 283-288.

Cohen J, Scott R, Schimmel T, et al (1997) Birth of infant after transfer of anucleate donor oocyte cytoplasm into recipient eggs, *Lancet*, 19 ; 186-187.

Fisher JM, Harvey JF, Morton NE, et al (1995) Trisomy 18 : Studies of the parent and cell division of origin and the effect of aberrant recombination on nondisjunction, *Am J Hum Genet*, 56, 669-675.

Liu H, Chang HC, Zhang J, et al (2003) Metaphase II nuclei generated by germinal vesicle transfer in mouse oocytes support embryonic development to term, *Hum Reprod*, 18, 1903-1907.

Liu H, Krey LC, Zhang J, et al (2001) Ooplasmic influence on nuclear function during the metaphase II - interphase transition in mouse oocytes, *Biol Reprod*, 65, 1794-1799.

Liu H, Zhang J, Krey LC, et al (2000) In-vitro development of mouse zygotes following reconstruction by sequential transfer of germinal vesicles and haploid pronuclei, *Hum Reprod*, 15 ; 1997-2002.

Mikamo K, Kamiguchi Y (1983a) A new assessment system for chromosomal mutagenicity using oocytes and early zygotes of the Chinese hamster, In : *Radiation-Included Chromosome Damage in Man*, Ishihara T, Sasaki MS (eds), pp411-432, Alan R Liss, New York.

Mikamo K, Kamiguchi Y (1983b) Primary incidences of spontaneous chromosomal anomalies and their origins and causal mechanisms in the Chinese hamster, *Mutat Res*, 108 ; 265-278.

Munne S, Sandalinas M, Escudero T, et al (2002) Chromosome mosaicism in cleavage stage human embryos : evidence of a maternal age effect, *RBM Online*, 4 ; 223-232.

Nogueira D, Staessen C, Van de Velde H, et al (2000) Nuclear status and cytogenetics of embryos derived from in-vitro matured oocytes, *Fertil Steril*, 74 ; 295-298.

Oldenbourg R (1995) A new view on polarization microscopy, *Nature*, 381 ; 811-812.

Sato A, Kono T, Nakada K, et al (2005) Gene therapy for progeny of mit-mice carrying pathogenic mtDNA by nuclear transplantation, *Proc Natl Acad Sci USA*, 102 ; 16765-16770.

Takeuchi T, Gong J, Veeck LL, et al (2001) Preliminary findings in germinal vesicle transplantation of immature human oocytes, *Hum Reprod*, 16 ; 730-736.

Winston M, Johnson M, Pickering S, et al (1991) Parthenogenetic activation and development of fresh and aged human oocytes, *Fertil Steril*, 56 ; 904-912.

Xia P (1997) Intracytoplasmic sperm injection : correlation of oocyte grade based on polar body, pervitelline space and cytoplasmic inclusions with fertilization rate and embryo quality, *Hum Reprod*, 12 ; 1750-1755.

Zhang J, Wang C-W, Krey L, et al (1999) In vitro maturation of human preovulatory oocytes reconstructed by germinal vesicle transfer, *Fertil Steril*, 71 ; 726-731.

Zimmermann U, Vienken J, Pilwat G (1984) Electrofusion of cells, In : *Investigative Microtechniques in Medicine and Biology*, Vol 1, Chayen J, Bitensky L (eds), pp89-167, Marcel Dekker, New York.

XVIII-80

核移植による配偶子発生能の操作

Key words
核移植／減数分裂／受精前診断／染色体異常／高齢不妊

はじめに

クローン羊「ドリー」誕生の報告以来，14年がすでに経過した．このクローン作成のために用いられる核移植の技術は，生殖細胞のみならず体細胞の分化，核の初期化，遺伝子発現調節などの研究に現在でも頻用されている．体細胞クローン産仔の獲得には卵子の，特に卵細胞質の特有の体細胞核の初期化機能が多いに貢献している．

ART（assisted reproductive technology）はその著しい進歩に伴い治療対象も拡大し，より多くの症例で不妊治療が可能となり，妊娠が成立するようになった．しかし，造精機能不全や卵巣機能不全および女性の加齢による不妊症例に対する治療効率は，未だ十分とはいえない．それらの症例はドナー配偶子を利用することで良好な治療効果が望めるが，倫理的社会的また宗教的な理由から広く普及するには至っていない．また細胞質内精子注入法（ICSI）に代表される技術の革新に伴い，自身の遺伝情報を子孫に伝えることを強く望む不妊夫婦が増えてきている．現にICSIの導入以前には，妊娠出産が不可能であった極度の乏精子症や，無精子症の不妊夫婦も生児を得ることが可能となった．

本節では，卵細胞質特有の機能を利用した配偶子発生能の改善方法について，主に著者の研究結果をもとに紹介，提案する．

1 卵成熟，胚発生における細胞質の影響

種々の動物実験により，細胞質が卵の成熟や初期の胚発生において重要な役割を担っているという事実が証明されている．卵細胞質因子としては，ミトコンドリアや紡錘糸を形成する微小管をはじめとする細胞内小器官やmRNA，細胞周期調節因子などが列挙されるが，特にミトコンドリアとmRNAが重要と推定されている．卵の成熟，つまり減数分裂や，初期胚発育の重要なエネルギー源であるATPは，細胞質にあるミトコンドリアによって供給されるが（Van Blerkom et al, 1995；1997；Spikings et al, 2006），ミトコンドリアDNA（mtDNA）は酸化ストレスにより容易に変異することから，加齢現象とミトコンドリアの機能不全の関与が指摘されている．事実，加齢によるmtDNAの変質の頻度の上昇がヒト卵において確認されており（Keefe et al, 1995；Barritt et al, 2001；Schon et al, 2000），また高齢者の卵子ではミトコンドリア

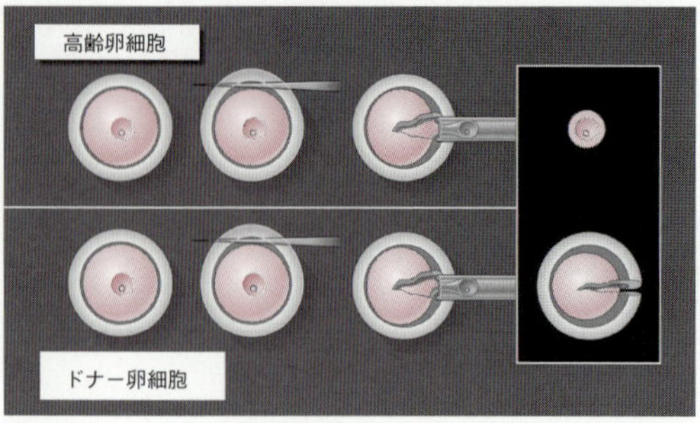

図XVIII-80-1．GV 卵除核

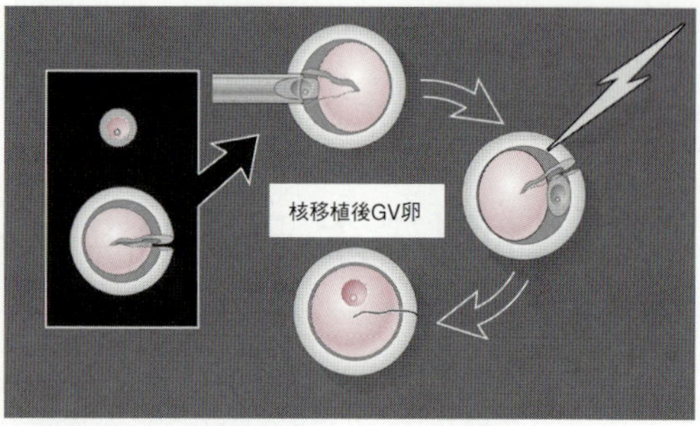

図XVIII-80-2．GV 卵核移植

の膜電位の低下と紡錘体の異常の関連も報告されている（Wilding et al, 2003）．

加齢に伴う着床率の低下，また流産率上昇の主な原因として，減数分裂時に発生する卵子の染色体異常があげられるが，その機序の一つとして加齢による紡錘体形成異常が考えられる（Munné et al, 1995；Dailey et al, 1996；Battaglia et al, 1996）．染色体の卵細胞と極体への分離は紡錘体によって制御されており，その成分である微小管は卵細胞質に存在する．そのため高齢者の卵細胞質因子の機能不全が，紡錘体構造異常に関与していると推察される．このような観点から，加齢不妊に対する治療として，ドナー卵子の健常な細胞質を利用した核移植の応用が提案されている．

2 核移植による配偶子の作成，発生能の改善

(A) GV（germinal vesicle）期卵における核移植，いわゆる「卵子若返り法」

ART 反復不成功例には，母体が生殖学的に高齢（40歳以上）である症例が大多数を占める．特に加齢が原因で発生する染色体異常は，主に第一減数分裂時に生じるため，卵子が成熟した時点ではすでに，異数体となってしまっている．

そこで近年，第一減数分裂前の未熟卵の段階で，高齢婦人の卵核胞 GV（germinal vesicle）を，除核した若齢婦人ドナーの卵細胞質に核移植し，再構築卵を体外成熟させる方法が，いわゆる「卵子若返り法」として提案された（Zhang et al, 1999；Takeuchi et al, 1999）．手技の実際は以下の通りである．まず若年で，妊孕性の高いドナーの未成熟（GV）卵から核を取り除いた細胞質（ooplast）を作成する．次に，生殖学的に高齢な患者の未成熟卵から核を分離（karyoplast の作製）する（図XVIII-80-1）．患者の核をドナーの囲卵腔へ挿入し，電気融合によって GV 卵を再構築する（図XVIII-80-2）．この技術は，加齢による細胞質機能の低下と，卵子の染色体異常の因果関係を研究するためには非常に有意義な実験手法といえる．

著者らは，ICSI 治療の採卵の際に採取された余剰の GV 卵を，患者の同意のもとに実験に利用している．実際には，若年女性と高齢女性の両者の GV 卵の間で核を交換し，その後，再構築した卵子が成熟した段階で染色体分析を行っている．現在までの我々のデータでは，若年女性の卵細胞質は正常な減数分裂をサポート

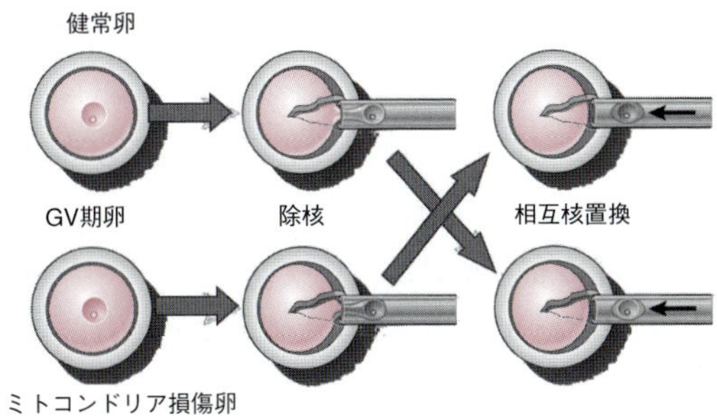

図XⅧ-80-３．ミトコンドリア損傷卵からのGVの除核

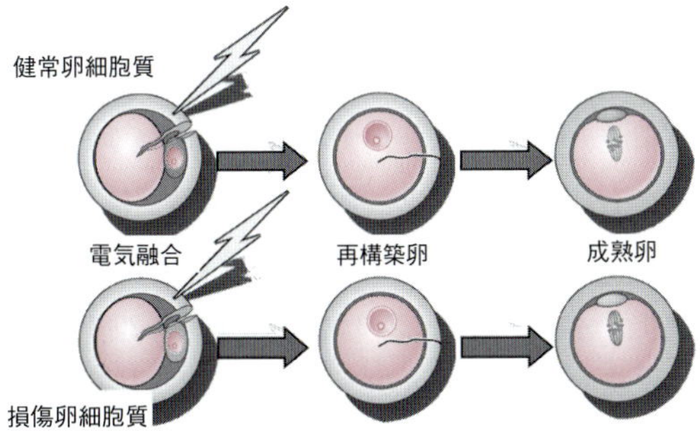

図XⅧ-80-４．GVの核相互移植

し，逆に高齢者のそれは染色体異常を引き起こしやすいという前述の仮説を支持する所見が得られている（Takeuchi et al, 2001；Palermo et al, 2002）．しかしながら，余剰のGV卵の提供を受けることは著者の所属する施設でもまれであり，データを蓄積することはなかなか容易ではない．そこで著者らはマウスの卵細胞質（特にミトコンドリア）に人為的に損傷を与えることで，加齢による細胞質機能欠損と類似の実験モデルを作成し，さらにこの細胞質欠損が，GV核移植により修復でき（図XⅧ-80-３，図XⅧ-80-４），産仔を得ることができることを報告した（Takeuchi et al, 2005a）．

現在のところヒトにおいてはGV核移植後の体外成熟が大きな課題であり，卵丘細胞を除去した未熟卵から発生能の高い胚を獲得するには，さらなる体外成熟技術の改良が必要である．また提供卵子が真に機能的に正常であるかを判定する方法も現在のところなく，細胞質生検など分子生物学的な手法を用いた評価方法も開発，導入されるべきである．

（B）人工配偶子

このGV核移植による，染色体異常発生予防の有効性が証明され，また体外成熟の培養環境が改良されたとしても，実際の臨床応用上，高齢者の卵巣からいかにして治療を行うに十分な数の未熟卵を採取するかが，大きな未解決の問題点である．よってGV核移植も，加齢による不妊に対する根本的かつ普遍的な治療法とはなりがたい．

マウスにおいて二倍体の第二精母細胞あるいは，四倍体の第一精母細胞の核が卵細胞質内で減数分裂を完了し，胚発生から産仔に至ることが報告されている（Kimura, Yanagimachi, 1995；Ogura et al, 1998）．このように卵子は未熟卵，成熟卵共にその細胞質は，移植された核を半数化するという特有の機能を持つ．そこに着目して，我々は患者の体細胞から人工的に配偶子を作製する方法を提案した．具体的には女性患者の体細胞と，提供された卵細胞質を用いて擬似卵を作成する．未受精卵から核を取り除き，体細胞核を除核した卵子に移植する．移植された体細胞核は卵細胞質の影響下に，DNAの複製を経ずに凝縮し，分裂中期の染色体へと変化する．新しく構成された紡錘体上の，この染色体は，電気パルスや化学的刺激あるいは受精によ

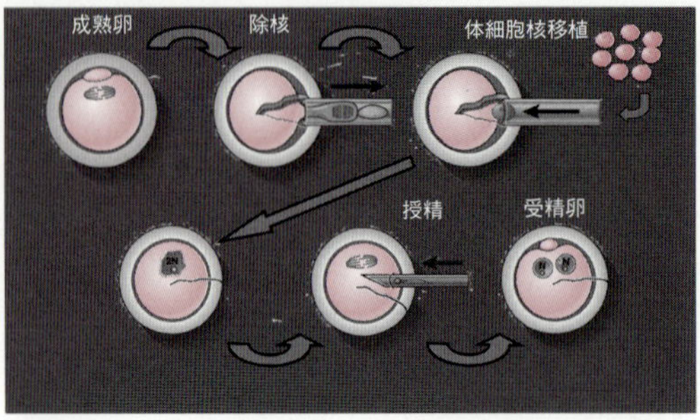

図XⅧ-80-5．雌性体細胞を用いた人工配偶子の作成

り再構築卵が活性化することにより，紡錘体の両極に分配され，半数が擬似極体中に排出され，残りの半数が体細胞由来の半数体前核を形成する（図XⅧ-80-5）（Tsai et al, 2000；Tesarik et al, 2001；Takeuchi et al, 2005b）．

この配偶子作成は男性配偶子にも応用可能である．男性体細胞を成熟卵に移植した後，再構築卵を活性化し，二前核二極体（一つは卵由来の第二極体，他は体細胞由来の擬似極体）の接合子を産生する．

この方法は卵巣機能不全や造精機能不全など，自身では配偶子を産生することが不可能な患者にも応用でき，作製される配偶子の数はドナーの卵子に依存するということである．技術的にはいわゆる体細胞クローン（無性生殖）と非常に類似しているが，胚発生のためには作製された半数体の疑似配偶子は，異性胚偶子による受精を必要とすることが大きな相違点である．つまりこの点で，従来の有性生殖による個体発生により近いといえる．

著者らは未熟卵，成熟卵の双方を用いて基礎実験を行った．しかしながら体細胞核の染色体では，生殖細胞の減数分裂と異なり，相同染色体間での交差や，姉妹染色分体間の物理的な結合がないため，まったく偶然に染色体の分配が起こり，正確に半数化した核を得ることは，上記の方法では困難であることがわかった（Tateno et al, 2003；Heindryckx et al, 2004；Galat et al, 2005；Takeuchi et al, 2005b）．

本邦では，上記の方法によるヒト胚の作成は，クローン技術規制法および特定胚指針により規制されている．

(C) ES細胞の配偶子への誘導分化

胚性幹細胞（ES細胞）は絨毛細胞系以外のどの細胞，組織へも分化する能力，いわゆる万能性を有する．このES細胞から配偶子様の細胞が誘導されるという報告があった（Hübner et al, 2003；Toyooka et al, 2003；Geijsen et al, 2004）．この手法と，Therapeutic cloningあるいはiPS技術（Takahashi, Yamanaka, 2006）を用いれば，体細胞からES細胞または万能細胞を経て，配偶子を得ることが可能となり，採取が困難である研究用の検体不足を補うという意味でも今後の発展が期待されている．近年，このようにES細胞から分化誘導された精子様細胞からマウス産仔が得られたと報告されたが，産仔はすべて異常であり，成体に発育することはなかった（Nayernia et al, 2006）．これはこの配偶子様細胞の遺伝子発現が本来の配偶子のものとは一致しないことが原因とされている．つまり，ES細胞から完全な機能を有する配偶子への分化誘導は，他の体細胞同様にまだ実現できていない．

(D) 配偶子の複製（genome cloning）による発生効率の改善の試み

上記したような種々の手法で配偶子の発生能

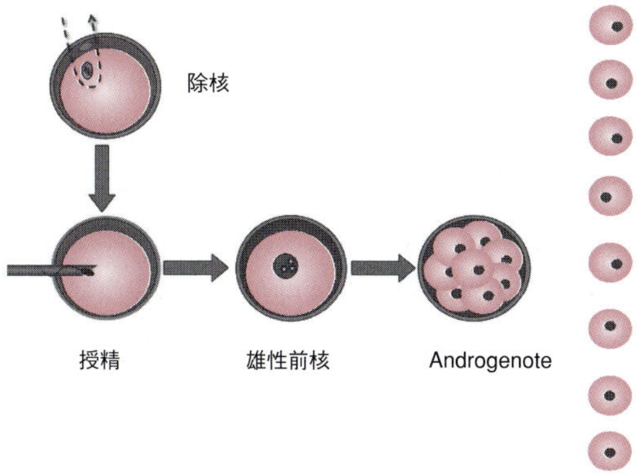

図XVIII-80-6．精子核の複製

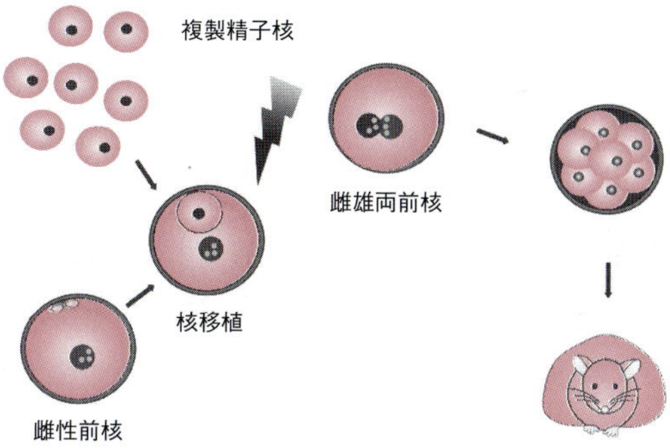

図XVIII-80-7．複製した精子核を用いた受精

を改善することが試みられてきたが，現在いずれも実用化されうる技術には到達していない．著者らは現在，成熟卵の細胞質特有の性質を利用し，授精に用いられる配偶子の数を増やすことを研究している．

非閉塞性無精子症の患者は生児に至る発生能を有した精巣精子がある限りはTesticular Sperm Extraction（TESE）により治療可能である．しかしながらこういった患者のうちで精巣精子の採取率はたかだか60%である（Schlegel, 2006）．さらにたとえ精巣精子の存在が認められても，十分な数の精子を確保するためには多くのエンブリオロジストの長時間にわたる精巣組織の検索を要するということや，結局精子数が採取された成熟卵子の数には足らないということもしばしば経験する．このようにARTの成績は採取される配偶子の質のみではなく，数にも左右されるのはよく知られている．よって配偶子核を複製してその数を増加させることができれば，良好な発生能を有する胚を増加させ，治療効率の改善が望める．もともと配偶子核を複製するという発想は，授精する精子の遺伝情報を得ることを目的としており（Willadsen et al, 2002），最近ヒトの卵子を用いた研究も報告された（Kuznyetsov et al, 2007）．除核した卵子を授精するか，あるいは正常の受精卵から雌性前核を除去することにより，雄性前核のみを持つ半数体の単為生殖胚（haploid androgenetic embryo）が作製できる．雄性前核のゲノムは雌性前核と接合することなく複製されて，第一卵割により同一の半相のゲノムを持つ二つの割球が得られる．この一方の割球を遺伝情報解析に用いることが可能になる．

我々はこれを発展させて，androgenetic embryoの卵割が進むことにより精子ゲノムを2倍のみならず4倍，8倍に増加させること，またこの複製された精子核を利用して産仔を得ることが可能かの実験を行い（図XVIII-80-6，図XVIII-80-7），一つの精子を複製することにより，精子個々の生殖能力を強化することの研究を行っている（Takeuchi et al, 2007；2008a）．

マウスを用いた実験では，androgenetic embryoは2細胞期，4細胞期，8細胞期まで約95%，85%，65%の効率で発生した．この複製された精子核を雌性前核のみを有する単為発生胚と授精すること（図XVIII-80-7）により両性生殖の胚を作成することができる．この方法により一つの精子から2倍，4倍，8倍に精子を複製することによりそれぞれ平均1.8個，3.2個，6.0個の胚盤胞を得ることができた．現時点では，8倍（8細胞期）まで複製された精子核を用いて産仔を得ることに成功している（Takeuchi et al, 2008b）．

3 核移植関連技術における問題点

(A) ミトコンドリアヘテロプラスミー（Mitochondrial heteroplasmy）

個々のミトコンドリアあるいは個々の細胞や組織において異なるmtDNAが存在することをheteroplasmyといい，心筋症や神経筋疾患などのミトコンドリア遺伝性疾患に代表されるミトコンドリア病に観察される状態であり，自然にはその頻度はまれである．

細胞質移植や核移植により人工的にこのheteroplasmyが起こることが細胞質移植により誕生した児で確認された．加齢とmtDNAの変質との相関を示唆する所見がミトコンドリア病の研究を基に多数報告されている．しかし，はたして変質や欠失を伴わない，mtDNAの多型性のみによるheteroplasmyが，その個体に将来，なんらかの影響を与えるのかは結論が出ていない．しかし，少なくとも細胞質移植の際に注入されたドナーのミトコンドリアは，その後も患者の卵，胚で増殖し，機能し続けるという事実をヒトにおいても証明したことになる．これはドナーの選択に際し，卵のmtDNAの異常の有無の検索の重要性を示唆するものである．

現時点においては，細胞質移植により出生した児の詳しい追跡調査と実験動物レベルにおける研究の蓄積が待たれるところである．またこういった理由から米国では，前述した細胞質移植や核移植の臨床応用は現在，食品衛生局から承認を得て実施するべきという勧告が出ている．

mtDNAは卵からの母系遺伝であるため，mtDNAの変質が原因によるミトコンドリア病という疾患が，子孫すべてに潜在的に遺伝する．発症は，異常なmtDNAの細胞や組織中での頻度による．このため，逆に核移植技術を利用して，ミトコンドリア疾患の遺伝を防止することが近年提案，研究されている．

(B) 後天的遺伝子修飾（epigenetic modification）

Genomic imprintingは，遺伝子修飾の代表であり，初期発生において特に重要である．配偶子形成の段階や受精後の胚発育における，母性由来と父性由来の遺伝子の発現の相違は，このepigenetic modificationによる．動物種において核移植後に，このgenomic imprintingの異常が確認されており，クローン技術による個体の異常発生や効率の悪さの一因とも考えられている．この遺伝子修飾のメカニズムを解明し，人為的に制御することが可能になれば，クローンの効率が著しく改善することは間違いない．事実，初期発生に重要なimprinted geneの一部の発現を操作することと，核移植技術により単為発生から産仔が得られている（Kono et al, 2004）．

(C) 治療効果の判定

現在のところ，前述した細胞質移植やGV核移植による胚あるいは卵の発生改善効果に関しては十分な結論が出ていない．これは，ヒトに見られるような加齢による不妊の理想的な動物実験モデルが存在しないこと，ヒトでの実験データの不足による．

まとめ

ART分野における核移植技術の応用が，不妊治療に光明をもたらすことは十分に期待される．卵の成熟や初期胚発生には，細胞質因子が重要な役割を担っており，さらに卵細胞質が生殖細胞のみならず体細胞の核を初期化する能力を有することも，核移植を用いた研究により明らかとなってきた．基礎と臨床を取り持つtranslationalな研究にも核移植技術は今後も深く関わっていくであろう．安全で治療効率の高い臨床に活用できる技術の開発のためにはさらに多角的な研究が要求されている．

（竹内　巧・G. D. Palermo）

引用文献

Barritt JA, Cohen J, Brenner CA (2000) Mitochondrial DNA point mutation in human oocytes is associated with maternal age, *Reprod BioMed Online*, 1, 96-100.

Barritt JA, Brenner CA, Malter HE, et al (2001) Mitochondria in human offspring derived from ooplasmic transplantation : Brief communication, *Hum Reprod*, 16 ; 513-516.

Battaglia DE, Goodwin P, Klein NA, et al (1996) Influence of maternal age on meiotic spindle assembly in oocytes from naturally cycling women, *Hum Reprod*, 11 ; 2217-2222.

Dailey T, Dale B, Cohen J, et al (1996) Association between nondisjunction and maternal age in meiosis-II human oocytes, *Am J Hum Genet*, 59 ; 176-184.

Galat V, Ozen S, Rchitsky S, et al (2005) Cytogenetic analysis of human somatic cell haploidization, *Reprod BioMed Online*, 10 ; 199-204.

Geijsen N, Horoschak M, Kim K, et al (2004) Derivation of embryonic germ cells and male gametes form embryonic stem cells, *Nature*, 427 ; 148-154.

Heindryckx B, Lierman S, Van der Elst J, et al (2004) Chromosome number and development of artificial mouse oocytes and zygotes, *Hum Reprod*, 19 ; 1189-1194.

Hübner K, Fuhrmann G, Christenson LK, et al (2003) Derivation of oocytes from mouse embryonic stem cells, *Science*, 300 ; 1251-1256.

Keefe DL, Niven-Fairchild T, Powell S, et al (1995) Mitochondrial deoxyribonucleic acid deletions in oocytes and reproductive aging in women, *Fertil Steril*, 64 ; 577-583.

Kimura Y, Yanagimachi R (1995) Development of normal mice from oocytes injected with secondary spermatocyte nuclei, *Biol Reprod*, 53 ; 855-862.

Kono T, Obata Y, Wu Q, N, et al (2004) Birth of parthenogenetic mice that can develop to adulthood, *Nature*, 428 ; 860-864.

Kuznyetsov V, Kuznyetsova I, Chmura M, et al (2007) Duplication of the sperm genome by human androgenetic embryo production : towards testing the paternal genome prior to fertilization, *Reprod BioMed Online*, 14 ; 504-514.

Munné S, Alikani M, Tomkin G, et al (1995) Embryo morphology, developmental rates and maternal age are correlated with chromosome abnormalities, *Fertil Steril*, 64 ; 382-391.

Nayernia K, Nolte J, Michelmann HW, et al. (2006) In vitro-differentiated embryonic stem cells give rise to male gametes that can generate offspring mice. *Dev Cell*, 11, 125-132.

Ogura A, Suzuki A, Tanemura K, et al (1998) Development of normal mice from metaphase I oocytes fertilized with primary spermatocytes. *Proceedings of the National Academy of Sciences of the USA*, 95 ; 5611-5615.

Palermo GD, Takeuchi T, Rosenwaks Z (2002) Technical approaches to correction of oocyte aneuploidy, *Hum Reprod*, 17 ; 2165-2173.

Schlegel PN (2006) Male infertility : evaluation and sperm retrieval, *Clin Obstet Gynecol*, 49 ; 55-72.

Schon EA, Kim SH, Ferreira JC (2000) Chromosomal non-disjunction in human oocytes : is there a mitochondrial connection? *Hum Reprod*, 15 (Suppl 2) ; 160-172.

Spikings EC, Alderson J, St John JC (2006) Transmission of mitochondrial DNA following assisted reproduction and nuclear transfer, *Hum Reprod* Update, 12 ; 401-415.

Takahashi K, Yamanaka S (2006) Induction of pluripotent stem cells from mouse embryonic and adult fibroblast cultures by defined factors, *Cell*, 126 ; 663-676.

Takeuchi T, Ergün B, Huang TH, et al (1999) A reliable technique of nuclear transplantation for immature mammalian oocytes, *Hum Reprod*, 14 ; 1312-1317.

Takeuchi, T, Gong, J, Veeck, LL, et al (2001) Preliminary findings in germinal vesicle transplantation of immature human oocytes, *Hum Reprod*, 16, 730-736.

Takeuchi T, Neri QV, Katagiri Y, et al (2005a) Effect of treating induced mitochondrial damage on embryonic development and epigenesist, *Biol Reprod*, 72 ; 584-592.

Takeuchi T, Neri QV, Palermo GD (2005b) Construction and fertilization of reconstituted human oocytes, *Reprod BioMed Online*, 11 ; 309-318.

Takeuchi T, Neri QV, Cheng M, et al (2007) Cloning the male genome, *Hum Reprod*, 22 (Supple 1) ; i62.

Takeuchi T, Neri QV, Palermo GD (2008a) Male gamete empowerment, *Ann NY Acad Sci*, 1127, 64-66.

Takeuchi T, Neri QV, Rosenwaks Z, et al (2008b) Offspring generated from androgenic 'octes', *Hum Reprod*, 23 (Supple 1) ; i103.

Tateno H, Akutsu H, Kamiguchi Y, et al (2003) Inability of mature oocytes to create functional haploid genomes from somatic cell nucle, *Fertil Steril*, 79 ; 216-218.

Tesarik J, Nagy ZP, Sousa M, et al (2001) Fertilizable oocytes reconstructed from patient's somatic cell nuclei and donor ooplasts, *Reprod BioMed Online*, 2 ; 160-164.

Toyooka Y, Tsunekawa N, Akasu R, et al (2003) Embryonic stem cells can form germ cells in vitro. *Proceedings of the National Academy of Sciences of the USA*, 100 ; 11457-11462.

Tsai MC, Takeuchi T, Bedford JM, et al (2000) Alternative sources of gametes : reality or science fiction? *Hum Reprod*, 15 ; 988-998.

Van Blerkom J, Davis P, Lee J (1995) ATP content of human oocytes and developmental potential and outcome after in vitro fertilization and embryo transfer, *Hum Reprod*, 10 ; 415-424

Van Blerkom J, Antczak M, Schrader R (1997) The developmental potential of the human oocyte is related to the dissolved oxygen content of follicular fluid : association with vascular endothelial growth factor levels and perifollicular blood flow characteristics, *Hum Reprod*, 12 ; 1047-1055.

Wilding M, De Placido G, De Matto L, et al (2003) Chaotic mosaicism in human preimplantation embryos is correlated with a low mitochondrial membrane potential, *Fertil Steril*, 79 ; 340-346.

Willadsen S, Munne S, Schimmel T, et al (2002) Genetically identical analyzable sperm-derived nuclei produced in enucleated mammalian eggs, *Fertil Steril*, 78 (Suppl 1) ; S58.

Zhang J, Wang CW, Krey L, et al (1999) In vitro maturation of human preovulatory oocytes reconstructed by germinal vesicle transfer, *Fertil Steril*, 71 ; 726-731.

TOPIC 9

卵子若返り法

Key words　卵子若返り／細胞質置換／核移植／高齢不妊／ミトコンドリア病

1　女性の高齢不妊について

女性の妊孕能は，加齢とともに低下することが知られている．自然妊娠における妊娠率は，35歳前後から低下し始め，50歳までにほぼ０％になる．また，加齢に伴い胎児の染色体異常率や流産率も上昇する．IVF 治療も同様で，35歳以降から，良好卵子数や受精，胚発生率，妊娠率が徐々に下降し，40歳を越えるとこの傾向は顕著になり，45歳以上では患者自身の卵子を用いた IVF での妊娠は，ほぼ不可能となる（表１）．先進国において顕著に進んでいる女性の晩婚化傾向が，この高齢不妊症例を増やす要因の一つとなっている（Menken et al, 1986；Tarlatzis, Zepiridis, 2003）．

高齢不妊症例では，採卵周期あたりの卵子数は低下するものの，常法の卵巣刺激で採卵は可能で，得られた成熟卵子は受精し，形態的学に正常な初期分割胚も得られる（Janny, Menezo, 1996）．しかしながら，その初期胚を何度子宮へ移植しても妊娠は成立しない．すなわち，高齢不妊患者は，IVF により移植可能な胚が得られ続けるため，妊娠不成立や流産を幾度繰り返しても，挙児への希望を捨てきれず，不妊治療の中止を決心できない．不妊治療の中で，最も苦しいケースであるといえる．

米国などでは，高齢不妊患者における妊娠率の著しい低下による治療効率の悪さから，40歳以上の患者においては，若い健康な女性から提

表１．年齢別妊娠率（凍結体外受精胚盤胞１胚移植後の妊娠率）(2007. 1–2007. 12) (Okimura et al, 2008)

	移植者数	妊娠数	妊娠率
26以下	36	24	66.7%
27	34	25	73.5%
28	62	37	59.7%
29	110	63	57.3%
30	153	94	61.4%
31	232	132	56.9%
32	263	154	58.6%
33	371	197	53.1%
34	441	247	56.0%
35	524	262	50.0%
36	456	223	48.9%
37	484	221	45.7%
38	493	216	43.8%
39	506	210	41.5%
40	466	162	34.8%
41	424	140	33.0%
42	352	103	29.3%
43	221	47	21.3%
44	149	25	16.8%
45	77	15	19.5%
46	42	7	16.7%
47以上	23	1	4.3%
total	5919	2605	44.0%

供された卵子を用いた治療が標準法となっている（Sauer, 1998）.

2　老化卵子の若返り法

45歳を越える高齢不妊患者自身のIVF胚を本人の子宮へ戻しても妊娠の成立はきわめて低い．しかし，欧米諸国で行われている胚提供プログラムでは，高齢不妊患者でも若い女性と同様の高い妊娠率，良好な出産率が得られている．このように，高齢不妊患者においても，本人の老化卵子を若い卵子に取り替えれば正常に妊娠が成立するという事実から，女性における高齢不妊の原因は，老化した卵子にあることが明らかである（Navot et al, 1991 ; Lim and Tsakok, 1997）.

45歳を越えて自分の卵子では妊娠できない患者において，第三者から提供された卵子で遺伝的に他人の子供を生むのではなく，患者自身の遺伝子をそのままに，卵子の老化した部分を置換して自己卵子で子作りができないか．老化した障害卵子の若返りを目的とした技術開発を開始した．

これまでの培養細胞レベルでの老化研究で，細胞内の老化因子は若因子に対して優性であり，また老化因子は細胞質中に存在することが知られている（Martin et al, 1975）．我々は，老化因子が存在すると思われる，卵子の細胞質部分を，若い健康な細胞質と置換することによって，老化した不育卵子の失われた個体への正常な発生能を正常に改善しようという戦略を立てた．すなわち，患者卵子の遺伝子存在部分である核（この時期では卵核胞）をそのままに，老化した卵細胞質のみを，生体の臓器移植治療の要領で**核移植**技術を応用，第三者から提供された正常な卵細胞質と入れ替え，治療する方法の開発を試みた．

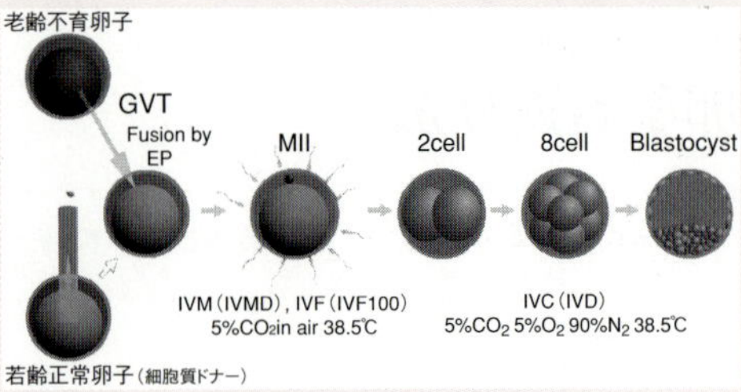

図1．ウシ GV 卵子の細胞質置換プロトコール

3　卵細胞質置換による老化不育卵子の発生能改善技術の開発

卵細胞質置換による老化卵子の個体への発生能改善効果を検討するために，老齢不受胎牛をヒトの高齢不妊アニマルモデルとして実験を行った．

人工授精で反復不受胎の19歳齢（ヒトでは推定80歳程度）のウシを供試し，このウシから回収した39個のGV卵子を，GV置換（GVT）により正常卵子の卵細胞質と置換を行い，体外成熟，体外受精，および培養後に5個の正常な胚盤胞が得られた（図1）．また，同じウシから回収された19個のGV卵子を対照区として，体外成熟，体外受精，および培養を行ったところ，受精率，分割率はGVT卵子と同等であったがそれ以上に発生せず，老齢不受胎牛の卵子は発生能を有しないことが示された．GVTにより得られた胚盤胞はガラス化保存法で凍結保存し，5頭のレシピエントウシに移植後，3頭で妊娠が成立（妊娠率60%），2頭の正常な雄産子が得られた．この雄は17ヶ月間の育成後，正常に発育し，同ウシから採取した精液をインタクトな雌に人工授精することにより3頭の正常産子が誕生，その繁殖能力も正常であることが

核移植（nuclear transfer）：核と細胞質の相互関係を研究する目的で行われたカサノリの実験で確立された．あらかじめ核を除去した細胞に，別の核から取った核を移植する技術で，クローン動物の生産に応用された．

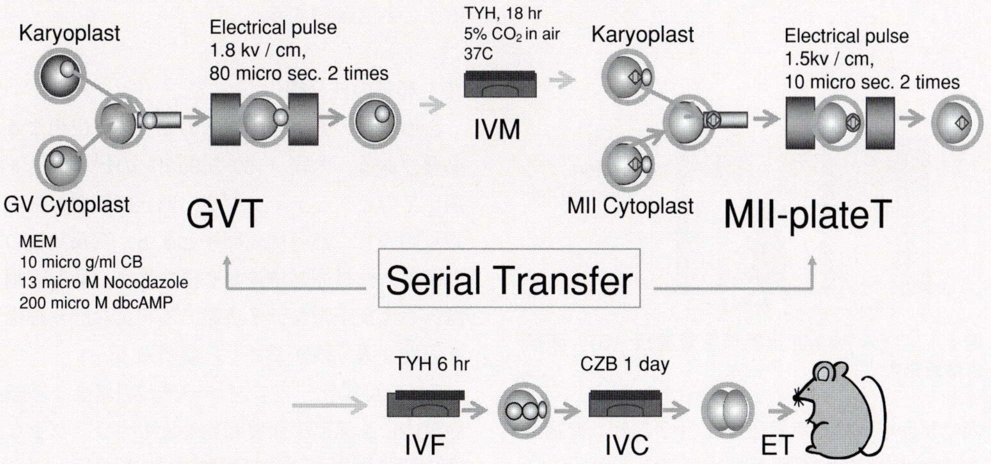

図2．マウスGV-MII連続細胞質置換プロトコール

示された．これにより，老齢不妊ウシ由来の老化不育卵子が，正常な卵子との細胞質置換によりその発生能が改善され，正常な産子が得られることがはじめて立証された．

次に，GVTを用いた卵細胞質置換技術の安全性をさらに追加評価するため，アニマルモデルにマウスを用い，多数のGVT卵子由来の正常な産子作出を試みた．過剰排卵誘起処置したBDF1マウスから回収したGV卵子を細胞質置換し，体外成熟，顕微授精，および体外培養後に得られた2細胞期以上の胚をレシピエントマウスに移植し，23匹の産子を得た．産子すべての，形態，生時体重および胎盤重量は，正常値であった．また，これらの性成熟後に，それぞれインタクトの雄および雌と自然交配したところ，すべての組み合わせから産子が得られ，正常な繁殖能を有することも明らかとなった．マウスモデルにおいて，GVT卵子由来の多数の正常産子が得られたことから，本技術の安全性が示唆された．

さらに，GVT卵子の培養では，IVF治療ではまだ臨床技術として十分に確立されていない体外成熟培養を行う必要がある．体外成熟培養による受精後の胚発生率の低下を解決するため，GVT卵子を成熟培養後，第二減数分裂中期（MII期）でさらに正常な体内成熟卵子と細胞質置換を行う，連続核移植法（ST, serial transfer）の確立を試みた（図2）．過剰排卵誘起処置したBDF1マウスから回収したGV卵子を細胞質置換した．GVT卵子の体外成熟後，スピンドル観察装置によりMII期染色体位置を特定，MII期染色体をもう一度，体内成熟卵子を除核して作出した卵細胞質に移植した（連続細胞質移植ST；serial transfer）．ST卵子およびGVT卵子の顕微授精後の受精率，ならびに胚盤胞発生率共に，ST区において有意に高く，特に胚盤胞発生率ではST区が47%とGVT区の26%に比べほぼ2倍と体外成熟を行ったものと同等の成績を示した（図3）．さらにST由来胚33個を移植後，26匹の正常な産子が得られた．これらの実験結果から，GVT卵子に見られた受精，発生率の低下は，MII期にさらに体

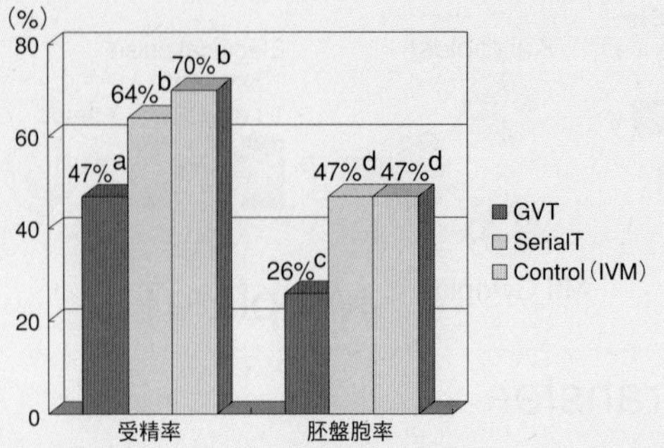

図3．マウスGV-MII連続細胞質置換（ST）卵子の体外発生

内成熟卵子との細胞質置換を行うことで有意に改善できることが明らかとなり，また，GVT産子同様，ST産子の正常性が示された．

以上の複数の動物種にわたる一連の実験において，GVT，およびST技術により複数の正常な産子が得られたことから，本技術が高齢不妊患者への臨床応用に向けて，安全かつ効率的であることが明らかとなった．

4　GVTの基本プロトコール

(A) 対象卵子

45歳以上の高齢不妊患者由来の未成熟卵子，すなわち卵核胞（GV）期卵子を用いる．体外成熟周期採卵プロトコールに従った小卵胞からの採卵操作により得られるが，最適な吸引卵胞径や患者の前処置法についてはまだ詳細に検討されていない（Teramoto, Kato, 2007）．動物実験の結果では，成長が完了したフルサイズの卵母細胞を有するGV卵子であればよいと思われる．ヒトにおいては，品質を改善することが目的であるため，形態学的所見による卵子選別は行わない．ただし，成長が完了していることが前提なので，得られた卵子の卵母細胞の最長径および最短径を計測し，平均115µm以上であることを確認する．

(B) 卵子の部分裸化

顕微操作のため，細胞内のGVを可視化する必要がある．内径（180–200µm）のピペットを用いてのピペッティングで，卵丘細胞層を最小限量除去し，部分裸化卵子とする．再構築後の卵子は，体外成熟培養が必須なため，放射冠細胞，および正常な卵子成熟に不可欠な卵丘細胞を可能な限り残すことが肝要である．

GVの可視化，アニマルモデルの場合：卵細胞質内に高濃度の脂質顆粒を含むウシ，ブタなどの偶蹄類やネコ科の動物でGVTを行う場合は，7.5µg/ml cytochalasin B存在下のHepes Buffered培地で，20，000xg，10分間の超遠心処理で細胞内脂質粒を極在化することにより，GVの可視化が可能である．

(C) 患者卵子からのGV摘出およびドナー卵子の除核

ホールディングピペットで卵子を固定し，透明帯円周の約30%をガラス針で切開する．次に，マイクロピペットを透明帯切開部より挿入し，卵細胞膜に押し当て，さらにGVに近接するまで押し込む．細胞質量が最少になるようにGVを吸引，摘出する（カリオプラスト）．同様の手法により，ドナー卵子のGVを吸引，除去し，サイトプラストにする．

(D) GVT（GVカリオプラストの注入）

カリオプラストを吸入したマイクロピペットをサイトプラストの透明帯切開部より挿入し，囲卵腔へ注入する．

（E）電気融合

融合チャンバーに卵子を静置し，0.75KV/cm，70μsecの直流パルスを2回印加し，カリオプラストとサイトプラストの膜を融合する．電気刺激は電気細胞融合装置，および電極間隔が1mmの反応槽（融合チャンバー）を使用する．融合液は0.05mM塩化カルシウムおよび0.01mM硫酸マグネシウムを添加した0．28Mショ糖溶液を用いる．

（F）再構築卵子の体外成熟培養

GVTにより再構築した卵子は，5％卵胞液，0.22mMピルビン酸，20IU/ml hCG，10 IU/ml FSH，10ng/mlエストラジオールを添加したグルコース不含TCM-199（IVMM），10μlのマイクロドロップ中に1個の割合で培養する．5％CO_2 in airの気相，湿度飽和，37℃の条件下で28時間培養を行う．GVT卵子は，卵丘細胞層や放射冠細胞の付着が十分でないため，IVM培地からのグルコースやシステインの取り込みが困難となる．このため，β-メルカプトアルコールやシステアミンなどの低分子チオール化合物，およびエネルギー源としてピルビン酸を添加した培地を用いて対処する必要がある（Cha et al, 1991）．

（G）再構築卵子の顕微授精と体外発生培養

GVT成熟卵子は，常法によりICSIを行う．体外培養に用いる培地は，最近，さまざまな連続培地が各国から市販されており，我々は，その成分分析とマウス胚を用いた安全性の確認試験ならびに、余剰廃棄卵子を用いた発生効果試験を繰り返し，培地のスクリーニングを行っている．GVT卵子の培養には，現時点で最も高い発生率が得られている組み合わせは，接合子から4cell期までをQuinn's Cleavage medium，5cell期以降をBlastocyst medium（Irvine Scientific）である．GVT胚は，マイクロドロップ中で，5％O_2，5％CO_2，90％N_2の気相，湿度飽和，37℃の条件下で7日目まで培養を行っている．

5 GVTの応用

この技術がヒト臨床においても利用可能になれば，45歳を越え，卵子の老化により子供ができなくなってしまった不妊女性が，自分の遺伝子を持った子供を自身で出産することができるようになる．

また難治不妊女性の中には，まだ高齢でないにもかかわらず，何度採卵を行っても卵子の質が悪くて，いっこうに妊娠にたどり着けない，原因不明の若年性の反復卵子品質不良女性が存在する．このように，不妊原因が卵子の品質不良や異常によるもので，特に卵細胞質に由来する場合には，細胞質置換法が，きわめて有効な治療法になる可能性が高い．その典型的な例が，卵細胞質置換によるミトコンドリア病の治療である．実際，担当医師から技術レベルでの問い合わせがあった例であるが，「ミトコンドリア病」といって，身体を構成する細胞の細胞質中に存在するミトコンドリアの異常や機能低下によって，さまざまな臓器に症状が出現する，重篤な場合には死に至る難病がある（Nonaka, 1992）．両親は共に健康であるにもかかわらず，生まれた子供が育ち，ある一定の年齢に達するとミトコンドリア脳筋症などを発症して死に至る難病である．10歳になった一人目の子供をこの病気で亡くし，不幸にも二人目の子供まで，また同じ年齢で失ってしまい，欲しくてももう怖くて子供が作れないでいる夫婦が現実に存在する．生まれた子供の全身の細胞のミトコンドリアを治療することは困難を極めるが，これが卵子の時点となれば，現実的レベルである．老化卵子若返り法と同じ手法を用いた卵細胞質置換法により，正常なミトコンドリアを有する卵細胞質と置換することで，効果的にこの難病を治療できる可能性が高いと考えられる．このように，卵細胞質置換技術は，成体の難病を，卵細胞レベルで治療できるすばらしい可能性をも含んでいる．

さらに，一般の不妊女性患者だけでなく，40代半ばを過ぎてはじめて人生の伴侶に出会った女性，あるいは離婚後，再び男性との出会いがあり，もう一度，子を持ち，家族を構成して人生をやり直したいと願うすべての女性達にとって，卵子若返り技術が恩恵を与えることができるかもしれない．老いてもなお困難なく子作りができる「男性」との生殖上の差を補って，たとえ高齢になっても，愛する男性とともに家庭を築き，幸せになれるための将来技術として，一部の女性達に待ち望まれていることも事実である．

6　臨床応用へむけて，今後のハードル

わが国では，国民性あるいは文化，それとも伝統的な理由によるのか，世界に先駆けた医療技術の臨床試験の実施が困難である．新しい技術はまず先進的な欧米諸国で臨床試験が承認，実施され，その安全性が確認されてからわが国での臨床試験の実施について検討が開始される傾向があり，自らが自らの患者のために開発した新技術の早期臨床応用が不可能である．そこで我々は，国内学会で臨床応用へ向けた試験実施を申請するとともに，生殖医療分野においても最先進国とされ，かつ臨床試験実施に対する審査，規制が厳しい米国において，本技術の審査を行う道を選択した．ニューヨークに設立した我々のIVF施設から，卵細胞質置換技術を用いた異常卵子治療の臨床試験の実施許可を米国FDAへ申請した．FDAから示された，本技術の臨床応用へ向けて，クリティカルなポイントは1点である．それは，自然界では通常存在しない卵細胞質内の2種類のミトコンドリア混在，によるリスクである．ミトコンドリアの卵細胞質混在が胚および個体の異常を引き起こすというエビデンスや確実な根拠はこれまでに報告されていないが，臨床試験実施許可を出すにあたっては，完全に異常が発生しないと言い切れるだけの知見がまだ十分でない，という判断である．現在，このミトコンドリアの細胞質内混在の問題の解決のため，ミトコンドリアフリーのカリオプラストの作製や，核のみの摘出，洗浄，注入技術などの技術開発を行っている．

（青野文仁・桑山正成）

引用文献

Cha KY, Koo JJ, Ko JJ, et al (1991) Pregnancy after in vitro fertilization of human follicular oocytes collected from nonstimulated cycles, their culture in vitro and their transfer in a donor oocyte program, *Fertil Steril*, 55 ; 109-113.

Janny L, Menezo YJ (1996) Maternal age effect on early human embryonic development and blastocyst formation, *Mol Reprod Dev*, 45 ; 31-37.

Kuwayama M, Hamano S, Nagai T (1992) Vitrification of bovine blastocysts obtained by in vitro culture of oocytes matured and fertilized in vitro, *J Reprod Fertil*, 96 ; 187-193.

Kuwayama M, Vajta G, Kato O, et al (2005) Highly efficient vitrification method for cryopreservation of human oocytes, *Reprod Biomed Online*, 11 ; 300-308.

Lim AS, Tsakok MF (1997) Age-related decline in fertility : a link to degenerative oocytes? *Fertil Steril*, 68 ; 265-271.

Martin GM, Sprague CA, Norwood TH, et al (1975) Do hyperplastoid cell lines "differentiate them-

selves to death" ? *Adv Exp Med Biol*, 53 ; 67-90.
Menken J, Trussell J, Larsen U (1986) Age and infertility, *Science*, 233 ; 1389-1394.
Nonaka I (1992) Mitochondrial diseases, *Curr Opin Neurol Neurosurg*, 5 ; 622-632.
Navot D, Bergh PA, Williams MA, et al (1991) Poor oocyte quality rather than implantation failure as a cause of age-related decline in female fertility, *Lancet*, 337 ; 1375-1377.
Okimura T, Kuwayama M, Kikuchi M, et al (2008) Large scale IVF laboratory results using mild stimulation : outcome from 19,000 cycles per year in one center, *Human Reprod*, 23 suppl ; 41 Abstructs of the 24th ESHRE.
Pieterse MC, Vos PL, Kruip TA, et al (1991) Transvaginal ultrasound guided follicular aspiration of bovine oocytes, *Theriogenology*, 35 ; 857-862.
Tarlatzis BC, Zepiridis L (2003) Perimenopausal conception, *Ann NY Acad Sci*, 997 ; 93-104.
Sauer MV (1998) The impact of age on reproductive potential : lessons learned from oocyte donation, *Maturitas*, 30 ; 221-225.
Teramoto S, Kato O (2007) Minimal ovarian stimulation with clomiphene citrate : a large-scale retrospective study, *Reprod Biomed Online*, 15 ; 134-148.

XVIII-81

プロラクチン卵子発生支持能

Key words
Prolactin／oocyte maturation／implantation／*in vitro* fertilization／bromocriptine

はじめに

プロラクチン（PRL）に対する一般的認識は，「PRLは，乳汁分泌に重要な下垂体前葉ホルモンで，高PRL血症では無排卵となる．特発性高PRL血症に対しては，ドーパミンアゴニストであるbromocriptineを投与して下げればよい」であろう．もちろんこれは間違ってはいないが，PRLの生体での役割は実ははるかに基本的で重要なものである．たとえば，PRLを下げすぎて問題はないのであろうか．

本節は，PRLの概要，卵成熟に対する意義，着床に対する意義，PRLの変動性の意義について述べる．

1 PRLの概要

PRLは4－8億年前に成長ホルモンと分化し，哺乳類のみならずほぼすべての脊椎動物で発現している（Bole-Feysot et al, 1998）．その生理作用はきわめて多彩で（300以上）（Bole-Feysot et al, 1998），水・電解質バランス（Ben-Jonathan et al, 1996），成長と発達（Nagy, Berczi, 1991），内分泌と代謝（Wells JA, de Vos, 1996），脳と行動（Schulz et al, 1978），授乳と生殖（Saito, Saxena, 1975），免疫（McNatty et al, 1975），皮膚と付属器の機能，の7群に大別される（Bole-Feysot et al, 1998）．PRLは，下垂体のみならず，乳腺，子宮内膜／脱落膜，免疫細胞，脳，皮膚など全身の組織で産生・分泌され（下垂体外PRL）（Ben-Jonathan et al, 1996），PRL受容体もほぼ全身で発現し（Bole-Feysot et al, 1998），endo/para/autocrine機序で作用する（Ben-Jonathan et al, 1996）．

生体でのPRLの重要性を示す重要な研究報告がある（Nagy, Berczi, 1991）．ラットで下垂体を切除すると，血中PRL値が約15%値まで下がったが，その後，下垂体外産生の代償により約50%値まで回復した．しかし同時に抗PRL抗体を投与すると，PRLはさらに低下し，すべてのラットが8週で死亡した．PRLは生命活動に重要であるがために，下垂体からの供給と局所産生とが安全機構として作動していると考えられる．

PRLはGH，hPLと類似構造をもち，PRL受容体（*R*）もGH，エリスロポイエチンや多くのサイトカインと類似構造および共通のシグナル伝達機構をもち，hematopoietic/cytokine superfamily（class I）に属している（Wells, de Vos,

表XⅧ-81-1．PRLの重要ポイント

1．生体, 細胞に必須のcytokine/growth factorの一種
　太古より存在：4-8億年前にGHと分化
　すべての脊椎動物に存在
　多くのhormone,cytokine,growth factorと類似構造
　極めて多種の作用
　完全に作用を中和すると死に至ることも
2．安全機構で守られている
　中枢と末梢で産生：endo-/para-/autocrine作用
　Ligand,receptor, シグナル伝達機構の類似性
3．Reproductionで終始重要
　卵の発育成熟，着床，胚・胎児発育，新生児発育，授乳

1996)．

このようにPRLは単に乳汁分泌のホルモンではなく，細胞の増殖や機能に必須の基本的な増殖因子／サイトカインの一種と捉えるべきで，それほど重要であるがために下垂体と局所の二重機構で作用を補償し合っていると思われる．著者の考えるPRLの重要ポイントを表XⅧ-81-1にまとめた．

2 卵成熟に対する意義

血清PRL値は，正常月経周期の卵胞期において血清E2値の上昇と一致して上昇する(Schulz et al, 1978)．ヒト卵巣には*PRLR* (PRL receptor) の存在が示されている (Saito, Saxena, 1975)．また卵胞液PRL濃度は卵胞期初期に高く，後期に低いことが示されている (McNatty et al, 1975)．さらにPRL単独欠損症では卵胞発育の不良と黄体機能不全が観察されており (Kauppila et al, 1987)，PRLはヒト卵巣機能発現に生理的な役割を果たしていると考えられる．

ウサギ卵子の体外成熟実験において，培養液へのPRL添加は卵成熟，特に細胞質成熟を促進し，受精後の胚発育率が上昇する (Yoshimura et al, 1989)．ヒト体外受精においても，妊娠に至った受精卵の由来する卵胞では，妊娠に至らなかった卵胞に比し，卵胞液中PRL濃度が約2倍高いことが報告されている (Laufer et al, 1984)．また，低PRL血症は卵巣のステロイド産生能に有害な影響を及ぼすことが示されている (Kauppila et al, 1988)．臨床的にも，体外受精前3日間の平均PRLレベルから低・正および高PRL血症の3群に分けた時，低PRL血症群では受精率および胚分割率が有意に低いことが認められた (Oda et al, 1991)．さらにbromocriptine投与による低PRL血症でも，体外受精の受精率が低下することが観察されている (Gonen, Casper, 1989)．また*PRLR*のノックアウトマウスは卵成熟が著しく障害され，その結果胚発育がきわめて不良となる (Bole-Feysot et al, 1998)．

このように，PRLは生理的な卵の発育・成熟に促進的な役割を果たしており，そのレベルが高すぎても低すぎても卵子の発育・成熟が不良となると考えられる．

ヒト体外受精における著者の研究でも，PRLが卵成熟に重要な役割を果たしていることは明らかである．GnRHアゴニスト併用法のL法 (long protocol) (図XⅧ-81-1) は，体外受精で現在最も多く使用される卵巣刺激法であるが，その妊娠率は2回目，3回目と反復するにつれ急激に低下し，その結果，累積妊娠率は2回目以降増加しなくなる (神野ら, 1998)．結局65％の症例はL法を反復しても妊娠に至らない．そこで著者は，PRLの卵胞発育促進機構を亢進さ

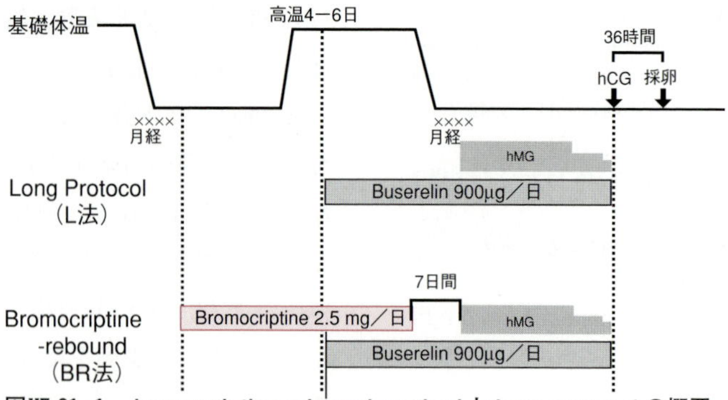

図XVIII-81-1．bromocriptine-rebound method と long protocol の概要

OPU：oocyte pick-up．（Jinno et al, 1997）

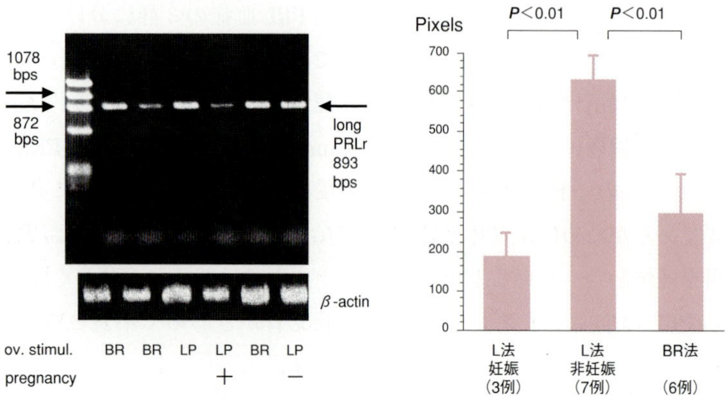

図XVIII-81-2．卵胞顆粒膜細胞における PRL receptor 発現量

データはまず ANOVA で分析し（$P<0.01$），次に各群間の差は Fisher'sPLSD で分析した（$P<0.01$）．（Jinno et al, 1997）

せる新しい卵巣刺激法（BR法，bromocriptine-rebound method）（図XVIII-81-1）を考案し，こうした症例での卵成熟，胚発育，妊娠率の改善に成功した（神野ら，1995；Jinno et al, 1996；Jinno et al, 1997）．L法で妊娠しなかった症例に対し，次の体外受精でBR法かL法を無作為に振り分けて施行し，卵胞発育と体外受精成績を比較した（Jinno et al, 1997）．hCG投与日の主席卵胞径に差はなかったが，発育卵胞数と血清E2値はBR法で有意に増加した．採卵数には有意な差を認めなかったが，受精卵数，胚数，良好形態胚数（Veeck分類のGrade 1とGrade 2）はBR法で有意に増加した．卵成熟度の検討では，卵丘細胞塊と放射冠の形態に関しても，第一極体放出に関しても，両群間に差を認めず，BR法は卵細胞質成熟ないし膜成熟を促進するものと推定された（Jinno et al, 1996）．その結果，臨床妊娠率（胎嚢の観察された妊娠）および生産率はBR法で38%および33%と，L法での21%および19%より有意に高く，約1.7倍に増加した．

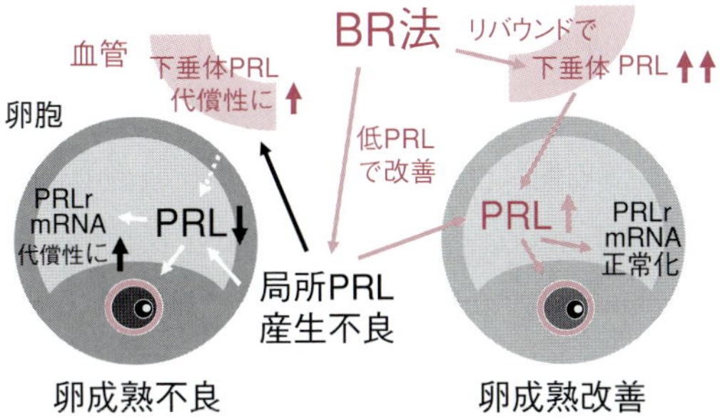

図XVIII-81-3．卵胞での局所PRL産生不良による卵成熟不全とBR法がそれを改善する機序に関する仮説

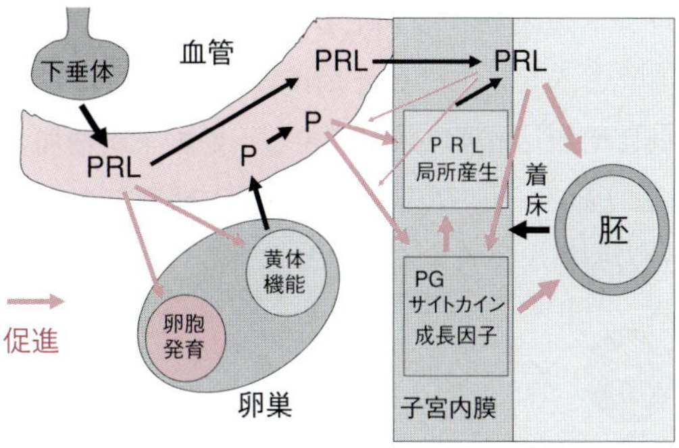

図XVIII-81-4．PRLが着床を制御する機構とBR法が子宮着床能を改善する機序の仮説

体外受精成績と血清PRL値および顆粒膜細胞の*PRLR* mRNA量を分析し，BR法が妊娠率を改善する機序をさらに検討した．初回L法の妊娠／非妊娠群における血清PRL値を比較すると，hMG投与中の血清PRL値は非妊娠群で有意に高かった（神野ら，1998）．さらに既往L法非妊娠例に対するBR法とL法の血清PRL値を比較した（Jinno et al, 1997）．BR法では，PRL値はbromocriptineの投与により有意に低下したが，投与中止後有意に上昇し，この上昇レベルは，bromocriptine投与前に比してもより高く，リバウンド現象が起きていた．その後，PRLレベルは，hMG投与期間中このレベルを維持した．BR法とL法のhMG投与中のPRL値を比較すると，BR法で有意に高かった．次に，採卵時の卵胞液PRL値を調べると，初回L法非妊娠例では妊娠例に比し低い傾向があり，こうしたL法非妊娠例に対してBR法を施行すると，卵胞液PRL値は上昇する傾向が示唆された．また採卵時の顆粒膜細胞の*PRLR* mRNA量を分析すると（図XVIII-81-2）（Jinno et al, 1997），初回L法の非妊娠例では，妊娠例に比し，発現量が有意に高かった．ところがこうしたL法非妊娠例にBR法を施行すると，発現量が有意に低下した．

以上をまとめると，(1) L法非妊娠例に対し，BR法は受精・胚発育を改善し，妊娠率・生産率を増加した，(2) L法の非妊娠例では，妊娠例に比し，血清PRL値および顆粒膜細胞の*PRLR* mRNA発現量がより高く，卵胞液PRL値は低い傾向があった，(3) L法非妊娠例にBR法を用いると，血清PRL値はさらに上昇し，顆粒膜細胞*PRLR* mRNA量は減少し，卵胞液PRL値は上昇の傾向を示した．こうした結果より，L法非妊娠例の病態として卵胞での局所PRL産生不良による卵成熟不全という仮説を立てた（図XVIII-81-3）．卵胞での局所PRL産生不良を代償するために，血清PRL, *PRLR* mRNAおよび*PRLR*が増加しているが，代償しきれずに卵成熟が不良となっていると考えた．こうした症例にBR法を施行すると，まずbromocriptine投与が下垂体PRL産生を抑制し，中枢よりのPRL供与が低下する．これを代償しようとして卵胞での局所PRL産生が増加する（bromocriptineは局所PRL産生に作用をもたないため）．さらに，bromocriptine中止によるリバウンド現象で血清PRLレベルがさらに上昇する．こうして下垂体と局所からのPRL供給が共に増加し，卵成熟が改善し，妊娠率が増加する．*PRLR* mRNA量の正常化は，卵胞でのPRL量の回復を反映するものと考える．

3 着床に対する意義

*PRLR*は，黄体，子宮内膜，卵，胚に発現しており(Bole-Feysot et al, 1998；McNeilly, 1984；Freemark et al, 1993)，多岐にわたるPRLの作用には黄体，子宮内膜の機能制御(Bole-Feysot et al, 1998；McNeilly, 1984)や胚発育促進効果(Karabulut, Pratten, 1998)も報告されている．またラット(Vijayan, Jayashree, 1993)やマウス(Ormandy et al, 1997)ではPRLは着床に必須であることが示されている．さらにPRLの産生・分泌は，下垂体のみならず全身の多くの組織で行われ(Ben-Jonathan et al, 1996)，子宮内膜もその一つである(Ben-Jonathan et al, 1996；Healy, 1991)．こうしたことからPRLは，内分泌機構により黄体機能を調整し，黄体由来のホルモンにより間接的に着床を制御し，さらに下垂体および子宮内膜より由来するPRLが内分泌／パラクライン／オートクライン機構により直接に着床を制御すると考えられる(図XVIII-81-4)．

卵巣でのPRL作用機構を改善して卵成熟を向上するBR法は，同様な機序で子宮着床能をも改善する可能性がある．そこでBR法の子宮着床能への効果を検討することとした．BR法の卵成熟改善効果を除いて着床率を検討するために，体外受精740周期より良好形態胚を2個以上移植した症例のみを抽出し，以下の3群で着床率と移植後黄体期の血清PRL，E2，およびプロゲステロン(P)値を比較した．この3群は，初回体外受精でLong法を用いた初回L法群255周期，Long法で妊娠せずその後の体外受精でLong法を反復使用したL法反復群59周期，Long法で妊娠せずその後の体外受精でBR法を用いたBR法群138周期である．

胚移植あたりの着床率は，初回L法群で52%，L法反復群で27%，BR法群で42%と，L法不成功例での着床率の低下をBR法は有意に改善した．なお，移植胚数は3群で差がなかった．体外受精後10日目における血清PRL，PおよびE2値は，いずれもL法反復よりBR法で高い傾向が認められた(PRL，12.7±1.2ng/ml vs. 15.1±1.1；P，21.0±7.3ng/ml vs. 28.0±6.0；E2，181±89pg/ml vs. 283±67)．

次に非妊娠の体外受精11症例で，体外受精14日後に子宮内腔液(EMF)でのPRL値をL法とBR法で比較した．子宮内腔液は，北里サプライ社製，サイトチェックを用いて採取した．体外受精14日後のEMF中PRL値は，BR法(4例)で35.3±8.6ng/ml，Long法(7例)で16.3±2.9と，BR法で有意に高かった．

さらに15症例で，自然周期黄体期11日目に子宮内腔液PRL値を測定し，その後2年間L法とBR法で体外受精を反復し，子宮内腔液PRL値と妊娠成否との関連を検討した．自然周期黄体期11日目の子宮内腔液PRL値が13ng/mlより大きかった5症例は，その後の体外受精で3例60%がL法で妊娠したが，BR法で妊娠した症例はなかった．一方，子宮内腔液PRL値が13ng/ml以下の10症例では，4例(40%)がBR法で妊娠したが，L法で妊娠した症例はなかった．以上の結果より，子宮内腔液PRL値が十分高い症例はLong法が有効で，子宮内腔液PRL値が低い症例はBR法が有効と考えられた．

以上の結果より，BR法が子宮着床能を改善する機序の仮説を考案した（図XVIII-81-4）．前項で述べたようにBR法は卵胞発育を促進し（Jinno et al, 1996；Jinno et al, 1997），そのため形成される黄体の機能も改善され，黄体期血清P値が増加する．またPRLは黄体細胞のP産生を促進することが知られており（Bole-Feysot et al, 1998），BR法による黄体期血清PRL値の増加傾向は，改善された黄体機能をさらに刺激してP産生をより増加することになる．さらにPRLは子宮内膜のP受容体を増加するとともに子宮内膜でのP代謝を遅らすため（Bole-Feysot et al, 1998），子宮内膜でのPの効果は促進される．Pは子宮内膜でのPRL局所産生の主たる刺激因子であるため（Ben-Jonathan et al, 1996），子宮内膜PRL産生が増加する．こうして子宮内膜でのPRL局所産生の増加と，増加傾向の血清PRLの子宮内膜への移行とにより，子宮内膜および内腔におけるPRLレベルが増加する．この局所PRLの増加が，PRLの胚発育促進作用（Karabulut, Pratten, 1998）により直接的に，あるいは内膜や胚のサイトカインや成長因子産生（Duc-Goiran et al, 1999）を促進してこれを介して間接的に，着床を促進すると推察する．

4 PRLの変動性の意義

PRLは，排卵期に一過性に高PRL血症となることや，日内変動として夜間高値となることが知られているが，その生理的意義はほとんどわかっていない．そこでこうした点について我々の最近の研究成果を交えて考察してみる．

排卵期における一過性高PRL血症は，自然周期（Schulz et al, 1978）および卵巣刺激周期（Hummel et al, 1990）でしばしば認められ，血清E2の上昇と関連して発生し，mid-cycle gonadotropin surgeと連動したPRLの放出と考えられ（Gonen, Casper, 1990），本来生理的な現象であろうとの見解が有力である．排卵期一過性高PRL血症の体外受精成績に及ぼす影響については多数の報告があるが，大多数の報告は影響しないと結論しており（Gonen, Casper, 1989；Hummel et al. 1990；Meldrum et al, 1992），悪影響（Reinthaller et al, 1988）や好影響（Oda et al, 1991）が認められた報告は少数である．我々の検討でも，血清PRL値はhCG投与2日後で最も高く，排卵期一過性高PRL血症が観察された（神野ら，1998；Jinno et al, 1997）．またBR法の研究の予備検討の際に bromocriptineをhMG投与中も継続して投与したところ，排卵期一過性高PRL血症の抑制とともに採卵数，妊娠率の低下傾向が認められ，排卵期一過性高PRL血症には生理的意義があるものと示唆された（Jinno et al, 1996）．

そこで，L法による体外受精の継続妊娠例と非妊娠例で，体外受精前の排卵誘発中の血清PRL値の推移を比較した．継続妊娠とは出産を含め妊娠14週を越えて正常に経過している妊娠である．非妊娠例に比し，継続妊娠例では，hMG投与中の平均PRL値は有意に低く，採卵日PRL値は高い傾向を認めた．そこで採卵日PRL値をhMG投与中の平均PRL値で割った比をPRLサージ率とし，これを比較したところ継続妊娠例で有意に高かった．

次にPRLの日内変動（夜間高値）の体外受精成績に及ぼす影響を検討した．L法を用いた体外受精16症例で，採卵前24時間の血清PRL値の日内変動を調べ，妊娠の成否との関連を検討した．血清PRL値は，採卵前日の朝6時，夜10時，採卵日の午前2時，午前6時，そして麻酔直前の午前8:30–10:30に測定し，hCGは採卵2日前の午後8:30–10:30に投与された．妊娠群では，採卵日の午前2時をピークとする日内変動が明らかだったが，非妊娠群では横ばいに近く日内変動が不明瞭であった．

そこで，麻酔直前の血清PRL値を採卵日の朝6時の血清PRL値で割った値を変化率と定義し，L法を用いた体外受精53例で妊娠率との関連を検討した．継続妊娠率は，血清PRL変化率が0.73未満の時（28例）43%，0.73以上の時（26例）15%と，0.73未満の時有意に高かった．

以上の検討より，PRLの排卵期での急上昇と日内変動（夜間高値）は，卵成熟の円滑な促進に必要なものと推察する．

まとめ

PRLはとかく乳汁分泌のホルモンとだけ思われがちだが，実は300以上の多岐にわたる作用を持っている．しかも哺乳類のみならず魚類，鳥類も含めた多種の脊椎動物で作用している．またPRLと成長ホルモンは約4–8億年前に同じ祖先分子から分化したとされ，リガンドもその受容体も相同性が高い．そこでPRLを細胞の基本的な増殖因子として捉えれば，PRLが卵，卵胞発育や着床に重要な生理的意義を持つことは当然のことと考えられる．

PRLは卵巣，子宮内膜，胚の機能を巧妙にendo/para/autocrine制御し，卵成熟と着床の必須因子の一つと考えられる．また，めりはりのあるPRL分泌（排卵期高値，夜間高値，薬剤による反跳増加）は，PRLが卵成熟や着床に良好に作用するのに必要と思われる．さらに卵成熟不良例には代償性のPRL増加が起きている例が相当例存在すると考えられる．

（神野正雄）

引用文献

Ben-Jonathan N, Mershon JL, Allen DL, et al (1996) Extrapituitary pro-lactin : distribution, regulation, functions, and clinical aspects, *Endocr Rev*, 17 ; 639-669.

Bole-Feysot C, Goffin V, Edery M, et al (1998) Prolactin (PRL) and its receptor : actions, signal transduction pathways and phenotypes observed in PRL receptor knockout mice, *Endocr Rev*, 19 ; 225-268.

Bole-Feysot C, Goffin V, Edery M, et al (1998) Prolactin (PRL) and its receptor : actions, signal transduction pathways and phenotypes observed in PRL receptor knockout mice, *Endocr Rev*, 19 ; 225-268.

Duc-Goiran P, Mignot TM, Bourgeois C, et al (1999) Embryo-maternal interactions at the implantation site : a delicate equilibrium, *European J Obstet Gynecol Reprod Biol*, 83 ; 85-100.

Freemark M, Kirk K, Pihoker J, et al (1993) Pregnancy lactogens in the rat conceptus and fetus : circulating levels, distribution of binding, and expression of receptor messenger ribo- nucleic acid, *Endocrinology*, 133 ; 1830-1842.

Gonen Y, Casper RF (1989) The influence of transient hyperprolactinemia on hormonal parameters, oocyte recovery, and fertilization rates in in vitro fertilization, *J Vitro Fert Embryo Transfer*, 6 ; 155-159.

Gonen Y, Casper RF (1990) Transient hyperprolactinemia is associated with a midcycle luteinizing hormone surge, *Fertil Steril*, 54 ; 936-938.

Healy DL (1991) Endometrial prolactin and implantation, *Bailliere's Clin Obstet Gynaecol*, 5 ; 95-105.

Hummel WP, Clark MR, Talbert LM (1990) Transient hyperprolactinemia during cycle stimulation and its influence on oocyte retrieval and fertilization rates, *Fertil Steril*, 53 ; 677-681.

Jinno M, Katsumata Y, Hoshiai T (1997) A therapeutic role of prolactin supplementation in ovarian stimulation for in vitro fertilization : the bromocriptine-rebound method, *J Clin Endocrinol Metab*, 82 ; 3603-3611.

神野正雄，小菅浩章，星合敏久ほか（1998）プロラクチン卵胞反応不良による卵成熟不全：卵巣機能不全の新機序の示唆，日本受精着床学会誌，15；52-55.
神野正雄，生方良延，佐藤学ほか（1995）体外受精のための新しい卵巣刺激法（bromocriptine-rebound method）：卵成熟の改善と妊娠率の上昇，日産婦誌，47；1337-1344.
Jinno M, Yoshimura Y, Ubukata Y, et al (1996) A novel method of ovarian stimulation for in vitro fertilization : bromocriptine-rebound method, *Fertil Steril*, 66 ; 271-274.
Karabulut AK, Pratten MK (1998) Species-specificity of growth-promoting effects of prolactin during rat embryogenesis, *J Anat*, 192 ; 1-12.
Kauppila A, Chatelain P, Kirkinen P, et al (1987) Isolated prolactin deficiency in a woman with puerperal alactogenesis, *J Clin Endocrinol Metab*, 64 ; 309-312.
Kauppila A, Martikainen H, Puistola U, et al (1988) Hypoprolactinemia and ovarian function, *Fertil Steril*, 49 ; 437-441.
Laufer N, Botero-Ruiz W, DeCherney AH, et al (1984) Gonadotropin and prolactin levels in follicular fluid of human ova successfully fertilized in vitro, *J Clin Endocrinol Metab*, 58 ; 430-434.
McNatty KP, Hunter WM, McNeilly AS, et al (1975) Changes in the concentration of pituitary and steroid hormones in the follicular fluid of human Graafian follicles throughout the menstrual cycle, *J Endocr*, 64 ; 555-571.
McNeilly AS (1984) Prolactin and ovarian function, In : *Neuroendocrine perspectives*, vol 3, Muller EE, Macleod RM (eds), pp279-316, Amsterdam, Elsevier.
Meldrum DR, Cedars MI, Hamilton F, et al (1992) Leuprolide acetate elevates prolactin during ovarian stimulation with gonadotropins, *J Assisted Reprod Genetics*, 9 ; 251-253.
Nagy E, Berczi I (1991) Hypophysectomized rats depend on residual prolactin for survival, *Endocrinology*, 128 ; 2776-2784.
Oda T, Yoshimura Y, Takehara Y, et al (1991) Effects of prolactin on fertilization and cleavage of human oocytes, *Horm Res*, 35 ; 33-38.
Ormandy CJ, Camus A, Barra J, et al (1997) Null mutation of the prolactin receptor gene produces multiple reproductive defects in the mouse, *Genes Dev*, 11 ; 167-178.
Reinthaller A, Bieglmayer C, Deutinger J, et al (1988) Transient hyperprolactinemia during cycle stimulation : influence on the endocrine response and fertilization rate of human oocytes and effects of bromocriptine treatment, *Fertil Steril*, 49 ; 432-436.
Saito T, Saxena BB (1975) Specific receptors for prolactin in the ovary, *Acta Endocrinol* (Copenh), 80 ; 126-137.
Schulz KD, Geiger W, Del Pozo E, et al (1978) Pattern of sexual steroids, prolactin, and gonado-tropic hormones during prolactin inhibition in normally cycling women, *Am J Obstet Gynecol*, 132 ; 561-566.
Vijayan E, Jayashree J (1993) Prolactin suppression during pre and postimplantation periods on rat uterine glucosamine synthase activity, *Indian J Exp Biol*, 31 ; 386-388.
Wells JA, de Vos AM (1996) Hematopoietic receptor complexes, *Annu Rev Biochem*, 65 ; 609-634.
Yoshimura Y, Hosoi Y, Iritani A, et al (1989) Developmental potential of rabbit oocyte matured in vitro : The possible contribution of prolactin, *Biol Reprod*, 40 ; 26-33.

XVIII-82

細胞レベルでの胚発生の最近の進歩

Key words
発生能／体外培養／胚移植／遺伝子発現／核のリプログラミング

はじめに

本節では，まず受精卵や初期胚の体外あるいは個体への発生能に及ぼす要因を俯瞰し，発生能の向上を目指して実施されている最近の研究成果を紹介する．次いで，未受精卵の持つ体細胞核のリプログラミング誘導能，**多能性**細胞との細胞融合や特定の遺伝子導入による体細胞核のリプログラムングについて最近の知見を紹介する．

1 生殖系列の概略

図XVIII-82-1に示すように，精子の進入を受けた未受精卵は，卵割を繰り返しながら，桑実胚(morula)を経て，動物種によって決まった時期に最初の分化の時期である**胚盤胞**（blastocyst）期に達する．胚盤胞は，将来胎子本体を形成する形態の小さな内（部）細胞塊（ICM, inner cell mass）細胞と将来胎盤を形成する形態の大きい栄養外胚葉(TE, trophectoderm)細胞に分化する．栄養外胚葉は，胎子本体を形成する原始外胚葉と胎膜を形成する原始内胚葉にさらに分化する．次いで，子宮内に着床後，始原生殖細胞と外胚葉，内胚葉，中胚葉の3胚葉に分化して器官形成をしていく．始原生殖細胞は，配偶子形成を経て受精するが，このような次の世代につながる細胞系譜は生殖（細胞）系列と呼ばれている．また，その他の細胞系譜は体細胞系列と呼ばれる．

動物種によって若干の差異はあるが，最初の卵割は受精後24時間目までに生じる．胚盤胞形成時期は動物種によって決まっており，マウス・ラットでは5回分裂後の32細胞期，ウシ・ヒツジ・ヤギでは6回分裂後の64細胞期，ウサギでは7回分裂後の128細胞期に生じる（Willadsen, 1982；Tsunoda, Sugie, 1989；Cruz, Pederson, 1991）．哺乳類の初期発生は，全割であり，桑実胚期までの卵割は等割である．体外で操作した卵子や初期胚では，遺伝子発現レベルのみでなく，細胞レベルでも生体内で受精して生体内で発育した胚と異なる場合が多く，その差異が胚発生や個体発生の低下に結びついている．

2 初期胚の個体への発生能

(A) 胚（受精卵）移植

哺乳類の個体発生は同種の生殖器官内でのみ生じることから，種々の人為操作を施した卵子

多能性（pluripotency）：多くの細胞に分化できる能力のこと．胚性幹(ES)細胞，人工多能性幹細胞（iPS 細胞）や臓器に存在する体性幹細胞は，受精卵と集合後受胚雌へ移植するとキメラ個体が生じるが，胎盤形成には参加しないことから多能性のある細胞である．

胚盤胞（blastocyst）：哺乳類の初期発生の一過程の胚であり，桑実期に続く最初の分化の時期の胚である．将来胎子本体を形成する内（部）細胞塊と胚の外側を取り囲み胎盤を形成するように運命づけられている栄養外胚葉に，形態的にも，また遺伝子発現の面からも分化している．ES 細胞は，内細胞塊を継代培養して樹立される．

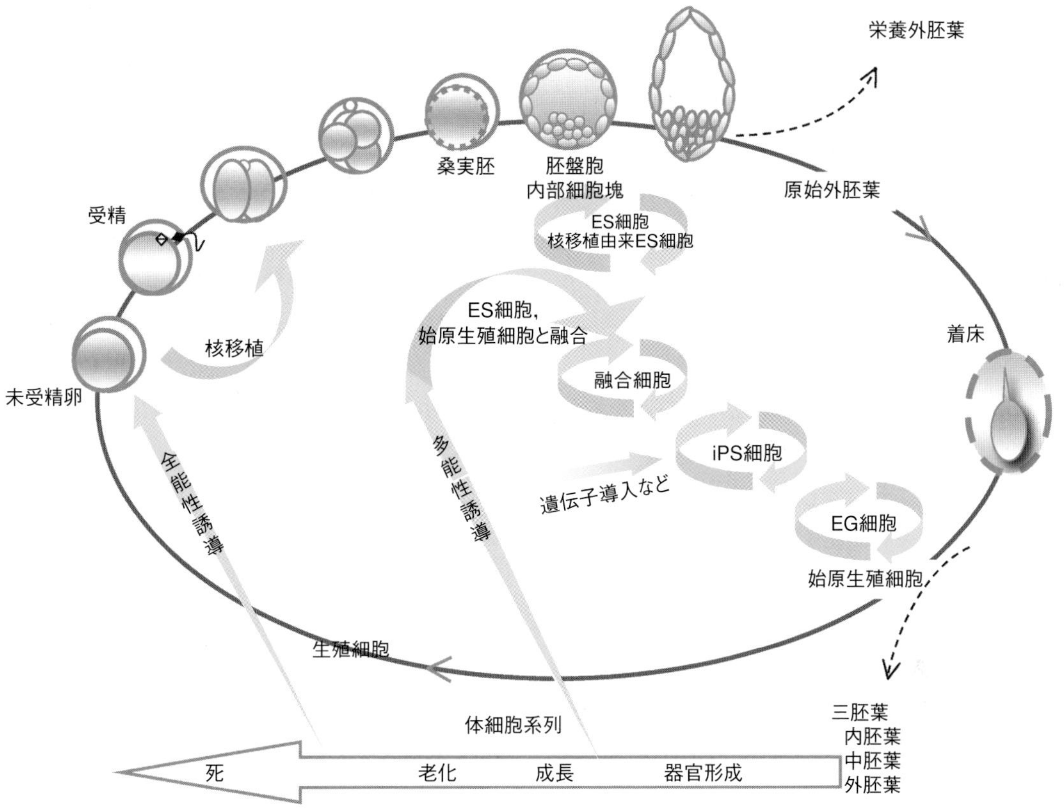

図XIII-82-1．生殖系列の概略（角田，2009を改変）

や初期胚の特性あるいは発生能を体外で調べることは可能であるが，個体への発生能は受胚雌に移植して判断する必要がある．Heap (1891) がウサギ受精卵の移植によって子ウサギを得て以来，胚移植技術は基礎・応用を問わず多くの分野で利用されてきた．生体内で卵管に存在する発育段階の胚は受胚雌の卵管に，子宮内に存在する時期の胚は子宮に移植するのが原則である．ブタ以外の動物種では，初期胚は16細胞期で子宮腔内へ下降することから，8細胞期までの発育段階の胚は卵管へ，16細胞期以降の胚は子宮へ移植する．また，初期胚の発育段階と受胚雌の排卵後の時期を同調させることが，個体への発生にとって重要である (Chang, 1950; McLaren, Michie, 1956)．しかし，体外で操作したマウス胚の場合，受精後3.5日に相当する胚盤胞は，排卵後3.5日目の受胚雌の子宮よりも，2.5日目の受胚雌の子宮に移植する方が個体への発生率が高い．なおマウスでは，いずれの発育ステージの初期胚も排卵直後の卵管に移植することが例外的に可能である．また，2分離胚のような質の劣る胚盤胞を移植する場合は，子宮へ移植するよりも卵管へ移植する方が個体への発生能は高い (Tsunoda, McLaren, 1983)．

表XVIII-82-1．胚盤胞への到達時期が受胚雌へ移植後の産子生産率ならびに産子の性に及ぼす影響（Tsunoda et al, 1985a）

培養胚数	胚盤胞数（%）	早く発育した区				中間区				遅く発育した区			
		移植胚数	産子数（%）	雄（%）	雌（%）	移植胚数	産子数（%）	雄（%）	雌（%）	移植胚数	産子数（%）	雄（%）	雌（%）
247	236（96）	83	41（49）	29（71）	12（29）	88	34（39）	15（44）	19（56）	65	25（38）	5（20）	20（80）

なお，ヒト体外受精胚は，多くの場合4-8細胞期で子宮内に移植されている．

（B）個体への発生能に影響する要因

（1）体外培養と発生能

Whitten（1956）は，化学組成の明らかな培地内でマウス8細胞期胚を体外培養して，胚盤胞に発育させることにはじめて成功した．その後，マウスやウサギ初期胚を用いて，体外培養に必要な培地中のイオン組成，pH，浸透圧，アミノ酸組成，エネルギー源，発生停止現象の解除などに関する研究が多数行われ，動物種に適した初期胚培養液が開発されてきた．その結果，現在ではF1マウス由来の前核期受精卵は，ほぼ100%胚盤胞へ発生するようになった．また最近では，マウス，ラット，ウシやヒト初期胚の体外培養に必要な培地が市販されるようになった．

McLarenとBiggers（1958）は，マウス8細胞期胚を体外培養して発育させた胚盤胞を受胚雌に移植して，個体へ発育することをはじめて報告した．哺乳類初期胚の体外培養と胚移植技術は，発生生物学や細胞生物学分野の研究者の基盤技術として広く利用され，卵管・子宮内で生じる発生現象の解明に貢献してきた．また，得られた知見は家畜やヒト体外受精卵の体外培養に応用され，家畜の育種・改良・増殖やヒトの生殖補助医療の進展にも寄与してきた．

しかし，体外で発育した胚は必ずしも生体内で発育した胚と同等ではない．初期胚の体外操作技術が最も確立しているマウスの場合でも，体外での胚盤胞への発生は体内での発生に比べて約1日遅れる．最近，マウス受精卵の体外培養液としてアミノ酸を添加した修正KSOM-aa培地（Ho et al, 1995）が開発され，より細胞数の多い胚盤胞が高率に得られるようになった．しかしながら，受胚雌へ移植した場合の産子への発生率は，形態的に正常に見える胚を選んで移植した場合でも40%であり，体内で発育した胚を移植した場合の75%と比べると著しく低い（Li et al, 2005）．また，発生に重要な働きをする遺伝子発現状況を個々の胚盤胞で調べると，生体内発育胚では核の多能性に関わる*Oct3/4*や*Sox2*遺伝子の発現量に大差は見られないが，体外発育胚では胚盤胞間で発現量の差異が大きく，また胚盤胞を構成する細胞数も少ない（Li et al, 2006）．また，体外で培養した胚を移植して産子を作出すると，ヒツジやウシでは産子の体重が大きくなる過大子症（large offspring syndrome）が高頻度で見られることが知られている（Young et al, 1998）．発生に重要な働きをする遺伝子の発現や初期胚のインプリント遺伝子の発現状況は，初期胚の体外培養や体外培養条件によって異なることが報告されており，体外培養卵の個体への発生率が低く，また過大子が見られる一因と考えられている（Young et et al., 1998；Khosla et al, 2001；Corcoran et al, 2006；Lonergan et al, 2006；Li et al, 2006）．

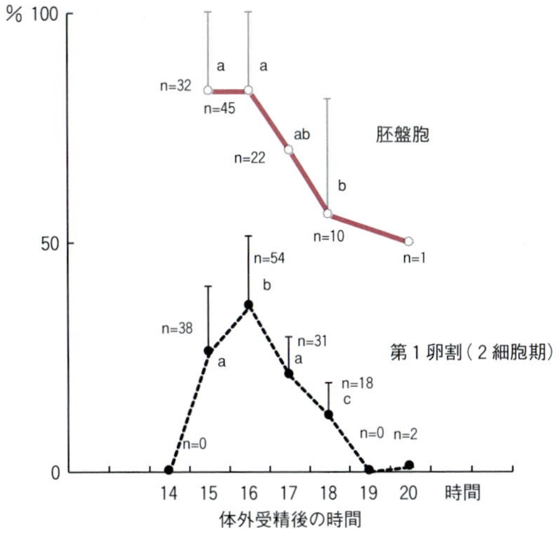

図XVIII-82-2．マウス体外受精卵の第1卵割時期が胚盤胞の発生率に及ぼす影響（異符号間で有意差 $P<0.05$）

胚由来の遺伝子の多くは，マウスでは2細胞期で（Bolton et al, 1984），ウシでは8-16細胞期で（Camous et al, 1986）活性化されることから，その時期までの初期胚を受胚雌に移植する場合は，培養条件よりも受精前の卵子の質が個体発生に重要となる．しかしながら，桑実胚－胚盤胞期で受胚雌に移植する場合は，いずれの動物種でも，卵子の質に加えて，初期胚の体外培養環境が個体への発生率を左右する．個体への発生能を見る限り，現在の初期胚体外培養液はなお不完全であり，生体内発育胚と同等の個体への発生能を持つ初期胚を得るためには，今後さらに体外培養技術を改善することが必要である．

(2) 発生速度と発生能

哺乳類の初期胚の割球は，必ずしも同調して卵割しない．2細胞期胚の両割球が同時に分裂することは少なく，3細胞期を経て，4細胞期に発育する．早く卵割した割球は，胚盤胞を形成する時内細胞塊に分布して，胎子の形成に参加する可能性が高い（Kelly et al, 1978）．この現象を利用して，ヒツジでは一卵性5子（Willadsen, Fehilly, 1983）やヤギ・ヒツジ間キメラ（Fehilly et al, 1984）が作出されている．同一胚内の割球が非同調的に卵割するだけでなく，同時に受精した胚間でも発育速度が異なる．Tsunoda et al（1985a）は，自然交配雌から採取したマウス8細胞期胚を体外培養して胚盤胞を形成する時期を調べ，形成時期によって早く胚盤胞に発育した胚，遅く発育した胚と中間胚の3種に区分した．ついで，各区の胚盤胞を受胚雌に移植して，産子への発生率と得られた産子の性を調べた．その結果を表XVIII-82-1に示したが，早く胚盤胞を形成した胚は，産子への発生率が他の2区と比べて高く，また得られた産子のうち雄の割合が有意に高かった．逆に，遅れて胚盤胞を形成した胚では，雌の割合が有意に高かった．この現象はウシやブタでも確認されている（Avery et al, 1992；Cassar et al, 1994）．しかしながら，ヒト胚では，胚盤胞への発生速度と児の性との関係は一致した結果が得られていない（Pergament et al, 1994；Richter et al, 2006）．

しかしながら，発生速度の早い胚は，その後の胚盤胞への発生率や受胚雌へ移植後の妊娠率，産子生産率が高いことは，マウス（Kobayashi et al, 2004），ウシ（Lonergan et al, 1999；Amarnath et al, 2007），ブタ（Kawakami et al, 2008）やヒト（Shoukir et al, 1997；Bos-Mickich et al, 2001）で確認されている．図XVIII-82-2に，マウス体外受精卵の例を示した．第一卵割は，体外受精後15-18時間目に生じるが，胚盤胞への発生率は15および16時間目に卵割した胚で高いことがわかる．これに対して，ES細胞を核移植した核移植卵では，早く卵割した胚と遅く卵割した胚で胚盤胞への発生率が低かった．これは，早く卵割しすぎた胚では，未受精卵内で生じる体細胞核のDNA複製が不十分であり，また遅れて卵割した胚では損傷を受けて複製に時間がかかり，発生率が低下したことによると思われる(Kobayashi et al, 2004)．

(3) 細胞数，細胞質量と発生能

通常，1個の受精卵は1個体の産子に発生する．初期胚の細胞数を半分にしても，個体への発生能は大きくは低下しない．ヒツジ，ウシ，マウスの初期胚を2分離し，卵管内あるいは体外で胚盤胞期へ発育させた後受胚雌に移植すると，条件さえ整えば正常胚と同程度の産子が得られる(Tsunoda, Kato, 2006)．2分離胚を移植して得られる産子の体重は，対照胚に比べてマウスでは小さくなるが(Tsunoda, McLaren, 1983)，ヤギでは大差が見られない(Tsunoda et al, 1985 b)．これは，マウスでは着床時期が厳密に定まっているのに対し，ヤギ，ヒツジやウシでは着床時期に大きなばらつきがあるためと思われる．胚盤胞を形成する時期は，動物種によって定まっており，初期胚を2分離あるいは4分離後培養すると，細胞数が通常の2分の1あるいは4分の1の時に胚盤胞を形成する．胚盤胞内細胞塊と栄養外胚葉に分布する細胞数の割合は，ほぼ1：2とされることから，2分離マウス胚は16細胞期で，ヒツジやウシ胚では32細胞期で胚盤胞を形成し，そのうちマウスでは約5個，ヒツジでは約10個が内細胞塊に位置することになる．個体に発生するためには，内細胞塊に少なくとも3個の細胞が必要とされており(Markert, Petters, 1978)，細胞数の点からは2分離胚は個体へ発生できる．初期胚を4分離すると，マウスでは内細胞塊に約2個，ヒツジやウシでは約5個が分布することになり，マウスでは4分離胚からは産子が得られないが(Rossant, 1976)，ヒツジやウシでは低率ではあるが産子が得られている(Willadsen, Polge, 1981；Willadsen, 1982)．胚盤胞を形成する時期の細胞数の減少を補うため，発育時期の遅れている初期胚割球や個体へ発生しない単為発生由来胚を，8分離胚割球に集合して細胞数を増加させた後受胚雌に移植して，8細胞期胚由来のマウス(Tsunoda et al, 1987)とヒツジ(Willadsen, Fehilly, 1983)の作出に成功している．この考え方は，早く卵割をする割球は内細胞塊に，遅く卵割をする割球は栄養外胚葉に分布する確率が高いとの知見に基づいている(Kelly et al, 1978)．このことから，なんらかの理由で半分の割球しか発生していないヒト胚の場合でも，細胞数の点からは十分に個体へ発生する可能性がある．

哺乳類の卵子の大きさは，動物種によって定まっており，卵子間で大きなばらつきはない．初期胚割球の細胞質量を半分にして2分の1の大きさにすると，胚盤胞を形成する時期は早まるが，胚盤胞への発生率や受胚雌へ移植後の産子への発生率，産子の体重に大差は見られない．細胞質量を半分にした場合，胚盤胞形成時期が早まる理由は，核と細胞質の量比が胚盤胞形成時期を決める要因である可能性があるためと考えられている(Kato et al, 1994)．このことから，なんらかの理由で卵子の細胞質量が少ない場合でも，十分に個体へ発生する可能性がある．

卵子の細胞質量を逆に倍にした後，顕微授精

を行うと，2倍の大きさの受精卵は通常の受精卵と同様に胚盤胞へ発育し，受胚雌に移植後産子へ発生する (Wakayama et al, 2008)．しかしながら，未受精卵の細胞質量を増加させることによって，産子への発生率は増加させない場合と比べて向上しない．また，細胞質を2倍に増加させた未受精卵に体細胞を核移植しても，産子は得られていない．このことから，細胞質量の増加は，胚発生支持能の向上には結びつかないと考えられる．

キメラマウスを作製する目的で，2個の初期胚が集合され，受胚雌に移植されてきた．集合すると，胚盤胞を形成する細胞数は2倍になるが，個体への発生能は対照胚と大差がない．また，集合胚は着床後大きさが調整されるため，大きな産子が得られることはない (Bowman, McLaren, 1970)．核移植卵が胚盤胞を形成する時の細胞数は受精卵に比べて少なく，個体への発生能も低いことから，2個のクローン胚を集合して細胞数を増加させ，産子への発生能を高める工夫がなされている．Boiani et al (2003) は，マウス体細胞核移植卵を4細胞期で2個あるいは3個集合して胚盤胞へ発生させ，受胚雌に移植した結果，産子への発生率は1％から8.2％に向上したと報告している．Boiani et al は，個体への発生能の点で劣る核移植胚を複数集合することによって，発生能を補い合い，結果的に個体への発生能が向上したと報告している．しかしながら，逆に発生能の劣る胚同士を集合しても個体への発生能は向上しないことが，マウスES細胞核移植胚 (Yabuuchi et al, 2002) やウシ体細胞核移植胚 (Misica-Turner et al, 2007) で報告されている．また，体外受精卵を3個集合後受胚雌に移植した場合も，産子への発生率は向上していない (Misica-Turner et al, 2007)．このことから，発生能の劣る初期胚を集合して細胞数を増加させても，必ずしも個体への発生能は向上しないと考えられる．

(4) 遺伝子発現と発生能

体外発育胚と体内発育胚間あるいは異なった培養液で発育した体外培養胚間では，多くの遺伝子の発現状況が異なり，この違いが個体への発生能の違いを反映する大きな原因と推察されている．Smith et al (2009) は，体外成熟培養-体外受精－体外発生胚 (IVF)，体内成熟－体内受精－体外発生胚 (IVD)，体内成熟－体内受精－体内発育胚 (AI) を用いて，個々のウシ胚盤胞の遺伝子発現状況を網羅的に解析して三者間で違いを比較した．その結果，IVF-IVD 間では150個の遺伝子発現量が相違することを見出したが，発生能の指標になる遺伝子が存在するか否かは明らかになってない．また，Jones et al (2008) は，体外受精後5日目のヒト胚盤胞栄養外胚葉から一部の細胞を採取し，残りの胚を移植して，産児が得られた場合と得られなかった場合の違いを，マイクロアレイ解析によって調べている．その結果，細胞接着と細胞間情報伝達に関わる遺伝子発現状況が特に相違することを明らかにした．しかしながら，個体への発生能に関わる遺伝子の特定はなされていず，特定の遺伝子発現の違いを利用して，個体への発生能が高い胚の選別が可能か否かは明らかになっていない．

最近，有用家畜の育種・改良・増殖，動物工場，絶滅危惧種の保護などを目指して，体細胞クローン動物の作出研究が行われているが (Wil-

表XVIII-82-2．遺伝子発現解析に用いた個体への発生能の異なるマウス胚

種類	個体への発生能（%）
体内発育胚	75
体外発育胚	40
前核置換胚	33
単為発生胚	0
桑実胚割球核移植胚	10
ES 細胞核移植胚	3
卵丘細胞核移植胚	<1
卵丘細胞核移植胚	0.7
TSA 処置卵丘細胞核移植胚	2.2

全て胚盤胞期で受胚雌へ移植
（Li et al, 2006；Rybouchkin et al, 2006）

mut et al, 1997；Wakayama et al, 1998；Kato et al, 1998），クローン胚妊娠雌では胎盤形成異常が多く，正常な個体への発生能は低いため，体細胞クローン個体作出技術が普及する障害になっている（I-6参照）．Kato et al（2007）は，体外発生能や受胚牛へ移植後の妊娠率には大差がないが，得られるクローン個体の正常性が異なる2種の体細胞クローンウシ胚と体外受精由来胚を用いて，妊娠15日目の受胎産物の遺伝子発現状況をマイクロアレイ法により網羅的に解析して比較した．その結果，得られる個体の正常性と関わる可能性がある遺伝子として36個の遺伝子を認めた．そのうち機能の判明している10遺伝子の発現状況を，初期胚の選別を行うことを考慮して，8細胞期と胚盤胞期の胚を用いて3者間で比較した．その結果，胎盤機能に関わるインターフェロンτ遺伝子の発現量が，正常な個体への発生能の高い体細胞クローン胚盤胞と体外受精由来胚盤胞では高いことが判明した．また，8細胞期胚で調べると，正常な個体への発生能の高い体細胞クローン胚と体外受精胚ではインターフェロンτ遺伝子はほとんど発現していないが，異常な個体が得られる多くの体細胞クローン胚では発現していることが明らかになった．インターフェロンτ遺伝子の発現状況が，正常な個体への発生能の高い胚の選別に使用できるか否かの実証は，今後に残された問題である．

Li et al（2006；2008）は，発生能に関わる遺伝子を見出すことを目的に，表XVIII-82-2に示すような個体への発生能の異なる体内発育胚，体外発育胚，前核置換胚，単為発生胚，桑実胚割球核移植胚，ES細胞核移植胚，卵丘細胞核移植胚ならびにトリコスタチンA（TSA）処理核移植胚由来の胚盤胞を用いて，発生に関わる遺伝子，クロマチン構造に関わる遺伝子，DNAメチル化に関わる遺伝子などの発現解析を行った．その結果，胚盤胞における *Oct3/4* と *Sox2* 遺伝子の発現状況が，個体への発生能に関わる可能性が示された．しかしながら，これらの遺伝子発現状況を指標にして，実際に個体への発生能が高い胚を選別できるか否かは今後の課題である．

3 体細胞核のリプログラミング誘導能

（A）核移植によるリプログラミング

図XVIII-82-1に示すように，種々の発生段階の体細胞を未受精卵細胞質に導入すると核は**全能性**を獲得して発生を開始し，核移植胚由来のES細胞が樹立できるだけでなく，核移植胚を受胚雌に移植すると一部は正常な産子に発育する（I-6）．このことから，未受精卵は核のリプログラミング誘導能を持つと考えられている．当然のことながら，リプログラミング誘導因子は，

全能性（totipotency）：すべての細胞に分化することのできる能力のこと．受精卵や初期胚は，単独で受胚雌に移植しても，あるいは他の胚と集合後移植しても，胎子のみでなく，胎盤形成にも参加することから全能性を持つ細胞である．

表XVIII-82-3．ウシ体細胞へのpTCTPペプチド導入が核移植卵の発生能に及ぼす影響

導入の有無	培養卵数	胚盤胞数（%）	移植頭数	妊娠頭数	流産頭数	産子数	生存産子数＊＊
－	98	23（23）	13＊	4（31）＊	2（50）＊	2（15）＊	1＊
＋	674	174（26）	17	8（47）	1（13）	7（41）	6

＊参考データ，＊＊分娩後150日目　(Tani et al, 2007)

受精卵の発生にとっても重要である．

Tani et al (2001) は，体細胞核を，染色体を除去（除核と呼ぶ）した第二減数分裂中期（MII期）未受精卵に核移植すると用いたドナー細胞の細胞周期と関係なく胚盤胞へ発生するが，活性化処置を与えた除核未受精卵に核移植すると，すべての核移植卵は8細胞期で発育を停止することを明らかにした．このことから，MII期未受精卵細胞質中には体細胞核の**リプログラミング**を誘導する因子が存在すると考えられる．また，Tani et al (2003) は，リプログラミング誘導に関わる未受精卵内の因子は，**卵成熟促進因子**（MPF, maturation promoting factor）ではないことを明らかにした．さらにTani et al (2007) は，卵細胞質中のリプログラミング誘導因子を同定するため，ウシM期未受精卵と活性化未受精卵を用いてタンパク質発現レベルの違いをプロテオーム解析によって比較した．その結果，核移植卵の発生能を支持するM期未受精卵細胞質には，その消長が体細胞核のリプログラミング誘導能の有無と一致する23kDaのリン酸化タンパク質が存在することが判明した．約20,000個の牛未受精卵を用いて，このタンパク質のアミノ酸配列を同定し，遺伝子を特定したところ，pTCTP (phosphorylated transcriptionally controlled tumor protein) であることが明らかになった．リン酸化TCTPペプチドをあらかじめ導入した体細胞を用いて核移植を行うと，胚盤胞への発生率は向上しなかったが，受胚雌へ移植後正常な子ウシが得られる割合が上昇した（表XVIII-82-3）．このことから，pTCTPは体細胞核のリプログラミングに関わる因子である可能性が高いと考えられた (Tani et al, 2007)．

Miyamoto et al (2006) は，アフリカツメガエル未受精卵抽出物をブタ体細胞に取り込ませることによって，またTang et al (2009) は，ウシ未受精卵抽出物をウシ体細胞に取り込ませることによって，体細胞核のリプログラミングが誘導されることを報告している．これらの卵細胞質に含まれる因子とpTCTPとの関連については明らかになっていない．

(B) 細胞融合によるリプログラミング

体細胞核のリプログラミングは，M期未受精卵細胞質に核移植したり，あるいは未受精卵抽出物を導入することによってのみ誘導されるわけではない．程度の差はあるが，体細胞を多能性を持つ始原生殖細胞や胚性幹（ES）細胞と融合することよって，体細胞核の多能性を誘導できる．Tada et al (1997) は，マウス胸腺リンパ細胞を生殖隆起に移動後の始原生殖細胞と融合することによって，融合細胞は多能性を獲得したことを明らかにした．また，Tada et al (2001) は，マウス胸腺細胞をES細胞と融合す

リプログラミング（reprogramming）：核の初期化とも呼ばれる．分化した体細胞核を未分化な状態へと変化させること．変化する核の状態によって，リプログラミングにもいくつかの段階があることが明らかになっている．
卵成熟促進因子（MPF, maturation promoting factor）：当初，卵成熟を促進する物質として発見されたサイクリンとcdc2キナーゼからなる複合タンパク質のこと．細胞周期のM期の開始を促進する作用があることから，M期促進因子（M phase promoting factor）とも呼ばれる．

ると，未分化細胞で発現する *Oct3/4* 遺伝子の発現が見られるようになること，融合細胞を正常胚盤胞に注入後受胚雌に移植して妊娠7.5日齢で胎子を調べると，胸腺細胞は内胚葉，中胚葉，外胚葉由来のいずれの細胞系譜にも分布していることを確認した．このことから，始原生殖細胞や ES 細胞には体細胞核のリプログラミングを誘導する因子が存在すると考えられる．しかし，その実体については明らかになっていない．

(C) 遺伝子導入によるリプログラミング

近年，分化した体細胞にわずか数個の遺伝子を導入するだけで，核がリプログラムされ，多能性を持つ細胞に転換することが明らかになっている．Takahashi と Yamanaka (2006) は，ES 細胞で特異的に発現している24個の遺伝子に注目して，核の多能性に関連する遺伝子をスクリーニングした結果，四つの転写因子 (*Oct3/4*, *Sox2*, *Klf4*, *c-Myc*) が核のリプログラミングに関係することをつきとめた．*Oct3/4* は，細胞の多能性に関わる遺伝子として重要であり，*Sox2* も多能性に関わると同時に *Oct3/4* と協調して働く．*Klf4* 遺伝子の機能は不明であるが，*c-Myc* は癌関連転写因子として知られている．Takahashi と Yamanaka は，これらの遺伝子をマウス繊維芽細胞に導入すると，形態的にもまた遺伝子発現の面からも ES 細胞と同様の性質に変化すること，これらの遺伝子導入細胞をヌードマウスに移植すると 3 胚葉由来の種々の組織に分布すること，正常胚盤胞に注入後受胚雌に移植するとキメラ胎子が得られることをそれぞれ明らかにした．この遺伝子導入細胞は，種々の組織に分化できる性質を持つことから，人工多能性幹細胞 (iPS 細胞，induced pluripotent stem cell) と名づけられている．

さらに，ヒト皮膚細胞の場合も，上記の *Oct 3/4*，*Sox2*，*Klf4*，*c-Myc* 遺伝子あるいは *Oct3/4*，*Sox2*，*Nanog*，*Lin28* 遺伝子を導入することによって iPS 細胞が樹立できることが報告されており (Takahashi et al, 2007；Yu et al, 2007)，iPS 細胞を用いた医療応用を目指した研究が開始されている．また，発癌作用のある *c-Myc* を除く 3 遺伝子の導入によっても，マウスとヒトで iPS 細胞が樹立できることが報告されている (Nakagawa et al, 2008)．iPS 細胞の樹立できる確率は低いが，Lin et al (2009) は TGFβ や MEK 阻害剤を併用することによって，ヒト iPS 細胞の樹立効率が200倍に向上することを明らかにした．

iPS 細胞は，二つの面から大きな注目を集めている．まず，ヒトの再生医療を目指した研究である．ヒト iPS 細胞は，筋肉組織，神経組織，腸管組織などのさまざまな細胞腫に分化誘導できることが明らかになっており，しかも皮膚だけでなく肝臓や胃等の体細胞からも樹立されている (Aoi et al, 2008)．特定の疾患を持つ患者体細胞を用いて，iPS 細胞を樹立し，必要な細胞種に分化誘導して治療に用いることが期待されている．ES 細胞の場合は，ヒト個体になる可能性の高い初期胚を破壊して ES 細胞を樹立する必要性があること，用いる患者と遺伝的に異なる細胞を治療に用いるため拒絶反応が生じる可能性があることから，再生医療に用いるには問題があると考えられてきた．そのため，ヒト除核未受精卵に患者の体細胞を核移植して，発生させ，ES 細胞を樹立して必要な細胞種に分化誘導後用いる治療クローニングが一部の国で実施されてきた．しかし，わが国では，核移植効率が低いため多数の未受精卵が必要なことや核移植卵は遺伝子発現の面から必ずしも正常と考えられないことから，治療クローニングは実施されるには至っていない．iPS 細胞の場合は，治療クローニングで見られるような生命倫理上の問題は少ない．そのため，安全性さえ確保されれば，広く実用化される可能性が高く，世界中の注目を集めている．また，ヒト iPS 細胞は，病態解明，薬剤探索，薬効試験や毒性試験などの創薬面からも注目を集めている．

ES 細胞は，体外で多様な体細胞に分化誘導できるだけでなく，精子や卵子などの生殖細胞に分化誘導できることから，有用家畜の育種・改良・増殖方法として，あるいは絶滅種の再生方法として利用できる可能性も考えられている（Hübner et al, 2003；Toyooka et al, 2003；Hua, Sidhu, 2008）．Nayernia et al（2006）は，ES 細胞から精原細胞幹細胞を誘導し，ついで半数体の雄生殖細胞に分化誘導させた．ついで，この生殖細胞をマウス未受精卵に顕微注入して 2 細胞期へ発生させ，受胚雌に移植することによってマウスの作出に成功した．しかしながら，ES 細胞から生殖細胞を誘導できる確率は低く，また正常な生殖細胞が形成できるか否か不明である（Hua, Sidhu, 2008）．また，マウスやサルの iPS 細胞を用いて生殖細胞を分化させる研究が実施されているが，現時点では確実な成功例は報告されていない．わが国ではヒト ES 細胞を用いて生殖細胞の樹立は行わないことと規定されており，iPS 細胞の場合も ES 細胞の禁止行為の規定を準用するとされていた（2008（平成20）年 2 月文部科学省）．しかしながら，平成22年 5 月に「ヒト ES 細胞の使用に関する指針」，「ヒト ES 細胞の樹立及び分配に関する指針」ならびに「ヒト iPS 細胞又はヒト組織幹細胞からの生殖細胞の作成を行なう研究に関する指針」がそれぞれ公布・施行された．これらの中で，ヒト ES 細胞，iPS 細胞や組織幹細胞からの生殖細胞の作成は一定の要件を満たす基礎研究に限り容認するが，作成された生殖細胞を用いてヒト胚を作成することは禁止されることになった．

また，Dyce et al（2006）は，遺伝子導入することなくブタ皮膚細胞から樹立した幹細胞から，卵子類似細胞の分化誘導に成功したことを報告している．将来，iPS 細胞などから正常な生殖細胞を分化誘導することが可能になれば，安全性を確認した上で，革新的な家畜生産技術，あるいは絶滅動物の救済法となるものと期待される．しかしながら，動物実験で数代にわたる長期間の安全性が確認されない限り，幹細胞から作成した生殖細胞を安易に不妊医療に用いるべきではないと考える．

まとめ

受精卵の体外での発生能や受胚雌に移植後の個体への発生能に及ぼす要因について述べるとともに，向上を目指して実施されている最近の知見を紹介した．主な動物種の初期胚に適した体外培養液や embryo tested の試薬が市販されるようになり，異分野の研究者も容易に初期胚操作研究を実施できるようになってきた．しかしながら，最も技術の確立しているマウスの場合でも，体外で操作した胚の個体への発生能は，体内で発育した胚に比べて極端に低いのが現状である．個体への発生能の低い体外培養胚を用いて得られる知見が，生体内の発生現象を反映しているかどうか疑問がある．家畜の育種改良増殖やヒトの不妊治療を目指して行われている体外受精・胚移植の成功率を向上させるためにも，初期胚体外操作技術をさらに改善することが必要である．

卵細胞質内には精子のみでなく，体細胞核をリプログラムする因子が含まれていることが最近明らかにされた．この因子が同定されて利用技術が確立できれば，体外受精卵の発生能の向上にもつながると予想される．また，体細胞核の初期化は多能性を持つ始原生殖細胞やES細胞との細胞融合，あるいは特定の遺伝子導入によっても誘導できることが明らかになってきた．ES細胞やiPS細胞からさまざまな細胞種が分化誘導されており，再生医療分野では臨床応用を目指した研究に期待が寄せられている．また，細胞やiPS細胞等から生殖細胞を分化誘導する研究が開始されるようになったが，作成された生殖細胞の安全性は確認されていない．このため，少なくとも現時点では，ヒトの不妊医療に用いることを容易に考えるべきではないと思われる．

（角田幸雄）

引用文献

Amarnath D, Kato Y, Tsunoda Y (2007) Effect of the timing of first cleavage on in vitro developmental potential of nuclear-transferred bovine oocytes receiving cumulus and fibroblast cells, *J Reprod Dev*, 53 ; 491-497.

Aoi T, Yae K, Nakagawa M, et al (2008) Generation of pluripotent stem cells from adult mouse liver and stomach cells, *Science*, 321 ; 699-702.

Avery B, Jorgensen CB, Madison V, et al (1992) Morphological development and sex of bovine in vitro-fertilized embryos, *Mol Reprod Dev*, 32 ; 265-270.

Boiani M, Eckardt S, Leu AN, et al (2003) Pluripotency deficit in mouse clones overcome by clone-clone aggregation : epigenetic complementation? *EMBO J*, 22 ; 5304-5312.

Bolton VN, Oades PJ, Johnson VN (1984) The relationship between cleavage, DNA replication and gene expression, *J Embryo exp Morph*, 79 ; 139-163.

Bos-Mikich A, Mattos AL, Ferrari AN (2001) Early cleavage of human embryos : an effective method for predicting successful ivf/icsi outcome, *Hum Reprod*, 16 ; 2658-2661.

Bowman P, McLaren A (1970) Viability and growth of mouse embryos after in vitro culture and fusion, *J Embryol exp Morph*, 23 ; 693-704.

Camous S, Kopechy V, Flechon JE (1986) Autoradiographic detection of the earliest stage of [3H] uridine incorporation into the cow embryo, *Biol Cell*, 58 ; 195-200.

Cassar G, King WA, King GJ (1994) Influence of sex on early growth of pig conceptuses, *J Reprod Fertil*, 101 ; 317-320.

Chang MC (1950) Development and fate of transferred rabbit ova or blastocyst in relation to the ovulation time of recipients, *J Exp Zool*, 114 ; 197-216.

Corcoran D, Fair T, Park S, et al (2006) Suppressed expression of genes involved in transcription and translation in in vitro compared with in vivo cultured bovine embryos, *Reproduction*, 31 ; 651-660.

Cruz YP, Pederson RA (1991) Origin of embryonic and extraembryonic cell lineages in mammalian embryos, In : *Animal Applications of Research in Mammalian Development*, Pedersen RA, McLaren A, First NL (eds), pp 147-204, Cold Spring Harbor Laboratory Press, New York.

Dyce PW, Wen L, Li J (2006) In vitro germline potential of stem cells derived from fetal porcine skin, *Nature Cell Biol*, 8 ; 384-390.

Ho Y, Wigglesworth K, Eppig JJ, et al (1995) Preimplantation development of mouse embryos in KSOM : augmentation by amino acids and analysis of gene expression, *Mol Reprod Dev*, 41 ; 232-238.

Heap W (1891) Preliminary note on the transplantation and growth of mammalian ova within a uterine foster mother, *Proc R Soc London*, 48 ; 457-458.

Hua J, Sidhu K (2008) Recent advances in the derivation of germ cells from the embryonic stem cells, *Stem Cells Dev*, 17 ; 399-411.

Hübner K, Fuhrmann G, Christenson LK, et al (2003) Derivation of oocytes from mouse embryonic stem cells, *Science*, 300 ; 1251-1256.

Jones GM, Cram DS, Song B, et al (2008) Novel strategy with potential to identify developmentally competent IVF blastocysts, *Hum Reprod*, 23 ; 1748-1759.

Kato Y, Oguro T, Tsunoda Y (1994) Effects of the reduction of cytoplasm of mouse 2-cell embryos on blastocele formation timing and developmental ability in vitro and in vivo, *Theriogenology*, 41 ; 1483-1488.

Kato Y, Tani T, Sotomaru Y, et al (1998) Eight calves cloned from somatic cells of a single adult, *Science*,

282 ; 2095-2098.
Kato Y, Li XP, Amarnath D, et al (2007) Comparative gene expression analysis of bovine nuclear-transferred embryos with different developmental potential by cDNA microarray and real-time PCR to determine genes that might reflect calf normality, *Cloning Stem Cells*, 9 ; 495-511.
Kawakami Y, Kato Y, Tsunoda Y (2008) The effects of time of first cleavage, developmental stage, and delipidation of nuclear-transferred porcine blastocysts on survival following vitrification, *Anim Reprod Sci*, 106 ; 402-411.
Kelly SJ, Mulnard JG, Graham CF (1978) Cell division and cell allocation in early mouse development, *J Embryol exp Morph*, 48 ; 37-51.
Khosla S, Dean W, Brown D, et al (2001) Culture of preimplantation mouse embryos affects fetal development and expression of imprinted genes, *Biol Reprod*, 64 ; 918-926.
Kobayashi T, Kato Y, Tsunoda Y (2004) Effect of the timing of the first cleavage on the developmental potential of nuclear-transferred mouse oocytes receiving embryonic stem cells, *Theriogenology*, 62 ; 854-860.
Li XP, Kato Y, Tsunoda Y (2005) Comparative analysis of development-related gene expression in mouse preimplantation embryos with different developmental potential, *Mol Reprod Dev*, 72 ; 152-160.
Li XP, Kato Y, Tsunoda Y (2006) Comparative studies on the mRNA expression of development-related genes in an individual mouse blastocysts with different developmental potential, *Cloning Stem Cells*, 8 ; 214-224.
Li XP, Kato Y, Tsuji Y, et al (2008) The effects of trichostatin A on mRNA expression of chromatin structure-, DNA methylatyion-, and development-related genes in cloned mouse blastocysts, *Cloning Stem Cells*, 10 ; 133-142.
Lin T, Ambasudhan R, Yuan X, et al (2009) A chemical platform for improved induction of human iPSCs, *Nat Methods*, 6 : 805-808.
Lonergan P, Khatir H, Piumi F, et al (1999) Effect of time interval from insemination to first cleavage on the developmental characteristics, sex ratio and pregnancy rate after transfer of bovine embryos, *J Reprod Fertil*, 117 ; 159-167.
Lonergan P, Fair T, Corcoran D,et al (2006) Effect of culture environment on gene expression and developmental characteristics in IVF-derived embryos, *Theriogenology*, 65 ; 137-152.
Markert CL, Petters RM (1978) Manufactured hexaparental mice show that adults are derived from three embryonic cells, *Science*, 202 ; 56-58.
McLaren A, Michie D (1956) Studies on the transfer of fertilized mouse eggs to uterine foster-mothers, I Factors affecting the implantation and survival of native and transferred eggs, *J Exp Biol*, 33 ; 394-416.
McLaren A, Biggers JD (1958) Successful development and birth of mice cultured in vitro as early as embryos, *Nature*, 182 ; 877-878.
Misica-Turner PM, Oback FC, Eichenlaub M, et al (2007) Aggregating embryonic but not somatic nuclear transfer embryos increases cloning efficiency in cattle, *Biol Reprod*, 76 ; 268-278.
Miyamoto K, Tsukiyama T, Yang Y, et al (2006) Cell-free extracts from mammalian oocytes partially induce nuclear reprogramming in somatic cells, *Biol Reprod*, 80 ; 935-943.
Nakagawa M, Koyanagi M, Tanabe K, et al (2008) Generation of induced pluripotent stem cells without Myc from mouse and human fibroblasts, *Nat Biotech*, 26 ; 101-106.
Nayernia K, Nolte J, Michelmann HW, et al (2006) In vitro differentiated embryonic stem cells give rise to male gametes that can generate offspring mice, *Dev Cell*, 11 ; 125-132.
Pergament E, Fiddler M, Cho N, et al (1994) Sexual differentiation and preimplantation cell growth, *Hum Reprod*, 9 ; 1730-1732.
Richter KS, Anderson M, Osborn BH (2006) Selection for faster development does not bias sex ratios resulting from blastocyst embryo transfer, *RBM Online*, 12 ; 460-465.
Rossant J (1976) Postimplantation development of blastomeres isolated from 4- and 8-cell mouse embryos, *J Embryol exp Morph*,36 ; 283-290.
Rybouchkin A, Kato Y, Tsunoda Y (2006) Role of histone acetylation in reprogramming of somatic nuclei following nuclear transfer, *Biol Reprod*, 74 ; 1083-1089.
Shoukir Y, Campana A, Farley T, et al (1997) Early cleavage of in-vitro fertilized human embryos to the 2 -cell stage : a novel indicator of embryo quality and viability, *Hum Reprod*, 12 ; 1531-1536.
Smith S, Everts RE, Sung L-Y, et al (2009) Gene expression profiling of single bovine embryos uncovers significant effects of in vitro maturation, fertilization and culture, *Mol Reprod Dev*, 76 ; 38-47.
Tada M, Tada T, Lefebre L, et al (1997) Embryonic germ cells induce epigenetic reprogramming of somatic nucleus in hybrid cells, *EMBO J*, 16 ; 6510-6520.
Tada M, Takahama Y, Abe K, et al (2001) Nuclear reprogramming of somatic cells by in vitro hybridization with ES cells, *Curr Biol*, 11 ; 1553-1558.
Tang S, Wang Y, Zhang D, et al (2009) Reprogramming donor cells with oocyte extracts improves in vitro development of nuclear transfer embryos, *Anim Reprod Sci*, 115 ; 1-9.
Takahashi K, Yamanaka S (2006) Induction of pluripotent stem cells from mouse embryonic and adult fibroblast cultures by defined factors, *Cell*, 126 ; 663- 676.
Takahashi K, Tanabe K, Ohnuki M, et al (2007) Induction of pluripotent stem cells from adult human fibroblasts by defined factors, *Cell*, 131 ; 861-872.
Tani T, Kato Y, Tsunoda Y (2001) Direct exposure of chromosomes to nonactivated ovum cytoplasm is effective for bovine somatic cell nucleus reprogramming, *Biol Reprod*, 64 ; 324-330.
Tani T, Kato Y, Tsunoda Y (2003) Reprogramming of bovine somatic cell nuclei is not directly regulated by maturation promoting factor or mitogen-activated protein kinase activity, *Biol Reprod*, 69 ; 1890-1894.
Tani T, Shimada H, Kato Y, et al (2007) Bovine oocytes with the potential to reprogram somatic cell nuclei have a unique 23-kDa protein, phosphorylated transcriptionally controlled tumor protein (TCTP), *Cloning Stem Cells*, 9 : 267-280.

Toyooka Y, Tsunekawa N, Akusu R, et al (2003) Embryonic stem cells can form germ cells in vitro, *Proc Natl Acad Sci USA*, 100 ; 11457-11462.
Tsunoda Y, McLaren A (1983) Effect of various procedures on the viability of mouse embryos containing half the normal number of blastomeres, *J Reprod Fertil*, 69 ; 315-322.
Tsunoda Y, Tokunaga T, Sugie T (1985a) Altered sex ratio of live young after transfer of fast- and slow-developing mouse embryos, *Gamete Res*, 12 ; 301-304.
Tsunoda Y, Tokunaga T, Sugie T, et al (1985b) Production of monozygotic twins following the transfer of bisected embryos in the goats, *Theriogenology*, 24 ; 337-342.
Tsunoda Y, Yasui T, Okubo Y, et al (1987) Development of one or two blastomeres from eight-cell mouse embryos to term in the presence of parthenogenetic eggs, *Theriogenology*, 28 ; 615-623.
Tsunoda Y, Sugie T (1989) Superovulation in nonseasonal Japanese native goats, with special reference to the developmental progression of embryos, *Theriogenology*, 31 ; 991-996.
Tsunoda Y, Kato Y (2006) Cloning in cattle, In : *Epigenetic Risks of Cloning*, Inui A (ed), pp33-57, Taylor & Francis, Boca Raton.
角田幸雄 (2009) 総論　核のリプログラミング，特集 細胞核の初期化メカニズム　11-13, Medical Bio, Ohmsha.
Wakayama S, Kishigami S, Van Thuan N, et al (2008) Effect of volume of oocyte cytoplasm on embryo development after parthenogenetic activation, intracytoplasmic sperm injection, or somatic cell nuclear transfer, *Zygote*, 16 ; 211-222.
Wakayama T, Perry AC, Zuccotti M, et al (1998) Full-term development of mice from enucleated oocytes injected with cumulus cell nuclei, *Nature*, 394 ; 369-374.
Whitten WK (1956) Culture of tubal mouse ova, *Nature*, 177 ; 96.
Willadsen SM, Polge C (1981) Attemps to produce monozygotic quardruplets in cattle by blastomere separation, *Vet Rec*, 108 ; 211-213.
Willadsen SM (1982) Micromanipulation of embryos of the large domestic species, In : *Mammalian Egg Transfer*, Adams CE (ed), pp185-210, CRC Press, Boca Raton, FL.
Willadsen SM, Fehilly CB (1983) The developmental potential and regulatory capacity of blastomeres from two-, four- and eight-cell sheep embryos, In : *Fertilization of Human Egg in vitro*, Beier HM, Lindner HR (eds), pp353-357, Spring-Verlag, Berlin.
Wilmut I, Schnieke AE, McWhir J, et al (1997) Viable offspring derived from fetal and adult mammalian cells, *Nature*, 385 ; 810-813.
Yabuuchi A, Kato Y, Tsunoda Y (2002) Effects of aggregation of nuclear-transferred mouse embryos developed from enucleated eggs receiving ES cells on in vitro and in vivo development, *J Reprod Dev*, 48 ; 393-397.
Young LE, Sinclair, Wilmut I (1998) Large offspring syndrome in cattle and sheep, *Rev Reprod*, 3 ; 155-163.
Yu J, Vodyanik AM, Smuga-Otto K, et al (2007) Induced pluripotent stem cell lines from human somatic cells, *Science*, 318 ; 1917-1920.

第 XIX 章

着床前診断

［編集担当：久保春海］

近年，分子遺伝学の発展により，ヒトゲノムDNAの塩基配列がすべて解析され，遺伝子の働きが次々に明らかになりつつある．一方，生殖補助医療（ART）も1978年の体外受精（IVF-ET）の成功以来，急速な発展を遂げるようになってきた．これらの高度先進技術の進歩に伴い，ヒト分子遺伝学と，不妊医療として発展してきたARTの融合が計られ，配偶子や着床前の段階でヒト胚の遺伝学的診断およびスクリーニングが可能になった．これにより，メンデル遺伝性疾患の，単一遺伝子変異を有するカップルの受精卵から割球を採取して，着床前遺伝子診断（PGD）の応用が可能になった．PGDはARTにより，カップルの配偶子を受精させて，得られた受精卵を，さらに2−3日培養して6−8細胞期に胚生検法（embryo biopsy）により，その一部割球（通常1−2個）を生検して得られた細胞（割球）を検体として用いる．このため着床以前に診断がつくので，遺伝性疾患を心配するクライアントが安心して胚移植を受け，妊娠することが可能である．PGDは1990年に，初めてイギリスで臨床応用が開始され，わが国では日本産婦人科学会がARTの不妊症以外への応用範囲を，特定の重篤な遺伝性疾患のPGDに限って，臨床研究として行うことが，1998年10月に承認された．しかし，諸外国では，PGDは重篤な遺伝性疾患に限定されておらず，染色体異常や社会的適応による性別判定にもPGDの応用範囲を広げている．すなわち，高齢不妊婦人のARTの治療成績向上や，均衡型転座保因者の反復流産患者に対して適用されている．これらは，着床前胚スクリーニング（PGS）と呼ばれ，ヨーロッパ不妊学会（ESHRE）の報告によれば，現時点でPGDよりもPGSの方が着床前胚選別の主流となっている．

［久保春海］

XIX-83

着床前胚の染色体診断

Key words
着床前診断／習慣流産／体外受精／異数性／転座

はじめに

着床前診断は体外受精で生じた受精卵が8細胞期－胚盤胞期に育った段階で，一部の細胞を生検し，その細胞について，受精卵が着床する前，すなわち妊娠が成立する前に染色体や遺伝子の異常の有無を調べる技術である．当初は遺伝子疾患の回避を目的として開発され，1990年に最初の出産例がHandysideら（1990）により報告されている．妊娠成立後に実施される絨毛検査や羊水検査などの出生前診断に比べて，検査結果が意に沿わないものであった場合の人工妊娠中絶の可能性を回避できるというメリットがある．

その後，着床前診断によって，女性の心身を著しく傷つける自然流産を予防することができることが明らかになり，世界的に見ると現在では着床前診断の大多数はこの目的で実施されるようになっている．流産予防を目的とする着床前診断には大きく分けて2種類があり，一つは，相互**転座**などの染色体の構造異常を原因とする習慣流産の患者を対象に実施するものであり，他の一種は受精卵の**異数性**の検査で，高齢の不妊患者などが，体外受精を受けて妊娠した後，受精卵の染色体の数的異常によって流産してしまうことを予防する目的で実施するものである．

本節では，この2種類の着床前診断について概説する．

1 転座の着床前診断

相互転座とは染色体の一部と一部が異なる染色体の間で入れ替わっている状態をいう．相互転座は600人から1,000人に一人という頻度の高い染色体異常である．切断点に重要な遺伝子がない限り，均衡型の相互転座では遺伝子の量は不変であるので，表現型は正常であり，ごく普通の一般人である．

ただ，配偶子ができる時だけは不均衡な染色

転座：染色体の転座とは染色体構造の変化の一つであり，染色体が互いにくっつくこと，または異なる染色体同士が入れ替わることを指す．染色体に部分的な過剰や欠失がなく，染色体の切断が遺伝子の働きを妨げるものでなければ，転座は人体に影響しない．染色体の部分的な過剰や欠失がない場合，転座のバランスがとれている均衡型と見なされる．染色体に部分的な過剰や欠失があれば，転座のバランスが崩れている不均衡型になる．転座のバランスがとれている人の場合，通常は医学的な問題が起きることはないが，一部の人には妊娠率の低下などの妊娠に関する問題が起こりうる．バランスがとれた転座の場合，本人が健康であっても，その人の卵子や精子の染色体の構成バランスが崩れており，その結果胚や妊娠した胎児の染色体バランスが崩れることがあるからである．バランスが崩れた転座があると，受精卵が着床しなかったり，流産してしまったりする可能性が高くなる．

異数性：体細胞染色体を2nとすると，2n＋1，2n＋2，2n－1などのごとく，ある特定の染色体が一つまたはそれ以上多いか少ないかの場合を異数性と呼ぶ．2n＋1は特定の染色体が，相同の二つのほかにもう一つ，すなわち三つあることを意味するから，これを三染色体（トリソミー）ともいう．これに対し2n－1は一染色体（モノソミー）である．

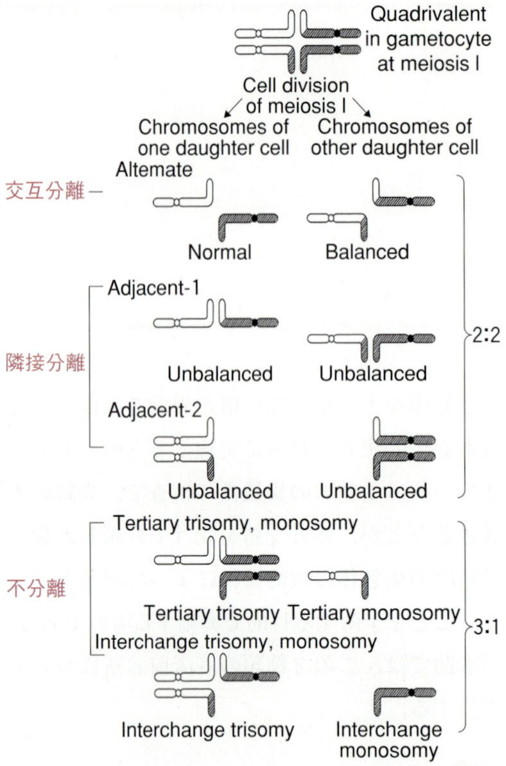

図XIX-83-1．相互転座保因者の配偶子の染色体の組み合わせ

体を持った精子や卵子ができる確率が一般人に比べて高くなる．相互転座保因者の配偶子形成過程においては，第一成熟分裂接合期に転座染色体を含んだ4本の染色体が十字に接合し，特徴的な四価染色体が形成される．この四価染色体が種々に分離することにより，正常配偶子以外にさまざまな異常配偶子が形成される．分離形式には交互，隣接，不分離の3種類があり，このうち，交互分離では正常配偶子，あるいは均衡型転座の配偶子が形成されるが，それ以外の配偶子が受精すると，部分トリソミー，部分モノソミーあるいは両者の合併などさまざまな染色体異常が生じる．相互転座で流産率が高くなるのは，このような染色体異常を持った受精卵が多いからである（図XIX-83-1）．

具体的には相互転座の保因者の配偶子の染色体の組み合わせは14種類あるが，そのうち，正常型と均衡型は2種類だけである．しかし，相互転座保因者の流産の確率はどの染色体のどの部位が関与しているかが患者によって違い，また，不均衡型の配偶子の割合や，不均衡型の受精卵の中で着床するものの割合も異なってくるために，患者ごとに流産の可能性は違う．一般的にいえば，何度も流産を繰り返している者ほど，次回も流産の確率が高くなる．

相互転座を保因する習慣流産患者の流産率についてはいくつかの報告があるが，新女性医学大系15巻（牧野ら，1998）では90%以上としている．

一方，杉浦ら(Sugiura-Ogasawara, Suzumori, 2004)は反復流産，すなわち2回以上流産したものを含む統計では，診断がついた次回妊娠での流産率は68%としており，この論文のデータから習慣流産，すなわち3回以上流産した者のみについて計算すると，75%になる．一方S. Munné (2006) らによれば，相互転座保因者が着床前診断を受けた場合の流産率は8.8%であり，着床前診断によって流産率が低下することは明白である．この事実は，他の多数の文献でも裏づけられている（Munné, 2006；Otani et al, 2006；Kyu Lim et al, 2004）．

流産を繰り返すうちにAsherman's Syndoromeを発症したり，子宮内膜が菲薄化したりして，妊娠が非常に難しくなる患者がいるのも大きな問題である(大須賀ら，1996；東口，2008)．

稽留流産を経験した女性の8%は不妊症にな

るとする報告もあるし（Polishuk et al, 1974），日本では流産の後，掻爬を実施するのが一般的であるが，1回掻爬を受けた女性の18.8%，2回掻爬を受けた女性の47.6%に子宮内癒着が観察されるとの報告もある（Römer, 1994）．

子宮内癒着が起こると続発性不妊になる可能性があり，流産どころか，妊娠すらできなくなったり，さらに繰り返す流産の原因になったりするなど，看過できない病態である．特に習慣流産では流産自体の苦痛に加えて，流産に伴う子宮内容除去術の結果としてさらなる流産原因が加わることは患者にとって耐えがたいものとなる（Netter et al, 1996）．

相互転座患者の着床前診断を実施するにあたっては，Munnéらの方法（Munné et al, 2000）で，FISH法を実施するのが最も一般的である．この方法ではFISH法に用いるprobeとして相互転座のbreakpointの遠位側にハイブリダイズするもの2種と，近位側にハイブリダイズするもの1種，あるいは遠位側1種と，近位側2種を選択する．正常型，ならびに均衡型転座を持つ受精卵ではいずれのprobeにおいても2ヶ所ずつFISHの蛍光が観察されるが，不均衡型の染色体を持つ受精卵では観察される蛍光の数に異常が見られる．

相互転座の保因者に対しては実際に着床前診断を実施する前に，患者白血球由来の中期核板でprobeが期待通りのハイブリダイゼーションを示すことを確認する必要がある．

また，最近相互転座保因者の着床前診断にarray CGH法を用いる事が可能になった．この方法ではより高い精度で診断が可能になると共に，他の染色体の異常も同等に検査することができる．

一方，相互転座以外の染色体構造異常で頻度の高いものにロバートソン転座がある．ロバートソン転座はD群（高桑ら，1998；沼部，2001；Regan et al, 1989）・G群（American Society for Reproductive Medicine-Society for Assisted Reproduction Technology（ASRM-SART），2002；Spandorfer et al, 2004）アクロセントリック染色体のうちの2本が癒合して短腕を失い，染色体数45になったものである．ロバートソン転座保因者の場合にも受精卵の染色体の不均衡が一般に比べると頻度が高くなるが，着床前診断によって，受精卵の段階で診断が可能である．最近では我々はロバートソン転座保因者の着床前診断にはarray CGH法により全ての染色体を検査している．これは，ロバートソン転座保因者で流産を繰り返す者の流産胎児には，転座に関係のない染色体の異数性が頻繁に見られるためである．

転座を保因する反復流産患者で，これまで一人も生児を得ておらず，我々の施設で2004（平成16）年10月から2007（平成19）年9月の間にFISH法による着床前診断を受けた均衡型相互転座保因者52人について検討した結果でも，着床前診断の優位性は明確になっている．これらの患者は計77回の着床前診断を受けており，着床前診断の結果を受精卵あたりで見ると，正常と判断された受精卵は971個中151個，15.6%にすぎなかった．一方，ロバートソン転座保因者11名の着床前診断では205個中40個，19.6%の受精卵が正常であった．

相互転座保因者の着床前診断後の流産率は18.2%と自然妊娠で報告されている自然妊娠後の流産率68.1%（Sugiura-Ogasawara, Suzumori, 2004）

表XIX-83-1．認知された全妊娠における染色体異常の頻度と胎内淘汰率

染色体異常	新生児（85%）における頻度	自然流産（15%）における頻度	認知された全妊娠における頻度	流産，死産の割合
常染色体トリソミー	0.12%	3.92%	4.04%	97%
21トリソミー	0.10%	0.37%	0.47%	79%
18トリソミー	0.013%	0.21%	0.223%	94%
13トリソミー	0.004%	0.20%	0.204%	98%
45，X	0.004%	1.42%	1.424%	99.7%
3倍体	0.002%	1.22%	1.222%	99.8%

に比し有意に低かった．ロバートソン転座保因者では着床前診断後の流産率は25.0%で，自然妊娠において報告されている36.4%よりは低かったが，症例数が少なく統計学的検討には不十分であった．着床前診断の妊娠率は相互転座保因者で42.8%，出産率は32.0%であった．ロバートソン転座保因者では妊娠率は53.3%，出産率は40.0%であった．総計すると，63人の患者が1.46回の着床前診断を受け，累積妊娠率は65%，累積生児獲得率は52.4%であった．

ここで，女性の年齢と妊娠率の関係を見ると，35歳未満の者では妊娠率が51.5%であったのに対し，35歳以上の者では26.9%とほぼ半減していた．これは，加齢による診断可能な受精卵の数の減少を背景として，15.6%しか正常型，あるいは均衡型の受精卵がないため受精卵が少ないと，移植できる受精卵が見つかる確率が低下すること，また，加齢とともに異数性を持つ受精卵が増加することが原因として考えられた．

結論として，相互転座保因者では着床前診断によって流産率の有意な低下が見られた．流産率が低下すれば，妊娠した者を母数とした生児獲得率も当然高くなる．着床前診断後の最初の妊娠での生児獲得率は81.8%，複数回妊娠すればさらに高くなる．一方，杉浦らは自然妊娠では妊娠を経験したものを母数とした生児獲得率は長期の観察で68%と報告している．また，着床前診断の妊娠率は患者の年齢が低い方が高く，若いうちに着床前診断を提供することがさらなる流産を予防するための有力な選択肢であることが明らかとなった．FISH法による着床前診断を受けたにもかかわらず流産した者の絨毛の多くには，転座とは関係のない染色体の異数性が見られたが，現在ではarrayCGH法で転座の診断が可能であり他の染色体の異数性もすべて検査することができる．

2 異数性の着床前診断

次にカップルの両方の染色体は正常であるにもかかわらず，受精卵の染色体に異常が認められる場合，すなわち異数性の着床前診断について概説したい．

流産の原因の3分の2は受精卵の染色体異常であることは広く知られている．また，一度，染色体異常妊娠を経験した患者は，次回も染色体異常妊娠になる確率が高いことがわかっている（高桑，1998）．

表XIX-83-1に代表的な染色体異常妊娠の流産

率を示すが（沼部，2001），きわめて高率であることがわかる．また，流産胎児の染色体異常の頻度は66%もあるのに，出生児における染色体異常の頻度は0.1%であることからも，染色体異常妊娠の98-99%は流産してしまうことが容易に推測される．

体外受精に際して，受精卵の染色体を検査すれば，もともと染色体異常によって流産をする運命にあった受精卵を排除して，胎児として発育できる受精卵だけを子宮に戻すことが可能になる．体外受精後の流産はこういった受精卵の染色体異常，特に異数性による場合が多く，着床前診断を実施することで，体外受精の流産率を減らすことができる．

母体年齢および過去の自然流産歴が流産を引き起こす重要なリスク要因であることは広く知られている（Regan et al, 1989 ; Fretts et al, 1995 ; Nybo et al, 2000 ; La Rochebrochard, Thonneau, 2000 : Kupka et al, 2004）．これに加え，体外受精で妊娠した場合，自然妊娠と比較すると，流産のリスクが高いという報告がある（Wang et al, 2004）．

CDC（米国疾病予防管理センター）より報告された生殖補助医療に関するデータが，年齢の影響をよく表している（American Society for Reproductive Medicine-Society for Assisted Reproduction Technology（ASRM-SART），2002）．流産率は35歳未満の女性の12.9%と比較して，41歳以上の女性では39.7%に増加する．同様のデータがドイツで報告されており，43歳以上の女性の流産率は56.1%となっている（Kupka et al, 2004）．

体外受精による妊娠後の流産胎児の染色体に関する研究では，染色体異常の頻度が高いことが報告されている．Spandorferらの研究では，胎児心拍が認められた後で起こった流産の71%が染色体異常であった．染色体異常と母体年齢の関連は特に顕著であり，39歳以下の女性では65%，40歳以上の女性では82%の染色体異常が見られた．そして着床前診断（着床前診断）が流産率を下げることが示唆されている（Spandorfer et al, 2004）．

ある多施設共同研究では，X，Y，13，18および21染色体の異数性の着床前診断を受けた群と対照群とが比較された（Munné et al, 1999）．その結果，自然流産率（心拍があれば妊娠と判断）が対照群の23%から着床前診断を受けた群の9%へと大きく下がっている（$P<.05$）．別の研究では，37歳以上の女性343人を対象とした着床前診断による異数性検査で報告された自然流産率が，予想された16%の流産率を下回り，わずか9%にとどまった（Gianaroli et al, 2001）．

Jobanputraら（2002）の報告によると，13，15，16，18，21，22，XおよびY染色体に対するプローブによる蛍光in situハイブリダイゼーション法（FISH法）によって染色体異常のある胎児の83%がルーチンに検出できるとしている．また同じプローブにより，着床前診断では自然流産を発生させるリスクのある染色体異常の受精卵の80%近くを検出できるはずである．

Munnéら（2006）は，13，15，16，17，18，21，22，XおよびY染色体に特異的なプローブを使った着床前診断を1,965人の患者の合計2,279周期実施して，その結果を報告しているが，着床前診断グループの平均流産率16.7%は，一般体外受精グループの21.5%を大きく下回った（$P<.001$）としている．また，35-40歳のグ

ループでは，着床前診断後の流産率は19.4%から14.1%に，41歳以上のグループでは，着床前診断後の流産率は40.6%から22.2%に低下したと報告している．

現在 arrayCGH 法による遺伝子チップを用いたすべての染色体の検査が広く臨床的に実施されており高い精度と，流産率のさらなる低下が報告されている（Munné et al, 2008）．また，胚盤胞から栄養外胚薬（trophectderm）を採取する方法を用いれば，染色体のモザイクを示す胚にも対応可能である．

一方で，着床前診断による異数性の検査には妊娠の結果にむしろ悪影響を及ぼすとの報告も一部から出されている（Mastenbroek et al, 2007）．しかしながら，この報告においては，少数の染色体しか検査しておらず，また着床前診断の結果がはっきりしない受精卵の割合が20.1%と異常に多く，しかも，染色体が正常であるのか否かが不明な受精卵を胚移植していることが着床前診断のメリットが具現しなかったことの原因と考えられる．現在実施されている arrayCGH 法による検査では全ての染色体を調べしかも精度も格段に高いので，このような問題は考えられない．

まとめ

着床前診断の安全性については，これまでに約10,000人が生まれていること，新生児約1,000人の調査で，先天異常の確率が顕微授精等と変わらないことが確認されていることからも明らかである．

着床前診断は流産を予防するためにきわめて有用な手技であり，今後の普及によって流産に苦しむ女性が少しでも減ることが期待される．幸いにも着床前診断は米国でなんらの制限もなく実施されており，その技術は急速に進歩している．臓器移植などとは違って技術を国内に移入するのは容易であり，今後，国内でも，着床前診断によって流産に苦しむ女性の数が減ることが期待される．

（大谷徹郎）

引用文献

American Society for Reproductive Medicine-Society for Assisted Reproduction Technology（ASRM-SART）(2002) Assisted reproductive technology in the United States (1999 results generated from the American Society for Reproductive Medicine/Society for Assisted Reproduction Technology registry), *Fertil Steril*, 78 ; 918-931.

Fretts RC, Schmittdiel J, Mclean FH, et al (1995) Increased maternal age and the risk of fetal death, *N Engl J Med*, 333 ; 953-957.

Gianaroli L, Magli MC, Ferraretti AP (2001) The *in vivo* and *in vitro* efficiency and efficacy of PGD for aneuploidy, *Mol Cell Endocrinol*, 183 ; S13-S18.

Handyside AH, Kontogianni EH,Hardy K, et a1 (1990) *Pregnancies from biopsied human preimplantation embryos sexed by Y-specific DNA amp1ification*.

東口篤司（2008）日産婦誌，vol.60 No. 9 ; N382-N388.

Jobanputra V, Sobrino A, Kinney A, et al (2002) Warburton D. Multiplex interphase FISH as a screen for common aneuploidies in spontaneous abortions, *Hum Reprod*, 17 ; 1166-1170.

Kupka MS, Dorn C, Montag M, et al (2004) Previous miscarriages influence IVF and intracytoplasmic sperm injection pregnancy outcome, *Reprod Biomed Online*, 8 ; 349-357.

Kyu Lim C, Hyun Jun J, Mi Min D, et al (2004) Efficacy and clinica1 outcome of preimplantation genetic diagnosis using FISH for couples of reciprocal and Robertsonian translocations : the Korean experience, *Prenat Diagn*, 24 ; 556-561.

La Rochebrochard E, Thonneau P (2000) Paternal age and maternal age are risk factors for miscarriage : results of a multicentre European study, *Hum Reprod*, 17 ; 1649-1656.

Mastenbroek S, Twisk M, van Echten-Arends J, et al (2007) In vitro fertilization with preimplantation genetic screening, *N Engl J Med*, 357 ; 9-17.

Munné S et al (2008) Annual Meeting Supp1ement, *Fertil Steril*.

Munné S, Fischer J, Warner A, et al (2006) Preimplantation genetic diagnosis significantly reduces pregnancy loss in infertile couples : a multicenter study, *Fertil*

Steril, 85 ; 326-332.
Munné S, Magli C, Cohen J, et al (1999) Positive outcome after preimplantation diagnosis of aneuploidy in human embryos, *Hum Reprod*, 14 ; 2191-2199.
Munné S, Sandalinas M, Escudero T, et al (2000) Outcome of preimplantation genetic diagnosis of translocations, *Fertil Steril*, 73 ; 1209-1218.
Munné S (2006) Preimplantation genetic diagnosis for translocations, *Hum Reprod*, 21(3) ; 839-840.
Netter AP, Boutaleb Y, Hallez JP, et al (1996) Reccurent abortions : unpublished syndrome suggesting the explanation of fetal death, *C R Acad Sci III*, 319 ; 637-638.
沼部博直（2001）胎児異常と奇形——常染色体異常，産婦人科の世界，53, 771-781.
Nybo AA, Wohlfahrt J, Christens P, et al (2000) Maternal age and fetal loss (population based register linkage study), *Br Med J*, 320 ; 1708-1712.
大須賀穣，堤治，武谷雄二(1996)：図説産婦人科 VIEW 20, pp48-57.
Otani T, RocheM, Mizuike M, et al (2006) Preimplantation genetic diagnosis significantly improves the pregnancy outcome of translocation carriers with a history of recurrent miscarriage and unsuccessful pregnancies, *Reprod Biomed Online*, 13 ; 869-874.
Polishuk WZ, Schenker JG, Yarkoni S (1974) Menstrual and obstetric sequelae of missed abortion, *Acta Eur Fertil*, 5 ; 289-293.
Regan L, Braude PR, Trembath PL (1989) Influence of past reproductive performance on risk of spontaneous abortion, *Br Med J*, 299 ; 541-545.
RömerT (1994) Post-abortion-hysteroscopy--a method for early diagnosis of congenital and acquired intrauterine causes of abortions, *Eur J Obstet Gynecol Reprod Biol*, 57 ; 171-173.
Spandorfer SD, Davis OK, Barmat LI, et al (2004) Relationship between maternal age and aneuploidy in in-vitro fertilization pregnancy loss, *Fertil Steril*, 81 ; 1265-1269.
Sugiura-Ogasawara M, Suzumori K (2004) Poor prognosis of recurrent aborters with either maternal or paternal reciprocal translocations, *Fertil Steril*, 81 ; 367-373.
高桑好一ほか（1998）新女性医学大系15不妊・不育，pp 161-169.
Wang J, Wang X, Norman RJ, Wilcox AJ (2004) Incidence of spontaneous abortion among pregnancies produced by assisted reproductive technology, *Hum Reprod*, 19 ; 272-277.
牧野恒久ほか（1998）新女性医学大系15不妊・不育，pp 38-47.

XIX-84

習慣流産の細胞遺伝

Key words
習慣流産／胎児染色体異常／着床前診断／着床前胚スクリーニング

はじめに

流産は妊娠22週未満の娩出と定義されているが，大多数は妊娠10週未満の早期流産である．流産は妊娠の最大の合併症であり約15%と考えられている．**習慣流産**は3回以上連続する流産であるが，昨今の少子化において2回以上を反復流産として扱うことが多い．

習慣流産の原因は母体側と胎児側に分けることができる（図XIX-84-1）．母体側に関しては抗リン脂質抗体10%，子宮奇形3.2%の頻度で見られる．内分泌異常は教科書的にも原因と考えられてきたが実は高レベルのエビデンスはあまりないのが現状である．免疫異常，血栓性疾患，遺伝子多型，精神的ストレスなどの関与が報告されているがまだ研究レベルである．日本産科婦人科学会・日本産婦人科医会の産科ガイドラインに示された推奨レベルA–Cを図XIX-84-1に示した．習慣流産の明らかな原因と現時点で強く考えられるのは抗リン脂質抗体症候群，子宮奇形，夫婦染色体均衡型転座胎児染色体異常である．

胎児側としては夫婦の染色体均衡型転座4.5%が知られている．散発流産の約70%が胎児（胎芽を含む）染色体数的異常によるが，繰り返す流産はそのような偶然によるものではない，ということが長い間信じられてきた．しかし，習慣流産の集団にも胎児染色体異常を繰り返している症例が存在することがわかってき

母体側異常

A　抗リン脂質抗体10%
A　子宮奇形3.2%
C　内分泌異常
　糖尿病
　甲状腺機能異常
　多のう胞性卵巣症候群
C 凝固系異常
・遺伝子多型
・免疫異常
・炎症
・精神的ストレス

胎児側異常

B 夫婦染色体転座4.5%
C 胎児染色体異常
　1回80%‐2回64%‐3回51%

・遺伝子異常
・エピゲノム異常

図XIX-84-1．習慣流産の原因と思われる異常

| **習慣流産：** 3回以上連続する自然流産，原発性と続発性がある．

表XIX-84-1．習慣流産夫婦の染色体異常頻度

	De Braekeleer et al.（n＝16661組）	Sugiura etal.（n＝1284組）
相互転座	415（2.5%）	47（3.7%）
妻	265（63.9%）	29（61.7%）
夫	150（36.1%）	18（38.3%）
ロバートソン転座	191（1.1%）	11（0.8%）
妻	133（69.6%）	8（72.7%）
夫	58（30.4%）	3（27.3%）
逆位	60（0.4%）	7（0.5%）
9番		25（1.9%）
妻	35（58.3%）	
夫	25（41.7%）	
性染色体異常	26（0.2%）	5（0.4%）
妻	19（73.1%）	
夫	7（26.9%）	
合計	703（4.2%）	100（7.8%） 75（5.8%）*

＊9番逆位を除く

た．

1 習慣流産夫婦の染色体異常頻度

染色体均衡型転座が習慣流産患者に5％前後見られることは古くから報告されていたが，M. De Braekeleerらは2回以上の流死産を経験した22,199組のカップルの染色体異常の頻度をデータベースから調査した（表XIX-84-1）(De Braekeleer et al, 1990)．反復流産患者における染色体構造異常の頻度は新生児における頻度（相互転座0.085%，ロバートソン転座0.092%，逆位0.012%）よりも高く，既往流産回数が増加するに従って頻度も上昇することからこれらの構造異常が流産と関係することが示された．一方，性染色体の数的異常は新生児に見られる頻度と差がなく，流産と関係がないものと考えられた．また，夫よりも妻の構造異常の頻度が高いことが判明した．我々の1284組の反復流産夫婦における染色体異常の頻度は5.8%であり (Sugiura-Ogasawara et al, 2004)，De Braekeleerらの報告より少し高頻度であるが，転座が妻に多いという点は一致していた．E. Van Asscheらは無精子症において13.7%，乏精子症において4.6%に染色体異常が見られ，乏精子症では均衡型転座が有意に見られることを報告している (Van Assche et al, 1996)．男性の均衡型転座保因者の場合，不妊となることで習慣流産患者より早期に自然淘汰を受けるために習慣流産の集団における頻度が低下していると推測できる．

染色体均衡型相互転座の減数分裂においては，転座している染色体が4価染色体を形成し，その後（正常である）交互分離，（不均衡である）隣接第一分離，隣接第二分離，3：1分離，4：0分離を起こす．正常もしくは均衡型と不均衡配偶子がどの割合で形成されるかは個々の症例

で異なる（Gardner, Sutherland, 2004）．

2 均衡型転座を持つ夫婦の妊娠予後

均衡型転座が流産と関与することは多くの報告から明らかであったが，我々は1284組の反復流産患者の原因精査後の１回以上の妊娠帰結を世界ではじめて報告した（Sugiura-Ogasawara et al, 2004）．相互転座を持つ夫婦47組中15組（31.9%）が診断後初回妊娠で生児獲得に成功した．一方，染色体正常夫婦1184組中849組（71.7%）が出産に成功しており，均衡型相互転座保因者の流産率が高いのは明らかである．しかし，さらにその後の妊娠を観察したところ，47組中32組（累積生児獲得率68.1%）がさらなる流産を経験して生児を得ることができた．シカゴのグループは初回妊娠65%，累積成功90%と報告している．オランダのコホート研究では患者を電話調査によって follow up し続けて，累積生児獲得率83%と高い生児獲得率を示している（Franssern et al, 2006）．

一方 Robertson 型転座保因者11人のうち７人が（63.6%）が診断後最初の妊娠で出産しており，これは染色体異常のない人とあまり変わりなかった．FISF 法を用いた精子解析で相互転座保因者の精子の46.9%が正常あるいは均衡型である交互分離を示し，Robertson 型転座保因者では88%が交互分離を示しており，Robertson 型転座は相互転座よりも成功率が高いことが推測できる（Gardner Sutherland, 2004）．

著者らの2004年の報告は約15年間の臨床データであり，既往10回，13回流産歴を持つ患者を含んでいる．また，検査後に１回流産した後に受診しなくなった患者を‘失敗’に含めているため，成功率が低くなっているものと推測している．そこで2003年から2005年の間に症例数の多い10施設（名古屋市立大学，名古屋市立城西病院，東京大学，大阪府立母子センター内科，慈恵医科大学，慶応義塾大学，国立成育医療センター，東海大学，日本医科大学，富山大学）を受診した患者について同様の調査をしてみた（Sugiura-Ogasawara et al, 2008）．2382組の患者のうち85組（3.6%）に均衡型転座が見られた．相互転座に関しては，診断後初回妊娠において63%（29/46組）が生児獲得できた．正常染色体を持つ夫婦の生児獲得率よりも明らかに低いが，次回自然妊娠で63%の夫婦が出産できている事実は患者を勇気づけることができる．

3 均衡型転座を持つ習慣流産患者の着床前診断

均衡型転座を持つ習慣流産患者に対する**着床前診断**が2007年からわが国でも始まっている．この技術には⑴受精卵を操作廃棄することに対する生命倫理的問題，⑵障害を持つ人たちからの優生思想であるとの批判，⑶自然妊娠が可能な人に対して体外受精を行う，といった問題があると考えられる．ESHRE PGD Consortium によれば，着床前診断によって生まれた児の体重は3,225g と標準的であり，先天異常は5.8%（47/813）に確認された（Harper et al, 2006）．しかし，長期的な児の予後は現時点で不明である．

着床前診断に関する諸外国の規制のあり方は多様である．米国，韓国にはまったく規制がない．イギリスは体外受精と着床前診断はヒトの受精および胚研究認可庁により規制され，対象

着床前診断：体外受精によって得られた受精卵の１－２割球を生検して診断し，非罹患胚を移植する生殖補助医療．出生前診断に対する用語．

表XIX-84-2．既往流産回数別流産率及び染色体異常率

過去の流産回数	流産率	染色体異常率
2	23.2（105/452）	63.6（35/55）
3	32.4（149/460）	59.0（46/78）
4	37.0（71/192）	55.3（21/38）
5	48.7（38/78）	38.9（7/18）
6	64.1（25/39）	28.6（4/14）
7	66.7（16/24）	50.0（4/8）
8	70.6（12/17）	0　（0/7）
9	78.6（11/14）	28.6（2/7）
10 or more	93.9（31/33）	11.0（1/9）

（Ogasawara, 2000）

疾患が限られている．スウェーデンでは社会省指針によって重篤な進行性遺伝的疾患の診断であるときに認められる．オーストリア，スイス，ドイツは事実上法律によって禁止されてきたが，ドイツは最近になって実施しはじめた．

わが国には法規制はなく，日本産科婦人科学会が1998年に「着床前診断に関する見解」を作成し，重篤な遺伝性疾患に限って，申請された症例ごとに審査して認可している．現時点で均衡型転座を持つ習慣流産患者，Duchene 型筋ジストロフィー，筋強直性ジストロフィーなどを含む約200例が承認されている．

現在転座保因者に対する着床前診断の出産成功率を明記している報告は４つあり，１回の採卵による成功率は23.7%，47.2%，6.2%，22.1%である（Chun et al, 2004；Otani et al, 2006；Feyereisen et al, 2007；Fischer J et al, 2010）．前述の通り，自然妊娠の診断後初回妊娠成功率は31.9–65%である．着床前診断によって出産成功率が改善できるとしたコホート研究は報告されていない．

着床前診断は体外受精が前提なので１回あたりの妊娠率が10–30%であり，数回の体外受精＋着床前診断を繰り返して生児獲得することになる．オランダのグループによれば自然妊娠による累積成功率は83%であり，着床前診断によってここまで成功できるかどうかはまだ不明である．成功率は年齢，過去の流産回数に依存して減少することが推察される．染色体均衡型相互転座の減数分裂において（正常である）交互分離がどの割合で起きるかは個々の症例で異なり，現時点では予測不可能である．しかし，均衡型転座と判明した直後の自然妊娠において30–60%の高い生児獲得率が得られるにもかかわらずすべての保因者に着床前診断を行うことは過剰治療であり，交互分離の割合を推測する方法を見つけることが今後の課題である．高齢であること，既往流産回数が多いことが診断の適応になると考えている．

4 原因不明習慣流産患者における胎児染色体数的異常

散発流産（習慣性はなく１回の流産）の50–70%に胎児の染色体異常が見られるが，それは偶然起こることであって，習慣流産の原因ではないとして長い間‘胎児染色体異常による流産’の存在は認識されなかった．我々は反復流産患者の1309妊娠について既往流産回数別流産率と胎児染色体異常率を検討した（Ogasawara et al, 2000）．既往流産回数が増えるに従って流産率は高くなり，染色体異常率は有意に減少した（表XIX-84-2）．しかし，既往流産回数２–４回の集団では染色体異常流産は50%以上存在した．反復流産患者においても胎児染色体異常は重要な原因の一つであると思われた．ただし，胎児染色体異常が見られた時の次回妊娠の成功率は胎児

染色体正常であった時よりも有意に高率であった（62% vs 38%，オッズ比2.6）．

欧米では，胎児染色体数的異常流産に対して胚スクリーニングが行われている．P. Platteauらの報告によると4.46回流産歴のある25人の原因不明の習慣流産患者に着床前診断を行ったところ妊娠継続できたのはたったの25%だった（Platteau et al, 2005）．我々の調査では過去5回流産歴のある患者の51%が次回自然妊娠で出産できており（Ogasawara et al, 2000），Platteauらも胚スクリーニングの有効性は認められないと述べている．原因不明習慣流産患者の中に胎児染色体異常を繰り返す症例が存在することは間違いないが，すべての原因不明患者に胚スクリーニングを施行しても成功率の改善には結びつかない．最近，染色体不分離に関与する *SYCP 3* 遺伝子の変異が習慣流産患者26人中2人に認められた（Bolor et al, 2009）．私たちの追試では101人の習慣流産患者の1人と出産歴のある女性の1人に変異を認めた．患者の胎児絨毛は46 XX，46XYであり，*SYCP 3* 遺伝子変異は胎児染色体異常流産とは関係ないと考えられた（Mizutani et al, 2011）．胎児染色体異常流産の経験者は前述の通り予後がいいので，胚スクリーニングの優位性は証明しにくいかもしれない．

平均年齢30歳の患者の散発流産における胎児染色体数的異常は70%に見られる．これは女性の加齢によって増加する．これが，2回，3回繰り返す確率は$(0.7)^n$，単純計算で49%，35%である．最近のマイクロアレイCGH（Comparative Genomic Hybridization）法を用いた研究によれば流産の80%に染色体微細欠失を含む胎児染色体異常が見られた．すなわち2回，3回繰り返す確率は64%，51%である．平均3回流産歴を持つ習慣流産集団の約50%は胎児染色体異常によるものと推測できる．さらに片親性ダイソミー，メチル化異常などのエピゲノム異常も流産に関与していることが報告され，習慣流産には胎児先天異常によるものが我々の想像よりもはるかに多く起こっていると考えられる．

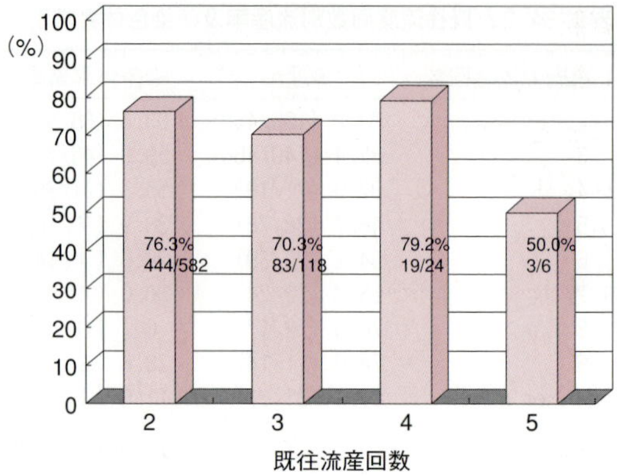

図XIX-84-2．既往流産回数別薬物投与なしの成功率

このような症例は薬剤投与の必要性はなく，確率の問題で成功できる．名古屋市立大学の薬物投与なしでの生児獲得率を図XIX-84-2に示した．患者らは流産を繰り返すと生涯子供に恵まれないのか，と絶望的に思うようだが，十分出産が可能であることを説明することが大切である．前述のオランダのコホート研究と同様，名古屋市立大学でも夫婦染色体異常，子宮奇形のない夫婦の85%が累積成功している（Sugiura-Ogasawara et al, 2010）．

5 反復体外受精不成功例，高齢女性における着床前胚スクリーニング

S. Munnéらは受精卵の染色体分析を行い，発育停止胚の71%が染色体異常であり，発育良

着床前スクリーニング：特定の遺伝子疾患の診断に対し，胎児染色体異常習慣流産，高齢女性の胎児染色体異常予防のために染色体数的異常をスクリーニングして，染色体正常胚を移植する方法．

好胚でも16%(20–34歳)，36.5%(35–39歳)，52.7%(40歳以上)と高齢になるほど異常率が上昇することを報告した(Munne et al, 1995)．そのため反復体外受精不成功例あるいは高齢女性は胚スクリーニングを行うことで妊娠率が向上するという報告が散見される．しかし，出産成功率という患者にとって最も大切な結果を調査した比較試験は非常に少ない．体外受精を行っている高齢不妊女性に，胚スクリーニングを施行・非施行群を無作為割付して成功率を比較した場合，着床前診断を行った群の方が低い成功率であった(Mastenbroek et al, 2007)．

まとめ

新生児の染色体異常頻度は0.6%であり，臨床的妊娠と診断された後の染色体異常は全妊娠の約10%である．発生の早い時期ほど染色体異常率は高く深刻な異常が多いことが推測できる．流産に多い16トリソミーは新生児に見られないが，流産には45，X以外のモノソミーは見られない．モノソミーはトリソミーよりも深刻であり化学妊娠，不妊としてより早期に淘汰されているのであろう．習慣流産においても染色体数的異常が原因の症例が約半数は存在すると思われるが，着床前診断は体外受精の妊娠率が限界となり，１回の実施では予想よりも生児獲得には結びつかない．それでも胎児染色体異常の症例は胎児正常の場合より2.6倍成功しやすい，予後良好な集団と考えられる．

(杉浦真弓)

引用文献

Bolor H, Mori T, Nishiyama S, et al (2009) Mutation of the SYCP3 gene in women with recurrent pregnancy loss, *Am J Hum Genet*, 84 ; 1-7.

Chun Kyu Lim, Jin Hyun Jun, Dong Mi Min, et al (2004) Efficacy and clinical outcome of preimplantation genetic diagnosis using FISH for couples of reciprocal and Robertsonian translocations : the Korean experience, *Prenat Diagn*, 24 ; 556-561.

De Braekeleer M, Dao TN (1990) Cytogenetic studies in couples experiencing repeated pregnancy losses, *Human Reprod*, 5 ; 519-528.

Feyereisen E, Steffann J, Romana S, et al (2007) Five years, experience of preimplantation genetic diagnosis in the Parisian Center : outcome of the first 441 started cycles, *Fertil Steril*, 87 ; 60-73.

Fischer J, Colls P, Escudero T, et al (2010) Preimplantation genetic diagnosis (PGD) improves pregnancy outcome for translocation carriers with a history of recurrent losses,Fertil Steril, 94 ; 283-289

Franssern MTM, Korevaar JC, van der Veen F, et al (2006) Reproductive outcome after chromosome analysis in couples with two or more miscarriages : case-control study, *BMJ*, 332 ; 759-762.

Gardner RJM, Sutherland GR (2004) *Chromosome Abnormalities and Genetic Counseling*, 3rd ed, Oxford University Press, Oxford.

Harper JC, Boelaert K, Geraedts J, et al (2006) ESHRE PGD Consortium data collection V : Cycles from January to December 2002 with pregnancy follow-up to October 2003, *Hum Reprod*, 21, 3-21.

Holor et al (2009)

Mastenbroek S, Twisk M, van Echten-Arends J, et al (2007) In vitro fertilization with preimplantation genetic screen, *N Engl J Med*, 357 ; 9-17.

Mizutani E, Suzumori N, Ozaki Y, Yamada-Namikawa C, Nakanishi M, Sugiura-Ogasawara M. *SYCP3* mutation may not be associated with recurrent miscarriage caused by aneuploidy. *Hum Reprod* 2011 in press.

Munné S, Alikani M, Tomkin G, et al (1995) Embryo morphology, developmental rates, and maternal age are correlated with chromosome abnormalities, *Fertil Stetil*, 64 ; 382-391.

Ogasawara M, Aoki K, Okada S, et al (2000) Embryonic karyotype of abortuses in relation to the number of previous miscarriages, *Fertil Steril*, 73 ; 300-304.

Otani T, Roche M, Mizuike M, et al (2006) Preimplantation genetic diagnosis significantly improves the pregnancy outcome of translocation carriers with a history of recurrent miscarriage and unsuccessful pregnancies, *Reprod Biomed Online*, 13 ; 869-874.

Platteau P, Staessen C, Michiels A, et al (2005) Preimplantation genetic diagnosis for aneuploidy screening in patients with unexplained recurrent miscarriages, *Fertil Steril*, 83 ; 393-397.

Sugiura-Ogasawara M, Ozaki Y, Sato T, et al (2004) Poor prognosis of recurrent aborters with either maternal or paternal reciprocal translocations, *Fertil Steril*, 81 ; 367-373.

Sugiura-Ogasawara M, Aoki K, Fujii T, et al (2008) Subsequent pregnancy outcomes in recurrent miscarriage patients with a paternal or maternal carrier of a structural chromosome rearrangement, *J Hum Genet*, 53 ; 622-628.

Sugiura-Ogasawara M, Ozaki Y, Kitaori T, et al (2010) Midline uterine defect size correlated with miscarriage of euploid embryos in recurrent cases, *Fertil Steril*, 93 ; 1983-1988.
Van Assche E, Bonduelle M, Tournaye H, et al (1996) Cytogenetics of infertile men, *Hum Reprod*, 11 ; 1-26.

TOPIC ⑩

着床前診断と受精卵スクリーニング

Key words　受精卵スクリーニング／着床前診断／染色体モザイク／アレイ CGH／F1SH

はじめに

着床前診断（PGD, Preimplantation Genetic Diagnosis）は1990年に最初の実施が報告されて以来20年が経過し，現在では遺伝性疾患の素因のある夫婦には罹患していない児を授かる方法として，また染色体構造異常の保因者で習慣流産の夫婦には，流産を予防する方法として，実際に選択されうる治療法となった．PGDは基本的には受精卵の4－8細胞期の割球が用いられるが，検体として極体を用いたり，胚盤胞の時期での実施も行われている．診断精度はFISH法（Fluorescence in Situ Hybridization法）による染色体異常の診断についても，単一遺伝子病のための遺伝子検査についても（すでに200以上の疾患に実施）精度は非常に高い（>99%）と報告されている．また染色体異常についてはFISH法では特定の染色体の異数性の検出が目的となるが，最近はCGH法（Comparative Genomic Hybridization法）により全染色体の各領域のより詳細な過剰と欠失が検出できるようになってきた．また現在ではPGDにより診断を行っている間は凍結胚として保管できるため，導入初期のように時間的な制約はほとんどなくなっている．PGDは出生前診断と異なり人工妊娠中絶を回避できることは大きな利点であり，今後は適応の拡大が予測されるが，受精卵を操作することの倫理的・技術的課題をどのように解決するかが問題である．また特にPGDにおいて現時点で議論がなされているのは，妊娠・出生率の向上と染色体異常率の低下のために，特定の遺伝性疾患や染色体異常のない体外受精において，受精卵の染色体異常の有無を検査してから胚移植する，いわゆる受精卵スクリーニング（PGS, Pre-implantation Genetic Screening）の問題である．

1　診断精度

PGSは体外受精の胚移植に際して，移植胚の染色体異常の数的異常の診断を行い，異常のない胚のみを移植することである．一般にはFISH法による，染色体特異的プローブを用いて診断する．ESHRE（European Society of Human Reproduction and Embryology）の統計ではPGDの実施周期の3分の2以上が染色体異常の診断である．数的異常の約70–90%は，8－12の染色体プローブ（たとえばX，Y，13，18，21，16，17，18，15，22）を使用すれば検出できる（Munn'e et al, 2010）．しかし，これらは2－3回のハイブルダイゼーションステップを必要とするので，現状では通常の臨床検査としては困難であり，ましてすべての染色体の数的異常を診断することはできない．最も現実的には，発症頻度の高い，13，18，21，X，Yを対象として数的異常を診断することである．特に高齢妊娠においては21トリソミーの頻度が上昇すること，現在の妊娠初期の胎児スクリーニングも21トリソミーを対象としていることから，出生前診断に代わりうるものとしてPGSを考えるならばこれらの5種類のプローブで十分であるが，流産予防までも考慮して実施するならば，これでは不十分ということになる．また現在FISH法に代わるゲノムワイドな診断法としてアレイCGHが導入されつつある．理論上は数的異常に限定されるFISH法と異なり，微小欠失といった遺伝子の増幅や欠損を伴う構造異常も診断可能である．従来から微小欠失症候群の診断に用いられてきたが，単一細胞での正確な診断は非常に困難であった．しかし近年の技術向上により，実用化がなされつつある（Handyside et al, 2010；Wells et al, 2009）．

2　PGSの有効性

PGSが実際に妊娠率や出生率を向上させるかどうかについては，まだ結論が得られていない．すなわち体外受精を必要とするカップルに対して，追加的な検査としてPGSを実施して移植胚を選択することが，妊娠率と出生率を改善しているかどうかということである．PGSの実施は，女性が高齢になると妊娠率が急速に低下するが，同時に流産率も上昇する．その要因として受精卵の染色体異常，特に数的異常が増加することがあげられる．American Society for Reproductive Medicineの2007年の統計では，治療を受けて，出生児を得られる確率は35歳未満では38.9％あるが，40歳以上では11.1％と減少する．したがって単純に考えても，あらかじめ受精卵の段階で染色体異常を除外しておけば，妊娠・出生率は向上すると考えられ，実際にそうした多くの報告がなされてきた（Munne et al, 2003；Mersereau et al, 2008）．しかし，こうした報告は統計的に有意とするだけの十分なサンプル数が得られているのかどうかについて確証が得られていない．実際に近年報告されてきたランダム化比較試験においては，PGSの優位性は示されていない（Debrock et al, 2010）．こうしたPGSに優位性があるのかどうかの不明確なのは割球穿刺の手技や胚移植時期，対象者の年齢の統一，同意取得の問題など，さまざまな要因が考えられる．

このような状況を考えてESHREのPGDコンソーシウムの勧告では，PGSはランダム化比較試験を次のような条件下で実施すべきとしている（Harper et al, 2010）．すなわち割球以外の胚細胞（たとえば極体など）を用いること，FISH法以外の方法で行うこと（たとえばアレイCGH法）が推薦された．また以下の基準も提唱されている（Simpson et al, 2010）．（1）高齢妊娠（おおよそ>37歳）となる女性を適応とする．（2）6－8個程度は形態学的に正常な胚が多数回収された場合に実施する．その場合2～3個の正常染色体胚が得られる可能性があるが，それより少ない胚しか回収できなかった場合は，PGSは実施すべきでない．（3）非常に高度な技術を持った胚培養士が行うこと．（4）FISH法によって少なくとも8，できれば10–12種類の染色体の検査を行うか，またはarray CGH法による全染色体の検査を行うこと．

3　受精卵の染色体モザイク

PGSが有効でない原因として考えられる原因の一つが，受精卵の分割過程における染色体モザイクである．これは4－8細胞期以降においてすべての割球が正常か異常かに分類できず，一部の割球のみが染色体異常を示す状態である．このモザイクの存在がPGSにおける診断精度の低下をもたらしている．そもそも体外受精の余剰卵を用いた研究では，卵子の約20–

表1. 2つの割球をバイオプシーした場合の染色体モザイクの割合

報告	検体	モザイク率（%）		
1	体外受精患者からの216胚（81人）	48.1		
2	習慣流産患者（49人）	＜37歳	＞37歳	control
		20.5	18.9	10.8
3	37歳以上の633胚	10.4		
4	38歳未満（60人）	50		

（Donoso et al, 2007）

25%に染色体異常が見られると報告されている．染色体異常の約半分は正常euploidyの23本の染色体haploidyから，1本が増加または減少している異数性aneuploidyである．正常のhaploid精子と受精すると受精卵はトリソミーまたはモノソミーとなる．また，染色体異常の卵子の割合は女性の年齢が上昇するほど高くなる．卵子と精子の染色体異常の割合（20%と10%）から考えても，おそらく少なくとも30%程度の受精卵は，染色体異常を有すると推定されるが，体外受精の余剰卵を用いた研究では報告により差があるものの，30-65%の受精卵に染色体異常が見られるという．特に多核の割球を有するような形態異常を示す受精卵では染色体異常の確率は75%にも達するとされている．しかし，その割合は主に受精直後の桑実胚から胚盤胞の時期の卵分割停止や妊娠第Ⅰ期に流産することにより減少し，分娩時には0.5%まで自然に低下する．こうした染色体異常が胚によって正常か異常かにはっきりと区別できるのであれば，PGSは非常に有効なはずである．

ところがモザイク型の染色体異常を有する受精卵の割合は外見上正常の受精卵であっても17-43%程度に見られると報告されている（表1）．さらにFISH法やCGH法などを用いた報告などでは75%以上の割球にモザイク型の染色体異常が認められると報告されている（Voullaire et al, 2000）．しかし，このモザイク型の染色体異常を有する受精卵が，すべて染色体異常を有する胎児になるのかどうかは明確でなく，異常細胞が淘汰されたり胎盤内に封じ込められて胎児は正常発育をする可能性もある．図1に示すようにモザイクが存在すると，PGSを行ってその割球については正確な診断が得られたとしても，残りの胚の状態はさまざまであり，正確な診断をしたことにならない場合があり，このことがPGSによる出生時の獲得率の上昇を阻む要因とされている．

まとめ

PGDの有用性は，特定の遺伝性素因のある夫婦が，その遺伝性疾患に罹患していない児を持つための方法としては，また夫婦のいずれかが染色体構造異常の保因者である場合には有用性は確かである．ただし，体外受精の妊娠・出生率を向上させるためのPGSについては，まだ結論が得られていない．

（澤井英明）

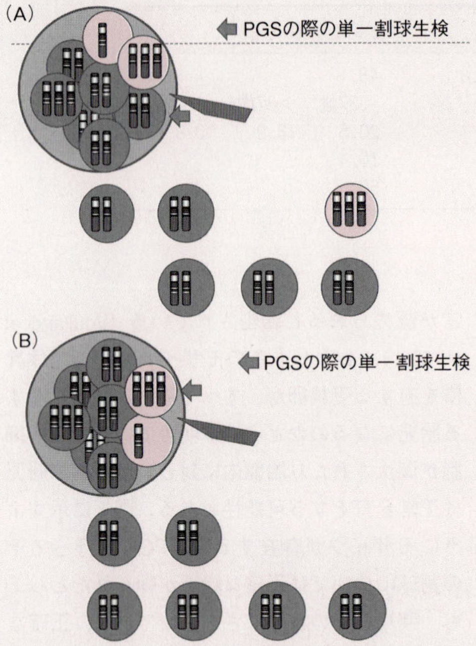

図1. モザイク胚がPGSの診断精度を低下させる理由

(A) モザイク胚において，正常割球を穿刺した場合には，診断は正常胚となる．しかし実際は5対1の割合で染色体異常のモザイクであり，これがモザイク型染色体異常妊娠となるか，異常染色体が排除または胎盤に封じ込まれて正常妊娠となるのかがわからず，診断意義がないことになる．(B) 反対にモザイク胚において，偶然異常割球を穿刺した場合には，診断は染色体異常となる．しかしこの場合には，穿刺により異常割球は除去されるので，残りの胚からは正常増殖がありうる．割球診断により診断が正常と異常が逆になる可能性があるということである．なおここでは常染色体のモノソミー佃胞は発育しないとみなして除外した．

引用文献

Debrock S, Melotte C, Spiessens C, et al (2010) Preimplantation genetic screening for aneuploidy of embryos after in vitro fertilization in women aged at least 35 years : a prospective randomized trial, *Fertil Steril*, 93 ; 364-373.

Donoso P, Staessen C, Fauser BC, Devroey P (2007) Current value of preimplantation genetic aneuploidy screening in IVF, *Hum Reprod Update*, Jan-Feb, 13 ; 15-25.

Handyside AH, Harton GL, Mariani B, et al (2010) Karyomapping : a universal method for genome wide analysis of genetic disease based on mapping crossovers between parental haplotypes, *J Med Genet*, 47 ; 651-658

Harper J,Coonen E,De Rycke M,Fiorentino F,Geraedts J,Goossens V,Harton G,Moutou C,Pehlivan Budak T,Renwick P,Sengupta S,Traeger-Synodinos J, Vesela K.What next for preimplantation genetic screening (PGS)? A position statement from the ESHRE PGD Consortium Steering Committee. Hum Reprod.2010 Apr ; 25(4) : 821-3.

Mersereau J, Pergament E, Zhang X, et al (2008) Preimplantation genetic screening to improve in vitro fertilization pregnancy rates : a prospective randomized controlled trial, *Fertil Steril*, 90 ; 1287-1289.

Munné S, Sandalinas M, Escudero T, Velilla E, Walmsley R, Sadowy S, Cohen J, Sable D (2003) Improved implantation after preimplantation genetic diagnosis of aneuploidy, *Reprod Biomed Online*, 7 ; 91-97.

Munne S, Fragouli E, Colls P, Katz-Jaffe M, Schoolcraft W,Wells D (2010) Improved detection of aneuploid blastocysts using a new 12 chromosome FISH test, *Reprod Biomed Online*, 20 : 92-97.

Simpson JL (2010) Review of Current Practice, Preimplantation genetic diagnosis at 20 years, *Prenat Diagn*, 30 ; 682-695.

Voullaire L, Slater H, Williamson R (2000) Chromosome analysis of blastomeres from human embryos by using comparative genomic hybridization, *Hum Genet*, 106 ; 210-217.

Wells D, Alfarawati S, Fragouli E (2008) Use of comprehensive chromosomal screening for embryo assessment microarrays and CGH, *Mol Hum Reprod*, 14 ; 703-710.

XIX-85

着床前診断の理論と実際

Key words
Micro-array CGH 法／家族性腫瘍／発症前診断／Epigenetic／遺伝カウンセリング

はじめに

着床前診断(PGD, Preimplantation Genetic Diagnosis)は，1990年 A. Handyside らにより，出生前診断（PND, Prenatal Diagnosis）に代わる診断法として，単一遺伝子疾患を対象とし報告された（Handyside et al, 1990）．以来，生殖医学，臨床遺伝学の分野における技術（主に分子生物学的技術）の飛躍的な進歩により，診断精度が向上し，その対象は急速に拡大した．しかし一方で，いくつかの課題が浮き彫りになってきており，今後十分な検討が不可欠である．その課題とは，(1)倫理的側面（個人・社会的）(2)技術面（全ゲノム解析）(3)診断対象（成人発症型遺伝性疾患・家族性腫瘍・低浸透率の優性遺伝病，染色体スクリーニング：PGS, PGD-Aneuploidy Screening, AS など）(4)epigenetic の問題(5)PGD 後の産科学的合併症などである．現在の，全世界的な，その実施数・詳細についての把握は大変難しいが，総括的な報告として欧州生殖医学会（ESHRE, European Society of Human Reproduction and Embryology）の報告である ESHRE PGD Consortium data が参考となる．2007年，最新 dataVI（ESHRE PGD Consortium data collection VI, 2007）が報告された．また，PGD を精力的に施行している，大規模施設では，これまでのデータを ESHRE や米国生殖医学会（ASRM, American Society for Reproductive Medicine）などの学術集会で報告している．前節までに各論について既述されているため，ここでは，PGD の概要に触れ，対象と課題を中心に解説する．

1 PGD の原理

PGD は通常，胚（受精卵）を検体として施行される．受精後 2， 4， 8 細胞と分割が始まるが初期胚において各割球の染色体は同じであり，46本の二倍体である．つまり 1 割球を診断・評価することで，受精卵を評価することが可能となる．遺伝子診断では目的とする遺伝子塩基配列の解析，構造・数的診断では各染色体を識別することで診断が可能である．通常 4－8 細胞期（十分な DNA 量を得る目的として桑実胚に対しての報告もある）から単一割球，あるいは極体を生検し，遺伝子解析することが一般的である．したがって，生殖医療・遺伝学のいずれも高度な技術，深い知識はもとより，崇高な倫理観を持つ施行者によってのみ，行われるべき診断技術である．PGD，PGS の流れを図XIX-85-1 に示

PGS, PGD-AS（Aneuploidy Screening），Preimplantation Screening, Preimplantation Genetic Diagnosis-Aneup-loidy Screening.：着床前で特に，受精卵染色体異数性をスクリーニングする方法．5 から 9 個の FISH プローグを用いて解析を行う．特に高齢女性に対し施行し，妊娠率の向上も報告されている．広義の PGD として捉えられているが，わが国では実施されていない．

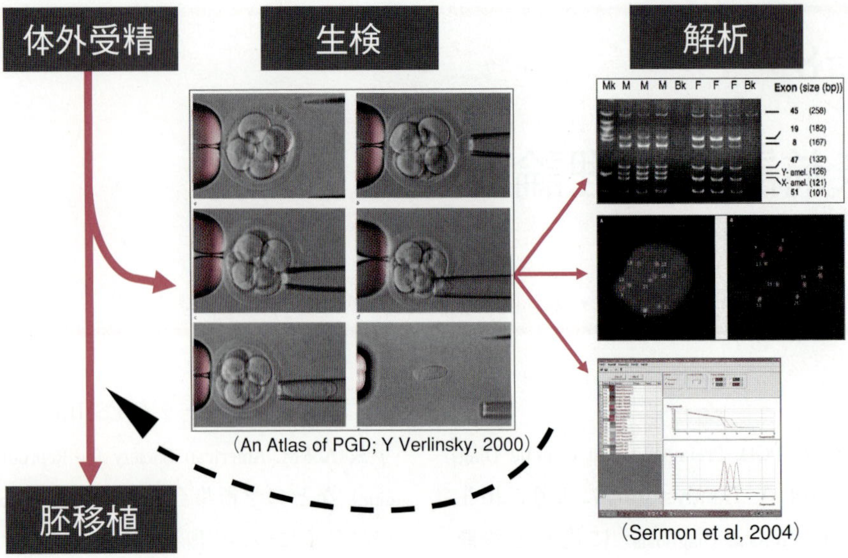

図XIX-85-1．着床前診断の流れ

す．大きくは(1)体外受精，(2)胚（割球）生検，(3)遺伝子診断，(4)解析評価後の胚移植である．検体としては，割球および極体が利用可能である．

胚生検は4－8細胞期胚に対し，行われる．透明帯の開孔法として以下の3法が代表的である．(1)マイクロピペットにより，物理的に切開する方法，(2)Tyrode液にて化学的に開孔させる方法，(3)レーザーによる方法である．各施設において方法は選択されているが，次の二つが一般的である．

(1) 細胞吸引法（blastomere aspiration）：胚の透明帯にマイクロピペットでスリットを作成し，そこよりマイクロピペット内に割球を吸引する方法．
(2) 圧出法（extrusion）：透明帯にスリットを作成し，その反対側にマイクロピペットから培養液を注入してその圧力によって割球をスリットから押し出す．

生検後の胚の発育について現在のところ，特別な報告されていないが（Gianaroli, et al, 1990），継続して評価が必要であることはいうまでもない．

2 遺伝子診断

(A) PCR(Polymerase Chain Reaction)法

DNAの熱変性を利用して，標的遺伝子領域を短時間で数十万倍に増幅する方法である．この方法の開発によって，多くの遺伝性疾患が診断可能となった．高感度であるがゆえ，操作中のコンタミネーションには十分気をつける必要がある．PCRにはバリエーションがあり，以下の五つが利用されている．

(1) Conventional PCR；標的とする原因遺伝子に対して，特異的プライマーを作成し増幅する，基本的な技術．

表XIX-85-1．実施数

	Data collection	
	III–IV 4058	V 2219
染色体の変化（異数性・構造変化）	1703	1150
X連鎖性遺伝性疾患	397	109
常染色体劣性疾患	374	102
常染色体優性疾患	316	111
ミトコンドリア病	6	1
複数の適応	11	2
Y染色体欠失	3	2
性別診断（社会的）	68	4
不明	74	120

ESHRE PGD Consortium data 2002
III–IV；2000年から5月2001年12月
V；2002年1月から12月

(2) PEP PCR (Primer extension PCR)；サンプルDNA量が微量であるため，遺伝子解析の前に，random primerを用いて，全ゲノムDNAを増幅した後，目的遺伝子部位を解析する方法．最近ではPCRによらずに全ゲノムを増幅する方法も開発されてきている．

(3) nested PCR；コピー数の少ない遺伝子に対し，標的遺伝子の内・外側の2セットのプライマーを作成し，2段階で増幅する方法．解析部位領域のDNA量を増やす考えである．

(4) multiplex PCR；PCR法では，一度に長いDNA断片を増幅することが困難である．

そこで診断効率を高めるため，複数個所の標的塩基配列を一度のPCRで増幅解析する方法である．大きな遺伝子については有効な方法である．

(5) real-time (quantitive) PCR；定量的PCR．ゲル上に電気泳動することなく，増幅コピー数を増幅曲線として得ることで分析する．

TaqManプローブの開発により，DNAを定量解析することが可能となった．

(B) FISH法（Fluorescence in situ Hybridization）

目的DNAと相補的なDNAプローブの間でハイブリダイゼーションを行い，蛍光シグナルを得る方法．遺伝子レベルの変化を検出するのは難しいが，細胞の染色体の数的変化，大きな構造変い化を検出するには有効である．現在では，PGDにおいてPCR法とならび，必要不可欠な基本的技術である．

(C) Micro-array Comparative Genomic Hybridization（CGH）（Wilton, et al 2004）

ミニチュアスライドガラス上で全ゲノムに対するプローブ (DNA Chip) を用いてハイブリダイゼーションを行う．コントロールのゲノム量に対する，サンプルゲノム量の相対的に比較し解析する方法である．最近注目されており，PGDへの応用が，今後最も期待される技術である．

近年の技術の進歩により，診断率は90%以上に至っているが，100%ではないため，妊娠後，絨毛生検，羊水検査による遺伝子分析が併用されていることが多い．

3 課題を中心に

(A) PGDの対象

PGDは図XIX-85-2のごとく大別される．さらにその対象を考えると，現在は図XIX-85-3のように考えられる．実施数はESHREの報告によ

Micro-array CGH：Microarray Comparative Genomic Hybridization. ：微少なDNA Chipを作製，プローブとして，全ゲノムに対しハイブリダイゼーションを行い，Controlゲノムと蛍光強度を比較し，相対的DNA量を解析する．構造変化の診断も可能となってきている．今後のPGDの強力な解析技術である．

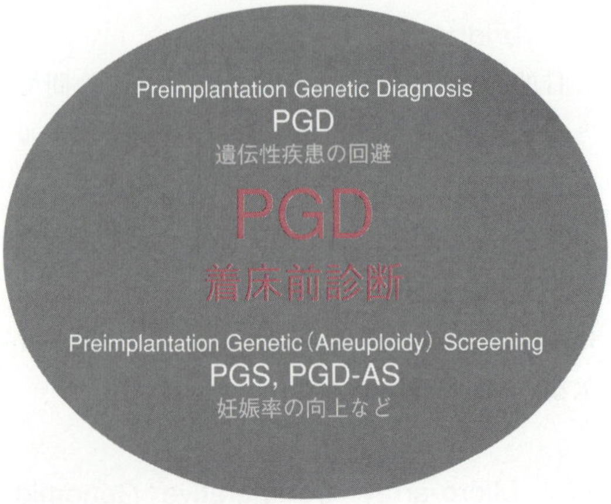

図XIX-85-2．着床前診断

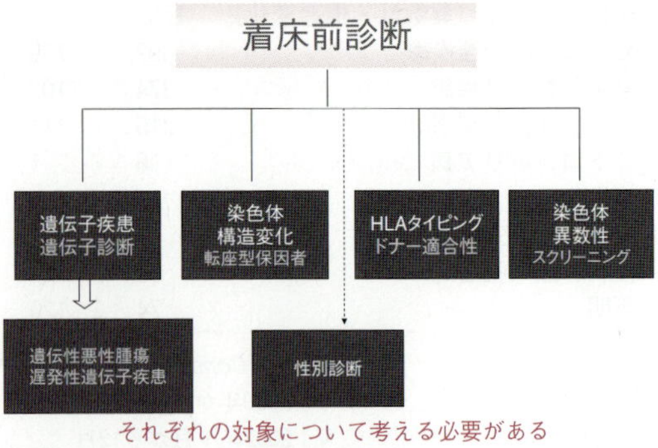

図XIX-85-3．PGDの対象

ると PGS を含む染色体の数的・構造的変化の診断が多く，近年増加傾向である（表XIX-85-1）．

(B) 単一遺伝子疾患

PGD は当初，X 連鎖劣性遺伝病に対し性別診断として報告された．それまでは，PND として，妊娠中の絨毛，羊水を検体として解析されていた．そして，この結果から妊娠継続の可否の検討がなされ，やむをえず妊娠継続の中断が選択される場合があった．Handyside らは「PGD は，PND の結果余儀なく選択される人工妊娠中絶術を回避する技術である」と述べている．その後世界的に，この技術は急速に広がり，対象となる遺伝性疾患も多岐にわたっている．表XIX-85-2 に現在対象，あるいは分析可能な遺伝性疾患を示す（ESHRE PGD Consortium data collection V, 2006）．現在100以上の疾患に対して施行され，すでに2,000人以上の子供が誕生している．単一遺伝子疾患は，その数は多数存在するが，患者数は一般的に比較的少ない．また，国・地域・民族・人種に依存している疾患も多く，全世界的に共通にその疾患が存在するとは限らず，どの場所でも診断可能とはいえない．また，症状・重症感も患者数の少ない国では十分に把握されていないため，限られた地域でのみ施行されることが特徴である．

最近の問題としては，ハンチントン病に代表される，成人発症型の常染色体優性遺伝病に対する PGD についてである（Cram, et al 2007）．施行は可能であるが，その発症は，通常40–50年後である．したがって，変異遺伝子が同定された場合に，本当に胚をキャンセルしてよいのか，将来的に疾患が発症するのかといったことを考慮した場合，胚移植の決定は非常に悩ま

表XIX-85-2．PGDの対象疾患（単一遺伝子疾患）

X連鎖性疾患	常染色体劣性疾患	常染色体優性疾患
・デュシェンヌ型筋ジストロフィー ・血友病A ・オルニチントランスカルバミラーゼ欠損症 ・網膜色素変性症 ・囊胞性線維症 ・α・βサラセミア ・21ヒドロキシラーゼ欠損症 ・（性別診断）	・ファンコニ貧血 ・ゴウシェ病 ・フェニルケトン尿症 ・囊胞性線維症 ・βサラセミア ・テイ・サックス病 ・鎌状赤血球症	・家族性大腸ポリポーシス ・乳がん ・リ・フラウメニー症候群 ・フォン・ヒッペル・リンドウ病 ・マルファン症候群 ・ハンチントン病 ・筋強直性ジストロフィー ・神経線維腫症2型 ・シャルコー・マリー・トゥース病1型

しい問題である．いわゆる，'発症前診断'の考え方が大きな位置を占めているからである．

(C) 染色体数的・構造変化

主に，FISH法を用いて分析を行う．あらかじめ，数種のプローブを準備し，ハイブリダイゼーションを行う．蛍光シグナルの数，場合により発色部位によって診断するものである．現在では，常染色体，性染色体を含め7ないし9種のプローブが用いられ，診断率が向上している．

(D) HLA適合性

同胞の治療のため，組織適合性の有無を診断する方法である．ファンコニ貧血，β-サラセミアなどでは，保因者（原因となる遺伝子変異を持っているが，発症していない状態）同士の妊娠では，次世代に必ず変異遺伝子が伝播する．したがって保因者か患児となる可能性がある．そのため発症を回避する目的で，まず遺伝子変異を診断する．さらに，同胞に患児が存在している場合は，治療を目的としてHLA型のマッチングまでを診断する．そして遺伝子変異がなく，骨髄移植の際に問題が生じないHLA型の完全に一致した胚のみの移植が試みられている．このように，単に遺伝子診断のみではなく，同時にHLA型まで解析し同胞の治療に臨床応用されている（図XIX-85-4）(Kuliev, et al, 2005)．非常に高度な技術を要するとともに，"同胞の治療のために"という考えを十分に理解し実施する必要がある．

(E) 性別診断

X連鎖劣性遺伝病の診断において，性別の確認が行われる．理論的には，母が保因者の場合男児の場合50%の確率で表現型として発症する．したがって性別診断は，発症率を絞る点からも必要である．しかし現在，特に遺伝的な理由がなく，社会的な理由から性別診断が行われている国が存在する．PGDで出生した新生児の性別比を見ると，男児が少ない結果となっている（表XIX-85-3）(ESHRE PGD Consortium data collection VI)．これは，生物的な自然の性比と相反する結果であると考えられる．これが，全世

発症前診断：遺伝子診断技術が向上し表現型として症状が出現する前に，遺伝子変異を同定することが可能となっている．それに伴い，よりきめこまやかな遺伝カウンセリングが必要である．一部の卵巣癌，乳癌など，また常染色体優性遺伝病ハンチントン病などが代表的である．

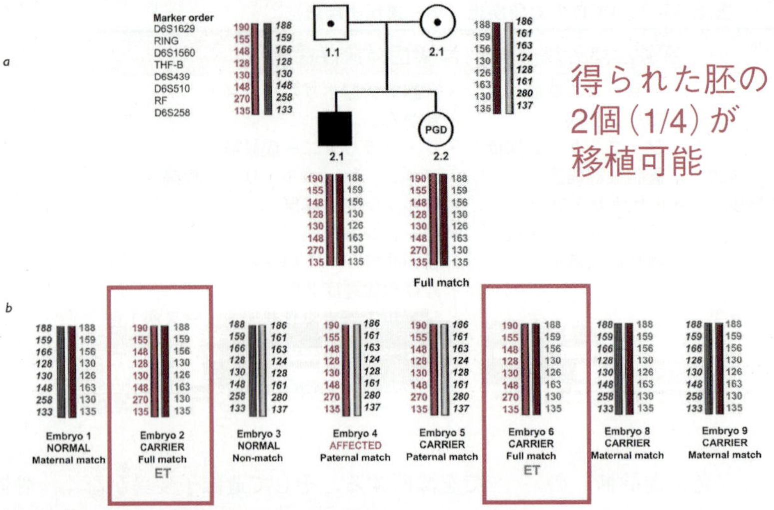

色はHLAタイプ

数は，解析部位

図XIX-85-4．遺伝子診断と HLA Typing（Kuliev, et al, 2005）

表XIX-85-3．PGD 後の新生児所見

Total children born　全出生児数	441
Sex　性別	
Male　男	200
Female　女	238
Unknown　不明	3
Mean birth weight (g)　平均出生児体重	
Singletons　単胎	3214（n=260/295）[1]
Twins　双胎	2404（n=112/152）[1]
Triplets　三胎	1372（n=6/6）[1]
Mean birth length (cm)　平均出生児身長	
Singletons　単胎	50（n=179/295）[1]
Twins　双胎	45（n=88/152）[1]
Triplets　三胎	40（n=3/6）[1]
Mean head circumference（cm）　平均出生児頭囲	
Singletons　単胎	34（n=132/285）[1]
Twins　双胎	32（n=74/150）[1]
Triplets　三胎	28（n=3/6）[1]
Apgar scores　アプガールスコアー	
Good	242/255
Poor	13/255

[1]Numbers between brackets indicate the number of newborns for whom information is available out of the total number of newborns.

界的に大きな影響を及ぼすことを懸念する必要はないと考えられるが，引き続き注意する必要はある．現在ESHREの報告においても，社会的な性別診断は，各国で規制がされ減少している．また最近の話題として，発症頻度に性差が存在する疾患（子宮癌，卵巣癌，乳癌など）のPGDについて注目されている．

(F) 生殖医療

PGDは，前述のごとく生殖医療においても，習慣流産，異数性スクリーニングに応用されている．1993年，S. MunnéらによりFISH法を用いて細胞（割球）の染色体異数性について検討されたのが着床前胚の異数性スクリーニングの最初の報告である（Munné et al, 1993）．これはあくまでも，胚の‘質’を評価し良好胚を選別し，胚移植することで妊娠率の向上を目的としたものである．染色体異数性のないことで，良好胚と判断するという考えである．現在，世界各国の生殖・不妊センターにおいて着床前胚スクリーニングが実施されている．当初，着床前スクリーニングは，PGD-AS（Preimplantation genetic diagnosis-anueploidy screening）とも記載されていた．

PGSは異数体胚を除外し胚移植するため，妊娠率の向上，流産率の低下が期待できるというものである．現在，妊娠率の低い高齢女性では異数体の頻度が高いため，この技術を用いて異数性のないことを確認する目的で行われている．Munnéらは37歳以上の女性に対し，X, Y, 13, 15, 16, 18, 21, 22のプローブを用いて異数体を解析し，正常胚を選択し胚移植することで，着床率を向上させたと報告している．PGSによって染色体異数性のない胚を移植することで，高齢女性の妊娠率を上げると同時に，流産率が有意に低下したと報告している（Munné et al, 1993）．しかし，異数体の胚あるいは構造変化を認める胚の着床率が，実際に同じ個体で，高いか否かを検証することは容易ではなく，また着床環境などに他の要因ついての研究も同時に進めることが必要である．

自然流産の原因として，16番染色体に代表される，常染色体のトリソミーのような異数性が指摘されている．その発生頻度は，配偶子形成（卵子形成過程；母由来）で高率である．そして卵子形成における，第1あるいは第2数分裂のどちらかに依存しており，染色体により発症頻度が異なることが報告されている（図XIX-85-5）（Verlinsky, kuliev, 2004）．したがって，配偶子形成過程で解析後，配偶子を利用する技術の開発が期待される．

反復，習慣流産のカップルには，染色体均衡型転座が認められることがあり，これらのカップルが妊娠した場合ある確率で，不均衡型の染色体核型を生じ，その結果流産に至ることがある．しかし，不均衡な胚形成の実際の確率は理論的確率よりも低率であると考えられる．PGSにより胚の染色体異数性・構造変化を解析することによって胚移植の可否を検討する一助にはなると考えられる．しかし，トリソミーなどの染色体異数性，ロバートソン転座，大きな構造変化に対する診断は比較的容易ではあるが，モザイク，キメラ，微細構造変化（染色体切断点，再結合点）の診断は実際には，困難な場合が多く，今後の新技術の開発が期待される．

習慣流産においては，異数性，構造変化のな

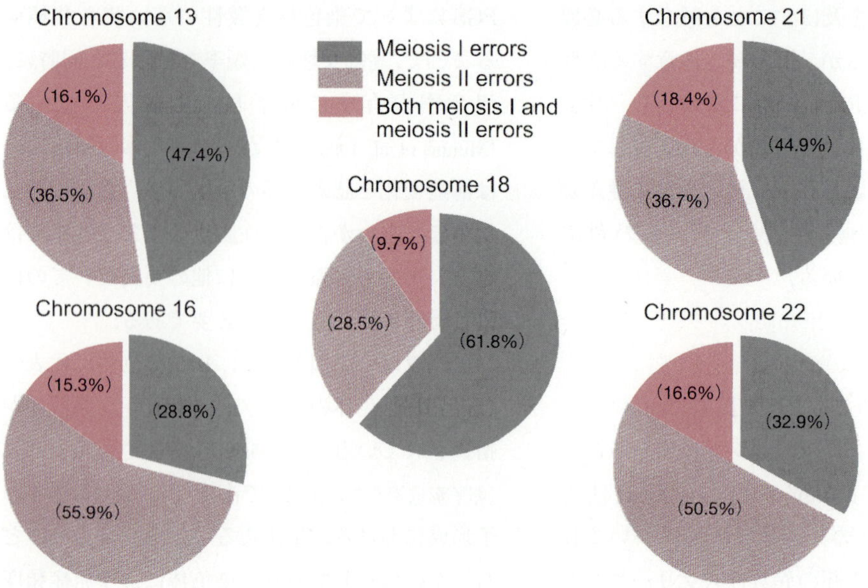

図XIX-85-5．異数性の卵子形成過程における発生頻度

い胚を胚移植することが行われている．しかし，真の着床不全の原因が胚の染色体核型に依存しているかの証明は難しいため，施行にあたり十分な説明と理解を得ることが必要である．PGSはあくまでもスクリーニングであり，配偶子の染色体分析後の確実な選択ができない現在，カップルに対して十分にそして正確に，その意義と結果の解釈を伝える必要がある．

2006年ESHREから出版された“PGD in Europe”では，PGDについての，適応，結果，課題など詳細に記載されている（Soini et al, 2006）．その中でも，その施行にあたってはまずESHRE，ASRM，HGC（The Human Genetic Commission）などのガイドラインを参考にする必要はあるが，各国でさまざまな特色があるため，さらにその国・地域での規制・法，あるいはガイドラインを整備し施行することが望ましい．

(G) 家族性悪性腫瘍

乳癌，卵巣癌の中には，*BRCA*遺伝子変異により発症すると報告がされている．ある報告では家族性で*BRCA*遺伝子変異を有する女性の65–85%が乳癌を，*BRCA1*の保因者では18–56%，*BRCA2*では14–27%の卵巣癌を発症したとされている（Menon et al, 2007）．遺伝的素因が認められない場合は，8%以下といわれており，それに比し，高率となっている．しかし，癌発症年齢は，40–50歳代で高く，また浸透率は高いとは考えられないため，着床前診断の是非については，多くの議論があり結論の出ていない現状である．そのためハンチントン病と同様，発症前診断の問題と疾患の重症感という大きな二つの問題を十分に論議しなくてはならない．英国のHFEA(UK Human Fertilization and Embryology Authority）では，*BRCA*遺伝子のPGDについてアンケート調査を施行し結果を報告している．102名の女性を対象にし，52%の回答率で，39人（75%）が，PGD施行について，受け入れることができる気持ちであるという結果を報告している．今後も引き続き，調査する必要があると考えられるが，個々の状況が違うため，個別の丁寧な対応が求められることが必要である．

(H) 多因子遺伝病

高血圧，糖尿病に代表される生活習慣病の多くは多因子遺伝病である．複数の遺伝子が関係して，症状として発症する．PGDを行う際に，複数の遺伝子を標的にしなくてはならず確定診断に苦慮する場合がある．最近SNPs(Single Nucleotide Polymorphisims）など一塩基多型分析の技術が開発され，薬剤感受性検査が行われ，治療法の選択に応用されている．この技術によって遺伝子の特徴，いわゆる‘体質’推察することが可能となってきている．多因子遺伝病の診断などにも応用が試みられている．

(I) ミトコンドリア病

核外に存在する遺伝子（DNA）は細胞小器官であるミトコンドリアに存在する．ミトコンドリア遺伝子の多くは，核遺伝子により制御を受けている．ミトコンドリアも核遺伝子に働きかけ，相互作用が保たれている．遺伝形式は，受精卵の細胞質が卵子由来であることから母系遺伝の形式をとる．ミトコンドリア遺伝子の働きについて，未だ不明な点もあるが，特定の遺伝子変異により惹起される疾患がある．MELAS，MERRF，Leigh脳症，難聴などが知られている．ミトコンドリア遺伝病に対しPGDは試みられているが，核との相互作用，PCRに使用するprimer作成などの技術的な点から困難なケースもある．

(J) その他

今まで，PGDの対象を中心に解説してきた．技術の進歩とともに，対象は短期間に急速な拡大を見せている．理論的にはDNA診断が可能な疾患については施行が可能である．最近病的とは考えられない表現型，たとえば，目，毛髪の色，身長などの遺伝形質についてカップルの依頼が生じる可能性が懸念されている．マイクロアレイなどにより数百の遺伝子を解析し，その結果で胚を選択して移植する時期が到来する可能性も否定はできない．‘designer babies’と以前，夢物語として引用されていた言葉に対し，すでに考え始めなければならない時代となってきたことを認識し，検討すべき問題点の一つである．

また，最近注目されている，生殖医療とエピジェネティック修飾の問題もある．これは，遺伝子の塩基配列に変化は認めないものの，胚の発生過程のある時期に，なんらかの外的遺伝的修飾を受け，出生後疾患を発症することである．すなわち，PGDを施行したにもかかわらず，その後，胚発生・成長過程で，後天的に修飾を受け表現型として現れるということである．頻度は少ないものの，Beckwith Wiedemann症候群など生殖補助技術との関連が指摘されている．当講座においても，胚に対する影響につい

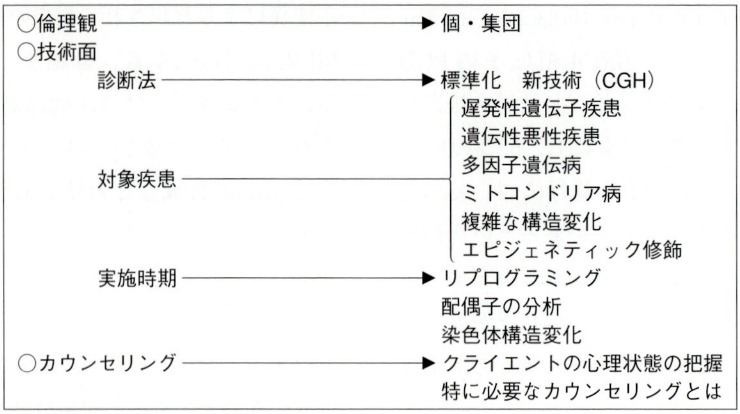

図XIX-85-6．PGD の課題

てさまざまな角度から基礎的データの集積を試みている（Katagiri et al, 2006）．

4 倫理的側面

急速な技術の進歩は目覚しく，それをコントロールする規制が必要となる場合がある．社会的に話し合われ，全体としての同意を得ることは時に容易でない．倫理問題は，個人的な倫理観と集団的（社会，国家）の倫理観が必ずしも，一致するものではない．PGD を取り巻く，倫理的問題点は，世界中でさまざまな意見がある．その実施に際して，多くの国では独自の倫理観を鑑みたガイドライン，法，学会会告に基づき規制が整備されている．遺伝病は，地域により頻度も異なり，その重症感も当然異なる．施行者と，希望する者がお互いに，それぞれの立場で十分な，知識と見識を持ち合わせることは，基本的に必要である．そのためにも，今後は PGD に対する意識調査などを広く行い，実態を把握し検討していく必要がある．

5 技術

前述したごとく，さらなる技術の進歩は必要である．解析には，全染色体を対象に，より多くの情報を正確に得る必要があり，array-CGH の技術が注目されている．現在の診断率は，対象疾患，分析方法，施設で異なるが全体では90%を越えている．しかし，誤診は起こりうるため，確認としてのその後の，絨毛生検，羊水検査による分析も行われている．PGD 後の絨毛生検，羊水検査の受診率は，20–40%といわれており，高い数字ではない．これは，一つには PGD の診断率が満足のいくものとなっていることがあげられる．前述のごとくエピジェネティック修飾が注目されており，PGD の確認という観点での絨毛生検，羊水検査から，エピジェネティック修飾の解析，あるいは異なる遺伝子を行うという目的に変わっていく可能性も考えられる．

また，技術の標準化の問題も大切で，施設における技術手技・レベルの定期的な確認も必要と考えられる．

図XIX-85-6に，現在のPGDの課題点を列挙した．

まとめ

すでに世界では数千例を超えるPGD/PGSが行われている．わが国では2004年，日本産科婦人科学会が，はじめて着床前診断実施施設として慶応義塾大学を認定し，開始された．現在では，妊娠例・分娩例の報告がなされるに至った．また，審査対象も他の医療機関から，異なった遺伝性疾患についての申請がなされている．2005年には習慣流産の転座型保因者のカップルに対しての，着床前診断（遺伝性疾患としての対象）が名古屋市立大学を始め，他の生殖補助医療実施（専門）施設から申請され承認された．この数年で急速に発展を遂げるPGDの状況に対し，学会，また国としても技術面のみならず総合的な対応が進められている．日本産科婦人科学会会告に準拠したPGD実施は，今後拡大することが予想される．PGDに対しては，世界各国で見解は異なり，遺伝性疾患もその国，地域性があるため必ずしもグローバルなスタンダードを構築することは容易なことではない．日本では，現在実施されている着床前診断は少ないが，反面，世界の着床前診断の現状を検討することができる状況にある．各国の結果，課題点などを十分な議論のもとに吟味し，わが国の倫理観に合ったガイドラインの作成が望まれる．技術の急速な発展に遅れをとることなく，医療行為は常にヒトに対して行われるという崇高な信念を持つことが必要である．また，PGDの対象は前述のごとく，拡大し多様となっており，それぞれのクライアントの背景は当然異なっており，非常に複雑となっている．そのため，施行の際は，カップルの状況を十分理解し，知識はもちろんのこと，個別のきめこまやかな心理状態に配慮した，**遺伝カウンセリング**は不可欠であり，その重要性がますます大きくなっている．施行前，診断後カウンセリングはもとより，その後の妊娠，分娩，さらには長期的な経過観察に関わる必要がある．生殖医療従事者および臨床遺伝専門医を中心に，カウンセラー，心理士などを含めたチームによる体制作りが必要である．わが国の特徴として，欧米に比し，生殖医療施設ART（Assisted Reproductive Technology）専門クリニックが人口に対し多いことがあげられる．これは時として，妊娠・分娩後の長期フォローアップを難しくしている一因となっている可能性もある．PGDは，日本においても慎重な対象の検討を行った上で，認定された高度な技術を有する生殖医療専門施設においてのみ実施されていくべきである．

（竹下直樹）

引用文献

Cram, D, Pope, A (2007) Preimplantation genetic diagnosis : Current and future perspectives, *Lawbook*, 15 ; 36-44.

ESHRE PGD Consortium data collection V (2006) Cycles from January to December 2002 with pregnancy follow-up to October 2003, *Hum Reprod*, 21(1), 3-21,

ESHRE PGD Consortium data collection VI (2007) Cycles from January to December 2003 with pregnancy follow-up to October 2004, *Hum Reprod*, 22(2), 323-336.

Gianaroli, L., Magli, M.-C., Ferraretti, A, et al (1999) Preimplantation diagnosis for aneuploidies in patients undergoing in vitro fertilization with a poor prognosis : identification of the categories for which it should be proposed, *Fertil Steril*, 72 ; 837-844.

Handyside, A., Kontogianni, E., Hardy, K. et al (1990) Pregnancies from biopsied human preimplantation em-

遺伝カウンセリング：ある家系の遺伝疾患の発症や，発症のリスクに関連した人間の問題を扱うコミュニケーションの過程である．遺伝学に関する知識，およびカウンセリングの技法を用いて，チーム体制をとって，医学的問題のみならず心理的諸問題についても援助する．

bryos sexed by Y-specific DNA amplification, *Nature*, 344 ; 768-770.
Y Katagiri, C Aoki, Y Shibui, et al (2006) Imprintedgene expression of placental tissue associated with neonatai weight and placental weight, *ASRM* (Suppl), 222.
Kuliev A, Rechitsky S, Verlinsky O, et al (2005) Preimplantation diagnosis and HLA typing for haemoglobin disorders. ***RBM Online***, 11 ; 362-370.
Menon, U, Harper, J, Sharma, A, et al (2007) Views of BRCA gene mutation carriers on preimplantation genetic diagnosis as a reproductive option for hereditary breast and ovarian cancer, *Hum Reprd*., 22(6), 1573-1577.
Munne, S, Lee, A, Rosenwaks, Z, et al (1993) Diagnosis of major chromosome aneuploidies in human preimplantation embryos, *Hum Reprod*, 8 ; 2185-2191.
Sermon K, Steirteghem A, Liebears 1 (2004) Preimplantation genetic diagnosis. *Lancet*, 363 ; 1633-1641.
Soini S, Ibarreta D, Anastasiandou V, et al (2006) The interface between medically assisted reproduction and genetics : technical, social, ethical and leagal issues, *ESHRE Monographs*, 2-51.
Verlinsky Y, Kuliev A (2004) *Atlas of Preimplantation Genetic Diagnosis*, 2nd ed.
Wilton, L (2004) Preimplantation genetic diagnosis and chromosome analysis oh blastomeres using comparative genomic hybridization, *Hum Reprod update*, 11, 33-41.

XIX-86

ミトコンドリア病の着床前診断

Key words
ミトコンドリア病／着床前遺伝子診断（PGD）／ミトコンドリア DNA（mtDNA）／卵細胞質内精子注入（ICSI）法／ボトルネック効果

はじめに

生殖医療の発展は，受精・胚に対する多様な技術と普及をもたらし，とりわけ1980年代以降，体外受精と付帯する生殖補助技術（ART, assisted reproductive technology）の発展は遺伝医学に大きく寄与することになった．そもそも生殖は遺伝形質を伝える生物学的行為であり，一体の現象を取り扱っている領域といっても過言ではない．

着床前遺伝子診断（PGD, preimplantation genetic diagnosis）は，体外受精によって得られた胚から遺伝子診断を行い，目的とする遺伝情報を有する胚を移植して妊娠をもたらすために開発された．主として単一遺伝子病を対象として実施が開始され，現在では染色体異常の診断に至るまで幅広く対象とされるに至っている．しかし，倫理上の議論もあり，国によってその対応は異なる．特にわが国は限定的な対象に対して事例ごとの倫理審査を求め，なお，きわめて慎重な対応をとっている．ミトコンドリア病に対するPGD はなおその効率が不明な点はあるが，疾患の発生を回避する一方法として承認され実施に至っている．

1 PGD の現状と適応

PGD を実施する上で克服しなければならない問題点への対応に長い期間を要した．その一方は技術的に困難な問題点に対する技術開発を含めた対応である．PGD は単一細胞に対する単一遺伝子の診断を原則としており，疾患別・遺伝子型別，そして患者別にその対応が異なる．この点に対する日進月歩の研究開発は著しいものがある．もう一方の問題は PGD に関する倫理・社会的な議論についてである．

倫理面での理解は，その国の歴史や価値観，宗教などに基づくものであり，個々に異なる．現在のわが国における適応は，日本産科婦人科学会のガイドラインに基づくものである．この中で，本法は臨床研究として位置づけられ，対象疾患は重篤な遺伝性疾患に限られ，実施に際して学会への実施審査を申請の上で認可された疾患のみが対象となることが決定され，実際には各実施施設および日本産科婦人科学会の両方の倫理審査によって承認された事例を対象としている．

表XIX-86-1．生検細胞と採取時期

生検細胞	採取時期	生検細胞数
極体（第1極体）	受精前 MII 期卵（顕微授精時）	1
割球（4細胞期）	受精2日後	1
（8細胞期）	受精3日後	2
胚盤胞	受精5日後	4－8

その対象としては，臨床経過が重篤な遺伝性疾患に限られることになり，同じ疾患でも症例ごとに審査の上で決定されている．重篤な疾患の定義について，現在までの同学会の倫理判断上の原則は，成人に至るまでに生命に関わる重い病状が生じるなどの重篤性を認知できるものとしている．現段階で，承認された疾患は Duchenne 型筋ジストロフィー，筋緊張性筋ジストロフィー，ミトコンドリア遺伝子病の Leigh 脳症，副腎白質ジストロフィー，オルニチントランスカルバミラーゼ欠損症，習慣流産を伴う均衡型転座保因者である．

倫理審査上の重篤性を判定する上で，重篤性の判定が最も重要な要件になっているのが実情である．しかし，遺伝性疾患の種類による症状や経過の相違がある，同じ疾患内でも phenotype 上の相違がある，遺伝する際に重篤性が増強する場があるなど，単純に比較できない点など複雑な条件の下に審査が行われている．

海外においても国によって，その対応は大きく異なる．スクリーニング検査特に胚の染色体数的異常の発生を検出する FISH 法による PGS (preimplantation genetic screening) が行われた．実施例数から見ると，ESHRE PGD Consortium による統計でも海外における PGD の多くが染色体スクリーニングである (Sermon et al, 2007)．PGD によって妊娠および生後の成育に至るまで臨床統計が採られるようになり，今後に向けて安全性・有効性に関する長期的なデータが集積されつつある．

2 PGD の実際

PGD は体外受精によって得られた受精卵 (胚) に対して，一部の生検細胞から遺伝情報を診断する方法である．胚診断を行い，良好な成育をする胚の中から目的とする遺伝情報を有する胚を選択することから，数多くの卵子が得られることが効率上望まれるため，排卵誘発を行うことが多い．さらに，細胞混入を防止するために卵子周囲の顆粒膜細胞をヒアルロニダーゼ処理によって除去した後に，単一精子を顕微注入する卵細胞質内精子注入 (ICSI) 法を用いて受精を行うことが多い．実際の PGD は体外受精－生検－遺伝子診断－胚移植が基本フローになるが，診断精度に確実性を求める意味で妊娠成立後に羊水検査などの出生前診断を追加することが多い．

診断に供する生検細胞として，主として胚細胞が用いられるが，その他，極体も補助的診断の素材として用いられることもある．胚生検をする時期も主として行われている4－8細胞期胚から最近では胚盤胞まで幅広い選択肢が考えられている．表XIX-86-1に生検細胞とその採取

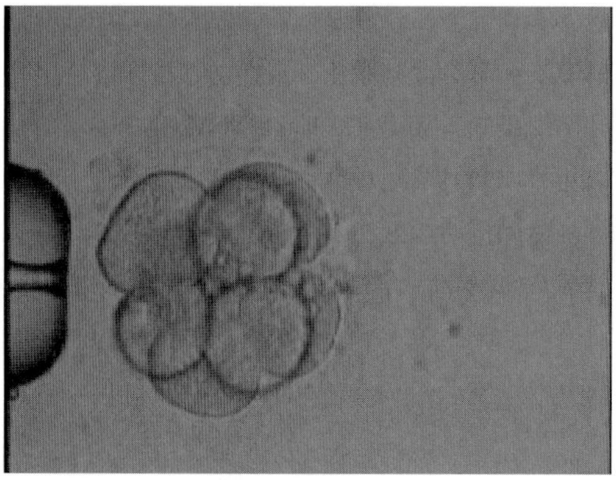

図XIX-86-1．PGD 写真（割球生検）

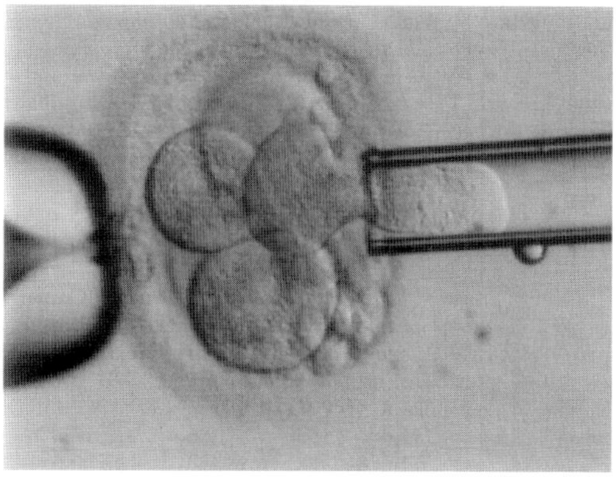

図XIX-86-2．PGD 写真（ICSI）

時期の一覧を示す．

極体は2回の減数分裂の際に放出され，胚発育とは関わりのない細胞であることから安全と考えられている．染色体の数の情報は，第1，第2極体のいずれも検体として診断意義がある．受精前のMII期卵から採取診断に供することができるが，難点は極体は存在が不明瞭のことがあり，サイズも小さく，採取や処理が困難であることが難点といえる．

分割した割球を採取する基本的生検法は4－8細胞期胚から行われる．その中でも診断精度の確保を目的に受精後3日目の8細胞期から2割球を採取する方法が一般的に選択される．体外受精による胚培養が可能かつ安定した時期であり，胚の全能性が確認され，分化前の胚細胞を採取することから個体への障害が少ないので，この時期の胚を生検に用いることが多い．採取割球数は1－2個が一般的であり，採取割球数が増加するに従って胚成長率が低下することが報告されている．良好な形態胚からの生検は染色体異常率が低く，また，割球と見間違えられる無核の細胞質分画を回避する意味でも重要である．後述するミトコンドリア病に対する胚生検ではこれらの無核胚細胞や極体も診断対象となる．

新たな方法として，長期培養によって成長した胚盤胞から，より多くの胚細胞を生検する胚盤胞生検が注目されている．これは，より高い精度の診断を行うことを目的に考えられた方法で，胚盤胞の栄養外胚葉（trophoectoderm）から4－8細胞の胚細胞を採取する．

実際の胚生検方法として，まず，卵子の透明帯を切開して内部に微小ガラス管を挿入する必要があるが，この際に透明帯切開にも新たな技術が導入されている．ガラス針をホールディングピペットの側面に押しつけて切開する物理的切開，Tyrode酸を透明帯の一部に作用させて開口する化学的切開，および顕微鏡下に透明帯にレーザービームを当て開口するレーザー切開がある．レーザー切開は処理が短時間であり，結果的に胚への影響が少ない良好な方法と考えられる（図XIX-86-1）．細胞採取法に関しては，実際の胚生検の方法は，主に，(1)吸引法，(2)圧出法に大別できるが，いずれにせよ，技術が安定すれば大差はない（図XIX-86-2）．

3 遺伝子診断法

遺伝情報を採取した単一細胞から，高い精度で安定的に調べるために，高度な技術開発が行われてきた．診断材料の量的な制限が大きい中で，各事例の多様な変異に対応する必要がある点が最大の課題である．

基本診断技術は，遺伝子病に対しては，遺伝子増幅を行うPCR法の各法を駆使し，染色体異常に対してはFISH法を用いているのが現状である．

遺伝子疾患は多様な遺伝子変異の型に合わせて遺伝子分析法をテーラーメイドに作らなければならないが，PCR法の中でも基本技術として2回のPCR法によって検出するnested PCR法を用いた遺伝子増幅による方法が中核となる（Hashiba et al, 1995；土屋ら，1997）．その上で，さらに各種遺伝子型の分析のために配列分析や定量分析などの手法が加わる．診断精度を向上させるとともに多様な遺伝子型の解析に適応するためにさまざまな関連技術の発展が支えている．Nested PCR法は，PGDの基本操作のコアとなる手法であるが，増幅回数が増え，2回のPCR法は診断ミスの可能性が増加することがあり，厳重な管理が必要となる．

さらに，複数のプライマーを用いて遺伝子増幅を行うmultiplex PCR法を併用したmultiplex-nested PCR法によって，一度に複数の遺伝情報を得るばかりでなく，amplification failureやsampling errorなどの診断上のミスを検定することにもなり，特に欠失型変異の診断で有効である．また，重複型変異では定量的に遺伝子量を比較する必要があるため，必須の方法である（末岡ら，1996）．いずれにせよ検出のためには，最適な条件を厳選する必要がある（Tajima et al, 2007）．

さらに，遺伝子異常のうち， point mutation（点突然変異），duplication（重複）やtriplet repeat病のリピート数などの変異を診断するためにnested PCRによる増幅後に塩基配列分析を行う方法が必要となる．精度はnested PCRの増幅効率，特にfirst PCRの効率に依存し，増幅遺伝子のシークエンシングに関してはほぼ確実性が保たれている．

4 ミトコンドリア病の生殖上の特徴とPGDの原理

ミトコンドリア病は他のメンデル遺伝形式で伝播する他の多くの遺伝病と異なり，多くの特徴を有している．そのためPGDの対象として疾患の種類，遺伝子型などによってもなお有効なものとそうではないものがあると考えられる．また，PGDによる健常胚の得られる効率についてはなお不明な点も少なくない．

ミトコンドリア病には，(1)核DNA変異（メンデル遺伝），(2)ミトコンドリアDNA（mtDNA）変異，(3)その両者を同時に持つ場合が存在する．そのうち，mtDNA変異によって生じるミトコンドリア病に対するPGDは，現在までのところ，NARP（neurogenic muscle weakness, ataxia, and retinitis pigmentosa）およびレーベル遺伝性視神経萎縮症（Leber's hereditary optic neuropathy: LHON）に対する実施の報告がなされている．我々はNARPよりさらに重篤な表現型を有するLeigh

脳症に対して実施例を有している．

mtDNAは16,569塩基対からなる2本鎖cDNAで（Anderson et al, 1981），一つのミトコンドリアあたり数コピーの遺伝子がキメラ状に存在するとされ，その数は細胞種によって異なることが知られている．1細胞中にmtDNAは多く存在し，リンパ球では10,000コピー，成熟卵子では100,000コピー以上のmtDNAを有している．イントロンが存在せず，核タンパクも存在しないことから変異が多く，核DNAの10倍程度変異を起こしやすい（Howell, 1999）．mtDNA異常を持つミトコンドリア病は，正常型と変異型のmtDNAが共存（ヘテロプラスミー）し，組織や個体ごとにある一定の変異比率（threshold）を超えると発症する（Jenuth et al, 1996；Holt et al, 1988）．疾患発症に及ぶ変異比率は疾患ごと遺伝子変異の型によって各々異なる．Leigh脳症では90%以上の変異であるとの報告が多い（Alberts et al, 1994；Tesarova et al, 2002）．mtDNAは電子伝達系酵素複合体をコードし，細胞のエネルギー産生に深く関与（Attardi, Schatz, 1988）しているためミトコンドリアの障害は低能率な解糖系（嫌気的）エネルギー産生への依存状態を余技なくされて病態が発生する．

生殖におけるmtDNAの動向は疾患の伝播とそれを予防するための手段を考える上で重要である．本来ヘテロプラスミーとして存在する変異mtDNAの比率は細胞分裂の際にはランダムに分配される．したがって，変異比率は保たれたまま基本的には各細胞に分配されることになるが，生殖に関与して二つの大きな特徴が存在する．その一つは，卵子の有するmtDNA量は精子に比して10^5倍多く，さらに，精子由来の

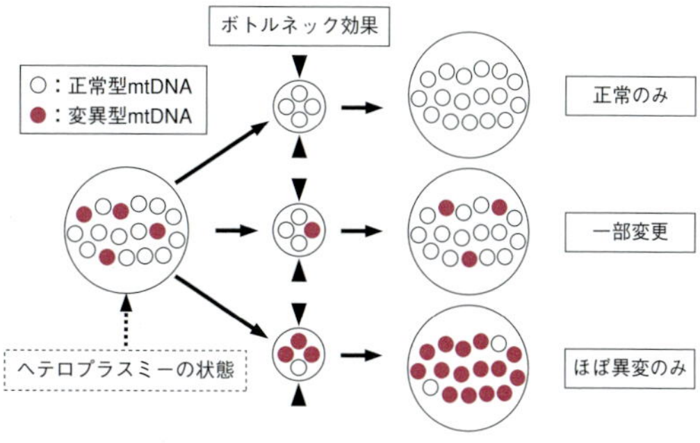

図XIX-86-3．ボトルネック効果

少量のミトコンドリアは胚発生初期に消失すると考えられていることもあり，受精卵のmtDNAは父親由来のものは子供に伝わらず，母親由来のmtDNAのみが伝わる（母系遺伝）と考えられている点である（Giles et al, 1980）．もう一つの特徴は，mtDNA変異を持つ母親（保因者）の卵巣において卵子形成過程でmtDNAのコピー数が極端に減る時期があり，その後にmtDNA量が増加する際に分配された変異mtDNAの比率が増加する現象（ボトルネック効果）が生じると考えられている点である（図XIX-86-3）．

生殖過程に伝播するmtDNA病の予防対策として考えられる手法は，(1)出生前診断，(2)着床前遺伝子診断（PGD），(3)卵細胞質移植または核置換，(4)健常な第三者からの提供卵子，などが考えられる．出生前診断については妊娠後の診断であるため疾患が疑われた場合に妊娠継続についての選択をすることになり，患者にとって身体的・精神的に楽な選択ではない．mtDNA症に対するPGDについては他の遺伝子疾患と同様妊娠成立前に胚を診断し，選択の情報を得ることができる点が最大の長所であるが，なお，特殊な遺伝子の特徴から後述する難点が存在す

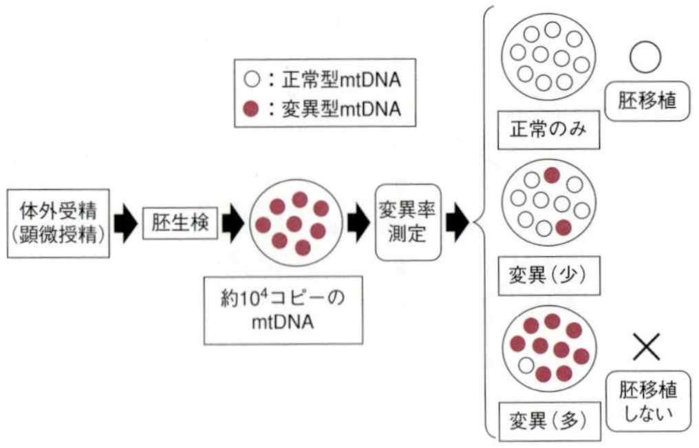

図XIX-86-4．mtDNA変異によるミトコンドリア病のPGD手順

る．

健常なmtDNAを有する卵子の細胞質の一部を保因者の卵子に移植する細胞質移植や健常な第三者由来の卵子に対して保因者から得た卵子の核を置換する方法が考えられ，現在イギリスを中心として議論が行われている．なお，安全性が確立されていないことから今後の動向に注目が集まっている．(3)(4)はともに第三者の卵子を必要とする方法であるが，わが国では第三者からの卵子提供が正式には容認されていないことから実施は現実的に困難な状況である．

PGDに関しては卵子形成過程でボトルネック効果によって各々異なる変異比率を有する卵子によってできたmtDNA変異比率を測定し，安全域にあると考えられる胚を診断して胚移植する．

5 ミトコンドリア病のPGDの実際

ミトコンドリア病の中でmtDNAに起因する疾患のPGD手順を図XIX-86-4に示す．そこに含まれる約10^4コピーのmtDNAのヘテロプラスミー変異率を測定する．その結果，正常のみのものや変異がカットオフ値以下の少ないものについては胚移植を行い，変異が多いものについては胚移植を行わないこととなる．

ヘテロプラスミー変異比率の測定方法は，保因者や患者について行われるPCR-RFLP（後藤，1991）などの方法では単一細胞の診断には適応できないため，real-time PCR法を用いた変異比率測定法を開発し，実用化している（Howell, 1999）．TaqMan法®を用いたreal-time PCRによる測定原理は，mtDNA点変異部位を含む範囲のPCRプライマーおよび点変異部位に正常配列と変異配列の各々に対応する2種類の蛍光プローブを作成し，PCR反応の際に正常と変異遺伝子のそれぞれに対して特異的にハイブリダイズするプローブから遊離する2種類の蛍光量を測定して，これらの比を算出し，あらかじめ作成してある検量線から変異比率を測定する方法である．検量線は正常と変異配列を有するプラスミドDNAを作製し，混和することで各変異比率に対する比較定量的な測定系を確立している（図XIX-86-5）．mtDNAは生検胚に10^4コピー以上は存在するためnested PCRを必要とせず，また，ほかの遺伝子疾患と異なり，無核の卵細胞質分画や極体からも診断が可能である．したがって，一般的には不要な胚の細胞成分からPGDを施行することができ，必ずしも胚成長に関わる割球の一部を生検する必要がないことは大きな利点である．診断における変異比率から，移植適合胚と判断できる基準についてはなお議論があり，少なくとも発症していない保因者である患者の変異比率を超えない胚を適当と考えるべきであろう．この際も測定誤差や割球内のmtDNAコピー数の差異による誤差

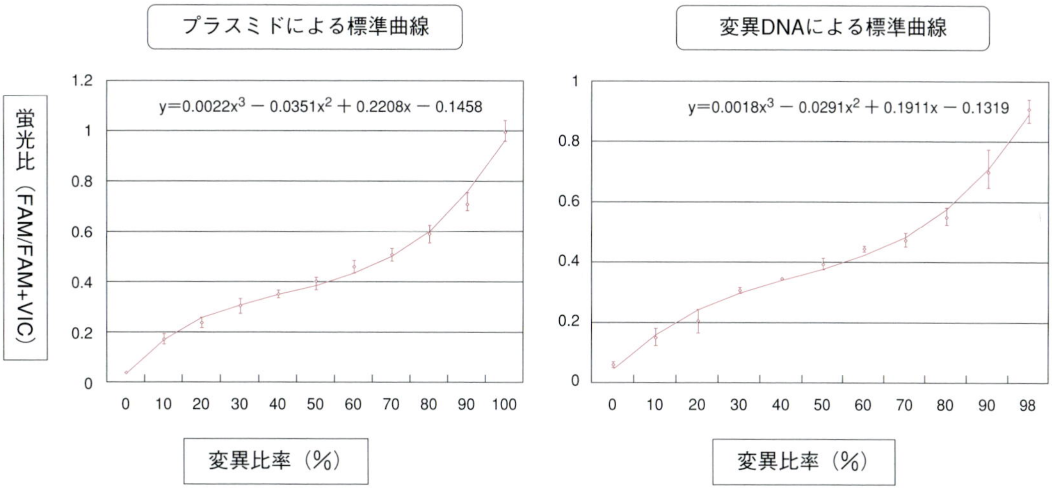

図XIX-86-5．mtDNA 変異比率の標準曲線

（5-10%程度），体細胞分裂に伴う mtDNA のランダム分配によるばらつき（5-10%程度）などを考慮して，保因者変異率よりさらに15-20%程度低い値を設定することが発症リスクの回避の上で安全と考えられる．

6 ミトコンドリア病の対象疾患と問題点

ミトコンドリア病に対する PGD の対象疾患を考える上でその特徴から適応と考えられるものと考えづらいものが存在する．その理由は遺伝学的特徴に由来するものであり，以下の不確定要素が存在するためである．

第一に mtDNA の変異比率は組織特異性があり，組織によって構成される変異比率が異なる．したがって胚診断の比率から発症を完全に否定できるとは限らない点である．第二に胚発生や胎児発育に伴い，ランダム分配される変異比率が変化する可能性があり，児が胚診断と異なる変異比率になることがありうる点である．第三に疾患の重篤度と変異比率には幅があり，胚診断の後に疾患発症の危険性を回避するための変異比率基準を特定することが難しいことがあげられる．しかし，この中で PGD の有力な適応として考えられる病型は8993T>G と8993T>C 変異で発症する Leigh 脳症およびその軽症型の NARP である．PGD の適応としてよい点は，どちらの変異も臓器間や時間的な変異比率変化はほとんど認められず，変異比率と疾患重篤度も密接に相関しており，PGD が可能であると考えられていることによる（White et al, 1999；White et al, 1999；Dahl et al, 2000）．この8993T>G 変異の NARP 症例に対する PGD の報告がなされたが，診断した3個の胚のうち1個は100%変異であったが，他の2胚は0%の変異であったためこの2個を胚移植し単胎妊娠を得たというものである．この際，妊娠経過中に羊水穿刺による出生前診断によっても改めて0%の変異を確認し，38週で健康な男児が出生し，臍帯血の血液細胞にも変異が存在しなかったと報告さ

れている (Steffann et al, 2006).

この8993T>G/C 変異については，変異比率90%以上の場合はほぼ確実に発症するが，60%以下の場合は臨床症状を呈することはないとされており (White et al, 1999 ; Mekela-Bengs et al, 1995)，信頼できる疾患発症予測が可能と考えられている．しかし60–90%の変異比率の場合は主として軽症型の発症が危惧され，診断胚の移植基準として選択するには疾患予防の観点からはあまり望ましいこととは考えられないが，日本産科婦人科学会倫理委員会による倫理上の判断では‘80%を越えない’ことを胚移植の条件としている．しかし，実務上高い変異比率では発症リスクがあるため，現実的には患者の判断に委ねられることになる．

mtDNA 変異に対する PGD では診断胚の変異比率がすべて胚移植に適さないと判断できることも十分に考えられ，その効率と表現型としての病型との関わりについて今後も議論が必要である．我々の実施例でも得られた胚数が少なく，胚移植可能な低い変異比率を有する胚が得られなかった事例を経験している．しかし，この中で生検材料として mtDNA 診生検材料として極体，無核の細胞質分画も割球と同様の変異比率を示したことから，mtDNA 診断が，直接割球から診断しなくても可能であることを示す結果を得ている．

今後の実施例に対するデータの集積によって mtDNA 病に対する PGD の可能性と適応基準をさらに明確なものにしていくことが期待される．

（末岡　浩）

引用文献

Alberts B, Bray D, Lewis J, et al (1994) *Molecular Biology of the Cell*, 3rd ed, Chapter 14, Garland, New York.

Anderson S, Bankier AT, Barrell BG, et al (1981) : Sequence and organization of the human mitochondrial genome, *Nature*, 290 ; 457-465.

Attardi G, Schatz G (1988) Biogenesis of mitochondria, *Annu Rev Cell Biol*, 4 ; 289-333.

Dahl HHM, Thorburn DR, White SL (2000) Towrds reliable prenatal diagnosis of mtDNA point mutations : studies of nt8993 mutations in oocytes, fetal tissues, children and adults, *Hum Reprod*, 15 (Suppl 2);246-255.

Giles RE, Blanc H, Cann HM, et al (1980) Maternal inheritance of human mitochondrial DNA, *Proc Natl Acad Sci USA*, 77 ; 6715-6719.

後藤雄一 (1991) MELAS の臨床像と遺伝子異常のもつ意味，メビオ，8 ; 62.

Hashiba T, Sueoka K, Asada H, et al (1995) An accurate and rapid multiplex polymerase-chain-reaction assay for gender determination in single cell : For the development of preimplantation diagnosis, *Fert Steril*, S65.

Holt IJ, Harding AE, Morgan-Hughes JA (1988) Deletions of muscle mitochondrial DNA in patients with mitochondrial myopathises, *Nature*, 331 ; 717-719.

Howell N (1999) Human mitochondrial diseases : answering questions and questioning answers, *Int Rev Cytol*, 186 ; 49-116.

Jenuth JP, Peterson AC, Fu K, et al (1996) Random genetic drift in the female germline explains the rapid segregation of mammalian mitochondrial DNA, *Nat Genet*, 14 ; 146-151.

Mekela-Bengs P, Suomalainen A, Majander A, et al (1995) Correlation between the clinical symptoms and the 8993 point mutaion in the NARP syndrome, *Pediatr Res*, 37 ; 634-639.

Sermon KD, Michiels A, Harton G, et al (2007) ESHRE PGD Consortium data collection VI : cycles from January to December 2003 with pregnancy follow-up to October 2004, *Hum Reprod*, 22 ; 323-336.

Steffann J, Frydman N, Gigarel N, et al (2006) Analysis of mtDNA variant segregation during early human embryonid development : a tool for successful NARP preimplantation diagnosis, *J Med Genet*, 43 ; 244-247.

末岡浩，橋場剛士，浅田弘法ほか (1996) 配偶子，受精卵の遺伝子診断, 日本受精着床学会誌, 13 ; 20-26.

Tajima H, Sueoka K, Moon SY, et al (2007) The development of novel quantification assay for mitochondrial DNA heteroplasmy aimed at preimplantation genetic diagnosis of Leigh encephalopathy, *Journal of Assisted Reproduction and Genetics*, 24 ; 227-232.

Tesarova M, Hansikova H, Hlavata A, et al (2002) Variation in manifestations of heteroplasmic mtDNA mutation 8993T>G in two families, *Cas Lek Cesk*, 141 ; 551-554.

土屋慎一，末岡浩，松田紀子ほか (1997) 着床前診断におけるジストロフィン遺伝子のプライマー設計と至適条件の検討，日本不妊学会雑誌，42 ; 222 (408).

White SL, Collins VR, Wofde R, et al (1999) Genetic counseling and prenatal diagnosis for the mictochondrial DNA mutations at nucleotide 8993, *Am J Hum*

Genet, 65 ; 474-482.
White SL, Shansek S, McGill JJ, et al (1999) Mitochondrial DNA mutations at nucleotide 8993 show a lack of tissue or age-related variation, *J Inherit Metab Dis*, 22 ; 899-914.

第XX章

卵子・卵巣組織の低温医学

［編集担当：久保春海］

社会性不妊とは，生存欲求に基づき，自律的に選択した自己実現のための社会活動，生活習慣などのために，生殖活動を保留した状態が持続することで，加齢に伴い生殖機能あるいは妊孕性が低下した状態を云う．社会性不妊の病態は主に加齢による卵母細胞数の減少と質の劣化に基づく卵巣予備能の低下であり，この現象は，個人差はあるが肉体年齢における経年変化とは必ずしも一致せず，生殖生体時計（Biological Reproductive Clock）によって統御されている．一方，現代の男女共同参画時代による生殖年齢の女性の就業率が80%を越えている状況と，リプロダクテイブヘルス／ライツが女性の権利として認められている環境では，女性の自己実現を目指すキャリアー志向と子供を生み，家族を形成するための生殖願望のバランスをとることが困難であり，社会的なワークライフ・バランスの問題に直面している．加齢による不妊はこのような社会現象により，生み時を決めかねて未妊状態にあった女性が，30歳台後半になって妊孕性の低下に気付く場合が多く，この時になって生殖生体時計をリセットする方法はない．しかし，生殖医学の進歩により，わが国を中心として生殖細胞や生殖組織の凍結保存法が改良され，緩慢凍結法からガラス化法超急速ガラス化法へと発展してきた．これらの方法は簡便で良好な結果が期待できるようになった．このためARTにおける余剰胚の凍結保存により，多胎妊娠防止のための単一胚移植や全胚凍結による卵巣過剰刺激症候群（OHSS）の予防が可能となり，新鮮胚移植と比較しても着床率や妊娠率に差はない．したがって若年あるいは未婚女性の卵子・胚・卵巣のセルフバンキングが，この方法により臨床応用可能な状態になりつつある．これらの保存がワークライフ・バランスの破綻による加齢不妊に対する生殖能の回復，あるいは白血病やリンパ腫などの若年性腫瘍の化学療法や放射線療法の際の生殖機能障害に対する唯一の予防法となっている．

［久保春海］

XX-87

卵子凍結保存と卵子バンク

Key words
卵子／凍結保存／ガラス化保存／卵子バンク／白血病

はじめに

近年，超急速冷却法の開発など，ガラス化保存法における冷却／加温速度の大幅な改善とそれに伴うガラス化液中の凍結保護物質濃度の軽減により，これまできわめて困難とされてきたヒト卵子（未受精卵子）の実用レベルでの凍結保存が可能となった．ヒト胚のもととなる配偶子は精子と卵子であるが，すでに精子は半世紀以上も前にその凍結保存法が開発，古くから臨床の場において利用されている．精子凍結保存の確立により，男性（患者）は，不妊治療時における採精回数の減少，ICSIへの精子の再利用，精子バンクの利用など，実にさまざまな恩恵に預かってきた．女性においても，卵子の凍結保存が可能になったことにより，男性同様，生殖におけるさまざまな不都合を改善できる道が開けてきた．特に女性は，排卵から出産まで，身体的，精神的に実に多くの重い負担を強いられるため，凍結保存技術を用いて，卵子に起因する妊孕能を保存，あるいは制御することによって，不妊治療やQOLにおいて大きな改善が期待できるようになった．

本節では，生殖補助医療におけるヒト卵子凍結保存の意義，卵子凍結保存を実現した超急速ガラス化保存法の理論と実際，卵子バンク，すなわち卵子凍結保存技術の応用や将来展望について概説する．

1 卵子凍結保存の目的

(A) 卵子セルフバンク（本人利用目的の卵子バンク）

(1) 癌患者における治療後の妊孕能維持

未婚女性における白血病などでは，骨髄移植をはじめとする造血幹細胞移植によりその多くが治療可能となった，しかしその反面，骨髄移植の前提となる化学治療のため多量に投与された抗癌剤，および放射線治療の副作用により，ほぼ全例が不妊となる現実がある．しかしながら，骨髄移植治療前の寛解期に卵子を採取して凍結保存し，治療後，卵子を解凍してIVF-ETすることによって，この医源性不妊を回避することが可能である．

(2) 高齢不妊に備えた若年時における卵子保存

女性の妊孕性は一般に35歳ごろから減少を始め，その傾向は40歳を越えると顕著となる．そして45歳をもって閉経を待たずに，ほぼすべての女性は妊娠する能力を失う．しかしながら現代社会においては多くの女性が，晩婚や職業的理由などによりこの生殖年齢内に伴侶と出会い，子を生む機会を逸する場合が少なくない．晩年においても若い女性と自らの子を得ることができる男性と生殖上の差があるだけでなく，男性型の社会構造により，女性にとっての出産がそれまで積み上げてきたキャリアの致命的なハンディとなる現実問題が存在している．これらの性差別を軽減し，それぞれの女性が自分の人生の，最も適した時期に子供を持てるようにする技術として，キャリア女性の卵子セルフバンクが欧米で開始している．

(3) 夫が不妊治療中である高齢女性の妊孕性維持

現在，男性因子不妊症において，精液あるいは精巣中にたとえ1細胞でも正常精子が存在すれば，ICSIにより正常な胚を作出することが可能となった．無精子症患者の約15%には，精巣内に精子のもととなる精細胞，すなわち精子細胞，精母細胞あるいは精祖細胞が存在しており，現在，これらの細胞を体外で精子に発育させる技術が確立されつつある．しかしながら，35歳を越えた女性は段階的に卵子老化によって絶対不妊へと移行するため，不妊男性の妻がこの精子形成／完成培養技術を用いた治療法の臨床応用を待つ間に，年齢を重ねて子供を作る機会を失うこととなる．そこで，あらかじめ，健康な卵子を少しでも若いうちに凍結保存しておくことによって，この高齢不妊に対応することが可能である．

(B) 卵子バンク(第三者利用のためのバンク)

欧米をはじめとする多くの国では，早期卵巣不全や両側卵巣摘出女性など，本人卵子による妊娠が不可能，あるいは困難な場合，精神的，身体的に健康な第三者からの提供卵子を用いた体外受精が，不妊治療の1オプションとして日常的に実施されている．提供者の卵子が凍結保存によりバンクできれば，提供者が都合のよい時期に卵巣刺激を行い，卵子を凍結保存できる．さらにこの凍結卵子は液体窒素容器を用いた宅配便により，どこへでも必要な場所まで（国際間も含む）輸送することができ，移植患者の都合がよい時まで保管が可能である．これまでの新鮮卵子提供プログラムにおける困難，すなわち提供卵子の距離的，時間的制約が解除され，卵子の利用性が飛躍的に向上した．さらに，患者の治療において毎回IVFに必要な数だけ凍結卵子を融解し，受精させることにより，限られた貴重な生命である卵子を，無駄なく有効に利用することが可能となった．

2 卵子凍結保存の手法

(A) 超急速ガラス化保存の理論

ガラス化保存法とは，培養液に高濃度の凍結保護物質（CPA）を添加することによって，細胞内の水分子同士の結合を阻害し，氷の結晶が発生しない状態で卵子を固化，極低温保存する手法である．超急速冷却ガラス化保存法とは，冷却速度が－20,000℃/min以上のものと定義され，卵子に致死的な冷温域を急速に通過するため「冷温障害」を回避して高い生存率が得られる．さらに同法は，従来の緩慢法に比較して処理がきわめて簡易，短時間で，高価なプログラムフリーザーなど特別な機器も必要としないため，臨床応用にきわめて有効な実用的手法である．

(B) ガラス化保存開発の歴史

1937年，低温生物学者J. Luyetにより提唱されたガラス化保存法は，その十数年後，C. Polgeによる精子の凍結成功例によりはじめてその有効性が証明された（Luyet 1937；Polge et al, 1947）．しかしながら胚への応用は困難であり，初の哺乳類胚のガラス化保存成功例の報告（Rall, Fahy, 1985）は，1972年の緩慢凍結法での成功例（Whittingham 1972）から13年遅れた1985年であった．以来，ガラス化保存法は，異なる動物種へ，また異なるステージの胚や卵子への応用が検討された．ラット胚（Kono et al, 1988），ウシ（Massip et al, 1986；Kuwayama et al, 1992），ブタ（Kuwayama et al, 1997）など，これまでに13種以上の動物種において保存後の生存例が報告され，現在ではその多くの種において実用的にガラス化保存技術が利用されている．

1990年代に入り，50%を超える高濃度の凍結保護物質を添加したガラス化液は，より低濃度の溶液（Kuwayama, 1994）へ，また同時に，超急速な冷却-加温法開発の検討（Martino et al, 1996）や，そのための専用ガラス化コンテナ（Vajta et al, 1998；Lane et al, 1999；Kuwayama, Kato, 2000；Kuwayama et al, 2005a）などが開発され，現在の超急速ガラス化保存法が確立された（Kuwayama et al, 2005b；Vajta, Kuwayama, 2006；Kuwayama, 2007）．

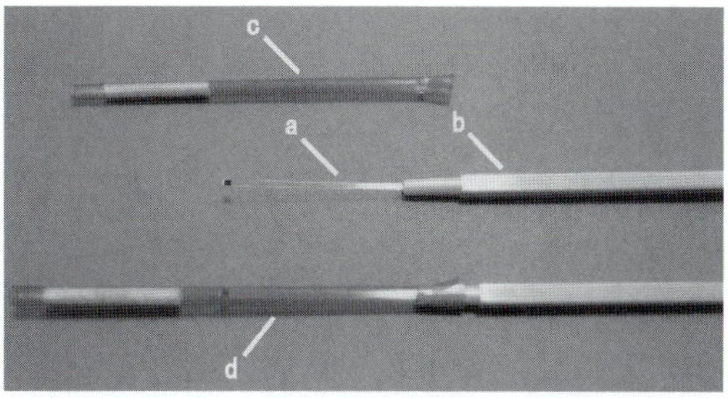

図XX-87-1．超急速冷却ガラス化保存コンテナ，Cryotop
(a) ポリプロピレン製シート (b) 硬質プラスチックハンドル (c) プラスティックカバー (d) 液体窒素保存時に装着

(C) 卵子のガラス化保存の実際：超急速冷却ガラス化保存「Cryotop（クライオトップ）法」

−23,000℃/minという超急速冷却により，ガラス化液への凍結保護物質を大幅に軽減し，ヒト胚および卵子において，保存後の生存性ロスがほとんどない手法，クライオトップ（Cryotop）法が開発され，ヒト卵子凍結保存のスタンダード法として世界中で用いられるようになった．

(1) 凍結保護物質の平衡

平衡液に卵子を投入することにより，細胞膜透過性凍結保護物質を浸透させる．エチレングリコールとDMSOの等量混合液15%v/vを用いる．平衡時間は，卵子ごとの品質（膜透過性）により異なるために，個別に適宜修正する必要があるが，通常，室温下で10-15分間である．

(2) ガラス化液による卵子細胞内濃縮

ガラス化液への卵子の曝露により，細胞内自由水を脱水，細胞内の相対的濃度を50%以上に濃縮する．細胞外溶液がガラス化液に置換されるため，結果的に細胞外の氷晶形成も防止できる．

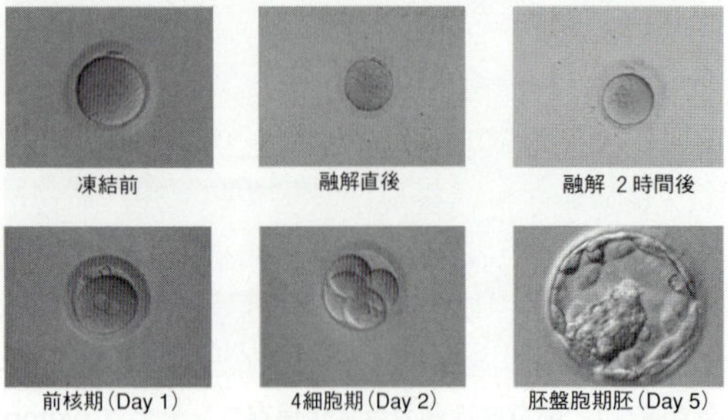

図XX-87-2．ガラス化保存前後のヒト卵子，および顕微授精，培養後の前核期，4細胞期ならびに胚盤胞期胚

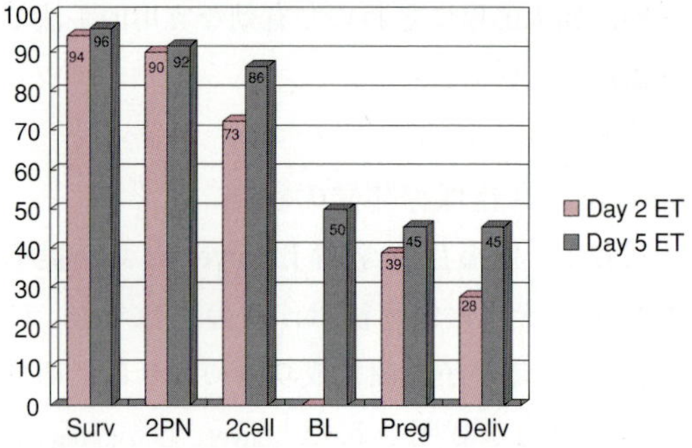

図XX-87-3．加藤レディスクリニックにおけるCryotop法を用いたガラス化保存卵子のIVF成績

ガラス化保存後の生存率（Surv），顕微授精後の正常受精率（2PN），培養後の2細胞期（2cell），胚盤胞率（BL），および胚移植後の妊娠（Preg），出生率（Deliv）．

(3) 液体窒素投入による超急速冷却

細胞内外溶液のガラス化には，超急速な冷却が必要である．クライオトップ法では，専用に開発した超急速冷却ガラス化保存容器（図XX-87-1，北里バイオファルマ社）により，液量を0.1μl以下に最少化し，液体窒素で直接冷却する超急速冷却（有害温度域である－20℃から－80℃の間において23,000℃/min以上）が可能である．

(4) 卵子の極低温保存

ガラス化転移点（約－120℃）以下では溶液が固相化し，さらに液体窒素温度（－196℃）下では，構成分子がほとんどの運動エネルギーを失い，動くことができないため，卵子劣化することもできない．すなわち，液体窒素中で保存することにより，理論上，卵子は凍結保存開始時の細胞活力を高く維持したまま，1000年ないし2000年間と，半永久的に保存することが可能である．

(5) 超急速加温法による融解

凍結細胞を加温する場合，特に－20℃から－80℃の温度域では氷晶成長速度が早いため，移動再結晶により細胞内凍結を生じて細胞が破壊されやすい（脱ガラス化）．溶液の加温時の脱ガラス化は，冷却時よりもはるかに起こりやすいので，ガラス化保存卵子の融解には，さらに急速な加温速度が必要とされる．Cryotop法では37℃に加温した融解液で加温することにより，43,000℃/minの超急速な加温が得られる．

(6) 卵子内凍結保護物質の希釈除去

融解後，卵子内に残存している凍結保護物質を，ショ糖を浸透圧緩衝剤として用い，徐々に希釈，除去して，浸透圧を低下させる．Cryotop法では，1および0.5モルショ糖を添加した2種類の希釈液を段階的に用い，さらに前液の底面導入法により，連続的に浸透圧を緩慢低下させることで，卵子の一時的な過膨化を防止，細胞膜の損傷を防いで高い生存率が得られる．

(D) ガラス化保存したヒト卵子の *in vitro* における生存性

ガラス化保存後のヒト卵子の生存状況を図XX-87-2，XX-87-3に示した．当院において凍結保存－融解した卵子計164個のうち，生存卵子は160個（生存率97.6%），顕微授精後の正常受精率は89.4%で，培養した前核期胚のうち49.7%が胚盤胞へ発生した．また，著者が直接技術指導を実施している海外のIVF施設においても，Cryotop法による凍結保存卵子より同様の良好な成績が得られている．しかしながら，技術研修を受けていない施設や，最小容量冷却法による超急速冷却が期待できないガラス化容器(Open Pulled Straw, Cryoleaf, Cryoti, Cryologicなど)を用いたガラス化保存など，Cryotop以外の手法を用いた場合には，良好な生存性が得られていない(Kuwayama, 2007)．ガラス化保存後に高い成績を得るためには，まず正しいプロトコールを直接，良好な成績が得られている施設から正確に技術移転する必要性があろう．

(E) ガラス化保存卵子由来胚の移植成績

これまで当院で移植を行った29症例のうち12例に妊娠成立(妊娠率41.3%)が確認され，11人の挙児が得られている．またさらに，技術研修を受けたIVF施設では，これまで8,000件の凍結保存卵子由来の胚移植が行われ，高い妊娠率(39%)が得られ，これまでに計2,000名以上の健康な挙児が得られている．

(F) ヒト卵子バンクの設立

従来の緩慢凍結法を用いた卵子バンクは，これまで米国を中心に何度も企画されたが，これまでの統計では，緩慢法で凍結保存された卵子が出生までたどり着く確率は約1%と，その成功率の低さから，いずれも失敗に終わっている．超急速ガラス化保存法の開発後にやっとヒト卵子バンクは現実的となり，近年，同様の手法を用いて，アメリカ，韓国，メキシコなど，各国でさまざまな目的のためのヒト卵子バンクが設立されて始めた．わが国では，未婚の悪性腫瘍女性を対象とした初の卵子バンクが2001年に設立，韓国においても同様の卵子バンクが，同じくガラス化保存法を用いて設立された．また，宗教に起因した国内法により，1回のIVF周期に3個以上の卵子への媒精が禁止されているイタリアでは，卵巣刺激―採卵により得られた多くの卵子のほとんどは受精に用いられず，廃棄されてきた．しかしながら卵子凍結保存技術の確立により，媒精時の多くの余剰卵子を次回以降のIVF周期に使用することが可能となり，女性患者のIVF治療による身体的，精神的，経済的負担を大幅に軽減されるようになる．そのため，イタリアでは最近，ほぼすべてのIVF患者を対象として，Cryotop法を用いた卵子凍結保存が急速に全土に普及し始めている(Antinori et al, 2007)．さらにチリやアルゼンチンなどにおいても宗教上の理由により，IVF治療に利用されない可能性のある余剰胚を作出することを好まない患者が多く存在している．これらの患者からの強い要望により，採取された卵子のうち，胚移植に必要な数が得られる最小限の卵子にIVFを行い，他の卵子はとりあえず凍結保存して将来に備える，という利用も多くなってきている．また，米国，スペインなど，卵子提供によるIVF治療が盛んに実施されている国では，卵子バンクが，精子バンク同様，提供卵子の利便性，効率性の著しい向上のメリットのため，先端IVF施設を中心に卵子バンクが設立され，急速に周辺に普及しつつある(Cobo et al, 2007)．

(G) ヒト卵子バンクの現状

わが国で誕生した未婚の悪性腫瘍女性のための実用的な卵子セルフバンクは，2007年，日本産科婦人科学会からの承認を受け，その後，症例数を増加させながら全国へ普及し，現在実施登録施設は13施設となった．白血病，悪性リンパ腫など，血液癌患者に対し，これまでに100症例以上実施され，一例の事故もなく，安全に500個あまりの卵子が将来の挙児作出に向けて液体窒素内に保存されている．未婚の悪性腫瘍女性の保存卵子によるIVF治療は，患者の原疾患からの完全回復，結婚，そして，より低度な不妊治療での妊娠作出の試みを待ってから行われるため，まだ，このセルフバンク卵子由来のIVF成績はほとんどない．原疾患治療の副作用による医原性不妊に備えるセルフバンクは，さらに未婚の乳癌患者や，また卵巣癌患者などにも強く要望され，わが国を中心に，米国，カナダ等で臨床応用が開始している．

また，北米やヨーロッパ南部など，第三者からの提供卵子を用いた体外受精が認められている国では，ガラス化保存により卵子が高率に凍結保存できるようになったことを受け，卵子バンクの利用が近年，活発に行われ始めた．米国，カナダ，メキシコ，コロンビア，スペイン，イタリア，ギリシャ，ロシアなど，著者の指導している施設では，すでに合計10,000個を越える卵子が同目的でガラス化保存されている．その多くの施設では，ガラス化保存後の卵子生存率は95%以上ときわめて高く，ICSIによる媒精，および体外培養により，各施設の非凍結保存卵子での成績と有意差のない，良好な成績が得られている．さらに移植，出産成績も非凍結卵子と全く遜色のない値であり，ガラス化保存を用いた卵子バンクの有効性，安全性が広く示されている (Katayama et al, 2003 ; Antinori et al, 2007 ; Cobo et al, 2007 ; Kuwayama, 2007)．

まとめ

卵子侵襲性の低いガラス液と超急速な冷却／融解方法で構成されたCryotop法によるガラス化保存法を用いることによって，従来，きわめて困難とされていたヒト卵子の凍結保存が可能となった．白血病患者など，卵巣機能消失によって妊孕能を失う状況に置かれた未婚女性が，その後の人生で自分自身の挙児を得る夢を実現するため，自己卵子を保存する卵子セルフバンクがわが国で設立された．命を賭けた辛く困難な血液癌との闘いに向かう未婚の女性達に，癌克服の先に，閉経ではなく，子を持つ希望とそれによる戦いへの勇気を与えることができたらと心から願う．

(香川則子・桑山正成)

引用文献

Antinori M, Licata E, Dani G, et al (2007)Cryotop vitrification of human oocytes results in high survival rate and healthy deliveries, *RBMOnline*, 14 ; 72-79.

Cobo A, Kuwayama M, Peres S, et al (2007) Comparison of concomitant outcome achieved with fresh and cryopreserved donor oocytes vitrified by the Cryotop method, *Fertil Steril*, 89 ; 1657-1664.

Katayama KP, Stehlik J, Kuwayama M, et al, (2003) High survival rate of vitrified human oocytes results in clinical pregnancy, *Fertil : Steril*, 80 ; 223-224.

Kono T, Suzuki O, Tsunoda Y (1988) Cryopreservation of rat blastocysts by vitrification, *Cryobiology*, 25 ; 170-173.

Kuwayama M (1994) In straw dilution of bovine IVF-blastocysts cryopreserved by vitrification, *Theriogenology*, 41 ; 231.

Kuwayama M (2007) Highly efficient vitrification for cryopreservation of human oocytes and embryos, The CryoTop method, *Theriogenology*, 67 ; 73-80.

Kuwayama M, Hamano S, Nagai T (1992) Vitrification of

bovine blastocysts obtained by in vitro culture of oocytes matured and fertilized in vitro, *J Reprod Fertil*, 96 ; 187-193.
Kuwayama M, Holm P, Jacobsen H, et al (1997) Successful cryopreservation of porcine embryos by vitrification, *Vet Record*, 141 ; 365.
Kuwayama M, Kato O (2000) All round vitrification of human oocytes and embryos, *J Assist Reprod Gentic*, 17 ; 477.
Kuwayama M, Vajta G, Ieda S, et al (2005a) Vitrification of human embryos using the CryoTip™ method, *Reprodctive BioMedicine Online*, 11 ; 608-614.
Kuwayama M, Vajta G, Leibo SP, et al (2005b) Highly efficient vitrification method for cryopreservation of human oocytes, *RBM Online*, 11 ; 300-308.
Lane M, Schoolcraft WB, Gardner DK (1999) Vitrification of mouse and human blastocysts using a novel cryoloop container-less technique, *Fertil Steril*, 72 ; 1073-1078.
Luyet BJ (1937) The vitrification of organic colloids and of protoplasm, *Biodynamica*, 29 ; 1-14.
Martino A, Songsasen N, Leibo SP (1996) Development into blastocysts of bovine oocytes cryopreserved by ultra-rapid cooling, *Biol Reprod*, 54 ; 1059-1069.
Massip A, Van Der Zwalmen P, Scheffen B, et al (1986) Pregnancies following transfer of cattle embryos preserved by vitrification, *Cryo-Letters*, 7 ; 270-273.
Polge C, Smith AV, Parks AS (1947) Revival of spermatozoa after vitrification and dehydration at low temperatures, *Nature*, 164 ; 666.
Rall WF, Fahy GM (1985) Ice-free cryopreservation of mouse embryos by vitrification, *Nature*, 313 ; 573-575.
Vajta G, Kuwayama M (2006) Improving cryopreservation systems, *Theriogenology* 65 ; 236-244.
Vajta G, Kuwayama M, Holm P, et al (1998) Open pulled straw vitrification : a new way to reduce cryoinjuries of bovine ova and embryos, *Mol Reprod Dev*, 51 ; 33-58.
Whittingham DG (1971) Survival of mouse embryos after freezing and thawing, *Nature*, 233 ; 125-126.
Whittingham DG, Leibo SP, Mazur P (1972) Survival of mouse embnyos frozen to −196 and −269℃, *Science*, 178 ; 411-418.

XX-88

卵子・胚凍結の理論と実際

Key words
低温保存技術（Cryopreservation）／緩慢凍結法（Slow-Cooling Method）／ガラス化法（Vitrification）／耐凍剤（CPA, cryoprotective agent）／液体窒素（Liquid Nitrogen）

はじめに

ヒト生殖補助医療（ART）において，余剰胚の低温保存は重要な治療技術の一つであり，現在ではさまざまな低温保存法が臨床的に用いられている．その理由としては体外受精で得られた胚のうち，新鮮な状態で移植した後の余剰胚を低温保存しておくことにより，その後の周期で融解後の生存胚を少数ずつ移植し妊娠に向けることができるためである．低温保存胚の利用により，採卵を毎回行う必要がないことから，患者の負担が軽減され，採卵周期あたりの妊娠率を向上させることができる．その上一回の移植胚数を減らすことで，多胎妊娠の防止にも役立ち，子宮内環境不良やOHSSの発症・増悪が考慮されるなどの新鮮胚を移植することが不適当な症例ではすべての胚を低温保存し，その後の自然周期または子宮内膜作成周期で移植することもできる．それ以外にも卵子や精子また受精卵（胚）を低温保存する技術は，種々の哺乳類の遺伝子を保存したり（特に絶滅危惧種において），家畜繁殖の効率改善に寄与し，現在種々の方法が開発・改良され，その有効性および成績の向上は，生物生理学，畜産，医療に大きく関係している．

本節では，卵子・胚の低温保存法，中でも臨床において一番重要である胚の低温保存法を中心に理論的背景と実際の手技について解説する．

1 低温保存についての概略

(A) 低温保存の基本

細胞が生存性を損なうことなく長期間保存されるためには，基本的に液体が結晶化することなく固化した状態のガラス化になる温度（－130度以下）で保存される必要があり，それには一

卵・胚の低温保存技術（Cryopreservation for human eggs and embryos）： 排卵誘発による体外受精法により，複数個の卵が得られるようになり，それらを受精させることで複数個の胚が得られ，胚移植は通常１個から２個のため，余剰胚を有効に利用する技術が必須となった．そのため開発された低温保存技術は卵や胚をその生存性を保ったまま安全に長期間保存する技術のことで，一般的には－196℃の液体窒素（LN_2）下に貯蔵されている．低温保存の基本は，細胞を氷点下にする際に起こる氷晶形成が細胞破壊につながるためいかに氷晶形成を防ぐかであり，実際には，まず卵子や胚を耐凍剤に浸すことで脱水および耐凍剤の細胞内流入を起こし，それによって氷点以下の温度まで低下させても，細胞内には氷晶形成が起こらなくなる．この状態でLN_2内において長期間の保存が可能である．融解過程はその逆であり，一気に室温まで戻すことで融解し，その後，細胞内に流入した耐凍剤を細胞外に漏出させながら，水分を流入させる操作を行い，一定期間培養し生存性を確認後移植に供する．

耐凍剤（CPA, cryoprotective agent）： 細胞内に透過流入して脱水を促し，それにより氷点以下においても氷晶形成が起こりにくくする物質で，分子量(MW)は60から120程度である．エチレングリコール（Ethylene Glycol），プロパンダイオール（Propandiol,PROH），グリセロール（Glycerol），DMSO，アセタマイド（Acetamide）などがある．

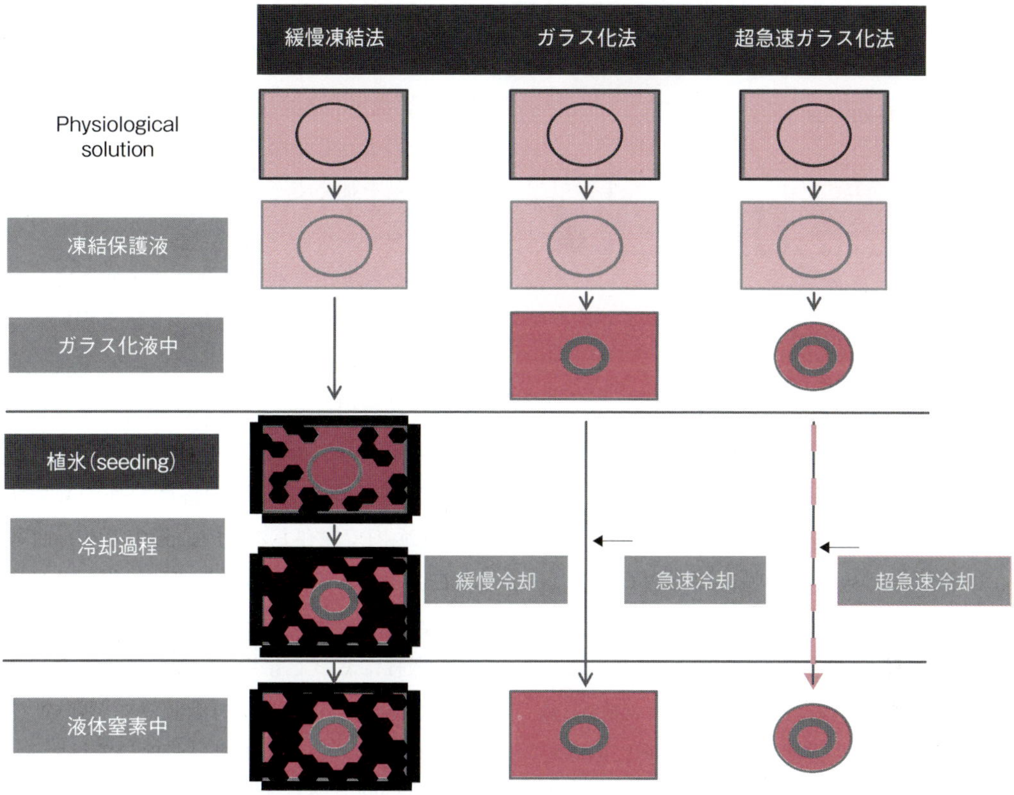

図XX-88-1．緩慢凍結法と，ストローを用いた従来のガラス化法と，クライオループやクライオトップ等を用いた超急速ガラス化法の違いを示した模式図

般的に－196℃である液体窒素（LN_2, Liquid Nitrogen）が用いられる．そのために必要なのは，低温環境下で起こる氷晶形成を防ぐため耐凍剤（凍結保護剤，CPA, CryoProtective Agent）を用い，細胞内の水分分子を結晶化しないサイズにまで濃縮する脱水過程と，温度を回復させる際（融解時）に，濃縮された水分分子を細胞内へ戻す加水過程である．現在，卵子・胚の低温保存手技はさまざまな方法が用いられ，20種類以上の哺乳類の卵子や胚を安全に低温保存することができている．重要な点はいかに細胞内氷晶形成を防ぐかと耐凍剤による毒性を少なくするかである（Kasai, 2002）．方法としては耐凍剤を加え徐々に温度を低下させる緩慢凍結法と，一気にLN_2に浸すことで急速に冷却し，氷晶形成がまったくなく固化した状態にするガラス化法がある．温度変化の違いを表したグラフを図XX-88-2に，またその状態を図XX-88-1に模式的に表した．なお，低温生物学において，低温保存を表す単語には，氷晶形成がある緩慢凍結の場合「凍結，Freezing」とそれを融かす「解凍，Thawing」があり，ガラス化法では，氷晶形成がないため，「冷却，Cooling」（または「Vitrifying」）と「融解，Warming」となる．

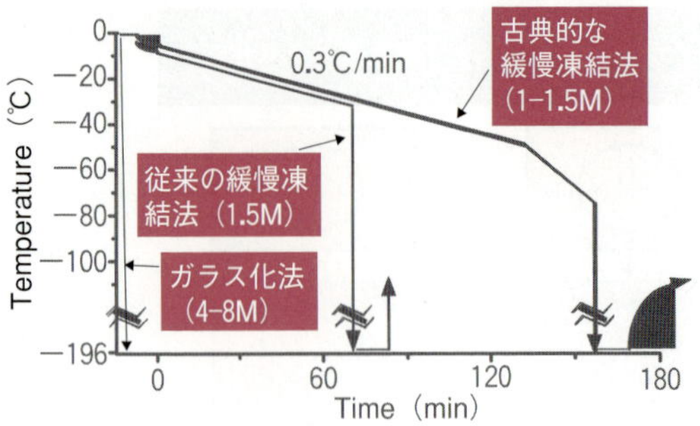

図XX-88-2．各種凍結法における温度変化のグラフ

(B) 歴史的経緯

現在臨床的に多く用いられている緩慢凍結法は1972年にD. G. Whittinghamら(1972)によって提唱され，比較的低濃度の耐凍剤に細胞を浸すことで脱水と耐凍剤の透過により平衡化し，徐々に温度を低下させる精密な機器を用いて，緩除な冷却を行い最終的にLN_2内で保存する．この方法では細胞外は植氷(−7℃で強制的に施行)により氷晶形成が起こる．ヒト胚においてはA. Trounsonらが1983年に妊娠例を報告(Trounson, Mohr, 1983)して以来，方法論の改善がなされ，現在広く用いられている．一方1985年にW. F. RallとG. M. Fahyによって提唱(Rall, Fahy, 1985)されたガラス化法(Vitrification)は，高濃度の耐凍剤に細胞を浸し，直接LN_2に入れることで，常温から−196℃へ急激に冷却し，細胞内外ともガラス化するため氷晶形成がまったく起こらない．しかしながら，高濃度の耐凍剤による細胞毒性が問題になりうる．体外受精などで得られるヒト受精卵は緩慢凍結法で保存されるのが以前は主流であったがが，近年ガラス化法(Vitrification)の有効性が認められ臨床的に多く用いられるようになり，その簡便性・有効性の高さから特に日本においては多くのクリニックで用いられるようになってきた．

(C) 低温保存法の理論

精子のような小型の浮遊細胞は比較的低濃度の耐凍剤を加えてそのまま低温のLN_2の気相に放置することによって凍結保存することができる．しかし卵子や胚は細胞サイズが大きいため含まれる水分量が多く，この方法を用いることはできない．前述したように基本的に細胞をその生存性を損なうことなく低温保存するには，細胞内に氷晶形成を起こさず，細胞質が固化(ガラス化)するレベル以下の温度を保つ必要があり，LN_2内で保存されるのが通常である．また細胞はこの低温保存状態において受ける傷害以上に，温度を低下させる過程，回復のため上昇する過程においてもさまざまな傷害を受ける可能性がある．

(1) 低温保存における傷害(Kasai, 2002)

細胞を低温保存する際，方法によって図XX-88-1，XX-88-2のようにステップおよび温度変化に違いはあるが，次のような傷害が起こりうることを考慮すべきである

(2) 低温障害(chilling injury)

ある種の胚(細胞内に脂質が多く含まれているブタ，ウシなど)では20℃以下の温度に曝されることが生存性の低下につながる．それらの共通の特徴は細胞質が黒褐色調で，これは脂肪滴に起因する．

(3) 細胞内氷晶形成

哺乳類の卵子や胚は，他の細胞と比較すると格段に大きいため水分量も多くなり，細胞質内の水分に氷晶形成が起こるとその体積が1.1倍となりその容積増加から細胞膜破砕，細胞内小

器官の破壊等の構造的（機械的）傷害を起こし細胞変性に至る．これは緩慢凍結法において－7℃の時点で行う植氷の際にも起こる可能性がある．それを回避するには耐凍剤（たとえば，グリセロール，エチレングリコール，DMSO，プロピレングリコールなど）の細胞内への十分な平衡化と緩慢な温度低下が必要となる．しかし，ガラス化法では，高濃度耐凍剤と急速冷却のため氷晶形成は理論的に起こりえないが，耐凍剤が不十分な場合や，冷却速度の低下により起こりうる場合がある．細胞内に氷晶形成ができないまで濃縮された状態でのみ長期低温保存が可能であり，これが結晶化することなく固化したガラス化状態である．

(4) フラクチャーダメージ（Fracture Damage）

細胞を低温処理する際，ガラス化状態になる前の液体状態から固体状態の変化が起きる－130℃付近において，細胞内に不均一な温度変化が生じた場合に液相と固相の混在によるクラックという形で現れる傷害があり，実際には卵子や胚を融解した後，透明帯や細胞質に亀裂（クラック）として観察される．これは冷却・融解の温度スピードおよびその容器の形状に影響を受ける．

(5) 浸透圧膨張

融解直後，卵子や胚は細胞内に透過型耐凍剤を氷晶形成が起きないようにするために含んでいるので浸透圧は細胞外より高くなる．このため水分の流入の方が耐凍剤の排出より早く起こり，急速な水分流入により体積の増加つまり膨張状態が起こり，それが細胞傷害につながりうるが，膨張状態に対する抵抗性・感受性は卵子や胚の時期によってさまざまである．それを防ぐためには細胞外の浸透圧を上昇させる必要があり，非透過型耐凍剤であるシュークロース液を融解液に入れ，急激な細胞サイズの変化を防ぎ，耐凍剤の流出とともにその濃度を低下させていく対応が必要である．

(6) 浸透圧収縮

耐凍剤との平衡化時は，水分の漏出の方が耐凍剤の流入より早いため細胞は収縮し，透過性が低い場合や耐凍剤の濃度が高い場合には過度の収縮が起こり細胞骨格等への傷害となりうる．また融解時に耐凍剤を除去する過程では，細胞外に浸透圧を保つためシュークロース液を入れておくが，耐凍剤が細胞外に流出するにつれ，細胞サイズは小さくなり，そのまま高浸透圧下が続くと過度な収縮状態になる．これは膨張と同じく細胞に傷害を起こす可能性がある．

(7) 耐凍剤の毒性

低温保存する際に最も問題になるのは氷晶形成であり，それを防ぐのが細胞内に透過して水分子の結合・結晶を妨げる目的で用いる細胞透過型耐凍剤である．これにはグリセロール（Glycerol），エチレングリコール（Ethylene glycol），DMSO，プロパンダイオール（Propandiol），アセタマイド（Acetamide）があり，すべて細胞毒性が起こりうるがその程度は，対象となる胚の種類，発達段階により大きく異なる．マウス8分割胚を用いた実験では，エチレングリコールが最も毒性が少なかった（Mukaida et al, 1998）．緩慢凍結法ではその濃度が1－2M程度と比較的低濃度のため毒性は少ないが，ガラス化法では4－6Mに達するため，平衡化を完全に起こせばその影響は大きく，平衡化およびガラス化過程にかける時間はとても重要である．しかし

表XX-88-1．緩慢凍結法とガラス化法の違い

	緩慢凍結法（Slow Cooling）	ガラス化法（Vitrification）
臨床的背景	ヒト受精卵で安全性確立	ヒトで注目され確立してきている（哺乳類では主流）
機器	高価なプログラムフリーザー 多量のLN_2	簡単な容器 少量のLN_2
方法	2～3時間必要	わずか10-15分で可能
問題点	細胞内氷晶形成による物理的障害の可能性	高濃度凍結保護剤による化学的障害の可能性

融解後は形態学的に変性等が起こるわけではなく一見正常に見えるため，あまり注意が払われず，その後の分割速度の低下や停止などの影響となって表れる．ふさわしい耐凍剤としては，細胞透過性が高く，毒性が低いものが理想である．その理由としては(1)耐凍剤が十分に細胞内へ流入することは，細胞内氷晶形成を防ぐためには不可欠である，(2)細胞内への透過性が高い方が耐凍剤と細胞との暴露時間を短くすることができ，耐凍剤による化学毒性の影響を少なくできる，(3)細胞内から外への漏出が早い方が，融解時に浸透圧膨張の影響を受けにくいと思われる．またこれら透過性に関しては温度が高い方がより促進される傾向がある．

2 低温保存法の実際

現在，卵や胚の低温保存法には，**緩慢凍結法**とガラス化法があり，そのガラス化法の中でも通常の**ガラス化法**とガラス化液量を少なくし冷却速度をきわめて高くした超急速ガラス化法がある．緩慢凍結法とガラス化法の対比に関しては，表XX-88-1に示す．

(A) 緩慢凍結法（Slow freezing method）

緩慢凍結法は，卵子や胚をまず1－2 mol/Lの耐凍剤に平衡化するまで暴露させ，その後徐々に温度を低下させ，－7℃付近で植氷（強制的な氷晶形成；詳細は後述）を行う．その後も徐々に温度を低下させることで氷晶形成が進み（0.3–0.5℃/min），その過程において細胞内および細胞外で氷晶形成がなされていない所が濃縮され，最終的にLN_2ではその部分がガラス化される．最初の古典的緩慢凍結法は1972年にWhittinghamらによって開発（Whittingham et al, 1972）され，－80℃まで低下させた後LN_2へ投入していた．その後，融解過程を急速に行う（360℃/min）と，冷却過程を－30℃で中止し液体窒素に投入できることが判明した．この方法は，細胞内氷晶形成を防ぐために緩除な温度低下が必要で，それをコントロールする器機と長時間の操作が必要となる．

(B) 通常のガラス化法（Conventional vitrification）

一方1985年にRallとFahyはガラス化法と呼ばれる，全く概念が違うアプローチを提唱（Rall, Fahy, 1985）した．これは卵子や胚を高濃度の耐凍剤に暴露後ストロー内に保持し，常温から数分以内にLN_2へ投入する方法である．これには氷晶形成が全く起こらない点と温度を調整する

緩慢凍結法（Slow-Freezing Method）：液体窒素（LN_2）下などの低温環境下で細胞の生存性を保ったまま長期間保存するために用いる低温保存技術の一つで，比較的低濃度の耐凍剤（1.5M）を用いて細胞内から脱水を促しながら卵子や胚の耐凍剤濃度を平衡化した後，常温から液体窒素下（LN_2）（－196℃）まで約1時間半程度の緩除な温度低下を行い，－7℃付近で植氷を行うことで細胞外は氷晶形成が起こり，細胞内は氷晶形成を回避する方法である．緩慢な温度変化をコントロールする器機と長時間の操作が必要となる．

ガラス化法（Vitrification）：液体窒素下（LN_2）などの低温環境下で細胞の生存性を保ったまま長期間保存するために用いる低温保存技術の一つで，高濃度の耐凍剤（4.5－6M程度）を用いて細胞内から急速な脱水を促し，常温からLN_2（－196℃）まで急激な温度低下を行うことで，細胞内外を低温保存する際に最も重要な氷晶形成を回避する方法である．簡便で生存性が高く現在人や哺乳類の卵子や胚の低温保存の主流になりつつある．ガラス化は「液体が結晶化することなく固化した状態を表す」用語である．

器機が不必要な点に加え，生存率が緩慢凍結法より高いという利点がある．しかしながら，高濃度（5－8 mol/L）の耐凍剤を使用することによる細胞化学毒性の影響がある．

(C) 超急速ガラス化法（Ultra-rapid Vitrification）

細胞の種類および発達段階によっては上記の二つの方法でも十分な生存率が得られないが場合があり，それらには次にあげる三つの状況が考えられる．

(1) 低温障害（Chilling injury）を受けやすい卵や胚（ブタやウシの卵子や胚など）

(2) 耐凍剤の細胞内への透過性が低い卵子や胚（ヒトの卵子や胚盤胞）

(3) 耐凍剤の化学毒性に対して感受性が高く傷害を受けやすい胚（ハムスターの卵子や胚）

このような傷害を克服する手段として考えられたのが超急速ガラス化法で，冷却速度をきわめて高くすることで回避するアプローチであり，低温障害（Chilling injury：前途）やフラクチャーダメージ（Fracture damage：前途）が起こる温度付近を一気に通過し，LN_2の温度まで冷却する方法である．これにより従来のガラス化法より低い耐凍剤濃度で細胞内氷晶形成の回避が可能となった．この冷却速度を高める工夫にはガラス化液量をできるだけ少なくし液体窒素に直接接触する方法があり，このために胚を保持する容器にいろいろなタイプの工夫がなされてきた．最初は1996年にA. Martinoらが電子顕微鏡のサンプルを載せるグリッドを用いて行う方法を提唱（Martino et al, 1996）し，その後，OPS（open pulled straw）（Vajta et al, 1998），Cryoloop（Lane et al, 1996），Cryotop/Cryotip（Kuwayama et al, 2005）などが開発された．現在広く用いられているガラス化法はこの超急速ガラス化法であり，臨床的に使われている方法について以下に述べる．

3 胚の低温保存の方法・手順

(A) 緩慢凍結法

緩慢凍結法は，耐凍剤濃度が比較的低いために，胚は耐凍剤毒性の影響を受けにくいので，胚の操作や手順および実施者などによる生存性のばらつきが少なく，比較的安定した成績が得られる．しかし，氷晶形成の影響を完全に防ぐことは難しく，耐凍剤との平衡化や，緩慢に温度を下げるため時間がかかる（2時間以上）点や，温度制御に高価なプログラムフリーザーが必要となる．

(1) 耐凍剤平衡

室温において生理的な溶液（PB1液）に1－2Mの耐凍剤を添加した保存液に胚を浸す．ヒト胚には，1.5Mプロピレングリコール＋0.1Mシュクロースが広く用いられている．10-20分間保持して，耐凍剤を十分胚の内部に透過させる．

(2) 植氷

胚を0.25ml細型ストローに充填し，－7℃付近まで冷却したのち，保存液の一部に強制的に氷晶を形成させる（植氷）．氷晶形成によって保存液は濃縮されて浸透圧がより高まり，細胞内の水分が細胞外に流出して細胞内はさらに濃縮される．

⑶ 冷却と保存

プログラムフリーザーを用いて,胚を毎分0.3-0.5℃のきわめて緩慢な速度で冷却する．その過程で，細胞外では氷晶が増加して保存液の不凍部分の濃縮が進み，その中に存在する胚の内部も濃縮される．低温下では水分の流出に時間を要するため，緩慢な冷却が必要となる．－30－35℃まで冷却した胚は，LN_2蒸気中（－150℃以下）に3分間以上静置後，LN_2に浸して保存する．

⑷ 融解

融解予定胚をLN_2から取り出して空気中で10-15秒間保持し，微温水中に浸して急速融解する．

⑸ 耐凍剤の除去

室温で胚を0.5M程度のシュクロース液に浸し耐凍剤を希釈する．その後さらに胚を新鮮な低濃度のシュクロース液に移し，細胞内の耐凍剤が細胞外に拡散して胚が十分収縮したことを確認し，シュクロース液から一般的培養液中に移し移植まで培養する．

(B) 通常のガラス化凍結法（Conventional vitrification）：ストローを用いる方法（Mukaida et al, 1998）

ガラス化法では，プログラムフリーザーを用いずに，簡易な操作で短時間に胚を低温保存することができる．ガラス化溶液の耐凍剤の濃度が比較的高いため処理条件（温度，処理時間，胚操作）に注意を要し，適切に対応しなければならないが，氷晶の影響を回避できるため，適した条件で処理すれば，生存性をより高く維持することができる．

⑴ ガラス化溶液

ガラス化溶液は，Hepes-HTF液などの生理的溶液に，30-50％（v/v）の耐凍剤を加えて作製し，濃度が高いためLN_2に浸しても氷晶ができない．耐凍剤の組成や種類も多様であるが，我々は，細胞透過性耐凍剤のエチレングリコールに溶液をガラス化させやすくする働きがある細胞非透過性の物質である高分子のフィコール70，糖類のシュクロースを加えたガラス化溶液(EFS40)を用いてヒトを含む種々の胚を凍結し，良好な成績を得て報告してきた（Mukaida et al, 1998）．

⑵ 耐凍剤処理

胚をまず10-20％の耐凍剤を含む毒性の低い溶液（たとえば，10％エチレングリコール／PB1，あるいはEFS20）に浸し胚の内部に耐凍剤を透過させる（前処理）．2－5分後に，胚をガラス化溶液（EFS40）に移し，細型ストローに充填する．通常，室温のガラス化溶液での処理時間は30秒-1分間とするが，適する処理時間は，処理温度，ガラス化溶液，胚の発育ステージによって異なる．

⑶ 冷却と保存

胚をいれたストローを直接LN_2蒸気中に数分間静置したのちLN_2に浸して保存する．

⑷ 融解

緩慢法と同様に，空気中で10-15秒間保持後に微温水中に浸して急速融解する．

⑸ 耐凍剤の除去

ガラス化溶液は，高濃度の耐凍剤による毒性の影響が大きいので，融解後はできるだけ素早く胚の中から耐凍剤を拡散させるため，0.5Mシュクロース／Hepes-HTF液に移す．その後

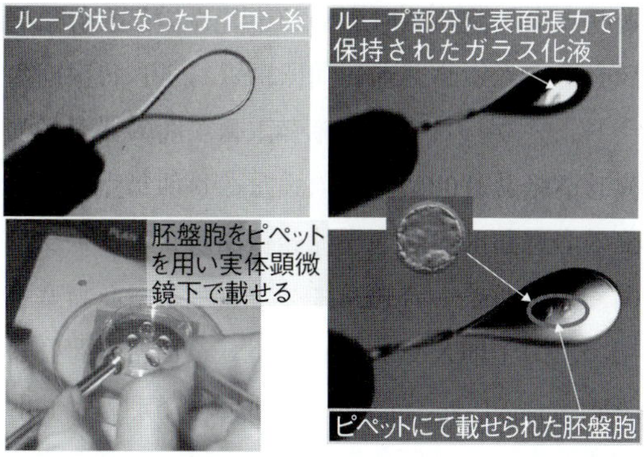

図XX-88-3．クライオループを用いたガラス化法の手順

は0.25M シュクロース／Hepes-HTF 液に移し，耐凍剤除去後には，胚を一般の培養液中で移植まで培養する．

(C) 超急速ガラス化保存法（Ultra-rapid Vitrification）：クライオループを用いる方法（図XX-88-3）（Mukaida et al, 2001；2003；2006）

ストローを用いた従来の凍結保存法で十分な生存性が得られない胚においては，ここに示す超急速ガラス化法により高い生存性が得られる場合がある．特にヒト胚では，胚の濃縮が進みにくい胚盤胞の低温保存に適しており，また，未受精卵の低温保存法としても確立されている．最終ガラス化液量がきわめて少ないため（図XX-88-1），胚をガラス化溶液で処理する条件（温度，時間，操作）は不安定になりやすく，より注意深く処理する必要がある．

(1) ガラス化溶液

超急速法に用いられる耐凍剤やガラス化溶液は，ストローを用いたガラス化法と基本的に同じである．透過性耐凍剤には，通常エチレングリコールが用いられ，DMSO と混合した溶液も多用されている．また，多くの場合，シュクロースなどの糖類が加えられており，さらにフィコールなどの高分子物質が添加されることもある．超急速ガラス化法の利点の一つは，細胞内氷晶形成が起こりうる濃度の耐凍剤レベルでも，すなわち毒性の低いガラス化溶液でも氷晶形成を抑制できることである．したがって，実際ストローを用いたガラス化法では透過性耐凍剤を40%含むガラス化液が必要となるが，超急速ガラス化法では30%の濃度でガラス化状態を維持できる．

(2) 耐凍剤処理

胚をまず10–20%の耐凍剤（たとえば，7.5%エチレングリコール＋7.5%DMSO/Hepes-HTF）を含む毒性の低い溶液に浮遊させ，卵子の内部に耐凍剤を透過させる（前処理）．次に，ガラス化溶液（たとえば，15%エチレングリコール＋15%DMSO＋1%フィコール＋0.65M シュクロース／Hepes-HTF）に移しさらなる濃縮を起こす．胚を LN_2 下で保存するクライオループは，約24G の金属針の先端に微細なナイロンループ（太さ20μm，直径0.5–0.7mm）をつけ，クライオチューブのふたの内側に，固定したものである．ふたの外側にはスチールが埋め込んであり，マグネット付きのスティックに付着させて扱えるよう工夫されている．クライオループの先端をガラス化溶液に浸して表面張力によってガラス化液を付着させておき，そこにピペットで少量のガラス化溶液とともに胚を載せる．ループに付着した保存液量は1 μl 以下である．

(3) 冷却と保存

胚が載っているループを直接 LN_2 に浸して，超急速に冷却する．LN_2 下でチューブの本体にふたをして保存する．ふたには切れ込みがあり，スティックで操作することができる．したがって，保存容器自体はクライオチューブと同じ形状で，サンプルの保存や識別に便利であるが，ストローより場所をとるのが難点である．

(4) 融解と耐凍剤除去

マグネットつきスティックを用いてLN_2下でキャップ部分を脱着し，ループ部をすばやく直接シュクロース液（0.5-0.3M）に浸して超急速に加温する．ループに載っていた胚は，希釈液中に自然に落下し，同時に希釈される．耐凍剤が拡散した後には，胚を等張な培養液中で移植まで培養する．

4 ヒト胚の低温保存法の現状と今後の展開

近年，ヒト生殖補助医療（ART）の分野では，培養技術の改善に伴い，多胎の防止，着床率の改善と診断的意義から胚盤胞まで培養し移植する胚盤胞移植（BT, blastocyst-transfer）法が普及してきた（Gardner, Schoolcraft, 1999）．それにつれ余剰胚盤胞の有効保存法が臨床的に重要になってきた．このため我々も従来のグリセロールを耐凍剤とした緩慢凍結法による胚盤胞の凍結保存法（Menezo et al, 1992）を試みたが，他の多くの施設（Vanderzwalmen et al, 1999）と同様に臨床的に満足できる成績を得られなかった．そのためHARTクリニックでは従来のストローによるガラス化法を，クライオループという容器を用いてガラス化液量を極度に少なくすることで，冷却速度を急激に高め，耐凍剤の濃度を低下させることで毒性の少ない超急速ガラス化法確立し，臨床応用してきた．そしてこの方法による世界ではじめての妊娠出産報告（Mukaida et al, 2001）を2001年に行った．

以上のような経緯よりヒト余剰胚の凍結保存は受精直後の接合子（Zygoteまたは2PN期）から8分割胚では，緩慢凍結法が一般的に用いられ，それの代替法としてストローを用いた従来のガラス化法（Conventional Vitrification）も用いられている（Mukaida et al, 1998）．しかしながら前述したように胚盤胞においては，グリセロールを耐凍剤とした従来の緩慢凍結法も用いられるが，生存率や妊娠率がガラス化法より低い点と胚の構造の特殊性から従来のガラス化法を改良した超急速ガラス化法が用いられ，高い妊娠率が報告されている（Mukaida et al, 2003；2006）．

日本産科婦人科学会の2007（平成19）年度倫理委員会登録・調査小委員会報告による2006（平成18）年度の統計によると胚移植周期全体のうち，凍結胚移植が占める割合は，全139467周期中，凍結融解が42171周期で，11797周期に妊娠が認められ，移植あたりの妊娠率33.0％となっている．そのうち流産が2833周期（24.0％）に認められている．緩慢凍結法による胚の生存率に関してのデータは，胚のステージ・質によって異なるが，ほぼ60-70％となっている．初期分割胚（2-8細胞期）に従来のガラス化法（ストローを用いた）を用いた成績も緩慢凍結法とほぼ同様の成績になっている．

超急速ガラス化法における臨床データは，未受精卵へのアプローチを含め近年少しずつ報告されるようになってきたが，胚においては胚盤胞期を中心に使用され，現在世界で一番多い臨床成績に周産期結果を加えて報告しているHARTクリニックにおける胚盤胞融解胚移植の臨床成績を示す．HART クリニックでは，1999年末より胚盤胞を，クライオループを用いた超急速ガラス化法で行っており，1999年末から2010年末まで過去11年間で広島・東京の HART クリニック２施設において，5434周期に融解移植を企画し，生存胚盤胞が得られた5347周期に移植を行った．GS の確認ができた臨床的妊娠に2568周期が至り（49%），その内686周期が流産した．実際には8960個の胚盤法を融解し，8432個が胞胚腔の再拡大が見られたため生存と判断し（94.1%），そのうち7532を移植し，2882個の GS が確認された（着床率：38.3%）．現在までに1517例の出産において，1735児が出生しており，男児889児，女児846児で性差も認められていない．32児において周産期合併症，胎児・新生児奇形が見られており，これは同時期の新鮮胚盤胞移植と同じ発生率である．

5 卵子の低温保存法

未受精卵の低温保存技術は，未婚女性が外科的または癌の治療等により不可逆的に妊孕性を失う場合の緊急回避手段として，また卵提供プログラムにおいてドナーとレシピエントの生理周期の同期化をはかる必要がない，提供卵の有効配分ができる，提供者の遺伝的背景や感染症等のチェックをする時間が十分とれる，卵子の低温保存により妊娠時期を遅らせても卵子が加齢による影響を受けないなど将来的に有用性の高い技術である．しかし1997年に E. Porcu らによって，ヒト未受精卵を緩慢凍結法で低温保存し ICSI を授精に用いた最初の出産報告（Porcu et al, 1997）から，文献上では未だ100例程度の出産報告がなされているにすぎない（Smith et al, 2004）．これは未受精卵が，耐凍剤に対する細胞膜透過性および脱水・加水過程等が低温生物学的に接合子（2PN）や分割胚とは全く違い，成熟卵として受精直前状態である Metaphase II 期は，細胞内骨格，紡錘糸等の細胞内構造が複雑で，浸透圧や温度変化による傷害が起こりやすいなどの傷害が多いためであり（Stachecki, Cohen, 2004；Stachecki et al, 2004），従来の緩慢凍結法では臨床的に満足できる生存率，着床率を得るに至っていない現状がある（Borini et al, 2003）．近年桑山らによる Cryotop を用いた卵子のガラス化保存法では，高率の生存率・受精率・妊娠率を報告（Kuwayama et al, 2005）しており，すでに世界の30施設以上から全体で400児以上の出生を報告している．このことより現時点では最も成績良好で再現性の高い方法と思われ，本節において概略を記載すべきであるが，桑山らにより記載された前章にて方法論の詳細やその臨床応用については参照していただきたい．

本節では我々はヒト胚盤胞のガラス化保存法として確立したクライオループを用いた超急速ガラス化保存法を卵子の低温保存法として試行し，種々の改良を加えて得た知見を述べることで，未受精卵と胚（特に胚盤胞）の低温保存法がいかに違うかについて解説する．我々はまず未受精卵のガラス化保存に前述した胚盤胞の低温保存で用いているプロトコールを用いてみたが，満足できる生存率，受精率，分割率が得らなかった（データ未発表）．これは未受精卵が上記のように分割胚や胚盤胞と比べて，細胞膜の耐凍剤や水分に対する透過性が低い，細胞内骨格や紡錘糸の状態が違うため傷害を受けやすい，浸透圧や温度変化に対するストレスに弱い（Stachecki, Cohen, 2004；Stachecki et al, 2004）などによると考えられ，従来のガラス化保存とは異なった方法を用いる必要があると判断した．

そこで我々は上記のクライオループによる超急速ガラス化法（Mukaida et al, 2001；2003；2006）を未受精卵のガラス化保存用に改良し，試行錯誤の末，高率の生存率，受精率と妊娠出産例を得たので，その経緯・詳細を示すことで，いかに未受精卵の低温保存が困難であるかについて説明する．

未受精卵のガラス化保存のために今回試みた方法は，耐凍剤や水分の透過性が低い点を改善する目的で，ガラス化時における耐凍剤の平衡化過程を６段階に分け，細胞内からの脱水と耐凍剤の流入を形態学的な変化から判断し，また融解過程もシュークロース濃度を５段階に分け，細胞内への加水と耐凍剤の流出を形態学的変化から判断し，それぞれの卵子を個別に対応するアプローチである．実際には未受精卵はガラス化のための平衡化過程では細胞内からの脱水によりまず収縮が起こり，その後細胞内への耐凍剤の流入が徐々に起こっていくため大きさの回復が見られた．EG, DMSO濃度が0.625％の段階ではほとんど変化はないが，徐々に濃度を高めるに従って細胞サイズの収縮が見られ，その後少し拡大し表面が平滑になる変化を起こす．その時点で次の濃度に移すという手順を繰り返し，10％EG, DMSO濃度では金平糖状態になり，EG, DMSOが20％の濃度では，最終的にもとのサイズと比較して約50％の収縮状態になり，LN２内でガラス化保存された．

次に融解過程における形態的変化では，融解直後の1.0Mシュークロース内では，未受精卵が一瞬変性したように観察され，その後徐々に実質の輪郭がはっきりしてくる．その後高濃度の非透過性耐凍剤であるシュークロース内のため徐々に収縮し始め，この段階で次の0.75Mシュークロースへ移した．その後の各段階でも卵細胞内への水分の流入に伴いサイズの拡大が見られ，それに伴って耐凍剤の細胞内からの拡散が起こるため細胞膜の不整が見られ始め，この段階で次の低濃度のシュークロース溶液に移した．融解された未受精卵は徐々に細胞サイズを回復しながらほぼもとの状態に戻る経過となった．

融解後は，通常のICSIに用いる培養液にて２時間程度培養し，卵細胞の実質，極体，透明帯を観察し，生存しているかどうかの判断を行った．形態学的に良好に生存している場合は，極体もその形状が保存されており，卵実質が顆粒状または不均一に見える場合は，極体の変性を伴うことが多い傾向があった．このことより，未受精卵のガラス化・融解過程を判断する際に，極体の生存性も，重要な観察項目になると思われた．ガラス化のための平衡化過程において十分な脱水と細胞内への耐凍剤の流入をはかるため，収縮の後の再拡大を十分待って行うと耐凍剤への暴露時間があまりにも長くなり，細胞毒性の影響が大きくなるため，形態的に生存しても受精分割能力の低下が見られる傾向があった．その逆としてあまりに早く進めすぎると，不十分なガラス化になり，生存性の低下が見られた．また融解時も，各段階で加水過程に伴って起こる耐凍剤の流出が不十分だと，最終的に過膨張の状態から細胞破裂に至ることがあり，逆に長すぎるとシュークロースの影響により過収縮となるため，浸透圧ストレスにより分割が障害された．また極体放出の点から同様の成熟卵と判断される未受精卵もそれぞれ収縮の速度，割合は違うため，それぞれの卵子を形態学的に判断する必要性を感じた．

ICSI を融解後 2 時間目に施行したのは，採卵後約 2－3 時間目にガラス化保存を行っているため，融解後 2－3 時間目に ICSI を施行すると，採卵から 4 から 6 時間目に ICSI を施行したことになり，通常の ICSI における時間的経過と同じになると考えられた．また授精手技として ICSI を施行した理由には他の報告（Smith et al, 2004）にも見られるように，ガラス化・融解過程および低温保存過程のため透明帯が硬化し通常媒精では受精しにくくなる点や，また成熟度の確認および形態的変化の観察のためガラス化前にヒアルロニダーゼ等により卵丘細胞がすでに除去されているためである．

結論として胚盤胞のガラス化保存に用いるクライオループによる超急速ガラス化法に，冷却時に 6 段階の平衡／脱水化過程を加え，融解時には 5 段階の加水化過程を加えることで，生存率89%，受精率74%，分割率91%が得られた．それらは現在多くの施設が試みている緩慢凍結法による卵の低温保存の成績と比較して改善しており，その結果 3 例の臨床的妊娠が得られ，そのうち 1 例より双子の健常児が得られたことはこの方法の臨床的有効性を示している．

しかしながら，ヒト未受精卵のガラス化・融解過程に対する反応は同じ個体から得られた卵子においても一様ではないため形態を確認しながらの作業となり，受精卵をガラス化する場合と比較して，形態学的観察およびその判断，ガラス化・融解各 5 段階の平衡化過程が必要となり，ガラス化法の一つの有用性である簡便性が失われる結果となった．また各段階の所要時間を決定するためには，低温生物学に基づいた卵子の形態的変化の観察を行わなければならず，技術的判断の習得が必要となり，このため主観的な判断の差が起こる可能性もある．今回用いたガラス化過程の EG, DMSO 濃度0.625–20%の 5 段階，および融解過程のシュークロース濃度，1.0M から0.125M の 5 段階以外の方法の検討も行ってみる価値はあり，試行錯誤の過程からよりよいプロトコールを確立していく必要がある．しかし実際には，ヒト未受精卵を実験的かつ多量に用いて方法論の確立を目指すのは，社会的，倫理的にもきわめて難しく，現段階で定期的に Donate された卵子を入手することはほとんど不可能であるため，今回のように卵提供プログラムの簡便化を目的として，レシピエント周期の同期化をはかる必要がないなどの利点もある臨床的研究として行うことが，現在できる数少ないアプローチの一つと思われる．今後は胚盤胞のガラス化保存に用いている方法のようにどの卵子でも一定時間で手順も確立されたプロトコールの開発とさらなる改善が必要と考える．またこの方法で出生した児の長期的フォローアップも臨床的プログラムとしては欠かすことができない重要な項目である．

まとめ

どのような胚の低温保存法が臨床上適しているかを EBM に基づいて考えた場合，分割胚を低温保存するより，近年胚盤胞発育へ向けた培養液に進歩もあり，余剰胚を胚盤胞まで追加培養し，胚盤胞に達した胚のみをガラス化保存する方法が得られる臨床的効果は高いと考えられる．なぜなら次のような理由からである．

(1) 余剰胚の胚盤胞発達の有無は胚の成長の点から見た胚の質的診断になり，とりわけ8分割胚以降の胚発達は精子の染色体の影響を含めた胚自身の遺伝子発現も関係していると報告されているので，胚盤胞の段階での低温保存は現段階では臨床上最も有効である．

(2) 胚盤胞発達およびその形態（ICMおよび外細胞層）の情報を凍結胚選択基準は従来の分割期胚の形態学的評価より臨床的に相関し有用である．

(3) このことは不必要な胚の凍結を減らし，結果的に有意に分割胚の融解胚移植より高い妊娠率を得ることができる．

(4) 短時間で簡単にでき，かつ再現性に富み，高価な機器が必要ではないので，小規模クリニックにおいても臨床的に問題なく行うことができる．

以上より，低温保存法の将来は，ガラス化法を中心に胚だけではなく未受精卵や組織のガラス化保存に関する研究が進み，より臨床的に大きなインパクトを与えるようになると思われる．

（向田哲規・岡　親弘・高橋克彦）

引用文献

Borini A, Coticchio G, Flamigni C (2003) Oocyte freezing : a positive comment based on our experience, *Reprod Biomed Online*, 7(1) ; 120.

Gardner DK, Schoolcraft WB (1999). *In-vitro* culture of human blastocyst, In : *Towards Reproductive Certainty : Infertility and Genetics Beyond*, Jansen R, Mortimer D, (eds), Parthenon Press, Carnforth, pp378-388.

Kasai M (2002) Advances in the cryopreservation of mammalian oocytes and embryos : development of ultrarapid vitrification, *Reprod Med Biol*, 1 ; 1-9.

Kuwayama M, Vajta G, Kato O, et al (2005) Highly efficient vitrification method for cryopreservation of human oocytes, *Reprod Biomed Online*, 11 ; 300-308.

Lane M, Schoolcraft WB, Gardner DK (1999) Vitrification of mouse and human blastocysts using a novel cryoloop container-less technique, *Fertil Steril*, 72 ; 1073-1078.

Martino A, Songsasen N, Leibo SP (1996) Development into blastocysts of bovine oocytes cryopreserved by ultra-rapid cooling, *Biol Reprod*, 54 ; 1059-1069.

Menezo Y, Nicollet B, Andre D, et al (1992) Freezing cocultured human Blastocysts, *Fertil Steril*, 58 ; 977-980.

Mukaida T, Kasai M, Takahashi K, et al (2001) Successful birth after transfer of vitrified human blastocysts with use of a cryoloop containerless technique, *Fertil Steril*, 76 ; 618-620.

Mukaida T, Oka C, Takahashi K, et al (2003) Vitrification of human blastocysts using cryoloops : clinical outcome of 223 cycles, *Hum Reprod*, 18 ; 384-391.

Mukaida T, Takahashi K, Goto T, et al (2006) Artificial Shrinkage of blastocoele using either micro-needle or laser pulse prior to the cooling steps of vitrification improves survival rate and pregnancy outcome of vitrified human blastocysts, *Hum Reprod*, 21 ; 246-3252.

Mukaida T, Takahashi K, Kasai M, et al (1998) Vitrification of human embryos based on the assessment of suitable conditions for 8-cell mouse embryos, *Hum Reprod*, 13 ; 2874-2879.

Porcu E, Fabbri R, Seracchioli R, et al (1997) Birth of a healthy female after intracytoplasmic sperm injection of cryopreserved human oocytes, *Fertil Steril*, 68 ; 724-726.

Rall WF, Fahy GM (1985) Ice-free cryopreservation of mouse embryos at -196℃ by vitrification, *Nature*, 313, 573-575.

Smith GD, Silva E, Silva CA (2004) Developmental consequences of cryopreservation of mammalian oocytes and embryos, *Reprod Biomed Online*, 9 ; 171-178, Review.

Stachecki JJ, Cohen J (2004) An overview of oocyte cryopreservation, *Reprod Biomed Online*, 9 ; 152-163, Review.

Stachecki JJ, Munne S, Cohen J (2004) Spindle organization after cryopreservation of mouse, human, and bovine oocytes, *Reprod Biomed Online*, 8 ; 664-672.

Trounson A, Mohr L (1983) Human pregnancy following cryopreservation ; thawing and transfer of an eight-cell embryo, *Nature*, 305 ; 707-709.

Vajta G, Holm P, Kuwayama M, et al (1998) Open Pulled Straw (OPS) vitrification : a new way to reduce cryoinjuries of bovine ova and embryos, *Mol Reprod Dev*, 51 ; 53-58.

Vanderzwalmen P, Zech H, Van Roosendaal E, et al (1999) Pregnancy and implantation rates after transfers of fresh and vitrified embryos on day 4 or 5, *J Assis Reprod Genet*, 16 ; 147-155.

Whittingham DG, Leibo SP, Mazur P (1972) Survival of mouse embryos frozen to -196℃ and -269℃, *Science*, 178 ; 411-414.

XX-89

卵子・卵巣組織の低温医学の現状と将来

Key words
卵子／卵巣／凍結／ガラス化／悪性腫瘍／妊孕性温存／微小浸潤／Oocyte／Ovary／Cryopreservation／Vitrification／Malignant／Disease／Fertility Preservation／MRD

はじめに

卵子・卵巣凍結は悪性腫瘍患者の妊孕性温存に不可欠な技術であり，研究段階から治療へと移行しつつある．現に成熟卵子凍結後の出産例は1500例を越えており，生まれた児の生下時体重や先天異常率は自然妊娠や通常の体外受精児と比較しても変わらない．緩慢凍結や**ガラス化法**の凍結・融解後の紡錘体・染色体，細胞質内小器官への影響に関する研究も徐々に進んできている．1986年はじめて成熟卵子の緩慢凍結法による出産例が報告されたが，1997年以降ICSI (Intracytoplasmic Sperm Injection) を併用してから出産例が増加してきた．最近ではガラス化法が簡便で良好な結果を期待でき，成熟卵子凍結の主流になりつつある．紡錘体・染色体への損傷を考慮すればGV (Germinal Vesicle) 期卵子の凍結が有望視されるが，凍結時の卵丘細胞の有無，融解後の体外成熟培養の問題もあり，出産報告は１例のみである．卵巣凍結に関して悪性腫瘍８例（ホジキン病・非ホジキンリンパ腫・ユーイング肉腫・乳癌，眼窩腫瘍)，大量の化学療法を必要とする良性疾患２例（鎌状赤血球貧血症，多発血管炎）に，卵巣切片を凍結保存，治癒後に融解・移植することにより，2004年以降，全部で10名の女性から13名の健児誕生が報告されている．移植あたりの臨床的妊娠率は20%である．こちらの妊娠例はすべて緩慢凍結法であり，今後，ガラス化法の確立が望まれる．しかし凍結・移植に伴う原始卵胞損失により卵巣皮質切片では短期間しか卵巣が機能しないことが問題となっており，全卵巣凍結・super-microsurgeryの確立が待たれる．全卵巣凍結に関しては磁場環境下の凍結法が有望視されているが，さらなる詳細な研究が必要である．また卵巣凍結融解後の移植には**MRD** (minimal residual disease) の問題が立ちはだかっている．MRDの迅速かつ正確な検出方法の確立が望まれる．同時にMRDの問題を回避できる原始卵胞から成熟卵胞までの体外培養も大いに期待されている．

1 卵子・胚・卵巣凍結

悪性腫瘍患者の妊孕性温存のために卵子・胚・卵巣凍結が不可欠である．胚については生殖医療の重要な治療手技として確立されているが，卵子・卵巣に関しては未だ研究段階と評価

ガラス化法：零下196度の液体窒素で凍結保存する際，卵子などを壊さず一気に凍結する方法．卵子などに氷の結晶があると組織を傷めるので，組織内の水分を特別な保存液で置き換え，氷の結晶ができないようにする方法．結晶化しないまま固まるガラスと同じ現象のためこう呼ばれている．

MRD (minimal residual disease)：急性白血病の場合，治療前にはおよそ10^{12}個程度の白血病細胞が体内に存在している．寛解導入療法によって，血液学的寛解（完全寛解）に達成しても，なお10^{9}個の白血病細胞が残存しており，こうした完全寛解も光学顕微鏡レベルで検出できない病変を最少残存病変(MRD, minimal residual disease)と呼ぶ．

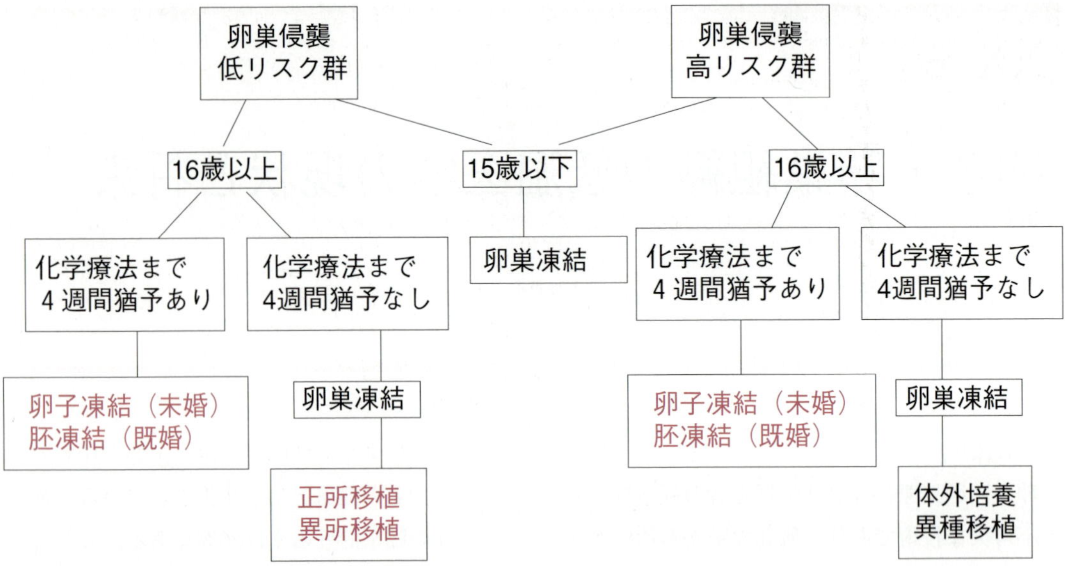

図XX-89-1．女性悪性腫瘍患者の妊孕性保持戦略

正所移植・異所移植：MRD の問題あり．
卵巣凍結：小卵胞から GV 卵を採取，IVM で得られた MII 卵を凍結保存するとともに卵巣そのものを凍結保存する．
卵子凍結・胚凍結：採卵する場合，エストロゲン依存性腫瘍の場合，レトロゾールで卵巣刺激，エストロゲン非依存性腫瘍の場合，通常の卵巣刺激を行う．

されている（表XX-89-1）．本節では妊孕性温存の戦略（図XX-89-1）に従って進めていきたい．

まず，悪性腫瘍を卵巣への侵襲リスクが高い群と低い群に疾患別に分ける．15歳以下の場合は卵巣凍結が選択される．16歳以上で化学療法まで4週間以上猶予のある場合は卵巣刺激・採卵し，未婚は卵子凍結，既婚は胚凍結を，一方猶予のない場合は卵巣を摘出して凍結保存をする．卵巣凍結した場合，卵巣への侵襲リスクが低い場合，正所ないし異所移植が実施される．この場合リスクが低いとはいえ，可能性が0ではないので，MRD の問題が解決されなければならない．卵巣への侵襲リスクが高い場合は免疫不全マウスへの移植や体外培養を試みられているが，研究段階である．

2 卵子凍結

ヒト卵子の凍結保存ははじめ，緩慢凍結・急速融解による凍結方法（凍結保護剤，DMSO）で，当時は体外受精により受精卵を得て，妊娠・出産は Chen（1986）により世界ではじめて，次いで Van Uem ら（1987），Siebzehnruebl ら（1989）により報告された．その後は表層顆粒の減少・透明帯硬化，細胞骨格損傷の問題もあり，しばらく成功の報告がなかった．1997年に E. Porcu ら（1997）により凍結保護剤としてプロピレングリコール（propylene glycol, PROH）を用い，ICSI を駆使することにより，10年ぶりに妊娠・出産が報告された．日本では我々が2001年に緩慢凍

表XX-89-1．卵子・胚・卵巣凍結の特徴

	卵子凍結	胚凍結	卵巣凍結
適応	卵巣へ侵襲する確率が高い疾患	卵巣へ侵襲する確率が高い疾患	卵巣へ侵襲する確率が低い疾患
対象年齢	16–40歳	16–40歳	0–40歳
未婚・既婚	未婚	既婚	未婚，既婚
卵巣刺激	必須	必須	必要に応じて
化学療法までの期間	1–3ヶ月	1–3ヶ月	1–2週間
凍結方法	ガラス化法	ガラス化法	緩慢凍結・急速融解(現在)
融解後生存率	90%以上	95%以上	切片，卵胞，全卵巣で異なる
妊娠手段：自然orICSI	ICSI	ICSI（IVF）	自然orICSI（IVF）
出生児	約1500例	多数	13例
インフォームドコンセント（治療）	研究段階(イタリアではルーチーンに行われている)	確立	研究段階
問題点	1回あたりの採卵数が限られ児獲得まで10個以上の成熟卵を要する	1回あたりの採卵数は限られるが，凍結胚あたりの妊娠率は高い	MRDの問題 切片の場合，卵巣機能期間が数ヶ月–4年と短い

結・急速融解法ではじめての出産を報告した（京野ら，2001）．しかし1999年Chaら（1999）やKuleshovaら（1999）のガラス化法による妊娠・出産成功報告後は，ガラス化法のめざましい進歩により，適応拡大・妊娠率向上に寄与し，現在ではガラス化法が広く用いられている（Oktay et al, 2006）．簡便かつ低コストで誰がやっても再現性のある良好な結果が得られることが大きな長所である．日本では我々の施設で2004年に成熟卵子をガラス化法で凍結し，半年後に融解した卵子でICSIを実施，胚培養により胚盤胞まで発生させ，単一胚盤胞移植による出産に成功している（Kyono et al, 2005）．

3 将来の展望

将来の保存方法として100%の生存率・簡便な方法の開発が期待される．液体窒素を必要としない保存方法として乾燥卵子も有望かもしれない．一例としてアフリカ中部に棲む蚊の一種の「ネムリユスリカ」がある．乾燥させたこの幼虫に水を与えれば蘇生する．自然界から学ぶことが数多くあり，この分野は大いに発展が期待できる．

4 卵巣凍結

欧米では悪性ならびに大量化学療法の必要な良性腫瘍患者において，原疾患の治療前に凍結保存していた卵巣組織を治癒後に卵巣機能不全を確認してから移植を実施している．2004年J. Donnezらの報告を筆頭に13名の健児誕生が報告されている（Donnez et al, 2004, 2011；Meirow et al, 2005；Demeestere et al, 2007；Andersen et al, 2008；Donnez et al, 2011）．移植あたりの臨床的妊娠率は20%である（表XX-89-2）．現在，卵巣

表XX-89-2．ヒト卵巣皮質切片移植の妊娠・出産成績

著者番号	原疾患	凍結時の年齢	移植から妊娠までの期間（月）	自然／IVF	性別／出生児体重（g）	出生児時期（週）	研究チーム
1	Hodgkin's	25	11	自然	♀／3720	39	Donnez（ベルギー，2004）
2	Non-Hodgkin	28	11	IVF	♀／3000	38.5	Meirow（イスラエル，2005）
3	Ewing sarcoma	27	6	IVF	♀／3204	39	Andersen（デンマーク，2008）
			25	自然	♀／3828	39	Erist（デンマーク，2010）
4	Hodgkin's	24	8	自然	♀／3130	39	Demeestere（ベルギー，2007）
			48	自然	♀／2870	39	
5	Hodgkin's	25	10	IVF	♂／2600	37	Andersen（デンマーク，2008）
6	Hodgkin's	20	8	自然	♂／3089	38	Silber（アメリカ，2010）
7	systemic necrotizing vasculitides	27	11	IVF	♀／2030	37	Piver，（フランス，2009）
8	breast cancer	36	10	IVF	♂／1650	33	S-Semara（スペイン，2010）
					♂／1830		
9	sickle cell aenemia	20	6	自然	♀／3700	38	Raux（フランス，2010）
10	neurectodermic tumor	19	9	自然	♂／2830	38	Dannez（ベルギー，2010）

切片を凍結保護剤としてDMSO（dimethyl sulfoxide）やPROH，EG（ethylene glycol）を，凍結器具としてCryovialsを使用した緩慢凍結・急速融解方法が用いられている．徐々に簡易的なガラス化法に変わるであろう．また分離した卵胞はサイズが小さいので平衡化を短縮でき，凍結・融解は卵巣切片に比較し，容易である．1個の全卵巣と血管を含めて凍結する方法（磁場環境下の凍結）（京野，2008；Kyono et al, 2008）が試みられているが研究段階である．この方法の長所はまるごと卵巣凍結し，融解後，血管吻合により卵胞の消失を最小限に抑えて，長期間卵巣の機能を期待できることであり，今後の開発が切望される．また，卵巣を摘出した際，すぐに卵巣を凍結するのではなく，小さな卵胞を19ゲージの針を穿刺して卵子を吸引し，未成熟卵子を体外培養して成熟卵子まで成熟させて凍結することも可能である．A. Revelら（2007）によれば平均年齢16歳の18例中17例で平均8.5個（1-37個），計167個の卵子が回収でき，1例は37個を未成熟のまますべて凍結を希望，残りの16例については残りの130個を体外培養して，計76個の成熟卵子を凍結できている．Huangら（2008）も同様の方法により4症例で8個の成熟卵子を凍結保存している．もちろん穿刺後の卵巣はその後に通常通り凍結保存する．現在の凍結方法では原始卵胞のみ生存し，胞状卵胞は死滅するため，少しでも挙児を得る可能性を高める有効な方法と考えられる．

5 移植

卵巣切片の場合，正所移植として骨盤腔内・後腹膜腔，卵巣断面に，異所移植として腹直筋，前腕などに移植されている．問題点としては生着するまでの血流回復がある．生着率を上げるために移植の1週間前にperitoneal windowを形成したり（Donnez et al, 2004），ゴナドトロピンやビタミンEを投与することが知られている．現状ではほぼ100%生着するが，長期にわたる機能維持は困難である．原因は原始卵胞が死滅するためと考えられる．移植後の卵巣機能が低下あるいは消失した場合，再移植が行われる．Donnezら（2004），Demeestereら（2007），Andersonら（2008）（2例中1例）の出産例は再移植後によるものである．卵巣機能は移植後4.5－5ヶ月で回復し，数年維持する．Andersenら（2008）による6例の移植患者は短い例で7ヶ月，長い例で45ヶ月機能している．そのうち2例は16ヶ月後，24ヶ月後に再移植している．したがって，卵巣を摘出する場合，再移植して卵巣機能を長期間保つことを考慮し，より多くの卵巣組織を凍結保存するため，片方の卵巣の1部でなく，1個を摘出することを推奨している．自然妊娠を待つか積極的にIVF（*In Vitro* Fertilization）を行うか，ゴナドトロピンを投与するか否か，FSH（卵胞刺激ホルモン），LH（黄体化（刺激）ホルモン）の上昇に対してGnRHアゴニスト（Gonadotropin releasing hormone agonist），アンタゴニストを投与するか否かについても議論の余地が残されている．分離した卵胞の場合はfollicular basal laminaの働きにより悪性腫瘍細胞からの侵襲の心配が少なく（病理学者の意見では疑問が残る），サイズが小さいため凍結保護剤による平衡化が短縮でき，移植後の迅速な血管再生が期待できる．その結果として虚血時間の短縮，原始卵胞の損失を軽減できるという長所がある（Martinez-Madrid et al, 2004）．全卵巣の場合は理論的にはsuper-microsurgeryの技術により血管吻合して移植することにより，原始卵胞の死滅を最小限にして，長期間機能させることが可能になるであろう．

6 Minimal Residual Disease

病理組織学的あるいは免疫組織化学的手法によって検索されるが，検出方法は疾患によって異なる．その例を下記に示す．ホジキン病では（リードーステルンベルグ細胞）Reed-Sternberg cellsを検出するための卵巣組織の病理学的検索や細胞表面抗原（surface markers）CD15 and CD30が発現する悪性腫瘍細胞の存在を，慢性骨髄性白血病ではフィラデルフィア染色体（Philadelphia chromosome）を検出するために，RT-PCRが行われている．乳癌では病理学的検索（HE染色）と同時に腫瘍特異抗原（Cam-5.1, GCDFP-15およびki-67）を標的とした卵巣組織の免疫組織化学的検索が実施されている．Sanchezら（2007）の報告では乳癌患者で58例中2例（3.4%）に悪性腫瘍細胞が検出されている．患者への侵襲が少なく簡便確実にMRDを検出するための方法の確立が必須と考える．

表XX-89-3．40歳未満悪性腫瘍女性患者の卵巣転移（日本病理剖検輯報，日本病理学会編，1981–2005年）

分類	0–10歳	11–20歳	21–30歳	31–39歳	総計
白血病	7.9%（31/392）	10.1%（52/511）	7.7%（34/438）	7.8%（54/686）	8.4%（171/2027）
胃癌	0%（0/1）	78.2%（18/23）	60.3%（125/207）	54.1%（468/864）	55.8%（611/1095）
リンパ腫	10.5%（8/76）	10.7%（15/140）	13.9%（27/194）	14.7%（48/326）	13.3%（98/736）
乳癌	0%（0/0）	0%（0/3）	19.4%（14/72）	24.9%（143/573）	24.2%（157/648）
子宮癌	0%（0/1）	0%（0/3）	12.8%（10/78）	13.2%（46/346）	13.1%（56/428）
肺癌	0%（0/11）	21.4%（3/14）	20.9%（13/62）	24.8%（73/294）	23.4%（89/381）
小腸・大腸癌	0%（0/0）	16.6%（2/12）	31.1%（14/45）	26.1%（52/199）	26.6%（68/256）
総計	8.1%（39/481）	12.7%（90/706）	21.6%（237/1096）	26.9%（884/3288）	22.4%（1250/5571）

表XX-89-4．カニクイザルの移植部位と移植後の月経発来時期

	移植部位	FSH 注射の有無	はじめての月経	350日間の月経回数
A	筋膜下	なし	57日目	6 回
B	腎臓被膜下	あり	57日目	4 回
C	腎臓被膜下	あり	68日目	8 回
D	腎臓被膜下	あり	129日目	2 回
E	筋膜下	あり	185日目	3 回

7 卵巣への転移率

Donnezらはreview（Donnez et al, 2006）でリンパ腫の場合，卵巣への転移がほとんど認められないと主張しており，ヨーロッパにおいてはホジキンリンパ腫，非ホジキンリンパ腫など転移のリスクの少ない疾患に限定して卵巣皮質切片移植が実施されている．数名がこれを肯定する報告をしている．1981–2005年の25年間における日本での40歳未満の女性悪性腫瘍患者5,571人の剖検例（頻度の多い七大疾患；白血病2,027例，胃癌1,095例，リンパ腫736例，乳癌648例，子宮癌428例，肺癌381例，小腸・大腸癌256例）を調べてみた．それによると卵巣転移が多い順に胃癌55.8%，小腸・大腸癌26.6%，乳癌24.2%，肺癌23.4%，子宮癌13.1%，リンパ腫13.3%，白血病8.4%であった（表XX-89-3）．したがってリンパ腫といえども，転移率0%でなく，迅速かつ正確なMRDを検出する方法の開発が必須である．現状では転移の可能性が高い場合，絶対安全とはいいきれないが卵子の状態で凍結保存するのが望ましい．将来，原始卵胞からの体外培養技術が確立した場合にはその成熟卵子を使用し，MRD検出方法と全卵巣の凍結技術が確立した場合にはsuper-microsurgeryにより血管吻合して移植することになるであろう．

8 新しい凍結技術の紹介（Kyono et al, 2008）

磁場環境下で卵巣をまるごと凍結する方法は凍結保護剤や植氷の手技を必要とせず，原始卵胞だけでなく，前胞状・胞状卵胞をも生存させる可能性を秘めた技術である．5頭のカニクイ

ザルの両側卵巣を月経初日に摘出し，磁場環境下で凍結して，1ヶ月間液体窒素中で保存，融解後の異所性移植（筋肉内や腎被膜下）を行った結果，移植後57日目に2頭，63日目，129日目にそれぞれ1頭で生殖器から最初の出血を認めた．その出血の前にはエストロゲンとプロゲステロンの正常な動態を確認しており，月経と判断された．残りの1頭も135日目に出血は認めたが，ホルモンの動きはなかった（表XX-89-4）．移植した5頭のうち4頭が早期に月経を回復したという事実は凍結・融解・移植後に原始卵胞と前胞状・胞状卵胞の両方が生存したことを示唆するものである．

まとめ

妊孕性温存を望む患者は確実に増加している．癌治療後の卵巣機能を保持することで，患者の精神的ダメージは大幅に軽減される．骨髄移植例ではすべて卵巣機能不全になることが報告されている（Schmidt et al, 2005）．生命維持が最優先されるが，治癒後のQOLも切望されている．

現状でも妊孕性を保存するために卵巣・胚・卵子を凍結保存することは可能である．妊孕性温存を望む患者のため，まずできるところから始めるべきではなかろうか．地道に症例を重ね，学会報告，啓蒙することにより定着していくことを期待する．

（京野廣一・山海　直）

引用文献

Andersen C, Rosendahl M, Byskov A, et al (2008) Two successful pregnancies following autotransplantation of frozen/thawed ovarian tissue, *Hum Reprod*, 23 ; 2266-2272.

Cha KY, Hong SW, Chung HM, et al (1999) Pregnancy and implantation from vitrified oocytes following in vitro fertilization (IVF) and in vitro culture (IVC), *Fertil Steril*, 72 (Suppl 1) ; S2-S3.

Chen C (1986) Pregnancy after human oocyte cryopreservation, *Lancet*, 1 ; 84-86.

Demeestere I, Simon P, Emiliani S, et al. (2007) Fertility preservation : successful transplantation of cryopreserved ovarian tissue in a young patient previously treated for Hodgkin's disease.Oncologist.12 : 1437-42.

Donnez J, Dolmans MM, Demylle D, et al (2004) Live-birth after orthotopic transplantation of cryopreserved ovarian tissue, *Lancet*, 364 ; 1405-1410.

Donnez J, Martinez-Madrid B, Jadoul P, et al (2006) Ovarian tissue cryopreservation and transplantation : a review, *Hum Reprod Update*, 12 ; 519-535.

Donnez J, Silber S, Andersen CY, et al. (2011) Children born after autotransplantation of cryopreserved ovarian tissue. A review of 13 live births. *Annal Med*, 1-14.

Huang JYJ, Tulandi T, Holzer H, et al (2008) Combining ovarian tissue cryobanking with retrieval of immature oocytes followed by in vitro maturation and vitrification : an additional strategy of fertility preservation, *Fertil Steril*, 89 ; 567-572.

Kuleshova L, Gianaroli L, Magli C, et al (1999) Birth following vitrification of a small number of human oocytes : case report, *Hum Reprod*, 14 ; 3077-3079.

京野廣一（2008）妊孕性温存のための卵巣組織の凍結保存，産婦治療，96 ; 72-76.

Kyono K, Fuchinoue K, Yagi A, et al (2005) Successful pregnancy and delivery after transfer of a single blastocyst derived from a vitrified mature human oocyte, *Fertil Steril*, 84 ; 1017 e5-6.

京野廣一，福永憲隆，拝郷浩佑ほか（2001）ヒト凍結未受精卵子を用い顕微授精により妊娠・出産に成功した1例，日不妊会誌，46 ; 171-177.

Kyono K, Hatori M, Sultana F, et al (2008) Cryopreservation of the entire ovary of cynomolgus monkey in a magnetic field enviroment without using cryoprotectant, *Hum Reprod*, 23 (supple 1) ; i198.

Kyono K, Doshida M,Toya M,et al. (2010) Potential indications for ovarian autotransplantation based on the analysis of 5, 571 autopsy findings of females under the age of 40 in Japan. *Fertil Steril*, 93 ; 2429-2430.

Martinez-Madrid B, Dolmans MM, Van Langendonckt A, et al (2004) Ficoll density gradient method for recovery of isolates human ovarian primordial follicles, *Fertil Steril*, 82 ; 1648-1653.

Meirow D, Levron J, Eldar-Geva T, et al (2005) Pregnancy after transplantation of cryopreserved ovarian tissue in a patient with ovarian failure after chemotherapy, *N Engl J Med*, 353 ; 318-321.

Oktay K, Pelin CIl A, Bang H (2006) Efficiency of oocyte cryopreservation : a meta-analysis, *Fertil Steril*, 86 ; 70-80.

Porcu E, Ciotti P, Fabbri R, et al (1997) Birth of a healthy female after intracytoplasmic sperm injection of cryopreserved human oocytes, *Fertil Steril*, 68 ; 724-726.

Revel A, Aizenman A, Porat-Katz A, et al (2007) At what

age can human oocytes be obtained? *Hum Reprod*, 22 (supple 1) ; i43.

Sanchez M, Rosello-Sastre E, Teruel J, et al (2007) Incidence of micrometastasis in women with breast cancer requesting ovarian cryopreservation to preserve fertility, *Hum Reprod*, 22 ; i43.

Schmidt KLT, Anderson CY, Loft A, et al (2005) Follow-up of ovarian function post-chemotherapy following ovarian cryopreservation and transplantation, *Hum Reprod*, 20 ; 3539-3546.

Siebzehnruebl ER, Todorow S, Van Uem J, et al (1989) Cryopreservation of human and rabbit oocytes and one-cell embryos : a comparison of DMSO and propanediol, *Hum Reprod*, 4 ; 312-317.

Van Uem JF, Gaudoin M, Hobson M, et al (1987) Birth after cryopreservation of unfertilized oocytes, *Lancet*, 1 ; 752-753.

第 XXI 章

多囊胞性卵巣症候群（PCOS）

［編集担当：苛原　稔］

両側卵巣の多嚢胞性腫大が症候論的には互いに対照的な不整出血と無月経をもたらすことはすでに19世紀に知られていた．不整出血に対してはホルモン活性のある卵胞存続がエストロゲン過剰をもたらすとして，出血性メトロパチーという疾患概念が確立された．一方，無月経を伴った多嚢胞性卵巣腫大の正体をなかなか見抜くことが出来なかった．出血性メトロパチーの発見から約20年後になってアンドロゲン過剰を本態とする病態であることが明らかにされ，多嚢胞性卵巣症候群 PCOS と呼ばれるようになった．最初の報告以来75年以上に亘り膨大な研究が展開されてきたが未だに病因の確定には至っていない．数ある病因論の中でも，本章では特にアンドロゲン暴露説が紹介されている．

病因はともかく治療に結び付く病態解明と治療法の開発が要請される．まず概念，病態と発生病理についての基本理解が必要でそれぞれ詳細に解説されている．次に治療方針の決め方や効果の判定には共通の診断基準が必要なことは云うまでもない．診断基準については，ヨーロッパでは PCO 所見が重視されたのに対し，北アメリカではアンドロゲン過剰が重視される傾向が強かった．そこでコンセンサス会議が開かれて共通の基準がつくられたが，これとても本邦を含めアジア系女性にはそのまま当てはまらない．病因は多因子的で病態についても人種差も大きいので，本邦女性に適切な診断基準の設定が治療の前提となる．日本産科婦人科学会は1993年に診断基準を設定し更に2007年に改訂したが，これらの診断基準について詳しく解説されている．

治療については非 ART 治療と ART 治療に分けて解説

されている．近年生殖補助医療の急速な発展のため，難治性であったPCOSの治療に新しい方法が開発されている．非ART療法のうちゴナドトロピンによる排卵誘発法は著効と副作用を同時にもたらす．これは排卵誘発有効量と副作用誘発量の閾値が接近しているという宿命的な問題があるからである．回避するためには投与量と形式に習熟した上で個別化が要請される．手術療法はゴナドトロピンに反応しない頑固な症例が適応となるが，超音波上多数の小卵胞を認めるタイプのPCOSである．重篤な副作用である卵巣過剰刺激症候群OHSSは，本態論からすると卵巣の感受性が異常に高いことに起因するもので，予防法を含めて解説されている．そしてART療法では，調節卵巣刺激と全胚凍結を上手に使い分けることが有効で安全な治療法となる．治療法全般についても日本産科婦人科学会の提案がフロー・チャート形式で紹介されている．

1980年代から，PCOSにはインスリン抵抗性という背景／リスク因子となるいわゆるメタボリック症候群的側面のあることが指摘されている．糖尿病，高血圧，高脂血症，心疾患などの現代病と捉えて対処しなければならない．とすると，単に性成熟期だけでなく女性の生涯を通しての健康という観点から，医療対策的には治療だけでなく予防の対象でもある．このようにPCOSに対しては，不妊治療対象としては勿論重要であるが，代謝異常を認識した熟年女性の健康管理が今後は求められる．本章ではPCOSにおけるインスリン抵抗性が取り上げられエキスパートによる解説も含まれ，女性内科的領域も網羅されている．

［苛原　稔］

XXI-90

多囊胞性卵巣症候群の病態と発生病理

Key words
PCOS／PCO／無排卵／アンドロゲン過剰／インスリン抵抗性

はじめに

多囊胞性卵巣症候群は性成熟期女性の約5－15%の頻度で見られる難治性の無排卵症である．難治性の排卵障害に加えて卵巣過剰刺激症候群，多胎，流産などのリスクのため不妊治療対象として苦慮していたが，生殖補助医療（ART）により改善された．この症候群の病態は多様で病因もヘテロであるから，最初の報告以来75年経った今日でもまだ発生病理を一元的に説明できる理論はなく，学説の疾患との色彩が濃い．近年は女性の代謝症候群としての捉え方が注目され始め，予防医学的見地からの取り扱いも重視されている．本項では病態と発生病理について概説する．

1 概念とその成立過程

(A) 概念と臨床課題

多囊胞性卵巣症候群（PCOS, policystic ovary syndrome）とは両側卵巣の多囊胞性腫大，月経異常，多毛をはじめとする一連のアンドロゲン（A）過剰症状などを伴う症候群である．これ等の徴候のうち，両側卵巣の多囊胞性腫大，無排卵，アンドロゲン過剰を3主徴と見なすことができるが，診断基準はXXI-91を参照されたい．臨床治療上の課題は三つあげることができる．第一は排卵誘発法でARTと非ARTを症例に応じ使い分ける．通常の排卵誘発法には抵抗を示す難治性の無排卵症に属するので，ART治療を考慮しなければならない場合も多い．第二は流産防止である．折角妊娠しても流産率が通常の約3倍ときわめて高いことはこれまでやや軽視され勝ちであったが，初期流産の予防と治療にも心掛けなければならない．第三は代謝症候群の予防管理である．PCOS患者は中年から熟年にかけて発症する代謝症候群の予備軍であることを意識して患者の健康管理に留意しなければならない．

(B) 概念の成立過程

両側卵巣の多囊胞性腫大が不正出血と無月経という対照的な月経異常をもたらすことは19世紀後半に知られた事実であった．不正出血の本態がホルモン活性のある卵胞存続 follicle persistence によるエストロゲン（E）過剰状態であることを見抜いたドイツの臨床病理学者R. Schröderが，1915年出血性メトロパチー（metropathia hemorrhagica）（この診断名は今日用いられない）

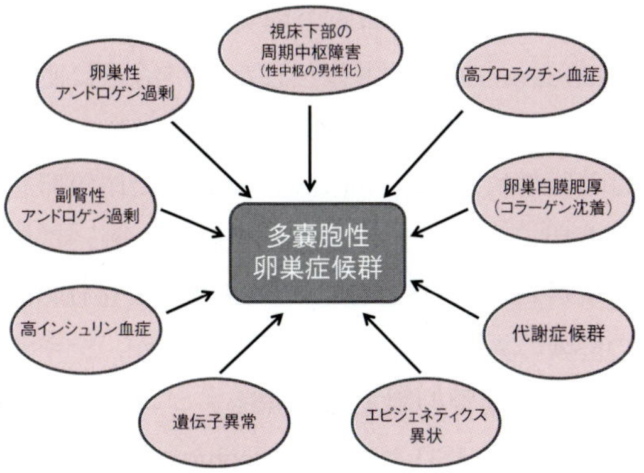

図XXI-90-1．多嚢胞性卵巣症候群の多様な病態

という疾患概念の確立に至ったのに対し，同じ多嚢胞卵巣腫大がなぜ無月経をもたらすのかは不明であった（Schröder, 1915）．

このような背景の中で1935年シカゴの産婦人科医 I. F. Stein と M. L. Leventhal が，無月経，稀発月経，不妊，肥満，多毛などの症状と両側卵巣の多嚢胞腫大が，共通した液性因子によって引き起こされると考え「両側多嚢胞卵巣を伴う無月経（Amenoirhea associated with bilateral polycystic ovaries）」というタイトルの論文を発表し（Stein, Leventhal, 1935），出血性メトロパチーとは異なったクリニカル・エンティティーとしての存在を指摘した．ここに PCOS の概念が確立したが，後に1949年になって Meigs が Stein-Leventhal 症候群と呼ぶことを提唱し原報告者の名を歴史に残した．

この報告から70年以上が経過した今日，病態の解明は著しく進んだが病因論や発生病理の最終結論には至っていない．これは本症候群が病態的に多様であり，病因的にも一元的に説明できないことを物語っている（図XXI-90-1）．そして副腎，甲状腺，間脳下垂体系の機能異常でも多嚢胞性腫大をきたすことが明らかとなり，卵巣の変化に一次的な病因的意義を求めることには疑義が持たれるようになった．しかし病態における多様性はあるものの，卵巣の多嚢胞腫大が中心病像であると捉えられ，これさえ認められれば PCOS あるいは多嚢胞卵巣病（PCOD, polycystic ovarian disease）との呼び方が定着した．ここに漠然とした概念の拡大があるとともに，Stein-Leventhal 症候群と同義的に用いられたため，PCOS の概念に混乱をもたらすこととなった．

PCOS の中核所見である多嚢胞卵巣（PCO）それ自体は正常周期婦人の約 4 人に 1 人に認められるので，PCOS に特異的（pathognomonic）ではないが特徴的（characteristic）な所見であることも事実である．そこで病態論そして可能な範囲で発生病理に基づいた概念規定を明確にしておく必要がある．

2 病態論と発生病理

(A) 視床下部障害説（hypothalamic neuroendocrine hypothesis）

GnRH のパルス・ジェラレイターは視床下部弓状核にあるが，GnRH の分泌調節機序は必ずしも明らかになっていない．PCOS では尿中 LH が高値であることは生物アッセイの時代から指摘されていたが，その神経内分泌機序について現在明らかにされていることは，ドパミンとオピオイドによる LH 分泌抑制効果の低下にあるという（Quigley et al, 1981；Cumming et al, 1984）．その後二つの神経内分泌物質のレセプター拮抗剤を用いて検討された結果，ドパミンの支配が優位と考えられているが，いずれが主役を演じているか最終的には明確にはなっていない．

GnRH 分泌のパルス・ジェラレイター機能は性ステロイドの影響を受ける．GnRH は LH と FSH 両者の合成と分泌に関わっていることはよく知られた事実であるが，パルスの高さよりも頻度が問題である．一般に卵胞期では頻度が高く黄体期では低くなるので，E は LH 合成に，P は FSH 合成に有利に働くとされている．このことは視床下部に想定されている周期中枢（cyclic center）が，齧歯類では脳に局在しているのに対し（brain clock），霊長類では卵巣にある（ovarian clock）との実験結果とも符合する．さらに GnRH 刺激に対するゴナドトロピンの反応パターンが，PCOS 患者で男性化しているとの報告（Barnes et al, 1994）は本症患者の高 A 状態と関連して興味深い．実際，出生前にテストステロン（T）を投与されたサルから生れた子ザルの血中 LH が，生育後高値を示すことは実証されている（Dumesic et al, 1997）．

PCOS において GnRH 分泌の神経内分泌異常があることは間違いない事実であるが，その分泌機構の破綻が視床下部原発性か卵巣性ステロイドのフィードバック障害かは議論が分かれるところである．

(B) 卵巣性アンドロゲン過剰説（ovarian hyperandrogenism）

LH-莢膜細胞系は卵巣内 A の主要産生系であることは周知であるが(Tajima et al, 2007)，PCOS 卵巣の莢膜細胞における過剰産生が PCOS 卵巣の莢膜細胞自身の質的な差か単に細胞数の量的な差に由来するものなのか結論は得られていない．健常な発育卵胞の内莢膜細胞では ASD（androstenedione）を主体とした A が活発に産生されているが（Mori et al, 1978），その産生活性は莢膜増殖症（hyperthecosis）を伴った閉鎖卵胞で著明に亢進している（Mori et al, 1982）．この産生過剰が PCOS 患者卵巣の P450c17α（*CYP17α*）の酵素の異常によるものであることが，デキサメサゾン副腎抑制下に GnRH アゴニスト投与した場合，ASD と 17α-hydroxyprogesterone の過剰な産生亢進が確認されたことからも立証された（Rosenfield et al, 1990）．なおこの 2 種のホルモンは PCOS 患者で ACTH 投与により何等影響を受けないので，A の過剰産生部位は卵巣であることは明白である（White et al, 1995）．このような卵巣性 A 過剰は必ずしも高 LH の続発性変化として莢膜増殖症を伴わずとも起こりうる．これに対する説明としては莢膜細胞に内在する酵素系すなわち P450c17α，3β-HSD（3β-hydroxysteroid dehydrogenase）ならびに C17-20 間の側鎖切断酵素（C17, 20 lyase）の異常亢進に帰することができるが，PCOS の莢膜細胞 17β-HSD が内在性に活性が亢進していることはない（Nelson et al, 2001）．顆粒膜細胞から分泌されるインヒビン B がパラクリン因子として LH の莢膜細胞刺激作用を増幅すること（Hsueh et al, 1987）も卵巣 A 過剰産生に一役買っている．

TGF-β 系の卵胞内パラクリン因子はいずれも LH-A 産生系に相反する影響を及ぼしている．顆粒膜細胞から産生されたアクチビンはヒト莢膜細胞の A 産生のインヒビターである（Hillier et al, 1991a）のに対し，インヒビンは逆にスティミュレイターである（Hillier et al, 1991b）．なおアクチビンは顆粒膜細胞の FSH-R 発現を促進することが知られている．莢膜細胞によるA産生が細胞数の増加によるものか，PCOS卵巣の莢膜細胞に固有な内在性の特性によるものか未解決ではあるが，莢膜細胞の主要産生AがASDであることは間違いないので，これから転換してエストロンが持続的高値となる結果，周期中枢に対するフィードバック障害をもたらすことはほぼ間違いないと解釈できる（Yen et al, 1990）．

(C) 副腎性アンドロゲン過剰説（adrenal hyperandrogenism）

PCOS患者の25％に副腎性Aの産生過剰が観察される（Ehrmann et al, 1992）ことからも，PCOSの病態形成に副腎由来のAが関与している可能性が推察されていた．副腎性AはほとんどがDHEA-S（dehydroepiandrosterone sulfate）であり，これが主に肝，脂肪組織によってASD，T，さらにエストロンやエストラジオールへ抹消転換すると考えられている．したがってこのルートによって産生されたEが中等度に高値をとると周期中枢に対してフィードバック障害を誘発し，非周期性のゴナドトロピン分泌を促すことになる．卵巣由来の過剰ASDから転換して生じたエストロンがこれに加担して不適切inapropriateなゴナドトロピン分泌のため無排卵となる．実際，思春期発来の順序が乳腺成熟（theralche）→副腎成熟（adrenarche）→性腺成熟（puberche）と階段的に進行する過程で，PCOSは副腎成熟と同調して発症するとの臨床事実と符合する．正常女性，PCOS患者共に副腎成熟は当然経過するのに，なぜPCOS患者のみに特異的に副腎異常が発現するのかの機序は不明であるが，周期中枢に対するフィードバック障害をもたらす可能性は大きい．

(D) 白膜肥厚説（thickening of tunica albuginea）

SteinとLeventhalの最初の報告で指摘されているように，PCOS患者では卵巣の表面白膜が著明に肥厚しており，そのために難治性の慢性無排卵をもたらす．この機械的障害説は現象論あるいは病態論であって病因論ではない．むしろなぜ白膜肥厚が起こるのかの原因や機序の解明が常に求められてきた．

白膜肥厚の実体は表層下のコラーゲン沈着（subepithelial collagenization）である．コラーゲン沈着のホルモン支配は不明だが，卵巣皮質間質（cortical stroma）の繊維芽細胞の分泌物と考えられている．その産生機序は卵胞閉鎖と深い関わりを持っていると著者は考えている．莢膜細胞は顆粒膜細胞の共存下に皮質間質からA産生細胞として分化してくるが（Tajima et al, 2007），その後の運命は明瞭に二つに分かれる．一つは閉鎖卵胞の莢膜細胞で，上皮様（epitheloid）形態に変貌した細胞層いわゆる莢膜増殖症（hyperthecosis）を形成し高いA産生活性を示すが，閉鎖の進行とともに繊維細胞化してホルモン活性を不可逆的に消失した間質細胞となる．このような線維細胞が卵巣の中心部に蓄積するといわゆる間質細胞増殖症（hyperfibrosis）を呈する．これもPCOS卵巣の形態的特徴とされる．もう一つの運命は排卵卵胞の莢膜細胞にのみ観察されるもので（Mori et al, 1978），LHサージによって卵胞破裂が起こる際，内莢膜細胞の明らかな変性壊死像が観察される．したがってLH

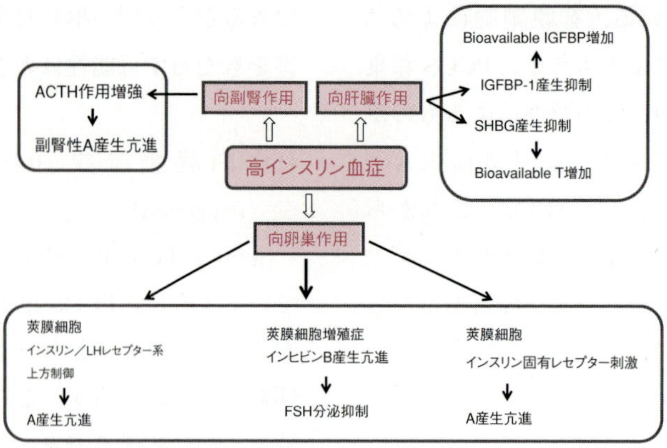

図XXI-90-2．高インスリン血症の作用

は標的細胞に対して2重の作用（dual action）を発現すると考えられる．一つはステロイド産生作用でありもう一つは排卵誘発作用であって，後者の発現には血中濃度にして前者の約10倍を必要とする（Tajima et al, 2007）．

(E) 代謝症候群説（metabolic syndrome hypothesis）（インスリン抵抗性症候群（insulin resistance syndrome））

1921年AchardとThiersが男性化症状と糖尿病との合併をdiabetes of bearded womenと呼んで報告（Tsilchorozidou et al, 2004）したことに端を発し，高インスリン血症がPCOSの中心病態であると1980年G. A. Burghenらが指摘して以来，PCOSと高インスリン血症との因果関係が注目されてきた（Burghen et al, 1980）．

インスリン抵抗性とは，インスリンの受容体（IR）への結合は正常であるものの，受容体より下流のシグナル伝達異常のためインスリン効果が発揮されない状態である．具体的には，(1)インスリン受容体βサブユニット（IRβ）と受容体基質IRS（insulin receptor substrate）-1のチロシンリン酸化の低下，(2)GLUT4の細胞内移動能の低下，(3)グリコーゲン合成酵素の活性化障害などが挙げられている．すなわちレセプター以後のシグナル伝達障害であり，標的細胞におけるインスリンの相対的不足のため代償的に高インスリン状態となる．インスリンは糖質だけでなく脂質，タンパク質を含めた物質代謝の中心的調節ホルモンであるから，肥満，糖尿，高血圧，高脂血症などのいわゆる死の四徴候が発現した代謝症候群（metabolic syndrome）にまで進展する（Franks, 1995；Dunaif, 1997）．

インスリン抵抗性とA過剰のいずれが先行病態かはPCOSの治療と予防の両面から重要な課題である．PCOS患者の高インスリン血症は両側卵巣摘除（Nagamani et al, 1986）やGnRHアゴニスト抑制（Geffner et al, 1986）による影響を受けないことから，高インスリン血症が先行病態と一応は考えられている．ではインスリンによるA過剰はいかなる仕組でもたらされるのか．インスリンの莢膜細胞に対する作用には二つの経路がある（図XXI-90-2）．一つはLHレセプター（LH-R）の上方制御を介してLHのA産生を助長する．この場合顆粒膜細胞由来のIGF-1は助長因子として，アクチビンは拮抗因子（Hillier et al, 1991b）として参加する（Tajima et al, 2007）．もう一つは莢膜細胞にはインスリン固有のレセプター（イノシトールグリカン介在性）も発現しているらしいので，この作用を介してインスリン作用が増強される．

A産生に関連したインスリンの卵巣外作用の標的は副腎と肝である．副腎Aの大部分はDHEA-S（dehydroepiandrosterone sulfate）であり，卵胞Tの約50%がこれに由来することを考えると，PCOSのA過剰に対するインスリンの向副腎作用の貢献は相当大きいと見なければなるまい．この場合，ACTHの副腎A生成に関するP450c17（CYP17）活性をインスリンが上方制御することが知られている．一方，肝においてはインスリンが性ステロイド結合グロブリンSHBG（sex steroid binding globulin）とIGF結合タンパク（IGFBP）などの合成を抑制する結果，bioavailable Tと遊離IGFが増える．かくて高インスリン血症がA過剰を惹起するなら，A過剰はインスリン抵抗性の続発性変化と解釈される．実際には高インスリン血症の発生頻度は高A血症のそれよりも低く，臨床像の上では矛盾があるが，メトホルミン投与によってインスリン抵抗性を改善すると過剰Aも正常化するので，少なくとも両者が密接に関連していることは間違いない．

高インスリン状態がA過剰を誘導する機序としてIRのセリン残基リン酸化仮説（serine phosphorylation hypothesis）が提唱されている（Zhang et al, 1995）．ステロイド生合成酵素P450c17は莢膜細胞にのみ発現し，17α-hydroxylaseと17, 20-lyase（側鎖切断酵素）の両ステップを触媒するが，この酵素分子のセリン残基のリン酸化は17α-hydroxylaseに影響することなく17, 20-lyaseのみを選択的に活性化する．一方，インスリン・レセプターβ鎖（IRβ）のセリン残基のリン酸化はIRβのチロシン残基のリン酸化を抑制し，それより下流にあるPI3キナーゼ経路のシグナル伝達を阻害する．かくしてインスリン作用が発揮されなくなるので，代償的にインスリン分泌が亢進して高インスリン状態となる．結果として17, 20-lyaseのみが活性化されA生合成のみがますます亢進するという悪循環を繰り返すという学説である．この仮説はA過剰とインスリン抵抗性が一元的な分子機構の異常によってもたらされる可能性を示すという点ではなはだ魅力的である．

臨床的にはPCOSは難治性無排卵症としてのみならず，代謝症候群のリスク因子として女性の健康管理にあたり予防的観点からも留意すべき疾患であることはすでに触れた．

3 多囊胞卵巣形成のホルモン調節（hormonal regulation of PCO morphogenesis）

（A）多囊胞卵巣の超音波像

両側卵巣の多囊胞腫大は経腟超音波検査の普及により，非侵襲的，リヤルタイム的に，そして精度的にも卵巣の形態像を描出することができるようになった（Battaglia et al, 2004）．PCOSの診断基準の設定にアメリカ学派がA過剰を重視しているのに対し，ヨーロッパ学派はむしろ超音波像を重視する傾向が強かった．そこで，米国生殖医学会（ASRM）と欧州ヒト生殖発生学会（ESHRE）とが2003年ロッテルダムで討議した結果，合意に達した診断基準を提示している（Rotterdam Consensus）（XXI-91参照）．

PCOSの卵巣超音波像の特徴は全体として腫大していること，表層下にきわめて多数の腔卵胞がネックレス状に並んでいること，卵巣中心部に繊維化を思わせる充実像の占める割合が多いこと等で，これらの所見に基づいて診断基準が決められている．問題はこれらの腔卵胞形成はPCOSに特異的ではなく，程度の差はあっても正常月経周期婦人にも共通して見られることである（Adams et al, 1985；Balen et al, 2003）．超音波所見で観察される腔卵胞は，正常周期婦人でもPCOS患者でも，健常卵胞と閉鎖卵胞の混成である点は同じである．その周期に排卵に向う主卵胞は数個の選択可能卵胞（selectable follicle）中から選ばれるので（Gougeon, 1996），PCOS患者では閉鎖卵胞の割合が増加していると想定される．しかし健常か閉鎖かの区別は超音波像では通常不可能であり，ここに方法論的限界がある．

(B) 卵胞発育におけるアンドロゲンの意義

FSHの卵胞発育作用をEが仲介することは広く知られた事実である（Richards, 1994）ものの，エストロゲン・レセプターβ（ERβ）のノックアウトマウスの実験成績からは，卵胞発育よりむしろ卵胞成熟に必須と考えられる（Couse et al, 2005）．

Aは卵胞閉鎖の主要因と目されてきた（Hsueh et al, 1994）が，閉鎖卵胞（Mori et al, 1982）だけでなく発育卵胞（Mori et al, 1978）でもA生合成が活発に進行している事実からすると，卵胞発育に何等かの役割を果たしていると予想される．莢膜細胞で作られたAは顆粒膜細胞でのE産生の基質となるほか，A自身がアロマターゼの活性亢進作用を持つとする先駆的な業績（Hillier et al, 1981）に続き，ARがヒト莢膜，顆粒膜細胞に存在することも明らかとなった（Horie et al, 1992）ことは，単にE生成の基質としてだけでなく核内受容体を介した作用を発揮していることを意味している．そしてAが顆粒膜細胞のFSH-R発現を亢進する一方，FSHはARの発現を促進するというAとFSHの相補作用の発見は（Weil et al, 1999），顆粒膜細胞の増殖に対するAの意味を決定的に明確にした．ただしAの卵胞発育促進作用は主卵胞が選択されるまでの期間に限定されることを強調しておきたい（Tajima et al, 2007）．主卵胞選択の時期は理論的にはFSHの下降線とLHの上昇線とが交叉する卵胞期中期と考えてよい（Sato et al, 2007）．これまでFSH-Eが卵胞発育の主役を演じているとする考え方は根底から考え直す必要に迫られている（森, 2009）．

(C) 多嚢胞卵巣の形態形成におけるアンドロゲン機能スペクトル仮説

多嚢胞卵巣の形態形成は，少なくとも卵胞発育に関する限り下垂体卵巣系のA産生活性に依存している可能性が高いことが判明してきた．そこでLH-莢膜細胞系によるA産生能と，産生されたAの標的となるFSH-顆粒膜細胞系のAR発現能の両者の機能を総合的に評価する基準を設定する必要がある．下垂体A活性を

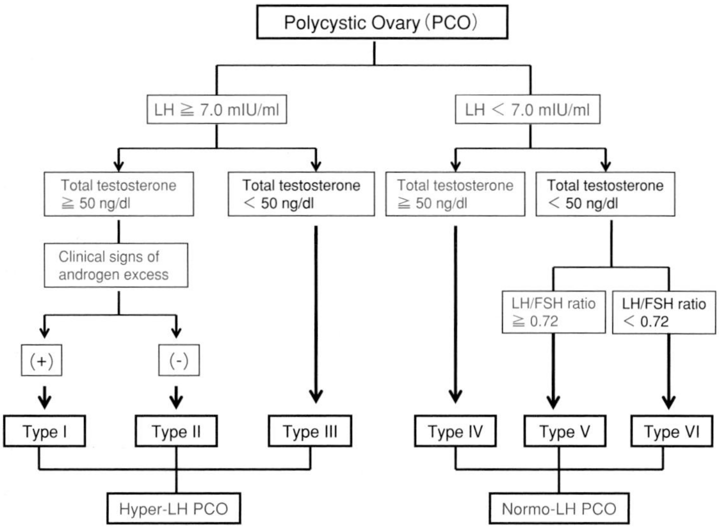

図XXI-90-3．卵巣予備能検査時のホルモンプロフィールによるPCOタイプ分類

LH，FSH，LH/FSH比で，また卵巣A産生活性をtotal Tで評価することができる．一方，腔卵胞形成はantral follicle count（AFC）を月経周期3-5日間に超音波で計測，ホルモン動態とAFCを比較することにより，腔卵胞形成に関わるホルモン調節の仕組を探ってみた（Mori et al, 2009）．

対象症例は2003年10月1日から2007年9月30日までの4年間に醍醐渡辺クリニックで不妊治療を受けた患者の中，GnRHテストを実施した180例（平均30.8±3.9歳，年齢巾21-39歳）である．ホルモン値の正常範囲はFSH 3.0–12.0mIU/mL, LH 1.0mIU/mL以上とし，高プロラクチン血症，A産生腫瘍，先天性副腎過形成，カッシング症候群は除外した．

分析した全症例を図XXI-90-3に示したフローチャートに従って分類したところ，ホルモンプロファイルを異にする6型に分類可能であった．ホルモン産生パターンの特徴から，I型は古典的Stein-Leventhal症候群，II型はA過剰症，III型は単一高LH症，IV型は潜在性A過剰症，V型は相対的LH優位，VI型は相対的FSH優位と命名した．I–III型はいずれもLH高値（平均4.8±2.5+ISD=7.3mIU/mlであったのでフローチャートでは7.0mIU/mlを正常範囲の上限とした）を共通に示したのでhyper-LH PCOとしてまとめることができた．これに対し，IV–VI型はいずれも正常LH範囲内にあったのでnormo-LH PCOとしてまとめることとした（図XXI-90-4）．

腔卵胞数（AFC）と各ホルモンとの相関関係を見ると，LH，LH/FSH比，Tとは正の相関を示したが，FSHとはむしろ負の相関を示しているので，下垂体卵巣系のA活性が卵胞期前半の卵胞発育に重要な役割を担っていることがわかる．卵胞発育の開始を莢膜細胞の分化出

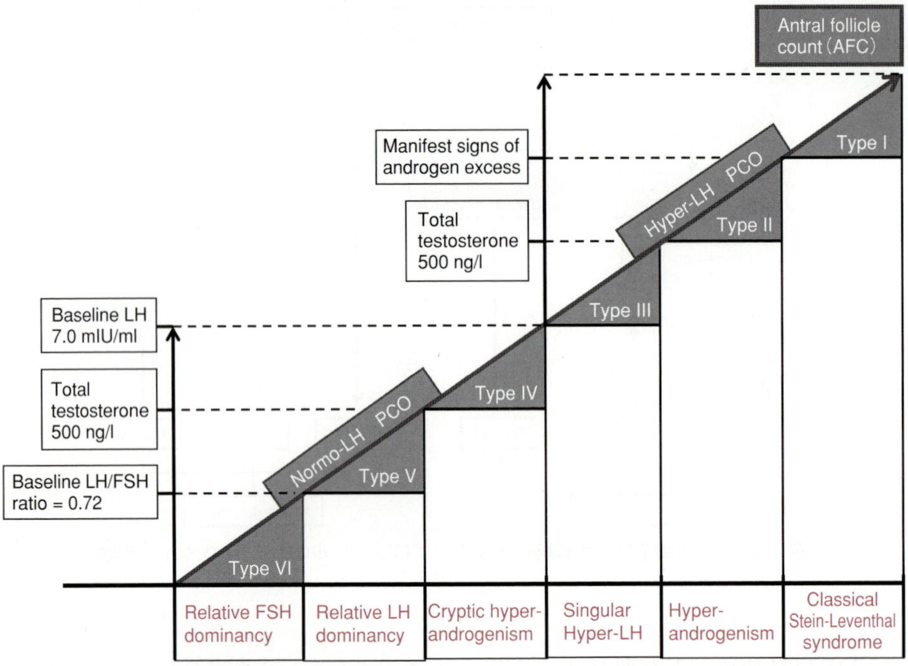

図XXI-90-4．下垂体・卵巣系アンドロゲン産生活性スペクトルによるPCOの形態形成

現時点（Tajima et al, 2007）と考えると腔卵胞は発育途中にあるが，その中の相対的FSH優位パターンを示すVI型PCOが最多数を占めるので腔卵胞のプールと見なすことができる．そして図XXI-90-4に示したように，下垂体卵巣系のA産生能が亢進するにつれAFCも増加している．このことはVI型からI型に向かって，それぞれ特徴的な下垂体卵巣系のA生成パターンに象徴されるホルモン調節を受けながら，多嚢胞卵巣の形態形成が進行していることを物語っているといえる．この卵胞形成の図式はPCOS，非PCOSいずれにも共通して成立するものと筆者は考えているが，主卵胞選択までの事象との限定条件がついている．AFCに反映される主卵胞選択までの腔卵胞形成（antral follicle morphogenesis）は，下垂体卵巣系のアンドロゲン産生に関わる6つの機能スペクトルの制御を受けながら，段階的に卵胞発育が進行するというアンドロゲン・機能スペクトル仮説を提唱した（Mori et al, 2009）．主卵胞選択以降は卵胞の成熟と閉鎖卵胞の退行という事象が加わるので，別の図式に従うものと予想している．今後引き続き検討予定である．

まとめ

多嚢胞性卵巣症候群について，概念の成立背景と過程，病態論と発生病理ならびにPCOの形態形成に関するアンドロゲン機能スペクトル仮説について，記述した内容をまとめておく．

(1) PCOSは1935年に症候群としての概念が成

立して以来，75年以上が経過した今日も病因／発生病理は確定しておらず，学説の疾患の様相を呈している．

(2) 両側卵巣の多嚢胞性腫大，無排卵および生化学的，臨床的男性化の３主徴が中心病態であるが，各病態内および病態間のヘテロ性が大きい．

(3) 多嚢胞卵巣という形態像はPCOSに特異的ではなく，程度の差はあっても正常周期婦人でも観察される．下垂体卵巣系のＡ産生活性が両者に共通したPCO形成の調節機序であり，主卵胞選択までの腔卵胞形成は６型のＡ産生機能系スペクトルに沿って段階的に進行する．

（森　崇英）

引用文献

Adams J, Franks S, Polsen DW, et al (1985)Multifollicular ovaries : clinical and endocrine features and response to pulsatile gonadotrophin-releasing hormone, *Lancet*, ii ; 1375-1378.

Balen AH, Laven JSE, Sean-Ling Tan, et al (2003) Ultrasound assessment of the polycystic ovary : international consensus definitions, *Hum Reprod Update*, 9 ; 505-514.

Barnes RB, Rosenfield RL, Ehrmann DA, et al (1994) Ovarian hyperandrogenism as a result of congenital adrenal virilizing disorders : evidence for perinatal masculinization of neureendocrine function in women, *J Clin Endocrinol Metab*, 79 ; 1328-1333.

Battaglia C, mancini F, Persico N, et al (2004) Ultrasound ovulation of PCO, PCOS and OHSS, *Reprod BioMed Online*, 9 ; 614-619.

Burghen GA, et al (1980) Correlation of hyperandrogenism with hyperinsulinism in polycystic ovarian disease, *J Clin Endocrinol Metab*, 50 ; 113-116.

Cumming DC, Reid RL, Quigleg ME, et al (1984) Evidence for decreased endogenous dopamine and opioid inhibitory influences on LH secretion in polycystic ovary syndrome, *Clin Endocrinol* (*Oxf*), 20 ; 643-648.

Couse JF, Yates MM, Dereo BJ, et al (2005) Estrogen receptor-β is critical to granulose cell differentiation and the ovulatory response to gonadotropins, *Endocrinology*, 145 ; 3247-3262.

Dumesic DA, Abbott DH, Eisner JR, et al (1997) Prenatal exposure of female rhesus monkeys to testosterone propionate increases serum luteinizing hormone levels in adulthood, *Fertil Steril*, 67 ; 155-163.

Dunaif A (1997) Insulin resistance and the polycystic ovary syndrome : mechanisms and implication for pathogenesis, *Endoor Rev*, 18 ; 774-800.

Ehrmann DA, Rosenfield RL, Barnes RB, et al (1992) Detection of functional ovarian hyperandrogenism in women with androgen excess, *N Eng J Med*, 327 ; 157-162.

Franks, S (1995) Polycystic ovary syndrome, *N Eng J Med*, 333 ; 853-861.

Geffner ME, Kaplan SA, Bersch N, et al (1986) Persistence of insulin resistance in polycystic ovarian disease after inhibition of ovarian steroid secretion, *Fertil Steril*, 45 ; 327-333.

Gougeon A (1996) Regulation of ovarian follicular development in primates : facts and hypotheses, *Endocr Rev*, 17 ; 121-155.

Hillier SG, Yong EL, Illingworth PI, et al (1991a) Effect of activin on androgen synthesis in cultured human thecal cells, *J Clin Endocrinol Metab*, 72 ; 1206-1211.

Hillier SG, Yong EL, Illingwouth PI, et al (1991b) Effect of recombinant inhibin on androgen synthesis in cultured human thecal cells, *Mol Cell Endocrinol*, 75 ; R1-6.

Hillier SG, De Zwart FA (1981) Evidence that granulose cell aromatase Induction / activation by follicle-stimulating hormone is an androgen-regulated process in vitro, *Endocrinology*, 109 ; 1303-1305.

Horie K, Takakura K, Fujiwara H, et al (1992) Immunohistochemical localization of androgen recepfor in the human ovary throughout the menstrual cycle in relation to erstrogen and progesterone receptor expression, *Hum Reprod*, 7 ; 184-190.

Hsueh AJ, Dahl KD, Vanghar J, et al (1987) Heterodimers and hemodimers of inhibin submits have different paracrine action in the modulation of luteinizing hormone-stimulated androgen biosynthesis, *Proc Natl Acad Sci USA*, 84 ; 5082-5086.

Hsueh AJW, Billing H, Tsubriri A (1994) Ovarian follicle atresia : A hormonally controlled apoptotic process, *Endcr Rev*, 15 ; 707-724.

森崇英（2006）多嚢胞卵巣症候群（PCOS）の概念規定と検討課題，森崇英，久保春海，岡村均編著，図説ARTマニュアル改定第２版，pp219-227，永井書店，大阪．

森崇英（2009）卵胞発育におけるアンドロゲンの意義――FSH／アンドロゲン主軸論，Hormone Frontier in Gynecology 16 ; 164-174.

Mori T, Fujita Y, Suzuki A, et al (1978) Functional and structural relationships in steroidogenesis in vitro by human ovarian follicles during maturation and ovulation, *J Clin Endocrinol Metab*, 47 ; 955-966.

Mori T, Fujita Y, Nihnobu K, et al (1982) Significance of atretic follicles as the site of androgen production in polycystic ovaries, *J Endocrinol Invest*, 5 ; 209-215.

Mori T, Nonoguchi K, Watanabe H, et al (2009) Morphogenesis of polycystic ovary (PCO) as assessed by pituitary-ovarian androgenic function, *Reprod BioMed Online*, 17 ; 635-643.

Nagamani M, Van Dinh T, Kelver ME (1986) Hyperinsulinemia in hyperthecosis of the ovaries, *Am J Obstet*

Gynecol, 154 : 384-389.

Nelson VL, Qin Kn KN, Rosenfield RL, et al (2001) The biochemical basis for increased testosterone production in theca cells propagated from patients with polycystic ovary syndrome, *J Clin Endocrinol Metab*, 86 ; 5925-5933.

Richards JS (1994) Hormonal control of gene expression in the ovary, *Endocr Rev*, 15 ; 725-751.

Rosenfield RL, Barmes RB, Cara JF, et al (1990) Dysregulation of cytochrome P450 c17α as the cause of polycystic ovarian syndrome, *Fertil Steril*, 53 ; 785-791.

Sato C, Shimada M, Mori T, et al (2007) Assessment of human oocyte developmental competence by cumulus cell morphology and circulationg hormone profile, *Reprod BioMed Online*, 14 ; 49-56.

Schröder R (1915) Aramomischen Studien zur normalen und pathologishen physiologie des Menstruationszyklus, *Arch Gynäk*, 104 ; 27-102.

Stein IF, Leventhal ML (1935) Amenoirhea associated with bilateral polycystic ovaries, *Am J Obstet Gynecol*, 29 ; 181-191.

Tajima K, Orisaka M, Mori T, et al (2007) Ovarian theca cells in follicular function, *Reprod BioMed Online*, 15 : 591-609.

Tsilchorozidou T, Overton C, Conway GS (2004) The pathophysiology of polycystic ovary syndrome, *Clin Endocrinol (Oxf)*, 60 ; 1-17.

Weil S, Vendola K, Zhou J, et al (1999) Androgen and follicle-stimulating hormone interactions in primate ovarian follicle development, *J Clin Endocrinol Metab*, 84 ; 2951-2956.

White DW, Leigh A, Wilson C (1995) Gonadotrophin and gonadal steroid response to a single dose of a long-acting agonist of gonadotrophin-releasing hormone in ovulatory and anovulatory women with polycystic ovary syndrome, *Clin Endocrinol (Oxf)*, 42 ; 475-481.

Yen SCC et al (1970) Innapropriate secretion of follicle-stimulating hormone and luteinizing hormone in polycystic ovarian disease, *J Clin Endocrinol Metab*, 30 ; 435-442.

Zhang LH, Rodoriguez H, Ohno S, et al (1995) Serine phosphorylation of human P450c17 increases 17, 20-lyase activity : implications for adrenarche and the polycystic ovary syndrome, *Proc Natl Acad Sci USA*, 92 ; 10619-10623.

XXI-91

多囊胞性卵巣症候群の診断基準

Key words
多囊胞性卵巣症候群の診断基準／NIH1990診断基準／ロッテルダム2003診断基準／日産婦2007診断基準／PCOS

1 基準設定の背景

(A) 欧米における歴史的経緯

多囊胞性卵巣症候群（PCOS）としての概念が成立したのは，1935年I. F. SteinとM. L. Leventhalによる最初の報告（Stein, Leventhal, 1935）によるとされているが，卵巣が多囊胞化することは1844年にすでにChereauとRokitanskyによって記載されていた（Azziz, 2006）．本疾患の症候群としての概念は成立しても，その臨床単位（クリニカル・エンティティー）としての定義は必ずしも明瞭でなく，診断基準の欠如が病態解明や治療方針の立案に大きな不安定要素をもたらしながらも，診断基準をめぐる混迷が半世紀以上の長期にわたり経過した．

このような背景の中で，性成熟期女性の15人に１人という高率で発生する本症候群の診断基準の設置を求める動きが米国で起こり，1990年４月，NIHがスポンサーとなった専門家会議が持たれ，その討議を踏まえてNIH診断基準1990が策定された（Zawadri, Dunaif, 1992）．この診断基準は本症候群の中心病像としてアンドロゲン（A）過剰を重視したものであるが，他方ヨーロッパでは多囊胞卵巣（PCO）形成を中心病態に置く見解が強くてNIH診断基準に対する反対論のため，そのまま受け入れられなかった．そこで2003年５月，欧州生殖医学会(ESHRE, European Society for Human Reproduction and Embryology）とアメリカ生殖医学会（ASRM, American Society for Reproductive Medicine）がロッテルダムで合意形成のためのワークショップを開催し，A過剰とPCO形成は同格の基準という合意事項を踏まえて，排卵障害をプラスしたロッテルダム診断基準（The Rotterdam Criteria）を策定した（Rotterdam ESHRE/ASRM-Sponsored PCOS Consensus Workshop Group, 2004）．

このロッテルダム診断基準に峻烈な異議を唱えたのはR. Azzizであった（Azziz, 2006）．PCOSの基幹徴候となるのはPCOではなくA過剰とした上で，ロッテルダム診断基準は未熟であるとして，2000年に創設されたAES (Androgen Excess Society）という国際的専門家会議の中に課題班を組織してロッテルダム診断基準を詳細に検討し直した．そしてNIH診断基準に若干の修正を加えた基準，AES Guidelineを提案した

(Azziz, 2006；Azziz et al, 2006)．これに対しロッテルダム診断基準擁護派はPCO形態像とアンドロゲン過剰が共に同格の基幹徴候であって，排卵障害プラスPCOかアンドロゲン過剰かのいずれかを随伴していればPCOSとの診断基準を採択して対象を広げた．そして，この診断基準は本症候群の病態やゲノム／遺伝学的研究を促進できるメリットがあると主張した(Franks, 2006)．どうも排卵障害をもたらす主要因をアンドロゲン過剰かPCOかのいずれに求めるかによる見解の相違が根底にあったように見える．しかし，この問題はアンドロゲン過剰とPCOの形態形成の相互関係を明確にしない限り解決しない．最近になってその糸口が見えてきた(Mori et al, 2009)．

(B) わが国における経緯

症候群でも疾患でも徴候発現の種類，頻度は遺伝と環境の影響を受ける．日本人を含めた黄色人種におけるアンドロゲン過剰症候は白人に比べて一般に程度が弱い．したがって日本人女性における診断基準を独自に設定する必要がある．そこで日本産科婦人科学会は1993年に生殖内分泌委員会（杉本修委員長）内に「多嚢胞性卵巣症候群の新しい診断基準の設定に関する小委員会」（青野敏博小委員長）を設けて日産婦診断基準を設定した（日産婦・生殖内分泌委員会，1993）．PCOS診断のよりどころとしてこの診断基準は一定の役割を果たしたが，アンドロゲン過剰の指標とすべき男性ホルモン値とLH値との符合性に問題があることも指摘されていた．そこで，日産婦・生殖内分泌委員会（水沼英樹委員長）の内に設置された「本邦における多嚢胞性卵巣症候群の新しい診断基準の設定に関する小委員会」（苛原稔小委員長）で検討し（平成17（2005）年度-18（2006）年度），検討結果報告を提出，改訂基準を設定した(日産婦・生殖内分泌委員会，2007)．これら2回にわたる診断基準設定に用いられた基本手法は，全国の拠点施設を対象としたアンケート調査結果を分析，2007年基準ではロッテルダム診断基準も参考にするというものであった．一方，PCOSを症候群として定義する場合，月経異常，男性ホルモン値，PCO所見の3主徴の発現頻度に差が出てくることは避けられない宿命ともいえる．そこで，後述のように，アンケート方式のかわりにPCO形成とアンドロゲン過剰との相互関連を求めるという病態論的立場からの分析に基づいて基準設定を試みるという方式もある（森，1984；Takai et al, 1991；Mori et al, 2009；森，2009）．

2 NIH1990診断基準

(A) NIHがスポンサーした動機は何か

Stein と Leventhal による最初の報告のタイトルは‘Amenorrhea associated with bilateral polycystic ovaries’で，主訴は無月経，不妊，多毛，肥満，鼠径部痛，下腹部痛と多彩であるが，両側卵巣の多嚢胞性変化が共通した所見であり，楔状切除によって妊娠に成功するという主旨である（Stein, Leventhal, 1935）．この時点で実質的には症候群としての概念が提示されたと理解すべきであるが，その定義は不明確であった．

その後，本症に関する膨大な研究が蓄積され，多彩な病因論も提示されて学説の疾患化の様相

表XXI-91-1．PCOSのNIH診断基準（NIH diagnostic criteria of PCOS）*

1990 criteria (both 1 and 2)	
1	Chronic anovulation
2	Clinical and/or biochemical signs of hyperandrogenism, and exclusion of other aetiologies

*1990年4月，NIH/NICHDがスポンサーになったPCOS診断基準についての専門家会議において決定された

も帯びてきた．内分泌研究でも病理研究でも対象の不均質のため評価が難しいだけでなく，分子生物学的研究や新しい治療法の開発にも障害となった．

さらに，1980年代に入り，PCOSにおけるインスリン抵抗性が高インスリン血症を招き，PCOSの先行病態ではないかとの疑念が提出されて以来（Burghen et al, 1980），性成熟期女性の15人に1人という高率で発生するPCOS患者の健康管理と財政負担などの面から，米国では医療政策上の関心も持たれていたのではないかと推測される．

PCOSは3主徴のほかにもいくつかの徴候を示すだけでなく，病因や病態的にも多様である．そこで研究の推進，治療法の開発そして医療政策上の取り組みなどの必要性から，まずは本症の診断基準の設定が先決要項となる．たぶんこのような要請からPCOSの診断基準の設定が求められたものと考えられる．1989年4月にNIHのNICHD（National Institute of Child Health and Human Development）が専門家を対象にPCOに関するアンケート調査を実施している（Zawadzki, Dunaif, 1992）．回答ではPCOは特定の疾患単位ではなく疾患の表現型にすぎないとするものであった．これを受けて翌1990年4月にNICHDが音頭をとって「PCO臨床研究のために合理的な診断基準の設定を目的とした専門家会議」を開催した．

(B) 診断基準の項目

NIH診断基準の項目は以下の通りである（Zawadzki, Dunaif, 1992；Azziz, 2006）（表XXI-91-1）．

次の2項目の診断基準の両方が満足されること

①希発排卵／慢性無排卵（oligo-ovulation/chronic anovulation）

②臨床的アンドロゲン過剰徴候および／または高アンドロゲン血症（hyperandrogenism and/or hyperandrogenemia），および他の病因を除外すること

なお，NIH専門家会議では，PCOの超音波所見を第三の基準として検討されたが結論は得られず，PCOSに対する認識は卵巣性アンドロゲン過剰症候群という理解で一致した．したがってPCOを診断基準の項目に加えることはしなかった（Azziz, 2006）．この会議の記録では，診断基準の重要度は，アンドロゲン過剰，希発排卵，明確な疾患単位の除外，PCOの順となっており，PCOの超音波所見については議論が噴出したようである．なお，NIH診断基準によりPCOSと診断された症例において高A血症を示す頻度は約75％であることがその後の検証で明らかにされている（Huang et al, 2010）．

③ ロッテルダム診断基準

(A) 基準改訂の機運

ロッテルダム診断基準の報告をまとめたRotterdam ESHRE/ASRM-Sponsored PCOS Consensus Workshop Groupの報告(Rotterdam ESHRE / ASRM-Sponsored PCOS Consensus Workshop Group, 2004a；2004b)によると，NIH診断基準(Zawadri, Dunaif, 1992)が設定されてから15年が経過したが，これは基本的にはA過剰症候群と見なす立場からの基準設定であった．この診断基準が基準標準化の重要な第一歩となって，PCOS診断への道標になりうる多施設共同の臨床研究が展開された(Nestler et al, 1998；Azziz et al, 2001)．その後の研究が進むにつれ，PCOSの臨床表現型はNIH診断基準で規定したよりもはるかに広いことが次第に認識されてきた．

PCOSの基幹徴候はアンドロゲン過剰と卵巣のPCO形態であるが，臨床表現型としては排卵障害，アンドロゲン過剰そして肥満が含まれるので，II型糖尿病のリスクに密接な関連がある．1980年代になって経腟超音波がルーチン化されるにつれ，PCOS患者だけでなく，多毛や男性ホルモン値が高い正常月経周期女性でもPCOが高頻度に観察されることが報告され(Adams et al, 1986；Conway et al, 1989)，さらにアンドロゲン過剰とPCOがPCOSの基幹徴候であるとの見解が定着するようになった．そして，アンドロゲン過剰がなくてもPCOが認められれば排卵障害がもたらされることも指摘されるようになった．

NIH診断基準はPCOSの標準化の第一歩であったが，この基準の設定においては多くの議論は見られたもののコンセンサスを得たものではなく，また臨床試験に基づく知見というよりは多数意見によって基準が設定されたにすぎなかった．そこで，ESHREはASRMと合同してコンセンサス会議を持つ必要に迫られ，両学会が合同主催してロッテルダムでコンセンサス・ワークショップを開催した．

(B) 診断基準の項目

ロッテルダム診断基準の項目は以下の通りである(Rotterdam ESHRE / ASRM-Sponsored PCOS Consensus Workshop Group, 2004)(表XXI-91-2)．

次の3項目の中，2項目が満足されること

①希発排卵／無排卵(oligo-anovulation and / or anovulation)

②臨床的／生化学的アンドロゲン過剰徴候(clinical and/or biochemical signs of hyperandrogenism)

③多嚢胞卵巣(polycystic ovaries)

除外規定：PCOSの擬似徴候を示す疾患，たとえば非古典的先天性副腎過形成(non-classical congenital adrenal hyperplasia)(21-hydroxylase欠損による)，アンドロゲン産生腫瘍，Cushing症候群などは除外する．

そして脚注には，「適用した診断項目に関しては，将来的評価のために完全な記録(そして研究論文中での記載)をしておくこと」が付記されている．

ロッテルダム・ワークショップは，PCOが十分な特異性と感度を持つので基準項目として採用すべしと決定し，PCOの判定基準としていくつかの条件をあげている．

表XXI-91-2．ロッテルダム診断基準（Rotterdam ESHRE/ASRM-sponsored PCOS consensus workshop group. Revised consensus on diagnostic criteria and long-term health risks related to polycystic ovary syndrome (PCOS) 2004a）

Revised diagnostic criteria of PCOS
Revised 2003 criteria (2 out of 3)
1 Oligo- and/or anovulation
2 Clinical and/or biochemical signs of hyperandrogenism
3 Polycystic ovaries
and exclusion of other aetiologies
(congenital adrenal hyperplasia, androgen-secreting tumours, Cushing's syndrome)

Thorough documentation of applied diagnostic criteria should be done (and described in research papers) for future evaluation.

①一側卵巣にφ2－9 mmの卵胞が12個以上あること
　そして／または　卵巣容積が>10mlに腫大していること（容積測定は回転楕円体の単純化方程式：0.5×長軸×幅×厚さ　による）

②卵胞の分布や間質の超音波像や容積は配慮しないこと（間質腫大はPCOのよい指標となることは証明されているが，卵巣容積で代用可能である）

③超音波検査時期については，正常周期女性に対しては卵胞期初期（3－5周期日），希発／無月経女性に対してはランダムな時期あるいはプロゲステロン消退出血開始後3-5日間に実施すること

④卵胞数の計測法については，卵巣の長軸断面と前後軸断面について計数すること<10 mmの卵胞サイズは二断面での計測値の平均値で表現すること

⑤経口ピル服用女性には適用しないこと

⑥一側の卵巣にのみ認められてもPCOの定義に適合とすること

⑦主席卵胞（φ>10mm）や黄体を認めた場合には次周期にスキャンを再検すること

⑧異常嚢胞の存在や両側卵巣の非対象性を認めた場合には精密検査を実施すること

⑨PCO所見が認められても排卵障害やアンドロゲン過剰が認められない無症候性（asymptomatic）PCOは他の臨床所見が明らかにならない限りPCOSと診断してはならないこと

⑩PCOSとの明確な診断が下されなくとも，PCO所見が認められた場合にはIVF周期での卵巣刺激に対しOHSS反応を示すこと

(C) ロッテルダム診断基準に対する反対論と擁護論

ロッテルダム基準に従えば，「PCOとA過剰を認めるものの排卵周期を有する症例」と「PCOと希発／無排卵を示すもののA過剰が認められない症例」が新たにPCOSと診断されることになる（図XXI-91-1）．

(1) Azzizの反対論（Azziz, 2006）

Azzizははじめにコンセンサスありきの決定方式はサイエンスとはいえないと，コンセンサスとサイエンスの関連を力説した後，ロッテル

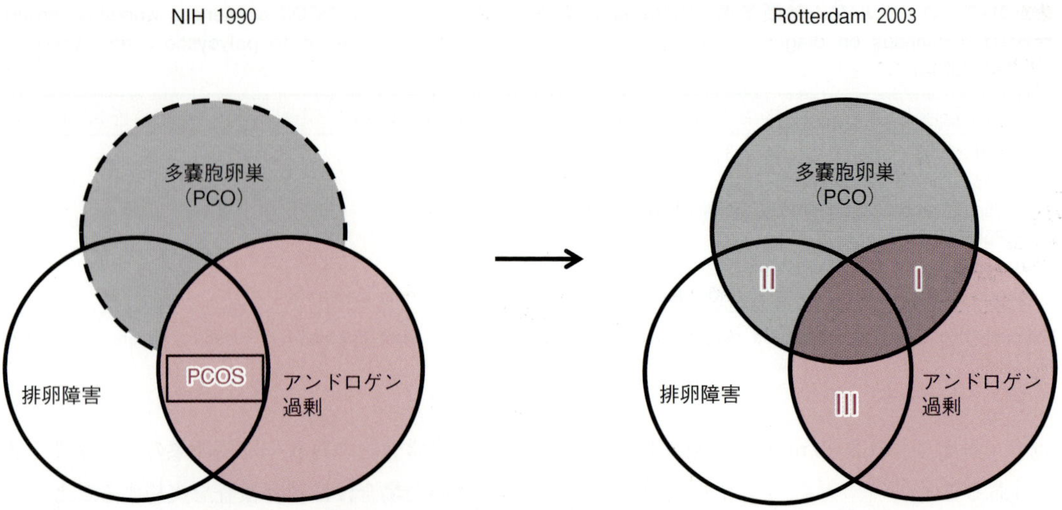

図XXI-91-1．PCOS 診断基準──NIH 1990と Rotterdam 2003との比較

Ⅰ：排卵性 PCOS（ovulatory PCOS）：アンドロゲン過剰と高インスリン血症は軽度 （Carmina et al, 2005）
Ⅱ：排卵障害性 PCOS（dysovulatory PCOS）：生殖年齢女性の20-30%に存在し，LH の軽度上昇（Eden et al, 1989）
Ⅲ：アンドロゲン過剰と排卵障害を発現し PCO 表現型を欠くもので，病因の確定したアンドロゲン過剰症（Hyperandrogenism of known etiologies），先天性副腎過形成，アンドロゲン産生腫瘍などを除外

ダム診断基準では PCO を基幹徴候に取り入れているが，それらはすべて NIH 診断基準でカバーできるので NIH 診断基準を置き換えるものではないとしている．さらに，ロッテルダム診断基準を採択することにより二つのグループの患者が新たに PCOS の診断可能対象として加味されるとし，またその後，NIH 診断基準で診断された PCOS の頻度を調査した成績を発表し，診断基準の拡大に対する反対の立場を変えていない（Huang, Azziz 2010）．

①PCO と A 過剰を認めるものの排卵周期を有する症例（図XXI-91-1-領域 I）

排卵性 PCOS（ovulatory PCOS）といわれる表現型のグループである（Carmina et al, 2005）．排卵障害がなくても（つまり正常月経周期を有する），PCO さえあれば PCOS と診断できる．このグループでは軽度のアンドロゲン過剰と高インスリン血症を伴うことがある．これを PCOS と診断すると，卵巣原発性でないアンドロゲン過剰との鑑別をしなければならないことになる．

②PCO と稀発／無排卵を示すものの A 過剰が認められない症例（図XXI-91-1-領域 II）

排卵障害性 PCOS（dysovulatory PCOS）とでも呼ぶべきグループである．PCO と排卵障害があるものであれば，アンドロゲン過剰を伴わなくても PCOS と診断可能ということになる．このグループと卵巣原発性でない無排卵症との鑑別をしなければならなくなる．このように基準拡大に伴い対象を絞ることが甘くなると，表現型の多様性が増すだけでなく病因研究上の焦点がぼやけることになると警告している．

表XXI-91-3．PCOSの代謝異常スクリーニング検査に関する合意項目

Summary of 2003 PCOS consensus regarding screening for metabolic disorder （Human Reproduction19 : 41-47, 2004）

1．No test of insulin resistance is necessary to make the diagnosis of PCOS, nor are they necessary to select treatments.
2．Obese women with PCOS should be screened for the metabolic syndrome, including glucose intolerance with an oral glucose tolerance test.
3．Further studies are necessary in non-obese women with PCOS to determine the utility of these tests, although they may be considered if additional risk factors for insulin resistance, such as a family history of diabetes, are present.

(2) S. Franksの擁護論（Franks, 2006）

ロッテルダム・ワークショップでは，次の2点の追加があったことが指摘できる．

①PCO形態を診断基準項目に加えたこと

②アンドロゲン過剰症があれば，たとえ正常月経周期があっても（つまり排卵障害がなくても）PCOSの診断が可能（ovulatory PCOS）を認めたこと

そして，この新しい基準に従うと三つの拡大領域の追加が発生するので，それぞれに対する理解と認識が必要であるとしている．前述と重複するが，以下の通り要約できよう．

領域Ⅰ：アンドロゲン過剰とPCOを共発現するが，排卵障害を伴わないものがPCOSの診断基準を満たすことになる．受容できる．

領域Ⅱ：PCOと無排卵は認められるがアンドロゲン過剰が証明できないものがPCOSの診断基準を満たすことになる．受容できるが，なお検討の余地がある．

領域Ⅲ：アンドロゲン過剰と排卵障害を発現するものの，PCO表現型を欠くもの．アンドロゲン産生腫瘍，非古典的先天性副腎過形成などの病因明確な疾患以外に，このカテゴリーに属する症例が存在するか否か不明．

NIH診断基準の設定では，単に不妊治療だけでなく女性の生涯にわたる健康管理面から，医療政策上の必要性もあってNIHがスポンサーした経緯がある．PCOSが高インスリン血症となんらかの因果関係のあることはほぼ間違いない事実であるので，今回臨床研究面での発展を考えてPCOS診断基準を拡大した意味はあるとの論旨がつけ加えられている．

PCOSを代謝異常としてどのように位置づけるかについては，サマリーとして3項目に要約されている（表XXI-91-3）．すなわち，

①PCOSの診断または治療法選択のための，インスリン抵抗性に関するテストは不要である．

②肥満PCOSに対しては，経口糖負荷試験を含む耐糖能検査を用いて代謝異常のスクリーニングを実施すべきである．

③非肥満型PCOSに対しては，糖尿病の家族歴などの付加リスクの存在があるとしても，スクリーニング検査の有用性検討のために今後の検討が必要である．

表XXI-91-4．多嚢胞性卵巣症候群の新診断基準（日本産科婦人科学会　生殖・内分泌委員会，1993）

Ⅰ	臨床症状
①	月経異常（無月経，稀発月経，無排卵周期症など）
2	男性化（多毛，にきび，低音声，陰核肥大）
3	肥満
4	不妊
Ⅱ	内分泌検査所見
①	LH の基礎分泌値高値，FSH は正常範囲
2	LHRH 負荷試験に対し，LH は過剰反応，FSH はほぼ正常反応
3	エストロン／エストラジオール比の高値
4	血中テストステロン又は血中アンドロステンジオンの高値
Ⅲ	卵巣所見
①	超音波断層検査で多数の卵胞の嚢胞状変化が認められる
2	内診又は超音波断層検査で卵巣の腫大が認められる
3	開腹又は腹腔鏡で卵巣の白膜肥厚や表面隆起が認められる
4	組織検査で内莢膜細胞層の肥厚・増殖，及び間質細胞の増生が認められる

（注）以上の各項目のうち○印をつけた項目を必須項目として，それらのすべてを満たす場合を多嚢胞性卵巣症候群とする．その他の項目は参考項目として，必須項目のほかに参考項目をすべて満たす場合は典型例とする．

4 日本産科婦人科学会･生殖内分泌委員会の診断基準

日本人を含むアジア系人種では一般に男女とも血中A値は欧米人に比して低いと考えられており，また男性化徴候を示す定型的なPCOSの発生頻度も低いとの認識が定着している．したがってわが国の女性に適したPCOS診断基準の設定の必要性がつとに指摘されていた．このような背景の下に日本産科婦人科学会・生殖・内分泌委員会が過去2回にわたってPCOSの診断基準を公表している．

(A) 日産婦1993診断基準（日産婦・生殖内分泌委員会報告，1993）

日本産科婦人科学会が1993年に規定したPCOSの診断基準を表XXI-91-4に示す．症候群としての特徴を臨床症状，内分泌所見および卵巣所見から三次元的に捉え，それぞれの項目にさらに4つの小項目を設けてPCOSを網羅的に定義するという基本的立場からの診断基準である．表中の（注）にあるように，○印をつけた項目を必須項目として，それらのすべてを満たす場合をPCOSと定義している．その他の項目は参考項目として列記，必須項目のほかに参考項目をすべて満たす症例を典型例とすると規定している．

基準設定の方式はアンケート調査で行った．全国56病院から回答のあった424例（15-45歳）のデータの解析成績に基づいて，高出現率の徴候や所見を必須項目とし，3項目すべてを満たす場合をPCOSと定義した．すなわち，①月経異常，②LHの基礎分泌値高値，FSHは正常範囲，③超音波断層検査で多数の卵胞の嚢胞状変化，という3項目である．

日産婦診断基準1993は，その後わが国におけるPCOSの臨床と研究を通して有用性が証明され汎用されたが，反面，問題点も指摘された．一例をあげると肥満があるとLHが低下するので，「肥満があるためLHは高くないがA値は

表XXI-91-5．多嚢胞性卵巣症候群の新診断基準（日本産科婦人科学会　生殖・内分泌委員会，2007）

以下の1－3の全てを満たす場合を多嚢胞性卵巣症候群とする
1　月経異常
2　多嚢胞卵巣
3　血中男性ホルモン高値　または　LH基礎値高値かつFSH正常

注1）月経異常は，無月経，希発月経，無排卵周期のいずれかとする．
注2）多嚢胞卵巣は，超音波断層検査で両即卵巣に多数の小卵胞がみられ，少なくとも一方の卵巣で2-9 mmの小卵胞が10個以上存在するものとする．
注3）内分泌検査は，排卵誘発薬や女性ホルモン薬を投与していない時期に，1 cm以上の卵胞が存在しないことを確認の上で行う．また，月経または消退出血から10日までの時期は高LHの検出率が低いことに留意する．
注4）男性ホルモン高値は，テストステロン，遊離テストステロン，またはアンドロステンジオンのいずれかを用い，各測定系の正常範囲上限を超えるものとする．
注5）LH高値の判定は，スパック-Sによる測定の場合はLH≧7 mIU/ml（正常女性の平均値＋1X標準偏差）かつLH≧FSHとし，かつ肥満例（BMI≧25）では　LH≧FSHのみでも可とする．
その他の測定系による場合は，スパック-Sとの相関を考慮して判定する．
注6）クッシング症候群，副腎酵素異常，体重減少性無月経の回復期など，本症候群と類似の病態を示すものを除外する．

高い症例」がPCOSの診断から除外されることになる．実際，PCOの形態形成を下垂体卵巣系のアンドロゲン活性を指標（具体的にはLHとテストステロン）として解析すると，LH正常であるにもかかわらずテストステロンが高値を示す症例がかなりの頻度で存在することは確認済みで，このためこれらの症例は潜在性アンドロゲン過剰症（cryptic hyperandrogenism）との呼称で無症候性PCOのカテゴリーに分類することが可能であるとしている（Mori et al, 2009）．

(B) 日産婦2007診断基準（日産婦・生殖内分泌委員会，2007）

前述のごとく日産婦1993診断基準ではカバーしきれないPCO症例が存在することに加え，1980年代からPCOSとインスリン抵抗性症候群，さらにもっと広く代謝症候群との関連が指摘され始めた．そこで日産婦学会の生殖内分泌委員会（水沼英樹委員長）では日産婦1993診断基準を補い，かつ欧米の診断基準とも互換性があって国際的にも評価されうる新しい診断基準の作成を目的として，「本邦における多嚢胞性卵巣症候群の新しい診断基準の設定に関する小委員会」（苛原稔小委員長）を設置して検討した．平成17-18（2005–2006）年度の2年間にわたり調査と分析を実施，その結果に基づいて新診断基準案を作成した（日産婦・生殖内分泌委員会報告，2007）（表XXI-91-5）．日産婦2007診断基準に関しては，前記小委員会委員の一人が詳しく解説しているが（藤井，2010），ここでは委員会報告の概要のみを紹介する（日産婦2007診断基準，2010）．

(1) 検討概要

日産婦1993診断基準の問題点と諸外国の動向を整理して下記5項目の検討課題を設けた．

①男性ホルモン高値を診断基準に反映させることを検討する

②超音波断層法による卵巣の多嚢胞所見の判定基準を明確にする

③他の内分泌疾患等で卵巣の多嚢胞を呈する疾患を除外するために，除外診断を明確にする

④血中 LH 基礎値の高値の判定基準を示す
⑤インスリン抵抗性の概念を導入する必要性を検討する

(2) 検討方法と内容

検討方法は生殖補助医療登録650施設を対象とした全国アンケート調査方式を採用し，調査内容は(1)診断基準に関する意見を問う施設調査と(2)男性ホルモン測定のなされた排卵障害例の個別調査とに類別して，平成18 (2006) 年5月から6月までの2ヶ月間に実施した．施設調査に対しては94施設から回答が得られた．また，個別調査に対してはPCOS診断例1,028，PCOS疑い771例，その他の排卵障害470例，診断のチェックなし35例の合計2,304例についての解答が寄せられた．

(3) 調査成績に関する考察

・基準に盛り込む項目としては，日産婦1993診断基準に準じて臨床症状，内分泌検査所見，卵巣所見を踏襲する．
・LHの取り扱いについては，PCOSでも必ずしも高くない場合もあるので，LHの採血時期や再検査の基準，高LHの判定基準を明示する必要性が指摘された．また変異LH例が一般人口の約10%に存在し，スパック-Sを用いた測定系では低値を示すので (Kurioka et al, 1999)，継続的に低値をとるPCOS疑い例では他の測定系も考慮すべきである．
・男性ホルモンの取り扱いについて，高値症例をPCOSとすることは妥当であるが，欧米女性に比してA高値の発現頻度が低いことから，必要条件ではなく充分条件と考えるべきである．
・血中A高値とインスリン抵抗性との関係が証明されつつあるし (Adams et al, 1997 ; Ehrmann, 2005)，インスリン増感剤であるメトホルミンやピオグリタゾンが有効であるとの報告 (Nestler et al, 1998 ; Moghetti et al, 2000 ; Kocak et al, 2002) から，インスリン抵抗性を評価することは生活習慣病の一次予防を指導するためにも必要である．
・LHまたは遊離テストステロンのいずれかが高値を示すものをPCOSとすると，PCOS疑いの76.1%がPCOSと診断可能であることから，男性ホルモンとLHを補完的に用いることによりPCOS診断の正確性を向上できる．

(4) 診断基準の項目 (表XXI-91-4)

診断基準の項目は表示のごとく，①月経異常，②多嚢胞卵巣，③血中男性ホルモン高値またはLH基礎値高値かつFSH正常，の3項目すべてを満たす場合としている．そして6項目の脚注がつけられており，ロッテルダム診断基準に類するものもあるが，日本人女性に適合するよう改変したもの，男性ホルモンとLH測定法に関する規定などを記載した．

①LH高値

ロッテルダム診断基準では (表XXI-91-2)，第2項目としてclinical and/or biochemical signs of hyperandrogenismを採択してはいるが，3項目の中2項目が満たされるとPCOSと診断できるので，アンドロゲン過剰を選択せず第3項目のPCOを採択することが可能である．これに対し日産婦2007診断基準では3項目すべてを満たすことが求められており，この点がロッテルダム診断基準と日産婦2007診断基準との根本的な相違である．その相違は高アンドロゲン症の解釈の相違であって，ロッテルダム診断基準ではLH値を無視しているので，アンドロゲン過剰を単に卵巣性アンドロゲン過剰と解釈しているのに対し，日産婦2007診断基準では下垂体卵巣系のアンドロゲン活性の亢進と把えていると理解した方がよい．少なくとも男性ホルモン値が低めであるわが国の女性にとっては，LH値を男性化活性の指標として無視できないと考えられる．

②男性ホルモン値

アンドロゲン過剰の判定基準には，多毛などの臨床症状は不採用とし血中男性ホルモン値を信頼すべき指標としている点はロッテルダム診断基準と同じである．男性ホルモンの種類としてテストステロンかアンドロステンジオンを測定すべき卵巣性アンドロゲンと指定し，LH高値（FSH正常値）に同格の診断的意義を認めて相補的に評価する方式をとっている．このことにより，肥満を伴うPCOSでLH高値を示さない症例を見逃すことがない．

③卵巣所見（PCO）

ロッテルダム診断基準では，PCO所見を重視して卵胞のサイズと数共に詳細に規定している．片側卵巣で2－9 mmの卵胞が12個以上あることを判定基準としており，これに則ると感度75%，特異性99%の確度でPCOSの判定が可能という（Balen et al, 2003）．このサイズの卵胞は，その中から主卵胞が選ばれる一群の卵胞コホートのサイズに相当するものである（Gongeon, 2004）．日産婦2007診断基準では少なくとも片側卵巣で2－9 mmの卵胞が10個以上存在するものと条件を緩和していることの根拠は，特異性を高くして厳しい基準を設けると診断から漏れるPCOS症例が増える惧れがあるのと，内分泌所見を含めた3項目をすべて必須としているので，診断基準の感度を優先する方が適切と判断したと説明している．今回採用した2－9 mmの卵胞10個以上の基準に従えば，感度86%，特異性90%に該当するので（Balen et al, 2003），3項目すべてを必須とする今日の診断基準には最適であると委員会報告には記載している．なお6－9 mmの卵胞を3－5個以上とする基準を採用した場合には，感度50%未満，特異性も90%未満と十分な精度と感度が得られず，2 mm以上とする判定が必要である．なお月経周期が整調な女性におけるPCO所見の観察は，ロッテルダム診断基準では周期3－5日に実施することが求められているが，日産婦2007診断基準ではこの条項は適用されていない．また，希発／無月経患者ではランダムに，またはプロゲスチン消退出血後3－5日目に実施することが求められている．

まとめ

多嚢胞性卵巣症候群についての欧米とわが国における診断基準を紹介，解説した．病因がなお未確定であるにしろ，病態解析，病因追求と新たな治療法の開発には統一的な診断基準の必要性はつとに指摘されていた．80年代からインスリン抵抗性や代謝症候群との関連が指摘されて以来，診断基準設定は至上命題となってきた感がある．PCOSの原因は多様であたかも学説の症候群的な様相を呈しているが，内分泌・代謝系機能が直接・間接に卵巣機能に投影されることを考えれば当然といえる．それゆえに診断基準の設定には基本方針が重要で，発生病理や病態を軽視した基準設定は不用意な概念の拡大を招きかねないので，慎重を期すべきである．原則論からいえば，基幹徴候に限定すべきで，続発性徴候は基準項目ではなく，むしろ随伴症状あるいは合併症との理解の下に診断基準を策定すべきではなかろうか．

（水沼英樹・藤井俊策・森　崇英）

引用文献

Adams J, Polson DW, Franks S (1986) Prevalence of polycystic ovaries in women with anovulation and idiopathic hirsutism, *Br Med J*, 293 ; 355-359.

Adams JM, Taylor AE, Crowley EF, et al (1997) Insights into the pathophysiology of polycystic ovarian syndrome, *J Clin Endocrinol Metab*, 84 ; 165-159.

Azziz R, Ehrmann D, Legro RS, et al (2001) PCOS/Troglitazone Study Group, Troglitazone improves ovulation and hirsutism in the polycystic ovary syndrome : a multicenter, double blind, placebo-controlled trial, *J Clin Endocrinol Metab*, 86 ; 1626-1632.

Azziz R (2006) Controversy in clinical endocrinology. Diagnosis of polycystic ovarian syndrome : The Rotterdam Criteria are premature, *J Clin Endocrinol Metab*, 91 ; 781-785

Azziz R, Carmina E, Dewailly D, Diananti-Kandarakis E, Escobar-Morreate HF, Futterweit W, Janssen OE, Legro RS, Norman RJ, Taylor AE, Witchel SF (2006) POSITION STATEMENT : Criteria for defining polycystic ovary syndrome as a predominantly hyperandrogenic syndrome : An androgen excess Society Guideline, *J Clin Endocrinol Metab*, 91 ; 4237-4245.

Balen AH, Laven JS, Tan SL, et al (2003) Ultrasound assessment of the polycystic ovary : international consensus definitions, *Hum Reprod Update*, 9 ; 505-514

Burghen GA, et al (1980) Correlation of hyperandgenism with hyperinsulinism in polycystic ovarian disease, *J Clin Endocrinol Metab*, 50 ; 113-116.

Carmina E, Chu MC, Longo RA, et al (2005) Phenotypic variation in hyperandrogenic women influences the findings of abnormal metabolic and cardiovascular riskparameters, *J Clin Endocrinol Metab*, 90 ; 2545-2549.

Conway GS, Honour JW, Jacobs HS (1989) Heterogenity of the polycystic ovary syndrome : clinical, endocrine and ultrasound features in 556 patients, *Clin Endocrinol* (Oxf), 30 ; 459-470.

Eden JA, Place J, Carter GD, et al (1989) Is the polycystic ovary a cause of infertility in the ovulatory women? *Clin Endocrinol* (Oxf), 30 ; 77-82.

Ehrmann DA (2005) Polycystic ovary syndrome, *N Eng J Med*, 352 ; 1223-1236.

藤井俊策　PCOSの診断基準　日本産科婦人科学会雑誌 2010 ; 62(5) : 1101-1008

Franks S (2006) CONTROVERSY IN CLINICAL ENDOCRINOLOGY. Diganosis of polycystic ovarian syndrome : In Detense of the Rotterdam Criteria, *J Clin Endocrinol Metab*, 91 ; 786-789.

Gougeon A (2004) Dynamics of human follicular growth : morphologic, dynamic and functional aspects, In : *The Ovary, 2nc end*, Adashi EY, Leung PCK (eds), pp25-43, Elsevier Academic Press, SanDiego.

Huang A, Brennan K, Azziz R. (2010) Prevalence of hyperandrogenemia in the polycystic ovary syndrome diagnosed by the National Institutes of Health 1990 criteria, *Fertil Steril*, 93 ; 1938-41.

Kocak M, Caliskan E, Simsir C, et al (2002) Metformin therapy improves ovulatory rates, cervical scores, and pregnancy rates in clomiphene citrate-resistant women with polycystic ovary syndrome, *Fertil Steril*, 77 ; 101-6.

Kurioka H, Takahashi K, Irikoma M, et al (1999) Diagnostic difficulty in polycystic ovary syndrome due to an LH-beta-subunit variant, *Eur J Endocrinol*. 140 ; 235-8.

Moghetti P, Castello R, Negri C, et al (2000) Metformin effects on clinical features, endocrine and metabolic profiles and insulin sensitivity in polycystic ovary syndrome : a vandonized, double-blind, placebo-controlled b-month trial, followed by open, long-term clinical evaluation, *J Clin Endocrinol Metab*, 84 ; 139-146.

Mori T, Takakura K, Takai I, Taii S (1991) Polycystic ovary syndrome : a new spectrum concept and induction of ovulation. In : *Recent Developments in Fertility and Sterility Series*, Bontaleb Y, Gzouli A (eds), *Vol* 1 *The Treatment of Infertility*, pp 141-150, Parthenon, Carnforth, UK.

森崇英（1984）多嚢胞性卵巣症候群の診断基準，日産婦誌，36 ; 637-642.

森崇英（1987）多嚢胞性卵巣症候群—概念の整理と最近の治療，日内秘誌，63 ; 1449-1456.

森崇英（2009）多嚢胞卵巣形成のホルモン調節：アンドロゲン機能スペクトル仮説，ORMONE FRONTIER IN GYNECOLOGY, 16 ; 272-281.

Mori T, Nonoguchi K, Watanabe H, et al (2009) Morphogenesis of polycystic ovaries as assessed by pituitary -ovarian andorogenic function, *Reprod BioMed Online*, 18 ; 635-643.

Nestler JE, Jakubowicz DJ, Evans WS, et al (1998) Effects of metformin on spontaneous and clomiphen-induced evulation in the olycystic ovary syndrome, *N Eng J Med*, 338 ; 1876-1880.

日産婦・生殖内分泌委員会報告（杉本修，青野敏博，森崇英，矢内原巧，桑原惣隆，武谷雄二，三宅侃，田辺清男，苛原稔）(1993) 本邦における多嚢胞性卵巣症候群の診断の基準設定に関する小委員会（平成2年～平成4年度）検討結果報告，日産婦誌，45 ; 1359-1367.

日産婦・生殖内分泌委員会報告（水沼英樹，苛原稔，久具宏司，堂地勉，藤井俊策，松崎俊也）(2007) 本邦における多嚢胞性卵巣症候群の診断の基準設定に関する小委員会（平成17年～平成18年度）検討結果報告，日産婦誌，59 ; 868-886.

Rotterdam ESHRE / ASRM-sponsored PCOS Consensus Workshop Group (2004a) Revised 2003 consensus on diagnostic criteria and long-term health risks related to polycystic ovary syndrome (PCOS), *Hum Reprod*, 19 ;

41-47.
Rotterdam ESHRE / ASRM-Sponsored PCOS Consensus Workshop Group (2004b) Revised 2003 consensus on diagnostic criteria and ling-term health risks related to polycystic ovary syndrome, *Fertil Steril*, 81 ; 19-25.
Stein IF, Leventhal ML (1935) Amenorrhea associated with bilateral polycystic ovaries, *Am J Obstet Gynecol*, 29 ; 181-191.
Takai I, Taii S, Takakura K, et al (1991) Three types of polycystic ovarian syndrome in relation to androgenic function, *Fertil Steril*, 56 ; 856-862.
Van Der Meer M, Hompes PG, De Boer JA, et al (1998) Cohort size rather than follicle-stimulating hormone threshold level determines ovarian sensitivity in polycystic ovary syndrome, *J Clin Endocrinol Metab*, 83 ; 423-426.
Zawadri JK, Dunaif A (1992) Diagnostic criteria for polycystic ovary syndrome : towards a rational approach, In : *Polycystic Ovary Syndrome. Current issues in endocrinology and metabolism*, 1st ed, Dunaif A, Givens JR, Haseltine FP, Merriam GR (eds), pp59-69, Oxford, UK, Blacekwell.

XXI-92

PCOSの発生病理に関するアンドロゲン暴露説

Key words
多嚢胞性卵巣症候群／PCOS／PCO／高アンドロゲン症／アンドロゲン暴露

はじめに

PCOSは，極めて頻度の高い疾患であるが故に，etiologyの研究も多々ある．その中ではアンドロゲン暴露説は主要なものの一つである．動物実験としては，胎児期にアンドロゲンを投与されたアカゲザルは将来PCOSになることが報告されている．またdehydroepiandrosterone を投与された幼若ラットの卵巣もPCOを呈する．ヒトでは，2次性PCOSの発症例としての21-hydroxylase欠損症，アンドロゲン産生腫瘍の合併例，異性別双胎の例，バルプロン酸を投与されたてんかん症例などからPCOSのetiologyとしてのアンドロゲン暴露説を検証する．

1 女性におけるアンドロゲン作用

(A) 女性の男性化としてのPCOS症候群

女性におけるアンドロゲン（A）作用は，脱女性化（defeminization）から男性化（masculinization）に向かう．脱女性化現象は排卵や月経の消失によって象徴されるように，女性の二大生殖機能である周期性機能とそれに続く妊孕性機能の低下と消失である．さらに程度が進めば男性化現象が顕在化して多毛，低音声などの男性ホルモン作用が前景に発現してくる．

多嚢胞性卵巣症候群（PCOS）は女性におけるいくつかのA過剰徴候の典型的な表現型であり，通常，月経異常，A過剰症，多嚢胞性卵巣の三つの基幹徴候から成っており，他に不妊，多毛，肥満など一連の徴候をもった症候群という概念で理解される臨床疾患単位（clinical entity）である．この三つの基幹徴候の発現におけるそれぞれの徴候の相互関係については必ずしも明確ではないが，卵巣におけるA過剰が女性生殖器系を含むあらゆる身体機能に対してエストロゲン拮抗作用を発揮する結果，女性本来の周期性機能や妊孕性機能が失われた状態となる．

PCOSの基幹徴候のうちでも，病態特異的（pathognomonic）な徴候を抽出するとすればA過剰症であって，残る二つの基幹徴候はA過剰を出発点として説明可能である（図XXI-92-1）．まずPCO形態形成について見ると，主卵胞選択のホルモン調節に立ち返って考えなければならない．主卵胞は直径2－9 mmの卵胞腔卵胞コホート（選択可能卵胞群）の中から選ばれるが，この選択過程でAが決定的に重要な役割を果たしていることが近年明らかとなってきた．次

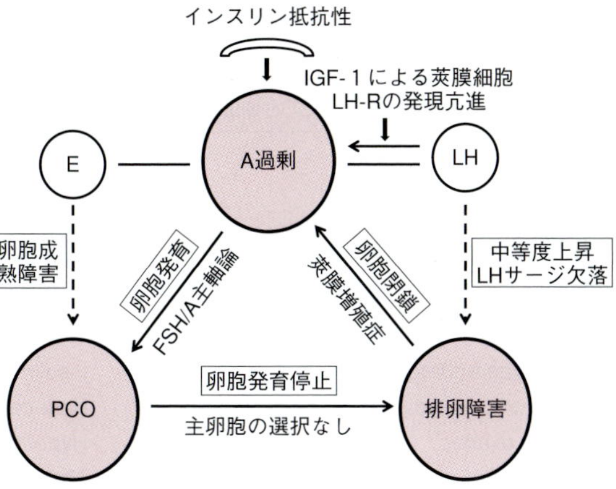

図XXI-92-1．アンドロゲン過剰を幹徴候とした三大基幹徴候発現の悪循環

項で述べるように，卵胞に対してAは主卵胞選択時期を境としてまったく正反対の発育と閉鎖の二面作用を発揮している．主卵胞選択以後は次席卵胞以下の卵胞閉鎖を促進するが，PCOSにおいてはAの二面作用が不明瞭となっている．この点について最近著者の一人が詳しくレビューしている中で（森，2009；Mori et al, 2009），A. J. Hsuehらの報告とは逆にアポトーシス抑制による抗閉鎖作用（Orisaka et al, 2006）を紹介している．このようにPCOSでは主卵胞の選択がうまくいかないので，選択された卵胞の成熟が進行しない．末梢転換によってエストロゲン（E）が生成されても，LHサージを誘発できるほど鋭い上昇ではないので当然排卵障害をもたらす（図XXI-92-1）．

いったん排卵障害が起こると，閉鎖過程が一方的に進行し，莢膜細胞増殖症（hyperthecosis）と呼ばれる部位を持った閉鎖卵胞から活発なA産生が行われるために，三つの基幹徴候の間に悪循環が成立して病態がますます進行する（図XXI-92-1）．この意味で本項ではA暴露説の立場からPCOSを捉えて，実験動物，サルとヒトにおけるエビデンスを検証してみたい．その場合，胎生期の性機能中枢の分化以前の時期におけるA作用の効果は性分化異常として発現すると考えられるので，本項では性機能中枢に対するAの作用を，分化以後の時期を区切ってエビデンスを追跡してみたい．

(B) アンドロゲンの卵胞発育促進作用と閉鎖促進作用

Aは卵胞に対して発育促進の肯定的作用と閉鎖促進の否定的作用の両面を発揮することは前述の通りである．卵胞機能に対するAの否定的作用について，Hsuehは ‘Estrogen inhibits and androgens enhance ovarian granulosa cell apoptosis.’（Billig et al, 1993）と言い切っている．Aは顆粒膜細胞のアポトーシスを介して卵胞閉鎖を誘導する主要因であることを強調するあまりのことであろうが，この表現は卵胞機能に対するもう一つの重要な機能，つまり卵胞発育促進作用を見過ごした点で精確さを欠いて表XXI-92-1．妊娠早期にアンドロゲンに暴露されたアカゲザルの雌仔の胎児期，幼児期，思春期，性成熟期に現れるPCOS様徴候 (Am J Primatol, 71：776-784, 2009)

Developmental stage	Reproductive and endocne PCOS-like traits	Metabolic PCOS-like tratits
Fetus	LH excess[a]	?
Infant	Androgen excess[a] LH excess[a]	Relative hypersecretion of insulin[b] Increased body weight[b]
Adolescent	Increased intermittent menstrual cycles[c] Luteal phase defects[c]	Increased body weight at menarche[c]
Adult	Ovarian hyperandrogenism[d] Intermittent/absent ovulatory menstrual cycles[d,f] Polycystic ovaries[f] LH excess and reduced estradiol/progesterone Negative feedback[d] Menstrual cycles normalized by insulin Sensitizer treatment[g] Diminished oocyte quality[j] Adrenal hyperandrogenism[k]	Insulin resistance[d,e] Beta-cell defect[e] Hyperlipidemia[g] Abdominal adiposity[h] Type 2 diabetes[i]

[a] Abbott et al (2008a), [b] Abbott et al (2007), [c] Goy and Robinson (1982), [d] Abbott et al. (2005), [e] Eisner et al (2000), [f] Abbott et al (1997), [g] Zhou et al (2007), [h] Eisner et al (2003), [I] Dumesic et al (2005), [J] Dumestic et al (2002), [K] Zhou et al (2005)

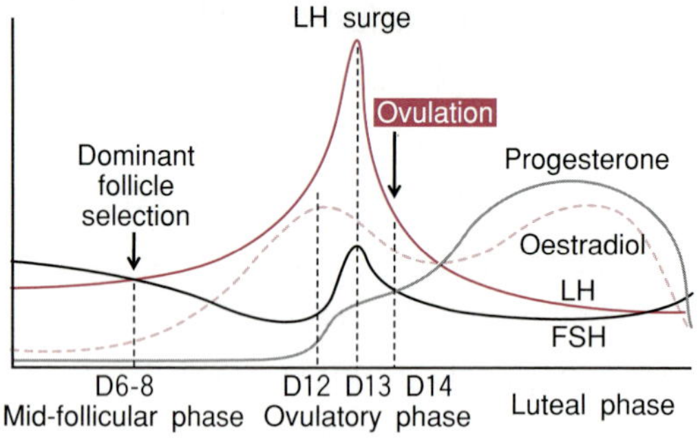

(Tajima et al, 2007)

図XXI-92-2．ヒト月経周期における各種ホルモンの変動

いる．Aの閉鎖促進の作用機序としては，Aがパラクライン的に顆粒膜細胞に働いてその増殖とアポトーシスを誘起すると考えられている．ただ最近はPCOSにおける卵胞の病的状態は，閉鎖から発育停止へと概念的な変化が見られる．具体的には卵胞発育の病態は主卵胞の選択障害とのコンセプトであり (Jonard, Dewailly, 2004)，これが高Aに起因するという考え方である．

次に，卵胞機能に対するAの肯定的作用について見る．近年，A作用には卵胞発育の促進作用も併せ持つことが知られてきた．Aのこの二面的機能は，主卵胞の選択時期を境として明瞭に分かれる．主卵胞選択機序について簡単に解説しておく (図XXI-92-2)．月経周辺期のFSHの第1ピーク (FSHウインド) が過ぎてFSHが辿る下降線と，月経周期の進行につれてLHがたどる上昇カーブとの交差点で理論的には主卵胞の選択が起こる．その理由は発育卵胞から産生されるインヒビンBがこの時点でピークに達し，以後排卵に向かって減少するからである

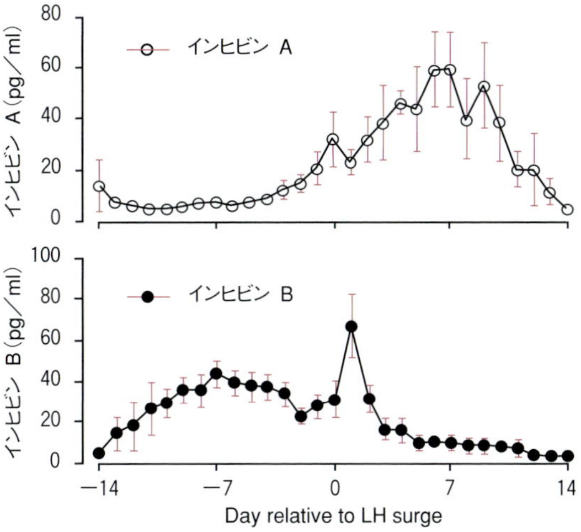

（Groome et al., 1996；石塚文平教授　提供）

図XXI-92-3．ヒト月経周期におけるインヒビンA／Bの血中濃度の推移

(図XXI-92-3)．Aの卵胞発育促進作用のホルモン調節機序は図示した通りである (図XXI-92-4)．すなわち，LH作用下に莢膜細胞から分泌されたAが顆粒膜細胞の核内レセプター (AR) (Horie et al, 1992) 発現亢進を介してFSHレセプターの誘導を促進すると同時に，FSHがARの発現亢進をもたらす．このようにFSHとAが相補的に協調する結果，顆粒膜細胞は増殖，卵胞発育が進行するので，主卵胞選択過程における卵胞発育のFSH/A主軸論というコンセプトが提案されている (森，2009) (図XXI-92-4)．

(C) アンドロゲンの産生部位と作用標的

卵巣におけるAの主要産生部位は発育卵胞であれ閉鎖卵胞であれ莢膜細胞である (Mori et al, 1978；Tajima et al, 2007) が，卵巣の皮質間質からも産生されている．卵胞閉鎖が進行すると莢膜細胞増殖症 (hyperthecosis) を伴った閉鎖卵胞では盛んにA産生が行われている (Mori et al, 1982)．卵巣性Aは主としてアンドロステンジオン (ASD, androstenedione) であるが，一部テストステロン (T, testosterone) とデヒドロエピアンドロステロン (DHEA, dehydroepiandrosterone) も産生されている (Mori et al, 1978)．副腎性AのほとんどはA活性のないDHEA-Sの形で分泌され，卵巣内で活性型Aへ，さらにEに転換する．また性腺外の脂肪組織ではAからEへの転換もかなりの効率で起こっている．思春期に発症するPCOSの成因として，副腎性Aから転換したEによる間脳・下垂体系へのフィードバック障害説が一時注目を集めたこともあった．

Aの性腺外作用の標的として副腎，肝，間脳・下垂体系などがあり，PCOの形態形成に少なからず影響している．性腺外作用については，高インスリン血症，向副腎作用と向肝臓作用，

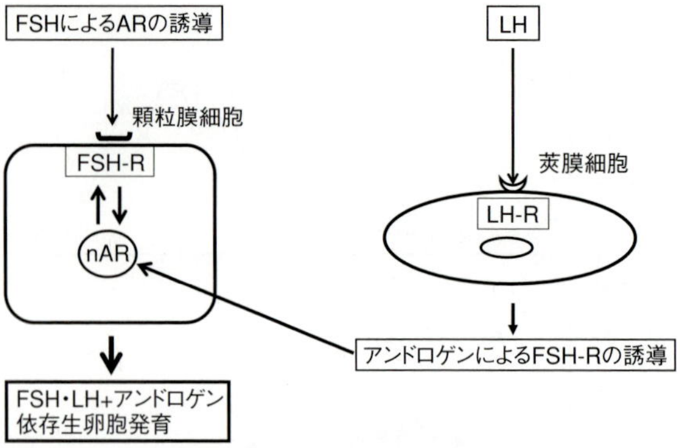

図XXI-92-4．卵胞腔卵胞発育におけるFSH／アンドロゲン主軸論

向間脳下垂体などについて言及した．

なお，卵巣アンドロゲンの主要産生部位である莢膜細胞は卵胞発育，閉鎖，黄体化などに不可欠な役割を果たしている．顆粒膜細胞に比し *in vitro* 研究に耐える純度の高い細胞集団を得ることが困難であったため詳しい検索は敬遠されがちであった．わが国では福井医科大学のグループによって系統的研究が進められてきたので総説を参照願いたい（Tajima et al, 2007）．

2 胎生期におけるA暴露

（A）霊長類における知見

PCOS「体質」は生来のものであるという考え方がある．この意味するところは，母体から受け継ぐ遺伝的「体質」のほかに，妊娠中の胎内環境が出生後のPCOS発症をプログラムするという仮説がある．

この仮説についてアカゲザルを使って検証した一連の有名な研究を紹介したい（Abbott et al, 2009）．妊娠アカゲザルに妊娠40日前後の妊娠初期から testosterone propionate を2－6週間母体に投与して，その雌仔への影響を胎児期，新生児期，思春期，性成熟期における多彩な形質発現を詳細に検討している（表XXI-92-1）．発生した生殖内分泌異常として，例えば性成熟期の卵巣の多嚢胞化（Abbott et al, 1997），卵巣性Aの上昇（Abbott et al, 2005），月経不順，LHの上昇（Abbott et al, 1997），卵の質低下（Dumesic et al, 2002）などが記載されている．また代謝異常としては，性成熟期ではインスリン抵抗性（Abbott et al, 2005），膵臓β細胞の異常（Eisner et al, 2000），高脂血症（Zhou et al, 2007），腹部の脂肪蓄積（Eisner et al, 2003），2型糖尿病の合併（Dumesic et al, 2005）などの特徴を示した．PCOSには副腎性AであるDHEA-Sが高い症例も存在するが，これは胎児期のテストステロン暴露説で説明可能かどうかについては一線を画するように著者には考えられる．しかしD. H. Abbottらはこの点に関しても検討している．胎児期にTに暴露すると性成熟期のDHEA-Sは上昇し，またACTH刺激に対するDHEA，ASD，コルチコステロンの増加反応の亢進が認められた．これは胎児期のA暴露が副腎の17, 20-lyase

活性の永続的な上昇をもたらしていたことによると分析している (Zhou et al, 2005). さらに興味深いことに, インスリン抵抗性改善薬であるピオグリタゾン (pioglitazone) 投与によりA暴露アカゲザルのACTHによるDHEA-S増加反応が抑制され, また17-OHP (17-hydroxyprogesterone) の反応を増加させて, DHEA-S/17-OHP比を低下させた. このように一連のアカゲザルのモデル研究で, PCOSのほとんどすべての特徴が再現できたといっても過言ではない.

また, これまでPCOSの特徴として代謝症候群の合併頻度が高いことがあげられてきた. この症候群と胎内環境との関係では, 胎児期の低栄養 (子宮内胎児発育不全) が成熟期の代謝症候群の発症をプログラムするというBarker仮説が知られている (Barker et al, 2002). PCOSには代謝症候群の合併頻度が高いことを考えると, PCOS発症の病因論にもBarker仮説が当てはまりそうである. しかしアカゲザル・モデルでは否定されている (Abbott et al, 2007 ; Herman et al, 2000). この否定的結果が正しければ霊長類では, 子宮内胎児発育不全のPCOSに関する病因論的意義はなさそうである. この点に関して, 我々が2006年の第58回日本産科婦人科学会のシンポジウムで発表した約150例のPCOS症例の調査では (遠藤, 2006), 低出生体重児として生まれた症例はきわめて稀だったことはAbbottのデータの正当性を支持しているかに思える.

これらの詳細な報告から, 胎児期の高A暴露が成熟期のPCOS発症をプログラムすることから, アンドロゲン暴露説は病因論としてきわめて有力に思われる. もしこれがヒトにも当てはまるとすれば, 胎児期のA暴露をなんらかの手段で防止することにより, PCOS発症の予防できる可能性がある.

(B) ヒトにおける知見

(1) 母体PCOSと卵巣性A

PCOSの母親から生まれた女児は将来PCOSに罹患しやすいという報告は多々ある (Kahsar-Miller et al, 2001). この事実は病因論的にもちろん重要な知見であるが, これをもってヒトでも胎児期のA暴露が出生後のPCOS発症につながることの証明とすることはできない. 当然のことながら, PCOSの発症には遺伝素因の関与を示唆する報告が数多くあるからである (Franks et al, 2001).

PCOSの妊婦の胎児が高Aに暴露されているかどうかは結論が出ていない. 妊娠中の母体の卵巣機能は一般には停止していると考えられ, 卵巣が活発にAを産生しているとは考えにくいとされている.

胎児胎盤系の概念に従うと, 胎盤では17α-hydroxylase/lyase活性が欠如しているため胎盤でのアロマターゼの基質となるC19ステロイドのAはすべて胎児の副腎由来である. この副腎Aのほとんどは A活性のないDHEA-Sとして分泌される. したがって胎児胎盤系の意義はA活性の高い胎内環境を避けるための生物学的適応反応と解釈できる. 同様に高い胎内E活性は, 生まれた女児に対し膣癌の誘発 (Forkman, 1971) という毒性を発揮する. したがって胎盤で産生されたエストラジオールはE活性のほとんどないエストリオールに変換されて尿中に排泄される.

一般にホルモンは微量で生理作用を発揮すると同時に標的器官に自己のレセプターを誘導するので，男性ホルモンにしろ女性ホルモンにしろ胎生期の暴露は，生後一定の期間を経て性ステロイドが産生される時期になって毒性を発揮することがある．こう考えてくると胎盤は一種の解毒器官であり，生後に発現するかもしれない悪影響から胎児を守る防御器官あるいはバランス機構と解釈できる．

(2) PCOS妊婦の血液中のA

胎児期のA暴露がPCOSの病因となりうるかの可能性を示唆する報告として，妊婦の末梢血中Aを測定した成績がある (Sir-Petermann et al, 2002)．正常妊婦との比較では，PCOS妊婦の血中Aは，22-28週で有意にT，ASD，DHEA-Sが高かった．また75g OGTTによるインスリンの2時間値も高かった．その解釈として，このAは胎盤由来であることを完全に除外するものではないが，hCGやインスリンの刺激を受けた卵巣由来の上昇であろうと推察している．ただ，母体末梢血中Aが高いだけでは胎児が高Aに暴露されている証拠としては不十分であることに留意すべきである．

(3) 臍帯血中AとPCOS

胎児期のA暴露の指標としては，直接臍帯血中のA濃度を測定することが有用である．また，母体末梢血中のAを測定し，その児の思春期の血中濃度や臨床徴候を調べた前方視的研究もある (Hickey et al, 2009)．この研究では，妊娠18週と34-35週の母体血，さらに分娩時の臍帯の動静脈の混ざった血液中のA値を測定している．さらに14-17歳時に採血と経腹超音波卵巣形態像を観察してPCOS症例を選び出し検証している．その結果Rotterdam診断基準では28%，NIH診断基準では15%にPCOSの診断が下された．ただ母体血，臍帯血の総T，遊離T，ASD，DHEA-Sとも思春期PCOS症例の血中濃度と相関はなかった．また母体血中の遊離Tとの関係でも，思春期の月経不順周期，卵巣重量，嚢胞数と関連がなかった．ただこの論文の筆者もその成績をもって，胎児期のA暴露と思春期のPCOS発症の関係を否定しているわけではないと述べている．この報告で注意すべきは，対象症例は妊娠中のA値が正常範囲にある症例における前方視的な検証であり，胎児血中のA濃度が考慮されていない点である．つまり胎盤のアロマターゼ活性によりAはすぐにEに転換されるので，その影響も考慮する必要がある．また胎児血のAの指標として臍帯血中濃度が測定されているが，分娩時であって，胎児がAに敏感な妊娠早期の胎児血の濃度は不明である．理想的には，妊娠早期の胎児血，しかも母体が正常範囲を超える高Aを示す症例の検討が必要であるが，この種の研究はまだ報告されていない．

(4) 異性別二卵性双胎による女児へのA暴露

動物によっては，雄胎児に挟まれた雌胎児は解剖学的，生理学的，行動学的に男化徴候を示し (Ryan, Vandenbergh, 2002)，実際にTを測定した研究では羊膜，羊水を通じて，近傍の胎児が高Tに暴露されていることが報告されている (Even et al, 1992)．

これをヒトに当てはめて考えれば，異性別の双胎の場合，Aが男児から一方の女児に影響する可能性が考えられる．もしこれがヒトで実証されれば，胎児期の微量のA暴露が女児の思春期以降のPCOS発症の傍証になる可能性がある．ただ2010年の論文によれば，同性双胎と異性双胎との間でPCOS発症の有意差はなかったと報告され（Kuijiper et al, 2010），このアプローチではPCOS発症原因として胎児期のA暴露説を証明できていない．

(5) 胎児期のA暴露の指標である手の第2指／第4指長比

性別によって手指の長さのパターンが異なっていることが100年以上前からわかっていた（Ecker, 1875）．男性の場合，第2指／第4指長比（2D/4D）が小さいのは胎児期のA暴露によると報告されている（Manning et al, 1998）．これは羊水中のTとも相関しているという（Lutchmaya et al, 2004）．手指の骨に存在するAレセプター（AR）活性が高く（これはCAGリピート数が少ないことを反映），Tと2D/4D比の低さが関係しているという（Manning et al, 2002）．PCOS症例と非PCOSを比較したところ，差は小さいがPCOS症例の方が有意に2D/4Dが小さいとの報告がある（Cattrall et al, 2005）．また，この現象は異性別の双胎でも認められ，同性別の双胎よりも2D/4Dが小さく，これは妊娠初期のアンドロゲン暴露によると推察している報告もある（Hall, Love, 2003）．ところがこれを否定する報告もある．その理由として，採用したPCOSの診断基準の違い，また2D/4Dの測定法の違いをあげ，しかも前記のF. R. Cattrallらが示した差がきわめて小さかったことを指摘している（Lujan et al, 2010）．

胎児期に高Aに暴露される疾患としては古典型21-hydroxylase欠損症が知られている．この症例では出生後卵巣はPCO形態を呈し，高Aと高LHを呈し，いわゆる2次性のPCOS状態となり（Barnes et al, 1994），かつ，この疾患でも2D/4Dの低下が報告されている（Oketn et al, 2002；Brown et al, 2002）．しかしこれを否定する報告もある（Buck et al, 2003）．

このように2D/4Dをヒト胎児期におけるA暴露の指標として検証するには，今後もさらなる追加調査が必要である．

3 出生後から思春期までのA暴露

(A) DHEA投与ラットにおけるPCOの形態形成——卵胞の発育と閉鎖

我々は25日齢の幼若雌ラットにDHEAの投与を開始して，一定期間投与を続けることで卵巣がPCO化することを確認している（Honnma et al, 2006）．興味あることは，Aの投与期間による効果の内容に違いがあったことで，7日間の短期投与では総卵胞数が増加し多嚢胞形態を示したのに対し，15日間の長期投与に切り替えると明らかに閉鎖卵胞数が増加した．このように幼若ラットではAの投与期間に依存した正と負の二面効果があることが判明した．この事実はA作用が蓄積すると発育促進から閉鎖促進へと効果のベクトルが変換することを示している．これをただちにヒトには当てはめることはできないが，性周期確立前のAの「暴露期間の長さ」が卵巣に対する影響の質を決めるというきわめて重要な知見と思われる（Honnma et al, 2006）．

さらに長期投与の場合の卵胞閉鎖の機序も検討したところ，Fas-FasL系のアポトーシス，MT1-MMP（membrane type 1-matrix metalloproteinase）による細胞外マトリックスのリモデリングが並行して起こっていることを明らかにした．暴露期間の長短によってなぜ正反対の効果の違いが発現するのか明確ではないが，暴露期間やトータル暴露量だけでなく，標的となる卵胞の発育段階も考慮しなければならない．ラットでは排卵前卵胞の選択後の時期では，形態的には同じ卵胞腔卵胞でも発育卵胞と閉鎖卵胞が混在しているからである．この結果がヒトでも当てはまるのであれば，ゴナドトロピン低反応に対する卵胞刺激の前処置として行うDHEAプライミング期間の選定は疎かにできない．

(B) DHEA投与ラットにおける白膜肥厚

また，A効果は，卵胞破裂過程における壁の破壊にも直接関わっている．具体的には卵胞壁融解酵素の一つであるMMP-2（matrix metallo-proteinase-2）の活性化が起こることが知られており，我々の検討では高A環境下においては，卵巣のMMP-2の活性化は抑制されていた．また，卵胞壁にはエラスチンとコラーゲンをクロスリンクして卵胞壁を強靭化するlysyl oxidaseが存在するが，A投与ではこの酵素発現が増強していた．白膜肥厚はPCOS卵巣の形態的特徴の一つであるが，組織学的には皮質下コラーゲン沈着（subepitherial collagenization）である．卵胞壁の高度の肥厚は卵胞破裂の物理的障害となる．高A環境下では，この2種類の酵素の発現亢進により白膜が肥厚する結果，排卵の機械的障害をきたす可能性がある（Henmi et al, 2002）．

4 ヒト思春期のアンドロゲン暴露

(A) 21-hydroxylase欠損症

21-hydroxylaseは6番染色体短腕の主要組織適合抗原MHC領域に存在するCYP21A2（CYP 21B）の遺伝子変異により21-hydroxylaseの活性消失あるいは低下が起こり，17-OHPから11-deoxycortisolへ変換されず，末梢血中17-OHPが高値を示すほか，ASDやTの上昇もきたす．本疾患には出生前に発症する重症の古典型と軽症で生後発症する非古典型がある（税所ら, 1999；臼井, 2006）．前記のように古典型でPCOSの病態を示すものがあるほか，遅発性では軽症の非古典型でもPCOSの徴候を示すものがあり，これが通常PCOSと診断されているものに紛れ込んでいるという報告がある（Trakakis et al, 2008）．いずれにしても出生前，出生後のA暴露によりPCOS様の臨床像を呈する紛らわしい疾患で，ロッテルダム診断基準と日産婦診断基準では除外対象となっている．

(B) 抗てんかん薬バルプロン酸投与例

バルプロン酸はGABA（γ-アミノ酪酸）トランスアミナーゼを阻害することにより，抑制性シナプスにおけるGABA量を増加させ薬理作用を発現する．バルプロン酸の生殖内分泌動態への影響は1980年代から注目されてきた．

ヒト莢膜細胞の培養系へのバルプロン酸の添加実験ではP450c17，P450sccのタンパクレベルが上昇したと報告されている．またヒストンH3のアセチル化や*P450c17α-hydroxylase* mRNAが増加することも確認している．結果として

DHEA, ASDが増加しており，卵巣への直接作用が確認されている（Nelson-DeGrave et al, 2004）.

またヒトへの長期投与の影響の多数例の報告として，18-45歳までの238症例に，平均投与期間9年の症例をまとめたNew England Journal of Medicineの報告（Isojarvi et al, 1993）によると，バルプロン酸単独投与群の45%に月経異常が起こり，43%にPCOが認められ，17%にTの上昇が認められたという．カルバマゼピンとの併用でこの発症率はさらに上昇し，結局20歳前にバルプロン酸の投与を受けた80%にPCOかあるいはT上昇が認められている．これらの知見は，出生後のアンドロゲン暴露が2次的なPCOS発症の直接原因であることを物語っている．

(C) A産生腫瘍

これまで腫瘍性Aが二次的PCOS化を誘導するという報告がなされている．その一つとしてSertoli-Leydig cell tumor症例で，T高値，PCO変化と月経不順などPCOSの3主徴を呈した症例報告がある（Puzigaca et al, 2001）.

当科でも11歳ころより多毛傾向が始まったSertoli-stromal cell tumorの症例を経験した．20歳で初診した時にはT, ASDが高いA過剰症で，反対側の卵巣はPCOを呈していた（表XXI-92-2）．またこの症例はインスリン抵抗性も示していたが，手術による腫瘍摘出，体重管理などにより，男性化徴候を含めたPCOSの臨床徴候は消失した（未発表）．これらの症例から思春期までの早期の高A暴露が2次的PCOS化の重要な原因の一つであることを強く示唆している．この症例はA過剰症とPCOとの相関関係を知る上で貴重な症例といえ，腫瘍由来のA過剰が先行病態と考えるのが妥当であることを教えている．

5 性成熟期におけるA暴露

(A) 霊長類における知見

成熟期の霊長類においても，A暴露が卵胞発育の促進作用を表すことを明らかにした画期的な論文が発表された（Vendola et al, 1998）．6-13歳のアカゲザル（これは性成熟期に相当する）に大量のTを3日間，あるいは中等量のTを10日間投与した後の卵巣に対する効果を検討している．結果は1mmまでの卵胞数は明らかに増加し，莢膜細胞層も肥厚し，いわゆる莢膜増殖症（hyperthecosis）という所見を呈していた．しかも，莢膜細胞，顆粒膜細胞層では増殖能を反映するKi67陽性細胞が増加しており，一方でアポトーシスを起こしている細胞数はむしろ減少していた．このように性成熟獣に対するTの短期投与でも，卵胞閉鎖に働くのではなくむしろ卵胞発育を助長するという，思春期以降の時期でも投与効果を再現するような興味深い知見が得られた．

この実験を低反応者に対するアンドロゲン・プライミング治療のモデルと考えるなら，Aの短期投与による治療効果の可能性が示されたものと評価してよい．

表XXI-92-2．PCOSを呈したSertoli-stromal cell tumor

・初診時22歳，無月経，男性化徴候で他医より紹介	・LH 2.10mlu/ml
・初経は11歳，中学生のころから多毛を自覚するも，医療機関は受診せず，そのころから引きこもりが始まる	・FSH 3.22mIU/ml ・Estradiol 38.43pg/ml
・身長158cm，体重65kg	・PRL 12.68ng/ml
・アゴ髭，四肢・体幹部の男性型多毛あり	・Testosterone 4.59ng/ml
・糖尿病の家族歴なし	・free testosterone 13.5pg/ml
・右卵巣の5cm大の嚢腫あり	・DHEAS 4810ng/ml
	・androstenedione 19ng/ml
	・HOMA-IR 4.96
	・染色体 46, XX

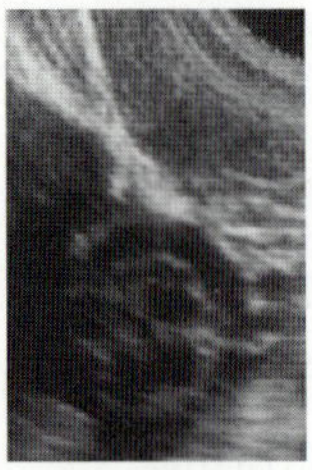

左卵巣
PCO様

(B) 性成熟期女性におけるA暴露

(1) 性同一性障害 (FTM, female to male transsexuals)

成人女性にAを投与して人為的に高A状態を誘導することがある．性同一性障害症例に対するT投与がこれに該当し，一般男性レベルの血中A濃度を目指して男性化を図るものである．T投与により卵巣はPCOの形態を呈するとする報告があるが (Amirikia et al, 1986 ; Futterweit, Deligdisch, 1986 ; Spinder et al, 1989 ; Pache et al, 1991)，どれも20–30人程度と症例数は多くはない．そのうち組織学的検査を施行した報告 (Futterweit, Deligdisch, 1986) では，約7割がPCOの形態を示したという．ただ，投与前の卵巣の超音波検査が全員にはなされていない点で信憑性に問題がある．というのは，我々の調査によるともともとFTM自体がPCOSを合併する頻度が高いからである (Baba et al, 2006)．さらに15名の症例の性適合手術を施行した際に摘出した卵巣の組織学的検査ならびにホルモン検査を施行したところ，PCO化が普遍的に起こるとはいいがたい結果であった(未発表)．もちろん，PCO化を起こす症例もあったので，成人へのアンドロゲン投与で中にはPCO化する場合もあるという程度が現状である．

(2) 卵巣刺激低反応に対するアンドロゲン・プライミング

卵巣刺激低反応に際しDHEAのプライミング投与が卵胞発育に一定の効果があるという報告がかつて矢継ぎ早になされたことがある (Casson et al, 2000)．作用機序としてはIGF-1を介する作用か，あるいはDHEA-Sが活性型男性ホルモン産生の前駆体として作用した結果，卵胞発育を促す可能性も示唆されている．その後N. Gleicherらが，42歳の婦人にDHEA服用により卵胞発育，胚発育の著明な改善したという報告によりDHEAのプライミング効果が注目を浴びた (Barad, Gleicher, 2005)．この後も有用性を示唆する報告は散見するが，使用経験者は期待ほどではなかったというのが実感だろう．ただ，これは成人の中でも年齢の比較的高い婦人や卵巣低反応者に対しても，Aが明瞭なPCO

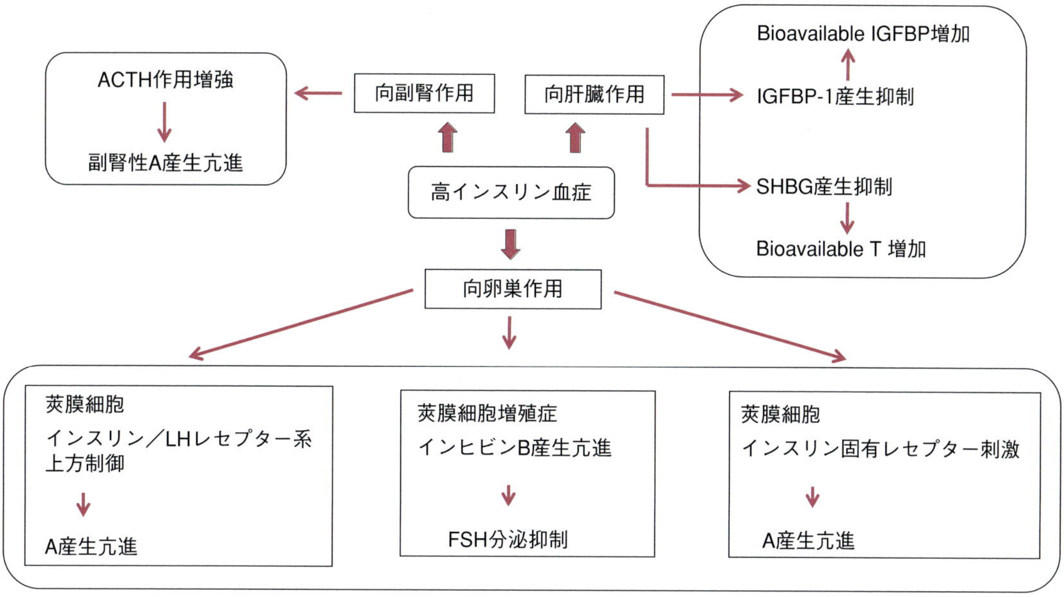

図XXI-92-5．高インスリン血症におけるアンドロゲン過剰産生機序

化までには至らないにしても，卵胞の発育を助長する能力を持つという興味深い報告である．DHEAの卵胞発育促進効果を期待するには，個々の日本人女性に適合した投与量，投与期間，年齢と卵巣予備能を考慮した個別化が不十分であるとの印象もある（森，2009）．

6 インスリン抵抗性と高A血症

(A) 高インスリン血症による性腺外由来のA

インスリン抵抗性と高A症との関係は以前から指摘されていたが，1980年代からPCOSとの関連性が注目されるようになった．しかしやせ型PCOSにもインスリン抵抗性が随伴するので肥満とインスリン抵抗性との関連性はないとされている．インスリン抵抗性によってもたらされる高インスリン血症には，莢膜細胞のほか性腺外の肝と副腎が標的となる（図XXI-92-5）．インスリンの莢膜細胞に対する作用には，インスリンとLHの共役レセプターのほかインスリン固有レセプターも介在しているらしい．肝に対してはIGFBP-1の産生抑制の結果bioavailableのIGFBPが増加する一方，SHBG産生抑制効果を受けてやはり遊離Tが増加する．また副腎に対してもACTH作用を増強させるので副腎Aの関与が増大する．もしこれが正しければ高Aの上位にあるはずのインスリン抵抗性がPCO化の主役ということになる．しかし，我々が調査した1993年の日本産科婦人科学会の診断基準による約150例のPCOS症例では（遠藤，2006），約3分の2が非肥満で，そのうち3－4割程度にインスリン抵抗性が認められ，残りの3分の1の肥満者の場合はインスリン抵抗性があるのは8－9割で，全体として少なくとも4割にはインスリン抵抗性がなかった．結局高A症例の半数以上はインスリン抵抗性がA過剰の先行病態とはいいがたく，またインスリン抵抗がある症例のうち，高Aを合併していない症例が少なくとも3割以上は存在していた．このことは，高Aかインスリン抵抗性のどちらか一方の徴候しか持っていない症例が少なくないことを示している．

興味深いことに，我々の動物実験によると遺伝的にインスリン抵抗性を発現するZucker fa/faラットでは高Aを合併せずにPCO化する（Honnma et al, 2010）．また，早期には多嚢胞を示すものの性成熟とともに閉鎖卵胞が増加するという経過をたどる．この実験結果は，インスリン抵抗性が高Aを介さずとも卵巣をPCO化するルートがあることを示している．

(B) A産生に対するインスリンの亢進作用に関する分子機序

インスリン抵抗性とA過剰との因果関係を明らかにするには，A産生に対するインスリンの亢進作用の分子機序の解明という難問が残っている．この問いに対する回答がセリン残基リン酸化仮説（serine phosphorylation hypothesis）である（Zhang et al, 1995）．ステロイド生合生酵素の一つであるP450c17*は，通常17α-hydroxylaseと17, 20-lyaseがカプルして反応が進行するが，P450c17のセリン残基がリン酸化すると17α-hydroxylaseに影響することなく17, 20-lyaseのみを選択的に活性化する．一方，インスリン・レセプターβ鎖（IRβ）のセリン残基のリン酸化はIRβのチロシン残基のリン酸化を抑制し，それより下流にあるPI3キナーゼ経路のシグナル伝達を阻害する．かくしてインスリン作用が発揮されなくなるので，代償的にリガンドであるインスリンが高くなる．つまりP450c17のリン酸化は17, 20-lyaseのみの選択的活性化によるA生合成の亢進とインスリン・レセプターのシグナル伝達障害をもたらす．かくて，A過剰とインスリン抵抗性がもたらされる可能性があるという学説である．PCOS莢膜細胞のインスリン・レセプターでは，セリン残基が過剰にリン酸化されているという．

この仮説はインスリン抵抗性とA過剰が一元的な分子機構の異常によってもたらされる可能性を示した点ではなはだ魅力的である．ちなみに，思春期周辺期にはP450c17αが一過性に上昇し，コーチゾルはほぼ正常範囲にとどまるのに対し，C19ステロイドは100倍に著増するという．

(C) 日産婦・生殖内分泌委員会の調査

日産婦・生殖内分泌委員会が新基準設定のために行ったアンケート調査でも高A血症の合併率を検討している（日産婦・生殖内分泌委員会報告，2007）．1993年のPCOSの診断基準（日産婦・生殖内分泌委員会報告，1993）では高A症は必須ではないため，いずれのAも上昇していない症例がPCOSとされる症例の中に少なくとも3割程度は含まれている．ただこれらの症例も月経不順やPCOがあり，ロッテルダム診断基準（The Rotterdam ESHRE/ASRM-Sponsored PCOS Consensus Workshop Group, 2004）ではPCOSに属することになる．PCOSはもとよりヘテロの集団であるため，このような症例が含まれることは予想されたことである．インスリン抵抗性の亢

*：ステロイド骨格のC17位に水酸基が導入されなければこの位置につく側鎖が切断されずC19ステロイドであるA合成がされないので，A合成の律速酵素といえる．この側鎖切断酵素はP450c17（CYP17α）と呼ばれ，実際にはステロイド核の17位に水酸基を導入する17α-hydroxy-laseと17位と20位との間を切断する17, 20-lyaseがカップルした一連の反応として起こる．

表XXI-92-3．PCOSの病因論──高アンドロゲン暴露説を支持する報告

・妊娠アカゲザルへの妊娠初期のテストステロン投与で，PCOSの表現型の再現（Abbott et al, 2009）
・DHEA投与幼若ラットで卵巣のPCO化（Honnma et al, 2006）
・成熟アカゲザルに対する短期テストステロン投与で小卵胞の増加（Vendola et al, 1998）
・PCOS合併妊婦は血中アンドロゲンが高い（Sir-Petermann et al, 2002）
・異性別多胎の雄胎児由来のアンドロゲンの暴露による男性化（Ryan, Vandenbergh, 2002）
・PCOSの母から生まれた児の手指の2D/4Dの低下（Cattrall et al, 2005）
・21-hydroxylase欠損症で生まれた児のPCOS発症（Trakakis et al, 2008）
・生後抗てんかん薬バルプロン酸投与症例のアンドロゲン上昇によるPCOS発症（Isojarvi et al, 1993）
・アンドロゲン産生Sertoli-Leydig cell tumor合併症例のPCOS発症（Puzigaca et al, 2001）
・テストステロン投与性同一性障害（female to male transsexulas）の卵巣のPCO化（Futterweit, Deligdisch, 1986）

進や高インスリン血症をPCOSの診断基準に加えることは，先行病態としての意義づけができていない現在あまりにも時期早尚である．先行病態であれば診断基準の項目に追加することを検討しなければならないし，単なる随伴症状であれば合併症との位置づけで治療と予防の観点から付記すべきであろう．理由は，このような症例においても潜在的高A状態（Gillings-Smith et al, 1997）の存在を否定しきれるものではなく，今後のさらなる検証が必要であるからである．

7 A過剰と神経内分泌異常

下垂体・卵巣系のA活性という包括概念からすれば，AとともにLH高値も病因的意義を持つかもしれない．PCOSではLH高値が古くから指摘されており，Eの持続的上昇によるドーパミン・レベルの低下に帰せられていた．脂肪組織におけるAからEへの転換亢進が視床下部・下垂体系に対して正のフィードバックをもたらすためとの説もあるが，LH高値の頻度は肥満型よりやせ型PCOSでより高い結果から否定的である（Homburg, 1996）．もう一つ魅力的なコンセプトは，小，中卵胞から分泌されるLHサージ限定因子（gonadotrophin surge attenuating factor）が下垂体のGnRHに対する感受性を減弱することによりLHサージのレベルを限定するとする考えである（Messinis, Templeton, 1990）．間脳にその存在が想定されている周期中枢（cyclic center）に原発異常があるとする考えであるが，周期中枢が視床下部にあるげっ歯類と異なりヒトなどの霊長類では卵巣時計（ovarian clock）によって周期が回転しているので性中枢が原発とは考えにくい．現在のところ，PCOSの発生病理を理論的かつ一元的に説明できるのはA過剰病態のみである．したがってPCOSの原発障害部位は不明というほかなく，A過剰よりもインスリン抵抗性に一次的意義を見出そうとする試みが有力であるものの，A過剰がインスリン抵抗性よりも頻度が高いので，現時点ではA過剰に病態上の原発意を認めるのが妥当である．

まとめ

PCOSの発生病理に対しさまざまの病因論が候補として挙げられ，あたかも学説の疾患の様相を帯びてきた．症候群として見た場合，排卵障害，A過剰，PCO形態形成が三大基幹徴候であることはほぼ確定的であるが，三者間の相互の因果関係はなお明らかでないし，病因と直結する中心徴候がどれであるかも不明である．本項では，胎児期から思春期まではもちろん，成人期においても，高A環境下では卵巣がPCO化する可能性を実験的，臨床的に検証・観察し，高A暴露説が有力な候補であることを提示することができた（表XXI-92-3）．このレビューを通じて，高AがPCOSの根底にある中核病像であることを指摘するとともに，高インスリン血症との因果関係についても論及した．高インスリン状態が続発的にPCOの形態形成に関わるとすれば，高PRL血症と同様にPCOSの診断基準項目に入れるべきものではなく，現時点では随伴症状あるいは合併症として扱うべきものと考えられる．

（遠藤俊明・斎藤　豪・森　崇英）

引用文献

Abbott DH, Dumesic DA, Eisner JR, et al (1997) The prenatally androgenized female rhesus monkey as amodel for polycystic ovarian syndrome, In : *Androgen excess disorders in women*, Azziz R, Nestler JE, Dewailly D (eds), pp369-382, Lippencott-Raven Press, Philadelphia.

Abbott DH, Barnet DK, Burns CM, et al (2005) Androgen excess fetal programming of female reproduction : a developmental ethiology for polycystic ovary syndrome? *Hum Reprod Update*, 11357-11374.

Abbott DH, Goodfrient TL, Dunaif A, et al (2007) Increased body weight and enhanced insulin sensitivity infant female rhesus monkeys exposed to androgen, *the 89th Annual Meeting of the Endocrine Society*, June 2-5, Toronto, Canada.

Abbott DH, Barnett DK, Levine JE, et al (2008) Endocrine antecedents of polycystic ovary syndrome (PCOS) in fetal and infant prenatally androgenized female rhesus monkey, *Biol Reprod*, 79 ; 154-163.

Abbott DH, Tarantal AF, Dumesic DA (2009) Fetal, infant, andolescent and adult phenotypes of polycystic ovary syndrome in prenatally androgenized female rhesus monkey, *Am J Primatol*, 71 ; 776-784.

Amirikia H, Savoy-Moore RT, Sundareson AS, et al (1986) The effects of long-term androgen treatment on the ovary, *Fertil Steril*, 45 ; 202-208.

Baba T, Endo T, Honnma H, et al (2006) Association between polycystic ovary syndrome and female-to-male transsexuality, *Hum Reprod*, 22 ; 1011-1016.

Barad DH, Gleicher N (2005) Increased oocyte production after treatment with dehydroepiandrosterone, *Fertil Steril*, 84 ; 756.

Barker DIP (2002) Fetal programming of coronary heat disease, *Trends Endocrinol Metab*, 13 ; 364-368.

Barnes R, Rosenfield R, Ehrmann D, et al (1994) Ovarian hyperandrogenism as a result of congenital adrenal virilizing disorders : evidence for perinatal masuculinization of neuroendocrine function in women, *J Clin Endocrinol Metab*, 79 ; 1328-1333.

Billig H, Furuta I, Hsueh AJ (1993) Estrogens inhibit and androgens enhance ovarian granulose cell apoptosis, *Endocrinology*, 133 ; 2204-2212.

Brown WM, Hines M, Fane BA, et al (2002) Masculinized finger length patterns in human males and females with congenital adrenal hyperplasia, *Horm Behav*, 42 ; 380-386.

Buck JJ, Williams RM, Hughes IA, et al (2003) In-utero androgen exposure and 2nd to 4th digit length ratio-comparisons between healthy controls and females with classical congenital adrenal hyperplasia, *Hum Reprod*, 18 ; 976-979.

Casson PR, Lindsay MS, Pisarska MD, et al (2000) Dehydroepiandrosterone supplementation augments ovarian stimulation in poor responders : a case series, *Hum Reprod*, 15 ; 2129-2132.

Cattrall FR, Vollenhoven BJ, Weston GC (2005) Anatomical evidence for in utero androgen exposure in women with polycystic ovary syndrome, *Fertil Steril*, 84 ; 1689-1692.

Dumesic DA, Schramm RD, Peterson E, et al (2002) Impaired developmental competence of oocytes in adult prenatally androgenized female rhesus monkeys undergoing gonadotorpin stimulation for in vitro fertilization, *J Clin Endocrinol Metab*, 87 ; 1111-1119.

Dumesic DA, Schramm RD, Abbott DH, et al (2005) Early origins of polycystic ovary syndrome (PCOS), *Reprod Fertil Dev*, 17 ; 349-360.

Ecker A (1875) Some remarks about a varying character in the hands of human, *Arch Anthropol*, 8 ; 68-74.

Eisner JR, Dumesic DA, Kemnitz JW, et al (2000) Timing of prenatal androgen excess determines differential impairment in insulin secretion and action in adult female rhesus monkeys, *J Clin Endocrinol Metab*, 85 ; 1206-1210.

Eisner JR, Dumesic DA, Kemnits JW, et al (2003) Increased adiposity in female rhesus monkeys exposed to androgen excess during early gestation, *Obes Res*, 11 ; 279-286.

遠藤俊明（2006）PCOSの排卵障害ならびにインスリン抵抗性に関する研究：ラットモデルによる排卵障害，OHSSの研究とadiponectinからみたインスリン抵抗性の臨床研究，日産婦誌，58 ; 1620-1628.

Even MD, Dhar MG, vom Saal FS (1992) Transport of steroids between fetuses via amniotic fluid in relation to the intrauterine position phenomenon in rats, *J Reprod Fert*, 96 ; 709-716.

Folkman J (1971) Transplacental carcinogenesis by stilbesterol, *N Engl J Med*, 285 ; 404-405.

Franks S, Gharani N, McCarthy M (2001) Candidate genes in polycystic ovary syndrome, *Hum Reprod Update*, 7 ; 405-410.
Futterweit W, Deligdisch L (1986) Histopathological effects of exogenously admisitered testosterone in 19 female-to-male transsexuals, *J Clin Endocrinol Metab*, 62 ; 16-21.
Gillings-Smith C, Story H, Rogers V, et al (1997) Evidence for a primary abnormality of thecal cell steroidogenesis in the polycystic ovary syndrome, *Clin Endocrinol* (Oxf), 47 ; 93-99.
Groome NP, Illingworth PJ, O'BvitenM, et al, (1996) Measurement of dimeric inhibin B throughout the human menstrual cycle. *J Clin Endocrinol Metab*. 81 : 1401-5.
Goy RW, Robinson JA. (1982) Prenatal exposure of rhesus monkeys to patent androgens : morphological, behavioral, and physiolosical consequences, *Banbury Rep*, 11 ; 355-378.
Hall LS, Love CT (2003) Finger-length ratios in female monozygotic twins discordant for sexual orientation, *Arch Sex Behav*, 32 ; 23-28.
Henmi H, Endo T, Nagasawa K , et al (2001) Lysyl oxidase and MMP-2 expression in dehydroepiandrosterone -induced polycystic ovary in rats, *Biol Reprod*, 64 ; 157-162.
Herman RA, Jones B, Mann DR, et al (2000) Timing of prenatal exposure : anatomical and endocrine effects on juvenile male and female rhesus monkeys, *Horm Behav*, 38 ; 52-66.
Hickey M, Sloboda DM, Atkinson HC, et al (2009) The relationship between maternal and umbirical cord androgen levels and plycystic ovary syndrome in adolescence : a prospective cohort study, *J Clin Endocrinol Metab*, 94 ; 3714-3720.
Homburg R (1996) Polycystic ovary syndrome–from gynaecological curiosity to multisystem endocrinopathy, *Hum Reprod*, 11 ; 29-39.
Honnma H, Endo T, Henmi H, et al (2006) Altered expression of Fas/Fas ligand/caspase 8 and membrane type 1-matrix metalloproteinase in atretic follicles within dehydroepiandrosterone -induced polycystic ovaries in rats, *Apoptosis*, 11 ; 1525-1533.
Honnma H, Endo T, Kiya T, et al (in press) *Remarkable features of ovarian morphology and reproductive hormones in insulin-resistant Zucker fatty (fa/fa) rats*, Reprod Biol Endocrinol.
Horie K, Takakura K, Fujiwara H et al (1992) Immunohistochemical localization of androgen receptor in the human ovary throughout the menstrual cycle in relation to oestrogen and progesterone receptor expression. *Hum Reprod*. 7 : 184-90.
Hua VK, Fleming SD, Illingworth P (2008) *Reprod Biomed Online*, 17 ; 642-651.
Isojarvi J, laatikainen TJ, PakarinenAJ, et al (1993) Polycystic ovary and hyperandrogenism in women taking valproate for epilepsy, *N Engl J Med*, 329 ; 1383-1388.
Jonard S, Dewailly D (2004) The follicular excess in polycystic ovaries, due to intra-ovarian hyperandrogenism, may be the main culprit for the follicular arrest, *Hum Reprod Update*, 10 ; 107-117.
Kahsa-Miller MD, Nixon C, Boots LR, et al (2001) Prevalence of polycystic ovary syndrome (PCOS) in first-degree relatives of patients with PCOS, *Fertil Steril*, 75 ; 53-58.
Kuijper EAM, Vink JM, Lambalk CB, et al (2009) Prevalence of polycystic ovary syndrome in women from opposite-sex twin pairs, *J Clin Endocrinol Metab*, 94 ; 1987-1990.
Lagace DC, Nachtigal MW (2003) Valproic acid fails to induce polycystic ovary syndrome in female rats, *Prog Neuropsychopharmacol Biol Psychiatry*, 27 ; 587-594.
Lujan ME, Bloski TG, Chizen DR (2010) Digit ratios do not serve as anatomical evidence of prenatal androgen exposure in clinical phenotypes of polycystic ovary syndrome, *Hum Reprod*, 25 ; 204-211.
Lutchmaya S, Baron-Cohen S, Raggatt P, et al (2004) 2nd to 4th digid ratios, fetal testosterone and estradiol, *Early Hum Dev*, 77 ; 23-28.
Manning JT, Scutt D, Wilson J, et al (1998) The ratio of 2nd to 4th digit length : a predictor of sperm numbers and concentrations of testosterone, luteinizing hormone oestrogen, *Hum Reprod*, 13 ; 3000-3004.
Manning JT, Bundred PE, Flanagan BF, et al (2002) The ratio of 2nd to 4th digit length : a proxy for transactivation activity of the androgen receptor gene? *Med Hypotheses*, 59 ; 334-336.
Messinis JE, Templeton A (1990) In vitro bioactivity of gonadotrophin surge attenuating factor (GnSAF), *Clin Endocrinol*, 33 ; 213-218.
Mori T, Fujita Y, Suzuki A et al (1978) Functional and structural relationship in steroidogenesis in vitro by human follicles during maturation and ovulation, *J Clin Endocrinol Metab*, 47 ; 955-966.
Mori T, Fujita Y, Nihnobu K, et al (1982) Significance of atretic follicles as the site of androgen production in polycystic ovaries, *J Endocrinol Invest*, 5 ; 209-215.
森崇英（2009）卵胞発育におけるアンドロゲンの意義：FSH／アンドロゲン主軸論，*Hormone Frontier in Gynecology*, 16 ; 76-86.
Mori T Nonoguchik, Watanabe H, et al, (2009) Morphogenesis of polycystic ovaries as assessed by pituitary-ovarian androgenic function. *Reprod Biomed Oniline*. 18 : 635-43.
Nelson-DeGrave V, Wickenneisser JK, Cockrell JE, et al (2004) Valproate potentiates androgen biosynthesis in human ovarian theca cells, *Endocrinology*, 145 ; 799-808.
日産婦・生殖内分泌委員会報告（杉本修，青野敏博，森崇英，矢内原巧，桑原惣隆，武谷雄二，三宅侃，田辺清男，苛原稔）（1993）本邦婦人における多嚢胞性卵巣症候群の診断基準設定に関する小委員会（平成２年〜平成４年度）検討結果報告，日産婦誌，45 ; 1359-1367.
日産婦・生殖内分泌委員会報告（水沼英樹，苛原稔，久具宏司，堂地勉，藤井俊策，松崎俊也）（2007）本邦における多嚢胞性卵巣症候群の診断の基準設定に関する小委員会（平成17年〜平成18年度）検討結果報告，日産婦誌，59 ; 868-886.
Okten A, Kalyoncu M, Yaris N (2002) The ratio of second- and fourth-digit lengths and congenital adrenal hyperplasia due to 21-hydrozylase deficiency, *Early Hum Dev*, 70 ; 47-54.

Orisaka M, OrisakaS, Jiang JY, et al (2006) Growth differentiation factor 9 is antiapoptotic during follicular development from preantral to early antral stage, *Mol Endocrinol*, 20 ; 2456-2468.

Pache TD, Chadha s, Gooren LJG, et al (1991) Ovarian morphology in long-term androgen-treated female to male transsexuals, A human model for the study of the polycystic ovary syndrome? *Histopathology*, 19 ; 445 -452.

Puzigaca S, Prelevic G, Svetenovic Z, et al (2001) Sertoli-Leydig cell tumor (arrhenoblastoma) in a patient with polycystic ovary syndrome : clinical, ultrasonographic, hormonal and histopatholocical evaluation, *Srp Arh Celok Lek*, 129 (Supple 1) ; 51-55.

Ryan BC, Vandenbergh JG (2002) Intrauterine position effects, *Neurosci Biobehav Rev*, 26 ; 665-678.

税所純敬，横田一郎，楠田聡ほか（1999）先天性副腎過形成（21-水酸化酵素欠損症）新生児マス・スクリーニング陽性者の取り扱い基準：診断の手引き 日児誌，103 ; 695-697.

Sir-Petermann T,Maliqueo M, Angel B, et al (2002) Maternal serum androgens in pregnant women with polycystic ovarian syndrome : possible implications in prenatal androgenization, *Hum Reprod*, 17 ; 2573-2579.

Spinder T, Spijkstra, JJ, van den Tweel JG, et al (1989) The effects of long term testosterone administration on pulsatile Iuteinizing hormone secretion and on ovarian histology in eugonadal fermal to male transsexual subjects. *J Clin Endocrinol Metab*. 69 : 151-7.

Tajima K, Orisaka M, Mori T, et al (2007) Ovarian theca cells in follicular function, *Reprod Biomed Online*, 15 ; 591-609.

Tauboll E, Isojarvi JI Harbo HF, et al (1999) Long-term valproate treatment induces changes in ovarian morphology and sex steroid hormone levels in female Wistar rats, *Seizure*, 8 ; 490-493.

Tauboll E, Gregoraszuk EL, Kolodziej A, et al (2003) Valproate inhibits the conversion of testosterone to estradiol and acts as an apoptotic agent in growing porcine ovarian follicular cells, *Epilepsia*, 44 ; 1014-1021.

The Rotterdam ESHRE/ASRM-Sponsored PCOS Consensus Workshop Group (2004) Revised 2003 consensus on daiagnostic criteria and long-term health related to polycystic ovary syndrome (PCOS), *Hum Reprod*, 19 ; 41-47.

Trakakis E, Rizos D, Loghis C, et al (2008) The prevalence of non-classical congenital adrenal hyperplasia due to 21-hydroxylase deficiency in Greek women with hirsutism and polycystic ovary syndrome, *Endocr J*, 55 ; 33-39.

臼井健（2006）先天性副腎過形成・副腎皮質酵素異常症：古典型21-ヒドロキシラーゼ欠損症　新領域別症候群シリーズ　No. 1　内分泌症候群（第 2 版）Ⅰ，日本臨床（別冊），677-681.

Vendola KA, Zhou J, Adesanya OO, et al (1998) Androgens stimulate early stages of follicular growth in the primate ovary, *J Clin Invest*, 101, 2622-2629.

Zhang L, Rodoriguez H, Ohno S, et al (1995) Serine phosphorylation of human P450c17 increases 17,20-lyase activity : Implications for adrenarche and the polycystic ovary syndrome, *Proc Natl Acad Sci USA*, 92 ; 10619-10623.

Zhou R, Bird IM (2005) Adrenal hyperandrogenism is induced by fital androgen excess in a rhesus monkey model of polycystic ovary syndrome, *J Clin Endocrinol Metab*, 90 ; 6630-6637.

Zhou R, Bruns CM, Bird IM, et al (2007) Pioglitazone improves insulin action and normalizes menstrual cycles in a majority of prenatally androgenized female rhesus monkeys, *Reprod Toxicol*, 23 ; 438-448.

XXI-93

卵巣過剰刺激症候群（OHSS）

Key words
OHSS／FSH／hCG／PCOS／VEGF

はじめに

卵巣過剰刺激症候群（OHSS, ovarian hyperstimulation syndrome）は，排卵誘発の過程で，多数の卵胞が大きく発育し，卵巣が腫大，卵胞からのエストロゲンが著しく上昇する結果，腹水貯留などをきたす状態，と定義される．OHSSは医原性疾患であって，不妊症治療における排卵誘発法の重篤な合併症の一つであり，クロミフェンやヒト下垂体性性腺刺激ホルモン（hMG, human menopausal gonadotropin）による排卵誘発を施行した排卵周期の0.2-2％に重篤なOHSSが合併する（Brisden et al, 1995）．本節では，はじめにOHSSの発症機序について解説し，続いて多嚢胞性卵巣症候群（PCOS）がOHSSのリスク因子となる要因について述べる．

1 OHSSの歴史と疫学

1960年にゴナドトロピンの量産が可能となるとともに不妊症治療への応用が始まったが，早くもその2年後には，OHSSの症例が報告されている．ゴナドトロピン製剤が普及するにつれてOHSSの症例も増加してきた．1980年代になると，EdwardsとSteptoeによる体外受精－胚移植（IVF-ET）の成功が不妊治療の現場に大きな変革をもたらした．IVF-ETのための周辺機器や培地が整備・市販され，また経腟超音波断層法の開発によって卵胞発育の評価が容易になったために，IVF-ETは生殖内分泌学を専門としない臨床産婦人科医にとっても身近な医療となった．IVF-ETの成功率はゴナドトロピン製剤による過排卵刺激と組み合わせることで上昇するが，IVF-ETの対象には排卵障害のない者も多い．このような患者では，排卵障害のある患者に比べてゴナドトロピン製剤に対する反応性が高いことがOHSSのリスク因子となった（Navot et al, 1992）．

FSH製剤によって排卵誘発を行った症例の0.8-1.5％がOHSSのために入院を要する（日産婦・生殖内分泌委員会報告，本庄ら，2002）．OHSSは若いやせた女性に起こりやすい傾向があり，多嚢胞性卵巣症候群（PCOS）症例やIVF-ETのための排卵誘発の際に発生頻度が高いことが知られている．

表XXI-93-1．卵巣過剰刺激症候群の重症度分類[*1]と対応（生殖・内分泌委員会報告．2009を一部改変）

	軽症	中等症	重症
自覚症状	腹部膨満感	腹部膨満感 嘔気・嘔吐	腹部膨満感 嘔気・嘔吐 腹痛，呼吸困難
胸腹水	小骨盤腔内の腹水	上腹部に及ぶ腹水	腹部緊満を伴う腹部全体の腹水，あるいは胸水を伴う場合
卵巣腫大[*2]	≧6 cm	≧8 cm	≧12cm
血液所見	血算，生化学検査がすべて正常	血算，生化学検査が増悪傾向	Ht≧45% WBC≧15,000/mm^3 TP＜6.0g/dl，または Alb＜3.5g/dl
対応[*3]		高次医療機関での管理を考慮する．	入院管理を考慮する．

＊1：ひとつでも該当する所見があればより重症な方に分類する．
＊2：左右いずれかの卵巣径を示す．
＊3：妊娠例は中等症以上として扱う．

2 OHSSの臨床像

(A) OHSSの病態と徴候

OHSSの根底をなす病態は，卵巣の腫大に伴って起こる腹腔を中心とした血管透過性の亢進である．このために血管外へ血漿成分が漏出し，循環血液量の減少と血液の濃縮が生じる．

OHSSは腹部の膨満感を初発症状とすることが多い．次いで，悪心，嘔吐，下痢といった消化管症状が出現することがある．食欲不振があり，呼吸も浅くなる．さらには尿量の減少を自覚する場合もある．血液の濃縮に伴う循環血漿量の低下が進行すると，凝固機能亢進状態による血栓塞栓症（10万人あたりの発症率2.1-4.1人），腎不全（1.3-2.4），さらには多臓器不全をきたし，まれとはいえ死に至る（0.14-0.27）こともある（日産婦・生殖内分泌委員会，本庄ら，2002）．臨床的には，急激な体重増加，乏尿，腹水や胸水，さらには心嚢貯留液が認められる．血液検査では，ヘマトクリット値の上昇，白血球増多を呈し，電解質検査では，低ナトリウム，高カリウム血症が認められる．また，卵巣が腫大しているのに加えて，腹水によって卵巣の可動性が増大しているため，骨盤漏斗靱帯の捻転が生じると急性腹症を呈することもある．

(B) OHSSの重症度分類と治療指針

本邦におけるOHSSの診断および重症度分類は2009年に改訂され，より具体的な数値が示されるようになった（生殖・内分泌委員会報告．2009．表1）．このうち中等症かあるいは妊娠が成立しているものは高次医療機関での管理を考慮する，また重症例は入院管理を考慮するとされる．同委員会の調査によれば，入院を要した症例の0.8%に脳動脈血栓や腎不全など，生命に危険が及ぶ合併症が発生し，その殆どは入院時にヘマトクリット45%以上の血液濃縮，および15,000/μl以上の白血球増多を来した症例に限られていた（生殖・内分泌委員会報告. 2002）.

OHSSの輸液管理指針についても生殖・内分泌委員会報告2009年版に詳述されているのでここでは割愛するが，要点は細胞外輸液を行って尿量を確保し，脱水ならびに血栓塞栓症を防止することにある．安静は腎血流量を増加させると共に，卵巣の茎捻転を防ぐ上で有効だが，血液が濃縮した状態で長期臥床することは静脈血栓の誘因となるので，ある程度は歩行や体操など，下肢をつかう運動を励行する必要がある．胸水や腹水の貯留が著明で，呼吸困難を伴っている場合は，穿刺排液の適応となる．効果は可逆的ではあるが，前述したVEGFなど，本症の原因となっている液性因子を除去する効果も期待できる．

OHSSはhCGの投与後3から7日目に発症する早発型（early OHSS）と12から17日目に発症する遅発型（late OHSS）に分類されることがある（Lyons et al, 1994）．早発型は排卵誘発のために投与されたhCGが後述する機序によって急性に卵巣を刺激した結果生じるものであり，遅発型は妊娠成立に伴い胚が産生した内因性hCGによって起こる反応である．

早発型OHSSはhCGの投与を契機に顕在化するので，FSH製剤を投与している間は，経腟超音波断層法にて定期的に卵巣の大きさを計測する．PCOS症例に対しては，とくに慎重な対応が必要である．平成19年度日産婦学会生殖・内分泌委員会報告は，PCOS患者に対してARTを行う際の注意点をまとめている（表2）．卵胞刺激にはLH比活性の少ないhMG製剤やリコンビナントFSHを用いて排卵誘発を行うことが望ましい．また低用量FSHの長期漸増投与法（Homburg et al, 1995）やFSH-GnRH律動投与法により，OHSSの発症率を有意に低下させることが期待できる（苛原. 2007）．また，hMGやFSH製剤の投与を一時中断するcoastingもOHSS発症予防に有用である．メトフォルミンをはじめとするインスリン抵抗性改善薬もOHSS発症予防に有用であるとされるが，詳細は別の章に譲る．FSH製剤のみですでに顕著な卵巣の腫大がみられる場合は，hCGによる排卵刺激をキャンセルする判断も必要である．

妊娠が成立した場合は，胚が産生するhCGが遅発型OHSSの誘因となる．IVF-ET周期の場合は，得られた受精卵を全胚凍結保存し，FSH製剤を用いない周期に胚移植すれば，妊娠によるOHSSの増悪を避けることが可能である．

3 OHSSの発症機序

OHSSの発症機序は未だ十分には解明されていないが，臨床的にはhCGの投与によりOHSSの病態が顕性化することから，hCGによって刺激される複数の因子がOHSSの成立に関わっていると考えられている．その代表は血管内皮成長因子（VEGF, vascular endothelial growth factor）である．

(A) VEGF（VEGF-A）

VEGFは分子量38.2kDaの糖タンパクで，ヘパリン結合能を有し，血管内皮細胞選択的な増殖促進作用と血管透過性亢進の二つの作用を有する．VEGFのmRNAは，下垂体，脳，腎，肺，副腎，心，胃粘膜，肝，脾，胎盤といったさまざまな臓器で発現が確認されている．ヒト原始卵胞にはVEGFは発現しておらず（Yamamoto et al, 1997），発育卵胞においても莢膜細胞層のみに強く発現している（Gordon et al, 1996）．LHサージの直前には顆粒膜細胞にも*VEGF* mRNAの発現が認められるようになるが，卵巣におけるVEGFの産生は主としてLH/hCGによって刺激されて起こる．VEGFは黄体化顆粒膜細胞より産生されて（Phillips et al, 1990），黄体を構成する血管内皮細胞の増殖を局所的に刺激する（Christenson, Stouffer, 1996）．血管新生を阻害する薬剤を自然排卵周期のマウスに投与すると黄体形成が阻害される（Klauber et al, 1997）ことから，VEGFは黄体形成に必須な因子であると考えられている．

VEGFはヒスタミンの数万倍に及ぶ強力な血管透過性亢進作用を有しており，OHSSの病態にはVEGFの作用が関わっていると考えられてきた．重症のOHSS患者では血中（Krasnow et al, 1996；Abramov et al, 1996）および腹水中（McClure et al, 1994）のVEGFが有意に上昇しており，それもタンパクと結合していない遊離型で存在しているものが多い（McElhinney et al, 2002a）．またIVF-ET周期におけるhCG投与時の血中VEGF濃度は，その後のOHSSの発生を予知する因子として有用とされる（Agrawal et al, 1999；Ludwig et al, 1999）．ラット卵巣（Koos, 1995）やヒト黄体化顆粒膜細胞（Neulen et al, 1995）における*VEGF* mRNA発現は，OHSSの病態を顕性化する因子であるhCGによって刺激される．VEGFはまた血管内皮細胞に作用してvon Willebrand因子（vWF）を放出させる（Brock et al, 1991）が，血中のvWFは重症OHSS患者で増加し（Todorow et al, 1993），塞栓症の原因の一つと推定されている．また，α2-マクログロブリンは血中および卵胞液中に存在し，VEGFのインヒビターとして作用するが，IVFの採卵日に血中α2-マクログロブリン値の上昇が見られた症例ではOHSSの発症頻度が低いという（McElhinney et al, 2002b）．

(B) OHSSにおけるVEGFの調節因子

卵巣におけるVEGF産生を惹起するのはLH/CG受容体を介した情報伝達である．我々が作成したOHSSモデルラットでは，卵巣におけるVEGF産生がhCGにより臓器特異的に刺激された（Ishikawa et al, 2003）．また最近，OHSSモデルラットに変異型hCGを投与すると，卵巣におけるVEGFR-2の発現ならびに血管透過性の亢進が抑制されることが報告された（Vardhana et al, 2008）．

LH/CGを介したVEGFの発現を調節する因

血管内皮成長因子（VEGF, vascular endothelial growth factor）：脈管形成や血管新生，リンパ管新生に関与する7種類の成長因子を総称してVEGFファミリーと呼ぶ．このうち最も早く発見された因子（Ferrara, Henzel, 1989）はVEGF-Aあるいは単にVEGFと呼ばれている．VEGFは分子量38.2kDaの糖タンパクで，ヘパリン結合能を有し，血管内皮細胞選択的な増殖促進作用と血管透過性亢進の二つの作用を有する．ヒトVEGF遺伝子は，6番染色体短腕（6p21.3）上の8個のエクソンから構成され，単一の*VEGF*遺伝子からスプライシングの差によって異なる大きさのmRNAが転写される．ヒトでは，成熟タンパクとしてそれぞれ189, 165, 121アミノ酸に相当する三つのmRNA（$VEGF_{189}$，$VEGF_{165}$，$VEGF_{121}$）が主要な転写産物で，このうち最も主要なmRNAは$VEGF_{165}$であり，これから翻訳された23kDaの糖タンパクから45kDaの二量体が形成される（Tischer et al, 1991）．この三つのmRNAはヘパリン結合部位をコードするエクソン6および7の有無によって大きさの違いが生じる．エクソン6＋7，エクソン6を欠く$VEGF_{121}$，$VEGF_{165}$は，細胞膜に強く結合することなく分泌型のタンパクとして作用しうる．VEGF受容体は，これまでにVEGFR-1（fms-like tyrosine kinase, flt-1）とVEGFR-2（kinase domain region/fetal liver kinase-1, KDR/flk-1）の二種類が見つかっている．いずれも血管内皮細胞の表面に膜貫通型受容体として存在し，細胞内にチロシンキナーゼの構造を持っている．血管透過性の亢進についてはVEGFR-2が主要な役割を担っている（Shalaby et al, 1995）．

子として早くから注目されたのはエストロゲンである．エストロゲンは疫学調査によりOHSSの発症に関与する因子として注目されてきた（Delvigne et al, 1993）．*VEGF* 遺伝子のプロモーター領域にはERE（estrogen responsive element）が存在して，エストロゲンが *VEGF* 遺伝子の転写を刺激し（Mueller et al, 2000），さらに培養乳癌細胞における分泌型VEGFの産生を促進させる（Dabrosin et al, 2003）．エストロゲン投与によってラット子宮の血管透過性が亢進し子宮重量が増加するのと時期を同じくして *VEGF* mRNAが発現する（Cullinan-Bove Koos, 1993；Hyder et al, 1996）．卵巣においてもエストロゲンによるVEGFの発現調節が起きていると予想されてきたが，エストロゲンのみではOHSSの発症を説明することはできない（Meirow et al, 1996）ことがわかっている．

前述したOHSSモデルラットにプロゲステロン受容体拮抗剤であるRU486を投与すると，OHSSの特徴である卵巣の増大と血管透過性の亢進が抑制された（Ujioka et al, 1997）．またRU486は卵巣におけるVEGFの産生を用量依存的かつ臓器特異的に抑制した（Ishikawa et al, 2003）．プロゲステロンにより$VEGF_{165}$の産生が増加することは，ラット子宮，乳癌由来細胞（Hyder et al, 1998），ウシ網膜色素上皮細胞（Sone et al, 1996）においても報告されている．また，自然周期（Anasti et al, 1998）あるいはIVF-ET周期（Lee et al, 1997）に採取されたヒト卵胞液中のVEGF濃度は卵胞液中のプロゲステロン濃度と正の相関を示していた．これらはいずれも高濃度のプロゲステロン存在下で見られる刺激効果であり，排卵後の卵巣という特殊な環境においては，プロゲステロンによる局所的なVEGF産生の刺激が行われていると推定される．

(C) OHSS発症に関わるVEGF以外の因子

VEGFがOHSSの病態と重要な関わりを持っていることは確からしいが，OHSSの重症度は血中VEGF値と必ずしも相関していない（Ludwig et al, 1998）．またOHSS患者の腹水には抗VEGF抗体によって中和できない血管透過性亢進作用がある（Kobayashi et al, 1998）．このようなことから，VEGF以外にもキニン・カリクレイン系（Ujioka et al, 1998）やレニン・アンギオテンシン系（Navot et al, 1987），プロスタグランディン，そして種々のサイトカイン（Balasch et al, 1995；Elchalal Schenker, 1997）がOHSSの発症に関与していると考えられており，OHSSの病態は，VEGFをはじめとした複数の因子によってもたらされる（Ohba et al, 2003）との考え方が主流である．

プロスタグランディンはシクロオキシゲナーゼによりアラキドン酸から合成される．これまでに知られている2種類のシクロオキシゲナーゼのうち，COX-1は多くの臓器に普遍的に存在するのに対し，COX-2は炎症反応に際して一過性に発現する．排卵過程が炎症に類似した過程をたどることはシクロオキシゲナーゼの作用を阻害する非ステロイド系消炎鎮痛剤（NSAIDs, non-steroidal anti-inflammatory drugs）が排卵を阻害すること（Tanaka et al, 1992）によってすでに裏づけられていたが，この過程はCOX-2によって制御されている（Duffy, Stouffer, 2001；Pall et al, 2001）．最近Quintanaらは，OHSSモデルラットを用いて，hCGによる卵巣重量増加ならびにVEGF産生がCOX-2選択的阻害剤により抑制されることを報告した（Quintana et al, 2007）．COX-2阻害剤は理論上LUFや着床障害を来す可能性があり，ヒト胚に対する安全性も確立しているとはいえないが，重症OHSSを回避するための選択肢として今後検討されるべき薬剤である．

4 PCOSにおけるOHSSの惹起

1993年の報告（杉本ら，1993）によれば，PCOS症例に対してhMG-hCGによる排卵刺激を行った場合，約70％の症例がOHSSを発症し，さらに40％は重症例であった．その後の集計でも，腹水穿刺を要した重症OHSS症例の4人に1人はPCOSであった（本庄ら，2002）．PCOSでは，FSH（製剤）の刺激によってさまざまな発育段階にある多数の卵胞が同時に成長を始め，LH/hCGにより多数の黄体化嚢胞が出現するため，多嚢胞であること自体がOHSSのリスク因子となることはいうまでもないが，PCOS卵巣の局所環境とOHSS発症との関連について検討した報告も散見される．

これまでVEGFがPCOS症例において特徴的な働きをしているという証拠は乏しかった．確かにPCOSの患者では血中VEGFの濃度が上昇しているが，その程度は25％（Tulandi et al, 2000）から約2倍（Agrawal et al, 1998）と報告によって大きく異なる．またVEGFの値はインスリン抵抗性の程度と関連せず，卵巣多孔術（ovarian drilling）を行っても改善しないという（Tulandi et al, 2000）．M. B. StanekらはIVF-ETで採取された黄体化顆粒膜細胞を刺激してVEGFの産生を検討したところ，PCOS患者の黄体化顆粒膜細胞はインスリンに対する感受性がより高く，いっぽう非PCOS患者ではIGF-1に対する感受性が高いことを報告した（Stanek et al, 2007）．さらにE. J. Leeらは韓国においてPCOSと有意に関連する*VEGF*遺伝子のSNPsを報告した（Lee et al, 2008）．

近年発見された内分泌腺に特異的な血管新生因子（EG-VEGF, endocrine gland-derived VEGF）は，卵巣，精巣，副腎，胎盤といったステロイドを産生する内分泌腺の血管内皮細胞増殖を特異的に促進して血管新生を惹起するヘパリン結合性成長因子である（LeCouter et al, 2001）．PCOS患者の卵胞においては，VEGFの発現が顆粒膜細胞に限局しているのに対して，EG-VEGFは莢膜細胞に強く発現している（Ferrara et al, 2003）．このことはEG-VEGFがPCOS患者の卵巣間質において血管新生を惹起している可能性を示唆しており，OHSSとの関連が注目される．

またPCOS患者ではインスリン抵抗性に関わりなく血中レニン（Hacihanefioglu et al, 2000）やTNFα（Sayin et al, 2003）が高値を示すことが報告されている．またTNF受容体遺伝子（*TNFRSF1B*）の多型（M196R）が，PCOSの発症と関連しているとの報告（Peral et al, 2002）がある．PCOSにおける卵巣の局所因子とOHSS発症との関連は今後の研究の課題であろう．一方，PCOSの要因の一つであるインシュリン抵抗性とOHSS発症との関連については，今のところ否定的である（Salamalekis et al, 2004）．

まとめ

卵巣過剰刺激症候群は，ほとんどの場合FSH製剤を用いた排卵誘発に伴って発生し，hCGの投与が発症の契機となる．PCOSはOHSS発症のリスク因子として重要であり，FSH製剤の安易な投与は避けなければならない．FSH製剤を用いる場合には，卵巣過剰刺激症候群のリスクについて十分に説明しインフォームドコンセントを得た上で，投与法を工夫することが必要である．本症が発生した場合は，他の疾患と同様に早期発見，早期治療が大切だが，本症は病態の進行がきわめて速いことを十二分に認識して，治療に当たることが肝要である．

（大場　隆・岡村　均）

引用文献

Abramov Y, Schenker JG, Lewin A, et al (1996) Plasma inflammatory cytokines correlate to the ovarian hyperstimulation syndrome, *Hum Reprod*, 11 ; 1381-1386.

Brisden PR, Wada I, Tan SL (1995) Diagnosis, prevention and management of ovarian hyperstimulation syndrome, *Br J Obstet Gynaecol*, 102 ; 767-772.

Agrawal R, Sladkevicius P, Engmann L, et al (1998) Serum vascular endothelial growth factor concentrations and ovarian stromal blood flow are increased in women with polycystic ovaries, *Hum Reprod*, 13 ; 651-655.

Agrawal R, Tan SL, Wild S, et al (1999) Serum vascular endothelial growth factor concentrations in in vitro fertilization cycles predict the risk of ovarian hyperstimulation syndrome, *Fertil Steril*, 71 ; 287-293.

Anasti JN, Kalantaridou SN, Kimzey LM, et al (1998) Human follicle fluid vascular endothelial growth factor concentrations are correlated with luteinization in spontaneously developing follicles, *Hum Reprod*, 13 ; 1144-1147.

Balasch J, Arroyo V, Fábregues F, et al (1995) Immunoreactive endothelin plasma levels in severe ovarian hyperstimulation syndrome, *Fertil Steril*, 64 ; 65-68.

Brock TA, Dvorak HF, Senger DR (1991) Tumor-secreted vascular permeability factor increases cytosolic Ca^{2+} and von Willebrand factor release in human endothelial cells, *Am J Pathol*, 138 ; 213-221.

Christenson LK, Stouffer RL (1996) Isolation and culture of microvascular endothelial cells from the primate corpus luteum, *Biol Reprod*, 55 ; 1397-1404.

Cullinan-Bove, Koos RD (1993) Vascular endothelial growth factor/ Vascular permeability factor expression in the rat uterus : rapid stimulation by estrogen correlates with estrogen-induced increases in uterine capillary permeability and growth, *Endocrinology*, 133 ; 829-837.

Dabrosin C, Margetts PJ, Gauldie J (2003) Estradiol increases extracellular levels of vascular endothelial growth factor in vivo in murine mammary cancer, *Int J Cancer*, 107 ; 535-540.

Delvigne A, Dubois M, Battheu B, et al (1993) The ovarian hyperstimulation syndrome in in-vitro fertilization : a Belgian multicentric study, II, Multiple discriminant analysis for risk prediction, *Hum Reprod*, 8 ; 1361-1366.

Duffy DM, Stouffer RL (2001) The ovulatory gonadotrophin surge stimulates cyclooxygenase expression and prostaglandin production by the monkey follicle, *Mol Hum Reprod*, 7 ; 731-739.

Elchalal U, Schenker JG (1997) The pathophysiology of ovarian hyperstimulation syndrome-views and ideas, *Hum Reprod*, 12 ; 1129-1137.

Ferrara N, Henzel WJ (1989) Pituitary follicular cells secrete a novel heparin-binding growth factor specific for vascular endothelial cells, *Biochem Biophys Res Comm*, 161 ; 851-858.

Ferrara N, Frantz G, LeCouter J, et al (2003) Differential expression of the angiogenic factor genes vascular endothelial growth factor (VEGF) and endocrine gland-derived VEGF in normal and polycystic human ovaries, *Am J Pathol*, 162 ; 1881-1893.

Gordon JD, Mesiano S, Zaloudek CJ, et al (1996) Vascular endothelial growth factor localization in human ovary and fallopian tubes : possible role in reproductive function and ovarian cyst formation, *J Clin Endocrinol Metab*, 81 ; 353-359.

Hacihanefioglu B, Seyisoglu H, Karsidag K, et al (2000) Influence of insulin resistance on total renin level in normotensive women with polycystic ovary syndrome, *Fertil Steril*, 73 ; 261-265.

広井正彦，武谷雄二，伊吹令人ら（1996）不妊治療における卵巣過剰刺激症候群の発生頻度・対応および転帰について，日産婦誌，48 ; 858-861.

Homburg R, Levy T, Ben-Rafael Z (1995) A comparative prospective study of conventional regimen with chronic low-dose administration of follicle-stimulating hormone for anovulation associated with polycystic ovary syndrome, *Fertil Steril*, 63 ; 729-733.

本庄英雄，田中俊誠，伊吹令人ら（2002）生殖・内分泌委員会報告，日産婦誌，54 ; 860-868.

Hyder SM, Stancel GM, Chiappetta C, et al (1996) Uterine expression of vascular endothelial growth factor is increased by estradiol and tamoxifen, *Cancer Res*, 56 ; 3954-3960.

Hyder SM, Murthy L, Stancel GM (1998) Progestin regulation of vascular endothelial growth factor in human breast cancer cells, *Cancer Res*, 58 ; 392-395.

苛原稔（2007）ゴナドトロピン療法，生殖医療ガイドライン2007，日本生殖医学会編，pp179-181．金原出版，東京．

苛原稔，久保田俊郎，石原理ら（2008）生殖・内分泌委員会報告，日産婦誌，60；1211-1217.
Ishikawa K, Ohba T, Tanaka N, et al (2003) Organ-specific production control of vascular endothelial growth factor in ovarian hyperstimulation syndrome-model rats, *Endocrine J*, 50 ; 515-525.
Klauber N, RohanRM, Flynn E, et al (1997) Critical components of the female reproductive pathway are suppressed by the angiogenesis inhibitor AGM-1470, *Nat Med*, 3 ; 443-446.
Kobayashi H, Okada Y, Asahina T, et al (1998) The kallikrein-kinin system, but not vascular endothelial growth factor, plays a role in the increased vascular permeability associated with ovarian hyperstimulation syndrome, *J Mol Endocrinol*, 20 ; 363-374.
Koos RD (1995) Increased expression of vascular endothelial growth/permeability factor in the rat ovary following an ovulatory gonadotropin stimulus : Potential roles in follicle rupture, *Biol Reprod*, 52 ; 1426-1435.
Krasnow JS, Berga SL, Guzick DS, et al (1996) Vascular permeability factor and vascular endothelial growth factor in ovarian hyperstimulation syndrome : a preliminary report, *Fertil Steril*, 65 ; 552-555.
LeCouter J, Kowalski J, Foster J, et al (2001) Identification of an angiogenic mitogen selective for endocrine gland endothelium, *Nature*, 412 ; 877-884.
Lee A, Burry KA, Christenson LK, et al (1997) Vascular endothelial growth factor levels in serum and follicular fluid of patients undergoing in vitro fertilization, *Fertil Steril*, 68 ; 305-311.
Lee EJ, Oh B, Lee JY, et al (2008) Association study between single nucleotide polymorphisms in the VEGF gene and polycystic ovary syndrome, *Fertil Steril*, 89 ; 1751-1759.
Ludwig M, Bauer O, Lopens A, et al (1998) Serum concentration of vascular endothelial growth factor cannot predict the course of severe ovarian hyperstimulation syndrome, *Hum Reprod*, 13 ; 30-32.
Ludwig M, Jelkmann W, Bauer O, et al (1999) Prediction of severe ovarian hyperstimulation syndrome by free serum vascular endothelial growth factor concentration on the day of human chorionic gonadotropin administration, *Hum Reprod*, 14 ; 2437-2441.
Lyons D, Wheeler CA, Frishman GN et al. (1994) Early and late presentation of the ovarian hyperstimulation syndrome : two distinct entities with different risk factors. Hum Reprod 9 : 792-799.
McClure N, Healy DL, Rogers PA, et al (1994) Vascular endothelial growth factor as capillary permeability agent in ovarian hyperstimulation syndrome, *Lancet*, 344 ; 235-236.
McElhinney B, Ardill J, Caldwell C, et al (2002a) Variations in serum vascular endothelial growth factor binding profiles and the development of ovarian hyperstimulation syndrome, *Fertil Steril*, 78 ; 286-290.
McElhinney B, Ardill J, Caldwell C, et al (2002b) Ovarian hyperstimulation syndrome and assisted reproductive technologies : why some and not others? *Hum Reprod*, 17 ; 1548-1553.
Meirow D, Schenker J, Rosler A (1996) Ovarian hyperstimulation syndrome with low estradiol in non-classical 17 alpha hydroxylase, 17-20 lyase deficiency : what is the role of oestrogens? *Hum Reprod*, 11 ; 2119-2121.
Mueller MD, Vigne JL, Minchenko A, et al (2000) Regulation of vascular endothelial growth factor (VEGF) gene transcription by estrogen receptors alpha and beta, *Proc Natl Acad Sci USA*, 97 ; 10972-10977.
Navot D, Margalioth EJ, Laufer N, et al (1987) Direct correlation between plasma renin activity and severity of the ovarian hyperstimulation syndrome, *Fertil Steril*, 48 ; 57-61.
Navot D, Bergh PA, Laufer N (1992) Ovarian hyperstimulation syndrome in novel reproductive technologies : prevention and treatment, *Fertil Steril*, 58 ; 249-261.
Neulen J, Yan Z, Raczek S, et al (1995) Human chorionic gonadotropin- dependent expression of vascular endothelial growth factor/vascular permeability factor in human granulosa cells : importance in ovarian hyperstimulation syndrome, *J Clin Endocrinol Metab*, 80 ; 1967-1971.
Ohba T, Ujioka T, Ishikawa K, et al (2003) Ovarian hyperstimulation syndrome (OHSS) -model rats ; the manifestation and clinical implication, *Mol Cell Endocrinol*, 202 ; 47-52.
Pall M, Friden BE, Brannström M (2001) Induction of delayed follicular rupture in the human by the selective COX-2 inhibitor rofecoxib : a randomized double-blind study, *Hum Reprod*, 16 ; 1323-1328.
Peral B, San Millan JL, Castello R, et al (2002) The methionine 196 arginine polymorphism in exon 6 of the TNF receptor 2 gene (TNFRSF1B) is associated with the polycystic ovary syndrome and hyperandrogenism, *J Clin Endocrinol Metab*, 87 ; 3977-3983.
Phillips HS, Hains J, Leung DW, et al (1990) Vascular endothelial growth factor is expressed in rat corpus luteum, *Endocrinology*, 127 ; 965-967.
Quintana R, Kopcow L, Marconi G, et al (2008) Inhibition of cyclooxygenase-2 (COX-2) by meloxicam decreases the incidence of ovarian hyperstimulation syndrome in a rat model, *Fertil Steril*, 90 : 1511-1516.
Salamalekis E, Makrakis E, Vitoratos N, et al (2004) Insulin levels, insulin resistance, and leptin levels are not associated with the development of ovarian hyperstimulation syndrome, *Fertil Steril*, 82 ; 244-246.
Sayin NC, Gucer F, Balkanli-Kaplan P, et al (2003) Elevated serum TNF-alpha levels in normal-weight women with polycystic ovaries or the polycystic ovary syndrome, *J Reprod Med*, 48 ; 165-170.
生殖・内分泌委員会報告.（2009）卵巣過剰刺激症候群の管理方針と防止のための留意事項. 日産婦誌 61 : 1138-1145.
生殖・内分泌委員会報告.（2002）卵巣過剰刺激症候群（OHSS）の診断基準ならびに予防法・治療指針の設定に関する小委員会. 日産婦誌, 54 : 860-868.
Shalaby F, Rossant J, Yamaguchi TP, et al (1995) Failure of blood-island formation and vasculogenesis in Flk-1-deficient mice, *Nature*, 376 ; 62-66.
Sone H, Okuda Y, Kawakami Y, et al (1996) Progesterone induces vascular endothelial growth factor on retinal pigment epithelial cells in culture, *Life Sci*, 59 ; 21-25.
Stanek MB, Borman SM, Molskness TA, et al (2007) In-

sulin and insulin-like growth factor stimulation of vascular endothelial growth factor production by luteinized granulosa cells : comparison between polycystic ovarian syndrome (PCOS) and non-PCOS women, *J Clin Endocrinol Metab*, 92 ; 2726-2733.
杉本修，青野敏博，森崇英ら（1993）本邦婦人における多囊胞性卵巣症候群の診断基準設定に関する小委員会（平成２年度～平成４年度）検討結果報告，日産婦誌，45 ; 1359-1367.
Tanaka N, Espey LL, Stacy S, et al (1992) Epostane and indomethacin actions on ovarian kallikrein and plasminogen activator activities during ovulation in the gonadotropin-primed immature rat, *Biol Reprod*, 46 ; 665-670.
Tischer E, Mitchell R, Hartman T, et al (1991) The human gene for vascular endothelial growth factor, *J Biol Chem*, 266 ; 11947-11954.
Todorow S, Schricker ST, Siebzehnruebl ER, et al (1993) von Willebrand factor : an endothelial marker to monitor in-vitro fertilization patients with ovarian hyperstimulation syndrome, *Hum Reprod*, 8 ; 2039-2046.
Tulandi T, Saleh A, Morris D, et al (2000) Effects of laparoscopic ovarian drilling on serum vascular endothelial growth factor and on insulin responses to the oral glucose tolerance test in women with polycystic ovary syndrome, *Fertil Steril*, 74 ; 585-588.
Ujioka T, Matsuura K, Kawano T, et al (1997) Role of progesterone in capillary permeability in hyperstimulated rats, *Hum Reprod*, 12 ; 1629-1634.
Vardhana PA, Julius MA, Pollack SV, et al (2008) An hCG antagonist reduces ovulation and diminishes OHSS in a rodent model, *Fertil Steril*, 89 ; S5.
Yamamoto S, Konishi I, Tsuruta Y, et al (1997) Expression of vascular endothelial growth factor (VEGF) during folliculogenesis and corpus luteum formation in the human ovary, *Gynecol Endocrinol*, 11 ; 371-381.

XXI-94

メタボリック症候群としてのPCOS

Key words
メタボリック症候群／肥満／脂肪／糖代謝／インスリン抵抗性

はじめに

1935年，SteinとLeventhalにより，両側卵巣の多嚢胞性腫大，月経異常，不妊，肥満，男性化などの一連の臨床症状を示す症例が報告された（Stein Leventhal, 1935）．この症例が内分泌異常に基づくこと，また卵巣楔状切除で症状が軽快することが示唆され，いわゆるStein-Leventhal症候群の疾患概念が確立した．しかしその後，全ての症状が揃わないため典型的なStein-Leventhal症候群とは言えないが，男性ホルモンの産生過剰などによる男性化や肥満などの一部の症状が発現している症例や，排卵障害があり内分泌検査所見もStein-Leventhal症候群に似ている症例など，Stein-Leventhal症候群と病態に共通性のある症例が多数存在することが明らかとなってきたため，Stein-leventhal症候群の疾患概念を拡張して，特有の症状（排卵障害，肥満，男性化など），卵巣の多嚢胞性腫大，特有の内分泌異常などを来す症候群を多嚢胞性卵巣症候群（PCOS）として扱うことになった（青野，2000）．

PCOSは症候群であるため，当然その原因究明，診断基準の設定，病態の分類などが試みられてきたが，未だ確固たる結論はでていない．しかし，さまざまな疫学的あるいは遺伝子解析的な手法が確立されてきた1980年代になって，PCOSに糖尿病患者が多いことが注目され，1990年代にはインスリンに関連する遺伝子の異常が指摘されるなど，PCOSと糖代謝異常の関係が示唆されるようになり（斉藤，青野，1996），2000年代になるとPCOSの背景には糖代謝異常があることが共通認識になってきた（Ehrmann et al, 1999）．そして，最近は特に全身病の一表現型としてのPCOS的な概念が導入されつつあり，なかでもメタボリックシンドロームとの関係が注目されている（Sartor et al, 2005）．

1990年代の後半になって，栄養過多や運動不足などのライフスタイルの変化に伴い，最終的に脳血管障害や心筋梗塞などの原因となる動脈硬化の発症の研究が進み，肥満，脂質代謝異常，糖代謝異常，高血圧などのメタボリック症候群として治療と予防を含めた管理の重要性が広く認識されるようになった．それに平行して，PCOS患者の病態解析の成績からメタボリック症候群の発生の一表現型として捉えられることも視野に入ってきた．たとえばPCOS患者では肥満の頻度が高いことが知られているが，それらがインスリン抵抗性や内臓脂肪との関連があることが示唆されている (Weerakiet et al, 2007). これからのPCOSの研究や実地臨床では，病因解明とメタボリック症候群の関係を中心に成績が蓄積されていくと予想される.

このような観点から，本項ではPCOSとメタボリック症候群の関連について現在までの知見を概説する.

1 メタボリック症候群

(1) メタボリック症候群の病態と内臓脂肪

かつては何の機能もないと考えられていた脂肪細胞が，実は人体で最大で最強の内分泌代謝臓器のひとつであることが明らかにされてきた. 例えば，脂肪細胞は使われない糖質や脂質を中性脂肪の形で蓄えるとともに，インスリン抵抗性と関連のあるアディポサイトカインを産生・分泌する.メタボリックシンドロームでは，内蔵周囲に貯まる脂肪細胞の蓄積が病態の背景にあると考えられており，発症にはこのような内臓周囲に蓄積された脂肪細胞が発揮する内分泌臓器としての機能と深く関係する (Ducluzeau et al, 2003).

内臓脂肪組織は皮下脂肪組織よりも代謝機能が亢進しており，また直接門脈と繋がっているので，脂肪細胞で産生された中性脂肪の分解産物である遊離脂肪酸やグリセロールは直接肝臓に取り込まれ，脂肪合成，糖新生の亢進，インスリンの異化障害を引き起こし，インスリン抵抗性を発来させる. また，蓄積された内臓脂肪組織では，アディポサイトカインのうち，アディポネクチンなどの善玉アディポサイトカインの産生が低下し，TNF-α，レジスチン，レプチン，アンギオテンシノーゲン，プラスミノーゲンアクチベータ・インヒビターなどの悪玉アディポサイトカインの産生が亢進して，メタボリックシンドロームの各種病態が引き起こされる.

すなわちメタボリック症候群とは，内蔵脂肪蓄積やそれと関連したインスリン抵抗性の増加を基盤とする，糖代謝異常，脂質代謝異常，高血圧などを主体とした動脈硬化病変が重複した状態と認識されている (森山，須田，2008).

(2) メタボリック症候群の診断基準

国内外で多くのメタボリックシンドロームの基準が作られている. 日本でも2005年に基準が公表され (メタボリックシンドローム診断基準検討委員会，2005)，2008年にはそれに基づいて特定検診・特定保健指導が行われている.

本症候群が認識されはじめた1999年に発表されたWHOの基準は，インスリン抵抗性に重きを置きインスリン抵抗性を必須項目としている (World Health Organization, 1999). また，2001年に公表された National Cholesterol Education Program Adult Treatment Panel Ⅲでは腹部肥満が重視される基準となった (National Cholesterol Education Program (NCEP) Export Panel on Detection, Evaluation, and Treatment of High Blood Cholesterol in Adults (Adult Treatment Panel Ⅲ), 2002). しかし，最近の傾向は内臓脂肪蓄積を重視することにあり，そのためウエスト周囲径を必須項目にした International Diabetes Federation や日本の肥満学会の基準が2005年に出されるようになった (表XXI-94-1) (The IDF consensus group, 2006).

現在用いられている基準設定の目的は心疾患の一次予防にあり，その基準をそのままPCOS

表XI-94-1．メタボリック症候群の診断基準

	日本基準	国際基準（IDF）
肥満 （内蔵脂肪蓄積）	ウエスト周囲径 （男性＞85cm，女性＞90cm）， または内蔵脂肪面積（＞100mm）	ウエスト周囲径 （民族別，男女別に設定）
TG	≧150mg/dl	≧150mg/dl
HDL-C	＜40mg/dl	男性＜40mg/dl 女性＜50mg/dl
血圧	≧130/85	≧130/85
空腹時血糖値	≧110mg/dl	≧100mg/dl
診断	内臓脂肪蓄積＋２項目	内臓脂肪蓄積＋２項目

IDF : International Diabetes Federation

表XI-94-2．PCOS 患者の糖尿病，高血圧症，冠動脈疾患の罹患率

対象の年齢	対象の種類	症例数	糖尿病（%）	高血圧症（%）	冠動脈疾患（%）
25–34	PCOS	80	1.3	3.8	0.0
	非選択対象	3421	0.4	3.5	0.2
35–44	PCOS	233	1.7	8.2*	0.9
	非選択対象	3157	0.7	4.6	0.4
45–54	PCOS	32	9.4*	28.1*	3.1
	非選択対象	2372	2.3	11.1	0.9
合計	PCOS	345	2.3*	9.0*	0.9
	非選択対象	8950	1.0	5.9	0.7

BMI：24.4（17.5–55.8）
p＜0.05

の管理に適応すべきかどうかは今後の検討が必要であるが，内臓脂肪蓄積を重視する傾向に関しては十分に留意する必要がある．

(3) PCOS とメタボリック症候群

PCOS 患者では将来的に生活習慣病になる頻度が高いことが報告されている（表XI-94-2）（Elting et al, 2001）．特に，糖尿病や高血圧などメタボリック症候群に関連する疾患の発症が高くなる．また，PCOS の病態（図XI-94-1）にはインスリン抵抗性とアンドロゲン過剰が関与することが推定されるが（Burghen, 1980），その病態はまた，明らかにメタボリック症候群の発症と関連がある．PCOS の診断基準の項目は，排卵障害，高アンドロゲン状態，卵巣の多嚢胞であるが，そのうち高アンドロゲン状態がある症例でメタボリック症候群の発症が多いと報告されている（図XI-94-2）．また，日本での調査でも約30%の PCOS 症例でインスリン抵抗性が示唆されている（表XI-94-3）（水沼ら，2007）．

一方，メタボリックシンドロームの各症状で

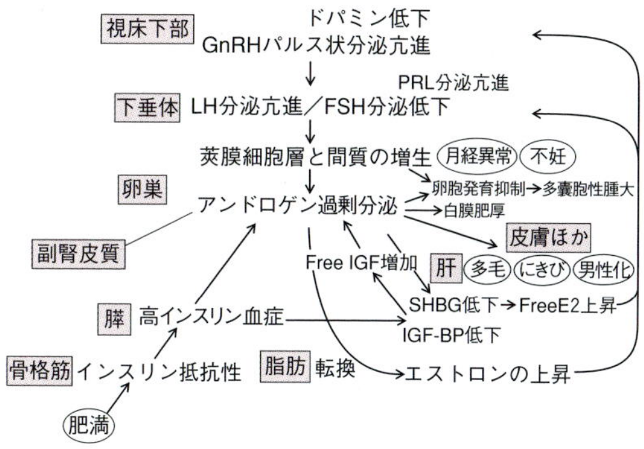

図XXI-94-1．多嚢胞性卵巣症候群の病態

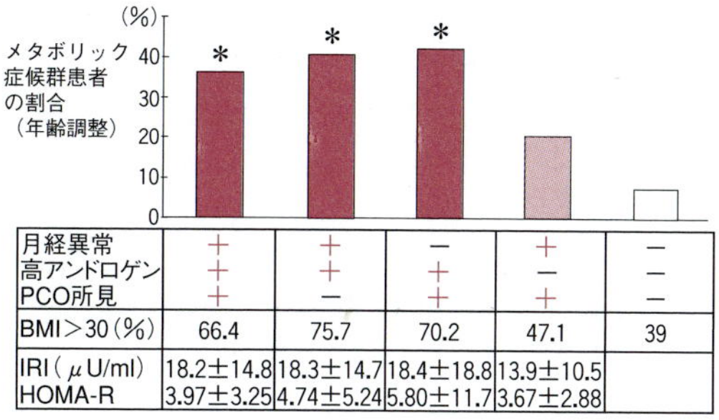

図XXI-94-2．アンドロゲン過剰とPCOSでのメタボリック症候群の罹患率

表XXI-94-3．日本のPCOS患者においてインスリン抵抗性に関する指標が異常を示す割合

空腹時血糖	≧110	6.0%（27/449）
	≧126	2.0%（9/449）
血中インスリン値	≧10	35.9%（149/415）
	≧15	25.5%（105/414）
HOMA指数*	≦1.6	50.1%（197/393）
	≧2.5	32.8%（129/393）

＊HOMA（Homeostasis model assessment）指数：空腹時血糖とインスリン値の積を正常者の平均値の405で除したもの（HOMA指数＝FBS × IRI/405）．簡易に算出できるインスリン抵抗性の指標．

表XXI-94-4．PCOS患者における糖尿病，高血圧症の合併率と人種差

	白人（n＝3778）	黒人（n＝552）	アジア人（n＝1117）	ラテンアメリカ系（n＝1324）
年齢	32.6±7.4	31.7±7.9*	32.2±6.4	32.8±6.7*
BMI＞30kg/m²	67.5%	80.3%*	45.1%*	73.8%*
糖尿病	9.5%	8.9%	11.9%	11.9%*
高血圧症	32.0%	40.9%*	25.8%*	26.2%*

＊p＜0.05（vs白人）

ある肥満，糖尿病，高血圧などの出現頻度には人種差が大きく，アジア人，白人，黒人，ラテンアメリカ人を比較すると（表XXI-94-4）（Lo et al, 2006），アジア人はBMI30を超える高度肥満や高血圧の頻度が低く，糖尿病の頻度が高いといわれている．そもそも，メタボリックシンドロームのないPCOSでも，症状の出現頻度には人種差があり，東アジア系は肥満や男性化が比較

表XXI-94-5．PCOS における肥満者の割合

	PCOS 欧米女性	PCOS 日本女性	正常成人日本女性 20～29歳	正常成人日本女性 30～39歳
肥満の割合 (BMI≧25)	41%*	20.0%**	8.7%***	13.3%***

＊：Goldziehr JW et al., 1981
＊＊：日産婦学会生殖内分泌委員会, 1993
＊＊＊：国民栄養調査, 2002

表XXI-94-6．体脂肪の分布とインスリン抵抗性（肥満症例）

	PCOS	Control	P-value
BMI	27.4 ± 5.8	26.0 ± 4.8	NS
ウエストヒップ比	0.79 ± 0.08	0.76 ± 0.07	0.032
総脂肪量（kg）	28.9 ± 7.1	25.5 ± 7.2	NS
脂肪量（躯幹）(kg)	12.1 ± 3.4	10.3 ± 2.7	0.043
脂肪量（下肢）(kg)	8.2 ± 2.1	8.2 ± 2.1	NS
空腹時インスリン（mIU/mL）	14.1 ± 9.6	7.8 ± 3.0	0.04
空腹時グルコースインスリン比	0.79 ± 0.08	0.76 ± 0.07	0.001

PCOS は NIH の基準で診断

的少なく，南アジア系は皮膚症状や男性化が強く，欧米系は肥満や男性化が強いことが報告されているので，何らかの遺伝的な要素があることは間違いないであろう．

2 PCOSと肥満

(1) PCOS における肥満の頻度

PCOSの肥満の割合をBMI≧25の基準で調査すると，欧米女性のPCCOSでは41%（Goldzieher, 1981）であったのに比較して，日本女性のPCOSでは20.0%（杉本ら，1993）と欧米に比べて低頻度であるが，一般のPCOSではない成人女性における頻度と比較すると高頻度であり，日本女性でもPCOSでは肥満が多いことがわかる（表XXI-94-5）．

(2) PCOSと脂肪蓄積パターン

肥満は体脂肪分布により内蔵型肥満と皮下型肥満に分類される．一般に同じ肥満でも男性では内臓脂肪型，女性では皮下脂肪型をとりやすいといわれている．しかし，PCOSの女性では内蔵型肥満，すなわち男性型が多い．表XXI-94-6に示した外国での調査結果（Yucel et al, 2006）では，肥満があるPCOSでは非PCOSの肥満症例と比較してウエストヒップ比が大きく，躯幹が太い肥満であることがわかる．そのため，総脂肪量や下肢脂肪量が変わらないにもかかわらず，躯幹脂肪量が大きいことがわかる（表XXI-94-7）(Kirchengast, Huber, 2001)．この傾向は非肥満症例でも同じである．そして，PCOSでな

表XXI-94-7．PCOSと非PCOSにおける体脂肪の分布

躯幹／下肢の脂肪比	PCOS	非PCOS
＜0.9（女性型脂肪分布）	30%	100%
0.9–1.1	20%	0%
＞1.1（男性型脂肪分布）	50%	0%

い症例ではすべてが女性型，すなわち皮下型脂肪であったが，PCOSでは50%が男性型，すなわち内蔵型脂肪であった．日本女性における調査結果と同じである（Duchi et al, 1999）．このようにPCOSの脂肪分布は内蔵型脂肪で，メタボリックシンドロームの発症要因になる．その理由には，高アンドロゲン状態が関与している可能性が考えられるとともに，空腹時インスリンや空腹時グルコース／インスリン比から，糖代謝異常も推定される．

3 PCOSと糖代謝異常

(1) PCOSと糖代謝異常

PCOSの患者において高インスリン血症を認め，肥満PCOSの女性においてインスリン抵抗性と高アンドロゲン血症が関連すること，PCOSでは糖尿病の頻度が有意に高いこと（図XXI-94-3）（Dahlgren et al, 1992），インスリン基礎値の検討から非肥満のPCOSにおいても高率にインスリン抵抗性を認めること，PCOSはNIDDMに罹患しやすいこと，PCOSの妊婦にGDM（gestational diabetes mellitus），IGT（insulin gestational tolerance？）と診断されるものがあることなど，PCOSと糖代謝異常あるいはインスリン抵抗性の関連が明らかにされてきた．

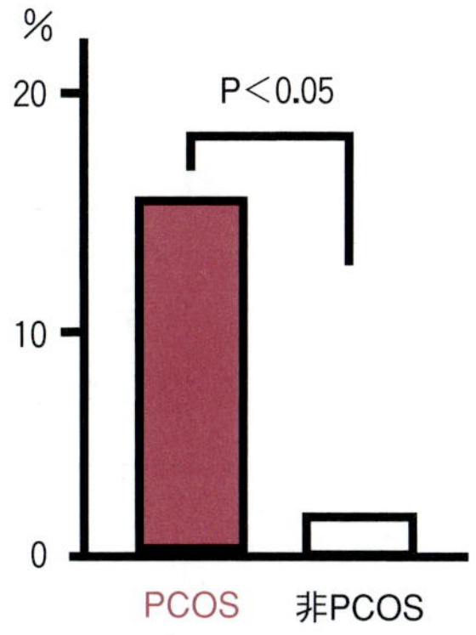

図XXI-94-3．PCOSにおける糖尿病発生の頻度（Dahlgren et al, 1992）

(2) インスリン抵抗性の存在

インスリン抵抗性とは，血中にインスリンがあるにもかかわらずそれに応じたインスリン作用が得られない状態をいう．すなわち，インスリンは肝臓に糖を貯え筋肉をはじめとする末梢器官での糖取込みを促進する作用があるが，インスリン抵抗性が存在すると，通常量のインスリンでは肝臓への糖貯蓄が低下し，糖放出にブレーキがかからなくなり，末梢器官での糖取込みが低下する．そこで，このような状態がおこると膵臓から代償性にインスリンの過剰分泌が起こるが，それが十分でなければ糖尿病となり，過剰分泌が続けば高血圧や高脂血症などの様々な疾患を併発する．

PCOSの耐糖能とインスリン抵抗性に関しては国内外で広く検討されてきた．我々も日本女性のPCOSにおけるインスリン抵抗性の存在を明らかにするため，まず，日本産科婦人科学会の診断基準に基づいたPCOSを含む排卵障害患者に対して75gOGTTによる検討を行ったところ（図XXI-94-4），肥満PCOS（O-PCOS）は肥満非PCOS女性（O-cont）に比べて血糖および

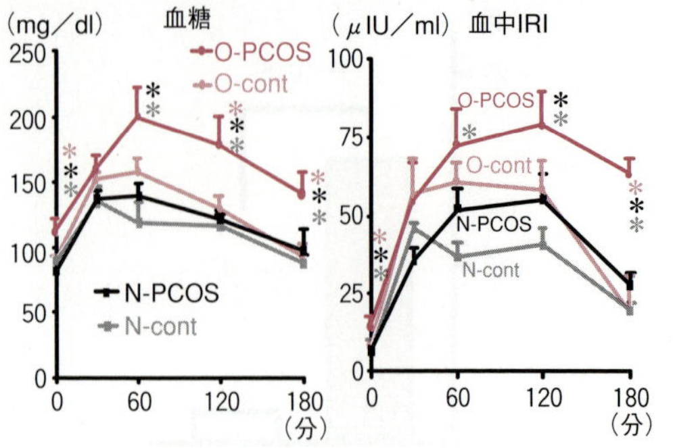

図XXI-94-4．75g 経口血糖負荷試験による PCOS 患者の耐糖能の評価

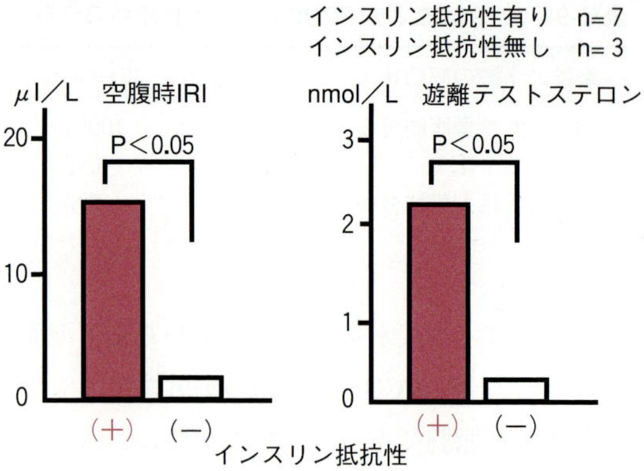

図XXI-94-5．PCOS のインスリン抵抗性と男性ホルモン

インスリンの血中濃度が有意に高値であり，耐糖能異常の存在が示唆された．また，非肥満PCOS（N-PCOS）は非肥満非 PCOS 女性（N-cont）に比べ，血糖値の推移は同様であるが，インスリンの血中濃度が高く推移し，インスリンの抵抗性の存在を疑わせる結果であった．さらに，インスリン抵抗性を正確に判定する方法として利用されている正常血糖グルコースクランプ法を用いた検討でも，やはり PCOS 群が非 PCOS 群に比較して有意にインスリン抵抗性を示しており（図XXI-94-5），日本女性における PCOS においてもインスリン抵抗性を示す症例があること，また肥満の程度が強いほど抵抗性が大きいことが明らかとなった．そして，それらは明らかに高アンドロゲン状態と相関していた（図XXI-94-6）．

(3) インスリン抵抗性の原因

PCOS におけるインスリン抵抗性の原因については糖代謝に関連する遺伝子異常を中心とした多くの報告（表XXI-94-8）があるが，まだ一定の見解には達していない．Dunaif（Dunaif et al, 1992）や Ciaraldi ら（Ciaraldi et al, 1992）はインスリン標的細胞である脂肪細胞におけるインスリン結合後の異常であり，その機序としては脂肪細胞での GLUT 4 の量が減少していると報告している．また，PCOS 患者の50%でインスリン依存性のチロシンリン酸化が減少しセリンリン酸化が増加していることから，インスリンのシグナル伝達の早期段階でインスリン作用が低下するとも報告されている．しかし，これらの異常が遺伝的なものかシグナル伝達異常かは明確にされていない．さらに，PCOS 患者でもチロシンリン酸化が正常な症例も多く，PCOS におけるインスリン抵抗性の発生機序は一様ではないと考えられる．

4 PCOS におけるメタボリック症候群の管理

(1) メタボリック症候群の管理の重要性

PCOS では若年期から月経異常が出現し，排卵障害があるため不妊の発生が多いので，どうしても管理は排卵障害や不妊の治療のみになりがちであり，その背景にある．全身病の一表現型としての PCOS，さらにはメタボリック症候

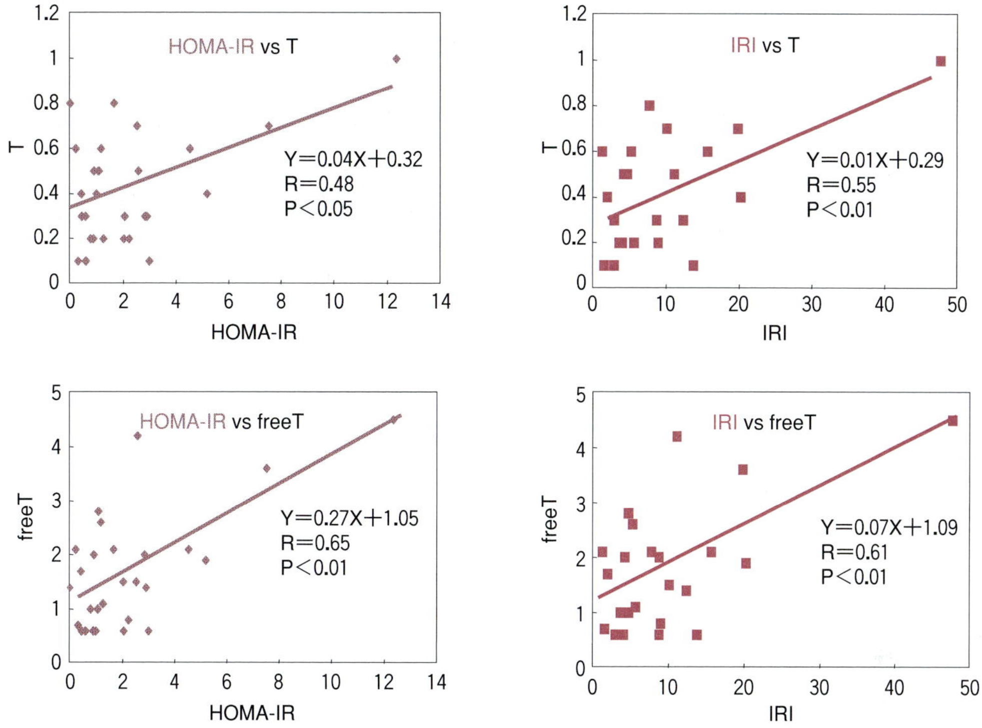

図XI-94-6．PCOS患者においてインスリン抵抗性，空腹時インスリンはテストステロン，遊離テストステロンと相関する（徳島大学）

表XI-94-8．PCOSと関連する遺伝子多型の報告例

遺伝子	遺伝子多型の例	報告
インスリン遺伝子	VNTR	Waterworth, 1997
インスリン受容体遺伝子周辺	D19S884	Tucci, 2001
インスリン受容体基質遺伝子	Gly972Arg	Dilek, 2005 Ertunc, 2005
カルパイン10遺伝子	UCSNP-44	Gonzales, 2002

群の予備軍としてのPCOSの側面は忘れられ勝ちである，これからは，PCOSの背景を再認識し，長期にわたる管理をすべきと考えられる．その一環として，メタボリックシンドロームに関する定期的な検査を指示するとともに，生活習慣の改善に取り組む必要性が高いことを理解させることが重要である．特に，肥満があれば減量に取り組み，食事内容の改善や運動の導入が効果的である．また，排卵障害のみならずメタボリック症候群そのものも子宮内膜癌の発生リスク（Dahlgren et al, 1991）であるので，若年期からの管理における留意点である．

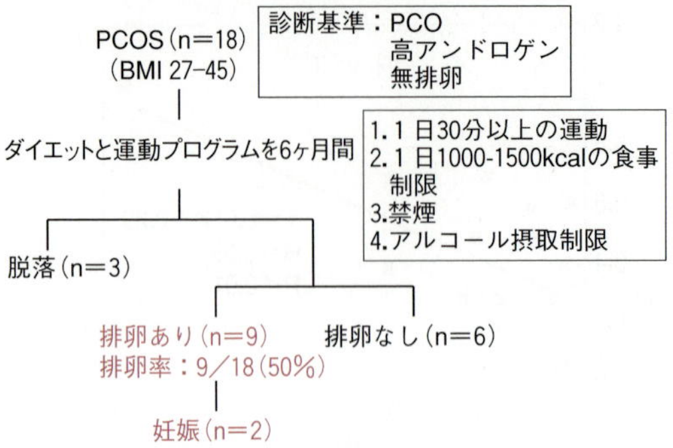

図XXI-94-7．肥満 PCOS の排卵障害に対する生活習慣改善の効果

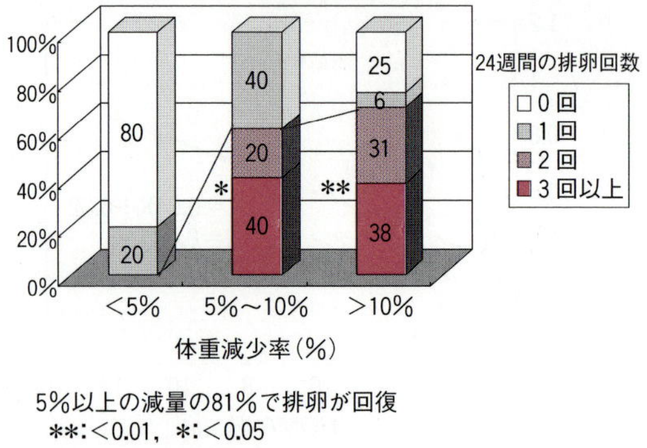

図XXI-94-8．肥満による無月経患者をフォーミュラー食品を利用して減量させた場合の24週間での体重減少率と自然月経の回復回数

(2) 肥満と減量効果

肥満の解消が PCOS の排卵障害に有用であることは以前より知られている．しかし，肥満の解消をどのように指示し，どのように管理して良いかは，個々の症例で患者の嗜好や意欲などの違いがあり，難しいことが多い．減量は肥満 PCOS 患者にとって極めて重要な治療法のひとつであるので，その意義を十分理解させておく必要がある．

排卵障害と共に BMI が27–40の比較的高度な肥満を伴う症例に対して，1 日30分以上の運動，1 日1000–1500kcal の食事制限，禁煙，アルコール摂取制限というダイエットと運動プログラムを 6 ヶ月間実施した成績（Huber-Buchholz et al, 1999）では，排卵率50%を示した（図XXI-94-7）．また，我々はフォーミュラー食品（減量補助食品）を利用して，BMI が22以上の肥満 PCOS 患者の排卵障害への減量効果を調べた．それによると24週後に元の体重の 5 %以上の減量できた症例では81%で排卵が回復し（図XXI-94-8），各種検査結果が改善した．

このように，PCOS の排卵障害治療には減量が極めて有用性が高いことが判り，それは多分メタボリック症候群にも有用であろうと考えられるので，PCOS の管理の上で肥満解消の適切な生活指導は欠くべからざるものになると考えている．

(3) インスリン抵抗性改善薬の役割

実際に糖代謝異常を示す症例では，生活指導だけでは不十分な場合があり，糖尿病治療が必要である．PCOS が背景にある患者ではインスリン抵抗性を改善する薬剤が注目されている（Lord et al, 2003）．代表的な薬剤としては，チアゾリジン誘導体（トログリタゾン，ピオグリタゾン）とビグアナイド薬（メトホルミン，ブホルミン）がある．

薬理作用としては，チアゾリジン誘導体は脂肪組織が主な作用の場であり，核内受容体である PPARγ（peroxisome proliferator-activated receptor γ）の強力なアゴニストで，主に PPARγ に作用してインスリン抵抗性を改善する．一方，ビグアナイド薬は肝が主な作用臓器であって，糖新生を抑制する．糖の前駆物質であるピルビン酸から乳酸への変化を促進し，アラニンの肝臓へ

表XXI-94-9．PCOSに対するメトホルミンの排卵誘発効果に関する代表的な前方視的研究

◆メトフォルミン（Met）単独治療

報告者（報告年）	排卵率（%）		症例の選択
	Met	Placebo	
Nestler（1998）	34	4	
Moghetti（2000）	82	55	
Ng（2001）	33	33	Cl 無効例
Fleming（2002）	30	18	
	46% vs 24%（Cochrane）		

◆メトフォルミン（Met）とクロミフェン（Cl）併用治療

報告者（報告年）	排卵率（%）		症例の選択
	Met＋Cl	Placebo＋Cl	
Nestler（1998）	90	8	Met 無効例
Ng（2001）	13	57	Cl 無効例
Kocak（2002）	78	14	Cl 無効例
Vandermolen（2001）	75	27	Cl, Met 無効例
	76% vs 42%（Cochrane）		

の取込みを抑制することで，肝臓からのブドウ糖の放出を抑制する作用がある．いずれも，肝の糖新生抑制，末梢での糖取込み促進，糖代謝促進である．

これらのインスリン抵抗性改善薬がある種のPCOSの排卵障害治療に有効であることが示されている（表XXI-94-9）（Moghetti et al, 2000）ので，メタボリック症候群で糖代謝異常，特にインスリン抵抗性を示す場合にも当然好影響を及ぼすと考えられる．インスリン抵抗性改善薬が奏功しやすい症例は，インスリン抵抗性が病態の中心である肥満症例，卵巣の異常が比較的軽い血中男性ホルモン濃度上昇が軽度の症例である．これに対し，非肥満PCOS症例に関しては，奏功例もあるがまだ十分なエビデンスはないので，PCOS全体への影響は今後の研究課題である．

まとめ

PCOSの病態解明の進歩により，PCOSの背景に糖代謝異常が存在し，インスリン抵抗性はアンドロゲン過剰分泌に関連する一方で，将来の糖尿病発症にも繋がっていることが明らかにされつつある．その意味から，PCOSの原因や病態に関する研究や治療を行う上では，メタボリック症候群との関係を視野におく必要がある．本項で概説した内容を要約すると以下のようになる．

1．糖代謝異常を遺伝的背景のひとつとする

PCOSは，将来的に内蔵肥満，糖代謝異常，脂質代謝異常，高血圧などを主症状とするメタボリック症候群の発症と密接に関連することが病態的にも明らかにされつつある．

2．PCOSの病態ではインスリン抵抗性の存在がアンドロゲン過剰分泌に関係しているが，この両者とともにPCOSの特徴である内蔵型脂肪が連携して，メタボリック症候群へと進行する病態が推定される．

3．PCOSの主症状のひとつである肥満は，それ自体，インスリン抵抗性を増加させ高アンドロゲン状態を招来させるので，PCOS患者では生活指導により減量させる必要がある．また，インスリン抵抗性のある症例では，必要に即してインスリン抵抗性改善薬の投与が必要な症例があることも配慮すべきである．

4．PCOSの管理では，この疾患を排卵障害のみでなく全身病の一部と捉え，それを踏まえた管理が必要であり，今後はこのような視点からの管理と研究が必要である．

一方で，PCOSの中にはインスリン抵抗性を示さない症例も多数あること，人種による症状の発生頻度に差異があること，さらにメタボリック症候群の発生に関する長期的な管理成績がまだ十分でないことなど，PCOSに関して解決しなければならない今後の課題も多い．PCOSはまだまだミステリアスな疾患と言える．

（苛原　稔）

引用文献

青野敏博（2000）多嚢胞性卵巣症候群．新女性医学体系13排卵障害（青野敏博編），中山書店，東京 pp108-124.

Burghen GA, Givens JR, Kitabchi AE (1980) Correlation of hyperandrogenism with hyperinsulinism in polycystic ovarian disease. *J Clin Endcrinol Metab*, 50 : 113-116.

Ciaraldi TP, El-Roeiy A, Madar Z (1992) Celluar mechanisms of insulin resistance in polycystic ovary syndrome. *J Clin Endcrinol Metab*, 75 : 577-583.

Dahlgren E, Friberg LG, Johansson S et al (1991) Endometrial carcinoma ; Ovarian dysfunction -a risk factor in young women. *Eur J Obstet Gynecol Reprod Biol*, 41 : 143-150.

Dahlgren E, Janson PO, Johanson S (1992) Women with polycystic ovary syndrome wedge resected in 1956-1965 : A long-term follow up focusing on natural history and circulating hormones. *Fertil Steril*, 57 : 505-513.

Duchi T, Oki T, Maruta K et al (1999) Body fat distribution in women with ; its implication in the future risks for lifestyle-associated disease. *Jpn J Fertil Steril*, 44 : 119-125.

Ducluzeau PH, Cousin P, Malvoisin E et al (2003) Glucose-to-insulin ration rather than sex hormone binding globulin and adiponectin levels is the best predictor of insulin resistance in nonobese women with polycystic ovary syndrome. *J Clin Endocrinol Metab*, 88 : 3626-3631.

Dunaif A, Segal KR, Shelly DR et al (1992) Evidence for distinctive and instrinsic defects in insulin action in polycystic ovary syndrome. *Diabetes*, 41 : 1257-1266.

Ehrmann DA, Barnes RB, Rosenfield RL et al (1999) Prevalence of impaired glucose tolerance and diabetes in women with polycystic ovary syndrome. *Diabetes Care*, 22 : 141-146.

Elting MW, Korsen TJ, Schoemaker J (2001) Obesity, rather than menstrual cycle pattern or follicle cohort size determines hyperinsulinemia, dyslipidaemia,and hypertension in ageing women with polycystic ovary syndrome. *Clin Endocrinol*, 55 : 767-776.

Goldzieher JW (1981) Polycystic ovarian disease. *Fertil Steril*, 35 : 371-394.

Huber-Buchholz MM, Carey DG, Norman RJ (1999) Restoration of reproductive potential lifestyle modification in obese polycystic syndrome : role ofinsuline sensitivity and luteinizing hormone. J Clin Endocrinol Metab, 84 : 1470-1474.

Kirchengast S, Huber J (2001) Body composition characteristics and body fat distribution in lean women with polycystic ovary syndrome. *Hum Reprod*, 16 : 1255-1260.

Lo JC, Feigenbaum SL, Yang J et al (2006) Epidemiology and adverse cardiovascular risk profile of diagnosed polycystic ovary syndrome. *J Endocrinol Clin Metab*, 91 : 1357-1363.

Lord JM, Flight IH, Norman RJ (2003) Metformin in polycystic ovary syndrome : systemic review and meta-analysis. *BMJ*, 327 : 951-953.

メタボリックシンドローム診断基準検討委員会（2005）メタボリックシンドロームの定義と診断基準．日内会誌，94 : 794-809.

水沼英樹，苛原稔，久具宏司ら（2007）本邦婦人における多嚢胞性卵巣症候群の診断基準設定に関する小委員会（平成17年度～平成18年度）検討結果報

告．日産婦誌，59 : 868-886.
Moghetti P, Castello R, Negri C et al (2000) Metformin effects on clinical features, endocrine and metabolic profiles, and insulin sensitivity in polycystic ovary syndrome : A randomized, double-blined, placebo-controlled 6-month trial, followed by open, long-term clinical evaluation. *J clin Endcriinol Metab*, 85 : 139-146.
森山貴子，須田俊宏 (2008) PCOS とメタボリックシンドローム．*Hormone Frontier Gynecol*, 15 : 295-300.
National Cholesterol Education Program (NCEP) Expert Panel on Detection, Evaluation, and Treatment of High Blood Cholesterol in Adults (Adult Treatment Panel Ⅲ) (2002) Third Report of the National Cholesterol Education Program (NCEP) EExpert Panel on Detection, Evaluation, and Treatment of High Blood Cholesterol in Adults (Adult Treatment Panel Ⅲ) final Report. *Circulation*, 106 : 3143-3421.
斉藤誠一郎，青野敏博 (1996) PCOS と糖代謝.*Hormone Frontier Gynecol*, 3 : 227-232.
Sartor BM, Dickey RP (2005) Polycystic ovarian syndrome and metabolic syndrome. *Am J Med Sci*, 330 : 336-342.
Stein IF, Leventhal ML (1935) Amenorrhea associated with bilateral polycystic ovaries. *Am J Obstet Gynecol*, 29 : 181-191.
杉本修，青野敏博，森崇英ら (1993) 本邦婦人における多嚢胞性卵巣症候群の診断基準設定に関する小委員会（平成 2 年度～平成 4 年度）検討結果報告．日産婦誌，45 : 1359-1367.
The IDF consensus group (2006) *The IDF consensus worldwide definition of metabolic syndrome*. Brussels. International Diabetes Federation.
Weerakiet S, Bunnag P, Phakdeekitcharoen B et al (2007) Prevalence of the metabolic syndrome in Asian women with polycystic ovary syndrome ; Using the international Diabetes Federation criteria. *Gynecol Endocrinol*, 23 : 153-160.
World Health Organization (1999) Definition, diagnosis and classification of diabetes mellitus and its complication. *Report of a WHO Consultation Part 1 : Diagnosis and classification of diabetes mellitus*. Geneva. WHO.
Yucel A, Noyan V, Sagsoz N (2006) The association of serum androgens and insulin resistance with fat distribution in polycystic ovary syndrome. *Eur J Obstet Gynecol Reprod Biol*, 126 : 81-86.

XXI-95

多嚢胞性卵巣症候群におけるインスリン抵抗性：分子機構と病態生理における重要性

Key words
多嚢胞性卵巣症候群／インスリン抵抗性／高インスリン血症／分子機序／高アンドロゲン血症

はじめに

多嚢胞背卵巣症候群（PCOS）は，排卵障害，男性化徴候を特徴とし，性成熟期女性において最も高頻度に認められる内分泌疾患であるが（Knochenhauer et al, 1998），その成因は未だ不明である．

PCOSの内分泌学的研究がなされる過程で成因について種々の仮説が立てられてきたが，1980年，BurghenがPCOSにおいては高率にインスリン抵抗性を合併し，これが卵巣機能異常に密接に関与していることを報告し，成因としてインスリン抵抗性が注目されるようになった（Burghen et al, 1980）．さらにインスリン抵抗性改善薬がPCOSの病態を改善することが報告され，これら一連の研究により，PCOSにおいてインスリン抵抗性が卵巣機能異常をはじめとする本症の病態形成に重要な役割を演じるものと考えられるようになった．本節ではインスリン抵抗性から見たPCOSの病態と近年明らかにされつつある分子機序について概説する．

1 インスリン作用と抵抗性の概念

(A) インスリン作用とその分子機序（図XXI-95-1）

インスリンの作用は，糖，脂質，アミノ酸・タンパクなどの代謝作用に加え，細胞増殖・肥大，腎尿細管でのNa再吸収促進，交感神経活性亢進など多岐にわたる．インスリンの血糖低下作用の主な標的臓器は肝，筋肉，および脂肪細胞で，これらの臓器のインスリン感受性が糖代謝に決定的な役割を果たす．

インスリン作用は，代謝作用を調節するPI3キナーゼの経路と，細胞増殖を調節するMAP

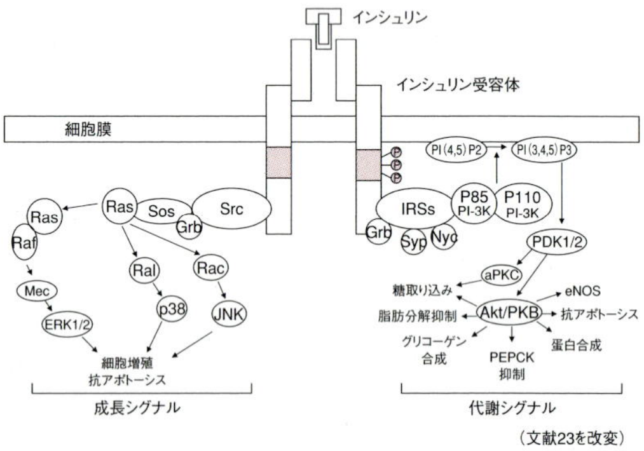

図XXI-95-1．インスリンシグナル伝達

キナーゼの経路に大別される．インスリンの代謝作用は，インスリン結合に基づくインスリン受容体内在性チロシンキナーゼ活性化により，インスリン受容体基質（IRS）-PI3キナーゼ-Akt/PKBの活性化が順次進行し，糖取り込み，グリコーゲン合成，脂質分解抑制，脂肪酸合成，アミノ酸取り込み，タンパク合成など，主なインスリン代謝作用を発揮する．これらインスリンシグナル伝達のどの過程が障害されてもインスリン作用の発揮の障害，すなわちインスリン抵抗性が生じる（Kasuga, 2006）．

(B) インスリン抵抗性の概念

インスリン抵抗性とは通常インスリンの糖代謝障害について用い，血中インスリン濃度に見合った血糖降下作用がインスリン標的臓器（肝，骨格筋，脂肪組織など）で得られない状態，すなわちインスリン感受性が低下した状態を指す．膵β細胞のインスリン分泌は血糖により規定されるので，インスリン標的臓器でのインスリン抵抗性が亢進すると，膵β細胞は血糖が正常に低下するまでインスリンを分泌する結果血中インスリン値は高値となる．

一方，インスリン抵抗性は脂質代謝に対しても重要な役割を演じている．インスリンは脂肪細胞においてホスホジエステラーゼ活性を刺激しcAMPの濃度を低下することによりホルモン感受性リパーゼ活性を阻害して脂肪分解を抑制する．他方，リポタンパクリパーゼ（LPL）活性を上昇させることにより血中TG濃度を制御している．脂肪細胞におけるインスリン抵抗性が亢進すると脂肪分解が抑制されなくなり，その結果血中遊離脂肪酸（FFA）が上昇する．血中FFA濃度上昇は，肝での脂肪酸合成を亢進させ血中TG濃度を上昇させるとともに，筋肉や肝臓でのインスリン抵抗性を増悪させる．またLPL活性が低下する結果，中性脂肪が上昇しHDLコレステロールが低下する．

インスリン抵抗性は，先天的，あるいは後天的要因によって生じる．先天的因子として，インスリンおよびインスリン受容体以降のシグナル伝達を担う分子，あるいはこれに関わる分子の変異や遺伝子多型などが，後天性因子としては，過食，運動不足，肥満，加齢などがある．近年，世界的に高脂肪食，高カロリー食，過食，運動不足などの後天的背景により肥満，特に内臓肥満を来たし，インスリン抵抗性/高インスリン血症を有する人口が若年層においても増加している．

(C) インスリン抵抗性の評価方法

空腹時血糖と空腹時血中インスリン（IRI）濃度を指標とするHOMA（homeostasis model of assessment）およびQUICKI（quantitative insulin sensitivity check index），SSPG（steady state plasma glucose）法，75g経口ブドウ糖負荷時の血糖とIRIを指標とするMatsuda-DeFronzo係数，人工膵島を用いるhyperinsulinemic euglycemic clamp法なとの評価方法がある．このうち，hyperinsulinemic euglycemic clamp法が最も正確にインスリン抵抗性を評価しうる方法と考えられている．

2 PCOSの病態とインスリン抵抗性との関連

図XXI-95-2にPCOSの病態とインスリン抵抗

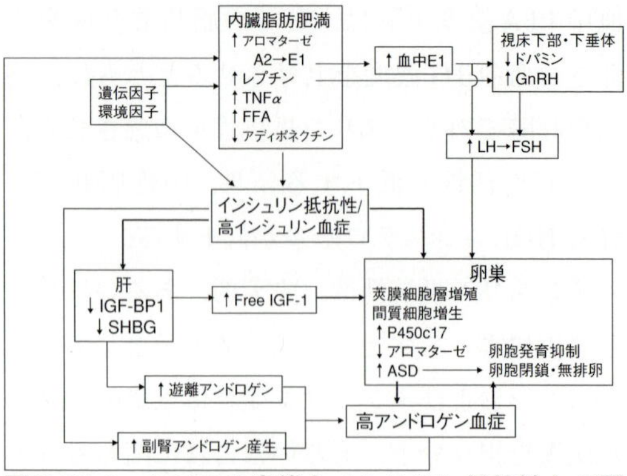

図XXI-95-2．PCOSの病態とインスリン抵抗性との関連

性との関連を示す．先天的および後天的な因子が単独あるいは複合的に作用してインスリン抵抗性が生じると，代償的に分泌が亢進したインスリンそれ自体，あるいは他の分子を介して，PCOSの基本的病態である男性ホルモン産生亢進を生じさせ卵巣機能障害を惹起すると考えられている．以下はこれにそって詳細を述べる．

(A) PCOSにおけるインスリン抵抗性・耐糖能障害・代謝症候群の疫学

PCOSは，その30–75%(Lanzone et al, 1990；Conway et al, 1990) にインスリン抵抗性に伴う高インスリン血症を認めることが報告されている．われわれの経験したPCOSにおけるHOMA-IRおよびSSPG法を用いた検討では85%にインスリン抵抗性を認めた (Hashimoto et al, 2006；本間ら，2009)．

PCOSには肥満を高率に合併し，インスリン抵抗性は肥満に大きく影響される．しかし非肥満PCOSの30–40%にインスリン抵抗性を認め (Lanzone et al, 1990；Conway et al, 1990)，さらにDunaifら (Dunaif et al, 1989) はBMIを一致させた非PCOSを対照とする検討において，PCOSでは非PCOSに比べ有意にインスリン抵抗性が亢進しており，PCOSにおけるインスリン抵抗性がBMIとは独立して存在することを示した．この事実はPCOSでは，基礎にインスリン抵抗性が存在し，肥満を伴うことによりさらに増悪するものと推定される．

長期にわたるインスリン抵抗性は膵β細胞の機能的あるいは数的低下を招来し，耐糖能障害や糖尿病を発症させる．PCOSは，欧米およびアジアにおいて耐糖能障害をそれぞれ31%と20.3%に，2型糖尿病をそれぞれ7.5%と15.2%に合併し，耐糖能障害・糖尿病発生の高リスク集団である(Legro et al, 1999;Weerakiet et al, 2001)．

肥満とインスリン抵抗性を基盤とするPCOSと共通する病態を有する代謝症候群 (Metabolic symdrome) とは，互いに合併する．PCOSにおけるMetabolic symdromeの合併は16から46%(Carmina et al, 2006)と地域，あるいは人種によって大きく異なる．すなわち，米国では南イタリアに比べ多い．またヒスパニック，アフリカ系アメリカ人では白人に比べ合併することが多く，白人はアジア人に比べ多い．

(B) インスリン抵抗性/高インスリン血症の発生機序（表XXI-95-1）

PCOSでは体重とは独立してインスリン抵抗性亢進を認めることから，その機序にはインスリン作用に影響する種々の糖・エネルギー代謝関連遺伝子の関与が推定され，研究されている．

インスリンの産生・作用発現に関連する分子をコードする遺伝子のうち，インスリン遺伝子(*INS*)については，その上流に存在するvariable

表XXI-95-1．インスリン感受性に関わるタンパクの遺伝子変異とPCOSとの関連

インスリン感受性に関わる蛋白	遺伝子	変異／部位	表現型	報告
インスリン	*INS*	Insulin variable-number tandem repeats（*VNTR*）	PCOS	Waterworth DM（11）
インスリン受容体	*INSR*	C1008T C/C C10923T T/T	PCOSにおけるインスリン感受性低下 非肥満PCOS	Jin L 12) Siegel S（13）
インスリン受容体基質	*IRS1* *IRS2*	Gly 972Arg Arg allel Gly1057Asp	PCOS PCOS OGTT 2時間後血糖	Botella-Carretero JL（14） Baba T（15） Botella-Carretero JL（14） Ehmann（103）
Protein phosphatase 1 regulatory subunit：グリコーゲン合成酵素活性調節	*PPP1R3*	ARE-2	PCOSにおけるインスリン抵抗性，アンドロゲン過剰	Alcoser S.Y（16）
Calpain 10 プロインスリンのプロセッシング，インスリン作用発現	*CAPN10*	UCSNP-43（G/A）G/G UCSNP-44 UCSNP 56多型とins/del19の合併	PCOS，インスリン抵抗性	Baier LJ（18） Gonzalez A（19） Vollmert C（20）
Peroxisome-proliferator-activated Receptorγ	*PPARg*	Pro12Ala Ala allel	PCOSにおけるインスリン感受性	Tok EC（21）
Paraoxonase	*PON1*	C1008T T/T	インスリン抵抗性	San Millan JL（22）

number of tandem repeat (VNTR) に40回（Class I：インスリン遺伝子発現亢進型）と157回（ClassIII：インスリン遺伝子発現低下型）の多型が存在し，PCOSではClassIIIが多いことが報告された（Waterworth et al, 1997）．インスリン受容体については，チロシンキナーゼドメインExon17 C1008T多型（T/T：インスリン感受性高，C/C：インスリン感受性低）のC/C型と肥満PCOSとの関連が（Jin et al, 2006），非肥満PCOSではC10923T多型のT/T型との関連が報告されている（Siegel et al, 2002）．インスリン受容体基質（IRS）1 Gly 972Arg多型のArgアレル，およびIRS2 Gly1057Asp多型のAspアレルもPCOSとの関連が報告されている（Botella-Carretero et al, 2005）．

骨格筋におけるグリコーゲン合成は，インスリン感受性を規定する重要な因子である．グリコーゲン合成酵素（GS）はグリコーゲン合成に関わる3酵素の一つで，本酵素の活性はその基質脱リン酸化酵素（PPIG Protein Phosphatase glycogen/sarcoplasmic reticulum-associated type 1 protein phosphatase）によって調節されている．このPP1Gのタンパク量を低下させる3'エレメント非翻訳領域の欠損型遺伝子多型（*PPP1R3*：ARE-2）は，PCOSにおけるインスリン抵抗性およびアンドロゲン過剰と関連する（Alcoser et al,

2004).

2型糖尿病に関係するいくつかの遺伝子と，PCOSとの関連が指摘されている．

カルパイン10はシスチンプロテアーゼの1種で，Ca依存性細胞内シグナル伝達に必須であり，プロインスリンのプロセッシング，インスリン分泌，インスリン作用発現や抵抗性に重要な役割を演じている．筋肉中のカルパイン10 mRNA量が減少するイントロン3のUCSNP (UCSNP; uncommon allele for single nucleotide polymorphisms peroxisome proliferator-activated receptor (PPAR)-γ)-43 (G/A)のG/G型(Baier et al, 2000)，UCSNP (UCSNP; uncommon allele for single nucleotide polymorphisms peroxisome proliferator-activated receptor (PPAR)-γ)-44多型，UCSNP-56多型とins/del-19の合併(Vollmert et al, 2007)がPCOSと関連することが報告されている．

核内受容体PPARγ (peroxisome proliferator activated receptor gamma)は脂肪細胞分化の主要調節因子であって，前駆脂肪細胞から小型脂肪細胞への分化を促進する．小型脂肪細胞はインスリン感受性が良好で，アディポネクチンの産生能が高く，本細胞への分化促進はインスリン感受性を亢進させる．また脂肪組織においてCD36の発現を増加して脂肪酸取り込みを促進する．これらの機序により，PPARγはインスリン感受性に大きな影響を与えている．PPARγ2にはPro12Ala多型が存在し，PCOSにおいてAlaアレルを有する群ではProアレル群に比べインスリン感受性が大で，有意に低頻度であり(Tok et al, 2005)，AlaアレルはPCOS発症に対し抑制的に働くものと考えられる．

酸化ストレスはインスリンシグナル伝達を阻害し，インスリン抵抗性を亢進させる．PON (Paraoxonase) 1はHDL関連抗酸化酵素であって，数種類の遺伝子多型が存在する．このうちC 108T型多型において，TT型はCC型に比べPON1発現が低下する．本酵素の発現低下は酸化ストレス亢進を介し，インスリン抵抗性亢進に関与すると考えられ，PCOSとの関連が報告されている(San Millan et al, 2004)．

上記のごとくインスリン産生・作用発現に関与する一連の分子の遺伝子多型とPCOSとの関連性を認める報告がある一方，それぞれの遺伝子多型について関連性を否定する報告もあり，未だ一定した見解が得られてない．

(C) 肥満と脂肪分布異常の関与

PCOSの40から60%に肥満を伴う(Franks, 1989)が，その原因は不明である．一方，閉経前の過体重や肥満を有する女性の約3分の1にPCOSが合併する(Alvarez-Blasco et al, 2006)．またPCOSにおける肥満は単なるBMIの増加ではなく，内臓脂肪沈着，筋肉・肝細胞における脂肪沈着など体脂肪分布の異常が指摘されている(Puder et al, 2005)．PCOSにおける体脂肪分布異常，特に内臓脂肪肥満はインスリン抵抗性をもたらし，本症における特徴的な病態を形成する上で重要な役割を演じている．肥満は先天的，および後天的要因により生じる．数種類の肥満遺伝子における多型とPCOSとの関連を検討した研究の報告はあるが，結果が相反あるいは否定されており，肥満遺伝子多型がPCOSの発症原因とはいえない．

PON (Paraoxonase) -1：は有機リン化合物を加水分解する酵素で，肝臓まで産出され血中では高比重リポ蛋白(HDL) 粒子上にアポA-1と併合して存在する．抗酸化物質として機能し，リポ蛋白質を酸化から防御する．

(D) 体脂肪分布異常におけるインスリン抵抗性の分子機序（特にアディポサイトカインとの関連）

図XXI-95-2に内臓脂肪沈着・インスリン抵抗性を基盤とするPCOSの病態の概要を示す．内臓脂肪沈着によるインスリン抵抗性の成因には，脂肪細胞から分泌される液性因子，アディポサイトカインが重要な役割を演じる．内臓脂肪型肥満では，腹腔内に存在する脂肪細胞が脂肪を蓄積して大型化し，TNFαをはじめとするインスリン抵抗性アディポサイトカインの産生が亢進する一方，インスリン感受性アディポサイトカインであるアディポネクチン産生が低下する（Kadowaki et al, 2006）．また，脂肪組織のホルモン感受性リパーゼ（HSL）は，交感神経刺激や成長ホルモンなどによりcAMP濃度が上昇すると活性化され，中性脂肪やコレステロールエステルを分解し,脂肪酸を遊離させる．一方，インスリンは，脂肪細胞及び肝細胞においてホスホジエステラーゼを活性化させ，cAMPを5' AMPに異化させることで，cAMP濃度を減少させ，HSLの活性を抑制することにより脂肪分解を抑制している．しかし，インスリン感受性が低下すると，cAMP濃度が増加する結果HSL活性が亢進し，脂肪分解が抑制されなくなりFFA（遊離脂肪酸，Free fatry alid）放出が亢進する．内臓脂肪から放出されたFFAは肝臓に作用し食後の糖放出抑制を障害し，筋肉では糖の取り込みを抑制する．また，大型化した内臓脂肪細胞ではMCP（macrophage chemoattractant protein）-1の発現が亢進し，脂肪組織へのマクロファージ浸潤を促す．浸潤したマクロファージはTNFα，レジスチンおよびIL-6などのサイトカインを産生する（Wellen et al, 2003）．これらがあいまって肝臓，筋肉および脂肪細胞に作用してインスリン抵抗性を亢進させる．実際PCOSでは，血中TNF，レジスチンおよびFFAの血中濃度が高く（Puder et al, 2005），アディポネクチンの血中濃度は低値を示し（Ardawi et al, 2005），炎症性サイトカインであるIL-6や高感度CRPが上昇している（Knebel et al, 2008）．

(E) PCOSにおけるアディポサイトカインの動態とインスリン抵抗性

(1) インスリン抵抗性アディポサイトカインとFFA

TNFαはマクロファージや肥大した内臓脂肪細胞から分泌される．PCOSにおいて，TNFαは肥満のみならず非肥満症例でも高値を示し（Gonzalez et al, 1999），高血糖により単球からの分泌がさらに促進される（González et al, 2005）．TNFαはインスリンシグナル伝達を直接阻害してインスリン抵抗性を惹起する．すなわち，TNFαはJNK（c-Jun amino-terminal kinase）を 介するセリン/スレオニンキナーゼ活性化，および I-κB kinase（IKK）/nuclear factor（NF）-κB系活性化によるSOCS（Suppressor of cytokine signal）タンパク発現増加に基づくIRS（インスリン受容体基質，insulin receptor substrate）チロシン残基リン酸化抑制を介しインスリンシグナル伝達を阻害する（Aguirre et al 2002）．また，TNFαはIRSそれ自体の分解も促進しインスリン抵抗性を亢進する．さらに，TNF-αはインスリン感受性分子であるアディポネクチンならびにPPARγを低下させインスリン抵抗性を亢進さ

レジスチン：脂肪組織特異的な分泌タンパク質で，分子量は12.5kDa，ユニークなシステインリピートモチーフを持ち，インスリン抵抗性を亢進させる作用を有する．レジスチン分泌は高脂肪食や肥満で亢進する．

せる (Kajita et al, 2004)．しかし，TNFα 遺伝子多型はPCOSとの関連を認めなかったことから，PCOSの原因とはいえないが (Milner CR, 1999)，PCOSに合併する肥満，高血糖の結果としてのTNFα上昇が，インスリン抵抗性増悪因子の一つとして作用していると思われる．

レジスチンはヒトでは単球で産生される．PCOSにおける血中レジスチン濃度は体重に相関して高値を呈し，PCOSの有無による差を認めず，さらにレジスチン遺伝子C420G多型とPCOSとの関連を認めなかった (Escobar-Morreale et al, 2006)．したがって，PCOSにおけるレジスチン上昇はPCOSの原因というよりも脂肪量増加の結果と考えられる．レジスチンは肝に作用するとPEPCK (phosphoenolpyruvate carboxykinse) やG6Pase (glucose 6-phosphatase) の発現を亢進させて糖放出を促進する一方，脂肪細胞に対してはIRSやセリンリン酸化のレベルを変化させることなくSOCS3 (Suppressor of cytokine signal) 発現亢進を介してインスリン受容体，およびIRS-1のリン酸化を抑制し，インスリン抵抗性を亢進させる (Steppan et al, 2005)．

PCOSにおいてFFAは高値を示し，糖代謝のみならず脂質代謝においてもインスリン抵抗性が存在することを示唆する．血中FFAの上昇はインスリン抵抗性の結果であると同時に，それ自体がインスリン抵抗性を惹起する．FFAはCD36を介して細胞内に輸送され，PKCθ，IKKβを活性化し，骨格筋においてはIRS-1の，肝においてはIRS-2のセリン残基のリン酸化を引き起こすことにより (Yu et al, 2002)，それぞれのIRS チロシン残基のリン酸化を抑制し，インスリンシグナル伝達を阻害する．

(2) インスリン感受性アディポサイトカイン

(a)アディポネクチン

アディポネクチンはその特異的受容体であるAdlipoR1およびR2を介し，筋肉でのα2AMPキナーゼ (AMPK) 活性化を介する糖取り込み促進，アセチルCoAカルボキシラーゼ (ACC) 抑制による脂肪酸β酸化増加より，インスリン感受性を亢進させる．また，アディポネクチンは脂肪細胞でのMCP1発現低下を介してマクロファージの遊走を阻害し，TNFα産生自体も抑制する．したがってアディポネクチンの低下は，直接・間接にインスリン感受性を低下させる．アディポネクチンはPCOSにおいて低値を示す．さらにアディポネクチン遺伝子のExon 2 T45G多型のGアレルはアディポネクチンが低値で，PCOSとの関連が認められている (Haap et al, 2005)．

(b)レプチン

レプチンも脂肪組織で産生され，中枢神経系に対しては食欲を抑制し，末梢組織では脂肪酸酸化を亢進させてエネルギー消費を増大し，一方でIRS-1のチロシンリン酸化およびPI3キナーゼ活性化を介しインスリン感受性を亢進させる．レプチンはPCOSにおいても高値を示すが，BMIを一致させた非PCOSと差はなく，体脂肪量増加によるものと考えられ，PCOSへの関与は未だ議論の分かれるところである．

3 高インスリン血症と男性ホルモン産生亢進

PCOSにおける男性化徴候/高アンドロゲン血症は，インスリン抵抗性の結果生じた高インスリン血症と，アンドロゲンの代謝ならびに作

PKCθ：セリンスレオニンキナーゼの一種で，NFκB活性化に必須の分子であり，インスリン抵抗性を亢進させる．
IKKβ：inhibitor kB kinase β Inhibitor kB (IkB) はNFkBと結合しその活性化を抑制し，炎症反応が起こるの抑制している．Ikkβ はIkBタンパク質のリン酸化を媒介し，IkBがユビキチン結合酵素により認識される．その結果起こるIkBタンパク質のプロテアソーム分解により，IkBに結合したNF-kB TFが解放され，NF-kB活性化をもたらす．
β酸化：脂肪酸を酸化して脂肪酸アシルCoAを生成し，そこからアセルチンCoAを取り出す代謝経路で，4つの反応が繰り返しから成り，反応が一順するごとにアセチルCoAが1分子生成される．

用を修飾するさまざまな因子の変化によってもたらされる．

女性におけるアンドロゲンならびにその前駆ステロイドホルモンの産生のほとんどは，卵巣と副腎皮質で行われる．副腎皮質におけるアンドロゲン産生は，ACTHより調節され，pregnenoloneを基質としてCYP17aによりDHEA（dehydroepiandrosterone）が，さらに硫酸抱合されDHEA-sulfate（S）が産生される．一方卵巣では莢膜細胞においてLHがCYPscc（P450scc）を，顆粒膜細胞においてはFSHとLHがP450sccとaromataseを活性化し，最終的にandostenedione（ASD）とtestosterone（T）が産生される．

(A) インスリンおよびインスリン様成長因子

PCOSでは，インスリン抵抗性の結果分泌が亢進したインスリンは，卵巣の莢膜細胞において代償的にCYP17aおよびLH受容体の発現を亢進することによりステロイド合成を促進する（Nestler et al, 1996）．さらにインスリンはLHとともに作用すると，LHによるcAMP産生を変化させることなく，StAR(steroidogenic acute regulatory protein）およびCYP17αの発現を亢進させ，ステロイド合成を促進するという相乗効果を生む（Sekar et al, 2000）．インスリンは顆粒膜細胞においてもその受容体を介し，直接男性ホルモンの産生を促進するが(Greisen et al, 2001)，LHとともに作用するとStAR，LDL受容体，P450sccの発現を増加させ，相加的にステロイド産生を促進する（Sekar et al, 2000）．副腎においてもインスリンはP450c17αの活性を亢進させアンドロゲン過剰を生じさせる（Ehrmann et al, 1995）．一方，インスリンは肝臓に対してはSHBG産生を抑制し，遊離型のアンドロゲンを増加させる．このような機序により，PCOSにおけるインスリン抵抗性/高インスリン血症は，アンドロゲンの産生亢進と作用増強を起こす．

インスリン様成長因子（IGF）-IおよびIIも卵巣における局所因子としてゴナドトロピンの作用を仲介し，卵胞の発育やステロイド産生を促進する．IGFには特異的結合タンパク質IGFBP-1-6があり，これらは受容体より結合親和性が高い．IGF-Iの95%以上はこれらに結合して存在し，乖離したものが生理作用を発揮する．したがってIGFはIGFBPにより作用修飾を受ける．IGF-Iは，莢膜間質細胞においてはLH受容体の発現を亢進し，LHのシグナル伝達を促進することによりアンドロゲン産生を増加し，顆粒膜細胞では単独，あるいはFSHによるアロマターゼ活性増強，およびIGF-I受容体発現亢進を介し，エストラジオール産生および細胞増殖を促進する．インスリン抵抗性が亢進すると，肝や卵巣局所でのIGFBP-1産生が低下して遊離IGF-Iが増加する一方（Thierry van Dessel et al, 1999），莢膜・間質細胞でのIGF-1受容体の発現が亢進しアンドロゲンの産生が増加するため，FSHによる顆粒膜細胞でのアロマターゼ活性誘導を抑制し，卵胞の発育を阻害する（Samoto et al, 1993）．

IGF-I受容体はヘテロ四量体からなり，その構造はインスリン受容体に類似し，一部はインスリン受容体とキメラ受容体を形成する．IGF-I受容体はIGF-2の結合能も有するが，IGF-Iと比較すると結合親和性は1/2-1/15である．さらにインスリンもIGF-I受容体に結合するが，その結合親和性はIGF-Iの$1/10^{-2}$-$1/10^{-3}$程度である．

IGF-IIは，卵巣では顆粒膜細胞で産生され，IGF-I同様顆粒膜細胞でのアロマターゼの発現を亢進させてE2産生を促進する．IGF-IはIGF-II受容体の発現を抑制する結果，IGF-IIは主にIGF-I受容体を介してこの作用を発揮する(Spicer et al, 2007)．IGF-IIにおける*ApaI*多型Gアレルは，PCOSに高頻度に認められる．本アレルではIGF-II発現が亢進し，増加したIGF-IIが副腎および卵巣における男性ホルモン産生過剰に関与すると考えられる(San Millan, 2004)．

(B) インスリン抵抗性アディポネクチンおよびFFA

TNFαは，インスリンやIGF-Iによる莢膜・間質細胞増殖促進作用を増強し，ステロイド産生細胞数の割合を増やす(Spaczynski et al, 1999)．

レジスチンは莢膜細胞においてインスリンによるCYP17αのmRNA発現増強，活性亢進により男性ホルモン産生の増加に導く(Munir et al, 2005)．

FFAのうちパルミチン酸とステアリン酸は莢膜細胞および顆粒膜細胞の増殖を抑制する(Vanholder et al, 2006)が，副腎におけるアンドロゲン合成は促進する．

(C) インスリン感受性アディポサイトカイン

アディポネクチンは，莢膜細胞に対し2型アディポネクチン受容体を介シインスリンおよびIGF-1によるLH受容体発現を，また*CYP 11A 1*・*CYP 17A 1*遺伝子発現を抑制することにより，ステロイド産生に対し抑制的に作用する．顆粒膜細胞に対してはステロイド産生ならびに細胞増殖に影響を及ぼさない(Lagaly et al, 2008)．アディポネクチンは下垂体前葉細胞に直接，あるいはGnRH分泌抑制を介しLH分泌を抑制する．したがって，アディポネクチンは直接卵巣に作用する一方，視床下部・下垂体に作用してLH分泌抑制することによりアンドロゲン産生を抑制していると考えられる．したがって，PCOSにおけるアディポネクチン低下は男性ホルモン産生亢進の一因となりうる．

このようにインスリン抵抗性が亢進すると，インスリン分泌亢進のみならず一連のアデイポサイトカイン産生系の変化も相まって，視床下部・下垂体・卵巣系の男性ホルモン産生が亢進する方向に変化するものと考えられる．

4 インスリン抵抗性を標的としたPCOSの治療

PCOSに対する体重減量やインスリン増感薬などインスリン抵抗性改善の有効性を示す成績が報告されている．カロリー制限と運動による減量は最も基本的な治療である．これらは内臓脂肪容積を減らし，よりインスリン感受性の高い小型脂肪細胞を増やし，筋肉における糖の取り込みを促進することによりインスリン感受性を回復する．インスリン抵抗性改善とともに，男性ホルモンが低下し，月経が回復，排卵を認めるようになる症例もあるが(Liepa et al, 2008)，肥満の是正が困難な症例，あるいは肥満の是正

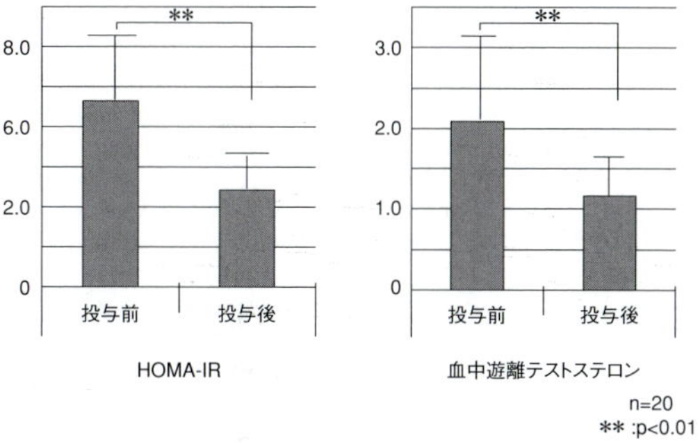

図XXI-95-3．ピオグリタゾン投与後のHOMA-IR（Homeostasis model of assessment-insulin resistance）と遊離テストステロンの変化

HOMA-R : Homeostasisi model of assessment-insurlin resistance

だけではインスリン抵抗性が改善しない場合薬物療法が試みられる．現在，使用可能なインスリン抵抗性改善薬はビグアナイド（BG）とチアゾリジン誘導体（TZD）である．

(A) ビグアナイド剤

メトフォルミンは，筋肉においてAMPKを活性化しGLUT4の膜への移動を促進することにより糖の取り込みを増加させる一方，PGC（peroxisome proliferator-activated receptor γ co-activator）-1発現亢進を介し，解糖・酸化系酵素群の活性を上昇させることによりインスリン抵抗性を改善する．メトフォルミンによるPCOS治療成績が多数報告されているが，コントロール試験の報告は比較的少ない．Moghettiら（Moghetti et al, 2000），およびEisenhartら（Eisenhardt et al, 2006）による前向き2重盲検試験の報告があり，卵巣機能（排卵を1回以上認めたもの）はそれぞれ55%，67%と対照に比べ有意に回復した．しかし，本剤の短期間投与では，インスリン抵抗性改善，男性ホルモン低下，SHBG上昇を認める報告と認めないものがあり，一定しない．また，欧米における報告の多くが本剤を1500mg/日以上投与した成績であって，わが国で認められている投与量750mg/日のコントロール研究はなく，今後の検討が必要である．

(B) チアゾリジン（TZD）誘導体

TZDは，脂肪細胞分化の主調節因子であるPPARγのアゴニストであり，前駆脂肪細胞からインスリン感受性が良好な小型脂肪細胞への分化を促進し，大型脂肪細胞をアポトーシスによって減少させ，アディポネクチンを増加する一方，TNFαやレジスチンを低下し，炎症を改善することにより，インスリン感受性を回復する．PCOSに対するTZDの効果は，DunaifらによりTroglitazone投与を用いた成績によりはじめて報告され，インスリン抵抗性改善，男性ホルモン低下，SHBG低下，月経周期回復を認めた（Dunaif et al, 1996）．その後開発されたPioglitazone（Ortega-Gonzalez C, 2005）やRosiglitazone（Jensterle et al, 2008）でも同様の効果を認めている．Pioglitazoneを用いた我々の成績でもインスリン感受性回復に伴う高インスリン血症改善，アンドロゲン低下，月経周期回復を認めた（図XXI-95-3）．

まとめ

PCOSにおける病態観察研究ならびにインスリン抵抗性改善薬による治療介入の効果は，インスリン抵抗性が本症の病態に密接に関与することを示すものといえる．さらにインスリン抵抗性に加え，インスリン作用を修飾する種々のアディポサイトカインのPCOSの病態形成への役割の解明は，今後さらなる研究が必要である．

（橋本重厚）

引用文献

Aguirre V, Werner ED, Giraud J, et al (2002) Phosphorylation of Ser307 in insulin receptor substrate-1 blocks interactions with the insulin receptor and inhibits insulin action, *J Bio Chem*, 277 ; 1531-1537.

Alcoser SY, Hara M, Bell GI, et al (2004) Association of the (AU) AT-Rich Element Polymorphism in *PPP1R3* with Hormonal and Metabolic Features of Polycystic Ovary Syndrome, *J Clin Endocrinol Metab*, 8 ; 2973-2976.

Alvarez-Blasco F, Botella-Carretero JI, San Millan JL, et a l (2006) Prevalence and characteristics of the polycystic ovary syndrome in overweight and obese women, *Arch Intern Med*, 166 ; 2081-2086.

Ardawi MS, Rouzi AA (2005) Plasma adiponectin and insulin resistance in women with polycystic ovary syndrome, *Fertil Steril*, 83 ; 1708-1716.

Baier LJ, Permana PA, Yang X, et al (2000) A calpain-10 gene polymorphism is associated with reduced muscle mRNA levels and insulin resistance, *J Clin Invest*, 106 ; R69-73.

Botella-Carretero JI, Roldán B, Sancho J, et al (2005) Polymorphisms in the insulin receptor substrate-1 (IRS-1) gene and the insulin receptor substrate-2 (IRS-2) gene influence glucose homeostasis and body mass index in women with polycystic ovary syndrome and non-hyperandrogenic controls, *Hum Reprod*, 20 ; 3184-3191.

Burghen GA, Givens JR, Kitabchi AE (1980) Correlation of hyperandrogenism with hyperinsulinism in polycystic ovarian disease, *J Clin Endocrinol Metab*, 50 ; 113-116.

Carmina E, Napoli N, Longo RA, et al (2006) Metabolic syndrome in polycystic ovary syndrome (PCOS) : lower prevalence in southern Italy than in the USA and the influence of criteria for the diagnosis of PCOS, *Eur J Endocrinol*, 154 ; 141-145.

Conway GS, Jacobs HS, Holly JM, et al (1990) Effects of luteinizing hormone, insulin, insulin-like growth factor-I and insulin-like growth factor small binding protein 1 in the polycystic ovary syndrome, *Clin Endocrinol (Oxf)*, 33 ; 593-603.

Dunaif A, Segal KR, Futterweit W, et al (1989) Profound peripheral insulin resistance, independent of obesity, in polycystic ovary syndrome, *Diabetes*, 38 ; 1165-1174.

Dunaif A, Scott D, Finegood D, et al (1996) The insulin-sensitizing agent troglitazone improves metabolic and reproductive abnormalities in the polycystic ovary syndrome, *J Clin Endocrinol Metab*, 81 ; 3299-3306.

Ehrmann DA, Barnes RB, Rosenfield RL (1995) Polycystic ovary syndrome as a form of functional ovarian hyperandrogenism due to dysregulation of androgen secretion, *Endocr Rev*, 16 ; 322-353.

Eisenhardt S, Schwarzmann N, Henschel V, et al (2006) Early effects of metformin in women with polycystic ovary syndrome : a prospective randomized, double-blind, placebo-controlled trial, *J Clin Endocrinol Metab*, 91 ; 946-952.

Escobar-Morreale HF, Villuendas G, Botella-Carretero JI, et al (2006) Adiponectin and resistin in PCOS : a clinical, biochemical and molecular genetic study, *Hum Reprod*, 21 ; 2257-2265.

Franks S (1989) Polycystic ovary syndrome : a changing perspective, *Clinic Endocrinol*, 31 ; 87-120.

Gonzalez F, Thusu K, Abdel-Rahman E, et al (1999) Elevated serum levels of tumor necrosis factor α in normal-weight women with polycystic ovary syndrome, *Metabolism*, 48 ; 437-441.

González F, Minium J, Rote NS, et al (2005) Hyperglycemia alters tumor necrosis factor-α release from mononuclear cells in women with polycystic ovary syndrome, *J Clin Endocrinol Metab*, 90 ; 5336-5342.

Greisen S, Ledet T, Ovesen P (2001) Effects of androstenedione,insulin and luteinizing hormone on steroidogenesis in human granulose luteal cells. *HumReprod.* 16 : 2061-2065.

Haap M, Machicao F, Stefan N, et al (2005) Genetic determinants of insulin action in polycystic ovary syndrome, *Exp Clin Endocrinol Diabetes*, 113 ; 275-281.

Hashimoto S, Yatabe SM, Homma M, et al (2006) Insulin sensitizing agents decrease blood pressure along with reduction of insulin resistance in polycystic ovary syndrome, JHypertens Suppl Jun 24 : S316.

本間美優樹，菅谷芳幸，平井裕之，他（2009）非肥満多嚢胞性卵巣症候群患者の内分泌学的特徴とインスリン抵抗性　日本内分泌学会雑誌，85，377．

Jensterle M, Sebestjen M, Janez A, et al (2008) Improvement of endothelial function with metformin and rosiglitazone treatment in women with polycystic ovary syndrome, *Eur J Endocrinol*, 159 ; 399-406.

Jin L, Zhu XM, Luo Q, et al (2006) A novel SNP at exon 17 of INSR is associated with decreased insulin sensitivity in Chinese women with PCOS, *Mol Hum Reprod*, 12 ; 151-155.

Kadowaki T, YamauchiT, Kubota N, et al (2006) Adiponectin and adiponectin receptors in insulin resistance, diabetes, and the metabolic syndrome, *J Clinic inverst*, 116 ; 1784-1792.

Kajita K, Mune T, Kanoh Y, et al (2004) TNF-alpha reduces the expression of peroxisome proliferator-activated receptor gamma (PPARγ) via the production of ceramide and activation of atypical PKC, *Diab Res Clinic Practice*, 66 (Suppl 1) ; S79-83.

Kasuga M (2006) Insulin resistance and pancreatic b cell failure, *J Clin Invest*, 116 ; 1756-1760.

Knebel B, Janssen OE, Hahn S, et al (2008) Increased Low Grade Inflammatory Serum Markers in Patients with Polycystic Ovary Syndrome (PCOS) and their Relationship to PPARgamma Gene Variants, *Exp Clin Endocrinol Diabetes*, 116 ; 481-486.

Knochenhauer ES, Key TJ, Kahsar-Miller M, et al (1998) Prevalence of the Polycystic Ovary Syndrome in Unselected Black and White Women of the Southeastern United States : A Prospective Study, *J Clin Endocrino Metab*, 83 ; 3078-3082.

Lagaly DV, Aad PY, Grado-Ahuir JA, et al (2008) Role of adiponectin in regulating ovarian theca and granulosa cell function, *Mol Cell Endocrinol*, 284 (1-2) ; 38-45.
Lanzone A, Fulghesu AM, Andreani CL, et al (1990) Insulin secretion in polycystic ovarian disease : effect of ovarian suppression by GnRH agonist, *Hum Reprod*, 5 ; 143-149.
Legro RS, Kunselman AR, Dodson WC, et al (1999) Prevalence and predictors of risk for type 2 diabetes mellitus and impaired glucose tolerance in polycystic ovary syndrome : a prospective, controlled study in 254 affected women, *J Clin Endocrinol Metab*, 84 ; 165-169.
Liepa GU, Sengupta A, Karsies D (2008) Polycystic ovary syndrome (PCOS) and other androgen excess-related conditions : can changes in dietary intake make a difference? *Nutrition in Clinic Practice*, 23 ; 63-71.
Milner CR, Craig JE, Hussey ND, et al (1999) No association between the -308 polymorphism in the tumour necrosis factor α (TNF3α) promoter region and polycystic ovaries, *Mol Hum Reprod*, 5 ; 5-9.
Moghetti P, Castello R, Negri C, et al (2000) Metformin effects on clinical features, endocrine and metabolic profiles, and insulin sensitivity in polycystic ovary syndrome : a randomized, double-blind, placebo-controlled 6-month trial, followed by open, long-term clinical evaluation, *J Clin Endocrinol Metab*, 85 ; 139-46.
Munir I, Yen HW, Baruth T, et al (2005) Resistin Stimulation of 17-Hydroxylase Activity in Ovarian Theca Cells *in Vitro* : Relevance to PolycysticOvary Syndrome, *J Clinic Endocrinol Metab*, 90 ; 4852-4857.
Nestler JE, Jakubowicz DJ (1996) Decreases in ovarian cytochrome P450c17 alpha activity and serum free testosterone after reduction of insulin secretion in polycystic ovary syndrome, *N Engl J Med*, 335 ; 617-623.
Ortega-Gonzalez C, Luna S, Hernandez L, et al (2005) Responses of serum androgen and insulin resistance to metformin and pioglitazone in obese, insulin-resistant women with polycystic ovary syndrome, *J Clin Endocrinol Metab*, 90 ; 1360-1365.
Puder JJ, Varga S, Kraenzlin M, et al (2005) Central Fat Excess in Polycystic Ovary Syndrome : Relation to Low-Grade Inflammation and Insulin Resistance, *J Clin Endocrinol Metab*, 90 ; 6014-6021,.
Samoto T, Maruo T, Matsuo H, et al (1993) Altered expression of insulin and insulin-like growth factor-1 receptors in follicular and stromal compartments of polycystic ovaries, *Endocrine J*, 40 ; 413-424.
San Millan JL, Corton M, Villuendas G, et al (2004) Association of the Polycystic Ovary Syndrome with Genomic Variants Related to Insulin Resistance, Type 2 Diabetes Mellitus, and Obesity, *J Clin Endocrinol Metab*, 89 ; 2640-2646.
Sekar N, Garmey JC, Veldhuis JD (2000) Mechanisms underlying the steroidogenic synergy of insulin and luteinizing hormone in porcine granulosa cells : joint amplification of pivotal sterol-regulatory genes encoding the low-density lipoprotein (LDL) receptor, steroidogenic acute regulatory (star) protein and cytochrome P450 side-chain cleavage (P450scc) enzyme, *Mol Cell Endocrinol*, 159 (1-2) ; 25-35.
Siegel S, Futterweit W, Davies TF, et al (2002) A C/T single nucleotide polymorphism at the tyrosine kinase domain of the insulin receptor gene is associated with polycystic ovary syndrome, *Fertil Steril*, 78 ; 1240-1243.
Spaczynski RZ, Arici A, Duleba AJ (1999) Tumor necrosis factor-α stimulates proliferation of rat ovarian theca-interstitial cells, *Biol Reprod*, 61 ; 993-998.
Spicer LJ, Aad PY (2007) Insulin-like growth factor (IGF) 2 stimulates steroidogenesis and mitosis of bovine granulosa cells through the IGF1 receptor : role of follicle-stimulating hormone and IGF2 receptor, *Biol Reprod*, 77 ; 18-27.
Steppan CM, Wang J, Whiteman EL et al (2005) Activation of SOCS-3 by resistin, *Mol Cell Biol*, 25 ; 1569-75.
Thierry van Dessel HJ, Lee PD, Faessen G, et al (1999) Elevated serum levels of free insulin-like growth factor I in polycystic ovary syndrome, *J Clin Endocrinol Metab*, 84 ; 3030-3035.
Tok EC, Aktas A, Ertunc D, et al (2005) Evaluation of glucose metabolism and reproductive hormones in polycystic ovary syndrome on the basis of peroxisome proliferator-activated receptor (PPAR) -gamma2 Pro12 Ala genotype, *Hum Reprod*, 20 ; 1590-1595.
Vanholder T, Lmr Leroy J, Van Soom A, et al (2006) Effect of non-esterified fatty acids on bovine theca cell steroidogenesis and proliferation in vitro, *Anim Reprod Sci*, 92 ; 51-63.
Vollmert C, Hahn S, Lamina C, et al (2007) Calpain-10 variants and haplotypes are associated with polycystic ovary syndrome in Caucasians, *Am J Physiol Endocrinol Metab*, 292 ; E836-44.
Waterworth DM, Bennett ST, Gharani N, et al (1997) Linkage and association of insulin gene VNTR regulatory polymorphism with polycystic ovary syndrome, *Lancet*, 349 ; 986-990.
Weerakiet S, Srisombut C, Bunnag P, et al (2001) Prevalence of type 2 diabetes mellitus and impaired glucose tolerance in Asian women with polycystic ovary syndrome, *Int J Gynaecol Obstet*, 75 ; 177-184.
Yu C, Chen Y, Cline GW, et al (2002) Mechanism by which fatty acids inhibit insulin activation of insulin receptor substrate-1 (IRS-1) -associated phosphatidylinositol 3-kinase activity in muscle, *J Biol Chem*, 277 ; 50230-50236.
Zhang G, Garmey JC, Veldhuis JD (2000) Interactive stimulation by luteinizing hormone and insulin of the steroidogenic acute regulatory (StAR) protein and 17 alpha-hydroxylase/17,20-lyase (CYP17) genes in porcine theca cells, *Endocrinology*, 141 ; 2735-2742.

Legends for Figure

XXI-96

多嚢胞性卵巣症候群の管理と非 ART 治療

Key words
PCOS の管理／PCOS の治療／PCOS の排卵誘発／腹腔鏡下卵巣多孔術／インスリン抵抗性

はじめに

多嚢胞性卵巣症候群 (polycystic ovary syndrome, PCOS) はこれまでの治療概念上難治性無排卵症と捉えられ，排卵誘発を中心とする不妊治療の開発と工夫に主眼が置かれてきた．病態論，中でも肥満やインスリン抵抗性などの代謝異常が併存または背景にあることが指摘されて以来，高インスリン血症のもたらす心，脳などの血管障害の予防という観点も重視されるようになり，不妊治療だけでなく閉経女性も含めた女性生涯の健康管理へと治療と予防の範囲が広がった．殊に食習慣の欧米化は女性成人病としての本症候群の治療に占める管理の比重が大きくなりつつある．

そこで本節では PCOS の管理と非 ART 治療について紹介するが，はじめに全体像を図XXI-96-1 と表-XXI96-1 にまとめた．

1 管理

(A) 肥満対策

BMI＞25m²の肥満を伴う PCOS に対しては減量を第一選択とする (日産婦・生殖内分泌委報告，2009)．4－8 週のダイエット期間と 5－10%の減量を当初の目標として 3－5 ヶ月の持続を達成する．PCOS 患者では非 PCOS 女性に比して食事制限が困難とされているので，ドロップアウトを防ぐよう指導することが肝要である．特にアジア人は肥満によるインスリン抵抗性亢進のリスクが高いと指摘されている．

減量療法限界の目安として，4－8 週のダイエットによりインスリン抵抗性が改善されなければメトホルミンの併用を考慮し，3－5 ヶ月の減量とメトフォルミンで排卵が回復しない場合にはクロミフェンの使用に踏み切る．

BMI＜25kg/m²で肥満とはいえない PCOS に対しては減量効果に期待できないので，最初から排卵誘発剤の適応と考える．

(B) 増殖性子宮内膜病変の定期健診

女性における周期的内膜脱落は内膜増殖性病巣に対する予防と治療という意味を持っている．内膜基底層に再生幹細胞があるとしても，慢性無排卵で周期的，定期的な内膜剥奪を伴わない PCOS では，エストロゲン優位状態が遷延し増殖性病変を起こすリスクが高まっている可能性がある．子宮体癌発生の相対リスクは3.1と高い．もう一つのリスク要因は PCOS では

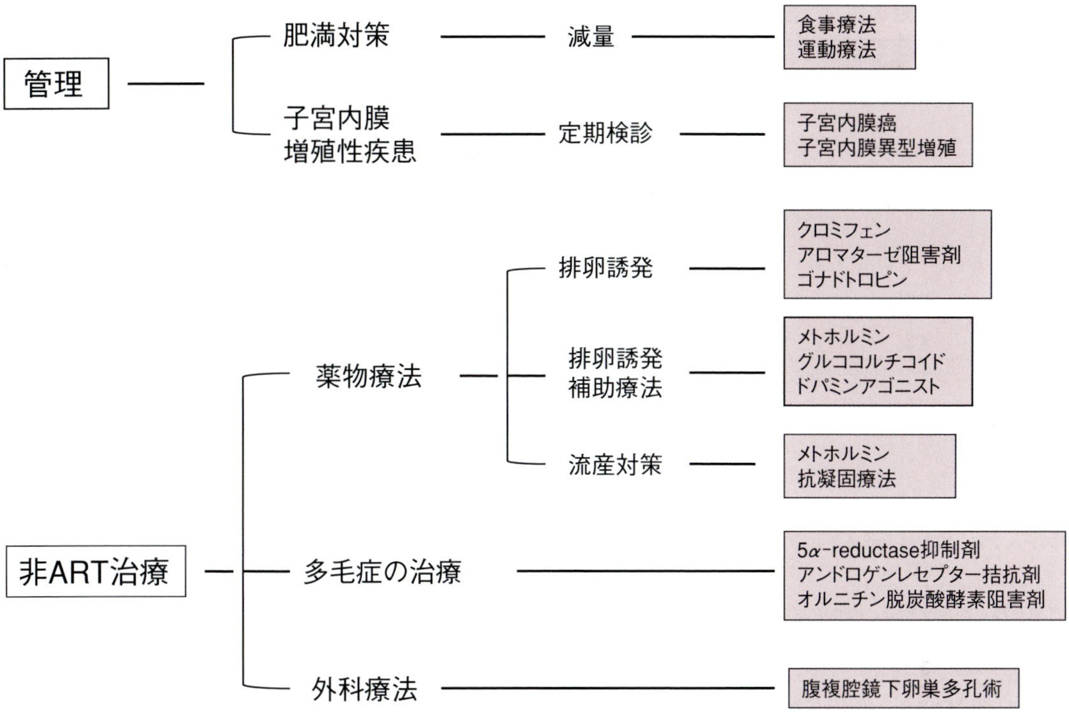

図XXI-96-1．多嚢胞性卵巣症候群の管理と非ART治療指針（ART治療については別項参照）

エストロゲン基礎値が高く，無排卵であるためプロゲステロンによる内膜分化が誘導されないことである．かくて，unopposedの高エストロゲン環境に暴露され内膜は一方的に増殖に向かう．したがってPCOSに対しては挙児希望の有無にかかわらず，内膜の定期健診とプロゲステロン製剤，または低容量ピルの服用により消退出血を誘発する．

2 薬物的排卵誘発法

(A) クロミフェン (clomiphen citrate, CC)

クロミフェン (CC) は，PCOSだけでなく正常ゴナドトロピン無排卵症に対する経口排卵誘発剤の第一選択として慣用されてきた (Barbieri, 2007)．CCはエストロゲン拮抗剤で，視床下部のエストロゲン・レセプター (ER) に競合結合することによってエストロゲンの負のフィードバック作用を阻止し，その結果ゴナドトロピン放出ホルモン (gonadotropin releasing hormone, GnRH)，FSH，LHの分泌を促進して卵胞発育と成熟をもたらすというのがこの薬剤の作用機序である (Shaw, 1976；Seli, Duleba, 2002)．経口投与での半減期は5日と比較的長い (Elnashar et al, 2006)．

適応はWHOグループIIのいわゆる視床下部障害性の無排卵症で，PCOSもこれに属する．用法・用量は50-150mg/日を周期3-5日目か

表XXI-96-1．PCOSの非ART治療における段階的排卵誘発法

段階	基本方針	適応	方法	留意事項
ステップⅠ	肥満対策	BMI＞25／kg/m²	食事制限と運動	・PCOSでは食事制限は脱落し易い ・メトフォルミン単独での効果は期待薄 ・減量を目的とするメトフォルミン療法は不可
ステップⅡ	1　クロミフェン（CC） 2　アロマターゼ阻害剤	BMI＜25／kg/m² 高PRL合併 副腎性高アンドロゲン合併 インスリン抵抗性合併	CC単独 CC＋ドパミンアゴニスト CC＋グルココルチコイド CC＋メトホルミン	・メトフォルミンの併用効果（±） ・まれに乳酸アシドーシス ・妊娠＋になると中止
ステップⅢ ↓↑	ゴナドトロピン療法	CC／メトホルミン抵抗性	FSH漸減法 FSH漸増法 主卵胞径＞18mmでhCG/GnRHアゴニストで排卵刺激	・uFSH，pFSH，rFSHとの間には総投与量に差はあるが，効果には有意差なし ・OHSSと多胎回避のため直径＞16mmの卵胞4個以上あればhCG中止
ステップⅣ	腹腔鏡下卵巣多孔術（LOD＊）			

＊腹腔鏡下卵巣穿刺法　Laparoscopic ovarian drilling
＊ステップⅤはART治療　＊ステップⅢとステップⅣとの順序はむしろ逆にした方が良いとの考えもある

ら5日間服用が一般的とされているが，薬理作用に由来する内膜増殖抑制作用を考慮して，実際には100mg（2錠）/日が限度である．3周期使用しても排卵誘発ができない場合にはCC抵抗性ありと判断して次の誘発手段に踏切る．PCOSにおけるCC無効症例は高々25％くらいと推定されており，肥満やアンドロゲン高値を示す症例にCC抵抗例が多いという（Shepard et al, 1979）．

CCの持つ排卵剤としての有効性や利便性は評価されるべきであるが，反面，抗エストロゲン作用に由来する欠点も指摘される．頚管粘液の減少，内膜増殖の抑制，排卵後の黄体機能不全などのため高い排卵率の割には妊娠率が低いことが指摘されてきた．わが国の婦人についての調査では排卵率55％，妊娠率11％と両者の開きが大きい（日産婦・生殖内分泌委報告，1993）が，コルチコステロイドやブロムクリプチンを併用すると排卵率は60–70％にまで上昇するという．ちなみに欧米人では20–25％と低い排卵率が報告されている．診断基準を正確にとったケースコントロール調査による再検討の必要を感じる．

(B) アロマターゼ阻害剤

レトロゾール（retrozole），アナストロゾール（anastrozole）など第三世代のアロマターゼ阻害剤がこれに属する．文字通りアンドロゲンからエストロゲンへの転換を触媒する酵素を直接阻害するので，間脳下垂体へのエストロゲンによる負のフィードバック作用によりFSHの放出が促される．この場合CCとは異なりエストロゲン・レセプター（ER）は開いた状態のままであるから内膜増殖への抑制は見られない（Mitwally et al, 2001）．

この薬理特性のため排卵誘発にアロマターゼ阻害剤を用いた場合には，CCを用いた場合に比べて内膜の厚みや妊娠率の点で優れているという報告がある（Bayar et al, 2006）．詳細は第XI章49節を参照願いたい．

(C) ゴナドトロピン療法

(1) 原則

CC抵抗性のPCOSは卵巣を直接刺激するゴナドトロピン療法の適応となる．PCOSが難治性無排卵症といわれる所以は，本態が卵胞の発育障害ではなくむしろ成熟障害であるので，過大な数の発育卵胞が存在しLHに対する反応がきわめて亢進していることである．ためにhCGに対する過剰反応から卵巣過剰刺激症候群（ovarian hyperstimulation syndrome, OHSS），多胎などの重篤な副作用が発症する危険性が高い．しかも排卵誘発が可能なhCGの最少有効量とOHSSを回避できる最小有効量とが接近しているため，綿密かつ個別にモニターしながらFSHの至適投与量を見出さなければならない．

PCOSに対するゴナドトロピン療法は，ART周期では複数の排卵を目的とするので調節卵巣刺激（controlled ovarian stimulation, COS）として繁用されるが，非ART周期では単一排卵を目的とするのでFSH製剤の有効かつ安全な使い方が求められる．前述のように，PCOSでは多数の小卵胞が存在すること，LH基礎値が高いことが特徴（Mori et al, 2009）であるので，ゴナドトロピンに対する反応性が高まっていることを念頭に置いて基本方式の原則を個別化するのが原則である．

(2) FSH製剤の種類と効果の評価

FSH製剤には閉経期婦人尿由来ゴナドトロピン（human menopausal gonadotropin, hMG）とヒト遺伝子組換えFSH(human recombinant FSH, rFSH）とがある．hMG製剤は通常FSHとLHが一定の比率で混合されているが，FSH成分のみに純化したpure FSH（pFSH）も製剤化されている．rFSHはpFSHに比べてコストが高いが，排卵までの総投与量が少なく，投与期間も短くて済み，OHSSの頻度も低い（Yarali et al, 2004）．

両者間に効果の点では有意差は認められないが，rFSHはpFSHに比べて高価であるが，総使用量が少なく，OHSSの発生頻度も低い（Yarali et al, 2004）．

(3) FSH製剤の投与形式

GnRHアナログを用いるCOSについては該当項目で詳しく解説されるのでここでは触れない．非ART周期におけるゴナドトロピン排卵誘発法は副作用回避のため不妊治療の中心課題の一つであり続けてきた．

投与形式の選定は，単一排卵とOHSS回避が眼目となる．用量・反応関係をモニターした上で，投与形式を設定した臨床試験に基づいて多くのプロトコルが提案されている（Mizunuma et al, 1991；Hugues et al, 2006；Christin-Maitre, Hugues 2003）．大別すれば，固定(fixed)，漸増(step-up）と漸減（step-down）の三つがある（Andoh et al, 1998）．共に月経周期3－5日間の卵巣予備能と腔卵胞数antral follicle count（AFC）を考慮して周期間FSH上昇（inter-cycle rise of FSH）に合わせて3－5日目から投与を開始する．

漸増方式では開始投与量50–75IU/日から始

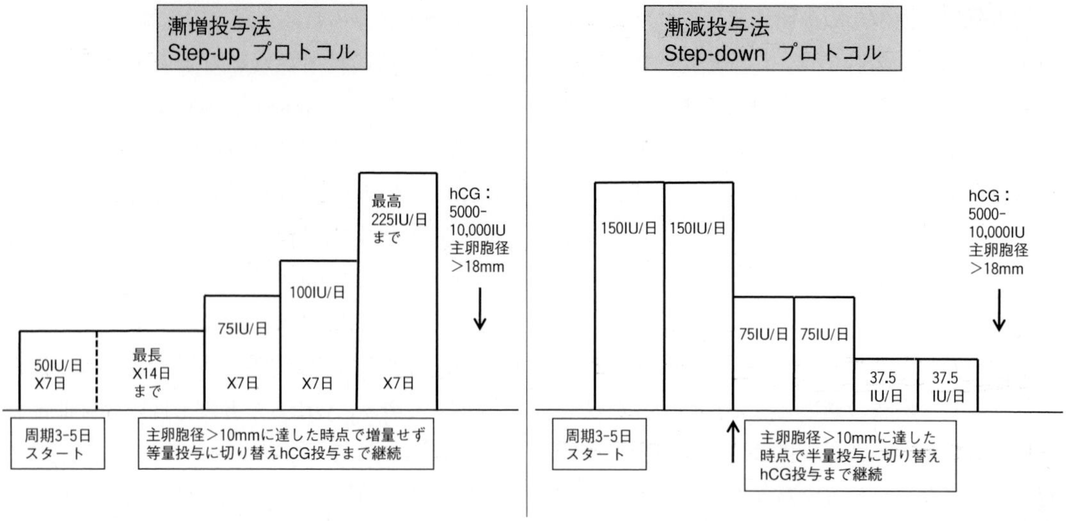

hCG投与の中止条件：1）径16mm以上の卵胞が4個以上　2）血清エストラジオール値＞1,000pg/ml

図XXI-96-2．リコンビナントFSH（フォリスチム）の投与方式

め，2－3日ごとに超音波でモニターしながら25–50IUづつ増量して投与を続けるが，最大量225IU/日とする．長期間をかける方式も提案されている（Balasch et al, 2000）．やはり主卵胞の選択を確認した時点でhCGに切り替える．

rFSHが主流になりつつあるのでその製剤であるフォリスチム（図XXI-96-2）とゴナールF（図XXI-96-3）の投与方式について参考までに紹介しておきたい．pFSHとは別にhighly purified-hMG（hp-hMG）に含まれる微量のhCG成分がLH作用を発揮することによって良質の卵子を得ることができるという情報もあるので，今後詳細な検討が望まれる．

漸減方式では150–225IU/日から始め2－3日ごとに超音波でモニターしながら半量に減量して投与を続ける．卵胞径が10mmを越えると，主卵胞が選択されたと判断する．以後の成熟は早く2mm/日の割合で大きくなるので，エストラジオール値を参考にして37.5IU/日にまで漸減する．最大卵胞径18mmに達するとhCG 5,000–10,000単位を筋注して排卵刺激とする．hCGのかわりにGnRHアゴニストを投与してLHのフレア・アップを誘発する方法もある．なお最小投与量を37.5IUにしても50IUにしても有意差は認められない．この方式では10%の単一排卵率が得られたという．

またrFSH製剤を非ART周期における排卵誘発に用いることも可能で，原則として単一排卵とOHSS回避を目的とした少量長期投与方式が推奨されている．この方式の実行にはカートリッジによる分割自己注射が可能な器具（ペン）が開発，市販されている（フォリスチム注カートリッジ）．これを用いた低用量漸増法（Leader et al, 2006）に基づいて開発メーカーが作成した

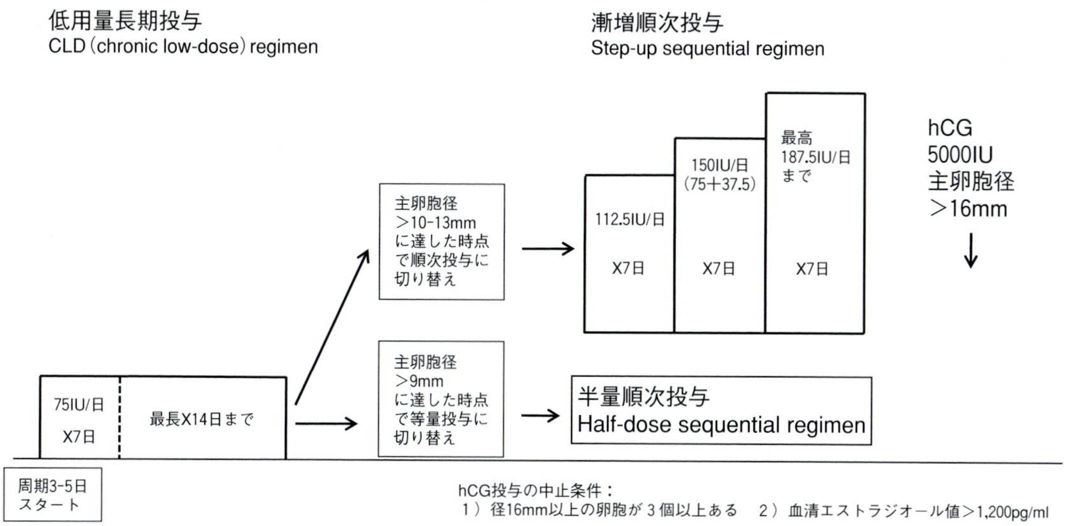

図XXI-96-3．リコンビナントFSH（ゴナールF）の投与方式

自己注射方式を紹介しておく（図XXI-96-4）．

(4) 成績

認可が遅れた関係か，わが国でのrFSHに関する成績の報告は乏しい．PCOSに対する非ARTでのゴナドトロピン療法は当然GnRHアナログを使用しない周期となるが，pFSHとhMGを比較した場合，妊娠率，流産率，多胎率に有意差はないものの，OHSS発症率はpFSHで有意に低い（日産婦・生殖内分泌委員会報告，2009）．

3 インスリン増感剤(insulin sensitizer)

(A) インスリンの代謝作用

インスリンは糖代謝だけでなく，脂質やアミノ酸を含めた代謝調節の中心ホルモンである．その作用は大まかに同化と異化の二面性があり，肝では糖の同化とグリコーゲンの貯蔵，脂肪組織では脂肪酸の同化と中性脂肪の貯蔵が行われるのに対し，骨格筋では糖と脂質の異化によるエネルギー産生機能を発揮する．肥満はインスリンの効率的利用を妨げる結果インスリン抵抗性をもたらし，代償性に高インスリン血症となって肥満を助長する．PCOSではこのような代謝的悪循環に陥り，結果としてアンドロゲン過剰産生に結び付いて頑固な無排卵となる（機序に関してはXXI-90参照）．インスリン抵抗性はまた血管と線溶系に対して障害を及ぼす結果，高血圧や心，脳の血管障害をきたす．PCOSの排卵障害の背景にあるこのような代謝，血管の障害を改善するには，インスリン増感剤を用いて内因性インスリンの効率を高めることにある．

作用機序を異にしたビグアナイド系とチアゾリジン系の2種が併用されている．

(B) メトホルミン（metformin）

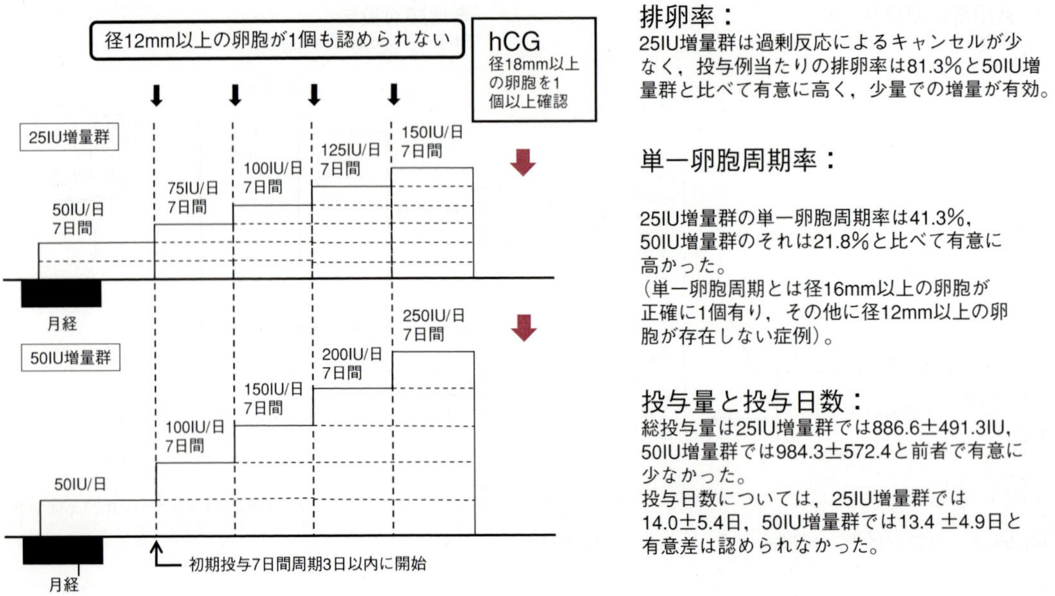
径12mm以上の卵胞が1個も認められない
hCG
径18mm以上の卵胞を1個以上確認
25IU増量群
50IU/日
7日間
75IU/日
7日間
100IU/日
7日間
125IU/日
7日間
150IU/日
7日間
月経
50IU増量群
50IU/日
100IU/日
7日間
150IU/日
7日間
200IU/日
7日間
250IU/日
7日間
月経
初期投与7日間周期3日以内に開始
排卵率：
25IU増量群は過剰反応によるキャンセルが少なく，投与例当たりの排卵率は81.3%と50IU増量群と比べて有意に高く，少量での増量が有効。
単一卵胞周期率：
25IU増量群の単一卵胞周期率は41.3%，50IU増量群のそれは21.8%と比べて有意に高かった。
(単一卵胞周期とは径16mm以上の卵胞が正確に1個有り，その他に径12mm以上の卵胞が存在しない症例)。
投与量と投与日数：
総投与量は25IU増量群では886.6±491.3IU，50IU増量群では984.3±572.4と前者で有意に少なかった。
投与日数については，25IU増量群では14.0±5.4日，50IU増量群では13.4 ±4.9日と有意差は認められなかった。

図XXI-96-4．自己注射型リコンビナントFSH（フォリスチム圧カートリッジ）の投与方式
Low-dose Step-up プロトコル（Leader A et al et al, Fertil Steril 85：2006）

(1) 薬理作用

ビグアナイド系薬剤で2型糖尿病治療薬としての歴史は古い．肝での糖産生を抑制する代りにトリグリセリドや乳酸として蓄積される結果アシドーシスをもたらす危険があったので，一時中断されたが復活し2型糖尿病の第一選択薬となっている．

代謝上の薬理作用は，(1)肝からの糖放出抑制，(2)筋組織での糖取り込み促進，(3)腸からの糖吸収抑制，(4)血清脂質改善，(5)GLUTによる糖取り込み促進，など多岐に亘る（Seli, Duleba, 2002）．性ステロイド生合成上の作用機序は17α-hydroxylase（*CYP 17*）活性を抑制することによりアンドロゲン産生を低下することにある．C19ステロイド産生にはステロイド核C21位での側鎖切断が不可欠であるが，それにはC17位の水酸化が前提となる．

(2) 用法と効果

BMI＞25kg/m^{2}の肥満PCOSには減量を第一選択とし，カロリー制限と運動を優先する．食事制限によってもインスリン抵抗性に変化がない時はじめてメトフォルミン併用を考え，減量を目的とするメトフォルミン療法は行うべきでない（日産婦・生殖内分泌委員会, 2009）．排卵誘発には通常CCとの併用（Nestler et al, 1998；Norman et al, 2004）あるいはCCの前投与（Vandermolen et al, 2001）として用い，BMI＜25の非肥満PCOSに排卵誘発を目的としたメトフォルミン単独療法はエビデンスが明らかでないので適応としない．服用量は欧米では1500–200mg/日と多いが，わが国では糖尿病に対して認可されている750mg/日を上限とする（日産婦・生殖内分泌委員会, 2009). 有効性に関してはCC抵抗例にメトホルミンを併用した場合, 排卵率76.4% (CC単独26.7%), 妊娠率27.4% (3.8%), 生児獲得率15.4% (1.8%) (Clark et al, 1998) と明白である.

(C) チアゾリジン (TZD) thiazolidine系薬剤

この系統の薬剤であるトログリタゾン (troglitazone) を排卵誘発に用いるには, 時に肝障害を伴うほどの大量を用いる必要があるのでFDAはこれを不許可としている. その後同系統の薬剤であるロシグリタゾン (rosiglitazone) とピオグリタゾン (pioglitazone) の2種が開発されたが, ロシグリタゾンの方が有望視されている. TZDの薬理作用はアディポカインに抵抗して脂肪細胞の核内受容体 (peroxisome proliferators activated receptor γ, PPARγ) 発現を上方制御してインスリン抵抗性を減弱することによると考えられている. 肥満に伴うインスリン抵抗性の発現には大型脂肪細胞から分泌されるTNFαの役割が大きい. TZDの主な作用の場は脂肪細胞であり, 核内受容体PPAR γを介して脂肪細胞の分化プログラムの中で, 大型脂肪細胞から分泌されるTNFαが自分泌的に働いて, インスリン受容体と受容体基質のチロシン残基のリン酸化を抑制することによりインスリン作用の発現を抑制している. TZD系増感剤は脂肪細胞におけるインスリン感受性を高めることにより奏功している. またPPAR γはマクロファージなどの免疫細胞にも発現, リガンドがアラキドン酸からリポキシゲナーゼにより産生されるロイコトルエンB4 (LTB4) であることからすれば, インスリンが脂肪酸ことにアラキドン酸代謝を介してマクロファージ機能にも大きく関与しているとすれば, 高血圧の危険因子としてPCOSにおける向血管作用の実態も解明されなければなるまい.

排卵誘発効果についての報告は少ないが, CC単独での排卵率42.3%に対しトログリタゾンを併用すると72.7%に上昇したという (Ghazeeri et al, 2003 ; Hasegawa et al, 1999).

4 流産対策

(A) 臨床エビデンス

PCOS患者が妊娠しても30–50%という高い初期流産率が報告されており (Homburg et al, 1988), 自然流産率が10–15%である (Clifford et al, 1994) のに比べ2–3倍高い. 逆に反復流産患者の36-82%はPCOSであるとの報告もある (Liddell et al, 1997). さらに肥満 (Fedorcsak et al, 2000) や血中アンドロゲン高値 (Okon et al, 1998) が流産の危険因子となっているとの報告もある.

これらの背景を踏まえPCOSにおける高インスリン血症が流産を誘発するとの仮説の下に, メトフォルミン投与の効果を検討した臨床成績がある. PCOS妊婦でメトフォルミン投与群の初期流産率は8.8%であったのに対し, 非投与群では41.9%と大きな開きがあった (Jakubowicz et al, 2002). 流産歴のある患者のみを対象とした場合, メトフォルミン投与群の流産率11.1%に対し非投与群のそれは58.3%と開きがさらに大きくなったという.

(B) メトフォルミンの奏功機序

一般に妊娠するとインスリン感受性が低下す

るため，生理的にも妊娠性インスリン抵抗性亢進（pregnancy-induced insulin resistance）が惹起される．PCOS患者ではインスリン抵抗性が非妊時から亢進しているので，妊娠の負荷が加わるとインスリン抵抗性はさらに増強する．インスリン増感剤であるメトフォルミンがインスリン抵抗性を改善したことが流産防止につながったと考えられるが，その機序として3つがあげられよう．

第一にはアンドロゲンの低下作用である．妊娠6−10週の遊離テストステロン濃度はメトホルミンを服用すると約半分に低下するという．第二に高インスリンが子宮内膜に作用してグリコデリン（glycodelin）やIGFBP-1の発現を抑制する結果（Okamoto et al, 1991），子宮内膜の免疫細胞の攻撃から胚を保護する作用が低下する．そして第三の機序はplasminogen activator inhibitor（PAI）-1の減少である．インスリン抵抗性が高まると血清PAI-1の濃度が上昇する結果，腺溶系活性を低下せしめるので，PCOSにおける独立した流産の危険因子と考えられている．インスリン抵抗性の改善はこの危険因子を除去することになる．

（C）妊婦への投与の安全性

最後にメトフォルミンの安全性について言及しておきたい．メトフォルミンはFDAからカテゴリーBの薬剤指定を受けており動物実験的には催奇作用は認められていない．南アフリカで2型糖尿病妊婦を対象とした臨床治験で，妊娠全期間メトホルミンを投与した妊婦からの出生児には奇形は発見されなかったという．しかし現状ではメトフォルミンの妊婦への服用に対する安全性が確認されているわけではないので，妊娠すれば投与を中止するか，十分なインフォームドコンセントを得た上で投与することを勧告している（日産婦・生殖内分泌委員会報告, 2009）．

5 腹腔鏡下卵巣多孔術（laparoscopic ovarian drilling, LOD）

PCOSの最初の原著報告の中でも卵巣の楔形切除（wedge resection）が妊娠の成立に有効との記載があるが，現在は腹腔鏡下の両側卵巣に多数の小孔をあける卵巣ドリリングに切換わっている．以下日産婦・生殖内分泌委員会報告の記述に準じて紹介する．

⑴手技

腹腔鏡観察下に血管流入部と広間膜近くを避け，針状のプローブを用いて片側卵巣あたり約10ヶ所の小孔を空ける．卵巣表層だけでなく皮質下の小孔（3−5 mm）に達する深さを定める．穿孔数が多すぎると早発卵巣不全を起こす危険があるので，あらかじめ超音波検査でその数をおよそ決めておくのが賢明である．

⑵器具と用法

最も汎用されているモノポーラー電極の場合，平均40W，通電時間1−4秒（平均2秒）で，周囲組織の熱変性を減らすため生理食塩水を断続的に流す．バイポーラー電極，CO_2レーザー，KTPレーザー，Nd-YAGレーザー，アルゴンビーム凝固，超音波メス等も用いられる．殊にKTPレーザーを用いると出血なくかつ周囲組織の破壊も少ない．

⑶副作用

術後卵巣周囲癒着と卵巣早発不全があるので熟練と経験が必要である．

(4)成績

多数の文献調査の結果を集計分析すると，術後の自然排卵率は74%でCC感受性はほぼ全例で回復する．妊娠率は60%(排卵剤使用例を含む)，多胎率2%(ゴナドトロピン療法に比し有意に低い)，流産率18%である．

(5)作用機序

未だ精確な効奏機序は不明であるが，アンドロゲン値が低下することにより，下垂体卵巣系機能の正常化が想定されている．

ゴナドトロピン療法に匹敵する有効性と副作用の激減という安全性が確保されるので価値ある治療法である．PCOSの進行例に対してはLODをゴナドトロピン治療に優先させるべきではないが，反面低侵襲性ではあっても卵巣周囲癒着と後遺症としての早発卵巣不全という課題も残されている．

まとめ

PCOS治療は難治性の無排卵症として，排卵誘発と不妊治療という観点から排卵誘発法の改良と開発を中心に進歩してきた．しかし肥満やインスリン抵抗性が病態の底流にあることが本症を難治性としている犯人であることがわかってきた．今やPCOSは単なる難治性無排卵症だけでなく，代謝異常からくる女性成人病として治療と長期管理の対象として扱うという認識が必要である．本節でのPCOSに対する不妊治療の進め方を，ステップIからIVまで段階的に示した(表XXI-96-1)が，ステップIIIとIVの順序を入れ替えることもぜひ考慮すべきであろう．

(森　崇英・菅沼信彦)

引用文献

Andoh K, Mizunuma H, Liu X, et al (1998) A comparative study of fixed-dose, step-down, and low-dose step-up regimens of human menopausal gonadotropin for patients with polycystic ovary syndrome, *Fertil Steril*, 70 ; 840-845.

Azziz R, Ehrmann D, Legro RS, et al (2001) Troglitazone improves ovulation and hirsutism in the polycystic ovary syndrome : a multicenter, double blind, placebo-controled trial, *J Clin Endocrinol Metab*, 86 ; 1626-1632.

Balasch J, Fabregues F, Creus M, et al (2000) Recombinant human follicle-stimulating hormone for ovulation induction in polycystic ovary syndrome : a chronic low-dose step-up protocol, *J Assist Reprod Genet*, 17 ; 561-565.

Barbieri RL (2007) Clomiphene versus metformin for ovulation induction in polycystic ovary syndrome : the winner is, *J Clin Endocrinol Metab*, 92 ; 3399-3401.

Bayar U, Basaran M, Kiran S, et al (2006) Use of an aromatase inhibitor inpatients with polycystic ovary syndrome : a prospective randomized trial, *Fertil Steril*, 86 ; 1447-1451.

Christin-Maitre S, Hugues JN on behalf of the Recombinant FSH Study Group (2003) A comparative randomized multicentric study comparing the step-up versus step-down protocol in polycystic ovary syndrome, *Hum Reprod*, 18 ; 1626-1631.

Clark AM, Thornley B, Tomlinson L, et al (1998) Weight loss in obese infertile women results in improvement in reproductive outcome for all forms of fertility treatment, *Hum Reprod*, 13 ; 1502-1505.

Clifford K, Rai R, Watson H, et al (1994) An informative protocol for the investigation of recurrent miscarriages : preliminary experience of 500 consecutive cases, *Hum Reprod*, 9 ; 1328-1332.

Elnashar A, Abdelmageed E, Fayed M, et al (2006) Clomiphene citrate and dexamethasone in treatment of clomiphene citrate-resistent polycystic ovary syndrome : a prospective placebo-controlled study, *Hum Reprod*, 21 ; 1805-1808.

Fedorcsak P, Storeng R, Dale PO, et al (2000) Obesity is a risk factor for early pregnancy loss after IVF or ICSI, *Acta Obstet Gynaecol Scand*, 79 ; 43-48.

Ghazeeri G, Kutteh WH, Bryer-Ash M, et al (2003) Effect of rosiglitazone on spontaneous and clomiphene citrate-induced ovulation in women with polycystic ovary syndrome, *Fertil Steril*, 79 ; 562-566.

Groome NP, Illingworth PJ, O'Brien M, et al (1996) Measurement of dimeric inhibin B throughout the human menstrual cycle, *J Clin Endocrinol Metab*, 81 ; 1401-1405.

Hasegawa I, Murakawa H, Suzuki M, et al (1999) Effect of troglitazone on endocrine and ovulatory performance in women with insulin resistance-related polycystic ovary syndrome, *Feril Steril*, 71 ; 323-327.

Homburg R, Armar NA, Eshel A, et al (1988) Influence of serum luteinizing hormone concentrations on ovulation, conception, and early pregnancy loss in polycystic ovary syndrome, *Brit Med J*, 297 ; 1024-1026.

Hugues JN, Cedrin-Durnerin J, Howles CM (2006) The

use of a decremental dose regimen in patients treated with a chronic low-dose step-up protocol for WHO Group II anovulation : a prospective randomized multicentre study, *Hum Reprod*, 21 ; 2817-2822.

Jakubowicz DJ, Iuorno MF, Jakubowicz S, et al (2002) Effects of metformin on early pregnancy loss in the polycystic ovary syndrome, *J Clin Endocrinol Metab*, 87 ; 524-529.

Liddell HS, Sowden K, Farquhar CM (1997) Recurrent miscarriage : screening for polycystic ovaries and subsequent pregnancy outcome, *Aust NZ J Obstet Gynaecol*, 37 ; 402-406.

Leader A et al (2006) *Fertil Steril*, 85 ; 1766-1773.

森崇英，渡辺浩彦，石川弘伸ほか（2006）多嚢胞卵巣症候群（PCOS）の概念規定と検討過程，図説 ART マニュアル，改訂第 2 版，pp219-227，森崇英，久保春海，岡村均編著，永井書店，大阪.

Mitwally RJ, Casper RF (2001) Use of an aromatase inhibitor for induction of ovulation in patients with an inadequate response to clomiphene citrate, *Fertil Steril*, 75 ; 305-309.

Mizunuma H, Takagi T, Yamada K, et al (1991) Ovulation induction by step-down administration of purified urinary follicle-stimulating hormone in patients with polycystic ovarian syndrome, *Fertil Steril*, 55 ; 1195-1196.

Mori T, Nonoguchi K, Watanabe H, et al (2009) Morphogenesis of polycystic ovaries as assessed by pituitary -ovarian androgenic function, *Reprod BioMed Online*, 18 ; 635-643.

日本産科婦人科学会／生殖・内分泌委員会（1993）「本邦婦人における多嚢胞性卵巣症候群の診断基準設定に関する小委員会」報告，日産婦誌，45 ; 1359-1367.

日本産科婦人科学会／生殖・内分泌委員会（2009）「本邦における多嚢胞性卵巣症候群の治療法に関する治療指針作成のための小委員会」報告，日産婦誌，61 ; 902-912.

Nestler JE (2004) Metformin-comparison with other therapies in ovulation induction in polycyatic ovary syndrome, *J Clin Endocrinol Metab*, 89 ; 4797-4800.

Nestler JE, Labubowicz DJ (1997) Decrease in ovarian cytochrome P450c17α activity and serum free testosterone after reduction of insulin secretion in polycystic ovarian syndrome, *N Eng J Med*, 335 ; 617-623.

Nestler JE, Jakubowicz DJ, Evans WS, et al (1998) Effects of metformin on spontaneous and clomiphene-induced ovulation in the polycystic ovary syndrome, *N Eng J Med*, 338 ; 1876-1880.

Norman RJ (2004) Metformin-comparison with other therapies in ovulation induction in polycystic ovary syndrome, *J Clin Endcrinol Metab*, 89 ; 4797-4800.

Okon MA, Laird SM, Tuckerman EM, et al (1998) Serum androgen levels in women who have recurrent miscarriages and their correlation with markers of endometrial function, *Fertil Steril*, 69 ; 682-690.

Okamoto N, Uchida A, Takakura K, et al (1991) Suppression by human placental protein 14 of natural killer cell activity, *Am J Reprod Immunol*, 26 ; 137-142.

Shaw RW (1976) Tests of the hypothalamic-pituitary-ovarian axis, *Clin Obstet Gynaecol*, 3 ; 485-503.

Shepard MK, Balmaceda JP, Leija CG (1979) Relationship of weight to successful induction of ovulation with clomiphene citrate, *Fertil Steril*, 32 ; 641-645.

Seli E, Duleba AJ (2002) Optimizing ovulation induction in women with polycystic ovary syndrome, *Curr Opin Obstet Gynecol*, 14 ; 245-254.

Van der Meer M, Hompes PG, et al (1994) Follicle stimulating hormone (FSH) dynamics of low dose step-up ovulation induction with FSH in patients with polycystic ovary syndrome, *Hum Reprod*, 9 ; 1612-1617.

Vandermolen OT, Ratts VS, Evans WS, et al (2001) Metformin increases the ovulatory rate and pregnancy rate from clomiphene citrate in patients with polycystic ovary syndrome who are resistant to clomiphene citrate alone, *Fertil Steril*, 75 ; 310-315.

Weenen C, Laven JS, et al (2004) Anti-Mullarian hormone expression pattern in the human ovary : potential implications for initial and cyclic follicle recruitment, *Mol Hum Reprod*, 10 ; 77-83.

Welt CK, Pagan YI, et al (2003) Control of follicle-stimulating hormone by oestradiel and the inhibins : critical role of estradiol at the hypothalamus during the luteal-follicular transition, *J Clin Endocrinol Metab*, 88 ; 1766-1771.

Yarali H, Zeyneloglu HB (2004) Gonadotropin treatment in patients with polycystic ovary syndrome, *Reprod BioMed Online*, 8 ; 528-537.

XXI-97

PCOS の生殖補助医療による治療

Key words
polycystic ovary syndrome／生殖補助医療／体外受精／体外成育培養／調整性卵巣刺激

はじめに

PCOS は生殖年齢女性の 5－8 ％に発症し，月経異常や不妊の主要な原因の一つであるため，生殖補助医療（ART, assisted reproductive technology）が行われることも多い． ART では通常，多数の卵胞発育を目的とした調節性卵巣刺激（COS, controlled ovarian stimulation）が行われるが，PCOS では卵巣過剰刺激症候群（OHSS, ovarian hyperstimulation syndrome）を発症しやすいため，卵巣刺激においてさまざまな工夫が試みられ，新規の治療法も行われ始めている．

1 PCOS における ART の適応

PCOS それ自体は ART の適応ではないが，以下の場合は ART が行われる．

(1) 適切な排卵誘発が行われ，タイミング指導または必要に応じて人工授精が行われたにもかかわらず妊娠が成立しない場合
(2) 卵管因子や男性因子など他に ART の適応因子がある場合
(3) ゴナドトロピン療法で適切な数の卵胞発育をコントロールできない場合

これらのうち(1)と(2)は一般的な ART の適応であるが，(3)は多発卵胞発育をきたしやすい PCOS に特徴的な適応要件で，多胎妊娠の予防および OHSS の発症・重症化の予防を目的とし，緊急避難的に行われることもある．ART を前提にした卵巣刺激では，全胚凍結して妊娠成立を阻止して OHSS の重症化を防ぐことができる．そのため，特に OHSS のリスクが高い症例に対しては，他に適応がなくても積極的に ART を勧めることがある．

2 PCOS における卵巣刺激法

PCOS では非 PCOS と比較して採卵数が多いものの，成熟卵数や受精卵数は同等と報告されており（Heijnen et al, 2006），採取された卵子個々の質は不均一であると推測される．そのため PCOS では，成熟卵がない，受精が成立しない，などの予期せぬトラブルが起こりやすく，キャンセル率が高まる（Kodama et al, 1995）．ただし ART の転帰は，PCOS の有無によって影響されないことが示されており（Heijnen et al, 2006；Beydoun et al, 2009），PCOS に対する ART の最大の問題点は卵巣刺激をいかに適切に行い，成熟卵を獲得できるかに尽きる．さまざまな卵巣刺激

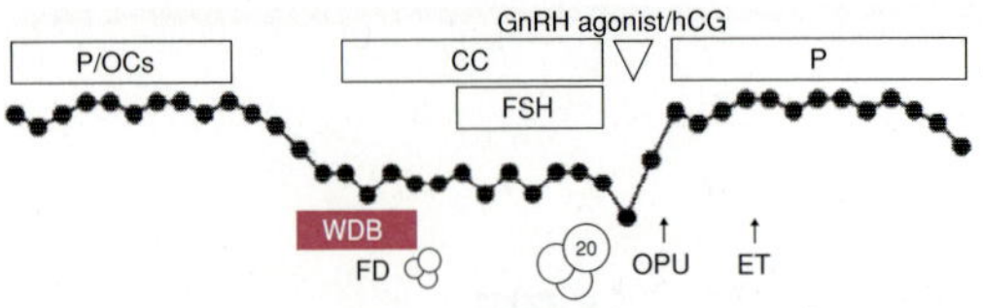

図XXI-97-1．クロミフェン-FSH法

P：黄体ホルモン，OC：経口避妊薬，CC：クロミフェンクエン酸塩，WDB：消退出血，FD：卵胞直径（mm），OPU：採卵，ET：胚移植．

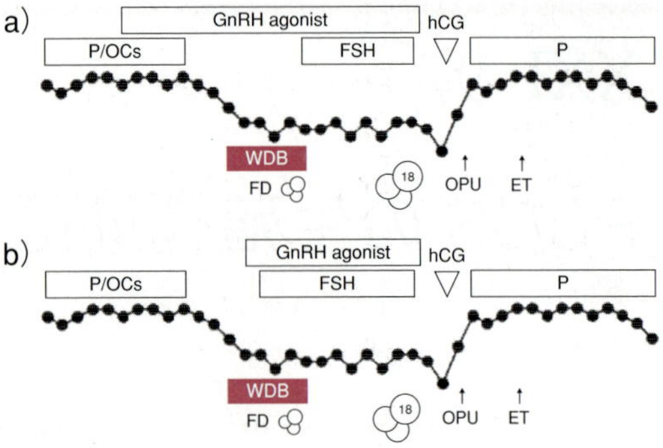

図XXI-97-2．GnRHアゴニストを用いた調節性卵巣刺激

A）ロング・プロトコール，b）ショート・プロトコール
P：progestogen，OC：oral contraceptive，GnRH ant：GnRHアンタゴニスト，WDB：withdrawal bleeding，FD：follicular diameter（mm），OPU：oocyte pickup，ET：embryo transfer.

法が行われているが，この節ではCOSについて述べる．一般的な排卵誘発法についてはXXI-93を参照されたい．

（A）クロミフェン-FSH法（図XXI-97-1）

クロミフェンクエン酸塩による抗エストロゲン作用で下垂体に対するestradiol（E_2）のフィードバックを阻害してLHサージ発来を阻害する．月経周期の3日目からクロミフェン50mgを採卵決定まで連日投与し，8日目からFSH 150単位を隔日投与する．通常，FSHを4回投与すると十分な卵胞発育が得られる．

（B）GnRHアゴニスト-FSH法

GnRHアゴニストは，下垂体のGnRH受容体を持続的に刺激し，その数を減少（ダウンレギュレーション）させることにより，GnRHに対するゴナドトロピン産生細胞の反応性を失わせ（脱感作），ゴナドトロピン分泌を抑制する．GnRHアゴニスト-FSH法は，このような状態で外因性のFSHにより卵胞発育をコントロールするもので，最もポピュラーなCOSである．ダウンレギュレーションが成立した後にFSHを投与するロング・プロトコール（図XXI-97-2（a））と，GnRHアゴニスト投与直後の一過性のゴナドトロピン分泌亢進作用（flare-up）を利用して卵巣刺激を増強するショート・プロトコール（図XXI-97-2（b））とがある．ショート・プロトコールは調節性が劣る上，過剰刺激のリスクが高まる可能性があるため，PCOSでは選択する利点がない．

ロング・プロトコールは通常，前周期の黄体期中期にGnRHアゴニストの徐放性製剤を皮下注するか，または点鼻薬600–900μg/日の点鼻投与を開始する．PCOSでは無月経または無排卵周期ことが多いので，経口避妊薬（OC, oral contraceptive）または黄体ホルモンを投与して黄体期と同様の状態にし，GnRHアゴニストを合わせて投与することが多い．わが国では主に点鼻薬が処方されているが，海外では皮下注薬が広く用いられている．皮下注薬の効果は約6週間持続するため，通常1回の投与で足りる．また，ゴナドトロピンの抑制作用が点鼻薬よりも強いため，PCOSの場合は過剰刺激を抑制する効果も期待できる．

消退出血が始まってから7日目ごろ，すなわちGnRHアゴニスト投与から2週間ほど経過した時点で，ダウンレギュレーションを確認してからFSHを投与する．FSHの投与開始量は150単位/日以下で十分であり，150単位でも過剰反応をきたすことがある．FSH投与開始時に前胞状卵胞数を計測し，非常に多い場合はFSH開始量を100単位に減量する．主席卵胞径が16mmに達したらFSHを最終投与し，翌日以降にhCG 5,000単位を投与して34-36時間後に採卵する．

FSH投与中に発育卵胞数が30個を超え，血中E_2値が5,000pg/ml以上になった場合は，重症OHSSを発症する危険性が高いため，後述するOHSS予防策を講じる．

消退出血開始直後にGnRHアゴニストを投与し，2週間後にFSHを開始する方法もあるが，flare upにより卵胞発育が起こってしまうことがあり，黄体期中期に開始する方法よりも劣る．

GnRHアゴニストを投与してからFSH開始までの期間を延長するウルトラロング・プロトコールはゴナドトロピンがさらに抑制されるため，PCOSでは好ましいこともある．

(C) FSH-GnRHアンタゴニスト法（図XXI-97-3）

GnRHアンタゴニストは，GnRH受容体に結合するが，細胞内シグナル伝達機構が活性化されないアナログである．現在，第三世代以降のcetrorelixとganirelixが臨床に用いられている．

消退出血3-4日目からFSH 150単位/日を投与し，FSH投与6日目または主席卵胞径が14mmに達した時点からGnRHアンタゴニスト0.25mg/日をFSHとともに投与する．GnRHアンタゴニストの半減期は短いため24時間ごとに投与する．GnRHアンタゴニストには3mg製剤もあり，そのLHサージ抑制効果は4日間である．GnRHアンタゴニスト投与5日以内に十分な卵胞発育が得られなければ，0.25mg製剤を追加投与する．

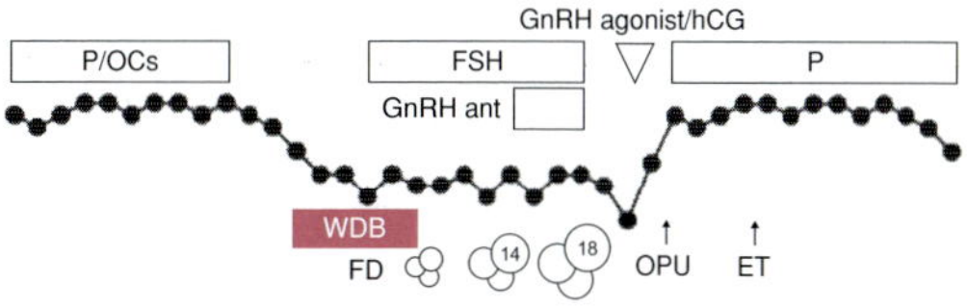

図XXI-97-3．GnRHアンタゴニストを用いた調節性卵巣刺激

P : progestogen, OC : oral contraceptive, GnRH ant : GnRH antagonist, WDB : withdrawal bleeding, FD : follicular diameter（mm），OPU : oocyte pickup, ET : embryo transfer.

GnRHアンタゴニスト法とGnRHアゴニストを用いたロング・プロトコールとを比較した27件のRCT（Randomiged controlled trial, ランダム化比較試験）を基にしたメタアナリシス（Al-Inany et al, 2006）では，GnRHアンタゴニスト法では臨床妊娠率（OR＝0.84, 95%CI＝0.72-0.97）と生児獲得率（P＝0.03；OR　0.82, 95%CI　0.69to0.98）が低いが，OHSSの予防策を講じる頻度が減り，重症OHSSの発生率も低下する（P＝0.01；RR　0.61, 95%CI　0.42to0.89）と結論されている．したがって，OHSSのリスクが高いPCOSに対しては，GnRHアゴニストよりもGnRHアンタゴニストを用いたプロトコールが推奨されるようになってきている．

GnRHアンタゴニスト周期では，排卵誘発のhCGを，GnRHアゴニストのflare upを利用した内因性LHサージで代用することができる．GnRHアンタゴニスト0.25mgの最終投与から8時間以上経過してれば，GnRHアゴニストの点鼻投与により内因性LHサージを誘発できる．GnRHアゴニストによって誘発された内因性LHの半減期はhCGよりも短いため，OHSSの発症を予防できる可能性がある（Humaidan et al, 2009；Sismanoglu et al, 2009）．しかし，いったん投与したGnRHアゴニストの作用が途切れると，血清ゴナドトロピン濃度は著しく低下し，回復に5－7日を要する（Fujii et al, 1997；Fujii et al, 2001）ため，黄体機能不全や流産が増加する可能性がある（Griesinger et al, 2006）．黄体補充に工夫が必要であり，採卵時に少量のhCGを追加することによってレスキューできると報告されている（Humaidan, 2009）が，PCOSにおける安全性は不明である．

(D) 併用薬

調節性卵巣刺激に必ずしも必須ではないが，PCOS卵巣の反応性を正常化するために，さまざまな薬剤が併用されることがある．しかし，いずれの薬剤においても，妊娠率や生産率が改善されるエビデンスは示されていない（Bromer et al, 2008）．

(1) メトホルミン

インスリン増感薬であるメトホルミンを，PCOSのART周期に併用する利点を示した報告は多い．一般排卵誘発治療ではFSH投与量の減少や投与期間の短縮が期待でき（Costello et al, 2006），ロング・プロトコールでは成熟卵数が増加し，受精率や妊娠率が向上すると報告がある（Stadtmauer et al, 2001；Stadtmauer et al, 2002；Fedorcsak et al, 2003）．一方，正常体重の女性で妊娠率が高まる傾向を認めただけとする報告（Kjotrod et al, 2004）もあり，評価が定まっていない．8件のRCTを基にしたメタアナリシス（Costello et al, 2006）ではOHSS発生率の低下のみが証明されているが，メトホルミンの投与期間や投与量が報告によって異なるため，さらに厳密なRCTが必要と述べられている．最新のコクランレビューでも，OHSSのリスクを軽減できるが，妊娠率や生児獲得率は改善されないと結論づけられている（Tso et al, 2009）．なお，海外ではメトホルミンの投与量が1,000–2,500 mg/日と多量である点，GnRHアゴニストを開始する前から長期的に投与している点に注意を要する．

(2) グルココルチコイド

グルココルチコイドはアンドロゲン濃度を低下させ，卵胞発育を促進させる．クロミフェン抵抗性PCOSに対してクロミフェンと併用する有用性は報告されているが，ART周期に併用する効果については検討がなされていない．

(3) 経口避妊薬

PCOS卵巣のように発育段階が異なる前胞状卵胞が多数あると，外因性のFSHに対する反応性が揃っていないため，低刺激では採卵数が極端に少なくなり，刺激を強めるとOHSSを引き起こしてしまう．ART周期で適切な卵胞発育を促すためには，卵胞のコホートを同期させる必要がある．

ART周期の前にOCを投与することにより，FSHに対する反応性が向上すると報告された（Lindheim et al, 1996）が，その後はこの仮説を支持する報告はなされていない．PCOSに対しては，OCを25日間投与し，OC服用20日目にGnRHアゴニストを皮下投与するロング・プロトコールが検討され，血清LH/FSH比と血清アンドロゲン値が正常化し，受精率，着床率，および妊娠率が向上し，OHSS発症が減少したと報告されている（Damario et al, 1997）．

一方，GnRHアンタゴニストを用いたCOSでは治療時期を月経周期に拘束されてしまうため，消退出血をコントロールするためにしばしばOCが用いられる．FSH-GnRHアンタゴニスト周期の前処置にOCを用いた影響について4件のRCTを検討したメタアナリシス（Griesinger et al, 2008）では，OC投与群ではFSH投与量の増加と投与期間の延長があるだけで，採卵数や妊娠率は改善しないと結論づけられている．また，OCには効果がない（Palomba et al, 2008）ばかりか，子宮内膜厚の非薄化や着床率の低下など子宮内膜に対する好ましくない影響も報告（Kolibianakis et al, 2006；Palomba et al, 2006）されている．したがって，OCの投与は，治療スケジュールの調整など非医学的な理由以外に積極的な適応はないとされている．ただし，これらの検討はPCOSを対象としたものではない．月経異常を有するPCOSでは治療のスケジュールを立てる上でOCや黄体ホルモンによる前処置は不可欠であるため，PCOSを対象としたRCTは困難である．

(E) OHSSの発症と重症化の予防

PCOSはOHSSの最大のリスク因子であり（Navot et al, 1992），卵巣の多嚢胞所見があれば内分泌学的にPCOSではなくてもOHSSのリスクが高まる（Ng et al, 2000）．ゴナドトロピン投与中に血清E_2の著しい高値や急激な上昇を認めた場合，または発育卵胞数が著しく多い場合は，OHSSを発症するリスクが高いと判断する．これらのカットオフ値は定まっておらず，E_2値は2,500-5,000pg/mlと報告者によってかなり幅があり，卵胞数は片側20個程度とする報告が多い．卵巣刺激中にOHSSのリスクが高いと判断された場合に，OHSSの発症あるいは重症化を予防する方法には以下のようなものがある．

(1) コースティング法

FSH投与を中止し，血清E_2値が2,500pg/ml未満になるまでhCG投与を行わず待機する方法である（Waldenstrom et al, 1999）．しかし，コースティング法のOHSS予防効果については，現在では確かなエビデンスが認められていない（D'Angelo, Amso, 2002）．

(2) hCGの減量

排卵誘発時のhCGを5,000単位未満に減量する．リコンビナントFSHとGnRHアンタゴニストを用いたCOS周期におけるRCTで，排卵誘発時のhCG投与量を2,500単位に減量しても，5,000単位または10,000単位投与時と比較して継続妊娠率を低下させずに，OHSS発生率の低減が期待できると報告されている（Kolibianakis et al, 2007）．しかし，hCGが少なすぎると採卵数が減る可能性がある（Abdalla et al, 1987）上，hCGの減量によるOHSS予防効果を否定した報告もある（Schmidt et al, 2004）．したがって，OHSSのリスクが高いPCOSでは，hCG投与量を2,500-5,000IUに減じることで，妊娠率には影響せずにOHSSの重症化をある程度は予防できると考えるのが無難である．

GnRH アンタゴニスト周期では前述したように，GnRH アゴニストを hCG の代用にすることにより OHSS を予防できる可能性がある．また，海外ではリコンビナント LH が臨床応用されており，代謝時間が短く OHSS のリスクを減じることができると報告されている（European recombinant LH study group 2001）が，わが国ではまだ臨床応用されていない．

(3) 全胚凍結

妊娠が成立すると，内因性 hCG により OHSS が重症化し，また遷延しやすくなる（Mathur et al, 2000）．そのため，妊娠が成立しないよう胚移植をキャンセルし全胚凍結することもある．メタアナリシス（D'Angelo, Amso, 2002；D'Angelo, Amso, 2007）では全胚凍結の OHSS 予防効果は示されていないが，遅発性の OHSS が重症化し生命を脅かす可能性があるのは確かであり，臨床的には積極的に勧めてよいと考えられる．

(4) アルブミン製剤または血漿増量薬の予防的投与

採卵または胚移植時にアルブミン製剤または血漿増量薬を予防的に投与することにより OHSS を予防できる可能性も報告されている（Delvigne, Rozenberg, 2003）．しかし，新しいメタアナリシス（D'Angelo, Amso, 2002；D'Angelo, Amso, 2007）では，予防的アルブミン投与の有効性は示されていない．アルブミン製剤などの血液製剤は，ウィルス感染のリスクや医療費の増加などが避けられないため，予防的投与には慎重にならざるを得ない．

(5) 黄体補充

OHSS のリスクが高い状態で胚移植を行った場合は，黄体補充に hCG を用いるべきではない．hCG を投与した周期では，プロゲステロンのみを投与した周期と比較して，妊娠率は変わらず OHSS 発生率が約 3 倍（OR 3.06, 95%CI 1.59–5.86）になる（Daya, Gunby, 2004）．

(F) OHSS 発症後の管理

OHSS の管理は重症度分類（表XII-97-1）をもとに決定する．日本産科婦人科学会の新しい重症度分類（苛原ら，2009）では，夜間や緊急時でも迅速に評価できる所見，すなわち臨床症状，経腟・経腹超音波検査（卵巣径，腹水），血算，生化学検査により迅速に評価できる．また，サードスペースへの水分貯留の目安となる体重と腹囲も測定する．ただし，ART 周期の卵巣は採卵による縮小や出血による増大があるため，卵巣腫大が必ずしも重症度と相関しない点に留意する（藤井，田中，2006）．

軽症 OHSS は，生活指導を行った上で外来管理が可能である．血液濃縮による動脈血栓症の予防のため，軽度の活動を保ちつつ 1 日1,000 ml 程度の水分を摂取させ，卵巣茎捻転や卵巣破裂を防ぐため，激しい運動や性交を控えさせる（Practice Committee of American Society for Reproductive Medicine, 2008）．夜間などの急変にも対応できるように手配しておき，体重増加（1 kg/日以上），排尿回数の減少，食欲低下など自覚症状が増悪した場合は連絡するよう指導する．

中等症以上ならびに妊娠例は厳重な管理を要する．症状や検査結果が改善しない場合は高次医療機関での管理を考慮し，必要に応じて入院管理とする．重症 OHSS では血液濃縮の改善と尿量確保を要するため，原則的に入院を勧め

表XXI-97-1．OHSS 重症度分類（日本産科婦人科学会，2009年）

	軽　症	中等症	重　症
自覚症状	腹部膨満感	腹部膨満感 嘔気・嘔吐	腹部膨満感 嘔気・嘔吐 腹痛，呼吸困難
胸腹水	小骨盤腔内の腹水	上腹部に及ぶ腹水	腹部緊満を伴う腹部全体の腹水，あるいは胸水を伴う場合
卵巣腫大*	≧6 cm	≧8 cm	≧12cm
血液所見	血算・生化学検査がすべて正常	血算・生化学検査が増悪傾向	Ht≧45% WBC≧15000/mm^3 TP＜6.0g/dl または Alb＜3.5g/dl

・一つでも該当する所見があれば，より重症なほうに分類する．
・卵巣腫大は左右いずれかの卵巣の最大径を示す．
・中等症以上ならびに妊娠例は厳重に管理し，症状や検査結果が改善しない場合は高次医療機関での管理を考慮する．
・重症は，原則的に入院管理を考慮する．

る．

3 *in vitro* maturation

PCOS における卵巣刺激では OHSS を完全に予防するのは難しい．そこで，卵巣刺激を行うことなく，あるいは卵胞が未熟な段階までの刺激にとどめた状態で採卵し，これを成熟培養して ART に用いる方法，すなわち未成熟卵の体外成熟（IVM, *in vitro* maturation）が試みられ始めた．未熟な卵胞から採取した卵子は，卵核胞（GV, germinal vesicle）を有する第一減数分裂前期で停止している．GV 期卵を 1－2 日間培養し，第二減数分裂中期（MII, metaphase II）期に到達した卵を媒精し，治療に供する．

ヒトにおけるはじめての IVM-IVF 妊娠例は，1991年に Cha らが報告したもので，婦人科疾患のために摘出した卵巣の小卵胞から回収した未熟卵が用いられた（Cha et al, 1991）．PCOS において経腟的に採取した未熟卵を用いた IVM については，1994年に Trounson らがはじめての妊娠例を報告している（Trounson et al, 1994）．当初は採卵率や卵子の成熟率が低く，満足できる臨床成績が得られなかったが，さまざまな工夫がなされて良好な成績が得られるようになってきた．

(A) 卵巣の priming

卵巣刺激のためのゴナドトロピン製剤をまったく使用しない方法も報告されており，月経周期が整順な女性では FSH による priming は必須ではないと報告されている（Mikkelsen et al, 1999）．しかし，PCOS 女性では卵胞期初期に FSH を投与して priming を行ったほうが MII 期に到達する卵の比率が高く，妊娠率も高まる（Mikkelsen, Lindenberg, 2001）．通常，月経周期の 3 日目からピュア FSH またはリコンビナント FSH 製剤150単位を 3 日間投与する．PCOS 卵

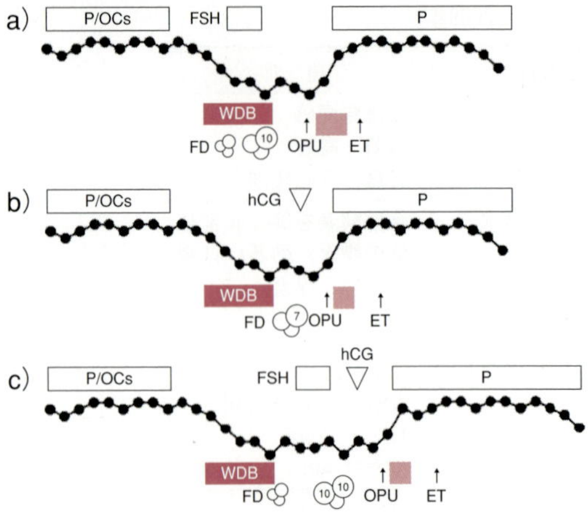

図XXI-97-4．*in vitro* maturation（IVM）プロトコール

(a) FSHのみ投与する方法（Mikkelesenら），(b) hCGのみ投与する方法（Le Duら），(c) FSHとhCGを投与する方法（福田ら）

P : progestogen, OC : oral contraceptive, WDB : withdrawal bleeding, FD : follicular diameter（mm），OPU : oocyte pickup, ■ : IVM, ET : embryo transfer.

巣をFSHでprimingしても顆粒膜細胞のアポトーシス発生率は40.5%であり，正常卵巣の26.2%に比し高率である（Mikkelsen et al, 2001a）が，その後の卵成熟，受精，胚発生には影響がない(Mikkelsen et al, 2001b)．したがって，PCOSでは顆粒膜細胞に異常があるものの，FSHにより卵子の成熟をレスキューできると考えられる．通常，卵胞径が10mmに到達し14mm以上の主席卵胞が出現する前に採卵するが，それまでの間，FSHを投与し続ける必要はなく，一定時間中断（コースティング）した後に採卵し，その時間は2日程度で十分と報告されている(Mikkelsen et al, 2003)．

一方，卵胞期初期のFSHは必ずしも必要ではなく（Le Du et al, 2005），卵胞期後期にhCGを投与するだけのプロトコールの方が多核胚の比率が少なく，臨床成績が良好だったとの報告

表XXI-97-2．成熟卵の形態学的評価

	第一極体	囲卵腔
grade 1	Fragmented	large
grade 2	Intact	large
grade 3	Fragmented	normal
grade 4	Intact	normal

もある（Vlaisavljevic et al, 2006）．これを受けてhCGの投与量を10,000単位と20,000単位とで比較したRCTでは，hCGを増量しても成績は変らないとも報告されている（Gulekli et al, 2004）．

未熟卵を採取するまでのprimingプロトコールやその必要性については施設や研究者によって見解が異なっており（図XXI-97-4），最適な方法が模索されている段階と思われる．

(B) 採卵方法

卵胞発育が未熟な段階での採卵は，厚くて硬い卵巣皮質を穿刺して小さな卵胞を穿刺しなくてはならないため，通常の採卵よりも技術的に難しい．小卵胞から効率的かつ非侵襲的に卵子を採取するために，穿刺針や吸引圧など採卵方法の改良（Hashimoto et al, 2007）も試みられている（図3）．

(C) 培養および媒精

体外成熟をはかる培養時間は48時間よりも36時間の方がよく（Mikkelsen et al, 1999），28時間と36時間とで比較した後方視的検討では成績に差がなかったと報告されている（Smith et al, 2000）．

通常のIVFでも成功例が報告されているが，通常の卵成熟過程を経ていないため顕微授精が

行われることが多い（Dell'Aquila et al, 1997）．また，IVMによって得られたMII卵は，第一極体と囲卵腔の状態により評価した形態（Xia, 1997）（表XXI-97-2）が良好であれば，その後の受精や胚発生に問題はないと報告されている（Mikkelsen, Lindenberg, 2001）．

(D) 治療の安全性

近年，IVMにより高い臨床妊娠率が得られるようになり（Mikkelsen 2005；Zhao et al, 2009），IVM卵を用いた妊娠では通常のARTによる妊娠と比較して流産率が高いものの，出生児の先天異常は増加しないことも報告されている（Mikkelsen 2005；Buckett et al, 2007）．高い流産率は，対象にPCOS患者が多く含まれているためでIVMの手技によるものではないと推測されている（Buckett et al, 2008）．

IVMはPCOSにおいてOHSSを回避する一法になりうるため，PCOSに対するARTの第一選択とする考えもある（福田，2008）．しかし，IVMを通常のARTと比較するRCTはまだ行われておらず，残念ながら通常のARTを上回る有用性は示されていない（Siristatidis et al, 2009）．また，卵成熟機構は十分に解明されておらず，体外培養環境の卵成熟過程への影響に関する基礎的なデータも不十分である．したがって，現時点では多発卵胞発育をコントロールできない症例や重症OHSS既往例など，対象を限定して行うのが妥当と思われる．また同時に，厳密なRCTにより有用性を確認することが急務である．

まとめ

PCOSのARTにおいては卵巣刺激をどのように行うかが最大の問題点であり，未解決の点が多々残されている．現時点では，以下のような対応が望ましいと考えられる．

(1) 若年者ではクロミフェン-FSH法などminimal stimulationを試みる．

(2) COSを行う際は，GnRHアゴニストを用いたロング・プロトコールよりも，OCで消退出血を惹起した後に行うGnRHアンタゴニスト法を第一選択とする．

(3) OHSSのリスクが高い症例では，COSを開始する前からメトフォルミンを投与する．

(4) 卵巣刺激中にOHSSの重症化が危惧された場合は，hCGの減量やコースティング，あるいは全胚凍結などの予防策を積極的に講じ，胚移植した場合は黄体補助にhCGを用いない．

(5) 卵胞発育のコントロールが難しい症例や，重症OHSSを発症した既往がある症例では十分なインフォームドコンセントを得た上でIVMを試みる．

ただし，これらのプロトコールを選択しても，ARTの治療目標である生児獲得率が向上するというエビデンスは，残念ながらないのが現状である．治療プロトコールの標準化を困難にしているのはPCOSの不均一性そのものであり，症例に応じて最善と考えられる方法を選択するしかない．今後，多数のPCOS症例を治療している専門施設は，相互に協力し合い厳密なRCTを行うことにより，治療のエビデンスを高めていく姿勢が求められている．

（藤井俊策）

引用文献

Abdalla HI, Ah-Moye M, Brinsden P, et al (1987) The effect of the dose of human chorionic gonadotropin and the type of gonadotropin stimulation on oocyte recovery rates in an in vitro fertilization program, *Fertil Steril*, 48 ; 958-963.

Al-Inany HG, Abou-Setta AM, Aboulghar M (2006) Gonadotrophin-releasing hormone antagonists for assisted conception, *Cochrane Database Syst Rev*, 3 ; CD 001750.

Beydoun HA, Stadtmauer L, Beydoun MA, et al (2009) Polycystic ovary syndrome, body mass index and outcomes of assisted reproductive technologies, *Reprod Biomed Online*, 18 ; 856-863.

Bromer JG, Cetinkaya MB, Arici A (2008) Pretreatments before the induction of ovulation in assisted reproduction technologies : evidence-based medicine in 2007, *Ann N Y Acad Sci*, 1127 ; 31-40.

Buckett WM, Chian RC, Dean NL, et al (2008) Pregnancy loss in pregnancies conceived after in vitro oocyte maturation, conventional in vitro fertilization, and intracytoplasmic sperm injection, *Fertil Steril*, 90 ; 546-550.

Buckett WM, Chian RC, Holzer H, et al (2007) Obstetric outcomes and congenital abnormalities after in vitro maturation, in vitro fertilization, and intracytoplasmic sperm injection, *Obstet Gynecol*, 110 ; 885-891.

Cha KY, Koo JJ, Ko JJ, et al (1991) Pregnancy after in vitro fertilization of human follicular oocytes collected from nonstimulated cycles, their culture in vitro and their transfer in a donor oocyte program, *Fertil Steril*, 55 ; 109-113.

Costello MF, Chapman M, Conway U (2006) A systematic review and meta-analysis of randomized controlled trials on metformin co-administration during gonadotrophin ovulation induction or IVF in women with polycystic ovary syndrome, *Hum Reprod*, 21 ; 1387-1399.

D'Angelo A, Amso N (2002) "Coasting" (withholding gonadotrophins) for preventing ovarian hyperstimulation syndrome, *Cochrane Database Syst Rev*, CD002811.

D'Angelo A, Amso N (2007) Embryo freezing for preventing ovarian hyperstimulation syndrome, *Cochrane Database Syst Rev*, CD002806.

Damario MA, Barmat L, Liu HC, et al (1997) Dual suppression with oral contraceptives and gonadotrophin releasing-hormone agonists improves in-vitro fertilization outcome in high responder patients, *Hum Reprod*, 12 ; 2359-2365.

Daya S, Gunby J (2004) Luteal phase support in assisted reproduction cycles, *Cochrane Database Syst Rev*, CD 004830.

Dell'Aquila ME, Cho YS, Minoia P, et al (1997) Intracytoplasmic sperm injection (ICSI) versus conventional IVF on abattoir-derived and in vitro-matured equine oocytes, *Theriogenology*, 47 ; 1139-1156.

Delvigne A, Rozenberg S (2003) Review of clinical course and treatment of ovarian hyperstimulation syndrome (OHSS), *Hum Reprod Update*, 9 ; 77-96.

European recombinant LH study group (2001) Human recombinant luteinizing hormone is as effective as, but safer than, urinary human chorionic gonadotropin in inducing final follicular maturation and ovulation in in vitro fertilization procedures : results of a multicenter double-blind study, *J Clin Endocrinol Metab*, 86 ; 2607-2618.

Fedorcsak P, Dale PO, Storeng R, et al (2003) The effect of metformin on ovarian stimulation and in vitro fertilization in insulin-resistant women with polycystic ovary syndrome : an open-label randomized cross-over trial, *Gynecol Endocrinol*, 17 ; 207-214.

Fujii S, Sagara M, Kudo H, et al (1997) A prospective randomized comparison between long and discontinuous-long protocols of gonadotropin-releasing hormone agonist for in vitro fertilization, *Fertil Steril*, 67 ; 1166-1168.

Fujii S, Sato S, Fukui A, et al (2001) Continuous administration of gonadotrophin-releasing hormone agonist during the luteal phase in IVF, *Hum Reprod*, 16 ; 1671-1675.

Griesinger G, Diedrich K, Devroey P et al (2006) GnRH agonist for triggering final oocyte maturation in the GnRH antagonist ovarian hyperstimulation protocol : a systematic review and meta-analysis, *Hum Reprod Update*, 12 ; 159-168.

Griesinger G, Venetis CA, Marx T, et al (2008) Oral contraceptive pill pretreatment in ovarian stimulation with GnRH antagonists for IVF : a systematic review and meta-analysis, *Fertil Steril*, 90 ; 1055-1063.

Gulekli B, Buckett WM, Chian RC, et al (2004) Randomized, controlled trial of priming with 10,000IU versus 20,000IU of human chorionic gonadotropin in women with polycystic ovary syndrome who are undergoing in vitro maturation, *Fertil Steril*, 82 ; 1458-1459.

Hashimoto S, Fukuda A, Murata Y, et al (2007) Effect of aspiration vacuum on the developmental competence of immature human oocytes retrieved using a 20-gauge needle, *Reprod Biomed Online*, 14 ; 444-449.

Heijnen EM, Eijkemans MJ, Hughes EG, et al (2006) A meta-analysis of outcomes of conventional IVF in women with polycystic ovary syndrome, *Hum Reprod Update*, 12 ; 13-21.

Humaidan P (2009) Luteal phase rescue in high-risk OHSS patients by GnRHa triggering in combination with low-dose HCG : a pilot study, *Reprod Biomed Online*, 18 ; 630-634.

Humaidan P, Papanikolaou EG, Tarlatzis BC (2009) GnRHa to trigger final oocyte maturation : a time to reconsider, *Hum Reprod*, 24 ; 2389-2394.

Kjotrod SB, von During V, Carlsen SM (2004) Metformin treatment before IVF/ICSI in women with polycystic ovary syndrome ; a prospective, randomized, double blind study, *Hum Reprod*, 19 ; 1315-1322.

Kodama H, Fukuda J, Karube H, et al (1995) High incidence of embryo transfer cancellations in patients with polycystic ovarian syndrome, *Hum Reprod*, 10 ; 1962-1967.

Kolibianakis EM, Papanikolaou EG, Camus M, et al

(2006) Effect of oral contraceptive pill pretreatment on ongoing pregnancy rates in patients stimulated with GnRH antagonists and recombinant FSH for IVF, A randomized controlled trial, *Hum Reprod*, 21 ; 352-357.

Kolibianakis EM, Papanikolaou EG, Tournaye H, et al (2007) Triggering final oocyte maturation using different doses of human chorionic gonadotropin : a randomized pilot study in patients with polycystic ovary syndrome treated with gonadotropin-releasing hormone antagonists and recombinant follicle-stimulating hormone, *Fertil Steril*, 88 ; 1382-1388.

Le Du A, Kadoch IJ, Bourcigaux N, et al (2005) In vitro oocyte maturation for the treatment of infertility associated with polycystic ovarian syndrome : the French experience, *Hum Reprod*, 20 ; 420-424.

Lindheim SR, Barad DH, Witt B, et al (1996) Short-term gonadotropin suppression with oral contraceptives benefits poor responders prior to controlled ovarian hyperstimulation, *J Assist Reprod Genet*, 13 ; 745-747.

Mathur RS, Akande AV, Keay SD, et al (2000) Distinction between early and late ovarian hyperstimulation syndrome, *Fertil Steril*, 73 ; 901-907.

Mikkelsen AL (2005) Strategies in human in-vitro maturation and their clinical outcome, *Reprod Biomed Online*, 10 ; 593-599.

Mikkelsen AL, Host E, Blaabjerg J, et al (2003) Time interval between FSH priming and aspiration of immature human oocytes for in-vitro maturation : a prospective randomized study, *Reprod Biomed Online*, 6 ; 416-420.

Mikkelsen AL, Host E, Lindenberg S (2001a) Incidence of apoptosis in granulosa cells from immature human follicles, *Reproduction*, 122 ; 481-486.

Mikkelsen AL, Lindenberg S (2001b) Benefit of FSH priming of women with PCOS to the in vitro maturation procedure and the outcome : a randomized prospective study, *Reproduction*, 122 ; 587-592.

Mikkelsen AL, Lindenberg S (2001) Morphology of in-vitro matured oocytes : impact on fertility potential and embryo quality, *Hum Reprod*, 16 ; 1714-1718.

Mikkelsen AL, Smith SD, Lindenberg S (1999) In-vitro maturation of human oocytes from regularly menstruating women may be successful without follicle stimulating hormone priming, *Hum Reprod*, 14 ; 1847-1851.

Navot D, Bergh PA, Laufer N (1992) Ovarian hyperstimulation syndrome in novel reproductive technologies : prevention and treatment, *Fertil Steril*, 58 ; 249-261.

Ng EH, Tang OS, Ho PC (2000) The significance of the number of antral follicles prior to stimulation in predicting ovarian responses in an IVF programme, *Hum Reprod*, 15 ; 1937-1942.

Palomba S, Falbo A, Del Negro S, et al (2006) Use of oral contraceptives in infertile patients : A descriptive review, *Gynecol Endocrinol*, 22 ; 537-546.

Palomba S, Falbo A, Orio F Jr, et al (2008) Pretreatment with oral contraceptives in infertile anovulatory patients with polycystic ovary syndrome who receive gonadotropins for controlled ovarian stimulation, *Fertil Steril*, 89 ; 1838-1842.

Practice Committee of American Society for Reproductive Medicine (2008) Ovarian hyperstimulation syndrome, *Fertil Steril*, 90 ; S188-193.

Schmidt DW, Maier DB, Nulsen JC, et al (2004) Reducing the dose of human chorionic gonadotropin in high responders does not affect the outcomes of in vitro fertilization, *Fertil Steril*, 82 ; 841-846.

Siristatidis CS, Maheshwari A, Bhattacharya S (2009) In vitro maturation in sub fertile women with polycystic ovarian syndrome undergoing assisted reproduction, *Cochrane Database Syst Rev*, CD006606.

Sismanoglu A, Tekin HI, Erden HF, et al (2009) Ovulation triggering with GnRH agonist vs. hCG in the same egg donor population undergoing donor oocyte cycles with GnRH antagonist : a prospective randomized cross-over trial, *J Assist Reprod Genet*, 26 ; 251-256.

Smith SD, Mikkelsen A, Lindenberg S (2000) Development of human oocytes matured in vitro for 28 or 36 hours, *Fertil Steril*, 73 ; 541-544.

Stadtmauer LA, Toma SK, Riehl RM, et al (2001) Metformin treatment of patients with polycystic ovary syndrome undergoing in vitro fertilization improves outcomes and is associated with modulation of the insulin-like growth factors, *Fertil Steril*, 75 ; 505-509.

Stadtmauer LA, Toma SK, Riehl RM, et al (2002) Impact of metformin therapy on ovarian stimulation and outcome in 'coasted' patients with polycystic ovary syndrome undergoing in-vitro fertilization, *Reprod Biomed Online*, 5 ; 112-116.

Trounson A, Wood C, Kausche A (1994) n vitro maturation and the fertilization and developmental competence of oocytes recovered from untreated polycystic ovarian patients, *Fertil Steril*, 62 ; 353-362.

Tso LO, Costello MF, Albuquerque LE, et al (2009) Metformin treatment before and during IVF or ICSI in women with polycystic ovary syndrome, *Cochrane Database Syst Rev*, CD006105.

Vlaisavljevic V, Cizek-Sajko M, Kovac V (2006) Multinucleation and cleavage of embryos derived from in vitro-matured oocytes, *Fertil Steril*, 86 ; 487-489.

Waldenstrom U, Kahn J, Marsk L, et al (1999) High pregnancy rates and successful prevention of severe ovarian hyperstimulation syndrome by 'prolonged coasting' of very hyperstimulated patients : a multicentre study, *Hum Reprod*,14 ; 294-297.

Xia P (1997) ntracytoplasmic sperm injection : correlation of oocyte grade based on polar body, perivitelline space and cytoplasmic inclusions with fertilization rate and embryo quality, *Hum Reprod*, 12 ; 1750-1755.

Zhao JZ, Zhou W, Zhang W, et al (2009) In vitro maturation and fertilization of oocytes from unstimulated ovaries in infertile women with polycystic ovary syndrome, *Fertil Steril*, 91 ; 2568-2571.

苛原稔，矢野哲，深谷孝夫ほか（2009）生殖・内分泌委員会報告（卵巣過剰刺激症候群の管理方針と防止のための留意事項），日産婦誌，61 ; 1138-1145.

藤井俊策，田中加奈子（2006）卵巣過剰刺激症候群（OHSS），産と婦，74 ; 181-187.

福田愛（2008）未熟卵子での体外受精法とは？ 臨婦産，62 ; 525-531.

第 XXII 章

卵子関連卵巣腫瘍

［編集担当：小西郁生］

人体の中で卵巣ほど多彩な腫瘍発生をみる臓器は他になく，これは卵巣という特異な臓器の構成細胞の多様性に基づく．卵巣には大きく分けて３種類の腫瘍群，すなわち，表層上皮・間質性腫瘍，性索間質性腫瘍，そして胚細胞腫瘍が発生するが，その各群にさらに多種類の良性，境界悪性，悪性腫瘍が発生するため，その組織分類・病理診断は困難をきわめていたのである．しかし，多くの先達の努力により，その組織由来に基づく分類に関する議論はほぼ決着し，現在，「WHO 分類」[1]や，わが国の「卵巣腫瘍取扱い規約」[2]に反映されている（表１）．

表１．胚細胞腫瘍の組織分類（「卵巣腫瘍取扱い規約」２）より）

胚細胞腫瘍 Germ cell tumors
A．ディスジャーミノーマ Dysgerminoma
B．卵黄嚢腫瘍 Yolk sac tumor
C．胎芽性癌 Embryonal carcinoma
D．多胎芽腫 Polyembryoma
E．非妊娠性絨毛癌 Non-gestational choriocarcinoma
F．奇形腫 Teratoma
　１．２胚葉性あるいは３胚葉性奇形腫 Biphasic or triphasic teratoma
　　a．未熟奇形腫 Immature teratoma
　　b．成熟奇形腫 Mature teratoma
　　　１）充実性 Solid
　　　２）嚢胞性 Cystic〔皮様嚢腫 Dermoid cyst〕
　　　３）胎児型 Fetiform〔こびと型 Homunculus〕
　２．単胚葉性奇形腫および成熟奇形腫に伴う体細胞型腫瘍 Monodermal teratoma and somatic-type tumors associated with mature teratoma
　　a．卵巣甲状腺腫 Struma ovarii
　　　＊甲状腺組織が悪性像を示すときは悪性卵巣甲状腺腫 Malignant struma ovarii 9090／３とし，甲状腺癌としての組織型を付記する．
　　b．カルチノイド腫瘍 Carcinoid tumor
　　　１）甲状腺腫性カルチノイド Strumal carcinoid
　　　２）島状カルチノイド Insular carcinoid
　　　３）索状カルチノイド Trabecular carcinoid
　　　４）粘液性カルチノイド Mucinous carcinoid
　　　５）混合型 Mixed
　　　＊構成成分を明記する．

c. 神経外胚葉性腫瘍群 Neuroectodermal tumor group
*組織型を明記する．
d. 癌腫群 Carcinoma group
1）扁平上皮癌 Squamous cell carcinoma
2）腺癌 Adenocarcinoma
3）その他 Others
e. メラノサイト群 Melanocytic group
*組織型を明記する．
f. その他 Others
G. 混合型胚細胞腫瘍 Mixed germ cell tumors
*構成成分を明記する．

このうち胚細胞腫瘍は卵巣腫瘍全体の約30％を占め，その病理組織像はもちろん，臨床像においても異彩を放つ腫瘍群であるといえる．なんといっても若年女性に多く発生するという特徴があり，手術の際には妊孕能温存を十分考慮した対応をしなければならない．胚細胞腫瘍の95％を占める成熟嚢胞性奇形腫は，良性であるがきわめて発生頻度が高く，両側に発生することもあり，しばしば茎捻転を起こして若い女性を悩ませる．しかし，1980年代から導入されたMRI画像診断により術前診断が可能となり，腫瘍部分のみを摘出する手術を予定することができるようになった．

さらに問題となるのは，比較的稀であるが多様な悪性腫瘍が発生することである．しかし，腫瘍マーカーと画像診断によりその術前診断が可能となり，さらに化学療法の進歩により妊孕能を温存しつつ治癒せしめることが可能となった．とりわけ，卵黄嚢腫瘍はα-fetoprotein（AFP）を産生し，最も悪性度の高い腫瘍であり，私が産婦人科に入局した時代は若い患者さんが腫瘍進展によりあっという間に亡くなり悲しい思いをしたことを思い出す．ところが，1970年代後半のcisplatinの登場とそれに続く化学療法の開発により，今や卵黄嚢腫瘍であってもほとんどの患者さんが助かる時代になった．

このような胚細胞腫瘍がどの細胞を起源とし，どのように発生するのか？この謎は1950年代からの詳細な組織学的検討，とりわけ病理学者Teilum[3]の多大な貢献により解き明かされていった．腫瘍の中に認められる様々の構造物が，胚が胎芽や胎児へと発達・分化する過程で認められる構造や成人臓器の構造に類似していたり，あるいは胎盤や卵黄嚢へと分化する過程に類似していることから，図１のように考えられて現在に至っている．これは各腫瘍が産生する腫瘍マーカーともよく一致している．そしてその根源はやはり卵子，というよりも，発生的にはその上流にありきわめて未熟で多分化能を有する胚細胞（primitive germ cells）であろうと推定され，この胚細胞がどの方向にも分化せずにそのまま腫瘍化したものがdysgerminoma（精巣のseminoma）であろうと推定される．

この胚細胞の組織発生概念はとてもわかりやすく，誰もが納得するのである．しかし，その発生要因は現在も全く不明のままといってよい！そして今や，腫瘍発生論も幹細胞の時代に入った．体細胞であろうともいくつかの遺伝子が発現すると胚細胞としての活動を開始する．また胚細胞腫瘍と考えられる腫瘍が卵巣以外でも発生し

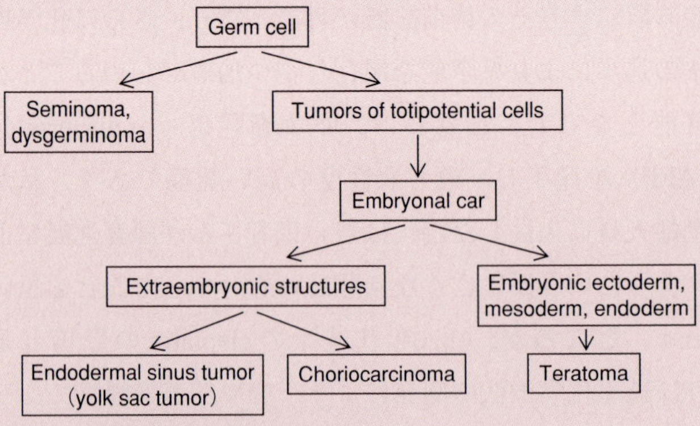

図１．胚細胞腫瘍の組織発生（Teilum 3）より）

うる．そのような目で，もう一度この胚細胞腫瘍の発生過程やその要因を再考察し，概念を再構築しなければならない時代に突入したのである．その意味でこの「卵子学」が2011年に出版される大きな意義があると思われる．この章においてインプリンティングという概念を学び，Y染色体を有する性腺からの腫瘍発生についての知識を得ることが，新しい世界への序章となることであろう．

［小西郁生］

1）Germ cell tumours. In : WHO Organization Classification of Tumours. Pathology and Genetics of Tumours of the Breast and Female Genital Tract（ed. by Tavassolli FA & Devilee P), IARC Press, Lyon, 2003
2）胚細胞腫瘍．In：卵巣腫瘍取扱い規約（日本産科婦人科学会・日本病理学会　編)，金原出版，東京，2009
3）Teilum G : Special tumors of ovary and testis and related extragonadal lesions. Comparative pathology and histological identification. JB Lippincott, Philadelphia, 1976

XXII-98

卵巣胚細胞腫瘍とその組織発生

Key words
胚細胞腫瘍／未分化胚細胞腫／卵巣囊腫瘍奇形腫

はじめに

卵巣に発生する腫瘍はほとんどが表層上皮性間質性腫瘍で，胚細胞腫瘍はまれである．しかし，胚細胞腫瘍は多彩であり，種々の組織成分が混在することが多い．特徴的な画像，AFPなど特異な腫瘍マーカーが存在するため診断は比較的容易である．本節では組織発生を中心に，臨床病理学的な特徴について概説したい．

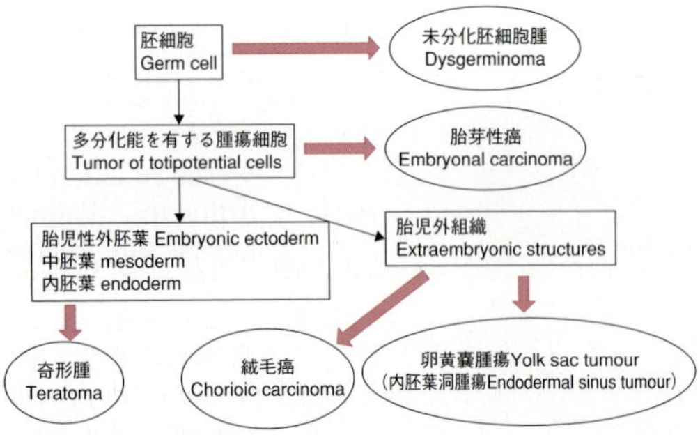

図XXII-98-1．卵巣胚細胞腫瘍の組織発生

1 組織発生と分類

卵巣に発生する胚細胞腫瘍は表XXII-98-1に示す通りに分類され，多くの腫瘍が含まれている（日本産科婦人科学会，日本病理学会編，1990；Tavassoli, Devilee, 2003）．卵巣胚細胞腫瘍はそれぞれの組織型が単独あるいはいくつか複合して発生する（Jacobsen, Talerman, 1989）．以前わが国で用いられていた樋口－加藤の分類（樋口ら，1964）でも，胎児性癌A群には卵黄囊腫瘍，胎芽性癌，多胎芽腫が，胎児性癌B群ではA群に未分化胚細胞腫が，胎児性癌C群ではA群あるいはB群に奇形腫成分が混在して認められるものと分類されており，多種多様な組織成分の混在が特徴的だと認識されていた．

胚細胞腫瘍は卵巣や睾丸に好発するが，そのほか，仙尾部，後腹膜，縦隔，頭蓋内（松果体）などの性腺外にも発生する．胚細胞腫瘍は始原生殖細胞（primordial germ cell）が配偶子になるまでのさまざまな成熟段階の卵母細胞に由来すると考えられており，組織発生についてG. Teilum（1976）は次のように体系づけた．すなわち未熟な胚細胞から未分化胚細胞腫が発生し，これとは別の経路で未熟な胚細胞から多分化能を有する細胞が腫瘍化（totipotential tumor）し，胎芽性癌が発生する．さらに，その胎児外成分の腫瘍として卵黄囊腫瘍や絨毛癌が，また胎児性の三胚葉性の腫瘍として奇形腫が発生するというものである（図XXII-98-1）．

表XXII-98-1．卵巣胚細胞腫瘍の分類　日産婦分類と WHO 分類

卵巣腫瘍取り扱い規約　1990年	WHO 分類　2003年
A．未分化胚細胞腫　Dysgerminoma B．卵黄嚢腫瘍　Yolk sac tumour （内胚葉洞腫瘍　Endodermal sinus tumour） C．胎芽性癌　Embryonal carcinoma D．多胎芽腫　Polyembryoma E．絨毛癌　Choriocarcinoma F．奇形腫　Teratoma 　1．成熟奇形腫　Mature teratoma 　　a）嚢胞性　cystic 　　　(1)成熟性嚢胞性奇形腫　Mature cystic teratoma 　　　　（皮様嚢胞腫　demoid cyst） 　　　(2)悪性転化を伴う成熟嚢胞性奇形腫 　　　　Mture cystic teratoma with malignant transformation 　　b）充実性　Solid 　　c）胎児型　Fetiform（こびと型 Homunclus） 　2．未熟奇形腫　Immature teratoma 　　a）第1度　Grade　1 　　b）第2度　Grade　2 　　c）第3度　Grade　3 　3．単胚葉性および高度限定型奇形腫 　　Monodermal and highly specialized teratomas 　　a）卵巣甲状腺腫　Struma ovarii 　　　(1)正常甲状腺の所見を伴う　with features of normal thyroid gland 　　　(2)甲状腺腫瘍の所見を伴う　with features of thyroid tumors 　　b）カルチノイド　Carcinoid 　　c）甲状腺性カルチノイド　Strumal carcinoid 　　d）粘液性カルチノイド　Mucinous carcinoid 　　e）神経外胚葉性腫瘍　Neuroectodermal carcinoid 　　f）皮脂腺腫瘍　Sebaceous tumour 　　g）その他　Others G．混合性胚細胞腫瘍　Mixed germ cell tumours	A. Primitive germ cell tumours B. Biphasic or triphasic teratoma 1. Immature teratoma 2. Mature teratoma 　Solid 　Cystic 　Dermoid 　Fetiform teratoma (homunclus) C. Monodermal teratoma and somatic-type tumours associated with dermoid cyst 1. Thyroid tumor group 　Struma ovarii 　Benign 　Malignant 2. Carcinoid group 　Insular 　Trabecular 　Mixed 　Strumal carcionod 　Mixed 3. Neuroectodermal tumour 　Ependymoma 　Primitive neuroectodermal tumor 　Medulloepithelioma 　Glioblastoma multiforme 　Others 4. Carcinoma group 　Squamous cell carcinoma 　Adenocarcinoma 　Others 5. Melanocytic group 　Malignant melanoma 　Melanocytic naevus 6. Sarcoma group 7. Sebaceous tumour group 　Sebaceous adenoma 　Sebaceous carcinoma 8. Pituitary-type tumor group 9. Retinal anlage tumour group 10. Others　1. Dysgerminoma 　　2. Yolk sac tumour 　　　Polyvesicular viteline tumour 　　　Glandular variant 　　　Hepatoid variant 　　3. Embryonal carcinoma 　　4. Polyembryoma 　　5. Non-gestational choriocarcinopma 　　6. Mixed germcell tumour

表XXII-98-2．卵巣胚細胞腫瘍の臨床病理学的分類（日本産科婦人科学会・日本病理学会）

良性腫瘍
・成熟嚢胞性奇形腫［皮様嚢胞腫］
・成熟充実性奇形腫
・卵巣甲状腺腫
境界悪性腫瘍
・未熟奇形腫（G1，G2）
・カルチノイド
・甲状腺腫性カルチノイド
悪性腫瘍
・未分化胚細胞腫
・卵黄嚢腫瘍［内胚葉洞腫瘍］
・胎芽性癌［胎児性癌］
・多胎芽腫
・絨毛癌
・悪性転化を伴う成熟嚢胞性奇形腫
・未熟奇形腫（G3）

卵黄嚢腫瘍は内胚葉洞腫瘍とも呼ばれるがこれは組織学的な類似性をラットの胎盤（endodermal sinus）やヒトの卵黄嚢（yolk sac）に求めているためである．本腫瘍は癌化の過程で‘腫瘍の先祖返り’という発生論の裏づけとなった．胎芽性癌はKurmanとNorrisが卵巣胎芽性癌を卵黄嚢腫瘍から独立させた（Kurman, Norris, 1976）．胎芽性癌細胞は腫瘍の性格と多分化能を持つ胚性幹細胞 embryonic Stem Cell（ES細胞），すなわちEC幹細胞（embryonic carcinoma stem cell）と考えられている．さらにD. Linderら（Linder et al, 1975）が奇形腫が第一減数分裂後の1個の胚細胞から発生した単為生殖性のものであることを明らかにしたが，どの時期に腫瘍化するとどの組織型の腫瘍が発生するのかはわかっていない．

臨床病理学的には他の卵巣腫瘍と同様に，良性，境界悪性，悪性に分類され，臨床的予後の観点から有用性が高い（日本産科婦人科学会，日本病理学会編，1990）（表XXII-98-2）．

2 未分化胚細胞腫（dysgerminoma）

(A) 定義および臨床的特徴

精巣のセミノーマに対応する腫瘍で，幼若な胚細胞（始原生殖細胞）に類似した大型の腫瘍細胞からなる悪性腫瘍である．

(B) 頻度，年齢分布，予後

胚細胞腫瘍の中では，奇形腫についで多く，悪性胚細胞腫瘍の中では最も多い．わが国の報告では全悪性卵巣腫瘍の5％程度で，成熟嚢胞性奇形腫を除く胚細胞腫瘍の38–46％を占める（宮地ら，1998）．欧米での頻度は低く，全胚細胞腫瘍の1％とされる（Tavassoli, Devilee, 2003）．若年者，特に20歳代前半に多い（Russell, Farnsworth, 1997 ; Gordon et al, 1981）．

予後は比較的良好で，Ia期症例での死亡例はほとんどない．II期以上も含めた5年生存率は80–90％である（Russell, Farnsworth, 1997 ; Gordon et al, 1981）．卵巣外への進展としては大動脈周囲リンパ節転移が特徴的である．20歳以下または40歳以上の発症例は予後不良と報告されている（宮地ら，1998）．

(C) 肉眼所見

厚い被膜を有し，表面は平滑・軟でやや弾力性のある類円形の腫瘍である．多くは10cm径以上である．割面は灰白色もしくは淡黄色－紅色を呈し，脳様または充実性髄様で膨隆する．時に軟化融解や出血・壊死，嚢胞形成を伴い，

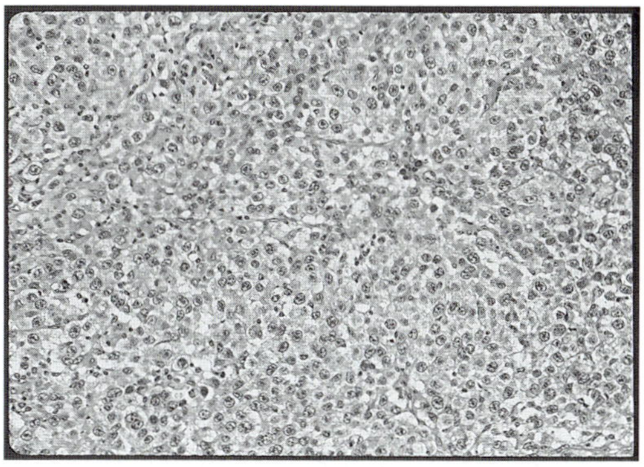

図XXII-98-2．未分化胚細胞腫の組織像

大型の核を持ち，円形ないし類円形の明瞭な細胞膜と淡明な細胞質を持つ腫瘍細胞がびまん性に浸潤している．間質のリンパ球浸潤が見られる．

両側性発生は10–15%に認められる．

(D) 病理組織所見

腫瘍細胞は大型立方形ないし類円形で一様で，細胞境界は明瞭である．核は大型円形－類円形でクロマチンは粗い．1－2個の明瞭な核小体を有し，核分裂は多い．細胞質は明るく，ところにより顆粒状を呈し，豊富なグリコーゲンを含有する．腫瘍細胞はびまん性に増殖したり，島状，胞巣状，蜂巣状あるいは索状に配列する集団を形成し，これを繊細な線維性間質が囲みここにリンパ球浸潤を認める(図XXII-98-2)．

(E) 鑑別診断

10%ほどの症例では腫瘍の一部に他の胚細胞腫瘍の成分が混在する (宮地ら，1998)．組織学的に鑑別すべきものとしては卵黄嚢腫瘍，胎芽性癌，明細胞癌，顆粒膜細胞腫，小細胞癌，未分化癌および悪性リンパ腫がある．

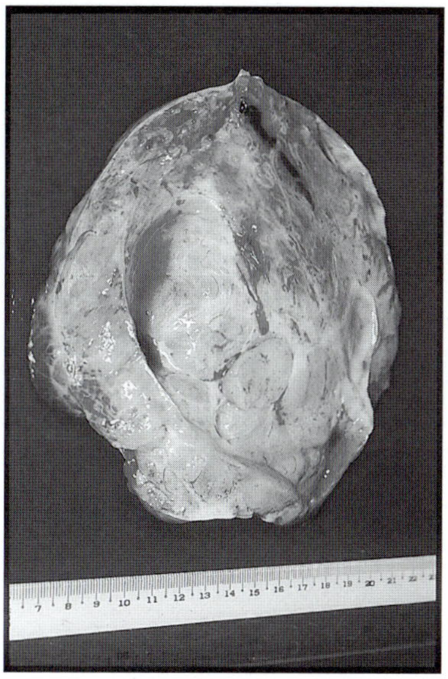

図XXII-98-3．卵黄嚢腫瘍の肉眼像

3 卵黄嚢腫瘍(ヨークサック腫瘍，yolk sac tumor)，内胚葉洞腫瘍(endodermal sinus tumor)

(A) 定義

胚細胞が卵黄嚢 (ヨークサック) の方向に分化し，α-フエトプロテイン (AFP) を産生する腫瘍である (日本産科婦人科学会，日本病理学会編，1990；Tavassoli, Devilee, 2003；滝ら，1992)，内胚葉洞腫瘍 (endodermal sinus tumor) とも呼ばれる．

(B) 頻度，年齢分布，予後

未分化胚細胞腫瘍の約半数の頻度に見られ，20歳前後に好発し，思春期前の発症も少ないながら認められる．40歳以上の症例はまれである．きわめて悪性度の高い腫瘍と考えられていたが，化学療法の進歩によって予後は著しく改善された．I期で80%，進行例でも50%近い

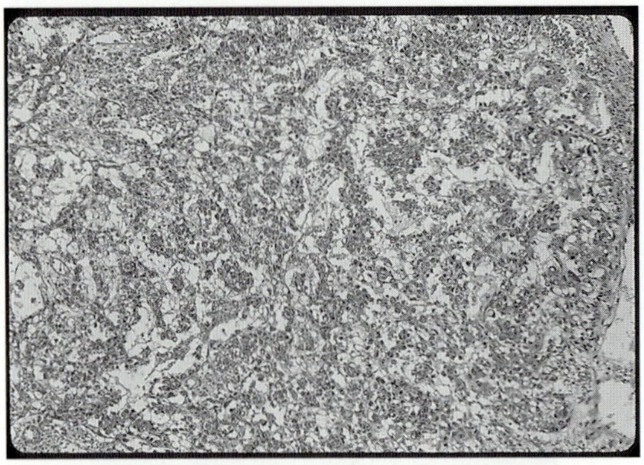

図XXII-98-4．卵黄嚢腫瘍（内胚葉洞型）の組織像
立方形ないし扁平な腫瘍細胞が網目状に配列している．

5年生存率である．卵黄嚢腫瘍の20%では未分化胚細胞腫，胎芽性癌，奇形腫などを合併する．

(C) 肉眼所見

表面は平滑な被膜で覆われており，充実性で軟らかく，径は10cmを超えることが多い．周辺臓器への癒着・浸潤が見られることもある．割面は黄白色で，大小の嚢胞や軟化融解を認め，粘稠性の内容液を含んでいる．通常は片側性である（図XXII-98-3）．

(D) 病理組織所見

以下の4型に大別されるが，互いに混在・移行することが多い（日本産科婦人科学会，日本病理学会編，1990；Tavassoli, Devilee, 2003）．

(1) 内胚葉洞型（endodermal sinus pattern）

最も高頻度に認められる組織像で，ほとんどの卵黄嚢腫瘍に存在する（Sasaki et al, 1994）．ラットの胎盤（卵黄嚢）を模倣し，立方形ないし扁平な細胞が網目状（reticular pattern），乳頭状あるいは充実性配列を示す．時に腫瘍細胞が血管周囲に配列を示すSchiller-Duval小体を形成する．通常，腫瘍細胞はグリコーゲンや脂肪に富み明るい．細胞内外の硝子様小球（hyaline globule）も存在する（図XXII-98-4）．

(2) 多嚢性卵黄型（polyvesicular vitelline pattern）

卵黄嚢腫瘍の24%に認められる（Sasaki et al, 1994）．ヒト初期胚の二次卵黄嚢に類似した多数の嚢胞からなり，嚢胞は1層の中皮様細胞により裏打ちされ，その胞体は淡明である．扁平な腫瘍細胞はしばしば立方状の細胞に移行し，その部が嚢胞からくびれて内胚葉性の腺管を作る．

(3) 類肝細胞型（hepatoid pattern）

卵黄嚢腫瘍の30%に認められる（Sasaki et al, 1994）．肝細胞あるいは肝細胞癌に類似する好酸性の腫瘍細胞が充実性胞巣状，管状，索状に配列する．

(4) 腺型（glandular pattern）

卵黄嚢腫瘍の29%に認められる（Sasaki et al, 1994）．立方形の腫瘍細胞が管状あるいは原腸状配列を示す．胞体は一般に淡明である．

(E) 鑑別診断

明細胞癌，胎芽性癌，未熟奇形腫，類肝細胞癌などとの鑑別が必要な場合がある．

4 胎芽性（胎児性）癌（embryonal carcinoma）

(A) 定義，頻度，年齢分布

精巣の胎児性癌に対応するもので，卵巣ではまれである．若い女性に発生し，多くの症例では卵黄嚢腫瘍，未熟奇形腫，多胎芽腫，未分化胚細胞腫などのほかの胚細胞腫瘍との移行・混在が認められる（Kurman, Norris, 1976）．

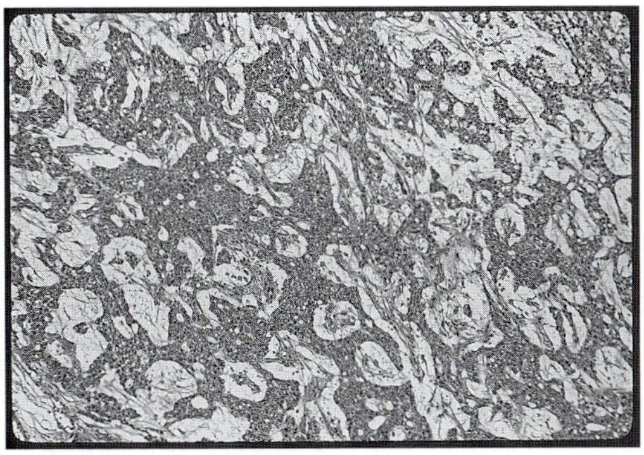

図XXII-98-5．胎芽性（胎児性）癌の組織像
大型の上皮様腫瘍細胞が管状，乳頭状に増殖している．

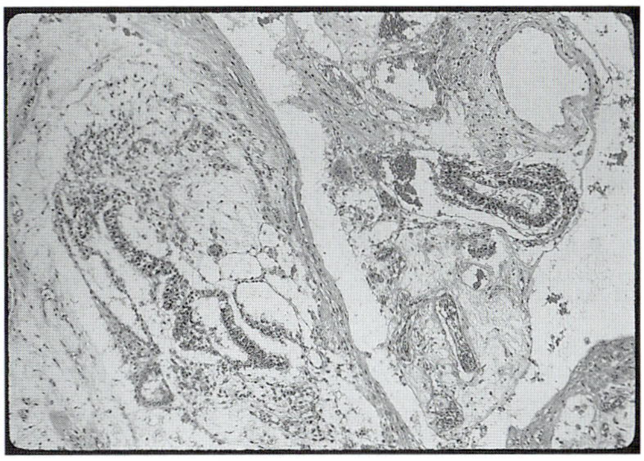

図XXII-98-6．多胎芽腫の組織像
胎生初期の embryonic body に類似した構造が認められる．

(B) 肉眼および病理組織所見

混在する胚細胞腫瘍の成分によって肉眼像は異なる．純粋型は片側性，表面は平滑な比較的軟らかい腫瘤で，割面には嚢胞や空洞を見，灰白淡黄褐色，出血・壊死を伴うことが多い．組織学的には胎児期の未熟な上皮様の異型細胞からなり，乳頭状あるいは管状構造をなし，ところによっては充実性の増生を示す，腫瘍細胞は大型高円柱状で，細胞境界は不明瞭　核は長楕円形，核小体は明瞭で核分裂が多い（図XXII-98-5）．

(C) 鑑別診断

未分化胚細胞腫との鑑別が重要である．

5 多胎芽腫（polyembryoma）

(A) 定義，頻度，年齢分布，予後

正常初期の胎児成分に類似した類胎芽体（embryoid body）の増生によって構成される腫瘍である．卵巣の多胎芽腫（polyembryoma）はきわめてまれである．小児や若い女性に発生する（Nakashima et al, 1988）．多胎芽腫は他の悪性胚細胞腫瘍と同様の臨床的態度を示す．化学療法に抵抗性を示す症例の予後は不良で1年以内に死亡する．

(B) 肉眼所見

肉眼的には通常大きな充実性の腫瘤である．割面は海綿状あるいは微小嚢胞状で軟らかく，赤褐色状で出血を伴うこともある．

(C) 病理組織所見

典型的な類胎芽体は，羊膜嚢胞（amnion vesicle），卵黄嚢（yolk sac vesicle），胎児外間葉組織（extraembryonic mesenchyme）と栄養膜細胞からなり，受精後13-18日のヒト胎児に似た構造を示す（図XXII-98-6）．類胎芽体の卵黄嚢成分あるいは肝組織成分はAFP陽性となり，栄養膜細胞様成分はhCG陽性を示す（Nakashima et al, 1988）．

6 混合性胚細胞腫 mixed germ cell tumor

(A) 定義

2種以上の組織型からなる胚細胞腫瘍である．

(B) 頻度，年齢分布，予後

悪性胚細胞腫瘍の8-10%が混合型である（手島ら，1983；Gershenson et al, 1984）．予後は含まれる成分に左右される．若年者に好発する．予後は，含まれる成分と臨床病期に左右される．化学療法の有効例の予後は良好である（東，2002）．なお性腺芽腫は高頻度に未分化胚細胞腫や他の組織の胚細胞腫瘍を併発するが，混合型胚細胞腫瘍には分類しない．

(C) 肉眼所見

平均の直径が15cm前後の大きな腫瘍である．肉眼像はそれぞれの組織型の量を反映している．したがって，未分化胚細胞腫が優位な腫瘍では灰白色髄様を呈するが，卵黄嚢腫瘍を伴う部では粘稠性で軟らかく，絨毛癌を伴う部では出血を見る．

(D) 病理組織所見

混合型の胚細胞腫瘍の中で最も多い組織型は未分化胚細胞腫で，70%の症例に認められる（Gershenson et al, 1984；Kurman, Norris, 1976）．次いで卵黄嚢腫瘍，未熟奇形腫，胎芽性癌，絨毛癌の順である．組み合わせでは未分化胚細胞腫と卵黄嚢腫瘍が最も多い．

7 奇形腫（teratoma）

(A) 未熟奇形腫（immature teratoma）

(1) 定義，頻度，年齢分布，予後

未熟な成分を認める奇形腫を，未熟奇形腫（immature teratoma）とする．

(2) 頻度，年齢分布，予後

卵巣未熟奇形腫は未熟・悪性胚細胞腫瘍のおよそ20%を占める．年齢は10-33歳（平均24歳），約80%は卵巣に限局する．10-20%に両側性腫瘤を認めるが，その場合，反対側の卵巣は皮様嚢腫である．60%以上の症例で血中α-フェトプロテイン（AFP）の高値を認める（Kawai et al, 1991）．

化学療法の発達と普及により進行例でも90-100%近い生存率を示している．片側に限局した未熟奇形腫の治療は一般的に片側の付属器切除術であり，もし卵巣外に腫瘍が存在すれば可及的に摘出を行う．1期でもIa期の症例，Grade 1症例あるいは播種成分が成熟神経膠組織のみからなる症例では化学療法は不要であるが，Grade 2あるいはGrade 3の症例あるいは未熟な播種成分を伴う症例は多剤併用化学療法が選択される．

(3) 肉眼所見

平滑な皮膜を有し，直径7-25cm（平均16cm），卵形，腎臓形，不整形，時に多分葉状となる．割面は全体に充実性であるが，大小の嚢胞を伴うことが多い．

(4) 病理組織所見

未熟な組織は同種の成熟組織に比して細胞密度が高い．核は濃染し，核分裂像を見る．未熟

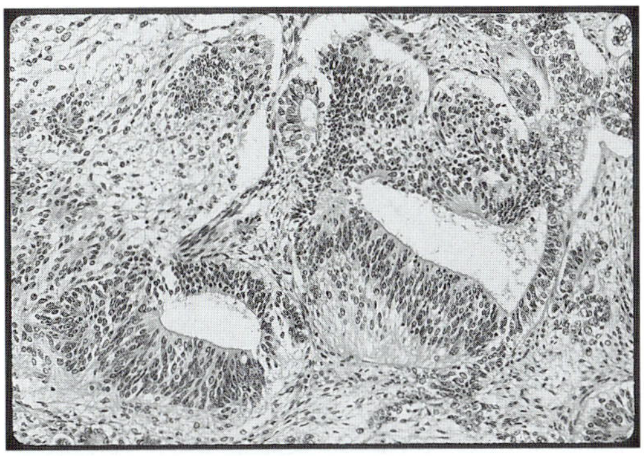

図XXII-98-7．未熟奇形腫 G3の組織像
未熟な神経上皮組織が広範にに存在する．

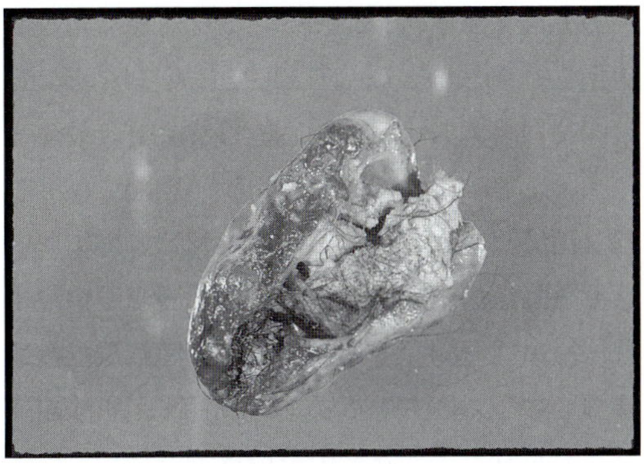

図XXII-98-8．成熟奇形腫（皮様嚢胞）の肉眼像

な神経成分は時に腹腔に播種をきたす．神経外胚葉成分は，glial fibrillary acidic protein (GFAP)，神経特異エノラーゼ (NSE)，S-100タンパクなどの神経マーカーに陽性を示す．原発あるいは転移性未熟奇形腫の組織学的な悪性度は，未熟な成分の含まれる割合によってなされる (Norris et al, 1976)．

第一度 (Grade 1)：未熟な成分がわずかに認められる．核分裂像は乏しいもの．(未熟神経組織が低倍率 (40倍) 1視野より少ない)

第二度 (Grade 2)：未熟な成分が中等度に認められ，核分裂像を散見するもの．(1視野より多く，4視野より少ない)

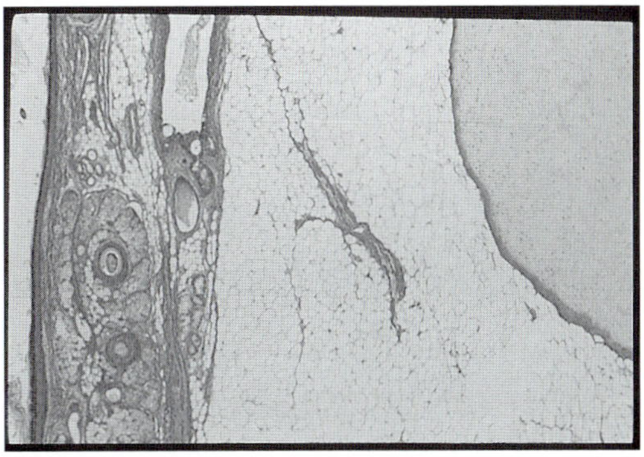

図XXII-98-9．成熟奇形腫（皮様嚢胞）の組織像
表皮，脂肪，毛，骨などの組織が認められる．

第三度 (Grade 3)：未熟な成分が広範囲に存在し，核分裂像が目立つもの．(4視野以上を占める) (図XXII-98-7)

(5) 鑑別診断

成熟奇形腫との鑑別は，たとえ小さな成分であっても未熟な組織の存在が確認されるかどうかである．正常な軟骨や発達段階の大脳皮質や小脳組織の存在のみでは未熟奇形腫の診断の決め手にはならない．

(B) 成熟奇形腫 (mature teratoma)

(1) 定義

そもそも奇形腫は幼若な胚細胞の腫瘍化の過程で，第一減数分裂後の胚細胞から単為生殖性に発生し，三胚葉性胚形成後の体組織を模倣した腫瘍で (Scully et al, 1998)，成熟奇形腫はその中でも成熟した二－三胚葉の組織からなる腫瘍で，奇形腫の中で最も多い．

(2) 頻度，年齢分布，予後

成熟奇形腫は全卵巣腫瘍の15-25%で，胚細胞腫瘍の中では80-90%を占める．全年齢に認めるが，4歳以下と70歳以上ではまれである

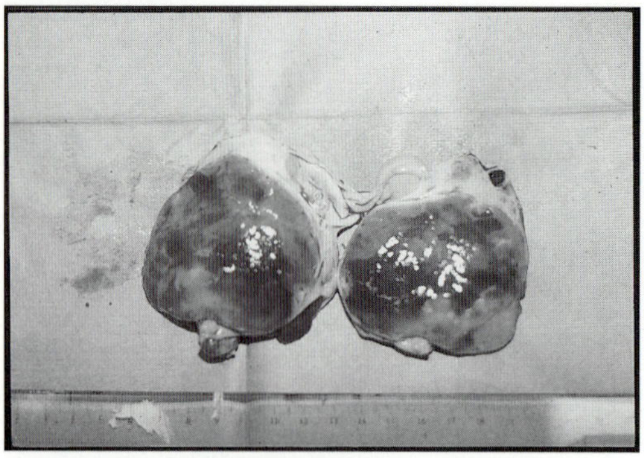

図XXII-98-10. 卵巣甲状腺腫の割面

(Scully et al, 1998；寺島, 1994). 無症候で偶然見つかることが多いが, 茎捻転や被膜が破綻し, 急性腹症を呈することもある.

(3) 肉眼所見

多くは片側性で, 両側性は9-16%である. 5-10cm径のものが多く, 表面は平滑で薄い被膜を有する. 割面は多くは単房性嚢胞状で, 黄色や灰白色粥状の皮脂物と毛髪を入れる (図XXII-98-8). 表皮の成分が多い時は嚢胞が目立ち皮様嚢胞腫 dermoid cyst と呼ばれる. 3分の1に歯牙や骨組織を見る. 多房性の嚢胞内に漿液内容を有することもある. 多くの例で嚢胞壁から内腔に単発あるいは多発の, 充実性一部嚢胞性の結節状の隆起が認められ, ロキタンスキー隆起 Rokitansky tubercle と呼ばれる.

(4) 病理組織所見

表皮, 毛嚢 (毛髪), 皮脂腺, 汗腺, 軟骨, 呼吸上皮, グリア組織, 平滑筋, 脂肪組織などが認められる (図XXII-98-9). 特にロキタンスキー隆起部に多くの種類の組織が見られる (Linder et al, 1975；手島ら, 1983；Scully et al, 1998；寺島, 1994；Nomura, Aizawa, 1997).

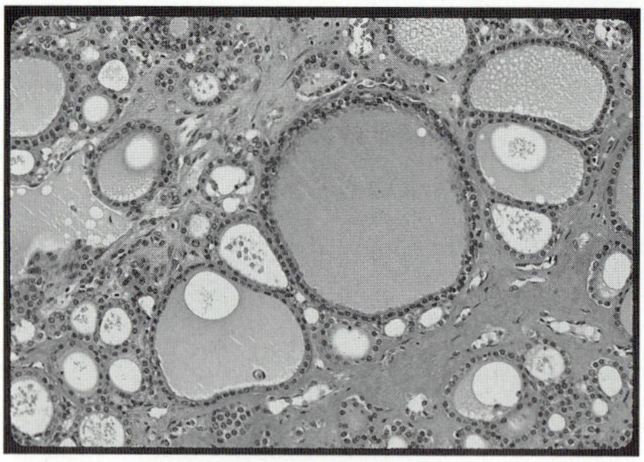

図XXII-98-11. 卵巣甲状腺腫の組織像
正常甲状腺の濾胞を模倣する組織が認められる.

8 卵巣甲状腺腫 (struma ovarii)

(A) 定義

単胚葉性および高度限定型奇形腫の一つの型と位置づけられ, 腫瘍の大部分が甲状腺組織によって占められているか, 肉眼でも甲状腺組織と認められるようなものをいう.

(B) 肉眼所見

割面は, 甲状腺と同じような赤色で固定後は黄褐色の色調を呈する (図XXII-98-10).

(C) 病理組織所見

正常な甲状腺組織を模倣するものと, 甲状腺腫瘍の所見を示すものとがある (図XXII-98-11). 後者では濾胞腺腫の像を示すものが多い. 嚢胞性卵巣甲状腺腫の場合には, 嚢胞内面は扁平ないし立方状の上皮細胞に被われ, 線維性の隔壁の中に小さな濾胞組織を見る. 卵巣甲状腺組織が悪性変化を示す場合も, 本来の甲状腺同様乳頭癌を示す (Dardlk et al, 1999).

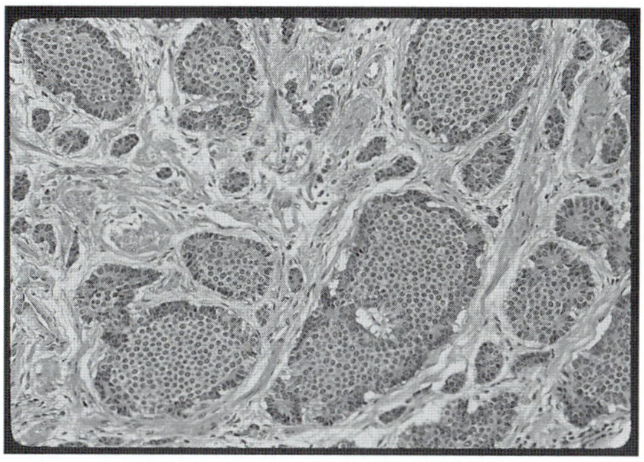

図XXII-98-12．島状カルチノイドの組織像
細胞質の少ない小さな腫瘍細胞が島状に認められる．

(D) 鑑別診断 (Szyfelbein et al, 1995)

甲状腺組織を含む成熟奇形腫，淡明細胞癌，腎細胞癌の転移，カルチノイド，セルトリ細胞腫などが鑑別診断としてあげられる．

9 カルチノイド (carcinoid)

(A) 定義

カルチノイド (carcinoid) は未分化癌様細胞配列を示し，発育緩徐で非浸潤性，非転移性の低悪性の内分泌細胞腫瘍と定義される．一方高悪性の内分泌細胞腫瘍は内分泌細胞癌 (endocrine cell carcinoma) (あるいは小細胞癌 (small cell carcinoma)) と呼称される．

(B) 頻度，年齢分布，予後

卵巣のカルチノイドは通常，(1)島状カルチノイド (insnlar carcinoid) (Robboy et al, 1975)，(2)索状カルチノイド (trabecular carcinoid) (Robboy et al, 1977)，(3)甲状腺腫性カルチノイド (strumal carcinoid) (Robboy, Scully, 1980)，(4)粘液性カルチノイド (mucinous carcinoid) の4型に亜分類される．日本で最も多いのは甲状腺腫性カルチノイドであり，全卵巣カルチノイドの少なくとも80%以上を占める．欧米では島状カルチノイドが最も多く，卵巣カルチノイドの半分以上を占めると報告されている．

(C) 肉眼所見

ホルマリン固定後の新鮮割面は島状カルチノイドも索状カルチノイドも黄白色充実性を示し，部分的に嚢胞を伴うこともある．甲状腺腫性カルチノイドの場合，典型的なカルチノイドの部分は黄白色，甲状腺組織だけの部分は褐色，両者が混在している部分は混在比により種々中間的な色調を呈する．

(D) 病理組織所見

島状カルチノイドは腫瘍細胞が大小の充実性結節をつくりながら増殖する (図XXII-98-12)．索状カルテノイドは，腫瘍細胞がリボン状に配列するものである．いずれもGrimelius染色によって細胞内に好銀性顆粒が検出される．

(E) 鑑別診断

卵巣甲状腺腫，セルトリ・ライディク (Sertoli Leydig) 細胞腫，粘液性腫瘍，直腸カルチノイドの転移などとの鑑別が重要である．

(F) 臨床的関連事項

「皮膚紅潮」「下痢 (腹鳴，腹痛)」などの古典的なカルチノイド症候群は島状カルチノイドに認められることが多く，これは過剰に産生分泌されたセロトニンによる．一方索状カルチノイ

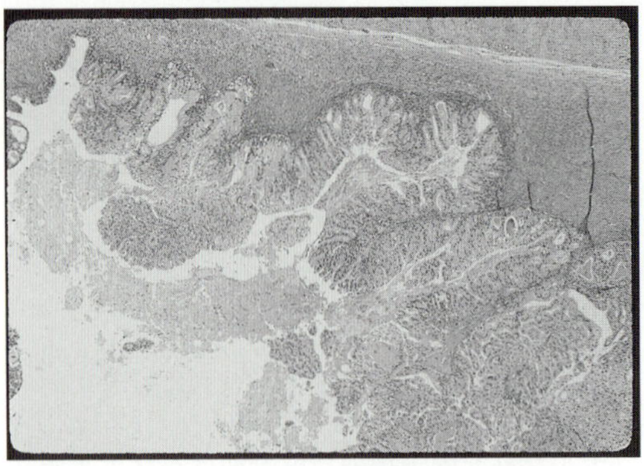

図XXII-98-13. 悪性転化を伴う成熟嚢胞性奇形腫
成熟奇形腫の中に腺癌が認められる.

ドと甲状腺腫性カルチノイドではペプチドYY (PYY) の過剰産生分泌により，便秘を引き起こす例が報告されている (Motoyama et al, 1992).

10 悪性転化を伴う成熟嚢胞性奇形腫

(A) 定義

成人型の悪性腫瘍が成熟奇形腫の組織より連続して発生したものをいう.

(B) 頻度，年齢分布，予後

成熟奇形腫の約1－2％が成人型の癌組織を含んでいると考えられている．成熟奇形腫の悪性転化は0.17％と報告されている (Comerci et al, 1994)．どの年齢にも発生しうるが，40-60歳が多く，平均年齢59歳である．20歳までには悪性転化が生じることはほとんどないが，70歳以上では成熟奇形腫の15％に悪性転化が生じる．多くの悪性転化例は発見時すでに近傍の組織に浸潤あるいは播種している.

I期の扁平上皮癌症例の5年生存率は77％であるが，それ以上の病期の症例の5生存率は11％にすぎない．予後決定因子は，癌の分化度と血管侵襲である．腺癌の症例の予後は扁平上皮癌の予後とほぼ同様であるが，肉腫例，悪性黒色腫例の予後はきわめて不良である.

(C) 肉眼所見

悪性転化を伴う皮様嚢腫は，良性の皮様嚢腫に比べて大きい傾向がある．90％以上の症例で最大径10-20cmに達する．扁平上皮癌は，カリフラワー状の腫瘍が壁内結節様に嚢腫腔に突出するか，あるいは嚢腫内腔を占拠するように増殖する．悪性転化を示す皮様嚢腫はほとんどが片側性であるが，10–15％の症例には反対側の卵巣に悪性転化を伴わない皮様嚢腫を合併している.

(D) 病理組織所見

皮様嚢腫から発生する悪性腫瘍の80％は扁平上皮癌である．扁平上皮癌は円柱上皮が扁平上皮化生を示した部位から発生することが多い (Hirakawa et al, 1989)．残り20％の悪性腫瘍の内訳はPaget病を含む腺癌，腺扁平上皮癌，小細胞癌を含む未分化癌，線維肉腫，平滑筋肉腫，軟骨肉腫，骨肉腫，悪性線維性組織球腫，横紋筋肉腫などの肉腫，悪性黒色腫などである (図XXII-98-13).

まとめ

悪性胚細胞腫瘍は若年婦人に好発するため，妊孕性をいかに温存するかが問題となる．幸い化学療法の感受性が高いことから，妊孕性を意識した縮小手術の選択が可能となった．とはいっても進行例の予後はいまだ不良で，化学療法不応性腫瘍もある．胚細胞腫瘍の分子生物学的研究の成果が，治療成績向上に結びつくことを期待したい．

（落合和徳）

引用文献

東政弘（2002）卵巣悪性胚細胞腫瘍の化学療法，産と婦，69；613-619.

Comerci JT Jr, Licciardi F, Bergh PA, et al (1994) Mature cystic teratoma : a clinicopathologic evaluation of 517 cases and review of the literature, *Obstet Gynecol*, 84 ; 22-28.

Dardlk RB, Dardlk M, Westra W, et al (1999) Malignant struma ovary : two case reports and a review of literature, *Gynecl Oncol*,73 ; 447-451.

Gershenson DM Juco GD, Copeland LJ, et al (1984) Mixed germ cell tumor of ovary, *Obstet Gynecol*, 64 ; 200-206.

Gordon,A, Lipton,D,Woodruff JD (1981) Dysgerminoma : a review of 158 cases from Emile Novak 0varian Tumor Registry, *Obstet Gynecol*, 58 ; 497-504.

樋口一成，加藤俊，小川重男ほか（1964）卵巣充実性腫瘍，日本産婦人科全書13巻，金原出版，東京．

Hirakawa T, Tsuneyoshi M, Enjoji M (1989) Squamous cell carcinoma arising in mature cystic teratoma of ovary, Clinicopathologic and topographic analysis, *Am J Surg Pathol*, 13 ; 397-405.

Jacobsen GK, Talerman A (1989) *Atlas of Germ Cell Tumours*,1989 Munksgaard, Copenhagen.

Kawai M,Kano T,Furuhashi Y (1991) Immature teratoma of the ovary, *Gynecol Oncol*, 40 ; 133-137.

Kurman RJ, Norris HJ (1976) Embryonal carcinoma of the ovary, A clinicopathologic entity distinct from endodermal sinus tumor resembling embryonal carcinoma of the adult testis, *Cancer*, 38 ; 2420-2433.

Kurman RJ, Norris HJ (1976) Malignant mixed germ cell tumor of the ovary. A clinic and pathologic analysis of 30 cases, *Obstet Gynecol*, 48 ; 579-589.

Linder D, McCaw BK, Hecht F (1975) Parthenogenic origin of benign ovarian teratoma, *N Engl J Med*, 292 ; 63-66.

宮地徹，森協昭介，桜井幹己（1998）産婦人科病理診断図譜，第３版，杏林書院，東京．

Motoyama T, Katayama Y, Watanabe H, et al (1992) Functioning ovarian carcinoids induce severe constipation, *Cancer*, 70 ; 513-518.

Nakashima N,Murakami S, Fukatsu,T (1988) Characteristics of "embryoid body" in human gonadal germ cell tumors, *Hum Pathol*, 19 ; 1144-1154.

日本産科婦人科学会,日本病理学会編（1990）卵巣腫瘍取扱い規約　第１部－組織分類ならびにカラーアトラス，金原出版，東京．

Nomura K, Aizawa S (1997) A histogenetic consideration of ovarian mucinous tumors based on an analysis of lesions associated with teratomas or Brenner tumors, *Pathol Int*, 47 ; 862-865.

Norris HJ, Zirkin HJ, Benson WL (1976) Immature (malignant) teratoma of the ovary : a clinicopathologic study of 58 cases, *Cancer*, 7 ; 625-642.

Robboy S, Norris HJ, Scully RE (1975) lnsular carcninoid primary in the ovary, A clinicopathologic analysis of 48 cases, *Cancer*, 36 ; 408-418.

Robboy S, Scully RE, Norris HJ (1977) Primary tubercular carcinoid of the ovary, *Gynecol Oncol*, 49 ; 202-207.

Robboy S, Scully RE (1980) Strumal carcinoid of the ovary : an analysis of 50 cases of a distinctive tumor composed of thyroid tissue and carcinoid, *Cancer*, 46 ; 2019-2034.

Russell P,Farnsworth, A (1997) *Surgical Pathology of the ovaries*. 2nd ed, Churchill Livingstone, New York.

Sasaki H, Furusato M, Teshima S, et al (1994) Prognostic significance of histopathologic subtypes in stage I pure yolk sac tumor of ovary, *Br J Cancer*, 69 ; 529-536.

Scully RE, Young RH, Clement PB (1998) Tumor of the ovary, maldevelopped gonads, fallopian tube, and broad ligament, *Atlas of Tumor Pathology*.Fascile 23, 3 rd series, Armed Forces Institute of Pathology, Washington DC, 267-284.

Szyfelbein W, Young RH, Scully RE (1995) Struma ovarii simulating ovarian tumor of other types, A report of 30 cases, *Am J Surg Pathol*, 19 ; 21-29.

滝一郎，上田外幸（1992）辻本正彦：診療のための婦人科腫瘍の臨床病理，メジカルビュー社，東京．

Tavassoli, FA, Devilee P (2003) Pathology and Genetics of Tumours of the Breast and Female Genital Organs, World Health Organization Classification of Tumors, IARC Press, *Lyon*,

Teilum, G (1976) Special tumors of ovary and testis and related extragonadal lesions. *Comparative Pathology and Histological Identification*, 2nd ed, pp31-119, Munksgaard, Copenhagen.

手島伸一，下里幸雄，岸紀代三ほか（1983）胚細胞腫瘍，臓器別臨床病理学的特異性，病理と臨床，1；472-482.

寺島芳輝（1994）卵巣・現代病理学大系16Ｂ，女性性器Ⅱ乳腺，pp3-87. 中山書店．

XXII-99

卵巣ゴナドブラストーマと腫瘍発生

Key words
ゴナドブラストーマ／性腺芽腫／未分化胚細胞種／gonadal dysgenesis／予防的性腺摘出

はじめに：ゴナドブラストーマ－疾患概念の成り立ち

1953年にScullyは胚細胞と性索間質細胞の両方の成分を含む腫瘍の2症例を報告し，gonadoblastoma（ゴナドブラストーマ，性腺芽腫）と命名した（Scully, 1953）．命名についてScullyはこの腫瘍が性腺の発達過程を非常によく反復模倣していることからゴナドブラストーマと名づけたと記述しているが，実際その後の病理学的，あるいは遺伝学的・分子生物学的な解析からこの腫瘍が性腺の発達と非常に密な関係があることがわかり，実に絶妙な命名であったことが明らかになった．ところがその後，同じ腫瘍が時にはさまざまな別の名前や範疇で発表されたことから，Scullyは17年後の1970年にゴナドブラストーマの74例のレビューを発表し，組織学的な定義を明確に記述することで混乱を収拾しようとした（Scully, 1970）．この論文によって，ゴナドブラストーマは病理学的な一つの疾患単位として確立され，その後，本疾患の臨床的・遺伝学的側面が明らかにされる基礎となった．このレビューでScullyはゴナドブラストーマを，「胚細胞成分と未分化な顆粒膜細胞やセルトリ細胞に類似した成分（性索間質成分）が互いに入り交った腫瘍であり，ライデッヒ細胞や黄体化細胞は存在するかもしれないが必須ではない」，と定義した．また同時に病変が顕微鏡的なものであっても，病理像が合致すればゴナドブラストーマと診断することを提案した．このレビューには症例の臨床病理像が非常に詳しく記述されており，本疾患のアウトラインが明確にされている．すなわち，ゴナドブラストーマが分裂能を有する一方で，この形のままで転移することはないが，しばしば未分化胚細胞腫等の悪性の胚細胞腫瘍を合併することから，この腫瘍を良性腫瘍というよりは‘in-situ germ cell malignancy’と捉えるべきであること，また，腫瘍の発生母地となる性腺に関して，精巣や索状性腺（streak gonad）であることが大部分だが男性・女性いずれの方向への分化を示しているのかは謎である，とも述べられている．

1972年にはTalermanがゴナドブラストーマと同様に胚細胞と性索間質細胞の両方の成分を含むが，明らかに別の腫瘍である，mixed germ cell-sex cord-stromal tumorを報告した（Talerman, 1972）．この疾患は，ゴナドブラストーマと異なり，性腺異常を伴わない正常な核型を有する患者に発症する．現在，両者は類似点を有するものの，発生・臨床的に異なった範疇の疾患であるとされている．

1 ゴナドブラストーマの臨床病理像

(A) 臨床的特徴

ゴナドブラストーマは比較的まれな疾患であり，これまで200例あまりが報告されている．患者は主に10代–20代に発症し，年齢を経るごとに発症率は低くなって30歳をこえて発症することは少ない．約80%が女性の表現型を持った個体に発生し，残り20%のほとんどは**男性仮性半陰陽**に発生する．ゴナドブラストーマの診断は，ゴナドブラストーマ自体，あるいは合併する性腺腫瘍の存在によって発見されることもあるが，本症の患者が通常，原発性無月経，男性化，性器の発達異常等を呈することから，これらに関する精査をしていく過程で発見されることも多い．

女性（型）患者の場合，ほとんどの場合，性器の発育異常を示す．乳房の発育は不良のことが多く，月経は大部分が原発性無月経であり，まれに月経があっても稀発月経であったり，過少月経であったりすることが多い．ほとんどの女性が性腺の形成不全により不妊であるが，中には腫瘍を摘出したあとで2回正常妊娠した患者もいる．

60%の症例にさまざまな程度の男性化徴候を認めるが，まったく示さない場合もある．発症例の外性器の形態はさまざまであるが，内性器はほとんどが子宮であり，未発達なことが多い．男性仮性半陰陽以外でも，男性化を示す女性では精巣上体や前立腺など男性の内性器を認めることがある．このような表現型の異常は，もともと背景にある性腺形成異常症（gonadal dysgenesis）による内分泌学的異常と，さらに腫瘍に関連したホルモン産生によるものとがあるので，これを区別して考える必要がある．男性化徴候を示す症例では，手術で腫瘍を切除することで男性化が完全に，または部分的に消退する症例もあることから，腫瘍に関連するステロイドホルモン，おそらくは，腫瘍細胞巣の近傍の非腫瘍性の間質細胞が産生しているものがその原因の一端だと思われるが，逆に腫瘍摘出によっても完全には消失しないことが多いことから，もともとの性腺異常も影響していると考えられている．

真性半陰陽の患者に発症した例も報告されており，7例中4例が46,XX，3例が46,XYであった．

(B) 肉眼所見

ゴナドブラストーマは右側にやや多く発症し，40%は両側発症であるが，その一方は顕微鏡的に確認してはじめて発見されることが多い．ゴナドブラストーマが発生するもともとの性腺は通常，索状性腺か精巣である．両方の性腺が索状性腺である場合に両側発生が多い．なかには正常卵巣に発生した例もある．純粋なゴナドブラストーマ（ゴナドブラストーマのみが単独で発症する例）では，腫瘍の大きさはさまざまで，顕微鏡的なものから8 cmに及ぶものもあるが大部分は数センチの大きさである．未分化胚細胞腫や他の胚細胞腫瘍を合併するとずっと大きな腫瘍として見つかることが多い．ゴナドブラストーマは充実性の平滑，時に分葉化を示し，

男性仮性半陰陽：仮性半陰陽とは遺伝的な性別と外見的な性分化が異なる状態で，男性仮性半陰陽は性腺が精巣であるにもかかわらず，女性型の生殖器を有する．テストステロン生合成障害やアンドロゲン不応症等，いくつかの原因があり，それによって外性器が完全に女性型のものから種々の程度に男性化を示すものまでさまざまである．

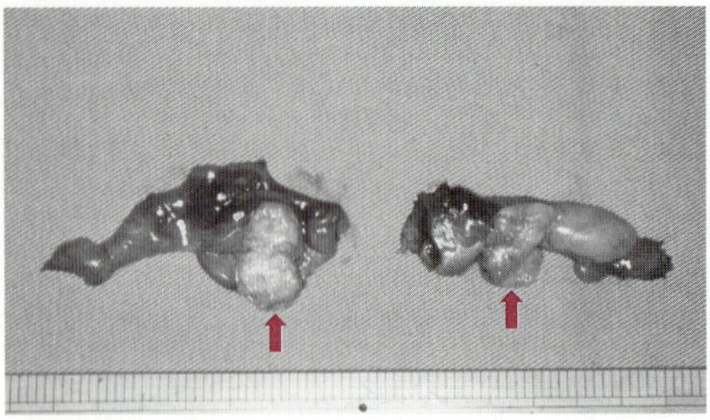

図XXII-99-1.

ゴナドブラストーマの肉眼像：索状性腺のなかに径 1 cm 程度の腫瘍（矢印）が両側性に認められた.

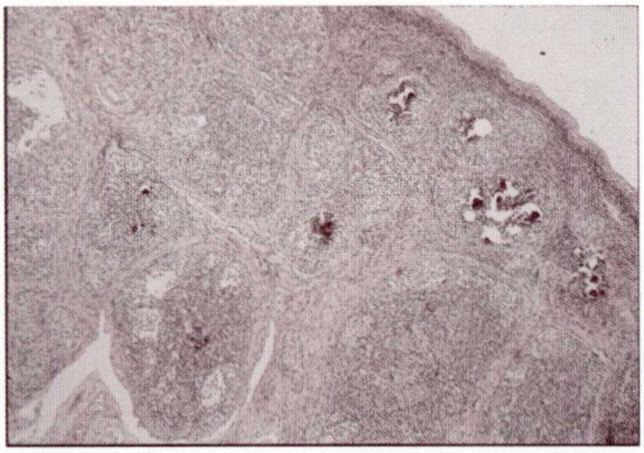

図XXII-99-2.

ゴナドブラストーマの組織像（弱拡）：腫瘍の胞巣がライディッヒ細胞様の結合組織に囲まれている．腫瘍の一部には石灰化が認められる.

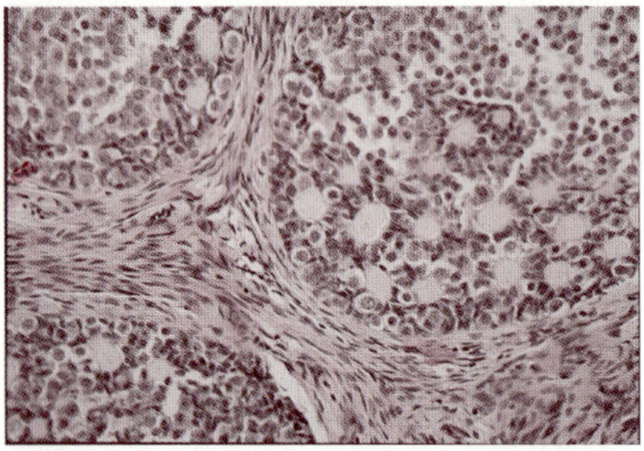

図XXII-99-3.

ゴナドブラストーマの組織像（強拡）：大型の胚細胞が小型の性索由来細胞と混在して胞巣を形成している．Call-Exner 小体様の構造が特徴的に認められる.

やや軟でみずみずしいものから硬いものまである．色調は灰白色から，黄色，褐色である．約半数に肉眼的に石灰化を認める（図XXII-99-1）.

(C) 病理所見

ゴナドブラストーマは結合組織に囲まれた腫瘍細胞の胞巣からなる（図XXII-99-2）．腫瘍巣の一つひとつは通常は小さく，丸い形をしているが，中には大きかったり，長く引き伸ばされたような形のこともある．腫瘍巣は胚細胞と，未熟なセルトリ細胞や顆粒膜細胞に似た性索の成分を含んでいて（図XXII-99-3），胚細胞は形態学的にも電顕学的にも未分化胚細胞腫の腫瘍細胞に似ており，顆粒状の細胞質と著明な核小体と小胞を有する円形の大きな核に特徴づけられる大きな細胞である．この細胞は分裂能を有しており，時には著明な分裂能を示すこともある．胚細胞は胞巣内でより小型の性索細胞と入り混じっており，後者は濃く楕円形ややや細長い核を有しており，分裂能はない．この性索細胞は時に卵胞のように胚細胞のまわりを取り巻いたり，Call-Exner 小体のような構造を呈していることもある（図XXII-99-3）．この腫瘍胞巣の外側をライデッヒ細胞や黄体化間質細胞に類似した間質が囲んでいる．このような間質細胞は 7 割弱の症例に認められ，若年症例よりも年長の症例で多く認められる．Scully は，ライデッヒ細胞や黄体化間質細胞に類似した間質は特徴的ではあるがゴナドブラストーマの診断に必須の要素ではないことを強調している．ゴナドブラストーマの典型像に変化を与える要素としては，ヒアリン化，石灰化，および他の腫瘍，特に未分化胚細胞腫の増殖がある．ヒアリン化は腫瘍細胞を置換し，時には腫瘍巣全体が置換されてしまうこともある．また，石灰化は非常によく見られる特徴の一つで，約半数に肉眼的に石灰化を認めるが，顕微鏡的なものを含めると80%以上の症例に見られる．変性が進むと，細胞成分が乏しくなり，最終的には石灰化した塊だけがゴナドブラストーマが存在したことを示すようになる．このようなゴナドブラストーマの変性像はburned-out gonadoblastomaとも呼ばれ，ゴナドブラストーマの存在の直接証明にはならないが，よく捜すともっと活動性（viable）な病変が見つかることが多いともいわれている．

ゴナドブラストーマは約半数に未分化胚細胞腫を合併する．ゴナドブラストーマの周辺にわずかに未分化胚細胞腫が存在するだけのものから，なかには未分化胚細胞腫が大きくなってゴナドブラストーマの細胞塊がところどころに認められるだけ，といったものまである．また，ゴナドブラストーマが未熟奇形腫や卵黄嚢腫瘍，胚芽腫，絨毛癌といったより悪性の腫瘍を合併することもある．

(D) 内分泌学的特徴

Scullyが報告した最初の2症例のうちの1症例にも内分泌学的異常を示唆する所見が記されており，内分泌学的異常はゴナドブラストーマによく見られる特徴の一つである．ゴナドブラストーマの背景にもともとあるgonadal dysgenesisによる内分泌学的異常と，さらに腫瘍に関連したホルモン産生によるものとを区別して考える必要がある．腫瘍からのホルモンによって引き起こされた男性化は手術で腫瘍を切除すると消失することがあるが，それ以上に性

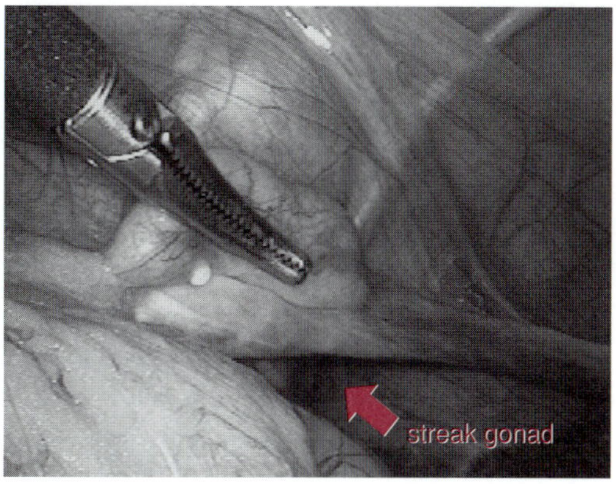

図XXII-99-4．

腹腔鏡下性腺予防摘出：症例は，29歳 Turner 症候群の症例．染色体検査で Y 染色体成分が認められたため，性腺の予防摘出をおこなった．性腺は streak gonad であり，この症例には病理学的にゴナブラストーマは認められなかった．

腺の発達が認められることはなく，性腺異常自体は存続する．腫瘍におけるステロイドの厳密な産生源はわかっていないが，おそらく，ライデッヒ細胞や黄体化間質細胞に類似した間質由来であろうと思われる．

(E) 臨床経過

ゴナドブラストーマ単独の症例の予後は，対側も含めて付属器切除を行えば大変よい．ゴナドブラストーマは約半数に未分化胚細胞腫を合併するといわれるが，未分化胚細胞腫を合併する場合でも，*de novo* に未分化胚細胞腫を発症した症例と比べると予後はよい．未分化胚細胞腫以外のもっと悪性度の高い胚細胞腫瘍を合併することが10%程度あるが，この場合，予後は悪くなる．

いずれにしてもゴナドブラストーマが発生する未発達な性腺は正常な機能を持たず，悪性腫瘍を発生する母地になりうることから，gonadal dysgenesis の性腺の**予防的摘出**に関してはコンセンサスが得られている（図XXII-99-4）．

(F) 遺伝学的側面

ゴナドブラストーマの家族性発症は少なくとも10例以上，報告されている．3代にわたる gonadal dysgenesis の家系に発症した例が2例，双子の発症例が1例，姉妹の発症例が4例報告されており，これらのすべてが46,XYであった．遺伝形式はX染色体劣性か常染色体の性関連遺伝子の変異ではないかと考えられている．

ゴナドブラストーマの遺伝・分子生物学的解析に関しては，次項でもさらに解説する．

2 ゴナドブラストーマの発生機序に関する最近の知見

(A) 遺伝学的側面と発生に関する基本的な概念

Scully の報告以来，個々の症例の詳しい臨床情報が報告・蓄積され，ゴナドブラストーマの発生における特徴が以下のように明確になってきた．すなわち，ゴナドブラストーマは正常男性および女性ではきわめてまれであり，また，46,XY，精巣性女性化症候群の患者，47,XXY，46,XX male の患者には発生報告がない（Mazzanti et al, 2005）．ゴナドブラストーマを発症するほとんどの患者では pure or mixed gonadal dysgenesis が認められるかまたは男性仮性半陰陽の症例である．染色体の核型が確認された患者の96%にY染色体が認められた．最も多い核型は46,XYであり，全体のおよそ半数を占める．次に多いのが45,X/46,XYのモザイクである．これらのことから，一部，例外は存在するが概ね二つの条件，すなわち，(1)性腺が未発達であること，(2)Y染色体の一部を有すること，を満たす患者に発生することが明らかになってきた．(1)に関して，性腺の発達異常を(a)正常に発達した卵巣組織を持つ場合，(b) 46,XYの核型を持つアンドロゲン不応症の場合，(c) gonadal dysgenesis を伴うもの，に分別すると，ほぼ (c) にのみ発生することが知られており，生後も未発達な性腺を有していることがなんらかの発症リスクとなると考えられる．また，(2)に関しては下に述べるようにY染色体上に存在する一つまたは複数の因子が，ゴナドブラストーマの発症に密接に関わっていると考えられている．ただし，詳細な分析においてもY染色体成分が同定されない例もわずかながら存在するため，これが発症に必須のものであるかどうかは現時点では不明である．

このような条件でゴナドブラストーマが発症する機序について Cools らは次のように推測している（Cools, tal, 2006）．正常な性腺の発達過程では，性腺の増殖能や多分化能の維持に必須である，下記の *OcT 3/4* をはじめとする増殖・アンチアポトーシス遺伝子の発現は出生時までにはほぼ見られなくなっている．ところが，gonadal dysgenesis においては不適切な環境のため正常な胚細胞の発達が遅れ，そのため，*OcT 3/4* をはじめとする増殖・アンチアポトーシス遺伝子の発現が持続し，また，おそらくインプリンティングの異常，さらには下記の *TSPY* 等，Y染色体由来遺伝子の発現も加わることによって胚細胞がクローン化して増殖し，ゴナドブラストーマを形成する，というものである（図XXII-99-5）．

予防的性腺摘出：高頻度に性腺に悪性腫瘍が発生することがわかっている疾患の患者で，性腺を摘出することにより将来の悪性腫瘍の発生を予防する手術を指す．ゴナドブラストーマ等の特殊な疾患に限られて行われてきたが，近年，*BRCA* 遺伝子の変異により卵巣癌の発生が予測される患者でも広義の性腺摘出である卵巣摘出が行われるようになってきている．

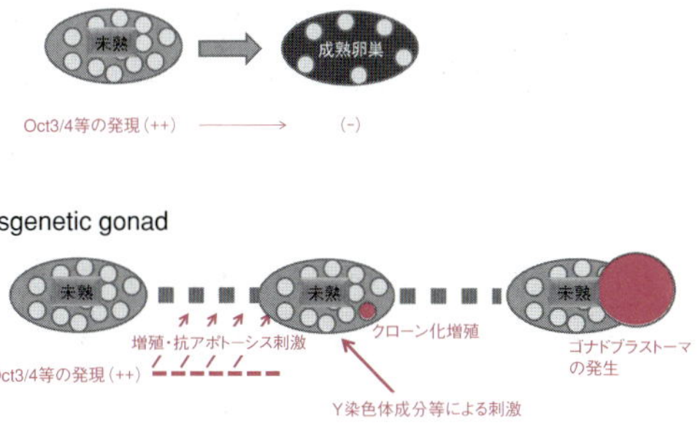

図XXII-99-5．正常な性腺の発達過程

(B) 発生に関与すると考えられる遺伝子

ゴナドブラストーマの発生にはいくつかの特徴的な遺伝子の役割が推測されている．ここではこれらのうち，特に重要と考えられる三つの遺伝子に関して見てみたい．

(1) Oct3/4

*Oct3/4*は転写因子の一つでPOU（pit-1, oct-1, *Caenorhabditis elegans* unc-86）転写因子ファミリーに属する．哺乳類の発達過程で，これに関連するさまざまな遺伝子の発現を制御することが知られている．胚発生の初期段階やES細胞に高発現しており，これらの細胞が多分化能を維持するために不可欠の遺伝子とされている（Cools et al, 2006）．iPS細胞を作成する際に利用された遺伝子としても有名である（Takahashi & yamanaka, 2006）．Oct3/4の発現は胎児発育の初期段階ですぐに抑制されて，胚細胞のみに発現するようになるが，始原生殖細胞（primordial germ cell, PGC）でこの発現を抑制すると，分化ではなくアポトーシスが誘導されることから，PGCの生存に必須の因子であると考えられる（Kehler et al, 2004）．女性性腺の発達過程においてはOct3/4は原卵（oogonia）や初期の卵母細胞のみに発現しており，卵胞内の卵には発現がない．このことからOct3/4の発現低下により卵子が減数分裂に入る可能性が考えられている（Cools et al, 2006）．出生時にはOct3/4の発現はほとんど認められない．ところが興味深いことに，gonadal dysgenesisの未発達な性腺においてはOct3/4の発現が認められる（Cools et al, 2006）．一方，多くの胚細胞腫瘍でOct3/4が発現していることが報告されており，Oct3/4は胚細胞腫瘍のマーカーとして使われるようになってきた（Cheng et al, 2007）．ゴナドブラストーマにおいても，胚細胞成分での発現が報告されている（Kersemaekers et al, 2005）．マウスにおけるES細胞由来の腫瘍においてはOct3/4の発現の強・弱が腫瘍の侵襲度と相関することが知られており，このことからOct3/4はゴナドブラストーマを含む胚細胞腫瘍の発生やその悪性化に関与している可能性が示唆される（Gidekel et al, 2003）．

(2) GBYとTSPY

これまで述べてきたようにゴナドブラストーマはY染色体の一部を有する患者にほぼ特異的に認められることから，この部分にゴナドブラストーマの発生に関連する遺伝子が存在する可能性が示唆されてきた．1987年にPageはY染色体上で正常男性の精子形成に関与する遺伝子がゴナドブラストーマ発生における癌遺伝子として働いているという仮説を提唱し，これをゴナドブラストーマ（gonadoblastoma）locus on the Y chromosome（*GBY*）と名づけた（Page et al, 1987）．その後，多くの研究者が*GBY*の染色体上の位置を同定する作業をすすめ，Y染色体のセントロメア近傍にその座位（locus）があることを突き止めた（ちなみに性決定遺伝子として重要な*SRY*は短腕のテロメア側にあり，無関係であることもわかった）．1995年にTsuchiyaらは，sequence-tagged sitesという手法を用いてY染色体上の欠失領域をマッピングし，ここに相当するTSPY（testis-specific protein, Y-encoded）が，GBYの本態の一つではないか，と報告した（Tsuchiya et al, 1995）．ただし，GBYの候補遺伝子はY染色体のセントロメア近傍の他の部位にもマッピングされることから，GBYは複数あると考えている研究者も多い（Lau, 1999）．*TSPY*遺伝子は通常，成人男子の精祖細胞に発現しており，その分裂・増殖に関連すると考えられている．さまざまな状態の性腺においてTSPYの発現を免疫染色で検討してみると，TSPYは妊娠全期間を通じて胎児の精巣に発現しているが，21トリソミーやgonadal dysgenesisといった未成熟な性腺ではより高度に発現していることがわかった（Cools et al, 2006；Kersemaekers et al, 2005）．さらにTSPYの発現亢進はゴナドブラストーマやセミノーマで普遍的に認められることがわかった（Li, 2007；Kersemaekers et al, 2005）．機能的には，最近の研究でTSPY遺伝子はeEF1AやcyclinB等と関連して細胞増殖に働く可能性が示唆されている（Kido, 2008；Li, 2008）．

(3) β-catenin

Wntシグナルの中の重要な因子であるβ-cateninはOct3/4との関連も示唆される細胞分化のマスター遺伝子の一つである．β-catenin量の変化によって胚性幹細胞の分化がコントロールされることも示されており（Kielman, MF Nat. Genet），胚細胞の分化に重要な役割を果たしていると考えられている．Palmaらは，7人のゴナドブラストーマの患者に関してβ-cateninの発現をOct3/4とともに解析した結果ゴナドブラストーマの未熟な胚細胞に発現しており，その局在はOct3/4と一致すること，また，同じWntシグナル上にあるE-cadherinの発現は見られなかったことを報告し，β-cateninの発現亢進がゴナドブラストーマの発生に重要な役割を果たす可能性を述べている（Palma et al, 2008）．

以上のほかにも，WT-1（Frasier症候群），c-Kit, PLAP（placental alkaline phosphatase）等の関与も報告されている．

(C) ゴナドブラストーマの悪性化ー未分化胚細胞腫の発生機序

ゴナドブラストーマは前述のように胚細胞がクローン化したin situ neoplasiaと考えられており，これが悪性化して未分化胚細胞腫を発症すると考えられている．Paulsらは詳細な形態学的観察と免疫組織染色を用いてゴナドブラストーマから未分化胚細胞腫へ段階的に進展していく過程を推測した（Pauls et al, 2005）．もともとのゴナドブラストーマの発生に関わった因子がそのまま未分化胚細胞腫の発生に関与していることは十分に考えられるが，その詳細に関してはまだよくわかっていない．

(D) Y染色体成分の同定ー特にTurner症候群において

Turner症候群の一部にゴナドブラストーマを発症することはよく知られており，特にモザイク等でY染色体の成分を有する患者に多いと報告されたことから，Turner 症候群の患者でY染色体を含む核型を有するものには現時点では予防的卵巣摘出が勧められている（図XXII-99-4）．ところが，近年のPCRを使った詳細な分析法の発達により，従来の核型分析では見つからなかった微小なY染色体成分を有するTurner 症候群の患者が見つかるようになり，臨床的にどう扱うかが問題となっている，まず，PCRを用いた分析法でどの程度のY染色体成分を有する患者が新たに見つかるか，という点であるが，50人以上の患者を調べた三つの報告では約10%にY染色体成分が同定されており，このうち，約半数はPCRを行ってはじめて見つかったものであった（Gravholt et al, 2000；ALvarez-Nava et al, 2003；Mazzanti et al, 2005）．すなわち，PCRによって，少なくともこれまでに見つかっていたものと同じくらいのY染色体成分を有する患者が新たに見つかることがわかった．そこで次の問題は，このような微小Y染色体を有する患者が，本当にゴナドブラストーマ発症のハイリスクであるか，ということであるが，集められるサンプル数が限られてしまうため，明確な答えが得られにくい．前述の三つの報告の一つであるGravholtらは，Turner症候群でのY染色体成分の保有率は確かに高いが，ゴナドブラストーマの発症頻度は10%以下であり，それほど高くない，と述べている．一方，同様のY染色体成分の保有率を報告したMazzantiらは，33%のゴナドブラストーマ発症率を報告しており，やはりこのような患者は予防的卵巣摘出の適応ではないか，と述べている．現時点では，Turner 症候群の患者では早い時期にPCRを含む方法でY染色体の同定を行い，これを有する患者では卵巣摘出を考慮するのが一般的な考え方と思われるが（図XXII-99-4），将来的に，Y染色体とゴナドブラストーマ発症の関係がより明らかになれば，Y染色体成分を有する患者の中から真にハイリスクの患者を選択できるようになることが期待される．

まとめ

ゴナドブラストーマはScullyによって形態学的に定義されたまれな疾患であり，日常臨床で遭遇する機会は少ないこと，基本的に良性の経過をたどり，取り扱いも現時点では卵巣摘出でよいことから，我々臨床医にとってなじみも薄く，主要な疾患とはいいがたい．しかしながら，この腫瘍が限定された背景（主にY染色体を有するgonadal dysgenesisの患者）の中では高頻度に発生するという特殊な腫瘍であることから，その発症のメカニズムを検討するには大変おもしろいモデルであり，これまで多くの詳細な分析がなされてきた．これによって前述のように，性腺の発生と腫瘍の発生の共通点や，形態学と遺伝学・分子生物学を結びつける現象の発見，さらに，婦人科腫瘍学としては胚細胞腫瘍の発生一般を考察する上で重要な示唆を与えるさまざまな知見が得られてきた．今後の解析によりさらに詳細な発症のメカニズムが明らかにされ，また取り扱いに関してもより個別化・標準化されることを期待したい．

（万代昌紀・小西郁生）

引用文献

ALvarez-Nava F, Soto M, Sánchez MA, et al (2003) Molecular analysis in Turner syndrome, *J Pediatr*, 142；336-340.

Cools M, Drop SL, Wolffenbuttel KP, et al (2006), Germ cell tumors in the intersex gonad : old paths, new directions, moving frontiers, *Endocr Rev*, 27 ; 468-484.

Cheng L, Sung MT, Cossu-Rocca P, et al (2007) OCT4 : biological functions and clinical applications as a marker of germ cell neoplasia, *J Pathol*, Jan 211 ; 1-9.

Gidekel S, Pizov G, Bergman Y, et al (2003) Oct-3/4 is a dose-dependent oncogenic fate determinant, *Cancer Cell*, 4 ; 361-370.

Gravholt CH, Fedder J, Naeraa RW, et al (2000) Occurrence of gonadoblastoma in females with Turner syndrome and Y chromosome material : a population study, *J Clin Endocrinol Metab*, 85 ; 3199-3202.

Kehler J, Tolkunova E, Koschorz B, et al (2004) Oct4 is required for primordial germ cell survival, *EMBO Rep*, 5 ; 1078-1083.

Kersemaekers AM, Honecker F, Stoop H, et al (2005) Identification of germ cells at risk for neoplastic transformation in gonadoblastoma : an immunohistochemical study for OCT3/4 and TSPY, *Hum Pathol*, 36 ; 512-521.

Kielman MF, Rindapää M, Gaspar C, et al (2002) Apc modulates embryonic stem-cell differentiation by controlling the dosage of beta-catenin signaling, *Nat Genet*, 32 ; 594-605.

Kido T, Lau YF (2008) The human Y-encoded testis-specific protein interacts functionally with eukaryotic translation elongation factor eEF1A, a putative oncoprotein, *Int J Cancer*, 123 ; 1573-1585.

Lau YF (1999) Gonadoblastoma, testicular and prostate cancers, and the TSPY gene, *Am J Hum Genet*, 64 ; 921-927.

Letterie GS, Page DC (1995) Dysgerminoma and gonadal dysgenesis in a 46,XX female with no evidence of Y chromosomal DNA, *Gynecol Oncol*, 57 ; 423-425.

Li Y, Lau YF (2008) TSPY and its X-encoded homologue interact with cyclin B but exert contrasting functions on cyclin-dependent kinase 1 activities, *Oncogene* 27 : 6141-6150.

Li Y, Vilain E, Conte F, et al (2007) Testis-specific protein Y-encoded gene is expressed in early and late stages of gonadoblastoma and testicular carcinoma in situ, *Urol Oncol*, 25 ; 141-146.

Mazzanti L, Cicognani A, Baldazzi L, et al (2005) Gonadoblastoma in Turner syndrome and Y-chromosome-derived material, *Am J Med Genet A*, 135 ; 150-154.

Page DC (1987) Hypothesis : a Y-chromosomal gene causes gonadoblastoma in dysgenetic gonads, *Development*, 101 (Suppl) ; 151-155.

Palma I, Peña RY, Contreras A, et al (2008) Participation of OCT3/4 and beta-catenin during dysgenetic gonadal malignant transformation, *Cancer Lett*, 263 ; 204-211.

Pauls K, Franke FE, Büttner R, et al (2005) Gonadoblastoma : evidence for a stepwise progression to dysgerminoma in a dysgenetic ovary, *Virchows Arch*, 447 ; 603-609.

Scully RE (1953) Gonadoblastoma ; a gonadal tumor related to the dysgerminoma (seminoma) and capable of sex-hormone production, *Cancer*, 6 ; 455-463.

Scully RE (1970) Gonadoblastoma, A review of 74 cases, *Cancer*, 25 ; 1340-1356.

Takahashi K, Yamanaka S (2006) Induction of pluripotent stem cells from mouse embryonic and adult fibroblast cultures by defined factors, *Cell*, 126 ; 663-676.

Talerman A (1972) A mixed germ cell-sex cord stroma tumor of the ovary in a normal female infant, *Obstet Gynecol*, 40 ; 473-478.

Talerman A (2002) Germ cell tumors of the ovary, In : *Blaustein's Pathology of the female genital tract*, 5th ed, Kurman RJ (eds), Springer-Verlag, New York.

Talerman A, Roth LM (2007) Recent advances in the pathology and classification of gonadal neoplasms composed of germ cells and sex cord derivatives, *Int J Gynecol Pathol*, 26 ; 313-321.

Tsuchiya K, Reijo R, Page DC, et al (1995) Gonadoblastoma : molecular definition of the susceptibility region on the Y chromosome, *Am J Hum Genet*, 57 ; 1400-1407.

XXII-100

Y染色体を有する形成異常性腺からの腫瘍発生とその管理

Key words
性腺腫瘍／XY女性／精巣女性化症候群／半陰陽／予防的性腺摘出

はじめに

性分化はY染色体の有無あるいはY染色体上の精巣決定因子（TDF, testis determining factor）の有無により規定され，それによる性腺の誘導分化により決定される（Sinclair et al, 1990；Tsutsumi et al, 1996）．Y染色体を持つ個体はTDFが胎生期に発現し未分化性腺は精巣（睾丸）へ誘導され，その結果男性に分化するということができる．精巣においては始原生殖細胞(primordial germ cell）は精原細胞に分化し，配偶子としての精子が形成される．一方，卵巣においては始原生殖細胞が卵原細胞に分化し，配偶子としての卵子が形成される．

1990年TDFとして***SRY*** **遺伝子**（sex determining region Y）がY染色体短腕に発見同定され（Sinclair et al, 1990），性決定のしくみがより明らかになりつつある．ところが，Y染色体を有する個体でも性腺が精巣型に分化しない病態があることが明らかになった．それがXY女性で，核型が46, XYにもかかわらず内性器・外性器ともに女性型をとる．1955年Swyerにより報告された（Swyer et al, 1955）．XY女性とは一般にこの疾患をさし，性腺はいわゆる索状性腺（streak gonad）を示し，46XY純粋型性腺形成不全（pure gonadal dysgenesis）ともいわれる．一方，XY個体で，性腺が精巣でありながら，表現型が女性となる病態もある．いわゆる精巣女性化症候群で，アンドロゲン受容体に異常があることが多く，アンドロゲン不応症候群（androgen insensitive syndrome, AIS）ともいわれる（Adachi, 2000）．両者に共通して性腺腫瘍の発生頻度が高いことが指摘されている（Troche V, Hernandez E, 1988）．半陰陽においても性腺腫瘍が好発する．Y染色体上にgonadoblastomaの原因遺伝子の存在が示唆されている(Page, 1987)．病因は必ずしも明らかでないが，ここではY染色体を有する性分化異常症における性腺腫瘍とその管理について述べる．

1 生殖器分化の仕組

ヒトの性決定は性染色体さらには性決定遺伝子*SRY*が重要な役割を果たすが，実際の生殖器の発育分化のプロセスはいくつかの事象ないし過程にわけて捉えると理解しやすい（図XXII-100-1）．この過程は性決定のカスケードあるいは男性化のカスケードと呼ばれることもある．その各々のプロセスになんらかの異常が生じた場

SRY（sex determining region Y）：遺伝子はヒトを含めた哺乳類の性決定のプロセス上最も重要な役割を果たす精巣決定因子である．SRYは転写因子として未分化性腺を精巣に分化させる．その異常はXY女性の原因となる．

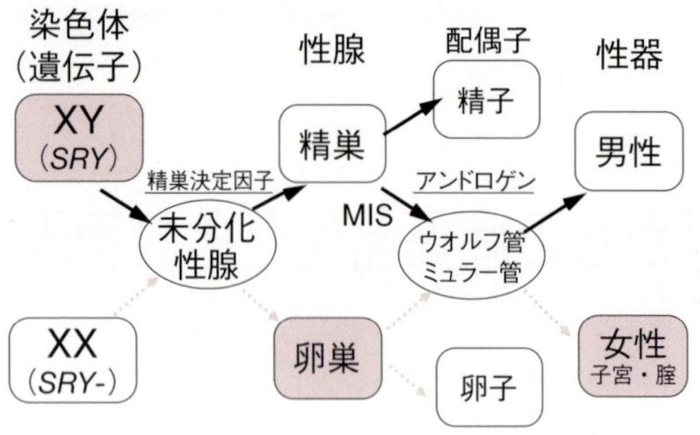

図XXII-100-1．生殖器・配偶子分化の仕組み

生殖器の発育・分化は精巣決定因子（SRY）の有無により，XY個体では未分化性腺は精巣に分化し，精巣の働きでウオルフ管の発育とミュラー管の退化が促され男性型への分化が実線で示すようにカスケード状に進む．始原生殖細胞は精巣では精子，卵巣では卵子への分化を辿る．

合は分化異常性腺が生じ，腫瘍発生にも結びつく．したがってこれを正しく理解することが，疾患の理解や患者の診療にあたっても重要である．

(A) 染色体の性

生殖器決定の第一のプロセスは染色体上の性，言い換えれば性染色体による性の決定による．受精に際し，卵子の持つX染色体に対して，精子はXないしY染色体を持ち，精子の持つ性染色体により性が規定される．別の表現をすれば，性の決定はY染色体の有無により，Y染色体を持つ個体は男性に分化し，男性生殖器を持つべく運命づけられる．Y染色体を持たない個体は女性に分化し，女性生殖器を有するということができる．

性の決定や生殖器の分化にはX染色体は大きな関与はしない．その証左には女性型をとるTurner症候群の核型が45, XOであることがあげられる．Xの数によらず，Yを持たないことが女性型の生殖器への分化を進める．男性型をとるKlinefelter症候群は47, XXYであるが，Xの数によらず，Yを持つことが男性型の生殖器を誘導するといえる．ただしTurner症候群，Klinefelter症候群など性染色体に数的に異常がある場合以下の性腺決定以降のプロセスが必ずしも正常にたどらないため，生殖器の発達は必ずしも正常とはいえない．

(B) 遺伝子の性

ヒトの性決定には性決定遺伝子発現のプロセスが重要である．先に述べたY染色体上の精巣決定因子である*SRY*遺伝子発現の有無が性を決定し生殖器の分化をリードする．*SRY*がコードするものはDNA結合タンパクであり転写因子として働き，胎生初期の雌雄いずれにも分化するポテンシャルを持った未分化な性腺において発現し性腺を精巣に決定分化させる．SRYが発現しTDFとして働くのは胎生7週前後であると考えられている．*SRY*遺伝子の発現のない個体では，未分化性腺は卵巣へ分化する．ただし精巣の分化のすべてがSRYだけで説明されるわけではなく，他の遺伝子の関与やその相互作用も考えられている．

SRYの機能を知るには，先に述べた疾患XY純粋型性腺形成異常症（XY pure gonadal dysgenesis, XY女性）が参考になる．これは，染色体が46, XYでありながら内性器，外性器ともに女性型をとりターナー症候群の身体的特徴を欠くものである．XY女性は*SRY*の欠失等で*SRY*を有しないY染色体が生じるか，あるいは*SRY*は存在しても*SRY*に点突然変異やframe shift mutationが生じTDF作用を欠くことにより，女性化が進むことが明らかになった（図XXII-100-

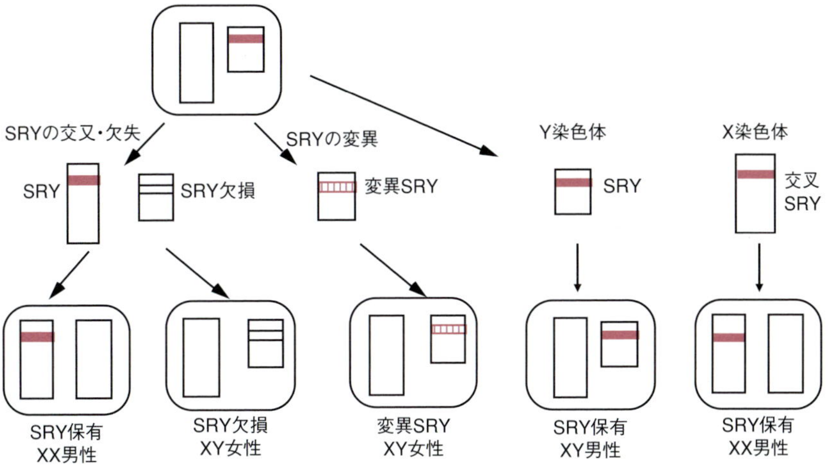

図XXII-100-2．性決定因子 SRY とその異常による疾患

Y 染色体をもつ精子が受精すれば，SRY を有し，男性となる．X 染色体をもつ精子が受精すれば SRY を欠き，男性となる（図右）．SRY 遺伝子の欠損または変異により Y 染色体が存在しても SRY 作用を欠くため XY 女性が発生する．逆に SRY 遺伝子を保有した個体は核型が XX でも男性となる．

2）．ただし SRY に異常の認められない XY 女性症例もあり，その他の遺伝子異常の存在も想定されている（Tsutsumi, 1994）．また *SRY* が交差により X 染色体に存在する場合，その個体は XX でありながら，男性生殖器を持つ．

(C) 性腺の性

生殖器の発生において性腺分化のプロセスがキーポイントになる（図XXII-100-1）．言い換えれば，性決定因子 SRY が TDF として働き未分化な性腺が精巣に分化発生するこのステップは男性化のカスケードにおいて重要な位置を占める．胎児期に精巣が存在し，機能が，その後の生殖器の発育分化に決定的役割を果たす．

Jost のウサギ胎子を用いた実験（Jost 効果）を紹介しよう（Jost, 1973）．彼は子宮内の胎子を対象に，胎生初期の性腺摘出手術を行った．すると精巣を有していた XY 個体も術後生殖器は女性型になることを発見した．当然のことながら，XX 個体の生殖器は女性型になった．胎子期の精巣の働きにより生殖器が男性型に分化することがわかる．XY 女性においては，精巣を欠くために男性化のカスケードに異常をきたし，女性型をとると理解される．

女性では遺伝子型は XX で，SRY を欠き精巣が誘導されず，未分化性腺は卵巣へと誘導される（図XXII-100-1）．女性の場合は男性とは対照的に受動的であり，卵巣決定因子のようなものは同定されていない．あるいは，未分化性腺は卵巣に分化すべく運命づけられているが，TDF の存在により男性化のカスケードが作動した特別な場合に精巣が分化すると考えることもできる．引き続き始原生殖細胞は，精巣に存在すれば，精祖細胞に，卵巣に存在すれば卵祖細胞に分化し，それぞれ配偶子は精子，卵子となる．

(D) 内性器・外性器の性

性腺の性に引き続く生殖器分化発育のプロセスは内性器および外性器の分化である．ここではウオルフ管とミュラー管の発達および退化が重要なポイントである．ウオルフ管は中腎管由来の性管の原基で，男子では発育して精巣上体，精管，精嚢へ分化するが，女子では痕跡的状態にとどまる（図XXII-100-1）．一方ミュラー管は性管の原基で，女子では発育して子宮，卵管および膣上端へ分化するが，男子では痕跡的状態にとどまる．尿生殖洞はミュラー管下端部と接し洞膣腔を形成した後，膣管を形成する．このプロセスは精巣から分泌されるミュラー管抑制因子物質（MIS, Mullerian inhibiting substance または factor ないし hormone）とアンドロゲンにより制御される．すなわち，男子では精巣のセルトリ細胞からは MIS が分泌されミュラー管の退縮を起こす．それと前後してアンドロゲンはライディヒ細胞から分泌されウオルフ管に作用し，男性内性器が分化する．クロアーカより外性器と前立腺が分化する．またアンドロゲンの脳に対する作用により中枢は男性型となり周期性を失う．テストステロンの分泌は12週ごろにピークとなり20週前後以降低下するとされている．精巣からのアンドロゲンと MIS の作用により男性外性器の性が決定される．

これに対して女性では男性と対照的に胎児期に精巣からのアンドロゲンとミュラー管抑制因子（MIS）の働きを受けないことが，女性への分化を決定づける（図XXII-100-1）．ミュラー管は退縮せず子宮等女性内性器が分化誘導される．またウオルフ管はアンドロゲン作用を受けず退縮する．またクロアーカより外性器が分化する．中枢も周期性を持った女性型となる．

精巣女性化症候群では，膣はあるが盲端に終わり子宮膣部を認めない．染色体検査で核型が46, XY で性腺は両側精巣でありテストステロンも分泌されながら，アンドロゲン受容体の異常により性腺の性と表現型が一致せず，外性器は女性型をとる（図XXII-100-1）．すなわちウオルフ管はアンドロゲン作用を受けず，精巣上体，精管，精嚢へ分化せず，痕跡的状態にとどまる．ミュラー管抑制因子は分泌されるため，ミュラー管も発育せず，子宮，卵管を欠き，尿生殖洞はミュラー管下端部と接しえず，完全な膣管は形成されない．

2 性腺形成異常症

性腺形成異常症は卵巣になるべき性腺が正常に分化せず生殖器として子宮が存在するが，性腺（卵巣）の発育が不良なものを総称する．染色体検査により男性型，ターナー，女性型の三つに分類される．

(A) 男性型（XY 女性）

男性型すなわち XY 女性の病因は *SRY* の異常で説明した（図XXII-100-2）．一つは，本来 Y 染色体上にあるべき *SRY* が X 染色体に交叉あるいは欠失し *SRY* を有しない Y 染色体が生じ結果としてその個体では TDF 作用を欠き女性へと分化する．次に SRY は存在しても SRY に異常が生じた場合がある．*SRY* に点突然変異や frame shift mutation が生じ SRY が TDF として作用せず精巣が発生しないため女性化が進む（図XXII-100-2）．また SRY のアミノ酸配列が正常

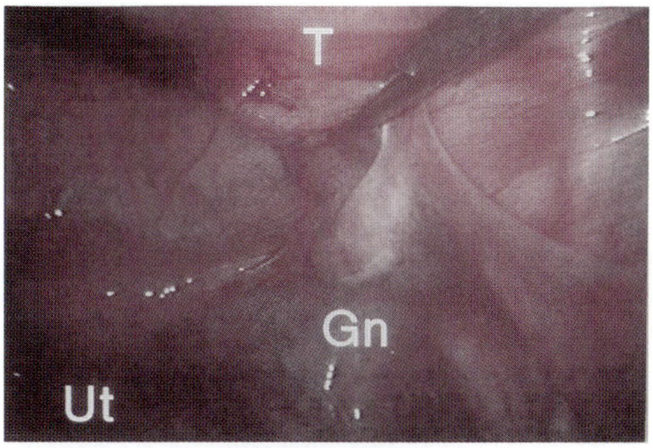

図XXII-100-3．XY女性の腹腔鏡所見

Ut（子宮），Gn（性腺），T（卵管）を認める．
摘出した性腺にはgonadoblastomaが存在した．

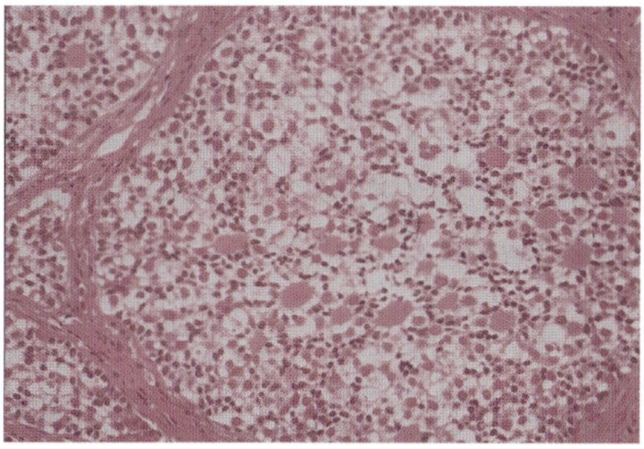

図XXII-100-4．XY女性の摘出性腺（gonadoblastoma）

なXY女性も存在し，性決定には複数の遺伝子が作用していることが示唆される．

XY女性の症状としては原発性無月経が最も多いが，性成熟期前では卵巣腫瘍で発見される場合もある．診断は染色体検査で，46, XYを証明し，キメラを否定すること，女性内性器（子宮，付属器）を確認すること等でなされる．ホルモン検査ではエストロゲンは低値でゴナドトロピンは高値のいわゆる高ゴナドトロピン性性腺機能低下症（hypergonadotropic hypogonadism）を呈する．エストロゲン，プロゲステロンの負荷で消退出血を見る．本疾患では性腺腫瘍（gonadoblastoma, dysgerminama）の発生が25%程度と報告されている（Troche, 1988）．他にも絨毛癌（choriocarcinoma）発生の報告もある（Beaulieu Bergeron, 2010）．診断の確定および性腺の予防的摘出のために試験開腹または腹腔鏡下手術が勧められる（図XXII-100-3）．腫瘍としては図XXII-100-4に示すように性腺芽腫（gonadoblasotoma）が多い．後に比較するが，侵襲の面から腹腔鏡手術を選択するのが望ましい（Takai, 2000）．術後にはホルモン補充療法を行う．ターナー症候群の場合と同様子宮の妊孕性自体は適当なホルモン補充療法により機能を果たすということができ受精卵の移植を受けた出産例の報告がある（Sauer, 1989）．

(B) ターナー症候群

ターナー症候群の核型は45, XOを示すものが多いが，45XO/46XXのモザイク等も見られる．性未成熟，低身長，翼状頚，外反肘を主徴とする．低身長，身体的特徴で小児期に発見されることもあるが，原発性無月経を主訴に婦人科を受診することも多い．FSH，LHは高値で卵巣性の無月経を示す．内性器は女性型を示し，子宮卵管は正常に近い形状を示す．子宮内膜はエストロゲン・プロゲステロン負荷に反応し消退出血も認める．またモザイク等特殊な場合では初経まで卵子が残存しており，続発性無月経を呈することもあるが，その場合も卵巣性であることが多い．

(C) 女性型

女性型性腺形成不全症の表現型はXY女性と類似する．原発性無月経を主訴とする．ホルモ

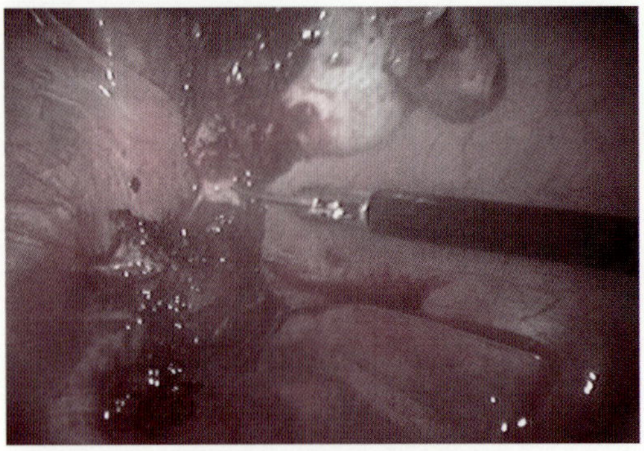

図XXII-100-5．精巣女性化症候群の精巣切除
予防的性腺切除は腹腔鏡下に容易に行われる

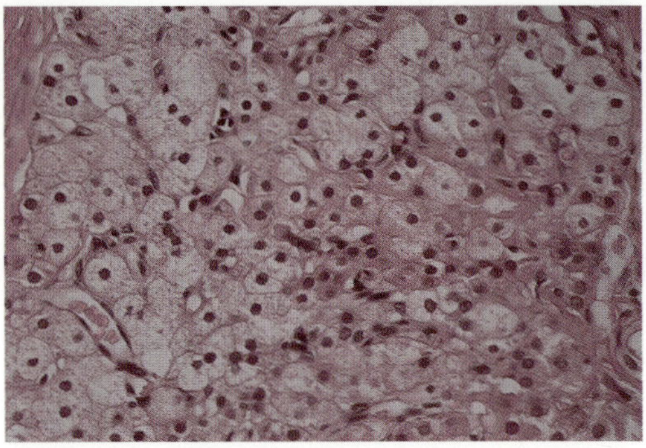

図XXII-100-6．腹腔鏡下に摘出した性腺の組織所見

ン検査ではエストロゲンは低値でゴナドトロピンは高値のいわゆる hypergonadotropic hypogonadism を呈する．エストロゲン，プロゲステロンの負荷で消退出血を見る．診断は染色体検査で，46, XX で確認され，ターナー症候群との，キメラを否定する．性腺腫瘍発生の頻度は著者が知る限りでは高いとするものはない．腹腔鏡で，女性内性器（子宮，付属器）を確認すると同時に性腺摘出を行うことは必須であるとはいえない．内分泌検査や染色体検査で診断が確定すれば，必ずしも腹腔鏡検査や性腺切除を行わず経過観察も可と考える．

3 精巣女性化症候群

精巣女性化症候群は性腺が男性すなわち精巣を有するが内性器および外性器は女性型を示すもので，男性仮性半陰陽（male pseudohermaphroditism）に該当する．本症候群は核型が46, XY で性腺は両側精巣でありテストステロンも分泌されながら，外性器は女性型をとる．胎生期のアンドロゲン作用の欠如により発生する．その原因としては，アンドロゲン受容体の異常によるものが多いが，5α-reductase の酵素異常による場合もある．アンドロゲン受容体の異常については，受容体の構造の分子レベルでの解析に伴い，受容体の欠損，ホルモン結合部位や DNA 結合部位における点変異等が存在することが明らかになっている．

典型例では外陰は女性型で，膣も存在するが，MIS 作用によりミュラー管の発達は抑さえられ，子宮は存在せず，膣は短く盲端に終わる．精巣でのアンドロゲン分泌は行われるが，造精能は欠如し成熟精子は認めない．

診断の確定と予防的性腺摘出のために開腹手術ないし腹腔鏡下手術が行われる（図XXII-100-5）．精巣組織には精細管構造を認めるが，精子細胞は存在しない（図XXII-100-6）．性腺摘出後は女性ホルモンの補充療法を実施する．子宮を欠如するためカウフマン療法の必要はなく，エストロゲン単剤で事足りる．腫瘍発生頻度はそれ程高くなく経過を十分観察できる時は，精巣からの内因性ステロイドに期待するという考え方もある．当然であるが患者は戸籍上も社会的にも女

表XXII-100-1．生殖器の発育・分化に関する染色体・遺伝子とその異常

染色体/遺伝子	異常
X染色体	完全欠損症例では hypergonadotropic hypogonadism を示し，原発性無月経を呈する．Turner 症候群が典型例である．稀に月経発来を見るものも早発閉経に至る．部分欠損症例でも早発閉経等卵巣機能異常を発症し，hypergonadotropic hypogonadism を示すことが多い．欠損部位は Xp11と Xq13-q26が多く，月経を有する例でも不妊が多い．X染色体と常染色体の転座例では，男女をとわず，不妊になることが多い．
FMR 1	Fragile X 症候群は伴性優性遺伝形式をとり，精神発達遅延を来す疾患である．FRM1遺伝子は Xq27に存在し CGG の繰り返し配列を持つ．この延長を有する女性は保因者で，premature ovarian failure（POF）を合併することが多い．
Y染色体	性染色体の数的異常（47, XXY : Klinefelter 症候群），男性における欠損（46, XX 男性）では，精子の数や質に異常が認められ，男性不妊の原因となる．
SRY	*SRY*（sex determining region Y）は Y 染色体の短腕，pseudoautosomal 領域に存在し，その欠失や変異が46, XY gonadal dysgenesis（Swyer 症候群）の原因になる．患者の表現型は女性で，不妊である．
AZF	*AZF*（azoospermia factor）は Y 染色体の特定部分（Yq11）にあり，その欠損により精子異常が生じることが明らかになっている．無精子症または高度の乏精子症患者の10%程に微少欠損が見つかる．
FSH 受容体	FSH 受容体の欠損，変異が男女両性で存在し，hypergonadotrophic hypogonadism を呈することが報告されている．
LH 受容体	LH 受容体の欠損，変異が男女両性で存在することが報告されている．男児では，胎児期のテストステロン分泌不良のため，性分化異常を伴う．
Steroid enzyme	CYP17，CYP19，HSD17B3，SRD5A2等の異常は性機能異常や不妊の原因となる．欠損する酵素やその程度により症状は異なる．典型例は副腎性器症候群である．
WT1と SOX9	WT1の異常は Denys-Drash syndrome や Frasier syndrome といった性分化異常を起こす．SOX 9の異常も同様に46, XY 個体に性分化異常を惹起する．
Androgen 受容体	androgen receptor（AR）の異常は46XY 男性において表現型を女性にし，原発性無月経をきたす．antimullerian hormone（AMH または MIS）は分泌されるため，子宮を欠く．
The HOXA13	hand-foot-genital 症候群の原因遺伝子．女性においては双角子宮や重複子宮などの子宮奇形，男性においては尿道下裂をきたす．
CFTR	先天的な vas deferens 欠損の原因遺伝子とされる．精子は産生されるので，ICSI により妊娠は可能である．
TSPY	GBY（gonadoblastoma locus on the Y chromosome）上の遺伝子で gonadoblastoma 組織に発現し，原因遺伝子の候補として検討されている．

性であり，診療上もそれを尊重する．

4 腫瘍発生と予防的性腺切除

XY 女性や精巣女性化症候群など Y 染色体を有する形成異常性腺には腫瘍の発生リスクが高いことは以前から指摘されていた．性腺の発育や性分化に関連する遺伝子が多数存在することは明らかになっている（表XXII-100-1）．Y 染色体上の gonadoblastoma 発生部位（GBY）が想定された（Salo, 1995）．近年腫瘍発生に関する遺伝子の検索がなされ，*TSPY* 遺伝子の検討が注目

表XXII-100-2．腹腔鏡下手術の利点・欠点

利点	欠点
1．創が微小（5-10mm）	1．特殊機器・器具を必要とする
2．術後疼痛が微小（多数が鎮痛剤不要）	2．全身麻酔を必要とする
3．入院期間短縮（術後3-7日で退院）	3．骨盤高位の体位を必要とする
4．早期社会復帰可能	4．気腹を必要とする
5．術後癒着が微小	5．腹腔鏡下手術に特異的な合併症がありうる
6．骨盤内の死角の解消	6．摘出物の回収が困難な場合がある
7．拡大した術野で手術可能	7．手術操作に多少の制限がある
8．電気メスを含む特殊器具の使用が可能	8．手術時間が延長する傾向がある

されている（Li, 2007；Schubert, 2008）．機能解析も行われている（Lau, 2009）が特定の遺伝子として同定されてはいない．精巣は腹腔内に存在すると，腫瘍変化のリスクがあがることから，XY女性や精巣女性化症候群における腫瘍発生も腹腔内という環境要因によるという考えもできる．

腫瘍発生頻度は高いことから，予防的性腺切除はY染色体を有する性腺形成異常の管理において必要な処置であろう．我々は先に示した症例でも腹腔鏡手術を応用している．腹腔鏡は開腹手術に比べて多くの利点を持つ（表XXII-100-2）．患者は形成異常性腺を除けば健常人であることが多く，予防的手術処置はより低侵襲性に重きを置くことが望ましいと考える（堤，2009）．術式は両側性腺切除ないし両側付属器切除である．腫瘍の場合であっても，両側付属器切除にとどめ，子宮は温存すべきであるという意見もある（Chen, 2005）．

まとめ

性腺形成不全患者の多くは正常な配偶子を持たず，腫瘍発生のリスクにさらされる．しかし，機能的な子宮，腟を保持する症例が多く，生殖補助医療の適用というもう一つ別の問題が提起される．すなわち非配偶者間体外受精が認められれば，卵子を有しないXY女性も妊娠・出産が可能である．諸外国においては性腺形成不全患者への卵子あるいは胚の提供による妊娠例の報告は以前からある（Sauer, 1989）．着床率等で見る限り治療成績は決して不良ではない．わが国においても現在論議が進んでいるところである．未解決な問題であるが，切実な思いで法整備の行方を見守っている患者の存在を忘れてはならないと考える（堤，2004）．

（堤　治）

引用文献

Adachi M, Takayanagi R, Tomura A, et al (2000) Androgen-insensitivity syndrome as a possible coactivator disease, *N Engl J Med*, 343 ; 856-862.

Beaulieu Bergeron M, Bouron-Dal Soglio D, Maietta A, et al (2010) Co-existence of a choriocarcinoma and a gonadoblastoma in the gonad of a 46,XY female, A SNP array analysis, *Pediatr Dev Pathol*, 13 ; 66-71.

Chen MJ, Yang JH, Mao TL, et al (2005) Successful pregnancy in a gonadectomized woman with 46,XY gonadal dysgenesis and gonadoblastoma, *Fertil Steril*, 84(1) ; 217.

Jost A (1973) A new look at the mechanisms controlling sex differentiation in mammals, *Johns Hopkins Med J*, 130 ; 38-53.

Koopman P, Gubbay J, Vivian N, et al (1991) Male development of chromosomally female mice transgenic for Sry, *Nature*, 351 ; 117-121.

Lau YF, Li Y, Kido T (2009) Gonadoblastoma locus and

the TSPY gene on the human Y chromosome, *Birth Detects Res C Embnyo Today* 87(1) ; 114-122
Li Y, Tabatabai ZL, Lee TL, et al (2007) The Y-encoded TSPY protein : a significant marker potentially plays a role in the pathogenesis of testicular germ cell tumors, *Hum Pathol*, 38(10) ; 1470-1481.
Page DC (1987) Hypothesis : a Y-chromosomal gene causes gonadoblastoma in dysgenetic gonads, *Development*, 101 (Suppl) ; 151-155.
Salo P, Kääriäinen H, Petrovic V, et al (1995) Molecular mapping of the putative gonadoblastoma locus on the Y chromosome, *Genes Chromosomes Cancer*, 14 ; 210-214.
Sauer MV, Lobo RA, Paulson RJ (1989) Successful twin pregnancy after embryo donation to a patient with XY gonadal dysgenesis, *Am J Obstet Gynecol*, 161 ; 380-381.
Schubert S, Kamino K, Böhm D, et al (2008) TSPY expression is variably altered in transgenic mice with testicular feminization, *Biol Reprod*, 79(1) ; 125-133.
Sinclair AH, Berta P, Palmer MS, et al (1990) A gene from the human sex-determining region encodes a protein with homology to a conserved DNA-binding motif, *Nature*, 346 ; 240-244.
Swyer GI (1955) Male pseudohermaphroiditism : a hitherto undescribed form, *Brit Med J*, 2 ; 709-712.
Takai Y, Tsutsumi O,Harada I, et al (2000) A case of XY pure gonadal dysgenesis with 46,XYp-/47,XXYp- karyotype whose gonadoblastoma was removed laparoscopically, *Gnyecol Obstet Invest*, 50 ; 166-169.
Takai Y, Tsutsumi O, Harada I, et al (2000) A case of XY pure gonadal dysgenesis wiath 46,XYp-/47,XXYp-karyotype whose gonadoblastoma was removed laparoscopically, *Gnyecol Obstet Invest*, 50 ; 166-169
Troche V, Hernandez E (1988) Neoplasia arising in dysgenetic gonads, *Obstet Gynecol Surv*, 41 ; 74-79.
Tsutsumi O, Yoshimura Y (1996) Sex Differentiation and Regulation of Ovarian Function An Overview, *Hormone Research*, 46 ; S1-5.
Tsutsumi O, Iida T, Taketani Y, et al (1994) Intact sex determining region Y (SRY) in a patient with XY pure gonadal dysgenesis and a twin brother, *Endocrine J*, 41 ; 281-285.
堤　治（2004）XY 女性の診断と今後の妊娠可能性「授かる 不妊治療と子どもをもつこと」，pp305-306，371-372，朝日出版社，東京．
堤　治（2010）産婦人科手技シリーズ　腹腔鏡下手術 11．性分化異常への応用，診断と治療社，pp88-95．

XXII-101

ゲノムインプリンティングと卵巣腫瘍

Key words
インプリンティング消失 LOI (Loss of imprinting)／ヘテロ接合性消失 LOH (Loss of heterozygosity)／エピジェネティクス／メチレーション／CpG island

はじめに

すべての哺乳類のゲノムは父親と母親に由来する一対の常染色体，すなわち一対の対立遺伝子（アリル，allele）からなっており，通常それらは両方が発現して個体の発生や生命維持を司っている．哺乳類では，卵子が受精することなしに単独に発生する単為発生が致死であること，ある染色体が2コピーとも片親に由来するダイソミーの状態になると個体に異常が見られることから，正常の胚発生には母親ばかりでなく，父親由来のゲノムも必須であることがわかる．

受精卵では精子，卵子由来の核がそれぞれ雄性前核，雌性前核として観察される．父親・母親由来ゲノムの機能が等価でないことは，マウス受精卵の前核移植実験で明らかにされた．二倍体の雄性発生（andorogenesis）と雌性発生（gynogenesis）の胚はどちらも胎性致死であった．さらに，母親由来ゲノムだけを持つ単為発生胚（雌性発生胚）は，胚の発達は比較的よいが胎盤の栄養膜の発達が非常に悪かった．逆に父親由来ゲノムだけを持つ雄性発生胚では，栄養膜はよく発達するのに対し胚は貧弱であった．この結果から，遺伝子配列が同一でも父親と母親由来の各ゲノムからは子供に異なる情報が伝わっており，雄性ゲノムは栄養膜の発達に，母親由来ゲノムは胚体の発達に必須であることが明らかである（McGrath, Solter, 1984;Surani et al, 1984）．哺乳類の常染色体の一部の遺伝子座は対立遺伝子の一方，すなわち父親か母親由来のどちらか一方のみが発現することがあり，これがゲノムインプリンティング（genomic imprinting）と呼ばれる現象である．対立遺伝子の父親，母親どちらのゲノム由来が発現するかによって細胞に機能的な差がもたらされることになる．

ゲノムインプリンティングは，精子や卵子の形成過程においてなんらかの形で遺伝子に「発現する・しない」という情報（インプリント，imprint）が刷り込まれることで，このインプリントに従って子における遺伝子発現がオンになったりオフになったりする．始原生殖細胞でいったんインプリントの消去が起こり，続いて配偶子形成過程で新たなインプリントの獲得が起こる．インプリンティングは塩基配列に変化を与えず，世代ごとに新たにプログラムされるので，遺伝子配列の変化（変異）を伴わない，**エピジェネティック**（epigenetic）な現象である．インプ

エピジェネティクス（Epigenetics）：DNAに書き込まれている遺伝情報は，クロマチンという形で核内に凝縮され保存されている．この中から，必要な時期に必要な遺伝情報を取り出すためには，特定の領域のクロマチン部分を解き放して遺伝子の転写を行う必要がある．そのメカニズムとして重要なのが，DNAが巻きついているヒストンタンパクのアセチル化やメチル化などの化学修飾である．これによりクロマチンリモデリング因子がリクルートされ，クロマチン構造が変化し，遺伝子発現が制御される．このようにDNA塩基配列の変化を伴わないで遺伝子の機能を調節するしくみを解明するのがエピジェネティクスである．

リンティングを受ける染色体領域(または遺伝子)において獲得されたインプリントの違いは，受精を経て接合子として同一の核に入っても維持され，さらに複製・細胞分裂を繰り返しても消失しない．そして体細胞ではインプリントにしたがって父性または母性対立遺伝子の選択的な発現(片親アリル選択的発現)が起こる．インプリントされた対立遺伝子の両親どちら側が発現するか否かは，その遺伝子のプロモーター領域のメチル化とサイレンサー(silencer)，エンハンサー(enhancer)の組み合わせで調節されている．

1 インプリンティングを受ける遺伝子

インプリンティングを受ける遺伝子として最初に同定されたのはマウスのインスリン様成長因子II(*Igf2*)で，父親由来だけ発現することが知られている．*Igf 2*の受容体である*Igf 2r*は母親由来のみが発現することから，インプリンティングを受ける遺伝子は胚発生において正負のバランスをとっていると考えられる(Haig, Graham, 1991)．現在までに同定されているインプリンティングを受ける遺伝子はヒトでもマウスでも約80種類である(Murphy SK Bioessays 25：577-88, 2003, Catalogue of parent-of-origin effects (http://igc.otago.ac.nz/home.html)，MRC Mammalian Genetics Unit http://www.har.mrc.ac.uk/research/genomic_imprinting)．塩基配列の特徴から，マウスの遺伝子約二万のうち2.5%に当たる600がインプリンティングを受ける遺伝子で，その64%である384遺伝子が母親由来の発現であろうと予測されている(Luedi et al, 2005)．インプリンティングを受ける遺伝子には次のような特徴がある(Morison et al, 2005)．(1)ゲノム上でクラスターを形成する傾向がある．ほとんどはゲノムの中の12ヵ所のクラスター内に　集中しており(Ferguson-Smith, Surani, 2001)，特に染色体11p15.5と15q11-13領域(ローカス，locus)のクラスターはよく知られている．(2)遺伝子産物の機能はさまざまだが，細胞の増殖や成長を促進するものについては父性対立遺伝子(*Igf 2*など)，逆に増殖を阻害する遺伝子は母性対立遺伝子(*p57kip2*, *M6p/Igf2r*など)が発現する傾向にある．また，転写産物の中にはタンパクまで翻訳されないRNA，antisense RNAやmicroRNAをコードしている場合もある(*H19*など)．(3)インプリンティングを受ける遺伝子の父母どちら由来の対立遺伝子が発現するかは遺伝子ごとに決まっている．ヒトとマウスの間でインプリンティングは保存されている傾向はあるが，どちらのアリルが発現するかは必ずしも一定ではない．すなわち，組織や発生段階に依存したインプリンティング，同一組織内で細胞ごとにモザイク状に異なるインプリンティングや個体ごとに異なる多型的(polymorphic)インプリンティングも報告されている．この事実は大きな意味で，同一の「インプリント」でも結合する転写因子によってその解釈が異なることを示唆している．

2 インプリンティングの機構と遺伝子の転写制御

インプリンティングされた遺伝子の発現には通常のエンハンサー・プロモーター配列が関わっている．さらに，ローカスの片親アリル選択的発現の制御には，クロマチン構造とメチル化が大きな役割を演じている．哺乳類のゲノムにはシトシン・グアニン（CpG）という連続した２塩基の配列がクラスターを形成している部分があり，CpG island と呼ばれている．特に遺伝子のプロモーター領域の CpG island の5C はメチル化（5-メチルシトシンの形成）によって，その下流にある遺伝子の発現が抑制される．ゲノム DNA 配列の中で，父親由来か母親由来の一方の CpG island の C がメチル化されると他方はメチル化されない領域があり，その領域は DMR（differentially methylated region）と呼ばれている．さらに DMR の中には，メチル化によって遺伝子の発現を調節している ICR（imprinting control region）と呼ばれる領域が含まれている．いったんメチル化されるとそのメチル化は細胞分裂を繰り返しても維持される．一般に C がメチル化されて遺伝子発現が抑制されることをインプリントされた，という．このメチル化の導入とその維持は複数の DNA メチル基転移酵素（methyltransferase）（Dnmt）の作用によっている（Vilkaitis et al, 2005;末武，田嶋，2008）．特に Dnmt1 は DNA 複製時にメチル化を維持する役割を，Dnmt3a と Dnmt3b は新たにメチル化を導入する機能を有している．正常の体細胞においてはインプリンティングを受ける遺伝子の片親アリル選択的発現，すなわちインプリンティングパターンは保持されている．しかし，胚発生の途中の，未成熟な始原生殖細胞の段階で両親からのインプリンティングは，いったん脱メチル化によって解除される．ただし，インプリンティングが完全に帳消しされるのか否かについてはまだわかっていない．その後，インプリンティングの再構築は雄性胚（生殖）細胞では胎児の晩期の発達期にある精巣で，雌性胚細胞では出生後の成長期の卵細胞で起こる（Delaval, Feil, 2004）．父親型インプリントは精子形成過程の減数分裂以前に再構築されている．母親型インプリントのかなりの部分は卵形成過程のうち第一減数分裂前期の卵成長期（一次卵母細胞）に獲得される．いったん再構築されたインプリンティングは胚発生期を通して維持される．発癌に関与した遺伝子を探索するにあたって種々の困難を克服するために，腫瘍から細胞株を樹立してから遺伝子探索をすることが多い．その場合常に起こる疑問は，株化細胞はもとの腫瘍細胞の形質を保持しているか，培養中に変化しないか，である．メチル化の亢進している癌抑制遺伝子の多くは，それら細胞株の由来した細胞組織においてもメチル化が亢進している（Ueki et al, 2002）．このようにメチル化の保持はゲノム不安定性などに左右されにくいきわめて安定な形質であり，細胞株におけるメチル化亢進は腫瘍のそれを反映していると考えられる．

それではメチル化された遺伝子はどのような機構で不活性化されているのであろうか．CCTC 結合因子（CTCF）は zinc-finger タンパクの一つで zinc-finger の取り合わせによってきわめて多様な DNA 配列に結合する．CTCF はエンハンサー阻害タンパクで，ゲノムを各機能単位のドメインに分離する働きがある．インプリンティングされたローカスにおいて CTCF は，メチル化されていない方の ICR に結合し，メチル化されている ICR のアリルに存在し，ICR から遠くに離れているエンハンサーがプロモーターへ接近することを阻害することによって遺伝子発現を抑制している（図XXII-101-1）．CTCF

CpG island：哺乳類ゲノムにおいて遺伝子の上流にあるプロモーター領域で，200塩基対以上の長さにわたってシトシン（C）とグアニン（G）が続く CpG（真ん中 p はリン酸ジエステル結合を表す）塩基配列が高頻度に出現する部位．C のメチル化によって遺伝子発現は調節されている．

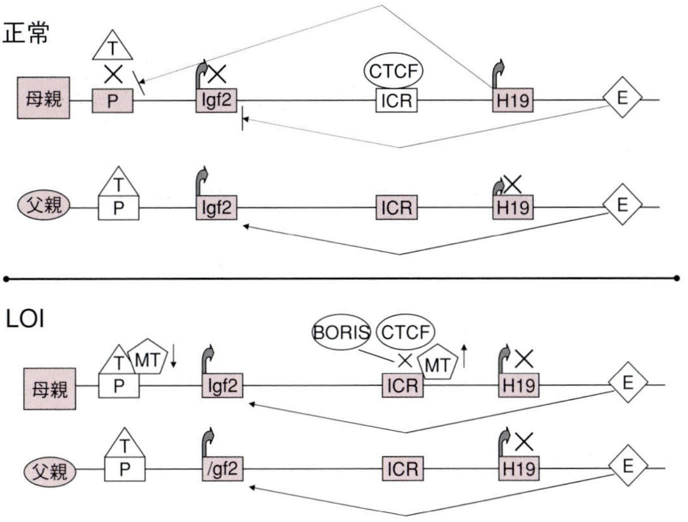

図XXII-101-1．Igf2/H19ローカス（染色体15.5）におけるインプリンティング調節とその消失（LOI）

通常（上図），父親由来 *Igf2* 遺伝子は，プロモーター（P）がメチル化されていないため発現している．母親アリルの *H19* imprint control region（ICR）（○）はメチル化されていないため，insulator として作用する CTCF（⬭）が結合している．そのために母親由来の染色体では，*H19* の下流にあるエンハンサー（◇）が *IGF2* プロモーターへ結合することが阻害され，発現していない．

母親由来 *H19* 遺伝子は，プロモーターがメチル化されていないために発現している．父親由来 *H19* はプロモーターがメチル化されており，発現していない．

片親アリル選択的発現（インプリンティング）の異常である Loss of imprinting（LOI）はいくつかの機構によって起こると考えられている（下図）．
①Methyltransferase（MT）の異常などで *H19* ICR がメチル化（▭）されると CTCF（⬭）が解離し，父親由来アリルと同様に母親由来アリルのエンハンサー（◇）の働きで *IGF2* は発現する．②BORIS は結合した CTCF を遊離するか H19ICR のメチル化を阻害する．③母親由来アリルの *IGF2* にある DMR は通常メチル化されている．MT 活性低下などで脱メチル化され転写因子（△））が結合できるようになり，母親由来の *IGF2* が活性化する．④*H19* の転写産物そのものが *IGF2* の発現を阻害していると考えられる．そのため，LOH などで *H19* の転写活性がなくなると *IGF2* の活性化を招く．（Feinberg らより改変）．

はメチル化部位の転写ばかりでなく，メチル化の維持にも関わることによって，インプリンティングにおいて重要な役割を演じている（Recillas-Targa et al, 2006）．精子におけるインプリンティングの再構築は CTCF 類似タンパクである精巣特異的な BORIS（brother of the regulator of imprinted sites）の作用によることが知られている（Loukinov et al, 2002）．

3 インプリンティングの異常と疾患（Paoloni-Giacobino, 2007）

インプリンティングされている遺伝子の発現異常は，Mendel の遺伝法則に従わないさまざまな疾患を引き起こす．それらの疾患は大きく四つの群に分類される．(1)神経発達障害（Beckwith-Wiedemann 症候群，Prader-Willi 症候群，Angelman 症候群），(2)代謝性疾患（一過性新生児糖尿病），(3)精神・行動疾患（自閉症，統合失調症，双

表XXII-101-1．上皮性卵巣癌におけるゲノムインプリンティング消失（LOI）

遺伝子	染色体ローカス	発現アレル	遺伝子の機能	LOI頻度（%）	LOIによる遺伝子発現	LOH頻度（%）	腫瘍	出典
ARH1（NOEY2/DIRAS3）	1p31	p	GTP結合rasファミリー	30	↓	40 23	卵巣癌・乳癌	Yu, 2003
			ras/rapがん遺伝子ホモログ	31	↓		主に漿液性癌	Feng, 2008
ZAC（PLAGL1/LOT1）	6q24	p	転写因子，癌抑制遺伝子候補	78	↓		卵巣癌細胞株	Kamikihara, 2005
					↓		卵巣癌細胞株，乳癌細胞株CpG islandのCの31-99%にメチル化	Abdollahi, 2003
IGF2	11p15.5	p	成長因子	0			卵巣癌（LOIによらない発現亢進）	Yun, 1996
				54.5			3/6例の粘液性嚢胞腺腫にLOI	Kim, 1998
				25	↑	16.7	LOHのない4/5例にLOI，境界悪性例にLOIなし	Chen, 2000
				12.5	↑		明細胞癌・未分化癌・その他の女性器腫瘍	Yaginuma, 1997
H19	11p15.5	m	non-coding RNA, growth suppression	61.5			漿液性嚢胞癌に多い（4/6例）	Kim, 1998
PEG3	19q13.4	p	zinc finger protein	−23.5	→	21.3	境界悪性の1/2例	Chen, 2000
				28.6	↓	0	類内膜癌，その他の女性器腫瘍	Dowdy, 2005
			p53依存性アポトーシス	26	↓	20		Feng, 2008

極性感情障害)，(4)悪性腫瘍である．インプリンティングの異常が関与した胎盤の異常として完全型胞状奇胎（雄性発生）や卵巣奇形腫（単為発生）が知られている．インプリンティングの消失（loss of imprinting, LOI）はDNAメチル化の獲得または喪失によってエピジェネティックなインプリントがなくなることをいう．あるいは単純に正常な片親アリル選択的発現が消失すること，と定義される（Feinberg et al, 2002)．

LOIは種々の腫瘍の発癌に関与していると考えられている．大腸癌におけるLOIを例にあげると，大腸・直腸癌の約3分の1にLOIが検出され，そのような症例では大腸正常部にもLOIが検出された．また，正常大腸におけるLOI頻度は大腸癌担癌患者の方が非癌患者よりも3倍高いことが明らかとなった．**マイクロサテライト不安定性**（MSI）はゲノム不安定性の一つの指標であるが，MSIを有する大腸癌患者の末梢リンパ球にLOIが有意に検出されたと報告されている．また，上記疾患群のうちで(1)の患者に発癌率が高いことも知られている（Jelinic, Shaw, 2007)．T. M. Holmらは，マウスES（embryonic stem）細胞の*Dnmt1*遺伝子を一時的にノックアウトしてから再活性化することによって，ゲノム全体のLOIを起こした（imprint-free, IF−）ES細胞を作製した．さたに，このIF-ES細胞を野生型マウスの胚盤胞へ注入することによりキメラマウスを作製した．キメラ胎子由来の線維芽細胞をSCIDマウスに接種すると腫瘍を形成すること，キメラマウスの成体ではそうでない個体よりも発癌率が高いことが明らかとなった．これらの結果から，彼らはLOIそのものが細胞の癌化に寄与していることを証明した（Holm et al, 2005)．このような事実から，正常細胞にエピジェネティックな変化であるLOIが存在すると，発癌の標的細胞の増殖や，さら

マイクロサテライト不安定性（MSI, microsatellite instability）：ゲノム上には，数塩基程度の短いDNAの繰り返し配列が散在しており，その各座位における繰り返し回数には，高度な多型が存在し，この繰り返し配列をマイクロサテライトと呼ぶ．DNAミスマッチ修復遺伝子（*hMLH1*，*hMSH2*等）の異常によってDNA複製の精度が低下した結果，マイクロサテライトの数が不安定になる現象はMSIと呼ばれゲノム不安定性（変異を起こしやすい形質）の指標の一つである．

に引き続いて起こる発癌に関与する遺伝子の変異を助長し，それらの一連の結果として発癌のリスクを増加させると考えられている．

4 インプリンティング消失(LOI)と卵巣癌

LOIと卵巣腫瘍発生についての報告はあまり多くない．ヒトの卵巣腫瘍の80%は卵巣上皮間質由来であり，LOIとの関連での報告も上皮性卵巣癌がほとんどである（表XXII-101-1）．最もよく知られているインプリンティング異常の関与した疾患は，Wilmus腫瘍で，染色体11p15.5に位置する *insulin-like growth factor 2*（*Igf2*）遺伝子と*H19*遺伝子のLOIが関与していることが知られている（図XXII-101-1）．正常組織では*IGF2*は父方アリルのみが，*H19*は母方のみが発現している．両者の発現は図XXII-101-1の機構によって制御され，*Igf2*は細胞増殖促進性であり，*H19*は癌抑制性と考えられている．このローカスのLOIによって*Igf2*は父母両アリルからの発現による発現亢進が，*H19*は発現抑制が起こるはずである．*Igf2*の両アリルからの発現は卵巣癌の55%に，*H19*は卵巣癌の62%で観察される．*H19*のLOIは漿液性癌に見られる傾向があるが，*IGF2*にLOIの見られる症例の半数は粘液性嚢胞腺腫と非腫瘍性の内膜嚢胞（チョコレート嚢胞）であった．これらから，*Igf2-H19*ローカスのLOIは卵巣腫瘍においては癌化に特異的変化ではないことが示唆されている（Kim et al, 1998）．*IGF2*と*H19*のLOHは進行癌に検出される傾向が見られたがLOIは境界悪性でも見られた．*IGF 2*遺伝子には4箇所のプロモーター（P1–P4）が知られており，LOIによる発現亢進はP1由来のメッセージである．*H 19*のLOI陽性症例の10%が非腫瘍性あるいは粘液性境界悪性腫瘍（LMP : low malignant potential）で，残りは高分化型で病期が比較的早期の癌であった．しかし，*H 19*の発現量はLOIによらず一定であったと報告されている（Chen et al, 2000）．我々の検討では卵巣癌に*IGF 2*遺伝子発現の亢進は見られたがLOIは検出されなかった．わが国では諸外国に比べて粘液性腫瘍の頻度が高く，発癌に関わる分子機構が諸外国例と異なることが示唆されている（Fukumoto, Nakayama, 2006）．そのためLOI以外の機構による*IGF 2*発現亢進が起こっている可能性がある．IGF2の受容体をコードしている*IGF2R/M6P*（*mannose 6-phosphate*）遺伝子の両親のどちらのアリルが発現するかについては，プロモーターと第二intronでインプリンティングの制御が逆方向であることが知られている．また，ヒトの*IGF2 R/M6P*は，両親のどちらのアリルが発現するかは組織によって異なることが示唆されている．Intron2のメチル化亢進と同時に**ヘテロ接合性の消失**（LOH）が漿液性卵巣癌4例中3例に観察されたことから，*Igf2R/M6P*のLOI/LOHは卵巣癌のマーカーになりうるという報告もある（Huang et al, 2006）．Knudsonの発癌における2ヒット説は，癌化の標的となる癌抑制遺伝子のヘテロ接合性消失（LOH），すなわち癌抑制遺伝子の一方のアリルが欠失し，他方のアリルが変異を起こすことによって不活性化することで，癌化に寄与するというものである．しかし，LOIによって一方のアリルが欠失ではなく，メチル化によって不活性化する可能性もある．転写因子をコードしていると考えられる

ヘテロ接合性消失（LOH, loss of heterozygosity）：父母それぞれから由来した二つの対立遺伝子の一方は正常で，他方に突然変異があって完全には一致しない場合，ヘテロ接合と呼ぶ．ヘテロ接合からさらに正常の対立遺伝子（またはその一部分）が失われてしまう現象．Knudsonは癌抑制遺伝子のLOHによる失活が癌化を引き起こす，2ヒット説を提唱した．LOHの検出は，microsatellite markerを用いたPCR法や，1塩基対の配列の違いを判別できるSNP（Single nucleotide polymorphism）アレイによって簡便に行えるため，癌抑制遺伝子の研究に多大な貢献をもたらした．

PEG3 は，常に父親方アレルが発現している．卵巣癌細胞株において *PEG3* のメチル化亢進と発現消失が見られるが，それが LOI か否かは不明である (Dowdy et al, 2005)．染色体6q24-25に存在する *PLAGL1/ZAC* の ICR のメチル化亢進によるサイレンシングは卵巣癌細胞株の80%で観察されている．これらの細胞株が由来する卵巣癌の臨床病期に関わりなく高頻度であったため，卵巣癌の発癌初期に起こると報告されている (Kamikihara et al, 2005)．しかし，*PLAGL1* の ICR のメチル化低下が新生児一過性糖尿病の発症に関与していること，このローカスに翻訳活性のない *HYMAI* 遺伝子が存在し，ICR を *PLAGL1* と共有していることから (Arima et al, 2001)，このローカスにある複数の遺伝子が卵巣癌をはじめ，疾患の発症に関与している可能性がある．総じて，LOI の関与した上皮性卵巣癌では LOI は発癌初期から起きていることが示唆されている．胚細胞は前述したようにその発生過程でインプリンティングの状態が変化する．そのため，セミノーマ (seminoma)，卵黄嚢腫，胎児癌，絨毛癌など胚細胞腫の発生に，LOI が関与している遺伝子が存在するか否かについての解釈は慎重でなければならない．むしろ，インプリンティングを受ける遺伝子のメチル化パターンの異同は，各胚細胞腫瘍の起源を検討するために利用されている．その結果，良性の奇形腫が卵発生の種々の段階から発生するのに対し (Miura et al, 1999)，すべての胚細胞腫は始原生殖細胞という一種類の前駆細胞に由来するという考え (Teilum, 1965) を支持する結果となっている (Schneider et al, 2001)．

まとめ

遺伝子のメチル化が適切に制御されることは正常の発生に不可欠であり，メチル化の制御異常は発癌に関わっている (Plass, Soloway, 2002)．このような流れから，LOI そのものよりもメチル化の異常が発癌の原因として重要であり，たまたまそのうちのインプリンティングされる遺伝子の異常が LOI であると考える方が自然かもしれない．メチル化異常が発癌初期に認められることから，インプリンティング遺伝子のメチル化解析は癌化前診断に役立つ可能性が高い．また，配列変化を伴っていないことから，インプリンティング遺伝子の解析が，発癌機構が主に環境因子による腫瘍での責任遺伝子の特定につながる可能性がある．また，5aza-2-deoxycytidine などの薬剤によって異常なメチル化を正常化することによる癌治療法の開発も可能かもしれない．体外受精など，**生殖補助医療技術** (ART) はいったん体外で配偶子を培養するために接合子のインプリンティングに影響すると考えられる．そのために今後，卵巣癌はもとより，ART がどのような疾患の発症に関与しているかを根気強く追跡する必要がある (Paoloni-Giacobino, 2007)．今後，再生医療に用いられる ES 細胞が正常なインプリンティングパターンを獲得しているかを吟味すること，どのようにすれば正常パターンを保持できるかの研究は急務である．

(福本　学・中山健太郎)

ART (Assisted Reproductive Technology，生殖補助医療技術)： 難治性不妊症の治療として，精子や卵子などを体外に採取して治療する生殖補助技術が近年，急速　に発展している．体外で精子と卵子を受精させてから女性の子宮に戻す体外受精・胚移植 (IVF-ET, *in vitro* fertilization and embryo transfer) がその代表である．顕微鏡下で，採取した卵子の細胞質内に一つの精子を注入して授精させる卵細胞質内精子注入法 (ICSI, intracytoplasmic sperm injection) は顕微授精で，高度の男性不妊症例に有効である．また，体外受精時に多くの受精卵が得られた場合や，その性周期に胚移植ができない場合には，胚を凍結保存し (凍結胚)，別の周期に融解して子宮内移植を行う方法も確立されている．

引用文献

Abdollahi A, PisarcikD, Roberts D, et al (2003) LOTI (PLAGL1/ZAC1), the candidate tumor suppresor gene at chromosome 6q24-25, is epigenetically regulated in cancer, *J Bial Chem*, 278 : 6041-6049.

Arima T, Drewell RA, Arney KL, et al (2001) A conserved imprinting control region at the HYMAI/ZAC domain is implicated in transient neonatal diabetes mellitus, *Hum Mol Genet*, 10 ; 1475-1483.

Chen CL, Ip SM, Cheng D, et al (2000) Loss of imprinting of the IGF-II and H19 genes in epithelial ovarian cancer, *Clin Cancer Res*, 6 ; 474-479.

Delaval K, Feil R (2004) Epigenetic regulation of mammalian genomic imprinting, *Curr Opin Genet Dev*, 14 ; 188-195.

Dowdy SC, Gostout BS, Shridhar V, et al (2005) iallelic methylation and silencing of paternally expressed gene 3 (PEG3) in gynecologic cancer cell lines, *Gynecol Oncol*, 99, 126-134.

Feinberg AP, Cui H, Ohlsson R (2002) DNA methylation and genomic imprinting : insights from cancer into epigenetic mechanisms, *Semin Cancer Biol*, 12 ; 389-398.

Feng W, Marguez RT, Luz, et al (2008) lmprinted tumor suppressor genes ARHI and PEG3 are the most freguently down-regulated in human ovarian cancers by loss of heterozygosity and promoter methylation, *Cancer* 112 ; 1489-1502

Ferguson-Smith AC, Surani MA (2001) Imprinting and the epigenetic asymmetry between parental genomes, *Science*, 293 ; 1086-1089.

Fukumoto M, Nakayama K (2006) Ovarian epithelial tumors of low malignant potential : are they precursors of ovarian carcinoma? *Pathol Int*, 56 ; 233-239.

Haig D, Graham C (1991) Genomic imprinting and the strange case of the insulin-like growth factor II receptor, *Cell*, 64 ; 1045-1046.

Holm TM, Jackson-Grusby L, Brambrink T, et al (2005) Global loss of imprinting leads to widespread tumorigenesis in adult mice, *Cancer Cell*, 8 ; 275-285.

Huang Z, Wen Y, Shandilya R, et al (2006) High throughput detection of M6P/IGF2R intronic hypermethylation and LOH in ovarian cancer, *Nucleic Acids Res*, 34 ; 555-563.

Jelinic P, Shaw P (2007) Loss of imprinting and cancer, *J Pathol*, 211 ; 261-268.

Kamikihara T, Arima T, Kato K, et al (2005) Epigenetic silencing of the imprinted gene ZAC by DNA methylation is an early event in the progression of human ovarian cancer, *Int J Cancer*, 115 ; 690-700.

Kim HT, Choi BH, Niikawa N, et al (1998) Frequent loss of imprinting of the H19 and IGF-II genes in ovarian tumors, *Am J Med Genet*, 80 ; 391-395.

Loukinov DI, Pugacheva E, Vatolin S, et al (2002) BORIS, a novel male germ-line-specific protein associated with epigenetic reprogramming events, shares the same 11-zinc-finger domain with CTCF, the insulator protein involved in reading imprinting marks in the soma, *Proc Natl Acad Sci USA*, 99 ; 6806-6811.

Luedi PP, Hartemink AJ, Jirtle RL (2005) Genome-wide prediction of imprinted murine genes, *Genome Res*, 15 ; 875-884.

McGrath J, Solter D (1984) Completion of mouse embryogenesis requires both the maternal and paternal genomes, *Cell*, 37 ; 179-183.

Miura K, Obama M, Yun K, et al (1999) Methylation imprinting of H19 and SNRPN genes in human benign ovarian teratomas, *Am J Hum Genet*, 65 ; 1359-1367.

Morison IM, Ramsay JP, Spencer HG (2005) census of mammalian imprinting, *Trends Genet*, 21 ; 457-465.

Paoloni-Giacobino A (2007) Epigenetics in reproductive medicine, *Pediatr Res*, 61 ; 51R-57R.

Paoloni-Giacobino A (2007) Genetic and epigenetic risks of ART, *Fertil Steril*, 88 ; 761-762 ; author reply 2.

Plass C, Soloway PD (2002) DNA methylation, imprinting and cancer, *Eur J Hum Genet*,10 ; 6-16.

Recillas-Targa F, De La Rosa-Velazquez IA, Soto-Reyes E, et al (2006) Epigenetic boundaries of tumour suppressor gene promoters : the CTCF connection and its role in carcinogenesis, *J Cell Mol Med*, 10 ; 554-568.

Schneider DT, Schuster AE, Fritsch MK, et al (2001) Multipoint imprinting analysis indicates a common precursor cell for gonadal and nongonadal pediatric germ cell tumors, *Cancer Res*, 61 ; 7268-7276.

末武勲，田嶋正 (2008) ゲノムDNAのメチル化修飾の形成と維持の機構，タンパク質 核酸 酵素，53 : 823-829.

Surani MA, Barton SC, Norris ML (1984) Development of reconstituted mouse eggs suggests imprinting of the genome during gametogenesis, *Nature*, 308 ; 548-550.

Teilum G (1965) Classification of endodermal sinus tumour (mesoblatoma vitellinum) and so-called "embryonal carcinoma" of the ovary, *Acta Pathol Microbiol Scand*, 64 ; 407-429.

Ueki T, Walter KM, Skinner H, et al (2002) Aberrant CpG island methylation in cancer cell lines arises in the primary cancers from which they were derived, *Oncogene*, 21 ; 2114-2117.

Vilkaitis G, Suetake I, Klimasauskas S, et al (2005) Processive methylation of hemimethylated CpG sites by mouse Dnmt1 DNA methyltransferase, *J Biol Chem*, 280 ; 64-72.

Yaginuma Y, Nishiwaki K, kitamura S, et al (1997) Relaxation of insulin-like growth factor Ⅱ gene imprinting in human gynecologic tumors, *Oncology* 54 : 502-507.

Yu Y, Fujii S, Yuan J, et al (2003) Epigenetic regulation of ARHI in breaset and ovarian cancer cells, *Ann NY Acad Sui*, 983 : 268-277.

Yun K, Fukumoto M, Jinno Y, (1996) Monoallelic expression of the insulin-like growth factor-2 gene in ovarian cancer, *Am J Pathol*, 148 : 1081-1087.

XXII-102

胚細胞の形質維持転写因子と胚細胞腫瘍

Key words
胚性幹細胞／OCT3/4／*Sox2*／胚細胞腫／胎児性癌

はじめに

近年の再生医療および生殖学の大きく進歩した分野の一つとして，胚盤胞の内部細胞塊に由来して多分化能を維持したまま無限に増殖する胚性幹細胞（ES細胞，embryonic stem cells）の研究があげられる．ES細胞は．初期発生において多分化能は数日間のみ維持されているが，その機能維持には転写因子であるOCT3/4やNanogが必須とされる．ES細胞における多分化能や腫瘍形成能の長期維持には，これらの多能性維持因子に加えて培地やフィーダー細胞から供給される増殖因子やサイトカインが必要であるが，京都大学再生医科学研究所の山中伸弥と高橋和利らのグループは，ES細胞に普通の細胞をリセットする遺伝子があると予想して候補遺伝子24個を選定して調べ，*Sox2*，OCT3/4，*c-Myc*，*Klf4*の4種類の転写遺伝子をマウスの皮膚細胞に組み込むことによりES細胞に似た形態の細胞に分化することを示し，誘導多能性幹細胞（iPS細胞，induced pluripotent stem cell）と命名した（Takahashi, Yamanaka, 2006）．その後*c-Myc*を除くOCT3/4，*Sox2*，*Klf4*の3種類の転写因子の遺伝子導入によってもヒトの皮膚細胞からES細胞と遜色のない能力を持った人工多能性幹細胞（iPS細胞）の開発に成功した（Nakagawa et al, 2008）．また上記の転写因子に加えてPax5を阻害することで分化した細胞をiPS細胞に戻しうることも示されてきた（Hanna et al, 2008）．このようにES細胞に発現している転写因子は幹細胞の分化能の調節に重要な役割を演じているが，上記の中でもOCT3/4はES細胞から得た始原生殖細胞（primordial germ cells）の前駆細胞から始原生殖細胞の分化に必須であることが明らかになっている（Okamura et al, 2008）．

一方で始原生殖細胞に由来すると考えられる胚細胞腫（germinoma）や性腺芽腫（gonadoblastoma）などにおいて，腫瘍細胞の分裂能と形質維持にES細胞から始原生殖細胞の分化・形質維持を制御する転写因子が深く関与している可能性が指摘されてきた．本節ではこれらの転写因子のうち，特に解析が進んでいるOCT3/4を例にとって，胚細胞の形質維持転写因子と胚細胞腫瘍について現在解明されている関係を概説したい．

1 OCT3/4の生理的役割

OCT3/4はPOU domain-containing homeobox transcription factorsのうち，POU class 5 homeobox 1（POU5F1）にcodeされる18-kDaの転写因子であり，OCT3とも呼ばれ，OCT4と呼称されることもある．Octは“ATTTGCAT” sequenceに結合するoctamer transcription factorの略であり（Petryniak et al, 1990），先に述べたようにOCT3/4は正常な胚発生の過程においてES細胞の多分化能（pluripotent）や再生能（self-renewal ability）ないし生殖系列細胞（germline cells）の維持や分化の調節に必須の転写因子とされ，分化した体細胞では発現が消失すると報告されている（Hansis etal, 2000）．OCT3/4発現の減弱にはDNA methylationの関与が指摘されているが（Hattori et al, 2004），さらに始原生殖細胞においてOCT3/4発現の消失は始原生殖細胞の分化を誘導するのみならずアポトーシスを誘発することより，OCT3/4は生殖系列細胞の機能維持のみならず幹細胞のいわゆるsurvival factorとして働いている可能性も報告されている（Kehler et al, 2004）．またOCT3/4の高発現は内胚葉および外胚葉への分化を，一方で発現低下は栄養膜細胞への分化を誘導することが示されている（Niwa et al, 2000）．マウスのES細胞由来腫瘍においてOCT3/4発現の亢進はその悪性度を増加し，逆にOCT3/4の不活化は悪性細胞成分を減弱することが報告されている．以上の知見から異常なOCT3/4発現が胚細胞腫瘍（germ cell tumors）のうち特に精上皮腫（seminoma）／未分化胚細胞腫（dysgerminoma）／胚細胞腫（germinoma）と胎児性癌（embryonal carcinoma）の腫瘍形質の発現・維持に重要な役割を演じていることが推察されてきた（Gidekel et al, 2003）．

2 性腺における胚細胞腫瘍へのOCT3/4の発現

近年パラフィン切片においても特異性および感度が高くOCT3/4と反応する抗体が作製され，胚細胞腫瘍に対するOCT3/4発現の病理学的検討が進んだ．以下に種々の病変でのOCT3/4発現様式について得られた知見を概説する．

精巣腫瘍は大きく分けて精原細胞に似た分化を示す精上皮腫（セミノーマ，seminoma）と絨毛癌（choriocarcinoma），卵黄嚢腫瘍（yolk sac tumor），胎児性癌（embryonal carcinoma）などの非セミノーマに分類され，これらの組織型が単一あるいは混合する腫瘍（mixed gonadal cell tumor）が存在する．これらについて免疫組織化学染色法を用いてOCT3/4の発現を調べたところ，seminomaおよび混合腫瘍の生殖系細胞の100%において核内にOCT3/4タンパクが強発現していることが観察され，一方で絨毛癌，卵黄嚢腫瘍，胎児性癌では発現していないことが示された（Jones et al, 2004）．また興味深いことに精原細胞から精母細胞への分化が進んでいるspermatocytic seminomaではOCT3/4発現が認められず，同じく正常の精管内精母細胞にOCT3/4発現が認められないのに対して，初期病変であるintratubular germ cell neoplasia unclassifiedではOCT3/4が発現していた（Looijenga et al, 2003）．これよりOCT3/4発現は癌化の初期段階に深く関与していることが示唆され，癌化病変の診断に有効であると提案されている．

また性腺において始原生殖細胞の正常な分化・成熟を妨げるさまざまな病的環境が存在した場合には生殖細胞の分化・成熟が遅延すると考えられており，特に性腺形成不全症例(gonadal dysgenesis) などでは生殖細胞の分化遅延が示されている (Cools et al, 2005)．21トリソミー症例においても生殖細胞の分化が遅延しているが，その状態に呼応してOCT3/4の発現が維持されていることが観察されている (Cools et al, 2006b)．このような症例では悪性化する可能性が高いことが知られており，この点でも性腺の生検組織でのOCT3/4発現の有無が未分化性腺の性腺芽腫 (gonadoblastoma) などへ腫瘍化リスクに対する診断基準の重要なパラメーターとなることが期待されている (Kersemaekers et al, 2005；Cools et al, 2006a)．

卵巣腫瘍においても同様にOCT3/4の発現が検討されているが，卵巣由来の胚細胞腫瘍の中では未分化胚細胞腫 (dysgerminoma) に強い発現が示された．また性腺芽腫 (gonadoblastoma) においても生殖細胞成分や内部に存在する未分化胚細胞の成分にOCT3/4の強い発現が観察された (Kersemaekers et al, 2005)．一方で，卵巣の表層上皮性腫瘍や性索間質性腫瘍においてはOCT3/4の発現は検出されなかった (Looijenga et al, 2003)．また興味深いことにgonadoblastoma内の胚細胞成分において，形態的に成熟した生殖細胞に比べて未成熟な形態を示す生殖細胞に限局してOCT3/4の強い発現が観察されている．以上の結果は始原生殖細胞から卵原細胞(卵祖細胞，oogonia) さらに卵母細胞 (oocyte) に至る分化・成熟過程におけるOCT3/4発現と呼応して卵巣由来胚細胞腫瘍でOCT3/4が陽性となることを示すとともに，これらのOCT3/4陽性細胞が多分化能を維持した前駆細胞である始原生殖細胞から形質転換して発生した可能性も示唆している (Cheng et al, 2004)．

3 性腺外組織における胚細胞腫瘍への OCT3/4の発現

胚細胞腫瘍は性腺外組織においても発生するが，その好発場所は生殖細胞が性腺に移動する際に迷入した体の正中面の部位に限局し，仙骨前部から縦隔内，さらに脳内では下垂体，視床下部，松果体などに高頻度に観察される．性腺外組織に発生した胚細胞腫瘍においてもOCT3/4の発現は胚細胞腫 (germinoma) またはgerminomaの成分に強く発現しており，奇形腫 (teratoma) や胚細胞腫瘍以外の転移性腫瘍には発現が認められなかった (Hattab et al, 2005)．一方で，リンパ節の転移巣など性腺由来の胚細胞腫瘍の転移巣においてOCT3/4の発現を検討すると原発巣と同様に精上皮腫 (seminoma) と胎児性癌 (embryonal carcinoma) の細胞成分には強陽性であり，その他の胚細胞腫瘍である卵黄嚢腫瘍 (yolk sac tumor)，絨毛癌 (choriocarcinoma) および成熟奇形腫 (mature teratoma) には発現が認められなかった (Cheng, 2004)．

4 胚細胞腫瘍発生におけるOCT3/4の役割

以上の結果から，免疫組織染色によるOCT3/4の検出は性腺内および外組織に発生または転移した精上皮腫 (seminoma) ／未分化胚細胞腫 (dysgerminoma) ／胚細胞腫 (germinoma) と胎児性癌 (embryonal carcinoma) の感度および精度

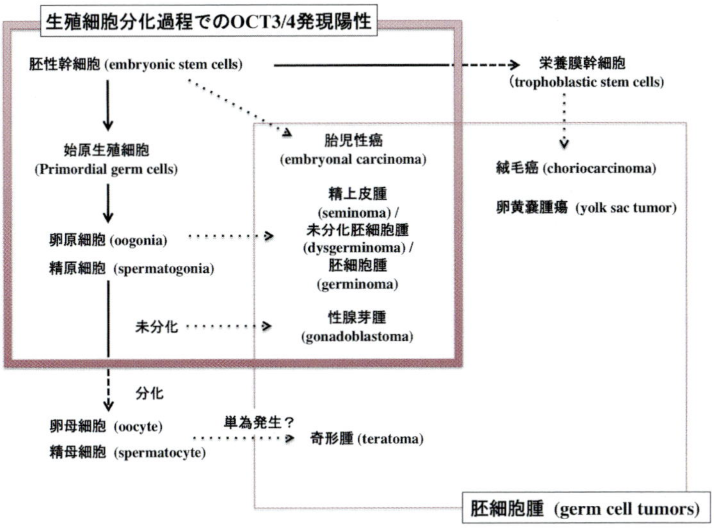

図XXII-102-1．生殖細胞分化過程および対応する胚細胞腫 (germ cell tumors) での OCT3/4の発現

の高い陽性所見であることが臨床的に示され，転写因子である OCT3/4が腫瘍形質の発現・維持に重要な役割を演じている考えを支持する知見といえる (Cheng et al, 2007)．また腫瘍化のメカニズムとして未成熟胚細胞の核内での OCT3/4と β-catenin 間の相互作用の関与が最近報告されている (Palma et al, 2008)．さらに seminoma や embryonal carcinoma においては OCT3/4遺伝子の methylation が減弱していることが確認され，転写因子のエピジェネティックな遺伝子発現制御の変化は腫瘍発生の機構の一つと考えられる (de Jong et al, 2007)．

5 その他の転写因子と胚細胞腫瘍

胚細胞腫瘍の発生・維持に関わる転写因子として OCT3/4のほかに *Sox 2* や *Nanog* も検討されてきた．*Sox 2* は Sox (SRY-related HMG box) 遺伝子ファミリーに属し，DNA 結合能を持つ HMG ドメインと転写活性化ドメインからなる転写因子である．マウスでは初期胚の内部細胞塊 (胚性幹細胞) や神経系の幹細胞や前駆細胞にその発現が見られ，OCT3/4と協調してさまざまな遺伝子の発現を制御することが示されている．*Sox 2* についての検討では，胎生期のヒト性腺での発現は確認できず胚細胞腫の中でも胎児性癌 (embryonal carcinoma) には発現が見られるものの精上皮腫 (seminoma) には発現していないことが示され (Santagata et al, 2007；de Jong et al, 2008)，むしろ SOX17が未分化な生殖細胞や seminoma に OCT3/4とともに発現していることが報告された (de Jong et al, 2008)．

一方で胚性幹細胞の分化多能性の維持に必須とされるホメオボックス転写因子 NANOG についても検討されたが，OCT3/4と同様に seminoma や embryonal carcinoma に特異的に発現していることが示されつつある（Ezeh et al, 2005 ; Santagata et al, 2007）.

まとめ

胚の初期発生における胚性幹細胞の分化調節に関わる種々の転写因子について，近年胚細胞腫瘍発生との関連が注目されつつある．転写因子の中で特異性および感度が高い抗体が作成されたOCT3/4において臨床的な解析が進んできたが，予想された通り生殖細胞の分化経路と胚細胞腫瘍の発生の推定経路と照らし合わせてまとめてみると，転写因子の間には強い相関関係が示されており，臨床診断における腫瘍マーカーとしての重要性も認められつつある（図XXII-102-1）．まだまだ新しい試みであるが，今後の分子生物学的な基礎研究の進歩に伴いさらに有用な知見が蓄積されていく分野と期待される．

（藤原　浩）

引用文献

Cheng L (2004) Establishing a germ cell origin for metastatic tumors using OCT4 immunohistochemistry, *Cancer*, 101 ; 2006-2010.

Cheng L, Thomas A, Roth LM, et al (2004) OCT4 : a novel biomarker for dysgerminoma of the ovary, *Am J Surg Pathol*, 28 ; 1341-1346.

Cheng L, Sung MT, Cossu-Rocca P, et al (2007) OCT4 : biological functions and clinical applications as a marker of germ cell neoplasia, *J Pathol*, 211 ; 1-9.

Cools M, van Aerde K, Kersemaekers AM, et al (2005) Morphological and immunohistochemical differences between gonadal maturation delay and early germ cell neoplasia in patients with undervirilisation syndromes, *J Clin Endocrinol Metab*, 90 ; 5295-5303.

Cools M, Drop SL, Wolffenbuttel KP, et al (2006a) Germ cell tumors in the intersex gonad : old paths, new directions, moving frontiers, *Endocr Rev*, 27 ; 468-484.

Cools M, Stoop H, Kersemaekers AM, et al (2006b) Gonadoblastoma arising in undifferentiated gonadal tissue within dysgenetic gonads, *J Clin Endocrinol Metab*, 91 ; 2404-2413.

de Jong J, Weeda S, Gillis AJ, et al (2007) Differential methylation of the OCT3/4 upstream region in primary human testicular germ cell tumors, *Oncol Rep*, 18 ; 127-132.

de Jong J, Stoop H, Gillis AJ, et al (2008) Differential expression of SOX17 and SOX2 in germ cells and stem cells has biological and clinical implications, *J Pathol*, 215 ; 21-30.

Ezeh UI, Turek PJ, Reijo RA, et al (2005) Human embryonic stem cell genes OCT4, NANOG, STELLAR, and GDF3 are expressed in both seminoma and breast carcinoma, *Cancer*, 104 ; 2255-2265.

Gidekel S, Pizov G, Bergman Y, et al (2003) OCT-3/4 is a dosedependent oncogenic fate determinant, *Cancer Cell*, 4 ; 361-370.

Hanna J, Markoulaki S, Schorderet P, et al (2008) Direct Reprogramming of Terminally Differentiated Mature B Lymphocytes to Pluripotency, *Cell*, 133 ; 250-264.

Hansis C, Grifo JA, Krey LC (2000) OCT-4 expression in inner cell mass and trophectoderm of human blastocysts, *Mol Hum Reprod*, 6 ; 999-1004.

Hattab EM, Tu PH, Wilson JD, et al (2005) OCT4 immunohistochemistry is superior to placental alkaline phosphatase (PLAP) in the diagnosis of central nervous system germinoma, *Am J Surg Pathol*, 29 ; 368-371.

Hattori N, Nishino K, Ko YG, et al (2004) Epigenetic control of mouse OCT-4 gene expression in embryonic stem cells and trophoblast stem cells, *J Biol Chem*, 279 ; 17063-17069.

Jones TD, Ulbright TM, Eble JN, et al (2004) OCT4 staining in testicular tumors : a sensitive and specific marker for seminoma and embryonal carcinoma, *Am J Surg Pathol*, 28 ; 935-940.

Kehler J, Tolkunova E, Koschorz B, et al (2004) OCT4 is required for primordial germ cell survival, *EMBO Rep*, 5 ; 1078-1083.

Kersemaekers AM, Honecker F, Stoop H, et al (2005) Identification of germ cells at risk for neoplastic transformation in gonadoblastoma : an immunohistochemical study for OCT3/4 and TSPY, *Hum Pathol*, 36 ; 512-521.

Looijenga LH, Stoop H, de Leeuw HP, et al (2003) POU 5F1 (OCT3/4) identifies cells with pluripotent potential in human germ cell tumors, *Cancer Res*, 63 ; 2244-2250.

Nakagawa M, Koyanagi M, Tanabe K, et al (2008) Generation of induced pluripotent stem cells without Myc from mouse and human fibroblasts, *Nat Biotech*, 26 ; 101-106.

Niwa H, Miyazaki J, Smith AG (2000) Quantitative expression of OCT- 3/4 defines differentiation, dedifferentiation or self-renewal of ES cells, *Nat Genet*, 24 ; 372-376.

Okamura, D, Tokitake, Y, Niwa, H, et al (2008) Reguirement of OCT3/4 funchon for gem cell specification, *Dev Biol*, 317 ; 576-584.

Palma I, Peña RY, Contreras A, et al (2008) Participation of OCT3/4 and beta-catenin during dysgenetic gonadal malignant transformation, *Cancer Lett*, 263 ; 204-211.

Petryniak B, Staudt LM, Postema CE, et al (1990) "Characterization of chicken octamer-binding proteins demonstrates that POU domain-containing homeobox

transcription factors have been highly conserved during vertebrate evolution", *Proc Natl Acad Sci USA*, 87 ; 1099-1103.
Santagata S, Ligon KL, Hornick JL (2007) Embryonic stem cell transcription factor signatures in the diagnosis of primary and metastatic germ cell tumors, *Am J Surg Pathol*, 31 ; 836-845.
Takahashi K, Yamanaka S (2006) Induction of pluripotent stem cells from mouse embryonic and adult fibroblast cultures by defined factors, *Cell*, 126 ; 663-676.

第 XXIII 章

生殖の生命倫理

［編集担当：森　崇英］

「欧米における生殖医療の倫理と規制」の筆者は発生生物学を履修した後，科学史，科学論，科学技術政策を専攻，更に生命科学技術政策について多く評論と著書を通して評価の高い提言をしてこられた．日本産婦人科学会が非配偶者間の生殖補助医療に関する学会指針の策定に際し，学会の倫理委員会の諮問機関として設置された倫理審査委員会の委員長として答申された点でも貢献は大きい．生殖医療技術に関する規制政策を先進国間でみると，法的規制を志向するヨーロッパ，自由放任のアメリカ，法律はないが自主規制を基本とする日本の3つのパターンがある．それ以外の国はこれらの亜型と考えると，制度的には「3＋1極化」していると分析している．そして日本が今日生殖医療においてなすべきことは，嘗て欧米で試みられた政策手法である技術評価報告書の作成であり，これを指標として社会が取り組むべき課題を共有すべしと提言されている．

「ヒト胚・ヒトES細胞の生命倫理」の執筆者は本邦を代表する国際法学者で，ヨーロッパにおける胚やES細胞研究の生命倫理に造詣が深い．1997年，クローン羊の誕生を契機に成立した「クローン技術規制法を基幹として策定された「特定胚指針」により治療目的に限定してヒト受精胚の作成と，「ES指針」により余剰胚からのES細胞作成が認可された．現実には自己体細胞の核移植によるクローン胚を活用しなければ，移植医療や難病治療への道が開かれないので，総合科学技術会議は2004年にクローン胚の作成を解禁した．期待された光明は韓国の捏造事件で水泡に帰した折しも，iPS細胞の出現により生殖細胞の造成を含めて多能性幹細胞研究は新たな段階に突入した．それら一連の経緯を立案の中枢の一人として貢献した筆者が整然と解説し，人の出生に係わる一貫した倫理と論理を打ち立てるべき時期であると強調している．そして生命倫理は固定したものではなく生命科学・医学の発展とともに進化すべきものとの考えに強い共感を覚えた．

「生殖・発生医学研究の理念と実践」では生殖医学の医学的特徴が必然的に倫理的特徴の根底にあるため，生命の相対観を導入せざるを得ない唯一の臨床医学分野であるとの認識が示されている．生殖医学の生命倫理を考え詰めると，現代の生命倫理では未開拓の「生」の始まりの生命哲学に踏み込まざるを得ない．中心教条は「人間の尊厳」の必然的属性である「生殖の尊厳」であって，その周りに幾つかのサテライト・コンセプトを配している．将来的に「配偶子の造成」まで視野に入れると「発生医学の生命哲学」も考えて置く必要があるとの主旨が論じられている．

「卵子学史概説」では生殖科学・医学の歴史に置き換え，生命発生に関する精子起源説の時代，精子学と卵子学との対立時代，体外受精の基盤確立期，生殖補助医療体系樹立期の４つの時代区分における主な発見と意義を紹介している．これらの発展の軌跡を弁証法的に捉える時，歴史から学ぶべき最重要な教訓は「自然の摂理」を見出し，それを再現することが生命科学の王道であると結論されている．

［森　崇英］

XXIII-103

欧米における生殖医療の倫理と規制

Key words
生殖補助医療／ヒト胚研究／生殖技術規制法／生命倫理／宗教教義

はじめに

生殖技術の規制，およびヒトの精子・卵子・受精卵・胚などの扱いについては，1990年代以降，欧州主要国では法律によって規制する方向性が明確になった．そこにはキリスト教の社会的機能が強く反映している．これに対してアメリカではこれに対応する連邦法は存在しない．これらの社会的要因を分析しながら，日本における生殖技術とその基礎研究の規制のあり方を考えてみる．

1 価値供給源としてのキリスト教と人間の発生

歴史を振り返ると，いわゆる先進諸国は，日本を除けばキリスト教圏の出自である．そのため，世界的な次元での生命倫理に関するさまざまな論議，特に生殖技術やヒト胚研究の規制に関しては，今なおキリスト教の影響を無視しては理解不能である．キリスト教自身，世界宗教の中でも大きな特徴を持っており，我々日本人は現代におけるキリスト教の社会的機能を的確に把握した上で生命倫理の問題を考えていく必要がある．

西欧において今日でもなおキリスト教が価値体系の重要な供給源になっているのは，中世までローマ教会が，世界観・社会規範・権力の正当性など，あらゆる権威と秩序の源であったからである．西欧近代とは，次第に力をつけた国王などの世俗権力が，日常世界の支配権を奪回してゆく壮大な「世俗化」の過程であった．欧米において倫理的な議論する場合，まず，事実vs価値という二つの概念から出発する．自然科学が扱うのは事実であり，その価値はまだ白紙であり，それに意味や価値を付与するのは宗教や哲学の役割である．自然に対するこのような態度は，聖書などの経典群から神学者が教義的解釈を積み上げてきたキリスト教のそれと同型である．ごく単純化すると西欧近代哲学とは，キリスト教の教義内容を徹底的に脱色し，その論理形式だけを抽出したものという性格を帯びている．

生殖技術の問題に焦点を合わせると，近代キリスト教にとって人間の発生過程は，神の全能性を示す強力な証であった．つまり，神の恩寵によって男女の間に愛が育まれ，結婚をし，セックスをし，受胎と同時に全能の神によって個々別々に魂を吹き込まれて人間は生れてくる．この一連の過程に，避妊技術を含め，いっさいの人為的介入を認めないとするのがローマ教会の立場である．そのため，1978年に世界初の体外受精児が生まれると，欧米では「神を恐れぬ技術」という文脈に置かれ，激論となった．今日，生殖技術一般を，生殖補助医療(assisted reproductive technology)と呼ぶが，この表現には，ほんらい神の領域である発生の過程を少しだけ技術的に介助するというニュアンスが込められている．敬虔な信者夫婦は，体外受精を治療として受けるにしても，セックスと子作りの分離に耐えられず，受精卵の移植後，別室でただちにセックスをする例がある．

1997年にクローン羊ドリーの誕生が報道されると，欧米では瞬時にクローン人間反対の大規模な議論が巻き起こった．かくも激しい反発が起こったのは，キリスト教にとってセックスを介さない人間の発生は，『創世記』にある，神が男の肋骨から女を創った時と，マリアの受胎以外はありえず，クローン人間の作成は涜神的行為と映るからである．

2 中絶禁止とヒト胚の道徳的地位

もし，受胎の瞬間に神によって魂が吹き込まれるのであれば，胎児は人間と同等の存在となる．これが，人工妊娠中絶（中絶）が認められない教義的根拠であり，社会的にも長い間，中絶は犯罪とされてきた．ただし，ローマ教会が厳格な中絶禁止をうち出したのは旧いことではない．中絶禁止は，第二バチカン公会議（1962–1965年）で決定され，法王パウロ六世の回勅『人間の生命——適正な産児の調節について』(1968年）として公文書化された．日本では第二次大戦直後，事実上の中絶自由化が実現したが，欧米では1960年代–70年代にかけて，キリスト教会の保守化に対抗するフェミニズム運動などが中心になり，主要国の議会で激論の中，中絶自由化が承認されてきた．

現在の欧米における生殖技術の規制議論は，この延長線上にある．1978年の体外受精児の誕生は，それまでは女性の体内にしかなかった人間の受精卵がシャーレの中に存在するようになったことを意味する．これによって，それまで中絶問題の中で議論された「胎児の道徳的地位問題」のさらに上流に，「胚の道徳的地位問題」が出現することになった．

ヒト胚の地位に関して，ヨハネ・パウロ2世は，専門家会議を開いて『生命の始まりに関する教書』(1987年）をまとめさせ，ここで，胚と胎児の連続性を主張し，胚も含めて人間と同等に遇されるべきもの，とした．そんな中，クローン羊誕生やヒトES細胞の樹立（1998年）など，発生工学の分野での技術革新が起こったのである．ヒトES細胞の樹立や治療的クローン胚の問題は，それまでにも増して，ヒト胚の地位問題に明確な理論的回答を迫るものであったため，2000年に法王庁生命科学アカデミーは「ヒトES細胞の生産と科学的・治療的利用についての宣言」を公表し，ES細胞を得る目的で胚を作成したり，こうして得られたES細胞を利用することはいっさい認められないとした．

結局，ローマ教会は，他の宗教や哲学体系に比べ，人間の発生過程について教義を格段に精緻化してきており，その限りにおいて現在のところ，生殖技術に関して明確な価値判断を示しうる，ほぼ唯一の社会的権威である．たとえば，イスラム教では3ヶ月までは人間は水のような存在とされており，イスラム圏の研究・医療機関においてヒト胚がどう扱われるかは不明である．ただし，テヘラン大学医学部は，国際的なヒト胚の取扱い基準を採用している．こうして欧米社会では，生殖技術やヒト胚研究の倫理問題に関して，一方で最も保守的な基準点を法王庁が提供し，他方で患者団体などが治療技術の研究開発を推進するという，はっきりした対立構図が出現する．これが議論の基本枠組みを構成している．

3 生殖技術技術規制法の成立・概論

ただし同じキリスト教圏とはいっても，生殖技術やヒト胚研究の規制のあり方は欧州とアメリカでは大きく異なっている．その理由は主にアメリカの統治構造にある．

体外受精児が生まれると，前述した文脈の中で，欧州主要国では政府や議会が特別の調査委員会を置き，体外受精だけではなく，懸案であった人工授精や代理母の問題などをも視野に入れた技術評価（テクノロジー・アセスメント）報告書の作成に力を入れた．技術評価報告書作成は，1972年に米連邦議会がはじめて取り入れた政治手法で，社会的に議論が必要な新しい技術に関して，その技術自体の評価・規制の必要度・経済的側面・社会的価値との関係・諸外国の政策などについて包括的なレビューを行い，立法作業の基礎とするものである．1980年代を通して欧州はこの政治手法を導入したが，その主な対象とされたのが生殖技術などの医療技術であった．

こうして1980年代を通して欧州では生殖技術の規制政策について合意形成がはかられ，1990年代に入ると多くの国で生殖技術規正法が成立した．これらのほとんどが，クローン人間の作成禁止を含むものであったため，クローン羊が誕生しても，既存の法律をどう解釈し運用するかという，安定した議論に移行可能であった．ただし，規制の内容や方法については各国の事情，具体的には，医療職能集団の自律性，医療費の支払い構造，立法府の特徴，信者の構成比，歴史的記憶，などが反映して多様である．各国の生殖技術法の条文表現の違いが，はっきり反映するのがES細胞研究や着床前診断の規制内容である．

このような国家間での規制の多様性は，研究条件の不平等や国境をまたいだ治療ツアーを，現に引き起こしている．これに対して，欧州統合という観点から共通の政策を目指す枠組みもある．その一つが，欧州人権規約を所轄する欧州評議会（Council of Europe）であり，ここで1997年に採択された「人権と生物医学条約」や，この条約下でのクローン人間禁止議定書などがそれである．

生命倫理の問題に対する欧州社会の特徴は，法律によって規制する傾向が強い点にある．これに対してアメリカでは，連邦法としての生殖技術規正法は成立していない．もともとアメリカは，欧州で抑圧されていた小宗派が新天地にわたって宗教生活を実現させる宗教移民の国として出発した．「自由の国アメリカ」の自由とは信教の自由を意味する．宗教的価値に直結する性・結婚・教育・医療などに関わる立法権限は，各州の自治権に属している．97年には連邦

表XXIII-103-1．欧州主要国の生殖技術・胚研究に関する法規制

	イギリス	フランス	ドイツ	オーストリア	スイス	イタリア
根拠となる法令	人の受精・胚研究法（1990年），代理出産取決め法（1985年）	生命倫理法（1994年，2004年）	胚保護法（1990年），養子縁組斡旋・代理母斡旋禁止法（1989年），ES細胞研究法（2002年）	生殖医学法（1992年）	生殖医学法（1998年），ES細胞研究法（2002年）	生殖補助医療法（2004年）
治療の条件 医学的理由	規定なし	・不妊 ・重篤な遺伝性疾患の回避	（学会指針による）	・不妊 ・重篤な遺伝性疾患の回避	・不妊 ・重篤な遺伝性疾患の回避	・不妊 ・重篤な遺伝性疾患の回避
婚姻が条件	規定なし	法律婚・事実婚	（学会指針：規定なし）	法律婚・事実婚	法律婚・事実婚	法律婚・事実婚
体外受精・胚移植	○	○	（学会指針：○）	○	○	○
体外受精における精子提供	○	○	（学会指針：△）	×	○	×
卵子提供	○	○	（学会指針：×）	×	×	×
胚提供	○	×	（×）	×	×	×
代理母	○（無償が条件）	×	×	×	×	×
出生児の配偶子・胚提供者情報へのアクセス権	○	×	○	○	○	×
ES細胞研究	○	○	輸入ES細胞のみ○	×	○	×
研究用受精卵の作成	○	×	×	×	×	×
治療的クローン胚の作成	○	×	×	×	×	×

議会でも，さまざまなクローン人間禁止法案が審議されたが，クローン研究をいっさい禁止する共和党案と，クローン人間作成だけを禁止し，ES細胞研究を認める民主党案とが激突し，成立しなかった．欧州では国ごとに有力宗派が存在し合意形成が容易で，法制化が進んでいるのに対して，アメリカはその統治構造ゆえに，宗教的価値に直結する生殖技術の規制では国論が真っ二つに割れ，法律ができない状態にある．そしてES細胞の研究規制のように行政令レベルで決めるべき個別政策は，大統領によってその基本方針が大きく変わることになる．

4 各国における生殖技術規制の内容

(A) イギリス

世界初の体外受精児が生まれたイギリスでは，1982年にウォーノック委員会が置かれ，2年後，生殖技術は包括的な法規制の対象とすべきとする勧告をまとめた．1985年に，イギリス人女性がアメリカの商業ベースの代理母組織の下で代理母を行っていたことが明らかになり，

先行して，商業ベースの代理母を禁止する代理出産取り決め法が成立した．その後，ウォーノック報告を基本として，1990年に「ヒトの生殖と胚研究法（HFE法）」が成立し，これによって世界で唯一，生殖技術とヒト胚の扱いを一元的に管理する独立の官庁，「ヒトの生殖と胚研究の認可機関（HFEA）」が設置された．HFE法により，体外受精と第三者の精子提供による人工授精を行う施設は認可を受けなければならず，実施はHFEAが編集する実施要綱に従わなくてはならない．HFE法は，クローン人間や認可を得ない胚の作成など基本的な禁止事項を明示する一方で，その細部については，実施施設の倫理委員会の審査に委ねる，柔軟な管理手法を採用している．

ヒト胚研究に関しても，不妊治療・先天性疾患・避妊・遺伝／染色体異常に関する知識の増進に行われる限り，HFEAの認可を得れば，研究目的での胚の作成が認められる．ヒト・クローン胚の研究についても，その認可権限はHFEAにあり，2004年8月，ニューカッスル大学に対してクローン胚研究を認可した．

(B) ドイツ

ドイツでも1985年に政府報告であるベンダ報告がまとめられ，体外受精は原則として配偶者間でのみ行うこと，第三者提供の配偶子の体外受精での使用禁止，代理母の禁止などが提示された．1989年には養子縁組斡旋・代理母斡旋禁止法が成立し，すべての代理母が禁止された．ドイツでは医師会の統治機能が強く，体外受精については1985年に「ヒトの不妊治療としての体外受精・胚移植に関するガイドライン」が定められ，これが職務規定に組み入れられてきた．しかし議会ではナチ体験を背景に，ヒト胚に対する人為的操作が特に憂慮され，1990年に胚保護法が成立した．この法律は，ヒト胚に焦点を合わせて，これを刑事罰を伴う法的保護の対象とする世界的にも珍しい法律である．胚保護法は，不妊治療を目的としないヒト胚の作成，他の目的に利用することなどを禁止している．胚を破壊して得られるES細胞の作成は，この法律条文で明確に禁止されている．しかし海外からES細胞株を輸入して研究利用する研究者が現れたため，2002年にES細胞研究法が制定された．この法律は，原則はES細胞の樹立も輸入も認めないとした上で，国の委員会が科学的必要性を認めた場合に限って，輸入を許可するものである．

(C) フランス

フランスは，欧州の中でも生命倫理問題に関して，体系的な法改正を行ってきた例外的な国である．フランスも1980年代前半から，国の機関が技術評価報告を作成してきた．その上で，1994年に生命倫理関連三法案を成立させた．これは2004年に改正されたが，その特徴は，生命倫理的課題が立脚すべき哲学を明確にし，ここから演繹的に法体系を整備したことにある．その核心は「人体の尊重に関する法律」にあり，ここで人体とその要素は財産権の対象になりえないことが明文化され，人体組織の売買や貸腹の契約などは自動的に無効となる．人体の扱いは人権秩序の一部とされ，国家が管理する対象となった．一連の法改正によって，クローン人間作成の厳罰化（最大30年の懲役），優生政策の禁止，臨床研究における被験者保護，医療情報の保護，臓器移植，生殖技術，遺伝子診断，ES細胞研究などに関して法律によって細かく規定され，これに応じて刑法典までが改められた．保健医療法典を改正して「保健産品衛生保全庁」を設置し，医薬品や血液産物はもちろん，臓器・組織・細胞の検査・加工・保存・配布・輸出入，遺伝子治療，異種移植，を管理する行政庁へ統合された．2004年の改正ではこれとは別に「先端医療庁」が置かれ，ここが生殖技術・出生前診断・ヒト胚研究・遺伝子診断・DNA鑑定の許認可，移植・生殖・遺伝関連の医療行政への参画，臓器移植政策，を一元的に所管することになった．こうしてフランスは人体組織や先端医療の社会的管理に関してまったく新しい次元に入ったといってよい．胚研究に関しては，研究目的でのヒト胚作成を禁止しているが，カップルの同意文書があり，医学目的で胚を傷つけず，国家倫理委員会の許可があった場合，ヒト胚研究は可能である．輸入株を用いたES細胞研究は認められるが，クローン胚研究は禁止されている．

(D) オーストリア，スイス

生殖技術の規制に対してキリスト教が直接影響を与えている例として，オーストリアの場合がある．オーストリアはカトリック教徒の割合が78%と高く，1992年に成立した生殖技術法には，キリスト教教義の世俗的表現が直接反映したような条文がある．生殖補助医療は，セックスを介さない技術的介入と定義され，また，体外受精に用いる卵子と精子は，夫婦もしくは事実婚の間のものとされる．体外受精操作はあくまで子供を得ることを意図したものでなくてはならず，受精卵は3個まで作成でき，女性本人に移植することを前提としている．このように法律で規定されていれば，余剰胚はまず生じないし，それをES細胞樹立のために用いることは考えてはならないことになる．

オーストリア生殖技術法に反映している，体外受精で人為的に発生させた胚は速やかに女性の子宮に移植すべきとする態度は，隣国スイスの生殖医学法にも見られる．そもそもスイスでは憲法に「人間の卵子はただちに移植できる数のみが，女性の体外で胚にまで発生させることができる」と明文化されている．このような憲法規定にもかかわらず，例外的に凍結保存される胚は生じるし，海外からES細胞を輸入しようとする研究者が現れたため，2004年にスイスはES細胞研究法を成立させた．

(E) イタリア

カトリック教徒が国民の97%を占め，バチカン市国が存在するイタリアでは，キリスト教の影響はさらに直接的である．イタリアは他の欧州主要国とは違って，2004年になってようやく生殖補助医療法が成立したが，遅れた理由は，生殖技術の規制法案が国会に上程されると必ず，さらに保守的な内容にするよう，バチカンが間接的に要請し，採択にことごとく失敗したからである．長い間，生殖技術法がなかったため，生殖医療やヒト胚研究は比較的自由に行われてきた．しかし新たに成立した法律は，バチカンの教義内容を色濃く反映しており，欧州の中で突出して保守的な規制をとる国となった．体外受精は婚姻もしくは同居のカップルに限られ，精子も含め第三者の配偶子や胚を用いた体外受精は認められない．胚の凍結保存や破壊は禁止され，多胎妊娠における減数手術までもが禁止とった．このため，法律は無視すると宣言する研究者が現れたり，2004年以降は，生殖医療ツアーで国外に出るカップルの数が３倍増になったといわれる．

(F) アメリカ

前述したように，統治構造上の理由で，アメリカには連邦レベルでの生殖規正法はいっさいなく，不妊治療の成功率公表を義務づける「不妊クリニックの成功率・認証に関する法律」(1992年) があるのみである．生殖技術に関する法的規制は，州法の権限に委ねられ，規制内容は州ごとに異なってくる．またアメリカには，国民全体をカバーする医療保険がなく (社会保険は社会主義的とイデオロギー的に嫌う傾向があった)，医療は個人が消費者として購入する商品という意識が強い．特に生殖技術は個人が消費者主権に立って選びとるものという傾向があり，アメリカ生殖医学会がさまざまなガイドラインを提示しているが，参考的見解の地位にとどまっている．アメリカはキリスト教圏の出自でありながら，生殖技術に関しては最も規制の緩い先進国となっている．

73年に連邦最高裁が中絶自由化判決を出して以降，胎児の地位問題はしばしば政治問題となり，ヒト胚研究規制もこの議論の延長線上にある．1978年に体外受精児が生まれて以降のアメリカは，共和党政権が続き，「胎児の地位問題」そのものが黙殺され続けてきた．そして1997年２月にクローン羊ドリーが誕生して以降，連邦議会にはさまざまなクローン禁止法案が上程されたが，前述の理由ですべて審議未了になった．一連の審議過程で，連邦予算書には96会計年度以来，「研究目的でのヒト胚の作成と，ヒト胚を破壊する胚研究」への助成を禁止する条項が付け加えられた．この条項に関しては「ES細胞は予算書が言うヒト胚には該当しない」という解釈が確立しており，結局，連邦政府としては，「ヒト胚研究助成禁止の枠外」としてES細胞研究に対する連邦研究助成を，どのような条件でこれを縛るのかが，唯一の政策選択となっている．ブッシュ共和党政権はきわめて厳格なES細胞研究政策をとってきたが，オバマ共和党政権はその規制を撤廃することを決めた．ブッシュ政権時代には，その保守的な政策に反対してカリフォルニア州などがES細胞研究に関して独自の研究推進策を採ったが，クローン胚研究に関しては今のところ完全な民間資金によって行われている．

まとめ：３＋１極化する生命倫理政策

こうして生殖技術に関する規制政策のあり方を，先進国間で展望してみると，法的規制を志向する欧州，法規制のない自由放任のアメリカ，法律はないが厳格な自主規制の下にある日本，の三つがあることがわかる．さらにこの外側では，これ以外の非先進諸国が生殖医療の研究とそのサービス提供に参入しようとしてきており，生命倫理政策のタイプは，「３＋１極化」の状態にあると考えてよい．結局，日本がまずしなければならないことは，先端医療に関しての技術評価報告書を作成し，これを踏まえて社会が，取り組むべき課題の正確な全体像を共有することである．

（米本昌平）

XXIII-104

ヒト胚・ヒトES細胞の生命倫理

Key words
受精胚／幹細胞／未受精卵／人の尊厳／生殖細胞

はじめに

20世紀後半以降の生命科学・医学の飛躍的発展は，人の生命のしくみを明らかにして我々の健康と福祉に明るい未来をもたらす光となっている．しかし，こうした生命科学・医学の発展は，人間自らの生命とその価値の問題にまで入り込むものであり，人間の生命や存在に対する重大な挑戦でもある．

本節で扱うヒト胚等に関わるものでは，たとえば，生殖補助医療においては，人工授精，体外受精，さらには顕微授精などの技術が展開されている．また着床前診断により，異常を示す受精卵を除去したり健康な子を出産してすでに生まれた子の治療に用いたり，さらには受精卵段階での遺伝子組み換えや細胞若返りなども可能になった．また，再生医療では，人の受精胚から幹細胞（胚性幹（ES）細胞）を取り出して必要な細胞・組織に分化させ，それを移植して治療するが，受精胚は子宮に着床して成長すれば人として誕生するものであり，それを壊してES細胞を取り出すことは，人となるべき生命体からその生命を奪うことになる．しかも実際の臨床では免疫拒絶を避けるために患者のクローン胚由来のES細胞が必要となる．しかもそこでは，患者一人に少なくとも1個の未受精卵が必要になり，女性の負担の上に成り立つ．

こうした問題を持つこれらの胚やES細胞，クローン胚，そのための未受精卵はどのような倫理上の地位を持ち，取り扱われるか．また最近のiPS細胞はES細胞にまつわる倫理問題を回避できるとされるが，いかなる位置づけを持つのか．さらにそこで用いられ，または作成される可能性のある生殖細胞はどのような地位にあるのか．ここでは，これらの問に対して，社会規範としての生命倫理の観点から，わが国のさまざまな法律，指針および報告書等を参照しつつ，基本的な考え方を検討する．

1 ヒト胚の地位と取り扱い

(A) ヒト受精胚の地位と人の尊厳

わが国では，すでに誕生した後の「人」については民法をはじめさまざまな法律がその地位を規定しているが，誕生前の状態についてはほとんど規定がない．胎児については，民法で相続に関してその地位を認めるが，出生を条件とする．刑法では堕胎罪を定めるが，直接に胎児の地位を認めるものとはいえない．また母体保護法の人工妊娠中絶の規定は，母体の健康・安全を目的としており，胎児を直接に保護するものではない．このように法は，「人」未満の胎児には明確にはその地位を認めていないながらも，「人」につながる生命体としての重要性は認識されているといえる．しかし，胎児となる前の胚（受精卵）の状態，とりわけ体外で（*in vitro*）作成される胚については法律の定めがない．したがってヒト胚の地位については法律の考え方に全面的に依拠することができない．法律に定める人および胎児についての考え方を忖度し，また人の誕生のプロセスや受精卵以外の細胞と比較しつつ，その地位を考えるほかはない．

二つの立場がありうる．一方は，胚はすでに人の生命が始まっており，それを操作することは許されないとする立場である．たとえば胚を研究することはこれを破壊または廃棄することにつながるから，研究対象とされるべきではない．胚を用いるいかなる行為も人の生命に対する侵害に他ならず，非倫理的であり，違法である，とする．もう一つの立場は，胚はまだ人として誕生していないから，人と見なすことはできず，胚は単なる「物」，すなわち通常のヒト細胞と同じである，とする．純粋に科学的に見れば，ヒト胚は，生物学的には人間の他の部分の細胞，たとえば皮膚の細胞などと同じく，生物細胞である．この立場からすれば，胚は他のヒト細胞と同じく研究に使用することに支障はない．

宗教の観点からしても，カトリックは人の生命は受精に始まるとするが，プロテスタントは，人の生命は漸進的に形成され，胚の初期段階では人ではない，という．イスラムは，人の魂が宿るのは受精後一定の期間を経てからとする．ユダヤ教では，人の生命は着床後の一定の時期から始まるから，体外にあり子宮に戻さない胚は地位がない．仏教やヒンズー教では態度は明らかではない．しかし，こうした諸宗教の教義からすれば，胚の地位は先験的画一的に与えられているのではなく，それぞれの社会の中で認識されているものということができる[*1]．

国際的にも，ヒト胚の地位について世界レベルでの統一的な規則は存在しない．諸国の状況はさまざまで，胚保護法を持つドイツをはじめ，イタリア，スイス，チュニジアやラテン・アメリカの多くの国は，生殖補助医療以外でのヒト胚研究を禁じている．他方で，カナダ，スウェーデン，スペイン等いくつかの国は，一般に余剰胚についてのみ受精後14日以内での研究利用を認めている．英国は，1990年から余剰胚の限定的な研究利用を認めていたが，2008年にES細胞研究のためのクローン胚作成をも認めるに至った．フランスは胚研究一般を禁じていた生命倫理法を改正して，ES細胞研究目的での余剰胚の利用を認めた．米国では，受精胚からのES細胞樹立に消極的であったブッシュ政権からオバマ政権に代わり推進が期待されている．このように，各国とも人の受精胚を研究に用いることができるか否かについてはさまざまである．

わが国では，平成12年に旧科学技術会議生命倫理委員会ヒト胚研究小委員会が，人の受精胚を「人の生命の萌芽」と呼び，特別の地位を認めた[*2]．これがわが国におけるヒト受精胚の基本的な位置づけである．胚を人の生命の萌芽というのは，人の生命が誕生するプロセスを社会

＊1：ユネスコ国際生命倫理委員会の報告書もこの点についてさまざまな宗教間の差異を明らかにしている．International Bioethics Committee, UNESCO, Report on the Use of Embryonic Stem Cells in Therapeutic Research, (BIO-7/00GT-1/2 (Rev.3), pp.6-7.

＊2：科学技術会議生命倫理委員会「ヒト胚性幹細胞を中心としたヒト胚研究に関する基本的考え方」（平成12年3月6日）

的な意味を込めて表現しているのであり，そこには，単なる生物学的存在を超えて，生命の誕生の社会的重要性が示されている．そのことは，単なる生物としての「ヒト」ではなく社会的存在としての「人」を考えるのと，同じである．いわば人の誕生のプロセスを見通した，方向性を持った概念といえよう．胚は明らかにまだ人ではないが，単なる通常の細胞ではなく，人になるべき細胞である．それゆえ，胚にはそうした本質にふさわしい社会的地位が与えられる．

胚がそのような存在であれば，それに対応した地位を持つことになる．「人」は「人」であることによってその地位と価値が認められる．これを一般的に「人の尊厳」(human dignity) という概念を用いて表す．「人の尊厳」とは，人間がそれ以外の生物とは異なる崇高な存在であることを意味し，また人間同士では互いに尊重しあうことであり，これを基礎として基本的人権が派生する．人間は生物学的には動物の一種である哺乳類であるが，社会的には人間と動物は異なる．とりわけ人は社会生活を営み，他の動物とは異なる社会的存在として認められる．それに伴って，それぞれの人は「人」としての存在が互いに認識され，尊重されることになる．したがって平等である．

いうまでもなく，胚は人ではないから，人の尊厳を持つとはいえない．しかし，胚は子宮に着床して成長すれば人として誕生するから，「人に由来する存在としての価値」を持つ．すなわち，人の生命の萌芽である受精胚は，生れてくる人間の尊厳に由来する重要な価値，つまり「人の尊厳」に由来する重要な価値を持つ存在である．

それでは，そうした重要な存在としての人の受精胚に対して，どのように取り扱うのが人の尊厳を考慮した取り扱いなのか．

(B) ヒト受精胚の取り扱い

ヒト受精胚の取り扱いについては，まず前述のヒト胚研究小委員会がその報告書「ヒト胚性幹細胞研究を中心とするヒト胚の取り扱いに関する基本的考え方」で明確な考え方を示した．人の受精胚は人の生命を産むことを自然の目的として持っている存在，つまり「人の生命の萌芽」であるから，それを損なうような取り扱いは認められない．それゆえ，「研究目的で新たに受精によりヒト胚を作成してはならない」．これは，わが国のみならず，国際的にも認められた生命倫理の基本原則である．

受精胚を研究目的で作成してはならないなら，すでにある受精胚を研究に用いてよいか．生殖補助医療において，体外受精による受精卵のうち子宮に導入するのは限られており，受精に成功しても子宮に戻されない胚が 1 個から数個存在するのが一般的である．それらは不使用胚または余剰胚と呼ばれ，廃棄される．そこで，廃棄される余剰胚をとりあげて，難病治療の研究などの人の生命のために有益な目的に使用することは，本来は生命を産むために作成された胚という崇高な存在が無為に廃棄されることを凌駕する大きな価値を持つといえよう．それは，人の生命の萌芽としての地位を減じるものではなく，人の尊厳に由来する価値を損なわない．それゆえに，余剰胚を用いて難病治療のための研究，具体的にはそこからヒト ES 細胞を樹立して再生医療研究に用いることが認められることになる．

このように，研究目的でのヒト受精胚の作成は禁止され，生殖補助医療から由来する余剰胚はヒトES細胞研究に使用することが認められたが，ES細胞研究が進めば難病患者への臨床応用に際しては免疫拒絶の障壁がある．その場合には，患者の体細胞を利用した人クローン胚からES細胞を樹立して，目的の細胞，組織を作成する必要がある．周知のごとく，人クローン個体（クローン人間）は2000（平成12）年のクローン技術規制法[*3]で禁止されている．では，クローン胚はどうか．同法では，ヒト受精胚以外の人工的に作成される，ヒトの要素を含む9種類の胚（「特定胚」と総称される）が定められ，その作成・使用が規制されてきた．人クローン胚もこの特定胚の一種である．後述のように，翌2001（平成13）年に文部科学省が策定した「特定胚の取扱いに関する指針」[*4]ではヒト個体作製につながらない動物性集合胚のみ研究が許容されたが，ES細胞研究の進展に応じて，早晩人クローン胚作成の可否が問題になる可能性がある．そこで，総合科学技術会議生命倫理専門調査会は，ヒト胚全般についての一貫した考え方を定めるべく，足かけ3年にわたる激しい議論を行い，2004（平成16）年に報告書「ヒト胚の取扱いに関する基本的考え方」[*5]をまとめた．この報告書が人の受精胚と人クローン胚についてのわが国の基本的立場を示す中心的文書である．これには反対意見や補足意見が付されており，問題の重要性と真摯な議論がなされたことがわかる．

同報告書は，生殖補助医療研究のために受精胚を作成することを例外として認めた．これは，研究目的で受精胚が作成されるとしても，不妊の原因を探り，妊娠・出産の可能性を追究するためであり，人の誕生につながる研究だからである．この場合でも，それ自体は研究目的での胚の作成であり，かつ研究の過程で受精胚は滅失される運命にあるから，人の生命の萌芽を，一方で作り出し，他方で失わせることには違いない．しかし，研究目的という意味では，受精胚本来の生殖という目的に向かうプラスの効果を持つ研究行為といってよく，原則に対する例外としての価値が認められる．

さらに，同専門調査会では，たとえばミトコンドリア異常症のような難病治療のための研究にも受精胚の作成を例外と認める可能性について検討したが，これは当面見送られた．生殖目的でなく，難病とはいえ疾患の治療というのみでは，受精卵を作成し破壊することは現時点では認められない，との判断である．

(C) 特定胚一般

それでは，人クローン胚のようにヒト受精胚以外の胚はどのような位置づけを持つのか．クローン技術規制法は，人工的に作られる胚を9種類掲げ，これらを「特定胚」と総称した．そのうち人クローン胚，ヒト動物交雑胚，ヒト性集合胚およびヒト性融合胚は法律により母胎への移植が禁止されている．残るヒト胚分割胚，ヒト胚核移植胚，ヒト集合胚，動物性融合胚および動物性集合胚の5種類の胚は文部科学省が指針で母胎への移植を禁止した．前者のうち人クローン胚を除く他の3種は人間の亜種，つまりヒトと動物のキメラ個体の産生につながる．後者のうち前3種は人工的に一卵性多胎児を産

＊3：ヒトに関するクローン技術等の規制に関する法律（平成12年12月6日公布）
＊4：特定胚の取扱いに関する指針（文部科学省，平成13年12月5日公布，21年5月20日改正）
＊5：内閣府総合科学技術会議生命倫理専門調査会「ヒト胚の取扱いに関する基本的な考え方」（平成16年7月23日）

生し，後２種は動物内に人の要素が入る．これらの母胎への移植禁止は，これらの人工的な胚からの人間または人間と動物のキメラ生物の誕生は，人の尊厳を損なうものであり，社会を混乱させるからである．しかし，重要原点は，いずれも胚そのものの作成まで禁じてはいないことである．

特定胚の作成・使用については，2001年に文部科学省の作成した指針案が総合科学技術会議生命倫理専門調査会で審議された[*6]．その答申によれば，特定胚の作成は，人クローン個体や交雑個体が作り出される虞があると同時に，研究のためにヒト受精胚を作成し操作することと同様の行為と捉える．しかし，受精胚における生殖補助医療研究のように，医学上の有用性がきわめて大きい場合には，これら特定胚の研究利用も認められるとした．ただし，それは単なる医学的有用性では足りず，そうした有用性や可能性が，新たにヒト胚を作成してはならないという大原則をも凌駕するほどの有用性でなければならない．そのため，これら９種類の特定胚それぞれに研究の有用性や可能性は理解されながらも，そうしたヒト胚を作成することの倫理的重大性に鑑みて，ヒト受精胚の取り扱い一般についての基本的な考え方が定められるのを待つこととし，特定胚の地位について当面は動物体内での移植臓器の作成研究の有用性の高い動物性集合胚に限って認めた．その後，ES細胞研究の進展に伴って，人クローン胚のみは平成16年に同じく総合科学技術会議生命倫理専門調査会により解禁されることになる．

(D) 人クローン胚

９種類の特定胚のうち，人クローン胚のみは再生医療への臨床利用が工程に上っているため，生命倫理専門調査会は，ヒト受精胚の取り扱いと併せて，特定胚のうち特に人クローン胚も検討した．すでに述べたように，研究目的でヒト受精胚を作成することは禁止される．それでは，人クローン胚と受精胚は同じか．

考え方としては，⑴ヒト受精胚ではないがそれに準じる地位を持つ，⑵ヒト受精胚またはそれに準じるものではなくそれ自体としての存在である，そして⑶ヒトの胚ではなく単なる通常の細胞と同じである，の三つがありうる．しかし，⑵の立場は，さらにその固有の存在の地位を考える必要があり，循環的であって，十分な回答たりえない．⑶の立場については，確かにクローン胚は細胞の一種ではあるが，子宮に着床すれば，人の生命の誕生につながる．かかる能力は他の通常の細胞にはなく，同じとはいえない．

第一の立場はどうか．人クローン胚は，人工的に作成された胚であるが，遺伝子構造が体細胞を提供したヒトと同一であるとしても，ヒト以外の要素を含まないから，誕生する生命体は生物学的にヒトである．こうして人クローン胚はヒト受精胚と能力において変わるところがない．したがって，人クローン胚はヒト受精胚に準じる地位を持つというべきである．人クローン胚から生れてくる人クローン個体は人間に他ならないから，いわゆるコピー人間であっても，人間としての尊厳をもち，人クローン胚はその尊厳に由来する地位を持つと考えられる．

こうして，同調査会は，人クローン胚につい

＊６：内閣府総合科学技術会議諮問第４号「特定胚の取扱いに関する指針について」に対する答申，2001（平成13）年11月28日

てヒト受精胚に準じた「人の尊厳に由来する重要な価値」を持つ地位を認めた上で，人クローン胚も人の胚であるから，原則として研究用に作成してはならないが，この胚が再生医療に用いられ難病の治療に役立つ可能性があることを理由に，人クローン胚の作成を認めることとした．難病治療研究の目的にのみ例外として，胚の作成とそこからのES細胞の樹立，使用を認めたのである．この点で，ヒト受精胚について，生殖補助医療研究目的のみ作成を認められ，再生医療のためのES細胞の樹立（研究）には新しい受精胚の作成は禁じつつ余剰胚のみ利用を認めたのと異なる．

人クローン胚は，除核未受精卵に体細胞の核を導入して初期化することにより作られる．そのため，未受精卵と体細胞の提供が必要となる．とりわけ未受精卵を女性から採取して研究に用いることは，人間の道具化・手段化につながるおそれがあることと，女性に大きな身体的精神的負担を負わせることから，専門調査会の報告書は，未受精卵の提供はできる限り女性に追加的な負担を課さないことを原則とした．

これに対応して文部科学省は，人クローン胚の取扱いについての指針[*7]を策定して，使用される未受精卵は(1)摘出卵巣・卵巣切片から卵母細胞を取り出して卵子に成長させたもの，(2)生殖補助医療で利用されなかった卵子，(3)卵子保存目的の凍結未受精卵で不要化したもの，(4)未受精卵を凍結していた者が死亡した場合，に限っている．また無償ボランティアからの卵子提供は当面認めないこと，提供に際して心理的圧迫を避けるためコーディネーターをおき，慎重なインフォームドコンセント手続を行うこと，とした．

体細胞の提供についても，新たな侵襲を伴わない，治療上の手術や生検による摘出細胞・組織の提供を原則とし，疾患モデルの作成などの必要がある場合にのみ，自発的な提供に対して生検程度の侵襲であれば許容される．

その上で，人クローン胚研究を行う機関は，研究能力や設備，管理，倫理体制等が十分に整備されていなければならず，現状ではヒトES細胞樹立の経験を有する機関に限定するなど，厳しい条件が課されている．

こうした規制は，①人クローン胚が「人の胚」であること，②人クローン胚から個体作成につながることを防ぐこと，そして③未受精卵が由来する女性を保護することが理由の柱である．人クローン胚が人クローン個体に最も近いからとの理由ではない．

2 ヒトES細胞（胚性幹細胞）の取り扱い

(A) 受精胚由来ヒトES細胞

ヒト胚性幹細胞（ヒトES細胞）は，人の受精胚を滅失（破壊）して樹立される．ここでの倫理的問題は2つある．一つは，ES細胞が人の生命の萌芽を破壊して樹立されるという，由来における重大性である．二つ目は，ES細胞は多能性を持つこと，つまり，そこから生殖細胞を作成してそれを受精させることによって，ヒト個体の作成につながる可能性を有していることである．わが国では，2001年に「ヒトES細胞の樹立及び使用の研究に関する指針」[*8]が策定され，それに基づいて基礎研究のみ認められ，そこでの受精胚とヒトES細胞について取り扱

＊7：人クローン胚はクローン技術規制法上の特定胚にあたるため，人クローン胚の作成については特定胚指針を，作成したクローン胚からのES細胞樹立についてはES細胞指針を，それぞれ改正した（それぞれ，平成21年5月20日改正及びヒトES細胞の樹立及び使用に関する指針平成21年5月20日改正）．
＊8：文部科学省，平成13年9月25日

いが定められた．その後，研究の進展に伴う倫理意識の向上と人クローン胚作成認容により，現在は，「ヒトES細胞の樹立及び分配に関する指針」と「ヒトES細胞の使用に関する指針」の二つの指針*9となっている．(後述).

樹立研究では，人の尊厳に由来する存在としての受精胚を滅失する過程を含むことから，とりわけ厳格な条件がつけられている．(1)樹立は余剰胚に限ること，(2)余剰胚の提供は，法律上の夫婦からとし，インフォームド・コンセントを受けること，(3)提供意思の確定まで30日の猶予期間を置くこと（必然的に凍結胚となる），(4)研究機関および研究者は，人の生命の萌芽である余剰胚と，それに由来するES細胞の価値と意義を十分に認識し，それらの地位にふさわしい取り扱いをすること，(5)研究機関はヒトES細胞研究を行うのにふさわしい能力と設備を持つこと，また研究者は動物でES細胞の樹立技術に習熟すること等，である．

樹立後のヒトES細胞について，樹立機関が樹立したES細胞を維持し分配する作業は大きな負担となる．そこで，今後のヒトES細胞研究の広範な進展を目指して，分配機関の設置が認められている．分配機関にはヒトES細胞を保存・維持し，分配するための施設・設備，人員，技術能力が要求される．また，海外の研究機関に研究や再現性確認のために分配することもできるが，その場合，ヒトES細胞研究に関する法令や指針のある国に限定し，MTA（共同研究契約）等を通じて，わが国の基準にも合致した適切な取扱いを担保する．

ES細胞の使用研究についても，わが国の指針は厳格である．ES細胞そのものは「人の生命の萌芽」ではないが，ES細胞がヒト受精胚から樹立されたことに鑑みて，人の発生学研究または新しい診断・予防・治療法や医薬品の開発の研究に限っている．また，特にES細胞が多能性を持つことから，そこから人の生命が作り出されることは認められない，との考えが基礎となって，ES細胞を用いて特定胚を作成し個体を生成することやES細胞を胎児に導入すること，生殖細胞を作成することは禁止されてきた．もっともこのうち生殖細胞の作成については，2010年5月の改正で解禁されることになった*10．生殖細胞の形成や機能などの研究が不妊の研究に有用だからである．さらに，使用責任者は指針の規定に従って計画を作成しその実施を総括すること，使用機関には十分な施設，人員，能力を持つこと（たとえば，ヒトES細胞を扱う専用実験室を用意すること）が求められる．分化細胞はES細胞と切り離して，機関長の了承を条件として，譲渡，使用，保存が認められる．

樹立，分配および使用に共通して，人の胚およびES細胞に関わる倫理的考え方を十分に認識して適切な技術能力を持つ者のみに研究参画を限定した．そのため責任者の倫理認識と動物での実験経験が問われ，分担者および研究者についても倫理と技術の教育・研修計画が求められる．

これらの諸要件を満たしているか否かを，各研究機関の倫理審査委員会（IRB, institutional review board）と文部科学省「特定胚及びヒトES細胞等研究に関する専門委員会」による2重審査制度が担保している．専門委員会では，研究計画の科学的合理性と倫理的妥当性の判断のみならず，IRBの議事録も参照して審査するから，

＊9：文部科学省，平成21年8月21日
＊10：ヒトES細胞の使用に関する指針（文部科学省，平成22年5月20日改正）およびヒトiPS細胞又はヒト組織幹細胞からの生殖細胞の作成を行う研究に関する指針（文部科学省，平成22年5月20日）

IRBの審査の質も問われる．

この2重審査制は，科学者のみならず，審査結果の公開を通じて一般社会に対して，ES細胞研究および再生医療に関する倫理認識を推進させ向上させる役割を担ってきた．しかし，使用研究も60件を越え，ヒトES細胞の使用に関する倫理認識も深まり，臨床研究も視野に入れる段階に至っているとの判断から，2009年8月の改正では，使用研究についてのみ機関内倫理委員会の審査のみとし，承認された研究計画を国に届出る制度に変更した．しかし，この改正によって指針の基準が大きく変更されたわけではない．審査が各IRBに委ねられたため，IRBの責任がきわめて重要になった．研究機関，研究者そしてIRBのヒトES細胞の意義に関する理解と倫理認識，科学者の側の説明責任，十分な科学的理解を伴った倫理的議論，そして国民の側の理解努力が問われることになる．

(B) 人クローン胚（体細胞核移植胚）由来ES細胞（SCNT-ES細胞）

再生医療が臨床応用段階に入れば，患者と同じ遺伝子セットを持つ胚（クローン胚）からのES細胞が必要になる．前述のように，クローン技術規制法は，クローン個体の作成を禁止するが，クローン胚は禁止していない．2004年に総合科学技術会議がクローン胚の作成を解禁したことから，2009年5月には，人クローン胚の作成のために特定胚指針が，またES細胞の樹立および使用について，受精胚由来のES細胞を第一種，クローン胚由来のES細胞を第二種としてES細胞指針が，それぞれ改正された．

人クローン胚は，除核未受精卵に体細胞の核を導入して作る．受精胚ではないがヒトの胚を作成して，そこからES細胞を樹立することになる．ヒトの胚である以上は，受精胚に準じた「人の尊厳に由来する重要な価値」を持つから，取り扱いは，受精胚由来のES細胞の場合と基本的には同様な枠組みにした．受精胚からのES細胞と異なる点は，研究目的を難病治療に限定したこと，クローン胚の作成とES細胞の樹立を，生殖補助医療施設と離してクローン個体の作成を物理的に回避すること等である．

(C) 人工多能性幹細胞（iPS細胞）の地位と取り扱い

iPS細胞（induced Pluripotent Stem Cell）は，ES細胞類似の多能性を持つ体細胞由来の幹細胞である．この幹細胞は，ES細胞のように胚を滅失して樹立する，という倫理的問題は生じない．それゆえ，ES細胞に代わる画期的な細胞として高く評価されている．

しかし，胚の破壊に関わる問題が回避しうるとしても，倫理問題がなくなるわけではない．iPS細胞もES細胞と同様の多能性を持つことから，生殖細胞の分化誘導や特定胚またはヒト個体の作成に関わる倫理問題は避けて通れない．ES細胞で見たように，文部科学省は2010年5月に多能性幹細胞からの生殖細胞の作成を認め，前述の指針を策定した（後述）．

他にも体細胞の提供に関するインフォームド・コンセントの確保や提供者の遺伝（遺伝）情報の保護などの体細胞に関わる倫理問題は残っている．加えて，iPS細胞に固有と考えられる遺伝子導入に関わるベクターや癌化，機能の正常性，分化誘導の困難さ，実際の移植後の安全性と有効性等の問題がある．これらは科学的問題だが，“Bad science is bad ethics.” といわれるように，科学的に合理的でないことを行うのは倫理性に反する．

しかも，iPS 細胞が ES 細胞とまったく同じ多能性を持つかどうかについては未だ不明であり，受精胚由来 ES 細胞や人クローン胚由来 ES 細胞と比較しつつ多能性を検証する必要があるから，一気に ES 細胞や人クローン胚の研究が終了するわけではない．加えて将来は患者ごとの iPS 細胞作成と細胞移植治療のコストという経済的問題も抱える．このように，iPS 細胞はすべての倫理問題を解決するわけではない．

なお，これまで見てきたような多能性幹細胞（ヒト ES 細胞および iPS 細胞）の研究は急速に進展している．とりわけ iPS 細胞の研究は，ヒト胚の破壊を伴うことなく，また技術的にも ES 細胞よりも容易に作成できることから，2005年の山中教授による iPS 細胞の作成成功を端緒として，当初から臨床応用を目指して研究が構想されている．国としても，文部科学省が再生医療実現化プロジェクトを推進すると共に，厚生労働省では再生医療実用化研究事業を展開すると共に，従来のヒト幹細胞を用いる臨床研究に関する指針を改正[*11]して，ヒト ES 細胞と iPS 細胞を臨床研究に使用する体制をとっている．本稿の趣旨からは外れるため，ここではそうした多能性幹細胞（ES 細胞・iPS 細胞）の臨床利用の可能性が近づいていることを指摘するにとどめる．

3 卵子と精子の位置づけ

そこで最後に卵子と精子の位置づけを考えてみたい．卵子についても精子についても法的定めはない．配偶子（卵子と精子）は，人の生命の誕生プロセスの最も初期段階に位置する．胚は子宮に着床して成長すれば人の誕生に至るが，それぞれの配偶子のみでは人が生れるわけではない．しかし卵子と精子がなければ受精胚を作ることはできない．しかし，配偶子はいずれもそれらのみで直接に生命を生みだすものではないから，その地位は受精胚を超えるものではない．

まず，研究目的での受精胚作成禁止の原則から，精子と卵子を研究目的で受精させることは原則として認められない．ただし，総合科学技術会議「ヒト胚の取り扱いに関する基本的考え方」報告書で，生殖補助医療研究のみヒト受精胚の作成が認められた．それ以外の目的たとえば難病治療研究のためのヒト受精胚作成は禁止されている．

問題は，人が誕生するプロセスの中で配偶子の位置づけをどう考えるか，である．3つの問題が考えられる．まず，このプロセスで得られる精子・卵子について生殖目的での取扱いはどうか．第二に，生殖目的以外の利用が許されるか．許されるなら，その理由および条件は何か．第三に，精子や卵子を体外で作り出してよいか．それらの生殖細胞を用いて何が許されるか．

生殖補助医療とその研究における卵子および精子の取り扱いについては，日本産科婦人科学会が会告で次のように定めている[*12]．まず生殖

＊11：ヒト幹細胞を用いる臨床研究に関する指針（平成22年厚生労働省告示第380号）
＊12：日本産科婦人科学会「ヒト精子・卵子・受精卵を取り扱う研究に関する見解」（平成14年１月）

補助医療を受けるのは法律上の夫婦に限られる．体外受精を施術するためには，ヒトの生命現象の特殊性を認識する必要があり，ヒト精子・卵子・受精卵を用いての生殖医学全般についての幅広い研究を要する．ヒトの生命の始期につき議論はあるが，ヒトが個体としての発育能を確立するまでの受精後2週間以内を研究許容時期と定める．研究に用いた精子・卵子・受精卵は臨床に用いてはならない．

こうした学会の態度は，受精卵のみならず精子と卵子も，基本的に人の生命を産み出すための重要な価値を持つ存在であることを示しており，それゆえ人を産むための生殖補助医療の研究に用いることを認めていると考えられる．

また，生殖補助医療においては，精子の第三者提供が認められているが，卵子については未だ認められていない．厚生労働省生殖補助医療技術に関する専門委員会は，2000（平成12）年に精子・卵子・胚の第三者提供に関して報告書[*13]をまとめ，厳格な条件の下で提供を認めることとした．しかし，この報告書とそれを具体化する措置を検討した生殖補助医療部会の報告書[*14]では立場が変化しており，わが国における卵子等の地位と取り扱いに関する意見の対立を明らかにすることとなった．加えて，その後の国および日本産科婦人科学会の新たな動きはない．現状では学会会告により卵子の第三者提供とそれに基づく不妊治療は認められていないが，現実には実施した例が報告されている．こうした卵子に対する取り扱い方から見ると，同じ配偶子であっても卵子と精子とでは差がある（少なくともこれまではそうである）といえる．

それでは，卵子および精子は生殖（研究も含む）目的以外で利用することは認められるか．ここでは採集の容易さとその利用可能性の少なさから精子は考慮外としてよかろう．生体から卵子を採取することは，生殖医療に限られているから，従来は卵子は生殖目的以外で用いられることはなかったが，今や人クローン胚を含む特定胚の作成のように，生殖目的以外での利用の可能性が出てきた．しかし，これらについてはこれまでは，卵子の観点からではなく，「人の胚」の位置づけの中で検討されてきたのであり，生殖医療以外での卵子そのものの位置づけについては，明確になっていない．

それでは配偶子は通常の体細胞と異なる取り扱いが必要か．

生物学的には卵子は精子に比べて取り扱いに注意が必要である．精子は特に侵襲を加えることなく採取できるが，その利用可能性は広範ではない．卵子は，受精することと並んで，たとえば体細胞核移植クローン胚の作成に用いられるように，生殖以外に利用される可能性を内包している．そのため，特に卵子はいかなる目的に利用することがその地位を損なわないか，考慮しておく必要がある．また，精子は凍結保存・融解が比較的容易である．卵子は，特に凍結後の融解技術も進んできているが，完全に安全な方法が確立しているわけではない．これらは採取された卵子または精子自体の取り扱いであるが，これに加えて，卵子はその採取にあたって，提供者たる女性の身体的精神的負担を考慮に入れなければならない．

他方で，卵子は再生医療研究目的に限り人クローン胚の作成に利用することが認められているが，将来の可能性として他の特定胚の作成に

＊13：厚生労働省厚生科学審議会生殖補助医療技術に関する専門委員会「精子・卵子・胚の提供等による生殖補助医療のあり方についての報告書」（平成12年12月）
＊14：厚生労働省厚生科学審議会生殖補助医療部会「精子・卵子・胚の提供等による生殖補助医療制度の整備に関する報告書」（平成15年5月21日）

用いることが考えられる．現状では，配偶子は，ヒト胚の作成に関する限り，これら生殖補助医療研究と人クローン胚研究の目的以外の利用は認められていない．

第三の問題，すなわち体外での配偶子の作成と利用については，従来は，ES 細胞指針で生殖細胞の作成は禁止されてきた．なぜなら，通常の生殖プロセスではなく，「人の生命の萌芽」である受精胚を破壊して作られる ES 細胞から生殖細胞を作成し，そこから受精卵を作成して人間を産み出すことが非倫理的と判断されたためである．しかし，先述のように生殖細胞のままではヒト個体に至ることはできないから，受精胚の作成を禁止すればヒト個体の作成は阻止することができる．問題は，「人の個体につながらなければ，生殖細胞を作成して研究等に用いることは認められるか」という点である．ここでは体外で卵子および精子を作成する過程が対象となることから，始原生殖細胞も含めて考える必要がある．

これに対する考え方は次の二つにまとめられる．まず，ヒト個体につながらないなら，*in vitro* で生殖細胞を作成し，それを研究に用いることは許容してよい，との立場である．この立場では，特に人クローン胚の作成に必要な未受精卵を女性に負担を負わせることなく得ることができる．これは総合科学技術会議の示した，「女性の保護」という人クローン胚作成に関する基本方針に合致する．

もう一つの立場は，生殖細胞の作成は，人の生命の誕生プロセスを操作することにつながり，ひいては人の生命自体を蔑ろにすることにつながる，とする考え方である．特に ES 細胞からの生殖細胞の作成と利用については，もともと人の生殖プロセスにある受精胚を，そのプロセスから外して破壊（滅失）しているのであり，それを再び生殖のプロセス（その一部であっても）に戻すのは，いわば悪魔が 2 度にわたって到来することになる．この立場に立てば，幹細胞からの生殖細胞の作成は許されないことになる．もっとも，こうした ES 細胞からの生殖細胞作成禁止の理由は，iPS 細胞については当てはまらない．iPS 細胞は，体細胞を初期化するものであって，生殖のプロセスから生まれるものでなく，人の生命の誕生プロセスを操作することにつながらないからである．

これに対して，ES 細胞からであれ iPS 細胞からであれ，生殖細胞を作成し，それを用いてヒト個体を作成することは，人の誕生に関する社会認識に混乱を生じせしめるものであるので，禁止するべきであるといえよう．その禁止事由の下では iPS 細胞からの生殖細胞の作成は認められる余地がありうる．つまり，iPS 細胞は本来的に人の誕生に関わらないものを出自としているのであり，個体を作成しないならば，分化細胞の一つとして生殖細胞を考えることもあながち無理ではない．

それでは人の誕生につながりうる細胞としての生殖細胞の作成を認める理由または条件は何か．生殖細胞（精子・卵子）の作成を認めれば，これまでできなかった始原生殖細胞に始まって生殖細胞が作成される過程を研究することができるようになる．これが可能になれば，不妊の研究や人の発生に関わる研究は iPS 細胞からの始原生殖細胞・配偶子を用いることにより進展する可能性が広がることになる．始原生殖細胞から配偶子への成長過程の研究，配偶子自体の研究，受精の研究，受精卵の成長の研究，着床の研究等，生殖の初期プロセスのさまざまな研究が可能になろう．それによって，iPS細胞から分化させる生殖細胞を用いて生殖補助・不妊治療を行うのではなく，不妊の原因を探究する研究に資すると考えられるのである．不妊の研究は人の生命を産み出すことにつながる．ES細胞からの生殖細胞が，いったん人の生命の萌芽を破壊した上で再度人の生命の萌芽につながる細胞を作り出し，研究でまた破壊するのに対して，iPS細胞からの生殖細胞であれば，人の生命の萌芽の破壊につながらない体細胞からの作成を通じて，人の生命を産み出すことにつながる研究といえる．

このように考えれば，iPS細胞からの生殖細胞作成は認められよう．もっとも，このことは，いずれにせよ生殖細胞の作成を認めることになる．そこで，ES細胞からの生殖細胞も同じ生殖細胞であり，ヒト個体作成を禁止するのであれば，考え方の一貫性は損なわれるが，由来は異なっても同じ種類の細胞だから，ES細由来の生殖細胞の作製利用を禁止する必要はないと考える立場もありうる．従来ES細胞からの生殖細胞作製を禁止していたわが国であったが，iPS細胞の樹立に伴い，2010(平成22)年からiPS細胞とES細胞の双方の多能性幹細胞からの生殖細胞の作成を認めることとした．その理由はこの考え方をとったことによる．

まとめ

本節では，ヒト胚，ヒトES細胞等の多能性幹細胞，生殖細胞それぞれについての考え方と位置づけ，取り扱いについて述べた．このうちで法律に基づいて一般的な位置づけがなされているものは人クローン胚を含む特定胚しかない．その他の胚等には国の指針や報告書のあるものがあるが，学会の指針に委ねているものもある．全体としてわが国では，人の出生のプロセスに係るさまざまな細胞については，問題ごとの対応にとどまり，一貫した倫理的対応は行われてこなかった．今日，ES細胞や人クローン胚，iPS細胞が登場して臨床応用の段階に近づきつつある時点で，人の誕生のプロセスに対して一貫した考え方を打ち立てる時期に来ているように思われる．

生命倫理は固定したものではなく，生命科学・医学の発展がもたらす新しい可能性に伴って，倫理も展開を遂げるものである．それゆえにこそ，今日のように我々の前に新しい細胞，組織，技術が登場してきたこの時に，基本的な考え方を開かれた十分な議論とコンセンサス形成によって構築しておかなければ，我々のみでなく将来の世代に対して「人間の存在と生命」に関わる損失を与えることになりかねないのである．

(位田隆一)

XXIII-105

生殖・発生医学研究の理念と実践

Key words
生殖医学研究／生殖の尊厳／胚と配偶子／体外受精の倫理／生殖再生医学／配偶子造成

はじめに

2010年のノーベル医学生理学賞に輝いたエドワーズ博士らによるヒト体外受精の開発は生殖医学の歴史に新しい頁を開いた．その成功からこれまでの30数年間にこの分野の研究と臨床は，生殖革命といわれるほどの多様な関連技術を派生した結果，生殖補助医療 assisted reproductive technology （ART）と総称される不妊治療体系が確立した（図XXIII-105-1）．このARTは人命の発生を取り扱う医学研究であり医療であるがゆえに，内在する生命倫理上の課題も浮き彫りにした．本節では生殖医療が本質的には生命発生医療であるとの観点から，一般治療医学とは異にしたどのような倫理認識が必要であるか，そして生殖と発生の医学研究についてその理念と実践を考えてみたい．

1 生殖医学研究の倫理特性

(A) 生殖医学・医療の倫理特性と生命倫理上のジレンマ

倫理とは「善の実現」を目指す実践哲学である．そして生殖医学における善とは「新しい生命の誕生」にある．人命の発生を取り扱うという医学的特性が生殖医学の倫理特性の根底にある．一般の治療医学では人の命を救うことが目的であるから，病める患者に治療を行う場合の医学的適応と倫理的妥当性は矛盾なく両立する．したがって人間の尊厳と幸福は並立するので生命の絶対観 sanctity-of-life view に則った治療ができるし，現行の法律ではこの生命観に基づいた治療を要求しているので，尊厳死は認められていない．

これに対し生殖医学では人命の発生を目的とするので，医学的適応と倫理的妥当性とが矛盾する局面がある．たとえば配偶子の欠如患者では精子や卵子の提供，子宮欠損の患者では代理懐胎という手段に頼らざるをえない場合もあるが，そこに商業主義が入り込む余地がある．ノーベル賞受賞者の精子と美人女優の卵子を体外受精させ，できた胚を妻の子宮に移植して理想人間をつくるとすれば恐るべき優生思想も現実化する．そして生殖医学の新しい治療法開発の研究目的のため胚を損壊しなければならない場合もある．これは胚の尊厳ひいては人間の尊厳を否定することになりかねない重大な生命倫理上の問題である．このように生殖医学においては，医学的適応と倫理的妥当性のジレンマに遭遇す

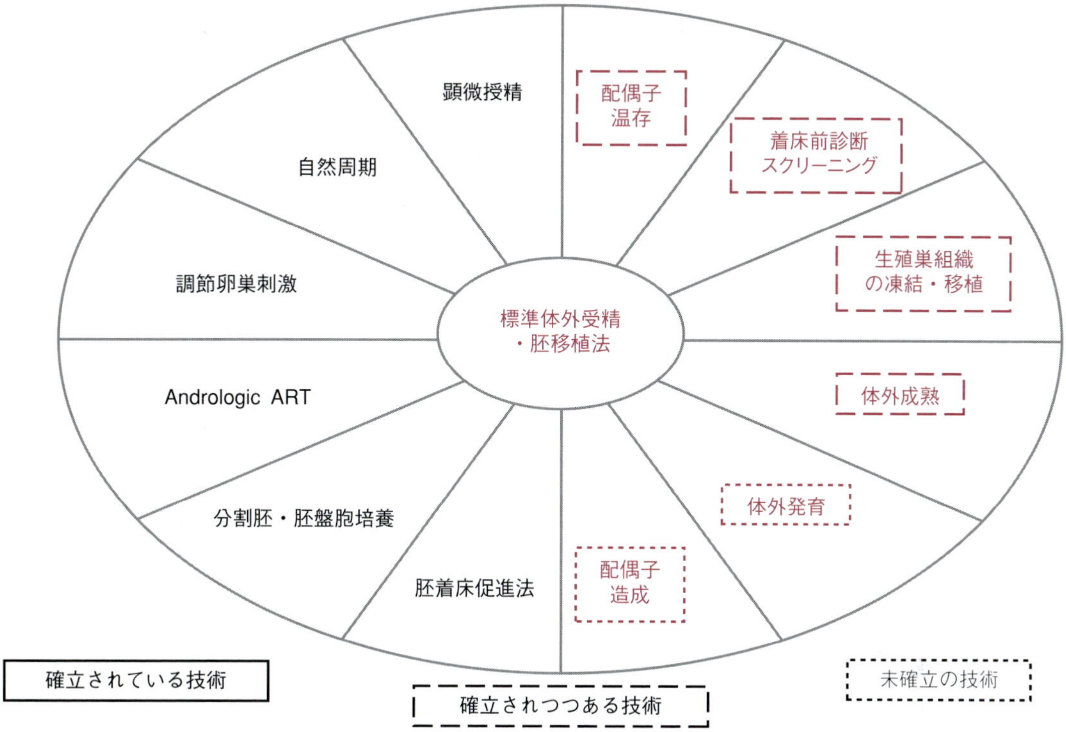

図XXIII-105-1．生殖補助医療体系の発展ベクトル

ることがまれではない（森，2003）．

(B) 生殖医学研究の生命観

医学的生命観は絶対観 sanctity-of-life view（SOL）と相対観 quality-of-life view（QOL）の二つに区別される．個を対象とする通常の治療医学においては，たとえばターミナルケアではQOLが重視され，また臓器提供では生前に本人の提供の意思確認があれば脳死移植は可能であったが，最近の法改正によって生前の意思確認がなくとも家族の承諾さえあれば臓器移植が可能となった．このように医療現場の要請によって生命の相対観の比重が増す傾向にはあるものの基本的にはSOLの立場に立っている．その倫理根拠はSOLが人間の尊厳と幸福を両立させているからにほかならない．これに対し生殖医学が依って立つ倫理根拠をSOLに求めると，既述のように臨床・研究の両面で矛盾に突き当る．このようなジレンマを二律背反としてではなく，人間の尊厳と幸福が社会に受け容れられる範囲で止揚することが医学の進歩を社会に還元する賢明な方策ではあるまいか．そのためには生殖医学・医療や医学研究の実践倫理の根拠として生命の相対観を導入することである．この点に気付かなければ問題となる生殖医療と研究の実践をめぐる是非の論議が果てしなく続くであろう．生殖医学・医療は生命の相対観を導入しなければ成立しえない唯一の臨床医

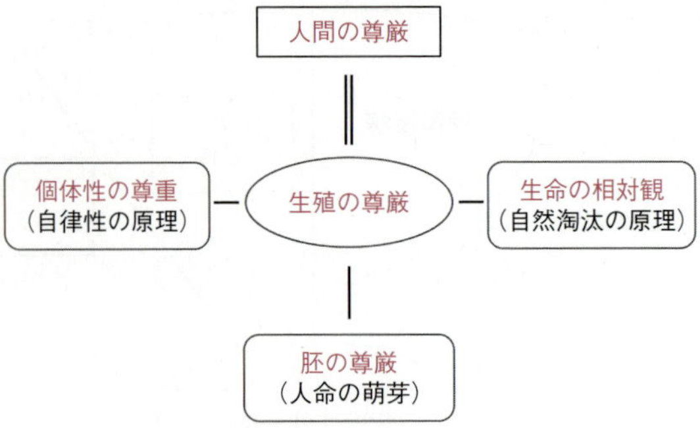

図XXIII-105-2．生殖医学研究の生命倫理

学の分野であることを強調しておきたい（森，2010）．

2 体外受精学・生殖補助医療研究の生命倫理

（A）生殖の尊厳

生命の相対観を導入したとしても，ARTの可能な実践手技のうち無制限に用いることが許されるわけではなく，医学的適応がどこまで倫理的妥当性を持ちうるのか，自ら従うべき実践規範があるはずである．

この実践規範は基本的には公理的な原理から導き出されるものと筆者は考えている．その公理たりうる概念は「ヒト生殖の尊厳 dignity of human reproduction」であると考えたい．ヒト生殖の尊厳とは「子が生まれること，子を産むこと自体の尊さに絶対価値を認める考え」と定義でき，人間の尊厳を構成する内在的な属性と考えられる．したがって人間の尊厳に悖るような生殖手段は許されないという理念である．人間の尊厳は生験的 a priori に与えられた唯一無二の絶対価値であって，時空を超えた普遍的な生命倫理の根幹である．

体外受精学における生殖の尊厳とは（図XXIII-105-2），胚の尊厳（人命の萌芽），生命の相対観（自然淘汰の原理），個体性の尊重（自律性の原理）という三つの原理の複合概念 complex of concepts と捉えることができる．以下三つの構成概念について考える．

（B）ヒト胚の尊厳

生殖医学研究の倫理を論ずるにあたって，まずは生殖細胞の特性を認識しておかなければならない．生殖細胞と体細胞との本質的な相違は前者が生命の新生と再生に機能的に特化した細胞である点にある．総合科学技術会議・生命倫理専門調査会の報告「ヒト胚の取扱いに関する基本的考え方」（総合科学技術会議・生命倫理専門調査会，2004）によると，胚を「人の生命の萌芽」とする考え方が提示されている．けだし人間の尊厳を生命倫理の基本とするとの考え方から導かれた表現として実体を如実に象徴し適切である．現行の法体系ではヒト受精胚を「人」とは扱っていない，つまり胚＝人間とは解釈していない．「人」そのものではないとしても人間の尊厳という社会の基本的価値の維持のため，特に尊重されるべき存在であるとの意味で「生命の萌芽」と表現している．そして人間の尊厳に

生殖細胞：文部科学省告示第87号（平成22年５月20日）では「生殖細胞」とは始原生殖細胞から精子または卵子に至るまでの細胞をいうと定義されている．

由来する要請には応えるべきとの見解が明記されているので，胚よりも人間により高い倫理価値を認めている．この認識はクローン技術規制法の附則第２条に，「……ヒト受精胚の人の生命の萌芽としての取扱い……」との表現を追加して用いていることからも正当化されよう．

人クローン胚の倫理認識について同報告書は，人クローン胚は母胎内に移植すると「人」になりうる可能性を有するので，ヒト受精胚と同様に位置づけられるべきであり，これを基本方針とすると明記されている（総合科学技術会議・生命倫理専門調査会，2004）．とすると，クローン胚も人命の萌芽として受精胚と同格に取り扱っているがこれには疑義がある．私見ではあるが，人クローン胚は生命体ではあるが有性生殖の摂理に反するのでヒト受精胚と同格の倫理価値を与えるべきではなく，与えることはむしろ受精胚の尊厳ひいては人間の尊厳を間接的に否定することになりはしないかとの危惧を抱く．

(C) ヒト受精胚の法的地位

わが国の現行法にはヒト受精胚に関する特段の法規定はないので，胎児条項を準用または拡大解釈するしかない．

胎児は堕胎罪によって出生後の人と同程度ではないが刑法上の保護対象となっている．一方母体保護法では「妊娠の継続又は分娩が身体的又は経済的理由により母体の健康を著しく害するおそれのある者等に対してのみ，母体保護法指定医が本人および配偶者の同意を得て人工妊娠中絶を行うことができる」と規定されており，許される期間は12週未満と定められている．

また民法では，胎児は生きて生まれた時には，その不法行為の損害賠償請求権（民法721条），相続権（民法866条）等については，胎児であった段階に遡及して獲得することとされている．

ヒト胚の法的地位についての公式見解は，昭和59年３月26日の国会での質疑の中で，法務省民事局参事官が答弁している．民法866条の立法趣旨から，受精卵が着床して無事出産に至れば遡及的に受精の時から胎児と同じ相続能力を認めるとの解釈がありうるという．まだ実定法とはなっていないが，胚保護の観点から歓迎すべきである（森，2010）．

(D) 生命の相対観

生殖医学・医療では生命の相対観を導入しなければ研究も医療もそもそも成立しえない唯一の臨床医学の領域であることはすでに述べた（森，2010）．この実践上の理由に加えて，生命の相対観を「生殖の尊厳」の三本柱の一つに加えた根拠には（図XXIII-105-２）ダーウィンの進化論がある．突然変異と自然淘汰による適者生存という考え方はマルサスの人口論の影響を受けている由であるが，実際に突然変異の起こる方向は無作為である．地球上の種の多様性を説明するため空間軸を時間軸に変換して生物進化を説明しようとした点は注目されるが，自然に起る突然変異を自然の摂理として受け入れざるをえない立場もまた相対観に通ずるのではないだろうか．

現代の分子進化論では突然変異はかなりの頻度で生じていると教えているが，個体発生の生殖プロセスでも突然変異と関係して，あるいは無関係に過酷な自然淘汰が起こっている．たとえば卵子や精子の形成過程ではアポトーシスによる自然死が頻発している．こう考えてくると自然淘汰という現象は自然の摂理であって，死と対峙しなければならない生命の絶対観に代わって，生命発生の科学と倫理が肯定的に交差する論拠とすることができる．したがって，生命の相対観を導入することは，「生殖の尊厳」を構成する基本概念の一つと考えねばなるまい．

(E) 個体性の尊重 (respect to individuality)

生命倫理学の系譜をたどると西欧ではギリシャ時代，東洋では三国時代にさかのぼることができるらしいが，いずれも原始的な徳目論であった．中世の宗教的呪縛，さらに近世の封建君主制から開放されてから，合理主義と人間主義に基づく倫理が次第に確立されてきた．1980年代洪水のごとくわが国の医学に流入したアメリカ生命倫理学のルーツはヨーロッパにあり，フランス合理論（デカルト）とイギリス経験論（ベーコン）を基に樹立したドイツ概念論（カント）の道徳律にあるらしい．そこでは道徳の普遍性，人間性，自律性の3原則が倫理の公理として掲げられており，実用主義的傾向の強いアメリカ生命倫理学を代表する原則主義 principalism の中にも自律性 autonomy の考えが取り込まれている．自律性の原理は具体的には個体性 individuality の尊重であるので，これを「生殖の尊厳」の柱に加えることができる．これは生物学的な自己同一性を意味するだけではなく，人格を持った個体性という意味をもつ．

(F) 体外受精学における生殖の尊厳

体外受精学の倫理の哲理を「生殖の尊厳」に求めるなら，その概念は配偶者間であれ非配偶者間であれ，「胚の尊厳」，「生命の相対観」，「個体性の尊重」という3本柱から成る複合概念であることは既述した（図XXIII-105-2）．その場合「生殖の尊厳」という中心教条から演繹できる具体的な実践倫理の規範が求められるが，以下の諸要件が導き出される．すなわち

① 商業主義的利用をしないこと
② 優生学的利用をしないこと
③ 安全性が確立されていること
④ 有用性が検証されていること
⑤ 有性生殖の摂理に従うこと
⑥ 出生児の尊厳が保障されること

等が倫理的妥当性の判定基準となる．

3 生殖再生医学研究の生命倫理

(A) 背景

(1) 配偶子型絶対不妊の実態

配偶子型絶対不妊とは，卵子や精子がなんらかの原因によってまったく欠如しているか，存在しても受精や発生能を持たないことに由来する不妊であって，現行の体外受精の対象とはならない生殖難病である．配偶子型絶対不妊患者が妊娠できる方法は配偶子の提供しかないので，米国など外国の医療施設で配偶子提供を受けて子を儲ける事例が跡を絶たない．そこで厚生労働（厚労）省は非配偶者間 ART の実施案作成の調査段階で一般国民を対象として，また日本受精着床（受着）学会は不妊患者を対象としていずれも大規模アンケート調査を実施してい

る．その結果を踏まえて，厚労省案では代理懐胎は禁止，精子と卵子提供は条件付認可との案を作成した（厚生科学審議会・生殖補助医療部会，2003）．一方不妊患者を対象とした日本受精着床学会（受着学会）調査では，配偶子提供，代理出産（代理懐胎のうち先天的，後天的な子宮欠損などの子宮型絶対不妊）いずれに対しても大幅に高い容認度を示した．この調査を担当して驚いたことの一つに，卵子の欠損，数の減少，あるいは機能欠落のための絶対不妊が不妊原因全体の6.6%に認められたことであった（日本受精着床学会・倫理委員会報告，2003）．これらの患者は卵子提供の適応候補であるが，厚労省案（厚生科学審議会・生殖補助医療部会，2003）では匿名の卵子提供しか認めておらず，かつ生まれた子供の出自を知る権利が保障されているので，事実上提供者は現われないという非現実的なものであった．精子提供についても同様である．また，たとえ卵子や精子の提供が認められても，わが国では血縁重視の傾向が強いので，その社会的バリヤーは厚く脱血縁主義はなかなか根づきそうにない．根本治療には自己ゲノムを引き継いだ配偶子の造成が求められる．

(2) 発生生物学の進歩

近年の幹細胞生物学とクローン生物学の飛躍的進歩が，発生生物学の革新的な生命科学的背景とし登場した．1981年エバンスとカウフマンによるマウス胚性幹（ES）細胞の樹立成功，この流れを受けて1998年ウィスコンシンのトムソンがヒトES細胞の樹立を成し遂げ，ヒト幹細胞生物学への扉を開いた（Thomson et al, 1998）．ヒトES細胞を出発点とした各種体細胞への分化誘導技術の開発は夢の再生医療を現実化すべく鋭意研究が進められているが，配偶子への分化誘導は現行の体外受精学の治療対象外である絶対不妊に対し，生殖細胞の発生原理に則った治療法を開発できる可能性がある．

もう一つヒトES細胞の樹立の1年前，英国ロスリン研究所のウイルムットらの体細胞核移植によるクローン羊ドリーの誕生もまた生命科学の革新的進歩であった（Wilmut et al, 1997）．

これまでの発生生物学の常識を覆すこの成果は，哺乳類でも個体の発生プログラムを戻す初期化が可能であることを確証する事実として捉えられた．しかしこの技術を用いるとコピー個体の作出の可能性もあるので（生殖クローニング），生命科学と生命倫理に深刻なジレンマをもたらすことにもなった．

矛盾をはらみながらも生殖医学研究の進展にこの革新的な生命科学手法を取り込むべく生殖科学的努力も重ねられてきた．当時この矛盾を解決できる唯一の方法は人クローン胚の作成と考えられていたので，韓国ソウル大学の研究グループは膨大な数のヒト卵子に体細胞核移植（SCNT）実験を実施して成功したと報じて世界の注目を浴びた．それが捏造と分かって大きな衝撃を与え，核移植ルートでのヒト・クローン胚作成に絶望感が漂った．そんな中，2006年山中伸弥らのグループが4種の転写因子を体細胞にノックインすることにより，マウスで人工多能性幹細胞 induced pluripotent stem（iPS）cell の創出に成功して状況は一変した（Takahashi et al, 2006）．

(B) 生殖再生医学の概念

生殖再生医学研究とは，自然の生殖細胞発生

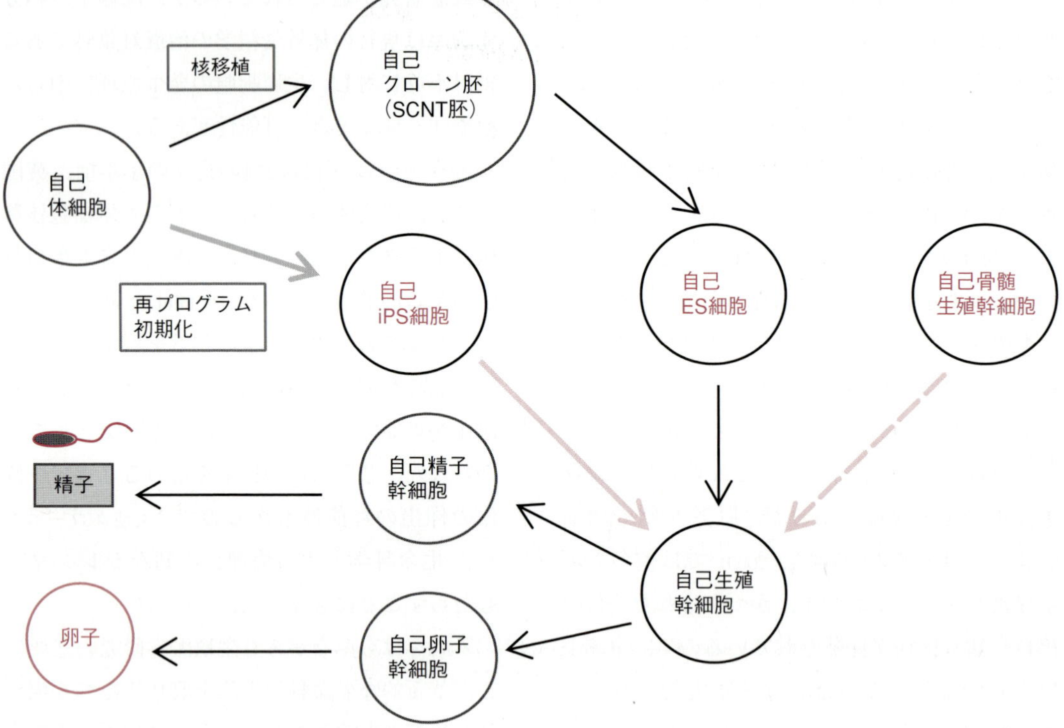

SCNT胚 somatic cell nuclear transfer-embryo

図XXIII-105-3．体細胞から配偶子の作成摸式図

過程の原理に則って患者自身の体細胞から配偶子を造成する生命科学技術の開発研究と暫定的に定義できる．

現在明らかにされている配偶子造成の方法論では，生殖幹細胞である始原生殖細胞 primordial germ cell（PGC）の造成が第一関門となるが，それには三つのルートがある（図XXIII-105-3）．

ES細胞は胚盤胞の内細胞塊 inner cell mass（ICM）に由来し，生殖細胞を含むすべての細胞への分化能を持っているという意味で多能性 pluripotent 細胞と考えられている．これに対して受精卵や2細胞期胚割球は細胞自身が個体形性能を持つことから全能性 totipotent 細胞である．したがって多能性 pluripotent 細胞は個体

ヒトES指針：「ヒトES細胞の使用に関する指針」改訂版（文部科学省告示第87号　平成21（2009）年5月20日）では用語を次のように定めている．1）生殖細胞：始原生殖細胞から精子又は卵子に至るまでの細胞，2）分化細胞とはヒトES細胞が分化することにより，その性質を有しなくなった細胞，3）また「樹立」とは特定の性質を有する細胞を作成することと定義した上で，第一種と第二種の二つに区分し，いずれも科学的合理性と必要性が求められている．4）第一種樹立：ヒト受精胚を用いてヒトES細胞を樹立することとし，イ；ヒトの発生，分化，及び再生機能の解明，ロ；新しい診断法，予防法若しくは治療法の開発又は医薬品等の開発に資する基礎的研究，5）第二種樹立：人クローン胚を作成し，当該人クローン胚を用いてヒトES細胞を樹立することで，「特定胚の取り扱いに関する指針」（文部科学省告示第83号　平成21（2009）年）に規定する基礎的研究を目的とするものに限定されている．また禁止条項としては，6）ヒトES細胞を使用して作成した胚の人又は動物の胎内への移植その他の方法によりヒトES細胞から個体を生成すること，7）ヒト胚へヒトES細胞を導入すること，8）ヒトの胎児へヒトES細胞を導入すること，9）ヒトES細胞から生殖細胞の作成を行う場合には，当該生殖細胞を用いてヒト胚を作成すること，10）ES細胞使用機関の長はES細胞使用計画の実施について文部科学大臣へ届け出すること，などが定められている．

形成能はないものの，多様な組織細胞に分化しうる能力を持つ細胞という意味で全能性と区別されている．

ES細胞の特徴は，①着床周辺期胚の内細胞塊に由来すること，②未分化のまま増殖すること，③三胚葉への分化能（キメラ形成能）を持つこと，である．ES細胞は生殖系列細胞 germline cellにも分化可能であることが培養条件下で実証されている．

(C) 生殖再生医学の生命科学的原理（図XXIII-105-3）

(1) 卵細胞による移植体細胞核の半数化 Oocyte-induced haploidization of somatic cells

卵子だけが半数化能を持つという性質を利用して配偶子を造成しようとする試みである．提供卵の細胞周期によってGV期卵への核移植とMII期卵への核移植とがあるが，現在までの報告を見る限りいずれの時期の核移植も安定性と再現性に乏しい．いずれにしろ，成熟分裂を開始した卵子への体細胞核移植であるので，移植細胞核の細胞周期と卵子の細胞周期を同調させる必要がある．むしろ老化卵子の核卵核胞を若年除核卵子に移植する核置換法が，卵子若返り方としての展望が開ける可能は残されている．また核移植はミトコンドリア病の治療に有用な方法を提供すると期待されている．

(2) 体細胞移植ES細胞 somatic cell nuclear transfer-ES（SCNT-ES）

体細胞を提供除核卵に移植して自己クローン胚経由でES細胞を作成，それから自己ゲノムを取り込んだ配偶子を分化誘導させる方法である．ドリーをはじめマウス，ウシなど20種の動物でクローン個体が得られているが，その効率はきわめて低く，また異常妊娠や胎子異常も高率に発生すると報告されている．ソウル大学の捏造事件でも明らかなように，霊長類でのクローン胚作成は実用的にはほとんど意味がない．

(3) 骨髄生殖幹細胞 bone marrow-derived germline stem cells

出生後の卵母細胞数は増えないというのが20世紀半ばに確立された中心教条であった．これに疑念を抱いたハーバード大学のグループが生後マウス卵細胞の減少を種々の条件下に比較した結果，生後の卵新生が起こっていると主張した（Johnson et al, 2004）．この発表は研究者に一大センセーションを巻き起こし，いくつかのグループで追試されたが現在の所再現性はない．臍帯血や骨髄の中に種々の幹細胞の存在が知られているので，臨床応用の余地が残されている限り真偽のほどを検証してみる必要があろう．

(4) 人工多能性細胞 induced pluripotent stem (iPS) cells

京都大学の山中伸弥らによって2006年マウスで，2007年ヒトで開発されたES様細胞で人工多能性幹細胞　induced pluripotent stem（iPS）cellと命名された（Takahashi, Yamanaka, 2006；Takahashi et al, 2007）．ドリー誕生の謎が初期化因子にあると想定していた大方の発生生物学者に先んじて，四つの転写因子（*Oct 3/4*，*Sox 2*，*Klf 4*，*c-Myc*）をノックインすることによって形態的にES細胞類似の細胞の作成に成功した．この報告は全世界の反響を呼び，再生医学研究の革新的基盤を築いたとの評価を得るとともに，この細胞の再生医学的応用をめぐって生命科学先進国では激しい競争がすでに始まっている．

ES細胞からの配偶子誘導は方法論的には可能であるものの，自己ゲノムを受け継いだクローン胚を経由しなければならないので実現への壁は厚い．この点iPS細胞を自己の体細胞から作成すると，自己ゲノムを持ち込んだ配偶子の造成は理論上も実際上も実現の可能性は高い．

ESあるいはiPS細胞由来の配偶子造成に関し，平成20（2008）年4月国際的に著明な科学者，法律・倫理学者など43名（日本からは2名）から構成されるヒンクストン・グループが英国ケンブリッジでの議論を集約して共同声明を発表している（The Hinxton Group, 2008）．

(D) 有性生殖の発生生物学的意義

有性生殖とは教科書的には体の一部に生殖細胞（配偶子）ができ，二つの配偶子の合体によってできた接合子から新個体が造成される生殖様式で，哺乳類もこの方式を採用している．生殖細胞の分化を伴わず個体が分裂して等価な個体を作る生殖法が無性生殖で，遺伝子レベルの変化は伴わない．生じた個体はもとの個体の完全なコピーである．

有性生殖の生物学的意義は新しいゲノム構成の個体を創出することであって，①個体発生上は相同組換えによる種のゲノムの多様性の確保，②系統発生上は親ゲノムの継承と突然変異を含めた次世代へのゲノムの伝達の出現という2面の効果を伴っている．いずれもその個体あるいは種の生存にとって有利に働く生存原理と考えられている．特に②の遺伝子突然変異はかなりの頻度で起っているらしく，環境による自然淘汰が加わると，ダーウィン進化論の要件が満され進化の原動力となる．

生殖戦略の進化の詳細は明らかになっていないが，生殖機能に特化した配偶子を形成することの発生生物学的意義は，ゲノムの継承と進化であることは間違いないであろう．系統樹の上から原生動物の段階ですでに有性生殖の手段を獲得していることは，進化の潜在能力を秘めた生殖細胞の存在を，原生動物の段階から必要とすることを意味しているのであろうか．したがって，有性生殖における生殖機能は無性生殖における単純なコピー生産と異なり，ゲノムの遺伝と進化というきわめて重要な種のサーバイバル機能と考えてよい．

(E) 真胎生発生の発生生物学的意義

孵化が母体内で起こり胚や幼虫を出産する発生様式を一般に胎生 viviparity といい，母体と胎仔の間で栄養や老廃物の交換が行われる真胎生 true viviparity と行われない卵胎生 ovoviviparity に区別される．しかし低分子物質の交換が行われている可能性もあるので実際は胎盤形成が行われる場合のみを真胎生と定義されている．胎盤組織は胚と子宮内膜の両者に由来するが，哺乳類以外（大部分の真胎生爬虫類）の胚生胎盤はすべて卵黄嚢である．着床直前の哺乳類の初期胚は発見当事無脊椎動物の胞胚と誤認されたので，blastocyst の訳語として産婦人科学関係書の中に胞胚という表現を用いる場合があるが，正しくは胚盤胞である．

哺乳類では単為発生の防止機能が備わってお

り，エピジェネティクス（後成遺伝）といわれる新しい生殖発生の制御機構が注目を集めている（佐々木，2005）．これは本来DNAの配列変化を伴わずに次世代に伝えられる遺伝子機能の変化であって，その分子機構はDNAメチル化を介するゲノム刷り込み（インプリンティング）による特定遺伝子の発現抑制と解釈されている．このインプリンティングは配偶子形成過程と受精後の胚発育過程に起こる．哺乳類でなぜエピジェネティクス機構を必要とするのか十分明らかにされていないが，単為発生が可能な動物はすべて卵性であるので，刷り込み機構は胎盤を形成する動物に特異な現象であろう．インプリント遺伝子数は全遺伝子のせいぜい1％（およそ200個）程度にすぎないが，インプリント遺伝子の種類はその遺伝子が父由来か母由来かによって決まっている．オス型インプリント遺伝子は胎児発育を促進するのに対し，メス型インプリント遺伝子は胎児の成長を抑制する機能を持っている．

ダーウィンの進化論に先駆けてラマルクが唱えた獲得形質は遺伝するとの主張は否定されたものの，20世紀に入りソ連のルイセンコが小麦の研究からラマルク説を支持，メンデル／モルガンを中心とした正統派遺伝学とはげしく対立した．生命科学の爆発的な進歩はこの未解決の問題をエピジェネティクス的に検討することを可能とした．その結果，植物ではDNAメチル化のリセットは起きないのに反し，動物では世代交代に際しトランスポゾンのメチル化が完全にはリセットされないため獲得形質の遺伝は起りうることが証明されつつあるという（佐々木，2005）．

エピジェネシスの異常は臨床的にいくつかの異常症候群を誘発することが知られているので，発生医学的には作成した配偶子や胚のエピジェネティクス正常性を十分検証しなければならない．

(F) 生命の始期

体外受精学では，生命の始まりはいつかという課題が生命倫理の厚い壁として立ちはだかって未解決の永遠のテーマとして常に論議の中心にあった．ローマ教皇は受精の瞬間をもって生命の始まりとし，受精卵／胚を研究用はおろか治療用に使うことに絶対否定の見解を表明している（森，2010）．これに対しワーノック報告では発生生物学者マクラーレンの前胚pre-embryo説を採用し，3胚葉が形成されるまでの時期つまり受精後14日までの胚は研究に供してよいとの立場をとっている．3胚葉形成という時期はヒトとしての自己同一性を持った生命体として認められる時期という理由による．

生命の始まりに関しては生殖生物学（臨床分野としては体外受精学）と発生生物学とは微妙にしかし大きく異なっているように著者には思える．生命科学技術としてみた場合，体外受精学はすでに存在する精子と卵子を受精させ，できた胚を体外で発育させるので個体発生として把えた場合の生命の始まりを論じている．他方，発生生物学（発生医学という臨床分野は未確立）では生命の始まりに関しては体細胞から生殖細胞への分化からその対象となるので，ES細胞や人工多能性幹細胞から生殖幹細胞への分化時点からその取扱い範囲に入ってくる．こうなると生命の始まりを「受精の瞬間」から「始原生殖細胞の出現時期」にさかのぼらなければならない．したがって体細胞を出発点として生殖細胞を分化誘導する生命科学の新しい領域では，生殖幹細胞由来の配偶子に対してもしかるべき生命倫理的意味を認めないわけにはいかない．その後，受精，胚盤胞形成，着床，原始線条形成，脳・神経幹細胞出現時など，個体発生プログラム上のいずれか特定の時期と規定することはできない．そこでこれら一連の時間軸を「生命の段階的発生論」と試論的に提示した（森，2010）．

(G) 生殖再生医学における生殖の尊厳

生殖再生医学では現行の体外受精学における生殖の尊厳の概念にさらに二つのサテライト・コンセプトが加わる（図XXIII-105-4）．そのひとつは「有性胚」であることで，クローン胚のような無性胚は有性生殖の摂理に反するので容認できない．もうひとつは分化誘導した配偶子から胚を作成し，これを胎内に移植するという「胎生発生」の様式に則って胎児を育てるので，きわめて慎重な安全性のチェックが必要で，ゲノムだけでなくエピゲノムの正常性も保障されなければならない．加えて安全性のチェック項目として，マウスだけでなく霊長類であるサルを用いた3世代にわたる異常の有無を検証する必要がある．生殖再生医学における生殖の尊厳の概念図を図XXIII-105-4に示したが，体外受精学における概念図に比べてサテライト・コンプレックスに3つの新しい項目が加わっている．

4 生殖再生医学研究の規制

(A) 規制の経緯 （図XXIII-105-5）

ドリー誕生に対する世界の反響は当初は過剰気味であったが，次第に冷静な科学的受けとめがされるようになった．わが国ではいち早く「ヒトに関するクローン技術等の規制に関する法律（クローン技術規制法）」が平成12（2000）年に制定され（内閣総理大臣，2000），人クローン胚等の胎内への移植が刑罪をもって禁止されるとともに，この法律に基づき二つの指針が策定された．一つは「ES指針」（文部科学省，2001a），もう一つは「特定胚指針」（文部科学省，2001b）である．

この二つの指針は日本の再生医学研究に対するガイドラインとしての機能を発揮したが，規制の厳しさや手続きの煩雑さに対する改善の声も次第に大きくなると同時に，先進諸外国の目覚ましい進展を考慮して見直しの機運も表面化した．そこで総合科学技術会議は生命倫理専門調査会を設置してこれら二つの指針の改定を検討し，その結果について公聴会を開催してパブリック・コメントを求めた上，平成16（2004）年7月「ヒト胚の取り扱いに関する基本的考え方」を確定した（総合科学技術会議・生命倫理専門調査会，2004）．特定胚指針は「特定胚の取り扱いに関する指針」（平成21（2009）年5月20日）（文部科学大臣，2009）として，またES指針は「ヒトES細胞の使用に関する指針」（平成22（2010）年5月20日）（文部科学大臣，2010），）として現在運用されている（図XXIII-105-5，6，7）．

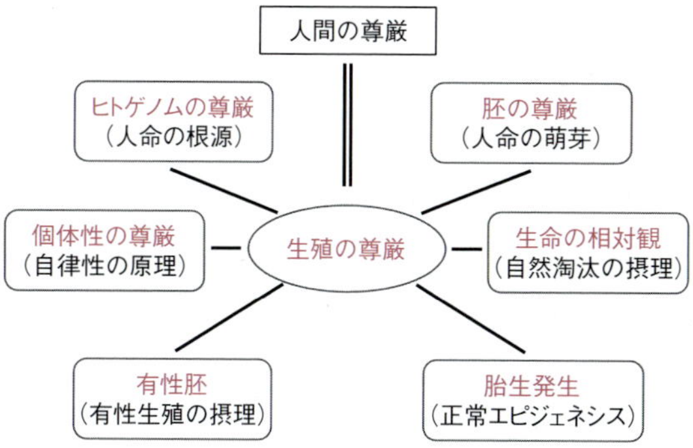

図XXIII-105-4．生殖再生医学研究の生命倫理

(B) ヒトES細胞に係わる規制

ヒトES指針は余剰ヒト受精胚からヒトES細胞の作成に関わる諸事項を細かく定めている．ES細胞からの体細胞への分化誘導と機能に関する研究の指針（ES指針）が策定され（文部科学大臣，2001），これに則ってわが国でも京都大学再生医科学研究所・中辻憲夫らにより平成15（2003）年5月以来3株樹立されている．移植医療に使用する際に想定される免疫拒絶反応を回避するにはおよそ200株のES細胞バンクを用意しなければならないという．

(C) ヒト受精胚に係わる指針

総合科学技術会議・生命倫理専門調査会は「ヒト胚」を「ヒト受精胚」と「人クローン胚」に区分して取り扱いを決めている．ヒト受精胚の取扱いについてはES細胞指針の中で，研究目的胚と医療目的胚に区分し，研究目的のためのヒト受精胚の作成・利用は原則禁止としている．例外の許容条件として，①科学的合理性，②人への安全性への配慮，③社会的妥当性の3要件が求められている．さらに胎内に戻さないこと，原始線状形成前であることが課せられている．例外の適用対象としては①生殖補助医療の研究目的，②先天性難病の研究目的，③ヒトES細胞の樹立（ただし余剰胚のみを用い新たにヒト受精胚作成はしない）があげられている．

他方医療目的胚に対しては，科学的合理性と社会的妥当性に鑑み，適用対象を①生殖補助医療のみに限定し，着床前診断については議論の対象外，遺伝子治療に対しては容認せず，文部科学省／厚生労働省の「遺伝子治療臨床研究に関する指針」（文部科学省・厚生労働省，2002）を追認するとしている．

これまで生殖補助医療の研究目的に限定して非配偶者間の受精胚の作成は日産婦学会の指針に沿って可能であった．しかしヒト受精胚研究に関しては，ART治療手段として汎用される一方，ヒト受精胚作成が国の厳重な規制下に置かれている状況から，単一の学会に審査を委ねることに対する妥当性に疑義は残る．そこで文部科学省と厚生労働省が合同の協議をした結果，「ヒト受精胚の作成を行う生殖補助医療研究に関する倫理指針」が公布され，平成23(2011)年4月1日付で発効することとなった（文部科学省・厚生労働省，2010）．この告示は生殖補助医

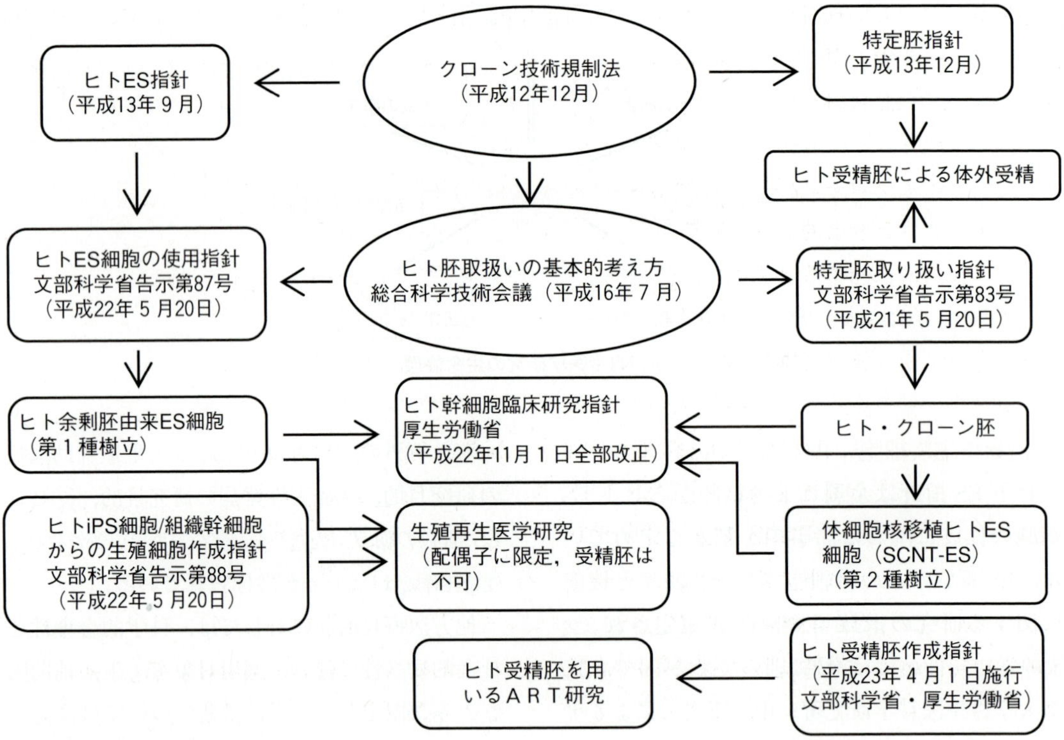

図XXIII-105-5．ヒト胚由来の配偶子造成研究の規制

療の向上に資する研究でヒト受精胚の作成を行うものを適用範囲とするもので，特定胚指針(文部科学大臣，2009)の中，生殖補助医療の研究目的に限り一定の枠組みの下に，夫婦間以外でも受精卵作成を可能とするものである．この告示によりヒト受精胚研究はこれまでの日産婦学会への届出制から国の審査制に移行した．

(D) 人クローン胚に関わる規制

(1) 規制の策定経緯

クローン技術規制法に基づいて平成13 (2001) 年に策定された「特定胚指針」(文部科学大臣，2001) により指定された人クローン胚を含む９種の特定胚のうち，指針により作成が認められたのは動物性集合胚のみに限定され，再生医学研究上最も期待できる人クローン胚の作成は禁止された．しかし体細胞核移植胚由来ES細胞 somatic cell nuclear transfer-ES (SCNT-ES) 細胞は自己体細胞の再生を目標とした方法論で，HLAの相違に由来する免疫拒絶反応を理論上回避できるので，その供給源となる人クローン胚の作成に対する要望が次第に高まってきた．また国際的にもクローン個体の作成は禁じられているものの，人クローン胚作成については条件つきで容認する国も現れた．

こうした背景に照らし総合科学技術会議はクローン技術規制法の附則第２条の規定を踏まえ，生命倫理専門調査会を設置して人クローン胚の作成についての検討結果を「ヒト胚の取扱いに関する基本的考え方」(平成16(2004)年7月)として明示，公聴会でパブリック・コメントを求めた上，人クローン胚作成を限定的に容認した．その中で人クローン胚の作成利用は，十分な科学的合理性と社会的妥当性がある場合に限定的かつ例外的に認めるという方針を打ち出した(総合科学技術会議・生命倫理専門調査会，2004)．これを受けて文部科学省は「特定胚及びヒトES細胞研究専門委員会」の中に「人クローン胚研究利用作業部会」を設け，人クローン胚作成を可能とする胚指針改正を進めた．(文部科学省，2009a)(図XXIII-105-5，6)．これを受けてヒト受精胚由来ES(第一種)，ヒトクローン胚由来ES(第2種)細胞樹立が可能になっただけでなく，胎内移植と個体産出を厳禁という条件付きで生殖細胞(ヒト配偶子)の作成も容認した(文部科学省告示第87号，2010)．ただし，クローン胚由来の配偶子からヒト胚を作成することは禁じられている．この措置によりヒト・クローン胚経由の再生医学研究が可能となった(表XXIII-105-1)．

(2) 諸外国における人クローン胚研究

①人クローン胚研究をめぐる倫理問題

英国ニューカッスル不妊治療センターのアリソン・マードックらはHFEA法(2001年改正によりヒトES細胞研究や人クローン胚研究が可能となった)許可の下，2005年6月に人クローン胚作成に成功，胚盤胞までの培養が可能との論文を発表しているものの，続報や追試の報告はない．

韓国においてはソウル大学のファン・ウソクのグループが人クローン胚を作成したという一連の捏造事件が発覚し，韓国の国家プロジェクトが壊滅しただけでなく，クローン胚経由のES

表XXIII-105-1．クローン技術規制法・関連指針(平成23年4月1日現在)

［内閣府］
＊「ヒトに関するクローン技術等の規制に関する法律」(クローン技術規制法)
　内閣総理大臣(平成12年法律第146号)平成12年12月6日
＊「ヒト胚の取扱に関する基本的な考え方」総合科学技術会議　平成16年7月23日

［文部科学省］
＊「ヒトES細胞の樹立及び使用に関する指針」(ES指針)平成13年9月25日
　平成13年文部科学省告示第155号
＊「特定胚の取扱に関する指針」(特定杯指針)平成13年12月5日
　平成13年文部科学省告示第173号
＊「ヒトES細胞の樹立及び使用に関する指針」(改正ES指針)平成19年5月23日
　平成19年文部科学省告示第87号(平成13年文部科学省告示第155号の全部改正)
＊「特定胚の取扱に関する指針」(改正特定杯指針)平成21年5月20日
　平成21年文部科学省告示第83号(平成13年文部科学省告示第173号の全部改正)
＊「ヒトES細胞の樹立及び使用に関する指針」(再改正ES指針)平成22年5月20日
　平成22年文部科学省告示第87号(平成21年文部科学省告示第157号の全部改正)
＊「ヒトiPS細胞又はヒト組織幹細胞からの生殖細胞の作成を行う研究に関する指針」平成22年5月20日
　平成22年文部科学省告示第88号

［厚生労働省］
＊「臨床研究に関する倫理指針」平成15年7月30日
　(平成16年12月28日　全部改正；平成20年7月31日　再度全部改正)
＊「ヒト幹細胞を用いる臨床研究に関する指針」 平成18年7月3日
　(平成22年11月1日　全部改正)
＊「ヒト受精杯の作成を行う生殖補助医療研究に関する倫理指針」平成23年4月1日
　文部科学省／厚生労働省　告示第2号

細胞研究におけるさまざまな問題点を提起した．なお本件についてソウル大学調査委員会の報告書(2006年1月)によれば，人クローン胚を作成し，胚盤胚までの培養には成功しているが，平成16年７月　総合科学技術会議　意見具申「ヒト胚の取扱いに関する基本的考え方」
　これに基づき，文部科学省は指針の改正に着手
平成20年10月「特定胚指針」「ES細胞指針」の改正案を総合科学技術会議に諮問（諮問第７号，８号）
平成21年４月　総合科学技術会議から答申

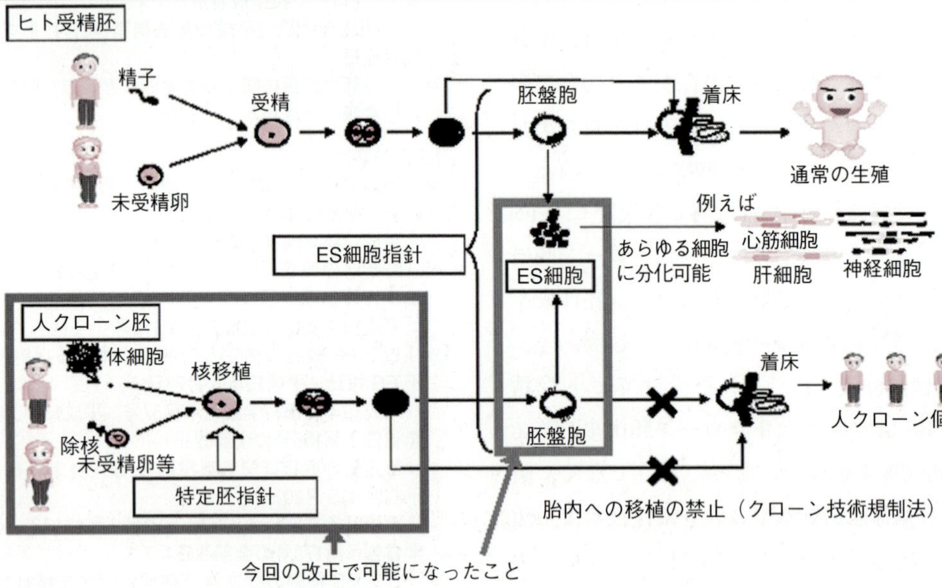

図XXIII-105-6．今回の特定胚指針，ES細胞指針の改正について
文部科学省HPより引用

ES細胞の樹立には至っていなかったと結論している．

②人クローン胚研究におけるヒト除核卵の取得源

クローン技術規制法では人クローン胚作成に必要なヒト除核卵として，①ヒト未受精卵を除核したもの，②ヒト受精胚を除核したもの，③ヒト胚分割胚を除核したものの３種を想定している．

通常は①に求めるが，2007年６月ハーバード大学のチームがマウスを用いて有系分裂期の受精胚への核移植によりクローン胚の作成に成功，これからES細胞を樹立したと報告している．また同チームは３個の前核を有する一細胞期の受精胚からもクローン胚を作成，ES細胞の樹立に成功したと発表している．

(3) 人クローン胚作成目的の範囲

人クローン胚研究利用作業部会で示された見解では，「人クローン胚の研究目的での作成利用については原則認められないが，人々の健康と福祉に関する幸福追求という基本的人権に基づく要請に応えるための研究・利用は，そのような期待が十分な科学的合理性に基づくものであり，かつ社会的に妥当であること等を条件に，例外的に認められ得る」とされている（表XXIII-105-2）．

また「医療目的での人クローン胚の作成利用は，その安全性が十分確認されておらず，現時点では認めることはできない」とう時期尚早との判断である．また，ほかに治療法がない難病等に対する再生医療の基礎研究の範囲について，厚生労働省の指定する難病も含めて再生医療の治療になじむ疾病として以下二つの場合を指定している．①一般的治療では生命予後の改善が見込まれない難病，②慢性の経過をたどり，不可逆的な機能障害を伴うため，日常生活が著しく制限される，あるいは他者の介助や介護を必要とする傷病である．

(E) iPS細胞に係わる規制

①経緯

体細胞の再生と異なり厳密な自己ゲノム拘束性が要求される生殖細胞の再生は，自己クローン胚由来の自己ES細胞経由で配偶子を作成するのが有望な唯一のルートであった（図XXIII-105-3）．韓国の捏造事件で発覚したこのルートへの信頼性は完全に失墜し，サルでの試みから再出発しなければならない破目に陥っていた．

こんな矢先，京都大学の山中伸弥らのグループが4種の転写因子をノックインするという意表をついた方法で，2006年マウスES様細胞の作成に成功した（Takahashi et al, 2006）．この報告はまたたく間に全世界の斯界の研究者の注目を集めた．翌2007年にはヒト皮膚細胞からiPSの樹立に成功したが（Takahashi et al, 2007），米国ウィスコンシン大トムソンらのグループが期せずして同時に発表している．この報道は世界的反響を呼び，ノーベル賞に輝いた体外受精の開発研究に対して強固な反対表明を続けたヴァチカン法王庁も即座に賛意を表明した（磯村，2008）．

②規制体制の確立

卵子や精子などの生殖細胞の再生には，クローン胚作成のため受精胚を損壊しなければならない．人クローン胚の作成は特定胚指針によりいったん禁止されたものの，難病治療などの研究目的に限定して作成が認められるようになった．配偶子欠如による絶対不妊は難病指定を受けているわけではないので作成条件には適合しない．iPS細胞を使えばヒト受精胚の損壊を回避できるので生殖再生医療に活路を見出すことができる．しかし科学技術的にいくら可能性が高まったとはいえ，生殖細胞は体細胞と本質的に異なる性質を持ち，いやしくも人命の作出に関わる技術であるので臨床応用には特に安全性について慎重な検証が求められる．世界初の体外受精児の誕生30周年を記念したネイチャー誌特集号の中でも，iPS細胞の開発者の慎重なコメントが生殖細胞作成に関する政府の方針を動かしたと指摘している．実際，文部科学省は平成20（2008）年2月21日付で研究振興局長通達「ヒトES細胞等からの生殖細胞の作成に係る当面の対応について」を公布し，当分モラトリウム的にiPS細胞から生殖細胞の作成を禁止している（文部科学省研究振興局長・通知，2008）．このような状況認識に鑑み，日本生殖再生医学会は理事会内に「体外造成配偶子の開発研究の在り方に関する倫理委員会」を設置し検討を重ねた．そして平成21（2009）年1月「ヒト体外造成配偶子の開発研究の在り方に関する見解」を公表した（森，2010；日本生殖再生医学会HP，2009）．

表XXIII-105-2．ヒト胚，ヒト幹細胞に関する規制の主要点

ヒト受精胚	人クローン胚	ヒトES細胞	ヒトiPS細胞
指針： ヒト受精胚の作成を行う生殖補助医療研究に関する倫理指針（平22年12月17日，文部科学大臣・厚生労働大臣：告示第二号） 平成23年4月1日施行 適用範囲： ARTの向上に資する研究でヒト受精胚の作成を行うもの 研究への提供許容卵子： 凍結保存中の不要卵 非凍結卵子で非受精卵，形態異常などでARTに供しない卵，本人からの自発的提供卵，手術的摘出の卵巣（片）からの採取卵 取り扱い条件： 作成は必要最小限 受精後14日以後は不可 人または動物胎内への移植は禁止 作成胚の他研究機関への移送は共同研究を除き禁止 研究体制： 倫理審査委員会構成要件 研究実施手続きなど： 科学的・倫理的妥当性 倫理指針適合性は国が確認 研究期間中年1回は国に報告	指針： 特定胚の取り扱いに関する指針（平成21年5月20日文部科学省告示第83号） 特定胚と認められているのは，人クローン胚と動物性集合胚の2種のみ 禁止事項： 人又は動物胎内への移植 作成要件： 人命に危険な疾患で治療法が未確立， 不可逆的身体障害をもたらす疾患で治療法が未確立， 人クローン胚を作成することの科学的合理性と必要性 作成源： 作成源となる未受精卵はART目的に採取されたが用いる予定のないもの 受精しなかったもの ARTに用いる予定が無いものの中，前核を3個以上有するか，有していたもの	指針： ヒトES細胞の使用に関する指針（平成22年5月20日文部科学省告示第87号） 定義と配慮： 多能性と自己複製能力 人の生命の萌芽との認識 基礎研究に限定 科学的合理性と必要性 禁止事項： ES細胞由来胚の人又は動物の胎内への移植 ヒト胚へのヒトES細胞の導入 ヒト胎児へのヒトES細胞の導入 当該生殖細胞に由来するヒト胚作成 第1種樹立： ヒト受精胚からのヒトES細胞の樹立　目的は基礎研究　イ）ヒトの発生，分化，再生機能の解明　ロ）新しい診断，予防，治療法の開発 第2種樹立： ヒト・クローン胚からのヒトES細胞の樹立 遺伝性疾患の再生医療に関する基礎的研究	指針： ヒトiPS細胞又はヒト組織幹細胞から生殖細胞作成研究に関する指針（平成21年5月20日文部科学省告示第88号） 生殖細胞研究に特化した指針 作成された生殖細胞を使用して個体の生成がもたらされる可能性に絡んだ生命倫理の基本事項 基礎研究に限定 iPS細胞以外にも組織幹細胞からの生殖細胞分化誘導研究も対象 生殖細胞作成研究の要件： イ）ヒトの発生，分化，再生機構の解明　ロ）新しい診断，予防，治療法の開発又は医薬品等の開発　科学的合理性と必要性 禁止行為： 作成生殖細胞を用いたヒト胚の作成

ヒトiPS細胞は生殖再生医学にとっても配偶子型絶対不妊に象徴される生殖難病である．自己クローン胚経由のSCNT-ESからの生殖細胞の分化誘導が科学技術的に如何に困難を極めるかを思い知らされた時，iPSの出現はまさに福音であった．文部科学省はiPS細胞からの生殖細胞作成を体細胞の再生研究とは別に「ヒトiPS細胞又はヒト組織幹細胞からの生殖細胞の作成を行う研究に関する指針」（本項ではヒトiPS指針と略）を平成22年5月に施行した（文部科学大臣，2009）．

ヒトiPS指針によって生殖再生研究の本格的体制が一応整ったが，配偶子作成までとし受精研究は禁止という厳しい規制が敷かれている

（図XXIII-105-5，表XXIII-105-2）．段階を踏んで進めることには同感であり，霊長類における3世代にわたる検証が必要である（森，2010；日本生殖再生医学会HP，2009）．さもなければ，見切り発車によってどんな障壁が待ち受けているかも知れないからである．「生」の生命倫理はこの世に生を受けた子供の，そしてその子孫の生存価値の掛け替えのない決定要因となるので，「死」の生命倫理に勝るとも劣らぬ重みを持っていることを我々は想い留めておかなければならない．

5 配偶子造成研究に特化した規制

(A) 開発研究全体の意義

ヒトを含む哺乳類の配偶子体外造成法の開発研究は，体細胞から生殖細胞への分化，受精，胚発生など個体の発生・生殖過程の分子機構を解析できる格好のモデルを提供することになる．従って，研究の意義は学術的にも臨床的にも極めて大きい．

生命発生の出発点となるこの時期の学術研究が他の生物科学分野に比較して遅れている理由には幾つか挙げられる．哺乳類における生殖系列細胞への運命が性決定因子による前成機構でなく後成機構によって決定されること，幹細胞である始原生殖細胞が三胚葉の何れにも属さないこと，配偶子形成には体細胞では見られない減数分裂を伴うこと，配偶子形成・受精・胚発生・着床・胎内発育と言った一連の現象が極めてダイナミックに起ることなどが挙げられる．以下，学術と臨床の両面からみた意義について述べる．

(1) 学術的意義

配偶子の形成と成熟過程，受精過程，胚発生過程における造成配偶子と擬似胚の発生能・正常性を検証しておくことが技術の安全性の確保のためには必須である．更に異常発生のゲノムとエピゲノム的解析が可能となる．

(2) 臨床的意義

患者由来の造成配偶子の発生機序および受精機能の検定系を構築することにより，生殖細胞の形成不全に起因する不妊のメカニズムの解明，受精障害や性腺機能異常などの治療法の開発，胚発生異常の病態と発生機序の解明，卵成熟に係わる加齢要因の実態解明によって新たな不妊治療の開発につながる．また，配偶子欠如／機能廃絶などの配偶子型絶対不妊の治療，生殖機能に及ぼす環境因子（化学物質等）の毒性検定など生殖不全の実態解明の戦略的意味は大である．

(B) ヒトiPS細胞又はヒト組織幹細胞からの生殖細胞作成を行う研究に関する指針

(1) 必要性と可能性

体細胞の再生と異なり厳密なゲノム拘束性が要求される生殖細胞の再生は，自己クローン胚由来の自己ES細胞経由で配偶子を作成するのが唯一のルートであったが，韓国の捏造事件は完全にこのルートを遮断した．しかも生殖細胞の再生は受精胚の損壊やコピー人間の作成という倫理問題と短絡的に結びつけられ，一般の治療医学に対する再生医学研究とは常に一線を画されてきた．折しもiPSの出現により生殖細胞造成の可能性が見えてきた．

ヒトES細胞樹立には第1種（ヒト余剰受精胚

由来）と第２種（人クローン胚由来）とがあるが，何れも配偶子造成研究に用いて良いとは記載されていない（厚生労働省，2006）．従って生殖細胞の造成研究は全く閉ざされたままであった（図XXIII-105-５，表XXIII-105-１）．

このような状況認識に鑑み，日本生殖再生医学会は理事会内に「体外造成配偶子の開発研究の在り方に関する倫理委員会」を設置・検討を重ねた結果，平成21年１月「ヒト体外造成配偶子の開発研究の在り方に関する見解」を公表した（森，2010；日本生殖医学会 HP）．この見解は現行の体外受精の限界を認識した上で，体細胞から生殖細胞への分化誘導機構を含む基礎研究を踏まえ，絶対不妊の治療法の開発研究をどう進めるべきかについての見解を纏めたものである．

(2) 包括指針の明示

ES 指針が制定された平成13年以降，ヒト ES 細胞，ヒト iPS 細胞及びヒト組織幹細胞からの生殖細胞の作成は禁止されていたが，平成21年科学技術・学術審議会／生命倫理・安全部会の考え方に基づき容認されることとなった．その考え方とは以下の３項目が挙げられている．①ヒト ES 細胞等からの生殖細胞の作成は，生殖細胞に起因する不妊症や先天性の疾患・症候群の原因解明等に繋がることが期待できるので容認することが妥当　②作成された生殖細胞を用いたひと胚の作成は，体外での分化技術が未確立であるので，研究の進展状況と社会の動向等を勘案しつつ改めて検討課題とし当面禁止することが適当　③実際に作成を容認するに当たっては関係指針の整備が必要

実施制度の枠組みとしては，①「ヒト ES 細胞の使用に関する指針」の再改正（図XXIII-105-５，表XXIII-105-１）②「ヒト iPS 細胞又はヒト組織幹細胞からの生殖細胞の作成を行う研究に関する指針」が制定された．ここに生殖細胞の造成研究体制が整い，本邦における本格的研究が始動することとなる．

(C) ヒト受精胚の作成を行う生殖補助医療に関する倫理指針

日産婦学会は「ヒト精子・卵子・受精卵を用いる研究に関する見解」（昭和60年３月）を会告として生殖細胞を取扱う考え方と手続きを会員に告示している（日本産婦人科学会・会告，2002）．ヒト胚や生殖細胞を生殖補助医療技術向上に資する研究の必要性は認められても，クローン技術規制法とこれから派生する国レベルの各種指針との整合性が当然求められる．そこで生殖細胞研究の臨床的重要性を認めつつ，学会レベルレベルの自己規制に任せて置く事は不適当との意見が夙に起こっていた．

日産婦学会見解で定められた研究目的の配偶子と胚は，必ずしも配偶者間に限定されず受精研究などに対しては非配偶者間でも当人の了解とプライバシー保護が守られれば容認されていた（日本産婦人科学会・会告，2002）．一方，生殖補助医療研究に提供されるヒト胚作成は，治療目的以外には認可されないので研究目的胚の作成はできない．そこで研究目的には治療目的達成後の余剰受精胚のみに使用が限定され，新たに研究目的胚作成は禁じられていた（文部科学省，2001b）．

この不備を補足・充実するため，文部科学省と厚生労働省が合議の上，「ヒト受精胚の作成を行う生殖補助医療研究に関する倫理指針」を

纏めた（文部科学省・厚生労働省，2010）．指針の概要は　①適用範囲として生殖補助医療の向上に資する研究でヒト受精胚の作成を行うもの　②必要な配偶子の源は提供者に同意能力があり無償　③提供が求められる卵子として，採卵後凍結保存卵で不要になった卵子，受精しなかった卵子，形態異常等の理由により不用となった卵子，治療のため摘出卵巣や卵巣切片から採取された卵子　等である．　④充分な説明と同意　⑤作成される胚の取扱い：作成は必要最小限，取扱期間は受精後14日以内，人又は動物への胎内移植の禁止，研究終了後は速やかに廃棄　などの他，研究体制，研究実施手続，個人情報の保護などの付帯条件が課せられている．

まとめ

本稿の論旨である生殖医学研究の理念と実施体制は以下のごとく纏めることができる．

1　生殖医学はその倫理特性から生命の相対観を導入しなければ研究・診療が成立しえない唯一の臨床医学の分野であるので，現行の「死」の生命倫理に代わって「生」の生命倫理学の体系を樹立しなければならない．

2　生殖生命倫理の中心教条は「生殖の尊厳」と考えられる．この概念はそれを取り巻く幾つかのサテライト・コンセプトの複合概念として捉えることが出来るが，体外受精学（配偶者間，非配偶者間）から生殖再生医学へと生命科学技術の進展とともにサテライト・コンセプトの数も増加する．

3　生殖医学・医療は体外受精学の急峻な新歩により生殖科学に根差した不妊治療体系の構築を齎した．現今の方法にも限界が見えてきたので，次の段階を求めて生殖医学は進歩しなければならない．その方向は生殖細胞再生の生命科学にあると考えられる．

4　生殖細胞は遺伝と進化の担い手であるので，配偶子の欠如や機能不全は生殖難病との認識が成り立つ．今後志向すべきは生殖・発生の生命科学であるといえる．

5　生殖・発生の生命科学の発展には生命が学と生命倫理学との積極的交流こそが両者の健全な発展に不可欠で，科学と倫理がともに自然と歴史の法則に合致する道標ではなかろうか．

（森　崇英）

引用文献

秋葉悦子訳著（2005）ヴァチカン・アカデミーの生命倫理―ヒト胚の尊厳をめぐって―，知泉書館．

磯村健太郎（2008）万能細胞とバチカン―科学に問う生命の根源，朝日新聞2008年１月14日，還流欄．

Johnson J, Canning J, Kaneko T, Pru JK, Tilly JL (2004) Germline stem cells and follicular renewal in the post natal mammalian ovary, *Nature*, 428 ; 145-150.

厚生科学審議会・生殖補助医療部会（2003）精子・卵子・胚の提供等による生殖補助医療制度の整備に関する報告書，平成15（2003）年４月．

厚生労働省（2006）ヒト幹細胞を用いる臨床研究に関する指針

文部科学省（2001a）ヒト ES 細胞の樹立及び使用に関する指針（ES 指針），平成13年度文部科学省告示，第155号，平成13（2001）年９月．

文部科学省（2001b）特定胚の取扱いに関する指針（特定胚指針），平成13年度文部科学省告示，第173号，平成13（2001）年12月．

文部科学省（2009a）特定胚の取り扱いに関する指針，文部科学省告示，第83号，平成21年５月20日．

文部科学省（2009b）ヒト iPS 細胞又はヒト組織幹細胞からの生殖細胞の作成を行う研究に関する指針，文部科学省告示，第88号，平成21年５月20日．

文部科学省（2010）ヒト ES 細胞の使用に関する指針ヒトクローン胚から ES 作成可能（ES 細胞指針），文部科学省告示第87号，平成22年５月20日．

文部科学省・厚生労働省（2002）遺伝子治療臨床研究に関する指針．

文部科学省・厚生労働省告示第二号（2010）ヒト受精卵の作成を行う生殖補助医療研究に関する倫理指針，平成22年12月17日．

文部科学省研究振興局長　徳永　保：ヒト ES 細胞等からの生殖細胞の作成に係る当面の対応について（通

知）平成20年2月21日
森崇英（2003）生殖の生命倫理学―科学と倫理の止揚を求めて―，永井書店．
森崇英（2010）生殖・発生の医学と倫理―体外受精の源流からiPS時代へ―，京都大学学術出版会．
内閣総理大臣（2000）ヒトに関するクローン技術等の規制に関する法律（クローン技術規制法），法律，第146号，平成12（2000）年12月6日．
日本受精着床学会・倫理委員会報告（2003）非配偶者間生殖補助医療の実施に関する見解と提言，平成15（2003）年6月，日本受精着床学会HP（http://www.jsfi.jp/）．
日本生殖再生医学会HP http://www.jsrr.org
日本産科婦人科学会・会告（2002）ヒト精子・卵子・受精卵を取り扱う研究に関する見解，平成14(2002)年1月．
佐々木裕之（2005）エピジェネティクス入門：三毛猫の模様はどう決まるのか，岩波ライブラリー，101．
総合科学技術会議・生命倫理専門調査会報告（2004）ヒト胚の取扱いに関する基本的考え方，平成16年7月23日．
Takahashi K, Tanabe K, Ohnuki M, et al (2007) Induction of pluripotent stem cells from adult human fibroblasts by defined factors, *Cell*, 131 ; 861-872.
Takahashi K, Yamanaka S (2006) Induction of pluripotent stem cells from embryonic and adult fibroblast cultures by defined factors, *Cell*, 126 ; 663-676.
The Hinxton Group, Consensus Statement (2008) Science, Ethics and Policy, Challenges of Pluripotent Stem Cell-derived Gametes, *Biol Reprod*, 79 ; 172-178.
Thomson JA, Itskovitz-Eldor J, Shapiro SS, Waritz MA, Swiergiel JJ, Marshall VS, Jones JM (1998) Embryonic stem cell lines derived from human blastocysts 1998, *Science*, 282 ; 1145-1147.
Wilmut I, Shmieke AE, Mcwhir J, Kira AJ, Campbell KHS (1997) Viable offspring derived from fetal and adult mammalian cells, *Nature*, 385 ; 810-813.

XXIII-106

卵子学史概説

Key words
卵子／卵子説／精子説／生殖生物学の歴史／体外受精学の歴史

はじめに

先史時代から人類は生命の発生に関し自然神を創造主と崇拝していたに違いない．ギリシヤ時代に入り，人知を以て合理的に解釈するという自然学的理解をしようと試み，生殖という行為の中に謎解きが始まった．以来今日の体外受精学の時代に至るまでの長い生殖の歴史を，卵子を中心に辿ってみた．

1 生命発生に関する精子起源説の時代（表XXIII-106-1）

(A) 時代区分

先史時代から今日に至るまで，食と生殖という原始的な営みが人間の歴史を動かしてきた．その理由は食が個人の生命を支え生殖が種の存続を保障しているからに他ならない．男女の交接によって子が生まれるという生殖現象については，つとにギリシャ時代から自然哲学的考察が行われていた．しかし生物学的観察や学術根拠には乏しく，生殖科学とはいえない思唯的，自然哲学的なもので，いわば生殖生物学の揺籃期であった．そこでこの揺籃期を，ギリシャ時代に経験の医学を打ち立てた医聖アリストテレスにはじまり，中世の暗黒時代を経て近世に入り近代医学の祖といわれるハーヴェイの卵子説（1651年）の提唱に至る時期を自然哲学時代とした（Short, 1977；森，2005）．この時代区分においては精子や卵子の存在は不明であったが，生命の発生のしくみについて動物やヒトの解剖所見が形而上学的に語られていた．

(B) アリストテレスのseed and soil（種と畑）説

古代ギリシャには2人の医聖がいた．1人はヒポクラテス（Hippocrates, BC460-375）でもう1人はアリストテレス（Aristoteles, C384-322）である．アリストテレスは哲学者プラトンにも師事し，それまでの占い医術から脱却して合理主義を導入した経験医学を樹立しようと試み，サイエンスとしての医学の開祖となった．が，その著「動物の歴史（Historia Animalium）」の中で，動物の発生についてseed and soil説を唱えた．雄が交尾によって播いた種を雌が月経血の塊であるカタメニアcatameniaを畑として育てるという考えである．おそらく植物の繁殖からヒントを得たのであろうが，動物発生の源は雄の種（精子）であるという点では精子説（animaculism）であるが，種子が変態して胎児や成体に

表XXIII-106-1．卵子学史の年表（I）ーギリシャ時代から受精現象の発見まで

生命発生に関する精子起源説の時代（BC 4 世紀–1651）	BC 4 世紀	アリストテレス	Seed and soil 説　生命発生の精子起源説
	16世紀前半	デカルト	哲学的立場から生命の自然発生説
	1543	ヴェサリウス	「人体構造学」の中で精巣と卵巣（メス精巣）との相違を記載
	1562	ファロピウス	「Animal Obsrvations」の中で卵管の記載 ファロピウス官の発見者
	1604	ファブリキウス	胚（卵）は女性精巣（卵巣）で造られるという卵子起源説 ファブリキウス嚢の発見者
	1651	ハーヴェイ	「De Generatione Animalium」の中で卵子説を提唱　omni vivum ex ovo（すべての命は卵から） 但し卵子の存在は不明確　血液循環系の発見でも有名
精子学と卵子学の対立時代（1651–1875）	1667	ステンセン	デンマークの司教でウサギのメス精巣が胚（卵胞）を蓄えていると指摘
	1672	ド・グラーフ	著書「De Virorum Organis Generationi」の中で卵胞と小球体（黄体）を記載　ヴェサリウスによる卵胞の記載を自ら認めたが，成熟卵胞にグラーフ卵胞との呼称が残っている．むしろ黄体の発見者として残るべきであった
	1679	レーベンフーク	「Physiological Transactions」誌に精液中の小動物（精子）の存在を報告
	1784	スパランツァニー	カエルの受精現象を観察し，発生には精子のオーラ aura seminaris が必要と記載したのみで受精現象の発見には至らず
	1827	フォン・ベアー	卵胞中の卵子を発見　ovum　と命名
	1873	ニューポート	カエルで受精現象を観察　卵胞中の卵子を発見　ovum　と命名
	1875	ハートウイック	ウニで受精現象を発見　受精の定義を明快に記載

育つとの意味では後成説（epigenesis）の立場に立つと解釈できる．精子や卵子の存在が認知されていなかった当時としては的を射た考えで，精子起源説に先鞭をつけた学説で，その後2000年の間動物発生の精子起源説に関する中心教条として人々に信奉された．

2 精子学と卵子学の対立時代（表XXIII-106-1）

（A）時代区分（Speert, 1982；吉田ら，1992）

ローマ時代には教皇の後ろ盾を得たガレノス医学が勃興してきたが，内容的にはギリシャ医学を引き継ぐに止まり，5 世紀後半西ローマ帝国の滅亡後はヘレニズム文明の拠点となったアレキサンドリアに移り，人体解剖も散発的に行われていたらしい．したがって肉眼解剖を通して男性と女性生殖器の形態観察結果の記述医学にとどまっていた．

中世の暗黒時代を経てルネッサンス期に入ると，生殖現象を自然科学の目で見る機運が芽生えてきた．このような潮流の中でレーベンフック（van Leeuwenhoek, 1678）による精子の発見とフォン・ベアー（Karl Ernst von Baer, 1827）による卵子の発見，そして精子学派と卵子学派の 2 世紀に亘る激しい論争の末，遂にハートヴィック（Oscar Hertwig, 1678）による受精現象の発見によって生殖現象の科学的解明と合理的解釈が可能となった．ここに近代生殖科学の礎が完成

したといえる．

(B) 精子の発見と精子学派 (animaculism and animaculist school)(吉田ら，1992.)

科学の流れが途絶えた中世の暗黒時代を過ぎると，生殖科学もルネッサンスを迎え，15-17世紀にかけて子宮，卵巣，卵管などの生殖器官と性腺が主として解剖学者により発見，記載された．

精子の発見者はオランダのレーベンフック (Antony van Leeuwenhoek, 1632–1723) とされている．精子の発見には顕微鏡の発明が大きな役割を果たした．顕微鏡は1604年にガリレオ (Galileo Galilei, 1564–1642) によってはじめて製作され，改良された顕微鏡を使って1665年 Robert Hooke がはじめて細胞を観察した．レーベンフックはライデン大学の医学生から性病患者の精液中に動く小動物の存在を知らされて，早速健常男性の精液を観察したところ小動物 (animacules) を見つけ，性病とは関係なく存在するとして，1679年「Philosophical Transactions」という学術雑誌に発表した．この研究によってアリストテレスの seed 説以来，種子の実体が精子であることが判明し，生命発生の源を精子に求める精子学派の基盤が確定したかにみえた．そして彼はこの小動物が動物発生に重要な働きを持っていることを確信していたので，精子が成体のヒナ形であるとする精子学派の代表格であった．

精子の発見から約100年後の1784年，イタリアの修道院長スパランツァニー (Lazzaro Spallanzani, 1727–1799) はカエルの発生を研究中に受精現象を観察している．残念なことに彼は卵子学派 (ovist school) に属し卵子前成説の信奉者であったので，カエル発生には精子のオーラ (aura seminaris) のみが必要で，生命の発生には直接関与しないとの考えに止まった．彼はまた，1780年にイヌの人工授精にはじめて成功したことでも知られている．

(C) 卵胞の発見と卵子学派 (ovism and ovist school)

ルネッサンスを迎えると生殖現象の理解にも合理主義と客観主義の方法論が自然科学の必要条件となった．ルネ・デカルト (Rene Descartes, 1596–1650) は哲学的立場から生命の自然発生説強く主張していた．16世紀に入って近世解剖学の祖といわれるベルギーの解剖学者ヴェサリウス (Andreas Vesalius, 1514–1564) は精巣と卵巣 (雌精巣) との相違を1543年版の「人体構造学 De corporis humani fabrica libri septem」いわゆる Fabrica の中で最初に記載している (Short, 1977)．ヴェサリウスの弟子ファロピウス (Gabriele Fallopius, 1523–1562) はその著 Animal Observations (1562) の中で卵管を記載して発見者として有名であるが，黄体の最初の記載者という記述は誤りである．ファロピウスの後任として Padua 大学の解剖学教授となったファブキウス (Hieronymus Fabricius, 1533–1619) はニワトリの卵は種と畑の合体の結果生じるのではなく，雌によって直接作られるとした．卵黄は直接卵巣で作られ卵管通過中に卵白や卵殻が形成されることを見抜いていた．かくて seed and soil 説にはじめて異論を唱えた．彼は免疫学で重要なファブリキウス嚢の発見者としても後世に名を残している．

図XXIII-106-1．William Harvey　1951年著
動物の発生　De Generatione Animalium　の扉頁

ゼウスの神が「全て命は卵から Ex ovo omnia」と刻印された卵を手に持ち，多種の生命体が中から生まれ出てきている構図．しばしばハーヴェイの言葉として引用される「Omni vivum ex ovo」はこの刻印に由来している．
ハーヴェイ（1578–1657）は血液循環系の発見者としても有名である．彼の師事したファブリキウスがニワトリの胚発生の研究をしていた影響をうけ，卵は種と畑の合体の結果生ずるのではなく，メス精巣（卵巣）で直接造られるとしてアリストテレスの seed and soil 説に初めて異論をとなえた．彼はこの著書の中で，生命発生の起源は精子ではなく卵子であり，卵子が成長の過程でその種に特有な変態をして多様な生物が生ずるという卵子後生説を提唱した．しかし卵子の実体はどうもはっきりしなかった．

ファブリキウスの弟子のハーヴェイ（William Harvey, 1578–1657）は血液循環系の発見という偉業を成し遂げて有名だが，生命の発生についても革新的な学説を提唱した．デカルトの哲学的生命発生論である自然発生説に反論し，後成説に立った卵子発生説を唱えた．1651年出版の De Generatione Animalium の中で，「すべての命は卵から（omni vivum ex ovo）」と力説した言葉はよく引用される．その根拠としては師のファブリキウスが卵（胚）は卵巣で作られるという卵子説を提唱（1604年）していたこと，アリストテレスのいう seed らしい精液が雌ニワトリ（彼はファブリキウスと同じくニワトリとシカを用いて発生の研究をしていた）の体内に見出すことができないことなどである．いずれにしろ，アリストテレスの中心教条を否定して卵子起源説を提出し，しかも成体のミニアチュア（ひな形）ではなく，卵巣の胚が変態して生態になるという後成説をとっていた点などは傑出した学説といえる（ただし後世説か前世説かについての明確な結論は得られていない）．ここにアリストテレス以来生命発生の中心教条として君臨してきた精子説と対立する卵子説が現われた．この説は同時代の発生学研究者の間に流布して卵子学派が台頭してきたが，後述の精子学派との間に激しい論争を起こしたことも事実である（図XXIII-106-1）．ハーヴェイは雌の体内にある卵が種 seed との交接の産物であるというアリストテレス説を信じ切っていたにも拘わらず，卵そのものの存在を証明することはできなかった．卵の所在はどうもはっきりしなかった．

(D) 卵子の発見

17世紀の卵子学派は卵胞を胚（今日の卵子）と誤認していた．ハーヴェイの誤りを最初に指摘したのはデンマークの司教ステンセン（Niels Stensen, 1638–1686）であった．1667年の著書の

図XXIII-106-2．Reijnier de Graaf（1641–1673）の肖像

オランダの解剖学者．
1672年の著書「De Virorum Organis Generationi」の中でヒト女性精巣（卵巣）について詳述し，卵胞だけでなく小球体 globular bodies（今日の黄体）の存在についても記載している．後世の教科書では卵胞の発見者として記載されているが，ベルギーの解剖学者ヴェサリウスが100年以上も前に記載していることを彼自身が認めている．むしろ黄体の発見者としてその名が後世に残るべきであった．

中で哺乳類であるウサギの雌精巣（卵巣）が卵子を蓄えていることをはじめて明確に表明している．ただし彼が卵子と認識したのは今日でいう卵胞であった．生殖生物学の歴史にはあまり記載されていないが，卵子と誤認したとはいえ卵胞の存在を指摘した最初の報告といえる．その後1672年オランダの若い解剖学者グラーフ（Reijnier de Graaf, 1641–1673）がその著「De Virorum Organis Generationi」の中で，ヒト女性精巣（卵巣）について詳述し，今でいう卵胞だけでなく小球体 globular bodies（今日の黄体）の存在も記載している．そのため教科書には胞状卵胞をグラーフ卵胞と記載されることになったが，彼自身は実はヴエサリウスが100年以上も前に卵胞の記載していることを認めている（Short, 1977）．そして交尾排卵動物であるウサギでは小球体 globular bodies（今日でいう黄体）の位置が卵胞のそれと一致すること，また黄体の数が胚の数と一致することにも言及している．したがって彼はむしろ黄体の発見者として位置つけられるべきであろう（図XXIII-106-2）．

この時期にはまた卵巣に存在する胚がいかにして子宮に到達するかの疑問にも回答はえられていなかった．18世紀末に卵子発見に先行して交尾排卵現象がはじめて発見された（1797年）のを機に，19世紀に入って子宮角卵管結紮実験をイヌに実施し，交尾後に排卵が起こって卵胞が消失，卵胞内の胚は卵胞液とともに卵管を介して子宮に送られることがわかった．

この発見に刺激されたベアー（Karl Ernst von Baer, 1792–1876）はブタ卵胞を顕微鏡で刻明に観察，1827年遂に卵子を発見した．そして卵子を含む見事な卵胞構造の図柄を世に出している．ベアー曰く，「Every animal which is generated by coitus of male and female is evolved from an egg」．この言葉は2世紀前にハーヴェイが言った言葉とは同じではない．ベアーは卵子を合体 conceptus の産物ではなく，合体の構成物 component と考えていたからである．この構成物に対しベアーは卵 ovum と命名した．

表XXIII-106-2．卵子学史の年表　(II) ー受精の発見から生殖補助医療体系の樹立まで

体外受精学の基盤確立期 (1875–1978)	1878	シェンク	ウサギ体外受精を試みたが，確実な受精の証拠に欠ける
	1948	メンキン／ロック	ヒト卵胞卵の体外受精の試み
	1951	チャン	ウサギで精子受精能獲得現象の発見
	1951	オースチン	ラットで精子受精能獲得現象の発見
	1952	ダン・ジーン	ヒトデで先体反応の発見と命名
	1953	シェトルズ	ヒト卵胞卵の体外成熟，受精と卵割　宗教的理由で研究の中断
	1958	オースチン・ビショップ	モルモット，ハムスターで先体反応を観察・命名
	1959	チャン	史上初の体外受精子ウサギの誕生
	1963	楊文薫・林基之	ヒト卵胞卵の体外成熟と受精
	1965	エドワーズら	ヒト卵胞卵の体外成熟，受精と分割
	1971	マスイ・マーカート	卵成熟分裂促進因子 MPF の発見
	1976	ウエハラ・ヤナギマチ	ハムスターで顕微授精に成功　哺乳動物で初めて
	1978	エドワーズ・ステプトー	世界初の体外受精児の誕生に成功，2010年ノーベル医学生理学賞受賞
生殖補助医療体系 (ART) の樹立期 (1978–現在)	1983	トラウンソンら	ヒト胚の凍結・融解による世界初の体外受精児出生
	1983	ポーターら	調節卵巣刺激法の開発
	1986	チェンら	ヒト体外成熟凍結卵子を用いた世界初の児出生
	1990	ハンディサイドら	着床前胚診断による遺伝性疾患の回避
	1991	チャら	卵子提供プログラムにおける体外成熟による世界初の妊娠
	1992	パレルモら	顕微授精（卵細胞質内精子注入法，ICSI）による世界初の体外受精児出生
	1993	ショイスマンら	精巣精子回収法（testicular sperm extraction, TESE）の開発
	2006	フジワラ／ヨシオカら	自己末梢単核球プライミング胚移植による着床促進法の開発
	2007	ゴトウら	子宮内膜刺激胚移植法（SEET）の開発

注）原著論文が欧文の場合の邦人著者名はカタカナとした

(E) 受精現象の発見

1824年，2人のフランス人発生学者 Prevost と Dumas は，スパランツァニーの実験を追試して，受精はオーラのせいでなく小動物（精子）そのものが卵子の中に進入する現象であることを突き止め，精子の役割の第一発見者となった．この発見を機に1875年ハートヴィッヒ（Osar Hertwig）はウニで受精過程を克明に観察している．そして「受精とは性的に分化した核の結合 Die Befruchtung beruht auf die Verschmelzung von geschlechtlich differenzierten Zellkernen」との明快な定義を下した．ここに精子と卵子との結合によって新しい生命体が発生することが証明された．

受精の発見により精子説，卵子説いずれも真実ではあるが真理ではなく，両配偶子の合体による後生（epigenesis）が生命発生の仕組みであることが判明した．精子の発見から実に200年，卵子の発見からでも50年，ハーヴェイの卵子説からは225年の歳月を要した．受精の発見は精子説（animaculism）と卵子説（ovism）の2世紀に亘る論争に終止符を打つとともに，生殖科学は新しい時代を迎えることとなった．

3 体外受精学の基盤確立期(表XXIII-106-2)

(A) 時代区分

生殖現象の根幹をなす受精が両配偶子の結合にあるとの発見は，生殖科学史上新しい時代を画することとなり，生殖生物学者は研究対象を受精の成立機序の解析に焦点を向けた．意欲的かつ野心的な研究の矛先は精子側と卵子側の受精成立条件の解明に向けられることとなった．そこでこの時代区分を受精学の樹立期と捉え，受精に関する諸現象の実験的な科学的解明期と位置つけ，体外受精の臨床応用のスタートまでのおよそ100年間と定めた．この時期には，受精に関する科学知見の解明と，得られた原理を体内受精動物についても体外で再現することが目標となった．いみじくもBavisterは精子受精能獲得現象が明らかになった1950年から60年代は体外受精の黄金時代と位置づけている．実験受精学の進歩に関する重要は研究を網羅した総説を参照することをお薦めしたい(Bavister, 2002; Yanagimachi, 2009)．これらの研究成果は1978年のヒト体外受精法の開発として結実し，2010年のノーベル医学生理学賞に輝いた．

(B) 精子受精能獲得(capacitation)の発見

体外受精の成立には精子・卵子ともに成熟していることが前提条件である．射出精子をそのまま体外受精に持っていっても受精は起こらない．本来体外受精動物では実験的に体外受精は再現可能である筈だが，もともと体内受精動物種では，卵胞卵(未熟卵)と射出精子を体外で掛け合わせるだけで受精が起こる筈はない．至極当然の理であるが当時はわからなかった．卵胞卵は未熟でも卵胞外環境に置くと自発的に成熟することがチャンの師ピンカス(Gregory Pincus, 避妊ピルで有名)らによってつとに報告されていたので(Pincus, Enzmann, 1935)，受精しない原因はどうやら精子側にあるらしい．

1951年アメリカのチャン(Chang, 1951)はウサギで，オーストラリアのオースチン(Austin, 1951)はラットでそれぞれ独立して，射出精子が雌性管内で一定の変化を受けなければ卵への貫通能力を獲得できないことを発見した．そしてオースチンはこの現象を精子の受精獲得能(sperm capacitation)と呼んだ(Austin, 1952)．今日この現象は射出精子膜が雌性管内で受ける生化学的な変化の結果であることがわかっている．この発見は体内受精動物の体外受精系の作成に必須で哺乳類の体外受精学を飛躍させた(Yanagimachi, 2009)．

(C) 先体反応(acrosome reaction)の発見

受精成立の要件として先体反応がある．ウニで受精現象が発見されて間もなく精子頭部の先端にゴルジ由来の先体(acrosome)と命名される小器官があることが知られていた．受精における先体の機能を見出したのが，団ジーンである．位相差顕微鏡を用いてウニの精子が卵表面に到達して卵ゼリー溶液に接すると激しい形態変化を起こし，先体反応が形成されることを見出した．さらにカルシュウム欠如海水中で受精が成功しないのは突起形成が起こらないためであるとしてこの反応を先体反応(acrosome reaction)と名づけた(Dan, 1956)．1958年AustinとBishopはモルモットやハムスター精子の透明帯貫通過程を位相差顕微鏡で観察中，先体が消失することを認め，先体反応（acrosome reaction）と命名したが（Austin, Bishop, 1958），実は哺乳類に先行して日本人がこの現象を見つけていたのである．卵表面の変化ばかりに注目されていた受精における精子の役割研究の関心は，精子自身の変化に対して向けられる転機ともなった．電顕で観察すると，先体外膜と先体内容物（リソゾーム系酵素）のみが消失することが判明したので，透明帯融解に必要な酵素の放出現象であろうと考えられている．

(D) 哺乳（体内受精）類における受精能獲得

受精獲得能と先体反応は，いずれも受精の成立のための必要条件であるが，実体的にどう違うのかについて両者の概念が交錯した．先体反応は受精能獲得の部分現象であるとするオースチンとビショップの提案に対し，柳町は，先体反応は受精能獲得とは独立した精子成熟の最終段階であるとした．受精能獲得は体内受精をする哺乳類に特徴的でウニや両生類では見られない．したがって両者は異なった生殖生物学的意味を持った現象であると理解される．そして受精能獲得現象は可逆的であり（Chang, 1957）いったん受精能を獲得した精子を精漿に触れさせると受精能が消滅するし，再び雌の性管内に戻すと受精能を回復するので精漿中に受精能破綻因子（DF, decapacitation factor）の存在が指摘された（Chang, 1957）．

さらに体内受精類の受精機構の解明には *in vitro* のモデルを用いた解析が必要である．ハムスター精子について *in vitro* でも受精能獲得誘起が可能な方法が開発されて以来（Yanagimachi, Chang, 1963），これがモデルとなって各種哺乳類の体外受精研究が飛躍的に進歩した．これらの受精研究の過程で受精能獲得による精子の超活性化運動 hyperactivation（Yanagimachi, 1970）が励起されることがヒトを含めた哺乳類に普遍的な現象であることも明らかとなった．

(E) 卵成熟促進因子（MPF, maturation promoting factor）の発見

生殖細胞は体細胞とは異なる細胞周期があり，染色体が半減する減数分裂を経て成熟する．その後卵核胞崩壊（GVBD, germinal vesicle breakdown）と第一極体の放出に代表される卵子成熟の知見はピンカスの自発成熟以後は進んでいなかった（Pincus, Enzmann, 1935）．卵胞卵を *in vitro* の培養環境に移すと自発成熟 spontaneous maturation が起こることを指摘した示唆に富んだ研究であるが，メカニズムは不明のままであって，当時は精子の受精能獲得という現象は知られていなかったので，本格的な受精研究が進むのは20世紀後半に入ってからである．それまでの体外受精学は精子学が先導する形で進んできた．

そんな中，カナダ留学中の増井禎夫がマーカトとともにカエルで卵成熟促進因子（maturation promoting factor, MPF）（M 期促進因子，M-phase promoting factor, MPFともよばれる）を発見した（Masui, Markert, 1971）．今日では cdc 2 キナーゼとサイクリン B 複合体であることが判明している．

(F) 卵成熟分裂停止因子 (CSF, cytostatic factor) の発見

原がん遺伝子 *c-mos* の産物 (Mos) で分子量約4万のセリン／トレオニンキナーゼである．脊椎動物の卵子成熟過程で特異的に発現しMPFを安定化させることによりMII期で停止を起こさせるので細胞分裂抑制因子として働く．Mosの下流にMAPキナーゼカスケードが存在することがわかり，サイクリンBの分解阻止を介してMII期停止に係るとされる．卵成熟は核成熟だけでなく細胞質成熟や膜成熟など克服すべき未解決の問題を多く抱えている．

(G) 合成培地の開発

精子の受精能獲得は精子を雌性管に曝すことによりはじめて達成されるが，次のステップとして生殖管由来の液を含まない完全な合成培地中で可能とする人工培地の開発が求められることになった．その嚆矢となったのがTYH(豊田・横山・星) 液で，マウス精巣上体精子を前培養して受精能獲得後体外受精に成功した (Toyoda et al, 1971a；Toyoda et al, 1971b)．この報告に端を発し各種実験動物や家畜で合成培地中での体外受精が次々と成功した．そして体外受精を用いて不妊夫婦を治療し，子供を得ようとするヒトへの臨床応用にまで展望が広がった．エドワーズはハムスター卵の体外受精に用いたYanagimachiとChangの培地(Yanagimachi, Chang, 1963)が有用であったと回顧している (Edwards RG, 2001) *1．

(H) 実験受精学

1878年哺乳類における体外受精の嚆矢とされるSchenk (1880) はウサギ精巣上体精子と卵胞卵を体外受精させ分割胚の作成に成功しており，きわめて画期的なものであったが精子側条件が解明されるまでの実験受精学の停滞に対して為すすべは無かった．

1951年，精子の受精能獲得現象が発見された以後の実験受精学の進歩は急速であった．1954年Thibaultらのウサギ体外受精 (Thibault et al, 1954)による受精の確認に続いて，1959年ChangがウサギA卵管卵と子宮内精子を *in vitro* で受精させて得られた4細胞期胚を別の偽妊娠ウサギ卵管に移植して初めて産子を誕生させたことは，実験受精学の前途に大きな期待をもたらした (Chang, 1959)．さらにウサギにhCGを注射して排卵誘発処置後12時間目に採卵した卵子と予め子宮内で培養して受精能獲得させた精子とで卵管液中で受精に成功している (Suzuki, Mastroianni, 1968)．

実験受精学のうちヒト体外受精への最大の貢献は顕微授精であろう．この技術の先駆けとなった研究は，1960年ナポリの臨海実験所に留学していた平本幸男がウニの精子を卵の細胞質に注入し前核形成に成功したことに始まる．次いでカエルでも同様の現象が起こることが確かめられた．そして上原剛と留学先のハワイ大学の柳町隆造が哺乳類であるハムスターでも通常の受精過程と同じ雌雄前核形成が誘起されることを報告した (Uehara, Yanagimachi, 1977)．この過程は必ずしも正常の受精と同じではないとする意見もあったものの，最後はこの現象に着目したベルギーのグループが遂に臨床応用に漕ぎつけることに成功した (Palermo et al, 1992)．この間の経緯は「精子の話」という著書に紹介さ

＊1：柳町隆造博士は米国ウースター実験生物学研究所でチャン博士に師事し，哺乳類で始めてハムスターでの顕微授精に成功するなど，生殖生物学と体外受精学の歴史に残る卓越した業績を挙げた．ハワイ大学教授時代には多数の日本人生殖生物学者の育成に尽力し，1992年日本国際生物学賞を受賞している．2009年にgerm cell researchと題して，精子学を中心とした生殖科学に関する永年の研究の軌跡を振返るとともに，現在と将来の学術的興味について語っている (Yanagimachi, 2009)．

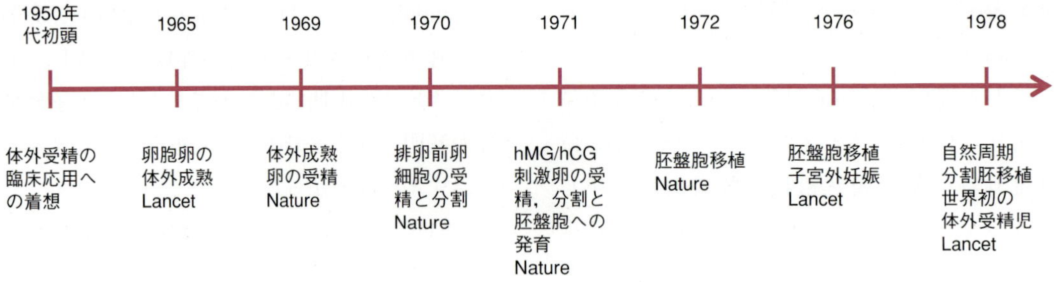

Robert G Edwards, PhD
Patrick Steptoe MD
Jean Purdie, Laboratory Technologist

The bumpy road to human in vitro fertilization

Robert G Edwards: Nature Medicine 7:13-16, October 2001

Lasker Clinical Medical Research Award

図XXIII-106-3．ケンブリッジ学派の足跡

れている（毛利，2004）．

(1) ヒト体外受精への臨床前研究

ヒト体外受精への臨床応用は精子の受精能獲得現象が明らかになる前から試みられていた．メンキンらは138個の卵胞卵に射出精子と体外受精して2細胞期と3細胞期の胚を2個づつ得た（Menkin, Rock, 1948）．その後シェトルスは卵胞卵を卵胞液と卵管粘膜組織を加えた培地で培養した後，200個に体外受精を試みた結果，6個が分割し1個が桑実胚にまで発生したという（Shettles, 1953）．

わが国におけるヒト体外受精研究については，林基之（東邦大学教授，当時）らのグループが1963年ヒト卵胞卵の体外成熟と体外受精に成功している（楊文勲，1963）．その評価に関しては受精の定義に厳密に合致したものかどうかについて見解は分かれている．1971年，東京で開催された第7回国際不妊学会では，体外受精・胚移植による不妊治療の可能性が大きな話題となり，実現化への研究に拍車が掛かると思われたが頓挫した．理由は1968年ごろをピークとし前後約5年間にわたる全国の大学を席捲した学園紛争であった．

このような社会情勢が次第に落ち着きを取り戻す中で，ケンブリッジ学派に遅れること約10年，わが国でも70年代後半に入って臨床前研究も再開され始めた．東邦大学の久保春海（当時助手）がヒト卵胞卵を用いた体外受精に本邦では初めて成功している（久保，1977）．また京都大学でも森（産婦人科講師，当時）と入谷（農・畜産，教授，当時）などの共同研究により，ヒト卵胞卵の体外成熟と体外受精の研究をスタートし，その結果を報告している（Nishimoto et al, 1982）．わが国では体外受精の臨床応用に対する世論の風当たりは強く，導入における手続論については別著に詳述してある（森，2005；森，2010）．

表XXIII-106-3．本邦における生殖医学・医療の展開

年月	出来事	主務者	場所・機関など
1956年10月	日本不妊学会創設	安藤畫一・理事長（慶応義塾大学・産婦）	慶応義塾大学・北里講堂
1971年	第7回国際不妊学会	長谷川敏雄・会長(東京大学・産婦)	東京都／京都市
1971年	ヒト卵胞卵の体外受精	楊　文勲／林基之(東邦大学・産婦)	日本不妊誌
1977年	ヒト卵胞卵の体外受精	久保春海（東邦大学・産婦）	日本不妊誌
1981年	ヒト卵胞卵の体外受精	森　崇英ら（京都大学・産婦）／入谷　明ら（同・畜産）	J Reprod Fertil
1982年	日本アンドロロジー学会・創立	落合京一郎・代表（埼玉医科大学・泌尿器）	同研究会は1974年設立
1982年11月	日本受精着床学会・創立	飯塚理八・代表(慶応義塾大学・産婦)	慶応義塾大学・北里講堂
1982年12月	徳島大学・倫理委員会設置	体外受精の臨床応用の審査申請	森　崇英（徳島大学・産婦）申請
1983年10月	本邦初の体外受精児出生	鈴木雅洲ら	東北大学・産婦
1983年10月	「体外受精・胚移植」に関する見解		日本産科婦人科学会
1984年3月	本邦第2例の体外受精母体出産例	飯塚理八／大野虎之進ら	慶応大学／東京歯科大学・産婦
1984年3月	本邦第3例の体外受精母体出産例	森崇英ら	徳島大学・産婦
1987年	第6回ヒト生殖世界会議	飯塚理八・会長(慶応義塾大学・産婦)	東京都
1988年	「胚および卵の凍結保存」に関する見解		日本産科婦人科学会
1992年	「顕微授精」に関する見解		日本産科婦人科学会
1993年	第8回世界体外受精会議	森　崇英・会長（京都大学・産婦）	京都市
2011年	第16回世界体外受精会議	加藤　修・会長（加藤レディースクリニック）	東京都

エドワーズを中心とするケンブリッジ学派は1960年代初頭からヒト体外受精と本格的に取り組みを開始した．ヒト卵の体外成熟（Edwards, 1965），体外成熟卵の体外受精後の初期発生（Edwards et al, 1969），ヒト排卵前卵胞卵の受精と分割（Edwards et al, 1970）ならびにヒト胚盤胞への *in vitro* 発生（Steptoe et al, 1971）など一連の系統的研究を精力的に押し進め，遂に1978年体外受精・胚移植法による不妊患者の治療に成功した（Steptoe, Edwards, 1978）．これはウニにおける受精現象の発見から丁度100年目に相当する．後年ラスカー賞受賞に際しこの偉大な成功に至る道のりを「The bumpy road to human in vitro fertilization」と題する回顧録を Nature Medicine 誌に掲載している（Edwards, 2001）（図XXIII-106-3）*2．

4 生殖補助医療体系の確立期（表XXIII-106-3），（図XXIII-105-1）

(A) 時代区分

世界最初の体外受精児の誕生を契機に体外受精学の臨床応用に火蓋が切られた．体外受精は不妊治療に新時代をもたらし，標準的な体外受精・胚移植法を中心に主として12のベクトルに向かっておよそ30種類近くの関連技術が派生し，90年代の後半までに生殖補助医療技術 assisted reproductive technology（ART）の体系が確立された．そこで初の体外受精児誕生からART治療大系が樹立するまでの約30年間を生殖補助医療体系の樹立期という時代区分とし

＊2：ケンブリッジ大学名誉教授のＲ Ｇ Edwards はヒト体外受精技術の開発に対して2010年ノーベル医学・生理学賞を受けた．基礎体外受精学の勃興期にすでにヒトの臨床応用を着想してから約28年間を要して開発されたこの技術は，ヒト不妊治療を経験の医学から生殖科学に基いた医学に変換すると同時に，生殖の生命倫理にも歴史に残る問題点を浮き彫りにした．受精と着床のステップを分離するという方法論上の原理から非配偶者間の子を作ることも可能となり社会的な影響も残した．このようにヒト体外受精は科学，倫理，社会面においてヒト生殖に三次元的な広がりをもった革命をもたらしたといえる（森，2011）．

た．詳しい項目は表XXIII-106-3，図XXIII-105-1を参照願いたい．主要な項目について以下に簡潔に紹介する．

(B) 調節卵巣刺激 (COC, controlled ovarian stimulation)

体外受精における排卵刺激法は，良質の胚を多数採取する必要があるので体内受精による排卵誘発法とは趣を異にしている．第I児妊娠成功例では自然周期採卵であったが，採卵タイミングを決めるのに尿中LHサージの発来を確認して36時間後に経腹超音波下に採卵した．1980年に第二例を報告したメルボルンのLopataらは排卵前卵胞からの採卵 (Lopata et al, 1980) を，そしてWoodらはクロミフェン周期での採卵を報告した (Wood et al, 1981)．さらにノーフォークのJonesらはHMG-hCGによる卵巣刺激を推奨した (Jones et al, 1982)．

卵巣の過剰刺激で多数の卵が採取できる半面，卵の質やOHSSを考慮しなければならない．そこでGnRHアナログによる強力な下垂体抑制下に外因性にFSH/hMG製剤を投与して卵胞発育を人為的に調節するという原理を，1984年Porter (Porter et al, 1984) らは体外受精のためのCOCとして応用した．GnRHアナログ+ゴナドトロピン・プロトコルはCOCの標準法として今日汎用されており，現在ではGnRHアンタゴニストや純化 (pure) FSHや遺伝子組替えrFSH (recombinant FSH) も開発，登場している．近年になって，特に卵巣予備能の低下した高齢不妊に対して自然周期やクロミフェン周期の有用性が見直されている．

また，経腟超音波による卵胞発育のモニタリングと経腟採卵法の開発 (Dellenbach et al, 1984) はART技術全般の精度と簡便性の向上に大きく貢献した．

(C) 顕微授精 microfertilization

体外受精は乏精子症にたいしても有力な治療手段となったが限界も見えてきた．これを克服する手段として開発されたのが顕微授精である．顕微授精は歴史的には透明帯を化学的に処理して薄くする透明帯開口術 (zona drilling) (Gordonet al, 1988)，透明帯の一部に機械的に穴を開ける透明帯部分切開術 (partial zona dissection) (Cohen et al, 1988)，マイクロフックを用いて透明帯に窓をあけるzona opening (Odawara, Lopata, 1989) など透明帯の加工法がまず開発された．多精子受精などの問題点があってつぎに囲卵腔へ数匹の精子を直接送り込むsubzonal sperm injection (SUZI) (Ng, 1988) が登場した．これも多精子受精や重篤な乏精子症では受精率が期待したほどではないなどの理由で実用には耐えなかった．最後に着目されたのが卵細胞質内精子注入法 (ICSI, intracytoplasmic sperm injection) で，その受精率の高さから標準体外受精に匹敵するほど汎用されている．この方法を逸早くヒト不妊治療に応用したのがベルギーのPalermoであって，重篤な受精障害に対する授精法として現在汎用されている．かりに日本で初めてこの方法を臨床応用しようとしても，安全面での保障がないとの理由でおそらく実現は難しかったのではないか．ICSIはARTの中核をなす技術の一つで，柳町らのICSI法をヒト体外受精に応用して1992年初のICSI児を出生させたのはPalermoの卓見であった (Palermo et al, 1992).

(D) 卵子・胚・卵巣組織の凍結保存

哺乳類初期胚の凍結保存は精子の凍結保存より約20年遅れて，1972年マウス胚培養の標準培地（BWW培地）で有名なWhittingham（Whittingham, 1968）がマウスで成功していた．ヒト胚の細胞質は脂質が少ないため他の哺乳類胚に比べて被凍結能が高く凍結保存に適していると考えられていた．1983年Trounsonらはヒト胚凍結・融解によりはじめて出産に成功した（Trounson and Mohr, 1983）．

胚の凍結保存に関する技術開発は，プログラムフリーザーによる緩速凍結法から硝子化による急速凍結法に，また分割胚凍結から胚盤胞凍結へと応用が拡大する一方，ヒト成熟卵子の緩慢凍結法による最初の出産例が1986年に報告されたものの（Chen, 1986），その後は難航していた．顕微授精とガラス化法の普及につれて成功例も順調に増えつつある（Kyono et al, 2005；Oktay et al, 2006）．さらに近年，悪性腫瘍患者の妊孕能温存を目的とした卵子や卵巣組織の凍結保存が重要課題としてクローズ・アップされている（Kyono et al, 2005；Oktay et al, 2006）．

(E) アンドロロジー領域のICSI

ICSIの導入により精子側要因による重篤な受精障害に対してICSIが大きな威力を発揮する結果となった．非閉塞性無精子症や精子形成障害に対して，精巣から精子を取り出してICSIにより受精に持っていく方法を，1993年Schoysmanらが開発しTESE（testicular sperm extraction）と呼ばれて今日，限定的ながら普及してきた．精巣内成熟精子が見つからない時は，伸長精子細胞を用いるELSI（elongated spermatid injection）や円形精子細胞ROSI（round spermatid injection）を用いる方法も開発されている．わが国では日本生殖医学会見解によりELSIは許容されているがROSIは不可とされている（日本生殖医学会・倫理委員会報告, 2007）．

ICSIは生殖医療に携わる産婦人科医と泌尿器科を結びつける結果となり，andrologic ARTとでも呼ぶべき治療区が創出された．

(F) 着床前胚（遺伝子）診断

着床前胚診断（PGD, pre-implantation genetic diagnosis）とは分割胚の一部を採取して染色体分析と遺伝子診断の技法を駆使して胚の遺伝学的診断をする技術をいう．これには着床前胚診断と着床前胚スクリーニングPGS（pre-implantation genetic screening）とがあり，前者は専ら重篤な遺伝病罹患児の出生を回避することが適応となるが，後者はARTの一環として着床率の向上と流産率の低下を目的とする．PGSをARTに適応すれば正常胚のみを選択できるので，加齢不妊患者や反復ART不成功における妊娠効率を高め，また習慣性流産の防止にも役立つといわれているものの，有効性の評価は未定である．

PGDの臨床実施に関してはわが国では特有の社会事情から実施は大幅に遅れた．理由としては，着床前胚診断は重篤な遺伝病をもった罹患児の出生を未然に防止する技術であるので差別であるとする強い反対論がある一方で，均衡型転座保因者で流産を反復する不育患者も健児を持つことが可能な本法の恩恵に浴したいという希望もあって，共通の妥協ラインを日本産科婦人科学会が提示するのがきわめて困難であったからである．平成10年10月「着床前診断」に関する見解を公表し，適応を重篤な遺伝性疾患に限定，適応疾患は個別審査，臨床研究として実施などの条件付き許可とした（日本産科婦人科学会会告，2002）．その後，平成18年「習慣流産に対する着床前診断に関する見解」を追加公表し，「染色体転座に起因する習慣流産（反復流産を含む）を着床前診断の審査の対象とする」とした．着床前診断に関してはこれで決着がついたがPGSについては未決着である．

なお，生殖補助医療における着床前診断については，ヨーロッパ生殖医学会（ESHRE）が単行本シリーズとして出版した「The interface between medically assisted reproduction and genetics : Technical, social ethical and legal issues」を臨床遺伝学者の鈴森薫が翻訳・出版している（鈴森，2009）し，法律学者の立場からもわが国におけるPGDの経緯と結論についての見解が詳細に検証されている（児玉，2006）．

(G) 着床促進法

生殖補助医療におけるもう一つの命題は移植胚を効率よく着床させる方法の開発である．ヒト着床現象の解明には的確なモデルがないこと，ホルモンだけでなく免疫も深く関与していることがこの方面の研究を阻んできたし，今もってブラック・ボックスに隠されている部分が多い．子宮内膜の胚受容能に対するホルモン制御，半同種移植片である胚に対する母体の免疫反応（Mori, 1990），着床に対する胚シグナルの実体などが主要課題といえる．基礎研究的には胚受容能がエストロゲン＋プロゲステロンによるホルモン調節を受けていること（Psychoyos, 1994），自己リンパ球が黄体のプロゲステロン産生を亢進すること（Emi et al, 1991），妊娠マウス脾細胞が着床ウインドをシフトさせ（Takabatake et al, 1997a）かつ着床効率を高めること（Takabatake et al, 1997b），そしてヒト末梢血リンパ球がhCGレセプターを介する刺激を受けて活性化することにより着床と胚の内膜内浸潤を促進すること（Fujiwara, 2009）などが解明されている．

胚移植では現在主に三つの胚着床法が利用可能である．第一には2段階胚移植法（Goto et al, 2003），第二には内膜刺激胚移植法（stimulation of endometrium embryo transfer, SEET）（Goto et al, 2007）そして第三にはhCG刺激自己末梢単核球プライミング移植法（embryo transfer with autologous peripheral blood mononuclear cells）である（Yoshioka et al, 2006；Fujiwara, 2009）．

(H) 体外成熟（IVM, *in vitro* maturation）

多数の均質卵を採取することが本来のCOSの目的であるが，患者に対するコストや身体的負担の点で大きな犠牲を強いることが克服すべき改善点として指摘されてきた．もともと体外受精第一児はIVMで生まれたし（Steptoe and Edwards, 1978），こうした要請に応える方法の一つとしてIVMが考案された．1991年韓国のチャらが卵子提供プログラムにはじめて応用した（Cha et al, 1991）．その後PCOSの非ART療法に手を焼いていた状況と，OHSS回避の観点からCOSに対する反省もあってPCOSに対するART法として適用された（Trounson et al, 1994）．さらにhCGによるプライミングを併用することにより（Chian et al, 1999），受精率や胚発生率を向上し得ることが報告されて以来 ART 派生技術の一つとして認知されるようになった．しかし採卵の適正タイミングや至適成熟培養液の開発など未解決の問題も抱えている．

5 わが国における生殖補助医療（ART, assisted reproductive technology）の展開

（A）時代区分

わが国では生殖補助医療の原型ともいうべき非配偶者間人工授精（artificial insemination with donor's semln, AID）は1949年安藤畫一（慶応義塾大教授，当時）と飯塚理八（慶應義塾大助教授，当時）による女児の誕生を嚆矢とする（丸山ら，2003；飯塚ら，1974）．

わが国における ART の時代区分を設けるとすると，1982年日本受精着床学会の発足を契機として体外受精の臨床応用が一気に花開き，わが国初の体外受精児の誕生を経て，世界の体外受精先進国に比肩するまでに進歩して今日に至っている．したがってわが国における ART の展開期を決めるとすれば受着学会の発足から今日までとするのが妥当であろう．わが国における生殖補助医療に関連した主な事項をXXIII-106-3 に列挙した．

（B）日本受精着床学会の設立

日本受精着床学会設立の経緯については，学会20周年記念記事として別著に詳しく紹介してあるので参照願いたい（森，2003）．ここではあらましを述べるに留める．

英国での成功が引き金となって，1980年にはオーストラリア，1981年にはアメリカ，翌1982年にはフランス，ドイツ，オーストリアが次々と成功した．また1980年にはキールで世界体外受精会議（会長：Kurt Semm キール大学教授，当時）が開催され，以後 2 年置きに継続開催され，2009年第13回のジュネーヴ会議に至っている．なを，第 8 回会議は京都市（会長：森崇英京都大学教授，当時）で開催され，第16回会議は東京都（会長：加藤修・加藤レディースクリニック院長）での開催が決まっている．

こうした国内外の情勢に鑑みわが国でも臨床応用への機が次第に熟してきた．そこで日本受精着床学会が1982（昭和57）年11月15日，飯塚理八（慶応義塾大学教授，当時）を初代会長として正式に発足した．学会の目的は「受精着床に関する研究を推進して，生殖医学の発展に寄与し，人類の幸福に貢献する」ことである．新しい学会設立について特に問題となったのは既存の日本不妊学会（現在の日本生殖医学会）との関係をどう仕訳するかという点であった．初代会長の方針は体外受精技術が定着するまでの過渡的学会とすること，研究目標を新しい医療技術の習得に絞り倫理問題はいっさい取り扱わないこととすると著者は聞かされていた．

その後体外受精の派生技術が爆発的に拡大するにつれ，不妊治療における本学会の役割と意義も大きくなり，2011年で29回目を数えるまで成長した．一時生殖医学会との合同話も出たが，本学会が生殖補助医療学会としての性格が鮮明になるにつれ，独立しながらも生殖関連学会として生殖医学会とは共存する方向をたどっている（森，2005）．

(C) 生殖補助医療の展開

わが国における体外受精の第一児は1983年10月，東北大学（鈴木雅洲教授，当時）で出生した（鈴木ら，1983）．以後母体例にして第二例は翌84年慶応義塾大学／東京歯科大学（飯塚／大野ら，1984）で，そして第三例も84年徳島大学（森ら，1984）で夫々誕生した．その後わが国では標準体外受精・胚移植法から派生するARTのすべての技術分野に急速に展開・進展した．ここでは割愛し別著を参照願いたい（森，2003）．

治療実績については，日本産科婦人科学会が登録・報告制に基づいて調査・集計しているが，2009（平成21）年度報告（2008年分の実施成績）によれば，実施施設数548，全治療周期数190,613，出生児数21,704人，累積出生児数215,755名と記録されている．まさに日本はIVF大国といわれる所以である．しかしグローバルな治療経験が蓄積するにつれ，医療の質が問われることになり，今や質の向上を目指した「量から質への転換」が求められる時代となっている．

(D) 出生児の追跡調査

ARTの評価は，本来は生まれた子が性成熟期に達し，健全な身体・精神の発育と生殖機能を持っていることが確認されてはじめて決まる．わが国ではこれまで，1992（平成4）年に日本産婦人科学会が男女児合わせて約1,000人の生後12ヶ月までの追跡調査が報告されているだけであった（日産婦学会・登録／調査小委員会，2005）．外国からの指摘を待つまでもなく，今後出生児の長期に亘る予後調査が必須である．

そこで受着学会では実態調査委員会を設け，体外受精で出生した児の追跡調査を44施設の協力の下に実施した（受着学会・実態調査委員会報告，2006）．対象は1997（平成9）年分（1月1日-12月31日に実施開始分）で生まれた5歳児809人である．身体発育（身長，体重）については男女児，IVF/ICSI児を問わず有意差はなかった．また精神発達のうち，運動・生活習慣・言語機能については問題ない発育をしていることが確認されたが，探索・社会性については若干の遅れを示す児数がIVF児ICSI児ともにやや多かった．先天異常の発生頻度は809例中25例の3.09%でIVF児3.10%，ICSI児3.72%とこれも優意差は認められず，また特定の臓器に特定の種類の異常が偏在する傾向も証明されなかった．問題点として指摘されるのは，エピジェネティクス異常とされるプラダー・ウイリー症候群の1例が発見されたことで，今後体外受精操作や培養操作との因果関係を解明する必要がある．現在は日産婦学会が出生した個々の先天異常児について詳細な報告を求めている．

まとめ

卵子学史概説という項目ではあるが内容的には卵子に重点を置いた生殖医学・生物学の歴史との理解で概説した．生命の発生に関するギリシャ時代の精子説から，対立する卵子説の出現まで2,000年，そして両学派の対立と論争を経て受精現象の発見で決着が付くまでには約200年を要している．この発見が転機となって精子側と卵子側から受精メカニズムの解明が一気に加速した．その結果体内受精動物である哺乳類における体外受精学が確立し，遂にヒトでの臨床応用に成功するまで100年の歳月が過ぎている．その後の斯界の発展は目覚しく数多くの関連技術が派生し，約30年の間に生殖補助医療といわれる不妊治療体系が樹立された．このような卵子学の歴史を紐解くと，画期的な現象の発見が礎となって雪だるま式に新知見が急増することがわかる．生殖科学の進歩に限ってみても，具体的・個別的事象の中に普遍性を見出すことが，科学発展途上の質的転換に本質的な役割を演じているかを思い知らされる歴史の教訓である．

それではこれからの卵子学は何を指向すべきか．歴史から学ぶとすれば著者は卵子を含む生殖細胞の再生ではないかと考えている．受精現象を発見しそれを再現し，さらに臨床応用にまで持ってくることができたのも生殖科学の進歩の結実である．2003年ヒトゲノムの全面解読宣言が行われ，今やポストゲノム時代の熾烈な国際競争の渦中にある．ゲノム生物学と幹細胞生物学を基盤に据えれば，生殖科学に生命科学的方法論を導入でき，生殖細胞つまり配偶子の再生が可能となるのではと期待している．まだまだ謎に満ちた生殖現象を支配する原理の解明のためにも，また配偶子の器質的欠如や機能欠損に起因する配偶子型絶対不妊の新しい治療法の開発のためにも，今後の卵子学は配偶子造成を目指した生命科学を指向すべきではなかろうか．

（森　崇英）

引用文献

Austin CR (1951) Observations on the penetration of the sperm in the mammalian egg. *Aust J Sci Res* (B), 4 ; 581-596.

Austin CR (1952) The capacitation of the mammalian sperm, *Nature*, 170 ; 326.

Austin CR, Bishop MWH (1958) Role of the rodent acrosome and perforatorium in fertilization. Proceedings of the Royal Society, *Series B*, 149 ; 241-248.

Bavister BD (2002) Early history of in vitro fertilization, *Reproduction*, 124 ; 184-196.

Cohen J, Malter H, Fehilly C, et al (1988) Implantation of embryos after partial opening of oocyte zona pellucida to facilitate sperm penetration, *Lancet*, ii ; 162.

Chang MC (1951) Fertilizing capacity of spermatozoa deposited in the fallopian tubes, *Nature*, 168 ; 679-698.

Chang MC (1959) Fertilization of rabbit ova in vitro, *Nature*, 179 ; 466-467.

Chen C (1986) Pregnancy after human oocyte cryopreservation, *Lancet*, I ; 84-86.

Dan JC (1956) The acrosome reaction, *Int Rev Cytol*, 5 ; 365.

Cha KY, Koo JJ, Ko JJ, et al (1991) Pregnancy after in vitro fertilization of human follicular oocytes collected from nonstimulated cycles, their culture in vitro and their transfer in a donor oocyte program, *Fertil Steril*, 62 ; 353-362.

Chian RC, Guleki B, Buckett WM, et al (1999) Priming with human chorionic gonadotropin before retrieval of immature oocytes in women with infertility due to the polycystic ovary syndrome, *N Engl J Med*, 341 : 1624-1626.

Dellenbach P, NIsand I, Moreau L, et al (1984) Transvaginal, sonographically controlled ovarian follicle puncture for egg retrieval, *Lancet*, i ; 1467.

Edwards RG (1965) Maturation in vitro of human ovarian oocytes, *Lancet*, ii, 926-929.

Edwards RG, Bavister BD, Steptoe PC (1969) Early stages of fertilization in vitro of human oocytes matured in vitro, *Nature*, 221 ; 632-635.

Edwards RG, Steptoe PC, Purdy JM (1970) Fertilization and cleavage in vitro of preovulatory human oocytes, *Nature*, 227 ; 1307-1309.

Edwards RG (2001) The bumpy road to human in vitro fertilization, *Nature Med*, 7 ; 13.

Emi N, Kanzaki H, Yoshida M, et al (1991) Lymphocytes stimulates progesterone production by cultured human granulosa cells, *Am J Obstet Gynecol*, 165 ; 1469-1474.

Fujiwara H (2009) Do circulating blood cells contribute to maternal tissue remodeling and embryo-maternal cross talk around the implantation period ? *Mol Hum Reprod*, 15 ; 335-343.

Goto S, Takebayashi K, Shiotani M, et al (2003) Effectiveness of 2 -step (consecutive) embryo transfer, *J Reprod Med*, 48 ; 370-374.

Goto S, Kadowaki T, Hashimoto H, et al (2007) Stimulation of endometrium embryo transfer : injection of embryo culture supernatant into the uterine cavity before blastocyst transfer can improve implantation and pregnancy rates, *Fertil Steril*, 2007.

Gordon JW, Grunfeld L, Garrisi GJ, et al (1988) Fertilization of human oocytes by sperm from infertile males after zona pellucida drilling, *Fertil Steril*, 50 ; 68-73.

Harold S, 石原力訳（1982）ヒトの始まり，図説産婦人科学の歴史，pp187-210，エンタプライズ．

飯塚理八，己斐秀豊，小林俊文（1974）「不妊症学」金原出版，東京．
飯塚理八，郭宗正（1984）受精・着床領域における研究の現況と日本受精着床学会の設立「受精・着床‘83」飯塚理八ら編，p1，学会誌刊行センター／学会出版センター．
Jones HW Jr, Acosta AA, Garcia J (1982) A technique for the aspiration of oocytes from human ovarian follicles, *Fertil Steril*, 37 ; 26-29.
児玉正幸（2006）日本の着床前診断—その問題点と医学哲学的所見，永井書店，大阪．
Kyono K, Fuchinoe K, Yagi A, et al (2006) Successful pregnancy and delivery after transfer of a single blastocyst derived from a vitrified mature human oocyte, *Fertil Steril*, 84 ; 1017-e5-6.
久保春海（1977）ヒト卵胞卵の体外受精，日本妊誌 22 : 182-190．日不妊誌．
Lopata A, Johnston IW, Hoult IJ, et al (1980) Pregnancy following intrauterine implantation of an embryo obtained by in vitro fertilization of a preovulatory egg, *Fertil Steril*, 33 ; 117-120.
Masui Y, Markert CL (1971) Cytoplasmic control of nuclear behavior during meiotic maturation of frog oocytes, *J Exp Zool*, 177 ; 129-145.
Menkin MF, Rock J (1948) In vitro fertilization and cleavage of human ovarian eggs, *Am J Obstet Gynecil*, 55 ; 440-452.
Mori T (1990) Immuno-endocrinology of cyclic ovarian function, *Am J Reprod Immunol*, 23 ; 80-84.
毛利秀雄（2004）精子の話，岩波新書 892，岩波書店，東京．
森崇英，松下光彦，山野修司，中山孝善，東敬次郎，森佳彦（1984）徳島大学プログラム」飯塚理宗正編，受精・着床‘83；140-145，学会誌刊行センター，東京．
森崇英（2005）日本不妊学会過去20年の歩み（日本不妊学会創立50周年記念記事）
－昭和61年（第31回）から平成17年（第50回）まで，日不妊誌，50，143-187．
森崇英（2005）生殖の生命倫理学，pp21-29，永井書店，大阪．
森崇英（2003）日本受精着床学会20年の歩み（学会20周年記念記事），日受着誌，20 ; 1-24．
森崇英：生殖発生の医学と倫理京大学術出版会，2010
森崇英：2010年ノーベル生理学・医学賞体外受精技術の開発—ヒト生殖の科学と倫理における歴史的意味科学（2011）岩波「科学」81 ; 0027-0030．
丸山哲夫，吉村泰典（2003）非配偶者間人工授精，日本不妊学会編「新しい生殖医療技術のガイドライン」 改定第２版，pp25-38，金原出版．
日本生殖医学会・倫理委員会報告（2007）ヒト円形精子細胞を培養する受精法について，生殖医療ガイドライン2007，日本生殖医学会編 318，金原出版．
日本産科婦人科学会・会告（2002）「着床前診断」に関する見解
日本産科婦人科学会・登録／調査小委員会 （森崇英委員長）（2005）平成14年分の体外受精・胚移植等の臨床実施成績および平成16年10月における登録施設名，日産婦誌，57 ; 118-128．
Ng SC, Bongso A, Ratnam SS, et al (1988) Pregnancy after transfer of sperm under zona, *Lancet*, ii ; 790.
Nishimoto T, Yamada I, Niwa K, et al (1982) Sperm penetration in vitro of human oocytes matured in a chemically defined media, *J Reprod Fertil*, 64 ; 115-119.
Oktay K, Pelin CH, Bang H et al (2006) Efficacy of oocyte cryopreservation : a meta-analysis, *Fertil Steril*, 86 ; 70-80.
Odawara Y, Lopata A (1989) A zona opening procedure for improving in vitro fertilization at low sperm concentrations : A mouse model, *Fertil Steril*, 5 ; 699-704.
Pincus G, Enzmann EV (1935) The comparative behavior of mammalian eggs in vivo and in vitro, I The activation of ovarian eggs, *J Exp Med*, 62 ; 665-675.
Palermo G, Joris H, Devroey P, et al (1992) Pregnancies after intracytoplasmic injection of single spermatozoon into an oocyte, *Lancet*, 340 ; 17-18.
Porter RN, Smith W, Craft IL, et al, (1984) Induction of ovulation for in-vitro fertilization using buserelin and gonadotrophins, *Lancet*, ii ; 1284-1285.
Psychoyos A (1994) The implantation window : basic and clinical aspects, In ; Perspectives on Assisted Reproduction, Mori T, Aono T, Tominaga T, Hiroi M (eds), Frontiers in Endocrinology Volume 4, Ares Serono Symposia Volume 4, pp57-63.
Steotoe PC, Edwards RG (1978) Birth after the reimplantation of a human embryo, *Lancet*, 2 ; 366.
Steotoe PC, Edwards RG, Purdy JM (1971) Human blastocysts grown in culture, *Nature*, 229 ; 132-133.
Schenk SL (1880) Das Saeugethierei kuenstlich befruchtet ausserhalb des Mutterthieres, Mittheilungen Aus den Embryologishen Institute der KK Universitaet in Wien, 1 BAND, 108-118.
Shettles LB (1953) Observations on human follicular and tubal ova, *Am J Obstet Gyecol*, 66 ; 235-247.
Short RV (1977) The discovery of the ovaries, In : *The Ovary*, Zuckerman L, Weir BJ (eds), Volume 1, pp.1-39, Academic Press, New York.
Steptoe PC, Edwards RG (1978) Birth after the reimplantation of a human embryo, *Lancet*, ii ; 366.
Suzuki S, Mastroianni L JrL (1968) In-vitro fertilization of rabbit follicular oocytes in tubal fluid, *Fertil Steril*, 19 ; 716-725.
鈴木雅洲，星和彦，星合昊ほか（1983）体外受精・胚移殖により受精・着床に成功した卵管性不妊症の１例，日不妊誌，28 ; 439-443．
鈴森薫（2009）生殖医療をめぐるバイオエシックス，メジカルビュー社．
Takabatake K, Fujiwara H, Goto Y, et al (1997a) Splenocytes in pregnancy promote embryo implantation by regulating endometrial differentiation in mice, *Hum Reprod*, 12 ; 2102-2107.
Takabatake K, Fujiwara H, Goto Y, et al (1997b) Splenocytes in pregnancy promote embryo implantation by regulating endometrial differentiation in mice, *Hum Reprod*, 12 ; 2102-2107.
Thibault C, Dauzier L, Wintenberger S (1954) Etude cytologique de la fecundation invitro de l'oeuf de la lapine, *Conmptes Rendue de la Societe de Biologie (Paris)*, 148 ; 789-790.
Toyoda Y, Yokoyama M, Hoshi T (1971a) Studies on the fertilization of mouse eggs in vitro, I in vitro fertilization of mouse eggs by fresh epididymal sperm, *Jpn J Anim Reprod* 16 ; 147-151.
Toyoda Y, Yokoyama M, Hoshi T (1971b) Studies on the

fertilization of mouse eggs in vitro, II Effects of preincubation on time of sperm penetration of mouse eggs in vitro, *Jpn J Anim Reprod*, 16 ; 152-157.
Trounson A, Mohr L (1983) Human pregnancy following cryopreservation, thawing and transfer of an eight-cell embryo, *Nature*, 305 ; 707-709.
Trounson A,Wood C, Kausche A (1994) In vitro maturation and fertilization and developmental competence of oocytes recovered from untreated polycystic ovarian patients, *Fertil Steril*, 62 ; 353-362.
Uehara T, Yanagimachi R (1977) Behavior of nuclei of testicular, caput and cauda epididymal spermatozoa injected into hamster eggs, *Biol Reprod*, 16 ; 315-321.
Whittingham DG (1968) Fertilization of mouse eggs in vitro, *Nature*, 220 ; 592-593.
Wood C, Leeton J, Talbot JM, et al (1981) Technique for collecting mature human oocytes for in vitro fertilization, *Br J Obstet Gynaecol*, 88 ; 756-760.
Yanagimachi R (2009) Germ cell research : A personal perspective, *Biol Reprod*, 80, 204-218.
Yanagimachi R, Chang MC (1963) Fertilization of hamster eggs in vitro, *Nature*, 200 ; 281-282.
Yanagimachi R (1970) The movement of golden hamster spermatozoa before and after capacitation, *J Reprod Fertil*, 23 ; 193-196.
楊文勲（1963）ひと卵胞卵の諸性状と体外受精，日本不妊学会雑誌，8 ; 121-130.
吉田重雄，西川義正（1992）精子研究の歴史　精子学，毛利秀雄監修，森沢正昭・星元紀編，pp1-23，東京大学出版会，東京.
Yoshioka S, Fujiwara H, Nakayama T, et al (2006) Intrauterine administration of autologous peripheral blood mononuclear cells promotes implantation rates in patients with repeated failure of IVF-embryo transfer, *Hum Reprod*, 21 ; 3290-3294.
Yanagimachi R (2009) Germ cell research : A Personal Perspective, Biol Reprod, 80 ; 204-218.

索　引

［1－，A-Z］

［あ行］

［か行］

[さ行]

［た行］

［な行］

［は行］

［ま行］

［や行］

［ら行］

総編集　森　　崇英
分担編集　麻生　武志
石塚　文平
苛原　　稔
岡村　　均
久保　春海
香山　浩二
小西　郁生
佐々木裕之
佐藤　英明
野瀬　俊明
編集幹事　柴原　浩章
島田　昌之
角田　幸雄

卵子学

2011年9月10日　初版第一刷発行

総編集　森　崇英
発行者　檜山為次郎
発行所　京都大学学術出版会
606-8315　京都市左京区吉田近衛町69
京都大学吉田南構内
電話075(761)6182　FAX075(761)6190
URL　http://www.kyoto-up.or.jp/
印刷所　亜細亜印刷株式会社

定価はカバーに表示してあります
ISBN978-4-87698-924-9　C3047